ADMINISTRATION GÉNÉRALE

DE L'ASSISTANCE PUBLIQUE A PARIS

CONCOURS DES PRIX DE L'INTERNAT

EN PHARMACIE

2ME DIVISION

ACCESSIT

MR DELÉPINE STÉPHANE MARCEL

1894

DICTIONNAIRE

DE CHIMIE

PURE ET APPLIQUÉE

DICTIONNAIRE
DE CHIMIE
PURE ET APPLIQUÉE

COMPRENANT

LA CHIMIE ORGANIQUE ET INORGANIQUE
LA CHIMIE APPLIQUÉE A L'INDUSTRIE, A L'AGRICULTURE ET AUX ARTS
LA CHIMIE ANALYTIQUE, LA CHIMIE PHYSIQUE ET LA MINÉRALOGIE

PAR AD. WURTZ

Membre de l'Institut (Académie des sciences)

AVEC LA COLLABORATION DE MM.

P.-T. Cleve — É. Demarçay — A. Étard — Ad. Fauconnier — Ch. Friedel
A. Gautier — Ch. Girard — E. Grimaux — M. Hanriot
A. Henninger — A. Kopp — J.-A. Lebel — W. Œchsner de Coninck — G. Salet
P. Schützenberger — J. Tcherniac — M. Wassermann et Ed. Willm

---

SUPPLÉMENT

PREMIÈRE PARTIE

A — F

PARIS

LIBRAIRIE HACHETTE ET Cie

79, BOULEVARD SAINT-GERMAIN, 79

DICTIONNAIRE

DE CHIMIE

PURE ET APPLIQUÉE

SUPPLÉMENT

A

ABIÉTIQUE (ACIDE). — Il paraît établi aujourd'hui que les acides pimarique et sylvique possèdent la formule $C^{20}H^{30}O^{2}$, et ne doivent par conséquent pas être confondus avec l'acide abiétique $C^{44}H^{64}O^{5}$, comme Maly semblait le faire dans ses premiers mémoires.

Depuis Maly a confirmé la formule $C^{44}H^{64}O^{5}$ de l'acide abiétique, mais il ajoute que la colophane renferme, en outre, une certaine quantité d'un acide $C^{20}H^{30}O^{2}$ (acide sylvique de Siewert) [*Ann. der Chem. u. Pharm.*, t. CLXI, p. 115].

L'acide abiétique, préparé d'après les indications de Maly, fournit une série d'hydrocarbures lorsqu'il est soumis à la distillation sèche avec dix fois son poids de poudre de zinc. Parmi ces hydrocarbures on a constaté avec certitude la présence du toluène, de la méta-méthyléthylbenzine, de la naphtaline et méthylnaphtaline, du méthylanthracène [G. Ciamician, *Deutsch chem. Gesellsch.*, t. XI, p. 269].

ABIÉTITE, $C^{8}H^{8}O^{3}$. — Cette matière a été extraite des aiguilles d'*Abies pectinata;* par son aspect elle ressemble à la mannite [Rochleder, *Wiener Acad. Ber.*, mai 1868].

ABSINTHE (ESSENCE D'). — Le terpène contenu dans cette essence bout à 160°; la partie oxygénée, l'*absinthol*, $C^{10}H^{16}O$, bout à 195° (Beilstein et Kupffer), à 200-201° (corr.) (C. Alder Wright). L'absinthol est isomérique avec le camphre. Il ne donne point d'acide camphorique par l'oxydation avec l'acide nitrique, ni d'acide camphocarbonique par l'action du gaz carbonique et du sodium. Traité par le chlorure de zinc, il fournit une grande quantité de résine et peu de cymène. Le pentasulfure de phosphore le transforme en cymène ordinaire; en même temps il se forme une certaine quantité de thiocymol $C^{10}H^{14}S$ [F. Beilstein et A. Kupffer, *Liebig's Ann.*, t. CLXX, p. 290; — Alder Wright, *Chem. News*, t. XXVIII, p. 253].

ABSINTHOL. — Voyez ABSINTHE (ESSENCE D').

ACANTHITE. — Voyez t. I, p. 89. — Sulfure d'argent, $Ag^{2}S$, orthorhombique de Freiberg (Saxe) et de Joachimsthal (Bohême). Gris de plomb noirâtre, à éclat métallique; cassure irrégulière.

Forme cristalline. — (Dauber). Prisme orthorhombique, $mm = 110° 54'$; $b^{1/2}\, b^{1/2}$ (arêtes culminantes) $= 120° 58'$ et $88° 38'$; modifications $p, g, h^{1}, a^{1}, e^{1}$. Les cristaux sont souvent maclés (plan de macle a^{1}), ou pointus et tordus en hélice.

ACÉNAPHTÈNE, $C^{12}H^{10}$. — Au lieu d'employer la méthode d'extraction décrite au t. I, p. 1651, on peut se procurer de petites quantités de ce carbure en recueillant les efflorescences qui se forment sur les huiles concrètes de houille dont le point d'ébullition est situé vers 350°. Le produit est sensiblement pur après une sublimation.

Pour isoler l'acénaphtène qui se forme dans diverses réactions chimiques, spécialement par voie pyrogénée, on a recours à l'acide picrique en solution alcoolique qui forme avec l'acénaphtène des cristaux faciles à purifier par essorage. Ces cristaux sont ensuite décomposés par l'ammoniaque aqueuse.

MM. Berthelot et Bardy ont indiqué deux méthodes synthétiques pour la préparation de ce carbure : l'une consiste à faire passer l'éthylnaphtaline de Fittig et Remsen dans un tube de porcelaine chauffé au rouge : il y a élimination de H^{2}; l'autre, à traiter l'éthylnaphtaline par deux molécules de brome à 180° et à décomposer le produit brut par la potasse alcoolique à 100°. L'éthylnaphtaline bromée n'a pu être obtenue à l'état de pureté.

Propriétés physiques. — D'après des expériences récentes, l'acénaphtène fond à 95°, se solidifie à 93°,3 et bout à 277°,5 (toute la colonne mercurielle dans la vapeur). Sa densité de vapeur prise à 440° est égale à 5,35; théorie, 5,33.

Propriétés chimiques. — Les alcalis sont sans action sur l'acénaphtène. Le sodium ne l'attaque pas, même à chaud. Avec le potassium on obtient un corps noir, insoluble dans tous les réactifs et qui paraît avoir pour formule $C^{12}H^{9}K$. L'eau décompose ce corps en régénérant le carbure.

Les acides chlorhydrique et bromhydrique saturés sont sans action, même à 100°. Quand on fait réagir le brome en solution sulfocarbonique sur l'acénaphtène, il se forme un dérivé bisubstitué fixant du brome par addition :

$$C^{12}H^{8}Br^{2}, Br^{4}.$$

Ce corps se dépose de ses solutions en beaux cristaux blancs. Si une molécule de brome réagit en solution éthérée, il se forme de l'acénaphtène monobromé $C^{10}H^{5}Br = (CH^{2})^{2}$, cristallisable dans l'alcool en belles tables fusibles entre 52 et 53°. Ce corps donne par oxydation l'acide bromonaphtalique $C^{10}H^{5}Br = (CO^{2}H)^{2}$ cristallisant dans la benzine en prismes incolores, fusibles à 210°.

L'iode ne donne pas de dérivés bien définis.

Les corps oxydants transforment l'acénaphtène en acide naphtalique

$$C^{10}H^{6}=(CO^{2}H)^{2}.$$

En faisant passer lentement un courant d'acénaphtène en vapeur sur de l'oxyde de plomb chauffé au rouge sombre, ce carbure se transforme en acénaphtylène, $C^{12}H^{8}$, par perte d'hydrogène.

Constitution. — L'acénaphtène se forme synthétiquement par la substitution de $C^{2}H^{4}$ à deux atomes d'hydrogène de la naphtaline; sa formule est donc

$$C^{10}H^{6} \left< \begin{matrix} CH^{2} \\ \dot{C}H^{2} \end{matrix} \right.$$

que l'on peut mettre en parallèle avec celle de son isomère le diphényle.

Cette formule est appuyée par le fait de la transformation de l'acénaphtène en acide naphtalique

$$C^{10}H^{6} \left< \begin{matrix} CO^{2}H \\ CO^{2}H. \end{matrix} \right.$$

[Berthelot, *Bull. de la Soc. chim.*, t. VII, p. 278; t. VIII, p. 245; — A. Behr et Van Dorp, *Ann. der Chem. u. Pharm.*, t. CLXXII, p. 263; *Bull. de la Soc. chim.*, t. XIX, p. 411; t. XX, p. 465; t. XXII, p. 561; — C. Graebe, *Bull. de la Soc. chim.*, t. XVII, p. 231; — Berthelot et Bardy, *ibid.*, t. XVIII, p. 11; — Blumenthal, *ibid.*, t. XXIII, p. 327].

A. Étard.

ACÉNAPHTYLÈNE, $C^{12}H^{8}$. — Ce carbure a été découvert par A. Behr et Van Dorp en faisant passer des vapeurs d'acénaphtène sur de l'oxyde de plomb chauffé au rouge sombre [*Bull. de la Soc. chim.*, t. XXII, p. 561]. Depuis il a été étudié par Blumenthal [*même recueil*, t. XXIII, p. 327].

Préparation. — Après avoir mis 4 ou 5 grammes d'acénaphtène dans le fond d'un tube à analyse, on achève de le remplir avec de la litharge. La colonne d'oxyde étant chauffée au rouge sombre sur une grille à gaz, on chauffe lentement l'acénaphtène, dont les vapeurs viennent se condenser dans un récipient après avoir traversé toute la longueur du tube. Le produit brut de cette opération se présente en croûtes cristallines jaunes qu'il est facile de purifier par cristallisation dans l'alcool. Les rendements sont de 90 %.

Propriétés physiques. — L'acénaphtylène cristallise dans l'alcool en tables jaunâtres fusibles à 92-93°. Il distille entre 265 et 275° en se décomposant partiellement; déjà à la température ordinaire il tend à se volatiliser. L'éther et la benzine le dissolvent facilement, ce qui le distingue de l'acénaphtène.

Propriétés chimiques. — L'hydrogène naissant produit par l'amalgame de sodium se fixe sur l'acénaphtylène et le transforme en acénaphtène. Il est indispensable d'opérer à chaud en agitant et de prolonger la durée de l'expérience. Le brome employé en quantité théorique donne avec l'acénaphtylène un produit d'addition

$$C^{12}H^{8}Br^{2} = C^{10}H^{6}=(C^{2}H^{2}Br^{2})$$

cristallisable dans l'alcool et la benzine en aiguilles incolores, fusibles entre 121 et 123°. L'oxydation transforme ce bromure en acide naphtalique. Traité par la potasse alcoolique, il fournit de l'acénaphtylène bromé $C^{10}H^{6}=(C^{2}HBr)$ qu'il n'est pas possible de purifier par distillation, mais qui forme avec l'acide picrique une belle combinaison cristallisée.

En prolongeant l'action de la potasse alcoolique sur le bibromure d'acénaphtylène ou sur l'acénaphtylène bromé, on régénère de l'acénaphtène, et il ne se forme pas de carbure répondant à la formule $C^{12}H^{6}$.

L'acénaphtylène bromé est attaqué par le brome avec dégagement d'acide bromhydrique, et le dérivé ainsi obtenu paraît donner de l'acide bromonaphtalique par oxydation.

L'acide azotique oxyde l'acénaphtylène; le dérivé d'oxydation est, comme pour l'acénaphtène, l'acide naphtalique.

L'acide picrique se combine avec l'acénaphtylène en produisant des aiguilles soyeuses, jaunes, fusibles à 201-202° et correspondant à la formule

$$C^{12}H^{8}[C^{6}H^{2}(AzO^{2})^{3}.OH].$$

Constitution. — Dérivant de l'acénaphtène ou éthylène-naphtaline par perte de H^{2}, et se transformant par oxydation en acide naphtalique, l'acénaphtylène doit être considéré comme de l'acétylène-naphtaline et représenté par la formule

$$C^{10}H^{6} \left< \begin{matrix} CH \\ \| \\ CH \end{matrix} \right.$$

A. Étard.

ACÉTAL, $C^{6}H^{14}O^{2} = CH^{3}\text{-}CH(OC^{2}H^{5})^{2}$. — *État naturel et modes de formation*. — L'acétal a été trouvé dans le vieux vin (Doebereiner) et dans l'alcool brut [Geuther et Alsberg, *Ann. der Chem. u. Pharm.*, t. LXXVI, p. 62].

Les portions les plus volatiles de l'alcool brut contiennent, au bout de quelque temps, une quantité assez notable d'acétal, formé aux dépens de l'alcool et de l'aldéhyde contenus dans ces liquides [Kraemer et Pinner, *Deutsch. chem. Gesellsch.*, t. II, p. 403; t. IV, p. 787; *Bull. de la Soc. chim.*, 1871, t. XVI, p. 274; — Kékulé, *Deutsch. chem. Gesellsch.*, t. IV, p. 718].

L'acétal se forme par l'action de l'éthylate de potassium en solution alcoolique sur le bromure d'éthylidène [Tawildarow, *Deutsch. chem. Gesellsch.*, t. VI, p. 1459];

Lorsqu'on fait réagir un excès d'alcool à une température élevée sur le bromure d'éthylène [Carius, *Ann. der Chem. u. Pharm.*, t. LXXXI, p. 172];

Lorsqu'on chauffe l'iodéthyline avec de l'éthylate de sodium en solution alcoolique [Baumstark, *Deutsch. chem. Gesellsch.*, t. VII, p. 1172].

Suivant Froehde, il se produirait de l'acétal dans l'oxydation des matières albuminoïdes par le peroxyde de manganèse [*Journ. für prakt. Chem.*, t. LXXVII, p. 301].

Réactions. — L'acétal dissout facilement l'uréthane; si on ajoute de l'acide chlorhydrique, il se produit, au bout de quelque temps, de l'éthylidène-uréthane [Bischoff, *Deutsch. chem. Gesellsch.*, t. VII, p. 628; *Bull. de la Soc. chim.*, 1874, t. XXII, p. 282].

L'ammoniaque, l'aniline, la toluidine, sont très solubles dans l'acétal. Si l'on chauffe ces solutions en tubes scellés, il se produit des corps basiques [Wallach, *Ann. der Chem. u. Pharm.*, t. CLXXIII, p. 282].

PRODUITS DE SUBSTITUTION.

MONOBROMACÉTAL. — M. Pinner prépare ce corps par l'action du brome sur l'acétal. On laisse tomber goutte à goutte du brome dans de l'acétal refroidi ; on lave à la soude, puis à l'eau, et on sépare le monobromacétal par la distillation fractionnée.

Liquide plus dense que l'eau, insoluble ; il bout à 170° en se décomposant partiellement.

La potasse alcoolique le transforme en oxacétal [*Deutsch. chem. Gesellsch.*, t. V, p. 147 ; *Bull. de la Soc. chim.*, 1872, t. XVII, p. 347].

ACÉTALS CHLORÉS. — MONOCHLORACÉTAL,

$$C^6H^{13}ClO^2.$$

— Ce corps a été découvert par Lieben dans l'action de l'éthylate de sodium sur l'éther bichloré ; il l'a décrit sous le nom d'*éther éthoxychloré*, sans reconnaître son identité avec le monochloracétal [*Ann. der Chem. u. Pharm.*, t. CXLVI, p. 192 ; *Bull. de la Soc. chim.*, 1869, t. XII, p. 282]. On l'obtient en faisant passer du chlore dans de l'acétal, on lave le produit de la réaction à la potasse et à l'eau et l'on distille [Bischoff, *Mém. cité*].

Paterno et Marzara conseillent de préparer ce corps en faisant bouillir pendant 7 à 8 heures dans un appareil à reflux les portions de l'éther bichloré brut bouillant de 130 à 150°, avec le double de leur volume d'alcool absolu. Le produit de la réaction est précipité par l'eau et distillé [*Gaz. chim. ital.*, 1873, p. 254 ; *Bull. de la Soc. chim.*, 1874, t. XXI, p. 219].

Le monochloracétal bout à 156°,8 (corr.). Densité à 0° = 1,0418, à 100° = 0,9315.

Par l'ébullition avec du zinc en poussière, il se décompose en chlorure d'éthyle et en alcool.

L'uréthane est très soluble dans le monochloracétal ; au bout de quelque temps il se produit de la monochloréthylidène-uréthane [Bischoff, *Mém. cité*].

DICHLORACÉTAL, $C^6H^{12}Cl^2O$. — La méthode de Lieben [t. I, p. 6] donne près de 20 % du poids de l'alcool employé [Paterno, *Compt. rend.*, t. LXVII, p. 456, 765].

On obtient un meilleur rendement en oxydant préalablement l'alcool. A cet effet on distille 2 p. d'alcool avec 2 p. d'eau, 3 p. d'acide sulfurique et 3 p. de peroxyde de manganèse, et on recueille les deux tiers du liquide. Le produit bien refroidi est traité par le chlore, finalement à la lumière directe jusqu'à formation d'un trouble permanent. Puis il est additionné de 3 ou 4 fois son volume d'eau, qui en sépare un produit huileux formé principalement de dichloracétal. On lave à l'eau, on sèche et on distille [Krey, *Jahresber. f. Chem.*, 1876, p. 474].

L'acide sulfurique étendu transforme le dichloracétal en dichloraldéhyde. Le zinc-éthyle réagit à 140° en produisant principalement de l'éther, du chlorure d'éthyle, de l'éthylène et du propylène [Paterno, *loc. cit.*].

Le dichloracétal donne un produit de condensation avec la benzine sous l'influence de l'acide sulfurique [Baeyer, *Deutsch. chem. Gesellsch.*, t. VI, p. 220].

L'acide sulfurique fumant produit de beaux cristaux rouges, fusibles à 120°, renfermant

$$C^6H^8Cl^3O^3$$

[Grabowski, *Deutsch. chem. Gesellsch.*, t. VII, p. 1071].

Le perchlorure de phosphore réagit à chaud avec production d'éther trichloré et de chlorure d'éthyle :

$$CHCl^2\text{-}CH<\begin{matrix}OC^2H^5\\OC^2H^5\end{matrix} + PCl^5$$

$$= POCl^3 + C^2H^5Cl + CHCl^2\text{-}CH<\begin{matrix}Cl\\OC^2H^5\end{matrix}.$$

L'acide chlorhydrique à 25 % transforme le dichloracétal à 150° en dichloraldéhyde [Krey, *loc. cit.*].

TRICHLORACÉTAL, $C^6H^{11}Cl^3O^2$. — Ce corps paraît exister en deux modifications différentes, un composé liquide (Würtz et Vogt, Byasson) et un autre solide (Paterno, Krey).

Trichloracétal solide,

$$CHCl^2\text{-}CH<\begin{matrix}OC^2H^4Cl\\OC^2H^5\end{matrix} (?)$$

— On l'obtient en petite quantité par l'action du chlore sur l'alcool à 80° centésimaux (à peine deux millièmes du poids de l'alcool employé). Il se trouve dans les portions qui passent au-dessus de 185°. On le purifie par une distillation méthodique dans un courant de vapeur d'eau, en recueillant toujours les dernières portions [Paterno, *Mém. cité*] ; ou bien on l'enlève par l'éther et on le fait cristalliser dans l'alcool et dans l'éther (Krey).

Le trichloracétal cristallise en aiguilles légères et brillantes, fusibles à 72° (Paterno), à 83° (Krey). Il bout à 230° en se décomposant partiellement.

Le *trichloracétal liquide*,

$$CCl^3\text{-}CH(OC^2H^5)^2,$$

s'obtient en chauffant, pendant quelques jours, au bain-marie, de l'éther tétrachloré avec de l'alcool :

$$CCl^3\text{-}CH<\begin{matrix}Cl\\OC^2H^5\end{matrix} + C^2H^5OH$$

$$= HCl + CCl^3\text{-}CH(OC^2H^5)^2$$

[Würtz et Vogt, *Compt. rend.*, t. LXXIV, p. 778].

Le trichloracétal liquide se trouve dans les produits secondaires de la fabrication du chloral, qui en renferment environ 2 millièmes [Byasson, *Compt. rend.*, t. LXXXVII, p. 26].

Le trichloracétal est un liquide transparent, mobile, d'une odeur spéciale, tachant le papier à la manière des corps gras. Il bout à 199-201° (Würtz et Vogt), à 204°,8, sous la pression de 758mm,7 [Paterno et Pisati, *Gaz. chim. ital.*, 1872, p. 333], à 197° (Byasson) ; sa densité est égale à 0° à 1,2813, à 15°2, à 1,2655, à 99°,9 à 1,1617 (Paterno et Pisati) ; l'eau en dissout à peine 5 grammes par litre. Il brûle avec une flamme fuligineuse, bordée de vert à la base. L'acide sulfurique le transforme presque quantitativement en chloral.

PENTACHLORACÉTAL,

$$C^6H^9Cl^5O^2 = CCl^3\text{-}CH(C^4H^8Cl^2O^2).$$

— Ce corps a été trouvé par Friedel dans les résidus de préparation du chloral. Il bout à 189°. La potasse aqueuse ne l'attaque pas ; la potasse alcoolique lui enlève à chaud une molécule d'acide chlorhydrique, en donnant un corps non saturé qui bout à 155° et qui est capable de fixer une molécule de brome. Le pentachloracétal régénère du chloral par l'action de l'acide sulfurique [*Bull. de la Soc. chim.*, 1875, t. XXIII, p. 433].

ACÉTALS OXYGÉNÉS. — L'étude de ces composés a été faite par Pinner [*Deutsch. chem. Gesellsch.*, t. V, p. 147 ; *Bull. de la Soc. chim.*, 1872, t. XVII, p. 347].

OXACÉTAL,

$$C^6H^{14}O^3 = CH^2.OH\text{-}CH(OC^2H^5)^2.$$

— On chauffe à 160-180°, pendant 12 heures, du bromacétal avec de la potasse alcoolique. On ajoute de l'eau, on traite par l'éther et on distille ce dernier. On répète le traitement par la potasse et la purification.

Liquide incolore, doué d'une odeur agréable, bouillant à 167°. Sa densité de vapeur est égale à 66,61 (H = 1).

L'acide sulfurique concentré et l'acide chlorhydrique gazeux le détruisent presque complètement à froid.

OXÉTHYLACÉTAL [Syn. *ethyl-glycol-acétal*],

$$C^8H^{18}O^3 = CH^2.OC^2H^5\text{-}CH(OC^2H^5)^2.$$

— On opère comme il a été indiqué pour l'oxacétal, mais on remplace la potasse alcoolique par une solution concentrée d'éthylate de sodium.

L'oxéthylacétal est identique avec l'*éther dioxéthylé* de Lieben, obtenu également par l'action de l'éthylate de sodium sur le monochloracétal [*Ann. der Chem. u. Pharm.*, t. CXLVI, p. 192; *Bull. de la Soc. chim.*, 1869, t. XII, p. 282].

C'est un liquide incolore, d'une odeur agréable. Il est plus léger que l'eau et insoluble. Il bout à 164°, à 168° (Lieben). Sa densité de vapeur est égale à 5,83; densité à 21° = 0,8924 (Lieben).

Le monochloracétal n'est pas attaqué par le sodium à la température ordinaire; le métal en fusion (à 130-140°) le transforme en oxyde d'éthyle et de vinyle :

$$CH^2Cl\text{-}CH(OC^2H^5)^2 + Na^2$$
$$= NaCl + NaOC^2H^5 + C^2H^3\text{-}O\text{-}C^2H^5$$

[Wislicenus, *Ann. der Chem. u. Pharm.*, t. CXCII, p. 106].

GLYOXALACÉTAL,

$$C^{10}H^{22}O^4 = (C^2H^5O)^2CH\text{-}CH(OC^2H^5)^2.$$

— Ce corps se forme par l'action de l'éthylate de sodium sur le dichloracétal; il n'a pas été obtenu exempt de chlore. C'est un liquide incolore, bouillant vers 180°. Il est plus léger que l'eau et insoluble. Les acides concentrés le décomposent complètement.

ACÉTALS MIXTES. — Pour préparer ces composés, M. Alsberg chauffe l'aldéhyde acétique avec un alcool en présence de l'acide sulfureux ou de l'acide acétique. On sépare l'acétal formé par une solution concentrée de chlorure de calcium, on le chauffe avec de la soude caustique, on le sèche et on le distille [*Jen. Zeitschr.*, t. I, p. 152].

DIMÉTHYLACÉTAL, $C^4H^{10}O^2 = CH^3\text{-}CH(OCH^3)^2$. — On chauffe en tubes scellés 1 vol. d'aldéhyde avec 2 vol. d'alcool méthylique et 0,25 vol. d'acide acétique [Alsberg, *Mém. cité*].

Le diméthylacétal se trouve dans l'esprit de bois brut, qui en contient de 5 à 10 grammes par litre [Daucer, *Journ. of the Chem. Soc.* (2), t. II, p. 222].

Il bout à 63-64° (Daucer), à 64°,4 (Alsberg). Sa densité à 0° est égale à 0,8674 (Alsberg), à 0,8787 (Daucer).

Diamylacétal,

$$C^{12}H^{26}O^2 = CH^3\text{-}CH(OC^5H^{11})^2.$$

— Pour la préparation de ce corps on chauffe 1 vol. d'aldéhyde avec 5 vol. d'alcool amylique et 1 vol. d'acide acétique à 80 %. Ce dernier peut être remplacé avantageusement par l'acide sulfureux dont on sature le mélange.

Liquide incolore, doué d'une odeur de poire. Il bout à 210°,8. A 15° sa densité est égale à 0,8347 [Alsberg, *Mém. cité*]. J. Tcherniac.

ACÉTAMIDE.

$$C^2H^3O, AzH^2 = CH^3\text{-}CO\text{-}AzH^2.$$

Mode de formation. — L'acétamide se produit dans l'action de l'acide acétique par le sulfocyanate de potassium : il se forme en même temps de l'oxysulfure de carbone, de l'acide carbonique et de l'hydrogène sulfuré et de l'acétonitrile :

$$\underset{\text{Acide sulfocyanique.}}{CHAzS} + \underset{\text{Acide acétique.}}{C^2H^4O^2} = \underset{\text{Acétamide.}}{C^2H^3O, AzH^2} + \underset{\text{Oxysulfure de carbone.}}{COS}$$

$$\underset{\text{Acétamide.}}{C^2H^3O, AzH^2} + \underset{\text{Oxysulfure de carbone.}}{COS}$$
$$= \underset{\text{Acétonitrile.}}{C^2H^3Az} + CO^2 + H^2S$$

[Letts, *Deutsch. chem. Gesellsch.*, t. V, p. 669; *Bull. de la Soc. chim.*, 1872, t. XVIII, p. 318].

Préparation. — M. Roorda Smit conseille de préparer l'acétamide par distillation de l'acétate d'ammonium, obtenu en neutralisant l'acide acétique par le carbonate d'ammonium au bain-marie. La distillation de l'acétate d'ammonium fournit entre 200 et 222° de l'acétamide presque pure, et les produits passés au-dessous de 200°, neutralisés par du carbonate d'ammonium, fournissent de nouvelle acétamide à la distillation [Roorda Smit, *Bull. de la Soc. chim.*, 1875, t. XXIV, p. 539].

Réactions. — L'acétamide oxydée par le *permanganate de potassium* en solution alcaline fournit de l'acide azotique et de l'acide azoteux [Wanklyn et Gamgée, *Journ. of the chem. Society* (2), t. VI, p. 25, et *Bull. de la Soc. chim.*, 1868, t. IX, p. 321].

L'acide iodhydrique saturé, chauffé à 275° avec l'acétamide, la convertit en éthane C^2H^6 [Berthelot, *Bull. de la Soc. chim.*, 1868, t. IX, p. 183].

Chauffée à 210° avec du sulfure de carbone, l'acétamide donne de l'oxyde et de l'oxysulfure de carbone, ainsi que de l'acide cyanhydrique et de l'hydrogène; le résidu renferme du sulfocyanate d'ammonium et de l'acétamide [Ladenburg, *Zeits. für Chem.*, 1869, p. 478; *Bull. de la Soc. chim.*, 1869, t. XII, p. 254].

Elle est transformée en cyanure de méthyle (acétonitrile) par le pentasulfure de phosphore; la décomposition commence à la température ordinaire, mais exige l'emploi de la chaleur pour être complète [L. Henry, *Comptes rendus*, t. LXVIII, p. 1273].

L'ether orthoformique, $CH(OC^2H^5)^3$, chauffé à 180° avec l'acétamide en tubes scellés, donne de l'alcool et des cristaux de *méthényldiacétyl-diamine*,

$$Az^2\begin{cases} CH \\ (C^2H^3O)^2 \\ H. \end{cases}$$

Les eaux mères renferment de la *méthényl-diamine* Az^2CH^4, que l'on peut séparer à l'état de chloroplatinate [Wichelhaus, *Zeits. für Chem.*, 1870, p. 307].

L'oxychlorure de carbone, $COCl^2$, transforme l'acétamide en diacétylurée ou carbonyl-diacétyl-diamide $COAz^2H^2(C^2H^3O)^2$. Il se forme en même temps du cyanure de méthyle, du chlorure d'acétyle, du chlorhydrate d'ammoniaque et de l'acide carbonique [Schmidt, *Journ. für prakt. Chem.*, nouv. sér., t. V, p. 35, et *Bull. de la Soc. chim.*, 1872, t. XVII, p. 101].

L'acétamide s'unit aux *aldéhydes*, avec élimination d'eau. Avec l'hydrure de benzoyle, elle donne la benzylène-diacétyldiamide

$$C^{11}H^{14}Az^2O^2 = C^6H^5\text{-}CH \begin{matrix} \diagup AzH\text{-}CO\text{-}CH^3 \\ \diagdown AzH\text{-}CO\text{-}CH^3 \end{matrix}$$

en cristaux soyeux, solubles dans l'eau bouillante

et dans l'alcool [Roth, *Ann. der Chem. u. Pharm.*, t. CLIV, p. 72, et *Bull. de la Soc. chim.*, 1870, t. XIV, p. 304].

Avec l'aldéhyde ordinaire, la réaction est la même; il se produit le composé

$$C^6H^{12}Az^2O^2 = CH^3\text{-}CH<^{AzH\text{-}CO\text{-}CH^3}_{AzH\text{-}CO\text{-}CH^3}$$

en prismes volumineux, fusibles à 169° [Tawildarow, *Deutsch. chem. Gesellsch.*, t. V, p. 477; *Bull. de la Soc. chim.*, 1872, t. XVIII, p. 231].

Avec le chloral, la réaction est différente; il y a simplement union de chloral anhydre et d'acétamide sans élimination d'eau; la combinaison $C^2Cl^3OH, C^2H^3O, AzH^2$ est en cristaux fusibles à 156-157°, se dédoublant par la distillation [Wallach, *Deutsch. chem. Gesellsch.*, t. V, p. 251, et *Bull. de la Soc. chim.*, 1872, t. XVII, p. 406].

Avec l'aldéhyde anisique, l'acétamide se comporte comme avec l'aldéhyde benzoïque; la réaction a lieu entre 1 molécule d'aldéhyde et 2 d'acétamide avec élimination d'une molécule d'eau pour donner le corps

$$C^6H^4(OCH^3)\text{-}CH<^{AzH\text{-}CO\text{-}CH^3}_{AzH\text{-}CO\text{-}CH^3};$$

ce composé est en aiguilles blanches, fusibles à 180° [*Ann. der Chem. u. Pharm.*, t. CLIV, p. 80, et *Bull. de la Soc. chim.*, 1870, t. XIV, p. 313].

Avec l'aldéhyde salicylique il y a également réaction; il se forme un corps jaune, insoluble dans l'alcool dont la formule n'a pas été établie [Credner, *Bull. de la Soc. chim.*, 1870, t. XIII, p. 453].

Le phénol décompose l'acétamide à l'ébullition; il se produit du benzoate de phényle et de l'ammoniaque [Guareschi, *Deutsch. chem. Gesellsch.*, t. VI, p. 758; *Bull. de la Soc. chim.*, 1873, t. XX, p. 464].

L'éthylate de sodium en solution dans l'alcool absolu ne décompose pas l'acétamide [Hartley, *Journ. of the Chem. Society* (2), t. XI, p. 991].

L'acétamide passe inaltérée dans l'économie animale [Nencki, *Bull. de la Soc. chim.*, 1874, t. XXII, p. 221].

ACÉTAMIDES CHLORÉES. — CHLORACÉTAMIDE,

$$C^2H^2ClO, AzH^2.$$

— L'acétamide monochlorée est en cristaux prismatiques, sublimables, fusibles à 119°,5, se concrétant à 116° (Menschutkin et Jermolayeff); elle fond à 116°, et bout à 224-225° avec une décomposition partielle sous une pression de 743 millimètres (Bisschoppinck); en ajoutant sa solution aqueuse avec de l'oxyde de mercure précipité, ajoutant de l'eau et faisant bouillir, on obtient par le refroidissement une combinaison mercurique, en fines aiguilles incolores,

$$2(C^2H^2ClOAzH)Hg;$$

l'hydrogène sulfuré n'en précipite pas le mercure [Menschutkine et Jermolayeff, *Zeits. fur Chem.*, 1871, p. 5; *Bull. de la Soc. chim.*, 1871, t. XV, p. 210].

DICHLORACÉTAMIDE, C^2HCl^2O, AzH^2. — Obtenue par l'action de l'ammoniaque sur l'éther dichloracétique, elle fond à 96°, et bout sans décomposition à 233-234°, pour une pression de 746 millimètres [Bisschoppinck, *Deutsch. chem. Gesellsch.*, t. VI, p. 731; *Bull. de la Soc. chim.*, 1875, t. XX, p. 451].

TRICHLORACÉTAMIDE, C^2Cl^3O, AzH^2. — Elle fond à 136° et bout à 238-239° (Bisschoppinck).

La trichloracétamide est attaquée énergiquement par le perchlorure de phosphore; le produit de la réaction, lavé avec du pétrole léger, est formé par un corps renfermant

$$CCl^3\text{-}CCl = Az\text{-}POCl^2,$$

que l'auteur appelle *chlorophosphoryle-tétrachloréthylidénimide*. Cette combinaison distille à 255-259° et se prend dans le récipient en une masse cristalline blanche fusible à 70-80°; ses vapeurs sont très irritantes. Elle est peu stable; lorsqu'on la fait recristalliser dans la benzine, elle se détruit en fournissant, entre autres produits, de l'acétonitrile trichloré [Wallach, *Deutsch. chem. Gesellsch.*, t. VIII, p. 299, et *Bull. de la Soc. chim.*, 1875, t. XXIV, p. 292].

DIBROMACÉTAMIDE. — Elle se produit par l'action de l'ammoniaque sur l'acétone pentabromée (Cloez) qui avait été prise pour de l'acétate de méthyle pentabromé; elle se forme aussi quand on traite le dibromacétate d'éthyle par l'ammoniaque alcoolique bouillante. Elle est en longues aiguilles fragiles et bouillantes, fusibles à 156° [Schaeffer, *Deutsch. chem. Gesellsch.*, t. IV, p. 366; *Bull. de la Soc. chim.*, 1871, t. XV, p. 215].

IODACÉTAMIDE, C^2H^2IO, AzH^2. — On l'obtient en traitant la solution alcoolique de la chloracétamide par de l'iodure de potassium solide, agitant de temps en temps et évaporant après vingt-quatre heures; elle cristallise dans l'eau en prismes incolores et transparents [Menschutkine et Jermolayeff].

DIACÉTAMIDE $(C^2H^3O)^2AzH$. — La diacétamide obtenue d'abord par Strecker dans l'action de l'acide chlorhydrique sur l'acétamide s'obtient, suivant Gautier, par l'action à 200° de l'acide acétique cristallisable sur l'acétonitrile. Elle fond à 59° (Gautier), à 74-75° (Wichelhaus), et bout à 210-212°. Chauffée avec du chlorure de zinc, ou de l'anhydride phosphorique, elle se dédouble en acétonitrile et acide acétique [Strecker, *Ann. der Chem. u. Pharm.*, t. CIII, p. 324; — A. Gautier, *Compt. rend.*, t. LXVII, décembre 1868. — Linnemann, *Jahresbericht für Chem.*, 1867, p. 601. — Wichelhaus, *Deutsch. chem. Gesellsch.*, t. III, p. 847, et *Bull. de la Soc. chim.*, 1871, t. XV, p. 77.

TRIACÉTAMIDE $(C^2H^3O)^3Az$. — On l'obtient en chauffant pendant longtemps, à 200°, l'anhydride acétique avec l'acétonitrile; le rendement est très faible. La triacétamide cristallise dans l'éther en petites aiguilles blanches et flexibles, fusibles à 78-79° [Wichelhaus, *Mémoire cité*].

E. Grimaux.

ACÉTANILIDE [Syn. *Phénylacétamide*]. — Ce composé se forme par l'action de la chaleur sur l'acétate d'aniline. C'est à cette réaction que l'on doit attribuer l'origine de l'acétanilide que l'on trouve dans la rosaniline fabriquée au moyen de l'acide acétique et du fer [Merz et Weith, *Deutsch. chem. Gesellsch.*, 1869, p. 432].

Le point de fusion indiqué par Gerhardt a été confirmé par ces auteurs, qui donnent 113° comme point de fusion de l'acétanilide purifiée par cristallisation dans le sulfure de carbone.

Réactions. — Les acides sulfurique et chlorhydrique dissolvent l'acétanilide, et à chaud ils la dédoublent en aniline et en acide acétique (Mills, Hofmann).

L'acétanilide traitée par l'acide hypochloreux fournit des dérivés mono et dichlorés; ce dernier s'unit aux éléments de l'acide hypochloreux, donnant naissance à une matière huileuse jaunâtre (O. Witt).

Le pentachlorure de phosphore la transforme en *éthényle-diphényldiamine* [Lippmann, *Deutsch. chem. Gesellsch.*, 1874, p. 541].

DÉRIVÉS DE SUBSTITUTION DE L'ACÉTANILIDE. — L'acétanilide contient des atomes d'hydrogène dans trois radicaux différents. Ces radicaux sont: 1° le radical acétyle; 2° le noyau benzique; 3° le groupe (AzH). On conçoit en conséquence que l'on puisse faire dériver plusieurs séries de produits de substitution de l'acétanilide, les uns isomériques entre eux, d'autres avec des dérivés de la crésylacétamide, etc. En outre, on a préparé des composés qui résultent du remplacement de l'oxygène du groupe acétyle par des radicaux, et des dérivés substitués dans différents groupes à la fois.

Nous décrirons successivement ces séries de dérivés de l'acétanilide.

DÉRIVÉS SUBSTITUÉS DANS LE GROUPE ACÉTYLE. — DÉRIVÉS CHLORÉS. *Monochloracétanilide,*

$$C^6H^5AzH.CO\text{-}CH^2Cl.$$

— On prépare ce composé en mélangeant les solutions éthérées de deux molécules d'aniline et d'une molécule de chlorure d'acétyle chloré. On chasse l'éther par distillation et l'on purifie le résidu incolore par cristallisation dans l'eau chaude [P.-J. Meyer, *Deutsch. chem. Gesellsch.*, 1875, p. 1152; *Bull. de la Soc. chim.*, t. XXV, p. 311; — D. Tommasi, *Bull. de la Soc. chim.*, t. XIX, p. 400].

Ce même composé se forme lorsqu'on chauffe le monochloracétate d'aniline avec de l'anhydride phosphorique [C.-O. Cech, *Deutsch. chem. Gesellsch.*, 1877, p. 1376; *Bull. de la Soc. chim.*, t. XXIX, p. 517].

Pinner et Fuchs [*Deutsch. chem. Gesellsch.*, 1877, p. 1058; *Bull. de la Soc. chim.*, t. XXIX, p. 221] ont obtenu un corps fusible à 84°, en mélangeant les solutions alcooliques d'acétate d'aniline et de cyanure de chloracétyle : les auteurs envisagent ce corps comme étant de la monochloracétanilide.

La monochloracétanilide est en fines aiguilles, solubles dans l'eau chaude, l'alcool et l'éther, fusibles à 134°,5 (Meyer) 97° (Tommasi) et qui peuvent être sublimées.

Lorsqu'on chauffe la monochloracétanilide avec de l'ammoniaque alcoolique à 100°, on la convertit en *diglycolamidodianilide*

$$AzH\begin{cases}CH^2\text{-}CO.AzH.C^6H^5\\ CH^2\text{-}CO.AzH.C^6H^5.\end{cases}$$

Ce corps cristallise en aiguilles fusibles à 140°,5. La soude le décompose en mettant de l'aniline en liberté. Son *azotate* est en aiguilles fusibles à 172° [P.-J. Meyer, *loc. cit.*].

La monochloracétanilide, chauffée avec un excès d'aniline jusqu'à dissolution, se transforme en *phénylglycocolle-anilide*

$$AzH\begin{cases}CH^2\text{-}CO.AzH.C^6H^5\\ C^6H^5\end{cases}$$

fusible à 110-110° [P.-J. Meyer, *loc. cit.*].

Wischin et Wilm [*Zeitsch. für Chem.*, 1868, p. 74] ont obtenu ce même corps en chauffant le monochloracétate d'éthyle avec un excès d'aniline.

Dichloracétanilide, $C^6H^5.AzH.CO\text{-}CHCl^2$. — Elle se forme par l'action de l'aniline sur le cyanocyanate de chloral [C.-O. Cech, *Deutsch. chem. Gesellsch.*, 1876, p. 337]. Elle résulte aussi de l'action de l'aniline sur le chloral, en présence de cyanure de potassium [Cech., *loc. cit.*]; Pinner et Fuchs (*loc. cit.*) ont préparé ce composé en chauffant l'acétate d'aniline avec le cyanure de chloracétyle. Il est probable que ces trois réactions engendrent une chloralanilide qui, par transformation moléculaire, fournit la dichloracétanilide. En tout cas, les trois substances préparées de cette façon sont identiques avec la dichloracétanilide que Cech [*Deutsch. chem. Gesellsch.*, 1877, p. 1265] a obtenues par les méthodes suivantes :

1° En chauffant le dichloracétate d'aniline avec l'anhydride phosphorique;

2° En traitant la dichloracétamide fondue par l'aniline.

La dichloracétanilide cristallise en prismes clinorhombiques, fusibles à 117°. Formes : m, e^1; angles des axes $= 68°12'$; $me^1 = 103°20'$; $e^1e^1 = 100°30'$; clivage suivant m.

Elle est soluble dans l'alcool, l'éther, le sulfure de carbone et l'acide acétique glacial. Les acides minéraux et les alcalis la dissolvent et la décomposent, à chaud, en isocyanure de phényle.

Trichloracétanilide, $C^6H^5.AzH.CO\text{-}CCl^3$. — On la prépare en mélangeant les solutions éthérées d'aniline et d'acide trichloracétique [Judson, *Deutsch. chem. Gesellsch.*, 1870, p. 782; *Bull. de la Soc. chim.*, t. XIV, p. 301]. Tommasi et Meldola [*Bull. de la Soc. chim.*, t. XXI, p. 398] l'ont obtenue en traitant l'aniline par le chlorure d'acétyle trichloré.

Elle cristallise en lamelles argentées, peu solubles dans l'eau chaude, fusibles à 82° (Judson), 94° (Tommasi et Meldola). L'acide sulfurique, l'éther, le chloroforme, le sulfure de carbone et la benzine la dissolvent. L'acide nitrique la convertit en *trichloracétanilide dinitrée* (voir plus loin).

DÉRIVÉS SUBSTITUÉS DANS LE NOYAU BENZIQUE. — Les composés résultant de la substitution de radicaux à la place des atomes d'hydrogène du groupe C^6H^5 forment trois séries distinctes. Ce sont les séries ortho, méta et para. Nous indiquerons la place des radicaux par des petits chiffres, conservant au groupe $AzH.CO\text{-}CH^3$ la position (1) dans tous les dérivés de substitution.

DÉRIVÉS BROMÉS. — *Acétanilide orthobromée,*

$$C^6H^4Br_{(2)}AzH.C^2H^3O.$$

— Elle se forme lorsqu'on chauffe l'orthobromaniline avec du chlorure d'acétyle. Elle cristallise en longues aiguilles, fusibles à 99°, solubles dans l'alcool [Körner, *Jahresb. f. Chem.*, 1875, p. 342].

Acétanilide parabromée,

$$C^6H^4Br_{(4)}AzH.C^2H^3O.$$

— On la prépare en ajoutant du brome à une solution d'acétanilide dans l'acide acétique glacial [Gürcke, *Deutsch. chem. Gesellsch.*, 1875, p. 1114; *Bull. de la Soc. chim.*, t. XXV, p. 327], ou en chauffant la parabromaniline avec le chlorure d'acétyle [Körner, *loc. cit.*]. On la purifie par cristallisation dans l'alcool. Elle est en grands prismes nacrés, fusibles à 164°,5.

Acétanilide orthoparadibromée,

$$C^6H^3Br^2_{(2.4)}AzH.C^2H^3O.$$

— Ce corps se forme lorsqu'on fait bouillir l'orthoparadibromaniline (fus. 79°,4) avec de l'acide acétique glacial, pendant plusieurs jours; il se forme, en même temps que l'acétanilide parabromée, lorsqu'on ajoute du brome à une solution d'acétanilide [Gürcke, *loc. cit.*].

L'acétanilide dibromée cristallise en rhomboèdres incolores, fusibles à 146° [Remmers, *Deutsch. chem. Gesellsch.*, 1874, p. 346; *Bull. de la Soc. chim.*, t. XXII, p. 104].

Acétanilide tribromée,

$$C^6H^2Br^3_{(2.4.6)}AzH.C^2H^3O.$$

— Remmers (*loc. cit.*) a obtenu ce composé en chauffant la tribromaniline (fus. 118°) avec du chlorure d'acétyle ou en décomposant la diacétanilide tribromée par la soude. Il cristallise en rhomboèdres incolores fusibles à 232°.

DÉRIVÉS CHLORÉS. — *Acétanilide orthochlorée,*

$$C^6H^4Cl_{(2)}AzH.C^2H^3O.$$

— Elle se forme lorsqu'on fait bouillir l'orthochloraniline avec l'acide acétique glacial. Elle est en aiguilles fusibles à 87-88° [F. Beilstein et A. Kurbatow, *Liebig's Ann.*, t. CLXXXII, p. 94; *Bull. de la Soc. chim.*, t. XXVII, p. 30]. Traitée par le mélange nitro-sulfurique, elle fournit deux dérivés nitrés que l'on n'a pas pu séparer.

Acétanilide métachlorée,

$$C^6H^4Cl_{(3)}AzH.C^2H^3O.$$

— On l'obtient en faisant bouillir un mélange de métachloraniline et de chlorure d'acétyle. Elle fond à 72°,5 et se dissout facilement dans l'alcool, la benzine et le sulfure de carbone [Beilstein et Kurbatow, *loc. cit.*].

Acétanilide parachlorée,

$$C^6H^4Cl_{(4)}AzH.C^2H^3O.$$

— On la prépare en dirigeant un courant de chlore dans une solution saturée d'acétanilide dans l'eau [Mills, *Ann. der Chem. u. Pharm.*, t. CXXI, p. 281], ou en traitant l'acétanilide par l'acide hypochloreux [O. Witt, *Deutsch. chem. Gesellsch.*, 1875, p. 1226; *Bull. de la Soc. chim.*, t. XXV, p. 365]. Beilstein et Kurbatow (*loc. cit.*) recommandent, comme mode de préparation le plus commode, de chauffer légèrement l'aniline parachlorée avec du chlorure d'acétyle et d'extraire le produit brut par l'acide chlorhydrique. L'acétanilide parachlorée se produit aussi, en même temps que le dérivé dichloré, lorsque l'acétanilide est traitée par le chlorure de sulfuryle [Wenghöffer, *Journ. f. prakt. Chem.* (2), t. XVI, p. 456].

L'acétanilide parachlorée cristallise en longues aiguilles fusibles à 162°, solubles dans l'alcool, l'éther et le chloroforme.

Acétanilide ortho-para-dichlorée,

$$C^6H^3Cl^2_{(2.4)}AzH.C^2H^3O.$$

— On la prépare en faisant passer un courant de chlore sec dans une solution acétique d'acétanilide (Beilstein et Kurbatow). Elle se forme aussi lorsqu'on traite l'acétanilide par l'acide hypochloreux [O. Witt, *loc. cit.*], ou par le chlorure de sulfuryle [Wenghöffer, *loc. cit.*]. On la purifie par cristallisation dans l'alcool, et on l'obtient ainsi en rhomboèdres brillants fusibles à 140° (Witt), 143° (Beilstein et Kurbatow). Elle se combine avec les éléments de l'acide hypochloreux pour former une huile correspondant à la formule

$$C^6H^3Cl^2.AzH.C^2H^3O + HClO.$$

(Witt).

On a signalé deux autres dérivés dichlorés de l'acétanilide; on les prépare en traitant les dichloranilines correspondantes par le chlorure d'acétyle. Ce sont :

$$C^6H^3Cl^2_{(2.3)}AzH.C^2H^3O \text{ fusible à } 156\text{-}157°,$$

$$\text{et } C^6H^3Cl^2_{(3.4)}AzH.C^2H^3O \text{ fusible à } 120°,5.$$

Acétanilide trichlorée, $C^6H^2Cl^3.AzH.C^2H^3O$. — On l'obtient en faisant passer du chlore dans une solution acétique d'acétanilide ou de dichloracétanilide; le meilleur mode de préparation consiste à traiter l'aniline trichlorée (fus. 77°,5) par le chlorure d'acétyle. L'acétanilide trichlorée cristallise en aiguilles solubles dans l'alcool et l'acide acétique glacial, fusibles à 204° [Beilstein et Kurbatow, *Deutsch. chem. Gesellsch.*, 1875, p. 1655; *Bull. de la Soc. chim.*, t. XXV, p. 294].

DÉRIVÉS IODÉS. — *Acétanilide paraiodée,*

$$C^6H^4I_{(4)}AzH.C^2H^3O.$$

— Elle se forme lorsqu'on fait passer de l'air chargé de vapeurs de chlorure d'iode dans une solution acétique d'acétanilide; l'eau la précipite de la solution. Elle cristallise en tables rhombiques peu solubles dans l'eau, solubles dans l'alcool et l'acide acétique glacial, fusibles à 181°,5. L'acide chlorhydrique concentré la dédouble en acide acétique et en paraïodaniline. L'acide nitrique chaud la transforme en nitroparaïodaniline [A. Michael et L.-M. Norton, *Deutsch. chem. Gesellsch.*, 1878, p. 107; *Bull. de la Soc. chim.*, t. XXX, p. 306].

DÉRIVÉS NITRÉS. — On connaît trois dérivés mononitrés de l'acétanilide :

1° *Acétanilide orthonitrée,*

$$C^6H^4(AzO^2)_{(2)}AzH.C^2H^3O.$$

Elle prend naissance par l'action du chlorure d'acétyle sur l'orthonitroaniline [Hübner et Rudolf, *Deutsch. chem. Gesellsch.*, 1875, p. 471; *Bull. de la Soc. chim.*, t. XXV, p. 268]. Elle se forme aussi lorsqu'on dissout l'acétanilide dans l'acide azotique, en même temps que le composé paranitré. Celui-ci se dépose lorsqu'on étend la liqueur d'eau, et le dérivé orthonitré peut être extrait de la solution azotique au moyen du chloroforme [Grethen, *Deutsch. chem. Gesellsch.*, 1876, p. 775; *Bull. de la Soc. chim.*, t. XXVII, p. 130].

Ce composé cristallise en aiguilles fusibles à 92-93° (Hübner et Rudolf), à 78° (Grethen). Il est soluble dans l'eau, l'alcool et le chloroforme. L'hydrogène naissant (étain et acide acétique glacial) le réduit. Dans ce cas il ne se forme pas un dérivé amidé de l'acétanilide, mais un anhydride de ce corps, *l'éthényle-phényle-diamine*

$$C^6H^4 \left\langle \begin{matrix} Az \\ AzH \end{matrix} \right\rangle C\text{-}CH^3$$

(Hübner et Rudolf).

Acétanilide métanitrée,

$$C^6H^4(AzO^2)_{(3)}AzH.C^2H^3O.$$

— On la prépare en broyant de la métanitroaniline (fus. 110°) avec du chlorure d'acétyle. Elle cristallise en lamelles fusibles à 141-143° [Meyer et Stüber, *Deutsch. chem. Gesellsch.*, 1871, p. 960; *Bull. de la Soc. chim.*, t. XVII, p. 175].

Acétanilide paranitrée,

$$C^6H^4(AzO^2)_{(4)}AzH\,C^2H^3O.$$

— On l'obtient en dissolvant de l'acétanilide dans de l'acide nitrique fumant refroidi, et étendant la solution de beaucoup d'eau. On purifie le précipité par cristallisation dans l'alcool. Elle cristallise en aiguilles fusibles à 207° (Hofmann) [*Ann. der Chem. u Pharm.*, t. CXXI, p. 281; — Rudnew, *Zeitsch. für Chem.*, 1871, p. 202; *Bull. de la Soc. chim.*, t. XVI, p. 128]. L'hydrogène naissant la convertit en para-phénylènediamine [Hobrecker, *Deutsch. chem. Gesellsch.*, 1872, p. 920].

Acétanilide dinitrée, $C^6H^3(AzO^2)^2.AzH.C^2H^3O$. — On a décrit deux dérivés dinitrés de l'acétanilide.

Le premier se forme lorsqu'on met 1 p. d'acétanilide dans un mélange de 5 p. d'acide azotique fumant et de 4 p. d'acide sulfurique, et se dépose lorsqu'on ajoute de l'eau à la solution acide. Après purification par cristallisation dans l'eau chaude, ce composé se présente sous forme d'aiguilles solubles dans l'alcool, fusibles à 120° et qui peuvent être sublimées. La potasse les transforme en dinitroaniline (fus. 175°) [Rudnew, *loc. cit*].

La seconde acétanilide dinitrée résulte de l'action de l'acide acétique glacial sur la dinitroaniline (fus. à 138°). Elle cristallise en fines aiguilles fusibles à 197°.

Acétanilide orthonitrée parabromée,

$$C^6H^3(AzO^2)_{(2)}Br_{(4)}AzH.C^2H^3O.$$

— On la prépare en traitant l'acétanilide parabromée par l'acide azotique. Elle cristallise en aiguilles jaune clair, fusibles à 102° (Remmers, *loc. cit.*), à 104° [Hübner et Retschy, *Deutsch. chem. Gesellsch.*, 1876, p. 790].

L'acide chlorhydrique et l'étain la transforment en éthényle-phénylène-diamine monobromée

$$C^6H^3Br \Big\langle {Az \atop AzH} \Big\rangle C.CH^3$$

fusibles à 206° (Remmers).

Acétanilide orthoparadibromée orthonitrée,

$$C^6H^2Br^2_{(2.4)}(AzO^2)_{(6)}AzH.C^2H^3O.$$

Par l'action de l'acide azotique sur l'acétanilide dibromée. Elle cristallise en aiguilles jaunes solubles dans l'alcool, fusibles à 209° [Remmers, *loc. cit.*].

Acétanilide tribromée mononitrée,

$$C^6HBr^3(AzO^2)AzH.C^2H^3O.$$

— Par l'action de l'acide azotique sur l'acétanilide tribromée (Remmers).

Acétanilides chloronitrées. — On connaît cinq dérivés chloronitrés de l'acétanilide. Ce sont :

L'acétanilide orthochlorée métanitrée,

$$C^6H^3Cl_{(2)}(AzO^2)_{(3)}AzH.C^2H^3O.$$

— Par l'action du chlorure d'acétyle sur l'orthochlorométanitroaniline (fus. 117-118°). Elle cristallise en aiguilles fusibles à 153-154°, solubles dans l'alcool [Beilstein et Kurbatow, *loc. cit.*].

L'acétanilide orthochlorée paranitrée,

$$C^6H^3Cl_{(2)}(AzO^2)_{(4)}AzH.C^2H^3O.$$

— Par l'ébullition de l'orthochloroparanitroaniline (fus. à 105°) avec du chlorure d'acétyle. Elle est en aiguilles fusibles à 139° (Beilstein et Kurbatow).

L'acétanilide métachlorée orthonitrée,

$$C^6H^3Cl_{(3)}(AzO^2)_{(2)}AzH.C^2H^3O.$$

— On l'obtient en chauffant l'orthonitrométachloraniline (fus. 124°) avec du chlorure d'acétyle. Elle fond à 115° (Beilstein et Kurbatow).

L'acétanilide métachlorée paranitrée,

$$C^6H^3Cl_{(3)}(AzO^2)_{(4)}AzH.C^2H^3O.$$

— Elle dérive de l'aniline métachlorée paranitrée (fus. 156-157°); elle fond à 141-142° (Beilstein et Kurbatow).

L'acétanilide dichlorée mononitrée,

$$C^6H^2Cl^2(AzO^2)AzH.C^2H^3O.$$

— Elle se forme lorsqu'on dissout l'acétanilide dichlorée dans de l'acide azotique (densité 1,51). Elle cristallise en aiguilles fusibles à 188°. Les acides et les alcalis bouillants l'attaquent difficilement (Witt).

Trichloracétanilide dinitrée,

$$C^6H^3(AzO^2)^2AzH.CO\text{-}CCl^3.$$

— Ce composé prend naissance lorsqu'on dissout la trichloracétanilide dans l'acide nitrique. Il cristallise en aiguilles jaunes fusibles à 118° [Tommasi et Meldola, *loc. cit.*].

Acétanilide et chlorure de soufre. — Le mélange de ces deux corps chauffés à 100° fournit une masse cassante, qui cède deux composés à l'acide acétique glacial. L'un d'eux, peu soluble dans ce véhicule, se dépose de sa solution chaude. C'est la *trithioacétanilide*

$$(C^2H^3OAzH.C^6H^4)^2S^3.$$

Elle cristallise en lamelles fusibles à 213-214°.

Le second est la dithioacétanilide

$$(C^2H^3OAzH.C^6H^4)^2S^2,$$

elle cristallise en lamelles fusibles à 215-217°.

Acétanilide et chlorure éthylsulfurique. — *Diacétodiamidosulfobenzide*

$$SO^2(C^6H^4.AzH.C^2H^3O)^2.$$

On délaye l'acétanilide dans le chlorure éthylsulfurique, on dissout, après la réaction, la masse dans l'alcool et on précipite la solution par l'eau. Le dépôt étant dissous dans l'éther, on obtient par évaporation de magnifiques aiguilles incolores groupées en étoiles. La diacétodiamidosulfobenzide fournit par oxydation de la quinone [Wenghöffer, *Journ. f. prakt. Chem.* (2), t. XVI, p. 459].

DÉRIVÉS SUBSTITUÉS DANS LE GROUPE AMIDOGÈNE. — *Méthylacétanilide,*

$$C^6H^5Az(CH^3)C^2H^3O.$$

— Ce composé se forme en même temps que le chlorhydrate de méthylaniline, lorsqu'on chauffe la méthylaniline avec du chlorure d'acétyle. Il cristallise en fines aiguilles fusibles à 104°; il bout à 240-250° [Hofmann, *Deutsch. chem. Gesellsch.*, 1874, p. 525; *Bull. de la Soc. chim.*, t. XXII, p. 371].

Phényle-acétanilide [Syn. *Diphényle-acétamide*]

$$(C^6H^5)^2Az.C^2H^3O.$$

— Elle prend naissance lorsqu'on ajoute du chlorure d'acétyle à une solution de diphénylamine dans la benzine. Elle cristallise en tables nacrées fusibles à 99°,5 [Merz et Weith, *Deutsch. chem. Gesellsch.*, 1873, p. 1151; *Bull. de la Soc. chim.*, t. XXI, p. 508].

Diacétanilide, $C^6H^5Az.(C^2H^3O)^2$. — Elle se forme lorsqu'on chauffe l'isosulfocyanate de phényle avec de l'anhydride acétique à 130-140°. Elle ressemble à l'acétanilide et fond à 111°. La potasse la dédouble en aniline et acide acétique [Meyer, *Deutsch. chem. Gesellsch.*, 1877, p. 1965].

Diacétanilide tribromée,

$$C^6H^2Br^3Az(C^2H^3O)^2.$$

— On la prépare en traitant l'aniline tribromée avec l'anhydride acétique. Elle cristallise en aiguilles fusibles à 123°, solubles dans l'alcool et l'éther. L'acide azotique la convertit en *diacétanilide tribromée mononitrée,*

$$C^6HBr^3(AzO^2)Az(C^2H^3O)^2.$$

[Remmers, *loc. cit.*].

Nitrosoacétanilide, $C^6H^5Az(AzO)C^2H^3O$.
— Elle se forme lorsqu'on fait passer de l'acide azoteux dans une solution acétique d'acétanilide. Elle est très instable et ne peut pas être obtenue en cristaux. On la purifie en la dissolvant à plusieurs reprises dans l'acide acétique et en précipitant la solution par l'eau. Elle se présente sous forme d'une poudre blanche amorphe, soluble dans l'éther et l'acide acétique, fusible à 40-41° [O. Fischer, *Deutsch. chem. Gesellsch.*, 1876, p. 464; *Bull. de la Soc. chim.*, t. XXVI, p. 387].

Thioacétanilide, $C^6H^5AzH.C^2H^3S$. — Elle se forme lorsqu'on fait agir l'hydrogène sulfuré sec sur le chlorure d'acétanilide (voir plus loin). Elle est en aiguilles jaunes fusibles à 75° [H. Leo, *Deutsch. chem. Gesellsch.*, 1877, p. 2133; *Bull. de la Soc. chim.*, t. XXX, p. 546].

Elle résulte aussi de l'action du pentasulfure de phosphore sur l'acétanilide [Simpson, *Deutsch. chem. Gesellsch.*, 1878, p. 338].

Chlorure d'acétanilide, $C^6H^5Az = CCl.CH^3$.
— Par l'action du perchlorure de phosphore sur l'acétanilide. Il fond à 50°. L'aniline le transforme en éthényldiphényldiamine [O. Wallach

et M. Hoffmann, *Deutsch. chem. Gesellsch.*, 1875, p. 1567; *Bull. de la Soc. chim.*, t. XXVI, p. 184].

Mercure acétanilide $(C^6 H^5.Az.C^2 H^3 O)^2 Hg$. — Par fusion de l'acétanilide avec de l'oxyde de mercure. Aiguilles incolores, solubles dans l'alcool, fusibles à 215° [Oppenheim et Pfaff, *Deutsch. chem. Gesellsch.*, 1874, p. 623; *Bull. de la Soc. chim.*, t. XXII, p. 465]. M. Wassermann.

ACÉTÉNYL-BENZINE (voyez PHÉNYLACÉTYLÈNE, t. II, p. 834), $C^6H^5 \cdot C \equiv CH$ — Ce carbure prend naissance lorsqu'on fait passer les vapeurs de bromure de phényléthylène à travers un tube chauffé au rouge sombre [Radziszevski, *Deutsch. chem. Gesellsch.*, t. VI, p. 493; *Bull. de la Soc. chim.*, t. XX, p. 400]. Il se forme aussi par la distillation du dérivé chloré d'acétophénone

$$C^6H^5.CCl^2.CH^3,$$

avec de la chaux sodée [T.-M. Morgan, *Chem. Soc. Journ.*, 1876, t. I, p. 164].

ACÉTIQUE (ACIDE). — *Modes d'obtention.* — L'acide acétique peut être formé au moyen de l'acétylène, par l'action de la potasse aqueuse à 230°, ou de la potasse alcoolique à 100° sur le dichlorure d'acétylène :

$$C^2H^2Cl^2 + 3\,KHO = C^2H^3O^2K + 2\,KCl + H^2O.$$

Chlorure d'acétylène. Potasse. Acétate de potassium.

Il se forme aussi par oxydation directe du carbure. Cette oxydation se produit directement à froid, quand on abandonne à lui-même, pendant six mois, un mélange d'oxygène et d'acétylène, en présence d'une solution étendue de potasse. L'acétylène en solution aqueuse est également oxydée à froid par l'acide chromique [Berthelot, *Bull. de la Soc. chim.*, 1870, t. XIII, p. 25, et t. XIV, p. 113].

Propriétés. — Oudemans a déterminé les points de fusion et d'ébullition de l'acide acétique; il l'a purifié par distillation sur le peroxyde de manganèse et l'acétate de sodium puis par distillation fractionnée et cristallisation, jusqu'à ce que la densité fût constante. D'après ses déterminations, l'acide acétique pur possède une densité de 1,05533 à 15°, fond à 16°,45, et bout de 117 à 117°,6, sous une pression de 763 millimètres [Oudemans, *Jahresbericht für Chem.*, 1866, p. 300].

D'après Rüdorff, il fond à 16°,7 et bout à 117°,8. Par un refroidissement lent, la température de l'acide acétique fondu peut descendre jusqu'à 8°, sans que celui-ci se solidifie; mais si on l'agite ou qu'on y projette un cristal, il se solidifie, et le thermomètre remonte à 16°,7 [*Deutsch. chem. Gesellsch.*, t. III, p. 390].

La densité des mélanges d'eau et d'acide acétique a été déterminée de nouveau par Oudemans, et ses chiffres ne concordent pas avec ceux de Mohr; Oudemans pense que Mohr avait employé un acide cristallisable renfermant 5 °/₀ d'eau.

On avait admis, d'après la table de Mohr, que le maximum de densité correspondait à l'hydrate $C^2H^4O^2,H^2O$, contenant 77 °/₀ d'acide acétique et 23 parties d'eau; mais Oudemans, Roscoe, Van Toorn ont montré que la densité des mélanges aqueux est la même pour des acides variant de 76,5 à 80° °/₀; ainsi Roscoe a donné les chiffres suivants, qui sont presque identiques avec ceux de Van Toorn et d'Oudemans :

Acide pour 100 .	76,5	77,5	79	80
Densité à 15°,5..	1,0752	1,0754	1,0751	1,0754

[Roscoe, *Journ. of the Chem. Society*, t. XV, p. 270; Van Toorn, *Journ. für Chem.*, t. VI, p. 171].

Roscoe en conclut que l'hydrate $C^2H^4O^2,H^2O$ n'existe pas; cependant un acide de cette composition distille d'une façon constante sous la pression ordinaire à 106°, mais cet hydrate est peu stable et facilement dissociable en eau et acide acétique (voyez CARBÉRINES).

DENSITÉ DES MÉLANGES D'EAU ET D'ACIDE ACÉTIQUE.

ACIDE acétique p. 100.	DENSITÉ à 15°.	ACIDE acétique p. 100.	DENSITÉ à 15°.	ACIDE acétique p. 100.	DENSITÉ à 15°.	ACIDE acétique p. 100.	DENSITÉ à 15°.
0	0,9992	26	1,0363	52	1,0631	78	1,0748
1	1,0007	27	1,0375	53	1,0638	79	1,0748
2	1,0022	28	1,0388	54	1,0646	80	1,0748
3	1,0037	29	1,0400	55	1,0653	81	1,0747
4	1,0052	30	1,0412	56	1,0660	82	1,0746
5	1,0067	31	1,0424	57	1,0666	83	1,0744
6	1,0083	32	1,0436	58	1,0673	84	1,0742
7	1,0098	33	1,0447	59	1,0679	85	1,0739
8	1,0113	34	1,0459	60	1,0685	86	1,0736
9	1,0127	35	1,0470	61	1,0691	87	1,0731
10	1,0142	36	1,0481	62	1,0697	88	1,0726
11	1,0157	37	1,0492	63	1,0702	89	1,0720
12	1,0171	38	1,0502	64	1,0707	90	1,0713
13	1,0185	39	1,0513	65	1,0712	91	1,0705
14	1,0200	40	1,0523	66	1,0717	92	1,0696
15	1,0214	41	1,0533	67	1,0721	93	1,0686
16	1,0228	42	1,0543	68	1,0725	94	1,0674
17	1,0242	43	1,0552	69	1,0729	95	1,0660
18	1,0256	44	1,0562	70	1,0733	96	1,0644
19	1,0270	45	1,0571	71	1,0737	97	1,0625
20	1,0284	46	1,0580	72	1,0740	98	1,0604
21	1,0298	47	1,0589	73	1,0742	99	1,0580
22	1,0311	48	1,0598	74	1,0744	100	1,0553
23	1,0324	49	1,0607	75	1,0746		
24	1,0337	50	1,0615	76	1,0747		
25	1,0350	51	1,0623	77	1,0748		

Les mélanges d'eau et d'acide acétique se solidifient à des températures variables, en rapport avec les proportions des substances constituantes. M. Rüdorff a proposé de doser l'acide cristallisable contenu dans l'acide aqueux, en déterminant le point de solidification. Pour faire un essai d'acide, on commence par refroidir le mélange à 1° environ au-dessous de la température approximative de solidification, on introduit un peu d'acide solide, on agite avec un thermomètre et on note la température de solidification. D'après Rüdorff, la proportion d'acide, pour les mélanges les plus riches, peut être déterminée avec une grande approximation :

100 p. d'acide acétique sont mêlées avec		100 p. du mélange renferment		Points de solidification.
0,0	d'eau	0,0	d'eau	16°7
0,5	—	0,197	—	15 65
1,0	—	0,990	—	14 8
1,5	—	1,477	—	14
2,0	—	1,961	—	13 25
3,0	—	2,912	—	11 95
4,0	—	3,846	—	10 5
5,0	—	4,761	—	9 4
6,0	—	5,660	—	8 2
7,0	—	6,542	—	7 1
8,0	—	7,407	—	6 25
9,0	—	8,257	—	5 3
10,0	—	9,090	—	4 3
11,0	—	9,910	—	3 6
12,0	—	10,774	—	2 7
15,0	—	13,043	—	— 0 2
18,0	—	15,324	—	— 2 6
21,0	—	17,355	—	— 5 1
24,0	—	19,354	—	— 7 4

[Rüdorff, *Deutsch. chem. Gesellsch.*, t. III, p. 390; *Bull. de la Soc. chim.*, 1870, t. XIV, p. 215].

On voit, d'après les expériences de M. Rüdorff, que le point de solidification s'abaisse au-dessous de 0° dès que l'acide renferme 13 % d'eau : comme il doit remonter vers 0° quand le mélange ne renferme plus que des traces d'acide acétique. M. E. Grimaux a déterminé les points de solidification de mélanges plus riches en eau, pour fixer le maximum de la courbe, et a trouvé que ce maximum, qui est à — 24°, correspond à un acide renfermant 37,5 % d'eau.

Le tableau suivant résume les observations de M. E. Grimaux; l'acide acétique cristallisable pris pour point de départ fondait à 14°,4; l'auteur a admis, d'après Rudorff, que cet acide renfermait 1,25 % d'eau.

Eau.	Acide acétique.	Points de solidification (Moyenne).
7,31	92,69	+ 5°,45
13,25	86,75	— 1°,4
23,52	76,48	— 11°,7
31,18	68,82	— 18°,93
33,56	66,44	— 20°,5
38,14	61,86	— 24°,05
44,50	55,50	— 22°,3
49,38	50,62	— 19°,8
56,54	43,46	— 16°,4
61,68	38,22	— 14°,5
69,23	30,77	— 10°,93
76,23	23,77	— 8°,2
79,22	20,78	— 7°,2
81,89	18,11	— 6°,3
83,79	16,21	— 5°,4

Ces chiffres montrent que, jusqu'au mélange d'une richesse de 61,68 % d'acide acétique, correspondant à un hydrate $C^2H^4O^2, 2H^2O$, c'est de l'acide acétique cristallisable qui se sépare dans sa solidification.

Pour les acides plus riches en eau, c'est de l'eau qui se solidifie, et le mélange resté liquide est plus riche en acide acétique que le mélange primitif. Aussi les anciens chimistes concentraient-ils le vinaigre en le soumettant à la congélation, et en rejetant la partie solide qui était de la glace. Pour l'acide acétique au contraire, on le concentre par solidification en rejetant les parties liquides qui sont plus aqueuses.

En traçant la courbe des points de solidification des mélanges d'eau et d'acide acétique, on voit qu'il y a, en outre, une déviation de la droite, un point singulier, à la température de — 11°,7 pour le mélange renfermant 23 % d'eau, et qui correspond à l'hydrate d'acide acétique $C^2H^4O^2, H^2O$ [E. Grimaux, *Bull. de la Soc. chim.*, 1873, t. XIX, p. 393].

Réactions. — L'acide acétique chauffé à 100° avec du permanganate neutre de potassium est oxydé et converti en eau et acide carbonique; mais, en solution alcaline, il se transforme en acide oxalique [Berthelot, *Bull. de la Soc. chim.*, 1867, t. VIII, p. 392].

Lossen a indiqué le mode opératoire suivant, pour transformer l'acide acétique en acide oxalique : il fait bouillir avec aussi peu d'eau que possible un mélange de 1 p. d'acétate de sodium, 1 p. de soude caustique et 2 p. de permanganate, puis il dessèche la masse et la soumet à une légère calcination [*Ann. der Chem. u. Pharm.*, 1868, t. CLXVIII, p. 174, et *Bull. de la Soc. chim.*, 1869, t. XI, p. 311].

L'acide acétique chauffé avec du chlorure de silicium $SiCl^4$ fournit l'*anhydride silico-acétique*

$$Si(C^2H^3O^2)^4$$

[Friedel et Ladenburg, *Bull. de la Soc. chim.*, 1867, t. VII, p. 213].

Il réagit à 100-120° sur l'oxychlorure de carbone, donner du chlorure d'acétyle :

$$\underset{\text{Acide acétique.}}{CH^3\text{-}CO^2H} + COCl^2$$

$$= \underset{\text{Chlorure d'acétyle.}}{CH^3\text{-}COCl} + CO^2 + HCl$$

[Kempf, *Journ. für prakt. Chem.*, nouv. sér., t. I, p. 402; *Bull. de la Soc. chim.*, 1870, t. XIV, p. 281].

Le sulfocyanate de phényle chauffé à 130-140° avec de l'acide acétique donne naissance à de la phényl-diacétamide, en même temps qu'il se dégage de l'acide carbonique et de l'hydrogène sulfuré [Hofmann, *Deutsch. chem. Gesellsch.*, t. III, p. 770]. Avec le sulfocyanate de potassium, l'acide acétique se transforme en acétamide, et il se dégage de l'oxysulfure de carbone :

$$\underset{\text{Acide sulfocyanique.}}{CHAzS} + \underset{\text{Acide acétique.}}{C^2H^3O, OH}$$

$$= \underset{\text{Acétamide.}}{C^2H^3O, AzH^2} + \underset{\text{Oxysulfure de carbone.}}{COS}$$

[Letts, *Deutsch. chem. Gesellsch.*, t. V, p. 669; et *Bull. de la Soc. chim.*, 1872, t. XVIII, p. 318].

L'acide acétique chauffé à 110-120° avec de l'aldéhyde benzoïque et un peu de gaz chlorhydrique ou de chlorure de zinc fournit une petite quantité d'acide cinnamique [Schiff, *Bull. de la Soc. chim.*, 1870, t. XIV, p. 317].

L'acide acétique s'unit à froid au brome et à l'acide bromhydrique; quand on le sature de gaz bromhydrique, qu'on y ajoute du brome et que l'on refroidit, le mélange se prend en une masse formée d'aiguilles cristallines ou de tables assez volumineuses. Ces cristaux sont colorés par un peu de brome; ils fondent à 8° en se dissociant, ils renferment

$$(C^2H^4O^2)^2Br^2, HBr$$

[Steiner, *Deutsch. chem. Gesellsch.*, t. VII, p. 184 *Bull. de la Soc. chim.*, 1874, t. XXII, p. 165].

Ce composé, si toutefois il constitue un corps défini, perd facilement de l'acide bromhydrique lorsqu'on l'abandonne sous une cloche sur de la chaux caustique; la teneur en HBr diminue jusqu'à 8,6 %, et, à partir de ce moment, le composé se volatilise intégralement. Il correspond alors à la formule $(C^2H^4O^2.Br^2)^4, HBr$.

On peut préparer directement un corps possédant cette composition en employant les acides acétique et bromhydrique et le brome dans les rapports théoriques. On l'obtient encore en ajoutant une très petite quantité de sulfure de carbone à un mélange de brome et d'acide acétique; la masse s'échauffe et se prend bientôt en cristaux. Le sulfure de carbone favorise, dans cette réaction, la substitution du brome à l'hydrogène et la production de la quantité d'acide bromhydrique nécessaire; mais le mécanisme de cette action est inconnu; ce qui est certain, c'est que le brome et l'acide acétique seuls n'agissent pas l'un sur l'autre à la température ordinaire, même au bout d'un temps assez long.

Le produit d'addition $(C^2H^4O^2.Br^2)^4HBr$ constitue de beaux prismes de couleur aurore ou des aiguilles orangées, fusibles à 36-37°, d'une odeur de brome. L'eau le dédouble en ses composants avec abaissement de température. Par la chaleur du bain-marie, il perd du brome et de l'acide bromhydrique et laisse un résidu riche en acide bromacétique [C. Hell et O. Mühlhaüser, *Deutsch. chem. Gesellsch.*, t. X, p. 2102; t. XI, p. 241; t. XII, p. 727]. Si l'on substitue dans la préparation du composé d'addition l'acide chlorhydrique à l'acide bromhydrique, on obtient un corps

$$(C^2H^4O^2.Br^2)^4HCl$$

en cristaux d'un rouge aurore, un peu moins stable que le composé bromhydrique.

PRODUITS DE SUBSTITUTION DE L'ACIDE ACÉTIQUE.

ACIDES BROMACÉTIQUES. — ACIDE MONOBROMACÉTIQUE, $C^2H^3BrO^2$. — Pour préparer cet acide, il suffit de chauffer, au réfrigérant ascendant, un mélange d'acide acétique, de brome et d'une petite quantité de sulfure de carbone. Quand la majeure partie du brome a disparu, on distille. — L'acide monobromacétique se forme aussi :

1° Par l'action du brome à 150° sur l'acétate d'éthyle [Crafts, *Bull. de la Soc. chim.*, 1865, t. III, p. 394], ou sur l'acétate de méthyle [E. Grimaux, *même recueil*, 1874, t. XXII, p. 24];

2° Par l'action de l'acide bromhydrique sur l'acide glycolique [Kékulé, *Ann. der Chem. u. Pharm.*, t. CXXX, p. 11];

3° Par l'action du brome sur la glycérine anhydre; il se forme, en outre, de la dibromhydrine et d'autres produits [Barth, *Ann. der Chem. u. Pharm.*, t. CXXIV, p. 341];

4° Par l'oxydation à l'air de l'acétylène monobromé C^2HBr en solution alcoolique [Glœckner, *Ann. der Chem. u. Pharm.*, Supplementb. VII, 107. et *Bull. de la Soc. chim.*, 1870, t. XIII, p. 430].

5° L'éthylène dibromé $C^2H^2Br^2$ absorbe l'oxygène à froid et se transforme en bromure de bromacétyle C^2H^2BrO,Br, que l'addition d'eau fait passer à l'état d'acide monobromacétique [Demole, *Bull. de la Soc. chim.*, 1878, t. XXIX, p. 204].

L'acide bromacétique chauffé à 130° avec de l'argent en poudre donne de l'acide succinique :

$$\underset{\text{Acide bromacétique.}}{2\,C^2H^3BrO^2} + 2\,Ag = \underset{\text{Acide succinique.}}{C^4H^6O^4} + 2\,AgBr.$$

[Steiner, *Deutsch. chem. Gesellsch.*, t. VII, p. 184; *Bull. de la Soc. chim.*, 1874, t. XXII, p. 66].

Le *bromacétate de plomb* cristallise en lames blanches, brillantes; par l'ébullition prolongée de la solution aqueuse, il se décompose en glycolate et bromure.

ACIDE DIBROMACÉTIQUE, $C^2H^2Br^2O^2$. — On le prépare par l'action du brome sur l'éther acétique; on chauffe l'éther acétique avec 4 molécules de brome à 120-130°, en tubes scellés, pendant quelques heures. Quand tout le brome a disparu, on distille, pour chasser le bromure d'éthyle mélangé de bromure d'éthyle bromé; le résidu est formé d'acide dibromacétique [Carius, *Deutsch. chem. Gesellsch.*, t. III, p. 336, et *Bull. de la Soc. chim.*, 1870, t. XIV, p. 170].

On peut aussi distiller le résidu; l'acide dibromacétique passe entre 220-240° et ne tarde pas à se solidifier, mais on en perd une partie, car il ne distille pas entièrement sans décomposition.

L'acide dibromacétique prend naissance, comme produit secondaire, dans la préparation du bromal [Schaeffer, *Deutsch. chem. Gesellsch.*, t. IV, p. 366, et *Bull. de la Soc. chim.*, 1871, t. XV, p. 215].

L'acide dibromacétique forme une masse cristalline blanche, déliquescente; il fond entre 45-50° et bout avec décomposition partielle entre 232-234° (Schaeffer).

Chauffé à 140° pendant 24 heures avec 10 parties d'eau, il se transforme en acide glyoxylique [E. Grimaux, *Bull. de la Soc. chim.*, 1876, t. XXVI, p. 483].

DIBROMACÉTATES (Schaeffer). — Le *sel de baryum* cristallise avec $4H^2O$; il est en prismes volumineux, transparents, efflorescents.

Le *sel d'argent*, $C^2HBr^2O^2Ag$, est en petites aiguilles peu solubles. Lorsqu'on le fait bouillir avec de l'eau, il se forme du bromure d'argent, de l'acide glyoxylique et de l'acide dibromacétique

$$2\,C^2HBr^2O^2Ag + 2\,H^2O = 2\,AgBr + C^2H^2Br^2O^2 + C^2H^2O^3.$$

[Perkin, *Chem. News*, t. XXXI, p. 65, et *Bull. de la Soc. chim.*, 1875, t. XXIV, p. 180].

Le *dibromacétate de plomb* cristallise en petites aiguilles blanches, brillantes, anhydres.

Le *sel de potassium*, $2(C^2HBr^2O^2K) + H^2O$, est en gros prismes transparents.

Dibromacétate d'éthyle (Schaeffer). — Cet éther bout à 192°; c'est un liquide incolore, d'une odeur rappelant celle de l'essence de menthe.

ACIDE TRIBROMACÉTIQUE, $C^2HBr^3O^2$. — L'acide tribromacétique s'obtient par l'action de l'acide azotique fumant sur le bromal; on dissout le bromal dans l'acide azotique, on chauffe légèrement, et quand il se dégage d'abondantes vapeurs nitreuses, on retire le feu. Après quelques heures, la réaction est terminée, et l'acide tribromacétique se dépose par le refroidissement en une masse cristalline que l'on purifie par une nouvelle cristallisation [Schaeffer, *mémoire cité plus haut*].

L'acide tribromacétique cristallise en tables incolores et brillantes, inaltérables à l'air. Il fond à 130° et bout à 245° en émettant des vapeurs de brome et d'acide bromhydrique. Il est inodore. Il est en cristaux monocliniques; prismes m avec la base p; clivage suivant o^1. Inclinaison $m\ p = 109°\,54'$, $o^1\ p = 107°\,42'$ (Groth).

L'acide tribromacétique, chauffé avec les alcalis, se décompose facilement en bromoforme et carbonate.

Les *tribromacétates* sont solubles, le *sel d'argent* est très instable; le *sel de baryum*

$$(C^2Br^3O^2)^2Ba + 3\,H^2O$$

est en tables minces et brillantes; le *sel de cuivre* est en aiguilles mamelonnées; le *sel de sodium* $2(C^2Br^3O^2Na) + 5H^2O$ est en cristaux lamelleux, blancs et brillants.

ACIDES CHLORACÉTIQUES. — ACIDE MONOCHLORACÉTIQUE, $C^2H^3ClO^2$. — Il réagit sur le sulfite de potassium pour donner du sulfacétate (acétosulfite).

$$CH^2 < \begin{matrix} SO^3K \\ CO^2K \end{matrix}$$

[Strecker, *Zeitsch. für Chem.*, 1868, p. 213]. — Chauffé avec de l'eau à 100°, il donne de l'acide glycolique et de l'acide chlorhydrique. Buchanan a déterminé la proportion d'acide décomposé en fonction du temps : il employait un acide étendu d'eau dans les proportions d'une molécule d'acide pour 164 molécules d'eau. Il a obtenu les résultats suivants :

Temps de l'expérience.	Acide décomposé.
2 heures	6 %
6 —	14,5
14 —	28
18 —	35
24 —	42,5
30 —	51,5
37 —	56
48 —	66
72 —	76,5
120 —	87,5
192 —	93
332 —	97
430 —	97,5

[Buchanan, *Deutsch. chem. Gesellsch.*, t. IV, p. 340, et *Bull. de la Soc. chim.*, 1871, t. XV, p. 209].

Par l'ébullition avec la potasse, l'acide monochloracétique fournit de l'acide glycolique; la chaux agit différemment et fournit peu d'acide glycolique, mais surtout de l'acide diglycolique [Heintz, *Ann. der Chem. u. Pharm.*, t. CXLIV, p. 91]. G. Schreiber a étudié l'action des différentes bases métalliques sur l'acide monochloracétique et a reconnu que les unes donnent de l'acide glycolique, d'autres de l'acide diglycolique, ou un mélange des deux acides.

La *lithine*, la *strontiane*, la *baryte* donnent de l'acide diglycolique avec des traces d'acide glycolique. La *magnesie* donne 4 fois plus d'acide glycolique que d'acide diglycolique. L'*hydrate de plomb* donne un mélange des deux. L'*hydrate stanneux*, l'*alumine*, l'*oxyde de zinc* donnent seulement de l'acide glycolique. Avec l'*oxyde de mercure* et l'*oxyde d'argent*, il se forme en outre de l'acide oxalique [G. Schreiber, *Journ. für prakt. Chem.* (2), t. XIII, p. 436; *Bull. de la Soc. chim.*, 1877, t. XXVII, p. 177].

Traité par le sulfhydrate de calcium, l'acide monochloracétique donne de l'acide thiodiglycolique

$$S < \begin{matrix} CH^2\text{-}CO^2H \\ CH^2\text{-}CO^2H \end{matrix}$$

(Schreiber).

Le *monochloracétate de potassium* chauffé en solution aqueuse avec de l'azotite de potassium fournit du *nitrométhane*, $CH^3(AzO^2)$ [Kolbe, *Journ. für prakt. Chem.* (2), t. V, p. 427, et *Bull. de la Soc. chim.*, 1872, t. XVIII, p. 228].

Chloracétate d'éthyle. — L'éther chloracétique donne avec le sulfocyanate de potassium l'acide sulfocyanacétique (t. III, p. 91). Chauffé avec du carbonate de sodium sec, à 180-200° pendant 12 heures, il donne du glycolate et du diglycolate de sodium, ainsi que de l'éther diglycolique. Le carbonate d'ammonium agit comme l'ammoniaque, en donnant des acides diglycolamidique et triglycolamidique [Heintz, *Ann. der Chem. u. Pharm.*, t. CXLI, p. 355; t. CXLIV, p. 95; *Bull. de la Soc. chim.*, 1867, t. VIII, p. 434, et 1868, t. X, p. 123].

Avec l'aniline, on obtient l'*anilidacétyl-anilide*, c'est-à-dire l'anilide d'un acide phénylamidoacétique analogue au glycocolle. Cette anilide a pour formule :

$$\begin{matrix} CH^2\text{-}AzH\text{-}C^6H^5 \\ CO\text{-}AzH\text{-}C^6H^5 \end{matrix}$$

[Wischin et Th. Wilm, *Zeitsch. für Chem.*, 1868, p. 74; *Bull. de la Soc. chim.*, 1868, t. X, p. 133].

Sur les autres ammoniaques composées, l'éther chloracétique agit comme sur l'ammoniaque et donne des glycocolles substitués; c'est ainsi qu'avec la méthylamine, il donne de la sarcosine avec la triméthylamine, du triméthylglycocolle ou bétaine, etc.

Par l'action de l'azotite de potassium, l'éther monochloracétique en solution alcoolique donne de l'éthyloxalate de potassium, du chlorure de potassium et du bioxyde d'azote [Steiner, *Deutsch. chem. Gesellsch.*, t. V, p. 383].

ACIDE DICHLORACÉTIQUE, $C^2H^2Cl^2O^2$. — On l'obtient en partie à l'état de sel de potassium, en partie à l'état d'éther éthylique par la réaction du cyanure de potassium et de l'hydrate de chloral en solution alcoolique. Lorsqu'on mélange ces solutions, on observe une réaction qui se manifeste par un dégagement d'acide cyanhydrique. Après refroidissement, on ajoute de l'eau qui précipite du dichloracétate d'éthyle; la solution aqueuse renferme le sel de potassium. La production d'éther dichloracétique peut être représentée par l'équation

$$\underset{\text{Chloral.}}{C^2Cl^3OH} + \underset{\text{Alcool.}}{C^2H^6O} + \underset{\text{Cyanure de potassium.}}{CAzK}$$

$$= \underset{\text{Acide cyanhydrique.}}{CAzH} + \underset{\text{Éther dichloracétique.}}{C^2HCl^2O^2, C^2H^5} + \underset{\text{Chlorure de potassium}}{KCl}$$

[Wallach, *Deutsch. chem. Gesellsch.*, t. VI, p. 114; *Bull. de la Soc. chim.*, 1873, t. XIX, p. 505].

Le *dichloracétate d'éthyle* se produit aussi dans l'action du chlorure de carbone C^2Cl^4 sur l'éthylate de sodium à 100-120°. Sa densité est de 1,29; il bout à 153°. Chauffé avec de l'eau à 120°, il donne de l'acide chlorhydrique, de l'alcool et de l'acide glyoxylique [Fischer et Geuther, *Jenaische Zeitsch.*, t. I, p. 47 et 167].

Par l'action de l'éthylate de sodium sur l'acide dichloracétique, il se forme de l'*ether diéthylglyoxylique*

$$\begin{matrix} CH(OC^2H^5)^2 \\ CO^2C^2H^5 \end{matrix}$$

[Schreiber, *Zeitsch. für. Chem.*, 1870, p. 167; *Bull. de la Soc. chim.*, 1870, t. XIII, p. 519].

ACIDE TRICHLORACÉTIQUE, $C^2HCl^3O^2$. — Il se prépare facilement par l'oxydation du chloral au moyen de l'acide azotique fumant, comme l'a indiqué Kolbe. Suivant Judson, l'oxydation se fait mieux avec le chloral liquide. A. Clermont emploie l'hydrate de chloral; il le met en digestion avec le triple de son poids d'acide azotique fumant. Le mélange, abandonné au soleil, donne naissance à un dégagement continu de vapeurs nitreuses pendant trois ou quatre jours. Soumis à la distillation, il fournit d'abord de l'acide azotique, puis à 195° de l'acide trichloracétique; 480 grammes de chloral fournissent 300 grammes d'acide.

Celui-ci se forme également par l'action du

permanganate de potassium ou de l'acide chromique sur l'hydrate de chloral [Judson, *Deutsch. chem. Gesellsch.*, t. III, p. 782; *Bull. de la Soc. chim.*, 1870, t. XIV, p. 391. — A. Clermont, *Comptes rendus*, 1871, t. LXXIII, p. 113 et 501; 1872, t. LXXIV, p. 942 et 1191; 1873, t. LXXVI, p. 774; 1876, t. LXXXI, p. 1270].

L'acide trichloracétique, chauffé à 250° avec du chlorure d'iode, fournit du chlorure de carbone. CCl^4 [Krafft, *Deutsch. chem. Gesellsch.*, t. IX, p. 1085]. Le brome agit de la même façon sur le sel de potassium et le transforme, à 120°, en chlorobromure de carbone CCl^3Br [Van 't Hoff, *Deutsch. chem. Gesellsch.*, t. X, p. 608, et *Bull. de la Soc. chim.*, 1877, t. XXVII, p. 370].

Trichloracétates. — (Clermont). — Le *sel acide d'ammonium*, $C^2HCl^3O^2, C^2Cl^3O^2AzH^4$, est en octaèdres transparents. — Le *sel de baryum* est en larges paillettes renfermant $6H^2O$. — Le *sel de calcium* est en aiguilles prismatiques cannelées, renfermant $6H^2O$. — Le *sel de cuivre* forme des cristaux ressemblant au sulfate de cuivre; il renferme $6H^2O$ (Judson). — Le *sel de lithium* cristallise avec $4H^2O$ en prismes déliquescents. — Le *sel de magnésium* cristallise après plusieurs mois, il est déliquescent et renferme $4H^2O$. — Le *sel mercureux* et le *sel mercurique* sont anhydres, ils sont peu solubles dans l'eau. — Le *sel de nickel*, avec $4H^2O$, est en cristaux prismatiques. — Le *sel acide de potassium* est en beaux octaèdres transparents, à base carrée, inaltérables à l'air. Le *sel de plomb* renferme H^2O, et cristallise en grands prismes rhomboïdaux (Judson). — Le *sel de sodium* renferme $6H^2O$. — Il en est de même du *sel de strontium* qui est en prismes déliés. — Le *sel acide de thallium* est en octaèdres. — Le *sel neutre* en aiguilles prismatiques anhydres. — Le *sel de zinc*, avec $6H^2O$, forme des paillettes déliquescentes.

Le *trichloracétate d'isobutyle*, $C^2Cl^3O^2, C^4H^9$, bout à 187-189°; il est plus dense que l'eau (Judson).

ACIDE CYANACÉTIQUE, $C^2H^3(CAz)O^2$. — Pour préparer ce corps, M. Meves chauffe 250 grammes d'éther monochloracétique avec 250 grammes de cyanure de potassium dissous dans 1,200 grammes d'eau jusqu'à ce qu'il ne se dégage plus d'acide cyanhydrique; il distille alors l'éther non décomposé, évapore le résidu à moitié au bain-marie, après l'avoir neutralisé; il filtre ensuite le liquide, l'acidule avec de l'acide sulfurique, évapore de nouveau à moitié et épuise par l'éther. La solution éthérée laisse par évaporation de l'acide cyanacétique brut que l'on purifie en le transformant en sel de plomb, filtrant et décomposant le sel de plomb par l'hydrogène sulfuré; la solution est alors concentrée au bain-marie, puis abandonnée dans le vide [Meves, *Ann. der Chem. u. Pharm.*, t. CXLIII, p. 201, et *Bull. de la Soc. chim.*, 1868, t. IX, p. 473].

On prépare plus commodément l'acide cyanacétique en chauffant du chloracétate de sodium pendant quelques instants avec du cyanure de potassium en solution aqueuse; la liqueur préalablement acidifiée est agitée avec de l'éther, la solution éthérée concentrée, et le résidu abandonné dans le vide [Tcherniak, *communication particulière*].

L'acide cyanacétique forme de grands cristaux fusibles à 80°. Il se décompose à 165° avec production d'acide carbonique et d'acétonitrile

$$CH^2(CAz)CO^2H = CH^3.CAz + CO^2;$$

le brome agit à froid sur l'acide cyanacétique en donnant de l'acide carbonique, du bromoforme et de l'acétonitrile dibromé, $CAz\text{-}CHBr^2$ [Van 't Hoff, *Bull. de la Soc. chim.*, 1874, t. XXII, p. 486].

L'acide cyanacétique soumis à l'action de l'hydrogène naissant ne se comporte pas comme les cyanures alcooliques, car, au lieu de fournir l'acide β-amidopropionique auquel il pourrait donner naissance par fixation de 4 atomes d'hydrogène, il se dédouble en acide acétique, acide formique et ammoniaque [G. Wheeler, *Zeitsch. für Chem.*, 1867, p. 69; *Bull. de la Soc. chim.*, 1867, t. VIII, p. 117].

Traité par le perchlorure de phosphore, il donne un mélange d'oxychlorure de phosphore et de chlorure de cyanacétyle (Müller).

Par l'électrolyse de son sel de potassium, l'acide cyanacétique fournit du dicyanure d'éthylène, de l'acide carbonique et de l'hydrogène :

$$\underset{\text{Acide cyanacétique.}}{2C^2H^3(CAz)O^2} + H^2O$$
$$= \underset{\text{Cyanure d'éthylène.}}{C^2H^4(CAz)^2} + 2CO^2 + H^2O + H^2$$

[Moore, *Deutsch. chem. Gesellsch.*, t. IV, p. 519; *Bull. de la Soc. chim.*, 1871, t. XVI, p. 105].

CYANACÉTATES (Meves). Ils sont tous solubles dans l'eau, sauf ceux d'argent et de mercure.

Sel d'argent, $C^2H^2(CAz)O^2Ag$. — Précipité jaune.

Sel de baryum $[C^2H^2(CAz)O^2]^2Ba$. — Cristallise difficilement.

Sel de cuivre $[C^2H^2(CAz)O^2]^2Cu$. — Aiguilles vertes.

Sel de plomb $[C^2H^2(CAz)O^2]^2Pb + H^2O$. Cristaux aciculaires.

Sel basique de mercure,

$$[C^2H^2(CAz)O^2]^2Hg + HgO.$$

— Poudre amorphe blanche.

Sel de potassium, $C^2H^2(CAz)O^2K$. — Déliquescent et incristallisable.

Sel de zinc $[C^2H^2(CAz)O^2]^2Zn + H^2O$. — Cristaux confus.

Cyanacétate d'éthyle, $C^2H^2(CAz)O^2, C^2H^5$. — (Van 't Hoff). On l'obtient en traitant une solution alcoolique d'acide cyanacétique par l'acide chlorhydrique; en même temps une partie s'hydrate et est dédoublée en chlorhydrate d'ammoniaque et acide malonique.

L'éther cyanacétique est liquide et bout à 207°; traité par l'ammoniaque, il donne l'*amide cyanacétique*, fusible à 105°. E. Grimaux.

ACÉTIQUE (ANHYDRIDE), $(C^2H^3O)^2O$. — L'anhydride acétique se produit :

1° Quand on chauffe un mélange d'acétate de plomb et de sulfure de carbone à 165°, pendant plusieurs jours, en ayant soin d'ouvrir chaque jour les tubes pour en laisser échapper l'acide carbonique formé

$$2[(C^2H^3O^2)^2Pb] + CS^2$$
$$= PbS + CO^2 + (C^2H^3O)^2O$$

[J. Broughton, *Journ. of the Chem. Society*, 1865, p. 21; *Bull. de la Soc. chim.*, 1865, t. IV, p. 212];

2° Par l'action de la baryte caustique sur le chlorure d'acétyle [Gal, *Compt. rend.*, t. LVI, p. 360];

3° En petite quantité, par l'action de l'anhydride phosphorique sur l'acide acétique (Gal et Etard).

L'amalgame de sodium agit sur l'anhydride acétique pour le transformer en alcool et acétate de sodium. 400 grammes d'anhydride acétique ont fourni 55 grammes d'alcool [Linnemann, *Ann. der Chem. u. Pharm.*, t. CXLVIII, p. 249; *Bull. de la Soc. chim.*, 1869, t. XII, p. 272].

L'anhydride acétique et le zinc-éthyle réagissent vivement et fournissent une acétone C^4H^8O, bouillant à 77-80° [M. Saytzeff, *Zeitsch. fur Chem.*, 1870, p. 104; *Bull. de la Soc. chim.*, 1870, t. XIV, p. 53].

Avec l'oxyde stannique SnO^2, à 150° l'anhydride acétique donne une combinaison cristallisée $SnO^2(C^4H^6O^3)^2$; après avoir été lavé à l'éther anhydre, il renferme $SnO^2C^4H^6O^3$ [Laurence, *Compt. rend.*, t. LXXV, p. 1524].

Il agit sur une foule de corps pour en former les dérivés acétylés; il en est ainsi avec l'urée, les ammoniaques composées, les hydrates de carbone, les alcools, l'acide picrique, etc.

ANHYDRIDE BROMACÉTIQUE, $(C^2H^2BrO)^2O$. [Gal, *Compt. rend.*, t. LXXI, p. 272]. — En faisant réagir le bromure d'acétyle monobromé sur l'acétate de sodium fondu, on obtient l'anhydride bromacétique bouillant à 245°; il se forme en même temps de l'anhydride acétique. Il est probable que, dans une première phase de la réaction, il se produit l'anhydride acétique monobromé

$$\begin{matrix} C^2H^3O \\ C^2H^2BrO \end{matrix} > O,$$

qui se dédouble ensuite en anhydride acétique et anhydride bibromé :

$$2\left(\begin{matrix} C^2H^3O \\ C^2H^2BrO \end{matrix} > O\right) = (C^2H^3O)^2O + \begin{matrix} C^2H^2BrO \\ C^2H^2BrO \end{matrix} > O.$$

ANHYDRIDE HYPOCHLORACÉTIQUE (*acétate de chlore*). — Cet anhydride dissous dans l'anhydride acétique absorbe l'acétylène à une température de — 10°; l'eau précipite du mélange un liquide aromatique bouillant vers 120° sous une pression de 2 centimètres. Ce corps renferme

$$C^2H^2 < \begin{matrix} (OC^2H^3O)^2 \\ Cl^2 \end{matrix}$$

[Prudhomme, *Compt. rend.*, t. LXX, p. 1136].

Il agit également sur l'amylène; on obtient trois composés bouillant sous une pression de 4 millimètres à 85°, 102° et 140°. La distillation n'opère qu'une séparation incomplète; le produit intermédiaire paraît renfermer

$$C^5H^9Cl < \begin{matrix} OC^2H^3O \\ Cl \end{matrix}$$

[Prudhomme, *Bull. de la Soc. chim.*, 1870, t. XIV, p. 3]. Avec l'éthylène, MM. Schützenberger et Lippmann ont obtenu le glycol acétochlorhydrique

$$C^2H^4 < \begin{matrix} OC^2H^3O \\ Cl \end{matrix}$$

[*Bull. de la Soc. chim.*, 1865, p. 438].

E. Grimaux.

ACÉTONAMINE. — Voyez p. 17.

ACÉTONE. — Aux réactions fournissant l'acétone il faut ajouter les suivantes :

1° L'oxydation de divers corps renfermant le radical isopropyle, tels que *l'amylène* (Würtz), *l'isopropylœnanthyle* (Popoff), l'acide isobutyrique, etc.;

2° La distillation de l'acétylacétate de méthyle avec un acide fort (voyez t. II, p. 406)

$$C^5H^8O^3 + H^2O = C^3H^6O + CO^2 + CH^3.OH;$$

3° En traitant par l'acide sulfurique étendu, et le zinc en grenaille, à une douce chaleur, des cristaux d'hydrate de dibromodichloracétone (voyez plus loin), on obtient, au bout d'un temps assez long, de l'acétone. La réduction peut être faite au moyen de l'acide iodhydrique [O. Lange, *Deutsch. chem. Gesellsch.*, t. VI, p. 98];

4° M. Sorokine a obtenu de l'acétone en faisant réagir l'oxyde d'argent sur le diiodhydrate d'allylène $C^3H^4.2HI$. Il en conclut que la formule de ce dernier est $CH^3.CI^2.CH^3$ [*Deutsch chem. Gesellsch.*, t. VI, p. 562];

5° L'acide sulfurique saturé d'allylène, étendu de beaucoup d'eau et distillé, fournit de l'acétone et du mésitylène [A. Schrohe, *Deutsch. chem. Gesellsch.*, t. VIII, p. 17 et 367];

6° L'acétone a été aussi signalée, accompagnée d'alcool, dans l'urine d'un diabétique [Markownikoff, *Deutsch. chem. Gesellsch.*, t. VIII, p. 1683, et t. IX, p. 1604].

DÉRIVÉS CHLORÉS DE L'ACÉTONE. — MONOCHLORACÉTONE. — L'action ménagée du chlore sur l'acétone donne la monochloracétone, particulièrement quand on opère sur de l'acétone renfermant encore de l'alcool méthylique [Kriwaksin, *Deutsch. chem. Gesellsch.*, t. IV, p. 563, et Bischoff, *ibid.*, t. V, p. 863]. Ce corps bout à 118-121°. Il a été obtenu également par M. L. Henry en traitant par l'acide sulfurique le propylène dichloré [*Deutsch. chem. Gesellsch.*, t. V, p. 190].

Pour cela, il a agité 45 grammes de propylène dichloré avec 250-300 grammes d'acide sulfurique concentré pendant 15 minutes environ, puis il a ajouté de l'eau et distillé.

La monochloracétone traitée par la potasse en excès se colore en beau rouge carmin. Avec l'acétate de potassium, en solution alcoolique, elle fournit un éther facile à séparer par distillation, $CH^3\text{-}CO\text{-}CH^2(C^2H^3O^2)$. Densité à 11° = 1.053. Point d'ébullition, à 745mm de pression, vers 175°. Cet éther est très soluble dans l'eau, dans l'alcool et dans l'éther. Densité de vapeur, 4,02; théorie, 4,00. Il est neutre et devient acide au contact de l'eau ou de l'air humide. Le perchlorure de phosphore l'attaque à froid sans dégagement d'acide chlorhydrique. On n'a pas réussi à isoler l'alcool correspondant à cet éther.

La monochloracétone n'a pas donné par l'éthylate de sodium un éther $CH^3\text{-}CO\text{-}CH^2(C^2H^5O)$ [L. Henry, *Deutsch. chem. Gesellsch.*, t. V, p. 966].

La monochloracétone laissée en digestion pendant 24 heures avec l'acide cyanhydrique concentré en présence de l'alcool, au bain-marie, dans un appareil à réfrigérant ascendant, donne, après évaporation au bain-marie, une huile soluble dans l'eau, qui ne peut pas être purifiée par distillation. Traité par l'acide chlorhydrique étendu, ce composé fournit un acide que l'on sépare en évaporant et en reprenant par l'éther. La solution éthérée, décolorée par le noir animal, abandonne une huile qui se prend en cristaux prismatiques. Ceux-ci sont l'acide *monochloracétonique*,

$$\begin{matrix} CH^2Cl\text{-}C\text{-}CH^3 \\ / \quad \backslash \\ OH \quad CO^2H. \end{matrix}$$

La combinaison primitive était donc le cyanure

$$\begin{matrix} CH^2Cl\text{-}C\text{-}CH^3 \\ / \quad \backslash \\ OH \quad CAz. \end{matrix}$$

Le *monochloracétonate de sodium* est une masse cristalline déliquescente; le sel *ammoniacal* est aussi cristallisable dans le vide.

Le sel *de plomb* est vitreux et soluble dans l'alcool et dans l'eau.

L'éther éthylique a été obtenu dans un état de pureté incomplet par l'action de l'acide chlorhydrique sur la solution alcoolique de l'acide, et par évaporation au bain-marie. Il reste une huile d'odeur agréable, décomposable par la distillation.

On a constaté que le chlore de l'acide monochloracétonique peut être remplacé par le groupe CAz [Bischoff, *Deutsch. chem. Gesellsch.*, t. V, p. 864].

DICHLORACÉTONES. — 1° *Dichloracétone dissymétrique*, CH^3-CO-$CHCl^2$. — Ce composé s'obtient en saturant de chlore l'acétone pure refroidie, jusqu'à ce qu'elle commence à se colorer en jaune et à dégager des fumées d'acide chlorhydrique. A ce moment, on chasse l'acide chlorhydrique par digestion dans un appareil à réfrigérant ascendant; on distille, et, après un petit nombre de fractionnements, on isole la dichloracétone bouillant à 120°.

On peut aussi laver avec un peu d'eau et ajouter un mélange de chlorure de calcium et d'acide chlorhydrique.

La dichloracétone peut également se préparer par électrolyse d'un mélange d'acide chlorhydrique et d'acétone. Dans cette réaction, outre la dichloracétone bouillant à 120°, M. Mulder a obtenu en petite quantité un produit ayant la même composition et bouillant entre 135 et 140°.

Traitée par le sulfhydrate de potassium KSH, la dichloracétone fournit un composé C^3H^4SO. C'est un corps peu stable, soluble dans l'éther, dont la solution alcoolique donne avec le sous-acétate de plomb un précipité rouge renfermant $C^3H^6PbSO^3$. Ce dernier est pyrophorique à 110°; il noircit lorsqu'on le chauffe avec l'eau, et semble donner un composé $C^3H^6O^3$ en même temps que PbS. La liqueur aqueuse renferme, en effet, un produit sirupeux qui brunit par la potasse, réduit le carmin d'indigo, donne l'odeur de caramel lorsqu'on le chauffe, et qui est précipité par l'acétate de plomb. Lorsqu'on chauffe la dichloracétone avec la potasse, on obtient un produit analogue en même temps qu'un autre qui, avec le sous-acétate de plomb, fournit un composé $2C^9H^9O^5.Pb$ [Mulder, *Deutsch. chem. Gesellsch.*, t. VIII, p. 100].

Cyanhydrine de la dichloracétone. — Par digestion au bain-marie, la dichloracétone se combine avec l'acide cyanhydrique aqueux concentré; le produit huileux restant après évaporation est peu stable et se décompose lorsqu'on chauffe; il renferme $C^3H^4Cl^2O.CAzH$. Traité au bain-marie par l'acide chlorhydrique moyennement concentré, il fournit, avec production de sel ammoniac, l'*acide dichloroxyisobutyrique* ou *dichloroacétonique*. Pour séparer ce dernier, on évapore au bain-marie et on reprend par l'éther. Après évaporation de l'éther, il reste une huile qui se prend en cristaux prismatiques épais. Ceux-ci, séchés sur l'acide sulfurique, renferment

$$\begin{matrix} CH^3 \\ CHCl^2 \end{matrix} > C(OH)\text{-}CO^2H.$$

L'acide ne peut pas être distillé, mais se sublime en prismes rayonnés. Il fond à 82-83°.

Le sel d'*argent* $C^4H^5AgCl^2O^3$ est cristallisable, peu soluble dans l'eau à froid, altérable à la lumière. En chauffant la solution, on voit se séparer du chlorure d'argent.

Le sel *ammoniacal* s'obtient par neutralisation d'une solution alcoolique de l'acide par l'ammoniaque alcoolique, sous la forme d'une masse cristalline de prismes soyeux entrecroisés. Ce sel se décompose à chaud.

Celui de *potassium* est assez soluble dans l'alcool et très soluble dans l'eau; cristallisable dans l'alcool, en aiguilles plates et en croûtes cristallines. Il se décompose quand on chauffe ses solutions. Le sel de *baryum* se présente en prismes limpides.

Il existe deux sels de *plomb*. Le premier se dépose en boules cristallines, de la liqueur obtenue en dissolvant du carbonate de plomb fraîchement précipité dans l'acide. Ensuite il cristallise des prismes transparents, beaucoup plus solubles. Le premier paraît être un sel neutre hydraté, le second un sel basique.

L'éther *éthylique* s'obtient par l'action de l'acide chlorhydrique sur une solution alcoolique de l'acide, sous la forme d'une huile que l'on sépare en évaporant au bain-marie, lavant avec un peu d'eau, reprenant par l'éther, séchant avec le chlorure de calcium et chassant l'éther. L'éther $C^4H^5Cl^2O^3(C^2H^5)$ distille en se décomposant entre 208 et 215° [Bischoff, *Deutsch. chem. Gesellsch.*, t. VIII, p. 1332].

2° *Dichloracétone symétrique.* — M. Markownikoff et MM. Glutz et Fischer ont préparé la dichloracétone symétrique CH^2Cl-CO-CH^2Cl par oxydation de la dichlorhydrine symétrique bouillant à 174° [*Deutsch. chem. Gesellsch.*, t. VI, p. 1210; *Journ. für prakt. Chem.*, t. IV, p. 52]. Le premier l'a obtenue sous la forme de cristaux fondant à 43°; les derniers sous celle d'une huile bouillant à 170°. On connaît encore d'autres produits ayant la composition de la dichloracétone : l'un a été isolé, sous la forme de gros prismes, des produits bouillant entre 140 et 170° de la préparation de la monochloracétone. Il fond à 44° et paraît identique avec la dichloracétone de Markownikoff. Les prismes se subliment facilement et sont insolubles dans l'eau, facilement solubles dans l'alcool et dans l'éther. Bien séchés entre des doubles de papier, ils sont inodores. Ils paraissent être un produit de polymérisation de la dichloracétone proprement dite [Barbaglia, *Deutsch. chem. Gesellsch.*, t. VII, p. 468]. M. Mulder en a obtenu un autre cristallisable, par l'action de l'acide chlorhydrique sur le produit de la réaction du cyanure de potassium sur la dichloracétone. C'est peut-être un mélange de cette dernière avec l'acide dichloracétique.

TRICHLORACÉTONE. — Ce corps a été obtenu à l'état de pureté bouillant de 170-172°, en traitant par l'acide chlorhydrique sec l'hydrate cristallin et fondu provenant de l'évaporation de la solution aqueuse de trichloracétone. Cette dernière a été obtenue elle-même par l'action du chlore sur le produit d'oxydation de l'alcool isobutyrique qui renferme de l'acétone [Krämer, *Deutsch. chem. Gesellsch.*, t. VII, p. 256].

La trichloracétone CCl^3-CO-CH^3 prend aussi naissance par l'action du chlore sur l'acide citraconique [Gottlieb et Morawski, *Journ. fur prakt. Chem.* (2), t. XII, p. 1 et p. 369].

L'hydrate renferme $C^3H^3Cl^3O.2H^2O$. Il fond vers 44°. Il se sépare à la distillation en hydrate aqueux et anhydride. L'anhydride lui-même cristallise à la longue en tables quadrangulaires solubles dans l'eau. L'acide azotique concentré les dissout sans altération. L'hydrate de baryum en sépare du chloroforme.

En saturant de chlore l'acétone pure, on obtient un mélange de dichloracétone et de trichloracétone que l'on peut séparer par distillation fractionnée. La partie bouillant de 165-175°, mise en contact avec l'eau au froid, se prend en beaux cristaux tabulaires ou prismatiques, qui sont purs après un lavage à l'eau. L'acétone trichlorée attire l'humidité et donne des cristaux d'hydrate que l'on peut transformer en anhydride par l'action de l'acide chlorhydrique sec.

Traitée par l'aniline avec addition de lessive de potasse, suivant la réaction indiquée par M. Hofmann, elle dégage une odeur marquée de cyanure de phényle, preuve qu'elle renferme le groupe CCl^3 et possède, par conséquent, la formule de constitution suivante : CCl^3-CO-CH^3.

Chauffée avec de l'eau à 100°, elle donne de l'acide chlorhydrique, de l'acide carbonique et de l'acide acétique; il se forme en même temps un produit de condensation sirupeux, brunâtre, ayant parfois une saveur douce.

Elle ne se combine pas avec les bisulfites alcalins, mais par contre avec l'acide cyanhydrique, et forme avec lui une matière huileuse, que l'action de l'acide chlorhydrique convertit en *acide trichloracétonique*. Ce dernier est huileux, incristallisable et très facilement décomposable. Le sel d'argent se précipite lorsqu'on ajoute un peu d'ammoniaque au mélange d'acide trichloracétonique et d'azotate d'argent; mais ce sel abandonne presque immédiatement du chlorure d'argent. Les alcalis décomposent l'acide.

TÉTRACHLORACÉTONE. — Lorsque, au lieu de chlorer l'acétone pure, on opère sur un mélange de ce corps et d'alcool méthylique, on observe les phénomènes décrits par M. Bouis. En traitant le produit fractionné et distillant entre 160 et 180° par l'eau, à froid, on a obtenu d'abord de l'hydrate de trichloracétone, puis un hydrate de trichloracétone et de tétrachloracétone, que M. Bischoff considère comme une combinaison définie et qui renferme $C^6H^{17}Cl^7O^8$, c'est-à-dire

$$C^3H^3Cl^3O.2H^2O + C^3H^2Cl^4O.4H^2O.$$

Ce produit dissous dans l'eau en a recristallisé sans altération. Il fond à 30-32°. Il se décompose et se transforme en anhydride par l'action de l'acide chlorhydrique sec.

L'hydrate de tétrachloracétone cristallise en dernier lieu, en grands prismes fondant à 38-39°. Il renferme 4 H^2O, comme l'a indiqué M. Bouis. L'acide chlorhydrique gazeux le transforme en anhydride. Ce dernier est un corps ayant une forte tension de vapeur et une odeur extrêmement irritante; il se volatilise facilement avec la vapeur d'eau, même à la température ordinaire. Avec la potasse et l'aniline, il donne du cyanure de phényle. Sa constitution est donc exprimée par la formule

$$CCl^3\text{-}CO\text{-}CH^2Cl.$$

Il existe probablement un deuxième hydrate de tétrachloracétone, qui se forme en petits cristaux feutrés à la surface des grands cristaux abandonnés dans l'air sec [Bischoff, *Deutsche chem. Gesellsch.*, t. VIII, p. 1396].

DÉRIVÉS BROMÉS ET CHLOROBROMÉS DE L'ACÉTONE. — ACÉTONE MONOBROMÉE. — M. Emmerling l'a préparée en ajoutant la quantité voulue de brome à l'acétone additionnée de sulfure de carbone et en distillant ce dernier. M. Sokolowsky l'a obtenue en faisant agir le brome sur une solution aqueuse d'acétone au dixième. Sa densité est de 1,99. Elle se combine avec les bisulfites alcalins. C'est un liquide huileux, d'une odeur très irritante, incolore, décomposable à la distillation, mais passant sans décomposition avec la vapeur d'eau.

Elle donne avec l'ammoniaque sèche une combinaison cristallisée, mais fort instable. Avec l'ammoniaque aqueuse, elle fournit plusieurs bases solubles dans l'eau et dans la benzine, insolubles dans l'alcool, l'acide chlorhydrique et le chloroforme. L'iode et l'ammoniaque la transforment en iodoforme et acide acétique, et non en acide monobromacétique. L'acide sulfurique concentré donne de l'acide oxalique et probablement de la bromopicrine.

L'acétone monobromée, traitée, en présence de l'eau, par l'oxyde d'argent récemment précipité, fournit après deux ou trois jours un corps neutre, volatil, réduisant la liqueur cupropotassique, mais que l'on n'a pas réussi à isoler de l'eau. Il communique à l'eau une saveur douce.

En même temps il se produit le sel d'argent d'un acide qui, séparé du métal par l'hydrogène sulfuré, forme une masse sirupeuse à saveur acide et amère. Séchée à 100°, elle renferme

$$C^{12}H^{18}O^9 = C^{12}H^{16}O^8 + H^2O.$$

Son sel de baryum offre l'aspect d'une résine. Il renferme à 100° $C^{12}H^{13}O^7Ba$. L'auteur le considère comme un anhydride du précédent. Les deux formules ne sont pas suffisamment contrôlées [Emmerling, *Deutsch., chem. Gesellsch.*, t. VI, p. 22; — Sokolowsky, *ibid.*, t. IX, p. 1687].

L'ACÉTONE DIBROMÉE peut être préparée d'une manière analogue. Densité, 2,5. Son odeur est moins pénétrante que celle de l'acétone monobromée. Elle se combine aussi avec les bisulfites alcalins. M. Sokolowsky a obtenu aussi le produit d'addition $C^3H^6O.Br^2$, signalé par M. Linnemann, en ajoutant le brome à une solution aqueuse d'acétone refroidie.

Ce produit détone dès qu'on l'enlève de l'eau [*Deutsche chem. Gesellsch.*, t. IX, p. 1687].

L'ACÉTONE PENTABROMÉE est identique avec le *bromoxaforme*, obtenu par M. Cahours par l'action du brome sur les citrates alcalins. On l'obtient aussi dans l'action du brome sur l'acétate de méthyle impur renfermant de l'acétone [Grimaux, *Bull. de la Soc. chim.* (2), t. XXII, p. 22].

MONOCHLOROBROMACÉTONE. — La chlorobromhydrine, préparée par l'action de l'acide bromhydrique fumant sur l'épichlorhydrine, a été oxydée au moyen d'une solution d'acide chromique. Les produits distillés entre 176 et 188° ont laissé déposer lorsqu'on les a refroidis avec de la glace des cristaux de chlorobromacétone. Séchés sur l'acide sulfurique, ils renfermaient

$$C^3H^4ClBrO.$$

Les cristaux fondent à 34-35°; leur point d'ébullition est situé entre 177 et 180°. Leur odeur est très irritante. Ils sont peu solubles dans l'eau. Ils se combinent avec les bisulfites alcalins [A. Theegarten, *Deutsch. chem. Gesellsch.*, t. VI, p. 1276].

DIBROMODICHLORACÉTONE. — En faisant réagir le brome sur la dichlorhydrine soit en vase clos, soit dans des cornues, en présence de l'eau ou sans eau, on obtient, outre la bromodichlorhydrine $C^3H^5BrCl^2O$, un produit formant avec l'eau un hydrate cristallisable. C'est la dibromodichloracétone $C^3H^2Br^2Cl^2O$, dont l'hydrate renferme 4H^2O. On l'obtient à l'état anhydre en fondant les cristaux à 60°, séparant la couche d'eau et séchant le produit sur l'acide sulfurique. C'est un liquide dense, incolore, qui ne cristallise pas à 10°; sa vapeur irrite fortement les yeux; il est très soluble dans l'alcool, dans l'éther, dans la benzine, peu soluble dans l'eau. Il est très avide d'eau et s'y combine avec échauffement à 15 ou 20°.

L'hydrate forme des lames ou des tables cristallines parfois assez volumineuses. Il se volatilise lentement à l'air. Dans l'air sec, il perd son eau, la dibromodichloracétone se volatilisant aussi en partie. Les cristaux fondent à 49-50°,5 en un liquide trouble.

L'hydrate de baryum décompose facilement la dibromodichloracétone à chaud avec production des acides oxalique, formique, acétique, glycolique.

L'éthylate de potassium fournit un composé éthéré, de l'acide acétique, de l'acide oxalique et un peu d'acide carbonique.

Avec l'alcool en excès, à 150 ou 160°, on obtient du chlorure, du bromure, de l'oxyde d'éthyle, et les acides formique et glycolique

$$C^3H^2Br^2Cl^2O + 4C^2H^6OH$$
$$= 2C^2H^5Cl + 2C^2H^5Br + CH^2O^2 + C^2H^4O^3.$$

L'action de l'acide iodhydrique semble régénérer la dichlorhydrine, avec dépôt d'iode et formation d'acide bromhydrique [Carius, *Ann. der Chem. u. Pharm.*, t. CLV, p. 35].

ACTION DE L'ACIDE IODHYDRIQUE. — M. Silva a obtenu de l'iodure d'isopropyle par l'action de l'acide iodhydrique gazeux sur l'acétone refroidie entre 0 et + 5°. Il se produit encore d'autres combinaisons iodées bouillant à une température plus élevée [*Bull. de la Soc. chim.*, 1875, t. XXIV, p. 97].

ACTION DE L'ACIDE CYANHYDRIQUE. — M. F. Urech a fait agir un courant lent d'acide chlorhydrique liquide ou gazeux sur de l'acétone additionnée de cyanure de potassium. Il n'a pas pu isoler du produit de la réaction la combinaison de molécules égales d'acide cyanhydrique et d'acétone, mais bien celle de deux molécules d'acétone et une d'acide cyanhydrique. C'est un corps cristallin fondant à 135° et se sublimant facilement en belles aiguilles minces. Il se dédouble par l'addition d'acide chlorhydrique, avec production de sel ammoniac, en acétone et acide oxy-isobutyrique.

La *cyanhydrine diacétonique* se combine avec le chlorure de calcium et donne un corps cristallisant en grandes aiguilles qui renferme

$$(C^3H^6O)^2CAzH + CaCl^2 + 4H^2O$$

[*Deutsch. chem. Gesellsch.*, t. IV, p. 520].

En employant un mélange d'acétone avec le cyanure et le cyanate de potassium, M. Urech a obtenu, par fixation de CAzH et de CAzOH, le composé $C^5H^8Az^2O^2$, l'acétonylurée. L'action de l'eau de baryte transforme ce corps en acide acétonuramique, $C^5H^{10}Az^2O^3$, et le dédoublement de ce dernier par les acides fournit l'acide α-amido-isobutyrique [*Deutsch. chem. Gesellsch.*, t. V, p. 643].

ACTION DU TRISULFURE DE PHOSPHORE. — *Duplosulfacetone*. — Lorsqu'on arrose, dans un appareil à reflux, 1 molécule de trisulfure de phosphore avec 6 molécules d'acétone, on voit se produire une vive réaction. Après que celle-ci s'est apaisée, on chauffe encore quelque temps au bain-marie. Au bout de 24 heures de repos, le liquide se sépare en deux couches, dont la supérieure donne a la distillation d'abord de l'acétone inaltérée, puis un liquide d'une odeur désagréable bouillant entre 170 et 190°. Après plusieurs fractionnements, ce produit bout de 183-185°; il forme une huile jaunâtre, qui irrite vivement la peau, et dont les vapeurs piquent les yeux. Il renferme $C^6H^{12}S^2$, ainsi que le prouvent les analyses et la densité de vapeur 5.08 (théorie 5.11).

La couche inférieure renferme encore un peu de cette acétone sulfurée polymère, mélangée avec des dérivés éthérés de l'acide phosphoreux.

La duplosulfacétone ne se mélange pas avec l'eau, mais bien en toute proportion avec l'alcool et l'éther. La solution alcoolique donne un précipité blanc volumineux, avec le bichlorure de mercure dissous dans l'alcool.

On peut désulfurer le produit en le chauffant à 200° avec du cuivre en poudre [Wislicenus, *Zeitsch. für Chem.*, 1869, p. 324].

ACTION DU BICHLORURE DE MERCURE EN PRÉSENCE DE LA POTASSE. — En versant une solution de bichlorure de mercure dans un mélange d'acétone et de potasse étendue, M. J.-E. Reynolds a vu se dissoudre l'oxyde de mercure d'abord précipité. Si l'on continue à ajouter du bichlorure, il finit par se former un précipité blanc. Si l'on filtre à ce moment, on obtient une liqueur jaunâtre opalescente, qui se prend en gelée quand on la chauffe. Soumise à la dialyse, elle a fourni un corps qui, évaporé sur l'acide sulfurique, renfermait $(C^6H^6O)^2 3HgO$. L'addition à la solution d'une trace d'acide ou d'alcali libre, ou d'un sel tel que le chlorure de calcium ou l'acétate de sodium, suffit pour faire prendre la solution en gelée. Le mercure n'est pas réduit par une lame de cuivre. L'acide chlorhydrique et l'hydrogène sulfuré décomposent le produit, et la liqueur fournit de l'acétone à la distillation.

D'autres acétones, telles que la propione, la butyrone, la valérone, donnent des réactions analogues [*Deutsch. chem. Gesellsch.*, t. IV, p. 483].

ACTION DE L'AMMONIAQUE SUR L'ACÉTONE.

MM. Oechsner et Pabst ont constaté, contrairement à l'assertion de M. Vincent, que l'action de l'ammoniaque sur l'acétone ne fournit ni aldéhyde ni méthylamine [*Bull. de la Soc. chim.*, 1874, t. XXI, p. 295].

Il se produit au contraire une série de bases, dont trois ont été isolées par M. W. Heintz [*Ann. der Chem. u. Pharm.*, t. CLXXIV, p. 133, et t. CLXXVIII, p. 305], et par MM. Sokoloff et Latschinoff [*Deutsch. chem. Gesellsch.*, t. VII, p. 1384], et une, l'acétonine, par M. Mulder. Le composé auquel M. Staedeler avait donné le nom d'acétonine serait, d'après M. Heintz, de la diacétonamine impure [Staedeler, *Ann. der Chem. u. Pharm.*, t. CIX, p. 305]. La combinaison d'ammoniaque et d'acétone décrite par ce chimiste n'existerait pas davantage.

DIACÉTONAMINE, $C^6H^{13}AzO$. — On fait arriver à la surface de l'acétone maintenue à l'ébullition un courant de gaz ammoniac sec, et on fait passer les vapeurs dans un tube chauffé par un courant de vapeur d'eau (réfrigérant de Liebig), puis dans un récipient refroidi où elles se condensent. On neutralise le produit distillé avec de l'acide sulfurique étendu de son volume d'eau; on distille l'excès d'acétone, on évapore à sec et on reprend le résidu par l'alcool absolu bouillant. Celui-ci dissout le sulfate de diacétonine et l'abandonne par le refroidissement à l'état cristallin. Les eaux mères retiennent un autre sel, précipitable par l'éther.

Pour isoler la diacétonamine, on traite le sulfate par la soude concentrée, on agite le mélange avec de l'éther et on distille ce dernier. La diacétonamine reste sous la forme d'un liquide incolore d'une odeur ammoniacale particulière, plus léger que l'eau, dans laquelle il ne se dissout pas en toute proportion. Elle est plus soluble à froid qu'à chaud. L'alcool et l'éther la dissolvent en toute proportion.

Chauffée au-dessus de 100°, elle entre en ébullition en se décomposant partiellement, sans doute, en oxyde de mésityle et ammoniaque. La distillation dans le vide est également accompagnée de décomposition. La diacétonamine brunit lorsqu'on chauffe à l'air; elle absorbe l'oxygène à la longue.

On l'a obtenue pure en déshydratant par la soude fondue la solution éthérée de la base et en chassant l'éther à l'aide d'un courant d'hydrogène et d'une aspiration.

MM. Sokoloff et Latschinoff laissent agir pendant quelques semaines, à la température ordinaire, l'ammoniaque sur l'acétone. Ils saturent ensuite à l'aide de l'acide oxalique en poudre. L'alcool absolu dissout seulement l'oxalate de diacétonamine, que les chimistes russes appellent *diacétone-hydramine*. Les eaux mères acétoniques, évaporées à sec, abandonnent à l'alcool une nouvelle portion d'oxalate de diacétonamine, puis de l'oxalate de triacétonamine ou *triacétone-hydramine*. Le résultat est le même, que l'on opère avec l'ammoniaque aqueuse ou alcoolique [Sokoloff et Latschinoff, *loc. cit.*].

M. Heintz a trouvé aussi ce procédé le plus avantageux. Il le modifie ainsi : il sature l'acétone d'ammoniaque et l'abandonne longtemps à elle-même, puis il ajoute la liqueur acétonique à de l'acide oxalique en poudre fine en suspension dans l'alcool. Il faut commencer par déterminer la quantité d'acide oxalique nécessaire, en pesant quelques grammes d'acide oxalique et en les saturant avec une quantité mesurée à la burette de liqueur acétonique. On prend alors pour toute la liqueur une proportion d'acide oxalique correspondant à la moitié de celle qui a été nécessaire pour la saturation. Il faut éviter avec soin l'échauffement du liquide. Après avoir mélangé le tout, on chauffe jusqu'à 77° et on filtre à chaud. L'oxalate acide de diacétonamine cristallise par le refroidissement. En reprenant la masse saline primitive par l'alcool, on en obtient encore une autre portion. Les liqueurs alcooliques renferment de l'oxalate acide de triacétonamine [*Liebig's Annal.*, t. CLXXXIX, p. 214]. La diacétonamine prend naissance en vertu de la réaction suivante : $2\,C^3H^6O + AzH^3 = C^6H^{13}AzO + H^2O$.

Le *chloroplatinate* $(C^6H^{13}AzO\,HCl)^2PtCl^4$ cristallise de sa solution aqueuse en beaux prismes clinorhombiques, d'un jaune orangé :

$$mm = 70°50;\ e^1e^1 = 114°40';\ e^1p = 147°20'.$$

Clivage facile h^1. Insoluble dans l'éther, il se dissout assez bien dans l'alcool bouillant, qui l'abandonne presque entièrement par le refroidissement. Il est beaucoup plus soluble dans l'alcool additionné d'acide chlorhydrique; la solution brunit à la lumière par suite de la formation du chloroplatinite. Le sel cristallisé dans l'eau renferme $2H^2O$; dans l'alcool ordinaire, H^2O; dans l'alcool absolu, il se dépose anhydre, lorsque le sel lui-même était nhydre.

Chloroplatinite, $(C^6H^{13}AzO.HCl)^2PtCl^2$. — Ce sel se forme par l'action de la lumière solaire sur une solution du précédent dans l'alcool additionné d'acide chlorhydrique. La solution devient rouge et prend l'odeur de l'aldéhyde. Par addition d'éther, il se sépare des aiguilles rouges assez solubles dans l'alcool bouillant, moins solubles à froid, très solubles dans l'eau.

Chlorhydrate, $C^6H^{13}AzO.HCl$. — Ce sel cristallise dans l'alcool bouillant en prismes incolores. Il est très soluble dans l'eau; sa solution aqueuse suffisamment évaporée se prend à froid en une masse cristalline rayonnée qui n'est pas déliquescente. Evaporée dans le vide, elle donne de grands cristaux orthorhombiques.

Le chlorhydrate de diacétonamine étant soumis à la distillation fournit un liquide incolore bouillant vers 130-140°; à la fin la température s'élève à 180°. Le résidu renferme beaucoup de sel ammoniac. Si l'on épuise celui-ci par l'alcool, on obtient une solution presque noire renfermant un chlorhydrate très hygroscopique et incristallisable, ainsi que la base qu'il renferme et les autres sels de celle-ci.

Le liquide distillé rectifié fournit de l'acétone et de l'oxyde de mésityle [Heintz, *Liebig's Ann. der Chem.*, t. CLXXV, p. 252].

Le *sulfate* cristallise dans l'alcool en aiguilles incolores microscopiques. Il est très soluble dans l'eau ; par évaporation à l'air, la solution aqueuse se prend en un magma d'aiguilles microscopiques plates. Les cristaux sont clinorhombiques, d'après MM. Sokoloff et Latschinoff.

Oxalate acide, $C^6H^{13}AzO.C^2H^2O^4 + H^2O$. — Peu soluble dans l'eau froide, ce sel se dépose de sa solution bouillante en cristaux clinorhombiques. Les cristaux formés par évaporation sont très volumineux et très nets. L'alcool bouillant les dissout très facilement.

Oxalate neutre, $(C^6H^{13}AzO)^2C^2H^2O^4$. — Moins soluble que le précédent dans l'alcool bouillant, il est presque insoluble à froid. L'eau le dissout facilement et l'abandonne par évaporation en tables clinorhombiques. L'oxalate neutre de diacétonamine, maintenu à l'ébullition pendant 60 heures avec de l'acétone pure, a fourni un peu de déhydrotriacétonamine et de déhydropentacétonamine.

Les propriétés de ces oxalates permettent de séparer facilement les trois bases.

Picrate, $C^6H^{13}AzO.C^6H^3(AzO^2)^3O + H^2O$. — Il est peu soluble à froid et se dépose de sa solution chaude en longues aiguilles d'un jaun ed'or. La solution aqueuse se décompose par l'ébullition.

L'acide azoteux décompose ces sels en produisant de l'oxyde de mésityle. Ce dernier se produit aussi en certaine quantité quand on met la base en liberté par l'action d'un alcali. Le dédoublement devient complet lorsqu'on distille la solution aqueuse; il se produit de l'ammoniaque, mais la base se régénère rapidement.

L'oxyde de mésityle produit facilement la diacétonamine au contact de l'ammoniaque.

ACTION DE L'ACIDE CYANHYDRIQUE. — Lorsqu'on mélange une solution aqueuse concentrée de chlorhydrate de diacétonamine avec de l'acide cyanhydrique, et que l'on chauffe pendant 10 heures à 120°, il se forme une combinaison instable qui se détruit à l'évaporation ou par l'action des dissolvants. On peut, quoique avec beaucoup de perte, la faire cristalliser dans le vide; elle se dépose en prismes rhombiques; en lavant ceux-ci rapidement à l'alcool, et même à l'eau, et en les séchant à 100°, on l'obtient assez pure pour l'analyse : elle renferme

$$C^6H^{13}AzO.HCl.HCAz.$$

En faisant réagir l'acide chlorhydrique concentré sur le mélange, chauffé longtemps à 120°, d'acide cyanhydrique et de solution aqueuse de chlorhydrate de diacétonamine, on voit se produire une réaction instantanée, que l'on complète en chauffant pendant 6 heures au réfrigérant ascendant. En évaporant l'alcool, reprenant par l'eau, ajoutant de l'acide sulfurique et de l'oxyde d'argent pour précipiter tout le chlore, et précipitant l'excès d'acide sulfurique par la baryte, on a obtenu, par évaporation de la liqueur filtrée, de petits cristaux prismatiques incolores, solubles dans l'eau, beaucoup plus solubles dans l'alcool à chaud qu'à froid, à peine dans l'éther. Ces cristaux renferment

$$C^7H^{13}AzO^2.$$

Ils sont neutres au papier réactif, sublimables à haute température en aiguilles incolores. Chauffés rapidement, ils fondent au-dessus de 180° en un liquide incolore, qui cristallise par le refroidissement. Ce corps ne forme pas de combinaison. C'est un anhydride de l'acide amidotriméthyl-butylactique analogue à la lactide

```
      CO — O
        \ /
CH³-C-CH²-C(CH³)²-AzH².
```

La formule de la lactide étant double, il faudrait sans doute aussi doubler celle-ci [Heintz, *Liebig's Annal.*, t. CLXXXI, p. 231].

Cet anhydride a bien, d'après M. Heintz, la formule précédente et non la suivante :

```
      ╱CO    —   AzH
CH³-C(OH)-CH²-C(CH³)².
```

En effet, par l'action de l'acide azoteux, il donne un corps cristallisable dans l'alcool, en tables rhombiquos, ayant une réaction-neutre, et qui n'est autre chose que l'alcool-lactide

$$\begin{array}{c} CO - O \\ \diagdown\ \diagup \\ CH^3\text{-}C\text{-}CH^2\text{-}C(CH^3)^2OH \end{array}$$

ou *triméthyloxybutylactide*. Traité par les alcalis, il donne un acide qui est probablement l'acide *triméthyloxybutylactique* [W. Heintz, *Liebig's Ann.*, t. CXCII, p. 354].

ACIDE AMIDOTRIMÉTHYLOXYBUTYRIQUE,

$$C^7H^{13}AzO^3H^2.$$

— L'anhydride amidotriméthyloxybutyrique, soumis pendant quelque temps à l'ébullition avec de l'eau et de l'hydrate de baryum, fournit, après addition d'une quantité de sulfate de cuivre suffisante pour précipiter, dans la liqueur bouillante, toute la baryte, une solution d'un beau bleu qui, filtrée à chaud, laisse déposer après évaporation au bain-marie des cristaux microscopiques vert-bleuâtre, peu solubles dans l'eau, surtout à froid; ceux-ci constituent le sel de cuivre de l'acide amidotriméthyloxybutyrique. La transformation de l'anhydride n'est d'ailleurs jamais complète; il faut traiter les eaux mères du sel de cuivre par une nouvelle quantité de baryte, car elles renferment encore une quantité notable du composé primitif. Le sel de *cuivre* est plus soluble dans l'alcool que dans l'eau. Cristallisé dans l'alcool, il renferme une certaine quantité d'alcool de cristallisation en plus de l'eau dont il contient 2 molécules, comme lorsqu'il cristallise dans l'eau ($C^7H^{13}AzO^3Cu + 2H^2O$).

Le sel de cuivre, décomposé par l'hydrogène sulfuré, fournit l'acide, qui s'obtient par évaporation de sa solution sous la forme d'une masse cristalline incolore. Il est assez soluble dans l'eau et presque autant à chaud qu'à froid, et cristallise par évaporation lente en prismes clinorhombiques sans eau de cristallisation. Il est à peine soluble dans l'alcool et dans l'éther. Il n'agit pas sur le papier de tournesol. Doucement chauffé, il fournit l'anhydride primitif qui se sublime en cristaux brillants avec dégagement d'eau.

Le sel *d'argent* est incristallisable.

L'acide traité par l'acide sulfurique étendu se combine avec lui et donne une matière sirupeuse incristallisable, soluble dans l'alcool absolu; la solution laisse déposer par l'addition d'éther de petits cristaux renfermant $(C^7H^{15}AzO^3)^2SO^4H^2$.

L'acide se combine également avec l'acide chlorhydrique et avec l'acide azotique, en donnant des sels cristallisables.

La formule de constitution de l'acide est la suivante :

$$CH^3\text{-}C(OH)(CO^2H)\text{-}CH^2\text{-}C(CH^3)^2\text{-}AzH^2.$$

[Heintz, *Liebig's Annal.*, t. CXCII, p. 329].

M. Heintz a constaté que cet acide se forme en petite quantité, indépendamment de l'anhydride amidotriméthyloxybutyrique, lorsqu'on traite par l'acide chlorhydrique concentré le produit de la réaction de l'acide cyanhydrique sur le chlorhydrate de diacétonamine. L'acide est mêlé à l'état de sel d'argent insoluble avec le chlorure d'argent (page 18).

La liqueur filtrée, privée d'argent par l'acide sulfhydrique et neutralisée par la baryte, a donné à l'évaporation des cristaux de l'anhydride en quantité notable. Les eaux mères, traitées par l'oxalate de baryum pour précipiter l'acide sulfurique qu'elles renferment, étant reprises, après évaporation, par l'alcool, il reste l'oxalate insoluble d'une base $(C^7H^{14}Az^2O)^2C^2O^4H^2$, dont les cristaux microscopiques paraissent clinorhombiques. Ils sont solubles dans l'eau et cristallisent de leur solution aqueuse en petits cristaux grenus brillants. Ils sont insolubles dans l'alcool. L'addition du chlorure de platine fournit un chloroplatinate assez soluble dans l'eau à chaud, peu soluble à froid, qui renferme

$$(C^7H^{14}Az^2O.HCl)^2PtCl^4.$$

Il cristallise en petits prismes jaunes ou orangés, orthorhombiques; angles :

$$b^{1/2}b^{1/2} = 112^\circ 41 \text{ en avant,}$$

$b^{1/2}b^{1/2} = 125^\circ 36$ de côté. $g^3g^3 = 137^\circ 52'$. On trouve en outre la face h^1.

Le sel de platine décomposé par l'hydrogène sulfuré donne par évaporation de grands cristaux incolores de chlorhydrate.

La base libre s'obtient en traitant la solution concentrée du chlorhydrate par la soude et en agitant avec de l'éther. Après évaporation de l'éther, il reste une masse cristalline incolore, facilement soluble dans l'eau. La base libre attire l'acide carbonique de l'air.

Traitée à l'ébullition par l'hydrate de baryum, elle fournit de l'ammoniaque et de l'anhydride amidotriméthyloxybutyrique. Elle se comporte donc comme un nitrile. Il existe une base isomérique avec la précédente. Elle s'obtient en traitant par l'acide chlorhydrique le mélange d'acide cyanhydrique et de chlorhydrate de diacétonamine, sans chauffer à 120°. Cette base se décompose par les alcalis en fournissant de l'acide formique, du sel ammoniac et du chlorhydrate de diacétonamine. Elle constitue donc la carbylamine correspondante.

M. Heintz les désigne : la première par les noms d'*amidotriméthyloxybutyronitrile* ou *nitrilodiacétonamine*, et la deuxième par ceux d'*amidotriméthyloxypropylocarbylamine* ou *carbylodiacétonamine*.

Il se produit aussi dans la réaction une petite quantité d'acide *amidoxybutyrique* [Heintz, *Liebig's Annal.*, t. CXCII, p. 345].

TRIACÉTONAMINE [Triacétonhydramine, Sokoloff et Latschinoff], $C^9H^{17}AzO$. — On l'obtient en chauffant au bain-marie, dans des tubes scellés, pendant quelques heures, de l'acétone saturée d'ammoniaque. On neutralise par l'acide chlorhydrique, on évapore au bain-marie et on reprend le résidu par l'alcool absolu. On traite la solution par quelques gouttes de chlorure de platine, qui précipite une petite quantité de sel ammoniac, ainsi que la déhydrotriacétonamine (voir plus loin). On filtre et on ajoute au liquide filtré, additionné d'éther, un excès de chlorure platinique solide. Il se produit un précipité sirupeux, qui cristallise après un certain temps et qui renferme les chloroplatinates de diacétonamine et de triacétonamine. On sépare facilement ces chloroplatinates en faisant cristalliser leur solution aqueuse dans le vide; celui de triacétonamine cristallise d'abord en longues aiguilles jaune-orangé; ces cristaux se mélangent ensuite de prismes volumineux de chloroplatinate de diacétonamine faciles à séparer mécaniquement.

La triacétonamine libre s'obtient en précipitant le platine par l'hydrogène sulfuré, et en décomposant par la soude le chlorhydrate évaporé à consistance sirupeuse. Elle est soluble dans l'éther, qui l'abandonne par l'évaporation dans un courant d'air sec en aiguilles anhydres ou en tables quadratiques incolores renfermant 1 molécule d'eau. La forme primitive des cristaux, qui sont d'apparence quadratique, est un prisme orthorhombique dans lequel l'axe principal, la grande diagonale et la petite diagonale sont dans les rapports 1 : 0,9798 : 0,9586. La face la plus développée est la base p, parallèlement à laquelle il existe un clivage facile. Il y a en outre les faces $e^{1/2}$ et $a^{1/2}$;

$$pa^{1/2} = 115°30'; \; pe^{1/2} = 116°24'.$$

Elle est soluble dans l'eau et dans l'alcool. Son odeur est camphrée, faiblement ammoniacale. La base anhydre fond à 34°,6; hydratée à 58°. Elle se volatilise un peu à 100° et peut être distillée avec une décomposition partielle.

Le *chloroplatinate* est assez soluble dans l'eau, peu soluble dans l'alcool, à moins qu'il ne soit additionné d'acide chlorhydrique, insoluble dans l'éther. Cristallisé dans l'eau, il renferme

$$(C^9H^{17}AzO.HCl)^2PtCl^4 + 3H^2O.$$

Dissous dans l'alcool bouillant, à la faveur d'un excès d'acide chlorhydrique, il se dépose par le refroidissement en prismes clinorhombiques jaunes anhydres.

Chloroplatinite, $(C^9H^{17}AzO.HCl)^2PtCl^2$. — Il se produit, comme le sel correspondant de diacétonamine, lorsqu'on expose à la lumière la solution du chloroplatinate dans l'alcool additionné d'acide chlorhydrique. Il se dépose en aiguilles d'un brun foncé insolubles dans l'alcool. Dans l'eau, il est moins soluble que le chloroplatinate et cristallise en gros prismes clinorhombiques presque noirs. La réduction du chloroplatinate se produit aussi par l'ébullition avec l'eau, avec destruction d'une partie de la base.

Le *chlorhydrate* $(C^9H^{17}AzO.HCl)$ est très soluble dans l'eau, qui l'abandonne par l'évaporation sous la forme d'un sirop cristallisable. On peut aussi le faire cristalliser dans l'alcool par refroidissement; il forme alors de petites aiguilles limpides. On obtient des cristaux plus volumineux en ajoutant un peu d'éther à la solution alcoolique saturée à 35° et en laissant refroidir.

L'*oxalate neutre* de triacétonamine

$$(C^9H^{17}AzO)^2C^2H^2O^4$$

forme de larges aiguilles brillantes, très solubles dans l'eau, sans l'être beaucoup plus à chaud qu'à froid, fort peu solubles dans l'alcool bouillant. Les cristaux sont anhydres. Ils ne se décomposent notablement qu'au-dessus de 100°; chauffés plus fort, ils noircissent sans fondre et fournissent des produits de distillation colorés.

L'*oxalate acide*, $(C^9H^{17}AzO)C^2H^2O^4$, s'obtient par addition d'acide oxalique au sel neutre en solution aqueuse chaude; si la solution n'est pas trop concentrée, le sel acide se dépose en cristaux volumineux par un refroidissement lent. Ce sel est facilement soluble dans l'eau, surtout à chaud; très peu soluble dans l'alcool, qui le décompose en acide et sel neutre; l'éther bouillant lui enlève aussi de l'acide oxalique. Les cristaux renferment 1 molécule d'eau de cristallisation, qu'ils perdent à 105°. Ils appartiennent au type anorthique et présentent souvent une forme tabulaire parallèlement aux faces t.

En prenant, comme faces du prisme primitif, les deux clivages faciles m, t et une face qui les coupe, on a

$$mt = 127°19'; \; pt = 109°18'; \; pb^1 = 153°, \text{etc.}$$

Les propriétés des oxalates de triacétonamine et de diacétonamine fournissent un moyen de séparation de ces bases et de l'ammoniaque. Le liquide sirupeux qui reste dans le ballon après l'action de l'ammoniaque gazeuse sur l'acétone bouillante, la diacétonamine ayant passé à la distillation, renferme principalement de la triacétonamine. On dissout ce liquide dans l'alcool et l'on y ajoute de l'acide oxalique cristallisé jusqu'à réaction légèrement acide; on recueille les cristaux qui se séparent; on les exprime et on les dissout dans l'eau. On évapore la solution au bain-marie jusqu'à séparation à chaud d'une quantité notable de sel: celui-ci est de l'oxalate de triacétonamine; on le recueille rapidement sur un filtre et on le lave avec un peu d'eau bouillante. L'eau mère ne laisse rien déposer s'il n'y a pas d'oxalate d'ammonium. Dans ce cas, on continue l'évaporation à chaud et on obtient une nouvelle portion d'oxalate de triacétonamine; ce sel, qui est mélangé d'oxalate d'ammonium, est purifié par un deuxième traitement semblable.

L'eau mère est surtout riche en oxalate de diacétonamine; on transforme les sels qu'elle contient en oxalates acides en y ajoutant de l'acide oxalique, on évapore à sec, on lave à l'alcool froid pour enlever l'excès d'acide oxalique, puis on fait bouillir avec de l'alcool absolu.

L'oxalate acide de triacétonamine se décompose en donnant le sel neutre insoluble dans l'alcool. La solution filtrée bouillante laisse déposer par refroidissement l'oxalate acide de diacétonamine.

Il faut au besoin renouveler ce traitement.

On peut l'éviter en faisant agir l'acétone en excès sur l'ammoniaque, soit dans un appareil à reflux, soit sous pression, ou encore l'acétone sur la diacétonamine; il ne se forme alors que de la triacétonamine.

L'oxalate de triacétonamine, séparé de celui de diacétonamine, renferme encore une autre base, l'isotriacétonamine (ou plutôt la vinyldiacétonamine), dont il sera question plus loin; mais, tel quel, il peut servir à la préparation de la triacétonamine pure. Pour cela, on ajoute à l'oxalate une quantité suffisante d'eau chaude pour le dissoudre en grande partie, on laisse refroidir à 40° et on ajoute peu à peu à la solution son volume de lessive de potasse. Il se sépare un corps huileux qui surnage et qui se solidifie par le refroidissement. On enlève par l'éther la triacétonamine dissoute dans la liqueur, et on se sert de la solution éthérée pour dissoudre également à chaud la base solide; celle-ci se dépose en grands cristaux par le refroidissement.

Sulfate de triacétonamine, $(C^9H^{17}AzO)^2SO^4H^2$. — La solution de ce sel l'abandonne par l'évaporation sous la forme d'un liquide sirupeux, qui cristallise dans le vide en fines aiguilles. Celles-ci sont très solubles dans l'eau, insolubles dans l'éther et dans l'alcool absolu. L'alcool à 75 centièmes le dissout abondamment à l'ébullition et l'abandonne presque entièrement par le refroidissement en prismes orthorhombiques anhydres, ayant un angle de 120° environ.

L'*azotate* forme des prismes orthorhombiques (ou clinorhombiques) volumineux, très solubles dans l'eau, solubles dans l'alcool; l'éther le précipite de sa solution alcoolique en cristaux microscopiques. Rapports de l'axe vertical à la grande diagonale et à la petite diagonale

$$2{,}0231 : 1 : 1{,}2738.$$

$$\text{Faces } b^{1/2}, p, \; b^{1/4}g^1.$$

$$\text{Angles}: pb^{1/2} = 127°30'; \; b^{1/2}b^{1/2} = 121°20'.$$

Acétate. — Sel très soluble dans l'eau, dans l'alcool et dans l'éther. Le résidu sirupeux de l'évaporation de sa solution aqueuse se prend en une masse cristalline radiée.

Tartrate neutre, $(C^9H^{17}AzO)^2C^4H^6O^6$. — Il cristallise de sa solution sirupeuse en longues aiguilles; sa solution alcoolique bouillante l'abandonne en petits cristaux incolores qui sont des tables rhomboïdales ou hexagonales de 120°; l'éther le précipite de ses eaux mères alcooliques.

Le *tartrate acide* forme un sirop incristallisable; sa solution alcoolique additionnée d'éther laisse déposer un précipité sirupeux; à la longue, il s'y forme des grains cristallins de sel neutre.

Les solutions concentrées de potasse ou de soude et de chlorure de calcium sont sans action sur la triacétonamine.

Si l'on chauffe en tubes scellés à 100° de la triacétonamine dissoute dans huit à dix fois son poids d'acide chlorhydrique d'une densité de 1,17, et que l'on sature ensuite par la potasse, il se sépare une huile qui ne se concrète que lentement et qui fournit le chloroplatinate cristallisable en courtes aiguilles d'une base nouvelle, la *pentadéhydro-acetonamine* (voir plus loin). Si la réaction s'opère à 125 ou 135°, on ne trouve plus trace de cette base et seulement de la diacétonamine huileuse. Cette transformation de la triacétonamine en diacétonamine est accompagnée de la formation d'un corps huileux ayant l'odeur de l'oxyde de mésityle. Ce dernier se forme d'ailleurs aussi par l'action de l'acide chlorhydrique concentré sur la diacétonamine à 130°. D'après d'autres expériences de M. Heintz, il se formerait aussi une petite quantité de méthylchloracétol ou de propylène chloré [*Liebig's Annal.*, t. CLXXXI, p. 70].

VINYLDIACÉTONAMINE (Syn. *Isotriacétonamine*),

$$C^8H^{15}AzO.$$

— Dans la préparation de la diacétonamine et de la triacétonamine, M. Heintz a obtenu une autre base qu'il avait regardée d'abord comme isomérique avec la triacétonamine, et qu'il avait appelée pour cette raison *isotriacetonamine*. Les cristaux du chloroplatinate de cette base se déposent en agrégations sphériques dans les dernières eaux mères du sel de triacétonamine. Son oxalate se trouve également mélangé avec celui de triacétonamine quand on se sert de ce sel pour séparer cette base de la diacétonamine. La base reste dans les eaux mères éthérées, lorsqu'elles ont laissé déposer les cristaux tabulaires de triacétonamine [Heintz, *Liebig's Annal.*, t. CLXXVIII, p. 326].

M. Heintz a reconnu depuis que la base nouvelle est une *vinyldiacétonamine* et qu'elle se forme par l'action sur la diacétonamine, non pas de l'acétone elle-même, mais de l'aldéhyde contenue dans l'acétone brute qu'il employait. Elle se produit facilement lorsqu'on fait bouillir pendant 60 heures, dans un appareil à reflux, 1 partie d'oxalate de diacétonamine, avec son poids environ d'aldéhyde et 12 parties d'alcool. Au bout du temps indiqué, il se sépare des cristaux qui, lavés à l'alcool, constituent l'oxalate de vinyldiacétonamine [*Liebig's Annal.*, t. CXCI, p. 122].

La base libre s'obtient en traitant par la potasse concentrée l'oxalate neutre purifié par plusieurs cristallisations dans l'alcool, reprenant par l'éther la partie huileuse qui surnage, déshydratant par la potasse la solution éthérée et évaporant l'éther à une douce température à l'aide d'un courant d'air sec.

La base constitue un liquide incolore, transparent, épais, d'une saveur brûlante particulière, ayant à froid l'odeur de la triméthylamine, à chaud une légère odeur camphrée, brûlant avec une flamme éclairante, donnant des fumées avec l'acide chlorhydrique et bouillant vers 203°. La base distillée se colore un peu à l'air, ce que ne fait pas le corps primitif. Elle se prend en cristaux à une température de — 15° et peut alors être portée à une température supérieure à 0° sans fondre. Les cristaux prismatiques, séparés rapidement de la liqueur qui les baignait, fondaient à 27°. Ils avaient pu attirer déjà un peu d'humidité, ce qu'ils font très rapidement.

Oxalate neutre de vinyldiacétonamine,

$$C^{18}H^{32}Az^2O^6 = (C^8H^{15}AzO)^2C^2H^2O^4.$$

Cristaux insolubles dans l'alcool.

Oxalate acide, $4\,C^8H^{15}AzO.3C^2H^2O^4$. — Lorsque l'on dissout des molécules égales du sel précédent et d'acide oxalique, à chaud, dans aussi peu d'eau que possible et qu'on laisse refroidir, on voit se déposer de petits prismes courts, microscopiques. Il reste de l'acide oxalique en solution.

Chloroplatinate,

$$2\,(C^8H^{15}AzO.HCl)^2PtCl^4 + 3H^2O.$$

— Il s'obtient facilement en mélangeant l'oxalate en solution aqueuse avec à peu près le double de chlorure de platine cristallisé, et en laissant évaporer dans le vide. On reprend le résidu par l'alcool éthéré et on fait cristalliser dans l'eau la partie indissoute. Il se forme des prismes courts, plats, se présentant souvent en tables rectangulaires, paraissant appartenir au type orthorhombique.

Sulfate, $(C^8H^{15}AzO)^2SO^4H^2$. — La base saturée par l'acide sulfurique étendu, évaporée, reprise par l'alcool étendu, cristallise en aiguilles microscopiques, facilement solubles dans l'eau, difficilement solubles dans l'alcool, insolubles dans l'éther. Chauffées à 105°, elles ne perdent pas d'eau; plus haut elles se décomposent.

Il existe une combinaison double chloroplatinique de vinyldiacétonamine et de triacétonamine $(C^8H^{15}AzO.HCl)(C^9H^{17}AzO.HCl)PtCl^4$. On peut séparer les deux bases qui y sont contenues en les mettant en liberté, enlevant par cristallisation la plus grande quantité possible de triacétonamine, saturant par l'acide oxalique et ajoutant encore autant d'acide oxalique. L'oxalate acide de triacétonamine est soluble même à froid dans l'alcool étendu, et celui de vinyldiacétonamine l'est beaucoup moins. La séparation se fait facilement en dissolvant le mélange dans très peu d'eau chaude et en ajoutant deux fois le volume d'alcool absolu; par refroidissement, l'oxalate de vinyldiacétonamine se sépare en petits cristaux [Heintz, *Liebig's Annal.*, t. CLXXXIX, p. 214].

BASES HYDROGÉNÉES. — L'hydrogénation de la diacétonamine et de la triacétonamine au moyen de l'amalgame de sodium fournit deux bases nouvelles qui, au lieu d'être ammoniaques et acétones, sont ammoniaques et alcools secondaires.

DIACÉTONALCAMINE, $C^6H^{15}AzO$. — On dissout le chlorhydrate de diacétonamine dans l'alcool étendu d'ammoniaque aqueuse, dans un ballon muni d'un tube de dégagement, de manière à pouvoir observer la rapidité du dégagement gazeux. On ajoute alors l'amalgame, en commençant par de l'amalgame pauvre en sodium et l'on s'arrange pour n'avoir qu'un faible dégagement de gaz. La quantité totale de sodium, nécessaire est égale au poids du chlorhydrate de diacétonamine. Lorsque la liqueur est trop chargée de soude, la réduction devient difficile; il faut alors étendre la solution d'alcool ammoniacal.

On extrait la diacétonalcamine en neutralisant la liqueur par l'acide chlorhydrique, évaporant au bain-marie, reprenant le résidu par l'alcool et traitant la solution alcoolique par un excès de chlorure platinique. On lave le précipité à l'alcool et on le fait cristalliser dans l'eau bouillante. Le *chloroplatinate*

$$[C^6H^{12}(OH)AzH^2.HCl]^2PtCl^4$$

cristallise par concentration en cristaux assez

volumineux. Ce sel est soluble dans l'eau bouillante, peu soluble dans l'alcool bouillant. L'alcool absolu renfermant de l'acide chlorhydrique le dissout abondamment à chaud et l'abandonne en cristaux très nets par le refroidissement. Ses cristaux appartiennent au type anorthique:

$$pg^1 = 117°35;\ h^1g^1 = 112°59;$$
$$xp = 132°49;\ xg^1 = 97°43;\ x\,h^1 = 133°6', \text{ etc.}$$

Le *chlorhydrate* s'obtient en précipitant le platine du sel précédent par l'hydrogène sulfuré. Après filtration et évaporation, il reste une masse sirupeuse, qui cristallise très lentement sur l'acide sulfurique. Il est très soluble dans l'alcool, mais ne cristallise pas non plus de sa solution.

On obtient la base libre en traitant le chlorhydrate par une lessive de soude concentrée. La base se rassemble à la surface sous la forme d'une huile. On la sépare facilement en la dissolvant dans l'éther, desséchant la solution avec la potasse fondue et distillant.

La base pure passe de 174 à 175°, sous la forme d'un liquide incolore, un peu sirupeux, miscible à l'eau, à l'alcool, à l'éther. Elle attire l'acide carbonique de l'air et donne un sel cristallisé en aiguilles. Son odeur rappelle celle de l'oxyde de mésityle, tout en étant ammoniacale; elle possède une saveur alcaline. Elle a une tension de vapeur suffisante à la température ordinaire pour fumer en présence d'une baguette mouillée d'acide chlorhydrique.

Oxalate neutre. — La solution de la base, neutralisée par l'acide oxalique, fournit par évaporation un résidu cristallin soluble dans l'eau, peu soluble dans l'alcool. La solution aqueuse abandonne par l'évaporation lente des cristaux microscopiques tabulaires ou prismatiques.

La solution alcoolique fournit par le refroidissement des cristaux aciculaires, à réaction alcaline; c'est l'oxalate neutre $(C^6H^{15}AzO)^2C^2H^2O^4$. L'évaporation donne des cristaux de sel acide.

L'oxalate acide se produit aussi par l'addition d'acide oxalique au sel neutre. Il se dépose par le refroidissement de sa solution aqueuse bouillante en cristaux tabulaires renfermant

$$(C^6H^{15}AzO)C^2H^2O^4 + H^2O.$$

Carbonate. — En faisant passer un courant d'acide carbonique dans une solution éthérée de diacétonalcamine, on obtient un précipité blanc. Celui-ci est soluble dans l'eau, qui l'abandonne par évaporation en cristaux lamellaires et en aiguilles imprégnées de base libre. D'après M. Heintz, le précipité serait un carbodiacétonalcaminate de diacétonalcamine, qui, sous l'influence de l'eau, se dédouble en carbonate de diacétonalcamine et en base libre.

TRIACÉTONALCAMINE ET PSEUDOTRIACÉTONALCAMINE. — Le produit de la réaction de l'amalgame de sodium sur la triacétonamine en solution alcoolique, neutralisé par l'acide chlorhydrique et chauffé jusqu'à expulsion de l'alcool, donne par l'addition de la soude une base liquide à chaud, qui se concrète par le refroidissement. Si l'on agite le tout avec de l'éther, on voit celui-ci dissoudre le produit; mais en même temps il provoque le dépôt d'une matière pulvérulente qui se réunit en grande partie à la surface de séparation des deux liquides.

La partie soluble est la triacétonalcamine. Le produit insoluble est une base que M. Heintz nomme *pseudotriacétonalcamine* et qui, dissoute dans l'acide chlorhydrique étendu, se sépare par l'addition d'un faible excès de soude sous la forme d'un précipité cristallin aciculaire. La base est peu soluble dans l'eau et dans l'éther; très soluble dans l'alcool à chaud et cristallisable par le refroidissement. Elle renferme

$$C^9H^{19}AzO.$$

Elle fond à 180° et se sublime lentement. La solution chlorhydrique est précipitée par la soude et non par l'ammoniaque. Son azotate est peu soluble. Son chloroplatinate

$$(C^9H^{19}AzO.HCl)^2PtCl^4 + 5H^2O$$

cristallise dans le type orthorhombique:

$$mm = 100°24';\ e^1e^1 = 130°30';$$

on trouve encore les faces h^1 et g^1.

M. Heintz pense que cette base a pu se former par hydrogénation d'une petite quantité de vinyldiacétonamine qui serait restée mélangée avec la triacétonamine. Ne serait-ce pas plutôt la pinacone de la triacétonamine, formée par addition de 2 atomes d'hydrogène à 2 molécules de triacétonamine se soudant par leurs groupes $(CO)''$? La base serait alors

$$C^{18}H^{36}Az^2O^2$$

et son chlorhydrate $C^{18}H^{36}Az^2O^2.2HCl$.

Le *chlorhydrate de triacétonalcamine* est peu soluble dans l'alcool froid et cristallise facilement par le refroidissement de sa solution alcoolique bouillante; on le sépare ainsi facilement de l'excès possible de sel de triacétonamine. Il cristallise dans l'alcool en aiguilles ou en tables quadratiques; sa solution aqueuse l'abandonne par l'évaporation en cristaux assez volumineux anhydres. Il se sublime lentement vers 200° en aiguilles; au-dessus, il brunit et se décompose.

Le *chloroplatinate* se dépose en aiguilles de la solution aqueuse de chlorhydrate additionnée de chlorure de platine et d'alcool mélangé d'éther. La solution aqueuse l'abandonne en agrégations sphéroïdales. Si ce dernier est ajouté en trop grande quantité (1 1/2 fois le volume de l'alcool), il précipite le chlorhydrate incolore et non le chloroplatinate. L'alcool chargé d'acide chlorhydrique le dissout facilement à chaud, mais ne donne, par le refroidissement, que des cristaux incolores de chlorhydrate.

Lorsqu'on transforme en sel platinique un mélange d'équivalents égaux des chlorhydrates de triacétonalcamine et de triacétonamine, on obtient un chloroplatinate double ne fournissant ni les agrégations sphéroïdales du premier, ni les aiguilles du deuxième, mais des tables rhombiques, renfermant

$$\left.\begin{matrix} C^9H^{17}AzO.HCl \\ C^9H^{19}AzO.HCl \end{matrix}\right\} PtCl^4$$

[Heintz, *Liebig's Ann. der Chem.*, t. CLXXXIII, p. 317].

La *base* libre $C^9H^{19}AzO$ se sépare par l'addition d'un excès de potasse caustique à la solution aqueuse du chlorhydrate, et fond en partie si l'on fait bouillir le mélange. On la sépare par l'éther, qui doit être employé en assez grande quantité.

Sa solution éthérée l'abandonne par évaporation en tables rhomboïdales ou hexagonales. On peut aussi filtrer sur l'amiante le produit précipité par un excès de potasse, redissoudre le précipité dans un peu d'eau et faire cristalliser la solution dans le vide, sur des fragments de soude caustique. On peut laver les cristaux avec l'ammoniaque concentrée, dans laquelle ils sont peu solubles.

Si l'on sature de gaz ammoniac la solution aqueuse concentrée de la base, on la voit se précipiter en grains cristallins blancs.

Les solutions aqueuses restent facilement sursaturées. En y introduisant un fragment de cristal, on détermine la cristallisation, qui se fait en octaèdres microscopiques, réguliers en apparence, mais probablement quadratiques.

Sa saveur est d'abord douceâtre, puis un peu brûlante. La base est inodore à froid et possède une odeur caractéristique, bien que faible à chaud. Elle fond à 128°,5 et commence à se sublimer vers 100°.

Les cristaux déposés de la solution aqueuse sont hydratés.

La triacétonalcamine ne se combine pas avec l'acide carbonique.

Elle se dissout dans l'acide azotique en donnant un sel qui cristallise en aiguilles par évaporation [Heintz, *Liebig's Ann. der Chem.* t. CLXXXIII, p. 290].

DÉHYDROTRIACÉTONAMINE [Triacétonamine de MM. Sokoloff et Latschinoff], $C^9H^{15}Az$. — Cette base prend naissance dans la préparation de la triacétonamine. Elle n'a pas été jusqu'ici obtenue à volonté.

Le *chloroplatinate* $(C^9H^{15}Az.HCl)^2PtCl^4$, facile à purifier par cristallisation, forme des cristaux clinorhombiques d'un rouge brun, qui deviennent jaunes lorsque leur solution chlorhydrique est traitée par le noir animal. Il est peu soluble dans l'eau à froid, beaucoup plus soluble à chaud.

Les eaux mères de la préparation de l'oxalate de diacétonamine d'après la méthode de MM. Sokoloff et Latschinoff donnent par l'alcool un précipité d'oxalates de diacétonamine et de triacétonamine. L'eau mère séparée de ceux-ci, privée d'alcool par distillation, sursaturée par la soude et agitée avec l'éther, cède à celui-ci un mélange de bases, dont une partie distille lorsqu'on les fait bouillir avec de l'eau. L'eau entraîne une huile qui renferme de la déhydrotriacétonamine, mélangée avec de l'oxyde de mésityle. On sépare ce dernier en combinant la base avec l'acide chlorhydrique. Le chlorhydrate est ensuite transformé en chloroplatinate.

Décomposé par l'hydrogène sulfuré, le chloroplatinate en suspension dans l'eau fournit une solution jaune, qui laisse par évaporation le chlorhydrate sous la forme d'une masse cristalline brune déliquescente.

La *déhydrotriacétonamine* elle-même, mise en liberté par la soude, est une huile brune, soluble dans l'éther. La solution éthérée déshydratée par la potasse fondue, filtrée et distillée, donne, après le départ de l'éther, à 158°, une huile jaune brunissant à l'air.

La base s'altère très rapidement à l'air. Ses sels sont également très altérables. L'oxalate neutre est soluble dans l'eau, et l'éther le précipite de sa solution aqueuse; ce précipité a la consistance d'un extrait. Il en est de même de l'oxalate acide.

Dans la purification du chloroplatinate de déhydrotriacétonamine, par cristallisation dans l'eau bouillante, ce sel, qui se dépose en croûtes cristallines par le refroidissement, se recouvre de paillettes hexagonales d'un jaune d'or, faciles à isoler. Purifiées par une nouvelle cristallisation, elles ont donné une proportion de platine correspondant au chloroplatinate de *déhydrodiacétonamine*. La base donnant ce sel paraît être contenue surtout dans le liquide aqueux distillé avec la déhydrotriacétonamine et avec l'oxyde de mésityle [Heintz, *Liebig's Ann. der Chem.*, t. CLXXIV, p. 133, et t. CLXXXI, p. 70; t. CLXXXIII, p. 276 et 283].

DÉHYDROPENTACÉTONAMINE, $C^{15}H^{23}Az$. — Lorsqu'on fait réagir 8 à 10 parties d'acide chlorhydrique concentré (densité, 1,17) à 125 ou 135° sur la triacétonamine, si l'on évapore au bain-marie pour chasser la plus grande partie de l'acide, si l'on redissout le mélange de chlorure dans l'alcool absolu, et qu'on ajoute du chlorure de platine, on voit se produire un précipité formé presque entièrement de chloroplatinate de diacétonamine. L'addition d'éther détermine la formation d'un nouveau précipité qui renferme du chloroplatinate de diacétonamine mélangé à d'autres sels platiniques. Redissous dans l'eau bouillante, ce précipité fournit des cristaux de chloroplatinate de diacétonamine, puis un autre sel d'une forme cristalline toute différente, dont l'alcool faible sépare un sel incristallisable.

Les dernières eaux mères donnent des croûtes cristallines qui ne sont pas plus solubles à chaud qu'à froid, et qu'on n'a obtenues qu'en très-petite quantité. D'après le dosage du platine, ce pourrait être un chloroplatinate de tétracétonamine.

Le chloroplatinate cristallisable différent de celui de diacétonamine est celui de *déhydropentacétonamine*. Ce sel s'obtient en plus grande quantité en élevant la température de la réaction jusqu'à 160°, et en employant de l'acide chlorhydrique aussi concentré que possible. Il se sépare du produit une petite quantité d'une huile épaisse soluble dans l'éther. La solution chlorhydrique laisse par évaporation un résidu qui se solidifie difficilement et qui, saturé par l'eau et agité avec l'éther, colore celui-ci en brun. La partie aqueuse laisse déposer des cristaux de chlorhydrate de déhydropentacétonamine $C^{15}H^{23}Az.HCl$.

Ce chlorhydrate forme une poudre cristalline incolore, très peu soluble dans l'eau et s'en séparant par évaporation dans le vide en cristaux microscopiques. Il est très peu soluble dans l'alcool, insoluble dans l'éther. Les alcalis en séparent la base sous forme huileuse. Le chloroplatinate forme de petites agrégations sphéroïdales ou des lamelles pennées. Ce sel est plus soluble dans l'alcool aqueux que dans l'eau.

On n'a pas réussi à transformer la triacétonamine en déhydropentacétonamine par l'action de l'acide sulfurique ou de l'anhydride phosphorique [Heintz, *Liebig's Annal.*, t. CLXXXI, p. 70].

NITROSOTRIACÉTONAMINE, $C^9H^{16}Az^2O^2$. — La diacétonamine se transforme par l'action de l'acide azoteux en alcool diacétonique (voir plus bas). La triacétonamine se comporte différemment. Lorsqu'on mélange des solutions neutres de chlorhydrate de triacétonamine et d'azotite de potassium, et qu'on chauffe doucement à 75-80°, ou mieux lorsqu'on abandonne le mélange à lui-même, on voit le liquide se troubler; après quelques heures, il se sépare une couche oléagineuse brunâtre à la surface du liquide. Cette couche se concrète par le refroidissement; en même temps la liqueur laisse déposer de longues aiguilles formées de la même substance, la *nitrosotriacétonamine*, dont une partie reste toutefois dissoute et peut être enlevée par l'éther. 20 grammes de triacétonamine fournissent 21 grammes de ce produit. On peut faire cristalliser la nitrosotriacétonamine dans l'eau bouillante; mais on perd une partie du produit par volatilisation, tandis qu'une autre est décomposée. Il vaut mieux la dissoudre à chaud dans une petite quantité d'alcool et mélanger la solution filtrée et refroidie à 50°, avec un peu d'eau, laisser refroidir, séparer les cristaux et traiter les eaux mères chauffées à 50°, par une nouvelle quantité d'eau. On renouvelle cette opération aussi longtemps qu'il se dépose de nouveaux cristaux. Ceux-ci doivent être lavés avec un peu d'alcool faible, puis avec de l'eau. Il reste finalement un produit huileux épais, renfermant encore beaucoup de nitrosotriacétonamine.

Celle-ci fond à 72-73° en un liquide jaunâtre. Densité, 1,14. Traitée par une quantité d'eau chaude insuffisante pour la dissoudre, elle se sépare en partie à l'état liquide.

Elle est très soluble dans l'alcool et dans l'éther et se dépose en longues aiguilles. Elle se sublime lentement au-dessous de son point de fusion. Elle est neutre.

Chauffée avec de la potasse concentrée, elle fournit une huile à odeur camphrée, insoluble dans les acides et dans les alcalis. C'est la phorone fondant à 28°. M. Heintz conclut de là que la formule la plus probable pour la phorone est celle de M. Claisen :

$$(CH^3)^2C{=}CH{-}CO{-}CH{=}C(CH^3)^2,$$

la nitrosotriacétonamine étant, d'après lui,

```
(CH3)2C-CH2-CO-CH2-C(-CH3)2.
        \              /
              Az
              |
             AzO
```

Le même produit se forme par une ébullition prolongée avec l'eau; il se dégage en même temps de l'azote.

La nitrosotriacétonamine chauffée avec de l'acide chlorhydrique concentré, mais non fumant, se dissout en donnant une coloration jaune. Le produit principal de cette réaction est de la triacétonamine.

Dans une première expérience, M. Heintz avait obtenu un chlorhydrate peu soluble, auquel il attribuait la formule $C^9H^{15}Az^2O.HCl + H^2O$. Il n'a pas réussi à le reproduire et a obtenu, au contraire, un autre chlorhydrate également peu soluble, $C^9H^{18}Az^2O.HCl$.

Ce dernier a été obtenu, en traitant 40 gr. de nitrosotriacétonamine délayée dans beaucoup d'eau par 72 centimètres cubes d'acide chlorhydrique fumant, vers 50°, et en abandonnant la solution dans le vide. Il se sépare de petits cristaux, dont la quantité augmente lorsqu'on neutralise une partie de l'acide chlorhydrique par l'oxyde d'argent. Les dernières eaux mères, d'un bleu foncé, en fournissent encore lorsqu'on évapore à sec et qu'on reprend le résidu par l'alcool absolu. Enfin la solution alcoolique du résidu en laisse déposer par l'addition de 3 ou 4 fois son volume d'éther.

Tous ces cristaux sont des mélanges de deux sels également solubles, qui ne peuvent cependant se séparer qu'à l'état de chloroplatinates. Le sel le plus soluble donne le chloroplatinate le moins soluble. Celui-ci renferme

$$(C^9H^{18}Az^2O.HCl)^2PtCl^4.$$

La base qu'il renferme peut être envisagée comme l'*amidotriacétonamine*. L'autre chlorhydrate n'a pu être obtenu pur.

Le mode de formation de la base $C^9H^{18}Az^2O$ est assez difficile à établir. En faisant agir sur la nitrosotriacétonamine de l'acide azoteux, on n'a obtenu aucune base amidée, mais de l'oxalate d'ammonium et une matière incolore, ayant l'apparence d'un extrait, et laissant déposer à la longue des cristaux à réaction acide [Heintz, *Liebig's Ann. der Chem.*, t. CLXXXV, p. 1; t. CLXXXVII, p. 233 et p. 250].

Constitution des acétonamines.— Les bases dont il vient d'être question sont dérivées des produits de déshydratation de l'acétone. La diacétonamine dérive de l'oxyde de mésityle, la triacétonamine de même de la phorone et la déhydrotriacétonamine du dihydromésitylène. Quant aux bases dérivées des précédentes par hydrogénation, leur mode de formation est facile à comprendre, puisque la diacétonamine et la triacétonamine sont acétones en même temps qu'amines.

Nous pensons que l'on peut proposer pour les trois premières les formules de constitution suivantes, qui montrent bien comment elles se rattachent à l'oxyde de mésityle, mais qui ont besoin d'être encore appuyées par des faits :

```
        CH3
AzH2-C-CH2-CO-CH3
        CH3
```

Diacétonamine.

```
      CH3     CH3
AzH2-C-CH2-C = CH-CO-CH3
      CH3.
```

Triacétonamine.

```
              CH3
              |
              C
           /     \\
       H2C         CH
         |         |
  AzH2-C          C-CH3
       /   \     //
    CH3      C
             H
```

Déhydrotriacétonamine.

Alcool diacétonique, $C^6H^{12}O^2$. — Lorsqu'on fait agir l'acide azoteux sur la diacétonamine, on obtient de l'oxyde de mésityle, ainsi que l'ont observé MM. Sokoloff et Latschinoff [*Deutsch. chem. Gesellsch.*, t. VII, p. 1384].

D'après M. Heintz, en même temps que l'oxyde de mésityle, il se produit une certaine quantité d'un corps alcoolique. Voici comment il faut opérer pour l'isoler. On dissout l'oxalate acide de diacétonamine dans trois fois son poids d'eau chaude, et on laisse refroidir la solution en l'agitant fréquemment. On refroidit avec de l'eau glacée jusqu'à 5° environ, et on y ajoute peu à peu, en refroidissant toujours, de 1 1/2 à 2 p. d'azotite de potassium. Il faut agiter constamment le liquide jusqu'à ce que toute la quantité d'azotite soit ajoutée. Ensuite on abandonne pendant quelques jours le mélange dans l'eau glacée. Finalement on distille avec précaution; l'oxyde de mésityle passe avec les premières parties d'eau. On sépare du liquide restant une petite quantité d'une huile qui surnage, et après avoir neutralisé au besoin par le carbonate de potassium, on agite avec de l'éther. On dessèche la solution éthérée avec du chlorure de calcium et on distille. Le composé alcoolique reste et peut être obtenu pur par distillation. Il bout à 163°,4-164°,5.

Densité de vapeur, 4,10. Théorie, 4,02. Densité à 25° = 0,9306.

Ce composé est identique avec celui que M. Heintz avait désigné par le nom de *polyacétone* et qu'il avait trouvé dans une acétone sur laquelle avait agi une solution aqueuse de potasse. L'alcool diacétonique, que l'on peut d'ailleurs considérer comme du triméthylcarbinol acétylé, ou, en appelant *acétonyle* le groupe

$$(CH^2{-}CO{-}CH^3)',$$

comme du diméthylacétonyle carbinol,

```
     CH3
HO.C-CH2-CO-CH3,
     CH3
```

est un liquide incolore, un peu sirupeux, miscible à l'eau, à l'alcool, à l'éther. Il produit sur le papier une tache qui disparaît au bout de quelque temps. Son odeur rappelle celle de l'oxyde de mésityle, mais elle est moins forte; sa saveur est brûlante. Il brûle avec une flamme éclairante.

Le sodium l'attaque vivement avec dégagement d'hydrogène; le produit brunit. La réaction se fait mieux lorsqu'on l'étend d'éther absolu. Dans ce cas, on remarque qu'il ne se dégage plus d'hydrogène. Il se forme en même temps la combinaison sodée de l'alcool diacétonique et celle d'un *glycol propylénique triméthylé*.

En faisant réagir le chlorure d'acétyle sur le mélange, en présence de l'éther, en lavant ensuite avec l'eau, puis avec la soude, on a une liqueur éthérée qui, distillée, fournit deux produits, bouillant, l'un vers la température d'ébullition de l'alcool diacétonique, et l'autre entre 260 et 290°. Ce sont tous deux des éthers acétiques, le premier sans doute de l'alcool diacétonique.

L'alcool diacétonique traité par l'acide sulfurique donne de l'oxyde de mésityle, puis à la longue de l'acide mésytilsulfurique de Kane. Il se comporte ainsi à la façon des alcools tertiaires, qui donnent des hydrocarbures dans des conditions analogues.

La disulfacétone de M. Wislicenus est probablement le corps sulfuré correspondant à l'alcool diacétonique [Heintz, *Liebig's Annal.*, t. CLXIX, p. 114; t. CLXXVIII, p. 342]. Ch. Friedel.

ACÉTONES. — Nomenclature. — Il existe une certaine confusion dans la nomenclature des acétones. Les acétones symétriques, c'est-à-dire renfermant le carbonyle uni à deux fois le même radical hydrocarboné, ont été désignées tout d'abord, suivant l'analogie de l'acétone, par le radical du nom de l'acide suivi de la terminaison *one*. Exemples : *propione, butyrone*, etc. Toutefois M. Chancel, au lieu d'appeler benzone l'acétone de l'acide benzoïque, lui a donné le nom de *benzophenone* et des noms analogues ont été souvent employés pour des acétones renfermant le radical phényle. Exemples : *phtalophenone, acétophénone*.

Quant aux acétones dissymétriques, c'est-à-dire renfermant le carbonyle uni à deux radicaux hydrocarbonés différents, on les a désignées par les noms réunis des deux radicaux acide et alcoolique qu'elles renferment. Exemple : *méthyle-valéryle* (Williamson). Il faut remarquer que la même acétone peut être aussi bien appelée *isobutyryle-acétyle*, le carbonyle qui unit les deux groupes hydrocarbonés n'étant pas lié à l'un ou à l'autre d'une manière particulière. Quelquefois aussi on a considéré les acétones mixtes comme des acétones symétriques, dans lesquelles un ou plusieurs atomes d'hydrogène sont remplacés par des groupes hydrocarbonés. C'est ainsi que M. Limpricht a donné les noms de *méthylbutyrone, éthylbutyrone*, etc., à des produits obtenus dans la distillation du butyrate de calcium et renfermant CH^2, et C^2H^4 de plus que la butyrone. M. Fittig de même a appelé *méthylacétone* le corps

$$C^4H^8O = CH^3.-CH^2.-CO-CH^3.$$

Ce mode de désignation n'indique pas le plus souvent d'une manière claire les radicaux hydrocarbonés qui sont contenus dans le composé; elle prête d'ailleurs à la confusion avec celui qui est devenu usuel en Allemagne, et qui consiste à faire suivre les noms des deux radicaux hydrocarbonés du mot *kétone*. Ainsi, par exemple, l'acétone ordinaire est la *diméthylkétone;* le méthyl-valéryle, la *méthyl-isobutylkétone;* le méthyl-benzoyle (appelé aussi acétophénone), la *methyl-phénylkétone*, etc.

Il nous semble encore plus simple d'appeler ces mêmes corps *diméthylcarbonyle, méthylisobutyle-carbonyle*, et *méthylphényle-carbonyle*, etc. Les noms d'acétone, de propione, de butyrone, etc., conservent d'ailleurs toujours, lorsqu'ils peuvent être employés, l'avantage de la brièveté.

Méthodes générales de préparation.

1° Nous ne ferons que rappeler ici (voir au Dictionnaire, t. I, p. 36) la méthode la plus anciennement connue, qui consiste à soumettre à la distillation sèche un sel ou un mélange de sels, et de préférence les sels de calcium ou de baryum. Il est venu s'y ajouter depuis les procédés généraux suivants :

2° Action des chlorures acides sur les combinaisons métalliques des radicaux alcooliques. Cette méthode a été découverte par MM. Pebal et Freund, et généralisée par M. Boutlerow :

$$CH^3\text{-}COCl + Zn(C^2H^5)^2$$
$$= CH^3\text{-}CO\text{-}C^2H^5 + Zn(C^2H^5)Cl.$$

M. Boutlerow a fait voir que la réaction se passe bien ainsi tout d'abord et qu'on obtient l'acétone quand on traite par l'eau le produit de la réaction peu de temps après que celle-ci a été accomplie; mais que si l'on attend un certain temps, ce n'est plus une acétone que l'on obtient après traitement par l'eau, mais bien un alcool tertiaire [*Bull. de la Soc. chim.*, 1864, t. II, p. 106]. Il semble donc qu'une deuxième molécule du composé organo-métallique réagisse sur l'acétone formée en donnant un corps

$$CH^3\text{-}C\begin{matrix}\nearrow OZnC^2H^5\\ \searrow (C^2H^5)^2\end{matrix}$$

qui est décomposé par l'eau avec formation d'un alcool tertiaire $CH^3\text{-}C(OH)(C^2H^5)^2$, d'oxyde de zinc et d'hydrure d'éthyle. M. Pawloff a montré en effet que l'acétone se produit lorsqu'on emploie 2 molécules de chlorure pour 1 de zinc-méthyle, et le triméthyl-carbinol lorsqu'on renverse les proportions [*Bull. de la Soc. chim.*, t. XXVII, p. 263]. Néanmoins la réaction du zinc-méthyle sur l'acétone toute formée n'a pas donné d'alcool butylique tertiaire.

M. Boutlerow a obtenu de l'alcool butylique tertiaire par l'action de l'oxychlorure de carbone sur le zinc-méthyle; il est probable que dans une première phase de la réaction il s'est formé de l'acétone.

M. R. Otto a obtenu la benzophénone par l'action de chlorure de benzoyle sur le mercure diphényle [*Journ. für prakt. Chem.* (nouv. série), t. I, p. 144].

A la méthode précédente se rattache celle de MM. Friedel et Crafts, qui donne les acétones aromatiques ou mixtes par l'action de l'oxychlorure de carbone, ou des chlorures acides, en présence du chlorure d'aluminium, sur les hydrocarbures aromatiques :

$$COCl^2 + 2C^6H^6 = C^6H^5\text{-}CO\text{-}C^6H^5 + 2HCl,$$
$$CH^3\text{-}CO.Cl + C^6H^6 = CH^3\text{-}CO\text{-}C^6H^5. + HCl$$

MM. Friedel et Crafts interprètent cette réaction en admettant qu'il se forme une petite quantité d'une combinaison organo-métallique entre le chlorure d'aluminium et la benzine, et que c'est cette combinaison qui réagit sur les chlorures acides à la façon du zinc-méthyle [*Compt. rend.*, t. LXXXIV, p. 1450, et t. LXXXV, p. 673].

MM. Grucarevic et Merz ont obtenu les naphtylphénylcarbonyles α et β en chauffant du chlorure de benzoyle avec de la naphtaline et du fer ou du zinc [*Deutsch. chem. Gesellsch.*, t. VI, p. 60]. Il se produit un dégagement d'acide chlorhydrique. Des réactions analogues leur ont fourni plusieurs dinaphtylcarbonyles isomériques, la benzophénone, le tolylphénylecarbonyle, la cymyle-phényle-carbonyle. Enfin l'action du zinc sur un mélange de chlorure de benzoyle et de benzoate de phényle fournit un composé qui est à la fois acétone et éther phénolique, et qui par saponification donne une acétone-phénol

$$C^6H^5\text{-}CO\text{-}C^6H^5.OH$$

[*Deutsch. chem. Gesellsch.*, t. VI, p. 1238]. Il paraît probable que ces réactions rentrent dans celles étudiées par MM. Friedel et Crafts, et sont dues non pas à l'action du fer ou du zinc, mais bien à celle des chlorures de ces métaux, qui fonctionnent à la façon du chlorure d'aluminium, ainsi que l'ont constaté directement MM. Friedel et Crafts.

En faisant réagir sur l'oxychlorure de carbone à 120° un excès de diméthylaniline, on obtient une acétone, la diamidobenzophénone tétraméthylée, $CO[C^6H^4.Az(CH^3)^2]^2$. Ce corps est basique et forme un chloroplatinate cristallisé en lamelles jaune d'or. Il se produit en même temps un composé neutre

$$C^6H^3.Az(CH^3)^2\text{=}[CO\text{-}C^6H^4Az(CH^3)^2]^2$$

[Michler, *Deutsch. chem. Gesellsch.*, t. IX, p. 716].

MM. Wagner, Kannonikoff et Saytzeff ont obtenu des alcools secondaires, donnant par oxydation régulière des acétones, en faisant réagir les iodures alcooliques et le zinc granulé sec, avec addition de zinc-sodium en poudre, sur le formiate d'éthyle. C'est ainsi qu'avec l'iodure d'éthyle ils ont préparé le diéthylcarbinol, bouillant à 116-117°, qui donne par oxydation l'acétone $C^5H^{10}O$, le *diéthylcarbonyle* ou *éthylpropionyle*. L'iodure de méthyle a fourni un alcool butylique secondaire bouillant à 80° et donnant par oxydation le *méthyl-éthyl-carbonyle* [*Bull. de la Soc. chim.*, t. XXIII, p. 179 et 180].

3° Action des anhydrides d'acides monobasiques sur les combinaisons organo-métalliques. M. Saytzeff a fait voir qu'en faisant couler un mélange d'anhydride acétique et d'iodure d'éthyle sur un alliage de zinc et de sodium en poudre fine, et en empêchant la température de s'élever, on obtient au bout de 20 ou 30 heures un produit qui, traité par l'eau et par le carbonate de potassium, fournit un liquide bouillant au-dessous de 100°. Purifié par combinaison avec le bisulfite de sodium, il bout à 77-80° et se montre identique avec le méthyl-éthyl-carbonyle $CH^3\text{-}CO\text{-}CH^2\text{-}CH^3$. L'acétone ordinaire a été obtenue de même avec l'iodure de méthyle [*Zeitsch. für Chem.*, 1870, p. 104].

4° Action des acides sur la benzine en présence de l'anhydride phosphorique. Ce procédé de synthèse ne paraît s'appliquer jusqu'ici qu'aux acétones aromatiques. MM. Collaritz et Merz ont obtenu la benzophénone en chauffant en tube scellé pendant 3 ou 4 heures à 180-200°, un mélange d'acide benzoïque (5 p.), de benzine (6 p.), et d'anhydride phosphorique (8 p.) :

$$C^6H^6 + C^6H^5\text{-}CO^2H = C^6H^5\text{-}CO\text{-}C^6H^5 + H^2O.$$

Le rendement est de $^1/_3$ de benzophénone pour 1 du mélange d'acide benzoïque et de benzine [*Deutsch. chem. Gesellsch.*, t. V, p. 447]. Le tolyle-phényle-carbonyle, fournissant par oxydation l'acide benzoyle-benzoïque, a été préparé de même en chauffant l'acide benzoïque avec le toluène et l'anhydride phosphorique. Une réaction analogue a fourni les naphtyle-phényle-carbonyles α et β, les dinaphtyle-carbonyles α et β, etc. [*Deutsche chem. Gesellsch.*, t. V, p. 645, et t. VI, p. 536].

5° Distillation avec la baryte des éthers des acides *carbacetoniques*. On sait que ces éthers se produisent lorsqu'on fait réagir le sodium sur l'éther acétique et les iodures de méthyle, d'éthyle, de propyle, etc., sur le produit (Voir Éther acétylacétique, page 28).

Leur constitution est exprimée par la formule $CH^3\text{-}CO\text{-}CR^2\text{-}CO^2C^2H^5$, dans laquelle R peut représenter un radical hydrocarboné monatomique ou de l'hydrogène. Ces éthers se scindent par l'action de la baryte caustique suivant l'équation :

$$CH^3\text{-}CO\text{-}CR^2\text{-}CO^2C^2H^5 + Ba(OH)^2$$
$$= CH^3\text{-}CO\text{-}CR^2H + C^2H^5OH + CO^3Ba.$$

C'est ainsi que le diéthylacétone carbonate d'éthyle

$$CH^3\text{-}CO\text{-}C(C^2H^5)^2\text{-}CO^2C^2H^5$$

fournit une acétone diéthylée, l'acétone, dans laquelle deux atomes d'hydrogène d'un même méthyle sont remplacés par deux fois le radical éthyle. L'isopropylacétone-carbonate d'éthyle fournit de même la méthyl-isobutyle-carbonyle ou acétone isopropylée

$$CH^3\text{-}CO\text{-}CH^2\text{-}CH(CH^3)^2.$$

[Geuther, *Nachrichten der Gesellsch. der Wissensch. Göttingen*, 1863, p. 281 ; — *Zeitsch. für Chem.*, 1866, p. 5, etc. ; — Frankland et Duppa, *Ann. der Chem. u. Pharm.*, t. CXXXVIII, p. 204, et t. CLXV, p. 78].

6° Des acétones peuvent prendre naissance par l'oxydation de certains composés hydrocarbonés ou oxygénés. C'est ainsi que M. Wurtz a fait voir qu'il se produit de l'acétone ordinaire et d'autres acétones renfermant un plus grand nombre d'atomes de carbone par l'oxydation de l'hydrate d'amylène ou de l'amylène lui-même. La présence du groupe isopropyle dans l'amylène et dans le radical hydrocarboné de l'hydrate d'amylène permet de comprendre la production de l'acétone [Wurtz, *Ann. de Chim. et de Phys.* (4), t. III, p. 143].

En oxydant par le bichromate de potassium et l'acide sulfurique le diphénylméthane, on obtient la benzophénone [Zincke, *Deutsch. chem. Gesellsch.*, t. IV, p. 299 et p. 509].

Oxydation des acétones.— On doit à M. A. Popoff des recherches systématiques sur l'oxydation des acétones, réaction qui fournit le moyen de reconnaître dans bien des cas la constitution de ces composés. Ayant d'abord préparé, en partant d'un m me alcool amylique, d'une part du zinc-amyle, pour le faire réagir sur le chlorure d'acétyle, d'autre part du chlorure de caproyle, pour le faire réagir sur le zinc-méthyle, il a obtenu deux acétones identiques par leur point d'ébullition (144°), et par toutes leurs propriétés. Les ayant de plus oxydées à l'aide d'un mélange de 3 p. de bichromate de potassium et de 1 p. d'acide sulfurique dissoutes dans 4 p. d'eau, il a trouvé que toutes deux fournissent les acides valérique et acétique [*Bull. de la Soc. chim.*, t. IX, p. 36].

Des faits précédents et de ceux observés dans l'oxydation de plusieurs autres acétones, M. Popoff conclut que les acétones se scindent par oxydation, de telle façon que le groupe carbonyle reste attaché au groupement hydrocarboné le plus simple et que le radical plus complexe est oxydé de son côté en donnant un acide. L'éthylpropylcarbonyle, par exemple, donnera uniquement de l'acide propionique

$$C^2H^5\text{-}CO\text{-}C^3H^7 + O^3 = C^2H^5\text{-}CO^2H + C^3H^6O^2$$

[*Bull. de la Soc. chim.*, t. XII, p. 49].

Pour les acétones de la série aromatique, telles que le méthylbenzoyle, le groupe carbonyle reste uni au phényle pour donner de l'acide benzoïque, le radical hydrocarboné alcoolique s'oxydant de son côté en fournissant de l'acide carbonique si c'est le méthyle, de l'acide acétique si c'est l'éthyle, etc. [Popoff, *Deutsch. chem. Gesellsch.*, t. IV, p. 120, 1871].

L'oxydation du radical hydrocarboné qui se détache du carbonyle dans la réaction fournit l'acide normal correspondant si le radical est celui d'un alcool normal; elle donne un isoacide si c'est le radical d'un isoalcool; elle donne une acétone si c'est un radical d'alcool secondaire; elle le dédouble avec formation de plusieurs produits d'oxydation si c'est le radical d'un alcool tertiaire [A. Popoff, *Bull. de la Soc. chim.*, t. XVII, p. 268; *Deutsch. chem. Gesellsch.*, 1872, t. V, p. 38].

La même règle s'applique encore aux acétones telles que le benzyle-acétyle

$$C^6H^5.CH^2\text{-}CO\text{-}CH^3.$$

L'oxydation de celle-ci fournit de l'acide acétique et de l'acide benzoïque [Popoff, *Bull. de la Soc. chim.*, t. XVII, p. 496].

Le dibenzyle-carbonyle $(C^6H^5.CH^2)^2CO$, ne fournit que de l'acide benzoïque et de l'acide carbonique. On comprend aisément qu'il en soit ainsi, parce que l'acide phénylacétique qui pourrait prendre naissance s'oxyde lui-même très-facilement [Popoff, *Deutsch. chem. Gesellsch.*, t. VI, p. 560, 1873].

Le diisopropyle-carbonyle, obtenu par distillation de l'isobutyrate de calcium, donne à l'oxydation par l'acide chromique très étendu de l'acide isobutyrique, de l'acide acétique et de l'acide carbonique [Popoff, *Deutsch. chem. Gesellsch.*, t. VI, p. 1255, 1873].

M. Demole a fait voir qu'en oxydant l'éthyleméthyle-carbonyle hexabromé, on obtient l'acide malonique, avec dégagement d'acide carbonique. Ce résultat fixe la constitution de l'acétone en question, qui est $CBr^3\text{-}CO\text{-}CH^2\text{-}CBr^3$, et montre en même temps comment la transformation est modifiée par la présence du brome [*Bull. de la Soc. chim.*, t. XXX, p. 486].

Action de la potasse sur les acétones aromatiques. — Lorsqu'on fait chauffer la benzophénone avec la potasse, on la dédouble avec formation de benzine et d'acide benzoïque. Avec l'anthraquinone, on obtient un acide qui paraît être un acide benzoyle-benzoïque [*Deutsch. chem. Gesellsch.*, t. VI, p. 178].

Les acétones d'acides bibasiques fixent directement H^2O sous l'influence de la potasse et se transforment en acides monobasiques. Ainsi la diphénylène-acétone

$$\begin{matrix} C^6H^4 \\ C^6H^4 \end{matrix} > CO$$

fournit, dans ces conditions, l'acide phénylbenzoïque $C^6H^5\text{-}C^6H^4\text{-}CO^2H$.

Action de l'acide azotique sur les acétones de la série grasse. — M. Chancel avait obtenu en 1844 par l'action de l'acide azotique sur la butyrone un acide particulier, l'acide *butyronitrique*, qu'il considéra plus tard, à la suite de recherches faites en commun avec Laurent, comme un acide *nitropropionique*. Cette manière de voir avait été confirmée par les travaux de M. Kurtz et de M. Schmidt [*Liebig's Annal. der Chem.*, t. CLXI, p. 205; *Deutsche chem. Gesellsch.*, 1872, t. V, p. 600].

Néanmoins des recherches nouvelles de M. Chancel ont montré que le produit obtenu, ou acide *propylnitreux*, n'est autre chose que le *dinitropropane* que M. ter Meer a préparé à l'aide des méthodes de M. V. Meyer [*Deutsch. chem. Gesellsch.*, t. VII, p. 793 et 1080; *Liebig's Annal.*, t. CLXXXI, p. 1].

M. Chancel admet que le dinitropropane, au lieu d'avoir la constitution exprimée par la formule $CH^3.CH^2.CH = (AzO^2)^2$, renferme deux fois le groupe AzO rattaché au carbone par de l'oxygène

$$CH^3\text{-}CH^2\text{-}CH{=}(O.AzO)^2.$$

D'après lui, cette constitution explique mieux les réactions de l'acide propylnitreux. Le sel d'ammonium se décompose facilement en dégageant de l'azote pur; sous l'action des réducteurs (étain et acide chlorhydrique ou amalgame de sodium et acide sulfurique étendu) il se transforme en acide propionique et hydroxylamine; enfin, distillé avec l'acide sulfurique très étendu, l'acide se dédouble intégralement en acide propionique et bioxyde d'azote. L'acide pur distillé seul émet lui-même du bioxyde d'azote; il bout à 191°,9.

Les autres acétones se comportent de même et fournissent les homologues de l'acide propylnitreux.

La propione donne l'acide *éthylnitreux*

$$CH^3\text{-}CH(OAzO)^2,$$

qui a la composition et toutes les propriétés du dinithroéthane. M. Chancel a constaté que son sel de potassium, qui est d'un beau jaune, a la propriété de se colorer en rouge à la lumière et de reprendre sa couleur dans l'obscurité.

Avec l'acétone ordinaire, on obtient, quoique très difficilement, l'acide *méthylnitreux*, fort instable, et qui fonctionne, ainsi que ses homologues, comme acide monobasique. Son sel d'argent, cristallisé en lamelles jaune-verdâtre, a une composition exprimée par la formule

$$CH(OAzO)^2Ag.$$

Avec les acétones mixtes, les résidus nitreux paraissent se fixer de préférence sur le radical alcoolique le plus élevé. Ainsi le méthyl-propylcarbonyle donne, comme la butyrone, l'acide propylnitreux. Il en est encore de même pour le méthylpélargonyle-carbonyle, car Chiozza en a dérivé un acide qui n'est évidemment autre chose que l'acide pélargonylnitreux [*Compt. rend.*, t. LXXXVI, p. 1405]. Ch. Friedel.

ACÉTONE-SULFUREUX (ACIDE). — Lorsqu'on mélange l'acétone dichlorée, bouillant à 118°, avec une solution concentrée de bisulfite de potassium, on sent le liquide s'échauffer, et l'on voit l'acétone bichlorée disparaître. Il se produit un *acetone-sulfite de potassium* en cristaux feuilletés $CH^3.CO.CH^2SO^3K$.

Celui-ci peut être séparé des sels inorganiques par dissolution dans l'alcool.

L'acide lui-même constitue un sirop incristallisable. La potasse ne le décompose pas.

Le *sel de baryum* $(C^3H^5O.SO^3)^2Ba + H^2O$ se présente en lamelles brillantes, incolores, perdant leur eau à 100°.

Celui *de plomb* $(C^3H^5O.SO^3)^2Pb + H^2O$ est en lamelles incolores, solubles, à réaction acide, fusibles à 140° et se décomposant à 170°.

Sel mercurique. — Lamelles incolores et solubles.

Sel de cuivre $(C^3H^5O.SO^3)^2Cu + 4H^2O$. Lamelles solubles d'un vert bleuâtre, à réaction acide.

Le sel de potassium sec, chauffé avec du cyanure de potassium, fournit un sublimé cristallin soluble dans l'eau, insoluble dans l'alcool et dans l'éther, renfermant une proportion d'azote qui correspond à la formule

$$CH^3\text{-}CO\text{-}CH^2.CAz$$

[Bender, *Zeitsch. für Chem.*, 1870, p. 162, et *Deutsch. chem. Gesellsch.*, t. IV, p. 517, 1871]. C. Friedel.

ACÉTONINE. — Voyez Suppl., p. 17.

ACÉTONIQUE (ACIDE). — Voyez Oxybutyriques (acides), t. II, p. 705.

ACÉTONIQUES (ACIDES). [Syn. *Cétoniques (acides)*]. — On donne ce nom à des acides renfermant dans leurs molécules, indépendamment du groupe CO.OH, le groupe CO des acétones. Tels sont l'acide pyruvique

$$CH^3\text{-}CO\text{-}CO.OH,$$

l'acide phénylglyoxylique $C^6H^5\text{-}CO\text{-}CO.OH$, l'acide diphénylène-acétone-carbonique

$$\begin{matrix} C^6H^4 \\ C^6H^3 \\ COOH \end{matrix} > CO,$$

l'acide mésoxalique CO.OH-CO-CO.OH. Ces corps présentent à la fois les caractères des acides et des acétones.

ACÉTOPHÉNONE.— Syn. de *Méthylphénylacétone*. — Voyez PHÉNYLACÉTONES, t. II, p. 838.

ACÉTURÉIDE. — Voyez t. III, p. 574.

ACÉTURIQUE (ACIDE) [Syn. *Acétylglycocolle*] :

$$C^4H^7AzO^3 = \begin{matrix} CH^2.AzH.C^2H^3O \\ CO^2H. \end{matrix}$$

On l'obtient, d'après Kraut et Hartmann, en faisant bouillir pendant quelque temps un mélange d'éther anhydre, de chlorure d'acétyle et de glycocolle argentique. Après la réaction, on sépare l'éther par filtration et on extrait du résidu l'acide acéturique au moyen de l'alcool absolu.

L'acide acéturique se forme aussi lorsque l'acide chloracétique (10 p.) est chauffé à 150° avec l'acétamide (16-17 p.) :

$$\begin{aligned} &C^2H^3ClO^2 + C^2H^3O.AzH^2 \\ &= C^2H^3OAzH.C^2H^3O^2 + HCl; \end{aligned}$$

il se sépare du sel ammoniac, et l'eau mère additionnée de 4 fois son volume d'éther laisse déposer l'acide acéturique impur à l'état d'huile. On le transforme en sel calcique que l'on décompose par la quantité nécessaire d'acide oxalique.

L'acide acéturique constitue de petits cristaux incolores brunissant vers 130°, solubles dans l'eau et dans l'alcool.

L'eau bouillante ne le décompose pas. Les acéturates sont solubles; le sel calcique forme une huile qui se solidifie au bout de quelque temps; les sels plombique et argentique sont cristallins [K. Kraut et F. Hartmann, *Ann. der Chem. u. Pharm.*, t. CXXXIII, p. 99. — N. Jazukowitch, *Zeitsch. für Chem.*, 1868, p. 79].

ACÉTYLACÉTIQUE (ÉTHER) [Syn. *Acide éthyldiacétique, acétone-carbonate d'éthyle*. Dictionnaire, t. I, p. 22 et 1311; t. II, p. 407]. — L'éther acétylacétique a été depuis quelque temps le sujet de travaux importants, dus surtout à M. Wislicenus, et qui ont éclairci complètement ce sujet que Frankland et Duppa, Geuther et quelques autres avaient laissé dans un état assez obscur. Geuther avait en effet montré que par l'action du sodium sur l'éther acétique, il se produit exclusivement de l'éther acétylsodacétique (éthyldiacétate de sodium) et de l'éthylate de sodium. On ne comprenait donc pas comment Frankland et Duppa avaient pu en obtenir des substances dérivées apparemment des éthers sodacétique et disodacétique. C'est ce point que M. Wislicenus a élucidé et qui sera exposé à l'occasion des réactions de l'éther acétylacétique [Wislicenus, *Bull. de la Soc. chim.*, t. XXII, p. 457 ; *Deutsch. chem. Gesellsch.*, t. VII, p. 683, et *Liebig's Ann.*, t. CLXXXVI, p. 161].

Préparation. — Wislicenus a publié un procédé de préparation qui fournit de bons rendements. On verse un kilogr. d'éther acétique *pur* dans un ballon surmonté d'un réfrigérant ascendant capable de fonctionner rapidement (on peut se procurer cet éther dans le commerce. On reconnaît sa pureté à ce que le sodium n'agit plus que lentement sur lui à froid, en dégageant à peine des traces d'hydrogène et sans troubler la liqueur). On y ajoute en une fois 100 grammes de sodium en petits parallélipipèdes de la grosseur d'une fève. Le liquide commence bientôt à bouillir, puis la réaction se calme. On chauffe alors avec précaution au bain d'eau jusqu'à dissolution complète du métal; en tout l'opération dure environ 2 heures 1/2 ou 3 heures. Dans la masse liquide encore chaude on verse en agitant 550 grammes d'acide acétique à 50 %, on laisse refroidir et on ajoute encore environ un demi-litre d'eau. Quand les deux couches liquides se sont bien séparées, on décante la couche supérieure et on la lave avec un peu d'eau. On distille ensuite au bain-marie, la majeure partie de l'éther acétique inaltéré. Le résidu est alors soumis au fractionnement dans une cornue. Ce qui passe au-dessous de 100° est principalement de l'éther acétique alcoolique et est joint aux premières portions. On fractionne ensuite entre 100 et 130, 130 et 165, 165 et 175, 175 et 185, 185 et 200°. Le résidu contient de l'acide déhydracétique qu'on peut en extraire avec avantage. Après trois fractionnements, les portions comprises entre 100 et 175° et celles de 185 à 200° sont réduites à un faible volume, et ce qui reste à la fin dans la cornue se prend par refroidissement en une masse cristalline d'acide déhydracétique.

Pour presque toutes les recherches, la fraction 175-185 est suffisamment pure. On peut en retirer un produit plus pur encore, bouillant entre 178 et 182°; mais un fractionnement prolongé est inutile, chaque distillation décomposant une portion de l'éther en produits inférieurs et acide déhydracétique.

Par ce procédé on obtient, pour 1 kilogr. d'éther acétique, 175 grammes au plus d'éther acétylacétique. Si l'on a soin d'épuiser par l'éther acétique, qui passe en premier lieu à la distillation, les eaux mères d'où s'est séparée la couche qui contient l'éther acétylacétique, on peut en retirer par fractionnement une nouvelle portion d'éther acétylacétique et le rendement total peut s'élever jusqu'à 202 gr. par kilogr. d'éther acétique (Demarçay).

L'éther acétique, séparé par l'eau salée de l'alcool qu'il contient, fournit à la rectification 350 à 400 gr. d'éther acétique.

On peut ainsi, en 4 jours, en travaillant 10 h. par jour, obtenir 1750 à 2020 gr. d'éther acétylacétique, en opérant sur 10 kil. d'éther acétique et 1 kilogr. de sodium.

Oppenheim et Precht ont publié un procédé peu différent du précédent, mais défectueux à cause de la dilution de l'acide acétique qu'ils employaient. Ils n'obtenaient dans ces conditions que 150 gr. d'éther acétylacétique par kilogr. d'éther acétique employé [Oppenheim et Precht, *Deutsch. chem. Gesellsch.*, t. IX, p. 318].

Dans cette opération, quand l'éther acétique est bien pur, il ne se dégage que des traces d'hydrogène [Wanklyn, *Ann. der Chem. u. Pharm.*, t. CXLIX, p. 43; — Ladenburg, *Deutsch. chem. Gesellsch.*, t. III, p. 305; — Oppenheim et Precht, *Deutsch. chem. Gesellsch*, t. IX, p. 320], et il ne se produit que de l'éther acétylsodacétique et de l'éthylate de sodium [Geuther, *Jahresb. für Chem.*, 1868, p. 511]. Les équations de la réaction sont donc les suivantes :

$$\begin{aligned} &2CH^3\text{-}CO^2.C^2H^5 + Na^2 \\ &= CH^3\text{-}CO\text{-}CHNa\text{-}CO^2.C^2H^5 + NaO.C^2H^5 + H^2, \\ &CH^3\text{-}CO^2C^2H^5 + Na^2 + H^2 = 2NaOC^2H^5. \end{aligned}$$

Le rendement théorique de l'opération serait, d'après ces équations de 130 gr. d'éther pour 92 gr. de sodium. Le rendement que l'on obtient peut cependant dépasser 184 gr. Cela tient à ce que l'éthylate de sodium en réagissant sur l'éther acétique donne de l'éther acétylsodacétique, suivant l'équation

$$CH^3\text{-}CH^2ONa + 2CH^3\text{-}CO.OC^2H^5$$
$$= 2C^2H^6O + CH^3\text{-}CO\text{-}CHNa\text{-}CO.OC^2H^5$$

[Geuther, Oppenheim et Precht].

Constitution. — Les formules rationnelles de l'éther acétylacétique et de son dérivé sodé sont les suivantes :

$$CH^3\text{-}CO\text{-}CH^2\text{-}CO.OC^2H^5$$
$$\text{et } CH^3\text{-}CO\text{-}CHNa\text{-}CO.OC^2H^5.$$

Ces formules ressortent avec évidence des réactions de ces produits. C'est ainsi que l'eau décompose l'éther à 150° en acétone, acide carbonique et alcool, ce qui démontre la formule qui lui est assignée. Celle du dérivé sodé résulte de ce fait que dans l'éther acétylacétique il n'y a que deux atomes d'hydrogène de remplaçables par du sodium. Fait-on réagir en effet sur ce dérivé sodé de l'iodure d'éthyle, on obtient l'éther éthylacétylacétique. Ce dernier, mis en contact avec du sodium, dégage de l'hydrogène et donne un dérivé sodé qu'on peut traiter de même par l'iodure d'éthyle. Il fournit dans ces conditions un éther diéthylacétylacétique qui n'est plus attaqué dans aucun cas par le sodium. L'éther acétylacétique ne contenant que deux atomes d'hydrogène de remplaçables par du sodium, il est évident que ces deux atomes ne sont autres que ceux du groupe CH^2 uni d'une part à $CO\text{-}CH^3$, de l'autre à $CO.OC^2H^5$. Ces formules sont du reste confirmées par un nombre considérable de réactions effectuées sur ces composés et leurs dérivés.

Propriétés et réactions. — Les propriétés physiques de l'éther acétylacétique ont été déjà décrites, t. I, p. 1311.

La chaleur le dédouble lentement à sa température d'ébullition en éther acétique et acide déhydracétique [Geuther; — Conrad, *Bull. de la Soc. chim.*, t. XXII, p. 459, et *Deutsch. chem. Gesellsch.*, t. VII p. 683]. Si l'on fait passer sa vapeur, dans un tube chauffé un peu au-dessous du rouge sombre, on obtient de l'acide déhydracétique, de l'acétone, de l'alcool [Oppenheim et Precht, *Deutsch. chem. Gesellsch.*, t. IX, p. 324].

Mis en présence du sodium, il dégage de l'hydrogène et donne naissance à l'éther *acétylsodacétique* (Lippmann). Il fournit aussi le même corps et de l'alcool quand on le verse sur de l'éthylate de sodium, suivant la réaction

$$CH^3\text{-}CO\text{-}CH^2\text{-}CO.OC^2H^5 + C^2H^5ONa$$
$$= C^2H^5OH + CH^3\text{-}CO\text{-}CHNa\text{-}CO.OC^2H^5,$$

qui s'opère de même quand on remplace l'éther acétylacétique par un dérivé quelconque monosubtitué, par exemple l'éther éthylacétylacétique.

Distillé avec de l'éthylate de sodium, l'éther acétylacétique ou ses dérivés de substitution se décomposent en fournissant un éther acétique substitué et des produits résineux qui n'ont pas été suffisamment examinés. L'éther acétique substitué produit est en proportions qui répondent sensiblement au dédoublement :

$$nCH^3\text{-}CO\text{-}CXY\text{-}CO^2.C^2H^5$$
$$= nCHXY\text{-}CO^2.C^2H^5 + n(CH^2\text{-}CO).$$

Ces réactions, découvertes par M. Wislicenus, lui ont permis d'expliquer les synthèses de Frankland et Duppa. Ces savants dissolvaient du sodium dans de l'éther acétique et ajoutaient au produit de la réaction de l'iodure d'éthyle, par exemple, en quantité correspondant au sodium employé. Ils obtenaient de l'éther ordinaire, de l'éther éthylacétique, diéthylacétique, éthylacétylacétique et diéthylacétylacétique. Ces phénomènes s'expliquent aisément en tenant compte de la présence d'éthylate de sodium et d'éther acétylsodacétique :

L'iodure d'éthyle, en réagissant sur l'éthylate de sodium, donne de l'éther.

En réagissant sur l'éther acétylsodacétique, il produit de l'éther éthylacétylacétique.

Ce dernier, en réagissant sur l'éthylate de sodium, fournit : d'une part, de l'éther éthylacétique; d'autre part, de l'éther éthylacétylsodacétique. Celui-ci, en présence d'iodure d'éthyle, donne l'éther diéthylacétylacétique.

Et enfin, l'éthylate de sodium décompose en partie ce dernier pour former l'éther diéthylacétique.

Les résultats si compliqués obtenus par Frankland et Duppa se trouvent donc parfaitement expliqués; leur complication même résulte de la complexité des circonstances dans lesquelles ces deux savants chimistes se plaçaient à leur insu.

On peut d'ailleurs opérer toutes ces réactions séparément. Voici le procédé proposé par M. Wislicenus. 65 gr. au plus d'éther acétylacétique (avec plus de matière on obtient beaucoup de résine et l'on n'a que de faibles rendements) sont mêlés à leur volume de benzine cristallisable et traités par 10 gr. à 10gr,5 de sodium coupé en lames fines, ou bien par 15 gr. de ce corps. Dans ce dernier cas, on enlève à la fin de l'opération le sodium inattaqué. On commence par ajouter le tiers du sodium. La réaction, très-vive d'abord, se produit avec formation d'une écume abondante qu'on dissipe en agitant fortement le ballon, qui doit être assez spacieux. Quand la liqueur s'est échauffée jusqu'à l'ébullition, l'écume disparaît et l'on peut introduire le reste du sodium. Pour terminer la réaction, on chauffe au bain d'eau, pendant quelque temps, avec un réfrigérant ascendant ; l'opération tout entière ne doit pas durer plus de 2 h. à 2 h. 1/2, sinon l'éther se décompose avec formation de produits bruns. Il vaut mieux la terminer quand le liquide est coloré en jaune d'or. On introduit alors la combinaison halogénée (iodure, chlorure, etc.), par petites portions ou en totalité, suivant la vivacité de la réaction. On chauffe ensuite jusqu'à sa terminaison. Le temps nécessaire est très-variable ; les iodures réagissent généralement plus vite que les chlorures. L'iodure d'allyle réagit très-vivement, l'éther chloracétique, l'éther chlorocarbonique, le chlorure d'acétyle plus vite encore. La réaction terminée, on laisse refroidir la solution et l'on sépare par l'eau le sel de sodium formé. La couche huileuse qui surnage, étant fractionnée, fournit l'éther produit. On obtient ainsi des éthers monosubstitués de la forme

$$CH^3\text{-}CO\text{-}CHX\text{-}CO\text{-}OC^2H^5.$$

Si l'on veut remplacer par un second radical Y le second équivalent d'hydrogène, on procède avec l'éther précédent comme pour le cas de l'éther acétylacétique.

Dans ces derniers temps, MM. Max Conrad et Leonhard Limpach ont indiqué un procédé qui est très-supérieur au précédent dans les cas où l'on peut l'employer. Il consiste à ajouter à la solution du sodium dans 8 à 10 fois son poids d'alcool absolu la quantité correspondante d'éther acétylacétique. Ce dernier met l'alcool en liberté et donne naissance à l'éther acétylsodacétique. On ajoute alors l'iodure, le bromure, le chlorure. La réaction se fait en général avec facilité et se termine au bain d'eau. Quand elle est achevée, ce qui se reconnaît au moyen d'un papier rouge de tournesol qui ne doit plus bleuir, on chasse la majeure partie de l'alcool au bain-marie. Au résidu on ajoute de l'eau, qui sépare l'éther produit sous forme d'une couche huileuse. On rectifie cet éther, qui s'obtient pur du premier coup. On peut opérer ainsi sur de très-grandes quantités. Les rendements sont plus considérables que par la méthode précédente et peu éloignés en général des rendements théoriques, surtout si l'on a soin d'enlever à la solution aqueuse salée, d'où s'est séparé l'éther, celui qui y est resté dissous, au moyen d'éther ordinaire, qu'on chasse ensuite par la chaleur.

MM. Conrad et Limpach ont même pu remplacer l'éthylate de sodium par une solution alcoolique de potasse titrée. Toutefois les rendements ont été inférieurs aux précédents. Ils ont de même constaté que la réaction se passait à froid et, dans le cas de l'iodure d'éthyle, était complète au bout de 10 jours.

Cette méthode ne peut naturellement pas être employée quand le chlorure qui doit réagir est, par exemple, du chlorure d'acétyle ou un corps analogue exerçant une action sur l'alcool.

D'après MM. Conrad et Limpach, l'éther chlorocarbonique ne réagirait pas non plus dans ces conditions.

Action des alcalis sur l'éther acétylacétique et sur ses dérivés. — Cette action, déjà examinée par Geuther [*Jahresb., f. Chem.* 1865, p. 302] et Frankland et Duppa [*Ann. der Chem. u. Pharm.*, t. CXXXVIII, p. 211], vient d'être reprise par Wislicenus [*Liebig's Ann.*, t. CXC, p. 257]. Sous l'influence des bases fortes, telles que la potasse, la baryte, ces éthers se dédoublent suivant les deux équations suivantes :

$$CH^3\text{-}CO\text{-}CXY\text{-}CO^2.C^2H^5 + 2KHO = CH^3\text{-}CO\text{-}CHXY + CO^3K + C^2H^6O.$$

$$CH^3\text{-}CO\text{-}CXY\text{-}CO^2.C^2H^5 + 2KHO = CH^3\text{-}CO^2K + CHXY\text{-}CO^2K + C^2H^6O.$$

Ces deux réactions ont lieu à la fois, la seconde prédominant d'autant plus que la base est plus forte, sa solution plus concentrée et en plus grand excès. L'eau de baryte bouillante agit comme de la potasse très étendue et fournit presque exclusivement de l'acétone. La potasse alcoolique concentrée, au contraire, dédouble fréquemment ces éthers, en donnant uniquement le mélange des sels de potassium sans presque laisser trace d'acétone. Les différents éthers se comportent de manières diverses, mais il n'a pas été possible de reconnaître quelle loi suit la variation du dédoublement. Certains d'entre eux se dédoublent presque entièrement en acides, sans donner de traces notables d'acétone, même par la baryte. Tel est le cas de l'éther acétylcarballylique. On trouvera dans le mémoire de M. Wislicenus de nombreux tableaux sur l'influence qu'exerce la concentration de la solution de potasse sur les proportions relatives des deux dédoublements.

Dérivés métalliques. — Max Conrad [*Liebig's, Ann.*, t. CLXXXVIII, p. 269] a obtenu quelques dérivés métalliques qui n'avaient pas encore été préparés par Geuther. Ces dérivés prennent naissance quand on agite avec de l'éther acétylacétique la solution ammoniacale ou potassique de l'oxyde du métal considéré. Ce sont des précipités insolubles dans l'eau, solubles dans la benzine bouillante et cristallisant par le refroidissement.

Le sel de cuivre, $(CH^3\text{-}CO\text{-}CH\text{-}CO^2C^2H^5)^2Cu$, forme des aiguilles brillantes colorées en vert. Elles se volatilisent en partie quand on les chauffe avec précaution à 178°. Elles fondent à 182° et se détruisent à plus haute température.

Les composés de nickel et de cobalt sont des tables microscopiques vertes ou roses. Ils se décomposent avec facilité par ébullition avec l'eau $(CH^3\text{-}CO\text{-}CH.CO^2C^2H^5)^2.Mg$, lamelles brillantes fusibles à 240° en se décomposant.

$(CH^3\text{-}CO\text{-}CH\text{-}CO^2C^2H^5)^6Al^2$. Il se dépose de la solution limpide de l'éther acétylacétique dans l'aluminate de potassium en belles aiguilles éclatantes, très facilement solubles dans l'éther, la benzine, le chloroforme. Insolubles dans l'eau froide; l'eau chaude les décompose. Elles fondent à 76° et, en petite quantité, peuvent distiller sans décomposition à une température élevée.

Les sels de zinc et de plomb n'ont été obtenus par la même méthode que mêlés d'oxydes.

Le sel d'argent se décompose même dans l'obscurité.

Agité avec de l'oxyde de mercure, l'éther acétylacétique fournit une masse blanche, mélange des deux combinaisons

$$CH^3\text{-}CO\text{-}CHg\text{-}CO^2C^2H^5$$
$$\text{et } (CH^3\text{-}CO\text{-}CH\text{-}CO^2C^2H^5)^2Hg.$$

Dérivés chlorés. — En ajoutant goutte à goutte du chlorure de sulfuryle à de l'éther acétylacétique (1 molécule de chaque) on obtient un liquide brunâtre qui bout presque entièrement de 193 à 195°. C'est l'éther acétylacétique monochloré. Il forme un liquide incolore plus lourd que l'eau : à 14° sa densité rapportée à celle de l'eau à 17°,5 est égale à 1,19. Sa vapeur possède une odeur irritante et attaque vivement les yeux. La potasse alcoolique le transforme en un mélange d'acétate et de monochloracétate de potassium [Allihn, *Deutsch. chem. Gesellsch.*, t. XI, p. 560].

L'éther bichloré a été obtenu d'abord par Conrad [*Liebig's Ann.*, t. CLXXXVI, p. 223] en saturant de chlore l'éther acétylacétique refroidi. Il bout de 205° à 207°. Allihn l'a ensuite obtenu par l'action de deux molécules de chlorure de sulfuryle sur l'éther acétylacétique. A 16° sa densité prise par rapport à l'eau à 17°,5 est égale à 1,293. L'eau à 100° ne l'altère pas. Mais lorsqu'on le chauffe de 4 à 6 heures à 170-180° avec cet agent, il se dédouble en acide carbonique, alcool et dichloracétone bouillant à 119-120°. Les alcalis et la potasse alcoolique le dédoublent en acétate et dichloracétate.

La constitution de ces composés s'exprime par les formules

$$CH^3\text{-}CO\text{-}CHCl\text{-}CO^2.C^2H^5$$
$$\text{et } CH^3\text{-}CO\text{-}CCl^2\text{-}CO^2.C^2H^5.$$

C'est du moins ce que l'analogie conduit à supposer, si l'on observe que dans ces mêmes conditions l'éther éthylacétylacétique ne fournit qu'un dérivé *monochloré*, que l'eau à 170° décompose en donnant une acétone monochlorée bouillant à 130° dont la composition s'exprime par la formule $CH^3\text{-}CO\text{-}CHCl\text{-}C^2H^5$.

Dérivé bromé. — D'après Lippmann [*Zeitsch. f. Chem.*, 1869, p. 29], la solution éthérée de l'éther acétylacétique absorbe le brome sans dégager d'acide bromhydrique. Par évaporation de l'éther on obtiendrait un liquide pesant, jaunâtre, d'odeur particulière, qui serait le dibromure d'éther acétylacétique $C^6H^{10}O^3Br^2$.

Suivant Conrad [*Liebig's Ann.*, t. CLXXXVI, p. 232], le brome, en agissant sur la solution de l'éther dans le chloroforme, dégage de l'acide bromhydrique. Séparé du chloroforme, du brome en excès et de l'acide bromhydrique formé, par exposition prolongée sur de la chaux vive, le produit de la réaction constitue un liquide faiblement jaunâtre, indistillable, qui présente la composition d'un bromure d'éther dibromé

$$C^6H^8Br^2O^3, Br^2.$$

Sa densité à 21° prise par rapport à l'eau à 17°,5 est égale à 2,320. En traitant par une ou deux molécules de brome les éthers acétylacétiques substitués et le produit de la réaction par la potasse alcoolique, M. Demarçay a obtenu deux séries d'acides répondant aux formules

$$3\,C^{n}H^{2n-4}O^{2} + H^{2}O \text{ et } 3\,C^{n}H^{2n-4}O^{3} + H^{2}O$$

(Voyez ACIDE TÉTRIQUE).

Dérivés nitrosés [V. Meyer, *Deutsch. chem. Gesellsch.*, t. X, p. 2075, et t. XI, p. 321]. — On mêle une solution d'éther acétylacétique (1 moléc.) dans de la potasse fortement étendue avec de l'azotite de potassium (1 moléc.), l'on y ajoute lentement, en refroidissant, de l'acide sulfurique et on neutralise par la potasse. On obtient une solution colorée en jaune, d'où l'on extrait par l'éther ordinaire l'éther acétylacétique inaltéré. La solution acidulée est traitée de nouveau par l'éther ordinaire. Ce dernier, distillé avec précaution, abandonne une huile qui, privée d'une petite quantité d'eau par un séjour prolongé dans le vide sur de l'acide sulfurique pendant plusieurs mois, finit par cristalliser. 50 gr. d'éther fournissent ainsi 35 gr. d'acide huileux et 12 gr. d'éther régénéré. Pour faire cristalliser rapidement l'acide huileux on y ajoute un germe et l'on remue vivement; après quelques jours, le tout est pris en une masse, qu'on essore à la trompe et qu'on fait cristalliser dans le chloroforme et l'éther. Il faut avoir soin de conserver des germes cristallins pour faire cesser la sursaturation des liqueurs. La substance pure forme des prismes durs, incolores, brillants comme du verre, extrêmement solubles dans l'alcool, l'éther, le chloroforme, moins dans l'eau, soluble en jaune dans les alcalis. On peut en obtenir de grands cristaux d'un centimètre d'épaisseur, semblables au sulfate de sodium. Il fond à 52-54° et offre une grande tendance à la surfusion. Il se décompose complètement quand on cherche à le distiller. Sous l'eau il se liquéfie à la température ordinaire. Sa composition s'exprime par la formule

$$C^{6}H^{9}O^{4}Az = \begin{array}{c} CH^{3}\text{-}CO\text{-}CH\text{-}CO^{2}.C^{2}H^{5} \\ AzO \end{array} \qquad (1)$$

ou bien

$$= \begin{array}{c} CH^{3}\text{-}CO\text{-}C\text{-}CO^{2}.C^{2}H^{5} \\ \| \\ AzOH \end{array} \qquad (2)$$

Cette dernière formule paraît peu probable. En effet, le chlorure d'acétyle, qui agit vivement sur l'acide nitrylique dont la constitution est analogue, n'a pas d'action sur ce composé. Ce dernier donne avec le phénol et l'acide sulfurique une coloration rouge-orangé, avec l'aniline et l'acide acétique une coloration rouge de safranine. A chaud, la teinte devient d'un rouge éteint, que l'acide acétique fait virer à la coloration primitive.

En traitant de même par le nitrite de potassium les éthers acétylacétiques substitués, on obtient des nitroso-acétones, qui seront décrites avec les composés dont elles dérivent.

Acide diazobenzol-acétylacétique.—L'éther acétylacétique (1 moléc.) dissous dans la potasse étendue est mêlé à une solution très-étendue d'azotate de diazobenzol préparé en dissolvant une molécule d'aniline dans trois molécules d'acide azotique étendu et additionnant une molécule d'azotite de potassium titré. On ajoute au mélange de la potasse en excès, on sépare une résine rouge et l'on acidule par l'acide sulfurique étendu. Il se précipite une masse jaune volumineuse. Recueillie sur un filtre, lavée à l'eau froide et cristallisée, dans l'alcool, elle forme de belles lamelles jaunes d'or, entrelacées, satinées, offrant au microscope l'aspect de tables transparentes. Cet acide, à l'état de pureté, se dissout en jaune dans l'alcool et les alcalis. Il forme des sels d'où l'acide sulfurique étendu le précipite en flocons jaune de soufre clair. Ses sels sont jaune pâle et en partie cristallisés. Il se dissout en jaune intense dans l'acide sulfurique. Son point de fusion est situé à 254-255°. Sa composition est représentée par la formule $C^{10}H^{10}Az^{2}O^{3}$; la réaction qui lui donne naissance est la suivante :

$$\begin{array}{l} \quad C^{6}H^{5}Az^{2}\text{-}AzO^{3} \\ + CH^{3}\text{-}CO\text{-}CHK\text{-}CO^{2}.C^{2}H^{5} + H^{2}O \\ = KAzO^{3} + C^{2}H^{6}O + \begin{array}{c} CH^{3}\text{-}CO\text{-}CH\text{-}CO^{2}H \\ C^{6}H^{5}Az^{2} \end{array} \end{array}$$

Action du perchlorure de phosphore sur l'éther acétylacétique et ses dérivés [Geuther, *Bull. de la Soc. chim.*, t. XVI, p. 107, et *Zeitsch. f. Chem.*, 1871, p. 237; — Demarçay, *Bull. de la Soc. chim.*, t. XXVIII, p. 369, et t. XXXIX, p. 230, et *Compt. rend.*, t. LXXXIV, p. 1097 et 554]. — Le perchlorure de phosphore réagit vivement sur l'éther acétylacé-tique et ses dérivés. Il se dégage de l'acide chlorhydrique et le liquide se colore en rouge par suite de l'action de l'oxychlorure de phosphore formé sur l'éther non décomposé. Dans cette réaction, il se forme des chlorures d'acides monochlorés de la série acrylique, suivant l'équation

$$\begin{array}{l} CH^{3}\text{-}CO\text{-}CHX\text{-}CO^{2}.C^{2}H^{5} + 2PCl^{5} \\ = CH^{3}\text{-}CCl{=}CX\text{-}CO.Cl + C^{2}H^{5}Cl + HCl + 2POCl^{3}, \end{array}$$

ou bien

$$\begin{array}{l} CH^{3}\text{-}CO\text{-}CXY\text{-}CO^{2}C^{2}H^{5} + 2PCl^{5} = \\ CH^{2}{=}CCl\text{-}CXY\text{-}CO.Cl + C^{2}H^{5}Cl + 2POCl^{3} + HCl. \end{array}$$

Dans le cas de l'éther acétylacétique, les deux réactions se produisent à la fois et l'on obtient deux acides crotoniques monochlorés isomériques (Geuther). (Voyez ACIDE CROTONIQUE.) Dans le cas des éthers monosubstitués, l'un de ces acides, le premier sans doute, se forme à peu près exclusivement. Les éthers disubstitués, au contraire, sont toujours attaqués d'après la seconde équation.

On peut aussi obtenir, par l'action du perchloruro de phosphore sur l'éther diacétylacétique, un acide dichlorosorbique cristallisé en fines aiguilles, suivant la réaction

$$\begin{array}{l} (CH^{3}\text{-}CO)^{2} = CH\text{-}CO^{2}.C^{2}H^{5} + 3PCl^{5} = C^{2}H^{5}Cl \\ + 3POCl^{3} + 2HCl + \begin{array}{c} CH^{2}{=}CCl \\ CH^{3}\text{-}CCl \end{array} \!\!\!\!\begin{array}{c} \diagdown \\ /\!\!/ \end{array} C\text{-}COCl. \end{array}$$

Action de l'hydrogène naissant. — L'hydrogène dégagé soit par l'amalgame de sodium, soit par le zinc et l'acide sulfurique, se fixe tant sur l'éther acétylacétique que sur ses dérivés, suivant la réaction

$$\begin{array}{l} CH^{3}\text{-}CO\text{-}CXY\text{-}CO^{2},C^{2}H^{5} + H^{2}O + H^{2} \\ = C^{2}H^{6}O + CH^{3}\text{-}CH(OH)\text{-}CXY\text{-}CO^{2}H. \end{array}$$

On peut donc obtenir par ce procédé une série d'acides hydroxylés. Ces acides, soumis à l'action de la chaleur, paraissent subir deux réactions différentes, suivant que l'un des radicaux X et Y est de l'hydrogène, ou que tous deux sont des radicaux hydrocarbonés. Dans le premier cas, la chaleur opère un dédoublement en eau et acide de la série acrylique (Wislicenus) :

$$\begin{array}{l} CH^{3}\text{-}CH(OH)\text{-}CHX\text{-}CO^{2}H \\ = H^{2}O + CH^{3}\text{-}CH{=}CX\text{-}CO^{2}H \end{array}$$

Dans le second cas, qui n'a encore été examiné

que pour l'éther diéthylacétylacétique, le dédoublement se fait en aldéhyde et acide de la série grasse :

$$CH^3\text{-}CH(OH)\text{-}C(C^2H^5)^2\text{-}CO^2H$$
$$= CH^3\text{-}CHO + CH(C^2H^5)^2\text{-}CO^2H$$

[Schnapp, *Deutsch. chem. Gesell.*, t. X, p. 2227].

Action de l'acide cyanhydrique [Demarçay, *Compt. rend.*, t. LXXXII, p. 1337, et *Bull. de la Soc. chim.*, t. XXVII, p. 120]. L'éther acétylacétique, en tant qu'acétone, est susceptible de fixer l'acide cyanhydrique. En effet, chauffé pendant 10 heures au bain-marie avec de l'acide cyanhydrique il fournit un liquide jaunâtre d'où l'on peut séparer par l'acide chlorhydrique un acide oxypyrotartrique particulier. L'action de la chaleur le transforme en acide citraconique; celle de la baryte lui enlève de l'acide carbonique et donne de l'acide oxyisobutyrique. Il serait intéressant d'examiner si ces réactions sont générales.

Action de l'ammoniaque [H. Precht, *Deutsch. chem. Gesellsch.*, t. XI, p. 1194]. — Si l'on dirige dans de l'éther acétylacétique refroidi avec de la glace un courant d'ammoniaque gazeuse, on voit se déposer des cristaux qui finissent par envahir la masse entière. Ces cristaux sont purifiés par fusion. On garde les portions qui se déposent les premières. On obtient ainsi un produit qui fond de 25 à 28°, mais qui ne paraît pas encore pur, car on a préparé par hasard quelques-uns de ces cristaux fusibles seulement à 37°. Ce sont des prismes déliquescents clinorhombiques sur lesquels les faces $d^1/^2$, p, g^1, g^x, prédominent. On trouve aussi les faces h^1, m, e^1, o^1.

Ces cristaux sont solubles en toute proportion dans l'alcool et l'éther. L'eau, qui ne les dissout pas, les convertit en un liquide incolore plus dense que l'eau.

Cette substance répond à la composition

$$C^6H^{11}AzO^2,$$

et paraît devoir se représenter par la formule

$$\begin{matrix} CH^3 \searrow \\ AzH \nearrow \end{matrix} C\cdot CH^2\cdot CO^2C^2H^5.$$

L'eau de baryte la décompose à l'ébullition en dégageant de l'ammoniaque.

Action de l'aniline [Oppenheim et Precht, *Deutsch. chem. Gesellsch.*, t. IX, p. 1098]. — Il se produit, quand on chauffe légèrement de l'aniline et de l'éther acétylacétique, une réaction qui donne naissance à la diphénylurée, qu'on obtient à peu près pure quand on a chassé l'excès d'aniline par la chaleur :

$$CH^3\text{-}CO\text{-}CH^2\text{-}CO^2.C^2H^5 + 2AzH^2.C^6H^5$$
$$= CH^3\text{-}CO\text{-}CH^3 + C^2H^5.OH$$
$$+ CO(AzH.C^6H^5)^2$$

Action des agents oxydants [Oppenheim et Emmerling, *Deutsch. chem. Gesellsch.*, t. IX, p. 1098, et *Bull. de la Soc. chim.*, t. XXVII, p. 299]. — Soumis à l'oxydation, l'éther acétylacétique produit de l'acide acétique et de l'acide oxalique.

ACTION DES RÉACTIFS SUR L'ÉTHER ACÉTYLSODACÉTIQUE

Action de l'iode : éther diacétylsuccinique [Wislicenus, *Deutsch. chem. Gesellsch.*, t. VII, p. 691, et *Bull. de la Soc. chim.*, t. XXII, p. 460; — Rugheimer, *Deutsch. chem. Gesellsch.*, t. VII, p. 892]. — L'iode ajouté avec précaution par petites portions à l'éther acétylsodacétique fournit l'éther diacétylsuccinique en tables rhombiques, incolores, transparentes, très solubles dans l'alcool, l'éther et la benzine, fusibles à 77°, en commençant à se décomposer. La réaction qui lui donne naissance est la suivante :

$$2CH^3\text{-}CO\text{-}CHNa\text{-}CO^2.C^2H^5 + 2I$$
$$= 2NaI + \begin{matrix} CH^3\text{-}CO\text{-}CH\text{-}CO^2.C^2H^5 \\ | \\ CH^3\text{-}CO\text{-}CH\text{-}CO^2.C^2H^5. \end{matrix}$$

Action du sulfure de carbone [Norton et Oppenheim, *Deutsch. chem. Gesellsch.*, t. X, p. 701]. — En faisant réagir le sulfure de carbone sur l'éther acétylsodacétique, on n'obtient que des produits que l'on ne peut purifier. Si on le fait agir, au contraire, sur le produit brut de l'action du sodium sur l'éther acétique, on en tire aisément un produit bien défini. La réaction s'accomplit avec l'aide d'une douce chaleur. Le produit solide qui se forme, recueilli sur un filtre et lavé avec un peu d'eau froide, devient d'un rouge clair. Cristallisé dans l'eau, il forme de belles aiguilles cinabre à reflets verts. Sa composition répond à la formule

$$C^{10}H^{13}S^3O^4Na.$$

La solution de ce corps mêlé à du chlorure de calcium en solution concentrée laisse déposer un sel cristallisé en petites aiguilles rouge-cerise, dont la composition s'exprime par la formule

$$(C^{10}H^{13}S^3O^4)^2Ca.$$

Ces corps sont les sels d'un acide qui s'obtient par addition d'acide chlorhydrique à la dissolution du sel de sodium. Il cristallise en houppes nacrées d'un rouge orangé sombre, ressemblant beaucoup à l'azobenzol. Il se détruit facilement par évaporation de ses solutions dans l'alcool et l'éther, dans lesquels il est très soluble. Il se forme alors une petite quantité d'un beau corps cristallisé à reflets verts, ainsi qu'une substance amorphe insoluble dans les dissolvants ordinaires.

Cet acide a reçu le nom d'acide *thiorufique*.

Le chlorure de mercure, l'azotate de plomb et le sulfate de zinc précipitent en orangé le sel de sodium. Les sels de fer le précipitent en brun, ceux d'argent en rouge foncé, passant facilement au brun, et celui de cuivre en noir. Bouilli avec de la soude, ce qui produit une coloration pourpre fugitive, il se forme de l'alcool en abondance et le sel de sodium d'un nouvel acide rouge orangé très soluble dans l'eau.

Les réactions qui donnent naissance au thiorufate de sodium peuvent être exprimées comme il suit :

$$CH^3\text{-}CO\text{-}CH.Na\text{-}CO^2.C^2H^5 + CS^2$$
$$= \begin{matrix} CH^3\text{-}CO\text{-}CH\text{-}CO^2.C^2H^5 \\ | \\ CS.SNa \end{matrix}$$
$$\begin{matrix} CH^3\text{-}CO\text{-}CH\text{-}CO^2.C^2H^5 \\ | \\ CS.SNa \end{matrix} + CS(SNa).(OC^2H^5)$$
$$= NaHS + \begin{matrix} CS.SNa \\ | \\ CH^3\text{-}CO\text{-}C\text{-}CO^2.C^2H^5 \\ | \\ CS.OC^2H^5. \end{matrix}$$

Le sulfhydrate de sodium et le xanthate de ce corps sont, en effet, au nombre des produits de la réaction, produits d'où l'on n'a pu tirer aucune autre substance.

Éther acétylthiocarbacétique. — Le sulfure de carbone, chauffé à 100° en tubes scellés avec de l'oxyde de plomb ou de zinc et de l'éther acétylacétique, fournit un peu d'oxysulfure de carbone et une masse dure de sulfure de plomb. L'alcool bouillant en extrait un produit cristallisable en jolies aiguilles laineuses, petites, d'un jaune de paille. Elles se ramollissent à 152° et fondent à 155-162°. L'analyse conduit à la formule

$$C^7H^8SO^3.$$

Sa formation peut s'exprimer par la formule

$$CH^3\text{-}CO\text{-}CH^2\text{-}CO^2.C^2H^5 + PbO + CS^2$$

$$= PbS + H^2O + \begin{array}{c} CH^3\text{-}CO\text{-}C\text{-}CO^2.C^2H^5 \\ \| \\ CS \end{array}$$

c'est le dérivé acétylé de l'éther d'un acide

$$CS{=}CH\text{-}CO^2H,$$

désigné par les auteurs sous le nom d'acide thiocarbacétique.

Action du chloroforme : acide oxyuvitique [Oppenheim et Precht, *Deutsch. chem. Gesellsch.*, t. IX, p. 318, et *Bull. de la Soc. chim.*, t. XXVI, p. 355 ; — Oppenheim et Emmerling, *Deutsch. chem. Gesellsch.*, t. IX, p. 1096, et *Bull. de la Soc. chim.*, t. XVII, p. 298 ; — Oppenheim et Pfaff, *Bull. de la Soc. chim.*, t. XXV, p. 130 et 315, et *Deutsch. chem. Gesellsch.*, t. VII, p. 931]. — Le produit brut de la réaction du sodium sur l'éther acétique, traité par le chloroforme, puis soumis à l'ébullition avec de la soude jusqu'à ce qu'un acide ne précipite plus d'huile, est ensuite additionné d'acide chlorhydrique. Il se forme un abondant précipité de flocons jaunâtres, lequel, dissous dans beaucoup d'eau bouillante et décoloré par le noir animal, cristallise par le refroidissement en fines aiguilles incolores. On en obtient environ la moitié du poids du sodium employé. C'est un acide fort, qui décompose le carbonate de baryum. Son sel de baryum, qui est soluble, sert à le purifier. Son analyse et la composition de ses sels conduisent à la formule

$$C^9H^8O^5,$$

qui représente un acide oxyuvitique. Il est bibasique et colore en violet rougeâtre les sels de fer. Distillé avec de la chaux, le sel de baryum fournit du paracrésylol en abondance.

L'acide est peu soluble dans l'eau froide, plus soluble dans l'eau bouillante, plus encore dans l'alcool et l'éther bouillant. Il se décompose vers 290°. Les sels alcalins sont indistinctement cristallisés et brunissent a l'air.

Le sel de potassium correspond à la formule

$$C^9H^6K^2O^5 + H^2O.$$

Le sel de baryum, $C^9H^6BaO^5 + 3/2H^2O$, forme des aiguilles microscopiques et prend facilement une coloration jaunâtre. Il perd, à 125°, les deux tiers de son eau de cristallisation ; le reste part à 150°. Il est soluble dans l'alcool.

Le sel de calcium a pour formule

$$C^9H^6CaO^5 + 3/2H^2O.$$

Le sel d'argent $C^9H^6Ag^2O^5$ est un précipité caséeux, amorphe, un peu soluble dans l'eau.

Le sel de cuivre amorphe, jaune-verdâtre ou gris-verdâtre, est très difficilement soluble dans l'eau.

Dans la solution du sel de baryum, l'azotate de plomb fournit un précipité blanc amorphe, le chlorure ferrique un précipité brun-violacé ; par contre, le bichlorure de mercure en solution étendue ne donne pas de précipité.

La réaction qui donne naissance à cet acide peut se représenter comme il suit :

$$\underset{\text{Éther acétylsodacétique.}}{2(CH^3\text{-}CO\text{-}CHNa\text{-}CO^2.C^2H^5)} + CHCl^3 + C^2H^5ONa = \begin{array}{l} CH^3\text{-}CO\text{-}C\text{-}CO^2.C^2H^5 \\ \qquad\quad \| \\ \qquad\quad CH \\ \qquad\quad | \\ CH^3\text{-}CO\text{-}CH\text{-}CO^2.C^2H^5 \end{array} + C^2H^6O + 3NaCl$$

$$\begin{array}{l} CH^3\text{-}CO\text{-}C\text{-}CO^2.C^2H^5 \\ \qquad\quad \| \\ \qquad\quad CH \\ \qquad\quad | \\ CH^3\text{-}CO\text{-}CH\text{-}CO^2.C^2H^5 \end{array} = H^2O + \underset{\text{Oxyuvitate diéthylique.}}{C^6H^3O(CH^3)(CO^2.C^2H^5)^2}$$

D'après ces formules, la présence de l'éthylate de sodium est nécessaire pour que l'acide oxyuvitique puisse se former. On a effectivement constaté que l'éther acétylsodacétique pur, traité par le chloroforme, ne fournissait pas trace d'acide oxyuvitique. Dans ce cas, la réaction ne s'accomplit que vers 130°, et l'on ne peut tirer des produits de cette réaction rien de défini. On peut également obtenir de l'acide oxyuvitique en chauffant 23 gr. de sodium dissous dans l'alcool absolu avec 125 gr. d'éther acétique pendant sept heures, à l'ébullition, et traitant le mélange par le chloroforme. On obtient environ 5 gr. d'acide. Le procédé ordinaire en eût donné 12 gr. pour la même quantité de sodium.

DÉRIVÉS OBTENUS PAR L'ACTION DES IODURES, BROMURES, CHLORURES ALCOOLIQUES SUR L'ÉTHER ACÉTYLSODACÉTIQUE.

ÉTHER MÉTHYLACÉTYLACÉTIQUE — Il a déjà été préparé par Geuther [voyez Dictionnaire, t. I, ACIDE ÉTHYLDIACÉTIQUE]. Il bout à 185-186° et colore en violet le perchlorure de fer. Traité par l'hydrogène naissant (amalgame de sodium et solution alcoolique de l'éther), il fournit l'acide *α-méthyl-β-oxybutyrique*. La fin de la réaction est marquée par le dégagement abondant d'hydrogène qui se produit. Il faut avoir soin d'aciduler de temps en temps la liqueur pour diminuer l'action destructive de la soude sur l'éther. La solution saturée par l'acide carbonique est évaporée à sec et traitée par l'alcool à 96° bouillant. L'extrait alcoolique est évaporé, séché à 100°, et le résidu bouilli avec de l'alcool absolu. Par le refroidissement, ce dernier laisse déposer des aiguilles que l'on fait cristalliser de nouveau. Les eaux mères servent à de nouvelles extractions. A l'état de pureté, ce sel (α-méthyl β-oxybutyrate de sodium) est une poudre cristalline blanche anhydre, fondant au-dessus de 210° et ne se décomposant qu'à une température encore plus élevée.

Le sel d'argent forme des lamelles brillantes, incolores, à peine solubles dans l'eau froide et se dissolvant difficilement dans l'eau bouillante.

L'acide libre n'a pu être obtenu qu'à l'état de sirop devenant de plus en plus épais par la dessiccation et paraissant alors contenir un anhydride. Les sels neutres cristallisent très-difficilement, ceux des métaux lourds se décomposent aisément avec dépôt de sels basiques.

Distillé, il produit l'acide méthylcrotonique de Frankland et Duppa, fusible à 64° (voir ce mot) [Herman Rohrbeck, *Liebig's Ann.*, t. CLXXXVIII, p. 229, et *Bull. de la Soc. chim.*, t. XXV, p. 300].

Traité par le perchlorure de phosphore, l'éther méthylacétylacétique fournit un acide monochloré (voir ACIDE MÉTHYLCROTONIQUE).

Nitrosométhylacétone $CH^3\text{-}CO\text{-}CH(AzO)\text{-}CH^3$. — L'éther méthylacétylacétique, dissous dans un assez grand excès de potasse très-étendu, est traité comme l'éther acétylacétique dans la préparation du dérivé nitrosé de ce dernier corps. 5 gr. d'éther doivent être dissous dans 400 à 500 grammes de liquide. Il faut opérer avec beaucoup de soin, car on obtient avec facilité des produits de décomposition, et des changements en apparence peu importants dans le mode opératoire provoquent l'apparition de corps cristallisés tout à fait différents. La réaction terminée, on enlève par l'éther ordinaire l'éther méthylacétylacétique inattaqué et l'on extrait de nouveau par l'éther après avoir acidulé la liqueur. L'extrait débarrassé avec précaution, par distillation, de l'éther est abandonné à l'évaporation sur de l'acide sulfurique. Il se dépose une masse cristalline qu'on sépare des eaux mères à la trompe. Par une nouvelle cristallisation, on obtient le corps pur, qui est la nitrosométhylacétone. La réaction qui lui donne naissance est facile à comprendre; l'éther méthylacétylacétique nitrosé formé dans la première phase de la réaction se décompose en fixant une molécule d'eau et forme la nitrosométhylacétone, de l'acide carbonique et de l'alcool.

Avec 5 grammes d'éther on obtient 1gr,5 d'acétone et on retrouve 2 grammes d'éther.

La nitrosométhylacétone fond à 74° et bout, sans décomposition, à 185-186°. Elle se dissout aisément dans l'éther, l'alcool, le chloroforme, et s'en dépose en prismes incolores. L'eau, dans laquelle elle est beaucoup moins soluble, la laisse cristalliser en lamelles nacrées, ressemblant à l'acide élaïdique. Sa densité de vapeur, prise à 207°,5, a été trouvée égale à 3,51 (calculée 3,49).

Ce corps possède des propriétés acides; les alcalis le dissolvent en se colorant en jaune. A 253°, sa vapeur se décompose à peine. Il donne, avec le phénol et l'aniline, les mêmes réactions que l'acide nitroso-acétylacétique (V. Meyer).

Éther diméthylacétylacétique.— Liquide incolore, qui bout entre 190 et 194°. Traité par le perchlorure de phosphore, il donne un acide chlorovinyldiméthylacétique, fusible à 63-64°, se présentant en beaux cristaux clinorhombiques et se décomposant avec facilité par la chaleur. Cet acide renferme

$$CH^2{=}CCl\text{-}C(CH^3)^2\text{-}CO^2H$$

(Demarçay).

Éther éthylacétylacétique. — Il a été décrit au t. I. Il bout à 195-196°.

Soumis à l'action de l'hydrogène naissant, comme l'éther méthylacétylacétique (p. 33), il donne l'*α-éthyl-β-oxybutyrate de sodium*, masse cristalline déliquescente à l'air.

Le sel d'argent correspondant, obtenu par double décomposition, est presque insoluble dans l'eau froide, mais soluble dans l'eau bouillante, qui le laisse déposer en belles lamelles; celles-ci ne se colorent que lentement à la lumière.

Le sel de cuivre, préparé de même, par précipitation à chaud, est basique; sa composition répond à la formule

$$\begin{array}{l} CH^3\text{-}CH\text{-}CH\,(C^2H^5)\text{-}CO \\ \quad\;\; \overset{|}{O}— \qquad\quad Cu—\overset{|}{O}. \end{array}$$

La solution concentrée du sel de sodium, traitée par l'acide sulfurique étendu, abandonne l'acide sous forme d'une huile qui, reprise par l'éther, reste, après l'évaporation de ce dernier, sous forme d'un sirop très acide, de saveur désagréable, légèrement jaunâtre, soluble dans l'eau pure, mais non dans l'eau saturée de sulfate de sodium. Abandonné longtemps à lui-même au-dessus d'acide sulfurique, il fournit des anhydrides.

Distillé plusieurs fois, il donne l'acide éthylcrotonique, fondant à 39-40° [Ernst Waldschmidt, *Liebig's Ann.*, t. CLXXXVIII, p. 240, et *Bull. de la Soc. chim.*, t. XXV, p. 301].

L'éther éthylacétylacétique, traité par le perchlorure de phosphore, produit l'acide éthylcrotonique monochloré, fondant à 74-75°, et ne bouillant pas sans décomposition (Demarçay).

Nitroso-éthylacétone $CH^3\text{-}CO\text{-}CH(AzO)\text{-}C^2H^5$. — Ce composé, préparé comme la nitrosométhylacétone, forme des cristaux incolores, très solubles dans l'éther, l'alcool, le chloroforme. Il cristallise le mieux dans l'eau froide, où il est assez peu soluble. Il fond à 53-55°, mais ne distille, sous la pression ordinaire, qu'en se décomposant en partie. Il se dissout aisément dans les alcalis en les colorant en jaune (V. Meyer).

Éther diéthylacétylacétique. — Liquide bouillant à 218°, qui, distillé avec l'éthylate de sodium, fournit l'éther diéthylacétique. Soumis à l'action de l'hydrogène naissant, il donne naissance à du *α-diéthyl-β-oxybutyrate de sodium*. L'acide libre, étant distillé, donne de l'aldéhyde et de l'acide diéthylacétique (voyez plus haut) [Schnapp, *Deutsch. chem. Gesellsch.*, t. X, p. 2226].

Éther méthyléthylacétylacétique [Richard Saur, *Deutsch. chem. Gesellsch.*, t. VIII, p. 103; *Liebig's Ann.*, t. CLXXXVIII, p. 257, et *Bull. de la Soc. chim.*, t. XXV, p. 301]. — Il forme un liquide incolore, mobile, qui bout à 198°. Sa densité à 22°, rapportée à celle de l'eau à 17°,5, est égale à 0,974. Il est insoluble dans l'eau et colore le perchlorure de fer en violet. Distillé avec l'éthylate de sodium, il fournit l'éther méthyléthylacétique bouillant à 132-133°. L'acide valérianique, qui en dérive, bout à 173°; sa densité à 24°, rapportée à celle de l'eau à 17°,5, est égale à 0,938. Il est assez soluble dans l'eau. Son sel de calcium

$$(C^5H^9O^2)^2Ca$$

cristallise en fines aiguilles très solubles dans l'eau et l'alcool; le sel de baryum est, au contraire, incristallisable, ce qui, joint à ses autres propriétés, l'identifie à l'acide optiquement actif, extrait de l'alcool amylique correspondant. Cet acide paraît pourtant être inactif.

Acide α-éthylméthyl-β-oxybutyrique. — Traité par l'hydrogène naissant, l'éther méthyléthylacétylacétique fournit un sel de sodium anhydre cristallisé en petits mamelons. Le sel d'argent, peu soluble dans l'eau froide, se dépose en lamelles brillantes de sa solution dans l'eau bouillante.

Le sel de cuivre obtenu par précipitation à chaud est bleu clair, cristallin, et répond à la formule

$$\begin{array}{l} CH^3\text{-}CH\text{-}C(CH^3)(C^2H^5)\text{-}CO. \\ \quad\;\; \overset{|}{O}— \qquad\quad Cu— \quad \overset{|}{O} \end{array}$$

L'acide libre est un sirop soluble dans l'eau pure, mais non dans les solutions salines; il s'épaissit de plus en plus par la dessiccation et finit par donner une masse amorphe, composée sans doute d'anhydrides.

Éther isopropylacétylacétique.— Il bout à 200-202° et fournit, par l'action du perchlorure de phosphore, un acide monochloré liquide, volatil avec la vapeur d'eau et décomposable par la distillation.

Éther propylacétylacétique. — Liquide bouillant à 204-206°. Il donne, par le perchlorure de phosphore, un acide doué de propriétés semblables à celles du précédent.

Éther allylacétylacétique [Franz Zeidler, *Deutsch. chem. Gesellsch.*, t. VIII, p. 1035; *Liebig's Ann.*, t. CLXXXVII, p. 30; *Bull. de la Soc.*

chim., t. XXV, p. 299, et t. XXIX, p. 155]. — C'est un liquide qui bout à 206°, mobile, dont la densité à 20°, rapportée à celle de l'eau à 17°,5, est égale à 0,982. Il colore le perchlorure de fer en rouge cramoisi. Bouilli avec de l'eau de baryte, il fournit l'*allylacétone*

$$CH^3\text{-}CO\text{-}CH(C^3H^5),$$

liquide bouillant à 128-130°. Cette acétone ne se combine pas avec le bisulfite de sodium et se dédouble par l'oxydation en acides carbonique, oxalique et acétique.

Distillé avec l'éthylate de sodium, l'éther allylacétylacétique donne un peu d'éther acétique et de l'allylacétate d'éthyle, liquide très mobile, bouillant entre 142 et 144°, d'odeur agréable, d'où l'on extrait par la saponification l'*acide allylacétique* $CH^2(C^3H^5)\text{-}CO^2H$. Ce dernier forme un liquide plus léger que l'eau, qui bout à 182°, et dont l'odeur rappelle celle de l'acide valérianique.

Son sel de potassium cristallisé dans l'alcool absolu est en houppes brillantes très déliquescentes. Sa solution aqueuse ne précipite pas les sels ferriques, ce qui distingue ce sel du sel correspondant de l'acide angélique.

Le sel de calcium, $(C^5H^7O^2)^2Ca + 2H^2O$, forme de belles lamelles nacrées, incolores, solubles dans l'eau et l'alcool.

Le sel de cuivre obtenu par l'acide et le carbonate de cuivre paraît être un mélange des sels neutre et basique.

Soumis à l'oxydation, cet acide fournit de l'acide succinique.

Acide α-allyl-β-oxybutyrique

$$CH^3\text{-}CH.OH\text{-}CH(C^3H^5)\text{-}CO^2H.$$

— L'éther allylacétylacétique, soumis à l'hydrogénation, donne naissance à un sel de sodium déliquescent indistinctement cristallin. La solution aqueuse de ce sel précipite l'acétate basique de plomb, le sulfate de cuivre, l'azotate d'argent qui donne un précipité gélatineux blanc, noircissant rapidement. L'acétate neutre de plomb et le sulfate de zinc ne donnent rien.

L'acide extrait au moyen de l'éther de la solution acidulée du sel de sodium se dépose par évaporation de l'éther en un sirop incolore. Son sel de zinc, très soluble dans l'eau et l'alcool, forme des grains cristallins.

ÉTHER DIALLYLACÉTYLACÉTIQUE [Wolf, *Deutsch. chem. Gesellsch.*, t. X, p. 1956; — Reboul, *Comptes rendus*, t. LXXXIV, p. 1233, et *Bull. de la Soc. chim.*, t. XXIX, p. 227]. — C'est un liquide qui bout à 241°, dont la densité à 25°, prise par rapport à l'eau à 17°,5, est égale à 0,948. En le traitant par les alcalis, on obtient la diallylacétone et l'acide diallylacétique. La *diallylacétone*

$$CH^3\text{-}CO\text{-}CH(C^3H^5)^2$$

est un liquide d'odeur désagréable, bouillant à 174-175°, plus léger que l'eau. L'*acide diallylacétique* forme un liquide huileux qui bout à 221-222°, et dont la densité à 13°, rapportée à l'eau à 17°,5, est égale à 0,9495.

Son sel de baryum

$$[CH(C^3H^5)^2\text{-}CO^2]^2Ba + 2H^2O$$

cristallise très bien (Reboul).

Le sel de calcium anhydre, très déliquescent, est en lamelles plus solubles à chaud qu'à froid.

Le sel d'argent, assez stable à la lumière, se présente en houppes brillantes.

Le permanganate de potassium transforme cet acide en acides oxalique et carbonique.

ÉTHER ISOBUTYLACÉTYLACÉTIQUE [Wilhelm Rohn, *Liebig's Ann.*, t. CXC, p. 305; — Mixter, *Deutsch. chem. Gesellsch.*, t. VII, p. 499, et *Bull. de la Soc. chim.*, t. XXII, p. 279]. — Il forme un liquide bouillant à 217-218°, d'odeur faible. Sa densité à 17°,5, comparée à celle de l'eau à la même température, est égale à 0,951. Avec l'eau de baryte, il donne du carbonate de baryum et l'*isobutylacétone*, $C^4H^7\text{-}CH^2\text{-}CO\text{-}CH^3$, liquide qui bout à 143-144°, dont l'odeur rappelle celle de l'acétate d'amyle ; sa densité à 17°,2 est égale à 0,8175. Cette acétone se combine avec le bisulfite de sodium et fournit des écailles nacrées. Traitée par l'hydrogène naissant, elle donne le *méthylisamylcarbinol*, qui bout de 148° à 150°, et dont la densité à 17°,5, rapportée à celle de l'eau à la même température, est égale à 0,8185. Son odeur spiritueuse est désagréable. On obtient dans la même opération une pinacone qui bout vers 240-260°, et est insoluble dans l'eau.

L'acétate du méthylisamylcarbinol bout à 167° et possède une odeur suave qui rappelle la rose et la jacinthe. Il est insoluble dans l'eau. Sa densité à 23°, prise par rapport à l'eau à 17°,5, est égale à 0°,8595.

Le chlorure est un liquide qu bout entre 135° et 137°.

L'iodure se décompose à la distillation ; il bout entre 165° et 175°. L'heptylène qu'on en tire bout entre 75° et 80°.

Cet alcool paraît identique à celui que Grimshaw a préparé avec l'éthylamyle et à celui que Schorlemmer a extrait de l'isoheptane.

L'*acide isobutylacétique*, extrait de l'éther isobutylacétylacétique, devrait être identique avec l'acide caproïque préparé par le chlorure d'amyle inactif : il s'en distingue par ses sels de calcium et de baryum qui sont anhydres. Cette divergence est due peut-être à quelque particularité dans la cristallisation. Cet acide bout à 198,5-199°,5.

ÉTHER BENZYLACÉTYLACÉTIQUE [Franz Ehrlich, *Deutsch. chem. Gesellsch.*, t. VII, p. 690, et t. VIII, p. 1035; *Liebig's Ann.*, t. CLXXXVII, p. 11; — Seseman, *Deutsch. chem. Gesellsch.*, t. X, p. 578; *Bull. de la Soc. chim.*, t. XXV, p. 300, et t. XXIX, p. 155]. — C'est un liquide épais qui bout sans décomposition à 276° (Conrad). Sa densité à 18°,4 est égale à 1,083, quand on la rapporte à de l'eau à 17°,5. Traité par les alcalis étendus, il donne la *benzylacétone :*

$$CH^3\text{-}CO\text{-}CH^2\text{-}CH^2\text{-}C^6H^5.$$

Cette acétone bout de 235 à 237°. Elle se combine avec le bisulfite de sodium en formant une combinaison cristallisée en écailles nacrées, peu soluble dans l'eau et l'alcool, insoluble dans l'éther, et dont la formule est la suivante :

$$C^{10}H^{12}O + NaHSO^3 + H^2O.$$

L'acétone est un liquide incolore assez mobile, très réfringent, de faible odeur aromatique et dont la densité à 23°,5, prise par rapport à l'eau à 17°,5, est égale à 0,989. Oxydée, cette acétone produit les acides acétique, benzoïque et carbonique.

L'éther benzylacétylacétique, soumis à l'action des alcalis concentrés, donne les acides dibenzylacétique (?) et benzylacétique.

Décomposé par la chaleur, l'éther benzylacétylacétique donne de la benzylacétone.

Traité par l'amalgame de sodium, ce même éther se réduit lentement. On obtient un sel de sodium soluble dans l'alcool absolu, dont la solution aqueuse, acidulée par l'acide sulfurique étendu, laisse déposer des gouttes huileuses qui se figent bientôt en une masse formée de prismes fins. Lavé à l'eau et cristallisé dans la benzine, ce corps forme de petites aiguilles transparentes ; cristallisé dans l'eau, il se présente en aiguilles longues et fragiles. Il se dissout de même dans l'alcool et s'en dépose en prismes minces. Ce composé, qui n'est autre que l'*acide α-benzyl-β-oxybutyrique*

$$CH^3\text{-}CH.OH\text{-}CH(C^7H^7)\text{-}CO^2H,$$

fond à 152-155°. Sous l'eau, il se liquéfie déjà à 100° en une huile visqueuse.

Son sel de baryum se dépose en agrégats mamelonnés qui contiennent

$$(C^{11}H^{13}O^3)^2Ba + 2\,H^2O.$$

Le sel de zinc, qui cristallise par évaporation, est anhydre.

Le sel de cuivre est un précipité bleu verdâtre anhydre.

L'ÉTHER DIBENZYL-ACÉTYLACÉTIQUE [Ehrlich, *Mémoire cité*] a été obtenu sous la forme d'un liquide brunâtre assez épais, d'odeur faible. On en peut tirer l'*acide dibenzylacétique* $CH(C^7H^7)^2\text{-}CO^2H$, fusible à 85-86°, peu soluble dans l'eau bouillante. Il cristallise dans la ligroïne en beaux cristaux qui paraissent quadratiques.

Le sel d'argent est un précipité blanc floconneux, insoluble.

Le sel de baryum, à peine soluble dans l'eau froide, difficilement dans l'eau bouillante, se dépose en fines aiguilles blanches. On l'obtient par double décomposition avec le sel ammoniacal.

Le sel de calcium contient une molécule d'eau de cristallisation. Il se prépare comme le sel de baryum et présente des propriétés analogues. Distillé avec de la chaux, il donne naissance au dibenzylméthane.

ÉTHER MÉTHYLBENZYL-ACÉTYLACÉTIQUE. — C'est un liquide incolore d'agréable odeur aromatique et qui bout à 287° sans altération. Sa densité à 23°, rapportée à l'eau à 17°,5, est égale à 1,046. Traité par la potasse aqueuse très concentrée, il finit par se dissoudre à chaud. La solution acidulée laisse déposer l'acide benzylméthylacétique ou α-benzylpropionique $CH(CH^3)(C^7H^7)\text{-}CO^2H$ qui bout à 275° et se concrète à 34°. Cet acide, peu soluble dans l'eau froide, se dissout assez facilement dans l'eau chaude.

Son sel de sodium précipite les sels de zinc, de cuivre, d'argent, mais non ceux de baryum et de calcium.

Son éther benzylique bout sans altération et présente une agréable odeur aromatique. Il est liquide.

Son éther éthylique est un liquide qui bout à 295-298° [Conrad, *Deutsch. chem. Gesellsch.*, t. XI, p. 1055].

ACTION DES CHLORURES ORGANIQUES OXYGÉNÉS SUR L'ÉTHER ACÉTYLSODACÉTIQUE.

ÉTHER ACÉTYLMALONIQUE. — Il s'obtient au moyen de l'éther chlorocarbonique et forme un liquide qui bout de 238 à 240° en se décomposant.

L'acide carbonique, en réagissant sur l'éther acétylsodacétique en présence d'alcool, fournit du carbovinate de potassium et de l'éther acétylacétique [Conrad et Goldenberg, *Deutsch. chem. Gesellsch.*, t. VII, p. 689].

ÉTHER ACÉTYLSUCCINIQUE,

$$\begin{array}{l}(C^2H^3O)CH\text{-}CO^2C^2H^5\\ \qquad\qquad\;\, |\\ \qquad\qquad CH^2\text{-}CO^2C^2H^5\end{array}$$

[Nœldecke, *Liebig's Ann.*, t. CXLVII, p. 224; — Conrad, *Liebig's Ann.*, t. CLXXXVIII, p. 217].

Il se prépare par l'action de l'éther chloracétique sur l'éther acétylsodacétique. C'est un liquide qui bout à 254-256° et possède à 21° une densité de 1,070 quand on la rapporte à l'eau à 17°,5. Il ne colore pas le perchlorure de fer. Traité par la potasse alcoolique, il fournit de l'acide succinique et de l'acide acétique.

Lorsqu'on le fait bouillir avec l'hydrate de baryum au réfrigérant ascendant tant qu'on voit encore des gouttes huileuses, on obtient un sel soluble dans l'alcool absolu. La solution acidulée par l'acide sulfurique abandonne à l'éther un acide. Ce dernier, qui reste après évaporation de l'éther, bout à 230° et se prend à 0° en une masse de lamelles brillantes qui fond à 31°. Il peut cristalliser en grosses tables. Il est très hygroscopique et se dissout aisément dans l'eau, l'alcool, etc. Il attaque les carbonates. D'après sa préparation, c'est *l'acide β-acétylpropionique*

$$(CH^3\text{-}CO)\text{-}CH^2\text{-}CH^2\text{-}CO^2H,$$

formule que confirme son analyse.

Le sel de zinc se présente en lamelles nacrées anhydres d'un blanc éblouissant. Il en est de même du sel de calcium.

L'éther est un liquide d'odeur agréable, plus dense que l'eau; il bout à 203-205°.

Cet acide paraît, suivant l'auteur, être identique avec l'acide lévulinique de Grote et Tollens.

Éther méthylacétylsuccinique. — On l'obtient par l'action de l'iodure de méthyle sur l'éther acétylsuccinique sodé. C'est un liquide qui bout à 263°. Par l'action de la potasse alcoolique concentrée, il fournit de l'acide pyrotartrique et des traces d'acide β-acétylbutyrique [Kressner, *Liebig's Ann.*, t. CXLII, p. 135].

Ether éthylacetylsuccinique [Huggenberg, *Liebig's Ann.*, t. CXCII]. — On le prépare en faisant agir l'iodure d'éthyle sur l'éther acétylsuccinique sodé. Il forme un liquide bouillant à 263-265° en se décomposant un peu. Il est inattaquable par le sodium même après plusieurs mois.

Par l'action de la potasse alcoolique concentrée on en tire l'*acide éthylsuccinique*, fusible à 98° et cristallisable en prismes fins entrelacés en mamelons. Cet acide se dissout dans l'eau, l'alcool et l'ether avec une facilité extraordinaire.

Le sel de baryum que sa solution aqueuse abandonne à l'état gommeux est précipité par l'alcool sous la forme de poudre blanche anhydre.

Le sel de plomb forme un précipité amorphe devenant cristallin. Il sert à séparer l'acide éthylsuccinique des autres corps qui ont pris naissance en même temps que lui (voir plus loin).

Le sel de calcium contient deux molécules d'eau et constitue des prismes transparents.

Le sel d'argent est un précipité blanc peu altérable à la lumière.

L'éther éthylique, préparé par l'action d'une petite quantité d'acide sulfurique sur la solution alcoolique de l'acide, se présente sous la forme d'un liquide bouillant de 222 à 225°.

L'*acide β-acétylvalérianique*,

$$\begin{array}{l}CH^3\text{-}CH^2\\ CH^3\text{-}CO\end{array}\!\!>CH\text{-}CH^2\text{-}CO^2H,$$

prend naissance en même temps que le précédent : la solution potassique neutralisée par l'acide carbonique et évaporée à sec est reprise par l'alcool bouillant. La solution alcoolique évaporée et reprise par l'eau est précipitée par l'azotate de plomb. L'éthylsuccinate de plomb séparé est recueilli sur un filtre. Le liquide filtré et acidulé cède à l'éther qui l'abandonne par évaporation, l'acide β-acétylvalérianique. Cet acide est sirupeux et bout entre 235° et 245°. Son sel de baryum est soluble dans l'alcool.

L'*éther benzylacétylsuccinique* [Conrad, *Deutsch. chem. Gesellsch.*, t. XI, p. 1058], préparé par l'éther acétylsuccinique sodé et le chlorure de benzyle est un liquide qui bout sans décomposition à 310°. Sa densité à 15° rapportée à celle de l'eau à 16,5° est égale à 1,088.

ÉTHER ACÉTYLPYROTARTRIQUE,

$$\begin{array}{c}(C^2H^3O)CH\text{-}CO^2C^2H^5\\ CH^3\text{-}CH\text{-}CO^2C^2H^5\end{array}$$

[Conrad, *Liebig's Ann.*, t. CLXXXVIII, p. 226]. — Liquide bouillant à 257-259°, dont la densité à 27°, prise par rapport à l'eau à 17°,5, est égale à 1,061. Il s'obtient par l'action de l'éther α-bronopropionique sur l'éther acétylsodacétique.

Décomposé par la potasse alcoolique concentrée, il donne de l'acide pyrotartrique. Traité à l'ébullition par l'eau de baryte, il donne le sel de baryum soluble dans l'alcool de l'*acide β-acétylisobutyrique*.

Éther méthylacétylpyrotartrique [Hardtmuth, *Liebig's Ann.*, t. CLXXII, p. 142]. — Cet éther s'obtient par l'action de l'iodure de méthyle sur l'éther acétylpyrotartrique sodé. C'est un liquide qui bout sans altération de 270° à 272°, d'odeur faible. Sa densité à 27°, prise par rapport à l'eau à 17°,5, est égale à 1,057. Traité par la potasse alcoolique, il donne un mélange de diméthylsuccinate symétrique et d'acétylvalérianate de potassium suivant les réactions :

1° $$\begin{array}{c}CH^3\text{-}CO\text{-}C(CH^3)\text{-}CO^2C^2H^5\\ CH^3\text{-}CH\text{-}CO^2C^2H^5\end{array} + 3\,KHO$$

$$= 2\,C^2H^6O + C^2H^3KO^2 + \begin{array}{c}CH^3\text{-}CH\text{-}CO^2K\\ CH^3\text{-}CH\text{-}CO^2K\end{array}$$

2° $$\begin{array}{c}CH^3\text{-}CO\text{-}C(CH^3)\text{-}CO^2C^2H^5\\ CH^3\text{-}CH\ \text{—}CO^2C^2H^5\end{array} + 3\,KHO$$

$$= 2\,C^2H^6O + CO^3K^2 + \begin{array}{c}CH^3\text{-}CH\text{-}CO\text{-}CH\\ CH^3\text{-}CH\text{-}CO^2K.\end{array}$$

Le mélange des sels de potassium évaporé à sec, puis traité par l'acide sulfurique étendu, cède à l'éther les deux acides. Ces acides sont alors neutralisés par la baryte et les sels de baryum séparés par l'alcool qui ne dissout que l'acétylvalérianate. L'acide diméthylsuccinique symétrique fond à 165-167°. L'acide acétylvalérianique parait bouillir entre 210° et 220°; il n'a pas été analysé.

ÉTHER ACÉTYLPYROTARTRIQUE NORMAL [Wislicenus et Limpach, *Liebig's Ann.*, t. CLXXII, p. 128]. — Il s'obtient à l'aide de l'éther β-iodopropionique et forme un liquide qui bout à 271-272°, dont la densité à 14°,1 est égale à 1,0303 si on la prend par rapport à l'eau à 17°,5. La potasse le transforme en *acide pyrotartrique normal*,

$$CO^2H\text{-}CH^2\text{-}CH^2\text{-}CH^2\text{-}CO^2H.$$

Éther méthylacétylpyrotartrique normal [Wislicenus et Limpach, *loc. cit.*]. — Obtenu par l'éther méthylacétylsodacétique et l'éther β-iodopropionique, il constitue un liquide qui bout à 280-281°. Rapporté à l'eau à 17°,5, son poids spécifique à 20° égale 1,043. La potasse alcoolique le transforme en *acide α-méthylpyrotartrique normal*,

$$CO^2H\text{-}CH(CH^3)\text{-}CH^2\text{-}CH^2\text{-}CO^2H.$$

Cet acide fond à 76° et se dissout aisément dans l'eau, l'alcool et l'éther.

Le sel de zinc est précipité de sa solution aqueuse sous forme de masse visqueuse amorphe.

Le sel d'argent est un précipité blanc amorphe très stable même à 110°.

ÉTHER β-ACÉTYLÉTHYLSUCCINIQUE [Clowes, *Deutsch. chem. Gesellsch.*, t. VIII, p. 1208; — *Bull. de la Soc. chim.*, t. XXV, p. 460]. — Il se prépare au moyen de l'éther α-bromobutyrique qu'on fait réagir sur l'éther acétylsodacétique. C'est un liquide qui bout à 262°.

ÉTHER ACÉTYLTRICARBALLYLIQUE [Miehle, *Liebig's Ann.*, t. CXC, p. 322.] — On l'obtient par l'action de l'éther chloracétique sur l'éther acétylsuccinique sodé. C'est un liquide épais coloré en brun jaunâtre que la distillation décompose en donnant de l'éther tricarballylique. De même la potasse et l'eau de baryte bouillante le décomposent en ne donnant sensiblement que de l'acétate et du tricarballylate.

ÉTHER BENZOYLACÉTYLACÉTIQUE

$$(C^2H^3O)CH(C^7H^5O)\text{-}CO^2C^2H^5$$

[Bonné, *Deutsch. chem. Gesellsch.*, t. VII, p. 689; *Liebig's Ann.*, t. CLXXXVII, p. 1, et *Bull. de la Soc. chim.*, t. XXIX, p. 155]. — On l'obtient en faisant réagir le chlorure de benzoyle sur l'éther acétylsodacétique. Il forme un liquide épais, de faible odeur agréable, dont la densité à 21°,5, prise par rapport à l'eau à 17°,5, est égale à 1,14. Il se décompose vers 200° en dégageant de l'acide carbonique, beaucoup d'oxyde de carbone, un peu d'éther benzoïque, de l'acide benzoïque, et il reste dans la cornue un résidu brunâtre.

La lessive de potasse décompose rapidement l'éther en donnant des acides acétique, benzoïque, de l'acétophénone, de l'acide carbonique et de l'alcool. Il en est de même de l'eau à 100°. Déjà à la température ordinaire cette décomposition se fait lentement.

ACÉTYLACÉTATE D'AMYLE $(C^2H^3O)CH^2\text{-}CO^2C^5H^{11}$ — Les acétates des alcools de la série grasse se comportent avec le sodium de la même façon que l'acétate d'éthyle. Traité à la température du bain d'eau par le sodium, l'acétate d'amyle bouillant à 135-137° dégage de l'hydrogène et dissout environ 6°/₀ de son poids du métal en s'épaississant et prenant une couleur brune. La masse chauffée au bain d'huile laisse distiller un peu d'alcool amylique. Le résidu solide, traité par l'acide acétique en proportion calculée et additionné d'assez d'eau pour dissoudre l'acétate de sodium formé, met en liberté une huile plus légère que l'eau qui, rectifiée, fournit de l'alcool amylique, de l'acétate d'amyle et de l'acétylacétate d'amyle. Ce dernier corps bout sans altération à 223-225°; il colore en rouge le perchlorure de fer; sa densité à 10°, prise par rapport à l'eau à 17°,5, est égale à 0,954. Il dissout le sodium avec énergie en dégageant de l'hydrogène et donne ainsi naissance à l'acétylsodacétate d'amyle. Ce dernier, traité par l'iodure d'éthyle, produit l'éthylacétylacétate d'amyle, liquide bouillant à 233-236°, dont la densité à 26°, rapportée à celle de l'eau à 17°,5, est égale à 0,937. Il ne colore pas le perchlorure de fer.

Traités par le chlore, ces deux éthers sont attaqués : le premier donne

$$CH^3\text{-}CO\text{-}CCl^2\text{-}CO^2C^5H^{11},$$

le second

$$CH^3\text{-}CO\text{-}C(C^2H^5)Cl\text{-}CO^2C^5H^{11}.$$

Ce sont des corps liquides, incolores, plus denses que l'eau, d'odeur faible, piquante, mais agréable, et qui paraissent pouvoir distiller sans décomposition [Conrad, *Liebig's Ann.*, t. CLXXXVI, p. 228].

ACÉTYLACÉTATE D'ISOBUTYLE,

$$(C^2H^3O)CH^2\text{-}CO^2(C^4H^9)$$

[Emmerling et Oppenheim, *Deutsch. chem. Gesellsch.*, t. IX, p. 1097, et *Bull. de la Soc. chim.*, t. XXVIII, p. 298]. — On l'obtient comme le précédent par l'action du sodium sur l'acétate d'isobutyle. Il forme un liquide incolore, d'une faible odeur de fenouil. Sa densité à 0° est égale à 0,976, à 23° à 0,932. Il bout entre 202 et 206°, apparemment à 203°, et se décompose un peu à chaque distillation en formant de l'acide déhydracétique.

DIOXÉTHYLACÉTYLACÉTATE D'ÉTHYLE $C^{10}H^{18}O^6$. — [Geuther et Wackenroder, *Jenais. Zeitsch.*, t. III, p. 121; — Conrad, *Deutsch. chem. Gesellsch.*, t. XI, p. 58]. — L'éthylglycolate d'éthyle soumis à l'action du sodium en dissout, suivant Geuther et Wackenroder, 1/8 de son poids. Le produit de la réaction additionné d'iodure d'éthyle à 100° donne deux produits : l'un, qui bout à 251-255°, a pour composition $C^{10}H^{18}O^5$ et fut nommé par ces chimistes éther diéthylène-glycolique, l'autre, qui bout à 270°, a pour composition $C^{12}H^{22}O^5$ et fut nommé éther éthylène-diéthylène-glycolique.

D'après Conrad, l'éther glycolique étendu de son volume de benzine, pour modérer la réaction, arrive à dissoudre 16 % de son poids de sodium (on chauffe au bain d'eau). Il se dégage de l'hydrogène, la masse brunit et s'épaissit. La réaction une fois terminée, on ajoute de l'acide acétique à 50 % en proportion correspondante au sodium employé. Après refroidissement, on ajoute la même quantité d'eau. L'huile qui se sépare est lavée à l'eau, séchée sur le carbonate de potassium, puis fractionnée. Vers 240-250°, il passe une huile, bouillant surtout vers 145°, qui est le dioxéthylacétylacétate d'éthyle. Il colore en violet le perchlorure de fer et présente la composition

$$CH^2(OC^2H^5)\text{-}CO\text{-}CH(OC^2H^5)\text{-}CO^2C^2H^5.$$

Ce composé dissout le sodium avec dégagement d'hydrogène et donne avec le baryte une combinaison insoluble dans l'eau qui se décompose par l'ébullition avec les acides en dégageant de l'acide carbonique. Chauffé avec les alcalis, cet éther donne des éthylglycolates suivant l'équation

$$CH^2(OC^2H^5)\text{-}CO\text{-}CH(OC^2H^5)\text{-}CO^2C^2H^5 + 2KHO$$
$$= C^2H^6O + 2CH^2(OC^2H^5)\text{-}CO^2K.$$

La combinaison $C^{12}H^{22}O^5$ décrite par Geuther est très probablement *l'éthyl-dioxéthylacétylacétate d'éthyle*

$$CH^2.OC^2H^5\text{-}CO\text{-}C(C^2H^5)OC^2H^5\text{-}CO^2C^2H^5.$$

E. Demarçay.

ACÉTYLE (BROMURE D'). — On le prépare, suivant Mulder, en introduisant dans une cornue un mélange d'acide acétique cristallisable et de phosphore rouge (33 p.); on y ajoute une solution de brome (240 p.) dans de l'acide acétique (40 p.) en refroidissant, puis on distille [E. Mulder, *Zeitsch. für Chem.*, 1871, p. 693; *Bull. de la Soc. chim.*, 1872, t. XVIII, p. 111]. Le bromure d'acétyle chauffé à 150° en vase clos avec du perbromure de phosphore, PBr^5, donne du bromure d'acétyle monobromé, en même temps qu'il se forme du tribromure de phosphore PBr^3 [Samosadsky, *Zeitsch. für Chem.*, 1870, p. 10; *Bull. de la Soc. chim.*, 1870, t. XIV, p. 52].

Le bromure d'acétyle chauffé avec de l'aldéhyde à 130° donne une combinaison peu stable, distillant entre 135° et 145°, renfermant

$$C^4H^7BrO^2$$

[Tawildaroff, *Bull. de la Soc. chim.*, 1874, t. XXII, p. 356].

BROMURE DE BROMACÉTYLE, $C^2H^2BrO.Br$. — Mulder le prépare en mélangeant 20 grammes de bromure d'acétyle avec 26 gr.,5 de brome, chauffant à 45-50° pendant une demi-heure, puis à 50-60°. Le même corps se forme par l'action du perbromure de phosphore sur le bromure d'acétyle (Samosadsky). Il se forme aussi par l'action à froid de l'oxygène sur l'éthylène dibromé $C^2H^2Br^2$ [Demole, *Bull. de la Soc. chim.*, t. XXIX, p. 204].

Le bromure de bromacétyle n'est pas attaqué par le sodium. Traité par le zinc-méthyle, suivant la méthode employée pour la préparation des alcools tertiaires, il donne un alcool bouillant à 110-112°, $C^6H^{14}O$, dont le chlorure bout à 86-89°; cet alcool, à l'oxydation, fournit de l'acide acétique et de l'acétone. Avec le zinc-éthyle, il se forme un alcool décylique $C^{10}H^{22}O$, bouillant à 155-157° [Shadnoff, *Deutsch. chem. Gesellsch.*, t. V, p. 479; *Bull. de la Soc. chim.*, 1872, t. XVIII, p. 232].

BROMURE DE TRICHLORACÉTYLE, C^2Cl^3OBr. [Gal, *Bull. de la Soc. chim.*, 1873, t. XX, p. 12]. Il se forme par l'action du bromure de phosphore sur l'acide trichloracétique. C'est un liquide fumant à l'air, bouillant à 143°. E. Grimaux.

ACÉTYLE (CHLORURE D'), C^2H^3OCl. — On prépare facilement le chlorure d'acétyle par l'action du trichlorure de phosphore sur l'acide acétique cristallisable. On ajoute peu à peu et en agitant 9 p. d'acide acétique à 7 p. de trichlorure de phosphore. La réaction se fait à froid, et quand elle est terminée, on décante la couche supérieure formée de chlorure d'acétyle que l'on purifie par une distillation sur une certaine quantité d'acétate de sodium sec et pulvérisé; la couche inférieure est de l'acide phosphoreux mélangé d'acide acétylpyrophosphoreux.

Le chlorure d'acétyle prend aussi naissance en petite quantité par l'action du gaz chlorhydrique sec sur un mélange d'acide acétique cristallisable et d'anhydride phosphorique [Friedel, *Bull. de la Soc. chim*, 1869, t. XII, p. 81].

Il réagit sur le sulfhydrate et sur le sulfure de potassium en fournissant de l'acide et de l'anhydride thiacétique (voy. ACIDE THIACÉTIQUE t. III, p. 392].

Avec l'azotate d'argent, il donne du chlore, du chlorure d'argent, du peroxyde d'azote et de l'anhydride acétique

$$2C^2H^3OCl + AzO^3Ag$$
$$= AgCl + AzO^2 + Cl + (C^2H^3O)^2O.$$

Avec l'azotite de potassium, il paraît se produire du chlorure de potassium, du chlorure d'azotyle et de l'anhydride acétique

$$2C^2H^3OCl + AzO^2K$$
$$= AzOCl + KCl + (C^2H^3O)^2O$$

[Armstrong, *Chem. News.*, t. XXVII, p. 180; *Bull. de la Soc. chim.*, 1873, t. XX, p. 356].

L'acide sulfurique attaque le chlorure d'acétyle; le produit de la réaction n'est pas de l'acide sulfacétique, mais un liquide qui paraît constituer l'acide acétyle-sulfurique

$$SO^4 < \begin{matrix} C^2H^3O \\ H \end{matrix}$$

[Oppenheim, *Deutsch. chem. Gesellsch.*, t. III, p. 735; *Bull. de la Soc. chim.*, 1870, t. XIV, p. 399].

Le chlorure d'acétyle agit sur les éthers carbamiques comme sur les amides; avec l'uréthane (carbamate d'éthyle), il fournit l'acétyl-uréthane

$$AzH(CO^2C^2H^5)CO\text{-}CH^3,$$

et avec l'oxaméthane le dérivé acétylé

$$AzH(C^2O^3C^2H^5)CO\text{-}CH^3$$

[Kretzschmar et Salomon, *Journ. für prakt. Chem.* (2), t. IX, p. 209, et *Bull. de la Soc. chim.*, 1874, t. XXII, p. 277].

En chauffant le chlorure d'acétyle avec du chloral anhydre au bain-marie ou en le traitant par le chloral hydraté, on obtient une combinaison $C^2H^3OCl,CHCl^3O$, analogue à la combinaison de chlorure d'acétyle et d'aldéhyde décrite par MM. Wurtz et Frapolli [V. Meyer, *Deutsch. chem. Gesellsch.*, t. III, p. 445; — Hübner, *Zeitsch. für Chem.*, 1870, p. 345; *Bull. de la Soc. chim.*, t. XIV, p. 234]. Elle bout à 188°.

Le chlorure d'acétyle, mélangé avec de l'acide acétique cristallisable et traité par l'amalgame de sodium, fournit de l'alcool [Saytzeff, *Journ. für prakt. Chem.* (2), t. III, p. 76].

CHLORURE D'ACÉTYLE CHLORÉ, $C^2H^2ClO.Cl$. — Par l'action d'un courant d'hydrogène phosphoré, il donne la chloracétophosphide,

$$C^2H^2ClO,PhH^2,$$

poudre amorphe, d'un blanc jaunâtre, qui se décompose lentement à l'air humide en acide monochloracétique et hydrogène phosphoré [Steiner, *Deutsch. chem. Gesellsch.*, t. VIII, p. 1178, et *Bull. de la Soc. chim.*, 1876, t. XXV, p. 367].

CHLORURE D'ACÉTYLE TRICHLORÉ, C^2Cl^3O,Cl. — Par l'action du perchlorure de phosphore sur le chlorure d'acétyle à 100°, il se forme du chlorure d'acétyle trichloré bouillant à 118°, de l'éthane trichloré $C^2H^3Cl^3$, et de l'éthane pentachloré C^2HCl^5 [Hübner, *Ann. der Chem. u. Pharm.*, t. CXX, p. 330; *Rép. de Chimie pure*, 1862, p. 177].

Le chlorure d'acétyle trichloré se produit aussi par l'action de l'acide sulfurique anhydre à 150° sur l'éthylène perchloré C^2Cl^4,

$$C^2Cl^4 + SO^3 = C^2Cl^4O + SO^2.$$

Cette fixation directe d'oxygène est analogue à l'oxydation des éthylènes bromés, étudiée par M. Demole (voyez plus haut *bromure d'acétyle bromé*).

L'éthane perchloré C^2Cl^6 donne également du chlorure de trichloracétyle, en même temps que du chlorure de pyrosulfuryle,

$$C^2Cl^6 + 2SO^3 = C^2Cl^4O + S^2O^5Cl^2$$

[M. Prudhomme, *Compt. rend. de l'Acad.*, 1870, t. LXX, p. 1137]. E. Grimaux.

ACÉTYLE (CYANURE D'), C^2H^3O,CAz. — Traité par l'acide chlorhydrique à froid, il donne un acide qui paraît être identique avec l'acide pyruvique, $C^3H^4O^3$ [Claisen et Shadwell, *Deutsch. chem. Gesellsch.*, t. XI, p. 1563].

ACÉTYLE (HYDRURE D'). — Voyez ALDÉHYDE.

ACÉTYLÈNE, $C^2H^2 = CH \equiv CH$.

Historique. — L'acétylène a été entrevu par H. Davy [*Ann. der Chem. u. Pharm.*, t. XXIII, p. 144], dans les gaz obtenus par l'action de l'eau sur les résidus noirs de la préparation du potassium; M. Perrot [*Compt. rend.*, t. XLVII, p. 350], en faisant agir l'étincelle électrique sur les vapeurs d'alcool et d'éther, a obtenu de l'acétylène dont il a préparé les bromures impurs; Quet [*Compt. rend.*, t. XLVI, p. 903] a reconnu que les gaz qui se dégagent pendant l'électrolyse de l'éthylène et de l'alcool donnent, dans les solutions ammoniacales de chlorure cuivreux et de chlorure d'argent, des précipités capables de détoner. Torrey [*Jahresb. f. Chem.*, 1859, p. 222] a signalé l'existence d'un composé cuivrique explosif à 200° dans une conduite de gaz en cuivre; l'observation date de 1839. Bœttger [*Ann. der Chem. u. Pharm.*, t. CIX, p. 353-359] a pareillement annoncé qu'on obtient des précipités explosifs en faisant passer le gaz d'éclairage à travers les solutions ammoniacales de cuivre et d'argent. Ces auteurs ont eu affaire à de l'acétylène impur et ont reconnu la faculté qu'il possède de précipiter les solutions ammoniacales des sels cuivreux et argentiques. La préparation de l'acétylène pur et l'étude de ses propriétés principales sont dues à M. Berthelot, dont les premiers mémoires ont été publiés à partir de l'année 1859 jusqu'en 1862 [*Ann. de Phys. et de Chim.* (3), t. LXVII, p. 52]. La préparation plus simple par l'action de la chaleur sur l'éther et la régénération de l'acétylène pur de sa combinaison cuivreuse sont les découvertes fondamentales qui ont permis l'étude approfondie de cet important carbure.

Préparation. — En 1861, M. Sawitsch [*Compt. rend.*, t. LII, p. 157] a donné la préparation de l'acétylène par le bromure d'éthylène ou l'éthylène bromé et l'amylate de sodium en vase clos; M. Woehler [*Ann. der Chem. u. Pharm.*, t. CXXIV, p. 220] a indiqué un procédé analogue à celui de Davy et qui consiste à se procurer un carbure de calcium par la calcination de l'alliage de zinc et de calcium avec du charbon, et à décomposer ce carbure par l'eau. M. Kekulé [*Ann. der Chem. u. Pharm.*, t. CXIII, p. 79] a obtenu par l'électrolyse du fumarate et du maléate de calcium de l'acétylène mêlée à de l'acide carbonique, et M. Fittig [*Zeitsch. für Chem.*, 1866, p. 127] a reconnu que le gaz obtenu par Kletzinsky dans la réaction du chloroforme sur l'amalgame de sodium n'est autre que l'acétylène.

Les modes de préparation, fondés sur l'action de la chaleur sur des matières organiques que divers auteurs ont signalés, rentrent dans l'observation générale faite par M. Berthelot, à savoir que la décomposition pyrogénée ou la combustion incomplète des substances carbonées fournit de l'acétylène en quantité variable. M. Rieth [*Bull. de la Soc. chim.*, t. IX, p. 64, et *Zeitsch. für Chem.*, 1867, p. 598] a indiqué le procédé pratique de préparation le plus usité, lequel consiste à produire la combustion incomplète du gaz d'éclairage dans un bec de Bunsen brûlant dans le bas et à diriger les gaz au moyen d'un aspirateur dans des flacons laveurs contenant le réactif cuivreux. Cet appareil est assez difficile à régler, et il est préférable, ainsi que M. Jungfleisch vient de le montrer, de faire pénétrer un courant d'air limité dans une atmosphère de gaz. La combustion s'effectue à la surface du jet d'air; l'on assure ainsi dans les produits la présence d'un excès des éléments combustibles et, partant, on évite l'oxydation du chlorure cuivreux ammoniacal [*Bull. de la Soc. chim.*, t. XXXI, p. 482]. M. Berthelot [*Compt. rend.*, t. LXVII, p. 233 et 1188] a montré que le gaz des marais, soumis à l'action de la chaleur ou de l'étincelle électrique, fournit des quantités notables d'acétylène et que la décharge obscure dans les appareils de MM. Babot ou Houzeau forme de l'acétylène aux dépens des carbures d'hydrogène qu'on y fait passer avec un excès d'hydrogène [*Compt. rend.*, t. LXXIV, p. 140, et *Bull. de la Soc. chim.*, t. XXVIII, p. 484].

On obtient encore l'acétylène en fondant avec la potasse l'éthylénodisulfite de potassium, ou bien l'iséthionate potassique [Berthelot, *Compt. rend.*, t. LXIX, p. 563, et *Bull. de la Soc. chim.*, t. XIII, p. 19]; enfin ce carbure se produit dans la réaction de l'iode sur l'acétate d'argent sec [Birnbaum, *Bull. de la Soc. chim.*, t. XIII, p. 53].

Propriétés. — L'acétylène est toxique [Bistrow et Liebreich, *Bull. de la Soc. chim.*, t. XII, p. 265]; il forme avec l'hémoglobine une combinaison analogue à celle de l'oxyde de carbone, mais moins stable et se décomposant par l'actoin du sulfhydrate d'ammonium.

M. Berthelot [*Compt. rend.*, t. LXVIII, p. 810] a étudié les conditions dans lesquelles l'acétylène mêlé à un excès d'hydrogène peut résister à l'action décomposante de l'étincelle électrique; il a trouvé qu'il existe toujours une limite au-dessous de laquelle l'acétylène n'est plus détruit, et qui varie avec la pression, par sauts brusques. Sous une pression de $0^m,41$, il peut subsister 12 °/₀ d'acétylène; pour $0^m,31$, il reste 0,5 °/₀; pour $0^m,23$, 3,5, et pour 0^m10, 3,1 °/₀.

MM. Arn. et Paul Thenard [*Bull. de la Soc. chim.*, t. XXI, p. 251] ont étudié l'action de l'effluve électrique sur l'acétylène dans un appareil spécial; il y a condensation et formation d'un peu de polymère liquide et d'un polymère solide. A l'air, le premier s'évapore et laisse une masse écailleuse amorphe. L'action de l'effluve a aussi été étudiée par de Wilde [*Compt. rend.*, t. LXXV, p. 118, et t. LXXVIII, p. 218; *Bull. Soc. chim.*, t. XXI, p. 444] et par M. Berthelot [*Bull. de la Soc. chim.*, t. XXVI, p. 98].

L'hydrogène peut être fixé en petite quantité sur l'acétylène : le produit principal de la réaction est semblable au corps solide signalé par MM. Thenard; ce corps, décomposé par la chaleur dans une atmosphère d'azote, a fourni du charbon et des gaz composés d'acétylène, de crotonylène, d'éthylène, d'éthane et d'hydrogène.

L'acétylène donne un spectre de lignes spécial quand on fait passer l'étincelle dans un tube où ce gaz est mêlé à l'hydrogène sous une faible pression [Berthelot et Richard, *Compt. rend.*, t. LXX, p. 256, et *Bull. de la Soc. chim.*, t. XIII, p. 193].

Action des oxydants. — L'acétylène abandonné pendant six mois en présence de l'oxygène et de la potasse donne de l'acide acétique; la même réaction s'accomplit plus rapidement quand le gaz est mis en dissolution dans l'eau, en présence d'acide chromique [Berthelot, *Compt. rend.*, t. LXX, p. 256, et *Bull. de la Soc. chim.*, t. XIII, p. 193, et t. XIV, p. 113].

La chaleur de combustion de l'acétylène a été déterminée indirectement sous l'influence du permanganate de potassium [Berthelot, *Compt. rend.*, t. LXXXII, p. 24], et par combustion directe [Thomsen, 1873, *Deutsch. chem. Gesell.*, t. VI, p. 1533] la combustion complète $C^2H^2 + O^5$ fournit 502 110 calories, la combinaison de C^2 avec H^2 en absorbe 48 270.

Action des réducteurs. — L'effluve électrique détermine la fixation de l'hydrogène sur l'acétylène, mais en même temps la polymérisation de ce dernier. L'acide iodhydrique saturé le transforme en vase clos et à chaud en éthane [Berthelot, *Compt. rend.*, t. LXIV, p. 710 et 760.]

Action de l'azote. — Sous l'influence de l'étincelle électrique, l'acétylène se combine avec l'azote pour former de l'acide cyanhydrique; cette combinaison se fait intégralement si l'on emploie un excès d'hydrogène et si l'on absorbe l'acide cyanhydrique par la potasse [Berthelot, *Compt. rend.*, t. LXVII, p. 1141]. Il y a lieu d'admettre que la formation des cyanures aux dépens du carbone, de l'azote et du carbonate de potassium, sous l'influence de la chaleur, est précédée de celle d'un acétylénure de potassium (corps qui existe en effet), lequel se combine avec l'azote comme le fait l'acétylène sous l'influence de l'étincelle.

Action de l'acide cyanhydrique. — Si l'on fait passer un mélange d'acétylène et d'acide cyanhydrique par un tube chauffé au rouge, il se forme de la pyridine [Ramsay, *Compt. rend.*, t. LXXXIV, p. 614]

$$2C^2H^2 + CHAz = C^5H^5Az.$$

Action de l'ammoniaque. — Si l'on substitue, dans l'expérience précédente, l'ammoniaque à l'acide cyanhydrique, on obtient une petite quantité de pyrrol C^4H^5Az (Ramsay).

Combinaisons métalliques. — L'acétylénure de cuivre réagissant sur l'iodure d'éthylène ne fournit pas de carbures liquides; on obtient seulement des gaz et un corps iodé cristallisable [Carstanjen et Schertel, *Bull. de la Soc. chim.*, t. XVI, p. 278]. Dans une solution d'iodomercurate de potassium additionnée de potasse, l'acétylène donne un précipité faiblement explosif de la formule $C^2HHgI + HgO$; on peut en régénérer l'acétylène par l'acide chlorhydrique [Basset, *Bull. de la Soc. chim.*, t. XII, p. 270].

Action de l'acide sulfurique. — En traitant l'acétylène par l'acide sulfurique, M. Berthelot avait obtenu l'acide vinylsulfurique, qui, décomposé par l'eau, lui avait fourni l'hydrate d'acétylène ou alcool vinylique $C^2H^3.OH$. MM. Lagermark et Eltekoff [*Bull. de la Soc. chim.*, t. XXVIII, p. 107] ont mis en doute ces résultats; à la place de l'alcool vinylique, ils ont obtenu de l'aldéhyde crotonique, et ils admettent que ce corps se produit par polymérisation de l'aldéhyde ordinaire, qui se forme d'abord par hydratation de l'acétylène,

$$C^2H^2 + H^2O = C^2H^4O.$$

M. Berthelot [*Bull. de la Soc. chim.*, t. XXVII, p. 540] suppose que les auteurs précédents n'ont pas opéré dans les mêmes conditions que lui; d'après lui, l'hydrate d'acétylène brut contiendrait deux corps, dont l'un n'est pas un alcool; l'autre, environ un dixième du produit, forme des éthers avec les acides acétique et benzoïque.

L'acétylène se combine facilement avec l'acide sulfurique fumant, et fournit un acide *acétyléno-sulfurique*, bien différent de l'acide vinylsulfurique, puisqu'il résiste à l'action de l'eau bouillante. Le sel de potassium de ce nouvel acide cristallise difficilement; fondu avec de la potasse, il fournit du *phénol* [Berthelot, *Bull. de la Soc. chim.*, t. XI, p. 373].

Action du chlore. — Les chlorures d'acétylène s'obtiennent, d'après MM. Berthelot et Jungfleisch [*Compt. rend.*, t. LXIX, p. 542, et *Bull. de la Soc. chim.*, t. XIII, p. 16], par l'action du perchlorure d'antimoine sur l'acétylène. Il se forme un composé cristallin $C^2H^2SbCl^5$, que l'on décompose par l'eau; les liquides chlorés sont rectifiés pour séparer le bichlorure du tétrachlorure; on obtient de préférence l'un ou l'autre, suivant qu'on a employé un excès d'acétylène ou de perchlorure d'antimoine.

Le dichlorure d'acétylène bout vers 55°; il s'altère lentement à l'air humide; chauffé en vase clos, il donne du charbon et de l'acide chlorhydrique. Avec la potasse alcoolique à 100°, il fournit de l'acide acétique [Berthelot, *Compt. rend.*, t. LXIX, p. 567].

Le tétrachlorure d'acétylène bout à 147°; chauffé en vase clos à 300°, il donne de l'éthylène trichloré et de l'acide chlorhydrique. Maintenu à 360°, pendant 100 heures, il se transforme intégralement en benzine perchlorée et acide chlorhydrique. Avec la potasse alcoolique, il fournit une certaine quantité d'acide glycolique [Berthelot, *loc. cit.*].

Action du brome. — L'acétylène absorbé par le brome pur recouvert d'une couche d'eau ne donne que du tétrabromure, corps liquide dont la densité à 21° est de 2,848; celle du bromure d'éthylène bibromé est de 2,88 à 22° (Reboul). On peut distiller ce perbromure en présence d'un courant de vapeur d'eau; l'acide nitrique et l'acide sulfurique concentrés l'attaquent en dégageant du gaz chlorhydrique; chauffé à 100°, il donne du gaz chlorhydrique et de l'éthylène tribromé; cet éthylène tribromé est liquide et bout à 162-163°. Un éthylène tribromé, cristallisé et fondant à 175°, se forme pendant la préparation du tétrabromure : c'est un polymère du premier. Le tétrabromure est attaqué par le sodium et donne de l'acétylène bromé, spontanément inflammable, de l'éthylène tribromé et de l'hydrogène [Sabanejeff, *Liebig's Ann.*, t. CLXXVIII, p. 109, et *Bull. de la Soc. chim.*, t. XXV, p. 405]. Avec la potasse alcoolique, il fournit de l'acétylène et de l'acétylène bromé; l'alcool ammoniacal donne de l'éthylène tribromé liquide, et l'acétate de potassium, de l'acétate d'éthyle, de l'acide acétique et de l'éthylène tribromé liquide. Si l'on traite le tétrabromure par le chlore, on obtient un composé de la formule $C^2Cl^4Br^2$ [Bourgouin, *Bull. de la Soc. chim.*, t. XXIII, p. 173]. Ce corps paraît identique avec le bromure d'éthylène perchloré. Par l'action du brome sur le tétrabromure, on obtient le bromure C^2HBr^5, fusible à 56-57°; la mesure des cristaux a permis d'identifier ce corps avec le bromure d'éthylène tribromé de M. Reboul. Enfin l'action prolongée du brome fournit le sesquibromure de carbone.

Le dibromure d'acétylène peut s'obtenir en petite quantité en traitant à 180° en vase clos le perbromure par l'argent ou le mercure. Il se produit aussi quand on fait passer de l'acétylène dans du brome étendu d'alcool; la condition de la production du dibromure paraît être la dilution du réactif. Le procédé le plus commode, d'après M. Sabanejeff [*Bull. de la Soc. chim.*, t. XXVII, p. 369], consiste à traiter le tétrabromure par le zinc; ainsi préparé, le dibromure constitue un liquide incolore, bouillant à 106-109°, dont la densité à 22°,7 est de 2,2023.

J.-A. Le Bel.

ACHILLÉINE, $C^{20}H^{38}Az^2O^{15}$. — Ce principe amer découvert par Zanon dans le mille-fleurs se rencontre aussi en grande quantité dans l'extrait aqueux d'iva (*Achillea moschata*). Cet extrait est épuisé par l'alcool absolu, la solution est concentrée et additionnée d'eau : il se précipite une matière qui a reçu le nom de moschétine. Le liquide filtré est agité avec de l'hydrate de plomb, filtré à nouveau, traité par l'hydrogène sulfuré et évaporé à siccité. Enfin le résidu est épuisé par l'alcool qui ne dissout que l'achilléine.

L'achilléine est une base, sa réaction est alcaline, et elle forme des sels avec les acides. Ni l'acétate ni le sous-acétate de plomb ne la précipitent. L'acide sulfurique étendu et bouillant la dédouble en sucre, ammoniaque, principe volatil aromatique, et en *achillétine*. Celle-ci est une poudre brune, amorphe, insoluble dans l'eau, peu soluble dans l'alcool, dépourvue de toute amertume; elle renfermerait $C^{11}H^{17}AzO^7$ [A. de Planta-Reichenau, *Ann. der Chem. u. Pharm.*, t. CLV, p. 145].

ACHILLÉTINE. — Voyez ACHILLÉINE.

ACIDALBUMINE. — Les chimistes allemands ont donné ce nom au produit de transformation de l'albumine par l'action des acides étendus; ce produit est probablement identique avec la syntonine.

ACIDES. — On a montré dans le tome I de cet ouvrage (voyez ACIDES, BASICITÉ) que les acides organiques étaient caractérisés par la présence du groupe carboxyle CO.OH, que leur basicité était égale au nombre de ces groupes contenus dans la molécule, leur atomicité étant égale au nombre total des groupes hydroxyles (OH); en sorte que l'atomicité d'un acide qui renferme

$$m\text{CO.OH} \quad \text{et} \quad n\text{OH}$$

est égale à $m + n$. Bien qu'en général il en soit effectivement ainsi, la fonction acide existe pourtant dans certains composés indépendamment de la présence du groupe carboxyle.

Le caractère plus ou moins acide d'un corps hydrogéné provient, en effet, uniquement du caractère plus ou moins électronégatif des radicaux situés dans le voisinage de l'hydrogène. C'est ainsi que dans le groupe CH''' l'hydrogène peut prendre un caractère acide si une ou plusieurs des atomicités restantes du carbone sont satisfaites par des groupements très électronégatifs. Par exemple, les nitro, dinitro, trinitrométhane sont très acides. De même encore l'acide acétylacétique possède les propriétés d'un acide (très faible à la vérité), parce que les deux atomicités restantes d'un groupe CH^2 sont satisfaites par deux groupes carbonyles

$$(CH^3\text{-}CO\text{-}CH^2\text{-}CO.OC^2H^5).$$

Il faut aussi considérer, outre le caractère électronégatif des radicaux, le voisinage plus ou moins grand de ces radicaux et de l'atome d'hydrogène considéré. C'est ainsi que l'hydrogène d'un groupe hydroxyle (déjà faiblement électropositif) prendra un caractère acide énergique sous l'influence de radicaux électronégatifs même peu voisins. Ainsi, par exemple, dans les nitrophénols, dans les oxyquinones. Au contraire, un voisinage immédiat est nécessaire pour rendre acide l'hydrogène d'un groupe CH'''. Ainsi l'isonitropropane est un acide faible, tandis que le dinitro-isopropane $CH^3\text{-}C(AzO^2)^2\text{-}CH^3$ est un corps neutre, parce qu'il n'y a pas dans la molécule d'atome d'hydrogène suffisamment voisin de la vapeur nitreuse. De même, l'éther acétylacétique est un acide, pendant que le dibutyryle, qui renferme aussi deux carboxyles, ne joue pas ce rôle. Il serait facile de multiplier les exemples.

Ces remarques sont d'ailleurs absolument générales et ne s'appliquent pas seulement aux corps organiques. Ainsi, dans l'ammoniaque, on peut donner à l'un des atomes d'hydrogène des propriétés acides en remplaçant les deux autres par un radical électronégatif. Tel est l'acide hyponitreux de Divers

$$Az \left\{ \begin{array}{l} = O \\ - H \end{array} \right.$$

qui, comme le diacétamide et la phénylformiamide, a des propriétés acides.

Il faut observer que, quand un atome d'hydrogène acquiert des propriétés acides grâce au voisinage d'un groupe électronégatif, mais sans être *directement* uni à ce radical, l'acide ainsi formé n'est susceptible de former ni éthers, ni anhydrides, ni amides. Il suffit d'examiner les formules de ces acides pour s'en apercevoir tout de suite. Ainsi les dérivés de l'acide hyponitreux, correspondant aux éthers, sont les nitrosocarbures et n'ont aucune des propriétés des véritables éthers. Cet acide ne pourra pas non plus fournir d'anhydride, ni d'amide, puisqu'il ne renferme pas d'hydroxyle, ni de radical analogue. Il en est de même du nitrométhane, de l'éther acétylacétique, des amides secondaires, etc. Ainsi les composés qui répondraient aux éthers du nitrométhane ne sont autres que des carbures nitrés. Pour la diacétamide, ce seraient les diamides de différentes ammoniaques substituées.

Ceci nous conduit ainsi à distinguer parmi les acides ternaires ceux dans lesquels l'hydrogène acide est contenu sous forme d'hydroxyle ou d'un radical analogue (OH, SH, etc.); tels sont les acides azotique, carbonique, sulfurique, etc., et ceux dans lesquels il n'est pas contenu à cet état, tel est l'acide hyponitreux, etc. Les premiers ont un ensemble de propriétés qui dérivent de cette constitution. Les principales sont de donner un anhydride, une amide, des éthers dédoublables en régénérant l'acide primitif. Les autres sont dépourvus de ces caractères.

Il semblerait aussi que les radicaux polyatomiques, tels que O, S, etc., soient seuls propres à donner des acides ternaires de la première catégorie, puisque ce sont les seuls susceptibles de fournir des radicaux composés analogues à l'hydroxyle. Il n'en est pourtant rien, et les acides chlorés, fluorés, etc., méritent à cet égard une mention spéciale. Ils paraissent en effet offrir une constitution tout à fait analogue à celle des composés oxygénés. Ainsi les acides fluosilicique, chloroplatinique, chloroaurique, etc., correspondent à tous les points de vue aux acides silicique, platinique, aurique, etc. Il est très remarquable que dans cette circonstance Fl^2, Cl^2, etc., jouent le même rôle que O, S, etc. Toute la série des fluosels et des chlorosels nous offre la même circonstance. On sait d'ailleurs que Marignac a démontré le remplacement isomorphique de O par Fl^2 dans certaines combinaisons.

De ce qui précède il résulte donc que les corps hydrogénés des constitutions les plus différentes peuvent être des acides plus ou moins énergiques, suivant le caractère plus ou moins électronégatif du radical uni à l'hydrogène. La conséquence est qu'on ne saurait donner une définition exacte du caractère acide; que ce caractère même, purement relatif d'ailleurs, ne correspond pas à une division naturelle, et que ce serait en vain qu'on chercherait une réaction qui, commune à tant de corps si différents, permît de les séparer nettement des substances prétendues neutres ou basiques. C'est ainsi qu'on aurait pu penser que, parmi les corps organiques, la présence du groupe carboxyle CO.OH entraîne toujours avec lui la propriété acide; il n'en est rien : l'acide diamidobenzoïque

$$C^6H^3(AzH^2)^2CO^2H$$

est, grâce au caractère fortement électropositif des deux groupes AzH^2, une base qu'on ne peut en aucune circonstance combiner, à la potasse par exemple. Par contre, certaines combinaisons à caractère alcoolique et aldéhydique, telles que le glucose, doivent à l'accumulation de l'oxygène dans leur molécule la propriété de se combiner aux bases. E. Demarçay.

ACIER. — Voyez MÉTALLURGIE DU FER.

ACOLYCTINE. — L'extrait sec d'*Aconitum lycoctonum* renferme cette base. Pour la préparer, on épuise l'extrait par l'acide sulfurique, on neutralise la solution sulfurique avec du carbonate de sodium, et l'on évapore à siccité. La masse sèche traitée par l'alcool cède à celui-ci deux matières, l'acolyctine et la lycoctonine. On les sépare en évaporant la solution alcoolique, et en reprenant le résidu par l'éther, qui dissout la lycoctonine, tandis que l'acolyctine reste. On la purifie par cristallisation, et on obtient alors à l'état d'une poudre blanche, soluble dans l'eau, l'alcool et le chloroforme. Elle possède une réaction alcaline et une saveur amère [Hübschmann, *Jahresb. für Chem.*, 1866, p. 483]. Elle est peut-être identique avec l'aconine (p. 43).

ACONELLINE (pour la préparation, voyez t. I, p. 61). — Cette base, retirée de l'*Aconitum napellus*, est insoluble dans l'eau, soluble dans l'alcool, l'éther et le chloroforme. Elle cristallise facilement de sa solution alcoolique, qui dévie le plan de la lumière polarisée à gauche. Traitée par les acides sulfurique ou nitrique, elle se colore en rouge de sang. Elle forme des sels qui possèdent une réaction acide au tournesol, même s'ils contiennent un excès de base. Le chlorhydrate est cristallisable et fournit un chloroplatinate jaune [T. et H. Smith, *Journ. de Pharm. et de Chim.* (4), t. I, p. 142]. Elle semble se confondre avec la picro-aconitine (p. 43).

ACONINE. — Voyez ACONITINE, Suppl., p. 43.

ACONIQUE (ACIDE), $C^5H^4O^4$. — L'acide itadibromopyrotartrique, porté à l'ébullition avec un excès de carbonate de sodium, perd deux molécules d'acide bromhydrique et donne naissance à l'acide aconique (voyez t. I, p. 60).

L'acide aconique est soluble dans l'alcool et l'éther, et cristallise en belles aiguilles fusibles à 154°. Tous les sels de cet acide sont solubles dans l'eau; ils cristallisent facilement et se forment lorsqu'on traite des carbonates par une solution aqueuse d'acide aconique. L'acide aconique est monobasique.

Lorsqu'on chauffe l'acide aconique avec de l'eau de baryte, il se dédouble en acide formique et en acide succinique. En même temps il se forme une petite quantité d'un carbure d'hydrogène et un acide huileux ($C^5H^6O^5$?).

Aconate de baryum, $(C^5H^3O^4)^2Ba + 2\,{}^1/_2H^2O$. — Il est en fines aiguilles, qui perdent leur eau à 150°.

Aconate d'argent, $C^6H^3AgO^4$. — La solution chaude de ce sel laisse déposer par le refroidissement des tables brillantes.

Aconate de cuivre, $(C^6H^3O^4)^2Cu + 4H^2O$. — Il forme des prismes bleus très brillants.

Aconate de zinc, $(C^5H^3O^4)^2Zn + 8H^2O$. — Ce sel cristallise en grands cristaux mesurables, qui fondent dans leur eau de cristallisation au-dessous de 100°.

Aconate de méthyle, $C^6H^3O^4.CH^3$. — On le prépare en décomposant l'aconate d'argent par l'iodure de méthyle. Il forme de longues aiguilles, fusibles à 85°, solubles dans l'alcool et l'éther.

F. Meilly admet pour l'acide aconique la formule de constitution

```
CH
‖      > O
C-CO  /
|
CH²-CO²H
```

[F. Meilly, *Ann. der Chem. u. Pharm.*, t. CLXXI, p. 153; *Bull. de la Soc. chim.*, t. XX, p. 200].

M. Wassermann.

ACONIT. — L'histoire des alcaloïdes contenus dans les diverses espèces d'aconit présente encore bien des incertitudes, malgré les recherches récentes de Alder Wright et de ses collaborateurs. On sait aujourd'hui, par les travaux de Groves et de Duquesnel, que le produit amorphe extrait de l'aconit napel, et désigné sous le nom d'aconitine, n'était pas pur, et que le principe actif de cette plante est un alcaloïde cristallisé. On sait de plus que l'espèce *Aconitum ferox* contient un autre alcaloïde cristallisé, qui a reçu le nom de *pseudo-aconitine*. Indépendamment de ces principes, on retire de ces deux aconits des quantités notables de produits amorphes, mais on ne sait point si ces substances préexistent dans la plante ou si elles se forment pendant l'extraction aux dépens de l'aconitine ou de la pseudo-aconitine, corps éminemment altérables sous l'influence des acides et des alcalis. Cette dernière opinion paraît être celle de Wright. L'un de ces corps amorphes, la picro-aconitine, semble se confondre avec l'aconelline de M. Smith. La napelline de l'aconit napel et l'acolyctine extraite par Hübschmann de l'*Aconitum Lycoctonum* ne sont probablement que de l'aconine impure; Hübschmann, en effet, a fait intervenir de la chaux ou du carbonate de potassium dans la préparation, et Wright a montré que les alcalis dédoublent aisément l'aconitine en aconine et acide benzoïque.

O. Zinoffsky a déterminé la proportion d'aconitine (probablement l'ensemble des alcaloïdes cristallisés et amorphes) dans les tiges, feuilles et fleurs de plusieurs espèces d'aconit

A. Stoerkeanum, napellus, variegatum). Cette proportion est la plus faible dans les tiges, plus forte dans les feuilles, et encore plus forte dans les fleurs. Elle varie d'ailleurs avec le développement de la plante et s'accroît notablement jusqu'au moment de l'épanouissement complet des fleurs; c'est ainsi que des fleurs fraîches à peine ouvertes d'*A. Stoerkeanum* ont donné 0,3418 % d'alcaloïdes, tandis que des fleurs complètement épanouies en contenaient 0,7294 % [*Pharm. Journ. a Transact.* (3), t. IV, p. 616, 1874]. Les alcaloïdes des aconits se trouvent probablement dans les plantes sous forme d'aconitates.

A. Henninger.

ACONITINE. — Nous décrirons ici les trois alcaloïdes définis que l'on a retirés des aconits, savoir : l'aconitine et la picro-aconitine extraites de l'*Aconitum napellus* et la pseudo-aconitine, principe actif de l'*Aconitum ferox*.

Aconitine, $C^{33}H^{43}AzO^{12}$. — Cet alcaloïde a été obtenu à l'état cristallisé par Groves, et plus tard par Duquesnel, qui lui avait assigné la formule $C^{27}H^{40}AzO^{10}$ [Th.-B. Groves, *Pharm. Journ.*, t. VIII, p. 108; *Bull. de la Soc. chim.*, t. VII, p. 539; — H. Duquesnel, *Ann. de Chim. et de Phys.* (4), t. XXV, p. 151].

Les procédés d'extraction décrits par ces chimistes ne fournissent pas un produit pur, et Wright y a substitué le suivant, qui présente du reste des analogies avec celui de Duquesnel.

La racine d'aconit napel est épuisée par l'alcool concentré contenant une petite proportion d'acide tartrique; la liqueur alcoolique est évaporée, et l'extrait est exposé à l'air dans des vases plats, pour éliminer totalement l'alcool. On le reprend ensuite par l'eau, on sépare par le filtre la résine précipitée, on enlève à la solution les dernières traces de résine en l'agitant avec de l'essence de pétrole, et l'on additionne le liquide aqueux de carbonate de potassium en léger excès. L'aconitine se précipite à l'état impur; elle est reprise par l'éther, qui laisse une petite quantité de substance humique; la solution éthérée étant distillée, la base est transformée en tartrate, précipitée de la solution aqueuse de ce sel par le carbonate de sodium et dissoute une seconde fois dans l'éther. L'alcaloïde contient encore des corps amorphes dont on ne peut le débarrasser qu'en faisant cristalliser son bromhydrate à plusieurs reprises. Finalement on le met en liberté par le carbonate de sodium et on le fait cristalliser dans l'éther, auquel on peut ajouter, avec avantage, de l'essence de pétrole. La liqueur aqueuse d'où l'aconitine brute a été séparée par le carbonate de potassium contient une base amorphe, différente de la picro-aconitine (apo-aconitine?), et qui peut en être précipitée par l'iodo-mercurate de potassium; cette base est envisagée par Wright comme un produit d'altération de l'aconitine [G.-H. Beckett et C. R. Alder Wright, *Report Meet. Brit. Assoc.*, 1875, 2e part., p. 37; — C. R. Alder Wright, *Journ. Chem. Soc.* London, 1877, t. I, p. 143].

L'aconitine cristallise en tables anhydres, rhombiques, dont deux angles opposés sont souvent tronqués. Elle est très soluble dans l'alcool, l'éther, la benzine et surtout le chloroforme, insoluble dans l'eau, la glycérine et le pétrole léger ou lourd. Précipitée de ses sels, elle constitue une poudre blanche légère, contenant de l'eau qui se dégage à 100°; elle commence à s'altérer vers 140°. Elle est lévogyre. Elle possède une saveur faiblement amère et produit sur la langue un picotement particulier (Duquesnel).

L'aconitine possède une faible réaction alcaline et forme avec les acides des sels définis, parmi lesquels le *nitrate* se distingue par la facilité avec laquelle il cristallise. Le *chlorhydrate* forme des prismes à base rhombe, terminés par des sommets dièdres; il contient $3H^2O$. Sa solution précipite en blanc jaunâtre par le chlorure platinique et en jaune par le chlorure d'or. Le chlorure mercurique y produit un précipité blanc caséeux. Le sulfocyanate de potassium, le tannin, l'iodo-mercurate de potassium, précipitent la solution en blanc; ce dernier réactif trouble encore des liqueurs ne contenant que 0,00005 % d'alcaloïde. L'iode précipite en brun.

L'aconitine se dissout à froid, sans coloration, dans l'acide nitrique; avec l'acide sulfurique, elle fournit un liquide jaune qui se colore rapidement en violet rouge; l'acide phosphorique très concentré la colore vers 85° en violet.

L'aconitine est instable; les acides étendus et chauds la transforment en *apo-aconitine*,

$$C^{33}H^{41}AzO^{11},$$

en lui faisant perdre une molécule d'eau; on emploie de préférence l'acide tartrique pour opérer nettement cette déshydratation. Lorsqu'on traite l'aconitine par les anhydrides acétique ou benzoïque, on obtient les dérivés acétiques de l'apoaconitine $C^{33}H^{40}(C^2H^3O)O^{11}$ ou le dérivé benzoïque $C^{33}H^{40}(C^7H^5O)O^{11}$; ce dernier composé se forme aussi lorsque l'aconine (voir plus loin) est chauffée avec de l'anhydride benzoïque.

Les alcalis dédoublent, à chaud, l'aconitine en acide benzoïque et en une nouvelle base, l'*aconine* $C^{26}H^{39}AzO^{11}$:

$$C^{33}H^{43}AzO^{12} + H^2O = C^{26}H^{39}AzO^{11} + C^7H^6O^2.$$

Les alcaloïdes décrits sous les noms de napelline et d'acolyctine ne sont probablement que de l'aconine impure.

S'appuyant sur ces faits, Wright et Luff attribuent à l'aconitine la formule suivante :

$$C^{26}H^{35}AzO^7 \left\{ \begin{array}{l} OH \\ OH \\ OH \\ O.CO\text{-}C^6H^5. \end{array} \right.$$

Elle constituerait l'éther monobenzoïque de l'aconine. L'apo-aconitine serait son anhydride. Nous retrouverons des relations analogues entre la pseudo-aconitine et ses dérivés [Alder Wright et Luff, *Deutsch. chem. Gesellsch.*, t. XI, p. 1267, 1878].

Les réactions de l'aconitine sont sensibles; mais, pour caractériser avec certitude cet alcaloïde dans une expertise, il faut recourir à l'action physiologique. D'après Gréhant et Duquesnel, l'aconitine détruit la faculté motrice des nerfs en agissant sur leur terminaison périphérique : l'animal conserve la sensibilité tant que les nerfs moteurs permettent les mouvements réflexes. A petite dose, les propriétés physiologiques de l'aconit sont analogues à celles du curare.

Picro-aconitine, $C^{31}H^{45}AzO^{10}$. — Cet alcaloïde a été obtenu par Beckett et Wright (*loc. cit.*) dans une préparation d'aconitine faite en grand sur 100 kilogrammes de racine d'aconit napel, préparation dans laquelle on avait employé de l'alcool acidulé par l'acide chlorhydrique. Vers la fin de l'extraction, ce véhicule n'enlevait que de faibles proportions d'aconitine cristallisable, mais de grandes quantités de picro-aconitine. C'est une poudre amorphe, très amère, qui ne paraît pas être toxique; ses sels cristallisent; le *chlorhydrate* renferme

$$C^{31}H^{45}AzO^{10}, HCl + 1\,^1/_2 H^2O.$$

Les auteurs ne se prononcent pas sur la question de savoir si la picro-aconitine a préexisté dans l'échantillon de racine employé, ou bien si elle a été formée pendant le traitement.

PSEUDO-ACONITINE, $C^{36}H^{49}AzO^{12}$. — C'est le principe actif cristallisé de la racine d'*Aconitum ferox*, et il est identique, d'après Wright, avec un alcaloïde d'origine inconnue, qui pendant quelque temps a été livré au commerce sous le nom d'aconitine, mais qui en différait par ses propriétés et avait reçu de Wiggers le nom de napelline, de Ludwig celui d'acro-aconitine, et de Flückiger celui de pseudo-aconitine. Wright a adopté ce dernier nom. On peut l'extraire de la racine par un procédé analogue à celui décrit plus haut par l'aconitine. L'extrait commercial d'*Aconitum ferox* (l'aconitine des droguistes) en contient de 60 à 80 %.

La pseudo-aconitine est cristallisable et fusible vers 104-105°. D'après Flückiger, elle est moins soluble que l'aconitine dans l'éther, le chloroforme, l'alcool ; elle possède une saveur brûlante ; l'acide phosphorique ne la colore pas [F.-A. Flückiger, *Arch. der Pharm.* (2), t. CXLI, p. 196 ; 1870]. La pseudo-aconitine est plus vénéneuse que l'aconitine. Son nitrate cristallise facilement. L'acide chlorhydrique étendu et chaud convertit la pseudo-aconitine en *apopseudo-aconitine*

$$C^{36}H^{47}AzO^{11},$$

fusible à 102-103°.

L'acide ou l'anhydride acétique transforme à 100° la pseudo-aconitine en un dérivé *acétique* de l'apepseudo-aconitine, $C^{36}H^{46}(C^2H^3O)AzO^{11}$. Ce dérivé est cristallin et fond vers 115° ; il forme un nitrate et un chloraurate cristallins. Avec l'anhydride benzoïque, on obtient de même le corps *benzoylé* $C^{36}H^{46}(C^7H^5O)AzO^{11}$.

Lorsque la pseudo-aconitine est chauffée à 100° avec de la potasse alcoolique, elle se dédouble en acide diméthylprotocatéchique

$$C^6H^3(OCH^3)^2CO^2H$$

et une base, la *pseudo-aconine* $C^{27}H^{41}AzO^9$:

$$C^{36}H^{49}AzO^{12} + H^2O = C^9H^{10}O^4 + C^{27}H^{41}AzO^9.$$

Si l'on élève, dans cette réaction, la température vers 140°, la pseudo-aconine formée d'abord perd une molécule d'eau et se transforme en *apopseudo-aconine* $C^{27}H^{39}AzO^8$. Ces deux dernières bases sont incristallisables.

Comme l'aconitine, la pseudo-aconitine contiendrait, d'après Wright et Luff, 3 groupes d'hydroxyle et un reste d'acide aromatique. La formule

$$C^{27}H^{37}AzO^5 \left\{ \begin{array}{l} OH \\ OH \\ OH \\ O.CO\text{-}C^6H^3(OCH^3)^2 \end{array} \right.$$

explique ces réactions.

L'apopseudo-aconitine serait un anhydride, et la pseudo-aconine une base tétrahydroxylée [C. R. Alder Wright et A.-P. Luff, *Deutsch. chem. Gesellsch.*, t. XI, p. 349, 1878].

Nous ne saurions adopter sans réserve cette manière de voir : l'aconitine et la pseudo-aconitine sont bien des éthers. Elles doivent renfermer, de plus, au moins deux hydroxyles ; mais l'hypothèse qu'il existe un troisième groupe OH nous semble moins bien établie. Les auteurs n'ont pas montré que l'apo aconitine et l'apopseudo-aconitine sont des anhydrides, et il nous semble que les exemples ne manquent pas en chimie, où un seul groupe OH alcoolique entraînant un atome d'hydrogène du noyau hydrocarboné donne lieu à une perte de H^2O et engendre ainsi une molécule non saturée.

A. Henninger.

ACONITIQUE (ACIDE). — Voir t. I, p. 61.

$$C^6H^6O^6 = \begin{array}{l} CH - CO^2H \\ \overset{\|}{C} - CO^2H \\ \overset{|}{C}H^2 - CO^2H \end{array}$$

Ainsi qu'on l'a dit, cet acide existe à l'état de sel calcique dans différentes espèces d'aconits, de prêles, de dauphinelles. Il a été trouvé récemment dans les feuilles d'*Adonis Vernalis* (Linderose) et dans le suc de la canne à sucre ; les sucres bruts des colonies et surtout le produit connu sous le nom de *melado* en contiennent également [Arno Behr, *Deutsch. chem. Gesellsch.*, t. X, p. 351].

La méthode de préparation de l'acide aconitique au moyen de l'acide citrique paraît présenter certaines difficultés, car, malgré les modifications qu'on y a apportées successivement, elle fournit toujours un rendement assez faible et un produit impur. Parmi ces procédés de préparation modifiés, celui d'Hunaeus semble offrir certains avantages. L'acide citrique chauffé au bain d'huile à 140° est traité à refus par le gaz chlorhydrique ; le produit est dissous ensuite dans une petite quantité d'eau et la solution est évaporée à sec. Par le refroidissement, le résidu se solidifie et peut être concassé en petits fragments que l'on traite par l'éther absolu : l'acide aconitique seul entre en solution. Il est transformé en sel monammonique que l'on fait cristalliser dans l'eau ; ce sel est décomposé par l'acide sulfurique étendu, et la solution est agitée avec de l'éther. La solution éthérée abandonne, après évaporation, l'acide aconitique en très petites aiguilles, groupées en mamelons. Il fond à 187-188°, mais ce point est très notablement abaissé par la présence de petites quantités de matières étrangères.

Comme tous les corps non saturés, l'acide aconitique est susceptible de compléter sa molécule en fixant des corps simples ou des radicaux. Avec l'hydrogène, il donne l'acide tricarballylique ; avec l'acide bromhydrique, l'acide bromotricarballylique (Sabanejeff) ; avec l'acide hypochloreux, l'acide chlorocitrique $C^6H^7ClO^7$, que l'eau ou plus facilement les alcalis transforment en acide oxycitrique (Pawolleck) ; il fixe aussi le brome. Soumis à l'électrolyse, l'aconitate de potassium fournit entre autres produits de l'acétylène (Berthelot).

Aconitate de baryum,

$$(C^6H^3O^6)^2Ba^3 + 3H^2O \text{ ou } 6H^2O.$$

— Lorsqu'on ajoute du chlorure de baryum à une solution d'aconitate ammonique, il se produit un précipité gélatineux qui, par la dessiccation, se transforme en une poudre légère contenant $6H^2O$. Regnault a obtenu, dans ces conditions, des paillettes brillantes contenant $3H^2O$.

L'aconitate de baryum est à peine soluble dans l'eau, mais il se dissout en présence d'acide aconitique libre. Il perd son eau vers 110°.

Aconitate de calcium, $(C^6H^3O^6)^2Ca^3 + 6H^2O$. — Petits cristaux bien développés et solubles dans 99 p. d'eau à 15° ; malgré cette faible solubilité, les solutions de ce sel peuvent être fortement concentrées avant qu'il ne se dépose de cristaux. Le sel perd son eau sous l'influence de la chaleur et résiste à une température de 280° sans s'altérer.

Aconitate de méthyle, $C^6H^3O^6(CH^3)^3$. — Liquide oléagineux, épais, incolore, bouillant vers 270-271°. On l'obtient en dirigeant un courant de gaz chlorhydrique dans une solution d'acide aconitique dans l'alcool méthylique, ou bien en soumettant à l'action de la chaleur l'éther méthylique de l'acide monochlorotricarballylique :

$$C^6H^4ClO^6(CH^3)^3 = C^6H^3O^6(CH^3)^3 + HCl.$$

Ce dernier éther se forme lorsque le citrate triméthylique est traité par le perchlorure de phosphore [P. Hunaeus, *Deutsch. chem. Gesellsch.*, t. IX, p. 1749]. A. Henninger.

ACORINE. — Cette substance paraît être un glucoside azoté. Elle est contenue dans la racine d'*Acorus Calamus;* pour la préparer, on précipite la décoction aqueuse concentrée de la racine par l'alcool, on filtre, on précipite ensuite avec de l'acétate de plomb, et l'on traite le liquide filtré par l'hydrogène sulfuré. Séparée du sulfure de plomb et additionnée de soude caustique, la solution d'acorine est épuisée par l'éther. On chasse l'éther par la distillation et l'on obtient alors l'acorine sous forme d'une résine jaune, soluble dans l'alcool. Elle possède une saveur aromatique amère; elle réduit le chlorure d'or et de platine et la liqueur de Fehling. L'eau de baryte bouillante la dédouble en sucre et en une résine azotée [Faust, *Jahresb. für Chem.*, 1867, p. 753].

ACRALDÉHYDE. — Le corps décrit sous ce nom, t. I, p. 42, est de l'aldéhyde crotonique (voyez ce mot).

ACRIDINE, $C^{12}H^9Az$. — Ce corps basique, isomérique avec le carbazol, a été retiré de l'anthracène brut par MM. Graebe et Caro.

Préparation. — On fait bouillir la partie demi-solide du goudron de houille, qui passe à la distillation entre 300 et 360° ; avec de l'acide sulfurique étendu, on précipite la liqueur filtrée par le dichromate de potassium, et l'on épuise le dépôt brunâtre à plusieurs reprises par l'eau bouillante. Les solutions aqueuses laissent déposer, par le refroidissement, des cristaux orangés de chromate d'acridine. Ce sel, lavé à l'eau froide et décomposé par l'ammoniaque à chaud, fournit la base libre, que l'on purifie en soumettant son chlorhydrate à plusieurs cristallisations dans l'eau, en ayant soin d'ajouter à la solution filtrée de l'acide chlorhydrique pour que les eaux mères ne retiennent que peu de sel. Finalement, le chlorhydrate est décomposé par l'ammoniaque.

Propriétés. — L'acridine cristallise en prismes orthorhombiques, brun-jaunâtre, blancs s'ils sont petits. Formes : m, h^1, g^1, e^1, les faces h^1 et g^1 dominent. Angles : $mh^1 = 123°,15$; $e^1e^1 = 143°,5$. Elle fond à 107°, distille sans décomposition au-dessus de 360°, peut être sublimée à 100° et est entraînée par la vapeur d'eau. Sa densité de vapeur est de 6,10 (cal. 5,85). Cette densité correspond à la formule $C^{12}H^9Az$ [C. Graebe, *Deutsch. chem. Gesellsch.*, t. V, p. 15; *Bull. de la Soc. chim.*, t. XVII, p. 232]. Ajoutons cependant que les produits de la réaction de l'hydrogène naissant ou de l'iodure d'éthyle sur l'acridine concordent mieux avec la formule double $C^{24}H^{18}Az^2$.

L'acridine est insoluble dans l'eau froide, peu soluble dans l'eau chaude. L'alcool, l'éther, le sulfure de carbone et les hydrocarbures la dissolvent facilement; ses solutions étendues présentent une belle fluorescence bleue. Elle possède une très faible réaction alcaline; la base irrite les muqueuses, brûle la peau et répand une odeur particulière, surtout à chaud.

Réactions. — L'acridine est très stable et peu altérée par les réactifs. L'acide sulfurique l'attaque seulement au delà de 200° et donne naissance à un acide trisulfoné, dont le sel barytique a seul été signalé. La potasse sèche ou additionnée de peu d'eau, ainsi que l'acide chlorhydrique, ne la décompose pas à 280° ; on peut la distiller sur le zinc en poudre et sur la chaux sodée, sans qu'elle soit altérée. Elle résiste à l'action des oxydants ; pourtant le chlorate de potassium et l'acide chlorhydrique la transforment en une matière brune, non étudiée. L'amalgame de sodium la réduit pour former l'hydro-acridine (voyez plus bas). L'iodure d'éthyle forme avec l'acridine des dérivés d'addition, mais aucun dérivé de substitution.

SELS D'ACRIDINE. — Les sels d'acridine peuvent être facilement obtenus à l'état cristallin ; l'eau les dédouble aisément. Ils sont tous jaunes, et leurs solutions étendues possèdent une fluorescence bleue, qui devient verte en solution concentrée, pour disparaître complètement dans les solutions très jaunes par transparence.

L'acridine ne forme pas de carbonate; la double décomposition de ses sels par le carbonate de sodium régénère la base libre; de même l'acétate sec se décompose presque immédiatement en acridine et acide acétique.

L'azotate est en aiguilles jaunes.

Chlorhydrate, $C^{12}H^9Az.HCl + H^2O$. — On obtient ce sel par l'action directe d'un excès d'acide chlorhydrique sur la base. Il cristallise de la solution aqueuse en grands prismes jaune-brunâtre, qu'il faut laver avec de l'acide chlorhydrique étendu, car l'eau les décompose. Sur l'acide sulfurique, ils s'effleurissent et deviennent jaune clair. Le sel séché à l'air renferme une molécule d'eau. Il est très soluble dans l'eau, peu soluble dans l'alcool.

Chloro-aurate, $C^{12}H^9Az.HCl + AuCl^3$. — Il se précipite en petits cristaux jaunes, lorsqu'on ajoute du chlorure d'or à une solution du chlorhydrate.

Chloro-platinate, $2(C^{12}H^9Az.HCl) + PtCl^4$. — Il est en petites aiguilles jaunes, insolubles dans l'eau, qui les décompose à l'ébullition.

Chloro-mercurate, $2(C^{12}H^9Az.HCl) + HgCl^2$. — Il est jaune, insoluble dans l'eau.

Chromate acide, $C^{12}H^9Az.CrO^4H^2$. — Ce sel se forme dans la préparation de l'acridine, indiquée plus haut. Il est soluble dans une grande quantité d'eau chaude et se dépose par le refroidissement en aiguilles orangées, qui sont décomposées par la chaleur en acridine et oxyde de chrome.

Sulfate neutre, $2(C^{12}H^9Az)H^2SO^4 + H^2O$. — Ce sel se dépose en aiguilles jaune d'or, par le refroidissement d'une solution d'acridine dans l'acide sulfurique étendu. La solution ne doit contenir qu'un très léger excès d'acide sulfurique. Séchées sur l'acide sulfurique, ces aiguilles s'effleurissent et contiennent alors une molécule d'eau. Cette dernière molécule d'eau ne s'en va qu'entre 90° et 100°, température à laquelle le sel est décomposé avec perte d'acridine. Une décomposition analogue est subie par le sulfate, si on le fait bouillir avec de l'eau pendant quelque temps. Le sulfate neutre se dissout facilement dans l'eau chaude, peu dans l'eau froide et dans l'alcool.

Sulfate acide, $4(C^{12}H^9Az.)3H^2SO^4$. — Ce sulfate est précipité par l'alcool d'une solution fortement sulfurique d'acridine. Il est en aiguilles jaunes, solubles dans l'eau, peu solubles dans l'alcool. Soumis à une cristallisation dans l'eau, le sulfate acide se transforme en sulfate neutre.

Periodures. — 1° $2(C^{12}H^9Az.HI) + I^2$. — Si l'on ajoute de la teinture d'iode à une solution iodhydrique d'acridine, on obtient un précipité rouge-brun. On fait cristalliser ce précipité dans l'alcool chaud. Le periodure se dépose en tables rouge-brun, qui sont noires si le refroidissement est très lent. Il est soluble dans l'alcool; l'eau le précipite de cette solution. Si on le fait bouillir avec de l'eau, il se décompose en iode libre et iodhydrate d'acridine qui reste en solution. L'acide sulfureux à froid produit la même décomposition.

2° *Periodure*, $2(C^{12}H^9Az.HI) + I^4$. — Ce sel se produit si l'on précipite l'iodhydrate d'acridine par un grand excès de teinture d'iode.

Combinaisons d'acridine et d'iodure d'éthyle. — Si l'on chauffe l'acridine avec de l'iodure d'éthyle, on obtient une masse cristalline rouge, qui est formée de deux corps. Pour les séparer, on soumet le produit de la réaction à une cristallisation fractionnée dans l'eau. Le premier qui se dépose, et qui est peu soluble, est en grandes aiguilles rouge-orangé, qui correspondent à la formule $2(C^{12}H^9Az), C^2H^5I$. Le second est en petites aiguilles rouges, auxquelles il faut assigner la formule $C^{12}H^9Az, C^2H^5I$. Celui-ci se transforme peu à peu en iodéthylate d'acridine peu soluble. Ces composés sont tous deux peu stables et régénèrent l'acridine libre, si on les soumet à plusieurs cristallisations.

Ainsi que nous l'avons dit plus haut, l'acridine s'unit à l'iodure d'éthyle sans former de produits de substitution.

DÉRIVÉS DE SUBSTITUTION.—NITRO-ACRIDINES.— On connaît deux dérivés mononitrés de l'acridine et un dérivé dinitré. Ils se forment tous les trois lorsqu'on chauffe l'acridine avec de l'acide nitrique d'une densité de 1,45. On peut facilement les séparer, en ajoutant de l'eau au produit de la réaction : l'acridine dinitrée se précipite, tandis que les deux corps mononitrés restent en solution à l'état d'azotates. Pour les isoler de leur solution, on ajoute de l'ammoniaque à la liqueur filtrée. Les deux nitro-acridines sont précipitées et peuvent être séparées par des cristallisations fractionnées dans l'alcool. La solution alcoolique laisse déposer, par le refroidissement, des lamelles jaune d'or d'*α-mononitro-acridine*, et les eaux mères concentrées donnent de la *β-mononitro acridine*.

α-Mononitro-acridine, $C^{12}H^8(AzO^2)Az$. — Pour l'obtenir à l'état de pureté, on la fait cristalliser, à plusieurs reprises, dans l'alcool. Elle est en lamelles jaune d'or, fusibles à 214°, et peut être sublimée. Elle est insoluble dans l'eau, peu soluble dans l'alcool froid, l'éther et le chloroforme. Elle forme des sels pareils à ceux de l'acridine, mais qui ne possèdent pas de fluorescence.

Le *chlorhydrate* est en cristaux prismatiques jaunes, solubles dans l'eau.

L'*iodhydrate* ressemble au précédent et forme un periodure, comme l'iodhydrate d'acridine.

Le *sulfate* est en aiguilles jaunes, solubles dans l'eau.

β-Mononitro-acridine, $C^{12}H^8(AzO^2)Az$. —Après plusieurs cristallisations dans l'alcool, elle est en tables dures, qui se groupent en mamelons, si elles ne sont pas très pures. Elle fond à 154°. Elle est insoluble dans l'eau, soluble dans l'alcool chaud, peu soluble dans l'alcool froid. Ce corps forme avec les acides des sels analogues à ceux de son isomère, mais qui sont plutôt bruns que jaunes.

Dinitro-acridine, $C^{12}H^7(Az.O^2)^2Az$. — Pour obtenir une quantité notable de ce corps, on chauffe de l'acridine au bain-marie, pendant quelques heures, avec un mélange d'acide nitrique et d'acide sulfurique; puis on ajoute de l'eau au produit de la réaction : la dinitro-acridine se précipite sous la forme d'une poudre orangée. On la purifie par plusieurs cristallisations dans l'acide acétique glacial. La dinitro-acridine se présente en tables orangées, solubles dans l'alcool, l'éther et la benzine, et surtout dans l'acide acétique glacial. Elle ne forme pas de sels.

ACTION DE L'AMALGAME DE SODIUM SUR L'ACRIDINE. — HYDRO-ACRIDINES. — Si l'on traite l'acridine en solution alcoolique par de l'amalgame de sodium, on obtient deux produits de réduction, que nous décrirons successivement.

Hydro-acridine soluble, $C^{24}H^{20}Az^2$. — Pour préparer ce corps, on chauffe une solution alcoolique d'acridine avec de l'amalgame de sodium, au bain-marie, pendant quelques heures. La réduction est achevée lorsqu'une portion de la solution, additionnée d'un acide, ne se colore plus en jaune. Une matière blanche s'est alors déposée au sein de la liqueur; par le refroidissement, il se sépare encore des cristaux blancs. Pour isoler l'hydro-acridine du produit de la réaction, on distille la majeure partie de l'alcool, puis on épuise le résidu avec de l'eau acidulée pour enlever l'acridine attaquée. La masse blanche est reprise par l'alcool bouillant, qui dissout l'hydro-acridine soluble, tandis que l'hydro-acridine insoluble reste. La solution, en se refroidissant, laisse déposer des cristaux que l'on soumet à plusieurs cristallisations dans l'alcool pour les purifier.

L'hydro-acridine soluble est en prismes incolores, fusibles à 160°, qui peuvent être sublimés et même distillés en se décomposant un peu. Elle est insoluble dans l'eau, peu soluble dans l'alcool froid, facilement dans l'alcool chaud et dans l'éther. Lorsqu'on la chauffe à 300° en tubes scellés, ou lorsqu'on fait passer ses vapeurs à travers un tube chauffé au rouge, on régénère de l'acridine. Les acides chlorhydrique et sulfurique étendus ne l'attaquent pas à l'ébullition. L'acide sulfurique concentré la dissout, et l'eau la précipite inaltérée de cette solution. Lorsqu'on porte cette solution sulfurique à 100° et qu'on y ajoute de l'ammoniaque, il se précipite de l'acridine. Chauffée avec de l'acide sulfurique étendu et du dichromate de potassium, l'hydro-acridine se convertit en chromate d'acridine. A 200-210°, l'acide iodhydrique la transforme en iodhydrate d'acridine et en une autre base non étudiée. L'hydro-acridine ne forme pas de sels. L'action prolongée de l'amalgame de sodium sur l'hydro-acridine soluble la convertit en hydro-acridine insoluble.

Hydro-acridine insoluble. — C'est le corps qui reste insoluble dans l'alcool quand on épuise la masse blanche résultant de la réduction de l'acridine par ce dissolvant. Elle est insoluble dans l'alcool, l'éther, le sulfure de carbone, le chloroforme et la benzine. Elle se dissout peu à peu dans la nitrobenzine bouillante, mais en se transformant en acridine. La même décomposition s'accomplit si l'on essaye de la dissoudre dans l'acide sulfurique ou de la distiller. Le rapport de la teneur en carbone et en hydrogène de l'hydro-acridine insoluble est le même que celui de la modification soluble [C. Graebe et H. Caro, *Ann. der Chem. u. Pharm.*, t. CLVIII, p. 265; *Bull. de la Soc. chim.*, t. XIV, p. 415; t. XVI, p. 161]. M. Wassermann.

ACROLÉINE. — *Modes de production.* — Dans la combustion incomplète, de l'éthylène par l'oxygène dans l'eudiomètre, on observerait la production d'acroléine d'après les équations

$$C^2H^4 + 4O = 2CO + 2H^2O,$$
$$CO + C^2H^4 = C^3H^4O$$

[Von Meyer, *Journ. für prakt. Chem.* (2), t. X, p. 113, et *Bull. de la Soc. chim.*, t. XXIII, p. 110].

Il faut ajouter que l'auteur n'a pas observé la formation de l'acroléine en faisant passer des étincelles électriques à travers un mélange d'oxyde de carbone et d'éthylène.

Claus [*Bull. de la Soc. chim.*, t. X, p. 45;

Journ. für prakt. Chem. (2), t. III, p. 51] conseille, pour préparer l'acroléine, d'employer le bisulfate et la glycérine en se servant toujours de la même cornue sans la nettoyer. On augmenterait ainsi le rendement en évitant la mousse qui se produit au commencement de l'opération.

Constitution. — La formule qui exprime la constitution de l'acroléine est la suivante :

$$CH^2=CH-CHO.$$

On la déduit de la nature de ses produits d'addition avec l'acide chlorhydrique et le brome, produits qui ne sont autres que les aldéhydes β-chloropropionique et β-dibromopropionique, et aussi de l'action de l'hydrogène naissant qui transforme l'acroléine en alcool allylique. L'acroléine constitue donc bien l'aldéhyde acrylique.

Action de l'hydrogène naissant. — D'après Claus, l'hydrogène naissant fournit avec l'acroléine de l'alcool allylique sans trace d'alcool isopropylique, contrairement à l'assertion de Linnemann. Il se produit en même temps une combinaison désignée par Linnemann sous le nom d'acropinakone [Claus, *Deustch. chem. Gesellsch*, t. III, p. 404].

Action de l'acide cyanhydrique. — Suivant Gautier et Cromydis [*Bull. de la Soc. chim.*, t. XXV, p. 481], cette combinaison s'effectue très lentement en environ dix jours. Son chloroplatinate est très instable.

Action de l'hydrogène sulfuré et du sulfhydrate d'ammonium. — Suivant Mulder, l'acide sulfhydrique détermine dans l'acroléine le dépôt d'une huile jaunâtre qui, lavée à l'eau et séchée, se solidifie lentement. Le corps ainsi obtenu est insoluble dans tous les dissolvants. Son analyse conduit aux chiffres

$$C = 40,4;\quad H = 6,6\text{-}6,9;\quad S = 23,2\text{-}23,9$$

[Mulder, *Zeitsch. für Chem.*, 1869, p. 57, et *Bull. de la Soc. chim.*, t. XII, p. 454].

En agissant sur le sulfhydrate d'ammonium, l'acroléine fournit l'acrothialdine (t. III, p. 394).

Action du zinc-éthyle. — On obtient un alcool dont la formule $C^6H^{10}O$ peut s'écrire

$$CH^3\text{-}CH^2\text{-}CH.OH\text{-}CH=CH^2$$

[Wagner, *Deustch. chem. Gesellsch.*, t. X, p. 714].

Action du perchlorure de phosphore. — En agissant sur l'acroléine, ce réactif fournit le chlorure d'allylidène $CH^2=CH-CHCl^2$ bouillant à 84° et en outre un chlorure isomérique bouillant à 102°, identique le propylène dichloré qui constitue la majeure partie du glycide dichlorhydrique de Reboul [Geuther, *Zeitsch. für Chem.*, 1865, p. 24, et *Bull. de la Soc. chim.*, t. IV, p. 367]. Soumis à l'action de la potasse alcoolique, le chlorure d'allylidène donne naissance à deux produits, dont l'un, C^3H^3Cl, bout de 50 à 60°, et l'autre, C^5H^9ClO, de 115 à 120°. Ce dernier constitue sans doute le corps

$$CH^2=CH\text{-}CH.Cl.OC^2H^5.$$

On obtient en outre un troisième produit bouillant de 140° à 145°, qui est l'acétal acrylique

$$CH^2=CH\text{-}CH\,(OC^2H^5)^2$$

[Aronstein, *Zeitsch. für Chem.*, 1865, p. 33, et *Bull. de la Soc. chim.*, t. IV, p. 365].

D'après Aronstein, on peut former à 100° une combinaison d'acroléine et de chlorure d'acétyle

$$C^3H^4O + 2\,C^2H^3OCl.$$

Le produit de la réaction est un liquide plus lourd que l'eau et indécomposable à froid par elle, mais décomposable à 100°. Il bout de 140 à 145° en se dédoublant partiellement en acroléine et chlorure d'acétyle. On n'a pu obtenir de composé analogue avec le chlorure de benzoyle.

Dans la préparation du chlorure d'allylidène il se forme aussi un produit qui bout à 152° et présente la composition de la trichlorhydrine. On se procure ce corps plus aisément en soumettant le chlorhydrate d'acroléine à l'action du perchlorure de phosphore. Il semble que la constitution de cette substance doive se représenter par la formule

$$CH^2Cl\text{-}CH^2\text{-}CHCl^2,$$

et ne puisse par conséquent être identique à la trichlorhydrine.

Chlorhydrate d'acroléine. — Cette combinaison n'est autre que l'aldéhyde β-chloropropionique; en effet, en l'oxydant, Krestownikoff a obtenu l'acide correspondant [*Deutsch. chem. Gesellsch.*, t. V, p. 1104].

Si dans une solution alcoolique d'acroléine on fait passer de l'acide chlorhydrique, on obtient un liquide épais qui se dédouble en deux couches. La couche inférieure décantée, lavée à l'eau, puis séchée, présente une composition identique à celle de la diéthylchlorhydrine de la glycérine. C'est sans doute l'un des deux isomères

$$CH^2.OC^2H^5\text{-}CH^2\text{-}CHCl.OC^2H^5$$

ou

$$CH^2Cl\text{-}CH^2\text{-}CH(OC^2H^5)^2.$$

La densité à 10°,5 de cette combinaison est égale à 1,03; elle bout à 184°, et par l'action de l'éthylate de sodium fournit une triéthyline bouillant à 186°. Ce dernier corps s'obtient aussi directement par l'action de l'acide acétique sur l'alcool et l'acroléine. On peut obtenir de même une triméthyline et une triamyline [Alsberg, *Zeitsch. für Chem.*, 1865, p. 38, et *Bull. de la Soc. chim.*, t. IV, p. 369].

Action du chlore, du brome. — Ces corps se fixent avec facilité sur l'acroléine, en donnant des liquides plus lourds que l'eau (Aronstein). Les substances ainsi formées ne sont autres que les aldéhydes β-dichloro et β-dibromopropionique. Ce dernier produit fournit rapidement; sous l'influence de l'acide azotique ou plus lentement avec l'eau, ou même spontanément à la longue, un polymère fusible à 59°, cristallisant en prismes par évaporation ou refroidissement de sa solution alcoolique. Saturée d'acide chlorhydrique, cette solution fournit la chloréthyline

$$CH^2Br\text{-}CHBr\text{-}CHCl.OC^2H^5.$$

Oxydée par l'acide azotique ($d = 1,42$), l'aldéhyde dibromopropionique $CH^2Br\text{-}CHBr\text{-}CHO$ produit les acides β-dibromopropionique, oxalique et tribromopropionique. Si l'acide azotique est étendu, on obtient un acide liquide et un acide cristallisable. Le premier est soluble dans l'eau et dans le sulfure de carbone. Le deuxième fond à 98°, est insoluble dans le sulfure de carbone et soluble dans l'eau. Il cristallise dans le chloroforme. Sa teneur en brome correspond à un acide dibromolactique [L. Henri, *Deutsch. chem. Gesellsch.*, t. VII, p. 1112; — Linnemann, *Deutsch. chem. Gesellsch.*, t. VIII, p. 1097; — *Bull. de la Soc. chim.*, t. XXV, p. 226].

Action du bisulfite de sodium. — L'acroléine (1 molec.) ajoutée par petites portions à une solution concentrée de bisulfite de sodium (2 molec.) dégage une vive chaleur, qu'on évite autant que possible en refroidissant. L'alcool absolu précipite du produit de la réaction un corps visqueux qui finit par cristalliser. La composition de ce *sulfacroléine-sulfite de sodium* répond à l'une des deux formules :

$$\begin{array}{ll} CH^2\text{-}CH - CH.OH & CH^2\text{-}CH^2\text{-}CH.OH \\ \quad SO^3Na \; SO^3Na & \quad SO^3Na \quad\; SO^3Na. \end{array}$$

Les propriétés de ce corps sont exprimées par l'une ou l'autre des deux formules précédentes. Ainsi les acides en dégagent de l'anhydride sulfureux sans régénérer d'acroléine, par suite de la formation de l'acide

$$\begin{array}{lcl} CH^3\text{-}CH\text{-}CHO & \text{ou} & CH^2\text{-}CH^2\text{-}CHO \\ \quad\; SO^3H & & \quad SO^3H \end{array}$$

que l'auteur nomme *acroléine-sulfureux*, mais dont il n'a pas obtenu de sels à l'état de pureté. Les alcalis agissent de même, en donnant un sulfite et un sel de l'acide précédent. Il a été vérifié que l'on séparait ainsi la moitié du soufre contenu dans la combinaison primitive.

Le sulfacroléine-sulfite de sodium réduit fortement une solution ammoniacale de nitrate d'argent. L'argent réduit forme un miroir brillant. Dans ces circonstances, l'acide aldéhydique est transformé en acide sulfopropionique

$$SO^3H\text{-}CH^2\text{-}CH^2\text{-}CO^2H \quad \text{ou} \quad \begin{matrix} CH^3 \\ SO^3H \end{matrix} > CH\text{-}CO^2H.$$

Par contre, l'hydrogène naissant fourni par l'amalgame de sodium donne l'acide oxypropanesulfonique $C^3H^6(OH)SO^3H$, identique à celui qu'on obtient directement et à celui qui dérive de l'alcool allylique [Max Müller, *Deutsch. chem. Gesellsch.*, t. VI, p. 1444; *Bull. de la Soc. chim.*, t. XXI, p. 505].

Distillation de l'acroléine-ammoniaque. — Comme on sait, il se produit dans ces circonstances de la picoline (voyez ce mot). D'après Claus, cette réaction se fait en deux phases : il se forme d'abord une base oxygénée qui par perte d'une molécule d'eau se transforme en picoline. On sépare cette base de la picoline au moyen des chloroplatinates. Celui de la base oxygénée étant peu soluble dans l'eau se précipite, celui de picoline reste en solution [Claus, *Ann. der Chem. u. Pharm.*, t. CLVIII, p. 222; *Bull. de la Soc. chim.*, t. XVI, p. 289].

Métacroléine.— Elle est solide à 8°; elle a pour densité 1,03. Avec le perchlorure de phosphore, l'acide acétique anhydre, elle donne les mêmes produits que donnerait l'acroléine dans ces circonstances. Elle correspond sans doute à la paraldéhyde.

Disacryle. — Ce corps se produit par l'action du carbonate de potassium sur l'acroléine dans un flacon plein d'acide carbonique. Au bout de quinze jours, la masse est devenue solide. Dans ces circonstances, l'aldéhyde valérique se transforme en produits correspondant à l'aldol ou à ses dérivés. Le disacryle correspond par conséquent probablement à quelque corps de cette nature [*Bull. de la Soc. chim.*, t. XXIV, p. 385].

Résine d'acroléine. — D'après Barth et Hlasiwetz, elle fournit de la résorcine quand on la fond avec la potasse. Tollens a confirmé ce fait. [Barth et Hlasiwetz, *Ann. der Chem. u. Pharm.*, t. CXXXIX, p. 82; — Tollens, *Deutsch. chem. Gesellsch.*, t. V, p. 71].

Acide hexacrolique. — Pour préparer cet acide, on verse goutte à goutte de l'acroléine dans une solution de potasse refroidie. La réaction qui se manifeste étant terminée, on précipite par un acide minéral l'acide hexacrolique formé. Il reste en solution un peu d'acide acrylique.

C'est un corps jaune, amorphe, insoluble dans l'eau, soluble dans l'alcool et l'éther qui, par évaporation, l'abandonne sous forme d'huile qui ne tarde pas à se solidifier. Il fond dans l'eau chaude, est faiblement acide et décompose les carbonates à l'ébullition. Ses sels sont amorphes, solubles dans l'eau et l'alcool. Le sel de calcium qui est insoluble a pour formule $(C^{18}H^{23}O^6)^2Ca$. L'acide libre a donc pour formule

$$C^{18}H^{24}O^6 = 6\,C^3H^4O.$$

Cet acide est fort stable; l'hydrogène naissant ne l'attaque point.

On obtient aussi de l'acide hexacrolique en traitant l'acroléine par l'éthylate de sodium [Claus, *Bull. de la Soc. chim.*, 1863, p. 213; *Bull. de la Soc. chim.*, t. X, p. 45; *Journ. für prakt. Chem.* (2), t. III, p. 51; — Alsberg, *Zeitsch. für Chem.*, 1865, t. I, p. 38, et *Bull. de la Soc. chim.*, t. IV, p. 369]. E. Demarçay.

ACRYLIQUE (ACIDE). — L'acide acrylique s'obtient dans un grand nombre de réactions.

1° Au moyen de l'acide β-iodopropionique, par l'action de la potasse alcoolique [Schneider et Erlenmeyer, *Deutsch. chem. Gesellsch.*, t. III, p. 339, et *Bull. de la Soc. chim.*, t. XIV, p. 237], ou bien en le distillant avec de l'oxyde de plomb [Wislicenus, *Ann. der Chem. u. Pharm.*, t. CLXVI, p. 1, et *Bull. de la Soc. chim.*, t. XIX, p. 507], ou bien encore en le traitant par un lait de chaux. Il se forme un sel double,

$$(C^3H^3O^2)(C^3H^5O^3)Ca,$$

qu'on précipite entièrement par l'alcool [Heintz, *Ann. der Chem. und Pharm.*, t. CLVII, p. 297, et *Bull. de la Soc. chim.*, t. XV, p. 230].

2° Par l'acide dibromopropionique, préparé au moyen du dibromure de l'alcool allylique ou de l'acide glycérique. Cet acide est traité par deux à trois fois la quantité théorique de zinc et d'acide sulfurique à la température de 40 à 60°. Il se forme de l'acide acrylique, qui ne s'hydrogène que très lentement dans ces conditions. On distille le produit de la réaction avec de l'eau. Ce qui passe fournit avec la céruse de l'acrylate de plomb, d'où l'on tire aisément l'acide [Caspary et Tollens, *Ann. der Chem. u. Pharm.*, t. CLXVII, p. 240, et *Bull. de la Soc. chim.*, t. XX, p. 367]

3° En traitant de l'oxyde d'argent par l'acétone monobromée [Linnemann, *Ann. der Chem. und Pharm.*, t. CXXV, p. 30, et *Bull. de la Soc. chim.*, 1863, t. V, p. 477].

4° Par l'action de la potasse sur l'acroléine. 60 gr. de glycérine fournissent 4 à 5 gr. d'acrylate de plomb (Claus). — Voyez Acroléine.

5° En chauffant l'allylène dichloré avec de l'eau à 180° pendant 48 heures [Pinner, *Deutsch. chem. Gesellsch.*, t. VII, p. 66, et *Bull. de la Soc. chim.*, t. XXII, p. 129].

Propriétés et réactions. — L'acide acrylique bout à 140° (Tollens) et fond à + 7° (Linnemann), à 10° (Tollens).

L'hydrogène naissant le transforme en acide propionique, en solution soit alcaline, soit acide, à la température ordinaire ou à chaud [Linnemann, *Deutsch. chem. Gesellsch.*, t. VI, p. 1520, t. VII, p. 854, et *Bull. de la Soc. chim.*, t. XXI, p. 506].

Chauffé à 100° avec une lessive de soude, l'acrylate de sodium se transforme en un mélange en proportions égales de lactate et d'hydracrylate de sodium [Linnemann, *Deutsch. chem. Gesellsch.*, t. VIII, p. 1095]. Fondu avec de la soude, d'après Linnemann, il fournirait des résultats différents, suivant les conditions de l'expérience. Si la soude est aqueuse, il se formerait de l'acétate et du formiate de sodium, sinon on n'obtiendrait que du carbonate en même temps que la masse se charbonnerait, différence qu'on s'explique par la réaction préliminaire de la soude sur l'acrylate.

Traité à chaud par l'acide chlorhydrique, l'acide acrylique s'y combine en donnant l'acide chloropropionique fusible à 40°,5 [Linnemann, *Ann. der Chem. und Pharm.*, t. CLXIII, p 95, et *Bull. de la Soc. chim.*, t. XVIII, p. 123]. D'après Wislicenus, l'acrylate de sodium (1 gramme), chauffé avec de l'acide iodhydrique (6 cc. d'acide bouillant à 127°), fournit l'acide β-iodopropionique [*Ann. der Chem. und Pharm.*, t. CLXVI, p. 1, et *Bull. de la Soc. chim.*, t. XIX, p. 507]. Traité par le brome, il fournit l'acide β-dibromopropionique.

Par oxydation, l'acide acrylique donne de l'acide formique, de l'acide oxalique et un acide sirupeux soluble dans l'eau et l'alcool (Linnemann).

Sels et éthers. — *Le sel d'argent*, $C^3H^3O^2Ag$, se présente en prismes d'un éclat velouté (Tollens). Il ne s'altère que lentement à la lumière; on peut faire bouillir sa solution et l'évaporer à siccité sans que le sel se décompose (Linnemann).

Sel calcique $(C^3H^3O^2)^2Ca$. Masse radiée, anhydre, hygroscopique. Mêlé avec une solution de lactate de calcium, il forme un sel double qui perd de l'eau de cristallisation à 110° et se décompose à 160°. Ce sel est assez soluble dans l'eau, aisément dans l'alcool à 50 %, qui l'abandonne en aiguilles, très peu soluble dans l'alcool fort.

Le *sel de sodium* de l'acide brut, préparé avec l'acroléine, renferme un autre sel déliquescent, facile à séparer par l'alcool dans lequel il est très soluble. A l'état de pureté, l'acrylate de sodium forme des masses lenticulaires composées d'aiguilles microscopiques; il n'est déliquescent que dans un air saturé d'humidité. Il est peu soluble dans l'alcool à 99 cent., très soluble dans l'alcool à 80 cent., et dans les deux cas autant à chaud qu'à froid. Il ne se décompose qu'au delà de 250° [Linnemann, *Deutsch. chem. Gesellsch.*, t. VI, p. 1520, et *Bull. de la Soc. chim.*, t. XXI, p. 506].

Le *sel de strontium* forme de petites plaques rhombiques très-solubles (Tollens).

Le *sel de plomb* est hydraté. Il existe en outre deux acrylates basiques de plomb solubles dans l'eau.

Les *éthers* de l'acide acrylique s'obtiennent aisément au moyen des éthers correspondants de l'acide β-dibromopropionique, qu'il suffit de traiter en solution alcoolique par le zinc et l'acide sulfurique, et de séparer ensuite par addition d'eau [Tollens et Rinne, *Ann. der Chem. u. Pharm.*, t. CLIX, p. 110, et *Bull. de la Soc. chim.*, t. XVI, p. 112].

L'*éther éthylique* bout à 100-101°. C'est un liquide mobile, d'une odeur pénétrante. Il irrite vivement la peau. Sa densité à 0° est égale à 0,9252; à 15°, à 0,9136.

L'*éther méthylique* bout à 80-85° et possède une odeur très pénétrante.

L'*éther allylique* bout à 119-124°. Son odeur est désagréable. Quand on le distille, il donne une matière gélatineuse qui, à température plus élevée, régénère l'acrylate d'allyle. La lumière solaire le transforme en une substance dure incolore.

Constitution de l'acide acrylique. — Elle a été longtemps débattue, de nombreuses formules ont été proposées pour la représenter. La suivante, $CH^2=CH\text{-}CO.OH$, proposée par M. Tollens, paraît être la seule admissible. Elle exprime également bien la génération de l'acide acrylique au moyen de l'acide β-dibromopropionique, sa transformation en acides lactique et hydracrylique sous l'influence de la soude, et toutes ses autres réactions.

Acides bromés. — D'après la constitution de l'acide acrylique, il doit exister deux acides monobromacryliques,

$$CH^2=CBr\text{-}CO^2H \text{ et } CHBr=CH\text{-}CO^2H.$$

Le premier est l'acide α-bromacrylique, le second l'acide β-bromacrylique. De même, on doit avoir deux acides dibromés : l'acide α-dibromacrylique $CHBr=CBr\text{-}CO^2H$ et l'acide β-dibromacrylique $CBr^2=CH\text{-}CO^2H$. Les deux premiers sont seuls connus.

L'*acide α-bromacrylique* $CH^2=CBr\text{-}CO^2H$ a été obtenu par Philippi et Tollens [*Deutsch. chem. Gesellsch.*, t. VI, p. 515, et *Bull. de la Soc. chim.*, t. XX, p. 366] en chauffant l'acide α-dibromopropionique $CH^3\text{-}CBr^2\text{-}CO^2H$ avec de la potasse alcoolique. On obtient le bromacrylate de potassium, d'où l'on extrait l'acide bromacrylique fusible à 69-70°. Cette réaction s'achève plus difficilement qu'avec l'acide β-dibromopropionique

$$CH^2Br\text{-}CHBr\text{-}CO^2H,$$

qui, traité de la même manière, fournit aisément le même acide.

L'acide α-bromacrylique attaque la peau, possède l'odeur de l'acide propionique et se décompose à la distillation en se transformant en une masse gélatineuse insoluble dans l'eau, dont, suivant Wagner, la composition s'exprime par la formule $nC^3H^4O^3$. Chauffé à 100° avec de l'acide bromhydrique fumant, il régénère l'acide β-dibromopropionique [Wagner et Tollens, *Deutsch. chem. Gesellsch.*, t. VI, p. 512, et *Bull. de la Soc. chim.*, t. XX, p. 367].

Acide β-bromacrylique. — La bromochloralide, traitée en solution alcoolique par le zinc et l'acide chlorhydrique (voir plus bas acide dichloracrylique), fournit l'acide β-bromacrylique sans acide dibromacrylique. Cet acide fond à 115-116°. Il est comparativement peu soluble dans le chloroforme. Son sel d'argent cristallise dans l'alcool étendu en lamelles entrelacées [Wallach et Reincke, *Deutsch. chem. Gesellsch.*, t. X, p. 2128].

Acides chlorés. — Il règne quelque incertitude sur l'acide α-chloracrylique; Beckurts et Otto d'une part, Werigo et Mélikoff de l'autre, l'ayant obtenu avec des propriétés différentes. Toutefois les données de ces derniers auteurs sont plus conformes aux propriétés que fait prévoir l'analogie de constitution des acides α-bromacrylique et α-chloracrylique.

Outre cet acide et l'acide β-chloracrylique, on connaît encore l'acide β-dichloracrylique.

Acide α-chloracrylique. — Werigo et Mélikoff l'ont obtenu par l'action de la potasse alcoolique sur le chlorure de β-dichloropropionyle, dérivé de l'acide glycérique [*Deutsch. chem. Gesellsch.*, t. X, p. 1499]. Il fond à 64-65° et se transforme par l'action de l'acide chlorhydrique concentré en tubes scellés à 100°, en acide β-dichloropropionique identique à celui qu'on dérive de l'alcool allylique. Ces réactions, analogues à celles de l'acide α-bromacrylique et la différence de propriétés de cet acide et de l'acide β-chloracrylique obtenu par Wallach, conduisent à admettre pour l'acide dont il s'agit la formule de constitution

$$CH^2=CCl\text{-}CO.OH.$$

Beckurts et Otto [*Deutsch. chem. Gesellsch.*, t. X, p. 264, et *Bull. de la Soc. chim.*, t. XXVIII, p. 375] ont préparé l'acide α-chloracrylique dans un état insuffisant de pureté, en décomposant l'α-dichloropropionate d'argent par la chaleur. Dans une cornue munie d'un réfrigérant ascendant, on place de l'acide α-dichloropropionique (1 molèc.) étendu d'un peu d'eau et on introduit du carbonate d'argent (1 molèc.) par petites portions. On distille le produit de la réaction, qui est fort vive; ce qui passe de 150 à 200°, rectifié entre 176 et 181°, constitue l'acide α-chloracrylique. C'est un liquide incolore, miscible en toutes proportions à l'eau, l'alcool, etc. L'acide sulfurique ou chlorhydrique ne le sépare pas de sa solution aqueuse. Il se volatilise déjà à la température ordinaire, mais ne bout qu'avec décomposition partielle, en dégageant de l'acide chlorhydrique.

Chauffé avec de l'acide chlorhydrique concentré de 120 à 150°, il se transforme en acide α-dichloropropionique (?).

L'hydrogène naissant en solution acide le transforme en acide propionique.

$C^3H^2ClO.OK + H^2O$. — Tables ou prismes très solubles dans l'eau, qui perdent leur eau à 100° en devenant opaques. Ce sel se décompose un peu au delà de 100°.

$C^3H^2ClO.ONa + H^2O$. — Aiguilles longues et plates, très solubles, efflorescentes à l'air.

$(C^3H^2ClO.O)^2Ca + 7H^2O$. — Se dépose en gelée par évaporation dans le vide de sa solution dans l'alcool faible. Sec, il constitue une poudre blanche qui, conservée, devient humide et se résout en un liquide d'où l'alcool précipite un sel de calcium à 2 molécules d'eau sous forme d'une poudre cristalline.

$(C^3H^2ClO.O)^2Ba + 3H^2O$. — Poudre cristalline obtenue par l'action de l'alcool sur la gelée que laisse déposer la solution aqueuse.

$C^3H^2ClO.OAg$. — Lamelles très solubles dans l'eau, se décomposant déjà à la température ordinaire en fournissant de l'acide pyruvique.

Acide β-chloracrylique. — Wallach l'a extrait des eaux mères de l'acide dichloracrylique. Il fond à 84-85°. Son éther éthylique bout à 143-145°. Sa constitution est représentée par la formule $CHCl=CH-CO.OH$.

Pinner a obtenu l'éther de ce même acide sous forme d'un liquide bouillant à 145-146°, en ajoutant par petites portions du zinc et de l'acide chlorhydrique à la solution de l'éther trichlorolactique dans le dixième de son poids d'alcool. Bouilli avec de la baryte, il fournit de l'acide malonique ; chauffé avec de l'ammoniaque alcoolique, il donne l'acide amidoacrylique cristallisé en fines aiguilles [*Deutsch. chem. Gesellsch.*, t. VII, p. 250, et t. VIII, p. 963, et *Bull. de la Soc. chim.*, t. XXVI, p. 115].

Acide β-dichloracrylique [Wallach et Hunäus, *Deutsch. chem. Gesellsch.*, t. VIII, p. 1579, et *Bull. de la Soc. chim.*, t. XXVIII, p. 375; *Deutsch. chem. Gesellsch.*, t. X, p. 567]. — La chloralide (trichlorolactate de trichloréthylidène)

$$C^3HCl^3O^3(CH.CCl^3),$$

traitée en solution alcoolique par le zinc et l'acide chlorhydrique en évitant autant que possible l'échauffement de la liqueur, fournit de l'aldéhyde et un liquide. On chasse l'alcool, on sursature par l'acide chlorhydrique, on extrait par l'éther et l'on sépare l'éther. Le résidu forme une huile d'où se dépose une cristallisation abondante de fines aiguilles ou de prismes brillants. Les eaux mères laissent déposer l'acide β-monochloracrylique. Les premiers cristaux purifiés par cristallisation dans l'éther constituent l'acide β-dichloracrylique $CCl^2=CH-CO.OH$. Il fond à 76-77° et ne distille pas sans décomposition, mais se sublime à la température ordinaire en lamelles brillantes.

Chauffé au-dessus de son point de fusion, puis refroidi brusquement, l'acide fond à 63-64°, et se transforme ensuite dans la première modification.

Il ne fixe pas de brome à la température ordinaire et se dissout difficilement dans l'eau. Ses cristaux appartiennent au système clinorhombique; rapport des axes :

$$a : b : c = 1,139 : 1 : 0,5209 ;$$

angle des axes : 86° 36'; formes observées m, e^1; angles : $mm = 97° 20'$; e^1e^1 (sur p) $= 54° 55'$.

Ces cristaux s'évaporent à l'air ; leurs faces deviennent courbes et mates ; clivage incomplet suivant m.

Le sel d'argent forme des aiguilles blanches, stables, cristallisables dans l'alcool aqueux bouillant.

$(C^3HCl^2O.O)^2Ba + 5H^2O$. — Houppes brillantes perdant de l'eau à l'air.

$(C^3HCl^2O.O)^2Ca + nH^2O$. — Sel efflorescent.

$C^3HCl^2O.OK$. — Tables très réfringentes.

$(C^3HCl^2O.O)^2Zn + 2H^2O$. — Grands cristaux compacts.

L'éther éthylique est un liquide d'odeur forte qui bout à 173-175°.

Le chlorure $C^3HCl^2O.Cl$ bout au-dessus de 145° et fournit, par l'action de l'ammoniaque, une amide cristallisable dans le chloroforme en aiguilles entrelacées et fusibles à 112-113°.

Chauffé à 125° avec de l'oxyde d'argent et de l'eau, l'éther éthylique donne de l'acide malonique, de l'eau et du chlorure d'argent.

Polymères de l'acide acrylique. — D'après Krestownikoff, l'éther α-chloropropionique, traité par le cyanure de potassium en solution alcoolique, se transforme en acide lactique et en un autre acide fusible à 181-182°, cristallisable en prismes courts, qui paraît être un polymère de l'acide acrylique. Il précipite le chlorure de fer en brun [Krestownikoff, *Deutsch. chem. Gesellsch.*, t. X, p. 410].

Heintz, en décomposant par l'acide sulfurique le lacto-acrylate de calcium

$$(C^3H^3O^2)(C^3H^5O^3)Ca,$$

enlevant l'excès d'acide par la baryte et distillant pour chasser l'acide acrylique, a obtenu un produit cristallisé en aiguilles réunies en mamelons. Ce corps, légèrement acide, soluble dans l'ammoniaque, possède une composition exprimée par la formule $6C^3H^4O^2 + H^2O$. E. Demarçay.

ACRYLIQUE (SÉRIE). — On comprend sous ce nom les produits qui, tout en possédant des propriétés analogues à celles de la série grasse, en diffèrent par H^2 en moins. On peut exprimer la nature de ces corps en disant qu'ils sont à la fois oléfine et alcool, oléfine et aldéhyde, oléfine et acide, etc., etc. Il en résulte que ces substances présenteront, outre les réactions des substances analogues de la série grasse, la propriété de fixer par simple addition, comme les oléfines, une foule de corps: par exemple, le chlore, le brome, l'hydrogène, les hydracides, l'acide cyanhydrique, l'eau, l'acide sulfureux, les bisulfites, l'acide sulfurique, etc., etc.

On s'accorde donc à représenter ces produits comme résultant de la substitution de

$$OH,\ CO.H,\ CO.OH,\ AzH^2,\ \text{etc.}$$

à un atome d'hydrogène dans un hydrocarbure dérivé de l'éthylène. Dans le cas des alcools, cette substitution ne peut se faire dans le noyau éthylénique. D'après les travaux d'Eltékoff toutes les fois que l'on tente d'isoler ces corps, on obtient, au lieu de l'alcool, les produits de transformation de cet alcool. Ainsi l'éther $C(CH^3)^2=CH.OC^2H^5$ donne, sous l'influence de l'acide sulfurique étendu, de l'aldéhyde isobutylique et de l'alcool.

Dans ce qui précède, on a admis que tous les termes de la série acrylique pouvaient se déduire de l'éthylène, ce qui exclut la possibilité de chaînes fermées de trois, quatre, etc., atomes de carbone. Quoiqu'il ne semble effectivement pas facile d'obtenir des chaînes de cette nature, on ne doit pas oublier que les produits d'addition de la benzine, tels que les acides quinique, hexahydromellique, l'hexachlorure de benzine, etc., sont des chaînes hexagonales fermées. On ne voit donc pas, *a priori*, pourquoi ces sortes de combinaisons ne pourraient exister pour trois, quatre ou cinq atomes de carbone quand elles existent pour six. Il faut remarquer seulement que ces combinaisons paraîtraient devoir se comporter plutôt comme des combinaisons saturées que comme celles qui renferment une double liaison entre deux atomes de carbon. C'est au moins ce que semble indiquer l'étude des produits d'addition de la benzine.

On ne connaît encore que peu de méthodes générales propres à fournir des produits de la série acrylique. L'une des meilleures, quand elle est applicable, consiste à enlever par la potasse alcoolique HCl ou HBr à un composé chloré ou bromé de la série grasse.

MM. Frankland et Duppa d'une part, Wislicenus de l'autre, ont donné des procédés qui permettent d'obtenir des acides de cette série. Le procédé de Frankland et Duppa a été décrit au tome Ier, p. 65. Celui de Wislicenus consiste à déshydrater par la chaleur les oxyacides préparés par hydrogénation des éthers acétylacétiques monosubstitués. Enfin, MM. Tollens et Henninger ont montré que l'acide oxalique, en réagissant sur la glycérine, enlève deux hydroxyles et donne ainsi naissance à de l'alcool allylique. M. Henninger a étendu cette observation à d'autres alcools polyatomiques, érythrite, mannite, etc. Le moyen employé par M. Wurtz pour préparer l'aldéhyde crotonique par déshydratation de l'aldol est également susceptible d'être généralisé.

On admettait autrefois que les acides de cette série devaient tous, sous l'influence de la potasse en fusion, se dédoubler en acide acétique et acide complémentaire de la série grasse. Ce cas est tout à fait particulier. On s'est accordé depuis à reconnaître que l'effet produit était de scinder l'acide en deux acides gras à l'endroit de la double liaison, ainsi que l'indique l'équation :

$$C^n H^{2n} = C^m H^{2m-1} CO^2H + 2 KHO$$
$$= C^n H^{2n-1} KO^2 + C^m H^2_m{}^{-1} CO^2K + H^2.$$

Cette proposition paraît exacte, pourvu qu'on en modifie légèrement l'énoncé. Il ne semble pas en effet certain que la réaction se passe directement ainsi que l'indique l'équation précédente. On voit que, dans certains cas, la potasse commence par se fixer sur l'acide, le dédoublement n'ayant lieu qu'après. C'est ainsi qu'avec l'acide acrylique on a

$$CO^2K\text{-}CH{=}CH^2 + KHO$$
$$= CO^2K\text{-}CH^2\text{-}CH^2OK$$

ou bien

$$= CO^2K\text{-}CHOK\text{-}CH^3,$$

et alors seulement

$$CO^2K\text{-}CH^2\text{-}CH^2OK + H^2O$$
$$= CO^2K\text{-}CH^3 + CHO^2K + H^2$$

ou bien

$$CO^2K\text{-}CHOK\text{-}CH^3 + H^2O$$
$$= CHO^2K + CO^2K\text{-}CH^3 + H^2.$$

Linnemann a montré cela. On doit donc modifier l'énoncé de la règle et dire que, par l'action de la potasse fondante, les acides de la série acrylique se scindent en deux acides gras par suite de l'oxydation de l'un des deux atomes de carbone de la double liaison. Cette modification dans l'énoncé permet d'expliquer comment les deux acides crotoniques dérivés de l'acide butyrique normal fournissent tous deux de l'acide acétique par suite de leur fusion avec la potasse.

Il est clair d'ailleurs que, dans tous les composés de la série acrylique, la double liaison fournissant aux réactifs un point d'attaque facile, c'est en général les deux atomes de carbone qui la forment qui entreront en réaction. E. Demarçay.

ADELPHOLITHE (Min.). — Niobate de fer et de manganèse renfermant environ 10 % d'eau, de Laurinmäki Tamela (Finlande). Éclat gras, couleur brune ou noire.

Forme cristalline. — Quadratique.

Dureté, 3,5 à 4,5. Poussière blanchâtre.

Densité = 3,8.

ADIPIQUE (ACIDE), $C^6H^{10}O^4$. — Diverses méthodes de préparation ont été indiquées (t. I, p. 67); elles sont basées sur l'oxydation des corps gras neutres au moyen de l'acide azotique. Parmi les produits fort nombreux qui prennent naissance se trouve l'acide adipique. Il est possible de simplifier cette préparation en s'adressant, non pas à des corps gras complexes, mais à un acide homologue de l'acide adipique, l'acide sébacique $C^{10}H^{18}O^4$, que l'on obtient facilement dans le traitement de l'huile de ricin par la potasse comme résidu de la préparation de l'alcool octylique secondaire.

On fait bouillir l'acide sébacique pur avec de l'acide azotique jusqu'à ce qu'une prise d'essai se dissolve dans l'eau; on évapore alors l'acide azotique et on reprend par l'eau, qui dissout de préférence l'acide succinique formé en même temps aux dépens de l'acide sébacique en vertu de l'équation :

$$C^{10}H^{18}O^4 + O^5 = C^6H^{10}O^4 + C^4H^6O^4 + H^2O.$$

Après ce premier traitement, on sèche, puis on pulvérise la masse, qu'on épuise finalement par l'éther froid, dans lequel l'acide succinique qui aurait pu rester est peu soluble. Cette dernière opération laisse l'acide adipique pur après l'évaporation de l'éther.

Wislicenus a réalisé la synthèse de l'acide adipique en faisant réagir l'acide β-iodopropionique sur l'argent en poudre fine, d'abord à une température de 120° et finalement de 150° :

$$2 C^3H^5IO^2 + Ag^2 = 2 AgI + C^6H^{10}O^4.$$

Le produit de cette opération traité par l'eau bouillante laisse déposer l'acide adipique en cristaux fusibles à 149° et identiques à ceux qu'Arppe obtient par l'oxydation des corps gras.

En hydrogénant l'acide muconique à chaud par l'amalgame de sodium, Marquardt a obtenu de l'acide adipique; il est nécessaire d'agiter et de prolonger l'expérience :

$$C^6H^8O^4 + H^2 = C^6H^{10}O^4.$$

On extrait l'acide formé en acidifiant avec de l'acide sulfurique et en agitant avec de l'éther.

L'acide adipique fond à 148°, se dépose de ses solutions en cristaux prismatiques ou feuilletés et se volatilise en s'altérant légèrement.

Le brome donne avec l'acide adipique des dérivés substitués. Le dérivé monobromé est un corps brun doué d'une odeur camphrée; il n'a pas été complètement purifié ni étudié. On le prépare en chauffant à 170° une molécule d'acide adipique avec deux atomes de brome.

ACIDE ADIPIQUE DIBROMÉ. — La réaction s'effectue à 170° entre une molécule d'acide adipique et 4 atomes de brome. Il est indispensable d'employer des tubes très résistants et de les ouvrir de temps à autre, après refroidissement, pour donner issue au gaz bromhydrique qui se produit. Cet acide possède une odeur rappelant celle du camphre.

ACIDE ADIPIQUE TRIBROMÉ. — Obtenu par l'action du brome sur l'acide muconique, il cristallise en aiguilles fusibles entre 177 et 180°. Sa formation est représentée par l'équation

$$C^6H^8O^4 + Br^4 = C^6H^7Br^3O^4 + HBr.$$

ACIDE ADIPIQUE TÉTRABROMÉ. — S'obtient par la même méthode que le précédent en employant 6 atomes de brome.

Ces divers acides substitués sont décomposés par l'eau sous pression avec formation d'oxyacides des groupes malique ou tartrique, décrits sous les noms d'acides adipomalique et adipotartrique à cause de leur homologie avec les acides des fruits.

ADIPATES. — *Adipate d'ammonium.* — C'est de tous les sels de l'acide adipique celui qui cristallise le mieux; on l'obtient en prismes clinorhombiques, qui ont souvent 10 millimètres de côté. Chauffé à 130-140°, il perd de l'eau et de l'ammoniaque, puis fond et brunit. Le résidu repris par l'éther donne des cristaux légèrement acides, solubles dans l'eau, fusibles de 160 à 165°, et qui sont sans doute de l'adipamide.

Adipate de potassium. — Ce sel est en cristaux transparents et peut se représenter par la formule $C^6H^9KO^4 + C^6H^8K^2O^4$, qui en fait une combinaison de sel acide et de sel neutre.

Adipate de sodium, $C^6H^8Na^2O^4 + 4H^2O$. — C'est un sel blanc, soluble dans l'eau.

Adipate d'argent, $C^6H^8Ag^2O^4$. — Précipité blanc, insoluble dans l'eau.

Adipate de cuivre, $C^6H^8CuO^4$. — Précipité vert, insoluble dans l'eau.

Adipate de plomb, $C^6H^8PbO^4$. — Précipité composé de petites aiguilles blanches insolubles.

L'éther adipique a été obtenu par l'action de l'acide chlorhydrique gazeux sur une solution alcoolique d'acide adipique pur. Cet éther est une huile incolore possédant une odeur aromatique et bouillant sans décomposition à 145°. Il n'est pas attaqué par l'ammoniaque.

L'éther adipique signalé par Malaguti comme bouillant à 230° en se décomposant était probablement de l'acide adipovinique ou un mélange de cet acide éthéré avec l'éther véritable.

Constitution.— L'acide adipique est le deuxième homologue de l'acide succinique. Par ses six atomes de carbone il fait partie du groupe hexylique et se rattache à l'acide caproïque. Sa synthèse ayant été réalisée par Wislicenus en soudant deux molécules d'acide β-iodopropionique

$$CO^2H\text{-}CH^2\text{-}CH^2I,$$

sa formule de constitution sera représentée par:

$$CO^2H\text{-}(CH^2)^4\text{-}CO^2H$$

[Arppe, *Bull. de la Soc. chim.*, t. V, p. 54; — L. Marquardt, *Bull. de la Soc. chim.*, t. XII, p. 467 et t. XIV, p. 201; — Wislicenus, *Bull. de la Soc. chim.*, t. XII, p. 378; — H. Gal et J. Gay-Lussac, *ibid.*, t. XIV, p. 7]. A. Étard.

ADIPOMALIQUE (ACIDE), $C^6H^{10}O^5$ — Les acides malique et tartrique ayant été obtenus par synthèse en traitant par les hydrates alcalins les acides succiniques monobromé ou dibromé, MM. A. Gal et Gay-Lussac, dans le but d'obtenir des acides homologues de ceux contenus dans les fruits, ont appliqué cette méthode à l'acide adipique. L'un des acides qu'ils ont obtenus, et qui n'est autre que l'acide oxyadipique, a reçu le nom d'acide adipomalique.

Préparation. — On décompose par la potasse en solution aqueuse le produit de la réaction de deux atomes de brome sur l'acide adipique à 160°. Après avoir décomposé l'adipomalate de potassium, qui prend naissance par l'acide sulfurique étendu, on dissout l'acide adipomalique dans l'alcool qui, à la longue, le laisse déposer sous forme de cristaux.

Propriétés. — L'acide adipomalique présente la plupart des propriétés extérieures de l'acide malique. Ses sels sont difficilement cristallisables. Il précipite l'acétate de plomb et ce précipité est fusible dans l'eau chaude; par le refroidissement, il se prend en masses nacrées brunes, capables de se dissoudre dans les solutions d'acétate de plomb bouillantes. Le refroidissement de ces dernières laisse déposer des écailles nacrées, presque blanches, ayant pour formule $C^6H^8O^5Pb + 10H^2O$; ces lamelles perdent $4H^2O$ à 100° et laissent un résidu de couleur foncée [H. Gal et J. Gay-Lussac, *Bull. de la Soc. chim.*, t. XIV, p. 7]. A. Étard.

ADIPOTARTRIQUE (ACIDE), $C^6H^{10}O^6$. — Cet acide, qui n'est autre que l'acide dioxyadipique, s'obtient en décomposant en vase clos à 150° l'acide dibromo-adipique par l'eau.

L'acide adipotartrique cristallise en prismes clinorhombiques souvent maclés, il est sans action sur le plan de polarisation de la lumière. Plus soluble dans l'eau à chaud qu'à froid, il se dissout assez bien dans l'alcool et dans l'éther.

Il existe un adipotartrate acide de potassium peu soluble et qui se dépose par agitation comme le ferait la crème de tartre.

L'adipotatrate de baryum, $C^6H^8BaO^6 + 4H^2O$, cristallisé, s'obtient en précipitant par l'alcool la solution aqueuse de ce sel; il perd $2H^2O$ dans le vide ou dans l'air sec.

On connaît un acide trioxyadipique $C^6H^{10}O^7$, dont le sel de baryum a pour formule

$$2(C^6H^8BaO^7), H^2O$$

[H. Gal et J. Gay-Lussac, *Bull. de la Soc. chim.* t. XIV, p. 7; — L. Marquardt, *Deutsch. chem. Gesellsch.*, t. III, p. 671]. A. Étard.

AGARICINE (Syn. *Amanitine;* voyez ce mot, t. I, p. 181, et Suppl.).

AGARICIQUE (ACIDE), $C^{16}H^{28}O^5$. — Cet acide a été extrait de l'agaric blanc (*Boletus laricis*) au moyen de l'éther. Il est soluble dans l'alcool, fort peu soluble dans l'éther, l'acide acétique et l'eau. Il fond à 145°,7. On le sépare de la résine brune contenue dans le même champignon, par lavages avec de l'éther [G. Fleury, *Bull. de la Soc. chim.*, t. XIII, p. 193].

AGONIADINE, $C^{10}H^{14}O^6$. — Ce corps est un glucoside contenu dans l'écorce de *Plumeria lancifolia*. On épuise l'extrait alcoolique de l'écorce par l'eau, on précipite la solution aqueuse par l'acétate de plomb; et, après l'avoir débarrassée de l'excès de plomb au moyen de l'hydrogène sulfuré, on la concentre et on la fait cristalliser.

L'agoniadine se dépose de sa solution aqueuse à l'état d'aiguilles soyeuses, fusibles à 155°, peu solubles dans l'eau, l'alcool, le sulfure de carbone, l'éther et la benzine. Les acides sulfurique et nitrique la dissolvent; ces solutions sont jaune d'or et deviennent vertes au bout de quelque temps. Chauffée avec de l'acide sulfurique, l'agoniadine se décompose en sucre et en un corps amorphe [Peckolt et Geuther, *Arch. f. Pharm.* (2), t. CXLII, p. 40].

AGRICOLITE (Min.). — Silicate de bismuth avec environ 1 °/₀ d'oxyde ferrique,

$$2Bi^2O^3, 3SiO^2.$$

Mamelons à structure rayonnée ou parfois groupes indistincts de cristaux, tendres, fragiles et lourds, d'un vif éclat gras et d'une couleur brun-châtain ou jaune de vin; se trouve à Johann-Georgenstadt sur le quartz avec bismuth, chloanthite et bismuthocre, et aussi à la mine de Neuglück à Schneeberg (Saxe).

Forme cristalline. — Monoclinique. Angle plan mesuré = 110°.

ALACRÉATINE (Syn. *Isocréatine*),

$$C^4H^9Az^3O^2.$$

— Lorsqu'on abandonne une solution aqueuse

d'alanine et de cyanamide, additionnée d'un peu d'ammoniaque, à la température ordinaire pendant quelque temps, des cristaux se déposent au sein de la liqueur. Ce dépôt cristallin est formé de deux substances; les premiers cristaux qui paraissent sont la dicyano-diamide, mélangée d'un peu d'alacréatine. Les dépôts suivants sont constitués d'alacréatine, qui, étant peu soluble dans l'alcool, peut facilement être séparée de la dicyano-diamide.

L'alacréatine cristallise en prismes incolores qui ressemblent à ceux de la créatine. Elle commence à fondre vers 180°, mais se décompose avec perte d'eau. Elle se dissout dans 12 p. d'eau à 15° [E. Baumann, *Ann. der Chem. u. Pharm.*, t. CLXVII, p. 77; *Bull. de la Soc. chim.*, t. XX, p. 269; — H. Salkowski, *Deutsch. chem. Gesellsch.*, 1873, p. 535; *Bull. de la Soc. chim.*, t. XX, p. 268]. M. Wassermann.

ALACRÉATININE, $C^4H^7Az^3O$. — Elle se forme lorsqu'on chauffe l'alacréatine vers 180°, ou mieux lorsqu'on la chauffe doucement avec de l'acide sulfurique étendu.

Elle cristallise en prismes qui perdent leur eau de cristallisation à l'air, plus rapidement à 100°. Elle est soluble dans l'eau et dans l'alcool; de ce dernier dissolvant elle se dépose en rhomboèdres.

L'alacréatinine forme des sels avec les acides, et des sels doubles avec les chlorures de cadmium, d'or et de platine; elle précipite les solutions d'azotate d'argent et de mercure. Lorsqu'on mélange les solutions alcooliques d'alacréatinine et de chlorure de zinc, on obtient un précipité cristallin qui, après purification, correspond à la formule $(C^4H^7Az^3O)^2ZnCl^2$. Ce corps est en écailles nacrées solubles dans 23 p. d'eau à 20°.

L'eau de baryte bouillante dédouble l'alacréatinine en alanine, et en urée; l'oxyde de mercure l'oxyde, et donne de la guanidine [E. Baumann, *Ann. der Chem. u. Pharm.*, t. CLXVII, p. 77; *Bull. de la Soc. chim.*, t. XX, p. 269].

M. Wassermann.

ALANINE. — Heintz [*Ann. der Chem. u. Pharm.*, t. CLXIX, p. 120; *Bull. de la Soc. chim.*, t. XXI, p. 352] substitue, dans la préparation de ce corps, le cyanure de potassium additionné d'acide chlorhydrique à l'acide cyanhydrique libre. Cet auteur indique le mode de préparation suivant : On évapore au bain-marie la solution aqueuse de 2 p. d'aldéhydate d'ammoniaque et de 3 p. de cyanure de potassium additionnée d'un excès d'acide chlorhydrique, après avoir abandonné ce mélange à lui-même pendant plusieurs jours. Il se dépose du sel ammoniac et du chlorure de potassium. On précipite les eaux mères avec de l'alcool et de l'éther, on les filtre et on les évapore pour obtenir l'alanine. Dans cette préparation, il se forme aussi de la lactylurée, due à la présence du cyanate dans le cyanure de potassium.

Avec la cyanamide, l'alanine se convertit en dicyano-diamide et en alacréatine [Baumann. Voyez Alacréatine].

Le sulfate d'alanine, chauffé avec un léger excès de cyanate de potassium en solution aqueuse, se transforme en lactylurée [F. Urech, *Ann. der Chem. u. Pharm.*, t. CLXV, p. 99; *Bull. de la Soc. chim.*, t. XIX, p. 307]. M. Wassermann.

ALANTIQUE (ANHYDRIDE), $C^{15}H^{20}O^2$. — La masse cristalline, de laquelle on sépare l'alantol (voy. ce mot), est formée d'anhydride alantique impur; mais une ou deux cristallisations dans l'alcool étendu suffisent pour le purifier.

L'anhydride alantique cristallise en aiguilles prismatiques, incolores, peu solubles dans l'eau, très solubles dans l'alcool et l'éther. Il fond à 66°, bout à 275°, et peut être sublimé.

Alantique (Acide), $C^{15}H^{22}O^3$. — On l'obtient par l'action de la potasse étendue et chaude sur l'anhydride alantique, et par la décomposition du sel potassique ainsi formé, par l'acide chlorhydrique. Il est peu soluble dans l'eau froide, soluble dans l'eau bouillante et dans l'alcool, et se dépose de sa solution alcoolique en fines aiguilles fusibles à 90-91°; cette fusion s'accomplit avec perte d'eau et formation de l'anhydride.

Cet acide est diatomique et monobasique, et forme des sels peu stables, parmi lesquels on a étudié les suivants :

Sel potassique. — Il est très soluble dans l'eau et l'alcool, cristallise en petites aiguilles, et se décompose à l'air en carbonate de potassium et anhydride alantique.

Sel argentique, $C^{15}H^{21}AgO^3$. — Il est en lamelles argentées.

Sel barytique. — Il est très soluble dans l'eau, et forme des masses mamelonnées.

Lorsqu'on dirige un courant de gaz chlorhydrique sec à travers une solution alcoolique d'acide alantique, on observe la formation d'une petite quantité d'éther alantique, et en même temps celle d'une quantité plus notable de grandes tables rhombiques incolores, qui fondent à 110° en perdant de l'acide chlorhydrique. Ces tables correspondent à la formule $C^{15}H^{21}ClO^2$. Ce nouveau corps est un acide qui forme des sels peu stables. Traité par la potasse en excès, il fournit une poudre blanche, amorphe, qui ellemême jouit de propriétés acides. C'est l'*acide dialantique* $C^{30}H^{42}O^5$. Cet acide forme deux séries de sels; les sels neutres seuls ont été étudiés.

Dialantate d'argent, $C^{30}H^{40}Ag^2O^5$. — Précipité floconneux blanc, peu soluble.

Dialantate de potassium. — Lamelles nacrées.

Alantamide, $C^{14}H^{20}(OH)COAzH^2$. — Elle se forme lorsqu'on fait passer de l'ammoniaque dans une solution alcoolique d'anhydride alantique. Elle se dépose en cristaux plumeux peu solubles dans l'alcool, fusibles à 210°; elle s'unit aux acides.

Le *chlorhydrate* $2(C^{15}H^{23}AzO^2) + HCl$, se dépose de la solution alcoolique de l'alantamide, lorsqu'on y ajoute de l'acide chlorhydrique. Il est en cristaux mamelonnés, et fournit un chloroplatinate très peu soluble [J. Kallen, *Deutsch. chem. Gesellsch.*, t. IX, p. 154; *Bull. de la Soc. chim.*, t. XXVI, p. 411]. M. Wassermann.

ALANTOL, $C^{10}H^{16}O$. — L'essence d'aunée (*Inula Helenium*) renferme, en même temps que de l'hélénine, deux autres substances, l'*alantol* et l'*anhydride alantique*. On obtient le mélange de ces deux corps, sous forme de masse cristalline, en distillant la racine d'aunée dans un courant de vapeur d'eau.

On exprime la masse cristalline entre des feuilles de papier qui absorbent l'alantol. Le papier imprégné est alors soumis à une nouvelle distillation dans un courant de vapeur d'eau qui entraîne l'alantol.

L'alantol est un liquide jaunâtre, possédant une odeur aromatique rappelant celle de la menthe; il bout vers 200°, et fournit, lorsqu'on le distille sur le pentasulfure de phosphore, un carbure d'hydrogène de la formule $C^{10}H^{14}$, que l'acide chromique transforme en acide téréphtalique (cymène?) [J. Kallen, *Mém. cit.* ci-dessus].

ALBERTITE (Min.). — Asphalte noir, partiellement soluble dans l'essence de térébenthine et ne fondant qu'imparfaitement. Se trouve dans les fissures des roches subcarbonifères de la Nouvelle-Écosse.

ALBUMINOÏDES (MATIÈRES). — Depuis 1868, époque à laquelle l'article concernant les matières albuminoïdes a été rédigé, l'histoire de cette classe de composés organiques s'est notablement enrichie de données nouvelles. Le nombre des espèces distinctes de principes protéiques, extraits des êtres organisés, a été augmenté. Les caractères et les propriétés chimiques de beaucoup d'entre eux ont été mieux étudiés. D'un autre côté, on a été amené, dans quelques cas, à réunir des corps primitivement considérés comme différents.

Enfin, en ce qui touche la question de la constitution de ces produits si complexes et si importants par leur rôle biologique, on est arrivé, par une série de recherches étendues, à une notion beaucoup plus précise qu'elle ne l'était il y a dix ans.

Dans cet exposé, nous donnerons d'abord quelques indications sur les propriétés générales et sur la classification des matières albuminoïdes, puis nous passerons successivement en revue les diverses matières albuminoïdes d'origine animale et d'origine végétale, en indiquant les résultats des travaux récents concernant chacune d'elles; enfin nous résumerons les recherches qui se rapportent à la constitution chimique de ces corps.

RÉACTIONS CARACTÉRISTIQUES ET PROPRIÉTÉS GÉNÉRALES DES MATIÈRES ALBUMINOÏDES.

I. — Aux réactions caractéristiques qui ont été indiquées (t. Ier, p. 94), nous ajouterons les suivantes :

1° Au contact de l'acide sulfurique concentré et en présence d'une petite quantité de solution sucrée, les matières albuminoïdes prennent une coloration rouge, qui passe bientôt au pourpre [Schultze, *Ann. der Chem. u. Pharm.*, t. LXXI, p. 283].

2° Traitées à froid par une petite quantité de sulfate de cuivre, puis par un excès de potasse, les solutions des matières albuminoïdes forment une liqueur bleue ou violette. Cette réaction peut servir à reconnaître les matières albuminoïdes solides : lorsqu'on touche celles-ci successivement avec une goutte de solution de sulfate de cuivre, puis avec une goutte de potasse, et qu'on lave ensuite avec de l'eau, l'endroit touché reste coloré en violet. Cette coloration n'a pas lieu lorsqu'on ajoute d'abord la potasse. Elle est d'autant plus rose que l'on emploie moins de sulfate de cuivre, et est alors entièrement semblable à la réaction du biuret [Piotrowski, *Wiener Acad. Bericht.*, t. XXIV, p. 335].

3° Lorsqu'on dissout les matières albuminoïdes dans un excès d'acide acétique cristallisable et qu'on ajoute de l'acide sulfurique concentré, la liqueur prend une teinte violette et une légère fluorescence. Dans un état convenable de concentration, cette liqueur montre dans le spectre une bande d'absorption entre les lignes *b* et F de Fraunhofer. Cette absorption est analogue à celle que détermine la matière colorante de l'urine (urobiline) [Adamkiewicz, *Deutsch. chem. Gesellsch.*, t. VIII, p. 761].

4° On rappelle ici que le réactif de Millon est un des plus sensibles pour découvrir de petites quantités de matières albuminoïdes. Pour le préparer, on dissout d'abord à froid, puis à l'aide d'une douce chaleur, 1 p. de mercure dans son poids d'acide nitrique concentré; on étend la solution nitrique du double de son volume d'eau; on laisse reposer pendant quelques heures, puis on sépare la liqueur claire par décantation des cristaux qui se sont déposés. Par l'ébullition avec cette solution ou à froid, au bout de quelque temps, les matières albuminoïdes, même très étendues, prennent une coloration rouge. Cette réaction se produit encore dans des liqueurs qui ne renferment qu'un dix-millième de matière albuminoïde.

II. — Les réactions que nous allons indiquer maintenant provoquent un dédoublement plus ou moins profond des matières albuminoïdes. Elles ont été étudiées, dans ces dernières années, par un grand nombre de chimistes et surtout par l'auteur de cet article, qui a pu en tirer certaines déductions dignes d'intérêt sur la constitution de ces matières. A ce point de vue on appelle spécialement l'attention du lecteur sur l'action des agents d'hydratation, acides et alcalis étendus. C'est principalement l'action de l'eau de baryte à une température élevée qui a permis à l'auteur de rassembler un grand nombre de données qu'il a pu grouper en vue de la solution du problème qu'il s'était posé. En raison de l'étendue de ces recherches et dans le but de ne pas trop allonger ces généralités, nous en rejetons l'exposé à la fin de cet article.

Action de l'eau sur les matières albuminoïdes. — Les anciennes observations de Mulder concernant l'action de l'eau bouillante sur la fibrine avaient conduit ce chimiste à admettre qu'il se forme dans cette circonstance un corps plus oxygéné que la fibrine et qu'il a désigné sous le nom de *tritoxyde de protéine*. Elles ont été complétées récemment par M. Lubavin [*Die Eiweisskörper*, p. 200]. Ayant chauffé dans une marmite de Papin de 120° à 150° la matière albumineuse provenant du liquide d'une ascite, il a obtenu une solution brune qui exhalait une odeur de bouillon et qui renfermait de la leucine et de la tyrosine. La caséine chauffée avec de l'eau à 200° en tubes scellés a fourni, indépendamment d'un produit résineux, un liquide jaune-brun et des croûtes cristallines de tyrosine. Le liquide renfermait en dissolution ce dernier corps, ainsi que la leucine. On voit que, dans ces circonstances, les matières albuminoïdes éprouvent un commencement d'hydratation.

Action des acides étendus. — On a déjà mentionné l'action que les acides étendus, et en particulier l'acide chlorhydrique faible, exercent à froid sur les matières albuminoïdes insolubles, qu'elles gonflent et dissolvent même en partie. A l'ébullition, ces matières éprouvent, par l'action des acides étendus, des transformations multiples qui ont été étudiées dans ces derniers temps par M. Schützenberger [*Bull. de la Soc. chim.*, t. XXIII, p. 161, 193, 240, 242, 385, 433 et t. XXIV, p. 2 et 145]. Les recherches de ce chimiste ont porté sur l'albumine coagulée, mais il est probable que les autres matières albuminoïdes subiraient des dédoublements du même genre. Voici comment il a opéré.

Une certaine quantité d'albumine sèche est délayée dans 6 à 8 litres d'eau à laquelle on ajoute 200 grammes d'acide sulfurique concentré. Le tout est soumis à l'ébullition pendant une ou deux heures. Au bout de ce temps, les petites masses d'albumine cuite se sont divisées et délayées dans la liqueur et le tout s'est converti en une bouillie homogène incolore. L'albumine est dédoublée en deux produits, l'un soluble, l'autre insoluble. Ce dernier forme un précipité gélatineux qui, après lavage, se dessèche en une masse grumeleuse, amorphe, fendillée, jaunâtre, mais dont la poudre est presque incolore. Ce produit, insoluble dans l'eau, l'alcool et l'éther, a été nommé *hémiprotéine*. Il forme, à peu de chose près, la moitié de la quantité d'albumine employée. Il renferme, indépendamment d'une petite quantité de soufre : C = 52,66 à 54,83; H = 7,01 à 7,31; Az = 14,22 à 15,08.

La solution acide séparée de l'hémiprotéine contient, comme élément principal, une substance amorphe, soluble dans l'eau, insoluble dans l'alcool, d'une réaction légèrement acide : c'est l'*hémialbumine*. Ce corps renferme C = 50; H = 7; Az = 15,4, nombres qui s'accordent avec la formule $C^{24}H^{40}Az^{6}O^{10}$. Il n'est pas impossible que le produit dont il s'agit renferme de l'albumine-peptone. En tout cas il s'en rapproche.

Indépendamment de cette matière, on a pu extraire de la solution alcoolique : 1° une petite quantité d'un acide azoté, $C^{24}H^{40}Az^{6}O^{15}$; 2° une substance analogue à la sarcine ou hypoxanthine, un corps réduisant énergiquement la liqueur de Fehling, et qui est sans doute du glucose ou un corps analogue.

Par une ébullition prolongée avec l'acide sulfurique étendu, l'hémiprotéine se dissout elle-même, quoique lentement, et se convertit en une substance amorphe d'une saveur faiblement sucrée, insoluble dans l'eau et dans l'alcool et précipitable par le nitrate mercurique de sa solution aqueuse. Ce corps a reçu le nom d'*hémiprotéidine*. Il renferme

	Substance séchée à 120°.	Substance séchée à 100°.	
Carbone......	47,73	45,7	46,1
Hydrogène ...	6,48	6,6	6,7
Azote.........	14,5	»	14,0

nombres qui s'accordent avec la formule

$$C^{24}H^{42}Az^{6}O^{12}, H^{2}O,$$

d'après laquelle ce corps résulterait de l'oxydation et de hydratation de l'hémialbumine

$$C^{24}H^{40}Az^{6}O^{10} + O + H^{2}O = C^{24}H^{42}Az^{6}O^{12}.$$

En même temps on voit apparaître, comme produits de l'oxydation et de l'hydratation, de l'hémialbumine, la tyrosine, la leucine et ses homologues.

Une ébullition prolongée avec l'acide sulfurique moyennement étendu donne naissance à des produits nombreux et définis appartenant à la classe des acides amidés. Indépendamment de la leucine et de ses homologues et de la tyrosine, on rencontre, parmi ces produits d'hydratation, l'acide aspartique $C^{4}H^{7}AzO^{4}$ et l'acide glutamique $C^{5}H^{9}AzO^{4}$. En faisant bouillir les matières albuminoïdes avec de l'acide sulfurique étendu d'une fois et demie son poids d'eau, MM. Erlenmeyer et Schaeffer [*Journ. für prakt. Chem.*, t. LXXX, p. 397] ont obtenu :

	Leucine.	Tyrosine.
Pour 100 p. d'élastine.........	35 à 45 p.	0,25 p.
— de fibrine.........	14 p.	0,8 p.
— de syntonine.....	18 p.	1,0 p.
— d'albumine d'œuf.	10 p.	1,0 p.
— de tissu corné....	10 p.	3,6 p.

Voici quelques faits qui se rattachent aux précédents et qui ont trait à l'action des acides sur les matières albuminoïdes. MM. H. Hlasiwetz et J. Habermann [*Ann. der Chem. u. Pharm.*, t. CLXIX, p. 150] ont cherché à décomposer les matières protéiques, caséine, albumine, légumine et albumine végétale, en les dissolvant dans l'acide chlorhydrique, ajoutant du protochlorure d'étain et en faisant bouillir pendant trois jours d'une manière continue avec un réfrigérant à reflux. Le liquide fortement étendu est précipité par l'hydrogène sulfuré, filtré et concentré à consistance sirupeuse. Au bout de peu de temps, il se sépare des cristaux, et, après quelques jours de repos, toute la masse se prend en un magma semblable à de l'onguent. Cette matière, égouttée à la trompe et étalée sur des plaques poreuses, fournit, après élimination d'une eau mère épaisse, un produit cristallin blanc. Les cristaux représentent une combinaison d'acide chlorhydrique et d'acide glutamique

$$C^{5}H^{9}AzO^{4}.HCl.$$

L'eau mère, débarrassée de la plus grande partie de l'acide chlorhydrique libre par digestion avec de l'oxydule de cuivre fraîchement précipité, fournit en outre de la leucine, de l'acide aspartique et de la tyrosine, ainsi que de l'ammoniaque.

W. Knop [*Deutsch. chem. Gesellsch.*, 1870, t. III, p. 613 et p. 969] décompose l'albumine en la mouillant avec du chloroforme, ajoutant le double de son poids d'acide sulfurique et abandonnant le mélange. On traite ensuite par l'alcool ordinaire ou par l'alcool amylique et l'on fait digérer au bain-marie. L'acide est saturé par la craie. Il obtient ainsi, outre un peu d'ammoniaque et de leucine, un corps qu'il n'a pas encore pu isoler.

R. Otto [*Ann. der Chem. u. Pharm.*, t. CXLIX, p. 119] n'a pu obtenir du glycocolle par l'ébullition de la chondrine avec l'acide sulfurique étendu ou avec l'eau de baryte.

Dans le premier cas, il se forme beaucoup de leucine qui fait défaut dans le second.

Action des alcalis. — On exposera plus loin l'action que les solutions alcalines, telles que l'eau de baryte, exercent sur les matières albuminoïdes à une température comprise entre 150 et 200°. On a réalisé ainsi un dédoublement complet, par hydratation, de ces matières, dédoublement dont on a pu recueillir et doser tous les termes. Plus profonde est la décomposition que subissent les matières albuminoïdes sous l'influence des alcalis, à la température de la fusion de ces derniers. La leucine et la tyrosine apparaissent encore lorsqu'on fond les matières albuminoïdes avec la potasse au creuset d'argent vers 300°; mais en même temps, les acides amidés subissant eux-mêmes une décomposition, il se dégage de l'hydrogène et de l'ammoniaque; il se forme en outre des acides gras volatils, tels que les acides acétique, butyrique [Wurtz, *Ann. de Chim. et de Phys.* (3), t. II, p. 255] et valérique [Liebig, *Ann. der Chem. u. Pharm.*, t. LVIII, p. 127], qui restent unis à la potasse. Chose digne de remarque, cette dernière retient aussi une certaine quantité de phénol. Nul doute que celui-ci ne provienne de la décomposition complète de la tyrosine, qui est dédoublée d'abord en acides acétique et paroxybenzoïque, ce dernier se scindant à son tour en acide carbonique et en phénol :

$$1^{\circ}\ \underset{\text{Tyrosine.}}{C^{9}H^{11}AzO^{3}} + 2H^{2}O$$

$$= \underset{\text{Acide paroxybenzoïque.}}{C^{7}H^{6}O^{3}} + C^{2}H^{4}O^{2} + AzH^{3} + H^{2}.$$

$$2^{\circ}\ \underset{\text{Acide paroxybenzoïque.}}{C^{7}H^{6}O^{3}} = CO^{2} + \underset{\text{Phénol.}}{C^{6}H^{6}O}.$$

Ajoutons qu'on a encore signalé, parmi les produits volatils qui se forment dans cette décomposition, des ammoniaques composées, du pyrrol $C^{4}H^{5}Az$, de l'indol $C^{8}H^{7}Az$ et son homologue supérieur, le scatol, $C^{10}H^{11}Az$. Ces dernières substances peuvent être extraites des liquides aqueux qui passent à la distillation lorsqu'on chauffe au bain d'huile, de 230 à 300°, 50 gr. d'albumine sèche avec environ 10 fois son poids de potasse caustique, qu'on laisse refroidir et qu'après avoir ajouté à la masse 20 à 30 cent. cubes d'eau, on chauffe de nouveau au baind'huile. Cette opération ayant été répétée cinq ou six fois, on traite le liquide aqueux qui a passé par une solution d'acide picrique : l'indol et le scatol se séparent à l'état de combinaison picrique (Nencki). [Voir à ce sujet : Bopp, *Ann. der Chem. u. Pharm.*, t. LXIX, p. 31 ; — W. Kühne, *Deutsch. chem. Gesellsch.*, t. VIII, p. 206 ; — C. Engler et Janecke, *ibid.*, t. IX, p. 1411 ; — M. Nencki, *Journ. für prakt. Chem.*, (2), t. XVII, p. 977.]

Action du brome. — L'action du chlore et du brome sur les matières albuminoïdes donne lieu à la formation d'une série de corps qu'on peut envisager comme dérivant par substitution ou par oxydation des produits d'hydratation de ces matières. L'action du brome a été étudiée par MM. Hlasiwetz et Habermann [*Ann. der Chem. u. Pharm.*, t. CLIX, p. 304].

On mélange 30 grammes de matière protéique supposée sèche, un demi-litre d'eau et 50 grammes de brome dans une bouteille à champagne, que l'on ferme hermétiquement et que l'on chauffe au bain-marie. Lorsque la première portion du brome a disparu, on en ajoute successivement de nouvelles doses jusqu'à cessation de réaction. Au début la pression est faible ; elle augmente après les dernières additions et est principalement due à la production d'acide carbonique. Avec toutes les matières protéiques, il reste un résidu peu abondant qui résiste à l'action ultérieure du brome et dans lequel on observe quelquefois des cristaux ; il est brun, visqueux, plus rarement floconneux. Dans le premier cas le résidu se dissout dans l'alcool chaud en laissant du bromanile et une matière humique pulvérulente. La solution alcoolique abandonne, après évaporation, une masse résineuse soluble dans les alcalis ; celle-ci, bouillie avec de l'eau faiblement alcaline, dans un appareil muni d'un réfrigérant à reflux, fournit de l'ammoniaque et une petite quantité d'un produit cristallin, soluble dans l'alcool bouillant et offrant la composition de l'acide amido-tribromo-benzoïque.

Le résidu de ce traitement renferme de petites quantités d'une matière poisseuse ainsi qu'un acide à odeur rance, qui est un peu épais et peu soluble dans l'eau, peut-être de l'acide caproïque.

La liqueur étant distillée renferme du bromoforme, ainsi que des aiguilles cristallines en petites quantités et qui paraissent être de l'acide bromobenzoïque.

La solution aqueuse qui surnage le dépôt poisseux, agitée avec de l'éther, cède à ce dissolvant de l'acide oxalique ainsi que des acides bromacétiques. Après le traitement à l'éther, on neutralise par de l'oxyde d'argent fraîchement précipité, et dont on évite un excès ; on filtre rapidement, puis on élimine l'argent dissous par l'hydrogène sulfuré, et l'on évapore au bain-marie. Le liquide jaune fournit avec l'acétate de plomb, un précipité jaune-brun peu abondant, contenant de l'acide oxalique et de l'acide phosphorique, ainsi que des matières colorantes. Le liquide filtré donne avec l'acétate basique de plomb un précipité plus abondant et moins foncé, insoluble dans l'eau, mais soluble dans un excès de réactif qu'il convient par conséquent d'éviter. Ce précipité contient de l'acide phosphorique et de l'acide aspartique, accompagné d'un isomère, probablement l'acide malamique. Le liquide séparé des deux précipités plombiques est débarrassé du plomb par l'hydrogène sulfuré et évaporé au bain-marie à consistance sirupeuse. Il se forme à la surface des croûtes blanches cassantes et des dépôts en grains composés de leucine. L'eau mère épaisse est exprimée et partagée par l'alcool absolu en deux portions, l'une soluble, l'autre insoluble. La première, étant distillée pour éliminer l'alcool, laisse un résidu peu abondant qui fournit des aiguilles de leucinimide. La partie insoluble dans l'alcool offre les caractères de matières protéiques incomplètement décomposées, et analogues aux peptones. Par de nouveaux traitements au brome elle donne tous les produits indiqués ci-dessus, à l'exception du premier résidu insoluble dans l'eau. Les auteurs n'ont pu retrouver les acides gluconique, lactonique et glycolique. Mais, comme l'acide gluconique se détruit par l'action prolongée du brome, de l'eau et de l'oxyde d'argent, en donnant de l'acide carbonique, du bromoforme, de l'acide bromacétique et de l'acide oxalique, on comprend qu'il n'ait pas pu être retrouvé dans les conditions de l'expérience. La tyrosine fait aussi défaut, mais on sait qu'elle se convertit par l'action du chlore en chloranile et en chloracétone ; il est probable que le brome agit d'une manière analogue en donnant du bromanile. L'acide tribromo-amido-benzoïque dérive probablement de la tyrosine.

En résumé, l'action du brome sur les diverses matières albuminoïdes donne lieu, d'après MM. Hlasiwetz et Habermann, à la formation des produits suivants :

	Albumine du blanc d'œuf.	Albumine végétale.	Caséine.	Légumine.
Bromoforme........	29,9	30,1	37,0	44,9
Acide bromacétique.	22,0	16,9	21,1	26,2
— oxalique......	12,0	18,5	11,2	12,5
— aspartique....	23,8	23,1	9,3	14,5
Leucine (brute).....	22,6	17,3	19,1	17,9
Bromanile..........	1,5	1,4	0,3	1,5

Action des réactifs oxydants. — Le chlore et le brome exercent, comme nous venons de le constater, en présence de l'eau, une action oxydante sur les matières albuminoïdes. L'action des réactifs oxydants proprement dits, tels que le permanganate de potassium, un mélange d'acide sulfurique et de peroxyde de manganèse, l'acide chromique, l'acide nitrique, etc., est plus énergique. Nous avons indiqué (t. Ier, p. 94) les résultats qu'a fournis l'oxydation au moyen de l'acide chromique ou d'un mélange de bioxyde de manganèse et d'acide sulfurique. Nous ajoutons ici quelques données concernant l'action du permanganate de potassium. M. Béchamp avait annoncé que, dans ces conditions, il se formait une trace d'urée et un produit cristallin de nature indéterminée. La formation de l'urée avait été contestée par Staedeler.

Dans le cours des dix dernières années, la discussion de ce point a été reprise sans amener la conviction en faveur de l'expérience de Béchamp. Voici un résumé des travaux publiés à ce sujet.

O. Loew [*Journ. f. prakt. Chem.* (2), t. II, p. 289] n'a pu réussir à obtenir de l'urée par l'oxydation des matières albuminoïdes au moyen de l'hypermanganate de potassium. L'urée elle-même est oxydée par cet agent et transformée en acide carbonique, azote et eau. L'auteur pense que le produit de M. Béchamp n'est que du nitrate de baryum.

De son côté, M. Tappeiner a contesté le fait annoncé par M. Béchamp [*Königl. sächs. Akad. der Wissensch.*, 1871].

A. Béchamp [*Compt. rend.*, t. LXX, p. 863] maintient son expérience déjà combattue par Staedeler, et donne de nouveaux détails sur les précautions qu'il convient d'employer pour obtenir de l'urée.

10 grammes de substance protéique pure et sèche sont divisés dans 200 à 300 grammes

d'eau ; on ajoute 60 à 70 grammes d'hypermanganate de potassium et on laisse digérer au bain-marie vers 60 à 80°. Il se produit à un moment donné une réaction assez vive, accompagnée de mousse. Dès que cette réaction est calmée, on filtre et on lave. Le liquide filtré est précipité par l'acétate basique de plomb, en évitant l'emploi d'un excès de réactif. Le liquide est débarrassé de plomb par un courant d'hydrogène sulfuré ; on filtre et on chasse l'excès d'hydrogène sulfuré par l'ébullition. Après cela, on précipite par le nitrate mercurique, en neutralisant par la baryte, tant que le précipité est blanc. Le précipité lavé est délayé dans l'eau, décomposé par l'hydrogène sulfuré. Le liquide neutralisé par du carbonate de baryum est évaporé à sec au bain-marie. Le résidu est épuisé par l'alcool à 95 °/₀. La solution alcoolique évaporée donne un résidu amorphe qui, par addition d'acide nitrique, fournit des feuillets cristallins dégageant du gaz à froid avec le réactif de Millon, mais le gaz contient plus d'azote que d'acide carbonique.

E. Ritter [*Bull. de la Soc. chim.* (2), t. XVI, p. 32] a obtenu avec les matières albuminoïdes, en suivant le procédé de M. Béchamp 0,09 à 0,07 d'urée pour 30 grammes de blanc d'œuf et 30 grammes de fibrine. Le gluten a donné 0,29 à 0,31 d'urée. Il convient d'arrêter l'opération et de refroidir dès que la réaction vive débute. Un excès de matière protéique paraît favorable. Le gluten se prête le mieux à cette expérience ; on obtient en même temps un corps soluble dans l'alcool chaud et cristallisant par refroidissement en aiguilles nacrées.

Béchamp [*Compt. rend.*, t. LXXIII, p. 1323] dit avoir également observé dès 1856 la production de ces cristaux dans ses travaux sur l'albumine, la fibrine et le gluten, et se réserve leur étude ultérieure.

Action de l'ozone. — L'action de l'ozone sur quelques matières albuminoïdes a été étudiée par M. Gorup-Besanez [*Ann. der Chem. u. Pharm.*, t. CX, p. 96] et ne donne pas lieu à la formation de corps bien caractérisés. Lorsqu'on fait passer de l'air fortement ozoné à travers une solution d'albumine du blanc d'œuf, l'albumine commence par se coaguler et se dissout ensuite. L'opération terminée, la liqueur filtrée présente une légère réaction acide et ne se trouble pas par l'ébullition. Elle n'est précipitée ni par les acides ni par les sels métalliques, à l'exception du sous-acétate de plomb. Évaporée au bain-marie, elle laisse un léger résidu peptonique, en partie soluble, en partie insoluble dans l'alcool.

La fibrine et la gélatine ne paraissent pas être attaquées par l'air ozoné. Comme l'albumine, la caséine n'a pas fourni de produits cristalloïdes.

Action des ferments sur les matières albuminoïdes. — Les ferments solubles que l'on rencontre dans le tube digestif, et particulièrement la pepsine du suc gastrique, et la trypsine du suc pancréatique, exercent sur les matières albuminoïdes, une action particulière qui, d'après des recherches récentes, principalement dues à M. Maly [*Journ. f. prakt. Chem.* (2), t. II, p. 97] et à M. Henninger [*Thèse inaugurale*. Paris, 1878], peut être envisagée comme un commencement d'hydratation. La pepsine transforme les matières albuminoïdes avec le secours d'une très petite quantité d'acides en peptones solubles. La trypsine paraît agir d'une manière analogue. Nous étudierons les produits et les transformations à l'article Peptones. Quant à l'action des *ferments figurés*, elle est complexe et se manifeste par les signes extérieurs et les transformations profondes qui caractérisent les phénomènes de la *putréfaction*. D'après les idées de M. Pasteur, celle-ci est liée au développement d'organismes microscopiques, tels que vibrions et bactéries, de diverses espèces. Ces organismes sont des êtres *anaérobies*, c'est-à-dire qu'ils peuvent vivre et se développer dans des milieux privés d'air. Les ferments figurés spécifiques de la putréfaction sont de diverses espèces et ont été divisés par M. Cohn [*Beiträge zur Biologie der Pflanzen*] en *Coccobactéries*, *Microbactéries* et *Desmobactéries* (*Baccillus subtilis*). Leurs germes sont répandus dans l'air, dans les eaux, dans les poussières atmosphériques. Ils existeraient même, d'après MM. Béchamp [*Des microzymas*. Montpellier et Paris, 1875], Tiegel [Virchow's, *Archiv.*, t. LX, p. 453] et Nencki [*Ueber die Zersetzung der Gelatine und des Eiweisses mit Pancreas*. Bern, 1876, p. 35], dans les tissus vivants de l'organisme et particulièrement dans le pancréas. On peut provoquer très rapidement la putréfaction des matières albuminoïdes en les faisant digérer à la température de 30 à 40° avec un petit morceau de pancréas. Toutefois, on peut se demander si, dans ces conditions, les germes provenant de l'extérieur ont été rigoureusement exclus. Quoi qu'il en soit, les germes se développent au-dessous de la surface du liquide, c'est-à-dire dans un milieu privé d'oxygène.

On peut aussi provoquer rapidement la putréfaction des matières albuminoïdes sans le secours du pancréas, en ajoutant quelques gouttes d'un liquide en putréfaction. Voici comment ont opéré dans ces conditions MM. E. et H. Salkowski (voir plus loin). La matière albuminoïde finement divisée est arrosée d'une solution très étendue de carbonate de sodium (1 litre d'eau et 15 centimètres cubes de solution saturée pour 50 grammes de matière sèche), puis additionnée de quelques gouttes de jus de viande en putréfaction et renfermant le *Bacillus subtilis*. Le tout est maintenu en digestion à 40° pendant un temps variable (de 2 ½ à 60 jours). On distille ensuite sans filtrer les ⅚ du liquide et l'on examine le liquide qui a passé à la distillation et le résidu.

Les produits qui prennent naissance pendant la putréfaction des matières animales sont fort complexes et changent de nature avec les progrès de la décomposition putride. Ils ont été étudiés par MM. Iljenko [*Ann. der Chem. u. Pharm.*, t. LXIII, p. 264]; A. Wurtz [*Ann. de Chim. et de Phys.* (3), t. XI, p. 258]; Bopp [*Ann. der Chem. u. Pharm.*, t. LXIX, p. 30]; Nencki [*loc. cit.*]; Jeanneret [*Jour. f. prakt. Chem.* (2), t. XV, 1877] et récemment par MM. E. et H. Salkowski [*Deutsch. chem. Gesell.*, t. XII, p. 648]. D'après M. Nencki, la température la plus favorable à la marche de la putréfaction est celle de 40°. Ayant fait digérer les matières albuminoïdes à cette température avec 10 à 20 fois leur poids d'eau, il a vu se former d'abord les produits résultant de l'hydratation de ces matières : la solution renferme, indépendamment des peptones, de la leucine et de la tyrosine dans le cas de l'albumine, du glycocolle dans le cas de la gélatine qui ne fournit pas de dérivés aromatiques en s'hydratant. La fibrine, abandonnée à l'air pendant les chaleurs de l'été, se fluidifie rapidement avec formation d'albumine (Wurtz, *loc. cit.*), de leucine (Bopp, *loc. cit.*), d'acides acétique, butyrique (Wurtz), valérique (Bopp), caproïque. En même temps il se forme de l'ammoniaque, et il se dégage des gaz carbonique, sulfhydrique, hydrogène, hydrogène protocarboné. La liqueur prend une odeur fétide particulière, due en partie à l'apparition de l'indol, du scatol [Secrétan, *Archives des sciences de la bibliothèque universelle de Genève*, 1876], du phénol ; ce dernier se forme par les progrès de la putréfaction aux dépens de la tyrosine, comme on l'a expliqué plus haut [Baumann, *Deutsch. chem. Gesellsch.*, t. X, p. 685]. A mesure que ces progrès s'accentuent, la proportion des acides gras augmente, ainsi que celle du carbonate d'ammonium. Au bout de quinze jours, M. Nencki a constaté la formation des produits suivants comme résultant de la putréfaction de 100 grammes d'albumine sèche :

Ammoniaque	8,94
Acide carbonique	3,06
— butyrique	41,06
Leucine	3,24
Isomère de la leucine	0,57

Parmi les composés aromatiques qui se forment par la putréfaction de la fibrine, de la chair musculaire, de l'albumine, MM. E. et H. Salkowski ont signalé les acides phénylpropionique et phénylacétique (*loc. cit.*); l'albumine du sérum a fourni une quantité notable de ce dernier. Chose remarquable, il en a été de même pour la laine. Cette dernière substance a fourni en outre un acide aromatique, $C^9H^8O^3$. Parmi les produits de la putréfaction de la viande, on a rencontré, indépendamment de l'acide phénylacétique, une quantité notable d'acide succinique, ainsi que des acides gras supérieurs, tels que l'acide palmitique et l'acide oléique. Tous ces produits se rencontrent dans le résidu de la distillation (voir plus haut). Le phénol, l'indol et le scatol peuvent être extraits du liquide distillé.

Le scatol a été observé d'abord dans la putréfaction de l'albumine sous l'eau, l'action ayant été prolongée pendant huit mois. Il est doué d'une odeur fort désagréable et cristallise en lamelles brillantes, dentelées, fusibles à 93°,5. Il renferme $C^{10}H^{11}Az$: c'est un homologue de l'indol qui se forme en même temps [Secrétan, *loc. cit.*; — L. Brieger, *Journ. für prakt. Chem.*, (2), t. XVII, p. 124]. Il est à remarquer que MM. E. et H. Salkowski ont retiré une quantité notable de scatol du produit de la putréfaction de la viande, et cela déjà au bout de 8 à 10 jours.

La gélatine ne fournit par la putréfaction ni indol ni tyrosine, mais une quantité notable de glycocolle. Voici les produits de décomposition formés, au bout de quinze jours, par la putréfaction de la gélatine :

Ammoniaque	9,48
Acide carbonique	0,45
Acides gras volatils	24,2
Glycocolle	12,2
Peptones	19,4

De toutes les matières albuminoïdes l'élastine résiste le plus longtemps, mais elle finit néanmoins par se dissoudre lorsqu'on la fait digérer pendant quinze jours avec un morceau de pancréas de bœuf [G. Wälchli, *Journ. für prakt. Chem.* (2), t. XVII, p. 71].

La putréfaction de la caséine, qui commence à se manifester dans le fromage, a été l'objet d'un grand nombre de travaux. M. Blondeau avait avancé ce fait que la caséine se transforme partiellement en matière grasse pendant la transformation du fromage de Roquefort. D'après MM. Brassier [*Ann. de Chim. et de Phys.* (4), t. V, p. 270] et Nadina Sieber [*Neues Handwörterbuch der Chemie*, t. II, p. 217], cette observation est inexacte. Ce dernier chimiste a constaté que le vieux fromage de Roquefort renferme :

Matières grasses	40,0 %
Acide butyrique	1,39
Ammoniaque	1,48
Caséine non décomposée	8,53

et de plus de la tyrosine, de la leucine et des peptones. La caséine disparaissant peu à peu par les progrès de la putréfaction, la proportion de matières grasses augmente dans le fromage. Celui-ci en contient à l'état frais une notable quantité, et il est constant que de tous les matériaux faisant partie des tissus vivants, la graisse résiste le plus longtemps à la putréfaction. D'après M. Secrétan (*loc. cit.*), l'albumine parfaitement privée de graisse ne se transforme en aucune circonstance en matière grasse, dans les procédés de la putréfaction. Cette observation ne s'accorde pas avec les faits récemment avancés par MM. Salkowski (voir plus haut).

Dans tout le cours de ces réactions, on voit apparaître de l'ammoniaque ou des ammoniaques composées, telles que la triméthylamine, qui a été retirée de la saumure de harengs. Ajoutons que l'ammoniaque elle-même peut disparaître, en s'oxydant en présence de bases énergiques, pour se convertir en acide nitrique. D'après des recherches récentes de MM. Schlœsing et Müntz, un organisme particulier, une sorte de ferment spécifique, interviendrait dans cette oxydation [*Compt. rend.* t. LXXXIV. p. 301; t. LXXXIV, p. 1018].

CLASSIFICATION DES MATIÈRES ALBUMINOÏDES.

Les matières protéiques peuvent se diviser en plusieurs groupes, savoir :

I. Matières solubles dans l'eau pure sans le concours d'une base, d'un acide ou d'un sel neutre ou alcalin, et coagulables par la chaleur.

On donne à ces produits le nom générique d'*albumines*, albumine de l'œuf, albumine du sérum ou sérine, albumine végétale.

II. Matières insolubles dans l'eau pure, solubles sans altération à la faveur des sels neutres, des alcalis ou des acides, et susceptibles d'être de nouveau précipitées de ces solutions :

1° *Globulines.* — Vitelline, myosine, substance fibrinogène, paraglobuline ou globuline du sérum, substance fibrino-plastique.

2° *Caséines animales.* — Caséine du lait, caséine du sérum.

3° *Caséines végétales.* — Gluten-caséine, légumine, conglutine.

4° *Premiers termes de la transformation des matières albuminoïdes sous l'influence des alcalis, des acides et des ferments solubles.* — Protéines ou albuminates[1]. Acide-albumine, syntonine, hémiprotéine, peptones.

III. *Substances insolubles dans l'eau et ne pouvant être dissoutes qu'avec transformation.* — Ne pouvant être séparées sans altération de leurs solutions dans les acides ou les alcalis.

Fibrines diverses, gluten-fibrine, gliadine et mucédine.

IV. *Matières albuminoïdes coagulées par la chaleur.* — Albumines et fibrines coagulées.

V. *Matière amyloïde.* — *Grains de protéine.*

VI. *Matières collagènes.* — Tissu cellulaire, osséine et dérivés, gélatine.

Tissu cartilagineux, chondrine.

Tissu élastique.

VII. *Matières mucilagineuses.* — Mucine, paralbumine, colloïdine.

1. Le nom d'*albuminate* est impropre, comme celui de protéine. J'ai proposé de désigner la matière formée par l'action des alcalis sur l'albumine sous le nom d'*albuminose*, nom qui a été introduit dans la science il y a une trentaine d'années par MM. Bouchardat et Mialhe et qui, bien que très convenable, ne peut plus être employé dans l'acception que ces observateurs lui avaient donnée. Je suis heureux de pouvoir ajouter ici que c'est à l'auteur de cet article, M. Schützenberger, que l'on doit un des progrès les plus considérables que l'histoire des matières albuminoïdes ait jamais faits, et les premières notions précises sur leur constitution. A. W.

Cette classification, plutôt physiologique que chimique, n'est que provisoire et devra bientôt céder la place à une autre plus rationnelle et plus scientifique, fondée uniquement sur la constitution et la nature des dérivés provenant du dédoublement. Les matériaux manquent encore pour donner une forme complète et satisfaisante à cette classification nouvelle, bien que la voie soit tracée pour y arriver.

ALBUMINES.

ALBUMINE DES ŒUFS ET DU SÉRUM. — L'albumine des œufs purifiée, que l'on obtient par dialyse, n'est pas un principe défini. D'après les expériences de M. A. Gautier [*Bull. de la Soc. chim.* (2), t. XIV, p. 177 et t. XXII, p. 51], elle doit être envisagée comme un mélange d'au moins deux principes protéiques, qui se distinguent par leur pouvoir rotatoire et par la température à laquelle ils se coagulent. L'albumine coagulable à 63° possède un pouvoir rotatoire $[\alpha]j = -43°$; celle qui se coagule à 74° offre un pouvoir rotatoire de $[\alpha]j = -26°$. M. Béchamp a fait des observations analogues. Jusqu'à présent on n'est pas encore arrivé à séparer rigoureusement les uns des autres les principes albuminoïdes mélangés; les données précédentes ne doivent donc pas être prises en toute rigueur, mais on peut les accepter comme une preuve de l'existence de plusieurs albumines.

Coagulation. — Lorsqu'on coagule par la chaleur l'albumine purifiée par le procédé de M. Wurtz, le liquide séparé par filtration du coagulum n'est pas tout à fait exempt de matières fixes; évaporé, il laisse un résidu de saveur amère et riche en soufre, dont le poids est égal à 0,5 ou à 0,7 °/₀ de matière coagulée.

E. Mathieu et S. Urbain [*Compt. rend.*, t. LXXVII, p. 706] ayant retiré du blanc d'œuf, au moyen de la pompe à mercure, des quantités notables d'acide carbonique et un peu d'oxygène et d'azote, ont été amenés à considérer l'acide carbonique comme la cause déterminante de la coagulation de l'albumine par la chaleur. L'albumine coagulée serait une combinaison de matière protéique et d'acide carbonique, mélangée à des combinaisons résultant de l'action des sels du blanc d'œuf sur l'albumine soluble. L'albumine privée par la pompe de l'acide carbonique et des sels volatils qu'elle contient (carbonate et sulfhydrate ammoniques) se comporterait comme la globuline; cette dernière paraît être la matière génératrice aux dépens de laquelle se forment les autres substances albuminoïdes par addition de petites quantités de substances étrangères.

A. Gautier [*Bull. de la Soc. chim.* (2), t. XXII, p. 51] conteste l'influence attribuée par MM. Mathieu et Urbain à l'acide carbonique dans la coagulation de l'albumine. Du blanc d'œuf traversé pendant plusieurs jours par un courant d'hydrogène est encore coagulable par la chaleur.

L'auteur de cet article n'a pas davantage pu vérifier les résultats annoncés par MM. Mathieu et Urbain. Après avoir épuisé par la pompe une solution filtrée de blanc d'œuf et éliminé tous les produits gazeux ou volatils susceptibles de s'échapper dans le vide à 40°, il a constaté que la solution se troublait, en déposant quelques flocons, mais le liquide clair séparé de ces flocons se coagulait toujours très bien sous l'influence de la chaleur

Le blanc d'œuf battu avec son volume d'eau, filtré à travers un linge de batiste et séché au soleil, en couches minces, ou évaporé sous l'influence de la chaleur d'une étuve, après une exposition de six jours à la lumière diffuse, laisse un résidu entièrement soluble dans l'eau et *non coagulable* par la chaleur. En ajoutant au liquide quelques gouttes d'acide acétique ou de tout autre acide faible, on lui rend la propriété de se coaguler [D. Monnier, *Bull. de la Soc. chim.* (2), t. XI, p. 470]. Suivant M. A. Gautier, le blanc d'œuf séché à basse température perd son pouvoir de coagulation et le reprend sous l'influence d'un courant d'acide carbonique. Ces deux observations sont du même ordre.

Dialyse et solubilité. — H. Haas [*Chem. Centralb.*, 1876, p. 795, 811, 824] a examiné le pouvoir rotatoire et les caractères chimiques de quelques matières protéiques, et notamment de l'albumine dialysée. Il est arrivé aux conclusions suivantes :

1° La dialyse n'élimine pas tous les sels minéraux qui accompagnent l'albumine dans le sérum et dans le blanc d'œuf. Il reste environ 1 p. de matière minérale, pour 100 p. de matière sèche.

2° Les solutions albumineuses aussi exemptes de sels que possible présentent, lorsqu'on les porte à l'ébullition ou qu'on y ajoute de l'alcool, tout au moins une forte opalescence; le plus souvent elles se troublent fortement, quelquefois même elles donnent des précipités.

Les modifications qu'éprouve ainsi l'albumine, en présence de petites quantités de sels, sont les mêmes que celles qu'elle subit dans les solutions naturelles, bien que les apparences des liqueurs soient différentes dans les deux cas. On doit donc admettre que l'albumine est coagulable même dans le cas de l'absence presque complète de sels.

3° La précipitation en flocons de l'albumine par l'acide chlorhydrique et par les phosphates acides est intimement liée aux rapports pondérables entre l'albumine et le réactif précipitant et indépendant de la concentration.

La précipitation en flocons est donc pour l'albumine un phénomène chimique. La précipitation par les sels est au contraire dépendante de la richesse en eau et est un phénomène d'ordre physique.

4° A la fin d'une dialyse la réaction de la solution albumineuse était souvent acide, même après une addition préalable d'un excès d'alcali ou de carbonate alcalin. On ne saurait dire si cette réaction acide est propre à l'albumine ou est due à des produits étrangers. Haas pense qu'il est plus probable que l'albumine n'a pas de réaction acide.

5° D'après le même auteur, le pouvoir rotatoire spécifique de l'albumine d'œuf est égal à $-38°,08$; celui de l'albumine du sérum est $-62°$-$55°,75$; celui de la substance fibrinogène est $-59°,75$ et celui de l'albuminate de sodium $-55°$.

6° Les sels contenus dans les solutions albumineuses naturelles ne modifient pas le pouvoir spécifique de l'albumine d'œuf, quelle que soit leur proportion.

D'après H. Ludwig [*N. Rep. Pharm.*, t. XXV, p. 385], la dialyse ne permet pas d'éliminer tous les sels qui accompagnent l'albumine dans le blanc d'œuf.

Propriétés diverses. — Voici quelques autres indications sur les propriétés de l'albumine.

Selon M. A. Petit [*Bull. de la Soc. chim.* (2), t. XIV, p. 148], lorsqu'on étend l'albumine d'œuf avec neuf fois son volume d'eau et qu'on filtre, on obtient une solution claire qui ne se trouble ni par la potasse, ni par l'ammoniaque, mais bien par la neutralisation de l'alcali qu'elle renferme. Si l'on ajoute à 10 centimètres cubes de cette liqueur dix gouttes d'acide acétique concentré, la liqueur précipite par la potasse avant même la neutralisation complète; l'ammoniaque n'y produit aucun effet à moins qu'on n'ait préalablement fait bouillir la solution acétique. La solution albumineuse traitée par les acides ou les alcalis à l'ébullition augmente son pouvoir rotatoire. L'albumine de l'urine se comporte autrement que celle du blanc d'œuf. Le noir animal enlève l'albumine de ses solutions neutres, acides ou alcooliques.

A. Danilewsky [*Zeitschr. f. Chem.*, 1869, p. 41] prétend avoir isolé du blanc d'œuf une albumine optiquement inactive, contenant 2 °/₀ de soufre. L'auteur admet que toutes les espèces d'albumine renferment 0,7 °/₀ de soufre, combiné directement à l'oxygène comme dans les acides sulfoconjugués. Le reste du soufre varie en quantité depuis 0,2 jusqu'à 1,3 °/₀.

M. H. Lissagaray [*Monit. scient.*, 1871, t. XIII, p. 125] prétend obtenir des cristaux d'albumine en évaporant une solution de ce produit dans l'acide chlorhydrique. Cette assertion paraît inexacte.

Suivant MM. Gréhant et E. Modrzejewski [*Compt. rend.*, t. LXXIX, p. 234], le blanc d'œuf, privé de gaz dans le vide, dégage vers 45 à 60° des quantités notables de gaz, lorsqu'on l'abandonne à lui-même pendant quelques jours. Ce gaz est un mélange d'acide carbonique, d'hydrogène et d'azote. Le sang et le sérum se comportent de même.

Contrairement aux indications de Lehmann, l'acide chlorique, l'acide arsénieux, l'acide lactique, le sucre de lait et la caillette de veau ne fournissent pas de précipité dans les solutions d'albumine. L'iodure de potassium, l'iodate et le chlorate de potassium, le cyanure et le sulfocyanate de potassium donnent des précipités.

Mercadante [*Gazz. chim. ital.*, 1875, p. 311] a observé que le phosphate de calcium se dissout dans une solution d'albumine. Un litre de solution d'albumine à 7 °/₀ dissout 3 grammes de phosphate. Ceci expliquerait la présence constante des phosphates alcalino-terreux dans les liquides albumineux.

Action du brome sur l'albumine. — W. Knop [*Chem. Centralb.*, 1875, p. 395, 411, 426] a étudié l'action du brome sur l'albumine et sur la caséine en opérant comme il suit : La substance sèche est mise en contact avec du brome dissous dans l'acide chlorhydrique ou dans l'acide bromhydrique (100 p. albumine, 150 p. brome, 200 p. acide bromhydrique). Après un jour de contact à froid, on chauffe pendant quelques heures au bain-marie. La masse devient épaisse. On ajoute 200 centimètres cubes d'alcool absolu et l'on distille au bain-marie pendant 4 à 5 heures. Il passe du bromure d'éthyle et de l'alcool bromé. Après cela, on ajoute 1 litre 1/2 d'eau et quelques lames de zinc platiné. Il se sépare un peu de graisse et d'oxybutyrate de zinc.

Le liquide filtré est évaporé à sirop et additionné de 1 litre 1/2 d'alcool absolu bouillant, qui précipite un sel de zinc, tandis qu'il reste en solution du bromure d'ammonium et le sel d'un acide non azoté.

On a trouvé pour le sel de zinc la formule

$$C^{15}H^{27}Br^2Az^3Zn^2O^{10},$$

et pour l'acide que l'auteur nomme bromo-dioxyleucine-ammon-bromo-tyrosique

$$C^{15}H^{27}Br^2Az^3O^8.$$

Cet acide renferme les groupes

$$H^2O.AzH^3.C^6H^{12}BrAzO^2 + O^2 \text{ (bromoxyleucine)}$$
$$\text{et } C^9H^{10}BrAzO^3 \text{ (bromotyrosine).}$$

L'auteur en déduit la constitution des produits de dédoublement que cet acide fournit par l'ébullition avec l'eau de baryte.

La caséine a donné un produit analogue, mais renfermant un atome d'oxygène de moins (acide bromoxy-leucine-ammon-bromo-tyrosique :

$$C^{15}H^{27}Br^2Az^3O^7.$$

L'acide non azoté donne un sel de calcium dont la formule est

$$C^5H^{14}Br^2Ca^2O^6$$
$$= (C^2H^6O)^2 + 2BrH + 2CaO + CO^2.$$

L'auteur déduit de ses recherches les constitutions suivantes pour l'albumine et les acides azotés bromés :

Albumine d'œuf désulfurée.	Nitrile oxalique....	CAz
	Imidogène........	AzH
	Leucine...........	$C^6H^{13}AzO^2$
	Tyrosine..........	$C^9H^{11}AzO^3$
		$C^{16}H^{25}Az^4O^5$ (?) !!

Acide bromé.	Eau...............	H^2O
	Ammoniaque......	AzH^3
	Bromodioxyleucine.	$C^6H^{12}BrAzO^2 + O^4$
	Bromotyrosine.....	$C^9H^{10}BrAzO^3$
		$C^{15}H^{27}Br^2Az^3O^8$

Tout cela nous paraît fort contestable.

Combinaisons de l'albumine avec les acides. — G. Stillingfleet Johnson [*Chem. Soc. Journ.* (2), t. XII, p. 734] a préparé les combinaisons de l'albumine d'œuf avec les acides azotique, chlorhydrique, sulfurique, phosphorique, métaphosphorique, citrique, oxalique, acétique, tartrique, en plaçant l'albumine dans un dialyseur en papier parchemin; la solution acide est mise dans le vase externe et on laisse 24 heures en contact.

La plupart de ces composés sont gélatineux. L'albumine $C^{72}H^{112}Az^{18}SO^{22}$ s'unit à 2 molécules d'acides azotique et chlorhydrique, à 1 molécule d'acide sulfurique, à 2/3 de molécule d'acide phosphorique. Ces composés sont précipités par les acides azotique, sulfurique, chlorhydrique, métaphosphorique, picrique. Le cyanure jaune, le sel ammoniac, l'acétate basique de plomb, l'alcool, la créosote, le sublimé, le chlorure de baryum, le nitrate d'argent et le tanin précipitent quelques-uns de ces composés, mais pas tous.

O. Loew [*Journ. f. prakt. Chem.* (2), t. III, p. 180] décrit plusieurs dérivés de l'albumine qui offrent avec elle des relations directes de composition. Pour les obtenir, il traite 30 grammes d'albumine sèche en poudre fine par 90 grammes d'acide azotique fumant, additionné de 270 centimètres cubes d'acide sulfurique concentré, en maintenant le mélange à la température ordinaire et en remuant bien. Le produit se dissout peu à peu sans dégagement de vapeurs nitreuses et fournit une solution limpide; après 10 heures on verse le liquide dans 15 fois son volume d'eau, on filtre les flocons qui se séparent et on lave à l'eau froide, puis à l'eau chaude, enfin on sèche à la température ordinaire, puis à 100°. On obtient ainsi une poudre jaune, légèrement amère, insoluble dans l'eau, l'alcool et les acides étendus, soluble en rouge dans les alcalis étendus, et précipitable à nouveau de ces solutions, sans décomposition. Ce corps serait l'acide hexanitro-sulfonique de l'albumine

$$C^{72}\left\{\begin{matrix} H^{101} \\ (AzO^2)^6 \\ SO^3H \end{matrix}\right\} Az^{13}SO^{22}.$$

Loew admet pour l'albumine la formule

$$C^{72}H^{108}Az^{18}SO^{22},$$

qui diffère de celle de Lieberkühn par H^4 qu'elle renferme en moins.

Dissous dans l'ammoniaque caustique et traité par l'hydrogène sulfuré, l'acide nitrosulfonique se réduit. La liqueur séparée du soufre fournit, après neutralisation par l'acide acétique, un précipité volumineux, jaunâtre, qui, lavé à l'eau et à l'alcool, puis séché, se présente sous la forme d'une poudre jaune-brunâtre. Ce serait l'acide sulfonique de l'hexa-amido-albumine

$$C^{72} \left\{ \begin{matrix} H^{101} \\ (Az H^2)^6 \\ SO^3 H \end{matrix} \right\} Az^{18} S O^{22}.$$

La saveur de ce composé est fade. Il se dissout dans les alcalis étendus; les alcalis concentrés le décomposent à chaud avec un abondant dégagement d'ammoniaque. Dans l'ammoniaque il se gonfle avant de se dissoudre. L'acide azotique le dissout avec dégagement de vapeurs nitreuses. Les acides concentrés le dissolvent. Avec le réactif de Millon, il ne donne pas la coloration caractéristique des matières albuminoïdes.

En traitant l'albumine par quinze fois son poids d'acide sulfurique concentré, précipitant par l'eau, lavant à l'eau et à l'alcool, redissolvant le précipité dans la soude étendue, précipitant de nouveau par l'acide acétique, lavant à l'eau et à l'alcool et enfin séchant, Loew a obtenu l'acide sulfonique de l'albumine

$$C^{72} H^{107} (S O^3 H) Az^{18} S O^{22}$$

sous forme d'une poudre blanche, sans odeur ni saveur, insoluble dans les acides étendus, soluble dans les lessives alcalines.

Pour obtenir une combinaison d'acide sulfurique et d'albumine, W. Knop [*Zeitschr. f. Chem.*, 1868, p. 242] traite le blanc d'œuf par un mélange d'acide sulfurique et d'alcool ou d'esprit-de-bois et chauffe le mélange. Il obtient des produits définis de dédoublement qu'il décrira plus tard.

O. Loew [*Journ. f. prakt. Chem.* (2), t. V, p. 433] obtient la trinitro-albumine

$$C^{72} H^{105} (Az O^2)^3 Az^{18} S O^{22},$$

en traitant l'albumine en poudre fine par quatorze à seize fois son poids d'acide nitrique monohydraté bien refroidi, exempt de produits nitreux. Après 10 à 15 minutes, on verse la masse gélatineuse dans une grande quantité d'eau et on lave. Il reste un produit jaune clair, sans saveur. Après un contact prolongé de plusieurs heures du produit gélatineux avec l'acide fumant, à une température inférieure à 10°, le tout se dissout et l'eau précipite de la solution l'oxytrinitro-albumine

$$C^{72} H^{100} \left\{ \begin{matrix} (Az O^2)^3 \\ (OH)^2 \\ S O^3 H \end{matrix} \right\} Az^{18} S O^{27}$$

jaune foncé et sans saveur.

La trinitro-albumine est soluble sans décomposition dans les alcalis étendus, avec une couleur jaune-rougeâtre; les acides la reprécipitent de cette solution. Sa solution dans l'acide chlorhydrique concentré peut être soumise à une ébullition prolongée sans décomposition sensible.

Action des sels. — Suivant F.-W. John [*Arch. Journ. d. Gesellsch. Phys.*, t. III, p. 70], le sérum précipité par l'alcool donne un dépôt qui, lavé avec de l'eau et filtré au moyen d'un appareil spécial, n'est pas exempt de sels. Il en conclut que l'albumine du sérum ne se dissout pas dans l'eau pure sans le concours des sels.

Le précipité formé par le chlorure de zinc dans une solution filtrée d'albumine est un peu soluble dans l'eau et devient facilement soluble après addition d'une petite quantité d'acide acétique.

H. Kämmerer [*N. Rep. Pharm.*, t. XXIII, p. 412], ayant additionné une solution filtrée d'albumine d'œuf d'une quantité de sublimé assez petite pour qu'il n'y ait pas de coagulation, a chauffé le tout vers 30 à 40°. Il se produit du calomel. Il cherche à expliquer par là l'action toxique du sublimé introduit dans le sang.

Action du chloral. — J. Personne [*Compt. rend.*, t. LXXIII, p. 129] a reconnu que le chloral est décomposé en chloroforme vers 40°, non seulement sous l'influence des alcalis caustiques, et d'un grand nombre de sels alcalins, mais aussi par les liquides animaux à réaction alcaline, tels que le sang, l'albumine d'œuf.

Le sang frais est entièrement coagulé par le chloral; il conserve sa couleur rouge et ne se modifie pas davantage. Le chloral préserve les muscles de la putréfaction à la température ordinaire. Le blanc d'œuf fournit avec le chloral une combinaison

$$C^{72} H^{112} Az^{18} O^{22} S + 2 (C^2 H Cl^3 O.H^2 O) - H^2 O.$$

La production de ces combinaisons explique la longue durée de l'action du chloral hydraté [Byasson *Compt. rend.*, t. LXXVIII, p. 649].

Préparation industrielle. — Selon G. Witz [*Dingl. polyt. Journ.*, t. CCXIX, p. 84 et 93], 360 œufs fournissent 1 kilogramme d'albumine sèche et 4 kilogrammes de jaune.

Le sang d'un bœuf peut fournir de 750 à 800 grammes d'albumine; celui d'un veau de moyenne taille en donne 350 à 400 grammes; le mouton en fournit 200 grammes.

DENSITÉS DES SOLUTIONS D'ALBUMINE A 15°,5.

Albumine p. 100.	Degré de l'aréomètre de Baumé.	Densité.
1	0,37	1,0026
2	0,77	1,0054
3	1,12	1,0078
5	1,85	1,0130
10	3,66	1,0261
15	5,32	1,0384
20	7,06	1,0515
25	8,72	1,0644
30	10,42	1,0780
35	13,12	1,0919
40	13,78	1,1058
45	15,48	1,1204
50	17,16	1,1352
55	18,90	1,1511

G. Jones [*Chem. News*, t. XXXII, p. 8] décolore le sérum par l'eau oxygénée. On a aussi proposé l'emploi d'un mélange de chlorate de potassium et d'acide chlorhydrique.

Constitution. — Voir plus loin.

VITELLINE. — Voir t. III, p. 718.

MYOSINE. — Voir t. II, p. 480 et 483.

PARAGLOBULINE.

Synonymes : plasmine, sérum-caséine, sérum-globuline, matière fibrino-plastique. — Voyez t. I, p. 1460. — Denis, *Nouv. étud. sur les subst. albumin.*, p. 5 et 15. — Scherer, *Ann. der Chem. u. Pharm.*, t. XL, p. 12. — Panum, *Virchow's Arch.*, t. XII, p. 193. — A. Schmidt, *Reichert's und du Bois-Raymond's Arch.*, 1862, t. CCCCXXXI. — Kühne, *Lehrbuch der physiol. Chem.*, 1868, p. 168. — Brücke, *Wien. Akad. Ber.*, t. LV, 1867. — Hoppe-Seyler, *Physiol. path. chem. Anal.*, p. 203. — Eichwald, *Beiträge zur Chem. der gewebebildenden Subst.*, Berlin, 1873. — Heynsius, *Pflüger's Arch.*, t. II, p. 21, 1869.

D'après Wyl, la paraglobuline de Kühne (substance fibrinoplastique de Schmidt) est identique avec la globuline, avec la sérum-caséine de

Kühne et avec la globuline, de Heynsius. Le sérum ne renfermerait qu'une seule globuline précipitable du liquide étendu de quinze fois son volume d'eau, au moyen d'un courant d'acide carbonique et par l'addition de très peu d'acide acétique étendu. L'auteur la désigne sous le nom de *serum-globuline*.

Heynsius [*Arch. neerland.*, t. X, p. 1], ayant étudié l'action des acides, des alcalis et des sels neutres sur les matières albuminoides arrive à conclure que le sérum ainsi que le blanc d'œuf renferment une combinaison d'albumine qui se dissocie déjà à basse température. Les albuminates alcalins diffèrent légèrement de propriétés suivant la concentration de l'alcali employé à les produire. En d'autres termes, l'albumine est d'autant plus modifiée par les alcalis que l'agent actif est plus concentré.

La paraglobuline serait, d'après Heynsius, identique avec le produit formé par l'action d'une solution alcaline faible.

Senator Petri et Führysnethlaze [*Maly's Jahresber.*, 1874, p. 202; 1876, p. 147 et 148] ont reconnu la présence de la paraglobuline dans l'urine des albuminuriques.

En présence des indications souvent contradictoires qui ont été publiées sur ce sujet, il est difficile de décider s'il existe ou non plusieurs paraglobulines. La seule chose bien établie par les nombreux travaux cités est la suivante :

Les liquides albumineux de l'organisme contiennent une ou plusieurs substances insolubles dans l'eau pure, solubles dans une liqueur très faiblement alcaline ou dans l'eau, contenant de 1 à 10 % de sel marin, précipitables de leurs solutions faiblement alcalines par un courant d'acide carbonique, ou par neutralisation au moyen d'un acide faible dont un léger excès redissout le précipité.

SUBSTANCE FIBRINOGÈNE.

Voyez t. I, p. 1461. — A. Schmidt, *Pflüger's Arch.*, p. 413. — Kühne, *Phys. Chem.*, 1868, p. 168. — Hammarsten, *Maly's Jahresb.*, 1876, p. 15.

Ce corps est encore mal étudié, et son existence comme principe immédiat défini est loin d'être établie. Il est certain qu'il existe dans les liquides spontanément coagulables et fournissant de la fibrine une substance *fibrinogène*, mais les procédés employés pour l'isoler à l'état de pureté ne semblent pas encore satisfaisants (voyez FIBRINE).

FIBRINE.

Coagulation. — Hammarsten attribue la séparation de la fibrine à l'action d'un ferment soluble sur la matière fibrinogène contenue en solution dans le sang et dans les liquides spontanément coagulables; il ne fait jouer aucun rôle à la paraglobuline [*Pflüger's Arch.*, t. XIV, p. 211]; Mantegazza [*Maly's Jahresb.*, 1871, p. 112] fait jouer un rôle déterminant aux globules blancs. Mathieu et Urbain pensent que la fibrine concrète résulte de la combinaison d'une matière albuminoide du plasma du sang avec l'acide carbonique peu à peu cédé par les hématies.

E. Eichwald [*Chem. Centralb.*, 1869, p. 501] arrive à conclure, à la suite de ses recherches sur le liquide péricardique, que l'acide carbonique favorise la séparation de la fibrine, en agissant par son acidité. Dans le liquide péricardique qui renferme les mêmes éléments que le sang, la coagulation est retardée par la présence d'une plus grande quantité d'alcali.

Les expériences de M. A. Gautier [*Bull. de la Soc. chim.* (2), t. XXIII, p. 531] ne sont pas favorables à cette théorie. M. Gautier reçoit le sang artériel du chien, spontanément coagulable en trois minutes, dans des flacons maintenus à 8° et contenant des solutions aqueuses de 20 p. de sel marin dans 80 p. d'eau. 100 p. de ce sang furent ainsi mélangées à 17 grammes d'une part et à 4 grammes de l'autre de sel marin. 80 minutes après il était encore liquide. Le lendemain le caillot du sang le plus salé s'était déjà assez bien formé, tandis qu'il était à peine sensible avec 4 % de sel. 5 à 6 grammes de sel pour 100 gr. de sang retardent le mieux la coagulation à 6 ou 8°. Dans ces conditions, les globules rouges ne subissent pas de déformation, ne perdent pas de matière colorante et se contractent tout au plus légèrement. Le liquide peut être filtré sur un filtre mouillé avec de l'eau salée et débarrassé de ses globules. On obtient ainsi un plasma à peine coloré qui se coagule spontanément après addition d'une ou de deux fois son volume d'eau. Il se conserve pendant plus de trois semaines à 6 ou 8°, se laisse dessécher dans le vide; le résidu peut être broyé et chauffé à l'étuve à 110° sans perdre sa solubilité dans une quantité limitée d'eau, et sa coagulabilité spontanée après addition d'un excès d'eau.

Le plasma du sang légèrement salé étant saturé peu à peu d'acide carbonique, agité ou laissé en repos, il ne se produit pas le moindre flocon fibrineux, tandis qu'il se prend en masse par l'addition de deux fois son volume d'eau.

Ces expériences concluantes excluent du phénomène de coagulation de la fibrine toute influence vitale, et ne permettent plus de supposer que la séparation de la fibrine est due à la cessation de la vie.

Elles sont contraires à l'hypothèse de MM. Béchamp et Estor [*Compt. rend.*, t. LXIX, p. 713] d'après laquelle la fibrine ne serait qu'une pseudomembrane formée par les microzymas du sang et par un produit qu'ils élaborent aux dépens des matières protéiques.

En ce qui concerne la coagulation de la fibrine, M. Frantz Glénard [*Bull. de la Soc. chim.* (2), t. XXIII, p. 516, et t. XXIV, p. 517], confirme les assertions de Scudamore et de Brücke, à savoir que le sang se coagule difficilement dans les vaisseaux. Il isole, à cet effet, chez un solipède, à l'aide de deux ligatures, un segment de la veine jugulaire. Douze heures après, le sang est encore fluide et séparé en plasma et en globules. Ce sang finit cependant par se coaguler après un temps plus ou moins long. L'agitation hâte cette coagulation. Tout corps étranger qui s'éloigne de la structure physique de la membrane vasculaire détermine rapidement la coagulation. Plonge-t-on une aiguille d'or, une baguette de verre dans le segment, ou bien reçoit-on le sang dans un récipient de verre ou de métal, il se coagule rapidement. Bien au contraire, dans une membrane analogue à celle des vaisseaux, intestins, vessie, etc., la coagulation est retardée.

D'après l'auteur cité, l'air et l'acide carbonique n'exercent aucune influence sur la marche de la coagulation; l'expérience qu'il décrit au t. XXIV, p. 517 (*loc. cit.*), semble très concluante à cet égard.

Composition. — D'après les analyses les plus récentes de la fibrine, ce corps renferme :

Carbone	52,5 à	52,8
Hydrogène	6,9	7,0
Azote	17,7	17,3
Soufre	1,5	

Propriétés. — Voici quelques faits nouveaux concernant les propriétés de la fibrine. 1° D'après Mauthner [*Ann. der Chem.*, t. CLXXV, p. 178], une solution aqueuse de névrine dissout la fibrine du sang, en donnant un liquide clair qui ne précipite pas par l'alcool et dont on peut séparer la fibrine par une addition ménagée d'acide.

2° La fibrine de cheval diffère de la fibrine de bœuf par la transformation qu'elle éprouve dans de l'eau additionnée d'un peu d'acide prussique. Le mélange mis à l'étuve à 30° se fluidifie au bout de quelques heures presque complètement, et il ne reste que quelques flocons insolubles. Le liquide filtré se coagule comme une solution d'albumine. La fibrine de bœuf ne se dissout pas dans ces conditions (Schützenberger, *fait inédit*).

3° On peut montrer facilement dans une leçon le rôle que joue la pepsine dans la digestion de la fibrine. Pour cela on traite la fibrine de bœuf, par de l'eau faiblement acidulée par l'acide chlorhydrique, de façon à la convertir en gelée ; si au produit ainsi gonflé, mais non dissous, on ajoute très peu de pepsine, la solution s'opère presque instantanément.

CASÉINE.

Voyez t. I, p. 774.

Hammarsten [*Maly's Jahresb.*, 1874, p.154] a observé que le lait ou les solutions de caséine pure dans les alcalis se coagulent entre 130 et 150° en vase clos. La coagulation, sous l'influence de la présure ou d'une température élevée (150°), serait, d'après le même auteur, le résultat d'un dédoublement en deux substances protéiques, l'une difficilement soluble et abondante, l'autre très soluble, moins abondante.

A. Béchamp [*Compt. rend.*, t. LXXVIII, p. 1575] affirme pareillement que la caséine chauffée à 140° se décompose en un corps soluble dans une liqueur alcaline et en un autre qui ne l'est pas, mais qui se dissout un peu dans l'acide acétique.

La caséine dissoute dans l'acide acétique fournit un liquide qui, évaporé dans le vide, laisse une masse cornée, inodore et de saveur acide. 100 p. de caséine absorbent ainsi 33,1 d'acide acétique.

L'acide butyrique s'unit également bien à la caséine.

La caséine bouillie avec une solution d'hypermanganate de potassium fournit 7 % d'ammoniaque, tandis que l'albumine en donne 12 % [Wanklyn, *Ann. Chem.*, t. II, p. 387].

Pour résoudre la question de la solubilité de la caséine dans l'eau pure, Al. Schmidt [*N. Rep. Pharm.*, t. XXIV, p. 315] a soumis le lait à la dialyse. La caséine s'est séparée dans le dialyseur sous forme d'un précipité léger, soluble dans la soude et dans l'acide acétique. Si la dialyse ne dure que 30 à 36 heures, on obtient par la filtration du liquide interne une solution neutre de caséine presque exempte de graisse. Les acides en précipitent la caséine. Il résulte de là que les sels neutres ne jouent aucun rôle dans le maintien de la caséine en solution. En prolongeant l'opération, la caséine devient insoluble : la partie diffusée renferme un peu d'albumine et une matière azotée cristalloïde, que Schmidt considère comme le dissolvant de la caséine et du phosphate de calcium.

La caséine précipitée par l'acide acétique dans le lait étendu, lavée à l'eau, dissoute dans la soude et dégraissée à l'éther, donne à la dialyse une liqueur neutre qui précipite sa caséine par acidulation ; celle-ci se dissout dans la partie diffusée du lait convenablement concentrée. L'auteur pense, d'après cela, que la caséine est insoluble et se trouve maintenue en solution par certains composés azotés.

La caséine précipitée dans le lait spontanément aigri se dissout également dans le liquide diffusé. Celle qui est précipitée par la caillette ne s'y dissout pas. Schmidt a de plus retiré un ferment du lait qui convertit le sucre de lait en acide lactique.

PROTÉINE, ACIDE-ALBUMINE, SYNTONINE.

[Syn. *albuminoïde, albuminate, alcali-albuminate*].—Nous avons indiqué à l'article CASÉINE, t. I, p. 774, les modifications que les alcalis font subir à l'albumine et à d'autres substances protéiques et qui sont désignées par les auteurs allemands sous les noms d'albuminate, d'alcali-albuminate ou de protéine.

D'un autre côté, M. Panum a désigné sous le nom *d'acide-albumine* le corps qui se précipite lorsque à une solution d'albumine préalablement mélangée avec la solution d'un sel neutre, tel que le chlorure de sulfate de sodium, on ajoute de l'acide acétique.

Enfin Liebig a donné le nom de *syntonine* à la matière albuminoïde qui se forme par l'action de l'acide chlorhydrique faible sur la chair musculaire ou sur la myosine. On a décrit, à l'article SYNTONINE les modifications subies par diverses matières albuminoïdes sous l'influence des acides. Les corps ainsi formés se rapprochent beaucoup par leurs caractères des protéines, et diffèrent, comme celles-ci, suivant la concentration des acides employés [Heynsius, *Arch. neerland*, t. X, p. 1].

De ces trois matières, alcali-albumine, acide-albumine, syntonine, quelques auteurs ont fait trois espèces distinctes, bien que l'alcali-albumine, ou protéine (voyez la note de la page 58), se rapprochât beaucoup de la caséine. Il est possible, mais il n'est pas certain qu'il en soit ainsi. En tout cas, s'il était nécessaire de maintenir une distinction entre ces matières, il semble que la protéine, formée sous l'influence des alcalis, doive être séparée de la syntonine et de l'acide-albumine formée sous l'influence des acides. En effet, la matière albuminoïde formée sous l'influence des alcalis renferme une proportion moindre de soufre que l'acide-albumine et la syntonine, qui prennent naissance sous l'influence des acides. Ces deux derniers corps sont probablement identiques. Toutefois, les observations que nous allons rapporter étant assez confuses, il nous semble qu'il serait prématuré de se prononcer à cet égard.

J. Soyka [*Chem. Centr.* 1876, p. 361, 377, 392] n'a pu constater aucune différence entre l'acide-albumine et l'alcali-albumine. Les deux produits, en solution alcaline et en présence de phosphates alcalins neutres, se comportent de même et se précipitent de la même façon sous l'influence des acides.

Une semblable liqueur, préparée avec l'un ou l'autre produit, peut être amenée à réaction acide sans donner de précipité. Lorsqu'on atteint la limite de la précipitation, la liqueur étant tout à fait claire, on constate une réaction amphothère et le rapport du phosphate PhO^4HM^2 au phosphate PhO^4H^2M est alors égal à 1/9. Si la proportion de phosphate acide augmente, il se produit des précipités. Soyka propose de conserver les noms d'acide-albumine et d'albuminate pour les combinaisons avec les acides ou les alcalis, et d'appeler protéine la substance qui est unie tantôt aux acides, tantôt aux alcalis.

E. Eichwald [*Chem. Centr.* 1869, p. 561] a étudié les protéines du sang. Le sérum du sang étendu de dix fois son volume d'eau et soumis à l'action d'un courant d'acide carbonique donne, comme on le sait, un dépôt de *paraglobuline*. Cette paraglobuline est soluble dans les sels neutres; elle neutralise les solutions alcalines très étendues; les acides et même l'acide carbonique la précipitent de ces solutions.

Le liquide séparé par filtration de la paraglobuline, étant additionné d'acide acétique très étendu jusqu'à réaction faiblement acide, laisse déposer une matière légère, brunâtre, soluble dans le sel marin. Ces flocons, recueillis sur un filtre et lavés, refusent de se dissoudre dans les solutions des sels neutres, mais ils se dissolvent dans les alcalis, les acides et le phosphate de sodium; les acides et même l'acide carbonique séparent le produit de cette dernière dissolution. D'après ces caractères, le second précipité serait de la syntonine.

Le sérum étendu, ainsi débarrassé de paraglobuline et de syntonine, additionné de nouveau d'un peu d'acide acétique et étendu de beaucoup d'eau, laisse précipiter une nouvelle portion de syntonine. Il ne reste plus alors qu'une très petite quantité de produits coagulables par la chaleur.

Eichwald en conclut que l'albumine du sang ou la sérine est un mélange de paraglobuline et d'une substance transformable en syntonine.

L'*acide-albumine*, précipitée par les acides d'un mélange à volumes égaux de sérum du sang et de solution de sel marin, serait également, d'après l'auteur, un mélange de syntonine et de paraglobuline. L'acide-albumine étant dissoute dans l'eau, on peut précipiter peu à peu la syntonine par des additions de carbonate de sodium, tandis que la paraglobuline reste en solution. L'acide chlorhydrique à 10 °/₀ convertit cette dernière en syntonine.

Les solutions ammoniacales de syntonine se distinguent des solutions dans la soude, parce qu'elles ne sont pas précipitées lorsqu'on acidule la liqueur avec de l'acide chlorhydrique ou de l'acide acétique; elles se coagulent par la chaleur comme les solutions d'albumine et se comportent en général comme le sérum privé de paraglobuline.

P. Plosz [*Centralbl. f. d. med. Wiss.*, 1870, n° 15] combat les indications d'Eichwald concernant les propriétés de l'albumine du sérum et les circonstances qui, d'après ce dernier, provoquent la coagulation de la fibrine. En répétant les expériences, il a obtenu d'autres résultats.

Des solutions aqueuses de syntonine préparées avec le concours de l'ammoniaque précipitent par les acides aussi bien que les solutions potassiques; les solutions ammoniacales de sérine, au contraire, ne fournissent pas de précipité par neutralisation.

Il ne peut donc y avoir identité entre ces deux matières albuminoïdes. Par l'action simultanée du sel marin et de l'acide chlorydrique, on transforme l'albumine du sérum aussi bien que la paraglobuline en syntonine.

La syntonine précipite par la neutralisation de sa solution ammoniacale aussi bien que par l'addition d'un excès d'acide. La sérine reste, au contraire, en solution après neutralisation. Ces différences ne permettent pas de maintenir la théorie proposée par Eichwald pour expliquer la formation de la fibrine.

A. Béchamp [*Compt. rend.*, t. LXXVII, p. 1525], en se fondant sur les pouvoirs rotatoires des matières albuminoïdes, ne pense pas qu'elles puissent dériver d'un principe commun uni à d'autres corps.

Ajoutons que le mot *protéine* appliqué aujourd'hui, improprement peut-être, à la matière albuminoïde formée sous l'influence des alcalis, a été détourné du sens que lui attribuait Mulder. La théorie de la protéine n'a plus de partisans.

MATIÈRES ALBUMINOÏDES D'ORIGINE VÉGÉTALE.

Liebig a beaucoup insisté autrefois sur l'analogie que présentent les matières albuminoïdes d'origine animale avec celles qui sont élaborées par le règne végétal. Ce point de vue est encore accepté aujourd'hui.

A. Brittner [*N. Rep. Pharm.*, t. XXI, p. 66 et 129], après avoir comparé les caractères et la composition de l'albumine animale et de l'albumine végétale, de la fibrine animale et de la fibrine végétale, de la caséine animale et de la caséine végétale, arrive à conclure que les matières protéiques de l'organisme animal ne sont que des modifications des matières analogues que l'on trouve dans les plantes. D'après lui, la fibrine du sang et la fibrine végétale se comportent comme l'albumine d'œuf, l'albumine du sérum et l'albumine végétale sous l'influence des réactifs suivants: acides chlorhydrique et azotique bouillants; solution aqueuse d'iode; sucre et acide sulfurique étendu et chaud; solution alcaline de sulfate de cuivre; réactif de Millon. Les solutions de caséine et de légumine précipitent comme celles d'albumine par l'alcool, le tanin, les acides minéraux, les sels métalliques; elles précipitent en outre par les acides organiques qui sont sans action sur l'albumine. La caséine et la légumine se dissolvent dans les acides et les alcalis étendus, mais non dans l'eau.

ALBUMINE VÉGÉTALE.— Sous le nom d'*albumine végétale*, on réunit généralement les substances protéiques non précipitables par les acides étendus et coagulables par la chaleur seule que l'on rencontre dans les sucs et extraits aqueux des végétaux, et notamment dans les graines de céréales et dans les semences oléagineuses. Les précipités ainsi obtenus se distinguent suivant leur origine par leur teneur en azote, ainsi que par leur solubilité dans les acides et dans les alcalis. Les analyses donnent au contraire pour tous des doses assez rapprochées pour le carbone, l'hydrogène et le soufre.

Suivant Ritthausen [*Die Eiweisskörper*], les diverses albumines végétales contiennent :

	Semences de ricin.	Blé.	Orge.	Maïs.	Lupin.	Pois.	Fèves.
Carbone	53,31	53,12	52,86	52,31	52,63	52,94	54,33
Hydrogène	7,37	7,18	7,23	7,73	7,46	7,13	7,19
Azote	»	17,60	15,75	15,49	17,24	17,14	16,37
Soufre	»	1,55	1,18	»	0,76	1,04	0,80
Oxygène	»	20,55	22,98	»	21,91	21,75	21,22

La quantité de cendres varie de 2,6 à 4,6 °/₀. Le produit coagulé obtenu avec les pois et les fèves se dissout facilement dans la potasse et l'acide acétique; les autres produits résistent au contraire à ces agents.

On isole l'albumine végétale contenue dans la farine des céréales et des autres graines en acidulant légèrement avec de l'acide acétique l'extrait aqueux de la farine, après dépôt complet de l'amidon.

Le liquide filtré, au besoin, est porté et maintenu à l'ébullition, et les flocons d'albumine qui se séparent sont recueillis sur un filtre, puis lavés à l'eau, à l'alcool et à l'éther. L'eau mère de ces flocons renferme généralement encore des matières protéiques que l'on peut précipiter par l'acétate de cuivre et la potasse, en même temps que du phosphate de cuivre, ou séparer par évaporation.

Oudemans a trouvé ainsi dans la farine 0,26 à 0,30 °/₀ d'albumine coagulable par la chaleur et 1,55 à 1,90 °/₀ de matière albuminoïde non coagulable.

CASÉINES VÉGÉTALES.

Les matières protéiques qui se rapprochent le plus de la caséine par leurs caractères ont été étudiées par un grand nombre d'auteurs : Eihnof [*Journ. de Gehlen*, t. VI, p. 126 et 548], Braconnot [*Ann. Chim. Phys.* (2), t. XXXIV, p. 68, et t. XLIII, p. 347], Liebig [*Ann. Chem. Pharm.*, t. XXXI, p. 141] et, en dernier lieu surtout, par Ritthausen [*Die Eiweisskörper*, p. 230].

Ce dernier distingue trois espèces de caséines végétales : 1° la gluten-caséine, ou partie du gluten insoluble dans l'alcool froid ou bouillant (fibrine végétale de Liebig, zimome de Tadeï; albumine végétale insoluble de Berzelius); 2° la légumine des anciens auteurs ; 3° la conglutine, corps très voisin de la légumine, mais s'en distinguant par quelques caractères, et que l'on extrait des amandes et des semences de lupins.

Ces trois corps sont très peu solubles dans l'eau pure, très solubles dans les lessives alcalines faibles, les solutions de phosphates alcalins basiques, et précipitables de ces solutions par les acides et par la présure. Selon Ritthausen, l'acide phosphorique entre comme partie constitutive dans leur molécule. Des solutions et des précipitations successives amoindrissent la teneur en acide phosphorique sans amener une élimination complète. L'acide phosphorique, ainsi rencontré d'une manière constante, ne peut dériver d'un mélange de lécithine.

H. Ritthausen [*Journ. prakt. Chem.*, t. CIII, p. 65, 193, 273] considère comme un produit distinct la matière extraite des amandes et des semences de lupin et lui donne le nom de *conglutine*, en réservant celui de légumine pour la matière albuminoïde contenue dans les pois, les lentilles, les haricots, les féveroles. L'extraction des deux produits se fait de la manière suivante : La semence broyée est épuisée par de l'eau à 4 ou 8°, avec ou sans addition d'un peu de potasse caustique; après décantation, le liquide clair est précipité par l'acide acétique étendu (1/8); on décante et on filtre. La masse restée sur le filtre est additionnée d'alcool à 40 ou 50 °/₀. Elle se contracte et devient friable; sous cette forme, on l'épuise par l'alcool et ensuite par l'éther.

Ainsi préparées, ces substances protéiques sont solubles dans l'eau; bouillies avec un mélange à volumes égaux d'acide sulfurique et d'eau, elles fournissent une solution brun-rouge qui ne se trouble pas par l'addition d'eau; dissoutes dans l'eau alcaline, elles donnent, après addition de 1 à 2 gouttes de solution de sulfate de cuivre, une liqueur violette.

CONGLUTINE. — La conglutine, très voisine de la gliadine, ne se dissout que peu dans l'eau froide ou bouillante; la solution précipite peu abondamment par le tannin et ne donne qu'une faible coloration avec le réactif de Millon; elle se dissout aisément et sans décomposition dans les lessives alcalines étendues (potasse, soude, ammoniaque); les solutions sont jaunâtres et précipitent par les acides. Les phosphates alcalins basiques sont également de bons dissolvants, ainsi que les carbonates alcalins. L'acide acétique étendu dissout la conglutine à froid, mais mieux à chaud ou à un degré plus grand de concentration; le liquide jaunâtre précipite lorsqu'on le neutralise à peu près par un alcali. L'acide tartrique se comporte comme l'acide acétique. L'acide sulfurique étendu de son volume d'eau donne par l'ébullition une solution brun-rougeâtre claire. L'acide chlorhydrique concentré et chaud la dissout avec une coloration brun-violacé.

La conglutine bouillie avec 3 p. d'acide sulfurique et 6 p. d'eau donne de la tyrosine, de la leucine, 5 à 6 °/₀ d'acide glutamique et un acide auquel l'auteur a donné le nom d'*acide légumique*.

Fraîchement précipitée ou séchée, puis gonflée avec de l'eau, la conglutine se présente sous la forme d'une masse glutineuse, se desséchant en un produit vitreux jaunâtre adhérant au verre. Sous l'influence de la chaleur, elle fond et se décompose avec boursouflement et en laissant un volumineux résidu de charbon.

La conglutine renferme :

	Conglutine.			
	Amandes douces.	Amandes amères.	Lupin jaune.	Lupin bleu.
Carbone.....	50,24	50,63	50,83	50,66
Hydrogène...	6,81	6,88	6,92	70,3
Azote........	18,37	17,97	18,40	16,65
Oxygène.....	24,13	24,12	23,24	25,21
Soufre.......	0,45	0,40	0,91	0,45

Cendres...........	2,66	1,23	1,45	1,71	1,44
— contenant de l'acide phosphorique.	2,38	1,20	1,44	1,53	1,42

R. Pott [*Journ. für prakt. Chem.* (2), t. V, p. 355; t. VI, p. 91] a trouvé de l'acide aspartique en faible quantité parmi les produits d'oxydation de la conglutine du lupin, par le permanganate de potassium. Les autres produits sont, outre l'acide prussique, l'acide carbonique et l'ammoniaque : 1° une matière analogue à la caséine, précipitable par l'acide sulfurique, après filtration du bioxyde de manganèse, et qui forme une combinaison cuivrique; 2° des acides gras volatils dont on a préparé les sels de baryum; 3° un acide azoté; 4° une masse sirupeuse azotée.

LÉGUMINE. — La légumine est peu soluble dans l'eau froide ou chaude; bouillie avec de l'eau, elle devient insoluble dans les acides et les alcalis; elle est très soluble dans les liqueurs alcalines faibles, dans les solutions des phosphates alcalins basiques. L'acide acétique assez concentré la dissout également.

L'acide sulfurique concentré ou étendu de son volume d'eau la dissout facilement. La solution étendue donne à l'ébullition un liquide clair, brun foncé. Outre la tyrosine et la leucine, on obtient dans ces conditions une masse jaunâtre qui, dissoute dans l'eau et neutralisée par le carbonate de baryum, fournit par l'alcool un précipité visqueux et brillant; celui-ci, redissous et précipité, fournit un sel que l'auteur a d'abord envisagé comme du légumate de baryum. L'acide séparé par l'acide sulfurique et décoloré par le noir se sépare par concentration en grumeaux et en croûtes indistinctement cristallisées. Il est fortement acide; il décompose les carbonates; il se dissout facilement dans l'eau et se sépare en grumeaux par l'évaporation. L'alcool le dissout difficilement. Son analyse conduit à la formule

$$C^3H^{14}Az^2O^6 + 1/2\,H^2O.$$

Le sel de baryum a pour formule

$$(C^8H^{13}Az^2O^6)^2Ba.$$

L'acide légumique serait un isomère de l'acide succinamique.

Dans un travail plus récent, M. Ritthausen [*Journ. prakt. Chem.*, t. CVII, p. 218] reconnaît que l'acide décrit sous le nom d'acide légumique n'est qu'un mélange d'acides aspartique et glutamique avec une substance azotée non déterminée. On sépare les produits mélangés au moyen de l'alcool bouillant à 50 ou 60 %, qui dissout l'acide glutamique en laissant l'acide aspartique insoluble.

L'auteur de cet article a lui-même rencontré parmi les produits du dédoublement de l'albumine des composés acides, voisins par leur composition de l'acide légumique; il pense que ces substances peuvent être envisagées comme des acides de forme $C^n H^{2n-1} Az O^4$ avec des termes de la série $C^n H^{2n-1} Az O^2$.

La légumine fond et se boursoufle à une température assez élevée. Elle n'est pas identique avec la caséine du gluten.

Voici la composition de la légumine d'après M. Ritthausen :

	Légumine. Pois, lentilles, fèves.	Légumine. Haricots.	
Carbone.. ...	51,48	51,48	
Hydrogène.....	7,02	6,96	
Azote...........	16,77	14,71	
Oxygène.......	24,33	26,35	
Soufre	0,40	0,45	
Cendres..................	3,58	3,54	3,57
— contenant de l'acide phosphorique....	3,10	3,40	3,5

L'acide phosphorique contenu dans la légumine et la conglutine paraît combiné avec la matière organique et ne s'en sépare que très imparfaitement par une ébullition prolongée avec l'acide chlorhydrique.

R. Theil [*Jenaische Zeitschr. für Med. u. Naturw.*, t. IV, p. 264] a retiré la légumine des pois en précipitant par l'alcool l'eau de macération filtrée; le précipité est délayé dans l'alcool et digéré avec lui, et enfin lavé à l'éther. Séchée à 50° dans un courant d'air sec et enfin dans le vide, la légumine se présente sous forme d'une masse jaune, pulvérisable.

Elle contient 6,72 à 7,04 de cendres exemptes d'acide sulfurique. Chauffée à 140°, elle perd 12,73 % d'eau. La matière séchée à 140° contient, déduction faite des cendres : carbone, 51,30; H 7,51; azote, 16,88; soufre, 0,92; oxyde, 23,39.

Chauffée avec la potasse concentrée, la légumine fournit moins d'ammoniaque que l'albumine; l'ammoniaque devenue libre ne renferme pas les 2/10 du poids total de l'azote. On ne trouve ni leucine ni tyrosine dans le liquide alcalin.

En traitant l'avoine par une solution très étendue de potasse et en précipitant le liquide par l'acide acétique, Kreusler [*Journ. prakt. Chem.*, t. CVII, p. 17] obtient une substance qui, purifiée par l'éther et par l'alcool, offre des caractères et une composition voisine de ceux de la légumine :

$$C = 51{,}03;\ H = 7{,}49;\ Az = 17{,}14;$$
$$S = 0{,}79;\ O = 22{,}93.$$

GLUTEN-CASÉINE. — La gluten-caséine se prépare, d'après M. Ritthausen (*loc. cit.*), par la digestion du gluten frais et très divisé dans de l'alcool à 60 ou 70 %, puis dans de l'alcool à 80-85 % en grand excès et tant qu'il se dissout quelque chose; ce résidu est dissous à froid dans de l'eau alcalinisée avec 1,5 à 2 grammes de potasse caustique par litre. On emploie un litre de ce liquide pour 300 grammes de gluten frais initial. Le mélange bien agité est abandonné au repos pendant 24 à 48 heures; la solution, troublée par des corps gras en émulsion, est décantée et précipitée par l'acide acétique ou l'acide sulfurique, en léger excès. Il se précipite des flocons épais caséeux. On lave à l'eau par décantation, puis à l'alcool tiède (30-40°) à 70 %; enfin on traite par l'alcool absolu. La gluten-caséine est insoluble dans l'eau froide ou bouillante et se convertit par l'eau bouillante en une modification insoluble dans les alcalis et les acides; il en est de même si on la sèche à chaud sans l'avoir déshydratée par l'alcool.

L'acide acétique, et en général les acides qui dissolvent le gluten, dissolvent aussi plus ou moins bien la gluten-caséine. Les alcalis fixes étendus la dissolvent aisément; de même l'alcool chargé d'acide acétique. Les solutions alcalines sont précipitées par les sels métalliques.

La farine de blé donne en moyenne 3,6 % de ce corps.

Bouillie avec l'acide sulfurique étendu, elle fournit de la tyrosine, de la leucine, 5 % d'acide glutamique, 0,33 % d'acide aspartique et une forte proportion de principes incristallisables.

Elle contient :

Carbone.............	52,91 —	50,98
Hydrogène..........	7,04 —	6,71
Azote	17,14 —	17,31
Oxygène............	21,91 —	24,10
Soufre..............	0,96 —	0,90

Combinaisons cuivriques des caséines. — H. Ritthausen et R. Pott [*Journ. prakt. Chem.* (2), t. VII, p. 361] ont préparé des combinaisons cuivriques de la gluten-caséine, de la caséine du lait, ainsi que des substances protéiques solubles dans l'eau et l'alcool. Les matières protéiques dissoutes dans l'eau acidulée ou alcaline (l'albumine exceptée) sont entièrement précipitées par les sels de cuivre lorsqu'on neutralise à peu près la liqueur; il se produit ainsi des combinaisons directes des matières albuminoïdes avec l'oxyde de cuivre. Ces composés sont solubles dans les alcalis caustiques étendus et sont reprécipités intacts par la neutralisation. La quantité d'oxyde de cuivre que prend une matière albuminoïde pour former un composé encore soluble est limitée et variable avec la nature de la substance. Ces composés se prêtent aux déterminations quantitatives de cette classe de corps.

Les diverses espèces de caséine végétale n'offrent pas les mêmes caractères en combinaison cuivrique; celle de la légumine est très peu soluble dans l'eau, et la matière protéique n'y subit pas de modification.

La conglutine éprouve une décomposition partielle avec dégagement d'ammoniaque; la combinaison cuivrique est un peu soluble dans l'eau.

La gluten-caséine n'est que peu modifiée, mais sa combinaison est assez soluble.

CASÉINE VÉGÉTALE CRISTALLISÉE. — On rencontre dans un certain nombre de produits végétaux des corpuscules très tenus, arrondis ou ovoïdes, et dont le diamètre n'excède pas 3 à 12 millièmes de millimètre. Ces corpuscules, qui ont été découverts par Hartig et décrits sous le nom d'*aleurone* (voir p. 90), sont formés par une matière albuminoïde et sont généralement désignés aujourd'hui sous le nom de *granules de protéine*. Ils renferment quelquefois des éléments cristalloïdes. Il en est ainsi dans la noix de Para (*Bertholletia excelsa*), dans les semences de ricin, dans les pellicules de pommes de terre. La substance cristalloïde de la noix de Para, qu'on a quelquefois comparée à la caséine végétale, a été récemment l'objet de quelques travaux.

D'après N. Sachsse [*Sitzungsberichte der naturforsch. Gesellsch.*, Leipzig, 1876, p. 23], on parvient à séparer les granules de protéine de la noix de Para en triturant ce produit avec de l'huile d'olive. Après élimination du corps gras par décantation et lavage à l'éther, on malaxe doucement le résidu avec de l'alcool; puis on dissout dans l'eau tiède (40 à 50°); on filtre chaud, et l'on dirige dans le liquide un courant d'acide carbonique. Il se sépare de petites lamelles qui, souvent, montrent encore au microscope des indices de facettes gonflées.

Weyl [*Zeitschrift für physiol. Chem.*, t. I, p. 87, et 1877, p. 76] conseille d'opérer de la manière suivante : La noix de Para, préalablement débarrassée de la peau brune qui la recouvre, et divisée en lamelles fines, est agitée successivement avec de l'éther, puis avec de l'eau; les cristaux qui se rassemblent au fond du liquide sont broyés à froid dans un mortier avec une solution de sel marin au dixième. La solution est précipitée par l'eau, dans laquelle on fait passer un courant d'acide carbonique pour compléter la précipitation. Ce traitement est répété plusieurs fois, après quoi la matière amorphe qui s'est déposée est lavée à l'eau pure et froide. On a trouvé à l'analyse :

	Sachsse.	Weyl. Cendres déduites.
Carbone	51	52,43
Hydrogène	7,25	7,12
Azote	18,06	18,10
Oxygène	21,51	21,80
Soufre	1,36	0,55
Acide phosphorique	0,82	»
Cendres	0,76	»

GLUTEN.

M. Ritthausen [*Die Eiweisskörper*, p. 28] a séparé du gluten quatre principes distincts.

La partie insoluble dans l'alcool est la gluten-caséine, déjà décrite (l'une des trois caséines végétales); la portion dissoute se laisse scinder en trois corps désignés sous les noms de *gluten-fibrine, gliadine, mucédine*.

Les farines contiennent en moyenne 78,3 % de leur azote sous forme de gluten et 21,7 % sous forme d'autres matières albuminoïdes.

GLIADINE. — La gliadine s'obtient le plus facilement, d'après Ginsberg, par l'ébullition du gluten avec beaucoup d'eau; le liquide évaporé fournit la gliadine assez pure, tandis que le résidu insoluble contient des produits de décomposition de la gliadine et de la mucédine, ainsi que les modifications insolubles de la gluten-caséine et de la gluten-fibrine. Cette méthode ne peut donc servir qu'à l'extraction de la gliadine.

Ritthausen isole la gliadine en procédant comme il suit : Le gluten, divisé en petits fragments, est épuisé par l'alcool froid; le résidu est dissous dans la potasse étendue et froide; la solution, éclaircie par le repos, est précipitée par l'acide acétique.

Le précipité est épuisé à 30° par de l'alcool d'une richesse de 70-75 %. Par le refroidissement, la gliadine se sépare sous la forme d'une substance visqueuse que l'on dissout dans l'acide acétique étendu et froid. Le liquide éclairci est précipité par la potasse, et le précipité est épuisé par l'alcool, par l'éther et en dernier lieu par l'alcool. Hydratée, la gliadine se présente sous la forme d'une masse visqueuse qui durcit sous l'influence de l'alcool absolu et se convertit en une masse jaunâtre, d'aspect terreux, hygroscopique et s'électrisant facilement.

L'eau la convertit à froid en fragments gluants et mous dont une partie se dissout. Par une ébullition prolongée avec l'eau, la gliadine s'altère partiellement et devient insoluble.

L'eau alcaline dissout mieux la gliadine que l'eau pure; cette solubilité augmente si l'on ajoute de l'alcool jusqu'à une teneur en alcool de 70 %, puis elle diminue. L'alcool absolu ne dissout pas la gliadine. Les acides et les alcalis étendus la dissolvent aisément, et le produit se précipite de nouveau par la neutralisation du liquide, sous forme d'une masse visqueuse.

Les solutions alcalines de gliadine précipitent la plupart des sels métalliques en donnant des dépôts visqueux. La solution dans l'acide acétique précipite par le bichlorure de mercure.

COMPOSITION DE LA GLIADINE.

	Blé	Avoine.
C	52,60	52,59
H	7,00	7,65
Az	18,06	17,71
S	0,85	1,66
O	21,49	20,39

W. Kreusler [*Journ. für prakt. Chem.*, t. CVII, p. 17] a retiré de l'avoine un corps analogue à la gélatine végétale ou gliadine; il n'en diffère que par une proportion double de soufre. Voici le procédé à l'aide duquel on l'obtient : L'avoine moulue est mise en digestion à la température ordinaire, avec de l'alcool à 80 %, pendant six heures. On filtre et l'on évapore au tiers; la masse qui se sépare est épuisée par l'alcool absolu et par l'éther. Le résidu est traité par l'acide acétique étendu, qui n'en dissout qu'une partie. Le liquide clair est précipité par la potasse; le dépôt est dissous dans l'alcool chaud à 60 % et précipité de nouveau par l'alcool absolu. En répétant ces traitements, on obtient un produit qui offre la composition indiquée plus haut.

MUCÉDINE. — On la retire de l'eau mère alcoolique qui a servi à préparer la gluten-fibrine ou des premiers précipités obtenus par saturation fractionnée des solutions acétiques, dans la préparation de la gliadine. Elle ne se distingue, du reste, de cette dernière que par une plus grande solubilité dans l'eau. Elle contient :

Carbone	54,11
Hydrogène	6,90
Azote	16,63
Soufre	0,88
Oxygène	21,48

GLUTEN-FIBRINE. — Les extraits alcooliques du gluten, étant concentrés de manière à renfermer 40 à 50 % d'alcool, laissent déposer par refroidissement une masse visqueuse et assez claire formée en grande partie de gluten-fibrine mélangée avec un peu de gluten-caséine et renfermant de la graisse. Le précipité est traité par l'alcool absolu bouillant; le liquide concentré et refroidi est précipité par l'éther, traitement qui fournit le produit à peu près pur, sous forme de flocons blancs volumineux.

La gluten-fibrine est insoluble dans l'eau et se transforme par l'ébullition en modifications insolubles. La dessiccation à chaud produit le même résultat. Elle est assez soluble dans l'alcool chaud de 30 jusqu'à 70 %. Une ébullition prolongée de ces solutions détermine aussi la conversion en modification insoluble.

Pendant l'évaporation des solutions étendues, il se forme à la surface des pellicules épaisses qui se reproduisent à mesure qu'on les enlève. Les acides et les alcalis étendus dissolvent aisément et sans décomposition la gluten-fibrine; elle se reprécipite par la neutralisation de ces liqueurs. Les sels métalliques y provoquent des précipités.

ZÉINE. — D'après Stepf et Ritthausen [*Jahresb. für Chem.*, 1859, p. 592. et *Journ. prakt. Chem.*, t. CVI p. 471], le maïs contient une substance analogue à la gluten-fibrine, mais qui s'en distingue par une teneur moindre en azote. C'est la zéine.

L'auteur prépare la zéine de Stepf en faisant digérer la farine de maïs pendant une heure, à 40 ou 50°, avec de l'alcool à 85 %; on filtre et l'on concentre la solution à la moitié de son volume. Par le refroidissement, il se sépare une masse rougeâtre que l'on dissout à chaud dans de l'alcool à 90 %. La solution est versée dans de l'alcool absolu, qui précipite la plus grande partie de la substance. On peut aussi verser la solution alcoolique en filet mince dans de l'éther et laver les filaments blancs, qui se séparent à l'éther, puis à l'alcool absolu. De cette façon, on obtient environ 5 % de zéine ou *fibrine de maïs.*

Le produit lavé à l'alcool absolu est assez résistant, un peu mou et sans élasticité. Séché, il se présente sous forme d'une masse cornée, jaunâtre, cassante, mais non pulvérisable, insoluble dans l'eau, peu soluble dans l'alcool étendu; assez soluble, même à froid, dans l'alcool de 70 à 90 %. Cependant la solution distillée ne laisse pas précipiter le produit initial; il reste à la fin une masse huileuse qui, étalée sur des plaques en verre, se dessèche sous forme de peaux continues incolores.

La fibrine du maïs est facilement soluble dans une lessive de potasse très étendue (0,1 %); les acides la reprécipitent intacte de cette solution.

L'acide acétique cristallisable la dissout facilement, surtout à chaud; le liquide précipite par le cyanure jaune, le sous-acétate de plomb et beaucoup d'autres sels.

L'acide chlorhydrique concentré fournit à froid une solution brunâtre.

Bouillie pendant un temps assez long avec de l'eau ou avec de l'alcool très étendu, la fibrine du maïs perd sa solubilité dans l'alcool, la soude caustique ou l'acide acétique cristallisable.

Les analyses de gluten-fibrine et de zéine ont fourni comme moyenne de six déterminations concordantes :

	Zéine de maïs.	Gluten-fibrine du blé.
Carbone	54,69	54,31
Hydrogène	7,51	7,18
Azote	15,58	16,89
Soufre	0,69	1,01
Oxygène	21,53	20,60

On le voit, la zéine est donc très voisine par ses caractères de la fibrine du gluten [*Jahresb. für Chem.*, 1866, p. 719] et n'en diffère que légèrement par la composition.

COMPOSITION ET POIDS MOLÉCULAIRE DES SUBSTANCES ALBUMINOÏDES.

La composition élémentaire des diverses substances albuminoïdes a été établie par de nombreuses analyses, et il reste peu de chose à faire dans cette direction. La teneur en azote paraît avoir été trouvée trop faible dans les anciennes analyses, où l'on n'a pas assez tenu compte de la nécessité de n'opérer qu'avec des produits très divisés. Ainsi, pour l'albumine, on a longtemps admis 15,6 d'azote %, tandis que, d'après Thiry et Schützenberger, ce corps contient 16,5 à 16,7 % d'azote.

Quant au poids moléculaire, il n'a pu être déterminé qu'à l'état de limite inférieure, faute de densités de vapeur. En tenant compte de l'analyse de la protéine formée par l'action à froid de la potasse caustique sur les solutions concentrées d'albumine et de la composition des sels métalliques solubles ou insolubles qu'elle engendre, Lieberkühn a admis la formule

$$C^{72}H^{112}Az^{18}SO^{22},$$

les sels étant

$$C^{72}H^{112}Az^{18}SO^{22}(MHO)^2$$

ou $$(C^{72}H^{112}Az^{18}SO^{22})^2M''H^2O^2,$$

$$(C^{72}H^{112}Az^{18}SO^{22})M''H^2O^2.$$

Rien ne prouve que cette expression ne doive pas être doublée ou triplée, ou que la protéine de Lieberkühn ne représente pas déjà un produit de dédoublement de l'albumine, dont le poids moléculaire serait plus simple.

On a cru pouvoir établir le poids moléculaire en se fondant sur la composition des précipités fournis par le platinocyanure de potassium; mais Fuchs [*Ann. der Chem. u. Pharm.*, t. CLI, p. 372] a montré que ces précipités ont une composition très variable suivant la manière dont ils sont lavés et suivant la durée du lavage.

La teneur en platine peut osciller entre 5,8 à 1,5 %. Le précipité obtenu avec l'albuminate de Lieberkühn et le sulfate d'argent renferme 3,3 % d'argent. Lieberkühn y avait trouvé 6,56 %.

Les composés insolubles formés par le chlorure platinique ajouté à une solution d'albumine acidulée ont une composition plus constante et renferment 7,96 à 8,77 % de métal.

En résumé, les poids moléculaires des matières albuminoïdes restent encore indéterminés.

F. Farsky [*Wien. Acad. Bericht.* (2 Abth.), t. LXXIV, p. 69] a formé des combinaisons des matières albuminoïdes avec l'acide salicylique.

Les produits obtenus avec l'albumine d'œuf, la caséine, la fibrine et la syntonine contiennent en moyenne 14,16 % d'acide salicylique.

L'auteur représente leur composition par la formule

$$C^{72}H^{112}Az^{18}SO^{22} + 2C^7H^6O^3.$$

100 p. d'eau dissolvent à 40° 0,005130 p. et à 100° 0,00708 p. de salicylate d'albumine; 100 p. de suc gastrique dissolvent à 40° 0,00796 p. de ce produit.

CONSTITUTION DES MATIÈRES ALBUMINOÏDES.

De nombreuses tentatives ont été faites pour établir la constitution des matières albuminoïdes. On a essayé diverses méthodes, qui ont conduit à des solutions plus ou moins approchées, et le plus souvent très incomplètes, parce qu'à côté d'une ou deux substances définies les réactions fournissaient une masse incristallisable très abondante et dont la nature restait aussi inconnue que celle de la substance albuminoïde elle-même.

L'action des agents oxydants, tels que l'acide chromique, le bioxyde de manganèse et l'acide sulfurique, le permanganate de potassium, le brome en présence de l'eau, a fourni quelques renseignements utiles; mais les produits obtenus sont trop éloignés de la substance originelle, et leur formation peut s'interpréter de trop de manières pour qu'il soit possible d'en tirer des conclusions ne prêtant pas à discussion.

Agents d'hydratation. — Les agents d'hydratation ont conduit à des résultats importants.

L'expérience a démontré que la molécule d'une matière albuminoïde peut se scinder, en fixant de l'eau, en termes plus simples et de composition définie. La réaction est donc comparable à la saponification des corps gras, aux dédoublements des éthers composés, à la transformation des substances amylacées et cellulosiques en sucres; elle s'en distingue néanmoins par une plus grande complication.

L'hydratation et le dédoublement peuvent être plus ou moins complets suivant la nature de l'agent employé et les conditions de son action. Ainsi les ferments solubles, l'ébullition avec les acides ou les alcalis donnent lieu à la séparation de tyrosine et de leucine, qu'accompagnent encore de fortes proportions de substances colloïdales indéterminées. La tyrosine et la leucine représentent les premiers termes simples et aussi les plus constants du dédoublement. En épuisant l'action des alcalis et en opérant surtout à des températures plus élevées que 100°, on arrive à se rendre maître des colloïdes et à les partager complètement en corps de composition relativement peu complexe. Nous exposerons d'abord les résultats les plus complets pour arriver ensuite aux phénomènes de dédoublements moins avancés, qui se comprendront mieux et pourront recevoir leur véritable interprétation.

M. Schützenberger [*Ann. de Chim. et de Phys.* (5), t. XVI, p. 289] s'est proposé de choisir une réaction de décomposition nette et facile à interpréter, d'étudier cette réaction d'une façon complète et méthodique, et de construire, au moyen des seuls résultats de l'expérience et sans le secours d'aucune hypothèse, une équation de décomposition ayant pour premier membre la matière albuminoïde et pour second membre *tous* les termes de la réaction.

Ayant observé que les matières albuminoïdes soumises à l'action d'une solution d'hydrate de baryum, dans des conditions convenables, se transforment intégralement en principes cristallisables ou définis, l'auteur a pensé que l'étude complète et approfondie de cette réaction devait conduire à la solution du problème de la constitution des matières protéiques ou albuminoïdes, ou tout au moins avancer la question.

La méthode expérimentale consiste à chauffer, dans un vase hermétiquement clos, un mélange de matière albuminoïde et d'une solution concentrée d'hydrate de baryum.

Les proportions relatives de substance organique et d'hydrate de baryum, la température à laquelle ce mélange est porté, ainsi que la durée de l'expérience, ont varié entre certaines limites. L'influence de ces modifications sur le mode de décomposition a été déterminée par l'examen des produits formés.

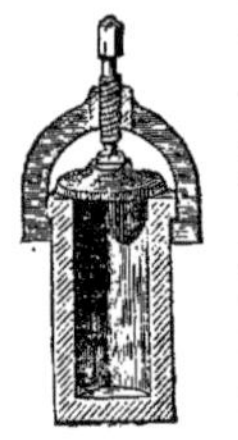

Pour éviter l'action assez énergique qu'exerce l'hydrate de baryum sur le verre lorsqu'on dépasse 100°, et même déjà à cette température si l'on prolonge le contact, on a fait constamment usage d'un vase en acier fondu.

Fig. 1. — Autoclave pour la décomposition des matières albuminoïdes par la baryte.

L'appareil se compose (fig. 1) d'un cylindre creux foré dans un bloc d'acier fondu, à parois internes bien dressées et polies. L'épaisseur du vase est suffisante pour lui permettre de résister à des pressions bien supérieures à celles auxquelles il est soumis. Le cylindre est fermé par un bouchon en acier fortement appliqué par l'intermédiaire d'un étrier en fer forgé et d'une vis de pression. Le joint est rendu hermétique au moyen d'une rondelle en plomb placée entre le cylindre et le bouchon. Le métal comprimé pénètre dans une série de fines gouttières circulaires et concentriques, creusées dans la section annulaire supérieure de la paroi du cylindre. On évite ainsi les moindres fuites, et le niveau du liquide ne varie pas, même après huit jours d'expérience, à 200°.

Quelles que soient les conditions de proportion, de température et de durée de chauffe, le traitement du contenu du vase s'exécute de la même manière.

Celui-ci n'est ouvert qu'après complet refroidissement. Généralement on constate l'absence de pression et de gaz insolubles dans l'eau; quelquefois, si la température a été portée à près de 200° et si l'on a employé une forte proportion de baryte, il sort un peu d'hydrogène du cylindre au moment où l'on desserre la vis. Cet hydrogène, qui n'est mélangé d'aucune trace de carbure, provient, comme on s'en est assuré, d'une action secondaire du fer sur l'hydrate de baryum.

Le contenu répand une odeur ammoniacale prononcée, accompagnée d'une odeur désagréable rappelant celle des matières fécales; il se compose d'un liquide ou solution aqueuse jaune ambré et d'un dépôt solide formé d'un mélange de cristaux d'hydrate barytique et d'un précipité grenu, grisâtre, constitué par des sels barytiques insolubles.

Le tout est versé dans une grande fiole à fond plat. On lave bien l'intérieur du vase à l'eau froide, de manière à réunir dans la fiole la totalité de la baryte et du dépôt insoluble, et à ne rien laisser dans le vase métallique. Au moyen d'une tige cylindrique en bois, munie d'une brosse en fils de fer, on arrive facilement à détacher les parties du dépôt adhérentes aux parois lisses du cylindre en acier.

La fiole, qui doit être d'une capacité double du volume du liquide qu'elle reçoit, est mise en communication avec un réfrigérant de Liebig descendant. Celui-ci (fig. 2) est relié à deux flacons de 1 litre de capacité, à gros goulot, munis de bouchons en liège percés de deux trous et fonctionnant comme des flacons de Woolf. Le premier, celui qui est en relation avec le réfrigérant, est vide; le second, relié au premier par un tube adducteur plongeant jusqu'au fond, renferme une solution moyennement concentrée d'acide chlorhydrique. La fiole est chauffée sur un bain de sable. On distille assez de liquide pour expulser toute l'ammoniaque et tous les produits volatils, en même temps qu'une certaine quantité d'eau.

L'opération étant terminée, on mélange la solution chlorhydrique du second flacon avec l'eau ammoniacale distillée et condensée dans le premier; le tout est étendu à 1 litre et conservé pour le dosage de l'ammoniaque. L'acide chlorhydrique employé doit être plus que suffisant pour saturer l'ammoniaque.

Le liquide barytique resté dans la fiole, complètement privé d'ammoniaque et de produits volatils, ne répand plus qu'une odeur peu marquée. On le verse encore chaud sur un filtre taré, à l'abri de l'acide carbonique de l'air. La partie insoluble, restée sur le filtre, est lavée à l'eau bouillante, séchée et pesée.

Elle se présente sous forme d'une poudre grenue, cristalline, de couleur gris clair, quelquefois jaunâtre, par suite de la présence de quantités variables d'oxyde de fer formé par l'attaque des parois du cylindre.

Des expériences directes ont montré que vers 200° l'hydrate de baryum en solution concentrée agit sur le fer et donne lieu à la formation d'oxydule de fer et d'hydrogène.

Le liquide filtré est complètement précipité par un courant prolongé d'acide carbonique, jusqu'à refus d'absorption. Il reste toujours une certaine quantité de baryte non éliminable par l'acide carbonique, et cette quantité varie suivant que la précipitation a lieu dans le liquide froid ou maintenu à l'ébullition; dans le second cas, elle est notablement plus élevée.

Il convient donc, pour avoir des résultats constants, d'opérer toujours la précipitation par l'acide carbonique dans les mêmes conditions, soit à froid, soit à l'ébullition.

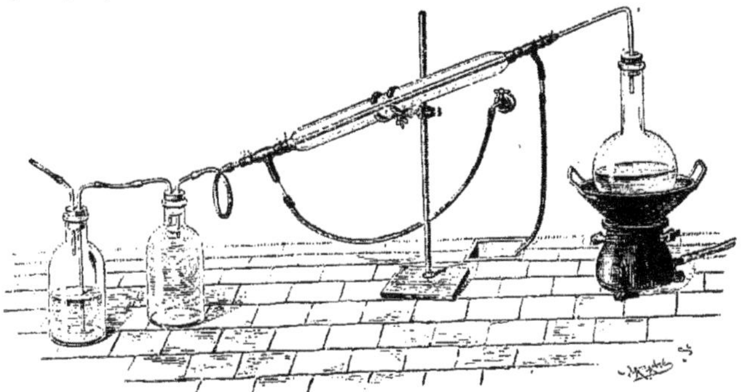

Fig. 2. — Dosage de l'azote ammoniacal des matières albuminoïdes.

On filtre et on lave à l'eau jusqu'à épuisement. Le liquide filtré et les eaux de lavage sont concentrés, et la baryte restée en solution est *exactement* précipitée par l'acide sulfurique; on filtre et on lave le sulfate de baryum, qui est séché et pesé. Ce poids donne en équivalent de bases la quantité d'acides forts contenue dans le mélange. La constance du résultat fourni dans diverses expériences faites avec une même substance albuminoïde permet d'utiliser cette donnée dans la discussion générale.

Le liquide séparé par filtration du sulfate de

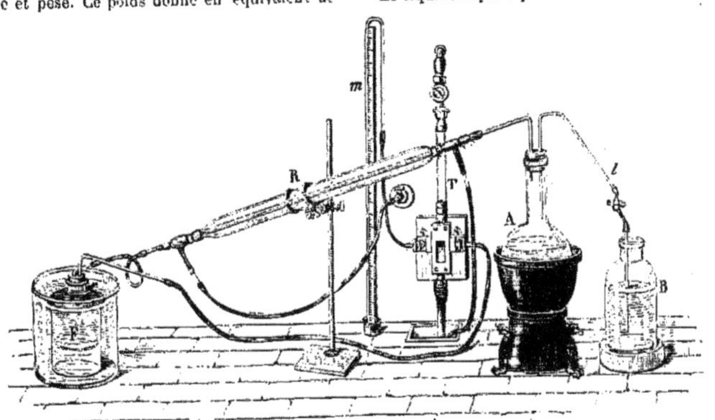

Fig. 3. — Appareil pour évaporer dans le vide les liquides provenant de la décomposition des matières albuminoïdes.

baryum offre une réaction franchement acide; l'analyse qualitative y démontre la présence d'acide acétique accompagné de traces d'acide formique; il convient donc de doser l'acide acétique, dont la proportion s'est également révélée constante.

A cet effet, une fois la précipitation de la baryte non éliminable par l'acide carbonique effectuée, au moyen d'une quantité strictement équivalente d'acide sulfurique, on distille le liquide dans le vide jusqu'à siccité complète, en condensant et recueillant toute l'eau qui distille.

Afin d'éviter l'obligation de distiller une trop grande quantité de liquide aqueux, il convient d'évaporer dans une capsule à l'air libre, avant la précipitation de la baryte par l'acide sulfurique, jusqu'au volume de 1 litre environ pour 100 grammes de matière albuminoïde.

Tant que la solution est neutre, l'évaporation à l'air s'effectue sans coloration sensible; mais, une fois la baryte précipitée, il est nécessaire d'opérer dans le vide et une basse température (40 à 50°) si l'on veut éviter de voir prendre à la solution une teinte de plus en plus foncée.

L'appareil d'évaporation (fig. 3) se compose d'un ballon A de 1,5 à 2 litres de capacité, à parois assez épaisses pour résister à la pression de l'atmosphère lorsque le vide y est effectué. Ce ballon, fixé dans un bain-marie, est fermé par un bon bouchon en caoutchouc percé de deux trous. Dans l'un s'engage le tube courbé à angle aigu d'un réfrigérant de Liebig R, placé dans sa position descendante de distillation. Le second trou porte un tube en verre courbé en siphon, dont l'une des branches pénètre jusqu'au centre du ballon, et dont l'autre se compose de deux morceaux reliés par un tube en caoutchouc muni d'une bonne pince de pression *l*. L'extrémité inférieure et externe de ce siphon plonge dans le liquide à évaporer. Le siphon est destiné à l'alimentation.

Le vide étant fait dans le ballon, il suffit de desserrer légèrement la pince de pression du caoutchouc pour laisser rentrer une quantité convenable du liquide à distiller. C'est aussi par ce tube qu'on peut laisser pénétrer l'air à la fin de l'expérience.

L'extrémité du tube réfrigérant opposée à celle qui est engagée dans le ballon communique, par un caoutchouc à vide de 25 à 30 centimètres de long, avec un tube recourbé, adapté par sa seconde branche à un bouchon en caoutchouc, fixé à un récipient en verre fort F, plongé dans l'eau froide. Ce récipient communique, d'autre part, avec une trompe à eau d'Alvergniat T, faisant le vide à moins de 1 centimètre près.

Le tout étant en place et le ballon contenant 1/2 litre environ de liquide, on laisse fonctionner la trompe jusqu'à un vide de 750 millimètres, ce qui n'exige que quelques minutes; puis on ferme la communication de l'appareil avec la trompe.

La distillation continue à se faire régulièrement si l'on alimente de temps en temps, et si l'on complète le vide de quart d'heure en quart d'heure, pour compenser les très légères pertes que peuvent offrir les joints.

Certaines liqueurs moussent avec une telle facilité, qu'il est presque impossible de les distiller ainsi, sans voir la mousse entraînée dans le récipient, à moins de n'introduire dans le ballon que 20 à 25 centimètres cubes de liquide et d'alimenter goutte à goutte, d'une manière continue, en desserrant très légèrement la pince à vis du tube en caoutchouc.

Cet inconvénient s'observe toutes les fois que l'action de la baryte n'a pas été poussée assez loin et qu'il reste des colloïdes dans la liqueur. Dans les expériences complètes, lorsque tout est converti en cristalloïdes, il n'y a pas de mousse, et l'opération est facile à diriger.

Le liquide aqueux distillé est recueilli pour le dosage alcalimétrique de l'acide acétique; il ne renferme que de l'eau et de l'acide acétique mélangé de *traces* d'acide formique.

Le résidu solide, resté dans le ballon, est maintenu dans le vide et chauffé à 100° au bain-marie jusqu'à ce qu'il ne passe plus la moindre trace d'eau à l'extrémité du réfrigérant. On arrive ainsi à une dessiccation complète, que l'on peut rendre absolue, dans le vide à 100°, en remplaçant le premier flacon condensateur par un autre contenant de l'acide sulfurique concentré, et en déterminant une légère aspiration d'air sec au moyen de la trompe et du tube à siphon, dont on ouvre la pince quelque peu.

Le résidu ainsi obtenu est jaune clair, friable, et se détache très facilement des parois du ballon. Il contient tous les principes fixes formés aux dépens de la matière organique, et il les renferme dans les proportions dans lesquelles ils ont pris naissance. Nous donnerons à ce résidu le nom de *résidu fixe*.

Si l'on a eu soin de peser le ballon vide en en prenant le poids avec le résidu fixe, on aura par différence le poids de ce résidu. L'importance de cette détermination n'échappera à personne; aussi ne saurait-on apporter trop de soin à la rendre aussi exacte que possible. J'ai reconnu que, malgré des lavages prolongés à l'eau bouillante, le précipité de carbonate de baryum formé par l'acide carbonique pouvait retenir énergiquement quelques grammes de matière organique. Il est nécessaire de le délayer dans l'eau bouillante, de le décomposer par une quantité strictement équivalente d'acide sulfurique, de filtrer et de laver le sulfate de baryum, enfin d'évaporer à sec, dans le vide, le liquide filtré et les eaux de lavage, afin de pouvoir ajouter le poids du résidu à celui du résidu fixe obtenu précédemment. En négligeant cette précaution, on peut commettre une erreur de 5 à 8 °/₀ dans cette détermination.

Le résidu fixe détaché des parois du ballon est broyé, afin d'obtenir un mélange homogène, puis soumis à l'analyse élémentaire et à l'analyse immédiate. Ce broyage préalable est nécessaire, car, pendant la concentration, certains principes peu solubles, tels que la leucine et la tyrosine, se séparent en cristallisant et peuvent se trouver inégalement répartis dans la masse des eaux mères desséchées.

En résumé, la matière protéique soumise à l'expérience se trouve ainsi décomposée de la manière suivante :

1° Solution chlorhydrique d'ammoniaque contenant des traces de produits volatils (pyrrol et un corps homologue);

2° Sels barytiques insolubles dans l'eau, formés pendant la réaction de la baryte aqueuse sur la matière albuminoïde;

3° Acide acétique;

4° Résidu fixe ou mélange de tous les principes solides fixes au-dessus de 100°, formés aux dépens de la substance albuminoïde.

L'expérience, conduite comme il vient d'être dit, a fourni pour l'albumine d'œuf coagulée par la chaleur les produits que l'on vient d'énumérer et au sujet desquels nous allons donner quelques indications, en insistant particulièrement sur l'analyse du résidu fixe.

1° AMMONIAQUE. — La dose d'ammoniaque, mise en liberté par la baryte, varie avec la température à laquelle on porte le mélange.

Nasse [*Chem. Centralbl.*, 1873, p. 124 et 137] avait déjà fait bouillir les matières albuminoïdes pendant 40 à 60 heures avec de l'eau de baryte et déterminé l'ammoniaque devenue libre dans ces conditions.

En appelant Q le rapport de l'azote ammoniacal à l'azote total, on a trouvé :

Albumine d'œuf....	0,116; 0,134; 0,190; 0,197; 0,207
Caséine............	0,112; 0,177
Glutine............	0,117
Albumine du sang..	0,152; 0,158; 0,203
Gluten.............	0,154; 0,237; 0,261; 0,300
Albuminate alcalin..	0,187; 0,187
Légumine..........	0,194
Fibrine............	0,204
Mucine............	0,240

La même recherche a été faite en décomposant

les matières albuminoïdes par l'acide chlorhydrique et en distillant rapidement le produit avec de l'eau de baryte.

On a trouvé ainsi :

Albumine d'œuf	0,0385 ; 0,101 ; 0,102 ; 0,112
Caséine	0,0330 ; 0,0798 ; 0,125
Gélatine	0,0335
Albumine du sang	0,0575 ; 0,0820 ; 0,0552
Albuminate alcalin du sang	0,0772
Albuminate alcalin de l'œuf	0,0986
Fibrine	0,100
Légumine	0,102
Gluten	0,170 ; 0,181 ; 0,257.

Nasse suppose que l'azote qui se dégage ainsi sous forme d'ammoniaque, c'est-à-dire l'azote faiblement combiné, dérive d'amides et d'amides acides, tandis que la plus grande partie de l'azote se trouve combinée sous forme d'acides amidés.

Dans les conditions où s'est placé Nasse, l'action de la baryte n'est pas complète, et les conclusions à tirer des résultats n'ont qu'une portée limitée. Si l'on emploie 2 à 3 p. au moins de baryte hydratée cristallisée pour 1 p. d'albumine sèche, et si l'on chauffe à 150°, on dégage environ 4 °/₀ d'azote ou le quart de l'azote total sous forme d'ammoniaque.

Il se sépare en même temps du carbonate et de l'oxalate de baryum, dont les doses et les proportions relatives varient avec les quantités de baryte employées, la température et la durée de chauffe.

Le tableau ci-joint résume les résultats en ce qui concerne l'azote ammoniacal, le carbonate et l'oxalate de baryum.

Conditions de l'expérience.	Azote ammoniacal.	Carbonate de baryum.	Oxalate de baryum.
Ébullition à pression ordinaire, 1/2 heure à 1 h., 3 p. de baryte	1,1 - 1,3	traces.	traces.
120°, 2 à 3 p. de baryte, 12 heures	2,2 - 2,3	4,7	4,5
150°, 2 p. de baryte, 12 h.	3,1	9,10	5,0
150-180°, 3 p. de baryte, 48-100 heures	3,95 - 4,1	10,5	8,7-9,0
180°, 4 à 6 p. de baryte, 48-100 heures	4,1	10,5	17,5-18
250°, 5 à 6 p. de baryte, 6 à 8 heures	4,4	12,0	24

POIDS DU RÉSIDU FIXE. — Le poids du résidu fixe, déterminé avec soin, s'est trouvé égal à 95,8-96 dans les expériences faites à 100-170°, pendant 48 à 100 heures, avec 3 p. de baryte cristallisée.

ANALYSE ÉLÉMENTAIRE DU RÉSIDU FIXE. — L'analyse élémentaire du résidu fixe obtenu dans les conditions d'hydratation complète à 160-180° avec 3 à 4 p. d'hydrate de baryum a donné en moyenne :

Carbone	48,5
Hydrogène	8,0
Azote	12,4
Oxygène	31,6

En tenant compte de la composition élémentaire de l'albumine employée

$$(C = 52{,}57 ; H = 7{,}16 ; Az = 16{,}6 ; O = 21{,}8 ; S = 1{,}8),$$

de celle du résidu fixe par rapport à son poids, à 100 d'albumine, et des doses d'ammoniaque, d'acide carbonique et d'acide oxalique isolés dans les conditions de l'expérience, on peut représenter très approximativement les résultats par l'équation suivante, qui satisfait à toutes les données :

$$\underset{\text{Albumine.}}{C^{240}H^{387}Az^{65}O^{75}S^{3}} + 60\,H^{2}O$$
$$= 16\,AzH^{3} + \underset{\text{Acide oxalique.}}{4\,C^{2}H^{2}O^{4}} + 3\,CO^{2}$$
$$+ \underset{\text{Acide acétique.}}{4\,C^{2}H^{4}O^{2}} + \underset{\text{Résidu fixe.}}{C^{221}H^{435}Az^{49}O^{105}} + S^{3}.$$

On voit que le résidu fixe diminué d'une molécule de tyrosine $C^{9}H^{11}AzO^{3}$ que l'analyse immédiate y démontre (3,5 pour cent p. d'albumine) se rapproche très sensiblement d'une expression de la forme $C^{n}H^{2n}Az^{2}O^{4}$ et n'en diffère que par un léger excès d'oxygène.

En prenant les conditions extrêmes (5 à 6 p. de baryte à 250°), l'équation serait peu différente :

$$C^{240}H^{387}Az^{65}O^{75}S^{3} + 62\,H^{2}O$$
$$= 17\,AzH^{3} + 6\,C^{2}H^{2}O^{4} + 5\,C^{2}H^{4}O^{2} + 3\,CO^{2}$$
$$+ S^{3} + C^{215}H^{428}Az^{48}O^{97}.$$

Le résidu fixe

$$C^{215}H^{428}Az^{48}O^{97} - C^{9}H^{11}AzO^{3}$$
$$= C^{206}H^{417}Az^{48}O^{94},$$

qui est également de la forme $C^{n}H^{2n}Az^{2}O^{4}$.

Les résultats obtenus à 100-120° peuvent se traduire par l'équation

$$C^{240}H^{387}Az^{65}O^{75}S^{3} + 28\,H^{2}O$$
$$= 8\,AzH^{3} + C^{2}H^{2}O^{4} + 2\,C^{2}H^{4}O^{2} + CO^{2}$$
$$+ C^{233}H^{409}Az^{57}O^{93} + S^{3},$$

qui montre que dans ce cas l'hydratation est bien moins avancée ; il ne se fixe que la moitié de l'eau correspondant à une réaction complète, et le résidu fixe se rapproche sensiblement d'une expression de la forme $C^{n}H^{2n-2}Az^{2}O^{3}$.

Quelles que soient les hypothèses que l'on fasse sur l'origine de l'ammoniaque et des acides carbonique, oxalique et acétique, on est conduit à admettre qu'ils proviennent de l'hydratation de certains groupements engagés dans la molécule de l'albumine et que, pendant l'hydratation, il se fixe autant de molécules d'eau qu'il y a de molécules d'ammoniaque devenues libres. Si donc de la formule de l'albumine nous retranchons l'ammoniaque et les acides carbonique, oxalique, acétique, dans les proportions fournies par l'expérience pour une molécule d'albumine, moins un nombre de molécules d'eau égal au nombre de molécules d'ammoniaque (la décomposition de l'urée n'exigeant que la fixation de 1 molécule d'eau pour 2 molécules d'ammoniaque, il conviendra d'ajouter à la différence précédente $3\,H^{2}O$) ; en d'autres termes, si de

$$C^{240}H^{387}Az^{65}O^{75}S^{3}$$

nous retranchons le polynome

$$[16\,AzH^{3} + 4\,C^{2}H^{2}O^{4} + 3\,CO^{2} + 4\,C^{2}H^{4}O^{2}$$
$$+ S^{3} - 16\,H^{2}O + 3\,H^{2}O],$$

le reste, $C^{221}H^{341}Az^{49}O^{58}$, se rapproche d'une expression de la forme $C^{n}H^{2n-2}AzO$ au même degré que le résidu fixe $C^{221}H^{435}Az^{49}O^{105}$ se rapproche d'une expression de la forme

$$C^{n}H^{2n}AzO^{2} ;$$

les différences résident, de part et d'autre, dans un petit excès d'oxygène, qui est à peu près le même.

Il résulte de là que, abstraction faite du ou des groupements qui fournissent l'ammoniaque libre et les acides oxalique, carbonique et acétique, la molécule d'albumine se rapproche d'un corps de formule $x\,(C^{m}H^{2m-4}Az^{2}O^{2})$ et subit l'hydratation en deux temps distincts. A 100°, avec une proportion limitée de baryte, ce groupement fixe un nombre de molécules d'eau égal à la moitié du nombre d'atomes d'azote qu'il renferme, et devient

$$x(C^m H^{2m-2} Az^2 O^3).$$

Celui-ci peut à son tour fixer, lorsqu'on le chauffe avec de la baryte vers 150°, un nombre de molécules d'eau égal à la moitié du nombre d'atomes d'azote qu'il renferme, ce qui le change en $x(C^m H^{2m} Az^2 O^4)$. Le résultat final est donc la fixation d'autant de molécules d'eau que l'albumine contient d'atomes d'azote. L'albumine est donc un composé imidé que l'hydratation change en un mélange de corps amidés.

L'excès d'oxygène qui se retrouve dans le groupement imidé et le groupement amidé, et qui modifie un peu les rapports simples AzO et AzO^2, est dû à la présence de composés plus riches en oxygène.

A première vue, il est manifeste qu'il y a une certaine corrélation entre les doses d'azote ammoniacal et celles de l'acide carbonique et de l'acide oxalique. Pour arriver à mieux préciser ce rapport, nous devons tenir compte des résultats obtenus dans diverses conditions expérimentales.

A 250°, avec un excès de baryte, on a trouvé 17 à 18 molécules d'ammoniaque pour 3 molécules d'acide carbonique et 6 molécules d'acide oxalique. A chaque molécule d'acide correspondent, par conséquent, 2 molécules d'ammoniaque. Les choses se passent comme s'il y avait décomposition de l'urée ou de la cyanamide et de l'oxamide. On a, en effet,

$$CH^4Az^2O + H^2O = CO^2 + 2AzH^3,$$
$$C^2H^4Az^2O^2 + 2H^2O = C^2H^2O^4 + 2AzH^3.$$

Une semblable relation pourrait n'être que fortuite. Elle acquiert cependant un grand degré de probabilité si l'on considère qu'elle se vérifie pour la grande majorité des matières azotées de l'organisme.

Ainsi, pour la laine chauffée pendant vingt-quatre heures à 200° avec 6 p. de baryte cristallisée, on a trouvé :

Azote ammoniacal	5,3
Carbonate de baryum	20,3
Oxalate de baryum	20,4
Azote calculé d'après les relations précédentes	5,3

Les cheveux humains, dégraissés à la benzine et chauffés à 180° pendant cent heures, avec 3 p. de baryte cristallisée, ont donné :

Azote ammoniacal	5,14
Carbonate de baryum	19,8
Oxalate de baryum	19,4
Azote calculé d'après les relations	5,1

L'osséine a donné dans les mêmes conditions :

Azote ammoniacal	3,35
Carbonate de baryum	14,02
Oxalate de baryum	9,8
Azote calculé	3,15

L'ichthyocolle a donné :

Azote ammoniacal	3,4
Carbonate de baryum	13,24
Oxalate de baryum	11,3
Azote calculé	3,22

La gélatine a donné :

Azote ammoniacal	2,8
Carbonate de baryum	12,2
Oxalate de baryum	8,9
Azote calculé	2,79

Les poils de chèvre (alpaga) ont donné :

Azote ammoniacal	2,55
Carbonate de baryum	7,6
Oxalate de baryum	12,7
Azote calculé	2,59

La soie brute des cocons verts du Japon a donné :

Azote ammoniacal	3,10
Carbonate de baryum	9,0
Oxalate de baryum	16,4
Azote calculé	3,2

La fibroïne décreusée au savon bouillant et à l'acide acétique a donné :

Azote ammoniacal	2,0
Carbonate de baryum	9,0
Oxalate de baryum	8,1
Azote calculé	2,2

La chondrine des cartilages a donné :

Azote ammoniacal	2,88
Carbonate de baryum	11,00
Oxalate de baryum	11,4
Azote calculé	2,87

Le gluten seul semble constituer une exception à cet accord. En effet, on a trouvé pour le gluten débouilli à l'alcool :

Azote ammoniacal	4,62
Carbonate de baryum	5,2
Oxalate de baryum	7,5
Azote calculé	1,63

Mais on sait que le gluten fournit des produits spéciaux, et notamment de l'acide glutamique. L'excès d'azote ammoniacal peut provenir du dédoublement d'une amide particulière, analogue à l'asparagine. Il est à remarquer que cet excès d'azote ammoniacal, 3 p. %, se dégage très facilement dès le début de l'ébullition avec la baryte, comme l'a déjà observé Nasse.

Les nombres précédents prouvent de plus qu'il n'y a pas de relation constante entre les doses d'acides carbonique et oxalique. Les poids du carbonate de baryum sont tantôt notablement inférieurs, tantôt supérieurs à ceux de l'oxalate.

On constate pareillement des différences au point de vue de la séparation des deux acides dans les diverses phases de l'expérience. Ainsi, avec l'albumine, en chauffant à 120° avec 2,5 à 3 p. de baryte, on arrive à isoler la quantité maxima d'acide carbonique, alors que l'acide oxalique n'apparaît encore qu'à très faibles doses.

L'acide oxalique ne se sépare complètement que sous l'influence d'un excès de baryte et à une température élevée. On peut atteindre la dose limite d'azote ammoniacal sans isoler plus du tiers de l'acide oxalique correspondant. C'est ce qui arrive à 150°, avec 3 p. de baryte, conditions dans lesquelles on trouve :

Azote ammoniacal	4,06 (limite)
Carbonate de baryum	10,5 »
Oxalate de baryum	8,5 à 9,0
Azote calculé	2,56

Des phénomènes analogues s'observent avec les substances voisines de l'albumine, telles que la caséine, la fibrine, la sérine. Il est probable que le groupement oxamide contenu dans la molécule d'albumine se scinde en ammoniaque et acide oxalique; mais ce dernier, au lieu de se séparer, resterait uni à des composés azotés du résidu fixe, et ne se séparerait que sous l'influence d'une action plus énergique.

Il semble aussi exister une relation entre les doses d'acide oxalique et d'acide acétique, qui sont presque équivalentes dans la plupart des cas et pour la plupart des matières albuminoïdes examinées.

Généralement, l'acide acétique est un peu faible pour donner exactement ce rapport, ce qui peut tenir au mode d'analyse, qui ne serait pas rigoureux, le résidu fixe retenant un peu d'acide acétique. Pour une même substance, telle que l'albumine, on voit les deux acides augmenter simultanément, à mesure que l'on fait intervenir des conditions plus énergiques.

Si l'expérience vient confirmer dans la suite, pour d'autres matières albuminoïdes, une relation simple entre les doses d'acides acétique et oxalique, au lieu du groupement oxalique, on aurait un groupement analogue à la tartramide :

$$C^4H^8Az^2O^4 + 2H^2O = C^2H^2O^4 + C^2H^4O^2 + 2AzH^3.$$

Il est aussi possible que l'apparition de l'acide acétique et celle d'une partie de l'acide carbonique soient liées à la décomposition d'une amide malonique :

$$C^3H^6Az^2O^2 + 2H^2O = CO^2 + 2AzH^3 + C^2H^4O^2.$$

Tant que l'on n'aura pas isolé les groupements générateurs, on ne pourra faire que des hypothèses plus ou moins plausibles sur leur nature.

Celles que nous avons proposées satisfont à la relation générale :

$$A^{CO^2} + B^{C^2H^2O^4} = \frac{M^{AzH^3}}{2}; M = 2(A + B).$$

Peut-être convient-il de rappeler que, d'après les expériences de l'auteur sur l'altération de la levure et celles du Dr Salomon sur la putréfaction de l'albumine, il se forme de la xanthine et de l'hypoxanthine. Ces corps ne se retrouvent pas parmi les produits du dédoublement de la matière protéique sous l'influence de la baryte. L'origine de l'ammoniaque libre et des trois acides non azotés est peut-être liée à la décomposition d'un groupement de cet ordre.

Voici, à titre de renseignements, les doses d'acide acétique trouvées avec diverses matières protéiques :

Albumine coagulée	(150° — 3 p. de baryte)	3,4
»	(250° — 6 »)	4,2
»	(250° — 6 »)	5,1
Caséine	(150° — 3 »)	3,36
Fibrine du sang	» »	3,6
Sérine	» »	3,48
Fibrine végétale	» »	2,00
Osséine	» »	1,44
Ichthyocolle	» »	1,8
Chondrine	» »	4,7
Fibroïne	» »	2,0
Poils de chèvre	» »	2,1
Cheveux	» »	4,2
Laine	» »	3,12

ANALYSE IMMÉDIATE DU RÉSIDU FIXE. — Le résidu fixe, dont la composition générale peut être représentée par une formule très voisine de l'expression générale $C^nH^{2n}Az^2O^4$ avec un léger excès d'oxygène, a été soumis à une analyse immédiate attentive. Dès que l'on a atteint la limite d'hydratation que donnent facilement 2 à 3 p. de baryte à 140° pendant 24 à 48 heures, sa composition élémentaire ne se modifie plus beaucoup. Il n'en est pas de même de sa composition immédiate.

Si, pour ne pas épuiser l'action de la baryte, on a eu soin de modérer soit la température, soit la durée de chauffe, soit la dose d'alcali, on trouve ce résidu formé en grande partie de termes homologues de formule $C^nH^{2n}Az^2O^4$ avec des valeurs de $n = 12, 11, 10, 9, 8, 7$.

L'auteur a donné à ces corps, qui représentent les premiers termes de l'hydratation complète des substances albuminoïdes, le nom générique de *glucoprotéines*, pour rappeler leur origine et leur saveur assez fortement sucrée. Ils se présentent sous forme de substances incolores, assez solubles dans l'eau, peu solubles dans l'alcool absolu bouillant, d'où ils se séparent en cristaux ou en grumeaux semi-cristallins.

Si, au contraire, on chauffe pendant longtemps (100 à 120 heures) à une température élevée (180 à 200°) avec un excès de baryte, on trouve que le résidu fixe, sans changer sensiblement de composition élémentaire, contient une très forte proportion de composés homologues de la leucine et par conséquent de la forme $C^mH^{2m+1}AzO^2$ avec une valeur de $m = 6, 5, 4, 3$. Ce sont les composés amidés de la série des acides gras, acides amido-caproïque, amido-valérique, amido-butyrique, etc.

L'auteur propose de leur donner le nom générique de *leucines*. Ils sont remarquables par la facilité avec laquelle ils cristallisent.

La formation des leucines $C^mH^{2m+1}AzO^2$ ne peut s'expliquer que si l'on trouve à côté d'elles des termes moins hydrogénés faisant compensation. On a, en effet, constaté la présence de fortes proportions de composés répondant à la formule générale

$$C^mH^{2m-1}AzO^2;\ m = 6, 5, 4.$$

Ces substances, que nous appellerons *leucéines*, peuvent être envisagées comme des acides amidés de la série acrylique. Quelques représentants, tels que $C^6H^{11}AzO^2$, cristallisent assez bien ; les termes inférieurs $C^4H^7AzO^2$ n'ont été obtenus qu'à l'état de matières amorphes. La molécule de ces corps se représente aussi peut-être par une formule doublée $C^nH^{2n-2}Az^2O^4$.

Outre les glucoprotéines, les leucines et les leucéines, qui se rencontrent généralement mélangées et qui forment la masse principale du résidu fixe, on a encore trouvé, mais en petites quantités, la tyrosine ($C^9H^{11}AzO^3$), un composé particulier dont l'analyse conduit à la formule $C^7H^{11}AzO^2$ (tyroleucine) et des acides plus riches en oxygène du type

$$C^mH^{2m-1}AzO^4$$

(acides glutamique et aspartique), ou du type

$$C^mH^{2m-3}AzO^3$$

(acide glutimique $C^5H^7AzO^3$) ; des acides amidés du type

$$C^nH^{2n-2}Az^2O^6,$$

qui ne sont peut-être que des combinaisons moléculaires des acides $C^nH^{2n-1}AzO^4$ avec les leucéines $C^nH^{2n-1}AzO^2$ et qui correspondent à l'acide légumique de Ritthausen ; enfin, des acides du type $C^nH^{2n-4}Az^2O^6$ et des traces d'acides lactique et succinique. L'analyse immédiate la plus minutieuse n'a rien fourni d'autre.

De tout cela on peut tirer les conséquences suivantes : 1° Tous les dérivés par hydratation sont des composés amidés ; 2° ces composés peuvent se partager en deux portions inégales : la première, dont le poids est de 16 à 18 % environ, renferme des substances pour lesquelles le rapport atomique de l'azote à l'oxygène est de 1 : 3 ou de 1 : 4. La fraction la plus importante de cette première portion est constituée par les acides glutamique, aspartique et légumique (?). La dose de baryte non précipitable par l'acide carbonique fixe en équivalents de base la quantité de ces divers acides forts. On a trouvé d'une manière constante 22 grammes de sulfate de baryum pour 100 d'albumine, soit 10 équivalents de baryte, dont 4 correspondent à l'acide acétique et 6 aux acides amidés fixes, pour une molécule d'albumine; en prenant comme terme moyen de ces acides $C^9H^{14}Az^2O^6$, la quantité de baryte saturée indique la présence de 3 molécules de ce corps ou de 13,5 %.

L'autre partie, qui forme plus des 4/5 du résidu fixe, peut être représentée par la formule $x\,(C^nH^{2n}Az^2O^4)$, avec une valeur de n un peu inférieure à 9 dans le cas de l'albumine.

Suivant que l'action de la baryte a été plus ou moins prolongée ou énergique, cette portion est ou un mélange de glucoprotéines

$$x\,(C^nH^{2n}Az^2O^4)$$

seulement, ou un mélange de glucoprotéines

$$x\,(C^nH^{2n}Az^2O^4),$$

de leucines

$$(C^nH^{2n+1}AzO^2)$$

et de leucéines

$$(C^nH^{2n-1}AzO^2),$$

ou enfin un mélange de leucines et de leucéines seulement.

Si nous nous en tenons aux grandes lignes du phénomène, nous voyons qu'en retranchant de la molécule d'albumine $C^{240}H^{387}Az^{65}O^{75}S^3$ le polynome

$$[16\,AzH^3 + 3\,CO^2 + 5\,C^2H^4O^2 + 5\,C^2H^2O^4 + S^3 - (16\,H^2O - 3\,H^2O)],$$

qui correspond aux expériences faites dans les conditions les plus énergiques, ainsi que 1 molécule de tyrosine $C^9H^{11}AzO^3$, le reste

$$C^{208}H^{324}Az^{48}O^{49}$$

est sensiblement de la forme

$$24\,(C^nH^{2n-2}Az^2O^2).$$

Ce groupement, en fixant 48 molécules d'eau, se convertit en $24\,(C^nH^{2n}Az^2O^4)$. Si à ces 48 molécules nous ajoutons les 13 molécules qui ont dû se fixer pour former l'ammoniaque libre et les trois acides non azotés, nous retrouvons les 62 molécules qui figurent dans l'équation générale.

Dans les expériences à température peu élevée, 100 à 120°, nous avons surtout rencontré des corps appartenant aux deux types

$$x\,(C^9H^{18}Az^2O^4),\ y\,(C^7H^{14}Az^2O^4).$$

La formule $C^{208}H^{390}Az^{48}O^{48}$ (légère modification de la précédente) peut se décomposer en

$$4\,(C^7H^{14}Az^2O^4) + 20\,(C^9H^{18}Az^2O^4),$$

ou en

$$C^{28}H^{56}Az^8O^{16} + 5\,(C^{36}H^{72}Az^8O^{16}),$$

ou en

$$2\,(C^{14}H^{28}Az^4O^8) + 10\,(C^{18}H^{36}Az^4O^8).$$

Les termes entre parenthèses représenteraient les *termes primordiaux* de l'hydratation de l'albumine : ce sont les glucoprotéines, dont le véritable poids moléculaire n'est pas encore fixé, et dont la décomposition ultérieure donne naissance aux leucines et aux leucéines, et très probablement aussi à des glucoprotéines moins complexes. On conçoit, en effet, qu'un corps dont la formule serait $C^{18}H^{36}Az^4O^8$ puisse se scinder en deux termes ayant pour formules soit $C^9H^{18}Az^2O^4$ chacun, soit $C^8H^{16}Az^2O^4$ et $C^{10}H^{20}Az^2O^4$. Arrivée à cette limite, la décomposition entraînerait la formation de leucines et de leucéines.

Je suis convaincu, d'après l'ensemble de mes expériences, que les choses se passent bien ainsi, et que, une fois la limite d'hydratation atteinte, les produits formés et appartenant au type 2 $(C^mH^{2m}Az^2O^4)$ subissent une série de dédoublements qui ont pour résultat d'abord de faire passer des molécules compliquées à d'autres de plus en plus simples, mais du même type apparent, pour finir par la rupture des corps $C^nH^{2n}Az^2O^4$ en leucines $C^nH^{2n+1}AzO^2$ et en leucéines $C^nH^{2n-1}AzO^2$. Cette interprétation ne reçoit aucune atteinte de la présence des acides plus oxygénés rencontrés dans le résidu fixe. D'abord, ces acides n'y entrent que pour une faible part, et, d'un autre côté, ils peuvent être considérés comme dérivant des leucines, des leucéines ou des glucoprotéines par la substitution de O à H^2 :

$$C^nH^{2n+1}AzO^2 - H^2 + O = C^nH^{2n-1}AzO^3,$$
$$C^nH^{2n-1}AzO^2 - H^2 + O = C^nH^{2n-3}AzO^3,$$
$$C^{2n}H^{4n}Az^2O^4 - H^4 + O^2 = C^{2n}H^{4n-4}Az^2O^6.$$

Ce que nous avons dit de la génération successive des glucoprotéines, des leucines et des leucéines s'applique donc aussi à ces acides.

On peut par conséquent poser :

1 molécule d'albumine

$$= [\text{polynome}] + C^9H^{11}AzO^3$$
$$+ \text{ imide de forme } x\,(C^nH^{2n-4}Az^2O^2)$$
$$+ \text{ imide de forme } y\,(C^mH^{2m-8}Az^2O^4).$$

Chacune de ces imides, fixant autant de molécules d'eau qu'elle contient d'atomes d'azote, donne des termes amidés de la forme

$$x(C^nH^{2n}Az^2O^4) \text{ et } y\,(C^mH^{2m-4}Az^2O^6).$$

Si nous voulons pousser un peu plus loin l'analyse quantitative du résidu fixe, nous tiendrons principalement compte des données suivantes :

1° Le résidu fixe contient 3,2 à 3,5 de tyrosine, soit 1 molécule pour 5473 d'albumine;

2° La baryte non précipitable par l'acide carbonique, déduction faite de celle qui sature l'acide acétique, correspond à 6 équivalents pour 1 molécule d'albumine;

3° La formule $C^9H^{16}Az^2O^6$ représente la moyenne des acides amidés forts. Le résidu fixe renferme donc $3(C^9H^{16}Az^2O^6)$;

4° Le poids de la leucine et de la leucéine réunies est d'environ 15 à 16 %;

$$3(C^{12}H^{24}Az^2O^4)$$

pour 1 molécule d'albumine correspondent à 14 %;

5° La glucoprotéine $C^7H^{14}Az^2O^4$ n'entre guère pour plus de 6 à 7 % dans le poids du résidu; $2(C^7H^{14}Az^2O^4)$ pour 1 molécule d'albumine correspondent à 7 %.

On a ainsi :

$C^{221}H^{435}Az^{49}O^{103}$ [résidu fixe de l'équation (p. 72)]

$$= C^9H^{11}AzO^3 \text{ (tyrosine)}$$
$$+ [3\,C^9H^{16}Az^2O^6]$$

(moyenne des acides amidés forts)

$$+ 3(C^9H^{20}Az^2O^4) \text{ (leucines)},$$

formant ensemble un groupement

$$6(C^9H^{18}Az^2O^8) + 2(C^7H^{14}Az^2O^4) + 16(C^9H^{18}Az^2O^4).$$

Rien n'indique comment se fait le partage des glucoprotéines primordiales en glucoprotéines plus simples de formule $C^nH^{2n}Az^2O^4$.

En effet, $C^{18}H^{36}Az^4O^8$ peut se scinder en

$$2(C^9H^{18}Az^2O^4),$$

ou en

$$C^{10}H^{20}Az^2O^4 + C^8H^{16}Az^2O^4,$$

ou en

$$C^{11}H^{22}Az^2O^4 + C^7H^{14}Az^2O^4,$$

ou en

$$C^{12}H^{24}Az^2O^4 + C^6H^{12}Az^2O^4.$$

La même incertitude ne subsiste plus lorsque, au lieu d'envisager les combinaisons moléculaires des leucines et des leucéines ou les glucoprotéines, on s'adresse aux leucines et aux leucéines elles-mêmes. Ainsi la quantité

$$16(C^9H^{18}Az^2O^4) \text{ ou } C^{144}H^{288}Az^{32}O^{64}$$

ne peut se décomposer que d'une manière, en termes en C^6, C^5 et C^4, lorsque la quantité de ceux en C^6 est connue. Avec 6 termes en C^6 on ne peut avoir que 22 termes en C^4 et 4 termes en C^5, auxquels il faut ajouter

$$3(C^5H^{11}AzO^2) + 3(C^4H^9AzO^2),$$

correspondant au groupement $6(C^9H^{18}Az^2O^3)$, qui donne en même temps les acides forts. On voit, d'après cela, que l'acide amido-butyrique et son complément $C^4H^7AzO^2$ doivent dominer dans le résidu fixe. Cette conclusion est conforme aux résultats expérimentaux.

Les autres matières albuminoïdes ont fourni, par la même méthode, des résultats analogues. Partout on a rencontré de l'ammoniaque, de l'acide carbonique, de l'acide oxalique et un résidu fixe dont la composition se représente à peu près par l'expression

$$C^nH^{2n}Az^2O^4 + \frac{1}{x}O.$$

Les différences résident surtout dans les proportions relatives d'ammoniaque, d'acides carbonique et oxalique et dans la valeur de *n*.

Les matières albuminoïdes proprement dites donnent des valeurs de *n* très rapprochées. Pour les substances collagènes, épidermiques ou autres analogues, la valeur de *n* est, au contraire, généralement moins élevée, et l'on est ainsi amené à considérer leur noyau, qui est lié aux amides dédoublables en ammoniaque et en acides carbonique et oxalique, comme étant un homologue inférieur du noyau des matières albuminoïdes proprement dites.

Ainsi, tandis que, pour l'albumine et ses analogues, la valeur de *n* se rapproche de 9, elle est, au contraire, très voisine de 7 pour la fibroïne et la gélatine. Dans ces deux cas, en effet, on trouve principalement de l'alanine et du sucre de gélatine, tandis que avec l'albumine, la leucine, l'acide amido-valérique et l'acide amido-butyrique dominent. P. Schützenberger.

ALCALI-ALBUMINE. — Elle prend naissance par l'action des alcalis sur l'albumine et se rapproche par ses propriétés de la caséine. — Voir p. 63.

ALCOOL. — Aux réactions indiquées au t. I, p. 107 et suiv., nous ajouterons les suivantes :

Modes de formation. — 1° Lorsqu'on chauffe l'éther avec de l'eau acidulée par l'acide sulfurique à 150-180°, on régénère de l'alcool [Erlenmeyer et Tscheppe, *Zeitsch. für Chem.*, 1868, p. 343].

2° Lorsqu'on traite l'anhydride acétique par l'amalgame de sodium, on obtient également de l'alcool. On opère de la manière suivante : On ajoute peu à peu de l'anhydride acétique à de l'amalgame à 4 °/₀ de sodium, en refroidissant le vase. Quand le mélange cesse de s'échauffer par l'agitation, on y verse de la neige en agitant. L'amalgame devient liquide presque sans dégagement d'hydrogène. On ajoute ensuite de l'eau et une nouvelle portion d'amalgame, puis on abandonne le mélange pendant quelque temps. On filtre le liquide pour enlever une matière huileuse, et l'on neutralise avec le carbonate de potassium ; enfin on déshydrate le liquide décanté par le carbonate de potassium sec.

La réaction est représentée par l'équation

$$C^2H^3O.O.C^2H^3O + 2H^2$$
$$= C^2H^3O.OH + C^2H^5.OH$$

[E. Linnemann, *Ann. der Chem. u. Pharm.*, t. CXLVIII, p. 249].

3° Le chlorure d'acétyle peut être de même transformé en alcool. L'opération, telle que l'a exécutée M. Saytzeff, ressemble beaucoup à la précédente. Ce chimiste mélange le chlorure d'acétyle avec de l'acide acétique cristallisable et fait réagir sur ce liquide l'amalgame de sodium. Le produit est d'ailleurs non de l'alcool, mais de l'acétate d'éthyle. Lorsqu'on emploie, au lieu de chlorure d'acétyle, les chlorures de propionyle et de butyryle en présence de l'acide acétique, on obtient en même temps l'alcool correspondant au chlorure et de l'alcool éthylique ; ce fait indique la formation d'un anhydride mixte, qui a été transformé, par hydrogénation comme dans la réaction de M. Linnemann [*Journ. für prakt. Chem.* (2), t. III, p. 76].

Déshydratation de l'alcool. — D'après M. Erlenmeyer et M. Mendelejeff, le meilleur agent de déshydratation de l'alcool est la chaux vive. M. Erlenmeyer fait bouillir l'alcool avec la chaux pendant une demi-heure ou une heure dans un appareil à réfrigérant ascendant. L'opération doit être répétée plusieurs fois si l'alcool renferme plus de 5 °/₀ d'eau. D'après M. Mendelejeff, même après une digestion prolongée, les portions moyennes seules des liquides distillés sont anhydres [*Ann. der Chem. u. Pharm.*, t. CLX, p. 249 ; *Zeitschr. für Chem.*, 1865, p. 260].

Réactions. — 1° Un mélange de permanganate de potassium et d'acide sulfurique étendu oxyde l'alcool avec formation d'acide acétique et d'aldéhyde. Le permanganate seul donne de l'acide oxalique et seulement des traces d'acide acétique et d'aldéhyde ; en solution alcaline, le même réactif ne donne que de l'acide oxalique, à la température ordinaire [Chapman et Smith, *Journ. chem. Society* (2), t. V, p. 301].

2° Molécules égales d'alcool et de trichlorure de phosphore mélangés dans une cornue bien refroidie donnent le chlorure éthylphosphoreux $PbCl^2(OC^2H^5)$, qui bout entre 90 et 125°. Les alcools butyliques et amyliques se comportent de même [Menchoutkine, *Ann. der Chem. u. Pharm.*, t. CXXXIX, p. 343].

3° Le sulfochlorure de phosphore, en réagissant sur 3 molécules d'alcool, donne du chlorure d'éthyle et de l'acide éthylsulfoxyphosphorique

$$PSO^3(C^2H^5)H^2,$$

liquide fétide, huileux, non distillable, insoluble dans l'eau et plus lourd qu'elle [Chevrier, *Compt. rend.*, t. LXVIII, p. 924].

4° Les chlorures de soufre S^2Cl^2 et SCl^2 transforment tous deux l'alcool en acide éthylsulfurique [W. Heusser, *Ann. der Chem. u. Pharm.*, t. CLI, p. 249].

5° La chlorhydrine sulfurique $SO^2(OH)Cl$ donne avec une molécule d'alcool une masse noire goudronneuse qui s'échauffe avec l'eau et fournit un gaz irritant, mais aucun produit bien défini. Avec 2 molécules d'alcool, on obtient un liquide brunâtre que l'eau dédouble en sulfate d'éthyle $SO^2(OC^2H^5)^2$ huileux et acide éthylsulfurique soluble $SO^2(OH)(OC^2H^5)$ [Baumstark, *Ann. der Chem. u. Pharm.*, t. CXL, p. 75].

6° Le chlorure stannique ajouté à l'alcool, tenant en dissolution un acide organique, éthérifie facilement le mélange. On emploie molécules égales d'alcool et d'acide, et l'on y ajoute peu à peu, en refroidissant le vase, 1/2 molécule de chlorure stannique pour 1 d'alcool. On chauffe pendant quelque temps à 100°, puis on traite par l'eau.

La combinaison d'alcool et de chlorure stannique $2C^2H^6O,SnCl^4$ est décomposée par l'alcool, en donnant de l'éther et du chlorure stannique hydraté.

La même combinaison traitée par les alcools méthylique ou amylique fournit les éthers mixtes correspondants [Girard et Chapoteaut, *Bull. de la Soc. chim.* (2), t. VIII, p. 349].

7° MM. Gladstone et Tribe ont fait voir que, lorsqu'on traite l'alcool par l'aluminium et l'iode, il se produit une vive réaction avec dégagement d'hydrogène. La fiole renferme un mélange pâteux qui, à la distillation à 100°, donne de l'alcool. Le résidu est solide et fond à 275°; il est formé d'un iodoéthylate d'aluminium

$$Al^2(C^2H^5O)^3I^3$$

qui se décompose lorsqu'on le maintient à une température élevée, en donnant de l'iodure d'éthyle et de l'alcool. Lorsque le produit a été obtenu avec une quantité suffisante d'alcool (40 gr. d'alcool pour 2 gr. d'aluminium et 2 gr. d'iode) et qu'on l'a chauffé pendant quelque temps vers 270°, on peut obtenir par distillation dans le vide une matière blanche cristalline, qui est l'éthylate d'aluminium $Al^2(C^2H^5O)^6$. Ce corps, soluble dans l'alcool absolu, décomposable par l'eau, fond à 115° et bout un peu au-dessus de la température d'ébullition du mercure.

Le bromure et l'iodure d'aluminium, en présence de l'aluminium, fournissent des résultats analogues. Les autres alcools se comportent comme l'alcool ordinaire.

8° L'alcool chauffé avec le tétrabromure de carbone à 100° pendant 12 heures donne une proportion de bromoforme qui s'élève aux trois quarts environ du bromure de carbone. Il se produit en même temps de l'aldéhyde et de l'acide bromhydrique

$$CBr^4 + C^2H^6O = CHBr^3 + C^2H^4O + HBr$$

[Bolas et Groves, *Journ. chem. Soc.* (2), t. IX, p. 784].

9° *Action des sels.* — L'acétate de zinc agit très lentement sur l'alcool en l'absence de l'eau, à la température ordinaire.

Au bout de 7 mois et demi, 1 molécule de ce sel, en présence de 25 molécules d'alcool, était décomposée aux $\frac{8}{100}$ seulement. A 100° en 10 heures, avec 10 molécules d'alcool pour 1 d'acétate, les $\frac{63}{100}$ du sel étaient décomposés. Le même mélange ayant été chauffé à 200°, on a trouvé les $\frac{97}{100}$ du sel décomposés.

La réaction du valérate de zinc sur l'alcool est du même ordre, mais plus lente.

L'alcool agit d'une manière analogue sur les acétates d'ammonium, de magnésium, de mercurosum et d'argent, et donne avec ces sels de l'acétate d'éthyle.

L'oxalate de sodium est sans action à 100° [Kraut, *Ann. der Chem. u. Pharm.*, t. CLVI, p. 323].

10° L'alcool peut fermenter lorsqu'il est convenablement étendu d'eau et mis en présence de la craie de Sens et d'un peu de syntonine ou de viande lavée. Les produits dominants de la réaction sont l'acide caproïque et l'hydrure de méthyle; en même temps, il se dégage un peu d'hydrogène et d'acide carbonique; ce dernier vient exclusivement du carbonate de calcium. Les microzymas de la craie seraient les agents de cette fermentation.

L'acide caproïque est accompagné d'acides acétique, valérique et caprylique.

L'alcool qui reste à la fin de la réaction est mélangé de produits qui lui communiquent l'odeur d'huile de pomme de terre. Par oxydation des derniers produits, on a obtenu les acides acétique, valérique et caproïque. Il se forme donc de l'alcool caproïque, accompagné d'autres alcools [Béchamp, *Compt. rend.*, t. LXVII, p. 558 et 560].

Recherche de l'alcool. — M. Lieben met à profit, pour rechercher l'alcool, sa transformation en iodoforme en présence de l'iode et de la potasse. L'opération se fait en chauffant une petite quantité du liquide à examiner, dans un tube à essais, en y ajoutant quelques gouttes de potasse et une petite quantité d'iode. S'il y a de l'alcool, il se forme un précipité jaune, en lamelles hexagonales microscopiques, d'iodoforme, soit immédiatement, soit au bout d'un certain temps.

M. Hager recommande d'employer une solution d'iodure de potassium dans 5 à 6 fois son poids d'eau, sursaturée d'iode, et une solution de potasse au dixième. Le liquide à essayer est chauffé à 40 ou 50° et additionné de 5 à 6 gouttes de la solution alcaline, puis de la solution d'iode, jusqu'à ce qu'il devienne brunjaunâtre; on ajoute alors de nouveau une petite quantité de potasse jusqu'à décoloration. L'iodoforme se dépose au fond du tube.

Cette réaction n'est nullement caractéristique de l'alcool; une foule de composés organiques fournissent de l'iodoforme avec la potasse et l'iode.

Pour trouver l'alcool dans le chloroforme, on agite celui-ci avec de l'eau, on filtre au besoin sur un filtre mouillé, et l'on opère comme il a été indiqué [*Zeitsch. für analyt. Chem.*, t. IX, p. 492].

M. Blachy reconnaît la présence de l'alcool dans le chloroforme en ajoutant à quelques grammes du liquide un fragment de potasse aussi sèche que possible, agitant quelques instants, enlevant la potasse, secouant le chloroforme avec un volume égal d'eau et ajoutant un peu de sulfate de cuivre. S'il y avait de l'alcool, il s'est dissous de la potasse, et il se précipite de l'hydrate de cuivre [*Journ. de Pharm.* (4), t. IX, p. 289].

MM. Riche et Bardy ont montré que l'on peut trouver l'alcool dans les mélanges qui en renferment, et en particulier dans l'alcool méthylique, en oxydant les alcools par l'acide permanganique et en reconnaissant la présence de l'aldéhyde au moyen de la fuchsine. On sait que celle-ci se transforme en violet au contact de l'aldéhyde. Le violet est stable en présence de l'acide sulfureux, qui décolore la fuchsine. Le méthylal et l'acétal se comportent comme l'aldéhyde.

Voici comment on opère : On chauffe l'esprit de bois à essayer pendant quelques instants avec un peu d'acide sulfurique pour détruire certaines substances qui colorent la fuchsine en violet. On ajoute ensuite de l'eau, et l'on distille. Dans le produit distillé, on introduit de l'acide sulfurique et du permanganate de potassium, puis de l'hyposulfite de sodium, et enfin une solution étendue de fuchsine. Si l'esprit de bois renferme de l'alcool, la liqueur se colore en violet, sinon en jaune [*Compt. rend.*, 1876, t. LXXXII, p. 768].

M. Berthelot indique l'action de l'acide sulfurique comme permettant de reconnaître l'alcool en présence de l'alcool méthylique. Le premier fournit de l'éthylène, formant avec le brome du bromure d'éthylène; le second, de l'oxyde de méthyle [*Compt. rend.*, 1875, t. LXXX, p. 1039].

Alcoolate ou éthylate de sodium. — D'après M. Wanklyn, le composé cristallisé que l'on obtient en saturant de sodium l'alcool absolu renferme

$$C^2H^5NaO.\ 3C^2H^6O.$$

Une température de 100° ne le décompose pas; il fond, mais ne brunit que par l'accès de l'air. Les cristaux sont assez difficilement solubles dans l'éther, mieux dans un mélange d'éther et d'acétate d'éthyle. Chauffés au-dessus de 100°, dans un courant d'hydrogène, ils perdent leur alcool, et à 200° ils laissent l'éthylate de sodium sec C^2H^5NaO sous la forme d'une masse blanche infusible et légère. Elle est insoluble dans l'éther et peut être chauffée à 275° et même au-dessus sans altération.

L'alcoolate de sodium donne, avec l'acétate d'éthyle, de l'alcool, et un acétate d'éthylène sodium isomérique avec le butyrate de sodium.

L'alcoolate se combine avec l'hydrogène sulfuré et fournit un corps stable $C^2H^5NaO.SH^2$, qui ne se décompose qu'à 100° en alcool et sulfhydrate de sodium. L'acide chlorhydrique, le chlorure d'acétyle, le valérate d'éthyle, etc., se comportent de même et ne donnent qu'à 100° les produits de décomposition de la molécule, p. ex. du chlorure de sodium et de l'acétate d'éthyle,

$$C^2H^5NaO + C^2H^3OCl$$
$$= NaCl + C^2H^5O.C^2H^3O$$

[*Journ. chem. Society* (2), t. VII, p. 199].

MM. Geuther et Scheitz, en dissolvant 1 p. de sodium dans 8 p. d'alcool absolu, scellant le vase, décantant les eaux mères des cristaux après refroidissement, et séchant rapidement entre des doubles de papier, après lavage à l'éther, ont obtenu des cristaux renfermant $C^2H^5NaO.2C^2H^6O$. Ils se dissolvent dans l'alcool plus facilement que dans l'éther et, dans le vide sec, perdent leurs 2 molécules d'alcool [*Zeitschr. für Chem.* 1868, p. 378].

Le chlore et le brome attaquent l'alcoolate mélangé encore d'alcool en donnant des chlorures ou bromures d'éthyle et de sodium, de l'aldéhyde et de l'acide acétique.

L'iode donne de l'iodoforme [Maly, *Zeitschr. für Chem.*, 1869, p. 345].

D'après MM. E. Seil et Salzmann, les produits de la réaction de molécules égales de brome et d'alcoolate de sodium sont du bromure d'éthyle, de l'alcool, de l'éther acétique et une quantité notable d'éther monobromacétique.

Lorsqu'on emploie un excès de brome, on obtient de l'acide formique, de l'acide acétique, de l'alcool, de l'éther monobromacétique et du bromure d'éthylène dibromé bouillant à 150° [*Deutsche chem. Gesellsch.*, t. VII, p. 496]. Ch. Friedel.

ALCOOLS. — On a montré, t. I, p. 111, que les alcools monatomiques peuvent être divisés en *primaires*, *secondaires* et *tertiaires*, suivant que le groupe oxhydryle qu'ils renferment se rattache à un atome de carbone, saturé d'autre part partiellement par 1, 2 ou 3 atomes de carbone, ou encore suivant qu'ils renferment l'un des groupes

$$(CH^2.OH)', (CH.OH)'' \text{ ou } (C.OH)''',$$

dont les atomicités libres sont saturées par 1, 2 ou 3 groupes hydrocarbonés. Un moment il avait pu sembler qu'il fallait établir une quatrième classe d'alcools monatomiques, les *pseudo-alcools*, dont le type était l'hydrate d'amylène découvert par M. Würtz, et dont le caractère le plus saillant est son facile dédoublement en eau et hydrocarbure. Dans l'article cité, nous laissions entrevoir déjà que peut-être cette classe rentrerait dans les précédentes, la facile décomposition de l'hydrate d'amylène étant due plutôt à la nature de l'hydrocarbure, dont il dérive, qu'à un mode de structure particulier. Les prévisions fondées sur les faits connus alors ont été vérifiées par des expériences concluantes, qui font disparaître une difficulté dont la théorie atomique, telle qu'elle est admise aujourd'hui, ne pouvait donner la solution. M. Wischnegradsky [*Deutsche chem. Gesellsch.*, t. X, p. 405] a réussi à démontrer que l'hydrate d'amylène n'est autre chose que le diméthyléthylcarbinol $(CH^3)^2COH(CH^2\text{-}CH^3)$, alcool tertiaire, ayant une grande tendance à se scinder en eau et en un amylène $(CH^3)^2C{=}CH\text{-}CH^3$.

Diagnose des alcools primaires, secondaires et tertiaires. — On connaît les réactions fondamentales d'oxydation qui permettent de distinguer les alcools primaires, secondaires et tertiaires, les premiers fournissant un acide renfermant le même nombre d'atomes de carbone que l'alcool générateur, les deuxièmes une acétone qui est dans le même cas, les troisièmes enfin des produits de dédoublement, acétones ou acides, qui renferment moins d'atomes de carbone.

M. A. Saytzeff fait remarquer pourtant que ce caractère ne peut pas s'appliquer aux alcools non saturés, pour lesquels l'oxydation ne présente pas la même régularité [*Deutsch. chem. Gesellsch.*, t. IX, p. 1602].

A ces réactions sont venues s'en ajouter d'autres, dues à M. V. Meyer et à MM. Cahours et Demarçay, qui fournissent d'autres solutions du même problème.

M. V. Meyer a fait voir que l'on peut reconnaître les radicaux des alcools primaires, secondaires et tertiaires par les réactions colorées qui accompagnent la formation des composés nitrés. Si l'on veut, par exemple, décider si un iodure alcoolique appartient à l'une ou à l'autre des trois séries, il suffit de distiller cet iodure sur de l'azotite d'argent et de traiter le produit de la distillation par la potasse et l'acide azoteux ou par la potasse, l'azotite de potassium et l'acide sulfurique étendu.

1° Si l'on obtient une coloration *rouge*, il s'est formé un acide nitrolé, et l'on a affaire à un iodure d'alcool *primaire*. Exemple :

$$CH^3\text{-}CH^2\text{-}CH^2.AzO^2 + AzO^2H$$

Nitropropane.

$$= H^2O + CH^3\text{-}CH^2\text{-}CAzOH.AzO^2$$

Acide propylnitrolique.

2° S'il se produit une coloration *bleue*, on a en main un iodure *secondaire*. Il se forme, dans ce cas, un composé désigné par M. Meyer sous le nom de *nitrol*, qui possède la propriété curieuse d'être bleu lorsqu'il est liquide par fusion ou par dissolution et blanc lorsqu'il est solide.

$$CH^3\text{-}CHAzO^2\text{-}CH^3 + AzO^2H$$

Pseudonitropropane.

$$= H^2O + CH^3\text{-}CAzO.AzO^2\text{-}CH^3$$

Propylpseudonitrol.

3° Enfin, lorsqu'il ne reproduit *aucune* coloration, l'iodure employé est dérivé d'un alcool *tertiaire*.

Pour les iodures des séries pauvres en carbone, depuis la série méthylique jusqu'à la série propylique, pour lesquelles la transformation de l'iodure en corps nitré se fait facilement, 0gr,3 d'iodure suffisent pour donner la coloration caractéristique. Pour les iodures des séries plus élevées et particulièrement pour les secondaires et les tertiaires, pour lesquels la formation des corps nitrés est toujours accompagnée de la séparation d'oléfines, il faut en employer 0gr,5 et peut-être davantage. On opère de la manière suivante : Dans un petit appareil distillatoire, on place une quantité d'azotite d'argent double du poids de l'iodure, mélangé intimement avec son volume de sable blanc fin. On ajoute l'iodure, et l'on attend quelques instants; on voit bientôt se produire une vive réaction accompagnée d'élévation de température; on distille alors à feu nu, et l'on recueille le produit dans un tube bouché. Les quelques gouttes de produit recueillies donnent les réactions caractéristiques avec la plus grande netteté, lorsqu'on les agite avec à peu près 3 fois leur volume d'une solution d'azotite de potassium dans la potasse concentrée, que l'on étend d'un peu d'eau, et que l'on ajoute de l'acide sulfurique étendu. Avec de l'iodure de méthyle, par exemple, on obtient, dès les premières gouttes d'acide sulfurique, une coloration rouge intense, qui disparaît lorsqu'on ajoute une plus forte proportion d'acide, et que l'on peut faire reparaître en ajoutant de nouveau de la potasse.

Pour les alcools secondaires, la coloration bleu foncé qui se produit ne disparaît pas par l'addition de potasse. Si l'on agite la liqueur bleue avec du chloroforme, on la voit se décolorer; le chloroforme se sépare au fond en une couche d'un bleu intense.

La réaction ne paraît pas applicable aux alcools qui n'appartiennent pas à la série

$$C^nH^{2n+1}OH.$$

L'iodure de benzyle, par exemple, donne avec l'azotite d'argent un produit qui ne renferme pas d'azote et ne peut, par conséquent, fournir les corps nitrolés [*Deutsch. chem. Gesellsch.*, t. VII, p. 1510. Voyez aussi p. 670, 786, 1137].

M. Meyer ayant remarqué lui-même que la réaction indiquée par lui ne s'applique pas aux alcools appartenant à des séries très riches en carbone, M. Gutknecht a cherché à déterminer les limites dans lesquelles on peut y avoir confiance. On savait par les expériences de M. Meyer que l'iodure de butyle secondaire donne encore la coloration bleue, et que l'iodure d'hexyle de la mannite ne la donne plus. Le mélange d'iodures d'amyle que l'on obtient par l'action de l'acide iodhydrique sur l'amylène ordinaire, traité comme il a été indiqué, colore le chloroforme en bleu verdâtre. Quant aux alcools primaires, l'alcool amylique de fermentation, l'héptylique (de l'œnanthol) et l'alcool octylique normal donnent encore nettement la coloration rouge [Voyez V. Meyer, *Liebig's Annalen*, t. CLXXX, p. 145; — Gutknecht, *Deutsch. chem. Gesellsch.*, t. XII, p. 622].

MM. Cahours et Demarçay ont trouvé un autre moyen de distinguer les diverses classes d'alcools ou au moins les alcools tertiaires des deux autres classes; il est fondé sur l'action que l'acide oxalique sec exerce sur eux.

Lorsqu'on chauffe un alcool primaire avec de l'acide oxalique, on obtient à la fois l'oxalate et le formiate correspondants, en des proportions qui varient avec les conditions de l'expérience. Il se forme presque exclusivement de l'oxalate lorsque l'alcool est employé en excès, la formation du formiate étant due à la décomposition de l'acide oxalo-alcoolique.

Les alcools secondaires donnent également de l'oxalate et du formiate; mais, pour mêmes poids d'acide oxalique et de deux alcools isomériques, il se produit beaucoup moins d'oxalate de l'alcool secondaire. On peut employer cette propriété pour séparer, par exemple, l'alcool propylique de l'alcool isopropylique; lorsqu'on chauffe un mélange à poids égaux des deux, il se forme beaucoup d'oxalate de propyle et fort peu d'oxalate d'isopropyle, la plus grande partie de l'alcool isopropylique restant libre.

Les alcools tertiaires, au contraire, ne fournissent ni oxalates ni formiates, mais seulement le carbure générateur de l'alcool, qu'il est facile de condenser en le combinant avec le brome [*Compt. rend.*, t. LXXXIII, p. 688, et t. LXXXVI, p. 991].

D'après M. Menchoutkine, les alcools tertiaires sont sans action sur la baryte, à l'inverse de ce qui a lieu pour les alcools primaires et secondaires [*Mém. de l'Acad. imp. des Sciences de Saint-Pétersbourg*, 2e sér., t. XXVI, n° 9, p. 12].

Éthérification des alcools. — On doit à M. Menchoutkine des recherches étendues sur l'influence qu'exerce la constitution des alcools sur leur éthérification directe par l'acide acétique.

D'après les résultats obtenus, les différences de constitution des alcools influent principalement sur ce que M. Menchoutkine appelle la vitesse initiale de l'éthérification. C'est ainsi que pour des mélanges à molécules égales d'acide acétique et de divers alcools, mélanges chauffés à 150° et ensuite refroidis brusquement, on a obtenu au bout d'une heure :

		Proportion éthérifiée. p. 100.
Alcools primaires.	Alcool méthylique	55,59
	— éthylique	46,95
	— propylique	46,92
	— butylique normal	46,85
	— octylique	46,59
	— isobutylique	44,36
	— allylique	35,72
	— benzylique	38,64
Alcools secondaires.	Diméthylcarbinol (Alc. isopr.)	26,53
	Éthylméthylcarbinol	22,59
	Hexylméthylcarbinol	21,19
	Isopropylméthylcarbinol	18,95
	Diéthylcarbinol	16,93
	Éthylvinylcarbinol	14,85
	Diéthylcarbinol	10,50
Alcools tertiaires.	Triméthylcarbinol	1,43
	Éthyldimethylcarbinol	0,81
	Diéthylméthylcarbinol	1,04
	Propyldiméthylcarbinol	2,15
	Isopropyldiméthylcarbinol	0,86

On voit que la vitesse initiale est plus forte pour les alcools primaires et, parmi ceux-ci, surtout pour les alcools normaux. Elle décroît pour les alcools primaires non saturés; elle devient encore moindre pour les alcools secondaires et très faible pour les alcools tertiaires.

Quant aux limites d'éthérification, elles diffèrent beaucoup moins que les vitesses initiales pour les alcools primaires et secondaires. Les alcools tertiaires, au contraire, ont une limite d'éthérification de beaucoup inférieure à celle des alcools des deux autres séries, même en tenant compte de la perturbation introduite dans les expériences par ce fait qu'ils fournissent tous en notable proportion, pendant l'éthérification, l'hydrocarbure non saturé correspondant, même ceux qui ne se dédoublent pas lorsqu'on les chauffe à une température plus élevée que celle de l'éthérification.

Les limites d'éthérification vont en croissant, pour les alcools primaires saturés, avec le poids moléculaire. Elles sont inférieures pour les alcools primaires non saturés, inférieures encore pour les alcools secondaires et, comme nous l'avons déjà dit, incomparablement plus basses pour les alcools tertiaires.

		Alcools.	p. 100.
Alcools primaires	saturés.	méthylique	69,52
		éthylique	66,57
		propylique	66,85
		butylique normal	67,30
		isobutylique	67,38
		octylique	72,34
		cétylique	80,39
	non saturés.	allylique	59,41
		benzylique	60,75
Alcools secondaires	saturés.	isopropylique	60,52
		éthylméthylcarbinol	59,28
		isopropylméthylcarbinol	59,31
		diéthylcarbinol	56,80
		héxylméthylcarbinol	62,03
	non saturés.	éthylvinylcarbinol	52,25
		diallylcarbinol	50,12

		Alcools.	p. 100.
Alcools tertiaires	saturés.	triméthylcarbinol	6,59
		éthyldiméthylcarbinol	2,53
		diéthyldiméthylcarbinol	3,73
		propyldiméthylcarbinol	0,83
		isopropyldiméthylcarbinol	0,85
	non saturés.	allyldiméthylcarbinol	7,26
		allyldiéthylcarbinol	4,72
		allyldipropylcarbinol	0,46
		diallylméthylcarbinol	5,36
		diallylpropylcarbinol	3,10

Pour les alcools tertiaires, la limite est atteinte très rapidement, en général, déjà au bout de vingt-quatre heures.

Les phénols ont donné des résultats se rapprochant de ceux fournis par les alcools tertiaires.

Vitesses initiales	Phénol	1,15
	Paracrésol	1,40
	Thymol	0,55
Limites	Phénol	8,64
	Paracrésol	9,56
	Thymol	9,46
	Naphtol	6,16

[*Mém. de l'Acad. imp. des Sciences de Saint-Pétersbourg*, t. XXV, n° 5, et t. XXVI, n° 9].

Procédés de synthèse des alcools.— MM. Wagner et A. Saytzeff ont trouvé une méthode intéressante de synthèse des alcools. Ils ont fait réagir un mélange d'iodure d'éthyle et de zinc sur le formiate d'éthyle et ont obtenu ainsi un alcool amylique, le diéthylcarbinol, bouillant à 116-117° et donnant par oxydation le diéthylcarbonyle (propione) [*Deutsche chem. Gesellsch.*, t. VI, p. 1542, et t. VII, p. 1650].

MM. Kanonnikoff et A. Saytzeff ont de même obtenu l'alcool butylique secondaire, l'éthylméthylcarbinol, par l'action d'un mélange d'iodure d'éthyle et d'iodure de méthyle sur le formiate d'éthyle en présence du zinc [*Ibid.*, t. VII, p. 1650].

M. M. Saytzeff a préparé le diallylcarbinol par l'action de l'iodure d'allyle et du zinc sur l'éther formique. MM. Kanonnikoff et A. Saytzeff ont obtenu le même corps en opérant avec un mélange d'iodure d'allyle et d'iodure d'éthyle. Cet alcool bout à 181°; il donne avec le brome un tétrabromure sirupeux, avec l'anhydride acétique un acétate bouillant à 160°,5 [*Ibid.*, t. VIII, p. 1683, et t. IX, p. 1600].

MM. Sorokine et A. Saytzeff ont de même préparé le diallylméthylcarbinol par l'action de l'acétate d'éthyle sur l'iodure d'allyle en présence du zinc. Il bout à 158°,4 et son acétate à 177°,3 [*Ibid.*, t. IX, p. 34].

M. E. Wagner a trouvé qu'en faisant agir le zinc-éthyle sur l'anhydride acétique, il se produit le méthyléthylcarbinol, alcool butylique secondaire, en quantité satisfaisante [*Ibid.*, t. VIII, p. 1683].

MM. A. et M. Saytzeff ont obtenu une série d'alcools non saturés par l'action de l'iodure d'allyle en présence du zinc sur les acétones. L'acétone proprement dite a donné ainsi l'allyldiméthylcarbinol $(C^3H^5)(CH^3)^2C.OH$. Ce dernier est un liquide limpide bouillant à 119°,5 et possédant une odeur camphrée. Il réagit sur 2 atomes de brome et donne un bromure liquide; avec l'anhydride acétique, il forme un acétate bouillant à 137°,5 qui a une odeur de framboises séchées et fournit avec le brome un dibromure. L'oxydation de l'allyldiméthylcarbinol donne, suivant les conditions, de l'acide acétique, de l'acide carbonique et de l'acétone, ou de l'acide formique et un acide oxyvalérianique nouveau [*Deutsch. chem. Gesellsch.*, t. IX, p. 77 et 1601].

Production d'alcools par hydrogénation de la glucose et du sucre de lait. — Lorsqu'on traite une solution de glucose par l'amalgame de sodium, qu'on neutralise le liquide par l'acide sulfurique, que l'on distille et que l'on ajoute au produit de la distillation du carbonate de potassium sec, on voit s'en séparer une couche huileuse formée des alcools éthylique, isopropylique et hexylique. Le liquide resté dans la cornue renferme beaucoup de mannite. Le sucre de lait fournit les mêmes produits volatils et en plus de la dulcite. Le sucre de lait interverti donne à la fois de la dulcite et de la mannite [Bouchardat, *Compt. rend.*, t. LXXIII, p. 1008].

Oxydation des alcools tertiaires saturés. — Dans l'oxydation de ces alcools, le radical hydrocarboné le plus simple reste généralement uni au groupe C.OH pour former un acide, et les autres s'oxydent de leur côté. C'est ainsi que le diméthyléthylcarbinol $(CH^3)^2(C^2H^5)C.OH$ donne de l'acide acétique et de l'acide carbonique; le méthyldiéthylcarbinol $CH^3(C^2H^5)^2C.OH$ ne donne que de l'acide acétique; le diméthylpropylcarbinol $(CH^3)^2(C^3H^7)COH$ donne de l'acide propionique, de l'acide acétique et les acides formique et carbonique; le triéthylcarbinol $(C^2H^5)^3C.OH$, les acides acétique et propionique.

Le triméthylcarbinol $(CH^3)^3C.OH$ et le diméthylisopropylcarbinol font exception : le premier donne de l'acétone, de l'acide acétique et de l'acide isobutyrique; le second, seulement de l'acétone [Boutlerow, *Zeitschr. für Chem.* 1871, p. 484].

Ch. Friedel.

ALDANES. — Ce nom a été proposé par M. Riban pour désigner les produits de condensation de l'aldéhyde formés avec élimination d'eau (Voyez ALDÉHYDES, produits de condensation, p. 86).

ALDÉHYDATE D'AMMONIAQUE (voyez ACÉTYLURE D'AMMONIUM, t. I, p. 48),

$$C^2H^4O,AzH^3 = CH^3\text{-}CH^2 < \begin{matrix} OH \\ AzH^2 \end{matrix}$$

Sous l'action combinée de l'oxygène et de la potasse alcoolique, l'aldéhydate d'ammoniaque luit dans l'obscurité; cette phosphorescence est due à une oxydation lente [Radziszewki, *Compt. rend.*, t. LXXXIV, p. 305].

Chauffé en solution alcoolique de 50-60°, il donne de l'oxytrialdine; de 90 à 100°, de l'oxytétraldine principalement; et au-dessus de 100°, en vase clos, on obtient de l'oxytétraldine et de l'oxypentaldine (voyez OXALDINES, t. II, p. 663).

Chauffé à 120-130° avec de l'urée, il fournit une base volatile, l'aldéhydine $C^8H^{11}Az$ (voyez COLLIDINE).

Quand on fait réagir sur l'aldéhydate d'ammoniaque le cyanure de potassium et l'acide chlorhydrique pour préparer l'alanine, et qu'on emploie du cyanure renfermant du cyanate, on obtient en même temps de la lactylurée (voyez LACTYLURÉE, t. III, p. 576).

L'aldéhydate d'ammoniaque réagit au bain-marie sur les sulfocarbimides; avec la sulfocarbimide phénylique il se forme un corps

$$C^{32}H^{31}Az^5O^2S^2,$$

avec la sulfocarbimide allylique le corps

$$C^{16}H^{31}Az^5O^2S^2,$$

et avec la sulfocarbimide éthylique le composé

$$C^{14}H^{31}Az^5O^2S^2$$

[Robert Schiff, *Deutsch. chem. Gesellsch.*, t. IX, p. 565; *Bull. de la Soc. chim.*, 1876, t. XXVI, p. 545].

La formule de constitution de l'aldéhydate d'ammoniaque donnée plus haut est confirmée par les recherches de Robert Schiff sur le trichloraldéhydate d'ammoniaque (chloral ammoniaque), qui fournit un dérivé acétylé par l'action de l'anhydride acétique et par conséquent doit renfermer

$$CCl^3\text{-}CH < \begin{matrix} OH \\ AzH^2 \end{matrix}$$

[*Deutsch. chem. Gesellsch.*, t. X, p. 165; *Bull. Soc. chim.*, t. XXVIII, p. 259]. E. Grimaux.

ALDÉHYDE (voyez t. I, p. 40, HYDRURE D'ACÉTYLE). — L'aldéhyde prend naissance dans diverses réactions :

1° Par l'action de l'eau à 160° sur le bromure d'éthylène [Carius, *Ann. der Chem. u. Pharm.*, t. CXXXI, p. 172; *Bull. de la Soc. chim.*, 1865, t. III, p. 133].

2° Par l'oxydation de l'éthylamine au moyen du permanganate de potassium [Castanjen, *Rép. de Chim. pure*, 1863, p. 616.

3° Par l'hydrogénation du chloral [Melsens, *Compt. rend.*, t. XXI, p. 81, 104; — Personne, *Bull. de la Soc. chim.*, 1870, t. XIV, p. 381].

4° Dans l'action de l'acide sulfurique sur l'acide lactique (Erlenmeyer).

Elle se rencontre dans l'alcool de garance [Gunning, *Journ. für prakt. Chem.*, t. CXII, p. 57; et *Bull. de la Soc. chim.*, 1864, t. II, p. 479], et dans l'alcool brut de betteraves et de pommes de terre; elle prend naissance par oxydation de l'alcool que l'on fait passer avant la distillation à travers une série de filtres remplis de charbon où il se trouve en contact avec une grande quantité d'air [Kraemer et Pinner, *Deutsch. chem. Gesellsch.*, t. II, p. 401; t. IV, p. 787; *Bull. de la Soc. chim.*, 1870, t. XIII, p. 341; 1871, t. XIV, p. 274. — Kekulé, *Deutsch. chem. Gesellsch.*, t. IV, p. 718; *Bull. de la Soc. chim.*, 1871, t. XIV, p. 273].

M. Durwel prépare l'aldéhyde en faisant réagir le chlorure cuivrique sur l'alcool en présence d'acide sulfurique. Les proportions qui paraissent les plus avantageuses sont : 2 parties d'alcool, 2 parties de chlorure cuivrique, 1 partie d'acide sulfurique et 1 partie d'eau [*Bull. de la Soc. chim.*, 1872, t. XVIII, p. 529].

Chauffée au rouge sombre dans une atmosphère de gaz hydrogène, l'aldéhyde se dédouble en oxyde de carbone et gaz des marais :

$$C^2H^4O = CO + CH^4$$

[Berthelot, *Bull. de la Soc. chim.*, 1875, t. XXIII, p. 237].

M. Wurtz avait montré (voyez t. I, p. 41) que l'action du chlore sur l'aldéhyde dissoute dans le chlorure de carbone et exposée aux rayons solaires fournit du chlorure d'acétyle et la combinaison

$$C^4H^7ClO^2 = \overset{CH^3}{\overset{|}{C}H} < {Cl \atop OC^2H^3O},$$

qui est l'acétochlorhydrine d'éthylidène. MM. Kraemer et Pinner, dans la même réaction, ont obtenu du chloral butyrique $C^4H^5Cl^3O$, et n'ont pu retrouver le chlorure d'acétyle; mais M. Wurtz, reprenant ses anciennes expériences, les a confirmées de nouveau, et il fait voir que MM. Kraemer et Pinner ont opéré dans des conditions peu favorables à la formation du chlorure d'acétyle, et que, de plus, chassant l'excès de chlore, après la réaction, par un courant d'air, ils ont dû entraîner ainsi la petite quantité produite. La réaction du chlore sur l'aldéhyde est donc complexe : d'un côté il se forme du chlorure d'acétyle, de l'autre l'acide chlorhydrique amène la polymérisation de l'aldéhyde, et sa transformation en aldéhyde crotonique, que le chlore convertit en chloral butyrique. M. Pinner, en traitant l'aldéhyde aqueuse par le chlore en présence de marbre pour saturer l'acide chlorhydrique, a obtenu du chloral.

En faisant agir le chlore sur l'aldéhyde en présence d'eau et d'acide chlorhydrique à — 10°, MM. Wurtz et Vogt ont obtenu du chloral et de l'aldéhyde dichlorée; si on laisse s'échauffer le mélange, il se forme en outre le chloral butyrique décrit par Kraemer et Pinner. En employant de l'aldéhyde très étendue, MM. Wurtz et Vogt ont eu le même mélange de chloral et d'aldéhyde dichlorée, et de plus un corps soluble dans l'eau bouillante en belles lames fusibles à 80°, renfermant $C^4H^6Cl^{4}O^2$ [Kraemer et Pinner, *Deutsch. chem. Gesellsch.*, t. III, p. 383 et 790; *Bull. de la Soc. chim.*, 1870, t. XIV, p. 384; 1871, t. XV, p. 287. — Pinner, *Deutsch. chem. Gesellsch.*, t. IV, p. 256; *Bull. de la Soc. chim.*, 1871, t. XV, p. 217. — A. Wurtz, *Bull. de la Soc. chim.*, t. XIV, note de la page 384, 1870; — A. Wurtz et G. Vogt, *Bull. de la Soc. chim.*, 1872, t. XVII, p. 402].

Le brome agit sur l'aldéhyde pour donner de l'*aldéhyde dibromée* $C^2H^2Br^2O$ (voyez plus loin, *Produits de substitution*).

L'acide chlorhydrique, dans des conditions déterminées, la transforme en *aldol* (voyez ce mot).

Le perbromure de phosphore donne avec l'aldéhyde un corps peu stable, que MM. Wurtz et Frapolli avaient regardé comme du bromure d'éthylidène $CH^3\text{-}CHBr^2$ (t. I, p. 1391), car il fournit de l'acétal $CH^3\text{-}CH(OC^2H^5)^2$ par l'action de l'éthylate de sodium. Suivant M. Tawildaroff, le produit de la réaction est une combinaison de bromure d'acétyle et d'aldéhyde,

$$C^4H^7BrO^2 = \overset{CH^3}{\overset{|}{C}H} < {Br \atop C^2H^3O^2},$$

Acétobromhydrine d'éthylidène

analogue à la combinaison $C^4H^7ClO^2$ obtenue par M. Wurtz dans l'action du chlore sur l'aldéhyde. Traité par l'éthylate de sodium, ce corps donne de l'acétal et de l'acétate de sodium. Le tribromure de phosphore agit de la même façon; mais, quand on le chauffe avec l'aldéhyde en tubes scellés, on obtient du bromure d'éthylène [Tawildaroff, *Bull. de la Soc. chim.*, 1874, t. XXI, p. 489, et t. XXII, p. 150].

La combinaison de bromure d'acétyle et d'aldéhyde se produit aussi par union directe des constituants, chauffés en tubes scellés d'abord au bain-marie, puis à 130°; elle est peu stable et bout entre 135 et 145° [Tawildaroff, *Bull. de la Soc. chim.*, 1874, t. XXII, p. 356].

L'oxychlorure de carbone donnerait, suivant M. Harnitzki, du chloracétène C^2H^3Cl bouillant à 45°, se solidifiant à 0°. MM. Kekulé et Zincke ont montré que le corps C^2H^3Cl n'existe pas, et que de très petites quantités d'oxychlorure de carbone suffisent pour transformer l'aldéhyde ou la paraldéhyde en un corps bouillant vers 45°, mais ce corps n'est qu'un mélange d'aldéhyde, de paraldéhyde et d'oxychlorure de carbone. Celui-ci transforme l'aldéhyde en paraldéhyde, et inversement, avec plus de lenteur, fait passer la paraldéhyde à l'état d'aldéhyde. Un mélange d'oxychlorure de carbone et d'aldéhyde ou de paraldéhyde renferme en même temps de l'aldéhyde et de la paraldéhyde, et il s'établit entre ces deux corps un certain équilibre qui dépend de la proportion d'oxychlorure et de la température. Quand on refroidit le mélange, la paraldéhyde se dépose à l'état solide; quand on la chauffe, l'aldéhyde se volatilise. L'aldéhyde volatilisée se trouvant en présence d'oxychlorure se transforme partiellement en paraldéhyde : de là un échauffement qui explique la température élevée à laquelle l'aldéhyde distille.

L'acide sulfurique agit de même; une goutte d'acide sulfurique suffit pour porter l'aldéhyde à l'ébullition et la transformer partiellement en paraldéhyde; si l'on distille, le liquide passe entre 44 et 45°, mais le produit distillé est de l'aldéhyde presque pure [Kekulé et Zincke, *Deutsch. chem. Gesellsch.*, t. III, p. 129; *Bull. de la Soc. chim.*, 1870, t. XIV, p. 224].

L'hydrogène sulfuré, suivant Weindenbusch, donne avec l'aldéhyde la combinaison

$$6(C^2H^4S)H^2S$$

[voyez SULFURE D'ÉTHYLIDÈNE, t. I, p. 1304]. M. Pinner a obtenu dans les mêmes conditions le corps $C^2H^4O + C^2H^4S$, combinaison d'aldéhyde et de sulfure d'éthylidène (sulfaldéhyde). En traitant l'aldéhyde par l'hydrogène sulfuré, on obtient immédiatement le sulfure d'éthylidène

$$C^2H^4S, \text{ ou plutôt } C^6H^{12}S^3$$

[Pinner, *Deutsch. chem. Gesellsch.*, t. IV, p. 257, et *Bull. de la Soc. chim.*, 1871, t. XV, p. 218].

Le sodium ou *le zinc* réagissent sur l'aldéhyde en donnant de l'aldol et des produits de condensation de l'aldol [Riban, *Bull. de la Soc. chim.*, 1872, t. XVIII, p. 62].

MM. Beilstein et Rieth en traitant l'aldéhyde par le zinc-éthyle avaient obtenu une combinaison zincique qui, décomposée par l'eau, leur avait donné de l'acétal. Suivant M. E. Wagner, ce corps ne serait pas de l'acétal, mais du méthyl-éthylcarbinol distillant entre 96 et 99° [*Bull. de la Soc. chim.*, 1876, t. XXV, p. 306].

Lorsqu'on dirige des vapeurs d'aldéhyde sur de la chaux portée à une température élevée, on obtient des produits gazeux, de l'acétone, de l'acide acétique, de l'éthylméthylacétone et de la diméthylacétone [Schlœmilch, *Zeitsch. für Chem.*, 1869, p. 336; *Bull. de la Soc. chim.*, 1869, t. XII, p. 358].

L'ammoniaque donne avec l'aldéhyde diverses bases oxygénées qui sont désignées sous le nom d'*oxaldines* (voyez ce mot, t. II, p. 668].

L'urée fournit *l'éthylidène-urée*

$$C^2H^4{=}Az\text{-}CO\text{-}AzH^2$$

(voyez t. III, p. 573).

Par l'action de l'amalgame de sodium sur l'aldéhyde en solution maintenue acide, il se forme, outre l'alcool éthylique, un butylglycol

$$C^4H^{10}O^2 = CH^3\text{-}CH.OH\text{-}CH^2\text{-}CH^2.OH$$

[Kekulé, *Deutsch. chem. Gesellsch.*, t. V, p. 56; *Bull. de la Soc. chim.*, 1872, t. XVII, p. 270].

L'explication de ce fait se trouve dans la production de l'aldol, découvert par M. Wurtz; dans une première phase de la réaction, il se forme de l'aldol sous l'influence de l'acide, et cet aldol s'hydrogène ensuite pour se convertir en butylglycol.

L'aldéhyde se combine avec les amides, avec élimination d'eau; la combinaison est instantanée si l'on ajoute au mélange quelques gouttes d'acide chlorhydrique étendu : on a ainsi obtenu *l'éthylidène-benzamide*

$$CH^3\text{-}CH(AzH.CO\text{-}C^6H^5)^2,$$

en aiguilles rhombiques blanches, fusibles à 188°, l'éthylidène-uréthane

$$CH^3\text{-}CH(AzH.CO.OC^2H^5)^2,$$

en aiguilles nacrées, fusibles à 126° [Nencki, *Deutsch. chem. Gesellsch.*, t. VII, p. 184; *Bull. de la Soc. chim.*, 1874, t. XXII, p. 166].

L'aldéhyde, comme tous les corps de cette fonction, se combine avec les phénols en présence d'acide chlorhydrique ou d'acide sulfurique; avec le pyrogallol, il se produit un corps rouge qui passe au violet par l'addition des alcalis. Avec le phénol, il se forme une substance blanche, ressemblant à un mastic, soluble dans la potasse avec une belle coloration violette [Baeyer, *Deutsch. chem. Gesellsch.*, t. V, p. 25; *Bull. de la Soc. chim.*, 1872, t. XVII, p. 270]. En remplaçant l'aldéhyde par la paraldéhyde et faisant intervenir le chlorure stannique comme moyen de déshydratation, Fabinyi a obtenu le *diphénol-éthane* $CH^3\text{-}CH(C^6H^4.OH)^2$, produit cristallisé fusible à 122° [*Deutsch. chem. Gesellsch.*, t. XI, p. 285].

L'aniline réagit sur l'aldéhyde en donnant *l'éthylidène-diphénylamine* $C^{14}H^{16}Az^2$; et la *diéthylidène-diphényldiamine* $C^{16}H^{18}Az^2$; avec l'éthylaniline, la toluidine, etc., l'aldéhyde se combine en fournissant des corps analogues (voyez t. II, p. 869, et t. III, p. 485).

Le thiosulfocarbamate d'ammonium s'unit à l'aldéhyde pour donner de la carbothialdine :

$$CS\begin{cases}AzH^2\\ SAzH^4\end{cases} + 2C^2H^4O = C^5H^{10}Az^2S^2 + 2H^2O$$

Thiosulfocarbamate d'ammonium. — Carbothialdine.

[Mulder, *Journ. für prakt. Chem.*, t. CIII, p. 178; *Bull. de la Soc. chim.*, 1869, t. XI, p. 59].

L'aldéhyde se combine avec l'aide cyanhydrique au bout de 8 à 10 jours de contact à froid; le produit distille à 180-184°, en se dissociant en partie : traité par la potasse, il donne du cyanure, de la résine d'aldéhyde et de l'ammoniaque, mais par l'acide chlorhydrique concentré il est transformé en acide lactique et chlorure d'ammonium; la réaction est très énergique [M. Simpson et A. Gautier, *Bull. de la Soc. chim.*, 1867, t. VIII, p. 277].

Par l'action de l'acide chlorhydrique sur un mélange d'aldéhydate d'ammoniaque et de cyanure de potassium réduits en bouillie avec de l'eau, il se forme un corps soluble dans l'éther, cristallisant en aiguilles blanches fusibles à 67-68°, et renfermant $C^6H^9Az^3$. Chauffé en tubes scellés avec un acide, ce corps fournit de l'aldéhyde, de l'acide cyanhydrique et de l'alanine [Urech, *Deutsch. chem. Gesellsch.*, t. VI, p. 113; *Bull. de la Soc. chim.*, 1873, t. XX, p. 541].

Combinaisons de l'aldéhyde avec les bisulfites. — Ces combinaisons ont été découvertes par Bertagnini; M. Erlenmeyer a émis l'opinion qu'elles constituent de véritables sels sulfonés analogues aux lactates :

Aldéhydo-sulfite de sodium.	Lactate de sodium.
CH^3	CH^3
$\vert$ $CHOH$	$\vert$ $CH.OH$
$\vert$ SO^3Na	$\vert$ $CO^2Na.$

M. Bunte a décrit quelques-unes de ces combinaisons.

Aldéhyde-sulfite de baryum, $(C^2H^5SO^4)^2Ba$. — On l'obtient en neutralisant par la baryte une solution d'acide sulfureux additionnée d'aldéhyde. La solution filtrée fournit le sel par l'addition d'alcool, sous forme d'un précipité cristallin nacré.

Sel de potassium, $C^2H^5SO^4K$. — Il est en cristaux durs et confus, paraissant au microscope formés d'aiguilles groupées en faisceaux.

Sel de sodium, $2(C^2H^5SO^4Na) + H^2O$. — Il est en lamelles d'un aspect gras.

Le sel d'ammonium, $C^2H^3SO^3AzH^4$ ou plutôt $C^2H^5SO^3AzH^2$, diffère des précédents par sa composition, il renferme une molécule d'eau de moins que les autres aldéhydes-sulfites. Il est en petites aiguilles solubles dans 6 parties d'eau à 16°. On l'obtient en ajoutant de l'aldéhyde au bisulfite et concentrant dans le vide. Ce sel est isomérique avec le corps que Redtenbacher a obtenu, en faisant agir le gaz sulfureux sur l'aldéhydate d'ammoniaque en solution alcoolique; le sel de Redtenbacher présente le même aspect, mais il se dissout dans 1 p,5 d'eau; de plus, il s'altère au bain-marie, tandis que le sel de Bunte est inaltéré. M. Petersen, en faisant passer un courant de gaz sulfureux dans l'aldéhydate d'ammoniaque en déliquescence, a préparé un sel qui paraît identique avec celui de Bunte [Redtenbacher, *Ann. der Chem. u. Pharm.*, t. LXV, p. 37; — Bunte, *même recueil*, t. CLXXX, p. 305; *Bull. de la Soc. chim.*, 1874, t. XXI, p. 449; — Petersen, *Ann. der Chem. u. Pharm.*, t. CII, p. 317].

Alcoolate d'aldéhyde. — Le composé que MM. Wurtz et Frapolli ont obtenu en faisant réagir l'acide chlorhydrique sur un mélange d'alcool et d'aldéhyde, et qui n'est autre que l'éther monochloré, $CH^3\text{-}CHCl\text{-}OC^2H^5$, est attaqué par l'eau, et l'on obtient un liquide bouillant au-dessous de 50°, qui est de l'alcoolate d'aldéhyde

$$CH^3\text{-}CH\begin{matrix}\diagup OC^2H^5\\ \diagdown OH.\end{matrix}$$

PRODUITS DE SUBSTITUTION DE L'ALDÉHYDE.

ALDÉHYDE DIBROMÉE, $C^2H^2Br^2O$. — M. Pinner l'obtient en dissolvant l'aldéhyde dans le double de son poids d'éther acétique et y ajoutant peu à peu 2 molécules de brome; on isole la dibromaldéhyde par distillation. Il se forme en même temps un peu de bromal.

La dibromaldéhyde distille à 140-142°: elle se dissout dans l'eau avec élévation de température; si les proportions sont observées exactement, la solution se prend au bout de quelque temps en une masse formée de fines aiguilles d'*hydrate de dibromaldéhyde*, $C^2H^2Br^2O + H^2O$.

Avec une plus grande quantité d'eau, la masse solide est amorphe; lavée avec de l'eau pour la priver de l'hydrate précédent, elle présente la composition de l'aldéhyde dibromée et paraît être son polymère, *la paradibromaldéhyde*

$$3\,C^2H^2Br^2O.$$

L'acide cyanhydrique s'unit à la dibromaldéhyde; le cyanhydrate forme une huile épaisse que l'acide chlorhydrique convertit en acide dibromolactique [Pinner, *Deutsch. chem. Gesellsch.*, t. VII, p. 1499; *Bull. de la Soc. chim.*, 1875, t. XXIII, p. 553].

M. Haarmann, en faisant réagir le brome sur l'aldéhyde et modérant la réaction, a obtenu l'aldéhyde dibromée C^2H^2BrO sous forme de longues aiguilles solubles dans l'eau, l'alcool, l'éther.

M. Pinner pense que le corps de Haarmann est identique avec la paradibromaldéhyde, mais il est plus probable qu'il constitue l'hydrate $C^2H^2Br^2O, H^2O$, car la paradibromaldéhyde est amorphe, insoluble dans l'eau, tandis que le corps de Haarmann est cristallisé, soluble, comme l'hydrate de dibromaldéhyde [*Deutsch. chem. Gesellsch.*, t. III, p. 758].

ALDÉHYDE TRIBROMÉE. — Voyez BROMAL.

ALDÉHYDE CHLORÉE, C^2H^3ClO. — L'éthylène chloré (chlorure de vinyle), dirigé à travers une solution d'acide hypochloreux contenant un excès d'oxyde de mercure, est absorbé énergiquement avec production de chaleur. L'opération est terminée quand tout l'oxyde de mercure est converti en calomel; on traite alors le liquide par l'hydrogène sulfuré, puis par le carbonate de sodium, on le sature de sel marin et on l'épuise par l'éther. La solution éthérée abandonne, par évaporation, un liquide épais, d'une odeur irritante, qui constitue l'aldéhyde monochlorée C^2H^3ClO. L'hydrogène naissant convertit ce corps en aldéhyde, et l'oxydation le fait passer à l'état d'acide monochloracétique (Saytzeff et Glinsky).

Glinsky a montré depuis que l'aldéhyde monochlorée ne se trouve pas à l'état libre dans la liqueur résultant de l'action de chlorure de vinyle sur un mélange d'acide hypochloreux et d'oxyde de mercure, mais en combinaisons avec du chlorure mercureux. Cette combinaison renferme $C^2H^3ClO + Hg^2Cl^2$; elle est en croûtes cristallines fusibles à 90°, sa solution aqueuse se décompose peu à peu en calomel et aldéhyde chlorée; l'hydrogène sulfuré la décompose lentement.

L'aldéhyde monochlorée fournit un hydrate

$$2\,C^2H^3ClO + H^2O.$$

Pour le préparer, Glinsky ajoute de l'acide chlorhydrique au produit aqueux de la réaction du chlorure de vinyle sur l'acide hypochloreux, et distille; les premières portions sont agitées avec du bisulfite de sodium; on sépare la portion insoluble, on évapore la solution dans le vide, puis on chauffe le résidu cristallisé à 160°. Il distille alors de l'hydrate d'aldéhyde chloracétique brut qu'on rectifie et qui passe de 84 à 100°; l'hydrate se solidifie au contact d'un peu de chlorure de calcium.

Il est plus facile d'obtenir cet hydrate avec les secondes portions de la distillation; on ajoute du sulfate de sodium sec, on agite avec de l'éther, on évapore l'éther et on distille au bain-marie; on recueille entre 85-95° et 95-100°. Ces deux liquides se solidifient au contact du chlorure de calcium, mais le premier plus facilement.

L'hydrate d'aldéhyde monochlorée ne possède pas un point de fusion constant; l'auteur a analysé un échantillon fondant à 64-65°. Par l'évaporation de la solution éthérée, on l'obtient en beaux cristaux fusibles à 74-75°. Il est très irritant et exerce sur la peau une action vésicante.

L'aldéhyde monochlorée se forme aussi par l'action de l'acide sulfurique sur l'éther dichloré (Lieben).

L'aldéhyde monochlorée chauffée avec une solution d'iodure de potassium, fournit l'aldéhyde iodée; avec le cyanure de potassium, elle donne de l'aldéhyde cyanée $C^2H^3(CAz)O$. Elle se combine avec l'acide cyanhydrique et fournit une cyanhydrine qui n'a pas été isolée à l'état pur, mais qui se transforme en acide chlorolactique par l'action de l'acide cyanhydrique. Avec le bisulfite de sodium, elle donne un dérivé qui cristallise dans l'alcool et qui renferme

$$C^2H^3ClO + NaHSO^3 + 1/2\,H^2O$$

[Saytzeff et Glinsky, *Zeitsch. für Chem.*, 1867, p. 675; *Bull. de la Soc. chim.*, 1868, t. IX, p. 474. — Glinsky, *Zeitsch. für Chem.*, 1868, p. 617; 1870, p. 513; t. VI, p. 647; *Bull. de la Soc. chim.*, 1869, t. XII, p. 50; 1871, t. XV, p. 73, 75].

Alcoolate d'aldéhyde monochlorée. — Ce composé qui renferme

$$CH^2Cl\text{-}CH\begin{matrix}\diagup OC^2H^5\\ \diagdown OH,\end{matrix}$$

est analogue à l'acétal monochloré

$$CH^2Cl\text{-}CH\begin{matrix}\diagup OC^2H^5\\ \diagdown OC^2H^5.\end{matrix}$$

Il se produit par l'action de l'eau sur l'éther dichloré de Lieben $CH^2Cl\text{-}CHCl\text{-}OC^2H^5$. C'est un liquide bouillant à 95-96°. Il se forme en même temps un produit de condensation de l'alcoolate d'aldéhyde monochlorée, qui a pour formule

$$\begin{array}{c} CH^2Cl\text{-}CH\text{-}OC^2H^5 \\ \dot{O} \\ CH^2Cl\text{-}\dot{C}H\text{-}OC^2H^5 \end{array}$$

et qui bout à 165° [Jacobsen, *Deutsch. chem. Gesellsch.*, t. IX, p. 215; *Bull. de la Soc. chim.*, 1871, t. XV, p. 213].

Ce dernier corps traité par l'acide sulfurique fournit de l'aldéhyde monochlorée [Abeljans, *Deutsch. chem. Gesellsch.*, t. IV, p. 623; *Bull. de la Soc. chim.*, 1871, t. XVI, p. 279]. Il se produit aussi par l'action de la potasse sur l'éther dichloré; en même temps, il se forme un isomère de l'alcoolate de monochloraldéhyde,

$$CH^2(OH)\text{-}CHCl\text{-}O\text{-}C^2H^5.$$

Abeljans désigne ce corps sous le nom d'*éther oxychloré-β*, et appelle *éther oxychloré-α* le corps de Jacobsen.

Aldéhyde trichlorée. — Voyez Chloral.

Aldéhyde iodée [Glinsky, *mém. cité*]. — C'est un liquide épais qui se forme par l'ébullition de la chloraldéhyde avec une solution d'iodure de potassium. L'oxydation convertit ce corps en acide iodacétique.

Aldéhyde cyanée (Glinsky). — Elle est en gouttelettes huileuses et se forme par l'action de l'aldéhyde chlorée sur le cyanure de potassium. L'oxydation par l'acide azotique la fait passer à l'état d'acide cyanacétique.

OXALDÉHYDE,

$$C^2H^4O^2 = \begin{array}{l} CH^2\text{-}OH \\ \dot{C}HO \end{array}$$

[Abeljanz, *Deutsch. chem. Gesellsch.*, t. IV, p. 985; *Bull. de la Soc. chim.*, 1872, t. XVII, p. 162]. — Elle se forme par l'action de l'acide sulfurique sur le corps

$$CH^2(OH)\text{-}CHCl\text{-}O\text{-}C^2H^5$$

(*éther oxychloré-β*; voir plus haut).

Elle forme une matière jaunâtre, d'une odeur aldéhydique, qui s'oxyde à l'air en se transformant en acide glycolique. Ce corps serait la première aldéhyde du glycol éthylénique, mais il est très probable qu'il en constitue un polymère.

Polymères de l'aldéhyde. — On avait décrit quatre modifications polymériques de l'aldéhyde: l'acraldéhyde, l'élaldéhyde, la paraldéhyde et la métaldéhyde. Geuther et Cartmell, et Lieben ont montré que l'élaldéhyde est identique avec la paraldéhyde; Kekulé a prouvé que l'acraldéhyde renferme C^4H^6O et non pas $C^4H^8O^2$, et qu'elle n'est autre que l'aldéhyde crotonique. Il ne reste donc plus que la métaldéhyde et la paraldéhyde dont Kekulé et Zincke ont étudié les conditions de formation [*Deutsch. chem. Gesellsch.*, t. III, p. 468; *Bull. de la Soc. chim.*, 1871, t. XVI, p. 274].

L'aldéhyde pure ne subit aucune altération par le froid, par la chaleur ou par le temps; ce n'est qu'en présence de divers agents qu'elle se polymérise; la métaldéhyde prend surtout naissance à froid, et la paraldéhyde à la température ordinaire ou à chaud.

Paraldéhyde $C^6H^{12}O^3$. — Voir t. II, p. 768.

Métaldéhyde $x(C^2H^4O)$. — Elle se forme toutes les fois que l'aldéhyde est maintenue quelque temps au-dessous de 0° et additionnée d'acide chlorhydrique, d'acide sulfureux, de chlorure de calcium, de chlorure de zinc. Ce n'est jamais qu'une petite quantité d'aldéhyde qui subit cette transformation.

Elle est en fines aiguilles blanches insolubles dans l'eau, un peu solubles à chaud dans l'alcool, l'éther, le chloroforme, la benzine et le sulfure de carbone. Chauffée subitement, elle se sublime en flocons formés de fines aiguilles; à 112-115°, cette sublimation a lieu très lentement : une partie de la métaldéhyde se change en aldéhyde. En vase clos, à 115°, cette transformation est complète au bout de quelques heures. La métaldéhyde donne de l'aldéhyde par la distillation avec l'acide sulfurique. Sous l'influence de l'oxychlorure de carbone ou de l'acide chlorhydrique, elle fournit un mélange d'aldéhyde et de paraldéhyde.

La paraldéhyde et la métaldéhyde en solution dans la potasse alcoolique luisent dans l'obscurité; cette phosphorescence est due à une oxydation lente [Radziszewski, *Comptes rendus*, t. LXXXIV, p. 305]. E. Grimaux.

ALDÉHYDES. — *Modes de formation.* — Les aldéhydes se forment dans l'action de l'eau à haute température sur les alcools polyatomiques ou leurs éthers bromhydriques. Ainsi Carius a obtenu de l'aldéhyde ordinaire en chauffant à 160° du bromure d'éthylène avec de l'eau; M. Nevolé a transformé de même le glycol en aldéhyde en le chauffant à 200-210°, et le glycol isobutylique tertiaire-primaire, en aldéhyde isobutylique [Carius, *Ann. der Chem. u. Pharm.*, t. CXXXI, p. 172; *Bull. de la Soc. chim.*, 1865, t. III, p. 133. — Nevolé, *Bull. de la Soc. chim.*, 1875, t. XXV, p. 289].

Le propylglycol n'est décomposé par l'eau, à 215°, que si l'on additionne la solution de quelques gouttes d'acide chlorhydrique. Dans ce cas, il se dédouble en eau et en aldéhyde propionique [Linnemann, *Ann. der Chem. u. Pharm.*, t. CXCII, p. 61; *Bull. de la Soc. chim.*, 1879, t. XXXI, p. 363].

Les aldéhydes de fonctions mixtes de la série aromatique se produisent par l'action du chloroforme sur les solutions des phénols dans la soude; ainsi l'aldéhyde salicylique se forme au moyen du chloroforme et du phénate de sodium suivant l'équation

$$C^6H^5ONa + 3\,NaOH + CHCl^3 = C^7H^5O^2Na + 3\,NaCl + 2\,H^2O.$$

En même temps il y a production d'une certaine quantité d'aldéhyde paraoxybenzoïque [Reimer, *Deutsch. chem. Gesellsch.*, t. IX, p. 423; *Bull. de la Soc. chim.*, 1876, t. XXVI, p. 457. — Reimer et Tiemann, *Deutsch. chem. Gesellsch.*, t. IX, p. 824; *Bull. de la Soc. chim.*, 1877, t. XXVII, p. 121].

Les phénols polyatomiques, les acides-phénols, tous les corps enfin qui renferment un OH phénolique, donnent de même des composés de fonction aldéhydique par l'action du chloroforme; ainsi la pyrocatéchine fournit l'aldéhyde protocatéchique, l'acide salicylique donne l'acide aldéhydo-salicylique tout à la fois aldéhyde, phénol et acide,

$$C^6H^3 \begin{cases} CO^2H \\ OH \\ CHO \end{cases}$$

[Reimer et Tiemann, *Deutsch. chem. Gesellsch.*, t. IX, p. 1268, t. X, p. 1562; *Bull. de la Soc. chim.*, 1877, t. XXVII, p. 420 et 1878, t. XXX, p. 289].

Réactions. — Les aldéhydes se combinent avec les alcaloïdes en donnant de l'eau, avec la conicine, la morphine, la strychnine, l'aniline, la toluidine (voyez ces mots) [H. Schiff, *Ann. der Chem. u. Pharm.*, t. CXL, p. 113 et 125; *Bull. de la Soc. chim.*, 1867, t. VII, p. 443].

Avec le bisulfite d'amylamine, elles se combinent comme avec le bisulfite d'ammonium; ainsi Schiff a décrit les combinaisons de bisulfite d'amylamine avec l'œnanthol, le valéral et l'hydrure de benzoyle :

$$\begin{matrix} C^7H^{14}.OH \\ | \\ SO^3\text{-}AzH^3(C^5H^{11}) \end{matrix} \qquad \begin{matrix} C^7H^6.OH \\ | \\ SO^3\text{-}AzH^3(C^5H^{11}) \end{matrix}$$

Œnanthol-sulfite d'amylamine. — Benzoyl-sulfite d'amylamine.

Leur formule n'est pas absolument comparable à celle de l'aldéhyde sulfite d'ammonium, qui renferme H^2O de moins que les autres aldéhydes sulfites, et qui paraît être

$$\begin{matrix} C^2H^4.OH \\ | \\ SO^2.AzH^2, \end{matrix} \quad \text{ou} \quad \begin{matrix} C^2H^4 \\ | \\ SO^3.AzH^2. \end{matrix}$$

Les combinaisons étudiées par Schiff se dédoublent comme toutes les combinaisons des bisulfites par l'action des acides en excès, en mettant l'aldéhyde en liberté.

Par l'action de la chaleur ou des alcalis en excès, elles donnent des diamines renfermant le radical hydrocarboné.

Le sulfite d'aniline agit également sur les aldéhydes; les combinaisons sont analogues à celle que fournit le sulfite d'ammonium; ainsi, on a avec l'aldéhyde ordinaire le composé

$$\begin{matrix} C^2H^4.OH \\ | \\ SO^2.AzHC^6H^5 \end{matrix} \quad \text{ou} \quad \begin{matrix} C^2H^4 \\ | \\ SO^3.AzHC^6H^5. \end{matrix}$$

La chaleur le décompose en donnant la diéthylidène-diphénamine $C^{16}H^{18}Az^2$ (voy. t. II, p. 870).

Avec l'aldéhyde valérique, l'aldéhyde œnanthylique, l'aldéhyde benzoïque, le sulfite d'aniline se comporte autrement et l'on a les corps

$$SO^2, 2\,C^5H^{10}O, 2\,C^6H^7Az,$$
$$SO^2, 2\,C^7H^{14}O, 2\,C^6H^7Az,$$
$$SO^2, 2\,C^7H^6\,O, 2\,C^6H^7Az$$

[Schiff, *mém. cité* et *Ann. der Chem. u. Pharm.*, t. CXLIV, p. 45; *Bull. de la Soc. chim.*, t. X, p. 134].

Les aldéhydes réagissent sur les amides et fournissent des combinaisons cristallisées et formées par union de deux molécules de l'amide et d'une molécule de l'aldéhyde avec élimination d'une molécule d'eau : ainsi l'œnanthylidène-benzamide se produit par l'action de la chaleur sur un mélange d'œnanthol et de benzamide suivant l'équation

$$C^7H^{14}O + 2C^7H^7AzO$$
$$= C^{21}H^{26}Az^2O^2 + H^2O$$

[Strecker, *Zeitsch. für Chem.*, 1868, p. 630. — Medicus, *Ann. der Chem. u. Pharm.*, t. CLVII; *Bull. de la Soc. chim.*, 1871, t. XV, p. 99. — Nencki, *Deutsch. chem. Gesellsch.*, t. VII, p. 158; *Bull. de la Soc. chim.*, 1874, t. XXII, p. 167].

Les aldéhydes se comportent avec les éthers carbamiques comme avec les amides; ainsi l'aldéhyde acétique réagit sur l'uréthane : la réaction est facilitée par l'addition d'une très petite quantité d'acide chlorhydrique ou d'un autre acide (Nencki) [Bischoff, *Deutsch. chem. Gesellsch.*, t. VII, p. 628 et 1078; *Bull. de la Soc. chim.*, 1874, t. XXII, p. 282, et t. XXIII, p. 272].

L'action des aldéhydes sur l'urée ou les urées substituées a été étudiée par Schiff; ces corps sont décrits t. III, p. 572.

Les aldéhydes réagissent également sur le benzonitrile en présence d'acide sulfurique concentré; ainsi avec la paraldéhyde, le benzonitrile donne l'*éthylidène-benzamide*, identique avec le corps que fournit l'action de l'aldéhyde sur la benzamide [Hepp et Spier, *Deutsch. chem. Gesellsch.*, t. IX, p. 1424; *Bull. de la Soc. chim.*, 1877, t. XXVII, p. 509].

M. Bæyer a obtenu des dérivés très intéressants des aldéhydes, en les faisant réagir sur les phénols en présence d'acide sulfurique; il y a union des constituants avec élimination d'eau, et la réaction a lieu entre deux molécules de chacun d'eux; ainsi l'essence d'amandes amères donne avec le pyrogallol

$$2\,C^7H^6O + 2\,C^6H^6O^3 = C^{26}H^{22}O^7 + H^2O,$$

avec le naphtol

$$2C^7H^6O + 2\,C^{10}H^8O = C^{34}H^{26}O^3 + H^2O.$$

L'aldéhyde, le furfurol, l'aldéhyde salicylique, l'aldéhyde formique agissent de même; la réaction a lieu avec tous les phénols, et même les corps de fonction phénolique, comme l'acide gallique, qui réagit sur l'aldéhyde formique suivant l'équation

$$2\,CH^2O + 2\,C^7H^6O^5 = C^{16}H^{12}O^{10} + 2H^2O.$$

Ces corps sont analogues aux phtaléines; ils se dissolvent dans les alcalis avec une coloration violette; ils sont souvent colorés et fixent l'hydrogène naissant en donnant des dérivés incolores. Ainsi le furfurol, avec la résorcine, l'acide pyrogallique ou le phénol, donne une belle substance d'un bleu indigo que l'eau dissout avec une couleur verte, et que l'acide chlorhydrique précipite de nouveau en flocons bleus [Baeyer, *Deutsch. chem. Gesellsch.*, t. V, p. 25, p. 280, p. 1094; *Bull. de la Soc. chim.*, 1872, t. XVII, p. 276 et 457; t. XIX, p. 264].

On doit également à M. Baeyer la réaction des aldéhydes sur les hydrocarbures, en présence de l'acide sulfurique, réaction qui fournit de nouveaux hydrocarbures. Ainsi l'aldéhyde formique[1] réagit sur la benzine suivant l'équation

$$CH^2O + 2\,C^6H^6 = CH^2(C^6H^5)^2 + H^2O;$$

le carbure $CH^2(C^6H^5)^2$ est le diphénylméthane : il se produit en même temps un hydrocarbure fusible à 90°, $C^{14}H^{12}$, qui résulte de l'action de l'aldéhyde formique sur le diphénylméthane formé d'abord; on obtient en effet l'hydrocarbure $C^{14}H^{12}$ en traitant du diphénylméthane par l'aldéhyde formique, c'est-à-dire par le méthylal en présence de l'acide sulfurique.

Les aldéhydes chlorées, la dichloraldéhyde, le chloral, se comportent de même et fournissent les hydrocarbures chlorés [Baeyer, *Deutsch. chem. Gesellsch.*, t. V, p. 1094; t. VI, p. 220; t. VII, p. 1180 et suivantes; *Bull. de la Soc. chim.*, 1873, t. XX, p. 207; 1875, t. XXIII, p. 359]. Un grand nombre d'hydrocarbures ont été obtenus, d'après cette méthode, par M. Baeyer et par ses élèves.

Les aldéhydes aromatiques, chauffées avec l'anhydride d'un acide gras et le sel sodique correspondant, s'unissent à l'acide avec élimination d'eau pour former un acide aromatique

1. Comme l'aldéhyde formique est extrêmement instable, M. Baeyer la remplace par le méthylal,

$$CH^2 < \begin{matrix} OCH^3 \\ OCH^3, \end{matrix}$$

qui est à l'aldéhyde formique ce que le diméthylate d'éthylidène,

$$CH^3\text{-}CH < \begin{matrix} OCH^3 \\ OCH^3, \end{matrix}$$

est à l'aldéhyde acétique.

non saturé; ainsi on a avec l'aldéhyde benzoïque :

$$C^6H^5\text{-}CHO + CH^3\text{-}CO^2H$$

Aldéhyde benzoïque. Acide acétique.

$$= C^6H^5\text{-}CH{=}CH\text{-}CO^2H + H^2O.$$

Acide cinnamique. Eau.

Les aldéhydes de fonctions mixtes suivent le même ordre de réaction; ainsi avec l'aldéhyde anisique (méthyl-paroxybenzoïque) on a

$$C^6H^4 \lt \begin{matrix} OCH^3 \\ CHO \end{matrix} + CH^3\text{-}CO^2H$$

Aldéhyde anisique. Acide acétique.

$$= C^6H^4 \lt \begin{matrix} OCH^3 \\ CH{=}CH\text{-}CO^2H \end{matrix} + H^2O.$$

Acide méthyl-paracoumarique. Eau.

Avec les aldéhydes-phénols, le produit de la réaction est, non pas un acide-phénol, mais son anhydride

$$C^6H^4 \lt \begin{matrix} OH \\ CHO \end{matrix} + CH^3\text{-}CO^2H$$

Aldéhyde salicylique. Acide acétique.

$$= C^6H^4 \lt \begin{matrix} \text{-}O\text{-} \\ CH{=}CH \end{matrix} \gt CO + 2H^2O.$$

Coumarine. Eau.

Ce procédé général de synthèse des acides aromatiques est dû à M. Perkin (voyez COUMARINE, t. I, p. 979, et au *Supplément* ACIDE CINNAMIQUE, etc.).

PRODUITS DE CONDENSATION DES ALDÉHYDES.

Les aldéhydes donnent des produits de condensation sous diverses influences, soit en se polymérisant simplement, soit par union de deux ou plusieurs molécules avec perte d'eau.

Ainsi l'aldéhyde formique se transforme spontanément en trioxyméthylène; l'aldéhyde acétique se convertit en paraldéhyde ou en métaldéhyde sous l'influence de l'acide chlorhydrique, l'acide sulfurique, le chlorure de zinc, etc. Ces produits de condensation se transforment de nouveau en aldéhyde par la distillation.

Dans d'autres conditions, le polymère est un corps de fonction différente : ainsi l'aldol

$$C^4H^8O^2 = CH^3\text{-}CH.OH\text{-}CH^2\text{-}COH,$$

qui se produit par l'action à froid de l'acide chlorhydrique (voyez ALDOL), la benzoïne

$$C^{14}H^{12}O^2,$$

qui se forme par l'action du cyanure de potassium sur l'hydrure de benzoïle.

Les produits de condensation des aldéhydes avec élimination d'eau ont été signalés par MM. Kekulé, Borodine, Riban. M. Kekulé a obtenu l'aldéhyde crotonique avec l'aldéhyde ordinaire; et la formation de ce corps a trouvé son explication dans la découverte de l'aldol (Wurtz); ce corps est en effet le produit direct de l'action de l'acide chlorhydrique sur l'aldéhyde et fournit de l'aldéhyde crotonique par perte d'eau. M. Wurtz a fait connaître un autre produit de condensation de l'aldéhyde, le dialdane $C^8H^{14}O^3$. M. Borodine a fait réagir le sodium sur le valéral, et a retiré divers produits de condensation

$$C^{10}H^{20}O^2, \quad C^{10}H^{18}O, \quad C^{20}H^{38}O^3$$

(t. III, p. 615). M. Riban en chauffant les aldéhydes avec du zinc a préparé divers produits de condensation; avec l'aldéhyde ordinaire, il a obtenu de l'aldol, de l'aldéhyde crotonique et le composé plus condensé $C^6H^{10}O^2$; avec le valéral, le corps de Borodine, $C^{10}H^{18}O$, etc. [*Bull. de la Soc. chim.*, 1872, t. XVIII, p. 62].

M. Riban donne aux produits de condensation avec élimination d'eau le nom générique d'ALDANES.

M. Bruylants a observé la transformation de l'aldéhyde acétique en un polymère solide, par l'action à froid du carbonate de potassium. L'œnanthol et l'acroléine se comportent de la même manière [*Deutsch. chem. Gesellsch.*, t. VIII, p. 414; *Bull. de la Soc. chim.*, 1875, t. XXIV, p. 384].

LISTE DES ALDÉHYDES.

On classe ordinairement les aldéhydes en les rapportant à l'acide qu'elles fournissent par oxydation; leur classification suit donc la classification des acides; c'est ainsi que nous avons les aldéhydes des acides monobasiques et monatomiques, les aldéhydes des acides bibasiques et diatomiques. Celles-ci sont des aldéhydes simples ne remplissant pas d'autres fonctions. Mais il y a de plus des aldéhydes à fonctions mixtes, qui sont en même temps alcools ou phénols ou éthers, quand elles correspondent aux acides de fonctions mixtes, acides-alcools, acides-phénols, acides-éthers. De plus une aldéhyde d'un acide bibasique, comme le glyoxal, peut, en s'oxydant à moitié seulement, former une nouvelle aldéhyde de fonction mixte, une aldéhyde-acide; tel est l'acide glyoxylique

O=CH	O=CH
O=CH	O=C.OH.
Glyoxal.	Acide glyoxylique.

ALDÉHYDES D'ACIDES MONOBASIQUES ET MONOATOMIQUES.

Série des acides gras.

Aldéhyde	formique	CH^2O.
—	acétique	C^2H^4O.
—	propionique	C^3H^6O.
—	butyrique	C^4H^8O.
—	isobutyrique	C^4H^8O.
—	valérique	$C^5H^{10}O$.
—	caproïque	$C^6H^{12}O$.
—	œnanthylique	$C^7H^{14}O$.
—	caprylique	$C^8H^{16}O$.
—	palmitique	$C^{16}H^{32}O$.

Série de l'acide acrylique.

Aldéhyde	acrylique	C^3H^4O.
—	crotonique	C^4H^6O.
—	isocaprique	$C^{10}H^{18}O$.

Série de l'acide benzoïque.

Aldéhyde	benzoïque	C^7H^6O.
—	paratoluique	C^8H^8O.
—	métatoluique	C^8H^8O.
—	orthotoluique	C^8H^8O.
—	cuminique	$C^{10}H^{12}O$.
—	syrocérylique	$C^{18}H^{28}O$.

Série de l'acide cinnamique.

Aldéhyde	cinnamique	C^9H^8O.

Série de l'acide isonaphtoïque.

Aldéhyde	isonaphtoïque	$C^{11}H^8O$.

ALDÉHYDES D'ACIDES BIBASIQUES ET DIATOMIQUES.

Série de l'acide oxalique.

Aldéhyde	oxalique (glyoxal)	$C^2H^2O^2$.
—	succinique	$C^4H^6O^2$.

Série des acides phtaliques.

Aldéhyde téréphtalique....... $C^8H^6O^2$.

ALDÉHYDES A FONCTIONS MIXTES.

Aldéhydes-alcools.

Oxaldéhyde (aldéhyde glycolique). $C^2H^4O^2 = \begin{matrix} CH^2OH \\ \vert \\ CHO. \end{matrix}$

Aldol (aldéhyde oxybutyrique). $C^4H^8O^2 = \begin{matrix} CH(OH)C\text{-}H^3 \\ \vert \\ CH^2\text{-}CHO. \end{matrix}$

Furfurol (ald. pyromucique).. $C^5H^4O^2$.

Aldéhydes-phénols.

Aldéhyde salicylique........ }
— paroxybenzoïque.. } $C^7H^6O^2 = C^6H^4 < \begin{matrix} OH \\ CHO. \end{matrix}$

— protocatéchique... $C^7H^6O^3 = C^6H^3 < \begin{matrix} (OH)^2 \\ CHO. \end{matrix}$

Résorcylaldéhyde $C^7H^6O^3 = C^6H^3 < \begin{matrix} (OH)^2 \\ CHO. \end{matrix}$

Résorcène-dialdéhyde $C^8H^6O^4 = C^6H^2 < \begin{matrix} (OH)^2 \\ (CHO)^2. \end{matrix}$

Aldéhydes-éthers.

Les aldéhydes-éthers comprennent tous les dérivés des aldéhydes précédentes, par substitution de radicaux acides ou alcooliques à l'hydrogène phénolique ; telles sont :

L'aldéhyde méthyl-salicylique, l'aldéhyde méthyl-protocatéchique ou anisique

$$C^6H^4 < \begin{matrix} OCH^3 \\ CHO, \end{matrix}$$

l'aldéhyde acétyl-salicylique

$$C^6H^4 < \begin{matrix} OC^2H^3O \\ CHO, \end{matrix}$$

l'aldéhyde monométhyl-protocatéchique ou vanilline

$$C^6H^3 \left\{ \begin{matrix} OH \\ OCH^3 \\ CHO, \end{matrix} \right.$$

l'aldéhyde méthylène-protocatéchique ou pipéronal

$$\begin{matrix} C^6H^3 < \begin{matrix} O \\ O \end{matrix} > CH^2 \\ \vert \\ CHO. \end{matrix}$$

etc.

Aldéhyde-acide.

Acide glyoxylique............... $C^2H^2O^3 = \begin{matrix} CO^2H \\ \vert \\ CHO. \end{matrix}$

Aldéhydes acides et phénols.

Acide paraldéhydosalicylique }
— ortho-aldéhydo-salicylique.......... }
— ortho-aldéhydo-paroxybenzoïque.... } $C^8H^6O^4 = C^6H^3 \left\{ \begin{matrix} CO^2H \\ OH \\ CHO. \end{matrix} \right.$

$$C^8H^6O^5 = C^6H^2 \left\{ \begin{matrix} (OH)^2 \\ CO^2H \\ CHO. \end{matrix} \right.$$

Acide isonoropianique
(aldéhydoprotocatéchique).

A ces acides aldéhydiques se rattachent des dérivés, provenant du remplacement de l'hydrogène des hydroxyles ou du groupe CO^2H par des radicaux alcooliques. Ce sont des corps de fonctions très complexes; ainsi l'acide isométhylénoropianique ou aldéhydovanillique, provenant du remplacement d'un hydrogène phénolique par CH^3 est tout à la fois acide, phénol monoatomique, éther de phénol et aldéhyde, ce qu'indique la formule

$$C^6H^2 \left\{ \begin{matrix} CO^2H \\ OCH^3 \\ OH \\ CHO \end{matrix} \right.$$

Cet exemple suffit pour montrer combien on peut obtenir de corps aldéhydiques à fonctions mixtes.

E. Grimaux.

ALDÉHYDINE. — Voyez Collidine.

ALDOL, $C^4H^8O^2$. — M. Wurtz a désigné sous ce nom un produit de condensation de l'aldéhyde, lequel remplit la fonction mixte d'une aldéhyde et d'un alcool ; de là le nom d'aldol [*Compt. rend.*, t. LXXIV, p. 1361, et t. LXXVI, p. 1165]. Il résulte de l'action qu'exerce sur l'aldéhyde l'acide chlorhydrique faible, et cette action est un commencement de déshydratation qui s'arrête à la formation d'un groupe oxhydryle, mais qui ne va pas jusqu'à la séparation de l'eau. Deux molécules d'aldéhyde s'unissent de telle sorte que l'oxygène aldéhydique de l'une forme de l'oxhydryle avec un atome d'hydrogène arraché au groupe méthylique de l'autre :

$$CH^3\text{-}COH + CH^3\text{-}CHO$$
$$= CH^3\text{-}CH(OH)\text{-}CH^2\text{-}CHO.$$

L'aldol est à la fois alcool secondaire par le groupe CH.OH, aldéhyde par le groupe CHO.

Quoique très défini par ses propriétés, c'est un des corps les plus instables que l'on connaisse : il s'altère spontanément et se modifie par l'action de la chaleur et des réactifs les plus variés. L'étude de ses diverses transformations et complications moléculaires peut donner une idée des procédés que la nature met en usage dans les synthèses organiques.

Préparation. — On mêle, petit à petit, à la température de 0°, 1 p. d'aldéhyde avec 1 p. d'eau, puis on ajoute, petit à petit, 2 p. d'acide chlorhydrique refroidi à — 10°. On abandonne ce mélange à lui-même, dans un endroit bien éclairé par la lumière diffuse, jusqu'à ce qu'il ait bruni et que le liquide brun commence à devenir opaque. Cet effet se produit au bout de quelques jours en été, de quinze jours en hiver. On étend alors le liquide avec de l'eau et on le neutralise par du carbonate de sodium solide. Il se sépare d'abord une huile plus ou moins colorée en brun. On la décante, puis on voit apparaître un corps demi-solide, résineux, jaune. Ces corps, surtout le premier, se forment en quantité d'autant plus grande, que l'action de l'acide chlorhydrique avait été plus prolongée et que le liquide était devenu plus noir. La liqueur neutre ou alcaline, débarrassée par filtration du corps résineux jaune, est agitée avec 1/8 de son volume d'éther, et cette opération est répétée cinq à six fois; l'éther est chassé au bain-marie, et le résidu est distillé dans le vide. Il passe d'abord de l'eau et de la paraldéhyde, ensuite de 80 à 100°, sous une pression de 2 centimètres, de l'aldol ; on en obtient encore une petite quantité, à l'état impur de 100-115°. Dans une opération bien conduite, le rendement est de 25 %.

Par l'action de l'acide chlorhydrique faible et froid sur l'aldéhyde, on voit se former, au commencement de l'opération, une grande quantité de paraldéhyde qui cristallise à une basse température. Cette paraldéhyde se transforme en aldol comme l'aldéhyde elle-même. On peut donc remplacer avantageusement cette dernière, dans la préparation de l'aldol, par la paraldéhyde qu'il est facile de se procurer dans le commerce et qui, ne s'échauffant que faiblement au contact de l'acide chlorhydrique, permet d'opérer rapidement le mélange.

Propriétés. — L'aldol est un liquide incolore, transparent, épais, dont la consistance dépasse celle du sirop simple. Récemment distillé, il est fluide, même à une basse température. Mais, lorsqu'on l'abandonne à lui-même dans cet état, il s'échauffe spontanément, sa température pouvant s'élever jusqu'à 54°; en même temps il subit une contraction assez notable. Après le refroidissement il possède alors sa consistance normale. Sa densité à 0° est égale à 1,1208. A 26° elle est égale à 1,1094; à 49°,6 elle est égale à 1,0819.

Lorsqu'on l'abandonne à lui-même, il se remplit au bout d'un temps plus ou moins long, mais qui, généralement, ne dépasse pas un mois, de cristaux incolores, séparés par une eau mère épaisse. Les cristaux restent en grande partie, lorsqu'on traite le tout avec de l'éther, dans lequel ils sont peu solubles ; c'est le paraldol qui sera décrit plus loin.

Action de la chaleur sur l'aldol. — Chauffé pendant longtemps à la température de 100°, ou pendant quelques heures à une température de 120 à 180°, l'aldol éprouve diverses transformations, dont la principale consiste en un dédoublement en aldéhyde crotonique et en eau; 100 gr. d'aldol peuvent fournir jusqu'à 35 gr. d'aldéhyde crotonique. En même temps, il se forme des produits de déshydratation oléagineux, dont le point d'ébullition varie de 150 à 300°. Avec l'aldol pur, que l'on peut obtenir avec le paraldol, il se forme en même temps une petite quantité d'un nouveau polymère de l'aldéhyde, soluble dans l'eau en toutes proportions et bouillant vers 285°, sans altération.

La transformation de l'aldol en aldéhyde crotonique et en eau est exprimée par l'équation suivante : $C^4H^8O^2 = C^4H^6O + H^2O$.

Action des réactifs oxydants sur l'aldol. — L'aldol réduit énergiquement les sels d'argent en solution ammoniacale, la solution de permanganate de potassium et la liqueur cupropotassique ; la solution aqueuse, digérée au bain-marie avec de l'oxyde d'argent, le réduit avec formation d'un miroir. La liqueur, filtrée chaude, laisse déposer par l'évaporation des cristaux de β-oxybutyrate d'argent [t. II, p. 700] :

$$CH^3\text{-}CH.OH\text{-}CH^2\text{-}CHO + O$$
Aldol.
$$= CH^3\text{-}CH.OH\text{-}CH^2\text{-}CO.OH.$$
Acide β-oxybutyrique.

Cette réaction caractérise l'aldol comme l'aldéhyde β-oxybutyrique.

Action de l'hydrogène naissant sur l'aldol. — Lorsqu'on ajoute peu à peu de l'amalgame de sodium à 1 % à une solution aqueuse d'aldol, refroidie à 0°, en ayant soin d'y verser fréquemment quelques gouttes d'acide chlorhydrique, de façon à maintenir la liqueur légèrement acide, l'aldol fixe H^2 et se convertit en un butylglycol bouillant de 201 à 203°; c'est un glycol primaire-secondaire, le même que M. Kekulé a obtenu en petite quantité, comme produit secondaire, par l'hydrogénation de l'aldéhyde :

$$CH^3\text{-}CH.OH\text{-}CH^2\text{-}CHO + H^2$$
Aldol.
$$= CH^3\text{-}CH.OH\text{-}CH^2\text{-}CH^2.OH.$$
Butylglycol.

Dans cette réaction, il se forme en même temps des produits à points d'ébullition élevés, qui résultent probablement de la fixation de 2 atomes d'hydrogène sur plusieurs molécules d'aldol.

Action des acides sur l'aldol. — Lorsqu'on dirige, à — 10°, un courant de gaz chlorhydrique dans de l'aldol étendu dans deux fois son volume d'eau, il se sépare une huile épaisse, qui est sans doute le chlorure $CH^3\text{-}CHCl\text{-}CH^2\text{-}CHO$ ou un produit de condensation chloré.

Lorsqu'on le distille, il donne de l'aldéhyde crotonique. Chauffé avec de l'eau et de l'oxyde d'argent, il donne du chlorure d'argent. En même temps il se forme de l'argent métallique, et la liqueur renferme du crotonate d'argent.

L'aldol s'échauffe lorsqu'on le mêle à l'acide iodhydrique. Lorsqu'on fait le mélange à une basse température, il se sépare une huile brune, épaisse, qui est sans doute l'iodure correspondant au chlorure précédent.

Chauffé avec l'acide acétique anhydre en vase clos, l'aldol donne naissance à des acétates qu'on peut distiller dans le vide et qui passent à diverses températures. L'acétate d'aldol

$$CH^3\text{-}CH.C^2H^3O^2\text{-}CH^2\text{-}CHO$$

paraît passer de 100 à 110° à 2 centimètres de pression. Le produit qui passe de 150 à 160° à la même pression paraît renfermer la diacétate d'aldéhyde crotonique $C^4H^6(C^2H^3O^2)^2$ ou un produit de condensation. Chauffé avec la potasse ou avec l'eau de baryte, l'acétate d'aldol se saponifie facilement, en même temps que l'aldol mis en liberté se résinifie.

Action de l'ammoniaque sur l'aldol. — Lorsqu'on dirige un courant de gaz ammoniac dans de l'aldol dissous dans deux fois son volume d'éther anhydre et refroidi, il se sépare une couche d'un liquide épais, transparent, soluble dans l'eau et dans l'alcool. C'est l'aldol-ammoniaque

$$CH^3\text{-}CH.OH\text{-}CH^2\text{-}CH\begin{matrix}\diagup OH \\ \diagdown AzH^2\end{matrix}.$$

Ce corps perd de l'ammoniaque lorsqu'on le chauffe. Distillé au bain d'huile dans un courant de gaz ammoniaque, il se décompose partiellement avec formation d'eau et diverses bases, dont la plus volatile est identique avec l'aldéhydine $C^8H^{11}Az$. Elle bout à 178°.

Il se forme en même temps des bases oxygénées liquides, dont une passe de 150 à 160° à la pression de 2 centimètres, et une autre vers 170° à la même pression. Ces bases offrent une relation de composition très simple avec l'aldéhydine $C^8H^{11}Az$:

$C^8H^{11}Az$, aldéhydine.
$C^8H^{13}AzO$, première base oxygénée.
$C^8H^{15}AzO^2$, deuxième base oxygénée.

Ce ne sont pas les seuls produits de cette réaction complexe. Lorsqu'on chauffe l'aldol ammoniaque pendant quelques heures en tubes scellés, de 140 à 160°, avec un excès d'ammoniaque aqueuse, il se sépare des produits résineux d'où l'on peut extraire les bases liquides qui viennent d'être mentionnées. Le liquide ammoniacal soumis à l'évaporation spontanée laisse déposer de petits cristaux empâtés dans une eau mère épaisse et brune. Les cristaux sont une base solide qu'il est facile de purifier à l'aide de la trompe et de plusieurs cristallisations dans l'eau bouillante.

Elle renferme $C^{12}H^{24}Az^4 + 6H^2O$. A 100°, elle perd son eau de cristallisation. Très soluble dans l'eau chaude, elle s'en dépose presque entièrement par le refroidissement. 100 p. d'eau à 21° n'en dissolvent que 2p,55. Elle est beaucoup plus soluble dans l'alcool dont 100 p. (à 98 %) en dissolvent 27p,8 à 24°. La solution aqueuse présente une réaction alcaline. La base forme des sels bien définis. Le chlorhydrate $C^{12}H^{24}Az^4$, 3 H Cl est en beaux prismes du type hexagonal, assez solubles dans l'eau, insolubles dans l'alcool, inaltérables à l'eau, présentant une réaction acide. Le nitrate $C^{12}H^{24}Az^4$, 3 AzO^3 H cristallise en magnifiques prismes hexagonaux, présentant une réaction très acide, solubles dans l'eau.

Le chloroplatinate renferme

$$(C^{12}H^{24}Az^4, 4\,HCl)^2, 3\,PtCl^4.$$

Il est très soluble dans l'eau, insoluble dans l'alcool. On a obtenu deux chloroaurates : l'un d'eux, $(C^{12}H^{24}Az^4, 4HCl)^2, 5AuCl^3$, cristallise en beaux et gros cristaux orangés ; l'autre,

$$C^{12}H^{24}Az^4, 4HCl, AuCl^3,$$

en aiguilles jaunes, qui perdent facilement leur eau et une partie de leur acide.

La base dont il s'agit s'obtient plus facilement lorsqu'on chauffe l'aldéhyde crotonique en tubes scellés, à 120°, avec un excès d'ammoniaque aqueux. Chauffée à 200° avec un excès d'acide chlorhydrique, elle perd son azote à l'état d'ammoniaque, et donne en même temps un corps noir, provenant sans doute de la résinification de l'aldéhyde crotonique :

$$C^{12}H^{24}Az^4 + 3H^2O = 3C^4H^6O + 4AzH^3.$$

Cette base a reçu le nom de *tricrotonylidénamine*. Elle prend naissance en vertu de la réaction suivante :

$$3C^4H^6O + 4AzH^3 = C^{12}H^{24}Az^4 + 3H^2O.$$

Sa constitution est exprimée par la formule

$$(C^4H^6)^3Az^4H^6 = \begin{array}{l} CH^3\text{-}CH{=}CH\text{-}CH < AzH^2 \\ \quad > AzH \\ CH^3\text{-}CH{=}CH\text{-}CH < \\ \quad > AzH \\ CH^3\text{-}CH{=}CH\text{-}CH < AzH^2 \end{array}$$

[A. Wurtz, *Comptes rendus*, t. LXXXVIII, p. 451 et 1154].

Action du sodium sur l'aldol. — Lorsqu'on introduit du sodium dans une solution d'aldol dans l'éther absolu, il se dégage de l'hydrogène, et il se sépare une masse jaune, visqueuse, qui brunit rapidement lorsqu'on l'expose, à l'air, à la température ordinaire. Traitée par l'eau, elle s'y dissout, en formant une solution alcaline. Celle-ci étant neutralisée exactement par l'acide sulfurique et évaporée, le résidu cède à l'alcool absolu un corps neutre, visqueux, qui ne peut pas être distillé dans le vide et qui paraît être un polymère de l'aldol.

PARALDOL [A. Wurtz, *Compt. rend.*, t. LXXXIII, p. 255]. — C'est le corps solide qui résulte de la transformation spontanée de l'aldol. Ce corps est à l'aldol ce que la paraldéhyde est à l'aldéhyde. Il se ramollit à 80° et fond à 90°. Il distille dans le vide entre 90 et 100°, et se convertit en aldol, qui se prend de nouveau en cristaux au bout de quelque temps. Le paraldol est très soluble dans l'eau. Il se dissout, à 25°, dans 3p,8 d'alcool à 90° centésimaux, et à 23° dans 20 fois son poids d'éther. Il se dépose en beaux cristaux de sa solution alcoolique. L'eau mère alcoolique renferme de l'aldol ordinaire. Les cristaux constituent des prismes anorthiques *p, m, t.* Angles de la face primitive approximativement : $mt = 90°45'$; $mp = 100°50'$. Clivages faciles, parallèles à *m* et à *t*. Oxydé par l'oxyde d'argent ou le permanganate, le paraldol donne de l'acide β-oxybutyrique.

DIALDANE, $C^8H^{14}O^3$ [A. Wurtz, *Compt. rend.*, t. LXXXIII, p. 1259]. — On a nommé ainsi le produit de déshydratation de l'aldol qui se forme dans la préparation de l'aldol et qui a été mentionnée plus haut. Il représente deux molécules d'aldol moins une molécule d'eau :

$$2C^4H^8O^2 - H^2O = C^8H^{14}O^3.$$

Pour le purifier, on le met à essorer à la trompe, on le comprime fortement entre des feuilles de papier à filtre, puis on le dissout dans l'eau bouillante, employée en quantité insuffisante pour dissoudre le tout. La liqueur, séparée par le filtre d'un excès de matière huileuse, cristallise abondamment par le refroidissement. On purifie les cristaux en les dissolvant à plusieurs reprises dans l'eau bouillante et finalement dans l'alcool. Le corps ainsi obtenu se présente sous forme d'une poudre cristalline blanche, ténue, si elle s'est déposée de l'eau ; de petits cristaux brillants, lorsqu'elle s'est déposée de l'alcool. Pur, le dialdane fond à 139°. Il reste longtemps en surfusion. Il distille sans altération à 137°, sous une pression de 2 centimètres de mercure. Il se dissout abondamment dans l'eau bouillante et dans 4 p. d'eau à 15°. Ses solutions aqueuses montrent une grande tendance à la sursaturation. Il est très soluble dans l'alcool bouillant. 100 p. d'éther n'en dissolvent que 0p,87 à 22°.

Le dialdane présente les caractères d'une aldéhyde, sa solution aqueuse réduit à l'ébullition le liquide cupro-potassique, le nitrate d'argent ammoniacal, ou l'oxyde d'argent avec formation d'un miroir métallique. Il fixe ainsi un atome d'oxygène et se convertit en un acide monobasique, l'acide oxyaldanique.

ACIDE OXYALDANIQUE, $C^8H^{14}O^4$. — Pour le préparer, on traite à froid une solution de 11 p. de dialdane par 14 p. de permanganate de potassium, en ayant soin d'ajouter la solution de ce dernier par petites portions. La liqueur filtrée est réduite à un petit volume par l'évaporation, puis décomposée par l'acide sulfurique en excès. La solution agitée avec de l'éther cède à celui-ci l'acide oxyaldanique, qui reste après l'évaporation sous forme d'une masse solide qu'on purifie par plusieurs cristallisations dans l'eau. On peut aussi traiter la solution concentrée du sel de potassium par une solution moyennement concentrée de nitrate d'argent. Il se forme un magma épais d'oxyaldanate d'argent, qu'on sépare de l'eau mère par compression et qu'on purifie par cristallisation dans l'eau bouillante. Sa solution, décomposée par l'hydrogène sulfuré, fournit l'acide oxyaldanique pur.

Propriétés. — L'acide oxyaldanique cristallise en magnifiques prismes clinorhombiques, transparents, fusibles à 80°. Il distille sans altération dans le vide, à 198°, sous une pression de 2 centimètres de mercure.

Il est très soluble dans l'eau et dans l'alcool. Sa solution aqueuse présente une saveur acide franche. Il neutralise parfaitement les bases. Son sel de potassium, $C^8H^{13}O^4K$, se dissout à l'ébullition dans l'alcool à 98° centésimaux, et se dépose, par le refroidissement, en cristaux transparents qui deviennent opaques à l'air. Il est déliquescent.

Le *sel de sodium*, $C^8H^{13}O^4Na$, forme des lamelles transparentes, solubles dans l'eau et dans l'alcool.

Le *sel de calcium*, $(C^8H^{13}O^4)^2Ca$, forme une masse cristalline confuse, non déliquescente, mais très soluble dans l'eau.

Le *sel de zinc* forme une masse sirupeuse.

Le *sel d'argent*, $C^8H^{13}O^4Ag$, se précipite en un magma cristallin par l'addition de nitrate d'argent à une solution du sel potassique. Il est à peu près insoluble dans l'alcool absolu. L'eau bouillante le dissout et l'abandonne par le refroidissement en houppes cristallines incolores.

A. Wurtz.

ALÉPITE. — Voyez ALIZITE.

ALEURONE. — Cette substance azotée, analogue à l'amidon par ses fonctions physiologiques, se trouve, d'après Hartig, dans toutes les parties des plantes, mais surtout dans les graines. Le périsperme des graines la contient en grande quantité, et elle peut y exister à l'exclusion de l'amidon ; tel est le cas pour les graines oléagineuses.

Pour isoler l'aleurone, on lave la matière aleuronique, après l'avoir coupée en tranches très fines avec une huile grasse aussi longtemps que celle-ci se trouble. On passe l'huile à travers un tamis à mailles très fines, et on laisse déposer le liquide tamisé pendant 24 heures. L'aleurone se sépare alors à l'état d'une poudre blanche qu'on sépare de l'huile, pour la laver ensuite avec de l'alcool absolu et de l'éther.

L'aleurone possède un aspect pareil à celui de l'amidon; elle s'en distingue très nettement par ses propriétés chimiques. Une solution d'iode la colore en brun jaunâtre, et une solution d'azotate de mercure, additionnée de quelques gouttes d'acide azotique, lui communique une coloration rouge brique. Elle est soluble dans l'eau, dans les acides et dans les alcalis, ainsi que dans la glycérine. L'alcool, l'éther et les huiles grasses ne la dissolvent pas. L'aleurone renferme 9,36 °/₀ d'azote; ses solutions aqueuses ou acétiques laissent déposer spontanément, au bout de quelque temps, des flocons (fibrine?); en même temps il reste en solution une matière coagulable par la chaleur (albumine?), et une autre substance que l'ammoniaque ou l'acide acétique précipitent de la solution aqueuse. Cette troisième matière est soluble dans un excès d'acide acétique, et ne serait autre que la glialdine (?). Enfin le tannin, le sous-acétate de plomb, le sulfate de cuivre et le chlorure mercurique précipitent un quatrième corps de la solution aqueuse d'aleurone.

La liqueur aqueuse primitive contient en outre une matière sucrée et des substances minérales [Hartig, *Jahresbericht für Chem.*, 1858, p. 491].

Les corpuscules d'aleurone sont désignés aujourd'hui sous le nom de *granules de protéine*; comme le prouvent leurs propriétés, ils sont loin de constituer un principe défini; ils contiennent principalement une caséine végétale qui, dans certains cas, peut cristalliser (voir p. 66).

M. Wassermann.

ALIXIA (CAMPHRE D'). — On a ainsi nommé les cristaux blancs que l'on rencontre sur la face interne de l'écorce d'*Alixia aromatica*. Ces cristaux sont solubles dans l'eau chaude, dans l'alcool, l'éther, l'essence de térébenthine, l'acide acétique et les alcalis; ils sont sublimables à 70-80°, et fondent à une température très élevée, en se transformant en une matière brune. L'acide nitrique les colore en jaune, sans les dissoudre.

ALIZARINE, $C^{14}H^8O^4 = C^{14}H^6O^2(OH)^2$. — Depuis l'époque de sa production artificielle, l'alizarine est devenue l'objet de recherches d'un grand intérêt, qui ont ajouté beaucoup de faits à son histoire et ont mis hors de doute l'identité entre l'alizarine naturelle et le produit artificiel. M. Perkin a démontré que les deux alizarines cristallisent sous la même forme, qu'elles donnent avec les alcalis des solutions violettes du même ton, et qu'elles produisent sur les étoffes les mêmes nuances. L'acétate de cuivre donne avec leur solution alcoolique des solutions pourpres identiques. Enfin leurs solutions alcalines présentent, au spectroscope, les mêmes bandes d'absorption [*Journ. of the chem. Soc.* (2), t. VIII, p. 133].

La théorie de l'alizarine s'est développée et précisée à mesure que la constitution de l'anthracène devenait plus évidente, et aujourd'hui nous pouvons définir avec beaucoup de probabilité, en partant des relations étroites qui existent entre l'alizarine et la pyrocatéchine, la structure détaillée de cette belle matière colorante. La formule de constitution suivante a l'avantage de montrer en même temps le caractère chimique de l'alizarine et d'indiquer les positions respectives de ses hydroxyles et de son oxygène acétonique :

```
                    OH
   /\          /\
  |  |·CO·|  | OH
  |  |·CO·|  |
   \/          \/
```

Modes de production. — 1° L'alizarine se forme par l'oxydation directe de l'anthraquinone lorsqu'on chauffe cette dernière en solution alcoolique avec de la potasse caustique [Wartha, *Ann. der Chem. u. Pharm.*, t. CLXI, p. 305];

2° L'α-dinitranthraquinone et la diamidoanthraquinone qui en dérive produisent de l'alizarine par la fusion avec la potasse [Boettger et Petersen, *Deutsch. chem. Gesellsch.*, t. IV, p. 226; *Bull. de la Soc. chim*, 1871, t. XV, p. 316];

3° La pyrocatéchine et le gaïacol se convertissent en alizarine lorsqu'on les traite à 140° par l'anhydride phtalique, en présence d'acide sulfurique [A. Baeyer et H. Caro, *Deutsch. chem. Gesell ch.*, t. VII, p. 968; *Bull. de la Soc. chim.*, 1875, t. XXIII, p. 85];

4° Lorsqu'on traite l'acide rufigallique par l'eau et l'amalgame de sodium, on obtient une solution violacée dans laquelle l'acide chlorhydrique produit un précipité d'alizarine facile à purifier [O. Widmann, *Bull. de la Soc. chim.*, 1875, t. XXIV, p. 359].

Préparation. — La découverte de l'alizarine artificielle a permis d'obtenir ce corps à un grand état de pureté. Voici le mode opératoire indiqué par M. Auerbach :

On dissout l'alizarine brute dans la soude pour en séparer l'anthraquinone, l'anthracène et d'autres impuretés. La solution alcaline est traitée par l'acide carbonique qui produit un précipité rougeâtre, formé de bicarbonate de sodium, d'alizarine et d'alizarate de sodium. Le précipité, lavé à l'eau, fournit, par l'addition d'un acide, de l'alizarine pure en flocons oranges [Auerbach, *Deutsch. chem. Gesellsch.*, t. IV, p. 979; *Bull. de la Soc. chim.*, 1871, t. XVI, p. 155]. D'après Liebermann et Troschke, il faut répéter ce traitement trois fois et faire bouillir ensuite avec un excès d'eau de baryte pour obtenir de l'alizarine exempte de purpurine et d'oxyanthraquinone [*Deutsch. chem. Gesellsch.*, t. VIII, p. 381].

On peut purifier l'alizarine de la garance, qui contient 30 °/₀ de purpurine, en la chauffant pendant 7 heures à 200°, avec de l'eau alcalinisée, dans des cylindres en cuivre. La purpurine est détruite plus rapidement que ne l'est l'alizarine. Deux ou trois cristallisations dans l'alcool achèvent de purifier cette dernière [Rosenstiehl, *Bull. de la Soc. chim.*, t. XXIII, p. 153].

Propriétés. — L'alizarine pure, cristallisée dans l'alcool, se présente soit sous la forme de fines aiguilles jaunes, soit sous celle de paillettes dont la couleur est d'autant plus orangée qu'elles sont plus grosses. Délayée dans l'eau distillée, elle teint fort incomplètement les tissus mordancés. Pour saturer le mordant, il faut ajouter au bain de teinture une solution aqueuse de carbonate de calcium en quantité nécessaire pour produire un alizarate monobasique [Rosenstiehl, *Ibid.*].

Elle fond à 280-290° [A. Claus et Willgerodt, *Deutsch. chem. Gesellsch.*, t. VIII, p. 530].

L'alizarine, chauffée avec ménagement, émet des vapeurs qui produisent, dans la région moyenne du spectre, des systèmes de raies sensiblement équidistantes [Gernez, *Bull. de la Soc. chim.*, 1872, t. XVIII, p. 173].

La solution éthérée fort concentrée ne présente pas de bandes, mais tout le bleu du spectre est absorbé à partir de la division 190 (C = 157,5; D = 172; E = 191; F = 208,5). Par une concentration plus faible, on remarque une bande très prononcée à la division 193 et une autre à 205. La solution sulfurique présente une bande très faible vers 163 et une autre peu prononcée à 181; si la solution est faible, il se produit une bande très faible vers 203 [Grimm, *Deutsch. chem. Gesellsch*, t. VI, p. 506; *Bull. de la Soc. chim.*, 1873, t. XX, p. 283].

Réactions et décompositions. — Oxydée par un mélange d'acide sulfurique et de bioxyde de manganèse ou par l'acide arsénique, l'alizarine se transforme en purpurine. L'acide azotique fumant, comme Strecker l'a démontré, transforme l'alizarine en nitropurpurine [de Lalande, *Compt. rend.*, t. LXXIX, p. 69].

Chauffée avec de l'acide sulfurique fumant, l'alizarine donne naissance à un acide sulfoconjugué, très soluble dans l'eau, avec une couleur jaune, soluble dans la potasse avec une belle couleur rouge cerise. Fondu avec un excès de potasse, l'acide alizarine-sulfureux régénère de l'alizarine, sans donner naissance à de la purpurine [Graebe et Liebermann, *Deutsch. chem. Gesellsch.*, t. III, p. 637].

Traitée en solution sulfurique par l'azotite de potassium ou par l'acide azoteux, elle laisse précipiter de l'anthraquinone par l'addition d'eau; en même temps, il reste en dissolution de l'acide anthraquinone-sulfureux :

$$2C^{14}H^8O^4 + 4AzO^2H + H^2SO^4 = 4AzO^3H + C^{14}H^8O^2 + C^{14}H^7O^2SO^3 + H^2O$$

[Nienhaus, *Deutsch. chem. Gesellsch.*, t. VIII, p. 774; *Bull. de la Soc. chim.*, 1876, t. XXV, p. 224].

L'alizarine, réduite en solution alcaline par le chlorure stanneux, se convertit en monoxyanthraquinone, mais la majeure partie se transforme en un produit d'addition hydrogéné [Liebermann et Fischer, *Deutsch. chem. Gesellsch.*, t. VIII, p. 974]. Le bromure d'iode transforme l'alizarine à 250° en pentabromobenzine [Diehl, *Deutsch. chem. Gesellsch.*, t. XI, p. 187].

PRODUITS DE SUBSTITUTION.

ALIZARINES CHLORÉES. — Les alizarines chlorées et bromées ont été étudiées principalement par M. Diehl [*Deutsch. chem. Gesellsch.*, t. XI, p. 187].

Monochloralizarine, $C^{14}H^7ClO^4$. — On dirige lentement un courant de chlore dans une solution d'alizarine dans le sulfure de carbone, saturée à froid et refroidie, et à laquelle on a ajouté un peu d'iode. Au bout de quelques jours, la réaction est achevée et il se développe l'odeur pénétrante du chlorure de soufre. La solution abandonne par le refroidissement un résidu jaune clair qu'on dissout dans la soude caustique; on additionne la solution bouillante d'acide chlorhydrique, et on fait cristalliser dans l'acide acétique le précipité qui se forme.

Belles aiguilles rouges fusibles à 244-248°, et sublimables en se détruisant partiellement.

La monochloralizarine est très soluble dans l'eau bouillante, peu soluble dans l'eau froide. L'alcool, l'acide acétique, l'éther et la benzine la dissolvent avec une couleur jaune-rouge; elle se dissout dans les alcalis avec une couleur rouge-violet; la solution ammoniacale est colorée en rouge foncé. L'eau de chaux et l'eau de baryte produisent dans la solution aqueuse bouillante un précipité violet; l'acétate de plomb en solution alcoolique un précipité rouge carmin.

Elle colore les tissus mordancés; les teintes sont plus orangées qu'avec l'alizarine.

Dichloralizarine, $C^{14}H^6Cl^2O^4$. — Lorsqu'on fait tomber goutte à goutte du perchlorure d'antimoine sur de l'alizarine, cette dernière se colore en bleu foncé et il se dégage un peu d'acide chlorhydrique. Si l'on chauffe ensuite au bain-marie, la couleur passe au rouge brun et le mélange s'épaissit. La dichloralizarine formée est difficile à purifier à cause de sa grande solubilité dans l'eau. On traite le produit de la réaction par l'alcool bouillant et on précipite le liquide filtré, après concentration, par une solution aqueuse d'acide tartrique saturé à chaud. On dissout le précipité jaune-brun dans la potasse, on précipite de nouveau par l'acide chlorhydrique et on fait cristalliser dans l'alcool.

La dichloralizarine est en cristaux écailleux, d'un rouge orangé, très solubles dans l'eau, solubles dans l'alcool, l'éther, l'acide acétique et la benzine. Elle fond à 208-210° et se sublime en belles aiguilles.

La solution alcaline est rouge avec une légère nuance violette; elle montre des raies d'absorption dans le rouge et l'orangé. L'ammoniaque et les carbonates alcalins la dissolvent avec une couleur rouge foncé, l'acide sulfurique avec une coloration rouge-orangé. La chaux et la baryte produisent des précipités rouge-violet, un peu solubles dans l'eau chaude; l'acétate de plomb donne en solution alcoolique un précipité rouge-brun. Elle teint en orange vif les mordants d'alumine, en brun les mordants de fer.

Tétrachloralizarine, $C^{14}H^4Cl^4O^4$. — Cette combinaison se forme par l'action prolongée du pentachlorure d'antimoine sur l'alizarine à 100°. Le contenu des tubes est lavé à l'acide chlorhydrique bouillant. Le résidu brun est dissous dans la potasse, précipité de nouveau par un acide et soumis à des cristallisations dans un mélange d'alcool et de benzine.

La tétrachloralizarine se dépose sous forme d'une poudre brune, cristalline, fusible à 260°. Elle se détruit complètement à une température plus élevée. Elle est insoluble dans l'eau, très soluble dans la plupart des dissolvants. Elle ne colore pas les tissus mordancés.

ALIZARINES BROMÉES. — *Monobromalizarine*, $C^{14}H^7BrO^4$. — On chauffe l'alizarine à 170° avec une solution sulfocarbonique de brome et on fait cristalliser le produit obtenu dans l'acide acétique [Perkin, *Chem. News*, t. XXVII, p. 317; *Bull. de la Soc. chim.*, 1873, t. XX, p. 469]. — On l'obtient aussi par la fusion de la tribromanthraquinone avec la potasse à 180°, et on la purifie par une précipitation fractionnée en solution alcaline. Cette substance se dépose dans l'acide acétique en petites écailles brun-cachou, fusibles à 280°, peu solubles dans l'alcool. Elle teint comme l'alizarine. Chauffée avec de l'anhydride acétique, elle se transforme en monobromdiacétylalizarine. L'acide azotique réagit sur la monobromalizarine en dégageant du brome et en produisant un mélange d'acides oxalique et phtalique [Perkin, *Journ. of the chem. Soc.*, (2) t. XII, p. 403].

Dibromalizarine, $C^{14}H^6Br^2O^4$. — Ce composé se forme lorsqu'on chauffe pendant longtemps de l'alizarine avec deux fois son poids de brome et un peu d'iode. On dissout le produit dans la soude, on précipite par l'acide chlorhydrique et on fait cristalliser dans l'acide acétique.

La dibromalizarine est en aiguilles brun-rouge, fusibles à 168-170° et sublimables avec décomposition partielle; elle est peu soluble dans l'alcool et dans l'eau bouillante, très soluble dans l'acide acétique, le sulfure de carbone et le chloroforme. Les alcalis, les carbonates alcalins et l'ammoniaque la dissolvent avec une coloration rouge foncé. La baryte et la chaux produisent des précipités rouges insolubles; l'acétate de plomb donne un précipité rouge-cerise.

Elle teint les mordants d'alumine en orange vif, les mordants en fer en brun.

Tétrachloralizarine, $C^{14}H^4Br^4O^4$. — Elle s'obtient par l'action d'un excès de bromure d'iode à 180° sur l'alizarine; on la purifie par plusieurs cristallisations dans l'acide acétique.

Elle est insoluble dans l'eau et dans l'alcool, soluble dans l'acide acétique avec une couleur brune. Elle ne colore pas les tissus mordancés.

NITRALIZARINE. — *Mononitralizarine*,

$$C^{14}H^7O^4.AzO^2.$$

— Cette combinaison se forme par l'action de l'acide nitrique sur la diacétylalizarine. Par la réduction elle se convertit en *amidoalizarine*,

$$C^{14}H^7O^4.AzH^2,$$

qui cristallise dans l'alcool en aiguilles brunes et qui teint la soie non mordancée en rouge-violet [Perkin, *Journ. of the chem. Soc.*, 1872 (2), t. XV, p. 578].

M. Charles Strobel observa en 1874 que les étoffes teintes en rouge d'alizarine se colorent en orange vif, très solide, sous l'influence des vapeurs nitreuses [*Bull. de la Soc. industr. de Mulhouse*, 1875, p. 631]. Cette observation conduisit M. Rosenstiehl, et indépendamment de lui M. Caro, à étudier les conditions dans lesquelles se forme la nouvelle matière colorante [*Deutsch. chem. Gesellsch.*, 1876, p. 1760].

M. Rosenstiehl la prépare par l'action des vapeurs nitreuses sur l'alizarine. On verse l'alizarine en pâte du commerce dans de grands flacons de verre, on agite de manière à bien couvrir les parois, on fait égoutter et sécher. On remplit alors le flacon de vapeurs nitreuses et on bouche. En peu de minutes les gaz se décolorent. On détache le contenu des flacons avec de l'eau qui enlève les acides et laisse un mélange d'alizarine et de nitralizarine. On traite par la soude caustique qui dissout l'alizarine, tandis que la combinaison sodique de la nitralizarine est insoluble dans un excès de réactif.

Le sel de sodium, après quelques cristallisations dans l'eau, est décomposé par un acide, et la matière colorante purifiée par une série de cristallisations dans le chloroforme, jusqu'au moment où le liquide mère et les cristaux donnent les mêmes résultats en teinture [*Bull. de la Soc. chim.*, 1876, t. XXVI, p. 63].

Voici le mode opératoire indiqué par Caro pour préparer de petites quantités de nitralizarine:

A un mélange de 2 p. d'alizarine et de 20 p. d'acide acétique cristallisable, on ajoute peu à peu 1 ½ p. d'acide nitrique d'une densité de 1,38. On abandonne le mélange pendant vingt-quatre heures, ou bien on termine rapidement la réaction en chauffant doucement à 30-50°. Le produit est filtré, lavé et séché.

La nitralizarine, cristallisée dans le chloroforme, se présente sous forme de paillettes orangées à reflets verts; elle est un peu soluble dans l'eau, qu'elle colore, soluble dans les dissolvants ordinaires et dans les acides acétique et sulfurique. Elle fond vers 230° et se sublime à une température plus élevée en se détruisant en grande partie. La solution dans les alcalis est violet-rouge; la laque calcaire possède la même couleur et résiste à l'action de l'acide carbonique. En teinture, elle sature les mordants dans l'eau distillée [Rosenstiehl, *loc. cit.*].

M. Grawitz obtient la nitralizarine en traitant l'alizarine par un mélange d'acides sulfurique et nitrique [Brevet anglais du 29 novembre 1875]. M. Caro la prépare d'une manière analogue.

Il résulte des recherches de M. Caro qu'il existe trois nitralizarines différentes : la nitralizarine de Perkin, celle de Rosenstiehl et Caro et celle de Grawitz et Caro. La nitralizarine de Perkin se transforme en purpurine lorsqu'on la chauffe avec de l'acide sulfurique, ce qui la distingue nettement de ses deux isomères (1).

Les nitralizarines de Rosenstiehl et de Grawitz et Caro sont connues dans le commerce sous le nom d'*orange d'alizarine*. Elles teignent les mordants de fer en violet rouge et les mordants d'alumine en bel orange. Chauffé avec de l'acide sulfurique et de la glycérine, l'orange d'alizarine donne, après réduction par la poudre de zinc, une nouvelle matière colorante, le *bleu d'alizarine*.

ALIZARINAMIDE ou amidoxyanthraquinone,

$$C^{14}H^9AzO^3 = C^{14}H^6\left\{\begin{matrix}O^2\\OH\\AzH^2.\end{matrix}\right.$$

Pour la préparation de ce corps, on traite l'alizarine pure par l'ammoniaque à 150-200°, pendant quelques heures. On obtient, si l'ammoniaque n'est pas trop concentrée, une solution pourpre d'où les acides précipitent des flocons brun-rouge. Pour débarrasser ce précipité de l'alizarine en excès, on le traite par la baryte qui ne dissout que l'alizarinamide; on remet celle-ci en liberté par un acide et on la fait cristalliser dans l'alcool bouillant.

On obtient ainsi de belles aiguilles brunes, à reflets métalliques, assez solubles dans l'alcool, très solubles dans les alcalis avec une couleur pourpre, fusibles vers 250-260° et sublimables.

Le sel barytique renferme $(C^{14}H^8AzO^3)^2Ba$.

L'acide azoteux transforme l'alizarinamide en oxyanthraquinone :

$$C^{14}H^6(OH)\left\{\begin{matrix}AzH^2\\O^2\end{matrix}\right. + AzO^2H + H^2$$

$$= Az^2 + 2H^2O + C^{14}H^7\left\{\begin{matrix}OH\\O^2.\end{matrix}\right.$$

La potasse fondue, l'acide chlorhydrique à 200° transforment l'alizarinamide en alizarine.

Si, dans la préparation de l'alizarinamide, on emploie de l'ammoniaque trop concentrée, on obtient en outre des aiguilles foncées de purpurinamide, qui se déposent dans le tube [Liebermann et Troschke, *Deutsch. chem. Gesellsch.*, t. VIII, p. 381; *Bull. de la Soc. chim.*, t. XXIV, p. 312; voir aussi V. Perger, *Journal für prakt. Chem.* t. XV, p. 224; *Bull. de la Soc chim.*, t. XXIX, p. 66].

DIACÉTYLALIZARINE, $C^{14}H^6O^2(C^2H^3O^2)^2$. — Ce composé a été obtenu par Schrödter en chauffant à 160° un mélange d'alizarine et d'anhydride acétique [*Deutsch. chem. Gesellsch.*, t. V, p. 870]. M. Perkin le prépare par une ébullition prolongée de l'alizarine avec un grand excès d'anhydride [*Journ. of the chem. Soc.*, (2), t. XI, p. 21; t. XV, p. 578]. On obtient comme produit intermédiaire des sables jaune d'or de monacétylalizarine.

La diacétylalizarine se dépose dans l'alcool en aiguilles aplaties ou en tables d'une couleur jaune pâle, fusibles vers 160°. La potasse alcoolique la décompose rapidement avec formation d'alizarate de potassium; l'acide nitrique la convertit en nitralizarine.

(1). Je dois ces détails à l'obligeance de M. le professeur C. Graebe.

ALIZARATE DE MÉTHYLE. — L'alizarate de méthyle

$$C^{14}H^6O^2\left\{\begin{matrix}OH\\OCH^3\end{matrix}\right.$$

s'obtient en chauffant l'alizarine en tube scellé avec de l'iodure de méthyle, additionné d'un peu d'alcool méthylique, et avec de la potasse. Après quelque temps, on distille l'excès d'iodure méthylique, on lave le produit de la réaction à l'eau chaude, puis à l'alcool froid, et on enlève l'alizarine non attaquée par la potasse étendue. Le résidu est traité par l'acide chlorhydrique, qui sépare l'alizarate de méthyle en flocons rouge-orangé.

Aiguilles cristallines jaunes ressemblant à l'alizarine, sublimables en écailles jaunes et brillantes. Il est à peu près insoluble dans l'eau, soluble dans l'acide sulfurique concentré. La potasse bouillante le dissout avec une belle couleur rouge; cette solution ne donne pas de bandes d'absorption.

La combinaison potassique se dépose dans l'alcool en aiguilles étoilées d'un rouge foncé. Le composé sodique s'obtient de même en aiguilles jaune clair; le sel barytique s'obtient par double décomposition en flocons rouges.

L'alizarate de méthyle ne teint pas les tissus mordancés.

L'alizarate d'éthyle s'obtient comme le précédent et offre avec lui une grande ressemblance [Schunk, *Chem. News*, t. XXVII, p. 17; *Bull. de la Soc. chim.*, 1873, t. XX, p. 305].

MÉTHYLALIZARINE. — La méthylalizarine

$$C^{15}H^{10}O^4 = C^{14}H^5\left\{\begin{matrix}CH^3\\(OH)^2\\O^2\end{matrix}\right.$$

a été découverte par Fischer [*Deutsch. chem. Gesellsch.*, t. VIII, p. 675; *Bull. de la Soc. chim.*, 1876, t. XXV, p. 37].

Pour obtenir ce composé, on chauffe la méthylanthraquinone pendant quelques heures à 250-270° avec 5 à 6 fois son poids d'acide sulfurique fumant; on verse dans l'eau, on neutralise par le carbonate de baryum ou de calcium et on filtre bouillant. On traite la liqueur filtrée par le carbonate potassique, on évapore à sec et on fond à 200° avec un excès de potasse. On achève la purification comme on le ferait pour l'alizarine.

La méthylalizarine se sublime au delà de 200° en faisceaux rouges; elle se dissout dans les alcalis avec une couleur bleu-violet, et donne avec la chaux et la baryte des précipités bleus. Elle fond à 250-252°. Elle colore les mordants de fer et d'alumine à la manière de l'alizarine; le sprectre d'absorption est le même.

ACIDE ALIZARINE-CARBONIQUE,

$$C^{14}H^5O^2(OH)^2(CO^2H).$$

— On chauffe l'acide anthraquinone-carbonique avec l'acide sulfurique et on fond l'acide sulfoconjugué avec la potasse. Cet acide présente une masse rouge-brun, soluble dans l'alcool et sublimable en petites aiguilles rouges qui fondent à 305°. Son sel barytique renferme $(C^{15}H^5O^6)^2Ba^3$.

L'acide donne une laque rouge avec l'alun et produit un précipité violet dans l'acétate de plomb à chaud; distillé sur de l'amiante surchauffée, il fournit de l'alizarine. L'acide azotique le transforme en acide trimellique [Hammerschlag, *Deutsch. chem. Gesellsch.*, t. XI, p. 82; *Bull. de la Soc. chim.*, t. XXX, p. 399].

BLEU D'ALIZARINE, $C^{17}H^9AzO^4$. — M. Prud'homme trouva en 1877 qu'un mélange de glycérine et d'acide sulfurique réagit sur l'alizarine et sur ses congénères pour donner naissance à de nouvelles matières colorantes [*Bull. de la Soc. chim.*, t. XXX, p. 62].

C'est surtout la nitralizarine qui donne dans ces circonstances une matière précieuse par ses propriétés tinctoriales et qui est devenue industrielle sous le nom de *bleu d'alizarine*.

M. Graebe a soumis la nouvelle matière colorante à une étude approfondie et il est arrivé à des résultats fort remarquables. D'après lui, le bleu d'alizarine renferme $C^{17}H^9AzO^4$ et se réduit en solution alcaline à la manière de l'indigo. Les étoffes non mordancées, plongées dans la cuve, se colorent en bleu lorsqu'on les expose à l'air.

Le bleu d'alizarine se dépose dans la benzine en aiguilles bleu-violet, douées d'un bel éclat métallique, fusibles à 270° et se sublimant à une température plus élevée. Il est presque insoluble dans l'eau, peu soluble dans la benzine et dans l'alcool avec une couleur rouge, plus soluble dans l'acide acétique; ce dernier l'altère à l'ébullition. L'acide sulfurique le dissout avec une couleur rouge. Il se dissout dans les alcalis avec une couleur bleu-vert; un excès d'alcali précipite le sel alcalin correspondant.

Distillé avec dix fois son poids de poudre de zinc, le bleu d'alizarine fournit une base monacide bien caractérisée, renfermant $C^{17}H^{11}Az$, qui rappelle vivement l'acridine par sa couleur et sa fluorescence (densité de vapeur = 8,19).

M. Graebe représente par l'équation suivante la formation du bleu d'alizarine :

$$C^{14}H^7O^4AzO^2 + C^3H^8O^3$$
$$= C^{17}H^9AzO^4 + 3H^2O + O^2$$

[*Deutsch. chem. Gesellsch.*, t. XI, p. 522, 1646].

ISOMÈRES DE L'ALIZARINE. — On connaît dix dérivés anthracéniques possédant la composition

$$C^{14}H^8O^4;$$

ce sont : l'alizarine, l'isoalizarine [t. II, p. 131], la purpuroxanthine [t. II, p. 1224], l'acide frangulique [t. I, p. 1494], l'acide anthraflavique, l'acide iso-anthraflavique, la quinizarine, la chrysazine, la métabenzodioxyanthraquinone, et l'anthrarufine; mais quelques-unes de ces combinaisons sont si peu étudiées, qu'on ne pourrait pas affirmer bien nettement leur individualité chimique. J. Tcherniac.

ALIZARINE ARTIFICIELLE (INDUSTRIE). —La découverte de la préparation de l'alizarine au moyen de l'anthracène, faite en 1868 par MM. Graebe et Liebermann [*Deutsch. chem. Gesellsch.*, 1868, p. 49], a créé une ère nouvelle dans l'industrie des produits chimiques. En effet, le produit artificiel remplace presque partout aujourd'hui les dérivés de la garance, dont la culture est à peu près complètement abandonnée en France. Ainsi, en 1869, à peine une année après sa découverte, l'alizarine artificielle était déjà fabriquée dans six établissements. Sa production en 1873 atteignait 90 000 kilogr. de pâte d'alizarine à 10 %; en 1876, l'Allemagne seule en a fourni près de quatre millions de kilogr. En 1877, cette fabrication s'est élevée au chiffre de 7 500 000 kilogr. de pâte à 10 %, et représentant une valeur de 25 millions de francs, sur lesquels l'Allemagne a fourni 80-85 % environ. Le nombre des usines s'élevait, en 1876, à une quinzaine, réparties comme il suit : Allemagne, douze; Suisse, deux; Angleterre, deux; Autriche, une; France, une.

Aujourd'hui ce nombre est plus restreint, bien que la production de l'alizarine n'ait pas diminué. Quant aux prix, en 1871 l'alizarine valait 26 fr. le kilogr., en 1877 la pâte à 10 % coûtait 5 fr.; dans ces derniers temps (août 1878) son prix était descendu à 3 fr. 10 c. Il a même été, pendant un certain temps, à 2 fr. 80.

EXTRACTION DE L'ANTHRACÈNE. — Dans le traitement des produits de la distillation de la houille, on obtient des huiles légères, des huiles lourdes et du goudron. Nous ne nous occuperons que des produits renfermant de l'anthracène. Les huiles lourdes passent à une température supérieure à 200°; elles ont une densité d'environ 1,06; on en obtient 24-25 °/₀ du poids du goudron employé. Elles sont riches en cumène, en cymène, surtout en naphtaline, et contiennent en moyenne de 20 à 25 °/₀ d'huiles solubles dans les alcalis. Pour en séparer l'anthracène, on agite ces huiles lourdes dans des batteuses avec de l'acide sulfurique, puis avec de la soude, afin d'enlever les alcaloïdes et les phénols, et on les soumet ensuite à la distillation fractionnée dans des cornues en tôle; il passe d'abord vers 230° un produit solide qui sert de matière première pour la préparation de la naphtaline; ensuite il distille des huiles ne se solidifiant plus par refroidissement (huiles de graissage) et enfin, vers 290-320°, il passe un produit qui se prend peu à peu en masse butyreuse, de couleur jaune-verdâtre, que l'on réunit aux huiles à anthracène.

Après la distillation des huiles lourdes, il reste dans les cornues une masse noire; le brai, qui, suivant sa consistance, c'est-à-dire suivant le point auquel on arrête la distillation, forme le brai liquide, gras ou sec. Autrefois, on cessait la distillation quand il restait dans les cornues le brai gras; en effet, celui-ci, surtout à chaud, coule facilement et était employé dans cet état à la fabrication des agglomérés et de l'asphalte; mais il renferme encore une quantité notable d'anthracène et, le prix de ce produit étant supérieur à celui du brai gras, il est plus avantageux de pousser la distillation jusqu'à 400°; l'on obtient ainsi le brai sec comme résidu. Ce dernier n'a trouvé malheureusement aucune application. Pour lui rendre une valeur égale à celle du brai gras, on y mélange, pendant qu'il est encore chaud et liquide, dans la cornue même ou dans des appareils spéciaux, les huiles lourdes intermédiaires; il peut alors servir aux mêmes usages que le brai gras. Souvent, et suivant les prix de l'anthracène, on fait le sacrifice complet du brai; l'on augmente ainsi les rendements en anthracène. La distillation ne se fait plus dans des cornues en tôle, mais dans des fours à moufles en terre réfractaire, analogues aux cornues à gaz; comme résidu, l'on obtient 50 °/₀ de coke; il distille 25 °/₀ d'huiles riches en anthracène, chrysène, pyrène, rétène, benzérythrène et autres hydrocarbures à point d'ébullition très élevé, et 25 °/₀ de produits gazeux qui sont utilisés pour le chauffage ou pour l'éclairage.

Les fabricants d'alizarine préfèrent généralement les anthracènes bruts, qui résultent d'une distillation moins avancée, aux produits provenant d'une distillation complète. Ces derniers renferment une grande quantité de carbures à point d'ébullition élevé, qui sont difficiles à éliminer dans les purifications de l'anthracène, ce qui oblige à les soumettre à une nouvelle rectification. Dans tous les cas, comme un peu d'anthracène peut se décomposer par une haute température à laquelle s'opère la distillation, on facilite l'opération au moyen d'un courant de vapeur surchauffée ou d'un gaz privé d'oxygène, comme, par exemple, l'air que l'on a fait passer au préalable sur du coke chauffé au rouge, ou encore en distillant dans le vide.

Beaucoup de méthodes ont été proposées, et un grand nombre de brevets ont été pris pour augmenter le rendement en anthracène et pour purifier ce carbure; nous ne décrirons que les suivants. Celui de M. Lucas, parmi ces procédés, consiste à faire passer les vapeurs des huiles lourdes, distillant entre 260-300°, à travers des tuyaux chauffés au rouge et remplis de morceaux de brique; on recueille à part la partie distillant au-dessus de 300° comme matière première pour anthracène; les huiles passant au-dessous de cette température sont redistillées. Le procédé de M. P. Curie consiste à ajouter aux goudrons une certaine quantité de soufre; il se forme beaucoup d'hydrogène sulfuré qui doit faciliter la distillation. Enfin nous devons mentionner le procédé breveté par la Compagnie parisienne du gaz et d'après lequel il est possible d'augmenter de 10 à 15 °/₀ le rendement en anthracène. Le contenu des cornues est agité continuellement et la distillation se fait pareillement dans un courant de gaz. Le mouvement dans la masse peut être déterminé par un moyen mécanique quelconque ou plus simplement en faisant passer un courant gazeux (gaz d'éclairage, acide carbonique, air privé d'oxygène, etc.) à travers la masse fondue.

Le produit de la distillation des goudrons qui sert à la fabrication de l'anthracène possède une consistance butyreuse ou grenue, d'une couleur jaune-verdâtre ou d'un vert sale; il est plus ou moins liquide, selon les proportions de carbures solides qu'il contient et suivant la température ambiante. Sa couleur verte lui a fait donner le nom de *green grease* (graisse verte). Ces matières renferment généralement de 15 à 25 °/₀ d'anthracène et une petite quantité d'eau tenue en suspension dans la masse à l'état d'émulsion et qui empêche l'anthracène de se déposer. Pour enlever l'eau, on chauffe ces huiles dans des chaudières à double fond dans lesquelles circule un courant de vapeur, puis on abandonne le tout dans un endroit frais pendant quelque temps et l'on sépare autant que possible par décantation l'eau et les huiles liquides. Lorsque la masse a acquis la consistance voulue, on introduit le résidu dans une turbine, afin de retirer la plus grande partie des matières huileuses. Les dernières traces sont enlevées par pression dans des filtres-presses dont les plateaux sont chauffés à 40°; enfin on comprime les tourteaux à froid sous une forte presse hydraulique. Dans le cas où les huiles brutes sont trop liquides pour pouvoir être turbinées, on les dirige directement dans les filtres-presses au moyen d'un monte-jus et on exprime lentement, d'abord à froid, puis à chaud. Le résidu restant dans les filtres constitue l'anthracène brut, il contient environ 60 °/₀ de produit pur; avant de le livrer à la consommation, on le pulvérise finement et on le tamise.

Les huiles provenant surtout du pressage à chaud laissent encore déposer, après quelque temps, une certaine quantité d'anthracène; pour le recueillir, on réunit ces huiles et on les abandonne de nouveau pendant un certain temps dans un endroit frais.

Pour évaluer la quantité d'anthracène contenue dans le goudron de houille, on distille, d'après M. C. Nicol [*Bull. de la Soc. chim.*, t. XXVI, p. 142], 20 gr. du produit à essayer, en recevant les vapeurs directement dans un récipient chauffé par un bain de paraffine à 200°. L'anthracène et d'autres hydrocarbures à point d'ébullition plus élevé viennent se condenser dans ce récipient; on les dissout dans de l'acide acétique glacial et on transforme l'anthracène en anthraquinone, d'après le procédé de M. Luck.

Purification de l'anthracène par voie humide. — Pour purifier complètement l'anthracène brut, il faut le pulvériser, puis le soumettre à des lavages avec de la benzine, du naphte de pétrole ou de la ligroïne. L'emploi du sulfure de carbone, proposé dans le début, a été abandonné, parce que ce corps dissout l'anthracène beaucoup trop facilement. Ainsi, d'après M. Gessert, 100 p. d'alcool dissolvent $0^p,6$ d'anthracène, 100 p. de benzol en dissolvent $0^p,9$, et 100 p. de sulfure de carbone peuvent dissoudre $1^p,7$ d'anthracène. Il est probable qu'un mélange de ces différents corps faciliterait la purification complète. Actuellement, on se sert principalement des fractions supérieures des huiles légères de houille, on chauffe l'anthracène brut avec ces huiles ou bien on l'épuise par déplacement. La naphtaline, le phénol, les huiles lourdes, restent dissous ; le résidu, imbibé du dissolvant, est turbiné, puis chauffé dans une chaudière jusqu'au point de fusion de l'anthracène. On obtient ainsi une masse verdâtre, ressemblant à la paraffine, contenant jusqu'à 95 % d'anthracène pur et dont le point de fusion est compris entre 205 et 208°.

M. Caspers lave à plusieurs reprises le produit brut avec de la ligroïne, enfin avec de l'alcool méthylique ; l'anthracène purifié est pressé

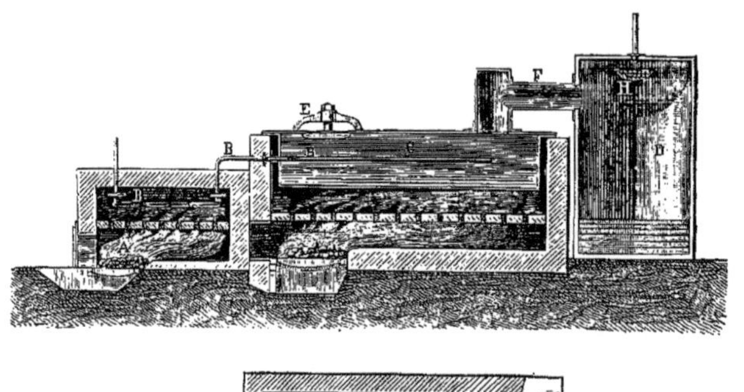

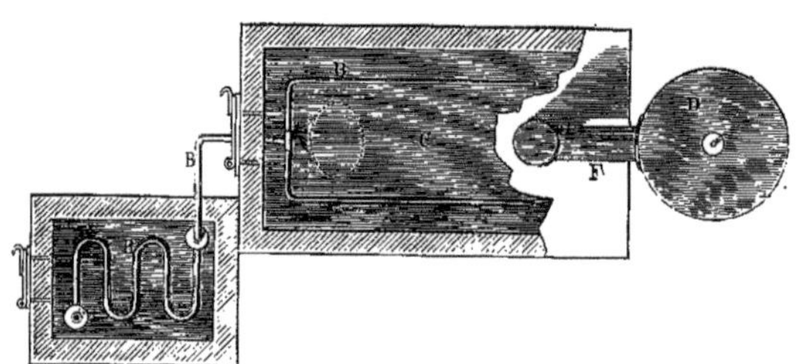

Fig. 4 et 5. — Appareil pour la sublimation de l'anthracène.

A, Foyer. — B, Tuyaux pour surchauffer la vapeur. — C, Caisse en tôle contenant l'anthracène à sublimer. — D, Chambres à condensation. — E, Trou d'homme. — F, Tuyau abducteur conduisant la vapeur d'anthracène dans la chambre D. — H, Pomme d'arrosoir produisant une pluie fine d'eau froide.

et séché. Après ce traitement, il doit renfermer, d'après l'auteur, 95 à 97 % de produit pur. M. Macdonald Graham [*Moniteur scientifique*, 1876, p. 526] distille les goudrons jusqu'à ce que le résidu dans la cornue ait pris la consistance du brai gras, et fait couler ce dernier dans des réservoirs refroidis ; l'anthracène et les autres carbures cristallisent bientôt ; au bout de quelque temps la masse renferme jusqu'à 17 % d'anthracène séparé à l'état solide ; on décante alors la partie liquide, qui peut être soumise encore à une ou deux concentrations.

Les fabricants d'alizarine achètent ordinairement le produit incomplètement purifié et contenant 50 ou 60 % d'anthracène ; mais ce produit ne serait pas encore suffisamment pur pour être transformé en anthraquinone. Les corps accompagnant d'ordinaire l'anthracène brut sont, indépendamment de l'*acridine*, $C^{24}H^9Az$, corps à propriétés basiques, les carbures suivants : *chrysène*, $C^{18}H^{12}$, *méthylanthracène*, $C^{15}H^{12}$, *pyrène*, $C^{16}H^{10}$, *fluoranthrène*, $C^{15}H^{10}$, *phénanthrène*, $C^{14}H^{10}$, *fluorène*, $C^{13}H^{10}$, et *acénaphtène*, $C^{12}H^{10}$.

Purification de l'anthracène par voie sèche. — L'anthracène brut à 50 % est purifié par distillation ou par sublimation. Pour le sublimer, on place une couche d'anthracène de quelques centimètres d'épaisseur sur le fond d'appareils à distiller de forme plate, en tôle, offrant une grande surface de chauffe, et pouvant être portés à 200° (voyez les figures 4 et 5).

Ces sortes de caisses sont munies à leur partie supérieure d'un gros tube de dégagement qui communique avec de grandes chambres bien closes, dans lesquelles on peut faire arriver une pluie d'eau froide. Un conduit de vapeur aplati, percé à son extrémité d'un grand nombre d'ouvertures, est placé au-dessus et très près de la couche d'anthracène. En faisant passer un courant de vapeur d'eau surchauffée à 220-240° à travers ce tube, la sublimation s'opère très rapidement. L'anthracène qui se condense dans les chambres est humide ; on le fait égoutter, puis on le broie à l'état de pâte sous des meules spéciales. Dans une opération bien conduite, on ne perd que 2 à 3 % d'anthracène. Avec de l'anthracène brut à 50 %, on élève la richesse du produit à 62 ou 65 %.

M. E. Perret a imaginé un appareil analogue, dans lequel l'anthracène brut est chauffé vers 250° : un ventilateur entraîne les vapeurs mélangées d'air ou d'acide carbonique dans des chambres où elles se condensent à l'état sec.

FABRICATION DE L'ANTHRAQUINONE. — L'alizarine $C^{14}H^6(OH)^2O^2$ est le dioxyanthraquinone, l'anthraquinone étant $C^{14}H^8O^2$; aussi a-t-il fallu obtenir d'abord ce dernier corps pour préparer l'alizarine artificielle.

De tous les procédés indiqués pour préparer l'anthraquinone, et ils sont nombreux, le seul encore en usage est celui de MM. Graebe et Liebermann. L'agent oxydant employé est l'acide chromique ou un mélange de dichromate de potassium et d'acide sulfurique. Au début, on dissolvait l'anthracène dans de l'acide acétique concentré et bouillant, et l'on ajoutait peu à peu 2 p. de bichromate de potassium et une quantité d'acide sulfurique variant, selon que l'on voulait obtenir du sulfate acide de potassium et de l'acétate de chrome, ou du sulfate acide de potassium et du sulfate de chrome. La pratique a démontré qu'en augmentant successivement la quantité d'acide sulfurique, on pouvait diminuer la proportion d'acide acétique. Aujourd'hui l'emploi de ce dernier a été complètement abandonné. (Voir plus loin.)

M. Anderson ayant obtenu d'abord l'anthraquinone en faisant bouillir pendant quelques jours l'anthracène avec de l'acide azotique, plusieurs chimistes ont essayé d'oxyder l'anthracène par cet acide, à cause de son bas prix. On prend ou bien de l'acide azotique seul, ou un mélange de dichromate de potassium et d'acide azotique ; dans le premier cas, on chauffe au bain de sable à 110-120°, dans de grandes cornues en verre, 1 p. d'anthracène et 10 p. d'acide acétique, et l'on ajoute peu à peu de l'acide azotique d'une densité 1,3. Lorsqu'une nouvelle addition d'acide ne produit plus d'effervescence dans la masse, on arrête l'opération, on distille l'excès d'acide acétique et on lave l'anthraquinone. M. Nienhaus a indiqué le procédé suivant [*Moniteur scientifique*, 1874, p. 1132] : On mélange 100 p. d'anthracène avec 25 p. de dichromate de potassium pulvérisé, on ajoute peu à peu 12 p. d'acide azotique d'une densité de 1,03. On obtient ainsi une masse molle qui, mise pendant quelques instants en contact avec de l'acide azotique fumant, devient granuleuse comme l'anthraquinone ordinaire. Lorsqu'on oxyde l'anthraquinone avec de l'acide azotique, il se forme toujours, comme produits secondaires, une certaine quantité de dérivés mono- et dinitrés. Ceux-ci, fondus avec les alcalis, se convertissent également en alizarine, d'après l'équation suivante :

$$C^{14}H^6O^2(AzO^2)^2 + 2NaOH$$
$$= C^{14}H^6O^2(OH)^2 + 2AzO^2Na.$$

Malgré la simplicité de ce procédé et quoique l'alizarine ainsi obtenue soit très pure, la difficulté que présente l'insolubilité de la mono- et de la dinitroanthraquinone dans les alcalis, a forcé les industriels à abandonner cette méthode d'oxydation.

Un procédé encore plus simple, mais tout aussi peu pratique pour préparer l'anthraquinone, a été breveté à différentes reprises par plusieurs chimistes. Il consiste à distiller l'anthracène avec des peroxydes. En mélangeant de l'anthracène avec quatre fois son poids de bioxyde de manganèse et en chauffant lentement, on recueille comme produit de la distillation de beaux cristaux d'anthraquinone.

La fabrication industrielle de l'anthraquinone, comme elle se pratique aujourd'hui sur une grande échelle, se fait à peu près généralement de la manière suivante (Communication particulière de MM. Binschedler et Busch, fabricants de matières colorantes à Bâle) :

Avant de commencer l'oxydation de l'anthracène en grand, on fait des essais en petit avec des proportions différentes de dichromate de potassium et d'acide sulfurique, afin de déterminer assez exactement la quantité nécessaire pour n'oxyder que l'anthracène. Comme nous l'avons vu, ce corps, selon sa provenance et sa purification, est accompagné d'autres carbures qui, non seulement s'oxydent, mais qui, dans les opérations ultérieures de purification par l'acide sulfurique, se charbonnent en partie et souillent le produit. Pour la fabrication de l'anthraquinone, on part d'un anthracène sublimé et finement pulvérisé, contenant 52 % de corps pur. Dans une opération normale, la pratique a indiqué l'emploi de 96 % de dichromate de potassium et 134 d'acide sulfurique. Le mélange se fait dans de grandes cuves en bois, doublées de plomb, d'une contenance d'environ 6000 litres, et munies d'un agitateur. On ajoute d'abord 200 kilogr. d'anthracène sublimé à 3000 litres d'eau, chauffée à l'ébullition et dans laquelle on a dissous 192 kil. de dichromate de potassium. Cela fait, on laisse couler, en agitant continuellement et en filet très mince 272 kilogr. d'acide sulfurique à 66° dilué à 30° Baumé. L'opération dure 8 à 10 heures.

La chaleur dégagée par la réaction maintient la masse en ébullition ; et c'est vers la fin de l'opération seulement qu'il est nécessaire de faire arriver de la vapeur d'eau. Pour s'assurer que tout le dichromate a été réduit et que l'opération est terminée, on prélève une prise d'essai à laquelle on ajoute un peu de lait de chaux. Il suffit de filtrer le produit devenu assez épais ; l'anthraquinone brute qui reste sur la toile est turbinée, lavée et séchée. Elle se présente sous la forme d'une poudre rouge jaunâtre. Le rendement, si l'oxydation a été bien conduite, est à peu près de 230 kilogr. Les eaux mères, contenant les sulfates de chrome et de potassium, sont évaporées et traitées pour régénérer le chrome.

Purification de l'anthraquinone. — Dans une grande chaudière de fonte, munie d'un agitateur mécanique, on chauffe à 80° 600 kilogr. d'acide sulfurique à 66° Baumé, puis on ajoute peu à peu 220 kilogr. d'anthraquinone brute ; la température s'élève à 100° et on la maintient à ce degré jusqu'à ce que l'anthraquinone soit entièrement dissoute. La réaction est terminée lorsqu'une prise d'essai, versée dans l'eau, donne un précipité blanc. Le contenu de la chaudière versé sur des plaques de plomb à bords relevés est abandonné à un refroidissement complet. La masse cristalline ainsi obtenue est soumise à l'ébullition avec vingt fois son poids d'eau, et le précipité est exprimé dans un filtre-presse et lavé. Les solutions filtrées doivent être colorées en brun foncé ; elles contiennent les impuretés de l'anthracène à l'état d'acides sulfo-conjugués ; si l'oxydation a été poussée trop loin, elles sont troubles et noires, et alors l'anthraquinone est elle-même colorée en noir.

Dans une opération bien conduite, on obtient 122 kilogr. d'anthraquinone purifiée, d'une teinte grise et d'une structure cristalline ; elle contient 90 % de produit pur. Pour en achever la purification, on la sublime dans des appareils semblables à ceux qui sont employés pour l'anthracène, ou bien on la traite par une solution bouillante et diluée de carbonate de sodium. Le produit lavé contient alors 93 à 96 % d'anthraquinone pure, tandis que par sublimation on arrive jusqu'à 98 %.

Méthodes proposées pour la fabrication des acides sulfoconjugués de l'anthraquinone. — MM. Graebe et Liebermann, pour transformer l'anthraquinone en alizarine, sont partis des dérivés dibromés et dichlorés; ceux-ci, soumis à l'action des alcalis, échangent les deux atomes de brome ou de chlore contre deux groupes d'hydroxyle :

$$C^{14}H^{6}Br^{2}O^{2} + 2\,KOH$$
$$= 2KBr + C^{14}H^{6}(OH)^{2}O^{2}.$$

Ce procédé n'a été employé que dans les premiers temps de la fabrication de l'alizarine; il a été bientôt remplacé par un autre, indiqué simultanément par MM. Graebe et Liebermann et Perkin. Ces chimistes substituèrent au chlore ou au brome l'acide sulfurique, appliquant aux dérivés sulfoconjugués de l'anthraquinone la méthode générale de MM. Würtz, Kekulé et Dusart pour transformer les carbures d'hydrogène aromatiques en phénols.

L'anthraquinone, traitée par l'acide sulfurique concentré, donne, suivant les proportions de l'acide, la température et la durée de l'action, trois dérivés sulfoconjugués, les acides anthraquinomonosulfureux et disulfureux α et β :

$$C^{14}H^{7}(SO^{3}H)O^{2} \text{ et } C^{14}H^{6}(SO^{3}H)^{2}O^{2}.$$

M. Charles Girard [*Bull. de la Soc. chim.*, 1875, p. 333] a proposé de fabriquer les acides sulfoconjugués, en général, à l'aide du bisulfate de sodium anhydre seul ou associé à de l'acide sulfurique ordinaire. Pour les acides anthraquino-sulfureux par exemple, il chauffe sous pression, entre 260-270°, pendant 5 à 6 heures, 10 kilogr. d'anthraquinone, 12 kilogr. de bisulfate de sodium anhydre, et 40 kilogr. d'acide sulfurique à 66° Baumé. Le produit de la réaction est saturé par de la chaux, et le sel de chaux décomposé par du carbonate de sodium.

Les acides anthraquino-sulfureux peuvent aussi se préparer en partant directement de l'anthracène. Pour atteindre ce but, on chauffe à 100°, puis à 160°, 1 p. d'anthracène avec 4 p. d'acide sulfurique concentré, pendant 4 à 5 heures. Lorsque le produit se dissout dans l'eau sans laisser de résidu, on laisse refroidir et l'on reprend par trois fois son poids d'eau, on filtre, et l'on concentre la solution. L'acide anthracène-disulfureux ainsi formé est changé en acide anthraquino-disulfureux par un agent oxydant quelconque d'après les réactions :

$$C^{14}H^{10} + 2\,SO^{4}H^{2} = C^{14}H^{8}(SO^{3}H)^{2} + 2\,H^{2}O,$$
$$C^{14}H^{8}(SO^{3}H)^{2} + O^{3} = C^{14}H^{6}(SO^{3}H)^{2}O^{2} + H^{2}O.$$

A cet effet, on ajoute peu à peu, pour une partie d'anthracène employé, trois parties de bioxyde de manganèse *régénéré*. Il se forme de l'acide anthroquino-disulfureux et du sulfate de manganèse: la solution est étendue d'eau et décomposée par un lait de chaux; le sulfate de calcium et l'hydrate manganeux se précipitent, et l'anthraquino-disulfite de calcium reste en solution; on filtre et l'on décompose la liqueur par du carbonate de sodium. On a proposé de remplacer le bioxyde de manganèse par différents oxydants, comme l'oxyde de plomb, le dichromate de potassium, l'acide azotique, etc.

Ce procédé n'a jamais été employé dans l'industrie; il n'en est pas de même du suivant, proposé par M. Perkin et par MM. Caro, Graebe et Liebermann. M. Perkin l'a fait breveter en Angleterre le 17 novembre 1869, et a appliqué cette méthode pendant assez longtemps dans son usine.

Au lieu de passer par l'anthraquinone, on prépare de l'anthracène dichloré ou dibromé; ces corps, soumis à l'action de l'acide sulfurique seul ou avec un corps oxydant, donnent les acides anthraquino-sulfureux d'après les réactions

$$C^{14}H^{10} + 4\,Cl = \underset{\text{Anthracène dichloré.}}{C^{14}H^{8}Cl^{2}} + 2\,HCl\,;$$

$$C^{14}H^{8}Cl^{2} + 3\,SO^{4}H^{2}$$
$$= C^{14}H^{6}\left\{\begin{matrix} O^{2} \\ (SO^{3}H)^{2} \end{matrix}\right. + 2\,HCl + SO^{2} + 2H^{2}O.$$

Il faut chauffer au-dessus de 200° pour achever cette seconde réaction. D'après M. Perkin, en traitant l'anthracène chloré par l'acide sulfurique à 130-150°, on obtient d'abord de l'acide dichloranthracène-disulfureux que l'on transforme par des agents oxydants en acide anthraquino-disulfureux :

$$C^{14}H^{8}Cl^{2} + 2SO^{4}H^{2} = C^{14}H^{6}\left\{\begin{matrix} Cl^{2} \\ (SO^{3}H)^{2} \end{matrix}\right. + 2H^{2}O\,;$$

$$C^{14}H^{6}\left\{\begin{matrix} Cl^{2} \\ (SO^{3}H)^{2} \end{matrix}\right. + O^{2} = C^{14}H^{6}\left\{\begin{matrix} O^{2} \\ (SO^{3}H)^{2} \end{matrix}\right. + Cl^{2}.$$

Pour préparer l'anthracène dichloré, on répand de l'anthracène, en couches minces, dans des caisses, et l'on y fait passer un courant de chlore durant vingt-quatre heures. Un autre procédé consiste à mélanger 1 p. d'anthracène avec 4 à 5 p. de benzine, et à faire passer du chlore dans le mélange jusqu'à ce que le tout soit transformé en masse cristalline; on sépare la benzine par distillation; le produit ainsi obtenu est purifié par cristallisation. La transformation en acide anthraquino-disulfureux se fait directement en employant de l'acide sulfurique fumant et en chauffant à 210°.

On emploie aussi le procédé suivant : On chauffe l'anthracène dichloré avec 4 à 5 p. d'acide sulfurique à 130-150° jusqu'à ce que le produit se dissolve entièrement dans l'eau; on ajoute 3 à 4 p. d'eau et du bioxyde de manganèse en grand excès. On fait bouillir jusqu'à ce qu'un essai dilué avec de l'eau ne montre plus de fluorescence, c'est-à-dire lorsque le dichloranthracène s'est transformé en acide anthraquino-sulfureux.

Procédé industriel. — De tous ces procédés, celui qui est presque exclusivement employé aujourd'hui consiste à préparer l'anthraquinone et les dérivés sulfoconjugués au moyen de l'acide sulfurique le plus concentré possible. Dans les premiers temps de la fabrication de l'alizarine, on se servait d'acide sulfurique fumant à 10 % d'anhydride, mais il fallait chauffer le mélange à 270° environ. A cette température, il y a décomposition d'une quantité notable d'anthraquinone, ainsi que l'ont démontré MM. Weith et Binschedler [*Deutsch. chem. Gesellsch.*, 1874, t. VII, p. 1106]; il se forme de l'acide phtalique, d'après la réaction

$$C^{6}H^{4}(CO)^{2}C^{6}H^{4} + 2SO^{4}H^{2}$$
$$= C^{6}H^{4}(COOH)^{2} + C^{6}H^{4}(SO^{3}H)^{2}.$$

Les rendements étaient mauvais. Au commencement de 1873, M. Koch proposa l'emploi d'anhydride pur et obtint de très bons résultats. Cependant il était difficile de se procurer de si grandes quantités d'acide anhydre; aussi on se contenta d'un acide fumant à 40 % qu'on préparait soi-même par la distillation de l'acide sulfurique fumant à 10 %. Aujourd'hui la maison Starck, près de Prague, l'unique fabrique d'acide sulfurique fumant, livre au commerce un acide à 45 % d'anhydride. D'autres maisons, comme la *Badische Anilin- und Sodafabrik*, vendent depuis peu de l'acide sulfurique anhydre, préparé au moyen de l'acide sulfurique à 60°, d'après le procédé de M. Winckler [*Moniteur scientifique*, 1878, p. 912]. L'emploi de l'acide sulfurique fumant à 45 % d'anhydride permet, comme nous l'avons dit, de préparer à volonté les acides anthraquino-monosulfureux ou disulfureux, mais à condition que l'anthraquinone soit très pure et contienne au moins 95 %.

L'*anthraquino-monosulfite de sodium* se prépare en dissolvant à 100° une partie d'anthraquinone dans deux ou trois parties d'acide sulfurique concentré, et en maintenant la solution à 250-260°, jusqu'à ce qu'une *tâte* projetée dans de l'eau s'y dissolve complètement. On verse alors la solution en filet mince dans de l'eau tiède, on sature avec de la craie, on filtre; puis on décompose le sel de calcium par du carbonate de sodium, enfin on évapore à siccité. L'anthraquino-monosulfite de sodium fondu avec de la soude caustique donne soit de la *monoxyanthraquinone* ou *acide anthraflavique*, ou bien, si l'on prolonge l'action des alcalis, de la *dioxyanthraquinone* ou *alizarine*, d'après les équations

$$C^{14}H^7 \left\{ \begin{matrix} O^2 \\ SO^3Na \end{matrix} \right. + NaOH$$

$$= C^{14}H^7 \left\{ \begin{matrix} O^2 \\ OH \end{matrix} \right. + SO^3Na^2,$$

Oxyanthraquinone.

$$C^{14}H^7 \left\{ \begin{matrix} O^2 \\ SO^3Na \end{matrix} \right. + 3NaOH$$

$$= C^{14}H^6 \left\{ \begin{matrix} O^2 \\ (ONa)^2 \end{matrix} \right. + SO^3Na^2 + H^2 + H^2O.$$

Alizarate de sodium.

Ces deux réactions s'opèrent toujours simultanément; aussi retrouve-t-on ces divers corps dans l'alizarine artificielle. Ajoutons que c'est l'acide anthraquino-monosulfureux qui fournit l'alizarine industriellement.

Les *anthraquino-disulfites de sodium* se préparent en chauffant assez longtemps à 270-290° une partie d'anthraquinone avec deux ou trois parties d'acide sulfurique très concentré; on sépare les deux acides isomères en mettant à profit l'inégale solubilité de leurs sels de sodium. L'anthraquino-disulfite de sodium α est beaucoup moins soluble dans l'eau que l'anthraquino-disulfite β. Le sel de sodium de l'acide α chauffé avec un alcali donne la flavopurpurine :

$$C^{14}H^6 \left\{ \begin{matrix} O^2 \\ (SO^3Na)^2 \end{matrix} \right. + 4NaOH$$

$$= C^{14}H^6 \left\{ \begin{matrix} O^2 \\ (ONa)^2 \end{matrix} \right. + 2SO^3Na + 2H^2O.$$

Le sel de sodium β donne le *trioxyanthraquinone* ou *isopurpurine*, d'après l'équation

$$C^{14}H^6 \left\{ \begin{matrix} O^2 \\ (SO^3Na)^2 \end{matrix} \right. + 5NaOH + O$$

$$= C^{14}H^5 \left\{ \begin{matrix} O^2 \\ (ONa)^3 \end{matrix} \right. + 2SO^3Na^2 + 3H^2O.$$

Isopurpurate de soude.

Pendant la fusion de l'anthraquino-disulfite de sodium il se produit un corps intermédiaire. L'acide anthraquino-disulfureux échange d'abord un de ses groupes SO^3H contre de l'hydroxyle OH, en donnant naissance à de l'acide oxyanthraquino-sulfureux

$$C^{14}H^6 \left\{ \begin{matrix} O^2 \\ OH \\ SO^3H, \end{matrix} \right.$$

corps découvert par M. Perkin; enfin, l'action prolongée de la soude transforme ce composé en dioxyanthraquinone. C'est à ces différentes réactions que sont dues les colorations successives que l'on observe lors de la fusion avec le sodium. La teinte orangée primitive se change peu à peu en bleu foncé, par suite de la production de l'oxyanthraquino-sulfite de sodium, mais celui-ci se transforme bientôt en alizarate de soude qui colore la masse en violet :

$$C^{14}H^6 \left\{ \begin{matrix} O^2 \\ (SO^3H)^2 \end{matrix} \right. \qquad C^{14}H^6 \left\{ \begin{matrix} O^2 \\ OH \\ SO^3H \end{matrix} \right.$$

Acide anthraquino-disulfureux. — Acide oxyanthraquino-sulfureux.

$$C^{14}H^6 \left\{ \begin{matrix} O^2 \\ (OH)^2 \end{matrix} \right. \qquad C^{14}H^5 \left\{ \begin{matrix} O^2 \\ (OH)^3 \end{matrix} \right.$$

Alizarine. — Isopurpurine.

Ainsi que nous l'avons fait remarquer plus haut, il existe deux acides anthraquino-disulfureux (Caro). MM. E. Schunck et H. Roemer [*Deutsch. chem. Gesellsch.*, 1876, p. 297] ont trouvé que l'acide α-anthraquino-disulfureux fondu avec la potasse donne de l'acide anthraflavique et de la flavopurpurine; l'acide anthraquino-disulfureux-β fournit, par le même traitement, de l'acide iso-anthraflavique et de l'isopurpurine.

L'acide anthraquino-monosulfureux donne principalement de l'alizarine pure, qui est vendue sous le nom d'*alizarine pour violet*. Avec les mordants d'alumine, elle donne un rouge bleu, et avec ceux de fer un violet pur.

Les acides anthraquino-disulfureux fournissent des matières colorantes contenant de l'isopurpurine et de la flavopurpurine et qui donnent, avec les mordants de fer, un violet sale, mais par contre, avec ceux d'alumine, un rouge brillant, un peu jaunâtre : c'est l'*alizarine pour rouge*.

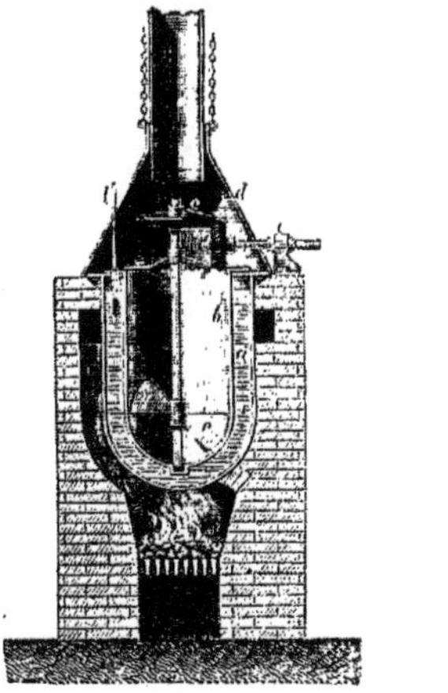

Fig. 6. — Transformation de l'anthraquinone en acides sulfonés.

a, bain d'huile en tôle; — *b*, chaudière en fonte émaillée; — *c*, agitateur mécanique; — *d*, hotte mobile et cheminée en tôle pour entraîner les vapeurs; *t*, thermomètre.

MM. Binschedler et Busch recommandent d'opérer de la façon suivante : Pour obtenir la plus grande quantité d'anthraquinone-monosulfite et par suite d'alizarine à nuance *bleue*, il faut mélanger 100 kilogr. d'anthraquinone avec 100 kilogr. d'acide sulfurique à 45 % d'anhydride dans des chaudières en fonte émaillées, munies d'agitateurs, et chauffées au bain d'huile (fig. 6). On élève graduellement la température et on la maintient pendant une heure à 160°. Le contenu de la chaudière étant versé dans de l'eau bouillante, on continue à faire bouillir pendant un certain temps. On fait ensuite passer le tout au filtre-presse, l'anthraquinone non attaquée est retenue à l'état de précipité insoluble ; on la lave et on la sèche. Les produits solubles sont de l'acide anthraquino-monosulfureux avec une quantité moindre d'acides disulfonés. La séparation de ces corps peut s'effectuer sans qu'on soit obligé de saturer par la chaux ; elle est fondée sur la différence de solubilité de leurs sels de sodium. La solution est saturée à chaud avec une lessive faible de soude caustique ; par le refroidissement, la presque totalité de l'anthraquino-monosulfite de sodium se dépose en paillettes blanches nacrées. Une nouvelle évaporation fournit la totalité de cette matière. Il ne reste plus qu'à ramener les eaux mères à 30° Baumé pour séparer le sulfate de sodium des anthraquino-disulfites.

100 kilogrammes d'anthraquinone laissent environ 25 kilogrammes d'anthraquinone non transformée ; 50 kilogrammes se trouvent à l'état d'acide anthraquino-monosulfureux, et 25 kilogrammes à l'état d'acide disulfureux.

Lorsqu'on veut obtenir l'*alizarine à nuance jaune*, on fond directement avec la soude l'anthraquino-disulfite de sodium qui se dépose après l'évaporation des eaux mères de l'acide monosulfureux. Pour obtenir ce sel directement, on chauffe 100 kilogrammes d'anthraquinone avec 200 kilogrammes d'acide sulfurique fumant, renfermant 45 % d'anhydride à 160-170°, en agitant continuellement. On maintient cette température jusqu'à ce qu'un essai prélevé sur la masse se dissolve complètement dans l'eau ; on continue à chauffer pendant une heure, puis on verse le contenu de la chaudière dans de l'eau. Lorsque tout s'est dissous, on neutralise avec de la soude caustique et l'on fond directement.

OBTENTION DE L'ALIZARINE.

Procédé industriel pour transformer les acides anthraquino-sulfureux en alizarine. — La fusion avec l'alcali se faisait au début dans de grands cylindres en fonte chauffés au bain d'huile et munis d'agitateurs à ailettes (fig. 7). Pour 3 p. d'anthraquino-disulfite de sodium sec, on employait 2 à 3 p. d'alcali caustique, soude ou potasse, ou un mélange des deux, avec addition d'une certaine quantité d'eau. On chauffait au-dessus de 200°, en maintenant la température entre 200-280°, jusqu'à ce que la masse eût pris une couleur violet-bleu foncé. L'emploi de vases ouverts offre de grands inconvénients. La masse devient très épaisse, difficile à remuer et, par suite, sa température est inégale ; aussi l'action de la soude est-elle loin d'être régulière dans ces conditions. L'alizarine obtenue était impure : elle contenait, avec l'anthraquinone non attaquée, de l'oxyanthraquinone, etc.

Des résultats bien meilleurs ont été obtenus dans des fours qui consistaient en deux cylindres en fonte, peu larges, mais assez longs, placés l'un dans l'autre ; le devant était fermé par une porte, et l'intervalle entre les deux cylindres rempli d'huile. On avait ainsi un bain d'huile qu'on chauffait de façon que la température du cylindre intérieur atteignît 190° ; ce dernier était muni d'un agitateur. L'opération de la fusion pouvait se faire tout entière dans cet appareil, ou bien elle était interrompue lorsque la masse devenait très épaisse. On retirait le produit et on l'étendait en couches d'environ 5 centimètres d'épaisseur sur des plaques de tôle. Celles-ci

Fig. 7. — Fusion des anthraquino-sulfites de sodium.

a, bain d'huile en tôle, monté sur voûte. — *b*, chaudière en fonte pour la décomposition des acides sulfonés par les alcalis. — *c*, agitateur mécanique. — *d*, couvercle mobile en tôle. — *e*, carneaux d'air chaud. — *t*, thermomètre.

étaient placées dans un four ou dans une étuve spéciale, espèce de four à moufle, chauffé à 170° et contenant des rayons sur lesquels on disposait les plaques ; on y laissait ces dernières jusqu'à ce qu'un essai démontrât la disparition de l'anthraquinone.

Au commencement de 1873, M. Koch essaya d'opérer la fusion de l'alizarine sous pression dans de petites chaudières fermées, semblables aux chaudières à vapeur ordinaires et munies d'agitateurs ; il obtint de très bons résultats. Ce procédé est appliqué aujourd'hui dans presque toutes les fabriques (voyez l'appareil fig. 8, que nous devons à l'obligeance de MM. Binschedler et Busch).

M. Ch. Girard (d'après un pli cacheté déposé à la Société industrielle de Mulhouse le 19 mars 1869 et ouvert le 31 janvier 1872) avait indiqué l'emploi des autoclaves pour la préparation des phénols et de l'alizarine au moyen des sels sulfonés. Il chauffe d'abord, à la pression ordinaire, le sel avec un excès d'alcali, jusqu'à ce que la masse se boursoufle (180-200°), ensuite l'autoclave dans laquelle on opère est fermée et l'opération continuée sous pression.

Pour prévenir la formation d'anthraquinone (par réduction de l'alizarine au moyen de l'hydrogène, provenant de l'action de la soude sur la monoxyanthraquinone déjà formée), on ajoutait dans la fusion en vases ouverts un corps oxydant, comme de l'azotate de potassium. Cette addition n'est plus possible lorsqu'on opère sous pression, à cause de la formation d'ammoniaque ; aussi a-t-on remplacé le nitre par du chlorate de potassium. La quantité ajoutée varie d'après la nuance plus ou moins violette que l'on veut obtenir. Pour 100 p. d'anthraquino-disulfite de sodium, on emploie 20 p. de chlorate de potassium et pour 100 p. de l'anthraquino-monosulfite on prend seulement 14 p. du même sel. On mélange dans la chaudière 1 p. d'un des sels et 3 p. de soude caustique, ainsi que la quantité calculée de chlorate de potassium; on ajoute assez d'eau pour obtenir une pâte liquide. La température intérieure de l'appareil est portée à 165-170°, et l'agitateur, en mélangeant la masse, maintient la température constante. Après 48 heures, on prend une *tâte* que l'on dissout dans un lait de chaux; on fait bouillir et l'on filtre : l'oxyanthraquinone se dissout et est précipitée par un acide, tandis que l'alizarine reste insoluble. Lorsqu'on s'est ainsi assuré qu'il n'existe plus de produit intermédiaire entre l'anthraquinone et l'alizarine, on vide le contenu de la chaudière, au moyen de la pression de la vapeur elle-même, dans des cuves où se trouve une quantité d'eau chaude suffisante pour qu'après la dissolution complète la liqueur marque 10° Baumé. On précipite l'alizarine à chaud, au moyen d'acide sulfurique ou chlorhydrique. Le précipité, ayant une belle couleur jaune, est exprimé dans des filtres-presses

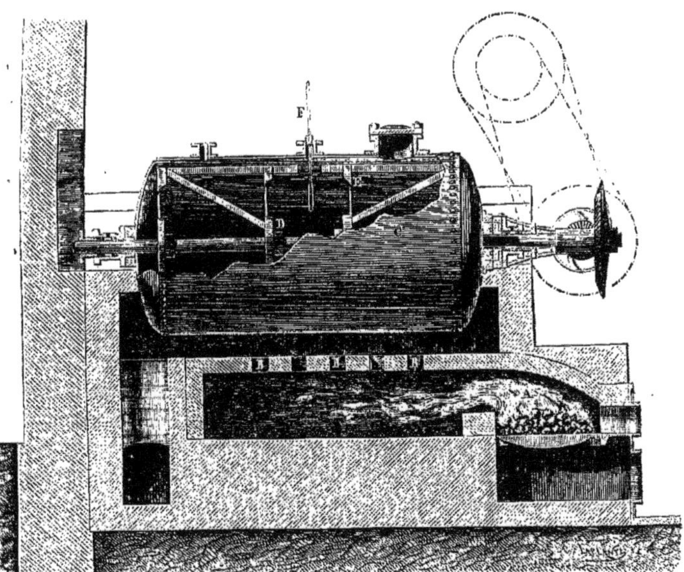

Fig. 8. — Chaudière fermée pour la fusion des anthraquino-sulfites de sodium.

A, foyer. — B, carneaux d'air chaud. — C, autoclave. — D, agitateur mécanique. — E, ailettes de l'agitateur. F, thermomètre.

et lavé jusqu'à ce que les eaux de lavage s'écoulent complètement neutres.

La masse pâteuse est introduite dans des tambours en cuivre, mobiles autour de leur axe et contenant un certain nombre de gobilles de cuivre ou de pierre. Par la rotation de l'appareil, l'alizarine est finement divisée dans l'eau, et l'on obtient des pâtes titrant de 10 à 20 %. Quelques fabricants, pour empêcher que la pâte d'alizarine ne se dépose trop facilement, y ajoutent de la glycérine.

On a tenté, afin de diminuer les frais de transport, de sécher la pâte; mais généralement les essais n'ont pas réussi jusqu'à présent. En effet, d'après certains praticiens, il paraîtrait qu'à l'état de pâte l'alizarine existe dans un état d'hydratation spécial; si on la dessèche dans une étuve, elle ne se dissout plus qu'imparfaitement. MM. Simpson, Brooke et Boyle [*Deutsch. chem. Gesellsch.*, 1877, p. 1907] ont pris un brevet d'après lequel on mélange l'alizarine en pâte avec de la chaux éteinte; pour teindre on ajoute de l'acide acétique. Dans le même ordre d'idées, MM. Girard et Pabst ont proposé l'emploi de l'acétate de sodium pour concentrer la pâte.

Régénération du chrome. — Les solutions acides provenant de l'oxydation de l'anthracène contiennent la totalité du chrome à l'état de sulfate de chrome. Pour faire rentrer ce dernier dans la fabrication, on enlève l'excès d'acide sulfurique au moyen de la chaux; le sulfate de calcium est séparé par filtration, puis la solution est précipitée par un excès de chaux; il se dépose de l'oxyde de chrome, mélangé avec du sulfate de calcium et de la chaux.

On recueille ce précipité, on le sèche et on le grille dans un four à réverbère; on dissout le chromate de calcium formé et on le décompose par du carbonate de potassium.

MM. Binschedler et Busch opèrent de la façon

suivante : Les solutions renfermant le sulfate de chrome sont évaporées à siccité, le résidu est pulvérisé finement, fondu avec la quantité voulue de chlorure de sodium. La masse traitée par l'eau bouillante laisse un résidu insoluble d'oxyde de chrome, lequel est alors fondu avec du salpêtre. Le produit résultant de la fusion est repris par de l'eau. On titre l'acide chromique dans la solution filtrée, qui doit être complètement exempte de produits nitrés; la solution peut être employée directement pour oxyder l'anthracène.

Historique des méthodes proposées pour la fabrication de l'alizarine. Brevets. — Le premier brevet pour la préparation de l'alizarine artificielle a été pris, le 18 novembre 1868, par MM. Graebe et Liebermann. Ainsi que nous l'avons vu, l'anthracène est oxydé à l'aide de dichromate de potassium et d'acide acétique, ou bien au moyen d'acide azotique dilué. L'anthraquinone ainsi obtenue est transformée en dibromo-anthraquinone ou dichloranthraquinone; ces corps, chauffés en vases clos à 180-260° avec une solution concentrée d'un alcali, donnent de l'alizarine.

Le 29 mai 1869, MM. Broenner et Gutzkow prirent un brevet pour la France, dont la description est très obscure. L'anthracène est traité par deux fois son poids d'acide azotique de 1,3 ou 1,5 à la température ordinaire; le produit obtenu, mélange d'anthracène et d'anthraquinone, est dissous dans de l'acide sulfurique et oxydé, soit par l'acide azotique, soit par le nitrate mercurique. Enfin les produits résultant de ces différents traitements sont fondus avec des alcalis; on obtient de l'alizarine comme produit de ces divers traitements.

Le 25 juin 1869, MM. Graebe, Liebermann et Caro prennent un second brevet pour la préparation de l'alizarine. Les dérivés bromés ou chlorés de l'anthracène ou de l'anthraquinone sont remplacés par de l'acide anthraquino-disulfureux, ou bien par l'acide anthracène-disulfureux, oxydé au moyen du bioxyde de manganèse.

Presque en même temps (26 juin 1869), M. Perkin obtint une patente anglaise pour un procédé tout à fait analogue. Il traite l'anthraquinone par l'acide sulfurique et fond le produit avec les alcalis.

Déjà à cette époque MM. Meister, Lucius et Brüning, à Höchst, préparaient également de l'alizarine artificielle, sous le nom d'*alizapurpurine* [*Moniteur scientifique*, 1869, p. 873 et 1141]. M. Bolley démontra que ce produit était formé principalement par un mélange d'alizarine et de purpurine.

M. Ch. Girard a fait ouvrir, le 31 janvier 1872, un pli cacheté déposé à la Société industrielle de Mulhouse le 5 octobre 1869. Il traite de l'anthracène, ayant distillé entre 300 et 335°, par un mélange d'acide chlorhydrique et de chlorate de potassium, et oxyde le produit par de l'acide azotique, ou bien par un oxyde métallique, comme le minium, l'oxyde puce de plomb, en présence des acides sulfurique ou acétique; enfin il achève la préparation en traitant par un alcali et un oxyde métallique quelconque.

Le procédé de MM. Dale et Schorlemmer, breveté le 24 janvier 1870, consiste à chauffer, pendant quelque temps, 1 p. d'anthracène avec 6 p. d'acide sulfurique concentré. On étend avec de l'eau, on neutralise la solution avec du carbonate de calcium, de baryum ou de potassium, et l'on sépare les sulfates par filtration ou cristallisation. La liqueur filtrée est évaporée et chauffée entre 180-260° avec des alcalis et avec une quantité de chlorate de potassium ou de nitre égale au poids de l'anthracène employé. L'alizarine formée est précipitée par un acide.

MM. Meister, Lucius et Brüning (brevet du 6 septembre 1872) oxydent 1 p. d'anthracène purifié, fusible entre 207 et 210°, dans des vases en grès ou en fonte émaillée, avec 0p,25 de dichromate de potassium et 12 p. d'acide azotique à 1,5. L'anthraquinone brute est dissoute dans 6 p. d'acide azotique à 1,5; la solution renferme du mononitro-anthraquinone qu'on précipite par l'eau. Après lavage et dessiccation, ce corps est chauffé à 170-220° avec 10 p. d'une solution de soude caustique de 1,3. La masse refroidie est dissoute dans de l'eau, filtrée, et la solution décomposée par un acide.

MM. G. Auerbach et Gessert ont pris, le 19 avril 1874, le brevet suivant pour obtenir de l'alizarine et de l'isopurpurine. Ils chauffent de l'anthracène pendant quelque temps avec de l'acide sulfurique à 250°. Le produit est dilué avec de l'eau, saturé par de la craie ou de la soude, et purifié par cristallisation; les sels sont fondus directement à une haute température avec de la potasse ou de la soude et la matière colorante est précipitée par un acide.

M. Gauhe, à Barmen, prépare l'alizarine d'une manière à peu près analogue [*Deutsche Industrie-Zeitung*, 1875, p. 386]. De l'anthracène aussi pur que possible est chauffé à 240-260° avec de l'acide sulfurique concentré ou fumant; le produit dissous dans l'eau est traité par du carbonate de calcium. Le liquide filtré est décomposé par du carbonate de sodium, et le sel de sodium est fondu avec un mélange de soude et d'anthracène à 180-260°. La proportion de ce dernier corps doit être telle qu'il n'existe que de l'anthracène-monosulfite de sodium dans la masse en fusion.

Pour préparer l'anthraquinone et l'alizarine, MM. Beyer, Weskott et Siller [*Bull. de la Soc. chim.*, 1876, t. XXV, p. 570] prirent en 1874, n° 2071, le brevet suivant : On distille l'anthracène pur avec le quart ou le cinquième de son poids de bioxyde de manganèse. L'anthraquinone ainsi formée est dissoute à chaud dans de l'acide sulfurique fumant; la solution est neutralisée par la craie; le sel de calcium est décomposé par le carbonate de sodium, et le sel de sodium ainsi produit est fondu selon la méthode ordinaire.

M. Grawitz a pris plus tard (1er septembre 1875) un brevet analogue [*Bull. de la Soc. chim.*, 1876, t. XXVI, p. 479]. Il propose de distiller l'anthracène avec du bioxyde de plomb.

NITROALIZARINE.

Parmi les dérivés de l'alizarine, la *nitroalizarine* a acquis depuis peu de temps une certaine importance dans la teinture et l'impression. L'alizarine traitée par de l'acide azotique ne donne pas de dérivé nitré; M. Strobel, chimiste dans la maison Haeffely à Mulhouse, a trouvé en 1872 qu'en soumettant les étoffes teintes en rouge avec de l'extrait de garance ou de l'alizarine artificielle à l'action des vapeurs nitreuses, on obtient un orangé très vif et très solide.

La préparation de la nitroalizarine pure présente quelques difficultés. M. Rosenstiehl [*Bull. de la Soc. chim.*, 1876, t. XXVI, p. 63], qui a étudié les propriétés de ce corps, le prépare en traitant l'alizarine sèche par les vapeurs nitreuses (voir p. 92). La fabrique de Ludwigshafen (*Badische Anilin und Sodafabrik*) fut la première qui parvint à produire industriellement cette matière colorante, en mars 1876. Aujourd'hui elle est vendue par différentes fabriques, à l'état de pâte contenant depuis 10 à 20 %; elle est connue sous le nom d'*orange d'alizarine*.

M. Caro a pris le brevet suivant pour la préparation de ce corps [*Deutsch. chem. Gesellsch.*, 1877, p. 1760]. L'alizarine est étendue en couches minces dans des chambres fermées, dans lesquelles on fait arriver des vapeurs nitreuses; d'ordinaire on opère à froid. On reconnaît la fin de l'opération lorsqu'un essai ne donne plus la coloration violette des sels d'alizarine avec une solution étendue d'un alcali. On bien on dissout l'alizarine dans de l'éther, dans de l'acide acétique glacial, dans le pétrole ou la nitrobenzine; ces solutions sont ensuite traitées par un courant d'acide hypoazotique. On peut opérer de la manière suivante : On dissout 2 p. d'alizarine dans 20 p. d'acide acétique cristallisable et l'on y ajoute peu à peu 1 p. 1/2 d'acide azotique d'une densité de 1,35; on laisse reposer le mélange pendant 24 heures. Pour séparer la matière colorante ainsi formée, on distille le dissolvant, ou l'on précipite par une lessive de potasse. Après avoir répété plusieurs fois ce traitement, en ayant soin d'éliminer l'excès d'alcali par des lavages à l'eau, on obtient la matière colorante presque pure. M. Crawitz a pris également un brevet (29 novembre 1875) pour préparer les trois nitroalizarines. Il ajoute de l'acide azotique, un, deux ou trois équivalents, selon qu'il veut obtenir une alizarine plus ou moins nitrée, à une solution refroidie d'alizarine dans l'acide sulfurique. M. Caro a trouvé que la nitroalizarine obtenue par l'action de l'acide azotique ou des vapeurs nitreuses sur une solution d'alizarine dans l'acide sulfurique diffère entièrement des corps obtenus par les procédés de MM. Rosenstiehl et Caro. D'après M. Binschedler, pour préparer la nitroalizarine, il faut employer de l'alizarine très pure qu'on a obtenue par fusion de l'anthraquino-monosulfite de sodium sans mélange d'acide anthraquino-disulfureux. L'alizarine est desséchée et pulvérisée finement, et ensuite délayée dans la ligroïne. On fait passer dans ce mélange un courant d'acide azoteux, jusqu'à ce qu'une petite portion, dissoute dans de l'eau bouillante, donne une coloration rouge-jaunâtre avec un alcali. On arrête le courant de vapeurs nitreuses, on filtre, et l'on presse le résidu. Pour purifier la nitroalizarine, on la dissout dans une solution étendue et bouillante de soude caustique pour séparer l'alizarine et les produits secondaires de la réaction; on maintient l'ébullition jusqu'à ce que les dernières traces de ligroïne soient entraînées; enfin on précipite la matière colorante par un acide. Le précipité jaune est filtré et lavé.

La nitroalizarine peut encore s'obtenir assez facilement, d'après MM. Girard et Pabst, en traitant l'alizarine par les cristaux de chambres de plomb (sulfate de nitrosyle).

La nitroalizarine donne avec les mordants de fer un violet rouge, et avec les mordants d'alumine un orange très vif et très solide.

ALIZARINE BLEUE ET BRUNE.

Les dérivés de la nitroalizarine ont acquis dans ces derniers temps une certaine importance; bien que ces produits ne soient pas encore entrés d'une manière courante dans la consommation et que les détails sur les procédés de leur fabrication ne soient connus que très imparfaitement, cependant le rôle probable qui leur est réservé dans l'avenir nous oblige à décrire ce que nous en savons. La principale matière colorante dérivant de la nitroalizarine est le *bleu d'anthracène*. M. Prud'homme [*Bulletin de la Société industrielle de Mulhouse*, 1877, p. 610], en traitant la nitroalizarine par un mélange de glycérine et d'acide sulfurique, a obtenu une matière colorante qui se comporte avec les mordants d'une façon différente de l'alizarine. M. Brunck, chimiste, dans la *Badische Anilin und Sodafabrik* de Ludwigshafen, a réussi à la préparer industriellement. Cette matière bleue est vendue sous forme de pâte liquide. En faisant sécher, puis cristalliser dans de la benzine cette nouvelle matière colorante, on obtient des aiguilles violettes, d'un éclat métallique, fusibles à 270°, insolubles dans l'eau, mais solubles dans l'alcool et la benzine. Ce corps présente, comme l'indigo, la propriété d'être réduit en solution alcaline en présence du zinc : aussi est-il facile de préparer une cuve analogue à celle de l'indigo; elle est colorée en rose et se recouvre d'une fleurée bleu-verdâtre.

Pour préparer le bleu d'anthracène, on mélange parties égales d'acide sulfurique à 67° et de glycérine anhydre; 5 p. de ce mélange et 1 p. de nitroalizarine desséchées sont chauffées à 185°. La réaction achevée, on verse le tout dans une solution de potasse, on ajoute de la poudre de zinc, et l'on chauffe. La solution se réduit, on filtre et l'on précipite le bleu d'alizarine par un courant d'air qu'on fait passer à travers la liqueur. La matière colorante peut être purifiée par des réductions et oxydations successives.

Outre l'alizarine bleue, on trouve aussi dans le commerce une autre matière colorante, vendue sous le nom d'*alizarine brune*. Fixée au ferricyanure de potassium ou à l'acétate de chrome, elle donne des nuances claires : modes gris ou olives solides. Pour préparer cette matière, on chauffe la nitroalizarine avec de la soude en présence d'un sel d'étain, ou mieux d'hydrosulfite de sodium. La solution laisse déposer un corps brun, qui doit être purifié.

Le bleu d'alizarine a vivement attiré l'attention des teinturiers; en effet, on cherche depuis longtemps une substance qui puisse se substituer à l'indigo. Les essais n'ont pourtant pas donné de résultats satisfaisants; il paraît que cette nouvelle matière colorante n'est pas assez solide pour pouvoir remplacer l'indigo. D'ailleurs, le temps d'épreuve est encore trop court pour pouvoir émettre un jugement définitif, les fabricants n'étant pas encore arrivés à fournir un produit toujours identique. Le bleu de méthylène est un concurrent très sérieux du bleu d'alizarine. Ad. Kopp et Ch. Girard.

ALLANIQUE (ACIDE), $C^4H^5Az^5O^5$. — [E. Mulder, *Ann. der Chem. u. Pharm.*, t. CLIX, p. 349, *Bull. de la Soc. chim.*, 1871, t. XVI, p. 268]. L'acide allanique se produit par l'action de l'acide azotique d'une densité de 1,35 sur l'allantoïne à 100°; après l'évaporation, si l'on fait cristalliser le résidu dans l'eau, il se sépare au bout de quelque temps des cristaux d'acide allanique. On l'obtient en plus grande quantité en traitant l'allantoïne à froid par de l'acide azotique renfermant beaucoup de vapeurs nitreuses.

L'acide allanique renferme

$$C^4H^5Az^5O^5 + H^2O;$$

il perd son eau de cristallisation à froid, facilement à 110° : il se décompose à 210° sans fondre et sans dégager de vapeurs nitreuses; l'acide sulfhydrique ne le réduit pas.

Le *sel d'ammonium*, $C^4H^4Az^5O^5, AzH^4$, cristallise en prismes.

Le *sel d'argent*,

$$C^4H^4Az^5O^5Ag + H^2O,$$

cristallise pareillement. Le *sel de baryum* cristallise difficilement. Le *sel de plomb neutre*,

$$(C^4H^4Az^5O^5)^2Pb + H^2O \text{ (à 130°)},$$

forme des masses mamelonnées. En précipitant

l'acide allanique par le sous-acétate de plomb, on obtient le *sel basique*

$$(C^4H^4Az^5O^5)^2Pb, Pb(OH)^2.$$

Le *sel de potassium* est en prismes.

L'acide allanique pourrait être de l'allantoïne nitrée; mais, comme il n'est pas réduit par l'hydrogène sulfuré, et que ses sels ne détonent pas par la chaleur, M. Mulder n'admet pas cette constitution. Néanmoins il est difficile de représenter l'acide allanique autrement que par la formule

$$\begin{array}{l} C(AzO^2) < \begin{array}{l} AzH-CO-AzH^2 \\ AzH \end{array} \\ | \qquad\qquad\qquad\qquad > CO \\ CO - AzH \end{array}$$

qui en fait un dérivé nitré de l'allantoïne.

E. Grimaux.

ALLANTOÏNE, $C^4H^6Az^4O^3$. — Dans l'oxydation de l'acide urique par le peroxyde de plomb suivant la méthode de Liebig et Wöhler, M. E. Mulder a eu de meilleurs rendements en augmentant la quantité d'eau et opérant à froid. Avec 100 grammes d'acide urique délayés dans 2 litres d'eau, un peu d'acide acétique et la quantité de peroxyde de plomb provenant de 1500 grammes de minium, si l'on expose le tout à la lumière, on obtient 32 grammes d'allantoïne pure [*Ann. der Chem. u. Pharm.*, t. CLIX, p. 349; *Bull. de la Soc. chim.*, 1871, t. XVI, p. 267].

MM. Claus et Emde, en employant le permanganate de potassium comme oxydant ($2MnO^4K$ pour $3C^5H^4Az^4O^3$), ont obtenu presque la quantité théorique d'allantoïne, selon l'équation

$$\underset{\text{Acide urique.}}{C^5H^4Az^4O^3} + H^2O + O = CO^2 + \underset{\text{Allantoïne.}}{C^4H^6Az^4O^3}.$$

Ainsi 8 grammes d'acide urique ont donné 7gr,01 d'allantoïne (au lieu de 7gr,5). On opère à froid, en évitant toute élévation de température; on filtre, on neutralise immédiatement la liqueur par l'acide acétique et on l'abandonne au repos pendant vingt-quatre heures [*Deutsch. chem. Gesellsch.*, t. VII, p. 226; *Bull. de la Soc. chim.*, 1864, t. XXVII, p. 160].

La synthèse de l'allantoïne a été réalisée par M. E. Grimaux. On chauffe de l'acide glyoxylique et de l'urée au bain-marie pendant quelques heures, on lave avec de l'alcool le produit de la réaction, et l'on fait cristalliser le résidu dans dix fois son poids d'eau bouillante [*Ann. de Chim. et de Phys.*, 5e série, 1877, t. XI].

L'allantoïne se dissout dans dix à douze fois son poids d'eau bouillante, et dans 131 à 132 p. d'eau à 21°,8.

Liebig et Wöhler ont admis que, par l'ébullition avec les alcalis, l'allantoïne se décompose entièrement en acide oxalique et ammoniaque; une telle réaction ferait de l'allantoïne une amide oxalique, ce qui n'est pas d'accord avec son origine et ses propriétés. Claus et Emde ont montré qu'outre l'acide oxalique, l'allantoïne fournit de l'acide carbonique et de l'acide acétique.

L'allantoïne étant une uréide glyoxylique devrait donner de l'acide carbonique et de l'acide glyoxylique; mais ce dernier ne résiste pas à l'action des alcalis, et fournit de l'acide acétique et de l'acide oxalique; de telle sorte que la décomposition de l'allantoïne par les alcalis est représentée par l'équation

$$\begin{array}{c} 3C^4H^6Az^4O^3 + 13H^2O \\ = 6CO^2 + 12AzH^3 + 2C^2H^2O^4 + C^2H^4O^2. \end{array}$$

Par l'action à froid de la potasse, on obtient l'acide allantoïque $C^4H^8Az^4O^4$ (ancien acide hydantoïque de Schlieper).

Si, après avoir dissous l'allantoïne à froid dans la potasse, on ajoute de l'alcool et qu'on abandonne la solution dans le vide, on obtient des cristaux d'un dérivé potassique de l'allantoïne, $C^4H^5Az^4O^3K$ (E. Mulder).

L'acide azotique ordinaire se combine à froid avec l'allantoïne pour donner une masse amorphe, l'*azotate d'allantoïne*, $C^4H^6Az^4O^3, AzO^3H$, que l'eau et l'alcool décomposent. L'acide azotique, d'une densité de 1,35, convertit l'allantoïne à 100° en acide allanique, $C^4H^5Az^5O^5$ et en acide allanturique, $C^7H^{10}Az^6O^6$ (E. Mulder) (voy. ces deux mots).

Oxydée par le ferricyanure de potassium, l'allantoïne donne de l'allantoxanate de potassium, $C^4H^2Az^3O^4K$ (voyez ACIDE ALLANTOXANIQUE).

Constitution de l'allantoïne. — La synthèse de l'allantoïne par l'acide glyoxylique et l'urée montre que ce corps est bien une diuréide glyoxylique :

$$\begin{array}{l} CH < \begin{array}{l} AzH-CO-AzH^2 \\ AzH \end{array} \\ | \qquad\qquad\qquad > CO \\ CO - AzH \end{array}$$

MÉTHYLALLANTOÏNE, $C^4H^5(CH^3)Az^4O^3$ [Hill, *Deutsch. chem. Gesellsch.*, t. IX, p. 1090; *Bull. de la Soc. chim.*, 1877, t. XXVII, p. 215]. Elle se forme par oxydation de l'acide méthylurique au moyen du permanganate de potassium. Elle cristallise en prismes clinorhombiques, solubles dans l'eau bouillante, peu solubles dans l'alcool, fusibles à 225°. La *combinaison argentique*, $C^4H^4(CH^3)Az^4O^3Ag$, cristallise en petits prismes.

E. Grimaux.

ALLANTOÏQUE (ACIDE),

$$C^4H^8Az^4O^4 = \begin{array}{l} CH(AzH-CO-AzH^2)^2 \\ | \\ CO.OH \end{array}$$

— Schlieper a obtenu à l'état impur le sel de potassium de cet acide, qu'il avait appelé *acide hydantoïque* (ce dernier nom est aujourd'hui donné à l'acide $C^3H^6Az^2O^3$). Mulder dissout l'allantoïne dans un excès de potasse, abandonne la liqueur à elle-même pendant quelques jours, puis l'acidule d'acide acétique, l'additionne d'alcool et la laisse évaporer dans l'air sec. Il obtient ainsi l'allantoate de potassium cristallisé $C^4H^7Az^4O^4K$. Le *sel de calcium* est très soluble; le *sel d'argent* et le *sel de plomb* sont cristallins [Schlieper, *Annuaire de Chimie* de Millon, 1840, p. 309; — E. Mulder, *Ann. der Chem. u. Pharm.*, t. CLIX, p. 349; *Bull. de la Soc. chim.*, 1871, t. XVI, p. 269].

Le ferricyanure de potassium transforme l'acide allantoïque en acide allantoxanique (van Embden). L'eau bouillante le dédouble en acide allanturique et urée [Ponomareff, *Bull. de la Soc. chim.*, 1879, t. XXXI, p. 70].

E. Grimaux.

ALLANTOXANIQUE (ACIDE) [van Embden, *Ann. der Chem. u. Pharm.*, t. CLXVII, p. 39; *Bull. de la Soc. chim.*, 1873, t. XX, p. 352]. — Le sel de potassium de cet acide s'obtient par l'oxydation de l'allantoïne au moyen du ferricyanure de potassium. On l'obtient aussi en oxydant l'allantoïne par le permanganate de potassium [E. Mulder, *Deutsch. chem. Gesellsch.*, t. VIII, p. 1291]. Il cristallise et renferme

$$C^4H^2Az^3O^4K;$$

sa réaction est acide; il est soluble dans 116 p. d'eau. — Le *sel d'argent* $C^4H^2Az^3O^4.Ag$ est un précipité blanc; le *sel de plomb* $C^4HAz^3O^4.Pb$ est gélatineux et devient peu à peu cristallin. L'acide alloxanique se décompose quand on veut le retirer de ses sels.

M. Ponomareff, en décomposant l'acide allantoxanique par l'eau bouillante, a obtenu de l'acide carbonique et de l'allantoxoïdine $C^3H^3Az^3O^2$ (voyez ce mot).

Par l'hydrogénation au moyen de l'amalgame de sodium, l'acide allantoxanique donne l'*acide hydroxanique* $C^8H^{10}Az^6O^7$. E. Grimaux.

ALLANTOXOÏDINE, $C^3H^3Az^3O^2 + H^2O$ [Ponomareff, *Bull. de la Soc. chim.*, 1877, t. XXXI, p. 70]. Ce corps se forme dans la décomposition de l'acide allantoxanique, $C^4H^3Az^3O^4$, par l'eau bouillante; il se forme en même temps de l'acide carbonique.

L'allantoxoïdine cristallise bien en prismes renfermant une molécule d'eau. Elle se dissout facilement dans l'eau bouillante, difficilement dans l'eau froide et dans l'alcool. Chauffée, elle se décompose sans fondre. L'action prolongée de l'eau bouillante la dédouble en biuret, $C^2H^5Az^3O^2$, et en acide formique.

ALLANTURIQUE (ACIDE). — L'acide allanturique se produit par l'action de l'acide chlorhydrique sur l'allantoïne et, en même temps que l'acide allanique, par l'action de l'acide azotique (voyez ACIDE ALLANIQUE), ou en traitant l'acide allantoïque par l'eau bouillante.

M. Mulder, d'après l'analyse du sel de plomb, lui attribue la formule $C^7H^{10}Az^6O^6$. Gerhardt avait proposé la formule $C^3H^4Az^2O^3$, d'après les résultats analytiques de Pelouze.

M. E. Grimaux a fait remarquer que deux dérivés de la formule $C^3H^4Az^2O^3$ et de la formule $C^7H^{10}Az^6O^6$ peuvent être obtenus au moyen de l'allantoïne et des acides, par analogie avec les dérivés de la diuréide pyruvique $C^5H^8Az^4O^3$, homologue de l'allantoïne, qui fournit la monouréide pyruvique $C^4H^4Az^2O^2$ par l'acide chlorhydrique concentré, et la triuréide dipyruvique $C^9H^{12}Az^6O^5$ par l'acide chlorhydrique étendu.

La formule $C^3H^4Az^2O^3 = C^3H^2Az^2O^2.H^2O$ serait celle de la glyoxylurée (mono-uréide glyoxylique), et la formule

$$C^7H^{10}Az^6O^6 = C^7H^8Az^6O^5, H^2O$$

serait celle de la triuréide diglyoxylique (acide allanturique de Mulder) :

$$C^4H^6Az^4O^3.$$

Diuréide glyoxylique (allantoïne)

$$C^3H^2Az^2O^2.H^2O.$$

Mono-uréide glyoxylique.

$$C^7H^8Az^6O^5.H^2O.$$

Triuréide diglyoxylique.

(Voyez pour les sources ALLANTOÏNE.)

La *mono-uréide glyoxylique* ou *glyoxylurée* (acide allanturique de Pelouze) a été obtenue par M. Medicus dans la décomposition de l'acide uroxanique, au moyen de l'eau bouillante :

$$C^5H^8Az^4O^6$$

Acide uroxanique.

$$= C^3H^4Az^2O^3 + COAz^2H^4 + CO^2.$$

Glyoxylurée. Urée.

On peut la représenter par la formule

$$\begin{matrix} CH(OH)\text{-}AzH \\ | \\ CO \quad - \quad AzH \end{matrix} > CO$$

[Medicus, *Deutsch. chem. Gesellsch.*, t. IX, p. 1162; *Bull. de la Soc. chim.*, 1877, t. XXVII, p. 377]. E. Grimaux.

ALLOPHANIQUES (ÉTHERS).

ALLOPHANATE D'ÉTHYLE,

$$C^4H^8Az^2O^3 = CO < \begin{matrix} AzH\text{-}CO\text{-}AzH^2 \\ OC^2H^5 \end{matrix}$$

— Ce corps se produit par l'action à chaud de l'éther chloroxycarbonique

$$CO < \begin{matrix} Cl \\ OC^2H^5 \end{matrix}$$

sur l'urée $COAz^2H^4$ [Th. Wilm et Wischin, *Zeitsch. für Chem.*, 1868, p. 5; *Bull. de la Soc. chim.*, 1868, t. X, p. 33].

On le prépare facilement en faisant réagir le cyanate de potassium sur l'alcool en présence d'un acide fort : on dissout 50 grammes de cyanate dans 300 centimètres cubes d'alcool à 65 centièmes, et l'on y ajoute de l'acide chlorhydrique étendu jusqu'à réaction acide, puis l'on fait bouillir le tout pendant deux jours au réfrigérant ascendant. On distille ensuite l'alcool et l'on traite le résidu par l'éther pour dissoudre l'allophanate d'éthyle qu'on fait recristalliser dans l'eau [Amato, *Gazetta chim. ital.*, 1873, p. 469; *Bull. de la Soc. chim.*, 1874, t. XXII, p. 73].

Il se forme aussi de l'allophanate d'éthyle, mélangé d'uréthane quand on chauffe de l'urée avec de l'alcool [A. W. Hofmann, *Deutsch. chem. Gesellsch.*, t. IV, p. 262; *Bull. de la Soc. chim.*, 1871, t. XV, p. 109].

L'allophanate d'éthyle est volatil et sublimable, il fond à 190-191° (Amato). Chauffé à 200° avec de l'ammoniaque, il donne du biuret (amide allophanique) $C^2H^5Az^3O^2$; avec l'aniline il donne le β-diphénylbiuret (voyez t. III, p. 879).

ALLOPHANATE D'AMYLE,

$$C^7H^{14}Az^2O^3 = CO < \begin{matrix} AzH\text{-}CO\text{-}AzH^2 \\ OC^5H^{11} \end{matrix}$$

— Il se produit, quand on chauffe au réfrigérant ascendant 2 p. d'alcool amylique avec 1 p. d'urée, en même temps que de l'ammoniaque se dégage. On le purifie par cristallisation dans l'eau bouillante : les eaux mères renferment de l'amyluréthane (carbamate d'amyle) $C^6H^{13}AzO^2$ (Hofmann).

Il fond à 162°; chauffé plus fort, il se dédouble en acide cyanique et alcool amylique; chauffé avec de l'alcool amylique, il donne de l'amyluréthane (Hofmann).

Les alcalis le convertissent, comme tous les éthers allophaniques, en alcool, carbonate et ammoniaque; c'est par erreur qu'on a indiqué plus haut (t. Ier, p. 147) un dédoublement de l'allophanate d'amyle avec formation d'amylamine; cette réaction est celle du cyanate d'amyle.

ALLOPHANATE DE PROPYLE, $C^5H^{10}Az^2O^3$ [A. Cahours, *Bull. de la Soc. chim.*, 1873, t. XX, p. 361]. — Obtenu par l'action de l'alcool propylique sur l'urée en excès, il est en lames nacrées, peu solubles dans l'eau froide, fusibles à 150-160°.

ALLOPHANATE DE PHÉNYLE (voyez t. II, p. 887).

ALLOPHANATE D'OXYÉTHYLGLYCOLYLE,

$$C^6H^{10}Az^2O^5 = CO < \begin{matrix} AzH\text{-}CO\text{-}AzH^2 \\ OCH^2\text{-}CO^2.C^2H^5 \end{matrix}$$

— Ce composé, appelé aussi acide *oxéthylglycolyl-allophanique*, a été découvert par M. A. Saytzeff, qui l'obtint en traitant l'éther monochloracétique en solution alcoolique par le cyanate de potassium; le groupe $CH^2\text{-}CO^2.C^2H^5$ est dérivé du glycolate d'éthyle

$$\begin{matrix} CH^2.OH \\ | \\ CO^2.C^2H^5 \end{matrix}$$

comme le groupe C^5H^{11} de l'allophanate d'amyle dérive de l'alcool amylique par perte de OH.

L'allophanate d'oxéthylglycolyle est en petites tables rhomboïdales obliques, très peu solubles à froid dans l'eau, l'alcool et l'éther; traité à l'ébullition par la potasse, il donne de l'acide glycolique, de l'acide carbonique et de l'ammoniaque.

Sa solution est très acide, il décompose les carbonates et fournit des dérivés métalliques.

Le *sel de baryum*, peu soluble dans l'eau froide, est en petites tables rhomboïdales dont les angles aigus sont tronqués. Le *sel d'ammonium* et le *sel de potassium* sont très solubles et cristallisent bien; le *sel de plomb* est cristallisable [A. Saytzeff, *Bull. de la Soc. chim.*, 1865, t. III, p. 350].

Constitution des allophanates. — Gerhardt a considéré les allophanates métalliques ou alcooliques comme des produits de substitution d'un acide carburéique instable, dérivant du bicarbonate d'urée par perte d'eau, comme l'acide carbamique également inconnu à l'état de liberté, dérive du bicarbonate d'ammonium :

$$CO < \begin{matrix} AzH\text{-}CO\text{-}AzH^2 \\ OH \end{matrix}$$
Acide carburéique.

$$CO < \begin{matrix} AzH^2 \\ OH \end{matrix}$$
Acide carbamique.

$$CO < \begin{matrix} AzH\text{-}CO\text{-}AzH^2 \\ OC^2H^5 \end{matrix}$$
Carburéate ou allophanate d'éthyle.

$$CO < \begin{matrix} AzH^2 \\ OC^2H^5 \end{matrix}$$
Carbamate d'éthyle (uréthane).

Cette constitution a été confirmée par les recherches d'Hofmann ; la transformation des éthers allophaniques en biuret par l'action de l'ammoniaque ne laisse aucun doute sur la nature de l'acide allophanique, dont le biuret est l'amide :

$$CO < \begin{matrix} AzH\text{-}CO\text{-}AzH^2 \\ OC^2H^5 \end{matrix}$$
Allophanate d'éthyle.

$$CO < \begin{matrix} AzH\text{-}CO\text{-}AzH^2 \\ AzH^2 \end{matrix}$$
Biuret (allophanamide).

E. Grimaux.

ALLOPHITE (Min.). — Silicate hydraté d'alumine et de magnésie dans lequel, en comptant l'eau comme basique, le rapport de l'oxygène des bases et de la silice est 3 : 2.

Masses denses à structure micro-cristalline, à cassure terne, prenant le poli sous la main, d'une couleur vert-grisâtre pâle, d'une apparence semblable à celle de la pseudophite et se distinguant de la serpentine par une densité moindre. Trouvé à Langenbielau et Reichenstein (Silésie), dans une carrière de calcaire dans le gneiss.

Dureté : Moindre que celle de la calcite.

Densité : 2,64.

ALLOXANE. L'alloxane a été rencontrée par Liebig dans une matière gélatineuse, transparente, qui se produit dans le catarrhe intestinal [*Ann. der Chem. u. Pharm.*, t. CXXI, p. 80; *Rép. de Chimie pure*, 1862, p. 288].

Préparation. — Liebig a donné le procédé suivant pour obtenir l'alloxantine et l'alloxane. On ajoute peu à peu de l'acide urique brut, humide ou desséché, dans de l'acide azotique ordinaire d'une densité de 1,42, mélangé de 8 à 10 p. d'eau et chauffé vers 60-70°; il se produit quelques vapeurs nitreuses; lorsque l'acide azotique ne dissout plus d'acide urique, il se colore en rouge pelure d'oignon; on porte à l'ébullition et l'on filtre. On ajoute une solution chlorhydrique concentrée d'étain, mélangée de son volume d'acide chlorhydrique; il se forme un précipité pulvérulent d'alloxantine; on décante et l'on ajoute de nouveau du chlorure stanneux aux eaux mères, aussi longtemps qu'il se dépose de l'alloxantine. Après l'avoir lavée et séchée, on la transforme en alloxane en l'arrosant avec un mélange de 2 p. d'acide azotique d'une densité de 1,52 et de 1 p. d'acide d'une densité de 1,42. Après quelques jours de contact, la réaction est terminée; on place la masse sur une brique poreuse, puis on la dessèche au bain-marie jusqu'à ce que tout l'acide azotique soit chassé, et l'on fait cristalliser l'alloxane dans l'eau. Ce procédé fournit presque la quantité théorique d'alloxane [Liebig, *Ann. der Chem. u. Pharm.*, t. CXLVII, p. 366; *Bull. de la Soc. chim.*, 1869, t. XI, p. 152].

L'alloxane se forme aussi par l'action du brome sur l'acide urique mis en suspension dans l'eau [Hardy, *Bull. de la Soc. chim.*, 1864, t. Ier, p. 445].

La dibromomalonylurée, $C^4H^2Br^2Az^2O^3$, fournit de l'alloxane par l'action de l'eau (voyez Acide Barbiturique, t. Ier, p. 500).

Propriétés et réactions. — Chauffée à 215°, l'alloxane se transforme en une modification qui fournit par l'action de l'ammoniaque un isomère de l'alloxanate d'ammonium (voyez Isoalloxanates, t. II, p. 131).

Chauffée à 170°, en tubes scellés, l'alloxane cristallisée donne de l'acide hydurylique $C^8H^6Az^4O^6$, de l'ammoniaque, de l'acide carbonique et de l'oxyde de carbone [Murdoch et Dœbner, *Deutsch. chem. Gesellsch.*, t. IX, p. 1102; *Bull. de la Soc. chim.*, 1877, t. XXVII, p. 217].

Elle se combine aux bisulfites alcalins en formant des combinaisons analogues à celles que donnent les aldéhydes. En ajoutant de l'alloxane en poudre à une solution concentrée et tiède de bisulfite de potassium, on obtient de beaux cristaux peu solubles à froid, renfermant

$$C^4H^3Az^2SO^7K + H^2O$$

et perdant leur eau de cristallisation à 100°; avec le bisulfite de sodium, on a la combinaison

$$2(C^4H^3Az^2SO^7Na) + 3H^2O,$$

et avec le bisulfite d'ammonium le dérivé correspondant, $C^4H^3Az^2SO^7, AzH^4 + H^2O$ [Wuth, *Ann. der Chem. und Pharm.*, t. CVIII, p. 41; *Rép. de Chimie pure*, 1859, p. 141].

L'alloxane conservée en vases clos se décompose complètement avec le temps; quand sa décomposition n'est que partielle, on trouve de l'alloxantine, de l'acide parabanique, de l'acide oxalique et de l'urée; dans une alloxane préparée depuis quinze ou vingt ans, on ne trouve plus, outre ces deux derniers corps, que de l'acide oxalurique et de l'urée [Heintz, *Annal. de Poggendorff*, t. CXI, p. 436; t. CXII, p. 79; *Rép. de Chimie pure*, 1861, p. 285].

Lorsqu'on ajoute à une solution étendue d'alloxane de l'acide cyanhydrique, puis de l'ammoniaque, il se forme un précipité d'oxaluramide; cette réaction très sensible est recommandée par Liebig pour découvrir l'alloxane dans les liquides de l'économie animale (pour les sources voyez Oxaluramide, t. II, p. 693).

En même temps que l'oxaluramide, il se forme du dialurate d'ammonium. L'acide cyanhydrique dont le mode d'action n'est pas expliqué, se retrouve tout entier dans la liqueur. Strecker admet que l'alloxane se dédouble suivant l'équation

$$\underset{\text{Alloxane.}}{2C^4H^2Az^2O^4} + H^2O = \underset{\text{Acide parabanique (oxalylurée).}}{C^3H^2Az^2O^3}$$

$$+ \underset{\text{Acide dialurique.}}{C^4H^4Az^2O^4} + CO^2$$

Comme la réaction a lieu en solution ammoniacale, l'oxalylurée se convertit en oxaluramide. D'après l'équation précédente, on voit qu'une molécule d'alloxane se réduit en acide dialurique, tandis que l'autre s'oxyde pour donner de l'oxalylurée et de l'acide carbonique [A. Strecker, *Ann. der Chem. u. Pharm.*, t. CXXIII, p. 363; *Bull. de la Soc. chim.*, 1863, p. 155].

Lorsqu'on mélange des solutions d'alloxane et d'alanine, il se produit une coloration rouge, et si l'on chauffe légèrement, il se dégage de l'acide carbonique, de l'aldéhyde et il se forme de la murexide.

La leucine se comporte d'une manière semblable et fournit de l'aldéhyde valérique et de la murexide; avec le glycocolle, il se forme également de la murexide, mais on n'a pu constater la formation d'un corps aldéhydique volatil (Strecker).

Par une ébullition prolongée de l'alloxane avec de l'acide sulfurique très dilué, il se forme des quantités notables d'hydurylate acide d'ammonium [Finckh, *Ann. der Chem. u. Pharm.*, t. CXXXII, p. 298; *Bull. de la Soc. chim.*, 1865, t. IV, p. 225].

Chauffée à 100° avec de la sulfo-urée, l'alloxane donne l'acide sulfo-pseudo-urique (t. III, p. 610),

$$C^5H^6Az^4SO^3$$

[Nencki, *Deutsch. chem. Gesellsch.*, t. IV, p. 722; *Bull. de la Soc. chim.*, 1871, t. XVI, p. 206].

Lorsqu'on ajoute 2p,5 d'azotate d'argent à une solution de 1 p. d'alloxane, puis de l'ammoniaque, on obtient un précipité qui paraît être l'alloxane diargentique; on n'a pas réussi à obtenir un dérivé méthylique par l'action de l'iodure de méthyle sur ce corps [Mulder, *Bull. de la Soc. chim.*, t. XX, p. 538]. L'acide iodhydrique réduit à froid l'alloxane en alloxantine, et à 100° en acide dialurique (Mulder). E. Grimaux.

ALLOXANTINE. — On obtient de l'alloxantine en réduisant par l'hydrogène sulfuré une solution tiède de malonylurée dibromée; comme la malonylurée a été préparée par synthèse, cette transformation permet de réaliser la reproduction des dérivés uriques de la série de l'alloxane (Grimaux) (voyez au supplément ACIDE BARBITURIQUE). La préparation facile de l'alloxantine et la transformation en alloxane sont indiquées p. 105.

Par l'addition de chlorure ferrique et d'ammoniaque, l'alloxantine donne une belle couleur bleue (Mulder, mémoire cité à ALLOXANE).

Lorsqu'on chauffe à 160° dans des tubes scellés l'alloxantine séchée à l'air (renfermant son eau de cristallisation), elle se transforme en un mélange d'hydurylate et d'oxalate d'ammonium, en même temps qu'il se produit de l'acide carbonique et de l'oxyde de carbone :

$$\underset{\text{Alloxantine.}}{2C^8H^4Az^4O^7} + 6H^2O = \underset{\text{Acide hydurylique.}}{C^8H^6Az^4O^6}$$

$$+ 4AzH^3 + C^2H^2O^4 + 2CO + 4CO^2$$

En chauffant de l'alloxantine à l'air libre à 170°, on a de l'acide hydurylique libre comme seul produit solide de la décomposition; c'est le meilleur mode d'obtention de ce corps [Murdoch et Dœbner, *Deutsch. chem. Gesellsch.*, t. IX, p. 1102; *Bull. de la Soc. chim.*, 1877, t. XXVII, p. 217].

L'alloxantine chauffée au bain-marie avec de l'acide sulfurique concentré donne de la malonylurée, $C^4H^4Az^2O^3$ et de l'oxalylurée, $C^3H^2Az^2O^3$; si la réaction est incomplète et qu'on l'interrompe avant que le dégagement de l'acide sulfureux ait cessé, il se forme de l'acide hydurylique [Finckh, *Ann. der Chem. u. Pharm.*, t. CXXVII, p. 208; *Bull. de la Soc. chim.*, 1865, t. IV, p. 225].

Chauffée avec de l'acide acétique et un azotite alcalin, l'alloxantine donne de l'alloxane qui, par une action plus profonde, fournit de l'acide oxalurique [Gibbs, *Silliman's American Journal*, t. XLVIII, p. 215; *Bull. de la Soc. chim.*, 1870, t. XIII, p. 183]. E. Grimaux.

ALLUAUDITE (Damour). — Nodules ou masses compactes, clivables en trois directions rectangulaires, d'un brun noirâtre, translucides sur les bords, fondant facilement en un globule magnétique; provient de Chanteloube, près de Limoges. Phosphate de manganèse et de fer dont la composition se rapproche de celle de la triphyline. Densité = 3,468.

ALLURANIQUE (ACIDE),

$$C^5H^6Az^4O^5 + 1/2H^2O$$

[Mulder, *Deutsch. chem. Gesellsch.*, t. IV, p. 1016; *Bull. de la Soc. chim.*, 1873, t. XX, p. 537]. — Ce corps se produit quand on abandonne à l'évaporation spontanée des solutions de parties égales d'alloxane et d'urée; après quelques jours, il se sépare en belles étoiles incolores solubles dans l'eau.

L'acide alluranique ne perd pas de son poids à 118°; à 150°, il rougit sans fondre; assez soluble dans l'eau chaude, il n'est pas altéré par l'ébullition de sa solution. Il donne avec l'azotate d'argent ammoniacal un précipité renfermant

$$C^5H^5Az^4O^5Ag + H^2O \text{ ou } 1/2H^2O.$$

Le sous-acétate de plomb le précipite, mais en le décomposant et en donnant de l'alloxanate de plomb :

$$\underset{\text{Acide alluranique.}}{C^5H^6Az^4O^5} + H^2O$$

$$= \underset{\text{Acide alloxanique.}}{C^4H^4Az^2O^5} + \underset{\text{Urée.}}{COAz^2H^4}.$$

E. Grimaux.

ALLYLÈNES. — Il existe deux carbures d'hydrogène isomériques de la formule C^3H^4, l'allylène et l'iso-allylène.

ALLYLÈNE ORDINAIRE $CH^3\text{-}C{\equiv}CH$. — *Modes de formation.* — Il se forme dans la réaction du sodium sur le dichlorglycide de Reboul $C^3H^4Cl^2$ ou sur son chlorure $C^3H^4Cl^4$ [Pfeffer et Fittig, *Bull. de la Soc. chim.*, 1866, t. V, p. 50], et en petite quantité dans la réaction de l'acide sulfurique sur l'acétone [Fittig, *Ann. der Chem. u. Pharm.*, t. CXLI, p. 451]. On l'obtient encore par la réaction du cyanure de potassium sur le méthylchloracétol ou sur le propylène chloré qui en provient [Claus et Hormann, *Bull. de la Soc. chim.*, XVI, p. 205]; ces auteurs ont cherché en vain à substituer le cyanogène au chlore du méthylchloracétol.

M. Bourgoin a démontré [*Bull. de la Soc. chim.*, t. XXVIII, p. 459] que l'anhydride bromocitrapyrotartrique, dissous dans l'eau saturée d'ammoniaque et traité par un excès de nitrate d'argent, fournit un précipité qui s'altère lentement à la température ordinaire et rapidement à 130°; il dégage un gaz qui contient 95,8 % d'acide carbonique et 4,2 % d'allylène capable de précipiter le réactif cuivreux; il en est de même pour l'acide bromocitraconique de Kekulé.

Action des oxydants. — L'acide chromique étendu transforme l'allylène en acide propionique, et le permanganate de potassium en acide malonique; dans les deux cas, il y a formation de quantités notables de produits accessoires [Oppenheim, *Compt. rend.*, t. LVIII, p. 1047, et t. LXI, p. 855 et 1047; — Berthelot, *ibid.*, t. LXIV, p. 36, et *Bull. de la Soc. chim.*, t. XIII, p. 193].

Action de l'acide sulfurique. — L'acide sulfurique absorbe l'allylène beaucoup plus facilement que l'acétylène et forme de l'hydrate d'allylène d'après M. Berthelot. M. A. Pehrobe [*Bull. de la Soc. chim.*, t. XXIV, p. 209 et 254] n'a obtenu que du mésitylène en étendant l'acide sulfoconjugué d'une petite quantité d'eau; si on l'étend davantage, on peut extraire par le carbonate de potassium une certaine quantité d'acétone à laquelle on doit attribuer la formation du mésitylène. Cette réaction a été répétée par MM. Lagermark et Eltekoff.

Combinaisons métalliques. — L'allylène forme un précipité gris foncé détonant dans les solutions mercureuses; il précipite également la solution ammoniacale d'hyposulfite double sodique et aureux.

Dérivés chlorés. — Le perchlorure d'allylène

ou un isomère se produit accessoirement dans la fabrication du chloral butylique [*Deutsch. chem. Gesellsch.*, t. X, p. 1057]. L'allylène se combine avec l'acide chlorhydrique [Reboul, *Compt. rend.*, t. LXXIV, p. 613, 669 et 944]; il se forme deux corps de la formule $C^3H^6Cl^2$, dont l'un est le méthyl-chloracétol.

ISO-ALLYLÈNE $CH^2{=}C{=}CH^2$. — Par l'électrolyse de l'acide itaconitique il se forme de l'allylène et de l'acide carbonique [Aarland et Carstanjen *Bull. de la Soc. chim.*, t. XVII, p. 221]; mais M. Aarland a démontré depuis que cet allylène ne se combine pas avec le chlorure cuivreux ammoniacal, et donne un tétrabromure cristallisé différent du tétrabromure d'allylène [*Journ. für prakt. Chem.*, (2), t. VI, p. 256, et t. VII, p. 142, et *Bull. de la Soc. chim.*, t. XIX, p. 257 et t. XXI, p. 26]. Au contraire, les acides citraconitique et mésaconique fournissent l'allylène ordinaire.

L'iso-allylène se forme, en outre, d'après Hartenstein, lorsqu'on traite la dichlorhydrine

$$CH^2Cl\text{-}CH.OH\text{-}CH^2Cl$$

(obtenue par l'acide chlorhydrique et le glycide chlorhydrique) par l'acide phosphorique anhydre; on obtient ainsi un corps chloré auquel l'auteur donne la formule $CH^2Cl{=}C{=}CH^2Cl$, qui bout à 109°, et produit avec le sodium l'iso-allylène [*Journ. prakt. Chem.* (2), t. VII, p. 310, et *Bull. de la Soc. chim.*, t. XXI, p. 79]. J.-A. Le Bel.

ALLYLIQUE (ALCOOL). — *Préparation.* — Dans la préparation de l'acide formique par la méthode de M. Lorin, MM. Tollens et Weber ont obtenu accessoirement une petite quantité de formiate d'allyle. Partant de cette observation, MM. Tollens et Henninger sont arrivés à donner une préparation fort simple de l'alcool allylique [Tollens et Kempf, *Zeitschrift. für Chem.*, t. XI, p. 518; — Tollens et Weber, *Bull. de la Soc. chim.*, t. X, p. 83; — Tollens et A. Henninger, *Bull. de la Soc. chim.*, t. XI, p. 394].

On chauffe 4 p. de glycérine avec 1 p. d'acide oxalique cristallisé dans une cornue munie d'un thermomètre plongeant dans le liquide. Le dégagement d'acide carbonique, actif d'abord, se ralentit, puis se ranime vers 190°, température à laquelle l'alcool allylique commence à se former. On change de récipient et l'on distille jusqu'à 260°. Le résidu peut être utilisé pour une nouvelle préparation. La fraction 190 à 260° est soumise à une nouvelle distillation, et lorsque la moitié ou les deux tiers du liquide ont passé, on ajoute au produit distillé du carbonate de potassium solide qui en sépare une couche légère, mobile. Celle-ci est additionnée de potasse pulvérisée pour détruire l'acroléine et saponifier le formiate d'allyle, distillé de nouveau et séché sur de la chaux caustique. On obtient en alcool allylique plus d'un cinquième en poids de l'acide oxalique employé.

1° Dans cette réaction, il se produit d'abord de la monoformine qu'on peut extraire du mélange par l'éther. Cette monoformine étant chauffée au delà de 200° fournit de l'eau, de l'acide carbonique et de l'alcool allylique suivant l'équation

$$CH^2.O(CHO)\text{-}CH.OH\text{-}CH^2.OH.$$
$$= CO^2 + H^2O + CH^2{=}CH\text{-}CH^2OH,$$

qui explique la formation de l'alcool allylique.

Dans la même opération, il se produit encore de petites quantités de phénol, d'éther glycérique, de monoallyline, d'alcool isopropylique et de la résine d'acroléine.

2° M. Huebner et Mueller ont aussi obtenu de l'alcool allylique par l'action du sodium sur une solution éthérée de la dichlorhydrine, qui bout à 182°. L'éther distille par suite de l'énergie de la réaction et il reste une masse solide qui, séparée du sodium et traitée par l'eau, fournit de l'alcool allylique. L'hydrogène naissant, en agissant sur la dichlorhydrine bouillant à 176°, peut également donner de l'alcool allylique en petite quantité [Huebner et Mueller, *Zeitschr. für Chem.*, 1870, p. 343, et *Bull. de la Soc. chim.*, t. XIV, p. 236].

3° Enfin l'esprit-de-bois brut contient environ 0,2 °/₀ d'alcool allylique, qu'on peut extraire par rectification des portions qui bouillent de 80 à 100°, après les avoir soigneusement desséchées sur de la potasse fondue ou de la chaux vive [Aronheim, *Deutsch. chem. Gesellsch.*, t. VII, p. 1381, et *Bull. de la Soc. chim.*, t. XXIV, p. 31; — Grodski et Krämer, *Deutsch. chem. Gesellsch.*, t. VII, p. 1491, et *Bull. de la Soc. chim.*, t. XXIV, p. 32].

Propriétés physiques. — L'alcool allylique se congèle vers — 54° et bout à 97° sous la pression de 745mm,5. S'il contient un peu d'eau, l'ébullition commence à 89-91°. Le thermomètre monte ensuite graduellement jusqu'à 100°.

Sa densité est de : 0,87090 à 0°; 0,86045 à 13°; 0,85074 à 25°; 0,81832 à 62° et 0,78832 à 93°,5

Son volume à $t°$ est donné par la formule

$$Vt = (1 + 0{,}000879\,t + 0{,}0000026\,t^2).$$

Son volume atomique trouvé est égal à 73,92. Calculé d'après la loi de Kopp, il est égal à 73,8, suivant Buff à 74,6.

Constitution. — La constitution de l'alcool allylique se déduit facilement des résultats de son hydrogénation et de l'oxydation de son dérivé dibromé. On obtient dans le premier cas de l'alcool propylique; dans le second de l'acide β-dibromopropionique. La seule formule qui s'accorde avec ces deux réactions est la suivante :

$$CH^2{=}CH\text{-}CH^2OH,$$

que les autres propriétés de l'alcool confirment d'ailleurs.

Propriétés chimiques. — L'alcool allylique, soumis à l'action de l'hydrogène naissant dégagé par le zinc et l'acide sulfurique, se transforme lentement en alcool propylique [E. Linnemann, *Deutsch. chem. Gesellsch.*, t. VII, p. 854]. B. Tollens a obtenu le même alcool, outre divers produits, en chauffant l'alcool allylique avec de la potasse au réfrigérant ascendant. L'amalgame de sodium l'attaque à peine [Tollens et Rinne, *Bull. de la Soc. chim.*. t. XVI, p. 112, et *Ann. der Chem. u. Pharm.*, t. CLIX, p. 110].

Le chlore, le brome, l'acide hypochloreux et le chlorure d'iode s'unissent directement à ce corps en produisant divers dérivés glycériques (voyez GLYCÉRIDES).

Il se combine également avec le cyanogène avec dégagement de chaleur. Mais le produit formé paraît être une sorte d'éther, car l'acide chlorhydrique le transforme en cyanocarbonate d'allyle liquide bouillant à 135°. Le dicyanure

$$C^3H^5(CAz)^2OH$$

est un liquide qui bout à 160-161° [B. Tollens, *Bull. de la Soc. chim.*, t. XVIII, p. 323; *Deutsch. chem. Gesellsch.*, t. V, p. 621].

Traité au réfrigérant ascendant par le bisulfite de potassium, il fournit un oxypropylsulfite de potassium identique avec celui qu'on obtient par l'anhydride sulfurique et l'alcool propylique [Max Müller, *Deutsch. chem. Gesellsch.*, t. VI, p. 1441, et *Bull. de la Soc. chim.*, t. XXI, p. 505].

Comme tous les alcools, il s'unit au chloral et forme une combinaison cristallisée (voyez CHLORAL).

Alcool allylique bromé.— Voyez PROPARGYLIQUES (COMBINAISONS).

ÉTHERS ALLYLIQUES.

Bromure d'allyle. — Pour le préparer, on fait tomber peu à peu l'alcool allylique dans du tribromure de phosphore, ou bien on ajoute de l'acide sulfurique étendu de son volume d'eau à un mélange de bromure de potassium solide et d'alcool allylique, en chauffant à une douce chaleur, puis on distille [H. Grosheintz, *Bull. de la Soc. chim.*, t. XXX, p. 98].

Le bromure d'allyle bout à 70°,7 sous la pression de 760mm. Sa densité à 15° est égale à 1,435. Il subit facilement la double décomposition avec les sels d'argent et les sels de potassium, par exemple le sulfure et le sulfocyanate.

Il se combine directement avec l'acide bromhydrique, soit à froid, soit à chaud, pour former soit le bromure de propylène

$$CH^3\text{-}CHBr\text{-}CH^2Br,$$

soit son isomère

$$CH^2Br\text{-}CH^2\text{-}CH^2Br.$$

Suivant Bogomoletz, on peut obtenir exclusivement ce dernier en chauffant le bromure d'allyle avec la moitié de son poids d'acide bromhydrique saturé à 0° pendant trois à quatre heures en vase clos à la température de 150° (voir aussi PROPYLÈNE).

Il fixe avec facilité le brome et le chlorure d'iode en donnant des dérivés glycériques; avec les acides hypobromeux et hypochloreux, il fournit la dibromhydrine et la bromochlorhydrine [L. Henry, *Bull. de la Soc. chim.*, t. XIV, p. 245; t. XV, p. 28; t. XVI, p. 295; t. XVII, p. 408; t. XVIII, p. 232 et 411; t. XXII, p. 287 et 513], que l'oxydation transforme en acides propioniques substitués (voyez ce mot).

Chlorure d'allyle. — On le prépare en faisant tomber goutte à goutte l'alcool allylique dans du trichlorure de phosphore refroidi. Il bout à 46°,5. Il absorbe rapidement le chlorure d'iode, les acides hypochloreux, hypobromeux. Les composés formés par ces deux derniers donnent à l'oxydation des acides propioniques substitués (Henry) (voyez ce mot et aussi GLYCÉRIDES).

Iodure d'allyle. — Cet iodure peut se préparer commodément par un procédé dû à Saytzeff et Canonnikoff [*Liebig's Ann.*, t. CLXXXV, p. 191], qui est un perfectionnement de celui de Claus et Oppenheim. On peut employer 1 kilogramme d'iode, 3 kilogrammes de glycérine très concentrée et 600 grammes de phosphore. D'après Wagner on peut réduire de moitié cette quantité de phosphore. Le mélange de glycérine et d'iode pulvérisé est introduit dans une grande cornue tubulée unie directement avec un récipient tubulé. Un courant d'acide carbonique traverse l'appareil. L'air une fois chassé, on ajoute peu à peu le phosphore en petits fragments. La réaction, d'abord très vive, se modère graduellement, et, pour la continuer, il faut mettre de plus gros morceaux de phosphore ou même chauffer la cornue avec précaution. Quand tout le phosphore est introduit, on distille à feu nu dans un courant d'acide carbonique jusqu'à ce que la masse commence à écumer fortement. Il ne reste plus alors dans la cornue qu'un peu d'iodure d'allyle qu'on peut recueillir par distillation du résidu avec la vapeur d'eau. Pour 1000 grammes d'iode, on obtient ainsi 1100 à 1150 grammes d'iodure d'allyle. Par le procédé de Claus et Oppenheim, on en obtient à peine 700 grammes. L'iodure d'allyle obtenu d'après ces méthodes contient une certaine proportion d'iodure d'isopropyle.

On peut aussi préparer cet iodure à l'aide du procédé général, qui consiste à faire réagir le phosphore amorphe et l'iode sur l'alcool. Lorsqu'on a soin d'employer un léger excès d'alcool allylique, il ne se produit point d'iodure d'isopropyle (Tollens et Henninger).

Le couple zinc-cuivre exerce une vive action sur l'iodure d'allyle [Gladstone et Tribe, *Deutsch. chem. Gesellsch.*, t. VI, p. 1550, et *Bull. de la Soc. chim.*, t. XXI, p. 314]. Si cet iodure est un peu humide ou s'il est en solution alcoolique, on obtient du propylène pur. Dans le second cas, l'action est même tellement violente, qu'il est préférable de n'employer que du zinc seul et de refroidir la solution. Si l'iodure est sec, il ne se dégage pas de gaz, et l'on n'obtient qu'un produit résineux répondant à la formule $(C^3H^4)^n$.

Lorsqu'on fait bouillir l'iodure d'allyle au réfrigérant ascendant avec de l'acide oxalique, son point d'ébullition s'abaisse à 92-93°, qui est la température d'ébullition de l'iodure d'isopropyle. Cette transformation paraît singulière.

Cyanure d'allyle. — On le prépare à l'état de pureté par l'action à 110° de l'iodure d'allyle sur le cyanure de potassium sec. On obtient ainsi un liquide qui bout à 116-118° et dont l'odeur est pénétrante [Tollens et Rinne, *Deutsch. chem. Gesellsch.*, t. IV, p. 681, *Bull. de la Soc. chim.*, t. XVI, p. 110]. D'après Claus, en présence d'un excès de cyanure de potassium et d'un peu d'alcool, on obtient en même temps un composé $C^8H^6Az^2$ [*Deutsch. chem. Gesellsch.*, t. V, p. 612; *Bull. de la Soc. chim.*, t. XVIII, p. 323]. D'après Tollens et Rinne [*Zeitsch. fur Chem.*, 1870, p. 401], si l'on fait réagir le chlorure d'allyle en solution dans l'alcool allylique sur le cyanure de potassium, on obtient un liquide bouillant à 96°, qui présente la composition $C^4H^5Az + 3\,C^3H^6O$.

Propylène nitré.—Suivant Brackebush [*Deutsch. chem. Gesellsch.*, t. VII, p. 225, et *Bull. de la Soc. chim.*, t. XXII, p. 182], ce corps constituerait un liquide bouillant à 96°, et se produirait par l'action de l'iodure d'allyle sur l'azotite d'argent. Robert Schiff a contredit ces résultats [*Deutsch. chem. Gesellsch.*, t. VII, p. 114, et *Bull. de la Soc. chim.*, t. XXIII, p. 300]. Il n'a pu obtenir même des traces de ce produit.

Azotate d'allyle. — Liquide incolore, mobile, d'odeur piquante, qui bout à 106°. Sa densité à 10° est égale à 1,09. Il s'obtient par double décomposition entre le bromure d'allyle et l'azotate d'argent en solution alcoolique [L. Henry, *Deutsch. chem. Gesellsch.*, t. V, p. 454].

Azotate d'allyle monobromé. — Il se prépare comme le précédent au moyen du glycide dibromhydrique (bromure d'allyle monobromé; voyez PROPARGYLIQUES [COMPOSÉS]). Il forme un liquide incolore, mobile, d'odeur éthérée agréable, de goût douceâtre, piquant; il bout entre 140 et 150° sans décomposition (Henry).

Acétate d'allyle monochloré. — Il bout à 140-145° (Henry).

Acétate d'allyle monobromé. — Voyez PROPARGYLIQUES (COMBINAISONS).

Borate d'allyle. — Il se forme par l'action du chlorure de bore sur l'alcool allylique, ou bien par l'action de l'anhydride borique sur le même alcool en tubes scellés à 130° pendant 3 heures. C'est un liquide mobile, d'une odeur qui irrite les yeux; il bout entre 168 et 175° et se décompose immédiatement par l'eau.

Il absorbe le brome en donnant un liquide épais, brunâtre, décomposable à 120°, qui est l'hexabromure de borate d'allyle.

Traité à chaud par le zinc-éthyle, il réagit et fournit un liquide difficile à séparer de l'excès de zinc-éthyle. Le liquide bout à 110-120° et s'enflamme spontanément quand on le chauffe légèrement à l'air. Sa composition est mal déterminée; il a donné à l'analyse

$$C = 68,91 \text{ et } H = 10,14.$$

Le borate triallylique exigerait : 80,6 C, et 11,9 H. Le borate de glycéryle, $C^3H^5BoO^3$: 69,23 C, et 9,61 H [Const. Councler, *Deutsch. chem. Gesellsch.*, t. IX, p. 485, et t. X, p. 1655].

Oxyde de phénylallyle. — Obtenu par l'action du bromure d'allyle sur le phénate de sodium, il forme un liquide incolore, mobile, très réfringent, insoluble dans l'eau, possédant la même densité qu'elle. Il bout à 192-195°.

Monoallyline, $C^3H^7O^3.C^3H^5$. — Tollens l'a obtenue [*Deutsch. chem. Gesellsch.*, t. V, p. 68] dans la rectification de l'alcool allylique brut. C'est un liquide épais, qui bout entre 225 et 240° en donnant de l'alcool allylique et un résidu visqueux. Il est soluble en toutes proportions dans l'eau. Cette solution absorbe le brome, ce que ne fait pas celle de l'éther glycérique.

Acide allyle-sulfureux. — Le sulfite de potassium, chauffé à 100° pendant dix heures avec de l'iodure d'allyle, donne une solution qui, évaporée à sec, cède à l'alcool bouillant un sel,

$$7\,C^3H^5SO^3K + 6\,KI,$$

qui se dépose par le refroidissement. Les eaux mères additionnées d'éther en donnent un second, $3\,C^3H^5SO^3K + 2\,KI$.

Ces sels réunis sont chauffés avec de l'acide sulfurique concentré jusqu'à expulsion complète de l'iode et de l'acide sulfurique en excès. Le résidu repris par l'alcool, neutralisé par le carbonate de potassium et dissous dans l'alcool bouillant, laisse précipiter par l'éther un sel cristallin, blanc, ayant à peu près la composition $C^3H^5SO^3K$.

Le sel de baryum est une masse blanche hygroscopique. Celui de plomb est en croûtes cristallines molles formées de lamelles jaunâtres [De Rad, *Ann. der Chem. u. Pharm.*, t. CLXI, p. 218, et *Bull. de la Soc. chim.*, t. XVII, p. 316].

Sulfocyanate d'allyle. — Voyez SULFOCYANIQUES (ÉTHERS).

Isosulfocyanate d'allyle. — Chauffé avec de l'eau et de l'acide chlorhydrique pendant huit à dix heures à 200°, il fournit de l'allylamine, de l'acide carbonique et de l'hydrogène sulfuré :

$$\left.\begin{matrix}CS\\C^3H^5\end{matrix}\right\}Az + 2\,H^2O = \left.\begin{matrix}H^2\\C^3H^5\end{matrix}\right\}Az + CO^2 + H^2S.$$

Il se forme en même temps une autre base liquide, bouillant à une très haute température et dont le sel de platine est amorphe. La base forme une couche huileuse quand on dégage l'allylamine du produit de la réaction par la lessive de soude bouillante.

En se combinant avec l'alcool allylique, l'essence de moutarde donne l'allylsulfocarbamate d'éthyle :

$$CS.AzC^3H^5 + C^2H^5.OH = CS < \begin{matrix}OC^2H^5\\AzH.C^3H^5\end{matrix}$$

[Hofmann, *Bull. de la Soc. chim.*, t. XIII, p. 54, et t. XII, p. 294].

Éthylallyle-sulfo-urée. — Elle se produit par l'action de l'éthylamine sur l'essence de moutarde et cristallise difficilement. En présence du chlorure de mercure-phénylammonium, elle forme une combinaison de chlorure de mercure et d'allyléthylphénylguanidine produite suivant la réaction

$$CS\left\{\begin{matrix}AzH.C^2H^5\\AzH.C^3H^5\end{matrix}\right. + 2\,HgAzC^6H^5.HCl$$

$$= HgS + C^6H^7Az + C\left\{\begin{matrix}AzH\,C^3H^5\\AzC^6H^5.HgCl^2\\AzH\,C^2H^5\end{matrix}\right.$$

[Forster, *Deutsch. chem. Gesellsch.*, t. VII, p. 393, et *Bull. de la Soc. chim.*, t. XXII, p. 197].

Allylamines. — L'allylamine absorbe le brome et fournit des produits résineux. Ses sels donnent des réactions plus nettes. La solution aqueuse du chlorhydrate traitée par le brome engendre le chlorhydrate de dibromure d'allylamine cristallisable dans l'alcool en fines aiguilles ou en prismes. Le chloroplatinate constitue de belles tables rouges. La base qu'on peut en extraire forme une huile peu soluble dans l'eau, se prenant en une masse résineuse par la dessiccation sur l'acide sulfurique. Cette dessiccation l'altère, car on ne peut en régénérer le chlorhydrate.

L'hydrogène naissant, en agissant sur la base, reproduit l'allylamine.

Le chlorure d'iode se combine également avec le chlorhydrate d'allylamine. Le produit de la réaction est incristallisable. Le sel sec est résineux. Le chloroplatinate forme des lames orangées [Linnemann, *Liebig's Ann.*, t. CLXIII, p. 869, et *Bull. de la Soc. chim.*, t. XVIII, p. 328 ; — L. Henry, *Deutsch. chem. Gesellsch.*, t. VIII, p. 399, et *Bull. de la Soc. chim.*, t. XXIV, p. 379].

La diallylamine dibromée se décompose lorsqu'on la chauffe en donnant de l'acide bromhydrique et de la picoline [Baeyer, *Deutsch. chem. Gesellsch.*, t. II, p. 398].

Le chlore, en agissant sur le glycide dichlorhydrique, forme un liquide bouillant à 164°, dont la densité est égale à 1,496 et dont la composition $C^3H^4Cl^4$ en fait un isomère du chlorure de propylène chloré de M. Cahours. Traité par l'ammoniaque, ce produit fournit une tétrachlorodiallylamine

$$Az\left\{\begin{matrix}(C^3H^3Cl^2)^2\\H\end{matrix}\right.$$

C'est un liquide dense, très alcalin, insoluble dans l'eau, très soluble dans l'alcool et l'éther, qui ne distille pas seul sans décomposition, mais bien avec la vapeur d'eau. Son chlorhydrate se présente en aiguilles solubles dans l'eau, qui se combinent avec le chlorure de platine en donnant naissance à des cristaux radiés, rouges, solubles dans de l'eau bouillante [Pfeffer et Fittig, *Zeitschr. für Chem.*, 1865, t. Ier, p. 82, et *Bull. de la Soc. chim.*, t. V, p. 50].

Éthylallylamine. — Cette base s'obtient par l'action de l'iodure d'éthyle sur l'allylamine. Elle constitue un liquide incolore bouillant à 84°, soluble dans l'eau. Son chlorhydrate, très soluble, cristallise en lamelles déliquescentes. Le chloroplatinate, qui est en prismes monocliniques très solubles dans l'eau, cristallise dans l'éther. Le sulfate est très soluble dans l'eau et l'alcool, insoluble dans l'éther. Ces caractères distinguent cette base de la pipéridine, avec laquelle elle est isomérique.

La *diéthylallylamine*, obtenue par le même procédé, bout à 100-103°. Elle est soluble dans vingt fois son volume d'eau à 18°. Cette solution se trouble par la chaleur. Ce phénomène est plus marqué qu'avec la conicine. Le chlorhydrate, très soluble dans l'eau, cristallise en petits cristaux incolores. Le chloroplatinate forme des cristaux confus solubles dans l'eau.

Iodure de mercurallyle [Linnemann, *Ann. der Chem. u. Pharm.*, t. CXLIX, p. 180; — Krasowski, *Zeitschr. für Chem.*, 1870, p. 527; — Oppenheim, *Deutsch. chem. Gesellsch.*, t. IV, p. 669, et *Bull de la Soc. chim.*, t. VII, p. 424, t. XV, p. 82, et t. XVI, p. 293]. — Pour le préparer, on ajoute une petite quantité d'iode à du mercure, et l'on agite le mélange avec de l'iodure d'allyle. Suivant Oppenheim, il est bon d'étendre l'iodure de son volume d'alcool. La combinaison se fait avec dégagement de chaleur en donnant une masse épaisse.

Distillé seul ou chauffé avec du cyanure de potassium ou de l'iodure de potassium en solution aqueuse à 100°, ou enfin du zinc-éthyle, il donne du diallyle suivant les équations :

$$2\,Hg\left\{\begin{matrix}C^3H^5\\ I\end{matrix}\right. = Hg + HgI^2 + C^6H^{10},$$

$$2\,Hg\left\{\begin{matrix}C^3H^5\\ I\end{matrix}\right. + 2\,KCAz = Hg + 2KI + Hg(CAz)^2 + C^6H^{10},$$

$$2\,Hg\left\{\begin{matrix}C^3H^5\\ I\end{matrix}\right. + 2KI = 2\,KIHgI^2 + Hg + C^6H^{10},$$

$$2\,Hg\left\{\begin{matrix}C^3H^5\\ I\end{matrix}\right. + Zn(C^2H^5)^2 = Hg(C^2H^5)^2 + Hg + C^6H^{10} + ZnI^2.$$

L'iodure de mercurallyle attaque la peau. Les accidents ne se manifestent qu'après six à huit heures. E. Demarçay.

ALOÉTIQUE (ACIDE)

$$[C^7H^2(AzO^2)^2O]^2 + H^2O$$

(voyez t. I, p. 164). — Bouilli avec le chlorure d'étain, ce corps se convertit en *acide hydroaloétique*, dont le sel stannique possède la composition

$$C^{14}H^8Az^4O^{11}, 3\,SnO^2.$$

ALOINE, $C^{15}H^{16}O^7$. — E. Schmidt a établi cette formule pour l'aloine de l'aloès des Barbades [*Deutsch. chem. Gesellsch.*, 1875, p. 1275; *Bull. de la Soc. chim.*, t. XXVI, p. 220]. A l'état hydraté elle fond à 70-80°, et contient 7 à 14 % d'eau de cristallisation.

Traitée par l'eau bromée, l'aloine fournit un dérivé tribromé de la formule

$$C^{15}H^{13}Br^3O^7 + 3H^2O,$$

fusible à 190-191°. Distillée avec de la poudre de zinc, elle donne du méthyle-anthracène $C^{15}H^{12}$. L'oxydation par l'acide nitrique la transforme en acides chrysamique, picrique et oxalique (Schmidt).

L'aloine de l'aloès des Barbades fournit aussi un dérivé chloré, $C^{15}H^{13}Cl^3O^7 + 3H^2O$ [Tilden, *Chem. News*, t. XXV, p. 66; *Bull. de la Soc. chim.*, t. XVII, p. 422].

ALOÏSIQUE (ACIDE). — Ce produit d'oxydation de l'aloïsol constitue une huile brune bouillant à 250° en se décomposant, insoluble dans l'eau, soluble dans l'alcool.

ALOÏSOL (voyez t. Ier, p. 165). — Ce corps s'oxyde spontanément à l'air et se transforme en acide aloïsique. L'eau de chlore opère le même changement.

ALORCINIQUE (ACIDE).

$$C^9H^{10}O^3 = C^6H^2(CH^3)^2OH.COOH.$$

— Pour préparer ce corps, on fond de l'aloès sucotrin avec trois fois son poids de soude caustique. On dissout la masse fondue dans l'eau, et l'on acidule par l'acide sulfurique. La liqueur acide, agitée avec de l'éther, cède à celui-ci l'acide alorcinique, mélangé d'acides paroxybenzoïque et acétique, et d'orcine. On chasse l'éther et l'on sépare les eaux mères des cristaux d'acide paroxybenzoïque. On étend les eaux mères d'eau, on y ajoute de l'acétate de plomb, on filtre et l'on débarrasse la liqueur filtrée de l'excès de plomb au moyen de l'hydrogène sulfuré. Après filtration et neutralisation par le carbonate de baryum, on agite le liquide avec de l'éther pour enlever l'orcine. La solution barytique, précipitée par l'acide sulfurique et filtrée, cède à l'éther les acides alorcinique, paroxybenzoïque et acétique. Pour purifier l'acide alorcinique, on le fait cristalliser dans l'eau.

Séché dans le vide, à 115°, l'acide alorcinique fond à 97°. Il donne à la distillation une huile qui cristallise; c'est l'anhydride alorcinique. Il réduit l'azotate d'argent et la liqueur de Fehling. Il précipite le sous-acétate de plomb; le précipité rougit à l'air. La potasse fondante le convertit en orcine et en acide acétique.

Alorcinate de baryum,

$$(C^9H^9O^3)^2Ba + 6H^2O.$$

— Il est en aiguilles mamelonnées, solubles dans l'eau et l'alcool.

Alorcinate de calcium, $(C^9H^9O^3)^2Ca$. — Aiguilles très solubles dans l'eau.

Alorcinate de cuivre,

$$(C^9H^9O^3)^2 + 4H^2O.$$

— Cristaux verts solubles dans l'eau et l'alcool.

Dérivé acétylé, $C^9H^9(C^2H^3O)O^3$. — On l'obtient en traitant l'acide alorcinique par le chlorure d'acétyle. Il cristallise en belles aiguilles fusibles à 125°, solubles dans l'alcool et l'éther [P. Weselsky, *Ann. der Chem. u. Pharm.*, t. CLVII, p. 65; *Bull. de la Soc. chim.*, t. XX, p. 404]. M. Wassermann.

ALORCINIQUE (ANHYDRIDE), $C^{18}H^{18}O^5$. — Il résulte de l'action de la chaleur sur l'acide alorcinique. Il cristallise en lamelles fusibles à 138°, qui peuvent être sublimées (P. Weselsky).

ALPHA-TOLUIQUE (ACIDE). — Syn. de PHÉNYLACÉTIQUE (ACIDE), t. II, p. 832.

ALPHA-XYLIQUE (ACIDE). — Voyez XYLIQUE (ACIDE), t. III, p. 746.

ALTHIONIQUE (ACIDE). — Ce corps (voyez t. Ier, p. 166) paraît être un mélange d'acides sulfovinique et iséthionique.

ALUMINIUM. — *Action de l'aluminium sur les solutions métalliques.* — Mis en contact avec une solution neutre ou légèrement acide d'azotate d'argent, l'aluminium en sépare après six heures l'*argent* sous la forme de cristaux dendritiques. L'argent se dépose de même sous la forme d'une poudre cristalline d'une solution ammoniacale de chlorure d'argent mise en digestion avec l'aluminium.

Le *cuivre* est précipité en cristaux dendritiques, parmi lesquels se trouvent des octaèdres; le sulfate et l'azotate de cuivre ne sont ainsi réduits qu'après deux jours; mais le chlorure ou l'acétate le sont immédiatement, ce qui arrive aussi lorsqu'on ajoute un chlorure ou un acétate au sulfate ou à l'azotate de cuivre. La précipitation est complète.

Le *mercure* se dépose sur l'aluminium en donnant un amalgame oxydable à l'air, avec élévation de température. Le même amalgame s'obtient en chauffant les deux métaux dans une atmosphère d'acide carbonique.

Le *plomb* n'est que lentement précipité de la solution de son azotate ou de son acétate par l'aluminium; le chlorure est immédiatement réduit.

Le *thallium* est réduit de son chlorure; mais, si l'on emploie une solution de sulfate de thallium, l'aluminium se recouvre de cristaux d'alun de thallium.

Le *zinc* est déplacé par l'aluminium de ses solutions alcalines [Cossa, *Nuovo Cimento*, (3),

t. III, p. 75, *Bull. de la Soc. chim.*, t. XIV, p. 199].

Traité à une haute température par l'aluminium, le chlorure de zinc fournit du zinc et du chlorure d'aluminium. Le chlorure de magnésium, dans les mêmes conditions, n'est pas décomposé [Flavitzky, *Deutsch. chem. Gesellsch.*, 1873, p. 195].

Action de l'aluminium sur l'eau. — En contact avec certains métaux, l'aluminium décompose l'eau à 100°; c'est ce qui a lieu avec l'aluminium recouvert de cuivre ou de platine par une immersion préalable dans une solution de sulfate de cuivre ou de chlorure de platine.

L'aluminium décompose de même l'eau en présence de l'iode, de l'acide iodhydrique ou de l'iodure d'aluminium. Avec l'iode, la décomposition a lieu à froid; avec l'acide iodhydrique ou le chlorure d'aluminium, elle se produit à 100°. Ces réactions sont exprimées par les équations :

$$Al^2I^6 + 3H^2O = Al^2O^3 + 6HI,$$
$$6HI + 2Al = Al^2I^6 + 6H.$$

La réaction a lieu de même par l'action de l'aluminium en présence de l'iodure de zinc, ou du zinc en présence de l'iodure d'aluminium [Gladstone et Tribe, *Journ. chem. Soc.* (2), t. XIII, p. 822].

Action de l'aluminium sur le carbonate de sodium. — Lorsqu'on chauffe ces deux corps au fourneau à vent, dans un creuset de plombagine, il se produit de l'aluminate de sodium et un dépôt de carbone filiforme; en même temps, une partie du sodium est réduite et volatilisée.

La chaux, la baryte et la strontiane sont réduites de même par l'aluminium et le métal alcalino-terreux est volatilisé, car ce n'est qu'à cette cause que l'on peut attribuer la perte de poids qu'éprouve le mélange.

Après l'action de l'aluminium sur le carbonate de sodium, on trouve dans le creuset, outre le régule d'aluminium en excès, une masse noirâtre, frittée et poreuse, renfermant de petits cristaux d'alumine rayant la topaze et l'émeraude.

L'aluminium réduit aussi l'oxyde de carbone. En effet, si l'on porte de l'aluminium a une température élevée dans un creuset de charbon brasqué avec du noir de fumée, il se recouvre d'un dépôt de charbon très adhérent et compact. Ce charbon résulte de l'action de l'aluminium sur l'oxyde de carbone formé aux dépens de l'acide carbonique qui a traversé le creuset de plombagine. Dans ces expériences, il se forme en même temps de l'azoture d'aluminium résultant de l'action de l'air qui a traversé le creuset [Mallet, *Journ. of chem. Soc.*, 1876, t. II, p. 349; *Bull. de la Soc. chim.*, t. XXVII, p. 167].

Dépôt galvanique d'aluminium. — Lorsqu'on plonge une lame de cuivre, servant d'électrode négative, dans une solution de chlorure double d'aluminium et de sodium, avec une lame d'aluminium comme électrode positive, la lame de cuivre se recouvre d'un dépôt brillant et assez épais d'aluminium [Bertrand, *Compt. rend.*, t. LXXXIII, p. 854].

Oxyde d'aluminium. — *Préparation de l'alumine pure et de ses sels.* — Pour préparer l'alumine exempte de fer, en partant de la cryolithe, Hahn pulvérise le minerai et le mélange avec 78 pour 100 de chaux calcinée, puis éteinte et réduite en bouillie. On fait bouillir dans des cuves en bois, exemptes d'attaches en fer, par une circulation de vapeur surchauffée. Il se forme du fluorure de calcium insoluble et de l'aluminate de sodium qui reste dissous et qu'on concentre à 10° Baumé après décantation. On décompose cet aluminate par l'acide acétique pour faire l'acétate d'aluminium destiné à être employé comme mordant, ou bien on en sépare l'alumine par l'acide carbonique [*Bull. de la Soc. chim.*, t. XVI, p. 183].

Ducla précipite le sulfate d'aluminium brut, préparé à l'aide des argiles, par un lait de chaux mélangé de craie, de manière à obtenir un dégagement d'acide carbonique; il redissout l'alumine précipitée dans une lessive de soude et fait passer dans la solution décantée un courant d'acide carbonique produit dans la première phase d'une opération précédente. Le carbonate de sodium resté dissous est ensuite caustifié par la chaux, réaction dans laquelle se produit le mélange de chaux et de carbonate calcique nécessaire pour précipiter le sulfate aluminique brut; l'opération est donc continue [*Bull. de la Soc. chim.*, t. XXVIII, p. 420].

Sulfure d'aluminium, Al^2S^6. — Il se produit directement par l'action du soufre sur l'aluminium à une température élevée. Il prend aussi naissance, avec dégagement d'oxysulfure de carbone, lorsqu'on chauffe l'alumine dans la vapeur de sulfure de carbone.

Le sulfure d'aluminium est d'un jaune clair. Il ne fond qu'à une haute température et se prend par le refroidissement en une masse cristalline. Exposé à l'air humide ou traité par l'eau, il donne de l'hydrogène sulfuré et de l'alumine [Reichel, *Journ. für prakt. Chem.* (2), t. XII, p. 55; *Bull. de la Soc. chim.*, t. XXV, p. 556].

Chlorure d'aluminium, Al^2Cl^6. — *Préparation.* — On chauffe l'alumine au rouge dans un tube en terre, et lorsqu'elle est bien desséchée, on y fait passer un mélange de gaz chlorhydrique sec et de vapeur de sulfure de carbone. Le chlorure d'aluminium distille mélangé de soufre; en même temps il se dégage de l'hydrogène sulfuré. On le soumet à une nouvelle distillation sur du fer, pour la priver du soufre qu'il retient.

Dans cette préparation, il se forme d'abord du sulfure d'aluminium, qui est ensuite décomposé par l'acide chlorhydrique [P. Curie, *Chem. News*, t. XXVIII, p. 307; *Bull. de la Soc. chim.*, t. XXI, p. 273].

En se transformant en oxyde par l'action de l'eau, le chlorure d'aluminium dégage + $34^{cal},9$ environ. Ce chiffre représente l'excès de chaleur dégagée dans la formation de l'oxyde sur celle produite par la formation du chlorure, en partant des éléments. Chauffé au rouge sombre dans l'oxygène sec, le chlorure d'aluminium abandonne du chlore; mais la décomposition n'est pas complète [Berthelot, *Compt. rend.*, t. LXXXVI, p. 787].

Friedel et Crafts ont trouvé dans le chlorure d'aluminium un puissant agent de synthèse de certains composés organiques, hydrocarbures, acétones, nitryles, acides, etc. En agissant sur le chlorure d'amyle, par exemple, ce chlorure donne de l'acide chlorhydrique et des hydrocarbures parmi lesquels l'hydrure d'amyle et des carbures plus condensés, mais non saturés. En agissant sur les chlorures alcooliques en présence d'hydrocarbures, il donne naissance à d'autres carbures résultant de la condensation des résidus du chlorure alcoolique, après soustraction du chlore, et de l'hydrocarbure employé, moins de l'hydrogène [*Bull. de la Soc. chim.*, t. XXVII, p. 482, 530; t. XXVIII, p. 50, 145, 529].

Le *bromure* et l'*iodure d'aluminium* agissent comme le chlorure.

Chlorure d'aluminium hydraté. — On peut le préparer par double décomposition entre le sulfate d'aluminium et le chlorure de baryum; l'emploi du chlorure de calcium donne naissance à un sel double, formé de sulfate d'aluminium et de chlorure de calcium. Lorsqu'on concentre la solution, on obtient des cristaux rhombiques, extrêmement hygroscopiques, solubles dans l'alcool. Le sel tombé en déliquescence laisse déposer après quelques semaines de belles tables rhombiques limpides [E. Thorey, *Russ. Zeitschr. Pharm.*, t. X, p. 321].

Chlorure double d'aluminium et de sodium. — Il n'est pas décomposé par l'eau [Flavitzky, *Deutsch. chem. Gesellsch.*, 1873, p. 195].

Chloroplatinite d'aluminium,

$$Al^2Cl^6.2PtCl^2 + 21H^2O.$$

— Prismes obliques, volumineux, rouges, déliquescents. On le prépare par double décomposition entre le sulfate d'aluminium et le chloroplatinite de baryum [Nilson, *Bull. de la Soc. chim.*, t. XXVII, p. 212].

Chloroplatinate d'aluminium,

$$Al^2Cl^6.2PtCl^4 + 30H^2O.$$

— Prismes allongés clinorhombiques, d'un jaune orange, hygroscopiques, qui se déposent lorsqu'on évapore sur l'acide sulfurique une solution des deux chlorures. Ce sel double est très soluble dans l'eau et dans l'alcool, insoluble dans l'éther. Il fond à 52° et perd 24 H²O à 120°; il se déshydrate complètement à 200° en se décomposant [A. Welkow, *Deutsch. chem. Gesellsch.*, t. VII, p. 304].

Chloropalladite d'aluminium,

$$Al^2Cl^6.2PdCl^2 + 20H^2O.$$

— Cristaux clinorhombiques d'un brun foncé, hygroscopiques, solubles dans l'eau, l'alcool et l'éther. Il perd 16H²O à 140° et se déshydrate complètement à une température plus élevée, sans se décomposer. On l'obtient comme le chloroplatinite [A. Welkow, *Deutsch. chem. Gesellsch.*, t. VII, p. 802; *Bull. de la Soc. chim.*, t. XXII, p. 499].

BROMURE D'ALUMINIUM. — Sous l'influence de l'eau, il dégage 30 calories pour se transformer en oxyde, supposé anhydre. Chauffé dans un courant d'oxygène sec, il brûle et se transforme entièrement en oxyde, en perdant tout son brome [Berthelot, *loc. cit.*].

IODURE D'ALUMINIUM. — Dégage 100 calories en se transformant en oxyde. Il brûle dans l'oxygène en perdant tout son iode (Berthelot).

FLUORURE D'ALUMINIUM ET DE SODIUM. — On sature à moitié une solution d'acide fluorhydrique par de l'alumine, puis on y ajoute une quantité de chlorure de sodium telle, qu'il y ait 6 atomes de sodium pour Al², et l'on sépare le fluorure double (cryolithe) qui se précipite [*Bull. de la Soc. chim.*, t. XX, p. 330, *brevet*, n° 95,522].

AZOTURE D'ALUMINIUM, Al^2Az^2. — Mallet a obtenu ce composé dans diverses expériences dans lesquelles l'aluminium était porté à une température élevée, dans un creuset de charbon; l'azote provenait évidemment de l'air ayant traversé les parois du creuset; l'azoture forme à la surface de l'aluminium des particules cristallines jaunes, qui sont mises en liberté en même temps qu'une masse amorphe jaune, lorsqu'on traite le régule métallique par l'acide chlorhydrique. L'azoture est toujours accompagné de plus ou moins d'alumine cristallisée.

L'azoture d'aluminium est d'un jaune pâle quand il est amorphe, d'un jaune de miel et translucide quand il est cristallisé. Les cristaux présentent l'apparence de prismes orthorhombiques courts, à sommets dièdres. Exposé à l'air humide, l'azoture d'aluminium se transforme peu à peu en alumine, en dégageant de l'ammoniaque. L'azoture amorphe est plus altérable que les cristaux [*Journ. chem. Soc.* 1876, t. II, p. 349; *Bull. de la Soc. chim.*, t. XXVII, p. 107].

SULFATE D'ALUMINIUM. — Pour obtenir le sulfate d'aluminium fondu, d'une composition constante, Fleck fait bouillir l'alumine extraite de la cryolithe, dans un vase de cuivre, avec de l'acide sulfurique à 60° Baumé, en maintenant l'alumine en excès. La solution décantée est ensuite concentrée jusqu'à ce que la masse fondue soit homogène et puisse s'étirer en filaments; on coule alors, et le sel fondu se prend par le refroidissement en une masse radiée ressemblant à l'albâtre. Ce sel renferme

$$(SO^4)^3Al^2 + 17 \text{ à } 19H^2O.$$

ALUN. — Lorsqu'on chauffe à 100°, en tubes scellés, l'alun potassique cristallisé, il éprouve une première dissociation qui donne le sel anhydre et une solution aqueuse; celle-ci à son tour se décompose avec dépôt d'un alun basique, tandis que la solution aqueuse retient du sulfate acide d'aluminium. La solution aqueuse d'alun éprouve une décomposition analogue à 100°. Le dépôt qui se forme dans ce cas est une poudre amorphe, mélangée de lamelles brillantes. Ce dépôt est peu soluble dans l'acide chlorhydrique, très soluble dans la potasse. Sa composition n'est pas constante; c'est un sulfate d'aluminium plus ou moins basique. Naumann, qui a observé ces faits, a étudié l'influence du temps et de la concentration sur cette décomposition [*Deutsch. chem. Gesellsch.*, t. VIII, p. 1630, et t. X, p. 456; *Bull. de la Soc. chim.*, t. XXVI, p. 402, et t. XXVIII, p. 351].

SULFITE D'ALUMINIUM. — Jacquemart prépare ce sel en faisant passer un courant de gaz sulfureux dans une solution d'aluminate de sodium. Il se précipite un sulfite d'aluminium basique, et il reste du bisulfite de sodium en dissolution. On dissout ensuite le sulfite basique d'aluminium dans un excès d'acide sulfureux [*Bull. de la Soc. chim.*, t. VIII, p. 454; *brevet*, n° 77435].

PHOSPHATES D'ALUMINIUM. — Millot a décrit deux phosphates acides :

1° $$2(PO^4)^3Al^2H^3 + 17H^2O$$
$$(\text{soit } 3P^2O^5.2Al^2O^3 + 20H^2O).$$

On porte à l'ébullition 3 molécules de phosphate d'ammonium et 1 molécule de sulfate d'aluminium, en présence d'une certaine quantité d'acide sulfurique. Ce phosphate calciné est insoluble dans les acides.

2° $$(PO^4)^4Al^2H^6 + 5H^2O$$
$$(\text{soit } 2P^2O^5.Al^2O^3 + 8H^2O).$$

On traite à froid ou à 100° une molécule du phosphate précédent par une molécule d'acide phosphorique; on lave le résidu insoluble et on le sèche à 100°. Calciné, ce phosphate est insoluble dans les acides, soluble dans les alcalis [A. Millot, *Bull. de la Soc. chim.*, t. XXII, p. 244].

Phosphate basique,

$$2(PO^4)^2Al^2.Al^2O^3. + 8H^2O$$
$$(\text{soit } 2P^2O^5.3Al^2O^3 + 8H^2O).$$

— On précipite par l'ammoniaque la solution d'un des phosphates précédents dans un acide; un excès d'ammoniaque redissoudrait le précipité. Calciné, ce sel est soluble dans les acides

Les phosphates d'aluminium sont beaucoup plus solubles que les phosphates ferriques dans le citrate d'ammonium, l'oxalate d'ammonium, les carbonates alcalins et l'ammoniaque [*Bull. de la Soc. chim.*, t. XXVI, p. 267].

BORATE D'ALUMINIUM. — D'après Jahn, le précipité produit par le borax dans une solution d'alun est de l'alumine pure et non un borate d'aluminium, comme on l'admet souvent [*Deutsch. chem. Gesellsch.*, 1874, p. 675].

Dosage volumétrique de l'alumine. — Le phosphate d'aluminium est insoluble dans l'acide acétique, en présence de phosphates alcalins; une solution faible d'alumine, dans laquelle l'ammoniaque ne décèle plus l'alumine, se trouble encore sensiblement par l'addition d'un phosphate. Le phosphate d'aluminium ne présente la composition constante $(PO^4)^2Al^2$ que lorsqu'on verse la solution aluminique, additionnée d'acétate de sodium, dans la solution d'un phosphate tribasique acidulée par l'acide acétique; si l'on opérait en sens inverse, le précipité aurait une composition variable.

Fleischer a fondé sur cette réaction un procédé de dosage volumétrique de l'alumine. Il introduit la solution aluminique, additionnée d'acétate de sodium, dans une burette (si la solution d'alumine était alcaline, il faudrait la saturer d'abord par l'acide chlorhydrique), puis il laisse tomber goutte à goutte cette liqueur dans une solution de phosphate d'un titre connu, aussi longtemps qu'il se produit un trouble. Pour connaître le terme de la réaction, il faut filtrer de temps à autre quelques gouttes de la liqueur phosphatique et voir si elle est encore troublée par l'alumine. On peut aussi employer comme indicateur une solution alcoolique de brésiline, qui donne à chaud, avec un léger excès d'acétate d'aluminium, une coloration bleu-violet.

La solution de phosphate se fait en dissolvant des poids égaux de phosphate ordinaire de sodium, non effleuri, et d'acétate de sodium, de manière à avoir une solution au dixième de la liqueur normale. Inversement, ce procédé peut servir au dosage de l'acide phosphorique [E. Fleischer, *Zeitschr. für analyt. Chem.*, 1865, p. 19, et 1867, p. 28]. E. Willm.

ALURGITE (Min.). (Breithaupt.) — Lamelles pourpres, ou rouge cochenille, à un axe optique, clivables suivant leur base, à composition indéterminée, mais renfermant beaucoup de manganèse. De Saint-Marcel (Piémont).

AMALIQUE (ACIDE). — Voyez Caféine, t. Ier, p. 694.

AMANITINE, $C^5H^{15}AzO^2$. — Selon les recherches de MM. O. Schmiedeberg et E. Harnack [*Chem. Centralbl.*, 1875, p. 629], l'amanitine est isomérique avec la choline. Lorsqu'on la chauffe, elle dégage de la triméthylamine; l'acide nitrique la convertit en muscarine. Ces auteurs lui assignent la constitution exprimée par la formule $(CH^3)^3Az(CHOH\text{-}CH^3)OH$, hydrate de triméthyle-oxéthylidène-ammonium. La choline que l'on a retirée de la lécithine serait de l'amanitine (Schmiedeberg et Harnack).

AMARINE. — Lorsqu'on dissout l'amarine dans la potasse alcoolique, elle s'oxyde par absorption de l'oxygène atmosphérique. Cette oxydation est accompagnée d'une phosphorescence très forte, et il se forme de l'ammoniaque et une base fusible à 204° [B. Radziszewski, *Deutsch. chem. Gesellsch.*, 1877, p. 65; *Bull. de la Soc. chim.*, t. XXVIII, p. 297].

Nitroso-amarine, $C^{21}H^{17}(AzO)Az^2$. — On prépare ce corps en mélangeant la solution alcoolique chaude d'un sel d'amarine acidulée par l'acide acétique avec la solution aqueuse chaude d'un nitrite également acide. Le mélange s'échauffe et laisse déposer, par le refroidissement, des cristaux brillants de nitroso-amarine, que l'on purifie par cristallisation dans l'alcool bouillant. Ces cristaux rhombiques sont solubles dans l'alcool, l'éther, le sulfure de carbone et la benzine; ils ne fondent pas, mais dégagent par la chaleur de l'azote et de l'oxyde azotique en se transformant en lophine [A. Borodine, *Deutsch. chem. Gesellsch.*, 1875, p. 933; *Bull. de la Soc. chim.*, t. XXV, p. 218].

AMARIQUE (ACIDE), $C^{84}H^{70}O^7$. — Ce corps se forme par l'action de la potasse alcoolique bouillante sur la benzamarone (voyez Benzoïne).

AMBLYSTÉGITE (Min.). — Silicate de fer et de magnésie avec un peu d'alumine :

$$SiO^2 = 49{,}8;\ Al^2O^3 = 5{,}05;\ FeO = 25{,}6;$$
$$MgO = 17{,}7;\ CaO = 0{,}15.$$

Cristaux orthorhombiques d'un vif éclat vitreux et d'une couleur brun-rougeâtre, translucides, à fracture conchoïdale, trouvés au lac de Laach (Prusse Rhénane). M. Vom Rath, qui en avait fait une espèce distincte, les rapporte maintenant à l'hypersthène.

AMBROSINE (Min.). — Résine fossile renfermant de l'acide succinique, trouvée avec des phosphates fossiles, près de Charleston (S. C.), dans le terrain éocène.

AMIDES. — Action du perchlorure de phosphore sur les amides. — Gerhardt avait admis que la transformation des amides en nitriles au moyen du perchlorure de phosphore n'était pas directe, mais que la réaction passait par plusieurs phases, qu'il a formulées par les trois équations suivantes :

$$C^6H^5\text{-}CO.AzH^2 + PCl^5$$
$$= C^6H^5\text{-}CCl^2.AzH^2 + POCl^3,$$
$$C^6H^5\text{-}CCl^2.AzH^2 = C^6H^5\text{-}CCl{=}AzH + HCl,$$
$$C^6H^5\text{-}CCl{=}AzH = C^6H^5\text{-}CAz + HCl.$$

[*Ann. de Chim. et de Phys.* (3), t. LIII, p. 302.]

Cependant Gerhardt ne parvint pas à isoler les composés chlorés intermédiaires entre l'amide et le nitrile, et Henke, n'ayant pas été plus heureux, combattait cette interprétation de la réaction et attribuait au perchlorure de phosphore une action purement déshydratante [*Ann. der Chem. u. Pharm.*, t. CVI, p. 272]. A la suite de ces travaux, les idées de l'illustre chimiste furent oubliées, jusqu'à ce que M. Wallach et ses collaborateurs les eussent de nouveau reprises et les eussent confirmées en isolant les chlorures intermédiaires dont Gerhardt avait prévu l'existence [O. Wallach; O. Wallach et Boehringer; O. Wallach et P. West; O. Wallach et M. Hoffmann, *Liebig's Ann.*, t. CLXXXIV, p. 1, 33, 50, 57 et 79].

Lorsqu'on fait agir le perchlorure de phosphore sur les amides non substituées, dérivées des acides monatomiques et diatomiques, les chlorures formés ne peuvent être isolés; ils restent unis en partie à l'oxychlorure de phosphore produit, formant des composés quelquefois cristallisables; mélangés l'un à l'autre, ils ne peuvent pas être séparés.

Les choses se passent différemment avec les alcalamides des acides monobasiques. Lorsqu'on chauffe doucement un mélange d'alcalamide et de perchlorure de phosphore, on constate une réaction énergique, accompagnée d'un dégagement d'acide chlorhydrique. Il se forme une liqueur limpide, renfermant de l'oxychlorure de phosphore et le premier produit de la réaction, un *chlorure d'amide*, dont la constitution peut être exprimée par le symbole $R\text{-}CCl^2\text{-}AzHR'$.

Ce premier chlorure est très instable, et déjà à froid il perd de l'acide chlorhydrique. Cette décomposition est considérablement accélérée par la chaleur, et lorsqu'on chasse l'oxychlorure de phosphore par la distillation, on obtient une masse cristalline, formée d'une matière qui en diffère par les éléments d'une molécule d'acide chlorhydrique. Celle-ci peut être facilement purifiée par cristallisation dans l'essence de pétrole et elle renferme alors $R\text{-}CCl{=}AzR'$.

C'est le *chlorure d'imide*, correspondant à la seconde phase de la réaction admise par Gerhardt.

Il peut, sous l'influence des réactifs, subir les transformations les plus variées.

L'eau et l'alcool le convertissent en alcalamide :

$$C^6H^5\text{-}CCl = Az.C^6H^5 + H^2O$$
$$= C^6H^5\text{-}CO.AzH.C^6H^5 + HCl.$$

Les amines le convertissent en amidine (voyez ce mot) :

$$C^6H^5\text{-}CCl{=}Az.C^6H^5 + AzH^2C^6H^5$$
$$= C^6H^5\text{-}C \begin{cases} Az.HC^6H^5 \\ Az.C^6H^5 \end{cases} + HCl.$$

La chaleur ne parait pas agir sur ces chlorures, comme Gerhardt le croyait, pour former des nitriles. La réaction est plus complexe : 2 molécules de chlorure d'imide perdent 1 molécule d'acide chlorhydrique et donnent naissance à des bases chlorées.

$$2CH^3\text{-}CCl.AzC^6H^5 = C^{16}H^{15}ClAz^2 + HCl.$$

Ces bases chlorées, chauffées à leur tour, se transforment en chlorhydrate de bases non chlorées :

$$C^{16}H^{15}ClAz^2 = C^{16}H^{14}Az^2.HCl.$$

Mais ces bases non chlorées sont très altérables et se décomposent rapidement en amidine et acide acétique, sous l'influence de l'eau.

Les bases chlorées, traitées par une amine ou par la potasse, donnent des amidines :

$$C^{16}H^{15}ClAz^2 + 2AzH^2C^6H^5$$
$$= C^{14}H^{14}Az^2 + C^{14}H^{14}Az^2.HCl;$$
$$C^{16}H^{15}ClAz^2 + 2KOH$$
$$= C^{14}H^{14}Az^2 + C^2H^3O^2K + KCl.$$

Les chlorures d'amides, dérivés des acides monatomiques, sont extrêmement instables, ainsi que nous l'avons vu. Il n'en est plus de même lorsqu'on opère sur les éthers des monalcalamides dérivés des acides diatomiques et bibasiques. Ainsi l'éthyloxaméthane ajoutée à du perchlorure de phosphore mélangé d'essence de pétrole se transforme en chlorure d'amide, qui se dépose en cristaux lorsqu'on refroidit le produit de la réaction :

$$\begin{array}{l} CO.OC^2H^5 \\ CO.AzH.C^2H^5 \end{array} + PCl^5$$
$$= \begin{array}{l} CO.OC^2H^5 \\ CCl^2.AzH.C^2H^5 \end{array} + POCl^3.$$

Ces chlorures sont transformés en éther d'alcalamide par l'eau :

$$\begin{array}{l} CO\,OC^2H^5 \\ CCl^2.AzH.C^2H^5 \end{array} + H^2O$$
$$= \begin{array}{l} CO.OC^2H^5 \\ CO.AzH.C^2H^5 \end{array} + 2HCl.$$

L'ammoniaque aqueuse les convertit en amides monosubstituées :

$$\begin{array}{l} CO.OC^2H^5 \\ CCl^2.AzH.C^2H^5 \end{array} + AzH^3 + H^2O$$
$$= \begin{array}{l} CO.AzH^2 \\ CO.AzH.C^2H^5 \end{array} + C^2H^5OH + HCl.$$

Les amines les changent en amides-amidines :

$$\begin{array}{l} CO.OC^2H^5 \\ CCl^2.AzH.C^6H^5 \end{array} + 2AzH^2C^6H^5$$
$$= \begin{array}{l} CO\,AzH.C^6H^5 \\ C \begin{cases} Az.C^6H^5 \\ AzH.C^6H^5 \end{cases} \end{array} + C^2H^5OH + HCl.$$

Enfin les dialcalamides d'acides bibasiques, comme la diéthyloxamide, traitées par le perchlorure de phosphore, ne donnent ni les chlorures d'amides ni les chlorures d'imides. Ces corps sont instables et perdent immédiatement de l'acide chlorhydrique. De cette manière les chlorures d'imides, perdant une molécule d'acide chlorhydrique, fournissent des bases chlorées :

$$C^2Cl^2(AzC^2H^5)^2 = C^6H^9ClAz^2 + HCl.$$

Chlorure de diéthyloxamide. — Chloroxaléthyline.

Ces bases forment des sels cristallisables et se combinent avec les chlorures, bromures et iodures alcooliques, ainsi qu'avec un grand nombre de sels minéraux. M. Wassermann.

AMIDINES [Syn. *Amimides*]. — Ce nom a été donné par Wallach à des composés basiques qui résultent de la substitution du radical bivalent AzH à l'oxygène des amides. Leur formule générale est par conséquent

$$R\text{-}C \begin{cases} AzH \\ AzH^2 \end{cases}$$

dans laquelle R représente un radical hydrocarboné.

Ces composés renferment donc un groupe amidogène et un groupe imidogène qui peuvent être diversement modifiés par substitution, et l'on conçoit l'existence d'amidines mono- di- et trisubstituées.

Mais il y a deux genres d'amidines dont on ne connait pas encore de représentant: ce sont les classes correspondant aux formules

$$R\text{-}C \begin{cases} AzX' \\ AzH^2 \end{cases} \quad \text{et} \quad R\text{-}C \begin{cases} AzH \\ AzX'' \end{cases}$$

Tous les essais tentés pour obtenir ces corps ont échoué, et on n'a encore obtenu ni des amidines monosubstituées renfermant le radical hydrocarboné X' à la place d'un atome d'hydrogène du groupe AzH, ni des amidines disubstituées renfermant un radical bivalent X'' à la place des deux atomes d'hydrogène du groupe AzH^2.

Nous allons énumérer les divers genres d'amidines, et indiquer les modes de formation et les réactions de chacun des genres.

Les amidines peuvent être divisées en :

I. AMIDINES SIMPLES OU NON SUBSTITUÉES. — Le type de ce groupe est l'acédiamine de Strecker, qui se forme lorsqu'on chauffe de l'acétamide avec du chlorhydrate d'acétamide.

Modes de formation. — On les obtient :

1° Par l'oxydation à l'air d'une solution ammoniacale d'une thiamide

$$2C^6H^5\text{-}CH^2\text{-}C \begin{cases} S \\ AzH^2 \end{cases} + 2AzH^3 + 2O^2$$
$$= \left(C^6H^5\text{-}CH^2\text{-}C \begin{cases} AzH \\ AzH^2 \end{cases}\right)^2 H^2S^2O^3 + H^2O$$

Hyposulfite de phénylacédiamine.

[A. Bernthsen, *Liebig's Ann.*, t. CLXXXIV, p. 321; *Bull. de la Soc. chim.*, t. XXVI, p. 205 et 382].

2° Lorsqu'on traite une solution ammoniacale d'une thiamide par le chlorure mercurique :

$$C^6H^5\text{-}CH^2\text{-}C \begin{cases} S \\ AzH^2 \end{cases} + 2AzH^3 + HgCl^2$$
$$= \left(C^6H^5\text{-}CH^2\text{-}C \begin{cases} AzH \\ AzH^2 \end{cases}\right) HCl + HgS + AzH^4Cl$$

[Bernthsen, *ibid.*].

3° Par l'action de l'ammoniaque alcoolique sur

le produit de la réaction de l'acide chlorhydrique sur un mélange d'un nitrile et d'un alcool :

$$\left(C^6H^5\text{-}C\Big\langle{AzH \atop OC^4H^9}\right)HCl + AzH^3$$

$$= \left(C^6H^5\text{-}C\Big\langle{AzH \atop AzH^2}\right)HCl + C^4H^9OH$$

[Pinner et Klein, *Deutsch. chem. Gesellsch.*, 1877, p. 1889; 1878, p. 4 et 1486; *Bull. de la Soc. chim.*, t. XXX, p. 273; t. XXXI, p. 134].

Ces amidines sont des bases énergiques qui forment des sels cristallisés. L'eau mélangée d'alcool les transforme en amide et en ammoniaque :

$$C^6H^5CH^2\text{-}C\Big\langle{AzH \atop AzH^2} + H^2O$$

$$= C^6H^5\text{-}CH^2\text{-}COAzH^2 + AzH^3.$$

La soude caustique leur enlève de l'ammoniaque et fournit un cyanure polymérisé.

Elles forment une combinaison argentique lorsqu'on les traite par l'azotate d'argent.

Les iodures alcooliques les convertissent en amidines monosubstituées. L'anhydride acétique les transforme en diamidines :

$$2C^6H^5\text{-}C\Big\langle{AzH \atop AzH^2} + 2\,(C^2H^3O)^2O$$

$$\begin{matrix} C^6H^5\text{-}C \diagup\!\!\diagup AzH \\ \qquad > AzH \\ C^6H^5\text{-}C \diagdown\!\!\diagdown AzH \end{matrix} + C^2H^3OAzH^2 + C^2H^4O^2$$

[Pinner et Klein, *loc. cit.*].

II. AMIDINES MONOSUBSTITUÉES — Elles se forment :

1° Par l'action de la chaleur sur un mélange d'un nitrile et d'un chlorhydrate d'amine :

$$CH^3\text{-}CAz + (AzH^2.C^6H^5).HCl$$

$$= \left(CH^3\text{-}C\Big\langle{AzH \atop AzH.C^6H^5}\right)HCl$$

[Bernthsen, *loc. cit.*].

2° Par l'action de l'iode sur une thiamide en présence d'une amine :

$$C^6H^5\text{-}CH^2\text{-}C\Big\langle{S \atop AzH^2} + AzH^2.C^6H^5 + I^2$$

$$= \left(C^6H^5\text{-}CH^2\text{-}C\Big\langle{AzH \atop AzH.C^6H^5}\right)HI + I + S$$

[Bernthsen, *loc. cit.*].

3° Lorsqu'on chauffe une thiamide avec un chlorhydrate d'amine :

$$C^6H^5\text{-}CH^2\text{-}C\Big\langle{S \atop AzH^2} + (AzH^2.C^6H^5)HCl$$

$$= \left(C^6H^5\text{-}CH^2\text{-}C\Big\langle{AzH \atop AzH.C^6H^5}\right)HCl + H^2S$$

[Bernthsen, *loc. cit.*].

Propriétés. — Comme les amidines précédentes, elles sont des bases énergiques et forment des sels cristallisés. Un mélange d'eau et d'alcool les décompose de la même manière que les amidines simples.

L'hydrogène sulfuré les dédouble en thiamide substituée et en ammoniaque, et, en vertu d'une seconde réaction, en thiamide et en amine :

$$\text{I.}\quad C^6H^5\text{-}CH^2\text{-}C\Big\langle{AzH \atop AzH.C^6H^5} + H^2S$$

$$= C^6H^5\text{-}CH^2\text{-}CS.AzH.C^6H^5 + AzH^3;$$

$$\text{II.}\quad C^6H^5\text{-}CH^2\text{-}C\Big\langle{AzH \atop AzHC^6H^5} + H^2S$$

$$= C^6H^5\text{-}CH^2\text{-}CS.AzH^2 + AzH^2.C^6H^5.$$

Le sulfure de carbone les transforme en thiamide substituée et en sulfocyanate d'amidine :

$$2\left(CH^3\text{-}C\Big\langle{AzH \atop AzH.C^6H^5}\right) + CS^2$$

$$= CH^3\text{-}C\Big\langle{S \atop AzH.C^6H^5}$$

$$+ CH^3\text{-}C\Big\langle{AzH \atop AzHC^6H^5.CAzSH.}$$

III. AMIDINES DISUBSTITUÉES. — Cette classe se subdivise en trois groupes différents selon la nature du radical qui remplace les deux atomes d'hydrogène. Cette substitution peut avoir lieu par l'introduction de deux radicaux monovalents, ou d'un seul radical bivalent dans le group caractéristique des amidines. Le premier ca. nous offre une isomérie par suite du remplacement soit d'un atome d'hydrogène de chacun des groupes AzH et AzH^2, soit des deux atomes d'hydrogène du groupe AzH^2 par deux radicaux monovalents.

Ces différentes amidines disubstituées correspondent aux formules :

$$\alpha\text{-}Amidines:\ R\text{-}C\Big\langle{AzX \atop AzHX};$$

$$\beta\text{-ou } Iso\text{-}amidines:\ R\text{-}C\Big\langle{AzH \atop AzXX};$$

$$\text{et } \gamma\text{-}Amidines:\ R\text{-}C\Big\langle{Az \atop AzH} > X''.$$

α-AMIDINES DISUBSTITUÉES. — *Mode de préparation.* — On les obtient :

1° Lorsqu'on soumet les chlorures d'amides ou d'imides (voyez AMIDES, p. 113) à l'action d'une amine :

$$CH^3\text{-}C\Big\langle{Cl \atop AzC^6H^5} + AzH^2.C^6H^5$$

$$= CH^3\text{-}C\Big\langle{Az.C^6H^5 \atop AzH.C^6H^5} + HCl$$

[O. Wallach et M. Hoffmann, *Liebig's Ann.*, t. CLXXXIV, p. 79; *Bull. de la Soc. chim.*, t. XXVIII, p. 209].

2° Lorsqu'on chauffe les bases chlorées provenant de l'action de la chaleur sur le chlorure d'imides d'acides monobasiques avec une amine ou avec de la potasse :

$$\underset{\text{Base de Wallach.}}{C^{16}H^{15}ClAz^2} + 2\,AzH^2.C^6H^5$$

$$= CH^3\text{-}C\Big\langle{Az.C^6H^5 \atop AzH.C^6H^5}$$

$$+ \left(CH^3\text{-}C\Big\langle{Az.C^6H^5 \atop AzH.C^6H^5}\right)HCl,$$

$$C^8H^{15}ClAz^2 + 2KOH$$

$$= CH^3\text{-}C\Big\langle{AzC^2H^5 \atop AzH.C^2H^5} + KCl + KC^2H^3O^2$$

[O. Wallach et M. Hoffmann, *loc. cit.*].

3° Lorsqu'on traite les chlorures renfermant le groupe CCl^3 (chloroforme, chloroforme benzoïque, etc.), ou les éthers correspondants, par une amine :

$$\text{I.}\quad C^6H^5\text{-}CCl^3 + 5AzH^2.C^6H^5$$

$$= C^6H^5\text{-}C\Big\langle{AzC^6H^5 \atop AzH.C^6H^5} + 3\,(AzH^2.C^6H^5.HCl);$$

$$\text{II.}\quad CH(OC^2H^5)^3 + 2\,AzH^2.C^6H^5$$

$$= CH\Big\langle{AzC^6H^5 \atop AzHC^6H^5} + 3C^2H^5.OH.$$

4° Par distillation d'un mélange d'amine aromatique et d'acide gras :

$$HCO.OH + 2AzH^2.C^6H^5$$
$$= CH\left\langle\begin{matrix} AzC^6H^5 \\ AzH.C^6H^5 \end{matrix}\right. + 2H^2O$$

[Weith, *Deutsch. chem. Gesellsch.*, 1876, p. 458; *Bull. de la Soc. chim.*, t. XXVI, p. 386].

5° Dans l'action d'un chlorhydrate d'amine sur une amidine monosubstituée :

$$C^6H^5\text{-}C\left\langle\begin{matrix} AzH \\ AzH.C^6H^5 \end{matrix}\right. + (AzH^2.C^6H^5)HCl$$
$$= C^6H^5\text{-}C\left\langle\begin{matrix} AzC^6H^5 \\ AzH.C^6H^5 \end{matrix}\right. + AzH^4Cl$$

[Bernthsen, *loc. cit.*].

Propriétés. — Ces bases forment des sels bien définis.

L'eau les dédouble en amide et en amine.

L'hydrogène sulfuré les transforme en thiamide substituée et en amine :

$$C^6H^5\text{-}C\left\langle\begin{matrix} AzC^6H^5 \\ AzH.C^6H^5 \end{matrix}\right. + H^2S$$
$$= C^6H^5\text{-}C\left\langle\begin{matrix} S \\ AzH\ C^6H^5 \end{matrix}\right. + AzH^2.C^6H^5.$$

Le sulfure de carbone les décompose, en donnant naissance à une thiamide substituée et à une sulfocarbimide :

$$C^6H^5\text{-}C\left\langle\begin{matrix} AzC^6H^5 \\ AzH.C^6H^5 \end{matrix}\right. + CS^2$$
$$= C^6H^5\text{-}C\left\langle\begin{matrix} S \\ AzH.C^6H^5 \end{matrix}\right. + C^6H^5.CAzS.$$

Iso-amidines disubstituées. — Elles prennent naissance par l'action de la chaleur sur un mélange d'un nitrile et d'un chlorhydrate d'amine secondaire :

$$CH^3\text{-}CAz + (C^6H^5)^2AzH.HCl$$
$$= \left(CH^3\text{-}C\left\langle\begin{matrix} AzH \\ Az(C^6H^5)^2 \end{matrix}\right.\right)HCl$$

[A. Bernthsen, *Liebig's Annal.*, t. CXCII, p. 1].

L'eau transforme ces bases en ammoniaque et en amide disubstituée :

$$CH^3\text{-}C\left\langle\begin{matrix} AzH \\ Az(C^6H^5)^2 \end{matrix}\right. + H^2O$$
$$= CH^3\text{-}C\left\langle\begin{matrix} O \\ Az(C^6H^5)^2 \end{matrix}\right. + AzH^3.$$

L'hydrogène sulfuré les dédouble en thiamide et en amine secondaire :

$$CH^3\text{-}C\left\langle\begin{matrix} AzH \\ Az(C^6H^5)^2 \end{matrix}\right. + H^2S$$
$$= CH^3\text{-}C\left\langle\begin{matrix} S \\ AzH^2 \end{matrix}\right. + AzH(C^6H^5)^2;$$

mais en même temps une seconde réaction s'accomplit et il se forme une thiamide disubstituée et de l'ammoniaque :

$$CH^3\text{-}C\left\langle\begin{matrix} AzH \\ Az(C^6H^5)^2 \end{matrix}\right. + H^2S$$
$$= CH^3\text{-}C\left\langle\begin{matrix} S \\ Az(C^6H^5)^2 \end{matrix}\right. + AzH^3.$$

Le sulfure de carbone décompose ces bases en thiamide disubstituée et en acide sulfocyanique :

$$C^6H^5\text{-}C\left\langle\begin{matrix} AzH \\ Az(C^6H^5)^2 \end{matrix}\right. + CS^2$$
$$= C^6H^5\text{-}C\left\langle\begin{matrix} S \\ Az(C^6H^5)^2 \end{matrix}\right. + CAzSH.$$

Les iso-amidines disubstituées peuvent fixer les iodures alcooliques et donner l'iodhydrate des amidines trisubstituées [Bernthsen, *loc. cit.*].

γ-Amidines disubstituées. — On les prépare :

1° Par distillation d'une orthodiamine aromatique avec un acide gras :

$$CH^3\text{-}COOH + C^6H^4(AzH^2)^2$$
$$= CH^3\text{-}C\left\langle\begin{matrix} Az \\ AzH \end{matrix}\right\rangle C^6H^4 + 2H^2O$$

[A. Ladenburg, *Deutsch. chem. Gesellsch.*, 1875 p. 677; *Bull. de la Soc. chim.*, t. XXV, p. 369]

2° Par réduction des dérivés orthonitrés des anilides, toluides, etc. :

$$C^6H^5\text{-}COAzH(C^6H^4.AzO^2) + 3H^2$$
$$= C^6H^5\text{-}C\left\langle\begin{matrix} Az \\ AzH \end{matrix}\right\rangle C^6H^4 + 3H^2O$$

[Hobrecker, *Deutsch. chem. Gesellsch.*, 1872, p. 920].

Les amidines de cette classe ne sont pas dédoublées par l'eau; elles fixent les éléments de celle-ci pour former des bases hydroxylées :

$$C^6H^5\text{-}C\left\langle\begin{matrix} Az \\ AzH \end{matrix}\right\rangle C^6H^3\text{-}CH^3 + H^2O$$
$$= C^6H^5\text{-}C\left\langle\begin{matrix} OH \\ AzH \\ AzH \end{matrix}\right\rangle C^6H^3\text{-}CH^3$$

[Kelbe, *Deutsch. chem. Gesellsch.*, 1875, p. 875; *Bull. de la Soc. chim.*, t. XXV, p. 417].

IV. Amidines trisubstituées. — Elles se forment lorsqu'on chauffe les isoamidines dituées avec un iodure alcoolique :

$$C^6H^5\text{-}C\left\langle\begin{matrix} AzH \\ Az(C^6H^5)^2 \end{matrix}\right. + CH^3I$$
$$= \left[C^6H^5\text{-}C\left\langle\begin{matrix} AzCH^3 \\ Az(C^6H^5)^2 \end{matrix}\right.\right]HI$$

[Bernthsen, *Liebig's Ann.*, t. CXC, p. 1].

Toutes les amidines décrites jusqu'à présent sont celles d'acides monobasiques; et en effet, on ne connaît pas d'amidines d'acides polybasiques, à moins que l'on ne considère la guanidine comme l'amidine de l'acide carbonique; dans ce cas le radical R de la formule :

$$R\text{-}C\left\langle\begin{matrix} AzH \\ AzH^2 \end{matrix}\right.$$

ne serait point un radical hydrocarboné, mais le groupe AzH^2. Cette manière d'envisager la guanidine se trouve justifiée par les modes de formation de ces corps, dont quelques-uns se confondent avec les méthodes générales de formation des amidines, et par la décomposition de la guanidine sous l'action de l'eau qui correspond à celle des amidines (voyez Guanidine).

Faisons remarquer, en terminant, qu'il existe des corps qui sont intermédiaires entre les amides d'acides bibasiques et leurs amidines, comme le composé décrit par Klinger [*Liebig's Ann.*, t. CLXXXIV, p. 280]. Ce corps tient le milieu entre la diphényloxamide et la tétraphényloxamidine encore inconnue :

$\begin{matrix} C\left\langle\begin{matrix} AzHC^6H^5 \\ O \end{matrix}\right. \\ \vert \\ C\left\langle\begin{matrix} O \\ AzHC^6H^5 \end{matrix}\right. \end{matrix}$	$\begin{matrix} C\left\langle\begin{matrix} AzHC^6H^5 \\ O \end{matrix}\right. \\ \vert \\ C\left\langle\begin{matrix} AzC^6H^5 \\ AzHC^6H^5 \end{matrix}\right. \end{matrix}$	$\begin{matrix} C\left\langle\begin{matrix} AzHC^6H^5 \\ AzC^6H^5 \end{matrix}\right. \\ \vert \\ C\left\langle\begin{matrix} AzC^6H^5 \\ AzHC^6H^5 \end{matrix}\right. \end{matrix}$
Diphényloxamide.	Corps de Klinger.	Tétraphényloxamidine.

D'ailleurs, le nombre des amidines à fonctions mixtes est considérable, et la théorie permet de prévoir et de formuler des amidines-acides, des amidines-alcools, des amidines-amines, etc.

M. Wassermann.

AMINES. — Les *amines*, dont on a déjà parlé d'une manière générale dans ce livre (t. Ier, p. 200), ont été découvertes par Wurtz en 1849. On connaissait, il est vrai, à cette époque, l'aniline (*kyanol*), la quinoléine (*leukol*), extraites par Runge des goudrons de houille, la butylamine, qu'Anderson avait retirée de l'huile de Dippel, la méthylamine, que Rochleder avait obtenue en traitant la caféine par le chlore, la propylamine, que Werthe'm avait produite en faisant agir la potasse sur la morphine et la narcotine, etc., mais l'analogie de constitution de ces corps fortuitement découverts et leurs rapports avec l'ammoniaque étaient restés méconnus ou forts obscurs jusqu'aux travaux de Wurtz sur la décomposition des éthers cyaniques et cyanuriques par les alcalis. — Depuis ces recherches, la classe des ammoniaques organiques a pris un immense développement, grâce surtout aux méthodes et aux incessants travaux de A.-W. Hofmann.

Classification. — On a exposé (t. Ier, p. 200) la classification des amines en monamines, diamines, triamines, etc., dérivant de 1, 2, 3... molécules d'ammoniaque par substitution à l'hydrogène d'un radical mono ou polyatomique qui, dans ce dernier cas, peut se substituer à l'hydrogène de plusieurs molécules AzH^3. Chacune de ces classes comprend ensuite des amines primaires, secondaires, tertiaires, suivant que la substitution du radical organique a porté sur le tiers, les deux tiers ou la totalité de l'hydrogène de l'ammoniaque.

Quoiqu'un peu arbitraire à quelques égards, comme on le verra plus loin, cette classification doit être conservée; mais il faut bien remarquer que le nombre *n* d'atomes d'azote qui entrent dans la constitution d'une amine n'indique pas toujours que celle-ci dérive de *n* molécules d'ammoniaque, l'azote pouvant s'y trouver à l'état de cyanogène, de nitrosyle, etc., ou même sous la forme et avec les fonctions très particulières dont il est doué dans les corps diazoïques ou les hydrazines. Le caractère de dériver de *n* molécules d'ammoniaque ressort plus particulièrement de la propriété de l'amine en question de s'unir à *n* molécules d'un hydracide. Ainsi la triamidobenzine, l'un des dérivés de la réduction de l'acide trinitrophénique, donne l'iodhydrate

$$(C^6H^3)'''(AzH^2)^3,\ 3\,HI.$$

De même la trinitronaphtaline et la tétranitronaphtaline donnent une triamine et une tétramine dont les iodhydrates ont les formules

$$(C^{10}H^5)'''(AzH^2)^3,\ 3\,HI \text{ et } (C^{10}H^4)^{IV}(AzH^2)^4,\ 4\,HI.$$

Il est vrai qu'Hofmann a montré qu'une polyamine pouvait donner divers chlorhydrates; ainsi cet auteur a décrit les trois chlorhydrates de *diéthylène-triamine :*

$$(C^2H^4)^2H^5Az^3,\ HCl,$$
$$(C^2H^4)^2H^5Az^3,\ 2\,HCl,$$
$$(C^2H^4)^2H^5Az^3,\ 3\,HCl,$$

lesquels peuvent à leur tour donner chacun plusieurs chloroplatinates [voyez t. Ier, p. 1383]; de même la rosaniline peut donner un mono- et un trichlorhydrate. Bien plus, une amine primaire peut fournir des *semi-* et des *sesqui-*chlorhydrates; par exemple, l'hydroxylamine est, d'après Lossen, susceptible de s'unir à l'acide chlorhydrique dans les trois proportions

$$2\,AzH^3O,\ HCl,$$
$$3\,AzH^3O,\ 2\,HCl,$$
$$AzH^3O,\ HCl.$$

Mais cette observation n'en reste pas moins très générale, que les amines dérivent d'autant de molécules d'ammoniaque qu'il existe de molécules d'hydracide dans leurs chlorhydrates, bromhydrates, etc., *saturés au maximum*.

Lorsque dans les diamines et tétramines des radicaux monatomiques se substituent à l'hydrogène du type primitif AzH^3, ce remplacement n'a lieu que par nombres pairs; ce n'est que lorsque tout cet hydrogène a été remplacé qu'on peut obtenir des dérivés correspondant à des sels d'ammonium à nombres impairs de radicaux. C'est ainsi que l'éthylène-tétréthyldiamine donne les deux iodures :

$$(C^2H^4)''(C^2H^5)^4Az^2,\ (C^2H^5I),\ HI$$

Iodhydrate d'éthylène-pentéthylammonium.

et

$$(C^2H^4)''(C^2H^5)^4Az^2,\ (C^2H^5I)^2.$$

Iodure d'éthylène-hexéthylammonium.

On doit enfin ajouter qu'en général les amines à plusieurs atomes d'azote contenant un radical polyatomique *non alcoolique* ne s'unissent le plus souvent qu'à une seule molécule d'un acide monobasique. Elles se comportent donc comme si elles dérivaient d'une seule molécule d'ammoniaque. Ainsi la guanidine

$$Az\left\{\begin{matrix} C \\ H \end{matrix}\right. \begin{matrix} < AzH^2 \\ < AzH^2 \end{matrix}$$

et les carbotriamines qui s'y rattachent, méthyl- et triéthyl-carbotriamine, phényl- et triphénylcarbotriamines ne donnent qu'un monochlorhydrate. Les éthylidène- et amylidène-diamines de H. Schiff, où le radical diatomique dérive d'une aldéhyde, et non d'un alcool, tantôt donnent un monochlorhydrate, tantôt ne se combinent même plus à l'acide chlorhydrique ou aux acides forts. Tous ces composés sont de véritables termes intermédiaires entre les amines et les amides.

Ces diverses considérations nous conduisent à fonder la classification des amines, non plus sur le nombre de molécules d'ammoniaque dont elles dérivent, mais sur la nature des radicaux qu'elles contiennent et qui leur impriment des propriétés toutes spéciales. Aux extrémités opposées de cette classe de composés se trouvent les *amines* proprement dites, à radicaux dérivés d'alcools mono- ou polyatomiques, et les *amides* à radicaux d'acides. Puis, comme termes intermédiaires, les *amines à radicaux phénoliques* avec ou sans oxygène; les *hydrazines* et les *amines diazoïques* à constitution très spéciale dérivées par hydrogénation des amines nitrosées; les *nitrosamines;* les *acétonamines*, bases obtenues en faisant agir l'ammoniaque sur les acétones; les *aldamines* ou *hydramides* dérivant de l'action de l'ammoniaque sur les aldéhydes grasses ou aromatiques; les *amidines* pouvant être regardées comme résultant de l'union des bases primaires avec les nitriles; les *alcalamides* contenant à la fois des radicaux de bases et d'acides, enfin les *amides* proprement dites. Chacune de ces grandes familles se divise ensuite en mono, di et triamines, etc.

Nous allons donner rapidement les caractères généraux de ces diverses classes.

AMINES PROPREMENT DITES.

Ce sont des bases puissantes, dont les caractères généraux ont été suffisamment indiqués dans cet ouvrage (t. Ier, p. 200).

Il est bon de distinguer parmi ces corps ceux qui, tels que les *vinylamines* et bases analogues, contiennent un radical d'alcool trivalent fonctionnant tantôt comme *monatomique*, tantôt comme *triatomique*. Parmi les premières citons l'allylamine

$AzH^2(C^3H^5)$, l'hydrate de triméthylvinylammonium $Az(CH^3)^3(C^2H^3)'OH$; parmi les secondes, la méthényldiphényldiamine

$$Az^2H(C^6H^5)^2(CH)''',$$

l'éthényldiphényldiamine

$$Az^2H(C^6H^5)^2(C^2H^3)''',$$

l'aményldiphényldiamine, etc., bases saturant bien les acides et auxquelles peuvent se rattacher des dérivés contenant du brome ou de l'oxygène dans le radical, tels que le bromure de brométhylène-triméthylammonium

$$Az(CH^3)^3(C^2H^4Br)Br,$$

l'hydroxéthylénamine

$$AzH^2(C^2H^4.OH)',$$

la glycéramine

$$AzH^2(C^3H^{5'''}.OH.OH), \text{ etc.}$$

On ne connait pas encore aujourd'hui de bases dans lesquelles un radical triatomique dérivant d'un alcool proprement dit remplacerait les trois atomes d'hydrogène de l'ammoniaque. Tel serait le composé $Az(C^3H^5)'''$. Des corps se rapprochant de ceux-ci ont été obtenus par la déshydratation des aldéhydes ammoniaques : tels sont les composés de la série pyridique, dont nous traiterons plus loin. Mais on ne saurait considérer, ainsi qu'on l'a fait dans cet ouvrage (t. Ier, p. 204), comme amines tertiaires douées de cette constitution les éthers cyanhydriques. Les composés

$$Az(CH)''', \; Az(C^2H^3)''', \; Az(C^3H^5)''',$$

en s'unissant à une et deux molécules d'eau, donnent successivement des amides et des sels ammoniacaux, ce que ne font jamais les véritables amines, ce sont là des *nitriles*, pouvant comme quelques amides s'unir à HCl, mais ne donnant jamais ainsi de véritables sels. D'ailleurs, la constitution de leurs groupes triatomiques

$$(C\text{-}CH^3)''' \quad \text{et} \quad (C\text{-}CH^2\text{-}CH^3)''',$$

n'est pas celle des radicaux des alcools correspondants :

$$(CH.CH^2)''' \text{ et } (CH\text{-}CH\text{-}CH^3)''', \text{ etc.}$$

AMINES A RADICAUX PHÉNOLIQUES.

Les bases non oxygénées, à radicaux phénoliques, telles que l'aniline, la toluidine, la naphtylamine, s'unissent directement à tous les acides, sauf à l'acide carbonique, et sont même capables de déplacer, à chaud, l'ammoniaque et les bases faibles de leurs combinaisons. Les sels de ces amines, lorsqu'on les chauffe, peuvent se déshydrater et donner naissance à des anilides et à des acides anilidés analogues aux amines et acides amidés dérivés des sels ammoniacaux, caractère que ne possèdent pas les ammoniaques composées de la précédente classe. On a dit (t. Ier, p. 201) que, sous l'influence de l'acide azoteux, ces bases donnent des corps mono- ou diazoïques par substitution d'un atome d'azote à trois atomes d'hydrogène. (Voir plus loin *Séparation et diagnose des amines*.)

Les amines à radicaux oxygénés, appartenant à cette classe, dérivent en général de la réduction totale ou partielle des phénols nitrés. On obtient ainsi les amido-, diamido-, triamidophénols et naphtols, ainsi que les chloramido- et nitramido-phénols. Ces amines s'unissent en général à autant de molécules de HCl qu'elles renferment de radicaux amidogènes, et plusieurs peuvent même former avec les bases de véritables phénates par substitution d'un métal alcalin à l'hydrogène de leur oxhydryle phénolique.

HYDRAZINES.

Ces amines à constitution très spéciale, découvertes par E. Fischer en 1874, dérivent théoriquement du diamidogène

$$\begin{array}{l} AzH^2 \\ |\\ AzH^2 \end{array}$$

où les deux atomes d'azote Az^2, réunis entre eux, fonctionnent comme groupe tétratomique.

En effet, en traitant le chlorhydrate de diméthylamine, $Az(CH^3)^2H.HCl$, par de l'azotite de potassium en liqueur légèrement acide, on obtient la nitrosodiméthyline, d'après l'équation

$$\left.\begin{matrix}(CH^3)^2\\ H\end{matrix}\right\} Az, \; HCl + O{=}Az\text{-}OK$$

Chlorhydrate de diméthylamine. — Azotite de potassium.

$$= \left.\begin{matrix}(CH^3)^2\\ O{=}Az\end{matrix}\right\} Az + KCl + H^2O :$$

Nitrosodiméthyline.

à son tour cette nitrosodiméthyline traitée par l'hydrogène naissant (Zn + acide acétique) donne la diméthylhydrazine,

$$\begin{matrix}CH^3\\ CH^3\end{matrix} > Az\text{-}Az{=}O + 4H$$

Nitrosodiméthyline.

$$= \begin{matrix}CH^3\\ CH^3\end{matrix} > Az\text{-}AzH^2 + H^2O.$$

Diméthylhydrazine.

Fischer a obtenu, de même, la diéthylhydrazine, l'éthylphénylhydrazine

$$\begin{matrix}C^2H^5\\ C^6H^5\end{matrix} > Az\text{-}AzH^2,$$

l'éthylhydrazine $C^2H^5.Az^2H^3$, la phénylhydrazine

$$\begin{matrix}C^6H^5\\ H\end{matrix} > Az\text{-}AzH^2,$$

la diphénylhydrazine, etc.

Ces hydrazines s'obtiennent aussi par l'action des réducteurs sur les corps diazoamidés de la série aromatique. Ainsi l'on a

$$\begin{matrix}C^6H^5\\ H\end{matrix} > Az\text{-}Az{=}Az\text{-}C^6H^5 + 4H$$

Diazoamidobenzol.

$$= \begin{matrix}C^6H^5\\ H\end{matrix} > Az\text{-}AzH^2 + Az \left\{\begin{matrix}C^6H^5\\ H^2\end{matrix}\right.$$

Phénylhydrazine. — Aniline.

Enfin les mêmes bases hydraziques prennent naissance lorsqu'on traite par les sulfites les sels des composés diazoïques. En faisant agir un excès de bisulfite de potassium sur le nitrate de diazobenzol, on obtient, après refroidissement, des cristaux ayant pour formule $C^6H^5.Az^2H^2(SO^3K)'$ (*phénylhydrazinosulfite de potassium*). Ce sel, et les composés analogues, donnent par l'acide chlorhydrique concentré la réaction suivante :

$$\begin{matrix}C^6H^5\\ SO^3K\end{matrix} > Az\text{-}AzH^2 + HCl + H^2O$$

$$= \begin{matrix}C^6H^5\\ H\end{matrix} > Az\text{-}AzH^2, HCl + SO^4KH.$$

Les caractères généraux des bases hydraziniques sont les suivants : Ce sont des corps franchement alcalins, huileux ou cristallisés, en général volatils, assez instables dans la série aromatique, plus fixes dans la série grasse. Ils donnent des sels cristallisés, le plus souvent des monochlorhydrates sublimables, tels que

$$(CH^3)^2\text{-}Az^2H^2, HCl \text{ ou } C^6H^5\text{-}Az^2H^3, HCl,$$

quelquefois des dichlorhydrates très instables. Leurs chloroplatinates bien cristallisés se réduisent à chaud avec dégagement de gaz. Ces bases réduisent immédiatement les sels d'argent et la liqueur de Fehling; elles s'unissent aux bromures et iodures alcooliques pour donner des sels d'hydrazonium. Elles donnent avec les chlorures d'acides de véritables alcalamides par substitution du radical acide à un atome d'hydrogène. Elles forment avec le sulfure de carbone des acides sulfocarbaziques. Elles peuvent entrer comme les amines ordinaires dans la constitution des urées composées : telle est la diéthylhydrazinurée

$$\begin{array}{c} C^2H^5\text{-}Az^2\text{-}AzH^2; \\ \dot{C}O \\ \dot{A}zH\text{-}C^2H^5. \end{array}$$

Enfin les hydrazines s'unissent aux aldéhydes avec élimination d'eau pour former comme l'ammoniaque et les amines ordinaires des *aldéhydrazinamines* [voyez au sujet des *hydrazines* les mémoires de E. Fischer analysés au *Bull. de la Soc. chim.*, t. XXIV, p. 564; t. XXVI, p. 289 et 365; t. XXVII, p. 225 et 229; t. XXVIII, p. 191 et pour les détails sur la formation et les propriétés des divers composés de cette classe, le mot HYDRAZINES dans ce Supplément.]

Quelques-unes des bases qu'a obtenues Zinin, dès 1834, en faisant agir les réducteurs sur la nitrobenzine, sont de véritables hydrazines. C'est ainsi que l'hydrazobenzol

$$\begin{array}{c} C^6H^5\text{-}Az\text{-}H \\ C^6H^5\text{-}\dot{A}z\text{-}H \end{array}$$

est un isomère de la diphénylhydrazine de Fischer

$$\begin{array}{c} C^6H^5\text{-}Az\text{-}C^6H^5 \\ H\text{-}\dot{A}z\text{-}H \end{array}$$

dont il offre le type général.

NITROSAMINES.

Ces bases s'obtiennent par l'action des nitrites sur les sels des amines secondaires en solution légèrement acide. Elles ont été découvertes par Geuther et Kreutzhage en 1864; elles dérivent de la substitution du radical $(AzO)'$ à 1 atome d'hydrogène; ainsi l'on a

$$\underset{\text{Diéthylamine.}}{2Az\begin{cases} C^2H^5 \\ C^2H^5 \\ H \end{cases}} + Az^2O^3 = \underset{\text{Nitrosodiéthyline.}}{2Az\begin{cases} C^2H^5 \\ C^2H^5 \\ (AzO)' \end{cases}} + H^2O.$$

La nitrosopipéridine de Wertheim $C^5H^{10}Az^2O$ possède la même constitution.

On a de même

$$\underset{\text{Diphénylamine.}}{2Az(C^6H^5)^2H} + Az^2O^3$$

$$= \underset{\text{Nitrosodiphénylamine.}}{2\,Az\,(C^6H^5)^2(AzO)} + H^2O.$$

Ces bases peuvent donc être considérées comme les amides des azotites d'amines, et dans le fait elles se produisent quand on déshydrate ces sels à chaud [Bunge, *Zeitschr. für Chem.*, 1868, p. 649].

Traitées par l'acide chlorhydrique concentré, ces bases donnent l'amine secondaire d'où elles dérivent, et régénèrent de l'acide azoteux, par une réaction inverse de celle qui permet de les produire. L'hydrogène sulfuré, le sulfure ammonique, le sulfate ferreux, restent le plus souvent sans action sur les bases nitrosées : l'étain en présence de l'acide chlorhydrique, l'amalgame de sodium et l'eau les décomposent énergiquement en dégageant du protoxyde d'azote et mettant la diamine en liberté; par les bisulfites, ces corps nitrosés donnent par réduction les hydrazines de Fischer, ci-dessus mentionnées.

Dans les nitrosamines renfermant un radical aromatique, on peut reconnaître la présence du groupe AzO par la réaction de Liebermann. Si l'on vient à les chauffer avec du phénol, on obtient un beau produit bleu soluble dans la potasse, disparaissant par les réducteurs, et reparaissant par oxydation à l'air. De plus tous ces composés colorent en beau violet l'acide sulfurique concentré et pur, en dégageant du gaz oxyde nitrique.

Traitées par l'acide nitrique ou par le brome, ces nitrosamines donnent par substitution des dérivés nitrés et bromés [voir, pour plus de détails, *Bull. de la Soc. chim.*, t. XXIX, p. 443].

ACÉTONAMINES.

Les bases le mieux étudiées de cette classe dérivent de l'acétone ordinaire C^3H^6O (voir *Suppl.*, p. 17) [Heintz, *Bull. de la Soc. chim.*, t. XXIII, p. 274 et suiv.; t. XXV, p. 408; t. XXVII, p. 15; t. XXIX, p. 565; t. XXX, p. 177; — Sockoloff et Latschinoff, *ibid.*, t. XV, p. 278]. Les acétonamines se produisent par l'union de l'ammoniaque à l'acétone avec élimination d'eau, ainsi que l'indiquent les équations suivantes :

$$\underset{\text{Acétone.}}{2C^3H^6O} + AzH^3 = H^2O + \underset{\text{Diacétonamine.}}{C^6H^{13}AzO,}$$

$$\underset{\text{Acétone.}}{3\,C^3H^6O} + AzH^3 = 2\,H^2O + \underset{\text{Triacétonamine.}}{C^9H^{17}AzO,}$$

$$\underset{\text{Acétone.}}{3\,C^3H^6O} + AzH^3 = 3\,H^2O + \underset{\text{Déhydrotriacétonamine.}}{C^9H^{15}Az.}$$

C'est la triacétonamine qui prend surtout naissance à chaud.

Les acétonamines sont des bases alcalines puissantes, mais très instables; elles s'oxydent aisément et se décomposent même dans le vide; la base désoxygénée *déhydrotriacétonamine* paraît être le terme le plus stable. Traitées par l'acide azoteux, elles fournissent comme les amines proprement dites un alcool, mais un alcool tertiaire. Ainsi la diacétonamine produit une sorte de triméthylcarbinol dont un hydrogène méthylique serait remplacé par de l'acétyle :

$$CH^3\text{-}CO\text{-}CH^2\text{-}\overset{CH^3}{\underset{CH^3}{C}}\text{-}AzH^2 + AzO^2H$$

$$= CH^3\text{-}CO\text{-}CH^2\text{-}\overset{CH^3}{\underset{CH^3}{C}}\text{-}OH + H^2O + 2\,Az.$$

La diacétonamine et la triacétonamine peuvent fixer, à la façon de l'acétone dont elles dérivent, 2 atomes d'hydrogène naissant pour donner des amines nouvelles que Heintz désigne sous le nom d'*acétonalcamines* :

$$\underset{\text{Diacétonamine.}}{CH^3\text{-}CO\text{-}CH^2\text{-}\overset{CH^3}{\underset{CH^3}{C}}\text{-}AzH^2} + H^2$$

$$= \underset{\text{Diacétonalcamine.}}{CH^3\text{-}\overset{H}{\underset{OH}{C}}\text{-}CH^2\text{-}\overset{CH^3}{\underset{CH^3}{C}}\text{-}AzH^2.}$$

L'action de l'aniline et de ses dérivés sur les acétones aromatiques, ou plutôt sur leurs chlorures, donne lieu à des corps non oxygénés présentant encore ou ne présentant plus le caractère basique. Dans ce dernier cas, les acides peuvent les dédoubler en acétones et amines. Parmi ces acétonamines, citons le corps obtenu par Pauly, en faisant réagir l'aniline sur le chlorure

$$C^6H^5\text{-}CCl^2\text{-}C^6H^5,$$

correspondant à la benzophénone. L'amine obtenue dans ces conditions a pour formule

$$Az\left\{\begin{matrix} C^6H^5 \\ = C(C^6H^5)^2. \end{matrix}\right.$$

Au contraire, le composé qui dérive de l'action de la diméthylaniline sur le même chlorure acétonique a pour composition $C^{21}H^{19}Az$; il jouit de propriétés basiques et donne des sels cristallisables. Enfin l'action de l'aniline sur l'acétone elle-même, en présence des corps déshydratants, donne encore de véritables bases très instables,

$$C^9H^{11}Az \text{ et } C^{12}H^{15}Az,$$

bases résinifiables à l'air, et à sels incristallisables [voyez *Bull. de la Soc. chim.*, t. XXIX, p. 563].

En résumé, les amines acétoniques sont remarquables par leur instabilité, leur facilité à se résinifier, à perdre de l'eau, à fournir des amines complexes dérivées de la réaction de 2 et 3 molécules d'acétone sur 1 molécule d'amine avec perte de 1, 2 ou 3 molécules d'eau, enfin par leur faible alcalinité et quelquefois par leur inaptitude complète à s'unir aux acides.

ALDÉHYDINES ET HYDRAMIDES.

En agissant sur les aldéhydes, l'ammoniaque et les ammoniaques substituées produisent, suivant les cas, tantôt des composés basiques pouvant s'unir aux acides forts, tantôt des composés neutres que les acides peuvent dédoubler par voie d'hydratation, dans leurs composants primitifs, mais qui souvent, grâce à une transposition moléculaire que leur imprime la chaleur, se transforment en bases puissantes.

Prenons pour exemple les bases que H. Schiff a obtenues par l'action de l'aniline sur les aldéhydes :

$$Az^2\left\{\begin{matrix} C^2H^4 \\ (C^6H^5)^2 \\ H^2 \end{matrix}\right. \qquad Az^2\left\{\begin{matrix} C^2H^4 \\ C^2H^4 \\ (C^6H^5)^2 \end{matrix}\right.$$

Éthylidène-diphényldiamine. — Diéthylidène-diphényldiamine.

$$Az^2\left\{\begin{matrix} C^5H^{10} \\ C^5H^{10} \\ (C^6H^5)^2 \end{matrix}\right. \qquad Az^2\left\{\begin{matrix} C^7H^{14} \\ C^7H^{14} \\ (C^6H^5)^2 \end{matrix}\right. \text{ etc.}$$

Diamylidène diphényldiamine. — Diœnanthylidène-diphényldiamine.

De ces bases, les deux premières se combinent avec les acides forts : HCl, AzO^3H, SO^4H^2; les deux autres n'ont aucune tendance à former des sels, pas plus que la dibenzylidène-diphényldiamine du même auteur, ou que l'hydrobenzamide

$$Az^2\left\{\begin{matrix} (C^7H^6)'' \\ (C^7H^6)'' \\ (C^7H^6)'' \end{matrix}\right.$$

et ses homologues supérieurs. Mais, si l'on vient à chauffer ces *hydramides*, elles se convertissent en véritables amines douées de propriétés alcalines, en vertu d'une véritable transposition moléculaire, qui fait passer les radicaux aldéhydiques à l'état de radicaux alcooliques ou phénoliques.

La production, avec élimination d'eau, de ces corps appartenant au type ammoniaque doués de propriétés basiques ou neutres (mais le plus souvent capables de devenir basiques sous l'influence de la chaleur), lorsque l'ammoniaque ou des amines agissent sur les aldéhydes, est un fait général qui s'applique aux aldéhydes diatomiques comme aux monatomiques. Que l'on prenne le glyoxal (COH-COH) et l'ammoniaque, on obtiendra la *glycosine* et la *glyoxaline* :

$$\underset{\text{Glyoxal.}}{3C^2O^2H^2} + 4AzH^3 = \underset{\text{Glycosine.}}{Az^4\left\{\begin{matrix} (C^2H^2)^{IV} \\ (C^2H^2)^{IV} \\ (C^2H^2)^{IV} \end{matrix}\right.} + 6H^2O,$$

ou bien

$$\underset{\text{Glyoxal.}}{2C^2O^2H^2 + 2AzH^3}$$

$$= \underset{\text{Glyoxaline.}}{Az^2\left\{\begin{matrix} (C^2H^2)^{IV} \\ (CH^2)^{v} \end{matrix}\right.} + 2H^2O + \underset{\text{Acide formique.}}{CH^2O^2}$$

Dans la série aromatique, M. Ladenburg, en faisant agir les aldéhydes sur les orthodiamines, a de même obtenu des bases qui résultent de l'union de 2 molécules d'aldéhyde à 1 molécule d'orthodiamine avec élimination de 2 molécules d'eau [voyez *Bull. de la Soc. chim.*, t. XXIX, p. 261, et t. XXXI, p. 31] :

$$\underset{\text{Orthocrésylène diamine.}}{C^7H^6(AzH^2)^2} + 2C^7H^6O$$

$$= \underset{\text{Dibenzocrésylène-diamine.}}{C^7H^6\begin{matrix} < Az = C^7H^6 \\ < Az = C^7H^6 \end{matrix}} + 2H^2O.$$

Et, chose remarquable, tandis que ces composés sont basiques dans l'orthosérie, ils restent neutres dans les séries *méta* et *para*, cas dans lesquels les transpositions atomiques des radicaux aldéhydiques ne se produisent pas aux températures de la réaction, nouvelle preuve que la constitution générale de ces amines, et leur caractère neutre ou basique ne sauraient être prévus *a priori*.

Parmi les amines basiques les plus intéressantes résultant de l'action de l'ammoniaque sur les aldéhydes, il convient de citer ici les bases tertiaires de la série pyridique, dont la synthèse a été faite dans ces derniers temps par Claus, Ador, Baeyer, H. Schiff, et les bases oxygénées correspondantes dont la formation précède les termes désoxygénés définitifs. La picoline C^6H^7Az, base pyridique obtenue en chauffant l'acroléine ammoniaque, se produit suivant l'équation

$$2C^3H^4O + AzH^3 = AzC^6H^7 + 2H^2O.$$

En même temps il se forme une base isomère signalée par Claus. De même la collidine $C^8H^{11}Az$, obtenue par Ador et Baeyer en distillant l'aldéhyde-ammoniaque, dérive de l'aldéhyde crotonique d'après une équation semblable à la précédente :

$$2C^4H^6O + AzH^3 = \underset{\text{Collidine.}}{AzC^8H^{11}} + 2H^2O.$$

Mais si, au lieu de ne se préoccuper que du terme définitif de ces réactions, on suit le phénomène de plus près, on se renseignera plus complètement sur la synthèse de ces intéressants composés. Dans le cas de la collidine, deux molécules d'aldéhyde ordinaire C^2H^4O commencent par se condenser avec perte de H^2O pour produire de l'aldéhyde crotonique, et celle-ci donne avec l'ammoniaque une base oxygénée que Schiff a nommée oxytétraldine :

$$\underset{\text{Aldéhyde crotonique.}}{2C^4H^6O} + AzH^3 = \underset{\text{Oxytétraldine.}}{C^8H^{13}AzO} + H^2O.$$

A son tour cette oxytétraldine, en perdant H^2O, donne naissance à la collidine $C^8H^{11}Az$.

De même H. Schiff, en faisant agir l'ammoniaque sur l'aldéhyde butyrique, a successivement obtenu :

$$2C^4H^8O + AzH^3 = H^2O + C^8H^{17}AzO,$$

Aldéhyde butyrique. — Dibutyraldine.

$$4C^4H^8O + AzH^3 = 3H^2O + C^{16}H^{29}AzO,$$

Aldéhyde butyrique. — Tétrabutyraldine.

$$C^8H^{17}AzO = H^2O + C^8H^{15}Az.$$

Dibutyraldine. — Isomère de la conicine (*paraconicine*).

Des bases analogues ont été dérivées des aldéhydes supérieures. La valéritine de M. Ljubavin, $C^{10}H^{19}Az$, est un homologue de la paraconicine [voyez *Deutsch. chem. Gesellsch.*, t. IV, p. 976 et t. V, p. 42; ainsi que *Bull. de la Soc. chim.*, t. VIII, p. 443; t. XVII, p. 269].

On voit du reste que le mécanisme par lequel ces bases oxygénées se déshydratent, pour donner comme terme définitif les bases désoxygénées, est tout à fait l'analogue de celui dont nous avons parlé plus haut à propos des acétonamines.

Ces mêmes bases de la série pyridique et les bases oxygénées multiples qui en diffèrent par H^2O et $2H^2O$ en plus, s'obtiennent aussi, comme l'a montré Wurtz, par l'action de l'ammoniaque aidée de la chaleur sur l'aldol.

CYANAMINES.

Les composés qui dérivent de la substitution du cyanogène à l'hydrogène de une ou plusieurs molécules d'ammoniaque peuvent être neutres, mais le plus souvent ils sont faiblement basiques et doivent être rangés dans la classe des amines. On les a décrits dans cet ouvrage (t. Ier, p. 1052).

Nous rappellerons seulement ici que la cyanamide

$$Az\left\{\begin{matrix}CAz\\H^2\end{matrix}\right.$$

peut s'unir aux acides; que l'éthylcyanamide et la diéthylcyanamide sont des bases faibles que l'eau décompose partiellement, comme elle le fait des combinaisons analogues obtenues dans la série aromatique; que la dicyanodiamidine

$$Az^2\left\{\begin{matrix}(CAz)^2\\H^4\end{matrix}\right., 2H^2O$$

possède une réaction alcaline; que la mélamine $C^3Az^6H^6$ est un véritable alcali, etc.

Il est d'ailleurs probable que les composés basiques de cette série sont des isomères des cyanamides proprement dites. Les propriétés franchement basiques de ces isomères semblent indiquer du reste que dans ces alcalis le radical amidogène ne saurait être tout entier uni au cyanogène. Le composé $AzH^2(CAz)'$ et ses polymères sont, en effet, de véritables amides, et se conduisent comme tels. Le formule de la cyanuramide correspondant à la tricyanamine et à l'acide cyanurique ne saurait être autre que

$$\begin{matrix}AzH^2\text{-}C\equiv Az\\AzH^2\text{-}C\equiv Az\\AzH^2\text{-}C\equiv Az\end{matrix}>$$

tandis que la mélamine, isomère de la cyanuramide et douée de propriétés basiques, aurait, d'après ce qui a été dit ci-dessus, la formule de constitution probable

$$C^{IV}\left\{\begin{matrix}AzH.C\equiv Az\\AzH.C\equiv Az\\AzH^2\\AzH^2\end{matrix}\right.$$

qui la rapproche de la guanidine, que l'on sait être un des termes dérivant de cette série et pouvant aussi résulter de l'action du gaz chloroxycarbonique sur l'ammoniaque.

AMIDINES.

Ces bases sont avec les *alcalamides* les termes de passage entre les amides et les amines. Elles dérivent du type

$$\begin{matrix}H\text{-}C = AzH\\AzH^2\end{matrix}$$

dans lequel des radicaux alcooliques ou phénoliques peuvent être substitués aux divers atomes d'hydrogène. On peut aussi les considérer comme résultant de l'union des nitriles et des amines. L'auteur de cet article a obtenu à l'état de chlorhydrate le terme le plus simple de cette série par l'action de l'alcool sur le chlorhydrate de formonitrile, et a observé une isomérie du cyanure d'ammonium qui semble correspondre à la base elle-même :

$$Az\equiv C(AzH^4)' \quad \text{et} \quad H\text{-}Az = C<\begin{matrix}H\\AzH^2\end{matrix}.$$

Cyanure d'ammonium. — Amidine (isomère).

Nous nous bornons à renvoyer le lecteur au mot AMIDINES traité dans ce Supplément pour les renseignements généraux sur cette intéressante classe de composés.

ALCALAMIDES ET AMIDES.

Ces deux classes de corps ne sont plus à proprement parler des amines, et nous ne les citons ici qu'en passant et comme les derniers termes de la classification des amines qui perdent ainsi peu à peu leur propriété de s'unir aux acides à mesure qu'à l'hydrogène ammoniacal se substituent des radicaux de plus en plus électronégatifs. Toutefois, quelques alcalamides et amides jouissent encore de la propriété de s'unir faiblement à l'acide chlorhydrique. On trouvera des renseignements suffisants dans cet ouvrage et dans son Supplément sur les amides et alcalamides.

PRÉPARATION ET SYNTHÈSES NOUVELLES DES AMINES.

Outre les synthèses des amines aldéhydiques et acétoniques dérivées de l'action de l'ammoniaque ou des amines sur les aldéhydes et les acétones; des amidines obtenues en faisant réagir successivement le perchlorure de phosphore et les amines sur les amides; des hydrazines qui résultent de la réduction des amines nitrosées, etc., autant de synthèses nouvelles dont nous avons suffisamment parlé plus haut, nous citerons encore les réactions suivantes comme donnant naissance à des amines :

1° Les monamines primaires s'obtiennent à l'état de pureté absolue par l'action de l'eau, aidée des acides, sur les carbylamines (A. Gautier). Ainsi l'éthylcarbylamine donne l'éthylamine et l'acide formique, la phénylcarbylamine, l'aniline et l'acide formique, etc. :

$$Az\left\{\begin{matrix}C''\\C^2H^5\end{matrix}\right. + 2H^2O = CH^2O^2 + Az\left\{\begin{matrix}H^2\\C^2H^5\end{matrix}\right..$$

Éthylcarbylamine. — Acide formique — Éthylamine.

2° De cette réaction il faut rapprocher celle qui consiste à dériver les amines de la réduction des composés nitrés :

$$Az\left\{\begin{matrix}(O\text{-}O)''\\C^6H^5\end{matrix}\right. + 6H = 2H^2O + Az\left\{\begin{matrix}H^2\\C^6H^5\end{matrix}\right..$$

Nitrobenzine. — Aniline.

De même le nitréthane et le nitrométhane de V.

Meyer et Stüber, produits dans des conditions analogues aux carbylamines par l'action du nitrite d'argent sur les iodures alcooliques, s'unissent comme celles-ci à l'hydrogène naissant et donnent des amines :

$$Az\left\{\begin{matrix}(O\text{-}O)''\\ C^2H^5\end{matrix}\right. + 6H = 2H^2O + Az\left\{\begin{matrix}H^2\\ C^2H^5.\end{matrix}\right.$$

Nitréthane. Éthylamine.

Toutefois la réduction des composés dinitrés dérivant de la série grasse parait dédoubler souvent la combinaison et lui enlever l'azote sous forme d'hydroxylamine. Ainsi

$$CH^3\text{-}C(AzO^2)^2\text{-}CH^3 + H^6$$

Dinitropropane.

$$= CH^3\text{-}CO\text{-}CH^3 + 2\,AzH^3O + H^2O,$$

Acétone. Oxammoniaque.

ou bien

$$CH^3\text{-}C(AzO^2)^2H + H^8$$

Dinitréthane.

$$= CH^3\text{-}COH + 2\,AzH^3O + H^2O.$$

Aldéhyde. Oxammoniaque.

3° On a omis au mot Amines de dire que ces bases peuvent dériver de l'action de l'ammoniaque sur les éthers nitriques [Juncadella, 1869, *Compt. rend.*, t. XLVIII, p. 342; — Carey-Lea, *Chem. News*, 1862, et *Bull. de la Soc. chim.*, même année, p. 238, 446, 448]. Il convient de rappeler aussi que Berthelot avait obtenu des amines par l'action de l'ammoniaque sur les éthers à oxacides [*Ann. de Chim. et de Phys.*, 3e série, t. XXXIX, p. 403], et que M. de Clermont avait aussi observé leur formation dans l'action de l'ammoniaque sur les éthers phosphoriques.

4° Les modes de formation des amidines sont indiqués en détail à l'article Amidines de ce Supplément.

5° On sait que les bases vinyliques à radicaux triatomiques, pouvant quelquefois jouer le rôle de restes monatomiques, ont été obtenues soit par perte de HBr, HI empruntés à des radicaux, tels que $(C^2H^4Br)'$, $(CH^2I)'$, etc., soit par l'action du trichlorure de phosphore sur les alcalamides ou sur les mélanges qui peuvent leur donner naissance. Ainsi l'on a

$$3\,C^6H^7Az + 3\,C^8H^9AzO + PCl^3$$

Aniline. Acétanilide.

$$= 3\,C^{14}H^{14}Az^2 + PH^3O^3 + 3\,HCl.$$

Éthényldiphényldiamine.

SÉPARATION ET DIAGNOSE DES MONO-, DI- ET TRIAMINES.

A.-W. Hofmann a autrefois indiqué un procédé de séparation des amines de la série grasse. Si l'on fait agir l'oxalate d'éthyle sur un mélange de mono, di et triéthylamine, l'éthylamine donne de la diéthyloxamide *solide*, la diéthylamine se transforme en diéthyloxamate d'éthyle *liquide* ne bouillant qu'à 250°, tandis que la triéthylamine reste libre [voy. *Répert. de Chim. pure*, t. III, p. 280, et t. V, p. 44, 1862]. Ces bases peuvent donc être ainsi séparées; mais M. Wallach a fait observer que dans l'action de la monéthylamine sur l'éther oxalique il se forme toujours de l'éther monéthyloxamique qui reste mélangé à l'éther diéthyloxamique dérivant de la diéthylamine; le point d'ébullition du premier éther est tellement voisin de celui de l'éther diéthyloxamique, que ce dernier ne peut en être séparé par distillation [*Bull. de la Soc. chim.*, t. XXV, p. 79].

Nous avons vu plus haut, en parlant des bases nitrosées, que l'acide nitreux agit dans la série grasse sur les amines primaires en régénérant l'alcool correspondant à leur radical, dans la série aromatique, en donnant tantôt des phénols, tantôt des azo-dérivés; que ce même réactif produit des nitrosamines avec les amines secondaires, et qu'avec les amines tertiaires il donne, spécialement dans la série aromatique, des bases nitrosées où le radical (AzO)' remplace un atome H du radical aromatique. Cette observation a été utilisée par MM. Noelting et Boasson pour séparer les amines primaires, secondaires et tertiaires, au moins dans le cas de la phénylamine, de la crésylamine et de leurs dérivés méthylés ou éthylés. Si l'on prend, en effet, un mélange d'aniline, de méthyl- et de diméthylaniline, et qu'on le traite par le nitrite de sodium en solution légèrement acide par l'acide chlorhydrique, l'aniline sera transformée en chlorure de diazobenzol, la diméthylaniline en chlorhydrate de nitrosodiméthylaniline, et la méthylaniline en méthylphénylnitrosamine. Les deux premières substances sont solubles dans l'eau; la dernière est une huile insoluble que les agents réducteurs énergiques font aisément repasser à l'état de méthylaniline [*Bull. de la Soc. chim.*, t. XXVIII, p. 2].

A.-W. Hofmann sépare ces mêmes bases de la façon suivante : Dans un mélange d'aniline, de méthyl- et diméthylaniline on verse peu à peu de l'acide sulfurique étendu jusqu'à ce que celui-ci ne détermine plus de cristallisation. On sépare les bases restées liquides (méthyl-et diméthylaniline presque exemptes d'aniline), et on y laisse tomber goutte à goutte du chlorure d'acétyle. La méthylaniline passe à l'état de méthylacétanilide, et la diméthylaniline donne un produit d'addition. On verse alors ce mélange dans l'eau bouillante. La diméthylaniline est régénérée sous forme de chlorhydrate, tandis que la méthylacétanilide cristallise par refroidissement. Pour l'isoler de sa combinaison acétylée, on la traite par l'acide chlorhydrique bouillant et l'eau [*Bull. de la Soc. chim.*, t. XXII, p. 372].

Détermination volumétrique de l'hydrogène typique dans les ammoniaques composées. — H. Schiff a fait voir que les aldéhydes, et spécialement l'œnanthol, agissent à la température ambiante et presque instantanément sur les amines primaires et secondaires en s'unissant à elles, avec élimination d'eau, d'après les équations suivantes, où R représente un radical monatomique :

$$AzH^2R + C^nH^{2n}O = H^2O + Az(C^nH^{2n})''R,$$

Amine primaire.

$$2AzH.R^2 + C^nH^{2n}O = H^2O + Az^2(C^nH^{2n})''R^4$$

Amine secondaire.

Si donc on dissout 60cc·5 d'œnanthol dans de la benzine de manière à occuper 100 centimètres cubes, chaque centimètre cube de cette solution déplacera, d'après un calcul facile à faire, 1 centigramme d'hydrogène à l'état d'eau. D'après ces indications, pour déterminer l'hydrogène typique d'une amine, on en pèse 2 à 4 grammes et on les dissout dans 2 à 3 fois leur volume de benzine. A la solution on ajoute quelques grammes de chlorure de calcium fondu, puis on verse avec une pipette graduée la solution titrée d'œnanthol ci-dessus indiquée. Chaque goutte de ce liquide produit un trouble dû à la séparation de l'eau qu'absorbe rapidement le chlorure de calcium. Dès que la solution d'aldéhyde ne produit plus ce trouble, l'essai est terminé. Comme 139 cent. cubes d'œnanthol par correspondent à 2 atomes d'hydrogène, on calculera d'après cette donnée le nombre d'atomes contenus dans le poids moléculaire de l'amine considérée, poids qui est lui-même donné par sa densité de vapeur ou l'analyse de son chloroplatinate.

MIGRATION DES RADICAUX DANS LES AMINES.

A.-W. Hofmann a observé en 1872 que si l'on chauffe de 230 à 360° les chlorures, bromures, iodures des phénylammoniums mono, bi et tri méthylés, éthylés, amylés, etc., les groupes méthyle, éthyle, quittent successivement dans la molécule leur position primitive de radicaux typiques substitués dans AzH^3, et prennent la place de l'hydrogène du noyau phénylique; de telle sorte qu'on passe successivement par la seule action de la chaleur d'une amine quaternaire à une amine tertiaire, secondaire, primaire, tandis que le radical aromatique se transforme à chaque substitution en un homologue supérieur. Ainsi, que l'on parte de l'iodure de triméthylphénylammonium, l'expérience montre qu'on obtient successivement par l'action de la chaleur :

1° De l'*iodhydrate de diméthyltoluidine* :

$$Az(C^6H^5)(CH^3)^3I = Az(C^6H^4 \cdot CH^3)(CH^3)^2, HI;$$

2° De l'*iodhydrate de méthylxylidine* :

$$Az(C^6H^5)(CH^3)^3I = Az[C^6H^3(CH^3)^2]CH^3.H, HI;$$

3° Enfin de l'*iodhydrate de cumidine* :

$$Az(C^6H^5)(CH^3)^3I = Az[C^6H^2(CH^3)^3]H^2.HI.$$

De même le chlorhydrate d'éthylaniline chauffé de 300 à 330° donne le *chlorhydrate de phénéthylamine*, $C^6H^4(C^2H^5)H^2Az, HCl$, et celui d'*amylaniline* donne le *chlorhydrate de phénamylamine*, $(C^6H^4.C^5H^{11})H^2Az.HCl$, en même temps qu'il se fait une petite proportion de bases plus complexes dérivées de réactions secondaires. Mais Hofmann n'est arrivé qu'à des résultats négatifs avec la diphénylamine qui n'a pas donné de xénylamine, et avec les iodures de tétraméthyl- et éthylammoniums non aromatiques.

Ces exemples de migrations ou transpositions moléculaires au cours des réactions chimiques sont fort nombreux, et nous n'avons pas à y insister ici; toutefois, à ce propos, il est peut-être bon de citer dans un article relatif aux *Amines*, les transpositions singulières d'où résulte la production des rosanilines lorsqu'on fait réagir les agents oxydants sur les phényl- et crésylamines. Il paraît établi aujourd'hui que la rosaniline la plus simple a pour constitution

$$CH \begin{array}{l} / \ C^6H^4 \cdot AzH \ \diagdown \\ - \ C^6H^4 \cdot AzH \ \diagup \\ \backslash \ C^6H^4 \cdot AzH^2, \end{array}$$

véritable dérivé du triphénylméthane, provenant lui-même de l'union au crésyle C^7H^7 de la crésylamine primitive des deux phényles C^6H^5 empruntés aux deux molécules de phénylamine. Ces exemples et bien d'autres doivent nous tenir en garde contre cette tendance qui consiste à déduire la forme de l'édifice moléculaire, non plus des propriétés actuelles du corps que l'on considère, mais seulement de la constitution primitive de ses composants. A. Gautier.

AMMÉLIDE. — Les travaux de Liebig et Knapp d'une part, et ceux de Gerhardt et de Henneberg [*Ann. der Chem. u. Pharm.*, t. XCX, p. 264] d'autre part, avaient fait admettre l'existence de deux matières intermédiaires entre l'ammeline et l'acide cyanurique, savoir : l'ammélide de Liebig,

$$C^6H^9Az^9O^3 = C^3H^5Az^5O, C^3H^4Az^4O^2,$$

et l'ammélide de Gerhardt ou acide mélanurique d'Henneberg,

$$C^3H^4Az^4O^2.$$

Gabriel et Jaeger n'ont pu préparer un corps de la formule de l'ammélide de Liebig, ni par l'action de l'acide sulfurique sur le mélam, ni par l'ébullition de la solution d'azotate d'ammeline, et leurs recherches tendent à mettre en doute l'existence du corps

$$C^6H^9Az^9O^3.$$

Ces chimistes appliquent le nom d'ammélide à l'acide mélanurique.

L'ammélide de Liebig pourrait être considérée comme un mélange d'ammeline $C^3H^5Az^5O$ et d'ammélide $C^3H^4Az^4O^2$; mais cette hypothèse ne saurait être soutenue devant ce fait, que les deux derniers corps forment des nitrates cristallisés et stables en présence d'un petit excès d'acide libre, tandis que le composé de Liebig ne se dissout, d'après ce savant, que dans l'acide nitrique concentré et est précipité par l'addition d'une faible quantité d'eau [S. Gabriel, *Deutsch. chem. Gesellsch.*, t. VIII, p. 1165; *Bull. de la Soc. chim.*, t. XXV, p. 262; — J.-H. Jaeger, *Deutsch. chem. Gesellsch.*, t. IX, p. 1554; *Bull. de la Soc. chim.*, t. XXVIII, p. 8].

De nouvelles recherches sont nécessaires pour trancher définitivement la question de l'existence ou de la non-existence de l'ammélide de Liebig. Tout ce qui suit s'applique à l'ammélide de Gerhardt :

$$C^3H^4Az^4O^2.$$

La transformation du mélam en ammélide par l'acide sulfurique n'est pas directe; à 100°, il se forme de la mélamine mélangée d'une certaine quantité d'ammeline, et ce n'est que vers 150° que s'accomplit la seconde phase de la réaction : la masse commence à mousser et la température s'élève rapidement vers 210°. Après refroidissement, l'alcool précipite du produit de la réaction de l'ammélide souillée par quelques impuretés; on l'épuise par l'eau bouillante et on transforme le résidu en nitrate ou en chlorhydrate qui cristallisent (Jaeger).

La mélamine pure, chauffée avec de l'acide sulfurique, fournit presque la quantité théorique d'ammélide, d'après l'équation

$$\underset{\text{Mélamine.}}{C(AzH) \begin{array}{l} < AzH\text{-}C(AzH) > \\ < AzH\text{-}C(AzH) > \end{array} AzH}$$

$$+ 2H^2O + 2SO^4H^2$$

$$= \underset{\text{Ammélide.}}{C(AzH) \begin{array}{l} < AzH\text{-}CO > \\ < AzH\text{-}CO > \end{array} AzH} + 2SO^4H(AzH^4).$$

L'ammélide se produit aussi : 1° lorsque l'urée est chauffée avec de l'iodure de cyanogène [t. III, p. 564, et E. Schmidt, *Journ. für prakt. Chem.* (2), t. V, p. 35]. Il se forme probablement une dicyano-urée $CO(AzH.CAz)^2$ qui en fixant H^2O fournit de l'ammélide.

2° Par l'action de l'acide sulfurique étendu de son volume d'eau sur la cyanamide à la température de 130° [E. Baumann, *Deutsch. chem. Gesellsch.*, t. VI, p. 1373; *Bull. de la Soc. chim.*, t. XXI, p. 308]; la composition du composé formé dans cette réaction serait exprimée par la formule de Liebig $C^6H^9Az^9O^3$.

3° Lorsque la cyanamide est chauffée à 100° avec du bromure de cyanogène, et que le produit est purifié par cristallisation dans l'eau bouillante et dans l'acide chlorhydrique chaud. Dans cette réaction, le bromure de cyanogène joue le rôle d'un agent de polymérisation; et l'ammélide résulte de l'action de l'eau et de l'acide chlorhydrique sur la cyanamide polymérisée [C. O. Cech et E. Dehmel, *Deutsch. chem. Gesellsch.*, t. XI, p. 249].

On obtiendrait peut-être de l'ammélide en faisant agir l'acide cyanique sur la cyanamide :

$$2CHAzO + CH^2Az^2 = C^3H^4Az^4O^2.$$

Le *chlorhydrate* d'ammélide $C^3H^4Az^4O^2, HCl$ cristallise en aiguilles microscopiques ; le *nitrate* $C^3H^4Az^4O^2, HAzO^3$ forme des écailles cristallines brillantes.

Une solution ammoniacale chaude d'ammélide laisse déposer, par le refroidissement, de belles aiguilles d'un sel ammoniacal extrêmement instable et perdant son ammoniaque par la dessiccation.

En chauffant l'ammélide directement avec un bec Bunsen dans une cornue traversée par un courant de gaz carbonique chargé de vapeurs aqueuses, on la dédouble en gaz carbonique et cyanamide ; cette dernière se condense avec l'eau dans le récipient :

$$C^3H^4Az^4O^2 = CO^2 + 2CH^2Az^2$$

[E. Drechsel, *Journ. für prakt. Chem.*, (2), t. XI, p. 293].

La constitution de l'ammélide découle de celle de l'acide cyanurique : si l'on considère ce dernier comme un acide trihydroxylé, l'ammélide représente la première amide ; si, au contraire l'acide cyanurique constitue la tricarbimide, ce qui nous paraît plus probable, l'ammélide est la première imide correspondante et possède la formule de structure que nous avons admise plus haut.

A. Henninger.

AMMÉLINE. — Hoffmann a préparé la triéthylamméline,

$$C^9H^{17}Az^5O = C^3H^2(C^2H^5)^3Az^5O.$$

en faisant bouillir la triéthylmélamine avec de l'acide chlorhydrique :

$$C^3H^3(C^2H^5)^3Az^6 + H^2O$$
$$= C^3H^2(C^2H^5)^3Az^5O + AzH^3.$$

Le produit de la réaction est sursaturé par la soude, évaporé au bain-marie et épuisé par l'éther ; la solution éthérée étant distillée et le résidu traité par le chlorure platinique, on obtient de beaux prismes quadrangulaires du chloroplatinate :

$$(C^9H^{17}Az^5O, HCl)^2 + PtCl^4.$$

Ce sel est soluble dans l'eau, moins soluble dans l'alcool. Par une digestion prolongée avec l'acide chlorhydrique, la triéthylamméline se transforme en cyanurate d'éthyle, sans que l'on ait constaté la production de la triéthylammélide [A. W.-Hofmann, *Deutsch. chem. Gesellsch.*, t. II, p. 604 ; t. III, p. 266 ; *Bull. de la Soc. chim.*, t. XIII, p. 512 ; t. XIV, p. 161].

L'amméline a probablement pour formule

$$CO \begin{matrix} \diagup AzH\text{-}C(AzH) \\ \diagdown AzH\text{-}C(AzH) \end{matrix} \!\!> AzH ;$$

elle serait la deuxième imide de l'acide cyanurique.

A. Henninger.

AMMONIAQUE. — La production du gaz ammoniac sous l'influence de décharges obscures agissant sur un mélange d'hydrogène et d'azote a été observée par divers savants [Chabrier, *Compt. rend.*, t. LXXV, p. 484 ; — P. et A. Thenard, *ibid*, t. LXXVI, p. 983 ; — Donkin, *Proceed. of Roy. Soc.*, t. XXI, p. 281]. P. et A. Thenard ont montré que cette synthèse de l'ammoniaque est très limitée lorsque ce gaz n'est pas absorbé par un acide au fur et à mesure de sa production.

Berthelot [*Bull. de la Soc. chim.*, t. XXVI, p. 101] évalue à 3 centièmes le volume du mélange gazeux qui entre en combinaison après un temps considérable. Avec l'étincelle, il y a aussi production de gaz ammoniac, mais cette production ne porte que sur quelques cent-millièmes du mélange.

Dissolution du gaz ammoniac. — La dissolution de 1 molécule AzH^3 dans 250 à 370 molécules d'eau dégage $+ 8^{cal},82$. Favre et Silbermann étaient arrivés au nombre 8,74 et Thomsen au nombre 8,44. La dilution d'une solution d'ammoniaque par l'eau dégage une quantité de chaleur qui est en raison inverse de la quantité d'eau déjà unie à l'ammoniaque [Berthelot. *Bull. de la Soc. chim.*, t. XX, p. 57].

Densité des solutions d'ammoniaque. — Ayant observé certaines irrégularités dans l'allure d'un appareil à glace de Carré, Wachsmuth a fait de nouvelles déterminations de la richesse des solutions aqueuses d'ammoniaque de diverses concentrations. Ses résultats sont consignés dans le tableau suivant, qui indique en même temps le volume occupé dans la solution par AzH^3 liquide [*Arch. für Pharm.*, t. VIII, p. 510 ; 1876] :

Densité à 12°.	AzH^3 par kilogr.	AzH^3 par litre.	1 litre renferme AzH^3 liquide.
0, 870	384gr, 4	324gr, 5	464cc, 5
0 875	365 7	320 0	445 0
0 880	347 2	305 5	425 2
0 885	329 4	289 4	406 4
0 890	311 6	277 8	387 3
0 895	294 4	263 4	368 4
0 900	277 3	249 5	349 5
0 905	260 9	236 1	331 1
0 910	244 9	222 8	312 8
0 915	229 2	209 7	294 7
0 920	213 4	196 3	276 3
0 925	198 2	183 3	257 8
0 930	182 0	170 1	240 1
0 935	167 0	157 0	2 2 0
0 940	152 9	143 7	203 7
0 945	138 5	130 0	185 8
0 950	124 2	118 0	168 0
0 955	110 5	105 5	150 5
0 960	97 0	93 1	132 1
0 965	83 5	80 5	115 5
0 970	70 2	68 0	98 0
0 975	57 7	56 2	81 2
0 980	45 3	41 3	64 3
0 985	33 1	32 5	47 5
0 990	21 0	20 7	30 7

L'ammoniaque est plus soluble dans une solution d'azotate d'ammonium que dans l'eau pure, et réciproquement. Sa solubilité dans une solution d'azotate de sodium est la même que dans l'eau pure. Elle est moindre dans la potasse et dans la soude que dans l'eau. Les solutions salines en général dissolvent d'autant moins de gaz ammoniac qu'elles sont plus concentrées [Raoult, *Compt. rend.*, t. XXVII, p. 1078].

Liquéfaction du gaz ammoniac. — On peut utiliser pour cette liquéfaction la combinaison que forme le gaz ammoniac avec les cristaux d'azotate d'ammonium (voir plus loin). Introduite dans un tube Faraday, cette combinaison peut fournir le tiers de son volume de AzH^3 liquide lorsqu'on le chauffe à 100°, tandis qu'on refroidit la seconde branche à 0° [Raoult, *Compt. rend.*, t. LXXVII, p. 1261].

Combustion de l'ammoniaque. — *Expérience de cours.* — Dans un vase à précipité, en verre de Bohême, on introduit une solution *saturée* d'ammoniaque et l'on suspend au-dessus de cette solution un fil de platine de 0mm,5 d'épaisseur enroulé en spirale, de manière à faire 15 à 20 tours ; l'extrémité de cette spirale doit presque affleurer le niveau du liquide, mais sans le toucher. Dans le liquide plonge un tube de dégagement relié à un gazomètre rempli d'oxygène. On chauffe la spirale de platine au rouge, on la suspend au-dessus du liquide et on fait passer l'oxygène ; aussitôt l'incandescence du platine augmente et l'atmosphère du vase se remplit de fumées blanches d'azotite d'ammonium. Si l'on chauffe la solution ammoniacale, le mélange d'oxygène et de gaz ammoniac s'enflamme en produisant une série de détonations plus ou moins fortes et rapides, suivant la rapidité du courant d'oxygène et la température de la solution [Kraut, *Ann. Chem. u. Pharm.*, t. CXXXVI, p. 69; *Bull. de la Soc. chim.*, (2), t. V, p. 206].

Action de l'ammoniaque liquide sur les métaux. — L'ammoniaque liquide dissout les métaux alcalins. Si l'on enferme du potassium dans l'une des branches d'un tube Faraday, l'autre branche renfermant du chlorure d'argent saturé de gaz ammoniac, on voit bientôt le potassium changer d'aspect, lorsqu'on décompose le chlorure d'argent ammoniacal par la chaleur. Le métal se gonfle et se recouvre de petits globules brillants à éclat bronzé; finalement le tout se liquéfie. Cette combinaison donnant lieu à un dégagement de chaleur, il est nécessaire de refroidir la branche contenant le potassium. Le liquide obtenu est mobile, opaque, et présente, sous une incidence normale, la couleur du cuivre et un éclat métallique; sous une incidence oblique, il offre une teinte jaune-verdâtre. Lorsqu'on laisse refroidir la branche du tube contenant le chlorure d'argent, celui-ci absorbe de nouveau lentement l'ammoniaque, et le potassium est remis en liberté.

Le sodium produit une combinaison analogue [voy. Sodium, t. II, p. 1519].

Weyl envisage ces combinaisons comme des ammoniums métalliques $(AzH^3K)^2$ et $(AzH^3Na)^2$. Ces ammoniums peuvent former des amalgames, qui se présentent sous la forme d'une masse métallique, de couleur rougeâtre [*Poggend. Ann.*, t. CXXI, p. 601; *Bull. de la Soc. chim.*, (2), t. III, p. 185].

Les mêmes phénomènes ont été observés par Seely [*Chem. News*, t. XXII, p. 217]. D'après cet auteur, l'ammoniaque liquide dissout le soufre, le phosphore, les chlorures, bromures, iodures, azotates, mais non les oxydes, florures, sulfures et sulfates.

Amalgame d'ammonium. — La constitution de cette combinaison a donné lieu à une série de recherches de la part de divers savants. Ces recherches tendent en général à établir que la turgescence de ce singulier composé est due à une espèce d'émulsion gazeuse. Wetherill a montré qu'on peut produire cet amalgame avec tous les sels d'ammonium, sauf l'azotate, qui le décompose instantanément, mais sans production de vapeurs nitreuses [Sillim., *Amer. Journ.*, 1865, p. 160; *Zeitschr. für Chem.*, 1865, p. 650].

Lorsqu'on comprime l'amalgame d'ammonium, il prend l'aspect et la fluidité du mercure ordinaire; son volume est alors presque égal à celui du mercure qu'il contient [Seely, *Chem. News*, t. XXI, p. 263].

Pour établir l'existence de l'ammonium dans l'amalgame, Alb. Gallatin a cherché à constater que l'hydrogène qui se dégage pendant la décomposition de l'amalgame est de l'hydrogène naissant. La formation d'hydrogène phosphoré par le contact de cet amalgame avec des fragments de phosphore paraît démontrer ce fait et, par suite, l'existence même de l'ammonium dans l'amalgame [*Philos. Magaz.*, t. XXXVIII, p. 57].

Landolt a reconnu, ce qui était généralement admis, que l'hydrogène et l'ammoniaque dégagés de l'ammonium se produisent dans les rapports exigés par l'ammonium. Il montre, d'autre part, que l'amalgame d'ammonium ne se comporte pas, à l'égard des solutions métalliques, comme l'amalgame de sodium ou de potassium, en ce sens qu'il ne donne pas naissance aux amalgames métalliques correspondants [*Ann. der Chem. u. Pharm.*, Supplement b. VI, p. 346; *Bull. de la Soc. chim.*, t. XII, p. 37].

Routledge est arrivé aux mêmes résultats que Landolt pour le rapport de H à AzH^3 [*Chem. News*, t. XXVI, p. 210].

Bismuthure d'ammonium. — Cette combinaison se produit lorsqu'on fait arriver un filet d'eau sur un alliage de bismuth et de sodium, recouvert de sel ammoniac; le métal se gonfle, devient pâteux et poreux, puis se concrète. En même temps il se dégage de l'ammoniaque et de l'hydrogène. Desséché, le produit continue à se décomposer en faisant entendre des crépitements. Placé dans une solution de sel de cuivre, il déplace du cuivre métallique, comme le ferait le bismuthure de sodium, réaction qui n'a pas lieu avec le bismuth seul [Gallatin, *loc. cit.*].

SELS AMMONIACAUX.

Dissociation des sels ammoniacaux en solution aqueuse. — Lorsqu'on fait bouillir la solution d'un sel d'ammonium, il se manifeste bientôt une réaction acide par suite d'une perte d'ammoniaque. On doit à H.-C. Dibbits des recherches précises sur ce sujet [*Zeitschr. analyt. Chem.*, t. XIII, p. 395; *Bull. de la Soc. chim.*, t. XXIII, p. 458]. Le chlorhydrate et l'azotate ammoniques se décomposent plus lentement que le sulfate, et celui-ci plus lentement que l'oxalate et l'acétate; la perte d'ammoniaque augmente avec la concentration de la solution et avec la quantité d'eau qui passe à la distillation.

Lorsque l'acide du sel est volatil, il passe à la distillation en même temps que l'ammoniaque, et le sel se reconstitue en partie dans le liquide distillé; c'est ce qui a lieu notamment avec l'acétate. Le sulfate acide et l'oxalate acide ne perdent pas de traces appréciables d'ammoniaque.

Dibbits pense que, même à basse température, les sels ammoniacaux en dissolution sont partiellement dissociés.

Pour évaluer le degré de dissociation des sels ammoniacaux à 100°, ce savant a commencé par étudier la distillation des solutions très étendues d'ammoniaque (renfermant au plus 0,1 % AzH^3). Il a trouvé que le rapport entre l'eau et l'ammoniaque dans le liquide distillé, à un moment quelconque, est proportionnel au rapport entre l'eau et l'ammoniaque dans la cornue; il exprime cette relation par l'équation

$$\log \frac{c}{c-e} = \mathrm{A} \log \frac{b}{b-w},$$

dans laquelle c et b désignent les quantités d'ammoniaque et d'eau dans la cornue, au commencement de l'expérience; e et w, les quantités de ces corps dans le liquide distillé; A est une constante égale à 14,4.

Il exprime de même la dissociation des sels ammoniacaux par l'équation

$$\log \frac{ap}{ap-e} = \mathrm{A}\, x \log \frac{b-w}{b},$$

dans laquelle A, e et w ont la même signification que dans l'équation précédente; a et b sont les quantités de sel et d'eau avant l'expérience; p le rapport entre les poids moléculaires de l'ammoniaque et du sel employé; x la quantité de sel dissocié exprimée en centièmes.

Si l'on envisage les premiers moments de la distillation, e est très petit par rapport à ap et w par rapport à b, et l'équation prend la forme plus simple

$$x = \frac{be}{\mathrm{A}apw}.$$

La valeur de x est constante pour chaque sel ammoniacal, c'est-à-dire indépendante de la concentration. Voici ces valeurs pour quelques sels :

Chlorhydrate.	0,062 °/₀
Azotate.	0,072
Sulfate.	1,1
Oxalate.	6,7
Acétate.	7,3

Chlorure d'ammonium. — *Chaleur latente de volatilisation*. — Le dégagement de chaleur produit par la rencontre des gaz AzH^3 et HCl, à 360°, a conduit H. Sainte-Claire Deville à cette conclusion, que la vapeur de sel ammoniac, qui occupe 4 volumes à cette température, n'est pas un mélange des deux gaz. Mais la densité de vapeur observée, 14,64 (par rapport à H = 1), est supérieure à la densité théorique 13,375 pour la vapeur occupant 4 volumes; on pourrait en conclure avec Wanklyn qu'une partie (16 °/₀) du sel ammoniac est volatilisée en occupant 2 volumes et l'autre partie (84 °/₀) décomposée en ses éléments, de manière à occuper 4 volumes.

Si la volatilisation du sel ammoniac n'est qu'un changement d'état, elle ne doit absorber qu'une quantité de chaleur comparable à celle qui est nécessaire pour produire ces changements dans d'autres composés. Si la volatilisation est, au contraire, accompagnée d'une décomposition, elle doit exiger une quantité de chaleur plus considérable, peu différente de celle qui résulte de la combinaison des gaz HCl et AzH^3. Marignac a cherché à établir cette quantité de chaleur en déterminant le poids de sel ammoniac qui peut être réduit en vapeur par une source de chaleur invariable. Le nombre qu'il a trouvé, est égal à 706^cal, c'est-à-dire peu inférieur à celui qui exprime la chaleur de combinaison de AzH^3 + HCl, soit 715^cal,5, qui représente également la chaleur qui doit devenir latente par la dissociation. Cette chaleur latente de volatilisation est supérieure à celle de tous les corps pour lesquels elle est connue. Il est extrêmement probable, d'après cela, que le sel ammoniac est, en grande partie au moins, décomposé lorsqu'il se volatilise [*Bull. de la Soc. chim.*, t. XI, p. 225].

Le nombre trouvé par Marignac est très voisin de celui auquel est arrivé A. Horstmann, par une voie différente [*Deutsch. chem. Gesellsch.*, t. II, p. 137 ; *Bull. de la Soc. chim.*, t. XIII, p. 35]. Ce savant volatilisait le sel ammoniac dans un tube de verre muni d'un thermomètre, d'un manomètre et d'un tube communiquant avec une machine pneumatique; il faisait varier la pression et notait la température indiquée sur le thermomètre par la condensation du sel ammoniac. Le sel ammoniac se volatilise à 340° sous la pression ordinaire et à 209° sous une pression de 5 à 6^mm. Les valeurs intermédiaires se trouvent sur une courbe continue, de la même forme que celle de la tension de vapeur des liquides. Cette courbe permet de calculer la chaleur de volatilisation du sel ammoniacal.

Solubilité du chlorure d'ammonium :

100 gr. d'eau dissolvent à	AzH^4Cl.	100 gr. d'eau dissolvent à	AzH^4Cl.
0°.......	28^gr,40	60°.....	55^gr,04
10.......	32 84	70.....	59 48
20.......	37 28	80.....	63 92
30.......	41 42	90.....	68 36
40.......	46 16	100.....	72 80
50.......	50 60	110.....	77 24

La solution saturée bout à 115°,8 [Alluard, *Compt. rend.*, t. LIX, p. 500].

M. Troost a décrit récemment deux composés d'acide chlorhydrique et d'ammoniaque avec excès d'ammoniaque; l'un, le chlorhydrate tétra-ammoniacal HCl, $4H^3Az$, forme des cristaux fusibles à 7°; l'autre, liquide, est le chlorhydrate hepta-ammoniacal, qui se prend vers — 40° en une masse cristalline fusible à — 18°, le liquide présentant tous les caractères de la surfusion. M. Troost a obtenu ces sels en soumettant le sel ammoniac très pur à l'action d'un grand excès d'ammoniaque, refroidi à des températures variables [*Compt. rend*, t. LXXXVIII, p. 578].

Bromure d'ammonium. — Pour le préparer, on mélange 120 grammes de bromure de potassium dissous dans 180 grammes d'eau bouillante avec 90 grammes de sulfate d'ammonium dissous dans 135 grammes d'eau, et l'on ajoute 45 grammes d'alcool au mélange. Après 24 heures, on décante, on lave le dépôt avec de l'alcool faible et on le fait cristalliser [Rice, *Amer. J. Pharm.*, (4), t. III, p. 249].

Le bromure d'ammonium est soluble dans 1^p,29 d'eau à la température ordinaire, dans 31^p,5 d'alcool absolu, dans 890 p. d'éther et dans 112 p. d'alcool éthéré [Eder, *Dingl. Polyt. Journ.*, t. CXXXI, p. 189].

Iodure d'ammonium. — Il se dissout, à la température ordinaire, dans 0^p,60 d'eau, dans 4 p. d'alcool absolu, dans 210 p. d'éther et dans 20 p. d'alcool éthéré [Eder, *loc. cit.*].

Sulfures d'ammonium. — *Monosulfure*. — Traité par le cuivre, ce sulfure n'est que faiblement attaqué, même lorsqu'on emploie le cuivre platiné, qui est plus actif que le cuivre seul (Merz et Weith).

Lorsqu'on arrose de l'oxyde de cuivre avec du sulfure ammonique, il y a élévation de température et formation d'un polysulfure d'ammonium résultant d'une mise en liberté de soufre, évidemment d'après l'équation :

$$2CuO + 2(AzH^4)^2S$$
$$= Cu^2S + 4AzH^3 + 2H^2O + S;$$

cependant le sous-sulfure de cuivre est mélangé de sulfure. Le peroxyde de plomb produit une réaction analogue. L'argent est sans action sur le monosulfure ammonique [Heumann, *Deutsch. chem. Gesellsch.*, t. VI, p. 743 ; *Bull. de la Soc. chim.*, t. XX, p. 439].

On obtient le monosulfure d'ammonium incolore et exempt d'hyposulfite lorsqu'on agite la solution de sulfure jaune avec du cuivre, du plomb ou de l'argent [Merz et Weith, *Zeitschr. Chem.*, 1869, p. 241 ; *Bull. de la Soc. chim.*, t. XII, p. 242 ; — Priwoznick, *Ann. Chem. u. Pharm.*, t. CLXIV, p. 46 ; *Bull. de la Soc. chim.*, t. XVII, p. 503, et XVIII, p. 446].

Lorsqu'on plonge du cuivre dans une solution de sulfure ammonique très chargée de soufre, il se recouvre de cristaux d'un rouge cinabre qui, d'après Peltzer, Bloxam, Vohl, sont des cristaux de persulfure cuproso-ammonique $Cu^2(AzH^4)^2S^7$; quant aux cristaux qui se forment dans une solution de sulfure ammonique incolore, ils sont formés de sous-sulfure de cuivre. En même temps la solution retient du cuivre, qui se précipite lorsqu'on étend d'eau [Heumann, *loc. cit.*].

Sulfhydrate ammonique. — Il est plus facilement attaqué par le cuivre que le monosulfure, avec formation de cristaux de sulfure de cuivre. Il se produit d'abord du monosulfure d'ammonium et de l'hydrogène libre, puis de l'ammoniaque et de l'hydrogène (Merz et Weith).

Densité de vapeur des sulfures ammoniques. — Deville et Troost ont trouvé, pour les densités de vapeur du sulfhydrate $AzH^4.HS$ et du sulfure d'ammonium $(AzH^4)^2S$, les nombres suivants, rapportés à l'hydrogène = 1 :

$AzH^4.HS$ (poids moléc. 51).. 12,85 à 56°, 5,
$(AzH^4)^2S$ (poids moléc. 98).. 18,20 à 90°, 5.

D'après cela, un mélange à volumes égaux de AzH^3 et de H^2S n'occasionnerait pas de contraction. Au contraire, un mélange de 2 volumes

AzH^3 et de 1 volume H^2S (pour produire $S(AzH^4)^2$) aurait lieu avec contraction partielle. Horstmann, en se servant de la méthode de Bunsen, est arrivé à des résultats différents et il a constaté que, quels que soient les rapports des volumes de AzH^3 et de H^2S, il n'y a jamais contraction et, par suite, pas de combinaison; la densité observée a toujours été égale à la densité calculée dans l'hypothèse d'un simple mélange [*Ann. der Chem. u. Pharm.*, Supplement. VI, p. 74; *Bull. de la Soc. chim.*, t. XI, p. 411].

G. Salet est arrivé au même résultat en mélangeant, à la température de 80°, des volumes variables des deux gaz, dans deux tubes gradués, primitivement remplis de mercure et reliés entre eux à leur partie supérieure par un tube étroit muni d'un robinet en verre. Le mélange des gaz, préalablement introduits dans les tubes, était déterminé par le mouvement de bas en haut de deux petits réservoirs de mercure reliés à la partie inférieure de chaque tube. Dans aucun cas il n'y a eu contraction [*Compt. rend.*, t. LXXXVI, p. 1080].

En introduisant du charbon purgé de gaz dans la vapeur du sulfhydrate d'ammonium, MM. Engel et Moitessier [*Compt. rend.*, t. LXXXVIII, p. 1354] ont constaté que l'absorption de l'ammoniaque est beaucoup plus forte que celle de l'hydrogène sulfuré, preuve que les deux gaz sont à l'état de simple mélange.

Azotate d'ammonium. — Ce sel fond vers 150° et commence à se décomposer activement à partir de 210°. La décomposition s'accentue avec la température, mais cette dernière n'atteint pas un point fixe. La quantité de protoxyde d'azote formée est inférieure à la quantité théorique, par suite de la volatilisation d'une partie de l'azotate. On peut même sublimer ce sel en le chauffant doucement au-dessous de 200°, dans une capsule recouverte d'une feuille de papier à filtrer et surmontée d'un cylindre de carton rempli de larges morceaux de verre. L'azotate se dépose en partie en beaux cristaux brillants sur la surface inférieure du papier et sur les parois de la capsule; une autre partie traverse le papier sous la forme d'une fumée blanche très difficile à recueillir. Cette expérience montre que la volatilisation du sel est réelle et n'est pas le résultat d'une dissociation momentanée en acide azotique et ammoniaque, car le papier ne pourrait pas résister à l'action de l'acide azotique à une température variant de 130 à 190° [Berthelot, *Compt. rend.*, t. LXXXII, p. 932; *Bull. de la Soc. chim.*, t. XXVI, p. 113].

L'azotate d'ammonium absorbe le gaz ammoniac et se liquéfie. La composition du produit liquéfié varie avec la température: à — 10°, elle répond à la formule $AzO^3AzH^4 + 2AzH^3$. Ce composé ne se solidifie pas dans un mélange de glace et de sel; sa densité est égale à 1,05. Chauffé doucement à 28°, 5, il perd AzH^3. Ce départ d'ammoniaque a lieu aussi par l'exposition à l'air, et le composé $AzO^3.AzH^4 + AzH^3$ qui reste, se dépose en cristaux qui eux-mêmes se décomposent peu à peu. La dissociation est complète à 80°. L'azotate ammonique est plus soluble dans l'ammoniaque aqueuse que dans l'eau pure [Raoult, *Compt. rend.*, t. LXXVI, p. 1261, et *Bull. de la Soc. chim.*, t. XX, p. 166; — Divers, *Compt. rend.*, t. LXXVII, p. 788].

Azotite d'ammonium, $AzO^2(AzH^4)$. — Préparé par double décomposition entre l'azotite de baryum pur et le sulfate ammonique, ce sel reste, lorsqu'on évapore sa solution dans le vide sur la chaux, sous la forme d'une masse cristalline blanche, très déliquescente, élastique, tenace et très adhérente aux parois du vase. Ce sel se conserve assez bien en hiver, mais non en été. Il détone subitement, avec violence, vers 60 ou 70°, ainsi que par le choc. Pour le conserver, il faut le maintenir dans le vide sur la chaux, et non en tubes scellés, qui finiraient par faire explosion.

La solution d'azotite d'ammonium est encore plus altérable que le sel sec; elle mousse comme du vin de Champagne.

On peut obtenir ce sel en faisant arriver dans des éprouvettes refroidies, d'une part un mélange de gaz ammoniac et d'oxyde azotique, d'autre part du gaz oxygène. Une partie des gaz réagit de manière à dégager de l'azote et à produire l'eau nécessaire pour la réaction principale:

$$2AzO + O + 2AzH^3 = 2Az^2 + 3H^2O.$$

La production d'azotite a lieu ensuite d'après l'équation

$$6AzO + O^3 + 6AzH^3 + 3H^2O = 6AzO^2(AzH^4)$$

[Berthelot, *Bull. de la Soc. chim.*, t. XXI, p. 55].

Periodate d'ammonium. — Rammelsberg a décrit le sel $I^2O^9(AzH^4)^2 + 3H^2O$. Il l'obtient en traitant l'acide periodique par un excès d'ammoniaque. Ce sel cristallise bien; il perd toute son eau à 100°; il dégage ensuite de l'ammoniaque et détone à 200° [*Zeitschr. für Chem.*, 1868, p. 237].

Sulfate d'ammonium. — Voici la solubilité de ce sel, d'après Alluard [*Compt. rend.*, t. LIX, p. 55]:

100 gr. d'eau dissolvent à	Sulfate d'ammonium	100 gr. d'eau dissolvent à	Sulfate d'ammonium
0°.....	71gr,00	60°.....	86gr,90
10......	73 65	70......	89 55
20......	76 30	80......	92 20
30......	78 95	90......	94 85
40......	81 60	100......	97 50
50......	84 25		

La solution saturée bout à 107°, 5.

Sélénites d'ammonium [Nilson, *Bull. de la Soc. chim.*, t. XXI, p. 153, et t. XXIII, p. 262]. — *Sélénite neutre*, $SeO^3(AzH^4)^2 + H^2O$. — Préparé en saturant d'ammoniaque une solution alcoolique d'acide sélénieux, il se présente en petites aiguilles blanches. Si l'on abandonne ces aiguilles au contact de leur eau mère, elles se convertissent en cristaux transparents, plus volumineux, constituant de même le sélénite neutre.

Sesquisélénite, $2SeO^3(AzH^4)^2.SeO^3H^2$. — Grands prismes déliquescents qui se déposent lorsqu'on évapore une solution d'acide sélénieux dans l'ammoniaque aqueuse.

Sélénite acide, $SeO^3H(AzH^4)$. — Prismes hygroscopiques très solubles, résultant d'une perte d'ammoniaque subie par le sel neutre.

Disélénite mono-ammonique, $(SeO^3)^2H^3(AzH^4)$. — Grands prismes très déliquescents se déposant de leur solution sirupeuse dans le vide.

Carbonates d'ammonium. — *Carbonate neutre*, $CO^3(AzH^4)^2 + H^2O$. — E. Divers est parvenu à obtenir ce sel par plusieurs procédés [*Philosoph. Magaz.* (4), t. XXXVI, p. 125; *Journ. of chem. Soc.*, t. VIII, p. 171 à 279; *Bull. de la Soc. chim.*, t. XI, p. 409, et t. XV, p. 52].

On l'obtient sous la forme d'une masse pulvérulente semi-cristalline, lorsqu'on traite le carbonate du commerce par une solution d'ammoniaque insuffisante pour tout dissoudre.

Pour l'obtenir cristallisé, Divers fait digérer, pendant quelques jours, le carbonate commercial avec une solution d'ammoniaque dans un vase fermé; il sature ensuite le mélange de gaz ammoniac, en refroidissant, puis il ajoute une nouvelle quantité de carbonate commercial en chauffant doucement pour le dissoudre. Par le refroidissement, le carbonate neutre se dépose en cristaux transparents, groupés en épis, et qui se réunissent par la compression en une masse molle et soyeuse.

Le carbonate d'ammonium neutre se dépose en prismes aplatis volumineux lorsqu'on dissout le sel commercial dans l'ammoniaque étendue et tiède, et qu'on ajoute de l'alcool en quantité insuffisante pour la production d'un précipité permanent.

On peut le préparer aussi en dissolvant le carbonate d'ammonium dans l'eau à 30 ou 35°, ou dans l'ammoniaque concentrée froide. Par le refroidissement ou par l'évaporation de l'ammoniaque, le carbonate neutre se dépose en cristaux prismatiques volumineux.

Enfin, lorsqu'on traite par une petite quantité d'eau tiède des portions successives du sel commercial, on obtient d'abord des cristaux de sesquicarbonate par le refroidissement, et les dernières eaux mères fournissent des cristaux du sel neutre.

Exposé à l'air, le carbonate d'ammonium neutre perd de l'ammoniaque et se transforme en sel acide. A 58°, il se décompose en eau, acide carbonique et ammoniaque, qui se recombinent dans le récipient, si l'on opère dans un appareil distillatoire terminé par un tube plongeant dans du mercure. Chauffé dans un tube scellé, il fond et donne un sublimé humide, semi-cristallin ; la partie fondue se concrète en prismes par le refroidissement.

Le carbonate neutre se dissout à 15° dans son poids d'eau, en donnant une solution un peu huileuse, qui cristallise lorsqu'on la refroidit; le sel qui cristallise ainsi est un mélange de carbonates. Chauffée, cette solution commence à mousser à 70°, et est en pleine ébullition à 75-80° en donnant une vapeur qui se condense en une masse compacte. Le sel resté en solution après l'ébullition n'a pas changé de composition. Il est insoluble dans l'alcool absolu, qui le dédouble néanmoins en carbonate acide et ammoniaque. A basse température, il n'est que peu soluble dans l'ammoniaque concentrée; mais, si on le fait digérer à 20 ou 25° avec de l'ammoniaque saturée, il se dissout abondamment, mais se convertit en carbamate qui cristallise par le refroidissement.

Sesquicarbonate d'ammonium. — Ce sel se produit dans la préparation du carbonate neutre par l'action de l'eau sur le sel commercial. Un autre procédé de préparation, indiqué par E. Divers, consiste à distiller le carbonate ammoniacomagnésien : il se forme un sublimé cristallin et il distille un liquide qui laisse déposer des cristaux; ces derniers, de même que le sublimé, sont formés de sesquicarbonate.

Ce sel cristallise en larges tables hexagonales ou en prismes aplatis, modifiés par les faces d'un octaèdre rhomboïdal. Divers lui assigne la formule $(CO^3)^3(AzH^4)^4H^2 + H^2O$ (soit 1 molécule d'eau de moins que ne l'ont admis Rose et Deville).

A 15°, il se dissout dans un peu plus de cinq fois son poids d'eau; si l'on emploie une plus petite quantité d'eau, l'excès de sel est décomposé en donnant le sel acide. Une solution saturée à 20° mousse lorsqu'on la chauffe et dégage de l'acide carbonique. L'alcool décompose aussi le sesquicarbonate.

Ce sel, ainsi que le sel neutre, paraît à la longue attaquer le verre; mais ce sont les cristaux, et non la solution, qui produisent cet effet.

Carbonate acide ou *bicarbonate d'ammonium*,

$$CO^3(AzH^4)H.$$

— Ce sel se dissocie à 60° en eau, acide carbonique et ammoniaque; si on le distille doucement, le produit distillé est le même; mais par une distillation brusque ce produit présente la composition du carbonate commercial[1]. Il se dissout à 15° dans huit fois son poids d'eau; cette solution mousse lorsqu'on la chauffe doucement et dégage de l'acide carbonique. L'alcool ne le décompose pas.

Lorsqu'on agite le sel solide avec une solution concentrée d'ammoniaque, il se convertit, avec élévation de température, en carbonate neutre solide, tandis que la solution contient un sel qui se dépose sur les parois du vase lorsqu'on la refroidit à 0°; ce sel est sans doute du carbamate d'ammonium, formé d'après l'équation

$$2\,CO^3(AzH^4)H + 2\,AzH^3$$
$$= CO^3(AzH^4)^2 + H^2O + CO\begin{cases}AzH^2\\OAzH^4.\end{cases}$$

La présence du carbonate acide d'ammonium a été constatée par Rüdorff dans un épurateur a gaz, comme elle l'avait déjà été par Vogel, ainsi que par Schrœtter. Le sel observé par Rüdorff était en prismes rhombiques courts, très brillants, transparents, efflorescents à l'air [*Bull. de la Soc. chim.*, t. XIV, p. 94].

Voici, d'après Dibbits quelle est la solubilité du bicarbonate d'ammonium [*Journ. für prakt. Chem.* (2), t. X, p. 417; *Bull. de la Soc. chim.*, t. XXIII, p. 461].

100 parties d'eau dissolvent à	CO^3HAzH^4	100 parties d'eau dissolvent à	CO^3HAzH^4
0°	11p,9	15°	18 3
2	12 6	20	21 0
4	13 35	25	23 9
10	15 85	30	27 0

PHOSPHATE D'AMMONIUM. — *Phosphate triammonique.* — Pour préparer ce sel, dont l'emploi tend à se généraliser dans l'industrie sucrière pour la neutralisation des jus sucrés, on traite les phosphates minéraux riches, réduits en poudre, par l'acide sulfurique faible, marquant 5° Baumé. La liqueur acide, éclaircie par le dépôt et traitée par le carbonate de baryum, pour neutraliser l'excès d'acide, est concentrée à 20° Baumé et neutralisée par l'ammoniaque. Enfin, la dissolution du phosphate, séparée du dépôt de sulfate calcique, est mélangée avec une nouvelle quantité d'ammoniaque pour produire le phosphate tribasique peu soluble, qu'on exprime et qu'on embarille immédiatement [Lamy, *Bull. de la Soc. d'Encour.*, 1874; *Bull. de la Soc. chim.*, t. XXI, p. 331].

DOSAGE DE L'AMMONIAQUE. — Le réactif de Nessler, c'est-à-dire la solution d'iodomercurate de potassium rendue alcaline par la potasse caustique, qui donne un précipité brun ou une coloration brune avec l'ammoniaque (iodure de tétramercurammonium), a servi de point de départ pour plusieurs méthodes de dosage volumétrique de petites quantités d'ammoniaque.

Chapmann compare le trouble produit par la solution ammoniacale à examiner avec celle que produit une solution titrée de sulfate ammonique. Pour préparer le réactif, on ajoute à une solution de 50 grammes d'iodure de potassium du chlorure mercurique jusqu'à ce que le précipité cesse de se redissoudre, on filtre, on ajoute 150 grammes de potasse en lessive concentrée, et on étend à 1 litre. La solution ammoniacale type est préparée en dissolvant $0^{gr},3882$ de sulfate ammonique dans 1 litre d'eau; cette solution renferme $0^{mgr},10$ d'ammoniaque par centimètre cube.

A 100 ou 150 centimètres cubes du liquide à essayer, on ajoute un volume déterminé de la liqueur d'épreuve et on compare le trouble produit à celui que donne la solution ammoniacale

1. E. Divers admet pour le carbonate commercial la composition $(CO^2)^2(OH^2)(AzH^3)^3$; c'est-à-dire qu'il représente du carbonate acide, plus du carbamate d'ammonium : $CO^3(AzH^4)H + CO(AzH^2).OAzH^4$.

titrée, ramenée au même volume, puis on cherche par tâtonnement la quantité de cette solution nécessaire pour produire le même trouble [*Bull. de la Soc. chim.*, t. IX, p, 311].

Bolley a reconnu que ce procédé permet d'accuser des différences de 0^{mgr},2 d'ammoniaque; que cependant il n'est pas applicable au dosage de l'ammoniaque dans les eaux potables, à cause de la chaux qui se précipite en même temps [*Journ. für prakt. Chem.*, t. CIII, p. 494; *Bull. de la Soc. chim.*, t. X, p. 27]. J. Nessler fait remarquer que les solutions à comparer doivent avoir la même température, celle-ci ayant une grande influence sur la nuance du trouble produit [*Zeitschr. für analyt. Chem.*, t. VIII, p. 415].

Pour déterminer l'ammoniaque dans les eaux potables, Fleck dose le mercure dans le précipité produit par le réactif de Nessler, précipité qui possède une composition constante, soit

$$AzHg^2I + 2H^2O;$$

400 de mercure correspondent donc à 17 d'ammoniaque AzH^3. On recueille ce précipité sur un filtre et, après l'avoir lavé, on le dissout dans une solution d'hyposulfite de sodium au huitième, et on précipite le mercure dissous à l'aide d'une solution titrée de sulfure de sodium. La présence de sels alcalino-terreux dans les eaux rend incertaine la méthode calorimétrique de Chapmann, parce que le précipité se fait instantanément; Fleck utilise au contraire cette circonstance dans le procédé ci-dessus décrit, et même ajoute à l'eau une petite quantité de sulfate de magnésium pour déterminer avec plus de certitude la précipitation intégrale de l'iodure de mercurammonium [*Journ. für prakt. Chem.* (2), t. V, p. 263; *Bull. de la Soc. chim.*, t. XVII, p. 505].

E. Willm.

AMPHITHALITE (Min.).— Phosphate hydraté d'alumine avec chaux et magnésie, compact, d'un blanc de lait, translucide. Trouvé à Horsjörberg (Wermeland). Avec rutile, disthène, etc. Dureté, 6.

AMYGDALINE, $C^{20}H^{27}AzO^{11}$. — D'après S. Henschen, l'amygdaline existe dans les pépins de pomme, de poire, de coing, de sorbier (*Sorbus aucuparia* et *latifolia*), les vesces. Les fruits de *Cratægus virginica*, de *Rosa tomentosa*, d'*Eugenia pimentum*, et les melons n'en contiennent pas. Henschen n'a pas recherché directement l'amygdaline dans tous ces fruits, il s'est contenté de broyer les substances avec de la craie, de les faire fermenter par addition de farine de seigle grossière, et de rechercher l'acide cyanhydrique dans le produit [*Neu. Jahrb. für Pharm.*, t. XXXVIII, p. 1].

Lehmann a effectué des dosages d'amygdaline dans les fruits de divers végétaux. L'amande de cerise en renferme 0,82 %; l'amande de prune 0,96 %; l'amande de pêche 2,35 %; les pépins de pomme 0,6 %. Les feuilles de laurier-cerise et l'écorce de bourdaine (*Rhamnus frangula*) contiennent une substance que Lehmann envisage comme une combinaison d'amygdaline et d'acide amygdalique et qu'il dénomme *laurocérasine* [*Pharm. Zeitschr. für Russland*, 1874, p. 33 et 65].

L'amygdaline est dédoublée par l'électrolyse de sa solution aqueuse comme par l'émulsine ou par les acides (M. Coppola). D'après Moriggia et Ossi, l'amygdaline pure ingérée dans l'estomac peut agir comme toxique, surtout chez les herbivores; elle se dédoublerait sous l'influence du suc intestinal.

Constitution de l'amygdaline. — Chauffée doucement avec le perchlorure de phosphore, l'amygdaline dégage du chlorure de cyanogène et se transforme en une matière résineuse ne contenant pas de chlorure de benzoyle; la vapeur d'eau en extrait de l'aldéhyde benzoïque et une huile chlorée (chlorure de benzylidène ?).

Les dérivés benzoylés de l'amygdaline (voir plus loin) donnent, dans les mêmes circonstances, du chlorure de benzoyle.

Le brome précipite d'une solution aqueuse et concentrée d'amygdaline une huile brune, décomposable par l'eau en excès, sans production d'acide benzoïque; les benzoylamygdalines traitées de même fournissent de l'acide benzoïque.

L'aniline attaque l'amygdaline vers 160-180° et forme une anilide amorphe, brune,

$$C^{26}H^{32}Az^2O^{10},$$

que l'eau bouillante dédouble facilement en amygdaline et aniline.

Lorsqu'on fait bouillir l'amygdaline avec un excès d'anhydride acétique, on la transforme en *heptacétylamygdaline*, $C^{20}H^{20}(C^2H^3O)^7AzO^{11}$; le produit de la réaction est additionné d'éther; la solution filtrée est abandonnée à l'évaporation lente et les cristaux, traités par l'eau pour enlever l'amygdaline non attaquée, sont soumis à des cristallisations dans l'alcool. L'heptacétylamygdaline constitue de longues aiguilles, incolores, soyeuses, insolubles dans l'eau, solubles dans l'alcool et l'éther. L'acide sulfurique la colore en rouge, comme il colore l'amygdaline.

Indépendamment de ce produit ultime, il se forme des amygdalines moins acétylées qui, étant insolubles dans l'éther, sont éliminées.

Le chlorure de benzoyle brunit l'amygdaline vers 120°; à 70-80°, la réaction des deux corps donne un mélange d'amygdaline dibenzoïque et tribenzoïque, sous forme de masse blanche, soluble dans l'alcool, insoluble dans l'eau.

Schiff, auquel on doit ces observations, en tire les conclusions suivantes : 1° l'amygdaline contient un groupe cyanogène, CAz; 2° elle ne contient pas le radical benzoyle, C^6H^5-CO; 3° elle ne renferme pas le groupement de l'aldéhyde benzoïque tout formé, par la raison que l'anilide de l'amygdaline se scinde facilement par l'eau bouillante, tandis que la benzylidène-anilide, qui se forme avec une grande facilité, résiste beaucoup mieux à l'eau; l'aniline serait donc rivée à la molécule amygdalique par le groupe aldéhydique du glucose; 4° l'amygdaline contient 7 groupes hydroxyles OH. Schiff propose en conséquence la formule de constitution :

$$O\left\langle\begin{array}{l}C^6H^7O(OH)^4\\C^6H^7O(OH)^3\text{-}O\text{-}CH(C^6H^5)\text{-}CAz\end{array}\right.$$

Amygdaline.

$$= 2\,C^6H^7O(OH)^5 + C^7H^6O + CAzH - 2\,H^2O.$$

2 molécules de glucose. 1 molécule aldéhyde benzoïque. 1 molécule d'acide cyanhydrique.

L'amygdaline serait un anhydride mixte engendré par le nitrile formobenzoylique et le premier anhydride de glucose isomérique avec le saccharose [H. Schiff, *Ann. der Chem. u. Pharm.*, t. CLIV, p. 337; *Bull. de la Soc. chim.*, t. XIII, p. 404].

A. Henninger.

AMYGDALIQUE (ACIDE). — L'amygdaline étant un nitrile d'après Schiff, l'acide amygdalique représente l'acide correspondant

$$C^{20}H^{28}O^{13}$$

$$= O\left\langle\begin{array}{l}C^6H^7O(OH)^4\\C^6H^7O(OH)^3\text{-}O\text{-}CH(C^6H^5)\text{-}CO^2H.\end{array}\right.$$

Cette formule, qui diffère par H^2O en plus de la formule de Liebig et de Wœhler, explique aisément la formation de l'acide formobenzoylique, C^6H^5-CH(OH)-CO^2H.

Lorsqu'on fait bouillir l'acide amygdalique avec

de l'anhydride acétique et qu'on élimine l'excès du réactif à une température de 120°, il reste une masse épaisse, jaune, qui est épuisée par l'eau, dissoute dans l'alcool et précipitée par l'eau. On obtient ainsi l'acide *heptacétylamygdalique*,

$$C^{20}H^{21}(C^2H^3O)^7O^{13},$$

sous la forme de poudre blanche, amorphe, insoluble dans l'eau, assez soluble dans l'éther et très soluble dans l'alcool. Il fond vers 110°. L'eau de baryte le saponifie facilement à une chaleur modérée.

En chauffant à 80° seulement le mélange d'acide amygdalique et d'anhydride acétique, on obtient l'acide *tétracétylamygdalique*,

$$C^{20}H^{24}(C^2H^3O)^4O^{13}+H^2O,$$

masse la vitreuse cassante, perdant son eau vers 100° avec décomposition partielle. Il est un peu soluble dans l'eau [H. Schiff, *Mém. cité* à AMYGDALINE].

A. Henninger.

AMYLE (HYDRURES D'). — [Syn. *Pentanes*], C^5H^{12}. Les hydrures d'amyle sont peu étudiés; cependant on pourrait obtenir tous les isomères en réduisant par le zinc et l'acide chlorhydrique les iodures des alcools primaires, secondaires et tertiaires. M. Schorlemmer a rencontré l'hydrure normal dans le pétrole d'Amérique; il bout à 37-39°. Son composé monochloré, traité par l'acétate de potassium, a fourni l'alcool amylique normal. M. Lwow [*Bull. de la Soc. chim.*, t. XV, p. 93, et t. XXI, p. 300] a préparé le tétraméthyl-méthane $C(CH^3)^4$ par l'action de l'iodure du triméthylcarbinol sur le zinc-méthyle; il cristallise à — 20° et bout à + 9°,5 (voir t. III, p. 354). Par l'action du zinc-méthyle sur le méthyl-chloracétol, on obtient le même carbure, mais il paraît impur et ne se congèle pas à — 30°. L'hydrure correspondant à l'alcool amylique actif a été préparé par réduction de l'iodure; il n'a été étudié qu'au point de vue du pouvoir rotatoire, qui est nul.

J.-A. Le Bel.

AMYLÈNES. [Syn. *Valérènes*, *pentènes*], C^5H^{10}. — On peut envisager les divers amylènes connus comme dérivant par substitution de l'éthylène. On ne connait pas, jusqu'à présent, de carbures dérivant du vinylène, CH^3-CH, auquel se rattachent, d'après plusieurs chimistes, les acides maléique et citraconique. D'ailleurs M. Van 't Hoff [*Bull. de la Soc. chim.*, t. XXIII, p. 295 et 338] explique les isoméries que présentent ces acides avec les acides fumarique, itaconique, etc., d'une façon plus naturelle en admettant que les quatre atomes d'hydrogène de l'éthylène forment un rectangle, ce qui conduit à admettre trois isomères de la formule C^2H^2RR', dans lesquels rentreraient l'acide fumarique et l'acide maléique. Il est donc assez probable que des amylènes correspondant à cette isomérie peuvent exister, mais ils sont ou bien très instables, ou bien très voisins de leurs isomères, car tous les amylènes connus doivent être envisagés comme des produits de substitution de l'éthylène, comme M. Wurtz l'a fait remarquer. Voici les formules des amylènes :

Propyl-éthylène ou amylène normal,

$$CH^3\text{-}CH^2\text{-}CH^2\text{-}CH{=}CH^2.$$

Isopropyl-éthylène ou amylène d'alcool inactif de fermentation,

$$(CH^3)^2{=}CH\text{-}CH{=}CH^2.$$

Éthyl-méthyl-éthylène normal,

$$CH^3\text{-}CH^2\text{-}CH{=}CH\text{-}CH^3.$$

Isométhyl-éthyl-éthylène ou amylène d'alcool actif,

$$\begin{matrix}CH^3\\CH^3\text{-}CH^2\end{matrix}\!>C{=}CH^2.$$

Triméthyl-éthylène ou amylène ordinaire,

$$(CH^3)^2C{=}CH\text{-}CH^3.$$

PROPYL-ÉTHYLÈNE. — Ce carbure n'a pas encore été préparé à l'état de pureté, mais on l'obtiendrait par l'action de la potasse alcoolique sur l'iodure d'amyle normal de Lieben et Rossi; il se rencontre en quantité notable, mais accompagné de plusieurs isomères, dans les hydrocarbures pyrogénés du pétrole (Le Bel, observation inédite); il n'est pas attaqué par une solution saturée d'acide chlorhydrique à froid. Le carbure obtenu par M. Wurtz par la réaction de l'iodure d'allyle sur le zinc-éthyle devrait être du propyl-éthylène, mais il est probable qu'il se produit la même transposition que dans la préparation du méthylallyle qui a fourni le diméthyléthylène normal [voir, à ce sujet, Grosheintz, *Bull. de la Soc. chim.*, t. XXIX, p. 201].

ISOPROPYL-ÉTHYLÈNE. — Ce corps a été découvert par M. Flavitzky dans les produits de la réaction de l'iodure amylique de fermentation sur la potasse alcoolique. Cet auteur a observé que le carbure ainsi préparé bouillait à 25° et que sa combinaison avec l'acide iodhydrique fournissait, par un nouveau traitement avec la potasse alcoolique, de l'amylène ordinaire. L'iodure secondaire, $(CH^3)^2{=}CH\text{-}CHI\text{-}CH^3$, devait en effet perdre l'hydrogène attaché au carbone le moins hydrogéné, et donner

$$(CH^3)^2{=}C{=}CH\text{-}CH^3$$

[Flavitzky, *Ann. der Chem. und Pharm.*, t. CLXXIX, p. 340, et *Bull. de la Soc. chim.*, t. XXIII, p. 453].

M. Wischnegradsky, reprenant la question, a montré que l'amylène de Flavitzky contient deux isomères, dont l'un (amylène d'alcool actif) peut être enlevé par l'acide sulfurique étendu d'un demi-volume d'eau et refroidi dans la glace [*Bull. de la Soc. chim.*, t. XXVII, p. 261 et 452].

On peut encore préparer l'isopropyl-éthylène avec l'iodure d'amyle inactif de fermentation pur. M. Wischnegradsky s'est procuré ce dernier avec l'éther amyl-éthylique inactif qui se forme quand on traite l'iodure de fermentation par la potasse alcoolique. Il a constaté que ce carbure possède les mêmes propriétés que le carbure de Flavitzky purifié.

L'isopropyl-éthylène bout à 21-22°; il n'est pas attaqué à la température ordinaire par l'acide chlorhydrique, ni par l'acide iodhydrique à —15°; abandonné avec ce dernier, il forme un iodure secondaire bouillant à 137-139°. L'acide bromhydrique se combine à la longue; pour préparer le bromure et le chlorure secondaires, il vaut mieux chauffer en vase clos le carbure avec les hydracides saturés; le bromure bout à 114-116°, le chlorure à 91°. Ces composés ne fournissent point l'alcool secondaire correspondant, mais l'alcool tertiaire; par contre, M. Flavitzky a obtenu avec le bromure un glycol secondaire-primaire bouillant à 200°. Le bromure d'isopropyl-éthylène fournit aussi un valérylène identique à celui que Henry a préparé avec l'aldéhyde valérianique inactif ou avec celui de la racine de valériane.

MÉTHYL-ÉTHYL-ÉTHYLÈNE NORMAL. — Ce carbure, dont la formule est $CH^3\text{-}CH^2\text{-}CH{=}CH\text{-}CH^3$, est le produit hydrocarburé final que fournissent tous les dérivés amyliques à chaîne continue. L'amylène ordinaire obtenu par l'action du chlorure de zinc en renferme quelquefois jusqu'à 10 % (Wischnegradsky). Il résulte de l'action de la potasse alcoolique sur les éthers iodhydriques du diéthylcarbinol et du méthylpropylcarbinol. Il existe peut-être dans les carbures pyrogénés du pétrole et du boghead; en tout cas, ceux-ci renferment des carbures à chaîne continue; il suffit donc d'en lever par l'acide sulfurique étendu d'un demi-volume d'eau, ou par une dissolution d'acide chlorhydrique saturé, employé à froid, l'amylène ordinaire et de combiner les carbures restant avec l'acide iodhydrique, pour obtenir l'iodure

$$CH^3\text{-}CH^2\text{-}CH^2\text{-}CHI\text{-}CH^3,$$

qui fournira le méthyléthyl-éthylène [Le Bel, *Compt. rend.*, t. LXXIII, p. 499, et t. XXV, p. 267]. C'est aussi ce carbure qui se produit par la réaction de l'iodure d'allyle sur le zinc éthyle; ses propriétés sont décrites à l'article ÉTHYLE-ALLYLE (t. I, p. 1313). Le glycol correspondant bout à 187°,5 (Saytzeff).

ISOMÉTHYL-ÉTHYL-ÉTHYLÈNE. — Pour obtenir ce carbure à l'état de pureté, il faut traiter par la potasse alcoolique l'iodure d'amyle actif pur [Le Bel, *Bull. de la Soc. chim.*, t. XXV, p. 546]. Il bout à 31-32°, sa densité à 0° est de 0,670. Il réagit à froid sur les hydracides et l'acide sulfurique étendu d'un demi-volume d'eau et il fournit sans transposition les dérivés tertiaires, l'élément halogène ou l'oxhydryle se portant, suivant la règle ordinaire, au carbone le moins hydrogéné ou carbone central :

$$\begin{matrix} CH^3 \\ CH^3\text{-}CH^2 \end{matrix} > C{=}CH^2 + HCl$$
$$= CH^3\text{-}CH^2\text{-}CCl{=}(CH^3)^2.$$

TRIMÉTHYL-ÉTHYLÈNE. [Syn. *Amylène ordinaire.*] — La description de ce carbure et de ses dérivés se trouve à l'article AMYLÈNE; la matière première qui a été employée par la plupart des auteurs était toujours l'amylène préparé avec le chlorure de zinc et l'alcool amylique de fermentation. Cette préparation peut se faire soit en chauffant l'alcool amylique dans lequel on a fait digérer le chlorure, soit en laissant tomber l'alcool goutte à goutte sur le chlorure de zinc fondu dans une bouteille à mercure [Étard, *Compt. rend.*, t. LXXXVI, p. 488]; dans ce dernier cas, le rendement est meilleur, mais la quantité de méthyl-éthyl-éthylène paraît augmenter : elle peut aller jusqu'à 10 %. L'amylène ordinaire peut être préparé avec l'isopropyl-éthylène (Flavitzky) et avec l'amylène d'alcool actif (Le Bel), en combinant ces carbures avec les hydracides et en traitant les éthers haloïdes par la potasse alcoolique. Il se trouve dans les oléfines pyrogénées du boghead et du pétrole (Le Bel). Pour l'obtenir pur, il faut traiter par l'acide chlorhydrique froid l'amylène préparé avec le chlorure de zinc, ou bien les hydrocarbures pyrogénés bouillant entre 30 et 40° bien fractionnés; quand l'action de l'acide chlorhydrique est terminée, on distille les hydrures d'amyle et les amylènes à chaîne continue, qui ne se combinent pas avec l'hydracide; ils passent entre 30 et 40°, et le chlorure tertiaire à 86°; on décompose ce dernier par la potasse alcoolique ou la potasse aqueuse en vase clos. Cet amylène peut encore s'obtenir en décomposant par la potasse alcoolique l'éther iodhydrique de l'éthyl-diméthyl-carbinol synthétique.

Enfin le chlorure d'amyle chloré de fermentation (Buff), traité par le sodium, et l'hydrure d'amyle chloré du pétrole (Schorlemmer) chauffé avec l'acétate de potassium et l'acide acétique fournissent de l'amylène qui renferme probablement du triméthyléthylène. Le triméthyléthylène bout à 36-38°, sa densité à 0° est de 0,678.

M. Berthelot [*Bull. de la Soc. chim.*, t. XIII, p. 197] a oxydé, par l'acide chromique dilué, une solution aqueuse d'un amylène commercial exempt d'hydrure et bouillant à 40°; il a obtenu des corps acétoniques, de l'acide valérianique et des acides gras inférieurs ; mais on ne peut pas affirmer que l'acide valérianique provienne du triméthyl-éthylène plutôt que d'un autre isomère, la réaction n'étant pas totale. Le même auteur [*Compt. rend.*, t. LXXXII, p. 122] a mesuré les chaleurs de combinaison des hydracides avec l'amylène. Pour les solutions saturées, il a trouvé les chiffres suivants :

$$IH,\ 1^c,7;\quad HBr,\ 0^c,8;\quad HCl,\ 0^c,93.$$

Pour les hydracides étendus, il y aurait absorption de chaleur, mais la réaction n'a pas lieu. Pour les hydracides gazeux, les chiffres sont presque les mêmes : $HCl + C^5H^{10}$ fournit 20°,0; $HI + C^5H^{10}$, 22°,0. Le brome gazeux fournit 36°,5, tandis que HBr gazeux donne 20°,5.

DÉRIVÉS DE L'AMYLÈNE. — Le glycol dinitrique a été préparé par Henry et D. Henninger [*Bull. de la Soc. chim.*, t. XVI, p. 294] par l'action de l'acide nitrique sur l'oxyde d'amylène; Henry [*Ann. de Phys. et de Chim.* (4), t. XXVII, p. 243] a obtenu le chloronitrate par l'action de l'acide nitrique sur la chlorhydrine du glycol.

D'après MM. Sperlich et Lippmann [*Wien. Acad. Ber.*, 2e part., t. LXII, p. 613, et *Bull. de la Soc. chim.*, t. XV, p. 258], le peroxyde de benzoyle obtenu par le chlorure de benzoyle et le bioxyde de baryum se combine avec l'amylène en donnant de l'acide benzoïque et l'anhydride $C^5H^9.O.C^7H^5O$.

Par l'action du zinc-éthyle sur le chlorure trichlorométhyl-sulfureux $CCl^3\text{-}SO^2.Cl$, on obtient l'acide amylène-dihydrosulfureux $C^5H^{10}(SO^2H)^2$, qui fournit des sels de baryum et de potassium cristallisables de la formule $C^5H^{10}(SO^2K)^2 + 2H^2O$; le sel de zinc contient $4H^2O$ [F. Ilse, *Bull. de la Soc. chim.*, t. X, p. 397].

La chlorhydrine de l'amylène-glycol chauffée avec le sulfite de sodium fournit l'acide amylisé-thionique [F.-A. Falk, *Journ. f. prakt. Chem.* (2), t. II, p. 272 ; *Bull. de la Soc. chim.*, t. XV, p. 79].

Enfin l'amylène se combine avec l'acétate de chlore et forme la combinaison $C^5H^{10}, C^2H^3O^2Cl$ et deux produits de substitution chlorés; ces corps distillent sous un vide de 4mm à 85°, 102° et 140° [Prudhomme, *Bull. de la Soc. chim.*, t. XIV, p. 3]. J.-A. Le Bel.

AMYLBENZINE. — Voyez t. III, p. 891.

AMYLGLYCÉRINE. — Voyez t. I, p. 237.

AMYLIQUES (ALCOOLS). — Les carbures à cinq atomes de carbone peuvent donner naissance à trois sortes d'alcools, que nous étudierons dans l'ordre suivant : alcools primaires, secondaires et tertiaires.

ALCOOLS AMYLIQUES PRIMAIRES.

La théorie indique quatre alcools amyliques primaires, qui sont : l'alcool amylique normal ou propyl-éthylique,

$$CH^3\text{-}CH^2\text{-}CH^2\text{-}CH^2\text{-}CH^2.OH;$$

l'alcool isopropyl-éthylique ou alcool amylique inactif de fermentation,

$$\begin{matrix} CH^3 \\ CH^3 \end{matrix} > CH\text{-}CH^2\text{-}CH^2.OH;$$

l'alcool méthyl-éthyl-éthylique ou alcool amylique actif de fermentation,

$$\begin{matrix} CH^3 \\ CH^3\text{-}CH^2 \end{matrix} > CH\text{-}CH^2.OH,$$

et l'alcool triméthyl-éthylique,

$$(CH^3)^3{\equiv}C\text{-}CH^2.OH.$$

ALCOOL AMYLIQUE NORMAL. — Il a été découvert par MM. Lieben et Rossi qui l'ont préparé avec le cyanure de butyle normal [*Compt. rend.*, t. LXXI, p. 369, et *Bull. de la Soc. chim.*, t. XIV, p. 390]. Par la distillation d'un mélange de butyrate normal et de formiate de calcium, on obtient l'aldéhyde butylique qui fournit l'alcool butylique normal par hydrogénation. (On pourrait aujourd'hui employer l'alcool butylique obtenu par M. Fitz par une fermentation spéciale de la glycérine.) Le cyanure de butyle est converti en acide valérianique normal par la potasse; cet acide donne, par le procédé déjà employé pour l'acide butyrique, l'aldéhyde et l'alcool amylique normaux. M. Schorlemmer a aussi préparé avec l'hydrure d'amyle du pétrole un alcool amylique et un acide valérianique qui paraissent être normaux, mais qui sont probablement accompagnés d'autres isomères; en effet, l'hydrure d'amyle chloré, traité à 200° par l'acétate de potassium et l'acide acétique, fournit de l'acétate d'amyle, de l'amylène ordinaire et un amylène à chaîne continue; la présence de ce dernier indique que l'alcool dérivé de l'acétate d'amyle contient de l'alcool normal.

L'alcool amylique normal bout à 137° sous une pression de 740^{mm}, le chlorure d'amyle à 107°, le bromure à 129° et l'iodure à 156°. Le cyanure a servi à préparer l'acide caproïque normal.

Alcools amyliques de fermentation. — Les produits huileux obtenus dans la rectification des liqueurs fermentées contiennent l'alcool inactif ou isopropyl-éthylique et l'alcool actif ou méthyl-éthyl-éthylique. Le procédé de séparation de M. Pasteur, fondé sur la différence de solubilité des sulfamylates de baryum a servi à M. Balbiano [*Gaz. chim. ital.*, VI, p. 229, et *Bull. de la Soc. chim.*, t. XXVIII, p. 27] à préparer l'alcool inactif pur, et ce savant a démontré qu'il était identique avec l'alcool dérivé du cyanure butylique de fermentation, ce qui permet de lui assigner la formule

$$(CH^3)^2CH\text{-}CH^2\text{-}CH^2.OH.$$

M. Erlenmeyer [*Bull. de la Soc. chim.*, t. XV, p. 90, et t. XVII, p. 109] est arrivé à la même conclusion par l'étude de l'acide valérianique inactif de fermentation, qu'il a identifié avec celui de la racine et avec l'acide isopropylacétique de synthèse. Cet auteur conclut par exclusion que l'alcool actif doit avoir la formule :

$$\begin{matrix} CH^3 \\ CH^3\text{-}CH^2 \end{matrix}\!\!>CH\text{-}CH^2.OH,$$

formule qui s'est vérifiée par les réactions de l'amylène qui en dérive. On peut encore préparer l'alcool inactif au moyen de l'éther éthylamylique inactif qui se forme par l'action de la potasse alcoolique sur le mélange des deux iodures amyliques de fermentation (Wischnegradsky). Le chlorure inactif s'obtient de préférence par l'action de l'acide chlorhydrique sur l'alcool amylique bouillant, et peut fournir l'alcool inactif. Enfin on peut obtenir ce dernier en distillant l'alcool amylique commercial dans le vide au moyen d'un appareil à seize ou vingt plateaux [Le Bel, *Compt. rend.*, t. LXXXVII, p. 813].

Alcool amylique actif. — La préparation de l'alcool actif se fait en dirigeant un courant d'acide chlorhydrique dans l'alcool amylique commercial maintenu en ébullition : l'isomère inactif s'éthérifie de préférence; le résidu de l'opération est neutralisé et distillé pour séparer le chlorure d'amyle [Le Bel, *Compt. rend.*, t. XLI, p. 296, et *Bull. de la Soc. chim.*, t. XXI, p. 542, et t. XXV, p. 199 et 545].

Le pouvoir rotatoire pour une colonne de 10^{cm} et la lumière de sodium est de — 4° 36'; ce pouvoir peut être détruit par des distillations sur le chlorure de calcium, ou mieux sur la soude caustique [Chapmann, *Bull. de la Soc. chim.*, t. XIV, p. 55]. M. Backoven a obtenu ainsi un alcool faiblement dextrogyre, mais MM. Le Bel et Balbiano [*loc. cit.*] ont démontré que le pouvoir à droite était dû à de l'éther amylique, qui est dextrogyre. Le pouvoir rotatoire disparaît plus rapidement si, au lieu de faire agir la soude, on prend du sodium, et si on chauffe fortement au bain d'huile l'amylate sodique : ce dernier doit être traité par l'eau, qui régénère l'alcool; c'est surtout la partie combinée qui est inactive. Trois traitements successifs par le sodium sont nécessaires pour obtenir un alcool entièrement inactif. Cet alcool rendu inactif est un mélange, en proportions égales, d'alcool éthylméthyléthylique droit et gauche; il ne doit pas être confondu avec l'alcool isopropyléthylique inactif dont il a été question. Les moisissures détruisent de préférence l'alcool éthylméthyléthylique gauche et laissent un alcool dextrogyre contenant encore de l'alcool lévogyre; son pouvoir rotatoire est de + 1° 7' [Le Bel, *Compt. rend.*, t. LXXXVII, p. 213].

Le chlorure d'amyle dérivé de l'alcool lévogyre bout à 97-99°; sa densité est 0,886; son pouvoir rotatoire + 1° 16'. Le bromure bout à 117-120°; sa densité à 15° est de 1,54, et son pouvoir + 4° 24'. L'iodure actif bout à 134°; sa densité à 15° est de 1,54; son pouvoir + 8° 17' (Le Bel). Les pouvoirs rotatoires moléculaires sont entre eux comme 1 : 4 ; 8, ce qui vérifie la loi de Landolt qui dit que les dérivés d'une même substance possèdent des pouvoirs rotatoires moléculaires qui sont des multiples entiers les uns des autres. M. Riban a donné [*Bull. de la Soc. chim.*, t. XIV, p. 98, et XV, p. 3] les pouvoirs rotatoires de divers dérivés amyliques préparés avec l'alcool commercial : tous ces dérivés sont dextrogyres, sauf l'amylamine, et MM. I. Pierre et Puchot [*Compt. rend.*, t. LXXV, p. 1444, et t. LXXVI, p. 1332] donnent les constantes relatives à un grand nombre de dérivés amyliques purifiés par fractionnement.

D'après M. Schwartz [*Dingl. pol. J.*, t. CLXIX, p. 377], l'alcool amylique se produit surtout dans les fermentations tumultueuses. La recherche de l'alcool amylique dans les eaux-de-vie se fait en secouant la substance étendue d'eau avec de l'huile d'olive ou du chloroforme qui s'emparent de préférence de l'alcool amylique; mais il ne faut point oublier que les qualités nuisibles d'un alcool ne dépendent point uniquement de la quantité d'alcool amylique ou butylique qu'il renferme, mais surtout des huiles empyreumatiques, et que le dosage en poids de ces dernières est impossible. Le meilleur moyen de juger un alcool est encore de le laisser évaporer sur une assiette ou sur la main, et de constater par l'odorat son degré de bon goût.

L'alcool amylique se combine avec le perchlorure d'étain [Bauer et Klein, *Bull. de la Soc. chim.*, t. X, p. 412]; le composé qui a pour formule $2\,C^5H^{12}O + SnCl^4$ se détruit par la chaleur en donnant de l'amylène, du chlorure d'amylène et des polymères.

Amylamine. — L'amylamine d'alcool actif ne forme point d'alun octaédrique (Pasteur), elle est lévogyre; quand elle est mêlée à l'amylamine inactive, elle peut former un alun octaédrique dont les cristaux sont actifs (Le Bel), mais ne présentent pas de facettes hémiédriques. L'amylamine a été signalée dans les produits de la putréfaction de la farine et de la levûre de bière, dans l'huile de Dippel et dans le guano.

Alcool triméthyl-éthylique. — Cet alcool n'a point été préparé, mais on connaît l'acide valérianique correspondant, qui est l'acide triméthylacétique. On connaît aussi l'hydrure d'amyle correspondant, le tétraméthylméthane, dont les produits de substitution seraient les éthers de l'alcool inconnu.

ALCOOLS AMYLIQUES SECONDAIRES.

La théorie en prévoit trois, qui sont le diéthyl-carbinol :

$$\begin{matrix} CH^3\text{-}CH^2 \\ CH^3\text{-}CH^2 \end{matrix} > CH.OH,$$

le méthyl-propyl-carbinol :

$$CH^3\text{-}CH^2\text{-}CH^2\text{-}CH.OH\text{-}CH^3$$

et le méthyl-isopropyl-carbinol :

$$\begin{matrix} CH^3 \\ CH^3 \end{matrix} > CH\text{-}CH.OH\text{-}CH^3.$$

DIÉTHYLCARBINOL. — On pourrait préparer ce corps par l'hydrogénation de l'acétone

$$C^2H^5\text{-}CO\text{-}C^2H^5$$

obtenue aux dépens du propionate de calcium; mais il paraît plus avantageux de suivre la methode de MM. Wagner et Saytzeff [*Ann. der Chem. u. Pharm.*, t. CLXXV, p. 351, et t. CLXXIX, p. 302, et *Bull. de la Soc. chim*, t. XXIII, p. 170], qui consiste à faire réagir 1 partie de formiate d'éthyle et 4 parties d'iodure d'éthyle sur du zinc granulé et un peu de sodium. On dissout la masse dans l'acide chlorhydrique, et on transforme l'alcool en iodure pour le purifier; cet iodure est ramené à l'état d'alcool, soit par l'oxyde de plomb hydraté, soit par l'acétate d'argent qui fournit l'acétate secondaire qu'on saponifie par la potasse. Le diéthylcarbinol bout à 116-117°; sa densité à 0° est de 0,831. Il donne par oxydation l'acétone diéthylique qui bout à 104°, et les acides propionique et acétique. L'iodure correspondant bout à 145°; sa densité à 0° est de 1,528; comme il a la formule symétrique

$$CH^3\text{-}CH^2\text{-}CHI\text{-}CH^2\text{-}CH^3,$$

il ne peut donner par perte de IH qu'un seul carbure, qui est l'éthyl-méthyl-éthylène normal, avec lequel on a dû identifier les carbures provenant d'autres sources.

MÉTHYL-PROPYL-CARBINOL. — L'iodure correspondant à cet alcool dérive de l'un et l'autre amylène à chaîne continue; on pourra retirer cet iodure des carbures pyrogénés du pétrole par la méthode décrite à l'article AMYLÈNES. L'alcool dérivé de cet iodure est identique avec celui que M. Wurtz a obtenu avec l'éthyl-allyle, et à celui que M. Friedel, puis M. Grimm et M. Bilohonbeck, ont préparé par hydrogénation du méthyl-butyryle. Il bout à 119°; sa densité est 0,824 à 0°. Saytzeff, qui l'a obtenu par le méthyl-éthyl-éthylène normal dérivé du diéthylcarbinol, trouve un point d'ébullition situé à 118°,5, et une densité de 0,827; l'iodure bout à 144-145°; sa densité est de 1,539 à 0°.

MÉTHYL-ISOPROPYL-CARBINOL. — La synthèse en a été faite par M. R. Münch [*Deutsch. chem. Gesellsch.*, t. VII, p. 1371], par l'hydrogénation de l'acétone mixte $(CH^3)^2{=}CH\text{-}CO\text{-}CH^3$, dérivée de l'acide isobutyrique. Il bout à 108°; sa densité à 17° est de 0,827. Suivant M. Wischnegradsky, il bout à 112°,5 et présente la particularité de former, quand on le traite par les hydracides, les éthers haloïdes tertiaires. Les éthers secondaires existent cependant et se préparent par l'action des hydracides sur l'isopropyl-éthylène (voyez AMYLÈNES), mais de leur côté ils ne peuvent être transformés en alcool secondaire et fournissent l'alcool tertiaire.

ALCOOL AMYLIQUE TERTIAIRE.

On n'en connaît qu'un, l'éthyl-diméthyl-carbinol; c'est également ce corps qui était désigné sous les dénominations aujourd'hui abandonnées d'*hydrate d'amylène* ou d'*alcool pseudo-amylique*; sa formule est $CH^3\text{-}CH^2\text{-}C.OH{=}(CH^3)^2$. — La méthode de préparation par le chlorure ou l'iodure tertiaire et l'acétate d'argent a été abandonnée depuis que M. Flavitzky [*Bull. de la Soc. chim.*, t. XIX, p. 309] a fait observer que la méthode de M. Berthelot peut donner de très bons résultats quand on emploie, à la place de l'acide sulfurique monohydraté, un acide étendu d'un demi-volume d'eau et refroidi. M. Flavitzky employait un appareil spécial, mais on peut se contenter de faire la réaction dans des vases à parois minces plongés dans un mélange réfrigérant. La combinaison étant effectuée, on étend d'eau, le plus vite possible, en évitant que la masse ne s'échauffe, on sature l'acide, on distille et on sèche par le carbonate de potassium l'alcool tertiaire mis en liberté; on en obtient ainsi des quantités considérables avec facilité. La synthèse de l'alcool tertiaire a été faite par Popoff [*Bull. de la Soc. chim.*, t. IX, p. 471] par le zinc-méthyle et le chlorure de propionyle. Il bout à 102°,5 (Wischnegradsky). Le bromure d'amyle de fermentation peut se transformer en bromure tertiaire quand on le chauffe à 230-240° [Eltekoff, *Deutsch. chem. Gesellsch.*, t. VI, p. 1258].

Les propriétés de l'alcool tertiaire et de ses dérivés sont indiquées à l'article AMYLÈNE (t. I, p. 239). L'alcool tertiaire ne fournit point d'acétone par oxydation; les traces d'acétone que l'on observait provenaient d'un alcool secondaire mêlé en petite quantité à l'alcool tertiaire qu'on retirait de l'iodure préparé avec l'amylène commercial, qui renferme de l'éthyl-méthyl-éthylène normal; cette impureté n'existait du reste qu'en quantité minime et n'a pu fausser que les résultats de l'oxydation.

J.-A. Le Bel.

AMYLTOLUÈNE. — Voyez t. III, p. 891.

AMYRINE. — Ce principe cristallisé de la résine élémi est sous forme d'aiguilles incolores douées de la double réfraction, insolubles dans l'eau, solubles dans l'éther, le chloroforme, le sulfure de carbone. 100 p. d'alcool à 95 centièmes en dissolvent 3p,627 à 16°; cette solution est neutre et dextrogyre. L'amyrine fond à 177° et peut être sublimée partiellement. L'acide sulfurique concentré la dissout en se colorant en rouge jaune. La potasse en fusion l'attaque difficilement avec formation de traces d'acide oxalique et d'acides gras volatils.

La composition de l'amyrine est exprimée par la formule $C^{25}H^{42}O$, qui en fait un homologue de la cholestérine. Cette formule est corroborée par l'existence d'un éther monacétique,

$$C^{25}H^{41}O, C^2H^3O,$$

qui se forme lorsque l'amyrine est chauffée à 150° avec de l'anhydride acétique.

Avec le brome, l'amyrine fournit un produit bromé cristallin [E. Buri, *Neu. Repert. f. Pharm.*, t. XXV, p. 193].

O. Hesse a proposé de représenter la composition de l'amyrine par la formule $C^{47}H^{78}O^2$.

ANALYSE PYROGNOSTIQUE. — Bunsen a fait connaître en 1866 [*Ann. der Chem. und Pharm.*, t. CXXXVIII, p. 257] une nouvelle méthode d'analyse pyrognostique qui est destinée à prendre place entre les méthodes expéditives du chalumeau et celles plus pénibles, mais plus générales, de la voie humide. Elle est fondée sur l'emploi d'un certain nombre de réactions très élégantes et nécessite seulement quelques appareils et réactifs particuliers, dont voici la liste abrégée : une lampe de Bunsen avec réglage d'air et cheminée; un gros tube d'essai ou une capsule en porcelaine de 10 à 15 centimètres de diamètre, vernissée à l'extérieur; un couteau aimanté à lame mince et flexible, comme celle d'un couteau à palette ; de petits tubes de verre servant de manche soit à un fil de platine très fin[1] terminé en boucle ou en spirale (fig. 9), soit à un mince pinceau formé de quelques filaments d'asbeste, pour les essais qui n'adhèrent pas au platine ; des tubes de verre, étirés et très minces,

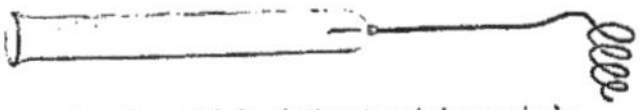

Fig. 9. — Fil de platine terminé en spirale, avec son manche.

bouchés d'un bout, longs de 4 à 5 centimètres, et larges de 3 ou 4 millimètres ; de petits flacons de Woulf contenant l'un du sulfhydrate d'ammonium, l'autre de l'ammoniaque ; un flacon à large ouverture renfermant de l'iodure de phosphore tombé en déliquescence ; des baguettes de charbon obtenues en carbonisant par un bout des allumettes préalablement recouvertes de carbonate de sodium fondu dans son eau de cristallisation ; du magnésium en fil ; de l'acide nitrique faible (D = 1,15) ; enfin diverses autres substances qui se trouvent dans toutes les boites de réactifs.

Usage des appareils et des réactifs. — La lampe de Bunsen, qui remplace ici le chalumeau, sert à chauffer, à oxyder ou à réduire les corps : elle doit en conséquence brûler sans excès d'air, de façon à donner une flamme présentant en un certain point (R^2) une zone réductrice et lumineuse ; cette zone ne doit pas être trop développée, et un corps froid, tel qu'un tube d'essai rempli d'eau, ne doit pas s'y couvrir de noir de fumée. On règlera l'accès de l'air de façon à obtenir ce résultat ; l'apparence de la flamme entourée de sa cheminée conique sera alors celle figurée par le dessin (fig. 10).

Fig. 10. — Flamme de la lampe Bunsen brûlant sans excès d'air.

Dans une semblable flamme il est très facile de distinguer des zones particulières présentant des températures et des propriétés très différentes. Ainsi le cône intérieur I contient du gaz d'éclairage froid mêlé de 62 % environ d'air atmosphérique ; en F se trouve une portion très mince et par conséquent assez froide de gaz brûlant ; les composés volatils introduits en F peuvent colorer la flamme d'une façon caractéristique, alors que, soumis à une température plus élevée, en C par exemple, ils donneraient surtout la coloration due à des corps plus fixes, mais qui seraient en plus forte proportion dans le mélange. Nous appelons la zone F la *flamme froide*. Inversement : l'espace annulaire C sera pour nous la *flamme chaude*. C'est là que se font les essais de fusibilité ; la température n'est nulle part aussi élevée. En R^1 se trouve la zone *réductrice inférieure* : son pouvoir réducteur est médiocre, à cause de la présence d'une certaine quantité d'air ; mais on y fera avec commodité les réactions sur la baguette de charbon. R^2 est la *flamme réductrice* proprement dite ; certaines désoxydations impossibles en R^1 s'y produisent : de là des indications utiles. La flamme réductrice sert surtout pour la production des enduits (voyez plus bas). O^1 est la *zone oxydante inférieure* ; la température y est très élevée : c'est là que s'effectue l'oxydation des perles. O^2 est la *flamme oxydante* proprement dite ; elle sert au grillage et en général à l'oxydation, à une température médiocrement élevée, de corps un peu volumineux.

On peut se servir avec avantage, pour porter et maintenir l'essai dans une portion déterminée de la flamme, du support indiqué par Bunsen. Mais nous en recommandons un plus simple encore, dont l'emploi est aussi très pratique dans l'analyse spectrale. C'est une tige cylindrique de bois fixée sur une planche carrée lestée inférieurement par du plomb (on y a pratiqué une excavation dans laquelle on a coulé le métal). Sur cette tige glissent des pinces en bois

Fig. 11. — Tige de support avec sa pince en bois.

(fig. 11) semblables à celles dont se servent les blanchisseurs et les photographes, mais plus fortes ; chacune porte une baguette de verre ou un bout de tringle qui y est fixé à l'aide d'un fil de cuivre. Ces tringles reçoivent les tubes de verre qui servent de manches aux fils de platine ou d'amiante. Ces pinces peuvent facilement être abaissées, élevées ou enlevées lorsqu'on les serre entre les doigts. Deux pinces fixées l'une à l'autre par une vis, servent à supporter des tubes verticaux.

Lorsque l'essai décrépite et qu'on ne peut se servir ni de la boucle de platine ni du fil d'asbeste, on le réduit en poudre à l'aide du petit couteau à palette, et on l'enveloppe dans 1 centimètre carré de papier Berzélius humide, puis on brûle le tout entre deux boucles de fil de platine. Il reste une croûte cohérente qui peut être chauffée directement dans la flamme.

Réduction dans le tube. — Les petits tubes s'emploient pour la recherche du mercure, du soufre, du sélénium, du phosphore, etc. On y introduit les substances préalablement pulvérisées et écrasées avec le couteau sur un morceau de porcelaine, soit seules, soit avec un mélange de carbonate de sodium sec et de noir de fumée, soit enfin avec un bout de fil de magnésium. Après

1. 8 mètres pesant 1 gramme.

avoir porté l'essai à la température du ramollissement du verre, on laisse refroidir le tube et on le brise pour examiner les produits de la réduction.

Réduction sur la baguette de charbon. — On prend un cristal de carbonate de sodium et on le présente à la flamme. Avec le sel fondu qui s'en écoule, on enduit des allumettes sur les 2/3 de leur longueur, puis on les introduit par le côté ainsi préparé dans la flamme chaude et on les

ÉLÉMENTS RÉDUCTIBLES, VOLATILS, DONNANT DES TACHES MÉTALLIQUES.

	TACHE métallique.	TACHE d'oxyde.	TACHE d'oxyde, traitée par $SnCl^2$.	TACHE d'iodure.	TACHE d'iodure traitée par AzH^3.	TACHE de sulfure.	TACHE de sulfure traitée par Am HS.	COLORATION de la flamme.	NATURE de l'élément.
	Noire, bord brun.	Blanche.	Noire.	Brune; disparaît passagèrement au souffle.	Disparaît.	Noire ou noir-brunâtre.	Disparaît passagèrement.	Verte.	Te
Taches à peine solubles dans AzO^3H d'une densité de 1,15.	Rouge cuivre, bord rouge brique.	Blanche.	Rouge brique; par la solution sodique de $SnCl^2$, noire.	Brune; ne disparaît pas complètement au souffle.	Ne disparaît pas.	Jaune ou orange.	Orange, puis disparaît passagèrement.	Bleu bluet.	Se
	Noire, bord brun.	Blanche. Traitée par AzO^3Ag et AzH^3, noire, insoluble dans AzH^3.	Blanche; avec la solution sodique de $SnCl^2$, rien.	Rouge orange; disparaît passagèrement au souffle.	Disparaît.	Orange.	Disparaît passagèrement.	Vert pâle.	Sb
	Id.	Blanche. Traitée par AzO^3Ag et AzH^3, jaune ou brun rouge, soluble dans AzH^3.	Id.	Jaune; disparaît passagèrement au souffle.	Disparaît.	Jaune citron.	Disparaît passagèrement.	Bleu pâle.	As
Taches difficilement solubles dans AzO^3H d'une densité de 1,15.	Id.	Blanc jaunâtre.	Blanche; par la solution sodique de $SnCl^2$, noire.	Bleu brunâtre, bord couleur de chair; disparaît passagèrement au souffle.	Rouge aurore à jaune, brune à l'état sec.	Brun d'ombre; bord brun café.	Ne disparaît pas.	Bleuâtre non caractéristique.	Bi
	Grise, non uniforme.	Ne peut être produite.	—	Rouge carmin et jaune; ne disparaît pas au souffle.	Disparaît passagèrement.	Noire.	Id.	—	Hg
	Noire, bord brun.	Blanche.	Blanche.	Jaune citron; ne disparaît pas au souffle.	Ne disparaît pas.	Noire, bord gris bleuâtre.	Id.	Vert pré.	Tl
Taches immédiatement solubles dans AzO^3H d'une densité de 1,15.	Id.	Jaune clair.	Id.	Jaune; ne disparaît pas au souffle.	Disparaît passagèrement.	Rouge brun, puis noire.	Id.	Bleu pâle.	Pb
	Id.	Brune, bord blanc; ce bord passe au noir par AzO^3Ag.	Id.	Blanche.	Blanche	Jaune citron.	Id.	—	Cd
	Id.	Blanche.	Id.	Id.	Blanche.	Blanche.	Id.	—	In
	Id.	Blanc jaunâtre.	Id.	Blanc jaunâtre.	Blanc jaunâtre.	Id.	Id.	Bleu indigo.	In

fait tourner jusqu'à ce que le charbon d'abord produit soit bien imprégné de sel. D'autre part on malaxe avec le couteau et dans le creux de la main la substance pulvérisée avec une goutte de carbonate fondu, et on place une portion du mélange, grosse comme un grain de moutarde, à l'extrémité de l'allumette. On porte alors l'essai dans la zone oxydante inférieure O^1, et, aussitôt qu'il est fondu, on le pousse à travers le cône intérieur, dans la partie la plus chaude de la zone réductrice inférieure R^1. La réduction s'accomplit; elle est accompagnée d'une vive effervescence, due à la décomposition du carbonate de sodium; au bout d'un instant, on ramène l'essai en arrière et on le laisse refroidir dans le cône intérieur. Il ne reste plus qu'à écraser le bout de l'allumette, à ajouter quelques gouttes d'eau et à léviger dans le mortier d'agate. On observe alors l'apparence et la malléabilité du métal; l'on note s'il est attiré ou non par le couteau aimanté, puis on effectue sur lui avec une goutte de réactif quelques opérations de voie humide qui seront décrites plus loin.

Production d'enduits ou taches métalliques. — On place dans la partie supérieure de la flamme réductrice R^2 le fond de la capsule de porcelaine remplie d'eau, puis immédiatement au-dessous, et toujours dans la flamme réductrice, on introduit une très petite quantité de l'essai au bout du fil d'asbeste. Les métaux réduits vont se condenser sur la surface froide sous forme d'enduits noirs, mats ou miroitants. On traite ces taches, analogues à celles obtenues dans l'appareil de Marsh, comme il sera dit plus bas.

Si l'on veut isoler des quantités notables de métal, on remplace la capsule par un gros tube d'essai fixé sur un support et renfermant de l'eau et des fragments de marbre destinés à régulariser l'ébullition. On introduit successivement plusieurs portions de substance dans la flamme réductrice, et on les y maintient à l'aide du support.

Taches d'oxydes. — On place la capsule ou le tube froid dans la partie oxydante O^2, et l'on opère comme pour la production des taches métalliques. Il est bon que la flamme ne soit pas trop grande. On examine ensuite l'aspect des taches, les réactions qu'elles donnent avec une goutte de chlorure stanneux, seul ou en solution alcaline, puis avec une goutte de nitrate d'argent; dans ce cas, on dirige ensuite sur l'essai un courant d'air ammoniacal à l'aide du petit flacon de Woulf.

Taches d'iodures. — On présente les taches d'oxydes à l'ouverture du flacon à iodure de phosphore. On constate la solubilité de l'iodure formé en dirigeant l'haleine dessus; la tache disparaît alors pour reparaître lorsqu'on chauffe la capsule légèrement et qu'on amène sur la tache un courant d'air non saturé d'humidité (en soufflant d'un peu loin). On essaye ensuite l'action de l'air ammoniacal.

Taches de sulfures. — On traite les taches d'iodures par l'air saturé de sulfhydrate d'ammonium; l'on chasse l'excès de sulfhydrate en projetant l'haleine sur l'essai de temps en temps, le tout en chauffant légèrement la capsule. On constate la solubilité du sulfure dans l'eau à l'aide de l'haleine ou d'une goutte d'eau, et sa solubilité dans le sulfhydrate d'ammonium à l'aide d'une goutte du réactif.

A. — ÉLÉMENTS RÉDUCTIBLES SUR LA BAGUETTE DE CHARBON, MAIS NE DONNANT PAS DE TACHES.

		Aspect du métal.	Réactions.	Nature de l'élément.
I. — Métaux se présentant sous forme de poudre ou de paillettes non fondues. On les met en contact avec la pointe d'un couteau aimanté.	Métaux magnétiques. On transporte l'aigrette métallique sur une feuille de papier blanc.	Poudre noire, non brillante.	Traitée sur le papier par une goutte d'acide nitrique, se dissout et produit, lorsqu'on fait évaporer le liquide, une tache jaune, bleuissant par le ferrocyanure de potassium; la tache jaune, traitée successivement par une goutte de soude et le brome en vapeur, puis de nouveau par la soude, ne change pas. Perle de borax : jaune rougeâtre en O^2, vert bouteille en R^1 ou R^2.	Fe.
		Paillettes blanches, brillantes et ductiles.	Traitées par une goutte d'acide nitrique sur le papier, se dissolvent et produisent une tache verte qui, par la soude, le brome et la soude, passe au brun noir. Perle de borax : violette en O^2, grise et opaque en R^1 ou R^2.	Ni.
		Comme ci-dessus.	Traitées par une goutte d'acide nitrique sur le papier, se dissolvent et produisent une tache rouge, qui, par la soude, le brome et la soude, passe au brun noir. Perle de borax : bleue en O^2, R^1 ou R^2.	Co.
	Métaux non magnétiques. Ils peuvent être réduits sans l'emploi de la baguette de charbon, en calcinant l'essai avec du carbonate de sodium dans la flamme O^2.	Masse spongieuse grise, devenant blanche, brillante et ductile sous le brunissoir.	Soluble dans l'acide nitrique chaud; la solution, additionnée d'une goutte de cyanure mercurique, puis d'ammoniaque, donne un précipité blanc, soluble dans un excès de réactif. La liqueur, additionnée d'eau régale et évaporée à une goutte, donne un précipité cristallin orangé sale. La solution nitrique est colorée, par le chlorure stanneux, en bleu, vert ou brun, suivant la quantité de réactif.	Pd.
		Comme ci-dessus.	Insoluble dans l'acide chlorhydrique ou nitrique, soluble dans l'eau régale. La solution, additionnée d'une goutte de cyanure mercurique, puis d'ammoniaque, donne immédiatement un précipité cristallin jaune clair. La solution dans l'eau régale est colorée en brun jaune par le chlorure stanneux.	Pt.
		Poudre grise, terne, non ductile, ne changeant pas sous le brunissoir.	Insoluble dans l'acide chlorhydrique ou nitrique et dans l'eau régale, attaquable difficilement par fusion avec bisulfate de potassium; la masse fondue se dissout dans l'eau avec une coloration rose.	Rh.
		Comme ci-dessus.	Insoluble dans l'acide chlorhydrique, azotique et dans l'eau régale, inattaquable par le bisulfate de potassium.	Ir
II. Métaux se présentant sous forme de globules métalliques.		Globule jaune, brillant, ductile.	Insoluble dans l'acide chlorhydrique ou nitrique, soluble dans l'eau régale; la solution donne avec le chlorure stanneux un précipité brun de pourpre de Cassius, et avec le sulfate ferreux un précipité brun d'or en même temps que la liqueur prend une teinte bleue.	Au.
		Globule blanc, brillant, ductile.	Insoluble dans l'acide chlorhydrique, soluble dans l'acide nitrique. La solution donne avec l'acide chlorhydrique un précipité blanc soluble dans l'ammoniaque.	Ag.

A. — Éléments réductibles sur la baguette de charbon, mais ne donnant pas de taches (*suite*).

	Aspect du métal.	Réactions.	Nature de l'élément
11. Métaux se présentant sous forme de globules métalliques.	Globule rouge, pouvant être réduit en paillettes au mortier.	Soluble dans l'acide nitrique, la solution brunit par le ferrocyanure de potassium. Perle de borax : bleu-verdâtre en O^2, ne devenant rouge en R^1 qu'après addition d'une trace d'acide stannique ; par des oxydations et des réductions successives, on obtient une perle transparente rouge rubis.	Cu.
	Globule blanc, brillant, ductile.	Difficilement soluble dans l'acide chlorhydrique ; un morceau de papier Berzelius imprégné de la solution est coloré en rouge par l'acide sélénieux, et en noir par l'acide tellureux. La solution additionnée d'une trace de nitrate de bismuth, puis de soude, donne un précipité noir. Une perle de borax colorée très faiblement en bleu par CuO peut servir à la recherche de traces d'étain ; on opère comme ci-dessus.	Sn.

B. — Éléments ne donnant pas de taches, et difficilement ou non réductibles.

			Réactions	Élément
On mélange l'essai avec du carbonate de sodium pâteux et une petite quantité de nitre, et on le fond en O^1 ou O^2 dans la spirale de platine.	Masse fondue blanche ou incolore.	On la dissout dans l'eau et l'on fait absorber la solution par des bandes étroites de papier Berzelius.	L'acide chlorhydrique ne change pas la couleur du papier, mais le ferrocyanure produit ensuite une coloration rouge brun. Le chlorure stanneux en très petite quantité colore le papier en bleu, à froid ou à une douce chaleur ; un excès de réactif fait passer la coloration au jaune brun. Le sulfhydrate d'ammonium produit sur le papier une tache brune, persistante après addition d'acide chlorhydrique, et entourée souvent d'une auréole bleue.	Mo.
			L'acide chlorhydrique et le ferrocyanure de potassium ne produisent pas de coloration. Le chlorure stanneux donne une coloration bleue. Le sulfhydrate et l'acide chlorhydrique ne produisent rien.	Tu.
		Si les essais précédents n'ont pas donné de résultat, on arrose la masse fondue encore chaude de chlorure stanneux et on la réduit dans la zone R^1. On obtient alors une masse grise qui se dissout à chaud dans l'acide chlorhydrique en donnant une solution de couleur améthyste. Avec le sel de phosphore, l'essai donne en O^2 une perle incolore, qui en R^2 se colore en violet améthyste. Après addition d'une petite quantité de sulfate ferreux, la perle prend en R^1 la coloration rouge foncé du sang veineux ; la perle passe au brun en O^2 (fer) et se colore en R^1 de nouveau en rouge foncé.		Ti Ta ou Nb
		Si tous les essais précédents n'ont donné aucun résultat, on ajoute l'acide acétique à la solution de la masse fondue et l'on évapore à une douce chaleur. — Résidu gélatineux.		Si
	Masse fondue jaune.	On la dissout dans l'eau, on acidule la solution claire par l'acide acétique et on la fait absorber par des bandes étroites de papier Berzelius.	L'acétate de plomb produit sur le papier une tache jaune, le nitrate mercurique une tache rouge, et le nitrate d'argent une tache rouge brun. Chauffée avec l'eau régale ou le chlorure stanneux, la masse fondue donne une solution verte. Perle de borax : vert émeraude en O^2, R^1 ou R^2.	Cr
			Le nitrate d'argent produit sur le papier une tache jaune. La solution de la masse fondue dans l'eau régale est d'un jaune brun, et passe au bleu par le chlorure stanneux. Perle de borax : jaune vert en O^2 ; verte en R^2.	Va
	Masse fondue verte.	Elle donne avec l'eau une solution verte, se colorant en rouge par l'acide acétique et se décolorant ensuite. Perle de borax : couleur améthyste en O^2, incolore en R^2.		Mn
Si les essais précédents n'ont pas donné de résultat, il reste à faire les expériences suivantes : On fond l'essai avec du bisulfate de potassium dans la spirale de platine, puis on broie la masse avec quelques grains de carbonate de sodium et quelques gouttes d'eau et on fait absorber la solution par une bande de papier. L'acide acétique et le ferrocyanure de potassium produisent une tache jaune. Perle de borax : jaune en O^2 ; verte en R^2, surtout après addition de chlorure stanneux ; ces colorations ressemblent à celle que donne le fer, mais s'en distinguent en ce que la perle d'urane émet à chaud une lumière vert bleuâtre, analogue à la teinte de fluorescence du verre d'urane. Les perles de borax du plomb, de l'acide stannique et de quelques autres composés produisent un phénomène lumineux analogue, mais ne présentent pas la coloration de la perle d'urane.				U

Recherche du soufre. — L'essai réduit avec du carbonate sodique sur la baguette de charbon est placé sur une lame d'argent et humecté d'eau : la formation d'une tache brune ou noire indique la présence du soufre ; toutefois cette réaction n'est caractéristique que si l'on s'est assuré, d'après les réactions consignées dans le premier tableau, de l'absence du sélénium et du tellure, qui produisent une tache semblable sur l'argent.

Recherche du phosphore. — L'essai parfaitement sec est chauffé dans le tube avec un morceau de magnésium ou de sodium, et la masse est humectée d'eau ; le développement de l'odeur très caractéristique de l'hydrogène phosphoré indique la présence du phosphore.

Si l'essai ne contient pas d'élément donnant un enduit, on peut reconnaître les phosphates en le fondant au fil de platine dans l'espace R^1, avec du borax et un petit morceau de fil de fer très fin ; il se produit un globule blanc de fer phosphoré, magnétique, très fragile.

G. Salet.

ANALYSE SPECTRALE. — L'analyse spectrale a fait depuis ces dernières années des progrès importants. Nous ne parlons pas ici de la spectroscopie générale, qui s'est enrichie de nombreuses découvertes, ni de la théorie des spectres, — théorie qui a fourni entre les mains de M. Lecoq de Boisbaudran une détermination très approchée du poids atomique du gallium bien avant qu'aucune analyse quantitative d'un sel de gallium eût pu être tentée, tant était faible la quantité du métal isolé ; — nous avons seulement en vue le côté purement analytique de la science spectrale.

Les recherches par le spectroscope se bornèrent longtemps à celles des alcalis, des terres alcalines, du thallium et de l'indium. Aujourd'hui, grâce aux travaux d'un certain nombre de savants et surtout au grand ouvrage de M. Lecoq de Boisbaudran, tous les métaux peuvent être facilement reconnus par le procédé optique. Il suffit, la plupart du temps, de faire éclater l'étincelle d'induction à la surface de leurs solutions et d'en examiner le spectre. La nouvelle méthode est d'une délicatesse variable avec le métal; dans certains cas, celle-ci n'est pas très grande, ce qu'on ne doit pas perdre de vue. Mais elle est fort utile pour contrôler les séparations effectuées avec les méthodes ordinaires, et elle en fait souvent imaginer de nouvelles; elle possède un autre avantage, c'est qu'elle permet de trouver un métal qu'on ne cherche pas et dont la présence pourrait être méconnue à cause de la trop grande généralité des réactions analytiques : pour tout dire en un mot, c'est un réactif qui se comporte d'une façon particulière avec chaque élément.

Voulant rester sur le terrain exclusivement pratique de l'analyse, nous ne reviendrons pas sur ce qui a été dit des spectres obtenus par Thalèn avec les métaux libres et de fortes étincelles, mais nous décrirons les procédés qui permettent aujourd'hui, un sel étant donné, d'en trouver le métal par le spectroscope; nous prévenons d'ailleurs le lecteur que les tables très succinctes qui accompagnent cet article ne peuvent en aucune façon remplacer dans une recherche un peu délicate l'ouvrage de M. Lecoq de Boisbaudran[1].

Les spectres d'absorption des matières colorantes ont été en Allemagne l'objet de nombreuses recherches dont l'intérêt pratique, au point de vue des falsifications, de l'évaluation de la valeur vénale des couleurs, etc., est considérable. Nous en dirons quelques mots en finissant.

Recherche des métaux dans leurs solutions. — *Appareil à étincelles.* — Il y a longtemps que les physiciens ont observé la coloration de l'auréole de l'étincelle d'induction par les divers sels métalliques. M. Mitscherlich a décrit en 1864 [*Poggendorffs' Annalen*, 1864, n° 3] un appareil commode, construit en vue de l'analyse spectrale des étincelles ainsi colorées. On peut modifier cet appareil de façon à le rendre très maniable et à faire varier facilement la distance des électrodes. Nous

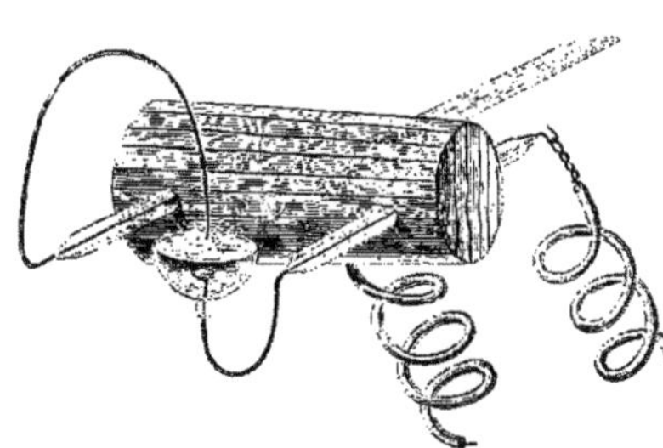

Fig. 12. — Appareil à étincelles.

figurons ici une disposition que nous employons depuis longtemps et en même temps celle qui a été adoptée par M. Lecoq de Boisbaudran et qui est peut-être plus simple encore (fig. 12 et 13). Dans les deux appareils, l'électrode supérieure est constituée par un fil de platine un peu gros; elle est positive. L'électrode inférieure n'émerge pas du liquide; celui-ci d'ailleurs peut remplir totalement la petite coupelle; dans ce cas, l'étincelle est bien visible dans l'instrument, mais le sel est projeté sur la fente et il s'en perd une partie. Si le liquide est contenu dans un tube,

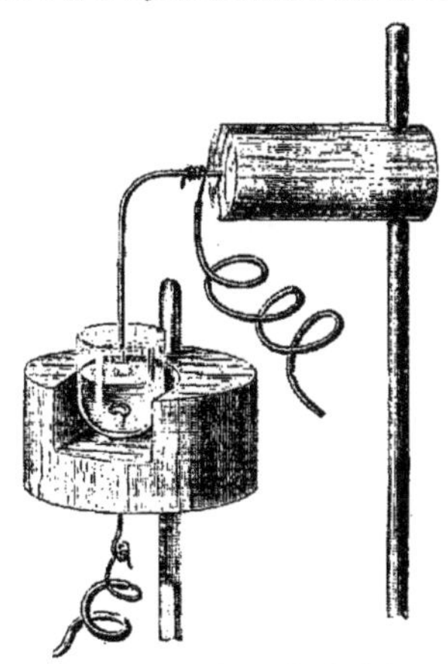

Fig. 13. — Appareil à étincelles de M. Lecoq de Boisbaudran.

le ménisque gêne l'observation. Pour remédier à cet inconvénient, MM. Delachanal et Mermet ont imaginé la disposition représentée dans la figure 14. L'électrode inférieure est à l'intérieur d'un petit tube capillaire qui dépasse à la fois le niveau du liquide et l'extrémité de l'électrode. La solution y monte comme l'huile dans la mèche d'une lampe. Avec cette disposition, l'étincelle est bien visible, il n'y a pas de projection; mais il y a le plus souvent attaque du verre par l'étincelle, de façon que les spectres ne sont pas toujours très purs. Le grand avantage de ces tubes, c'est de pouvoir être conservés remplis; on a ainsi sous une forme réduite et commode une collection des solutions métalliques importantes avec lesquelles les comparaisons de spectres sont faciles. Or la juxtaposition des spectres est, de toutes les méthodes pour l'identification de ceux-ci, la plus certaine.

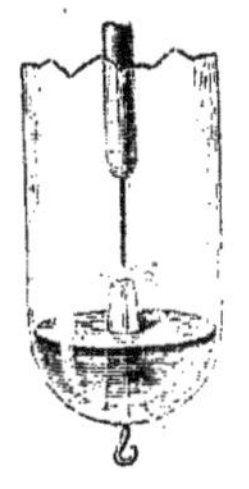

Fig. 14. — Appareil à étincelles de MM. Delachanal et Mermot.

Dans tous les cas, les spectres obtenus sont loin d'être ceux des métaux purs; ce sont souvent des spectres de composés : il importe donc de prendre pour les produire les sels employés par l'auteur de leur description, — généralement des chlorures.

Source d'électricité. — La bobine doit être

1. *Spectres lumineux*, texte et atlas. Paris, 1874, Gauthier-Villars.

assez forte pour donner de belles étincelles de 2 centimètres dans l'air; on n'y ajoute pas de bouteille de Leyde.

L'interrupteur à lame vibrante est le meilleur. La pile est composée de 4 éléments Bunsen ou de 4 à 6 éléments au dichromate de potassium. Lorsque l'on ne se propose pas d'observer d'une façon continue, la pile au dichromate dite *à treuil* est de beaucoup la plus commode.

Spectroscope. — C'est un spectroscope horizontal à 1 prisme avec division photographiée. On commence par régler la lunette oculaire pour l'infini et par s'assurer que la fente est bien au foyer de la lentille du collimateur; pour cela on la rend extrêmement fine et l'on constate que son image est parfaitement nette lorsqu'on dispose les deux lunettes dans le prolongement l'une de l'autre et qu'on l'observe avec la lunette oculaire. On place alors le prisme dans la position du minimum de déviation pour les raies solaires E, et celles-ci doivent être parfaitement nettes. On doit avoir à modifier fort peu le tirage de l'oculaire pour observer les raies D et *b*. On ouvre alors la fente de façon à voir la raie D du sodium simple, et la raie *b* du magnésium double (et non triple, les deux raies les plus réfrangibles commençant à se confondre), puis l'on éclaire le micromètre avec une bougie, une petite lampe à pétrole ou un bec de gaz porté par le pied du spectroscope; on le met au point sans modifier le tirage de la lunette oculaire, et on fait coïncider la raie du sodium avec une division déterminée (50 ou 100).

Mode opératoire. — La solution assez concentrée étant placée dans le tube à étincelles, on touche avec le liquide l'électrode supérieure et l'on fait éclater les étincelles. La solution doit être négative et l'aigrette positive rosée part alors du fil de platine : si le fil de platine était négatif, il s'entourerait d'une gaine bleue et s'échaufferait jusqu'à rougir; l'on devrait alors tourner le commutateur en sens inverse. On modifie la distance explosive de façon à avoir assez d'éclat, mais sans produire le trait de feu qui donnerait les raies de l'air. Avec des solutions étendues, les étincelles doivent être très courtes, 1 millimètre au plus.

Détails d'observation. — Il est nécessaire d'allonger ou de raccourcir la lunette oculaire pour examiner des raies de réfrangibilité très diverse. On trouvera un grand avantage à modifier le tirage d'après une règle fixe. Pour cela, on gravera quelques divisions sur le tuyau mobile et l'on notera jusqu'à quelle division il faut l'enfoncer pour observer telle ou telle portion du spectre; à chaque division du micromètre correspondra un tirage différent de la lunette oculaire; une courbe très facile à construire approximativement permettra de mettre au point sans tâtonnement une raie de position donnée, alors même que celle-ci serait à peine visible.

La lunette étant mise au point ainsi que le micromètre, on modifiera la hauteur de la source (ou celle du spectroscope s'il est construit de façon que cela soit possible) de manière que les raies se projettent au-dessous de l'échelle du micromètre en empiétant légèrement sur les divisions. Un mouvement de bas en haut de la source se traduit par un mouvement de haut en bas du spectre.

Les lectures se font soit en notant sur quelle division et fraction de division chaque raie *amenée au milieu du champ* se projette, ou bien en amenant le fil *vertical et un peu gros* du réticule à être exactement centré sur la raie et en déterminant sa position sur l'échelle (Lecoq de Boisbaudran).

Même sans avoir l'intention de mesurer un spectre, on doit s'attacher à reporter sur un morceau de papier divisé ou quadrillé la situation et l'intensité approchée des raies ou bandes observées. Nous ne saurions trop insister sur cette recommandation, qui s'adresse surtout aux chimistes pour lesquels le spectroscope n'est pas d'un usage journalier. L'image spectrale donne souvent plus de renseignements qu'on ne lui en demande, et il importe fréquemment pour des recherches ultérieures de conserver la trace de l'observation passée.

De plus il ne faut pas être distrait pendant cette observation par la comparaison avec des dessins ou des tables numériques. Il est beaucoup plus court et plus sûr de reporter sur le papier tout ce qu'on voit de 0 à 10, de 10 à 20, de 20 à 30, etc., sans négliger les raies étrangères que l'on sait provenir de l'air, du verre ou des poussières, mais qui serviront de point de comparaison et qui seront éliminées plus tard dans les conclusions à tirer de l'examen spectral. Plus d'un savant n'a pas noté une raie importante d'un corps simple parce qu'à première vue elle paraissait coïncider avec une raie connue d'un élément étranger.

On est dans l'habitude de représenter une raie par une ligne d'autant plus haute que la raie est plus intense et une bande par une courbe dont les ordonnées sont autant que possible proportionnelles aux intensités. Comme ce procédé est très arbitraire, M. Lecoq de Boisbaudran lui a préféré la reproduction aussi fidèle que possible de ce que l'on voit dans l'instrument, et ses dessins se rapprochent de ce que donnerait la photographie si la préparation employée avait pour les diverses lumières la même sensibilité que nos yeux. Elle est fort simple et de beaucoup supérieure aux descriptions *numériques* telles que celles que nous donnons un peu plus loin, mais elle n'est pas aisée à pratiquer.

Identification des spectres. — A quels corps attribuer les diverses raies ou bandes observées? Tel est le problème qui se présente après l'examen spectral. Pour le résoudre, il faut commencer par transformer les données numériques de l'observation, lesquelles ne sont pas comparables à celles que donnerait tout autre instrument. On a construit à l'avance une table ou une courbe qui donne, pour chaque division du micromètre, la longueur d'onde correspondante (voir plus loin). On écrit donc sous chaque raie sa longueur d'onde et l'on cherche dans les ouvrages spéciaux un ou plusieurs spectres dont les raies principales paraissent coïncider avec les raies observées, comme position, comme intensité relative et comme aspect. Les tableaux de la page 141 suffiront la plupart du temps à cet usage. Une comparaison expérimentale directe de ces spectres avec le spectre inconnu tranche la question de leur identité.

Il semblerait plus simple de comparer les nombres lus sur le micromètre avec ceux obtenus à l'avance en observant avec le même appareil les différentes substances connues; c'est le procédé à employer lorsqu'il s'agit d'un petit nombre de métaux usuels; mais si ce travail préliminaire portait sur tous les éléments, il serait extrêmement long, et de plus il devrait être recommencé chaque fois qu'on changerait d'instrument. Le procédé général que nous indiquons est en réalité plus rapide ; il exige seulement que l'on construise la courbe représentative de *l'équation propre* de l'instrument; l'on va voir qu'il n'y a rien de plus simple.

Correspondance des divisions avec les longueurs d'onde. — Sur du papier quadrillé au millimètre, on reportera sur une ligne horizontale les divisions du micromètre. Chaque division correspondra, par exemple, à 2 millimètres. Sur une ligne verticale, on dressera l'échelle des longueurs d'onde de 380 à 795; chaque millimètre représentera une variation de 1 millionième de millimètre dans la longueur d'onde. Cela fait, on marquera sur l'échelle horizontale, et d'après l'observation directe, la position d'un certain nombre de raies bien caractérisées; puis l'on cherchera dans les tables les longueurs d'onde correspondant à chaque raie enregistrée, et on les reportera sur l'échelle verticale. On indiquera par une croix ou un point l'intersection de la ligne horizontale et de la ligne verticale correspondant à la longueur d'onde et à la position observée de chaque raie, et il ne restera plus qu'à réunir tous ces points par une courbe continue.

Chaque point de cette courbe correspondra dans le sens vertical à une division du micromètre, et dans le sens horizontal à une longueur d'onde; pour avoir la longueur d'onde d'une raie coïncidant avec une division donnée, il suffira de remonter la ligne verticale aboutissant à cette division jusqu'à la courbe, puis de suivre à partir de ce point une ligne horizontale jusqu'à l'échelle. Il existe des feuilles de papier quadrillé où l'on a gravé à l'avance l'échelle des longueurs d'onde et les lignes horizontales correspondant aux principales raies métalliques [1]. Avec ces feuilles, la construction de la courbe se trouve considérablement facilitée.

Voici quelles sont les sources lumineuses qui se prêtent le mieux à l'observation :

1° On fait éclater l'étincelle dans l'air entre des pôles de platine. Ces deux pôles doivent être reliés à la fois à ceux de la bobine et aux deux armatures d'une grande bouteille de Leyde. On obtient ainsi le spectre de l'azote et de l'hydrogène, et plus faiblement celui de l'oxygène; *toutes* les raies doivent être enregistrées, car elles doivent être éliminées dans d'autres observations; 2° on remplace les pôles de platine par des pôles de zinc très rapprochés, et l'on note les *principales* raies du métal; 3° on mouille les pôles de zinc avec du mercure, et l'on agit de même; 4° on prend des électrodes d'étain et 5° de cuivre. On se sert ensuite de quelques sels métalliques portés dans la flamme de la lampe de Bunsen et l'on marque les raies du sodium, du thallium, du potassium et du lithium. Toutes les raies qui servent à la construction de la courbe sont assez visibles pour que l'on puisse employer une fente très fine, plus fine que celle dont on se servira dans les recherches ordinaires, ce qui est une bonne condition d'exactitude; mais on devra s'assurer, lorsque l'on élargira la fente, que les principales raies (celle de la soude par exemple) tombent encore aux divisions marquées.

SPECTRES DES MÉTAUX. — L'étincelle condensée éclatant entre des pôles métalliques donne, comme on vient de voir, des raies fort brillantes, mais plus ou moins mélangées avec celles de l'air, et quelquefois avec les bandes de l'oxyde. La méthode manque de généralité. De plus les raies peuvent être estompées et difficiles à mesurer. Rien de tout cela ne se présente lorsque l'on emploie l'arc électrique. Les raies sont alors très nettes et excessivement nombreuses, mais les impuretés du charbon et le charbon lui-même ajoutent les leurs, et leur observation constitue bien plutôt un travail de physique qu'une recherche analytique.

M. Lecoq de Boisbaudran a pu reconnaître des traces de certains métaux (Cd, Cu, Tl, Ag, In, etc.) en ajoutant aux solutions acides de ces métaux un sel de plomb pur et traitant par le zinc ou par le courant voltaïque. On fond le métal réduit avec précaution et on tire l'étincelle entre deux fragments de cet alliage.

SPECTRES DES MÉTALLOÏDES. — Lorsque le métalloïde est à l'état de gaz ou de vapeur, la meilleure manière d'en observer le spectre consiste à l'enfermer à la pression atmosphérique dans un tube de verre portant deux électrodes en platine distantes de 3 à 4 millimètres et reliées à un anneau de fil de cuivre (fig. 15). On y fait

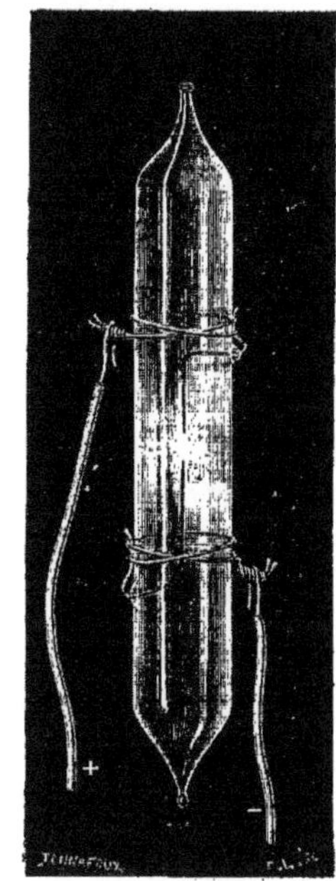

Fig. 15. — Tube pour étudier l'étincelle dans les gaz.

passer le gaz pendant assez longtemps en le chauffant fortement, puis on le ferme à la lampe aux deux bouts. L'étincelle doit être *condensée* par l'addition d'une bouteille de Leyde. On obtient ainsi généralement des lignes qui sont plus caractéristiques au point de vue analytique que les bandes. Les composés des métalloïdes sont traités comme les métalloïdes eux-mêmes.

TABLEAU DES PRINCIPALES RAIES DES ÉLÉMENTS AVEC LEUR LONGUEUR D'ONDE. — Dans ce tableau, *g* indique la gauche d'une bande dégradée vers la droite, c'est-à-dire vers le violet, *d* la droite d'une bande dégradée vers la gauche, *m* le milieu d'une bande diffuse, δ = diffuse, δδ = très diffuse, *f* = faible, ! = vive, !! = très vive, etc.

1. Chez Léon Laurent, rue de l'Odéon, Paris.

On se rappellera que les limites des diverses couleurs occupent dans le spectre les positions suivantes :

720-645	Rouge.	490-455	Bleu.
645-585	Orangé.	455-425	Indigo.
585-575	Jaune.	425-395	Violet.
575-490	Vert.	395	Ultra-violet.

Raies caractéristiques en longueur d'onde.

AIR. — *Étincelle. Bouteille de Leyde.*

660,2	Az
656,2 !!	H
648,0	Az
617,1 !	O
594,2 !	Az
593,2	Az
567,8 !!!	Az
566,6	Az
553,4	Az
549,5 !	Az
521,0 *f*	O
504,5 !	Az
502,5	Az
500,3 !!! doub.	Az
494,1 *f*	O
492,4 *f*	O
490,6 *f*	O
486,1 ! *m*	H
480,2	Az
478,8	Az
477,9	Az
470,6	O
469,8	O
464,9	O
464,4 !	Az
463,0 !	Az
462,1	Az
461,3	Az
460,7	Az
446,7	O
444,7	Az
Bande δδ	
441,8	O
441,4	O
436,8 δ	O
434,8 !	O
434,0 *m* δδ	H
431,8	O
423,0 *m* δδ	O
419,0 δ	O
418,4 δ	O
411,9	O
410,1 *m f* δ	H
408,0 triple	O
404,0 m δδ	Az
399,5	

ALUMINIUM

Étincelle. Bouteille de Leyde.

624,4
623,4
572,2 !
569,5 !
505,6 !
466,2 !
396,1
394,4

Avec *la bobine seule*, bandes cannelées, dégradées à gauche.

508 *d* !
484,5 *d* !

ANTIMOINE.

Étincelle. Bouteille de Leyde.

630,1
612,9 !
607,8 !
600,3 !!
591,0
589,4
563,8
556,7
546,3
471,1 !
435,2

ARGENT.

Étincelle dans les solutions d'azotate.

546,4 !!!
520,7 !!

ARSENIC.

Étincelle. Bouteille de Leyde.

616,9 !
611,0 !
602,1 *f*
565,1 !
555,8 !
549,8
533,2

AZOTE.

Étincelle. Bouteille de Leyde. (Voy. AIR.)

Étincelle à faible distance ou dans le gaz raréfié : Bandes dans l'orangé, le bleu et le violet :

678,6 *g*
670,1 *g*
662,2 *g*
654,2 *g*
646,5 *g*
639,2 *g*
632,1 *g* !
624,9 *g* !
618,3 *g*
612,5 *g*
606,6 *g*
601,2 *g*
595,7 *g*
590,5 *g*
585,3 *g* !
580,2 *g* !
575,2 *g* !
544,2 *g*
540,6 *g*
537,2 *g*
534,0 *g*
.....
497,2 *g*
491,9 *g*
481,3 *g*
472,2 *g*
466,6 *g*
464,9 *g*
457,4 *g*
448,9 *g* !
441,7 *g*
434,6 *g* !!!
427,1 *g* !!
420,3 *g* !
414,4 *g*
409,8 *g*
406,3 *g*
400,2 *g*
395,2 *g*

En outre : *pôle négatif.*

522,7 *g* cannelée
470,9 *g* ! id.
464,3 *m* !
428,1 *g* !! cannelée
423,3 *m*

BARYUM.

Étincelle dans la solution de chlorure.

553,5 !
531,2
524,2 *m* !!!
513,6 *m* !!
493,2
455,6

En solutions étendues ou dans la flamme 553,5 !!! et des bandes ombrées vers la gauche et dues à l'oxyde. Principales :

603,1 *d*
586,6 *d* !
549,2 *d*

BISMUTH.

Étincelle. Bouteille de Leyde.

612,9 !
605,7 !
586,2 !
581,6
571,7
545,0 !
527,0 !!
520,8 !!
514,4 !!!
512,4 !!
499,3 !
472,2 !!!
456,0
430,0
425,9

Étincelle dans les solutions.

555,2
520,8
472,2 !!!
411,8

BORE.

Étincelle dans les composés haloïdes.

581,0 environ
Acide borique dans la flamme.
548,0 !! *m*
519,2 bande δ *m*
494,0 bande δ *m*

BROME.

Étincelle dans la vapeur.

635,6
616,5
533,5 !
531,0
524,0 !
518,5 !
506,0
493,0
481,5 !
478,5 !
470,5
436,7

Par absorption, bandes dégradées vers la gauche.

CADMIUM.

Étincelle dans les solutions salines.

643,8
508,5 !!!
479,9 !!
467,7

CALCIUM.

Étincelle dans la solution de chlorure.

626,5
620,2 !!!
618,1 !!!
593,3
554,3 *m* !
551,7 *m* !
422,6

Le chlorure de calcium *dans les flammes* donne à peu près le même spectre.

CARBONE.

Selon Angström, les seules raies du carbone sont les suivantes, qu'on obtient, avec les raies de l'oxygène, au moyen d'une forte *étincelle* éclatant dans l'*acide carbonique*.

658,3 !
657,7 !!
.....
564,6
.....
514,4
426,6 !!!

Les bandes ombrées à droite de la base des flammes carbonées et de l'étincelle dans les hydrocarbures (bandes du carbone d'Attfield et Morren) seraient dues selon Angström à l'*acétylène :* en voici les positions :

618,7
611,9
605,6
.....
563,3 !! *g*
558,3 ! *g*
553,8 *g*
516,4 !!! *g*
512,8 !! *g*
509,8 *g*
473,6 ! *g*
471,4 *g*
431,1 *g*

Enfin les tubes de Geissler remplis *d'oxyde de carbone* donnent les bandes suivantes :

607,8 *g*
560,7 !! *g*
519,7 ! *g*
483,4 *g*
450,9 *g*

CÉRIUM.

Fortes étincelles éclatant sur le chlorure.

551,1
540,9
539,2
535,2 !
527,3 !
471,3
462,8 !
457,3 !
456,2 !! double
452,7 !! double
447,1
446,0 !
441,9
439,1
429,6
428,9 .....

CÉSIUM.

Sels dans la flamme.

621,9
600,7
459,7 !!
456,0 !!!

CHLORE.

Étincelle dans le gaz à la pression ordinaire.

611,0 !
546,0 !
544,5 !
542,3 !!
539,0 !
521,6 !!! δ
510,1 !
507,5 !
492 doub , la sec.
489,5
482
481
479,5
457

CHROME.

Étincelle dans la solution de chlorure.

520,5 !!
429,0
427,5
425,5 !

COBALT.

Étincelle dans la solution de chlorure.

548,3
535,3 !!!
534,0 !!!
527,9
526,5 !!
521,2 !
486,8 !!
484,0
453,3
411,9

CUIVRE.

Étincelle. Bouteille de Leyde.

638,0
578,1
570,0 !
529,2
521,7 !!!
515,3 !!
510,5 !
.....
465,1 !

L'étincelle dans les solutions salines donne surtout

521,7 !!!
510,5 !!

Le *chlorure dans le gaz* donne de belles bandes bleues à double dégradation vers la gauche, avec

550,6 !!!
543,9 !
538,5 !!
526,0 *d* !

DIDYME.

(Voy. LANTHANE.)

ERBIUM.

Fortes étincelles dans la solution de chlorure.

622,1 !
615,8
600,4
598,25 !
558,75
555,5 !
547,6 !
535,2
533,4
478,58

FER.

Étincelle dans la solution de chlorure.

537,0
532,6 !!!
526,7 !!!
523,1 !!
519,
516,8
513,9

495,9!!
492,3!!
489,1
440,6!
438,3!

ÉTAIN.

Étincelles fortes dans les solutions concentrées des chlorures.

645
579,8
563,1!
......
452,6!!

Avec la *bouteille de Leyde*, les raies suivantes gagnent beaucoup en éclat :

558,9
556,1
De même avec le métal.

FLUOR.

Étincelle dans les composés volatils du fluor.

692 environ
686! environ
678 environ
640
623

GALLIUM.

Étincelle dans la solution de chlorure.

417 !
403,1

GLUCINIUM.

Étincelle dans la solution de chlorure.

457,2
448,8

HYDROGÈNE.
(Voy. AIR.)

INDIUM.

Sels dans la flamme ou étincelle dans les solutions.

451,1!!!
410,1!!

IODE.

Étincelle dans la vapeur.

607,5
596 !
578
576,5
574
571,5
568,5
563
549,6!
547,0!
544,7!
540,7!
534,8!
533,8!
524,3
515,8
.....
Par absorption, bandes dégradées vers la gauche, du rouge au bleu.

IRIDIUM
et RUTHENIUM.

634,7 } ?
544,9 }
529,9

LANTHANE
et DIDYME.

Fortes étincelles dans les chlorures.

545,4 La*f*
580,3 La*f*
518,7 La
518,2 La!
512,95 Di*f*
494,4 Di
492,1 La!
490,1 Di
489,9 La!
488,25 Di
469,1 La
466,3 La!
466,1 La
465,4 La
462,0 La
457,95 La!
455,75 La!
452,5 La!
443,0 La
438,25 La!
435,4 La!
433,0 La!
429,5 La!
428,6 La!
426,8 La
419,6 La
415,15 La
412,1 La
408,16 La
407,95 La

LITHIUM.

Sels dans la flamme.

670,5!!!!
610,2

Étincelle dans les solutions salines.

670,6
610,2!!
460,4

MAGNÉSIUM.

Étincelle dans la solution de chlorure.

518,3!!
517,2!
516,7!
En outre avec le métal :
448,3

MANGANÈSE.

Étincelles courtes dans la solution de chlorure.

601,8! triple
558,7*d*
583,9
482,3!!!
478,3!!
475,5!!
446,2
403

Les *étincelles plus longues* donnent en outre de belles bandes dégradées à gauche. Les plus visibles sont :

558,7!!*d*
536,0! *d*

On obtient les mêmes bandes *dans le gaz* avec traces de 403.

MERCURE.

Étincelles dans les solutions ou sur le métal.

578,9!
576,9!
546,0!!!
491,6*f*
435,7!!
407,8
404,7

MOLYBDÈNE.

Fortes étincelles dans le chlorure.

602,9!
588,7!
585,7
550,9!
553,1!
550,5

NICKEL.

Étincelle dans la solution de chlorure.

547,6!!!
.....
508,1!!
503,6
501,7
498,4
486,7
471,5!
440,1

OR.

Étincelle assez courte dans le chlorure concentré.

627,8!!
583,6!!!
565,8
523,0!
506,3
479,3!
Avec *forte étincelle.*
479,3!!!

Le chlorure d'or *dans le gaz* donne de belles bandes dégradées à gauche, dont les plus visibles sont

530,0!! *d*
520,0! *d*

OSMIUM.
Étincelle.

.....
442,2
.....

OXYGÈNE.
(Voyez AIR).

PALLADIUM.

Étincelle dans la solution de chlorure.

569,6
564,8
554,7!
539,3
529,4!!!

516,5!!
511,4 double
421,4

PHOSPHORE.

Étincelle dans la vapeur.

603,8!!
601,7!!
.....
550,5
542,0!
.....
524,5!
460
459

L'*hydrogène* entraînant des traces de phosphore brûle avec une flamme dont le noyau vert fournit les bandes

560,5! *m*δ
526,3!!! *m*δ
510,6!! *m*δ

PLATINE.

Étincelle assez courte dans le chlorure.

547,6!!!
539,0
530,2!!
522,8!
505,9!
455,4
444,2

Dans le gaz, le chlorure de platine donne de belles bandes pendant un instant.

PLOMB.

Étincelle dans l'azotate concentré.

603,1
520,1
500,3!!
405,6!!!

Avec le métal et la *bouteille de Leyde*, on a en outre :

560,7!!
554,4
537,0
438,6
424,6

POTASSIUM.

Sels dans la flamme.

768,0!!! double
404,5

A une très haute température ou avec *l'étincelle* et le *sel fondu*, on a en outre :

694,6
583,1!!
580,1!
578,8
535,5!
533,6!
531,9

RUBIDIUM.

Sels dans la flamme.

780,0
629,7
421,6!!
420,2!!!

SÉLÉNIUM.

Étincelle dans la vapeur.

530,7!!
522,8!
517,7!
514,2!
509,5
507,0
499,5
484,0 double.

SILICIUM.

Étincelle entre des pôles de silicium.

637 !
635 !!
599,3!
597
595,8
504

SODIUM.

Sels dans la flamme ou l'étincelle.

589,5 } !!!!
588,9 }
L'étincelle avec le *sel fondu* ou le métal donne en outre :
615,6 double.
568,7!! double
498,2 double.

SOUFRE.

Étincelle dans la vapeur.

567,1
564,5
561,3
547,4!
545,5!!
544,4!!
543,2!!
534,5
532,2
502,7! double
501,3
499,4! double
492,6
.....

A une *faible pression, l'étincelle* donne des bandes dégradées vers la gauche; les plus brillantes sont :

525 *d*
519 *d*
508,8 *d*
501,0 *d*
484 *d*
465,5 *d*
461,5 *d*
447 *d*
.....

STRONTIUM.

Étincelle dans la solution de chlorure.

662,7*g*!
649,7*g*
630,4*g*!!
624,3*g*δ
605,8*d*!!!
603,1*m*δ!
460,7!
421,5

Dans la *flamme*, le chlorure de strontium donne le même spectre avec

460,7!!

et s'il y a beaucoup de chlorure non décomposé :

635,0*m*!!!

TANTALE ?

TELLURE.

Fortes étincelles dans la vapeur.

643,7!
597,3!
593,5
575,5!
570,7!
564,7!
544,7
521,7

THALLIUM.

Étincelle ou flamme.

534,9!!!
Dans la flamme, on a en outre :
568,0 traces

THORIUM.

Fortes étincelles dans le chlorure.

439,2!
438,1!
428,1!
427,7!

TITANE.

Fortes étincelles dans le chlorure.

625,7
597,8
596,5
595,2
589,0
586,5
567,4
566,1
564,3
551,3
551,2
533,7
529,7
528,3
522,3
520,0
519,2
512,9
512,0
506,4
503,6
501,3
500,7
499,9
490,0
498,1
488,1
480,4
475,8 double
465,6
463,9
457,1
454,9

433,6
453,2
452,6
450,1
446,8
444,3
442,7
439,3
Etc.

TUNGSTÈNE.

Fortes étincelles dans le chlorure.

551,3 !
549,1
522,3 !
505,3 !
488,7
484,2 !

URANIUM.

Fortes étincelles dans le chlorure.

552,7
549,3
548,1
547,9
547,7
547,4
454,3 *f*
447,2
436,2
434,0

VANADIUM.

Fortes étincelles dans le chlorure.

611,9
608,9
603,9
572,5
569,7 *f*
445,9 *f*
440,7
438,9 *f*
438,4
437,9

YTTRIUM.

Fortes étincelles dans le chlorure.

619,05 !
613,1 !
600,25
598,65 !
597,05 !
566,2 !
552,65
549,6 !
546,6
540,2 !
520,5 !
519,95 !
512,25
508,75 !
490,0 !
488,1 !
485,4 !

478,5 *f*
464,3
442,2
437,4 !
430,9 !
417,65

ZINC.

Étincelles dans les solutions salines.

636,1 !!
481,0 !!!
472,1 !
468,0

Entre des pôles de *métal*, on a en outre :

610,2 !!
602,3
492,4 ! δ
491,1 ! δ

ZIRCONIUM

Fortes étincelles dans le chlorure.

614,0
612,7
481,5
477,1
473,8
470,9
468,6
.....
415,5 *f*
414,9 *f*

RAIES DU SPECTRE SOLAIRE (FRAUNHOFER).

A 760,1 ; α 718,5 ; B 686,7 ; C 656,2 ; D_1 589,5 ; D_2 588,9 ; E 526,9 ; b_1 518,3 ; b_2 517,2 ; b_3 516,7 ; F 486,06 ; G 430,7 ; *h* 410,1 ; H_1 396,8 ; H_2 393,3.

SPECTRES D'ABSORPTION DES LIQUIDES. — On enferme le liquide dans un tube d'essai, ou mieux dans un flacon plat de cristal taillé, pouvant être présenté à volonté au spectroscope dans le sens de sa grande ou de sa petite dimension. On peut encore employer des cuves prismatiques qui permettent de faire varier dans des limites assez étendues l'épaisseur de la couche absorbante.

Si l'on veut produire des spectres semblables à ceux de M. Gladstone (t. II, p. 238), on se procurera facilement une cuve prismatique d'un seul morceau et pouvant contenir tous les liquides

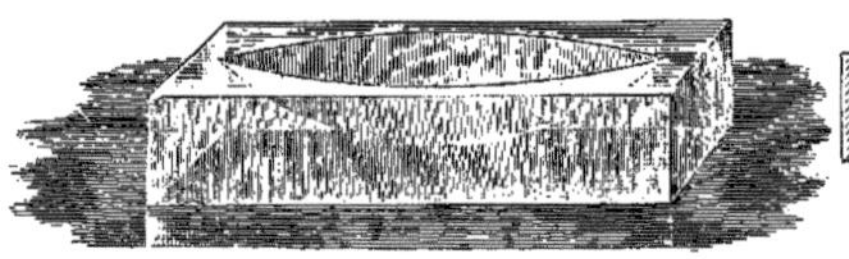

Fig 16. — Cuves à diverses épaisseurs pour les spectres d'absorption des liquides.

en faisant excaver à la meule un parallélipipède de verre (fig. 16).

La source de lumière sera une flamme de gaz (papillon) observée selon sa tranche ou mieux un dé ou une pelote de fil de platine chauffée au blanc par la flamme du chalumeau. L'appareil que M. Wiessneg a exécuté d'après nos indications et qui se place sur une lampe d'émailleur ordinaire (fig. 17 et 18) convient parfaitement.

Spectres des solutions métalliques. — Le permanganate de potassium donne, surtout dans la cuve de la figure 16, un spectre très caractéristique. M. Lecoq de Boisbaudran a figuré ce spectre pour une concentration de 1 décigramme de sel par litre et une épaisseur de 9 millimètre 1/3. Il

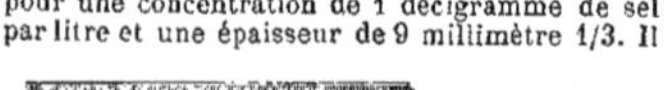

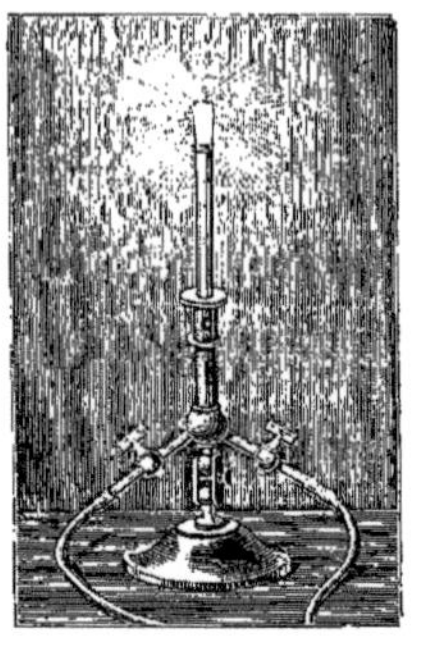

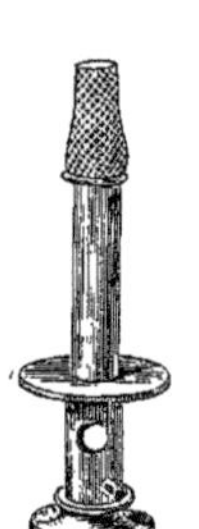

Fig. 17. — Chalumeau avec l'ajutage portant le dé de platine incandescent. Fig. 18. — Ajutage avec le dé.

a mesuré les milieux apparents des sept bandes obtenues ; en voici les longueurs d'onde :

570,3 *m* δ ; 546,5 *m* δ !!! ; 524,6 *m* δ !! ; 504,5 *m* δ ! ; 486,1 *m* δ *f* ; 469,4 *m* δ *ff* ; 454,3 *m* δ *fff*.

Les sels d'erbium, de didyme, d'urane, etc., fournissent des spectres d'absorption caractéristiques. Nous ne décrirons, d'après M. Lecoq de Boisbaudran, que les principales bandes des chlorures de didyme et d'erbium avec les réserves que l'on doit faire aujourd'hui sur ce sujet à cause des spectres d'absorption des métaux nouvellement découverts.

Chlorure de didyme étendu. — 730,7 *d* ; α (578,8 !! *m* ; 574,7 !!! *m* large ; 571,9 !! *m*) β (531,2 *f m* ; 521,9 !! *m* large ; 520,5 *m* !) 482,2 *m* ; 475 *f m* ; 469,1 *m* ; 444 *m* δ.

Pour une solution plus concentrée le groupe α et le groupe β se présentent comme de grosses bandes dégradées à gauche et finissant à 571,7 et 520,3.

Chlorure d'erbium assez concentré. — 683,7 *m* ; 667,0 *m f* ; β (653,4 ! *m* dégradée à gauche) ; 640,4 *m f* ; 540,9 *m* ; 536,3 *m* ; α (523,1 *m* !! absorption à droite de 523,1 et légèrement dégradée vers la droite ; on y distingue deux bandes 520,8 *m* δ et 518,9 *m* δ) 487,4 *m* assez forte ; 451,5 *m* δ δ *f*.

Matières colorantes. — Nous donnons ici, d'après l'ouvrage de M. Vogel [1], les représentations graphiques des principaux spectres d'absorption des matières colorantes. Celles que l'on dérive aujourd'hui du goudron de houille en fournissent généralement de très caractéristiques qui permettent de les reconnaître, par exemple lorsqu'on les a employées pour la falsification du vin (voyez VIN). Nous figurons aussi le spectre de la chlorophylle d'après M. Chautard, en renvoyant pour plus de détails sur ce sujet au mémoire de ce savant [*Ann. de Chim. et de Phys.*, (5) t. III, p. 5].

1. *Praktische Spectralanalyse* von Dr Hermann W. Vogel. Nordlingen, 1877.

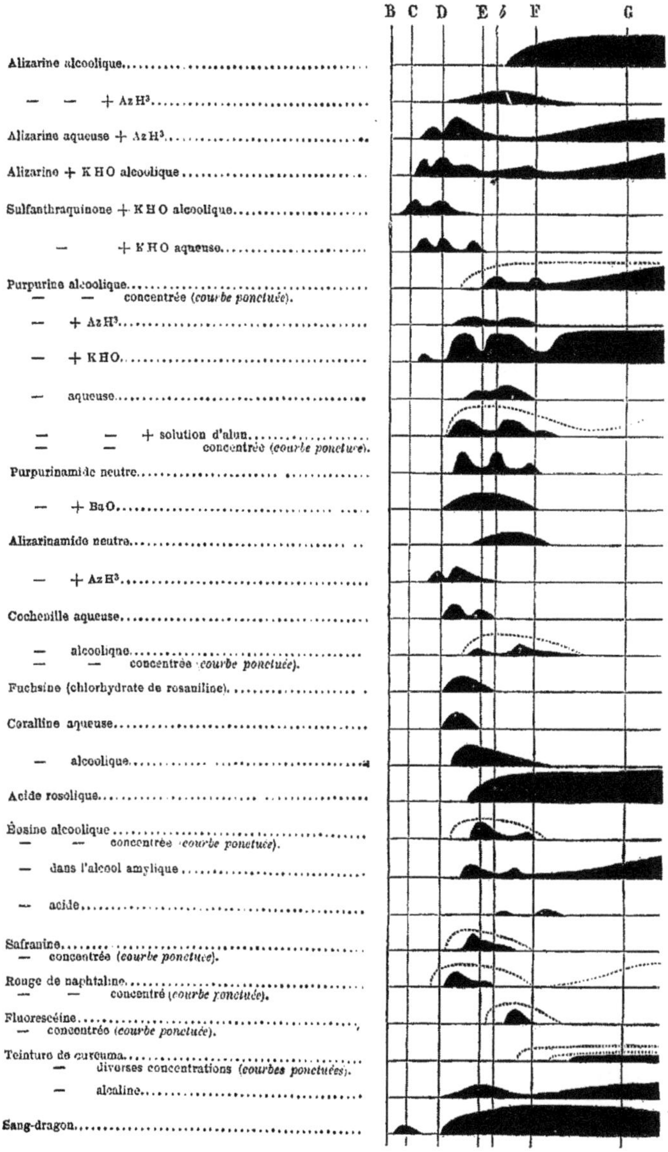

B C D E b F G

Alizarine alcoolique..

— — + AzH^3..

Alizarine aqueuse + AzH^3..

Alizarine + KHO alcoolique..

Sulfanthraquinone + KHO alcoolique..

— + KHO aqueuse..

Purpurine alcoolique..
— — concentrée (*courbe ponctuée*).

— + AzH^3..

— + KHO..

— aqueuse..

— — + solution d'alun..
— — concentrée (*courbe ponctuée*).

Purpurinamide neutre..

— + BaO..

Alizarinamide neutre..

— + AzH^3..

Cochenille aqueuse..

— alcoolique..
— — concentrée (*courbe ponctuée*).

Fuchsine (chlorhydrate de rosaniline)..

Coralline aqueuse..

— alcoolique..

Acide rosolique..

Éosine alcoolique..
— — concentrée (*courbe ponctuée*).

— dans l'alcool amylique..

— acide..

Safranine..
— concentrée (*courbe ponctuée*).

Rouge de naphtaline..
— — concentré (*courbe ponctuée*).

Fluorescéine..
— concentrée (*courbe ponctuée*).

Teinture de curcuma..
— diverses concentrations (*courbes ponctuées*).

— alcaline..

Sang-dragon..

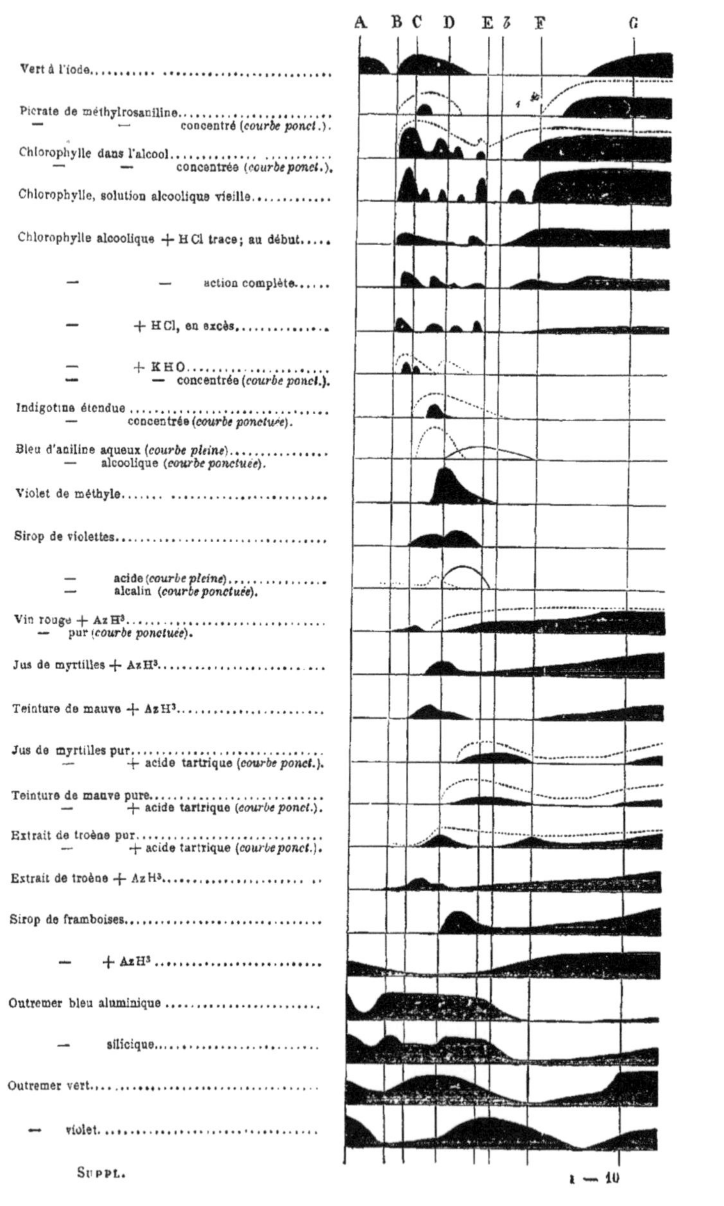
A B C D E b F G
Vert à l'iode
Picrate de méthylrosaniline
— — concentré (courbe ponct.).
Chlorophylle dans l'alcool
— — concentrée (courbe ponct.).
Chlorophylle, solution alcoolique vieille
Chlorophylle alcoolique + H Cl trace; au début
— — action complète
— + H Cl, en excès
— + K H O
— — concentrée (courbe ponct.).
Indigotine étendue
— concentrée (courbe ponctuée).
Bleu d'aniline aqueux (courbe pleine)
— alcoolique (courbe ponctuée).
Violet de méthyle
Sirop de violettes
— acide (courbe pleine)
— alcalin (courbe ponctuée).
Vin rouge + Az H³
— pur (courbe ponctuée).
Jus de myrtilles + Az H³
Teinture de mauve + Az H³
Jus de myrtilles pur
— + acide tartrique (courbe ponct.).
Teinture de mauve pure
— + acide tartrique (courbe ponct.).
Extrait de troène pur
— + acide tartrique (courbe ponct.).
Extrait de troène + Az H³
Sirop de framboises
— + Az H³
Outremer bleu aluminique
— silicique
Outremer vert
— violet

Analyse photométrique. — La photométrie se trouve aujourd'hui bien modifiée par la considération de la complexité de la lumière. C'est l'intensité de chaque rayon simple qui doit être mesurée pour que le problème photométrique soit complètement résolu. On a imaginé pour cela un certain nombre d'instruments à l'aide desquels on compare l'intensité lumineuse de portions déterminées de deux spectres juxtaposés, l'intensité d'un des deux spectres pouvant être augmentée ou diminuée d'une façon connue. L'un des plus simples, mais non le premier en date de ces *spectrophotomètres*, est celui de Vierordt[1]. La partie supérieure et la partie inférieure de la fente collimatrice peuvent être élargies ou rétrécies indépendamment l'une de l'autre, et deux vis micrométriques permettent de mesurer leur largeur respective. On obtient ainsi deux spectres superposés dont on peut modifier à volonté l'éclat.

Le premier sera, si l'on veut, celui d'une flamme de gaz; le second, le même altéré par l'absorption d'une substance donnée.

Si l'on admet que l'éclat des spectres est proportionnel à la largeur des fentes qui les produisent, et si l'on modifie cette largeur par tâtonnement jusqu'à ce qu'une partie du spectre continu présente le même éclat que la partie correspondante et juxtaposée du spectre d'absorption, le rapport des largeurs des fentes sera précisément inverse de celui des éclats des deux spectres pour les radiations considérées. Malheureusement, à cause des phénomènes de diffraction, si la quantité de lumière qui pénètre par une fente est proportionnelle à la largeur de celle-ci, toute cette lumière ne concourt pas à former l'image spectrale et la portion utilisée varie elle-même avec la largeur de la fente; de plus, pour les fentes un peu larges, les spectres cessent d'être purs. L'instrument ne donne donc que des résultats approchés.

Mais rien n'empêche d'employer, pour mesurer l'intensité de chacun des faisceaux qui fournissent les spectres voisins et comme M. Govi avait proposé de le faire, les procédés photométriques fondés sur les lois de la polarisation. De là deux séries d'instruments : 1° ceux où les deux spectres sont juxtaposés et où la rotation d'un nicol permet d'affaiblir l'éclat de l'un ou de l'autre d'une façon connue : c'est le principe des photomètres de Bouguer, de Foucault, de Becquerel, etc.; 2° ceux où les deux spectres polarisés en sens inverse sont sillonnés de franges qui sont disposées inversement de façon à disparaître si les deux spectres ayant le même éclat se superposent : c'est le principe de divers instruments de Babinet, Desains, etc., et du photomètre de Wilde.

M. Glahn [*Annalen der Physik.*, Bd. I, p. 353, 1877] a décrit un appareil du premier genre qui est simple et sensible surtout sous sa forme modifiée par M. Crova [*Journ. de Phys.*, t. VIII, p. 85, 1879]. Les deux spectres à comparer sont séparés par une bande noire plus ou moins large due à un écran placé en travers de la fente et qui peut avoir une hauteur variable (c'est un triangle fort aigu de laiton noirci). Un prisme biréfringent placé avant le prisme du spectroscope dédouble chacun des deux spectres en deux autres spectres polarisés à angle droit.

On peut, en faisant mouvoir le triangle de laiton qui sépare les deux demi-fentes, s'arranger pour que le spectre inférieur de la demi-fente supérieure soit exactement tangent (pour une région donnée) avec le spectre supérieur de la demi-fente inférieure qui est polarisé dans un sens rectangulaire. On élimine les deux autres spectres par un écran et l'on interpose, toujours en avant du prisme du spectroscope, un prisme de nicol qui, pour une certaine position, rend l'éclat des deux spectres égaux.

En appelant α l'angle des sections principales du nicol et du prisme biréfringent, i et I l'intensité de deux radiations correspondantes dans les deux spectres, on a d'après la loi de Malus

$$i\cos^2\alpha = \mathrm{I}\sin^2\alpha \text{ ou } i = \mathrm{I}\frac{\sin^2\alpha}{\cos^2\alpha} = \mathrm{I}\tang^2\alpha$$

Si, l'une des intensités restant constante, on fait varier l'autre, on a un nouvel angle α' pour lequel $i' = \mathrm{I}\tang^2\alpha'$; le rapport des intensités i et i' sera donc donné par celui des carrés des tangentes des arcs α et α'. L'on peut ainsi comparer les intensités avec une approximation de 1 à 2 %.

Les photomètres de la seconde espèce sont beaucoup plus exacts. Voici en quoi consistent celui de M. Trannin [*Journ. de Phys.*, t. V, p. 297, 1876] et celui de M. Gouy [*Compt. rend.*, t. LXXXIII, p. 269, 1876].

Dans le premier, après le collimateur qui reçoit sur les deux moitiés de sa fente les deux lumières à comparer, on a disposé un prisme polariseur de Foucault, une lame de quartz parallèle à l'axe et un prisme biréfringent de Wollaston. Le tout constitue, avec le restant du spectroscope, un producteur des franges de Fizeau et Foucault qui vont sillonner le spectre parallèlement aux raies Fraunhofer. Mais le prisme biréfringent, en même temps qu'il concourt à la production des franges, dédouble l'image spectrale en deux spectres polarisés à angle droit, et où par conséquent les franges sont *alternes*. L'angle de ce prisme peut être choisi de telle sorte que la partie inférieure du spectre le moins dévié se superpose avec la partie supérieure du spectre le plus dévié. Dans cette partie commune aux deux spectres, si ceux-ci ont une intensité égale, les franges disparaîtront. Or ces spectres proviennent l'un du haut, l'autre du bas de la fente : ce sont donc ceux des deux sources à comparer ; on pourra juger très exactement de cette égalité caractérisée par la disparition des franges et l'obtenir soit en faisant varier les distances des sources, soit avec plus de précision en introduisant un nicol dans l'appareil et en le faisant tourner plus ou moins. Les mesures angulaires donneront, absolument comme dans le cas précédent, un moyen d'évaluer les intensités.

Ce procédé, qui permet d'atteindre une approximation dix fois plus grande que celui de Glahn, ne s'applique évidemment qu'à des régions un peu étendues du spectre.

M. Gouy préfère avec raison produire des franges perpendiculaires aux raies de Fraunhofer.

Pour cela il se sert d'un compensateur de Babinet qui reçoit les deux lumières à comparer et projette les franges horizontales sur la fente d'un spectroscope ordinaire. Si les lumières ont une intensité égale, les deux systèmes de franges horizontales qu'elles produiraient séparément dans le spectre disparaîtront. Si l'une des deux l'emporte dans une région donnée du spectre, cette région sera rayée horizontalement par les franges très visibles alors même que la région sera très étroite, une raie un peu large par exemple. On amènera leur disparition en agissant sur le compensateur, ce qui permettra, comme dans les instruments précédents, la mesure des intensités.

Analyse quantitative par la mesure du pouvoir absorbant. — Cette méthode donne de très bons résultats lorsqu'il s'agit de liquides assez colorés. On peut la pratiquer de trois façons : 1° pa

1. *Poggendorff's Ann.*, t. CXL, p. 172, 1870.

comparaison directe; 2° à l'aide de la détermination du coefficient d'extinction; 3° dans certains cas spéciaux par l'apparition ou la disparition de certaines bandes.

1° Je suppose qu'on ait à sa disposition un liquide coloré de concentration connue et un autre liquide de même nature, mais de concentration inconnue. A l'aide d'un des instruments précédents ou simplement du prisme à réflexion totale d'un spectroscope ordinaire, on comparera les spectres d'absorption produits par une même épaisseur des deux solutions; si l'égalité d'intensité n'existe pas, on l'atteindra en diluant la solution la plus forte ou en faisant croître l'épaisseur de la plus faible. Les épaisseurs qui produisent la même absorption sont inversement proportionnelles aux concentrations. De là un moyen très simple de déterminer celles-ci.

Exemple : La solution de titre connu à $\frac{a}{100}$, examinée sous l'épaisseur de 3 centimètres, produit la même absorption que la solution à $\frac{x}{100}$ sous l'épaisseur de 7 centimètres :

$$\frac{a}{7} = \frac{x}{3}, \text{d'où } x = \frac{3}{7} a.$$

La solution de titre connu $\frac{a}{100}$ a dû être étendue de $\frac{b}{100}$ d'eau pour produire sous la même épaisseur la même absorption que la solution à $\frac{x}{100}$. Elle a donc maintenant la même concentration; or elle contient

$$\frac{a}{100+b}, \text{d'où } \frac{a}{100+b} = \frac{x}{100} \text{ et } x = \frac{a \times 100}{b+100}.$$

2° Mais il peut se faire que l'on n'ait pas sous la main le liquide de comparaison. On peut alors avoir recours aux spectrophotomètres et à un nombre déterminé une fois pour toutes pour chaque solution et qui caractérise son action absorbante pour une région donnée du spectre. C'est ce que Bunsen a appelé le coefficient d'extinction.

Supposons qu'une lumière d'intensité = 1 traverse une substance absorbante; après avoir franchi une épaisseur égale à 1, elle sera réduite à $\frac{1}{n}$; une seconde épaisseur égale réduira ce qui reste de la lumière dans la même proportion; au bout de l'épaisseur 2, l'intensité sera donc

$$\frac{1}{n} \times \frac{1}{n} = \frac{1}{n^2};$$

au bout de l'épaisseur x, elle sera réduite à $\frac{1}{n^x}$;

$$\text{d'où } I = \frac{1}{n^x} \text{ et } \frac{1}{I} = n^x$$

ou par logarithmes $-\log I = x \times \log n$.

Convenons d'appeler *coefficient d'extinction* α *le réciproque de l'épaisseur après laquelle l'intensité de la lumière est réduite à son dixième*, c'est-à-dire disons que pour l'épaisseur $\frac{1}{\alpha}$ l'intensité $I = \frac{1}{10}$; on a d'après ce qui précède

$$\frac{1}{10} = \frac{1}{n^{1/\alpha}}$$

ou $10 = n^{1/\alpha}$

ou par logarithmes : $\log 10 = 1 = \frac{\log n}{\alpha}$

ou encore $\log n = \alpha$.

Mais on a en général, comme nous l'avons vu,

$$-\log I = \log n \times x,$$
$$\text{d'où } -\log I = \alpha\, x.$$

Supposons que l'on considère ce qui se passe au bout de l'épaisseur 1, ce qui revient à faire $x = 1$; on voit que l'intensité qui était 1 à l'incidence sera réduite à I, I étant donné par la formule $-\log I = \alpha$. De là une seconde définition du coefficient d'extinction : c'est **le** *logarithme négatif de l'intensité après l'épaisseur 1, l'intensité de la lumière incidente étant également 1*.

Il résulte de la première définition que le coefficient d'extinction, inversement proportionnel à la longueur qui produit une certaine absorption, est par là même *proportionnel à la concentration* de la liqueur, d'après ce que nous avons dit à propos de la méthode de comparaison. Mais il résulte de la seconde définition qu'on peut le déterminer en valeur absolue par une simple mesure photométrique à l'aide du spectrophotomètre : de là son importance.

Supposons en effet qu'une lumière d'intensité 1 soit réduite à 3/5 par l'action d'un liquide contenu dans une cuve d'un centimètre d'épaisseur; on a $\alpha = -\log 3 + \log 5$.

Voyons maintenant quel parti on tirera de ce nombre α et comment l'on pourra, d'après sa détermination, connaître la richesse d'une solution colorée. Nous savons que, pour les solutions d'une même substance, α varie comme les concentrations, d'où, si c, c'... exprime la quantité de matière colorante contenue dans un même volume de solution, on a $\frac{c}{\alpha} = \frac{c'}{\alpha'} = \frac{c''}{\alpha''} = A$.

Prenons donc de l'alun de chrome pour lequel la détermination suivante a été faite une fois pour toutes. La liqueur étant telle que 1 centimètre cube contenait $0^{gr},072$ de sel, l'épaisseur de 1 centimètre réduisait l'intensité de la lumière de 1 à 0,05; le logarithme négatif de 0,05 ou log 100 — log 5 est égal à 1,301030 ; c'est le coefficient d'extinction de la solution considérée. En divisant la concentration par ce dernier nombre, on aura

$$\frac{c}{\alpha} = \frac{0{,}072}{1{,}30103} = 0{,}055 = A.$$

Faisons maintenant une détermination de α avec une solution de concentration inconnue; pour avoir le poids d'alun de chrome contenu dans 1 centimètre cube de cette solution, il suffira de multiplier A par α'.

3° Le spectre d'absorption du sang est caractérisé par deux bandes dans le vert qui pour une certaine concentration se réunissent en une seule. On peut donc, d'après le simple aspect du spectre, et en prenant toujours la même source de lumière, savoir quand on a atteint une absorption déterminée, avec moins de sûreté bien évidemment que si on comparait le liquide avec une solution type, mais cependant avec une approximation suffisante pour les recherches de chimie biologique. Dans les appareils qui ont été décrits, on fait varier l'épaisseur de la courbe absorbante soit en enfermant le liquide dans des cuves prismatiques se mouvant en sens inverse comme les lames de quartz de l'appareil de Soleil, soit plus simplement en l'introduisant dans un tube de verre fermé à sa base par une glace et y faisant descendre plus ou moins un autre tube de moindre diamètre terminé à sa partie inférieure comme le premier. Ce dernier dispositif exige que le rayon de lumière soit amené à être vertical à l'aide d'une glace. (Voir l'article SANG.) G. Salet.

ANCHIÉTINE. — C'est le principe actif de l'écorce de la racine d'*Anchieta salutaris*. L'écorce fraîche est réduite en bouillie, exposée à l'air jusqu'à fermentation complète, puis épuisée par l'acide chlorhydrique étendu : l'anchiétine entre en solution et peut être précipitée par l'ammoniaque. Elle cristallise en aiguilles d'un jaune paille, inodores, d'une saveur répugnante; insoluble dans l'eau et dans l'éther, elle se dissout aisément dans l'alcool et donne une solution faiblement alcaline. L'anchiétine formerait des sels dont quelques-uns cristalliseraient [Th. Peckolt, *Arch. der Pharm.* (2), t. XCVII, p. 271].

ANCHOÏQUE (ACIDE) [Syn. *Acide lépargylique*]. — Voyez t. II, p. 213.

ANDIRINE. — Th. Peckolt a donné ce nom à la matière colorante jaune brunâtre du bois d'*Andira anthelmintica*.

ANDRADITE (Min.). — Nom donné par M. Dana au grenat calcico-ferrique (mélanite).

ANDREWSITE (Min.). — Phosphate hydraté de fer et de cuivre, contenant 10 °/₀ de cuivre, analogue à la wavellite, trouvé dans un filon quartzeux en Cornouailles, avec limonite, goethite, et avec un minéral ressemblant à la dufrénite.

ANÉTHOL,

$$C^{10}H^{12}O = C^6H^4 < \begin{matrix} OCH^3 \\ CH = CH - CH^3. \end{matrix}$$

— L'anéthol constitue la partie cristallisable de l'essence d'anis [voyez t. I, p. 329]. Il a été obtenu par la distillation de l'acide méthylparaoxyphénylcrotonique [W. H. Perkins, *Deutsch. chem. Gesellsch.*, t. X, p. 1604 et 2051].

L'anéthol a une densité de 0,9877 et possède un indice de réfraction de 1,5430 pour la ligne A et de 1,6129 pour la ligne H [Gladstone, *Journ. chem. Soc.* (2), t. VIII, p. 47].

Distillé avec de l'acide iodhydrique, l'anéthol est décomposé en iodure de méthyle et en une résine rouge qui n'a pas été étudiée [Erlenmeyer, *Zeitschr. für Chem.*, 1866, p. 430 et 472; — Ladenburg et Leverkus, *Ann. der Chem. u. Pharm.*, t. CXLI, p. 260; *Compt. rend.*, t. LXIII, p. 89]. A une température plus élevée, l'acide iodhydrique, additionné de phosphore rouge, transforme l'anéthol en carbures d'hydrogène, parmi lesquels on trouve de la benzine, de l'hexylène, et deux corps, l'un C^9H^{16}, bouillant à 140°, l'autre $C^{12}H^{22}$, bouillant à 205-220° [F. Landolph, *Compt. rend.*, t. LXXXII, p. 226 et 849]. Le fluorure de bore réagit sur l'anéthol, pour donner naissance à un corps qui n'a pas été étudié, bouillant à 158-163°, que Landolph considère comme un carbure d'hydrogène [*Deutsch. chem. Gesellsch.*, t. IX, p. 1312].

La potasse en fusion convertit l'anéthol en anol et en acide méthylparaoxybenzoïque [Ladenburg et Leverkus, *loc. cit.*; — Ladenburg, *Ann. der Chem. u. Pharm.*, Supplementb. VIII, p. 87].

L'anéthol chauffé avec 6 fois son poids d'acide nitrique à 13° B. se transforme en aldéhyde anisique et en un corps qui ne se combine pas avec le bisulfite de sodium. Ce corps bout à 190-193°, correspond à la formule $C^{10}H^{16}O$, et a été désigné sous le nom d'*hydrure d'anéthol* ou *camphre anisique* [F. Landolph, *Compt. rend.*, t. LXXXI, p. 97].

La potasse alcoolique, réagissant sur l'anéthol à 185° en tubes scellés, le convertit en produits de condensation. Pour isoler ces produits, on étend d'eau le contenu des tubes, on agite avec de l'éther pour enlever l'anéthol non altéré, et l'on ajoute de l'acide chlorhydrique à la solution aqueuse. Celle-ci, épuisée de nouveau par l'éther, abandonne à ce véhicule deux corps; on chasse l'éther par distillation et l'on soumet le résidu à une distillation dans un courant de vapeur d'eau pour séparer les deux matières. La vapeur entraîne un corps cristallisable de la formule $C^{16}H^{18}O^3$. Il est en tables fusibles à 87°, soluble dans l'alcool, l'éther et dans la benzine. Le second corps, qui est amorphe, ne passe pas avec la vapeur d'eau. Il possède la formule $C^{14}H^{16}O^2$, et fond à 65°. Ces deux substances, chauffées avec de l'anhydride acétique, fournissent des éthers acétiques non cristallisables, correspondant aux formules

$$C^{16}H^{16}O^3(C^2H^3O)^2 \quad \text{et} \quad C^{14}H^{15}O^2(C^2H^3O)$$

[F. Landolph, *loc. cit.*].

L'hydrure d'anéthol, de son côté, traité en tubes scellés par la potasse alcoolique à 185°, donne un liquide bouillant à 108°, qui se prend en fines aiguilles à basse température. Ce liquide possède la composition exprimée par la formule $C^{12}H^{18}O$ [F. Landolph, *Compt. rend.*, t. LXXXII, p. 226 et 849].

Lorsqu'on distille de l'anéthol avec du perchlorure de phosphore, on le transforme en *anéthol chloré*, $C^{10}H^{11}ClO$. Ce corps, fusible à 6°, bout à 258° (230° d'après Landolph) et possède à 0° une densité de 1,1154. L'anéthol chloré chauffé avec de l'acétate d'argent donne des produits résineux et de l'acide anisique. La potasse alcoolique lui enlève les éléments de l'acide chlorhydrique, et le convertit en une huile bouillant à 240°, qui semble posséder la formule $C^{10}H^{10}O$ [Ladenburg, *loc. cit.*].

Lorsqu'on ajoute du brome à une solution éthérée étendue d'anéthol, en ayant soin de refroidir, on constate une fixation de brome, sans dégagement d'acide bromhydrique. La réaction est terminée quand la solution se colore en rouge, et que cette coloration ne disparaît plus par l'agitation. Alors on chasse l'éther et on obtient une huile brune qui, après quelque temps, se prend en cristaux. Pour purifier ceux-ci, on les fait cristalliser dans l'éther à plusieurs reprises et on obtient ainsi des aiguilles blanches, fusibles à 75°, formées de bromure d'anéthol de la formule $C^{10}H^{12}Br^2O$ [Ladenburg, *Deutsch. chem. Gesellsch.*, t. II, p. 371; *Bull. de la Soc. chim.*, t. XIII, p. 271].

Le chlorure de nitrosyle se combine avec l'anéthol pour fournir un composé de la formule

$$C^6H^4 < \begin{matrix} OCH^3 \\ C^3H^5.AzOCl, \end{matrix}$$

que les agents réducteurs transforment en une base

$$C^6H^4 < \begin{matrix} OCH^3 \\ C^3H^5.AzH^3 \end{matrix}$$

[P. Tönnies, *Deutsch. chem. Gesell.*, 1879, p. 169].

L'anéthol en solution alcoolique concentrée, mélangé avec une solution alcoolique de quinine, s'unit à celle-ci et la solution laisse déposer des cristaux clinorhombiques de la formule

$$C^{10}H^{12}O.2C^{20}H^{24}Az^2O^2 + 2H^2O,$$

qui perdent leur eau à 110° [O. Hesse, *Ann. der Chem. u. Pharm.*, t. CXXIII, p. 382; *Bull. de la Soc. chim.*, 1863, p. 153].

On a décrit un produit de polymérisation de l'anéthol, obtenu par l'action du chlorure de zinc sur ce corps. Le nouveau composé possède la formule $C^{20}H^{24}O^2$, et l'union semble se faire par les radicaux C^3H^5 [Hoffmann, *Thèse*, Tubingue, 1874].

Perrenoud, en traitant la résine, résultant de l'action de l'acide iodhydrique sur l'anéthol par le zinc en poudre, a obtenu une substance de la formule $C^{10}H^{12}O$ (probablement identique avec le métanéthol), auquel il a donné le nom de camphre de métanéthol [*Ann. der Chem. und Pharm.*, t. CLXXXVII, p. 63]. M. Wassermann.

ANGÉLICINE, $C^{13}H^{30}O$.— Cette matière a été retirée de la racine d'angélique. On l'obtient en épuisant la racine fraîche par l'alcool bouillant, et en concentrant la solution alcoolique. Celle-ci se partage en deux couches; on lave la couche supérieure avec de l'eau et on la distille avec de la potasse. Dans ces conditions, elle fournit une essence et un résidu en partie soluble dans l'eau. La partie insoluble du résidu est de la *cire d'angélique*. La solution aqueuse épuisée par l'éther cède à ce dissolvant l'angélicine. On sépare la majeure partie de la potasse, à l'état de bicarbonate, en sursaturant la solution aqueuse de gaz carbonique avant d'agiter avec l'éther.

L'angélicine paraît être identique avec l'hydrocarottine [Brimmer, *Liebig's Ann.*, t. CLXXX, p. 269; *Bull. de la Soc. chim.*, t. XXVI, p. 468].

ANGÉLINE, $C^{10}H^{13}AzO^{3}$. — Selon les recherches nouvelles, ce corps est probablement identique avec la ratanhine (voyez t. II, p. 1323).

ANGÉLIQUE (ACIDE). (Voir t. I, p. 300.) — Il fond à 45°,5 et bout à 185° (Fittig et Kopp). Il cristallise en prismes clinorhombiques présentant des facettes hémiédriques (Demarçay). La chaleur exerce sur lui une action remarquable. Chauffé à 300° pendant 2 heures, ou au réfrigérant ascendant à sa température d'ébullition pendant 10 heures, il se transforme complètement et sans autre altération en acide méthylcrotonique; l'acide sulfurique concentré opère plus rapidement la même transformation. Si, en effet, on chauffe pendant trois quarts d'heure environ à 100° la solution d'acide angélique dans cet agent qu'on additionne ensuite d'eau, il se dépose de l'acide méthylcrotonique en quantité égale à celle de l'acide angélique employé [Demarçay, *Compt. rend.*, t. LXXXIII, p. 906, et *Bull. de la Soc. chim.*, t. XXVIII, p. 21].

Par l'action du brome sur l'acide angélique, on obtient un dibromure solide [Jaffé, *Jour. für pract. Chem.*, t. XCIII, p. 228, et *Bull. de la Soc. chim.*, t. V, p. 452; — Isenbeck, *Deutsch. chem. Gesellsch.*, t. X, p. 510] qui fond à 83-83°,5. Ce dibromure est identique avec celui qu'on obtient par l'action du brome sur l'acide méthylcrotonique; distillé, il fournit des gaz, un résidu charbonneux et de l'acide méthylcrotonique [E. Demarçay, *Compt. rend.*, t. LXXX, p. 1400]; traité par l'amalgame de sodium, il perd son brome et régénère l'acide angélique (?); ses sels alcalins sont décomposés par la chaleur avec production de bromure, d'acide carbonique et de butylène monobromé. Ce dernier, plus lourd que l'eau, d'une odeur très irritante, se décompose entre 80 et 100° en se transformant en produits à points d'ébullition plus élevés [Jaffé, *loc. cit.*].

L'acide bromhydrique dissout l'acide angélique et laisse déposer, au bout de 10 jours, un acide solide formé par addition d'acide bromhydrique. Cet acide fond à 66-66°,5. Il est cristallisé en tables clinorhombiques et est identique au produit obtenu dans les mêmes conditions avec l'acide méthylcrotonique (Isenbeck.)

Traité par l'acide iodhydrique et le phosphore rouge à 180-200°, pendant 8 heures, l'acide angélique se transforme en un acide valérianique qui n'a pas été étudié [Ascher, *Deutsch. chem. Gesellsch.*, t. II, p. 185, et *Bull. de la Soc. chim.*, t. XIII, p. 436].

La constitution de l'acide angélique n'est pas encore connue avec certitude. La formule

$$\begin{array}{c} CO^2H \\ CH^3\text{-}\overset{|}{C}H\text{-}CH=CH^2 \end{array}$$

permet cependant de rendre compte de sa transformation en acide méthylcrotonique, de son dédoublement par la potasse fondante et de ses autres réactions.

Appendice à l'acide angélique.

ESSENCE DE CAMOMILLE ROMAINE. — Cette essence n'est pas, comme on l'avait admis, d'après Gerhardt, un mélange d'aldéhyde angélique et d'un hydrocarbure. Elle forme un mélange en proportions variables de différents éthers, parmi lesquels prédominent les angélates d'amyle et de butyle [Demarçay, *Comp. rend.*, t. LXXVII, p. 360].

Les autres éthers qui y sont contenus sont les méthylcrotonate (?) d'amyle, isobutyrate et méthacrylate d'isobutyle [Fittig et Kopp, *Deutsch. chem. Gesellsch.*, t. IX, p. 1195; *Bull. de la Soc. chim.*, t. XXVIII, p. 20; — Fittig et Köbig, *Deutsch. chem. Gesellsch.*, t. X, p. 513]. Les proportions relatives de ces différents produits sont toutefois très variables, l'essence se composant parfois presque uniquement d'angélates, parfois au contraire en contenant beaucoup moins. On y trouve encore de très minimes proportions d'un camphre bouillant vers 204-208° (Demarçay) et d'un hydrocarbure bouillant vers 150° (Fittig et Köbig).

Gerhardt, par l'action de la potasse fondante sur l'essence, avait obtenu un dégagement d'hydrogène. Il en avait conclu qu'il avait affaire à une aldéhyde. Il n'en est pourtant rien. Si les gaz qui se dégagent dans ces circonstances contiennent de l'hydrogène, cet élément provient de l'action de la potasse sur les vapeurs des alcools amylique et butylique. Il résulte de là que le meilleur moyen de décomposer l'essence doit être de la traiter par la potasse alcoolique. En effet, lorsqu'on y ajoute la moitié de son poids de potasse en solution alcoolique, elle forme un mélange qui ne tarde pas à s'échauffer. Au bout de 24 heures, son odeur a complètement disparu. On chasse alors l'alcool par un courant de vapeur d'eau, et quand il ne passe plus que de l'eau, on arrête la distillation. On trouve dans le récipient les alcools éthylique, butylique et amylique, le camphre et de l'eau. La couche aqueuse qui reste dans le vase distillatoire étant refroidie, on en sépare une couche mince de produits résineux et on la traite par l'acide sulfurique étendu ou l'acide chlorhydrique. Elle fournit alors une couche huileuse d'acides qui, décantée et abandonnée à elle-même, se prend parfois en une masse de cristaux d'acide angélique; d'autres fois, il s'en dépose seulement quelques cristaux; d'autres fois enfin elle reste liquide. En tout cas, cette huile étant exposée dans une atmosphère fortement refroidie vers — 20°, il se dépose de gros cristaux d'acide angélique que l'on sépare de leur eau mère. Ces eaux mères, qui contiennent beaucoup d'acide angélique, et les acides isobutyrique, méthylcrotonique et méthacrylique, ne peuvent être commodément traitées par la distillation fractionnée qui altère l'acide angélique en le transformant en acide méthylcrotonique isomérique (Demarçay). D'après MM. Fittig et Köbig, il vaut mieux transformer ce mélange en une solution concentrée des sels de calcium et chauffer la solution entre 50 et 60°. L'angélate de calcium, qui est moins soluble à cette température qu'à froid, se dépose et permet d'isoler l'acide angélique. Quant au mélange des méthylcrotonate, méthacrylate et isobutyrate de calcium, on en extrait les acides qu'on sépare par distillation fractionnée. L'acide méthacrylique n'existe qu'en traces dans ce mélange. L'acide isobutyrique n'y est lui-même contenu qu'en faible proportion. E. Demarçay.

ANGUSTURINE. — On a donné ce nom à un alcaloïde de l'écorce d'angusture (*Cuspara febrifuga*, Humboldt); son existence est problématique, ainsi que celle de la cusparine, que l'on a envisagée comme étant identique avec l'angusturine.

ANILÉINE. — Nom donné au violet Perkin, t. I, p. 311.

ANILINE (INDUSTRIE DE L'). — Depuis la publication de l'article ANILINE (t. I, p. 307), sorti de la plume autorisée de M. Ch. Lauth, des modifications assez importantes ont été apportées à la fabrication des diverses matières colorantes dérivées de l'aniline; en outre, leur nombre et leurs applications se sont rapidement accrus[1].

NITROBENZINE.

Les progrès réalisés dans la fabrication de ce corps consistent principalement dans la disposition des appareils. Le premier de ces appareils, décrit par M. Nicholson, et qui est formé d'une série de cylindres en fonte placés verticalement l'un à côté de l'autre, dans lesquels on fait réagir un mélange d'acides sulfurique et azotique sur la benzine, est usité partout. On fait couler lentement ce mélange d'acides dans l'appareil où se trouve déjà la benzine. Au commencement de l'opération, il faut modérer la réaction et maintenir l'appareil froid; on y arrive facilement en réglant le coulage de l'acide, et en faisant arriver par un cercle de fer creux et percé de trous un filet d'eau autour des cylindres. Ces derniers sont aussi quelquefois entourés d'une chemise en tôle; dans l'intervalle se trouve de l'eau qui se renouvelle à volonté. L'opération dure de 6 à 8 heures; dans la première moitié on nitre à froid, dans la seconde on laisse monter la température jusqu'à ce que l'eau entourant le cylindre marque 80 à 90°. Pour certaines sortes de benzines difficiles à nitrer, on achève l'opération en faisant couler dans les appareils un mélange d'acides bien plus riche en acide sulfurique.

Dans une opération bien conduite, toutes les vapeurs nitreuses doivent être absorbées. La réaction terminée, on continue le tournage pour débarrasser les acides des vapeurs nitreuses; après repos, on soutire le produit à l'aide d'un robinet placé à la partie inférieure de l'appareil. L'acide qui s'écoule le premier est fortement coloré et exhale l'odeur de la nitrobenzine; on l'emploie pour préparer l'acide azotique en le mélangeant avec de l'acide sulfurique à 60° et faisant réagir sur de l'azotate de sodium.

La nitrobenzine est débarrassée de la benzine, qu'elle peut renfermer, par la distillation avec un courant de vapeur. Le produit distillé est un mélange de benzine et de nitrobenzine (40-45 % de la seconde); il rentre dans une autre opération. On lave la nitrobenzine, qui est restée dans l'alambic, dans des séries de cuves en bois, au fond desquelles l'eau débouche par un tuyau terminé en pomme d'arrosoir. Le haut du laveur est muni d'un tube en plomb recourbé en col de cygne de manière à ne laisser passer que la couche d'eau comprise entre le haut du col et le trou du débit. Cette eau tombe dans une seconde cuve en bois, placée au-dessous de la première, où se

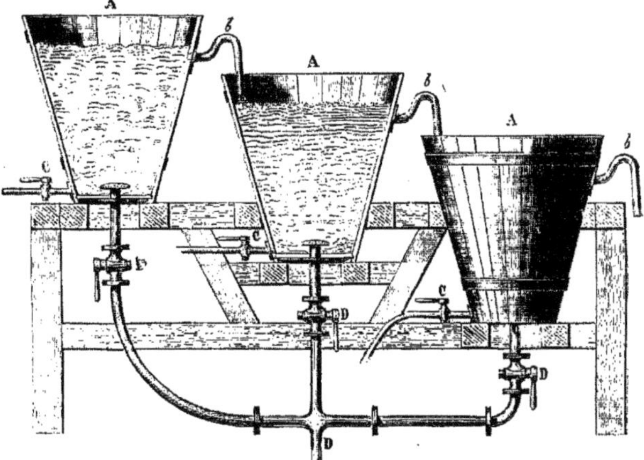

Fig. 19. — Lavage de la nitrobenzine.

AAA, bâches en bois. — *bbb*, tuyaux de plomb coudés en col de cygne et ne laissant passer que la couche d'eau comprise entre le niveau du col et le trou de débit. — CCC, robinets de vidange pour la nitrobenzine lavée. — DDD, tuyaux d'eau froide terminés par une pomme d'arrosoir, d'où s'échappent avec force en tous sens des jets d'eau froide.

dépose la nitrobenzine; enfin l'eau de lavage traverse encore deux cuves analogues, de manière à ne couler à la rivière qu'entièrement débarrassée de nitrobenzine (fig. 19). Plus généralement on opère le premier lavage avec de la soude ayant déjà servi à cette opération, le second avec de la nouvelle soude; on achève la purification par un lavage à l'eau.

1. Nous suivrons dans ce Supplément la marche déjà adoptée par M. Lauth, nous contentant de compléter les indications qu'il a données.

FABRICATION DE L'ANILINE.

La fabrication industrielle de l'aniline, malgré le grand nombre de procédés qui ont successivement été proposés, se fait toujours d'après le mode opératoire indiqué par M. Béchamp, c'est-à-dire par la réduction de la nitrobenzine au moyen de la tournure de fer et de l'acide acétique; toutefois, depuis 1864, on a généralement remplacé l'acide acétique par l'acide chlorhydrique.

La forme des appareils a peu changé; certaines dispositions spéciales permettent d'opérer sur des quantités beaucoup plus considérables, la réduction et la distillation se faisant dans le même appareil, qui a déjà été décrit. On n'emploie, pour 100 kilos de nitrobenzine, que 5 à 10 kilos d'acide chlorhydrique dilué de plusieurs fois son volume d'eau; on pourrait également employer l'acide sulfurique. La limaille de fonte est ajoutée petit à petit au mélange en quantité déterminée dans un état de finesse de plus en plus grand à des intervalles de temps réglés; pendant toute la durée de l'opération la masse est agitée mécaniquement. Lorsque la réaction est trop vive et poussée trop loin, il peut se former de la benzine et de l'ammoniaque, ainsi que l'a observé M. Scheurer-Kestner. La réduction terminée, on ajoute de la chaux jusqu'à réaction fortement alcaline. L'aniline qui vient surnager est décantée le lendemain; les eaux mères restant dans l'appareil sont distillées dans un courant de vapeur d'eau à quatre atmosphères. L'aniline obtenue dans cette opération est réunie à la première, et le tout est fractionné dans des cylindres chauffés à feu nu. Il reste dans la cornue de réduction un mélange de fer et de sesquioxyde de fer, que l'on peut laver sur des tables à minerais ou dans une turbine, de manière à n'entraîner que le sesquioxyde de fer, qui est vendu aux fabricants de rouge anglais; le fer métallique restant sert à réduire une nouvelle portion de nitrobenzine. D'ordinaire le résidu est jeté ou sert à préparer du sulfate de fer en le dissolvant dans les acides résidus de la fabrication de la nitrobenzine.

La distillation à la vapeur d'eau occasionnant de fortes pertes et une dépense de temps considérable, on a essayé d'extraire l'aniline de la masse pâteuse, soit par distillation à feu nu, soit au moyen de lavages dans des turbines, soit au moyen de filtres-presses. Ce dernier moyen semble avoir conduit à de bons résultats.

On a également proposé de traiter le produit brut, après saturation, par la benzine, et de décanter la couche benzénique au moyen de deux robinets superposés. Le produit qui reste dans la cornue renfermant encore un peu d'aniline, on entraîne mécaniquement celle-ci par un courant de vapeur d'eau, ou bien on distille directement à feu nu dans des cornues en fer. La solution d'aniline dans la benzine est distillée ou bien traitée par un courant de gaz chlorhydrique. Le chlorhydrate d'aniline se précipite, étant insoluble dans la benzine; dans cet état, on le recueille et on le soumet à la presse; il peut directement servir à la fabrication du noir. La benzine rentre dans la fabrication.

ANILINES COMMERCIALES. — Il existe dans le commerce quatre variétés d'anilines, de composition différente :

1° De l'*aniline pure*, qui passe tout entière à la distillation dans un intervalle de 1,5 à 2 degrés, et qui possède à 15° une densité de 1,0245; elle ne contient qu'une petite quantité de toluidine, environ 1 %. Elle sert à la préparation du bleu, de la méthylaniline, de la diphénylamine, du noir d'aniline en teinture et en impression.

2° L'*aniline pour rouge* est un mélange d'aniline et des deux toluidines avec très peu de xylidine. Elle distille de 190° à 200° et possède une densité de 1,001 à 1,006. Elle renferme 10-20 % d'aniline, 25-40 % de paratoluiduine et 30-40 % d'orthotoluidine, c'est-à-dire les proportions des matières premières qui, d'après les travaux de M. Hofmann, sont théoriquement nécessaires à la production du rouge.

L'aniline pour rouge s'obtient, ou bien par le mélange de l'aniline pure avec des toluidines pures, ou bien par la transformation d'un mélange de benzine et de toluène (de la benzine à 50 %) en dérivés nitrés et amidés.

3° L'*aniline* pour *safranine* contient une proportion plus grande d'aniline que l'aniline pour rouge. Elle renferme 35 % d'aniline, possède une densité de 1,016 et distille de 185 à 190°. Elle offre une composition assez analogue à celle des échappées de la fabrication de la fuchsine dont elle provient très souvent.

4° Sous le nom de *toluidine*, on vend un mélange des toluidines isomères. Ce produit distille entre des limites de 3 à 3,5 degrés et possède une densité de 1,00. (Voir TOLUIDINES, INDUSTRIE, t. III, p. 491.)

Les anilines commerciales renferment 98-98,5 % d'amines aromatiques. Les impuretés consistent en eau, benzine, nitrobenzine, ammoniaque et quelquefois en corps sulfurés qui n'ont pas encore été étudiés, qui possèdent une odeur repoussante, mais dont la proportion ne s'élève qu'à 0,5 %. On n'obtient plus aujourd'hui ce qu'on appelait les *queues d'aniline*, qui ont été étudiées par M. A.-W. Hofmann; elles provenaient de la dinitrobenzine, ainsi que des carbures supérieurs contenus dans les benzines traitées.

Ainsi qu'il ressort des beaux travaux de M. Rosenstiehl, la toluidine liquide, pseudo ou orthotoluidine, contenue toujours en plus ou moins grande quantité dans l'aniline pour rouge, contribue principalement à donner un bon rendement en rosaniline. Ainsi 2 p. de toluidine cristallisée et 1 p. d'orthotoluidine doivent donner, par l'oxydation avec l'acide arsénique, 39 % de rouge; avec 2 p. d'orthotoluidine et 1 p. d'aniline on obtient jusqu'à 50 % de rosaniline.

M. Rosenstiehl a montré que la toluidine liquide, traitée par l'acide arsénique, fournit une rosaniline en assez grande quantité, tandis que l'aniline et la toluidine cristallisée traitées isolément ne fournissent pas cette matière colorante; en effet, l'orthotoluidine se transforme, pendant l'opération, en aniline et en paratoluidine solide.

MM. Monnet et Reverdin ont complété les travaux de M. Rosenstiehl : voici les résultats auxquels ils sont arrivés. La toluidine commerciale renferme, outre l'ortho et la paratoluidine, de la métatoluidine, mais en proportion bien moindre. En oxydant ces différentes bases ou des mélanges de deux d'entre elles, on obtient des nuances très diverses, ainsi que le prouvent les exemples suivants :

L'aniline produit du violet.
L'orthotoluidine produit du rouge.
La paratoluidine, produit du jaune brun.
La métatoluidine produit du brun.
L'aniline et l'orthotoluidine produisent du rouge.
L'aniline et la paratoluidine produisent du rouge.
L'aniline et la métatoluidine produisent du violet.

Essai des anilines. — D'après ce qui précède, il est très important pour le fabricant de matières colorantes de pouvoir contrôler la teneur de son huile en homologues de l'aniline.

M. Reimann a décrit un mode d'essai des anilines dont on a déjà parlé à l'article ANILINE du *Dictionnaire ;* nous nous contentons de donner les tables suivantes, extraites de son travail :

Point d'ébullition des benzines.	Point d'ébullition des nitro-benzines.	Poids spécifiques des nitro-benzines.	Point d'ébullition des anilines.	Poids spécifiques des anilines.
82-83°	203-210°	1,1591	182-184°	1,0205
80-85	205-210	1,1617	180-185	1,0199
85-90	210-215	1,1577	185-190	1,0181
90-95	210-215	1,1445	185-190	1,0139
95-100	215-220	1,1425	190-195	1,0109
100-105	220-225	1,1365	195-200	1,0000
105-110	220-225	1,1310	195-200	1,0018
110-115	225-230	1,1235	200-205	1,0003
115-120	225-230	1,1187	200-205	0,9975

Pour essayer l'aniline, on prend sa densité qui doit être comprise entre 1,001 et 1,010, et on fractionne l'huile, en ayant soin de recueillir le produit distillé dans un cylindre gradué, de façon à pouvoir noter les quantités de bases qui distillent à chaque degré. De plus, on dissout l'aniline dans un grand excès d'acide chlorhydrique; s'il y avait encore de la nitrobenzine ou des hydrocarbures, ces impuretés surnageraient sous forme huileuse.

MM. Monnet et Reverdin opèrent le dosage des toluidines dans l'aniline pour rouge en se basant sur la différence de solubilité des picrates d'ortho et de paratoluidine dans l'alcool. On prend le point d'ébullition du mélange à essayer, et on trouve, dans une table dressée d'après des essais préalables, faits sur des mélanges déterminés, la proportion d'aniline et celle des deux toluidines. Pour doser l'orthotoluidine, on fait bouillir 10 grammes du mélange à essayer au cohobateur avec 200 grammes d'alcool et 23 gr. d'acide picrique; lorsque tout s'est dissous, on laisse refroidir, il se forme un précipité de picrate d'orthotoluidine; on filtre, on lave le précipité avec 50 grammes d'alcool; on sèche le précipité et on le pèse. On procède de même avec un mélange fait avec une quantité égale d'aniline et des deux toluidines en proportions connues. Une règle de trois donne la teneur du mélange en orthotoluidine. On peut encore doser la paratoluidine par filtrage au moyen d'une solution éthérée d'acide oxalique. (Voyez TOLUIDINES.)

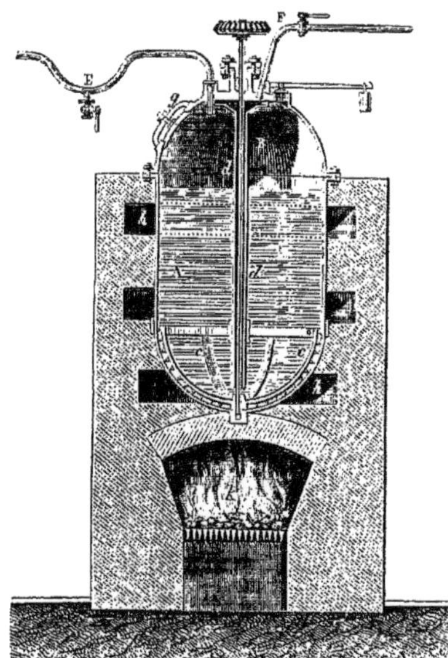

Fig. 20. — Fabrication de la fuchsine.

A, cornue en fonte. — B, dôme de la cornue. — *d*, tubes en fonte dans lesquels se meut l'axe de l'agitateur *cc*. — E, tubes permettant de condenser les vapeurs d'aniline et d'eau ou d'injecter dans l'appareil de la vapeur d'eau à haute pression pour le vider. — F, tubes de vapeur servant à l'hydratation de la matière, et de tubes de vidange, après la suppression du raccord avec la chaudière à vapeur, la pression étant donnée alors dans l'appareil par E.

FABRICATION DE LA FUCHSINE.

Le procédé à l'acide arsénique est encore le seul qui soit suivi généralement. L'appareil employé a reçu un certain nombre de modifications (fig. 20). Il consiste en une cornue cylindrique en fer chauffée sur voûte. A la partie inférieure se trouve un large tube de vidange. Le chapiteau est traversé par un agitateur; un tuyau servant à introduire de la vapeur plonge jusqu'au fond de l'appareil, un autre tuyau abducteur communique avec un serpentin destiné à condenser l'aniline qui distille pendant l'opération, et qui renferme une certaine quantité d'ortho et de paratoluidine; on la fait généralement entrer dans la fabrication du rouge ou dans celle de la safranine. On introduit dans l'appareil un mélange de 1000 kilogrammes d'aniline commerciale et 1500 kilogrammes d'une solution très concentrée d'acide arsénique, renfermant 75 °/o d'acide pur. L'agitateur fonctionne pendant toute l'opération, qui dure de 8 à 10 heures; on chauffe à 190-200°. Lorsque la moitié de l'aniline employée est distillée et qu'une tâte prélevée est devenue cassante et présente des reflets mordorés, on cesse de chauffer, tout en continuant d'agiter la masse. On introduit petit à petit de l'eau bouillante dans la cornue, de façon à hydrater le produit brut. A ce moment, on ferme, à l'aide d'un robinet, le conduit abducteur des produits de la distillation, et au moyen de la vapeur à haute pression on chasse le contenu de l'appareil, par un tube plongeant jusqu'au fond, dans de grandes chaudières closes, munies d'agitateurs, dans lesquelles la dissolution du rouge brut se fait sous pression.

Cette méthode a le grand avantage de ne pas mettre les ouvriers en contact avec le produit brut, tandis qu'autrefois il fallait puiser le contenu de la cornue et pulvériser la masse solidifiée, travail très insalubre avec un corps aussi dangereux.

Extraction de la matière colorante. — Parmi les méthodes proposées pour l'extraction de la fuchsine du produit brut, celle qui est la plus employée aujourd'hui consiste à chauffer le rouge dans des chaudières, avec de l'eau sous une pression de cinq atmosphères (fig. 21). La température s'élève à 140°. Le contenu est ensuite chassé à travers un filtre de sable (fig. 22) ou un filtre-presse qui retient, outre la

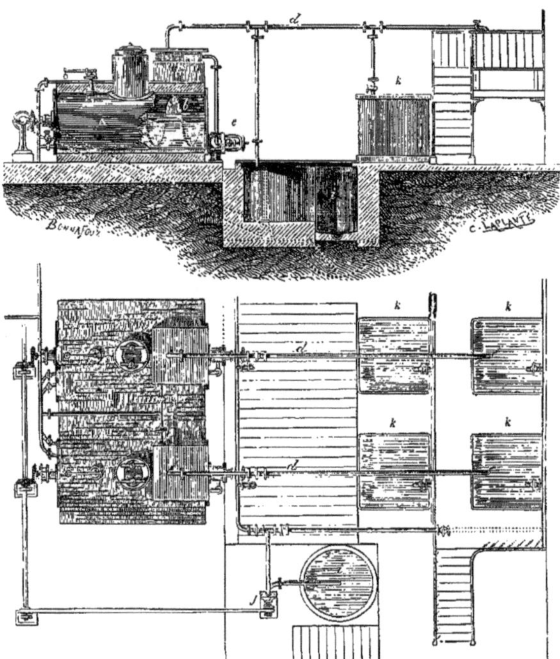

Fig. 21. — Extraction de la fuchsine.

A, chaudron en tôle contenant le rouge d'aniline brut et l'eau, la masse est chauffée à 140° environ. — *b*, agitateur en hélice. — *c*, filtre fonctionnant de bas en haut sous la pression de la chaudière. Ils sont garnis intérieurement de couches de sable maintenues par des tôles perforées (fig. 22). — *d*, tubes conduisant le liquide filtré dans les cristallisoirs *kkk* à volonté au moyen de robinets. — *e*, valve établissant ou supprimant la communication de la chaudière avec le filtre. — *i*, puisard où les eaux mères des cristallisoirs s'écoulent et où elles sont extraites par la pompe *j* pour être dirigées dans la chaudière A et servir à une nouvelle opération.

matière résineuse, de la mauvaniline, de la violaniline, et une petite quantité d'arséniate et

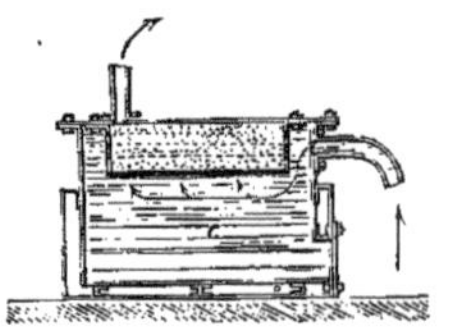

Fig. 22. — Filtre fonctionnant de bas en haut.

d'arsénite de rosaniline. On soumet ce résidu à un traitement que nous décrirons plus loin.

La solution qui a passé est conduite dans des barques dans lesquelles se dépose, lorsque la température s'est abaissée à 69-70°, presque toute la mauvaniline avec un peu de rosaniline, à l'état d'arséniates. Le liquide, contenant de l'arséniate et de l'arsénite de rosaniline, est transvasé dans des réservoirs en tôle et additionné de sel marin dans la proportion de 12 parties pour 10 de rouge brut. La décomposition se fait à chaud. Il se forme de l'arsénite et de l'arséniate de sodium et il se précipite du chlorhydrate de rosaniline insoluble dans une solution saline concentrée. Au bout de quelques jours, on le recueille, on le lave avec une petite quantité d'eau pour le débarrasser des eaux mères et sels qu'il a entraînés, on le dissout dans 40 à 50 fois son poids d'eau bouillante. La solution est filtrée et abandonnée à la cristallisation dans de grands bacs, dans lesquels sont suspendues des baguettes en laiton. Après quelques jours, on soutire les eaux mères des cristaux qui se sont formés et on les précipite par du sel marin. Le chlorhydrate de rosaniline qui se sépare est purifié par cristallisation; la nouvelle eau mère ainsi obtenue renferme des matières colorantes jaunes; elle est réunie à celles du chlorhydrate brut.

Traitement des eaux mères du chlorhydrate de rosaniline précipité. — Les liqueurs contiennent de l'arsénite et de l'arséniate de sodium, une certaine quantité de rosaniline, et une matière colorante jaune. On les traite par du carbonate de sodium et l'on filtre. Le précipité rouge grenat contient de la chrysaniline et de la rosaniline; on y ajoute la quantité d'acide chlorhydrique nécessaire pour le rendre soluble; desséché, il fournit le *cerise*. On peut aussi le reprendre par de l'eau bouillante additionnée d'acide chlorhydrique et précipiter la liqueur par du sel marin; le produit forme le *grenat* ou fuchsine jaune.

La solution séparée du précipité formé par le carbonate de sodium est décomposée par un excès de lait de chaux, et le liquide est distillé pour recueillir l'aniline qui a échappé à la réaction. Le résidu calcaire, qui reste dans la cornue, renferme tout l'arsenic. L'accumulation de ces résidus est une source de dangers pour les voisins et d'embarras pour les fabricants. Cependant l'extraction de l'arsenic ne se fait que dans un très petit nombre d'usines et seulement là où l'autorité est intervenue pour défendre l'envoi des liquides dans les rivières ou dans les terrains situés aux abords de la fabrique. En effet, quoiqu'on ait proposé un grand nombre de procédés, on n'a pas encore trouvé de moyen économique pour le traitement de ces résidus. Aux méthodes de MM. Sopp, Tabourin et Lemaire, Randu, etc., décrites dans le *Dictionnaire*, sont venues s'en ajouter d'autres. MM. Girard et de Laire ont proposé de traiter les eaux chargées d'arsenic, dans des fosses étanches, par un mélange de chaux et de sulfate de fer avant de laisser couler dans les rivières. Les boues arsenicales sont égouttées et jetées à la mer, ou grillées avec du goudron pour régénérer l'arsenic.

M. Winckler sature les eaux mères de la cristallisation de la fuchsine par du carbonate de sodium. Après avoir séparé la fuchsine impure qui se précipite, on ajoute une nouvelle portion de carbonate de sodium jusqu'à réaction fortement alcaline, on évapore dans des chaudières en fer jusqu'à consistance sirupeuse, et on laisse couler ce liquide chaud dans un réservoir contenant un mélange de carbonate de calcium en poudre grossière et de poussière de charbon en quantité variable suivant la proportion d'arséniate de sodium, que l'on détermine par un essai préliminaire. Pour 100 kilogrammes d'arséniate de sodium, correspondant à la formule AsO^4Na^2H, on emploie 30 kilogrammes de carbonate de calcium et 25 kilogrammes de poudre de charbon; on mélange le liquide avec ces substances, et on laisse refroidir la masse, qui alors est solide et pulvérulente. On l'introduit dans un four à moufle; on la dessèche d'abord avec la chaleur perdue du four, ensuite on la pousse sur une grille inférieure portée au rouge. L'arsenic distille et est recueilli dans une chambre appropriée. On peut le transformer en acide arsénieux en mélangeant les vapeurs d'arsenic avec de l'air au sortir du moufle; les vapeurs s'enflamment, et l'on condense l'acide arsénieux à la manière ordinaire. Le résidu de la combustion forme un mélange de carbonate de sodium et de carbonate de calcium; on peut extraire le premier par un lessivage méthodique, et le faire rentrer dans la fabrication pour précipiter les eaux mères.

Préparation de la rosaniline à l'état de base. — La préparation de la rosaniline libre s'effectue sur une grande échelle pour la fabrication des bleus, du violet et du vert. Le chlorhydrate de rosaniline purifié est dissous dans 30 à 40 fois son poids d'eau, et la solution filtrée est précipitée par un léger excès de soude. Les liqueurs légèrement alcalines ne dissolvent à froid que 2 % de rosaniline; aussi celle-ci se dépose par refroidissement en cristaux qui sont toujours un peu colorés. Nicholson préfère décomposer les solutions des sels de rosaniline sous pression par de l'eau de chaux; par le refroidissement, la base cristallise, et peut être purifiée par cristallisation dans l'alcool étendu.

Traitement des résidus insolubles provenant de la dissolution du rouge brut. — Nicholson, en traitant le résidu qui se produit dans la fabrication du rouge d'aniline, avait déjà obtenu un corps jaune, presque insoluble dans l'eau, facilement soluble dans l'alcool et dans l'éther; c'est la *chrysaniline*, $C^{20}H^{17}Az^3$.

On a fait de nombreux essais pour utiliser ces résidus; ainsi Sapp, en 1866, préparait du jaune de Lyon, du ponceau et un brun en traitant les corps insolubles dans l'eau par l'acide chlorhydrique, puis le résidu de ce traitement par l'acide azotique. Le corps jaune se dissout et se sépare par refroidissement. La solution chlorhydrique, mélangée avec du carbonate de sodium, donne un précipité vert, lequel, traité par l'ammoniaque et l'eau de savon, fournit une solution colorée en ponceau. Repris par l'acide chlorhydrique, il donne un liquide violet, qui teint les fibres, après un passage en permanganate de potassium, en brun châtaigne très solide.

MM. Girard et de Laire traitent les résidus de la fuchsine avec de l'eau acidulée par de l'acide chlorhydrique qui dissout de la fuchsine précipitable par le sel marin de ses solutions; le résidu est traité par de la soude diluée qui laisse à l'état insoluble trois bases : la violaniline, la mauvaniline et la chrysotoluidine. Pour les extraire, ces chimistes ont proposé de faire bouillir le produit insoluble dans de l'eau contenant une forte proportion d'acide chlorhydrique. La violaniline reste non dissoute. La solution filtrée est précipitée par un excès d'acide chlorhydrique; on obtient ainsi le chlorhydrate de mauvaniline mélangé d'un peu de sel de rosaniline, mélange qu'il faut encore purifier. Les eaux mères sont saturées incomplètement par du carbonate de sodium; le précipité est principalement formé de sels de rosaniline et de très peu de chrysotoluidine. Le liquide filtré, précipité complètement par le carbonate de sodium, fournit la chrysotoluidine. Pour purifier cette dernière, on chauffe le précipité avec un lait de chaux qui le dissout en partie; on filtre, on décompose la solution avec un acide, et l'on obtient par le refroidissement un sel de rosaniline très jaune. Le résidu sur le filtre contient la chrysotoluidine; on le fait bouillir avec de l'eau contenant la quantité d'acide chlorhydrique exactement nécessaire pour saturer la chaux. La chrysotoluidine fond, s'agglomère et vient surnager.

PRÉPARATION DE LA ROSANILINE SANS ARSENIC. — On a souvent essayé de remplacer l'acide arsénique par d'autres corps oxydants dépourvus de propriétés toxiques. Une fabrique de Berlin, celle de M. Jordan, n'emploie que l'azotate de protoxyde de mercure; elle fournit sous le nom de *rubine* une matière colorante rouge très estimée, complètement exempte d'arsenic.

Dès 1860, M. Ch. Lauth indiqua l'action de la nitrobenzine sur l'aniline en présence du chlorure stanneux.

En 1861, MM. Laurent et Castelhaz ont breveté

l'action du fer et de l'acide chlorhydrique sur la nitrobenzine. Ce n'est que depuis 1866 que ce procédé, entre les mains de M. Coupier, a pu entrer dans l'industrie, grâce aux perfectionnements apportés par cet habile fabricant dans la séparation des hydrocarbures extraits du goudron.

Il a indiqué plusieurs mélanges pour préparer des rouges sans arsenic : il les obtient : 1° avec de l'aniline pure et de la nitrotoluidine; 2° avec l'aniline commerciale et la nitrobenzine ; 3° avec le nitrotoluène et la toluidine ou la xylidine. A tous ces mélanges, on ajoute du fer et de l'acide chlorhydrique.

Le procédé généralement suivi consiste à chauffer pendant cinq heures à 180°, dans des chaudières en fonte émaillée, 38 kilogrammes d'aniline pour rouge, 20 kilogrammes de nitrobenzine, 20 kilogrammes d'acide chlorhydrique et 2 kilogrammes de tournure de fer, qu'on ajoute par fractions plus ou moins grandes, suivant la marche de l'opération. Ou bien on sature les 2/3 d'aniline d'une densité de 1,006 à 1,007 avec de l'acide chlorhydrique, on évapore jusqu'à ce que la cuite ait atteint une température de 140°, on ajoute le reste de l'aniline et 50 kilogr. de nitrobenzine pour 100 kilogr. d'aniline; enfin 3 à 5 kilogr. de tournure de fer sont ajoutés lentement pendant la réaction. Le couvercle de la chaudière donne passage à un agitateur et communique avec un long tuyau abducteur qui sert au dégagement des vapeurs d'aniline, de nitrobenzine et d'eau. La température de la chaudière est maintenue à 184-195°. Lorsqu'une tâte a fait connaître la fin de l'opération, on enlève par un courant de vapeur l'aniline et la nitrobenzine non décomposées; on vide le contenu par un tuyau de vidange; on reprend par de l'eau et l'on précipite la matière colorante par du sel marin ; les eaux mères contenant du chlorhydrate d'aniline sont traitées par de la chaux et distillées.

M. Coupier a modifié dans ces derniers temps sa manière d'opérer; en faisant le vide dans son appareil, il a obtenu des rendements supérieurs[1].

Dérivés sulfoconjugués de la rosaniline. — Ces dérivés ayant la propriété de ne pas virer sur les acides ont reçu dans ces derniers temps une large application en teinture. On les prépare en traitant 10 kilogrammes de rosaniline séchée à 110° par 40 kilogrammes d'acide sulfurique fumant à 20 °/₀ d'anhydride; la température ne doit pas dépasser 170°, sans être inférieure à 120°. La masse épaisse doit se dissoudre facilement et donner avec les alcalis une solution incolore. Le produit est versé dans l'eau et saturé par un lait de chaux; le sel de calcium soluble est séparé du sulfate de calcium par filtration, et transformé par le carbonate de sodium en sel sodique; celui-ci est évaporé à siccité. Ce sel étant très hygroscopique, on préfère préparer un sel acide par addition d'acide chlorhydrique.

Les dérivés sulfoconjugués peuvent donner d'autres matières colorantes très importantes par leur caractère acide, lorsqu'on les soumet à l'action des chlorures ou iodures alcooliques.

VIOLETS D'ANILINE.

Aux violets déjà connus et décrits par M. Lauth, t. I, p. 311, violet à l'aldéhyde, violet au térébène de M. Perkins, violet à l'acroléine, violets phényliques, qui ne sont presque plus employés aujourd'hui, aux violets de rosaniline, mono, di, triméthylés, ou benzylés, sont venues s'ajouter une série d'autres matières colorantes violettes.

Les violets de Hofmann ou violets de méthyl- et d'éthylrosaniline ne servent plus que pour obtenir des nuances violettes très rouges. Le prix de l'iode s'étant de plus en plus élevé, les industriels ont cherché à remplacer ces iodures alcooliques par d'autres corps; on a proposé successivement l'emploi des bromures, des nitrates, enfin dans ces derniers temps, en 1874, MM. Monnet et Reverdin, à la Plaine, sont parvenus à appliquer les chlorures alcooliques à la préparation des matières colorantes. Ils obtiennent le chlorhydrate de monométhylrosaniline en chauffant sous pression une dissolution alcoolique de rosaniline avec le chlorure de méthyle.

En 1861, M. Ch. Lauth avait signalé la production d'une matière colorante violette en traitant la méthylaniline par des agents oxydants. Cette découverte, qui est restée sans applications pendant quelques années, est devenue le point de départ d'un nouveau mode de fabrication des violets.

En effet, comme nous l'avons déjà dit, le prix élevé de l'iode, joint au monopole des brevets de la rosaniline, engagea tous les fabricants dans la recherche d'un procédé pratique qui leur permit de se dispenser de l'emploi de ce métalloïde, et de préparer directement les matières colorantes dont il s'agit par l'oxydation des matières premières, sans être obligés de passer par l'intermédiaire de la rosaniline.

La fabrique de MM. Poirrier et Chappat parvint, grâce aux recherches de son chimiste, M. Bardy, à résoudre en 1867 la première phase de la question, en préparant les produits de substitution de l'aniline au moyen de préparations alcooliques autres que les iodures ou les bromures. Se basant sur la méthode indiquée par M. Berthelot pour la préparation des amines éthylées, M. Bardy, en chauffant sous pression du chlorhydrate d'aniline et de l'alcool méthylique, obtint de la méthylaniline. La première tentative industrielle pour fabriquer le violet de méthylaniline fut celle de MM. Poirrier et Chappat; dès 1866, ils oxydaient cette base, soit à l'aide du chlorate de potassium et de l'iode, soit au moyen du perchlorure d'étain. Mais le seul procédé pratique fut indiqué par M. Lauth, qui, vers la fin de l'année 1867, eut l'idée d'employer le nitrate ou le chlorure cuivrique, déjà proposé par MM. Dale et Schorlemmer pour préparer la mauvéine de Perkin.

Avant de décrire la préparation du violet de Paris, nous devons, vu l'importance du sujet, donner des détails sur la fabrication de la méthylaniline.

La méthylaniline du commerce consiste principalement en diméthylaniline mélangée avec de la monométhylaniline, un peu d'aniline, de toluidine, des méthyltoluidines et souvent même des homologues supérieurs.

Le point d'ébullition des deux méthylanilines se confond presque; la monométhylaniline

$$C^6H^5.Az < \begin{matrix} CH^3 \\ H \end{matrix}$$

bout à 190-191°; sa densité est de 0,976.

1. Dans ces derniers temps, MM. Herrau et Chaudé ont pris un brevet pour préparer le rouge sans arsenic. Leur procédé consiste à chauffer d'abord de l'aniline, ou de la toluidine avec différents chlorures doubles, comme par exemple le chlorure double d'aluminium et de fer, d'aluminium et de manganèse, de sodium et de fer, etc., jusqu'à ce qu'il n'y ait plus de dégagement d'eau, et d'ajouter ensuite la nitrobenzine ou le nitrotoluène. On continue de chauffer jusqu'à ce qu'une tâte présente les caractères voulus. On épuise ensuite la masse de la manière ordinaire. Les chlorures doubles doivent modérer la réaction, qui est difficile à conduire dans le procédé Coupier; les auteurs de cette méthode prétendent obtenir des rendements en rouge bien supérieurs. Il appartient à l'avenir de juger l'avantage de ce procédé.

La diméthylaniline

$$C^6H^5.Az\begin{cases}CH^3\\CH^3\end{cases}$$

bout à 192°; elle a pour point de fusion + 0°,5, et pour densité 0,9553.

Préparation industrielle de la monométhylaniline. — Ainsi que nous l'avons fait remarquer, lorsqu'on chauffe sous pression l'aniline, l'acide chlorhydrique et l'alcool méthylique, les deux dérivés méthylés se forment simultanément. D'après les proportions de ces différents corps employées autrefois et les conditions dans lesquelles on opérait, il se formait une proportion notable de monométhylaniline. Le mélange se composait souvent de parties égales des deux bases. Aujourd'hui la proportion de monométhylaniline contenue dans la méthylaniline commerciale est faible (0,5 à 5 °/₀).

Parmi les procédés donnant une base riche en monodérivé, citons celui que M. Girard a indiqué en 1874, dans le brevet n° 103,973, et qui, du reste, n'est qu'une modification du procédé de MM. Poirrier et Bardy. On introduit dans un autoclave en fonte émaillée d'une capacité d'au moins 300 litres un mélange composé de 100 kilogrammes d'aniline pure, 120 kilogrammes d'acide chlorhydrique (D = 1,17), et 38 kilogrammes d'al-

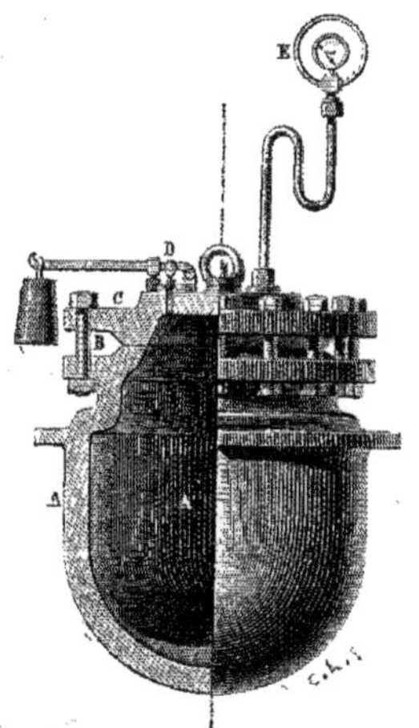

Fig. 23. — Autoclave

A, chaudière en fonte émaillée. — B, boulons permettant de fixer fortement le couvercle C à la chambre A. — C, couvercle dressé au trou. — D, soupape. — E, manomètre.

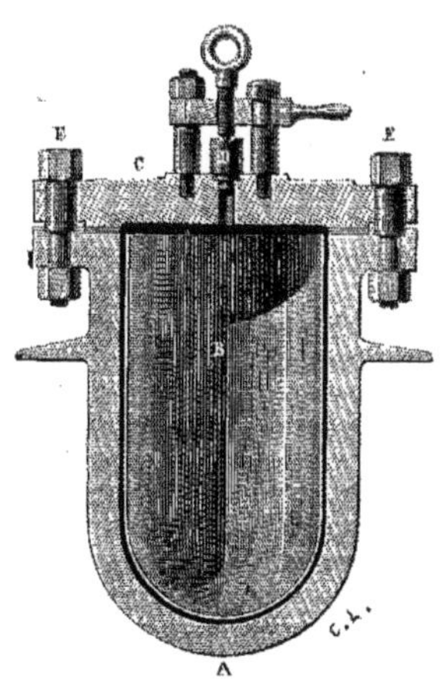

Fig. 24. — Autoclave.

A, chaudière en fonte épaisse. — B, chaudière en fonte émaillée destinée à protéger la chaudière A. L'espace compris entre les deux chaudières a été rempli par du plomb fondu. — C, couvercle dressé au tour et assujetti à la chandière par les boulons EE. — D, tampon permettant de vider l'autoclave et de le recharger sans défaire le grand joint.

cool méthylique pur. On chauffe au bain d'huile à 190-200°; la pression atteint 15 à 20 atmosphères. L'opération terminée, on ajoute une solution aqueuse de soude ou un lait de chaux; les bases qui viennent surnager sont distillées avec la vapeur d'eau. Comme, dans ce procédé, une certaine quantité d'aniline échappe à la réaction, il est nécessaire, pour s'en débarrasser, de saturer par l'acide chlorhydrique : le chlorhydrate d'aniline solide ainsi formé est facile à séparer des chlorhydrates liquides des méthylanilines. Le produit rectifié renferme de 50 à 60 °/₀ de monométhylaniline.

M. Lauth (*Moniteur scientifique*, 1873, p. 798) fait voir qu'en faisant agir le gaz chlorhydrique desséché sur la méthylaniline, maintenue à l'ébullition, il se dégage du chlorure de méthyle, et que finalement on obtient de l'aniline. M. de La Harpe a mis à profit cette réaction en 1876, dans l'usine de M. Monnet, à la Plaine, pour préparer un produit très riche en monométhylaniline. Il chauffait à l'ébullition dans un appareil réfrigérant ascendant 10 p. de diméthylaniline avec 12,5 d'acide chlorhydrique à 22°.

Dosage de la monométhylaniline. — Pour doser la quantité de *monométhylaniline* qui se trouve dans la méthylaniline du commerce, on peut se servir de la propriété que possèdent les bases secondaires de donner encore des dérivés acétylés, tandis que les bases tertiaires ne se combinent plus avec l'anhydride acétique. On enlève d'abord l'aniline en agitant le produit à analyser avec de l'acide sulfurique dilué. Les bases qui ne sont pas dissoutes sont extraites par l'éther, et celui-ci est distillé. Au résidu on ajoute la moitié de son poids d'anhydride acétique; on fait bouillir et l'on distille jusqu'à 220°; l'acétate de diméthylaniline passe, tandis que le dérivé acétylé reste dans le ballon et se prend en masse cristalline. Par une nouvelle distillation, on peut arriver à déterminer approximativement la teneur en monométhylaniline.

On peut aussi traiter la méthylaniline commerciale, dissoute dans l'acide chlorhydrique, par du nitrite de sodium. Le chlorhydrate de monométhylaniline forme la méthylphénylnitrosamine qu'on sépare des autres produits formés au moyen de l'éther; celui-ci, après distillation, laisse la base nitrosée sous forme d'une huile.

La diméthylaniline s'obtient à l'état de pureté par la distillation de l'hydrate de triméthylphénylammonium :

$$C^6H^5(CH^3)^3Az.OH$$
$$= C^6H^5Az(CH^3)^2 + CH^3.OH,$$

ou bien lorsqu'on distille l'iodure du même corps dans un courant d'acide chlorhydrique :

$$C^6H^5Az(CH^3)^3.I + HCl$$
$$= C^6H^5Az(CH^3)^2.HCl + CH^3I.$$

Le chlorure de triméthylphénylammonium se forme par l'action du chlorure de méthyle sur la diméthylaniline. Il est toujours contenu dans le produit brut qui se forme lorsqu'on chauffe l'esprit-de-bois avec le chlorhydrate d'aniline sous pression; mais, par la distillation avec la chaux, il se décompose en diméthylaniline et en alcool méthylique.

La diméthylaniline peut encore être séparée du produit commercial, en refroidissant, puis exprimant le mélange; la base tertiaire se solidifie à + 5°; en répétant l'opération, on l'obtient pure, bouillant à 190°. Elle n'est pas colorée par les hypochlorites, ses sels sont très difficilement cristallisables et hygroscopiques; elle forme des combinaisons avec un grand nombre de sels métalliques.

Préparation industrielle de la diméthylaniline. — Les proportions ordinairement employées sont 8 p. de chlorhydrate d'aniline, 6 p. d'aniline et 9 p. d'alcool méthylique, c'est-à-dire une molécule d'aniline sur 2 molécules d'alcool; on chauffe le mélange pendant 10 heures à 320-350°.

Le sel d'aniline doit être tout à fait neutre; pour le préparer, on ajoute de l'acide chlorhydrique en léger excès, dilué de son volume d'eau, à l'aniline. Le chlorhydrate formé est desséché dans des cuvettes en plomb, chauffées par la vapeur d'eau. Au-dessus de ces cuvettes se trouve une cheminée conduisant les vapeurs à un appareil à condensation en grès dans lequel on retrouve le chlorhydrate d'aniline entraîné avec les vapeurs d'eau.

L'opération se fait dans des autoclaves qui peuvent résister à une pression de 50 atmosphères (fig. 23 et 24); ils sont en fonte émaillée, ou bien seulement en fonte, mais dans ce cas on place à leur intérieur un vase émaillé contenant le mélange des matières premières; leurs parois ont une épaisseur de cinq centimètres. L'autoclave est chauffé dans un bain d'air dont la température est indiquée par deux thermomètres, l'un placé vers le fond, l'autre vers la partie supérieure. La pression monte à 20-25 atmosphères.

Du reste, voici les détails d'une opération avec des proportions un peu différentes des précédentes.

On introduit dans l'autoclave :

Chlorhydrate d'aniline fondu	100 kilogr.
Alcool méthylique	60 —

On chauffe d'abord vers 280°; la pression croît rapidement et atteint 20 à 25 atmosphères; on enlève le feu et on laisse refroidir jusqu'à ce qu'elle soit tombée à 2 ou 3 atmosphères. On recommence alors à chauffer, puis on maintient la température pendant 4 à 6 heures entre 280-300°; la pression remonte alors vers 15 à 20 atmosphères. Après que l'appareil est refroidi, on traite son contenu par un léger excès de lait de chaux; les bases viennent surnager; on les décante et on les distille au moyen d'un courant de vapeur d'eau, enfin on les rectifie par distillation fractionnée dans une cornue en fer chauffée au bain d'huile.

La liqueur alcaline aqueuse, d'où l'on a séparé les méthylanilines, contient en dissolution une certaine quantité de chlorure de triméthylphénylammonium. On évapore la solution à sec, et l'on distille dans des cornues en fer chauffées à feu nu; on recueille ainsi un mélange de diméthylaniline et d'alcool méthylique[1].

Préparation des méthylanilines par le chlorure de méthyle. — Depuis quelque temps, la maison Brigonnet veuve et fils, de Saint-Denis, vend dans des cylindres en cuivre de forme particulière du chlorure de méthyle, liquéfié par compression. Ce chlorure de méthyle s'obtient, d'après le procédé de M. Vincent, en chauffant à une température supérieure à 260°, en présence d'acide chlorhydrique, du chlorhydrate de triméthylamine provenant de la distillation des vinasses de betteraves; il se forme en même temps du chlorhydrate d'ammoniaque.

Lorsque ce chlorure de méthyle doit servir à méthyler l'aniline, on fait usage d'un autoclave non émaillé, muni d'un agitateur; le couvercle porte en outre une soupape de sûreté chargée à 15 atmosphères. On verse, par une ouverture appropriée, de l'aniline et un lait de chaux en quantités calculées d'après l'équation suivante :

$$C^6H^5AzH^2 + Ca(OH)^2 + 2CH^3Cl$$
$$= C^6H^5Az(CH^3)^2 + CaCl^2 + 2H^2O$$

et l'on fait arriver le chlorure de méthyle dans ce mélange chauffé à 100°. La pression ne doit pas monter au-dessus de 6 atmosphères et l'agitateur marche tout le temps de l'opération. La méthylaniline, ainsi obtenue, doit distiller complètement au-dessous de 196° et donner de bons rendements dans la préparation du violet.

VIOLET DE MÉTHYLANILINE OU VIOLET DE PARIS. — Ainsi que nous l'avons vu, M. Ch. Lauth, en 1866, parvint à oxyder par un procédé élégant et pratique la diméthylaniline. Pendant longtemps la maison Poirrier fut la seule qui produisit avec succès ce violet; le procédé employé est le suivant : On répand sur une aire dallée 100 p. de sable et on y ajoute à la pelle 10 p. de méthylaniline, 3 p. d'azotate de cuivre, avec 2 p. de sel marin dissous dans l'eau et 1 p. d'acide acétique. Pendant le mélange, la masse se colore et s'échauffe; on en forme des pains en pressant la masse encore humide dans des cadres de bois, et on les place sur des plaques métalliques dans une étuve chauffée à 40°. Au bout de 24 heures, la masse est sèche et s'est revêtue d'une belle teinte bronzée à reflets mordorés. On pulvérise ensuite le tout au moulin et on lessive la poudre avec de l'eau froide, puis avec une solution titrée de monosulfure de sodium pour transformer le cuivre en sulfure. La matière colorante, le sable et le sulfure restent insolubles, et on les sépare, par des lavages à l'eau froide, du chlorure alcalin et de l'excès du sulfure. On épuise successivement le résidu d'abord avec l'eau bouillante, ensuite avec de l'eau bouillante acidulée à l'acide chlorhy-

1. Suivant la durée de l'opération et la température, il se forme en même temps, ainsi que l'a montré M. Hofmann, une certaine quantité d'autres bases, homologues supérieurs des méthylanilines. D'après le savant professeur de Berlin, dans ces conditions il s'opère une migration d'atomes, et les groupes méthylés soudés à l'azote passent dans le noyau benzénique; c'est ainsi qu'il a pu transformer le chlorure de triméthylphénylammonium en chlorhydrate de diméthyltoluidine :

$$C^6H^5.Az(CH^3)^3Cl = CH^3\text{-}C^6H^4.Az(CH^3)^2,HCl.$$

drique; on filtre et l'on précipite par du chlorure de sodium. Le violet se précipite en masses molles que l'on dessèche sur des plaques en cuivre.

L'oxydation de la diméthylaniline peut également se faire en employant 10 p. de diméthylaniline, 1 p. de chlorate de potassium, 2 de sulfate de cuivre et 100 de sable blanc.

Voici, d'un autre côté, le mode opératoire usité chez MM. Binschedler et Busch, et qu'on a bien voulu nous communiquer :

On dissout dans très peu d'eau 40 kilogrammes de sulfate de cuivre, et on ajoute 200 kilogrammes de sel marin finement pulvérisé; le mélange effectué, on l'ajoute à 100 kilogrammes de sable fin. On verse alors sur le tout un mélange de 100 kilogrammes de diméthylaniline et de 40 kilogrammes d'acide acétique à 50 %. La masse s'échauffe; on la forme en pain qu'on expose pendant 10 heures à une température de 60° dans une étuve.

Le produit de l'opération est porté dans de grandes chaudières munies d'agitateurs et remplies de 4000 litres d'eau froide. Le sel marin se dissout et le violet brut se dépose. Par lavages à l'eau, on le débarrasse de tous les corps solubles, on le broie finement et on le délaye dans 3000 litres d'eau dans laquelle on fait ensuite passer un courant d'hydrogène sulfuré jusqu'à refus.

On chauffe ensuite à l'ébullition pour dissoudre la matière colorante, et l'on filtre. Il reste du sulfure de cuivre insoluble; la liqueur filtrée est additionnée de sel marin, le violet précipité est séché. 100 p. de diméthylaniline donnent 70-75 % de violet.

Pour la fabrication du violet, il faut employer la diméthylaniline pure. M. Lauth était déjà arrivé à cette conclusion, et cette opinion fut confirmée par les travaux de M. A.-W. Hofmann, qui établit en 1873 la composition du violet de méthylaniline [*Deutsch. chem. Gesellsch.*, 1873, p. 366]. Cette matière colorante est identique avec celle qui résulte de l'action de l'iodure de méthyle sur la rosaniline. En oxydant la diméthylaniline, on obtient le méthylate de rosaniline triméthylée :

$$3C^8H^{11}Az + 3O - 2H^2O$$
$$= C^{24}H^{29}Az^3O \text{ ou } C^{20}H^{16}(CH^3)^3Az^3CH^3.OH,$$

tandis que par l'oxydation de la monométhylaniline on obtient un violet plus rougeâtre qui constitue l'hydrate de la monométhylrosaniline :

$$3C^7H^9Az + 3O - 2H^2O = C^{21}H^{23}Az^3O$$
$$= C^{20}H^{18}(CH^3)Az^3.H^2O.$$

L'identité de ces violets avec les rosanilines méthylées devait faire penser qu'un mélange de diméthylaniline et des diméthyltoluidines conviendrait mieux pour la fabrication du violet que la diméthylaniline pure. Il n'en est rien : plus la matière première est pure, plus le violet offrira une belle nuance bleue. Pour étudier le rôle des homologues supérieurs dans la production du violet, MM. Monnet, Nölting et Reverdin ont préparé ces différentes bases à l'état de pureté et les ont oxydées par la méthode généralement usitée dans la fabrication du violet, et ils sont arrivés aux résultats suivants :

	Nuances du produit d'oxydation.	Rendement.	Solubilité dans l'eau.
Monométhylaniline	Violet rouge.	Faible.	Beaucoup moins que le suivant.
Diméthylaniline	Violet.	Maximum.	Tout à fait soluble.
Monométhyltoluidine (ortho)	Violet rouge.	Assez fort.	Moins que les précédents.
Diméthyltoluidine (ortho)	Violet un peu plus bleu que le précédent.	10 %.	Assez soluble.
Monométhyltoluidine (méta)	Rien.	—	Très peu.
Diméthyltoluidine (méta)	Rien.	—	Très peu.
Monométhyltoluidine (para)	Brun.	Très faible.	Très peu.
Diméthyltoluidine (para)	Brun.	Très faible.	Très peu.

Violets benzylés. — MM. Lauth et Grimaux, en étudiant l'action du chlorure de benzyle sur la rosaniline, avaient obtenu une matière colorante violette, insoluble dans l'eau, soluble dans l'alcool. Quelque temps après, M. Lauth, ayant fait réagir le chlorure de benzyle sur les violets de méthylaniline, obtint des violets plus ou moins bleus, selon la quantité du chlorure employé. Ces nouvelles matières colorantes sont toutes très solubles dans l'eau et de plus elles ont l'avantage de se fixer très bien sur les fibres animales en présence des acides. Par leur constitution, elles se rapprochent des violets de M. Hofmann, le radical benzyle étant substitué entièrement ou en partie seulement au radical méthyle :

$C^{20}H^{16}(CH^3)^3Az^3$ — Rosaniline triméthylée.
$C^{20}H^{16}(C^7H^7)^3Az^3$ — Rosaniline tribenzylée.

Le chlorure de benzyle se prépare, comme l'on sait, en faisant agir du chlore sur le toluène maintenu à l'ébullition. (Voir t. I, p. 581.)

La transformation industrielle des violets de méthylaniline en violets benzylés s'effectue en chauffant dans une chaudière en fonte, munie d'un cohobateur, 100 p. de chlorure de benzyle avec 200 p. de violet de méthylaniline et de la soude en quantité suffisante pour rendre le mélange alcalin. On chauffe à 80° environ pendant six à huit heures. Après avoir neutralisé la masse avec de l'acide chlorhydrique, on traite par l'eau bouillante, et l'on filtre. Les matières résineuses restent à l'état insoluble sur le filtre, tandis que le chlorhydrate du violet benzylé se dissout. La solution est précipitée par du chlorure de sodium.

Lorsqu'on veut obtenir des violets à nuances bleues, il faut augmenter la proportion du chlorure de benzyle et chauffer à une température plus élevée, 80 à 100°.

Autres matières violettes. — D'autres matières colorantes violettes ont été préparées, mais ces produits ont été abandonnés sans que leur constitution chimique ait été établie. Nous citerons les suivantes :

MM. Ch. Girard et de Laire, en faisant agir des corps oxydants dilués de sable sur les monamines tertiaires mixtes, comme la méthyldiphénylamine, la benzyldiphénylamine, la méthyldicrésylamine, la benzyldicrésylamine, etc., ont obtenu des violets très bleus et des matières colorantes bleues et vertes. On a soin de maintenir le mélange humide; l'oxydation terminée, on traite d'abord par l'eau bouillante pour enlever les sels, ensuite par l'alcool ou par l'acide chlorhydrique concentré.

Les *violets acryliques* ont été obtenus par l'action de l'acroléine sur la rosaniline ou sur les violets méthylés. Les vapeurs acryliques, produites par l'action du chlorure de zinc sur la glycérine, sont dirigées sur un sel de rosaniline ou du violet de méthyle tenu en suspension dans de l'eau glycérinée. L'appareil communique avec un cohobateur et la masse est maintenue à une température voisine de 50 à 60° jusqu'à ce qu'une tâte donne la nuance voulue.

Ces violets sont très solides, mais un peu moins vifs que les violets méthylbenzylés.

M. Perkin a préparé un violet en chauffant 6 p. de rosaniline, 30 p. d'alcool méthylique et 4 p. de chlorhydrate de térébène.

MATIÈRES COLORANTES BLEUES.

La fabrication du *bleu de rosaniline* ou *bleu de Lyon*, découvert en 1860 par MM. Girard et de Laire, a subi dans ces derniers temps différentes modifications [*Dingl. polytechn. Journ.*, 1878, t. CCXXX, p. 162].

M. Ch. Girard avait reconnu que la préparation des rosanilines phénylées ne se fait que d'une façon très incomplète lorsqu'on chauffe la rosaniline ou son chlorhydrate avec un excès d'aniline; en effet, dans ces conditions, une partie de la matière colorante bleue déjà formée est détruite. Pour obtenir de bons rendements, il faut

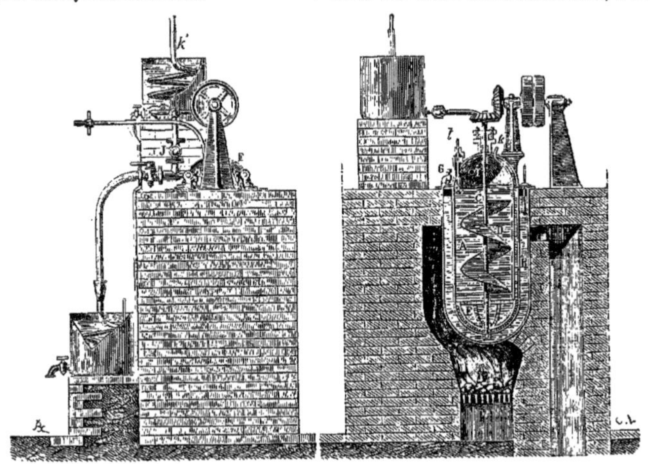

Fig. 25. — Fabrication du bleu de Lyon.

A, cornue en fonte émaillée, plongeant dans un bain d'huile ou d'air B. — C, arbre vertical portant deux agitateurs, l'un D en hélice, et l'autre E à ailettes parallèles à la paroi verticale de la cornue et à dents rapprochées du fond de la cornue. — F, couvercle fixé à la cornue par des vis de pression G et portant : 1° le presse-étoupe de l'arbre C; 2° le thermomètre *t*; 3° une tubulure J communiquant à volonté et au moyen de robinets avec le serpentin inférieur ou avec le serpentin à reflux *k'*. — *k*, tubes servant à vider l'appareil. — I, tube d'air comprimé donnant la pression nécessaire pour vider l'appareil par le tube *k*.

ajouter au mélange un acide, tel que l'acide acétique, benzoïque, salicylique, ou bien leurs sels; les plus employés sont les acétates ou les benzoates. On ne connait pas encore exactement le rôle que jouent ces acides. En effet, on les retrouve en partie non décomposés. Les quantités employées de ces acides sont déterminées empiriquement et ne répondent à aucune équation chimique. Avec l'acide benzoïque et les benzoates, on obtient des nuances très bleues à teinte verdâtre; l'acide acétique et les acétates, au contraire, donnent aux bleus une teinte rougeâtre.

La rosaniline employée doit être très pure; on emploie de préférence, à cause de sa pureté, le rouge à la nitrobenzine, ou bien, à son défaut, la rosaniline séparée plutôt par la chaux ou l'ammoniaque que par la soude. L'aniline doit être pure; à la distillation, elle doit fournir 97 % de produit passant entre 180 et 182°,5.

Préparation industrielle du bleu. — Pour préparer le bleu possédant une nuance très verte, un mélange 25 kilogrammes de rosaniline cristallisée, 125 kilogr. d'aniline et 3 kilogr. d'acide benzoïque; on chauffe dans une cornue d'une contenance de 500 litres. Les cornues sont en fonte émaillée (fig. 25); elles sont munies d'un agitateur à ailettes; un tube plonge jusqu'au fond de l'appareil; il sert à vider la cornue et à conduire le produit de l'opération dans l'appareil à précipiter; la pression est donnée avec une pompe à compression. Le couvercle livre, en outre, passage à un gros tuyau relié à un réfrigérant servant à condenser les produits qui passent à la distillation pendant l'opération; enfin il est muni d'un thermomètre, d'un manomètre et d'un trou d'homme pour charger la cornue. Tout l'appareil se trouve entouré d'une enveloppe en tôle servant de bain d'huile ou de bain d'air. Pour les proportions indiquées ci-dessus, l'opération dure huit à neuf heures; après deux ou trois heures, le thermomètre monte à 180°, l'aniline commence à distiller; on recueille de 10 à 15 % de la quantité employée.

Quelques fabricants ont trouvé avantageux d'ajouter en plusieurs fois l'acide benzoïque; la sixième ou la septième partie de la quantité totale est introduite lorsque le produit de la réaction a atteint son point d'ébullition. Cette addition donne lieu à une réaction assez vive qui favorise la distillation de l'aniline.

On reconnaît la fin de l'opération en prenant de temps en temps une tâte sur une assiette, on l'arrose d'alcool et l'on compare la nuance de la solution à un type donné qu'on forme en dissolvant 1 gramme du chlorhydrate du bleu déjà purifié dans 100^{cc} d'alcool; ou bien l'on prend avec le thermomètre un petite quantité du produit de la fusion et on en laisse tomber une goutte sur du papier à filtrer; la tache s'étale, on en découpe une grandeur donnée que l'on fait bouillir dans une quantité d'eau déterminée et contenant $0{,}5^{cc}$ d'acide acétique. On verse alors goutte à goutte cette solution dans de l'alcool jusqu'à ce que la nuance obtenue corresponde à celle de la solution normale.

L'opération terminée, on ajoute au bleu brut coulé dans des bassines en fonte émaillée une certaine quantité d'acide chlorhydrique à 32 °/₀ dont on calcule la proportion d'après la quantité d'aniline qui a passé à la distillation. Le bleu est précipité à l'état de poudre fine, on le recueille sur un filtre. Par refroidissement de la solution de chlorhydrate d'aniline, il se dépose encore une petite quantité de bleu de qualité inférieure. Enfin la plus grande partie de l'acide benzoïque vient surnager la solution; on le décante et, après purification, on le fait rentrer de nouveau dans la fabrication.

La purification du bleu se fait dans de grandes cuves d'une contenance de 800 litres, munies d'agitateurs et d'un double fond en plomb au-dessous duquel circulent les tuyaux destinés à chauffer à la vapeur. Au-dessous de cette cuve s'en trouve une autre contenant un grand entonnoir en plomb, dont le fond est percé d'un grand nombre d'ouvertures et qui est recouvert d'un filtre en laine. Souvent cette cuve est arrangée de telle façon qu'on peut faire le vide sous l'entonnoir; la filtration dans ce cas est très rapide.

Le précipité sur le filtre est débarrassé du reste des eaux mères sous une presse hydraulique, et le résidu, après avoir été pulvérisé, est remis dans la première cuve; on le fait digérer avec son poids d'acide chlorhydrique dilué avec de l'eau; on filtre dans la seconde cuve, on lave et on dessèche la masse à 60°. L'état de division dans lequel on obtient le bleu brut lors de la précipitation exerce une grande influence sur la purification ultérieure; on a trouvé que cette précipitation s'effectuait le mieux dans une solution d'aniline en grand excès.

Les eaux mères et les eaux de lavage sont réunies dans la troisième cuve; par le repos, il se précipite encore un peu de bleu et une certaine quantité d'acide benzoïque. Le liquide refroidi ayant été pompé dans une chaudière où se trouve déjà un lait de chaux en excès, on distille l'aniline dans un courant de vapeur d'eau. L'aniline qui a passé avec l'eau est séparée par addition de chlorure de sodium. Par rectification, on obtient un produit bouillant de 180-186°, tandis que l'aniline employée primitivement passait de 180 à 182°. Elle rentre dans la fabrication pour obtenir des bleus plus rougeâtres.

Théoriquement on devrait obtenir d'après les matières premières mises en réaction $44^{k},3$ de bleu; dans la pratique, on retire 40-43 kilogrammes de bleu pur et 2 à 4 kilogrammes de produit impur provenant des résidus.

Lorsqu'on a employé une quantité d'aniline moindre que celle indiquée et qu'on veuille cependant obtenir le bleu à l'état de grande division, il faut laisser refroidir à 50° le produit de la fusion et le faire couler dans son poids d'alcool à 90 °/₀; on précipite ensuite avec de l'acide chlorhydrique comme ci-dessus.

Ordinairement le bleu ainsi obtenu est assez pur, et ce n'est que dans des cas particuliers ou lorsque l'opération n'est pas complètement réussie qu'on le soumet encore à d'autres méthodes de purification, par exemple l'ébullition du bleu avec l'acide sulfurique d'une densité à 1,3 ou 1,4; la dissolution dans l'aniline suivie d'une précipitation par l'acide chlorhydrique; la dissolution dans l'alcool suivie d'une précipitation par l'ammoniaque.

Lorsqu'on veut obtenir des nuances plus rouges, on prend du chlorhydrate de rosaniline, de l'acétate de sodium, enfin de l'aniline en moindre proportion. L'acétate doit être fondu et bien sec.

Voici quelques proportions que nous trouvons dans l'article intéressant signé C.-E dans le *Dinglers' polytechnisches Journal* [1878, t. CCXXX, p. 242].

	Chlorhydrate de rosaniline.	Acétate.	Aniline.	Point d'ébullition de l'aniline.
N° I.	1 p.	0,25	5 p.	180-183°
II.	1 p.	0,25	3 p.	180-185
III.	1 p.	0,25	3 p.	180-210
IV.	1 p.	1	2 p.	180-210

Les bleus ainsi obtenus se distinguent par une nuance rouge de plus en plus prononcée; les n°s 2 et 3 ont été appelés autrefois *bleus de Parme*. Le n° 4 donne, lorsqu'on ne laisse pas la température s'élever au-dessus de 170°, principalement un produit mono- et diphénylé d'un ton violet et d'une solubilité bien plus grande dans l'alcool; seulement la purification en est difficile.

Les *bleus lumière* sont ainsi nommés parce qu'ils sont tout à fait privés de nuance violette et qu'ils conservent leur reflet bleu, même à la lumière artificielle. Ils sont obtenus, d'après MM. Girard et de Laire, en lavant à plusieurs reprises avec de l'alcool bouillant le bleu purifié, réduit en poudre fine. Le résidu est dissous dans un mélange d'alcool et d'aniline; et la solution filtrée est saturée par une solution alcoolique de soude caustique : il se précipite un corps basique bleu, qui entraîne la majeure partie des impuretés. Après refroidissement, on filtre et l'on précipite la solution par de l'acide chlorhydrique. Le chlorhydrate de rosaniline triphénylée se sépare, tandis que des bleus moins purs restent en solution.

BLEUS SOLUBLES. — M. Nicholson indiqua en 1862 la manière de rendre les bleus solubles, par la formation de dérivés sulfoconjugués. Le bleu de Nicholson était principalement formé par la combinaison tétrasulfoconjuguée

$$C^{20}H^{16}\left\{\begin{matrix}2C^6H^3(SO^3H)^2\\C^6H^5\end{matrix}\right\}Az^3.$$

Aujourd'hui on prépare principalement les trois autres dérivés sulfoconjugués de la rosaniline triphénylée : les acides mono, di et trisulfureux. Selon le degré de substitution que l'on atteint, on obtient des corps de plus en plus solubles dans l'eau, et présentant à la lumière et aux alcalis plus ou moins de solidité.

Préparation industrielle des dérivés sulfoconjugués de la rosaniline triphénylée. — On mélange à froid le bleu d'aniline BB en poudre fine, purifié comme il a été dit plus haut, avec de l'acide sulfurique concentré, contenu dans des vases en grès; la température qui s'élève par suite de la réaction ne doit pas dépasser 40°, lorsqu'on veut obtenir l'acide monosulfoconjugué, on fait réagir sur 1 p. de bleu 2 p. d'acide sulfurique. Pour la combinaison disulfurique, on prend 1 p. de bleu, 4 p. d'acide sulfurique à 67°; enfin pour l'acide trisulfoconjugué, pour 1 p. de bleu, 4 p. d'acide sulfurique ordinaire et 2 p. d'acide fumant.

On abandonne le mélange à lui-même de 4 à 12 heures; de temps à autre, on prélève des tâtes pour juger de la marche de l'opération.

Les trois acides sulfoconjugués de la rosaniline triphénylée présentent des différences de solubilité caractéristiques.

L'acide monosulfoconjugué est insoluble dans l'eau, tandis que son sel de sodium est soluble; lorsqu'on ajoute un excès d'alcali, la solution présente une coloration brun foncé. Il est presque exclusivement employé, sous le nom de bleu alcalin, à la teinture de la laine.

L'acide disulfoconjugué est insoluble dans l'eau additionnée d'acide sulfurique, mais soluble dans l'eau distillée; il se dissout dans les alcalis avec une coloration jaune. Il sert à teindre la laine et la soie.

L'acide trisulfoconjugué est soluble dans l'eau pure et dans l'eau acide; la solution dans les alcalis est incolore. Lorsqu'une goutte du produit de la réaction se dissout dans l'eau acidulée contenant pour 15cc 2 à 3 gouttes d'acide sulfurique, on verse la masse dans 6 à 8 fois son poids d'eau et l'on filtre. Le bleu est saturé par l'ammoniaque et séché. Il est employé dans la teinture de la soie.

Préparation du bleu alcalin. — La préparation du bleu alcalin est plus difficile que celle des autres bleus. On mélange peu à peu le bleu purifié à l'alcool avec de l'acide sulfurique concentré ordinaire, dans des vases émaillés ou doublés de plomb ; l'opération doit se faire sous une cheminée qui tire bien, afin d'enlever les vapeurs acides. Pour 1 p. de bleu, on prend d'abord 3 à 4 p. d'acide; la température ne doit pas s'élever au-dessus de 35° ou tout au plus à 45°. Lorsque tout s'est dissous, on ajoute encore 2 à 3 p. d'acide concentré. On transforme ainsi la presque totalité du bleu en combinaison monosulfoconjuguée. Pour préparer les combinaisons plus solubles et correspondant aux dérivés disulfoconjugués, on opère comme pour la combinaison mono, en ajoutant à la solution du bleu dans l'acide ordinaire un mélange à parties égales d'acide sulfurique à 66° Baumé et d'acide de Nordhausen.

On mélange lentement la solution avec 10 ou 20 fois son volume d'eau, on filtre à travers des filtres de laine, ou encore mieux à travers des filtres-presses, et on lave une fois à l'eau pour débarrasser l'acide sulfoconjugué insoluble de l'excès d'acide. Le produit encore humide est transformé en sel de sodium par du carbonate de sodium ou par la soude caustique. Lorsqu'on emploie le carbonate de sodium, il faut faire bouillir avec 15 ou 20 fois son poids d'eau, jusqu'à dissolution complète, ce que l'on reconnaît en versant une goutte sur du papier à filtrer. Elle doit se répandre uniformément sur celui-ci; pour 1 p. de bleu à l'alcool, on emploie 0,2 p. de carbonate de sodium sec ou 0,54 de cristaux. La matière colorante étant altérée par l'évaporation prolongée de ces solutions, il est préférable de précipiter le bleu alcalin avec une solution saturée de sel marin. Le bleu est filtré, lavé à l'eau froide et desséché. Pour déterminer la précipitation, on est néanmoins obligé de faire bouillir la solution du bleu, opération pendant laquelle une certaine quantité du sel est décomposée; aussi doit-on ajouter une certaine proportion de soude au produit.

Le procédé suivant est plus rapide. Le dérivé sulfoconjugué encore humide est trituré avec la quantité nécessaire de lessive de soude. Lorsqu'on en a ajouté un léger excès, ce que l'on reconnaît facilement à la teinte brune que prend la solution, on neutralise avec du carbonate ou du chlorhydrate d'ammoniaque. On évapore à siccité dans un local bien aéré et chauffé à 50°.

Pour préparer l'*acide disulfoconjugué*, on précipite le produit brut, au moyen de l'eau, de sa solution acide et, après l'avoir lavé, on le transforme en sel ammoniacal.

Les bleus de qualité supérieure et ne contenant plus trace d'acide libre sont obtenus en faisant bouillir les bleus ordinaires avec 40 à 50 fois leur poids d'eau jusqu'à dissolution complète; on sature incomplètement la solution avec un lait de chaux, on ajoute un excès de carbonate de baryum. La solution filtrée est évaporée à siccité après addition d'ammoniaque. Le sel ammoniacal présente un aspect cuivré métallique. Les sels de sodium ou de calcium sont rarement employés.

La *rosaniline triphénylée tétrasulfurique* se forme lorsqu'on opère avec un grand excès d'acide sulfurique ordinaire, ou avec un mélange d'acide sulfurique à 66° et d'acide fumant; il faut chauffer le mélange au-dessus de 100°.

Les différentes sortes de bleus alcalins sont désignées d'après leurs nuances plus ou moins bleues par la lettre B affectée d'un coefficient plus ou moins grand. 6B est le plus bleu et la série va jusqu'à B. Toutes ces nuances ne sont pas obtenues directement, mais par mélanges de trois ou quatre produits différents. Sous le nom de *bleu marine*, l'on vend des produits de qualité tout à fait inférieure.

Bleu Coupier. — Comme produit accessoire de la préparation de la rosaniline, il se forme toujours de la mauvaniline et de la violaniline, probablement d'après les réactions suivantes :

$$3C^6H^7Az - 3H^2 = C^{18}H^{15}Az^3,$$

Violaniline.

$$2C^6H^7Az + C^7H^9Az - 3H^2 = C^{19}H^{17}Az^3$$

Aniline. Toluidine. Mauvaniline.

M. Coupier a introduit dans le commerce une matière colorante bleue très employée pour la teinture de la laine : c'est le sel de sodium d'un acide sulfoconjugué dérivé de la violaniline. Pour préparer ce corps, M. Coupier chauffe dans des appareils tout à fait semblables à ceux employés pour produire le rouge un mélange d'aniline pure, de nitrobenzine, puis d'acide chlorhydrique et de fer; l'opération dure huit heures et la température s'élève à 205°. Le produit est repris, dans la cornue même, avec cinq fois son poids d'acide sulfurique, puis chauffé jusqu'à 90°. La solution est précipitée par une grande quantité d'eau ; le précipité bleu est recueilli sur des filtres et lavé. Il peut servir directement en impression pour obtenir des noirs ou des gris, mais, si on veut l'avoir à l'état soluble, on le dissout dans de la soude caustique; la solution est évaporée à feu nu, et le résidu desséché à l'étuve.

Il constitue un dérivé sulfoconjugué de la violaniline.

Bleus de diphénylamine. — Nous avons à signaler de nombreux progrès dans la préparation des bleus obtenus avec la diphénylamine; leur prix a diminué et leur consommation a considérablement augmenté. Non seulement on emploie aujourd'hui la diphénylamine et ses homologues, telle que la dicrésylamine, mais encore des bases tertiaires dérivant des précédentes par la substitution d'un groupe alcoolique à un atome d'hydrogène, la méthyl-, l'éthyl-, l'amyl-, la benzyldiphénylamine,

$$\left.\begin{matrix} C^6H^5 \\ C^6H^5 \\ H \end{matrix}\right\} Az. \qquad \left.\begin{matrix} CH^3\text{-}C^6H^4 \\ CH^3\text{-}C^6H^4 \\ H \end{matrix}\right\} Az. \qquad \left.\begin{matrix} C^6H^5 \\ CH^3\text{-}C^6H^4 \\ H \end{matrix}\right\} Az.$$

Diphénylamine. Dicrésylamine. Phénylcrésylamine.

$$\left.\begin{matrix} C^6H^5 \\ C^6H^5 \\ CH^3 \end{matrix}\right\} Az. \qquad \left.\begin{matrix} C^6H^5 \\ C^6H^5 \\ C^2H^5 \end{matrix}\right\} Az.$$

Méthyldiphénylamine. Éthyldiphénylamine.

Préparation de la diphénylamine. — MM. Girard et de Laire ont proposé, en 1866, de chauffer dans un autoclave en fonte émaillée (fig. 23 et 24), sous une pression de trois à quatre atmosphères, à une température de 250°, un mélange de 7 p. de chlorhydrate d'aniline et de 5 p. d'aniline. L'opération dure vingt-quatre heures :

$$C^6H^5AzH^2 + C^6H^5AzH^2.HCl$$
$$= \left.\begin{matrix} (C^6H^5)^2 \\ H \end{matrix}\right\} Az + AzH^3 + HCl.$$

Pour obtenir un bon rendement, il faut ouvrir

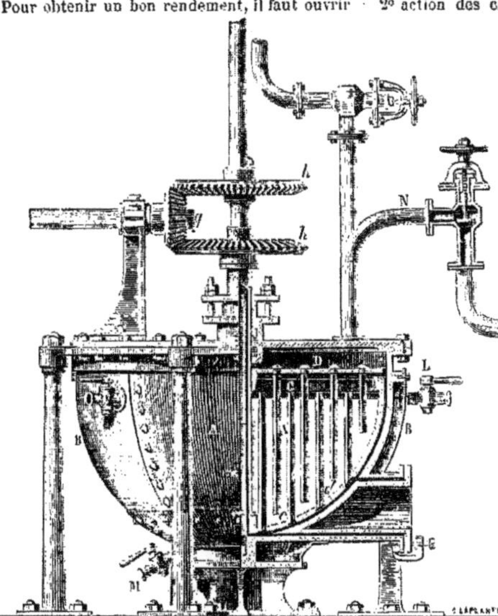

Fig. 26. — Broyeuse pour le bleu de diphénylamine.

A, cuve demi-sphérique plongeant dans un double fond B, chauffée par la vapeur; — C, agitateur à ailettes montées sur des arcs concentriques au fond de la cuve A; — D, agitateur à ailettes montées sur un plateau horizontal D; — C et D, ces deux agitateurs sont animés d'un mouvement de rotation en sens inverse l'un de l'autre par les engrenages *g*, *h*, *h'*; — L et K, robinets d'entrée et de sortie de vapeur; — M, robinets d'introduction de vapeur dans l'intérieur de l'appareil; — N, tuyaux de cohobation et de distillation; — O, trou de coulée.

de temps à autre le robient de l'autoclave, communiquant avec un serpentin qui permet de recueillir l'aniline entraînée, tandis que l'ammoniaque se dégage. En effet, ce corps, en réagissant sur la diphénylamine formée, peut reconstituer de l'aniline.

$$\left.\begin{matrix} (C^6H^5)^2 \\ H \end{matrix}\right\} Az + AzH^3 = 2\left.\begin{matrix} C^6H^5 \\ H^2 \end{matrix}\right\} Az.$$

Le rendement en diphénylamine, dans une opération bien conduite, peut atteindre 60 à 75 %. Lorsque l'opération est terminée, on dissout le produit brut dans l'acide chlorhydrique concentré; la solution décantée est versée dans 6 à 10 fois son volume d'eau froide; le chlorhydrate de diphénylamine est décomposé par l'eau; le chlorhydrate d'aniline reste dissous. La diphénylamine qui surnage est lavée à l'eau bouillante; ensuite, avec une lessive de soude faible, on la presse et on la distille.

Préparation des dérivés alcooliques de la diphénylamine. — La préparation de ces corps a été indiquée en 1869 par MM. Ch. Girard et de Laire, en même temps que M. Bardy prenait un brevet pour la préparation de la méthyldiphénylamine, et pour sa transformation par les agents oxydants en matières colorantes violettes et bleues.

Deux procédés ont été surtout employés, savoir : 1° action de l'alcool méthylique sur le chlorhydrate de diphénylamine, procédé de M. Bardy; 2° action des chlorures à radicaux alcooliques sur la diphénylamine, procédé de M. Ch. Girard. On traite la diphénylamine par un mélange d'acide chlorhydrique et d'alcool méthylique; il se forme d'abord du chlorhydrate de diphénylamine; celui-ci est décomposé à une température plus élevée, l'acide libre agit sur l'alcool pour former du chlorure de méthyle. Le chlorure de méthyle et la diphénylamine donnent le chlorhydrate de méthyldiphénylamine.

Méthyldiphénylamine. — La préparation industrielle de ce corps se fait en chauffant au bain d'huile à 200-250° dans un autoclave émaillé 100 p. de diphénylamine, 68 p. d'acide chlorhydrique (densité 1,2) et 24 p. d'alcool méthylique. L'opération dure huit à dix heures. La pression atteint 20 à 25 atmosphères. Le produit brut est traité par une solution chaude de soude caustique, la méthyldiphénylamine qui se sépare est distillée. Pour la débarrasser de la diphénylamine qu'elle contient encore, on la traite par son poids d'acide chlorhydrique concentré; le chlorhydrate de diphénylamine cristallise par refroidissement; on filtre et l'on ajoute de l'eau à la liqueur: le chlorhydrate de méthyldiphénylamine est décomposé; la base, ainsi mise en liberté, est d'abord lavée avec de l'eau alcaline, puis distillée. Par des procédés analogues, on prépare les autres dérivés alcooliques de la diphénylamine, l'éthyl-, l'amyl-, la benzyldiphénylamine.

Fabrication du bleu de diphénylamine. — La transformation de la diphénylamine ou de ses dérivés alcooliques en matière colorante bleue, qui se faisait au début en chauffant 2 p. de la base avec 3 p. de sesquichlorure de carbone ou avec de l'iode ou du brome, en présence d'une petite quantité d'acide sulfurique, s'effectue aujourd'hui au moyen de l'acide oxalique. Ces bleus sont ensuite traités par l'acide sulfurique concentré, et transformés ainsi en dérivés sulfoconjugués très solubles dans l'eau. M. Émile Kopp signala en 1873 la transformation de la diphénylamine en une matière colorante bleue soluble, au moyen des acides sulfurique et oxalique. Cette méthode, brevetée dès 1866 par MM. Girard et de Laire, était employée industriellement par eux depuis plusieurs années déjà.

Bleu de diphenylamine soluble à l'alcool. — On chauffe dans une chaudière en fonte émaillée entre 125-130° pendant vingt heures environ :

28 kilogrammes de diphénylamine ;
28 kilogrammes d'acide oxalique.

La température doit être maintenue très régulière et ne pas dépasser 130°. A cet effet, on place la chaudière dans un bain d'huile, entretenu à cette température au moyen d'un serpentin communiquant avec une chaudière à vapeur, chauffée à trois atmosphères.

Au bout de dix-huit à vingt heures, on enlève la chaudière, on en coule le contenu dans une broyeuse spéciale, disposée pour ce genre d'opération (figure 26) et contenant, pour chaque marmite, 20 litres de benzine et 3 litres d'alcool. Le mélange ayant été agité mécaniquement pendant une heure, on ajoute 100 litres de benzine et l'on continue à remuer. On décante ensuite le liquide; sur le produit décanté, on verse de nouveau 20 litres d'alcool à 90°, 200 litres de benzine et l'on agite; on chauffe légèrement vers 30-40°, enfin on ajoute encore 200 litres de benzine; on continue à faire marcher l'appareil jusqu'à ce que la masse en suspension soit réduite en poudre fine. On décante alors le contenu sur des filtres fermés pour recueillir le bleu, puis on presse ou l'on essore.

Le produit pulvérisé est repris par la soude sous un barboteur à vapeur, lavé à l'eau chaude légèrement acidulée par l'acide chlorhydrique. Lorsque la masse est en poudre très fine, on la jette sur un filtre et l'on sèche.

Pour obtenir le bleu complètement pur, on dissout le produit sec dans 100 litres d'alcool concentré; on sature avec une solution de soude alcoolique, on décante au bout de douze heures, puis on précipite la liqueur par un léger excès d'acide chlorhydrique ou acétique; on laisse reposer encore pendant douze heures, on filtre, puis on passe à l'essoreuse.

Le bleu est alors séché; il se présente sous forme d'un précipité cristallin bronzé.

On le rend soluble dans l'eau par les mêmes procédés qui ont été indiqués pour le bleu de rosaniline, en ayant soin de ne pas laisser la température s'élever au-dessus de 100°.

Les benzines provenant des lavages et contenant la diphénylamine sont distillées au moyen d'un courant de vapeur d'eau et peuvent servir à une nouvelle opération. Elles doivent renfermer un mélange de benzine et de toluène à parties égales environ.

La diphénylamine qui reste dans l'alambic est lavée avec de l'eau rendue légèrement alcaline par la soude, puis distillée; c'est un mélange de diphénylamine et de formodiphénylamine; il rentre directement dans la fabrication du bleu pour un tiers ou la moitié de la nouvelle quantité de diphénylamine qui doit être employée.

Pour augmenter les rendements, on a essayé de faire passer dans la masse, pendant la transformation de la diphénylamine en bleu, un courant d'acide chlorhydrique sec, ou d'ajouter une petite quantité de chlorure de zinc; le traitement et la purification restent les mêmes.

Préparation des bleus de diphénylamine, directement solubles dans l'eau. — Pour préparer ces bleus, on chauffe de dix-huit à vingt heures dans une cornue en fonte émaillée, sans dépasser 130°, un mélange de :

Diphénylamine............	1 p.
Acide oxalique............	2 à 3 p.
Acide sulfurique à 66°.....	1/2 p.

Après le refroidissement de la masse, on reprend par de l'eau bouillante, on neutralise avec de l'ammoniaque, on filtre et à la solution filtrée l'on ajoute de l'acide sulfurique pour séparer le bleu, insoluble dans les solutions acides. Pour purifier ce dernier, on le traite par l'alcool, l'acide sulfoconjugué du bleu étant très peu soluble dans ce liquide. Le précipité bleu est lavé et dissous dans de l'ammoniaque ou dans de la soude, selon le sel qu'on veut obtenir. Les acides sulfoconjugués de la diphénylamine qui n'ont pas réagi sur l'acide oxalique et qui se sont dissous dans la solution acide rentrent dans la fabrication.

Pour la teinture de la soie, on emploie le sel ammoniacal; pour le coton, le sel de calcium.

Pour préparer le *bleu de méthyldiphénylamine*, on chauffe, d'après Ch. Girard, 10 kilogr. de méthyldiphénylamine avec 20 à 30 kilos d'acide oxalique, pendant dix à quinze heures à 120°. Il se dégage, durant l'opération, de l'acide carbonique, de l'oxyde de carbone et un peu d'acide formique. Le bleu est purifié par un procédé identique à celui décrit pour le bleu de diphénylamine à l'alcool : lavages à l'eau, puis à l'alcool et à la benzine, enfin traitement à l'acide sulfurique pour le rendre soluble. L'éthyldiphénylamine donne un bleu possédant une nuance bien plus riche que celui de la méthyldiphénylamine; l'amyldiphénylamine donne un bleu verdâtre. Enfin, en traitant la méthyldiphénylamine par le chlorure cuivreux et le sable, en présence de l'acide oxalique, on obtient encore un bleu. La réaction se fait dans une étuve chauffée à 50 ou 60°. La purification reste la même, le rendement par ce procédé est un peu plus fort, mais la nuance un peu moins pure. En chauffant 100 kilogr. de diphénylamine avec 30 kilogr. d'acide formique, pendant dix à douze heures à 120 à 160°, on obtient, d'après MM. Willm et Girard, de la formodiphénylamine qui peut servir de point de départ pour un nouveau bleu, en opérant comme pour les autres.

Bleu de méthylène. — Le bleu de méthylène, préparé d'abord par la Badische Anilin- et Sodafabrik, fit sa première apparition à l'Exposition universelle de 1878 : ce produit, assez facilement soluble dans l'eau et d'une nuance magnifique, pourrait devenir un concurrent redoutable pour le bleu d'alizarine et d'indigo. Il y a quelques années, M. Ch. Lauth a découvert une nouvelle classe de matières colorantes contenant du soufre; elles s'obtiennent au moyen des diamines aromatiques que l'on prépare facilement en nitrant les produits acétylés, puis en les réduisant. La diamine ainsi formée, la phénylène-diamine, par exemple, est chauffée avec son poids de soufre à 150-180°; le produit traité par de l'acide chlorhydrique est filtré, enfin soumis par l'action des agents oxydants qui le convertissent en une matière colorante bleue violette.

M. Lauth n'a pas donné suite à son observation, et ce n'est qu'en 1876 que la Badische Anilin- et Sodafabrik est parvenue à rendre industrielle la fabrication de cette belle matière colorante.

C'est un dérivé de la diméthylparaphénylène-diamine. On prépare d'abord la nitrosodiméthylaniline en chauffant 10 kilogr. de diméthylaniline, 30 kilogr. d'acide chlorhydrique concentré, 200 litres d'eau; on verse peu à peu dans cette solution une autre solution contenant 5 kilogr. d'azotite de potassium dissous dans 200 litres d'eau. La masse se colore en jaune et contient du chlorhydrate de nitrosodiméthylaniline; on transforme cette dernière en amidodiméthylaniline (diméthylphénylène-diamine) au moyen de l'hydrogène sulfuré. La réaction est effectuée dans des cuves munies d'agitateurs; on dissout la nitrosodiméthylaniline dans 500 litres d'eau et 50 kilogr. d'acide chlorhydrique concentré; l'on fait passer un courant d'hydrogène sulfuré jusqu'à ce que la coloration jaune ait disparu ; enfin on oxyde avec 200 litres de perchlorure de fer d'une densité de 1,07. Le mélange est saturé par du chlorure de sodium qui sépare la matière colorante ; on peut aussi la précipiter par une solution de chlorure de zinc ; on filtre et par des lavages à l'eau on sépare le bleu, qui est très soluble. A la place de la diméthylaniline, on peut traiter de la même manière la diméthylorthotoluidine, la diéthylaniline et la méthyl- ou éthyldiphénylamine.

M. Koch [*Deutsch. chem. Gesellsch.*, t. XII, p. 592] a préparé ce corps bleu à l'état de pureté en précipitant la matière colorante, obtenue d'après le procédé décrit ci-dessus, à plusieurs reprises par du chlorure de zinc, redissolvant le précipité et le décomposant une dernière fois par de l'acide chlorhydrique. Il se forme des lamelles brillantes, à éclat métallique, ayant pour formule $C^{16}H^{18}Az^{4}S, HCl + 4H^{2}O$.

Ce corps perd son eau de cristallisation à 110°, il est facilement soluble dans l'alcool et dans l'eau, il est décoloré par les agents réducteurs.

Indépendamment de cette matière colorante bleue, il se forme une substance rouge, qui se produit surtout lorsqu'on augmente la proportion de l'hydrogène sulfuré et du perchlorure de fer. Après avoir séparé la matière colorante bleue, le corps rouge reste, par évaporation du liquide, sous forme de petits cristaux mordorés, ayant la composition

$$C^{16}H^{18}Az^{4}S^{4}.2HCl.2ZnCl^{2} + 2H^{2}O.$$

D'après M. Koch, les réactions suivantes indiqueraient la formation de ces corps :

Pour le bleu

$$2C^{8}H^{12}Az^{2} + H^{2}S + 4O = C^{16}H^{18}Az^{4}S + 4H^{2}O.$$

Pour le rouge

$$2C^{8}H^{12}Az^{2} + 4H^{2}S + 7O = C^{16}H^{18}Az^{4}S^{4} + 7H^{2}O.$$

MATIÈRES COLORANTES VERTES.

VERT A L'ALDÉHYDE. — Cette matière colorante a perdu beaucoup de son importance au point de vue de son application; sa nature chimique n'est pas connue. M. Kekulé pensait que c'est un dérivé éthylé de la rosaniline, tandis que M. Hofmann a trouvé que cette matière colorante renferme du soufre, confirmant ainsi une assertion antérieure de M. Ch. Lauth [Schützenberger, *Traité de la teinture et de l'impression*]. La composition du vert à l'aldéhyde doit être exprimée par la formule $C^{22}H^{27}Az^{3}S^{2}O$, sans que nous sachions quelque chose sur sa constitution.

VERT A L'IODE. — MM. A.-W Hofmann et Ch. Girard ont établi en 1869 le mode de formation et la constitution de ce corps. C'est le diiodométhylate de la triméthylrosaniline,

$$C^{20}H^{16}(CH^{3})^{3}Az^{3}(CH^{3}J)^{2}, H^{2}O,$$

le triiodométhylate de triméthylrosaniline correspondant étant un violet bleu. La préparation du vert à l'iode se faisait en chauffant dans un autoclave en fonte émaillée, muni d'un agitateur : acétate de rosaniline 1 p., ou violet de méthylaniline 2 p., alcool méthylique 2 p., iodure de méthyle 2 p. et une quantité d'alcali suffisante, magnésie, chaux, pour saturer l'acide. Le bain d'huile est d'abord chauffé à 120°, à la fin seulement à 60°. La réaction terminée, l'excès de l'iodure de méthyle est distillé et la solution qui reste est saturée par du carbonate de sodium ; le violet en excès est ensuite précipité par du chlorure de sodium, et la solution du vert est séparée par filtration. Pour enlever les dernières traces du violet, on agite la liqueur contenant la totalité du vert avec de l'alcool amylique, qui ne dissout que le violet et laisse le vert pur dans la solution aqueuse. Il suffit pour les séparer de décanter les deux couches. Le vert est précipité soit par de l'acide picrique, soit par un sel de zinc. Le sel double de zinc est insoluble dans une solution salée, mais il est soluble dans l'eau et facilement cristallisable.

Le violet qu'on obtient toujours comme produit secondaire de la fabrication du vert rentre dans la fabrication ou bien est vendu, après purification, comme violet. Par l'action de l'iodure de méthyle sur la rosaniline et le monoiodométhylate de rosaniline triméthylée, il se forme, en outre, des leucanilines méthylées; on peut facilement transformer ces derniers en vert. En effet, d'après les recherches de MM. Hofmann et Ch. Girard, lorsqu'on chauffe ce violet à 150°, il se dédouble : de l'iodure de méthyle se dégage, et il reste de l'iodhydrate de triméthylrosaniline, qu'on décompose par un alcali. On transforme la base ainsi obtenue en vert en la chauffant à 40° avec de l'iodure de méthyle et de l'alcool méthylique.

VERT DE PARIS. — VERT LUMIÈRE. — L'élévation progressive du prix de l'iode a suggéré l'idée d'appliquer à la fabrication du vert la même réaction qui avait permis de se passer de ce corps dans la préparation du violet. MM. Poirrier, Bardy et Ch. Lauth préparèrent une matière colorante verte qu'ils nommèrent *vert de Paris*, en faisant agir un agent oxydant, comme du nitrate ou du chlorure de cuivre, sur la benzyl- ou la dibenzylaniline, la toluidine, etc., ou un mélange de ces corps. La matière colorante verte ainsi obtenue était beaucoup plus solide que les verts méthylés, mais, le produit étant insoluble dans l'eau, on dut renoncer à sa fabrication. On chercha alors par une autre voie à se dispenser de l'emploi de l'iodure de méthyle et à obtenir des couleurs solubles. M. Carey-Lea avait trouvé qu'on pouvait remplacer dans la plupart des réactions chimiques les iodures alcooliques par les azotates. M. H. Lewinstein avait déjà breveté dès 1864 la préparation des matières colorantes violettes au moyen du nitrate d'éthyle. L'honneur d'avoir rendu cette réaction de laboratoire applicable à la fabrication industrielle du vert revient à MM. Ch. Lauth et Baubigny.

Préparation du vert de méthylaniline au moyen du nitrate de méthyle. — Le vert à l'iode fut remplacé par le *vert de méthylaniline* ou *vert lumière*, dichlorométhylate de rosaniline triméthylée $C^{20}H^{16}(CH^{3})^{3}Az^{3}(CH^{3}Cl)^{2}$.

Pour préparer cette matière colorante, on chauffe, pendant dix à douze heures, dans un grand cylindre en fonte, disposé horizontalement et qui plonge à moitié dans un bain-marie chauffé à 80°, un mélange de 12 p. de violet de Paris, 3 p. d'alcool méthylique, 1 p. de nitrate de méthyle et une quantité d'alcali suffisante pour saturer l'acide du violet.

Un agitateur tient la masse en mouvement pendant toute la durée de l'opération ; lorsque celle-ci est terminée, on dissout le produit dans de l'eau, on ajoute de l'acide chlorhydrique et l'on fait bouillir. Le violet ou chlorhydrate de rosaniline triméthylée est précipité par du chlorure de sodium, tandis que le vert ou dichlorométhylate de rosaniline triméthylée reste en solution avec une certaine quantité de violet.

On admet que le dichlorométhylate de rosaniline triméthylée se forme par double décomposition du dinitrométhylate, produit de l'action du nitrate de méthyle, et du chlorure de sodium ou de zinc.

Pour séparer les dernières traces de violet contenu dans la solution en même temps que le vert, on ajoute à celle-ci une petite quantité de chlorure de zinc : le violet se dépose d'abord; après avoir filtré, on précipite le vert par un excès de chlorure de zinc. On le redissout dans de l'eau et on épuise la solution par l'alcool amylique, qui s'empare du vert pur.

Malheureusement le nitrate de méthyle est un corps excessivement dangereux à manier, car il fait explosion dès que sa vapeur est surchauffée. Pour le préparer, on met 11 p. de nitre dans de grands ballons en verre d'une capacité de 18 à 20 litres et placés dans un bain-marie. D'un autre côté, on a mélangé 12p,4 d'acide sulfurique et 5 p. d'alcool méthylique pur. On laisse couler ce mélange en filet mince dans le ballon qu'on chauffe lentement à 80°. Le nitrate de méthyle qui distille est condensé dans un serpentin ; il est séparé par décantation de l'eau acide qui a également passé à la distillation, puis desséché sur du chlorure de calcium ; mais comme il contient encore de l'alcool méthylique, du chlorure et du nitrite de méthyle, on le chauffe au bain-marie pour le débarrasser par distillation des produits les plus volatils.

Voici un autre procédé de fabrication, qu'employait autrefois M. Binschedler, et qui était également en usage à Rübeland dans le Harz, avant l'accident qui coûta la vie à son directeur, M. Chipmann. Il donne des rendements plus élevés et est moins dangereux que le précédent. On mélange volumes égaux d'acide sulfurique d'une densité de 1,835 et d'acide azotique d'une densité de 1,400 ; après refroidissement, on ajoute lentement, et en évitant avec soin toute élévation de température pendant la durée de l'opération, à 4 p. de ce mélange 1 p. d'alcool méthylique. Peu à peu le mélange se sépare en deux couches ; on décante et on lave le nitrate de méthyle. Le produit est assez pur pour n'avoir pas besoin d'être rectifié, opération qui est toujours dangereuse.

Aujourd'hui le nitrate est remplacé par le chlorure de méthyle; on a également employé pendant quelque temps le bromure, le prix du brome étant de beaucoup inférieur à celui de l'iode, mais le chlorure paraît être employé partout. Bien qu'il bouille déjà à — 12°, MM. Monnet et Reverdin sont parvenus en 1874 à vaincre, dans la préparation de ce corps, toutes les difficultés inhérentes à ses propriétés physiques. On l'obtient en chauffant pendant quelques heures, à 100°, 4 p. d'acide chlorhydrique et 3 p. d'alcool méthylique; la pression dans l'autoclave monte à 30-35 atmosphères, le chlorure de méthyle se condense, par sa propre pression entre 3 et 7 atmosphères, dans un cylindre en fonte très épais relié par un tube en cuivre à l'appareil générateur.

Préparation du vert au moyen du chlorure de méthyle. — On place dans un cylindre horizontal en fer, mobile autour de son axe, et qui est pourvu d'un agitateur mécanique, une solution de violet de Paris (méthylate de rosaniline triméthylée) dans l'alcool méthylique; un tube de dégagement, venant du récipient au chlorure de méthyle, plonge jusqu'au fond de la solution. Le chlorure de méthyle se dissout dans le mélange; on chauffe au-dessous de 100° le bain-marie où plonge le cylindre. Le produit de la réaction est distillé avec un léger excès d'alcali pour séparer la base du violet avec un peu de matière verte; la solution est reprise par un acide, la matière colorante est précipitée par le chlorure de zinc et par le chlorure de sodium.

VERT MALACHITE. — M. Otto Fischer [*Deutsch. chem. Gesellsch.*, t. XI, p. 950], en étudiant les produits de condensation des bases aromatiques tertiaires, avait trouvé que par l'action de l'essence d'amandes amères sur la diméthylaniline il se formait la tétraméthyldiamidotriphénylméthane, $C^{23}H^{26}Az^2$; ce corps par l'oxydation de ses solutions salines se transforme en belles matières colorantes vertes. Bientôt après M. O. Doebner [*Deutsch. chem. Gesellsch.*, t. XI, p. 1238] publia les résultats auxquels il était arrivé en faisant réagir le chlorure de benzoyle et le trichlorure de benzényle sur les phénols. Il trouva qu'avec le premier de ces corps, principalement en présence de corps avides d'eau, comme le chlorure de zinc, il se produit, indépendamment de l'éther benzoïque correspondant, une certaine proportion de matière colorante rouge; cette dernière constitue le produit principal de la réaction du trichlorure de benzényle sur les phénols. Par l'action du même corps sur les bases aromatiques tertiaires, en présence des chlorures métalliques, il se forme des matières colorantes vertes très belles. Sous le nom de vert malachite, la Société *Actiengesellschaft für Anilinfabrication* de Berlin vend, depuis peu de temps, un vert qui se prépare en ajoutant 2 molécules de diméthylaniline, mélangé de la moitié de son poids de chlorure de zinc à 1 molécule de trichlorure de benzényle et en chauffant doucement. Le produit de la réaction est traité par un courant de vapeur d'eau pour séparer les corps volatils qui n'ont pas été attaqués; le résidu, sel double de zinc et de vert, se dissout facilement dans l'eau chaude. Pour obtenir la base à l'état de liberté, on traite la solution par de la soude et on agite avec de l'éther. Le résidu après distillation de l'éther forme une huile brune donnant des sels bien cristallisés. L'analyse conduit à la formule $C^{23}H^{24}Az^2$, et la formation de ce corps est exprimée par l'équation suivante :

$$C^6H^5.CCl^3 + 2C^6H^5Az(CH^3)^2 = C^{23}H^{24}Az^2 + 3HCl.$$

En réduisant le produit en question au moyen du zinc et de l'acide chlorhydrique, on obtient un corps blanc très bien cristallisé, le tétraméthyldiamidotriphénylméthane.

Sous le nom de *vert Victoria*, la Badische Anilin- et Sodafabrik était arrivée à préparer une matière colorante identique avec celle obtenue par M. O. Fischer. La condensation de la diméthylaniline et de l'essence d'amandes amères par l'action du chlorure de zinc s'opère facilement à 100°. L'oxydation du leuco-dérivé s'opère en ajoutant le bioxyde de manganèse à une solution sulfurique très étendue.

Le vert malachite et le vert obtenu à l'aide de l'essence d'amandes amères semblent se confondre. Par réduction, ils donnent des leucodérivés qui ne sont pas tout à fait identiques, il est vrai, mais cela provient, d'après M. Fischer [*Deutsch. chem. Gesellsch.*, t. XII, p. 796], de ce que le tétraméthyldiamidotriphénylméthane, corps générateur de ces matières colorantes, se présente sous trois modifications isomériques différentes (aiguilles fusibles à 102°, lamelles fusibles à 93-94°, et un mélange des deux parties de 95-99°). La difficulté de préparer synthétiquement l'hydrure de benzoyle industriellement a été pendant quelque temps un obstacle pour fabriquer le vert avec ce corps; mais cette difficulté est surmontée.

Aujourd'hui l'on trouve dans le commerce, sous le nom de *vert solide, vert d'éthyle*, une belle matière colorante que l'on prépare par l'action de l'hydrure de benzoyle sur l'éthyl- ou la méthylaniline. Le leuco-dérivé ainsi obtenu est traité, d'après MM. Binschedler et Busch [*Moniteur de la teinture*, de M. Blondeau, 5 février 1879], de la façon suivante : La base étant dissoute exactement dans la quantité nécessaire d'acide chlorhydrique et une grande quantité d'eau, on ajoute du chlorure de zinc, puis lentement une solution diluée de permanganate de potassium. Après chaque addition il se précipite une partie du vert; il faut éviter avec grand soin un excès de permanganate, ainsi qu'un excès d'acide. On filtre, on presse, on redissout le vert brut dans l'eau bouillante; après avoir filtré de nouveau, on précipite la matière colorante par le sel marin.

NOIR D'ANILINE.

A l'époque où M. Lauth écrivait l'article publié dans ce Dictionnaire, on croyait encore que la présence d'un sel métallique était indispensable à la production du noir d'aniline. Des expériences directes, faites depuis, ont démontré qu'il n'en était pas ainsi. En effet, des morceaux de coton, imprégnés de sels d'aniline purs, et soumis à un courant d'air mélangé d'ozone ou de chlore, se colorent très rapidement en noir; de plus, comme nous allons le voir tout à l'heure, MM. Coquillion et Goppelsröder ont produit le noir par électrolyse; pour éviter la présence d'un métal quelconque, ils ont remplacé les électrodes en platine par d'autres en charbon, qu'ils ont traitées préalablement par l'acide chlorhydrique.

Cependant, dans toutes les méthodes proposées pour préparer industriellement le noir d'aniline, on emploie un sel d'aniline, un agent oxydant, de préférence le chlorate de potassium, enfin un corps capable de décomposer ce dernier, d'ordinaire un sel de cuivre, ou, dans ces derniers temps, un sel de vanadium. Le chlorate de potassium étant assez peu soluble, on a proposé de le remplacer par les chlorates de baryum, de calcium, d'ammonium; mais les sels les plus employés sont les chlorates de sodium et d'aluminium; ce dernier est surtout associé au tartrate d'aniline : il se forme alors par double décomposition du tartrate d'aluminium très soluble, au lieu que le tartrate de potassium cristallisait dans les mélanges, circonstance qui était une source d'embarras dans l'opération de l'impression.

M. Rosenstiehl [*Bull. de la Soc. chim.*, 1876, t. XXV, p. 356] a émis dès 1865 une théorie de la formation du noir d'aniline, qui est généralement adoptée aujourd'hui. Ce chimiste admet que le cuivre, se trouvant à l'état de sel dans le mélange, produit avec le chlorate une double décomposition qui donne naissance à du chlorate de cuivre. Bien que ce corps seul ne se décompose qu'à 60° environ, en dégageant des composés oxygénés du chlore, cette décomposition a déjà lieu à 35° en présence des tissus ou des sels d'aniline; les composés oxygénés du chlore produisent le noir en réagissant sur l'aniline.

A la place du sulfure de cuivre, on a également proposé le ferricyanure de potassium, le sulfocyanate de cuivre, ou les composés d'autres métaux tels que le fer et le manganèse.

M. Lightfoot a indiqué le premier la formation du noir à l'aide du vanadium; mais à cette époque ce métal était très rare, et l'on ne pouvait songer à l'employer industriellement. Lorsque plus tard on eut découvert dans le Cheshire une assez grande quantité de ce corps, la *Magnesium metal Company* de Manchester a mis dans le commerce, en 1870, de l'acide vanadique à 2 fr. 60 le gramme. M. Pinckney fit breveter en octobre 1871 l'emploi de ce composé, mais ne s'en servit que pour fabriquer une encre d'aniline à marquer le linge. L'application du vanadium à la fabrication du noir pour l'impression du calicot date réellement de 1875. On reconnut que ce métal agit bien plus rapidement que les sels de cuivre; le noir est très riche, les racles et les rouleaux ne sont pas attaqués et l'oxydation se règle facilement. M. Guyard [*Bull. de la Soc. industr. de Rouen*, 1876, p. 128] considère le pouvoir oxydant du vanadium comme devant être plus de mille fois supérieur à celui du cuivre. Cette propriété est due sans doute à cette circonstance que, de tous les métaux, le vanadium passe avec la plus grande facilité de l'état d'oxydation maximum à l'état d'oxydation minimum, et réciproquement. Au contact du chlorure de vanadium, les chlorates sont décomposés, il se forme de l'acide vanadique et il se dégage du chlore; d'un autre côté, le vanadate alcalin est immédiatement réduit par le chlorhydrate d'aniline, et les mêmes réactions se succèdent jusqu'à décomposition complète du chlorate et transformation totale du sel d'aniline en noir. Au reste la proportion de sel de vanadium qui intervient est très minime. M. G. Witz en comptait seulement 1/67000 du poids du sel d'aniline.

Verdissage du noir d'aniline. — De toutes les couleurs d'aniline, le noir est la plus stable et se rapproche le plus, par les propriétés, des matières colorantes naturelles comme l'indigo, etc. Il résiste à tous les agents employés en teinture, tels que les acides, les alcalis et le chlorure de chaux. Malheureusement, lorsqu'on opère sur une grande échelle et dans certaines circonstances qui n'ont pas encore été bien déterminées, les pièces imprimées, au contact des vapeurs acides, comme l'acide sulfureux, verdissent à la longue. Bien que ce changement ne soit que très superficiel, puisque l'on peut rendre au tissu sa nuance primitive en le lavant au savon ou avec des alcalis, il a causé de grands embarras aux imprimeurs. On a fait de nombreuses recherches pour empêcher ce verdissage, mais ce n'est que depuis 1876 qu'on est parvenu à remédier à ce défaut.

M. Brandt [*Bull. de la Soc. industr. de Rouen*, 1874, p. 152] considère le noir comme le résultat d'un mélange de couleurs produites d'abord par l'action des composés oxygénés du chlore sur l'aniline et ensuite par l'oxydation de l'aniline elle-même. Le noir qui provient des dérivés chlorés est très stable, mais il n'est pas aussi beau que le produit d'oxydation, qui possède une coloration foncée d'un violet noir, devenant vert sous l'influence des acides. Le mélange des deux noirs, l'un bleu, l'autre vert, doit former le noir d'aniline ordinaire.

M. Rosenstiehl explique le verdissage en admettant que le noir d'aniline, provenant d'un simple aérage, est un mélange du véritable noir et d'éméraldine; cette dernière passe au bleu noir par les alcalis, mais elle verdit par les acides. On parvient à transformer l'éméraldine en noir par une oxydation ultérieure.

Le premier noir inverdissable a été préparé à l'aide du ferricyanure par M. Cardillot [M. Glanzmann, *Bull. de la Soc. industr. de*

Rouen, 1874, p. 121]. Les noirs obtenus d'après le brevet de M. Ch. Lauth, 5 mai 1869, brevet qui consiste à fixer sur la fibre un mordant métallique insoluble, de préférence le peroxyde de manganèse, capable de former au contact des sels d'aniline acides un précipité noir qu'on fait virer, après teinture, à l'aide d'un bain oxydant bouillant de sels de chrome, de fer, de cuivre, etc., étaient également très solides; il en est de même de celui de M. Coquillion, dans son brevet du 10 mars 1875. Ce chimiste, ainsi que nous le verrons tout à l'heure en parlant de la teinture en noir d'aniline, termine les opérations de teinture en donnant un dernier bain à 40-50° de dichromate de potassium pour fixer le noir et l'empêcher de verdir. D'autres industriels employaient déjà à cette époque des bains de dichromate de potassium ou de chlorate de potassium à différentes températures et réussissaient à donner de la fixité au noir; mais ce sont surtout MM. Kœchlin frères et Jeanmaire qui, en faisant ouvrir un pli cacheté déposé le 9 avril 1876, ont rendu public le procédé véritablement industriel pour rendre le noir inverdissable. M. Jeanmaire, ayant essayé l'action du ferricyanure sur le noir déjà fixé sur le tissu, remarqua que ce noir ne verdissait plus; à la place du ferricyanure, MM. Kœchlin frères employèrent le nitrate acide de fer; toutes les étoffes imprimées en noir par ce procédé se font remarquer par leur grande stabilité; le noir atteint son maximum d'oxydation, et ni les agents atmosphériques ni les acides ne peuvent plus le faire verdir. On a encore proposé et employé un grand nombre d'autres agents oxydants, comme l'acide chromique, les nitrates, les acides azoteux et azotique, les chlorates, etc.

M. G. Witz [*Bull. de la Soc. industr. de Rouen*, 1877, p. 238] a étudié avec soin l'action des divers réactifs, principalement des agents oxydants, sur le noir d'aniline; ce chimiste a trouvé que c'est l'acide chromique libre qui rend surtout le noir inverdissable; la température exerce une influence très grande sur la réaction : celle-ci est nulle au-dessous de 80°; à 100°, elle s'accomplit immédiatement. L'acide sulfureux ainsi que d'autres agents réducteurs transforment le noir ordinaire, ou celui traité par les agents oxydants au-dessous de 75°, en un vert plus ou moins jaunâtre, tandis que le noir oxydé entre 75° et 100° n'est plus attaqué.

Parmi les procédés proposés pour rendre le noir inverdissable, citons encore le brevet de M. John Bryson Or, du 13 octobre 1878. Ce chimiste passe les tissus déjà imprimés dans un bain bouillant assez concentré de dichromate de potassium acidifié, puis il les lave, les savonne, les sèche et les soumet à un bain de chlorate d'ammonium (1 p. sur 60), les sèche et vaporise pendant une demi-heure. Le vaporisage peut être remplacé par une ébullition d'une demi-heure à une heure dans un bain contenant 1 p. de chlorate d'aluminium ou d'ammonium pour 100 p. d'eau [1].

Enfin l'état de pureté de l'aniline employée offre aussi une grande importance au point de vue de la formation du noir d'aniline. D'après M. C. Hartmann [*Dingler's polytechn. Journ.*, t. CCII, p. 389], l'aniline pure bouillant de 182 à 185° donne un noir très brillant, tandis que la toluidine et les huiles dont le point d'ébullition est situé au-dessus de 192° donnent un brun plus ou moins jaune.

Noir d'aniline en teinture. — Bien que le noir d'aniline soit resté longtemps une couleur d'application et que son emploi en impression ait été beaucoup plus considérable qu'en teinture, de nombreux progrès ont permis dans ces derniers temps aux teinturiers de s'emparer des procédés nouvellement découverts et de leur donner une grande extension. On peut affirmer que le noir d'aniline en teinture n'a pris son véritable essor que du jour où le prix de l'aniline et du dichromate de potassium sont tombés de plus de la moitié de ceux existant en 1865. Ajoutons, quoique ce fait ne soit que secondaire, que le verdissage reproché principalement au noir d'aniline obtenu par impression faisait craindre pour le noir en teinture le même inconvénient. Actuellement le noir d'aniline obtenu par impression ou bien par teinture est aussi solide que les produits colorants dits grands teints qui sont employés par les teinturiers; grâce au bas prix des matières premières, leur emploi devient de jour en jour plus important.

Le premier brevet pris pour la teinture en noir d'aniline remonte au 15 juillet 1865, et fut pris par M. Bobœuf. L'auteur prescrit de passer les tissus en dichromate de potassium, puis en chlorhydrate d'aniline ou inversement, ou bien de mélanger les dissolutions neutres des deux sels et d'y ajouter un acide. M. Alland prit, trois semaines après (5 août 1865), un brevet analogue. Il teint le noir d'aniline par passages alternatifs en dichromate et en sels d'aniline acides.

Le 23 août 1867, M. J. Persoz indiqua deux méthodes pour teindre la laine et le coton en noir. Pour la fibre animale, il mordance au bouillon au dichromate de potassium et sulfate de cuivre, puis teint en oxalate d'aniline. Pour la fibre végétale, il mordance en produisant du chromate de plomb insoluble sur le tissu et teint sur chlorhydrate d'aniline. Pour former directement le noir sur la fibre, on passe celle-ci dans des bains successifs de sels d'aniline et d'agents oxydants. Plus tard, en 1871, le même chimiste trouva le moyen de répandre, sur les pièces bien tendues, des solutions d'aniline et de dichromate de potassium, soit alternativement, soit simultanément, à l'aide de brosses horizontales, animées d'un mouvement vertical. On a employé avantageusement un appareil insufflateur pour pulvériser les liquides et égaliser ainsi le noir. Celui-ci acquiert toute sa pureté par des lavages à l'eau et au savon.

Sans vouloir passer en revue tous les brevets pris et les méthodes diverses qui ont été proposées depuis, nous signalerons pourtant les plus importants. M. Higgin indique, en 1869, les combinaisons de l'aniline avec une solution de chlorure métallique dont la base ne doit pas s'opposer à la formation du noir d'aniline. Avec des proportions convenables, le bain ne doit pas donner de précipité; les sesquichlorures de fer et de chrome sont surtout favorables.

MM. Jarosson et Müller-Pack (brevet du 3 juin 1872) imprègnent la fibre d'un mordant de fer, puis ils la passent dans une dissolution de chlorhydrate d'aniline et de chlorate de potassium, et ils oxydent en vases clos à 50°. Le noir est fixé dans un bain de dichromate de potassium à 50°, où la pièce séjourne pendant une demi-heure. M. Pinckney (brevet du 2 février 1874) emploie les sels de vanadium; il donne les proportions suivantes à employer : sel de vanadium,

1. Il paraît que la maison Wibaux-Florin avait trouvé, dès 1873, le moyen de rendre les noirs inverdissables; cette maison fabriquait des tissus en chaîne ou trame noire d'aniline et chaîne et trame en laine écrue, et donnait ensuite ces tissus pour faire teindre la laine en noir au campêche. On fit la remarque que la chaîne ou la trame coton qui verdissait avant la teinture en pièces ne verdissait plus après. On rechercha la cause de ce fait bizarre, et l'on apprit que l'on fixait le noir sur laine à l'aide d'un bain de dichromate de potassium bouillant. Dès lors on fixa le noir d'aniline sur coton de la même façon, et l'on obtint un noir inverdissable.

$0^{gr},125$; chlorure de nickel, 20 p. ; chlorhydrate d'aniline, 150 p. ; chlorate de potassium, 100 p. et eau 2500 p. On peut plonger les tissus dans le mélange de ces corps ou bien successivement dans le bain métallique et dans le bain contenant le sel d'aniline et le chlorate.

Enfin M. Jeannolle (7 avril 1876), et peu après M. Grawitz (24 août 1876), ont pris des brevets qui sont presque identiques ; la teinture se fait en un seul bain ; les proportions contenues dans le premier sont : pour 100 kilogr. de coton, 1000 kilogr. d'eau ; acide chlorhydrique, 15 kilogr. ; acide sulfurique, 5 kilogr. ; aniline 6 kilogr. ; dichromate de potassium, $9^{k},600$; la teinture se fait à froid pendant 1 heure. M. Grawitz remplace l'acide sulfurique par l'acide chlorhydrique ; il dit aussi qu'on peut ajouter au bain 250 grammes de bichlorure de cuivre. Ce chimiste donne encore la formule suivante : eau, 800 litres ; aniline, 6 kilogr. ; acide chlorhydrique à 19° Baumé, 12 kilogr. ; chlorate de potassium, 8 kilogr. ; perchlorure de fer à 50° Baumé, 8 kilogr. La teinture se fait d'abord à froid, ensuite à chaud.

En diminuant la proportion d'aniline, on obtient par les mêmes procédés toute une série de gris plus ou moins foncés.

Pour rendre inverdissables les noirs ainsi obtenus, on traite, après rinçage, les tissus dans un bain qu'on prépare en versant dans 500 litres d'eau 5 litres d'un mélange formé de 20 kilogr. de sulfate ferreux, 5 kilogr. de dichromate de potassium, 15 à 18 litres d'acide sulfurique à 66°, 60-70 litres d'eau et 2 litres d'un autre mélange composé de 3 à 4 kilogr. de dichromate, 1 kilogr. d'acide sulfurique et 10 litres d'eau (pli cacheté de M. Kœchlin, 9 avril 1876).

Constitution du noir d'aniline. — Bien que la constitution du noir d'aniline ne soit pas fixée définitivement, nos connaissances sur ce corps ont été considérablement accrues dans ces dernières années, grâce aux travaux de MM. Nietzki, Coquillion et Goppelsroëder, et l'on peut espérer que le développement des applications industrielles permettra, dans un avenir très prochain, de saisir la composition et la nature intime du noir.

M. Coquillion [*Compt. rend.*, t. LXXXI, p. 408], en préparant le noir d'aniline par électrolyse, a continué les travaux de M. Rosenstiehl, et a démontré que la présence des métaux n'est pas indispensable pour former le noir d'aniline, mais que ce dernier est un produit d'oxydation. M. Goppelsroëder [*Monographie sur les études électrochimiques des dérivés du benzol.* Mulhouse, 1876] a trouvé que le précipité bleu indigo qui se forme au pôle positif dans l'électrolyse des sels d'aniline est un mélange de différentes matières odorantes, parmi lesquelles se trouve le noir d'aniline ; on peut les séparer par les dissolvants ordinaires, le noir d'aniline restant insoluble. Ce chimiste a trouvé que la nature et le rendement de ces matières colorantes varie selon la composition du sel d'aniline employé, la concentration de la solution, la température, etc. Le noir qui se précipite au pôle positif forme, après purification complète, un beau noir cristallin avec éclat métallique. Les alcalis le transforment en partie en une matière colorante bleue, soluble dans l'alcool. L'analyse du noir électrolytique, après un traitement à l'eau, à l'alcool, à l'éther et au benzol et dessiccation à 110°, a conduit à la formule :

$$C^{24}H^{21}Az^{4}Cl = (C^{6}H^{5}Az)^{4}HCl\,;$$

ce noir est donc le chlorhydrate d'une tétramine.

Différents autres chimistes se sont occupés de l'analyse du noir dans le but de rechercher la constitution de ce corps. La faible solubilité ou plutôt l'insolubilité du noir d'aniline dans tous les dissolvants semblait être une difficulté presque insurmontable pour l'obtention d'un corps pur. M. Coquillion [*Compt. rend.*, t. LXXXI, p. 408] et plus tard M. R. Mayer [*Deutsch. chem. Gesellsch.*, t. IX, p. 141] avaient bien constaté que le noir se dissolvait dans l'acide sulfurique concentré avec une coloration violette et était précipité de cette solution à l'état de sulfate ; mais le corps ainsi obtenu est très difficile à recueillir par filtration, et laisse toujours des cendres après calcination. M. Nietzki [*Deutsch. chem. Gesellsch.*, t. IX, p. 616, et *Moniteur scientifique*, 1876, p. 949 et 1252] a trouvé dans l'aniline un autre dissolvant du noir ; ce chimiste a préparé le noir d'après la méthode indiquée par M. A. Müller [*Dingler's polytechn. Journ.*, t. CCI, p. 363], et qui donne de très bons résultats : 20 grammes de dichromate de potassium, 30 grammes de sulfate de cuivre, 16 grammes de chlorhydrate d'ammoniaque, 40 grammes de chlorhydrate d'aniline pur dissous dans 500cc d'eau ; cette solution est chauffée à 60°. Une addition d'acide facilite beaucoup la précipitation de la matière colorante. On fait bouillir le noir ainsi obtenu avec de l'alcool contenant de l'acide chlorhydrique ; la poudre noir verdâtre qui reste se dissout déjà à froid dans l'aniline avec une coloration verte. La dissolution de la base du noir possède une belle coloration bleue ; en saturant l'aniline par un acide, on précipite le noir. A la chaleur du bain-marie, 1 kilogramme d'aniline dissout à peu près 1 gramme du produit. Le noir avait été analysé déjà par M. H. Reinck [*Dingler's polytechn. Journ.*, t. CCIII, p. 485], qui s'était contenté de faire un dosage de chlore et avait trouvé 8,9 °/₀ H Cl ; et par M. A. Müller [*ibid.*, t. CCI, p. 363], qui ne tient pas compte du chlore et calcule la formule $C^{12}H^{14}Az^{2}O^{4}$. M. Nietzki représente la composition du corps purifié, selon le procédé qui vient d'être indiqué, par la formule $C^{18}H^{15}Az^{3}$, H Cl. Cette formule correspond à la composition attribuée par MM. Hofmann et Geyger [*Deutsch. chem. Gesellsch.*, t. V, p. 472] au bleu d'azodiphényle, et par MM. Girard, de Laire et Chapotaut [*Compt. rend.*, LXIII, 964] à la violaniline. M. Nietzki admet que le noir est isomérique avec ces produits ; 3 molécules d'aniline se soudent entre elles avec élimination de 6 atomes d'hydrogène :

$$3\,C^{6}H^{5}H^{2}Az = (C^{6}H^{4}H)^{3}Az^{3} + 6H.$$

Plus tard, M. R. Kayser [*Musterzeitung*, 1876, p. 356] analysa le noir d'aniline préparé au moyen de différents oxydants, tels que le vanadate d'ammonium, le sulfate de cuivre, le chlorate de potassium, le ferricyanure de potassium. Les trois premiers noirs étaient identiques et possédaient la composition exprimée par la formule $C^{12}H^{10}Az^{2}$; le dernier ne put être obtenu de composition constante et sans laisser de cendres. Si l'on compare les formules proposées par les différents chimistes (M. Kayser trouve la composition de l'azobenzol) et en faisant abstraction de l'acide, on trouve que la formule la plus simple est $C^{6}H^{5}Az$. Quant aux différences que l'on constate dans les résultats analytiques, elles proviennent de la manière d'opérer : en effet, ainsi que l'a constaté le premier M. Rich. Meyer [*Deutsch. chem. Gesellsch.*, t. IX, p. 141], les sels du noir d'aniline sont très instables ; ils se décomposent déjà par lavage ou par dessiccation. M. Nietzki [*ibid.*, t. XI, p. 1095] a trouvé dans le produit séché dans le vide 13 à 14 °/₀ de chlore, ce qui correspondrait à la formule $C^{30}H^{25}Az^{5}$, 2 H Cl ; quant au sulfate, il renfermait 23 °/₀ d'acide sulfurique. Le noir d'aniline forme également un sel double de platine, qu'on obtient en faisant digérer le chlorhydrate avec une solution alcoolique de chlorure de platine; en lavant le précipité avec de l'alcool, il reste une poudre vert foncé contenant 19 à 22 °/₀ de platine.

Le noir d'aniline est toujours accompagné d'une autre substance, qui s'en distingue parce qu'elle se dissout dans le chloroforme avec une couleur violette. Ce corps s'obtient facilement par l'oxydation de l'orthotoluidine; ses sels sont verts, peu solubles dans l'alcool, et se dissolvent facilement dans le chloroforme et dans l'aniline: il a pour formule C^7H^7Az. Lorsqu'on fait bouillir pendant assez longtemps le noir avec de l'étain et de l'acide chlorhydrique, ou avec de l'acide iodhydrique et du phosphore ordinaire, une grande partie se dissout, tandis qu'il reste des produits goudronneux. En agitant la solution, à laquelle on a ajouté de l'alcool, avec de l'éther, M. Nietzki retira, indépendamment du sulfate de phénylène-diamine, deux bases qu'il a séparées en mettant à profit la différence de solubilité de leurs sulfates. L'une est la paradiamidobenzine de M. Hofmann, fusible à 140°, et l'autre la diamidodiphénylamine :

$$AzH^2.C^6H^4.AzH.C^6H^4.AzH^2.$$

La réaction doit se passer d'après la formule

$$C^{30}H^{23}Az^5 + 4H = C^{12}H^{13}Az^3 + C^6H^8Az^2 + 2C^6H^4.$$

M. Nietzki considère le corps bleu qu'on obtient par l'action de l'aniline sur le noir, en chauffant pendant six à huit jours à 150-160° l'acétate du noir avec 8 à 10 fois son poids d'aniline dans une cornue, comme du noir d'aniline phénylé,

$$C^{36}H^{29}Az^5.$$

Le chlorhydrate cristallise d'une solution alcoolique chaude en petites aiguilles à reflet cuivré. La base elle-même se forme d'après la réaction

$$C^{30}H^{23}Az^5 + C^6H^7Az = C^{36}H^{29}Az^5 + AzH^3.$$

Le noir peut aussi etre transformé en dérivé éthylé ou acétylé.

M. Nietzki émet l'opinion que le noir d'aniline, d'après ses propriétés générales, et surtout sa décomposition par les corps réducteurs, doit se rapprocher des corps amidoazoïques. La substance bleue, obtenue par l'action de l'aniline sur le noir, appartiendrait au groupe des indulines et aurait, avec le noir, les mêmes rapports que le bleu d'azodiphényle avec l'amidoazobenzol.

L'orthotoluidine donnant par oxydation un corps tout à fait analogue, il est probable que le noir d'aniline est le seul représentant actuellement connu de tout un nouveau groupe de matières colorantes, différent des groupes déjà décrits tels que rosaniline, safranine, induline, etc. Le noir d'aniline inverdissable, obtenu en traitant le noir ou son chlorhydrate par une solution de dichromate de potassium, et que M. Goppelsroeder considère comme un produit d'oxydation du noir ordinaire, a été trouvé, par M. Nietzki, contenir du chrome. Ce chimiste le regarde comme étant le chromate du noir, et en effet il contient, d'après lui, 8,17 °/₀ d'acide chromique CrO^3. A. Kopp et Ch. Girard.

ANISALIDE et **ANISANILIDE**. — Voyez ANISIQUE (ALDÉHYDE), p. 171.

ANISHUMINE. — Voyez ANISIQUE (ALDÉHYDE), p. 171.

ANISIDINE. — Ce nom a été donné à l'éther méthylique de l'amidophénol (probablement para-amidophénol). (Voyez t. I, p. 339; t. II, p. 815 et 903; Supp. PHÉNYLIQUES (ÉTHERS.)

ANISIQUE (ACIDE) [Syn. *Acide méthylparaoxybenzoïque*],

$$C^8H^8O^3 = C^6H^4 <^{OCH^3}_{COOH}.$$

Cet acide se forme :

1° A l'état d'éther éthylique, lorsqu'on chauffe un mélange de paraoxybenzoate d'éthyle, d'iodure de méthyle et de sodium à 110-120° en tubes scellés pendant quatre heures [Graebe, *Ann. Chem. u. Pharm.*, t. CXXXIX, p. 134; *Bull. de la Soc. chim.*, t. VII, p. 183];

2° Par l'oxydation du méthylparacrésol par le dichromate de potassium et l'acide sulfurique [Kœrner, *Bull. de l'Acad. roy. de Belg.*, t. XXIV, p. 152];

3° En même temps que l'aldéhyde anisique, lorsqu'on oxyde l'acide méthylphlorétique par le dichromate de potassium et l'acide sulfurique [Kœrner et Corbetta, *Deutsch. chem. Gesellsch.*, 1874, p. 1732; *Bull. de la Soc. chim*, t. XXIV, p. 307];

4° Lorsque la *sulfocarbimide*,

$$C^6H^4(OCH^3)AzCS,$$

dérivée du paramidophénate de méthyle (voy. Supp., ÉTHERS PHÉNYLIQUES, est transformée par la poudre de cuivre en nitrile correspondant, et que celui-ci est chauffé avec de la potasse alcoolique (H. Salkowski).

L'acide anisique fond à 184°,2 [A. Oppenheim et S. Pfaff, *Deutsch. chem. Gesellsch.*, 1875, p. 890]. Chauffé à 250° avec de l'ammoniaque aqueuse ou avec de la potasse fondue, il se convertit en acide paraoxybenzoïque. Si la température s'élève à 285°, il donne du phénol (Barth, Salkowski). Ingéré dans l'organisme, l'acide anisique subit une transformation semblable à celle de l'acide benzoïque : on le trouve dans l'urine sous forme d'*acide anisurique*, $C^{10}H^{11}AzO^2$ [Graebe et Schultzen, *Ann. der Chem. u. Pharm.*, t. CXLII, p. 345; *Bull. de la Soc. chim.*, t. IX, p. 243; voyez aussi t. I, p. 340].

DÉRIVÉS DE L'ACIDE ANISIQUE. — *L'acide dichloranisique*, $C^8H^6Cl^2O^3$, se forme en même temps qu'une certaine quantité de chloranile, lorsqu'on chauffe de l'acide anisique avec du chlorate de potassium et de l'acide chlorhydrique. Purifié par cristallisation dans l'alcool, il se présente sous forme de grandes aiguilles, insolubles dans l'eau, fusibles à 196°. L'acide nitrique concentré le dissout, et l'eau le précipite inaltéré de cette solution [Reinecke, *Zeitschr. für Chem.*, 1866, p. 366; *Bull. de la Soc. chim.*, t. VII, p. 177].

L'*acide monobromanisique* est converti, par la potasse fondante, en acide protocatéchique (Barth).

Acide dibromanisique, $C^8H^6Br^2O^3$. — Il prend naissance quand on chauffe de l'acide anisique à 120°, en tubes scellés, avec du brome et de l'eau. Il est en aiguilles fusibles à 208°; un excès de brome et d'eau le transforme en tribromanisol [Reinecke, *loc. cit.*].

Acide iodoanisique, $C^8H^7IO^3$. — Ce corps se forme, en même temps que l'iodhydrate de l'acide amidoanisique, par l'action de l'acide iodhydrique sur l'acide diazoamidoanisique (Griess). Pour le préparer en grande quantité, on chauffe de l'acide anisique, en tubes scellés, à 145-150°, avec de l'acide iodique et de l'iode. Quand la réaction est terminée, on épuise le produit par l'eau chaude pour enlever l'acide anisique qui a échappé à la réaction, et on traite le résidu par une solution de carbonate de sodium. Celle-ci dissout l'iodoanisate de sodium; on transforme le sel sodique en sel barytique, que l'on purifie par cristallisation, pour le décomposer ensuite par l'acide sulfurique.

L'acide iodoanisique est en aiguilles brillantes, fusibles à 234°,5, solubles dans l'éther et l'alcool [Peltzer, *Ann. Chem. u. Pharm.*, t. CXLVI, p. 284; *Bull. de la Soc. chim.*, t. IX, p. 148].

Iodoanisate de baryum,

$(C^8H^6IO^3)^2Ba + 3H^2O.$

— Il est en prismes brillants (Peltzer).

L'acide nitroanisique se convertit sous l'influence de l'ammoniaque à 160° en acide nitroparaamidobenzoïque [Salkowski, *Deutsch. chem. Gesellsch.*, t. V, p. 722; *Bull. de la Soc. chim.*, t. XVIII, p. 403].

L'acide *amidoanisique* [syn. *acide anisamique*, voyez t. I, p. 331] se forme par l'action de l'acide iodhydrique sur l'acide diazoamidoanisique (Griess).

Acide méthylamidoanisique,

$C^6H^3.OCH^3(AzHCH^3)COOH.$

— Ce corps est isomérique avec la tyrosine. Pour le préparer, on chauffe l'amidoanisate de potassium avec de l'iodure de méthyle. Il est en aiguilles blanches, fusibles au delà de 200°, peu solubles dans l'eau, l'alcool et l'éther [Griess, *Deutsch. chem. Gesellsch.*, 1872, p. 1036; *Bull. de la Soc. chim.*, t. XIX, p. 268].

Chlorhydrate, $C^9H^{11}AzO^3.HCl + H^2O$. — Il est en tables, solubles dans l'eau et l'acide chlorhydrique chaud.

Méthylamidoanisate d'argent, $C^9H^{10}AzO^3Ag$. — Il forme un précipité cristallin.

Triméthylanisobétaïne,

$C^8H^6Az(CH^3)^3O^3 + 5H^2O.$

— Pour préparer cette substance, on dissout de l'acide amidoanisique, réduit en bouillie avec de l'alcool méthylique, dans trois fois la quantité de potasse nécessaire, et on y ajoute un excès d'iodure de méthyle. On expose le mélange à une douce température pendant trois jours, et puis on chasse l'alcool méthylique par distillation. Au résidu, on ajoute de l'acide iodhydrique en excès : l'iodhydrate de la base se dépose.

Pour isoler la base libre, on décompose l'iodhydrate, en solution aqueuse, par l'hydrate de plomb.

La triméthylanisobétaïne est en grands prismes solubles dans l'eau chaude [Griess, *Deutsch. chem. Gesellsch.*, 1873, p. 585; *Bull. de la Soc. chim.*, t. XX, p. 382].

Le *chloroplatinate,*

$[C^8H^6Az(CH^3)^3O^3.HCl]^2PtCl^4,$

est en cristaux jaunes.

Iodhydrate, $C^8H^6Az(CH^3)^3O^3.HI + H^2O$. — Il est en aiguilles peu solubles.

Diméthylamidoanisate de méthyle,

$C^6H^3.OCH^3.Az(CH^3)^2COOCH^3.$

— Ce composé résulte de la distillation sèche de la triméthylanisobétaïne. Il est liquide et bout à 288° [Griess, *loc. cit.*].

Acide azoanisique, $(C^8H^7O^3)^2Az^2$. — On a préparé cet acide en réduisant l'acide nitroanisique au moyen de l'amalgame de sodium. Il ne se dégage que peu d'hydrogène, et l'acide nitroanisique se dissout complètement. L'acide chlorhydrique précipite l'acide de cette solution sous forme d'une substance jaune, amorphe, insoluble dans l'eau, l'alcool et l'éther, soluble dans l'ammoniaque [Alexeyeff, *Ann. der Chem. u. Pharm.*, t. CXXIX, p. 343; *Bull. de la Soc. chim.*, t. II, p. 460].

Azoanisate de baryum,

$(C^8H^6O^3)^2Az^2Ba + 2H^2O.$

— Il se précipite sous forme de poudre rouge cristalline, d'une solution ammoniacale de l'acide, lorsqu'on y ajoute du chlorure de baryum. Il perd une molécule d'eau à 120°.

Acide diazoamidoanisique,

$(C^8H^7O^3)^2AzHAz^2 + H^2O.$

— Griess a obtenu ce corps en faisant passer de l'acide azoteux dans une solution alcoolique d'acide amidoanisique, ou en traitant l'acide amidoanisique par le nitrite d'éthyle. Dans les deux cas, il faut éviter que la température s'élève. L'acide se dépose sous forme de poudre verdâtre; il est bibasique. Les sels secs peuvent être exposés à une température de 100° sans éprouver de décomposition, tandis que leurs solutions se décomposent facilement lorsqu'on les chauffe [Griess, *Ann. Chem. u. Pharm.*, t. CXVII, p. 1; *Bull. de la Soc. chim.*, t. VI, p. 407].

Diazoamidoanisate de potassium,

$C^{16}H^{13}Az^3O^6K^2 + 2H^2O.$

— Il est en paillettes jaune d'or, qui perdent leur eau à 160° et détonent à 180°.

Diazoamidoanisate d'éthyle,

$C^{16}H^{13}Az^3O^6(C^2H^5)^2.$

— Il est en paillettes jaunes.

Anisonitrile, $C^6H^4.OCH^3.CAz$. — L'amide anisique perd de l'eau à une température un peu supérieure à son point d'ébullition, et se convertit en anisonitrile. Pour préparer cette substance, on procède d'une autre façon. On mélange de l'amide anisique avec du perchlorure de phosphore, on distille dans une petite cornue et on recueille ce qui passe entre 250 et 255°. Cette partie liquide se prend bientôt en une masse cristalline, que l'on purifie par dissolution dans l'éther.

L'anisonitrile est en aiguilles incolores, fusible à 57°; il bout sans décomposition à 254°, et se dissout dans l'eau chaude, l'alcool, l'éther et le sulfure de carbone. La potasse bouillante le convertit en acide anisique [L. Henry, *Deutsch. chem. Gesellsch.*, 1869, p. 666; *Bull. de la Soc. chim.*, t. XIII, p. 302].

Anisonitrile nitré, $C^6H^3(AzO^2)OCH^3.CAz$. — L'acide nitrique concentré dissout l'anisonitrile. L'eau précipite une substance jaunâtre, de cette solution, que l'on purifie par cristallisation dans l'alcool. L'anisonitrile nitré est en aiguilles nacrées fusibles à 150° (Henry).

L'acide anisique forme avec l'hydroxylamine des acides connus sous les noms d'acides anishydroxamique, anisbenzhydroxamique, etc. [Lossen, voyez HYDROXYLAMINE]. M. Wassermann.

ANISIQUE (ALCOOL),

$$C^8H^{10}O^2 = C^6H^4 \begin{cases} OCH^3 \\ CH^2OH. \end{cases}$$

— Cet alcool, qui n'est autre que l'alcool méthylparaoxybenzylique, fond à 25°, et bout à 258°,8; il possède une densité de 1,1093 à 26° et de 1,0506 à 100°. Par distillation répétée en présence de l'air, il s'oxyde, et se transforme en aldéhyde anisique. Chauffé pendant longtemps avec de la potasse alcoolique, il fournit un crésol méthylé, bouillant à 174° [Cannizzaro et Körner, *Gazz. chim. ital.*, 1872, p. 65; *Bull. de la Soc. chim.*, t. XVIII, p. 132].

L'*éther méthylanisique,*

$$C^6H^4 \begin{cases} OCH^3 \\ CH^2OCH^3, \end{cases}$$

se forme lorsqu'on chauffe un mélange de chlorure d'anisyle et de méthylate de sodium au bain-marie, pendant plusieurs jours. Pour isoler l'éther mixte du produit de la réaction, on chasse l'excès d'alcool méthylique par distillation et l'on ajoute de l'eau au résidu. L'éther se sépare et on le purifie par distillation.

L'éther méthylanisique bout à 225°,5 à 758mm [Cannizzaro et Rossi, *Ann. der Chem. u. Pharm.*, t. CXXXVII, p. 244; *Bull. de la Soc. chim.*, t. VI, p. 214]. M. Wassermann.

ANISIQUE (ALDÉHYDE),

$$C^8H^8O^2 = C^6H^4 <^{OCH^3}_{CHO}.$$

En oxydant l'essence d'anis par le dichromate de potassium et l'acide sulfurique, on obtient, selon Stædeler, un bon rendement en aldéhyde anisique. L'auteur indique les proportions suivantes : 1 p. d'essence d'anis, 3 p. de dichromate de potassium, 4p,5 d'acide sulfurique et 12 p. d'eau [*Journ. für prakt. Chem.*, t. CIII, p. 105].

L'acide méthylphlorétique, oxydé par un mélange de dichromate de potassium et d'acide sulfurique, donne de l'aldéhyde anisique [Kœrner et Corbetta, *Deutsch. chem. Gesellsch.*, 1874, p. 1732; *Bull. de la Soc. chim.*, t. XXIV, p. 307].

L'aldéhyde anisique se forme aussi lorsqu'on chauffe au bain-marie un mélange d'aldéhyde paraoxybenzoïque, d'iodure de méthyle et de potasse dissoute dans de l'alcool méthylique. On étend d'eau le produit de la réaction, et l'on rectifie l'aldéhyde anisique, qui se sépare comme une couche huileuse. Elle bout à 248° [F. Tiemann et Herzfeld, *Deutsch. chem. Gesellsch.*, t. X, p. 63; *Bull. de la Soc. chim.*, t. XXVIII, p. 303].

L'aldéhyde anisique se polymérise facilement quand on la met en présence d'alcool et d'une petite quantité de cyanure de potassium; elle se convertit alors en *anisoïne*, $C^{16}H^{16}O^4$, fusible à 110° (voy. t. II, p. 57) [Rossel, *Ann. der Chem. u. Pharm.*, t. CLI, p. 25; *Bull. de la Soc. chim.*, t. XIII, p. 273].

Chauffée à 150° avec du chlorure d'acétyle, l'aldéhyde anisique se transforme en une substance noire, de la formule $C^{16}H^{14}O^3$, à laquelle on a donné le nom d'*anishumine* [Rossel, *loc. cit.*].

L'amalgame de sodium, en agissant sur une solution alcoolique d'aldéhyde anisique, la transforme, au bout de plusieurs jours, en un mélange d'*hydranisoïne* et d'*isohydranisoïne*, $C^{16}H^{18}O^4$ (voir t. II, p. 56).

L'aldéhyde anisique se mélange facilement avec de l'aniline. Au bout de quelque temps, le mélange se trouble; il se sépare de l'eau, et une huile jaune neutre se forme, qui finit par se prendre en cristaux d'*anisanilide* de la formule

$$C^{14}H^{13}AzO = C^6H^4 <^{OCH^3}_{CH=Az.C^6H^5}.$$

L'anisanilide est soluble dans l'alcool, l'éther et la benzine [H. Schiff, *Ann. der Chem. u. Pharm.*, t. CL, p. 193; *Bull. de la Soc. chim.*, t. XII, p. 397].

L'uréthane s'unit à l'aldéhyde anisique, lorsqu'on agite un mélange de deux corps avec de l'acide chlorhydrique. Quand la masse a pris une couleur jaune, on la lave à l'eau pour enlever l'acide chlorhydrique, puis à l'éther qui enlève ce qui reste de l'aldéhyde. On obtient ainsi une poudre blanche, cristalline, fusible à 171-172°, qui possède la formule

$$C^{14}H^{20}Az^2O^5 = C^6H^4 <^{OCH^3}_{CH} <^{AzH.CO-C^2H^5O}_{AzH.CO-C^2H^5O}$$

[C. Bischoff, *Deutsch. chem. Gesellsch.*, t. VII, p. 1078; *Bull. de la Soc. chim.*, t. XXIII, p. 272].

L'aldéhyde anisique forme des composés cristallisables avec l'acétamide et avec la benzamide. Lorsqu'on chauffe des mélanges d'une molécule d'aldéhyde et de deux molécules d'acétamide ou de benzamide à 120-130°, et que l'on extrait le produit de la réaction avec de l'éther, on obtient un résidu que l'on purifie par cristallisation. Le corps formé par l'action de l'acétamide correspond à la formule $C^{12}H^{16}Az^2O^3$; il est en aiguilles blanches, fusibles à 180°, insolubles dans l'alcool et l'éther.

La substance résultant de l'action de la benzamide sur l'aldéhyde anisique possède la composition $C^{22}H^{20}Az^2O^3$; elle est en aiguilles blanches, fusibles à 192°, insolubles dans l'eau bouillante, solubles dans l'alcool [A. Schuster, *Ann. der Chem. u. Pharm.*, t. CLIV, p. 80; *Bull. de la Soc. chim.*, t. XIV, p. 313].

Une solution éthérée d'aldéhyde anisique additionnée d'acide cyanhydrique anhydre, et exposée à une douce chaleur pendant deux heures, renferme une combinaison des deux matières que l'on isole en chassant l'éther et l'acide cyanhydrique par distillation. Ce corps est d'abord huileux, mais ne tarde pas à se prendre en masse. Il est fusible à 63°, et possède la formule $C^6H^4(OCH^3)CHOH.CAz$. L'acide chlorhydrique porté à l'ébullition le convertit en une résine brune, qui décompose le carbonate de sodium, et dont le sel barytique a donné à l'analyse des chiffres concordant avec la formule du paraméthoxyphénylglycolate de baryum [A. Schäuffelen, *Münch. Acad. Sitzung's. Ber.*, 1877, n° 2].

L'anisbydramide s'unit aussi à l'acide cyanhydrique et forme un diimido-cyanure de la formule

$$\begin{array}{l} C^6H^4(OCH^3)CH <^{CAz}_{AzH} \\ C^6H^4(OCH^3)CH < \\ C^6H^4(OCH^3)CH <^{AzH}_{CAz}. \end{array}$$

Ce corps est en cristaux blancs, fusibles à 85°. L'acide chlorhydrique le décompose en aldéhyde anisique et en un acide de la composition $C^9H^{11}AzO^3$, fusible à 153°, isomérique avec la tyrosine [Schäuffelen, *loc. cit.*]. M. Wassermann.

ANISOÏNE. — Voyez Anisique (aldéhyde).

ANISOL [Syn. *Phénate de méthyle*]. — Voyez Suppl. Phényliques (éthers).

ANISOPINACONE. — Voyez Hydranisoïne, t. II, p. 56.

ANISURAMIQUE (ACIDE), $C^9H^{10}Az^2O^4$. — Ce corps se précipite à l'état de poudre blanche amorphe, lorsqu'on mélange, à froid, des solutions de chlorhydrate d'acide amidoanisique et de cyanate de potassium. Il est peu soluble dans l'eau chaude (2000 p.) et se dépose de cette solution en aiguilles blanches.

Anisuramate de calcium,

$$(C^9H^9Az^2O^4)^2Ca + 7H^2O$$

— Il se précipite en aiguilles étoilées, lorsqu'on ajoute du chlorure de calcium à une solution ammoniacale de l'acide [Menschutkine, *Ann. der Chem. u. Pharm.*, t. CLIII, p. 83; *Bull. de la Soc. chim.*, t. XII, p. 295].

ANISURIQUE (acide). — Voyez t. I, p. 340. L'acide anisique introduit dans l'économie animale se transforme en acide anisurique (Græbe et Schultzen).

ANNITE (Min.). — Nom donné par M. Dana à la lépidomilane du cap Ann.

ANNIVITE (Min.). — Panabase du val d'Anniviers (Valais).

ANOL,

$$C^9H^{10}O = C^6H^4 <^{OH}_{CH=CH-CH^3}.$$

— L'anéthol étant un éther méthylique, l'anol est le phénol correspondant. Pour le préparer, on maintient, pendant quelque temps, un mélange d'anéthol et de potasse récemment fondue, à une température de 200°. Il se forme de l'anol, en même temps que de l'acide paraoxybenzoïque. On épuise par l'eau le produit de la réaction, et l'on sépare par filtration la matière huileuse qui s'est formée. La solution aqueuse, neutralisée avec de l'acide chlorhydrique, laisse déposer des flocons blancs d'anol, que l'on purifie par cristallisation dans l'eau chaude.

L'anol est en tables blanches, fusibles à 92°,5, bouillant à 250°, solubles dans l'eau chaude, l'alcool, l'éther et le chloroforme. La potasse le dissout et les acides le résinifient [Ladenburg, *Deutsch. chem. Gesellsch.*, t. II, p. 371 ; *Bull. de la Soc. chim.*, t. XIII, p. 271]. M. Wassermann.

ANTHÉMINE. — La partie de l'extrait de fleurs d'*Anthemis arvensis* qui est insoluble dans l'alcool cède à l'eau bouillante une base cristallisable, que l'on a nommée anthémine; la portion de l'extrait qui est soluble dans l'alcool renferme un acide cristallisable. Ces deux matières n'ont pas été étudiées [Pattone, *Compt. rend.*, t. XXXVI, p. 834].

ANTHOKIRRINE. — On a désigné sous ce nom la matière colorante cristallisable des fleurs d'*Antirrhinum linaria*. Elle paraît jouir de propriétés acides.

ANTHRACÈNE (Laurent) [Syn. *Paranaphtaline* (Dumas et Laurent), *photène* (Fritzsche), *acétylénodiphénylène*],

$$C^{14}H^{10} = C^6H^4 \begin{matrix} < \\ < \end{matrix} \begin{matrix} CH \\ | \\ CH \end{matrix} \begin{matrix} > \\ > \end{matrix} C^6H^4$$

[Dumas et Laurent, *Ann. de Chim. et de Phys.* 1832, (2), t. L, p. 187; — Laurent, *ibid.*, t. LX, p. 220; t. LXII, p. 424; t. LXVI, p. 148; t. LXXII, p. 415; — Fritzsche, *Journ. fur prakt. Chem.*, t. LXXIII, p. 286; — Anderson, *Proc. Roy. Soc. Edinb.*, t. XXII, p. 3, 681; *Répert. de Chim. pure*, 1861, t. IV, p. 392; — Limpricht, *Ann. der. Chem. u. Pharm.*, t. CXXXIX, p. 308; *Bull. de la Soc. chim*, 1866, t. VI, p. 467; — Berthelot, *Ann. de Chim. et de Phys.* (4), t. XII, p. 207; *Bull. de la Soc. chim.*, 1867, t. VIII, p. 225, 231; 1868, t. IX, p. 295; — Fritzsche, *Même recueil*, 1867, t. VIII, p. 191, 195; *Compt. rend.*, t. LXVII, p. 1105; — Graebe et Liebermann, *Ann. der Chem. u. Pharm.*, Supplementb. VII, p. 257; *Bull. de la Soc. chim.*, 1867, t. X, p. 482; 1870, t. XIV, p. 63]. — L'anthracène a été signalé pour la première fois, en 1832, par Dumas et Laurent, qui le découvrirent parmi les produits de la distillation du goudron de houille et le décrivirent, sous le nom de *paranaphtaline*, comme une matière cristalline renfermant $C^{15}H^{12}$ et fondant à 190°. Fritzsche l'a retrouvé plus tard dans le goudron de houille; il réussit à l'obtenir pur et à établir définitivement sa composition centésimale. Limpricht l'obtint, en 1866, dans la décomposition du chlorure de benzyle par l'eau à 190°. L'identité de ces divers composés a été établie par Anderson. Graebe et Liebermann en firent une étude approfondie, dès 1867, et réalisèrent sa transformation en alizarine. Depuis lors l'anthracène a été l'objet d'un grand nombre de recherches, dont nous citerons les auteurs à mesure que nous exposerons les faits.

Modes de formation. — L'anthracène se produit dans un grand nombre de réactions, savoir :

1° Lorsqu'on traite le chlorure de benzyle par l'eau à 190°; dans ces conditions, ce corps se décompose principalement d'après l'équation :

$$4C^7H^7Cl = 4HCl + C^{14}H^{14} + C^{14}H^{10}$$

[Limpricht, *Mém. cité*; — voir Zincke, *Deutsch. chem. Gesellsch.*, t. VII, p. 376; *Bull. de la Soc. chim.*, 1874, t. XXII, p. 216].

2° Lorsqu'on fait passer la vapeur du toluène à travers un tube chauffé au rouge :

$$2C^7H^8 = C^{14}H^{10} + 3H^2.$$

3° Dans la décomposition pyrogénée du xylène et du cumène [Berthelot, *Bull. de la Soc. chim.*, 1867, t. VII, p. 222].

Il prend naissance comme produit principal e abondant par la condensation d'un mélange de styrolène et de benzine, dirigé à travers un tube chauffé au rouge :

$$C^8H^8 + C^6H^6 = C^{14}H^{10} + 2H^2.$$

L'anthracène se trouve aussi parmi les produits de condensation d'un mélange d'éthylène et de benzine; mais ici sa formation est précédée par celle du styrolène; c'est ce dernier qui réagit sur une autre molécule de benzine pour engendrer l'anthracène [Berthelot, *ibid.*, 1867, t. VII, p. 279].

Il se forme en petite quantité lorsqu'on chauffe l'acétylène dans une cloche courbe à une température voisine de la fusion du verre [Berthelot, *ibid.*, t. VII, p. 309].

4° Le benzyle-toluène, dirigé à travers un tube chauffé au rouge, fournit environ 10 % de son poids d'anthracène [Van Dorp, *Deutsch. chem. Gesellsch.*, t. V, p. 1070; *Bull. de la Soc. chim.*, 1873, t. XIX, p. 259].

5° Le ditolyle liquide chauffé au rouge sombre en tube scellé pendant cinq minutes se dédouble très nettement en toluène, anthracène et phénanthrène :

$$2C^{14}H^{14} = C^{14}H^{10} + 2C^7H^8 + H^2.$$

Dans les mêmes conditions, le benzyle-toluène se transforme en anthracène et toluène :

$$2C^{14}H^{14} = C^{14}H^{10} + 2C^7H^8 + H^2.$$

Le phényle-xylène se décompose d'une manière analogue :

$$2C^{14}H^{14} = C^{14}H^{10} + C^8H^{10} + C^6H^6 + H^2.$$

La diphénylméthane donne un produit composé d'anthracène, de benzine et de xylène :

$$2C^{13}H^{12} = 2C^{14}H^{10} + 2C^6H^6 + H^2$$

[Barbier, *Compt. rend.* t. LXXIX, p. 121, 661, 811].

6° Par la distillation avec de la poudre de zinc de l'alizarine, de l'anthraquinone, de la purpurine, de l'acide chrysophanique (Graebe et Liebermann), de l'acide rufigallique [Jaffé, *Deutsch. chem. Gesellsch.*, t. III, p. 605], de l'acide frangulique [Faust, *Zeitsch. fur Chem.*, 1871, p. 340], de la purpuroxanthine [Rosenstiehl, *Compt. rend.*, t. LXXIX, p. 765], de la tolylphényle-acétone liquide [Behr et Van Dorp, *Deutsch. chem. Gesellsch.*, t. VI, p. 753], de l'anthraflavone [Barth et Senhofer, *Liebig's Ann. der Chem.*, t. CLXX, p. 100].

7° Les produits secondaires de la préparation du benzylphénol, distillant dans le vide de 220 à 320°, renferment de l'anthracène en quantité assez notable. L'anthracène se forme aussi par la distillation du benzylphénol avec l'anhydride phosphorique [Paterno et Fileti, *Gaz. chim. ital.*, 1873, p. 121, 251; *Bull. de la Soc. chim.*, 1873, t. XX, p. 463].

8° L'anthracène se trouve parmi les produits de décomposition de l'essence de térébenthine, dirigée à travers un tube chauffé au rouge [Schultz, *Deutsch. chem. Gesellsch.*, t. X, p. 113], et dans l'idryle brut [Goldschmidt, *ibid.*, t. X, p. 2022].

Préparation. — Sans nous occuper de l'extraction de l'anthracène du goudron de houille qui se fait industriellement depuis la synthèse de l'alizarine et qui a été indiquée p. 94, nous décrirons rapidement la purification de l'anthracène brut qu'on trouve dans le commerce. Voici la marche suivie par M. Berthelot [*Ann. de Chim. et de Phys.*, (4), t. XII, p. 207] :

On distille l'anthracène brut avec précaution, on recueille séparément ce qui passe depuis 340° jusqu'au point d'ébullition du mercure et on continue encore la distillation après que ce point a été atteint. On soumet le produit qui a passé entre ces limites de température à une nouvelle distillation, jusqu'à ce que le thermomètre, placé dans la cornue, marque 350°. Le résidu est constitué en grande partie par de l'anthracène proprement dit. On fait bouillir cette masse avec de l'huile légère de houille (portion volatile entre 120 et 150°), et on filtre la liqueur bouillante. Par refroidissement, elle se prend en une masse cristalline. On exprime le tout sous la presse jusqu'à ce que la substance placée entre des papiers buvards cesse de les tacher. On répète 4 ou 5 fois ces opérations : dissolution, cristallisation, expression de la matière.

Le produit final est jaunâtre et contient encore des traces de matières étrangères ; après quatre ou cinq cristallisations dans l'huile de houille, une seule cristallisation dans l'alcool fournit de l'anthracène à peu près pur, très nettement cristallisé en lamelles rhomboïdales, à arêtes bien définies, et capable de produire, avec le réactif de Fritzsche, des lamelles rose violacé.

L'anthracène ainsi obtenu est encore teinté en jaune ; pour l'obtenir parfaitement pur, on le soumet à une sublimation ménagée. A cet effet, on en remplit environ la dixième partie d'une cornue et on chauffe la matière de manière à la maintenir en fusion, sans atteindre l'ébullition. Dans ces conditions, l'anthracène se sublime lentement et vient se condenser dans le col de la cornue en lamelles minces et légères, incolores, douées d'une belle fluorescence violette. Fritzsche [*Bull. de la Soc. chim.*, 1867, t. VIII, p. 192] a indiqué un autre moyen d'obtenir la décoloration de l'anthracène et d'éliminer la teinte jaune, c'est-à-dire le *chrysogène*, comme il s'exprime. Ce moyen consiste à dissoudre l'anthracène dans la benzine et à exposer la solution bouillante à la lumière, en ayant soin de faire cesser l'action dès que la décoloration a eu lieu, pour éviter la formation de la modification insoluble. Suivant Schuller [*Deutsch. chem Gesellsch.*, t. III, p. 548 ; *Bull. de la Soc. chim.*, 1870, t. XIV, p. 422], la cristallisation dans la benzine ne s'effectue que difficilement, à cause du peu de solubilité de l'anthracène ; la sublimation est également longue et pénible ; on réussit mieux en chauffant le produit dans une cornue spacieuse et en faisant passer dans la cornue, lorsque l'anthracène commence à bouillir, un courant rapide d'air qui entraîne l'hydrocarbure ; celui-ci se condense en une neige jaunâtre.

Enfin on peut purifier l'anthracène brut, en arrosant 500 grammes d'anthracène avec de l'éther acétique, de manière à obtenir une bouillie liquide qu'on maintient à une douce chaleur pendant vingt-quatre à quarante-huit heures ; après quoi on filtre à la trempe et on lave le dépôt avec de l'éther acétique froid, aussi longtemps que celui-ci passe coloré en brun. On reprend le résidu par l'acide acétique glacial, on fait cristalliser et on sublime après dessiccation. On obtient ainsi l'anthracène en belles lamelles fluorescentes, fusibles à 213° [Zeidler, *Sitzungsber. d. Wien. Acad.*, t. LXXI, p. 427].

PROPRIÉTÉS PHYSIQUES. — L'anthracène est un carbure cristallisé, lamelleux, d'un blanc éclatant, doué d'une fluorescence violette, qui se manifeste seulement lorsque le carbure est absolument pur. L'anthracène pur sublimé dans le vide se présente en cristaux parfaitement blancs ou incolores, mais exempts de toute fluorescence [Von Wartha, *Deutsch. chem. Gesellsch.*, t. III, p. 548].

Il fond à 210° (Fritzsche, Berthelot), à 213° (Graebe et Liebermann). Le carbure maintenu en fusion vers 210-220° se sublime facilement, en répandant une odeur fétide et irritante, et en fournissant de petits cristaux, lamelleux, brillants et micacés. Vers 360°, l'anthracène entre en ébullition et distille sous la forme d'une masse d'un blanc jaunâtre, à aspect cristallin ; une portion notable s'altère pendant cette opération [Berthelot, *Ann. de Chim. et de Phys.* (4), t. XII, p. 207 ; *Bull. de la Soc. chim.*, t. VIII, p. 232].

L'anthracène pur fluorescent éclairé par les rayons les plus réfrangibles devient phosphorescent ; il émet une lumière dont le spectre est continu [Morton, *Chem. News*, t. XXVI, p. 199, 272 ; *Bull. de la Soc. chim.*, 1873, t. XIX, p. 176].

L'anthracène cristallise en prismes appartenant au système clinorhombique [Groth, *Deutsch. chem. Gesellsch.*, t. III, p. 454].

Densité de vapeur, 6,3 (Troost).

La vapeur de l'anthracène ne présente pas la fluorescence du carbure solide ; la couleur de l'étincelle électrique y est d'un bleu foncé et fournit un spectre continu [Perkin, *Journ. Chem. Soc.* (2), t. IX, p. 15].

L'anthracène pur est insoluble dans l'eau, peu soluble dans l'alcool, plus soluble dans l'éther, la benzine et les huiles essentielles. L'alcool bouillant et surtout les huiles légères de houille, à l'ébullition, le dissolvent en quantité plus grande, mais il se dépose de nouveau et presque totalement par le refroidissement [Berthelot, *Mém. cité*].

A froid, 100 parties d'alcool dissolvent 0,6 parties d'anthracène ; 100 p. de benzine, 0,9 ; 100 p. de sulfure de carbone, 1,7 [Gessert, *Jahresber. f. Chem.*, 1870, p. 569].

On doit à M. Versmann [*Chem. News*, t. XXX, p. 222] des indications sur la solubilité de l'anthracène dans l'alcool de diverses concentrations et dans quelques autres dissolvants :

A 15°, 100 parties d'alcool

d'une densité de	0,800	dissolvent	0,591	p. d'anthracène
—	0,825	—	0,574	—
—	0,830	—	0,491	—
—	0,835	—	0,475	—
—	0,840	—	0,450	—
—	0,850	—	0,423	—

100 parties d'éther dissolvent	1,175	p. d'anthracène.
— de chloroforme —	1,736	—
— de sulfure de carbone	1,478	—
— d'acide acétique —	0,444	—
— de benzine —	1,661	—
— de pétrole —	0,391	—

RÉACTIONS ET DÉCOMPOSITIONS. — 1. L'anthracène pur exposé en solution benzénique à l'action de la lumière solaire laisse déposer bientôt des cristaux de *paranthracène*, à peu près insolubles dans la plupart des dissolvants et presque inattaquables par les acides sulfurique et azotique concentrés. Le paranthracène fond à 244° [Graebe et Liebermann, *Mém. cité*]. En fondant, il régénère de l'anthracène [Fritzsche, *Compt. rend.*, t. LXIV, p. 1035].

2. Chauffé légèrement avec l'acide sulfurique fumant ou ordinaire, il s'y dissout peu à peu complètement, en formant une solution verdâtre que l'eau ne précipite pas. La coloration verte paraît due à la présence d'une trace de composés nitrés, car avec l'acide sulfurique pur la coloration est jaune.

L'anthracène est attaqué avec une extrême violence par l'acide sulfurique fumant [Berthelot, *Mém. cité*].

3. Les *oxydants* transforment l'anthracène en anthraquinone [Anderson, Graebe et Liebermann].

4. *Réducteurs.* — L'anthracène chauffé à 280° avec cent fois son poids d'acide iodhydrique donne naissance à trois carbures : 1° l'hydrure de tétradécylène $C^{14}H^{30}$, produit principal, bouillant vers 240°; 2° l'hydrure d'heptylène, C^7H^{16}, qui bout vers 95°, peu abondant; 3° un carbure oléagineux, assez abondant et qui ne distille pas encore à 360° [Berthelot, *Bull. de la Soc. chim.*, 1867, t. VIII, p. 232]. L'action plus ménagée de l'acide iodhydrique, en présence du phosphore, donne naissance au dihydrure et à l'hexahydrure d'anthracène [Graebe et Liebermann, *Loc. cit.*].

5. *Halogènes.* — Le brome attaque vivement l'anthracène avec dégagement d'acide bromhydrique.

Le chlore agit d'une manière analogue. Les produits de la chloruration complète de l'anthracène sont la perchlorobenzine et le perchlorométhane [Ruoff, *Deutsch. chem. Gesellsch.*, t. IX, p. 1483].

Chauffé avec de l'iode, l'anthracène est bientôt attaqué avec dégagement d'acide iodhydrique et formation d'une matière charbonneuse. A 100°, l'iode polymérise l'anthracène, en produisant une matière brune, insoluble, renfermant une certaine quantité d'iode en combinaison [Berthelot, *Mém. cité*].

L'iode est sans action sur l'anthracène en solution dans le sulfure de carbone, l'alcool et la benzine. En présence de l'oxyde de mercure, une solution alcoolique d'iode transforme l'anthracène en anthraquinone [Zeidler, *Mém. cité*].

Le chlorure de manganèse et le chlorure de chaux, le chlorure et le nitrate ferriques transforment l'anthracène en anthraquinone [Henniger, *Dinglers polyt. Journ.*, t. CCXXI, p. 351]. L'acide chlorochromique en solution acétique agit de même [Haller, *Deutsch. chem. Gesellsch.*, t. X, p. 734].

6. Un mélange d'acide chlorhydrique et de chlorate de potassium produit des dérivés tétrachlorés [Ch. Girard, *Bull. de la Soc. chim.*, 1872, t. XVIII, p. 371].

7. Avec le perchlorure d'antimoine, on obtient suivant la température et la durée de la réaction des dérivés plus ou moins chlorés [Diehl, *Deutsch. chem. Gesellsch.*, t. XI, p. 173].

8. L'anthracène fondu avec du soufre dégage de l'hydrogène sulfuré en abondance, tandis qu'une partie se sublime en beaux cristaux fluorescents [Von Wartha, *Mém. cité*].

9. Le potassium chauffé avec l'anthracène forme un composé noir analogue au composé potassique de la naphtaline [Berthelot, *Mém. cité*].

COMBINAISONS DE L'ANTHRACÈNE. — 1° *Picrate d'anthracène*,

$$2C^6H^2(AzO^2)^3OH + C^{14}H^{10}.$$

— L'anthracène pur donne avec plusieurs composés nitrés des combinaisons doubles, douées des couleurs les plus vives. Ces combinaisons sont très importantes, car elles permettent de juger du degré de pureté de l'anthracène.

Lorsqu'on dissout l'anthracène avec de l'acide picrique dans de la benzine bouillante, il se dépose, par le refroidissement, des cristaux d'un rouge rubis. L'alcool et l'éther décomposent cette combinaison en lui enlevant de l'acide picrique; l'eau produit le même effet à la surface. Les cristaux fondent à 170°; ils sont décomposés rapidement par l'ammoniaque étendue.

Le picrate d'anthracène se dédouble très facilement par l'action d'un excès d'alcool; à la solution rouge dans laquelle se forme le picrate, il suffit d'ajouter un peu d'alcool, pour voir la liqueur se décolorer aussitôt, en conservant seulement la couleur des solutions picriques [Fritzsche, *Compt. rend.*, t. XLVII, p. 723; — H. Limpricht, *Ann. der Chem. u. Pharm.*, t. CXXXIX, p. 308; Berthelot, *Bull. de la Soc. chim.*, 1867, t. VII, p. 33].

2° L'anthracène donne avec la *dinitranthraquinone* (réactif de Fritzsche) des tables rhomboïdales d'un violet rouge brillant. Chauffée vers 180°, cette combinaison abandonne l'anthracène qui se volatilise, tandis que le composé nitré reste comme résidu. Elle se dédouble également sous l'influence d'une petite quantité de benzine et par l'action d'un mélange d'acides azotique et acétique qui ne dissout que l'anthracène.

L'anthracène absolument pur fournit avec la dinitranthraquinone des lamelles roses; s'il est un peu moins pur, il produit des lamelles bleues. Enfin, quand les matières étrangères sont plus abondantes, toute réaction spécifique cesse de se manifester, bien que la masse principale soit formée par l'anthracène [Fritzsche, *Bull. de la Soc. chim.*, 1867, t. VIII, p. 102; — Berthelot, *ibid.*, p. 232].

3° La *picramide* forme avec l'anthracène une combinaison double, $C^{14}H^{10}.C^6H^2(AzO^2)^3AzH^2$, qui cristallise dans l'alcool en magnifiques aiguilles rouges, fusibles à 165-170° [Liebermann et Palin, *Deutsch. chem. Gesellsch.*, t. VIII, p. 377; *Bull. de la Soc. chim.*, 1875, t. XXIV, p. 402].

Un mélange d'anthracène et de phénanthrène donne avec la dinitranthraquinone les lamelles bleues, signalées par Fritzsche comme caractéristiques d'un carbure isomère de l'anthracène, le *phosène* [Barbier, *Compt. rend.*, t. LXXIX, p. 121].

DOSAGE. — Toutes les méthodes proposées jusqu'à présent pour le dosage de l'anthracène sont formées sur la transformation du carbure en anthraquinone. L'exactitude de ces méthodes a été contestée bien des fois; il paraît cependant qu'elles donnent des résultats assez exacts lorsqu'on les exécute avec précaution [Luck, *Deutsch chem. Gesellsch.*, t. VI, p. 1347; *Bull. de la Soc. chim.*, 1874, t. XXI, p. 235; — P. et A. Cownley, *Chem. News*, t. XXVIII, p. 175; — Versmann, *Monit. scient.* (3), t. IV, p. 433; — Lucas, *Chem. News*, t. XXX, p. 190; — Luck, *Zeitsch. für analyt. Chem.*, 1874, p. 251; — Meister, Lucius et Brüning, *Chem. News*, t. XXXIV, p. 167].

Voici la marche analytique qu'il faut suivre d'après ces derniers chimistes :

On introduit 1 gramme de l'anthracène à essayer dans un ballon de 50 centimètres cubes, muni d'un appareil à reflux; on y ajoute 45 centimètres cubes d'acide acétique cristallisable et l'on fait bouillir; pendant l'ébullition, on introduit goutte à goutte 15 grammes d'acide chromique dissous dans 10 centimètres cubes d'acide acétique et 10 centimètres cubes d'eau; cette addition dure deux heures; on prolonge encore l'ébullition pendant deux heures, après quoi on abandonne le tout pendant douze heures. Au bout de ce temps, on étend de 400 centimètres cubes d'eau et on laisse reposer trois heures. Le précipité d'anthraquinone est recueilli sur un filtre et lavé successivement à l'eau pure, à la potasse faible bouillante et à l'eau bouillante. L'anthraquinone est ensuite vidée dans une capsule à l'aide d'une pipette, et séchée à 100°. On la mélange alors dans la capsule même avec dix fois son poids d'acide sulfurique fumant marquant 68° Baumé (densité = 1,88) et on chauffe pendant dix minutes à 100°. Après douze heures de repos dans un endroit humide, on étend la solution quinonique de 200 centimètres cubes d'eau, on recueille le précipité d'anthraquinone et on le lave de nouveau comme la première fois; on le sèche à 100° et on le pèse. Finalement on volatilise l'anthraquinone pour obtenir le poids des cendres que l'on défalque de la première pesée.

M. Schultz [*Deutsch. chem. Gesellsch.*, t. X, p. 1051] remarque avec juste raison que la présence du méthylanthracène dans l'anthracène brut offre une certaine importance dans le dosage de ce dernier. Comme on néglige l'acide anthraquinone-carboxylique, formé par oxydation et soluble dans les alcalis, on titre en réalité l'anthracène au-dessous de sa valeur, car le méthylanthracène ainsi négligé donne des matières colorantes aussi belles que l'alizarine.

HYDRURES D'ANTHRACÈNE. — Ces produits ont été étudiés par Graebe et Liebermann, dans leur mémorable travail sur l'anthracène [*Ann. der Chem. u. Pharm.*, Supplementband VII, p. 257; *Bull. de la Soc. chim.*, 1868, t. X, p. 482; t. XIV, p. 63].

Dihydrure d'anthracène, $C^{14}H^{12}$. — 1° On chauffe l'anthracène avec 10 parties d'alcool dans un appareil à reflux, en introduisant peu à peu des morceaux d'amalgame de sodium. On neutralise le liquide de temps en temps pour accélérer la réduction. Au bout de douze à vingt-quatre heures, la majeure partie du dihydrure s'est déposée ; on précipite le reste par addition d'eau.

2° On fait bouillir pendant une heure 20 gr. d'anthracène avec 80 grammes d'acide iodhydrique d'une densité de 1,7 en présence du phosphore ordinaire (6 grammes) [Liebermann et Topf, *Deutsch. chem. Gesellsch.*, t. IX, p. 1201; *Bull. de la Soc. chim.*, 1877, t. XXVII, p. 461].

Le dihydrure d'anthracène cristallise en tables incolores appartenant au système clinorhombique, insolubles dans l'eau, très solubles dans l'éther, l'alcool et la benzine. Il fond à 106° et se sublime en aiguilles brillantes; il bout à 305°. Il ne donne pas de combinaison avec l'acide picrique. Sa vapeur, dirigée à travers un tube chauffé au rouge, se dédouble en anthracène et hydrogène. L'acide sulfurique concentré réagit à 100° avec formation d'anthracène et d'acide sulfureux :

$$C^{14}H^{12} + SO^4H^2 = C^{14}H^{10} + SO^2 + 2H^2O.$$

Le brome transforme le dihydrure d'anthracène, dissous dans le sulfure de carbone, en dibromanthracène :

$$C^{14}H^{12} + 3Br^2 = C^{14}H^8Br^2 + 4HBr.$$

Les oxydants le transforment en anthraquinone.

Hexahydrure d'anthracène, $C^{14}H^{16}$. — On chauffe le composé précédent avec 5 p. d'acide iodhydrique bouillant à 127° et du phosphore amorphe (un tiers du poids du carbure) de 200 à 220° pendant dix à douze heures. L'hydrogène phosphoré qui se forme en grande quantité dans cette préparation la rend très pénible et amène souvent la rupture des tubes. Le produit de la réaction est lavé à l'eau, purifié par expression et distillé.

L'hexahydrure d'anthracène fond à 63° et bout à 290°. Il cristallise en lamelles très solubles dans l'alcool, l'éther et la benzine. Le brome et l'acide sulfurique l'attaquent comme le dihydrure; l'acide azotique agit plus difficilement.

PRODUITS DE SUBSTITUTION DE L'ANTHRACÈNE.

Des travaux intéressants ont amené la découverte et l'étude d'un grand nombre de produits de substitution de l'anthracène. Cependant on rencontre très peu d'isomères parmi les nombreux dérivés ainsi obtenus. Les corps halogènes et les groupes qui se substituent à l'hydrogène de l'anthracène montrent, en quelque sorte, une prédilection marquée pour certaines positions du noyau anthracénique et reproduisent presque toujours, malgré la différence dans les méthodes de préparation, les mêmes composés.

ANTHRACÈNES BROMÉS.

MONOBROMANTHRACÈNE, $C^{14}H^9Br$. — Il se forme par la décomposition du dibromure d'anthracène à froid et plus rapidement à chaud :

$$C^{14}H^{10}Br^2 = C^{14}H^9Br + HBr.$$

Il se produit aussi lorsqu'on ajoute du brome à une solution sulfocarbonique d'anthracène à la température ordinaire.

Le monobromanthracène fond à 100°. Il est soluble dans la benzine, l'acide acétique, le sulfure de carbone, moins facilement dans l'alcool. Il cristallise en longues aiguilles jaunes et se dissout avec une couleur verte dans l'acide sulfurique fumant. La solution benzénique donne avec l'acide picrique une combinaison ressemblant à l'alizarine [Perkin, *Chem. News*, t. XXXIV, p. 145; *Bull. de la Soc. chim.*, 1877, t. XXVII, p. 464].

DIBROMANTHRACÈNE, $C^{14}H^8Br^2$. — On ajoute goutte à goutte du brome à une solution sulfocarbonique d'anthracène; le dérivé dibromé se dépose en grande partie; on le fait cristalliser dans le xylène ou le toluène.

Le dibromanthracène se dépose par le refroidissement de ses solutions bouillantes en belles aiguilles jaune d'or, peu solubles dans l'alcool, l'éther et la benzine froide, plus solubles dans la benzine bouillante. Il fond à 221° et se sublime en longues aiguilles jaunes. La potasse alcoolique le décompose à 160° en régénérant de l'anthracène. La chaux vive et la chaux sodée agissent d'une manière analogue. Les oxydants le transforment en anthraquinone :

$$C^{14}H^8Br^2 + O^2 = C^{14}H^8O^2 + Br^2$$

[Graebe et Liebermann, *Mém. cité*].

Le dibromanthracène se dissout peu à peu dans l'acide sulfurique fumant; la solution verte devient jaune lorsqu'on l'étend d'eau et renferme alors de l'acide dibromanthracène-disulfonique et peut-être aussi de l'acide monosulfonique.

Lorsqu'on chauffe le dibromanthracène avec de l'acide sulfurique fumant, l'acide sulfonique d'abord formé se transforme en acide anthraquinone-sulfonique :

$$C^{14}H^6Br^2.2SO^3 + SO^4H^2$$
$$= C^{14}H^6O^2.2SO^3 + 2HBr + SO^2.$$

Le dibromanthracène se combine avec l'acide picrique, en donnant un composé cristallin rouge, qui a pour composition :

$$C^{14}H^8Br^2.C^6H^3(AzO^2)^3O$$

[Perkin, *Chem. News*, 1870, p. 37; *Bull. de la Soc. chim.*, 1870, t. XIV, p. 456].

ISODIBROMANTHRACÈNE, $C^{14}H^8Br^2$. — Ce composé, isomère du précédent, se forme lorsqu'on chauffe la dibromanthraquinone pendant huit heures avec de l'acide iodhydrique et du phosphore rouge; on reprend par la benzine et l'on fait cristalliser dans l'alcool.

Lamelles brillantes, jaune d'or, fusibles à 190-192°, plus solubles dans la benzine et l'alcool que le dibromanthracène. L'acide sulfurique le dissout avec une couleur brune; l'eau le précipite de sa solution sans altérer ses propriétés. Par l'oxydation il se transforme en dibromanthraquinone [Miller, *Liebig's Ann. der Chem.*, t. CLXXXII, p. 366].

L'isomérie des deux anthracènes dibromés

s'explique très facilement : dans le dibromanthracène, les deux atomes de brome occupent la même position que les deux atomes d'oxygène dans l'anthraquinone, car l'oxydation le transforme en anthraquinone avec élimination du brome. Dans l'isodibromanthracène, au contraire, le brome occupe la même position que les hydroxyles dans l'alizarine; aussi l'oxydation le transforme-t-elle en dibromanthraquinone. Les deux formules suivantes permettent de se rendre compte facilement de cette isomérie :

$$C^6H^4 < \begin{matrix} CBr \\ CBr \end{matrix} > C^6H^4 \qquad C^6H^4 < \begin{matrix} CH \\ CH \end{matrix} > C^6H^2Br^2.$$

Dibromanthracène. Isodibromanthracène.

Tribromanthracène, $C^{14}H^7Br^3$. — Il s'obtient en chauffant à 200° le tétrabromure d'anthracène dibromé et en faisant cristalliser le produit de la réaction dans la benzine. Le rendement est théorique. Le corps obtenu est en aiguilles jaunes, peu solubles dans l'alcool, très solubles dans la benzine. Il fond à 169° et se sublime en aiguilles. Les oxydants le transforment en anthraquinone monobromée :

$$C^{14}H^7Br^3 + O^2 = C^{14}H^7BrO^2 + Br^2.$$

Il peut fixer 4 atomes de brome.

Tétrabromanthracène, $C^{14}H^6Br^4$. — Ce corps, décrit par Anderson comme dibromure d'anthracène dibromé, se forme lorsqu'on chauffe au bain-marie du tétrabromure d'anthracène dibromé avec une solution aqueuse concentrée de potasse (un tiers du poids du bromure employé) additionnée d'alcool. Il est en aiguilles jaunes, fusibles à 254°, peu solubles dans l'eau et l'éther, un peu plus dans la benzine; ses meilleurs dissolvants sont les homologues supérieurs de la benzine. L'acide azotique le transforme en dibromanthraquinone [Graebe et Liebermann, *Mém. cité*].

Le tétrabromanthracène peut fixer 4 atomes de brome pour se transformer en tétrabromure de tétrabromanthracène.

Pentabromanthracène, $C^{14}H^5Br^5$. — Le tétrabromure de tétrabromanthracène, maintenu pendant quelque temps à 230°, perd du brome et de l'acide bromhydrique et donne naissance au pentabromanthracène.

Poudre jaune, fusible vers 212°, sublimable, très soluble dans la benzine, le toluène et le sulfure de carbone, peu soluble dans l'alcool et l'éther. L'oxydation le transforme en tribromanthraquinone.

Hexabromanthracène, $C^{14}H^4Br^6$. — Il s'obtient en chauffant le tétrabromure de tétrabromanthracène au bain-marie avec une solution de soude alcoolique. Il est peu soluble dans les dissolvants ordinaires. L'huile de naphte bouillant entre 130 et 160° est son meilleur dissolvant, et l'abandonne par le refroidissement en aiguilles soyeuses jaune d'or, fusibles à 370° et sublimables. Il résiste à l'action du brome; l'oxydation le transforme en tétrabromanthraquinone [Hammerschlag, *Deutsch. chem. Gesellsch.*, t. X, p. 1212; *Bull. de la Soc. chim.*, 1878, t. XXIX, p. 442].

Isohexabromanthracène, $C^{14}H^4Br^6$. — On ajoute peu à peu du brome, additionné d'un peu d'iode, à de l'anthracène maintenu à 120° au bain-marie, dans un appareil à reflux; la réaction est très violente; on l'arrête après douze heures environ quand il ne se dégage plus d'acide bromhydrique. On fait bouillir avec de l'eau alcalisée et on fait cristalliser le résidu dans le chloroforme ou dans le toluène.

Ce corps est insoluble dans l'alcool, l'éther, l'acide acétique, plus soluble dans la benzine chaude, le toluène et le chloroforme. Il fond de 310 à 320° et se sublime en flocons légers jaune clair. La potasse alcoolique et l'acide azotique fumant ne l'attaquent pas. L'acide sulfurique le dissout à chaud avec une coloration jaune et l'eau le précipite inaltéré de cette solution. L'oxydation le transforme en tétrabromanthraquinone.

Heptabromanthracène, $C^{14}H^3Br^7$. — On l'obtient par l'action prolongée d'un mélange de brome et d'iode sur l'anthracène à 200°, en tubes scellés. Le produit de la réaction est jaune clair, cristallin. On chauffe au bain-marie, on lave à la potasse, on fait cristalliser dans le chloroforme et on sublime.

Aiguilles légères, réunies en faisceaux, ne fondant pas à 350°, insolubles dans l'alcool, l'éther, l'acide acétique et la benzine, peu solubles dans le toluène. Les meilleurs dissolvants sont le chloroforme et le sulfure de carbone. Il résiste énergiquement à l'action des réactifs. Le bromure d'iode le transforme à 300° en

Octobromanthracène, $C^{14}H^2Br^8$. — Le produit de la réaction est traité par la potasse et repris par le chloroforme bouillant, qui enlève l'heptabromanthracène non attaqué. — Poudre jaune, donnant par la sublimation des aiguilles jaune foncé, peu solubles [Diehl, *Deutsch. chem. Gesellsch.*, t. XI, p. 172.]

PRODUITS D'ADDITION BROMÉS.

Dibromure d'anthracène, $C^{14}H^{10}Br^2$. — Lorsqu'on mélange en quantités théoriques des solutions sulfocarboniques d'anthracène et de brome, refroidies vers 0°, on obtient une solution rouge qui se décolore peu à peu et qui laisse déposer de petits cristaux blancs et brillants. C'est le dibromure d'anthracène qu'on purifie par des lavages à l'éther anhydre et par dessiccation dans le vide. Il cristallise en prismes obliques qui deviennent bientôt opaques et jaunes, en dégageant de l'acide bromhydrique. Il est peu soluble dans l'alcool, l'éther, le sulfure de carbone, et se transforme en anthraquinone par l'oxydation [Perkin, *Chem. News*, t. XXXIV, p. 145; *Bull. de la Soc. chim.*, 1877, t. XXVII, p. 464].

Tétrabromure de dibromanthracène,

$C^{14}H^8Br^2.Br^4$.

— Cette combinaison, décrite par Anderson comme hexabromure, s'obtient en étalant le dibromanthracène sur une plaque de verre qu'on place sous une cloche au-dessus d'une capsule renfermant la quantité équivalente de brome. Aussitôt que les vapeurs bromées ont disparu, on lave à l'éther et on fait cristalliser dans la benzine.

Tables incolores, dures, assez épaisses, insolubles dans l'eau, peu solubles dans l'éther, l'alcool et la benzine froide, plus solubles dans la benzine bouillante. Il fond entre 170 et 180°, en dégageant du brome et de l'acide bromhydrique et en laissant comme résidu du tribromanthracène pur :

$$C^{14}H^8Br^6 = C^{14}H^7Br^3 + HBr + Br^2.$$

La potasse alcoolique le transforme en tétrabromanthracène [Graebe et Liebermann, *Mém cité*].

Tétrabromure de tétrabromanthracène,

$C^{14}H^6Br^4.Br^4$.

— Le tétrabromanthracène, exposé pendant quelque temps sous une cloche à l'action des vapeurs de brome, se transforme en une poudre blanche très légère, qu'on lave à l'éther. Le sulfure de carbone n'en dissout que 1 % de son poids, cependant c'est son meilleur dissolvant; il l'abandonne en prismes incolores, fusibles vers 212°. Maintenu pendant quelque temps à 230°, il perd du brome et de l'acide bromhydrique et se transforme en pentabromanthracène :

$$C^{14}H^{6}Br^{8} = C^{14}H^{5}Br^{5} + HBr + Br^{2}.$$

La soude alcoolique le transforme en hexabromanthracène [Hammerschlag, *Deutsch. chem. Gesellsch.*, t. X, p. 1212; *Bull. de la Soc. chim.*, 1878, t. XXIX, p. 524].

ANTHRACÈNES CHLORÉS.

Anderson a décrit un dichlorure d'anthracène et un monochloranthracène. Le premier de ces corps est évidemment, d'après son mode de formation, le dichloranthracène; le second, un mélange de celui-ci et d'anthracène.

MONOCHLORANTHRACÈNE, $C^{14}H^{9}Cl$. — Il s'obtient facilement par la décomposition spontanée du dichlorure d'anthracène (voir plus loin). Il cristallise dans l'alcool en longues aiguilles jaune d'or, fusibles à 103°, très solubles dans l'éther, la benzine et le sulfure de carbone. L'acide sulfurique fumant le dissout avec une couleur verte. Si l'on chauffe, la solution devient brune et paraît alors renfermer de l'acide anthraquino-disulfureux. Il donne avec l'acide picrique une combinaison qui cristallise en magnifiques aiguilles écarlates [Perkin, *Mém. cité*].

DICHLORANTHRACÈNE, $C^{14}H^{8}Cl^{2}$. — On le prépare en faisant réagir le chlore à 100° sur l'anthracène. Il cristallise et se sublime en longues aiguilles jaunes, fusibles à 209°. Il est très soluble dans la benzine, peu soluble dans l'alcool et l'éther. La solution alcoolique possède une magnifique fluorescence bleue. La potasse alcoolique n'attaque pas le dichloranthracène à l'ébullition. Les oxydants le transforment en anthraquinone [Graebe et Liebermann, *Mém. cité*].

Le dichloranthracène se comporte vis-à-vis de l'acide sulfurique fumant et de l'acide picrique comme le dibromanthracène (Perkin).

TRICHLORANTHRACÈNE, $C^{14}H^{7}Cl^{3}$. — Ce composé se forme lentement à froid, rapidement à 170°, par la décomposition du dichlorure de dichloranthracène. Il cristallise dans l'alcool en longues aiguilles jaunes, fusibles à 162-163°. La solution alcoolique présente une fluorescence bleue. L'eau le transforme à une température élevée en anthraquinone. La potasse alcoolique et l'acide sulfurique concentré produisent le même effet [Schwarzer, *Deutsch. chem. Gesellsch.*, t. X, p. 376; *Bull. de la Soc. chim.*, 1878, t. XXIX, p. 64].

Le corps obtenu par Graebe et Liebermann par l'action du perchlorure de phosphore sur l'anthraquinone est probablement identique avec ce trichloranthracène.

TÉTRACHLORANTHRACÈNE, $C^{14}H^{6}Cl^{4}$. — On traite l'anthracène à 170-180° par un courant de chlore; il se dégage beaucoup d'acide chlorhydrique, la masse fond et se solidifie par le refroidissement. On la traite par la potasse alcoolique et on fait cristalliser dans la benzine.

Le tétrachloranthracène cristallise dans la benzine en aiguilles jaune d'or, réunies en étoiles, fusibles vers 220°. Il est peu soluble dans l'alcool et la benzine froide, plus soluble dans la benzine chaude. L'acide azotique le transforme en dichloranthraquinone [Graebe et Liebermann, *Mém. cité*].

HEXACHLORANTHRACÈNE, $C^{14}H^{4}Cl^{6}$. — On chauffe le tétrachlorure de dichloranthracène avec du perchlorure d'antimoine à 180-200°, et on arrête l'opération aussitôt que des aiguilles jaunes commencent à se sublimer dans le col de la cornue. On traite le résidu par l'acide chlorhydrique et on le sublime.

L'hexachloranthracène est en aiguilles jaunes, fusibles à 320° et sublimables à une température plus élevée. Il est insoluble dans l'alcool, l'éther, l'acide acétique et la benzine froide, plus soluble dans la benzine chaude, le toluène et le chloroforme; ses meilleurs dissolvants sont la nitrobenzine, la ligroïne et le sulfure de carbone. La potasse alcoolique et l'acide azotique ne l'attaquent pas, même à l'ébullition. L'acide sulfurique le dissout avec une couleur jaune clair; la solution brunit par une ébullition prolongée. Un mélange de dichromate de potassium et d'acide sulfurique le transforme en tétrachloranthraquinone.

HEPTACHLORANTHRACÈNE, $C^{14}H^{3}Cl^{7}$. — Il s'obtient par l'action prolongée du perchlorure d'antimoine sur l'anthracène à 200°. On le purifie comme le précédent. — Aiguilles jaunes, fusibles à 350°.

OCTOCHLORANTHRACÈNE, $C^{14}H^{2}Cl^{8}$. — On traite l'anthracène ou un de ses dérivés chlorés par le perchlorure d'antimoine à 275-280°. Il se forme en même temps du perchlorométhane et de la perchlorobenzine. On traite par l'acide chlorhydrique et on reprend le résidu par la benzine chaude qui dissout la perchlorobenzine. Le résidu fournit par sublimation des aiguilles qui ne fondent pas encore à 350° [Diehl, *Deutsch. chem. Gesellsch.*, t. XI, p. 173].

DÉRIVÉS D'ADDITION CHLORÉS.

DICHLORURE D'ANTHRACÈNE, $C^{14}H^{10}Cl^{2}$. — Lorsqu'on dirige un courant lent de chlore dans une solution sulfocarbonique d'anthracène au centième, maintenue à 0°, il se dépose bientôt un produit cristallin peu soluble. C'est le dichlorure qui se décompose rapidement, même à la température ordinaire, en acide chlorhydrique et en monochloranthracène [Perkin, *Mém. cité*].

DICHLORURE DE DICHLORANTHRACÈNE, $C^{14}H^{8}Cl^{2}.Cl^{2}$. — On en connaît deux isomères :

1. Le produit obtenu par l'action du perchlorure de phosphore sur le dichlorure dérivé de l'anthraquinone. Sa formule de structure résulte de son mode de formation :

$$C^{6}H^{4} < {CCl^{2} \atop CO} > C^{6}H^{4} + PCl^{5}$$

$$= C^{6}H^{4} < {CCl^{2} \atop CCl^{2}} > C^{6}H^{4} + POCl^{3}.$$

Il est en aiguilles blanches, fusibles à 203-204°, cristallisables dans l'éther et la ligroïne (essence de pétrole). Ses solutions présentent une belle fluorescence bleue [Thoerner et Zincke, *Deutsch. chem. Gesellsch.*, t. X, p. 1477].

2. Le composé qui se forme par l'action du chlore sur une solution chloroformique d'anthracène. Cette solution s'épaissit d'abord par suite de la formation du dichloranthracène, mais elle redevient limpide si l'on continue le courant gazeux. On distille le chloroforme et on fait cristalliser le résidu dans l'éther et le chloroforme.

Prismes limpides, fusibles à 149-150°, peu solubles dans l'alcool et l'éther, très solubles dans le chloroforme et la benzine. Chauffé à 170°, il perd de l'acide chlorhydrique et se transforme en trichloranthracène [Schwarzer, *Mém. cité*].

TÉTRACHLORURE DE DICHLORANTHRACÈNE,

$C^{14}H^{8}Cl^{2}.Cl^{4}$.

— On traite l'anthracène à froid par un courant

rapide de chlore jusqu'à ce qu'il ne se dégage plus d'acide chlorhydrique. On continue ensuite le traitement par le chlore au bain d'huile et on chauffe finalement à 230°. Le produit de la réaction, décoloré en solution benzénique par le charbon animal, est dissous dans l'acide acétique bouillant et précipité par l'eau. Il se dépose en grains microscopiques jaune clair, fusibles à 141-145° en se décomposant. La potasse alcoolique le transforme en tétrachloranthracène, fusible à 220° [Diehl, *Mém. cité*].

ANTHRACÈNES CHLOROBROMÉS.

TÉTRABROMURE DE DICHLORANTHRACÈNE,

$C^{14}H^{8}Cl^{2}.Br^{4}$.

— Cette combinaison, signalée par Graebe et Liebermann, se forme lorsqu'on expose le dichloranthracène à l'action prolongée des vapeurs de brome. Elle cristallise dans la benzine en aiguilles nacrées, blanches, fusibles à 160°, très solubles dans la benzine et le chloroforme, peu solubles dans l'alcool et l'éther. Chauffée longtemps à 180°, elle perd du brome et de l'acide bromhydrique, et se transforme en dichlorobromanthracène $C^{14}H^{7}Cl^{2}Br$, qui cristallise dans la benzine en lamelles d'un jaune verdâtre, fusibles à 168°, très solubles dans la benzine et le chloroforme.

DICHLORODIBROMANTHRACÈNE, $C^{14}H^{6}Cl^{2}Br^{2}$. — C'est le produit de l'action de la potasse alcoolique sur le tétrabromure de dichloranthracène. Il cristallise dans la benzine en petites aiguilles jaunes, très solubles dans la benzine, peu solubles dans l'alcool et dans l'acide acétique. Le produit sublimé fond à 251-252°. L'acide nitrique le transforme en dibromanthraquinone [Schwarzer, *Deutsch. chem. Gesellsch.*, t. X, p. 376; *Bull. de la Soc. chim.*, 1878, t. XXIX, p. 64].

ACIDES SULFONIQUES DE L'ANTHRACÈNE.

Par l'action de l'acide sulfurique sur l'anthracène, il se forme deux acides anthramonosulfoniques différents; on les sépare de la manière suivante : On chauffe au bain-marie 1 p. d'anthracène avec 3 p. d'acide sulfurique jusqu'à ce qu'une portion de la masse se dissolve dans l'eau avec une couleur brune; à ce moment, on dissout le tout dans l'eau bouillante, on sépare par filtration l'anthracène non attaqué et on sature la solution filtrée par le carbonate de plomb. Les deux sels de plomb sont séparés par cristallisation fractionnée; le sel de l'acide α, étant le moins soluble, cristallise d'abord, tandis que le sel de l'acide β reste en dissolution. On purifie ces sels par cristallisation et on les décompose par l'hydrogène sulfuré. L'acide α se forme en plus grande proportion que l'acide β.

ACIDE α-ANTHRACÉNOMONOSULFONIQUE, $C^{14}H^{9}.SO^{3}H$. — Prismes et tables jaune clair, peu solubles dans l'eau chaude, très solubles à froid, inaltérables à l'air.

Le sel de *plomb* $(C^{14}H^{9}.SO^{3})^{2}Pb + 4H^{2}O$ cristallise en lamelles d'un jaune clair, très solubles dans l'eau bouillante, un peu moins solubles à froid.

Le sel de *baryum* $(C^{14}H^{9}.SO^{3})^{2}Ba + 6H^{2}O$ est en aiguilles jaunâtres, plus solubles dans l'eau que le sel plombique. Le sel de sodium est en plaques microscopiques très solubles dans l'eau.

ACIDE β-ANTHRACÉNOMONOSULFONIQUE, $C^{14}H^{9}.SO^{3}H$. — Beaux prismes jaune clair, peu solubles dans l'eau et stables à l'air.

Le sel de *baryum* $(C^{14}H^{9}.SO^{3})^{2}Ba + 7H^{2}O$ se dépose de sa solution dans l'eau bouillante en belles tables nacrées, jaunâtres.

Le sel de *plomb* $(C^{14}H^{9}.SO^{3})^{2}Pb + 7H^{2}O$ est en prismes d'un blanc jaunâtre, très peu solubles dans l'eau froide, un peu plus solubles à chaud.

Le sel de *sodium* cristallise en longs prismes jaunâtres, peu solubles dans l'eau froide.

La potasse en fusion convertit les deux acides sulfoniques en anthrols correspondants [Linke, *Journ. für prakt. Chem.* (2), t. XI, p. 72; *Bull. de la Soc. chim.*, 1876, t. XXV, p. 34].

ACIDE ANTHRACÉNODISULFONIQUE. — L'anthracène digéré avec 4 fois son poids d'acide sulfurique concentré fournit une masse brune déliquescente. L'acétate de plomb précipite la plupart des impuretés contenues dans la solution du sel barytique brut et, après l'élimination du plomb par l'hydrogène sulfuré, la liqueur concentrée fournit le sel de baryum en paillettes brillantes jaune brun, peu solubles à froid. Le sel de *sodium* est en aiguilles jaunes, très solubles, hygroscopiques. L'acide libre, obtenu en précipitant le sel barytique par l'acide sulfurique, cristallise en paillettes brillantes d'un jaune rouge [Mayer, *Monit. scient.* (3), 2, 200].

ACIDE DIBROMANTHRACÉNODISULFONIQUE,

$C^{14}H^{6}Br^{2}(SO^{3}H)^{2}$.

— Il s'obtient par l'action de l'acide sulfurique fumant sur le dibromanthracène. Le sel de *sodium* cristallise en petites aiguilles jaunes, solubles dans l'eau.

Le sel de *baryum*, $C^{14}H^{6}Br^{2}(SO^{3})^{2}Ba$, forme un précipité jaune pâle, insoluble dans l'eau [Perkin, *Journ. chem. Soc.* (2), t. IX, p. 15; *Bull. de la Soc. chim.*, 1871, t. XVI, p. 154].

ACIDE DICHLORANTHRACÉNODISULFONIQUE,

$C^{14}H^{6}Cl^{2}(SO^{3}H)^{2}$.

— On le prépare en dissolvant 1 p. de dichloranthracène dans 5 p. d'acide sulfurique fumant et chauffant au bain-marie. Le produit est versé dans de l'eau et l'acide libre saturé par le carbonate barytique. Après concentration, l'acide mis en liberté reste à l'état de sirop cristallin jaune qu'on fait essorer sur une brique poreuse. Cet acide est soluble dans l'eau et sa solution étendue, ainsi que celle de ses sels, présente une belle fluorescence bleue. Les acides concentrés le précipitent de sa solution aqueuse.

Le sel de *sodium* forme de petits cristaux rouge orange, solubles dans l'eau, renfermant à 100° $C^{14}H^{6}Cl^{2}(SO^{3}Na)^{2}$.

Le sel *barytique*, $C^{14}H^{6}Cl^{2}(SO^{3})^{2}Ba$, est un précipité jaune serin brillant, presque insoluble dans l'eau. Le sel strontique se dépose en croûtes jaunes, peu solubles. Le sel *calcique* est soluble et s'obtient en neutralisant le liquide acide primitif, séparant le sulfate de calcium et évaporant à sec [Perkin, *ibid*].

MONOXYANTHRACÈNES.

On connaît les trois monoxyanthracènes isomériques que la théorie prévoit : les deux anthrols obtenus par Lincke par la fusion des deux acides anthramonosulfoniques avec la potasse, et l'anthranol de Liebermann et Topf.

L'α-ANTHROL, $C^{14}H^{9}.OH$, s'obtient par la fusion de l'acide α-monosulfonique avec la potasse; on chauffe jusqu'à ce que l'acide chlorhydrique précipite abondamment un échantillon de la masse dissoute dans l'eau. On dissout alors le tout dans l'eau, on sursature par un acide, on recueille sur un filtre l'anthrol précipité et on le purifie par plusieurs dissolutions dans l'éther et cristallisations dans un mélange d'alcool et d'éther. Ces opérations doivent se faire dans une atmosphère d'acide carbonique.

L'α-anthrol cristallise en longues aiguilles très brillantes, d'un jaune clair, solubles dans l'alcool, l'éther et la benzine, moins solubles dans le chloroforme et très peu dans l'eau. Il se décompose vers 250° sans fondre. Les alcalis le dissolvent et les acides le précipitent de cette solution, qui brunit rapidement à l'air. Le brome le convertit en un produit de substitution bromé et l'acide sulfurique en acide sulfonique.

Le β-anthrol, $C^{14}H^9.OH$ est en prismes jaunâtres, un peu plus solubles dans l'alcool que le précédent [Lincke, *Mém. cité*].

Anthranol,

$$C^6H^4 < \begin{matrix} (COH) \\ | \\ CH \end{matrix} > C^6H^4.$$

— On fait bouillir pendant un quart d'heure 20 grammes d'anthraquinone avec 80 grammes d'acide iodhydrique d'une densité de 1,7 en présence du phosphore ordinaire (4 grammes); le produit de la réaction, repris par l'alcool bouillant, fournit par le refroidissement des aiguilles qu'on fait cristalliser plusieurs fois dans l'alcool et qu'on purifie par dissolution dans la potasse faible bouillante et précipitation par l'acide chlorhydrique.

L'anthranol constitue des aiguilles jaunâtres, fusibles à 163-170° en s'altérant légèrement; chauffé plus fort, il devient vert, puis se charbonne sans donner de sublimé.

Il fournit de l'anthracène par la distillation avec la poudre de zinc. L'acide azotique le transforme en anthraquinone. L'acide azotique fumant et refroidi donne un dérivé nitré cristallisable en aiguilles. Les alcalis ne le dissolvent qu'à l'ébullition avec une couleur jaune; la solution est très altérable [Liebermann et Topf, *Deutsch. chem. Gesellsch.*, t. IX, p. 1201; *Bull. de la Soc. chim.*, 1877, t. XXVII, p. 461].

ACIDES ANTHRACÈNE-CARBOXYLIQUES.

Deux acides anthracène-monocarboxyliques ont été obtenus, l'un par Graebe et Liebermann, et l'autre par Liebermann et V. Rath. Nous les désignerons pour les distinguer par les lettres α et β.

Acide α-anthracène-carboxylique, $C^{14}H^9\text{-}CO^2H$. — On chauffe l'anthracène avec l'oxychlorure de carbone liquide en tube scellé pendant dix à douze heures de 180 à 200°. On distille l'excès de l'oxychlorure de carbone, on fait digérer le résidu avec une solution étendue de carbonate de sodium, et l'on filtre. Par l'addition d'un acide, il se précipite des flocons jaunes qu'on fait cristalliser dans l'alcool.

Belles aiguilles jaune clair, très solubles dans l'éther, l'alcool, l'acide acétique, peu solubles dans l'eau, surtout à froid. L'acide libre fond à 200°, mais il commence à se dédoubler en acide carbonique et anthracène au-dessus de 150°. L'acide chromique le transforme en anthraquinone avec dégagement d'acide carbonique; cette transformation prouve que le carboxyle occupe la même place que l'oxygène dans l'anthraquinone :

$$C^6H^4 < \begin{matrix} CO \\ CO \end{matrix} > C^6H^4 \qquad C^6H^4 < \begin{matrix} CO^2H \\ | \\ C \\ | \\ C \\ | \\ H \end{matrix} > C^6H^4$$

Anthraquinone. Acide anthracène-monocarboxylique.

Le sel d'*argent*, $C^{14}H^9.CO^2Ag$, se prépare en chauffant la solution alcoolique de l'acide avec du carbonate d'argent, distillant l'alcool et reprenant le résidu par l'eau. La solution filtrée l'abandonne par l'évaporation sous forme d'une poudre jaune cristalline.

Le sel de *baryum*, $(C^{14}H^9.CO^2)^2$ Ba, est plus soluble dans l'eau chaude que dans l'eau froide [Graebe et Liebermann, *Ann. der Chem. u. Pharm.*, t. CLX, p. 121].

Acide β-anthracène-carboxylique. — On fait digérer de l'anthracène avec de l'acide sulfurique à une température peu élevée pour obtenir le plus d'acide monosulfonique possible. Le sel potassique de l'acide sulfonique est mélangé avec son poids de cyanure jaune desséché, puis distillé, par portions, dans de petites cornues. Le produit distillé est bouilli avec de la potasse alcoolique pendant plusieurs jours. La solution, privée d'alcool par distillation, donne avec l'acide chlorhydrique des flocons jaunes d'acide carboxylique. Le rendement n'est que de 5 % de l'anthracène employé. L'acide est transformé en sel de baryum très soluble.

L'acide β-anthracène-carboxylique est insoluble dans l'eau, peu soluble dans la benzine, plus soluble dans l'alcool, l'éther et l'acide acétique. L'alcool l'abandonne par le refroidissement en belles aiguilles jaunes. Il se ramollit vers 220-230° et fond irrégulièrement vers 260°. L'oxydation par l'acide chromique le transforme en acide anthraquinone-carboxylique, ce qui prouve que dans cet acide le carboxyle s'est porté sur un des noyaux extérieurs de l'anthracène.

Les sels sont en général solubles, ceux de *calcium* et de *baryum* sont amorphes. Le sel *ammoniacal* perd de l'ammoniaque à l'air. Les solutions de l'acide et de ses sels sont fluorescentes. La distillation des sels de calcium ou de baryum fournit de l'anthracène [Liebermann et V. Rath, *Deutsch. chem. Gesellsch.*, t. VIII, p. 246; *Bull. de la Soc. chim.*, 1875, t. XXIV, p. 216].

MÉTHYLANTHRACÈNES.

Monométhylanthracène, $C^{15}H^{12} = C^{14}H^9\text{-}CH^3$. — Découvert par Weiler en 1874, cet hydrocarbure a été obtenu depuis très fréquemment et décrit d'une manière détaillée [Weiler, *Deutsch. chem. Gesellsch.*, t. VII, p. 1185; — Fischer, *même recueil*, t. VII, p. 1187, 1195; t. VIII, p. 675; — Liebermann, *ibid.*, t. VIII, p. 970; — Japp et Schultz, *ibid.*, t. X, p. 1050, *Bull. de la Soc. chim.*, 1878, t. XXIX, p. 463; — Wachendorff et Zincke, *Deutsch. chem. Gesellsch.*, t. X, p. 1481; — Nietzki, *ibid.*, t. X, p. 2014; — Liebermann, *Liebig's Ann. der Chem.*, t. CLXXXIII, p. 145].

Le méthylanthracène se forme par la décomposition pyrogénée du diméthylphénylméthane (Weiler), du diméthylphényléthane (Fischer), par la distillation avec de la poudre de zinc de l'émodine, de l'acide chrysophanique (Liebermann), et de la méthylquinizarine (Nietzki). Il se rencontre en petite quantité dans le goudron de houille et dans les huiles d'aniline bouillant à une température élevée (Japp et Schultz, Wachendorff et Zincke). On le prépare en dirigeant la vapeur du diméthylphényléthane dans un tube rempli de pierre ponce et chauffé au rouge. On fait cristalliser le produit de la réaction dans l'acide acétique ou l'alcool et on le purifie au moyen de la combinaison picrique.

Le méthylanthracène cristallise dans l'alcool chaud en lamelles minces très brillantes, jaune clair, fusibles à 200° (Weiler, Fischer), à 208-210° (Wachendorff et Zincke) et sublimables en lamelles verdâtres. Il est insoluble dans l'eau, peu soluble dans l'éther, l'alcool, l'acide acétique, très soluble dans le chloroforme, le sul fure de carbone et la benzine. L'acide azotique et l'acide sulfurique concentré ou fumant le dissolvent lentement à la température ordinaire, plus vite à chaud. Le brome en solution sulfocarbonique réagit avec violence en dégageant de l'acide bromhydrique et en produisant des dérivés bromés jaunes cristallins.

Il forme avec l'acide picrique une combinaison double en tout point analogue au picrate d'anthracène.

L'acide chromique en solution acétique le transforme en acide anthraquinone-carboxylique [Weiler, *Mém. cité*].

Chauffé en solution alcoolique avec de l'acide azotique, il se transforme en méthylanthraquinone [Fischer, *loc. cit.*]. Chauffé avec du sodium, le carbure se colore en rouge et il se produit un composé soluble dans la benzine, l'alcool et l'éther (Japp et Schultz).

Dans le méthylanthracène, le méthyle doit être soudé à un atome de carbone éloigné du groupe C^2O^2, car l'acide oxyanthraquinone-carboxylique qui en dérive fournit par oxydation de l'acide trimellitique, dans lequel les groupes carboxyliques occupent les positions 1, 2, 4. Le symbole du méthylanthracène sera donc

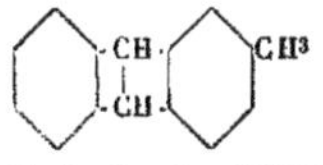

CH
|
CH ... CH^3

Le *dibrométhylanthracène*, $C^{15}H^{10}Br^2$, s'obtient par l'action du brome en solution sulfocarbonique sur le méthylanthracène. Aiguilles jaune d'or fusibles à 156° et sublimables [Fischer, *Deutsch. chem. Gesellsch.*, t. VII, p. 1195].

DIMÉTHYLANTHRACÈNE, $C^{16}H^{14} = C^{14}H^8(CH^3)^2$. — Cet hydrocarbure a été obtenu en 1872 par Van Dorp [*Deutsch. chem. Gesellsch.*, t. V, p. 394] dans la décomposition du chlorure de xylyle par l'eau à 210°. Plus tard il a été trouvé dans les huiles d'aniline par Wachendorff et Zincke qui en firent l'objet d'une étude approfondie [*même recueil*, t. X, p. 1481].

Le diméthylanthracène se dissout assez facilement à chaud dans l'alcool, l'acide azotique, la benzine; ces solutions se prennent par le refroidissement en une bouillie de lamelles brillantes jaunâtres, douées d'un éclat satiné après dessiccation, fusibles à 224-225° et sublimables. L'acide picrique colore la solution benzénique en rouge sans qu'il se produise une combinaison. Une ébullition prolongée avec un mélange d'acides acétique et chromique fournit successivement de la diméthylanthraquinone, de l'acide méthylanthraquinone-carboxylique et de l'acide anthraquinone-carboxylique. L'acide azotique d'une densité de 1,4 produit des dérivés nitrés. Un mélange de dichromate de potassium et d'acide sulfurique transforme le diméthylanthracène en anthraquinone.

Dibromodiméthylanthracène, $C^{16}H^{12}Br^2$. — On le prépare par l'action du brome sur le diméthylanthracène en solution sulfocarbonique. Il cristallise dans l'acide azotique chaud en aiguilles jaunes, fusibles à 154°, très solubles dans l'alcool, la benzine, le toluène et l'éther [Van Dorp, *Liebig's Ann. der Chem.*, t. CLXIX, p. 207].

CONSTITUTION DE L'ANTHRACÈNE.

Berthelot a indiqué le premier les liens étroits qui unissent l'anthracène à la benzine [*Bull. de la Soc. chim.*, 1866, t. VII, p. 222; 1867, t. VIII, p. 231]. Il désigne ce carbure, en se basant sur la synthèse par le styrolène et la benzine, par la formule $C^2H^2(C^6H^4)^2$, qui représente une molécule d'acétylène saturée par deux molécules de phénylène. Si l'on traduit cette formule en symboles atomistiques, on peut être amené à la formule de structure généralement admise aujourd'hui :

$$C^6H^4 < \begin{matrix} CH \\ CH \end{matrix} > C^6H^4.$$

Cependant il a fallu un grand nombre de recherches pour fixer nos idées à cet égard et pour poser la formule de l'anthracène sur une base solide.

Ce sont d'abord les beaux travaux de Graebe et Liebermann sur l'alizarine et l'anthraquinone qui ont fait avancer considérablement la question, en mettant hors de doute le caractère aromatique de l'anthracène. Cet hydrocarbure parut alors être à la naphtaline ce que cette dernière est à la benzine, c'est-à-dire formé par la soudure d'une molécule de naphtaline avec une molécule de benzine, qui auraient deux atomes de carbone communs. Graebe et Liebermann discutent les deux formules suivantes :

I. CH CH / HC C CH / HC C C / CH C CH / HC CH / CH

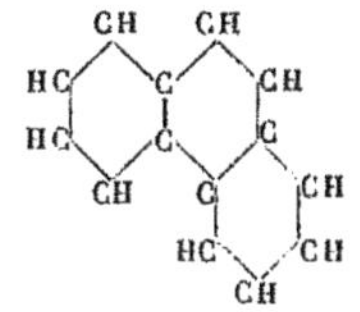

II. CH CH CH / HC C C CH / HC C C CH / CH CH CH

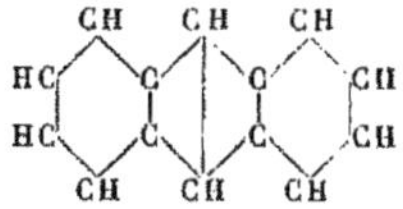

Mais ils donnent la préférence à la première, qui peut s'écrire plus simplement

$$\begin{matrix} C^6H^4\text{-}CH \\ C^6H^4\text{-}CH, \end{matrix}$$

parce qu'il leur semble qu'elle s'accorde mieux avec la synthèse de Berthelot.

Cette formule envisage l'anthracène comme un dérivé du diphényle ; mais on n'a pas tardé à s'apercevoir que l'anthracène n'offre aucune relation avec ce carbure et que la formule s'applique beaucoup mieux au phénanthrène (Fittig et Ostermayer), car elle a l'avantage de montrer immédiatement les relations génériques de ce carbure avec le diphényle.

La synthèse de l'anthracène au moyen du benzyle-crésyle (Van Dorp) a diminué beaucoup la probabilité de la formule (I), car un corps dont la constitution est représentée par la formule $C^6H^5\text{-}CH^2\text{-}C^6H^4\text{-}CH^3$ ne peut pas donner par simple condensation un dérivé du diphényle, tandis que la formule (II) explique très bien la formation de l'anthracène. Elle s'accorde aussi parfaitement avec la décomposition de l'anthraquinone au contact de la chaux sodée, qui fournit de la benzine comme produit principal (Graebe), ce qui prouve que les deux noyaux benziniques ne sont pas soudés entre eux.

Tous ces faits ont donné une grande probabilité à la seconde formule de Graebe et Liebermann ; celle-ci a reçu une importante confirmation par la synthèse de la quinizarine de Baeyer. Cette formule, généralement adoptée aujourd'hui, explique d'une manière très satisfaisante l'ensemble des caractères chimiques de l'anthracène :

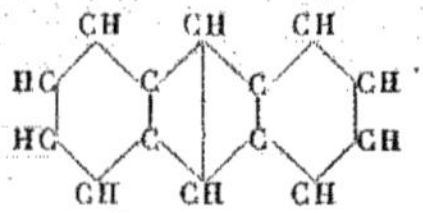

```
        CH      CH      CH
      /    \  / | \   /    \
   HC       C   |   C       CH
    |       |   |   |       |
   HC       C   |   C       CH
      \    /  \ | /   \    /
        CH      CH      CH
```

ou plus simplement

$$C^6H^4 < \begin{matrix} CH \\ CH \end{matrix} > C^6H^4.$$

La formation de l'acide phtalique par l'oxydation de l'anthracène prouve que dans l'un des noyaux benzéniques les chaînes latérales sont dans la position 1, 2. Il est très probable qu'elles le sont aussi par rapport à l'autre.

La formule de l'anthracène permet de prévoir théoriquement une quantité presque infinie d'isoméries. Pour n'en citer qu'un exemple, nous donnerons le nombre des isomères possibles, lorsqu'on remplace successivement l'hydrogène de l'anthracène par le même élément, par le chlore par exemple. On a alors :

3	dérivés	monosubstitués.	
15	—	di	—
32	—	tri	—
60	—	tétra	—
66	—	penta	—
60	—	hexa	—
32	—	hepta	—
15	—	octo	—
3	—	nono	—
1	—	déca	—

En tout 287 modifications différentes.

J. Tcherniak.

ANTHRACHRYSONE, $C^{14}H^8O^6$. — Ce nom a été donné par MM. Barth et Sonhofer à une matière jaune cristalline qu'ils obtinrent d'abord par la distillation sèche de l'acide dioxybenzoïque [*Ann. der Chem. u. Pharm.*, t. CLIX, p. 217]. Plus tard, ces mêmes auteurs ont indiqué une méthode pratique pour la préparation de ce corps, ainsi que ses principales propriétés [*Ibid.*, t. CLXIV, p. 109; *Bull. de la Soc. chim.*, 1872, t. XVIII, p. 456].

Voici comment il faut opérer pour la préparation de l'anthrachrysone :

On chauffe l'acide dioxybenzoïque à 120-140° avec quatre fois son poids d'acide sulfurique. La masse se colore en rouge de sang et devient pâteuse par le refroidissement. L'addition d'eau en sépare une poudre d'un vert foncé qu'on lave facilement par décantation avec de l'eau additionnée d'un peu d'acide chlorhydrique. La masse est jetée ensuite sur un filtre et séchée à l'air. On la dissout dans une grande quantité d'alcool et on ajoute de l'eau qui précipite l'anthrachrysone en flocons jaune vert. On filtre, on redissout dans l'alcool, on fait bouillir la solution alcoolique avec du charbon animal et on précipite de nouveau par l'eau, qui cette fois sépare l'anthrachrysone en flocons cristallins, d'un jaune pur. On en obtient environ la moitié du poids de l'acide employé.

L'anthrachrysone fond à 320°. Elle est peu soluble dans l'alcool, encore moins dans l'éther, la benzine et le toluène, presque insoluble dans l'eau, insoluble dans le sulfure de carbone, les acides chlorhydrique et sulfurique étendus. Son meilleur dissolvant est l'acide acétique cristallisable. L'eau la précipite de la solution acétique avec une teinte verdâtre.

Séchée à l'air, elle contient 2 molécules d'eau de cristallisation qu'elle perd à 160°.

Par la distillation avec de la poudre de zinc, elle fournit de l'anthracène.

La potasse en fusion la décompose avec production de matières ulmiques.

L'anthrachrysone produit avec les mordants de fer une teinte brunâtre, avec les mordants d'alumine une belle couleur rouge, un peu mate.

Combinaisons salines. — L'anthrachrysone s'unit aux alcalis pour produire de vrais sels. Le sel *barytique*, $(C^{14}H^7O^6)^2Ba + 11H^2O$, perd son eau à 160°. On l'obtient en faisant bouillir l'anthrachrysone avec de l'eau et du carbonate de baryum récemment précipité. La liqueur filtrée laisse déposer par le refroidissement le sel en flocons cristallins d'un rouge foncé.

Lorsqu'on chauffe l'anthrachrysone avec de l'eau de baryte, en évitant un excès de cette dernière, on obtient après filtration, par la concentration du liquide, la même combinaison en longues aiguilles d'un rouge foncé, peu solubles dans l'eau.

Ce sel est décomposé en solution aqueuse par l'acide carbonique libre.

On obtient des aiguilles rouges renfermant $C^{14}H^6BaO^6$, en traitant le sel ammoniacal par le chlorure de baryum.

Le chlorure de *calcium* précipite la solution ammoniacale de l'anthrachrysone, en produisant des aiguilles microscopiques, insolubles dans l'eau.

Le sel de *magnésium* et le sel d'*aluminium* constituent des précipités rouges, amorphes, presque insolubles dans l'eau.

Les sels de *cuivre* et d'*argent* sont des précipités amorphes bruns.

La formule de constitution de l'anthrachrysone résulte de son mode de formation ; c'est une tétraoxyanthraquinone avec les 4 hydroxyles partagés également entre les deux noyaux benzéniques ; elle doit s'écrire

$$C^6H^2(OH)^2 < \begin{matrix} CO \\ CO \end{matrix} > C^6H^2(OH)^2.$$

L'anthrachrysone est isomérique avec la rufiopine.

J. Tcherniak.

ANTHRAFLAVIQUE (ACIDE). — Il a été découvert en 1871 par Schunk, dans les produits accessoires de la fabrication de l'alizarine artificielle [*Chem. News*, t. XXIII, p. 157; *Bull. de la Soc. chim.*, t. XV, p. 319]. L'auteur assigna à ce composé la formule $C^{15}H^{10}O^4$, qui serait celle d'une méthylalizarine, et il crut constater sa transformation en alizarine par la fusion avec de la potasse.

Un corps ayant des propriétés très analogues fut décrit un peu plus tard par Liebermann et identifié avec la monoxyanthraquinone [*Deutsch. chem. Gesellsch.*, t. IV, p. 108].

L'acide anthraflavique accompagnant l'alizarine préparée par l'anthraquinone pure, il était difficile de comprendre la présence de 15 atomes de carbone dans cette combinaison. La formule de Liebermann paraissait plus probable ; mais, vu la différence analytique entre les deux formules, il devenait nécessaire de soumettre la matière à un nouvel examen ; c'est ce que fit Perkin dans l'année même de la découverte de ce corps. Il réussit à purifier complètement ce composé et à établir sa vraie composition $C^{14}H^8O^4$, qui fait de l'acide anthraflavique un isomère de l'alizarine [*Journ. of the chem. Soc.*, t. IX, p. 1109; *Bull. de la Soc. chim.*, t. XVII, p. 95].

M. Auerbach ayant entrepris de son côté l'étude de l'acide anthraflavique arriva, indépendamment de M. Perkin, au même résultat que ce chimiste.

Les derniers doutes soulevés sur la composition de l'acide anthraflavique [voyez Liebermann, *Deutsch. chem. Gesellsch.*, t. V, p. 868] furent levés par les recherches publiées par M. Perkin en 1873, qui prouvèrent définitivement l'isomérie avec l'alizarine en même temps qu'elles firent connaître les propriétés caractéristiques qui permettent de distinguer l'acide anthraflavique de la monoxyanthraquinone.

En 1876, M. Rosenstiehl constata la présence de l'acide anthraflavique, qu'il nomme anthraflavone β, dans l'anthraflavone, le produit de condensation de l'acide métaoxybenzoïque [*Compt. rend.*, t. LXXXII, p. 1306; *Deutsch. chem. Gesellsch.*, t. IX, p. 946; *Bull. de la Soc. chim.*, t. XXVII, p. 80].

Préparation de l'acide anthraflavique. — On fait bouillir l'alizarine commerciale avec de l'eau de baryte, on filtre la solution orangée et on précipite par l'acide chlorhydrique, ou bien on dissout la matière colorante dans une solution étendue bouillante de soude caustique et on ajoute un lait de chaux jusqu'à ce que la solution maintenue bouillante devienne jaune ou orange; on filtre et on précipite par l'acide chlorhydrique.

L'acide anthraflavique ainsi obtenu est lavé sur un filtre et séché, puis pulvérisé et épuisé par de l'alcool bouillant; on filtre après le refroidissement et on traite le résidu par une solution étendue de soude. La solution bouillante filtrée est précipitée par un excès de chlorure de baryum et filtrée rapidement. Par le refroidissement, l'anthraflavate de baryum se dépose en aiguilles rouge-brun, qu'on purifie par trois ou quatre cristallisations dans l'eau. Le sel barytique est décomposé par l'acide chlorhydrique, et l'acide anthraflavique ainsi obtenu, bien lavé et séché, est purifié par deux cristallisations dans l'alcool bouillant [Perkin, *Journ. of the chem. Soc.* (2), t. IX, p. 1109; *Bull. de la Soc. chim.*, t. XVII, p. 95].

On peut retirer l'acide anthraflavique de l'anthraflavone, dont il forme les trois quarts environ. A cet effet, on traite l'anthraflavone, bien lavée à l'eau, par l'eau de baryte. La partie soluble dans l'eau de baryte renferme deux dioxyanthraquinones : l'acide anthraflavique et la métabenzdioxyanthraquinone. On précipite par l'acide chlorhydrique et l'on sépare les deux matières par la benzine qui ne dissout que la métabenzdioxyanthraquinone [Schunk et Römer, *Deutsch. chem. Gesellsch.*, t. XI, p. 969].

Propriétés physiques. — L'acide anthraflavique se présente sous la forme d'aiguilles anhydres d'un jaune vif, quelquefois un peu orangé. Elles sont insolubles dans l'eau et la benzine, peu solubles dans l'acide acétique et dans l'acide sulfurique. 1000 p. d'alcool à 95 % dissolvent 1 p, 18 d'acide anthraflavique à 10°, et 1 p, 49 à 17°.

Chauffé fortement, il se sublime en tables d'un jaune d'or, tandis qu'une certaine quantité est carbonisée [Perkin, *loc. cit.*; — Rosenstiehl, *Bull. de la Soc. chim.*, t. XXIX, p. 434].

L'acide anthraflavique est bibasique. Son sel de *sodium* est remarquable par la facilité avec laquelle il cristallise, grâce à sa faible solubilité dans l'eau froide. Cette propriété le distingue nettement de ses deux isomères, l'acide isoanthraflavique et la métabenzdioxyanthraquinone dont les combinaisons correspondantes sont peu solubles et difficilement cristallisables. Ce sel renferme $C^{14}H^6Na^2O^4 + 5H^2O$. A 120°, il perd 4 molécules d'eau; la cinquième se sépare lentement à 250°. La solution aqueuse de ce sel est colorée en rouge-orangé [Rosenstiehl, *loc. cit.*].

Le sel de *baryum* est insoluble dans l'eau froide; il se dissout dans l'eau bouillante et se sépare, par le refroidissement, sous forme de grains cristallins de couleur rouge, ayant pour composition $2C^{14}H^6BaO^4 + 13H^2O$. La dessiccation dans le vide lui enlève $10H^2O$; à 150°, il perd $2H^2O$, tandis que la dernière molécule d'eau n'est même pas chassée à 180° (Perkin). D'après MM. Schunk et Römer, l'anthraflavate de baryum renferme $2H^2O$ qu'il perd complètement à 150-180° [*Deutsch. chem. Gesellsch.*, t. IX, p. 379; *Bull. de la Soc. chim.*, t. XXVI, p. 410].

Acide tétrabromanthraflavique, $C^{14}H^4Br^4O^4$. — On le prépare en ajoutant du brome à une solution alcoolique de l'acide anthraflavique. Il est en fines aiguilles, peu solubles [Schunk et Römer, *loc. cit.*].

L'anthraflavate d'éthyle, $C^{14}H^6(C^2H^5)^2O^4$, s'obtient en chauffant à 120° un mélange d'acide anthraflavique, de soude, d'iodure d'éthyle et d'alcool.

Aiguilles d'un jaune pâle, fusibles à 232°. La solution sulfurique est rouge et présente des bandes d'absorption dans le vert et le bleu.

L'anthraflavate de méthyle est en aiguilles fusibles à 247-248° [Schunk et Römer, *loc. cit.*].

Dérivé diacétylé, $C^{14}H^6O^2(C^2H^3O^2)^2$. — L'acide anthraflavique chauffé en tube scellé avec de l'anhydride acétique, à 160° environ, se dissout peu à peu et finit par disparaître entièrement au bout de quatre à cinq heures. Par le refroidissement, le liquide laisse déposer une grande quantité de cristaux qu'on fait cristalliser deux fois dans l'acide acétique.

Beaux cristaux fusibles vers 228-229° et se sublimant sans décomposition notable. Ils sont peu solubles dans l'alcool, assez solubles dans l'acide acétique, solubles dans l'acide sulfurique avec une couleur rouge-orangé. L'eau précipite de cette solution l'acide anthraflavique.

Dérivé dibenzoylé, $C^{14}H^6O^2(C^7H^5O^2)^2$. — L'acide anthraflavique porté à l'ébullition avec un excès de chlorure de benzoyle se dissout rapidement, en dégageant de l'acide chlorhydrique. Par le refroidissement, la solution se prend en une bouillie d'aiguilles, que l'on purifie par des lavages répétés à l'acide acétique, puis à l'alcool.

Aiguilles d'un jaune pâle, fusibles à 275°, presque insolubles dans l'alcool, un peu solubles dans l'acide acétique bouillant. La potasse alcoolique les décompose lentement [Perkin, *Journ. of the chem. Soc.* (2), t. XI, p. 19].

ACIDE ISOANTHRAFLAVIQUE, $C^{14}H^8O^4$. — Cet acide, nouvel isomère de l'alizarine, a été retiré par MM. Schunk et Römer, en 1875, des produits accompagnant l'alizarine brute artificielle [*Deutsch. chem. Gesellsch.*, t. VIII, p. 1628; *Bull. de la Soc. chim.*, t. XXVI, p. 316].

Pour préparer l'acide isoanthraflavique, on traite l'alizarine brute (préparée par l'acide anthraquinone-disulfonique) par l'eau de chaux, et on précipite la solution par l'acide chlorhydrique; on redissout le précipité dans la soude faible, pour en séparer l'anthraquinone, on précipite de nouveau par l'acide chlorhydrique et on traite le précipité par l'eau de baryte froide. La solution rouge de sang donne avec les acides un précipité gélatineux qu'on purifie par plusieurs cristallisations dans l'alcool.

L'acide isoanthraflavique cristallise en longues aiguilles jaune d'or ou en paillettes brillantes renfermant une molécule d'eau de cristallisation qui est chassée à 150°.

L'isoanthraflavate de baryum, $C^{14}H^6BaO^4$, cristallise difficilement en aiguilles brillantes, rouges, très solubles, s'altérant à l'air et se déshydratant à 150°.

Acide tétrabromisoanthraflavique,

$C^{14}H^4Br^4O^4$.

— On ajoute peu à peu un excès de brome à

une solution alcoolique de l'acide. La solution se prend bientôt en une bouillie d'aiguilles jaunes, peu solubles dans l'alcool, solubles dans l'acide acétique.

L'isoanthraflavate d'éthyle, $C^{14}H^{6}(C^{2}H^{5})^{2}O^{4}$, se prépare comme l'anthraflavate correspondant. Il est en aiguilles brillantes d'un jaune clair, fusibles à 193-194°, insolubles dans l'eau, peu solubles dans l'alcool et dans l'éther, plus solubles dans l'acide acétique et dans la benzine. La solution sulfurique concentrée est d'un rouge violet et présente des bandes d'absorption vagues dans le vert, le jaune et le bleu.

Le *dérivé diacetylé*, $C^{14}H^{6}O^{2}(C^{2}H^{3}O^{2})^{2}$, se forme par l'action de l'anhydride acétique sur l'acide isoanthraflavique. Il est en cristaux microscopiques, peu solubles dans l'alcool, plus solubles dans l'acide acétique, fusibles à 195°.

Les acides anthraflavique et isoanthraflavique possèdent beaucoup de propriétés communes. Ils ne teignent pas les tissus mordancés; ils fondent au-dessus de 330°; ils sont moins solubles dans l'acide acétique que dans l'alcool, presque insolubles dans la benzine, le chloroforme et l'éther; l'acide carbonique déplace les acides à froid; mais à chaud c'est la réaction inverse qui a lieu; ils sont solubles dans l'acétate de plomb alcoolique et ils se subliment en aiguilles ou en paillettes jaunes et brillantes.

Voici maintenant les caractères qui permettent de distinguer ces deux corps :

	L'acide anthraflavique.	*L'acide isoanthraflavique.*
1.	Cristallise sans eau dans l'alcool aqueux.	Cristallise avec une molécule d'eau.
2.	La solution sulfurique est jaune.	La solution sulfurique chaude est rouge.
3.	Insoluble à froid dans l'eau de baryte.	Très soluble dans l'eau de baryte.
4.	Les solutions alcalines sont d'un jaune rouge.	Les solutions alcalines sont d'un rouge foncé.
5.	La potasse en fusion la transforme en flavopurpurine.	La potasse en fusion la transforme en anthrapurpurine.

La production des acides anthraflavique et isoanthraflavique est due, d'après les recherches de M. Caro, à l'action ménagée des alcalis sur deux acides anthraquinone-disulfonique différents. L'acide α donne de l'acide anthraflavique et, par l'action plus profonde de la potasse, de la flavopurpurine, tandis que l'acide β produit de l'acide isoanthraflavique et de l'anthrapurpurine [Schunk et Römer, *Deutsch. chem. Gesellsch.*, t. IX, p. 678; *Bull. de la Soc. chim.*, t. XXVII, p. 79].

J. Tcherniak.

ANTHRAFLAVONE. — L'anthraflavone a été découverte en 1873 par MM. Barth et Senhofer. Elle résulte de la condensation de 2 molécules d'acide métaoxybenzoïque en une seule, avec élimination d'eau :

$$2\,C^{7}H^{6}O^{3} = C^{14}H^{8}O^{4} + 2\,H^{2}O.$$

Les auteurs effectuèrent cette condensation à l'aide de l'acide sulfurique, en chauffant dans des tubes scellés à une température comprise entre 180 et 200°. Ayant établi la composition centésimale, ils crurent avoir affaire à un composé unique, un isomère de l'alizarine. Ils furent confirmés dans leur opinion par la décomposition de la matière sous l'influence de la poudre de zinc, décomposition qui donne naissance à de l'anthracène [*Ann. der Chem. u. Pharm.*, t. CLXX, p. 100; *Bull. de la Soc. chim.*, t. XXI, p. 316].

Un an plus tard, M. Rosenstiehl constata que cette matière produit par l'oxydation simultanément deux matières colorantes différentes, qu'il supposa être des isomères de la purpurine [*Compt. rend.*, t. LXXIX, p. 764].

Ce fait le conduisit à examiner de près l'anthraflavone elle-même, et il trouva que cette matière est un mélange de deux combinaisons, qu'il supposa identiques avec l'acide anthraflavique et l'acide isoanthraflavique de Schunk et Römer. Dans le même mémoire, il assimile l'acide anthraxanthique de MM. Ulrich et H. von Perger à l'acide anthraflavique [*Compt. rend.*, t. LXXXII, p. 1396].

Il désigne ces deux composés, tous les deux isomériques avec l'alizarine, par les noms d'anthraflavone-α et d'anthraflavone-β [*Deutsch. chem. Gesellsch.*, t. IX, p. 946; *Bull. de la Soc. chim.*, t. XXVII, p. 80].

MM. Schunk et Römer, par une étude très approfondie de l'anthraflavone, sont arrivés à scinder nettement cette matière en trois composés différents, dont l'un, le produit principal, est identique avec l'acide anthraflavique, tandis que les deux autres, la métabenzdioxyanthraquinone et l'anthrarufine, tout en ayant la même composition que l'acide isoanthraflavique, en diffèrent notablement par leurs propriétés et constituent deux nouveaux isomères de l'alizarine [*Deutsch. chem. Gesellsch.*, t. XI, p. 969 et 1176].

Ces résultats ne sont pas en désaccord avec les conclusions de M. Rosenstiehl, résumées par lui dans un mémoire d'ensemble et tendant à établir que :

1° L'anthraflavone est un mélange de deux isomères de l'alizarine, l'anthraflavone-α et l'anthraflavone-β ;

2° L'anthraflavone-β est identique avec l'acide anthraflavique et l'acide anthraxanthique ;

3° L'anthraflavone-α, qui n'a pas été étudiée spécialement, est supposée être identique avec la métabenzdioxyanthraquinone, car elle fournit par la fusion avec de la potasse de l'isopurpurine ressemblant sous ce rapport à l'acide isoanthraflavique [*Bull. de la Soc. chim.*, t. XXIX, p. 440].

Préparation de l'anthraflavone. — Rosenstiehl a reconnu, en 1874, que la condensation de l'acide métaoxybenzoïque s'accomplit fort bien à la pression ordinaire. A cet effet, on introduit dans un ballon à long col 40 grammes d'acide métaoxybenzoïque, 180 grammes d'acide sulfurique pur et 20 grammes d'eau, et l'on chauffe au bain d'huile à 190° pendant quatre heures; il se dégage un peu d'acide sulfureux. Lorsqu'on verse le produit dans l'eau, il s'en sépare un abondant précipité noir-verdâtre, qui constitue l'anthraflavone brute; le rendement est de 40 % environ [*Bull. de la Soc. industr. de Mulhouse*, t. XLIV, p. 538, 30 septembre 1874].

L'acide anthraflavique, le principe prédominant de l'anthraflavone, ayant été décrit dans un article spécial, nous ajoutons maintenant la description de la métabenzdioxyanthraquinone et de l'anthrarufine.

Les proportions dans lesquelles ces trois matières entrent dans la composition de l'anthraflavone sont les suivantes :

100 p. d'acide métaoxybenzoïque fournissent :

30 p. d'acide anthraflavique.
4 à 5 p. de métabenzdioxyanthraquinone.
2 p. d'anthrarufine.

MÉTABENZDIOXYANTHRAQUINONE, $C^{14}H^{8}O^{4}$. — Pour isoler cette substance, on épuise l'anthraflavone brute par l'eau chaude, et on traite ensuite à plusieurs reprises par l'eau de baryte. L'acide chlorhydrique produit dans la solution barytique un précipité jaune-vert, qu'on lave et que l'on dissout dans l'alcool. On ajoute de l'acétate de plomb à la solution alcoolique et on filtre. Par le refroidissement, il se sépare une masse jaune cristalline, qui renferme 1/7 à 1/6 de métabenzdioxyanthraquinone; le reste est constitué par l'acide anthraflavique. On sépare les deux matières par la benzine, qui ne dissout que la première, quoique difficilement.

La métabenzdioxyanthraquinone fond à 291-293°, et se sublime presque sans décomposition. Elle se dissout assez facilement dans l'alcool et cristallise dans ce dissolvant en aiguilles jaunes anhydres. L'acide acétique la dissout facilement et la dépose en aiguilles jaunes, brillantes. Elle est insoluble dans l'eau, soluble dans la benzine, l'éther et le chloroforme. Ces solutions de couleur jaune ne donnent pas de bandes d'absorption, mais seulement un obscurcissement dans le bleu. Elle est insoluble dans le sulfure de carbone, soluble dans l'acide sulfurique concentré avec une couleur brune, soluble dans les alcalis avec une couleur jaune foncé.

Précipitée récemment, la matière se dissout dans l'eau de baryte bouillante avec une couleur jaune-rouge, et donne par le refroidissement des aiguilles hydratées, rouges et brillantes.

Le sl de *calcium* est presque insoluble.

Il ne teint pas les tissus mordancés.

La potasse en fusion transforme la métabenzdioxyanthraquinone en isopurpurine.

Dérivé diacétylé, $C^{14}H^6(C^2H^3O^2)^2O^2$. — Il s'obtient en chauffant à 160-180° la métabenzdioxyanthraquinone avec de l'anhydride acétique. Ce composé cristallise dans l'acide acétique en longues aiguilles d'un jaune pâle, fusibles à 199°. Ces aiguilles se transforment au bout d'un certain temps en cristaux rhombiques, volumineux [Schunk et Römer, *Deutsch. chem. Gesellsch.*, t. XI, p. 969].

Anthrarufine, $C^{14}H^8O^4$. — L'anthrarufine est renfermée dans la portion de l'anthraflavone brute qui est insoluble dans l'eau de baryte. On la sépare en faisant sublimer cette portion, entre deux verres de montre, à une température comprise entre 120 et 130°. Le sublimé jaune-orange, cristallisé une ou deux fois dans l'acide acétique, représente de l'anthrarufine pure [Schunk et Römer, *Deutsch. chem. Gesellsch.*, t. XI, p. 1170].

MM. Liebermann et Boeck ont indiqué un procédé permettant de préparer l'anthrarufine en partant de l'anthracène. A cet effet, on triture dans un mortier 100 grammes d'anthracène avec 300 grammes d'acide sulfurique concentré, et on fait digérer le mélange pendant une heure au bain-marie, en agitant de temps en temps, de manière à dissoudre 20 à 30 grammes d'anthracène. Après transformation des acides disulfureux en sels de plomb et concentration de la solution aqueuse, on obtient le sel disulfureux qui conduit à l'anthrarufine (la moitié environ du poids de l'anthracène dissous).

Le carbonate de sodium transforme le sel plombique en sel de sodium que l'on fond avec 5 ou 6 fois son poids de potasse pour le transformer en dioxyanthracène. Ce dernier, séparé et purifié, est converti en diacétyle-dioxyanthracène et oxydé en solution acétique par l'acide chromique. On obtient ainsi la diacétylanthrarufine, qu'on n'a plus qu'à traiter par la potasse pour arriver à l'anthrarufine [*Deutsch. chem. Gesellsch.*, t. XI, p. 1613].

L'anthrarufine fond à 280°. Elle est presque insoluble dans l'eau, difficilement soluble dans l'alcool avec une couleur jaune. Elle se dépose dans l'alcool en tables jaunes, régulières, appartenant au système quadratique. La solution possède une légère fluorescence verte.

Elle est assez soluble dans la benzine, peu soluble dans l'éther et le sulfure de carbone. Le chloroforme la dissout avec une couleur jaune et la dépose en prismes réguliers.

Sa dissolution dans l'acide sulfurique est caractérisée par un phénomène de coloration, d'une intensité extraordinaire. La solution concentrée est rouge cerise et possède une forte fluorescence brun kermès; plus étendue, elle prend une magnifique coloration rouge cramoisi.

Les solutions très étendues donnent deux bandes d'absorption très nettes et une troisième plus faible. 1 p. d'anthrarufine suffit pour colorer en cramoisi 10 000 000 p. d'acide sulfurique et à faire paraître cette coloration sur une couche de 3 centimètres d'épaisseur. Quant aux bandes d'absorption, elles sont encore visibles dans des solutions tellement étendues, qu'elles paraissent incolores.

Une quantité très faible d'acide azotique ou d'acide azoteux fait virer le cramoisi au jaune intense, tandis que la solution ne donne plus de bandes d'absorption.

L'anthrarufine se dissout dans la potasse avec une couleur jaune-olive. L'acide chlorhydrique la sépare de cette solution sous forme d'un précipité orangé. Elle est presque insoluble dans le carbonate de sodium et dans l'ammoniaque. La solution potassique chauffée à l'ébullition avec de la poudre de zinc devient verte, fluorescente.

L'anthrarufine ne teint pas les mordants de fer et d'alumine.

Les laques barytique et calcaire sont cramoisies, insolubles [Schunk et Römer, *ibid.*].

La fusion potassique transforme l'anthrarufine en un isomère de la purpurine, l'oxyanthrarufine.

Il se trouve ainsi que l'anthrarufine confirme la règle générale d'après laquelle les oxyanthraquinones, qui ne renferment pas plus d'un hydroxyle dans chaque noyau benzique, s'oxydent nettement, en fixant un atome d'oxygène [Liebermann et Boeck, *Mém. cité*].

Diacétylanthrarufine, $C^{14}H^6O^2(C^2H^3O^2)^2$. — Ce composé s'obtient par l'action de l'anhydride acétique à 150-170° sur l'anthrarufine (Schunk et Römer).

Liebermann et Boeck le préparent en oxydant par l'acide chromique la solution acétique du diacétyle-dioxyanthracène :

$$C^{14}H^8(C^2H^3O^2)^2 + O^3$$
$$= H^2O + C^{14}H^6O^2(C^2H^3O^2)^2.$$

La diacétylanthrarufine fond à 244-245° (Schunk et Römer) et se dissout dans l'acide sulfurique avec la coloration cramoisie caractéristique pour l'anthrarufine. La potasse bouillante la dédouble en acide acétique et en anthrarufine.

Les trois isomères obtenus par MM. Schunk et Römer sont les seuls dont la théorie admet la formation en partant de l'acide métaoxybenzoïque; ils doivent être représentés par les formules suivantes :

HO -CO- -CO- OH

HO -CO- -CO- OH

OH -CO- -CO- OH

Les hydroxyles sont répartis entre les deux

groupes C^6H^4. Ces formules expliquent l'isomérie de ces trois composés avec les dioxyanthraquinones qui renferment les deux hydroxyles dans le même groupe, comme cela est démontré pour l'alizarine, la quinizarine et la purpuroxanthine. J. Tcherniak.

ANTHRAGALLOL, $C^{14}H^8O^5$. — Cet isomère de la purpurine a été découvert par Seuberlich, qui l'a obtenu par l'action de l'acide sulfurique sur un mélange d'acides gallique et benzoïque [*Deutsch. chem. Gesellsch.*, t. X, p. 38; *Bull. de la Soc. chim.*, 1877, t. XXVIII, p. 311].

Pour le préparer, on chauffe un mélange de 1 partie d'acide gallique et de 2 p. d'acide benzoïque avec 20 p. d'acide sulfurique. La réaction commence déjà au-dessous de 70°. On chauffe pendant huit heures, en élevant graduellement la température, de manière à atteindre 125°. On laisse refroidir et on verse le produit de la réaction dans une grande quantité d'eau froide qui précipite des flocons bruns abondants. On fait bouillir le précipité avec de l'eau, puis on l'épuise par l'alcool bouillant, acidulé. Celui-ci dépose par le refroidissement des cristaux que l'on purifie par de nouvelles cristallisations dans l'alcool additionné d'acide acétique. On obtient ainsi environ 40 °/₀ du rendement théorique.

L'anthragallol se forme aussi par l'action de l'acide sulfurique (50 p.) sur un mélange de pyrogallol (1 p.) et d'anhydride phtalique (2 p.). Ce procédé fournit environ 30 °/₀ du rendement théorique.

L'anthragallol est peu soluble dans l'eau, le chloroforme et le sulfure de carbone; l'alcool, l'éther et l'acide acétique le dissolvent avec une couleur brune; l'acide sulfurique, avec une couleur caramel. Une solution d'alun, saturée à froid, le dissout à l'ébullition et dépose, par le refroidissement, une laque d'alumine en flocons bruns. Les alcalis caustiques, exempts de chaux et d'alumine, le dissolvent avec une belle couleur verte. La solution brunit à l'air, mais elle ne se modifie pas par une ébullition prolongée à l'abri de l'air. La solution dans l'ammoniaque concentrée est d'un brun verdâtre; elle devient bientôt bleue, surtout à l'ébullition. Les acides précipitent de cette solution des flocons bruns qui cristallisent dans l'alcool en petites aiguilles presque noires, d'un faible éclat métallique.

A 290°, l'anthragallol se sublime sans fondre; il se décompose partiellement au-dessus de cette température.

L'acide azotique transforme l'anthragallol en acide phtalique.

La solution alcoolique d'anthragallol, additionnée d'une solution alcoolique d'acétate de plomb, donne un précipité brun-violet dont la composition se rapproche de la formule

$$C^{14}H^5O^5.Pb^2.C^2H^3O^2.$$

Triacétylanthragallol, $C^{14}H^5O^2(OC^2H^3O)^3$. — L'anthragallol porté à l'ébullition dans un appareil à reflux, pendant six à huit heures, avec 10 fois son poids d'anhydride acétique, fournit un dérivé triacétylé. On enlève l'excès d'anhydride par la distillation, on épuise par l'éther et on fait cristalliser le résidu dans de l'acide acétique bouillant, additionné d'anhydride acétique.

Ce dérivé est en aiguilles jaune clair, fusibles entre 171 et 175°, inattaquables à froid par une solution étendue de potasse, saponifiables à chaud, avec régénération d'anthragallol.

L'acide acétique, étendu d'un peu d'eau, attaque ce composé à l'ébullition, en donnant un produit acétylé inférieur, également cristallisable en aiguilles.

L'anthragallol est une anthraquinone hydroxylée. L'amalgame de sodium le réduit avec production d'une dioxyanthraquinone qui ne semble différer en rien de l'alizarine. L'anthraquinone dont il dérive paraît donc identique avec l'anthraquinone ordinaire.

Les trois hydroxyles de l'anthragallol se trouvent dans le même noyau benzénique, comme dans la purpurine, avec laquelle il est isomérique, et ils doivent être placés dans les positions 1, 2, 3; car la théorie n'admet que deux anthraquinones, substituées trois fois dans le même noyau, et l'on sait, grâce aux travaux de Baeyer et Caro, que les hydroxyles de la purpurine occupent les positions 1, 2, 4. [*Deutsch. chem. Gesellsch.*, t. VIII, p. 152].

Le schéma

```
      /\ -CO- /\ OH
     |  |     |  | OH
      \/ -CO- \/
               OH
```

représente donc la constitution de l'anthragallol. J. Tcherniak.

ANTHRANILIQUE (ACIDE). — Ce n'est autre que l'acide orthamidobenzoïque,

$$C^6H^4(CO^2H)(AzH^2)(2)$$

(voyez t. II, p. 697, et l'article Benzoïque (Acide) du Supplément).

ANTHRANOL. — Voyez Suppl., p. 179.

ANTHRAPURPURINE. — Voyez Purpurine.

ANTHRAQUINONE [Syn. *Oxanthracène* (Anderson), *oxyphotène* (Fritzsche)],

$$C^{14}H^8O^2 = C^6H^4 < {CO \atop CO} > C^6H^4$$

[Laurent, *Ann. de Chim. et de Phys.*, 1835 (2), t. LX, p. 220; t. LXVI, p. 148; t. LXXII, p. 415; — Anderson, *Edinb. Roy. Soc. Transact.*, 1861, t. XXII, p. 3, 681; *Répert. de Chim.*, 1862, p. 392; — Limpricht, *Ann. der Chem. u. Pharm.*, t. CXXXIX, p. 310; — Graebe et Liebermann, *ibid.*, Supplementband VII, p. 257; *Bull. de la Soc. chim.*, 1868, t. X, p. 482; t. XIV, p. 63; *Ann. der Chem. u. Pharm.*, t. CLX, p. 121; *Bull. de la Soc. chim.*, 1870, t. XIV, p. 420, t. XVII, p. 89; — Fritzsche, *Journ. für prakt. Chem.*, t. CI, p. 331; *Bull. de la Soc. chim.*, 1869, t. XI, 214; *Zeitsch. für Chem.*, 1869, p. 115, 387; *Compt. rend.*, t. LXVIII, p. 1105]. — En 1835, Laurent décrivit, sous le nom de *paranaphtalèse*, un produit de l'action de l'acide azotique sur l'anthracène; il lui attribua la formule

$$C^{30}H^8O^4$$

(anc. not.); plus tard il appela le même composé *anthracénuse*, en lui assignant la formule

$$C^{30}H^7O^5.$$

Cependant ses analyses s'accordent mieux avec la formule actuelle de l'anthraquinone, telle qu'elle a été fixée pour la première fois, en 1861, par Anderson, qui détermina la composition centésimale du produit d'oxydation de l'anthracène et le désigna sous le nom d'*oxanthracène*. Ce nom a été changé par Graebe et Liebermann en celui d'*anthraquinone*.

Depuis la synthèse de l'alizarine, l'anthraquinone, sa génératrice, a été soumise à un grand nombre d'études variées; ce corps est devenu le point de départ d'une foule de dérivés intéressants, et la lumière s'est faite sur sa structure atomique. Nous allons d'abord décrire les faits dans un ordre systématique, et nous consacrerons ensuite quelques lignes au développement des idées émises sur la constitution de l'anthraquinone.

Modes de production. — L'anthraquinone se forme :

1° Par l'oxydation de l'anthracène. — Au moyen de l'acide azotique (Anderson), de l'acide chromique ou d'un mélange de dichromate de potassium et d'acide sulfurique (Graebe et Liebermann), beaucoup d'autres oxydants produisent plus ou moins complètement la même transformation; nous citerons le chlorure de fer, le nitrate de fer, le mélange de chlorure de manganèse et de chlorure de chaux, et surtout le mélange de peroxyde de manganèse et d'acide sulfurique [Henninger, *Bull. de la Soc. chim.*, 1877, t. XXVII, p. 143].

Une solution alcoolique bouillante d'anthracène laisse déposer des aiguilles d'anthraquinone par l'action du chlore ou du brome [Claus, *Deutsch. chem. Gesellsch.*, t. X, p. 925],

2° Par la distillation sèche des alizarates de baryum et de calcium [Reverdin, *ibid.*, t. IV, p. 978];

3° Elle se trouve dans les portions les plus élevées de la benzophénone brute [Kekulé et Franchimont, *ibid.*, t. V, p. 909; *Bull. de la Soc. chim.*, 1873, t. XIX, p. 130];

4° L'anthraquinone se forme en abondance par le passage de la tolylphénylacétone liquide sur de l'oxyde de plomb, à une température bien inférieure au rouge [Behr et van Dorp, *Deutsch. chem. Gesellsch.*, t. VI, p. 753; *Bull. de la Soc. chim.*, 1873, t. XX, p. 465];

5° Lorsqu'on chauffe le chlorure de phtalyle à 220° avec du zinc et de la benzine [Piccard, *Deutsch. chem. Gesellsch.*, t. VII, p. 1785; *Bull. de la Soc. chim.*, 1875, t. XXIV, p. 215], ou bien par l'action du chlorure de phtalyle sur la benzine en présence du chlorure d'aluminium [Friedel et Crafts, *Compt. rend.*, t. LXXXIV, p. 1453].

6° L'acide β-benzoyle-benzoïque se transforme en anthraquinone par soustraction d'eau, au moyen de l'anhydride phosphorique :

$$CO<^{C^6H^4.H}_{C^6H^4.COOH} = H^2O + C^6H^4<^{CO}_{CO}>C^6H^4$$

[Behr et van Dorp, *Deutsch. chem. Gesellsch.*, t. VII, p. 578; *Bull. de la Soc. chim.*, 1874, t. XXII, p. 379].

Préparation. — L'anthraquinone se fabrique maintenant industriellement en vue de sa transformation en alizarine, de sorte qu'on sera rarement obligé de procéder à sa préparation. Nous décrirons cependant la marche à suivre pour préparer de petites quantités d'anthraquinone pure.

On dissout l'anthracène dans l'acide acétique chaud et on y ajoute de l'acide chromique, en solution acétique, aussi longtemps qu'il y a réduction. Une partie de l'anthraquinone se dépose sous forme d'aiguilles, une autre reste en dissolution et peut être précipitée par l'eau. L'anthraquinone brute est purifiée soit par sublimation, soit par distillation [Graebe et Liebermann, *Ann. der Chem. u. Pharm.*, Supplementband, VII, p. 257; *Bull. de la Soc. chim.*, 1870, t. XIV, p. 67].

Propriétés. — L'anthraquinone constitue des cristaux soyeux d'un jaune rougeâtre, sans odeur et sans saveur; elle se sublime en aiguilles jaunes, dont la teinte varie avec le volume des cristaux, fusibles à 273° [Graebe et Liebermann, p. 257]. Elle est insoluble dans l'eau, peu soluble dans l'alcool, plus soluble dans la benzine, soluble dans l'acide azotique bouillant d'une densité de 1,4, se déposant inaltérée par le refroidissement [Anderson, *Mem. cit.*].

L'anthraquinone devient fortement électrique par le frottement (Boettger et Petersen).

Sa densité de vapeur, prise dans la vapeur de soufre, a été trouvée égale à 7,33 (densité théorique = 7,20) [Graebe, *Deutsch. chem. Gesellsch.*, t. V, p. 15; *Bull. de la Soc. chim.*, 1872, t. XVII, p. 231]. M. V. Meyer a trouvé le chiffre 7,22 [*Deutsch. chem. Gesellsch.*, t. IX, p. 1216].

Dans l'action de l'acide nitrique, puis de l'acide sulfurique concentré sur les produits de l'action du chlore sur l'anthracène, on observe la formation d'un isomère de l'anthraquinone, sublimable en belles aiguilles rouges ressemblant beaucoup à l'alizarine, dont il se distingue par la solubilité dans la potasse et dans l'ammoniaque. Cet isomère se transforme en anthraquinone jaune lorsqu'on chauffe sa vapeur vers 300° [Schützenberger, *Bull. de la Soc. chim.*, 1872, t. XVII, p. 2].

Réactions et décompositions. — 1° L'anthraquinone est très stable; elle résiste aux agents oxydants. Le brome est sans action sur elle à la température ordinaire; à 100°, elle est convertie lentement en anthraquinone dibromée [Graebe et Liebermann, *loc. cit.*].

2° Distillée sur la chaux sodée, elle donne de la benzine, comme produit principal, avec des traces seulement de diphényle [Graebe, *Deutsch. chem. Gesellsch.*, t. VI, p. 65; *Bull. de la Soc. chim.*, 1873, t. XIX, p. 413].

Chauffée avec vingt fois son poids de chaux, elle fournit, en petite quantité, des produits de décomposition, qui renferment du diphényle, de l'anthracène et du fluorène, et comme produit principal de la diphénylène-acétone [Anschütz, *Deutsch. chem. Gesellsch.*, t. XI, p. 1213].

3° L'anthraquinone donne une coloration rouge très caractéristique, due à la formation de l'hydroanthraquinone-sodium, avec un mélange de soude et de poussière de zinc, ou avec l'amalgame de sodium. Avec l'alcool absolu, la coloration est verte au lieu d'être rouge, mais la moindre quantité d'eau la fait tourner au rouge [Boettger, *Journ. für prakt. Chem.* (2), t. II, p. 130; — Claus, *Deutsch. chem. Gesellsch.*, t. X, p. 925].

L'hydrosulfite de sodium produit également une coloration rouge caractéristique [Schützenberger, *Bull. de la Soc. chim.*, 1872, t. XVII, p. 2].

4° L'acide sulfurique transforme l'anthraquinone à 200° en acides sulfoconjugués (Graebe et Liebermann).

5° Chauffée sous pression à 260-270° avec un mélange de bisulfate de sodium anhydre et d'acide sulfurique à 66°, elle se transforme en acide disulfoconjugué [Girard, *Bull. de la Soc. chim.*, 1876, t. XXV, p. 333].

6° Lorsqu'on traite l'anthraquinone avec trois ou quatre fois son poids d'acide sulfurique fumant à 270°, elle se transforme partiellement en acide phtalique (environ 10 % de la quinone employée) [Weith et Bindschedler, *Deutsch. chem. Gesellsch.*, t. VII, p. 1106; *Bull. de la Soc. chim.*, 1875, t. XXIII, p. 228].

7° Un mélange à volumes égaux d'acide sulfurique concentré et d'acide nitrique d'une densité de 1,50 dissout complètement l'anthraquinone à 40° avec production de dinitroanthraquinone [Boettger, *Mém. cité*].

8° L'anthraquinone chauffée avec de la potasse aqueuse, additionnée d'éthylate de sodium, donne naissance à une certaine quantité d'alizarine [V. Wartha, *Ann. der Chem. u. Pharm.*, t. CLXI, p. 305; voir aussi Staedel, *Deutsch. chem. Gesellsch.*, t. VI, p. 178].

9° Bouillie avec de l'acide iodhydrique, l'anthraquinone se transforme successivement en anthranol et en dihydrure d'anthracène [Liebermann et Topf, *Deutsch. chem. Gesellsch.*, t. IX, p. 1201].

10° Le perchlorure de phosphore réagit à 200° en produisant du trichloranthracène, mélangé de produits plus substitués [Graebe et Liebermann, *Ann. der Chem. u. Pharm.*, t. CLX, p. 121; *Bull. de la Soc. chim.*, 1872, t. XVII, p. 89].

11° Le zinc-éthyle réagit vivement sur l'anthraquinone avec formation d'un composé soluble, incristallisable [Claus, *Deutsch. chem. Gesellsch.*, t. X, p. 925].

Constitution de l'anthraquinone. — Le produit d'oxydation de l'anthracène, l'oxanthracène d'Anderson, a été nommé anthraquinone par Graebe et Liebermann pour rappeler le caractère quinonique de ce composé, qui dans leur opinion était à l'anthracène ce que la quinone est à la benzine; ils proposèrent en conséquence la formule

$$C^{14}\begin{cases} H^4 \\ O^2 \\ H^4 \end{cases}$$

Mais depuis 1868 on a appris à connaître des faits nombreux qui démontrent l'absence du groupe quinonique O^2 dans l'anthraquinone et le véritable caractère de cette combinaison, qui est une diacétone, comme Fittig l'a fait ressortir le premier [*Deutsch. chem. Gesellsch.*, t. VI, p. 167; *Bull. de la Soc. chim.*, 1873, t. XIX, p. 519].

Ces faits, pour n'en mentionner que les plus importants, sont : la transformation de l'acide benzoïque en eau et anthraquinone (Kekulé), la formation de l'acide phtalique en partant de l'anthraquinone (Weith et Bindschedler), la synthèse de l'anthraquinone au moyen du chlorure de phtalyle (Picard, Friedel et Crafts), la synthèse de l'acide anthraquinone-disulfonique par l'acide β-benzoyle-benzoïque (Liebermann), et enfin les synthèses si élégantes des oxyanthraquinones de Baeyer et Caro.

Voici la formule de structure généralement admise aujourd'hui :

- CO -
- CO -

Cette formule ne fait prévoir que deux dérivés monosubstitués, mais elle n'admet pas moins de dix dérivés disubstitués (par le même élément ou groupe), et un grand nombre de dérivés polysubstitués.

PRODUIT D'HYDROGÉNATION DE L'ANTHRAQUINONE. — ANTHRAHYDROQUINONE, $C^{14}H^8(OH)^2$

$$= C^6H^4 < \begin{matrix} C(OH) \\ C(OH) \end{matrix} > C^6H^4.$$

— On chauffe de l'anthraquinone en poudre avec une solution de soude étendue, et on ajoute de la poudre de zinc. L'anthraquinone se dissout après quelques minutes d'ébullition. On filtre la solution alcaline en la recevant dans de l'acide chlorhydrique en excès, placé dans un flacon et traversé par un courant d'acide carbonique. Le précipité est ensuite lavé par décantation, filtré et séché dans une atmosphère d'acide carbonique.

L'anthrahydroquinone se dissout dans les alcalis avec une couleur rouge. Elle est très altérable à l'état humide; sèche, elle se conserve un peu plus longtemps [Graebe et Liebermann, *Ann. der Chem. u. Pharm.*, t. CLX, p. 121; *Bull. de la Soc. chim.*, 1872, t. XVII, p. 90].

PRODUITS DE SUBSTITUTION DE L'ANTHRAQUINONE.

Anthraquinones bromées.

MONOBROMANTHRAQUINONE, $C^{14}H^7O^2Br$. — On obtient ce composé par l'oxydation du tribromanthracène. Il est en aiguilles jaune clair, fusibles à 187° et sublimables, peu solubles dans l'alcool et la benzine froide, assez solubles dans la benzine chaude. La potasse en fusion la transforme en alizarine :

$$C^{14}H^7BrO^2 + KOH + H^2O$$
$$= C^{14}H^6(OH)^2O^2 + KBr + H^2$$

[Graebe et Liebermann, *Ann. der Chem. u. Pharm.*, Supplementband VII, p. 257; *Bull. de la Soc. chim.*, 1870, t. XIV, p. 67].

DIBROMANTHRAQUINONE, $C^{14}H^6O^2Br^2$. — Graebe et Liebermann (*loc. cit.*) préparent ce corps par l'oxydation du tétrabromanthracène. On chauffe une partie de ce corps avec cinq à six parties d'acide nitrique incolore (densité 1,4) et deux parties de dichromate de potassium. Quand le dégagement de brome a cessé, on étend d'eau, on filtre et on purifie la masse jaune par cristallisation dans la benzine.

Le même composé s'obtient par l'action du brome sur l'anthraquinone. On introduit des quantités équivalentes de brome et d'anthraquinone dans un tube, on mélange intimement, on ferme à la lampe et l'on chauffe jusqu'à la disparition complète des vapeurs bromées. Le produit obtenu est purifié par cristallisation dans la benzine.

On peut aussi l'obtenir en chauffant 1 p. d'anthraquinone avec 1,5 à 2 p. de brome et un peu d'iode à 160°. On reprend par la soude bouillante qui dissout la dibromanthraquinone et l'on fait cristalliser dans l'acide acétique [Diehl, *Deutsch. chem. Gesellsch.*, t. XI, p. 179; *Bull. de la Soc. chim.*, 1878, t. XXX, p. 37].

La dibromanthraquinone est en aiguilles jaune clair, fusibles à 239°,5 (Diehl), sublimables, peu solubles dans l'alcool, plus solubles dans la benzine et le chloroforme. La potasse en fusion la transforme au-dessus de 200° en alizarate de potassium :

$$C^{14}H^6O^2Br^2 + 2KOH$$
$$= 2KBr + C^{14}H^6O^2(OH)^2.$$

TRIBROMANTHRAQUINONES, $C^{14}H^5O^2Br^3$. — On connait deux modifications différentes, que nous désignerons, pour les distinguer, par α et β.

L'*α-tribromanthraquinone* s'obtient par l'oxydation du pentabromanthracène. Elle fond à 365° et se dissout facilement dans les homologues supérieurs de la benzine, le chloroforme et le sulfure de carbone. Par la sublimation, elle fournit de longues aiguilles aplaties [Hammerschlag, *Deutsch. chem. Gesellsch.*, t. X, p. 1212; *Bull. de la Soc. chim.*, 1878, t. XXIX, p. 525].

β-tribromanthraquinone. — On chauffe la dibromanthraquinone avec du brome et de l'iode à 250°. On reprend par la soude bouillante et on dissout le résidu dans l'acide acétique. On obtient environ 95 % de la théorie.

La β-tribromanthraquinone fond à 186° et se sublime à une température plus élevée en petites aiguilles jaune clair. Elle se dissout aisément dans la benzine chaude et l'éther; ces solutions sont précipitées par l'alcool. Elle est très soluble dans le toluène, la nitrobenzine, le chloroforme, le sulfure de carbone et la ligroïne. L'acide sulfurique concentré la dissout avec une couleur jaune-rouge; l'eau la précipite inaltérée de cette solution. Par l'ébullition prolongée avec l'acide nitrique, dans lequel elle se dissout avec une couleur rougeâtre, il se produit un corps nitré, soluble dans la benzine avec une coloration rouge [Diehl, *Mem. cité*].

La soude en fusion transforme la tribromanthraquinone successivement en dibromoxyanthraquinone, en monobromalizarine et finalement en purpurine (75 à 80 °/₀ de la théorie). A une température plus élevée, il se forme de l'oxypurpurine [Diehl, *Deutsch. chem. Gesellsch.*, t. XI, p. 183].

Tétrabromanthraquinones, $C^{14}H^4O^2Br^4$. — Comme pour la tribromanthraquinone, nous distinguerons les deux isomères connus par les lettres α et β.

α-*tétrabromanthraquinone*. — On fait réagir un mélange d'acides acétique et chromique sur l'hexabromanthracène. Le rendement est théorique.

La tétrabromanthraquinone est très peu soluble et se dépose dans le sulfure de carbone en petites aiguilles jaunes; elle se sublime en lamelles aplaties qui ne fondent pas à 370°. Par la fusion avec la soude caustique, elle se transforme en alizarine [Hammerschlag, *Mém. cité*].

β-*tétrabromanthraquinone*. — Ce composé se forme par l'action du brome à 320° sur la tribromanthraquinone; on le purifie comme cette dernière.

La β-tétrabromanthraquinone se présente en écailles jaunes, très solubles, fusibles à 295-300°. La soude en fusion la transforme en une trioxyanthraquinone, que l'acide chlorhydrique sépare de la solution aqueuse. C'est une masse brun foncé, se déposant dans l'alcool et dans l'acide acétique en petites aiguilles brun clair, feutrées, solubles dans la soude, dans l'ammoniaque et dans l'acide sulfurique concentré avec une couleur brun foncé [Diehl, *Mem. cité*].

D'après M. Diehl [*loc. cit.*], il serait plus facile de préparer ce corps par l'oxydation de l'hexabromanthracène; il y a là évidemment une confusion, car le composé préparé de cette manière ne doit pas différer du produit obtenu par M. Hammerschlag.

Pentabromanthraquinone, $C^{14}H^3O^2Br^5$. — Elle se forme en très petite quantité par l'action du bromure d'iode à 350° sur l'anthraquinone et sur ses dérivés bromés. On reprend par le toluène et on fait sublimer le résidu.

On prépare ce corps par l'oxydation de l'heptabromanthracène. Une ébullition de douze heures avec le mélange de dichromate de potassium et d'acide sulfurique suffit pour opérer la transformation.

Ce corps est très soluble dans le chloroforme, le sulfure de carbone et la ligroïne, peu soluble dans le toluène bouillant. Il ne se sublime que difficilement, sans fondre, en aiguilles jaunes, très légères [Diehl, *Mém. cité*].

Anthraquinones chlorées.

Dichloranthraquinone, $C^{14}H^6O^2Cl^2$. — Elle s'obtient par l'oxydation du tétrachloranthracène [Graebe et Liebermann, *Mém. cité*].

La même dichloranthraquinone s'obtient lorsqu'on fait agir le perchlorure d'antimoine sur l'anthraquinone à la température du bain-marie (Diehl).

Elle cristallise en aiguilles jaunes; fondue avec de la potasse, elle fournit de l'alizarine.

Dichlorure d'anthraquinone,

$$C^{14}H^8OCl^2 = C^6H^4 < \begin{matrix} CO \\ CCl^2 \end{matrix} > C^6H^4.$$

— C'est le produit principal de l'action du chlore sur la tolylphénylacétone liquide (ortho). C'est de l'anthraquinone dont un atome d'oxygène a été remplacé par une molécule de chlore.

Pour préparer ce corps, on traite l'acétone dont il s'agit par quantités de 30 à 50 grammes à la fois, pendant dix à huit heures par un courant de chlore, en maintenant la température du bain d'huile à 110-120°. Par le refroidissement, le liquide jaunâtre se prend en une masse cristalline, imbibée d'un produit huileux. On lave à l'éther et l'on fait cristalliser dans la ligroïne chaude, complètement sèche.

Le dichlorure d'anthraquinone cristallise dans la ligroïne chaude, la benzine, le toluène et l'éther, en beaux prismes brillants et limpides, fusibles à 132-133°. Il se décompose rapidement à l'air humide, en dégageant de l'acide chlorhydrique et régénérant de l'anthraquinone. L'alcool absolu, l'acide acétique et l'acide azotique le transforment à chaud en anthraquinone [Thörner et Zincke, *Deutsch. chem. Gesellsch.*, t. X, p. 1477].

Trichloranthraquinone, $C^{14}H^5O^2Cl^3$. — On chauffe de l'anthraquinone en tubes scellés, à 180°, avec du perchlorure d'antimoine. Par l'ébullition avec l'acide chlorhydrique, on obtient comme résidu une poudre jaune, qu'on purifie par plusieurs cristallisations.

Aiguilles jaunes, fusibles à 284-290° et sublimables en se charbonnant partiellement. Elle est soluble dans l'acide acétique, le chloroforme, le toluène, peu soluble dans la benzine bouillante. La soude caustique la transforme à 200° en purpurine [Diehl, *Mém. cité*].

Tétrachloranthraquinone, $C^{14}H^4O^2Cl^4$. — Elle s'obtient en chauffant pendant longtemps de 200 à 225° de la dichloranthraquinone avec 5 ou 6 fois son poids de perchlorure d'antimoine. On reprend par l'acide acétique bouillant, on purifie par une cristallisation fractionnée qui sépare la trichloranthraquinone plus soluble et on fait sublimer.

Aiguilles jaunes, réunies en faisceaux, fusibles à 320-330°, et sublimables en se charbonnant fortement.

La tétrachloranthraquinone est très soluble dans le chloroforme, le toluène, le sulfure de carbone et dans l'acide acétique bouillant.

La potasse alcoolique bouillante et l'acide sulfurique concentré ne l'attaquent pas (Diehl).

Pentachloranthraquinone, $C^{14}H^3O^2Cl^5$. — On chauffe la dichloranthraquinone à 250° avec 7 à 8 p. de perchlorure d'antimoine, on reprend par l'acide acétique et l'on fait sublimer.

La pentachloranthraquinone est extrêmement stable; elle se sublime sans fondre et elle est peu soluble dans les dissolvants ordinaires [Diehl, *loc. cit.*].

Acides sulfoniques de l'anthraquinone.

Le produit de l'action de l'acide sulfurique sur l'anthraquinone est, suivant les circonstances, de l'acide monosulfonique ou de l'acide disulfonique. Le premier prédomine lorsqu'on emploie 2 à 3 p. d'acide sulfurique et qu'on chauffe à 250-260°.

Pour obtenir l'acide disulfonique, on emploie 4 à 5 p. d'acide sulfurique en chauffant finalement à 270-280°. On verse le produit dans de l'eau avant qu'il soit complètement refroidi et l'on transforme les acides conjugués en sels calciques [Graebe et Liebermann, *Ann. der Chem. u. Pharm.*, t. CLX, p. 121; *Bull. de la Soc. chim.*, 1872, t. XVII, p. 70; — Liebermann, *Deutsch. chem. Gesellsch.*, t. IV, p. 108; — Perkin, *Journ. of the chem. Soc.*(2), t. XXIII, p. 138].

Acide anthraquinone-monosulfonique,

$$C^{14}H^7O^2.SO^3H.$$

— On précipite exactement la dissolution du sel barytique ou plombique par l'acide sulfurique et on évapore la solution. Par une concentration suffisante, l'acide se sépare en lamelles jaunes déliquescentes, très solubles dans l'eau chaude et dans l'alcool, insolubles dans l'éther. La solution aqueuse saturée est précipitée par l'acide chlorhydrique.

L'acide anthraquinone-monosulfonique se forme aussi par l'action de l'acide azoteux sur l'alizarine en solution sulfurique [Nienhaus, *Deutsch. chem. Gesellsch.*, t. VIII, p. 774].

Les sels sont peu solubles.

Sel de *baryum*, $(C^{14}H^7O^2.SO^3)^2Ba + H^2O$. — Cristaux jaunes, confus.

Le sel de *calcium*, $(C^{14}H^7O^2.SO^3)^2Ca$, est beaucoup plus soluble dans l'eau que le sel précédent. Il n'est pas plus soluble à chaud qu'à froid.

Le sel de *sodium*, $C^{14}H^7O^2.SO^3Na$, s'obtient en traitant le sel barytique par le carbonate de sodium. Il est en cristaux jaunes, solubles avec une coloration jaune-rouge, très solubles à chaud, peu à froid. La potasse en fusion le convertit d'abord en monoxyanthraquinone ; à une température plus élevée, il se forme de l'alizarine :

$$C^{14}H^7O^2.SO^3K + 2KOH = C^{14}H^7O^2.OK + K^2SO^3 + H^2O,$$

$$C^{14}H^7O^2.OK + KOH = C^{14}H^6O^2(OK)^2 + H^2.$$

Cependant il ne se dégage pas d'hydrogène ; celui-ci transforme probablement l'alizarine en hydroalizarine et celle-ci se réoxyde à l'air.

ACIDE ANTHRAQUINONE-DISULFONIQUE,

$$C^{14}H^6O^2(SO^3H)^2.$$

— Cet acide se forme aussi lorsqu'on chauffe l'acide β-benzoyle-benzoïque avec de l'acide sulfurique fumant [Liebermann, *Deutsch. chem. Gesellsch.*, t. VII, p. 805].

Il est en cristaux jaunes, assez solubles dans l'eau, peu solubles dans l'acide sulfurique. Ses sels sont plus solubles que ceux de l'acide monosulfonique; leurs solutions ont une couleur jaune-rougeâtre.

Le sel *barytique*, $C^{14}H^6O^2(SO^3)^2Ba$, se dépose dans l'eau en cristaux jaunes indistincts, peu solubles dans l'eau froide.

Le sel de *plomb*, $C^{14}H^6O^2(SO^3)^2Pb$, est assez soluble dans l'eau chaude.

L'acide anthraquinone-disulfonique donne de l'alizarine par l'action de la potasse en fusion ; mais ici encore, et plus facilement qu'avec l'acide précédent, il se forme un produit intermédiaire, l'acide oxyanthraquinone-sulfonique :

$$C^{14}H^6O^2(SO^3K)^2 + 2KOH = K^2SO^3 + H^2O + C^{14}H^6O^2 \lt \begin{matrix} OK \\ SO^3K. \end{matrix}$$

A une température un peu plus élevée, le second groupe SO^3K est remplacé par OK et il se forme de l'alizarate de potassium :

$$C^{14}H^6O^2 \lt \begin{matrix} OK \\ SO^3K \end{matrix} + 2KOH = C^{14}H^6O^2 \lt \begin{matrix} OK \\ OK \end{matrix} + K^2SO^3 + H^2O.$$

Ces transformations se manifestent par des changements de coloration. La couleur rouge devient d'abord d'un bleu foncé et passe ensuite au violet.

Anthraquinones nitrées.

On connait une mononitranthraquinone et deux modifications dinitrées.

MONONITRANTHRAQUINONE, $C^{14}H^7O^2.AzO^2$. — Ce corps, découvert par Boettger et Petersen, a été appelé par eux α-mononitranthraquinone.

Pour le préparer, on dissout l'anthraquinone dans 10 à 15 fois son poids d'acide azotique d'une densité de 1,50 et l'on fait bouillir pendant trente à quarante-cinq minutes. On verse ensuite la solution dans l'eau froide et on lave les flocons qui se déposent.

La mononitranthraquinone constitue une poudre jaune clair, devenant électrique par le frottement, sublimable en aiguilles jaune paille, qui fondent à 230°, peu solubles. Elle se dissout dans l'acide sulfurique et dans l'aniline avec une coloration brune. Elle cristallise dans la nitrobenzine en prismes clinorhombiques ; dans le chloroforme, son meilleur dissolvant, en fines aiguilles. L'acide nitrosulfurique la transforme en α-dinitranthraquinone, la potasse fondue en alizarine. Par la réduction, elle se convertit en monamidoanthraquinone. L'acide sulfurique concentré transforme la mononitranthraquinone à 200° en un corps renfermant $C^{28}H^{16}Az^2O^6$, après avoir été précipité par l'eau et purifié. Ce dernier corps forme une poudre couleur fleur de pêcher, fusible en un liquide rouge et se sublimant à 240° en aiguilles roses, presque insolubles dans l'eau, solubles dans les autres dissolvants et dans les alcalis. C'est peut-être une imidhydroxylanthraquinone [Boettger et Petersen, *Journ. für prakt. Chem.* (2), t. VI, p. 367, 461 ; *Bull. de la Soc. chim.*, 1873, t. XIX, p. 414].

DINITRANTHRAQUINONE, $C^{14}H^6O^2(AzO^2)^2$. — Ce composé a été obtenu par Fritzsche, qui le désigna sous le nom de *réactif* pour rappeler sa capacité de former des combinaisons doubles avec certains hydrocarbures. Plus tard il détermina sa composition centésimale et le nomma *oxybinitrophothène* [Fritzsche, *Comp. rend.*, t. LXVII, p. 1105].

Anderson le prépare par l'action prolongée de l'acide azotique bouillant et fumant sur l'anthracène ; on lave à l'eau le produit d'aspect résineux qui se forme.

La dinitranthraquinone forme avec l'anthracène des tables rhomboïdales d'un violet rouge brillant. Elle donne des combinaisons caractéristiques, douées des plus vives couleurs, avec un grand nombre de carbures, tels que le rétène, le stilbène, le diphényle, etc.

α-DINITRANTHRAQUINONE, $C^{14}H^6O^2(AzO^2)^2$. — Ce composé, isomère du précédent, se forme par la nitration de l'anthraquinone au moyen d'un mélange d'acide azotique et sulfurique. Il se forme d'abord de l'acide anthraquinone-disulfonique que l'acide azotique convertit en dérivé dinitré, par substitution du groupe AzO^2 au groupe SO^3H.

Pour préparer ce corps, on dissout à chaud 1 p. d'anthraquinone dans 16 p. d'un mélange à volumes égaux d'acide sulfurique concentré et d'acide azotique d'une densité de 1,50. On verse la liqueur brune dans une grande quantité d'eau qui sépare le corps nitré sous forme de flocons jaunes.

On peut obtenir l'α-dinitranthraquinone par l'action directe de l'acide azotique concentré sur l'anthraquinone ou sur la mononitranthraquinone. Mais il faut pour cela employer de l'acide d'une densité de 1,52 et prolonger l'ébullition pendant plusieurs heures.

L'α-dinitranthraquinone est presque insoluble dans l'eau et l'éther, peu soluble dans l'alcool et la benzine, plus soluble dans le chloroforme. Elle se sépare de ces solutions en petits cristaux grenus, jaunâtres, brunissant par la chaleur et s'agglutinant vers 252°. A une température plus élevée, elle se sublime en aiguilles brunâtres, en se charbonnant partiellement. Le sulfhydrate de sodium en solution aqueuse la transforme en α-diamidoanthraquinone. L'acide sulfurique concentré réagit sur la dinitranthraquinone avec production d'une matière colorante violette, offrant la composition $C^{14}H^8Az^2O^4$, la *diimido-hydroxylanthraquinone*. Cette dernière est convertie en solution éthéro-alcoolique par l'acide azoteux en un composé renfermant $C^{14}H^7AzO^5$, probablement une *oxyimidodihydroxylanthraquinone* [Boettger et Petersen, *Ann. der Chem. u. Pharm.*, t. CLX, p. 145; *Bull. de la Soc. chim.*, 1871, t. XV, p. 316; — Petersen, *Deutsch. chem. Gesellsch*, t. IV, p. 301].

Dérivés amidés et azoïques.

α-MONAMIDOANTHRAQUINONE, $C^{14}H^7O^2.AzH^2$. — L'α-mononitranthraquinone en poudre chauffée avec une solution concentrée de sulfhydrate de sodium laisse déposer bientôt des flocons rouges. Après une ébullition prolongée, on étend d'eau, on laisse refroidir et on lave le produit qui se sépare.

L'amidoanthraquinone constitue une poudre rouge brique, sublimable en aiguilles rhombiques de même couleur, fusibles à 256°, peu solubles dans l'alcool et dans l'éther, solubles dans l'éther acétique, le chloroforme, la benzine et l'acide acétique. Elle ne paraît pas se combiner avec les acides [Boettger et Petersen, *Journ. für prakt. Chem.* (2), t. VI, p. 367, 461; *Bull. de la Soc. chim.*, 1873, t. XIX, p. 414].

α-DIAMIDOANTHRAQUINONE, $C^{14}H^6O^2(AzH^2)^2$. — Pour préparer ce corps, on traite la dinitranthraquinone par le sulfhydrate de sodium en solution aqueuse. La liqueur se colore en vert émeraude et laisse déposer bientôt l'amide à l'état d'une poudre rouge de cinabre; après le refroidissement, on filtre et on lave à l'eau froide.

La diamidoanthraquinone se sublime facilement lorsqu'elle est sèche, sans trop se charbonner, en aiguilles aplaties rouge grenat, à reflets verdâtres, fusibles vers 236°. Elle est très peu soluble dans l'eau, assez soluble dans l'éther acétique et le sulfure de carbone, soluble dans le chloroforme, la glycérine et la benzine avec une coloration hyacinthe. Elle se dissout dans l'acide sulfurique avec une couleur brune et est de nouveau précipitée par l'eau. La potasse en fusion la transforme en alizarine. Lorsqu'on fait passer un courant d'acide azoteux à travers une solution de diamidoanthraquinone dans l'éther ou dans l'acétate d'éthyle, il se sépare une poudre violette qui renferme

$$C^{14}H^8Az^4O^4,$$

après avoir été lavée à l'éther et séchée rapidement à l'air. L'acide azoteux produit dans la solution chloroformique de ce corps un précipité brun renfermant $C^{14}H^6Az^6O^6$ [Boettger et Petersen, *Ann. der Chem. u. Pharm.*, t. CLX, p. 145; — Liebermann, *Deutsch. chem. Gesellsch.*, t. IV, p. 230].

AZOTATE D'α-DIAZOANTHRAQUINONE,

$$C^{14}H^7O^2.Az^2.AzO^3.$$

— Lorsqu'on dirige un courant d'acide azoteux à travers une solution éthérée de la monamidoanthraquinone, celle-ci se décolore et il se dépose une poudre rose ayant la composition ci-dessus. L'ébullition avec l'eau en dégage de l'azote et produit un précipité floconneux, identique avec l'oxyanthraquinone de Graebe et Liebermann :

$$C^{14}H^7O^2.Az^2.AzO^3 + H^2O$$
$$= C^{14}H^7O^2.OH + Az^2 + AzO^3H$$

[Boettger et Petersen, *Mém. cité*].

Oxyanthraquinones.

La formule de structure admise actuellement pour l'anthraquinone fait prévoir deux monoxyanthraquinones, dix dioxyanthraquinones et un grand nombre de polyoxyanthraquinones. En réalité, on ne connaît pas moins de 21 oxyanthraquinones qui se répartissent ainsi : deux monoxyanthraquinones, dix di-, six tri-, trois tétra- et une hexa-oxyanthraquinone. Nous ne décrirons ici que les deux monoxyanthraquinones, les autres seront décrites chacune sous son nom propre.

Les dioxyanthraquinones isomériques avec l'alizarine se distinguent toutes de cette dernière par l'absence complète de pouvoir tinctorial. On voit que la position alizarique des hydroxyles est la seule qui motive la production de laques colorantes.

Les trioxyanthraquinones teignent toutes.

Voici la liste des oxyanthraquinones connues jusqu'à ce jour :

1° Mono-, Oxyanthraquinone, érythroxyanthraquinone.
2° Di-, Alizarine, quinizarine, xanthopurpurine, métabenzdioxyanthraquinone, anthrarufine, isoalizarine, acide anthraflavique, acide isoanthraflavique, acide frangulique, chrysazine.
3° Tri-, Purpurine, isopurpurine, flavopurpurine, oxychrysazine, anthragallol et oxyanthrarufine.
4° Tétra-, Rufiopine, anthrachrysone, oxypurpurine.
5° Hexa-, Acide rufigallique.

Il ne faut cependant pas se dissimuler que l'isomérie et même l'individualité chimique de plusieurs de ces combinaisons n'ont pas été démontrées avec la rigueur qu'on pourrait désirer. Une étude plus approfondie établira probablement l'identité de quelques composés considérés aujourd'hui comme isomères.

OXYANTHRAQUINONE, $C^{14}H^7O^2.OH$. — Cette combinaison a été signalée par Glaser et Caro dans les produits secondaires de la fabrication de l'alizarine. Son étude a été faite principalement par Graebe et Liebermann [*Ann. der Chem. u. Pharm.*, t. CLX, p. 121; *Bull. de la Soc. chim.*, 1872, t. XVII, p. 80].

L'oxyanthraquinone se produit dans la première phase de l'action de la potasse sur l'acide anthraquinone-monosulfonique. Elle se forme aussi par la fusion de la bromanthraquinone avec la potasse à une température aussi peu élevée que possible [Graebe et Liebermann].

L'oxyanthraquinone a été produite synthétiquement par MM. Baeyer et Caro, en chauffant du phénol, de l'anisol, de l'acide anisique et de l'acide salicylique avec de l'anhydride phtalique et de l'acide sulfurique [*Deutsch. chem. Gesellsch.*, t. VII, p. 968; *Bull. de la Soc. chim.*, 1875, t. XXIII, p. 85].

Elle se forme aussi par l'action de l'acide azoteux sur l'alizarinamide [Liebermann et Troschke, *Deutsche chem. Gesellsch.*, t. VIII, p. 379].

Pour séparer la monoxyanthraquinone de l'alizarine artificielle, on transforme la masse en sel de baryum, de calcium ou de plomb, en faisant bouillir le produit brut avec les carbonates de ces métaux; l'alizarine forme des laques insolubles, tandis que l'oxyanthraquinone forme des sels solubles et peut être précipitée par l'addition d'un acide à la liqueur filtrée. On purifie le produit par sublimation ou par cristallisation dans l'alcool (Graebe et Liebermann).

M. Willgerodt conseille le mode opératoire suivant : On dissout l'alizarine artificielle, privée des acides, des sels et de l'anthraquinone, dans une quantité de potasse suffisante pour obtenir l'alizarate neutre, on évapore à sec au bain-marie et on épuise le résidu par l'alcool jusqu'à ce que celui-ci, qui passe d'abord avec une couleur rouge de sang, soit coloré en violet brun. La solution alcoolique évaporée à sec laisse un résidu qui, redissous dans l'eau et additionné d'un acide, fournit l'oxyanthraquinone, facile à purifier par cristallisation dans l'acide acétique [*Chem. Centralblatt*, t. V, p. 744; *Bull. de la Soc. chim.*, 1876, t. XXV, p. 568].

L'oxyanthraquinone se sublime en lamelles jaune citron, et cristallise en fines aiguilles dans l'alcool et dans l'éther. Elle fond à 268-271° (Baeyer et Caro), à 323° [Claus et Willgerodt, *Deutsch. chem. Gesellsch.*, t. VIII, p. 530]. Elle est peu soluble dans l'eau, assez soluble dans l'alcool et l'éther.

C'est un acide monobasique qui forme des sels avec les alcalis et les carbonates. Les sels alcalins se dissolvent dans l'eau avec une coloration jaune rouge, les sels de baryum et de plomb avec une couleur jaune. Elle se dissout dans l'acide sulfurique avec une coloration jaune rouge et est de nouveau précipitée par l'eau. Elle ne teint pas le coton mordancé. La potasse en fusion la transforme en alizarine [Graebe et Liebermann, *Mém. cité*].

Le sel *barytique*, $(C^{14}H^7O^2)Ba + H^2O$, se sépare en aiguilles jaunes de sa solution aqueuse saturée à chaud; il est insoluble dans l'alcool.

On ne peut pas l'obtenir par l'évaporation. L'acide carbonique le décompose en solution aqueuse avec formation de carbonate et d'oxyanthraquinone libre; à chaud, c'est la réaction inverse qui a lieu.

Le sel barytique se dépose presque entièrement au bout de quelques minutes, lorsqu'on dissout l'oxyanthraquinone à froid dans l'eau de baryte.

OXACÉTYLANTHRAQUINONE, $C^{14}H^7O^2.O.C^2H^3O$. — C'est le produit de l'action de l'anhydride acétique sur l'oxyanthraquinone à 160°. Elle cristallise dans l'alcool en petites aiguilles feutrées, presque incolores, fusibles à 158° [Liebermann, *Deutsch. chem. Gesellsch.*, t. V, p. 868].

DIBROMOXYANTHRAQUINONE,

$$C^{14}H^5Br^2O^2.OH.$$

— Elle se forme par l'action de l'acide sulfurique vers 150° sur la phénolphtaléine tétrabromée :

$$C^6H^4(COC^6H^2Br^2OH)^2$$

$$= C^6H^3Br^2OH + C^6H^4\left\langle\begin{matrix}CO\\CO\end{matrix}\right\rangle C^6HBr^2.OH.$$

Elle se précipite par l'addition d'eau et cristallise dans l'alcool en aiguilles jaune rougeâtre, fusibles à 207-208°, peu solubles dans l'alcool, solubles dans les alcalis avec une couleur brune. Le sel barytique est insoluble. La potasse fondue la transforme en alizarine.

DIBROMOXACÉTYLANTHRAQUINONE,

$$C^{14}H^5Br^2O^2.OC^2H^3O.$$

— Aiguilles jaunes d'or, fusibles à 189-190° et sublimables [Baeyer, *Deutsch. chem. Gesellsch.*, t. IX, p. 1230; *Bull. de la Soc. chim.*, 1877, t. XXVII, p. 458].

ACIDE OXYANTHRAQUINONE-SULFONIQUE,

$$C^{14}H^6O^2\left\langle\begin{matrix}OH\\SO^3H.\end{matrix}\right.$$

— Pour la préparation de ce corps, le produit de l'action de la potasse sur l'acide anthraquinone-disulfonique est sursaturé par l'acide chlorhydrique, puis additionné de chlorure de baryum. On purifie le sel barytique par cristallisation dans l'eau.

L'acide libre, séparé du sel barytique, se dépose par l'évaporation de la solution aqueuse en cristaux jaunes, très solubles dans l'eau et dans l'alcool, peu solubles dans l'éther. Il donne avec la potasse un sel double d'une belle couleur bleue :

$$C^{14}H^6O^2\left\langle\begin{matrix}OK\\SO^3K;\end{matrix}\right.$$

cette solution devient d'un jaune rouge par l'addition d'acide chlorhydrique, par suite de la formation du sel acide :

$$C^{14}H^6O^2\left\langle\begin{matrix}OH\\SO^3K.\end{matrix}\right.$$

Le sel *barytique*,

$$\left[C^{14}H^6O^2\left\langle\begin{matrix}OH\\SO^3\end{matrix}\right.\right]^2Ba,$$

est jaune, assez soluble dans l'eau bouillante; la solution additionnée d'eau bouillante donne le sel neutre, bleu, insoluble :

$$C^{14}H^6O^2\left\langle\begin{matrix}O\\SO^3\end{matrix}\right\rangle Ba$$

[Graebe et Liebermann, *Mém. cité*].

ÉRYTHROXYANTHRAQUINONE, $C^{14}H^7O^2.OH$. — Si l'on chauffe du phénol avec de l'anhydride phtalique et de l'acide sulfurique, et si l'on ajoute ensuite de l'eau, on précipite des flocons jaunes ou brunâtres, constituant un mélange d'oxyanthraquinone et d'érythroxyanthraquinone. On obtient le même produit avec l'anisol, l'acide anisique et l'acide salicylique.

Pour séparer l'érythroxyanthraquinone, on épuise le produit brut par l'ammoniaque étendue, on dissout le résidu dans l'alcool chaud et on additionne d'eau de baryte. Le précipité rouge foncé ainsi obtenu est lavé et décomposé par l'acide chlorhydrique et la matière jaune précipitée est cristallisée dans l'alcool.

L'érythroxyanthraquinone est en aiguilles dendritiques d'un jaune rouge qui prennent un éclat doré après dessiccation. Elle fond à 173-180° et commence déjà à se sublimer vers 150° en longues aiguilles jaune-orange. Elle forme avec la baryte et la chaux des laques décomposables par l'acide carbonique. Elle se distingue de l'oxyanthraquinone en ce qu'elle est notablement plus soluble dans l'alcool bouillant que dans l'alcool froid. Le spectre d'absorption de la solution sulfurique présente une bande d'absorption, ce qui n'a pas lieu avec l'oxyanthraquinone; cette bande est située à 185°, la raie de sodium étant à 172°.

La potasse fondue la convertit facilement en alizarine [Baeyer et Caro, *Deutsch. chem. Gesellsch.*, t. VII, p. 968; *Bull. de la Soc. chim.*, 1875, t. XXIII, p. 85].

ANTHRAQUINONES HOMOLOGUES ET ACIDES CARBOXYLIQUES CORRESPONDANTS.

Méthylanthraquinones. — On connaît les deux isomères prévus par la théorie.

α-MÉTHYLANTHRAQUINONE, $C^{14}H^7O^2\text{-}CH^3$. — On chauffe une solution alcoolique de méthylanthracène avec de l'acide nitrique, on distille le tiers environ de l'alcool et on ajoute de l'eau. Il se produit un précipité cristallin jaune, qu'on purifie par sublimation.

La méthylanthraquinone forme des lamelles ou des aiguilles entre-croisées jaunes, fusibles à 162-163°, solubles dans l'éther, l'acétone, le chloroforme et l'alcool bouillant, d'où elle cristallise en petites aiguilles jaunes; elle est insoluble dans l'acide acétique et dans la benzine.

Lorsqu'on chauffe au bain-marie une solution sulfocarbonique de méthylanthraquinone avec du brome, on obtient un dérivé bromé, que la potasse fondue transforme en méthylalizarine [Fischer, *Deutsch. chem. Gesellsch.*, t. VIII,

p. 675; *Bull. de la Soc. chim.*, 1876, t. XXV, p. 86].

La β-méthylanthraquinone a été trouvée par MM. Wachendorff et Zincke dans l'alizarine artificielle. Elle fond à 177-179° et cristallise en aiguilles déliées jaune clair sublimables [*Deutsch. chem. Gesellsch.*, t. X, p. 1481].

Acide anthraquinone-carboxylique,

$$C^{14}H^7O^2\text{-}CO^2H.$$

— Ce corps se forme par l'action de l'acide chromique sur le méthylanthracène dissous dans l'acide acétique; on le purifie par cristallisation dans l'acide acétique [Weiler, *Deutsch. chem. Gesellsch.*, t. VII, p. 1185].

Il se produit aussi par l'oxydation de l'acide β-anthracène-carboxylique au moyen de l'acide chromique [Liebermann et v. Rath, *Même recueil*, t. VIII, p. 246; *Bull. de la Soc. chim.*, 1875, t. XXIV, p. 216].

Aiguilles jaunes, fusibles à 282° (Weiler), très solubles dans l'acétone, peu solubles dans les autres dissolvants, solubles à chaud dans l'acide acétique et dans l'alcool avec une couleur jaune-brun. L'alcool l'abandonne par le refroidissement en prismes jaunâtres, durs et brillants, fusibles à 282-284° (Liebermann et von Rath). L'acide sulfurique le dissout à froid avec une coloration jaune; l'eau décolore cette solution, en produisant le dépôt d'une matière blanche floconneuse.

L'acide libre est sublimable; chauffé brusquement, il se dédouble en acide carbonique et en anthraquinone.

Les sels de *calcium* et de *baryum*, anhydres à 130°, renferment

$$(C^{14}H^7O^2\text{-}CO^2)^2\,Ba \text{ et } (C^{14}H^7O^2\text{-}CO^2)^2\,Ca;$$

ils sont cristallins et moins solubles que les sels de l'acide anthracène-carboxylique [Liebermann et von Rath, *Mém. cité*].

Les sels alcalins sont solubles dans l'eau pure; mais un léger excès de soude ou de potasse effectue immédiatement la précipitation du sel floconneux [Liebermann, *Deutsch. chem. Gesellsch.*, t. VIII, p. 970; *Bull. de la Soc. chim.*, 1876, t. XXV, p. 224].

Diméthylanthraquinone, $C^{14}H^6O^2(CH^3)^2$. — Elle s'obtient par l'ébullition prolongée du diméthylanthracène avec un mélange d'acides chromique et acétique.

La diméthylanthraquinone cristallise dans l'alcool aqueux bouillant en petites aiguilles jaune clair, fusibles à 153° et sublimable en aiguilles aplaties presque incolores; elle est assez soluble dans l'alcool, l'éther, la benzine, l'acide acétique et l'éther de pétrole chaud. Comme l'anthraquinone, elle donne une coloration rouge caractéristique avec un mélange de poudre de zinc et de potasse.

L'acide chromique la transforme par une ébullition prolongée en un mélange d'acides anthraquinone mono- et dicarboxyliques.

Pour séparer ces deux acides, on utilise la propriété de l'acide monocarboxylique de fournir des sels alcalins insolubles dans un excès d'alcali; on purifie ensuite les acides par cristallisation dans l'alcool.

L'acide méthylanthraquinone-carboxylique,

$$C^{14}H^6O^2{<}^{CH^3}_{CO^2H},$$

est très soluble dans l'alcool chaud et s'en dépose par le refroidissement ou par l'évaporation en flocons blanc de neige. Il fond à 244-246° et se sublime à une température plus élevée, en se décomposant partiellement, sous forme de petites aiguilles pointues.

Acide anthraquinone-dicarboxylique,

$$C^{14}H^6O^2(CO^2H)^2.$$

— Mamelons jaunâtres, fusibles au-dessus de 300°, moins solubles que l'acide précédent. Les chlorures de calcium et de baryum produisent dans la solution ammoniacale un précipité gélatineux [Wachendorff et Zincke, *Deutsch. chem. Gesellsch.*, t. X, p. 1481]. J. Tcherniak.

ANTHRAQUINONE - CARBOXYLIQUE (ACIDE). — Voir ci-dessus.

ANTHRAXANTHIQUE (ACIDE). — Matière isomérique avec l'alizarine, trouvée par Ulrich et Perger dans l'alizarine artificielle, qui d'après Rosenstiehl se confond probablement avec l'acide anthraflavique (p. 183) [E. Ulrich et H. von Perger. *Deutsch. chem. Gesellsch.*, 1876, p. 131 et 574].

ANTHROL. — Voyez Suppl., p. 178.

ANTIAR (RÉSINE D'). — Le latex d'*Antiaris toxicaria*, provenant de Java, est blanc-jaunâtre, mobile, d'une densité de 1,06 à 22°. Il ne contient pas d'albumine, et laisse par évaporation 37,9 % de parties solides qui constituent la résine d'antiar.

Le pétrole léger ou la benzine enlèvent à ce résidu solide un corps analogue au caoutchouc, des matières grasses et deux substances résineuses dont l'une se dépose dans l'éther en cristaux brillants, disposés sous forme de barbe de plume. La *résine d'antiar cristallisée* fond bien au delà de 100°; elle se dissout dans le pétrole, l'éther et l'alcool bouillant; la soude bouillante ne l'altère pas. Elle ne contient pas d'eau de cristallisation et a donné à l'analyse :

$$C = 83{,}86;\ H = 11{,}88;\ O = 4{,}26.$$

La partie de la résine d'antiar insoluble dans le pétrole contient de l'*antiarine* que l'on en extrait par l'alcool absolu. La solution est distillée, le résidu repris par l'eau et précipité par le sous-acétate de plomb; le liquide filtré, débarrassé de plomb par l'hydrogène sulfuré, fournit des cristaux d'antiarine lorsqu'on le concentre; les eaux mères renferment une matière sucrée.

L'antiarine cristallise en lamelles incolores et brillantes, solubles dans l'eau et dans l'alcool. Elle est neutre et ne s'unit ni aux bases ni aux acides; elle n'est pas précipitée par les sels d'or, de platine, etc. Elle réduit le nitrate d'argent ammoniacal, surtout à l'aide de la chaleur. L'acide sulfurique la dissout en se colorant en un jaune brun intense. L'antiarine est toxique; elle exerce sur le cœur une action paralysante semblable à celle de la digitaline ou de l'aconitine.

Les cristaux d'antiarine renferment 11,32 % d'eau de cristallisation qui se dégage à 100°; la matière sèche possède la composition suivante :

$$C = 61{,}32;\ H = 8{,}00;\ O = 30{,}68.$$

Elle constitue un glucoside et est dédoublée par les acides étendus et bouillants en une matière résineuse jaune et un sucre qui présente le même pouvoir réducteur que le glucose [J.-E. de Vry et E. Ludwig, *Journ. für prakt. Chem.*, t. CIII, p. 253; *Bull. de la Soc. chim.*, t. XI, p. 177]. A. Henninger.

ANTIMOINE. — *Hydrogène antimonié.* — Le procédé qui fournit l'hydrogène antimonié le moins impur consiste à faire réagir le trichlorure d'antimoine en solution concentrée sur l'amalgame de sodium. Le gaz qui se dégage se décompose très rapidement, même à froid, et le tube de dégagement se recouvre d'antimoine métallique [Th. Humpert, *Journ. für prakt. Chem.*, t. XCIV, p. 392].

Sec ou humide, ce gaz est décomposé par la potasse solide : celle-ci se recouvre d'un enduit métallique qui est sans doute de l'antimoniure de potassium et qui disparaît rapidement au contact de l'air ou de l'eau. L'hydrogène antimonié est aussi retenu, mais plus difficilement, par une lessive concentrée de potasse, d'une densité de 1,25. L'hydrogène arsénié, au contraire, n'est pas décomposé par la potasse [Dragendorff, *Zeitsch. für Chem.*, 1866, p. 759].

Dirigé dans l'acide sulfurique concentré, l'hydrogène antimonié produit un précipité noir, qui est un mélange, en proportions variables, de sulfure d'antimoine et d'un hydrure solide d'antimoine (Humpert).

Lorsqu'on le fait passer sur de l'iode contenu dans un tube, on obtient un anneau brun ou orange d'iodure d'antimoine, qui se décompose par la chaleur en perdant son iode et en laissant un résidu d'antimoine [Husson, *Compt. rend.*, t. LXVII, p. 56].

L'hydrogène antimonié agit sur le soufre, lentement à 100°, rapidement à la lumière, en produisant du sulfure d'antimoine rouge et de l'hydrogène sulfuré. Si l'on place une feuille de papier recouvert de soufre en poudre, au soleil et dans une atmosphère contenant de l'hydrogène antimonié, il se colore en rouge; mais si l'on a protégé certaines parties par un corps opaque, ces parties seront réservées et resteront jaunes [Jones, *Chem. News*, t. XXXIII, p. 127].

L'hydrogène antimonié décompose le pentachlorure de phosphore en produisant du trichlorure de phosphore, du trichlorure d'antimoine et de l'acide chlorhydrique. Il est sans action sur le trichlorure de phosphore et sur le tétrachlorure d'étain. Il agit sur le trichlorure d'antimoine en donnant de l'acide chlorhydrique et de l'antimoine libre [R. Mann, *Jena Zeitsch.*, t. V, p. 158; *Bull. de la Soc. chim.*, t. XVII, p. 231].

Protoxyde d'antimoine, Sb^2O^3. — On peut le préparer en faisant bouillir le trisulfure d'antimoine avec une solution moyennement concentrée de chlorure ferrique additionnée d'acide chlorhydrique. Le sulfure se dissout peu à peu, sans dégagement d'hydrogène sulfuré, celui-ci étant décomposé par le chlorure ferrique. On étend d'eau, on lave bien le précipité d'oxychlorure d'antimoine et on le décompose par la soude [Lindner, *Zeitsch. für Chem.*, 1869, p. 442].

SULFATES D'ANTIMOINE. — *Sulfate normal*,

$$(SO^4)^3Sb^2.$$

— L'acide sulfurique concentré dissout facilement l'oxyde ou l'oxychlorure d'antimoine à chaud. Par le refroidissement, on obtient de longs prismes, à base carrée, et la solution ne retient que très peu d'antimoine; il n'en reste pas du tout si l'on a employé de l'acide sulfurique étendu de la moitié de son volume d'eau. Les cristaux desséchés forment une masse asbestoïde. On obtient le même sel sous forme d'une masse cristalline cassante lorsqu'on chasse l'excès d'acide par la chaleur [W.-P. Dexter, *Sillim. amer. Journ.* (2), t. XLV, p. 78; *Bull. de la Soc. chim.*, t. XI, p. 228].

Schultz-Sellack décrit le même sel comme formant de longues aiguilles soyeuses, inaltérables à l'air et décomposables par l'eau. Il l'obtient en dissolvant l'oxyde d'antimoine dans l'acide sulfurique moyennement concentré et évaporant la solution [*Deutsch. chem. Gesellsch.*, 1871, p. 13; *Bull. de la Soc. chim.*, t. XV, p. 45].

Sulfate acide. — Dexter n'admet pas l'existence du sulfate acide décrit par Peligot. Par contre, d'après Schultz-Sellack, on obtient un composé renfermant $(SO^4)^3Sb^2.SO^3$ lorsqu'on dissout l'oxyde d'antimoine dans l'acide sulfurique fumant; ce sel se dépose en petits cristaux grenus et brillants. Ces conditions sont celles dans lesquelles Peligot avait obtenu le sel basique,

$$Sb^2O^3.2SO^3 \quad \text{ou} \quad S^2O^7(SbO)^2.$$

Sels basiques. — L'acide sulfurique étendu de son volume d'eau ne dissout que difficilement l'oxyde d'antimoine; celui-ci ne se dissout et la liqueur ne s'éclaircit que lorsqu'une partie de l'eau a été évaporée. Il se sépare alors une poudre grenue formée de prismes rhomboïdaux microscopiques, qui disparaissent de nouveau lorsqu'on continue l'évaporation, et qui sont remplacés par de petits octaèdres qui paraissent appartenir au système régulier et qui constituent le sous-sulfate $Sb^2O^3.2SO^3$.

L'acide sulfurique, d'une densité de 1,6, donne exclusivement ces cristaux octaédriques, tandis que les cristaux prismatiques sont formés lorsque l'acide possède une densité de 1,57. Dexter a trouvé pour ces prismes les rapports

$$3Sb^2O^3.5SO^3 + H^2O.$$

Les eaux mères de ces cristaux fournissent des aiguilles du sulfate $SO^4(SbO)^2 + H^2O$.

HYDRATE ANTIMONIQUE. — On obtient l'hydrate normal SbO^4H^3 ou $Sb^2O^5.3H^2O$ lorsqu'on précipite l'antimoniate de potassium par l'acide azotique, qu'on lave jusqu'à perte d'acidité et qu'on sèche le précipité à l'air. Cet hydrate se change en métahydrate SbO^3H à 175° et en anhydride

$$Sb^2O^5$$

à 275°. Ce dernier se convertit en oxyde Sb^2O^4 à la température de 300° [Geuther, *Journ. für prakt. Chem.* (2), t. IV, p. 438].

SULFURE D'ANTIMOINE. — *Kermès.* — D'après les observations de Terreil [*Compt. rend.*, t. LXXVII, p. 1500; *Bull. de la Soc. chim.*, t. XXI, p. 215], le carbonate de sodium est seul susceptible de produire l'attaque du sulfure d'antimoine par voie humide; le carbonate de potassium pur ne produit pas de réaction et ne fournit pas de kermès. Cette différence permet, d'après Terreil, de reconnaître la présence de traces de carbonate de sodium dans le carbonate de potassium.

Par voie sèche, le carbonate de potassium donne par contre beaucoup de kermès, et les eaux de lavage de ce dernier ne retiennent que peu d'antimoine. Le carbonate de sodium au contraire ne fournit que peu de kermès, presque tout l'antimoine se trouvant à l'état de sulfosel soluble.

Le carbonate de calcium et le sulfure d'antimoine ne réagissent pas par voie humide.

L'ébullition du sulfure d'antimoine avec un lait de chaux fournit quelquefois, après refroidissement de la liqueur filtrée, une substance jaune; mais presque tout l'antimoine reste dissous sous forme de sulfosel. La solution renferme en outre de l'antimonite de calcium qui se dépose à la longue en petites tables hexagonales. Au contact de l'air, sous l'influence de l'acide carbonique, la solution se décompose et laisse déposer un kermès d'un brun foncé.

La baryte et la strontiane sont sans action sur le sulfure d'antimoine.

Les résultats annoncés par Terreil ont été maintenus par lui, après avoir été contestés par H. Weppen [*Deutsch. chem. Gesellsch.*, 1875, p. 523; *Bull. de la Soc. chim.*, t. XXIV, p. 365, et t. XXV, p. 93].

Persulfure d'antimoine. — Les eaux mères du sel de Schlippe (sulfoantimoniate de sodium), qui renferment beaucoup d'hyposulfite de sodium, laissent déposer un sel qui représente une combinaison de ce dernier avec le sulfo-antimoniate.

Ce sel double a pour composition

$$SbS^4Na^3.S^2O^3Na^2 + 20H^2O.$$

Il cristallise en grandes pyramides hexagonales, paraissant appartenir au type orthorhombique; il est d'un jaune verdâtre, un peu efflorescent. Il se dédouble lorsqu'on veut le soumettre à une nouvelle cristallisation [R. Unger, *Arch. Pharm.* (2), t. CXLVIII, p. 1].

CHLORURES D'ANTIMOINE. — *Trichlorure.* — Rieckher le prépare en chauffant dans une cornue l'antimoine métallique avec son poids d'oxyde ferrique et dix fois son poids d'acide chlorhydrique concentré. Si l'antimoine contient de l'arsenic, celui-ci passe en premier lieu dans le récipient, après quelques heures d'ébullition. [*N. Jahrb. für Pharm.*, t. XXXVI, p. 1].

Oxychlorures d'antimoine. — Le trichlorure d'antimoine cristallise sans altération lorsqu'on évapore sur l'acide sulfurique sa solution dans une ou deux molécules d'eau. Si l'on traite le trichlorure d'antimoine par trois à dix molécules d'eau, on obtient un précipité cristallin. Avec une plus grande quantité d'eau, le précipité est amorphe et renferme toujours $SbOCl$ si l'on ne dépasse pas $45H^2O$. Comme le précipité peut retenir du trichlorure d'antimoine, il faut le laver à l'éther ou au sulfure de carbone qui dissolvent ce dernier.

Lorsqu'on opère à chaud, c'est toujours l'oxychlorure $2SbO.Sb^2O^3$ qui tend à se produire, même avec de petites quantités d'eau. Avec de grandes quantités d'eau, on obtient des oxychlorures plus pauvres en chlore, mais jamais l'oxyde d'antimoine pur.

On obtient l'oxychlorure $SbOCl$ cristallisé en petits rhomboèdres tronqués sur les arêtes aiguës lorsqu'on traite 10 p. de trichlorure par 17 p. d'eau (soit environ $3H^2O$ pour $SbCl^3$); les cristaux se déposent après plusieurs jours; il faut les laver à l'éther.

L'oxychlorure $2SbOCl.Sb^2O^3$ paraît être dimorphe. Celui qui est produit par l'action de 3 p. d'eau bouillante sur 1 p. de trichlorure d'antimoine est en prismes obliques tronqués sur les arêtes aiguës; celui qui se forme à froid par l'action de 10 p. d'eau cristallise différemment, mais il se transforme dans les premiers cristaux par l'action de la chaleur [Sabanejew, *Zeitsch. für Chem.*, 1871, p. 204; *Bull. de la Soc. chim.*, t. XVI, p. 79].

Lorsqu'on chauffe une molécule de $SbCl^3$ avec trois molécules d'alcool à 150° en tubes scellés, on obtient, outre du chlorure d'éthyle, l'oxychlorure $2SbOCl.Sb^2O^3$ cristallisé en prismes rhomboïdaux presque droits, dont les arêtes sont remplacées par des biseaux. Si l'on n'emploie qu'une seule molécule d'alcool, on obtient de même l'oxychlorure $SbOCl$ cristallisé [*Deutsch. chem. Gesellsch.*, 1868, p. 135; *Bull. de la Soc. chim.*, t. X, p. 453].

Oxychlorure, $SbOCl.7SbCl^3$. — Cet oxychlorure, décrit par R. Schneider, n'est, d'après Sabanejew, qu'un mélange de $SbOCl$ et de trichlorure d'antimoine.

Pentachlorure d'antimoine, $SbCl^5$. — Il se concrète à — 20° en une masse cristalline composée d'aiguilles. Cette masse fond de nouveau à 0°, température à laquelle le thermomètre reste stationnaire [F. Kaemmerer, *Deutsch. chem. Gesellsch.*, t. VIII, p. 507].

Densité à + 20° = 1,3461. Indice de réfraction pour la raie rouge = 1,5845 (Hager).

Le pentachlorure d'antimoine agit sur les matières organiques à la manière du chlore, en donnant des dérivés de substitution [Wold. Lœssner, *Journ. prakt. Chem.* (2), t. XIII, p. 418; *Bull. de la Soc. chim.*, t. XXVII, p. 115]. Cependant il s'unit directement à l'alcool ordinaire, à l'alcool méthylique, à l'éther, sans produire de réaction, si l'on a soin d'opérer à basse température. Ces combinaisons cristallisent dans l'alcool et dans l'éther; elles se décomposent par la distillation et par l'action de l'eau.

La combinaison avec l'alcool méthylique

$$CH^4O.SbCl^5$$

cristallise en tables d'un jaune pâle, fusibles à 81°.

La combinaison éthylique $C^2H^6O.SbCl^5$ est en longues aiguilles incolores, fusibles à 66°.

La combinaison avec l'éther $C^4H^{10}O.SbCl^5$ forme une poudre cristalline grisâtre, fusible à 68° et se décomposant à 70° [Carleton Williams, *Journ. Chem. Soc.*, 1876, t. II, p. 463].

Le perchlorure d'antimoine forme avec le perchlorure de phosphore une combinaison

$$PCl^5.SbCl^5$$

qui constitue une masse volumineuse blanche, soluble dans le trichlorure d'antimoine [A.-W. Cronander, *Bull. de la Soc. chim.*, t. XIX, p. 499].

Oxychlorures antimoniques. — C. Williams en a obtenu deux par l'action de l'oxyde antimonique sur le pentachlorure d'antimoine à 140°. Ces combinaisons renferment

$$Sb^3Cl^{13}O \quad \text{soit} \quad SbOCl^3.2SbCl^5$$
$$\text{et} \quad Sb^3Cl^7O^4 \quad \text{soit} \quad 2SbO^2Cl.SbCl^5.$$

La première forme une masse cristalline blanche, très déliquescente, décomposable par l'eau, fusible à 85°. Elle est soluble dans le sulfure de carbone. Chauffée au delà de son point de fusion, elle perd du chlore, du trichlorure d'antimoine et laisse un résidu de Sb^2O^5.

Le second oxychlorure se présente en cristaux jaunâtres, fusibles à 97°,5; on le sépare du premier en chauffant le mélange à 85-90°; le premier fond seul [*Chem. News*, t. XXIV, p. 224].

TRIBROMURE D'ANTIMOINE. — On peut l'obtenir en distillant un mélange de sulfate d'antimoine et de bromure de potassium secs. Il cristallise en aiguilles incolores. Densité = 3,473 à 96° (point de fusion 90°). Il bout à 283°. Il est soluble dans le sulfure de carbone et y cristallise. Fondu, il dissout le soufre, mais sans donner de composé défini.

Il absorbe le gaz ammoniac en donnant une masse amorphe. Chauffé avec l'iodure de potassium, il se convertit en lamelles écarlates d'iodure d'antimoine.

Oxybromures. — Le produit qui se forme par l'action de l'eau froide sur le tribromure renferme $Sb^4Br^2O^5$, soit $2SbBr^3.5Sb^2O^3$. L'eau bouillante donne naissance à un précipité grenu qui, d'après Mac Ivor, renfermerait un excès de tribromure par rapport à l'oxybromure précédent, ce qui est peu admissible.

Cet oxybromure est insoluble dans l'alcool et dans le sulfure de carbone. La distillation le dédouble en $SbBr^3$ et Sb^2O^3 [Mac Ivor, *Chem. News.*, t. XXIX, p. 179; *Bull. de la Soc. chim.*, t. XXII, p. 266].

TRIIODURE D'ANTIMOINE. — On l'obtient en distillant le sulfate d'antimoine avec l'iodure de potassium sec. Il se présente en cristaux rouges, fusibles à 165°,5. Il est soluble dans l'alcool et dans le sulfure de carbone, insoluble dans la benzine. Il se dissout dans l'acide chlorhydrique concentré [Mac Ivor, *Chem. News*, t. XXIX, p. 255].

PHOSPHURE D'ANTIMOINE, SbP. — Poudre rouge insoluble dans la benzine, le sulfure de carbone et dans l'éther, obtenue par le mélange des solutions sulfocarboniques de phosphore et de bromure d'antimoine [Mac Ivor, *Deutsch. chem. Gesellsch.*, t. VI, p. 1362].

DOSAGE DE L'ANTIMOINE. — H. Tamm a fondé sur l'insolubilité du gallate d'antimoine une méthode de dosage et de séparation de l'antimoine. Ce sel est même insoluble dans l'acide chlorhydrique étendu. Comme il traverse aisément les filtres, on est obligé de le laver par décantation. Séché à 100°, il a pour composition $C^7H^5O^5(SbO)$ et renferme 40,85 % d'antimoine. Il est très hygrométrique et doit être pesé rapidement.

Ce procédé permet de séparer l'antimoine des métaux dont les gallates sont solubles dans l'acide chlorhydrique étendu. Si l'antimoine est au maximum d'oxydation, il faut le réduire au minimum; H. Tamm y arrive en faisant bouillir la solution avec de l'iodure de potassium [*Chem. News*, t. XXIV, p. 207 et 221; *Bull. de la Soc. chim.*, t. XVII, p. 38].

B. Unger dose l'antimoine dans les antimoniates et les oxydes d'antimoine en les chauffant dans un creuset avec du soufre. L'antimoine se transforme en sulfure, et les alcalis, s'il y en a, se convertissent en sulfates. Le creuset de porcelaine dans lequel se fait la sulfuration est introduit lui-même dans un creuset de platine, sur un lit de soufre; on chauffe doucement de manière à ce que le soufre brûle à petite flamme à l'orifice du creuset; on laisse alors refroidir et l'on pèse, après avoir lavé le résidu s'il renferme des alcalis [*Archiv. für Pharm.*, t. CXLVII, p. 193].

E. Willm.

APHÉRÈSE. — Voyez LIBÉTHÉNITE.

APHRODESCINE (Voyez t. I, p. 1261).

APHTONITE (Min.). — Variété de panabase trouvée à Wermeland (Suède).

APIGÉNINE, $C^{15}H^{10}O^5$. — Ce corps résulte du dédoublement de l'apiine. Pour le préparer, on fait bouillir l'apiine avec de l'acide chlorhydrique, d'une densité de 1,04. Des flocons blanchâtres d'apigénine se déposent; on les purifie par cristallisation dans l'alcool.

L'apigénine est en lamelles nacrées, jaunâtres, fusibles à 292-295°; elle ne réduit pas la liqueur cupropotassique. Elle est peu soluble dans l'eau et l'alcool [Gerichten, *Deutsch. chem. Gesellsch.*, t. IX, p. 1121; *Bull. de la Soc. chim.*, t. XXVII, p. 313].

APIINE, $C^{27}H^{32}O^{16}$. — Les recherches récentes de Gerichten [*Deutsch. chem. Gesellsch.*, t. IX, p. 1121; *Bull. de la Soc. chim.*, t. XXVII, p. 313] ont établi pour l'apiine la formule $C^{27}H^{32}O^{16}$. Lindenborn [*Thèse*, Wurzbourg, 1867] avait étudié l'apiine, mais son travail a passé complètement inaperçu; il se trouve confirmé par les recherches de Gerichten.

L'apiine cristallise en aiguilles soyeuses, qui fondent à 228°. Les alcalis la dissolvent; la solution aqueuse, additionnée de sous-acétate de plomb, donne un précipité jaune, tandis qu'elle se colore en rouge avec du sulfate ferreux. La solution alcaline possède un pouvoir rotatoire $[\alpha]_j = + 137°$.

L'apiine est oxydée par l'acide chromique, et il se forme de l'acide formique et du gaz carbonique; l'acide azotique la convertit en acide oxalique et en acide picrique; fondue avec de la potasse, l'apiine fournit de la phloroglucine et de l'acide protocatéchique. Lorsqu'on la fait bouillir avec de l'acide chlorhydrique étendu, elle se dédouble en apigénine et en glucose.

APIOL (Syn. *Camphre de persil*), $C^{12}H^{14}O^4$. — On l'obtient en même temps que d'autres substances, lorsqu'on distille les graines de persil avec de l'eau, ou lorsqu'on les épuise par l'alcool, et qu'on traite l'extrait alcoolique par l'éther, qui dissout l'apiol en laissant l'apiine.

L'apiol cristallise en fines aiguilles, fusibles à 30°, bouillant vers 300°. Sa densité est de 1,015. Il est insoluble dans l'eau, soluble dans l'alcool et l'éther.

L'acide nitrique le convertit en acide oxalique. Lorsqu'on fait bouillir l'apiol avec de la potasse alcoolique, on le transforme en une substance que l'eau précipite en lamelles nacrées, fusibles à 53°,5, solubles dans l'alcool et l'éther. Les eaux mères alcooliques de ce précipité renferment une matière qui cristallise en aiguilles jaunes fusibles à 114° [E. von Gerichten, *Deutsch. chem. Gesellsch.*, 1876, p. 1477; *Bull. de la Soc. chim.*, t. XXVIII, p. 225].

APJOHNITE (Min.). — Sulfate de manganèse et d'alumine, $MnSO^4 + Al^2(SO^4)^3 + 24\ H^2O$, de la baie de Lagoa (Afrique du Sud). Fibreux ou asbestiforme, blanc, soyeux.

APOACONITINE. — Voir ACONITINE. Suppl., p. 43.

APOMORPHINE. — Voir MORPHINE.

APOPSEUDOACONINE et **APOPSEUDOACONITINE.** — Voir ACONITINE. Suppl., p. 44.

APOQUINONINE. — Voyez QUINONINE.

APORÉTINE. — Matière résineuse de la rhubarbe (Doepping et Schlossberger) que l'acide nitrique semble transformer en acide chrysamique (Warren de La Rue et Hugo Müller).

APYRITE (Min.). — Tourmaline rouge.

ARABINOSE, $C^6H^{12}O^6$. — Ce sucre, de la famille des glucoses non fermentescibles, se produit par la métamorphose de l'acide gummique (arabique) par l'action des acides étendus et bouillants. Scheibler, qui l'a découvert, l'avait obtenu tout d'abord au moyen du principe mucilagineux de la betterave à sucre, qu'il regardait à ce moment comme identique avec l'acide métapectique de Fremy. Plus tard il a reconnu que le mucilage de la betterave, qui dans certaines années est extrêmement abondant dans cette racine, se confond avec celui de la gomme arabique, et il a changé le nom de *pectinose* primitivement donné au nouveau sucre en celui d'arabinose.

Indépendamment de l'arabinose qui est cristallisable, fortement dextrogyre et non fermentescible, les gommes donnent une matière sucrée incristallisable, douée d'une faible action sur la lumière polarisée, et qui semble pouvoir fermenter sous l'influence de la levure de bière; ce fait explique l'indication de Biot et Persoz, et de Neubauer, d'après lesquels le sucre provenant de l'interversion de la gomme est fermentescible. Suivant les espèces de gomme arabique, on obtient des proportions variables d'arabinose et de sucre sirupeux, et il est probable que les gommes constituent des mélanges de divers principes immédiats. La proportion d'arabinose a varié, dans les expériences de Scheibler, de 48 % à 70 %, le dernier chiffre correspondant à l'acide gummique purifié [C. Scheibler, *Deutsch. chem. Gesellsch.*, t. I, p. 58 et p. 108; t. VI, p. 612; *Bull. de la Soc. chim.*, t. X, p. 507; t. XX, p. 373].

Pour préparer l'arabinose, on fait digérer au bain-marie la gomme avec de l'acide sulfurique étendu et l'on arrête l'opération lorsque la rotation vers la droite n'augmente plus. Le liquide est alors neutralisé par du carbonate de baryum, évaporé à consistance de sirop clair, additionné de 3 volumes d'alcool à 90 centièmes et filtré. Le liquide alcoolique étant distillé, on obtient une masse sirupeuse qui ne tarde pas à laisser déposer des cristaux d'arabinose. Les cristaux sont mis à essorer sur des plaques poreuses et purifiés par de nouvelles cristallisations dans l'eau.

L'arabinose est en prismes incolores, brillants, groupés en général autour d'un point; les prismes appartiennent au type orthorhombique : formes : m, g^1, e^1; plus rarement $h^3, h^n, e^{2/5}$; angles : $mm = 111°44$; $e^1 e^1$ (sur p) $= 127°20'$. Les cristaux d'arabinose sont fragiles et craquent sous la dent; leur saveur est agréablement sucrée, mais moins prononcée que celle de la saccharose. Elle est anhydre et fond vers 160°; après refroidissement, elle forme une masse vitreuse. Elle se dissout très facilement dans l'eau bouillante et cristallise rapidement par le refroidissement de la liqueur. Pouvoir rotatoire dextrogyre $[\alpha]j = +118°$, variant assez notablement avec la température. Elle ne fermente pas avec la levure de bière.

L'arabinose dissout abondamment la chaux et forme une solution mucilagineuse qui se colore en jaune, lentement à froid, immédiatement à chaud; l'alcool précipite de la solution un sucrate calcique non étudié. L'acide sulfurique charbonne l'arabinose à une douce chaleur; l'acide nitrique concentré la transforme en acide acétique, sans produire de l'acide mucique. L'arabinose réduit la liqueur de Fehling. 1 molécule $C^6H^{12}O^6$ (180 p.) est susceptible de réduire 5,58 molécules CuO (443p,4); le pouvoir réducteur est donc un peu plus considérable que celui de la glucose. L'arabinose réduit également le nitrate d'argent ammoniacal.

A. Henninger.

ARACHIQUE (ACIDE) [Syn. *Arachidique (acide)*, $C^{20}H^{40}O^2$. — Cet acide gras saturé se trouve en petite quantité dans le beurre; il se confond en effet avec l'acide butique de Heintz (Voyez t. I, p. 676). D'après Oudemans, la matière grasse des fruits de *Nephelium lappaceum* est formée d'arachine et d'une petite quantité d'oléine.

L'acide arachique se forme lorsque l'acide érucique est fondu avec de la potasse [A. Fitz, *Deutsch. chem. Gesellsch.*, t. IV, p. 916; *Bull. de la Soc. chim.*, t. XVI, p. 307] :

$$C^{22}H^{42}O^2 + 2KHO$$
$$= C^{20}H^{39}O^2K + C^2H^3O^2K + H^2.$$

D'après Tassinari, l'acide arachique fond à 77°; il se dissout à froid sans altération dans l'acide sulfurique concentré.

Arachate de méthyle, $C^{20}H^{39}O^2.CH^3$. — Écailles cristallines, nacrées, très solubles dans l'alcool et l'éther, fusibles à 54-54°,5 [Caldwell, *Ann. der Chem. u. Pharm.*, t. CI, p. 97].

Arachate d'isoamyle, $C^{20}H^{39}O^2.C^5H^{11}$. — Écailles brillantes, fusibles à 44,8-45°, très-solubles dans l'alcool et l'éther chaud (Caldwell).

Chlorure d'arachyle, $C^{20}H^{39}O.Cl$. — On le prépare en traitant l'arachate de potassium par le trichlorure de phosphore. Il cristallise dans l'éther ou le chloroforme en écailles soyeuses qui fondent à 66-67°. Il est très instable et ne peut servir, pour cette raison, à la préparation d'autres dérivés arachiques [G. Tassinari, *Deutsch. chem. Gesellsch.*, t. XI, p. 2031].

Anhydride acétoarachique, $C^{20}H^{39}O.OC^2H^3O$. — Il résulte de l'action du chlorure d'acétyle sur l'arachate de potassium, et cristallise en écailles incolores fusibles à 60°. L'alcool et l'éther le décomposent.

L'anhydride valéroarachique fond à 68° (Tassinari).

Arachamide, $C^{20}H^{39}O.AzH^2$. — On fait digérer pendant longtemps, à la température ordinaire, de l'huile d'arachide avec de l'ammoniaque alcoolique, on distille ensuite l'alcool, on lave à l'eau et on fait cristalliser dans l'alcool la masse préalablement exprimée.

L'amide cristallise en aiguilles groupées en étoiles, fusibles à 98-99°. Les procédés de préparation ordinaires des amides au moyen des sels ammoniacaux ou de l'éther éthylique n'ont pas permis d'obtenir l'arachamide [Goessmann et Scheven, *Ann. der Chem. u. Pharm.*, t. XCVII, p. 262].

ACIDE NITROARACHIQUE, $C^{20}H^{39}(AzO^2)O^2$. — Un mélange intime d'acide arachique et de nitre est traité à une basse température par l'acide sulfurique; au bout de 24 heures de contact, la masse est chauffée légèrement, puis versée lentement dans l'eau froide, qui précipite l'acide nitroarachique. Cet acide fond à 70°. Il est peu soluble dans l'alcool froid, très soluble dans l'éther. Le chlorure stanneux le transforme en acide *amido-arachique*, $C^{20}H^{39}(AzH^2)O^2$, composé fusible à 59°, très peu soluble dans l'éther, plus soluble dans l'alcool. L'acide amido-arachique ne semble former de combinaisons ni avec les acides ni avec les bases (Tassinari).

A. Henninger.

ARAGOTITE (Min.). — Hydrocarbure solide et volatil trouvé dans les mines de New-Almodus (Californie), imprégnant une dolomie cristalline siliceuse; et sur le cinabre à Redington-mine. Lamelles jaunes, brillantes, insolubles dans l'essence de térébenthine, dans l'alcool et dans l'éther.

ARBUTINE. — La formule de l'arbutine,

$$C^{12}H^{16}O^7,$$

établie par Strecker doit être abandonnée d'après les recherches de Hlasiwetz et Habermann; la molécule de ce glucoside est, en effet, plus complexe, car le glucose et l'hydroquinone ne sont pas les seuls produits de dédoublement, mais ils sont accompagnés d'une forte proportion d'éther méthylique de l'hydroquinone,

$$C^6H^4(OH)(OCH^3).$$

100 p. d'arbutine fournissent, par l'émulsine ou les acides étendus et bouillants, 64p,1 de glucose, 19p,7 d'hydroquinone et 22p,5 d'éther monométhylique de l'hydroquinone, chiffres qui présentent les rapports moléculaires 2 : 1 : 1. Les nouvelles analyses de l'arbutine, faites par Hlasiwetz et Haberman, accusent un excès de 1 °/o de carbone sur celles de Kawalier et de Strecker et conduisent exactement à la formule

$$C^{25}H^{34}O^{14} \text{ (trouvé : } C = 53,47;$$
$$H = 6,05; \text{ calculé : } C = 53,7; H = 6,1.$$

Le dédoublement de l'arbutine serait donc représenté par l'équation

$$\underset{\text{Arbutine.}}{C^{25}H^{34}O^{14}} + 2H^2O$$
$$= \underset{\text{Hydroquinone.}}{C^6H^6O^2} + \underset{\text{Éther monométhylique.}}{C^7H^8O^2} + \underset{\text{Glucose.}}{2\,C^6H^{12}O^6}$$

qui satisfait également aux rapports moléculaires entre les produits de dédoublement [H. Hlasiwetz et J. Habermann, *Liebig's Ann. der Chem.*, t. CLXXVII, p, 334; *Bull. de la Soc. chim.*, t. XXV, p. 37].

Cette équation doit cependant présenter une incorrection; les glucosides constituant en général des anhydrides ou des éthers, il s'ensuit que, pour relier en une seule molécule 4 molécules hydroxylées distinctes, 3 atomes d'oxygène sont au moins nécessaires; par conséquent, l'hydratation de l'arbutine devrait être accompagnée de la fixation de *trois* molécules d'eau, au lieu de deux. On serait donc conduit à attribuer à l'arbutine la formule $C^{25}H^{22}O^{13}$, mais la teneur en carbone et hydrogène exigée par cette formule ($C = 55,55$; $H = 5,93$) s'écarte trop notablement des chiffres trouvés pour que l'on puisse l'admettre. Il y a donc là une difficulté que de nouvelles études peuvent seules résoudre. On pourrait admettre que l'arbutine est un mélange de deux corps homologues.

Le chlorure ferrique étendu colore l'arbutine en bleu. Pour rechercher ce glucoside, on l'arrose de quelques gouttes d'acide nitrique concentré; on le fait bouillir ensuite, pendant un certain temps, avec un mélange de 8 volumes d'alcool et de 1 volume d'acide sulfurique, enfin on ajoute de l'eau et un excès de potasse : le liquide prend la coloration violette du sel potassique de la dinitrohydroquinone.

En admettant provisoirement la formule

$$C^{25}H^{34}O^{14},$$

le dérivé nitré de l'arbutine devient la *tétranitroarbutine* $C^{25}H^{30}(AzO^2)^4O^{14}$; il contient $3\frac{1}{2}$ H^2O qui se dégagent vers 110°.

Lorsque l'arbutine est chauffée vers 50 à 60° avec du carbonate d'argent, elle s'oxyde; la solution évaporée et additionnée d'alcool fournit des flocons cristallins que Schiff désigne sous le nom de *diarbutine*, en leur assignant la formule $C^{24}H^{30}O^{14}$ qui doit être changée probablement en $C^{25}H^{32}O^{14}$. Ce corps ne possède pas de saveur amère. Le zinc et l'acide sulfurique régénèrent de l'arbutine. Il dérive probablement de l'éther monométhylique de la quinhydrone.

Comme tous les glucosides, l'arbutine peut fournir des éthers acétiques ou benzoïques qui ont été étudiés par H. Schiff [*Ann. der Chem. u. Pharm.*, t. CLIV, p. 237; *Bull. de la Soc. chim.*, t. XIII, p. 243]. Nous formulerons ces éthers en admettant la nouvelle formule de l'arbutine.

Décacétylarbutine, $C^{25}H^{24}(C^2H^3O)^{10}O^{14}$. — On chauffe à 100° l'arbutine avec un excès d'anhydride acétique, et on fait cristalliser le produit de la réaction dans l'alcool bouillant. Le dérivé acétique est en lamelles incolores, insolubles dans l'eau, assez solubles dans l'éther et très solubles dans l'alcool bouillant.

Ce corps a été décrit par Schiff comme la pentacétylarbutine dans l'hypothèse de l'ancienne formule qui indiquait en effet l'existence de 5OH dans la molécule; en doublant la formule, on arrive à un dérivé décacétylique; mais il faut remarquer que la molécule $C^{25}H^{34}O^{14}$ ne peut renfermer au plus que 9OH, puisqu'il existe un groupe OCH^3 dans l'arbutine. Le dérivé acétique décrit par Schiff serait donc en réalité la *nonacétylarbutine*.

Décacétyle-tétranitroarbutine,

$$C^{25}H^{20}(AzO^2)^4(C^2H^3O)^{10}O^{14}.$$

— Elle s'obtient par l'action de l'anhydride acétique sur la tétranitroarbutine. Petites aiguilles jaune clair, insolubles dans l'eau, peu solubles dans l'éther et dans l'alcool froid. Elle est soluble dans la solution des alcalis et des terres alcalines, qu'elle colore en rouge.

Tétrabenzoylarbutine, $C^{25}H^{30}(C^7H^5O)^4O^{14}$. — Poudre blanche obtenue dans la préparation du dérivé suivant; elle contient, d'après Schiff, 6 atomes d'hydrogène remplaçables par de l'acétyle.

Décabenzoylarbutine, $C^{25}H^{24}(C^7H^5O)^{10}O^{14}$. — L'arbutine est traitée par le chlorure de benzoyle, d'abord à une douce chaleur, puis à 100°; le produit est lavé à l'éther, qui enlève le corps tétrabenzoylé, puis soumis à des cristallisations dans l'alcool bouillant. La décabenzoylarbutine constitue une poudre blanche, chatoyante, peu soluble dans l'alcool bouillant. Les remarques présentées pour le dérivé décacétylé s'appliquent également ici. A. Henninger.

ARCHÉISITE (Nordenskiöld) (Min.). — Silicotantalate et niobate d'yttrium et d'erbium, en masses rouges ressemblant au feldsdpath, semble être un produit de décomposition. Trouvé à Ytterby.

ARDENNITE. — Voyez Dewalquite.

ARGENT. — Voici le procédé suivi par Stas, à l'occasion de ses recherches sur les poids atomiques, pour obtenir l'argent chimiquement pur. Ce procédé repose sur la réduction d'une solution ammoniacale d'argent par une solution ammoniacale de sulfite cuivreux ou d'une solution ammoniacale d'un sel cuivrique, additionnée d sulfite d'ammonium. A froid, la réduction s'opère lentement et fournit un précipité d'argent métallique noir, bleu ou gris, suivant la concentration. A 60°, le métal est bleu ou gris et sa précipitation est instantanée.

On dissout l'argent monnayé dans l'acide azotique, on évapore à sec et on fond la masse saline pour décomposer l'oxyde de platine (l'argent monnayé renferme des traces de fer, de nickel, de cobalt, de platine et d'or). On reprend par l'ammoniaque faible, on laisse reposer, on filtre et on étend d'eau de manière que la solution renferme 1/50 de son poids d'argent. On mélange cette solution qui est colorée en bleu par le cuivre avec une quantité de sulfite d'ammonium suffisante pour la décolorer à l'ébullition, et on abandonne le mélange dans un vase bouché pendant quarante-huit heures; le tiers environ de l'argent se dépose ainsi sous forme cristalline. On décante alors la solution et on la chauffe à 60 ou 70°; elle se décolore complètement et tout l'argent se précipite (en présence de traces de cobalt ou de nickel, elle resterait colorée en rose ou en vert pâle). On lave le dépôt avec une solution concentrée d'ammoniaque, et, après l'avoir séché, on le fond avec 5 % de son poids de borate de sodium, additionné de 1/10 d'azotate de sodium, et on le coule dans une lingotière enduite de kaolin.

Cet argent fond dans le gaz oxhydrique sans se couvrir de taches, puis entre en ébullition et se volatilise sans résidu. Stas a distillé ainsi en quinze minutes 50 grammes de cet argent en l'exposant à la flamme du gaz oxhydrique, dans un appareil distillatoire en chaux.

Christomanos a répété cette expérience de Stas. L'appareil qu'il emploie est formé de deux plaques de chaux de 16 centimètres de longueur sur 7 centimètres de large et 3 centimètres d'épaisseur. Ces plaques s'appliquent exactement l'une sur l'autre; la plaque inférieure porte une cavité pour recevoir l'argent; l'oxygène et l'hydrogène arrivent dans cette cavité par deux rigoles divergentes; une troisième rigole reçoit l'argent qui distille.

L'argent distillé est très blanc et assez tendre pour être rayé par les alliages d'argent; sa densité est de 10,575. En couches minces, l'argent est translucide et laisse passer une lumière bleu verdâtre ou jaune, suivant l'épaisseur.

Lorsqu'on distille un alliage de cuivre et d'argent, l'argent distillé contient un peu de cuivre et le cuivre restant retient de l'argent [Christomanos, *Zeitsch. für analyt. Chem.*, t. VII, p. 290; *Bull. de la Soc. chim.*, t. XII, p. 231].

Græger prépare l'argent pur en réduisant la solution ammoniacale de son chlorure par le zinc en excès et faisant digérer le dépôt avec de l'acide chlorhydrique concentré, puis le lavant à l'ammoniaque et à l'eau [*Zeitsch. für analyt. Chem.*, t. VIII, p. 64.]

L'argent d'affinage renferme en général du sélénium dont la présence doit être attribuée à l'acide sulfurique employé pour l'affinage. Ce sélénium communique à l'argent des qualités nuisibles. Pour retrouver cet élément, on dissout 100 grammes d'argent dans l'acide azotique, on précipite l'argent par l'acide chlorhydrique, et l'on évapore la solution filtrée; le sélénium reste sous forme d'acide sélénieux, qui fournit le sélénium libre par l'action de l'acide sulfureux [Debray, *Compt. rend.*, t. LXXXII, p. 1156.]

H. Rœssler a constaté de même la présence du sélénium dans l'argent d'affinage, en même temps que celle du palladium; il a même pu en séparer un séléniure de palladium [*Liebig's Annalen*, t. CLXXX, p. 240; *Bull. de la Soc. chim.*, t. XXVII, p. 284].

Peroxyde d'argent, Ag^2O^2. — Il se produit lorsqu'on électrolyse de l'eau acidulée et qu'on emploie l'argent comme électrode positive; cette oxydation est due à l'ozone dégagé. En effet, le gaz recueilli était exempt d'ozone, tandis qu'on constate facilement la présence de ce dernier lorsqu'on remplace l'argent par le platine.

Quand le peroxyde d'argent a atteint une certaine épaisseur, il commence à dégager des bulles d'oxygène, tandis qu'il se dépose de l'argent amorphe au pôle négatif et que le liquide renferme de l'argent dissous [Wœhler, *Ann. Chem. u. Pharm.*, t. CXLVI, p. 263].

Le peroxyde d'argent agit très énergiquement sur l'ammoniaque aqueuse; il se produit un vif dégagement d'azote et il se forme de l'argent fulminant qui reste dissous dans l'excès d'ammoniaque; l'évaporation de cette solution donne lieu à une violente explosion [Bœttger, *Deut. chem. Gesellsch.*, t. VI, p. 1398].

Le peroxyde d'argent produit l'inflammation du gaz hydrogène sulfuré, ainsi que celle de l'essence de girofle. Arrosé de chlorure de soufre, il donne également lieu à un phénomène d'incandescence (Bœttger).

Chlorure argenteux. — E. von Bibra a obtenu ce chlorure en décomposant par l'acide chlorhydrique le citrate argenteux, produit qui se forme lorsqu'on chauffe le citrate argentique pulvérisé dans un courant d'hydrogène sec. Après sept à huit heures, le citrate d'argent est devenu tout à fait noir et ne subit plus de perte de poids. On lave ce produit à l'eau et on le fait digérer avec de l'acide chlorhydrique.

Le chlorure argenteux ainsi obtenu a pour composition Ag^4Cl^3. C'est une poudre noire, non hygrométrique, qui s'agglomère sous l'influence de la chaleur sans perdre de poids. L'ammoniaque, l'acide azotique, le cyanure de potassium le dédoublent en chlorure d'argent et argent métallique [*Journ. für prakt. Chem.* (2), t. XII, p. 55]. On peut se demander si, en réalité, on n'a pas affaire ici à un mélange et si le citrate argenteux lui-même ne renferme pas de l'argent réduit.

E. von Bibra n'admet pas, d'après ses expériences sur le chlorure d'argent noirci par la lumière, que ce dernier renferme du chlorure argenteux, fait qui paraît au contraire établi par les expériences de Herm. Vogel. Exposé à l'action de la lumière sous l'eau, le chlorure d'argent met en liberté du chlore qui colore l'eau; à l'état sec, il répand également l'odeur du chlore; néanmoins von Bibra n'a pu constater aucune perte de poids.

L'action de la lumière sur les combinaisons haloïdiques de l'argent a donné lieu à des recherches très intéressantes au point de vue photographique de la part de Herm. Vogel [*Deutsch. chem. Gesellsch.*, t. VI, p. 88 et 1302; t. VII, p. 545 et 1635; *Photog. Arch.*, 1863; *Bull. de la Soc. chim.* (2), t. I, p. 471].

Chlorure d'argent. — De nombreuses expériences sur la solubilité du chlorure d'argent ont été publiées.

D'après Stas, le chlorure d'argent produit par double décomposition à la température ordinaire n'est pas tout à fait insoluble dans l'eau; sa solubilité est fonction de son état physique et de la température.

Le chlorure d'argent existe :

1° A l'état gélatineux;

2° A l'état caséeux;

3° A l'état pulvérulent;

4° A l'état grenu, écailleux, cristallin ou fondu.

Dans ce dernier état, sa solubilité dans l'eau peut être considérée comme nulle à froid (Stas l'évalue à $\frac{1}{10\,000\,000}$), mais non à l'ébullition. C'est le chlorure caséeux, produit avec des solutions étendues, qui est le plus soluble dans l'eau pure; sa solubilité diminue lorsque les flocons se contractent ou que le précipité devient pulvérulent par l'agitation. Sa solution est précipitée par les solutions d'argent et par les solutions de chlorures. Nous devons, pour plus de détails, renvoyer le lecteur au mémoire de Stas [*Compt. rend.*, t. LXXIII, p. 998; *Bull. de la Soc. chim.*, t. XVII, p. 43; in-extenso, *Ann. de Chim. et de Phys.* (4), t. XXV, p. 22, et (5), t. III, p. 145].

Lorsqu'on verse à froid et goutte à goutte une solution étendue d'azotate d'argent dans de l'acide chlorhydrique concentré, le chlorure d'argent qui se forme se dissout immédiatement : l'acide chlorhydrique peut dissoudre ainsi 0,5 °/$_0$ de son poids de chlorure d'argent. L'addition d'eau précipite le chlorure dissous, mais il est difficile de le précipiter en totalité.

Lorsqu'on distille de l'acide azotique sur du chlorure d'argent pulvérulent, celui-ci disparaît peu à peu; mais, dans ce cas, il est décomposé [I. Pierre, *Compt. rend.*, t. LXXIII, p. 1090].

Le chlorure d'argent se dissout à chaud dans une solution concentrée d'azotate d'argent. D'après Risse, la solution laisse déposer par le refroidissement des cristaux prismatiques déliés, fusibles à 160°, solubles dans un peu d'eau, mais se décomposant par l'addition de beaucoup d'eau; les cristaux renferment 4,5 à 4,8 °/$_0$ de chlorure d'argent [*Ann. Chem. u. Pharm.*, t. CXI, p. 39]. Suivant Debray, au contraire, le chlorure se dissout en partie dans l'azotate, tandis que l'excès non combiné à l'azotate devient peu à peu cristallin [*Compt. rend.*, t. LXX, p. 195]. Reichert avait obtenu une combinaison analogue à celle décrite par Risse [*Journ. für prakt. Chem.*, t. CXII, p. 237; *Bull. de la Soc. chim.*, 1864, t. II, p. 237].

Le chlorure d'argent se dissout dans 50,000 p. d'acide azotique bouillant; le chlorure noirci à la lumière est moins soluble [Thorpe, *Chem. News*, t. XXV, p. 198].

A. Vogel a étudié la solubilité du chlorure d'argent dans l'acide chlorhydrique et dans les chlorures alcalins et alcalino-terreux [*Chem. Centralbl.*, t. V, p. 578; *Bull. de la Soc. chim.*, t. XXII, p. 502].

Ses résultats sont consignés dans le tableau suivant. La première colonne indique la quantité de chlorure d'argent dissoute dans 100^{cc} de solution saturée de chlorure; la seconde indique la quantité de chaque chlorure nécessaire pour dissoudre 1 p. de chlorure d'argent :

	I.	II.
Chlorure de baryum.....	0,0143	6993
— de strontium....	0,0884	1185
— de calcium......	0,0930	1075
— de sodium......	0,0950	1030
— de potassium...	0,0472	2122
— d'ammonium....	0,1575	63
— de magnésium...	0,1710	58
Acide chlorhydrique d'une densité de 1,165.......	0,2980	336
Même acide bouillant.....	0,5600	178
Le même étendu de 1 fois son volume d'eau	0,0560	1785
— — de 2 fois	0,0180	5555
— — de 3 fois	0,0089	11235
— — de 5 fois	0.0035	28771

Les chlorures stannique, mercurique, cuivrique, de zinc, etc., ne paraissent exercer aucune action dissolvante sur le chlorure d'argent. Le chlorure d'argent est soluble dans une solution chaude d'azotate mercurique [Wackenroder, *Ann. Chem. und Pharm.*, t. XXIX, p. 328], et, d'après Liebig, cette solution laisse déposer le chlorure d'argent par le refroidissement. Debray a confirmé ces indications, qu'il a étendues au bromure et à l'iodure d'argent [*Compt. rend.*, t. LXX, p. 995].

Cette solubilité du chlorure d'argent dans le nitrate mercurique est une cause d'erreur du dosage volumétrique de l'argent à l'état de chlorure, lorsqu'il y a du mercure en présence. L'acétate mercurique ne possède pas la même propriété que l'azotate, aussi peut-on éviter cette cause d'erreur en ajoutant un acétate alcalin, notamment l'acétate d'ammonium, à la solution. C'est ce qu'avait déjà établi Levol et c'est ce qu'a confirmé plus récemment Debray, qui a cependant reconnu que le procédé de Levol pour le dosage de l'argent contenant du mercure n'est applicable que lorsque l'argent ne renferme que quelques millièmes de mercure [*Compt. rend.*, t. LXX, p. 851].

Le chlorure d'argent forme avec l'iodure mercurique une combinaison $2AgCl.HgI^2$ [Car. Lea, *Sillim. Amer. Journ.* (3), t. VII, p. 34].

Traité par l'hydrosulfite de sodium, le chlorure d'argent est décomposé suivant l'équation

$$SO^2Na^2 + 2\,AgCl = Ag^2 + NaCl + SO^2$$

[Skurati, *Gazz. chim. ital.*, 1874, p. 28].

Bromure d'argent. — Dans un mémoire très détaillé [*Ann. de Chim. et de Phys.* (5), t. III, p. 289], Stas décrit les différents états physiques que peut affecter le bromure d'argent. Ce corps existe :

1° A l'état floconneux blanc;
2° A l'état floconneux jaune;
3° A l'état pulvérulent jaune intense;
4° A l'état pulvérulent blanc perlé;
5° A l'état grenu blanc jaunâtre;
6° A l'état cristallin ou fondu, jaune pur.

Floconneux ou pulvérulent, il peut être considéré comme insoluble dans l'eau pure ou acidulée, à la température ordinaire (de 0 à 33°); il est un peu soluble à une température plus élevée. Le bromure grenu blanc jaunâtre et le bromure blanc perlé ne se dissolvent, le premier qu'au delà de 50° et le second qu'à 100°; cette solubilité est très faible. Stas estime à $\frac{1}{10\,000\,000}$ la limite de précipitation de l'argent sous forme de bromure.

Le bromure d'argent, en subissant l'action de la lumière, perd du brome et donne, d'après H. Vogel, un sous-bromure; pour constater le dégagement du brome, il suffit de disposer au-dessus du bromure d'argent exposé à la lumière une feuille de papier ioduro-amidonné; ce papier ne tarde pas à bleuir. H. Vogel a fait en outre de nombreuses expériences sur la sensibilité du bromure d'argent dans diverses conditions et pour les diverses raies du spectre (voyez pour les sources : Chlorure argenteux).

Le bromure d'argent est soluble dans l'azotate mercurique à chaud et s'en dépose sous forme cristalline par le refroidissement [Debray, *loc. cit.*].

Iodure d'argent. — Suivant A. Vogel, il se forme lorsqu'on triture le chlorure d'argent avec l'iode sec.

L'iodure d'argent n'est pas décomposé par la potasse bouillante; il se modifie seulement en devenant gris; fondu avec la potasse, il n'éprouve qu'une décomposition partielle [*Repert. für Pharm.*, t. XX, p. 120].

Chauffé entre 116° et son point de fusion, l'iodure d'argent se transforme en une modification plastique jaune rougeâtre, tenace, amorphe et translucide. Au-dessous de 116°, il est cassant, opaque, d'un gris bleuâtre et cristallin. Enfin, fondu et projeté dans l'eau, il se transforme en une masse friable, amorphe, jaune. Le maximum de densité de l'iodure d'argent est à 116° [G. F. Rodwell, *Chem. News*, t. XXXI, p. 4].

Sturemberg a décrit les combinaisons déjà connues d'iodure d'argent et d'azotate d'argent, et fait connaître en outre des combinaisons complexes d'iodure d'argent, d'azotate d'argent et d'azotate de plomb obtenues en dissolvant l'iodure de plomb dans l'azotate d'argent. Ces combinaisons renferment :

$$8\,AzO^3Ag.(AzO^3)^2Pb.4\,AgI$$
$$\text{et } 2\,AzO^3Ag.(AzO^3)^2Pb.2\,AgI$$

[*Archiv. Pharm.* (2), t. CXLIII, p. 12].

Fluorure d'argent. — G. Gore a obtenu le fluorure d'argent anhydre, sous la forme d'une masse terreuse jaune brun, en dissolvant le carbonate d'argent dans l'acide fluorhydrique et évaporant à sec. Il est déliquescent et soluble dans $0^p,55$ d'eau à 15°,5; il se dissout avec dégagement de chaleur; sa solution est alcaline. Saturée, elle a pour densité 2,61 à 15°,5. Le fluorure terreux a pour densité 5,852. Il est insoluble dans l'alcool, inaltérable à la lumière. Il fond au-dessous du rouge sombre en un liquide mobile, brillant, d'un noir de jais; il se décompose en partie si la fusion a lieu à l'air humide; fondu, il attaque les vases d'argent et même un peu ceux de platine.

D'après Pfaundler, le fluorure cristallisé renferme, après avoir été fondu, de l'argent métallique. L'hydrogène réduit le fluorure d'argent au rouge; mais il est sans action sur sa solution. L'ammoniaque réduit le fluorure d'argent fondu, mais est absorbée abondamment par le fluorure froid, qui en prend jusqu'à 844 fois son volume.

Exposé à l'air, le fluorure d'argent fondu absorbe de l'eau, perd de l'acide fluorhydrique et se transforme en un corps cristallin jaune qui se produit aussi lorsqu'on expose sur l'acide sulfurique des cristaux de fluorure hydraté. Ces cristaux jaunes, qui sont décomposés par l'eau avec mise en liberté d'oxyde d'argent, constituent un *oxyfluorure* qui a pour composition : $AgFl.AgHO$ [Pfaundler, *Journ. für prakt. Chem.*, t. LXXXIX, p. 135].

Le chlore décompose le fluorure d'argent au rouge, mais non à froid. Si l'on opère dans un vase de platine, ce métal est attaqué et l'on obtient la combinaison $4AgCl.PtFl^4$. Les vases de cryolithe ou de spath-fluor sont attaqués par le fluorure d'argent fondu. Le chlore agit sur la solution de fluorure d'argent avec élévation de température et dégagement d'oxygène d'après l'équation

$$8\,AgFl + 8\,Cl + 4\,H^2O$$
$$= 7\,AgCl + ClO^3Ag + 8\,FlH + O.$$

Si l'on opère dans des vases de plombagine, le fluor se dégage à l'état de fluorure de carbone.

Le brome et l'iode agissent comme le chlore sur le fluorure d'argent au rouge ou en solution. L'action de l'iode donne naissance à du fluorure d'iode. Suivant Pfaundler, l'oxygène dégagé par l'action de l'eau bromée sur le fluorure d'argent est fortement ozoné.

Chauffé au rouge dans un courant de gaz d'éclairage, le fluorure d'argent donne de l'argent, de l'acide fluorhydrique et du tétrafluorure de carbone. Il est réduit au rouge par le cyanogène.

Il est attaqué avec violence par le silicium avec dégagement de fluorure de silicium. Sa solution est aussi décomposée par le silicium avec séparation d'argent cristallin.

Le soufre, le chlorure de soufre, le sulfure de carbone attaquent le fluorure d'argent en rouge [G. Gore, *Chem. News*, t. XXI, 28 et XXIV, p. 291; *Deutsch. chem. Gesellsch.*, t. IV, p. 131; *Bull. de la Soc. chim.*, t. XIV, p. 38; XV, p. 187, et XVII, p. 33].

Arséniure d'argent. — Culot métallique blanc, très dur, cassant et cristallin, obtenu en réduisant l'arséniate d'argent par le cyanure de potassium. Sa composition se rapproche de la formule AsAg. Il perd de l'arsenic par une nouvelle fusion avec du cyanure de potassium et renferme alors $AsAg^3$; sa densité est égale à 9,51 [A. Descamps, *Compt. rend.*, t. LXXXVI, p. 1022].

SELS D'ARGENT.

Azotite d'argent. — Ce sel se formerait, suivant Russell, lorsqu'on traite l'azotate d'argent en solution concentrée par l'hydrogène pur; il serait lui-même irréductible [*Chem. News*, t. XXVIII, p. 277; *Bull. de la Soc. chim.*, t. XXI, p. 264].

Soumis à l'action de la chaleur, l'azotite d'argent se décompose, mais les produits formés varient avec la température. De 85 à 140°, dans un creuset ouvert, la décomposition s'accomplit selon l'équation

$$3AzO^2Ag = Az^2O^3 + Ag^2 + AzO^3Ag.$$

Si le creuset est couvert, la réaction est la suivante : $2AzO^2Ag = AzO + Ag + AzO^3Ag$.

En résumé, l'azotite d'argent se décompose, comme d'autres sels d'argent, en argent métallique et radical d'acide ou ses composants; mais dans le cas de l'azotite il intervient des réactions secondaires qui donnent naissance, suivant les circonstances, aux différents oxydes d'azote et à l'azotate d'argent [Ed. Divers, *Journ. of. chem. Soc.*, t. IX, p. 85].

Azotate d'argent. — Pour préparer ce sel à l'aide des alliages de cuivre et d'argent, on peut traiter la solution nitrique de l'alliage par un lait de craie aussi longtemps qu'il y a effervescence; le cuivre seul est précipité. On peut alors, ou faire digérer la solution avec de l'oxalate d'argent pour précipiter l'azotate de calcium, ou bien précipiter l'argent par le carbonate de sodium et calciner le précipité de manière à réduire le carbonate d'argent à l'état d'argent métallique, qu'on lave alors à l'acide chlorhydrique et qu'on redissout dans l'acide azotique [Græger, *Dingl. polytech. Journ.*, t. CCIII, p. 111 et 202].

Plusieurs auteurs ont étudié l'action de l'hydrogène sur l'azotate d'argent, mais leurs indications sont contradictoires.

D'après Russell (*loc. cit.*), une solution concentrée d'azotate d'argent, traitée par un courant d'hydrogène pur, commence à abandonner de l'argent métallique après une demi-heure; mais cet argent se redissout bientôt à la faveur de l'acide nitrique mis en liberté et donne naissance à de l'azotite d'argent, irréductible par l'hydrogène, et qui est le terme de la réduction. Si la solution d'azotate d'argent est étendue, l'argent réduit reste précipité.

Suivant Houzeau, l'hydrogène pur ne réduit pas l'azotate d'argent [*Ann. de Chim. et de Phys.* (5), t. I, p. 374]. H. Pellet n'a pas observé la réduction d'une solution neutre ou faiblement acide d'azotate d'argent cristallisé, et il n'admet pas que la réaction indiquée par Russell puisse avoir lieu, l'azotite d'argent ne pouvant exister en présence d'acide azotique libre. Avec l'azotate d'argent fondu, qui présente une réaction alcaline, il y a réduction d'argent, mais cette réduction est proportionnelle à l'alcalinité du sel [*Compt. rend.*, t. LXXVIII, p. 1132].

N. Békétoff, qui avait déjà constaté la réductibilité de l'azotate d'argent, a fait connaître de nouvelles expériences pour justifier ce fait : la réduction est démontrée par la réaction acide que contracte une solution neutre d'azotate d'argent lorsqu'on la traite par l'hydrogène pur [*Compt. rend.*, t. LXXIX, p. 1413].

Enfin, suivant Schobig, qui purifie l'hydrogène en le faisant barboter à travers une solution de permanganate de potassium, la solution d'azotate d'argent est réduite, dans l'obscurité et à l'abri des poussières, par l'hydrogène pur. Si la solution est étendue, l'argent se précipite à l'état pulvérulent; si la solution est concentrée, l'argent réduit forme un miroir métallique [*Journ. fur prakt. Chem.* (2), t. XIV, p. 289; *Bull. de la Soc. chim.*, t. XXVIII, p. 356].

Chlorate d'argent. — Ce sel se produit par la décomposition spontanée de l'*hypochlorite d'argent*, sel soluble dans l'eau et qui se produit facilement lorsqu'on traite l'oxyde ou le carbonate d'argent *en excès* par le chlore en présence de l'eau. La solution d'hypochlorite abandonnée à elle-même, ou plutôt chauffée à 60°, se décompose en donnant un dépôt de chlorure d'argent, tandis qu'il reste du chlorate en dissolution : $3ClOAg = 2AgCl + ClO^3Ag$.

Par l'évaporation de la solution au bain-marie, le chlorate se dépose sous la forme d'une poudre blanche, qui n'est hygrométrique que s'il y a un mélange de perchlorate [Stas, *Rech. sur les poids atomiques; Chem. News*, t. XVI, p. 79].

Chlorate double d'argent et de potassium,

$$ClO^3K.ClO^3Ag.$$

— Pfaundler a obtenu ce sel en gros cristaux transparents en chauffant le fluorure d'argent avec du chlorate de potassium [*Journ. für prakt. Chem.*, t. LXXXIX, p. 135].

Periodates d'argent. — Lorsqu'on traite le periodate $I^2O^9Ag^4 + 3H^2O$, en solution dans l'acide azotique, par l'ammoniaque, on obtient un précipité brun, soluble dans un excès d'ammoniaque ou dans un excès d'acide. Si la neutralisation est exacte et si l'on fait bouillir le précipité, celui-ci devient plus foncé et cristallin; c'est un sel plus basique qui renferme :

$$I^2O^{11}Ag^8.$$

On obtient un autre sel, $I^4O^{19}Ag^{10}$, lorsqu'on arrose le periodate de sodium cristallisé $I^2O^9Na^4$ par une solution d'azotate d'argent; il y a en même temps de l'acide azotique mis en liberté :

$$2I^2O^9Na^4 + 10AzO^3Ag + H^2O$$
$$= I^4O^{19}Ag^{10} + 8AzO^3Na + 2AzO^3H.$$

C'est un sel brun qui devient presque noir par l'ébullition [Lautsch, *Journ. prakt. Chem.*, t. C, p. 65; *Bull. de la Soc. chim.*, t. VIII, p. 31].

Lorsqu'on précipite un periodate alcalin par l'azotate d'argent, en maintenant la liqueur presque neutre ou très peu acide, on obtient un précipité ressemblant au précédent, mais qui renferme $IO^6Ag^5 = IO(OAg)^5$ (Rammelsberg).

Tous les periodates d'argent, chauffés avec de l'acide azotique, se convertissent dans le periodate monoargentique IO^4Ag, que l'eau dédouble en acide periodique libre, et $I^2O^9Ag^4$ [Rammelsberg, *Zeitsch. für Chem.*, 1868, p. 237; *Bull. de la Soc. chim.*, t. X, p. 232].

Le periodate $I^2O^9Ag^4$ se décompose à 175° et se transforme d'abord en iodate (Rammelsberg).

SULFATES ACIDES D'ARGENT. — Schultz en a décrit plusieurs [*Poggen. Annal.*, t. CXXXIII, p. 137; *Bull. de la Soc. chim.*, t. X, p. 240) :

1° SO^4AgH. — Prismes jaunâtres, se déposant d'une solution chaude de 1 p. de sulfate d'argent dans 3 p. d'acide sulfurique concentré;

2° $S^2O^7AgH^3 + H^2O$. — Longs prismes incolores, fusibles à 150° et se concrétant en une masse feuilletée; il se produit lorsqu'on emploie 5 à 6 p. d'acide sulfurique.

3° $S^5O^{20}Ag^4H^6 + 2H^2O$. — Il se produit lorsqu'on dissout à chaud 1 p. de sulfate neutre dans 4 à 6 p. d'acide sulfurique d'une densité de 1,75. Il se sépare par le refroidissement en lamelles nacrées.

SULFITE D'ARGENT. — Il forme un précipité caillebotté lorsqu'on traite une solution d'azotate d'argent par l'acide sulfureux. L'eau le décompose à la longue. Chauffé, il se décompose en donnant de l'acide sulfureux, de l'argent et du sulfate d'argent [Serg. Kern., *Chem. News*, t. XXXIII, p. 35].

SULFITES DOUBLES. — *Sulfite sodico-argentique*,

$$SO^3NaAg + 2H^2O.$$

— Aiguilles nacrées, décomposables par l'eau, obtenues en dissolvant le sulfite d'argent dans une solution chaude de sulfite de sodium. Le sulfite de sodium dissout le chlorure d'argent en donnant un sel qui paraît renfermer du chlore.

Sulfites ammoniacoargentiques :

1° $SO^3Ag(AzH^4)$.

— Prismes obliques, assez volumineux, d'un jaune brun, brillants, insolubles dans l'eau;

2° $2SO^3Ag(AzH^4).5SO^3(AzH^4)^2 + 19H^2O$. — Longs prismes blancs et brillants, solubles sans décomposition. On l'obtient en dissolvant jusqu'à saturation du chlorure d'argent dans une solution chaude de sulfite d'ammonium.

3° $(SO^3)^4AgH^2(AzH^4)^5 + 9H^2O$. — Grandes tables brillantes, qui se déposent peu à peu de la solution du sel précédent [Svensson, *Deutsch. chem. Gesellsch.*, t. IV, p. 714].

CARBONATE D'ARGENT. — Sa décomposition complète par la chaleur a lieu à 225° [L. Joulin, *Bull. de la Soc. chim.*, t. XIX, p. 349].

DOSAGE DE L'ARGENT. — Pour le dosage de l'argent contenant du mercure, on peut, ainsi que l'a montré Levol et que l'a confirmé Debray, ajouter un acétate alcalin à la dissolution nitrique. L'azotate mercurique se trouve ainsi converti en acétate dont le pouvoir dissolvant à l'égard du chlorure d'argent est presque nul. Mais ce procédé n'est applicable que lorsque l'argent n'est mélangé qu'à quelques millièmes de mercure. En général, et même dans ce cas, Debray préfère recourir à la voie sèche. A cet effet, l'argent mercurié est chauffé pendant un quart d'heure au feu de moufle, dans un petit creuset de charbon; le mercure se dégage et l'argent fond en un bouton qui se détache facilement du creuset [*Compt. rend.*, t. LXX, p. 851].

Dosage volumétrique de l'argent par les sulfocyanates. — Les sulfocyanates alcalins produisent dans les sels d'argent un précipité caillebotté aussi insoluble que le chlorure d'argent. La solution rouge du sulfocyanate ferrique agit de même en se décolorant. Si dans une solution d'argent renfermant un sel ferrique on ajoute une solution de sulfocyanate de potassium ou d'ammonium, la coloration rouge due à la présence du sel ferrique ne sera persistante que lorsque tout l'argent aura été précipité à l'état de sulfocyanate. Cette réaction a été choisie par Volhard pour servir de base à un nouveau procédé volumétrique de dosage de l'argent.

Pour préparer la solution titrée de sulfocyanate d'ammonium, on pèse environ 8 grammes de ce sel (la pesée exacte n'est pas possible à cause de la nature hygroscopique du sel); on le dissout dans 1 litre d'eau. D'autre part, on dissout $10^{gr},8$ d'argent fin dans l'acide azotique, et on étend la solution à 1 litre. A 10 centimètres cubes de cette liqueur argentique, on ajoute 5 centimètres cubes d'une solution ferrique (renfermant environ 50 grammes Fe^2O^3 par litre), on étend de 150 à 200 centimètres cubes d'eau, puis on verse goutte à goutte dans ce mélange la solution du sulfocyanate jusqu'à coloration rouge persistante. S'il a fallu, par exemple, $9^{cc},6$ de cette solution, on étendra 960 centimètres cubes de celle-ci à 1 litre, de sorte que chaque centimètre cube de liqueur corresponde à $10^{m.gr},8$ d'argent.

Pour faire un essai d'argent, on dissout 1 gramme de l'alliage dans l'acide azotique, on évapore au bain-marie, on reprend le résidu par l'eau et on procède au titrage par le sulfocyanate. Pour donner plus de précision au résultat, on fait usage, pour la fin du titrage, d'une liqueur décime de sulfocyanate.

La présence du cuivre est sans inconvénient lorsque la proportion de ce métal n'atteint pas 80 %. Si cette proportion est plus forte, la couleur rouge du sulfocyanate ferrique, qui marque le terme de la réaction, est difficile à saisir. On peut remédier à cet inconvénient en inquartant à l'alliage une quantité déterminée d'argent fin. Mais on peut aussi recueillir le sulfocyanate d'argent précipité, le décomposer par l'acide sulfurique chaud, oxyder le produit de cette attaque par l'acide azotique et procéder à un nouveau titrage de la solution ainsi obtenue, après expulsion de l'excès d'acide azotique [*Journ. für prakt. Chem.* (2), t. IX, p. 217, et *Liebig's Ann.*, t. CXC, p. 1; *Bull. de la Soc. chim.*, t. XXII, p 64, et XXXI, p. 89].

Le chlorure d'argent récemment précipité éprouve une double décomposition complète lorsqu'on l'agite avec une solution de sulfocyanate alcalin; il faut donc, s'il existe dans un liquide où l'on veut doser l'argent dissous du chlorure ou du bromure d'argent précipité, le séparer préalablement de celui-ci par filtration [E. Drechsel, *Journ. für prakt. Chem.* (2), t. XV, p. 191]. Cette réaction pourrait sans doute être utilisée en précipitant d'abord l'argent sous forme de chlorure dans le cas où il serait en présence de corps altérant la réaction du procédé Volhard ou empêchant d'en bien saisir le terme.

La méthode de Volhard, outre qu'elle est très expéditive, est susceptible d'une foule d'applications, car elle permet de doser indirectement d'autres éléments, le chlore, par exemple. Après avoir précipité le chlore par une solution titrée d'argent en excès, on dose par le sulfocyanate l'excès d'argent ajouté et l'on en déduit celui qui a précipité le chlore. E. Willm.

ARGENTOPYRITE (Min.). — Sulfure de fer et d'argent en petits prismes hexagonaux, qui paraissent être une pseudomorphose de la pyrrhotine. Renferme jusqu'à 26 % d'argent. Trouvé à Joachimsthal (Bohême).

ARGYRESCINE, ARGYRESCÉTINE (Voyez t. I, p. 1260).

ARICINE, $C^{23}H^{26}Az^2O^4$. — L'espèce de quinquina faux Calisaya venue d'Arica ou de Cusco, qui a fait son apparition dans le commerce en 1829, renferme, d'après Pelletier et Coriol, un alcaloïde particulier, l'aricine (t. I, p. 384). Peu de temps après le travail de ces deux savants, Leverkoehn [*Repert. für Pharm.*, t. XXXIII, p. 357] reprit l'examen de la même écorce et isola un autre alcaloïde que Buchner distingua d'abord sous le nom de *cusconine*, mais qui fut considéré plus tard comme identique avec l'aricine.

L'existence de ces deux alcaloïdes fut mise en doute en 1873 par O. Hesse [*Ann. der Chem. u. Pharm.*, t. CLXVI, p. 217]; mais, après les observations critiques de D. Howard [*Pharm. Journ. and Trans.* (3), t. V, p. 908], Hesse est revenu de son erreur. Il admet aujourd'hui que l'écorce de Cusco ou d'Arica ne constitue pas une espèce définie; les observateurs qui se sont occupés de l'étude de cette écorce auraient eu entre les mains quatre espèces de quinquina différentes : deux ne contenant ni aricine ni cusconine; une troisième, l'écorce de Pelletier et Coriol, ne renfermant que de l'aricine et se colorant en vert par une goutte d'acide nitrique; Hesse n'a pu se la procurer; et une quatrième enfin, contenant deux alcaloïdes cristallisés, l'*aricine* et la *cusconine*, et un alcaloïde amorphe, la *cusconidine*. Cette dernière écorce semble se confondre avec celle que Leverkoehn a examinée; elle se colore en brun par l'acide nitrique. Sa saveur, d'abord astringente, est amère, puis âpre. Elle se rapproche, par son aspect, de l'écorce de Calisaya, mais s'en distingue pourtant avec netteté par une courbure en dedans que le vrai Calisaya ne présente que rarement, et par une cassure plus rude au toucher. De plus, dans le tube bouché, elle développe par la chaleur des vapeurs brunes, tandis que les écorces à quinine ou cinchonine dégagent des vapeurs rouge carmin.

La cinchovatine extraite par Manzini du quinquina blanc de Jaen, que A. Bouchardat et Winckler avaient considérée comme identique avec l'aricine, se confondrait en réalité, d'après Hesse, avec la cinchonidine.

L'aricine et la cusconine sont isomériques et possèdent la formule $C^{23}H^{26}Az^2O^4$, que Gerhardt avait attribuée à l'aricine de Pelletier et Coriol [O. Hesse, *Liebig's Ann. der Chem.*, t. CLXXXI, p. 58; t. CLXXXV, p. 296; *Bull. de la Soc. chim.*, t. XXIX, p. 86].

L'aricine et la cusconine n'existent pas à l'état de liberté dans les écorces, car elles ne peuvent être enlevées par le chloroforme. Pour les isoler, on prépare un extrait alcoolique de l'écorce concassée, on le sursature par du carbonate de sodium et on l'épuise par l'éther qui s'empare des alcaloïdes. La solution éthérée cède à l'acide acétique assez concentré la majeure partie des alcaloïdes; au bout de 24 heures de contact, le vase est revêtu d'un faible dépôt cristallin d'acétate d'aricine. La solution acétique, saturée à chaud d'ammoniaque jusqu'à ce qu'elle colore le tournesol en rouge vineux, laisse déposer par le refroidissement une nouvelle quantité d'acétate d'aricine, mais le liquide devient tellement épais que, pour en effectuer la filtration, il faut, au bout de 24 heures, le chauffer modérément jusqu'au point où la viscosité disparait. Le liquide filtré étant mêlé à une solution saturée de sulfate d'ammonium, le sulfate de cusconine se précipite presque totalement, mais ce sel est si visqueux et si volumineux, qu'il est impossible de le séparer par filtration. Le magma est placé sur des doubles de toile, puis comprimé graduellement. — Les dernières eaux mères, enfin, retiennent la cusconidine amorphe, que l'ammoniaque précipite en flocons jaune brunâtre. Pour la séparation de l'aricine et de la cusconine, on peut mettre à profit la faible solubilité de l'oxalate acide d'aricine.

L'écorce de Cusco, examinée par Hesse, contenait 12,4 °/₀ d'eau, 0,62 °/₀ d'aricine, 0,92 °/₀ de cusconine et 0,16 °/₀ de cusconidine.

L'acétate d'aricine brute est lavé une fois par l'eau chaude, décomposé ensuite par le carbonate de sodium, et la base libre est soumise à des cristallisations dans l'alcool en présence du charbon animal.

L'*aricine* forme de beaux prismes incolores anhydres; elle est insoluble dans l'eau, très soluble dans le chloroforme, soluble à 18° dans 20 p. d'éther (densité = 0,72), et dans 235 p. d'alcool à 80 centièmes; elle possède une réaction alcaline très faible. Son point de fusion est situé vers 188° ; par le refroidissement, elle se solidifie en une masse amorphe. Sa saveur est faiblement astringente, non amère. L'aricine est lévogyre; en solution éthérée $[\alpha]_D = -94°,73$ à 15°; en solution alcoolique (97 °/₀) $[\alpha]_D = -54°,09$ à 15°; la solution chlorhydrique (3 mol. HCl) est inactive.

L'acide sulfurique concentré colore l'aricine en jaune verdâtre; en présence d'acide molybdique, l'acide sulfurique donne, à une chaleur modérée, une coloration bleu foncé qui passe au vert olive à une température plus élevée et reprend à froid la teinte primitive. L'acide nitrique colore l'aricine en vert foncé. Hesse a déterminé le degré de sensibilité des réactions de l'aricine avec les nombreux réactifs qui servent à caractériser les alcaloïdes : l'iodure ioduré de potassium, l'iodomercurate de potassium, l'acide phosphotungstique produisent encore des troubles dans des solutions de chlorhydrate d'aricine à 1/50000.

Sels d'aricine. — L'aricine est une base monoacide; ses sels sont incolores, cristallisables; leurs solutions ne sont pas fluorescentes.

Chlorhydrate, $C^{23}H^{26}Az^2O^4, HCl + 2H^2O$. — Prismes déliés, blancs, peu solubles dans l'eau froide, un peu plus solubles dans l'alcool et le chloroforme; l'eau chaude le dédouble et il se précipite de l'aricine amorphe. Il perd son eau sur l'acide sulfurique.

Le *chloroplatinate* contient $5H^2O$; Hesse n'a pu l'obtenir en cristaux.

Chloraurate. — Précipité amorphe jaune rougeâtre.

Bromhydrate. — Poudre blanche amorphe.

Iodhydrate. — Prismes déliés blancs, très peu solubles, anhydres lorsqu'ils ont séjourné dans une atmosphère sèche.

Azotate, $C^{23}H^{26}Az^2O^4, AzO^3H$. — Prismes déliés, blancs, anhydres, insolubles dans l'eau chargée d'acide azotique.

Hyposulfite. — L'hyposulfite de sodium produit dans la solution du chlorhydrate un précipité blanc, soluble dans l'eau bouillante et cristallisant par le refroidissement en aiguilles microscopiques, formant gelée.

Sulfocyanate, $C^{23}H^{26}Az^2O^4, CAzSH$. — Petits prismes incolores, anhydres, très peu solubles.

Acétate, $C^{23}H^{26}Az^2O^4, C^2H^4O^2 + 3H^2O$. — On l'obtient en ajoutant de l'acétate de sodium ou même de l'acide acétique à la solution du chlorhydrate. Il forme de petits grains cristallins peu solubles dans l'eau bouillante; les cristaux perdent leur eau sur l'acide sulfurique.

Salicylate. — Poudre amorphe, d'un jaune pâle, fusible au-dessous de 110°.

Oxalates. — Le sel *neutre* forme une poudre cristalline.

Le sel *acide*, $C^{23}H^{26}Az^2O^4, C^2H^2O^4 + 2H^2O$, s'obtient en ajoutant de l'acide oxalique à une solution chaude du chlorhydrate : il se dépose d'abord des prismes qui se changent peu à peu en rhomboèdres, même en dehors du liquide ; l'alcool bouillant le fournit en prismes. Le sel rhomboédrique renferme $2H^2O$ qui se dégagent à 100°; il exige pour se dissoudre 2025 p. d'eau à 18°.

Tartrate neutre. — Préparé par double décomposition, il se présente sous forme d'un précipité blanc, soluble dans l'eau chaude et se déposant par le refroidissement en prismes incolores ou à l'état de gelée, suivant la concentration.

Citrate acide. — Aiguilles incolores, assez solubles dans l'eau froide. A. Henninger.

ARNICA (ESSENCE D'). — La distillation de la racine d'*Arnica montana* avec l'eau fournit une essence qui, d'après Walz, serait formée principalement de caproate d'hexyle, $C^{12}H^{24}O^{2}$ [*Neu. Jahrb. der Pharm.*, 1861, t. XV, p. 329]. Siegel a repris plus tard l'étude de cette essence et est arrivé à un résultat bien différent [O. Siegel, *Ann. der Chem. und Pharm.*, t. CLXX, p. 345; *Bull. de la Soc. chim.*, t. XXI, p. 511].

Les racines fraîches fournissent environ 1 °/₀ d'essence; et les vieilles, de 0,4 à 0,6 °/₀. L'essence est un liquide jaune verdâtre, doué d'une odeur caractéristique. Densité à 0° = 1,0087; à 16° = 0.9975. Elle commence à bouillir à 214°, et la température s'élève peu à peu à 263°; l'ébullition est accompagnée d'une décomposition partielle, et il serait nécessaire d'opérer sous pression réduite si l'on voulait séparer par la distillation fractionnée les parties constituantes de l'essence.

En la traitant successivement par la potasse alcoolique et par l'acide iodhydrique, Siegel a reconnu qu'elle renferme l'éther isobutyrique, du phlorol, $C^{8}H^{9}O.C^{4}H^{7}O$ (environ 1/5), saponifiable par la potasse et les éthers méthyliques de la thymohydroquinone, $C^{10}H^{12}O^{2}(CH^{3})^{2}$, et du phlorol, $C^{8}H^{9}O.CH^{3}$.

L'eau distillée d'*Arnica, montana,* séparée de l'essence, contient principalement de l'acide isobutyrique et de petites quantités d'acide formique et d'acide angélique.

ARNICINE. — D'après les travaux de Pavesi et de Walz, l'arnicine, le principe âcre des fleurs, des tiges, des feuilles et des racines d'*Arnica montana,* n'est pas un alcaloïde, mais une matière oxygénée ternaire qui appartient peut-être à la classe des glucosides. L'extrait aqueux de la plante est précipité par le sous-acétate de plomb, et la liqueur préalablement débarrassée de plomb par le carbonate sodique est précipitée par le tannin; le dépôt tannique est repris par l'alcool, et la solution, mise à digérer sur de l'oxyde de plomb, puis traitée par l'hydrogène sulfuré, est distillée. L'arnicine brute qui reste comme résidu est purifiée par dissolution dans l'éther. Elle constitue une masse cristalline d'un jaune d'or, soluble dans les alcalis. Elle renfermerait : $C^{20}H^{30}O^{4}$; cette formule manque absolument de contrôle [Pavesi, *Jahresb. für Chem.*, 1859, p. 584; — Walz, *ibid*, 1860, p. 544; 1861, p. 752].

AROMATIQUE (SÉRIE).— Voyez t. I, p. 386; t. II, p. 66 et 149.

On donne aujourd'hui le nom de composés aromatiques à ce vaste ensemble de corps que l'on peut considérer comme *les produits de substitution de la benzine.* Tous, en effet, peuvent être produits soit directement, soit indirectement, au moyen de la benzine, et tous sont susceptibles de régénérer cet hydrocarbure en vertu de réactions simples et régulières. Il est donc légitime d'admettre que tous renferment le noyau moléculaire C^{6} de la benzine.

On peut classer la multitude de composés aromatiques en plusieurs groupes, suivant qu'une ou plusieurs molécules de benzine concourent à leur formation, et suivant la nature des radicaux hydrocarbonés qui sont substitués aux atomes d'hydrogène de la benzine. Voici cette classification :

A. — *Composés contenant un seul noyau benzénique.*

I. — TYPE $C^{6}X^{6}$. (1)

Série de la benzine proprement dite : benzine, toluène, xylènes, éthylbenzine, cinnamène, phénylacétylène, etc., ainsi que les phénols, alcools, aldéhydes, acides, acétones, amines correspondants et leurs dérivés.

II. — TYPE $C^{6}X^{4} = R''$.

Série de la naphtaline (contenant un groupement $C^{6}X^{4}$ uni à un radical fonctionnant comme bivalent) : $R = C^{4}X^{4}$, naphtaline, méthylnaphtaline et leurs dérivés.

III. — TYPE $C^{6}X^{2} \begin{matrix} \nearrow R''_1 \\ \searrow R''_2 \end{matrix}$

Série de l'acénaphtène (contenant un groupement $C^{6}X^{2}$ unis à deux radicaux hydrocarbonés fonctionnant comme bivalents) $R_1 = C^{2}H^{4}$; $R_2 = C^{2}H^{4}$, acénaphtène, $C^{12}H^{10}$; $R_1 = C^{4}H^{2}$; $R_2 = C^{2}H^{2}$, acénaphtylène, $C^{14}H^{8}$.

B.—*Composés contenant deux ou plusieurs noyaux benzéniques reliés par des radicaux gras.*

IV. — TYPE $\begin{matrix} C^{6}X^{5} \\ (C^{6}X^{5})n \end{matrix} > R$.

Série du phénylméthane (contenant deux ou plusieurs groupes $C^{6}X^{5}$ unis par l'intermédiaire d'un radical hydrocarboné) : diphénylméthane, dibenzyle, stilbène, tolane, benzylcrésyles, triphénylméthane, diphénylcrésylméthane, tétraphénylméthane, etc.

V. — TYPE $\begin{matrix} C^{6}X^{4} \\ C^{6}X^{4} \end{matrix} \gg R^{IV}$.

Série de l'anthracène (contenant deux groupements $C^{6}H^{4}$ réunis par un radical hydrocarboné fonctionnant comme tétravalent) : $R = C^{2}H^{2}$, anthracène, méthylanthracène, diméthylanthracène.

C.—*Composés contenant deux ou plusieurs noyaux benzéniques reliés directement entre eux.*

VI. — TYPE $\begin{matrix} C^{6}X^{5} \\ | \\ C^{6}X^{5} \end{matrix}$

Série du diphényle (contenant deux groupes $C^{6}X^{5}$ réunis directement entre eux) : diphényle, dicrésyles, etc.

VII. — TYPE $\begin{matrix} C^{6}X^{4} \\ | \\ C^{6}X^{4} \end{matrix} > R''$.

Série du fluorène (contenant deux groupes $C^{6}X^{4}$ unis à la fois directement et par l'intermédiaire d'un groupement hydrocarboné fonctionnant comme bivalent) : $R = CH^{2}$; fluorène, $C^{13}H^{10}$; $R = C^{2}H^{2}$; phénanthrène $C^{14}H^{10}$; $R = C^{6}H^{4}$; chrysène, $C^{18}H^{12}$, etc.

VIII. — TYPE $\begin{matrix} C^{6}X^{4} \\ | \\ C^{6}X^{3} \end{matrix} > R'''$.

Série du fluoranthène (contenant un groupe $C^{6}X^{3}$ et un groupe $C^{6}X^{4}$ unis entre eux directement et par l'intermédiaire d'un groupement hydrocarboné fonctionnant comme trivalent) : $R = C^{3}H^{3}$; fluoranthène, $C^{13}H^{10}$.

IX. — TYPE $C^{6}X^{4-n}(C^{6}X^{5})^{2+n}$.

Diphénylbenzine, $C^{18}H^{14}$; triphénylbenzine, $C^{24}H^{18}$, etc.

En remplaçant dans ces formules X par H, Cl, Br, I, Az O, AzO^{2}, $Az^{2}Cl$, AzH^{2}, $SO^{3}H$, OH, SH, $CH^{2}.OH$, $CO^{2}H$, CHO, CAz, etc., ou par des radicaux hydrocarbonés, saturés ou non, fonctionnant comme univalents, on forme toute la série des nombreux dérivés aromatiques : les hydrocarbures fondamentaux et leurs homologues, leurs produits de substitution, les amines, les corps diazoïques, les phénols, les mercaptans, les alcools, les acides, les aldéhydes, etc. Ces points ont été développés t. I, p. 388.

1. X représente un radical univalent quelconque, à l'exception des radicaux aromatiques.

Tous les composés aromatiques contiennent donc un reste de benzine; et s'il est vrai que les rapports qui les unissent à cet hydrocarbure soient bien établis dans la plupart des cas, il suffira de fixer la constitution de ce noyau de six atomes de carbone pour mettre en évidence, par cela même, la structure intime de tous ces composés.

Kekulé, dans son remarquable mémoire publié en 1866, a établi *hypothétiquement* une formule hexagonale de la benzine, en se basant sur la tétravalence du carbone et sur l'existence d'un hexachlorure de benzine; puis considérant, pour ainsi dire, les propriétés géométriques d'un hexagone régulier, il en a déduit les propositions qui suivent :

1° Les six atomes d'hydrogène de la benzine sont équivalents;

2° A l'un de ces atomes pris arbitrairement correspondent deux paires d'atomes d'hydrogène situés symétriquement par rapport à lui; le sixième atome d'hydrogène se trouve dans une position unique par rapport au premier;

3° Il n'existe que trois séries de dérivés bisubstitués.

L'expérience est venue justifier ces déductions et l'hypothèse de Kekulé a pris le rang d'une théorie; elle a été exposée dans le premier volume de ce Dictionnaire. On en a argué que, les conclusions s'étant vérifiées, le point de départ était au-dessus de toute discussion. C'est une erreur, et l'on verra dans la suite de cet article que ces considérations, étant rigoureusement interprétées, conduisent à une formule de la benzine qui n'est pas la formule hexagonale.

Mais il y a plus. Les progrès immenses de la science ont fait entrer la question de la constitution de la benzine dans une phase nouvelle : on peut aujourd'hui retourner le problème et substituer aux raisonnements *à priori* de Kekulé des considérations tirées uniquement des faits et conduisant exactement aux mêmes déductions [1]. Une seule des trois méthodes que les chimistes mettent en usage pour fixer la constitution d'un corps, c'est-à-dire pour *déterminer le mode de liaison des atomes entre eux*, permettra d'atteindre ce but : nous voulons parler de l'étude complète des produits de substitution de ce corps. En effet, les deux autres méthodes, examen des produits de dédoublement et synthèse de la benzine, n'ont jeté qu'un faible jour sur la question. Est-il nécessaire de rappeler que le noyau C^6 résiste énergiquement aux réactifs, et que, si l'on parvient à le rompre au moyen de certains oxydants, il ne forme que les acides acétique ou oxalique? D'un autre côté, la synthèse élégante de la benzine, que Berthelot a effectuée par simple polymérisation de l'acétylène, ne nous enseigne que peu de chose sur la constitution de cet hydrocarbure [Berthelot, *Bull. de la Soc. chim.*, t. VI, p. 269; t. VII, p. 303]; tout au plus permet-elle de conclure que, l'acétylène étant $(CH)^2$, la benzine est probablement $(CH)^6$. La formation du mésitylène nous laisse également dans le doute.

La troisième méthode, l'étude des produits de substitution, a été négligée pendant trop longtemps; aujourd'hui même, elle n'est pas appréciée à sa juste valeur, et pourtant elle va nous donner tout ce que l'on a en vain demandé aux deux autres méthodes.

Cet article est divisé en deux grandes parties :

Dans la *première*, on établira la constitution du noyau fondamental des corps aromatiques. Chemin faisant, on discutera la valeur des formules qui ont été proposées successivement pour représenter la constitution de ce noyau. On dira aussi quelques mots relatifs à la formule de la naphtaline.

La *deuxième partie* comprendra l'étude des transformations que les réactifs font subir aux corps aromatiques. Un paragraphe spécial sera consacré au phénomène remarquable de la formation simultanée de plusieurs dérivés isomériques dans une seule réaction; les propriétés saillantes des dérivés formés dans ces réactions seront indiquées.

Enfin un *appendice* traitera des produits d'addition des corps aromatiques.

L'histoire générale des hydrocarbures, phénols, amines, acides, acétones, quinones et des corps aromatiques d'autres fonctions est exposée dans des articles spéciaux auxquels nous renvoyons.

PREMIÈRE PARTIE.

CONSTITUTION DU NOYAU BENZIQUE.

I. — *Existence de trois séries isomériques de produits bisubstitués de la benzine (séries ortho, méta et para).*

Des recherches multiples et patientes n'ont pu produire qu'*une seule série* de dérivés monosubstitués de la benzine C^6H^5X, et *trois séries* isomériques de produits bisubstitués C^6H^4XY.

On n'a pu faire dériver de la benzine qu'une monobromobenzine, qu'un phénol, qu'une aniline, qu'un acide benzoïque. Rappelons, à cet égard, les recherches de Hübner et Alsberg qui, par réduction complète des nitromonobromobenzines isomériques, n'ont obtenu qu'une seule et même aniline [*Ann. der Chem. u. Pharm.*, t. CLVI, p. 308].

D'autre part, on connaît trois dibromobenzines, trois dihydroxybenzines, trois dinitrobenzines, trois phénylène-diamines, trois acides nitrobenzoïques [1], trois acides benzodicarboniques, etc.; toutes les recherches entreprises pour découvrir une quatrième modification isomérique sont restées sans résultat.

Tous ces composés isomériques ont été groupés en trois séries qu'on a distinguées, selon la proposition de Kœrner, par les préfixes *ortho*, *méta* et *para* (voyez t. II, p. 150).

On a rangé dans chaque série tous les corps que l'on peut faire dériver les uns des autres par une succession de réactions simples et régulières. Nous allons développer cette proposition extrêmement importante en commençant par la série *para*.

1° Il existe une dinitrobenzine $C^6H^4(AzO^2)^2$ fusible à 171°,5, qui a été dénommée *paradinitrobenzine* et que nous prenons comme premier terme de la série *para*. Par réduction complète, au moyen de l'étain et de l'acide chlorhydrique, elle fournit la paraphénylène-diamine $C^6H^4(AzH^2)^2$; mais si l'on emploie le sulfure d'ammonium, la réduction s'arrête à mi-chemin, et il se forme la paranitraniline $C^6H^4(AzO^2)(AzH^2)$. L'azotate de celle-ci est transformé par le gaz azoteux en azotate

1. Les raisonnements qui suivent sont empruntés : 1° en grande partie, à diverses notes de M. Ladenburg et à son opuscule sur la *Théorie des combinaisons aromatiques* [Brunswick, 1876, Vieweg]; 2° à deux conférences sur la *Constitution de la benzine et sur l'isomérie de ses dérivés*, faites au laboratoire de M. Wurtz, en janvier 1876, par M. E. Demarçay, et en décembre de la même année par M. A. Henninger; 3° aux mémoires de MM. Körner, V. Meyer, Salkowski, Wroblevsky et d'autres dont nous aurons soin de citer les noms dans la suite.

1. L'existence d'un quatrième et même d'un cinquième acide nitrobenzoïque, annoncée par Fittica, n'a pas été confirmée par les recherches de Griess, Salkowski, Ladenburg et d'autres habiles expérimentateurs.

de diazoparanitrobenzol $C^6H^4(AzO^2)(Az^2.AzO^3)$, susceptible d'échanger son groupement diazoïque $(Az^2.AzO^3)$, d'après les méthodes de Griess, contre Cl, Br, I, OH, etc. On obtient ainsi la parachloronitrobenzine $C^6H^4(AzO^2)Cl$, la parabromonitrobenzine, la paraïodonitrobenzine, un paranitrophénol. Tous ces corps, réduits à leur tour, engendrent des anilines parasubstituées.

De l'une d'entre elles, de la parabromaniline $C^6H^4Br(AzH^2)$, on peut faire dériver, en suivant les mêmes méthodes de Griess, la paradibromobenzine C^6H^4BrBr, le parabromophénol, la parabromoiodobenzine, etc.

Une autre aniline parasubstituée, la parahydroxyaniline ou paramidophénol $C^6H^4(OH)(AzH^2)$, est convertie par le gaz nitreux en un corps diazoïque dont le sulfate, chauffé avec de l'acide sulfurique étendu, se dédouble en azote et paradihydroxybenzine ou *hydroquinone*, $C^6H^4(OH)(OH)$ [Weselsky et Schuler, *Deutsch. chem. Gesellsch.*, t. IX, p. 159].

Ainsi que nous l'avons annoncé, voilà donc toute une série de produits bisubstitués de la benzine qui se déduisent directement les uns des autres, en vertu de réactions simples et régulières, s'accomplissant à des températures peu élevées. Il est donc légitime de dire qu'ils appartiennent à la même série, la série *para*. La démonstration serait plus complète s'il était possible de revenir au point de départ, mais jusqu'ici on ne connaît pas de réaction qui permette de substituer le groupe AzO^2 à Cl, Br, AzH^2, etc.

Mais il y a plus : on peut rattacher la parasérie de la benzine aux séries des hydrocarbures homologues, toluène et xylène. En traitant la paradibromobenzine par l'iodure de méthyle et le sodium, V. Meyer l'a transformée en *paradiméthylbenzine* (paraxylène),

$$C^6H^4{<}^{Br}_{Br} + 2CH^3I + 4Na$$

$$= C^6H^4{<}^{CH^3}_{CH^3} + 2NaBr + 2NaI,$$

qui, par les oxydants, se convertit en acide paratoluique et paraphtalique (téréphtalique).

Cette même paradiméthylbenzine se forme avec le parabromotoluène, l'iodure de méthyle et le sodium (Fittig et Tollens),

$$C^6H^4{<}^{CH^3}_{Br} + CH^3I + Na^2$$

$$= C^6H^4{<}^{CH^3}_{CH^3} + NaBr + NaI,$$

réaction qui rattache indirectement le parabromotoluène à la série para de la benzine. Ce parabromotoluène peut être préparé par les réactions de Griess, en partant de la paratoluidine, et se trouve par conséquent rapproché de tous les autres dérivés du toluène, dits para, parachlorotoluène, paranitrotoluène, etc. D'autre part, il donne, par oxydation, l'acide parabromobenzoïque, qui, ainsi que l'acide paraoxybenzoïque, dérive de l'acide paramidobenzoïque par l'intermédiaire du corps diazoïque.

2° Dans la série dite *méta*, de semblables transformations ont été observées : la dinitrobenzine fusible à 89°, qui a reçu le nom de *métadinitrobenzine*, nous servira de point de départ. Soumise au cycle de réactions décrites plus haut, elle engendre des produits bisubstitués de la benzine, isomériques avec les dérivés de la paradinitrobenzine. Ce sont les corps de la série dite *méta*. Parmi ceux-ci, la métadihydroxybenzine ou *résorcine* mérite une mention spéciale; elle se forme aux dépens du métamidophénol, en vertu d'une réaction semblable à celle qui fournit l'hydroquinone avec le paramidophénol [A. Bantlin, *Deutsch. chem. Gesellsch.*, t. XI, p. 2099].

Lorsque la métadibromobenzine est mise en contact à 100° avec de l'éther chloroxycarbonique et de l'amalgame de sodium, d'après la méthode de synthèse des acides aromatiques de Wurtz, elle donne un mélange d'éther métabromobenzoïque et d'éther métaphtalique (isophtalique) (Wurster) :

$$C^6H^4{<}^{Br}_{Br} + ClCO^2C^2H^5 + Na^2$$

Métadibromobenzine.

$$= C^6H^4{<}^{CO^2C^2H^5}_{Br} + NaCl + NaBr.$$

Éther métabromobenzoïque.

$$C^6H^4{<}^{Br}_{Br} + 2ClCO^2C^2H^5 + Na^2$$

$$= C^6H^4{<}^{CO^2C^2H^5}_{CO^2C^2H^5} + 2NaCl + 2NaBr.$$

Éther métaphtalique.

A l'acide métabromobenzoïque correspondent tous les dérivés méta de l'acide benzoïque et du toluène.

L'acide métaphtalique résulte de l'oxydation du métaxylène et de l'acide métatoluique.

La réaction de Wurster rattache donc, d'un seul coup, la série méta du toluène et du xylène à la série méta de la benzine.

Kœrner a fait connaître un autre mode de passage de la série benzénique à la série du toluène : lorsqu'on traite l'éther méthylique du métabromophénol par le sodium et l'acide carbonique, on le convertit en acide méthylmétaoxybenzoïque :

$$C^6H^4{<}^{Br}_{OCH^3} + CO^2 + Na^2$$

Méthylmétabromophénol.

$$= C^6H^4{<}^{CO^2Na}_{OCH^3} + NaBr.$$

Méthylmétaoxybenzoate de sodium.

3° Dans la série *ortho*, on a pareillement converti l'*orthodinitrobenzine* fusible à 117°,9 en plusieurs autres dérivés bisubstitués : aniline bromée, chlorée, nitrée; benzine bromonitrée, chloronitrée; phénol nitré, bromé, chloré, etc.; on n'a pas encore obtenu la troisième dihydroxybenzine ou *pyrocatéchine* avec l'orthamidophénol. Cependant une autre réaction caractérise la pyrocatéchine comme dérivé ortho. Son éther monométhylique, le gaïacol,

$$C^6H^4(OH)(OCH^3),$$

étant traité par le perchlorure de phosphore, donne l'orthochlorophénate de méthyle [H. Fischli, *Deutsch. chem. Gesellsch.*, t. XI, p. 1461]. Cette réaction, de même que celles qui ont dévoilé la constitution de l'hydroquinone et de la résorcine, présente un intérêt tout particulier. Elles vont à l'encontre de l'hypothèse de Graebe sur la nature des quinones, et des résultats obtenus en fondant avec de la potasse les acides sulfoniques de la benzine, ou les phénols bromés et iodés, résultats qui avaient fait classer l'hydroquinone dans l'orthosérie, la pyrocatéchine dans la métasérie, et la résorcine dans la parasérie. L'erreur de ces déductions doit nous mettre en garde contre l'emploi des réactions effectuées par la potasse fondante lorsqu'il s'agit de fixer la constitution d'un corps aromatique, surtout si nous ajoutons que les bromophénols isomériques fondus avec de la potasse fournissent tous les trois de la résorcine, mélangée dans deux cas d'une petite quantité de pyrocatéchine; le bromophénol, qui donne uniquement de la résorcine (orthodihydroxybenzine), est le parabromophénol [R. Fittig et E. Mager, *Deutsch. chem. Gesellsch.*, t. VII, p. 1175; t. VIII, p. 302; *Bull. de la Soc. chim.*, t. XXIII, p. 472; t. XXIV, p. 558].

Jusqu'ici on ne connaît point de réaction qui rattache directement un des corps de la série ortho à un dérivé du toluène ou du xylène. Il existe donc une lacune, mais elle n'offre pas une importance très grande; les rapports de deux séries sur trois étant établis, on peut conclure par exclusion que la série ortho de la benzine correspond à la troisième série des produits de substitution du toluène.

L'orthobromotoluène donne, par le sodium et l'iodure de méthyle, l'orthoxylène, et les acides orthotoluique et orthophtalique (phtalique ordinaire) dérivent de cet hydrocarbure par oxydation au moyen du permanganate de potassium.

Si les réactions qui rattachent les séries isomériques des produits bisubstitués de la benzine aux séries du toluène et du xylène sont peu nombreuses[1], les rapports des deux dernières séries sont bien établis. Indépendamment des passages que nous venons de mentionner, on en a encore observé plusieurs parmi lesquels il faut citer tout d'abord la méthode de synthèse des acides aromatiques de Wurtz. Nous avons déjà vu quel parti en a tiré Wurster; ajoutons que Wurtz a transformé le parabromotoluène en acide paratoluique, et l'orthobromotoluène en acide orthotoluique.

En second lieu, il convient de mentionner la synthèse des acides aromatiques au moyen des amines primaires. La toluidine, par exemple, traitée par le sulfure de carbone, donne une crésylsulfocarbimide

$$C^6H^4 < \begin{matrix} CH^3 \\ AzCS, \end{matrix}$$

et celle-ci, désulfurée par le cuivre, fournit un nitrile toluique

$$C^6H^4 < \begin{matrix} CH^3 \\ CAz \end{matrix}$$

que les agents d'hydratation convertissent en acide toluique. Ce cycle de réactions a permis à Weith de transformer les *trois* toluidines en *trois* acides toluiques : l'ortholuidine a fourni ainsi l'acide orthotoluique; la métatoluidine, l'acide métatoluique, et la paratoluidine l'acide paratoluique, preuve évidente que la réaction s'accomplit normalement.

Troisièmement, V. Meyer a réussi à transformer le sel potassique de l'acide métasulfobenzoïque en acide métaphtalique en le fondant avec du formiate de sodium :

$$C^6H^4 < \begin{matrix} CO^2K \\ SO^3K \end{matrix} + CHO^2Na$$

Métasulfobenzoate de potassium.

$$= C^6H^4 < \begin{matrix} CO^2K \\ CO^2Na \end{matrix} + SO^3KH$$

Métaphtalate de potassium et de sodium.

1. Nous avons omis, à dessein, la distillation sèche des acides disulfoniques de la benzine avec le cyanure de potassium, réaction qui fournit les nitriles $C^6H^4(CAz)^2$; cette réaction, s'accomplissant à une température assez élevée, peut faire supposer une transposition moléculaire, d'autant plus qu'elle n'a été appliquée jusqu'ici que dans les séries méta et para. Nous avons également passé sous silence les synthèses d'acides aromatiques de Richter, au moyen des corps nitrobromés et du cyanure de potassium; cette réaction est plus compliquée que l'auteur ne l'avait supposé tout d'abord, et il s'accorde maintenant à la considérer comme ne pouvant servir à fixer les rapports des corps benzéniques entre eux [voir *Bull. de la Soc. chim.*, t. XXVI, p. 370].

C'est là une méthode générale de synthèse des acides aromatiques.

Je m'arrête, et je renvoie le lecteur aux tableaux placés à la fin de cette première partie, dans lesquels se trouvent réunis tous les produits bisubstitués de la benzine actuellement connus; le cadre en est à peu près complet. Les rapports qui unissent les corps d'une même série ont été établis directement, en vertu de réactions nettes, analogues à celles dont nous venons de parler.

Il y a là un ensemble de faits qui entraîne la conviction, et l'on peut dire que dans la série grasse les transformations des substances les unes dans les autres sont parfois moins bien connues. Je rappellerai, par exemple, la réaction du zinc-méthyle sur l'iodhydrine du glycol, qui fournit de l'alcool isopropylique (Boutlerow et Ossokine), et les transformations nombreuses de l'alcool isobutylique en éthers du triméthylcarbinol, sous l'influence de réactifs éthérifiants (Linnemann, Freund). Ces réactions ne concordent nullement avec les formules admises pour l'alcool isopropylique ou pour l'alcool isobutylique de Wurtz; on les considère avec raison comme anormales, mais si par hasard elles avaient été connues d'abord, elles auraient conduit à des formules de constitution inexactes. La question de l'isomérie des corps aromatiques a traîné longtemps dans cette période de tâtonnement, et l'on éprouve une certaine difficulté à étudier le développement de nos connaissances à ce sujet. Nous avons donc cru nécessaire de ne parler dans cet exposé que des résultats rigoureusement constatés.

Ce fait de l'existence de trois séries de dérivés bisubstitués de la benzine C^6H^4XY, dérivés qui conservent leur mode d'isomérie à travers une foule de réactions, nous autorise à dire : Ces isoméries ne sont aucunement dues à la nature des radicaux substitués X et Y, mais elles résident dans les différences de relation qui existent entre les deux atomes d'hydrogène A et B substitués, ou, ce qui revient au même, dans les différences de relation entre les deux atomes de carbone auxquels les atomes d'hydrogène A et B sont liés.

Nous exprimerons cette idée, en disant que B *joue par rapport à A le rôle ortho, méta* ou *para*, suivant que le composé C^6H^4XY appartient à la série *ortho, méta* ou *para*. D'après cette définition, la condition particulière dans laquelle se trouve l'atome d'hydrogène B ne lui appartient pas en propre, mais dépend uniquement de l'atome A auquel on le rapporte.

En résumé, les matériaux considérables accumulés depuis plus de quinze ans n'ont fait connaître qu'un seul dérivé monosubstitué de la benzine, et trois dérivés bisubstitués. Ils vont nous permettre d'aller plus loin et d'établir que ces dérivés ne peuvent exister sous un plus grand nombre de modifications.

Mais, auparavant, rappelons que la théorie de dérivés bisubstitués de la benzine n'a pas revêtu, de prime abord, la forme précise et nette sous laquelle elle sera présentée plus loin. Quelques mots sur les diverses phases qu'elle a parcourues peuvent trouver place ici. Kœrner, poursuivant les idées de Kekulé, choisit, en 1867, pour distinguer les trois séries de dérivés bisubstitués, les préfixes *ortho, méta* et *para*, qui avaient déjà été consacrés par l'usage pour quelques-uns d'entre eux. C'est ainsi qu'il nomma *orthoiodophénol*, le phénol iodé préparé avec l'aniline iodée ordinaire fusible à 60°; le *paraiodophénol* était celui qui dérive de la dinitrobenzine fusible à 89°; le *métaiodophénol*, enfin, était celui qui se forme, indépendamment de l'orthoiodophénol, par l'action de l'iode et de l'acide iodique sur le phénol. Tous les produits de substitution de la benzine qui pouvaient être transformés directement ou indirectement en un de ces iodophénols, ou qui pouvaient en être dérivés, furent considérés comme appartenant à la même série et reçurent le même préfixe [W. Kœrner, *Bull. Acad. roy. de Belgique* (2), t. XXIV, p. 166].

Jusqu'ici, rien donc de plus rationnel; mais plus tard les mêmes préfixes furent attribués, au hasard, ou peu s'en faut, à des corps dont les relations avec les trois séries de Kœrner n'étaient point établies. On classa dans l'orthosérie les produits monosubstitués de l'acide benzoïque préparés directement, dans la métasérie les dérivés salicyliques, et l'on conserva leur ancien nom de paradérivés aux composés benzoïques préparés par oxydation des toluènes monosubstitués. Enfin on transporta ces mêmes dénominations dans la série du xylène. Pour rattacher entre eux les dérivés de la benzine, du toluène, du xylène, tout lien expérimental faisait défaut.

On a même été plus loin encore. En se fondant sur des spéculations relatives à l'attraction ou la répulsion que les radicaux existant dans une molécule exercent sur les radicaux entrants, on a doté les préfixes *ortho, méta, para* d'une signification nouvelle : on admettait que, dans les composés de l'orthosérie, les radicaux substitués remplacent les atomes d'hydrogène désignés par 1 et 2 dans l'hexagone de Kekulé; dans les corps de la métasérie, les atomes d'hydrogène 1 et 3 seraient remplacés, et dans les corps de la parasérie, les atomes d'hydrogène 1 et 4. Ainsi la dibromobenzine, qui se forme directement lorsqu'on brome la benzine, était un dérivé para, par la raison, disait-on, que les atomes de brome exercent une action répulsive l'un sur l'autre, s'éloignent le plus possible dans la molécule et viennent occuper, par conséquent, les extrémités d'un grand diamètre, c'est-à-dire la place 1 et 4. Les expériences ultérieures sont venues confirmer pour le dibromobenzine cette singulière hypothèse; mais c'est simplement un hasard, car le même raisonnement appliqué à la dinitrobenzine ordinaire conduit à un résultat inexact, cette dinitrobenzine appartenant en réalité à la métasérie. Il a fallu des recherches nombreuses pour détruire cette idée erronée qui avait pris racine dans la science [voir à ce sujet les mémoires suivants : H. Salkowski, *Deutsch. chem. Gesellsch.*, 1874, t. VII, p. 45, 373 et 1008; — C. Wurster, *Liebig's Ann. der Chem.*, t. CLXXVI, p. 145].

Sous la domination des mêmes idées, on classait par contre dans l'orthosérie les produits de substitution de l'aniline, préparés avec l'acétanilide; le brome, le chlore, le groupe AzO^2 doués de propriétés fortement électronégatives devaient être attirés par le groupe positif $AzH(C^2H^3O)$, et venir se substituer aux atomes d'hydrogène 2 et 6 placés dans son voisinage. Ici encore le raisonnement tombait à faux, ces produits de substitution appartenant à la parasérie.

Des hypothèses aussi mal étayées devaient mener à des contradictions nombreuses, et il serait trop long de les relever toutes. Dès 1870, les travaux de V. Meyer, relatifs à la synthèse d'acides aromatiques par le formiate de sodium, ont fait voir que l'acide oxybenzoïque qui était classé, à ce moment, dans l'orthosérie du toluène correspond en réalité à l'acide isophtalique appartenant à la métasérie du xylène, et que, d'un autre côté, l'acide salicylique, en ce temps-là métadérivé du toluène, correspond à l'acide phtalique appartenant à l'orthosérie du xylène. Ces résultats, confirmés un peu plus tard par les travaux de Fittig et Ramsay, de Weith et d'autres savants qui ont été cités, ont nécessité un changement complet dans la nomenclature des dérivés du toluène, changement qui a encore ajouté à la confusion répandue alors dans cette partie de la chimie.

Meyer a proposé de rapporter, ainsi que Graebe l'avait déjà fait, toutes les benzines disubstituées aux trois acides phtaliques :

Orthosérie.	*Métasérie.*	*Parasérie.*
Acide phtalique,	Acide isophtalique,	Acide téréphtalique,

dont la constitution était établie avec une certaine probabilité. Ce point a été exposé à l'article ISOMÉRIE, t. II, p. 150, mais nous rappellerons brièvement les raisonnements suivants :

1° D'après Erlenmeyer et Graebe, la constitution de la naphtaline peut être représentée par le schéma suivant (t. II, p. 489) :

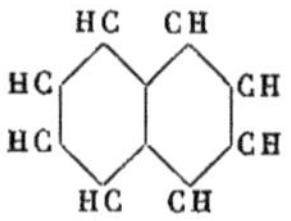

```
      HC    CH
HC  /    \/    \  CH
HC  \    /\    /  CH
      HC    CH
```

et, partant de cette hypothèse, il est évident que les deux groupes CO^2H de l'acide phtalique $C^6H^4(CO^2H)^2$ produit d'oxydation de la naphtaline doivent remplacer deux atomes d'hydrogène voisins dans le noyau benzique; de là le symbole chiffré (1.2) ou (1.6) pour l'*orthosérie.*

2° Le mésitylène, résultant de la condensation de 3 molécules d'allylène $CH^3\text{-}C{\equiv}CH$, possède, d'après Baeyer, la formule d'une triméthylbenzine symétrique (1.3.5)

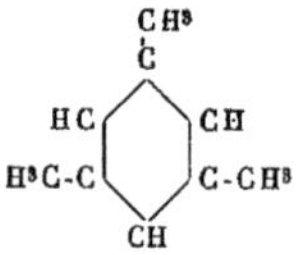

```
          CH³
          C
     HC /   \ CH
 H³C-C  \   / C-CH³
          CH
```

Si on enlève au mésitylène, par voie indirecte, un groupe CH^3, on le transforme en isoxylène

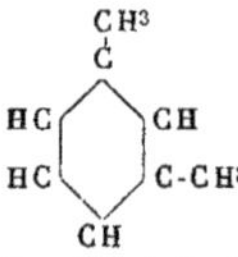

```
      CH³
      C
  HC /  \ CH
  HC \  / C-CH³
      CH
```

qui, par oxydation, fournit l'acide isophtalique. La *métasérie* est donc représentée par le symbole chiffré (1.3) ou (1.5).

3° Par exclusion, l'acide téréphtalique et la *parasérie* doivent être représentés par le symbole (1.4).

Tout cela était encore purement hypothétique, mais constituait au moins la base scientifique de nouvelles recherches. Aussi, à partir de ce moment, les travaux sur la structure des corps aromatiques se multiplient presque à l'infini, travaux tendant tous vers ce but de relier entre eux, par des transformations régulières et nombreuses, les composés des 3 séries de produits bisubstitués de la benzine, puis de les rattacher aux séries du toluène et du xylène. Cette question, qui a été suffisamment mise en lumière plus haut, nous ramène au point où nous avons interrompu la démonstration; reprenons-la, en rejetant, bien entendu à nouveau, toute idée préconçue sur la constitution de la benzine.

II. — *Équivalence des 6 atomes d'hydrogène de la benzine.*

Les 6 atomes d'hydrogène de la benzine possèdent la même valeur; ainsi, remplacés par un radical quelconque, OH par exemple, ils donnent un composé unique, le phénol,

$$C^6H^5(OH);$$

c'est ce que nous exprimerons en disant que les atomes d'hydrogène de la benzine sont équivalents. Il s'agit de prouver l'exactitude de cette proposition.

Désignons les 6 atomes d'hydrogène par les chiffres 1, 2, 3, 4, 5, 6; soit $H_{(1)}$ celui qui est remplacé par OH dans le phénol du goudron de houille. Traité par le perbromure de phosphore, ce corps fournit la benzine monobromée C^6H^5Br qui, en présence de sodium, est transformée par le gaz carbonique (Kekulé) ou l'éther chloroxycarbonique (Wurtz) en acide benzoïque. Le groupe CO^2H de cet acide remplace donc $H_{(1)}$ de la benzine, le même qui était remplacé par Br dans la benzine monobromée et par (OH) dans le phénol.

Dans les trois acides oxybenzoïques,

$$C^6H^4 < \begin{matrix} CO^2H \\ OH, \end{matrix}$$

acides orthoxybenzoïque (salicylique), métaoxybenzoïque et paraoxybenzoïque, le groupe CO^2H remplace certainement le même atome $H_{(1)}$. En effet, les acides orthoxybenzoïque et paraoxybenzoïque peuvent être transformés, par substitution inverse, en un seul et même acide benzoïque; les expériences de E. Reichenbach et F. Beilstein sur l'identité des acides salicylique et dracylique avec l'acide benzoïque ordinaire sont concluantes [*Ann. der Chem. u. Pharm.*, t. CXXXII, p. 151 et 309]. Le troisième acide, l'acide métaoxybenzoïque, dérive régulièrement, par plusieurs réactions, de l'acide benzoïque.

Dans ces trois acides, le groupe OH remplace donc trois atomes d'hydrogène différents de $H_{(1)}$; désignons-les par $H_{(2)}$, $H_{(3)}$ et $H_{(4)}$, nous aurons les formules

$$C^6H^4 < \begin{matrix} (CO^2H)_{(1)} \\ (OH)_{(2)} \end{matrix} \qquad C^6H^4 < \begin{matrix} (CO^2H)_{(1)} \\ (OH)_{(3)} \end{matrix}$$

Acide orthoxybenzoïque. Acide métaoxybenzoïque.

$$C^6H^4 < \begin{matrix} (CO^2H)_{(1)} \\ (OH)_{(4)} \end{matrix}$$

Acide paraoxybenzoïque.

Les trois atomes d'hydrogène $H_{(2)}$, $H_{(3)}$ et $H_{(4)}$ jouent, par rapport à l'atome $H_{(1)}$, les rôles ortho, méta et para.

Les trois acides oxybenzoïques peuvent être dédoublés en phénol et gaz carbonique : il suffit, pour y parvenir, de chauffer à 180° les acides salicylique et paraoxybenzoïque avec de l'acide chlorhydrique concentré; l'acide métaoxybenzoïque est plus stable et, pour en effectuer le dédoublement, il faut le distiller avec de la chaux. En examinant comparativement les propriétés des phénols formés, notamment les points de fusion et d'ébullition, et les densités entre 40 et 50°, Ladenburg a montré qu'ils se confondent entre eux et avec le phénol ordinaire. On en conclut que les 4 atomes d'hydrogène $H_{(1)}$, $H_{(2)}$, $H_{(3)}$, $H_{(4)}$, sont équivalents [A. Ladenburg, *Liebig's Ann. der Chem.*, t. CLXXII, p. 347; *Bull. de la Soc. chim.*, t. XXIV, p. 204].

Ajoutons que les observations de Kœrner et de Kolbe viennent corroborer cette déduction par voie synthétique. D'après Kœrner, le métabromophénol fournit avec le sodium et le gaz carbonique du méthylmétaoxybenzoate sodique; Kolbe, d'autre part, en traitant le phénate de potassium par le gaz carbonique, obtient, suivant la température, du salicylate ou du paraoxybenzoate de potassium.

Le même phénol peut donc, par analyse, se former aux dépens des trois acides oxybenzoïques, ou, par synthèse, être converti en ces trois mêmes acides; l'équivalence des atomes d'hydrogène $H_{(1)}$, $H_{(2)}$, $H_{(3)}$, $H_{(4)}$ ne saurait par conséquent laisser aucun doute.

Il nous reste à démontrer que les deux atomes $H_{(5)}$ et $H_{(6)}$ possèdent la même valeur que l'un quelconque des 4 autres atomes. Hübner et Petermann ont fourni cette preuve pour l'un des deux atomes; Wroblevsky pour les deux à la fois. La méthode employée par ces auteurs est très simple dans son principe : elle consiste à démontrer qu'il existe dans la benzine deux atomes d'hydrogène qui jouent tous deux le rôle méta par rapport à $H_{(1)}$. Parmi les quatre atomes déjà examinés $H_{(1)}$, $H_{(2)}$, $H_{(3)}$, $H_{(4)}$, il n'en est qu'un, $H_{(3)}$, qui joue le rôle méta, et l'on en conclut qu'un au moins des 2 atomes $H_{(5)}$ et $H_{(6)}$ joue le rôle méta, et possède, par conséquent, même valeur que les quatre autres.

Il existe de même 2 atomes d'hydrogène qui jouent le rôle ortho par rapport à $H_{(1)}$, et un raisonnement semblable s'applique à eux. Voici les données expérimentales :

1° Lorsque l'acétoparatoluide

$$C^6H^4 < \begin{matrix} CH^3_{(1)} \\ (AzHC^2H^3O)_{(4)} \end{matrix}$$

est traitée par le brome, il se forme un dérivé monobromé

$$C^6H^3 \begin{matrix} \diagup CH^3_{(1)} \\ - Br \\ \diagdown (AzHC^2H^3O)_{(4)}. \end{matrix}$$

Saponifié par les alcalis et traité ensuite par le gaz nitreux en présence de l'alcool, ce corps donne le métabromotoluène (Wroblevsky). L'atome de brome joue donc, par rapport au groupe CH^3, le rôle méta, c'est-à-dire qu'il remplace un atome d'hydrogène différent de $H_{(2)}$ et de $H_{(4)}$. S'il était substitué à un atome d'hydrogène autre que $H_{(3)}$, la proposition serait démontrée. Supposons donc que ce soit $H_{(3)}$ et non $H_{(5)}$ ou $H_{(6)}$ qui ait été remplacé par le brome.

Cette métabromoacétoparatoluide étant traitée par l'acide nitrique, on obtient le dérivé nitré

$$C^6H^2 \left\{ \begin{matrix} CH^3_{(1)} \\ Br_{(3)} \\ (AzHC^2H^3O)_{(4)} \\ AzO^2 \end{matrix} \right.$$

que la soude dédouble en acétate sodique et en métabromonitroparatoluidine. L'alcool chargé de gaz nitreux transforme cette dernière en un métabromonitrotoluène fusible à 86°,

$$C^6H^3 \begin{matrix} \diagup CH^3_{(1)} \\ - Br_{(3)} \\ \diagdown AzO^2, \end{matrix}$$

qui, réduit par l'étain et l'acide chlorhydrique, puis soumis pendant longtemps à 100° à l'action de l'amalgame de sodium, pour en éliminer le brome par substitution inverse, fournit une toluidine identique avec la métatoluidine. Celle-ci peut être convertie en métabromotoluène par les réactions de Griess.

Le groupe AzO^2, qui est entré par substitution dans la métabromoacétoparatoluide, a donc remplacé un atome d'hydrogène qui joue le rôle méta, par rapport à $H_{(1)}$. Cet atome ne peut être ni $H_{(3)}$, ni $H_{(4)}$ déjà remplacés, ni $H_{(2)}$ qui correspond à l'orthosérie; c'est donc nécessairement $H_{(5)}$ ou $H_{(6)}$; mettons $H_{(5)}$ et concluons que l'atome $H_{(5)}$ jouant le rôle méta comme $H_{(3)}$, les atomes $H_{(1)}$, $H_{(2)}$, $H_{(3)}$, $H_{(4)}$, $H_{(5)}$, pris isolément, possèdent même valeur [E. Wroblevsky, *Deutsch. chem. Gesellsch.*, t. VIII, p. 573; *Bull. de la Soc. chim.*, t. XXIV, p. 466].

2° L'acide métabromobenzoïque, que l'on obtient en traitant l'acide benzoïque par le brome et que l'on peut aussi préparer en oxydant le métabromotoluène, fournit avec l'acide nitrique deux acides nitrométabromobenzoïques isomériques

$$C^6H^3 \begin{cases} CO^2H_{(1)} \\ Br_{(3)} \\ AzO^2 \end{cases}$$

dont l'isomérie ne peut résider que dans la différence de position du groupe AzO^2 par rapport à CO^2H.

Sous l'influence des réducteurs, ces acides donnent d'abord deux acides amidométabromobenzoïques isomériques qui, par une action prolongée de ces réactifs, perdent leur brome et fournissent un acide amidobenzoïque unique, l'acide anthranilique ou orthoamidobenzoïque que le gaz nitreux convertit en acide orthooxybenzoïque [Hübner et Petermann, *Ann. der Chem. u. Pharm.*, t. CXLIX, p. 129; *Bull. Soc. chim.*, t. XI, p. 490].

Dans les deux acides nitrés isomériques, le groupe AzO^2 remplace, comme nous l'avons dit, deux atomes d'hydrogène différents, mais ceux-ci jouent tous deux le rôle ortho par rapport à $H_{(1)}$: la formation d'un seul et même acide orthoamidobenzoïque le démontre. Ces deux atomes d'hydrogène ne peuvent être que les atomes $H_{(2)}$ et $H_{(6)}$, par la raison que, sur les 5 atomes dont nous connaissons la valeur, $H_{(3)}$, $H_{(4)}$ et $H_{(5)}$ ne jouent pas le rôle ortho par rapport à $H_{(1)}$. Nous avons déjà assigné à l'atome $H_{(2)}$ ce rôle, et les deux ordres de faits viennent se donner un mutuel appui.

Ces déductions sont capitales et il convient de les entourer de toutes les preuves possibles. Nous ajouterons donc que Wroblevsky a donné une autre démonstration de l'existence d'une paire d'atomes d'hydrogène ortho dans la molécule benzénique [*Deutsch. chem. Gesellsch.*, t. IX, p. 1055].

La métabromométanitroparatoluidine a pour formule de constitution

$$C^6H^2[(CH^3)_{(1)}Br_{(3)}(AzH^2)_{(4)}(AzO^2)_{(5)}],$$

ainsi que nous l'avons vu; l'atome Br et le groupe AzO^2 jouent en effet le rôle méta. Il est facile de transformer successivement ce corps, en vertu de réactions régulières :

1° En métabromométanitroparaïodotoluène,

$$C^6H^2[(CH^3)_{(1)}Br_{(3)}I_{(4)}(AzO^2)_{(5)}];$$

2° En métabromoparaïodométatoluidine,

$$C^6H^2[(CH^3)_{(1)}Br_{(3)}I_{(4)}(AzH^2)_{(5)}],$$

3° En dimétabromoparaïodotoluène,

$$C^6H^2[(CH^3)_{(1)}Br_{(3)}I_{(4)}Br_{(5)}];$$

4° En nitrodimétabromoparaïodotoluène,

$$C^6H[(CH^3)_{(1)}Br_{(3)}I_{(4)}Br_{(5)}(AzO^2)],$$

Et 5° en dimétabromoparaïodotoluidine,

$$C^6H[(CH^3)_{(1)}Br_{(3)}I_{(4)}Br_{(5)}(AzH^2)].$$

Cette dernière base, par une action prolongée à 100° de l'amalgame de sodium, perd tous les atomes de brome et d'iode et fournit l'orthotoluidine, correspondant à l'orthobromotoluène; le groupe AzO^2 s'est donc substitué à l'atome $H_{(2)}$.

Si l'on échange, dans la dimétabromoparaïodo-orthotoluidine, le groupe AzH^2 contre I, d'après la méthode de Griess, il en résulte un toluène dibromodiiodé de la formule

$$C^6H[(CH^3)_{(1)}I_{(2)}Br_{(3)}I_{(4)}Br_{(5)}];$$

c'est un dérivé quintisubstitué de la benzine, et si on le nitre, le groupe AzO^2 ne peut se substituer qu'à $H_{(6)}$. Le dérivé nitré

$$C^6[(CH^3)_{(1)}I_{(2)}Br_{(3)}I_{(4)}Br_{(5)}(AzO^2)_{(6)}]$$

étant réduit par l'étain et l'acide chlorhydrique, puis traité à 100° pendant longtemps par l'amalgame de sodium et l'eau, fournit également l'orthotoluidine. On en conclut directement que les atomes $H_{(2)}$ et $H_{(6)}$ jouent, par rapport à $H_{(1)}$, le rôle ortho, ce qui confirme les résultats acquis plus haut. Or nous avions démontré que l'atome $H_{(2)}$, pris isolément, est équivalent à $H_{(1)}$, $H_{(3)}$, $H_{(4)}$, $H_{(5)}$; il doit, par conséquent, en être de même de l'atome $H_{(6)}$.

Ladenburg, en se fondant sur les diverses manières dont le thymol peut être transformé en oxythymoquinone et en dioxythymoquinone, a cherché également à démontrer que la molécule benzénique renferme 2 paires d'atomes d'hydrogène équivalents par rapport à $H_{(1)}$ [A. Ladenburg, *loc. cit.*, et *Deutsch. chem. Gesellsch.*, t. X, p. 1218].

Tout ce que nous venons de dire par rapport à l'atome d'hydrogène (1), choisi tout à fait arbitrairement, peut évidemment s'appliquer, au même titre, à un quelconque des six atomes d'hydrogène de la benzine. En résumé, nous sommes autorisés à conclure :

I° *Dans la benzine C^6H^6, les six atomes d'hydrogène ont même valeur ou sont équivalents.* Il ne peut donc exister ni deux dérivés monosubstitués, ni deux dérivés quintisubstitués contenant le même radical;

II° *A chaque atome d'hydrogène correspondent deux paires d'atomes d'hydrogène, jouant le même rôle par rapport à lui; le sixième atome d'hydrogène est unique dans son rôle.* En effet, par rapport à un atome d'hydrogène quelconque que nous marquerons $H_{(1)}$, les atomes d'hydrogène de la benzine sont de trois sortes :

2 atomes H jouent le rôle ortho, $H_{(2)}$ et $H_{(6)}$,
2 — H — méta, $H_{(3)}$ et $H_{(5)}$,
1 — H — para, $H_{(4)}$.

Si l'on remplace deux atomes d'hydrogène de la benzine par les radicaux X et Y, de manière à produire le composé C^6H^4XY, cette substitution ne pourra conduire qu'à trois résultats différents, et nous conclurons en dernier lieu :

III° *Les dérivés bisubstitués ne peuvent exister que sous trois modifications isomériques.*

III. — *Formule de la benzine.*

Les trois propositions dont nous venons de donner la démonstration constituent les caractéristiques de la série benzénique. En les déduisant par induction de la formule hexagonale de la benzine, Kekulé s'est laissé guider, pour ainsi dire, par les propriétés géométriques de l'hexagone régulier. En effet, la formule de Kekulé

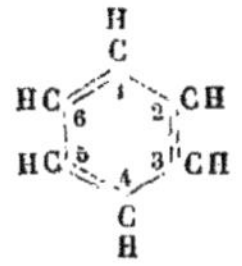

```
        H
        C
  HC 6  1  2 CH
  HC 5  4  3 CH
        C
        H
```

ne satisfait nullement aux propositions II et III, si l'on admet que l'isomérie réside dans des différences de liaison. On peut à la rigueur admettre que les atomes de carbone $C_{(3)}$ et $C_{(5)}$ se trouvent, par rapport à $C_{(1)}$, dans les mêmes conditions; mais il n'en est pas ainsi des atomes $C_{(2)}$ et $C_{(6)}$, et par conséquent des atomes d'hydrogène correspondants : le premier est uni par une liaison simple à l'atome $C_{(1)}$, tandis que le second, $C_{(6)}$, échange deux liaisons avec lui. De là une différence entre $C_{(2)}$ et $C_{(6)}$, par rapport à $C_{(1)}$, et de là encore l'existence d'au moins quatre produits de bisubstitution; Kekulé a si bien senti l'insuffisance de sa formule, qu'il a cherché à la modifier. Dans un mémoire où il explique la valence des atomes par des considérations spéculatives sur les oscillations intramoléculaires, il la remplace de fait par la suivante :

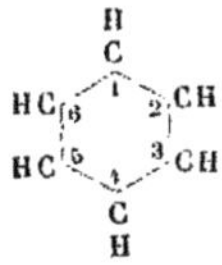

```
        H
        C
  HC 6  1  2 CH
  HC 5  4  3 CH
        C
        H
```

qui représente, suivant lui, l'état moyen de la molécule benzénique [A. Kekulé, *Ann. der Chem. u. Pharm.*, t. CLXII, p. 86].

Cette formule, dans laquelle le carbone figure comme élément triatomique, doit évidemment être écartée.

Ainsi que nous l'avons déjà dit, on peut procéder aujourd'hui par une méthode diamétralement opposée à celle que Kekulé avait suivie, et établir, par voie synthétique, une formule parfaitement déterminée de la benzine, en tenant compte exclusivement des trois propositions caractéristiques[1]. Les raisonnements qui suivent ont été présentés, sous cette forme, par M. Demarçay.

Tout d'abord, il est évident que la benzine ne peut renfermer ni le groupe CH^3, ni le groupe CH^2. L'identité de valeur des 6 atomes d'hydrogène nous ferait alors admettre la présence d'un second groupe CH^3 dans le premier cas, et de 2 autres groupes CH^2 dans le second. Or les formules

$$C^4(CH^3)^2 \text{ et } C^3(CH^2)^3$$

sont insuffisantes pour expliquer l'existence de trois séries isomériques de produits bisubstitués. La formule de la benzine est donc nécessairement

$$(CH)^6$$

et il s'agit de déterminer la manière dont les 6 groupes CH échangent les 18 unités de saturation qui résident en eux. Désignons indifféremment un de ces groupes par le chiffre (1), et marquons les autres par les chiffres employés plus haut : les 2 groupes ortho par (2) et (6), les 2 groupes méta par (3) et (5), et le groupe para par (4).

La molécule de la benzine doit être symétrique, au point de vue des liaisons, par rapport à une droite passant par les atomes de carbone (1) et (4); en effet, le groupe (4) joue, vis-à-vis de (1), un rôle unique dans la molécule, tandis que les autres groupes CH sont disposés par paires. Si donc le groupe (1) est lié avec l'un des groupes ortho (2), il l'est également avec l'autre (6), car les deux groupes ortho affectent les mêmes relations avec lui. La même observation s'applique aux deux groupes méta (3) et (5). Le groupe (1) ne possédant que trois valences non satisfaites ne peut être uni, à la fois, à ces deux paires de groupes ortho et méta; admettons qu'il le soit avec (3) et (5). Si plus loin, dans la suite de notre exposé, nous apprenions qu'en réalité les groupes (2) et (6) sont en rapport direct avec (1), il suffirait d'intervertir les noms ortho et méta.

La dernière valence du groupe (1) est donc saturée par le groupe (4) selon le schéma

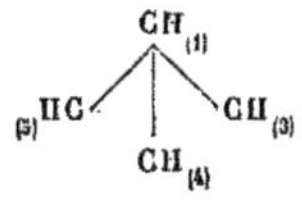

```
            CH(1)
           / | \
   (5)HC      |    CH(3)
            CH(4)
```

Passons au groupe (4), qui avec (1) se trouve placé dans l'axe de symétrie de la molécule. Il ne peut être lié avec un des groupes méta sans l'être avec l'autre, sous peine d'établir entre les deux une différence par rapport à (1). La même remarque s'applique aux groupes ortho. Si (4) était lié avec (3) et (5), les atomes de carbone 1 et 4 auraient toutes leurs valences satisfaites, et les deux groupes ortho ne pourraient par conséquent être réunis au reste de la molécule que par ces mêmes groupes (3) et (5). Ils joue-

1. Il ne sera peut être pas inutile de rappeler que nos formules de constitution découlent de la notion de l'atomicité ou valence des atomes, c'est-à-dire, qu'elles n'impliquent aucune idée géométrique sur la position des atomes dans le plan ou dans l'espace. L'existence du pouvoir rotatoire nous montre, il est vrai, que les atomes affectent des rapports fixes les uns avec les autres, et les considérations ingénieuses de Le Bel et de Van't Hoff ont donné un corps à cette idée que les molecules complexes doivent être représentées par de schémas à trois dimensions. Et à cette occasion M. Wurtz se demande : « Les innombrables isoméries des innombrables dérivés de la benzine pourraient-elles avoir lieu si les 6 atomes d'hydrogène n'étaient pas rivés chacun à son atome de carbone, exécutant dans son voisinage, et sans jamais le quitter, tant que le composé subsiste, les mouvements qui constituent une partie de l'énergie totale de la molécule? » [A. Wurtz, *la Théorie atomique*, p. 221, 1879.]

A cet égard, on peut faire des hypothèses très plausibles, mais il est inutile d'introduire cette notion nouvelle dans nos raisonnements; la valence des atomes suffit pour expliquer tous les faits qui nous occupent. Nous ne chercherons donc qu'à déterminer les modes de liaison des atomes d'hydrogène et de carbone entre eux, c'est-à-dire la *manière dont ils échangent leurs valences*, et nous dirons que deux atomes d'hydrogène sont équivalents lorsqu'ils sont unis à deux atomes de carbone reliés d'une manière identique avec les autres atomes de carbone de la molécule. A. H.

raient un rôle à part dans la molécule, ainsi que le montre la formule suivante :

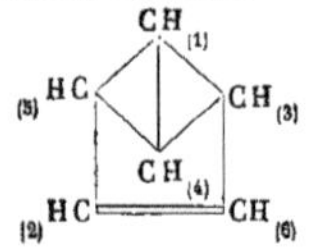

CH (1)
(5) HC CH (3)
CH (4)
(2) HC CH (6)

On en conclut que deux groupes (1) et (4), jouant le rôle para l'un par rapport à l'autre, ne peuvent être unis au même troisième groupe ; (4) est donc lié avec (2) et (6) :

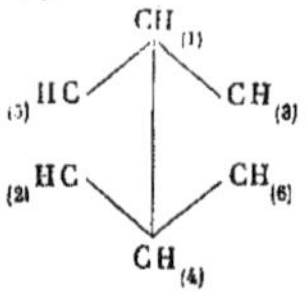

CH (1)
(5) HC CH (3)
(2) HC CH (6)
CH (4)

Tout ce que nous venons d'établir en prenant comme point de départ le groupe (1) s'applique également aux autres groupes. Chacun des groupes méta doit posséder son groupe para correspondant. Ce rôle ne peut être rempli que par un groupe ortho, puisque nous venons de voir que deux groupes liés au même troisième ne peuvent jouer le rôle para l'un vis-à-vis de l'autre : or les groupes méta sont dans ce cas par rapport à (1).

La molécule de la benzine ainsi constituée

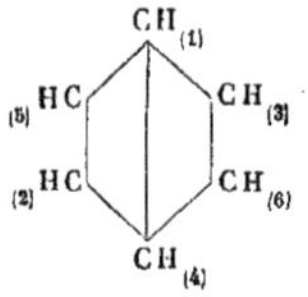

CH (1)
(5) HC CH (3)
(2) HC CH (6)
CH (4)

dispose encore de 4 valences qui peuvent se satisfaire de trois manières différentes :

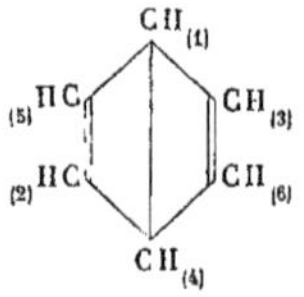

CH (1)
(5) HC CH (3)
(2) HC CH (6)
CH (4)

Formule I.

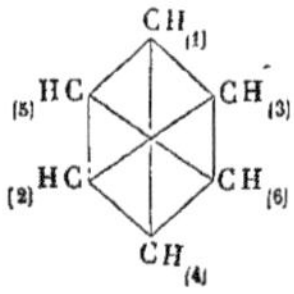

CH (1)
(5) HC CH (3)
(2) HC CH (6)
CH (4)

Formule II.

CH (1)
(5) HC CH (3)
(2) HC CH (6)
CH (4)

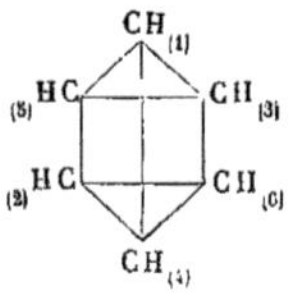

Formule III.

Les formules I et II sont inadmissibles. La première renferme en effet des atomes d'hydrogène de valeur inégale, puisque les atomes de carbone sont diversement liés; elle a été établie vers 1867, par Dewar, admise par Staedler et défendue plus tard par Wichelhaus; aujourd'hui elle est abandonnée [Dewar, *Proc. Roy. Soc. Edimb.*, 1866-1867, p. 82; — Staedeler, *Journ. für prakt. Chem.*, t. CII, p. 105; — H. Wichelhaus, *Deutsch. chem. Gesellsch.*, 1869, p. 197].

La formule II satisfait bien à l'équivalence des atomes d'hydrogène de la benzine, mais elle n'indique que 2 dérivés bisubstitués. En effet, les 3 groupes CH (1), (2) et (6) satisfont leurs valences libres en échangeant chacun une liaison avec chacun des groupes (3), (4) et (5); sous ce rapport, il n'existe donc aucune différence entre ces derniers, ou en d'autres termes (3), (4) et (5) jouent vis-à-vis de (1), (2) et (6) des rôles identiques. Si l'on remplace (1) par le radical X, la substitution du radical Y à un des 3 atomes d'hydrogène (3), (4) ou (5) ne produira par conséquent qu'un seul dérivé bisubstitué. D'autre part, les groupes (2) et (6) n'étant pas liés directement avec (1) se distinguent des groupes (3), (4) et (5), mais ils s'équivalent par rapport à (1), car ils affectent des rapports identiques avec les autres groupes. Le remplacement de leurs atomes d'hydrogène par le radical Y n'engendrera donc également qu'un seul dérivé,

$$C^6H^4XY.$$

En résumé, la formule II, qui a été indiquée par Claus [*Theoret. Betrachtungen und deren Anwend. zur Systemat. der org. Chem.*, Fribourg, 1867, p. 207], ne peut représenter que deux modifications isomériques des produits bisubstitués. Elle est donc insuffisante.

La troisième formule est également de Claus (*loc. cit.*); elle a été adoptée par Ladenburg [*Deutsch. chem. Gesellsch.*, 1869, p. 140 et 172], qui lui a donné la forme d'un prisme à base triangulaire :

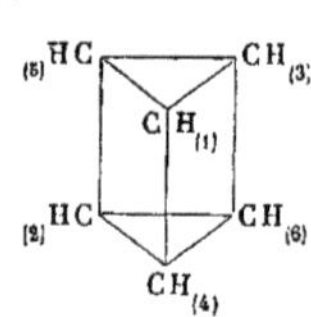

Cette formule satisfait aux 3 propriétés caractéristiques de la benzine, comme il est facile de le voir :

I. Les atomes d'hydrogène sont équivalents, car chaque atome de carbone échange 3 atomicités avec 3 atomes voisins.

II. Les atomes d'hydrogène sont distribués symétriquement par paires dans la molécule lorsqu'on se rapporte aux axes passant par les groupes para (1.4), (3.6), (5.2).

III. Elle indique 3 séries de produits bisubstitués. Par rapport à (1) on distingue en effet :

Deux groupes ortho (2) et (6), non liés directement avec (1);

Deux groupes méta (3) et (5), liés avec (1), avec un groupe méta et un groupe ortho;

Un groupe para (4), lié avec (1) et avec deux groupes ortho.

Un raisonnement rigoureux nous a donc conduit à une formule unique de la benzine; mais un point est encore à élucider.

Nous avons admis plus haut (p. 210) que les deux groupes méta sont unis directement à (1) et non les groupes ortho. Cette supposition n'était appuyée sur aucune donnée et il nous reste à démontrer qu'il en est réellement ainsi.

Écrivons les formules schématiques des trois composés isomériques $C^6H^4X^2$,

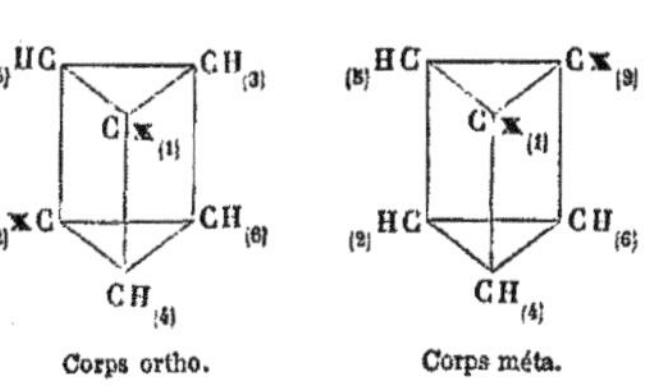

Corps ortho. Corps méta.

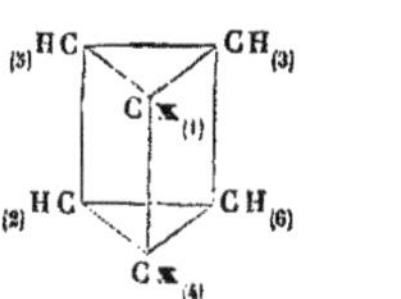

Corps para.

et cherchons le nombre de dérivés $C^6H^3X^2Y$ qu'ils sont susceptibles d'engendrer.

Il est aisé de voir que le corps para ne fournit qu'*un* dérivé; les atomes d'hydrogène (2), (3), (5) et (6) se trouvent reliés tous les quatre de la même manière avec (1) et (4).

Le corps ortho fournira *deux* dérivés monosubstitués, les atomes d'hydrogène se trouvant deux à deux (4) et (5), (3) et (6) dans des conditions identiques par rapport à (1) et (2).

Le corps méta, enfin, donnera *trois* dérivés monosubstitués, suivant que les atomes d'hydrogène (2) ou (5), ou l'un des atomes (4) et (6), sont remplacés par Y.

Donc en tout *six* dérivés $C^6H^3X^2Y$. L'expérience a confirmé cette déduction théorique, dans bien des cas. On connaît

Six dibromonitrobenzines $C^6H^3Br^2(AzO^2)$;
Six dichloranilines $C^6H^3Cl^2(AzH^2)$;
Six dibromotoluènes $C^6H^3Br^2(CH^3)$.

De là un moyen d'établir la véritable constitution des trois séries isomères de corps bisubstitués, et de les définir, abstraction faite de toute formule graphique. Les matériaux qui pourraient être mis à profit pour cette démonstration sont malheureusement incomplets à l'heure actuelle. Mais on peut retourner la proposition; si, par substitution inverse, on transforme les six dérivés $C^6H^3X^2Y$ en $C^6H^4X^2$, *trois* fourniront le corps méta, *deux* le corps ortho et *un seul* le corps para. Ici les faits connus, quoique peu nombreux, sont démonstratifs.

1° Les acides diamidobenzoïques étant distillés seuls ou avec de la baryte se dédoublent en gaz carbonique et phénylène-diamine :

$$C^6H^3\left\langle\begin{matrix}CO^2H\\AzH^2\\AzH^2\end{matrix}\right. = CO^2 + C^6H^4\left\langle\begin{matrix}AzH^2\\AzH^2\end{matrix}\right.$$

Cette réaction a été vérifiée expérimentalement pour quatre acides diamidobenzoïques; quant aux deux autres acides, ils ne semblent pouvoir exister, mais les acides dinitrobenzoïques correspondants sont connus et fondent, l'un à 179°, l'autre à 202°. Lorsqu'on soumet ceux-ci à l'action de l'étain et de l'acide chlorhydrique, l'acide diamidé se dédouble aussitôt, au fur et à mesure qu'il se forme, selon l'équation précédente, et l'on obtient de la métaphénylène-diamine. Au point de vue spécial qui nous occupe, cette particularité n'offre aucune importance.

Or les travaux de Griess et de Wurster ont montré que, des trois acides dinitrobenzoïque, les deux qui viennent d'être nommés et l'acide de Cahours fusible à 204°, ou leurs produits de réduction, fournissent une seule et même base fusible à 63°, se confondant, par tous ses caractères, avec la *métaphénylène-diamine*. Les acides diamidobenzoïques β et γ de Griess donnent une base fusible à 99°, identique avec l'*orthophénylène-diamine*, et le dernier acide diamidobenzoïque (α) produit une base fusible à 140°, identique avec la *paraphénylène-diamine*. Ainsi que nous l'avons vu (p. 204), ces phénylènes-diamines sont les produits de réduction des trois dinitrobenzines, et leurs relations avec les autres dérivés bisubstitués sont rigoureusement établies [P. Griess, *Deutsch. chem. Gesellsch.*, t. V, p. 192; t. VII, p. 1223; — C. Wurster, *Liebig's Ann. der Chem.*, t. CLXXVI, p. 145].

Nous en concluons que les groupes CH désignés par les chiffres (3) et (5), qui jouent par rapport au groupe (1) le rôle méta, sont bien en relation directe avec lui, comme nous l'avions admis arbitrairement.

2° Kœrner a réuni un certain nombre de faits amenant à la même conclusion, mais présentant une lacune : il existe trois dibromanilines $C^6H^3Br^2(AzH^2)$ qui, après élimination de AzH^2, fournissent la même métadibromobenzine; une quatrième dibromaniline qui donne la paradibromobenzine et une cinquième qui produit l'orthodibromobenzine. La sixième dibromaniline est inconnue jusqu'ici [W. Kœrner, *Gazz. chim. ital.*, 1874, p. 305].

En résumé, la formule prismatique de la benzine rend compte du nombre de modifications isomériques des dérivés bisubstitués de la benzine, et elle permet de donner la constitution réelle de ces produits, c'est-à-dire qu'elle permet d'assigner aux groupes substitués des positions déterminées dans la molécule. De là le nom d'*isomérie de position* par lequel on a désigné ce genre d'isomérie spécial à la série aromatique.

Le schéma prismatique est peu commode pour la démonstration, et il est préférable de lui donner la forme suivante, qui fait mieux ressortir la symétrie parfaite de la molécule benzénique :

Cette formule dérive d'une manière très simple de la première : le triangle inférieur conservant sa position, le prisme subit une torsion autour de son axe, de telle manière que le triangle supérieur tournant de 180° vient s'appliquer sur l'inférieur [1]. Elle nous ramène à un schéma hexagonal, dans lequel les atomes d'hydrogène sont précisément numérotés comme dans l'hexagone de Kekulé (t. II, p. 150). C'est à cette coïncidence que semble dû le long succès de la formule hexagonale, et, aujourd'hui comme par le passé, on pourrait expliquer les isoméries par les propriétés géométriques de cette étoile régu-

1. En opérant ainsi avec le prisme figuré plus haut, on obtient une étoile dont les sommets sont numérotés dans le sens opposé à la marche des aiguilles d'une montre. Dans le dessin ci-dessus, les chiffres se suivent en sens inverse.

lière. La substitution des paires d'atomes d'hydrogène (1.2), (1.3) ou (1.4) donnant lieu à des figures géométriques différentes, on est tenté de conclure que les composés représentés par ces formules doivent être différents. Cette déduction, irrationnelle *a priori*, se trouve vérifiée dans le cas de la benzine. Une simple figure hexagonale dans le genre de celle-ci

peut donc suppléer à la formule prismatique, et c'est elle qui sera employée dans cet ouvrage. A cet hexagone, on n'ajoutera, en général, ni les atomes de carbone, ni les atomes d'hydrogène, et on ne marquera que les radicaux substitués.

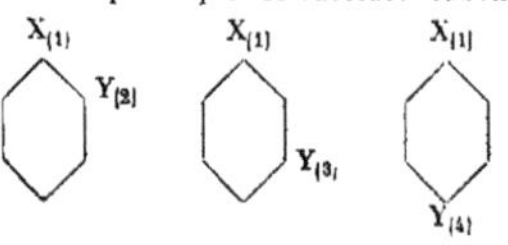

Orthosérie (1.2). Métasérie (1.3). Parasérie (1.4).

Dans la plupart des cas, ces figures seront remplacées par les formules plus simples encore

$C^6H^4X_{(1)}Y_{(2)}$ $C^6H^4X_{(1)}Y_{(3)}$ $C^6H^4X_{(1)}Y_{(4)}$,

que nous avons déjà employées à l'article TOLUÈNE (t. III, p. 433, en note). Nous conserverons également le nom d'isomérie de position, expression utile pour fixer les idées, et consacrée par l'usage, mais nous ne devons pas oublier que ce ne sont pas les positions géométriques des radicaux substitués, mais bien les conditions de liaison des atomes de carbone auxquels ils sont unis, qui donnent la raison des isoméries.

On a objecté, non sans une apparence de raison, à la formule prismatique de la benzine de rendre moins facilement compte que la formule de Kekulé, de la formation des produits d'addition de la benzine. En effet, la formule hexagonale présente 3 paires d'atomes de carbone doublement liés, à la façon des atomes de carbone de l'éthylène, et les six atomes de chlore qui s'ajoutent à la benzine lors de la formation de l'hexachlorure trouvent naturellement leur place dans la molécule. Lorsqu'on admet, par contre, la formule prismatique qui n'offre que des liaisons simples, 3 de ses liaisons : 1.4, 2.6, 3.5, sont nécessairement brisées par les 6 atomes de chlore, et l'on sait que le chlore n'agit pas généralement ainsi sur les carbures d'hydrogène. Les formules suivantes représentent la constitution de l'hexachlorure de benzine dans l'une et l'autre hypothèse :

H Cl — C — ClHC CHCl — ClHC CHCl — C — H Cl   H Cl — C — ClHC CHCl — ClHC CHCl — C — H Cl

On fera cependant remarquer que l'hexachlorure de benzine se forme plus difficilement que les chlorures des hydrocarbures non saturés de la série grasse. De plus, ces derniers carbures fixent facilement les hydracides, souvent même à froid, tandis que la benzine ne peut s'unir à ces composés.

On a également présenté, comme argument en faveur de la formule de Kekulé, la facilité avec laquelle les corps de la série ortho fournissent des produits de condensation, phénomènes sur lesquels nous allons insister plus loin (p. 230).

Si l'acide orthophtalique, par exemple, engendre facilement un anhydride en perdant une molécule d'eau, tandis que les acides métaphtalique et paraphtalique ne sont pas susceptibles de subir pareille déshydratation, c'est, disait-on, à cause du voisinage dans la molécule des deux groupes CO^2H du corps ortho, voisinage qui n'est pas indiqué par la formule prismatique. Ce raisonnement, ingénieux peut-être, conduit à une formule de constitution inexacte de l'hydroquinone. Ce corps se transformant facilement avec perte de H^2 en quinone, tandis que ses isomères, la résorcine et la pyrocatéchine, ne fournissent point de dérivé analogue, on en a conclu que les deux groupes OH sont voisins dans la molécule, ou en d'autres termes que l'hydroquinone appartient à la série ortho. Or il a été établi plus haut que ce corps doit être rangé dans la série para. L'argument du voisinage tombe donc de lui-même.

Un dernier argument enfin en faveur de la formule prismatique. Voici d'abord les faits : Lorsque la benzine refroidie vers + 6° est traitée au soleil par une petite quantité de brome (6 grammes pour 100 grammes de benzine), il se forme des produits d'addition qui ne peuvent être isolés ; si l'on fait bouillir le produit brut avec du zinc-éthyle, on obtient de petites quantités d'hydrocarbures bouillant au delà de 110° et qui, par oxydation, au moyen du dichromate de potassium et de l'acide sulfurique étendu, fournissent un mélange de 5 acides, benzoïque, métabromobenzoïque, parabromobenzoïque, métaphtalique et paraphtalique.

La formation des deux derniers acides est particulièrement intéressante.

Le produit de la réaction du brome sur la benzine, préalablement soumis à l'action de la potasse alcoolique, pour détruire les bromures d'addition de la benzine, ne fournit pas trace de ces acides benzodicarboniques lorsqu'on le traite successivement par le zinc-éthyle et l'acide chromique ; il en est de même des dibromobenzines. Voilà une preuve évidente que ces acides doivent leur formation à l'existence, dans le produit brut, d'un dibromure de benzine $C^6H^6Br^2$, que le zinc-éthyle a transformé en dihydrodiéthylbenzine $C^6H^6(C^2H^5)^2$ [A. Rilliet et E. Ador, *Bull. Soc. chim.*, t. XXIV, p. 485].

Or, en admettant la formule de Kekulé, un tel composé ne pourrait appartenir qu'à la série ortho et ne fournirait point d'acide métaphtalique, ni d'acide paraphtalique. La formation de ces acides s'explique au contraire de la manière la plus simple dans l'hypothèse de la formule prismatique. Au reste, l'absence complète de l'acide orthophtalique parmi les produits d'oxydation ne constitue point une preuve directe contre la formule de Kekulé, vu que les auteurs n'ont pas employé l'acide nitrique comme oxydant, mais bien le mélange de dichromate de potassium et d'acide sulfurique qui détruit complètement cet acide.

IV. — *Constitution et nombre des modifications des produits polysubstitués.*

Comme les produits bisubstitués de la benzine, les dérivés d'une substitution plus avancée existent sous plusieurs modifications isomériques dont le nombre va en augmentant à mesure qu'un plus grand nombre de radicaux différents entrent dans la molécule. L'expérience a démontré cela dans une foule de cas. On connaît à l'heure actuelle :

3 trichlorobenzines $C^6H^3Cl^3$;
3 tetrachlorobenzines $C^6H^2Cl^4$;
6 dibromotoluènes $C^6H^3(CH^3)Br^2$;
6 dichloranilines $C^6H^3(AzH^2)Cl^2$;
4 acides diamidobenzoïques $C^6H^3(CO^2H)(AzH^2)^2$;
7 acides bromotoluosulfoniques $C^6H^3(CH^3)Br(SO^3H)$;
6 dibromonitrotoluènes $C^6H^2(CH^3)Br^2(AzO^2)$, etc., etc.

Nous devons examiner : 1° quel est le nombre des modifications isomériques des dérivés polysubstitués prévus par la formule de la benzine, et 2° quelle est leur constitution. En se rapportant à la formule prismatique de la benzine, ou, ce qui revient au même, au simple hexagone, il est aisé de voir que les produits polysubstitués doivent exister sous de nombreuses modifications. Dans les 3 dérivés bisubstitués isomériques C^6H^4AA,

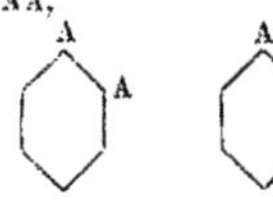

Corps ortho. Corps méta. Corps para.

introduisons un troisième radical A, de manière à les transformer en C^6H^3AAA. Cette substitution pourra porter sur 12 atomes d'hydrogène, chacune des trois modifications en renfermant 4 atomes; mais, si l'on examine la constitution des corps ainsi engendrés, il est facile de voir que leur nombre se réduit en réalité à 3 dont voici les formules :

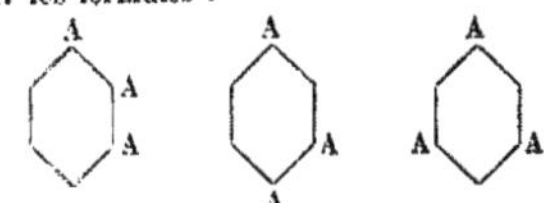

Si le troisième atome d'hydrogène est remplacé non point par A, mais par un radical différent B, on aura les 6 dérivés suivants, ainsi que nous l'avons déjà vu plus haut :

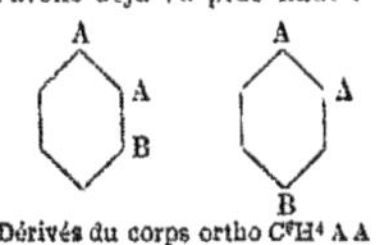

Dérivés du corps ortho C^6H^4AA

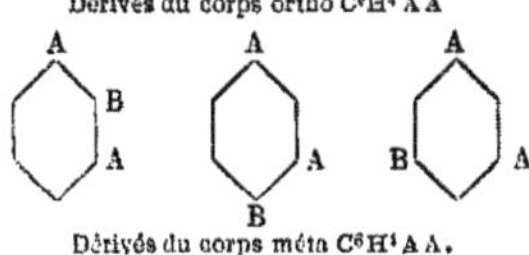

Dérivés du corps méta C^6H^4AA.

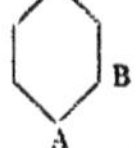

Dérivé du corps para C^6H^4AA.

Enfin, si les radicaux substitués sont différents tous les trois, il en résultera 10 modifications isomériques du corps C^6H^3ABC, 4 engendrées par l'orthodérivé C^6H^4AB, 4 par le métadérivé et 2 par le paradérivé :

Dérivés du corps ortho C^6H^4AB.

Dérivés du corps méta C^6H^4AB.

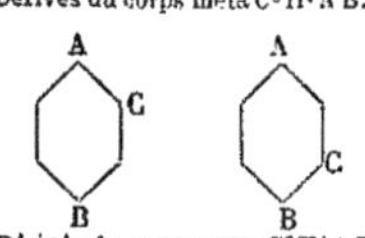

Dérivés du corps para C^6H^4AB.

Il est aisé de déterminer, de la même manière, le nombre des dérivés de substitution contenant 4, 5 ou 6 radicaux, et nous nous contenterons d'indiquer, dans le tableau suivant, le nombre des modifications isomériques des dérivés hexasubstitués :

Formules.	Nombre des modifications isomériques.
C^6A^6	1
C^6A^5B	1
$C^6A^4B^2$	3
C^6A^4BC	3
$C^6A^3B^3$	3
$C^6A^3B^2C$	6
C^6A^3BCD	10
$C^6A^2B^2C^2$	11
$C^6A^2B^2CD$	16
C^6A^2BCDE	30
$C^6ABCDEF$	60

C'est le cas le plus général, qui comprend tous les produits de substitution de la benzine; il suffit de remplacer, dans les formules précédentes, A, B, C, D, E, F par les radicaux monovalents : H, Cl, Br, I, OH, AzO^2, AzH^2, SO^3H, CH^3, C^2H^5, CO^2H, etc., etc.

Les faits acquis, quoique considérables, — car les produits de substitution de la benzine seule, contenant 6 atomes de carbone, se comptent par centaines à l'heure actuelle, — ne permettent pas encore de confirmer, dans leur ensemble, ces déductions ultimes de la théorie. Le tableau précédent s'est vérifié jusqu'au terme $C^6A^3B^2C$, et certains faits portent à croire que les 10 modifications du terme suivant existent.

La constitution de la plupart de ces dérivés, même ceux de substitution très avancée, est établie, c'est-à-dire que l'on a déterminé les rapports que les groupes substitués affectent entre eux. Tous les travaux entrepris depuis une dizaine d'années ont convergé vers ce but. Nous ne pouvons indiquer ici les différentes réactions et transformations souvent très compliquées que l'on a mises à profit à cet effet; elles sont exposées pour chaque corps en particulier; il suffira de montrer, par deux exemples, les triméthylbenzines et tétraméthylbenzines, quelle est la méthode qui préside à ce genre de recherches.

Triméthylbenzines $C^6H^3(CH^3)^3$. — On connait deux des trois modifications possibles, le pseudocumène et le mésitylène. Le premier se forme lorsque le métaxylène ou le paraxylène sont convertis en dérivés monobromés, puis traités par le sodium et l'iodure de méthyle; la triméthylbenzine obtenue dans les deux cas est la même; sa constitution est par conséquent exprimée par le symbole (1.3.4), comme le montrent les formules suivantes :

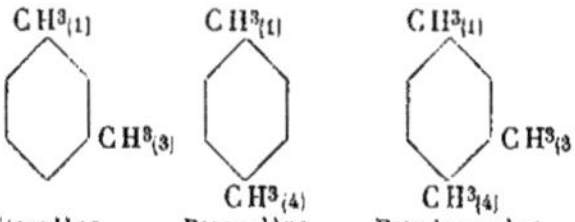

$CH^3_{(1)}$ — $CH^3_{(3)}$: Métaxylène (1.3).
$CH^3_{(1)}$ — $CH^3_{(4)}$: Paraxylène (1.4).
$CH^3_{(1)}$ — $CH^3_{(3)}$ — $CH^3_{(4)}$: Pseudocumène (1.3.4).

Ce raisonnement est rigoureux et pourra être employé toutes les fois qu'un dérivé substitué se forme aux dépens de deux dérivés isomériques moins avancés d'un degré de substitution.

Le mésitylène se formant par condensation de trois molécules d'allylène possède probablement la formule symétrique (1.3.5)

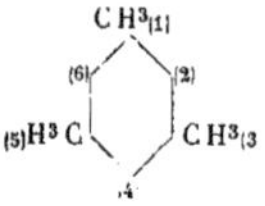

$CH^3_{(1)}$, (2), $CH^3_{(3)}$, (4), $_{(5)}H^3C$, (6)
Mésitylène (1.3.5).

Ladenburg a confirmé cette formule en montrant que le remplacement d'un quelconque des atomes d'hydrogène $H_{(2)}$, $H_{(4)}$ ou $H_{(6)}$ par un radical, AzO^2 ou AzH^2, par exemple, ne fournit qu'un seul dérivé de substitution; une molécule parfaitement symétrique peut seule jouir de cette propriété [A. Ladenburg, *Deustch. chem. Gesellsch*, t. VII, p. 1133; *Bull. de la Soc. chim.*, t. XXIII, p. 415].

Tétramethylbenzines $C^6H^2(CH^3)^4$. — On n'en connait pareillement que deux modifications, la tétraméthylbenzine liquide et le durol.

La première représente le méthylmésitylène et se forme lorsque le monobromo-mésitylène est traité par l'iodure de méthyle et le sodium; les 3 atomes d'hydrogène $H_{(2)}$, $H_{(4)}$ et $H_{(6)}$ étant de même valeur, la constitution de la tétraméthylbenzine liquide ne peut laisser de doute :

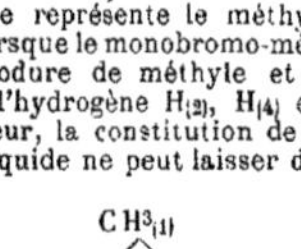

$CH^3_{(1)}$, $CH^3_{(3)}$, $CH^3_{(4)}$, $_{(5)}H^3C$
Tétraméthylbenzine liquide (1.3.4.5).

Quant au durol, il se produit dans la réaction de l'iodure de méthyle et du sodium sur le pseudocumène monobromé ou bien sur le paraxylène dibromé, mais ces modes de formation ne permettent pas de lui attribuer une formule déterminée (Fittig, Jacobsen).

Revenons un pas en arrière. Le pseudocumène fournit par oxydation, au moyen de l'acide nitrique étendu, deux acides monobasiques : les acides xylique et paraxylique; théoriquement, il pourrait en donner trois dont voici les formules :

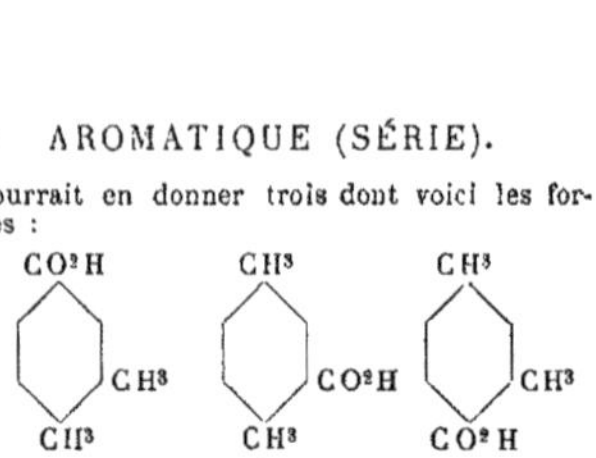

I. CO^2H, CH^3, CH^3
II. CH^3, CO^2H, CH^3
III. CH^3, CH^3, CO^2H

En enlevant à ces acides CO^2 au moyen de la chaux, on les transformerait : le premier en orthoxylène; le second en paraxylène, et le troisième en métaxylène. Or l'expérience ayant montré que l'acide paraxylique, distillé avec de la chaux, fournit de l'orthoxylène (3.4 = 1.2), tandis que l'acide xylique donne du métaxylène (1.3), la constitution de ces deux acides est exprimée respectivement par les formules I et III (Fittig et Laubinger).

Ce même acide xylique se produit lorsque le sel potassique de l'acide métaxylène-sulfonique, celui dont l'amide fond à 137°, est distillé avec du cyanure de potassium, et que le nitrile formé est traité par l'acide chlorhydrique. On en conclut que l'acide métaxylène-sulfonique et le métaxénol liquide correspondant possèdent une constitution analogue (O. Jacobsen) :

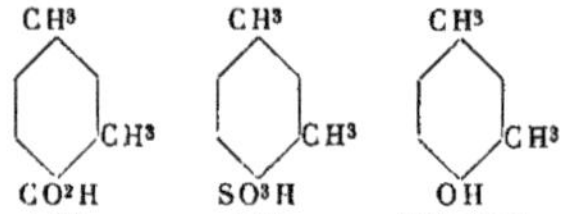

CH^3, CH^3, CO^2H : Acide xylique.
CH^3, CH^3, SO^3H : Acide métaxylène-sulfonique.
CH^3, CH^3, OH : Métaxénol liquide.

L'acide pseudocumène-sulfonique

$$C^6H^2(CH^3)^3SO^3H$$

est converti par la potasse fondante en pseudocuménol $C^6H^2(CH^3)^3OH$, qui se transforme par oxydation en un acide oxyxylique

$$C^6H^2(CH^3)^2(CO^2H)OH$$

lorsque la fusion avec la potasse est prolongée suffisamment. Ce dernier acide, distillé avec de la chaux, perd CO^2 et fournit le métaxénol liquide (1.3.4) dont la constitution vient d'être établie. En tenant compte en même temps de la constitution du pseudocumène, on est conduit à attribuer les formules suivantes aux dérivés de cet hydrocarbure :

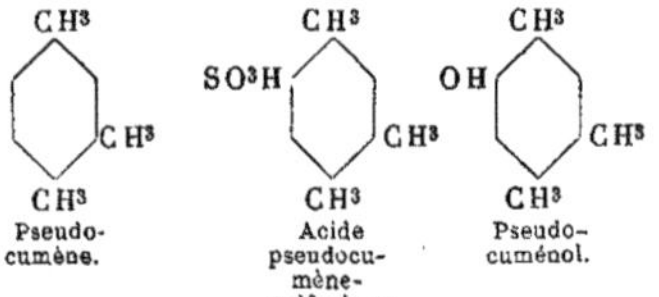

CH^3, CH^3, CH^3 : Pseudocumène.
CH^3, SO^3H, CH^3, CH^3 : Acide pseudocumène-sulfonique.
CH^3, OH, CH^3, CH^3 : Pseudocuménol.
CH^3, OH, CH, CO^2H : Acide oxyxylique.
CH^3, OH, CH^3 : Métaxénol liquide.

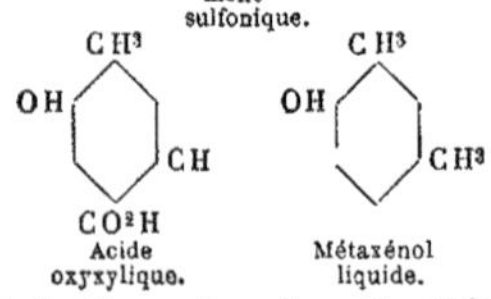

En fondant le pseudocumène-sulfonate de potassium avec du formiate de potassium d'après la méthode de V. Meyer, on obtient un acide identique avec l'acide cumylique ou durylique qui prend naissance par oxydation du durol (Reuter). Cet hydrocarbure appartient donc au même type (1.3.4.6)

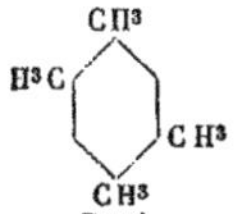

CH^3

H^3C CH^3

CH^3

Durol.

Une voie très détournée nous a conduits à cette formule et, chemin faisant, nous avons appris à connaître la constitution des acides xylique et paraxylique, du métaxénol liquide, etc. Ces résultats ne doivent pas être acceptés sans réserve; en effet, parmi les expériences sur lesquelles nous nous sommes fondés, figurent deux fusions à la potasse, et l'on sait que ces réactions ne s'accomplissent pas toujours régulièrement.

Ajoutons cependant que, dans le cas des acides monosulfoniques, qui est le cas présent, on n'a pas encore constaté de transposition moléculaire.

Lorsqu'il s'agit de fixer la constitution des dérivés de substitution chlorés, bromés, iodés, nitrés, on met à profit les réactions si variées des corps diazoïques; nous en avons donné des exemples à la p. 205.

Nomenclature. — La nomenclature des dérivés polysubstitués présente de sérieuses difficultés; généralement, on forme comme d'ordinaire le nom des dérivés de substitution, et on fait procéder les noms des radicaux par les préfixes ortho, méta, para, pour indiquer quel rôle ils jouent par rapport à l'un d'eux. Lorsqu'il s'agit des dérivés de substitution des hydrocarbures homologues de la benzine, des acides, des phénols, des amines, etc., on rapporte les radicaux substitués à CH^3, CO^2H, OH, AzH^2, etc., groupes qui déterminent précisément la fonction du composé primitif; si plusieurs de ces groupes coexistent dans la molécule, on opte pour l'un d'eux.

D'après ces règles, le mésitylène sera le *dimétadiméthyltoluène*, le pseudocumène le *métaparadiméthyltoluène;* la bromonitrotoluidine,

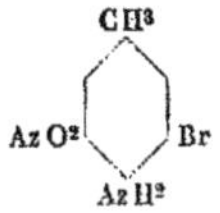

CH^3

AzO^2 Br

AzH^2

sera le *métabromométanitroparamidotoluène.* Ces noms ne prêtent pas à la confusion, mais il n'en est plus de même lorsqu'il s'agit de dénommer des composés dans le genre des suivants :

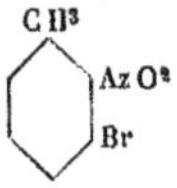

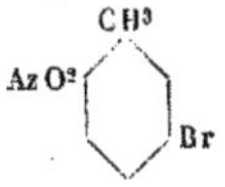

CH^3 AzO^2 Br — CH^3 AzO^2 Br

Le mot *orthonitrométabromotoluène* les représente tous les deux, par la raison que deux atomes d'hydrogène de toluène jouent par rapport à CH^3 le rôle ortho. La même difficulté se rencontre pour une foule d'autres dérivés. Laubenheimer a proposé de désigner la deuxième place ortho (6) par le préfixe *allortho* (ἄλλος, autre) et, de même, la deuxième place méta (5) par *allométa.* L'ambiguïté dont nous parlions disparaîtra; mais les noms, déjà trop longs, deviendront tellement compliqués qu'il vaut mieux les abandonner tout à fait et s'en tenir uniquement aux symboles chiffrés

$$C^6H^3(CH^3)_{(1)}(AzO^2)_{(2)}Br_{(3)}$$
$$\text{et } C^6H^3(CH^3)_{(1)}Br_{(3)}(AzO^2)_{(6)},$$

qui sont absolument précis.

TABLEAU DES PRINCIPAUX DÉRIVÉS BISUBSTITUÉS DE LA BENZINE.

I. — SÉRIE DE LA BENZINE.

	SÉRIE ORTHO, 1.2.	SÉRIE MÉTA, 1.3.	SÉRIE PARA, 1.4.
$C^6H^4 < {Br \atop Br}$	Fond à — 1°; bout à 223°,8.	Liquide ; bout à 210°,1.	Fond à 89°,3 ; bout à 218°,7.
$C^6H^4 < {Br \atop Cl}$	—	—	Fond à 67°,4 ; bout à 196°,3.
$C^6H^4 < {Br \atop I}$	Liquide; bout à 257°,4.	Liquide ; bout à 252°.	Fond à 91°,9; bout à 251°,5.
$C^6H^4 < {Br \atop AzO^2}$	Fond à 41° ; bout à 261°.	Fond à 56°,4 ; bout à 256°,5.	Fond à 126°,5 ; bout à 255°,5.
$C^6H^4 < {Br \atop AzH^2}$	Fond à 31°,5; bout à 229°.	Fond à 18° ; bout à 251°.	Fond à 63°; décomposé par l'ébullition.
$C^6H^4 < {Br \atop OH}$	Liquide ; bout à 194°,5.	Fond à 32°,5; bout à 236°.	Fond à 64° ; bout à 238°.
$C^6H^4 < {Br \atop SO^3H}$	Le chlorure fond à 51°. L'amide fond à 186°.	L'amide fond à 154°.	Fond à 88°. L'amide fond à 166°.
$C^6H^4 < {Cl \atop Cl}$	Liquide; bout à 179°.	Liquide ; bout à 172°,1.	Fond à 56°,4; bout à 173°.
$C^6H^4 < {Cl \atop I}$	Liquide ; bout à 229°,5.	—	Fond à 57°; bout à 225°,5.
$C^6H^4 < {Cl \atop AzO^2}$	Fond à 32°,5 ; bout à 243°.	Fond à 48° ; bout à 233°.	Fond à 83° ; bout à 242°.
$C^6H^4 < {Cl \atop AzH^2}$	Liquide ; bout à 207°.	Liquide; bout à 230°.	Fond à 70° ; bout à 230°.
$C^6H^4 < {Cl \atop OH}$	Fond à 7° ; bout à 176°.	Liquide ; bout à 214°.	Fond à 41° ; bout à 217°.
$C^6H^4 < {Cl \atop SO^3H}$	Le chlorure fond à 28°,5. L'amide fond à 188°.	L'amide fond à 148°.	Le chlorure fond à 53°. L'amide fond à 143°.
$C^6H^4 < {I \atop I}$	Solide ; bout au-dessus de 285°.	Fond à 40°,4 ; bout à 284°,7.	Fond à 129°,4 ; bout à 285°.

TABLEAU DES PRINCIPAUX DÉRIVÉS BISUBSTITUÉS DE LA BENZINE (*suite*).

	SÉRIE ORTHO. 1, 2.	SÉRIE MÉTA, 1, 3.	SÉRIE PARA, 1, 4
$C^6H^4<\begin{smallmatrix}I\\AzO^2\end{smallmatrix}$	Fond à 49°,4.	Fond à 36°; bout vers 280°.	Fond à 171°,4.
$C^6H^4<\begin{smallmatrix}I\\AzH^2\end{smallmatrix}$	—	Fond à 25°.	Fond à 60°.
$C^6H^4<\begin{smallmatrix}I\\OH\end{smallmatrix}$	Fond à 43°; avec KHO fondante donne pyrocatéchine.	Fond à 65°; avec KHO fondante donne résorcine.	Fond à 91°; avec KHO fondante donne hydroquinone.
$C^6H^4<\begin{smallmatrix}I\\SO^3H\end{smallmatrix}$	Le chlorure fond à 51°. L'amide fond à 170°.	—	Le chlorure fond à 86°,5. L'amide fond à 183°.
$C^6H^4<\begin{smallmatrix}AzO^2\\AzO^2\end{smallmatrix}$	Fond à 117°,9.	Fond à 89°,9.	Fond à 172°.
$C^6H^4<\begin{smallmatrix}AzO^2\\AzH^2\end{smallmatrix}$	Fond à 71°,5.	Fond à 109°,9.	Fond à 145°,9.
$C^6H^4<\begin{smallmatrix}AzO^2\\OH\end{smallmatrix}$	Fond à 45°; bout à 214°.	Fond à 96°.	Fond à 114°.
$C^6H^4<\begin{smallmatrix}AzO^2\\SO^3H\end{smallmatrix}$	Le chlorure fond à 57°. L'amide fond à 186°.	L'amide fond à 161°.	L'amide fond à 131°.
$C^6H^4<\begin{smallmatrix}AzH^2\\AzH^2\end{smallmatrix}$	Fond à 99°; bout vers 252°.	Fond à 63°; bout à 287°.	Fond à 140°; bout à 267°.
$C^6H^4<\begin{smallmatrix}AzH^2\\OH\end{smallmatrix}$	Fond à 170°.	Point de fusion inconnu.	Fond à 170°.
$C^6H^4<\begin{smallmatrix}AzH^2\\SO^3H\end{smallmatrix}$	Rhomboèdres anhydres ou prismes à 4 pans, contenant 1/2 H^2O.	Aiguilles anhydres ou prismes avec 1 1/2 H^2O.	Lames rhombiques contenant H^2O.
$C^6H^4<\begin{smallmatrix}OH\\OH\end{smallmatrix}$	Fond à 104°; bout à 245°.	Fond à 110°; bout à 271°.	Fond à 169°.
$C^6H^4<\begin{smallmatrix}OH\\SO^3H\end{smallmatrix}$	Sel de K renferme 2 H^2O et fond à 240°.	Sel de K renferme H^2O et fond à 200°.	Sel de K est anhydre et ne fond pas à 260°.
$C^6H^4<\begin{smallmatrix}SO^3H\\SO^3H\end{smallmatrix}$	—	Sel de K renferme H^2O; l'acide libre 2 1/2 H^2O.	Sel de K renferme 1/2 H^2O. Chlorure fond à 62°.
	II. — SÉRIE DU TOLUÈNE.		
$C^6H^4<\begin{smallmatrix}CH^3\\Br\end{smallmatrix}$	Liquide à —24°; bout à 181°.	Liquide à —20°; bout à 181°,5.	Fond à 28°,5; bout à 185°,2.
$C^6H^4<\begin{smallmatrix}CH^3\\Cl\end{smallmatrix}$	Liquide à —20°; bout à 158°.	Liquide; bout à 156°.	Fond à +7°; bout à 160°,5.
$C^6H^4<\begin{smallmatrix}CH^3\\I\end{smallmatrix}$	Liquide à —14°; bout à 205°,5.	Liquide; bout à 204°.	Fond à 35°; bout à 211°,5.
$C^6H^4<\begin{smallmatrix}CH^3\\AzO^2\end{smallmatrix}$	Liquide; bout à 219°.	Fond à 16°; bout à 230°,5.	Fond à 54°,5; bout à 237°,5.
$C^6H^4<\begin{smallmatrix}CH^3\\AzH^2\end{smallmatrix}$	Liquide à — 20°; bout à 198°.	Liquide à —13°; bout à 197°.	Fond à 45°; bout à 200°.
$C^6H^4<\begin{smallmatrix}CH^3\\OH\end{smallmatrix}$	Fond à 31°,5; bout à 185°,5.	Liquide à —10°; bout à 197°.	Fond à 34°,5; bout à 201°,5.
$C^6H^4<\begin{smallmatrix}CH^3\\SO^3H\end{smallmatrix}$	Il renferme 2 H^2O; l'amide fond à 153°,5.	Il renferme H^2O; l'amide fond à 107°,5.	Il renferme H^2O; l'amide fond à 136°.
$C^6H^4<\begin{smallmatrix}CH^2Br\\Br\end{smallmatrix}$ (1)	Liquide à — 15°.	Fond à 41°.	Fond à 61°.
$C^6H^4<\begin{smallmatrix}CH^2Br\\AzO^2\end{smallmatrix}$ (1)	—	Fond à 57°,5.	Fond à 99°,5.
$C^6H^4<\begin{smallmatrix}CHO\\OH\end{smallmatrix}$	Liquide; bout à 196°,5.	—	Fond à 115°,5.
$C^6H^4<\begin{smallmatrix}CO^2H\\Br\end{smallmatrix}$	Fond à 147°,5.	Fond à 155°.	Fond à 251°.
$C^6H^4<\begin{smallmatrix}CO^2H\\Cl\end{smallmatrix}$	Fond à 137°.	Fond à 152°,5.	Fond à 236°,5.
$C^6H^4<\begin{smallmatrix}CO^2H\\I\end{smallmatrix}$	Fond à 156°,5.	Fond à 187°.	Fond à 251°; se sublime vers 230°.
$C^6H^4<\begin{smallmatrix}CO^2H\\AzO^2\end{smallmatrix}$	Fond à 141°.	Fond à 141°.	Fond à 240°.
$C^6H^4<\begin{smallmatrix}CO^2H\\AzH^2\end{smallmatrix}$	Fond à 144°,5.	Fond à 173°.	Fond à 186°,5.
$C^6H^4<\begin{smallmatrix}CO^2H\\OH\end{smallmatrix}$	Fond à 156°.	Fond à 200°.	Fond à 210°.
$C^6H^4<\begin{smallmatrix}CO^2H\\SO^3H\end{smallmatrix}$	—	Sel de baryum acide forme des cristaux clinorhombiques.	Sel de baryum acide forme des aiguilles.
$C^6H^4<\begin{smallmatrix}CAz\\OH\end{smallmatrix}$	—	Fond à 82°.	Fond à 118°.

(1). Les corps de ce genre qui représentent des dérivés benzyliques ayant subi une substitution dans le noyau sont assez nombreux, mais il semble que quelques-uns n'aient pas été obtenus exempts de toute modification isomérique. Dans tous les cas, on est loin de connaître les trois modifications pour chacun d'eux : c'est pour cette raison que nous n'avons pas consigné dans le tableau tous ceux qui ont été décrits, pas plus que les dérivés benzylidéniques correspondants.

TABLEAU DES PRINCIPAUX DÉRIVÉS BISUBSTITUÉS DE LA BENZINE *(suite)*.

III. — SÉRIE DU XYLÈNE.

	SÉRIE ORTHO, 1 . 2.	SÉRIE META, 1 . 3.	SÉRIE PARA, 1 . 4.
$C^6H^4 < \begin{matrix} CH^3 \\ CH^3 \end{matrix}$	Liquide à — 22°; bout à 142°.	Liquide; bout à 137°,5.	Fond à 15°; bout à 136°,5.
$C^6H^4 < \begin{matrix} CH^3 \\ CO^2H \end{matrix}$	Fond à 102°.	Fond à 109°,5.	Fond à 176°,5.
$C^6H^4 < \begin{matrix} CHO \\ CHO \end{matrix}$	(1)	—	Fond à 114°,5.
$C^6H^4 < \begin{matrix} CO^2H \\ CO^2H \end{matrix}$	Fond à 213° (Ador).	Au-dessus de 300°.	Infusible; sublimable.
$C^6H^4 < \begin{matrix} CAz \\ CAz \end{matrix}$	—	Fond à 160°,5; à 156° (Koerner).	Fond à 200°; à 222° (Koerner).

Avant de passer à la seconde partie de ce travail, nous dirons quelques mots sur la constitution de la naphtaline; nous renvoyons aux articles spéciaux en ce qui concerne l'anthracène et le phénanthrène, le fluorène, le fluoranthène, etc.

On a représenté plus haut la naphtaline par la formule $C^6H^4(C^4H^4)$. Si l'on tient compte, d'une part, de ses modes de formation synthétique par le cinnamène et l'éthylène, et notamment par le dibromure de phénylbutylène

$$C^6H^5\text{-}CH^2\text{-}CH^2\text{-}CHBr\text{-}CH^2Br;$$

et, d'autre part, de ce fait qu'elle fournit par oxydation de l'acide phtalique, dérivé bisubstitué de la benzine, appartenant à l'orthosérie, on est autorisé à décomposer la formule $C^6H^4(C^4H^4)$ comme il suit :

$$C^6H^4 < \begin{matrix} CH = CH \\ CH = CH \end{matrix}$$

Cette formule rend compte de la facilité avec laquelle la naphtaline fournit deux séries de produits d'addition, contenant 2 ou 4 atomes d'un élément monovalent.

En se fondant sur des expériences ingénieuses qui ont été décrites t. II, p. 480, Graebe a démontré que la naphtaline peut donner naissance à des dérivés phtaliques de deux manières différentes :

1° Par oxydation du groupe C^4H^4;

2° Par oxydation du noyau C^6H^4, dont 2 atomes de carbone constituent avec le groupe C^4H^4 un autre noyau benzique.

Le doute que pouvaient laisser les expériences de Graebe a été levé par des recherches récentes qui démontrent nettement que l'acide phtalique, ou un de ses produits de substitution, peut être engendré de deux manières distinctes par les dérivés de la naphtaline. Parmi ces faits, qui seront développés à l'article NAPHTALINE du *Supplément*, nous citerons le plus probant :

L'α-nitronaphtol $C^6H^3(AzO^2)(C^4H^4)$ fournit avec l'acide chromique l'acide nitrophtalique fusible à 212°, $C^6H^3(AzO^2)(CO^2H)^2$.

L'α-naphtylamine correspondant à cette même nitronaphtaline, $C^6H^3(AzH^2)(C^4H^4)$, étant oxydée par le permanganate de potassium, se transforme en acide phtalique $C^6H^4(CO^2H)^2$; le dinitro-α-naphtol, préparé avec l'α-naphtylamine, fournit de même de l'acide phtalique.

Que le groupe C^4 de la naphtaline soit détruit par oxydation, ou bien le groupe C^6, il se forme donc des dérivés phtaliques, et l'on est autorisé à conclure que la naphtaline possède une molécule symétrique, comme l'exprime la formule proposée antérieurement par Erlenmeyer :

```
     H         H
     C         C
HC ⁄   ╲ C ╱   ╲ CH
|       ‖       |
HC ╲   ╱ C ╲   ╱ CH
     C         C
     H         H
```

Cette formule a été admise par un grand nombre de chimistes et, disons-le de suite, elle paraît rendre compte de l'isomérie des produits de substitution, autant du moins qu'on les connaît. Les documents expérimentaux ne sont pas suffisants à l'heure actuelle pour que l'on puisse en déduire une formule déterminée de la naphtaline, comme nous l'avons fait au commencement de cet article pour la benzine.

Dans l'hypothèse de la formule bihexagonale, la naphtaline renferme des atomes d'hydrogène de deux sortes, équivalents quatre par quatre :

```
   α   α
β         β
β         β
   α   α
```

On a désigné les uns par α, les autres par β. De là l'existence de deux séries de produits monosubstitués et de fait; on connaît la plupart de ces dérivés : 2 amidonaphtalines, 2 naphtols, 2 acides naphtaline-sulfoniques, 2 acides naphtaline-carboxyliques, etc.

L'α-nitronaphtaline donne par oxydation l'acide orthonitrophtalique fusible à 212° :

```
 Az O²
  ╱╲
 |  |CO² H
 |  |CO² H
  ╲╱
```

Occupant la position para.

On en conclut que les atomes d'hydrogène α d'un même anneau jouent le rôle para (Reverdin et Noelting). La naphtoquinone est un dérivé αα.

Atterberg a cherché à démontrer, par l'expérience, et faisant abstraction de toute formule graphique, l'existence de quatre atomes d'hydrogène α dans la naphtaline [*Deutsch. chem. Gesellsch.*, t. IX, p. 1734; t. X, p. 547]. Voici les faits :

L'α-nitronaphtaline peut être transformée en α-chloronaphtaline; l'atome de chlore et le groupe AzO^2 remplacent donc le même atome d'hydrogène.

L'α-chloronaphtaline fournit un dérivé nitré fusible à 85°, qui par le perchlorure de phos-

(1) La substance fusible à 65° décrite comme aldéhyde phtalique constitue, d'après des recherches récentes un anhydride d'un acide-alcool $C^6H^4\text{-}CO\text{-}O\text{-}CH^2$.

phore échange AzO^2 contre Cl, et donne la β-dichloronaphtaline fusible à 67°,5.

L'α-nitronaphtaline, de son côté, donne par nitration deux dinitronaphtalines isomériques qui peuvent être converties en γ-dichloronaphtaline fusible à 107°, et en ζ-dichloronaphtaline fusible à 83°.

Un des atomes de chlore des trois dichloronaphtalines β, γ et ζ remplace donc un seul et même atome d'hydrogène α_1; l'autre atome de chlore doit occuper une position distincte dans chacune des trois dichloronaphtalines, pour qu'elles puissent être isomériques; désignons ces positions par α_2, α_3 et α_4.

1° Lorsqu'on traite l'α-acétonaphtylamine par l'acide nitrique, il se forme deux dérivés isomériques dont l'un, celui qui prédomine dans le mélange, correspond à une nitro-α-naphtylamine fusible à 191°. Dans cette base, le groupe AzO^2, comme le groupe AzH^2, occupe une des positions α, par la raison que la base fournit l'α-nitronaphtaline si l'on élimine AzH^2 par l'alcool chargé de gaz nitreux. Cette α-nitro-α-naphtylamine, étant traitée par la potasse, donne l'α-nitro-α-naphtol fusible à 164° que le perchlorure de phosphore transforme en dichloronaphtaline β. Les deux atomes de chlore de celle-ci occupent par conséquent la position α, et de là α_1 équivaut à α_2.

2° La γ-dichloronaphtaline peut être préparée avec un acide nitronaphtaline-sulfonique qui se produit indifféremment avec l'α-nitronaphtaline ou avec l'acide α-naphtaline-sulfonique; les deux atomes de chlore occupent donc la position α, et de là α_1 équivaut à α_3.

3° La ζ-dichloronaphtaline, enfin, étant traitée par le perchlorure de phosphore, se convertit aisément en δ-trichloronaphtaline qui se forme également aux dépens des dichloronaphtalines α et γ. On en conclut que les trois atomes de chlore de la δ-trichloronaphtaline, et partant aussi les deux atomes de chlore de la ζ-dichloronaphtaline, remplacent des atomes d'hydrogène équivalents; donc α_1 équivaut à α_4.

En résumé les atomes d'hydrogène α_1, α_2, α_3 et α_4, pris isolément, possèdent la même valeur.

Mais il y a plus. L'oxydation de la δ-trichloronaphtaline, qui fournit de l'acide dichlorophtalique, démontre que deux des trois atomes de chlore se trouvent dans un noyau, et le troisième dans l'autre moitié de la molécule. L'α-nitro-α-naphtol dont il a été question plus haut donne de l'acide phtalique avec les réactifs oxydants, ce qui confirme cette déduction. On a donc les formules

δ-trichloronaphtaline. β-dichloronaphtaline.

La constitution des dichloronaphtalines γ et ζ est exprimée par les formules

et

D'après la formule d'Erlenmeyer, le nombre des dichloronaphtalines doit être de 10; on en connaît 7.

Tout ce que nous venons de dire relativement à la constitution de la naphtaline est déduit de la formule de la benzine de Kekulé. La formule prismatique, ou, ce qui revient au même, la formule étoilée ne se prête pas à la représentation d'une molécule symétrique, formée de deux noyaux benzéniques, ayant en commun deux atomes de carbone qui jouent le rôle ortho l'un par rapport à l'autre. La raison en est simple. Admettons pour fixer les idées que ces atomes soient les atomes communs 2 et 3 de la formule ci-dessous :

Ces atomes échangent 3 valences avec 3 autres atomes de carbone, et il doit en être de même dans l'autre moitié de la molécule : ces atomes 2 et 3 seraient donc hexavalents. On conclut de là qu'ils devraient échanger dans la formule benzénique une unité de saturation, liaison qui puisse être rompue au moment de la formation de la molécule naphtalique. Or, ce n'est le cas ni pour les atomes 2 et 3, ni pour aucune autre paire d'atomes de carbone jouant le rôle ortho l'un par rapport à l'autre. Aussi toutes les formules de la naphtaline que l'on peut établir en partant de la formule prismatique de la benzine sont-elles dissymétriques et conduisent-elles à plus de deux séries isomériques de produits monosubstitués. Dans l'état actuel de la science, il serait pour le moins inutile de donner sur ce point de plus longs développements.

DEUXIÈME PARTIE.

ACTION DES RÉACTIFS SUR LES CORPS AROMATIQUES.

1° AGENTS D'HYDROGÉNATION. — Tous les corps benzéniques, étant traités à 280° par un grand excès d'acide iodhydrique saturé à 0°, se transforment en hydrocarbures de la formule C^nH^{2n+2}; en général, *n* est égal au nombre d'atomes du corps primitif

$$C^7H^8 + H^8 = C^7H^{16}.$$
Toluène. Heptane.

Lorsque le dérivé benzénique renferme le groupe CO^2H, ou possède de longues chaînes latérales, il s'opère, indépendamment de cette réaction, un dédoublement de la molécule :

$$C^6H^5\text{-}CO^2H + H^8 = C^6H^{14} + CO^2$$
Acide benzoïque. Hexane.

$$C^6H^5\text{-}C^2H^5 + H^{10} = C^6H^{14} + C^2H^6.$$
Éthylbenzine. Hexane. Éthane.

Dans certains cas, enfin, ce dédoublement peut devenir la réaction principale :

$$C^6H^5\text{-}C^6H^5 + H^{18} = 2\,C^6H^{14}.$$
Diphényle. Hexane.

Toutes ces réactions, découvertes par Berthelot, ne s'effectuent que sous l'influence d'un énorme excès d'acide iodhydrique (80 p. pour 1 p. de corps aromatique); si l'on emploie 15 à 20 p. seulement, la molécule du corps benzénique est détruite entièrement avec production de charbon et de propane

$$C^6H^6 + 2H = C^3H^8 + C^3.$$

Quelquefois il se forme des hydrocarbures intermédiaires entre les carbures benzéniques et les carbures saturés.

Dans ces derniers temps, Wreden avait avancé que les corps aromatiques ne sont pas susceptibles de se convertir en hydrocarbures saturés sous l'influence de l'acide iodhydrique, mais que les termes ultimes de leur hydrogénation appartiennent à une série spéciale de la formule C^nH^{2n}, isomérique avec la série de l'éthylène.

Ces nouveaux corps se comporteraient avec les réactifs à la manière des hydrocarbures saturés, et seraient remarquables par leur grande stabilité et par leur densité relativement élevée. Dans certaines conditions, ils pourraient régénérer par l'action des oxydants des composés benzéniques, ce qui les distinguerait nettement des carbures de la série du méthane. L'acide iodhydrique ne parviendrait donc pas à briser entièrement la molécule condensée de la benzine, et les hydrocarbures C^nH^{2n} posséderaient encore une structure annulaire [Wreden, *Deutsch. chem. Gesellsch.*, t. X, p. 712].

Mais Berthelot, confirmant le résultat de ses premières expériences, a montré depuis que l'hydrogénation totale de la benzine est toujours possible; pour arriver à l'hydrocarbure saturé C^6H^{14}, il faut faire intervenir un très grand excès d'hydracide et répéter l'opération à plusieurs reprises [Berthelot, *Bull. Soc. chim.*, t. XXVIII, p. 497].

L'iodure de phosphonium PH^4I exerce à 350° une action réductrice moins énergique sur les carbures aromatiques; la benzine n'est pas attaquée; le toluène fournit un *dihydrotoluène* C^7H^{10}; le métaxylène, un *tétrahydrure* C^8H^{14}, et le mésitylène un *hexahydrure* C^9H^{18} (A. Baeyer). Il semblerait donc que chaque chaîne latérale rend possible l'addition de H^2 à la molécule.

Une particularité semblable se montre dans l'action de l'amalgame de sodium, à la température ordinaire, sur les acides polybasiques : ces acides fixent autant d'atomes d'hydrogène qu'ils contiennent de groupes CO^2H. L'acide phtalique $C^6H^4(CO^2H)^2$ fournit, dans ces conditions, l'acide dihydrophtalique; les acides isomériques : pyromellique, préhnitique et mellophanique, $C^6H^2(CO^2H)^4$, donnent des acides tétrahydrés; l'acide mellique, enfin, $C^6(CO^2H)^6$, produit un acide hexahydromellique (A. Baeyer).

La naphtaline, l'anthracène, le phénanthrène, etc., fixent plus facilement l'hydrogène que les hydrocarbures benzéniques. L'anthracène s'unit directement à l'hydrogène dégagé par l'amalgame de sodium et donne un dihydrure $C^{14}H^{12}$; ce dernier corps se forme aussi sous l'influence de l'acide iodhydrique bouillant à 127°, agissant à une température de 160°; vers 200-220°, l'hydrogénation va plus loin et il se produit un hexahydrure $C^{14}H^{16}$. Dans des conditions semblables, la naphtaline fournit un dihydrure $C^{10}H^{10}$, et un tétrahydrure $C^{10}H^{12}$; le phénanthrène, un tétrahydrure $C^{14}H^{14}$, etc.

A 280°, l'acide iodhydrique concentré agit sur ces hydrocarbures comme sur les corps benzéniques et produit des hydrocarbures saturés.

2° AGENTS D'OXYDATION. — La benzine et ses dérivés de substitution chlorés, bromés, nitrés, iodés, sulfoniques, ne sont que lentement attaqués et détruits par les agents oxydants les plus puissants; il se forme du gaz carbonique et des acides acétique ou oxalique. L'oxydation des dérivés hydroxylés est plus facile; les phénols polyvalents, en solution alcaline, attirent directement l'oxygène de l'air et donnent des produits colorés; ici l'oxydation est accompagnée de condensation moléculaire, et les produits ne présentent point de rapports simples avec le composé primitif.

Avec le concours du chlorure d'aluminium, les carbures benzéniques absorbent directement un atome d'oxygène libre et engendrent des phénols monovalents (Friedel et Crafts)

$$\underset{\text{Toluène.}}{CH^3\text{-}C^6H^5} + O = \underset{\text{Crésol.}}{CH^3\text{-}C^6H^4.OH}.$$

Il se forme en même temps des produits de condensation. Voir plus loin sous le n° 8 l'explication de cette réaction remarquable.

Voici un fait analogue découvert par Hoppe-Seyler. Si l'on agite, au contact de l'air, de la benzine, une petite quantité d'eau et des lames de palladium chargées d'hydrogène par la pile, et que l'on abandonne le tout à lui-même, on obtient, entre autres produits, une petite quantité de phénol. L'explication de cette réaction est simple : au moment où l'hydrogène facilement oxydable occlus dans le palladium forme de l'eau H^2O aux dépens d'un des atomes O de la molécule O^2 de l'oxygène libre, le second atome O est rendu actif et peut se fixer sur la benzine. C'est de l'oxygène naissant qui est doué d'affinités plus grandes, grâce à l'excès de chaleur dont il est pourvu.

L'oxydation de l'aniline par le dichromate de potassium et l'acide sulfurique mérite une mention spéciale. Il se forme d'abord un produit de condensation (noir d'aniline) qu'un excès de dichromate convertit en hydroquinone, puis en quinone; lorsqu'on observe certaines précautions précisées par Nietzki, on obtient un excellent rendement en hydroquinone :

$$C^6H^5.AzH^2 + O + H^2O = C^6H^4(OH)^2 + AzH^3.$$

Cette même réaction peut servir à la préparation des homologues de l'hydroquinone.

Il faut rapprocher de ce fait la formation de la trichlorohydroquinone (acide trichlorophénomalique de Carius) dans la réaction de l'acide chloreux sur la benzine.

Lorsque les corps benzéniques contiennent des chaines latérales hydrocarbonées, les phénomènes d'oxydation offrent en général plus de netteté et l'on peut alors, jusqu'à un certain point, appliquer la loi d'oxydation établie par Kekulé (t. I, p. 390) : le noyau reste inaltéré, et les chaines latérales, subissant l'oxydation, se transforment une à une en groupes CO^2H, quelle que soit leur complication moléculaire. Ainsi le cymène

$$C^6H^4 < \begin{matrix} CH^3 \\ C^3H^7 \end{matrix}$$

oxydé par l'acide nitrique étendu donne l'acide paratoluique

$$C^6H^4 < \begin{matrix} CH^3 \\ CO^2H, \end{matrix}$$

et par le dichromate de potassium et l'acide sulfurique étendu, il fournit l'acide téréphtalique

$$C^6H^4 < \begin{matrix} CO^2H \\ CO^2H. \end{matrix}$$

Dans ces oxydations, l'oxygène se porte sur le carbone uni directement au noyau benzénique, et la chaine latérale est brisée à cet endroit : de là production d'un acide benzocarbonique et d'un acide gras. Ainsi le cymène fournit avec le dichromate de potassium et l'acide sulfurique étendu de l'acide téréphtalique et de l'acide acétique [Kekulé et Dittmar, *Ann. der Chem. und Pharm.*, t. CLXII, p. 337] :

$$C^6H^4 < \begin{matrix} CH^3 \\ CH^2\text{-}CH^2\text{-}CH^3 \end{matrix} + O^8$$

$$= C^6H^4 < \begin{matrix} CO^2H \\ CO^2H \end{matrix} + CO^2H\text{-}CH^3 + 2H^2O.$$

L'amylbenzine donne, dans les mêmes conditions, de l'acide benzoïque et de l'acide isobutyrique [Popoff et Zincke, *Deutsch. chem. Gesellsch.*, t. V, p. 384] :

$$C^6H^5\text{-}CH^2\text{-}CH^2\text{-}CH\lt_{CH^3}^{CH^3} + O^5$$
$$= C^6H^5\text{-}CO^2H + CO^2H\text{-}CH\lt_{CH^3}^{CH^3} + H^2O.$$

La scission de la molécule des chaînes latérales ne paraît pas constituer le phénomène primitif.

Friedel et Balsohn, en oxydant l'éthylbenzine par l'acide chromique dissous dans l'acide acétique cristallisable, ont obtenu du méthylphénylcarbonyle [*Bull. Soc. chim.*, t. XXXII, p. 615] :

$$C^6H^5\text{-}CH^2\text{-}CH^3 + O^2$$
$$= H^2O + C^6H^5\text{-}CO\text{-}CH^3.$$

Par une oxydation plus profonde, cette acétone fournit de l'acide benzoïque et du gaz carbonique.

D'autre part, en oxydant l'acide cuminique

$$C^6H^4\lt_{CH\lt_{CH^3}^{CH^3}}^{CO^2H}$$

en solution alcaline par le permanganate de potassium, Rich. Meyer a obtenu un acide oxycuminique de la formule

$$C^6H^4\lt_{C(OH)\lt_{CH^3}^{CH^3}.}^{CO^2H}$$

Par une action prolongée du permanganate de potassium, ce dernier acide se convertit en acide paraacétylbenzoïque,

$$C^6H^4\lt_{CO\text{-}CH^3,}^{CO^2H}$$

que le dichromate de potassium et l'acide sulfurique étendu transforment en acide téréphtalique [Rich. Meyer, *Deutsch. chem. Gesellsch.*, t. XI, p. 1283 et 1790; t. XII, p. 1072]. Dans la première phase de la réaction, l'acide cuminique fixe donc simplement O et engendre un acide-alcool tertiaire. On doit rapprocher de ce fait la production du triphénylcarbinol par oxydation du triphénylméthane,

$$(C^6H^5)^3CH + O = (C^6H^5)^3C.OH.$$

De semblables réactions ont été observées dans la série grasse. L'acide isobutyrique, par exemple, donne avec le permanganate de potassium de l'acide oxyisobutyrique,

$$CO^2H\text{-}CH\lt_{CH^3}^{CH^3} + O$$
$$= CO^2H\text{-}C(OH)\lt_{CH^3.}^{CH^3}$$

La formation de l'acide paraacétylbenzoïque et de l'acide téréphtalique dans la seconde et dans la dernière phase de la réaction peut de même être comparée à ce qui se passe dans l'oxydation du triméthylcarbinol qui fournit successivement de l'acétone ordinaire, puis les acides acétique et carbonique.

S'il était permis de généraliser ces observations, trop peu nombreuses encore, on pourrait établir les règles suivantes :

1° L'oxydation des chaînes latérales passe par plusieurs phases;

2° L'oxygène se porte d'abord sur l'atome de carbone uni directement au noyau;

3° Puis, suivant que cet atome de carbone est combiné avec 2 ou avec 1 seul atome d'hydrogène, il se forme le groupement CO, caractéristique des acétones, ou le groupement C.OH qui caractérise les alcools tertiaires.

4° L'oxydation des chaînes latérales s'accomplit en vertu des réactions que l'on observe dans l'oxydation des composés gras de structure semblable.

Le chlorure de chromyle oxyde énergiquement les hydrocarbures benzéniques et donne, entre autres produits, des aldéhydes; l'oxydation paraît donc porter ici sur les chaînons terminaux des chaînes latérales (Etard).

Un même corps aromatique n'est pas attaqué d'une manière identique par les divers réactifs; nous avons déjà rencontré des exemples de ce genre et nous pourrions les multiplier beaucoup. Avec le dichromate de potassium et l'acide sulfurique étendu, l'oxydation est la plus énergique et atteint rapidement le terme final; l'action de l'acide chromique dissous dans l'acide acétique cristallisable est plus régulière et plus facile à conduire, L'acide nitrique étendu ou mieux encore le permanganate de potassium en solution neutre ou alcaline sont les agents les plus propres pour obtenir les produits d'oxydation intermédiaires. Avec ce dernier réactif on peut même, dans certains cas, s'arrêter à l'aldéhyde. Ainsi l'eugénol fournit avec le permanganate de la vanilline avant de se transformer en acide vanillique (Wassermann) :

$$C^6H^3\begin{cases}OCH^3\\OH\\CH{=}CH\text{-}CH^3\end{cases} \qquad C^6H^3\begin{cases}OCH^3\\OH\\CHO\end{cases}$$

Eugénol. Vanilline.

Le permanganate de potassium en solution aqueuse bouillante oxyde régulièrement les dérivés monosubstitués du toluène appartenant à la série ortho, et les convertit en acides correspondants. Il en est généralement de même de l'acide nitrique, tandis que le dichromate de potassium mélangé d'acide sulfurique étendu, ou bien l'acide chromique dissous dans l'acide acétique concentré, les brûlent complètement sans produire d'acide aromatique. Ces différences s'observent pour d'autres orthodérivés, mais elles ne se manifestent point pour les métadérivés ni pour les paradérivés qui, du reste, sont attaqués beaucoup plus facilement par les agents d'oxydation que les corps de l'orthosérie.

Ce que nous venons de dire sur l'oxydation des hydrocarbures aromatiques ne s'applique ni aux phénols ni aux amines contenant des chaînes latérales hydrocarbonées. Ces corps se comportent d'une tout autre manière avec les réactifs oxydants ordinaires, les phénols donnant des produits de condensation mal connus, les amines engendrant des matières colorantes.

L'oxydation des phénols devient régulière, si on les transforme préalablement en éthers mixtes. Le paracrésol, par exemple, ne fournit pas d'acide paraoxybenzoïque lorsqu'on le traite par le dichromate de potassium et l'acide acétique, tandis que l'éther paracrésylméthylique se transforme, dans ces conditions, en acide méthylparaoxybenzoïque (anisique) (Koerner) :

$$C^6H^4\lt_{OCH^3}^{CH^3} + O^3 = C^6H^4\lt_{OCH^3}^{CO^2H} + H^2O.$$

La potasse en fusion permet aussi de réaliser directement l'oxydation des phénols; la réaction s'effectue vers 300°, et est accompagnée d'un abondant dégagement d'hydrogène

$$C^6H^4\lt_{OH}^{CH^3} + 2KHO = C^6H^4\lt_{OK}^{CO^2K} + H^6$$

Paracrésol. Paroxybenzoate basique de potassium.

[L. Barth, *Ann. der Chem. u. Pharm.*, t. CLIV, p. 356; — A. Wurtz, *Compt. rend.*, t. LXX, p. 1053].

Lorsque la molécule contient plusieurs chaînes latérales hydrocarbonées, elles sont oxydées successivement, et celle qui occupe par rapport au groupe OH la position ortho paraît être attaquée d'abord, quelle que soit d'ailleurs sa complication moléculaire [Jacobsen, *Deutsch. chem. Gesellsch.*, t. XI, p. 1058; t. XII, p. 429 et 434]. Ainsi le pseudocuménol donne l'acide oxyxylique (voir plus haut, p. 215):

Pseudocuménol: CH^3, OH, CH^3, CH^3. Acide oxyxylique: CO^2H, OH, CH^3, CH^3.

Le thymol fournit l'acide métahomosalicylique, et son isomère le carvacrol produit l'acide isoxycuminique :

Thymol: CH^3, OH, C^3H^7. Acide métahomosalicylique: CH^3, OH, CO^2H.

Carvacrol: CH^3, OH, C^3H^7. Acide isoxycuminique: CO^2H, OH, C^3H^7.

Ajoutons enfin que Barth et Schreder viennent d'observer un cas d'oxydation intéressant du phénol sous l'influence de la soude fondue à une haute température. Il se dégage en abondance de l'hydrogène, et le phénol, en fixant directement de l'oxygène, se transforme d'abord en un mélange de résorcine et de pyrocatéchine, puis en phloroglucine :

$$C^6H^6O + O = C^6H^6O^2.$$

Phénol. Pyrocatéchine ou résorcine.

$$C^6H^6O + O^2 = C^6H^6O^3.$$

Phénol. Phloroglucine.

Dans les mêmes conditions, la potasse ne produit rien de semblable. Il faut rapprocher ce fait des observations de Kolbe et de Ost sur l'action différente du gaz carbonique sur les phénates de sodium et de potassium (voir sous le n° 12). [L. Barth et J. Schreder, *Deutsch. chem. Gesellsch.*, t. XII, p. 417, et p. 503, 1879].

Les composés aromatiques des autres séries présentent de grandes divergences dans la manière dont ils se comportent avec les oxydants, et ici, moins encore que pour les corps benzéniques, on ne peut établir aucune règle générale. Avec les agents d'oxydation très énergiques, ils donnent d'habitude, en dernier lieu, un acide benzocarbonique : suivant les cas, acide benzoïque ou un des trois acides phtaliques :

Dibenzyle............. Diphénylméthane.......	donnent l'acide benzoïque.
Naphtaline............ Anthracène............ Phénanthrène.......... Acide diphénique (dérivé du phénanthrène).....	donnent l'acide orthophtalique.
Acide isodiphénique (dérivé du fluoranthène)..	donne l'acide métaphtalique.
Ac. diphénylcarbonique..	donne l'acide paraphtalique.

Les hydrocarbures s'oxydent beaucoup plus difficilement et moins régulièrement que leurs produits de substitution, nitrés, hydroxylés, sulfureux, etc.

Tous les corps énumérés plus haut contiennent deux noyaux benziques dont l'un est complètement détruit par l'oxydation, sauf dans le cas du dibenzyle; ils ne fournissent, par molécule, qu'une molécule d'acide aromatique. C'est en général le noyau déjà modifié par substitution qui est attaqué par l'oxygène et qui disparaît. L'alizarine, par exemple

$$C^6H^4 < \frac{CO}{CO} > C^6H^2(OH)^2,$$

donne de l'acide phtalique par suite de la destruction du groupe benzénique $C^6H^2(OH)^2$.

Le noyau qui s'oxyde joue pour ainsi dire le rôle d'une chaîne latérale par rapport à celui qui persiste et exerce comme tel, dans bien des cas, une influence sur le phénomène de l'oxydation. Si ce noyau se trouve dans la position para ou méta par rapport à une deuxième chaîne latérale, l'oxydation s'effectue aisément; il en est ainsi des acides

$$\text{isodiphénique, } C^6H^4 < \begin{matrix} CO^2H_{(1)} \\ (C^6H^4 \cdot CO^2H)_{(3)} \end{matrix}$$

$$\text{et diphénylcarbonique, } C^6H^4 < \begin{matrix} CO^2H_{(1)} \\ C^6H^5_{(4)}. \end{matrix}$$

Si, par contre, le dérivé appartient à l'orthosérie, il résiste énergiquement à l'action des oxydants; cependant l'acide chromique, en présence de l'acide sulfurique, le brûle complètement à la longue.

L'acide phénylbenzoïque,

$$C^6H^4 > \begin{matrix} CO^2H_{(1)} \\ C^6H^5_{(2)} \end{matrix}$$

isomérique avec l'acide diphénylcarbonique, est dans ce cas. Ces faits sont analogues à ceux que nous avons observés plus haut pour les dérivés bisubstitués plus simples de la benzine.

Les acides benzocarboniques ne sont pas les produits initiaux de l'oxydation des hydrocarbures dont nous venons de parler. Tout d'abord ces hydrocarbures échangent avec une grande facilité H^2 contre O^2 par l'action d'un mélange d'acide chromique et d'acide sulfurique étendu, et donnent des quinones; l'anthracène, le fluorène, le phénanthrène, le fluoranthène, le chrysène, etc., se comportent ainsi, et ce caractère paraît les distinguer nettement des carbures benzéniques. La raison doit être cherchée probablement dans l'existence des groupements qui relient entre eux les noyaux benziques, groupements qui prennent part à la constitution de la quinone; le fait est démontré pour l'anthracène. Quoi qu'il en soit, les groupements latéraux subissent, par les oxydants, d'autres transformations qui peuvent servir à établir leur constitution.

Le groupe CH^2 du fluorène se convertit en CO.

$$\begin{matrix} C^6H^4 \\ C^6H^4 \end{matrix} > CH^2 + O^2 = H^2O + \begin{matrix} C^6H^4 \\ C^6H^4 \end{matrix} > CO$$

et il se forme de la diphénylène-acétone (Ph. Barbier).

Le phénanthrène devient acide diphénique (Fittig et Ostermayer):

$$\begin{matrix} C^6H^4\text{-}CH \\ C^6H^4\text{-}CH \end{matrix} + O^4 = \begin{matrix} C^6H^4\text{-}CO^2H \\ C^6H^4\text{-}CO^2H. \end{matrix}$$

Le groupement C^3H^3 du fluoranthène se transforme en CO et CO^2H, en même temps qu'il se dégage du gaz carbonique, et il se forme l'acide diphénylène-acétone-carbonique :

$$\begin{matrix} C^6H^4\text{-}CH\text{-}CH \\ | \quad\quad \| \\ C^6H^3 \text{———} CH \end{matrix} + O^6$$

$$= \begin{matrix} C^6H^4 \\ | \\ C^6H^3\text{-}CO^2H \end{matrix} \!\!>\! CO + H^2O + CO^2.$$

Certains composés aromatiques oxygénés des séries supérieures peuvent, comme le phénol (voir plus haut), fixer directement de l'oxygène sous l'influence des alcalis à une haute température; dans ces cas, on n'a pas observé de différence entre l'action de la potasse et celle de la soude. Les oxyanthraquinones qui ne renferment pas plus d'un groupe hydroxyle dans chacun des deux noyaux benzéniques subissent une semblable oxydation. Nous citerons la formation de l'alizarine aux dépens des monoxyanthraquinones; la transformation en trioxyanthraquinones $C^{14}H^8O^5$ des dioxyanthraquinones $C^{14}H^8O^4$, acide anthraflavique, acide isoanthraflavique, anthrarufine, métabenzodioxyanthraquinone; l'alizarine, isomérique avec eux et possédant les deux OH dans un seul noyau benzénique, n'est pas susceptible de subir une semblable oxydation.

L'oxydation des corps aromatiques peut, dans certains cas, donner lieu à la formation de composés plus riches en carbone : véritables synthèses organiques. Carius a découvert ces faits inattendus en étudiant les produits d'oxydation de la benzine. Lorsqu'on abandonne à lui-même vers 15 à 20° un mélange de 600 grammes d'acide sulfurique, 120 grammes d'eau, 100 grammes de benzine et 100 grammes de peroxyde de manganèse en poudre, le produit contient, au bout de quelques jours, de l'acide formique, les acides benzoïque et phtalique, un acide amorphe et un corps aldéhydique. La benzine non attaquée dans une première opération fournit les mêmes composés lorsqu'on la traite par un nouveau mélange oxydant, preuve que la formation des acides benzoïque et phtalique ne doit pas être attribuée à la présence de carbures supérieurs contenus, à l'état d'impuretés, dans la benzine.

L'acide benzoïque soumis à l'action du même mélange oxydant donne pareillement de l'acide phtalique et, en outre, les acides formique et carbonique.

Carius explique ces faits en admettant que l'acide formique, produit par destruction complète d'une partie de la benzine, réagit sur une autre partie suivant l'équation

$$C^6H^5H + HCO^2H + O = H^2O + C^6H^5\text{-}CO^2H.$$

L'oxygène enlevant un atome d'hydrogène à chacune des deux molécules souderait les deux résidus. L'acide phtalique se formerait d'une manière semblable par réaction de l'acide formique sur l'acide benzoïque.

Et ce qui vient étayer cette hypothèse, c'est que les proportions d'acide benzoïque et d'acide phtalique sont accrues lorsqu'on ajoute du formiate de sodium au mélange primitif de benzine, d'acide sulfurique et de peroxyde [A. Carius, *Zeitschr. für Chem.*, 1867, p. 629; *Ann. der Chem. u. Pharm.*, t. CXLVIII, p. 50; *Bull. de la Soc. chim.*, t. XI, p. 413].

Oudemans a confirmé les résultats de Carius, et il ajoute que, dans l'oxydation de l'acide benzoïque, l'acide phtalique est accompagné d'une certaine quantité d'acide téréphtalique [A.-C. Oudemans, *Zeitsch. für Chem.*, 1869, p. 84].

Aujourd'hui ces faits de complication moléculaire par soudure de plusieurs groupements sous l'influence des agents oxydants ne sont pas rares en chimie. La formation de la plupart des matières colorantes dérivées des bases aromatiques, rosaniline, chrysotoluidine, violet de méthylaniline, vert de benzylaniline, etc., en sont des exemples frappants. La rosaniline, formée par oxydation d'un mélange de 2 molécules de toluidine et de 1 molécule d'aniline, n'est-elle pas, d'après les travaux récents de E. et O. Fischer, un dérivé du crésyl-diphénylméthane,

$$CH(C^6H^4\text{-}CH^3)(C^6H^5)^2,$$

hydrocarbure contenant 20 atomes de carbone?

Mais ces réactions ne présentent pas la simplicité de celle de Carius. On peut en rapprocher les synthèses effectuées par Behr et Dorp, au moyen de l'oxyde de plomb agissant sur les hydrocarbures aromatiques à une température inférieure au rouge naissant. La benzine fournit, dans ces conditions, du diphényle,

$$\begin{matrix} C^6H^5H \\ C^6H^5H \end{matrix} + O = H^2O + \begin{matrix} C^6H^5 \\ | \\ C^6H^5 \end{matrix};$$

Le toluène donne du stilbène,

$$\begin{matrix} C^6H^5\text{-}CH^3 \\ C^6H^5\text{-}CH^3 \end{matrix} + O^2 = 2\,H^2O + \begin{matrix} C^6H^5\text{-}CH \\ \| \\ C^6H^5\text{-}CH \end{matrix}$$

Est-il nécessaire d'ajouter que les hydrocarbures, chauffés seuls à la température vers laquelle l'oxyde de plomb opère ces oxydations, ne subissent aucune altération?

3° HALOGÈNES. — Les halogènes peuvent s'ajouter directement aux molécules aromatiques ou y entrer par substitution. Nous reviendrons plus loin (p. 235) sur les produits d'addition, mais nous dirons de suite que l'on n'en connaît pas encore qui renferment de l'iode. Les produits de substitution sont beaucoup mieux étudiés. Le brome et le chlore les engendrent avec une facilité remarquable, surtout lorsqu'il s'agit des phénols; l'iode, doué d'affinité moins forte pour l'hydrogène, a besoin du concours d'un oxydant, tel que l'oxyde mercurique, l'acide iodique, etc. :

$$2\,C^7H^8 + 4\,I + HgO = 2\,C^7H^7I + H^2O + Hg\,I^2.$$

Quelles que soient les conditions de température à laquelle ces réactions s'accomplissent, le composé iodé est toujours un produit de substitution dans la chaîne centrale : dans l'exemple choisi, c'est l'iodure de crésyle $C^6H^4I\text{-}CH^3$.

Le chlore ou le brome, suivant les conditions de l'expérience, agissent différemment sur les composés aromatiques avec chaîne latérale hydrocarbonée. Si l'on maintient le corps aromatique à la température ordinaire, ou mieux encore si l'on y ajoute quelques centièmes d'iode, le chlore ou le brome entrent toujours dans le noyau central :

$$C^6H^4 < \begin{matrix} CH^3 \\ CH^3 \end{matrix} + Cl^2 = C^6H^3Cl < \begin{matrix} CH^3 \\ CH^3 \end{matrix} + HCl.$$

Paraxylène. Chlorure de paraxényle

En présence de l'iode, la température du mélange peut même être portée jusqu'au point d'ébullition, sans que le mode de la réaction soit changé.

Les choses se passent différemment en l'absence d'iode. Si le chlore ou le brome viennent au contact du corps aromatique, à l'état de vapeur ou, dans certains cas, à l'état de liquide chauffé à une température plus ou moins élevée, la substitution a lieu dans la chaîne latérale :

$$C^6H^4 < \begin{matrix} CH^3 \\ CH^3 \end{matrix} + Br^2 = C^6H^4 < \begin{matrix} CH^2Br \\ CH^3 \end{matrix} + HBr.$$

Paraxylène. Bromure de paratolyle.

Un excès de brome intervenant, la deuxième chaîne latérale est attaquée et le bromure de paratolylène $C^6H^4(CH^2Br)^2$ prend naissance. On ignore s'il ne se forme pas simultanément des produits de substitution plus avancée dans une seule chaîne latérale; cela est pourtant probable. Chose digne de remarque, lorsque tous les atomes d'hydrogène des chaînes latérales ont été remplacés, la substitution semble s'arrêter, tant que les conditions expérimentales ne changent point. C'est du moins le cas pour le chlorure de benzényle C^6H^5-CCl^3, qui au point d'ébullition ne fournit pas de dérivé plus chloré du toluène; mais à la longue, la molécule est scindée et il se produit du méthane perchloré et des benzines chlorées.

C'est Beilstein et Geitner qui ont découvert ces faits en étudiant l'action du chlore sur le toluène. Lauth et Grimaux les ont étendus au brome [F. Beilstein et P. Geitner, *Ann. der Chem. u. Pharm.*, t. CXXXIX, p. 332; — Ch. Lauth et E. Grimaux, *Bull. Soc. chim.*, 1866, t. V, p. 347; t. VII, p. 108].

L'addition d'iode, dans la préparation des produits de substitution dans le noyau central, offre encore l'avantage de faciliter considérablement la réaction, surtout pour la benzine qui s'attaque difficilement par le chlore seul, même si l'on élève la température.

Le rôle que joue l'iode dans ces réactions est facile à comprendre. Il donne lieu à la formation de trichlorure d'iode qui est un chlorurant beaucoup plus énergique que le chlore libre, et l'on conçoit qu'il attaque différemment le composé aromatique.

Ce que nous venons de dire sur l'action du chlore et du brome en l'absence d'iode et à une température élevée sur les composés aromatiques ne s'applique qu'à la série benzénique et plus spécialement aux hydrocarbures et à leurs produits de substitution chlorés, bromés, iodés, nitrés, dans le noyau benzénique, enfin aux acides avec chaîne latérale hydrocarbonée, tels que l'acide paratoluique. Les carbures supérieurs, naphtaline, fluorène, anthracène, etc., n'ont pas encore été soumis à cette étude, et les amines ou les phénols ne donnent pas lieu à des réactions simples : il se forme des produits noirs engendrés par condensation moléculaire. Peut-être pourrait-on régulariser la réaction en transformant préalablement par l'iodure de méthyle les phénols en éthers méthyliques, et les amines en amines tertiaires.

Les produits de substitution halogénés dans le noyau se forment en général sous deux, voire même sous trois modifications isomériques : le toluène, par exemple, produit les toluènes orthobromés et parabromés; le phénol semble donner les trois monochlorophénols, ortho, méta et para. Nous reviendrons sur ce point (p. 232).

Une stabilité très grande distingue tous ces corps de ceux qui contiennent l'atome halogène dans les chaînes latérales. Ces derniers échangent avec facilité leur atome halogène contre d'autres groupes sous l'influence des divers réactifs; ils se comportent, en un mot, comme des éthers d'alcools. Les premiers, par contre, opposent une inertie remarquable à l'action des mêmes réactifs; ce sont des éthers de phénols. Ces différences sont surtout frappantes pour les dérivés halogénés des hydrocarbures; les chlorures ne sont pas attaqués à 300° par la potasse; les bromures et surtout les iodures sont un peu moins stables. Le bromure de naphtyle, par exemple, est saponifié assez rapidement vers 300° par une lessive concentrée de potasse (Dusart et Bardy) :

$$C^{10}H^7.Br + KOH = KBr + C^{10}H^7.OH.$$

Mais si d'autres groupes électronégatifs, tels que AzO^2, OH, CO^2H, SO^3H, etc., entrent dans la molécule, la stabilité des corps haloïdes est atténuée, et cela d'autant plus que le nombre de ces groupes est plus considérable ou que leur caractère négatif est plus prononcé. Le groupe AzO^2 tient, à cet égard, le premier rang.

Sous leur influence, les chlorures, bromures, iodures phénoliques acquièrent d'abord les propriétés des chlorures alcooliques, puis se rapprochent même des chlorures acides.

Entre le chlorure de phényle que la potasse n'attaque pas à 300° et le chlorure de phényle trinitré qu'elle transforme déjà à froid en acide picrique, les autres dérivés viennent se ranger par degrés, suivant la température à laquelle ils cèdent l'élément halogène aux réactifs.

La stabilité de ces composés est une résultante de plusieurs facteurs; en dehors de la nature et du nombre des radicaux négatifs, il faut tenir compte de la position de ceux-ci par rapport à l'atome halogène. L'orthobromonitrobenzine, par exemple, est transformée à 180° par l'ammoniaque alcoolique en orthonitraniline :

$$C^6H^4(AzO^2)Br + 2\,AzH^3$$
$$= AzH^4Br + C^6H^4(AzO^2)(AzH^2);$$

la parabromonitrobenzine donne de même la paranitraniline, tandis que la métabromonitrobenzine n'est pas apte à subir une réaction semblable (Zincke, Wurster). Ces exemples pourraient être multipliés, et bientôt se présenteront d'autres réactions dans lesquelles se manifesteront des différences analogues entre les produits de substitution isomériques.

On a particulièrement étudié l'action de certains réactifs sur ces dérivés de substitutions mixtes : la potasse les transforme en phénols; l'ammoniaque alcoolique fournit des amines; le sulfhydrate ammonique ou potassique donne des sulfures ou des sulfhydrates. Il est très surprenant de voir que, dans un grand nombre de cas, les sulfhydrates éliminent le chlore sans réduire le groupe AzO^2. La nitroparadichlorobenzine (1. 2. 4) fusible à 54°,5 fournit ainsi un sulfhydrate de chloronitrophényle; par contre, la nitrométadichlorobenzine symétrique (1.3.5.) se réduit et donne la dichloraniline correspondante [Beilstein et Kurbatow, *Deutsch. chem. Gesellsch.*, t. XI, p. 2056].

Tous les atomes d'hydrogène du noyau des carbures benzéniques peuvent être remplacés successivement par le chlore ou le brome. Il en sera probablement de même des atomes d'hydrogène des chaînes latérales; mais on n'est pas parvenu à effectuer cette substitution totale à la fois dans le noyau et dans les chaînes latérales. Il existe deux toluènes heptachlorés :

Chlorure de benzylène pentachloré..... C^6Cl^5-$CHCl^2$;
Chlorure de benzényle tétrachloré...... C^6HCl^4-CCl^3;

mais lorsqu'on essaie de remplacer le dernier atome d'hydrogène par le chlore, la molécule est détruite et il se forme de la benzine hexachlorée et du tétrachlorure de carbone

$$C^7HCl^7 + Cl^4 = C^6Cl^6 + CCl^4 + HCl.$$

Pour atteindre ce degré de chloruration ultime, il est du reste nécessaire d'employer des réactifs puissants, pentachlorure d'antimoine, trichlorure d'iode, et d'opérer en vase clos à des températures élevées.

L'action du trichlorure d'iode sur les composés aromatiques a été l'objet de recherches intéressantes, entreprises par M. Merz avec ses élèves Ruoff, Gessner, Krafft; voici les résultats auxquels ils sont arrivés :

1° Tous les dérivés benzéniques, hydrocarbures, azobenzol, aniline, diphénylamine, triphénylamine, tribenzylamine, phénol, crésol, thymol, anisol, chloranile, résorcine, térébenthène, camphre, etc., etc., se scindent en benzine perchlorée C^6Cl^6 et en méthane perchloré CCl^4 ou éthane perchloré C^2Cl^6 suivant les cas;

2° Les corps de la série du diphényle donnent du diphényle perchloré $C^{12}Cl^{10}$ extrêmement stable, et les chlorures CCl^4 ou Cl^2Cl^6;

3° La naphtaline fournit de la perchloronaphtaline $C^{10}Cl^8$, de la benzine perchlorée C^6Cl^6 et en outre CCl^4 et C^2Cl^6;

4° L'anthracène et la phénanthrène donnent de la perchlorobenzine et CCl^4.

On le voit, l'action du chlore amène des scissions moléculaires que l'on peut comparer jusqu'à un certain point à celles qui sont opérées par l'oxygène. Le noyau aromatique est conservé et apparait même sous la forme plus complexe des chlorures $C^{10}Cl^8$ et $C^{12}Cl^{10}$; les chaînes latérales sont converties en CCl^4 et C^2Cl^6. Seuls, les corps riches en oxygène, comme l'acide pyrogallique, font exception à cette règle : ils donnent du gaz carbonique et les chlorures CCl^4 et C^2Cl^6, se comportant en cela comme les corps de la série grasse.

Inversement, un composé gras, l'iodure d'hexyle secondaire, préparé avec la mannite, fournit une petite quantité de perchlorobenzine, ce qui montre une fois de plus qu'on ne saurait tracer une limite absolue entre la série grasse et la série aromatique [V. Merz, *Deutsch. chem. Gesellsch.*, t. VIII, p. 1296; t. IX, p. 1085, 1483 et 1505].

L'action ultime du brome sur les corps aromatiques est semblable à celle du chlore.

4° SOUFRE. — Ce métalloïde n'agit qu'à une température élevée sur la plupart des composés aromatiques, et donne lieu à des réactions complexes qui ne sont pas étudiées. Les amines aromatiques, aniline et paratoluidine seules, font exception; elles sont attaquées par le soufre, vers leur point d'ébullition, et transformées en dérivés de substitution sulfurés avec dégagement d'hydrogène sulfuré (Merz et Weith) :

$$2C^6H^5.AzH^2 + S^2 = SH^2 + S(C^6H^4.AzH^2)^2.$$

Aniline. Aniline sulfurée.

Avec le concours du chlorure d'aluminium, le soufre devient apte à attaquer aussi les hydrocarbures à une douce chaleur. Lorsqu'on chauffe légèrement un mélange de benzine, de soufre et d'une petite quantité de chlorure d'aluminium, deux réactions s'accomplissent parallèlement : Dans une première, qui fournit du sulfhydrate de phényle, la benzine fixe simplement un atome de soufre :

$$C^6H^6 + S = C^6H^5.SH.$$

Dans la seconde réaction, qui donne le sulfure de phényle, le soufre agit par substitution :

$$2C^6H^6 + S^2 = (C^6H^5)^2S + H^2S.$$

Enfin il se forme du disulfure de diphénylène $(C^6H^4)^2S^2$, produit d'une substitution sulfurée plus avancée (Friedel et Crafts).

Cette singulière fixation directe du soufre sur la benzine doit être rapprochée de l'oxydation du même hydrocarbure par l'oxygène libre dont nous avons parlé. (Voir aussi plus loin : ACTION DU CHLORURE D'ALUMINIUM, n° 8.)

5° ACIDE NITRIQUE — L'acide nitrique n'agit pas seulement comme oxydant sur les corps aromatiques (voir plus haut), mais aussi comme substituant; d'une manière générale, il les transforme en dérivés nitrés :

$$C^6H^6 + AzO^3H = H^2O + C^6H^5.AzO^2.$$

Les amines seules font exception et donnent des produits colorés mal définis; leurs dérivés acétylés se comportent comme les autres corps aromatiques.

La concentration de l'acide nitrique et la température doivent varier suivant les cas; on trouve tous les intermédiaires, depuis l'acide nitrique étendu qui, par exemple, sert à la transformation du phénol en mononitrophénols jusqu'au mélange d'acide nitrique et d'acide sulfurique tous deux fumant agissant au point d'ébullition sur le dinitrotoluène pour le transformer en trinitrotoluène. Généralement, on introduit le composé aromatique dans un grand excès d'acide nitrique employé seul ou mélangé d'acide sulfurique, et, après la réaction, l'on précipite le corps nitré en versant le produit dans une grande quantité d'eau. Lorsqu'il s'agit de nitrer des composés solubles dans l'acide sulfurique, il est souvent préférable d'ajouter à cette solution la quantité calculée d'acide nitrique ou seulement un très léger excès; dans certains cas, on substitue l'acide acétique cristallisable à l'acide sulfurique.

Le groupe AzO^2 entre toujours dans le noyau benzénique, et donne souvent lieu à la formation de deux et même de trois dérivés isomériques. Même par le procédé détourné de V. Meyer, on n'est pas parvenu à introduire ce groupe dans la chaîne latérale d'un corps aromatique; de tels dérivés seraient analogues aux corps nitrés de la série grasse.

Les agents réducteurs transforment les corps nitrés en corps amidés correspondants :

$$C^6H^3(OH)(AzO^2)^2 + 2H^6$$

Dinitrophénol.

$$= C^6H^3(OH)(AzH^2)^2 + 4H^2O.$$

Diamidophénol.

On peut employer à cet effet : le sulfure d'ammonium (Zinin) ou les sulfhydrates alcalins; — le zinc et l'acide chlorhydrique (A.-W. Hofmann); — la poudre de zinc et l'eau (Kremer); — l'étain et l'acide chlorhydrique (Roussin); — le fer et l'acide acétique ou l'acétate ferreux; le chlorure, le sulfate et l'oxalate sont sans action (Béchamp); — la potasse alcoolique; ce réactif fournit en même temps des corps azoïques et de l'acide oxalique (A.-W. Hofmann et Muspratt); — la glucose et la potasse (Vohl). Dans les laboratoires, on emploie de préférence l'étain et l'acide chlorhydrique, ou le sulfure d'ammonium. Les corps nitrés contenant plusieurs groupes AzO^2 ne sont pas attaqués de la même manière par ces deux réactifs : le premier réduit tous les groupes AzO^2, tandis que le sulfure d'ammonium borne, en général, son action à un, quelquefois à deux groupes lorsqu'il en existe trois. Ainsi la métadinitrobenzine fournit avec l'étain et l'acide chlorhydrique de la métaphénylène-diamine, et avec le sulfure d'ammonium de la métanitraniline. (Pour plus de détails voir NITRÉS, COMPOSÉS, et DIAZOÏQUES, COMBINAISONS.)

Lorsqu'il s'agit de la réduction des corps chloronitrés par le sulfhydrate de potassium ou d'ammonium, trois cas peuvent se présenter :

1° La réduction a lieu régulièrement; exemple, nitrométadichlorobenzine symétrique (1.3.5) qui fournit l'aniline dichlorée symétrique;

2° Le groupe AzO^2 reste intact et l'atome de chlore est remplacé par SH (voir plus haut);

3° Enfin le groupe AzO^2 peut être éliminé à l'état de *nitrite* et remplacé par SH; tel est le cas de la chlorodinitrobenzine

$$C^6H^3Cl_{(1)}(AzO^2)_{(3)}(AzO^2)_{(4)}$$

fusible à 38° qui donne avec le sulfhydrate de potassium le sulfhydrate de chloronitrophényle $C^6H^3Cl(AzO^2)SH$ (Beilstein et Kurbatow).

Ce fait est un cas particulier d'une réaction générale des corps orthodinitrés sur laquelle on reviendra un peu plus loin; en voici un autre qui n'est pas moins remarquable, car il est resté jusqu'ici sans analogie. Les trois acides dinitrouramidobenzoïques isomériques α, β et γ, étant portés à l'ébullition avec de l'ammoniaque, donnent du *nitrate* d'ammonium et trois acides mononitrouramidobenzoïques isomériques α, β et γ (Griess) :

$$CO\left<\substack{AzH-C^6H^2(AzO^2)^2-CO^2H\\AzH^2}\right. + H^2O$$

$$= AzHO^3 + CO\left<\substack{AzH-C^6H^3(AzO^2)-CO^2H.\\AzH^2}\right.$$

Un des groupes AzO^2 a donc été remplacé par H, en vertu d'une réaction inverse de celle qui engendre les corps nitrés de la série aromatique.

Les dérivés nitrés et chloronitrés de la naphtaline sont facilement attaqués par le pentachlorure de phosphore, à une température un peu supérieure à 100°; l'α-nitronaphtaline, par exemple, fournit avec le perchlorure de phosphore de l'α-chloronaphtaline, du chlorure de nitrosyle et de l'oxychlorure de phosphore (Koninck et Marquardt, Atterberg) :

$$C^{10}H^7(AzO^2) + PCl^5$$
$$= C^{10}H^7Cl + AzOCl + POCl^3.$$

La nitrobenzine n'est pas attaquée à 180° par le perchlorure de phosphore (Oppenheim); il est néanmoins probable que, dans des conditions appropriées, les dérivés nitrés de la série benzique peuvent échanger de même AzO^2 contre Cl.

Nous avons vu plus haut que l'introduction d'un ou de plusieurs groupes AzO^2 dans la molécule des chlorures, bromures ou iodures phénoliques diminue notablement la stabilité de ces corps et les rend aptes à céder leur atome halogène aux réactifs. Ce groupe électro-négatif exerce une influence semblable sur d'autres radicaux substitués, tels que l'amidogène AzH^2, l'oxyméthyle OCH^3, l'oxéthyle OC^2H^5, et même, dans certains cas, sur un second groupe AzO^2. En voici quelques exemples :

1° *Nitramines.* — L'aniline résiste à l'action de la potasse; la paranitraniline et plus facilement encore la trinitraniline (picramide) se transforment sous cette action en phénols nitrés correspondants, et il se dégage de l'ammoniaque (Wagner) :

$$C^6H^4(AzO^2)AzH^2 + KHO$$
$$= AzH^3 + C^6H^4(AzO^2)OK.$$

La métanitraniline ne se comporte pas ainsi.

2° *Ethers des nitrophénols.* — Le phénol ou son éther méthylique n'est pas attaqué par l'ammoniaque alcoolique même aux plus hautes températures, tandis que le même réactif convertit vers 70° le paranitroanisol ou l'orthonitroanisol en paranitraniline ou en orthonitraniline :

$$C^6H^4(AzO^2)(OCH^3) + AzH^3$$
$$= CH^3.OH + C^6H^4(AzO^2)(AzH^2);$$

l'éther éthyldinitroparaoxybenzoïque est transformé de même en amide dinitroparaamidobenzoïque (H. Salkowski) :

$$C^6H^2(AzO^2)^2(OC^2H^5)(COOC^2H^5) + 2AzH^3$$
$$= 2C^2H^5.OH + C^6H^2(AzO^2)^2(AzH^2)(COAzH^2).$$

Cette réaction n'a pas lieu avec le métadérivé (métanitroanisol); ce qui fait ressortir à nouveau les différences profondes que présentent dans leurs allures les composés des séries ortho, méta et para.

3° *Composés orthodinitrés.* — Lorsque les dérivés dinitrés dans lesquels les groupes AzO^2 jouent, l'un par rapport à l'autre, le rôle ortho sont traités par la potasse, le sulfhydrate potassique, l'ammoniaque, l'aniline, ils échangent très facilement un groupe AzO^2 contre les restes (OH), (SH), (AzH^2), $(AzHC^6H^5)$, en même temps qu'il se produit un nitrite [A. Laubenheimer, *Deutsch. chem. Gesellsch.*, t. IX, p. 1826] :

$$C^6H^4\left<\substack{AzO^2_{(1)}\\AzO^2_{(2)}}\right. + 2KHO$$

Orthodinitrobenzine.

$$= C^6H^4\left<\substack{OK_{(1)}\\AzO^2_{(2)}}\right. + AzO^2K + H^2O$$

Orthonitrophénate de potassium.

Si les corps orthodinitrés ont subi d'autres substitutions, un des groupes AzO^2 est pareillement éliminé, à l'exclusion des autres radicaux de la molécule, même du chlore, de l'oxyméthyle, etc. L'ammoniaque en agissant, par exemple, sur la métaparadinitrochlorobenzine fournit une nitrochloraniline et non une dinitraniline :

$$C^6H^3Cl_{(1)}\left<\substack{AzO^2_{(3)}\\AzO^2_{(4)}}\right. + 2AzH^3$$

$$= C^6H^3Cl_{(1)}\left<\substack{AzH^2_{(3)}\\AzO^2_{(4)}}\right. + AzO^2AzH^4.$$

Citons, enfin, la réaction du sulfhydrate de potassium sur cette même métaparadinitrochlorobenzine, qui, loin de réduire un des groupes AzO^2, y substitue un reste sulfhydryle. (Voir plus haut.)

C'est ici le lieu de rappeler que certains corps nitrés : acide picrique, dinitroanthraquinone, dinitrochlorobenzine $C^6H^3Cl(AzO^2)_{(2)}(AzO^2)_{(4)}$ s'unissent directement, molécule à molécule, aux hydrocarbures aromatiques; les combinaisons qu'ils forment avec les carbures supérieurs, naphtaline, fluorène, anthracène, phénanthrène, etc., sont remarquables par la beauté de leurs cristaux et la variété de leur coloration; elles sont incolores, jaunes, rouges ou bleues.

6° ACIDE NITREUX. — Son action a été à peine étudiée. L'acide nitreux naissant, produit par la décomposition du nitrite d'amyle au moyen de l'acide chlorhydrique alcoolique, transforme quelques corps aromatiques en dérivés nitrosés (Baeyer et Caro) :

$$C^6H^5.Az(CH^3)^2 + AzO^2H$$

Diméthylaniline.

$$= H^2O + C^6H^4(AzO)Az(CH^3)^2.$$

Nitrosodiméthylaniline.

Il change les phénols en dérivés diazoïques.

7° ACIDE SULFURIQUE ET ANHYDRIDE SULFURIQUE. — Ces réactifs convertissent les corps aromatiques en acides sulfoconjugués ou sulfoniques :

$$C^7H^8 + SO^4H^2 = H^2O + C^7H^7.SO^3H$$

Toluène. — Acides toluène-sulfoniques.

$$C^{14}H^8O^2 + 2SO^3 = C^{14}H^6O^2(SO^3H)^2$$

Anthraquinone. — Acides anthraquinone-disulfoniques.

Les propriétés de ces acides ont été étudiées t. III, p. 120.

La plupart des hydrocarbures sont attaqués par l'acide sulfurique ordinaire, soit à froid, soit à une température plus ou moins élevée. Dans d'autres cas, il faut employer l'acide sulfurique fumant ou même l'anhydride sulfurique. Lorsqu'il s'agit enfin de pousser la substitution aussi loin que possible, on adjoint à ce dernier réactif l'anhydride phosphorique, et l'on opère en vase clos et à une température élevée.

Par l'action de l'anhydride sulfurique sur les hydrocarbures, on obtient, indépendamment de l'acide sulfonique, des corps neutres qui ont été désignés sous le nom de *sulfones :*

$$2\,C^6H^6 + SO^3 = H^2O + (C^6H^5)^2SO^2.$$

Benzine. Diphénylsulfone ou sulfobenzide.

Le reste SO^3H des acides sulfoniques entre toujours dans le noyau benzique, et donne souvent lieu à la formation de plusieurs isomères; le reste SO^2 des sulfones est également substitué à l'hydrogène du noyau.

Dans ces réactions, l'acide sulfurique subit une réduction, et les acides sulfoniques peuvent être considérés comme des éthers phénoliques acides de l'acide sulfureux. Les sulfones constituent les éthers diphénoliques de l'acide hydrosulfureux de Schützenberger.

On connaît cependant des acides sulfoniques dans lesquels le reste SO^3H remplace l'hydrogène d'une chaîne latérale, mais ces dérivés qui constituent les éthers sulfureux acides des alcools aromatiques ont été obtenus, d'après la réaction de Strecker, en traitant les chlorures alcooliques, tels que le chlorure de benzyle, par le sulfite de sodium.

L'acide sulfurique est souvent employé comme déshydratant dans les synthèses organiques par perte d'eau (Baeyer); nous citerons comme exemple la réaction des aldéhydes et des anhydrides sur les hydrocarbures, phénols, etc. (Voir plus loin, n°s 11 et 12.) Ce même acide peut aussi condenser deux molécules d'un même composé ou une seule par soudure carbonée, comme c'est le cas pour certains acides-phénols de la série benzoïque (métoxybenzoïque, gallique), qui fournissent des dérivés de l'anthraquinone :

$$C^6H(OH)^3 < {CO.OH \atop H} + {H \atop HO.CO} > C^6H(OH)^3$$

2 molécules d'acide gallique.

$$= 2H^2O + C^6H(OH)^3 < {CO \atop CO} > C^6H(OH)^3.$$

Acide rufigallique.

8° CHLORURE D'ALUMINIUM ET AUTRES CHLORURES METALLIQUES. — Leur action n'a été étudiée que sur les hydrocarbures qui forment des combinaisons moléculaires plus ou moins complexes; la benzine fournit ainsi le composé $Al^2Cl^6,6C^6H^6$; le cymène produit le composé $Al^2Cl^6,3C^{10}H^{14}$, etc. (Gustavson).

En présence du chlorure d'aluminium, les hydrocarbures sont modifiés avec une extrême facilité par les réactifs, même les moins énergiques. Ces réactions remarquables et tout à fait inattendues ont été découvertes par Friedel et Crafts, qui ont doté ainsi la science d'une méthode générale de synthèse organique, propre à fournir dans la série aromatique des hydrocarbures, des acétones, des nitriles, des acides, des phénols, des dérivés sulfurés, etc. [Voyez l'exposé de l'ensemble de ces recherches dans la *Revue scientifique*, 2 mars 1878, p. 820.]

Le brome et le chlore attaquent violemment les hydrocarbures mélangés de chlorure d'aluminium; l'oxygène ou le soufre s'y fixent directement et les transforment en phénols ou en sulfhydrates et sulfures; nous avons parlé de ces réactions. Les chlorures alcooliques, les chlorures d'acides, le chlorure de soufre, celui de cyanogène, les anhydrides, même l'anhydride carbonique, agissent sur ce mélange et s'unissent à l'hydrocarbure, soit directement, soit avec élimination d'acide chlorhydrique. Nous parlerons en détail un peu plus loin de ces réactions, mais il importe de présenter ici l'hypothèse émise par Friedel et Crafts, pour les expliquer et surtout pour interpréter le rôle qu'y joue le chlorure d'aluminium.

Au contact de ce corps et de l'hydrocarbure, il se formerait une petite quantité d'une combinaison organométallique, contenant le résidu de l'hydrocarbure moins H et le résidu du chlorure d'aluminium moins Cl:

$$C^6H^6 + Al^2Cl^6 = HCl + C^6H^5.Al^2Cl^5.$$

C'est sur ce composé que réagiraient les divers chlorures organiques ou inorganiques, en vertu de l'équation suivante :

$$C^6H^5.Al^2Cl^5 + CH^3Cl = Al^2Cl^6 + C^6H^5\text{-}CH^3.$$

Le chlorure d'aluminium régénéré agirait sur une nouvelle portion d'hydrocarbure, et ainsi de suite. Cette hypothèse explique ce fait qu'une très petite quantité de chlorure aluminique peut provoquer la formation d'une proportion considérable de produit. Mais il n'en est plus de même dans l'action de l'oxygène, du soufre, des anhydrides qui exigent l'emploi d'une quantité plus grande de chlorure d'aluminium, parce que le composé $C^6H^5.Al^2Cl^5$ doit fixer directement l'oxygène, le soufre, les anhydrides à la façon des combinaisons organométalliques. Ces réactions prêtent un appui considérable à l'hypothèse émise par Friedel et Crafts; elles en sont pour ainsi dire une conséquence immédiate. En effet, s'il se produit une combinaison organométallique $C^6H^5.Al^2Cl^5$, celle-ci doit fixer directement l'oxygène, le soufre, les anhydrides, à la façon de l'aluminium-éthyle. C'est bien en réalité ce qui a lieu.

D'autres chlorures partagent avec le chlorure d'aluminium la propriété de provoquer de semblables réactions synthétiques, mais ils agissent beaucoup moins activement; tels sont le chlorure de zinc, les chlorures ferrique et ferreux. Les chlorures magnésien, cobalteux, cuivreux, mercureux, chromique, antimonieux ne donnent lieu à aucune réaction appréciable.

Rappelons, à cet égard, qu'en 1871 Zincke a découvert une méthode de synthèse de certains carbures d'hydrogène qui consiste à traiter un mélange d'hydrocarbure aromatique et de chlorure de benzyle par la poudre de zinc; il se produit, au bout de quelque temps, une vive réaction qui continue alors même que l'on enlève le zinc [*Ann. der Chem. u. Pharm.*, t. CLIX, p. 367; t. CLXI, p. 93]. Cette réaction, qui s'explique aujourd'hui aisément par la formation initiale d'une petite quantité de chlorure de zinc, rentre dans le cadre beaucoup plus général des découvertes de Friedel et Crafts.

Le chlorure d'aluminium peut aussi accomplir des réactions analytiques; avec le concours de la chaleur, il détruit les carbures aromatiques riches en carbone, et fournit d'une part des hydrocarbures inférieurs, d'autre part des produits de complication moléculaire. Lorsqu'on chauffe la naphtaline, par exemple, avec du chlorure d'aluminium, il se dégage une petite quantité de gaz; il distille de la benzine et des hydrocarbures liquides bouillant vers 210°, et il reste dans la cornue des carbures solides très peu volatils.

9° CHLORURES ALCOOLIQUES. — Ils n'agissent sur les hydrocarbures aromatiques qu'avec le concours du chlorure d'aluminium; la réaction s'accomplit soit à une douce chaleur, soit spontanément, et est alors accompagnée d'une élévation de température. En laissant de côté la présence du chlorure d'aluminium, sur le rôle duquel nous nous sommes entendus, la réaction peut être représentée par l'équation

$$C^xH^{2y} + n\,RCl = n\,HCl + C^xH^{2y-n}R^n,$$

dans laquelle C^xH^{2y} représente un hydrocarbure aromatique, et R Cl un chlorure d'alcool monovalent. Le composé résultant est un hydrocarbure. Ainsi, dans l'action du chlorure de méthyle sur la benzine, on obtient successivement du toluène, du xylène, du pseudocumène, du durol, de la pentaméthylbenzine et même de l'héxaméthylbenzine; les atomes d'hydrogène de la benzine peuvent donc être tous remplacés par le radical méthyle [Friedel et Crafts, *loc. cit.*].

Les chlorures d'alcool diatomique agissent d'une manière semblable sur deux molécules d'hydrocarbure : les deux atomes de chlore se trouvent remplacés par deux radicaux de phénol. Silva vient de le démontrer pour les chlorures d'éthylène et de propylène; en traitant par exemple le premier de ces chlorures par la benzine et le chlorure d'aluminium, il a obtenu du dibenzyle (diphényléthane) :

$$\begin{matrix} CH^2Cl \\ CH^2Cl \end{matrix} + 2C^6H^6 = 2HCl + \begin{matrix} CH^2C^6H^5 \\ CH^2C^6H^5 \end{matrix}$$

[R. D. Silva, *Compt. rend.*, t. LXXXIX, p. 606].

10° CHLORURES DÉRIVÉS DES ACIDES. — Nous étudierons successivement l'action des chlorures des radicaux d'acides R-COCl, et celle des trichlorures R-CCl^3.

CHLORURES DES RADICAUX D'ACIDES. — En présence du chlorure d'aluminium, ils réagissent facilement sur les hydrocarbures et donnent des acétones :

$$R\text{-}COCl + C^xH^{2y} = HCl + R\text{-}CO\text{-}C^xH^{2y-1}.$$

Ainsi, avec le chlorure d'acétyle et la benzine, on obtient le méthylphénylcarbonyle; avec le chlorure de benzoyle et la benzine, le diphénylcarbonyle (benzophénone).

Le chlorure de cyanogène attaque également la benzine avec le concours du chlorure d'aluminium; il se forme du benzonitrile et des nitriles d'acides benzocarboniques polybasiques (Friedel et Crafts) :

$$C^6H^6 + CAzCl = HCl + C^6H^5\text{-}CAz.$$

L'action des chlorures d'acides bibasiques est trop incomplètement étudiée pour que l'on puisse formuler des règles; il est probable cependant qu'ils se comporteront comme les chlorures de carbonyle ou de métaphtalyle qui échangent les deux atomes de chlore contre deux restes d'hydrocarbures :

$$2C^6H^6 + C^6H^4 < \begin{matrix} COCl \\ COCl \end{matrix}$$

Chlorure de métaphtalyle.

$$= 2HCl + C^6H^4 < \begin{matrix} COC^6H^5 \\ COC^6H^5 \end{matrix} \text{(Ador).}$$

Métaphtalophénone.

Le chlorure de phtalyle donne lieu à des réactions très singulières dont il faut chercher la cause dans les propriétés toutes spéciales des composés de la série ortho. En présence du chlorure d'aluminium, il agit sur une molécule de benzine et donne de l'anthraquinone,

$$C^6H^6 + C^6H^4 < \begin{matrix} COCl \\ COCl \end{matrix}$$

$$= 2HCl + C^6H^4 < \begin{matrix} CO \\ CO \end{matrix} > C^6H^4.$$

En même temps, il s'accomplit une autre réaction dans laquelle interviennent 2 molécules de benzine et une molécule de chlorure de phtalyle, et qui donne comme produit final, après traitement par l'eau, la diphénylphtalide,

$$C^6H^4 < \begin{matrix} C(C^6H^5)^2 \\ CO \end{matrix} > O.$$

Ce corps doit sa production à une réaction tout à fait différente de celles que Friedel et Crafts ont découvertes : en effet, ici le chlorure de phtalyle attaque la benzine non par les atomes de chlore, mais par l'oxygène d'un des groupes CO [A. Baeyer, *Deutsch. chem. Gesellsch.*, t. XII, p. 642].

Certains composés aromatiques, surtout les amines tertiaires, sont aptes à réagir sur les chlorures des radicaux d'acides *sans le concours* du chlorure d'aluminium; la réaction est d'ailleurs semblable à celle de Friedel et Crafts [Michler et Dupertuis, *Deutsch. chem. Gesellsch.*, t. IX, p. 1901; — O. Fischer, *ibid.*, t. IX, p. 1753; t. X, p. 952].

Par exemple, avec le chlorure de carbonyle et la diméthylaniline on obtient d'abord le chlorure

$$CO < \begin{matrix} C^6H^4.Az(CH^3)^2 \\ Cl \end{matrix}$$

puis le dérivé acétonique

$$CO < \begin{matrix} C^6H^4.Az(CH^3)^2 \\ C^6H^4.Az(CH^3)^2. \end{matrix}$$

Le chlorure de benzoyle donne vers 150-180° la diméthylaniline dibenzoylée

$$C^6H^3.Az(CH^3)^2(COC^6H^5)^2.$$

Si l'on ajoute au mélange un agent déshydratant, comme le chlorure de zinc, le chlorure de benzoyle se comporte alors comme le trichlorure de benzényle et fournit du vert malachite (O. Fischer). — (Voir un peu plus loin.)

TRICHLORURES, R-CCl^3. — On a surtout étudié l'action du chloroforme et du chlorure de benzényle.

Chloroforme. — En traitant les phénols, en présence de la potasse, par le chloroforme, on y substitue le groupe CHO des aldéhydes, c'est-à-dire que l'on forme des aldéhydes-phénols. Pour expliquer cette réaction synthétique, découverte par Reimer, on peut admettre que la potasse convertit le chloroforme en acide formique qui réagit sur le phénol avec production d'eau et d'aldéhyde-phénol :

$$C^6H^5.OH + CHO.OH = H^2O + C^6H^4 < \begin{matrix} OH \\ CHO. \end{matrix}$$

Les acides-phénols se comportent à la manière des phénols et fournissent des substances jouissant de la triple fonction d'acide, de phénol et d'aldéhyde.

En présence du chlorure d'aluminium, le chloroforme agit comme les chlorures alcooliques sur les hydrocarbures et les trois atomes de chlore se trouvent en définitive remplacés par trois restes d'hydrocarbure (Friedel et Crafts) :

$$\underset{\text{Chloroforme.}}{CHCl^3} + 3C^6H^6 = 3HCl + \underset{\text{Triphénylméthane.}}{CH(C^6H^5)^3}.$$

Chlorure de benzényle, $C^6H^5\text{-}CCl^3$. — A une douce chaleur, il réagit avec une certaine énergie sur 2 molécules de phénol ou d'amine tertiaire, et produit des matières colorantes qui constituent des dérivés du triphénylméthane. Deux atomes de chlore emportant un atome d'hydrogène de chaque noyau benzénique, il se forme les composés

$$C^6H^5\text{-}CCl < \begin{matrix} C^6H^4.OH \\ C^6H^4.OH \end{matrix}$$

Benzaurine.

$$\text{ou bien } C^6H^5\text{-}CCl < \begin{matrix} C^6H^4.Az(CH^3)^2 \\ C^6H^4.Az(CH^3)^2 \end{matrix}$$

Vert malachite.

qui constituent des matières colorantes [O. Doebner, *Deutsch. chem. Gesellsch.*, t. XI, p. 1236 et 2274; t. XII, p. 1462].

Les bases correspondantes sont très probablement des alcools tertiaires résultant du remplacement de Cl par OH; O. Fischer a démontré ce fait pour la base du vert malachite, qui renferme $C^{23}H^{25}(OH)Az^2$ [O. Fischer, *Deutsch. chem. Gesellsch.*, 1879, p. 1685]. Doebner, d'accord sous ce rapport avec E. et O. Fischer, avait considéré d'abord ces matières colorantes comme des *anhydrides internes*, dérivant par perte de HCl des corps formulés plus haut; mais les idées que vient d'émettre Rosenstiehl sur la constitution de la rosaniline et de ses sels nous paraissent également s'appliquer ici.

Les réducteurs enlèvent l'atome d'oxygène aux produits colorés et les convertissent en matières incolores. Le composé $C^{23}H^{26}Az^2O$, qui a reçu des applications industrielles, se produit aussi lorsque la diméthylaniline est chauffée à 180° avec de l'acide benzoïque et de l'anhydride phosphorique (O. Fischer).

11° ALDÉHYDES. — Lorsqu'on met en contact une aldéhyde, un hydrocarbure aromatique et un agent de déshydratation (acide sulfurique pur ou dilué d'acide acétique), le mélange s'échauffe en général spontanément, et il se forme des hydrocarbures complexes. L'oxygène de l'aldéhyde empruntant deux atomes d'hydrogène aux noyaux de deux molécules d'hydrocarbure, les résidus se soudent [A. Baeyer, *Deutsch. chem. Gesellsch.*, t. V, p. 25, 280 et 1094; t. VI, p. 220; t. VII, p. 1180]:

$$R\text{-}CHO + 2C^xH^{2y} = H^2O + R\text{-}CH\begin{cases}C^xH^{2y-1}\\C^xH^{2y-1}.\end{cases}$$

Aldéhyde. Hydrocarbure aromatique.

C'est ainsi qu'un mélange d'aldéhyde formique et de diphényle fournit le diphényl-diphénylméthane $CH^2(C^6H^4\text{-}C^6H^5)^2$; l'aldéhyde acétique et la benzine donnent le diphényléthane

$$CH^3\text{-}CH(C^6H^5)^2.$$

La réaction ne s'arrête pas là : les hydrocarbures formés dans cette première phase agissent à leur tour sur l'aldéhyde et produisent des hydrocarbures plus complexes encore, dont quelques-uns cristallisent, mais qui, dans la plupart des cas, se présentent sous forme de masses résineuses brunes.

Les phénols monovalents ou polyvalents et les acides-phénols sont attaqués par les aldéhydes comme les hydrocarbures, avec cette différence cependant que la réaction est beaucoup plus énergique et progresse souvent jusqu'à la formation de produits de condensation mal définis. C'est surtout l'aldéhyde formique qui se fait remarquer par la puissance de son affinité pour les phénols. On peut régulariser la réaction en transformant les phénols en éthers méthyliques,

$$CH^3\text{-}CHO + 2C^6H^5.OH$$

Aldéhyde acétique.

$$= H^2O + CH^3\text{-}CH\begin{cases}C^6H^4.OH\\C^6H^4.OH\end{cases}$$

Diphénoléthane.

$$2C^7H^6O + 2C^6H^6O^3 = H^2O + C^{26}H^{22}O^7.$$

Aldéhyde benzoïque. Pyrogallol.

L'élimination d'une seule molécule d'eau dans cette dernière réaction est très inattendue; le même fait se retrouve toujours pour l'aldéhyde benzoïque et semble par conséquent lui être particulier; les aldéhydes de la série grasse, au contraire, si elles interviennent par 2 molécules, donnent lieu à la formation de 2 molécules d'eau (Baeyer).

Les composés aromatiques jouissant d'autres fonctions sont aussi attaqués par les aldéhydes, mais ces réactions sont à peine étudiées. O. Fischer, en faisant réagir l'aldéhyde benzoïque sur la diméthylaniline, a obtenu une matière incolore de la formule

$$C^6H^5\text{-}CH\begin{cases}C^6H^4.Az(CH^3)^2\\C^6H^4.Az(CH^3)^2\end{cases}$$

qui constitue le dérivé dihydrogéné du vert malachite dont il a été question plus haut, et qui se transforme en ce vert par les oxydants. L'aldéhyde benzoïque a donc agi dans le cas présent comme les aldéhydes de la série grasse [O. Fischer, *Deutsch. chem. Gesellsch.*, t. X, p. 1624; t. XI, p. 950; t. XII, p. 1685].

12° ANHYDRIDES. — Certains anhydrides attaquent directement les corps aromatiques; d'autres demandent le concours d'un troisième réactif.

En présence du chlorure d'aluminium, les hydrocarbures fixent les anhydrides (Friedel et Crafts).

L'anhydride carbonique et la benzine fournissent ainsi l'acide benzoïque,

$$C^6H^6 + CO^2 = C^6H^5\text{-}CO^2H.$$

Avec l'anhydride sulfureux et la benzine, on a de même :

$$C^6H^6 + SO^2 = C^6H^5\text{-}SO^2H.$$

Acide phénylsulfinique.

Avec l'anhydride acétique, on obtient des acétones,

$$C^6H^6 + (CH^3\text{-}CO)^2O$$
$$= C^6H^5\text{-}CO\text{-}CH^3 + CH^3\text{-}CO^2H.$$

Méthylphénylcarbonyle.

Avec l'anhydride phtalique, enfin, on a des acides acétoniques,

$$C^6H^6 + C^6H^4(CO)^2O = C^6H^5\text{-}CO\text{-}C^6H^4\text{-}CO^2H.$$

Ces réactions seraient difficiles à expliquer si, comme nous l'avons exposé plus haut, l'on n'admettait pas l'existence d'un composé organométallique formé par l'action de l'hydrocarbure sur le chlorure d'aluminium (Friedel et Crafts).

Un grand nombre d'anhydrides d'acides polybasiques, tels que les anhydrides phtalique, mellique, pyromellique, oxalique, succinique, camphorique, réagissent facilement sur les phénols monovalents ou polyvalents; l'action a souvent lieu directement à une température plus ou moins élevée; dans tous les cas, elle est facilitée par l'addition d'un déshydratant, tel que l'acide sulfurique, le chlorure de zinc, le tétrachlorure d'étain, la glycérine [A. Baeyer, *Deutsch chem. Gesellsch.*, t. IV, p. 457, 555 et 658].

Une molécule d'anhydride réagit sur 2 molécules de phénol avec élimination de 2 molécules d'eau, et il se produit des matières colorées que Baeyer désigne par un nom générique formé de la racine du nom de l'acide et de la terminaison *éine :*

$$C^8H^4O^3 + 2C^6H^6O^2 = 2H^2O + C^{20}H^{12}O^5.$$

Anhydride phtalique. Résorcine. Phtaléine de la résorcine (fluorescéine).

L'α-naphtol, l'hydroquinone, la pyrocatéchine, la phloroglucine, le pyrogallol, se comportent comme la résorcine. La réaction du phénol ordinaire sur l'acide phtalique, par contre, n'est accompagnée que de l'élimination d'une seule molécule d'eau.

La formation des phtaléines a lieu à une température relativement peu élevée, et avec l'emploi de quantités modérées d'acide sulfurique. Si la température est plus haute et si la proportion d'acide est augmentée, il s'accomplit une autre réaction qui a pour résultat la disparition de la phtaléine produite, et sa transformation en dérivés hydroxylés de l'anthraquinone; du moins c'est ainsi que les choses se passent pour les phénols de la série benzénique :

$$\underset{\text{Phénolphtaléine.}}{C^{20}H^{14}O^{4}} + SO^{4}H^{2}$$

$$= \underset{\text{2 Oxyanthraquinones isomériques.}}{C^{14}H^{8}O^{3}} + \underset{\text{Acide phénolsulfonique.}}{C^{6}H^{6}SO^{4}} + H^{2}O.$$

Ces oxyanthraquinones se forment aussi lorsqu'on a introduit les phénols dans un mélange d'acide sulfurique et d'anhydride phtalique chauffé à une température suffisamment élevée; dans ce cas, on n'est pas parvenu à constater la formation préalable d'une phtaléine, ce qui semble démontrer que celle-ci n'est pas indispensable pour la formation des oxyanthraquinones [A. Baeyer et H. Caro, *Deutsch. chem. Gesellsch.*, t. VII, p. 968]. On pourrait alors formuler la réaction d'une manière plus simple :

$$\underset{\text{Anhydride phtalique.}}{C^{6}H^{4}<\begin{matrix}CO\\CO\end{matrix}>O} + \underset{\text{Pyrocatéchine.}}{C^{6}H^{4}(OH)^{2}}$$

$$= H^{2}O + \underset{\text{Alizarine.}}{C^{6}H^{4}<\begin{matrix}CO\\CO\end{matrix}>C^{6}H^{2}(OH)^{2}}$$

L'anhydride phtalique intervient donc ici par son oxygène typique. Baeyer avait d'abord supposé que les choses se passent de même lors de la formation des phtaléines, mais il a montré tout récemment que cette hypothèse doit être abandonnée pour la phénolphtaléine, et probablement aussi pour les autres phtaléines. L'eau éliminée dans la réaction du phénol sur l'anhydride phtalique est formée aux dépens de l'atome d'oxygène d'un des groupes CO de l'acide phtalique et d'un atome d'hydrogène de chaque molécule de phénol [A. Baeyer, *Deutsch. chem. Gesellsch.*, t. XII, p. 642] :

$$C^{6}H^{4}<\begin{matrix}CO\\CO\end{matrix}>O + 2C^{6}H^{5}.OH$$

$$= H^{2}O + C^{6}H^{4}<\begin{matrix}C{=}(C^{6}H^{4}.OH)^{2}\\CO\end{matrix}>O.$$

On le voit, la phénolphtaléine constitue l'anhydride *interne* d'un dérivé du triphénylméthane jouant à la fois le rôle de phénol divalent, d'alcool tertiaire et d'acide, ce que montre clairement la formule

$$C\begin{cases}C^{6}H^{4}.OH\\C^{6}H^{4}.OH\\C^{6}H^{4}\end{cases}\qquad \begin{matrix}|\\O-CO\end{matrix}$$

Anhydride dihydroxytriphénylcarbinol-carboxylique.

Si les recherches ultérieures montraient que les autres phtaléines possèdent une constitution analogue, la chimie des nombreuses matières colorantes préparées avec les phénols et les amines serait singulièrement simplifiée; toutes, en effet, dériveraient du triphénylméthane et d'hydrocarbures semblables ou, pour préciser, des alcools tertiaires correspondants.

Pour terminer ce qui a trait à l'action des anhydrides sur les phénols, il reste à mentionner la synthèse des acides-phénols de Kolbe et Lautemann, qui consiste à traiter les phénols par le sodium et l'anhydride carbonique (t. I, p. 392). Kolbe a fait depuis l'observation intéressante que le phénol et le sodium peuvent être remplacés par le phénate *sodique* tout formé. Ce sel, vers 180-220°, absorbe énergiquement le gaz carbonique, et se convertit en salicylate basique de sodium :

$$2C^{6}H^{5}.ONa + CO^{2}$$

$$= C^{6}H^{5}.OH + C^{6}H^{4}<\begin{matrix}CO^{2}Na\\ONa.\end{matrix}$$

Lorsqu'on remplace le phénate *sodique* par le phénate *potassique*, la même réaction s'effectue à une température de 140°, mais à 180-220° c'est de l'acide paraoxybenzoïque que l'on obtient.

Kolbe et Ost ont observé de plus que vers 300° les sels de ces acides-phénols diatomiques peuvent absorber de nouvelles quantités de gaz carbonique et engendrer des acides phénoldicarboniques et même un acide phénoltricarbonique.

Une solution de phénol dans la potasse alcoolique étant chauffée avec du tétrachlorure de carbone, le gaz carbonique naissant se fixe sur le phénol et produit un mélange d'acide salicylique et d'acide paraoxybenzoïque. La nature de l'alcali ne semble exercer aucune influence sur le sens de la réaction (Reimer et Tiemann).

Dans ce qui précède, nous n'avons parlé que des modifications subies sous l'influence des réactifs par le noyau ou par les chaînes latérales carbonées; l'éthérification des alcools et des phénols, la transformation des amines en amines secondaires ou en alcalamides, la formation des anhydrides d'acides simples ou à fonction mixte n'ont pas été mentionnées. Dans la plupart des cas, en effet, ces réactions ne présentent rien de particulier.

Il est pourtant certains faits qui paraissent appartenir en propre à l'orthosérie et être tout à fait généraux. Nous voulons parler de la formation des produits de condensation dans l'orthosérie, phénomènes que Baeyer a désignés sous le nom de *condensation interne*.

Il peut y avoir élimination d'eau et formation d'un produit de condensation interne toutes les fois qu'un orthodérivé renferme :

1° deux hydroxyles de nature acide;

2° un hydroxyle de nature aicde et l'autre de nature alcoolique;

3° un hydroxyle de nature acide et l'autre de nature phénolique;

4° un hydroxyle de nature acide et un groupe amidogène;

5° le groupe diazoïque Az=AzOH et un groupe amidogène;

6° deux groupes amidogènes dont l'un est modifié par substitution d'un radical d'acide;

7° un hydroxyle et un groupe amidogène dont un atome d'hydrogène est remplacé par un radical d'acide; etc., etc.

Citons un exemple de chaque cas :

1° $$\underset{\text{Acide orthophtalique.}}{C^{6}H^{4}<\begin{matrix}CO.OH\\CO.OH\end{matrix}} = H^{2}O + \underset{\text{Anhydride orthophtalique.}}{C^{6}H^{4}<\begin{matrix}CO\\CO\end{matrix}>O.}$$

Les acides métaphtalique et paraphtalique ne fournissent point d'anhydrides.

2° $$\underset{\text{Acide hydroxyorthotoluique.}}{C^{6}H^{4}<\begin{matrix}CO.OH\\CH^{2}.OH\end{matrix}} = H^{2}O + \underset{\text{Phtalide}}{C^{6}H^{4}<\begin{matrix}CO\\CH^{2}\end{matrix}>O.}$$

3°

$$C^6H^4 < \begin{array}{l} CH=CH\text{-}CO.OH \\ OH \end{array} = H^2O + C^6H^4 < \begin{array}{l} CH = CH \\ O - CO. \end{array}$$

Acide coumarique. — Coumarine.

On ne connaît pas de paracoumarine.

4°

$$C^6H^4 < \begin{array}{l} CH^2\text{-}CO^2H \\ AzH^2 \end{array} = H^2O + C^6H^4 < \begin{array}{l} CH^2 \\ AzH \end{array} > CO.$$

Acide orthamido-α-toluique (inconnu). — Oxyindol.

L'acide paramido-α-toluique est stable et n'a pas été déshydraté jusqu'ici.

5°

$$C^6H^4 < \begin{array}{l} Az = AzOH \\ AzH^2 \end{array} = H^2O + C^6H^4 < \begin{array}{l} Az \\ AzH \end{array} \geqq Az.$$ [1]

Dérivé diazoïque de l'orthophénylène-diamine. — Dérivé diazoïque condensé.

6°

$$C^6H^4 < \begin{array}{l} AzH\text{-}CO\text{-}CH^3 \\ AzH^2 \end{array} = H^2O + C^6H^4 < \begin{array}{l} Az \\ AzH \end{array} \geqq C\text{-}CH^3.$$

Acétylorthophénylène-diamine (inconnue). — Éthénylorthophénylène-diamine.

Les alcalamides préparées avec les métadiamines et les paradiamines sont stables.

7°

$$C^6H^4 < \begin{array}{l} AzH\text{-}COH \\ OH \end{array} = H^2O + C^6H^4 < \begin{array}{l} Az \\ O \end{array} \geqq CH.$$

Formylorthamidophénol (inconnu). — Méthénylorthamidophénol.

Dans certains cas, cette déshydratation exige l'intervention d'un agent avide d'eau ; d'autres fois, l'orthodérivé est tellement instable qu'au moment de sa formation il perd de l'eau et ne peut être isolé. Il est probable que la plupart de ces produits de condensation interne possèdent une formule double de celle que nous avons écrite, leur constitution étant analogue à celle de la lactide.

La réaction des aldéhydes sur les orthodiamines ou sur leurs chlorhydrates fournit des bases stables que Ladenburg a désignées sous le nom d'*aldéhydines*. La formation de ces bases, parmi lesquelles la dibenzylidène-crésylène-diamine (1.3.4.),

$$CH^3\text{-}C^6H^3 < \begin{array}{l} Az=CH\text{-}C^6H^5 \\ Az=CH\text{-}C^6H^5, \end{array}$$

a été particulièrement étudiée, est aussi caractéristique pour les orthodiamines. Certaines métadiamines et les paradiamines peuvent engendrer des composés de même formule, mais ceux-ci sont dépourvus de propriétés basiques et se dédoublent avec la plus grande facilité en leurs générateurs.

Les exemples précédents qui pourraient être multipliés, joints à ce qui a été dit plus haut sur l'oxydation des orthodérivés, font ressortir les différences qui séparent les corps de l'orthosérie de ceux des séries méta et para. Mais ces différences ne sont point absolues ; il existe en effet des réactions dans lesquelles les dérivés ortho et para marchent de pair.

D'abord ils se produisent fréquemment ensemble et peuvent même se convertir les uns dans les autres (exemples : acides phénolorthosulfonique et phénolparasulfonique ; acides orthoxybenzoïque et paraoxybenzoïque). D'autre part, ils se comportent souvent de la même manière avec les réactifs ou sous l'influence de la chaleur ; tandis que les métadérivés présentent des allures à part. On a vu plus haut quelques exemples de ces différences, et nous mentionnons encore ici la facile décomposition des acides orthoxybenzoïque et paraoxybenzoïque en phénol et gaz carbonique, par opposition à la stabilité de l'acide métaoxybenzoïque.

Si l'on jette un coup d'œil sur l'ensemble des réactions des corps aromatiques, on est frappé de la facilité avec laquelle les atomes d'hydrogène du noyau benzénique peuvent être remplacés par d'autres atomes ou par des groupes d'atomes. Non seulement les réactifs puissants, chlore, brome, acide nitrique, etc., effectuent cette substitution, mais, d'après les remarquables réactions synthétiques découvertes par Baeyer, Friedel et Crafts, Zincke, le chlore des chlorures organiques, l'oxygène des aldéhydes, des anhydrides et même des acides, sont également susceptibles d'enlever l'hydrogène au noyau benzénique. Ces réactions appartiennent jusqu'ici en propre aux corps aromatiques et semblent constituer un caractère différentiel important entre les séries grasse et aromatique. Mais une différence aussi absolue existe-t-elle réellement ? Il est permis d'en douter si l'on regarde ce qui est advenu des caractères différentiels que l'on croyait fondamentaux il y a une dizaine d'années : existence de phénols et de corps nitrés, nombre considérable d'isomères, formation de dérivés benzéniques lors de la destruction des corps aromatiques (t. I, p. 380 et suiv.), tous ces caractères distinctifs ont été écartés un à un.

Les alcools tertiaires de la série grasse peuvent être rapprochés jusqu'à un certain point des phénols ; les corps nitrés existent dans la série grasse ; certains d'entre eux peuvent même être obtenus par l'action de l'acide nitrique sur les corps gras ; le nombre d'isomères est considérable dans les deux séries ; enfin le noyau benzénique peut se constituer aux dépens de la molécule des corps gras, et, d'autre part, des corps aromatiques peuvent se détruire complètement sans production de dérivés benzéniques.

1. Les dérivés diazoïques des amidophénols ou des acides sulfoniques préparés avec les amines engendrent facilement ces anhydrides internes, quand même ils n'appartiennent pas à la série ortho. Ainsi le dérivé diazoïque de l'acide paramidobenzolsulfonique (sulfanilique) a pour formule

$$C^6 < \begin{array}{l} Az = Az \\ SO^2 - O \end{array}$$

A. H.

Si les synthèses par perte d'eau ou d'acide chlorhydrique étaient observées dans la série grasse, si même on découvrait des corps azoïques et diazoïques dans cette série, il resterait toujours un caractère fondamental de la série aromatique : *l'isomérie dite de position*, qui découle de la constitution même du noyau benzénique. On ne connait en effet jusqu'ici aucun composé non aromatique qui possède un noyau condensé et symétrique comparable à celui de la benzine. Et c'est précisément dans cette forte condensation de la molécule qu'il faut chercher la raison de la grande stabilité du noyau carboné et, en même temps, de la grande mobilité de l'hydrogène de la benzine. A mesure que les atomes de carbone satisfont entre eux leurs valences, leur affinité pour l'hydrogène va en diminuant, et cet hydrogène peut alors être facilement remplacé même par des métaux (carbures acétyléniques, benzine).

On a souvent rapproché, et à juste titre, des corps aromatiques certains composés non saturés, partant à molécule condensée, qui ne renferment pas le noyau benzénique. Ces composés, et par leur composition et par leurs allures chimiques, tiennent pour ainsi dire le milieu entre la série grasse et la série aromatique, formant la transition graduelle entre les dérivés du méthane et ceux de la benzine. Des limites tranchées ne peuvent être tracées dans la nature.

Parmi ces composés de transition, dont le nombre va en augmentant sans cesse, mentionnons l'acide pyromucique, le pyrrol, le furfurol, le tétraphénol, les corps du groupe méconique, notamment l'acide pyroméconique qui, d'après les récentes recherches de Ost, engendre directement avec l'acide azoteux un dérivé nitrosé et un dérivé nitré, réductibles tous deux par l'hydrogène naissant.

FORMATION SIMULTANÉE DE PRODUITS DE SUBSTITUTION ISOMÉRIQUES DANS LA SÉRIE BENZÉNIQUE.

PRODUITS BISUBSTITUÉS. — Lorsqu'un composé benzénique vient à être modifié par substitution, il se forme en général plusieurs produits isomériques. La première observation dans cet ordre de faits est due à Kekulé qui, en faisant agir l'acide sulfurique sur le phénol, a obtenu les acides phénolparasulfonique et phénolorthosulfonique. Depuis, des faits analogues ont été constatés un très grand nombre de fois, et l'on peut dire qu'il n'existe probablement aucune réaction substituante donnant naissance à des produits bisubstitués qui n'engendre deux ou trois modifications isomériques. Il nous suffira de citer l'action du brome, du chlore, de l'acide nitrique, de l'acide sulfurique, du chlorure de méthyle en présence du chlorure d'aluminium, etc., sur le toluène et en général sur les produits monosubstitués de la benzine, réactions qui toutes produisent deux, souvent même trois dérivés isomériques.

Quelle est l'explication théorique de ce phénomène général? Il semblerait, de prime abord, qu'une seule et même réaction, toutes choses étant égales, ne devrait point fournir des produits isomériques. Mais les molécules d'un corps sont loin de se trouver toutes dans des conditions identiques et constantes. Ainsi la théorie mécanique de la chaleur enseigne que ce que nous appelons température n'est qu'une résultante et ne représente nullement la quantité de chaleur (force vive) dont est pourvue une molécule déterminée. Certaines molécules sont douées d'une force vive supérieure, d'autres d'une force vive inférieure à celle qui correspond à la température moyenne, et la force vive des molécules change incessamment. Or l'on conçoit qu'une molécule du corps substituant agisse différemment sur le corps aromatique, suivant qu'elle vient dans la sphère d'attraction de molécules plus chaudes ou plus froides.

De fait, on a constaté que la température exerce une influence prépondérante sur les proportions des corps isomériques qui se produisent dans une réaction. Le nombre d'observations que l'on possède à cet égard est fort restreint encore, mais les résultats sont probants.

Le phénol étant traité à froid par l'acide sulfurique fournit l'acide phénol-orthosulfonique en proportion fortement dominante, tandis qu'à 100° l'acide parasulfonique se forme presque exclusivement (Kekulé).

La naphtaline donne à 100° avec l'acide sulfurique 20 d'acide β-naphtylsulfonique et 80 °/o d'acide α-naphtylsulfonique; à 160-170°, par contre, ces proportions sont renversées et l'on obtient un mélange de 75 °/o d'acide β et de 25 °/o d'acide α (Merz et Weith).

Les acides phénol-orthosulfonique et α-naphtylsulfonique ont cela de remarquable que l'élévation de température seule les convertit en modifications para et β. Dans les autres exemples que nous allons citer, de semblables transformations n'ont pas été observées. L'influence de la température n'en est pas moins manifeste.

Lorsque le toluène est soumis à l'action de l'acide nitrique, il se forme d'autant plus de paranitrotoluène que la température est plus élevée, l'acide plus concentré, et, par conséquent, la réaction plus vive (Rosenstiehl). L'élévation de température agit dans le même sens sur la production des acides toluène-parasulfoniques (Vogt et Henninger). Dans la préparation des mononitrophénols, la chaleur abaisse par contre la proportion du paranitrophénol au bénéfice du dérivé orthonitré (Kœrner, Goldstein).

Il y a un certain nombre d'années, à une époque où l'on ne soupçonnait nullement la généralité du fait de la formation simultanée de plusieurs produits de substitutions isomériques, on s'était efforcé de trouver une dépendance entre la nature des corps réagissants et la série à laquelle appartenait le produit substitué. Mais, sous cette forme étroite, ces essais sont restés stériles, puisque, comme nous l'avons dit, les trois dérivés bisubstitués de la benzine, ortho, méta et para, se produisent en même temps. Toutefois, un ou deux de ces dérivés dominant de beaucoup dans le mélange, on peut se demander si la formation de ceux-ci n'obéit pas à quelque règle. [Voir les mémoires suivants : V. Meyer, *Ann. der Chem. u. Pharm.*, t. CLVI, p. 280; — R. Fittig, *Zeitschr. für Chem.*, 1871, p. 179; — H. Hübner, *Deutsch. chem. Gesellsch.*, t. VIII, p. 874; — W. Kœrner, *Gazz. chim. ital.*, 1874, p. 305; en extrait : *Jahresb. für Chem.*, 1875, p. 302; — E. Wroblevsky, *Deutsch. chem. Gesellsch.*, t. VII, p. 1060; t. IX, p. 497; — E. Noelting, *ibid.*, t. IX, p. 1797.]

Voici ce que l'on constate :

I. — Lorsque le chlore, le brome, l'iode, l'acide nitrique, l'acide sulfurique agissent sur les benzines monosubstituées à chaine latérale basique, neutre ou faiblement acide (chlorobenzine, bromobenzine, iodobenzine, phénol, acétanilide, toluène, acide α-toluique, acide cinnamique, etc., c'est le dérivé para (1.4) qui se forme en proportion dominante; le dérivé ortho (1.2) se produit en moindre quantité et le dérivé méta (1.3) ne se trouve qu'en faible proportion.

II. — Lorsque le chlore, le brome, l'iode, l'acide nitrique, l'acide sulfurique agissent sur les benzines monosubstituées à chaine latérale fortement acide (acide benzoïque, nitrobenzine, acide benzinosulfonique), le dérivé (1.3) est le produit principal; il est accompagné de petites quantités des dérivés (1.2) et (1.4).

Le tableau suivant que nous empruntons à W. Kœrner, et que nous avons complété, montrera jusqu'à quel point ces deux règles ont été confirmées par l'expérience. Les chiffres gras désignent le produit principal.

CORPS MONOSUBSTITUÉ primitif (groupe substitué à la place 1).	SÉRIES AUXQUELLES APPARTIENNENT LES BIDÉRIVÉS qui se forment par la substitution des radicaux suivants :				
	Cl.	Br.	I.	AzO^2.	SO^3H.
$C^6H^5Cl_{(1)}$..........	**1.4** 1.2	**1.4** 1.2	**1.4**	**1.4** 1.2	**1.4**
$C^6H^5Br_{(1)}$.........	déplace Br.	**1.4** 1.2	—	**1.4** 1.2	**1.4**
$C^6H^5I_{(1)}$...........	déplace I.	déplace I.	**1.4**	**1.4** 1.2	**1.4**
$C^6H^5(OH)_{(1)}$.......	**1.4** 1.2 et 1.3	**1.4** 1.2 et 1.3	**1.4** 1.2 et 1.3	**1.4** 1.2	**1.4** et **1.2**
$C^6H^5(AzH^2)_{(1)}$.....	**1.4**	**1.4**	**1.4**	**1.4** 1.2	**1.4**
$C^6H^5(CH^3)_{(1)}$......	**1.4** et **1.2**	**1.4** et **1.2**	—	**1.4** et **1.2** 1.3	**1.4** et **1.2**
$C^6H^5(AzO^2)_{(1)}$.....	**1.3** 1.2	déplace AzO^2	déplace AzO^2	**1.3** 1.2 et 1.4	**1.3** 1.2 et 1.4
$C^6H^5(CO^2H)_{(1)}$....	**1.3**	**1.3**	**1.3**	**1.3** 1.2 et 1.4	**1.3** 1.4
$C^6H^5(SO^3H)_{(1)}$....	—	**1.3**	—	**1.3** 1.2 et 1.4	**1.3** 1.4

Les lacunes que présente ce tableau proviennent de l'insuffisance des travaux, et sans aucun doute de nouvelles recherches les feront disparaître.

PRODUITS TRISUBSTITUÉS. — Lorsqu'un dérivé bisubstitué subit une nouvelle substitution, souvent il se forme en même temps deux ou trois corps isomériques; mais ici ce fait ne présente pas la même généralité que dans la classe précédente. Dans certains cas, il ne se forme qu'un seul dérivé. Bien plus, deux ou trois modifications isomériques d'un corps bisubstitué peuvent engendrer un seul et même dérivé trisubstitué. Choisissons quelques exemples :

$C^6H^4Br_{(1)}Br_{(2)}$ produit avec l'acide nitrique... $\begin{cases} C^6H^3Br_{(1)}Br_{(2)}(AzO^2)_{(3)} \\ C^6H^3Br_{(1)}Br_{(2)}(AzO^2)_{(4)} \end{cases}$
Orthodibromobenzine.

$C^6H^4Br_{(1)}Br_{(3)}$ — — ..... $\begin{cases} C^6H^3Br_{(1)}Br_{(3)}(AzO^2)_{(2)} \\ C^6H^3Br_{(1)}Br_{(3)}(AzO^2)_{(4)} \end{cases}$
Métadibromobenzine.

$C^6H^4Br_{(1)}Br_{(4)}$ — — ..... $\{ C^6H^3Br_{(1)}Br_{(4)}(AzO^2)_{(2)}$
Paradibromobenzine.

$C^6H^4(OH)_{(1)}(AzO^2)_{(2)}$ — — ..... $\begin{cases} C^6H^3(OH)_{(1)}(AzO^2)_{(2)}(AzO^2)_{(4)} \\ C^6H^3(OH)_{(1)}(AzO^2)_{(2)}(AzO^2)_{(6)} \end{cases}$
Orthonitrophénol.

$C^6H^4(OH)_{(1)}(AzO^2)_{(3)}$ — — ..... $\begin{cases} C^6H^3(OH)_{(1)}(AzO^2)_{(3)}(AzO^2)_{(2)} \\ C^6H^3(OH)_{(1)}(AzO^2)_{(3)}(AzO^2)_{(4)} \\ C^6H^3(OH)_{(1)}(AzO^2)_{(3)}(AzO^2)_{(6)} \end{cases}$
Métanitrophénol.

$C^6H^4(OH)_{(1)}(AzO^2)_{(4)}$ — — ..... $\{ C^6H^3(OH)_{(1)}(AzO^2)_{(4)}(AzO^2)_{(2)}$
Paranitrophénol.

$C^6H^4(OH)_{(1)}(CO^2H)_{(2)}$ — — ..... $\begin{cases} C^6H^3(OH)_{(1)}(CO^2H)_{(2)}(AzO^2)_{(4)} \\ C^6H^3(OH)_{(1)}(CO^2H)_{(2)}(AzO^2)_{(6)} \end{cases}$
Acide orthoxybenzoïque.

$C^6H^4(OH)_{(1)}(CO^2H)_{(4)}$ — — ..... $\{ C^6H^3(OH)_{(1)}(CO^2H)_{(3)}(AzO^2)_{(2)}$
Acide paraoxybenzoïque.

$C^6H^4Br_{(1)}(CO^2H)_{(3)}$ — — ..... $\begin{cases} C^6H^3Br_{(1)}(CO^2H)_{(3)}(AzO^2)_{(2)} \\ C^6H^3Br_{(1)}(CO^2H)_{(3)}(AzO^2)_{(4)} \end{cases}$
Acide métabromobenzoïque.

Parmi ces exemples, pris dans une multitude d'analogues, remarquons la formation du même dinitrophénol (1.2.4), soit avec l'orthonitrophénol, soit avec le paranitrophénol. A ce sujet, nous citerons encore l'orthobromonitrobenzine et la parabromonitrobenzine qui, avec l'acide nitrique, engendrent la même bromodinitrobenzine,

$$C^6H^3Br_{(1)}(AzO^2)_{(2)}(AzO^2)_{(4)}.$$

La chlorobenzine orthonitrée et paranitrée se comportent semblablement.

Le métaxylène et le paraxylène étant transformés d'abord en xylènes monobromés, puis en méthylxylènes, donnent la même triméthylbenzine (pseudocumène),

$$C^6H^3(CH^3)_{(1)}(CH^3)_{(2)}(CH^3)_{(4)},$$

qui pourra probablement être obtenue aussi avec l'orthoxylène en vertu des mêmes réactions.

Les trois benzines dibromées fournissent avec le brome une seule tribromobenzine,

$$C^6H^3Br_{(1)}Br_{(2)}Br_{(4)}.$$

La formation de ces produits trisubstitués, qui semble à première vue n'obéir à aucune loi, présente cependant une certaine régularité. Tout d'abord, on constate que les corps que nous venons d'énumérer appartiennent tous aux types 1.2.3 (= 1.2.6), et 1.2.4 (= 1.3.4). Cette tendance à constituer le type 1.2.4 du pseudocumène, si remarquable dans les derniers exemples cités, est une conséquence immédiate de ce qui va suivre; elle paraît indiquer que ce groupement moléculaire jouit d'un équilibre très stable.

Le type 1.3.5, appelé quelquefois type symétrique, fait défaut parmi les exemples cités; il apparaît cependant quelquefois : l'acide métanitrobenzoïque, par exemple, fournit par nitration l'acide dinitrobenzoïque (1.3.5),

$$C^6H^3(CO^2H)_{(1)}(AzO^2)_{(3)}(AzO^2)_{(5)}$$

à l'exclusion d'autres isomères.

Mais il y a des régularités plus marquées. Lorsqu'un atome ou un groupe d'atomes Z entre par substitution dans le dérivé bisubstitué

$$C^6H^4XY,$$

chacun des radicaux X et Y exerce sur lui une certaine influence en cherchant à l'orienter par rapport à lui, s'il est permis de s'exprimer ainsi. Mais, si l'influence de l'un des radicaux X ou Y est prépondérante, on peut admettre que ce radical agira seul sur Z et lui assignera la place dans la molécule d'après les règles énoncées plus haut pour la formation des dérivés bisubstitués.

Il s'agirait donc de ranger tous les atomes ou groupes d'atomes, qui peuvent remplacer l'hydrogène de la benzine, dans une série, de telle manière que chaque terme possède une influence d'orientation plus puissante que tous ceux qui le suivent. Cette série commence par le terme OH, ainsi que le démontrent amplement les exemples cités : ainsi, lors de la nitration des nitrophénols, de l'acide salicylique, de l'acide paraoxybenzoïque, le groupe AzO^2 remplace tous les atomes d'hydrogène ortho (2 et 6) et para (4) qui peuvent être remplacés. De là, formation des deux dérivés (1.2.4) et (1.2.6) en partant de l'orthonitrophénol ou de l'acide salicylique ; formation des trois dérivés dinitrés (1.3.2), (1.3.4) et (1.3.6) en partant du métanitrophénol; formation du dérivé unique (1.4.2) en partant du paranitrophénol ou de l'acide paraoxybenzoïque.

Après le groupe OH vient se ranger le groupe AzH^2; quant aux termes suivants, ils ne peuvent être indiqués avec certitude à l'heure présente. Br semble l'emporter en influence d'orientation sur CO^2H; ce groupe CO^2H, sur AzO^2; mais les observations trop peu nombreuses ne permettent pas d'aller plus loin. Du reste, à mesure que cette influence d'orientation s'affaiblit, il faut probablement envisager, indépendamment de leur nature, la position respective des radicaux, c'est-à-dire la série à laquelle appartient le corps bisubstitué.

La production des dérivés dibromés (1.2.4.6) en partant des nitranilines ortho et para, en opposition à celle d'un dérivé tribromé (1.2.3.4.6) en partant de la nitraniline méta, s'explique de la manière la plus simple par les considérations sur l'énergique pouvoir orientant du groupe AzH^2, qui précèdent. Il en est de même des faits analogues qu'on observe en bromant directement les trois monobromanilines.

PRODUITS TÉTRASUBSTITUÉS. — Ils sont trop peu étudiés pour que l'on puisse formuler des règles sur leur mode de production. Nous ferons seulement remarquer que le type (1.2.4.6) semble se former le plus fréquemment. Les dinitrophénols dérivés de l'orthonitrophénol ou du paranitrophénol par exemple, étant nitrés à nouveau, fournissent le même acide picrique,

$$C^6H^6(OH)_{(1)}(AzO^2)_{(2)}(AzO^2)_{(4)}AzO^2)_{(6)}.$$

En résumé, les dérivés polysubstitués de la benzine dont la formation est la plus fréquente appartiennent aux types

(1.2) ou (1.4); (1.2.4); (1.2.4.6).

Chose digne de remarque, les nombreux dérivés de la benzine élaborés par les organes des plantes viennent se ranger sous les mêmes types, ainsi que le démontrent suffisamment les exemples que je vais citer :

TYPE (1.2.).....	Acide et aldéhyde salicyliques; salicine; populine; indigo; coumarine; acide coumarique; acide mélilotique.
TYPE (1.4.).....	Arbutine; anéthol, aldéhyde cuminique; tyrosine; phlorétine.
TYPE (1. 2. 4.)..	Thymol; eugénol, vanilline et coniférine; acide férulique; acide caféique.
TYPE (1. 2. 4. 6.).	Acide gallique; méconine; acide orsellique (?).

Ces faits m'ont paru intéressants; ils ne sauraient être dus au hasard, mais pour le moment leur signification nous échappe.

Remarques sur les propriétés physiques des produits de substitution simple de la benzine. — Les benzines chloronitrées, bromonitrées et iodonitrées, appartenant à la même série, offrent dans leurs propriétés physiques les plus grandes ressemblances. Les corps chlorés et bromés paraissent être *isomorphes* entre eux et, dans beaucoup de cas, isomorphes avec les dérivés iodés.

L'*intensité de coloration* va en augmentant, des dérivés chloronitrés aux dérivés bromonitrés, et de ceux-ci aux dérivés iodonitrés. Les composés dans lesquels le groupe AzO^2 joue le rôle ortho vis-à-vis de Cl, Br, I, OH, AzO^2, etc., présentent la coloration la plus intense. La même remarque s'applique aux dérivés diortho, comme le diorthonitrophénol, tandis que les dérivés dans lesquels le groupe AzO^2 joue le rôle ortho par rapport à *deux* autres groupes sont incolores.

L'*odeur* et la *solubilité* décroissent du corps chloré au corps bromé, et de celui-ci au corps iodé. Quant à la *fusibilité* et à la *volatilité*, on ne peut encore reconnaître de marche régulière bien évidente. Les corps chlorés fondent ou entrent en ébullition, dans la plupart des cas, à une température plus basse que les corps bromés et iodés correspondants; dans d'autres cas, ils sont moins fusibles; si l'on ne tient pas compte de l'isomérie dite de position, ils peuvent même être moins volatils : l'orthobromophénol, par exemple, bout à 194°,5 et le parachlorophénol bout à 217° seulement.

Lorsque l'on compare les points de fusion des corps isomériques, on constate que les dérivés de l'orthosérie sont en général les plus fusibles ; ceux de la parasérie le sont le moins. Les méta- et les paradérivés entrent en ébullition sensiblement à la même température, tandis que les orthodérivés sont tantôt beaucoup plus volatils, tantôt moins volatils. A cet égard, les dérivés du phénol sont remarquables; l'orthochlorophénol bout 40° plus bas que le parachlorophénol, et même 11° plus bas que le phénol lui-même. C'est le seul cas connu où un corps substitué bout à une température inférieure au point d'ébullition du composé générateur.

APPENDICE.

PRODUITS D'ADDITION DE LA SÉRIE AROMATIQUE.

On comprend sous ce nom un certain nombre de composés, tant naturels qu'artificiels *plus saturés* que les corps aromatiques, et qui, en vertu de réactions simples et faciles, fournissent des corps aromatiques. On est donc en droit d'admettre que ces composés plus saturés constituent, comme les corps aromatiques, des chaînes fermées, et seulement condensées, par suite de l'adjonction d'atomes d'hydrogène, de chlore ou d'autres radicaux.

Parmi les composés naturels, citons l'acide quinique, la quercite, l'essence de térébenthine, et ses nombreux isomères, les camphres, le bornéol, etc.

L'acide quinique doit être considéré comme l'hexahydrure d'un acide tétraoxybenzoïque (Woskresensky, Lautemann, Graebe),

$$C^6H[H^6]\left\{\begin{matrix}CO^2H\\(OH)^4\end{matrix}\right..$$

La quercite est probablement l'hexahydrure de la benzine pentahydroxylée (Prunier),

$$C^6H[H^6](OH)^5.$$

L'essence de térébenthine constitue le dihydure de cymène,

$$C^6H^4[H^2]<\begin{matrix}CH^3\\C^3H^7\end{matrix}$$

Les produits d'addition artificiels sont très nombreux. On a déjà dit que les hydrocarbures et les acides aromatiques fixent directement l'hydrogène naissant développé par l'acide iodhydrique, l'iodure de phosphore, l'amalgame de sodium, et donnent des hydrures (voyez p. 220) qui retournent au type aromatique par l'action des oxydants.

Le chlore, le brome, l'acide hypochloreux s'ajoutent aussi aux carbures aromatiques, et plus aisément encore à leurs produits de substitution chlorés ou bromés. La lumière solaire facilite la réaction. Voici les formules de quelques-uns de ces corps :

$C^6H^6[Cl^6]$ Hexachlorure de benzine.	$C^6Cl^5(OH)[Cl^2]$ Dichlorure de pentachlorophénol.
$C^6HBr^3O^2[Br^2]$ Dibromure de tribromorésoquinone.	$C^{14}H^8Br^2[Br^4]$ Tétrabromure de dibromoanthracène.
$C^{10}H^8[Cl^2]$ Dichlorure de naphtaline.	$C^{10}H^8[Cl^4]$ Tétrachlorure de naphtaline.

Les produits d'additions qui contiennent encore de l'hydrogène substituable se transforment en produits de substitution lorsqu'on les traite par la potasse :

$$\underset{\text{Tétrachlorure de naphtaline.}}{C^{10}H^8Cl^4} = 2HCl + \underset{\text{Dichloronaphtaline.}}{C^{10}H^6Cl^2}.$$

Witt a même émis l'opinion que la substitution n'est qu'une réaction secondaire en série aromatique. Il se produirait d'abord un produit d'addition qui, sous l'influence de la chaleur ou d'autres agents, se dédoublerait en corps substitué et acide chlorhydrique, bromhydrique, etc. Witt a réuni un certain nombre d'observations qui semblent plaider en faveur de cette manière de voir [*Deutsch. chem. Gesellsch.*, t. VIII, p. 1226].

Le chlore ou le brome ajouté aux corps aromatiques peuvent être remplacés, dans certains cas, par d'autres groupes. Lorsqu'on chauffe l'hexachlorure de benzine avec de l'acétate d'argent, il se forme du chlorure argentique et une ou plusieurs acétines (Rosenstiehl). Le tétrachlorure de naphtaline, étant chauffé avec de l'eau, se transforme en glycol naphthydrénique dichloré (Grimaux),

$$C^{10}H^8[Cl^4] + 2H^2O = 2HCl + C^{10}H^8[Cl^2(OH)^2]$$

Lorsque le noyau benzique renferme déjà un certain nombre d'atomes de chlore ou de brome substitués, les atomes fixés par addition peuvent être enlevés purement et simplement par une foule de réactifs.

Le dichlorure de pentachlorophénol, par exemple, étant chauffé à 230° avec de l'alcool, régénère le pentachlorophénol (Beilstein). Le produit d'addition $C^6H^3Cl^2(AzHC^2H^3O)[HOCl]$ cède facilement de l'acide hypochloreux à la potasse, à l'iodure de potassium, aux amines aromatiques (Witt). Enfin le dibromure de résoquinone perd vers 150-160° du brome et laisse la tribromorésoquinone (Liebermann et Dittler).

La constitution des produits d'addition est facile à interpréter. Lorsqu'un corps aromatique fixe deux, quatre ou six atomes monovalents, une, deux ou trois liaisons de la formule prismatique sont rompues; nous avons développé ce point plus haut (p. 213), et nous avons fait justice de cette assertion qui consiste à présenter l'existence des produits d'addition comme une preuve de la formule hexagonale de Kekulé. Ces produits constitueront sans doute un jour la meilleure pierre de touche des hypothèses que nous avons exposées au commencement de cet article, mais leur étude, trop incomplète encore, ne permet pas d'approfondir aujourd'hui cette question. A. Henninger.

ARSENIC. — L'arsenic fond sous pression à une température intermédiaire entre les points de fusion de l'antimoine et de l'argent. La densité de l'arsenic fondu est égale à 5,079 à 10°. L'arsenic fondu est moins fragile que l'arsenic sublimé; on peut l'aplatir sous le marteau [Mallet, *Chem. News*, t. XXVI, p. 97; *Bull. Soc. chim.*, t. XVIII, p. 438].

La vapeur d'arsenic est phosphorescente au delà de 200° dans une atmosphère d'oxygène dilué [Joubert, *Compt. rend.*, t. LXXVIII, p. 1853].

Modifications allotropiques. — Lorsqu'on sublime l'arsenic dans un courant d'hydrogène sec, on obtient, outre l'arsenic cristallisé, deux modifications amorphes de cet élément. L'une constitue une poudre grise et terne; l'autre, une masse vitreuse noire. Si l'on opère dans un tube, l'arsenic cristallisé se dépose dans la partie la plus proche de la portion chauffée; l'arsenic gris se dépose un peu plus loin et la modification noire à l'extrémité du tube.

Vue au microscope, la modification pulvérulente, qui est d'abord jaune au moment de son dépôt et qui devient ensuite grise, se présente en petites sphères groupées en chapelets. Densité = 4,710 à 14°. Chauffée à 360°, elle se transforme brusquement en arsenic ordinaire, d'une densité égale à 5,72, en produisant une élévation de température suffisante pour en volatiliser une partie.

La modification vitreuse noire se forme lorsqu'on refroidit la vapeur d'arsenic à 220°, dans un tube en U plongeant dans un bain d'huile. Cette modification a pour densité 4,710; chauffée à 360°, elle se transforme, comme la précédente, en arsenic cristallisé. L'acide azotique l'attaque plus difficilement que l'arsenic cristallisé, tandis que la modification pulvérulente est dissoute plus facilement. Les anneaux obtenus dans l'appareil de Marsh paraissent être formés par la modification vitreuse. La densité de l'arsenic cristallisé est égale à 5,727 à 14° [Bettendorff, *Ann. Chem. Pharm.*, t. CXLIV, p. 110; *Bull. Soc. chim.*, t. X, p. 13].

Chaleur d'oxydation. — La transformation de l'arsenic en anhydrides arsénieux dégage 154cal.,59 pour 1 molécule As^2O^3; la formation d'anhydride arsénique en dégage 219cal.,4 [Thomsen, *Deutsch. chem. Gesellsch.*, t. VII, p. 1002].

HYDROGÈNE ARSÉNIÉ. — Le procédé qui fournit l'hydrogène arsénié le plus pur consiste à décomposer, par l'eau ou par un acide faible, l'arséniure de sodium, préparé lui-même à l'aide du sodium et de l'hydrogène arsénié impur. Le gaz qui se dégage ne renferme que peu d'hydrogène libre.

Dans la décomposition de l'arséniure de sodium, il se forme en outre un dépôt velouté brun qui est l'hydrure d'arsenic solide pur AsH. Quant au dépôt noir qu'on obtient lorsqu'on décompose un arséniure métallique par un acide, il renferme beaucoup d'arsenic libre. D'après Engel, ce dépôt est même exclusivement formé d'arsenic; il en est de même du dépôt produit par l'addition d'acide hypophosphoreux à une solution d'acide arsénieux [Janowsky, *Deutsch. chem. Gesellsch.*, t. VI, p. 220; *Bull. Soc. chim.*, t. XX, p. 77; — R. Engel, *Compt. rend.*, t. LXXVII, p. 1545].

L'hydrogène arsénié, en agissant sur le chlorure de phosphore, donne naissance au phosphure d'arsenic (Janowsky). Dirigé à travers un tube contenant de l'iode, l'hydrogène arsénié donne un dépôt jaune d'iodure d'arsenic qui rougit lorsqu'on le chauffe dans un excès d'hydrogène arsénié, en émettant des vapeurs jaunes [Husson, *Compt. rend.*, t. LXVII, p. 56].

On a constaté la présence de l'hydrogène arsénié dans les appartements tapissés avec des papiers peints contenant des couleurs arsénicales [N. P. Hamberg, *Bull. Soc. chim.*, t. XXII, p. 275; — H. Fleck, *Dingl. polytechn. Journ.*, t. CCVII, p. 146].

ARSÉNIURES MÉTALLIQUES. — A. Descamps a cherché à les obtenir en réduisant les arséniates correspondants. La réduction par l'hydrogène, l'oxyde de carbone ou le gaz d'éclairage ne s'effectue que difficilement. Elle réussit mieux avec le cyanure de potassium; mais, en général, on n'obtient pas un composé défini, mais un alliage d'arsenic et de métal ayant perdu plus ou moins d'arsenic.

On obtient les arséniures en fondant directement le métal avec de l'arsenic dans un courant d'hydrogène, en présence d'anhydride borique employé comme fondant. Enfin quelques-uns d'entre eux, notamment ceux de cuivre, d'or, d'argent, se forment lorsqu'on traite la solution métallique par l'arsenic libre [*Compt. rend.*, t. LXXXVI, p. 1022].

CHLORURE D'ARSENIC, $AsCl^3$. — Il prend naissance lorsqu'on traite le sulfure d'arsenic récemment précipité par une solution acide de chlorure ferrique [Riekher, *Neues Jahrb. Pharm.*, t. XXXVI, p. 9]. Le chlorure d'arsenic bout à 128° (pression 754mm); densité = 2,1668 à 20°. Indices de réfraction : rouge = 1,5920; vert = 1,6123; violet = 1,6248 [A. Hagen, *Poggend. Annal.*, t. CXXXIII, p. 295].

Combinaison avec PCl^5. — Le perchlorure de phosphore se dissout dans le chlorure d'arsenic et donne une masse nacrée blanche dont la composition se rapproche de $PCl^5.AsCl^3$. Cette combinaison est très instable [A.-W. Cronander, *Bull. Soc. chim.*, t. XIX, p. 499].

Pentachlorure, $AsCl^5$. — Diverses tentatives ont été faites pour obtenir ce chlorure.

L'acide arsénique, ainsi que son anhydride, sont décomposés par l'acide chlorhydrique concentré ou gazeux, en produisant du trichlorure d'arsenic et du chlore libre :

$$As^2O^5 + 10HCl = 2AsCl^3 + Cl^4 + 5H^2O.$$

Mayrhofer a tenté la même réaction, mais sans plus de succès, en opérant à une température de — 20°. Il n'a pas été plus heureux en faisant agir à la même température le chlore sur le trichlorure d'arsenic [*Ann. Chem. Pharm.*, t. CLVIII, p. 326].

Un mélange de perchlorure de phosphore et de trichlorure d'arsenic absorbe le chlore en se colorant en rouge jaunâtre. La combinaison formée est très instable; traitée par l'eau, elle donne de l'acide arsénique et de l'acide phosphorique; on peut donc admettre qu'elle renferme $AsCl^5$ combiné à PCl^5 [Cronander, *loc. cit.*]

Ne pouvant obtenir le pentachlorure d'arsenic, Geuther a cherché à obtenir un oxychlorure correspondant. Il a fait réagir le peroxyde d'azote sur le trichlorure d'arsenic (le trichlorure de phosphore fournit ainsi le chlorure pyrophosphorique). Il a abandonné à lui-même pendant 48 heures, à 0°, un mélange de 55 grammes de chlorure d'arsenic et de 22 grammes de peroxyde d'azote. Le mélange se prend en masse et donne à la distillation un mélange de chlorures de nitrosyle et un résidu d'anhydride arsénique :

$$4AsCl^3 + 5Az^2O^4$$
$$= 2As^2O^5 + 8AzOCl + 2AzOCl^2$$

[*Journ. prakt. Chem.* (2), t. VIII, p. 354; *Bull. Soc. chim.*, t. XXI, p. 553].

TRIFLUORURE D'ARSENIC, $AsFl^3$. — Mac Ivor le prépare en distillant un mélange d'anhydride arsénieux, de fluorure de calcium et d'acide sulfurique, ou de chlorure d'arsenic et de fluorure d'ammonium. D'après ses déterminations, ce corps bout à 64-66°; sa densité est égale à 2,66; il est soluble dans l'alcool et dans l'éther et n'attaque pas le verre [*Chem. News*, t. XXX, p. 169, et XXXII, p. 232; *Bull. Soc. chim.*, t. XXIII, p. 103, et t. XXV, p. 548].

TRIIODURE D'ARSENIC. — Pour le préparer, Babcock dissout l'acide arsénieux dans l'acide iodhydrique et évapore à sec. L'iodure reste sous la forme d'écailles cristallines, d'un jaune orange, entièrement solubles dans l'eau [*Arch. der Pharm.* (3), t. IX, p. 455].

IODURE PYROARSÉNIQUE (*acide iodarsénique*) $As^2O^3I^4$. — Cette combinaison, dont l'existence est encore douteuse, a été décrite par Sylv. Zinno [*N. Répert. Pharm.*, t. XXII, p. 375; *Bull. Soc chim.*, t. XXI, p. 175]. Son existence a été niée par Wagner [*Liebig's Ann. Chem.*, t. CLXXIV p. 120]. Voici les faits observés par Zinno :

Lorsqu'on ajoute à une solution d'acide arsénieux une quantité d'iode telle que la solution reste colorée, et qu'on concentre ensuite au bain-marie, on obtient de petits cristaux incolores et brillants, possédant la composition ci-dessus. Ils sont beaucoup plus solubles dans l'eau que l'anhydride arsénieux, solubles dans l'alcool, à peu près insolubles dans l'éther. L'ébullition avec l'eau les dédouble en produisant de l'acide arsénique et de l'acide iodhydrique. Ce corps est soluble dans les alcalis et donne naissance à des sels dont Zinno n'indique pas la composition et qu'il nomme *iodarséniates*. La solution des cristaux donne avec le sulfate de cuivre un précipité blanc sale, devenant peu à peu brun; avec l'azotate d'argent, un précipité jaune; avec le chlorure mercurique, un précipité rose, soluble dans un excès d'iodure.

L'addition d'iodure de potassium à la solution bouillante des cristaux fournit, après refroidissement, filtration et concentration, une poudre cristalline à laquelle Zinno assigne la composition $Az^2O^4I^3.2KI$.

Anhydride arsénieux. — Scheurer-Kestner a rencontré l'anhydride arsénieux prismatique dans les canaux de condensation que traverse l'acide sulfureux au sortir des fours à pyrite, avant d'arriver dans les chambres de plomb. C'est la forme que paraît affecter l'anhydride arsénieux lorsqu'il se sublime dans une atmosphère d'acide sulfureux [*Bull. Soc. chim.*, t. X, p. 444]. C'est dans des circonstances analogues qu'ont dû se former les cristaux observés par Claudet; ces cristaux provenaient des mines de cuivre de San-Domingo (Portugal) et s'étaient déposés dans des crevasses, par suite de la combustion spontanée d'amas de pyrite [*Journ. of chem. Soc.*, 1868, p. 179].

Enfin Nilson a obtenu des cristaux prismatiques, mélangés de cristaux octaédriques dans le grillage lent à 100° du sulfure d'arsenic.

Densité de vapeur. — Cette densité a été déterminée par V. et C. Meyer à 1560°. Le résultat est identique à celui qu'avait trouvé Mitscherlisch à 571°, c'est-à-dire que cette densité a été trouvée égale à 199,3, chiffre qui conduit au poids moléculaire As^4O^6 (densité théorique = 198) [*Deutsch. chem. Gesellsch.*, t. XII, p. 1116].

Solubilité. — D'après Buchner, 1 p. d'anhydride arsénieux cristallisé exige 355 p. d'eau pour se dissoudre, après une digestion de vingt-quatre heures; si la solution a été faite à chaud, puis refroidie, elle contient après vingt-quatre heures 1 p. As^2O^3 pour 46 p. d'eau. Par la digestion à froid, l'anhydride amorphe exige 103 p. d'eau; par dissolution à chaud, il reste dissous, après vingt-quatre heures, dans 30 p. seulement d'eau à 15° [*N. Repert. f. Pharm.*, t. XXII, p. 265].

Phénomènes thermiques. — La formation de l'anhydride arsénieux, en partant des éléments, dégage $154^{cal.},59$ pour 1 molécule, d'après Thomsen; son oxydation, en solution aqueuse, dégage $78^{cal.},36$, soit $39^{cal.},18$ par chaque atome d'oxygène, chiffre très voisin de celui trouvé par Favre ($39^{cal.},09$). [Voyez Berthelot, *Bull. de la Soc. chim.*, t. XXVIII, p. 496.]

La dissolution de 1 molécule As^2O^3 dans l'eau dégage $7^{cal.},75$ [Thomsen, *Deutsch. chim. Gesellsch.*, t. VII, p. 1002.

De la chaleur dégagée lorsqu'on neutralise l'acide arsénieux par la soude, Thomsen conclut qu'il est monobasique [*loc. cit.*, p. 293].

La solution aqueuse d'anhydride arsénieux ne s'oxyde que très lentement à froid; en présence de l'acide chlorhydrique, cette oxydation est un peu plus rapide. L'immersion d'une lame de platine dans la solution l'active beaucoup; elle porte alors, après deux mois à froid, sur 1/7 à 1,5 de l'anhydride arsénieux dissous et sur la moitié environ après vingt heures à 100°.

Enfin une solution alcaline d'acide arsénieux est beaucoup plus oxydable. Après vingt heures, à 100°, elle absorbe les 4/5 de l'oxygène nécessaire pour changer tout l'arsénite en arséniate.

Cette oxydation, en présence d'un alcali, dégage près de deux fois plus de chaleur que celle de l'anhydride arsénieux libre [Berthelot, *Bull. Soc. chim.*, t. XXVIII, p. 496].

Réduction. — L'amalgame de sodium, en agissant sur l'acide arsénieux ou sur ses sels, produit une substance qui réduit à froid le permanganate de potassium, ainsi que les sels d'or, d'argent, de mercure et de cuivre; la solution, qui est incolore, se décompose peu à peu en brunissant et en laissant déposer de l'hydrure d'arsenic [Fremy, *Compt. rend.*, t. LXX, p. 61].

Lorsqu'on ajoute du chlorure stanneux à la solution de l'acide arsénieux ou de l'acide arsénique dans l'acide chlorhydrique fumant, il se dépose immédiatement de l'arsenic métallique. Si l'acide chlorhydrique a pour densité 1,125, la réduction est complète; si l'acide est plus faible, elle est incomplète. Cette réaction est très sensible, et comme elle n'a pas lieu avec les oxydes d'antimoine, elle peut servir à reconnaître l'arsenic à côté de ce dernier. Elle peut servir aussi à purifier l'acide chlorhydrique de l'arsenic qu'il renferme souvent [Bettendorff, *Zeitsch. für Chem.*, 1869, p. 492; *Bull. de la Soc. chim.*, t. XIII, p. 42].

Action de PCl^5. — Le trichlorure de phosphore agit à 110° sur l'anhydride arsénieux d'après l'équation

$$5As^2O^3 + 6PCl^3 = 4As + 3P^2O^5 + 6AsCl^3.$$

L'oxychlorure de phosphore et même le perchlorure sont sans action sur l'anhydride arsénieux [Michaelis, *Zeitsch. f. Chem.*, 1871, p. 151].

Arsénite d'aluminium. — On l'obtient en précipitant une solution de sulfate d'aluminium par l'arsénite de baryum et concentrant la liqueur filtrée, d'abord à une douce chaleur, puis sur l'acide sulfurique; il se dépose en beaux octaèdres rhomboédriques. Si l'on concentre la solution à 70°, elle laisse déposer des cristaux d'anhydride arsénieux et il reste un arsénite basique en dissolution [Thorey, *Russ. Zeitsch. Pharm.*, t. X, p. 321].

Arsénite de calcium. — Ce sel est soluble dans l'acide sulfureux; si l'on fait bouillir la solution, elle dépose du sulfite de calcium (B.-W. Gerland).

Arsénite de chrome. — Lorsqu'on verse une solution concentrée et chaude d'acide chromique dans une solution saturée d'acide arsénieux, le mélange se colore en vert et reste d'abord limpide. Si l'on chauffe à 100°, il devient opaque en apparence et, finalement, il laisse déposer une poudre vert foncé qui présente la composition $CrAsO^3$, soit $As^2O^3.Cr^2O^3$ [C. Nevile, *Chem. News*, t. XXXIV, p. 220].

Acide arsénique. — *Arséniate triammonique.* — Il forme un précipité cristallin lorsqu'on sature d'ammoniaque une solution concentrée d'acide arsénique. Déposé lentement, il peut cristalliser en cristaux rhomboïdaux très nets (Salkowski).

Arséniate d'argent-diamine. — Lorsqu'on évapore une solution ammoniacale d'arséniate d'argent sur un mélange de chaux et de sel ammoniac, elle laisse déposer des aiguilles incolores qui constituent la combinaison $AsO^4Ag^3.2AzH^3$, qu'on peut écrire

$$AsO^4\left\{\begin{matrix}Ag\\(AzH^3Ag)^2\end{matrix}\right.$$

Ce sel perd de l'ammoniaque à l'air [O. Widman, *Bull. Soc. chim.*, t. XX, p. 65].

Arséniates de baryum. — Ces sels, avec beaucoup d'autres arséniates, ont fait l'objet de recherches de la part de H. Salkowski [*Journ prakt. Chem.*, t. CIV, p. 129; *Bull. Soc. chim.*, t. X, p. 447]. La description des arséniates de baryum ne présente pas de faits nouveaux.

Le précipité obtenu par l'ammoniaque dans la solution chlorhydrique de l'arséniate dibarytique, additionnée de sel ammoniac, a pour composition $3(AsO^4)^2Ba^3, BaCl^2$, analogue à celle de la mimetèse, et qu'on peut écrire

$$(AsO^4)^3 \left\{ \begin{matrix} Ba^4 \\ Ba-Cl. \end{matrix} \right.$$

Arséniate de bismuth. — H. Salkowski lui a toujours trouvé pour composition AsO^4Bi (soit $As^2O^5Bi^2O^3$). Ce sel renferme $1/2 H^2O$ à 100°. Il est insoluble dans l'acide azotique, un peu soluble dans un excès d'azotate de bismuth. Il est soluble dans l'acide chlorhydrique, mais cette solution est entièrement précipitée par l'eau.

Arséniates de calcium. — L'arséniate dit neutre AsO^4CaH, obtenu par double décomposition, renferme une mol. d'eau qu'il perd à 100°; il se transforme en pyroarséniate déjà à 240°.

Si, au lieu d'ajouter l'arséniate disodique à une solution de chlorure de calcium, pour obtenir le sel précédent, on opère en sens inverse, le précipité a une composition beaucoup plus complexe, soit $(AsO^4)^8Ca^9Na^2H^4 + 8H^2O$ (Salkowski).

Arséniate de cadmium. — Le sel obtenu par double décomposition avec l'arséniate disodique renferme $(AsO^4)^4Cd^5H^2 + 4H^2O$; il ne perd pas d'eau à 120°.

L'arséniate normal $2(AsO^4)^2Cd^3 + 3H^2O$ est un précipité gélatineux obtenu avec le sulfate de cadmium et l'arséniate trisodique (Salkowski).

Arséniate de cuivre. — Le précipité bleu obtenu lorsqu'on ajoute de l'arséniate de sodium à du sulfate de cuivre retient toujours du sodium. Si l'on emploie l'arséniate d'ammonium, le précipité présente une composition intermédiaire entre celles de l'arséniate normal et de l'arséniate dimétallique, soit

$$(AsO^4)^4Cu^5H^2 + 2H^2O \text{ (Salkowski).}$$

Friedel et Sarazin ont obtenu des cristaux d'arséniate de cuivre offrant la composition de l'olivénite, en chauffant sous pression à 130-140° du carbonate de cuivre avec une solution d'acide arsénique. Ils ont obtenu de même l'*arséniate de zinc* correspondant [*Bull. Soc. chim.*, t. XXIV, p. 482].

Arséniate de glucinium $(AsO^4)^2Gl^3 + 6H^2O$. — Précipité gélatineux obtenu lorsqu'on ajoute de l'alcool à une solution de glucine dans l'acide arsénique [Atterberg, *Bull. de la Soc. chim.*, t. XXIV, p. 358].

Arséniates de strontium. — Le sel dit neutre devient plus basique par les lavages à l'eau. Préparé avec l'arséniate disodique, le précipité renferme toujours $AsO^4SrNa + H^2O$ et la liqueur filtrée laisse déposer par l'ébullition l'arséniate strontique pur AsO^4SrH (Salkowski).

Arséniates de zinc. — Le précipité produit par l'arséniate disodique dans une solution de sulfate de zinc est amorphe et volumineux; il renferme d'après Salkowski $(AsO^4)^4Zn^5H^2 + 3H^2O$ à 100°, et $+ 2H^2O$ à 120°.

L'arséniate trizincique est un précipité gélatineux obtenu avec l'arséniate trisodique. Il renferme $(AsO^4)^2Zn^3 + 3H^2O$.

Arséniate de zirconium,

$$4AsO^4(ZrO)''H + 3H^2O.$$

— Poudre blanche insoluble dans l'eau et dans l'acide chlorhydrique, obtenue par double décomposition entre le sulfate de zirconium et l'arséniate disodique [Paykull, *Bull. Soc. chim.*, t. XX, p. 67].

Sulfures d'arsenic. — Ces sulfures ont fait l'objet d'un mémoire très étendu publié par L.-E. Nilson [*Ofvers. af vet. Akad. Færhand.*, 1871, p. 303; *Journ. für prakt. Chem.* (2), t. XII, p. 295, et t. XIV, p. 1 et 145; *Bull. Soc. chim.*, t. XVII, p. 30]. On doit en outre à Gelis de nouveaux procédés de fabrication de l'orpiment et du réalgar [*Ann. de Chim. et de Phys.* (4), t. XXX, p. 114; *Bull. Soc. chim.*, t. XX, p. 167].

Suivant Nilson, il n'existe que trois sulfures d'arsenic, As^2S^2, As^2S^3 et As^2S^5; les autres sulfures décrits ne sont que des mélanges. Quant au sous-sulfure $As^{12}S$ décrit par Berzélius et qui reste lorsqu'on traite le disulfure par la potasse, il est formé d'arsenic libre, opinion déjà émise par Kuhn en 1853.

Tous les sulfures d'arsenic sont réduits par l'hydrogène à une température élevée; le plus facile à réduire est le réalgar.

Préparation des sulfures d'arsenic. — Lorsqu'on chauffe l'arsenic avec 1/5 de son poids de soufre, la combinaison se fait avec élévation de température et production de lumière; si l'on distille, il passe un liquide foncé, qui se prend par le refroidissement en une masse limpide rouge, et la moitié de l'arsenic reste dans la cornue. Le produit distillé constitue le bisulfure d'arsenic. Ce corps ainsi obtenu est tout différent du produit désigné sous le nom de *faux réalgar*. Il présente l'aspect du corail et sa texture est cristalline; on peut même l'obtenir en cristaux par voie de fusion, en décantant le produit avant sa complète solidification. Les alcalis l'attaquent rapidement, en le transformant en une masse brune que Gelis regarde comme identique avec le sous-sulfure $As^{12}S$ de Berzélius.

Si l'on chauffe l'arsenic avec 7 ou 8 fois son poids de soufre, on obtient un liquide transparent qui se prend par le refroidissement en une masse molle et élastique, d'un jaune citron, laquelle ne tarde pas à devenir friable. Traité par l'ammoniaque, ce produit, que Gelis nomme *soufre arsénié*, lui cède du pentasulfure d'arsenic et laisse un résidu de soufre. La chaleur lui fait éprouver un dédoublement analogue, mais ce dédoublement s'étend au pentasulfure lui-même. Distillé, ce dernier fournit d'abord une masse opaque jaune, semblable au soufre, puis une masse ambrée dont la couleur est intermédiaire entre le jaune hyacinthe et le rouge rubis; cette masse renferme 3 à 5 atomes de soufre pour 2 atomes d'arsenic. Des distillations réitérées le dédoublent finalement en soufre et As^2S^3. Le sulfure de carbone enlève aussi du soufre libre au soufre arsénié en laissant un produit renfermant As^2S^{10}.

Si le soufre et l'arsenic sont chauffés dans des proportions correspondant aux composés intermédiaires entre As^2S^2 et As^2S^5, on obtient des mélanges de ces sulfures, de colorations diverses, toujours très belles. Ce sont de semblables mélanges qui constituent le *réalgar artificiel* ($As^2S^2 + 2As^2S^3$ avec une petite quantité de As^2S^5), l'*orpiment artificiel*, l'*orpin de Saxe*, le *rubis d'arsenic* (Gelis).

Bisulfure d'arsenic, As^2S^2. — Pour l'obtenir pur par l'action du soufre sur l'anhydride arsénieux, d'après l'équation

$$2As^2O^3 + 7S = 2As^2S^2 + 3SO^2,$$

Nilson recommande d'opérer dans un tube de verre peu fusible, traversé par un courant de gaz carbonique, qu'on dirige tantôt dans un sens, tantôt dans l'autre. Le mélange devient de plus en plus fusible, et finalement le produit refroidi forme une masse cristalline confuse, d'un rouge cinabre.

On obtient encore le disulfure d'arsenic ou réalgar en traitant le trisulfure ou orpiment par une solution bouillante de carbonate de sodium; le réalgar s'obtient ainsi sous la forme d'une poudre rouge et cristalline. Ce mode de formation avait déjà été indiqué par de Sénarmont [*Ann. Chim. Phys.* (3), t. XXXII, p. 158].

Traité par les alcalis, le disulfure d'arsenic laisse une poudre noire que Berzélius avait envisagée comme renfermant $As^{12}S$, et qui, d'après Nilson, comme aussi d'après Kuhn, est de l'arsenic; le dédoublement a lieu d'après l'équation $3As^2S^2 = 2As^2S^3 + As^2$.

Suivant Nilson, le disulfure d'arsenic ne s'unit pas aux sulfures alcalins et autres, comme l'admettait Berzélius.

Trisulfure d'arsenic, As^2S^3. — On l'obtient cristallisé lorsqu'on le fait digérer longtemps à 80° avec une solution de carbonate de sodium. On a vu plus haut qu'à l'ébullition il y a transformation en disulfure. Dans cette dernière réaction, il se dégage de l'hydrogène sulfuré et de l'acide carbonique, et la solution séparée du disulfure renferme un mélange complexe des sels suivants :

Sulfarsénite acide........	$As^3S^5Na + 4H^2O$ [ou $3As^2S^3.Na^2S + 8H^2O$].
Oxysulfarséniate.........	$(As^4S^6O^5)Na^2 + 7H^2O$ [ou $(As^2S^3O^2)^2Na^2O + 7H^2O$].
Sulfarséniate............	$2AsS^4Na^3 + 15H^2O$.
Arséniate................	$AsO^4Na^2H + 9H^2O$.
Bicarbonate..............	CO^3NaH

Le carbonate de potassium en solution bouillante produit la même réaction, avec cette différence seulement que l'oxysulfarséniate produit a pour composition

$$AsSO^2K + H^2O \text{ (ou } As^2O^3S^2.K^2O + 2H^2O).$$

Le sulfure d'arsenic obtenu par voie humide se décompose très facilement sous l'influence de la chaleur : l'eau le décompose alors en dégageant de l'hydrogène sulfuré et en produisant de l'anhydride arsénieux. D'après Ward [*Amer. Chemist.*, 1873, p. 10], cette décomposition a déjà lieu à 35° lorsqu'on cherche à débarrasser, par un courant d'acide carbonique, la solution de l'excès d'hydrogène sulfuré; mais cette décomposition n'est pas due à l'acide carbonique, qui paraît au contraire la retarder.

Les recherches de P. de Clermont et Frommel à cet égard ont fait voir qu'on peut facilement opérer cette décomposition d'une manière complète en faisant bouillir le sulfure précipité avec de l'eau. Ils ont même fondé sur cette réaction un procédé de séparation analytique de l'arsenic d'autres métaux dont les sulfures résistent à l'ébullition ou bien donnent un oxyde insoluble, tandis que l'arsenic arsénieux reste dessous. Il suffit d'une ébullition de 20 à 25 minutes pour décomposer complètement 5 à 6 centigrammes de sulfure d'arsenic [*Compt. rend.*, t. LXXXVI, p. 828; *Bull. de la Soc. chim.*, t. XXIX, p. 290].

Sulfarsénites. — Nilson a décrit un grand nombre de ces sels et montré que la capacité de saturation du sulfure d'arsenic est très variable; en effet, il donne des sels acides renfermant jusqu'à 9 molécules As^2S^3 pour une molécule de sulfure métallique et des sels basiques contenant jusqu'à 7 molécules de sulfure métallique pour 1 molécule As^2S^3.

Les sulfhydrates alcalins ou alcalino-terreux saturés de trisulfure d'arsenic donnent des combinaisons brunes, amorphes, ayant pour formule générale AsS^2M' ou $(AsS^2)^2M'' + nH^2O$; cependant le sulfhydrate strontique fournit le sel basique $As^2S^5Sr^2$ (soit $As^2S^3.2SrS$).

Si l'on opère dans le vide, le sulfure d'arsenic déplace plus d'hydrogène sulfuré, et l'on obtient des sels basiques souvent bien cristallisés, notamment ceux de baryum et de strontium, renfermant 2 ou 3RS pour As^2S^3; le calcium fournit ainsi un sel heptabasique.

Pour les sulfhydrates alcalins, cette augmentation de saturation est accompagnée de réactions secondaires donnant naissance à un dépôt d'arsenic et à la production d'un sulfarséniate,

$$AsS^4R^3 + nH^2O.$$

Avec le sulfhydrate ammonique, on obtient toujours le sel $As^3S^5(AzH^4) + 2H^2O$.

En traitant les sels AsS^2M par l'eau, on obtient en général des sels acides. Ainsi le sel monopotassique AsS^2K donne le sel acide

$$As^4S^7K^2 \text{ [ou } (As^2S^3)^2K^2S]$$

et, par une ébullition prolongée,

$$\text{le sel } As^6S^{10}K \text{ [ou } (As^2S^3)^3K^2S].$$

Les sels acides de potassium et de sodium se forment aussi lorsqu'on ajoute peu à peu, jusqu'à saturation, du sulfure d'arsenic à une solution bouillante d'alcali caustique; il se forme en même temps du disulfure d'arsenic et des sulfoxyarséniates cristallisables.

Traité par l'eau froide, le sel calcique neutre fournit le sel $As^8S^{13}Ca + 10H^2O$; l'eau bouillante le transforme en $As^{18}S^{28}Ca$.

Voici en résumé les sels décrits par Nilson. Nous indiquons entre parenthèses les rapports du sulfure métallique au sulfure d'arsenic.

Sels de potassium.

$AsS^2K + 2\,1/2H^2O$ ($As^2S^3.K^2S$). Amorphe, d'un rouge vif.

$As^4S^9K^6 + 8H^2O$ ($2As^2S^3.3K^2S$). Amorphe, rouge de sang.

$As^3S^5K + H^2O$ ($3As^2S^3.K^2S$). Cristaux microscopiques bruns.

Sels de sodium.

$AsS^2Na + 1/2H^2O$ ($As^2S^3.Na^2S$). Sel amorphe, d'un brun sale.

$As^4S^7Na^2 + 6H^2O$ ($2As^2S^3.Na^2S$). Amorphe et rouge brun.

$As^3S^5Na + 4H^2O$ ($3As^2S^3.Na^2S$). Ressemble au kermès.

Sel d'ammonium.

$As^3S^5(AzH^4) + 2H^2O$ [$3As^2S^3.(AzH^4)^2S$]. Sel cristallin rouge.

Sels de baryum.

$As^{12}S^{19}Ba$ ($6As^2S^3.BaS$).

$(AsS^2)^2Ba + 2H^2O$ ($As^2S^3.BaS$). Masse brillante brune.

— $+ xH^2O$ — Masse verte.

$As^2S^5Ba^2 + 5H^2O$ ($As^2S^3.2BaS$). Gris vert ou bleu indigo.

$As^2S^5Ba^2 + 15H^2O$ ($As^2S^3.2BaS$). Grands prismes clinorhombiques, à éclat adamantin.

$As^4S^{11}Ba^5 + 6H^2O$ ($2As^2S^3.5BaS$). Aiguilles microscopiques.

$As^2S^8Ba^3 + 14H^2O$ ($As^2S^3.3BaS$). Prismes jaunâtres, aplatis et pointes.

Sels de strontium.

$(AsS^2)^2Sr + 2\,1/2H^2O$ ($As^2S^3.SrS$). Masse amorphe jaune orange.

$As^2S^5Sr^2 + 15H^2O$ ($As^2S^3.2SrS$). Grands cristaux clinorhombiques.

Sels de calcium.

$(AsS^2)^2Ca + 10H^2O$ (?) $(As^2S^3.CaS)$. Longs prismes fins et soyeux.
$As^8S^{13}Ca + 10H^2O$ $(4As^2S^3.CaS)$. Amorphe et brun.
$As^{18}S^{28}Ca + 10H^2O$ $(9As^2S^3.CaS)$. Amorphe et brun.
$As^2S^{10}Ca^7 + 25H^2O$ $(As^2S^3.7CaS)$. Longs prismes quadrangulaires, flexibles, blancs et nacrés.

Sels de magnésium.

$(AsS^2)^2Mg + 5H^2O$ $(As^2S^3.MgS)$. Masse brune.
$As^2S^5Mg^2 + 8H^2O$ $(As^2S^3.2MgS)$. Cristallin, jaune, peu soluble.
$As^2S^6Mg^3 + 9H^2O$ $(As^2S^3.3MgS)$. Sel cristallin jaune foncé.

Pentasulfure d'arsenic, As^2S^5. — Le précipité produit lorsqu'on ajoute de l'acide chlorhydrique à la solution d'un sulfarséniate est l'acide sulfarsénique AsS^4H^3 (soit $As^2S^5.3H^2S$), qui ne perd tout son hydrogène sulfuré que par une ébullition prolongée avec l'acide chlorhydrique. Séché sur l'acide sulfurique, ce précipité renferme $As^2S^5.H^2O$.

Nilson a obtenu les sulfarséniates suivants en dissolvant ce pentasulfure précipité dans les sulfhydrates alcalins et alcalino-terreux :

$AsS^4K^3 + H^2O$. Longs prismes quadrangulaires déliquescents.
$AsS^4Na^3 + 7\frac{1}{2}H^2O$. Grands prismes clinorhombiques jaunes.
$AsS^4Na^3 + 9H^2O$. Petits octoèdres orthorhombiques courts et opaques.
$As^3S^{10}(AzH^4)^5$ [ou $3As^2S^5.5(AzH^4)^2S$]. Masse amorphe jaune et brillante.
$As^4S^{15}Ca^5 + 12H^2O$. Masse radiée très soluble.
$As^4S^{15}Mg^5 + 30H^2O$. Sel cristallin jaune.

Les sels de baryum et de strontium ont été obtenus combinés au sulfarsénite.

Celui de baryum cristallise en prismes adamantins jaunâtres qui renferment

$$(AsS^4)^2Ba^3.As^2S^5Ba^2 + 8H^2O.$$

Le sel strontique correspondant forme une masse radiée jaune.

Le sulfarséniate de sodium précipite un grand nombre d'alcaloïdes naturels [Em. Massing, *Zeitsch. Chem.*, 1869, p. 350; *Bull. Soc. chim.*, t. XII, p. 487].

Sulfoxyarséniates. — Nilson a observé la formation de ces sels dans l'action des carbonates alcalins sur le trisulfure d'arsenic. (Voir page 239.) Il a obtenu ainsi les sulfoxyarséniates de potassium et de sodium.

Le premier, $AsSO^2K + H^2O$ ou $AsSO^3KH^2$ forme de petits cristaux pointus incolores ;

Le second forme de petits cristaux d'un rouge grenat, renfermant $AsSO^2Na.AsS^2OH + 3H^2O$ ou $(As^2S^3O^4)NaH^3 + 5H^2O$.

Phosphure d'arsenic, AsP. — Il se produit, d'après Oppenheim, dans l'action du phosphore sur l'anhydride arsénieux. Janowski le prépare en faisant agir l'hydrogène arsénié sur le trichlorure de phosphore dans un appareil rempli préalablement d'hydrogène et en évitant toute élévation de température.

C'est un corps rouge brun, qu'il faut sécher à 80° dans un courant de gaz carbonique sec. Il est un peu soluble dans le sulfure de carbone, insoluble dans l'alcool, l'éther, le chloroforme. L'acide azotique concentré l'enflamme ; l'acide étendu le dissout avec production d'acides arsénique et phosphorique. Les alcalis le décomposent à froid en donnant de l'hydrogène arsénié, de l'hydrogène phosphoré, les acides phosphoreux et arsénieux, en même temps qu'un dépôt d'arsenic.

Chauffé à l'air, le phosphure d'arsenic s'enflamme. Chauffé dans un courant d'acide carbonique, il se dédouble en phosphore et arsenic [*Deutsch. chem. Gesellsch.*, t. VI, p. 216; *Bull. Soc. chim.*, t. XX, p. 77].

L'eau décompose le phosphure d'arsenic en donnant un oxyde mixte $As^3P^2O^2$.

Carbure d'arsenic ou arséniocyanogène. — L'ammoniaque produisant de l'acide cyanhydrique en réagissant sur le chloroforme, Hodgkinson, dans l'idée d'obtenir le composé correspondant de l'arsenic, a soumis l'iodoforme dissous dans l'alcool à l'action de l'hydrogène arsénié. On obtient ainsi un précipité rouge brun, amorphe, insoluble dans tous les véhicules habituels et renfermant du carbone, de l'arsenic, de l'hydrogène et de l'iode [*Chem. News*, t. XXXIV, p. 203].

ARSENIC (ANALYSE). — *Recherche de l'arsenic.* — Mayençon et Bergeret caractérisent l'hydrogène arsénié par sa réaction sur le chlorure mercurique, dont ils imprègnent une feuille de papier; celle-ci se colore en jaune citron, puis en jaune brun sous l'influence de l'hydrogène arsénié. L'hydrogène antimonié fournit de même une coloration brun gris [*Compt. rend.*, t. LXXIX, p. 118].

Pour reconnaître la présence de traces d'arsenic à côté de l'antimoine, Gatehouse recommande le procédé suivant. On ajoute un fragment de soude caustique à la solution, puis une lame d'aluminium, et l'on recouvre le tube avec une feuille de papier imprégnée d'azotate d'argent. Ce papier noircit si la solution renferme de l'arsenic, et si ce dernier existe en quantité notable dans la solution, celle-ci se colore en brun et le tube se recouvre d'un dépôt d'arsenic. Avec l'antimoine, si le papier ne noircit pas, la liqueur reste incolore et laisse seulement déposer l'antimoine [*Chem. News*, t. XXVII, p. 139].

On doit à Arm. Gautier un Mémoire très précis sur la recherche et le dosage de l'arsenic dans les matières organiques [*Bull. Soc. chim.*, t. XXIV, p. 250]. Ce Mémoire comprend une critique des méthodes usuelles appliquées à la recherche toxicologique de l'arsenic. Voici la marche suivie par A. Gautier pour détruire les matières organiques sans être exposé à subir des pertes d'arsenic. On traite 100 grammes de matières animales, coupées en morceaux, par 30 grammes d'acide nitrique ordinaire pur à une douce chaleur, dans une capsule de porcelaine de 600 centimètres cubes de capacité. La substance se liquéfie peu à peu, puis tend à s'épaissir et à prendre un ton orangé. On retire alors la capsule du feu et l'on ajoute au mélange 5 grammes d'acide sulfurique pur. La masse brunit et s'attaque vivement; on la chauffe jusqu'à ce qu'elle commence à émettre des vapeurs sulfuriques. On laisse alors tomber goutte à goutte sur le résidu 10 à 12 grammes d'acide nitrique; la masse se liquéfie de nouveau, en émettant des vapeurs nitreuses. Quand tout l'acide a été introduit, on chauffe jusqu'à commencement de carbonisation. Cela fait, on épuise le résidu, pulvérisé dans la capsule même, par l'eau bouillante. La solution réduite par le bisulfite de sodium est ensuite précipitée par l'hydrogène sulfuré, et le sulfure d'arsenic est transformé en acide arsénique qu'on introduit dans l'appareil de Marsh.

En suivant certaines précautions, en général déjà connues, mais que A. Gautier appuie par des preuves analytiques, l'appareil de Marsh peut fournir tout l'arsenic qui y est introduit sous la forme d'acide arsénieux ou arsénique.

L'acide sulfurique employé, de préférence à l'acide chlorhydrique, est de l'acide pur dilué de 5 fois son poids d'eau. On ajoute 45 grammes de cet acide dilué à la matière arsénicale (produit de l'oxydation du sulfure), et on l'introduit peu à peu dans l'appareil de Marsh, contenant 25 grammes de zinc pur, préalablement rempli d'hydrogène et maintenu dans l'eau froide. Cette addition étant terminée, ce qui dure une heure environ, on verse dans l'appareil 25 grammes d'acide dilué, auquel on a ajouté 5 grammes d'acide sulfurique pur, et on termine l'addition du même acide dilué, renforcé de 12 grammes d'acide pur pour 25 grammes, en ayant toujours soin de refroidir ces mélanges avant leur introduction dans l'appareil. Dans ces conditions, tout l'arsenic se retrouve dans l'anneau, ainsi que s'en est assuré Gautier par des expériences quantitatives. L'introduction de 0gr,005 d'acide arsénieux a donné en deux ou trois heures un anneau d'arsenic dont le poids était, à peu de chose près, identique au précédent.

Lorsque le dégagement d'hydrogène se produit avec trop de lenteur, ce qui arrive, comme on le sait, très fréquemment, on peut y ajouter sans inconvénient une goutte de chlorure de platine; cette addition n'occasionne pas de perte d'arsenic, tandis que celle du sulfate de cuivre détermine des pertes relativement considérables.

Dosage volumétrique. — Houzeau a appliqué au dosage volumétrique de l'arsenic la réaction de l'hydrogène arsénié sur une solution d'azotate d'argent, réaction qui produit de l'acide arsénieux et de l'argent métallique. Si l'on emploie une solution titrée d'argent, la perte de titre, déterminée à l'aide d'une solution titrée de chlorure de sodium, indiquera indirectement la proportion d'arsenic, d'après l'équation connue

$$12\,AzO^3Ag + 3\,H^2O + 2\,AsH^3$$
$$= 12\,AzO^3H + 12\,Ag + As^2O^3.$$

On peut aussi titrer directement l'acide arsénieux produit à l'aide de permanganate de potassium [*Compt. rend.*, t. LXXV, p. 1823].

L'arsenic dégagé sous forme d'hydrogène arsénié peut aussi être dirigé dans un tube à boules contenant de l'acide azotique fumant, qui transforme tout l'arsenic en acide arsénique. Le titrage de ce dernier peut se faire à l'aide d'une solution d'acétate d'urane, en procédant comme pour le dosage volumétrique de l'acide phosphorique, mais en employant des solutions plus étendues.

Le résidu sec de l'évaporation de l'acide azotique est repris par l'eau, additionné d'un peu d'acide acétique et d'acétate de sodium. On y verse alors goutte à goutte la solution d'acétate d'urane, renfermant 20 grammes environ par litre, titrée avec une solution normale d'acide arsénique, au centième par exemple; on continue cette addition jusqu'à ce qu'une goutte de la liqueur d'essai produise avec le ferrocyanure de potassium la coloration brune du ferrocyanure d'urane; on lit ensuite le volume de solution d'urane ajouté, et on en déduit le poids de l'arsenic. Il est important, pour saisir nettement le terme de la réaction, de faire usage d'une solution récemment préparée de ferrocyanure de potassium. Cette méthode a été recommandée par Millot et Maquenne, et appliquée notamment au dosage de l'arsenic dans les eaux minérales [*Compt. rend.*, t. LXXXVI, p. 1404].

Dosage de l'arsenic à l'état de sulfure. — Pour que ce dosage soit rigoureux, il est nécessaire de déterminer la richesse du précipité en arsenic, ce précipité pouvant contenir du soufre en excès.

Graeger délaie le précipité dans l'eau, y ajoute du carbonate de sodium et de l'empois d'amidon, puis une solution titrée d'iode; la réaction a lieu suivant l'équation

$$As^2S^3 + 5\,H^2O + 5\,I^2 = As^2O^5 + 10\,HI + S^3$$

[*Journ. für prakt. Chem.*, t. CXVI, p. 261].

Champion et Pellet s'appuient sur la même réaction. La solution d'iode qu'ils emploient renferme 3gr,2 d'iode et 10 grammes d'iodure de potassium dans 1 litre d'eau. Suivant eux, l'équation ci-dessus n'exprimerait pas la réaction qui a lieu pendant le titrage; aussi titrent-ils leur solution d'iode en employant la liqueur arsénieuse usitée pour la chlorométrie; mais il est à remarquer qu'ils n'opèrent pas en présence du carbonate de sodium; ils dissolvent le précipité de sulfure dans l'ammoniaque, prennent une quantité aliquote de cette solution, l'acidulent d'acide acétique et procèdent au titrage [*Bull. de la Soc. chim.*, t. XXVI, p. 541].

Dosage à l'état d'arséniate ammoniaco-magnésien. — Voici, d'après Puller, la solubilité de ce sel dans l'eau et dans les solutions salines au sein desquelles sa précipitation se fait habituellement :

Nature du liquide.	Quantité nécessaire pour 1 p. de sel.
Eau	2.784
Mélange de 1 vol. ammoniaque et 3 vol. d'eau	15.904
Solution de sel ammoniac au 60e	1.386
— — dans 7 p. d'eau	886,7
— — dans 10 p. ammoniaque	2.879
Azotate ammonique au 50e	4.380
Solution ammoniacale d'acide tartrique (12 gr. par litre)	1.422
Solution ammoniacale d'acide tartrique (10 gr. par litre)	933,5

Séché sur l'acide sulfurique, l'arséniate ammoniaco-magnésien renferme $6\,H^2O$. Calciné dans l'oxygène, il laisse du pyroarséniate de magnésium pur [*Zeitschr. für analyt. Chem.*, 1871, p. 41].

La dessiccation fait perdre de l'ammoniaque à l'arséniate ammoniaco-magnésien, et il vaut mieux, avant de faire la pesée, calciner ce sel, comme l'avait déjà indiqué Levol. On recommence de calciner le précipité bien détaché du filtre en le chauffant progressivement jusqu'à 200°, puis jusqu'à 400°, et finalement pendant plusieurs heures au rouge [Rammelsberg, *Deutsch. chem. Gesellsch.*, 1874, p. 544; — Mac Ivor, *Chem. News*, t. XXXII, p. 283].

Dosage à l'état d'arséniate d'urane. — Suivant Puller [*loc. cit.*], ce procédé est très exact. On facilite la précipitation de l'arséniate additionné d'acide acétique (s'il y avait un autre acide libre, il faudrait le neutraliser par l'acétate de sodium) en chauffant doucement et en ajoutant quelques gouttes de chloroforme. Calciné avec un peu d'azotate d'ammonium, ou dans un courant d'oxygène, il laisse un résidu de pyroarséniate uranique, $As^2O^7(UO)^4$. E. Willm.

ARSINES. — Éthylarsines. — *Réactions de la triéthylarsine sur les chlorures de platine, de palladium et d'or.* — Lorsqu'on ajoute de la triéthylarsine à une solution concentrée de chlorure de platine étendue de son volume d'alcool, le mélange s'échauffe et laisse déposer par le refroidissement des cristaux jaunes, en partie solubles dans l'éther, en partie insolubles.

La portion soluble cristallise dans l'éther en grands cristaux transparents jaunes, et dans l'alcool en prismes opaques; ces cristaux renferment $2\,As(C^2H^5)^3 + PtCl^2$. La portion insoluble dans l'éther cristallise dans l'alcool bouillant en longs prismes d'un jaune très pâle; ces cristaux sont isomériques avec les précédents.

Ces sels doubles s'unissent à une nouvelle quantité de triéthylarsine, en donnant naissance au composé $[As(C^2H^5)^3]^4PtCl^2$, correspondant au chlorure de la première base de Reiset.

Le chlorure de palladium agit comme le chlorure de platine et fournit de beaux prismes jaune orange, volumineux et transparents, isomorphes avec ceux que fournit le chlorure de platine. Ils renferment $[As(C^2H^5)^3]^2PdCl^2$.

Le triéthylarsine décolore la solution alcoolique de chlorure d'or, qui laisse déposer ensuite par l'évaporation lente de longs prismes volumineux et incolores qui renferment $As(C^2H^5)^3AuCl$. Il faut, dans cette réaction, éviter toute élévation de température, sans quoi il y aurait de l'or réduit [A. Cahours et H. Gal, *Compt. rend.*, t. LXXI, p. 208].

Sels de tétréthylarsonium. — Le chlorure, le bromure et l'iodure de tétréthylarsonium (ou arséthyline) forment avec le chlorure, le bromure et l'iodure de bismuth des combinaisons ayant pour formule, par exemple, $3(C^2H^5)^4AsI.2BiI^3$, isomorphes entre elles et se présentant en tables hexagonales. Le chlorure double est incolore, le bromure est jaune, l'iodure est rouge [Jœrgensen, *Deutsch. chem. Gesellsch.*, t. II, p. 460].

Pentaméthylure d'arsenic ou pentaméthylarsine, $As(CH^3)^5$. — Ce composé saturé prend naissance lorsqu'on fait agir le zinc-méthyle sur l'iodure de tétraméthylarsonium. La réaction est très énergique, et le produit fournit par la distillation, outre beaucoup de triméthylarsine, un produit présentant sensiblement la composition de la pentaméthylarsine. Traité par l'iode, ce corps fournit de l'iodure de méthyle et de l'iodure de tétraméthylarsonium.

L'acide chlorhydrique le décompose de même en produisant de l'hydrure de méthyle et du chlorure de tétraméthylarsonium. Ces réactions suffisent pour établir l'existence de ce composé [A. Cahours, *Ann. de Chim. et de Phys.* (3), t. LXII, p. 340].

Arsines propyliques. — *Tripropylarsine,*

$$As(C^3H^7)^3.$$

— C'est une huile à odeur désagréable, qui se forme dans la distillation sèche de l'iodure de tétrapropylarsonium.

Iodure de tétrapropylarsonium, $As(C^3H^7)^4I$. — Lorsqu'on chauffe à 175-185° de l'iodure de propyle avec de l'arsenic en poudre, il se forme un liquide épais brun qui, par le refroidissement, se prend en prismes rougeâtres entrecroisés. Ce produit se dépose, de sa solution dans l'alcool absolu bouillant, en cristaux rouge brun bien définis. Ces cristaux sont une combinaison d'iodure d'arsenic et d'iodure de tétrapropylarsonium $(C^3H^7)^4AsI.AsI^3$. La potasse les décompose en agissant sur l'iodure d'arsenic et laissant l'iodure de tétrapropylarsonium, cristallisable dans l'alcool absolu en prismes incolores. Ce sel se combine avec un excès d'iode, pour former un periodure qui se dépose en cristaux d'un brun noirâtre à reflets métalliques.

Si, dans la préparation ci-dessus, on remplace l'arsenic par l'arséniure de zinc, on trouve dans le tube une matière visqueuse remplie de cristaux. En reprenant le produit par l'alcool absolu et évaporant la solution, on obtient des prismes de l'iodure zincique double,

$$2As(C^3H^7)^4I.ZnI^2.$$

Avec les arséniures alcalins, la réaction est plus énergique et l'on obtient un liquide complexe qui paraît renfermer le cacodyle propylique et la tripropylarsine [A. Cahours, *Compt. rend.*, t. LXXVI, p. 748].

Arsines aromatiques. — Arséphényle, C^6H^5As. — Michaelis a obtenu le chlorure de cette arsine non saturée, en faisant agir le chlorure d'arsenic sur le mercure-diphényle; la réaction commence déjà à froid :

$$2AsCl^3 + Hg(C^6H^5)^2 = 2As(C^6H^5)Cl^2 + HgCl^2.$$

On opère à 170° sous pression, en présence d'un excès de chlorure d'arsenic. Le produit de la réaction est un liquide noir, baignant un corps cristallin qui est le bichlorure de mercure. Le liquide, soumis à la distillation, donne d'abord, à 132°, l'excès de chlorure d'arsenic; le dichlorure d'arséphényle passe vers 250°, entraînant un corps solide peu abondant, facile à séparer par rectification et qui constitue peut-être la triphénylarsine. Enfin le résidu de la distillation renferme le chlorure d'arsédiphényle.

Le *dichlorure d'arséphényle* $(C^6H^5)AsCl^2$ est un liquide incolore, très réfringent, peu fluide, fumant faiblement à l'air et distillant de 252 à 255°. Il possède une odeur désagréable, faible à froid, pénétrante à chaud. Il n'est pas altéré par l'eau bouillante. Traité par la potasse, il se dissout en donnant du chlorure de potassium et un composé soluble dans l'alcool absolu, renfermant sans doute $(C^6H^5)As(OK)^2$ et régénérant le chlorure d'arséphényle par l'action de l'acide chlorhydrique.

Tétrachlorure d'arséphényle $(C^6H^5)AsCl^4$. — Larges aiguilles jaunes, fusibles à 45° en un liquide jaune rouge, produites par fixation directe du chlore sur le dichlorure. L'eau décompose énergiquement ce tétrachlorure en produisant l'acide phénylarsinique; il se forme d'abord un oxychlorure solide.

Chauffé dans un courant de gaz carbonique sec, il se dédouble en dichlorure et chlore. A 150°, en tubes scellés, il se dédouble en chlorobenzine et chlorure d'arsenic.

Le dichlorure absorbe le brome et fournit le chlorobromure, $C^6H^5AsCl^2.Br^2$.

Oxyde d'arséphényle, C^6H^5AsO. — Il s'obtient lorsqu'on ajoute du carbonate de sodium au chlorure d'arséphényle, en présence de l'eau bouillante. C'est un corps insoluble dans l'eau, et qui cristallise dans l'alcool bouillant. Il est soluble dans la soude, dont il est séparé de nouveau par un acide. Traité par l'acide chlorhydrique, il régénère le chlorure d'arséphényle. Chauffé au delà de son point de fusion, ce corps se dédouble en anhydride arsénieux et en un liquide épais, cristallisable, qui est sans doute la *triphénylarsine*, $(C^6H^5)^3As$.

Oxychlorure d'arséphényle, $C^6H^5AsOCl^2$. — Il se produit par l'action de l'eau sur le tétrachlorure ou, plutôt, par celle du chlore sur l'oxyde qui s'y combine avec élévation de température. C'est un composé cristallin blanc, fusible vers 100°, soluble dans l'eau qui le convertit en acide phénylarsinique.

Chauffé à 120°, il se dédouble en chlorobenzine et AsOCl.

Il existe de même un *oxybromure*.

Dibromure d'arséphényle, $C^6H^5As.Br^2$. — Liquide incolore, bouillant à 285°, obtenu en traitant l'oxyde par l'acide bromhydrique.

Densité = 2,0983 à 15°.

Acide phénylarsinique, $C^6H^5AsO(OH)^2$. — Il est soluble dans l'eau froide et très soluble dans l'eau bouillante. Il cristallise en longues aiguilles blanches et fond à 168°. Neutralisé par l'ammoniaque, il donne avec l'azotate d'argent un précipité blanc, peu soluble dans l'eau, soluble dans l'acide azotique et dans l'ammoniaque, et qui a pour composition $C^6H^5AsO(OAg)^2$.

Chauffé longtemps à 140°, c'est à dire au-dessous du point de fusion, cet acide se convertit en *anhydride*, $C^6H^5AsO.O$. C'est une poudre amorphe, infusible, qui se dissout dans l'eau en régénérant l'acide.

Arsédiphényle ou cacodyle phénylique. — Son *chlorure* $(C^6H^5)^2AsCl$ se produit en même temps que le chlorure d'arséphényle et reste comme résidu après la distillation de ce dernier. C'est un liquide épais, dense, à peu près inodore, bouillant à 333°. Sa densité est de 1,4223 à 15°. L'eau ne l'altère pas.

Ce chlorure fixe 1 molécule de chlore. Le *trichlorure* produit est un corps solide jaune, fusible à 174° et qui ne cristallise pas par le refroidissement. L'eau bouillante le transforme successivement en oxychlorure liquide et en acide diphénylarsinique.

Acide diphénylarsinique $(C^6H^5)^2AsO.OH$. — Il cristallise par le refroidissement de la solution bouillante obtenue en traitant le trichlorure d'arsédiphényle par l'eau. Il forme de fines aiguilles d'une densité de 1,545, peu solubles dans l'eau froide et fusibles à 174°. Son *sel d'argent* $(C^6H^5)^2AsO.OAg$ est un précipité blanc [Michaelis, *Deutsch. chem. Gesellsch.*, t. VIII, p. 1316; et t. IX, p. 1566; t. X, p. 622; t. XI, p. 1883; *Bull. de la Soc. chim.*, t. XXVI, p. 204; t. XXVIII, p. 124, t. XXIX, p. 13].

Diéthylphénylarsine, $C^6H^5(C^2H^5)^2As$. — Liquide très réfringent, bouillant à 240°, qui résulte de l'action du zinc-éthyle, puis de la potasse sur le dichlorure d'arséphényle.

Elle absorbe le chlore en donnant un *dichlorure* cristallisable. Cette arsine se combine avec l'iodure d'éthyle en donnant l'*iodure de phényltriéthylarsonium*, $C^6H^5(C^2H^5)^3AsI$, corps soluble dans l'eau et cristallisable en aiguilles dures (Michaelis). E. Willm.

ARSÉNICITE — Voyez Pharmacolithe.

ARSÉNOTELLURITE (Min). — Nom proposé par M. Haunay, pour un sulfure d'arsenic et de tellure rencontré en petites écailles brunâtres sur une pyrite arsénicale de localité inconnue.

ARTHANITINE. — Voyez Cyclamine dans ce Supplément.

ASBEFERRITE (Min.) — Amphibole asbestiforme ferromanganésienne.

ASMANITE (Min.). — Petits grains arrondis, composés essentiellement de silice, trouvés dans le fer météorique de Breitenbach. D'après Story-Maskelyne, cette substance est orthorhombique, avec un clivage prononcé, fragile; dureté, 3,5. Densité, 2,25.

ASPARAGINE. — L'asparagine, étant l'amide de l'acide aspartique (acide amido-succinique), s'obtient par l'action à chaud de l'ammoniaque concentrée sur l'acide éthylaspartique

$$\begin{matrix} CO^2C^2H^5 & & & & CO\text{-}AzH^2 & & \\ \dot{C}H.AzH^2 & + & AzH^3 & = & \dot{C}H.AzH^2 & + & C^2H^6O. \\ \dot{C}H^2\text{-}CO^2H & & & & \dot{C}H^2\text{-}CO^2H & & \\ \text{Acide éthylaspartique.} & & \text{Ammoniaque.} & & \text{Asparagine.} & & \text{Alcool.} \end{matrix}$$

[E. Schaal, *Ann. der Chem. u. Pharm.*, t. CLVII, p. 24; *Bull. Soc. chim.*, 1871, t. XV, p. 89].

L'asparagine ne serait pas attaquée par le permanganate de potassium, d'après Péan de Saint-Gilles [*Ann. Chim. Phys.* (3), t. LV, p. 394.] Campain, en faisant agir ce réactif à froid, a obtenu de l'ammoniaque, de l'acide oxalique, de l'acide carbonique et des traces d'acide cyanhydrique [*Compt. rend.*, t. LXIX, p.73].

Quand on chauffe au bain-marie l'asparagine avec de l'acide chlorhydrique concentré, qu'on évapore à sec, qu'on chauffe ensuite le résidu dans un courant d'acide carbonique à 120°, à 140°, puis finalement à 200°, on obtient deux corps amorphes, l'un peu soluble $C^{16}H^{14}Az^4O^9$, l'autre insoluble $C^{32}H^{26}Az^8O^{17}$ (à 100-120°), et qui sont des anhydrides de l'acide aspartique, car l'ébullition avec la baryte des solutions ammoniacales de ces corps les convertit en acide aspartique (Schaal).

Le brome agit sur l'asparagine en solution dans l'eau : outre un peu de bromoforme et du bromure d'ammonium, il se forme de la dibromacétamide et de la tribromacétamide [Guareschi, *Deutsch. chem. Gesellsch.*, t. IX, p. 1485; *Bull. Soc. chim.*, 1877, t. XXVII, p. 25]. La solubilité de l'asparagine a été déterminée par Guareschi [*loc. cit.*].

1 partie d'asparagine se dissout

à	0°	10°5	28°	40°	50°	78°	100°
dans eau	105p,3	55,9	28,3	17,5	11,1	3,6	1,89

L'asparagine, chauffée avec de l'urée à 125-130°, se convertit en amide malyluréique

$$\begin{matrix} CO\,AzH^2 & \\ \dot{C}H.AzH \diagdown & \\ \dot{C}H^2 & CO. \\ \dot{C}O\text{-}AzH \diagup & \end{matrix}$$

(Voyez t. III, p. 577).

Constitution de l'asparagine. — L'asparagine est l'amide de l'acide aspartique, qui, par sa transformation en acide malique sous l'influence de l'acide azoteux, ne peut être que l'acide amidosuccinique

$$\begin{matrix} CO^2H \\ \dot{C}H\text{-}AzH^2 \\ \dot{C}H^2 \\ \dot{C}O^2H. \end{matrix}$$

Deux formules peuvent être admises pour l'asparagine :

$$\begin{matrix} \text{I} & & \text{II} \\ CO\text{-}AzH^2 & & CO^2H \\ \dot{C}H\text{-}AzH^2 & & \dot{C}H.AzH^2 \\ \dot{C}H^2 & & \dot{C}H^2 \\ \dot{C}O^2H & & \dot{C}O\text{-}AzH^2. \end{matrix}$$

La production au moyen de l'asparagine de dérivés uriques se rattachant au groupe de l'alloxane a fait admettre par E. Grimaux la formule I comme la plus vraisemblable [*Bull. Soc. chim.*, 1875, t. XXIV, p. 353].

Pour le dosage de l'asparagine, voyez Sachsse [*Journ. prakt. Chem.* (2), t. VI, p. 118; *Bull. Soc. chim.*, t. XVIII, p. 550]. E. Grimaux.

ASPARTIQUE (ACIDE). — L'acide aspartique se produit dans l'action de l'acide sulfurique étendu sur la crème du lait, l'albumine du blanc d'œuf, la corne et les matières albuminoïdes d'origine végétale. Avec ces dernières, sa production est accompagnée de celle de l'acide glutamique.

La proportion de ces deux acides est donnée dans le tableau suivant :

Matières protéiques 100 parties en poids donnent :	Acide aspartique.	Acide glutamique.
Mucédine..................	non déterminé.	25
Fibrine du maïs............	1,4	10
Mélange de glutine, de mucédine et de fibrine........	1,1	8,8
Caséine du gluten....	0,33	5,3
Conglutine (du lupin).......	2,	3,5
Légumine (des fèves)........	3,5	1,5

[Ritthausen, *Journ. prakt. Chem.*, t. CVII, p. 218; *Bull. Soc. chim.*, 1870, t. XIII p. 436. — Kreusler, *Journ. prakt. Chem.*, t. CVII, p. 240; *Bull. Soc. chim.*, 1870, t. XIII, p. 438. — Ritthausen et Kreusler, *Journ. prakt. Chem.*, (2), t. III, p. 314; *Bull. Soc. chim.*, 1871, t. XVI, p. 171].

Il se forme également de l'acide aspartique dans la décomposition des substances albuminoïdes par le brome [Hlasiwetz et Habermann, *Ann. Chem. Pharm.*, t. CLIX, p. 304; *Bull. Soc. chim.*, 1871, t. XVI, p. 352], ou par la baryte (Schutzenberger), ou l'oxydation de la conglutine par le permanganate de potassium [Pott, *Journ. prakt. Chem.* (2), t. VI, p. 91]; le rendement est extrêmement faible dans le dernier cas.

L'acide aspartique cristallise en prismes rhombiques (Von Rath): Formes m, h^2, a^1, $e^{3/5}$ et $b^{3/10}$. Rapport des axes $a:b:c = 0{,}7920:1:0{,}54333$. Angles : $a^1 a'$, $= 122°58'$, $a^1 m = 110°58''$, $mm = 103°10'$.

Par l'action de l'acide chlorhydrique sur l'asparagine, on obtient des corps $C^{16}H^{14}Az^4O^9$ et $C^{32}H^{26}Az^8O^{17}$, qui sont des anhydrides de l'acide aspartique. La première substance est insoluble dans l'eau, l'autre est peu soluble; elles se dissolvent toutes deux dans l'ammoniaque en donnant des solutions qui sont sans action sur la lumière polarisée. Ces solutions précipitent par le nitrate d'argent; le composé argentique formé par le premier anhydride contient 16 atomes de carbone pour 1 atome d'argent. La baryte bouillante convertit les anhydrides en acide aspartique inactif (Schaal). (Voyez plus haut ASPARAGINE.)

(Pour la constitution de l'acide aspartique, voyez ASPARAGINE.) E. Grimaux.

ASPEROLITHE (Min.). — Silicate hydraté de cuivre, amorphe, fragile, d'un bleu verdâtre et renfermant, d'après Hermann, plus d'eau que la chrysocolle. De Nischne Tagilsk (Oural).

ASPIDÉLITE (Weibye). (Min.). — Sphène en cristaux lancéolés dans les fissures du fer titané d'Arendal.

ASPIDOLITHE (Kobell). (Min.). — Silicate d'alumine et de magnésie avec fer, soude, potasse. Les rapports d'oxygène des protoxydes, de l'alumine et de la silice, sont 3 : 1 : 5. Lames flexibles mais non élastiques, orthorhombiques avec des angles voisins de 120°. A deux axes optiques écartés de 111° et dont la bissectrice est normale au plan de clivage. Vert olive d'un éclat perlé assez vif; en lames minces jaune brun par transparence. Se trouve avec chlorite, au Zillerthal (Tyrol).

Dureté, 1 à 2; densité, 2,72.

Caractères. — Au chalumeau, s'exfolie comme la vermiculite et fond difficilement en donnant un verre grisâtre. Entièrement décomposé par l'acide chlorhydrique en laissant de la silice en écailles.

ASPIDOSSPERMINE, $C^{22}H^{30}Az^2O^2$. — Alcaloïde de l'écorce de *quebracho* fournie par l'*Aspidossperma Quebracho blanco* (Schlechtendahl); cet arbre, de la famille des *aponicées*, est originaire de la province de Santiago. L'écorce de *Quebracho colorado* contient un alcaloïde différent de l'aspidosspermine.

1500 grammes d'écorce de *Q. blanco* sont épuisés, dans un appareil à déplacement, par 5 litres d'eau contenant 100 grammes d'acide sulfurique; la solution, fortement colorée en brun, est précipitée par l'acétate de plomb en faible excès, débarrassée de plomb par l'hydrogène sulfuré et sursaturé de carbonate de sodium. L'aspidosspermine se précipite mélangée de carbonate calcique; on la purifie par dissolution dans l'alcool, par des traitements au charbon animal et par cristallisation dans de l'alcool étendu à 50 centièmes. Les eaux mères du précipité produit par le carbonate sodique contiennent encore une certaine quantité d'aspidosspermine que l'on précipite par l'acide phosphotungstique; le dépôt est lavé à l'eau, traité successivement par l'eau de baryte et l'acide carbonique, séché à une douce température et enfin épuisé par l'alcool qui dissout l'alcaloïde.

L'aspidosspermine cristallise en petits cristaux prismatiques dont quelques faces sont fortement brillantes; elle fond à 205-206°. Elle se dissout dans 6,000 p. d'eau, dans 48 p. d'alcool à 99 centièmes, et dans 106 p. d'éther anhydre. Sa saveur est amère. Elle renferme $C^{22}H^{30}Az^2O^2$.

Les sels d'aspidosspermine sont difficilement cristallisables. Le *sulfate* $(C^{22}H^{30}Az^2O^2)^2H^2SO^4$ se dépose quelquefois en aiguilles réunies en faisceaux, mais ces cristaux ne peuvent être séparés de l'eau mère sirupeuse. Le *chlorhydrate* $(C^{22}H^{30}Az^2O^2)^3, 4HCl$ ressemble au sulfate. Le *chloroplatinate* $(C^{22}H^{30}Az^2O^2, HCl)^2, PtCl^4$ est cristallin et peu soluble dans l'eau; la solution aqueuse mise en présence d'un excès de chlorure platinique prend à la longue une coloration violet foncé. Le chlorhydrate d'aspidosspermine précipite en blanc, par le sublimé corrosif, l'acide phosphomolybdique, le sulfocyanate de potassium, le tannin, l'acide perchlorique; en jaune, par les chromates de potassium, l'acide picrique, l'iodomercurate de potassium; en brun, enfin, par l'iodure ioduré de potassium.

L'écorce de quebracho est employée en thérapeutique pour combattre la dyspnée dans certaines maladies pulmonaires et cardiaques [G. Fraude, *Deutsch. chem. Gesellsch.*, t. XI, p. 2189; t. XII, p. 1560]. A. Henninger.

ASA FŒTIDA. — Cette gomme résine renferme un acide particulier, l'acide férulique $C^{10}H^{10}O^4$ (voyez ce mot). Fondu avec de la potasse, elle fournit de la résorcine, de l'acide protocatéchique et des acides gras volatils (Hlasiwetz et Barth).

ASTÉROÏTE (Min.). — Nom donné à une variété de pyroxène à structure rayonnée, de Nordmark (Suède). C'est une hédenbergite manganésifère. Blanche ou gris de cendre; prend à l'air une couleur bronzée.

ATHÉROSPERMINE. — Alcaloïde de composition inconnue existant, suivant Zeyer, dans l'écorce d'*Atherosperma moschatum;* cette écorce renferme en outre une essence, une résine aromatique, un tannin verdissant les sels de fer et les matières que l'on trouve d'habitude dans les tissus végétaux.

On précipite la décoction aqueuse de la racine par l'acétate de plomb et l'on ajoute de l'ammoniaque au liquide filtré : l'athérospermine se précipite à l'état impur. Elle est reprise par l'alcool, la solution est évaporée et le résidu, épuisé par le sulfure de carbone, est dissous dans l'acide chlorhydrique étendu et reprécipité par l'ammoniaque. L'athérospermine se présente sous forme d'une poudre un peu grisâtre, légère, douée d'une saveur fortement amère. Elle fond à 128° est insoluble dans l'eau, peu soluble dans l'éther, soluble dans l'alcool et le chloroforme. En solution, elle offre une faible réaction alcaline; elle neutralise les acides et fournit des sels incristallisables dont les solutions précipitent par les réactifs nombreux des alcaloïdes [N. Zeyer, *Vierteljahrsschr. für prakt. Pharm.*, t. X, p. 504, 1861].

ATOMIQUES (POIDS). — Le système de poids atomiques que nous avons adopté dans cet ouvrage est fondé d'une part sur une interprétation rationnelle des lois des volumes découverts par Gay-Lussac, et d'autre part sur la loi des chaleurs spécifiques et sur la loi de l'isomorphisme. Sans vouloir revenir sur l'exposé qui a été fait, t. I, p. 457 et suiv., des bases de la théorie atomique et du système de poids atomiques dont il s'agit, nous aurons à compléter ce corps de doctrines en divers points.

Loi d'Avogadro et d'Ampère. — Volumes égaux des gaz ou des vapeurs renferment le même nombre de molécules dans les mêmes conditions de température et de pression; telle est la proposition fondamentale qui sert de base à la détermination des poids moléculaires des composés volatils. On peut lui donner la forme suivante. Si une molécule d'hydrogène H^2 occupe deux volumes, les molécules de tous les composés volatils occupent pareillement deux volumes.

Cette proposition s'applique aux corps simples comme aux corps composés. Il en résulte que, pour les uns comme pour les autres, les poids moléculaires sont exprimés par les doubles densités (le poids de deux volumes), si l'on choisit l'hydrogène comme unité pour les poids atomiques et pour les densités.

D'après cela, les poids moléculaires du phosphore, de l'arsenic seront 124 et 300, et les poids moléculaires du mercure et du cadmium 200 et 112. En conséquence, les molécules de ces corps simples seront représentées par les symboles P^4 — As^4 — Hg — Cd. Ainsi, tandis que les molécules de l'oxygène, de l'hydrogène, de l'azote, du chlore, etc., sont diatomiques, c'est-à-dire formées de deux atomes, celles du phosphore et de l'arsenic sont tétratomiques, et celles du mercure et du cadmium monoatomiques, c'est-à-dire formées d'un seul atome. On a exposé cela, mais il faut ajouter qu'on a donné récemment la démonstration physique de la constitution de la vapeur de mercure. Voici quelques mots d'explication à ce sujet.

On sait que la chaleur spécifique des gaz est plus forte sous pression constante que sous volume constant. D'après des considérations tirées de la théorie mécanique de la chaleur, M. Clausius a fixé le rapport de deux chaleurs spécifiques à

$$\frac{C}{c} = 1,67.$$

Or il s'est trouvé que pour les gaz simples, tels que l'hydrogène, l'oxygène, l'azote, etc., ce rapport n'est que 1,4 environ. On en a conclu que pour ces gaz qui sont diatomiques une certaine quantité de chaleur est absorbée, lorsqu'ils s'échauffent, non pour produire un travail extérieur, le gaz ne se dilatant pas, mais pour produire un certain travail dans l'intérieur de la molécule qui est formée de deux atomes. Ces prévisions théoriques ont été confirmées par les expériences de MM. Kundt et Warburg. Ces physiciens ont déduit le rapport des chaleurs spécifiques de la vapeur de mercure sous pression constante et sous volume constant, de la vitesse de propagation du son dans la vapeur de mercure, vitesse que l'on peut calculer d'après la longueur d'onde du son. En déterminant la longueur d'onde d'un seul et même son dans l'air et dans la vapeur de mercure, ils ont trouvé que le rapport des deux chaleurs spécifiques de la vapeur de mercure est

$$\frac{C}{c} = 1,67,$$

c'est-à-dire exactement celui que la théorie indique [*Deutsch. chem. Gesellsch.* 1875; *Poggend. Ann.*, t. CLVII, p. 353]. On doit en conclure que le travail intérieur est supprimé dans ce cas, résultat qui s'explique par cette considération, que chaque molécule n'est formée que d'un seul atome. Ainsi se trouve confirmée par une preuve d'ordre physique cette notion que les vapeurs de certains corps simples présentent une constitution atomique différente, les unes ne renfermant, sous 2 volumes, qu'un seul atome, d'autres en renfermant plusieurs.

Le chlore, le brome et l'iode renferment en deux volumes deux atomes : ils sont diatomiques et monovalents. Ils entrent dans toutes les combinaisons chimiques aujourd'hui connues, et qui existent aux températures que nous observons à la surface de la terre, avec les poids atomiques 35,5 — 80 — 127 que l'on peut déduire de leurs densités de vapeur. Il résulte des expériences de MM. V. et C. Meyer [*Deutsch. chem. Gesellsch.*, t. XI à 1426] qu'à de très hautes températures les vapeurs de ces éléments subissent un changement surprenant : leur densité diminue. Ainsi la densité du chlore, qui à 620° (2,42 — 2,46) s'accorde encore avec la densité théorique (2,45), diminue à partir de cette température ; à 808°, elle n'est plus, d'après MM. V. et C. Meyer, que de 2,21 — 2,19; à 1028°, elle est descendue à 1,85 — 1,89; à 1242, elle n'est plus que de 1,65 — 1,66. Tels sont les faits remarquables annoncés par MM. C. et V. Meyer. M. Crafts en a confirmé récemment l'exactitude d'une façon générale, en y ajoutant pourtant une rectification importante, en ce qui concerne le chlore [*Compt. rend.*, t. XC, p. 183 et 309]. D'après MM. Meyer, la densité de cet élément diminue d'une façon notable à partir de 800° environ pour se réduire aux 2/3 et se maintenir sensiblement constante entre 1200 et 1500°. M. Crafts trouve au contraire que cette densité diminue dans des proportions beaucoup moins fortes et qu'elle diminue progressivement. Ainsi, à la plus haute température du fourneau Perrot, 10^{cc} de chlore pur et sec occupent, d'après les résultats de deux expériences, les mêmes volumes que $10^{cc},37$ et $10^{cc},24$ d'air aux mêmes températures. Les densités du brome et de l'iode diminuent plus fortement dans ces conditions. Pour le brome, cette diminution a lieu dans la proportion de 1 à 1,2, par rapport à l'air, et pour l'iode dans la proportion de 1 à 1,5. La seule interprétation que paraissent admettre ces résultats remarquables, c'est qu'à de hautes températures les molécules du chlore, du brome et de l'iode éprouvent un commencement de dissociation et passent à l'état de gaz ou de vapeurs monatomiques comparables, dans cet état, à la vapeur du mercure.

Les cas que nous venons de considérer ne constituent pas, à proprement parler, des exceptions à la loi d'Avogadro et d'Ampère. Celle-ci nous indique fidèlement l'état de condensation des molécules. La molécule d'arsenic est ainsi faite qu'elle est formée de 4 atomes sous forme de vapeur, et jusqu'ici nous n'avons pas réussi à défaire cette agrégation moléculaire par une action physique. Peut-être cette molécule se dédoublerait-elle si elle était exposée à l'action d'une température excessivement élevée, par exemple de celle qui règne dans le soleil, comme les molécules de gaz diatomiques semblent se résoudre en atomes simples, dans les astres dont la lumière donne des spectres de lignes. C'est une chose digne de remarque que l'anhydride arsénieux lui-même présente une condensation moléculaire analogue à celle de l'arsenic. D'après sa densité de vapeur, sa molécule est As^4O^6 et non pas As^2O^3.

Nous avons mentionné, t. I, p. 469, un certain nombre de combinaisons qui semblent, au contraire, faire exception à la loi d'Avogadro et d'Ampère, par la raison que leurs densités de vapeur indiqueraient une condensation de la molécule en 4 volumes. De ce nombre sont le sel ammoniac, le sulfhydrate et le sulfure d'ammonium, le carbonate d'ammonium, l'iodhydrate d'hydrogène phosphoré, le perchlorure de phosphore, le trichlorure d'iode, l'acide sulfurique, le calomel, le bromure d'amyle tertiaire (bromhydrate d'amylène), l'hydrate de chloral. Ce ne sont pas là des exceptions; ce sont des cas auxquels la règle d'Avogadro et d'Ampère n'est pas applicable, par la raison que les vapeurs dont il s'agit sont plus ou moins dissociées à la température où leur densité a été prise. Aux arguments qu'on a déjà présentés à l'appui de cette thèse nous avons à ajouter les suivants :

1° Le sulfure d'ammonium $(AzH^4)^2S$ et le sulfhydrate d'ammonium $AzH^4.HS$ fournissent, le premier, 6 volumes de vapeur, le second 4 volumes, par la raison que le sulfure se dédouble en $2AzH^3 + H^2S = 6$ vol., et le second en $AzH^3 + H^2S = 4$ vol. Ces vapeurs sont de simples mélanges. Il résulte en effet des expériences de M. Horstmann [*Ann. Chem. Pharm.*, Supplement b. VI, p. 74], et de M. Salet [*Compt. rend.*, t. LXXXVI, p. 1080] que l'on n'observe aucune contraction lorsqu'on mélange les gaz ammoniac et hydrogène sulfuré secs, en proportions quelconques et à des températures variant de 60 à 80°. Ces gaz ne se combinent pas dans ces conditions. Dans leurs expériences récentes sur le sulfhydrate d'ammonium, MM. Moitessier et Engel sont arrivés à des conclusions analogues.

2° M. Naumann a prouvé que le corps généralement désigné sous le nom de carbonate d'ammoniaque anhydre et qui est du carbamate d'ammonium

$$CO < \begin{matrix} AzH^2 \\ O.AzH^4 \end{matrix}$$

se résout en 6 volumes de vapeur, mélange de 2 volumes de gaz carbonique et de 4 volumes d'ammoniaque [Naumann, *Ann. Chem. Pharm.*, t. CLX, p. 2].

3° Le calomel Hg^2Cl^2 se dédouble lorsqu'on le volatilise en $HgCl^2 + Hg = 4$ volumes. Le fait de sa dissociation a été démontré par MM. Erlenmeyer et A. Le Bel. Lorsqu'on plonge dans sa vapeur un tube de platine traversé par un courant d'eau froide, du mercure métallique se condense sur ce tube.

4° L'hydrate de chloral

$$CCl^3\text{-}CH < \begin{matrix} OH \\ OH \end{matrix}$$

se dédouble au moment où il se résout en vapeur en $CCl^3\text{-}CHO + H^2O = 4$ volumes. On a démontré cela à l'aide d'une méthode indiquée par M. Troost. Ce chimiste avait avancé que l'oxalate de potassium cristallisé perdait de l'eau à 79° dans une atmosphère de vapeur de chloral hydraté, dans laquelle la vapeur d'eau occuperait une tension égale ou supérieure à la tension de dissociation du sel hydraté à cette température. Ce fait serait en opposition avec les principes développés par MM. Henri Sainte-Claire Deville et Debray. Il est clair que le sel hydraté ne devrait pas perdre de l'eau dans une atmosphère qui renfermerait autant ou plus de vapeur d'eau qu'il ne peut en céder à une atmosphère sèche à cette température, et qui par conséquent serait saturée de vapeur d'eau pour ce sel. Mais le fait n'est pas exact. M. Wurtz a démontré que l'oxalate de potassium cristallisé ne perd pas d'eau dans ces conditions, et qu'il se comporte exactement de la même façon lorsqu'on le chauffe soit à 79°, soit à 100°, d'une part dans une atmosphère de chloral hydraté, d'autre part dans un mélange d'air et de vapeur d'eau, et qu'il ne perd pas d'eau lorsque dans les deux mélanges la vapeur d'eau possède une tension égale ou supérieure à la tension de dissociation du sel hydraté. Bien plus, l'oxalate de potassium sec peut absorber une petite quantité de vapeur d'eau, dans une atmosphère de chloral hydraté, lorsque la vapeur d'eau contenue dans cette atmosphère s'y trouve à une tension notablement supérieure à la tension de dissociation du sel hydraté. Aux arguments qui viennent d'être présentés on peut ajouter les suivants :

La vapeur d'hydrate de chloral se diffuse à travers un tampon d'asbeste, comme ferait un mélange de vapeur d'eau et de chloral anhydre [E. Wiedemann et R. Schulze, *Ann. Phys.*, (2) t. VI, p. 193].

L'hydrate de chloral se décompose par distillation fractionnée. Le chloral anhydre étant un peu plus volatil que l'eau, les portions qui passent d'abord sont plus riches en chloral anhydre que les autres; le résidu est plus riche en eau [A. Naumann, *Deutsch. chem. Gesellsch.*, t. XII, p. 731].

MM. Moitessier et Engel ont employé un artifice ingénieux pour démontrer la décomposition de l'hydrate de chloral par le fait de la distillation : ils ajoutent du chloroforme, qui passe avec le chloral et qui, en se condensant, dissout une certaine quantité de chloral anhydre [*Compt. rend.*, t. LXXXVIII, p. 293].

MM. Moitessier et Engel ont démontré d'un autre côté que l'hydrate de chloral ne se vaporise pas dans la vapeur de chloral anhydre à une tension supérieure à la tension de dissociation de l'hydrate, et que, lorsqu'on introduit de l'eau dans de la vapeur d'hydrate de chloral, à une tension supérieure à la tension de dissociation de l'hydrate, le mercure, au lieu de baisser dans le tube par suite de la volatilisation de l'eau, s'y élève au contraire par suite de la condensation d'une certaine quantité d'hydrate [*Compt. rend.*, t. LXXXVIII, 22 avril 1879].

On le voit, les exceptions qu'on avait signalées à la règle d'Avogadro et d'Ampère disparaissent une à une, et l'on est en droit de considérer cette règle comme le guide le plus sûr pour la fixation des poids moléculaires des substances volatiles. On a développé ailleurs [t. I, p. 46] les principes à l'aide desquels on déduit les poids atomiques des poids moléculaires ainsi déterminés pour les combinaisons.

Un certain nombre de densités de vapeur déterminées, dans ces derniers temps, ont confirmé quelques-uns des poids atomiques adoptés dans cet ouvrage.

Il en est ainsi des densités de vapeur du chlorure de thallium et du chlorure de plomb qui ont été déterminées récemment par M. Roscoe et qui confirment les poids atomiques

$$Tl = 203,6 ; Pb = 206,4,$$

et les formules $TlCl$ et $PbCl^2$ (Roscoe).

MM. V. et C. Meyer ont déterminé récemment la densité de vapeur du chlorure cuivreux, à l'aide de la méthode ingénieuse qu'ils ont imaginée (Voir DENSITÉS DES VAPEURS dans le *Suppl.*). Cette densité de vapeur est = 6,93, chiffre qui confirme la formule Cu^2Cl^2, le chiffre théorique étant 6,84 [*Deutsch. chem. Gesellsch.*, t. XI, p. 1283].

Réserves sur l'application de la règle d'Avogadro et d'Ampère. — Toutefois, lorsqu'il s'agit de substances solides et surtout de corps cristallisés, il est important de faire une réserve sur les formules moléculaires. Il est très probable que le chlorure de sodium possède une densité de vapeur qui confirmerait la formule NaCl généralement adoptée; mais il est certain d'un autre côté que la plus petite quantité de chlorure de sodium cristallisé qui puisse exister, ou en d'autres termes qu'un cristal élémentaire de sel marin renferme certainement plusieurs molécules de chlorure de sodium. Une seule molécule formée de 2 atomes et dont la forme dans l'espace serait à peu près linéaire ne saurait former un solide à trois dimensions. En supposant que les atomes de chlore et de sodium occupent les sommets du cube élémentaire, il faudrait au moins 4 molécules pour former un tel cube. Il est donc entendu que les corps cristallisés peuvent être formés par une agrégation de molécules de sels, comme les sels hydratés sont certainement formés par une agrégation d'une molécule de sel et de molécules d'eau.

Une réserve de ce genre, concernant les formules moléculaires probables, s'applique à plus forte raison aux corps solides et fixes pour lesquels la loi d'Avogadro ne saurait donner aucune indication. Rien ne prouve que les formules en usage représentent les vraies grandeurs moléculaires, même lorsqu'elles sont déduites, par analogie, de formules vérifiées par la loi des densités de vapeur. M. L. Henry a récemment attiré l'attention des chimistes sur ce point, et a fait remarquer que les oxydes métalliques fixes résultent probablement de la condensation de plusieurs molécules. S'il est vrai que le chlorure de plomb doive être représenté, d'après sa densité de vapeur, par la formule $PbCl^2$, rien ne prouve que la formule analogue PbO représente la condensation moléculaire de l'oxyde de plomb solide. Celui-ci est probablement nPbO. Il en est vraisemblablement de même pour d'autres oxydes. M. L. Henry fonde son opinion sur un argument ingénieux. Ayant comparé les points d'ébullition de certains chlorures volatils minéraux et organiques avec ceux des oxydes volatils correspondants, il constate que ces derniers possèdent un point d'ébullition situé plus bas que celui des chlorures correspondants. Ainsi l'oxyde d'éthylène bout à 13°, le chlorure à 86°5; l'acide carbonique est gazeux à la température ordinaire; le chlorure de carbone bout à 77°, et le gaz chloroxycarbonique à + 8°; de même l'oxychlorure de phosphore possède un point d'ébullition moins élevé que le perchlorure. On remarque le contraire avec la plupart des chlorures et des oxydes métalliques : un grand nombre de chlorures sont volatils, alors que les oxydes correspondants sont fixes. Il semble donc que ces derniers soient les polymères des oxydes proprement dits que nous ne connaissons pas. A l'appui de cette idée, M. Henry cite le fait de la polymérisation de l'oxyde d'éthylène, récemment observé par M. Wurtz.

Il est très probable qu'un grand nombre de combinaisons solides, de sels par exemple, présentent de même une condensation moléculaire plus grande que celle qu'on leur attribue. Mais ici on ne peut rien affirmer, ces corps n'étant pas volatils; la règle d'Avogadro et d'Ampère nous fait défaut. Au reste, il est à remarquer que dans certains cas les chimistes ont négligé de suivre les indications qu'elle donne sur les grandeurs moléculaires. Ainsi la formule moléculaire de l'anhydride arsénieux est, d'après sa densité de vapeur As^4O^6 et non As^2O^3 comme on l'admet généralement. Il en est de même d'après MM. V. et C. Meyer de l'oxyde d'antimoine dont la molécule renferme Sb^4O^6 [*Deutsch. chem. Gesellsch.* t. XI, p. 1282]. Cet exemple, joint aux considérations qui précèdent, semble démontrer qu'un grand nombre de molécules de la chimie minérale sont moins simples qu'on ne l'admet généralement. A cet égard, il est permis de dire que la chimie organique est plus avancée que la chimie minérale, dont il est temps de reprendre l'étude au point de vue qui vient d'être indiqué.

Loi des chaleurs spécifiques. — La loi de Dulong et Petit est une loi approchée, comme toutes les lois physiques, comme la loi de Mariotte, en particulier, dont les perturbations affectent nécessairement les lois de volumes découvertes par Gay-Lussac. On a vu, t. I, p. 461, que les produits des chaleurs spécifiques par les poids atomiques ne sont pas rigoureusement égaux. Quelques-uns s'écartent même sensiblement de la moyenne 6,4, les limites extrêmes étant les nombres 5,5 et 6,9. — Les corps simples dont les chaleurs atomiques sont trop faibles sont certains métalloïdes à poids atomiques faibles, tels que le bore, le carbone, le silicium, le phosphore, l'arsenic, le soufre, le sélénium, auxquels on peut joindre l'aluminium. Ceux dont la chaleur atomique dépasse la moyenne sont certains métaux parmi lesquels nous citerons le lithium, le sodium, le potassium, le thallium, le calcium, le manganèse, le molybdène, auxquels il faut ajouter le brome et l'iode. Mais c'est un fait digne de remarque que, tandis que les poids atomiques varient dans la proportion de 1 à 30, et les chaleurs spécifiques dans la proportion de 1 à 7, les produits de ces deux quantités ne varient que dans le rapport de 1 à 1, 2.

Les trois premiers éléments qu'on vient de citer, le bore, le carbone, le silicium, pouvaient être considérés jusqu'à ces derniers temps comme faisant exception à la loi de Dulong et Petit. Leurs chaleurs atomiques s'éloignaient notablement de la moyenne 6,4. Ces exceptions viennent de s'évanouir. Il résulte, en effet, des travaux récents de M. Weber que la chaleur spécifique du carbone, du silicium et du bore croît avec la température et devient constante à des températures élevées. Le fait a été démontré pour le carbone et le silicium; il a été rendu très probable pour le bore.

La chaleur spécifique du diamant est très voisine de 0,4589 à 985°, celle du graphite à 0,4674. Pour le silicium, elle est de 0,2029 entre 0° et 252°,3; pour le bore, elle croît de 0,1915 à 0,3663 entre — 79° et 263°,6. M. Weber admet, sans l'avoir démontré pourtant, qu'elle s'approcherait de 0,5 à des températures plus élevées. Si l'on multiplie les chaleurs spécifiques ainsi rectifiées par les poids atomiques des éléments dont il s'agit, on obtient pour les chaleurs atomiques des nombres qui se rapprochent de la moyenne 6,4.

	Carbone.	Silicium.	Bore.
Chaleurs spécifiques.	0,467	0,203	0,5 (?)
Poids atomiques....	12	28	11
Chaleurs atomiques..	5,6	5,7	5,5

On voit clairement par cet exemple que les variations qu'éprouvent les chaleurs spécifiques avec la température sont une des causes des perturbations de la loi de Dulong et Petit. Il y en a d'autres qui sont dues aux erreurs d'observation dans la détermination soit des chaleurs spécifiques, soit des poids atomiques, lorsqu'il s'agit d'éléments rares ou difficiles à obtenir à l'état de pureté. On a déjà noté cela ainsi que les observations de Regnault sur d'autres incertitudes que comporte la détermination et même la notion des chaleurs spécifiques [t. I, p. 462].

Quoi qu'il en soit, la loi de Dulong et Petit apparaît comme une grande loi de la nature, loi qu'il n'est pas permis de méconnaître, même à travers certaines incertitudes ou incorrections. Et nous ne pouvons mieux faire en terminant cet article que de rapporter les paroles mêmes des auteurs de cette grande découverte : « Mais la seule inspection des nombres obtenus donne lieu à un rapprochement trop remarquable par sa simplicité pour ne pas y reconnaître immédiatement l'existence d'une loi physique susceptible d'être généralisée et étendue à toutes les substances élémentaires » [Dulong et Petit, *Ann. Chim. Phys.* [2], t. X, p. 404]. Ad. Wurtz.

ATOMIQUE (THÉORIE). — On a exposé l'origine moderne et le développement de cette théorie qui consiste à interpréter le fait des proportions définies et des proportions multiples par l'hypothèse de particules indivisibles, possédant un poids invariable, douées de mouvement, et que l'affinité maintient réunies dans les combinaisons. Ces particules sont les atomes de Dalton. Les agrégations atomiques sont les molécules. On a déterminé les poids relatifs des uns et des autres par des considérations tirées des rapports pondéraux, suivant lesquels les corps se combinent, des densités relatives des gaz ou des vapeurs, des chaleurs spécifiques des corps solides, de l'isomorphisme, etc. Tout cela est du domaine de la chimie. Mais l'hypothèse dont il s'agit interprète non seulement les faits les plus importants qui sont afférents à cette science, elle rend compte aussi de phénomènes nombreux qui sont du ressort de la physique : elle est devenue un lien entre les deux sciences et un instrument de progrès pour l'une et pour l'autre.

En adoptant l'hypothèse d'atomes et de molécules, la science positive n'a considéré jusqu'ici que leurs poids relatifs. Tout ce qui concerne leurs dimensions absolues, leur nombre, leurs mouvements, leur forme, leur structure était pure spéculation ou peu s'en faut. Il est permis de dire qu'il n'en est plus ainsi de nos jours.

Les mouvements moléculaires ont été dans ces derniers temps l'objet de travaux importants qui ont porté principalement sur la constitution physique des gaz et qui ont eu pour conséquence des révélations inattendues non-seulement sur les mouvements et les vitesses, mais encore sur les distances réciproques et les dimensions absolues des dernières particules. Il s'agit là d'un essai sérieux, d'un puissant effort qui a été tenté par des physiciens et des géomètres de premier ordre, et qui paraîtrait digne d'être noté quand bien même l'avenir dût en démontrer l'insuffisance.

Daniel Bernouilli a émis le premier l'idée que les gaz sont formés par de petites particules matérielles, animées de mouvements rectilignes très rapides, et que la tension des fluides élastiques résulte du choc de leurs molécules contre les parois des vases qui les renferment [*Hydrodynamica*. Argentorati, 1738. Sectio decima. Daniel et Jean Bernouilli, *Nouveaux Principes de mécanique et de physique*, dans *le Recueil des pièces de prix*, t. V, 1752]. Cette idée a été reprise à partir de 1821 par divers physiciens en Angleterre et en Allemagne [Herapath, *Annals of philosophy*, New serie, vol. I, p. 273-340, 401, 1821; — Joule, *Memories of the Manchester lit. and philos. Society*, 2e série, vol. IX, p. 107, 1851; et *Phil. Mag.*, 4e sér., vol. XIV, p. 211, 1857; — Kronig, *Grundzüge einer Theorie der Gase*. Berlin, bei A.-W. Haynet *Poggend. Ann.*, t. XCIX, p. 315, 1856].

On doit à M. Clausius de l'avoir définitivement introduite dans la science [*Ueber die Art der Bewegung welche wir Wärme nennen*, *Poggend. Ann.*, t. C, p. 353, 1857], à M. Clerk Maxwell de l'avoir perfectionnée [*Phil. Mag.*, 4e sér., vol. XIX, p. 22, 1860, et *Phil. Mag.*, 4e série, t. XXXV, p. 185, 1860]. On consultera avec fruit pour l'historique et l'exposé de la théorie cinématique des gaz l'ouvrage de M. Oscar Meyer intitulé *Kinetische Theorie der Gase*. Breslau, 1877.

La loi de Mariotte apparaît comme une conséquence naturelle de cette hypothèse sur la constitution des gaz : il est évident que la pression doit augmenter proportionnellement au nombre des chocs et qu'à égalité de température ceux-ci augmenteront proportionnellement au nombre des molécules. Or, dans une même masse gazeuse, ce nombre augmentera avec la pression dans la même mesure que le volume diminuera. Le volume restant constant, la pression augmentera pareillement par une élévation de température. Dans ce cas, le nombre des particules est resté le même, ainsi que leurs masses, mais leurs vitesses ont augmenté. Le nombre des chocs a donc augmenté pareillement : la tension est devenue plus forte. L'énergie totale, la force vive de tous ces mouvements moléculaires donnent précisément la mesure de la quantité de chaleur.

On voit qu'il existe une relation entre la pression qu'exerce un gaz ou sa tension et les vitesses de ses molécules, leur masse et leur nombre dans l'unité de volume. A ces deux derniers facteurs on peut substituer la notion de poids spécifique qui est la masse de l'unité de volume. On a donc pu calculer les vitesses absolues des molécules en fonction de la pression et de la densité des gaz. M. Clausius a effectué ces calculs. D'après lui, les molécules d'air se meuvent avec une vitesse moyenne de 485 mètres par seconde, et les molécules d'hydrogène avec une vitesse moyenne de 1844 mètres.

Des faits d'observation vulgaire prouvent d'un autre côté que les molécules gazeuses ne peuvent pas franchir librement d'aussi grandes distances. La fumée s'élève dans l'air avec une certaine lenteur et une odeur intense ne se propage pas instantanément dans l'atmosphère d'une pièce. De fait, les molécules gazeuses, qui se meuvent avec une telle rapidité, ne franchissent pas instantanément de grandes distances. Leur nombre est tellement immense qu'à chaque instant elles arrivent en conflit, s'entre-choquent et rebondissent de telle sorte, que, dans une masse gazeuse formée par des molécules de même espèce, celles-ci se meuvent dans tous les sens avec des vitesses variables et, entre deux chocs, dans des directions sensiblement rectilignes. Ce mouvement de va-et-vient des molécules, qui a lieu dans tous les sens avec des vitesses d'autant plus grandes que la température s'élève, constitue précisément le mouvement calorifique. Il s'arrêterait et les vitesses deviendraient nulles, si toute la chaleur était enlevée au gaz. Le 0 absolu correspond à cet état. La chaleur contenue dans une masse gazeuse est la somme de l'énergie de toutes ses molécules; sa température est en rapport avec les vitesses moléculaires.

Pour les différents gaz, les vitesses moléculaires sont différentes à la même température, et les chemins moléculaires ou distances de libre parcours, c'est-à-dire les distances franchies entre deux chocs, le sont pareillement. Les auteurs de la théorie cinématique des gaz, MM. Clausius et Clerk Maxwell, ont pu calculer et les longueurs moyennes de ces chemins et la fréquence des chocs pendant l'unité de temps; et ces grandeurs ont pu être déterminées en valeur absolue, en introduisant dans le calcul certains facteurs que donne l'expérience, et en particulier ce qu'on nomme le coefficient de frottement des gaz.

Lorsqu'une masse gazeuse se meut en glissant à la surface d'un corps solide, elle tend à transmettre, par une sorte de frottement, une portion de ce mouvement à ce corps. Il y a donc un ralentissement du mouvement des particules gazeuses dans la couche qui est immédiatement en contact avec le corps solide : c'est ce qu'on nomme le frottement externe. Mais la couche dont il s'agit subit à son tour une espèce d'entraînement de la part de la couche voisine, qui se meut plus vite qu'elle et qui lui transmet une portion de son mouvement de masse. Il y a donc ralentissement d'un côté, accélération de l'autre : c'est ce qu'on nomme le frottement interne. Mais cette transmission de mouvement ne peut pas avoir lieu sans perte, une portion du mouvement de masse étant convertie en mouvement calorifique : on sait que tout frottement dégage de la chaleur. Et le mouvement calorifique a cela de particulier que les molécules se meuvent dans tous les sens, tandis qu'elles progressent dans le même sens dans un courant gazeux. Le frottement interne qu'exercent les unes sur les autres les différentes couches d'un gaz en mouvement a donc pour effet un dégagement de chaleur, c'est-à-dire une accélération du mouvement moléculaire. Cette transmission du mouvement ne peut se faire que par le choc des molécules, et l'on voit qu'il doit exister une relation entre le frottement interne des gaz et la fréquence et l'énergie des chocs moléculaires, lesquels sont en rapport avec le nombre des particules et les distances qu'elles peuvent parcourir librement. D'un autre côté, le coefficient de frottement des gaz a pu être déterminé par des expériences directes [O.-E. Meyer, *Poggend. Ann.*, t. CXXV, p. 586, 1865; — Clerk Maxwell, *Phil. Mag.*, 4e sér., t. XXXV, p. 209, 1868], ou déduit des recherches de Graham sur la transpiration des gaz [London, *Philos. Transactions*, 1846, p. 573, et 1849, p. 349]. D'un autre côté, en transformant quelques-uns des facteurs indiqués plus haut, on peut exprimer le coefficient de frottement du gaz en fonction de leur densité, de leurs vitesses moléculaires et des distances parcourues entre deux chocs, c'est-à-dire des chemins moléculaires. On a donc pu calculer ces derniers, ainsi que le nombre des chocs pendant une seconde [O.-E. Meyer, *Kinetische Theorie der Gase*, p. 143]. Pour donner une idée des résultats obtenus, nous citerons quelques chiffres :

	Chemins moléculaires.	Nombre des chocs en une seconde.	
Hydrogène, H^2	0mm,0001855	9480	millions
Azote, Az^2	0 0000986	4760	—
Oxygène, O^2	0 0001059	4065	—
Air, $0{,}8\,Az^2 + 0{,}2\,O^2$.	0 0000950	4700	—
Chlore, Cl^2	0 0000474	6240	—
Gaz des marais, CH^4.	0 0000848	7330	—
Ammoniaque, AzH^3.	0 0000737	8130	—
Gaz carbonique, CO^2.	0 0000680	5510	—
Vapeur d'eau, H^2O.	0 0000649	9035	—
Gaz sulfureux, SO^2.	0 0000485	6360	—

Les valeurs contenues dans ce tableau sont calculées pour la température de 0° et pour la pression normale. Les chemins moléculaires sont exprimés en dix-millionièmes de millimètre. Ainsi les distances moyennes parcourues par les molécules hétérogènes de l'air entre deux chocs ont été évaluées approximativement à 950 cent-millionièmes de centimètre ou à 95 millionièmes de millimètre. Le nombre des chocs que subit une telle molécule pendant une seconde s'élèverait à 4,700 millions en supposant qu'elle se meuve avec une vitesse moyenne de 447 mètres.

Lorsque la pression diminue, la longueur des chemins moléculaires ou la distance de libre parcours des molécules augmente. Tandis que, à la pression ordinaire, elle ne dépasse pas pour l'air un dix-millième de millimètre, elle peut atteindre plusieurs centimètres, lorsque le vide est fait à un millionième d'atmosphère. Les gaz ainsi raréfiés acquièrent des propriétés nouvelles qui ont été étudiées récemment par M. W. Crookes [*On Radiant Matter*, conférence faite à Sheffield en août 1879]. Les distances de libre parcours des molécules étant notablement allongées, les pressions ne se transmettent plus instantanément dans tous les sens dans ces milieux raréfiés, circonstance qui permet d'expliquer les mouvements du radiomètre. Lorsque, comme l'a fait M. Crookes, on fait passer une décharge électrique à travers un tube dont l'atmosphère a été raréfiée à un millionième d'atmosphère, les molécules électrisées s'élancent en ligne droite du pôle négatif vers la paroi opposée, et produisent alors, par l'effet d'un véritable bombardement moléculaire, divers phénomènes de phosphorescence, de calorification, etc., et même des actions mécaniques que M. Crookes a fait apparaître par de brillantes expériences. M. Crookes désigne les gaz portés à ce degré de raréfaction extrême sous le nom de *matière radiante*.

On est allé plus loin. Connaissant les vitesses moléculaires, les distances de libre parcours et la fréquence des chocs, on a pu tirer des inductions sur les diamètres des molécules, sur leurs volumes, car n'est-il pas vrai que la longueur des chemins moléculaires dépend de la fréquence des chocs, et que celle-ci doit être influencée par la grosseur des projectiles? Ici nous ne citons pas de chiffres et nous nous contentons d'indiquer la marche des idées.

D'autres considérations ont été invoquées pour la détermination approximative des diamètres moléculaires : en premier lieu, le rapport qui existe entre la densité d'un gaz et celle du liquide qui résulte de sa condensation [Loschmidt, *Sitzungsberichte der Kaiserl. Akad. der Wissensch.*, in Wien, 1865, t. LII, 2e partie, p. 395; — Sir William Thomson, *Silliman's Amer. Journ.*, t. L, p. 38 et 358, 1870, et *Ann. der Chem. u. Pharm.*, t. CLVII, p. 54, 1871; — Maxwell, *Phil. Maz.*, 1873, 4e sér., t. XLVI, p. 453].

Si l'on pouvait supposer que les molécules gazeuses fussent amenées au contact par la liquéfaction, la relation qui existe entre le volume réel qu'occupent les molécules matérielles dans l'unité de volume d'un gaz et ce volume serait donnée évidemment par le rapport entre les densités à l'état gazeux et à l'état liquide. C'est ce rapport que M. Loschmidt désigne sous le nom de coefficient de condensation; or le diamètre moléculaire peut être exprimé en fonction de ce coefficient et de la longueur moyenne des chemins moléculaires, c'est-à-dire de deux quantités connues. Il est certain que les valeurs ainsi obtenues doivent être trop fortes et représentent plutôt une limite supérieure, car la supposition que la liquéfaction amène les molécules en contact est évidemment inexacte. Mais on comprend qu'il ne s'agit ici que de valeurs approchées, et pour fixer les idées nous en citerons cinq qui se rapportent à des corps dont on connaît la densité à la fois à l'état de gaz ou de vapeur ou à l'état liquide [O.-E. Meyer, *Kinetische Theorie der Gase*, Breslau, 1877, p. 226 et 227].

	Diamètre moléculaire.	Volume moléculaire (supposé sphérique).
Chlore	0,96	0,459
Vapeur d'eau	0,44	0,046
Ammoniaque	0,45	0,049
Gaz carbonique	1,14	0,779
Gaz sulfureux	0,80	0,271

Les diamètres moléculaires sont exprimés en fractions de millionième de millimètre, et les volumes en fractions de millionième de millimètre cube. En comparant les chiffres inscrits dans ce tableau avec ceux qui expriment les chemins moléculaires (voir plus haut), on peut se faire une idée des distances des molécules par rapport à leurs dimensions.

Comme nous l'avons fait remarquer, il s'agit

là de valeurs approchées, mais c'est une chose digne de remarque que les résultats numériques ainsi obtenus ont été confirmés d'une façon satisfaisante à l'aide d'une méthode très différente qui a été employée en 1873 par M. Van der Waals [*Poggend. Ann. Beiblätter*, t. I, p. 10, 1877].

Ce physicien a essayé d'évaluer les grandeurs moléculaires en prenant pour point de départ les perturbations de la loi de Mariotte. Nous avons dit plus haut que la cohésion des gaz est une des causes de ces perturbations : l'étendue matérielle des molécules en est une autre, car il est évident que l'espace dans lequel les molécules peuvent exécuter leurs évolutions n'est pas en réalité celui du gaz lui-même : il diffère de ce dernier de toute l'étendue des volumes moléculaires. On conçoit donc que les expériences de V. Regnault sur la compressibilité des gaz aient pu fournir les données nécessaires pour le calcul d'une constante représentant l'étendue matérielle des molécules, une des causes des perturbations de la loi de Mariotte. La même constante a été calculée par M. Van der Waals d'après les variations du coefficient de dilatation. Il s'agit, comme nous l'avons vu, de millionièmes ou de fractions de millionièmes de millimètre, ces dernières grandeurs exprimant les diamètres des molécules et les premiers les distances moléculaires. Les données acquises sur les diamètres des molécules ont permis de calculer approximativement leurs sections et leurs volumes. Et pour l'air ces deux grandeurs ne sont que de petites fractions, la première d'un carré, la seconde d'un cube dont le côté serait la millionième partie d'un millimètre.

On peut faire un pas de plus : les volumes moléculaires étant connus, on peut calculer le nombre des molécules dans l'unité de volume des gaz et aussi leurs distances respectives et leurs poids absolus. Et ici nous arrivons à des nombres qui confondent l'imagination et dont on a quelque peine à saisir la signification réelle. Un centimètre cube d'air renfermerait 21 trillions de molécules, nombre qui représente 21 fois un million élevé à la troisième puissance[1]. Conformément à la règle d'Avogadro et d'Ampère, ce nombre serait le même pour les autres gaz. Supposez qu'un gaz soit tellement raréfié que la pression soit réduite à la millième ou même à la millionième partie d'une atmosphère, le nombre des molécules qu'il renfermera sera encore prodigieux, puisqu'il sera la millième ou la millionnième partie du précédent. Seulement dans cet air raréfié les chemins moléculaires seront notablement allongés et le nombre des chocs sera diminué en proportion.

En partant des données approximatives acquises sur les dimensions des molécules et en tenant compte des densités, on peut évaluer les poids absolus des molécules et des atomes. Si nous disons qu'il faut 10 trillions de molécules d'air et 144 trillions de molécules d'hydrogène pour faire un milligramme de ces gaz, donnerons-nous une idée saisissable et surtout donnerons-une idée juste des valeurs dont il s'agit? On peut en douter. Et pourtant ces nombres ont été donnés. On les inscrit avec réserve, à titre de renseignement provisoire sur les limites que peut atteindre la divisibilité de la matière.

Au reste ces résultats approximatifs sur l'étendue des particules matérielles et sur la densité de cette poussière moléculaire qui constitue les gaz sont confirmés jusqu'à un certain point par des faits bien connus. On rappelle ici l'odeur intense qu'une parcelle imperceptible de musc peut répandre dans un appartement, la possibilité de colorer la flamme d'un bec de gaz avec un trois-millionième de milligramme de chlorure de sodium; le pouvoir colorant intense de la rosaniline et de certaines matières analogues, l'extrême ténuité de fils et de lames d'or préparés par Faraday, la minceur extraordinaire des bulles de savon, et des lames d'eau sur lesquelles Plateau a appelé l'attention des physiciens.

Tous ces faits, joints aux considérations que nous avons exposées, semblent indiquer que les dimensions des molécules sont mesurées approximativement par l'ordre de grandeurs que nous avons indiqué. Mais comme il n'y a pas de grandeur absolue, ces dimensions si réduites peuvent présenter, d'un corps à l'autre, des différences considérables. Dans ces petitesses inouïes, il y a des grandeurs *relatives*, et dans ce monde invisible, comme dans le grand monde, il règne une grande diversité.

Jusqu'ici on n'a considéré ni la forme des molécules ni celle des atomes. Tout ce qu'on peut dire sur cette matière est pure hypothèse. On a supposé que la forme des molécules gazeuses était sphérique, et que les atomes eux-mêmes étaient de petites sphères. Newton admettait qu'ils sont durs et incapables d'être déformés. Mais alors comment se fait-il que dans les gaz ils peuvent se communiquer leurs mouvements par le choc et qu'ils rebondissent comme des corps élastiques? Il y a là une difficulté. Et puis, faut-il le dire, cette idée que des particules ayant des dimensions finies sont indivisibles peut soulever une autre difficulté. La chimie nous apprend qu'une molécule de mercure est plus grosse qu'une molécule d'hydrogène; pourquoi serait-elle indivisible? On répond qu'elle ne saurait être divisée par les forces physiques et chimiques, parce que sans cela elle ne serait pas du mercure. Il n'en est pas moins vrai que cette proposition de l'indivisibilité des atomes ne s'impose pas à l'esprit.

Elle s'impose d'autant moins qu'à plusieurs reprises on a émis l'hypothèse que certains atomes pouvaient être formés eux-mêmes par l'union de plusieurs sous-atomes ou monades.

Dans ces derniers temps, des expériences nombreuses et importantes de M. Lockyer ont de nouveau attiré l'attention sur ce point. Comme elles ont eu un grand retentissement, nous croyons devoir présenter à ce sujet quelques observations dues à la plume autorisée de M. Salet.

Expériences de M. Lockyer. — L'hypothèse de la non-simplicité des éléments chimiques a été récemment invoquée par M. Lockyer pour l'explication d'un certain nombre de phénomènes qu'il a observés dans l'étude des spectres métalliques.

Chacun sait que ces spectres sont caractérisés par des lignes brillantes irrégulièrement réparties dans l'espace spectral; vient-on à élever la température de la source lumineuse, l'on voit paraître de nouvelles raies à différentes places, mais surtout du côté du violet et de l'extra-violet, et en même temps le rapport d'éclat des raies primitives peut être altéré au point d'être interverti. Certaines raies se voient à des températures si basses que les parties extérieures des flammes ou des étincelles les fournissent aussi bien que les portions intérieures plus chaudes; elles se prêtent fort bien au phénomène du renversement. D'autres au contraire n'apparaissent qu'au voisinage des électrodes ou à la base des flammes, c'est-à-dire dans les zones à température maxima. Tous ces phénomènes semblent en rapport avec des changements survenus dans l'énergie relative de certains mouvements vibratoires du corps lumineux; leur cause reste profondément cachée. M. Lockyer a tenté de les expliquer d'une

1. Un trillon = $(1,000000)^3$.

façon extrêmement hardie. Pour lui, la chaleur n'agit pas seulement en développant d'une manière régulière les raies les plus réfrangibles, elle *dissocie* graduellement les corps réputés simples en éléments nouveaux et si, sous son influence, des raies apparaissent ou prédominent et d'autres diminuent d'éclat ou s'évanouissent, c'est que la proportion du corps qui les fournit, élément ancien ou élément nouveau, augmente ou décroît elle-même dans la source lumineuse. Comme les éléments anciens se reforment par le refroidissement et qu'ils se dissocient toujours de la même façon par l'action de la chaleur, il semble que nous n'ayons jusqu'à présent aucun moyen de vérifier cette hypothèse. Cependant M. Lockyer fait remarquer qu'elle donne la clef de deux autres séries de phénomènes observés par lui : 1° l'altération des spectres quand on les observe dans les étoiles; 2° la présence dans plusieurs spectres métalliques différents de raies *courtes* communes, — les raies courtes étant celles qui, dans le cas de l'étincelle, restent confinées dans le voisinage des électrodes, et qu'on peut appeler ainsi les raies des hautes températures.

Dans le spectre de Sirius, une des deux raies H du calcium manque; l'autre est fort visible et c'est la moins réfrangible. Or on admet que Sirius est plus chaud que le soleil; si l'élévation de température était la cause de l'altération du spectre, ce serait la raie la plus réfrangible qui devrait recevoir un accroissement d'éclat. D'ailleurs ces raies sont fort voisines, et on les obtient toujours avec une intensité à très peu près égale. Si le calcium est un corps composé et si chacune des raies H est due à l'un de ses éléments, il sera impossible sur la terre, et en opérant avec le métal calcium, d'obtenir une raie sans sa compagne, parce que le calcium se décomposera par la chaleur en des proportions invariables de ces deux éléments; mais dans une étoile assez chaude pour que ces éléments puissent y coexister à l'état de liberté, ceux-ci peuvent se présenter dans des proportions relatives quelconques. De là dans les raies stellaires des altérations d'éclat relatif que nous ne pouvons reproduire sur la terre. On peut demander à M. Lockyer si nous ne *savons* pas seulement les reproduire.

Quant à la présence dans plusieurs spectres de raies courtes communes, la cause en est attribuée par M. Lockyer à la résolution des éléments anciens en éléments nouveaux, dont certains seraient communs à plusieurs éléments anciens. Les coïncidences elles-mêmes ont été surtout signalées par le même savant d'après la comparaison de plusieurs milliers d'épreuves photographiques. Mais la dispersion employée était-elle suffisante pour amener la certitude à cet égard? M. Thollon, à l'aide de l'instrument le plus puissant que l'on connaisse, a *résolu* un certain nombre de soi-disant coïncidences, peut-être en résoudra-t-il encore d'autres; en tout cas, celles qui existeraient réellement ne seraient-elles pas dues à la présence dans les éléments observés d'impuretés communes?

M. Lockyer répond que ce sont des raies *courtes* qui coïncident, alors que les raies longues de l'élément considéré comme impureté ne sont pas visibles; or, ce sont elles qui apparaissent les premières lorsque l'on ajoute à dessein des quantités très petites et progressivement croissantes d'un métal donné dans un autre dont on observe les suites.

L'objection ne manque certainement pas de poids. Pourtant, si ces raies courtes communes étaient les raies longues d'impuretés, connues ou non, existant à la fois dans plusieurs métaux?

Cela reviendrait à remplacer les éléments nouveaux de M. Lockyer par d'autres éléments, peut-être inconnus, mais *de même ordre* que les éléments anciens. Or qui peut répondre de la pureté *absolue* des métaux employés par M. Lockyer?

D'ailleurs, et plus simplement, si jusqu'à présent il est permis de dire que chaque métal a ses raies propres, il n'y a aucune absurdité à supposer que certains métaux peuvent avoir quelques raies réellement communes. Pourquoi admettre dans les périodes vibratoires des divers atomes une incommensurabilité qui ne paraît pas exister dans les poids atomiques eux-mêmes?

Atomes-tourbillons. — Dans ces derniers temps, une théorie a surgi, qui semble donner une démonstration mathématique et même une représentation expérimentale de l'indivisibilité, bien plus, de l'individualité propre et éternelle des atomes : ce sont les atomes-tourbillons de sir William Thomson [*Phil. Mag.*, 1867, 4e sér., vol. XXXIV, p. 15].

Cette conception est fondée sur les propriétés du mouvement tourbillonnant, propriétés qui ont été découvertes par M. Helmholtz en 1858 [Crelle-Borchardt's *Journ. für Mathematik*, t. LV, p. 25, 1858]. Ce grand savant a analysé les tourbillons qui existeraient dans un liquide parfait, affranchi de tout frottement. Il considère dans un tel liquide des anneaux-tourbillons et des lignes-tourbillons (*Wirbelfäden und Wirbellinien*). L'anneau-tourbillon est formé par un filet mince de liquide dont chaque molécule est douée d'un mouvement de rotation et qui est limitée extérieurement par un système de lignes-tourbillons (voir la figure 27) dont le plan est perpendiculaire à la direction du mouvement du tourbillon. M. Helmholtz a démontré que, dans certaines conditions relatives au mode d'action des forces extérieures sur les liquides, conditions qui sont remplies dans la nature, chaque ligne-tourbillon demeure formée des mêmes particules liquides, et comme ces lignes sont des courbes sans fin, des cercles, par exemple, il en résulte que l'anneau tourbillon renferme toujours une quantité invariable de liquide. Il pourra se déformer, se déplacer, sans que la connexion de ses parties puisse être rompue.

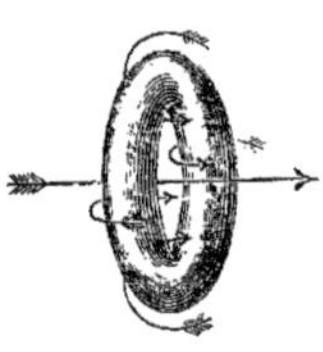

Fig. 27.

Pour donner au lecteur une idée de la forme et des propriétés de ces tourbillons, il suffit de rappeler les cercles que certains fumeurs savent lancer, ou mieux les couronnes qui se forment et s'élèvent en tourbillonnant dans l'air lorsqu'une bulle d'hydrogène phosphoré crève à la surface d'une cuve à eau.

On peut les produire à volonté à l'aide d'un appareil qui consiste en une caisse en bois dont une paroi est percée d'une ouverture circulaire et dont la paroi opposée est formée par un drap fortement tendu. Dans l'intérieur de la caisse on produit des fumées de chlorhydrate d'ammoniaque, et on les chasse en appliquant un coup sec contre la paroi élastique. On voit alors un anneau de fumée se dégager par l'ouverture et se propager librement dans la pièce. Tout est mouvement dans cet anneau, et indépendamment du mouvement de translation les particules de fumée roulent sur elles-mêmes et exécutent des mouvements de rotation dans chaque tranche de l'anneau. Chacune de ces dernières est formée par un ensemble de lignes courbes sur le trajet desquelles les molécules exécutent leurs mouvements de rotation, et ces mouvements ont lieu de l'extérieur de l'anneau vers l'intérieur dans le sens du mouvement de translation. Supposons que l'anneau se meuve dans le sens qui est indiqué par la flèche centrale (fig. 27), chaque particule de fumée de l'intérieur se mouvra dans le même sens (ce qui est indiqué par les flèches courbes), chaque particule de l'extérieur dans le sens opposé, de telle sorte que la masse entière de l'air ou de la fumée qui compose l'anneau tourne sans cesse autour d'un axe circulaire qui en forme en quelque sorte le noyau. Et ces mouvements ont cela de particulier que toutes les particules situées sur une des courbes (lignes-tourbillons) qui entourent cet axe sont indissolublement liées dans leurs voies circulaires. Ces tourbillons de fumée donneraient des anneaux-tourbillons de M. Helmholtz une idée exacte, s'ils se formaient et se propageaient dans un fluide parfait. Il n'en est pas ainsi; mais, tels qu'on peut les faire naître, ils peuvent servir à la démonstration de quelques propriétés de la matière tourbillonnante. Ils sont doués d'élasticité et peuvent changer de forme. Le cercle est leur position d'équilibre, et, lorsqu'ils sont déformés, ils oscillent autour de cette position qu'ils finissent par reprendre. Mais qu'on essaye de les couper, ils fuiront devant la lame, ou iront s'infléchir autour d'elle, sans se laisser entamer. Ils offrent donc la représentation matérielle de quelque chose qui serait indivisible et insécable. Et, lorsque deux anneaux se rencontrent, ils se comportent comme deux corps solides élastiques : après le choc, ils vibrent énergiquement. Un cas singulier est celui où deux anneaux se meuvent dans la même direction, de telle sorte que leurs centres soient situés sur la même ligne, et que leurs plans soient perpendiculaires à cette ligne. Alors l'anneau qui est en arrière se contracte continuellement, tandis que sa vitesse augmente. Celui qui avait pris l'avance se dilate au contraire, sa vitesse diminuant jusqu'à ce que l'autre l'ait dépassé, et alors le même jeu recommence, de telle sorte que les anneaux se pénètrent alternativement. Mais, à travers tous ces changements de forme et de vitesse, chacun conserve son individualité propre, et ces deux masses circulaires de fumée se meuvent dans l'air comme quelque chose de parfaitement distinct et indépendant [C.-P.-G. Tait, *On some recent Progresses in physical Science*].

M. Helmholtz ayant ainsi découvert la propriété fondamentale de la matière tourbillante, sir William Thomson a fait de cette découverte la base d'une conception générale du monde. Ce milieu parfait et ces tourbillons qu'ils parcourent représentent l'univers. Un fluide remplit tout l'espace, et ce que nous nommons matière sont les portions de ce fluide qui sont animées de mouvements tourbillonnants. Ce sont des légions innombrables de fractions ou portions infiniment petites; mais chacune de ces portions est parfaitement limitée, distincte de la masse entière et distincte de toutes les autres, non par sa substance propre, mais par sa masse et par ses modes de mouvements, qualités qu'elle conserve éternellement. Ces portions-là sont les atomes. Dans le milieu parfait qui les renferme tous, aucun d'eux ne peut changer ou disparaître, aucun d'eux ne peut naître spontanément. Partout les atomes de la même espèce sont constitués de la même façon et doués des mêmes propriétés. Ne savons-nous pas en effet que les atomes d'hydrogène vibrent exactement selon les mêmes périodes, soit qu'on les chauffe dans un tube de Geissler, soit qu'on les observe dans le soleil ou dans la nébuleuse la plus éloignée?

Telle est en peu de mots la conception des atomes-tourbillons. Elle rend compte d'une manière satisfaisante de quelques propriétés de la matière et de toutes les hypothèses sur la nature des atomes; c'est celle qui paraît offrir le plus de vraisemblance. On voit aussi qu'elle permet de faire revivre sous une forme plus acceptable que ne l'avait tenté Prout l'antique hypothèse sur l'unité de la matière. Au reste elle n'est point nouvelle. Descartes l'avait énoncée il y a plus de deux siècles, tant il est vrai que, lorsqu'il s'agit de l'éternel et peut-être insoluble problème de la constitution de la matière, les mêmes idées se perpétuent à travers les âges et se présentent, sous des formes rajeunies, aux intelligences d'élite qui ont cherché à sonder ce problème. Il est peut-être insondable, mais ce que nous devons faire remarquer ici, en y appuyant avec force, c'est que la notation qu'on nomme atomique, puisqu'il faut bien lui donner un nom, est indépendante de l'hypothèse et lui survivrait, dans le cas où cette hypothèse serait remplacée par une autre plus générale ou plus plausible. La notation atomique s'appuie en effet sur des faits d'ordre multiple qu'elle relie entre eux et dont elle est en quelque sorte l'expression : elle est fondée d'une part sur les faits relatifs aux proportions fixes et aux proportions multiples, d'autre part sur les lois de volumes découvertes par Gay-Lussac. L'ancienne notation en équivalents ne tenait aucun compte de ces dernières lois. Elle est généralement hors d'usage. Ad. Wurtz.

ATRACTYLIGÉNINE. — Voyez ATRACTYLINE.

ATRACTYLINE, $C^{20}H^{30}O^{6}$. — Ce corps se forme lorsqu'on saponifie l'acide actractylique par la potasse ou la baryte.

L'atractyline est une substance gommeuse, inodore, possédant une saveur sucrée spéciale; elle est très soluble dans l'eau et l'alcool, insoluble dans l'éther. Elle possède une réaction acide. L'acide sulfurique la dissout, en se colorant en jaune; lorsqu'on élève la température, cette teinte vire au rouge pourpre. L'acide nitrique l'attaque à chaud. L'hydrate de potassium étendu la dédouble en une matière cristallisable (l'*atractyligénine*) et en une glucose [Lefranc, *Compt. rend.*, t. LXXVI, p. 438.]

ATRACTYLIQUE (ACIDE), $C^{30}H^{54}S^{2}O^{18}$. — La racine de l'*Atractylis gummifera* renferme, en même temps que de l'inuline, de l'asparagine et des sucres lévogyres, le sel potassique de cet acide, qui lui-même semble être un glucoside dont l'acide sulfurique serait un des constituants.

Pour préparer l'acide atractylique, on épuise la racine sèche par l'eau bouillante, on évapore la solution aqueuse à siccité, et l'on reprend l'extrait obtenu par l'alcool à 85 %. Ce véhicule dissout l'atractylate de potassium, qui se dépose, au sein de la liqueur concentrée, en beaux cristaux. Ceux-ci, purifiés par plusieurs cristallisations dans l'alcool, et décolorés au moyen du noir animal, sont ensuite transformés en sel plombique par précipitation de leur solution avec du sous-acétate de plomb. L'atractylate de plomb, suspendu dans de l'eau, est à son tour décomposé par l'hydrogène sulfuré. La solution aqueuse de l'acide évaporée à consistance sirupeuse ne cristallise pas; l'acide étant très hygroscopique ne peut être obtenu qu'à l'état de sirop incolore.

L'acide atractylique, très soluble dans l'eau, possède une saveur styptique, et rougit fortement le tournesol. La solution aqueuse additionnée de chlorure de baryum ne se trouble pas; pourtant, lorsqu'on porte ce mélange à l'ébullition, il se forme un précipité de sulfate barytique, et la liqueur renferme de l'acide valérianique, un glucoside (atractyline) et une résine. Ce même dédoublement s'effectue dans la solution aqueuse de l'acide, à la température ordinaire, après un certain laps de temps, ou lorsqu'on la fait bouillir avec ou sans acide chlorhydrique. Dans ces dédoublements, il se comporte comme un acide atractylodivalérianosulfurique.

Ce dédoublement d'acide atractylique s'accomplit en deux phases, et lorsqu'on n'achève pas la saponification il se forme de l'acide valérianique et un nouvel acide, l'acide β-*atractylique*, $C^{20}H^{38}S^2O^{16}$, qui forme trois séries de sels comme l'acide primitif.

L'acide atractylique est tribasique et forme trois séries de sels correspondant aux formules suivantes : $C^{30}H^{53}S^2O^{18}M$; $C^{30}H^{52}S^2O^{18}M^2$, et $C^{30}H^{51}S^2O^{18}M^3$, M étant un métal monatomique. Les sels des deux dernières séries sont cristallisables, solubles dans l'eau et l'alcool étendu ; ceux de la première série n'existent qu'en solution concentrée, et se dédoublent facilement en sels de la deuxième série et en acide.

Atractylate de potassium, $C^{30}H^{52}S^2O^{18}K^2$. — Ce sel, dont la préparation a été décrite plus haut, cristallise en aiguilles incolores, biréfringentes, solubles dans l'eau. Il est lévogyre, son pouvoir rotatoire étant de $[\alpha]_j = -5°,77$. Sa solution aqueuse, portée à l'ébullition avec un acide, subit la même décomposition que l'acide libre. Le chlorure de baryum précipite les solutions concentrées de ce sel, formant un sel barytique soluble dans un excès d'eau et dans l'acide chlorhydrique [Lefranc, *Compt. rend.*, t. LXVII, p. 954, et t. LXXVI, p. 438]. M. Wassermann.

ATRANORIQUE (ACIDE). — Cet acide se trouverait, indépendamment de l'acide usnique, dans le *Lecanora atra*. On l'extrait au moyen de l'éther et on le sépare de l'acide usnique par cristallisation fractionnée dans le chloroforme bouillant : l'acide atranorique, étant moins soluble, se dépose d'abord. Il cristallise en petits prismes fusibles à 190°, de la formule $C^{19}H^{18}O^8$; il est très peu soluble à froid dans l'alcool, l'éther, le chloroforme, mais se dissout assez facilement dans les mêmes véhicules chauds. Les solutions dans les alcalis sont colorées en jaune paille; les acides en précipitent la substance inaltérée. L'hypochlorite de sodium produit une solution jaune qui se colore rapidement en rouge et se décolore à la fin.

Chauffé à 150° avec de l'alcool, l'acide atranorique donne des aiguilles très solubles, fusibles à 115°; l'aniline le convertit en une matière jaune fusible à 156° [Paterno et Oglialoro, *Gaz. chim. ital.*, 1877, p. 189 ; *Bull. de la Soc. chim.*, t. XXIX, p. 470].

O. Hesse est d'avis que l'acide atranorique se confond avec l'acide hydrocarbusnique, et que le second acide du *Lecanora atra*, envisagé comme de l'acide usnique, est en réalité de l'acide cladonique ou β-usnique (voyez t. III, p. 612). [O. Hesse, *Deutsch. chem. Gesellsch.*, t. X, p. 1324.]

ATRIQUE (ACIDE), $C^{16}H^{18}O^5$. — Paterno avait désigné sous ce nom un des principes immédiats du *Lecanora atra* (voyez t. III, p. 613); dans son travail plus récent sur l'acide atranorique, il ne fait plus mention de l'acide atrique.

ATROPINE, $C^{17}H^{23}AzO^3$. — D'après les recherches de Lossen et de Kraut, on sait que l'atropine chauffée en vase clos, soit avec de l'eau de baryte, soit avec de l'acide chlorhydrique concentré, se dédouble en donnant comme produit constant, quand la température n'est pas trop élevée, de la tropine, et, selon que la température varie plus ou moins, un mélange en diverses proportions des acides

Tropique, $CH^2(OH)\text{-}CH(C^6H^5)\text{-}CO^2H$.
Atropique, $=CH\text{-}CH(C^6H^5)\text{-}CO^2H$.
et Isatropique, $CH^2=C(C^6H^5)\text{-}CO^2H$.

Le premier de ces corps, considéré comme un acide phényléthylénolactique, est le produit direct du dédoublement de l'atropine, mais par perte d'eau il se transforme facilement, au sein même de la liqueur où il se produit, dans les deux suivants qui sont des isomères de l'acide cinnamique. L'atropine chauffée pendant huit jours avec de l'eau de baryte à la température de 60° donne de la tropine et de l'acide tropique à peu près pur; si on chauffe à 125°, on voit apparaître les acides atropique et isatropique en même temps que la proportion d'acide tropique diminue.

Récemment M. Ladenburg [*Deutsch. chem. Gesellsch.*, t. XII, p. 941], a abordé la question de la synthèse de l'atropine et s'est proposé : 1° de faire la synthèse partielle par la réunion des produits de dédoublement; 2° de rechercher la constitution de la tropine pour arriver à la synthèse totale.

Synthèse partielle de l'atropine. — Elle s'effectue en faisant réagir l'acide chlorhydrique étendu sur le tropate de tropine.

Ce sel obtenu avec de l'acide tropique et de la tropine parfaitement purs (la tropine a été distillée à point fixe) forme des cristaux blancs très solubles dans l'eau et n'ayant aucune action sur la pupille. Chauffé pendant un certain temps avec de l'acide chlorhydrique étendu, il se transforme en atropine, comme le représente l'équation suivante :

$$C^8H^{16}AzO, C^9H^9O^3 = H^2O - C^{17}H^{23}AzO^3;$$

ce qui montre que dans certaines limites de température les transformations que l'acide chlorhydrique fait subir à l'atropine doivent être limitées par une réaction inverse.

Le mélange de tropate tropique et d'acide chlorhydrique étendu est chauffé à 100° dans des tubes fermés; au bout d'un certain temps, il se sépare une huile qu'après refroidissement on enlève par filtration. Le liquide filtré, saturé presque par du carbonate de potassium, donne une nouvelle quantité de corps huileux qu'on ajoute au précédent en vue d'un traitement ultérieur pour obtenir de l'atropine.

Le nouveau liquide filtré est sursaturé par le carbonate de potassium et donne un précipité qui se réunit en gouttes huileuses passant bientôt à l'état de cristaux. Ces cristaux sont essorés, redissous dans une petite quantité d'alcool et précipités par l'eau, au sein de laquelle se déposent des cristaux d'atropine pure.

L'atropine synthétique possède les mêmes propriétés physiques, chimiques et physiologiques que l'atropine naturelle. Son analyse a été faite. Elle fond à 113°,5; son sulfate neutre dilate fortement la pupille. Elle donne avec le tannin, l'iodomercurate et l'iodure ioduré de potassium les mêmes réactions que la base naturelle. Des faits énumérés ci-dessus, il résulte que la connaissance de la constitution de l'atropine dépend uniquement de celle de la tropine. Tout récemment [*Comptes rendus*, t. XC, p. 872], M. Ladenburg a reconstitué de l'atropine avec l'acide tropique et la tropine, produits par le dédoublement de l'hyoscyamine, base isomérique avec la tropine.

Periodure d'atropine. — L'iode dissous dans l'iodure de potassium précipite l'atropine en brun; ce précipité est soluble dans l'alcool d'où il se sépare en beaux prismes bruns de la formule $C^{17}H^{23}AzO^3, HI^3$ désignés sous le nom de triiodure d'atropine. Ces cristaux soumis à l'ébullition avec de l'alcool à 70° se convertissent en pentaiodure $C^{17}H^{23}AzO^3, HI^5$, cristallisant en lamelles d'un gris bleuâtre métallique [Joergensen, *Deutsch. chem. Gesellsch.*, t. II, p. 460].

Électrolyse. — Les solutions salines d'atropine soumises à l'électrolyse laissent déposer de l'atropine au pôle négatif. Au pôle positif, il y a oxydation; des produits ammoniacaux non étudiés se forment en même temps que de l'aldéhyde benzoïque, de l'acide carbonique, de l'oxyde de carbone et un peu d'azote [Bourgoin, *Bull. Soc. chim.*, t. XII, p. 438].

Analyse et extraction de l'atropine. — On traite la belladone divisée par 10 p. d'eau aiguisée d'acide sulfurique, on clarifie, puis on évapore à 100°. Le résidu est repris par l'alcool qui au bout de vingt-quatre heures a précipité les mucilages; on filtre, puis on évapore encore à 100°. Le nouveau résidu, lavé avec du pétrole léger et rendu alcalin par l'ammoniaque, est agité avec du chloroforme. Après lavage à l'eau de la solution chloroformique, on l'évapore et on pèse l'atropine pure qu'elle laisse comme résidu [Gunther, *Pharm. Zeitschrift fur Russland*, t. VII, p. 89].

S. Wasilewsky [*même recueil*, t. XV, p. 642], recommande d'opérer comme il suit : On fait digérer, pendant vingt-quatre heures à 50°, des feuilles d'*Atropa belladona* coupées finement avec de l'eau acidulée par l'acide chlorhydrique. L'extrait aqueux est agité avec du chloroforme, puis rendu alcalin et encore agité plusieurs fois avec ce liquide. Après évaporation de la solution chloroformique, on obtient l'atropine cristallisée jaunâtre; 750 gr. de feuilles ont donné 0gr,416 d'alcaloïde.

TROPINE ET TROPIDINE. — La tropine est une base volatile bouillant à 229°, dont la préparation et les propriétés principales ont été déjà indiquées [t. I, p. 481]. Distillée avec de la baryte, de la chaux ou de la chaux sodée, elle donne de la méthylamine et une huile odorante en petite quantité.

Chauffée à 180° en tubes scellés, avec de l'acide chlorhydrique fumant ou de l'acide sulfurique étendu (1 vol. SO^4H^2 : 3 vol. H^2O), la tropine perd H^2O et se convertit en tropidine,

$$C^8H^{15}AzO - H^2O = C^8H^{13}Az.$$

On isole cette dernière base en sursaturant par la potasse le contenu des tubes, et en soumettant à la distillation ou en l'enlevant par l'éther. L'atropine traitée par l'acide chlorhydrique concentré fournissant de la tropine, on peut obtenir plus facilement la tropidine par l'attaque directe de l'atropine à 180°; on sursature par la potasse et on distille. La liqueur alcaline retient dans ce cas les acides atropique, isatropique et un acide modifié qui paraît être la tropide.

La tropidine est une base tertiaire, liquide, très alcaline, et sentant fortement la conicine dont elle ne diffère que par H^2 :

$C^8H^{15}Az$	$C^8H^{13}Az$	$C^8H^{11}Az$.
Conicine.	Tropidine.	Collidine.

Sa densité à 0° est 0,9665. Densité de vapeur : 4,08; la théorie exige 4, 26. Elle bout à 162-163°. Soluble dans l'eau plus abondamment à froid qu'à chaud. Ses solutions n'agissent pas sur la pupille.

Chlorhydrate de tropidine. — Sel très soluble et incristallisable; sa solution sert à préparer les autres sels.

Picrate de tropidine, $C^8H^{13}Az, C^6H^3(AzO^2)^3OH$. — Soluble dans l'eau à chaud ; il se dépose en aiguilles brillantes.

Chloroplatinate de tropidine,

$$(C^8H^{13}Az, HCl)^2, PtCl^4.$$

La solution concentrée de chlorhydrate étant additionnée de chlorure de platine laisse déposer de beaux cristaux prismatiques. Le sel est dimorphe (orthorhombique et clinorhombique), mais les formes sont très voisines.

Chloraurate de tropidine, $C^8H^{13}Az, HCl, AuCl^3$ — Cristallise dans l'eau par refroidissement de sa solution chaude.

ÉTHYLTROPIDINE. — Chauffée en vase clos avec de l'iodure d'éthyle, la tropidine donne l'iodure d'un ammonium quaternaire. En partant de ce corps, on peut préparer le chloraurate

$$C^8H^{13}Az, C^2H^5Cl, AuCl^3$$

en beaux prismes.

Le *chloroplatinate*, non analysé, est en petits octaèdres [Ladenburg, *loc. cit.*]. A. Etard.

ATROPIQUE (ACIDE), $C^9H^8O^2$. Il est isomérique avec l'acide cinnamique (phénylacrylique). (Voyez, t. I, p. 481.) — La potasse fondante transforme l'acide atropique en acide formique et en acide α-toluique. L'amalgame de sodium réduit la solution aqueuse d'acide atropique, et donne naissance à un nouvel acide, l'acide *β-phénylpropionique* (hydroatropique), qui se présente comme un liquide huileux, et forme un sel calcique très soluble dans l'eau. L'acide atropique, chauffé avec de l'acide chlorhydrique concentré, donne un acide chloré, qui se décompose en formant de l'acide isotropique [Kraut, *Ann. Chem. Pharm.*, t. CXLVIII, p. 242; *Bull. Soc. chim.*, t. XI, p. 491].

Atropate de calcium, $(C^9H^7O^2)^2Ca + 2H^2O$. — Il est en grands cristaux, qui perdent leur eau à 140°. Le sel calcique renfermant $5H^2O$, décrit par Kraut (voyez t. I, p. 481), est du tropate de calcium [Lossen, *Ann. Chem. Pharm.*, t. CXXXVIII, p. 230; *Ann. Chim. Phys.* (4), t. VIII, p. 488.

ATROSINE. — Nom donné par Hübschmann à une matière colorante noire que l'ammoniaque précipite en petite quantité de l'extrait alcoolique de la racine de belladone; cette matière, insoluble dans l'eau, l'alcool et l'éther, se dissout dans les acides et en est précipitée par l'ammoniaque. La coloration noire de la baie de belladone serait également produite par l'atrosine [F. Hübschmann, *Neu. Jahrb. für Pharm.*, t. XIX, p. 369].

ATTACOLITE (Blomstrand). (Min.). — Phosphate d'alumine et de chaux, avec fer, manganèse, magnésie, eau et soude. Masses indistinctement cristallisées, couleur saumon (de là son nom). De la mine de Westana (Suède).

Dureté, 5; densité, 3,09.

Caractères. — Fond facilement ou bouillonne, en donnant un verre jaune brun. Avec la soude, réaction du manganèse.

AUGELITHE (Blomstrand). (Min.). — Phosphate d'alumine hydraté,

$$Al^2O^3, P^2O^5 + Al^2O^3, 3H^2O.$$

Masses clivables facilement en trois directions, trouvées dans la mine de Westana (Suède).

Incolore ou légèrement rosé. Éclat des faces de clivage fortement nacré. Densité, 2,77.

Caractères. — Dans le tube, donne beaucoup d'eau. Au chalumeau, infusible, à peine attaqué par les acides.

AURANTIA. — Nom donné par Gnehm à l'hexanitrodiphénylamine qui est employée comme matière colorante.

AURANTIINE, $C^{23}H^{26}O^{12} + 4H^2O$. — M. de Vry avait retiré des fleurs du *Citrus decumana* de Java une matière amère cristallisée, qui avait été regardée pendant longtemps comme identique avec l'hespéridine, et ce n'est qu'après les recherches récentes de Hoffmann que l'on a distingué ces deux matières. Le principe immédiat du *Citrus decumana* a reçu le nom d'aurantiine.

Pour préparer l'aurantiine, de Vry choisissait les fleurs des arbres qui croissent à une altitude de 700 mètres, par la raison que leurs fruits ne sont pas comestibles, tandis que les fruits mûris dans les parties basses de Java sont très recherchés. Les fleurs étant soumises à la distillation avec l'eau, pour en retirer l'essence, le résidu de l'alambic fournit des cristaux d'aurantiine que l'on purifie par un traitement à l'acétate de plomb et par de nouvelles cristallisations dans l'eau.

L'aurantiine forme de petits cristaux clinorhombiques bien développés, de couleur jaune citron. Elle se dissout dans 300 p. d'eau froide et dans une quantité bien moindre d'eau bouillante; sa saveur est fortement amère. Les cristaux perdent $4H^2O$ à 100° en devenant opaques, et fondent à 171°. Le chlorure de fer la colore en brun rouge. Les alcalis la dissolvent et les acides la précipitent de la solution sous forme d'aiguilles. Fondue avec de la potasse, elle fournit une matière différente de l'acide protocatéchique, bien que verdissant par les sels ferriques.

Les acides étendus et bouillants dédoublent facilement l'aurantiine en glucose et une matière non encore étudiée.

Dehn, qui a examiné le dédoublement d'un échantillon d'aurantiine qui lui avait été remis par de Vry (à cette époque sous le nom d'hespéridine), a obtenu un sucre différent du glucose; mais Hoffmann n'a pas confirmé ce résultat. (Voyez t. II, p. 19.) L'aurantiine présente de grandes analogies avec l'hespéridine, la murrayine et la limonine [E. Hoffmann, *Deutsch. chem. Gesellsch.*, t. IX, p. 690; *Bull. Soc. chim.*, t. XXVI, p. 467]. A. Henninger.

AURINE. — Voyez t. II, p. 823.

AUSTRALÈNE OU AUSTRATÉRÉBENTHÈNE. — M. Berthelot a donné ce nom à l'essence de térébenthine dextrogyre fournie par le *Pinus australis* (voyez t. III, p. 308). Elle fournit un *austracamphène* et un *austraisotérébenthène*.

AVENTURINE. — Voyez VERRE, t. III, p. 679.

AVORNINE. — Elle est probablement identique avec la franguline [Faust, *Bull. Soc. chim.*, t. XII, p. 485; voyez t. I, p. 1494.]

AXINE. — La Pharmacopée mexicaine de 1846 mentionne sous le nom d'axine ou d'agé une matière grasse siccative, extraite d'un coccus vivant sur une espèce de *Schimus*. La matière grasse extraite par ébullition avec de l'eau se présente sous forme d'une masse butyreuse revêtue d'une croûte dure d'un rouge orangé; son odeur rappelle celle des fleurs d'arnica. Saponifiée par la potasse, elle fournit de l'acide laurique et un acide huileux particulier, l'acide *axique*, $C^{18}H^{28}O^4$.

Ce dernier acide absorbe rapidement l'oxygène de l'air et fournit une matière fusible à 35°, soluble dans l'alcool (acide hypogéique?) et un corps insoluble dans ce véhicule, l'*agénine* [F. Hoppe, *Journ. prakt. Chem.*, t. LXXX, p. 102; *Rép. Chim. pure*, 1861, p. 158].

AZALÉINE. — Syn. de ROSANILINE, t. I, p. 314.

AZÉLAÏQUE (ACIDE). — Il est identique avec les acides anchoïque et lépargylique. (Voyez t. II, p. 213.)

AZO. — Pour les composés qui ne se trouvent pas à leur rang alphabétique, voyez le mot qui suit ou le mot générique.

AZOBENZOL. — Syn. d'*Azobenzide*; voy. BENZINE dans ce Supplément.

AZOÏQUES (COMBINAISONS). — Voyez DIAZOÏQUES (COMBINAISONS), t. I, p. 1140.

AZOPHÉNINE. — Ce nom a été donné par Kimich à une matière de la formule $C^{36}H^{29}Az^5O$, cristallisant en lamelles rouges, qui se forme, indépendamment de l'azoxybenzide, lorsque le paranitrosophénol est traité par l'aniline. Avec la paratoluidine, on obtient une substance homologue $C^{40}H^{37}Az^5O$.

AZOPHÉNYLÈNE, $C^{12}H^8Az^2$. — L'azophénylène est une base découverte par Rasenack en soumettant à la distillation sèche un mélange de chaux et d'azobenzoate de calcium. L'huile rouge qui passe dans le récipient cristallise partiellement au bout de quelque temps, et de longues aiguilles jaunes en sillonnent la masse. Indépendamment de l'azophénylène, il se forme dans la réaction un corps rouge non encore étudié.

L'azophénylène peut être facilement purifié en dissolvant le produit brut dans de l'alcool ammoniacal et faisant passer un courant d'hydrogène sulfuré; dans ces conditions, il se forme de l'hydrazophénylène peu soluble qui se dépose, tandis que les impuretés restent en dissolution. Une seule sublimation suffit pour décomposer l'hydrazophénylène et le transformer par perte d'hydrogène en azophénylène pur.

Le métaazobenzoate et le paraazobenzoate de calcium fournissent par distillation sèche un azophénylène identique avec celui que produit l'azobenzoate. Les sels cuivriques des acides azobenzoïques ne donnent pas d'azophénylène, mais bien de fortes quantités d'azobenzol.

Diverses réactions synthétiques ont été essayées sans succès à l'effet d'obtenir l'azophénylène: telles sont la distillation pyrogénée de l'azobenzol, l'oxydation de la benzidine, et le traitement du dinitrodiphényle par la potasse alcoolique et la poudre de zinc.

Propriétés physiques. — L'azophénylène cristallise en fines aiguilles jaune clair, fusibles à 171°, peu solubles dans l'eau et les acides étendus; leur meilleur dissolvant est l'alcool froid dont il faut employer 50 p. L'éther et la benzine en dissolvent fort peu. Cette base distille au-dessus de 360° et répand, quand on la sublime, une odeur analogue à celle de la cannelle; elle peut distiller avec la vapeur d'eau.

Propriétés chimiques. — L'hydrogène naissant s'unit à l'azophénylène pour former l'*hydrazophénylène*, $C^{12}H^{10}Az^2$, cristallisable en lamelles rhombiques. Cette réduction est opérée par l'hydrogène sulfuré, en présence de l'alcool et de l'ammoniaque. L'hydrhydrazophénylène exposée à l'air se colore en vert ou en bleu, et quelquefois pendant sa préparation on observe la formation d'un corps bleu intermédiaire. L'hydrazophénylène est presque insoluble dans l'eau et la benzine, peu soluble dans l'alcool. A 200°, il se dédouble en hydrogène et azophénylène en donnant presque toujours une certaine quantité de produit intermédiaire bleu. Avec les acides étendus, on obtient des sels d'hydrazophénylène dont la composition est variable par suite de leur peu de stabilité; la composition des chloroplatinates est également incertaine. Avec l'acide sulfurique concentré, on obtient une dissolution d'un vert foncé qui passe bientôt au jaune et finalement redevient verte en absorbant peu à peu l'humidité de l'air; on considère cette réaction comme caractéristique.

Le chlore réagissant sur la solution alcoolique d'azophénylène provoque le dépôt de magnifiques aiguilles couleur carmin, qui sont le dichlorure $C^{12}H^8Cl^2Az^2$. Ce dichlorure perd du chlore à l'air et plus rapidement dans l'eau bouillante. En distillant un mélange de perchlorure de phosphore et d'azophénylène, on obtient du trichlorure de phosphore et un corps rouge qui, au contact de l'eau, dégage de l'acide chlorhydrique et laisse un corps jaune. On a pu isoler des produits de cette réaction l'azophénylène dichloré $C^{12}H^6Cl^2Az^2$, fusible à 144°.

Le brome donne avec l'azophénylène dissous dans la benzine des aiguilles jaunes de dibromure d'azophénylène $C^{12}H^{6}Br^{2}Az^{2}$, qui se déposent immédiatement.

On connaît des dérivés nitrés de l'azophénylène; l'un d'eux s'obtient en chauffant à l'ébullition pendant huit heures un mélange d'acide azotique fumant et d'acide sulfurique avec cette base; il se forme alors du mononitrazophénylène $C^{12}H^{7}(AzO^{2})Az^{2}$ cristallisable en fines aiguilles d'un jaune verdâtre fusibles à 209-210°, et sublimables à une température plus élevée.

Quand on emploie l'acide azotique fumant seul, les produits sont rouges et tout à fait différents, mais très difficiles à isoler. On a obtenu jusqu'à présent un corps fusible à 131°, non sublimable et détonant par la chaleur; ce corps paraît être le dinitrazophénylène $C^{12}H^{6}(AzO^{2})^{2}Az^{2}$.

Un dérivé amidé peut être préparé par réduction du dérivé mononitré. Le dibromure d'azophénylène ne donne pas de dérivé amidé quand on le chauffe avec de l'ammoniaque alcoolique; dans ce cas, il se fait du bromhydrate d'ammoniaque, et l'azophénylène est régénéré.

L'acide sulfurique fumant dissout l'azophénylène sans l'attaquer, même à l'ébullition. L'eau sépare la base inaltérée.

Produits d'addition. — L'acide chlorhydrique en solution concentrée se fixe à 120° sur l'azophénylène, la combinaison, très instable, cristallise en aiguilles d'un jaune intense. C'est le *chlorhydrate d'azophénylène*, $C^{12}H^{8}Az^{2}$, HCl. Ses cristaux appartiennent au système orthorhombique; ils se dissolvent en jaune dans l'acide chlorhydrique; l'eau les dédouble de suite quand elle est chaude.

Le *chloroplatinate d'azophénylène*,

$$(C^{12}H^{8}Az^{2}, HCl)^{2}, PtCl^{4},$$

forme de petites aiguilles dorées très brillantes.

Le *chloraurate*, $C^{12}H^{8}Az^{2}$, HCl, $AuCl^{3}$, est un beau précipité jaune.

Le *chloromercurate*, $C^{12}H^{8}Az^{2}$, HCl, $2HgCl^{2}$, se dépose en belles aiguilles par le refroidissement d'une solution chlorhydrique bouillante.

Bromhydrate d'azophénylène, $C^{12}H^{8}Az^{2}$, HBr. — Beaux cristaux brunâtres.

Iodhydrate, $C^{12}H^{8}Az^{2}$, HI. — Cristaux confus d'un vert foncé, presque noir, ressemblant à de l'iode libre.

L'azophénylène se dissout dans l'acide azotique étendu, mais on n'a pu obtenir de sel à l'état solide. On connaît des combinaisons avec les azotates métalliques.

Azophénylène et nitrate d'argent,

$$C^{12}H^{8}Az^{2}, 2AzO^{3}Ag.$$

— Précipité jaune très dense, soluble dans l'acide azotique étendu et bouillant, d'où il se dépose en magnifiques lames dorées. Ce sel détone quand on le chauffe brusquement; l'eau à 100° le dédouble, et l'acide chlorhydrique en sépare du chlorure d'argent.

Azophénylène et nitrate de mercure,

$$C^{12}H^{8}Az^{2}, Hg(AzO^{3})^{2}.$$

— Cristaux rouge rubis se déposant de l'acide azotique étendu bouillant. L'hydrogène sulfuré en précipite la totalité du mercure en combinaison avec l'azophénylène et du soufre.

Constitution de l'azophénylène. — La constitution de l'azophénylène peut être représentée par une des deux formules suivantes :

$$\begin{matrix} C^{6}H^{4}=Az \\ C^{6}H^{4}=Az \end{matrix} \quad \text{ou} \quad \begin{matrix} C^{6}H^{4}-Az \\ C^{6}H^{4}-Az. \end{matrix}$$

Malgré la différence de constitution et de fonction, il est curieux de rappeler au point de vue des propriétés jusqu'à quel point les dérivés hydrogénés de l'azophénylène ressemblent à ceux de la quinone.

Diverses synthèses tentées par Claus n'ont pas abouti [Rasenack, *Deutsch. chem. Gesellsch.*, t. V, p. 367; — A. Claus et Pfeifer, *Bull. Soc. chim.*, t. XVIII; — A. Claus, *Deutsch. chem. Gesellsch.*, t. VIII, p. 37; — Claus et Hensinger, *même recueil*, t. VIII, p. 600].

A. Étard.

AZOTE. — Divers nouveaux procédés ont été indiqués pour préparer ce gaz.

Dans un flacon de 10 à 15 litres, on introduit 200 grammes de tournure de cuivre, exempts d'autres métaux, on les recouvre d'ammoniaque et l'on ferme le flacon avec un bouchon muni d'un tube à entonnoir et d'un tube de dégagement bouché par un tube de caoutchouc et une baguette de verre. Après un à deux jours, l'oxygène est complètement absorbé et il reste de l'azote qu'on déplace par de l'eau bouillie et qu'on lave dans de l'eau pure pour la débarrasser de l'ammoniaque entraînée [Berthelot, *Bull. Soc. chim.*, t. XIII, p. 314].

Lupton fait passer de l'air à travers une solution chaude d'ammoniaque, puis sur du cuivre chauffé au rouge dans un tube. L'oxyde de cuivre formé est immédiatement réduit par l'ammoniaque avec dégagement de gaz azote, qui s'ajoute à celui fourni par l'air. De cette façon, le même cuivre sert à préparer l'azote d'une manière continue et pour ainsi dire indéfinie [*Chem. News*, t. XXXIII, p. 90].

Un mélange de chlorure de chaux et de sulfate d'ammonium produit à froid un dégagement d'azote [Cr. Calvert, *Compt. rend.*, t. LXXIX, p. 796]. L'hypobromite de potassium en solution, ajouté à du sel ammoniac, donne lieu à froid à un dégagement instantané d'azote; cette réaction permet de préparer l'azote dans un appareil continu, aussi facilement que le gaz carbonique.

Wolcott Gibbs chauffe un mélange d'azotite de sodium et de sel ammoniac avec de l'acide acétique additionné de dichromate de potassium; ce dernier sel a pour but de transformer en acide azotique les vapeurs nitreuses qui se produisent en même temps que l'azote [*Bull. Soc. chim.*, t. XXIX, p. 31].

Lorsqu'on chauffe l'azotate d'ammonium avec du peroxyde de manganèse, il s'établit une réaction violente, accompagnée d'une forte élévation de température. La réaction commence à 180° et produit un dégagement d'azote d'après la réaction

$$4AzO^{3}(AzH^{4}) + MnO^{2} = (AzO^{3})^{2}Mn + 8H^{2}O + 3Az^{2}.$$

Si la température dépasse 215°, la réaction est plus complexe par suite de la décomposition de l'azotate de manganèse, qui donne des vapeurs nitreuses et de l'oxygène [Gatehouse, *Chem. News*, t. XXXV, p. 118].

Propriétés. — Cailletet a pu liquéfier l'azote sous une pression de 200 atmosphères, suivie d'une détente subite [*Compt. rend.*, t. LXXXV, p. 1017].

D'après Plücker et Hittorf, l'azote peut donner suivant les circonstances un spectre de bandes, ou primaire, et un spectre de lignes, ou secondaire. A. Schuster a cru reconnaître que le premier de ces spectres ou spectre cannelé est dû à la présence d'un oxyde de l'azote : ayant fait passer l'étincelle dans un tube contenant de l'azote très raréfié et un fragment de sodium, il a d'abord observé le spectre de bandes, puis ayant chauffé le sodium, il n'a plus vu qu'un spectre de lignes; l'introduction d'une trace d'air dans le tube détermine immédiatement l'apparition d'un spectre de bandes [*Poggend. Annal.*, t. CXLVIII, p. 106; *Bull. Soc. chim.*, t. XVIII, p. 491]. G. Salet a fait voir que le changement de spectre observé par Schuster était dû à l'absorption de l'azote par le sodium chaud sous l'influence de l'effluve électrique, le spectre cannelé disparaissant avec l'azote lui-même. Il se produit un azoture que l'eau détruit avec formation d'ammoniaque. Le spectre de lignes observé par Schuster n'est que le spectre du sodium; l'azote pur présente réellement deux spectres. Cette opinion a été admise depuis par Schuster, Cazin, etc. [*Compt. rend.*, t. LXXXII, p. 223, 274]).

Fixation de l'azote libre sur les matières organiques. — Cette fixation a lieu, d'après les recherches de Berthelot, sous l'influence de décharges obscures. Ainsi l'azote se combine avec l'acétylène; il agit sur le méthane en fournissant de l'ammoniaque et un produit de condensation. Il résinifie la benzine et l'essence de térébenthine. Il se fixe également sur la cellulose. Ces phénomènes jouent certainement un rôle dans la fixation de l'azote libre de l'air par les plantes [*Bull. Soc. chim.*, t. XXVI, p. 58; t. XXVII, p. 485 et 486].

COMPOSÉS OXYGÉNÉS DE L'AZOTE.

On doit à Berthelot des travaux étendus sur les oxydes de l'azote, leur stabilité relative et leur formation [*Bull Soc. chim.*, t. XXI, p. 102; t. XXVI, p. 160 et 338; t. XXVIII, p. 433 et 482].

L'azote libre n'est pas oxydé par l'ozone (oxygène ozonisé par l'effluve), même en présence des alcalis, mais pendant l'ozonisation de l'air par le phosphore il y a formation de composés nitreux.

Soumis à l'action de l'effluve en présence de l'eau, l'azote se combine à cette dernière pour produire l'azotite d'ammonium. Ainsi se trouve vérifiée une opinion antérieurement émise par Schönbein.

Le plus stable des oxydes d'azote est le *peroxyde* Az^2O^4. Il résiste à une température de 500°. L'étincelle le décompose en oxygène et azote, mais cette décomposition est limitée. L'oxygène et l'azote sont sans action sur lui.

Chaleur de formation = — 24 cal.,3.

Anhydride azoteux. — Les azotites se forment toujours exclusivement par l'action de l'oxygène sur l'oxyde azotique en présence des alcalis en excès. L'oxygène en excès transforme l'anhydride azoteux en peroxyde d'azote, et l'on peut admettre que l'action de l'oxygène sur AzO produit d'abord l'anhydride azoteux (Voyez plus loin, page 258.)

Chaleur de formation = — 32cal., 8.

Oxyde azotique, AzO. — Chauffé à 520°, il fournit de l'azote, du peroxyde d'azote, de l'oxyde azoteux et de l'anhydride azoteux, suivant les équations

$$4\,AzO = Az^2 + Az^2O^4,$$
$$4\,AzO = Az^2O + Az^2O^3.$$

C'est cette dernière réaction qui prédomine. L'action de l'étincelle fournit les mêmes produits, mais dans ce cas la réaction a principalement lieu (pour les 2/3) d'après la première équation. Après dix-huit heures d'électrisation, le mélange gazeux renferme pour 100 du volume primitif : 44 vol. d'azote, 37 vol. d'oxygène et 13 vol. Az^2O^4.

Soumis à l'influence de l'effluve, l'oxyde azotique se dédouble en oxyde azoteux et oxygène, et ce dernier réagit sur l'oxyde azotique en excès.

Chaleur de formation = — 43 cal., 3.

Oxyde azoteux, Az^2O. — Il n'est pas attaqué par l'oxygène au rouge. Chauffé à 520°, il n'éprouve qu'une décomposition très limitée (1,5 %). Soumis à l'action de l'étincelle, il subit une décomposition complexe : une partie se dédouble en oxygène et azote, le reste en azote et peroxyde d'azote : $4\,Az^2O = 6\,Az + Az^2O^4$.

Anhydride azotique. — Chaleur de formation : = — 22 cal., 3

Chaleur de formation des hydrates ;

$$Az^2 + O^3 + H^2O = -\,21^{cal.},8,$$
$$Az + O^3 + H = -\,12^{cal.},7.$$

Oxyde azoteux (*protoxyde d'azote*), Az^2O. — L'oxyde azoteux liquide bout à —92°, il se solidifie à —99°; cette solidification se produit aisément lorsqu'on fait passer un courant rapide d'air sec dans le liquide. Sa densité à l'état liquide est égale à 0,9004; son coefficient de dilatation est considérable [T. Wills, *Chem. News*, t. XXVII, p. 102].

L'oxyde azoteux prend naissance, dans certaines circonstances, pendant l'action de l'acide sulfureux sur les autres oxydes de l'azote.

L'oxyde azotique gazeux mêlé avec la moitié de son volume de gaz sulfureux et un peu d'eau ne donne que peu d'oxyde azoteux. Il paraît au contraire s'en former notablement lorsque l'on ajoute une solution d'acide sulfureux à une solution de sulfate ferreux saturée d'oxyde azotique.

Mais c'est surtout l'acide azoteux qui donne facilement de l'oxyde azoteux par l'action de l'acide sulfureux. On peut recueillir de l'oxyde azoteux lorsqu'on ajoute un excès d'acide sulfureux à une solution aqueuse d'azotite de potassium. L'acide azotique lui-même, lorsqu'il est très étendu, peut donner de l'oxyde azoteux [R. Weber, *Journ. prakt. Chem.*, t. C, p. 37; *Bull. Soc. chim.*, t. VIII, p. 26]. Fremy a de même observé un dégagement d'oxyde azoteux en chauffant une solution d'acide azoteux avec l'acide sulfureux [*Compt. rend.*, t. LXX, p. 61].

Acide hypoazoteux, AzOH. — Cette combinaison et les dérivés métalliques correspondants, qui établissent le caractère acide de l'oxyde azoteux, ont été découverts par Ch. Divers [*Chem. News*, t. XXIII, p. 206; *Bull. de la Soc. chim.*, t. XV, p. 176], dont les indications ont été confirmées plus récemment par J.-D. Van der Plaats [*Deutsch. chem. Gesellsch.*, 1877, p. 1507; *Bull. Soc. chim.*, t. XXX, p. 172].

La réduction de l'azotate de sodium par l'amalgame de sodium peut aller plus loin que la conversion en azotite : lorsqu'on a fait agir quatre atomes de sodium sur une molécule d'azotate en solution aqueuse, celle-ci renferme un dérivé de l'oxyde azotique. Si on neutralise la solution par l'acide acétique, on obtient par l'azotate d'argent un précipité jaune qu'on peut laver à l'eau et sécher à 100°. Ce précipité a pour composition AzOAg.

Voici la marche recommandée par Van der Plaats pour préparer ce composé : On dissout 40 grammes d'azotite de potassium dans 120 grammes d'eau, et on y ajoute, par portions de 5 grammes, de l'amalgame de sodium renfermant 1 partie de sodium pour 30 parties de mercure. Il faut maintenir la solution froide. On neutralise la solution par l'acide acétique et on la précipite par l'azotate d'argent. Pour détruire l'acétate d'argent contenu dans le précipité, on expose celui-ci à la lumière, puis on le dissout dans l'acide sulfurique étendu et on le précipite de nouveau par l'ammoniaque, dont il faut éviter d'employer un excès.

Dans cette réduction de l'azotite, il se produit un dégagement de gaz; ces gaz sont composés de 40 % d'azote et de 60 % d'oxyde azoteux, rapport déjà observé par P. de Wilde [*Bull. de la Soc. chim.*, 1864, t. I, p. 405].

L'emploi de l'azotite de potassium est préférable à celui de l'azotate; il a aussi été recommandé par Zorn pour la préparation de l'hypoazotite d'argent [*Deutsch. chem. Gesellsch.*, 1877, p. 1306].

L'hypoazotite d'argent constitue une poudre jaune pâle, amorphe, non hygroscopique, inaltérable à 100°. Il est soluble dans l'ammoniaque, le carbonate ammonique et les acides étendus. Chauffé à 150°, il détone en laissant un résidu d'argent métallique.

Décomposé par le chlorure de sodium, l'hypoazotite d'argent fournit une solution à réaction alcaline. Le chlorure d'ammonium le décompose de même, mais la solution perd immédiatement de l'ammoniaque, ce qui tend à prouver que l'hypoazotite d'ammonium ne peut pas exister.

En traitant l'hypoazotite d'argent par l'acide chlorhydrique on obtient une solution assez stable, qui renferme évidemment l'acide hypoazoteux $AzOH$. On peut même faire bouillir cette solution en présence d'acide acétique ou d'acide azotique.

Abandonnée à elle-même, la solution d'acide hypoazoteux se décompose peu à peu suivant l'équation

$$2AzOH = Az^2O + H^2O.$$

L'acide sulfurique concentré produit la même décomposition.

L'acide hypoazoteux bleuit l'empois d'amidon additionné d'iodure de potassium. Il réduit le permanganate de potassium.

L'iode est décoloré par la solution des hypoazotites alcalins. Ces solutions, neutralisées par l'acide acétique ou par l'acide azotique, donnent avec les sels de plomb un précipité blanc, dense, soluble dans les acides, décomposable par les alcalis. On obtient de même des précipités avec les sels de mercure, de cuivre, de zinc, de manganèse, de fer, d'aluminium.

M. Ch. Divers a rattaché l'acide hypoazoteux à l'oxyde azotique ou bioxyde d'azote. Nous croyons qu'il serait plus rationnel de le faire dériver de l'oxyde azoteux Az^2O, qui serait l'anhydride hypoazoteux, ce qui, du reste, est prouvé par le dédoublement cité plus haut. On aurait clos ainsi la série des acides de l'azote.

Anhydride hypoazoteux...........	Az^2O
Anhydride azoteux	Az^2O^3
Anhydride azotique	Az^2O^5
Acide hypoazoteux...............	$AzOH$
Acide azoteux...................	AzO^2H
Acide azotique..................	AzO^3H.

L'oxyde azotique lui-même serait intermédiaire entre l'anhydride hypoazoteux et l'anhydride azoteux comme le peroxyde d'azote est intermédiaire entre les anhydrides azoteux et azotique.

Oxyde azotique (*bioxyde d'azote*), AzO. — Cailletet a liquéfié ce gaz dans son appareil à détente, sous une pression de 104 atmosphères à la température de $-11°$. A $+8°$, l'oxyde azotique est liquide sous une pression de 270 atmosphères [*Compt. rend.*, t. LXXXV, p. 852].

L'oxyde azotique se dissout dans une solution concentrée d'acide iodhydrique, et il se forme de l'ammoniaque en même temps qu'il se dépose de l'iode [Th. Chapman, *Journ. of chem. Soc.* (2), t. V, p. 177].

Traité par l'hydrogène naissant, dégagé par l'étain et l'acide chlorhydrique, il fixe de l'hydrogène et se convertit en hydroxylamine [Ludwig et Hein, *Deutsch. chem. Gesellsch.*, t. II, p. 671].

L'oxyde azotique est réduit en petite quantité par l'acide sulfureux. Cette réduction s'effectue facilement au contact du noir de platine et donne naissance à de l'oxyde azoteux et même à de l'azote libre (Kuhlmann).

L'oxyde azotique ne se dissout pas dans l'acide sulfurique concentré (Winkler). C'est lui qui, comme radical de l'acide azoteux, est contenu dans les cristaux des chambres de plomb (sulfates de nitrosyle).

Chlorure de nitrosyle, $AzOCl$. — On le prépare facilement en chauffant le sulfate acide de nitrosyle avec du chlorure de sodium (Tilden) :

$$SO^4HAzO + NaCl = SO^4NaH + AzOCl.$$

Il se produit aussi lorsqu'on traite la même combinaison par PCl^5 (Michaelis et Schumann).

Le chlorure de nitrosyle pur est un gaz jaune orange qui se condense en un liquide jaune foncé fondant à $-8°$ [Tilden, *Chem. News*, t. XXIX, p. 183; *Bull. Soc. chim.*, t. XXII, p. 207].

Bichlorure de nitrosyle. — Tilden envisage le chlorure $AzOCl^2$ comme un mélange de chlore et de chlorure de nitrosyle. Ces deux produits sont d'après lui les seuls qui se forment lorsqu'on décompose l'eau régale par la chaleur :

$$AzO^3H + 3HCl = AzOCl + Cl^2 + 2H^2O.$$

Le dibromure de nitrosyle de Landolt ne serait pas non plus un composé défini.

Combinaisons sulfuriques de l'oxyde azotique. — *Sulfate acide de nitrosyle*, $SO^4H(AzO)$ ou

$$SO^2 \langle {}^{OH}_{O.AzO}$$

— On obtient ce sulfate en longs cristaux prismatiques lorsqu'on fait passer dans l'acide sulfurique le chlorure de nitrosyle obtenu par l'action de la chaleur sur l'eau régale. Ces cristaux fondent à 85-87° en se décomposant [Tilden, *loc. cit.*]. Le sulfate acide de nitrosyle constitue les cristaux des chambres de plomb d'après A. Michaelis et O. Schumann [*Deutsch. chem. Gesellsch*, 1874, p. 1075]. Ce sulfate est décomposé par l'acide sulfureux avec mise en liberté d'oxyde azotique pur. L'eau en dégage de même de l'oxyde azotique (Fremy); mais il est probable que, dans ce dernier cas, ce gaz résulte de la décomposition de l'acide azoteux, qui est le produit de décomposition normal et immédiat de l'action de l'eau :

$$SO^2 \langle {}^{OH}_{O.AzO} + H^2O = SO^2(OH)^3 + AzO.OH$$

ou

$$2SO^2 \langle {}^{OH}_{OAzO} + H^2O = 2SO^2(OH)^2 + Az^2O^3.$$

Le chlorure de sodium agit, comme on l'a vu, sur le sulfate de nitrosyle en donnant du chlorure de nitrosyle. Dans l'action du perchlorure de phosphore qui en principe est représentée par l'équation

$$SO^2 \langle {}^{OH}_{O.AzO} + PCl^5 = SO^2 \langle {}^{Cl}_{OH} + AzOCl + POCl^3,$$

il se produit en même temps l'*anhydrosulfate de nitrosyle*, $S^2O^7(AzO)^2$. Cette dernière combinaison se forme aussi lorsqu'on chauffe le sulfate acide à 30°; il se produit des vapeurs rouges et un liquide qui est une dissolution d'anhydrosulfate dans l'acide sulfurique. L'anhydrosulfate de nitrosyle distille sans décomposition à 360° (A. Michaelis et O. Schumann).

Anhydride azoteux, Az^2O^3. — On obtient un dégagement d'anhydride azoteux pur en décomposant le sulfate de nitrosyle par l'eau. A cet effet, on commence par faire passer un courant de gaz sulfureux sec dans l'acide azotique fumant rouge, puis l'on introduit ce liquide, devenu épais, dans un ballon muni d'un tube à entonnoir, pour y introduire peu à peu de l'eau, et d'un tube de dégagement [Streiff, *Deutsch. chem. Gesellsch.*, 1872, p. 285].

L'anhydride azoteux prend naissance, ainsi que l'a déjà vu Dulong, par l'action directe de l'oxygène sec sur l'oxyde azotique lorsqu'on mélange ces gaz dans le rapport de 1 volume du premier pour 4 volumes AzO. On doit donc l'envisager comme le premier produit de la réaction de ces deux gaz; le peroxyde d'azote qui est le produit final résulte de l'action d'un excès d'oxygène sur Az^2O^3 d'abord formé. Comme seconde preuve à l'appui de cette interprétation, il faut signaler la production d'anhydride azoteux par l'action de l'oxyde azotique sur le peroxyde d'azote :

$$Az^2O^4 + 2\,AzO = 2\,Az^2O^3.$$

On réalise cette union, déjà observée par Persoz, en faisant passer les deux gaz à travers un tube chauffé (la température n'a pas été indiquée). L'anhydride azoteux se condense dans le récipient adapté au tube en un liquide bleu indigo à 10° et bleu foncé à la température ordinaire; il commence à bouillir à + 2° [V. Hasenbach, *Journ. für prakt. Chem.*, (2), t. IV, p. 1; *Bull. Soc. chim.*, t. XVI, p. 230].

Par la distillation, l'anhydride azoteux se dédouble partiellement en Az^2O^4 et 2 AzO.

Les vapeurs d'anhydride azoteux produisent un spectre d'absorption qui présente 21 raies placées entre les divisions 35 et 71 (la raie du sodium étant à 50) et 6 bandes plus larges entre les divisions 73 et 90. Mais ces diverses raies et bandes ne s'observent pas simultanément; celles du rouge se manifestent lorsque les vapeurs sont plus denses; celles du bleu se produisent au contraire lorsque les vapeurs sont diluées [E. Luck, *Zeitsch. analyt. Chem.*, t. VIII, p. 402].

Acide azoteux, AzO·OH. — D'après Fremy, l'acide azoteux peut exister en solution aqueuse très étendue et froide; si l'on met cette solution en contact avec divers corps inertes, tels que le sable, le gypse, et notamment le charbon, l'acide azoteux se dédouble en oxyde azotique et acide azotique. Cette même solution est un réducteur énergique [*Compt. rend.*, t. LXX, p. 61]. Lorsqu'on traite l'acide azoteux ou les azotites par certains agents réducteurs, notamment l'étain et l'acide chlorhydrique, on donne naissance à de l'hydroxylamine [Fremy, *Compt. rend.*, t. LXX, p. 1207].

L. Carius a publié un mémoire étendu [*Ann. Chem. Pharm.*, t. CLXXIV, p. 31] sur la formation de l'acide azoteux dans la nature. Cette formation a lieu d'après lui : 1° par l'oxydation directe de l'azote libre de l'air, soit sous l'influence de décharges électriques, soit comme conséquence de l'oxydation d'autres corps à l'air; 2° par l'oxydation de l'ammoniaque sous l'influence de l'étincelle ou de l'ozone, notamment au contact de composés alcalins.

Schoenbein avait annoncé la production d'acide azoteux par l'évaporation de l'eau à l'air ou pendant la condensation de la vapeur d'eau; L. Carius n'a jamais observé cette production.

Azotites. — A. Étard prépare les azotites alcalins en fondant un mélange d'azotate et de sulfite dans un creuset dans les rapports de leurs poids moléculaires :

$$AzO^3K + SO^3K^2 = SO^4K^2 + AzO^2K.$$

On peut séparer les sels produits par la réaction, soit par cristallisation dans l'eau, soit en les traitant par l'alcool : dans le premier cas, l'azotite s'accumule dans les eaux mères; dans le second, il entre seul en dissolution [*Bull. Soc. chim.*, t. XXVII, p. 434].

Recherche et dosage de l'acide azoteux. — Les réactions suivantes permettent de caractériser les azotites et de rechercher ces sels ou bien l'acide azoteux libre, en solution dans l'eau ou dans l'acide sulfurique. Pour déceler l'acide azoteux (ainsi que les autres oxydes de l'azote) dans l'acide sulfurique, Em. Kopp fait usage d'une solution de diphénylamine dans l'acide sulfurique pur et ajoute cette solution à l'acide sulfurique examiné; si cet acide est nitrosé, il produit avec la diphénylamine une coloration bleue, dont l'intensité peut servir de base à un titrage colorimétrique [*Deutsch. chem. Gesellsch.*, 1872, p. 284].

Kaemmerer se fonde sur l'action de l'acide azoteux libre sur l'iodure de potassium en présence de l'amidon. On ajoute de l'acide acétique au mélange, et si ce dernier renferme un azotite il se produit une coloration bleue. De tous les sels dont l'acide est susceptible de déterminer cette réaction, les azotites seuls sont décomposés par l'acide acétique [*Zeitsch. analyt. Chem.*, t. XII, p. 377].

Kubel et Tiemann ont recommandé l'emploi de l'iodure de zinc amidonné, et Bœttger celui de l'iodure de cadmium.

Chatard évapore à sec la solution renfermant l'azotite et traite le résidu par une solution de sulfate d'aniline; il se manifeste une odeur très nette de phénol, qu'on n'obtient pas avec les azotates [*Chem. News*, t. XXIV, p. 225].

Mais la réaction la plus sensible et la plus sûre a été indiquée par P. Griess [*Ann. Chem. Pharm.*, t. CLIV, p. 333; *Bull. Soc. chim.*, t. XIV, p. 376]. C'est celle que produit l'acide azoteux sur l'acide diamidobenzoïque, et qui produit une coloration jaune. La sensibilité de cette réaction est telle qu'elle permet de déceler jusqu'à 0,2 milligrammes d'acide azoteux dans 1 litre d'eau; seulement dans ce cas la coloration n'apparaît qu'après un quart d'heure environ.

Pour utiliser cette réaction comme procédé de titrage colorimétrique, on prépare : 1° une solution saturée d'acide diamidobenzoïque, qu'on décolore au besoin par le noir animal; 2° une solution de $0^{gr},328$ d'azotite d'argent dans 1 litre d'eau, ce qui correspond à $0^{mgr},1$ d'acide azoteux (AzO^2H) pour 1 centimètre cube; 3° de l'acide sulfurique pur.

Pour faire le dosage de l'acide azoteux dans une eau, on verse dans une éprouvette 100 centimètres cubes de cette eau, et on y ajoute $0^{cc},5$ d'acide diamidobenzoïque et quelques gouttes d'acide sulfurique. On opère de même avec 100 centimètres cubes d'eau distillée à laquelle on ajoute une quantité déterminée d'azotite d'argent, et l'on répète l'opération en variant la quantité d'azotite d'argent jusqu'à ce que, après un quart d'heure, la nuance jaune soit la même dans l'eau essayée et dans l'eau additionnée d'azotite; la richesse de l'eau en acide azoteux est alors la même dans les deux cas. On pourrait aussi, après le premier essai sur l'eau additionnée d'azotite d'argent, étendre d'eau distillée l'un ou l'autre essai jusqu'à ce que l'on ait atteint l'égalité de nuance; cette quantité d'eau étant indiquée par la division de l'éprouvette, il n'y aurait aucune difficulté pour établir le calcul.

Si l'eau à essayer était colorée, on y ajouterait quelques gouttes de sulfate d'aluminium, puis du carbonate de sodium; l'alumine en se précipitant entraîne la matière colorante.

La métaphénylène-diamine est encore plus sensible que l'acide diamidobenzoïque, car elle permet de déceler $0^{mgr},1$ d'acide azoteux dans 1 litre d'eau. Dans cette réaction, la phénylène-diamine est convertie en triamidoazobenzol ou brun de phénylène. Les phénylènes-diamines ortho et para ne donnent rien de semblable. La métaphénylène-diamine étant aujourd'hui un produit commercial, son emploi pour rechercher l'acide azoteux dans les eaux pourra être très commode [Griess, *Deutsch. chem. Gesellsch.*, 1878, p. 624].

Ce dernier procédé a été expérimenté par Preusse et Tiemann (*ibid.*, p. 627), qui l'ont reconnu supérieur à tous les autres, à condition d'avoir à rechercher l'acide azoteux dans une solution incolore ou facile à décolorer par addition d'alun et précipitation par le carbonate de sodium; dans les autres cas, il faut avoir recours à l'un des autres procédés. La distillation de l'eau avec l'acide sulfurique étendu et dosage de l'acide azoteux dans le premier liquide distillé, qui a été recommandée par Kaemmarer, est, suivant Preusse et Tiemann, défectueuse parce que les matières organiques exercent sur l'acide nitreux à chaud une action réductrice.

Pour effectuer le titrage de l'acide azoteux, on emploie une dissolution de 5 grammes de métaphénylène-diamine dans un litre d'eau additionnée de quelques gouttes d'acide sulfurique, qui lui donne de la stabilité;

De l'acide sulfurique pur étendu de deux fois son volume d'eau;

Une solution d'azotite alcalin renfermant $0^{mgr},1$ d'anhydride azoteux par centimètre cube et qu'on obtient en décomposant $0^{gr},406$ d'azotite d'argent dissous dans l'eau bouillante par le chlorure de potassium ou de sodium.

100 centimètres cubes du liquide dans lequel on veut doser l'acide azoteux sont additionnés d'acide sulfurique étendu et de 1 centimètre cube de solution de phénylène-diamine; s'il se produit immédiatement une coloration rouge, il faut se borner à opérer sur 50, sur 20 ou même sur 10 centimètres cubes du liquide, qu'on étend à 100 centimètres cubes avec de l'eau distillée, et c'est avec ce liquide étendu que l'on procède au titrage colorimétrique comparatif avec la solution titrée d'azotite: car la réaction n'est sensible et comparable que si l'acide azoteux est extrêmement étendu.

Peroxyde d'azote, Az^2O^4. — Nylander avait annoncé l'existence d'un peroxyde d'azote isomérique, distillant à $+ 12°$, coloré en bleu et se produisant dans l'action de l'acide arsénieux sur l'acide azotique [*Zeitsch. Chem.*, 1866, p. 68]. Mais ce produit n'est autre chose que du peroxyde d'azote mélangé de plus ou moins d'anhydride azoteux; ce dernier est détruit par des distillations réitérées en produisant du peroxyde d'azote et de l'oxyde azotique. On le transforme complètement en peroxyde d'azote en faisant passer un courant d'air sec dans le mélange. L'action de l'anhydride arsénieux sur l'acide azotique fournit ainsi un bon procédé de préparation du peroxyde d'azote [W. Hasenbach, *Journ. für prakt. Chem.* (2), t. IV, p. 1].

Partant de ce fait que la couleur du peroxyde d'azote devient plus foncée à mesure que sa température s'élève, par conséquent en même temps que sa densité s'abaisse, G. Salet a émis l'opinion que le peroxyde d'azote est incolore lorsque sa densité de vapeur correspond à la formule Az^2O^4 (2 volumes) et que c'est le peroxyde correspondant à AzO^2 qui est coloré en rouge brun. Il a en conséquence cherché à établir la proportion de AzO^2 devant exister dans les vapeurs de peroxyde d'azote à une température déterminée d'après la densité de cette vapeur, puis il a calculé l'intensité de la coloration à cette même température d'après son hypothèse; enfin il a déterminé expérimentalement cette intensité de coloration. Son appareil colorimétrique était formé de deux tubes, l'un de longueur fixe prise pour unité, dans laquelle la vapeur de peroxyde d'azote était maintenue à la température de 26°,7, l'autre dont on pouvait faire varier la longueur de manière à ramener la nuance de la vapeur qui y était renfermée à la même hauteur que dans le tube fixe. Les nombres observés avec cet appareil montrent que la coloration croît d'abord rapidement avec la température; qu'elle atteint un maximum parce que l'accroissement de coloration spécifique est balancée par le décroissement de densité, qu'enfin la coloration décroît elle-même indéfiniment, ce qui concorde exactement avec les déductions qu'on avait tirées *a priori* de l'hypothèse primitive [*Compt. rend.*, t. LXVII, p. 488; *Bull. Soc. chim.*, t. XI, p. 479].

Brewster a fait la remarque que le peroxyde d'azote liquide ne présente pas le spectre d'absorption du même corps à l'état gazeux: le spectre se trouve seulement éteint dans une certaine étendue sans rapport avec les raies d'absorption du gaz. Ch. Kundt a cependant observé, avec le peroxyde d'azote liquide, quelques bandes noires diffuses correspondant à des groupes de raies du peroxyde gazeux. Si le liquide est refroidi, on remarque des bandes dans le vert; s'il est légèrement chauffé, on distingue plus nettement des bandes dans le rouge [*Poggend. Ann.*, t. CXL, p. 157].

Le peroxyde d'azote dissous dans la benzine, la nitrobenzine, le sulfure de carbone, le chloroforme anhydre, présente les mêmes raies que le peroxyde liquide. Les raies que l'on observe, quoique moins distinctes que celles du peroxyde gazeux, forment un système qui s'en rapproche davantage à mesure qu'on opère sur un liquide plus transparent et avec une source de lumière plus intense. Les dissolutions de bioxyde d'azote ou de peroxyde d'azote dans l'acide azotique ne donnent pas le même spectre, ce qui permet de penser que ces liquides représentent plutôt des combinaisons que de véritables dissolutions; seulement ces combinaisons sont très instables et l'agitation du mélange avec du sulfure de carbone lui enlève du peroxyde d'azote [Gernez, *Compt. rend.*, t. LXXIV, p. 465; *Bull. Soc. chim.*, t. XVII, p. 257].

D'après Luck, le peroxyde d'azote offre le même spectre d'absorption que l'anhydride azoteux. (Voir Anhydride azoteux.)

L'oxyde de carbone agit à chaud sur le peroxyde d'azote; une partie de l'oxyde de carbone est convertie en anhydride carbonique; une autre partie paraît se combiner en formant un liquide très volatil qui fait effervescence avec l'eau (Hasenbach).

Le peroxyde d'azote forme avec l'acide sulfurique une combinaison très instable qui est détruite par la chaleur, soit en perdant du peroxyde d'azote, soit en dégageant de l'oxygène, tandis que l'anhydride azoteux ainsi produit reste combiné avec l'acide sulfurique, ou simplement dissous (Winkler).

Le peroxyde d'azote s'unit à l'anhydride sulfureux pour donner une masse solide blanche, qui paraît renfermer $SO^2(AzO^2)^2$, c'est-à-dire présentant la composition d'un sulfate neutre de nitrosyle

$$SO^2 \genfrac{}{}{0pt}{}{< O.AzO}{< O.AzO}$$

correspondant au sulfate acide de nitrosyle (p. 258) (Hasenbach).

Chlorure d'azotyle, AzO^2Cl. — Il se produit dans l'action du chlore sur l'azotate d'argent chauffé vers 100° :

$$AzO^3Ag + Cl^2 = AgCl + O + AzO^2Cl.$$

Il prendrait donc naissance avant l'anhydride azotique dans la préparation de ce corps par le procédé de Deville et produirait cet anhydride par son action subséquente sur une seconde molécule d'azotate d'argent :

$$AzO^3Ag + AzO^2Cl = AgCl + Az^2O^5$$

[Odet et Vignon, *Compt. rend.*, t. LXIX, p. 1142, et t. LXX, p. 96].

Hasenbach (*loc. cit.*) a obtenu le même chlorure en traitant à chaud le peroxyde d'azote par le chlore. D'après Odet et Vignon, ce chlorure bout à + 15°; c'est un liquide jaunâtre qui ne se concrète pas à — 31°.

Le chlorure d'azotyle réagit énergiquement et d'une façon complexe sur les corps organiques.

D'après G. Salet, un des produits de la réaction de ce composé sur l'amylène est le chlorhydrate d'ammoniaque (*observation inédite*).

Le *bromure d'azotyle* s'obtient, mais plus difficilement que le chlorure, par l'action du brome sur le peroxyde d'azote. Ce bromure n'a pu être purifié; il est décomposé par la distillation.

On n'obtient pas d'une manière analogue l'*iodure* correspondant (Hasenbach).

Cyanure d'azotyle, AzO^2CAz(?). — Il se sublime en aiguilles blanches lorsqu'on fait passer à travers un tube chauffé un mélange de cyanogène et de peroxyde d'azote. Il détone avec violence sans cause apparente et son analyse n'a pu être faite (Hasenbach).

Anhydride azotique, Az^2O^5. — Odet et Vignon le préparent en faisant agir le chlorure d'azotyle sur l'azotate d'argent. L'appareil employé consiste en trois tubes en U soudés l'un à l'autre; dans chacun des deux premiers, on place 150 grammes d'azotate d'argent. Dans le premier de ces tubes, on fait arriver goutte à goutte de l'oxychlorure de phosphore; il se forme ainsi du chlorure d'azotyle qui vient réagir sur l'azotate d'argent du second tube pour former l'anhydride azotique. Ce dernier se condense dans le troisième tube, qui est refroidi à — 12° [*Compt. rend.*, t. LXIX, p. 1142].

R. Weber a fait connaître un procédé de préparation de l'anhydride azotique reposant sur la déshydratation de l'acide azotique par l'anhydride phosphorique; mais son mode opératoire est long, pénible et ne fournit qu'un faible rendement [*Poggend. Annal.*, t. CXLVII, p. 113; *Bull. Soc. chim.*, t. XVIII, p. 439].

Berthelot a heureusement modifié le procédé de R. Weber, au point que le rendement est de 60 à 70 °/₀ de la quantité théorique [*Bull. Soc. chim.*, t. XXI, p. 53].

On refroidit l'acide azotique concentré (AzO^3H) par un mélange de glace et de sel et l'on y incorpore l'anhydride phosphorique pulvérulent en évitant toute élévation locale de température, qui aurait pour effet de dégager une certaine quantité de peroxyde d'azote. Quand on a ajouté un peu plus d'anhydride phosphorique que le poids d'acide azotique, le mélange présente la consistance d'une gelée. On introduit alors cette masse, à l'aide d'une spatule de porcelaine et d'un entonnoir, dans une cornue tubulée spacieuse et on la distille avec une grande lenteur; si le mélange se boursoufle trop, on refroidit momentanément la cornue dans un mélange réfrigérant. L'anhydride azotique se condense dans le récipient bien refroidi, dans lequel le col de la cornue entre à frottement doux. Il se condense en cristaux volumineux et incolores; vers la fin de la distillation, il passe en outre une petite quantité d'un liquide que Weber a aussi signalé et qui est une combinaison d'anhydrides azoteux et azotique.

L'anhydride azotique n'est pas explosif, mais il se décompose déjà à la température ordinaire en produisant de l'oxygène et du peroxyde d'azote; aussi ne faut-il pas le conserver dans des tubes scellés, mais dans des flacons placés sous une cloche, à côté d'acide sulfurique. A l'air, les cristaux s'évaporent lentement en émettant d'abondantes vapeurs, mais sans tomber en déliquescence, si l'air n'est pas trop humide; en somme, leur maniement ne présente pas grande difficulté. La lumière exerce une grande influence sur la décomposition de l'anhydride azotique. Cette décomposition du reste ne commence à être bien rapide que vers 43° (Berthelot).

Suivant R. Weber, l'anhydride azotique fond vers 30° en un liquide jaune, émettant des vapeurs brunes. La densité des cristaux est égale à 1,64.

Les métalloïdes très oxydables décomposent l'anhydride azotique avec violence. Le potassium et le sodium s'y enflamment; le magnésium ne l'attaque que faiblement. L'aluminium, le fer, le nickel, le cuivre, le plomb, l'étain, le titane, le bismuth, l'argent, le palladium, l'antimoine, le thallium, le tellure sont complètement passifs. Le zinc et le cadmium l'attaquent, mais la réaction cesse bientôt. L'arsenic et le mercure sont vivement oxydés. Les matières organiques sont attaquées très violemment; la naphtaline, par exemple, est attaquée avec une sorte d'explosion (R. Weber).

Acide azotique. — La chaleur dégagée par la dilution de l'acide azotique avec l'eau a été l'objet de déterminations nombreuses de la part de J. Thomsen [*Deutsch. chem. Gesellsch.*, 1873, p. 697; *Bull. Soc. chim.*, t. XX, p. 343] et de Berthelot [*Bull. Soc. chim.*, t. XXII, p. 530]. (Voir t. III, p. 377.)

Dans un mémoire d'une grande étendue, M. Carius a étudié l'action de la chaleur sur l'acide azotique; il a reconnu notamment, par la densité du mélange gazeux produit, que cette décomposition est constante entre 256° et 312° et qu'elle est exprimée par l'équation

$$2AzO^3H = Az^2O^4 + O + H^2O$$

[*Ann. Chem. Pharm.*, t. CLXIX, p. 273].

Lorsqu'on électrolyse l'acide azotique hydraté

$$2AzO^3H.3H^2O$$

dans un appareil à cloisons poreuses, il se dégage de l'oxygène au pôle positif, tandis qu'au pôle négatif on observe d'abord un dégagement d'hydrogène pur, puis successivement un mélange d'hydrogène et de bioxyde d'azote, de bioxyde d'azote pur, enfin de nouveau d'hydrogène pur. La liqueur restant dans la cellule négative renferme finalement de l'acide azoteux [Bourgoin, *Bull. Soc. chim.*, t. XIII, p. 484].

Hydrate, $2AzO^3H.Az^2O^5$. — Cet hydrate se produit lorsqu'on dissout l'anhydride azotique dans l'acide azotique concentré; si l'anhydride est en excès, il surnage sans se dissoudre. Par le refroidissement du mélange liquide à — 5 ou — 10°, il se prend en une masse cristalline qui renferme une molécule Az^2O^5 pour deux molécules AzO^3H.

Cet hydrate fume à l'air et s'échauffe au contact de l'eau distillée; il se sépare en anhydride azotique et acide ordinaire; sa densité à 16° est égale à 1,642; ses caractères sont en partie ceux de l'anhydride azotique [R. Weber, *loc cit.*].

Combinaison avec l'acide sulfurique. — Lorsqu'on fait passer des vapeurs d'anhydride sulfurique dans l'acide azotique concentré, exempt de vapeurs nitreuses et refroidi à 0°, il se forme d'abord au-dessus du liquide, sur les parois du vase, puis au sein du liquide lui-même, des cristaux qu'on peut isoler par dessiccation sur une brique. Ce sont des cristaux brillants, incolores, extrêmement déliquescents; ils ont pour composition $SO^3.Az^2O^5 + 3SO^4H^2$.

Chauffés, ces cristaux émettent des vapeurs brunes et donnent un sublimé qui paraît être la combinaison d'anhydride azoteux avec l'anhydride sulfurique.

Cette combinaison se forme aussi par l'action de l'anhydride sulfurique sur les azotates secs.

Densité de l'acide azotique. — H. Goebel a

dressé une table permettant de calculer quelle serait, à la température de 15°, la densité d'un acide azotique observée à une température supérieure, ce qui dispense d'attendre le refroidissement de l'acide pour faire la détermination. La première colonne du tableau indique la température de l'observation ; la seconde, l'augmentation du nombre de degrés Baumé qu'éprouverait l'acide par le refroidissement à 15° ; c'est donc le nombre qu'il faut ajouter à la densité observée.

Température.	Correction en degrés Baumé.	Température.	Correction en degrés Baumé.
45°	3,65	30°	1,45
44	3,48	29	1,29
43	3,32	28	1,18
42	3,15	27	1,08
41	3.00	26	0,99
40	2,85	25	0,90
39	2,65	24	0,76
38	2,50	23	0,67
37	2,36	22	0,59
36	2,23	21	0,52
35	2,10	20	0,45
34	1,92	19	0,33
33	1,79	18	0,25
32	1,67	17	0,13
31	1,53	16	0,05

[*Dingl. polyt. Journ.*, t. CCXX, p. 244].

Azotates. — Les azotates alcalins sont inégalement solubles dans l'acide azotique concentré. Voici cette solubilité d'après C. Schultz [*Zeitsch. für Chem.*, 1869, p. 531].

	Acide AzO^3H nécessaire pour dissoudre 1 p. de sel.	Acide $2AzO^3H.3H^2O$ nécessaire pour 1 p. de sel. à 20°	à 123°
AzO^3K.....	1 p. 4	3 p. 8	1 p.
AzO^3Na....	66	32	4
AzO^3Li....	200	—	—
AzO^3Ag	500	30	6

Les azotates de césium et de rubidium sont à peu près aussi solubles que celui de potassium. La différence de solubilité des azotates de potassium et de sodium dans l'acide concentré permet leur séparation approximative.

Les azotates de baryum, de strontium et de plomb sont aussi insolubles dans l'acide azotique que les sulfates correspondants dans l'eau.

L'azotate d'ammonium est soluble dans l'acide azotique, mais cette solution dégage déjà de l'oxyde azotique à froid.

L'amalgame de sodium agit énergiquement sur la solution des azotates. Il se produit un dégagement tumultueux de gaz, qui ne dure qu'un instant. Si l'amalgame de sodium n'est pas en grand excès, il ne se forme pas d'ammoniaque, mais des azotites. Il ne se dégage que peu de gaz si l'on emploie un amalgame renfermant 1 % de sodium et 15 à 20 % de zinc ; la presque totalité de l'azote est alors convertie en ammoniaque.

Les gaz dégagés sont toujours des mélanges, en proportions variables, d'azote et d'oxyde azoteux. Voici les équations qui représentent ces réactions :

$$2AzO^3K + 4Na^2 + 5H^2O = 8NaHO + 2KHO + Az^2O,$$

$$2AzO^3K + 5Na^2 + 6H^2O = 10NaHO + 2KHO + Az^2,$$

$$AzO^3K + 4Na^2 + 6H^2O = 8NaHO + KHO + AzH^3.$$

[P. de Wilde, *Bull. Soc. chim.*, 1864, t. I, p. 402].

Sulfure d'azote, AzS. — Il se produit par l'action du gaz ammoniac sec sur le chlorure de thionyle, refroidi par de l'eau. Le produit final est une masse jaunâtre d'où l'on isole le sulfure d'azote par un lavage à fond par le sulfure de carbone, qui le dissout et dans lequel il cristallise.

Chauffé à 120°, le sulfure d'azote se colore en rouge de sang ; il commence à se sublimer à 137°, fond à 158° et fait explosion à 160°. Densité à 15° = 2,1166. Le gaz chlorhydrique sec attaque vivement le sulfure d'azote à chaud, en donnant un corps rouge sublimable, qui est sans doute la combinaison $SCl^2.4AzS$ signalée par Fordos et Gélis. L'action de l'acide chlorhydrique peut se représenter par l'équation

$$15AzS + 8HCl = 2AzH^4Cl + 3(SCl^2.4AzS) + Az.$$

Le produit de l'action de l'ammoniaque sur le chlorure de thionyle, épuisé par le sulfure de carbone et par conséquent débarrassé du sulfure d'azote, fournit néanmoins une nouvelle quantité de ce composé, mélangé de soufre, lorsqu'on le traite par l'eau. Cette nouvelle portion de sulfure d'azote résulte sans doute de l'action de l'eau sur le corps $SCl^2.4AzS$ contenu dans le mélange

$$2(SCl^2.4AzS) + 2H^2O = S + 8AzS + SO^2 + 4HCl.$$

[A. Michaelis, *Zeitsch. Chem.*, 1870, p. 460 ; *Bull. Soc. chim.*, t. XV, p. 37]. E. Willm.

AZOTE ET AZOTIQUE (ACIDE), ANALYSE. — *Azotites* et *acide azoteux*. Voir page 259.

Azotates et acide azotique. — Schlœsing a indiqué autrefois [*Ann. Chim. Phys.* (3), t. XL, p. 479] un procédé de dosage des azotates fondé sur le même principe que le procédé de Pelouze, c'est-à-dire sur la décomposition des azotates par le chlorure ferreux acide. Mais, au lieu de déterminer la quantité de fer passée au maximum, on recueille l'oxyde azotique formé sur le mercure, sous une cloche renfermant un lait de chaux. L'oxyde azotique est ensuite converti en acide azotique par son mélange avec de l'oxygène en présence de l'eau, dans un ballon où on le fait passer quand il est bien débarrassé des vapeurs acides ; cette dernière opération nécessite des manipulations assez délicates. Enfin l'acide azotique régénéré est titré par une solution alcaline.

Plusieurs procédés ont été proposés pour simplifier la marche indiquée par Schlœsing.

F. Schultz mesure directement le gaz oxyde azotique recueilli sur la cuve à mercure et en déduit l'acide azotique [*Zeitsch. analyt. Chem.*, t. IX, p. 400]. Reichardt a cherché simplement à remplacer la cuve à mercure par la cuve à eau, mais son procédé opératoire n'en est pas plus simple [*Zeitsch. analyt. Chem.*, t. IX, p. 24].

Le procédé suivant, décrit par Ferd. Jean, est au contraire très facile à exécuter [*Bull. Soc. chim.*, t. XXVI, p. 10].

Dans un ballon muni d'un tube de dégagement et d'un tube droit, auquel est fixé un entonnoir par un tube de caoutchouc muni d'une pince, on introduit du chlorure ferreux et un grand excès d'acide chlorhydrique. Le tube de dégagement plonge dans une cuve à eau doublée de plomb. On porte le contenu du ballon à l'ébullition, et on maintient cette dernière jusqu'à expulsion complète de l'air. Ce point atteint, on introduit par l'entonnoir, en desserrant la pince, 5 centimètres cubes d'une solution d'azotate de sodium pur renfermant 66 grammes de ce sel par litre. On lave plusieurs fois l'entonnoir avec de l'acide chlorhydrique qu'on laisse couler dans le ballon. En même temps, le gaz qui se dégage est recueilli dans une cloche graduée. Quand tout l'azotate est décomposé et que le ballon ne renferme plus que de la vapeur d'eau, on remplace la cloche par une autre et l'on introduit dans le ballon 5 centimètres cubes de solution du nitre à essayer, à 66 grammes par litre. On recueille de même l'oxyde azotique et l'on compare finalement le volume de ce gaz avec le volume du gaz fourni par l'azotate pur, en se contentant de faire affleurer les niveaux. La température et la pression du gaz étant les mêmes dans les deux cloches, les volumes sont comparables, et un simple calcul de proportion permet de déduire la quantité d'azotate pur contenue dans le nitre a essayer.

Procédé Noellner. — L'azotate d'ammonium est soluble dans l'alcool, tandis que ceux de sodium et de potassium sont insolubles. Noellner a basé sur ce fait un procédé de dosage du nitre, procédé qui ne saurait être rigoureux. On évapore à sec la solution du nitre avec du sulfate ammonique, on reprend le résidu par l'alcool, on décompose la solution alcoolique par la potasse, et l'on recueille l'azotate de potassium qui se précipite; on le lave à l'alcool et on le pèse [*Zeitsch. Chem.*, 1867, p. 694].

Procédés par réduction. — Les azotates sont transformés par un grand nombre d'agents réducteurs en ammoniaque. Cette réduction a servi de base à plusieurs procédés de dosage qui consistent à déterminer la quantité d'ammoniaque produite soit par voie alcalimétrique, soit par le procédé colorimétrique de Nessler. (Voir AMMONIAQUE, *Suppl.*, p. 128.)

L'amalgame de sodium ne peut être employé avec certitude pour la réduction des azotates; c'est ce qu'ont déjà établi les expériences de P. de Wilde (p. 262), et celles de Ferd. Jean. Ce dernier, dans un mémoire d'ensemble sur ces procédés, recommande particulièrement l'emploi de l'aluminium en limaille ou en feuilles minces. On fait digérer pendant douze heures la solution de l'azotate avec de la potasse et de l'aluminium, puis on distille et on recueille l'ammoniaque dans de l'acide titré. Ferd. Jean effectue le titrage de cet acide à l'acide de l'ammoniaque dégagée par un poids connu de sulfate ammonique pur [*Bull. Soc. chim.*, t. XXVI, p. 10].

Parmi les autres agents réducteurs qui ont été recommandés, nous signalerons : le zinc platiné; le couple zinc-cuivre de Gladstone et Tribe [Thorpe, *Chem. News*, t. XXVII, p. 129]; le zinc et la potasse [Hager, *Zeitsch. analyt. Chem.*, t. X, p. 334]; le chlorure stanneux [Pugh, *Zeitsch. analyt. Chem.*, t. VIII, p. 372].

L'application de ces procédés par réduction exige l'absence de matières organiques azotées et la destruction ou le titrage préalable des sels ammoniacaux préexistant dans le corps a analyser.

Nous indiquerons encore un procédé dû à Ferd. Jean et qui s'appuie sur les réactions suivantes :

1° Les moindres traces d'oxyde cuivrique, dissoutes dans un grand excès d'acide chlorhydrique, communiquent à celui-ci une couleur jaune intense;

2° La solution acide de chlorure cuivrique est réduite à l'ébullition par le chlorure stanneux;

3° Le chlorure cuivreux en solution chlorhydrique est transformé en chlorure cuivrique par les azotates, et cela en quantité proportionnelle à celle du nitrate employé. Ce chlorure cuivrique colore alors la solution en jaune.

Si à cette solution on ajoute ensuite une solution titrée de chlorure stanneux jusqu'au moment où elle perdra de nouveau sa couleur jaune, on aura les éléments nécessaires pour calculer la proportion de l'azotate.

Ferd. Jean emploie une solution de 35 à 40 grammes de sulfate de cuivre cristallisé dans 1 litre d'eau; une solution stanneuse obtenue en dissolvant 20 grammes de chlorure stanneux dans 300 centimètres cubes d'acide chlorhydrique et étendant à 1 litre.

On fait bouillir 10 centimètres cubes de la solution cuivrique avec 25 centimètres cubes d'acide chlorhydrique, et on y ajoute du chlorure stanneux jusqu'à décoloration; on introduit alors dans la liqueur 5 centimètres cubes d'une solution d'azotate potassique pur renfermant $0^{gr},01\ Az^2O^5$. On maintient l'ébullition jusqu'à expulsion de tout le bioxyde d'azote, après quoi on ajoute de nouveau le chlorure stanneux pour réduire le chlorure cuivrique formé par l'action de l'azotate sur le chlorure cuivreux. Le volume de chlorure stanneux ajouté correspond donc à $0^{gr},01\ Az^2O^5$, et la solution stanneuse se trouve titrée. On procède de même pour un essai de nitre.

Azote total des engrais. — On a proposé pour doser l'azote total des engrais de transformer tout cet azote en azotate par oxydation, puis en ammoniaque par réduction. Winckling emploie pour cette oxydation le permanganate de potassium en solution alcaline à chaud; l'ammoniaque des sels ammoniacaux est mise en liberté et dosée par les procédés ordinaires. Quand cette distillation est achevée, on introduit dans la solution de la limaille d'aluminium, et l'on fait bouillir de nouveau, après douze heures de contact; les azotites et les azotates sont alors réduits, et l'ammoniaque dégagée est recueillie et titrée, par le réactif de Nessler ou autrement.

Piuggiari emploie comme agent oxydant le chlorure d'argent en présence de la potasse, à 50 ou 60°. Après plusieurs heures d'action, il réduit les azotates et les azotites par la limaille d'aluminium. Il dose finalement l'ammoniaque par le réactif de Nessler [*Compt. rend.*, t. LXXVII, p. 481]. E. Willm.

AZULINE. — Voyez t. II, p 825, et CORALLINE au *Suppl.*

AZURINE. — Ladenburg a donné ce nom à une matière incolore de la formule $C^{35}H^{32}Az^4O^3$ dont les solutions incolores, surtout la solution alcaline, offrent une belle fluorescence bleue; cette matière se produit lorsque la crésylènediamine (1.3.4) est chauffée avec de l'aldéhyde salicylique.

B

BAÏKÉRITE et **BAÏKERINITE** (Min.). — Mélanges d'hydrocarbures cireux (paraffines), trouvés près du lac Baïkal.

BARBITURIQUE (ACIDE) [Syn. *malonylurée*]

$$C^4H^4Az^2O^3 = \begin{matrix} CO\text{-}AzH \\ CH^2 \\ CO\text{-}AzH \end{matrix} \Big\rangle CO.$$

— La malonylurée se produit dans l'action de l'acide sulfurique sur l'alloxantine. On chauffe l'alloxantine au bain-marie avec 3 parties d'acide sulfurique concentré jusqu'à ce qu'il ne se dégage plus d'acide sulfureux; on obtient ainsi un liquide visqueux jaune que l'on précipite par un égal volume d'eau. Le précipité blanc est repris par l'eau bouillante, qui laisse déposer, en se refroidissant, des cristaux de malonylurée [Finck, *Ann. der Chem. u. Pharm.*, t. CXXXII, p. 198; *Bull. Soc. chim.*, 1865, t. IV, p. 225].

La malonylurée se produit synthétiquement par l'action à 100° d'une partie d'oxychlorure de phosphore sur un mélange d'une partie d'urée et d'une partie d'acide malonique. Le produit de la réaction est repris par l'eau bouillante (10 fois le poids d'acide malonique); il se dépose immédiatement une poudre jaune très peu soluble, tandis qu'une portion reste sur le filtre. Ces matières insolubles sont des produits de condensation de la malonylurée. La liqueur filtrée abandonne, après 24 heures, des cristaux de malonylurée impure, qu'on purifie par une cristallisation dans l'alcool bouillant, et qu'on fait recristalliser dans l'eau [E. Grimaux, *Bull. Soc. chim.*, 1879, t. XXXI, p. 146].

Chauffée longtemps, avec de l'urée à 150-170°, la malonylurée se transforme en acide malobiurique, qui se trouve à l'état de malobiurate d'ammonium. L'acide malobiurique est un malonyl-biuret. — Voyez t. II, p. 291 :

$$\begin{matrix} CO\text{-}Az\text{-}CO\text{-}AzH^2 \\ CH^2 \; CO \\ CO \; AzH^2. \end{matrix}$$

La malonylurée en solution chaude absorbe le cyanogène, et il se dépose un corps cristallin blanc, la *cyanomalonylurée*, $C^5H^4Az^4O^3 + H^2O$, qui perd son eau de cristallisation à 140°. La potasse froide transforme la cyano-malonylurée en *cyanuromalate de potassium*, $C^5H^5Az^4O^4K$. L'acide cyanuromalique est peu soluble et se précipite en agglomération sphérique d'aiguilles microscopiques. L'acide chlorhydrique bouillant, sans même d'exposition à l'air, le décompose avec dégagement d'acide cyanhydrique, et formation d'acide malobiurique [Newski, *Deutsch. chem. Gesellsch*, 1872, p. 886; *Bull. Soc. chim.*, t. XIX, p. 125].

E. Grimaux.

BARETTITE (Min.). — Nom donné par Bombicci à un minéral de Traverselle en masses radiées, constitué principalement par un silicate de calcium et de magnésium. Renferme aussi de l'oxyde de fer, de l'alumine.

Dureté, 2,5; densité, 2,5.

BARRANDITE (Min.). — Phosphate hydraté aluminoferrique, $(PhO^4)^2R^2 + 4H^2O$; R=Fe,Al. Concrétions sphéroïdales, à structure radiée, à surface cristalline, translucides ou opaques, d'un bleu pâle, d'un gris jaunâtre, rougeâtre ou verdâtre, trouvées à Cerhovic, près Przibram, dans un grès silurien inférieur, avec cacoxène et stilpnosidérite.

Densité, 2,57; dureté, 4,5.

Caractères. — Soluble dans l'acide chlorhydrique. Dans le tube, donne une eau acide; au chalumeau, se divise en fibres et devient plus foncé. Mouillé d'acide sulfurique, colore la flamme en bleu verdâtre.

BARTHÉLEMITE (Min.). — Nodules jaunes composés de fines aiguilles, trouvés à Saint-Barthélemy (Antilles). Sulfate double hydraté sodicoferrique, mélangé de chlorure de sodium et de sulfate de magnésium. Provient de l'altération de la pyrite.

BARYUM. — La méthode électrolytique appliquée aux sels fondus a seule permis jusqu'à ce jour d'obtenir du baryum pur. En opérant comme Bunsen, mais avec un courant plus faible, on peut obtenir des grenailles de baryum pesant 2 à 4 grammes. En essayant de fondre ces grenailles dans un creuset en fer, on obtient des masses frittées de plus de 100 grammes; toutefois on n'a pu obtenir ce métal fondu, son point de fusion paraissant supérieur à celui de la fonte [E. Frey, *Liebig's Ann. Chem.*, t. CLXXXIII, p. 367.]

L'amalgame de baryum, qui se prépare facilement et abondamment, selon la méthode de Bœttger, au moyen de l'amalgame de sodium à 6 % et de la solution saturée de chlorure de baryum, ne peut être séparé du mercure qu'il contient par distillation au rouge dans un courant d'hydrogène. On n'arrive ainsi qu'à obtenir un amalgame riche en baryum et retenant encore de 62 à 77 % de mercure. L'amalgame BaHg, qui se rapproche le plus de cette composition, exige 59,3 % de mercure [Julius Donath, *Deutsch. chem. Gesellsch*, 1879, p. 745].

Les métaux décrits jusqu'à présent comme étant du baryum, et qui ont été préparés en présence du mercure, ne peuvent donc être que des amalgames solides.

D'après W. Mallet [*Chem. News*, t. XXXIII, p. 250], la baryte chauffée au four à vent avec de l'aluminium dans un creuset de charbon subirait une perte de poids. Le creuset émet des vapeurs donnant les raies spectroscopiques du métal. Ce fait indiquerait une légère volatilité du baryum réduit par l'aluminium.

Sels de baryum. — Le carbonate de baryum, en présence de l'acide cyanhydrique et de divers chlorures, azotates ou sulfates métalliques, donne des sels doubles dérivés du cyanure de baryum. Dans le cas de chlorure platineux, l'équation de formation est la suivante :

$$PtCl^2 + 2BaCO^3 + 4CAzH$$
$$= Ba(CAz)^2Pt(CAz)^2 + BaCl^2 + 2CO^2 + 2H^2O$$

Parmi ces sels on connaît, outre le sel platineux, les suivants :

Cyanure de baryum et d'argent, $Ba(CAz)^2, 2AgCAz$.
— — de zinc, $Ba(CAz)^2, Zn(CAz)^2$.
— — de cuivre, $Ba(CAz)^2, Cu^2(CAz)^2$.
— — de nickel, $Ba(CAz)^2, Ni(CAz)^2$.

A. Étard.

BASANITE (Min.). — Syn. *Jaspe lydien, Pierre de touche.*

BASTNÄSITE (Min.). — Nom donné par Huot en 1841 à un minéral qu'Hisinger a appelé depuis fluorure basique de cerium et de lanthane. Nordenskiöld a montré que le minéral renferme de l'acide carbonique, et a proposé le nom d'*hamartite*, sur lequel celui de bastnäsite a la priorité :

$$CO^2 = 19{,}5;\ LaO = 45{,}77;\ CeO = 28{,}49;$$
$$H^2O = 1{,}01;\quad O,Fl \text{ et perte } 5{,}23.$$

Petites masses clivables, probablement orthorhombiques, d'un jaune de cire, d'un éclat gras; implanté dans l'allanite à Bastnäs (Suède).

Densité, 4,93; dureté, 4.

BATHWILLITE (Min.). — Matière brune, friable, non fusible, insoluble dans la benzine, d'un brun de girofle, ressemblant à du bois décomposé, se trouvant dans le boghead à Bathwille (Ecosse).

BAYLDONITE (Min.). — Arséniate de cuivre et de plomb hydraté :

$$As^2O^5, 4RO, 2H^2O;\ R = Cu, Pb.$$

Masses concrétionnées, à surface drusique, légèrement translucides, d'un vert d'herbe ou noirâtres, d'un éclat fortement résineux. Difficilement soluble dans l'acide azotique. Au chalumeau, donne de l'eau et devient noir. Sur le charbon, fond en donnant des fumées arsénicales et en laissant un globule de cuivre et de plomb.

Dureté, 4,5; densité, 5,35.

BEAUXITE (Min.). — Al^2O^3, H^2O. Alumine hydratée, plus ou moins mélangée d'hydrate ferrique. Blanche, rougeâtre ou jaunâtre. Grains fins, pisolithiques ou oolithiques, et masses terreuses formant des dépôts considérables aux Beaux, près d'Arles, et dans diverses localités du Var. On a donné le nom de wochéinite à une variété terreuse trouvée en Styrie. La beauxite la plus pure est le principal minerai d'aluminium.

BÉBIRINE. — D'après A. Flückiger, elle est identique avec la buxine et la pélosine [*N. Jahresb. für Pharm.*, t. XXXI, p, 257].

BÉCHILITE (Min.). — Voyez HAYESINE, t. II, p. 6.

BEIDHEIMITE (Min.). — Voyez BLEINIÈRE, t. I, p. 637.

BÉNIQUE (ACIDE). — G. Goldschmidt l'a rencontré dans l'huile retirée par expression de la graine de moutarde noire. Suivant le même auteur, cet acide se produit lorsqu'on soumet l'acide érucique $C^{22}H^{42}O^2$ à l'action de l'acide iodhydrique et du phosphore [*Wien. Akad. Ber.*, t. LXXII (2e partie), p. 366].

BÉNOLÉIQUE (ACIDE), $C^{22}H^{40}O^2$. — Cet homologue des acides stéaroléique et palmitoléique prend naissance lorsqu'on soumet le bromure de l'acide érucique $C^{23}H^{42}O^2.Br^2$ à l'action de la potasse alcoolique, qui lui enlève 2 molécules d'acide bromhydrique. La masse blanche produite est dissoute dans l'eau et traitée par l'acide chlorhydrique.

L'acide bénoléique cristallise dans l'alcool bouillant en faisceaux d'aiguilles brillantes. Il fond à 57°,5. Ses sels de potassium et de sodium se présentent en cristaux clinorhombiques solubles dans l'eau. Le sel de baryum $(C^{22}H^{39}O^2)^2Ba$ ainsi que ceux de strontium et de calcium sont insolubles. Le sel de magnésium

$$(C^{22}H^{39}O^2)^2Mg + 3H^2O$$

est un précipité cristallisable dans l'alcool bouillant.

Bromure, $C^{22}H^{40}O^2.Br^2$. — L'acide bénoléique s'unit directement à une molécule de brome. Le bromure est soluble dans l'alcool et dans l'éther, cristallisable en lamelles brillantes fusibles à 46-47°. La potasse alcoolique l'attaque, mais sans produire un acide moins hydrogéné.

Avec un excès de brome, on obtient un *tétrabromure* $C^{22}H^{40}O^2.Br^4$, ou peut-être

$$C^{22}H^{38}Br^2O^2.Br^2,$$

se présentant en lamelles flexibles, fusibles à 77-78°.

L'acide azotique fumant agit vivement sur l'acide bénoléique à froid et le transforme en trois autres acides, dont l'un est oléagineux et a pour composition $C^{11}H^{20}O^3$; les deux autres sont cristallisables, ce sont les *acides dioxybénoléique* $C^{22}H^{40}O^4$, et *brassylique* $C^{11}H^{20}O^4$. Pour séparer ces divers composés, on dissout le produit brut dans l'alcool absolu bouillant; l'acide dioxybénoléique cristallise par le refroidissement. L'eau mère abandonne après quelque temps une huile jaune distillable avec l'eau. Cette distillation laisse un résidu cristallin formé d'acide brassylique et d'acide dioxybénoléique.

L'acide dioxybénoléique cristallise dans l'alcool en lamelles jaunâtres, insolubles dans l'eau, fusibles à 90-91°. Ses sels alcalins sont cristallisables dans l'alcool. Les sels alcalino-terreux sont insolubles dans l'eau et dans l'alcool. Le sel d'argent est un précipité blanc qui renferme $C^{22}H^{39}AgO^4$.

Le produit huileux possède une odeur pénétrante; il est soluble dans la soude et précipitable par l'acide chlorhydrique. Il paraît, d'après sa composition, constituer une *aldéhyde de l'acide brassylique*; il fournit en effet ce dernier lorsqu'on l'oxyde par le brome en présence de l'eau.

L'*acide brassylique* $C^{11}H^{20}O^4$, qu'on obtient facilement pur en oxydant l'huile précédente, est un peu soluble dans l'eau bouillante qui l'abandonne en lamelles blanches. Il fond à 108°,5 et se concrète à 105°. C'est un acide bibasique, homologue de l'acide oxalique.

Les sels neutres alcalins sont solubles et cristallisables. Le sel de calcium

$$C^{11}H^{18}O^4.Ca + 3H^2O$$

est insoluble, ainsi que les sels de plomb, de cuivre, d'argent; ce dernier renferme

$$C^{11}H^{18}O^4Ag^2.$$

L'acide brassylique se forme aussi lorsqu'on fait agir l'acide nitrique sur l'acide érucique [O. Haussknecht, *Ann. d. Chem. u. Pharm.*, t. CLXIII, p. 40; *Bull. Soc. chim.*, t. IX, p. 481.

E. Willm.

BENYLÈNE, $C^{15}H^{28}$. — Carbure tétratomique dérivé du triamylène par soustraction d'hydrogène. Bauer a d'abord observé sa formation en traitant la diacétine du triamylène par la potasse. Dans cette réaction, le glycol du triamylène, qui devrait prendre naissance, est décomposé.

On l'obtient plus directement en transformant le triamylène en bromure $C^{15}H^{30}Br^2$ et en décomposant celui-ci par la potasse alcoolique. A la distillation du produit, le bénylène passe entre 223 et 228°. La densité du bénylène est égale à 0,9114 à 0°.

Le bénylène se combine directement avec deux atomes de brome. Le bromure $C^{15}H^{28}Br^2$ ainsi formé est décomposé par la potasse alcoolique en produisant un hydrocarbure $C^{15}H^{26}$ encore plus éloigné de la saturation que le bénylène [A. Bauer, *Ann. der Chem. u. Pharm.*, t. CXXXVII, p. 249; — A. Bauer et E. Verson, *Journ. für prakt. Chem.*, t. CIV, p. 94, et *Bull. Soc. chim.*, 1866, t. VI, p. 209, et t. X, p. 394].

BENZAMIDE, C^6H^5-CO Az H^2. — La benzamide se forme, d'après Miquel, lorsqu'on décompose le sulfocyanate de benzoyle par l'eau [*Compt. rend.*, t. LXXXI, p. 1209]. Kekulé l'a obtenue en distillant un mélange d'acide benzoïque et de sulfocyanate d'ammonium [*Deutsch. chem. Gesellsch.*, 1873, p. 113].

M. Sinteuis donne 125° comme point de fusion de la benzamide. Lorsqu'on chauffe la benzamide avec du chlorure de sulfocarbonyle ($CSCl^2$) elle se transforme en benzonitrile, et en même temps il se forme de l'oxysulfure de carbone et de l'acide chlorhydrique. Ce dernier acide convertit une partie de la benzamide en dibenzamide (voyez plus loin) [P. Schäfer, *Ann. Chem. Pharm.*, t. CLXIX, p. 101; *Bull. Soc. chim.*, t. XXI, p. 465].

L'eau et le brome à 120° changent la benzamide en acide benzoïque métabromé. La benzamide, chauffée avec une solution alcoolique saturée de nitrite d'éthyle fournit du benzoate d'éthyle [V. Meyer et O. Stüber, *Deutsch. chem. Gesellsch.*, 1871, p. 962; *Bull. Soc. chim.*, t. XVII, p. 174].

L'amalgame de sodium la réduit en solution éthérée, et donne de l'aldéhyde benzoïque [Guareschi, *Gaz. chim. ital.*, t. IV, p. 465]. Chauffée à 130-150° avec du chlorure orthocrésylsulfonique, elle donne du benzonitrile, du gaz chlorhydrique et de l'acide orthocrésylsulfonique (Anna Wolkow).

Lorsqu'on maintient la benzamide à une température de 160 à 170° pendant quelques heures, en présence d'un excès de gaz phosgène, elle se transforme en benzonitrile, acide benzoïque et en dibenzoyle-urée (voyez t. III, p. 575) (E. Schmidt).

DÉRIVÉS SUBSTITUÉS DE LA BENZAMIDE.

Benzamide métabromée,

C^6H^4-(CO Az H^2)$_{(1)}$ $Br_{(3)}$.

— On prépare ce composé en chauffant à 130-140° pendant vingt-quatre heures le métabromobenzoate d'éthyle avec une solution d'ammoniaque dans l'alcool faible. Cristaux nacrés, fusibles à 150°, solubles dans l'alcool [Engler, *Deutsch. chem. Gesellsch.*, 1871, p. 707; *Bull. Soc. chim.*, t. XVI, p. 328].

Benzamide paranitrée. — Voyez *Nitrobracylamide*, t. I, p. 1186.

Diméthyle-benzamide, C^6H^5-CO Az (CH^3)^2. — Ce composé prend naissance lorsqu'on mélange à la température ordinaire les solutions éthérées de chlorure de benzoyle et de diméthylamine. Il cristallise en aiguilles fusibles à 41-42°, et bout à 255-257°. A la température ordinaire, le chlorure de carbonyle transforme la diméthylbenzamide en *chlorure diméthylbenzamidique* C^6H^5-C Cl^2 Az (CH^3)^2, fusible à 30°. Cette réaction est analogue à celle du perchlorure de phosphore sur les amides (voyez ce mot, *Suppl.*, p. 143). [F. Hallmann, *Deutsch. chem. Gesellsch.*, 1876, p. 846; *Bull. Soc. chim.*, t. XXVII, p. 133].

Diéthyle-benzamide, C^6H^5-CO Az (C^2H^5)^2. — Elle se forme lorsqu'on substitue la diéthylamine à la diméthylamine, dans la préparation précédente. Liquide huileux, bouillant à 280-282° (Hallmann).

La benzamide s'unit à diverses aldéhydes avec élimination d'une mol. d'eau.

Méthylène-dibenzamide, (C^6H^5-CO Az H)^2 CH^2. — On la prépare en ajoutant une molécule de méthylal à un mélange de 2 molécules de benzonitrile, étendu de chloroforme et d'acide sulfurique concentré. Elle cristallise en aiguilles feutrées, fusibles à 212°, solubles dans le chloroforme, le sulfure de carbone et l'alcool bouillant [E. Hepp et G. Spiess, *Deutsch. chem. Gesellsch.*, 1876, p. 1424; *Bull. Soc. chim.*, t. XXVII, p. 509].

Éthylidène-dibenzamide,

(C^6H^5-CO Az H)^2 CH-CH^3.

— Elle résulte de l'action de l'acide sulfurique sur un mélange de benzonitrile et de paraldéhyde [Hepp et Spiess, *loc. cit.*].

Nencki a obtenu le même composé en dissolvant la benzamide dans l'aldéhyde en présence d'acide chlorhydrique. Elle cristallise en longues aiguilles blanches, fusibles à 188° (Nencki), à 204° (Hepp et Spiess), solubles dans l'alcool et l'éther. La potasse alcoolique bouillante la convertit en acide benzoïque et en aldéhyde [M. Nencki, *Deutsch. chem. Gesellsch.*, 1874, p. 158; *Bull. Soc. chim.*, t. XXII, p. 166].

Trichloréthylidène-dibenzamide,

(C^6H^5-CO Az H)^2 CH-CCl^3.

— Par l'action de l'acide sulfurique sur un mélange de chloral et de benzonitrile. Elle cristallise en aiguilles blanches, fusibles à 257°, solubles dans le chloroforme et le sulfure de carbone (Hepp et Spiess).

Séléno-benzamide, C^6H^5-CSe Az H^2. — Ce corps se dépose en aiguilles jaunes lorsqu'on fait passer de l'hydrogène sélénié dans une solution éthérée de benzamide [Dechend, *Deutsch. chem. Gesellsch.*, 1874, p. 1273; *Bull. Soc. chim.*, t. XXIII, p. 563].

Chloral-benzamide, CCl^3-CH O.C^7H^7 AzO. — Elle résulte de l'action de la chaleur sur un mélange de parties égales de chloral et de benzamide. Peu soluble dans l'eau chaude, elle se dépose, par le refroidissement de cette solution, en aiguilles fusibles à 150° [Wallach, *Deutsch. chem. Gesellsch.*, 1872, p. 255; *Bull. Soc. chim.*, t. XVII, p. 405].

L'œnanthylidène-dibenzamide,

C^7H^{14}(C^6H^5-CO Az H)^2

se forme par l'action de l'œnanthol sur la benzamide. Elle cristallise en aiguilles incolores, fusibles à 128°, solubles dans l'alcool bouillant [Medicus, *Ann. Chem. Pharm.*, t. CLVII, p. 44; *Bull. Soc. chim.*, t. XV, p. 99].

Benzylène-dibenzamide,

C^6H^5-CH.(C^6H^5-CO Az H)^2.

— Ce composé se forme lorsqu'on chauffe la benzamide avec de l'aldéhyde benzoïque. Il cristallise en aiguilles soyeuses, solubles dans l'alcool bouillant, fusibles à 197° [Roth, *Ann. Chem. Pharm.*, t. CLIV, p. 72; *Bull. Soc. chim.*, t. XIV, p. 304].

Métoxybenzylène-dibenzamide,

CH^3O.C^6H^4-CH (C^6H^5-CO Az H)^2.

— Par l'action de l'aldéhyde anisique sur la benzamide. Aiguilles brillantes, fusibles à 192° [A. Schuster, *Ann. Chem. Pharm.*, t. CLIV, p. 80; *Bull. Soc. chim.*, t. XIV, p. 313].

Dibenzamide (C^6H^5-CO)^2 Az H. — On a décrit deux modifications de ce corps. L'une d'elles, anhydre, se forme lorsqu'on traite l'amidure de potassium par le chlorure de benzoyle [Baumert et Landolt, *Ann. Chem. Pharm.*, t. CXI, p. 5].

Barth et Senhofer ont obtenu ce même composé en traitant le benzonitrile par un mélange d'acide sulfurique et d'anhydride phosphorique [*Deutsch. chem. Gesellsch.*, 1876, p. 975; *Bull. Soc. chim.*, t. XXVII, p. 283].

La modification anhydre cristallise en cristaux rhombiques, fusibles à 138° (144°, Barth et Senhofer), solubles dans l'alcool, l'éther, le chloroforme et la benzine. La potasse bouillante la convertit en acide benzoïque. Elle se dissout dans les alcalis étendus. La solution sodique concentrée fournit des cristaux correspondant à la formule (C^6H^5-CO)^2 Az Na + $\frac{1}{2}$ H^2O. La combinaison argentique $(C^6H^5\text{-}CO)^2AzAg$ est un précipité jaune.

La modification *hydratée*

$$(C^6H^5\text{-}CO)^2AzH + 2H^2O$$

résulte de l'action de l'acide chlorhydrique sec sur la benzamide chauffée à 130°. Elle cristallise en lamelles transparentes fusibles à 99°, solubles dans l'alcool, l'éther et l'eau [P. Schäfer, *Ann. Chem. Pharm.*, t. CLXIX, p. 111; *Bull. Soc. chim.*, t. XXI, p. 465]. M. Wassermann.

BENZANILIDE, $C^{13}H^{11}AzO$. — Lorsqu'on traite la benzanilide par le perchlorure de phosphore, et qu'on chauffe légèrement, on substitue deux atomes de chlore à l'oxygène. Le chlorure qui se forme perd de l'acide chlorhydrique et donne naissance au composé chloré

$$C^6H^5\text{-}CCl\text{-}Az.C^6H^5.$$

Ce corps cristallise en tables transparentes, fusibles à 39-40°; il bout vers 310°, et se dissout dans l'essence de pétrole et la benzine. Traité par l'aniline, il fournit la *benzényle-diphénylе-amidine*

$$C^6H^5\text{-}C \begin{cases} // AzC^6H^5 \\ \diagdown AzHC^6H^5 \end{cases}$$

(voyez AMIDINES, *Supp.*, p. 115) [O. Wallach et M. Hofmann, *Liebig's Ann. Chem.*, t. CLXXXVI, p. 79; *Bull. Soc. chim.*, t. XXVIII, p. 269].

Thiobenzanilide, $C^6H^5\text{-}CS.AzH.C^6H^5$. — D'après Wallach et Léo, ce serait ce composé qui se forme, lorsqu'on traite le chlorure précédent par l'hydrogène sulfuré. Il cristallise en tables jaunes, fusibles vers 100° [*Deutsch. chem. Gesellsch.*, 1876, p. 1216].

PRODUITS DE SUBSTITUTION DE LA BENZANILIDE. — Ils forment trois séries isomériques. La série des composés substitués dans le groupe amidogène n'est pas encore connue, et la série substituée dans le radical benzoyle est représentée par deux corps, la *métanitrobenzanilide*

$$C^6H^4(AzO^2)\text{-}CO.AzHC^6H^5,$$

et la *métamidobenzanilide*

$$C^6H^4(AzH^2)\text{-}CO.AzHC^6H^5.$$

Le premier de ces dérivés se forme lorsqu'on chauffe de l'aniline avec de l'acide métanitrobenzoïque à 110-120° jusqu'à ce qu'il ne forme plus d'eau. On épuise la masse par l'eau bouillante, et l'on purifie le dépôt formé par le refroidissement par cristallisation dans l'eau. La métanitrobenzanilide est en lamelles incolores, très solubles dans l'alcool, l'éther et la benzine, fusibles à 144° [Engler et Volkausen, *Deutsch. chem. Gesellsch.*, 1875, p. 34; *Bull. Soc. chim.*, t. XXIV, p. 306].

La *métamidobenzanilide* se forme par réduction du dérivé nitré au moyen de l'étain et l'acide chlorhydrique. Elle cristallise en longues aiguilles blanches, fusibles à 114°, solubles dans l'alcool et l'éther (Engler et Volkhausen). Le *chlorhydrate* $(C^{13}H^{12}Az^2O)HCl$

et le *sulfate* $(C^{13}H^{12}Az^2O)^2H^2SO^4$,

cristallisent en aiguilles blanches.

DÉRIVÉS SUBSTITUÉS DANS LE RESTE ANILINE. — *Benzanilide parabromée*, $C^6H^5\text{-}CO.AzH.C^6H^4Br$. — Pour préparer ce composé, on ajoute 2 molécules de brome à la solution d'une molécule de benzanilide dans l'acide acétique glacial. Il cristallise en grandes tables fusibles à 202° [F. Meinecke, *Deutsch. chem. Gesellsch.*, 1875, p. 564; *Bull. Soc. chim.*, t. XXV, p. 375].

Benzanilide dibromée,

$$C^6H^5\text{-}CO.AzH.C^6H^3Br^2.$$

— Elle se forme lorsqu'on traite la benzanilide par un excès de brome. Elle cristallise en lamelles incolores fusibles à 134°. Traitée par l'acide nitrique fumant, elle perd un atome de brome et fournit la benzanilide monobromée dinitrée, fusible à 221° (Johnson, voyez plus loin).

Benzanilide chlorée, $C^6H^5\text{-}CO.AzH.C^6H^4Cl$. — Par l'action de l'aniline chlorée sur le chlorure de benzoyle. Elle cristallise en aiguilles brillantes (Engelhardt).

DÉRIVÉS NITRÉS. — *Benzanilides mononitrées*. — Lorsqu'on traite la benzanilide par l'acide nitrique, on obtient un mélange renfermant les dérivés ortho, méta et paranitrés. Pour les séparer, on épuise la masse sèche par le chloroforme. Ce dissolvant enlève les dérivés ortho et méta, tandis que le dérivé para reste. Le chloroforme est alors chassé par distillation, et le résidu est repris par l'alcool bouillant. Les composés ortho et méta se dissolvent, et le dérivé méta se dépose par le refroidissement de la solution alcoolique.

Benzanilide ortho-nitrée,

$$[C^6H^5\text{-}CO.AzH]_{(1)}C^6H^4(AzO^2)_{(2)}.$$

— Elle cristallise en aiguilles fusibles à 94-95°, très solubles dans l'alcool froid. La potasse bouillante la transforme en aniline ortho-nitrée, fusible à 67°. L'étain et l'acide chlorhydrique la convertissent en une amidine (voir p. 268) [Hübner et Stöver, *Deutsch. chem. Gesellsch.*, 1874, p. 463 et 1314; *Bull. Soc. chim.*, t. XXII, p. 303; t. XXIII, p. 558; — Hübner et Mears, *Deutsch. chem. Gesellsch.*, 1876, p. 774; *Bull. Soc. chim.*, t. XXVII, p. 130].

Benzanilide métanitrée,

$$[C^6H^5\text{-}CO.AzH]_{(1)}C^6H^4(AzO^2)_{(3)}.$$

— On l'obtient d'après le procédé qu'on vient de décrire, ou bien en traitant l'aniline métanitrée, fusible à 108° par le chlorure de benzoyle. Après cristallisation dans l'alcool amylique, elle se présente en aiguilles fusibles à 144° (Bell), à 152° (Mears) [Hübner et Mears, *loc. cit.*; — C.-A. Bell, *Deutsch. chem. Gesellsch.*, 1874, p. 497].

Benzanilide paranitrée,

$$[C^6H^5\text{-}CO.AzH]_{(1)}C^6H^4(AzO^2)_{(4)}.$$

— Elle cristallise en aiguilles fusibles à 199°. La potasse la transforme en aniline paranitrée, fusible à 146° [Hübner et Stöver, *loc. cit.*].

Métanitrobenzanilide métanitrée,

$$[C^6H^4(AzO^2)_{(3)}\text{-}CO.AzH]_{(1)}C^6H^4(AzO^2)_{(3)}.$$

— Elle résulte de l'action du chlorure de métanitrobenzoyle sur l'aniline méta-nitrée. Elle cristallise en aiguilles blanches, fusibles à 187°, insolubles dans l'eau, l'alcool et l'éther, solubles dans l'alcool amylique [Mac-Hugh, *Deutsch. chem. Gesellsch.*, 1874, p. 1267; *Bull. Soc. chim.*, t. XXIII, p. 555].

Benzanilides trinitrées. — On a étudié deux des quatre dérivés trinitrés de la benzanilide que l'on a préparés.

Métanitrobenzanilide orthoparadinitrée,

$$C^6H^4(AzO^2)_{(3)}\text{-}CO.AzH.C^6H^3(AzO^2)^2_{(2.4)}.$$

— On l'obtient en traitant la benzanilide paranitrée ou orthonitrée par l'acide nitrique. Elle cristallise en aiguilles fusibles à 165°, que la potasse bouillante convertit en acide métanitrobenzoïque et en aniline orthoparadinitrée, fusible à 176° [Hübner et V. Schwartz, *Deutsch. chem. Gesellsch.*, 1877, p. 1707].

La benzanilide métanitrée traitée par l'acide nitrique fournit trois dérivés trinitrés, fusibles à 178, 202 et 212°. Le dérivé fusible à 178°, chauffé avec la potasse, fournit l'acide orthoni trobenzoïque, et une dinitroaniline fusible à 175°. C'est donc l'orthonitrobenzanilide ? métadinitrée [Hübner et V. Schwartz, *loc. cit.*].

Benzanilide orthonitrée parabromée,

$$C^6H^3(AzO^2)_{(2)}Br_{(4)}AzH.CO\text{-}C^6H^5.$$

— Par l'action du brome sur la benzanilide orthonitrée, fusible à 94°, ou par l'action de l'acide nitrique sur la benzanilide parabromée, fusible à 202°. Elle cristallise en aiguilles fusibles à 137° [Hübner et Johnson, *loc. cit.*; — F. Meinecke, *loc. cit.*].

L'étain et l'acide chlorhydrique transforment ce composé en une amidine bromée

$$C^6H^5.C\begin{matrix}\nearrow Az \\ \searrow AzH\end{matrix}>C^6H^3Br,$$

fusible à 199°. La potasse la dédouble en acide benzoïque et en aniline orthonitrée parabromée, fusible à 112-113°.

Benzanilide paranitrée orthobromée,

$$C^6H^3(AzO^2)_{(4)}Br_{(2)}AzH.CO\text{-}C^6H^5.$$

— Par l'action du brome sur la benzanilide paranitrée. Elle cristallise en longues aiguilles fusibles à 160°. La potasse la transforme en acide benzoïque et en aniline paranitrée orthobromée, fusible à 104°,5 [Hübner et Johnson, *loc. cit.*].

Benzanilide orthonitrée dibromée,

$$C^6H^2(AzO^2)_{(2)}Br^2\ AzH.CO\text{-}C^6H^5.$$

— Elle se forme en même temps que le dérivé parabromé; elle cristallise en aiguilles fusibles à 194-195° (Meinecke, Hübner et Johnson).

Benzanilide monobromée dinitrée,

$$C^6H^2Br(AzO^2)^2\ AzH.CO\text{-}C^6H^5.$$

— Elle se forme lorsqu'on traite la benzanilide dibromée ou la benzanilide orthonitrée parabromée par l'acide nitrique. Elle cristallise en fines aiguilles, fusibles à 221° (Hübner et Johnson).

DÉRIVÉS AMIDÉS. — *Benzanilide orthoamidée.* — Lorsqu'on réduit la benzanilide orthonitrée par l'étain et l'acide chlorhydrique, on n'obtient pas de dérivé amidé; la benzanilide amidée perd les éléments de l'eau et se transforme en une base de la formule $C^{13}H^{10}Az^2$. Cette base, l'*anhydrobenzoylediamidobenzine*, est une amidine dont la constitution est exprimée par la formule

$$C^6H^5\text{-}C\begin{matrix}\nearrow Az \\ \searrow AzH\end{matrix}>C^6H^4.$$

Elle cristallise en tables rhombiques fusibles à 240°, solubles dans l'alcool. Traitée par l'acide nitrique, elle fournit un dérivé nitré

$$C^6H^5\text{-}C\begin{matrix}\nearrow Az \\ \searrow AzH\end{matrix}>C^6H^3(AzO^2),$$

qui cristallise en fines aiguilles fusibles à 196°. Ce dernier fournit par réduction un dérivé amidé fusible à 245°, qui donne des sels cristallisables avec les acides.

L'anhydrobenzoyle-diamidobenzine fournit elle-même un *chlorhydrate* et un *sulfate* cristallisables. Traitée par les iodures alcooliques, elle donne des composés renfermant un radical alcoolique à la place de l'hydrogène du groupe AzH [Hübner et Retschy, *Deutsch. chem. Gesellsch.*, 1873, p. 798 et 1128; *Bull. Soc. chim.*, t. XX, p. 513; — Hübner et Stöver, *loc. cit.*; — Hübner et Sennewald, *Deutsch. chem. Gesellsch.*, 1876, p. 775; *Bull. Soc. chim.*, t. XXVII, p. 130].

Benzanilide métaamidée,

$$C^6H^4(AzH^2)_{(3)}AzH.CO\text{-}C^6H^5.$$

— Elle se forme par réduction de la benzanilide métanitrée. Elle cristallise en prismes rhombiques fusibles à 125° (Bell), à 250° (Sennewald).

Le *chlorhydrate* $(C^{13}H^{12}Az^2O)HCl$,
le *sulfate* $(C^{13}H^{12}Az^2O)^2SO^4H^2$,
et l'*azotate* $(C^{13}H^{12}Az^2O)AzO^3H$

sont en longues aiguilles solubles dans l'eau [C.-A. Bell, *loc. cit.*; — Hübner et Sennewald].

Benzanilide paraamidée,

$$C^6H^4(AzH^2)_{(4)}AzH.CO\text{-}C^6H^5.$$

— Par réduction de la benzanilide paranitrée. Elle cristallise en aiguilles fusibles à 125°, que la potasse convertit en paraphénylène-diamine [Hübner et Stöver, *loc. cit.*].

Benzanilide paraamidée orthobromée,

$$C^6H^3Br_{(2)}(AzH^2)_{(4)}AzH.CO\text{-}C^6H^5.$$

— Par réduction de la benzanilide paranitrée orthobromée, en solution dans l'acide acétique glacial. Elle est en lamelles incolores fusibles à 205° [Hübner et Johnson, *loc. cit.*].

Métamidobenzanilide métaamidée,

$$C^6H^4(AzH^2)_{(3)}AzH.CO\text{-}C^6H^4(AzH^2)_{(3)}.$$

— Par réduction de la métanitrobenzanilide métanitrée, au moyen du sulfure d'ammonium. Elle cristallise en aiguilles fusibles à 129° [Mac-Hug, *loc. cit.*].

BENZANILIDE ET CHLORURE DE SUCCINYLE. — Ces deux corps réagissent l'un sur l'autre pour former le chlorhydrate d'une base $C^{42}H^{36}Az^2$, fusible à 217°. La base, ainsi que son chlorhydrate, cristallisent en grands prismes incolores [Hübner et Frerichs, *Deutsch. chem. Gesellsch.*, 1877, p. 1720].

BENZANILIDE ET OENANTHOL. — Voyez t. II, p. 606]. M. Wassermann.

BENZÉRYTHRÈNE. — Nom donné par Berthelot à un carbure jaune, peu fusible, non distillable, qui accompagne le diphényle et le chrysène formés par l'action de la chaleur sur la benzine [*Ann. Chim. Phys.*, (4), t. IX, p. 458].

Ce carbure se rencontre aussi dans les parties les moins volatiles de l'anthracène brut [*Bull. Soc. chim.*, t. VII, p. 52]. G. Schultz l'a dédoublé en deux carbures définis : la *diphénylbenzine* $C^{18}H^{14}=C^6H^4(C^6H^5)^2$, et l'autre, auquel il réserve le nom de *benzérythrène*, qui constitue une *triphénylbenzine*,

$$C^{24}H^{18}=C^6H^3(C^6H^5)^3$$

[*Liebig's Ann. Chem.*, t. CLXXIV, p. 229; *Deutsch. chem. Gesellsch.*, 1878, p. 93].

Le benzérythrène de Schultz est à peu près insoluble dans l'alcool, la benzine froide, l'acide acétique bouillant. La benzine bouillante le dissout et l'abandonne par le refroidissement en lamelles brillantes, fusibles à 307-308°. L'acide sulfurique le dissout avec une couleur verte, et cette solution n'est pas précipitée par l'eau. L'acide azotique le dissout et donne des dérivés nitrés résineux. Ed. Willm.

BENZHYDROL (*diphénylcarbinol*)

$$(C^6H^5)^2CH.OH.$$

— Le benzhydrol se produit lorsqu'on chauffe à 160-180° la benzophénone avec la potasse alcoolique ou la potasse dissoute dans l'alcool amylique. Dans ce dernier cas, il se forme en outre de l'acide valérique; il y a donc oxydation de l'alcool en même temps qu'hydrogénation de la benzophénone. Avec la potasse alcoolique seule, le rendement est de 75 %; mais il vaut mieux faire bouillir la solution alcaline avec du zinc. On épuise le produit de la réaction par l'eau bouillante.

Le benzhydrol n'est pas attaqué à 200° par la potasse alcoolique. Lorsqu'on le chauffe à 180° avec l'acide sulfurique étendu, on le convertit en éther benzhydrolique.

Si l'on ajoute de l'acide chlorhydrique concentré et du zinc à sa solution acétique bouillante, on obtient un hydrocarbure fusible à 209°, qui paraît être le *tétraphényléthane* [Zagoumeny, *Liebig's Ann. Chem.*, t. CLXXXIV, p. 174; *Bull. Soc. chim.*, t. XXVI, p. 452].

En traitant le benzhydrol par l'anhydride phosphorique en présence de la benzine, Hémilian a obtenu le *triphénylméthane* $CH(C^6H^5)^3$. En présence du toluène, c'est le *diphénylcrésylméthane*

$$CH \left\{ \begin{matrix} (C^6H^5)^2 \\ (C^6H^4.CH^3) \end{matrix} \right.$$

qui prend naissance [*Deutsch. chem. Gesellsch.*, 1874, p. 1203 et 1209].

Lorsqu'on traite un mélange de benzhydrol et de diméthylaniline par l'anhydride phosphorique, on obtient une base cristallisable dans l'alcool en aiguilles incolores, fusibles à 132-133°, le *diméthylamidotriphénylméthane*

$$CH \left\{ \begin{matrix} (C^6H^5)^2 \\ C^6H^4.Az(CH^3)^2 \end{matrix} \right.$$

[O. Fischer, *Deutsch. chem. Gesellsch.*, 1878, p. 951].

On obtient le *mercaptan* correspondant au benzhydrol $(C^6H^5)^2CH.SH$ lorsqu'on ajoute avec précaution du pentasulfure de phosphore pulvérisé au benzhydrol fondu. La réaction terminée, on reprend par l'eau et on agite avec de l'éther. L'évaporation de ce dernier fournit une masse cristalline imprégnée d'un corps huileux.

Le produit cristallin fond à 151°; c'est le dérivé sulfuré $[(C^6H^5)^2CH]^2S^2$, qu'on obtient aussi dans d'autres circonstances, notamment dans l'action du sulfure de potassium sur l'éther chlorhydrique du benzhydrol.

Le corps huileux, beaucoup plus soluble dans l'éther, constitue le mercaptan; il n'a pu être encore obtenu pur, mais sa nature est mise hors de doute par l'existence du mercaptide de mercure $[(C^6H^5)^2CH.S]^2Hg$, qui s'obtient sous la forme d'un précipité blanc par le mélange des solutions éthérées de bichlorure de mercure et du composé huileux [C. Engler, *Deutsch. chem. Gesellsch.*, 1878, p. 925]. Ed. Willm.

BENZHYDRYLBENZOÏQUE (ACIDE),

$$C^{14}H^{12}O^3 = C^6H^5\text{-}CH(OH)C^6H^4\text{-}CO^2H.$$

Cet acide se forme lorsqu'on ajoute de temps en temps de l'acide chlorhydrique concentré à une solution d'acide parabenzoylbenzoïque dans l'alcool étendu, chauffé au bain de sable, en présence de grenaille de zinc. La réduction est terminée quand il se dépose, au sein de la liqueur, un précipité floconneux de sel basique de zinc, qui pourtant n'est pas organique. Alors on étend d'eau, on filtre et l'on décompose le sel de zinc par l'acide chlorhydrique. L'acide benzhydrylbenzoïque se précipite et on le purifie par deux ou trois cristallisations dans l'eau chaude.

L'acide benzhydrylbenzoïque cristallise en aiguilles réunies en faisceaux, fusibles à 164-165°, solubles dans l'eau chaude, l'alcool et l'éther, peu solubles dans le chloroforme et le toluène. L'acide sulfurique le colore en rouge orangé, et le mélange chromique le convertit en acide parabenzoylbenzoïque.

Sel d'argent, $C^{14}H^{11}O^3.Ag$. — Précipité blanc, qui se forme par l'azotate d'argent et la solution aqueuse du sel calcique.

Les *sels de baryum*, $(C^{14}H^{11}O^3)^2Ba$, et de *calcium*, $(C^{14}H^{11}O^3)^2Ca + 5H^2O$, sont des aiguilles blanches solubles dans l'eau; le sel calcique perd son eau à 160° [Zincke, *Ann. Chem. Pharm.*, t. CLXI, p. 102; *Bull. Soc. chim.*, t. XVI, p. 142].

Cet acide benzhydrylbenzoïque renferme probablement les groupes benzhydryle et carboxyles dans la position (1.4), comme l'acide benzoylbenzoïque dont il dérive. On ne connaît pas les deux autres acides isomériques. Pourtant l'on a essayé de préparer l'acide ortho; mais celui-ci perd les éléments de l'eau au moment de sa formation et donne naissance à l'*anhydride benzhydrylbenzoïque*,

$$C^{14}H^{10}O^2 = C^6H^5\text{-}\underset{\underset{O\ \text{-}\ CO}{|}}{CH}\text{-}C^6H^4.$$

On obtient ce composé par l'action du zinc et de l'acide chlorhydrique, ou de l'amalgame de sodium sur l'acide β-benzoylbenzoïque. Il cristallise en prismes fusibles à 115°, solubles dans l'alcool et l'éther, peu solubles dans l'eau chaude. Le perchlorure de phosphore le convertit en dérivés chlorés, qui n'ont pas été étudiés, et en anthraquinone [Zincke et Rotering, *Deutsch. chem. Gesellsch.*, 1876, p. 631; *Bull. Soc. chim.*, t. XXVII, p. 36]. M. Wassermann.

BENZILE. — Voyez Benzoïne, *Suppl.*, p. 315.

BENZILIQUE (ACIDE) [t. I, p. 552]. L'acide benzilique avait été considéré par Staedeler comme de l'acide diphénylglycolique.

$$C^{14}H^{12}O^3 = \begin{matrix} C(C^6H^5)^2.OH \\ CO^2H. \end{matrix}$$

Cette constitution a été démontrée par Tena, qui l'a converti en acide diphénylacétique,

$$CH(C^6H^5)^2.CO^2H,$$

et par Symons et Zincke, qui ont fait la synthèse de l'acide diphénylacétique, et l'ont converti en acide benzilique. A cet effet, ils ont chauffé l'acide diphénylacétique à 150° dans la vapeur de brome et ils ont traité par l'eau ou la baryte le produit résineux qui renfermait l'acide diphénylacétique monobromé. Ils ont séparé l'acide benzilique de l'acide diphénylacétique non transformé par un grand nombre de cristallisations de l'acide libre et de son sel de baryum [A. Tena, *Deutsch. chem. Gesellsch.*, 1869, p. 384; et 1870, p. 415; *Bull. Soc. chim.*, t. XIII, p. 63, et t. XIV, p. 301. — Symons et Zincke, *Deutsch. chem. Gesellsch.*, 1873, p. 1188; *Bull. Soc. chim.*, t. XXI, p. 301].

L'acide benzilique prend naissance par l'action de la potasse alcoolique sur le benzyle $C^{14}H^{10}O^2$. Le benzile se dissout avec une coloration rouge violet, et la réaction a quelquefois lieu à la température ordinaire, le liquide s'échauffant au point d'ébullition de l'alcool; d'autres fois on est obligé de chauffer légèrement pour déterminer la réaction. Quand elle est achevée, on chauffe jusqu'à ce que le liquide soit jaune clair, on mêle avec de l'eau, et l'on précipite par l'acide chlorhydrique. Lorsqu'il ne se forme en même temps que de petites quantités d'acide benzoïque, on peut purifier l'acide benzilique par une ou deux cristallisations dans l'alcool. Mais s'il se forme une grande proportion d'acide benzoïque, ce qui arrive quelquefois, on fait digérer le précipité avec une quantité de carbonate de sodium insuffisante pour le dissoudre complètement; c'est l'acide benzilique qui se dissout le premier. On filtre la solution alcaline, on la précipite par l'acide chlorhydrique, et on fait recristalliser l'acide benzilique dans l'eau bouillante (Tena).

L'acide benzilique fond à 150° et non pas à 120°, comme on l'avait établi avec de l'acide benzilique renfermant de l'acide benzoïque; il est en petites aiguilles clinorhombiques, blanches, d'un éclat satiné. Sa saveur est amère.

Chauffé, il se colore en rouge et à 180° se transforme en une résine rouge et un corps $C^{28}H^{22}O^5$, cristallisé, en aiguilles fusibles à 196°; ce corps est l'acide dibenzilique analogue à l'acide dilactique, car il se transforme de nouveau en acide benzilique par l'action de l'eau à 180°.

L'oxydation par le dichromate de potassium et l'acide sulfurique fournit de la benzophénone, $(C^6H^5)^2CO$.

Chauffé avec de l'acide iodhydrique à 180°, l'acide benzilique se convertit en acide diphénylacétique; avec l'anhydride phosphorique, il donne une huile incristallisable (probablement la lactide correspondante), qui, traitée par la potasse alcoolique, régénère l'acide benzilique.

Le *benzilate de baryum*,

$$(C^{14}H^{11}O^3)^2Ba + 6H^2O,$$

forme des croûtes cristallines, blanches, solubles. La distillation le décompose avec formation de benzhydrol,

$$C^{14}H^{12}O^3 = CO^2 + (C^6H^5)^2CH.OH.$$

La distillation du sel d'argent donne de la benzophénone (Tena). E. Grimaux.

BENZINE. — Depuis la rédaction de l'article benzine, nos connaissances sur ce corps se sont considérablement augmentées.

Les modes de production de la benzine sont presque innombrables, car tous les dérivés de la série aromatique se laissent transformer en ce corps par une décomposition plus ou moins profonde.

On n'a guère rencontré la benzine parmi les produits naturels. Warren de La Rue et H. Müller [*Jahresb. für Chem.*, 1856, p. 606], Warren et Storer [*Jahresb. für Chem.*, 1867, p. 605; 1868, p. 332] l'ont isolée de l'huile minérale de Burmah.

Par contre, la benzine se forme dans un grand nombre de réactions pyrogénées; sa production en grand par la distillation du goudron de houille repose sur ces réactions. Berthelot [*Compt. rend.*, t. LXXXII, p. 871 et 927] en a trouvé une proportion assez grande dans le gaz d'éclairage de Paris; Dittmar, par contre [*Chem. News*, t. XXXIV, p. 145], prétend qu'elle ne s'y trouve qu'en quantité excessivement faible.

Formation de la benzine par l'action de la chaleur. — Nous devons à Berthelot l'étude de la plupart de ces réactions :

Lorsqu'on fait passer un mélange de vapeur de diphényle et d'éthylène à travers un tube en fer, chauffé au rouge, il y a décomposition partielle, il se forme de la benzine et du cinnamène [Berthelot, *Ann. Chim. Phys.* (4), t. XII, p. 33] :

$$C^{12}H^{10} + C^2H^4 = C^6H^6 + C^8H^8.$$

Un mélange de vapeurs de chrysène et d'éthylène, dans les mêmes conditions, donne de la benzine, de l'anthracène, indépendamment d'une petite quantité de naphtaline :

$$C^{18}H^{12} + C^2H^4 = C^6H^6 + C^{14}H^{10};$$
$$C^{18}H^{12} + 2C^2H^4 = 2C^6H^6 + C^{10}H^8.$$

Le toluène, dirigé à travers un tube chauffé au rouge, se décompose aussi en benzine et en naphtaline, en faible quantité [Berthelot, *Ann. Chim. Phys.* (4), t. XII, p. 123] :

$$4C^7H^8 = 3C^6H^6 + C^{10}H^8 + 6H.$$

Les xylènes C^8H^{10} et les benzines triméthylées C^9H^{12} donnent de la benzine par une réaction analogue. Cette dernière se forme encore lorsqu'on fait passer des vapeurs de chloroforme sur du fer chauffé au rouge, ou que l'on chauffe du bromoforme ou de l'iodoforme avec du cuivre [Berthelot, *ibid.* (3), t. LIII, p. 69; *Bull. Soc. chim.*, t. VIII, p. 303]. On obtient aussi de la benzine, mélangée de styrolène et de naphtaline, en faisant passer de l'acétylène à travers un tube en porcelaine incandescent [Berthelot, *Bull. Soc. chim.*, t. IX, p. 56].

Barbier [*Compt. rend.*, t. LXXVII, p. 1769; t. LXXIX, p. 121, p. 660, p. 810] a pu constater la formation de la benzine par la décomposition des carbures suivants, qu'il faisait passer par un tube à combustion, chauffé au rouge sombre : le tolane qui n'en donne qu'une très faible quantité; le phénylxylène qui fournit en outre du xylène et de l'anthracène :

$$2C^{14}H^{14} = C^{14}H^{10} + C^8H^{10} + C^6H^6 + H^2;$$

le diphénylméthane qui fournit de la benzine, de l'anthracène et du toluène en faible proportion :

$$2C^{13}H^{12} = C^{14}H^{10} + 2C^6H^6 + 2H;$$
$$C^{13}H^{12} + 2H = C^6H^6 + C^7H^8;$$

enfin le phényltoluène. D'après Kramers [*Liebig's Ann. Chem.*, t. CLXXXIX, p. 135; *Bull. Soc. chim.*, t. XXX, p. 200], il faut encore ajouter à ces corps la benzine chlorée et l'acide phénique.

L'essence de térébenthine, dirigée à travers un tube chauffé au rouge, donne naissance à de la benzine et à d'autres carbures [Schultz, *Deutsch. chem. Gesellsch.*, 1877, p. 113; *Bull. Soc. chim.*, t. XXIX, p. 20].

On observe une décomposition analogue en faisant passer du pétrole du Caucase à travers un tube rempli de charbon et chauffé au rouge [Cissonko, *Deutsch. chem. Gesellsch.*, 1878, p. 342]. Il en est de même du goudron provenant de la distillation des lignites et de la tourbe [Liebermann et Bürg, *Deutsch. chem. Gesellsch.*, 1878, p. 723; — Salzmann et Wichelhaus, *ibid.*, 1878, p. 1431; — Letny, *ibid.*, 1878, p. 1210], ainsi que du goudron de bois [Atterberg, *ibid.*, 1878, p. 1222].

L'acide phosphénylique se décompose par l'action de la chaleur en acide métaphosphorique et en benzine [Michaëlis, *Liebig's Ann. Chem.*, t. CLXXXI, p. 324; *Bull. Soc. chim.*, t. XXVI, p. 507] :

$$C^6H^5PO(OH)^2 = C^6H^6 + PO^2OH.$$

Chauffé avec de la chaux sodée, il se décompose en acide phosphorique et en benzine.

Formation de la benzine par réduction. — La benzine se forme aussi par réduction d'un assez grand nombre de corps.

Réduction par l'hydrogène. — Berthelot chauffe du cinnamène dans un tube scellé dont l'air a été remplacé par de l'azote; il se forme de la benzine et de l'éthylène [*Ann. Chim. Phys.* (4), t. IX, p. 464] : $C^8H^8 + H^2 = C^6H^6 + C^2H^4$.

Le diphényle, chauffé de la même manière, se décompose en benzine et en chrysène :

$$3C^{12}H^{10} = 3C^6H^6 + (C^6H^4)^3.$$

Le chrysène, chauffé dans un courant d'hydrogène, donnerait, d'après Berthelot, de la benzine et du diphényle. Vanstraet a également obtenu la benzine en faisant réagir l'hydrogène naissant sur le corps $C^{30}H^{28}Az^2S$, qui se forme par l'action de l'iode sur la sulfocuminamide [*Deutsch. chem. Gesellsch.*, 1873, p. 332]. Kekulé a obtenu de la benzine en mettant la benzine iodée en contact avec l'amalgame de sodium et l'eau [*Ann. Chem. Pharm.*, t. CXXXVII, p. 157; *Bull. Soc. chim.*, t. VI, p. 40].

Réduction au moyen de l'acide iodhydrique à haute température. — Dans ces réactions étudiées principalement par Berthelot, il ne se forme que de faibles quantités de benzine.

L'aldéhyde benzoïque chauffée avec de l'acide iodhydrique fournit du toluène et de la benzine.

Le cinnamène chauffé avec vingt parties d'acide iodhydrique donne également de la benzine comme produit secondaire :

$$C^8H^8 + 4HI = C^6H^6 + C^2H^6 + 4I.$$

On obtient aussi de la benzine en petite quantité, en même temps que de l'éthane, en chauffant la naphtaline ou l'anthracène avec une quantité d'acide iodhydrique insuffisante pour réduire complètement ces carbures :

$$C^{10}H^8 + 10HI = C^6H^6 + 2C^2H^6 + 10I;$$

avec le diphényle, il se forme en même temps du propane et du charbon.

$$C^{12}H^{10} + 2HI = 2C^6H^6 + I^2;$$
$$C^{12}H^{10} = 9C + C^3H^8 + H^2;$$

avec la benzine monochlorée ou la benzine perchlorée :

$$C^6H^5Cl + 2HI = C^6H^6 + HCl + I^2;$$
$$C^6Cl^6 + 12HI = C^6H^6 + 6HCl + 6I^2;$$

avec le phénol :

$$C^6H^5OH + 2HI = C^6H^6 + H^2O + I^2;$$

avec l'acide phénylsulfonique :

$$C^6H^5SO^3H + 8H = C^6H^6 + 3H^2O + H^2S.$$

En chauffant une partie d'aniline avec 20 parties d'une solution saturée d'acide iodhydrique, Berthelot a obtenu de la benzine:

$$C^6H^5AzH^2 + 2H = C^6H^6 + AzH^3$$

[*Bull. Soc. chim.*, t. IX, p. 8, p. 91, p. 178, p. 265].

Prunier [*Compt. rend.*, t. LXXXII, p. 1113] l'a obtenue en même temps que l'hydrure d'hexyle en faisant réagir longtemps l'acide iodhydrique sur la quercite.

FORMATION DE LA BENZINE PAR LA CHAUX CHAUFFÉE AU ROUGE. — Ohm a obtenu de la benzine en faisant passer de l'essence de bergamotte sur de la chaux incandescente [*Ann. Chem. Pharm.*, t. XXXI, p. 318]; Warren de La Rue, en distillant l'huile de Menhaden, une huile extrait de poisson, de l'Alosa Menhaden, avec un excès de chaux [*Memoirs of the Americ Acad.* (nouv. série), t. XI, p. 177].

Limpricht l'a obtenue en faisant passer des vapeurs de chlorure de benzylène C^6H^5-$CHCl^2$, ou de trichlorure de benzényle C^6H^5-CCl^3, sur de la chaux sodée chauffée au rouge,

$$C^6H^5\text{-}CHCl^2 + 2NaOH =$$
$$C^6H^6 + CO + 2NaCl + H^2O$$
$$C^6H^5\text{-}CCl^3 + 5NaOH =$$
$$C^6H^6 + CO^3Na^2 + 3NaCl + 2H^2O.$$

[*Ann. Chem. Pharm.*, 1866, t. CXXXIX, p. 303; *Bull. Soc. chim.*, t. VI, p. 467].

La benzine se forme aussi : par la décomposition de l'acide benzoïque bromé ou chloré [Riche, *Compt. rend.*, t. LIII, p. 586], de l'acide cinnamique avec un grand excès de chaux ou d'hydrate de baryum [Howard, *Chem. Soc. Journ.*, 1861, t. XIII, p. 135]; de l'acide trimésique $C^6H^3(CO^2H)^3$ [Fittig et Furtenbach, *Ann. Chem. Pharm.*, t. CXLVII, p. 309]; de l'acide diphénylphosphénique, $(C^6H^5)^2PO(OH)$ [Goetter et Michaelis, *Deutsch. chem. Gesellsch.*, 1878, p. 887]; du benzile $(C^6H^5)^2(CO)^2$, qui distillé avec de la chaux sodée donne de la benzine et de la benzophénone [Jena. *Ann. Chem. Pharm.*, t. CLV, p. 77; *Bull. Soc. chim.*, t. XIV, p. 301.]

Voici d'autres réactions encore qui donnent naissance à la benzine : action de l'alcool sur le sulfate ou l'azotate de diozobenzol,

$$C^6H^5Az^2SO^4H + C^2H^5OH =$$
$$C^6H^6 + C^2H^4O + H^2SO^4$$

[Griess, *Philos. Transact.*, t. CLIV, p. 667; *Bull. Soc. chim.*, t. VI, p. 68].

Action de l'acide phosphorique anhydre sur le phénol (avec quelques produits secondaires) [Maikopar, *Deutsch. chem. Gesellsch.*, 1873, p. 600]. La chrysine, chauffée avec de la poudre de zinc, donne un mélange de benzine et de toluène [Piccard, *Deutsch. chem. Gesellsch.*, 1874, p. 888, *Bull. Soc. chim.*, t. XXIII, p. 79]. D'après M. Schützenberger, il se forme une petite quantité de benzine par l'action de l'iode sur le toluène à 250° [*Compt. rend.*, t. LXXV, p. 1767]. La colophane distillée avec la vapeur d'eau surchauffée donne également de la benzine [Smith, *Chem. Soc. Journ.*, 1876, t. II, p. 29].

Propriétés physiques de la benzine. — La densité de la benzine a été déterminée par un grand nombre de physiciens. D'après Mendelejeff [*Compt. rend.*, t. LI, p. 97], elle est à 15° de 0,8841; d'après Warren, à 0° de 0,8957 ; à 15° de 0,8820. Voir t. II, p. 888, les résultats obtenus par Louguinine. Pizati et Paterno [*Gazz. chim. ital.*, 1873, p. 551] ont donné le tableau suivant des densités et des volumes de la benzine à différentes températures :

Températures.	Densités.	Volumes.
0°	0,899487	1,00000
15	0,883573	1,01801
25	0,872627	1,03078
50	0,846170	1,06058
75	0,818721	1,09865

Voici la formule qui donne, d'après H. Kopp, le volume de la benzine à t^o (entre 11°,4 et 81°,4) :

$$V_t = 1 + 0,001171626\ t$$
$$+ 0,00000127755\ t^2 + 0,0000000080648\ t^3.$$

Adrieenz [*Deutsch. chem. Gesellsch.*, 1873, p. 441] a déterminé la densité, à différentes températures, de la benzine préparée avec l'acide benzoïque.

Températures.	Densités.	Températures.	Densités.
0°	0,90023	45°	0,85291
5	0,89502	50	0,84348
10	0,88982	55	0,84198
15	0,88462	60	0,83642
20	0,87940	65	0,83078
25	0,87417	70	0,82505
30	0,86891	75	0,81923
35	0,86362	80	0,81331
40	0,85829		

La benzine, soumise à l'action du froid, cristallise en pyramides orthorhombiques; rapport des axes a : b : c = 0,891 : 1 : 0,799 [Groth, *Poggend., Ann.*, t. CXLI, p. 31].

Regnault a trouvé que leur point de fusion était situé à 4°,45. D'après lui, le point d'ébullition de la benzine est à 80°,36 sous la pression de 760mm. D'après Adrieenz (*loc. cit.*), le point d'ébullition de la benzine du goudron de houille est à 80°,53 — 80°,62, tandis que la benzine, obtenue de l'acide benzoïque, bout à 80°,60 — 80°,67.

La température d'un mélange bouillant de benzine et d'eau est de 68°,5, celle des vapeurs de 69°,1 [Naumann, *Deutsch. chem. Gesellsch.*, 1877, p. 142; *Bull. Soc. chim.*, t. XXX, p. 277].

La chaleur spécifique de la benzine entre 19 et 46° est égale à 0,450 (Kopp). Regnault a déterminé la chaleur spécifique des vapeurs de benzine sous pression constante; calculée à poids égaux, elle est égale à 0,3754 à volumes égaux

= 1,0114 [*Compt. rend.*, 1853, t. XXXVI, p. 676]. D'après ce même physicien, la moyenne entre 20 et 70° est égale à 0,43602. Winckelmann a établi la formule suivante pour la chaleur spécifique : $K_t = 0,5244 + 0,00022\, t$ entre 3°,3 et 19° [*Poggend. Ann.*, t. CL, p. 592]. Regnault a déterminé la force élastique des vapeurs de benzine à diverses températures [*Compt. rend.*, t. L, p. 1063]; il a établi que la force élastique d'un mélange de benzine et d'alcool est plus faible que celle du corps le plus volatil, mais un peu plus grande que celle du corps le moins volatil.

La benzine se mélange avec l'alcool et le sulfure de carbone. Ces mélanges se font avec abaissement de température et celui-ci a été déterminé par Winckelmann (*loc. cit.*) pour des mélanges d'alcool et de benzine, de sulfure de carbone et de benzine. La compressibilité de la benzine entre des pressions de 8 à 37 atmosphères à une température de — 16° est 0,00009; à 99°,3, elle est 0,000187 [Amagat, *Ann. Chim. Phys.* (5), t. XI, p. 520.]

L'indice de réfraction est 1,4593 à 9° pour la ligne A, 1,5050 pour la ligne D et 1,5307 pour la ligne H [Gladstone, *Chem. Soc. Journ.*, 1870, t. XXIII, p. 152]. Adrieenz (*loc. cit.*) a trouvé cet indice pour la ligne D = 1,4957 à 15°,2 (Voir aussi Powel, *Instit.*, 1850, p. 324.) La conductibilité pour l'électricité de la benzine comparée à celle de l'eau est dans le rapport de 16 à 1000. [Saïd-Effendi, *Compt. rend.*, t. LXVIII, p. 1565]. Lothar Meyer [*Deutsch. chem. Gesellsch.*, 1878, p. 206] a étudié la diffusion des vapeurs de benzine. Muir et Thorpe [*Chem. News*, t. XXXVII, p. 36] ont déterminé le pouvoir éclairant de ce corps.

PROPRIÉTÉS CHIMIQUES. — *Décomposition de la benzine à une haute température.* — Lorsqu'on fait passer les vapeurs de benzine à travers un tube chauffé au rouge, il se forme, outre les corps déjà signalés par Berthelot [t. I, p. 528] (Schulze n'a pu caractériser le chrysène dans ces produits) deux diphénylbenzines isomériques et du benzérythrène [Schulze, *Liebig's Ann. Chem.*, t. CLXXIV, p. 201; *Deutsch. chem. Gesellsch.*, 1878, p. 95; — Schmidt, *Bull. Soc. chim.*, t. XXIII, p. 567]. Behr et Van Dorp, en faisant passer des vapeurs de benzine sur de l'oxyde de plomb chauffé au rouge, ont obtenu du diphényle [*Deutsch. chem. Gesellsch.*, 1873, p. 723; *Bull. Soc. chim.*, t. XX, p. 465].

Indépendamment des produits que Berthelot a obtenus en dirigeant à travers un tube chauffé au rouge du cinnamène, de la benzine et de l'acétylène, il se forme dans cette circonstance, d'après Barbier, de l'anthracène et du phénanthrène.

Action des halogènes et de leurs dérivés sur la benzine. — En ce qui concerne l'action du chlore et du brome sur la benzine, voyez plus loin aux dérivés chlorés et bromés. Le trichlorure d'iode ICl^3 agit sur la benzine en donnant un composé cristallin [Spencer, *Journ. chem. Soc.*, 1855, t. VII, p. 244]. Le chlore en présence du perchlorure de molybdène attaque la benzine à 100° et il se forme de la benzine dichlorée [Aronheim, *Deutsch. chem. Gesellsch.*, 1875, p. 1400]. Par l'action de l'acide chloreux, Carius a obtenu de la quinone dichlorée, de la benzine chlorée et de la trichlorhydroquinone [*Ann. Chem. Pharm.*, t. CXLIII, p. 315; *Bull. Soc. chim.*, t. X, p. 49]; il se forme aussi de la trichlorhydroquinone, indépendamment du dérivé dichloré, lorsqu'on fait agir du chlorate de potassium et de l'acide sulfurique sur la benzine [Krafft, *Deutsch. chem. Gesellsch.*, 1877, p. 797; *Bull. Soc. chim.*, t. XXIX, p. 130].

On obtient de la benzine perbromée en chauffant à 350° durant trente heures de la benzine avec du brome mélangé d'iode [Gessner, *Deutsch. chem. Gesellsch*, 1876, p. 1505; *Bull. Soc. chim.*, t. CXXVIII, p. 121], ou bien en faisant réagir un excès de brome sur la benzine en présence du bromure d'aluminium [Gustavson, *Bull. Soc. chim.*, 1878, t. XXVIII, p. 152].

L'acide bromique réagit également sur la benzine avec formation de benzine bromée [Krafft, *Deutsch. chem. Gesellsch.*, 1875, p. 1044; *Bull. Soc. chim.*, t. XXVI, p. 302]. Chauffée avec de l'iode à 250°, elle est à peine attaquée; il se forme un produit iodé à moitié carbonisé, de l'acide iodhydrique et un carbure très épais, mais en faible quantité [Schützenberger, *Compt. rend.*, t. LXXV, p. 1767]; chauffée longtemps avec de l'acide iodique, la benzine se transforme en benzine iodée [Peltzer, *Ann. Chem. Pharm.*, 1865, t. CXXXVI, p. 94; *Bull. de la Soc. chim.*, 1866, t. V, p. 451].

Action de l'acide iodhydrique. — Berthelot [*Bull. Soc. chim.*, t. IX, p. 8; t. X, p. 435] en chauffant à 280° durant trois jours la benzine avec 80 fois son poids d'acide iodhydrique concentré a remarqué sa transformation presque complète en hexane C^6H^{14}; il se forme aussi une certaine quantité de propane :

$$C^6H^6 + 8HI = C^6H^{14} + 4I^2;$$
$$C^6H^6 + 10HI = 2C^3H^8 + 10I.$$

D'après Wreden [*Liebig's Ann. Chem.*, t. CLXXXVII, p. 163], en faisant agir à 280° une solution d'acide iodhydrique saturée à 0°, sur de la benzine, celle-ci n'est guère attaquée. Berthelot par contre [*Compt. rend.*, t. LXXXV, p. 831; *Bull. Soc. chim.*, t. XXVIII, p. 497] a trouvé que dans les mêmes conditions et en chauffant pendant vingt heures il se forme, indépendamment de produits à points d'ébullition plus élevés, les carbures C^6H^{10} et C^6H^{12}. Lorsqu'on traite ces produits secondaires de nouveau par l'acide iodhydrique, ils se transforment encore en carbure C^6H^{14}, bouillant entre 68,5 et 70°. Baeyer a pu chauffer de la benzine avec de l'iodure de phosphonium à 350° sans observer une réduction [*Ann. Chem. Pharm.*, t. CLV, p. 270; *Bull. Soc. chim.*, t. X, p. 41].

Action du cyanogène et de ses composés. — Le cyanure de mercure réagit sur la benzine à une température élevée (400°) avec formation d'une faible quantité de benzonitrile. On obtient ce corps en plus grande quantité en dirigeant dans un tube à peine chauffé au rouge un mélange de cyanogène et de vapeurs de benzine [Merz, Weith et Schelnberger, *Deutsch. chem. Gesellsch.*, 1877, p. 746; *Bull. Soc. chim.*, t. XXVI, p. 289]. Friedel et Crafts [*Bull. Soc. chim.*, t. XXIX, p. 2 et p. 434] ont également préparé le benzonitrile en faisant réagir le chlorure de cyanogène sur un mélange de benzine et de chlorure d'aluminium.

Action de l'électricité. — L'effluve électrique agissant sur un mélange de benzine et d'hydrogène transforme ces corps en un produit de condensation résineux ayant pour formule $n(C^6H^8)$. La benzine sous l'influence de l'effluve électrique absorbe un assez grand volume d'azote : il se forme un produit de condensation visqueux qui se décompose facilement avec dégagement d'ammoniaque [Berthelot, *Bull. Soc. chim.*, t. XXVI, p. 58, p. 98; *Ann. Chim. Phys.* (5), t. X, p. 86].

Action de l'oxygène. — En faisant passer de l'oxygène à travers un mélange de benzine et de chlorure d'aluminium, Friedel et Crafts [*Bull. Soc. chim.*, t. XXIX, p. 242] ont obtenu du phénol. Hoppe-Seyler a obtenu le même corps en faisant réagir l'oxygène sur la benzine en présence de l'hydrure de palladium [*Deutsch. chem. Gesellsch.*, 1879, p. 1551]. Par l'action de l'oxygène ozonisé sur la benzine, il se forme, en même temps que les acides formique et acétique, une substance blanche, amorphe et très explosible qui se décompose spontanément lorsqu'on la conserve quelque temps. Elle est décomposée par l'eau avec formation d'acide formique et d'acide acétique, ainsi que d'un acide solide et facilement soluble [Houzeau et Renard, *Compt. rend.*, t. LXXVI, p. 572].

Coquillion [*Compt. rend.*, t. LXXX, p. 1089], en dirigeant des vapeurs de benzine, mélangées d'air, sur une spirale en platine incandescente, a trouvé qu'il se formait de l'acide carbonique, de l'aldéhyde benzoïque et de l'acide benzoïque.

Action des corps oxydants.— Un certain nombre de chimistes ont étudié les produits d'oxydation de la benzine. D'après Berthelot, ce carbure ne serait attaqué que difficilement par une solution de permanganate de potassium, avec formation d'acide oxalique, d'acide propionique ainsi que d'un acide qui est précipité par l'acétate de plomb :

$$C^6H^6 + 7O + H^2O = C^3H^6O^2 + C^2H^2O^4 + CO^2$$

[*Bull. Soc. chim.* 1867, t. VII, p. 124].

Adrieenz [*Deutsch. chem. Gesellsch.*, 1873, p. 441] n'a obtenu par oxydation avec une solution de permanganate acidulée que de l'acide formique.

En traitant la benzine par du bioxyde de manganèse et de l'acide sulfurique, Carius [*Ann. Chem. Pharm.*, t. CXLVIII, p. 50; *Bull. Soc. chim.*, t. XI, p. 413] a obtenu, indépendamment d'une petite quantité d'autres corps, les acides formique, benzoïque et phtalique. Church [*Chem. Soc. Journ.*, t. XVI, p. 76; *Bull. Soc. chim.*, 1863, p. 460], en attaquant la benzine avec du dichromate de potassium et de l'acide chorhydrique, prétend avoir obtenu un composé de la formule

$$C^6H^5Cl.HCl.$$

Action du soufre et de ses composés. — Le soufre réagit sur un mélange de chlorure d'aluminium et de benzine en donnant naissance à du sulfhydrate de phényle et à du sulfure de phényle [Friedel et Crafts, *Bull. Soc. chim.*, t. XXIX, p. 434]. En chauffant la benzine avec du soufre à 400-500°, Schulze [*Deutsch. chem. Gesellsch.*, 1871, p. 33; *Bull. Soc. chim.*, t. XV, p. 103] a obtenu de longues aiguilles. Merz et Weith [*Deutsch. chem. Gesellsch.*, 1871, p. 384; *Bull. Soc. chim.*, t. XV, p. 241] ont également chauffé de la benzine avec du soufre avec et sans addition d'oxyde de plomb, mais sans arriver à des résultats positifs. Avec le pentasulfure de phosphore, ils obtiennent un produit renfermant du phosphore et qui ne distille pas sans décomposition. Lorsqu'on chauffe la benzine avec du sulfure d'antimoine, il se forme du diphényle, ainsi qu'une petite quantité d'une huile a odeur repoussante. Le chlorure de soufre ne réagit qu'à une température élevée avec formation de benzine chlorée; mais lorsqu'on fait passer du protochlorure de soufre dans un mélange de chlorure d'aluminium et de benzine chauffé au bain d'huile, il se forme du sulfure de phényle et du disulfure de diphénylène $(C^6H^4S)^2$ [Friedel et Crafts, *Bull. Soc. chim.*, t. XXIX, p. 338]. Schmidt a étudié l'action du chlorure de soufre sur la benzine en présence du zinc et a trouvé qu'il se formait du disulfure de phényle et d'autres dérivés sulfurés [*Deutsch. chem. Gesellsch*, 1878, p. 1168; *Bull. Soc. chim.*, t. XXXII, p. 32].

L'acide sulfureux réagit également sur un mélange de chlorure d'aluminium et de benzine, et il se forme de l'acide phénylsulfinique :

$$C^6H^6 + SO^2 = C^6H^5\text{-}SO^2H$$

[Friedel et Crafts, *Bull. Soc. chim.*, t. XXIX, p. 530; *Compt. rend.*, 1878, p. 1368]. L'anhydride sulfureux liquide dissout la benzine sans altération [Sestini, *Bull. Soc. chim.*, t. X, p. 226].

Le chlorure de sulfuryle agit sur la benzine en présence du chlorure d'aluminium avec formation de dérivés sulfurés [Böttinger, *Deutsch. chem. Gesellsch*, 1878, 1409; *Bull. Soc. chim.*, t. XXXII, p. 31]. Lorsqu'on chauffe le chlorure de sulfuryle avec de la benzine en tubes scellés à 150°, il se forme de la benzine chlorée,

$$C^6H^6 + SO^2Cl^2 = C^6H^5Cl + HCl + SO^2$$

[Dubois, *Zeitsch. Chem.*, 1866, p. 705].

D'après Gauhe, lorsqu'on chauffe les mêmes corps jusqu'à 200°, il se formerait, outre la benzine chlorée, de l'acide benzoïque [*Ann. Chem. Pharm.*, t. CXLIII, p. 263; *Bull. Soc. chim.*, t. IX, p. 475].

Action de l'oxychlorure de carbone. — Berthelot [*Bull. Soc. chim.*, t. XIII, p. 391] a répété avec beaucoup de soin les essais de Harnitz-Harnitzki [t. I, p. 528] sur la formation du chlorure de benzoyle par l'action de l'oxychlorure de carbone sur la benzine, mais sans parvenir à confirmer ses résultats.

Réaction de différents corps organiques sur la benzine en présence du chlorure d'aluminium ou du chlorure de zinc. — Lorsqu'on fait passer de l'oxychlorure de carbone à travers un mélange de chlorure d'aluminium et de benzine, il se forme de la diphénylacétone; lorsqu'on ajoute à une solution d'oxychlorure de carbone dans de la benzine petit à petit du chlorure d'aluminium, il se forme après peu de temps du chlorure de benzoyle et de la diphénylacétone, tandis qu'après un certain temps il ne se forme que cette acétone [Friedel, Crafts et Ador, *Compt. rend.*, t. LXXXV, p. 673].

Les mêmes chimistes ont fait réagir le chlorure d'aluminium sur un mélange de benzine et de différents autres corps et sont arrivés aux résultats suivants. Avec le chloroforme, il se forme du triphénylméthane; avec le chlorure d'acétyle, on obtient de l'acétophénone; avec le chlorure phtalique, $C^6H^4(COCl)^2$, de l'anthraquinone et la diphénylphtalide $C^{20}H^{12}O^2$. Le chlorure de butyryle réagit sur un mélange de chlorure d'aluminium et de benzine avec formation de propylphénylacétone [Portier, *Bull. Soc. chim.*, t. XXX, p. 146].

L'acide carbonique réagit sur un mélange de benzine et de chlorure d'aluminium avec formation d'acide benzoïque [Friedel et Crafts, *Compt. rend.*, t. XXII, p. 1368].

La benzine chauffée avec du chlorure de benzoyle en présence de zinc est vivement attaquée; il se dégage de l'acide chlorhydrique avec formation de diphénylacétone [Grucarevic et Merz, *Deutsch. chem. Gesellsch.*, 1873, p. 60 et p. 1238; *Bull. Soc. chim.*, t. XXI, p. 225; — Zincke, *Deutsch. chem. Gesellsch.*, 1873, p. 137]. En chauffant à 220° le chlorure de phtalyle avec de la benzine et du zinc, Piccard a obtenu une petite quantité d'anthraquinone [*Deutsch. chem. Gesellsch*, 1874, p. 1785; *Bull. Soc. chim.*, t. XXIV, p. 215].

Le chlorure phénylsulfonique $C^6H^5.SO^2Cl$ réagit sur un mélange de benzine et de chlorure d'aluminium avec formation de benzine-sulfone [Beckurt's et Otto, *Deutsch. chem. Gesellsch.*, 1878, p. 472 et p. 2066, *Bull. Soc. chim.*, t. XXX, p. 456].

Par l'action du chlorure d'aluminium sur un mélange d'iodures ou de bromures alcooliques et de benzine, il y a formation, avec dégagement d'acides iodhydrique ou bromhydrique, des homologues de la benzine [Friedel et Crafts, *Compt. rend.*, t. LXXXIV, p. 1392 et 1450, t. LXXXV, p. 74]; les mêmes chimistes ont trouvé du durol et de l'hexaméthylbenzine parmi les produits de l'action du chlorure de méthyle sur le mélange de benzine et de chlorure d'aluminium [*Bull. Soc. chim.*, t. XXIX, p. 481]. Ador et Rilliet [*Arch. des sciences phys. et natur.*, t. LXIII, p. 159; *Deutsch. chem. Gesellsch.*, 1879, p. 329] ont pu caractériser, parmi les produits de cette réaction du métaxylène, une petite quantité de paraxylène, du pseudocumène, du mésitylène, du durol, ainsi que de la penta et de l'hexaméthylbenzine; le chlorure d'éthyle donne, parmi d'autres produits, de l'hexaéthylbenzine [Albright, Morgan et Woolworth, *Compt. rend.*, t. LXXXVI, p. 887].

Le bromure d'aluminium, chauffé avec un mélange de benzine et de bromure de propyle ou d'isopropyle, donne de l'isopropylbenzine [Gustavson, *Deutsch. chem. Gesellsch.*, 1878, p. 1251]. On obtient de la diamylbenzine avec le chlorure d'amyle dans des conditions analogues [Austin, *Bull. Soc. chim.*, 1879, t. XXXII, p. 12]. La benzine agit sur le trichlorure de benzényle $C^6H^5\text{-}CCl^3$, en présence d'un chlorure métallique avec formation de triphénylméthane [Doebner et Magatite, *Deutsch. chem. Gesellsch.*, 1870, p. 1068].

Lorsqu'on chauffe du cuivre ou du zinc en poudre avec un mélange de benzine et de chlorure de benzyle, il y a dégagement d'acide chlorhydrique, et il se forme principalement du diphénylméthane,

$$C^6H^5\text{-}CH^2Cl + C^6H^6 = C^6H^5\text{-}CH^2\text{-}C^6H^5 + HCl$$

[Zincke, *Ann. Chem. Pharm.*, t. CLIX, p. 374; *Bull. Soc. chim.*, t. XV, p. 264; *Deutsch. chem. Gesellsch.*, 1873, p. 119].

Friedel et Crafts [*Bull. Soc. chim.* t. XXX, p. 146] ont trouvé que les chlorures de zinc, de fer, de cobalt et de zirconium agissent comme le chlorure d'aluminium sur un mélange de chlorure de benzyle et de benzine avec formation de diphénylméthane. La benzine et l'acide phénylacétique bromé $C^6H^5\text{-}CHBr\text{-}CO^2H$, chauffés avec la poussière de zinc, donnent l'acide diphénylacétique et d'autres acides [Symons et Zincke, *Liebig's Ann. Chem.*, t. CLXXI, p. 117; *Bull. Soc. chim.*, t. XXI, p. 132].

Produits de condensation de la benzine avec d'autres corps organiques. — Baeyer a étudié l'action des aldéhydes et de leurs dérivés sur la benzine, en présence d'acides possédant un fort pouvoir condensateur.

Un mélange d'acide sulfurique concentré et d'acide acétique, réagissant sur un autre mélange de méthylal $CH^2(OCH^3)^2$, de benzine et d'acide acétique, forme du diphénylméthane. L'aldéhyde dichlorée donne dans les mêmes conditions un produit cristallisé [A. Baeyer, *Deutsch. chem. Gesellsch.*, 1872, p. 1094; 1873, p. 220; *Bull. Soc. chim.*, t. XIX, p. 266, t. XX, p. 207]. L'acide sulfurique agit sur un mélange de benzine et de paraldéhyde avec formation de diphényléthane [*Deutsch. chem. Gesellsch.*, 1874, p. 1190; *Bull. Soc. chim.*, t. XXIII, p. 361]. Un mélange de 2 molécules de benzine et de 1 molécule de chloral, condensé au moyen de l'acide sulfurique, donne du diphényltrichloréthane,

$$2C^6H^6 + CCl^3\text{-}COH = CCl^3\text{-}CH(C^6H^5)^2 + H^2O.$$

Avec le bromal, dans les mêmes conditions, il se forme du diphényltribromométhane [Goldschmidt, *Deutsch. chem. Gesellsch.*, 1873, p. 985; *Bull. Soc. chim.*, t. XX, p. 547].

Un mélange d'éther dichloré et de benzine est condensé par l'acide sulfurique avec formation du corps $CH^2Cl = CH(C^6H^5)^2$. Avec l'aldéhyde butyrique trichlorée $C^3H^4Cl^3\text{-}CHO$, il se forme dans les mêmes conditions le corps

$$C^3H^4Cl^3\text{-}CH(C^6H^5)^2$$

[Ed. Hepp, *Deutsch. chem. Gesellsch.*, 1873, p. 1439, 1874, p. 1420; *Bull. Soc. chim.*, t. XXI, p. 504; t. XXIV, p. 37].

On obtient encore du diphénylméthane en faisant agir l'acide sulfurique sur un mélange d'alcool benzylique et de benzine [Meyer et Wurster, *Deutsch. chem. Gesellsch.*, 1873, p. 963].

D'après Hemilian, en chauffant un mélange de benzhydrol $C^6H^5\text{-}CH(OH)\text{-}C^6H^5$, de benzine et d'anhydride phosphorique, il se forme du triphénylméthane [*Deutsch. chem. Gesellsch.*, 1874, p. 1203; *Bull. Soc. chim.*, t. XXIII, p. 371]. L'anhydride phosphorique agit sur un mélange de crésylphénylcarbinol et de benzine avec formation de crésyldiphénylméthane [E. et O. Fischer, *Deutsch. chem. Gesellsch.*, 1878, p. 197]. Avec un mélange de diphénylène-carbinol, $(C^6H^4)^2CH.OH$, et de benzine, il se forme du diphénylène-phénylméthane, $(C^6H^4)^2CH\text{-}C^6H^5$, d'après la réaction

$$(C^6H^4)^2CH.OH + C^6H^6$$
$$= (C^6H^4)^2CH\text{-}C^6H^5 + H^2O$$

[W. Hemilian, *Deutsch. chem. Gesellsch.*, 1878, p. 202; *Bull. Soc. chim*, t. XXIX, p. 371].

La benzine chauffée avec un mélange d'anhydride benzoïque et d'anhydride phosphorique donne de la diphénylacétone [Kollaritz et Merz. *Deutsch. chem. Gesellsch.*, 1872, p. 447; *Bull. Soc. chim.*, t. XIX, p. 352] :

$$2C^6H^6 + (C^6H^5\text{-}CO)^2O = H^2O + 2CO(C^6H^5)^2.$$

L'anhydride phosphorique agit à une température élevée sur un mélange d'acide phénylsulfonique et de benzine avec formation de phénylsulfone :

$$C^6H^5.SO^2.OH + C^6H^6 = C^6H^5.SO^2.C^6H^5 + H^2O.$$

Avec un mélange de benzine et d'acide paracrésylsulfonique, il se forme de la phénylcrésylsulfone [Michael et Adair, *Deutsch. chem. Gesellsch.*, 1878, p. 117; *Bull. Soc. chim.*, t. XXX, p. 308].

On obtient de l'acide orthobenzoylbenzoïque en faisant réagir de l'anhydride phtalique sur un mélange de benzine et de chlorure d'aluminium :

$$C^6H^6 + C^6H^4(CO)^2O = C^6H^5\text{-}CO\text{-}C^6H^4\text{-}CO^2H.$$

Dans les mêmes conditions avec de l'anhydride acétique, il se forme de l'acétophénone [Friedel et Crafts, *Bull. Soc. chim*, t. XXX, p. 2].

Action du potassium, du sodium, etc. — D'après Ch. Lauth [*Bull. Soc. chim.*, 1865, t. IX, p. 3], la benzine est attaquée par le sodium, avec formation d'un corps solide. Berthelot a trouvé au contraire qu'il n'y avait pas de réaction. Abeljans chauffa du potassium et de la benzine à 250° en tubes scellés; il obtint une masse bleu noirâtre qui s'enflamma à l'air; le bromure d'acétyle réagit sur ce composé : il se forme de l'acétylène, de la diphénylbenzine et un carbure de la formule C^6H^8. Lorsque la masse bleue est décomposée par l'eau, il se forme du diphényle et une certaine quantité du corps C^6H^8 [*Deutsch. chem. Gesellsch.*, 1872, p. 1027; 1876, p. 10; *Bull. Soc. chim.*, t. XIX, p. 268 et t. XXVI, p. 294].

Le magnésium chauffé avec la benzine donne une masse noire, qui, décomposée par l'acide chlorhydrique, laisse déposer du charbon [Parkinson, *Chem. Soc. Journ.*, t. XXI, p. 117].

Action des chlorures. — Michaëlis [*Liebig's Ann. der Chem.*, t. CLXXIX, p. 265; *Bull. Soc. chim.*, t. XX, p. 376] dirigea à travers un tube rempli de pierre ponce un mélange de benzine et de trichlorure de phosphore ; il obtint un corps de la formule $C^6H^5PCl^2$. En employant un mélange de chlorure d'arsenic et de benzine, il observa la formation du chlorure d'arsènophényle $C^6H^5AsCl^2$ [*Deutsch. chem. Gesellsch.*, 1878, p. 1883; *Bull. Soc. chim.*, t. XXXII, p. 216].

En faisant passer des vapeurs de chlorure d'antimoine ou d'étain avec de la benzine à travers un tube chauffé au rouge, on obtient du diphényle [Smith, *Chem. Soc. Journ.*, 1876, t. II, p. 30; *Bull. Soc. chim.*, t. XXX, p. 197]. Le perchlorure d'antimoine agit sur la benzine avec formation de benzine mono et dichlorée [Lœssner, *Journ. prakt. Chem.* (2), t. XIII, p. 418; *Bull. Soc. chim.*, t. XXVII, p. 116].

Le chlorure d'étain est réduit par la benzine qui est transformée en diphényle [Aronheim, *Deutsch. chem. Gesellsch.*, 1876, p. 1898; *Bull. Soc. chim.*, t. XXIX, p. 286].

Le bromure d'aluminium, en réagissant sur la benzine, se combine d'abord avec elle en formant une combinaison double de la formule $Al^2Br^6.6C^6H^6$ [Gustavson, *Bull. Soc. chim.*, t. XXX, p. 435].

Par l'action du chlorure de chromyle, il se forme presque la quantité théorique de quinone trichlorée :

$$C^6H^6 + 4CrO^2Cl^2$$
$$= C^6HCl^3O^2 + 2Cr^2O^3 + 5HCl.$$

[Carstanjen, *Journ. prakt. Chem.*, t. CVII, p. 331].

Étard a obtenu, dans cette réaction, de la quinone, ainsi qu'un dérivé chloré qui, à une température élevée, se transforme également en quinone [Étard, *Compt. rend.*, t. LXXXIV, p. 391; *Bull. Soc. chim.*, t. XXVIII, p. 275].

Action physiologique de la benzine. — La benzine ingérée par l'homme ou les animaux se transforme dans l'organisme, selon Schultzen et Naunyn [*Chem. Centralb.*, 1867, p. 705], en phénol, qu'on retrouve dans l'urine; d'après Münck [*Pflügers' Archiv.*, t. XXII, p. 142], ce n'est pas à l'état de phénol libre que la benzine est éliminée, mais ce corps ne se forme qu'après décomposition des urines par l'acide sulfurique. Beneck [*Gaz. méd. de Paris*, 1878, p. 644], n'a pu non plus constater la présence de ce corps dans les urines. D'après des recherches plus récentes de Baumann et Herter [*Zeitschr. physiol. Chem*, t. I, p. 244], la benzine se transforme dans l'organisme en acide phényl-sulfurique.

D'après Beneck (*loc. cit.*), la benzine n'est pas absorbée en injections hypodermiques, et les animaux peuvent en supporter des doses énormes quand elle est donnée par voie digestive. Il n'en est pas de même si on l'administre par inhalation ou en injections intraveineuses. La benzine augmente en général les secrétions et les modifie d'une façon variable.

Bachetti a trouvé que la benzine introduite dans les organes respiratoires produit rapidement une anesthésie, mais qui est suivie de crampes violentes; elle n'agit mortellement que lorsqu'elle est absorbée en assez grande quantité (10gr chez les lapins).

La benzine est un excellent antiseptique et désinfectant [Naunyn, *Zeitschr. Chem.*, 1866, p. 122; — Wiederhold, *Deutsch. Industrie-Zeit.*, 1870, p. 442; — Possoz, *Bull. Soc. chim.*, t. XXI, p. 191].

PRODUITS D'ADDITION DE LA BENZINE

Le brome et le chlore s'additionnent directement à la benzine et à ses produits de substitution. Le chlore forme ainsi les corps

$$C^6H^6Cl^2;\quad C^6H^6Cl^4;\quad C^6H^6Cl^6.$$

Mais, à part l'hexachlorure ou l'hexabromure, ces composés sont à peine connus. (Pour la constitution de ces produits d'addition, voyez l'article Aromatique, série , *Suppl.*, p. 213.)

La benzine se combine aussi avec l'acide hypochloreux, et le composé obtenu peut être considéré également comme un produit d'addition.

Les produits d'addition chlorés s'obtiennent par l'action du chlore sur la benzine exposée au soleil. Church [*Bull. Soc. chim.*, 1863, p. 460] a indiqué un procédé donnant d'assez bons résultats et qui a permis à Jungfleisch [*Thèse présentée à la Fac. des sciences*, Paris, 1868, p. 123] de préparer la série suivante de chlorures :

$$C^6H^6,Cl^2,\qquad C^6H^6,Cl^6,$$
$$C^6H^6,Cl^4,\qquad C^6H^6,Cl^8.$$

Il fait agir sur la benzine le chlore à l'état naissant, obtenu à l'aide d'un mélange de dichromate de potassium et d'acide chlorhydrique; mais il n'indique ni le moyen de séparer ces corps, ni leurs propriétés. D'après H. Müller [*Chem. Soc. Journ.*, t. XV, p. 41; *Répert. Chim. pure*, t. IV, p. 427], le chlore est absorbé par la benzine à l'ébullition avec formation des corps :

$$C^6H^6Cl^2,\ C^6H^6Cl^4,\ C^6H^6Cl^6$$

à côté de

$$C^6H^5Cl,\ C^6H^4Cl^2 \text{ et } C^6H^3Cl^3.$$

Hexachlorure de benzine $C^6H^6Cl^6$. — D'après Berthelot, ce corps ne se forme qu'avec de la benzine tout à fait pure. Il fond à 157°.

La meilleure manière d'obtenir l'hexachlorure de benzine consiste, d'après Heys [*Zeitschr. Chem.*, 1871, p. 293], à faire agir du chlore sur de la benzine bouillante, à évaporer l'excès de benzine et à comprimer la masse cristalline entre des papiers. L'acide azotique ou un mélange d'acide azotique et d'acide sulfurique n'attaquerait pas l'hexachlorure même à l'ébullition. D'après Vohl [*Zeitschr. Chem.*, 1866, p. 122], au contraire, l'acide azotique fumant donnerait à l'ébullition un dérivé nitré.

Chlorures de benzine monochlorée. — Jungfleisch [*Bull. Soc. chim.*, t. IX, p. 346; *Ann. Chim. Phys.* (4), t. XV, p. 291] prépare ces corps en exposant au soleil un ballon rempli de chlore sec et dans lequel on a versé une certaine quantité de benzine monochlorée. Les produits obtenus sont différents, selon qu'on ajoute plus ou moins de benzine monochlorée; lorsque cette dernière est en excès, tout le gaz disparaît, et l'on obtient un liquide huileux et épais formé des corps suivants :

$$C^6H^5Cl.Cl^2,\qquad C^6H^5Cl.Cl^6,$$
$$C^6H^5Cl.Cl^4,\qquad C^6H^5Cl.Cl^8.$$

Ces corps n'ont pas été séparés et caractérisés par Jungfleisch, mais ayant traité leur mélange en dissolution alcoolique par de la potasse, il a retiré du produit de la réaction, outre des phénols chlorés, les benzines mono, di, tri, quadri et quintichlorée, ainsi qu'une petite quantité de benzine perchlorée, corps isomères des benzines chlorées ordinaires.

Chlorure de benzine dichlorée. — En faisant réagir le chlore au soleil sur la benzine dichlorée avec un excès de chlore, on obtient un liquide huileux, mélangé d'un corps cristallisé. Les cristaux sont égouttés et lavés à l'alcool froid; Jungfleisch a obtenu les composés suivants :

$$C^6H^4Cl^2.Cl^2,\qquad C^6H^4Cl^2.Cl^4,$$
$$C^6H^4Cl^2.Cl^6,\qquad C^6H^4Cl^2.Cl^8.$$

Par l'action de la potasse alcoolique, ces composés se dédoublent en benzines chlorées et en acide chlorhydrique.

Chlorures de benzine trichlorée. — En faisant agir du chlore sur la benzine trichlorée, on obtient de longues lames qui viennent tapisser les parois du flacon. Ces cristaux sont formés de

$C^6H^3Cl^3.Cl^2$, $C^6H^3Cl^3.Cl^4$,
$C^6H^3Cl^3.Cl^6$, $C^6H^3Cl^3.Cl^8$.

HEXACHLORURE DE BENZINE α-DICHLORÉE,

$C^6H^4Cl^2.Cl^6$

[Jungfleisch, *Loc. cit.*, p. 128]. Lorsqu'on fait agir le chlore en excès au soleil sur la benzine monochlorée, on obtient des cristaux; après les avoir séparés du produit huileux qui les accompagne, on les lave d'abord avec de l'alcool froid, et on les purifie par plusieurs cristallisations de chloroforme bouillant. Ce corps se présente sous forme de prismes clinorhombiques; son point de fusion n'a pu être déterminé, car il se décompose au-dessous de 250°, avec formation de benzine pentachlorée et d'acide chlorhydrique. Otto et Ostrop [*Ann. Chem. Pharm.*, t. CXLI, p. 193; t. CLIV, p. 182] ont préparé le même corps en faisant agir du chlore au soleil et à la température ordinaire sur la benzine sulfone $(C^6H^5)^2SO^2$.

HYPOCHLORITE DE BENZINE, $C^6H^3Cl^3O^3$ (*Trichlorhydrine phénosique*). — Voy. t. II, p. 832.

PRODUITS DE SUBSTITUTION DE LA BENZINE

1°. *Dérivés chlorés de la benzine.*

Méthodes générales de préparation des dérivés chlorés de la benzine. — Müller a fait agir le chlore sur la benzine à une température élevée; mais, d'après des expériences faites par Berthelot et Jungfleisch, ce corps n'agit sur la benzine que sous l'influence de la lumière directe; en effet, ces chimistes ont pu faire passer un mélange de vapeur de benzine et de chlore à 300° à la pression ordinaire et dans l'obscurité sans qu'il y eût réaction.

Church, pour obtenir des dérivés chlorés de la benzine, fit réagir sur ce corps le chlore à l'état naissant, obtenu à l'aide du dichromate de potassium et de l'acide chlorhydrique.

Müller a encore fait connaître d'autres méthodes pour obtenir la substitution du chlore.

Par l'action directe du perchlorure d'antimoine, la réaction est très énergique et la chloruration est poussée à ses dernières limites. Jungfleisch ajoute à la benzine du protochlorure d'antimoine sec, et, lorsque tout s'est dissous, il fait passer un courant de chlore. Aronheim remplace le chlorure d'antimoine par du chlorure de molybdène, $MoCl^5$.

L'autre méthode consiste à faire agir le chlorure d'iode sur la benzine. La substitution se produit ainsi graduellement. Pour le mode opératoire, voir t. I, p. 529. Il faut chauffer pendant les premiers moments de la réaction; celle-ci donne lieu à une élévation de la température lorsque la substitution se produit. Enfin on obtient des dérivés chlorés de la benzine par l'action du perchlorure de phosphore sur le phénol ou le phénol chloré; ou bien en transformant les anilines chlorées en dérivés diazoïques et en faisant bouillir ceux-ci avec de l'acide chlorhydrique.

BENZINE MONOCHLORÉE, C^6H^5Cl. — Pour purifier la benzine monochlorée, préparée d'après le procédé de Jungfleisch (voir t. I, p. 529), on soumet le produit desséché, obtenu par l'action du chlore sur la benzine en présence d'une faible quantité d'iode, à des distillations fractionnées. Le liquide distillant au-dessus de 180° est refroidi dans la glace; il se sépare des cristaux de benzine dichlorée; le liquide filtré est ajouté aux fractions inférieures : ces mêmes opérations sont répétées un certain nombre de fois. On ne recueille que la fraction passant entre 130-140° et on la soumet encore à une distillation fractionnée de degré en degré; presque tout doit passer entre 132,5 et 133°. Pour être complètement sûr que toute la benzine et la benzine dichlorée sont éliminées, on refroidit à — 35° et l'on filtre à cette température [Jungfleisch, *loc. cit.*].

Il est probable qu'en se servant d'un appareil à plateaux de Le Bel et Henninger pour fractionner la benzine monochlorée brute on pourrait notablement simplifier la purification.

Le même corps se forme : par l'action du chlorure de sulfuryle sur la benzine [Dubois, *Zeitsch. Chem.*, 1866, p. 705]; indépendamment de produits secondaires, par l'action de l'acide chloreux sur la benzine [Carius, *Ann. Chem. Pharm.*, t. CXLII, p. 129, t. CXLIII, p. 315]; par l'action du chlorure de thionyle $SOCl^2$ sur la benzine [Gauhe, *Ann. Chem. Pharm.*, t. CXLIII, p. 264; *Bull. Soc. chim*, t. IX, p. 475].

La benzine monochlorée se prépare par l'action du chlorure de phosphore sur le phénol, en chauffant pendant trois heures molécules égales de ces corps à 100° et en distillant. Ce qui passe entre 115-150° est agité avec de la soude, séché et rectifié [Glutz, *Ann. Chem. Pharm.*, t. CXLIII, p. 181; *Bull. Soc. chim.* t. IX, p. 380; — Otto, *ibid.*, t. CXLVII, p. 317].

Barbaglia et Kekulé [*Deutsch. chem. Gesellsch.*, 1872, p. 875] obtinrent la benzine monochlorée en distillant parties égales de perchlorure de phosphore et de phénylsulfite de potassium; il se forme dans cette réaction du chlorure phénylsulfureux qui par l'action du perchlorure de phosphore donne naissance à la benzine monochlorée,

$$C^6H^5.SO^2Cl + PCl^5$$
$$= C^6H^5Cl + SOCl^2 + POCl^3.$$

Propriétés physiques. — Liquide incolore, très réfringent, doué d'une odeur aromatique rappelant un peu celle des amandes amères et très tenace.

La benzine monochlorée bout à 133° sous une pression de 0,757 (Jungfleisch). On peut la refroidir à — 35° sans qu'elle se solidifie; mais à — 40° elle cristallise. Sa densité à 10° est de 1,1169, à 0° de 1,128. Insoluble dans l'eau, elle se dissout très facilement dans l'alcool, l'éther, la benzine, le chloroforme, le sulfure de carbone.

Oxydée avec du bioxyde de manganèse et de l'acide chlorhydrique, elle donne principalement les acides formique et parachlorobenzoïque [C. Müller, *Ann. Chem. Pharm.*, t. CLI, p. 244; — Carius, *Zeitsch. Chem.*, 1868, p. 505]. Par l'action de l'anhydride sulfurique, il se forme la chlorobenzine-sulfone.

La potasse alcoolique ne l'attaque même pas à 200°. Le potassium et le sodium n'agissent pas à froid sur la benzine monochlorée; mais à chaud ils donnent le *diphényle;* on obtient ce dernier corps en assez grande quantité en faisant passer des vapeurs de benzine monochlorée sur une colonne de cuivre chauffée au rouge.

L'acide iodhydrique réduit la benzine monochlorée. D'après Berthelot, lorsqu'on chauffe cette dernière avec dix fois son poids d'acide iodhydrique, il se régénère de la benzine [*Bull. Soc. chim.*, 1868, t. IX, p. 29].

G. Kramers [*Liebig's Ann. Chem.*, t. CLXXXIX, p. 135], en faisant couler goutte à goutte de la benzine monochlorée dans un tube chauffé au rouge, a recueilli très peu de benzine, une résine et un liquide bouillant entre 250-330°. Par distillation fractionnée, on a séparé de ce liquide du diphényle, du diphényle mono et dichloré et de la diphénylbenzine.

Par déshydratation d'un mélange de chloral et de benzine chlorée au moyen d'acide sulfurique, il se forme le composé $CCl^2=C(C^6H^4Cl)^2$

[Zeidler, *Deutsch. chem. Gesellsch*, 1874, p. 1180].

Adrieenz [*Deutsch. chem. Gesellsch.*, 1873, p. 443], a comparé les propriétés physiques de la benzine monochlorée préparée soit au moyen de la benzine, soit au moyen du phénol. La première bout à 131,5-131°,97; la seconde 132,4-132°,58.

La densité est :

Pour le dérivé de la benzine.		Pour le dérivé du phénol.	
0°	1,12853	0°	1,12818
9 ,70	1,11807	12 ,93......	1,11421
22 ,13......	1,10167	20 ,96......	1,10577
77 ,27......	1,04428	73 ,15......	1,04299

L'indice de réfraction pour la ligne du sodium est pour la première 1,528, pour la seconde 1,5255 à 16°,4.

BENZINES DICHLORÉES. — Les trois modifications de la benzine dichlorée sont connues et étudiées avec soin.

Orthodichlorobenzine. — $C^6H^4Cl_{(1)}Cl_{(2)}$ [Beilstein et Kurbatow, *Deutsch. chem. Gesellsch.*, t. VII, p. 1398, p. 1759; *Liebig's Ann. Chem.*, t. CLXXVI, p. 42, t. CLXXXII, p. 94]. Beilstein et Kurbatow l'ont obtenue en chauffant pendant plusieurs heures un mélange de 2 parties de perchlorure de phosphore et d'une partie d'orthochlorophénol; le produit de la réaction est distillé; ce qui passe au-dessous de 240° est lavé avec de l'eau et de la soude, puis fractionné :

$$C^6H^4<^{Cl}_{OH} + PCl^5 = POCl^3 + HCl + C^6H^4Cl^2.$$

Le rendement est très faible.

Les mêmes chimistes en fractionnant la benzine dichlorée solide, obtenue directement par l'action du chlore sur la benzine, ont pu isoler une petite quantité d'une huile à point d'ébullition plus élevé dont les propriétés sont identiques avec le corps obtenu par l'action du perchlorure de phosphore sur le phénol chloré. On ne peut débarrasser complètement, ni par distillation, ni par refroidissement, l'orthodichlorobenzine ainsi préparée de son isomère la paradichlorobenzine; mais on l'obtient à l'état de pureté lorsqu'on chauffe cette huile avec de l'acide sulfurique fumant pendant deux jours à 210°; la paradichlorobenzine n'est pas attaquée, tandis que l'orthodichlorobenzine forme un dérivé sulfonique. Il suffit de diluer le contenu des tubes avec de l'eau, de séparer par filtration la paradichlorobenzine, de neutraliser l'acide par de la baryte et de chauffer au bain d'huile; la benzine dichlorée passe vers 179°. Le corps décrit par Jungfleisch comme β-dichlorobenzine et obtenu par l'action de la potasse sur des produits d'addition huileux de la benzine monochlorée est probablement l'orthodichlorobenzine. L'orthodichlorobenzine est liquide, bout à 179°, possède une densité de 1,3278 à 0°, et ne se solidifie pas à — 14°. L'acide azotique fumant la dissout en produisant deux dérivés mononitrés. L'acide sulfurique fumant réagit à 210° et donne un acide dichlorosulfonique.

Métadichlorobenzine. $C^6H^4Cl_{(1)}Cl_{(3)}$. — Witt [*Deutsch. chem. Gesellsch.*, 1874, p. 1602] prépare la métadichlorobenzine au moyen de l'aniline dichlorée (1.2.4) obtenue en traitant l'acétanilide, suspendue dans l'eau, par un courant de chlore.

L'éther azoteux dissout l'aniline dichlorée (1.2.4) fusible à 62°,5, avec dégagement d'azote. La réaction est terminée si l'on chauffe encore quelque temps au bain-marie, au réfrigérant ascendant. Le produit est versé dans de l'eau; l'huile jaune qui se sépare est distillée avec de la vapeur d'eau et rectifiée. La majeure partie distille à 170-171°.

Presque en même temps Beilstein et Kurbatow préparaient le même corps de la même manière [*Deutsch. chem. Gesellsch.*, 1874, p. 1761].

Körner obtint la métadichlorobenzine en partant de la métadinitrobenzine [*Gazz. chim. ital.*, 1874, p. 341]. Cette dernière est transformée en métanitraniline, et le chloroplatinate de la combinaison diazoïque est distillé avec du carbonate de sodium. La métachloronitrobenzine, ainsi obtenue, est purifiée par des lavages à la potasse, par distillation avec la vapeur d'eau et cristallisations dans l'alcool; elle fond à 47°,9. Par réduction, elle donne la métachloraniline, huile qui ne se solidifie pas encore à 0°; on la transforme en azotate; celui-ci est traité par l'acide azoteux et la solution étendue précipitée par le chlorure de platine. Le précipité lavé à l'eau et desséché est distillé avec un grand excès de carbonate de sodium :

$$(C^6H^4ClAz^2.Cl)^2PtCl^4$$
$$= 2C^6H^4Cl^2 + Pt + Cl^4 + Az^4.$$

Le produit de la distillation est lavé avec de la potasse, distillé avec de la vapeur d'eau, desséché sur l'acide phosphorique anhydre et enfin purifié par distillation fractionnée.

Le même chimiste a préparé la métadichlorobenzine en partant de l'orthoparadichloraniline $C^6H^3(AzH^2)_{(1)}Cl_{(2)}Cl)_{(4)}$. La métadichlorobenzine forme une huile incolore très réfringente d'une odeur agréable. Elle bout à 172°, se solidifie à 18° et possède une densité de 1,307 à 0°.

L'acide azotique concentré l'attaque avec formation de différents produits nitrés, mais principalement de dinitrodichlorobenzine. L'acide azotique dilué fournit une mononitrodichlorobenzine.

Paradichlorobenzine, $C^6H^4Cl_{(1)}Cl_{(4)}$. — C'est la benzine dichlorée obtenue en faisant passer un courant de chlore dans la benzine en présence de l'iode et déjà décrite t. I, p. 529. Différents autres procédés de préparation ont été indiqués depuis, et le mode de formation de ce corps ne laisse pas de doute sur sa constitution.

Kekulé et Barbaglia [*Deutsch. chem. Gesellsch.*, 1872, p. 876], en distillant un mélange de phénolparasulfite de potassium et de perchlorure de phosphore obtinrent de la benzine dichlorée, indépendamment d'autres produits. Parmi ces derniers se trouve le chlorure chlorophénylphosphorique, $POCl^2(OC^6H^4Cl)$, que l'eau saponifie avec production d'acide chlorophénylphosphorique. Le chlorure, traité à son tour par le perchlorure de phosphore, donne de la benzine dichlorée [Kekulé et Gibertini, *Deutsch. chem. Gesellsch.*, 1873, p. 944] :

$$POCl^2(OC^6H^4Cl) + PCl^5$$
$$= 2POCl^3 + C^6H^4Cl^2.$$

Elle se forme aussi avec la parachloraniline, qu'on transforme en parachlorodiazobenzol dont on distille le chloroplatinate avec du carbonate de sodium [Griess, *Philosoph. Transact.*, t. CLIV, p. 695].

Beilstein et Kurbatow [*Deutsch. chem. Gesellsch.*, 1874, p. 1395] l'ont obtenue en faisant agir le perchlorure de phosphore sur le parachlorophénol : le rendement est très mauvais.

D'après Aronheim [*Deutsch. chem. Gesellsch.*, 1875, p. 1400], l'action du chlore sur la benzine est régularisée par la présence de 1 °/o de chlorure de molybdène ($MoCl^5$); la plus grande partie de la benzine a été transformée en trois jours en paradichlorobenzine. L'acide chlorhydrique et le chlorure de molybdène sont éloignés du produit de la réaction par des lavages à l'ammoniaque.

La paradichlorobenzine forme des cristaux

clinorhombiques fusibles à 56°,4 (à 53°, d'après Beilstein et Kurbatow); elle se sublime facilement à la température ordinaire et bout à 173°,2.

BENZINES TRICHLORÉES. — Les trois modifications prévues par la théorie sont connues.

Benzine trichlorée ordinaire,

$$C^6H^3Cl_{(1)}Cl_{(2)}Cl_{(4)}.$$

— Ce corps est difficile à préparer à l'état de pureté d'après le procédé déjà indiqué dans cet ouvrage. Jungfleisch (*loc. cit.*) recommande de prendre la benzine dichlorée comme point de départ; on ajoute de l'iode, et on fait passer un courant de chlore dans la masse, au fur et à mesure qu'elle se liquéfie; l'on sépare la partie liquide et l'on expose cette dernière à un mélange réfrigérant pour séparer la benzine dichlorée qu'elle pourrait encore contenir. Lorsque tout s'est liquéfié par l'action du chlore, on lave le produit à l'eau et avec une solution de carbonate de sodium; par des distillations fractionnées et en refroidissant la partie distillée, on parvient avec peine à séparer la benzine trichlorée des produits chlorés supérieurs et inférieurs. La fraction distillant vers 206° ayant été refroidie dans de l'eau glacée, on y projette quelques cristaux qu'on a obtenus préalablement en solidifiant une petite portion dans un mélange réfrigérant. Il se forme bientôt des cristaux volumineux qui se groupent en faisceaux. Les eaux mères sont séparées et fractionnées; on fait subir à la partie qui distille de nouveau vers 206° le même traitement.

La benzine trichlorée forme de grands cristaux appartenant au système orthorhombique, incolores et transparents, fusibles à 17°. Elle bout à 206°, possède une odeur forte, mais non désagréable. Sa densité est de 1,574 à 10°. Elle se dissout dans l'acide sulfurique fumant en donnant un dérivé sulfoconjugué. Par l'action de l'acide azotique, il se forme le dérivé nitré correspondant fusible à 58°,

$$C^6H^2Cl_{(1)}Cl_{(2)}Cl_{(4)}(AzO^2)_{(3)}.$$

Beilstein et Kurbatow [*Deutsch. chem. Gesellsch.*, 1877, p. 270] ont préparé ce même corps en traitant le *dichlorophénol*, $C^6H^3(OH)_{(1)}Cl_{(2)}Cl_{(4)}$, (fusible à 42-43°) par le perchlorure de phosphore ou bien encore en remplaçant le groupe amidé par du chlore dans la *paramétadichloraniline*, $C^6H^3(AzH^2)_{(1)}Cl_{(2)}Cl_{(4)}$ (fusible à 71°,5), ou dans la *paraorthodichloraniline* ordinaire, $C^6H^3(AzH^2)_{(1)}Cl_{(3)}Cl_{(4)}$, fusible à 63°.

La *benzine trichlorée symétrique,*

$$C^6H^3Cl_{(1)}Cl_{(3)}Cl_{(5)},$$

a été obtenue par Körner, et par Beilstein et Kurbatow; on la prépare en traitant l'aniline trichlorée ordinaire (fusible à 77°,5) par de l'éther azoteux. Elle fond à 63° et bout à 208°,5, se dissout difficilement dans l'alcool, facilement dans l'éther, la benzine, le sulfure de carbone. Par l'action de l'acide azotique, il se forme le composé

$$C^6H^2(AzO^2)_{(1)}Cl_{(2)}Cl_{(4)}Cl_{(6)},$$

fusible à 68°.

Benzine trichlorée $C^6H^3Cl_{(1)}Cl_{(2)}Cl_{(3)}$. Beilstein et Kurbatow [*Deutsch. chem. Gesellsch.*, 1877, p. 270; *Liebig's Ann. Chem.*, t. CXCII, p. 234; *Bull. Soc. chim.*, t. XXVIII, p. 392] préparent ce corps en faisant agir 2 molécules de chlore sur 1 molécule de métachloracétanilide. Il se forme les dérivés acétylés de deux anilines trichlorées isomères qui se laissent séparer par la différence de leur solubilité dans l'acide acétique à 50 %. L'acétanilide trichlorée, facilement soluble, donne, traitée par la soude, l'aniline trichlorée dans laquelle les atomes de chlore sont voisins,

$$C^6H^3(AzH^2)_{(1)}Cl_{(2)}Cl_{(3)}Cl_{(4)},$$

fusible à 67°,5; celle-ci par l'action de l'éther azoteux se transforme en benzine trichlorée fusible à 53-54° et bouillant à 218-219°, cristallisant en grandes tables, assez difficilement solubles dans l'alcool, très facilement par contre dans la benzine et le sulfure de carbone.

L'acétanilide trichlorée, difficilement soluble, traitée de la même manière, donne l'aniline trichlorée ordinaire, fusible à 95°, qui se forme aussi en partant de la benzine trichlorée de Jungfleisch.

Cette benzine trichlorée a aussi été obtenue avec l'aniline dichlorée $C^6H^3(AzH^2)_{(1)}Cl_{(2)}Cl_{(3)}$ en remplaçant le groupe AzH^2 par du chlore.

BENZINES TÉTRACHLORÉES. — Les trois modifications théoriquement possibles sont connues.

Benzine tétrachlorée symétrique,

$$C^6H^2Cl_{(1)}Cl_{(2)}Cl_{(4)}Cl_{(5)}.$$

— Elle a été obtenue par Jungfleisch d'après le procédé décrit [t. I, p. 530]. Beilstein et Kurbatow [*loc. cit.*] préparent ce corps à l'aide de la benzine trichlorée non symétrique, en transformant cette dernière successivement en benzine nitrotrichlorée, en aniline trichlorée (fusible à 95-96°), et en remplaçant le groupe amidé par le chlore. Ces chimistes trouvent que le point de fusion est 137-138°, le point d'ébullition 243-246°, tandis que Jungfleisch avait indiqué 139° et 240°; la densité à + 10° est égale à 1,7344.

Benzine tétrachlorée non symétrique,

$$C^6H^2Cl_{(1)}Cl_{(3)}Cl_{(4)}Cl_{(5)}.$$

— Jungfleisch (*Thèse citée*) décompose la solution alcoolique des chlorures de benzine monochlorée par un excès de potasse; la solution alcoolique est précipitée par l'eau; la portion insoluble dans l'eau est séchée et fractionnée, et ce qui passe vers 245-250° est cristallisé dans l'alcool tiède; les cristaux, après une ou deux cristallisations, forment de belles aiguilles, longues et nacrées, fusibles à 35° et bouillant vers 253°. Ce corps est facilement soluble dans l'alcool bouillant, moins dans l'alcool froid; l'éther, la benzine, le chloroforme et le sulfure de carbone le dissolvent.

Beilstein et Kurbatow [*loc. cit.*] préparent ce composé à l'aide de l'aniline trichlorée ordinaire, dans laquelle ils remplacent le groupe AzH^2 par Cl. Ils donnent comme point de fusion de cette tétrachlorobenzine 50-51°, et comme point d'ébullition 246°.

Benzine tétrachlorée, $C^6H^2Cl_{(1)}Cl_{(2)}Cl_{(3)}Cl_{(4)}$. — Dans l'aniline trichlorée fusible à 67°,5 et ayant les atomes de chlore voisins,

$$C^6H^2(AzH^2)_{(1)}Cl_{(2)}Cl_{(3)}Cl_{(4)},$$

on remplace le groupe amidogène par du chlore. A cet effet, l'aniline trichlorée est transformée en dérivé diazoïque, et le sel double de platine de ce dernier est calciné avec du carbonate de sodium. Il se forme toujours, dans cette opération, une certaine quantité de benzine pentachlorée dont on ne peut entièrement débarrasser la benzine tétrachlorée par la distillation, mais bien par des cristallisations répétées dans l'alcool, en rejetant les premiers cristaux. Les aiguilles, ainsi obtenues, fondent à 45-46° et le liquide entre en ébullition à 254°; elles se dissolvent facilement dans la benzine, plus facilement dans le pétrole et le sulfure de carbone (Beilstein et Kurbatow.)

Le même corps s'obtient, mais en petite quantité, par l'action du chlore sur le chlorure du trichlorotoluène bouillant [Beilstein et Kuhlberger, *Zeitschr. Chem.*, 1869, p. 529].

En faisant bouillir cette benzine tétrachlorée avec de l'acide azotique concentré, on obtient la nitrotétrachlorobenzine ainsi qu'une petite quantité de chloranile.

BENZINE PENTACHLORÉE, C^6HCl^5. — Jungfleisch prépare ce corps comme les précédents, en faisant agir le chlore sur les dérivés chlorés de la benzine en présence de l'iode. Les produits bouillant vers 260° sont fractionnés, et le mélange de benzine pentachlorée et perchlorée est traité par l'alcool bouillant, qui dissout le premier de ces corps et laisse le second insoluble; cependant les solutions ne doivent pas être saturées. La benzine pentachlorée forme des aiguilles fines, nacrées, fusibles à 74°, bouillant à 272°. Sa densité à 10° est de 1,8422. Elle est insoluble dans l'eau et presque insoluble dans l'alcool froid. L'alcool bouillant la dissout assez facilement; elle est très soluble dans l'éther, la benzine, le sulfure de carbone, le chloroforme. La benzine pentachlorée se forme aussi par l'action du chlore sur le chlorure de benzyle tétrachloré [Beilstein et Kurbatow, *Zeitschr. Chem.*, 1869, p. 529].

Jungfleisch [*Thèse citée*, p. 135] crut obtenir un isomère de ce corps par décomposition des chlorures de benzine monochlorée au moyen de la potasse. La fraction distillant vers 270° forme une masse solide et cristalline qui serait composée d'un mélange de deux benzines pentachlorées; l'une, identique avec la précédente, fusible à 74° et soluble dans l'alcool chaud; l'autre, isomérique, fusible à une température beaucoup plus élevée, et presque insoluble dans l'alcool chaud. Pour les séparer, Jungfleisch versa le mélange fondu dans de l'alcool bouillant : celui-ci dissout la première et laisse sous forme pulvérulente la seconde; cette dernière est ensuite recristallisée dans un mélange d'alcool et de benzine. La benzine pentachlorée isomérique formerait des cristaux très fins et soyeux, presque insolubles dans l'alcool et dans l'éther froids, solubles dans la benzine et le chloroforme, fusibles à 175°.

Otto [*Ann. Chem. Pharm.*, t. CXLI, p. 93; t. CLIV, p. 182], en traitant la sulfobenzide sèche, exposée au soleil, par un courant de chlore, prétend également avoir obtenu deux benzines pentachlorées isomériques, dont les propriétés correspondraient à celles indiquées par Jungfleisch pour ces corps. Le produit résultant de l'action du chlore sur la sulfobenzide est dissous dans l'alcool et décomposé par la potasse. L'eau précipite les deux benzines pentachlorées qui sont séparées par plusieurs cristallisations dans l'alcool. L'existence de deux benzines pentachlorées serait en contradiction avec la théorie de Kekulé sur la constitution de la benzine.

Ladenburg [*Liebig's Ann. Chem.*, t. CLXXII, p. 344; *Bull. Soc. chim.*, t. XVIII, p. 433] a repris l'étude de ces corps. En essayant de les préparer d'après les procédés de Jungfleisch, par l'action du chlore humide sur la benzine monochlorée, il ne put caractériser qu'une seule benzine pentachlorée.

Le même chimiste, en analysant deux échantillons du corps qu'Otto considérait comme benzine pentachlorée isomérique, trouva que les deux étaient presque exclusivement formés de benzine perchlorée.

BENZINE PERCHLORÉE, C^6Cl^6. — H. Müller [*Zeitschr. Chem.*, 1864, p. 40] a obtenu le premier ce corps par l'action du perchlorure d'antimoine sur la benzine.

Jungfleisch le prépare, soit par l'action prolongée du chlorure d'iode sur la benzine, ou bien en utilisant les résidus de chloruration, provenant de la préparation des autres dérivés chlorés. Ces résidus sont traités par du perchlorure d'antimoine, la masse est lessivée plusieurs fois à l'acide chlorhydrique, puis lavée à l'eau et séchée; le résidu est fondu et versé en mince filet dans de l'alcool bouillant, la benzine perchlorée se sépare sous forme pulvérulente; on la purifie par des cristallisations dans un mélange d'alcool et de benzine ou dans le sulfure de carbone.

Elle se forme aussi : 1° en faisant passer du chloroforme, du chlorure d'acétylène $C^2H^2Cl^4$ et d'autres dérivés chlorés de la série grasse à travers des tubes chauffés au rouge [Julin, H. Müller, Basset, *Chem. Soc. Journ.* (2), t. V, p. 443; — Berthelot et Jungfleisch, *Bull. Soc. chim.*, t. XIII, p. 16]; 2° en chauffant de la tri et de la tétrachloroquinone avec du perchlorure de phosphore [Graebe, *Ann. Chem. Pharm.*, t. CXLVI, p. 1]; 3° par l'action du perchlorure d'antimoine sur les toluènes et les xylènes chlorés [Beilstein et Kurbatow, *loc. cit.*].

La benzine hexachlorée forme des aiguilles brillantes, longues et fines; sublimée, elle se présente sous forme d'aiguilles minces groupées en feuilles de fougère. Elle fond, d'après H. Müller, à 220°; d'après Jungfleisch, à 226°; elle bout à 326°; sa densité à l'état liquide à 236° est de 1,569; à 306°, de 1,462.

Ruoff [*Deutsch. chem. Gesellsch.*, 1876, p. 1048, p. 1483; *Bull. Soc. chim.*, t. XXVII, p. 268, et t. XXVIII, p. 117], ayant soumis différents composés aromatiques, comme les phénols (phénol, crésol, thymol, etc.), le diphénylméthane, l'anthracène, le phénanthrène, la naphtaline, etc., à une chloruration prolongée, a obtenu principalement de la benzine perchlorée, ainsi que des produits secondaires et de l'acide chlorhydrique. Le procédé consiste à soumettre ces substances à froid, soit directement, soit en solution, avec addition d'une certaine quantité d'iode, à un courant de chlore; la même opération est répétée au bain d'huile à 200°; enfin on chauffe avec un excès de chlorure d'iode en tube scellé graduellement de 100 à 350°. Il faut ouvrir de temps en temps le tube, transformer l'iode régénéré en chlorure d'iode, et continuer à chauffer jusqu'à ce qu'il n'y ait plus de pression dans le tube. Le produit final est traité avec de la soude, soumis à des lavages et enfin purifié par cristallisation. Smith [*Deutsch. chem. Gesellsch.*, 1879, p. 2128], en soumettant l'isodinaphtyle à une chloruration prolongée, a également obtenu de la benzine perchlorée.

2° *Benzines bromées.*

BENZINE MONOBROMÉE, C^6H^5Br. — Krafft [*Deutsch. chem. Gesellsch.*, 1875, p. 1044] prépare ce corps en faisant agir l'acide bromique sur la benzine. On verse la benzine (25 à 30 grammes) sur de l'acide sulfurique, dilué de deux fois son poids d'eau, et l'on ajoute 50 grammes de bromate de potassium pulvérisé. On a soin que la température du mélange ne monte pas au-dessus de 30°; au bout de quelque temps, la benzine monobromée tombe au fond; elle ne contient qu'une faible proportion de benzine dibromée, surtout si l'on a soin d'ajouter du brome au mélange. Au bout d'une ou deux heures, la réaction est terminée; le rendement est de 70 à 80 % du rendement théorique :

$$HBrO^3 + 2Br^2 + 5C^6H^6 = 5C^6H^5Br + 3H^2O.$$

En faisant usage d'un acide sulfurique plus concentré, on obtient des produits tout différents.

Adrieenz [*Deutsch. chem. Gesellsch.*, 1873, p. 443] ne put obtenir que de très faibles quantités de benzine monobromée par l'action du bromure de phosphore sur le phénol.

La benzine monobromée forme un liquide incolore bouillant à 154°,8 et 155°,5; sa densité à 0° est de 1,5177; à 11°,5, de 1,5034; à 21°, de 1,4898;

à 77°,8, de 1,4110. Indice de réfraction pour D = 1,5505 à 15° (Adrieenz).

Chauffée pendant plusieurs jours avec l'éther chloroxycarbonique et l'amalgame de sodium, elle donne du benzoate d'éthyle [Wurtz, *Compt. rend.*, t. LXVIII, p. 1298]. Traitée par de l'acide sulfurique concentré et du chloral, elle donne du diphényltrichloréthane monobromé [Zeidler, *Deutsch. chem. Gesellsch.*, 1874, p. 1180].

BENZINES DIBROMÉES. — Les trois modifications isomériques de la benzine dibromée sont connues. La paradibromobenzine est identique avec celle de Couper déjà décrite, t. I, p. 530. [V. Meyer, *Deutsch. chem. Gesellsch.*, 1870, p. 753], en faisant agir du sodium sur un mélange de benzine dibromée de Couper et d'iodure de méthyle, obtint un xylène qui, par oxydation, donna exclusivement de l'acide térephtalique [Voir encore Körner. *loc. cit.*, et v. Richter, *Deutsch. chem. Gesellsch.*, 1872, p. 459]. Cette benzine dibromée de Couper appartient donc à la série *para*. [Riese. *Deutsch. chem. Gesellsch.*, 1869, p. 61; *Bull. de la Soc. chim.*, t. XII, p. 394], en préparant une grande quantité de benzine dibromée, d'après la méthode ordinaire, obtint une petite quantité d'un corps isomère qu'il appela benzine dibromée β; celle-ci fondait à — 1° et bouillait a 214° sans décomposition. L'acide azotique fumant la convertit, d'après Riese, en β-nitrodibromobenzine cristallisant sous forme d'aiguilles jaunes, fusibles à 58°. V. Meyer et O. Stüber [*Deutsch. chem. Gesellsch.*, 1871, p. 956; 1872, p. 52] ont obtenu une benzine dibromée liquide (métadibromobenzine) en faisant agir sur l'aniline dibromée de l'alcool saturé d'acide azoteux. Le produit de la réaction est précipité par l'eau, séparé de la résine qui s'est formée et distillé avec la vapeur d'eau. Cette benzine dibromée, séchée et rectifiée, forme un liquide incolore, d'une odeur agréable, bouillant à 215° et ne se solidifiant pas à — 28°.

La benzine dibromée de V. Meyer et O. Stüber a été traitée par Wurster [*Deutsch. chem. Gesellsch.*, 1873, p. 1487; *Bull. Soc. chim.*, t. XXII, p. 129] au réfrigérant ascendant par de l'éther chloroxycarbonique et l'amalgame de sodium. Du produit de cette réaction on a pu isoler les acides métabromobenzoïque et isophtalique, ce qui démontre que la benzine dibromée de Meyer et Stüber appartient à la série *méta*.

Griess [*Jahresber. Chem.*, 1867, p. 609; *Bull. Soc. chim.*, t. IX, p. 61] avait obtenu également une benzine dibromée liquide, en remplaçant le groupe AzO^2 par du brome dans la benzine bromonitrée, fusible à 56° : ce dernier corps lui-même avait été préparé à l'aide de la benzine dinitrée en remplaçant de même le groupe AzO^2 par du brome. La benzine dinitrée ordinaire appartient à la série *méta*, et comme Wurster et Grubemann [*Deutsch. chem. Gesellsch.*, 1874, p. 412; *Bull. Soc. chim.*, t. XXII, p. 376] ont montré que la benzine dibromée liquide de Meyer et Stüber peut également être préparée avec la benzine dinitrée, elle doit donc être identique avec le corps obtenu par Griess. Quant à la benzine dibromée de Riese, il a été établi également qu'elle est identique avec l'orthodibromobenzine, mais qu'elle contenait encore de la benzine paradibromée [V. Meyer, *Deutsch. chem. Gesellsch.*, 1874, p. 1560; — Körner, *Gazz. chim. ital.*, 1874, p. 305].

Körner a étudié avec grand soin les dérivés dibromés de la benzine. Comme point de départ de la préparation de ces corps, il fit usage des trois nitranilines dont la constitution est bien connue. Les azotates des nitranilines furent transformés en perbromures de diazonitrobenzines et ceux-ci décomposés par l'alcool; les nitrobromobenzines ainsi obtenues furent purifiées par distillation avec la vapeur d'eau et cristallisation dans l'alcool.

L'orthonitrobromobenzine, fond à		43°,1;
La métanitrobromobenzine	—	56,4;
La paranitrobromobenzine	—	125.

Ces corps sont réduits au moyen de zinc et d'acide chlorhydrique, et la base, mise en liberté avec la potasse, est distillée avec de la vapeur d'eau. La métabromaniline pure cristallise lorsqu'on refroidit avec de la glace. Les trois bases sont transformées en azotates et mises en suspension dans de l'eau acidulée avec de l'acide azotique; on fait passer un courant d'acide azoteux dans la liqueur. Lorsque tout est dissous, on ajoute la quantité calculée de brome, dissous dans du bromure de potassium. Après douze heures, le précipité cristallin est rassemblé, lavé et séché. La décomposition du perbromure du dérivé diazoïque appartenant à la série *para* peut se faire avec de l'alcool, tandis que les diazoperbromures de la série *ortho* et *méta* doivent être décomposés avec du carbonate de sodium, à cause de la formation de produits secondaires par l'emploi de l'alcool. Les perbromures sont pulvérisés très finement, et cette poudre est versée aussi vite que possible dans une cornue tubulée à moitié remplie de carbonate de sodium en poudre et munie d'un réfrigérant. La réaction est très vive, plus de la moitié du produit distille; vers la fin, il faut chauffer. Le produit distillé est lavé avec la potasse pour enlever le brome libre et un peu de phénol bromé; on distille avec la vapeur d'eau et on fractionne après avoir desséché sur de l'anhydride phosphorique.

Orthodibromobenzine, $C^6H^4Br_{(1)}Br_{(2)}$. — Ses modes de formation et sa préparation ont été indiqués plus haut; elle bout à 223°,80 sous une pression de 751^{mm}; elle se solidifie à — 6° et fond à — 1°; son poids spécifique est de 2,003 à 0°; de 1,977 à 17°,6 et de 1,858 à 99°. A l'état pur, elle possède une odeur toute différente de celle de ses deux isomères.

Par l'action de l'acide azotique monohydraté, on obtient principalement la nitroorthodibromobenzine fusible à 56°,6, $C^6H^3Br_{(1)}Br_{(2)}(AzO^2)_{(4)}$.

La *métadibromobenzine*, $C^6H^4Br_{(1)}Br_{(3)}$, a été obtenue, comme nous l'avons dit, d'abord par Griess, en partant de la bromonitrobenzine fusible à 56°; par Meyer et Stüber, au moyen de l'aniline dibromée préparée à l'aide de l'acétanilide; enfin, par Wurster et Grubenmann (*loc. cit.*), également avec la benzine bromonitrée, fusible à 56°. Mais au lieu de préparer cette dernière en partant de la benzine dinitrée, opération très pénible, ils traitèrent la bromonitroamidobenzine de Wurster [*Deutsch. chem. Gesellsch.*, 1873, p. 1542], fusible à 104°,5, par de l'éther azoteux. Cette aniline bromonitrée a été obtenue en bromant l'acétanilide, en traitant le dérivé bromé par un mélange d'acide sulfurique et d'acide azotique, enfin en décomposant l'acétanilide bromonitrée par la soude. La bromonitrobenzine purifiée par distillation avec la vapeur d'eau et des cristallisations dans l'alcool est réduite par l'étain et l'acide chlorhydrique; l'aniline bromée bouillant à 241°,5 est traitée par de l'acide nitreux. Le dérivé diazoïque, avec l'eau de brome, donne un perbromure huileux qui est décomposé à chaud par l'alcool absolu. D'après Von Richter [*Deutsch. chem. Gesellsch.*, 1875, p. 1425; *Bull. Soc. chim.*, t. XXVI, p. 372], il faut avoir soin d'ajouter l'eau de brome à l'azotate du diazobromobenzol, à la température ordinaire; car si l'on opérait à 0° on obtiendrait un produit de substitution du perbromure et, par sa décomposition, de la benzine tribromée.

La nitrométadibromobenzine symétrique, fusible à 104°,5, donne également par réduction et ensuite élimination du groupe AzH^2 un corps ayant les propriétés de la métadibromobenzine.

La métadibromobenzine forme, d'après Körner, une huile incolore, d'une odeur particulière, qui ne se solidifie pas à —27° et bout à 219°,4 sous la pression de 754mm,8. Sa densité est de 1,955 à 18°,6.

L'acide azotique, d'une densité de 1,54, l'attaque énergiquement; mais avec de l'acide azotique plus dilué il faut chauffer pour que la réaction ait lieu. Il se forme principalement la mononitrométadibromobenzine fusible à 61°,6,

$$C^6H^3Br_{(1)}Br_{(3)}(AzO^2)_{(4)},$$

et comme produit secondaire son isomère fusible à 82°, $C^6H^3Br_{(1)}(AzO^2)_{(2)}Br_{(3)}$.

Paradibromobenzine, $C^6H^4Br_{(1)}Br_{(4)}$, est identique avec la benzine dibromée de Couper. Elle cristallise en prismes clinorhombiques [Friedel, *Bull. Soc. chim.*, t. XI, p. 38], fond à 89°,3, bout à 218°,6 sous une pression de 757mm,6, se sublime déjà à la température ordinaire, en cristaux brillants très réfringents; elle possède une odeur particulière, rappelant la menthe aquatique. Difficilement soluble dans l'alcool froid, elle l'est beaucoup plus facilement dans l'alcool chaud et dans l'éther, et cristallise en grands cristaux dans un mélange d'alcool et d'éther. L'acide azotique d'une densité de 1,54 dissout à froid le corps pulvérisé, plus facilement à chaud en donnant la mononitroparadibromobenzine fusible à 85°,4.

Par l'action du sodium à une douce chaleur sur la paradibromobenzine en solution éthérée, Riese obtint [*Ann. Chem. Pharm.*, t. CLXIV, p. 161], indépendamment de petites quantités de diphényle, de diphénylbenzine, un corps amorphe de couleur brune ayant la composition $C^{30}H^{19}Br$. Il se forme principalement de la diphénylbenzine lorsqu'on fait agir le sodium sur un mélange de monobromobenzine et de dibromobenzine.

Benzines tribromées. — Les trois benzines tribromées possibles d'après la théorie sont connues:

La modification (1.2.3) ne peut s'obtenir lorsqu'on essaye d'introduire un nouvel atome de brome dans l'ortho et dans la métadibromobenzine.

La benzine tribromée (1.2.4) peut être obtenue par substitution d'un nouvel atome de brome dans les trois benzines dibromées.

La benzine tribromée (1.3.5), enfin, ne se forme qu'en partant de la benzine dibromée appartenant à la série méta.

Ces faits, établis par Körner en suivant une voie indirecte, conduisent nécessairement aux formules que nous avons adoptées et que des considérations d'un autre ordre sont venus confirmer. Ce raisonnement est analogue à celui qui a été développé dans ce *Supplément*, p. 212 et suivantes. En effet, à la tribromobenzine (1.2.3) correspondent deux dérivés nitrés; la tribromobenzine (1.2.4) peut en fournir trois, tandis que le composé symétrique (1.3.5) n'en donne qu'un. Il est facile de s'en convaincre en jetant les yeux sur les formules schématiques de ces corps, et de fait on connaît trois tribromonitrobenzines, $C^6H^2Br^3(AzO^2)$, qui fournissent la tribromobenzine de Mitscherlich (1.2.4); deux dérivés nitrés qui donnent la tribromobenzine (1.2.3), et un seul dérivé nitré qui engendre la modification (1.3.5).

Benzine tribromée (1.2.3), $C^6H^3Br_{(1)}Br_{(2)}Br_{(3)}$. — Elle fut obtenue par Körner au moyen de la dibromoparanitraniline fusible à 202°,5. Le groupe AzH^2 est d'abord remplacé par du brome; on obtient ainsi la nitrotribromobenzine fusible à 111°,9 et par réduction une nouvelle *aniline tribromée*; celle-ci cristallise, ne fond pas encore à 130°. Par l'action de l'éther azoteux, elle se transforme en benzine tribromée 1.2.3 qu'on purifie par distillation avec la vapeur d'eau et cristallisation dans l'alcool. Les schémas suivants représentent la suite des réactions :

AzO^2 / Br, Br / AzH^2 — Dibromoparanitraniline.

AzO^2 / Br, Br / Br — Nitrotribromobenzine.

AzH^2 / Br, Br / Br — Tribromaniline

Br, Br / Br — Tribromobenzine.

La benzine tribromée cristallise en grandes tables rhombiques brillantes, fusibles à 87°,4 et facilement sublimables.

L'acide azotique d'une densité de 1,49 ne l'attaque pas, même à l'ébullition; l'acide à 1,54 agit après un contact assez prolongé.

Benzine tribromée (1. 2. 4), $C^6H^3Br_{(1)}Br_{(2)}Br_{(4)}$. — C'est la benzine tribromée de Mitscherlich, déjà décrite, t. I, p. 530.

Elle peut aussi être obtenue par réduction des trois nitrodibromobenzines suivantes :

Br, Br / NO^2 — Nitroorthodibromobenzine, fusible à 58°,6.

Br / Br / NO^2 — Nitrométadibromobenzine, fusible à 61°,6.

Br, NO^2 / Br. — Nitroparadibromobenzine.

Les trois anilines dibromées ainsi obtenues sont transformées en diazoperbromures, et ceux-ci décomposés par du carbonate de sodium ou de l'alcool. D'ailleurs la préparation la plus facile se fait [Griess, *Philos. Transact.*, t. CLIV, p. 669; *Jahresber. Chem.*, 1867, p. 609] avec la dibromaniline, ordinaire, $C^6H^3AzH^2_{(1)}Br_{(2)}Br_{(4)}$, correspondant à la nitrométadibromobenzine fusible à 61°,6. La tribromobenzine ofrme des aiguilles blanches qui se subliment déjà à la température ordinaire, entrant en fusion à 44°, bouillant à 275-276°; elle se dissout difficilement dans l'alcool chaud et donne avec l'acide azotique deux dérivés mononitrés dont le plus abondant fond à 93°,5.

Benzine tribromée (1.3.5), $C^6H^3Br_{(1)}Br_{(3)}Br_{(5)}$. — Ce corps a été obtenu d'abord par Stüber et étudié par Meyer et Stüber [*Deutsch. chem. Gesellsch.*, 1871, p. 961; *Ann. Chem. Pharm.*, t. CLXIV, p. 173; *Bull. Soc. chim.*, t. XVII, p. 174]. Il se forme par élimination du groupe AzH^2 de la tribromaniline ordinaire par l'acide azoteux. Cette aniline tribromée, obtenue en traitant le chlorhydrate d'aniline par du brome, est introduite par petites portions dans de l'alcool saturé d'acide azoteux. La réaction a déjà lieu à froid; en chauffant, il se dégage beaucoup d'azote et d'aldéhyde, et par le refroidissement il se dépose des aiguilles longues, brillantes. On purifie par cristallisation dans l'alcool (Stüber).

Körner obtient ce corps en partant de la métadibromaniline, $C^6H^3 \cdot AzH^2_{(1)}Br_{(3)}Br_{(5)}$, du point de fusion 56°,5, en remplaçant le groupe AzH^2 par le brome.

Von Richter [*Deutsch. chem. Gesellsch.*, 1875, p. 1426; *Bull. Soc. chim.*, t. XXVI, p. 372] la prépare avec de l'aniline métabromée, en ayant soin, ainsi que nous l'avons vu, de traiter par de l'eau de brome le diazobromobenzol refroidi à 0°; il se sépare des flocons jaunes de perbromure, qui par une addition ultérieure de brome deviennent rouges et cristallins; si l'on décompose ce produit par l'alcool, il se forme presque exclusivement de la benzine tribromée. Celle-ci s'obtient facilement par décomposition de l'aniline tribromée. Cette benzine tribromée fond à 119°,6 (Korner), à 118°,5 (Stüber), et bout au-dessus de 278°: elle cristallise dans un mélange d'alcool et d'éther en grands prismes transparents; dans l'alcool en longues aiguilles, volatiles avec la vapeur d'eau. Il n'a pas encore été possible de préparer un dérivé mononitré de cette benzine tribromée, l'acide azotique dilué ne l'attaquant pas et l'acide d'une densité de 1,54 la transformant en dinitrotribromobenzine fusible à 192° (Körner). D'après C.-L. Jackson [*Deutsch. chem. Gesellsch.*, 1875, p. 1172], l'acide azotique fumant réagit sur cette benzine tribromée en donnant une nitrotribromobenzine fusible à 125°. (Voir aussi von Richter [*loc. cit.*].)

BENZINES TÉTRABROMÉES. — Deux des trois modifications possibles sont connues.

Benzine tétrabromée, $C^6H^2Br_{(1)}Br_{(3)}Br_{(4)}Br_{(5)}$. — Wurster et Nölting [*Deutsch. chem. Gesellsch.*, 1874, p. 1564] ont préparé le corps déjà décrit par Mayer [*Ann. Chem. Pharm.*, t. CXXXVII, p. 227] et par Körner [*ibid.*, p. 218], du point de fusion 98°,5, en transformant l'aniline tribromée (obtenue par l'action de l'eau bromée sur l'aniline) en diazoperbromure et en décomposant ce dernier par l'alcool absolu; encore dans ce cas, il se forme comme produit secondaire la benzine tribromée 1.3.5, dont on sépare la benzine tétrabromée par fractionnement et recristallisation.

La même benzine tétrabromée se forme lorsqu'on traite la tétrabromaniline fusible à 117° avec de l'éther azotique (Körner, Wurster et Noelting).

Von Richter (*loc. cit.*) fait remarquer qu'en faisant bouillir le diazoperbromure de l'aniline tribromée avec l'alcool on n'obtient qu'une petite quantité de benzine tétrabromée, la benzine tribromée étant régénérée en grande partie. Par contre, on obtient un rendement presque théorique en faisant passer à chaud un courant d'acide azoteux dans un mélange de tribromaniline, d'acide acétique concentré et d'acide bromhydrique. La benzine tétrabromée cristallise par refroidissement de la solution.

Benzine tétrabromée, $C^6H^2Br_{(1)}Br_{(2)}Br_{(4)}Br_{(5)}$. — Elle a été obtenue en bromant directement la benzine, ou bien la benzine dibromée. Elle forme des aiguilles incolores, fusibles à 137-140°, peu solubles dans l'alcool froid, facilement à chaud (Voyez t. I, p. 531.) Kékulé [*Ann. Chem. Pharm.*, t. CXXXVII, p. 169], en chauffant en tubes scellés du brome et de la nitrobenzine à 250°, obtint des cristaux qui, lavés avec de la potasse et épuisés méthodiquement par l'alcool bouillant, se trouvèrent composés de benzine tribromée, pentabromée et surtout tétrabromée.

BENZINE HEXABROMÉE, C^6Br^6. — Gessner [*Deutsch. chem. Gesellsch.*, 1876, p. 1505; *Bull. Soc. chim.*, t. XXVIII, p. 121], a obtenu ce corps en bromant jusqu'à épuisement la benzine, le toluène, le phénol ou l'azobenzol.

On laisse couler, goutte à goutte et en refroidissant, du brome contenant de l'iode, dans de la benzine. Le produit de la réaction est ensuite chauffé avec un excès de brome dans un tube scellé d'abord à 80°, puis à 100°, jusqu'à ce qu'il ne se dégage plus d'acide bromhydrique; enfin on chauffe lentement à 350° et l'on maintient à la température de 350-400°, durant vingt à trente heures.

Ruoff [*Deutsch. chem. Gesellsch.*, 1877, p. 403] prépare la benzine perbromée assez facilement en faisant agir le pentabromure de phosphore PBr^5 sur le bromanile (quinone tétrabromée), $C^6Br^4O^2$. D'après Wahl (*loc. cit.*), en bromant l'hexane, il se formerait avant la benzine hexabromée le corps C^6Br^8 bien cristallisé, qui, chauffé, se décomposerait en Br^2 et C^6Br^6.

Gustavson [*Bull. Soc. chim.*, t. XXVIII, p. 152 et 347] obtient la benzine hexabromée en traitant la benzine par le brome en présence du bromure d'aluminium; il faut avoir soin de refroidir fortement:

$$C^6H^6 + 6Br^2 = C^6Br^6 + 6HBr.$$

La benzine perbromée cristallise en aiguilles blanches, qui ne fondent pas encore à 310°, mais se subliment; elle est difficilement soluble dans la ligroïne bouillante, dans l'acide acétique glacial et le chloroforme, très peu soluble dans la benzine et le toluène bouillants, plus facilement dans l'aniline et l'essence de térébenthine.

3° *Benzines iodées.*

BENZINES DIIODÉES. — Les trois benzines diiodées possibles sont connues.

L'*orthodiiodobenzine* $C^6H^4I_{(1)}I_{(2)}$ a été obtenue par Körner par réduction de l'orthonitroïodobenzine; il se forme indépendamment de beaucoup d'aniline une petite quantité d'orthoïodaniline. Ce mélange est transformé en azotate et traité successivement par l'acide azoteux et par l'acide iodhydrique; par distillation fractionnée, on sépare l'orthodiiodobenzine. Ce corps cristallise facilement en cristaux incolores, et il bout à une température plus élevée que ses deux isomères.

La *métadiiodobenzine*, $C^6H^4I_{(1)}I_{(3)}$, a été préparée avec l'aniline métaïodée par l'action de l'acide azoteux et de l'acide iodhydrique. Elle cristallise dans l'alcool absolu en grandes tables brillantes, ressemblant à la naphtaline, et par évaporation spontanée d'une solution alcoolique, contenant de l'éther, en grandes lames rhomboédriques transparentes, fusibles à 40°,4 et bouillant à 284°,7.

La *paradiiodobenzine*, $C^6H^4I_{(1)}I_{(4)}$, forme [Fittig, *Grundr. der organisch. Chem.*, 10e édit., p. 338] des lamelles fusibles à 127°, bouillant à 277°.

BENZINE FLUORÉE, C^6H^5Fl. — Schmidt et von Gehren [*Journ. prakt. Chem.* (2), t. I, p. 394] l'obtiennent en chauffant du fluobenzoate de calcium avec de la chaux:

$$(C^6H^4Fl\text{-}CO^2)^2Ca + CaO^2H^2 = 2C^6H^5Fl + 2CO^3Ca.$$

4 p. de chaux sont mélangées avec 1 p. de fluobenzoate de calcium, et la masse est distillée par portions de 10 grammes. Le produit, coloré en rouge, est distillé avec la vapeur d'eau. L'huile condensée est fractionnée; la partie passant à 175-188° étant distillée de nouveau, la benzine fluorée passe sans décomposition de

180 à 183°. Elle se condense en une masse blanche, cristallisée, grasse au toucher, et d'une forte odeur de benzine. Elle fond à 40°; très soluble dans l'éther et l'alcool, elle est insoluble dans l'eau et plus lourde que cette dernière.

4° *Benzines chlorobromées.*

Parachlorobromobenzine, $C^6H^4Cl_{(1)}Br_{(4)}$. — Ce corps a été préparé par Körner [*Gazz. chim. ital.*, t. IV, p. 342]. Il l'a obtenu : 1° en transformant l'aniline bromée octaédrique en dérivé diazoïque, et décomposant le chloroplatinate de ce dernier;

2° Au moyen de l'aniline chlorée octaédrique, qu'on transforme en diazoperbromure et par décompositionde ce dernier;

3° En faisant bouillir la benzine monochlorée avec du brome, jusqu'à ce que le mélange se solidifie par refroidissement.

La parachlorobromobenzine fond à 67°,4, bout à 196°,3, et possède des propriétés analogues à la paradibromobenzine.

5° *Benzines chloroïodées.*

Orthochloroïodobenzine, $C^6H^4Cl_{(1)}I_{(2)}$. — Elle a été obtenue par Körner (*loc. cit.*), par Beilstein et Kuhlberg [*Liebig's Ann. Chem.*, t. CLXXVI, p. 27], au moyen de l'orthochloraniline; l'azotate de celle-ci, mis en suspension dans de l'eau contenant de l'acide azotique, est traité par un courant d'acide azoteux en ayant soin de refroidir avec de la glace. La solution incolore est versée dans un excès d'acide iodhydrique. Après plusieurs lavages à la potasse, le produit est distillé avec la vapeur d'eau jusqu'à ce qu'il passe des gouttes jaunâtres d'un dérivé de diphényle qui s'est formé en même temps.

L'orthochloroïodobenzine forme une huile incolore, qui, séchée avec de l'acide phosphorique anhydre, bout au-dessus de 233° (Körner), à 229-230° (Beilstein et Kuhlberg), et possède une odeur rappelant la benzine iodée.

La *parachloroïodobenzine*, $C^6H^4Cl_{(1)}I_{(4)}$, a été préparée à l'aide de la parachloraniline octaédrique, en passant par le dérivé diazoïque.

Elle forme une huile bouillant à 227° (Körner), de grands prismes ou tables incolores, doués d'une odeur particulière, fusibles à 56-57°, bouillant à 227°,6 (Beilstein et Kuhlberg).

6° *Benzines bromoïodées.*

Les trois benzines bromoïodées ont été préparées par Körner (*loc. cit.*, p. 339) à l'aide des trois anilines bromées correspondantes, en remplaçant le groupe AzH^2 par l'iode. Les ortho et parabromoïodobenzines ont pareillement été obtenues au moyen des anilines iodées correspondantes, en les transformant en perbromures diazoïques et en décomposant ces derniers.

L'*orthobromoïodobenzine*, $C^6H^4Br_{(1)}I_{(2)}$, forme un liquide incolore, mais se colorant en rouge lorsqu'il est exposé à la lumière solaire et qui possède une odeur rappelant celle de la métaïodobenzine impure. Elle bout à 257°,4.

La *métabromoïodobenzine*, $C^6H^4Br_{(1)}I_{(3)}$, obtenue avec la métabromaniline, forme une huile incolore, qui se colore lentement à la lumière en rouge; son odeur rappelle la benzine iodée; elle bout à 252°.

La *parabromoïodobenzine*, $C^6H^4Br_{(1)}I_{(4)}$, préparée au moyen de la parabromaniline, forme des prismes ou des tables fusibles à 91°,9, bouillant à 251°,5. Par son odeur, elle rappelle la paradibromobenzine. Elle est très peu soluble dans l'alcool froid, peu dans l'alcool chaud, plus facilement dans l'éther. On l'obtient très bien cristallisée par dissolution dans un mélange de 1 vol. d'alcool et de 2 vol. d'éther. Elle ne se colore pas à la lumière diffuse, mais bien lorsqu'elle est exposée quelque temps directement au soleil.

Par l'action de l'acide azotique, même dilué dans l'acide acétique, la plus grande partie de l'iode es séparée, et il se forme de la parabromonitrobenzine. Les deux autres bromoïodobenzines, par contre, donnent, avec de l'acide azotique à 1,54 et privé d'autres composés oxygénés de l'azote, des dérivés nitrés correspondants que nous étudierons plus loin.

7° *Dérivés nitrés de la benzine.*

Nitrobenzine, $C^6H^5AzO^2$. — Nous n'avons qu'à signaler ici quelques réactions de ce corps, décrit t. I, p. 531.

On a pu réduire la nitrobenzine en la chauffant avec du sulfure de carbone à 160° [Schlagdenhauffen, *Journ. Pharm.* (3), t. XXXIV, p. 175].

Chauffée avec de l'acide chlorhydrique à 245°, elle donne de l'aniline dichlorée; avec de l'acide bromhydrique à 185°, on obtient de l'aniline mono et dibromée [Baumhauer, *Zeitschr. Chem.*, 1869, p. 198; 1870, p. 18].

Avec de l'acide iodhydrique à 104°, on obtient de l'aniline [Mills, *Chem. Soc. Journ.* (2), t. II, p. 153].

Ce dernier corps se forme aussi lorsqu'on fait réagir sur la nitrobenzine de l'acide arsénieux et de la soude (Woehler), ou encore la poudre de zinc et l'eau.

Chauffée avec du chlorure stanneux et de l'acide chlorhydrique, elle est transformée d'une manière complète en aniline, et le sel double d'étain peut servir au dosage de la nitrobenzine [Limpricht, *Deutsch. chem. Gesellsch.*, 1878, p. 40].

La nitrobenzine oxydée à l'aide d'un mélange d'acide sulfurique et de bioxyde de manganèse donne de l'acide nitrobenzoïque, fusible à 234° [Hassenpflug, *Deutsch. chem. Gesellsch.*, 1875, p. 1188].

Lorsqu'on la chauffe avec de l'hydrate de sodium ou de potassium, il se forme, indépendamment de l'ammoniaque et de l'aniline, de l'azobenzol [Merz et Coray, *Deutsch. chem. Gesellsch.*, 1871, p. 981].

Fondue peu de temps avec de la potasse, elle donnerait du cyanure, d'après Post et Huebner [*Ibid.*, 1872, p. 408].

Les auteurs ne sont pas d'accord sur les produits de l'action du sulfite d'ammonium sur la nitrobenzine. D'après Hilkenkamp [*Ann. Chem. Pharm.*, t. XCV, p. 36], si l'on dissout 7 molécules de nitrobenzine dans de l'alcool absolu, et qu'on ajoute 3 molécules de sulfite d'ammonium et ayant soin de maintenir la réaction toujours alcaline par addition de carbonate d'ammonium, on obtient un corps cristallisé de la formule

$$C^6H^5 \cdot AzH\text{-}SO^3AzH^4.$$

Carius [*Zeitschr. Chem.*, 1861, p. 326], en faisant bouillir en solution alcoolique du sulfite d'ammonium neutre avec de la nitrobenzine, obtint un corps de la composition $C^6H^5Az(SO^3AzH^4)^2$, qui est décomposé par l'eau en acide sulfurique et en aniline.

Roorda Smith [*Deutsch. chem. Gesellsch.*, 1875, p. 1442], en contrôlant ces expériences, n'obtint qu'une petite quantité du premier de ces corps.

Mélangée avec du chlorure de chromyle et de l'acide acétique, la nitrobenzine est attaquée lentement, et l'on obtient de l'acide nitrotrichlorobenzoïque [Carstanjen, *Journ. prakt. Chem.* (2), t. II, p. 83]. D'après Étard, en faisant réagir les mêmes corps, mais sans addition d'acide acétique, il se forme de la nitroquinone [*Compt. rend.*, t. LXXXIV, p. 391].

D'après Letheby, la nitrobenzine serait transformée dans l'organisme en aniline.

BENZINES DINITRÉES. — Les trois benzines dinitrées possibles,

$$C^6H^4(AzO^2)_{(1)}(AzO^2)_{(2)};\quad C^6H^4(AzO^2)_{(1)}(AzO^2)_{(3)};\quad C^6H^4(AzO^2)_{(1)}(AzO^2)_{(4)},$$

se forment simultanément par l'action de l'acide azotique sur la nitrobenzine, mais le métadérivé prédomine de beaucoup. Pour préparer la dinitrobenzine ordinaire à l'état de pureté, on verse petit à petit la nitrobenzine pure et cristallisable dans un mélange de volumes égaux d'acide azotique, d'une densité de 1,54, et d'acide sulfurique fumant sans refroidir, jusqu'à ce que la nitrobenzine ne se dissolve plus. On chauffe la solution encore durant douze heures, et lorsqu'une prise de l'huile surnageante se solidifie complètement par le refroidissement, on verse dans l'eau, et on lave la masse cristalline jusqu'à élimination complète de l'acide. Le produit ainsi obtenu est dissous dans l'alcool bouillant; la cristallisation qui se forme par refroidissement brusque est lavée à l'alcool tiède jusqu'à ce que la solution filtrée ne soit plus colorée par l'ammoniaque alcoolique. Il faut répéter la cristallation dans l'alcool concentré jusqu'à ce qu'on obtienne un produit fusible à 89°,8 (Körner).

La *métadinitrobenzine* (1. 3), connue depuis longtemps et décrite t. I, p. 532, cristallise en fines lames du système rhombique [Bodewig, *Poggend. Ann.*, t. CLVIII, p. 239]; elle fond à 89°,8. Elle a été obtenue par Rudnew avec l'α-dinitraniline [*Zeitschr. Chem.*, 1871, p. 202] et par Salkowski et Rees [*Deutsch. chem. Gesellsch.*, 1874, p. 371; *Bull. Soc. chim.*, t. XXII, p. 374], par décomposition de l'aniline β-dinitrée au moyen de l'alcool saturé d'acide nitreux. 100 p. d'alcool absolu en dissolvent 5,9 parties à 24°,6; dans l'alcool chaud, elle est soluble en toute proportion. Une solution alcoolique de ce corps traitée par l'amalgame de sodium donne une substance amorphe noire de la composition $C^{30}H^{60}Az^4O^9$, possédant des propriétés acides [Michler, *Liebig's Ann. Chem.*, t. CLXXV, p. 150].

La métadinitrobenzine est réduite, avec formation de métaphénylène-diamine, par le fer et l'acide acétique ou par l'étain et l'acide chlorhydrique.

L'orthodinitrobenzine (1. 2), préparée par Körner [*Gaz. chim. ital.*, t. IV, p. 354], et par Rinne et Zincke [*Deutsch. chem. Gesellsch.*, 1874, p. 1372; *Bull. Soc. chim.*, t. XXIV, p. 33], se trouve dans les eaux mères de la préparation de la métadinitrobenzine; on distille partiellement l'alcool et on laisse refroidir; la métadinitrobenzine cristallise d'abord; en répétant plusieurs fois cette opération, on obtient finalement une cristallisation fine, feutrée. L'eau mère renferme, indépendamment de la nitrobenzine non attaquée, une certaine quantité des trois dinitrobenzines, un corps possédant les propriétés du nitrophénol et une huile non volatile avec la vapeur d'eau. La masse cristalline est dissoute dans de l'acide acétique glacial bouillant; l'orthodinitrobenzine se sépare par refroidissement; par une nouvelle cristallisation dans l'alcool, on l'obtient à l'état de pureté. Elle se dépose de l'alcool dilué en aiguilles presque incolores, de l'alcool absolu en prismes jaune pâle ou en lames transparentes. Elle fond à 117°,9, se sublime à une température plus élevée. 100 p. d'alcool à 99 % en dissolvent 33 p. à 24°,8. Elle est un peu soluble dans l'eau bouillante.

Par réduction avec l'étain et l'acide chlorhydrique, elle donne l'orthophénylène-diamine de Griess, et celle-ci par oxydation ne donne pas trace de quinone.

Par réduction avec le sulfhydrate d'ammonium, il se forme de l'orthonitraniline, fusible à 71°,5.

La *paradinitrobenzine* (1. 4) a été retirée par Rinne et Zincke [*Deutsch. chem. Gesellsch.*, 1874, p. 870; *Bull. Soc. chim.*, t. XXIII, p. 29] des eaux mères alcooliques de la benzine dinitrée ordinaire. Ces eaux mères laissent déposer après quelque temps des croûtes cristallines, que l'on soumet à des cristallisations dans l'alcool absolu; la métadinitrobenzine y est facilement soluble, tandis que la paradinitrobenzine l'est beaucoup moins. Elle cristallise en grandes aiguilles blanches, qui se groupent l'une à côté de l'autre en forme d'éventail; elle fond à 171-172°, et sublime facilement. Elle est difficilement soluble dans l'alcool froid, plus facilement à chaud; elle est soluble dans l'éther, la benzine, le chloroforme; elle est presque insoluble dans l'eau. Avec le sulfhydrate d'ammonium, elle donne la nitraniline fusible à 146°; par réduction avec l'étain et l'acide chlorhydrique, elle fournit la phénylène-diamine fusible à 140°.

BENZINE TRINITRÉE, $C^6H^3(AzO^2)^3$. — Paul Hepp [*Deutsch. chem. Gesellsch.*, 1876, p. 402; *Bull. Soc. chim.*, t. XXVI, p. 377] chauffe 2 gr. de métadinitrobenzine avec 20 gr. d'un mélange de 2 vol. d'acide sulfurique fumant et 1 vol. d'acide azotique très concentré, dans des tubes scellés, d'abord à 80°, ensuite pendant deux à trois heures à 130-140°. Le produit de la réaction est versé dans l'eau et purifié par cristallisations fractionnées dans l'alcool ou dans l'acide acétique glacial. La trinitrobenzine cristallise en lamelles blanches ou en aiguilles fusibles à 121-122°; elle est peu soluble dans l'eau et dans l'alcool froid, plus facilement dans l'éther et l'alcool chaud. Une trinitrobenzine, probablement identique avec celle-ci, a été obtenue comme produit secondaire en faisant agir de l'acide azoteux sur la β-dinitraniline. Aiguilles jaunes fusibles à 119° [H. Salkowski et Rees, *Deutsch. chem. Gesellsch.*, 1874, p. 372].

8°. *Dérivés chloronitrés de la benzine.*

NITROMONOCHLOROBENZINES. — Les trois modifications isomériques possibles sont connues:

$$C^6H^4(AzO^2)_{(1)}Cl_{(2)};\quad C^6H^4(AzO^2)_{(1)}Cl_{(3)};\quad C^6H^4(AzO^2)_{(1)}Cl_{(4)}.$$

Par l'action de l'acide azotique fumant et froid sur la benzine monochlorée, il se forme deux dérivés nitrés isomériques qu'on peut séparer facilement par des cristallisations dans l'alcool, le dérivé ortho restant en solution. Jungfleisch [*Ann. Chim. Phys.* (4), t. XV, p. 186] a ainsi préparé la para et l'orthomononitrochlorobenzine.

Paranitromonochlorobenzine (1. 4). — S'obtient en chauffant le sel de platine du paradiazonitrobenzol avec du carbonate de sodium [Griess, *Philosoph. Transact.*, t. CLIV, p. 695] ou en chauffant du paranitrophénol avec du perchlorure de phosphore [Engelhardt et Latschinoff, *Zeitschr. Chem.*, 1870, p. 224]. — Elle forme de grandes lames fusibles à 83°, bouillant à 242°. Son poids spécifique est de 1,380 à 22°. Son odeur rappelle les amandes amères. Peu soluble dans l'alcool froid, elle l'est facilement dans l'alcool chaud, l'éther, la benzine, le sulfure de carbone, l'acide azotique chaud. Une solution alcoolique de potasse caustique la décompose avec formation d'azoxybenzide chloré. Chauffée avec une solution de carbonate de sodium ou de soude caustique, il se forme du paranitrophénol; avec de l'ammoniaque, on obtient de la paranitraniline (Engelhardt et Latschinoff). L'acide sulfurique concentré la dissout en formant un dérivé sulfonique.

En réduisant cette benzine monochloronitrée au moyen de l'étain et de l'acide sulfurique, on la transforme en monochloraniline (1. 4).

Lorsqu'on la chauffe avec du cyanure de potassium et de l'alcool à 200° et qu'on saponifie le produit de la réaction, il se forme de l'acide métachlorobenzoïque, fusible à 152° [Von Richter, *Deutsch. chem. Gesellsch.*, 1871, p. 463].

Métachloromononitrobenzine (1. 3). — Ce corps a été d'abord préparé par Griess [*loc. cit.*] au moyen de la dinitrobenzine, en réduisant ce corps et en préparant le dérivé diazoïque de la métanitraniline. Le chloroplatinate est décomposé par le carbonate de sodium. Laubenheimer [*Deutsch. chem. Gesellsch.*, 1874, p. 1765; *Bull. Soc. chim.* t. XXIV, p. 205] l'obtint en faisant agir le chlore sur la nitrobenzine contenant de l'iode. Pour le purifier, il agite le produit brut avec une solution étendue de soude caustique, et distille avec de la vapeur d'eau. En refroidissant le produit de la distillation à 0°, la plus grande partie de la benzine chloronitrée se sépare. On l'obtient par cristallisation dans l'alcool en grands cristaux faiblement colorés en jaune. Beilstein et Kurbatow [*Deutsch. chem. Gesellsch.*, 1875, p. 1417; *Bull. Soc. chim.*, t. XXIV, p. 545] recommandent d'employer à la place de l'iode du chlorure d'antimoine. A 200 grammes de nitrobenzine on ajoute 20 grammes de chlorure d'antimoine; dans le mélange chauffé on fait arriver un courant de chlore jusqu'à ce que le poids ait augmenté de 62 grammes. On traite le produit successivement par de l'acide chlorhydrique, de la soude et de l'eau. La fraction qui distille jusqu'à 230° est de nouveau traitée par le chlore; la portion qui distille entre 230-245° est fortement refroidie avec addition d'un cristal de métachloronitrobenzine, et la partie solide est soumise à plusieurs cristallisations dans l'alcool.

On obtient ainsi des prismes faiblement colorés en jaune appartenant au système rhombique, possédant une forte odeur d'amandes amères. La métachloronitrobenzine se sublime déjà à une basse température en grandes aiguilles plates, brillantes et flexibles, fusibles à 44°,2 (Laubenheimer indique 46°), distillant à 233°. Elle est très soluble dans l'éther, la benzine, le chloroforme, le sulfure de carbone, l'acide acétique cristallisable et l'alcool chaud, moins dans l'alcool froid.

La métachloronitrobenzine existe, d'après Laubenheimer [*Deutsch. chem. Gesellsch.*, 1876, p. 766; *Bull. Soc. chim.*, t. XXVI, p. 291], sous forme de deux modifications physiques, l'une fusible à 44°,2, l'autre fusible à 23°,7, et qu'on obtient en chauffant la première au-dessus de son point de fusion. Pour préparer cette dernière, on ajoute à la métachloronitrobenzine un peu de nitrobenzine, et l'on fond sous l'eau à 20°. Il se forme des aiguilles fines, brillantes, groupées concentriquement, fusibles à 23°,7; mais déjà après une heure elles deviennent opaques et se changent en modification fusible à 44°,2.

Lorsqu'on chauffe la métachloronitrobenzine avec du cyanure de potassium et de l'alcool à 250° et qu'on saponifie le produit de la réaction, on obtient de l'acide orthochlorobenzoïque. (Von Richter, *loc. cit.*)

Avec de la potasse alcoolique, il se forme du métadichlorazobenzol.

L'*orthochloronitrobenzine* (1. 2) (β-monochloronitrobenzine de Jungfleisch), se forme en même temps que la parachloronitrobenzine par l'action de l'acide azotique fumant sur la benzine chlorée, et en petite quantité par l'action du perchlorure de phosphore sur l'orthonitrophénol [Engelhardt et Latschinoff, *loc. cit.*].

Comme ce corps est facilement soluble dans l'alcool froid, on le purifie en le dissolvant dans très peu d'alcool et en le précipitant par l'eau; il se solidifie dans un mélange réfrigérant; à cet effet, on le place dans de l'eau glacée et on y met un cristal déjà obtenu précédemment du même corps. Il cristallise en belles aiguilles nacrées, à peine colorées en jaune, d'une odeur agréable rappelant le mélilot. Il fond à 32°,5, bout à 243°; sa densité est de 1,368 à 22°; il se dissout facilement dans les mêmes dissolvants que ses isomères. L'acide azotique fumant le transforme en α et β-monochloronitrobenzine; un mélange d'acides sulfurique et azotique l'attaque avec violence en produisant des explosions. Réduit au moyen de l'étain et d'acide chlorhydrique, il forme l'aniline monochlorée liquide, bouillant à 207°, $C^6H^4(AzH^2)_{(1)}Cl_{(2)}$.

Engelhardt et Latschinoff [*Bull. Soc. chim.*, t. XIV, p. 272] en chauffant la β-nitrochlorobenzine de Jungfleisch, pendant trois à quatre jours à 130° avec une solution de carbonate de sodium ou de soude caustique, ont obtenu l'orthonitrophénol. Chauffée avec de la potasse alcoolique, elle donne de l'orthochloraniline (Heumann).

MONOCHLORODINITROBENZINES, $C^6H^3Cl(AzO^2)^2$. — *α-monochlorodinitrobenzine*,

$$C^6H^3Cl_{(1)}(AzO^2)_{(2)}(AzO^2)_{(4)}.$$

— Jungfleisch, en traitant par un mélange d'acide sulfurique et azotique la paramonochloronitrobenzine (α), pense avoir obtenu une chlorodinitrobenzine présentant une isomérie physique avec la chlorodinitrobenzine préparée par l'action de l'acide azotique sur l'orthochloronitrobenzine (β). Leurs points d'ébullition et de fusion sont presque identiques; de plus, d'après ce chimiste, les deux modifications peuvent se transformer l'une dans l'autre. Si l'on ajoute un cristal de la modification α à la modification β, toute la masse cristallise sous cette forme, mais en refroidissant rapidement le dérivé α fondu, il se forme une modification plus fusible que Junfleisch croit identique avec la modification β. Dans un mélange d'éther et de sulfure de carbone, la modification α se dépose seule. Jungfleisch prépare l'α-monochlordinitrobenzine en précipitant le produit, obtenu par l'action d'un mélange d'acide sulfurique et d'acide azotique sur l'α et la β-chloronitrobenzine, par de l'eau et faisant cristalliser dans de l'éther chaud ou directement en traitant à chaud la monochlorobenzine par un mélange d'acide sulfurique et d'acide azotique. Engelhardt et Latschinoff [*Zeitsch. Chem.*, 1870, p. 225] l'ont obtenue en faisant réagir du perchlorure de phosphore sur le dinitrophénol. Clemm [*Deuts. chem. Gesellsch.*, 1870, p. 126] l'a préparée par la même méthode.

L'α-monochloronitrobenzine forme des cristaux transparents, à peine colorés en jaune clair; ce sont des prismes orthorhombiques de 102°,5', fusibles à 53°, bouillant à 315°; leur densité est de 1,697 à 22°. Elle est insoluble dans l'eau, peu soluble dans l'alcool froid, mais se dissout facilement dans l'alcool chaud, l'éther, la benzine, le sulfure de carbone. L'acide azotique fumant la dissout sans décomposition. Avec l'acide sulfurique concentré, elle forme un dérivé sulfonique. La potasse alcoolique la transforme en nitrochloraniline fusible à 89°.

Chauffée avec de la paratoluidine, la monochlorodinitrobenzine fournit de la dinitrophényltoluidine; avec de l'aniline, de la dinitrodiphénylamine (Clemm); avec une solution de sulfhydrate de phényle, indépendamment de la dinitrodiphénylamine, du dinitrosulfhydrate de phényle [Willgerodt, *Deutsch. chem. Gesellsch.*, 1876, p. 977, 1178 et 1717]. Ce dernier se forme aussi lorsqu'on la chauffe avec de la sulfo-urée [*ibid.*, 1877, p. 1686]. Avec les amides en présence de la magnésie, on obtient de la dinitraniline. La diphénylsulfocarbamide donne de la dinitrophénylaniline, et la diphénylsulfo-urée dibromée donne de la dinitrophénylbromaniline. L'α-monochlordinitrobenzine forme avec la naphtaline et l'anthracène des produits d'addition [*ibid.*, 1878, p. 601]. Avec le méthylate et l'éthylate de sodium, on obtient l'éther correspondant du dinitrophénol [Maikopar, *Deutsch. chem. Gesellsch.*, 1873, p. 564; — Austen, *ibid.*, 1875, p. 666; — Willgerodt, *ibid.*, 1879, p. 762 et 768].

Avec une solution de potasse, elle est transformée en dinitrophénol; chauffée avec de l'alcool ammoniacal à 100°, elle donne la dinitraniline cristallisant en prismes, $C^6H^3(AzH^2)_{(1)}(AzO^2)_{(2)}(AzO^2)_{(4)}$ (Clemm).

Traitée avec une solution alcoolique de sulfhydrate d'ammonium ou de sulfure de potassium, elle donne du tétranitrodisulfure de phényle [Beilstein et Kurbatow, *Deutsch. chem. Gesellsch.*, 1878, p. 2056]. Réduite avec de l'étain et de l'acide chlorhydrique, l'α-monochlorodinitrobenzine se transforme en chlorophénylènediamine, fusible à 86°.

La *β-monochlorodinitrobenzine* ne s'obtient que difficilement au moyen de la benzine β-monochlornitrée en chauffant celle-ci avec de l'acide azotique fumant. On fait cristalliser dans l'éther froid: il se forme des prismes orthorhombiques de 100°,18'. Les cristaux sont faiblement colorés en jaune, ils fondent à 43°, entrent en ébullition à 315°; leur densité est de 1,6867 à 16°. Ils sont peu solubles dans l'alcool froid, plus facilement dans l'alcool chaud, dans l'éther, la benzine, le sulfure de carbone. Par réduction, elle donne une β-monochlornitraniline.

Nitrométanitrochlorobenzine,

$$C^6H^3Cl_{(1)}(AzO^2)_{(3)}(AzO^2)_{(4)}.$$

— Laubenheimer a préparé ce corps [*Deutsch. chem. Gesellsch.*, 1876, p. 760, p. 768, p. 1826; *Bull. Soc. chim.*, t. XXVI, p. 292] en faisant bouillir la métachloronitrobenzine avec un mélange de parties égales d'acide azotique fumant et d'acide sulfurique concentré, au réfrigérant ascendant. Le produit brut est versé dans l'eau et le précipité est purifié par cristallisation dans l'alcool. La chlorodinitrobenzine se présente sous quatre modifications isomériques physiques qui se laissent transformer l'une dans l'autre.

La *modification* α se forme en dissolvant le produit brut dans peu d'alcool chaud et laissant refroidir; on rassemble les cristaux qui se sont déposés après quelque temps et on renouvelle la même opération à plusieurs reprises. Les cristaux, d'abord en aiguilles, se transforment en grands prismes clinorhombiques maclés suivant h^1, lorsqu'ils sont complètement débarrassés de l'acide qui les accompagnait. On obtient aussi cette modification en laissant évaporer lentement la chlorodinitrobenzine fondue et mélangée avec la moitié de son volume d'éther et en ajoutant à la solution éthérée un cristal de la modification α. Elle fond à 36°,3.

La *modification* β s'obtient en faisant fondre la modification α, plongeant le vase dans de l'eau à 39-40°, et laissant refroidir lentement; ou encore en faisant recristalliser la modification α conservée pendant longtemps en solution alcoolique. Elle fond à 37°,1 et cristallise en longs prismes clinorhombiques.

La *modification* γ se forme lorsqu'on fait cristalliser la solution aqueuse qu'on obtient en versant dans l'eau la chlordinitrobenzine brute, après que la plus grande partie de cette dernière s'est solidifiée. Les deux modifications précédentes se transforment dans celle-ci après quatre semaines environ.

La modification γ forme des aiguilles brillantes, minces, fusibles à 38°,8, ne devenant pas opaques, même à la longue. Les cristaux ne sont pas mesurables, mais paraissent appartenir au système orthorhombique. En introduisant dans la solution éthérée ou dans la nitrométanitrochlorbenzine fondue un cristal d'une des trois modifications, on peut transformer toute la masse dans cette modification.

Modification liquide. — Lorsqu'on plonge la modification β, fusible à 37°,1, renfermée dans un tube capillaire, dans de l'eau chauffée à 42° et qu'on laisse refroidir à la température ambiante, la métachlorodinitrobenzine reste liquide.

Par l'action de la soude sur la nitrométanitrochlorobenzine, il se forme du chloronitrophénol qui existe sous deux modifications fusibles l'une à 32°,7, l'autre à 38°,9 :

$$C^6H^3Cl(AzO^2)^2 + NaOH$$
$$= C^6H^3Cl(AzO^2)OH + NaAzO^2.$$

Un mélange de chlorodinitrobenzine (57gr) avec de l'aniline (80gr) donne après quelque jours de contact une masse cristalline; celle-ci est traitée par de l'acide chlorhydrique dilué qui dissout le chlorhydrate d'amidoazobenzol et laisse de la chloronitrodiphénylamine,

$$\begin{matrix} C^6H^3Cl(AzO^2) \\ C^6H^5 \end{matrix} > AzH.$$

L'étain et l'acide chlorhydrique réduisent la dinitrométachlorobenzine en chlorophénylènediamine fusible à 72°; avec de l'ammoniaque, elle donne la chlornitraniline fusible à 123°,5, $C^6H^3Cl_{(1)}(AzH^2)_{(2)}(AzO^2)_{(4)}$.

TRINITROCHLOROBENZINE,

$$C^6H^2Cl_{(1)}(AzO^2)_{(2)}(AzO^2)_{(4)}(AzO^2)_{(6)}.$$

— Lorsqu'on fait agir le pentachlorure de phosphore sur l'acide picrique, il se forme, d'après Pisani [*Compt. rend.*, t. XXXIX, p. 852], de la trinitrochlorobenzine; mais, d'après des recherches plus récentes de Clemm [*Deutsch. chem. Gesellsch.*, 1870, p. 126; *Bull. Soc. chim.*, t. XIV, p. 268], Pisani n'aurait eu affaire qu'à des mélanges. Clemm a fait réagir d'abord à froid, ensuite à l'ébullition, de l'acide picrique sur le double de son poids de pentachlorure de phosphore; la réaction terminée, la plus grande partie de l'oxychlorure de phosphore a été distillée, le reste a été décomposé par l'eau. La trinitrochlorobenzine a été lavée avec un peu d'éther, et purifiée par cristallisation dans l'alcool ou dans le pétrole. Elle constitue des aiguilles brillantes, presque incolores, se colorant à l'air, fusibles à 83°, et qui demeurent souvent en surfusion pendant longtemps.

Avec l'ammoniaque, elle est décomposée en trinitraniline fusible à 179-180°. Elle se combine avec l'aniline en formant la trinitrodiphénylamine.

Chauffée avec la méta ou la paranitraniline, elle se transforme en tétranitrodiphénylamine [Austen, *Deutsch. chem. Gesellsch.*, 1874, p. 1248].

Chauffée avec de l'eau, la trinitrochlorobenzine est transformée en acide picrique (Engelhardt et Latschinoff). Traitée en solution alcoolique par le sodium, elle donne du trinitrophénéthol [Austen, *Deutsch. chem. Gesellsch.*, 1875, p. 666].

La trinitrochlorobenzine se combine avec les carbures d'hydrogène à la manière de l'acide picrique.

NITRODICHLOROBENZINES, $C^6H^3(AzO^2)Cl^2$. — Les quatre modifications suivantes sont connues :

1° $C^6H^3(AzO^2)_{(1)}Cl_{(3)}Cl_{(4)}$, longues aiguilles fusibles à 43°;

2° $C^6H^3(AzO^2)_{(1)}Cl_{(2)}Cl_{(4)}$, longues aiguille fusibles à 32°,2;

3° $C^6H^3(AzO^2)_{(1)}Cl_{(3)}Cl_{(5)}$. Lamelles fusibles à 64-65°;

4° $C^6H^3(AzO^2)_{(1)}Cl_{(2)}Cl_{(3)}$. Prismes ou lamelles fusibles à 55°.

Nitroorthodichlorobenzine (1.3.4). — Ce corps se forme, d'après Beilstein et Kurbatow [*Deutsch. chem. Gesellsch.*, 1876, p. 579], lorsqu'on traite la trichloronitrobenzine, fusible à 58°, obtenue par nitration de la benzine trichlorée ordinaire non symétrique (p. de fus., 16°), avec de l'ammoniaque alcoolique à 200°; la dichloronitraniline se sépare en aiguilles rouges fusibles à 171°; par l'action de l'alcool et de l'acide azoteux, elle se transforme en mononitroorthodichlorobenzine

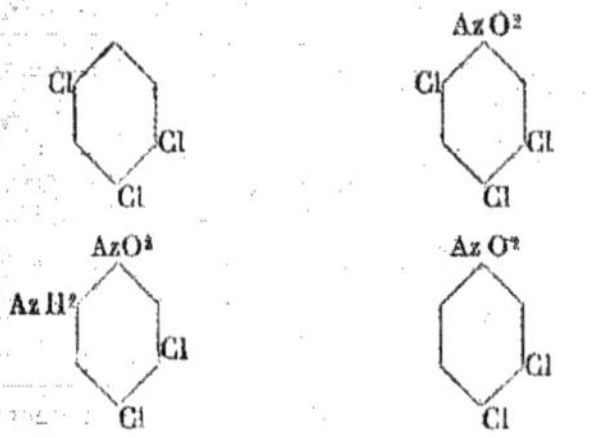

Cl, Cl, Cl — AzO^2, Cl, Cl, Cl

AzO^2, AzH^2, Cl, Cl — AzO^2, Cl, Cl

Beilstein et Kurbatow [*Deutsch. chem. Gesellsch.*, 1875, p. 1417; 1877, p. 711; *Bull. Soc. chim.* t. XXVIII, p. 110] l'ont aussi rencontrée à côté de la paradichloronitrobenzine fusible à 55°, parmi les produits qui se forment par l'action du chlore sur la nitrobenzine.

Elle se forme aussi lorsqu'on fait réagir l'acide azotique sur l'orthodichlorobenzine, en même temps qu'un isomère liquide. Longues aiguilles, fusibles à 43°.

Nitrométadichlorobenzine (1. 2. 4). — Ce corps se prépare, d'après Körner, en nitrant à une douce chaleur la métadichlorobenzine par un mélange de 10 p. d'acide azotique d'une densité de 1,54 et de 1 p. d'eau; par précipitation avec de l'eau, par lavages et cristallisations dans l'alcool, on l'obtient en aiguilles transparentes, à peine colorées en jaune verdâtre, fusibles à 32°,2. Elle est assez facilement soluble dans l'alcool froid, très facilement à chaud et en toute proportion dans l'éther.

Traitée par un mélange d'acide azotique et d'acide sulfurique, elle fournit la dinitrométadichlorobenzine; cette dernière donne avec de la potasse le dinitrométachlorphénol.

La nitrométadichlorobenzine, chauffée avec de l'ammoniaque alcoolique, forme la métachloronitraniline, $C^6H^3(AzO^2)_{(1)}(AzH^2)_{(2)}Cl_{(4)}$, qui, avec l'éther azoteux, se transforme en parachloronitrobenzine et par l'action de l'amalgame de sodium en orthophénylène-diamine.

Nitrométadichlorobenzine (1.3.5). — Körner prend comme point de départ, pour préparer ce corps, la paranitraniline. Celle-ci étant dissoute dans un grand excès d'acide chlorhydrique, il fait passer dans la solution, maintenue froide, un courant de chlore. Il se forme un précipité jaune qui, traité par l'alcool chaud, laisse de la tétrachloroquinone à l'état insoluble, tandis que la dichloroparanitraniline cristallise par refroidissement de la solution alcoolique; elle est décomposée par de l'éther azoteux, et le produit résultant est traité par la potasse et distillé avec la vapeur d'eau. Witt [*Deutsch. chem. Gesellsch.*, 1874, p. 1604; 1875, p. 144], prépare ce corps en traitant par l'éther azoteux la dichloronitraniline fusible à 188°, $C^6H^2(AzH^2)_{(1)}Cl_{(2)}(AzO^2)_{(4)}Cl_{(6)}$, et obtenue par l'action de l'eau de chlore sur l'aniline nitrée 1. 4, ou bien en nitrant l'acétanilide et saponifiant par l'acide chlorhydrique et l'eau, et chlorant ensuite par un mélange d'acide chlorhydrique et une solution concentrée de chlorate de potassium.

La nitrométadichlorobenzine cristallise dans l'alcool en lamelles minces presque incolores, transparentes et élastiques, ou en grands prismes, lorsqu'elle se dépose rapidement d'une solution saturée de pétrole. Elle fond à 65°,4 et est très soluble dans l'alcool.

Avec l'étain et l'acide chlorhydrique, elle donne la dichloraniline $C^6H^3(AzH^2)_{(1)}Cl_{(3)}Cl_{(5)}$ fusible à 50°,5 qui est transformée par l'éther azoteux en métadichlorobenzine.

Nitroparadichlorobenzine (1.2.5). — Jungfleisch, en traitant la paradichlorobenzine par l'acide azotique d'une densité de 1,49, a obtenu ce corps, en même temps qu'un autre produit de même composition, mais moins soluble dans l'alcool. La nitroparadichlorobenzine fond à 54°,5 et bout à 226°; sa densité est de 1,669 à 22°. Elle cristallise en tables ou prismes transparents faiblement colorés en jaune verdâtre; elle se dissout facilement dans l'alcool bouillant, le sulfure de carbone, la benzine, le chloroforme, plus difficilement dans l'alcool froid. Chauffée avec un mélange d'acide azotique et d'acide sulfurique fumant, elle donne l'α et la β-dinitroparadichlorobenzine. Chauffée avec de l'ammoniaque alcoolique, elle se transforme en parachlororthonitraniline. La potasse alcoolique réagit fortement sur la nitroparadichlorobenzine; d'après Laubenheimer [*Deutsch. chem. Gesellsch.*, 1874, p. 1600; *Bull. Soc. chim.*, t. XXIV, p. 200], il se forme principalement du tétrachloroxyazobenzol $(C^6H^3Cl^2)^2Az^2O$, de l'aniline dichlorée fusible à 49°,5, et du chloronitrophénol fusible à 86-87°.

Beilstein et Kurbatow [*Deutsch. chem. Gesellsch.*, 1875, p. 1417], en faisant agir le chlore sur la nitrobenzine en présence du chlorure d'antimoine, ont trouvé dans les fractions supérieures du produit chloré la dichloronitrobenzine (1. 2. 5).

DINITRODICHLOROBENZINES. *Dinitrométadichlorobenzine*, $C^6H^2Cl_{(1)}(AzO^2)_{(2)}Cl_{(3)}(AzO^2)_{(4)}$. — Körner la prépare en traitant la paranitrométadichlorobenzine, fusible à 32°,2, par de l'acide azotique très concentré ou un mélange d'acide azotique et d'acide sulfurique. Elle cristallise dans un mélange d'alcool et d'éther en grands prismes transparents, faiblement colorés en vert, fusibles à 103°. Traitée par une solution de potasse caustique, elle donne le sel de potassium du dinitrochlorophénol.

α-Dinitroparadichlorobenzine,

$$C^6H^2Cl_{(1)}(AzO^2)_{(2)}Cl_{(4)}(AzO^2)_{(6)}.$$

— Jungfleisch, en faisant bouillir la nitroparadichlorobenzine avec un mélange d'acide sulfurique et d'acide azotique, a obtenu deux dinitroparadichlorobenzines isomères. Elles ont été décrites de nouveau par Engelhardt et Latschinoff [*Zeitsch. Chem.*, 1870, p. 225; *Bull. Soc. chim.* t. XIV, p. 272]. La modification α est la moins soluble dans l'alcool; elle forme des lamelles nacrées, faiblement colorées en vert jaunâtre, fusibles à 104°,9 (Körner). Engelhardt et Latschinoff et Jungfleisch indiquent 87°.

Elle est presque insoluble dans l'alcool froid, plus soluble dans l'alcool chaud, très soluble dans l'éther, le sulfure de carbone. Par l'ébullition avec de la soude, elle fournit le sel de sodium du dinitrochlorphénol, $C^6H^2Cl(AzO^2)^2ONa + 3H^2O$.

Le dinitrochlorphénol correspondant fond à 80°; il est identique avec celui de Dubois [*Jahresb. Chem.*, 1867, p. 613] et de Faust et Saame [*Jahresb. Chem.*, 1869, p. 433].

β.-*Dinitroparadichlorobenzine*,

$$C^6H^2Cl_{(1)}(AzO^2)_{(2)}(AzO^2)_{(3 \text{ ou } 5)}Cl_{(4)}.$$

— Se trouve dans les eaux mères alcooliques du corps précédent; on refroidit fortement cette solution et, après avoir séparé les cristaux qui se déposent, on évapore l'alcool. Il se forme des aiguilles ou des prismes plats presque incolores qui fondent à 101° (107° Jungfleisch). Chauffée avec du carbonate de sodium, elle donne un sel de sodium très soluble d'un dinitrochlorophénol; ce dernier se dépose de l'eau en aiguilles groupées en faisceaux, fusibles à 70° (Körner).

Lorsqu'on la chauffe avec de l'ammoniaque alcoolique, on obtient de la nitraniline dichlorée fusible à 66°,4 qui avec le nitrite d'éthyle donne la nitroparadichlorobenzine.

NITROTRICHLOROBENZINES. — 1° *Nitrotrichlorobenzine*

$$C^6H^2Cl_{(1)}Cl_{(2)}Cl_{(4)}(AzO^2)_{(5)}.$$

— Préparée d'abord par Lesimple [t. I, p. 535]. Jungfleisch, en traitant la benzine trichlorée par de l'acide azotique fumant et chaud, l'obtint à l'état de pureté. Cristallisée dans le sulfure de carbone, elle forme des prismes colorés en jaune clair; dans l'alcool, elle se dépose en aiguilles fusibles à 57° (58° d'après Beilstein et Kurbatow), bouillant à 288°. La densité de ce corps est de 1,79 à 22°; il est peu soluble à froid dans l'alcool, mais s'y dissout facilement à chaud, de même que dans le sulfure de carbone, l'éther, le pétrole à froid. Réduit par l'étain et l'acide chlorhydrique, elle fournit de l'aniline trichlorée,

$$C^6H^2Cl_{(1)}Cl_{(2)}Cl_{(4)}(AzH^2)_{(5)},$$

fusible à 95°. D'après Engelhardt et Latschinoff [*Bull. Soc. chim.*, t. XIV, p. 272), elle se décompose déjà par l'ébullition avec de l'eau. Elle se combine avec la toluidine en formant des aiguilles rouge cerise, difficilement solubles dans l'alcool froid. Avec l'acide sulfurique, elle donne un dérivé sulfonique.

La trichloronitrobenzine correspond à la trichlorobenzine ordinaire (1. 2. 4).

2° *Nitrotrichlorobenzine*,

$$C^6H^2Cl_{(1)}Cl_{(3)}(AzO^2)_{(4)}Cl_{(5)}.$$

Beilstein et Kurbatow [*Deutsch. chem. Gesellsch.*, 1877, p. 270; *Liebig's Ann. Chem.*, t. CXCII, p. 228; *Bull. Soc. chim.*, t. XXVIII, p. 392] l'ont obtenue en nitrant la benzine trichlorée symétrique (1. 3. 5), fusible à 68°.5.

Cette nitrotrichlorobenzine forme de longues aiguilles peu solubles dans l'alcool froid, très solubles à chaud, et très solubles aussi dans l'essence de pétrole et le sulfure de carbone.

3° *Nitrotrichlorobenzine*,

$$C^6H^2Cl_{(1)}Cl_{(2)}Cl_{(3)}(AzO^2)_{(4)}.$$

— Obtenue par Beilstein et Kurbatow (*loc. cit.*) par nitration de la trichlorobenzine (1. 2. 3), fusible à 53-54°.

Cette nitrochlorobenzine se présente sous forme d'aiguilles brillantes, fusibles à 55-56°. Elle se dissout facilement dans la benzine, l'éther et le sulfure de carbone, assez difficilement dans l'acide acétique à 50 %, difficilement dans l'alcool. Par réduction, elle donne l'aniline trichlorée, fusible à 67°,5.

DINITROTRICHLOROBENZINE, $C^6HCl^3(AzO^2)^2$. — D'après Jungfleisch (*loc. cit.*), si l'on traite par un mélange d'acide sulfurique fumant et d'acide azotique la trichloronitrobenzine non symétrique, ou bien la benzine trichlorée par le même mélange bouillant, il se forme la dinitrotrichlorobenzine, qui cristallise dans l'alcool. Elle se présente à l'état de prismes ou d'aiguilles de couleur jaune clair, fusibles à 103°,5, bouillant à 335°; sa densité est de 1,850 à 25°. L'alcool ne la dissout pas à froid, mais facilement à chaud, ainsi que la benzine, le sulfure de carbone et l'éther. Elle est décomposée par la potasse alcoolique. Par réduction, au moyen d'étain et d'acide chlorhydrique, elle est transformée en nitrochloraniline.

NITROTÉTRACHLOROBENZINES. — Jungfleisch a préparé à l'état de pureté la nitrotétrachlorobenzine $C^6H(AzO^2)_{(1)}Cl_{(2)}Cl_{(3)}Cl_{(5)}Cl_{(6)}$ en faisant agir sur la tétrachlorobenzine symétrique fusible à 137-138°, $C^6H^2Cl_{(2)}Cl_{(3)}Cl_{(5)}Cl_{(6)}$, un mélange d'acide sulfurique et d'acide azotique. Elle se dépose de l'alcool bouillant en aiguilles, du sulfure de carbone en cristaux incolores appartenant au système triclinique. Elle possède une odeur particulière nullement désagréable; elle fond à 99°, bout à 304° en se décomposant; sa densité est de 1,744 à 25°. Peu soluble dans l'alcool froid, elle s'y dissout facilement à chaud, ainsi que dans la benzine, le sulfure de carbone, le chloroforme.

Nitrotétrachlorobenzine

$$C^6HCl_{(1)}Cl_{(2)}Cl_{(3)}Cl_{(4)}(AzO^2)_{(5)},$$

correspondant à la tétrachlorobenzine (1. 2. 3. 4). D'après Beilstein et Kurbatow [*loc. cit.*], il se forme par nitration de cette benzine tétrachlorée une nitrotétrachlorobenzine fusible à 64°,5, qui, par réduction, donne de l'aniline tétrachlorée fusible à 118°.

Nitrotétrachlorobenzine correspondant à la tétrachlorobenzine $C^6H^2Cl_{(1)}Cl_{(3)}Cl_{(4)}Cl_{(5)}$. — Beilstein et Kurbatow [*Deutsch. chem. Gesellsch.*, 1876, p. 570; 1877, p. 270; *Bull. Soc. chim.*, t. XXVII, p. 29, et t. XXVIII, p. 293] l'ont obtenue en dissolvant la tétrachlorobenzine fusible à 50-51° dans l'acide azotique à 1,54. Elle forme des aiguilles incolores fusibles à 21-22°, très solubles dans la benzine, le sulfure de carbone et l'alcool chaud.

PENTACHLORONITROBENZINE, $C^6Cl^5AzO^2$. — Se forme, d'après Jungfleisch, en traitant à l'ébullition la benzine pentachlorée par l'acide azotique fumant. Se dépose de l'alcool en aiguilles brillantes, de la benzine en tables; elle fond à 146°, bout en se décomposant à 328°; sa densité à 25° est de 1,718. Elle est insoluble dans l'alcool froid, soluble dans l'alcool bouillant additionné de benzine, dans le sulfure de carbone et le chloroforme. Par réduction, elle se transforme en aniline pentachlorée.

9°. *Benzines bromonitrées.*

Les trois nitrobromobenzines $C^6H^4(AzO^2)Br$ possibles sont connues.

$C^6H^4(AzO^2)_{(1)}Br_{(2)}$	$C^6H^4(AzO^2)_{(1)}Br_{(3)}$
P. de fusion, 41°,5.	P. de fusion, 56°.
P. d'ébullition, 261°.	P. d'ébullition, 256°,5.

$C^6H^4(AzO^2)_{(1)}Br_{(4)}$
P. de fusion, 126°.
P. d'ébullition, 255-256°.

Griess a préparé la modification *méta* avec le bromoplatinate de diazonitrobenzol β, et Couper la modification *para* par l'action de l'acide azotique sur la benzine monobromée [t. I, p. 535].

Orthonitrobromobenzine (1. 2). — Hübner et Alsberg [*Zeitsch. Chem.*, 1869, p. 552; *Ann. Chem. Pharm.*, t. CLVI, p. 308; *Bull. Soc. chim.*, t. XIII, p. 245], l'ont préparée en faisant agir l'acide azotique fumant sur la benzine bromée;

elle se forme en même temps que son isomère, fusible à 126°. Elle cristallise des eaux mères de ce dernier en aiguilles très longues, faiblement colorées en jaune, fusibles à 36-39° d'après Hübner et Alsberg; à 41°,5 d'après Fittig et Mager [*Deutsch. chem. Gesellsch.*, 1874, p. 1175; *Bull. Soc. chim.*, t. XXIII, p. 472], bouillant à 261°. D'après Walker et Zincke [*Deutsch. chem. Gesellsch.*, 1872, p. 114], les rendements sont meilleurs si l'on opère la nitration à 90° et en employant de l'acide azotique d'une densité de 1,5. Walker et Zincke ont transformé ce corps, par l'action de l'ammoniaque, en nitraniline correspondante, fusible à 146°, et celle-ci, traitée par l'étain et l'acide chlorhydrique, se change en orthophénylène-diamine, fusible à 99° [Zincke et Sintenis, *Deutsch. chem. Gesellsch.*, 1873, p. 123].

L'orthonitrobromobenzine, chauffée avec de la potasse, donne de l'orthonitrophénol.

Métanitrobromobenzine (1.3). — Griess (voir plus haut) et Fittig et Mager [*Deutsch. chem. Gesellsch.*, 1875, p. 364] l'ont obtenue en décomposant par l'alcool le perbromure de diazométanitrobenzol. On la prépare plus facilement par nitration de la parabromoacétanilide et ensuite par élimination du groupe amidogène de la nitrobromoaniline [Wurster et Grubenmann, *Deutsch. chem. Gesellsch.*, 1874, p. 417].

Elle forme des lamelles jaune clair, fusibles à 56°, bouillant à 256°,5. Peu soluble dans l'eau, elle se dissout facilement dans l'alcool.

Chauffée avec de la potasse alcoolique, elle donne du dibromazoxybenzol [Gabriel, *ibid.*, 1876, p. 1405].

Parabromonitrobenzine (1.4), préparée par Couper, ainsi que par Hübner et Alsberg (*loc. cit.*) et par Fittig et Mager [*Deutsch. chem. Gesellsch.*, 1874, p. 1175; *Bull. Soc. chim.*, t. XXIII, p. 472], par nitration de la benzine bromée. Il se forme en même temps de l'orthonitrobenzine. Les deux isomères se laissent séparer assez facilement grâce à leur grande différence de solubilité. Elle cristallise en longues aiguilles, presque incolores, difficilement solubles dans l'alcool à froid, fusibles à 126-127°, distillant à 255-256°. Par réduction, elle donne l'aniline bromée octaédrique, fusible à 63-64°. Chauffée avec l'ammoniaque alcoolique, elle produit de la paranitraniline [Walker et Zincke, *loc. cit.*]. Avec la potasse on obtient du paranitrophénol, et avec une solution alcoolique de cyanure de potassium et saponification du produit de la réaction on obtient de l'acide métabromobenzoïque [von Richter, *loc. cit.*]. Par l'action de l'amalgame de sodium on obtient du parabromazoxybenzol. En faisant réagir de l'acide azotique sur l'ortho ainsi que sur la parabromonitrobenzine, on obtient la dinitrobromobenzine fusible à 72° (Walker et Zincke).

En réduisant la parabromonitrobenzine, Fittig [*Deutsch. chem. Gesellsch.*, 1875, p. 15; *Bull. Soc. chim.*, t. XXIV, p. 301] a obtenu un mélange d'aniline bromée octaédrique et d'un autre corps cristallisant en prismes, volatil avec les vapeurs d'eau, fusible à 69°, et renfermant $C^6H^5BrClAz$; d'après Fittig et Büchner [*Liebig's Ann. Chem.*, t. CLXXXVIII, p. 14], ce corps est de l'aniline chlorobromée $C^6H^3ClBr.AzH^2$.

DINITROBROMOBENZINE,

$$C^6H^3Br_{(1)}(AzO^2)_{(2)}(AzO^2)_{(4)},$$

s'obtient en traitant la benzine bromée par un mélange d'acide sulfurique et d'acide azotique, de même que par l'action de ces acides sur l'ortho et la parabromonitrobenzine [Walker et Zincke, *loc. cit.*]. Elle forme de grands cristaux, fusibles à 75°,3.

La dinitrobromobenzine n'est pas attaquée par l'eau, même à 230°; chauffée à 100° avec de l'alcool et du nitrite de potassium, elle donne du dinitrophénate de potassium $C^6H^3(AzO^2)^2OK$ [Austen, *Jahresb. Chem.*, 1876, p. 383].

Chauffée avec de la potasse, elle fournit le dinitrophénol, fusible à 114°; avec l'ammoniaque alcoolique, la dinitraniline ordinaire; avec l'aniline, la dinitrodiphénylamine [Clemm., *Journ. prakt. Chem.* (2), t. I, p. 172]. Traitée par l'étain et l'acide chlorhydrique, elle donne le chlorure double d'étain et de métaphénylène-diamine [Sintenis et Zincke, *loc. cit.*].

Métaparadinitrobromobenzine,

$$C^6H^3Br_{(1)}(AzO^2)_{(3)}(AzO^2)_{(4)}.$$

— En chauffant la métanitrobromobenzine, fusible à 56°,4, avec un grand excès d'un mélange d'acide azotique et d'acide sulfurique, Korner obtint, en versant le produit de la réaction dans de l'eau, une masse huileuse, qui a été lavée avec de l'alcool, ensuite dissoute dans de l'alcool chaud. Il s'est séparé d'abord une dinitrobromobenzine cristallisant en petites tables. Les eaux mères évaporées, puis soumises à une basse température, ont fourni de grandes lamelles qui sont purifiées par cristallisation dans l'alcool et dans un mélange d'alcool et d'éther. Elles sont alors transparentes, faiblement colorées en jaune verdâtre, et fusibles à 59°,4. Dans l'alcool chaud elles cristallisent en prismes. Chauffées avec de l'alcool ammoniacal à 180°, elles se transforment en bromonitraniline $C^6H^3(AzH^2)_{(1)}(AzO^2)_{(2)}Br_{(5)}$, fusible à 151°,4.

NITRODIBROMOBENZINES. — Des six modifications isomériques de la nitrodibromobenzine, théoriquement possibles, cinq sont connues, et ont été étudiées principalement par Körner [*Gazz. chim. ital.*, 1874, p. 360] :

$C^6H^3(AzO^2)_{(1)}Br_{(2)}Br_{(4)}$ Tables. Point de fusion, 61°,6	$C^6H^3(AzO^2)_{(1)}Br_{(3)}Br_{(4)}$ Prismes ou aiguilles Point de fusion, 58°,6.
$C^6H^3(AzO^2)_{(1)}Br_{(2)}Br_{(5)}$ Tables. Point de fusion, 85°,4.	$C^6H^3(AzO^2)_{(1)}Br_{(3)}Br_{(5)}$ Lamelles fines. Point de fusion, 104°,5.
$C^6H^3(AzO^2)_{(1)}Br_{(2)}Br_{(6)}$ Prismes. Point de fusion, 82°,6.	$C^6H^3(AzO^2)_{(1)}Br_{(2)}Br_{(3)}$. (Inconnue.)

Nitroorthodibromobenzine (1. 3. 4). — On dissout l'orthodibromobenzine dans de l'acide azotique à 1,54; la solution est versée dans de l'eau, il se précipite une huile qui se solidifie lentement. La majeure partie du produit de la réaction est formée de paranitroorthodibromobenzine 1.3.4; on la purifie par des cristallisations répétées dans l'alcool et dans l'acide acétique cristallisable [Riese, *Ann. Chem. Pharm.*, t. CLXIV, p. 176; — Körner, *loc. cit.*]. Elle forme des aiguilles longues et larges d'un vert jaune pâle. La forme cristalline a été mesurée par Groth et Bodewig [*Deutsch. chem. Gesellsch.*, 1874, p. 1563]. Par évaporation spontanée, il se forme de grands prismes transparents, fusibles à 58°,6, et se laissant sublimer.

Lorsqu'on la traite par un mélange d'acide sulfurique et d'acide azotique, il se forme la dinitroorthodibromobenzine; par réduction, on obtient l'aniline dibromée, en cristaux incolores, fusibles à 80°,4; le diazoperbromure, préparé avec l'azotate de cette aniline dibromée, donne la benzine tribromée de Mitscherlich.

Si l'on chauffe la nitroorthodibromobenzine avec une solution alcoolique ammoniacale, il se forme l'orthobromoparanitraniline, fusible à 104°,5.

Nitrométadibromobenzine,

$$C^6H^3(AzO^2)_{(1)}Br_{(2)}Br_{(4)}.$$

Lorsqu'on traite la métadibromobenzine par

l'acide azotique, il se forme deux dérivés nitrés : le produit principal correspond à l'aniline dibromée ordinaire.

L'acide azotique d'une densité de 1,54 réagit avec violence sur la métadibromobenzine ; lorsque l'acide est moins concentré, il faut aider la réaction en chauffant. La solution est versée dans de l'eau, et le précipité lavé est dissous dans de l'alcool bouillant; par refroidissement, la nitrométadibromobenzine cristallise en aiguilles qui, laissées au contact de leur eau mère, se transforment après quelques heures en petits prismes jaune verdâtre. Par évaporation spontanée d'une solution d'éther alcoolisé, on l'obtient sous forme de grandes tables jaunes. Son point de fusion est situé à 61°,6 [V. Meyer et Stüber, *Ann. Chem. Pharm.*, t. CLXV, p. 175; — Körner, *loc. cit.*]. Groth et Bodewig ont étudié sa forme cristalline [*loc. cit.*].

Elle est peu soluble dans l'alcool froid, très soluble à chaud; elle se volatilise avec les vapeurs d'eau et se laisse sublimer. Un mélange d'acide azotique et d'acide sulfurique fumant la transforme en dinitrométadibromobenzine, fusible à 117°,4. Par réduction avec l'étain et l'acide chlorhydrique, elle se transforme en aniline dibromée ordinaire; lorsqu'on remplace le groupe AzH^2 par du brome, on obtient la benzine tribromée de Mitscherlich.

La nitrométadibromobenzine, chauffée avec de l'ammoniaque alcoolique, donne la métabromorthonitraniline, $C^6H^3(AzH^2)_{[1]}AzO^2{}_{[2]}Br_{[5]}$, fusible à 151°,4.

Par l'action du cyanure de potassium en solution alcoolique à 250°, il se forme de l'acide dibromobenzoïque fusible à 208-209° [von Richter, *Deutsch. chem. Gesellsch.*, 1875, p. 1418; *Bull. Soc. chim.*, t. XXVI, p. 370].

Orthonitrométadibromobenzine,

$$C^6H^3(AzO^2)_{[1]}Br_{[2]}Br_{[6]}.$$

— Se trouve dans les eaux mères de la nitrométadibromobenzine décrite ci-dessus. Elles laissent déposer une huile dans laquelle se forment, après quelque temps, de grands prismes incolores qu'on trie et qui donnent par cristallisation des lamelles ou des prismes. En refroidissant brusquement une solution saturée à chaud, il se sépare des cristaux blancs opaques d'un éclat soyeux.

L'orthonitrométadibromobenzine fond à 82°,6; elle peut être sublimée et se volatilise avec la vapeur d'eau. Chauffée avec de l'ammoniaque alcoolique au-dessus de 180°, elle se transforme en nitrométaphénylène-diamine soluble dans l'alcool.

Elle n'est attaquée que difficilement par un mélange d'acide azotique et d'acide sulfurique fumant; après avoir chauffé pendant quelques heures, il se forme de la dinitrométadibromobenzine très difficilement soluble dans l'alcool.

Nitrométadibromobenzine symétrique,

$$C^6H^3(AzO^2)_{[1]}Br_{[3]}Br_{[5]}.$$

— On décompose la dibromorthonitraniline ou la dibromoparanitraniline finement pulvérisée par de l'alcool saturé d'acide azoteux; on achève la réaction en chauffant et en faisant passer un courant d'acide azoteux dans la solution. Le produit qui se dépose par le refroidissement ou qu'on obtient par évaporation de la solution est lavé avec un peu d'alcool, distillé avec la vapeur d'eau et recristallisé dans l'alcool.

La nitrodibromobenzine, ainsi obtenue, forme de longues lamelles incolores, minces et flexibles, qui mesurent souvent jusqu'à 30 centimètres de long; leur point de fusion est 104°,5. Cristallisée dans l'éther, on l'obtient par contre sous forme de grands prismes transparents, incolores, ou de tables ayant des angles de 45 et 90° qui ne se laissent pas courber sans se fendre.

Chauffée avec de l'ammoniaque alcoolique à 220°, la nitrométadibromobenzine donne naissance à un corps cristallisant sous forme de petites aiguilles d'un brun rougeâtre.

Elle ne peut être nitrée que difficilement; par réduction, elle se transforme en métadibromoaniline, fusible à 56°,5, qui, par remplacement du groupe amidé par du brome, donne la benzine tribromée symétrique.

Nitroparadibromobenzine,

$$C^6H^3(AzO^2)_{[1]}Br_{[2]}Br_{[5]}.$$

— Se forme par nitration de la paradibromobenzine [Kekulé, *Ann. Chem. Pharm.*, t. CXXXVII, p. 168].

Elle cristallise d'un mélange d'alcool et d'éther en grandes lames minces, transparentes, d'une couleur vert jaunâtre, fusibles à 85°,4 et qui sont isomorphes avec le dérivé chloré correspondant. Par l'action de l'acide azotique et de l'acide sulfurique fumant, il se forme deux dinitroparadibromobenzines, et par réduction l'aniline dibromée de Meyer et Stüber; lorsqu'on remplace dans celle-ci le groupe AzH^2 par du brome, on obtient la benzine tribromée de Mitscherlich.

Chauffée avec de l'ammoniaque alcoolique, elle se transforme en parabromorthonitraniline,

$$C^6H^3(AzO^2)_{[1]}(AzH^2)_{[2]}Br_{[5]},$$

fusible à 111°,4 [Meyer et Wurster, *Deutsch. chem. Gesellsch.*, 1872, p. 872; *Bull. Soc. chim.*, t. XVIII, p. 355; — Körner, *loc. cit.*].

Chauffée avec une solution alcoolique de cyanure de potassium à 120-140°, elle donne d'après Richter (*loc. cit.*) de l'acide dibromobenzoïque fusible à 152°.

DINITRODIBROMOBENZINES, $C^6H^2Br^2(AzO^2)^2$. — Des différentes dinitrobromobenzines correspondant aux benzines dibromées isomériques on n'a étudié avec soin que les dinitrométa et paradibromobenzines.

La *dinitrométadibromobenzine* se forme, d'après Körner, en dissolvant la nitrométadibromobenzine, fusible à 61°,6, dans un grand excès d'un mélange d'acide azotique et d'acide sulfurique fumant, et en chauffant pendant plusieurs heures au bain-marie. Le produit dans la réaction est versé dans l'eau et le précipité cristallisé dans l'alcool. On obtient de cette façon de longues aiguilles aplaties jaune verdâtre, qui cristallisent dans l'éther en grandes tables transparentes, fusibles à 117°,4 et volatiles avec la vapeur d'eau. Elle est très peu soluble dans l'alcool froid, peu soluble dans l'éther. Chauffée avec de la potasse, elle se transforme en dinitrométabromophénol fusible à 91°,5.

Elle se dissout lentement dans l'ammoniaque et de la solution se séparent de longues aiguilles fusibles à 178°,4, qui n'ont pas été étudiées.

Dinitroparadibromobenzine. — Austen [*Deutsch. chem. Gesellsch.*, 1875, p. 1182; 1876, p. 621, 918; *Sill. Am. Journ.* (3), t. XII, p. 121; *Bull. Soc. chim.*, t. XXV, p. 310, et t. XXVI, p. 555] a nitré une grande quantité de paradibromobenzine et séparé trois isomères de dinitroparadibromobenzine. La benzine dibromée cristallisée et pure a été ajoutée par portions de 250 gr. à un mélange de parties égales d'acide azotique fumant (800 gr.) et d'acide sulfurique concentré; le mélange a été chauffé au bain-marie durant trois heures. Le produit de la réaction ayant été versé dans une grande quantité d'eau, il s'est séparé une huile qui, après avoir été lavée, a été dissoute dans de l'acide acétique glacial : par le repos, il s'est séparé de la *dinitroparadibromobenzine* α, encore mélangée d'un peu de la modification β et de traces de son isomère γ; par des cristallisations répétées dans le sulfure de carbone et dans l'acide acétique glacial, on obtient la modification α complètement pure.

La *dinitroparadibromobenzine* β s'obtient par précipitation avec de l'eau des eaux mères acétiques, d'où s'est séparée la modification α : il se sépare une huile qui est desséchée au bain-marie et dissoute dans du sulfure de carbone ; par le repos de cette solution, il se précipite d'abord une certaine quantité de l'isomère α ; si l'on distille le sulfure de carbone par petites quantités à la fois, il se sépare la modification β, encore impure, mais qui se laisse purifier par cristallisation dans le sulfure de carbone et dans l'acide acétique glacial.

Lorsque, dans la préparation du corps précédent, la solution dans le sulfure de carbone ne donne plus de cristaux par distillation, mais qu'il se dépose une huile, on sèche cette dernière au bain-marie et on la refroidit à — 5° ; l'huile se solidifie. On épuise le produit ainsi obtenu par l'éther ; la solution éthérée est évaporée, le résidu est refroidi de nouveau et épuisé par l'éther. On obtient ainsi d'un côté des cristaux solubles dans l'éther, composés de la modification β, et une huile qui ne se solidifie pas à — 10°, formée de l'isomère γ.

L'*α-dinitroparadibromobenzine*,

$$C^6H^2Br_{(1)}(AzO^2)_{(2)}(AzO^2)_{(3)}Br_{(4)}.$$

— Cristallise dans l'acide acétique glacial en aiguilles blanches, brillantes, ou en petits prismes ; dans le sulfure de carbone en petits cristaux blancs et durs. Elle est insoluble dans l'eau, mais se dissout facilement dans l'alcool absolu chaud. Elle se volatilise un peu avec les vapeurs d'eau et elle fond à 159°. Chauffée avec de l'ammoniaque alcoolique à 100°, elle se convertit en α-nitroparadibromaniline $C^6H^2Br^2(AzH^2)(AzO^2)$ fusible à 75° et cristallisant dans l'alcool en aiguilles jaune orangé ou rouges.

Traitée par du nitrite d'amyle, cette dernière se transforme en mononitroparadibromobenzine ordinaire.

β-*Dinitroparadibromobenzine*. — Cristallise dans le sulfure de carbone en aiguilles épaisses, pointues à leur extrémité, blanches, solubles dans l'acide acétique glacial, l'éther acétique et l'alcool ; fusibles à 99-100° ; elle est un peu volatile. Mise en contact avec la peau, elle produit une assez forte vésication.

Chauffée avec de l'alcool ammoniacal à 100°, elle donne la β-dinitroparabromaniline, cristallisant en lamelles rouge orangé, fusibles à 160°, qui n'est pas attaquée par le nitrite d'amyle à l'ébullition. Elle se combine avec l'aniline, avec formation d'un corps cristallisant en aiguilles orangées, fusibles à 120°, dont la composition correspond à la formule $C^6H^2(AzO^2)^2(AzHC^6H^5)Br$.

γ-*Dinitroparadibromobenzine*. — Elle forme une huile rouge. Traitée par l'alcool ammoniacal, elle se transforme en dinitraniline bromée, cristallisant en lamelles rouge orangé, fusibles à 165° ; le nitrite d'amyle n'a pas d'action sur ce corps.

NITROTRIBROMOBENZINES. — Des six modifications isomériques de la mononitrotribromobenzine, Körner [*Gazz. chim. ital.*, t. IV, p. 412] en a étudié cinq ; les trois premières correspondent à la tribromobenzine (1. 2. 4).

Nitrotribromobenzine

$$C^6H^2(AzO^2)_{(1)}Br_{(2)}Br_{(4)}Br_{(5)}.$$

La benzine tribromée (1. 2. 4) fusible à 44° se dissout facilement dans l'acide azotique de 1,54 en donnant le dérivé nitré correspondant. Celui-ci cristallise en longues aiguilles de couleur jaune verdâtre, fusibles à 93°,5. Mayer [*Ann. Chem. Pharm.*, t. CXXXVII. p. 226], qui a déjà décrit ce corps, indique le point de fusion 97°. Par évaporation lente d'une solution formée d'un mélange d'alcool et d'éther, on l'obtient à l'état de grands cristaux transparents d'un jaune de soufre. Elle se laisse sublimer et se volatilise avec la vapeur d'eau ; elle se dissout difficilement dans l'alcool froid, plus facilement dans l'alcool chaud, dans l'éther et dans l'acide acétique cristallisable. Chauffée avec de l'alcool ammoniacal, elle donne la bromonitroparaphénylène-diamine, $C^6H^2(AzO^2)_{(1)}(AzH^2)_{(2)}Br_{(4)}(AzH^2)_{(5)}$; en éliminant de celle-ci le groupe AzH^2, on obtient la paranitrobromobenzine, fusible à 125°,5.

Nitrotribromobenzine

$$C^6H^2(AzO^2)_{(1)}Br_{(2)}Br_{(3)}Br_{(5)}.$$

La dibromorthonitraniline,

$$C^6H^2(AzO^2)_{(1)}(AzH^2)_{(2)}Br_{(3)}Br_{(5)},$$

est dissoute dans de l'acide azotique de 1,38, et traitée par un courant rapide d'acide azoteux, jusqu'à ce que la solution ne soit plus troublée par addition d'eau. Le liquide est traité par une solution de brome et de bromure de potassium dans l'acide bromhydrique. Le précipité jaune de perbromure diazoïque est séché et décomposé par une ébullition avec de l'alcool. Le résidu cristallin, obtenu par la concentration de la solution alcoolique, est distillé avec les vapeurs d'eau ; pour achever la purification, on le fait cristalliser successivement dans l'alcool et dans l'acide acétique cristallisable.

Cette nitrotribromobenzine cristallise en aiguilles minces, brillantes et très longues, fusibles à 119°,5. Chauffée avec de l'alcool ammoniacal à 140°, elle engendre la dibromorthonitraniline qui à son tour a été transformée en nitrodibromobenzine, fusible à 104°,5.

Nitrotribromobenzine,

$$C^6H^2(AzO^2)_{(1)}Br_{(2)}Br_{(3)}Br_{(6)}.$$

Ce corps se trouve en petite quantité dans les eaux mères de la nitrotribromobenzine fusible à 93°,5. (Voir ci-dessus.) Il forme une croûte cristalline qu'on peut séparer mécaniquement des aiguilles bien définies de son isomère. On le purifie par plusieurs cristallisations dans l'alcool et finalement dans un mélange d'alcool et d'éther ; il cristallise alors, par évaporation lente, en tables ou en prismes rhombiques presque incolores, complètement transparents ; il est encore moins soluble dans l'alcool que la nitrotribromobenzine fusible à 93°,5. Il ne fond pas encore à 187°, mais se sublime à cette température en prismes ou tables brillants et transparents.

Nitrotribromobenzine

$$C^6H^2(AzO^2)_{(1)}Br_{(3)}Br_{(4)}Br_{(5)};$$

elle dérive de la dibromoparanitraniline,

$$C^6H^2(AzO^2)_{(1)}Br_{(3)}(AzH^2)_{(4)}Br_{(5)},$$

fusible à 202°,5, de la même façon que son isomère de la dibromorthonitraniline. Pour la purifier, on la distille plusieurs fois de suite avec de la vapeur d'eau, et on la recristallise dans l'alcool. Elle forme alors de grands cristaux transparents, presque incolores, fusibles à 112° et se laissant sublimer. Elle est très peu soluble dans l'alcool froid, plus soluble dans l'alcool chaud, peu dans l'éther.

Par réduction, elle donne l'aniline tribromée qui se sublime à 130° ; chauffée durant dix heures à 120° avec de l'alcool ammoniacal, elle se transforme de nouveau en dibromoparanitraniline, fusible à 202°,5, dont elle a été dérivée.

Un mélange d'acide sulfurique et d'acide azotique fumant la transforme à chaud en un corps qui cristallise dans l'éther en grandes tables rectangulaires, à peine colorées en jaune verdâtre, fusibles à 162°,4, et qui se décompose par la potasse en formant un sel de potassium de couleur rouge cinabre peu soluble.

La même mononitrotribromobenzine se forme avec la tribromorthonitraniline,

$$C^6H(AzO^2)_{(1)}(AzH^2)_{(2)}Br_{(3)}Br_{(4)}Br_{(5)},$$

obtenue par l'action du brome sur la métabromorthonitraniline, $C^6H^3(AzO^2)_{(1)}(AzH^2)_{(2)}Br_{(4)}$.

Par l'action de l'éther azoteux, la tribromorthonitraniline se transforme en nitrotribromobenzine $C^6H^2(AzO^2)_{(1)}Br_{(3)}Br_{(4)}Br_{(5)}$.

Nitrotribromobenzine

$$C^6H^2(AzO^2)_{(1)}Br_{(2)}Br_{(4)}Br_{(6)}.$$

— Ce corps a été préparé par Körner avec la tribromométanitraniline,

$$C^6H(AzO^2)_{(1)}Br_{(2)}Br_{(4)}(AzH^2)_{(5)}Br_{(6)}.$$

Celle-ci étant dissoute dans de l'alcool saturé d'acide azoteux, on chauffe doucement, car la réaction est très vive au commencemnet. Par évaporation de l'alcool, la nitrotribromobenzine cristallise sous forme d'aiguilles, qui ne peuvent être obtenues à l'état incolore que par distillation dans le vide. Elle distille avec décomposition partielle à 177° sous 11^mm de pression, et fond à 125°,1.

Elle est insoluble dans l'eau, difficilement soluble dans l'alcool même bouillant, mais se dissout facilement dans le chloroforme d'où elle cristallise en grands prismes presque incolores, avec léger reflet verdâtre. L'éther et l'acide acétique la dissolvent assez facilement. C.-L. Jackson [*Deutsch. chem. Gesellsch.*, 1875, p. 1172; *Bull. Soc. chim.*, t. XXV, p. 309] a obtenu ce corps en faisant agir l'acide azotique fumant à l'ébullition sur la tribromobenzine fusible à 118°,5; d'après lui, le point de fusion serait 124°,5.

Von Richter [*Deutsch. chem. Gesellsch.*, 1875, p. 1425; *Bull. Soc. chim.*, t. XXV, p. 372] a préparé cette nitrotribromobenzine par l'action de l'acide azotique de 1,52 sur la tribromobenzine symétrique dissoute dans l'acide acétique glacial. Il a également trouvé que son point de fusion était 125°. (Voyez aussi Wurster et Beran, *Deutsch. chem. Gesellsch.*, 1879, p. 1821.)

Par réduction, cette nitrotribromobenzine donne de l'aniline tribromée ordinaire, fusible à 118°; la réduction ne se fait que difficilement, et il faut employer de l'étain et de l'acide chlorhydrique. L'aniline tribromée, traitée par l'éther azoteux, donne la benzine tribromée, fusible à 119°,6. Chauffée avec de l'alcool ammoniacal, elle se transforme en bromnitrométaphénylène-diamine, $C^6H^2(AzO^2)_{(1)}(AzH^2)_{(2)}Br_{(4)}(AzH^2)_{(6)}$, qui, par l'acide azoteux, donne la parabromonitrobenzine.

DINITROTRIBROMOBENZINES. — *α-Dinitrotribromobenzine*,

$$C^6H(AzO^2)_{(1)}Br_{(2)}(AzO^2)_{(3\ ou\ 6)}Br_{(4)}Br_{(5)}.$$

— Körner la prépare en traitant la nitrotribromobenzine, $C^6H^2(AzO^2)_{(1)}Br_{(2)}Br_{(4)}Br_{(5)}$, fusible à 93°,5, par un grand excès d'acide sulfurique et d'acide azotique fumant.

Par cristallisation dans l'alcool, elle forme des lamelles faiblement colorées en jaune verdâtre, fusibles à 135°,5. Elle est très peu soluble dans l'alcool; elle cristallise dans l'éther en prismes brillants et transparents. Elle n'est pas attaquée par la potasse caustique, mais par l'alcool ammoniacal elle est transformée en dinitrobromophénylène-diamine.

β-Dinitrotribromobenzine. — Se forme par l'action d'un mélange d'acide sulfurique et d'acide azotique sur la nitroorthotribromobenzine,

$$C^6H^2(AzO)^2_{(1)}Br_{(3)}Br_{(4)}Br_{(5)}.$$

Elle se dépose de l'éther en grandes tables rectangulaires à peine colorées en jaune verdâtre, fusibles à 162°,4.

La *γ-dinitrotribromobenzine* a été obtenue par Körner qui la prépare en chauffant la benzine tribromée symétrique, $C^6H^3Br_{(1)}Br_{(3)}Br_{(5)}$, avec de l'acide azotique à 1,54 au bain-marie jusqu'à dissolution complète. Pour la purifier, on fait cristalliser le dépôt, obtenu par précipitation avec l'eau, d'abord dans l'acide acétique cristallisable, ensuite dans une grande quantité d'alcool bouillant. Par refroidissement lent d'une solution étendue, elle se dépose en prismes transparents et brillants, fusibles à 192°. D'après C.-L. Jackson [*Deutsch. chem. Gesellsch.*, 1875, p. 1173; *Bull. Soc. chim.*, t. XXV, p. 309], son point de fusion est situé à 187° et elle cristallise en aiguilles blanches, brillantes.

Elle n'est pas attaquée par la potasse, mais avec l'alcool ammoniacal elle donne des dérivés amidés difficilement solubles.

TRINITROBROMOBENZINES — Körner a préparé une *trinitrotribromobenzine* en chauffant la mono et la dinitrotribromobenzine fusibles à 125°,1 et 192° avec un mélange d'acide sulfurique et d'acide azotique fumant. Wurster et Beran [*Deutsch. chem. Gesellsch.*, 1879, 1822] n'ont pu constater l'exactitude de ces données; en chauffant, pendant quarante-huit à soixante heures dans des tubes scellés, la dinitrotribromobenzine avec un mélange de 2 p. d'acide sulfurique fumant et 1 p. d'acide azotique concentré, ils ont obtenu un produit solide qui, purifié par cristallisation dans l'alcool, fond vers 220°; mais l'analyse n'a pas donné les nombres exigés pour la trinitrotribromobenzine.

NITROTÉTRABROMOBENZINES. — *Mononitrotétrabromobenzines.* — A. Mayer [*Ann. Chem. Pharm.*, t. CXXXVII, p. 228], en nitrant la tétrabromobenzine, $C^6H^2Br_{(1)}Br_{(2)}Br_{(4)}Br_{(6)}$, a obtenu un produit nitré, fusible à 88°, difficilement soluble dans l'alcool froid, assez soluble à chaud, très soluble dans l'éther et pouvant se sublimer.

Wurster et Nölting [*Deutsch. chem. Gesellsch.*, 1874, p. 1564; *Bull. Soc. chim.*, t. XXIV, p. 212] indiquent avoir obtenu deux produits nitrés de la benzine tétrabromée.

Von Richter [*Deutsch. chem. Gesellsch.*, 1875, p. 1427; *Bull. Soc. chim.*, t. XXVI, p. 372] décrit avec plus de détails la mononitrotétrabromobenzine. Il l'a obtenue par l'action d'acide azotique à 1,50 sur la tétrabromobenzine. Elle se dépose de l'alcool absolu ou de la benzine en prismes fusibles à 96°. D'après lui, il existe deux modifications de ce corps. Lorsqu'on refroidit brusquement la mononitrotétrabromobenzine fondue, elle fond déjà vers 60°, mais après une heure elle se transforme de nouveau dans la première modification. Dissoute dans une petite quantité d'alcool absolu bouillant, la solution concentrée se prend par refroidissement en aiguilles fines, fusibles au-dessus de 60°, mais qui, avec le temps ou plus vite lorsqu'elles sont exposées au soleil, se transforment en prismes fusibles à 96°.

DINITROTÉTRABROMOBENZINE. — Elle se forme par l'action de l'acide azotique de 1,54 sur la benzine tétrabromée de Mayer. Elle se précipite de l'alcool bouillant sous forme d'une poudre cristalline; elle se dépose de la benzine en grands prismes fusibles à 227-228°.

10° *Benzines iodonitrées.*

MONOÏODONITROBENZINE. — Nous connaissons les trois iodonitrobenzines isomériques

$C^6H^4(AzO^2)_{(1)}I_{(2)}$. P. de fusion, 49°,4.

$C^6H^4(AzO^2)_{(1)}I_{(3)}$. P. de fusion, 36°.

$C^6H^4(AzO^2)_{(1)}I_{(4)}$. P. de fusion, 171°.

En faisant couler de la benzine iodée, en petites quantités à la fois, dans de l'acide azotique de 1,53, on observe une réaction violente; la benzine iodée se dissout et le produit se solidifie après peu de temps. On obtient de cette façon de l'ortho et de la paranitroïodobenzine; le mélange est d'abord lavé à l'eau et ensuite cristallisé dans l'alcool chaud (Körner).

Orthonitroïodobenzine (1.2). — Se trouve dans les eaux mères d'où s'est déposée la paranitroïodobenzine; elle est purifiée par des cristallisations dans l'alcool. Elle forme de longues et larges aiguilles, possédant une odeur faiblement aromatique, fusibles à 49°,4 et se sublimant sans décomposition à une douce chaleur.

Ce composé est très soluble dans l'alcool chaud, encore plus soluble dans l'éther. Par réduction, il fournit principalement de l'aniline et une petite quantité d'orthoïodaniline.

Métanitroïodobenzine (1.3). — Ce corps a été obtenu en faisant bouillir avec de l'acide iodhydrique le métadiazonitrobenzol [Griess, *Chem. Soc. Journ.* (2), t. V, p. 66]. Il forme des lamelles brillantes et d'un éclat argentin, fusibles à 35-36°, et bouillant à 280°. Traité par du sulfhydrate d'ammonium il se change en métaïodaniline (Griess). En le chauffant à 200° avec du cyanure de potassium et de l'alcool et en saponifiant le produit obtenu, on obtient de l'acide orthoïodobenzoïque [V. Richter, *Deutsch. chem. Gessellsch.*, 1871, p. 553; *Bull. Soc. chim.*, t. XVI, p. 121].

Paranitroïodobenzine (1.4). — Obtenue en traitant l'azotate de paradiazonitrobenzol par l'acide iodhydrique. Pour la purifier, on la lave avec de l'alcool tiède jusqu'à ce que les eaux de lavage s'écoulent incolores; par cristallisation dans l'alcool chaud, on l'obtient à l'état de pureté. Elle forme de petites aiguilles un peu aplaties, d'un vert jaunâtre et très brillantes, fusibles à 171°,5. Par réduction, elle donne l'aniline iodée de Hofmann et celle-ci correspond à l'hydroquinone.

DIIODONITROBENZINES. — *Nitrométadiiodobenzine*, $C^6H^3I_{(1)}I_{(3)}(AzO^2)_{(4)}$. — La métaïodobenzine, préparée à l'aide de la métaïodaniline, ne se dissout que lentement à chaud dans un excès d'acide azotique d'une densité de 1,52. Le produit de la réaction, versé dans l'eau, laisse précipiter une poudre amorphe, jaune orangé; celle-ci est lavée, séchée et dissoute dans de l'alcool chaud. La solution filtrée chaude laisse déposer par refroidissement de petites lamelles jaune clair avec un faible reflet bleuâtre. Par évaporation spontanée de la solution alcoolique, on obtient des octaèdres quadratiques. Le même corps se dépose d'une solution éthérée en lames brillantes très grandes, colorées en jaune orangé clair et complètement transparentes. La nitrométadiiodobenzine fond à 168°,4 et possède un poids spécifique très élevé. Elle est peu soluble dans l'éther, encore moins dans l'alcool froid; elle se dissout mieux à chaud. Chauffée avec de l'ammoniaque alcoolique, elle se transforme en aniline nitroïodée.

Körner a également essayé de nitrer la paradiiodobenzine. Mais à froid comme à chaud, avec ou sans emploi de l'acide acétique comme dissolvant, il se forme toujours de la paranitroïodobenzine fusible à 171°,5, ainsi que de l'iode libre.

IODODINITROBENZINES.

$C^6H^3(AzO^2)_{(1)}(AzO^2)_{(3)}I_{(4)}$	$C^6H^3(AzO^2)_{(1)}I_{(2)}(AzO^2)_{(3)}$
Prismes jaunes ou tables. P. de fusion, 88°,5.	Tables rhombiques oranges. P. de fusion, 113°,7.

Orthoparadinitroïodobenzine,

$$C^6H^3(AzO^2)_{(1)}(AzO^2)_{(3)}I_{(4)}.$$

Elle se forme lorsque la paranitroïodobenzine est chauffée avec un mélange d'acide azotique et d'acide sulfurique fumant.

L'orthoparadinitroïodobenzine cristallise par refroidissement de la solution alcoolique chaude en petites lamelles jaunes; par évaporation spontanée de la solution alcoolique éthérée, on l'obtient en grands prismes ou lamelles transparents ou jaunes. Elle fond à 88°,5; très peu soluble dans l'alcool froid, elle se dissout facilement dans l'alcool chaud. Chauffée avec de la potasse alcoolique, elle donne le sel de potassium du dinitrophénol ordinaire. Avec de l'alcool ammoniacal, elle se transforme en dinitraniline ordinaire, qui, à son tour, peut être changée en nitrophénylène-diamine et en dinitrobenzine.

Cette même dinitroïodobenzine se forme en même temps qu'une substance isomère (6 à 7 %) lorsqu'on traite l'orthonitroïodobenzine par un mélange azotosulfurique (Körner).

L'*orthodinitroïodobenzine*,

$$C^6H^3(AzO^2)_{(1)}I_{(2)}(AzO^2)_{(3)},$$

se produit avec l'orthonitroïodobenzine. Elle cristallise, par refroidissement lent, de la solution alcoolique, en grandes lamelles rhombiques très brillantes et colorées en jaune orangé, fusibles à 113°,7; elle est beaucoup plus soluble dans l'alcool que l'orthoparadinitroïodobenzine; elle est aussi très soluble dans l'éther.

Chauffée avec de l'alcool ammoniacal, elle donne la dinitroaniline fusible à 137°,8; par réduction et par remplacement de l'iode par l'hydrogène, il se forme la métadiamidobenzine (Körner).

11° *Benzines chlorobromonitrées.*

Nous connaissons les corps suivants :

$$C^6H^3(AzO^2)_{(1)}Cl_{(2)}Br_{(4)},$$

aiguilles fusibles à 46°,8 ;

$$C^6H^3(AzO^2)_{(1)}Br_{(2)}Cl_{(4)},$$

aiguilles fusibles à 49°,5 ;

$$C^6H^3(AzO^2)_{(1)}Cl_{(3)}Br_{(5)},$$

aiguilles fusibles à 82°,5 ;

$$C^6H^3(AzO^2)_{(1)}Cl_{(2)}Br_{(5)},$$

fusible à 68°,6.

Ces corps ont été étudiés par Körner [*loc. cit.*].

Nitrométachlorobromobenzine,

$$C^6H^3(AzO^2)_{(1)}Cl_{(2)}Br_{(4)}.$$

— L'acétanilide, maintenue en suspension dans l'eau, est traitée avec du chlore jusqu'à ce que l'augmentation du poids corresponde à l'addition d'une molécule de chlore; dans le produit ainsi obtenu on fait passer un mélange d'air et de brome, le poids de ce dernier correspondant à 1 molécule. L'huile qui se sépare est lavée, décomposée par de la potasse et distillée avec de la vapeur d'eau. En traitant le produit par de l'acide chlorhydrique, on parvient à séparer l'aniline mono et trisubstituée. Le résidu traité par l'acide azoteux forme un mélange de benzine dichlorée, chlorobromée et dibromée; on le sèche sur de l'acide phosphorique anhydre et on le soumet à une distillation fractionnée. Le produit principal de la réaction distille à 196°; c'est la benzine chlorobromée. Celle-ci est traitée par de l'acide azotique très concentré; le produit nitré forme d'abord une huile qui se solidifie bientôt. Par cristallisation dans l'alcool, on obtient de longues aiguilles, faiblement colorées en vert jaunâtre, fusibles à 46°,8.

Traitée par de l'alcool ammoniacal à 160°, elle

fournit une aniline substituée, cristallisant en grands cristaux qui ressemblent beaucoup à ceux de la nitrométachloraniline, mais d'une couleur plus foncée et un peu moins solubles dans l'alcool. Ils fondent à 137°. Körner admet qu'ils se composent d'un mélange de molécules égales de nitrométachloraniline et de nitrométabromaniline, mais sans qu'on puisse les scinder en leurs composants. Le dérivé nitré qui a servi à leur préparation se composait probablement d'un mélange de molécules égales

de [noyau benzénique : AzO², Cl, Br] et de [noyau benzénique : AzO², Br, Cl]

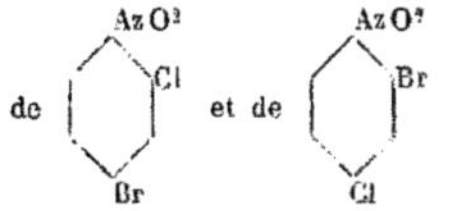

En effet, lorsque le dérivé amidé est décomposé par l'éther azoteux, et que le produit est distillé avec la vapeur d'eau, on obtient, en faisant cristalliser le produit dans l'alcool, d'abord de la paranitrobromobenzine fusible à 125°,5 et dans les dernières eaux mères des cristaux de paranitrochlorobenzine.

Nitrométachlorobromobenzine,

$$C^6H^3(AzO^2)_{(1)}Br_{(2)}Cl_{(4)}.$$

— A été obtenue au moyen de la nitrométachloraniline; celle-ci est mélangée avec de l'acide azotique de 1,38 et traitée par l'acide azoteux. La solution est précipitée avec du brome dissous dans du bromure de potassium, et le perbromure lavé et séché est décomposé par l'alcool; le produit distillé avec la vapeur d'eau est cristallisé dans l'alcool. La nitrochlorobromobenzine forme des aiguilles faiblement colorées en vert jaunâtre et fusibles à 49°,5. Elle est très soluble dans l'alcool; chauffée avec de l'alcool ammoniacal à 160°, elle régénère la nitrométachloroaniline.

Nitrochlorobromobenzine symétrique,

$$C^6H^3(AzO^2)_{(1)}Br_{(3)}Cl_{(5)}.$$

— La chlorobromorthonitraniline,

$$C^6H^2(AzO^2)_{(1)}(AzH^2)Br_{(3)}Cl_{(5)},$$

se dissout avec une réaction assez vive dans l'alcool saturé d'acide azoteux. On a soin que le mélange ne s'échauffe pas trop et que l'acide azoteux soit toujours en excès. La solution qu'on obtient laisse déposer par refroidissement des aiguilles incolores; on les lave avec un peu d'alcool et l'on distille avec la vapeur d'eau. La nitrochlorobromobenzine cristallise en longues lamelles très minces, fusibles à 82°,5. Elle n'est pas attaquée par l'ammoniaque.

Nitroparachlorobromobenzine,

$$C^6H^3(AzO^2)_{(1)}Cl_{(2)}Br_{(5)}$$

— S'obtient en partant de la parachlorobromobenzine (1.4) fusible à 67°,4, qu'on traite par l'acide azotique fumant. Le précipité formé en versant la solution azotique dans de l'eau est recristallisé dans l'alcool. Ce corps fond à 68°,6.

Chauffé dix à douze heures avec de l'alcool ammoniacal à 160°, la nitroparachlorobromobenzine donne la nitroparabromaniline, fusible à 110°,4.

12° *Benzines chloroïodonitrées.*

NITROMÉTACHLOROÏODOBENZINE,

$$C^6H^3(AzO^2)_{(1)}I_{(3)}Cl_{(4)}.$$

— La nitrométachloraniline, dissoute dans de l'acide azotique à 1,38, est traitée par l'acide azoteux; la solution, filtrée et étendue d'eau, est versée dans l'acide iodhydrique en excès, et chauffée au bain-marie. Le produit de la réaction est lavé avec de la potasse et recristallisé plusieurs fois dans l'alcool. La nitrométachloroïodobenzine cristallise d'un mélange d'alcool et d'éther en grands prismes d'une couleur jaune paille, fusibles à 63°,4 et facilement entraînés par la vapeur d'eau. Elle est très soluble dans l'alcool chaud, peu soluble dans l'alcool froid [Körner, *loc. cit.*, p. 381].

Une autre *nitrométachloroïodobenzine*,

$$C^6H^3(AzO^2)_{(1)}Cl_{(3)}I_{(4)},$$

forme le produit principal de l'action de l'acide azotique très concentré sur la métachloroïodobenzine. Se présente sous forme de prismes, mais d'une couleur plus claire que le corps précédent, et d'un point de fusion un peu plus élevé.

Nitroparachloroïodobenzine,

$$C^6H^3(AzO^2)_{(1)}I_{(2)}Cl_{(6)}.$$

— S'obtient comme la nitrométachloroïodobenzine, mais en employant de la nitroparachloraniline fusible à 116°,4. Par cristallisation dans l'alcool chaud, elle forme de belles aiguilles groupées concentriquement, ressemblant beaucoup aux cristaux d'aniline tribromée; elles fondent à 63°,3 et se laissent sublimer sans décomposition. En faisant agir l'acide azotique d'une densité de 1,52 sur la parachloroïodobenzine dissoute dans l'acide acétique, on obtient un isomère de la nitroparachloroïodobenzine, dont les propriétés sont un peu différentes [Körner, *lot. cit.*].

13° *Benzines bromoïodonitrées.*

NITROORTHOBROMOÏODOBENZINE,

$$C^6H^3(AzO^2)_{(1)}Br_{(3)}I_{(4)}.$$

— S'obtient au moyen de la nitroorthobromaniline qu'on dissout dans l'acide azotique et qu'on traite par un courant d'acide azoteux; le dérivé diazoïque est décomposé par l'acide iodhydrique.

La nitroorthobromoïodobenzine est peu soluble dans l'alcool et cristallise, selon la concentration, en aiguilles presque incolores ou bien en grands prismes faiblement colorés en jaune verdâtre. Elle fond à 106°. Chauffée pendant plusieurs jours à 190° avec de l'alcool ammoniacal, elle donne de la nitroorthobromaniline.

L'orthobromoïodobenzine, traitée par l'acide azotique concentré, se dissout; par précipitation avec de l'eau et cristallisation du précipité dans l'alcool, on obtient également la nitroorthobromoiodobenzine.

Nitrométabromoïodobenzine,

$$C^6H^3(AzO^2)_{(1)}I_{(2)}Br_{(4)}.$$

— On suspend la métabromorthonitraniline, $C^6H^3(AzO^2)_{(1)}Br_{(4)}(AzH^2)_{(2)}$, dans de l'acide azotique d'une densité de 1,38, et on y dirige un courant rapide d'acide azoteux jusqu'à ce que tout soit dissous et que la solution ne précipite plus par l'eau. Après avoir dilué, on verse la solution filtrée dans un grand excès d'acide iodhydrique, et l'on chauffe au bain-marie.

Le produit de la réaction est lavé avec de la potasse, distillé avec la vapeur d'eau et cristallisé dans l'alcool. Il se forme de grands cristaux transparents, fortement colorés en jaune, fusibles à 83°,5.

La nitrobromoïodobenzine, chauffée à 180° avec de l'alcool ammoniacal, donne de l'aniline bromonitrée fusible à 151°,4.

La métabromoiodobenzine chauffée doucement avec de l'acide azotique très concentré forme deux autres nitrométabromoïodobenzines. Pour les séparer, on verse le produit de la réaction dans de l'eau et l'on fait cristalliser plusieurs fois dans l'alcool. Le produit principal se dépose de ce dissolvant en prismes couleur jaune citron ou en aiguilles, d'un mélange d'alcool et d'éther en grandes tables transparentes, et fond à 126°,8. Il se dissout plus facilement dans l'alcool et l'éther que le dérivé diiodé correspondant, mais par contre plus difficilement que le dérivé dibromé; il possède probablement la formule $C^6H^3(AzO^2)_{(1)}Br_{(3)}I_{(4)}$. Chauffé avec de l'alcool ammoniacal à 175°, il se transforme en nitrométaiodaniline.

La nitrométabromoïodobenzine qui se trouve dans les eaux mères du corps précédent est difficile à purifier et forme des aiguilles presque incolores; elle possède probablement la formule, $C^6H^3(AzO^2)_{(1)}Br_{(2)}I_{(6)}$.

Nitroparabromoïodobenzine,

$$C^6H^3(AzO^2)_{(1)}Br_{(2)}I_{(4)}.$$

— On décompose, comme pour la nitroorthobromoïodobenzine, par de l'acide iodhydrique dilué la solution du dérivé diazoïque, obtenu par l'action de l'acide azoteux sur l'orthoparabromaniline. Ce corps fond à 90°,4.

14°. *Benzine nitrosée.*

NITROSOBENZINE, C^6H^5AzO. — Ce corps n'a pu être obtenu [Baeyer. *Deutsch. chem. Gesellsch.*, 1874, p. 1638] par l'action de l'acide azoteux sur la benzine: les deux corps ne réagissent pas l'un sur l'autre.

Mais lorsqu'on ajoute une solution de AzOBr dans de la benzine à une solution benzénique de mercure-diphényle $Hg(C^6H^5)^2$, la liqueur se colore en vert, et il se dépose des cristaux de bromure de mercure-phényle C^6H^5HgBr. La solution filtrée étant distillée avec la vapeur d'eau, il passe un liquide d'un beau vert, d'une forte odeur alliacée; mais il n'a pas été possible de séparer la nitrosobenzine pure. Son existence dans cette solution est cependant presque certaine; d'abord par analogie avec la nitrosonaphtaline qui, préparée d'une façon tout identique, a pu être isolée, et ensuite par les réactions caractéristiques que présente cette solution. Traitée par l'étain et l'acide chlorhydrique, elle donne de l'aniline; chauffée avec de l'acétate d'aniline, elle fournit de l'azobenzol.

La nitrosobenzine se serait formée d'après l'équation :

$$Hg(C^6H^5)^2 + AzOBr = HgBrC^6H^5 + C^6H^5AzO.$$

Le produit AzOBr peut être remplacé par le corps $SnCl^4 + AzOCl$, obtenu en faisant passer les vapeurs d'eau régale sur le chlorure d'étain, et qui forme de grands cristaux jaunes.

15° *Dérivés azoïques.*

AZOXYBENZOL,

$$C^{12}H^{10}Az^2O = \begin{matrix} C^6H^5\text{-}Az \\ C^6H^5\text{-}Az \end{matrix} > O.$$

— Rasenack [*Deutsch. chem. Gesellsch.*, 1872, p. 364; *Bull. Soc. chim.*, t. XVII, p. 562] a modifié le procédé de préparation de ce corps indiqué par Zinin. Il ajoute lentement 2 p. de nitrobenzine à un mélange presque bouillant de 5 à 6 p. d'alcool et de 1 p. de soude caustique. La plus grande partie de l'alcool est distillée et le résidu traité par de l'acide chlorhydrique et une quantité de chlore suffisante pour détruire les produits secondaires résineux. Si l'on épuise par de la benzine, l'azoxybenzol se dissout et reste presque pur après la distillation de ce dissolvant.

L'azoxybenzol se forme encore lorsqu'on chauffe l'azobenzol en solution acétique en tubes scellés à 150-200° avec de l'acide chromique [Petriew, *Bull. Soc. chim.*, t. XX, p. 384].

Le chlorure d'étain réduit l'azoxybenzol en aniline avec formation d'une petite quantité de benzidine. Mélangé avec de la limaille de fer et soumis à la distillation, il est complètement transformé en azobenzol [H. Schmidt et Schultz, *Deutsch. chem. Gesellsch.*, 1879, p. 482; *Bull. Soc. chim.*, t. XXXII, p. 303].

L'acide bromhydrique ne réagit sur l'azoxybenzol que vers 250°; il se forme de l'aniline dibromée, fusible à 79° [Werigo, *Ann. Chem. Pharm.*, t. CLXV, p. 189; *Bull. Soc. chim.*, t. X, p. 421, t. XIX, p. 371; — Sendzink, *Bull. Soc. chim.*, t. XIV, p. 290]. L'acide iodhydrique le transforme facilement à chaud en benzidine.

Le perchlorure de phosphore réagit sur l'azoxybenzol avec formation d'oxychlorure de phosphore et d'azobenzol. Le perbromure de phosphore réagit en solution éthérée, en donnant naissance à un corps de la formule $C^{12}H^{11}Az^2Br^3$, qui forme des cristaux jaunes très instables. Ce corps est décomposé par l'alcool; lorsqu'on ajoute au liquide résultant de cette décomposition un sel d'argent, tout le brome est précipité et il reste de l'azobenzol. On considère ce composé cristallisé comme un produit d'addition d'acide bromhydrique et de brome à l'azobenzol [Werigo, *loc. cit.*].

Dechend et Wichelhaus [*Deutsch. chem. Gesellsch.*, 1876, p. 1612; *Bull. Soc. chim.*, t. XXIV, p. 291], en chauffant molécules égales d'azoxybenzol et de chlorhydrate d'aniline à 230°, ont obtenu du bleu d'azodiphényle,

$$C^{12}H^{10}Az^2O + C^6H^5AzH^2 = C^{18}H^{15}Az^3 + H^2O.$$

PRODUITS DE SUBSTITUTION DE L'AZOXYBENZOL.

Métadichlorazoxybenzol,

$$\begin{matrix} C^6H^4Cl_{(3)}Az_{(1)} \\ C^6H^4Cl_{(3)}Az_{(1)} \end{matrix} > O.$$

Pour préparer ce corps, on chauffe 5 p. de métachloronitrobenzine (fusible à 44°,2) avec 4 p. d'hydrate de potassium et 25 p. d'alcool, au bain-marie jusqu'à l'ébullition; on éloigne alors le feu, et lorsque la réaction très vive qui s'établit d'abord est terminée, on fait encore bouillir pendant une demi-heure; par refroidissement de la solution, il se sépare du métadichlorazoxybenzol, qui est purifié par plusieurs cristallisations dans l'alcool avec addition de charbon animal.

Ce corps forme des tables brillantes ou de longues aiguilles fusibles à 97° et se sublimant à 180°. Il est insoluble dans l'eau, peu soluble dans l'acide acétique froid, assez soluble dans l'éther, l'alcool bouillant et le sulfure de carbone. Par l'ébullition avec du sulfhydrate d'ammonium alcoolique, il se transforme en dichlorhydrazobenzol [Laubenheimer et Winther, *Deutsch. chem. Gesellsch.*, 1875, p. 1623; *Bull. Soc. chim.*, t. XXVI, p. 292].

Paradichlorazoxybenzol,

$$\begin{matrix} C^6H^4Cl_{(4)}\text{-}Az_{(1)} \\ C^6H^4Cl_{(4)}\text{-}Az_{(1)} \end{matrix} > O.$$

Ce composé se forme, d'après Heumann [*Deutsch. chem. Gesellsch.*, 1872, p. 910; *Bull. Soc. chim.*, t. XIX, p. 120], en mélangeant de la benzine chloronitrée (p. de fus. 83°) avec une fois et demie son volume d'une solution alcoolique de potasse et en chauffant jusqu'à ce qu'il y ait réaction : celle-ci est très violente. Lorsqu'elle s'est apaisée, on ajoute encore un peu de potasse caustique et l'on fait bouillir; par refroidissement, il se dépose de longues aiguilles brunes de paradichlorazoxybenzol.

Laubenheimer et Will [*Deutsch. chem. Gesellsch.*, 1875, p. 1620; *Bull. Soc. chim.*, t. XXVI, p. 292] ont indiqué une manière un peu différente de préparer ce corps : 6 p. de chloronitrobenzine sont mélangées avec 2 p. de potasse caustique et 25 p. d'alcool et chauffées au bain-marie Le produit brut obtenu est purifié en faisant bouillir la solution avec de l'acide acétique glacial, avec addition de quelques gouttes d'acide azotique et ensuite par une nouvelle cristallisation dans l'alcool.

Le même corps se forme lorsqu'on traite le produit de l'action du sodium sur une solution éthérée de parachloronitrobenzine par de l'iodure de méthyle ou de l'acide chlorhydrique, ou en laissant le paradichlorohydrazoxybenzol exposé à l'air [Hofmann et Geyger, *Deutsch. chem. Gesellsch.*, 1872, p. 915; *Bull. Soc. chim.*, t. XIX, p. 128].

Le paradichlorazoxybenzol forme, lorsqu'il a été purifié par cristallisation dans l'alcool, des aiguilles jaunes, brillantes, fusibles à 155-156°, insolubles dans l'eau, mais facilement solubles dans de l'alcool bouillant.

L'acide azotique fumant le transforme en nitrodichlorazoxybenzol; l'acide sulfurique fumant le dissout avec dégagement de chaleur; par refroidissement, il se sépare du dichlorazobenzol (Heumann).

Tétrachlorazoxybenzol, $(C^6H^3Cl^2)^2Az^2O$. — S'obtient en chauffant de la dichloronitrobenzine fusible à 54°,5 avec une solution de potasse alcoolique; il se précipite par le refroidissement de la solution. Le précipité est lavé d'abord avec de l'alcool froid, ensuite il est épuisé par du sulfure de carbone. Le tétrachlorazoxybenzol se dissout dans ce dissolvant qui le laisse à l'état cristallisé après distillation d'une partie du sulfure de carbone.

Purifié par cristallisation dans l'alcool, il forme de petites aiguilles d'un jaune clair, fusibles à 141°. Il se dissout dans la benzine et l'acide acétique cristallisable, dans l'acide sulfurique concentré avec une coloration rouge [Laubenheimer, *Deutsch. chem. Gesellsch.*, 1874, p. 1600; 1875, p. 1620; *Bull. Soc. chim.*, t. XXIV, p. 200].

Tétrachlorazoxybenzol symétrique,

$$(C^6H^3Cl^2)^2Az^2O.$$

— La nitrométadichlorobenzine symétrique,

$$C^6H^3Cl_{(1)}AzO^2_{(3)}Cl_{(5)}$$

(p. de fus. 65°), est attaquée avec énergie par la potasse alcoolique et il se sépare du tétrachlorazoxybenzol, fusible à 171-172° [Beilstein et Kurbatow, *Deutsch. chem. Gesellsch.*, 1878, p. 2056].

Métadibromazoxybenzol,

$$\left.\begin{array}{l} C^6H^4Br_{(3)}\text{-}Az_{(1)} \\ C^6H^4Br_{(3)}\text{-}Az_{(1)} \end{array}\right> O.$$

— Il s'obtient lorsqu'on fait bouillir pendant une demi-heure de la métabromonitrobenzine (p. de fus. 56°) avec 40 p. d'alcool et 8 p. de potasse caustique. Il forme de larges prismes d'un jaune clair, fusibles à 111°, solubles dans l'éther froid, l'acide acétique glacial et la benzine, mais presque insolubles dans l'alcool froid. Une solution alcoolique de sulfhydrate d'ammonium le transforme en métadibromohydrazobenzol correspondant [Gabriel, *Deutsch. chem. Gesellsch.*, 1876, p. 1405; *Bull. Soc. chim.*, t. XXVIII, p. 30].

Paradibromazoxybenzol,

$$\left.\begin{array}{l} C^6H^4Br_{(4)}\text{-}Az_{(1)} \\ C^6H^4Br_{(4)}\text{-}Az_{(1)} \end{array}\right> O.$$

— En traitant une solution éthérée de parabromonitrobenzine, fusible à 126° par du sodium, et en décomposant le produit obtenu par l'acide chlorhydrique, il se forme le paradibromazoxybenzol, qui cristallise dans l'alcool en petites lamelles fusibles à 172° [Hofmann et Geyger, *loc. cit.*].

D'apres Werigo (*loc. cit.*), qui lui attribue le point de fusion 175°, le même corps se forme par l'action de l'amalgame de sodium sur la parabromonitrobenzine.

Métadiiodazoxybenzol,

$$\left.\begin{array}{l} C^6H^4I_{(3)}\text{-}Az_{(1)} \\ C^6H^4I_{(3)}\text{-}Az_{(1)} \end{array}\right> O.$$

— Il se forme par l'ébullition de 10 p. d'iodonitrobenzine (p. de fus. 36°) avec 50 p. d'alcool et 8 p. de potasse caustique. Aiguilles jaunes, aplaties, peu solubles dans l'alcool froid, mais très solubles dans l'alcool bouillant et dans l'acide acétique cristallisable; elles peuvent être sublimées [Gabriel, *loc. cit.*].

Paradiiodazoxybenzol,

$$\left.\begin{array}{l} C^6H^4I_{(4)}\text{-}Az_{(1)} \\ C^6H^4I_{(4)}\text{-}Az_{(1)} \end{array}\right> O.$$

— Gabriel a obtenu ce corps (*loc. cit.*) en chauffant à l'ébullition pendant une heure 10 p. de paraïodonitrobenzine (p. de fus. 172°), 16 p. de potasse caustique et 100 p. d'alcool. Il cristallise en lamelles ou en tables colorées en jaune clair, fusibles à 199° et peu solubles dans l'alcool chaud et dans l'acide acétique, très solubles dans le sulfure de carbone et la benzine.

Paranitroazoxybenzol,

$$\left.\begin{array}{r} C^6H^4(AzO^2)_{(4)}\text{-}Az_{(1)} \\ C^6H^5Az \end{array}\right> O.$$

— Ce composé, découvert par Laurent et Gerhardt (voyez t. I, p. 533), appartient à la série para; en effet, par réduction finale, on obtient de la paraphénylène-diamine, fusible à 147° [Alexeyeff, *Bull. Acad. Saint-Pétersb.*, t. XII, p. 480; — Schmidt, *Bull. Soc. chim.*, t. XIII, p. 162; *Zeitsch. Chem.*, 1869, p. 417].

Nitroparadichlorazoxybenzol,

$$C^{12}H^7Cl^2(AzO^2)Az^2O.$$

— Il s'obtient en faisant agir l'acide azotique fumant chaud sur le paradichlorazoxybenzol (p. de fus. 156°) et en précipitant le produit de la réaction par l'eau; cristaux feutrés, formés de petites aiguilles, fusibles à 134°, insolubles dans l'eau, difficilement solubles dans de l'alcool chaud [Heumann, *loc. cit.*].

Trinitroazoxybenzol, $C^{12}H^7(AzO^2)^3Az^2O$. — Ce corps se forme en dissolvant l'azoxybenzol dans un mélange de 2 p. d'acide azotique concentré et de 1 p. d'acide sulfurique, et en versant le liquide, dès que la dissolution est complète, dans l'eau. Le précipité, lavé à l'eau et à l'éther, est purifié par cristallisation dans l'acide azotique. On obtient de fines aiguilles jaune soufre; lorsque ce corps a été chauffé lentement au delà de son point de fusion, il se solidifie par refroidissement en une masse vitreuse; par l'action de la chaleur, celle-ci se prend, dès qu'elle commence à fondre, en une masse cristalline présentant la composition $C^{12}H^7Az^5O^7$. Le trinitroazoxybenzol est peu soluble dans l'alcool et l'éther, très soluble dans la benzine [Schmidt, *Zeitschr. Chem.*, 1869, p. 421; *Bull. Soc. chim.*, t. XIII, p. 247].

Le même composé se forme aussi lorsqu'on traite à plusieurs reprises l'azoxybenzol par l'acide azotique très concentré.

La solution azotique, chauffée avec de l'acide chromique, donne, par addition d'un atome d'oxygène, le composé $C^{12}H^7(AzO^2)^3Az^2O^2$; ce dernier forme des aiguilles fusibles à 102°. Traité à son tour par l'acide chromique, il donne le composé $C^{12}H^7(AzO^2)^3Az^2O^3$: masse cristalline jaune, fusible à 52° et faisant explosion lorsqu'on la chauffe à une température plus élevée [Petriew, *Deutsch. chem. Gesellsch.*, 1873, p. 556; *Bull. Soc. chim.*, t. XX, p. 385].

Trinitroparadibromazoxybenzol,

$$C^{12}H^5(AzO^2)^3Br^2Az^2O.$$

— Il se prépare en faisant agir l'acide azotique fumant sur le paradibromoazoxybenzol. Composé cristallin, fusible à 174°, et peu soluble dans l'alcool [Werigo, *loc. cit.*].

Tétranitroazoxybenzol (?), $C^{12}H^6(AzO^2)^4Az^2O$. — Ce composé se formerait, d'après Fleischer [*Deutsch. chem. Gesellsch.*, 1876, p. 992; *Bull. Soc. chim.*, t. XXVII, p. 86], par l'action de l'acide azotique fumant sur la diphénylsulfourée; il forme de petits cristaux jaunes.

Paramidoazoxybenzol,

$$\left.\begin{matrix} C^6H^4(AzH^2)_{(4)}\text{-}Az_{(1)} \\ C^6H^5\text{-}Az \end{matrix}\right\rangle O.$$

— On obtient ce corps, mélangé d'amidoazobenzol, en faisant bouillir 1 p. de nitroazoxybenzol avec 10 p. d'alcool et en ajoutant petit à petit une solution concentrée de sulfhydrate d'ammonium. Pour séparer l'amidoazoxy de l'amidoazobenzol, on traite les chlorhydrates de ces deux bases par l'alcool dilué; le sel d'amidoazobenzol se dissout difficilement dans ce dissolvant; par contre, le chlorhydrate d'amidoazoxybenzol y est assez soluble.

Le chlorhydrate d'amidoazoxybenzol

$$C^{12}H^9(Az^2O)AzH^2.HCl$$

forme de petites lamelles argentées; ce sel, par décomposition avec l'ammoniaque, donne la base. A l'état de pureté, elle forme de grandes tables d'un jaune clair, fusibles à 138°,5, presque insolubles dans l'eau froide, peu solubles dans l'eau bouillante, très solubles dans l'alcool et dans l'éther.

L'amidoazoxybenzol forme avec les acides des sels incolores, la plupart peu solubles; le chlorure de platine donne un sel double peu soluble

$$(C^{12}H^{11}Az^3O.HCl)^2, PtCl^4.$$

L'azotate d'argent précipite, d'une solution alcoolique de la base, de longues aiguilles jaunes. L'amidoazoxybenzol, par distillation sèche, donne de l'aniline et de l'amidoazobenzol. Traité par l'étain et de l'acide chlorhydrique, il se transforme en paraphénylène-diamine, fusible à 140° [Schmidt, *Zeitschr. Chem.*, 1869, p. 417; *Bull. Soc. chim.*, t. XIII, p. 162].

Tétraméthylparadiamidoazoxybenzol,

$$\left.\begin{matrix} C^6H^4Az(CH^3)^2Az \\ C^6H^4Az(CH^3)^2Az \end{matrix}\right\rangle O.$$

— Le produit brut, obtenu en chauffant le chlorhydrate de nitrosodiméthylaniline avec plusieurs fois son poids de potasse alcoolique, est lavé à l'eau et cristallisé dans l'alcool. On obtient ainsi des aiguilles brunes, très brillantes, peu solubles dans l'eau, l'alcool et l'éther, facilement dans la benzine et l'alcool à chaud. Par réduction avec l'étain et l'acide chlorhydrique, il se forme de la diméthylparaphénylène-diamine. Ses sels sont décomposés par l'eau [Schraube, *Deutsch. chem. Gesellsch.*, 1875, p. 619; *Bull. Soc. chim.* 1875, t. XXIV, p. 410].

AZOBENZOL, $C^6H^5Az=Az\text{-}C^6H^5$. — Outre les modes de formation de ce corps, déjà indiqués t. I, p. 534, on en a découvert un assez grand nombre d'autres que nous allons résumer. L'azobenzol se forme :

1° Par l'action de l'amalgame de sodium sur un mélange d'aniline et de nitrobenzine (Rasenack); d'après Alexeyeff [*Deutsch. chem. Gesellsch.*, 1873, p. 1209], la nitrobenzine prendrait seule part à la réaction;

2° Lorsqu'on distille la nitrobenzine avec l'hydrate de potassium, il se forme en même temps de l'aniline et de l'ammoniaque [Merz et Coray, *Deutsch. chem. Gesellsch.*, 1871, p. 981; *Bull. Soc. chim.*, t. XVII, p. 64];

3° En chauffant l'aniline avec l'oxyde de plomb [Schicharzki, *Deutsch. chem. Gesellsch.*, 1874, p. 1454];

4° Par l'action d'une solution aqueuse de ferrocyanure de potassium sur l'azotate de diazobenzol, indépendamment d'autres composés [Griess, *Deutsch. chem. Gesellsch.*, 1876, p. 132; *Bull. Soc. chim.*, t. XXVI, p. 386];

5° En faisant réagir le mercaptide de sodium sur la nitrobenzine [Claesson, *Journ. prakt. Chem.* (2), t. XV, p. 198];

6° En chauffant une solution de nitrosobenzine avec de l'acétate d'aniline [Baeyer, *Deutsch. chem. Gesellsch.*, 1874, p. 1639; *Bull. Soc. chim.*, t. XXIV, p. 44];

7° Par l'action du sodium sur l'ortho ou la parabromaniline, dissoute dans la benzine, de même qu'en faisant passer de l'oxygène sur l'aniline potassique [Anschütz et Schultz, *Deutsch. chem. Gesellsch.*, 1876, p. 1398; 1877, p. 1802; *Bull. Soc. chim.*, t. XXVIII, p. 29];

8° En distillant le sel de cuivre de l'acide azobenzoïque [A. Claus et Heusinger, *Deutsch. chem. Gesellsch.*, 1875, p. 37; *Bull. Soc. chim.*, t. XXIV, p. 305];

9° Par l'action de l'alcool sur le dérivé diazoïque de l'amidoazobenzol [Caro et Schraube, *Deutsch. chem. Gesellsch.*, 1877, p. 2230].

Pour la préparation de ce corps, on emploiera de préférence une des méthodes suivantes :

On distille avec précaution un mélange de 1 p. d'azoxybenzol avec 2 p. de chlorure de sodium [Rasenack, *Deutsch. chem. Gesellsch.*, 1872, p. 364; *Bull. Soc. chim.*, t. XVII, p. 562], ou mieux, un mélange d'azoxybenzol et de limaille de fer [Schmidt et Schultz, *Deutsch. chem. Gesellsch.*, 1879, p. 483; *Bull. Soc. chim.*, t. XXXII, p. 532].

Ou bien l'on ajoute goutte à goutte de l'eau à un mélange de nitrobenzine et d'amalgame de sodium. En employant une solution de nitrobenzine dans de l'éther renfermant de l'eau, on obtient 80 % du rendement théorique [Rasenack, *Deutsch. chem. Gesellsch.*, 1872, p. 64; *Bull. Soc. chim.*, t. XVII, p. 562].

On peut aussi obtenir l'azobenzol en ajoutant de l'aniline, dissoute dans deux fois son volume de chloroforme, à un mélange de chlorure de chaux et de chloroforme. La quantité de chlorure de chaux doit être telle qu'il y ait 4 atomes de chlore actif pour 2 molécules d'aniline. Le mélange opéré, on distille : l'azobenzol est séparé par distillation avec de la vapeur d'eau. On obtient un tiers du poids de l'aniline employée [Schmitt, *Journ. prakt. Chem.* (2), t. XVIII, p. 196; *Bull. Soc. chim.*, t. XXXII, p. 643].

L'azobenzol fond à 66°,5; lorsqu'il est dirigé à travers un tube, chauffé au rouge, il se décompose en acide cyanhydrique, ammoniaque et cyanure d'ammonium, ainsi qu'en diphényle, en anthracène et en chrysène [Claus et Suckert,

Deutsch. chem. Gesellsch.. 1875, p. 37; *Bull. Soc. chim.*, t. XXIV, p. 303].

Lorsqu'on le soumet à la distillation sèche, il se forme de l'acide cyanhydrique, de l'aniline, de la benzine, du diphényle et du charbon.

Il est rapidement transformé en hydrazobenzol lorsqu'il est chauffé avec de la poudre de zinc et une certaine quantité de soude caustique. L'azobenzol se forme dans les mêmes conditions avec la nitrobenzine [Alexeyeff, *Bull. Acad. Saint-Pétersb.*, t. XII, p. 480; *Bull. Soc. chim.*. t. XI, p. 159].

L'azobenzol oxy · . en solution acétique, avec de l'acide chromique en tubes scellés à 150°, est transformé en azoxybenzol. Lorsqu'on le fait bouillir à différentes reprises avec de l'acide azotique à 54° B., il se forme à côté du trinitroazoxybenzol un corps ayant la composition et les propriétés de la dinitrobenzine.

L'azobenzol dissous dans l'acide azotique concentré, et chauffé avec de l'acide chromique à 180-200° en tubes scellés pendant douze heures, se transforme en dioxytrinitroazoxybenzol

$$C^{12}H^{7}(AzO^{2})^{3}Az^{2}O^{2},$$

cristallisant en fines aiguilles. Par oxydation ultérieure de ce composé dans les mêmes conditions, on obtient une masse cristalline, fusible à 52°, très soluble dans l'éther et le chloroforme, de la formule $C^{12}H^{7}(AzO^{2})^{3}Az^{2}O^{4}$ (trioxytrinitroazobenzol) [Petriew, *Deutsch. chem. Gesellsch.*, 1873, p. 557; *Bull. Soc. chim.*, t. XX, p. 385].

L'azobenzol, chauffé en solution alcaline au bain-marie avec du permanganate de potassium, n'est pas décomposé; l'aniline, dans les mêmes conditions, donne de l'azobenzol (environ 30 °/° de l'aniline employée) [Hoogewerff et Van Dorp, *Deutsch. chem. Gesellsch.*, 1877, p. 1936; *Bull. Soc. chim.*, t. XXXII, p. 230].

L'azobenzol est transformé par le chlorure d'aluminium en une masse noire, amorphe, mordorée [Bogdanoff, *Deutsch. chem. Gesellsch.*, 1876, p. 1598].

En chlorant ou bromant ce corps jusqu'à refus, on obtient de la benzine perchlorée ou perbromée (Ruoff et Gessner).

L'azobenzol chauffé avec du chlorhydrate d'aniline en tubes scellés donne probablement du bleu d'azodiphényle ($C^{18}H^{15}Az^{3}$) et du rouge d'hydrazotriphényle ($C^{18}H^{17}Az^{3}$) [Griessmayer, *Poggend. Ann.*, t. CLIX, p. 524, 531].

Par refroidissement d'une solution saturée à chaud d'azobenzol dans de la benzine, il se dépose de grands prismes rhombiques, de la formule $C^{12}H^{10}Az^{2}C^{6}H^{6}$, qui, déjà à l'air, perdent de la benzine. Le point de fusion de ces cristaux est de 38°. Les vapeurs de benzine sont absorbées par l'azobenzol avec formation d'un produit d'addition semblable [Schmidt, *Deutsch. chem. Gesellsch.*, 1872, p. 1106; *Bull. Soc. chim.*, t. XIX, p. 370].

PRODUITS D'ADDITION DE L'AZOBENZOL. — Le produit d'addition de l'azobenzol avec l'acide bromhydrique $2C^{12}H^{10}Az^{2}.3HBr$ se dépose d'une solution d'azobenzol dans le sulfure de carbone lorsqu'on y fait passer un courant d'acide bromhydrique sec. Les cristaux formés sont lavés avec du sulfure de carbone, saturé préalablement d'acide bromhydrique.

Ce corps se présente sous forme cristalline, d'un rouge carmin; il est décomposé par l'éther, l'alcool, le chloroforme et l'eau, avec régénération d'azobenzol. Au contact de l'azotate d'argent, il perd la totalité de l'acide bromhydrique. Chauffé avec précaution, il dégage de l'acide bromhydrique, tandis qu'il laisse de l'azobenzol.

L'acide *chlorhydrique*, dans les mêmes conditions, forme le produit $2C^{12}H^{10}Az^{2}.3HCl$. C'est une masse cristalline jaune qui se décompose facilement [Werigo, *Ann. Chem. Pharm.*, t. CLXV, p. 205; *Bull. Soc. chim.*, t. X, p. 421; t. XIX, p. 370].

$C^{12}H^{10}Az^{2}.HBr.Br^{2}$. — Ce produit d'addition s'obtient de différentes manières : en ajoutant du perbromure de phosphore à une solution d'azoxybenzol dans de l'éther absolu, et en chauffant le mélange; il se dégage de l'acide bromhydrique, tandis qu'il se précipite des cristaux jaunes, qui, pour être obtenus à l'état de pureté, sont lavés avec le sulfure de carbone.

Ou bien on prépare ce corps en ajoutant du brome à une solution chloroformique du composé $2C^{12}H^{10}Az^{2}.3HBr$, ou encore en ajoutant du brome et ensuite de la benzine à une solution d'azobenzol dans le sulfure de carbone et en exposant le mélange au soleil. Il se sépare bientôt un corps jaune, cristallin, très instable, qui se décompose lentement à l'air, et très rapidement lorsqu'il est chauffé. Les sels d'argent séparent le brome de ses solutions; dans la liqueur filtrée se trouve de l'azobenzol [Werigo, *loc. cit.*].

$C^{12}H^{10}Az^{2}.Br^{6}$. — Ce bromure se sépare, après un certain temps, en grands prismes transparents d'un rouge foncé, d'une solution d'azobenzol (1gr) dans 1cc ½ de chloroforme, additionnée d'un excès de brome. Ces cristaux sont lavés avec une solution de brome dans du chloroforme et séchés dans une atmosphère de brome. Dans la préparation de ce produit, il faut éviter toute élévation de température pour empêcher la formation de dibromazobenzol [Werigo, *loc. cit.*].

PRODUITS DE SUBSTITUTION DE L'AZOBENZOL. — *Métadichlorazobenzol*,

$$\begin{matrix} C^{6}H^{4}Cl_{(3)}-Az_{(1)} \\ \| \\ C^{6}H^{4}Cl_{(3)}-Az_{(1)}. \end{matrix}$$

— Ce corps se forme en chauffant le métadichlorhydrazobenzol avec du perchlorure de fer. Longues aiguilles rouge orangé, fusibles à 101°, peu solubles dans l'alcool froid [Laubenheimer et Winther, *Deutsch. chem. Gesellsch.*, 1875, p. 1623; *Bull. Soc. chim.*, t. XXVI, p. 293].

Paradichlorazobenzol,

$$\begin{matrix} C^{6}H^{4}Cl_{(4)}-Az_{(1)} \\ \| \\ C^{6}H^{4}Cl_{(4)}-Az_{(1)}. \end{matrix}$$

— On l'obtient en dissolvant le paradichlorazoxybenzol dans de l'acide sulfurique fumant; la solution s'échauffe et par refroidissement le paradichlorazobenzol se sépare. Le même corps se forme par distillation du dichlorazoxybenzol avec la potasse alcoolique. Il se présente sous forme de longues aiguilles d'un rouge jaunâtre, fusibles à 183°, insolubles dans l'eau, peu solubles dans l'alcool froid, plus solubles à chaud [Heumann, *Deutsch. chem. Gesellsch.*, 1872, p. 914; *Bull. Soc. chim.*, t. XIX, p. 120].

Hofmann et Geyger [*Deutsch. chem. Gesellsch.*, 1872, p. 916; *Bull. Soc. chim.*, t. XIX, p. 127] ont observé que le paradichlorazobenzol se forme aussi en faisant bouillir une solution alcoolique de paradichlorhydrazobenzol; et Schmitt [*Deutsch. chem. Gesellsch.*, 1872, p. 804] l'a préparé par l'action du chlorure de chaux sur l'aniline.

Métadibromazobenzol,

$$\begin{matrix} C^{6}H^{4}Br_{(3)}-Az_{(1)} \\ \| \\ C^{6}H^{4}Br_{(3)}-Az_{(1)}. \end{matrix}$$

— Obtenu par oxydation avec le perchlorure de fer du métadibromhydrazobenzol. Fines aiguilles fusibles à 125°,5, difficilement solubles dans l'alcool chaud, facilement dans la benzine et l'éther [Gabriel, *Deutsch. chem. Gesellsch.*, 1876, p. 1407; *Bull. Soc. chim.*, t. XXVIII, p. 30].

Paradibromazobenzol,

$$\begin{array}{c} C^6H^4Br_{(4)}\text{-}Az_{(1)} \\ \| \\ C^6H^4Br_{(4)}\text{-}Az_{(1)}. \end{array}$$

— Le brome dissout l'azobenzol et par le refroidissement de la solution il se sépare des aiguilles. Le produit de la réaction est traité par la soude, le résidu est épuisé à chaud par l'alcool, et les cristaux insolubles sont repris par la benzine. Ou bien l'on traite directement le produit brut par de l'alcool, ce qui reste est purifié par cristallisation dans la benzine.

Le même dérivé se forme par l'action de la potasse fondue sur la parabromonitrobenzine. Le paradibromazobenzol est en aiguilles jaunes, brillantes, fusibles à 205°, et peu solubles dans l'alcool et dans l'éther, très solubles dans le sulfure de carbone, le chloroforme et la benzine; l'acide sulfurique le dissout avec formation d'un dérivé sulfonique. Le sulfhydrate d'ammonium alcoolique le transforme en dibromhydrazobenzol [Werigo, *Ann. Chem. Pharm.*, t. CXXXV, p. 176, t. CLXV, p. 189; *Bull. Soc. chim.*, t. XIX, p. 370].

Tetrabromazobenzol, $C^{12}H^6Br^4Az^2$. — Se forme lorsqu'on verse goutte à goutte du brome dans une solution alcoolique chaude d'azobenzol. On épuise ce produit avec de l'alcool chaud et l'on fait cristalliser le résidu dans la benzine.

Aiguilles blanches, d'un éclat soyeux, fusibles vers 320°; elles sont peu solubles dans l'alcool, l'éther et le chloroforme [Werigo, *Ann. Chem. Pharm.*, t. CLXV, p. 200; *Bull. Soc. chim.*, t. XIX, p. 372].

Metadiiodazobenzol,

$$\begin{array}{c} C^6H^4I_{(3)}\text{-}Az_{(1)} \\ \| \\ C^6H^4I_{(3)}\text{-}Az_{(1)}. \end{array}$$

— On oxyde au moyen du perchlorure de fer ou du charbon animal le métadiiodhydrazobenzol. Aiguilles rouge orangé, fusibles à 150°, se sublimant à une température plus élevée, peu solubles dans l'alcool, solubles dans la benzine et dans l'acide acétique cristallisable [Gabriel, *loc. cit.*].

Paradiiodazobenzol,

$$\begin{array}{c} C^6H^4I_{(4)}\text{-}Az_{(1)} \\ \| \\ C^6H^4I_{(4)}\text{-}Az_{(1)}. \end{array}$$

— Il se forme en faisant bouillir durant un certain temps le paradiiodhydrazobenzol avec du perchlorure de fer ou du charbon animal, ou bien encore en dissolvant le paradiiodazoxybenzol dans de l'acide sulfurique concentré et chaud. Lamelles rouges, fusibles à 237°, peu solubles, même à chaud, dans l'alcool et l'acide acétique cristallisable, solubles dans la benzine chaude et le sulfure de carbone [Gabriel, *loc. cit.*].

Paraoxyazobenzol,

$$\begin{array}{c} C^6H^4(OH)_{(4)}\text{-}Az_{(1)} \\ \| \\ C^6H^5\text{-}Az. \end{array}$$

— Voy. t. II, p. 879.

Orthodioxyazobenzol (Syn. *Orthoazophénol*),

$$\begin{array}{c} C^6H^4(OH)_{(2)}\text{-}Az_{(1)} \\ \| \\ C^6H^4(OH)_{(2)}\text{-}Az_{(1)}. \end{array}$$

— On ajoute l'orthonitrophénol par portions de 5 grammes à cinq fois son poids d'hydrate de potassium, fondu avec une petite quantité d'eau. La masse se colore en rouge foncé; on la dissout dans l'eau et l'on sature par de l'acide sulfurique dilué; les flocons jaune brun qui se précipitent sont lavés à l'eau, séchés, et le résidu est épuisé par de l'éther bouillant. L'azophénol, obtenu par distillation de la solution éthérée, forme des lamelles brillantes d'un jaune d'or, solubles dans l'alcool, insolubles dans l'eau. Il se dissout dans la potasse avec une coloration jaune rougeâtre. Il fond à 171° et se sublime sans décomposition.

Avec les bases, il forme des sels

Sel plombique, $C^{12}H^8Az^2O^2Pb$. — Il se dépose sous forme d'un précipité rouge lorsqu'on mélange des solutions alcooliques d'orthoazophénol et d'acétate de plomb.

Le sel de baryum, obtenu d'une façon analogue, forme des aiguilles rouges [Weselsky et Benedikt, *Wien. Akad. Ber.*, 1877, p. 773; *Deutsch. chem. Gesellsch.*, 1878, p. 398].

Tetrabromorthoazophénol. — On l'obtient en traitant l'orthoazophénol, en solution éthérée, par le brome. Aiguilles jaune foncé avec reflet métallique. Il se forme d'une façon analogue avec le paraazophénol un dérivé tétrabromé. Aiguilles d'un jaune d'or, se dissolvant avec décomposition dans la potasse [Weselsky et Benedikt, *Wien. Akad. Ber.*, 1877, p. 773].

Orthodioxéthylazobenzol [Syn. *Orthoazophénéthol*],

$$\begin{array}{c} C^6H^4(OC^2H^5)_{(2)}\text{-}Az_{(1)} \\ \| \\ C^6H^4(OC^2H^5)_{(2)}\text{-}Az_{(1)}. \end{array}$$

— Obtenu en ajoutant de l'amalgame de sodium à une solution d'une partie d'orthonitrophénéthol dans 7 parties d'alcool, jusqu'à ce qu'une goutte du liquide se prenne en masse cristalline. Dans cette réaction, il se forme en même temps l'azoxyphénéthol, et en quantité d'autant plus grande qu'on maintient le liquide dans lequel on opère la réduction à une plus basse température. Lorsque tout le nitrophénéthol est transformé, on verse dans l'eau et l'on traite le précipité formé à froid par de l'acide chlorhydrique concentré qui dissout le dérivé azoïque. Celui-ci cristallise en prismes rouge grenat, fusibles à 131° et bouillant à 240° avec décomposition partielle. Insoluble dans l'eau, il se dissout dans l'acide chlorhydrique avec une coloration rouge, dans l'alcool et dans l'éther [Schmitt et Mœhlau, *Journ. prakt. Chem.* (2), t. XVIII, p. 199; *Bull. Soc. chim.*, t. XXXII, p. 664].

Dichlororthodioxyazobenzol [Syn. *Orthoazochlorophenol*],

$$\begin{array}{c} C^6H^3Cl(OH)Az \\ \| \\ C^6H^3Cl(OH.Az \end{array} \quad \text{ou peut-être} \quad C^6H^3 \begin{array}{l} \diagup Cl \\ - AzH \\ \diagdown \overset{|}{O}. \end{array}$$

— Pour préparer ce corps, on dissout 3 grammes de chlorhydrate d'orthoamidophénol (fusible à 170°) dans 150 grammes d'eau et on y fait couler goutte à goutte, en agitant, une solution très concentrée de chlorure de chaux, jusqu'à ce que le précipité formé ne se dissolve plus par addition ultérieure et qu'il n'augmente plus. La coloration de la solution diminue de plus en plus et passe, lorsque la réaction est complète, du violet au jaune. Le précipité formé est lavé à l'eau ou distillé avec de la vapeur d'eau.

Le dichlororthodioxyazobenzol, peu soluble dans l'eau froide, se dissout facilement à chaud, de même que dans l'alcool, la benzine, l'éther et l'acide acétique glacial, et cristallise de ce dernier dissolvant en longues aiguilles jaunes, fusibles à 86°. Ce corps, chauffé à une température plus élevée, se décompose avec explosion. L'étain et l'acide chlorhydrique le convertissent en chlorhydrate d'orthoamidophénol. Par l'acide sulfureux ou par le sulfite acide de sodium, il est transformé en acide orthoamidophénolsulfonique [Schmitt et Bennewitz, *Journ. prakt. Chem.* (2), t. VIII, p. 1; *Bull. Soc. chim.*, t. XXI, p. 456].

L'acide chlorhydrique concentré dissout d'abord le dichlororthodioxyazobenzol, mais bientôt il se précipite en abondance des lamelles incolores de chlorhydrate de dichloramidophénol [Hirsch, *Deutsch.chem. Gesellsch.*, 1878, p. 1980; *Bull. Soc. chim.*, t. XXXII, p. 444].

Paradioxyazobenzol [Syn. *Parazophénol*],

$$\begin{array}{c} C^6H^4(OH)_{(4)}Az_{(1)} \\ \| \\ C^6H^4(OH)_{(4)}Az_{(1)}. \end{array}$$

— On dissout du nitrosophénol dans un excès de lessive de potasse caustique, on évapore à siccité et l'on maintient la masse quelque temps à 180°. Après l'avoir dissoute dans l'eau, on décompose la solution par de l'acide chlorhydrique; on obtient un précipité brun, qui est dissous dans peu d'alcool, et la solution additionnée d'un égal volume d'eau est évaporée jusqu'à cristallisation.

Ce corps fond à 214°; il est très soluble dans l'alcool et les alcalis, mais presque insoluble dans l'éther et dans l'eau chaude [C. Jaeger, *Deutsch. chem. Gesellsch.*, 1875, p. 1499; *Bull. Soc. chim.*, t. XXVI, p. 220].

Le paradioxyazobenzol se forme aussi en ajoutant du paranitrophénol (par portions de 5 à 10 gr.) à cinq fois son poids de potasse caustique, fondu avec addition d'une petite quantité d'eau, et se précipite par l'acide sulfurique dilué de la solution de la masse fondue. Cette solution est épuisée par l'éther, et le résidu de la distillation de l'éther est recristallisé dans l'alcool. Pour le purifier, on le dissout dans la potasse et on précipite par l'acide carbonique.

On obtient encore le même corps en faisant réagir l'azotate de paradiazophénol sur le phénate de potassium. D'après Weselsky et Benedikt (*loc. cit.*), le point de fusion est situé vers 204°.

Sel de baryum, $C^{12}H^8Az^2Ba + H^2O$. — Masse cristalline jaune.

Paradioxethylazobenzol [Syn. *Paraazophénéthol*],

$$\begin{array}{c} C^6H^4(OC^2H^5)_{(4)}Az_{(1)} \\ \| \\ C^6H^4(OC^2H^5)_{(4)}Az_{(1)}. \end{array}$$

— On chauffe 1 p. de paranitrophénéthol, dissoute dans 15 p. d'alcool et 3 p. d'hydrate de potassium, et l'on ajoute de la poudre de zinc par petites portions. Par refroidissement, il se dépose le paradioxéthylazobenzol. Ce corps forme de petites lamelles jaune orangé fusibles à 157°, avec décomposition (160° Schmitt et Mœhlau), insolubles dans l'eau, solubles dans l'éther et dans l'alcool chaud. On obtient le même corps en chauffant au réfrigérant ascendant le sel d'argent du paradioxyazobenzol avec de l'iodure d'éthyle. Chauffé à 180° avec H Cl, ce corps se décompose en paradioxyazobenzol et en chlorure d'éthyle [Hepp, *Deutsch. chem. Gesellsch.*, 1877, p. 1652; *Bull. Soc. chim.*, t. XXX, p. 203].

Il se forme aussi en faisant agir de l'amalgame de sodium sur une solution alcoolique de paranitrophénéthol; la réaction terminée, on décompose par l'eau, on épuise le précipité par l'acide chlorhydrique dilué, et on fait cristalliser dans l'alcool [Schmitt et Mœhlau, *loc. cit.*].

Dioxyazobenzol [Syn. *Azobenzolresorcine*],

$$\begin{array}{c} C^6H^3(OH)^2Az \\ \| \\ C^6H^5\text{-}Az. \end{array}$$

— Il se forme en même temps qu'une petite quantité d'un corps isomère (β), peu soluble dans l'alcool, lorsqu'on mélange des solutions chaudes d'azotate de diazobenzol et de résorcine.

Le composé α forme des aiguilles cristallines rouges, fusibles à 161°, insolubles dans l'eau, facilement solubles dans l'alcool, l'éther et la benzine, et qui se dissolvent dans les alcalis avec une belle coloration jaune rougeâtre.

Le brome le transforme en dérivé tribromé (petites aiguilles rouges, fusibles à 186°).

Le composé β forme de petites aiguilles rouge foncé, fusibles à 215°, peu solubles dans l'alcool à froid, très solubles à chaud [Typke, *Deutsch. chem. Gesellsch.*, 1877, p. 1576; *Bull. Soc. chim.*, t. XXX, p. 282; — Baeyer et Jaeger, *Deutsch. chem. Gesellsch.*, 1875, p. 149; *Bull. Soc. chim.*, t. XXIV, p. 184].

Tetraoxyazobenzol [Syn. *Parazophénolphloroglucine*],

$$\begin{array}{c} C^6H^4(OH)_{(4)}\text{-}Az_{(1)} \\ \| \\ C^6H^2(OH)^3\text{-}Az. \end{array}$$

— Le paradiazophénol réagissant sur la phloroglucine donne naissance à deux dérivés, l'un soluble, l'autre insoluble dans l'alcool.

Le composé soluble forme une poudre cristalline rouge, qui se dissout dans l'acide sulfurique concentré ou les alcalis avec une coloration rouge orangé.

Le corps insoluble dans l'alcool forme une masse verte, amorphe, se dissolvant dans les alcalis avec une coloration rouge [Weselsky et Benedikt, *Deutsch. chem. Gesellsch.*, 1879, p. 229; *Bull. Soc. chim.*, t. XXXII, p. 340].

Tétraoxéthylazobenzol [Syn. *Diéthylazohydroquinone*],

$$\begin{array}{c} C^6H^3(OC^2H^5)^2\text{-}Az \\ \| \\ C^6H^3(OC^2H^5)^2\text{-}Az. \end{array}$$

— Lorsqu'on chauffe la nitrodiéthylhydroquinone avec une solution de potasse alcoolique et qu'on ajoute petit à petit de la poudre de zinc, il se forme un mélange de dérivés hydrazoïques et azoïques. Pour les séparer, on verse la solution dans de l'eau et l'on chauffe le précipité formé avec de l'acide chlorhydrique dilué. Le dérivé hydrazoïque entre en solution, tandis que le dérivé azoïque reste insoluble, et peut être purifié par cristallisation dans l'alcool.

Ce corps forme des lamelles rouges ressemblant à l'azobenzol, fusibles à 128°, insolubles dans l'eau, facilement solubles dans l'alcool chaud, l'éther et la benzine. Il se dissout sans décomposition avec une coloration violet foncé dans l'acide chlorhydrique et dans l'acide sulfurique [Nietzki, *Deutsch. chem. Gesellsch.*, 1879, p. 38].

Oxybiazobenzol [Syn. *Phénolbiazobenzol*],

$$\begin{array}{l} C^6H^5Az{=}Az \\ C^6H^5Az{=}Az \end{array} > C^6H^3OH.$$

— Le résidu, insoluble dans l'alcool, qu'on obtient dans la préparation du paraoxyazobenzol est dissous dans de la potasse diluée, précipité par l'acide chlorhydrique et cristallisé dans l'alcool. Il forme des lamelles brun jaunâtre, fusibles à 131°. Le même corps se forme lorsqu'on mélange une solution d'azotate de diazobenzol avec une solution alcaline d'oxyazobenzol [Griess, *loc. cit.*].

Trioxybiazobenzol [Syn. *Biazobenzolphloroglucine*],

$$\begin{array}{l} C^6H^5Az{=}Az \\ C^6H^5Az{=}Az \end{array} > C^6H(OH)^3.$$

— Il se forme en mélangeant des solutions diluées de 1 mol. de phloroglucine, 2 mol. d'azotate d'aniline et 2 mol. d'azotite de potassium, ou bien par l'action d'une solution alcoolique de phloroglucine (1 mol.) sur le diazoamidobenzol (2 mol.).

Purifié, il forme de petites paillettes microscopiques d'une couleur jaune brunâtre [Weselsky et Benedikt, *Deutsch. chem. Gesellsch.*, 1879, p. 226; *Bull. Soc. chim.*, t. XXXII, p. 1340].

Trinitroazobenzol,

$$\begin{array}{c} C^6H^2(AzO^2)^3Az \\ \| \\ C^6H^5\text{-}Az. \end{array}$$

— Ce corps s'obtient en ajoutant un excès d'oxyde de mercure jaune à une solution alcoolique chaude de trinitrohydrazobenzol, et se précipite de la solution filtrée par refroidissement sous forme de prismes fins colorés en rouge foncé.

Il est très soluble dans le chloroforme et la benzine, peu soluble dans l'alcool, et fond à 142° [Em. Fischer, *Liebig's Ann. der Chem.*, t. CXC, p. 133]. Il se forme probablement un *trinitroazobenzol isomère*, indépendamment du trinitroazoxybenzol par l'action de l'acide azotique concentré sur l'azobenzol. Ce corps forme des aiguilles jaunes, très solubles dans l'alcool et fusibles à 112° [Petrieff, *Zeitschr. Chem.*, 1870, p. 264; *Bull. Soc. chim.*, t. XIV, p. 302].

Paramidoazobenzol,

$$\begin{array}{l} C^6H^4(AzH^2)_{(4)}\text{-}Az_{(1)} \\ \qquad\qquad\quad\ \| \\ \qquad\quad C^6H^5\text{-}Az. \end{array}$$

— Voyez, t. II, p. 878. Il peut s'obtenir de différentes manières :

Par réduction du nitroazobenzol au moyen du sulfhydrate d'ammonium [G.-A. Schmidt, *Deutsch. chem. Gesellsch.*, 1872, p. 480] ;

En même temps que d'autres composés, par l'action du chlorhydrate d'aniline sur la nitrosodiphénylamine [Witt, *Deutsch. chem. Gesellsch.*, 1877, p. 1309] ;

Par le mélange de solutions alcooliques de diazobenzoléthylamide ou de diazobenzoldiméthylamide avec du chlorhydrate d'aniline [Baeyer et Jaeger, *Deutsch. chem. Gesellsch.*, 1875, p. 148; *Bull. Soc. chim.*, t. XXIV, p. 184].

Métadiamidoazobenzol [Syn. *Chrysoïdine*],

$$C^6H^5Az = Az_{(1)}C^6H^3 \begin{cases} AzH^2_{(2)} \\ AzH^2_{(4)}. \end{cases}$$

— Cette matière colorante a été découverte presque simultanément par Caro, qui la prépare par l'action de la métaphénylène-diamine sur le diazoamidobenzol; et par O.-N. Witt, qui l'obtient en faisant réagir le premier de ces corps sur différents sels de diazobenzol :

$$\begin{array}{l} C^6H^5Az^2Cl + C^6H^4(AzH^2)^2 \\ = C^6H^5\text{-}Az^2\text{-}C^6H^3(AzH^2)^2 + HCl. \end{array}$$

Pour préparer le métadiamidoazobenzol, on mélange une solution de 1 °/₀ d'un sel de diazobenzol avec une solution de 10 °/₀ de métaphénylène-diamine. Il se forme un précipité rouge sang ; celui-ci étant dissous dans de l'eau bouillante, on précipite la base par l'ammoniaque ajoutée à la solution refroidie à 50°. Elle est purifiée par cristallisation dans l'alcool à 30 °/₀ et enfin dans l'eau bouillante (Witt).

Aiguilles jaunes, fusibles à 117°,5, peu solubles dans l'eau bouillante, solubles dans l'alcool, l'éther et la benzine. Ce corps se combine aux acides pour former des sels, mais les sels basiques seuls sont stables: le chlorhydrate, l'azotate, l'oxalate, le sulfate, forment, par refroidissement lent de leur solution, des octaèdres durs, brillants; par refroidissement brusque, au contraire, on obtient de longs prismes rouge de sang. Le chlorhydrate forme la chrysoïdine du commerce, qui possède une belle couleur jaune orange.

En ajoutant à une solution de chrysoïdine du chlorure de zinc, on obtient un sel double, sous forme d'un précipité cristallin rouge brun. Le chloroplatinate, d'un beau rouge carmin, a la composition $2(C^{12}H^{12}Az^4, HCl).PtCl^4$ (Hofmann).

Par la dessiccation de la base ainsi que de ses sels, il se forme, en même temps que de l'aniline, une matière colorante rouge violet. De même, en la chauffant avec de l'aniline, on obtient une matière colorante violette.

L'étain et l'acide chlorhydrique, ainsi que le sulfhydrate d'ammonium, réduisent le métadiamidoazobenzol; il se forme de l'aniline et la triamidobenzine (p. de fus. 103°). Chauffé à 150-160° avec de l'acide chlorhydrique dilué, il se décompose en azote, ammoniaque et une matière colorante qui paraît aussi se former par oxydation de la triamidobenzine. La chrysoïdine est transformée par l'acide azoteux en un dérivé diazoïque, facilement décomposable.

Chauffé au bain-marie avec de l'acide sulfurique concentré, il donne un dérivé sulfonique. Par l'action de l'iodure de méthyle à chaud, on obtient l'iodhydrate de la base diméthylée. Celle-ci cristallise en cristaux microscopiques.

La chrysoïdine diacétylée, $C^{12}H^{10}Az^4(C^2H^3O)^2$, obtenue en traitant la base par un excès d'anhydride acétique, forme des prismes rouge orangé très brillants et groupés en étoiles, ou des aiguilles dont certaines faces possèdent un dichroïsme bleu. Ce corps fond à 250°,5 [Witt, *Deutsch. chem. Gesellsch.*, 1877, p. 350 et 654; — Hofmann, *ibid.*, 1877, p. 213].

Phénylamidoazobenzol,

$$C^6H^5\text{-}Az = Az\text{-}C^6H^4\text{-}AzH\text{-}C^6H^5.$$

— Le produit qu'on obtient par l'action d'une solution alcoolique de diphénylamine et de chlorure de diazobenzol est traité par un mélange de nitrite d'amyle et d'acide acétique cristallisable. La nitrosamine ainsi formée est chauffée avec de l'alcool et de l'acide chlorhydrique.

Le phénylamidoazobenzol forme de petites lamelles brillantes, d'un jaune d'or, ou des prismes fins, fusibles à 82° [Witt, *Deutsch. chem. Gesellsch.*, 1879, p. 258].

Dinitroamidoazobenzol,

$$C^6H^4(AzO^2)Az = Az\text{-}C^6H^3 \begin{cases} AzO^2 \\ AzH^2. \end{cases}$$

— En ajoutant du nitrite de potassium (1 moléc.) à de la métanitraniline (2 moléc.) dissoute dans l'acide azotique (1 moléc.), il se forme un précipité jaune de dinitroamidoazobenzol. Poudre fine très électrique, peu soluble dans l'alcool, insoluble dans l'éther et l'acide acétique cristallisable, fusible avec décomposition à 175-176°. Par réduction avec l'étain et l'acide chlorhydrique, il se forme le sel double, de la formule

$$C^8H^{16}Az^4Cl^2.SnCl^4,$$

précipité fin et cristallin. La base libre se décompose très facilement [Hallmann, *Deutsch. chem. Gesellsch.*, 1876, p. 389; *Bull. Soc. chim.*, t. XXVI, p. 368].

Diamidoazobenzol [Diphénine, voy. t. I, p. 534]. D'après des recherches de Lermontoff, la diphénine ne constitue pas le diamidoazobenzol; elle renferme H^2 en plus et dérive par conséquent de l'hydrazobenzol. (Voir plus loin p. 303.)

Triamidoazobenzol,

$$\begin{array}{l} (AzH^2)_{(3)}C^6H^4\text{-}Az_{(1)} \\ \qquad\qquad\qquad\quad\ \| \\ (AzH^2)^2C^6H^3\text{-}Az. \end{array}$$

— Ce corps se trouve dans la matière colorante connue sous le nom de brun de phénylène. Pour le préparer, on décompose lentement une solution froide diluée et tout à fait neutre de métaphénylène-diamine par une solution également neutre d'un azotite. On lave la masse brune avec de l'eau, ensuite avec de l'acide chlorhydrique concentré, on dissout le résidu goudronneux dans l'eau et l'on précipite la base par l'ammoniaque. Pour la purifier, on fait bouillir le précipité à différentes reprises avec de l'eau, qui dissout le triamidoazobenzol et le laisse déposer par le refroidissement.

Ce corps forme des croûtes cristallines ou des lamelles de couleur jaune brunâtre, fusibles à 137°. Il est peu soluble dans l'eau froide, soluble dans l'eau et l'alcool à froid. C'est une base biacide.

Chlorhydrate, $C^{12}H^7(AzH^2)^3Az^2, 2HCl$. — Mamelons bruns, solubles dans l'eau.

Sel de platine, $C^{12}H^7(AzH^2)^3Az^2.2HCl, PtCl^4$. — Corps jaune amorphe [Caro et Griess, *Zeitschr. Chem.*, 1867, p. 278].

En mélangeant des solutions de métadiamidobenzine et d'acide azoteux, on observe une coloration jaune foncé produite par la formation du triamidoazobenzol [Griess, *Deutsch. chem. Gesellsch.*, 1878, p. 627].

Oxyazobenzoltoluol,

$$C^6H^4(OH)Az = AzC^6H^4\text{-}CH^3.$$

— S'obtient par l'action du nitrosophénol sur l'acétate de paratoluidine. Beaux prismes d'un rouge orangé, fusibles à 151°. Insolubles dans l'eau froide, peu à chaud facilement dans l'alcool et l'éther [Kimich, *Deutsch. chem. Gesellsch.*, 1875, p. 1026; *Bull. Soc. chim.*, t. XXV, p. 270].

HYDRAZOXYBENZOL,

$$\begin{matrix}C^6H^5\text{-}AzH\\C^6H^5\text{-}AzH\end{matrix} > O.$$

— Le seul dérivé de ce groupe est le *paradichlorhydrazoxybenzol*,

$$\begin{matrix}C^6H^4Cl_{(4)}\text{-}AzH_{(1)}\\C^6H^4Cl_{(4)}\text{-}AzH_{(1)}\end{matrix} > O.$$

— N'est pas connu à l'état de liberté. Le composé sodique se forme par l'action du sodium sur une solution éthérée de parachlornitrobenzine (p. de fus. 83°). Masse noire pulvérulente, qui s'échauffe lorsqu'elle est exposée à l'air; sa couleur passe au jaune. Soluble dans l'eau avec une coloration rouge. Par l'action de l'iodure de méthyle ou de l'acide chlorhydrique, il se forme du dichlorazoxybenzol. — Lorsqu'on ajoute au dichlorhydrazoxybenzol du chlorure de benzoyle, il se forme, avec élévation de température, de longs prismes, insolubles dans l'eau, fusibles à 125°. Ce corps a pour formule

$$\begin{matrix}C^6H^4Cl\text{-}Az\text{-}CO\text{-}C^6H^5\\ > O\\ C^6H^4Cl\text{-}Az\text{-}CO\text{-}C^6H^5.\end{matrix}$$

[Hofmann et Geyger, *Deutsch. chem. Gesellsch.*, 1872, p. 917; *Bull. Soc. chim.*, t. XIX, p. 127].

HYDRAZOBENZOL,

$$\begin{matrix}C^6H^5\text{-}AzH\\C^6H^5\text{-}AzH.\end{matrix}$$

— Se forme en même temps que l'azobenzol et l'azoxybenzol par oxydation de l'aniline au moyen du permanganate de potassium. C'est le premier produit d'oxydation [Glaser, *Ann. Chem. Pharm.*, t. CXLII, p. 300; *Bull. Soc. chim.*, t. IX, p. 374; — P. Alexeyeff, *Zeitschr. Chem.*, 1867, p. 34].

Par l'action de l'anhydride acétique sur l'hydrazobenzol, il se forme un dérivé diacétylé, qui cristallise en grands cristaux jaunes, fusibles à 103°, difficilement solubles dans l'eau [Schmidt et Schultz, *Deutsch. chem. Gesellsch.*, 1879, p. 485; *Bull. Soc. chim.*, t. XXXII, p. 532].

Les acides minéraux réagissent sur l'hydrazobenzol avec formation de deux diamidodiphényles isomériques [*Deutsch. chem. Gesellsch.*, 1878, p. 1754; 1879, p. 486].

L'hydrazobenzol, traité par de l'acide azoteux en solution alcoolique bien refroidie, donne de belles aiguilles jaunes qui, par la chaleur, se décomposent en oxyde azotique et en azobenzol. C'est probablement un dérivé nitrosé [Baeyer, *Deutsch. chem. Gesellsch.*, 1869, p. 682; *Bull. Soc. chim.*, t. XIII, p. 515].

PRODUITS DE SUBSTITUTION DE L'HYDRAZOBENZOL.

Métadichlorhydrazobenzol,

$$\begin{matrix}C^6H^4Cl_{(3)}AzH_{(1)}\\C^6H^4Cl_{(3)}AzH_{(1)}.\end{matrix}$$

— On fait bouillir au réfrigérant ascendant du métadichlorazoxybenzol avec du sulfhydrate d'ammonium alcoolique. Le résidu de la distillation de l'alcool est recristallisé dans ce dissolvant.

Cristaux petits et brillants, fusibles à 94°, très solubles dans l'alcool, très peu solubles dans l'éther. Chauffé avec du perchlorure de fer en solution alcoolique, il se transforme en dichlorazobenzol; les acides le convertissent à chaud en benzidine dichlorée [Laubenheimer et Winther, *Deutsch. chem. Gesellsch.*, 1875, p. 1624; *Bull. Soc. chim.*, t. XXVI, p. 293].

Paradichlorhydrazobenzol,

$$\begin{matrix}C^6H^4Cl_{(4)}\text{-}AzH_{(1)}\\C^6H^4Cl_{(4)}\ AzH_{(1)}.\end{matrix}$$

— On l'obtient en réduisant le paradichlorazoxybenzol par le sulfhydrate d'ammonium en tubes scellés à 100°. Le résidu de l'évaporation du produit de la réaction est dissous dans l'alcool.

Beaux cristaux, insolubles dans l'eau, facilement solubles dans l'alcool, fusibles à 122°. Il s'oxyde par l'ébullition de sa solution alcoolique et se transforme en dichlorazobenzol [Hofmann et Geyger, *Deutsch. chem. Gesellsch.*, 1872, p. 915; *Bull. Soc. chim.*, t. XIX, p. 127; — Alexeyeff, *Deutsch. chem. Gesellsch.*, 1872, p. 1028].

Métadibromhydrazobenzol,

$$\begin{matrix}C^6H^4Br_{(3)}\text{-}AzH_{(1)}\\C^6H^4Br_{(3)}\text{-}AzH_{(1)}.\end{matrix}$$

— On fait bouillir le métadibromazoxybenzol avec du sulfhydrate d'ammonium alcoolique, en faisant passer de temps en temps un courant d'ammoniaque et d'hydrogène sulfuré à travers la solution; on précipite le corps par l'eau. Il forme des prismes blancs ou des aiguilles fines groupées en faisceaux fusibles à 107-109°. Il est très soluble dans l'éther, la benzine et l'alcool chaud. Chauffé avec l'acide chlorhydrique, il donne de la dibromobenzidine [Gabriel, *Deutsch. chem. Gesellsch.*, 1876, p. 1405; *Bull. Soc. chim.*, t. XXVIII, p. 31].

Paradibromhydrazobenzol,

$$\begin{matrix}C^6H^4Br_{(4)}\text{-}AzH_{(1)}\\C^6H^4Br_{(4)}\text{-}AzH_{(1)}.\end{matrix}$$

— On fait passer un courant d'hydrogène sulfuré et d'ammoniaque à travers une solution alcoolique chaude de paradibromazobenzol renfermant un excès de ce corps non dissous. Lorsque la transformation est opérée, on ajoute de l'eau.

Aiguilles blanches soyeuses, fusibles à 130°, très solubles dans l'alcool et dans l'éther. Ce corps est trimorphe; la solution alcoolique, concentrée et chaude, laisse déposer, par le refroidissement, d'abord des prismes transparents, ensuite de gros cristaux jaunes.

Chauffé à une température un peu élevée, il se décompose en un mélange de bromaniline et de dibromazobenzol [A. Werigo, *Deutsch. chem. Gesellsch.*, 1870, p. 867; *Ann. Chem. Pharm.*, t. CLXV, p. 194; *Bull. Soc. chim.*, t. XIX, p. 371].

Métadiiodhydrazobenzol,

$$\begin{matrix}C^6H^4I_{(3)}\text{-}AzH_{(1)}\\C^6H^4I_{(3)}\text{-}AzH_{(1)}.\end{matrix}$$

— Obtenu comme le métadichlorhydrazobenzol: cristaux s'agglomérant en boules, fusibles à 80-

90°, facilement solubles dans la plupart des dissolvants [Gabriel, *loc. cit.*].

Paradiiodhydrazobenzol,

$$C^6H^4I_{(4)}\text{-}AzH_{(1)}$$
$$C^6H^4I_{(4)}\text{-}AzH_{(1)}.$$

— Il se forme lorsqu'on maintient à 100° durant une heure, un mélange de paradiiodazoxybenzol avec du sulfhydrate d'ammonium.

Aiguilles aplaties, légèrement jaunâtres, ou lamelles, facilement solubles dans l'eau et dans l'alcool. Chauffé avec du perchlorure de fer en solution alcoolique, il se fournit du diiodazobenzol [Gabriel, *loc. cit.*].

Dinitrohydrazobenzol,

$$C^6H^4(AzO^2)_{(3)}AzH_{(1)}$$
$$C^6H^4(AzO^2)_{(3)}AzH_{(1)}.$$

— Ce corps s'obtient lorsqu'on traite le dinitroazobenzol avec une solution alcoolique de sulfhydrate d'ammonium. Il se précipite à l'état de poudre jaune, qui est purifiée par plusieurs cristallisations. Grandes aiguilles jaunes, fusibles à 220°, insolubles dans l'eau et peu solubles dans l'alcool chaud. Chauffé longtemps à 250°, ce corps se décompose en un mélange de dinitroazobenzol et de metanitraniline.

Il est transformé en diamidohydrazobenzol par l'ébullition avec du sulfhydrate d'ammonium, et, par réduction ultérieure, il se forme de la métaphénylène-diamine [Julie Lermontoff, *Deutsch. chem. Gesellsch.*, 1872, p. 231; *Bull. Soc. chim.*, t. XVII, p. 517].

Un isomère de ce composé, qui donne également par réduction de la métaphénylène-diamine (Lermontoff), a été décrit t. II, p. 855.

Trinitrohydrazobenzol,

$$C^6H^2(AzO^2)^3\text{-}AzH$$
$$C^6H^5\text{-}AzH.$$

— On l'obtient en ajoutant à une solution alcoolique de 1 molécule de chlorure de pikryle, une autre de 2 molécules de phénylhydrazine. Il se dépose de la solution sous forme de lamelles rouges brillantes. Il est peu soluble dans l'alcool chaud et la benzine; il est plus soluble par l'acide acétique cristallisable, qui le laisse déposer en prismes rouges. Il fond à 181° [Em. Fischer, *Liebig's Ann. Chem.*, t. CXC, p. 132].

Diamidohydrazobenzol,

$$C^6H^4(AzH^2)_{(3)}\text{-}AzH_{(1)}$$
$$C^6H^4(AzH^2)_{(3)}\text{-}AzH_{(1)}.$$

— D'après Lermontoff, ce corps n'est autre que la *diphénine* (t. I, p. 534). Il se forme lorsqu'on traite le dinitroazobenzol ou le dinitrohydrazobenzol, à l'ébullition, par une solution alcoolique de sulfhydrate d'ammonium. Il est peu soluble dans l'eau froide, très soluble à chaud, et fond à 145°. Chauffé avec du sulfhydrate d'ammonium, en tubes scellés à 100°, il se transforme en métaphénylène-diamine. Il se combine avec les acides et donne des sels cristallisés qui ne se décomposent pas par l'ébullition.

$C^{12}H^{14}Az^4, 2HCl$, petites lamelles rouges, peu solubles dans l'eau. $C^{12}H^{14}Az^4, 2HAzO^3$, aiguilles rouges [Julie Lermontoff, *loc. cit.*].

DÉRIVÉS AZOÏQUES MIXTES ALKYLPHÉNYLIQUES. — Les dérivés nitrés de cette classe de corps ont été préparés d'abord par Victor Meyer et Ambühl, par l'action des sels de potassium ou de sodium du nitrométhane et de ses homologues sur les sels du diazobenzol. Dans ces derniers temps, Ehrhradt et Fischer ont décrit un représentant très important de cette classe de corps, l'azoéthylphényle.

Pour obtenir les dérivés nitrés dont il s'agit, Victor Meyer [*Deutsch. chem. Gesellsch.*, 1876, p. 385; *Bull. Soc. chim.*, t. XXVI, p. 360] a employé le mode de préparation général suivant: les dérivés amidés sont dissous dans deux équivalents d'acide azotique dilué et additionné de la quantité équivalente d'azotite de potassium en solution étendue; le liquide, étendu d'eau, est décomposé par le corps nitré (nitrométhane, etc.), dissous dans un équivalent d'hydrate de potassium. La solution, ainsi préparée, doit être assez étendue pour qu'il y ait 3 grammes de corps nitré par 1/2 à 1 litre de liquide, on y ajoute encore de la potasse, on filtre et l'on décompose par de l'acide sulfurique étendu, qui précipite les dérivés azoïques.

Azonitrométhylphényle,

$$C^6H^5Az = Az\text{-}CH^2AzO^2.$$

— Il s'obtient en mélangeant 15 grammes du sel de sodium du nitrométhane, dissous dans un demi-litre d'eau, avec la quantité correspondante d'azotate de diazobenzol, dissous également dans un demi-litre d'eau :

$$C^6H^5Az = AzAzO^1 + CH^2AzO^2Na$$
$$= NaAzO^3 + C^6H^5Az = AzCH^2\text{-}AzO^2.$$

— Il se précipite sous forme huileuse, mais se solidifie après quelque temps; il cristallise dans l'alcool en aiguilles rouges, brillantes; dans le sulfure de carbone, en prismes ressemblant à l'acide chromique. Il fond à 153° avec décomposition, et fait explosion à une température plus élevée. Il est insoluble dans l'eau, très soluble dans la benzine et l'éther et le sulfure de carbone; dans l'acide sulfurique, il se dissout avec une coloration bleu foncé; il possède une réaction fortement acide [Friese, *Deutsch. chem. Gesellsch.*, 1875, p. 1078; *Bull. Soc. chim.*, t. XXV, p. 212].

Azoethylphényle, $C^6H^5Az = AzC^2H^5$. — Le mélange de bases qui est obtenu en faisant réagir l'iodure d'éthyle sur la phénylhydrazine, est traité, en solution éthérée, par un excès d'oxyde de mercure jaune. La solution filtrée est agitée avec de l'acide chlorhydrique, la couche éthérée séparée et distillée; il reste un résidu huileux qui cristallise partiellement après quelque temps. La partie restée liquide est purifiée par distillation avec la vapeur d'eau. Dans cette réaction, l'oxyde mercurique enlève de l'hydrogène à l'éthylphénylhydrazine, $C^6H^5.HAz\text{-}AzH.C^2H^5$, qui forme un des produits engendrés par la réaction de l'iodure de méthyle sur la phénylhydrazine.

L'azoéthylphényle forme une huile d'un jaune clair, d'une forte odeur de cyanure de phényle. Il se volatilise sans décomposition. Ce corps n'est pas attaqué par les acides dilués; il est dissous sans décomposition par l'acide chlorhydrique concentré; il se décompose complètement lorsqu'on le chauffe. Il se combine avec l'iode, en donnant naissance à une huile brune. Les corps réducteurs paraissent le transformer en une hydrazine [Ehrhardt et E. Fischer, *Deutsch. chem. Gesellsch.*, 1878, p. 613; *Bull. Soc. chim.*, t. XXX, p. 555].

Azonitroethylphényle,

$$C^6H^5Az = Az\text{-}CH(AzO^2)\text{-}CH^3.$$

— On ajoute une solution d'azotate de diazobenzol à une autre, récemment préparée, de nitroéthane dans une quantité équivalente de potasse caustique aussi longtemps qu'il se forme un précipité. Ce dernier est purifié par cristallisation. On obtient ainsi des lamelles oranges, très solubles dans l'éther et dans l'alcool chaud, peu solubles dans l'eau froide, fusibles à 136-137° avec décomposition. Ces cristaux, même à l'état de pureté, se résinifient lorsqu'on les conserve.

L'acide sulfurique concentré les dissout avec une coloration rouge violette qui passe bientôt.

Ce corps colore la soie en jaune d'or. Lorsqu'on le fait bouillir avec de l'acide chlorhydrique concentré, il laisse dégager 1/3 de son azote et forme le chlorhydrate $C^6H^{10}Az^2O^2Cl^2$.

L'azonitroéthylphényle se combine avec les bases en formant des sels renfermant deux atomes de métal; ce sont de véritables sels basiques.

Sel de potassium, $C^8H^7Az^3O^2.K^2 + 4H^2O$. — On mélange l'azonitroéthylphényle avec une solution alcoolique de potasse ; le sel est en lamelles oranges.

Sel de sodium, $C^8H^7Az^3O^2.Na^2 + 7H^2O$. — S'obtient comme le corps précédent; lamelles orangées.

Sel de zinc, $C^8H^7Az^3O^2.Zn + 3H^2O$. — Précipité cristallin, d'un jaune de chrome.

Sel de plomb, $C^8H^7Az^3O^2.Pb, PbO + 2\frac{1}{2} H^2O$. — Précipité rouge brique [Meyer et Ambühl, *Deutsch. chem. Gesellsch.*, 1875, p. 75 et p. 1073; *Bull. Soc. chim.*, t. XXV, p. 74 et p. 210].

Barbier [*Deutsch. chem Gesellsch.*, 1876, p. 386; *Bull. Soc. chim.*, t. XXVI, p. 367] a préparé le *sel de sodium neutre*, $C^8H^8Az^3O^2Na$, en ajoutant à une solution d'azonitroéthylphényle, dans de la potasse, de la soude caustique très concentrée. Il forme de petites lamelles orangées.

Azonitroéthylparabromophényle,

$$C^6H^4Br_{(4)}Az_{(1)} = Az-C^2H^4AzO^2.$$

— S'obtient en faisant agir le sel de potassium du nitroéthane sur une solution d'azotate de diazoparabromobenzine obtenue par l'action du nitrite de potassium sur la parabromaniline dissoute dans deux équivalents d'acide azotique. Ce corps forme de petits cristaux brillants, de couleur rouge brique, fusibles à 135-138° avec décomposition, solubles dans l'éther et l'acide acétique cristallisable. L'acide sulfurique concentré le dissout avec une coloration violet foncé, très éphémère.

Le *sel de potassium*, $C^8H^7BrAz^3O^2K$, forme des aiguilles rouges, peu solubles dans l'eau [Wald, *Deutsch. chem. Gesellsch.*, 1876, p. 393; *Bull. Soc. chim.*, t. XXVI, p. 369].

Azonitroéthylmétanitrophényle,

$$C^6H^4(AzO^2)_{(3)}-Az_{(1)} = Az-C^2H^4AzO^2.$$

— Obtenu par l'action de l'azotate du métadiazonitrobenzol sur le sel de potassium du nitroéthane. Poudre jaune, soluble dans l'alcool et dans les alcalis avec une coloration rouge.

Le sel de sodium forme un précipité orange, difficilement soluble dans l'eau; la solution du sel donne avec l'azotate d'argent un précipité brun foncé rouge; avec le sulfate de cuivre, un précipité vert jaunâtre.

Par l'action de l'étain et de l'acide chlorhydrique sur le dérivé azoïque, on obtient le chlorure très instable d'une base, dont le sel double d'étain, $C^8H^{16}Az^4Cl^2, SnCl^4$, forme un précipité blanc cristallin qui s'obtient en saturant le produit de la réduction par de l'acide chlorhydrique [Hallmann, *Deutsch. chem. Gesellsch.*, 1876, p. 389; *Bull. Soc. chim.*, t. XXVI, p. 368].

Azonitropropylphényle,

$$C^6H^5-Az = Az-CH(AzO^2)CH^2-CH^3.$$

— Par l'action de l'azotate de diazobenzol sur le sel de potassium du nitropropane. Ce corps cristallise dans l'alcool en larges aiguilles colorées en orange foncé; il fond à 98-99° et se dissout dans les alcalis avec une coloration rouge intense en formant des sels; dans l'acide sulfurique avec une coloration rouge violette qui passe vite [V. Meyer, *Deutsch. chem. Gesellsch.*, 1876, p. 385; *Bull. Soc. chim.*, t. XXVI, p. 368].

Azonitropseudopropylphényle,

$$C^6H^5-Az = Az-C(AzO^2) < {CH^3 \atop CH^3}.$$

— On l'obtient sous forme d'une huile jaune, qui ne solidifie pas, en mélangeant une solution aqueuse d'azotate de diazobenzol avec une solution de pseudonitropropane dans la quantité équivalente de potasse caustique. Ce corps ne se dissout pas dans les alcalis et ne possède pas les propriétés d'un acide [Vict. Meyer et Ambühl, *loc. cit.*].

Acide azophényle-acétylacétique,

$$C^6H^5Az = Az-CH < {CO-CH^3 \atop COOH}.$$

— Voy. Suppl., p. 31.

L'*éther éthyle* du corps précédent,

$$C^{10}H^9Az^2O^3, C^2H^5,$$

est retiré de la résine rouge qui se forme dans la préparation de l'acide azophényl-acétylacétique et qu'on purifie par des cristallisations répétées dans l'alcool. Cristaux jaunes brillants, fusibles à 59°,5. Ce corps est facilement saponifié par la potasse, avec formation d'azophényl-acétylacétate de potassium.

Sel de potassium, $C^{10}H^9Az^2O^3K$. — Obtenu en mélangeant une solution alcoolique de l'acide avec de l'hydrate de potassium, il forme des lamelles jaunes, solubles dans l'eau bouillante.

Le *sel d'argent*, $C^{10}H^9Az^2O^3Az$. — Poudre jaune, qui se décompose lorsqu'elle est chauffée. Les sels de baryum, de plomb et de cuivre forment des précipités jaunes [Zublin, *Deutsch. chem. Gesellsch.*, 1878, p. 1417; *Bull. Soc. chim.*, t. XXXII, p. 74].

16° *Benzine-sulfones*.

BENZINE-SULFONE [Syn. *Sulfobenzide; diphénylsulfone*],

$${C^6H^5 \atop C^6H^5} > SO^2.$$

On a indiqué, t. I, p. 530, plusieurs modes de formation de ce corps; il se produit aussi :

1° Par l'action de la chlorhydrine sulfurique SO^2Cl-OH sur la benzine [Knapp, *Zeitschr. Chem.*, 1869, p. 41; *Bull. Soc. chim.*, t. XII, p. 145];

2° En chauffant un mélange de benzine et d'acide benzine-sulfonique avec de l'anhydride phosphorique en tubes scellés à 150°. Le produit de la réaction est traité par de la potasse diluée et le résidu est soumis à des cristallisations dans l'alcool [Michaël et Adair];

3° On ajoute à un mélange de 40 grammes de chlorure benzine-sulfonique et de 22 grammes de benzine, du chlorure d'aluminium par petites portions, jusqu'à ce qu'il n'y ait plus de dégagement d'acide chlorhydrique. Le produit de la réaction est lavé à l'eau, et le résidu cristallisé plusieurs fois dans l'alcool [Beckurts et Otto, *Deutsch. chem. Gesellsch.*, 1878, p. 2066; *Bull. Soc. chim.*, t. XXX, p. 456, et 1879, t. XXXII, p. 319].

La benzine-sulfone, cristallisée dans l'eau chaude, forme de petites aiguilles feutrées; dans l'alcool chaud, des lamelles, et dans la benzine, de grands prismes rhombiques. Elle fond à 128° et se sublime avant son point d'ébullition. Par l'action de la chlorhydrine sulfurique, elle donne, selon les proportions du réactif employé, un acide mono ou disulfonique [Otto et Knoll, *Deutsch. chem. Gesellsch.*, 1878, p. 2075; *Bull. Soc. chim.*, t. XXXII, p. 321; — Otto, *Deutsch. chem. Gesellsch.*, 1879, p. 214; *Bull. Soc. chim.*, t. XXXIII, p. 26]

Le corps considéré comme un isomère de la benzine-sulfone, et décrit par Stenhouse comme parabenzine-sulfone, est la diphénylène-sulfone,

$$\frac{C^6H^4}{C^6H^4} > SO^2$$

[Graebe, *Ann. Chem. Pharm.*, t. CLXXIV, p. 185; *Bull. Soc. chim.*, t. XXII, p. 80].

PRODUITS DE SUBSTITUTION DE LA BENZINE-SULFONE. — BENZINE-SULFONE MONOCHLORÉE,

$$\frac{C^6H^5}{C^6H^4Cl} > SO^2.$$

— S'obtient par l'action du chlorure d'aluminium (135 gr.) sur un mélange de benzine chlorée (132 gr.) et de chlorure benzine-sulfonique. Le produit de la réaction est purifié comme la benzine-sulfone. Elle cristallise en petites lamelles ressemblant beaucoup au corps précédent, fusibles à 93°, insolubles dans l'eau, mais très solubles dans l'alcool chaud [Beckurts et Otto, *Deutsch. chem. Gesellsch.*, 1878, p. 2066; *Bull. Soc. chim.*, t. XXXII, p. 318].

BENZINE-SULFONE DICHLORÉE,

$$\frac{C^6H^4Cl}{C^6H^4Cl} > SO^2.$$

— Se forme par l'action de l'anhydride sulfurique sur la benzine monochlorée [Otto et Brummer, *Ann. Chem. Pharm.*, t. CXLIII, p. 117; *Bull. Soc. chim.*, t. IX, p. 498], et en même temps que l'acide et le chlorure parachlorobenzine-sulfonique, par l'action de la chlorhydrine sulfurique sur la benzine monochlorée.

Lamelles blanches ou aiguilles, insolubles dans l'eau, peu solubles dans l'alcool froid, plus solubles à chaud, fusibles à 147° [Beckurts et Otto, *Deutsch. chem. Gesellsch.*, 1878, p. 2061]. Otto et Gruber [*Ann. Chem. Pharm.*, t. CXLIX, p. 174; *Bull. Soc. chim.*, t. XII, p. 145] n'ont pu préparer le tétrachlorure de la benzine-sulfone $(C^6H^5)^2SO^2Cl^4$, décrit par Gericke. En effet, le chlore n'agit pas à froid sur la benzine-sulfone, tandis qu'à chaud ce réactif élimine du soufre ainsi que de l'oxygène.

La benzine-sulfone mélangée avec de l'iode est attaquée à 100° par le chlore sec, et il se forme un dérivé bichloré $C^{12}H^8Cl^2SO^2$, huile lourde, incolore, qui distille au-dessus de 350° sans décomposition.

BENZINE-SULFONE DIBROMÉE,

$$\frac{C^6H^4Br}{C^6H^4Br} > SO^2.$$

— Se produit en même temps que l'acide et le chlorure parabromobenzine-sulfonique par l'action de la chlorhydrine sulfurique sur la benzine bromée. — Longues aiguilles, peu solubles dans l'alcool, fusibles à 172° [Beckurts et Otto, *loc. cit.*].

DIOXYBENZINE-SULFONE (*oxysulfobenzide*),

$$\frac{C^6H^4(OH)}{C^6H^4(OH)} > SO^2.$$

— On chauffe un mélange de 2 parties de phénol cristallisé et de 3 parties d'acide sulfurique durant trois à quatre heures, à 160° [Glutz, *Ann. Chem. Pharm.*, t. CXLVII, p. 52; *Bull. Soc. chim.*, t. VIII, p. 361; t. XI, p. 74].

Pour préparer ce corps, on suivra de préférence le mode opératoire suivant : 2 parties de phénol et 1 partie d'acide sulfurique fumant sont chauffées au bain d'huile durant trois à cinq heures, à 180-190°. Par le refroidissement, le tout se prend en masse cristalline qu'on fait bouillir avec de l'eau; la dioxybenzine-sulfone se dissout : on répète la même opération et l'on fait cristalliser dans très peu d'alcool le corps qui s'est précipité par le refroidissement de la solution aqueuse [Annaheim, *Journ. prakt. Chem.* (2), t. I, p. 14, et t. II, p. 385; *Ann. Chem. Pharm.*, t. CLXXII, p. 28; *Bull. Soc. chim.*, t. XXI, p. 361, et XXII, p. 307].

La dioxybenzine-sulfone cristallise dans l'eau chaude en longues aiguilles brillantes, groupées en croix, fusibles à 239°, qui se subliment lorsqu'on les chauffe à une température plus élevée. Ce corps est presque insoluble dans l'eau froide, mais très soluble dans l'eau bouillante, de même que dans l'alcool et dans l'éther, moins soluble dans la benzine [Glutz; — Annaheim, *Deutsch. chem. Gesellsch.*, 1876, p. 1148; *Bull. Soc. chim.*, t. XXVII, p. 417].

L'acide sulfurique fumant décompose la dioxybenzine-sulfone avec formation d'acide phénolparasulfonique.

Elle possède les propriétés d'un acide faible, et forme avec les bases des sels monobasiques (Glutz).

Sel diammoniacal $[C^6H^4(OAzH^4)]^2SO^2$. — Cristallise par évaporation à l'air d'une solution de dioxybenzine-sulfone dans l'ammoniaque concentrée. Aiguilles groupées en faisceaux, assez peu solubles dans l'eau.

Sel monosodique,

$$\frac{C^6H^4(ONa)}{C^6H^4(OH)} > SO^2 + 2H^2O.$$

— Cristallise en prismes courts, solubles dans l'eau et dans l'alcool bouillant.

Diacétyle-dioxybenzine-sulfone,

$$[C^6H^4(OC^2H^3O)]^2SO^2.$$

— Se forme lorsqu'on fait réagir à 130° du chlorure d'acétyle sur la dioxybenzine-sulfone. Aiguilles peu solubles dans l'eau chaude, très solubles dans l'alcool (Glutz).

Diméthyldioxybenzine-sulfone,

$$[C^6H^4(OCH^3)]^2SO^2.$$

— Un mélange de parties égales de dioxybenzine-sulfone, d'hydrate de potassium et d'iodure de méthyle, dissous dans l'alcool, est chauffé pendant une heure au bain-marie.

Paillettes ou prismes aplatis, fusibles à 130°, insolubles dans l'eau, solubles dans l'alcool bouillant. Chauffé avec de l'acide sulfurique, ce corps se transforme en acide méthylphénol-parasulfonique (Annaheim).

Un composé, peut-être identique, se formerait par l'action de l'acide sulfurique fumant sur le phénol méthylé [Cahours, t. I, p. 338].

Diéthyldioxybenzine-sulfone,

$$[C^6H^4(OC^2H^5)]^2SO^2.$$

— Lamelles insolubles dans l'eau, solubles dans l'alcool chaud; fusibles à 159°.

Diamyldioxybenzine-sulfone,

$$[C^6H^4(OC^5H^{11})]^2SO^2.$$

— Lamelles blanches, fusibles à 98°, insolubles dans l'eau et dans l'alcool froid, mais très solubles dans l'alcool chaud (Annaheim).

Tétrachlorodioxybenzine-sulfone,

$$C^{12}H^4Cl^4(OH)^2SO^2.$$

— On ajoute lentement, à un mélange de 1 p. de dioxybenzine-sulfone et 2 p. de chlorate de potassium, 150 p. d'acide chlorhydrique. La masse brune ainsi obtenue est lavée à l'eau froide, ensuite à l'eau chaude, enfin à l'alcool froid. On fait cristalliser le résidu plusieurs fois dans l'alcool chaud.

Ce corps forme des prismes courts, nacrés, ou de longues aiguilles. Insoluble dans l'eau, il est peu soluble dans l'alcool froid, très soluble à chaud; il fond à 289°.

Dans la préparation de ce corps, il se forme en outre de la quinone tétrachlorée [Annaheim, *loc. cit.*].

Dibromodiméthyldioxybenzine-sulfone,

$$(C^{6}H^{3}Br.OCH^{3})^{2}SO^{2}.$$

— Obtenu par l'action du brome sur la diméthyldioxybenzine-sulfone. Paillettes blanches, fusibles à 166°, insolubles dans l'eau, solubles dans l'alcool chaud.

Dibromodiéthyldioxybenzine-sulfone,

$$(C^{6}H^{3}Br.OC^{2}H^{5})^{2}SO^{2}.$$

— Lamelles insolubles dans l'eau, fusibles à 183°.

Dibromodiamyldioxybenzine-sulfone,

$$(C^{6}H^{3}Br.OC^{5}H^{11})^{2}SO^{2}.$$

— Paillettes blanches, fusibles à 100° (Annaheim).

Tétrabromodioxybenzine-sulfone,

$$C^{12}H^{4}Br^{4}(OH)^{2}SO^{2}.$$

— Se forme, ou bien par l'action directe du brome sur la dioxybenzine-sulfone, ou bien par l'action du brome sur un mélange de ce corps avec de l'oxyde de mercure. Prismes épais, clinorhombiques, insolubles dans l'eau, dans l'alcool chaud et les alcalis caustiques; formant avec ces derniers des sels. Point de fusion 279°.

Tétraiododioxybenzine-sulfone,

$$C^{12}H^{4}I^{4}(OH)^{2}SO^{2}.$$

— On ajoute à une solution alcoolique de dioxybenzine-sulfone et d'iode, de l'oxyde de mercure précipité; le produit obtenu est purifié par dissolution dans du carbonate de sodium, et par précipitation de la solution avec de l'acide chlorhydrique. Petites aiguilles, fusibles avec décomposition à 260-270°, insolubles dans l'eau, l'alcool froid et la benzine, et ne se dissolvant que très peu dans l'alcool et dans l'acide acétique glacial à l'ébullition (Annaheim).

DINITROBENZINE-SULFONE $[C^{6}H^{4}(AzO^{2})]^{2}SO^{2}$. — S'obtient par l'action de l'anhydride sulfurique sur la nitrobenzine, et est identique avec le corps obtenu par Gericke (t. I, p. 539), par l'action de l'acide azotique concentré sur la benzine-sulfone.

Paillettes brillantes, fusibles à 197°, insolubles dans l'eau, peu solubles dans l'alcool et très solubles dans l'acide acétique cristallisable [Schmid et Nœlting, *Deutsch. chem. Gesellsch.*, 1876, p. 79, et *Bull. Soc. chim.*, t. XXVI, p. 304].

Dinitrodioxybenzine-sulfone.

$$[C^{6}H^{3}(AzO^{2})(OH)]^{2}SO^{2}.$$

— On dissout la dioxybenzine-sulfone dans un excès d'acide azotique d'une densité de 1,2, et l'on maintient la solution pendant une demi-heure à 70-80°. On précipite par l'eau et on lave à différentes reprises à l'eau chaude le précipité formé. Petites tables, peu solubles dans l'alcool et la benzine, mais qui se dissolvent facilement dans les alcalis ou les carbonates alcalins avec formation de sels bimétalliques, très solubles :

Sel de *baryum*, $[C^{12}H^{6}(AzO^{2})^{2}(O^{2}Ba)]SO^{2}$. Croûtes cristallines rouge jaunâtre.

Sel de *sodium* $[C^{12}H^{6}(AzO^{2})^{2}(ONa)^{2}]SO^{2}$. Il ressemble au sel de baryum [Glutz, *loc. cit.*].

Lorsqu'on chauffe un mélange de 1 p. de dinitrodioxybenzine-sulfone et de 2 p. d'aniline, on obtient par le refroidissement une masse cristalline qui, purifiée par cristallisation dans l'aniline, forme de beaux prismes rouges orthorhombiques. Ce corps est décomposé par l'ébullition avec de l'eau, de l'alcool ou de la benzine avec élimination de benzine. Il offre la formule $C^{24}H^{18}Az^{4}O^{6}S, 2H^{2}O$ [Annaheim, *Deutsch. chem. Gesellsch.*, 1874, p. 437; *Bull. Soc. chim.*, t. XXII, p. 307].

Dinitrodiméthyldioxybenzine-sulfone,

$$[C^{6}H^{3}(AzO^{2})(OCH^{3})]^{2}SO^{2}.$$

— Elle a été obtenue par l'action de l'acide azotique fumant sur la diméthyldioxybenzine-sulfone. Petits prismes, fusibles à 214°, insolubles dans l'eau et l'alcool froid, peu solubles dans l'alcool bouillant [Annaheim, *loc. cit.*].

Dinitrodiéthyldioxybenzine-sulfone,

$$[C^{6}H^{3}(AzO^{2})(OC^{2}H^{5})]^{2}SO^{2}.$$

— Lamelles brillantes ou aiguilles fines, fusibles à 192°, insolubles dans l'eau et l'alcool froid, solubles dans l'éther et l'alcool bouillant.

Dinitrodiamyldioxybenzine-sulfone,

$$[C^{6}H^{3}(AzO^{2})(OC^{5}H^{11})]^{2}SO^{2}.$$

— Paillettes nacrées ou prismes, insolubles dans l'eau, peu solubles dans l'alcool bouillant, fusibles à 1[illegible]0°,2 (Annaheim).

Dinitrodibromodioxybenzine-sulfone,

$$[C^{6}H^{2}Br(AzO^{2})OH]^{2}SO^{2}.$$

— On l'obtient par l'action du brome sur la dinitrodioxybenzine-sulfone. Aiguilles faiblement colorées en jaune, fusibles à 284°, insolubles dans l'eau, difficilement solubles dans l'alcool et se dissolvant facilement dans l'acide acétique cristallisable.

Le sel de *sodium*, $[C^{6}H^{2}Br(AzO^{2})(ONa)]^{2}SO^{2}$, cristallise en aiguilles jaune rougeâtre [Annaheim, *Deutsch. chem. Gesellsch.*, 1876, p. 660, et p. 1148, et *Bull. Soc. chim.*, t. XXVII, p. 32 et 417].

Dinitrodiiododioxybenzine-sulfone,

$$[C^{6}H^{2}I(AzO^{2})OH]^{2}SO^{2}.$$

— Elle se forme par l'action de l'iode et de l'oxyde de mercure sur la dinitrodioxybenzine-sulfone. Elle cristallise dans l'acide acétique glacial en aiguilles fines, fusibles à 294°, insolubles dans l'eau et dans l'alcool.

Le sel de *sodium*,

$$[C^{6}H^{2}I(AzO^{2})ONa]^{2}SO^{2} + 2H^{2}O,$$

cristallise en aiguilles peu solubles (Annaheim).

Tetranitrodioxybenzine-sulfone

$$[C^{6}H^{2}(AzO^{2})^{2}OH]^{2}SO^{2}.$$

— Elle se forme par l'action de l'acide azotique concentré sur la dinitrodioxybenzine-sulfone; la température ne doit pas dépasser 80°. Au bout de quinze minutes, on verse le liquide dans de l'eau froide, on filtre, et l'on transforme le résidu par du carbonate de potassium en sel de potassium peu soluble, qui est purifié par plusieurs cristallisations.

La tétranitrodioxybenzine-sulfone forme un corps jaune, très amer, fusible à 253°. Elle est peu soluble dans l'eau chaude.

Sel de *potassium*, $[C^{6}H^{2}(AzO^{2})^{2}OK]^{2}SO^{2}$. — Petits cristaux jaune rougeâtre, assez solubles dans l'eau chaude.

Sel de *sodium*, $[C^{6}H^{2}(AzO^{2})^{2}ONa]^{2}SO^{2}$. — Cristaux jaunes microscopiques, très solubles dans l'eau froide et dans l'eau chaude [Annaheim, *Deutsch. chem. Gesellsch.*, 1878, p. 1608].

DIMÉTHYLAMIDOBENZINE-SULFONE

$$\begin{matrix}(CH^{3})^{2}Az.C^{6}H^{4} \\ C^{6}H^{5}\end{matrix} > SO^{2}.$$

— A 2 mol. de diméthylaniline chauffées au bain-marie, on ajoute petit à petit 1 mol. de chlorure benzine-sulfonique; on laisse la réaction s'achever, on sature par l'ammoniaque et l'on chasse l'excès de diméthylaniline par la vapeur d'eau. Le résidu est épuisé par l'acide chlorhydrique et soumis à des cristallisations répétées dans l'alcool.

Aiguilles blanches, fusibles à 82°, insolubles dans l'eau, très solubles dans l'éther et la benzine. Ce corps, chauffé à 180° avec de l'acide chlorhydrique, se décompose en benzine, chlorure de méthyle et aniline; par réduction avec le zinc et l'acide sulfurique, il se forme du sulfhydrate de phényle et de la diméthylaniline. L'acide azotique fumant le décompose en pentanitrodiméthylaniline et en acide nitrobenzine-sulfonique [W. Michler et K. Meyer, *Deutsch. chem. Gesellsch.*, 1877, p. 1742, et 1879, p. 1791; — Hassencamp, *ibid.*, 1879, p. 1275].

DIAMIDODIOXYBENZINE-SULFONE,

$$(C^6H^3.AzH^2.OH)^2SO^2.$$

— L'iodhydrate de cette base s'obtient en traitant la dinitrodioxybenzine-sulfone par l'iodure de phosphore et l'eau.

Il cristallise en grands prismes, facilement solubles dans l'eau et dans l'alcool [Glutz, *loc. cit.*]. Le chlorhydrate, $C^{12}H^{12}Az^2O^4S.2HCl + 2H^2O$, s'obtient par l'action de l'étain et de l'acide chlorhydrique sur la dinitrodioxybenzine-sulfone; il cristallise en longues aiguilles. En ajoutant à ce sel de l'acide sulfurique, on obtient le sulfate, qui se sépare sous forme de prismes peu solubles dans l'alcool et dans l'eau froide [Annaheim, *Deutsch. chem. Gesellsch.*, 1874, p. 436; 1875, p. 1063, et *Bull. Soc. chim.*, t. XXII, p. 310].

En dissolvant 15 p. de chlorhydrate de diamidodioxybenzine-sulfone dans 70 p. d'alcool et en ajoutant à cette solution 15 p. de nitrite d'amyle, on obtient un corps de la formule $C^{12}H^6Az^4SO^4$, cristallisant en lamelles microscopiques, qui se transforment à l'air et encore plus vite au soleil en une matière colorante rouge. Ce corps se dissout dans l'acide chlorhydrique dilué; il est insoluble dans l'alcool et détone à 120° [Annaheim, *Deutsch. chem. Gesellsch.*, 1875, p. 1059, et *Bull. Soc. chim.*, t. XXV, p. 277].

Diamidodiméthyldioxybenzine-sulfone,

$$(C^6H^3.AzH^2.OCH^3)^2SO^2.$$

— Aiguilles fines. On prépare l'iodhydrate en faisant réagir l'eau et l'iodure de phosphore sur la dinitrodiméthyldioxybenzine-sulfone; il cristallise en longues aiguilles blanches (Annaheim).

Diamidodiéthyldioxybenzine-sulfone,

$$(C^6H^3.AzH^2.OC^2H^5)^2SO^2.$$

— Composé cristallin biacide. L'iodhydrate se forme par l'action de l'iodure de phosphore et de l'eau sur la dinitrodiéthyldioxybenzine-sulfone; aiguilles fines, très solubles dans l'eau et dans l'alcool (Annaheim).

PHÉNYLCRÉSYLE-SULFONE,

$$\begin{matrix} C^6H^5 \\ CH^3\text{-}C^6H^4 \end{matrix} > SO^2.$$

— Elle se forme lorsqu'on chauffe à 160° un mélange de parties égales d'acide benzine-sulfonique et de toluène ou d'acide paratoluène-sulfonique et de benzine et d'anhydride phosphorique [Michael et Adair, *Deutsch. chem. Gesellsch.*, 1878, p. 116]. Il prend aussi naissance par l'action du chlorure d'aluminium sur un mélange de chlorure benzine-sulfonique et de toluène [Beckurts et Otto, *Deutsch. chem. Gesellsch.*, 1878, p. 2068; *Bull. Soc. chim.*, t. XXX, p. 456].

Ce corps cristallise en lamelles blanches brillantes, fusibles à 124°,5; il est assez soluble dans l'alcool, la benzine et l'eau chaude.

La formation de la phényl-crésyle-sulfone, d'un côté avec l'acide benzine-sulfonique et le toluène, de l'autre avec l'acide toluène-sulfonique et la benzine, conduit à la formule de constitution $C^6H^5\text{-}SO^2\text{-}C^6H^4\text{-}CH^3$: en effet, si le corps dont il s'agit possédait la constitution exprimée par l'une ou l'autre des formules suivantes :

$$C^6H^5\text{-}SO\text{-}O\text{-}C^6H^4\text{-}CH^3,$$
$$C^6H^5\text{-}O\text{-}O\text{-}S\text{-}C^6H^4\text{-}CH^3,$$

il faudrait que, selon le mode de préparation, il se formât deux composés isomériques.

PHÉNYLMÉTAXYLÈNE-SULFONE,

$$\begin{matrix} C^6H^5 \\ (CH^3)^2C^6H^3 \end{matrix} > SO^2.$$

— S'obtient en faisant agir du chlorure d'aluminium sur un mélange de métaxylène et de chlorure benzine-sulfonique. Aiguilles jaunâtres, fusibles à 80°, solubles dans l'alcool et l'éther, insolubles dans l'eau [Beckurts et Otto, *loc. cit.*].

NAPHTYLPHÉNYLSULFONE,

$$\begin{matrix} C^6H^5 \\ C^{10}H^7 \end{matrix} > SO^2.$$

— On chauffe à 170° pendant huit à neuf heures de l'anhydride phosphorique avec un mélange d'acide benzine-sulfonique et de naphtaline. Dans cette réaction se forment deux isomères α et β; on fait bouillir le produit obtenu avec de la potasse étendue, ensuite on extrait par l'alcool et l'on évapore la solution jusqu'à cristallisation. Les deux isomères sont séparés par cristallisations répétées dans un mélange d'éther et d'alcool, le dérivé α étant le moins soluble dans ce dissolvant [Michael et Adair, *Deutsch. chem. Gesellsch.*, 1877, p. 583].

Le *dérivé α* cristallise en rhomboèdres, fusibles à 99,5-100°,5; il est peu soluble dans l'alcool froid et l'éther, mais se dissout facilement à chaud dans l'alcool et dans la benzine.

Le *dérivé β*, mélangé de dérivé α, se forme aussi lorsqu'on chauffe le chlorure benzine-sulfonique et la naphtaline avec de la poudre de zinc [Chrustschoff, *Deutsch. chem. Gesellsch.*, 1874, p. 1167]. On l'obtient seul par l'action de l'anhydride phosphorique à 180° sur un mélange d'acide β-naphtaline-sulfonique et de benzine (Michael et Adair).

Le dérivé β cristallise en longues aiguilles brillantes, se groupant en éventail, fusibles à 115-116° (Michael et Adair), 121° (Chrustschoff), et qui sont très solubles dans l'alcool chaud et la benzine.

Diméthylamidophénylnaphtylsulfone,

$$\begin{matrix} (CH^3)^2Az.C^6H^4 \\ C^{10}H^7 \end{matrix} > SO^2.$$

Dérivé α. — On chauffe de la diméthylaniline (2 mol.) et l'on ajoute lentement du chlorure α-naphtaline-sulfonique (1 mol.). Le produit de la réaction est traité par l'ammoniaque et distillé avec de la vapeur d'eau. Le résidu de la distillation est épuisé par l'acide chlorhydrique dilué; la partie insoluble, redissoute dans l'alcool, laisse par évaporation lente de beaux cristaux fusibles à 91°, insolubles dans l'eau, très solubles dans l'alcool et dans l'éther et qui, chauffés avec de l'acide chlorhydrique concentré à 180°, se décomposent en acide sulfurique, aniline, naphtaline et en chlorure de méthyle.

Réduit par l'étain et l'acide chlorhydrique, ce corps se transforme en diméthylaniline et en sulfhydrate d'α-naphtyle. L'acide azotique fumant le décompose avec formation de pentanitrodiméthylaniline et d'acide nitronaphtaline-α-sulfonique.

Dérivé β. — S'obtient d'une façon analogue en se servant du chlorure β-naphtaline-sulfonique et de la diméthylaniline.

Il est très soluble dans l'éther et dans l'alcool. L'étain et l'acide sulfurique le transforment en diméthylaniline et en sulfhydrate de β-naphtyle [Michler et Salathé, *Deutsch. chem. Gesellsch.*, 1879, p. 1789].

17° *Benzine-disulfoxydes.*

BENZINE-DISULFOXYDE, $C^{12}H^{10}S^2O^2$.

— On l'obtient :

1° Lorsqu'on chauffe à 130° durant deux heures l'acide benzine-sulfinique avec de l'eau : il se produit en même temps de l'acide benzine-sulfonique. Le précipité, ainsi obtenu, est lavé avec une solution de carbonate de sodium et purifié par cristallisation dans l'alcool :

$$3C^6H^6SO^2 = C^{12}H^{10}S^2O^2 + C^6H^5.SO^3H + H^2O$$

Otto, *Ann. Chem. Pharm.*, t. CXLV, p. 318; *Bull. Soc. chim.*, t. X, p. 132];

2° En petite quantité par une oxydation très modérée du sulfhydrate de phényle par l'acide azotique d'une densité de 1,3;

3° Par la décomposition spontanée de l'acide benzine-sulfinique conservé dans des vases fermés. Cette décomposition est favorisée par l'acide chlorhydrique, elle est beaucoup plus lente en présence de l'eau : l'oxygène de l'air ne paraît jouer aucun rôle dans cette décomposition.

Le même corps se forme lorsqu'on fait bouillir une solution aqueuse d'acide benzine-sulfinique;

4° Par l'action de l'acide sulfurique ou de l'anhydride phosphorique sur le benzine-sulfinate de sodium [Pauly et Otto, *Deutsch. chem. Gesellsch.*, 1876, p. 1639; 1877, p. 2182; *Bull. Soc. chim.*, t. XXVIII, p. 201, et t. XXXI, p. 372].

Le benzine-disulfoxyde cristallise dans l'alcool en longues aiguilles brillantes, fusibles à 45°, insolubles dans l'eau et les alcalis; par l'action du zinc et de l'acide sulfurique, il se transforme en sulfhydrate de phényle; traité en solution alcoolique par la poudre de zinc, il se décompose en benzine-sulfinate et *thiophénate de zinc*,

$$2C^{12}H^{10}S^2O^2 + 2Zn = (C^6H^5SO^2)^2Zn + (C^6H^5S)^2Zn.$$

[Pauly et Otto, *Deutsch. chem. Gesellsch.*, 1877, p. 2181; *Bull. Soc. chim.*, t. XXXII, p. 321].

La potasse bouillante scinde le benzine-disulfoxyde en acides benzine-sulfonique, benzine-sulfinique et disulfure de phényle :

$$2(C^{12}H^{10}S^2O^2) + H^2O = C^6H^5SO^3H + C^6H^5SO^2H + (C^6H^5)^2S^2.$$

Lorsqu'on mélange des solutions alcooliques de thiophénate de zinc et de benzine-disulfoxyde, il se forme du benzine-sulfinate de zinc et du disulfure de phényle. La même réaction s'accomplit si l'on chauffe du sulfhydrate de phényle avec du benzine-disulfoxyde :

$$C^6H^5.S^2O^2.C^6H^5 + C^6H^5SH = C^6H^5SO^2H + (C^6H^5)^2S^2$$

Pauly et Otto, *Deutsch. chem. Gesellsch.*, 1878, p. 2070].

Ce corps est facilement transformé en acide benzine-sulfonique lorsqu'on le chauffe avec une solution de permanganate de potassium.

Bromobenzine-disulfoxyde, $C^{12}H^9BrS^2O^2$. — S'obtient par l'action du brome sur le disulfoxyde, en présence de l'eau. Liquide jaunâtre insoluble dans l'eau, soluble dans la benzine et l'éther.

Chauffé avec de l'ammoniaque, il se transforme en bromure d'ammonium, amide benzine-sulfonique, et disulfure de phényle [Otto, *loc. cit.*] :

$$2C^{12}H^9BrS^2O^2 + 4AzH^3 = 2AzH^4Br + (C^6H^5)^2S^2 + 2C^6H^5SO^2AzH^2.$$

Paradichlorobenzine-disulfoxyde, $(C^6H^4Cl)^2S^2O^2$.

— S'obtient en chauffant à 130° l'acide paradichlorobenzine-sulfinique avec de l'eau, mode de préparation semblable à celui du benzine-disulfoxyde. Il cristallise dans l'alcool en prismes rhombiques, insolubles dans l'eau et les alcalis, très solubles dans l'éther et la benzine, et fusibles à 136-138°.

Ce composé se dissout dans l'acide sulfurique fumant avec une coloration bleu indigo qui disparaît lorsqu'on ajoute de l'eau à la solution. Traité par du zinc et de l'acide sulfurique, il fournit du sulfhydrate de chlorophényle (Otto).

18° *Acide benzine-hyposulfureux ou benzine-thiosulfonique.*

Ce corps, qui renferme $C^6H^5S^2O^2H$, se forme lorsqu'on chauffe doucement une solution de benzine-sulfinate de potassium avec du soufre; ce dernier se dissout, et il se forme le sel de potassium de l'acide benzine-hyposulfureux. Le même corps prend naissance par l'action du sulfure de potassium sur le chlorure benzine-sulfonique :

$$1°\ C^6H^5.SO^2K + S = C^6H^5.S^2O^2K.$$

$$2°\ C^6H^5SO^2Cl + K^2S = C^6H^5S^2O^2K + KCl.$$

L'acide libre est obtenu par l'action de l'hydrogène sulfuré sur le sel de plomb; c'est un corps très instable, et qui en perdant du soufre se transforme en acide benzine-sulfinique.

Le sel de potassium cristallise facilement; il est soluble dans l'eau, peu soluble dans l'alcool, insoluble dans l'éther. Chauffé avec du sulfate de cuivre, il donne un sel cuivreux insoluble; le chlorure mercurique est précipité en formant un sel double, l'azotate mercureux donne du sulfure de mercure; avec l'acétate de plomb et l'azotate d'argent, on obtient des précipités blancs [Spring, *Bull. de l'Acad. roy. Belg.*, t. VI, n° 8; *Deutsch. chem. Gesellsch.*, 1874, p. 1157; *Bull. Soc. chim.*, t. XXIII, p. 267].

19° *Acides sulfiniques de la benzine.*

ACIDE BENZINE-SULFINIQUE (*Acide phénylhydrosulfureux*), $C^6H^5SO^2H$.

— Cet acide se forme :

1° En même temps que le sulfhydrate de phényle lorsqu'on chauffe le disulfure de phényle avec une solution alcoolique de potasse [Schiller et Otto, *Deutsch. chem. Gesellsch.*, 1876, p. 1637; *Bull. Soc. chim.*, t. XXVIII, p. 200];

2° Simultanément avec l'acide benzine-sulfonique, le disulfure et le sulfhydrate de phényle, si l'on fait bouillir le benzine-disulfoxyde avec une lessive alcaline [Pauly et Otto, *Deutsch. chem. Gesellsch.*, 1877, p. 2184];

3° Pauly et Otto l'ont obtenue en chauffant le disulfoxyde de benzine, en solution alcoolique, avec la poudre de zinc,

$$2C^{12}H^{10}S^2O^2 + 2Zn = (C^6H^5SO^2)^2Zn + (C^6H^5S)^2Zn,$$

et aussi en mélangeant des solutions alcooliques de thiophénate de zinc et de benzine-disulfoxyde;

4° En chauffant le sulfhydrate de phényle avec le disulfoxyde de benzine à 130° [Pauly et Otto, *Deutsch. chem. Gesellsch.*, 1878, p. 2070; *Bull. Soc. chim.*, t. XXXII, p. 321];

5° En même temps que le disulfure de phényle, par l'action du thiophénate de plomb sur le chlorure benzine-sulfonique (Schiller et Otto) :

$$2C^6H^5SO^2Cl + 2(C^6H^5S)^2Pb = (C^6H^5SO^2)^2Pb + 2(C^6H^5S)^2 + 2PbCl^2;$$

6° En faisant passer du gaz sulfureux dans

un mélange de benzine et de chlorure d'aluminium [Friedel et Crafts, *Compt. rend.*, t. LXXXVI, p. 1368].

Un des meilleurs modes de préparation de cet acide consiste à dissoudre le chlorure benzine-sulfonique bien lavé dans quatre fois son volume d'alcool, et d'ajouter à la solution refroidie de la poudre de zinc par petites quantités à la fois, jusqu'à ce que l'odeur du chlorure ait disparu. La masse pâteuse est lavée à l'eau, et le sel de zinc qui reste comme résidu est transformé par le carbonate de sodium en sel de sodium. Celui-ci, décomposé par l'acide chlorhydrique, donne l'acide sulfinique (Schiller et Otto).

Ou bien encore on ajoute de l'eau au chlorure benzine-sulfonique, puis une petite quantité de poudre de zinc; après quelque temps, il y a réaction (si celle-ci devait tarder à s'accomplir, on pourrait la hâter en chauffant). On ajoute de nouveau de la poudre de zinc, et l'on fait couler dans le mélange, en agitant, goutte à goutte le chlorure benzine-sulfonique. On continue ainsi à faire ces additions alternatives, en observant la précaution de maintenir un excès de zinc. Le benzine-sulfinate de zinc est ensuite traité comme ci-dessus.

L'amalgame de sodium n'agit pas sur le chlorure benzine-sulfonique dissous dans de l'essence de pétrole; mais, en présence d'acide chlorhydrique ou d'eau, il se forme de l'acide benzine-sulfinique [Schiller et Otto, *loc. cit.*].

Il se formerait, d'après Kalle, Otto et Ostrop, comme produit secondaire, dans la préparation de cet acide, une huile à odeur douce désagréable de la formule $C^8H^8SO^2$, qui a été appelée sulfophénylène-éthylène [Otto, *loc. cit.*]. — Voy. t. III, p. 123.

L'acide benzine-sulfinique se décompose lentement lorsqu'on le conserve; par contre, très rapidement en présence d'acide chlorhydrique; il se forme dans cette décomposition du benzine-disulfoxyde et de l'acide benzine-sulfonique. Ces corps se produisent encore lorsqu'on chauffe la solution aqueuse (Pauly et Otto).

Le même acide chauffé avec de l'eau à 130°, se décompose en acide benzine-sulfonique et en benzine-disulfoxyde (Otto).

L'acide benzine-sulfinique, chauffé avec du sulfhydrate de phényle à 100°, s'unit à ce dernier avec élimination d'eau, et il se forme du disulfure de phényle [Schiller et Otto, *Deutsch. chem. Gesellsch.*, 1876, p. 1588; *Bull. Soc. chim.*, t. XXVIII, p. 197].

Lorsqu'on dissout un mélange de 1 molécule d'azotite de sodium et de 2 molécules d'acide benzine-sulfinique dans de la soude caustique étendue et qu'on acidule le liquide, il se forme un précipité blanc floconneux qui, purifié, possède la composition $(C^6H^5SO^2)^2Az(OH)$ (*acide dibenzosulfhydroxamique*). Ce corps forme des cristaux ressemblant à ceux du salpêtre, peu solubles dans l'eau, très solubles dans l'alcool. Chauffé, il se ramollit, dégage des gaz et fond à 109°. Chauffé avec de l'eau et des acides étendus, il se décompose en acide azoteux et en acide benzine-sulfinique. Par l'action ultérieure d'acide azoteux sur ce composé, on obtient le corps $(C^6H^5SO^2)^3AzO$ [Kœnigs, *Deutsch. chem. Gesellsch.*, 1878, p. 615; *Bull. Soc. chim.*, t. XXXI, p. 26].

Cristaux brillants, difficilement solubles dans l'alcool et dans l'éther, beaucoup plus facilement dans la benzine; fusibles à 98°,5.

Le même corps se forme aussi lorsqu'on chauffe à 90° l'acide dibenzosulfhydroxamique,

$$(C^6H^5SO^2)^2AzOH$$

[Kœnigs, *Deutsch. chem. Gesellsch.*, 1878, p. 1588].

En répétant les expériences d'Otto et d'Ostrop [*Ann. Chem. Pharm.*, t. CXLI, p. 365] relatives à l'action de l'acide azoteux sur l'acide benzine-sulfinique, Kœnigs n'a pu isoler que le composé $(C^6H^5SO^2)^3AzO$.

L'acide benzine-sulfinique, suspendu dans l'eau, est transformé par le chlore en chlorure benzine-sulfonique (Otto).

L'acide benzine-sulfinique, traité par du perchlorure de phosphore, se transforme en chlorure benzine-sulfonique; dans cette réaction, il se forme toujours un produit huileux de la composition $C^{12}H^{10}S^2O^3$ (Otto et Ostrop; Kalle).

Lorsqu'on chauffe le sel de potassium avec de l'hydrate de potassium à 250-300°, il se décompose en benzine et en sulfite de potassium (Otto), $C^6H^5SO^2K + KOH = C^6H^6 + K^2SO^3$.

Par la distillation d'un mélange de benzine-sulfinate et de formiate de sodium, on obtient du sulfhydrate de phényle (Michael).

Le benzine-sulfinate de zinc, traité par le zinc et l'acide chlorhydrique, fournit du sulfhydrate de phényle [Otto, *Deutsch. chem. Gesellsch.*, 1877, p. 939]. Lorsqu'on chauffe le benzine-sulfinate de potassium en solution aqueuse avec du soufre, il se change en benzine-hyposulfite. (Voy. p. 308.)

Les sels neutres de l'acide benzine-sulfinique sont tous solubles dans l'eau; quelques-uns le sont aussi dans l'alcool; ils sont anhydres.

Sel d'ammonium. — Lamelles peu solubles dans l'alcool.

Sel de baryum, $(C^6H^5SO^2)^2Ba$. — Croûtes cristallines solubles.

Sel de potassium. — Petites aiguilles, très solubles dans l'eau, moins solubles dans l'alcool. Il réduit à chaud le sulfate de cuivre (Spring, *loc. cit.*,).

Sel de cuivre. — Lamelles jaune verdâtre, brillantes.

Sel d'argent, $C^6H^5SO^2Az$. — Il se dépose de sa solution bouillante en paillettes nacrées.

Sel de zinc, $(C^6H^5SO^2)^2Zn$. — Cristaux rhombiques presque aussi solubles à froid qu'à chaud, peu solubles dans l'alcool et l'éther.

ACIDE PARACHLOROBENZINE-SULFINIQUE,

$$C^6H^4Cl.SO^2H.$$

— S'obtient par l'action de l'amalgame de sodium sur le chlorure parachlorobenzine-sulfonique (p. de fus. 53°) dissous dans du toluène. Le produit de la réaction est repris par une petite quantité d'eau et précipité par l'acide chlorhydrique [Otto et Brummer, *Ann. Chem. Pharm.*, t. CXLIII, p. 113; *Bull. Soc. chim.*, t. VIII, p. 105].

Ce corps forme de petites aiguilles blanches ou de longs cristaux rhombiques brillants; il est peu soluble dans l'eau froide, très soluble à chaud, de même que dans l'alcool et dans l'éther. Il fond à 88-90°. Oxydé par l'acide chromique, il se transforme à la température ambiante en acide benzine-sulfonique chloré. Suspendu dans l'eau, il est converti par le chlore en chlorure parachlorobenzine-sulfonique. Le zinc et l'acide sulfurique dilué le transforment en sulfhydrate de parachlorophényle. L'amalgame de sodium lui enlève du chlore et donne un corps huileux [Otto et Lindow, *Ann. Chem. Pharm.*, t. CXLVI, p. 213, et *Bull. Soc. chim.*, t. X, p. 149].

Chauffé à 130° avec de l'eau, l'acide parachlorobenzine-sulfinique est décomposé en acide chlorobenzine-sulfonique et en chlorobenzine-disulfoxyde [Otto, *Ann. Chem. Pharm.*, t. CXLV, p. 323].

L'acide sulfurique dissout ce corps à froid et donne une solution incolore qui, à chaud, devient jaune, puis verte, enfin bleue; lorsqu'on ajoute de l'eau, cette coloration disparait, et il se précipite un corps blanc jaunâtre.

ACIDES BENZINE-SULFONIQUES, BENZINE-DISULFINIQUE ET DÉRIVÉS. — Voy. Suppl., PHÉNYLSULFONIQUES (ACIDES).

TABLEAU

INDIQUANT LA CONSTITUTION ET LES PROPRIÉTÉS DES DÉRIVÉS DE LA BENZINE.

FORMULES.	PROPRIÉTÉS PHYSIQUES.	POINT de fusion.	POINT d'ébullition.	POSITION DU RADICAL SUBSTITUÉ. 1.	2.	3.	4.	5.	6.
Produits d'addition									
$C^6H^6Cl^6$	Prismes droits	157°	288°						
$C^6H^5Cl\,Cl^6$	Prismes rhomboïdaux								
$C^6H^4Cl^2Cl^6$	Prismes	déc. 250							
$C^6H^3Cl^3O^3$	Lamelles incolores	10							
$C^6H^6Br^6$	Prismes obliques								
Produits de substitution.									
C^6H^5Cl	Liquide incolore	crist. à —40	133	Cl					
$C^6H^4Cl^2$	Liquide		179	Cl	Cl				
—	Liquide incolore	— 18	172	Cl		Cl			
—	Cristaux clinorhombiq.	56, 4	173	Cl			Cl		
$C^6H^3Cl^3$	Tables	53-54	218-219	Cl	Cl	Cl			
—	Crist. incol. rhombiques	17	213	Cl	Cl		Cl		
—	Aiguilles	63	208, 5	Cl		Cl		Cl	
$C^6H^2Cl^4$	Aiguilles	137-138	243-246	Cl	Cl		Cl	Cl	
—	Aiguilles nacrées	50	246	Cl		Cl	Cl	Cl	
—	Aiguilles	45-46	256	Cl	Cl	Cl	Cl		
C^6HCl^5	Fines aiguilles nacrées	74	272	Cl	Cl	Cl	Cl	Cl	
C^6Cl^6	Longues aiguilles incol.	220-226	326	Cl	Cl	Cl	Cl	Cl	Cl
C^6H^5Br	Liquide incolore		154,8-155,5	Br					
$C^6H^4Br^2$	Liquide	— 1	223,8	Br	Br				
—	Liquide incolore		219,4	Br		Br			
—	Prismes clinorhombiq.	89, 3	218,6	Br			Br		
$C^6H^3Br^3$	Tables rhombiques	87, 4		Br	Br	Br			
—	Aiguilles ou prismes	119, 6	273	Br		Br		Br	
—	Aiguilles blanches	44	275-276	Br	Br		Br		
$C^6H^2Br^4$	Aiguilles	137-140		Br	Br		Br	Br	
—	Cristaux incolores	98, 5		Br		Br	Br	Br	
C^6HBr^5	Aiguilles sublimables	> 240		Br	Br	Br	Br	Br	
C^6Br^6	Aiguilles blanches	> 300		Br	Br	Br	Br	Br	Br
C^6H^5I	Liquide incolore		185	I					
$C^6H^4I^2$	Cristaux incolores			I	I				
—	Grandes lames	40, 4	254,7	I		I			
—	Lamelles	127	277	I			I		
$C^6H^3I^3$	Aiguilles	76							
C^6H^5Fl	Masse blanche cristall.	40		Fl					
C^6H^4ClBr		67,4	196	Cl			Br		
C^6H^4ClI	Huile incolore		> 233	I	Cl				
—	Grands prismes	56-57	227,0	I			Cl		
C^6H^4BrI	Liquide incolore		257,4	I	Br				
—	Huile incolore		252	I		Br			
—	Prismes	91, 9	251,5	I			Br		
$C^6H^5(AzO^2)$	Huile jaunâtre	3	205	AzO^2					
$C^6H^4(AzO^2)^2$	Prismes jaune pâle	117, 9		AzO^2	AzO^2				
—	Prismes rhombiq. incol.	89, 8		AzO^2		AzO^2			
—	Prismes longs et étroits	171-172		AzO^2			AzO^2		
$C^6H^3(AzO^2)^3$	Lamelles blanches	121-122		AzO^2		AzO^2		AzO^2	
$C^6H^4Cl(AzO^2)$	Aiguilles nacrées	32, 5	243	AzO^2	Cl				
—	Gr. crist. rhombiques	44, 2	233	AzO^2		Cl			
—	Longs prismes	83	242	AzO^2			Cl		
$C^6H^3Cl(AzO^2)^2$	Prismes, 2 modifications. α	53, 4	315	Cl	AzO^2		AzO^2		
	β	43	315						

FORMULES.	PROPRIÉTÉS PHYSIQUES.	POINT de fusion.	POINT d'ébullition.	POSITION DU RADICAL SUBSTITUÉ. 1.	2.	3.	4.	5.	6.
$C^6H^3Cl(AzO^2)^2$	3 modifications. α Aiguilles.	36°,3		Cl		AzO^2	AzO^2		
	β Prismes.	37,1							
	γ Aiguilles	38,8							
$C^6H^2Cl(AzO^2)^3$	Aiguilles	83		Cl	AzO^2		AzO^2		AzO^2
$C^6H^3Cl^2(AzO^2)$	Longues aiguilles	43		AzO^2		Cl	Cl		
—	Grands prismes	55	226°	AzO^2	Cl			Cl	
—	Lames incolores	61-65		AzO^2		Cl		Cl	
—	Longues aiguilles	32,2		AzO^2	Cl		Cl		
$C^6H^2Cl^2(AzO^2)^2$	Prismes transparents	103		Cl	AzO^2	Cl	AzO^2		
—	Lames nacrées jaunes	104,9		Cl	AzO^2		Cl		AzO^2
—	Aiguilles	101		Cl	AzO^2	AzO^2	Cl		
$C^6H^2Cl^3(AzO^2)$	Prismes (jaune clair)	57	238	Cl	Cl		Cl	AzO^2	
—	Longues aiguilles	68		Cl		Cl	AzO^2	Cl	
—	Aiguilles brillantes	55-56		Cl	Cl	Cl	AzO^2		
$C^6HCl^3(AzO^2)^3$	Prismes ou aig. jaunes.	103,5	335						
$C^6HCl^4(AzO^2)$	Aiguilles	99	304	AzO^2	Cl	Cl		Cl	Cl
—	Cristaux	64,5		Cl	Cl	Cl	Cl	AzO^2	
—	Aiguilles	21-22		Cl	AzO^2	Cl	Cl	Cl	
$C^6Cl^5(AzO^2)$	Aiguilles brill. ou tables.	146	328	Cl	Cl	Cl	Cl	Cl	AzO^2
$C^6H^4(AzO^2)Br$	Aiguilles	41,5	261	AzO^2	Br				
—	Lamelles jaune clair	56	256,5	AzO^2		Br			
—	Longs prismes	126	255-256	AzO^2			Br		
$C^6H^3(AzO^2)^2Br$	Grands cristaux	75,3		Br	AzO^2		AzO^2		
—	Lamelles	59,4		Br		AzO^2	AzO^2		
$C^6H^3(AzO^2)Br^2$	Aiguilles vert jaunâtre.	58,6		AzO^2		Br	Br		
—	Tables jaunes	61,6		AzO^2	Br		Br		
—	Prismes	83,6		AzO^2	Br				Br
—	Lamelles incolores	104,5		AzO^2		Br		Br	
—	Lamelles vert jaunâtre.	85,4		AzO^2	Br			Br	
$C^6H^2Br^2(AzO^2)^2$	Aiguilles aplaties	117,4		AzO^2	Br	AzO^2	Br		
—	Aiguilles	159		Br	AzO^2	AzO^2	Br		
—	Aiguilles	99-100		Br	AzO^2		Br	AzO^2	
—	Huile rouge.								
$C^6H^2Br^3(AzO^2)$	Aiguilles jaune verdâtre	93,5		AzO^2	Br		Br	Br	
—	Aiguilles fines	119,5		AzO^2	Br	Br		Br	
—	Prismes rhomboïdaux	subl. à 187		AzO^2	Br	Br			Br
—	Cristaux transparents	112		AzO^2		Br	Br	Br	
—	Aiguilles	125	177 (vide)	AzO^2	Br		Br		Br
$C^6HBr^3(AzO^2)^2$	Lamelles jaune verdâtre	135,5		AzO^2	Br	AzO^2	Br	Br	
—	Tables rectangulaires	162,4		AzO^2	AzO^2	Br	Br	Br	
—	Aiguilles blanches	187		AzO^2	Br	AzO^2	Br		Br
$C^6HBr^4(AzO^2)$	Prismes, 2 modifications	96 60							
$C^6Br^4(AzO^2)^2$	Grands prismes	227-228							
$C^6H^4I(AzO^2)$	Aiguilles	49,4		AzO^2	I				
—	Lamelles brillantes	35-36	280	AzO^2		I			
—	Petites aiguilles	171,5		AzO^2			I		
$C^6H^3I^2(AzO^2)$	Lames brillantes	168,4		I		I	AzO^2		
$C^6H^3I(AzO^2)^2$	Lamelles jaunes	88-5		AzO^2		AzO^2	I		
—	Lamelles jaune orange.	113,7		AzO^2	I	AzO^2	[illegible]		
$C^6H^3ClBr(AzO^2)$	Aiguilles jaune verdâtre	46,8		AzO^2	Cl		Br		
—	Aiguilles	49,5		AzO^2	Br		Cl		
—	Lamelles	82,5		AzO^2		Br		Cl	
—	Cristaux	68,6		AzO^2	Cl			Br	
$C^6H^3ClI(AzO^2)$	Prismes jaune paille	63,4		AzO^2	I		Cl		
—	Prismes jaune clair	>63,4		AzO^2	Cl		I		
—	Aiguilles	63,3		AzO^2	I			Cl	
$C^6H^3BrI(AzO^2)$	Aiguilles ou prismes	106		AzO^2		Br	I		
—	Grands cristaux	83,5		AzO^2	I		Br		
—	Aiguilles	116,8		AzO^2	Br				I
—	Cristaux	90,4		AzO^2	I			Br	

FORMULES.	PROPRIÉTÉS PHYSIQUES.	POINT de fusion.	POINT d'ébullition.	POSITION DU RADICAL SUBSTITUÉ. 1.	2.	3.	4.	5.	6.
$C^6H^5(AzO)$	Inconnu à l'état libre.								
Azoxybenzol et dérivés.									
$(C^6H^5Az)^2O$	Aiguilles jaunes	36°							
$(C^6H^4ClAz)^2O$	Tables fines ou aiguilles.	97		Az		Cl			
—	Aiguilles jaunes	155-156		Az			Cl		
$(C^6H^3Cl^2)^2Az^2O$	Aiguilles jaune clair	141		Az	Cl			Cl	
—		171-172		Az		Cl		Cl	
$(C^6H^4BrAz)^2O$	Larges prismes	111		Az		Br			
—	Petites lamelles	172		Az			Br		
$(C^6H^4IAz)^2O$	Aiguilles jaunes			Az		I			
—	Lamelles ou tab jaunes	139		Az			I		
$(C^{12}H^9(AzO^2)Az^2O$	Flocons cristall. jaunes	153		Az			AzO^2		
$C^{12}H^7Cl^2(AzO^2)Az^2O$	Petites aiguilles	134							
$C^{12}H^7(AzO^2)^3Az^2O$	Fines aiguilles.								
$C^{12}H^5(AzO^2)^3Br^2Az^2O$	Cristaux	174							
$C^{12}H^6(AzO^2)^4Az^2O$	Petits cristaux jaunes								
$[C^6H^4(AzH^2)Az]^2O$	Grandes tables jaunes	138,5		Az			AzH^2		
$[C^6H^4Az(CH^3)^2Az]^2O$	Aiguilles brunes								
Azobenzol et dérivés.									
$(C^6H^5)^2Az^2$	Paillettes rougeâtres	66,5	293°	Az					
$(C^6H^4Cl)^2Az^2$	Aiguilles rouge orangé.	101		Az		Cl			
—	Aiguilles rouge jaune	183		Az			Cl		
$(C^6H^4Br)^2Az^2$	Fines aiguilles	125,5		Az		Br			
—	Aiguilles jaunes	205		Az			Br		
$C^{12}H^6Br^4Az^2$	Aiguilles blanches	vers 320							
$(C^6H^4I)^2Az^2$	Aiguilles rouge orangé.	150		Az		I			
—	Lamelles rouges	237		Az			I		
$C^{12}H^9(OH)Az^2$	Prismes rhomb. rouges.	150		Az			OH		
$[C^6H^4(OH)Az]^2$	Lamelles jaunes	171		Az	OH				
$[C^6H^4(OC^2H^5)Az]^2$	Prismes rouges	131	240	Az	O Et				
$[C^6H^3Cl(OH)Az]^2$	Aiguilles jaunes	86							
$[C^6H^4(OH)Az]^2$		214		Az			OH		
$[C^6H^4(OC^2H^5)Az]^2$	Lamelles jaunes	157		Az			O Et		
$C^{12}H^8(OH)^2Az^2$	α Aiguilles rouges	161							
	β Pet. aiguilles rouges	215							
$C^{12}H^6(OH)^4Az^2$	Poudre cristalline rouge								
$C^{12}H^6(OC^2H^5)^4Az^2$	Lamelles rouges	128		Az	O Et			O Et	
$C^{18}H^{13}(OH)Az^4$	Lamelles brunes	131							
$C^{12}H^7(AzO^2)^3Az^2$	Prismes rouges	142							
$C^{12}H^9(AzH^2)Az^2$	Prismes rhomb. jaunes.	130		Az			AzH^2		
$C^{12}H^8(AzH^2)^2Az^2$	Aiguilles jaunes	117,5							
$C^{12}H^9(AzHC^6H^5)Az^2$	Lamelles jaunes	82							
$C^{12}H^7(AzO^2)^2(AzH^2)Az^2$	Poudre fine	175-176							
$C^{12}H^7(AzH^2)^3Az^2$	Lamelles jaunes	137							
$C^{12}H^8Cl^2(AzH)^2O$				AzH			Cl		
Hydrazobenzols									
$(C^6H^5AzH)^2$	Lames	131							
$(C^6H^4ClAzH)^2$	Petits cristaux brillants	94		AzH		Cl			
—	Cristaux	122		AzH			Cl		
$(C^6H^4BrAzH)^2$	Prismes ou fines aiguill.	108		AzH		Br			
—	Aiguilles blanches	130		AzH			Br		
$(C^6H^4IAzH)^2$	Crist. groupés en boules	89,5		AzH		I			
—	Aiguilles			AzH			I		
$[C^6H^4(AzO^2)AzH]^2$	Aiguilles jaunes	220		AzH		AzO^2			
$C^{12}H^7(AzO^2)^3(AzH)^2$	Lamelles rouges	181							
$[C^6H^4(AzH^2)AzH]^2$	Cristaux jaunes	145		AzH		AzH^2			
Corps azoïques mixtes alkylphénylyliques.									
$C^6H^5.Az^2.CH^2(AzO^2)$	Aiguilles rouges	153							
$C^6H^5.Az^2.C^2H^5$	Huile jaune								
$C^6H^5.Az^2.CH(AzO^2)CH^3$	Lamelles oranges	136-137							
$C^6H^4Br.Az^2.C^2H^4(AzO^2)$	Petits cristaux rouges	135-138		Az			Br		
$C^6H^4AzO^2.Az^2.C^2H^4(AzO)^2$	Poudre jaune			Az		AzO^2			
$C^6H^5.Az^2.CH(AzO^2)C^2H^5$	Larges aiguill. orangées	98-99							
$C^6H^5.Az^2.C(AzO^2)(CH^3)^2$	Huile jaune								
$C^6H^5Az^2CH{<}\begin{matrix}CO\cdot CH^3\\CO^2H\end{matrix}$	Paillettes jaunes	154-155							
Dérivés sulfonés.									
$(C^6H^5)^2SO^2$	Aiguilles feutrées ou prismes	128							
$C^{12}H^9ClSO^2$	Petites lamelles	93							
$C^{12}H^8Cl^2SO^2$	Lamelles blanches	147							
$C^{12}H^8Br^2SO^2$	Longues aiguilles	172							
$C^{12}H^8(OH)^2SO^2$	Aiguilles	239							
$C^{12}H^8(OC^2H^3O)^2SO^2$	Aiguilles								
$C^{12}H^8(OCH^3)^2SO^2$	Paillettes ou prismes	130							
$C^{12}H^4Cl^4(OH)^2SO^2$	Prismes nacrés	250							

FORMULES.	PROPRIÉTÉS PHYSIQUES.	POINT de fusion.	POINT d'ébulli-tion.	POSITION DU RADICAL SUBSTITUÉ. 1.	2.	3.	4.	5	6.
$C^{12}H^{4}Br^{4}(OH)^{2}SO^{2}$	Prismes	270							
$C^{12}H^{4}I^{4}(OH)^{2}SO^{2}$	Petites aiguilles	260-270							
$[C^{6}H^{4}(AzO^{2})]^{2}SO^{2}$	Paillettes brillantes	197							
$[C^{6}H^{3}(AzO^{2})(OH)]^{2}SO^{2}$	Petites tables								
$[C^{6}H^{3}(AzO^{2})(OCH^{3})]^{2}SO^{2}$	Petits prismes	214							
$[C^{6}H^{2}Br(AzO^{2})(OH)]^{2}SO^{2}$	Aiguilles jaunes	284							
$[C^{6}H^{2}I(AzO^{2})(OH)]^{2}SO^{2}$	Aiguilles fines	294							
$[C^{6}H^{2}(OH)(AzO^{2})^{2}]^{2}SO^{2}$	Corps jaune	253							
$C^{12}H^{8}[Az(CH^{3})^{2}]^{2}SO^{2}$	Aiguilles blanches	82							
$[C^{6}H^{3}(AzH^{2})(OH)^{2}]^{2}SO^{2}$	Grands prismes								
$[C^{6}H^{3}(AzH^{2})(OCH^{3})]^{2}SO^{2}$	Aiguilles fines								
$C^{12}H^{9}(CH^{3})SO^{2}$	Lamelles blanches	124,5							
$C^{12}H^{8}(CH^{3})^{2}SO^{2}$	Aiguilles jaunes	80							
$C^{6}H^{5}(C^{10}H^{7})SO^{2}$	α Rhomboèdres	99,5							
	β Aiguilles brillantes	115,5							
$C^{6}H^{4}Az(CH^{3})^{2}SO^{2}(C^{10}H^{7})$	Beaux cristaux	91							
Benzine-disulfoxydes.									
$C^{12}H^{10}S^{2}O^{2}$	Longues aiguilles	45							
$C^{12}H^{9}BrS^{2}O^{2}$	Liquide jaunâtre								
$(C^{6}H^{4}Cl)^{2}S^{2}O^{2}$	Prismes rhombiques	137							
Dérivés sulfinés									
$C^{6}H^{5}SO^{2}H$	Prismes brillants	68-69							
$C^{6}H^{4}ClSO^{2}H$	Petites aig. blanches	88-90							

Ad. Kopp et Arth. Michael.

BENZOATES. — (Voyez t. I, p. 546.) Pour compléter l'étude des benzoates, il nous reste à décrire les sels suivants :

Benzoates métalliques.

BENZOATE DE BARYUM. — Lorsqu'on sature la solution aqueuse de parties égales d'acides benzoïque et paranitrobenzoïque par le carbonate de baryum, et qu'on évapore lentement la liqueur, on obtient un sel double de paranitrobenzoate et benzoate de baryum,

$$\begin{matrix} C^{6}H^{5}\text{-}CO^{2} \searrow \\ C^{6}H^{4}(AzO^{2})\text{-}CO^{2} \nearrow \end{matrix} Ba.$$

Ce sel forme des mamelons cristallins jaunes (H. Salkowski).

BENZOATE DE CADMIUM $(C^{6}H^{5}\text{-}CO^{2})^{2}Cd + 2H^{2}O$. — Cristaux brillants, groupés en mamelons, que l'on obtient par évaporation d'une solution de carbonate de cadmium dans l'acide benzoïque. Soluble dans l'eau chaude, peu soluble dans l'alcool.

BENZOATES D'ÉTAIN. — Sestini a décrit deux benzoates d'étain, qui se forment lorsqu'on précipite les chlorures stanneux ou stannique par la solution d'un benzoate. Les deux précipités sont blancs; le premier correspond à la formule $(C^{6}H^{5}\text{-}CO^{2})^{2}Sn + H^{2}O$; le second paraît être une combinaison d'acide benzoïque avec de l'acide stannique dans les proportions

$$(C^{6}H^{5}\text{-}CO^{2}H)(9SnO^{4}H^{4}) + 9H^{2}O.$$

Éthers benzoïques.

BENZOATE D'ÉTHYLE. — Chauffé à 160° avec de l'éthylate de sodium, il fournit du benzoate sodique, de l'éther et un liquide jaune, $C^{7}H^{10}O$, en même temps qu'un composé solide de la formule $C^{14}H^{16}O$ (Geuther).

Le benzoate d'éthyle s'unit au tétrachlorure de titane pour fournir une série de combinaisons cristallisées qui correspondent aux formules

$$(TiCl^{4})^{2}(C^{6}H^{5}\text{-}CO^{2}C^{2}H^{5});$$
$$(TiCl^{4})(C^{6}H^{5}\text{-}CO^{2}C^{2}H^{5}); (TiCl^{4})(C^{6}H^{5}\text{-}CO^{2}C^{2}H^{5})^{2}.$$

Ces corps sont décomposés par l'eau. Le premier, distillé un grand nombre de fois, donne la combinaison $TiCl^{4}.C^{6}H^{5}\text{-}CO^{2}C^{2}H^{5}.2C^{6}H^{5}\text{-}COCl$; le second s'unit à l'éther acétique et donne le corps $TiCl^{4}.C^{6}H^{5}\text{-}CO^{2}C^{2}H^{5}.C^{2}H^{3}O\,C^{2}H^{5}$ (Demarçay).

BENZOATE D'ALLYLE, $C^{6}H^{5}\text{-}CO^{2}C^{3}H^{5}$. — Liquide bouillant à 228°, que l'on obtient par l'action de l'iodure d'allyle sur le benzoate d'argent (Cahours et Hofmann).

BENZOATE D'AMYLÈNE, $(C^{6}H^{5}\text{-}CO^{2})^{2}C^{5}H^{10}$. — Cristaux lamelleux, fusibles à 123°; on l'obtient en chauffant le bromure d'amylène ordinaire avec le benzoate d'argent (Mayer).

BENZOATE BENZHYDROLIQUE. — Voyez BENZHYDROL, t. I, p. 526.

BENZOATE DE BENZYLIDÈNE, $(C^{6}H^{5}\text{-}CO^{2})^{2}CH\text{-}C^{6}H^{5}$. — Par l'action du benzoate d'argent sur le chlorure de benzylidène, $C^{6}H^{5}\text{-}CHCl^{2}$, on obtient un liquide oléagineux qui se prend en une masse cristallisée.

BENZOATE DE BUTYLE NORMAL, $C^{6}H^{5}\text{-}CO^{2}.C^{4}H^{9}$. — Liquide épais, incolore, bouillant à 247°,5; à 20°, sa densité est de 1,000 (Linnemann).

BENZOATE DE CÉTYLE, $C^{6}H^{5}\text{-}CO^{2}.C^{16}H^{33}$. — Écailles cristallines, fusibles à 30°, solubles dans l'éther, qui se forment par l'action du chlorure de benzoyle sur l'alcool cétylique (Becker).

BENZOATE DE PHÉNYLE-PROPYLE,

$$C^{6}H^{5}\text{-}CO^{2}.C^{3}H^{6}\text{-}C^{6}H^{5}.$$

— Liquide épais, que l'on obtient par l'action du chlorure de benzoyle sur l'alcool phénylpropylique (Rugheimer).

BENZOATES PROPYLIQUES, $C^{6}H^{5}\text{-}CO^{2}.C^{3}H^{7}$. — On a décrit les benzoates de *propyle* et d'*isopropyle ;* ces deux éthers ont été obtenus par l'action du benzoate d'argent sur l'iodure correspondant. Le premier est un liquide épais, insoluble dans l'eau, bouillant à 229°,5, d'une densité de 1,0316 à 16° (Linnemann). Le second possède une odeur agréable et se décompose par distillation en acide benzoïque et en propylène (Silva).

BENZOATE DE PROPYLÈNE. — Voyez t. II, p. 1211.

BENZOATES DE TOLYLÈNE. — Voyez t. III, p. 503.

Benzoate de triméthylène $(C^6H^5\text{-}CO^2)^2C^3H^6$. — Cristaux lamelleux, fusibles à 53°, que l'on obtient par l'action a 100° du bromure de propylène normal sur le benzoate d'argent en présence d'ether (Reboul). M. Wassermann.

Benzoïne, $C^{14}H^{12}O^2$. — La benzoïne prend naissance par la réduction du benzile, $C^{14}H^{10}O^2$, sous l'influence de l'acide acetique et du fer. On prend 1 partie de benzile, 6 parties d'acide acétique d'une densité de 1,06 et 1 à 2 parties de fer. Le liquide se prend par le refroidissement en une bouillie de cristaux de benzoïne. L'acide chlorhydrique et le zinc finement pulvérisés agissent de même sur une solution alcoolique chaude de benzoïne [Zinin, *Ann. Chem. Pharm.*, t. IX, p. 177; t. CXXXIII, p. 125].

Chauffée a 200° avec l'aniline, la benzoïne fournit une substance cristallisée qui paraît identique avec la benzoïl-anilide obtenue par Laurent dans l'action de l'aniline sur l'aldéhyde benzoique (?) Elle renfermerait $C^{26}H^{22}Az^2$ [H. Schiff, *Jahresb. für Chem.*, 1865, p. 41].

La benzoïne fond à 137° et non à 120°. Distillée avec de la poudre de zinc, elle donne de la désoxybenzoïne $C^{14}H^{12}O$, du stilbène $C^{14}H^{12}$, et un hydrocarbure liquide bouillant vers 260° [A. Jena et H. Limpricht, *Ann. Chem. Pharm.*, t. CXLV, p. 89; *Bull. Soc. chim.*, t. XV, p. 117].

L'action de la potasse sur la benzoïne, déjà étudiée par Zinin, a été examinée de nouveau par Jena et Limpricht, et par Limpricht et Schwanert [*Deutsch. chem. Gesellsch.*, 1871, p. 335; *Bull. Soc. chim.*, t. XV, p. 260].

Zinin avait obtenu de l'hydrobenzoïne et du benzilate de potassium. Suivant Limpricht et Schwanert, la benzoïne se transforme d'abord en benzile, et celui-ci se convertit en benzilate; mais la présence de l'air est nécessaire pour qu'il se forme du benzile; en opérant en vases clos, on n'a que des traces d'acide benzilique.

Quand on chauffe pendant trois heures la benzoïne avec de la potasse alcoolique en vase ouvert, on obtient, en ajoutant de l'eau, un corps en cristaux mamelonnés, fusibles à 157°, renfermant $C^{28}H^{22}O^3$, qui représente deux mol. de benzoïne moins une mol. d'eau (Jena et Limpricht).

Suivant Limpricht et Schwanert, quand, après avoir précipité par l'eau, on ajoute de l'acide chlorhydrique, on recueille un second précipité qui renferme de l'acide benzoique, de l'acide benzilique et un corps contenant $C^{30}H^{26}O^4$, formant de beaux cristaux fusibles à 200°. Les auteurs l'appellent *éthyldibenzoïne*: ce corps renferme un groupe OH, car par l'action du chlorure d'acétyle il donne un dérivé monoacétylé,

$$C^{30}H^{25}(C^2H^3O)O^4,$$

fusible à 145°. C'est cette éthyldibenzoïne que Jena avait représentée par la formule $C^{14}H^{12}O^2$, et regardée comme de l'alcool tolanique.

Lorsqu'on chauffe pendant deux ou trois heures en vase clos, à 150°, 4 gr. de benzoïne avec 1 gr. de sodium dissous dans 20 cc d'alcool, on obtient, en précipitant par l'eau, de l'hydrobenzoïne, de l'éthylbenzoïne, $C^{14}H^{11}(C^2H^5)O^2$, et un composé, $C^{28}H^{20}O^2$, très soluble dans l'alcool et dans l'éther, ne cristallisant qu'à la longue, à une basse température, et fondant ensuite à 161°.

Distillée avec de l'acide sulfurique, la benzoïne donne deux produits, l'un fusible à 180°, renfermant $C^{28}H^{22}O$, l'autre fusible à 190°. En ajoutant de l'acide chlorhydrique à la solution aqueuse qui a fourni ces différents corps, on obtient de l'acide éthylbenzilique, $C^{14}H^{11}O^3(C^2H^5)$ (Jena et Limpricht).

Éthylbenzoïne, $C^6H^5\text{-}CO\text{-}CH(OC^2H^5)^2\text{-}C^6H^5$. — On la sépare de l'hydrobenzoïne par une série de cristallisations. Elle est en prismes brillants groupés concentriquement, fusibles à 95°.

Acétylbenzoïne [t. I, p. 549]. — Elle fond à 75°; sa solution alcoolique froide traitée par l'amalgame de sodium fournit de l'hydrobenzoïne. Traitée par la potasse alcoolique en vase ouvert, elle donne de l'éthyldibenzoïne fusible à 200°, de l'acide benzoique et de l'acide benzilique.

Benzoïne désoxydée (*Desoxybenzoïne, oxyde de stilbene*), $C^{14}H^{12}O$. [t. I, p. 549, 560; t. II, p. 1676]. — En réduisant la benzoïne par le zinc et l'acide chlorhydrique, Goldenberg a obtenu, outre la désoxybenzoïne et l'hydrobenzoïne, un produit de condensation en aiguilles déliées, brillantes, fusibles à 208°, renfermant $C^{28}H^{26}O^4$, qui représenterait une double molécule de benzoïne, plus deux atomes d'hydrogène; ce serait la *benzoïne-pinacone*. Ce corps se produit aussi dans l'action de l'amalgame de sodium sur la benzoïne alcoolique additionnée de quelques gouttes d'acide chlorhydrique.

Zagoumenny n'a pu observer la formation de ce corps, et suppose que le corps obtenu par Goldenberg est le composé $C^{28}H^{23}O^2$, la stilbopinacone (voyez t. II, p. 167), qui prend aussi naissance par la réduction de la désoxybenzoïne au moyen du zinc et de la potasse [Goldenberg, *Deutsch. chem. Gesellsch.*, 1874, p. 286; *Bull. Soc. chim.*, t. XXII, p. 201; — Zagoumenny, *même recueil*, t. XXII, p. 547].

Lorsqu'on traite le stilbène bromé par l'acétate d'argent et de l'acide acétique cristallisable à 130-140°, on obtient un sirop brun que l'eau décompose lentement à 200°, avec formation d'acide acétique et de désoxybenzoïne. D'après la formule du stilbène bromé, $C^6H^5\text{-}CH = CBr\text{-}C^6H^5$, ce corps doit être $C^6H^5\text{-}CH = C(OC^2H^3O)\text{-}C^6H^5$; mais au lieu de fournir par sa purification l'alcool non saturé correspondant,

$$C^6H^5\text{-}CH = C(OH)\text{-}C^6H^5,$$

il donne le composé saturé isomère, la désoxybenzoïne $C^6H^5\text{-}CH^2\text{-}CO\text{-}C^6H^5$.

Hydrobenzoïne (*glycol stilbénique*), $C^{14}H^{14}O^2$ [t. I, p. 550, et t. II, p. 1677]. — Les deux hydrobenzoïnes soumises à l'action de l'acide sulfurique avaient donné à Limpricht et Schwanert deux corps, $C^{14}H^{12}O$ (oxydes de stilbène); celui qui dérive de l'hydrobenzoïne fondait à 125° et celui de l'isohydrobenzoïne à 95°. Zincke et Breuer les ont obtenus, le premier en grands cristaux appartenant au type orthorhombique et fusibles à 131-132°; le second, en cristaux clinorhombiques fusibles à 100-101°. En outre, ils ont constaté avec les deux hydrobenzoïnes la formation d'un même anhydride liquide, qui, se dédoublant en CO et benzophénone par l'oxydation, doit être considéré comme l'aldéhyde diphénylacétique $(C^6H^5)^2CH\text{-}COH$; cet anhydride est entraîné par la vapeur d'eau, tandis que les isomères ne le sont pas. Les auteurs admettent que les deux anhydrides cristallisés ne présentent qu'une isomérie physique, qu'il en est de même des deux hydrobenzoïnes, et que les deux ont la même formule

$$\begin{array}{l} C^6H^5\text{-}CH(OH) \\ C^6H^5\text{-}CH(OH) \end{array}$$

[Zincke et Breuer, *Deutsch. chem. Gesellsch.*, 1876, p. 1760; *Bull. Soc. chim.*, 1877, t. XXVIII, p. 213].

L'hydrobenzoïne et l'isohydrobenzoïne, traitées par le perchlorure de phosphore, donnent un même chlorure fusible à 190-191°, et un chlorure fusible à 93-94°, qui se produisent également dans l'action du chlore sur la solution chloroformique du stilbène.

Quand on maintient le chlorure fusible à 190-

191° à une température de 220-240° pendant longtemps, son point de fusion s'abaisse à 160-165°; inversement le chlorure fusible à 93-94° chauffé au delà de son point de fusion se transforme en un chlorure intermédiaire qui fond à 160-165°, et son point de fusion peut même s'élever à 191°. Ces deux chlorures prennent aussi naissance dans l'action du chlore sur le stilbène dissous dans le sulfure de carbone; en outre, il se forme un chlorure fusible à 110° [Zincke, *Deutsch. chem. Gesellsch.*, 1876, p. 999; *Bull. de la Soc. chim.*, t. XXIX, p. 318].

BENZILE, $C^{14}H^{10}O$. [t. I, p. 550]. — Le benzile distillé avec de la chaux sodée fournit de la benzine et de la benzophénone. Traité à 120° par du sulfhydrate de potassium alcoolique, il donne de la benzoïne et de la désoxybenzoïne [Jena, *Deutsch. chem. Gesellsch.*, 1870, p. 115; *Bull. Soc. chim.*, t. XIV, p. 301].

Le chlorobenzile, $C^{14}H^{10}OCl^2$, traité par le perchlorure de phosphore, fournit le tétrachlorure de tolane, $C^{14}H^{10}Cl^4$ [t. III, p. 427].

Nitrobenzile. — Par l'action de l'acide azotique fumant, le nitrobenzile se transforme à l'ébullition en deux dérivés dinitrés isomériques, $C^{14}H^8(AzO^2)^2O$. L'un est en cristaux fusibles à 131°, solubles dans 41 p. d'alcool bouillant et dans 137 p. d'alcool froid. L'autre est en tables incolores, fusibles à 147°, solubles dans 52 p. d'alcool bouillant et dans 137 p. d'alcool froid. [Zagoumenny, *Deutsch. chem. Gesellsch.*, 1872, p. 1100; *Bull. Soc. chim.*, t. XIX, p. 316].

Pour la constitution des dérivés de la benzoïne, voyez t. I, p. 552; t. II, p. 1677. E. Grimaux.

BENZOÏQUE (ACIDE). $C^6H^5.COOH$ — Voyez t. I, p. 553. L'acide benzoïque a été l'objet de nombreuses recherches, en ce qui concerne ses dérivés de substitution. Nous nous bornerons à signaler très brièvement les nouveaux faits relatifs à l'histoire de l'acide benzoïque, et nous compléterons la description des dérivés amidés et sulfonés auxquels on a consacré des articles spéciaux. Les acides oxybenzoïques et dioxybenzoïques seront traités à part.

Nous aurons pareillement à signaler les travaux entrepris à l'effet d'élucider la constitution des dérivés de substitution, et, à cet égard, nous nous placerons au point de vue qui a été développé à l'article AROMATIQUE (SÉRIE) du *Supplément*.

Modes de formation. — L'acide benzoïque se produit dans une multitude de réactions :

1° Par l'action de l'amalgame de sodium sur un mélange de benzine monobromée et d'éther chloroxycarbonique [A. Wurtz, *Compt. rend.*, t. LXVIII, p. 1289];

2° Par distillation de l'acide insolinique [A.-W. Hofmann, *Ann. Chem. Pharm.*, t. XCVII, p. 197; *Ann. Chim. Phys.* (3), t. LII, p. 104];

3° Lorsqu'on fait bouillir le benzonitrile avec des acides ou avec des alcalis [A.-W. Hofmann, *Compt. rend.*, t. LXIV, p. 388];

4° Lorsqu'on oxyde la benzine au moyen du peroxyde de manganèse et de l'acide sulfurique [Carius, *Ann. Chem. Pharm.*, t. CXLVIII, p. 50 et 99];

5° Par la décomposition du chlorure de benzylène (C^6H^5-$CHCl^2$) par l'eau, en présence d'oxygène [Carius, *Ann. Chem. Pharm.*, t. CXL, p. 86];

6° Par réduction de l'acide orthoamidobenzoïque au moyen de l'amalgame de sodium [Hübner et Petermann, *Ann. Chem. Pharm.*, t. CXLIX, p. 148];

7° Par distillation sèche de l'acide hémimellique [A. Baeyer, *Deutsch. chem. Gesellsch.*, 1869, p. 94] et, en général, de tous les acides benzinepolycarboniques;

8° Par ébullition d'une solution alcoolique de nitrate d'acide orthodiazobenzoïque [P. Griess, *Zeitsch. Chem.*, 1866, p. 157];

9° Lorsqu'on fond un mélange de formiate et de phénylsulfonate de potassium [V. Meyer, *Deutsch. chem. Gesellsch.*, 1871, p. 112];

10° Lorsqu'on chauffe l'acide benzilique avec de la potasse alcoolique [A. Jena, *Deutsch. chem. Gesellsch.*, 1869, p. 384];

11° Lorsqu'on traite le disulfure de benzyle, $(C^7H^7)^2S^2$, par l'eau et le brome [Märker, *Ann. Chem. Pharm.*, t. CXL, p. 86];

12° Par l'oxydation de l'hydrobenzoïne et de l'isohydrobenzoïne;

13° Par l'action du chlorure de carbonyle naissant (mélange de tétrachlorure de carbone et d'anhydride sulfurique) sur la benzine [P. Schützenberger, *Compt. rend.*, t. LXIX, p. 352];

14° Par l'action du gaz phosgène sur la benzine, en présence du chlorure d'aluminium [Friedel, Crafts et Ador, *Deutsch. chem. Gesellsch.*, 1877, p. 854; *Bull. Soc. chim.*, t. XXVIII, p. 182];

15° Par l'action de l'acide carbonique sur la benzine en présence du chlorure d'aluminium (Friedel);

16° Par l'action du chlorure de cyanogène sur la benzine en présence de chlorure d'aluminium [Friedel et Crafts, *Bull. Soc. chim.*, t. XXIX, p. 481];

17° Par oxydation de la benzine, du toluène, etc., sous l'influence de l'air, à l'aide d'un fil de platine incandescent [Coquillon, *Compt. rend.*, t. LXXX, p. 1089];

18° Lorsqu'on fond avec de la potasse le benzylsulfonate de potassium, il se dégage en même temps de l'hydrogène (Vogt et Henninger), etc.

Propriétés. — L'acide benzoïque subit de nombreuses transformations sous l'influence des réactifs; nous indiquerons les suivantes :

1° Lorsqu'on soumet l'acide libre en solution aqueuse à l'électrolyse, il se concentre au pôle positif, où il se dégage en même temps de l'oxygène; le benzoate de potassium électrolysé donne de l'anhydride benzoïque au pôle positif, de la potasse et de l'oxygène au pôle négatif [Bourgoin, *Bull. Soc. chim.*, t. IX, p. 431];

2° En présence d'un alcali, l'ozone le convertit en acide carbonique [Gorup-Besanez, *Ann. Chem. Pharm.*, t. CXXV, p. 207];

3° Lorsqu'on le fait passer en vapeur sur le zinc en poudre, il se transforme en aldéhyde benzoïque [A. Baeyer, *Ann. Chem. Pharm.*, t. CXL, p. 295];

4° Le peroxyde de manganèse et l'acide sulfurique le convertissent en acides phtalique, formique et carbonique [Carius, *loc. cit.*]. Il se produit en même temps une petite quantité d'acide téréphtalique (Oudemans);

5° Chauffé avec de l'acide iodhydrique concentré en tubes scellés, il se transforme en hydrures d'hexyle et d'heptyle et en gaz carbonique [Berthelot, *Bull. Soc. chim.*, t. IX, p. 265];

6° Le chlorure d'iode le convertit en acide chlorobenzoïque [Stenhouse, *Chem. Soc. Journ.* (2), t. II, p. 327];

7° Distillé avec un alcali, il fournit de la benzine et de la benzophénone [Chancel, *Compt. rend.*, 1851, p. 85]. Lorsqu'on distille les benzoates calcique et barytique, on obtient en outre une petite quantité d'anthraquinone [Kekulé et Franchimont, *Deutsch. chem. Gesellsch.*, 1872, p. 909], et un carbure d'hydrogène de la formule $C^{25}H^{20}$ [Behr, *ibid.*, p. 971];

8° Pfankuch [*Journ. prakt. Chem.* (2), t. VI, p. 114] a prétendu que l'acide benzoïque et ses sels, distillés avec le sulfocyanate de potassium, fournissent le phénylacrylc-nitrile; Letts [*Deutsch. chem. Gesellsch.*, 1872, p. 669] et Kekulé [*ibid.*, 1873, p. 111] n'ont pu isoler des produits de la distillation que le benzonitrile et un corps fusible à 143°;

9° Les vapeurs d'acide benzoïque chauffées avec de l'éthylène donnent du phénanthrène [P. Barbier, *Compt. rend.*, t. LXXIX, p. 124];

10° Chauffé avec de l'isosulfocyanate de phényle, l'acide benzoïque fournit de la phényle-dibenzoyle-amide, $C^6H^5\text{-}Az(C^6H^5.CO)^2$ [S.-M. Losanitsch, *Deutsch. chem. Gesellsch.*, 1873, p. 176];

11° Fondu avec de la soude caustique, il fournit de la benzine et du diphényle [Barth et Schreder, *Deutsch. chem. Gesellsch.*, 1879, p. 1256];

12° Chauffé à 200° avec la leucine, il donne deux composés, la *leucinimide*, $C^6H^{12}AzO$, et la benzoyle-leucine, $C^6H^{12}(C^7H^5O)AzO^2$ [Destrem, *Bull. Soc. chim.*, t. XXX, p. 481].

D'après Rüdorff, l'acide benzoïque possède une densité de 1.337. A 4°, 1000 p. d'eau en dissolvent $1^p,823$; à 100°, $58^p,75$ (Bourgoin).

PRODUITS DE SUBSTITUTION DE L'ACIDE BENZOÏQUE. — Les composés qui dérivent de l'acide benzoïque, par substitution de divers radicaux aux atomes d'hydrogène du noyau benzénique, présentent de nombreux cas d'isomérie, dus à la position du radical substituant, par rapport au groupe CO^2H.

Il existe trois séries de dérivés monosubstitués. On désigne ces séries par les mots *ortho*, *meta* et *para* la position relative des deux radicaux étant 1.2; 1.3; 1.4.

Lorsqu'il y a substitution de deux radicaux à deux atomes d'hydrogène dans le noyau benzénique, les séries isomériques sont au nombre de six, aussi longtemps qu'il ne s'agit que de deux radicaux identiques, entrant dans le noyau benzénique, comme pour les acides dioxybenzoïques, etc.

Il n'en est plus de même, lorsque les deux radicaux diffèrent l'un de l'autre. Dans ce cas, le nombre des corps isomériques augmente, car il n'est point indifférent lequel des deux radicaux occupe la position la plus rapprochée du groupe CO^2H. Ainsi on conçoit l'existence de dix acides benzoïques chloronitrés, bromochlorés, etc.

Quant aux composés qui dérivent de l'acide benzoïque par remplacement de trois, quatre ou cinq atomes d'hydrogène, leur nombre peut facilement être calculé. Mais il est inutile d'insister ici sur la multiplicité de ces corps isomériques; nous renvoyons pour cela le lecteur à l'article AROMATIQUE (SÉRIE), *Suppl.*, p. 213.

1° *Dérivés bromés.*

ACIDES BENZOÏQUES MONOBROMÉS. — On a décrit trois acides monobromobenzoïques :

1° ACIDE BENZOÏQUE ORTHOBROMÉ [Syn. *Acide bromosalylique*], $C^6H^4Br_{(2)}(CO^2H)_{(1)}$. — On prépare ce corps en traitant la benzine métabromonitrée (fusible à 56°) par le cyanure de potassium, ou en décomposant le bromure d'acide orthodiazobenzoïque par l'alcool bouillant (Richter). Il se forme aussi par l'oxydation de l'orthobromotoluène au moyen de l'acide azotique étendu (1 vol. d'acide pour 3 à 4 vol. d'eau) (Zincke) ou du permanganate de potassium (2^p. dans 12^p. d'eau) (Rhalis).

L'acide orthobromobenzoïque cristallise en aiguilles fusibles à 137°,5 (Richter), à 148° Zincke), à 150° (Rhalis), qui peuvent être sublimées. Il est peu soluble dans l'eau froide, soluble dans l'eau chaude, l'alcool, l'éther et le chloroforme; il se volatilise avec les vapeurs d'eau. La potasse fondue le transforme en un acide qui donne la réaction de l'acide salicylique avec le chlorure ferrique [Richter, *Deutsch. chem. Gesellsch.*, 1871, p. 464; *Bull. Soc. chim.*, t. XV, p. 103; — Zincke. *Deutsch. chem. Gesellsch.*, 1874, p. 1502; *Bull. Soc. chim.*, t. XXIV, p. 90; — Rhalis, *Liebig's Ann. Chem.*, t. CXCVIII, p. 99].

Sel calcique $(C^7H^4BrO^2)^2Ca + 2H^2O$. — Il est en croûtes cristallines.

Le sel de *potassium*, $C^7H^4BrO^2.K + 2H^2O$, fond à 245°.

Les sels de *baryum* et de *plomb* cristallisent avec 1 mol. d'alcool.

Il existe deux sels de *cuivre* :

$$(C^7H^4BrO^2)^2Cu + H^2O \text{ et } C^7H^5BrO^2.CuOH.$$

L'éther éthylique bout à 254-255°; l'éther méthylique, à 246-247° (Rhalis).

2° ACIDE BENZOÏQUE MÉTABROMÉ,

$$C^6H^4(CO^2H)_{(1)}Br_{(3)}.$$

— Il se forme lorsqu'on oxyde le toluène métabromé au moyen de l'acide chromique [E. Wroblevsky, *Zeitschr. Chem.*, 1869, p. 332; *Bull. Soc. chim.*, t. XII, p. 385].

Griess l'a obtenu en faisant bouillir le dibromure du bromhydrate d'acide diazobenzoïque avec de l'eau [*Jahresb. Chem.*, 1865, p. 337]. La benzamide, traitée par l'eau bromée bouillante, donne ce composé mélangé d'un de ses isomères [Reinecke, *Zeitschr. Chem.*, 1866, p. 367; *Bull. Soc. chim.*, t. VII, p. 187]. Richter a préparé l'acide métabromobenzoïque par l'action du cyanure de potassium sur la benzine parabromonitrée, fusible à 125° (*loc. cit.*).

Cet acide fond à 133°. Son sel potassique, fondu avec du formiate de potassium, fournit de l'acide isophtalique.

Sel barytique $(C^7H^4BrO^2)^2Ba + 4H^2O$. — Il cristallise en aiguilles peu solubles.

Sel calcique $(C^7H^4BrO^2)^2Ca + 3H^2O$. — Il forme des aiguilles groupées en mamelons.

Chlorure de metabrombenzoyle, $C^6H^4Br\text{-}COCl$. — Ce composé se forme dans l'action du pentachlorure de phosphore sur l'acide métabromobenzoïque. C'est un liquide incolore très réfringeant, bouillant à 239° [Hübner et Müller, *Zeitschr. Chem.*, 1871, p. 301].

3° ACIDE BENZOÏQUE PARABROMÉ [Syn. *Acide bromodracylique*], $C^6H^4(CO^2H)_{(1)}Br_{(4)}$. — Ce composé prend naissance lorsqu'on oxyde le toluène parabromé au moyen de l'acide chromique [Hübner, Ohly et Philipp, *Ann. Chem. Pharm.*, t. XCLIII, p. 247; *Bull. Soc. chim.*, t. IX, p. 486; — Hübner et Retschy, *Zeitschr. Chem.*, 1871, p. 618]. Fittig et König ont obtenu ce même acide en faisant bouillir l'éthylbenzine monobromée, bouillant à 199°, avec un mélange d'acide sulfurique et de dichromate de potassium, pendant deux jours [*Ann. Chem. Pharm.*, t. CXLIV, p. 282; *Bull. Soc. chim.*, t. VIII, p. 96].

L'acide benzoïque parabromé cristallise en aiguilles fusibles à 251°, qui peuvent être sublimées. Il est peu soluble dans l'eau froide, soluble dans l'eau chaude, l'alcool et l'éther.

Sel argentique, $C^6H^4Br\text{-}CO^2Ag$. — Il se forme lorsqu'on précipite le sel barytique par l'azotate d'argent. Il est en aiguilles peu solubles dans l'eau chaude, solubles dans l'alcool.

Sel barytique, $(C^6H^4Br\text{-}CO^2)^2Ba$. — On sature l'acide de carbonate de baryum. Il cristallise en aiguilles solubles dans l'eau.

Sel calcique, $(C^6H^4Br\text{-}CO^2)^2Ca + 1\frac{1}{2}H^2O$. — Il est en aiguilles étoilées.

ACIDES BENZOÏQUES DIBROMÉS. — On a décrit huit acides benzoïques dibromés, mais leur nombre se réduit en réalité à six.

ACIDE BENZOÏQUE MÉTAPARADIBROMÉ,

$$C^6H^3(CO^2H)_{(1)}Br^2_{(3,4)}.$$

— On prépare ce corps par l'action de l'acide azoteux et d'un excès d'acide bromhydrique sur l'acide benzoïque parabromé métaamidé, ou par l'oxydation du toluène métaparadibromé. On le purifie au moyen de son sel barytique [A. Burghard, *Deutsch. chem. Gesellsch.*, 1875, p. 558; *Bull. Soc. chim.*, t. XXV, p. 372].

L'acide benzoïque métaparadibromé cristallise en aiguilles incolores, fusibles à 230°, solubles dans l'alcool, peu solubles dans l'eau.

Sel d'argent ($C^6H^3Br^2$-CO^2)Ag. — Il forme un précipité blanc gélatineux, soluble dans l'eau chaude.

Sel de baryum, ($C^6H^3Br^2$-CO^2)^{2}Ba + $4\frac{1}{2}H^2O$. — Il se forme lorsqu'on précipite le sel ammoniacal par le chlorure de baryum. Il est en longues aiguilles peu solubles dans l'eau.

Sel de cuivre, $C^6H^3Br^2$-CO^2Cu.OH. — Par précipitation du sel barytique avec l'acétate de cuivre, sous forme d'une masse gélatineuse bleue.

Les *sels de plomb* et de *zinc* sont des précipités blancs.

Ether éthylique, $C^6H^3Br^2$-CO^2(C^2H^5). — Par l'action de l'iodure d'éthyle sur le sel argentique. Il cristallise en longues aiguilles, fusibles à 38°,5, solubles dans l'alcool et l'éther.

Amide métaparadibrombenzoïque,

$$C^6H^3Br^2\text{-}CO.AzH^2.$$

— On la prépare en chauffant l'acide sec avec du perchlorure de phosphore, et en décomposant le chlorure formé par l'ammoniaque aqueuse. Elle forme des aiguilles fusibles à 151-152°.

ACIDE BENZOÏQUE MÉTAORTHODIBROMÉ,

$$C^6H^3(CO^2H)_{(1)}Br^2_{(3.2)}.$$

— Il est engendré par la décomposition de l'acide diazobenzoïque, dérivant de l'acide α-métabromorthonitrobenzoïque fusible à 250°, au moyen d'une solution bouillante d'acide bromhydrique.

Ce corps cristallise en aiguilles incolores fusibles à 228°, peu solubles dans l'eau [Hübner et Lawrie, *Deutsch. chem. Gesellsch.*, 1877, p. 1704].

Sel barytique ($C^6H^3Br^2$-CO^2)^{2}Ba + $4\frac{1}{2}H^2O$. — Il est en aiguilles incolores, peu solubles dans l'eau. D'après Hübner et Lawrie, cet acide serait identique avec celui de Burghard, quant à ses propriétés physiques. Pourtant les modes de formation sembleraient indiquer une isomérie entre ces deux corps.

Six autres acides benzoïques dibromés ont été décrits, sans que leur constitution soit établie. Ce sont :

1° *L'acide benzoïque dibromé de Richter.* — Il se forme lorsqu'on traite la benzine dibromée mononitrée, fusible à 84°, en solution alcoolique, par le cyanure de potassium à 120-140°, et en décomposant le cyanure formé par la potasse bouillante. Il cristallise en aiguilles nacrées, fusibles à 151-152°.

Sel barytique, ($C^6H^3Br^2$-CO^2)^{2}Ba + $6H^2O$. — Il est en cristaux mamelonnés.

Sel calcique, ($C^6H^3Br^2$-CO^2)^{2}Ca + $3H^2O$. — Il forme des cristaux enchevêtrés [Richter, *Deutsch. chem. Gesellsch.*, 1874, p. 1145; *Bull. Soc. chim.*, t. XXIII, p. 474].

2° *L'acide de Burghard.* — Obtenu avec l'acide orthobromamidobenzoïque, fusible à 175-177°, au moyen des acides azoteux et bromhydrique [Burghard, *loc. cit.*].

3° *L'acide de Hübner et Lawrie.* — Par l'action de l'acide azoteux et de l'acide bromhydrique sur l'acide β-métabromorthonitrobenzoïque fusible à 141°. Il fond à 153°, et fournit un *sel barytique* qui renferme $6\frac{1}{2}$ molécules d'eau de cristallisation. Les deux atomes de brome occupent probablement les positions 3 et 5. Cet acide est vraisemblablement identique avec celui de Richter [Hübner et Lawrie, *loc. cit.*].

4° *L'acide de Hübner et Smith.* — Il dérive de l'acide orthobromamidobenzoïque, fusible à 180° et fond à 150° [*Deutsch. chem. Gesellsch.*, 1877, p. 1706].

5° *L'acide de Reinecke.* — Il se forme lorsqu'on chauffe l'acide benzoïque métabromé avec du brome et de l'eau à 100°, ou lorsqu'on expose un mélange d'acide benzoïque, de brome et d'eau à une température de 200 à 230°.

Cet acide, qui est probablement identique avec l'acide orthométadibromobenzoïque de Hübner et Lawrie, cristallise en fines aiguilles, fusibles à 223-227°, peu solubles dans l'eau, solubles dans l'alcool et l'éther [Reinecke, *Zeitch. Chem.*, 1869, p. 109; — Hübner et Augerstein, *ibid.*, p. 514].

Sel barytique, ($C^6H^3Br^2$-CO^2)^{2}Ba + $2H^2O$. — Aiguilles transparentes.

Le *sel calcique* cristallise en lamelles.

6° *Acide de Beilstein et Geitner.* — Par l'action de l'acide azoteux sur une solution alcoolique d'acide paramidobenzoïque dibromé [*Zeitsch. Chem.*, 1865, p. 505].

ACIDES BENZOÏQUES TRIBROMÉS. — On a signalé trois dérivés tribromés de l'acide benzoïque, mais on ne connaît la constitution d'aucun d'eux.

1° *Acide de Reinecke.* — Il se forme par l'action d'un excès de brome sur l'acide métabromobenzoïque en présence d'eau à 140-160°. En même temps il se forme les dérivés monobromé et pentabromé de l'acide benzoïque. Pour isoler l'acide tribromé, on fait cristalliser le produit de la réaction dans une solution d'acétate de sodium; l'acide tribromé se dépose en cristaux réunis en faisceaux fusibles à 234°, peu solubles dans l'eau, solubles dans l'alcool et la benzine.

Le chlorate de potassium et l'acide chlorhydrique le convertissent en acide benzoïque trichloré [Reinecke, *loc. cit.*].

Sel calcique, ($C^6H^2Br^3$-CO^2)^{2}Ca + $5H^2O$. — Longues aiguilles, peu solubles dans l'eau, solubles dans l'alcool.

2° *Acide de Hubner et Lawrie.* — Il se forme en même temps que l'acide bibromobenzoïque, fusible à 153°. Il cristallise en aiguilles incolores, fusibles à 178°, et fournit un *sel barytique* qui cristallise en tables renfermant 3 molécules d'eau [Hübner et Lawrie, *loc. cit.*].

3° *Acide de Hübner et Vollbrecht.* — Il dérive de l'acide amidobenzoïque tribromé, fusible à 170°,5. Il cristallise en aiguilles fusibles à 186°,5, peu solubles dans l'eau [*Deutsch. chem. Gesellsch.*, 1877, p. 1708];

Sel barytique, ($C^6H^2Br^3$-CO^2)^{2}Ba + $5\frac{1}{2}H^2O$. — Il cristallise en tables.

ACIDE BENZOÏQUE PENTABROMÉ,

$$C^6Br^5\text{-}CO^2H.$$

— Cet acide se forme difficilement; il résulte de l'action du brome et de l'eau sur l'acide métabromobenzoïque à une température au delà de 200°. La majeure partie de l'acide pentabromé se décompose en gaz carbonique et en benzine pentabromée. Pour isoler l'acide du produit de la réaction, on extrait celui-ci par l'ammoniaque, et on purifie le sel ammoniacal par une série de cristallisations pour le décomposer ensuite par un acide. L'acide ainsi obtenu est soumis à une dernière cristallisation dans l'alcool, et se présente alors sous forme d'aiguilles aplaties, fusibles à 235°, très peu solubles dans l'eau bouillante, solubles dans la benzine.

L'acide pentabromobenzoïque, chauffé avec une solution d'acétate de sodium, fournit un composé qui colore le chlorure ferrique en bleu; c'est peut-être un acide tétrabromoxybenzoïque.

Sel ammoniacal, C^6Br^5-CO^2(AzH^4). — Il forme des lamelles peu solubles.

Sel calcique, (C^6Br^5-CO^2)^{2}Ca + $6H^2O$. — Il se dépose de sa solution alcoolique en écailles brillantes, peu solubles dans l'eau [Reinecke, *loc. cit.*].

2° *Dérivés chlorés.*

ACIDES BENZOÏQUES MONOCHLORÉS. — La théorie prévoit l'existence de trois acides benzoïques monochlorés, et l'expérience en a réalisé la production. On avait cru que l'*acide chlorosalylique* de Kolbe et Lautemann, et l'*acide chlorodracylique* de Beilstein et Wilbrand, étaient des dérivés d'acides isomériques avec l'acide benzoïque. En effet, l'acide chlorosalylique fournit par réduction avec l'amalgame de sodium un acide auquel les deux chimistes allemands avaient attribué des propriétés spéciales, avec un point de fusion situé à 119°. Mais des recherches ultérieures de Beilstein et Reichenbach ont démontré que cet acide, fusible à 119°, n'était que de l'acide benzoïque impur, et que l'acide chlorosalylique n'était autre que l'acide orthochlorobenzoïque; les composés dracyliques (voyez t. I, p. 1180) sont les dérivés parasubstitués de l'acide benzoïque. Nous compléterons ici l'histoire chimique de ces corps.

I. ACIDE BENZOÏQUE ORTHOCHLORÉ,

$$C^6H^4(CO^2H)_{(1)}Cl_{(2)}.$$

— Dans le corps de cet ouvrage (t. I, p. 556), ce composé fusible à 137°,5 est décrit sous le nom d'acide parachlorobenzoïque. Au même endroit, sa formation par l'action du perchlorure de phosphore sur l'acide salicylique est indiqué. L'acide salicylique renferme un groupe hydroxyle dans la position *ortho*, et c'est ce groupe qui se trouve remplacé par le chlore; donc l'acide dont nous parlons est l'acide orthochloré. Aux modes de formation indiqués, nous aurons à ajouter les suivants :

1° Par l'action du cyanure de potassium sur la benzine chloronitrée, fusible à 48°;

2° Par l'action de l'eau à 150° sur le chlorure de monochlorobenzylène [Kolbe et Lautemann, *Ann. Chem. Pharm.*, t. CXV, p. 157; *Repert. Chimie pure*, 1860, p. 471];

3° Lorsqu'on chauffe le benzonitrile orthochloré, fusible à 43°, avec de l'acide chlorhydrique à 150° [L. Henry, *Deutsch. chem. Gesellsch.*, 1869, p. 490];

4° Par l'oxydation du toluène orthochloré, au moyen du permanganate de potassium [Emmerling, *Deutsch. chem. Gesellsch.*, 1871, p. 880].

Lorsqu'on fond cet acide avec de la potasse, on le convertit en acide salicylique, d'après Richter (*loc. cit.*). Un excès de potasse fondue le transformerait en acides salicylique et métaoxybenzoïque, d'après les recherches de H. Ost [*Journ. prak. Chem.*, 1875, t. XI, p. 385; *Bull. Soc. chim.*, t. XXV, p. 84].

Orthochlorobenzonitrile, $C^6H^4(CAz)_{(1)}Cl_{(2)}$. — Henry (*loc. cit.*) a préparé ce corps en traitant l'amide salicylique ou le nitrile salicylique par le perchlorure de phosphore. Cet auteur indique, comme mode de préparation le plus avantageux, de distiller, à douce chaleur, un mélange d'amide salicylique et de pentachlorure de phosphore.

L'orthochlorobenzonitrile cristallise en aiguilles fusibles à 43°, bouillant à 232°, peu solubles dans l'eau, solubles dans l'alcool et l'éther. L'acide azotique convertit ce composé en benzonitrile chloronitré fusible à 106°.

II. ACIDE BENZOÏQUE MÉTACHLORÉ,

$$C^6H^4(CO^2H)_{(1)}Cl_{(3)}.$$

— Voyez t. I, p. 555. La formation de ce corps, qui a permis d'établir sa constitution, est celle indiquée par Wroblewsky. Ce savant a obtenu l'acide métachlorbenzoïque en oxydant le toluène métachloré par un mélange de dichromate de potassium et d'acide sulfurique [*Ann. Chem. Pharm.*, t. CLXVIII, p. 190; *Bull. Soc. chim.*, t. XXXIII, p. 376]. Von Richter l'a preparé en chauffant la parachloronitrobenzine, fusible à 84°, avec du cyanure de potassium à 200°, et en décomposant le cyanure formé par la potasse (*loc. cit.*). Le chlorure de monochlorobenzényle, chauffé à 150°, se convertit en acide benzoïque métachloré [Carius et Kæmmorer, *Ann. Chem. Pharm.*, t. CXXXI, p. 153.]. Ce composé résulte aussi de l'action d'un mélange d'acide chlorhydrique et de peroxyde de manganèse sur l'acide benzoïque à 150°, et lorsqu'on dirige un courant de chlore dans de l'acide benzoïque bouillant. Dans ce dernier cas, il se forme en même temps du chlorure de benzoyle [Hübner et Weiss, *Deutsch. chem. Gesellsch.*, 1873, p. 175].

Amide métachlorobenzoïque,

$$C^6H^4CO(AzH^2)_{(1)}Cl_{(3)}.$$

— Ce corps, qui cristallise en lamelles fusibles à 122°, se forme lorsqu'on traite le chlorure correspondant par l'ammoniaque concentrée (Limpricht et Uslar).

III. ACIDE BENZOÏQUE PARACHLORÉ [Syn. *Acide chlordracylique*], $C^6H^4(CO^2H)_{(1)}Cl_{(4)}$. — Voyez t. I, p. 1187.

D'après Beilstein, Kuhlberg et Neuhof [*Ann. Chem. Pharm.*, t. CXLVIII, p. 339 et 354; *Bull. Soc. chim.*, t. XI, p. 164], l'acide benzoïque parachloré se forme lorsqu'on oxyde le chlorure de benzyle parachloré, $C^6H^4(CH^2Cl)_{(1)}Cl_{(4)}$, ou l'alcool qui en dérive. Hübner et Bente [*Deutsch. chem. Gesellsch.*, 1873, p. 803] ont confirmé ce fait.

O. Emmerling prépare ce composé par l'oxydation du toluène monochloré, bouillant de 150 à 160°, au moyen du permanganate de potassium. Ce toluène monochloré, étant un mélange de dérivés ortho et para, fournit les deux acides correspondants. Pour les séparer, on épuise le produit de la réaction par l'eau bouillante, qui dissout l'acide orthochloré, et l'on purifie le dérivé parachloré par transformation en sel d'ammonium, que l'on décompose par l'acide chlorhydrique [*Deutsch. chem. Gesellsch.*, 1875, p. 880; *Bull. Soc. chim.*, t. XXV, p. 208].

La benzine monochlorée, oxydée au moyen de l'acide sulfurique et du permanganate de potassium, fournit de l'acide benzoïque parachloré et de l'acide formique [Müller, *Zeitschr. Chem.*, 1869, p. 137].

L'acide parachlorobenzoïque cristallise en aiguilles fusibles à 234°. Chauffé lentement à 140° avec du trichlorure ou du perchlorure de phosphore, il donne le *chlorure parachlorobenzoïque*, $C^6H^4(COCl)_{(1)}Cl_{(4)}$. Ce composé est un liquide d'une densité de 1,377, bouillant à 220-222° (Emmerling, Hartmann).

Amide parachlorobenzoïque, C^6H^4Cl-$COAzH^2$. — Elle se dépose sous forme d'une poudre blanche lorsqu'on mélange le chlorure avec de l'ammoniaque aqueuse. Purifiée par cristallisation dans l'éther, elle forme de longues aiguilles, fusibles à 170°, peu solubles dans l'eau, solubles dans l'alcool et l'éther (Emmerling).

Anilide parachlorobenzoïque,

$$C^6H^4Cl\text{-}COAzHC^6H^5.$$

— Par l'action de l'aniline sur le chlorure, elle est en aiguilles soyeuses, fusibles à 194° (Emmerling).

Éther méthylique, C^6H^4Cl-CO^2CH^3. — Il se forme lorsqu'on chauffe à 100° le sel argentique avec de l'iodure de méthyle. Il cristallise en longues aiguilles, fusibles à 42°, solubles dans l'alcool (Emmerling).

Sel argentique, C^6H^4Cl-CO^2Ag. — Cristaux solubles dans l'eau chaude.

Sel sodique, $C^6H^4Cl\text{-}CO^2Na$. — Très soluble dans l'eau.

ACIDES BENZOÏQUES DICHLORÉS. — Les acides benzoïques dichlorés peuvent exister au nombre de six. Jusqu'à présent on n'en a décrit que trois, et dans ces trois cas les positions des deux atomes de chlore par rapport au groupe CO^2H ne sont pas déterminées d'une façon très rigoureuse. Aussi nous nous contenterons de les désigner par les lettres α, β et γ, en indiquant en même temps les chiffres qui marquent la place des atomes de chlore, d'après les opinions des chimistes qui se sont occupés de ces corps.

ACIDE α-DICHLOROBENZOÏQUE, $C^6H^3Cl^2\text{-}CO^2H$. — Ce composé se forme dans les cas suivants :

1° Par l'ébullition d'une solution concentrée de chlorure de chaux avec de l'acide benzoïque;

2° Lorsqu'on oxyde le toluène dichloré bouillant à 197° au moyen de l'acide sulfurique et du dichromate de potassium. Cette oxydation ne s'opère que très difficilement;

3° En chauffant le trichlorure de dichlorobenzényle, ($C^6H^3Cl^2\text{-}CCl^3$), à 200° avec de l'eau en tubes scellés [Beilstein et Kuhlberg, *Ann. Chem. Pharm.*, t. CLII, p. 224; *Bull. Soc. chim.*, t. XII, p. 58; — voir aussi Aronheim et Dietrich, *Deutsch. chem. Gesellsch.*, 1875, p. 1401; *Bull. Soc. chim.*, t. XXVI, p. 195]:

4° Par l'action du perchlorure d'antimoine sur l'acide parachlorobenzoïque à 200° [Beilstein, *Liebig's Ann. Chem.*, t. CLXXIX, p. 283];

5° Par l'oxydation du dichlorure de dichlorobenzylène ($C^6H^3Cl^2\text{-}CHCl^2$), bouillant à 257° au moyen de l'acide chromique [Beilstein et Kuhlberg. *Ann. Chem. Pharm.*, t. CL, p. 286; *Bull. Soc. chim.*, t. X, p. 418];

6° Par l'action du chlorate de potassium et de l'acide chlorhydrique sur l'acide benzoïque [Beilstein, *Liebig's Ann. Chem.*, t. CLXXIX, p. 291];

7° Lorsqu'on chauffe l'acide sulfochlorobenzoïque avec du perchlorure de phosphore [Otto, *Ann. Chem. Pharm.*, t. CXXIII, p. 225];

8° Par l'action de la potasse alcoolique sur le produit d'addition chloré du toluène de la formule $C^7H^6Cl^8$ [Pieper, *Ann. Chem. Pharm.*, t. CXLII, p. 304].

L'acide α-dichlorobenzoïque cristallise en fines aiguilles fusibles à 201° (Beilstein et Kuhlberg). Il est soluble dans l'eau chaude et dans l'alcool. L'acide acétique le déplace de ses sels. La vapeur d'eau l'entraîne.

Aronheim et Dietrich (*loc. cit.*) assignent, dans cet acide, les positions 3.4, aux atomes de chlore, s'appuyant sur le fait de sa formation par l'action du perchlorure d'antimoine sur l'acide parachlorobenzoïque. La déduction ne paraît pas convaincante.

Sel barytique, $(C^6H^3Cl^2\text{-}CO^2)^2Ba + 4H^2O$. — Il cristallise en aiguilles réunies en faisceaux, peu solubles dans l'eau. On s'en sert pour purifier l'acide brut formé d'après la méthode de Beilstein et Kuhlberg.

Sel calcique, $(C^6H^3Cl^2\text{-}CO^2)^2Ca + 3H^2O$. — Écailles brillantes, solubles dans l'eau chaude.

Sel plombique. — Il forme un précipité blanc.

L'éther éthylique, $C^6H^3Cl^2\text{-}CO^2.C^2H^5$, se forme lorsqu'on chauffe le chlorure avec de l'alcool absolu à 180°. C'est un liquide encore bouillant à 262-263°.

Chlorure, $C^6H^3Cl^2\text{-}COCl$. — Liquide incolore bouillant à 242°.

Amide, $C^6H^3Cl^2\text{-}CO.AzH^2$. — Elle se forme par l'action de l'ammoniaque sur le chlorure, ou lorsqu'on chauffe le trichlorure de dichlorobenzényle à 200° avec de l'ammoniaque. Elle cristallise en aiguilles soyeuses, jaunâtres, fusibles à 133°, volatiles avec les vapeurs d'eau, solubles dans l'eau bouillante. Chauffée avec de l'ammoniaque à 200°, elle perd du chlore (Beilstein et Kuhlberg).

ACIDE β-DICHLOROBENZOÏQUE, $C^6H^3Cl^2\text{-}CO^2H$. — Il prend naissance :

1° Par l'action d'une solution concentrée et bouillante de chlorure de chaux sur l'acide benzoïque [Claus et Thiel, *Deutsch. chem. Gesellsch.*, 1875, p. 948; *Bull. Soc. chim.*, t. XXV, p. 416; — Beilstein, *Liebig's Ann.*, t. CLXXIX, p. 292];

2° Lorsqu'on traite l'acide benzoïque par un mélange de chlorate de potassium et d'acide chlorhydrique [Claus et Pfeiffer, *Deutsch. chem. Gesellsch.*, 1872, p. 658, et 1873, p. 721; *Bull. Soc. chim.*, t. XX, p. 461];

3° Par l'action du perchlorure d'antimoine ou d'un mélange de chlorate de potassium et d'acide chlorhydrique sur l'acide benzoïque orthochloré à 170-180° [Beilstein, *loc. cit.*];

4° Par l'action du perchlorure d'antimoine sur l'acide métachlorobenzoïque [Beilstein et Kuhlberg, *Deutsch. chem. Gesellsch.*, 1871, p. 560].

L'acide β-dichlorobenzoïque se forme en même temps que le dérivé α lorsqu'on chauffe le trichlorure de dichlorobenzényle avec l'eau à 200° [Schultz, *Liebig's Ann. Chem.*, t. CLXXXVII, p. 260]. Il est contenu dans les eaux mères du sel barytique de l'acide α, mélangé avec le troisième acide dichlorobenzoïque (voyez plus loin).

L'acide β-dichlorobenzoïque cristallise en fines aiguilles fusibles à 150° (Beilstein), à 156° (Claus, Schultz). Peu soluble dans l'eau froide, il se dissout dans 1193 p. d'eau à 100°; il se dissout plus facilement dans l'eau chaude.

Sel barytique, $(C^6H^3Cl^2\text{-}CO^2)^2Ba + 3H^2O$. — Aiguilles brillantes, solubles dans l'eau et l'alcool.

Sel calcique, $(C^6H^3Cl^2\text{-}CO^2)^2Ca + 2H^2O$. — Aiguilles soyeuses, solubles dans l'eau et l'alcool.

Sel cuivrique, $(C^6H^3Cl^2\text{-}CO^2)^2Cu + 2H^2O$. — Précipité bleu, insoluble dans l'eau et l'alcool.

Sel plombique, $(C^6H^3Cl^2\text{-}CO^2)^2Pb + H^2O$. — Fines aiguilles.

Éther éthylique, $C^6H^3Cl^2\text{-}CO^2C^2H^5$. — Liquide bouillant à 271°, d'une densité de 1,3278 à 0°.

L'amide, $C^6H^3Cl^2\text{-}COAzH^2$, cristallise en aiguilles soyeuses, fusibles à 155°, solubles dans l'eau chaude.

D'après la formation de cet acide par chloruration des acide ortho et métachlorbenzoïque, il paraît renfermer les deux atomes de chlore dans les positions 2.3.

ACIDE γ-DICHLOROBENZOÏQUE, $C^6H^3Cl^2\text{-}CO^2H$. — Il se forme en même temps que les deux précédents par l'action de l'eau sur le trichlorure de dichlorobenzényle à 200°. Il a été isolé du mélange des sels barytiques par Aronheim et Dietrich (*loc. cit.*), et par Schultz (*loc. cit.*). Ce dernier chimiste l'a étudié particulièrement. La découverte de ce composé est pourtant due à Beilstein et Kuhlberg (*loc. cit.*) qui l'ont obtenu par l'oxydation à l'air de l'aldéhyde benzoïque dichlorée (fusible à 68°).

L'acide γ-dichlorobenzoïque cristallise en aiguilles mamelonnées, fusibles à 128° (Beilstein et Kuhlberg), à 126°,5 (Schultz). A 8°, l'eau en dissout 0,11 %; l'alcool à 6°,5 en dissout 5,09 %.

Sel ammoniacal, $C^6H^3Cl^2\text{-}CO^2AzH^4 + H^2O$. — Fines aiguilles.

Sel barytique, $(C^6H^3Cl^2\text{-}CO^2)^2Ba + 3\frac{1}{2}H^2O$. — Aiguilles étoilées, solubles dans l'eau et l'alcool.

Sel cuivrique, $(C^6H^3Cl^2\text{-}CO^2)^2Cu$. — Poudre amorphe.

Sel potassique, $C^6H^3Cl^2\text{-}CO^2K + 5H^2O$. — Aiguilles peu solubles dans l'eau.

Sel de zinc, $(C^6H^3Cl^2\text{-}CO^2)^2Zn + 1\frac{1}{2}H^2O$. — Plus soluble dans l'eau froide que dans l'eau chaude.

Chlorure, $C^6H^3Cl^2$-COCl. — Par distillation du sel barytique avec le perchlorure de phosphore ; il bout à 244°.

Amide, $C^6H^3Cl^2$-CO AzH^2. — Par l'action de l'ammoniaque alcoolique sur le chlorure; elle cristallise en aiguilles blanches, fusibles à 166°, solubles dans l'eau et l'alcool.

ACIDES TRICHLOROBENZOÏQUES. — On a décrit deux des six acides benzoïques trichlorés, dont la théorie prévoit l'existence. Ce sont :

1° ACIDE α-TRICHLOROBENZOÏQUE [Syn. *Acide trichlordracylique*), $C^6H^2Cl^3$-CO^2H. — Il a été obtenu par Jannasch, par l'oxydation du toluène trichloré, fusible à 75°, au moyen d'un mélange de dichromate de potassium et d'acide sulfurique. Cette méthode de préparation ne fournit que de très petites quantités d'acide.

Beilstein et Kuhlberg ont préparé ce même composé en chauffant le trichlorure de trichlorobenzényle, ($C^6H^2Cl^3$-CCl^3), à 260° avec de l'eau. On purifie le produit de la réaction par cristallisation du sel barytique ou ammoniacal, et l'on sépare l'acide de son sel au moyen de l'acide chlorhydrique.

L'acide α-trichlorobenzoïque cristallise en fines aiguilles blanches fusibles à 160° (Jannasch), à 163° (Beilstein et Kuhlberg). Il se dissout très peu dans l'eau froide, facilement dans l'alcool.

Sel ammoniacal, $C^6H^2Cl^3$-CO^2AzH^4. — Il cristallise en aiguilles peu solubles dans l'eau froide.

Sel barytique, $(C^6H^2Cl^3$-$CO^2)^2Ba + 3\frac{1}{2}H^2O$. — Aiguilles soyeuses, solubles dans l'eau, qui perdent leur eau sur l'acide sulfurique.

Sel calcique, $(C^6H^2Cl^3$-$CO^2)^2Ca + 2H^2O$. — Aiguilles solubles dans l'eau.

Les *sels de magnésium* et de *zinc* sont très solubles dans l'eau.

Sel de strontium, $(C^6H^2Cl^3$-$CO^2)^2Sr + 4H^2O$. — Aiguilles blanches.

Éther éthylique, $C^6H^2Cl^3$-$CO^2.C^2H^5$. — Il se forme lorsqu'on fait passer de l'acide chlorhydrique dans une solution alcoolique de l'acide. Il cristallise en aiguilles aplaties, fusibles à 65°, solubles dans l'alcool et dans l'éther.

Chlorure, $C^6H^2Cl^3$-COCl. — Par l'action du pentachlorure de phosphore sur l'acide. Il fond à 41° et bout à 272°. La benzine, l'éther et le sulfure de carbone le dissolvent facilement.

Amide, $C^6H^2Cl^3$-CO AzH^2. — Elle se forme par l'action de l'ammoniaque sur le chlorure. Elle cristallise en aiguilles blanches, fusibles à 167°,5, peu solubles dans l'eau chaude et dans l'éther, solubles dans l'alcool et la benzine. [P. Jannasch, *Ann. Chem. Pharm.*, t. CXLII, p. 301; *Bull. Soc. chim.*, t. IX, p. 229; — Beilstein et Kuhlberg, *Ann. Chem. Pharm.*, t. CLII, p. 234; *Bull. Soc. chim.*, t. XII, p. 59].

2° ACIDE β-TRICHLOROBENZOÏQUE, $C^6H^2Cl^3$-CO^2H. — Il se forme lorsqu'on chauffe l'acide chrysanisique avec de l'acide chlorhydrique à 200°.

Cet acide fond à 203°.

Le *sel barytique* cristallise avec 4 molécules d'eau et le *sel calcique* en renferme 6 molécules.

Éther éthylique, fond à 85° [H. Salkowski, *Deutsch. chem. Gesellsch.*, 1871, p. 222; *Bull. Soc. chim.*, t. XV, p. 266].

ACIDE TÉTRACHLOROBENZOÏQUE,

C^6HCl^4-CO^2H.

Il se forme lorsqu'on chauffe le trichlorure de tétrachlorobenzényle à 270° avec de l'eau [Beilstein et Kuhlberg, *Zeitsch. Chem.*, 1869, p. 529; *Bull. Soc. chim.*, t. XIII, p. 266].

Ce même corps prend naissance lorsqu'on chauffe l'acide orthochlorobenzoïque à 230° avec six fois son poids de pentachlorure d'antimoine [Beilstein, *Liebig's. Ann.*, t. CLXXIX, p. 286].

L'acide tétrachlorobenzoïque cristallise en aiguilles fusibles à 181°. Son *sel barytique* renferme 4 molécules d'eau.

3° *Dérivés chlorobromés*.

Pfeiffer a décrit deux acides benzoïques monochloromonobromés.

1° ACIDE ORTHOCHLOROBENZOÏQUE MONOBROMÉ,

$C^6H^3(CO^2H)_{(1)}Cl_{(2)}Br$.

— Il se forme lorsqu'on traite la solution chaude d'orthochlorobenzoate d'argent par le brome. Il cristallise en fines aiguilles brillantes, fusibles à 151°. A 130°, il se volatilise en partie, et à 160° il peut être sublimé. A 21°, 1 p. d'acide se dissout dans 380 p. d'eau.

Sel barytique, $(C^6H^3ClBr$-$CO^2)^2Ba + 3H^2O$. — Il cristallise en aiguilles mamelonnées.

Sel calcique, $(C^6H^3ClBr$-$CO^2)^2Ca + 2H^2O$. — Aiguilles réunies en faisceaux, qui perdent leur eau à 140°.

Sel potassique, C^6H^3ClBr-$CO^2K + H^2O$. — Il forme une masse cristalline, très hygroscopique.

2° ACIDE PARACHLOROBENZOÏQUE MONOBROMÉ,

$C^6H^3(CO^2H)_{(1)}Cl_{(4)}Br$.

— Il résulte de l'action du brome sur le parachlorobenzoate d'argent. On l'obtient aussi lorsqu'on traite l'acide libre en solution aqueuse ou alcoolique par le brome. Il cristallise en aiguilles enchevêtrées, fusibles à 120°. Il peut être sublimé à 160°. Une partie d'acide se dissout dans 1080 p. d'eau à 21°.

Sel barytique $(C^6H^3ClBr$-$CO^2)^2Ba + 2H^2O$. — Aiguilles mamelonnées [Pfeiffer, *Deutsch. chem. Gesellsch.*, 1872, p. 656; *Bull. Soc. chim.*, t. XVIII, p. 329.]

ACIDE FLUOBENZOÏQUE, C^6H^4Fl-CO^2H. — Ce composé se forme lorsqu'on chauffe l'acide diazométaamidobenzoïque avec de l'acide fluorhydrique. On opère dans une capsule de platine, et lorsque le dégagement de gaz a cessé, on dissout le produit de la réaction dans l'eau, on fait cristalliser et l'on sépare par l'éther l'acide fluobenzoïque de l'acide fluorhydro-amidobenzoïque formé. Ce dissolvant ne dissout que l'acide fluobenzoïque.

L'acide fluobenzoïque cristallise en prismes rhombiques fusibles à 182°, peu solubles dans l'eau froide, solubles dans l'alcool et dans l'éther. Il attaque le verre.

Sel d'argent, C^6H^4Fl-CO^2Ag. — Il cristallise en lamelles jaunâtres.

Sel barytique $(C^6H^4Fl$-$CO^2)^2Ba + 2H^2O$. — Prismes solubles dans l'eau.

Sel calcique $(C^6H^4Fl$-$CO^2)^2Ca + 3H^2O$. — Il cristallise en prismes [Schmitt et v. Gehren, *Journ. prakt. Chem.*, (2) t. I p. 349; *Bull. Soc. chim.*, t. XIV. p. 306].

4° *Dérivés iodés*.

Les trois acides monoïodobenzoïques ont été préparés.

ACIDE ORTHOIODOBENZOÏQUE, $C^6H^4(CO^2H)_{(1)}I_{(2)}$. — On obtient ce composé lorsqu'on chauffe le sulfate d'acide orthodiazobenzoïque avec de l'acide iodhydrique. Il se forme aussi par l'oxydation de l'orthoïodotoluène au moyen de l'acide nitrique.

L'acide orthoiodobenzoïque cristallise en aiguilles fusibles à 152° (Griess), à 156° (Kekulé). Il se dissout peu dans l'eau chaude, facilement dans l'alcool et l'éther [Griess, *Deutsch. chem. Gesellsch.*, 1871, p. 521; *Bull. Soc. chim.*, t. XVI,

p. 137; — Kekulé. *Deutsch. chem. Gesellsch.*, 1874, p. 1007; *Bull. Soc. chim.*, t. XXIII, p. 120].

II. ACIDE MÉTAIODOBENZOÏQUE, $C^6H^4(CO^2H)_{(1)}I_{(3)}$. — Körner a obtenu cet acide par l'oxydation du métaiodotoluène au moyen d'un mélange d'acide sulfurique et de dichromate de potassium. Il cristallise en aiguilles fusibles à 172°,5, solubles dans l'alcool. La potasse fondante le convertit en acide métoxybenzoïque [*Zeitsch. Chem.*, 1868, p. 637; *Bull. Soc. chim.*, t. XIII, p. 170].

III. ACIDE PARAÏODOBENZOÏQUE, $C^6H^4I_{(4)}CO^2H_{(1)}$. — Il se forme lorsqu'on chauffe le sulfate d'acide paradiazobenzoïque avec de l'acide iodhydrique (Griess), et par l'oxydation du paraiodotoluène au moyen de l'acide chromique. Il cristallise en écailles brillantes qui fondent à 250-251° (Glassner). L'eau chaude le dissout difficilement.

Sel barytique, $(C^6H^4I\text{-}CO^2)^2Ba + 1\frac{1}{2}H^2O$. — Tables rhombiques.

Sel calcique, $(C^6H^4I\text{-}CO^2)^2Ca + H^2O$. — Tables très solubles.

Sel potassique, $C^6H^4I\text{-}CO^2K$. — Tables très solubles.

Sel sodique, $C^6H^4I\text{-}CO^2Na + \frac{1}{2}H^2O$. — Aiguilles très solubles.

Sel de strontium, $(C^6H^4I\text{-}CO^2)^2Sr + H^2O$. — Lamelles nacrées, très solubles.

Sel de zinc, $(C^6H^4I\text{-}CO^2)^2Zn + 4H^2O$. — Rhombes peu solubles [P. Griess, *Deutsch. chem. Gesellsch.*, 1871, p. 521; *Bull. Soc. chim.* t. XVI, p. 137; — W. Körner, *Bull. Acad. roy. Belgique* (2), t. XXIV, p. 157; — H. Glassner, *Deutsch. chem. Gesellsch.*, 1875, p. 560; *Bull. Soc. chim.*, t. XXV, p. 373].

5° *Dérivés nitrés de l'acide benzoïque.*

ACIDES BENZOÏQUES MONONITRÉS. — La formule de constitution de la benzine nous permet de concevoir l'existence de trois dérivés monosubstitués, isomériques, de l'acide benzoïque. Jusqu'en 1875, les chimistes n'avaient aucune raison pour ne pas admettre trois acides mononitrobenzoïques. A cette époque, Fittica a publié un mémoire dans lequel il décrivit deux nouveaux acides mononitrobenzoïques. D'après cet auteur, il aurait fallu ajouter aux acides ortho, méta et paranitrobenzoïques, fusibles à 145°, 140°,5 et 238°, deux autres acides fusibles à 127° et à 178° [*Deutsch. chem. Gesellsch.*, 1875, p. 252, 710 et 741; *Bull. Soc. chim.*, t. XXIV, p. 561; t. XXV, p. 21].

Plus tard, Fittica a rectifié le point de fusion de l'acide fusible à 127°, et a indiqué 136° [*Deutsch. chem. Gesellsch.*, 1876, p. 788; *Bull. Soc. chim.*, t. XXVII, p. 123].

Dans ses recherches, Fittica s'était fondé sur les observations suivantes pour conclure à l'existence de ces deux nouveaux acides. L'acide métanitrobenzoïque, fusible à 140°,5, serait un mélange de deux corps que l'on pourrait séparer par cristallisation des sels barytiques. Le sel le moins soluble, décomposé par l'acide chlorhydrique, fournirait l'acide fusible à 127°, qui, réduit par l'étain et l'acide chlorhydrique, donnerait un acide amidé fusible à 154-156°, et dont le chlorostannite fond à 143°. Dans les mêmes conditions, l'acide fusible à 178°, obtenu par décomposition du sel barytique le plus soluble, engendrerait un dérivé amidé fusible à 125°, dont la combinaison avec le chlorure stanneux fond à 123°. De plus, Fittica avait constaté une différence de solubilité, différence bien faible, et inférieure aux erreurs d'expériences.

Après avoir pendant quelque temps nié l'existence de l'acide métanitrobenzoïque, Fittica l'a admise, et a ajouté un sixième acide isomérique aux cinq premiers. C'était l'acide jaune citron fusible à 135° [*Deutsch. chem. Gesellsch.*, 1877, p. 485; 1878, p. 1207; *Bull. Soc. chim.*, t. XXIX, p. 560; t. XXX, p. 244].

Ces publications ont donné lieu à une polémique, à laquelle ont pris part Griess, Ladenburg, E. Salkowski et Erlenmeyer. Sans vouloir détailler les arguments allégués contre Fittica par ces chimistes, il nous suffira de dire que Salkowski a transformé, par dix cristallisations dans l'eau, l'acide fusible à 127° en acide métanitrobenzoïque fusible à 140°,5 [*Deutsch. chem. Gesellsch.*, 1875, p. 636; *Bull. Soc. chim.*, t. XXV, p. 20]; que E. Widnmann a démontré que des mélanges de deux des trois acides nitrobenzoïques fondent à des températures constantes [*Liebig's Ann. Chem.*, t. CXCIII, p. 228.] L'acide fusible à 178° de Fittica correspond à un mélange de 10 p. d'acide méta et de 5 p. d'acide paranitrobenzoïque; ce mélange fond à 180°; l'acide fusible à 127°, à un mélange de 10 p. d'ortho et de 5 p. de méta; ce mélange fond à 125°.

Bodewig a soumis à une étude cristallographique les acides décrits par Fittica. Par cristallisation de l'acide métanitré, fusible à 141°, dans l'acétone ou dans un mélange d'alcool et d'éther, il a obtenu deux modifications physiques. La première, instable, est en cristaux clinorhombiques; $a : b : c = 0,76456 : 1 : 0,35006$; inclinaison des axes = 86°24′. La seconde, stable, est en cristaux clinorhombiques; $a : b : c = 0,96556 : 1 : 1,2327$, inclinaison des axes = 88°49′.

L'acide de Fittica fusible à 127° soumis à une cristallisation dans l'acétone fournit une seconde modification instable de l'acide métanitré, en cristaux clinorhombiques fusibles à 141°; $a : b : c = 0.8348 : 1 : 1,5043$, inclinaison des axes = 83°29′. L'acide fusible à 136° cristallisé dans l'acétone donne la modification stable du dérivé métanitré, et l'acide jaune citron cristallisé dans l'éther donne sa première modification instable [*Deutsch. chem. Gesellsch.*, 1879, p. 1983].

En somme, les trois nouveaux acides de Fittica ne sont que des mélanges de deux des trois autres acides; ceci est d'autant plus facile à comprendre, qu'il a été démontré que les trois acides ortho, méta et paranitrobenzoïque se forment tous les trois ensemble par la nitration de l'acide benzoïque.

Il ne nous reste donc que ces trois acides à décrire, et la théorie de la benzine de Kekulé, qui aurait été fortement ébranlée si les assertions de Fittica avaient résisté à la critique expérimentale, nous suffit pour interpréter ces cas d'isomérie comme tous les autres.

I. ACIDE ORTHONITROBENZOÏQUE,

$$C^6H^4(CO^2H)_{(1)}(AzO^2)_{(2)}.$$

— Cet acide a été obtenu par l'oxydation de l'acide orthonitrocinnamique, fusible à 232° [Beilstein et Kuhlberg, *Deutsch. chem. Gesellsch.*, 1872, p. 329]. E. Widnmann l'a préparé en oxydant le nitrotoluène brut en solution alcaline par le permanganate de potassium [*Deutsch. chem. Gesellsch.*, 1875, p. 392; *Bull. Soc. chim.*, t. XXIV, p. 56].

Le mode de préparation le plus commode de cet acide a été indiqué par Griess : on traite l'acide benzoïque par un mélange d'acides sulfurique et nitrique [*Ann. Chem. Pharm.*, t. CLXVI, p. 129]. Widnmann a modifié le procédé de Griess et indiqué la marche suivante. On introduit 1 p. d'acide benzoïque dans un mélange de 2 p. d'azotate potassique et de 3 p. d'acide sulfurique d'une densité de 1,840. On précipite par l'eau, et on lave le mélange des trois acides nitrobenzoïques par l'eau. Puis on enlève l'acide benzoïque non attaqué par distillation dans un courant de vapeur d'eau. On transforme le résidu en sels barytiques, que l'on fait cristalliser dans l'eau. D'abord il se dépose le sel méta, que l'on purifie par lavages à l'eau. Les eaux mères concentrées laissent déposer des mamelons formés des sels ortho et para. On dissout les mamelons dans peu d'eau et on fait cristalliser lentement. On obtient ainsi deux espèces de cristaux. On les trie, et on les fait cristalliser de nouveau pour les séparer du métanitrobenzoate qui les souille encore, et qui se dépose le premier. Les sels étant purs, on les décompose par l'acide sulfurique [*Liebig's Ann. Chem.*, t. CXCIII, p. 204; *Bull. Soc. chim.*, t. XXXII, p. 243]. L'acide orthonitrobenzoïque cristallise en aiguilles anorthiques; formes : $a : b : c = 0,5316 : 1 : x$; faces : p, h^1, g^1, t; angles : $h^1 g^1 = 69°$, $g^1 p = 51°46'$, $h^1 p = 88°5'$, $h^1 t = 39°49'$.

Il fond à 145° (Griess) à 147° (Widnmann), se dissout facilement dans l'eau et possède une saveur sucrée. Il se volatilise lentement avec les vapeurs d'eau. L'acide sulfurique et le dichromate de potassium le convertissent en acide acétique.

Sel de baryum, $(C^6H^4.AzO^2-CO^2)^2Ba + 3H^2O$. — Tables anorthiques, qui perdent leur eau sur l'acide sulfurique; $a : b : c = 0,6146 : 1 : 0,6209$; faces : h^1, g^1, p, $b^{1/2}$, m, t; angles : $h^1 g^1 = 91°15'$; $p g^1 = 80°40'$; $p h^1 = 71°11'$; $b^{1/2} p = 60°45'$; $b^{1/2} g^1 = 71°41'$; $m g^1 = 59°31$; $t g^1 = 60°22'$.

Sel de calcium, $(C^6H^4.AzO^2-CO^2)^2Ca + 2H^2O$. — Il cristallise en aiguilles.

Sel de plomb, $(C^6H^4.AzO^2-CO^2)^2Pb + H^2O$. — Prismes solubles dans l'eau chaude.

Éther éthylique, $C^6H^4.AzO^2-CO^2C^2H^5$. — Cristaux fusibles à 30°.

Amide, $C^6H^4.AzO^2-COAzH^2$. — Aiguilles solubles dans l'eau chaude, fusibles à 167°.

II. ACIDE MÉTANITRO BENZOÏQUE,

$$C^6H^4(CO^2H)_{(1)}(AzO^2)_{(3)}.$$

— (Voyez t. I, p. 557.) Il se forme par la nitration de l'acide benzoïque, en même temps que ses deux isomères. (Voyez acide orthonitrobenzoïque, p. 321.) Fittica a obtenu ce composé par l'action de l'acide sulfurique sur un mélange des solutions alcooliques d'acide benzoïque et d'azotate d'éthyle, et saponification de l'éther formé [*Deutsch. chem. Gesellsch.*, 1876, p. 794; *Bull. Soc. chim.*, t. XXVII, p. 122].

L'acide métanitrobenzoïque cristallise en tables clinorhombiques; $a : b : c = 0,9625 : 1 : 1,2915$; inclinaison des axes $= 88°58'$; faces : p, m, $b^{1/2}$, $(d^{1/3} b^1 g^1)$, $a^{1/2}$, o^1; angles : $b^{1/2} p = 61°45'$; $m p = 89°15'$; $m m = 87°48'$; plan des axes optiques g^1; un axe visible à travers la face p.

Il fond à 141°, et se transforme en une huile lorsqu'on le chauffe sous l'eau (Widnmann). Oxydé par l'acide sulfurique et le dichromate de potassium, il fournit de l'acide acétique. L'acide nitrique additionné d'acide sulfurique le convertit en un mélange de trois acides benzoïques dinitrés, et de trinitrorésorcine (Griess).

Chauffé à 119-120°, pendant quelques heures, avec de l'aniline, il fournit de la métanitrobenzanilide (Engler et Volkhausen). Le métanitrobenzoate d'argent, traité à froid, par un excès de chlorure d'acétyle, donne de l'acide *métanitrobenzacétylique* $C^6H^4(AzO^2)_{(3)}-CO-CH^2-CO^2H$. Ce corps est en cristaux fusibles à 130-132°, solubles dans l'alcool, l'éther et l'eau chaude. Son sel de plomb renferme deux molécules d'eau de cristallisation [L. Liebermann, *Deutsch. chem. Gesellsch.*, 1877, p. 861; *Bull. Soc. chim.*, t. XXIX, p. 171].

Éther éthylique, $C^6H^4.AzO^2-CO^2C^2H^5$. Il se forme par la nitration de l'éther benzoïque [V. Meyer et O. Stüber, *Ann. Chem. Pharm.*, t. CLXV, p. 186]. Il fond à 40°,5.

III. ACIDE PARANITROBENZOÏQUE,

$$C^6H^4(CO^2H)_{(1)}(AzO^2)_{(4)}.$$

[Voyez *Dracyliques (combinaisons)*, t. I, p. 1186, et *Acide β-nitrobenzoïque*, t. I, p. 558]. — Il se forme par l'oxydation de l'acide paranitrocinnammique au moyen de l'acide chromique [A. Baeyer et A. Emmerling, *Deutsch. chem. Gesellsch.*, 1869, p. 681; *Bull. Soc. chim.*, t. XIII, p. 457].

L'alcool paranitrobenzylique le fournit aussi par oxydation [Beilstein et Kuhlberg, *Zeitsch. Chem.*, 1867, p. 467].

W. Körner l'a obtenu par l'oxydation du paranitrotoluène, au moyen de l'acide sulfurique et du dichromate potassique [*Compt. rend.*, t. XLIX, p. 475].

Il se forme aussi par l'oxydation de la nitrobenzine par l'acide sulfurique et le peroxyde de manganèse [Hassenpflug, *Deutsch. chem. Gesellsch.*, 1875, p. 712].

L'acide paranitrobenzoïque se forme, en même temps que ses deux isomères, par la nitration de l'acide benzoïque d'après la méthode de Gerland [Griess, *Deutsch. chem. Gesellsch.*, 1875, p. 526; *Bull. Soc. chim.*, t. XXIV, p. 563; — Ladenburg, *ibid.*, 1875, p. 535; *Bull. Soc. chim.*, t. XXV, p. 19; — E. Salkowski, *Ibid.*, 1875, p. 636; *Bull. Soc. chim.*, t. XXV, p. 20].

Pour le séparer de ses isomères, on procède d'après les indications de Widnmann. — Voir plus haut.

L'acide paranitrobenzoïque cristallise en aiguilles clinorhombiques fusibles à 238°. L'acide chromique l'oxyde en acide acétique.

Sel de baryum, $(C^6H^4AzO^2-CO)^2Ba + 5H^2O$. Lamelles clinorhombiques; $a : b : c = 2,2907 : 1 : 2,5354$; inclinaison des axes $= 66°32'$; faces : p, o^1, a^1, $b^{1/2}$, $d^{1/2}$, h^1; angles : $p h^1 = 66°32'$; $p b^{1/2} = 60°25'$; $h^1 b^{1/2} = 58°57'$; $b^{1/2} b^{1/2} = 47°5'$. Plan des axes optiques parallèle au plan de symétrie; à travers la base, on aperçoit les lignes neutres appartenant aux deux axes.

E. Salkowski (*loc. cit.*) a décrit un sel dans lequel une molécule d'acide paranitrobenzoïque est remplacée par l'acide benzoïque; c'est le benzoparanitrobenzoate de baryum,

$$(C^6H^4AzO^2-CO^2)Ba(C^6H^5-CO^2).$$

Ce sel est anhydre. Décomposé par les acides, il fournit un mélange des deux acides constituants, qui fond à 191°.

Chauffé avec de l'aniline et du trichlorure de phosphore, à 180-190°, l'acide paranitrobenzoïque fournit une masse bleue dont on a extrait une amidine, la *carbotriphényltriamine*,

$$AzH^2.C^6H^4-C \begin{cases} \!\!= AzC^6H^5 \\ - AzHC^6H^5, \end{cases}$$

après réduction préalable de la masse bleue, au moyen de l'étain et de l'acide chlorhydrique. Cette amidine, fusible à 198°, est en petites aiguilles; son *chlorhydrate* cristallise en longues aiguilles blanches fusibles à 280-282°. Chauffée à 155-160° avec de l'acide chlorhydrique, elle donne l'acide paramidobenzoïque [W. Weith, *Deutsch. chem. Gesellsch.*, 1879, p. 103].

ACIDES DINITROBENZOÏQUES. — Ces acides peuvent exister au nombre de six. Jusqu'ici on en a décrit cinq.

I. Le premier est celui de Cahours (voyez t. I, p. 559). Cet acide se forme, peut-être exclusivement, par la nitration de l'acide métanitrobenzoïque. Il fond à 204°. Les positions des deux groupes AzO^2, par rapport au groupe CO^2H, sont méta-méta, c'est-à-dire 1.3.5.

Hübner et Böcker [*Deutsch. chem. Gesellsch.*, 1877, p. 1702] ont démontré cette constitution par le procédé suivant. Ils ont transformé cet acide en acide amidonitrobenzoïque, et ils ont converti celui-ci en acide diazonitrobenzoïque, lequel, décomposé par l'eau, leur a fourni l'acide métanitrobenzoïque. D'un autre côté, ils ont converti ce même acide diazonitrobenzoïque en acide chloronitrobenzoïque par l'acide chlorhydrique. Ce dernier leur a fourni l'acide métachlorobenzoïque par transformation en acide chloroamidé et chlorodiazoïque, et décomposition de celui-ci par l'eau. Il donne d'autre part un acide diamidé, qui fournit la métaphénylène-diamine fusible à 63° [C. Wurster et G. Ambühl, *Deutsch. chem. Gesellsch.*, 1874, p. 213; *Bull. Soc. chim.*, t. XXII, p. 201]. Beilstein et Kurbatow ont obtenu cet acide par l'oxydation de l'α et de la β-dinitronaphtaline avec l'acide nitrique étendu. Son *éther éthylique* fond à 91° [*Deutsch. chem. Gesellsch.*, 1880, p. 355].

II. ACIDE ORTHOMÉTADINITROBENZOÏQUE,

$$C^6H^3(CO^2H)_{(1)}(AzO^2)^2{}_{(2.5)}.$$

— Il se forme en même temps que les deux suivants par l'action d'un mélange d'acides nitrique et sulfurique (10 p.), à l'ébullition, sur 1 p. d'acide orthonitrobenzoïque. On sépare les trois isomères par cristallisation de leurs sels barytiques. Dans cette réaction, il se forme en même temps une certaine quantité de trinitrorésorcine.

L'acide orthométadinitrobenzoïque cristallise en prismes fusibles à 177°, solubles dans l'alcool et l'éther.

L'acide chlorhydrique et l'étain le transforment en acide α-diamidobenzoïque, lequel fournit à la distillation la paraphénylène-diamine fusible à 140°. Cette transformation démontre sa constitution.

Sel de baryum $[C^6H^3(AzO^2)^2CO^2]^2Ba + 4H^2O$. — Aiguilles hexagonales, peu solubles dans l'eau, qui perdent leur eau de cristallisation à 115° [P. Griess, *Deutsch. chem. Gesellsch.*, 1874, p. 1223; *Bull. Soc. chim.*, t. XXIII, p. 475].

III. ACIDE ORTHOPARADINITROBENZOÏQUE,

$$C^6H^3(CO^2H)_{(1)}(AzO^2)^2{}_{(2.4)}.$$

— Il prend naissance en même temps que le précédent, par la nitration de l'acide orthonitrobenzoïque (Griess) et de l'acide paranitrobenzoïque par le mélange nitrosulfurique [Hübner et Stromeyer, *Deutsch. chem. Gesellsch.*, 1880, p. 461].

Tiemann et Judson l'ont préparé par l'oxydation du toluène orthoparadinitré, fusible à 70° au moyen de l'acide nitrique [*Deutsch. chem. Gesellsch.*, 1870, p. 223; *Bull. Soc. chim.*, t. XIV, p. 306].

Il cristallise en prismes rhombiques fusibles à 179°. Lorsqu'on le réduit par l'étain et l'acide chlorhydrique, il ne fournit pas d'acide diamidé; mais en perdant du gaz carbonique il donne la métaphénylène-diamine fusible à 63° [Griess, *loc. cit.*; — Wurster, *Deutsch. chem. Gesellsch.*, 1874, p. 149; *Bull. Soc. chim.*, t. XXII, p. 196]. Cette réaction établit sa constitution.

Sel de baryum $[C^6H^3(AzO^2)^2CO^2]^2Ba + 3H^2O$. — Tables rhombiques perdant leur eau à 180°.

IV. ACIDE MÉTAPARADINITROBENZOÏQUE,

$$C^6H^3(CO^2H)_{(1)}(AzO^2)_{(3.4)}.$$

A. Claus et W. Halberstadt ont obtenu cet acide, mélangé au précédent, par l'action du mélange d'acides nitrique (1 vol.) et sulfurique (2 vol.) fumants sur l'acide paranitrobenzoïque en tubes scellés, à une température de 170°. On sépare les deux acides par cristallisation fractionnée dans l'eau.

L'acide métaparadinitrobenzoïque se dépose le premier

Il fond à 161°; soluble dans l'alcool et l'éther, il ne se dissout que difficilement dans l'eau froide (0,673 p. dans 100 p. à 25°).

Son isomérie avec le précédent et sa formation établissent sa constitution.

Sel de baryum, $[C^7H^3(AzO^2)^2O^2]^2Ba + 4H^2O$. — Croûtes cristallines.

Sel de calcium, $[C^7H^3(AzO^2)^2O^2]^2Ca + 3H^2O$. — Lamelles blanches, qui perdent leur eau à 130° [*Deutsch. chem. Gesellsch.*, 1880, p. 815].

V. ACIDE ORTHO-ORTHODINITROBENZOÏQUE,

$$C^6H^3(CO^2H)_{(1)}(AzO^2)_{(2.6)}.$$

— Il résulte de l'action du mélange nitrosulfurique sur l'acide orthonitrobenzoïque simultanément avec les acides orthopara et orthométadinitrobenzoïques [Griess, *loc. cit.*].

Il cristallise en aiguilles enchevêtrées, fusibles à 202° (Griess). Lorsqu'on le chauffe, il fournit la benzine métadinitrée fusible à 90°; par la réduction, il donne, en perdant de l'acide carbonique, de la métaphénylène-diamine [Wurster et Ambühl, *Deutsch. chem. Gesellsch.*, 1874, p. 213; *Bull. Soc. chim.*, t. XXII, p. 201.]

Sel de baryum, $[C^6H^3(AzO^2)^2CO^2]^2Ba + 2H^2O$. — Aiguilles blanches.

ACIDE TRINITROBENZOÏQUE,

$$C^6H^2(AzO^2)^3\text{-}CO^2H.$$

— Un seul des six acides trinitrobenzoïques possibles a été décrit, et l'on ne connaît pas sa constitution. Il se forme par l'ébullition du trinitrotoluène fusible à 82° avec l'acide nitrique, l'opération étant prolongée pendant deux semaines. Il cristallise en aiguilles fusibles à 190°. Les sels d'ammonium et d'argent sont cristallisés. Le dernier est en lamelles rouges [Tiemann et Judson, *loc. cit.*].

6° *Dérivés nitrobromés de l'acide benzoïque.*

On connaît quatre acides benzoïques monobromomononitrés, et un acide dibromomononitré.

I. ACIDE DÉRIVANT DE L'ACIDE ORTHOBROMOBENZOÏQUE. — ACIDE ORTHOBROMOMÉTANITROBENZOÏQUE, $C^6H^3Br(AzO^2)\text{-}CO^2H(1.2.5)$. — Il se forme lorsqu'on dissout l'acide orthobromobenzoïque dans l'acide nitrique fumant, et qu'on précipite la solution par l'eau. Il cristallise en longues aiguilles fusibles à 177-178°, à 180° (Rhalis), solubles dans l'eau chaude [Burghard, *Deutsch. chem. Gesellsch.*, 1875, p. 560; *Bull. Soc. chim.*, t. XXV, p. 372; — Rhalis, *loc. cit.*]. Chauffé avec de l'ammoniaque concentrée à 140-150°, il fournit l'acide β-orthoamidométanitro-benzoïque fusible à 270°; avec l'ammoniaque alcoolique, il donne en même temps de l'aniline paranitrée fusible à 147-148°. Cette réaction établit sa constitution [Rhalis, *loc. cit.*].

Sel de baryum,

$$[C^7H^3Br(AzO^2)O^2]^2Ba + 5\tfrac{1}{2}H^2O.$$

— Aiguilles réunies en faisceaux.

Ether éthylique, $C^6H^3Br(AzO^2)\text{-}CO^2C^2H^5$. — Aiguilles solubles dans l'alcool et l'éther, fusibles à 65-66°.

II. ACIDES DÉRIVANT DE L'ACIDE MÉTABROMOBENZOÏQUE. — Lorsqu'on dissout l'acide benzoïque métabromé dans l'acide nitrique fumant, il se forme deux dérivés isomériques. Pour les séparer, on précipite la solution par l'eau; dans ces conditions, l'acide α se sépare, l'acide β restant dissous.

ACIDE α-MÉTABROMONITROBENZOÏQUE,

$$C^6H^3Br(AzO^2)\text{-}CO^2H(1.3.?).$$

On purifie l'acide brut en l'épuisant par l'eau chaude et en faisant cristalliser le résidu dans l'éther. Il se dépose en octaèdres clinorhombiques, fusibles à 246-248°.

Sel d'argent, $C^6H^3Br(AzO^2)CO^2Ag$. — Aiguilles blanches, solubles dans l'eau.

Sel barytique, $[C^6H^3Br(AzO^2)CO^2]^2Ba + 4H^2O$. — Lamelles soyeuses.

Sel de magnésium,

$$[C^6H^3Br(AzO^2)\text{-}CO^2]^2Mg + 6H^2O.$$

— Aiguilles brillantes.

Éther éthylique, $C^6H^3Br(AzO^2)\text{-}CO^2C^2H^5$. — Il se forme lorsqu'on chauffe à 120°, en tubes scellés, une solution alcoolique de l'acide, saturé de gaz chlorhydrique. Il cristallise en prismes clinorhombiques, fusibles à 80°, solubles dans l'alcool et l'éther [Hübner, Ohly et Philipp, *Ann. Chem. Pharm.*, t. CXLIII, p. 230; *Bull. Soc. chim.*, t. IX, p. 488].

Acide β-métabromonitrobenzoïque,

$$C^6H^3Br(AzO^2)CO^2H(1.3.?).$$

— On l'obtient par évaporation des eaux mères de l'acide α, et recristallisation dans l'eau sous forme de prismes clinorhombiques, fusibles à 140-141°, qui peuvent être sublimés.

Sel d'argent, $C^6H^3Br(AzO^2)\text{-}CO^2Ag$. — Aiguilles soyeuses.

Sel barytique, $[C^6H^3Br(AzO^2)\text{-}CO^2]^2Ba$. — Aiguilles blanches.

Sel de calcium. — Il en existe deux modifications : 1° le sel anhydre $[C^6H^3Br(AzO^2)CO^2]^2Ca$, qui se dépose en aiguilles, ressemblant à l'amiante, des eaux mères du sel hydraté,

$$[C^6H^3Br(AzO^2)\text{-}CO^2]^2Ca + 2H^2O.$$

Celui-ci est en aiguilles mamelonnées.

Sel de cuivre, $[C^6H^3Br(AzO^2)\text{-}CO^2]^2Cu$. — Cristaux verts.

Sel de magnésium,

$$[C^6H^3Br(AzO^2)\text{-}CO^2]^2Mg + 4H^2O.$$

— Tables rhombiques.

Sel de plomb, $[C^6H^3Br(AzO^2)\text{-}CO^2]^2Pb$. — Poudre cristalline.

Sel de potassium,

$$C^6H^3Br(AzO^2)\text{-}CO^2K + 2H^2O.$$

— Longues aiguilles, solubles dans l'eau.

Sel de sodium, $C^6H^3Br(AzO^2)\text{-}CO^2Na + 2\frac{1}{2}H^2O$. — Tables jaunâtres, solubles dans l'eau et l'alcool.

Éther éthylique, $C^6H^3Br(AzO^2)\text{-}CO^2C^2H^5$. — Il se forme lorsqu'on sature la solution alcoolique de l'acide par le gaz chlorhydrique, ou lorsqu'on chauffe l'acide à 190° avec de l'alcool. Il cristallise en prismes clinorhombiques, fusibles à 55°, solubles dans l'éther [Hübner, Ohly et Philipp].

III. Acide dérivant de l'acide parabromobenzoïque, $C^6H^3Br(AzO^2)CO^2H$ (1.4.3.). — Il se forme par l'action de l'acide nitrique fumant sur l'acide parabromobenzoïque. On précipite le produit de la réaction par l'eau, et l'on transforme l'acide brut en sel de sodium que l'on purifie par cristallisation, pour le décomposer ensuite. Ce même acide a été obtenu par l'oxydation du toluène métanitré parabromé, fusible à 45°. Il forme une masse cristalline grenue, fusible à 199°, peu soluble dans l'eau, soluble dans l'alcool. Par réduction, il fournit l'acide métaamidobenzoïque; ceci établit sa constitution.

Sel d'argent, $C^6H^3Br(AzO^2)\text{-}CO^2Ag$. — Aiguilles microscopiques, solubles dans l'alcool et l'eau chaude.

Sel barytique,

$$[C^6H^3Br(AzO^2)\text{-}CO^2]^2Ba + 4H^2O.$$

— Aiguilles peu solubles.

Sel de magnésium,

$$[C^6H^3Br(AzO^2)\text{-}CO^2]^2Mg + 6H^2O.$$

— Aiguilles mamelonnées, solubles dans l'eau.

Ether éthylique, $C^6H^3Br(AzO^2)\text{-}CO^2.C^2H^5$. — Prismes clinorhombiques fusibles à 74° [Hübner, Ohly et Philipp, *loc cit.*; — Hübner et Ravoill, *Deutsch. chem. Gesellsch.*, 1877, p. 1707].

Acide métaparadibromobenzoïque mononitré, $C^6H^2Br^2(AzO^2)\text{-}CO^2H$ (1. 3. 4. ?) — Il se forme par l'action de l'acide nitrique fumant sur l'acide métaparadibromobenzoïque. On transforme le produit de la réaction en sel sodique, que l'on purifie par cristallisation, pour le décomposer ensuite par l'acide chlorhydrique.

Cet acide cristallise en aiguilles fusibles à 162°, peu solubles dans l'eau.

Sel barytique,

$$[C^6H^2Br^2(AzO^2)\text{-}CO^2]^2Ba + 2H^2O.$$

Fines aiguilles.

Sel de sodium, $C^6H^2Br^2(AzO^2)\text{-}CO^2Na + 3H^2O$. — Lamelles incolores [Hübner et Angerstein, *Zeitschr. Chem.*, 1869, p. 514; *Bull. Soc. chim.*, t. XVI, p. 135].

7° *Dérivés nitrochlorés de l'acide benzoïque.*

On a préparé quatre acides benzoïques monochlorés mononitrés. L'un deux, qui dérive de l'acide parachlorobenzoïque, *l'acide parachlorométanitrobenzoïque*, est décrit avec les composés dracyliques (voyez t. I, p. 1187). Hübner et Böcker ont, en outre, signalé un cinquième acide de la formule $C^6H^3Cl(AzO^2)\text{-}CO^2H$: c'est l'acide benzoïque métachlorométanitré, qui résulte de l'action de l'acide chlorhydrique sur l'acide métanitrométadiazobenzoïque. Ces chimistes n'ont pas indiqué les propriétés de ce composé [*Deutsch. chem. Gesellsch.*, 1877, p. 1702.]

I. Acide dérivant de l'acide métachlorobenzoïque. — Lorsqu'on chauffe l'acide métachlorobenzoïque avec de l'acide nitrique fumant, il se forme deux composés mononitromonochlorés. Ce sont :

a. L'acide $C^6H^3Cl_{(3)}(AzO^2)_{(2)}(CO^2H)_{(1)}$. — Il est peu soluble dans l'eau chaude, et peut être séparé du suivant par simple épuisement [Hübner, *Zeitschr. Chem.*, 1866, p. 614; *Bull. Soc. chim.*, t. VII, p. 507]. Cet acide fond à 230°.

Sel barytique, $[C^6H^3Cl(AzO^2).CO^2]^2Ba + 4H^2O$. — Aiguilles groupées en faisceaux, peu solubles dans l'eau.

Sel calcique, $[C^6H^3Cl(AzO^2)CO^2]^2Ca + 2H^2O$. — Aiguilles étoilées.

b. Acide orthonitrométachlorobenzoïque,

$$C^6H^3Cl_{(3)}(AzO^2)_{(2)}CO^2H_{(1)}$$

— Il est plus soluble que le premier, et reste dissous dans les eaux mères. On le purifie par cristallisation d'un de ses sels. Il fond à 136° [Hübner). D'après les recherches de Hübner et Weiss, ce serait cet acide seulement qui se forme dans l'action de l'acide nitrique sur l'acide benzoïque métachloré [*Deutsch. chem. Gesellsch.*, 1873, p. 175; *Bull. Soc. chim.*, t. XX, p. 32].

II. Acide orthochlorométanitrobenzoïque,

$$C^6H^3Cl_{(2)}(AzO^2)_{(3)}(CO^2H)_{(1)}.$$

— Il résulte de l'action de l'acide nitrique sur l'acide orthochlorobenzoïque.

Ce composé cristallise en aiguilles brillantes, fusibles à 165°, solubles dans l'eau. L'hydrogène naissant le transforme en acide métamidobenzoïque.

Sel barytique, $[C^6H^3Cl(AzO^2)\text{-}CO^2]^2Ba + H^2O$. — Petites aiguilles solubles.

Sel calcique, $[C^6H^3Cl(AzO^2)\text{-}CO^2]^2Ca + 2H^2O$. — Cristaux étoilés, peu solubles.

Sel de magnésium,

$$[C^6H^3Cl(AzO^2)\text{-}CO^2]^2Mg + 8H^2O.$$

— Tables rhombiques jaunâtres.

Éther éthylique, $C^6H^3Cl(AzO^2)CO^2C^2H^5$. — Aiguilles fusibles à 29° (Hübner).

Nitrile orthochlorométanitrobenzoïque,

$$C^6H^3Cl(AzO^2)\text{-}CAz.$$

— Il se forme lorsqu'on dissout le nitrile orthochlorobenzoïque dans un mélange d'acides nitrique et sulfurique. On le précipite de cette solution par l'eau, et on le fait cristalliser dans l'alcool. Il est en aiguilles soyeuses, fusibles à 106°, peu solubles dans l'eau [Henry, *loc. cit.*].

ACIDE MÉTANITROTRICHLOROBENZOÏQUE,

$$C^6HCl^3(AzO^2)\text{-}CO^2H.$$

— On le prépare en dissolvant l'acide benzoïque trichloré dans un mélange d'acides nitrique et sulfurique. On porte la solution à l'ébullition et l'on précipite l'acide par l'eau. On le purifie par cristallisation de son sel de baryum.

L'acide mononitrotrichlorobenzoïque cristallise en petites aiguilles, fusibles à 220°, peu solubles dans l'eau, solubles dans l'alcool.

Sel barytique, $[C^6HCl^3(AzO^2)\text{-}CO^2]^2Ba + 2H^2O$. — Poudre cristalline, soluble dans l'eau.

Sel calcique, $[C^6HCl^3(AzO^2)\text{-}CO^2]Ca + 3H^2O$. — Courtes aiguilles, peu solubles dans l'eau [Beilstein et Kuhlberg, *Zeitsch. Chem.*, 1869, p. 529; *Bull. Soc. chim.*, t. XIII, p. 266].

ACIDE MONONITROFLUOBENZOÏQUE,

$$C^6H^3Fl(AzO^2)\text{-}CO^2H.$$

— Par l'action de l'acide nitrique sur l'acide fluobenzoïque. Il cristallise en aiguilles jaunâtres [Schmitt et v. Gehren, *Journ. prakt. Chem.*, (2), t. I, p. 394; *Bull. Soc. chim.*, t. XIV, p. 306].

8° *Dérivés nitroïodés de l'acide benzoïque.*

ACIDES DÉRIVANT DE L'ACIDE MÉTAÏODOBENZOÏQUE. — Lorsqu'on introduit de l'acide métaïodobenzoïque en petites quantités dans de l'acide nitrique d'une concentration moyenne, il se dissout. La solution versée dans de l'eau laisse déposer un mélange de trois dérivés iodonitrés. Pour séparer les trois acides, on épuise à l'ébullition le mélange par l'acide chlorhydrique étendu. Ce véhicule enlève les acides β et γ métaïodonitrés. L'acide α-métaïodonitré est alors purifié par cristallisation de son sel de baryum. On sépare les acides β et γ, par cristallisation fractionnée de leurs sels barytiques.

ACIDE α-MÉTAÏODONITROBENZOÏQUE,

$$C^6H^3I(AzO^2)\text{-}CO^2H.$$

— Il cristallise en aiguilles blanches, fusibles à 235°, peu solubles dans l'eau, surtout additionnée d'acide chlorhydrique.

Sel ammonique, $C^6H^3I(AzO^2)\text{-}CO^2AzH^4 + H^2O$. — Aiguilles solubles.

Sel barytique, $[C^6H^3I(AzO^2)\text{-}CO^2]^2Ba + 2H^2O$. — Aiguilles blanches.

Sel de calcium. — Lamelles jaunes contenant $2H^2O$.

Sel sodique, $C^6H^3I(AzO^2)\text{-}CO^2Na + 3H^2O$. — Aiguilles.

Sel de strontium. — Aiguilles renfermant $4H^2O$.

Le *sel cuivrique* est bleu et insoluble.

Éther éthylique, $C^6H^3I(AzO^2)\text{-}CO^2.C^2H^5$. — Fond à 84°.

ACIDE MÉTAÏODONITROBENZOÏQUE. — Il est en cristaux jaunâtres, fusibles à 174°, solubles dans l'eau. Son *sel barytique* renferme $6H^2O$ et cristallise en aiguilles jaunes. Les sels de *calcium* et de *strontium* sont anhydres. Ce dernier est en aiguilles rouges. L'*éther éthylique* est en tables jaunes fusibles à 64°, peu solubles dans l'alcool.

L'ACIDE γ-MÉTAÏODONITROBENZOÏQUE fond à 192°. Le *sel barytique* renferme $3H^2O$, le *sel calcique* en renferme 3 1/2 [O. Grothe, *Journ. prakt. Chem.* (2), t. XVIII, p. 324; *Bull. Soc. chim.*, t. XXXIII, p. 214].

ACIDE MÉTANITRO-PARAÏODOBENZOÏQUE,

$$C^6H^3I_{[4]}(AzO^2)_{[3]}(CO^2H)_{[1]}.$$

— Glassner a préparé ce corps en chauffant l'acide paraïodobenzoïque avec de l'acide nitrique fumant. Il cristallise en aiguilles fusibles à 210°, solubles dans l'alcool, peu solubles dans l'eau.

Sel calcique, $[C^6H^3I(AzO^2)\text{-}CO^2]^2Ca + 1\frac{1}{2}H^2O$. — Aiguilles jaunâtres.

Sel potassique, $C^6H^3I(AzO^2)\text{-}CO^2K + H^2O$. — Prismes hexagonaux.

Sel sodique, $C^6H^3I(AzO^2)\text{-}CO^2Na + H^2O$. — Aiguilles jaunâtres [*Deutsch. chem. Gesellsch.*, 1875, p. 562; *Bull. Soc. chim.*, t. XXV, p. 373].

Hübner et Cunze ont décrit un acide benzoïque iodonitré, fusible à 220°, qui est peut-être identique avec celui de Glassner. Son sel barytique renferme 3 molécules d'eau de cristallisation [*Ann. Chem. Pharm.*, t. CXXXV, p. 106; *Bull. Soc. chim.*, 1866, t. V, p. 373].

9° *Dérivés amidés de l'acide benzoïue.*

ACIDES AMIDO-BENZOÏQUES. (Voyez t. I. p. 560 et 1187; t. II, p. 695.) — Les acides amidobenzoïques sont au nombre de trois, et correspondent aux trois acides nitrés. L'acide orthoamidobenzoïque est décrit dans cet ouvrage sous les noms d'acide anthranilique et d'acide métoxybenzamique. Depuis l'époque à laquelle ces deux articles ont été publiés, les études entreprises pour établir la position relative des radicaux dans le noyau benzique ont démontré que l'acide anthranilique est en réalité l'acide ortho, tandis que l'acide ortho d'autrefois est l'acide méta. Cette rectification faite, nous procéderons à la description des trois acides amidobenzoïques, d'après les nouvelles recherches dont chacun d'eux a été l'objet.

I. ACIDE ORTHOAMIDOBENZOÏQUE. (Voyez t. I, p. 341, et t. II, p. 697.)

$$C^6H^4(AzH^2)_{[2]}(CO^2H)_{[1]}.$$

Il se forme par réduction de l'acide orthonitrobenzoïque par l'étain et l'acide chlorhydrique. Il résulte de la réduction de son dérivé dibromé au moyen de l'amalgame de sodium [P. Greiff; voyez *Acide orthoamidobenzoïque métaparadibromé*, Suppl., p. 327].

D'après Widnmann, l'acide orthoamidobenzoïque cristallise en prismes orthorhombiques fusibles à 143°; formes : $b^{1/2}$, h^1, g^1; $a : b : c = 0{,}5959 : 1 : 0{,}8601$; angles : $b^{1/2}\ b^{1/2} = 52°11'$; $b^{1/2}\ b^{1/2} = 95°11'$.

Il fournit du chloranile par l'oxydation au moyen du chlorate potassique et de l'acide chlorhydrique (Widnmann).

Chauffé à 180-200° avec de l'acide iodhydrique concentré, il donne de l'orthotoluidine. En même temps il se formerait de la paratoluidine [Rosenstiehl, *Compt. rend.*, t. LXIX, p. 35].

Lorsqu'on ajoute de l'acide pyruvique à de l'acide orthoamidobenzoïque, il se forme un corps jaunâtre, insoluble dans l'eau, l'alcool et l'éther, que Böttinger envisage comme ayant la constitution

$$\underset{\displaystyle C^6H^4\text{-}Az = C\lt{}^{CH^3}_{CO^2H}.}{\overset{CO.OH}{|}}$$

[*Deutsch. chem. Gesellsch.*, 1877, p. 367; *Bull. Soc. chim.*, t. XXX, p. 131].

II. ACIDE MÉTAMIDOBENZOÏQUE,

$$C^6H^4(AzH^2)_{(3)}(CO^2H)_{(1)}.$$

— Cet acide correspond à l'acide métanitrobenzoïque. Il prend naissance par l'action de l'hydrate de baryum sur la métamidobenzoyle-urée [P. Griess, *Deutsch. chem. Gesellsch.*, 1875, p. 322; *Bull. Soc. chim.*, t. XXV, p. 23].

Traité par l'acide chlorhydrique et le chlorate de potassium, il donne du chloranile (Widnmann).

En solution aqueuse, l'acide métamidobenzoïque s'unit au furfurol, et donne un composé cristallisé en aiguilles rouges, à reflets métalliques, renfermant $C^6H^4(AzH.C^5H^4O^2)CO^2H$. [H. Schiff, *Deutsch. chem. Gesellsch.*, 1878, p. 1094].

De même, l'acide métamidobenzoïque se dissout dans une solution aqueuse chaude d'hélicine. Par le refroidissement, il se dépose une masse vitreuse qui, cristallisée dans l'alcool, se présente sous forme de lamelles brillantes fusibles à 142° renfermant $C^{13}H^{16}O^7.C^7H^7AzO^2$ [H. Schiff, *Deutsch. chem. Gesellsch.*, 1879, p. 2032].

Chauffé avec de la phényle-sulfocarbimide en solution alcoolique, l'acide métamidobenzoïque fournit la phényle-sulfo-urée-métoxybenzoïque [Merz et Weith, *Deutsch. chem. Gesellsch.*, 1870, p. 244; *Bull. Soc. chim.*, t. XV, p. 116; — voyez t. III, p. 136].

L'acide métamidobenzoïque s'unit, à chaud, au sulfure de carbone, pour fournir la sulfo-urée-dimétoxybenzoïque [Merz et Weith, *Deutsch. chem. Gesellsch.*, 1870, p. 812; — voyez t. III, p. 136].

Produits de l'action du cyanogène sur l'acide métamido-benzoïque. (Voyez, t. II, p. 704.) — Griess assigne à l'acide éthyloxybenzuramique la formule

$$C^6H^4 \begin{cases} CO^2H \quad \diagup OC^2H^5 \\ AzH - C = AzH \end{cases}$$

et non pas celle qui a été indiquée dans le corps de cet ouvrage. Ce chimiste appelle ce composé : *l'acide éthyle-carbimidométamidobenzoïque*. Traité par l'acide azoteux, en solution chlorhydrique, il fournit *l'acide oxéthylcarboxamidobenzoïque*,

$$C^{10}H^{11}AzO^4 = C^6H^4 \begin{cases} CO^2H \\ AzH - CO^2C^2H^5. \end{cases}$$

Ce même composé se forme par l'action de l'éther chloroxycarbonique sur l'acide métamidobenzoïque,

$$2(C^6H^4.AzH^2.CO^2H) + Cl.CO^2C^2H^5$$
$$= C^{10}H^{11}AzO^4 + (C^6H^4.AzH^2.CO^2H).HCl.$$

— Il cristallise en aiguilles fusibles à 189°, solubles dans l'eau chaude, l'alcool et l'éther.

Sel barytique, $(C^{10}H^{10}AzO^4)^2Ba + 2H^2O$. — Lamelles. Chauffé avec de l'eau, il se décompose en acide métamido-benzoïque et en alcool. [P. Griess, *Deutsch. chem. Gesellsch.*, 1876, p. 796; *Bull. Soc. chim.*, t. XXVII, p. 132].

Si l'on fait passer du cyanogène dans une solution aqueuse d'acide métamidobenzoïque, les produits formés diffèrent, en partie, de ceux qui résultent de l'action du cyanogène sur une solution alcoolique de l'acide. Dans les deux cas, il se forme du dicyanure d'acide métamidobenzoïque, mais les produits secondaires ne sont pas identiques. Lorsqu'on emploie la solution alcoolique, on obtient deux produits accessoires, l'acide hémicyanmétamidobenzoïque (acide carbimidoamidobenzoïque; voy. t. II. p. 697) et l'acide oxéthylcarbimidoamidobenzoïque; lorsqu'on opère avec la solution aqueuse, on n'obtient qu'un seul produit savoir : *l'acide cyanocarbimidoamidobenzoïque*,

$$C^9H^7Az^3O^2 = \begin{array}{l} CO^2H \qquad\quad C \equiv Az \\ C^6H^4 - AzH\,C = AzH. \end{array}$$

— Pour isoler ce composé, on épuise par l'acide chlorhydrique le dépôt formé qui le renferme en même temps que le dicyanure. L'acide se dissout, le dicyanure reste. On le précipite de sa solution chlorhydrique par l'ammoniaque. L'acide cyanocarbimidoamidobenzoïque cristallise en lamelles blanches, solubles dans l'alcool chaud. Il forme des sels avec les acides et avec les bases. L'eau chaude le décompose, ainsi qu'une température élevée [P. Griess, *Deutsch. chem. Gesellsch.*, 1878, p. 1985 et 2180].

Le dicyanure d'acide métamidobenzoïque traité par la potasse concentrée fournit la *benzoglycocyamine*,

$$C^8H^9Az^3O^2 = \begin{array}{l} CO^2H \qquad\qquad AzH^2 \\ C^6H^4 - AzH - C = AzH. \end{array}$$

(Voy. t. II, p. 696.) Ce corps traité par l'iodure de méthyle fournit la *méthyle-benzoglycocyamine* ou *α-benzocréatine*,

$$C^9H^{11}Az^3O^2 = \begin{array}{l} CO^2H \qquad\qquad\qquad\quad AzH^2 \\ | \qquad\qquad\qquad\qquad\quad | \\ C^6H^4 - Az(CH^3) - C = AzH, \end{array}$$

qui cristallise en lamelles blanches, solubles dans l'eau, peu solubles dans l'alcool. Son *chlorhydrate* renferme une molécule d'eau; le *chloroplatinate* en renferme deux.

La *β-benzocréatine*,

$$C^9H^{11}Az^3O^2 = \begin{array}{l} CO^2H \qquad\qquad AzH(CH^3) \\ C^6H^4 - AzH - C = AzH, \end{array}$$

se forme par l'action de la méthylamine sur l'acide oxéthyl-carbimidoamidobenzoïque. Elle cristallise en lamelles hexagonales, insolubles dans l'eau [P. Griess, *Deutsch. chem. Gesellsch.*, 1875, p. 322; *Bull. Soc. chim.*, t. XXV, p. 23].

DÉRIVÉS DE L'ACIDE MÉTAMIDOBENZOÏQUE RÉSULTANT DE LA SUBSTITUTION DE RADICAUX A L'HYDROGÈNE DU GROUPE AzH^2. — *Acide méthyle-métamidobenzoïque.* (Syn. *Benzosarcosine*),

$$C^6H^4(AzH.CH^3)CO^2H.$$

— Il se forme par décomposition de l'α-benzocréatine au moyen de la potasse. Il cristallise en lamelles mamelonnées, blanches, solubles dans l'eau chaude.

Chlorhydrate, $[C^7H^5AzH(CH^3)O^2]HCl$. — Lamelles hexagonales, argentées, qui traités par l'azotite de potassium en solution aqueuse fournissent *l'acide nitrosométhyle-amidobenzoïque*, $C^6H^4Az(AzO)CH^3-CO^2H$ [Griess, *loc. cit.*].

Acide diméthyle-métamidobenzoïque,

$$C^6H^4Az(CH^3)^2-CO^2H.$$

— Il se forme par saponification de son éther méthylique. Il cristallise en aiguilles brillantes, fusibles à 151°, peu solubles dans l'eau. *L'éther méthylique* est un liquide bouillant à 270°, possédant une odeur aromatique. Il forme un sulfate et un chloroplatinate, et prend lui-même naissance par fusion de la

Triméthylbenzobétaïne, $C^7H^4Az(CH^3)^3O^2$. — Voy. BÉTAÏNES, *Suppl.*, p. 349.

Acide éthyle-métamidobenzoïque,

$$C^6H^4(AzH.C^2H^5)-CO^2H.$$

— Il se forme en même temps que le dérivé diéthylé lorsqu'on fait bouillir une solution alcoolique de métamidobenzoate de potassium avec l'iodure d'éthyle. On sépare les deux dérivés par cristallisation dans l'acide chlorhydrique étendu chaud. Par le refroidissement, l'acide monoéthylé se dépose, l'acide diéthylé reste dissous.

L'acide éthylométamidobenzoïque cristallise en prismes blancs fusibles à 112°, peu solubles dans l'eau, solubles dans l'alcool et l'éther.

Chlorhydrate, $[C^7H^5(AzH.C^2H^5)O^2]HCl$. — Lamelles solubles dans l'eau chaude.

Sel barytique,

$$[C^7H^4(AzH.C^2H^5)O^2]^2Ba + 2H^2O.$$

— Lamelles blanches, solubles dans l'eau et l'alcool.

Acide nitrosoéthyle-métamidobenzoïque,

$$C^6H^4(Az.AzO.C^2H^5)\text{-}CO^2H.$$

— Il se forme par l'action de l'acide azoteux, ou de l'azotite de potassium, sur une solution chlorhydrique d'acide-éthyle-métamidobenzoïque. Il cristallise en lamelles jaunâtres, solubles dans l'alcool et l'éther. Son *sel d'argent* est en lamelles hexagonales.

Acide diéthyle-amidobenzoïque,

$$C^6H^4Az(C^2H^5)^2CO^2H.$$

— Il cristallise en prismes blancs, brillants, fusibles à 99°.

Chlorhydrate. — Lamelles quadratiques, renfermant une molécule d'eau.

Sel barytique. — Cristaux blancs renfermant 10 molécules d'eau [P. Griess, *Deutsch. chem. Gesellsch.*, 1872, p. 1042; *Bull. Soc. chim.*, t. XIX, p. 268].

Acide diallyle-métamidobenzoïque,

$$C^6H^4Az(C^3H^5)^2CO^2H.$$

— Par l'action de l'iodure d'allyle sur le métamidobenzoate de potassium. Il cristallise en lamelles blanchâtres, fusibles à 90°, solubles dans l'alcool et l'éther [Griess, *loc. cit.*].

Acide métamidobenzacétylique,

$$C^6H^4(AzH^2)\text{-}CO\text{-}CH^2\text{-}CO^2H.$$

— Il résulte de la réduction de l'acide nitrobenzacétylique (*Suppl.*, p. 322) par le sulfhydrate d'ammonium [L. Liebermann, *loc. cit.*].

III. Acide paramidobenzoïque,

$$C^6H^4(AzH^2)_{(4)}(CO^2H)_{(1)}.$$

— L'acide paramidobenzoïque se forme lorsqu'on décompose les acides oxysuccinyle- et oxyphtalyle-paramidobenzoïques par l'acide chlorhydrique [Michael, *Deutsch. chem. Gesellsch.*, 1879, p. 576; *Bull Soc. chim.*, t. XXIX, p. 16].

Par l'oxydation au moyen de l'acide chlorhydrique et du chlorate de potassium, il fournit du chloranile (Widnmann).

Sel barytique, $(C^6H^4.AzH^2\text{-}CO^2)^2Ba$. — Lamelles brillantes, solubles dans l'eau.

Sel cuivrique, précipité vert; *sel plombique*, cristaux jaunes.

Sulfate, $2(C^6H^4.AzH^2.CO^2H)H^2SO^4$. — Cristaux réunis en faisceaux.

Chauffé à 50° en tubes scellés avec de l'oxyde d'éthylène, l'acide paramidobenzoïque donne l'acide *oxéthylénoparamidobenzoïque*, $C^9H^{11}AzO^3$, qui cristallise en prismes fusibles à 187°, solubles dans l'alcool chaud. A 210°, il perd de l'acide carbonique et donne une base, non étudiée. [Ladenburg, *Deutsch. chem. Gesellsch.*, 1873, p. 129].

Lorsqu'on mélange des solutions d'acide paramidobenzoïque et d'acétate de plomb, il se dépose un sel double de la formule

$$C^6H^4.AzH^2.CO^2.Pb.C^2H^3O^2 \text{ (Ladenburg).}$$

L'acide paramidobenzoïque, chauffé à 170-100° avec de l'acide sulfurique fumant, fournit l'*acide diamidobenzine-sulfone-dicarboxylique*,

$$C^{14}H^{12}Az^2SO^6 = (C^6H^3.AzH^2.CO^2H)^2SO^2.$$

— Cet acide fond au delà de 350°; il est soluble dans l'eau, et cristallise en faisceaux groupés en feuilles de fougère [Michael et Norton, *Deutsch. chem. Gesellsch.*, 1877, p. 580; *Bull. Soc. chim.*, t. XXIX, p. 18].

Dérivés de l'acide paramidobenzoïque, substitués dans le groupe AzH^2. — *Acide diméthyle-paramidobenzoïque*

$$C^6H^4Az(CH^3)^2CO^2H.$$

— Il prend naissance par l'action du gaz phosgène sur la diméthylaniline à 50°, et par l'action de l'iodure de méthyle sur une solution d'acide paramidobenzoïque dans l'alcool méthylique, en présence de potasse. Il cristallise en aiguilles blanches, fusibles à 235° [Michler, *Deutsch. chem. Gesellsch.*, 1876, p. 400; *Bull. Soc. chim.*, t. XXVI, p. 456].

Acide diéthyle-paramidobenzoïque,

$$C^6H^4Az(C^2H^5)^2CO^2H.$$

— Il se forme comme le précédent par l'action du phosgène sur la diéthyle-aniline, ou lorsqu'on substitue l'iodure d'éthyle à l'iodure de méthyle dans la préparation indiquée pour le dérivé diméthylé. Il cristallise en lamelles jaunes, fusibles à 188° [Michler et Gradmann, *Deutsch. chem. Gesellsch.*, 1876, p. 1912; *Bull. Soc. chim.*, t. XXVIII, p. 402].

Lorsqu'on fait agir le gaz phosgène sur un excès de diéthylaniline, on obtient aussi un corps qui résulte de l'action de cette base sur le chlorure de l'acide précédent; c'est l'*hexéthyltriamidodibenzoyle-benzine*,

$$C^{32}H^{41}Az^3O^2$$
$$= [(C^2H^5)^2Az.C^6H^4CO)]^2 = C^6H^3.Az(C^2H^5)^2.$$

Ce corps cristallise en tables fusibles à 70° (Michler et Gradmann).

Acide acétyle-paramidobenzoïque,

$$C^6H^4(AzHC^2H^3O)\text{-}CO^2H.$$

— On le prépare en oxydant l'acetparatoluidine (fusible à 145°) par le permanganate de potassium. Il cristallise en aiguilles fusibles à 250°, peu solubles dans l'eau, solubles dans l'alcool [A.-W. Hofmann, *Deutsch. chem. Gesellsch.*, 1876, p. 1302; *Bull. Soc. chim.*, t. XXVII, p. 415].

10° *Acides amidobenzoïques halogènes et nitrés.*

I. Dérivés de l'acide orthoamidobenzoïque. — *Acide métaparadibromorthoamidobenzoïque*,

$$C^6H^2(AzH^2)_{(2)}Br^2_{(3.4)}CO^2H_{(1)}.$$

— Il se forme lorsqu'on ajoute peu à peu du brome à du toluène orthonitré chauffé à 170°. On le sépare du produit de la réaction en le transformant en sel de sodium. Isolé de ce sel, on le purifie par cristallisation de son sel barytique. Il fond à 225°. Par réduction, il fournit de l'acide orthoamidobenzoïque. Il paraît identique avec l'acide dérivant de l'acide benzoïque métaparabromé [P. Greiff, *Deutsch. chem. Gesellsch.*, 1880, p. 288].

Wachendorff [*Liebig's Ann. Chem.*], t. CLXXXV, p. 259] prétend avoir obtenu du dibromoorthonitrotoluène dans ces conditions. Les propriétés de ce corps sont identiques avec celles du composé de Greiff.

L'acide métaparadibromobenzoïque mononitré de Hübner et Angerstein (voy. p. 324) fournit par réduction un acide amidé fusible à 225° [Hübner et Smith, *Deutsch. chem. Gesellsch.*, 1877, p. 1706].

Acide métachlororthoamidobenzoïque,

$$C^6H^3(AzH^2)_{(2)}Cl_{(3)}(CO^2H)_{(1)}.$$

— Par réduction de l'acide métachlororthonitrobenzoïque, au moyen de l'étain et de l'acide chlorhydrique. Il cristallise en aiguilles fusibles à 148°, peu solubles dans l'eau [Hübner et Weiss, *loc. cit.*].

Acide α-orthoamidométanitrobenzoïque,

$$C^6H^3(AzH^2)_{(2)}(AzO^2)_{(3)}(CO^2H)_{(1)}.$$

— Il se forme par décomposition de son amide par l'hydrate de baryum. Il cristallise en aiguilles fusibles à 204°, solubles dans l'alcool et l'éther.

Sel de baryum,

$$[C^6H^3AzH^2(AzO^2)CO^2]^2Ba + 2H^2O.$$

— Il cristallise en aiguilles rouges.

Amide, $C^6H^3AzH^2(AzO^2)COAzH^2$. — Elle se forme par l'action de l'ammoniaque alcoolique sur l'éther diéthylique de l'acide nitrosalicylique fusible à 131°. Elle cristallise en lamelles brillantes, fusibles à 109° [Hübner et Hall, *Deutsch. chem. Gesellsch.*, 1875, p. 1216; — P. Griess, *Deutsch. chem. Gesellsch.*, 1878, p. 1730]. — Voyez aussi t. II, p. 698.

Acide β-ortho-amidométanitrobenzoïque (acide ε-nitramidobenzoïque de Griess) (1.2.5). — Il se forme par l'action de la baryte sur son amide, ou par l'action de l'eau bouillante sur l'acide dinitroortho-uramidobenzoïque. Il cristallise en aiguilles réunies en faisceaux fusibles à 263°, solubles dans l'alcool, l'éther et l'eau chaude. Rhalis a obtenu cet acide en chauffant l'acide orthobrommétanitrobenzoïque à 140-150° avec de l'ammoniaque concentrée (*loc. cit.*). Traité par l'étain et l'acide chlorhydrique, il donne l'acide α-diamidobenzoïque.

Sel de baryum. — Il cristallise en aiguilles jaunes, renfermant trois molécules d'eau.

Amide. — Par l'action de l'ammoniaque alcoolique à 160° sur l'éther diéthylique de l'acide nitrosalicylique fusible à 228°. Elle cristallise en aiguilles fusibles à 140°, solubles dans l'alcool [Hübner et Wattenberg, *Deutsch. chem. Gesellsch.*, 1879, p. 1219; — Griess, *Deutsch. chem. Gesellsch.*, 1878, p. 1730; *Bull. Soc. chim.*, t. XXXII, p. 446].

II. Dérivés de l'acide métamidobenzoïque. — *Acide métamidobenzoïque tribromé,*

$$C^6HBr^3.AzH^2\text{-}CO^2H.$$

— Par l'action du brome sur l'acide métamidobenzoïque. Il cristallise en aiguilles fusibles à 170°,5 [Hübner et Vollbrecht, *Deutsch. chem. Gesellsch.*, 1877, p. 1708].

L'*acide amidobenzoïque chloré*, de Hübner et Biedermann, est probablement le dérivé orthochloré de l'acide méta-amidé. Il résulte de la réduction de l'acide benzoïque chloronitré fusible à 165°. Il fond à 212°.

Acides métaïodamidobenzoïques,

$$C^6H^3I(AzH^2)CO^2H.$$

— Deux acides benzoïques iodoamidés ont été décrits. Ils résultent de la réduction des acides iodonitrés correspondants, en solution acétique.

L'*acide* α est en cristaux bruns, fusibles à 170°, solubles dans l'eau. Son *chlorhydrate* cristallise en aiguilles. Le *sel de baryum* est en tables quadratiques renfermant H^2O.

Réduit par l'hydrogène naissant, cet acide fournit l'acide orthoamidobenzoïque fusible à 143°; il est donc 1.2.3 ou 1.3.6.

L'*acide* β cristallisé en aiguilles fusibles à 209°, peu solubles dans l'eau. Les sels de *baryum* et de *strontium* sont anhydres; celui de calcium renferme $2H^2O$. Réduit par l'hydrogène naissant, il donne également l'acide orthoamidobenzoïque. Il renferme donc les groupes AzH^2 et I dans les positions ortho-méta, c'est-à-dire 1.2.3 ou 1.3.6. Il n'est pas déterminé laquelle de ces constitutions lui est propre [Grothe, *loc. cit.*].

Acide métamidobenzoïque diiodé,

$$C^6H^2I^2AzH^2\text{-}CO^2H.$$

— Il se forme lorsqu'on traite l'acide amidobenzoïque par l'iode, en présence d'oxyde de mercure. Il cristallise en longues aiguilles, solubles dans l'alcool et l'éther [R. Benedikt, *Deutsch. chem. Gesellsch.*, 1875, p. 384; *Bull. Soc. chim.*, t. XXIV, p. 305].

Acide métanitrométamidobenzoïque,

$$C^6H^3(AzO^2)AzH^2\text{-}CO^2H.(1.3.5.).$$

— Par réduction de l'acide dinitrobenzoïque fusible à 204°. Il cristallise en aiguilles jaunes brillantes, fusibles à 208° [Hübner et Grube, *Deutsch. chem. Gesellsch.*, 1877, p. 1703].

Acide métanitrométamidobenzoïque-monoéthyle, $C^6H^3(AzO^2)AzHC^2H^5\text{-}CO^2H$. — Par l'action du bromure d'éthyle sur le précédent. Il cristallise en aiguilles jaunes fusibles à 208°. Son sel de baryum est en aiguilles rouges renfermant $4H^2O$ [Hübner et Rollwage, *Deutsch. chem. Gesellsch.*, 1877, p. 1704].

Dérivés de l'acide paramidobenzoïque. — *Acide métanitroparamidobenzoïque,*

$$C^6H^3(CO^2H)_{(1)}(AzO^2)_{(3)}(AzH^2)_{(4)}.$$

— Il se forme par l'action de l'eau bouillante sur l'acide dinitropara-uramidobenzoïque. Il cristallise en aiguilles jaunes, solubles dans l'alcool chaud. Son *sel de baryum* renferme cinq molécules d'eau. Par réduction, il fournit un acide diamidé qui, chauffé, donne l'orthophénylènediamine, fusible à 99°. Ceci établit sa constitution [Griess, *Deutsch. chem. Gesellsch.*, 1872, p. 855; *Bull. Soc. chim.*, t. XIX, p. 74].

Acide paramidobenzoïque dinitré (acide chrysanisique), $C^6H^2(AzO^2)^2AzH^2\text{-}CO^2H$. — Il se forme par l'oxydation de la dinitroacétoluide par l'acide chromique [Friederici, *Deutsch. chem. Gesellsch.*, 1878, p. 1975].

Lorsqu'on le traite par le chlorure d'acétyle, il fournit un dérivé acétylé,

$$C^6H^2(AzO^2)^2(AzHC^2H^3O)\text{-}CO^2H,$$

qui cristallise en aiguilles soyeuses fusibles à 270° [H. Salkowski et C. Rudolph, *Deutsch. chem. Gesellsch.*, 1877, p. 1606].

Burghard a signalé un acide amidobenzoïque monobromé, fusible à 175-177°, obtenu par réduction de l'acide orthobromobenzoïque mononitré. On ignore de quel acide amidé il dérive [*loc. cit.*].

Acides diamidobenzoïques. — Des six acides diamidobenzoïques qui sont théoriquement possibles, on en a décrit quatre. (Voyez t. I, p. 563, et t. II, p. 699.) Les deux autres, savoir les acides 1.2.4 et 1.2.6, ne peuvent pas exister; du moins lorsqu'on essaye de les préparer par réduction des acides dinitrés correspondants, ils perdent du gaz carbonique et donnent de la métaphénylène-diamine. (Voyez Acides dinitrobenzoïques, *Suppl.*, p. 323.) Depuis la publication de l'article Oxybenzamique, on a établi la constitution de ces quatre acides.

L'*acide de Voit* renferme les deux groupes amidogènes dans la position méta, car il fournit la métaphénylène-diamine par distillation avec un excès de baryte [Wurster et Ambühl, *Deutsch. chem. Gesellsch.*, 1874, p. 213; *Bull. Soc. chim.*, t. XXII, p. 201].

Il se forme par la réduction de l'acide dinitrobenzoïque de Cahours, qui a été caractérisé plus haut comme acide dimétadinitrobenzoïque (1.3.5).

Dérivé hexaméthylé de l'acide dimétadiamidobenzoïque, $C^7H^4(CH^3)^6Az^2O^3$. — Voy. Bétaïnes, *Suppl.*, p. 349.

L'*acide α-diamidobenzoïque* de Griess se forme par la réduction de l'acide ε-nitroamidobenzoïque, qui dérive de l'acide dinitroortho-uramidobenzoïque. D'autre part, il résulte de la transformation de l'acide α-dinitrométa-uramidobenzoïque en acide nitrométamidobenzoïque, et réduction de celui-ci. Par distillation sèche, il donne la paraphénylène-diamine. En raison de ces deux modes de formation et de sa décomposition en paraphénylène-diamine, Griess lui assigne la constitution (1.3.6) ou (1.2.5), c'est-à-dire *ortho-β-métadiamidobenzoïque* [*Deutsch. chem. Gesellsch.*, 1872, p. 202; *Bull. Soc. chim.*, t. XVII, p. 418; et *Deutsch. chem. Gesellsch.*, 1878, p. 1730].

L'*acide β-diamidobenzoïque* de Griess se forme par réduction du second des acides nitroamidobenzoïques, provenant de l'acide métaamidobenzoïque, par l'intermédiaire de l'acide β-uramidé. De plus, il se forme par réduction de l'acide nitroparamidobenzoïque obtenu au moyen de l'acide dinitro-uramidodracylique. Ces deux acides identiques donnent l'orthophénylène-diamine. La position para d'un groupe AzH^2 étant fixée par la place occupée par le groupe AzO^2 dans le dérivé dracylique, l'autre groupe occupant la place méta dans l'acide métamidobenzoïque, il faut envisager l'acide β comme étant l'acide *métaparadiamidobenzoïque* 1.3.4 [Griess, *Deutsch. chem. Gesellsch.*, 1874, p. 1223].

L'*acide γ-diamidobenzoïque* de Griess donne l'orthophénylène-diamine par distillation sèche; il dérive aussi de l'acide métaamidobenzoïque, par l'intermédiaire de l'acide dinitro-uramidé. Comme il n'y a que deux dérivés diamidés qui puissent dériver de l'acide métamidé et qui soient capables de fournir une orthophénylène diamine, c'est-à-dire les dérivés 1.3.4 et 1.2.3, et comme la première de ces constitutions est prouvée pour l'acide β, il reste pour l'acide γ la seconde; il constitue donc l'*acide ortho-α-métadiamidobenzoïque* [Griess, *loc. cit.*].

Uramido-benzoïques (acides). — Voyez Oxybenzuramiques (acides), t. II, p. 703.

11° *Acides azo et diazobenzoïques.*

Diazobenzoïques (acides).

$$C^6H^4 < \begin{matrix} CO \\ Az = Az \end{matrix} > O$$

Outre l'acide métadiazobenzoïque (voyez t. II, p. 696), on a préparé les acides ortho et paradiazoïques.

Acide orthodiazobenzoïque. — L'acide libre n'est pas connu. Deux *azotates* de cet acide ont été décrits. L'un d'eux correspond à la formule $C^7H^4Az^2O^2.HAzO^3$. On le prépare par l'action de l'acide azoteux sur un mélange d'acide azotique et d'acide orthoamidobenzoïque. Il cristallise en prismes rhombiques, solubles dans l'eau, peu solubles dans l'alcool. Lorsqu'on le fait bouillir avec de l'eau, il se transforme en acide salicylique. L'alcool précipite la solution aqueuse de cet azotate. Le précipité est formé par un nouvel azotate. Ce second ou *semi-azotate* correspond à la formule $(C^7H^4Az^2O^2)^2HAzO^3$; il cristallise en longues aiguilles [Griess, *Deutsch. chem. Gesellsch.*, 1876, p. 1653; *Bull. Soc. chim.*, t. XXVIII, p. 202].

L'acide orthodiazobenzoïque traité en solution alcoolique par l'acide sulfureux se transforme en acide orthosulfobenzoïque dont le sel barytique $C^6H^4\text{-}CO^2.SO^3Ba + 2H^2O$ a été analysé [Wiesinger, *Deutsch. chem. Gesellsch.*, 1879, p. 1349].

Acide métadiazobenzoïque. — *Sulfate*,

$$C^7H^4Az^2O^2.H^2SO^4.$$

— Il se forme par l'action de l'acide azoteux sur le sulfate d'acide métamidobenzoïque. Il cristallise en lamelles étroites très solubles dans l'eau. Lorsqu'on précipite sa solution aqueuse par un mélange d'alcool et d'éther, il se convertit en un nouveau *sulfate* $5(C^7H^4Az^2O^2),2H^2SO^4$, qui cristallise en aiguilles. Les deux sulfates se transforment en acide métoxybenzoïque, lorsqu'on les fait bouillir avec l'eau [Griess, *loc. cit.*].

Acide sulfo-métadiazobenzoïque,

$$C^7H^4Az^2O^2,SO^3H^2.$$

Son sel potassique se forme par l'action de l'azotate métadiazobenzoïque sur le sulfite neutre de potassium. Le sel $C^7H^4Az^2O^2.SO^3KH$ cristallise en lamelles jaunes. L'acide chlorhydrique et l'étain le transforment en:

Acide hydrométadiazobenzoïque, $C^7H^8Az^2O^2$. — Cet acide, qui appartient au groupe des hydrazines, cristallise en lamelles hexagonales, fusibles à 186°, peu solubles dans l'eau. L'acide azoteux le convertit en *imide diazobenzoïque*,

$$C^6H^4Az^3\text{-}CO^2H.$$

Chlorhydrate, $C^7H^8Az^2O^2.HCl$. — Lamelles allongées, peu solubles.

Sel barytique, $(C^7H^7Az^2O^2)^2Ba + 4H^2O$. — Mamelons solubles dans l'eau [Griess, *loc. cit.*].

Acide paradiazobenzoïque. — Il n'est connu qu'à l'état d'azotate, qui cristallise en prismes. Le brome et l'acide bromhydrique le convertissent en *perbromure*, $C^7H^4Az^2O^2.HBr,Br^2$. Ce bromure traité par l'ammoniaque fournit une substance cristallisée en lamelles fusibles à 185°. C'est l'imide *paradiazobenzoïque*, $C^7H^5Az^3O^2$ [Griess, *Bull. Soc. chim.*, t. V, p. 128; *Zeitschr. Chem.*, 1867, p. 164].

Acides diazoxybenzoïques. — W. Michler a préparé deux acides auxquels il donne ce nom. Leur formule est

$$C^7H^4Az^2O^3 = C^6H^3 \begin{cases} \begin{matrix} Az \\ | \\ Az \end{matrix} > O \\ CO^2H. \end{cases}$$

Ces corps résultent de l'action de l'amalgame de sodium sur une solution alcaline d'acide dinitrobenzoïque. Le premier, l'acide *α-diazoxybenzoïque*, dérive de l'acide dinitrobenzoïque 1.3.5 fusible à 204°. Il constitue une poudre noire amorphe, insoluble dans l'eau, l'alcool, l'éther et la benzine, soluble dans les alcalis. Il forme des sels barytique, argentique, mercurique et plombique, qui sont noirs et amorphes. L'étain et l'acide chlorhydrique le transforment en acide diamidobenzoïque. L'acide nitrique fumant le change en acide diazoxybenzoïque mononitré.

L'acide β ou *isodiazoxybenzoïque* dérive de l'acide dinitrobenzoïque 1.2.4, fusible à 179°. Il ressemble au précédent dans toutes ses propriétés, sauf en ce qui concerne l'action de l'étain et de l'acide chlorhydrique. Traité par ce mélange réducteur, il reste inaltéré [*Liebig's Ann., Chem.*, t. CLXXV, p. 150; *Bull. Soc. chim.*, t. XXI, p. 305; t. XX, p. 460].

Acides diazoamidobenzoïques. — Voyez t. I, p. 562 et 1187.

Acides azobenzoïques. — Voyez t. I, p. 559 et 1188. — Trois acides correspondant à la formule

$$C^{14}H^{10}Az^2O^4 = \begin{matrix} Az\text{-}C^6H^4\text{-}CO^2H \\ | \\ Az\text{-}C^6H^4\text{-}CO^2H \end{matrix}$$

sont connus. Ce sont:

I. Acide orthoazobenzoïque. — C'est le dernier qui a été découvert. Il se forme lorsqu'on traite une solution concentrée d'acide orthonitrobenzoïque dans la soude caustique par l'amalgame de sodium. La réduction achevée, on étend d'eau, on précipite l'acide amidobenzoïque formé, par l'acide acétique, on filtre et l'on précipite par l'acide chlorhydrique. Cristallisé dans l'alcool, il se présente en forme d'aiguilles jaunes, fusibles à 237°, solubles dans l'alcool. Distillé avec de la chaux, il fournit l'azophénylène.

Sels de baryum. — Il en existe deux. Le premier, $C^{14}H^{8}Az^{2}O^{4}.Ba + 9H^{2}O$, se forme par cristallisation rapide ; il est en aiguilles jaunes. Le second, $C^{14}H^{8}Az^{2}O^{4}.Ba + 7H^{2}O$, cristallise en prismes très solubles dans l'eau [Griess, *Deutsch. chem. Gesellsch.*, 1877, p. 1868; *Bull. Soc. chim.*, t. XXX, p. 280].

II. Acide métaazobenzoïque. — Son dérivé diiodé, $C^{14}H^{8}I^{2}Az^{2}O^{4} = (C^{6}H^{3}I\text{-}CO^{2}H)^{2}Az^{2}$, se forme, en même temps que l'acide métaamidobenzoïque diiodé, dans l'action de l'iode et de l'oxyde de mercure sur l'acide métanitrobenzoïque. C'est une poudre rouge amorphe [Benedikt, *loc. cit.*].

III. Acide paraazobenzoïque. — Voyez t. I, p. 1188.

ACIDES AZOXYBENZOÏQUES,

$$C^{14}H^{10}Az^{2}O^{5} = O\!<\!\begin{array}{l}Az\text{-}C^{6}H^{4}\text{-}CO^{2}H\\ Az\text{-}C^{6}H^{4}\text{-}CO^{2}H.\end{array}$$

Griess a décrit deux acides azoxybenzoïques.

I. Acide orthoazoxybenzoïque. — Il se forme lorsqu'on chauffe une solution alcoolique d'acide orthonitrobenzoïque avec des morceaux de potasse. En même temps il se dégage de l'aldéhyde. Il cristallise en prismes rhombiques, solubles dans l'alcool chaud. L'amalgame de sodium le change en acide orthohydrazobenzoïque.

Sel de baryum, $C^{14}H^{8}Az^{2}O^{5}.Ba + 4H^{2}O$. — Poudre cristalline, soluble dans l'eau [*Deutsch. chem. Gesellsch.*, 1874, p. 1611].

II. Acide métaazoxybenzoïque. — Il dérive de l'acide métanitrobenzoïque, de la même manière que le précédent, de l'acide ortho. L'amalgame de sodium le convertit en acide métahydrazobenzoïque [*Ann. Chem. Pharm.*, t. CXXXI, p. 92; *Bull. Soc. chim.*, 1864, t. II, p. 378]. L'étain et l'acide chlorhydrique à l'ébullition le transforment en acide métadiamidodiphénique [Griess, *loc. cit.*].

III. Acide paraazoxybenzoïque. — Voyez t. I, p. 1188.

ACIDES HYDRAZOBENZOÏQUES.

$$\begin{array}{l}HAz\text{-}C^{6}H^{4}\text{-}CO^{2}H\\ HAz\text{-}C^{6}H^{4}\text{-}CO^{2}H.\end{array}$$

— Ils sont connus tous les trois.

L'*acide orthohydrazobenzoïque* se forme par réduction de l'acide orthoazoxybenzoïque en solution alcaline au moyen de l'amalgame de sodium ; il se produit d'abord passagèrement de l'acide azobenzoïque. Il cristallise en prismes microscopiques, incolores, qui se décomposent rapidement, quand ils sont humides. Bouilli avec de l'acide chlorhydrique, il se transforme, par transposition moléculaire, en acide orthodiamidodiphénique [Griess, *loc. cit.*].

Acide métahydrazobenzoïque. — Voyez t. I, p. 559.

Acide parahydrazobenzoïque. — Voyez t. I, p. 1188.

12° *Dérivés sulfonés de l'acide benzoïque.*

Acide orthosulfobenzoïque,

$$C^{6}H^{4}SO^{3}H_{(2)}\text{-}CO^{2}H_{(1)}.$$

— Il se forme, en même temps que l'imide suivante, lorsqu'on chauffe au bain-marie, pendant 8-10 heures, 1 p. d'orthocrésyl-sulfamide, fusible à 154°, avec 4 p. de permanganate de potassium dissous dans 25 p. d'eau. La solution filtrée et évaporée, additionnée d'acide chlorhydrique, laisse déposer l'imide orthosulfobenzoïque, et les eaux mères concentrées fournissent l'orthosulfobenzoate acide de potassium. Séparé de ce sel, il se présente sous forme de tables monocliniques fusibles à 240° [Remsen et Fahlberg, *Deutsch. chem. Gesellsch.*, 1879, p. 469].

Il résulterait également de l'action de l'acide sulfureux sur une solution alcoolique d'acide orthodiazobenzoïque [Wiesinger, *ibid.*, 1879, p. 1340].

Sel acide de baryum,

$$[C^{6}H^{4}.SO^{3}\text{-}CO^{2}H]^{2}Ba + 2\tfrac{1}{2}H^{2}O.$$

Il cristallise en aiguilles.

Le *sel neutre*, $C^{6}H^{4}SO^{3}CO^{2}.Ba + 2H^{2}O$, est en fines aiguilles très solubles (Wiesinger).

Le *sel de potassium*, traité successivement par le perchlorure de phosphore et l'ammoniaque, fournit l'*imide orthosulfobenzoïque*,

$$C^{6}H^{4}\!<\!\begin{array}{c}CO\\ SO^{2}\end{array}\!>\!AzH.$$

Ce composé se forme simultanément avec le précédent, ainsi qu'il a été indiqué. Il est en cristaux fusibles à 220°, solubles dans l'alcool et l'éther, peu solubles dans l'eau froide. Chauffé à 150° avec de l'acide chlorhydrique, il fournit l'acide orthosulfobenzoïque ; la potasse fondante le convertit en acide salicylique. Chauffé à l'ébullition avec du carbonate de baryum, il fournit le *sel barytique*,

$$[C^{6}H^{4}.SO^{2}AzH^{2}\text{-}CO^{2}]^{2}Ba + 4\tfrac{1}{2}H^{2}O.$$

Aiguilles groupées en faisceau qui perdent une molécule d'eau à l'air.

Sel de magnésium,

$$[C^{6}H^{4}.SO^{2}AzH^{2}\text{-}CO^{2}]^{2}Mg + 6\tfrac{1}{2}H^{2}O.$$

— Longues aiguilles (Remsen et Fahlberg).

Acide parasulfobenzoïque,

$$C^{6}H^{4}.SO^{3}H_{(4)}\text{-}CO^{2}H_{(1)}.$$

— Remsen a préparé ce composé, en oxydant l'acide paracrésylsulfureux au moyen du dichromate potassique et de l'acide sulfurique. Il cristallise en aiguilles déliquescentes qui, transformées en sel potassique et fondues avec de la potasse, fournissent l'acide téréphtalique [*Liebig's Ann. Chem.*, t. CLXXVIII, p. 275].

Acide parabenzosulfamique,

$$C^{6}H^{4}\!<\!\begin{array}{l}SO^{2}.AzH^{2}\\ CO^{2}H.\end{array}$$

— Il se forme par oxydation de la paracrésylsulfamide, $C^{6}H^{4}.SO^{2}AzH^{2}\text{-}CH^{3}$, au moyen de l'acide chromique. Il cristallise en longs prismes solubles dans l'alcool. Son éther éthylique,

$$C^{6}H^{4}.SO^{2}AzH^{2}\text{-}CO^{2}C^{2}H^{5},$$

cristallise en aiguilles fusibles à 110° (Remsen).

Acide nitroparasulfobenzoïque. — Son sel barytique a été décrit. On l'obtient en saturant par le carbonate de baryum le produit de l'action du mélange nitrosulfurique sur l'acide parasulfobenzamique. Il correspond à la formule

$$C^{6}H^{3}(AzO^{2})SO^{3}.CO^{2}.Ba + 1\tfrac{1}{2}H^{2}O.$$

Il cristallise en aiguilles jaunes (Remsen).

Dichlorure d'acide métasulfobenzoïque,

$$C^{6}H^{4}\!<\!\begin{array}{l}SO^{2}Cl\\ COCl\end{array}.$$

— Limpricht et Uslar ont obtenu ce composé en traitant le métasulfobenzoate de sodium par deux fois son poids de perchlorure de phosphore. Il se présente sous forme d'une huile dense, soluble dans l'éther [*Ann. Chem. Pharm.*, t. CII, p. 239; t. CVI, p. 27].

Monochlorure,

$$C^6H^4 < {SO^2 \atop CO} \Big\} (OH)Cl.$$

— Il résulte de l'action d'une partie de perchlorure de phosphore sur l'acide sulfobenzoïque. Il forme une masse cristalline blanche (Limpricht et Uslar).

13° *Dérivés substitués de l'acide sulfobenzoïque à constitution incertaine.*

I. Acide parabromosulfobenzoïque,

$$C^6H^3Br_{(4)}SO^3H_{(?)}CO^2H_{(1)}.$$

— On obtient ce composé en chauffant l'acide parabromobenzoïque à 120°, avec une solution d'anhydride sulfurique dans l'acide sulfurique concentré. On le purifie par cristallisation de son sel barytique, que l'on décompose ensuite par l'acide sulfurique. Il cristallise en aiguilles enchevêtrées, solubles dans l'eau.

Sel d'argent, $(C^6H^3BrSO^3.CO^2)Ag^2 + 3H^2O$. — Cristaux peu solubles dans l'eau. Le *sel de cuivre* renferme 3 molécules d'eau; celui de *plomb* en renferme 7. Les deux sont en aiguilles étoilées. Le *sel de baryum,*

$$(C^6H^3BrSO^3.CO^2)Ba + 3H^2O,$$

cristallise en aiguilles; l'acide chlorhydrique précipite de sa solution aqueuse un sel acide,

$$(C^6H^3BrSO^3.CO^2)^2BaH^2 + 4H^2O.$$

Lorsqu'on traite le sel sodique par le perchlorure de phosphore, on obtient *deux chlorures* que l'on sépare par cristallisation dans l'éther. L'un d'eux, le moins soluble dans l'éther, cristallise en aiguilles fusibles à 197°; le plus soluble fond à 108°. C'est le dichlorure (?). Chauffé avec de la poudre de zinc, en présence d'alcool, le mélange de deux chlorures fournit deux composés. Pour les séparer, on chasse l'alcool à la distillation et l'on reprend le résidu par l'acide chlorhydrique étendu. Puis on extrait par l'éther. On évapore l'éther et l'on épuise le résidu par l'eau chaude. Ce véhicule dissout un des deux composés formés, et le laisse déposer par le refroidissement. C'est l'*acide sulfibromobenzoïque :*

$$C^6H^3Br.SO^2H-CO^2H.$$

Il cristallise en aiguilles incolores, fusibles à 245°. Il fournit deux *sels barytiques :*

$$1° \ (C^6H^3Br.SO^2-CO^2)Ba,$$

et

$$2° \ (C^6H^3Br.SO^2-CO^2)^2H^2Ba + 2H^2O,$$

que l'acide chlorhydrique précipite de la solution aqueuse du premier.

Le corps insoluble dans l'eau chaude correspond à la formule $C^6H^3Br.SO^2H-CHO$; c'est l'*aldéhyde sulfibromobenzoïque*, fusible à 131°. Il donne un seul sel barytique,

$$(C^6H^3Br.CHO-SO^2)^2Ba + 5H^2O$$

[Böttinger, *Liebig's Ann. Chem.*, t. CXCI, p. 13].

Böttinger se fonde sur cette réaction pour déterminer la constitution de deux chlorures mentionnés plus haut. Il assigne au chlorure fusible à 197°, qui est un monochlorure, la formule

$$C^6H^3Br < {SO^2Cl \atop CO^2H}.$$

C'est celui qui fournit l'acide sulfibromobenzoïque. Traité par l'alcool, ce chlorure donne un *éther acide,*

$$C^6H^3Br < {SO^3C^2H^5 \atop CO^2H},$$

qui cristallise en lamelles brillantes, fusibles à 84°. L'ammoniaque alcoolique transforme ce chlorure en *acide amidique,*

$$C^6H^3Br < {SO^2AzH^2 \atop CO^2H},$$

fusible à 229°-230°. Il cristallise en aiguilles mamelonnées.

Le dichlorure (fusible à 108°?) fournit les dérivés suivants :

Éther amidique,

$$C^6H^3Br < {SO^3C^2H^5 \atop COAzH^2},$$

fusible à 128°.

Acide amidique,

$$C^6H^3Br < {SO^3H \atop COAzH^2},$$

fusible à 262°.

II. Acide orthochlorosulfobenzoïque,

$$C^6H^3Cl_{(2)}SO^3H_{(?)}CO^2H_{(1)}.$$

— Il résulte de l'oxydation de l'acide orthochlorocrésylsulfonique au moyen de l'acide chromique. L'acide libre n'est pas connu.

Sel barytique, $(C^6H^3ClSO^3-CO^2)Ba + 2H^2O$. — On l'obtient en saturant l'acide brut par le carbonate de baryum. Il est en aiguilles étoilées.

Sel potassique, $(C^6H^3ClSO^3-CO^2)HK + H^2O$. — Fines aiguilles.

Sel de plomb, $(C^6H^3ClSO^3-CO^2)Pb + 2H^2O$. — Cristaux mamelonnés [Hübner et Majert, *Deutsch. chem Gesellsch.*, 1873, p. 792; *Bull. Soc. chim.*, t. XX, p. 458].

III. Acide parachlorosulfobenzoïque,

$$C^6H^3Cl_{(4)}SO^3H_{(?)}CO^2H_{(1)} + 3H^2O.$$

— On le prépare en dissolvant l'acide parachlorobenzoïque dans un mélange d'acide sulfurique fumant et d'anhydride sulfurique. Il cristallise en longues aiguilles, peu solubles dans l'alcool.

Ses sels sont cristallisés en tables ou en aiguilles. Le *sel de baryum* renferme trois molécules d'eau; celui de *plomb* en renferme quatre, et ceux de *cuivre* et de *magnésium* en contiennent six [Cöllen, *Liebig's Ann. Chem.*, t. CXCI, p. 29].

IV. Acide nitrosulfobenzoïque,

$$C^6H^3(AzO^2)SO^3H-CO^2H.$$

— On l'obtient en dissolvant l'acide sulfobenzoïque (méta?) dans le mélange nitrosulfurique. Il est en grands cristaux. Son *sel de baryum neutre*, $C^6H^3(AzO^2)SO^3-CO^2Ba + 6H^2O$, est en mamelons jaunes; le *sel acide de baryum,*

$$[C^6H^3(AzO^2)SO^3-CO^2]^2H^2Ba + 4H^2O,$$

cristallise en aiguilles [Limpricht et Uslar, *loc. cit.*].

V. Acide amidosulfobenzoïque,

$$C^6H^3(AzH^2)SO^3H-CO^2H.$$

— Par réduction du précédent, au moyen du sulfhydrate d'ammonium. Il cristallise en aiguilles groupées en étoiles (Limpricht et Uslar).

M. Wassermann.

BENZOÏQUE (ALDÉHYDE). [Syn. *Hydrure de benzoyle*]. — Voy. t. I, p. 570. — L'huile essentielle du laurier-cerise renferme de l'aldéhyde benzoïque, d'après Tilden [*Pharm. Journ. and Transact.*, 1875, p. 761].

L'aldéhyde benzoïque se forme :

1° Par la distillation sèche du sucre de canne [Voelckel, *Ann. Chem. Pharm.*, t. LXXXV, p. 68];

2° Par la réduction de l'acide hippurique au

moyen de l'hydrogène naissant [E. Erlenmeyer, *Zeitsch. Chem.*, 1861, p. 548];

3° Lorsqu'on traite une solution chaude d'acide benzoïque par l'amalgame de sodium, en présence d'une petite quantité d'acide chlorhydrique [Kolbe, *Ann. Chem. Pharm.*, t. CXVIII, p. 122];

4° Dans l'action de l'hydrure de cuivre sur le chlorure de benzoyle [Chiozza, *Compt. rend.*, t. XXXVI, p. 631];

5° Lorsqu'on traite le chlorure de benzylène par l'oxalate d'argent [Golowinsky, *Ann. Chem. Pharm.*, t. CXI, p. 252; *Bull. Soc. chim.*, 1859, p. 55];

6° Lorsqu'on distille la di ou la tribenzyleamine, après l'avoir additionnée d'eau bromée, ou lorsqu'on la chauffe à 120° avec de l'iode [Limpricht, *Ann. Chem. Pharm.*, t. CXLIV, p. 309; *Bull. Soc. chim.*, t. VIII, p. 363];

7° Par l'oxydation de l'acide phényle-angélique [Fittig et Bieber, *Zeitsch. Chem.*, 1869, p. 332; *Bull. Soc. chim.*, t. XII, p. 392];

8° Lorsqu'on oxyde l'hydro ou l'isohydrobenzoïne au moyen du mélange chromique [C. Forst et T. Zincke, *Deutsch. chem. Gesellsch.*, 1875, p. 797; *Bull. Soc. chim.*, t. XXV, p. 219];

9° Par la distillation d'un mélange de phtalate et d'oxalate de sodium avec de la chaux éteinte [Dusart, *Compt. rend.*, t. LV, p. 448];

10° Lorsqu'on verse dans l'eau une solution d'une molécule de chlorure de benzylène dans 2 molécules d'acide sulfurique [A. Oppenheim, *Deutsch. chem. Gesellsch.*, 1869, p. 212; *Bull. Soc. chim.*, t. XIII, p. 56];

11° Par l'action d'un fil de palladium rouge sur le toluène, le xylène et le cymène [Coquillon, *Compt. rend.*, t. LXXVII, p. 444; t. LXXX, p. 1089];

12° Lorsqu'on chauffe la combinaison argentique humide du dioxindol à 60° [Baeyer et Knop, *Ann. Chem. Pharm.*, t. CXL, p. 1; *Bull. Soc. chim.*, t. VII, p. 436];

13° Par la décomposition de l'éther méthylbenzylique, $C^6H^5\text{-}CH^2OCH^3$, par le chlore sec [Sintenis, *Deutsch. chem. Gesellsch.*, 1869, p. 697; *Bull. Soc. chim.*, t. XVI, p. 320].

Réactions et transformations. — L'oxydation de l'aldéhyde benzoïque en acide par l'oxygène atmosphérique est précédée de la transformation de l'oxygène en ozone [Schönbein, *Ann. Chem. Pharm.*, t. CII, p. 129].

D'après Landolph, l'aldéhyde benzoïque se combine avec le fluorure de bore en donnant des lamelles brillantes volatiles sans décomposition [*Compt. rend.*, t. LXXXVI, p. 671].

L'anhydride phosphorique convertit l'aldéhyde benzoïque en une résine brune. Cette transformation s'accomplit à la température ordinaire [Hlasiwetz et Barth, *Ann. Chem. Pharm.*, t. CXXXIX, p. 86; *Bull. Soc. chim.*, t. VII, p. 432].

Chauffée à 110-120° avec de l'acide acétique glacial en présence de gaz chlorhydrique ou de chlorure de zinc, elle fournit de l'acide cinnamique [Schiff, *Deutsch. chem. Gesellsch.*, 1870, p. 412; *Bull. Soc. chim.*, t. XIV, p. 317].

Lorsqu'on la chauffe avec du chlorure de butyryle, elle donne de l'acide phénylangélique [Fittig et Bieber, *Zeitsch. Chem.*, 1869, p. 332; *Bull. Soc. chim.*, t. XII, p. 392].

Les anhydrides d'acides gras monobasiques mélangés de sels de sodium correspondants réagissent facilement sur l'aldéhyde benzoïque à une température plus ou moins élevée et produisent des anhydrides mixtes contenant un radical d'acide aromatique de la série acrylique,

$$C^6H^5\text{-}CHO + CH^3\text{-}CO.O.(C^2H^3O)$$
$$= H^2O + C^6H^5\text{-}CH{=}CH\text{-}CO.O(C^2H^3O)$$

Anhydride acétylcinnamique

[W.-H. Perkin, *Chem. News*, 1875, p. 258; *Journ. chem. Soc.*, 1877, t. I, p. 388; — F. Tiemann et H. Herzfeld, *Deutsch. chem. Gesellsch.*, 1877, p. 68].

Le chlorure de succinyle à la température ordinaire et le chlorure de carbonyle à 120-130° changent l'aldéhyde benzoïque en chlorure de benzylène [Rembold, *Ann. Chem. Pharm.*, t. CXXXVIII, p. 189; *Bull. Soc. chim.*, t. VI, p. 333; — Kempf, *Journ. prackt. Chem.* (2), t. I, p. 402; *Bull. Soc. chim.*, t. XIV, p. 280].

L'acide iodhydrique à 280° la convertit en toluène (Berthelot); en présence du phosphore amorphe, ce changement s'opère déjà à 130-140° [Graebe, *Deutsch. chem. Gesellsch.*, 1875, p. 1054; *Bull. Soc. chim.*, t. XXV, p. 326].

L'aldéhyde benzoïque, chauffée avec de l'acétone en présence de déshydratants (tels que les acides sulfurique et chlorhydrique ou la potasse) engendre une matière huileuse, que Baeyer envisage comme étant l'acétone méthyle-cinnamique [*Ann. Chem. Pharm.* Suppbd., V, p. 82].

Chauffée avec du pyrogallol, elle fournit une masse résineuse incolore, cristallisable dans l'éther, de la formule $C^{26}H^{22}O^7$, et une matière rouge que les réducteurs transforment en composé incolore. Le corps $C^{26}H^{22}O^7$, chauffé à 200°, fournit une substance rouge de la formule $C^{26}H^{16}O^7$; chauffé avec de l'alcool, du zinc et de l'acide chlorhydrique, il fixe H^2 et donne des cristaux insolubles dans l'alcool et l'éther, solubles dans l'acétone, correspondant à la formule $C^{26}H^{24}O^7$. Le composé $C^{26}H^{22}O^7$ s'obtient mieux si l'on mélange à froid une solution chlorhydrique de pyrogallol, d'aldéhyde benzoïque et d'acide chlorhydrique concentré, en ayant soin d'agiter vivement le mélange [Baeyer, *Deutsch. chem. Gesellsch.*, 1872, p. 25 et 280; *Bull. Soc. chim.*, t. XVII, p. 277].

Chauffée avec de la diméthylaniline et du chlorure de zinc, l'aldéhyde benzoïque donne du tétraméthyle-diamidotriphényle-méthane; dans les mêmes conditions, elle fournit, avec le chlorhydrate d'aniline, le diamidotriphényle-méthane [O. Fischer, *Deutsch. chem. Gesellsch.*, 1879, p. 1685 et 1693].

Gréville-Williams a trouvé le stilbène parmi les produits de réduction de l'aldéhyde benzoïque par l'amalgame de sodium [*Chem. News*, t. XV, p. 249; *Bull. Soc. chim.*, t. VIII, p. 341].

Du reste, l'action de l'amalgame de sodium sur l'aldéhyde benzoïque fournit un certain nombre de dérivés qui ont été confondus les uns avec les autres, et en partie méconnus. Ceci a été surtout le cas pour l'hydrobenzoïne et l'isohydrobenzoïne. Church (voyez t. I, p. 571) a décrit un composé de la formule $C^{14}H^{16}O^2$ qu'il a désigné par le nom de *dicrésol*. D'après les recherches de Ammann, ce composé serait de l'*isohydrobenzoïne*, $C^{14}H^{14}O^2$, fusible à 119°,5. Cet auteur a, en outre, obtenu l'hydrobenzoïne de Zinin en réduisant l'aldéhyde benzoïque par l'amalgame de sodium, en présence d'alcool aqueux à la température ordinaire, tandis que le dérivé *iso* se forme en plus grande quantité lorsqu'on traite l'aldéhyde benzoïque bouillante sans eau et sans alcool, par l'amalgame [Voyez Benzoïne, *Suppl.*, p. 314, et Stilbénique Glycol, t. II, p. 1677] [H. Ammann, *Ann. Chem. Pharm.*, t. CLXVIII, p. 67; *Bull. Soc. chim.*, t. XV, p. 267].

L'aldéhyde benzoïque, traitée par 4 ou 5 fois son poids d'acide chlorhydrique saturé à 8°, en présence d'acide cyanhydrique fournit une masse blanche, qui, lavée à l'alcool et à l'eau, correspond à la formule $C^{15}H^{13}AzO^2 = (C^7H^6O)^2CAzH$. Ces cristaux prismatiques sont fusibles à 195°, solubles dans l'alcool. A 120°, l'acide chlorhydrique les dédouble en acide formobenzoylique et en aldéhyde benzoïque [Zinin, *Zeitschr. Chem.*, 1868, p. 708; *Bull. Soc. chim.*, t. XII, p. 56].

Lorsqu'on traite l'aldéhyde benzoïque, contenant de l'acide cyanhydrique, par l'ammoniaque, on obtient, au bout de quatre semaines, une résine jaune formée par un mélange de *benzoylazotide*, d'*hydrobenzamide* et d'un nouveau composé. Celui-ci se dissout dans l'éther lorsqu'on épuise la résine par ce véhicule; on le précipite de sa solution éthérée par l'alcool. Il n'a pas été obtenu à l'état de pureté. On lui attribue la formule $C^{32}H^{25}Az^{3}$; il est soluble dans l'éther et l'alcool bouillant, fusible vers 70°.

Chauffé avec une solution alcoolique d'acide chlorhydrique, il dégage de l'acide cyanhydrique, et la solution laisse déposer des cristaux blancs, insolubles dans l'alcool, correspondant à la formule $C^{14}H^{16}Az^{2}.2HCl$, tandis que la solution renferme de l'amarine. Ce chlorhydrate, décomposé par la potasse, fournit un précipité qui, dissous dans l'alcool et traité par l'eau, se dépose sous forme de lamelles brillantes de la formule $C^{14}H^{16}Az^{2}$, fusibles à 122°. Cette base forme un *sulfate* $(C^{14}H^{16}Az^{2})H^{2}SO^{4}$ [Müller et Limpricht, *Ann. Chem. Pharm.*, t. CXI, p. 136; *Repert. Chim. pure*, t. I, p. 598].

DÉRIVÉS CHLORÉS DE L'ALDÉHYDE BENZOIQUE.

Aldéhyde benzoïque ortho-chlorée,

$$C^{6}H^{4}Cl_{(2)}\text{-}CHO_{(1)}.$$

— Liquide incolore bouillant à 210°, que l'on obtient en chauffant le chlorure d'orthochlorobenzylène $C^{6}H^{4}Cl\text{-}CHCl^{2}$ avec de l'eau à 170°. Le mélange chromique la transforme en acide orthochlorobenzoïque [L. Henry, *Deutsch. chem. Gesellsch.*, 1869, p. 136; *Bull. Soc. chim.*, t. XII, p. 403].

Aldéhyde benzoïque parachlorée,

$$C^{6}H^{4}Cl_{(4)}\text{-}CHO_{(1)}.$$

— On obtient ce composé en faisant bouillir le chlorure de benzyle parachloré avec de l'azotate de plomb et de l'eau, ou en chauffant le chlorure de monochlorobenzylène, $C^{6}H^{4}Cl\text{-}CHCl^{2}$, à 170° avec de l'eau [Beilstein et Kuhlberg, *Ann. Chem. Pharm.*, t. CXLVII, p. 352; *Bull. Soc. chim.*, t. IX, p. 490; t. X, p. 40].

Wroblevsky a obtenu ce même corps en traitant l'aldéhyde benzoïque par le chlore en présence d'iode [*Ann. Chem. Pharm.*, t. CXLVII, p. 354]. Il se forme aussi par la distillation de la tribenzylamine chlorée avec de l'eau de brome (Brunner), ou lorsqu'on décompose l'éther méthylbenzylique chloré par le chlore [Sintenis, *loc. cit.*].

L'aldéhyde benzoïque parachlorée est un liquide doué d'une odeur piquante, bouillant entre 210 et 220°. D'après Loring Jackson et Heming White, elle serait cristallisable en tables blanches, fusibles à 47°,5, solubles dans l'alcool, l'éther et la benzine [*Deutsch. chem. Gesellsch.*, 1878, p. 1042].

Le mélange chromique la transforme en acide parachlorobenzoïque. La solution alcoolique, traitée par un courant de gaz sulfhydrique, laisse déposer des flocons roses, amorphes, d'*aldéhyde parachlorosulfobenzoïque*, $C^{6}H^{4}Cl\text{-}CHS$ (Beilstein et Kuhlberg).

L'*aldéhyde benzoïque dichlorée*, $C^{6}H^{3}Cl^{2}\text{-}CHO$, cristallise en fines aiguilles solubles dans l'alcool, fusibles à 68°, et l'*aldéhyde benzoïque trichlorée*, $C^{6}H^{2}Cl^{3}\text{-}CHO$, est en aiguilles solubles dans l'alcool, fusibles à 110-111°. Ces deux substances se forment par l'action de l'eau sur le chlorure de dichlorobenzylène, $C^{6}H^{3}Cl^{2}\text{-}CHCl^{2}$, à 200°, ou sur le chlorure de trichlorobenzylène, $C^{6}H^{2}Cl^{3}\text{-}CHCl^{2}$, à 250-260° [Beilstein et Kuhlberg, *loc. cit.*].

DÉRIVÉS NITRÉS DE L'ALDÉHYDE BENZOÏQUE.

Aldéhyde benzoïque orthonitrée,

$$C^{6}H^{4}(AzO^{2})_{(2)}CHO_{(1)}.$$

— Ce composé se forme lorsqu'on traite l'aldéhyde benzoïque par 20 fois son volume d'un mélange d'un volume d'acide nitrique et de 2 volumes d'acide sulfurique. Le produit principal de la réaction est l'aldéhyde métanitrée, décrite par Bertagnini. Pour les séparer on traite le mélange par le bisulfite de sodium, et on extrait l'aldéhyde orthonitrée au moyen de l'éther de la solution du bisulfite. Elle forme une huile qui se décompose par la distillation, même dans le vide [Lippmann et Hawliczek, *Deutsch. chem. Gesellsch.*, 1876, p. 1463; *Bull. Soc. chim.*, t. XXVIII, p. 208].

Ces chimistes avaient envisagé leur corps comme étant du nitrobenzoyle, et non pas une aldéhyde, parce qu'il ne s'unit pas au bisulfite. Rudolph, ayant préparé cette même substance, l'a séparée du dérivé méta par distillation avec de la vapeur d'eau, et il l'a caractérisée comme aldéhyde par sa transformation en acide orthonitrobenzoïque par oxydation. Elle ne se combine pas avec le bisulfite. L'étain et l'acide chlorhydrique la transforment en une base, dont le chlorhydrate $C^{7}H^{5}Az.HCl$ cristallise en lamelles incolores; le chlorure stanneux et l'acide chlorhydrique la changent en chlorhydrate d'une base chlorée $C^{7}H^{4}ClAz$, fusible à 82-84°. Ce chlorhydrate est en lamelles roses [Rudolph, *Deutsch. chem. Gesellsch.*, 1880, p. 310].

Fittica avait obtenu cette aldéhyde mélangée au dérivé méta, et l'a décrite comme aldéhyde d'un de ses acides nitrés fusible à 127° (voyez p. 321).

Aldéhyde benzoïque métanitrée,

$$C^{6}H^{4}(AzO^{2})_{(3)}\text{-}COH_{(1)}.$$

— Voyez t. I, p. 572. L'aldéhyde benzoïque nitrée de Bertagnini est le dérivé méta. D'après Beilstein et Kuhlberg, elle fournit l'acide métanitrobenzoïque. Elle fond à 58°, d'après Lippmann et Hawliczek (*loc. cit.*).

DIAMINES DÉRIVÉES DE L'ALDÉHYDE BENZOÏQUE.

L'aldéhyde benzoïque fournit, comme toutes les aldéhydes, des diamines substituées lorsqu'on la traite par une amine; ainsi avec l'aniline, l'éthyle-aniline et la paratoluidine, elle engendre la *dibenzylidène-diphén
yldiamine* (voyez t. I, p. 578, et t. II, p. 868), la *benzylidène-diéthylphényldiamine* (voyez t. II, p. 578), et la *dibenzylidène-diparacrésyldiamine* (voyez t. III, p. 485).

Lorsqu'on mélange l'aldéhyde benzoïque avec de l'amylamine, à la température ordinaire, il y a élimination d'eau et formation d'une matière huileuse de la formule

$$C^{24}H^{34}Az^{2} = (C^{7}H^{6})^{2}Az^{2}(C^{5}H^{11})^{2},$$

dépourvue de propriétés basiques; c'est la *dibenzylidène-diamyldiamine*. La crésylène-diamine fournit la *dibenzylidène-crésylène-diamine*,

$$C^{21}H^{18}Az^{2} = (C^{6}H^{5}\text{-}CH)^{2}Az^{2}(C^{6}H^{3}\text{-}CH^{3}),$$

qui cristallise en lamelles brillantes, fusibles à 122-128°. Chauffée à 140-150°, elle se transforme en amarine [H. Schiff, *Ann. Chem. Pharm.*, t. CXL, p. 92 et 98, et *Bull. Soc. chim.*, t. III, p. 439, t. IV, p. 220].

La combinaison de l'aldéhyde benzoïque avec le bisulfite de sodium, chauffée avec de l'aniline, donne un composé de la formule

$$(C^{7}H^{6}O)^{2}(C^{6}H^{7}Az)^{2}SO^{2},$$

cristallisé en longues aiguilles blanches, soluble dans l'eau chaude. La chaleur les décompose en dibenzylidène-diphenyldiamine. Avec le sulfite de toluidine, l'aldéhyde benzoïque se combine en donnant le composé

$$(C^{7}H^{6}O)^{2}(C^{7}H^{9}Az)^{2}SO^{2}$$

[H. Schiff, *Ann. Chem. Pharm.*, t. CXL, p. 130; *Bull. Soc. chim.*, t. VII, p. 445].

Alcalamides dérivées de l'aldéhyde benzoïque.

L'aldéhyde benzoïque s'unit aux amides et aux éthers d'amides-acides, comme l'oxaméthane, et fournit des bases en éliminant de l'eau.

Benzylidène-diacétyldiamide,

$$C^{11}H^{14}Az^2O^2 = C^6H^5\text{-}CH\left\langle\begin{array}{l}AzH\text{-}CO\text{-}CH^3\\ AzH\text{-}CO\text{-}CH^3.\end{array}\right.$$

Elle se forme lorsqu'on fait bouillir pendant quelques heures, un mélange de parties égales d'aldéhyde benzoïque et d'acétamide. Par le refroidissement, le mélange se prend en masse; on enlève l'aldéhyde au moyen de l'éther, et l'on fait cristalliser le résidu dans l'eau bouillante.

Elle est en cristaux soyeux, solubles dans l'eau bouillante et l'alcool. L'acide chlorhydrique la décompose en aldéhyde, en acide acétique et en ammoniaque. Chauffée avec de l'eau à 200°, elle fournit de la lophine [Roth, *Ann. Chem. Pharm.*, t. CLIV, p. 72; *Bull. Soc. chim.*, t. XIV, p. 304].

Benzylidène-dibutyryldiamide, $C^{15}H^{22}Az^2O^2$. — Fines aiguilles, solubles dans l'alcool et l'éther, peu solubles dans l'eau (Roth).

Benzylidène-dibenzoyldiamide, $C^{21}H^{18}Az^2O^2$. — Cristaux solubles dans l'alcool bouillant, fusibles à 197°, que l'acide chlorhydrique dédouble en aldéhyde et en amide benzoïque (Roth).

Dibenzylidène-urée,

$$C^{15}H^{12}Az^2O = CO\left\langle\begin{array}{l}Az\text{-}CH\text{-}C^6H^5\\ Az\text{-}CH\text{-}C^6H^5.\end{array}\right.$$

Outre les nombreuses uréides benzoyliques (voyez t. III, p. 572), celle-ci a été obtenue par Schiff, par la réaction de l'urée sur un excès d'aldéhyde benzoïque, et en faisant cristalliser le produit sirupeux de la réaction dans l'alcool bouillant. Elle est en aiguilles enchevêtrées, solubles dans l'alcool, fusibles à 240° [*Ann. Chem. Pharm.*, t. CXL, p. 115, et *Bull. Soc. chim.*, t. VII, p. 445].

Benzylidène-uréthane,

$$C^{13}H^{18}Az^2O^4 = C^6H^5\cdot CH\left\langle\begin{array}{l}AzH\text{-}CO\text{-}OC^2H^5\\ AzH\text{-}CO\text{-}OC^2H^5.\end{array}\right.$$

— Lorsqu'on ajoute de l'acide chlorhydrique à une solution d'uréthane dans l'aldéhyde benzoïque, elle s'échauffe et se prend en masse. Le produit de la réaction, dissous dans l'alcool bouillant, se précipite par l'eau bouillante en aiguilles incolores, fusibles à 171° [Bischoff. *Deutsch. chem. Gesellsch.*, 1874, p. 628, et *Bull Soc. chim.*, t. XXII, p. 284].

Benzylidène-oxamide,

$$C^9H^8Az^2O^2 = C^6H^5\text{-}CH\left\langle\begin{array}{l}AzH\text{-}CO\\ \qquad\quad |\\ AzH\text{-}CO.\end{array}\right.$$

— On obtient ce composé en chauffant 1 molécule d'aldéhyde benzoïque avec 2 molécules d'oxaméthane à 150° pendant quelques heures. On lave le produit à l'éther pour enlever l'excès d'aldéhyde, et on extrait la benzylidène-oxamide du résidu par l'alcool, puis on chasse l'alcool et on fait cristalliser l'amide dans un mélange d'alcool et d'éther. Lamelles brillantes contenant 1 ½ H^2O, solubles dans l'eau bouillante et l'alcool; à 200°, elles se décomposent [Medicus, *Ann. Chem. Pharm.*, t. CLVII, p. 50, et *Bull. Soc. chim.*, t. XV, p. 100].

Thiosulfocarbamate de dibenzylidène-ammonium,

$$CS\begin{array}{l}AzH^2\\ SAz(C^7H^6)^2.\end{array}$$

— Voyez t. III, p. 88.

Thiocarbamate de dibenzylidène-ammonium,

$$CO\left\langle\begin{array}{l}AzH^2\\ SAz(C^7H^6)^2.\end{array}\right.$$

— Voyez t. III, p. 85. M. Wassermann.

BENZONITRILE, $C^6H^5\text{-}CAz$. — Voyez t. I, p. 565. — Le benzonitrile prend naissance lorsqu'on chauffe de l'acide benzoïque avec du sulfocyanate de potassium sec à 190°. Dans ce cas, le mélange bouillant dégage de l'acide sulfhydrique et du gaz carbonique, et finit par se prendre en une masse qui fournit le benzonitrile par distillation [M. Nencki et W. Leppert, *Deutsch. chem. Gesellsch.*, 1873, p. 903; *Bull. Soc. chim.*, t. XX, p. 509; — Letts, *Deutsch. chem. Gesellsch.*, 1872, p. 669; *Bull. Soc. chim.*, t. XVIII, p. 318].

Il se forme aussi par la désulfuration de l'isosulfocyanate de phényle au moyen du cuivre et la transformation isomérique de la phénylcarbylamine d'abord engendrée [Weith, *Deutsch. chem. Gesellsch.*, 1873, p. 210].

Guareschi l'a obtenu en même temps que du benzoate de phényle, en faisant bouillir la benzamide avec du salicylate de méthyle [*Gazz. chim. ital.*, t. IV, p. 22].

Le benzonitrile se forme, en outre, lorsqu'on fait passer les vapeurs de diméthylaniline à travers un tube maintenu au rouge sombre [Nietzki, *Deutsch. chem. Gesellsch.*, 1877, p. 474; *Bull. Soc. chim.*, t. XXVIII, p. 395], ou lorsqu'on fait passer la benzine chlorée ou bromée sur du ferrocyanure de potassium fortement chauffé, ainsi que par l'action du cyanure de mercure sur la benzine à 400° [V. Merz et K. Scheinberger, *Deutsch. chem. Gesellsch.*, 1875, p. 918 et 1630; *Bull. Soc. chim.*, t. XXV, p. 123, t. XXVI, p. 289].

Le benzonitrile, chauffé avec du chlorhydrate d'aniline, fournit la *benzénylmonophényle-amidine*,

$$C^{13}H^{12}Az^2 = C^6H^5\text{-}C\left\langle\begin{array}{l}\!\!/\!/ AzC^6H^5\\ AzH^2.\end{array}\right.$$

On la sépare du produit de la réaction en précipitant les extraits aqueux par l'ammoniaque. Lamelles fusibles à 111-112°, solubles dans l'alcool et l'éther. Le *chloroplatinate* correspond à la formule $(C^{13}H^{12}Az^2.HCl)^2PtCl^4$ [A. Bernthsen, *Deutsch. chem. Gesellsch.*, 1876, p. 429; *Bull. Soc. chim.*, t. XXVI, p. 382].

Le benzonitrile se combine avec l'aldéhyde acétique, le chloral et le méthylal, pour former des amides substituées renfermant des radicaux aldéhydiques. (Voyez Benzamide, *Suppl.*, p. 266.)

Le benzonitrile (100 p.), mélangé d'*alcool isobutylique* (73 p.) et traité par le gaz chlorhydrique, fournit une masse cristalline de la formule $C^{11}H^{16}ClAzO.HCl$. Ces cristaux, lavés à l'alcool et séchés dans le vide sur de la soude, perdent 1 molécule d'acide chlorhydrique et donnent un corps soluble dans l'eau et l'alcool, fusible à 135° de la formule $C^{11}H^{16}ClAzO$. D'après Pinner et Klein, ces deux composés seraient constitués selon les formules

$$C^6H^5\text{-}C\left\langle\begin{array}{l}AzH^2\\ OC^4H^9.HCl\\ Cl\end{array}\right.$$

$$\text{et}\quad C^6H^5\text{-}C\left\langle\begin{array}{l}\!\!/\!/ AzH\\ OC^4H^9\end{array}\right.\cdot HCl.$$

Ce dernier corps, traité par l'ammoniaque, fournit le chlorhydrate de *benzylidène-amidine*,

$$C^7H^9Az^2Cl = C^6H^5\text{-}C\left\langle\begin{array}{l}\!\!/\!/ AzH\\ AzH^2\end{array}\right.\cdot HCl,$$

dont le *chloroplatinate*, $(C^7H^8Az^2.HCl)^2PtCl^4$, cristallise en prismes orangés. En même temps, il se forme une huile que l'on sépare de l'amidine au moyen de l'éther; c'est l'*éther benzimidobutylique*,

$$C^6H^5\text{-}C\left\langle\begin{array}{l}\!\!/\!/ AzH\\ OC^4H^9\end{array}\right.$$

[Pinner et Klein, *Deutsch. chem. Gesellsch.*, 1877, p. 1889, et *Bull. Soc. chim.*, t. XXX, p. 273].

DÉRIVÉS BROMÉS. — Lorsqu'on chauffe 3 p. de benzonitrile avec 2 p. de brome, en tubes scellés à 140-150° pendant deux jours, on obtient une masse cristalline, et, dans la partie supérieure des tubes, on observe des cristaux jaunes. Ceux-ci correspondent à la formule $C^7H^5AzBr^2$; ils sont très déliquescents. La masse cristalline, épuisée par l'éther, fournit de fines aiguilles de *monobromure de benzonitrile*, C^7H^5AzBr, solubles dans l'alcool et l'éther. Ce monobromure, chauffé avec de la chaux, se décompose en benzonitrile, ammoniaque, gaz carbonique et en une substance C^7H^5Az, probablement identique avec la cyaphénine de Cloëz [Engler, *Ann. Chem. Pharm.*, t. CXXXIII, p. 137, et *Bull. Soc. chim.*, t. IV, p. 149].

Benzonitrile métabromé, $C^6H^4Br_{(3)}\text{-}(CAz)_{(1)}$. — Il se forme lorsqu'on distille la benzamide métabromée (fusible à 150°) avec de l'acide phosphorique anhydre. Masse cristalline fusible à 38°, bouillant à 225°, soluble dans l'alcool et l'éther [Engler, *Deutsch. chem. Gesellsch.*, 1871, p. 707; *Bull. Soc. chim.*, t. XVI, p. 328].

Benzonitrile orthochloré. — Voy. *Suppl.*, p. 318.

BENZONITRILES NITRÉS. — *Benzonitrile orthonitré*, $C^6H^4(AzO^2)_{(2)}\text{-}(CAz)_{(1)}$. — Il se forme par l'action de l'acide phosphorique anhydre à 185° sur la benzamide orthonitrée fusible à 174°. Il cristallise en aiguilles fusibles à 109°, solubles dans l'alcool et l'eau bouillante [Baerthlein, *Deutsch. chem. Gesellsch.*, 1877, p. 1713].

Benzonitrile métanitré, $C^6H^4(AzO^2)_{(3)}\text{-}(CAz)_{(1)}$. — Préparé comme le corps précédent. Aiguilles fusibles à 115°, solubles dans l'alcool [Engler, *Ann. Chem. Pharm.*, t. CXLIX, p. 297; *Bull. Soc. chim.*, t. XII, p. 55].

Benzonitrile paranitré, $C^6H^4(AzO^2)_{(4)}\text{-}(CAz)_{(1)}$. — Préparé comme les précédents. Lamelles nacrées, fusibles à 139° (Engler).

BENZONITRILES AMIDÉS. — *Benzonitrile orthoamidé*, $C^6H^4(AzH^2)_{(2)}\text{-}(CAz)_{(1)}$. — Aiguilles jaunes fusibles à 103°, solubles dans l'eau, l'alcool et l'éther, que l'on obtient en réduisant le benzonitrile orthonitré par le zinc et une solution acétique d'acide chlorhydrique [Baerthlein, *loc. cit.*].

Sulfhydrate de métamidobenzonitrile,

$$C^6H^4(CAz)_{(1)}(AzH^2)_{(3)},H^2S.$$

— Par l'action du sulfhydrate d'ammonium sur le benzonitrile métanitré. Le benzonitrile métamidé ne peut pas être isolé (Engler).

Benzonitrile paramidé, $C^6H^4(AzH^2)_{(4)}\text{-}(CAz)_{(1)}$. — On obtient ce composé par l'action du zinc et de l'acide chlorhydrique sur une solution de benzonitrile paranitré dans l'alcool absolu. La réaction est achevée après dix-huit heures. On neutralise le produit par la soude et on évapore au bain-marie. Il se sépare une huile que l'on lave à l'eau, puis on la dissout dans l'alcool aqueux. On chasse l'alcool par distillation; la solution aqueuse laisse déposer, par le refroidissement, des aiguilles fusibles à 74°, solubles dans l'alcool et l'éther, peu solubles dans l'eau froide. Le *chlorhydrate*, $(C^7H^4Az.AzH^2)HCl$, est en lamelles, et le *chloroplatinate*,

$$(C^7H^4Az.AzH^2,HCl)PtCl^4,$$

est en aiguilles orangées peu solubles dans l'eau froide [Engler, *loc. cit.*].

Sulfhydrate de paramidobenzonitrile,

$$C^7H^4Az(AzH^2),H^2S.$$

— Ce composé se forme lorsqu'on dissout le paranitrobenzonitrile dans 10 fois son poids de sulfhydrate d'ammonium très concentré. Le liquide s'échauffe et laisse déposer, par le refroidissement, des cristaux que l'on purifie par dissolution dans l'alcool. Cristaux étoilés jaunâtres, fusibles à 170° (Engler).

M. Wassermann.

BENZOPHÉNONE. — Kollaritz et Merz ont réalisé la synthèse de la benzophénone en soumettant un mélange d'acide benzoïque et de benzine à l'action de l'anhydride phosphorique [*Deutsch. chem. Gesellsch.*, 1872, p. 447]:

$$C^6H^5\text{-}CO.OH + H.C^6H^5$$
$$= H^2O + C^6H^5\text{-}CO\text{-}C^6H^5.$$

La benzine, soumise à l'action de l'oxychlorure de carbone, en présence du chlorure d'aluminium, fournit également la benzophénone (Friedel, Ador et Crafts).

Parmi les produits secondaires qui accompagnent la benzophénone dans sa préparation par le benzoate de calcium, Kekulé et Franchimont ont rencontré une petite quantité d'anthraquinone et un carbure $C^{14}H^{10}$, fusible à 145° et cristallisable dans la benzine en prismes brillants.

L'oxydation du diphénylméthane $CH^2(C^6H^5)^2$ donne naissance à la benzophénone; mais celle-ci se présente dans ce cas avec des propriétés physiques spéciales. Elle se dissout dans l'alcool et dans l'éther, et cristallise en prismes clinorhombiques fusibles à 26°. Toutefois cette modification est instable, et se transforme peu à peu en benzophénone ordinaire, fusible à 48° et de forme orthorhombique; cette transformation a lieu instantanément au contact d'un cristal de benzophénone ordinaire [Th. Zincke, *Deutsch. chem. Gesellsch.*, 1871, p. 298 et 576; *Bull. Soc. chim.*, t. XV, p. 264, et XVI, p. 319].

La potasse alcoolique convertit la benzophénone en benzhydrol $(C^6H^5)^2CH.OH$; il y a en même temps oxydation de l'alcool. Le zinc agit sur sa solution acétique en produisant la benzopinacone [Zagoumenny, *Liebig's Ann. Chem.*, t. CLXXXIV, p. 174].

La poudre de zinc donne naissance à plusieurs hydrocarbures : le diphénylméthane, le tétraphényléthane et le tétraphényléthylène [W. Staedel, *Deutsch. chem. Gesellsch.*, 1876, p. 562]. Suivant Barbier [*Compt. rend.*, t. LXXIX, p. 810], le carbure envisagé par Staedel comme le diphénylméthane aurait pour composition $C^{14}H^{14}$; il bout à 269-270°.

La transformation de la benzophénone en diphénylméthane a lieu en quantité presque théorique par l'action de l'acide iodhydrique en présence du phosphore :

$$CO(C^6H^5)^2 + 4IH = CH^2(C^6H^5)^2 + 2I^2 + H^2O.$$

[Graebe, *Deutsch. chem. Gesellsch.*, 1874, p. 1623].

DINITROBENZOPHÉNONE. — L'oxydation du dinitrodiphénylméthane par l'acide chromique fournit une dinitrobenzophénone identique avec celle qui résulte de la nitration directe de la benzophénone, ou de l'action de l'acide azotique sur le benzhydrol. Ce dérivé dinitré cristallise dans l'alcool éthéré en petites aiguilles fusibles à 129°,5. Sa réduction fournit la *diamidobenzophénone* identique avec la flavine (t. I, p. 567).

L'isodinitrodiphénylméthane fournit par l'oxydation une *isodinitrobenzophénone*, soluble dans l'alcool, l'éther, l'acide acétique, et cristallisable en courtes aiguilles jaune paille qui fondent à 118° [W. Doer, *Deutsch. chem. Gesellsch.*, 1872, p. 797.]

CHLORURE DE BENZOPHÉNONE, $C^6H^5\text{-}CCl^2\text{-}C^6H^5$. — On le prépare en chauffant à 180° en vase clos pendant 12 à 18 heures la benzophénone avec un excès de perchlorure de phosphore :

$$C^6H^5\text{-}CO\text{-}C^6H^5 + PCl^5$$
$$= POCl^3 + C^6H^5\text{-}CCl^2\text{-}C^6H^5.$$

Pour le purifier, on le distille dans l'air raréfié. Il bout à 220° sous une pression de 671 millim. Sous la pression ordinaire, il bout vers 300° en se décomposant. C'est un liquide réfringent, d'une densité égale à 1,235 à 18°,5. Traité par l'eau, il régénère la benzophénone.

L'argent réduit lui enlève tout le chlore pour donner naissance à un carbure $C^{26}H^{20}$, fusible à 221°, peu soluble dans l'alcool, soluble dans la benzine [A. Behr, *Deutsch. chem. Gesellsch.*, 1870, p. 751 ; — Kekulé et Franchimont, *Ibid.*, 1872, p. 908].

Action des amines. — L'ammoniaque aqueuse réagit sur le chlorure de benzophénone en régénérant la benzophénone. Il en est de même de l'ammoniaque alcoolique; dans cette réaction, l'alcool est en partie transformé en éthylamine. En solution éthérée, l'ammoniaque est sans action.

Les amines aromatiques réagissent facilement sur ce chlorure. Avec l'aniline, on obtient une masse cristalline brune, à laquelle l'eau enlève du chlorhydrate d'aniline. Le résidu est soluble dans l'éther, qui abandonne par l'évaporation de petites tables quadrangulaires jaunes. Ce corps est la *diphénylméthylène-aniline*,

$$(C^6H^5)^2 = C = AzC^6H^5.$$

Il est peu soluble dans l'alcool, soluble dans la benzine, l'aniline, le sulfure de carbone. Il fond à 109° et distille un peu au delà de 300°. Sa formation a lieu en vertu de l'équation

$$(C^6H^5)^2CCl^2 + 3AzH^2.C^6H^5$$
$$= 2AzH^2.C^6H^5.HCl + (C^6H^5)^2C.AzC^6H^5.$$

Les acides dédoublent la diphénylméthylène-aniline en benzophénone et aniline. L'eau est sans action à 200° [M. Pauly, *Liebig's Ann. Chem.*, t. CLXXXVII, p. 198; *Bull. Soc. chim.*, t. XXIX, p. 563].

La méthylaniline fournit le même produit que l'aniline, le groupe méthylique transformant la moitié de la méthylaniline en diméthylaniline.

La diméthylaniline n'agit qu'à 100° sur le chlorure de benzophénone, et fournit une base ayant pour composition $C^{21}H^{19}Az$, cristallisable dans l'alcool bouillant en aiguilles aplaties concentriques, fusibles à 132°. Elle est soluble dans le chloroforme et dans le sulfure de carbone. La constitution de cette base n'est pas encore établie; elle peut être exprimée par l'une des deux formules

$$C^6H^5Az \lt \begin{matrix} CH^2 \\ CH^2 \end{matrix} \gt C = (C^6H^5)^2$$

$$\text{ou } \begin{matrix} C^6H^5 \\ CH^3 \end{matrix} \gt Az.CH = C = (C^6H^2)^5.$$

Le chlorure, le sulfate et l'azotate sont liquides; le chloroplatinate $(C^{21}H^{19}AzH)^2PtCl^6$ cristallise dans l'alcool bouillant en aiguilles aplaties jaunes (M. Pauly).

La toluidine et la naphtylamine convertissent le chlorure de benzophénone en *diphénylméthylène-toluidine* $(C^6H^5)^2C = Az(C^7H^7)$ et *diphénylméthylène-naphtylamine* $(C^6H^5)^2C = Az(C^{10}H^7)$. Le premier de ces corps, obtenu avec la toluidine solide, est un liquide épais, jaune, incristallisable, distillant au delà de 300°. Le second cristallise dans l'éther en lamelles rhombiques d'un jaune d'or (M. Pauly).

Sulfobenzophénone, $C^6H^5\text{-}CS\text{-}C^6H^5$. — Elle se produit lorsqu'on traite le chlorure de benzophénone par le sulfure de potassium, exempt de sulfhydrate, en solution alcoolique :

$$C^6H^5\text{-}CCl^2\text{-}C^6H^5 + K^2S$$
$$= C^6H^5\text{-}CS\text{-}C^6H^5 + 2KCl.$$

On évapore à sec et on reprend le résidu par l'alcool, qui ne dissout que la sulfobenzophénone, on purifie facilement celle-ci par cristallisation dans la benzine. Elle se dépose en petites aiguilles blanches, qui fondent à 146°,5.

L'hydrogène sulfuré la convertit dans le disulfure décrit ci-dessous. L'acide chromique la transforme de nouveau en benzophénone.

Lorsqu'on traite le chlorure de benzophénone par le sulfhydrate d'ammonium ou par le sulfhydrate de potassium, on obtient, lentement dans le premier cas, rapidement dans le second, un composé fusible à 151°, que Arno Behr avait d'abord envisagé comme la thiobenzophénone, mais qui, d'après les recherches de C. Engler, constitue le dérivé pinaconique

$$\begin{matrix} C^6H^5 \\ C^6H^5 \end{matrix} \gt CH(SH)\text{-}(HS)CH \lt \begin{matrix} C^6H^5 \\ C^6H^5, \end{matrix}$$

ou plus probablement le disulfure

$$\begin{matrix} C^6H^5 \\ C^6H^5 \end{matrix} \gt CH.S\text{-}S.CH \lt \begin{matrix} C^6H^5 \\ C^6H^5. \end{matrix}$$

Ce disulfure de benzhydryle se forme évidemment en deux phases : dans la première, il se produit de la sulfobenzophénone

$$C^6H^5\text{-}CCl^2\text{-}C^6H^5 + 2KHS$$
$$= C^6H^5\text{-}CS\text{-}C^6H^5 + 2KCl + H^2S;$$

dans la seconde, l'hydrogène sulfuré mis en liberté réagit sur la sulfobenzophénone

$$2C^6H^5\text{-}CS\text{-}C^6H^5 + H^2S$$
$$= (C^6H^5)^2CH.S^2.CH(C^6H^5)^2 + S.$$

En réalité, les eaux mères alcooliques du disulfure renferment de la sulfobenzophénone qui a échappé à cette hydrogénation.

Le disulfure de benzhydryle fond à 151° et cristallise dans l'alcool en fines aiguilles blanches. Il est soluble dans l'éther, le sulfure de carbone, l'acide acétique bouillant; insoluble dans l'eau.

Il prend aussi naissance lorsqu'on traite le benzhydrol par le pentasulfure de phosphore, ou le chlorure de benzhydryle par le sulfure de potassium.

Le cuivre moléculaire, qui est sans action sur la sulfobenzophénone, agit au sein de l'alcool bouillant en lui enlevant le soufre et la transformant en tétraphényléthane, $(C^6H^5)^4C^2H^2$ [A. Behr, *Deutsch. chem. Gesellsch.*, 1872, p. 970; — C. Engler, *Ibid*, 1878, p. 922].

Acide benzophénone-dicarboxylique,

$$CO \lt \begin{matrix} C^6H^4\text{-}CO^2H \\ C^6H^4\text{-}CO^2H. \end{matrix}$$

— Il se produit en même temps que la dicrésylacétone et l'acide crésylbenzoïque

$$CO \lt \begin{matrix} C^6H^4\text{-}CO^2H \\ C^6H^4\text{-}CH^3 \end{matrix}$$

lorsqu'on oxyde le dicrésylméthane

$$CH^2(C^6H^4.CH^3)^2.$$

Il n'a pas été obtenu à l'état de liberté.

Acide benzophénone-disulfonique,

$$CO \lt \begin{matrix} C^6H^4.SO^3H \\ C^6H^4.SO^3H. \end{matrix}$$

— La benzophénone se dissout dans l'acide sulfurique et se convertit à chaud en dérivé disulfonique, dont le *sel barytique*, $CO(C^6H^4.SO^3)^2Ba$, peu soluble dans l'eau, se présente en cristaux aciculaires. Les sels de potassium et de sodium sont très solubles et cristallisent mal. La fusion de ces sels avec la potasse conduit à l'acide paroxybenzoïque, au phénol et à l'acide dioxybenzoïque [W. Staedel, *Deutsch. chem. Gesellsch.*, t. VIII, p. 553].

Chlorure benzophénone-disulfonique,

$$CO \lt \begin{matrix} C^6H^4.SO^2Cl \\ C^6H^4.SO^2Cl. \end{matrix}$$

— Produit par l'action du perchlorure de phosphore sur le benzophénone-disulfite de sodium. Il est d'abord liquide, mais se solidifie peu à peu. Insoluble dans le sulfure de carbone, il est soluble dans l'éther et cristallise en prismes microscopiques. Il fond à 121°,5. Le pentachlorure de phosphore en excès le convertit en un tétrachlorure amorphe, fusible à 128-129°, peu soluble dans l'alcool, soluble dans le chloroforme.

L'action de l'acide sulfurique sur la benzophénone produit, outre l'acide disulfonique, un composé analogue à la diphénylsulfone et renfermant

$$CO<\begin{matrix}C^6H^4\\C^6H^4\end{matrix}>SO^2.$$

Ce composé est soluble dans l'alcool, l'éther, le chloroforme, et cristallise en aiguilles fusibles à 186-187°. Chauffé sous pression avec de l'eau, il se convertit en un amas d'aiguilles jaunes, de même composition, mais fusibles à 175° [J. Beckmann, *Deutsch. chem. Gesellsch.*, 1873, p. 1112, et t. VIII, p. 992].

E. Willm.

BENZOPINACONE et BENZOPINACOLINES. — L'isobenzopinacone fusible à 31°, décrite par Linnemann, n'est autre qu'un mélange de benzhydrol et de benzophénone, produits qui se forment par la fusion ou par la distillation de la benzopinacone,

$$C^{26}H^{22}O^2 = C^{13}H^{12}O + C^{13}H^{10}O.$$

La solution alcoolique de potasse détermine le même dédoublement.

La benzopinacone peut être envisagée comme le glycol du tétraphényléthylène,

$$\begin{matrix}C^6H^5\text{-}C(OH)\text{-}C^6H^5\\ C^6H^5\text{-}\dot{C}(OH)\text{-}C^6H^5\end{matrix}$$

Les agents déshydratants la transforment en benzopinacoline $C^{26}H^{20}O$: les chlorures d'acétyle et de benzoyle, les acides chlorhydrique et iodhydrique agissent dans ce sens. L'anhydride acétique, l'acide sulfurique étendu, sous pression, déterminent le dédoublement de la benzopinacone en benzhydrol et benzophénone [W. Thoerner et Zincke, *Deutsch. chem. Gesellsch.*, 1877, p. 1472; *Bull. Soc. chim.*, t. XXX, p. 285].

Traitée à 160° par l'acide iodhydrique et le phosphore, la benzopinacone est réduite et transformée en *tétraphényléthane* $(C^6H^5)^4C^2H^2$, carbure cristallisable en prismes volumineux, fusible à 207° et sublimable [C. Graebe, *Deutsch. chem. Gesellsch.*, 1875, p. 1054].

La benzopinacoline, qui est un produit de déshydratation de la benzopinacone, se produit aussi directement lorsqu'on réduit la benzophénone en solution alcoolique par le zinc et l'acide chlorhydrique ou l'acide sulfurique. Cette réduction donne naissance à deux pinacolines isomériques α et β; cette dernière existe à peu près seule lorsque la réaction est poussée à fond. Si l'on arrête celle-ci à un certain moment, on obtient en outre la pinacoline α, et de la benzopinacone, qui est un produit de passage; elle est le produit à peu près unique, lorsqu'on arrête la réaction après peu de temps.

La *benzopinacoline* β, qui est le produit principal, est peu soluble dans l'alcool froid et cristallise dans l'alcool bouillant en aiguilles étoilées ou mamelonnées. Elle est très soluble dans la benzine, le chloroforme, le sulfure de carbone, moins soluble dans l'éther. Elle fond à 178-179°. Sa constitution est sans doute exprimée par la formule

$$\left.\begin{matrix}C^6H^5\\C^6H^5\\C^6H^5\end{matrix}\right\rangle C\text{-}CO\text{-}C^6H^5,$$

ainsi que le font présumer les réactions suivantes. L'oxydation par l'acide chromique la transforme en *triphénylcarbinol*, $(C^6H^5)^3C.OH$, et acide benzoïque, $C^6H^5.COOH$.

La chaux sodée la dédouble à chaud en *triphénylméthane*, $(C^6H^5)^3CH$, et acide benzoïque.

Traitée par l'acide iodhydrique et le phosphore, elle est convertie en tétraphényléthane fusible à 205-206°, que Thoerner et Zincke pensent être le tétraphényléthane dissymétrique,

$$(C^6H^5)^3C\text{-}CH^2(C^6H^5).$$

La *benzopinacoline* α cristallise avec la pinacone qui l'accompagne en aiguilles ressemblant à la pinacone et fusibles à la même température (185 à 190°). On ne peut pas séparer ces deux produits par cristallisation, mais on se débarrasse facilement de la benzopinacone par la fusion à 200°; la benzopinacone se dédouble en benzophénone et benzhydrol, qu'on enlève par la ligroïne.

La benzopinacoline α qui reste cristallise dans l'alcool bouillant en aiguilles groupées en faisceaux, fusibles à 204-204°,5, presque insolubles à froid dans l'alcool et dans l'acide acétique, mais solubles à chaud. La benzine, le chloroforme, le sulfure de carbone la dissolvent facilement.

Elle est facilement transformée dans la modification β par le chlorure d'acétyle ou de benzoyle, par l'acide chlorhydrique étendu, à 150°, par l'acide sulfurique étendu d'alcool, à 100°.

Soumise à l'oxydation par l'acide chromique, elle est convertie en *benzophénone*. Il est probable, d'après cette réaction, que la benzopinacoline α est l'anhydride interne de la benzopinacone,

$$\begin{matrix}C^6H^5\text{-}C\diagup C^6H^5\\ C^6H^5\text{-}C>O\\ \diagdown C^6H^5.\end{matrix}$$

La chaux sodée transforme la benzopinacoline α principalement en un carbure fusible à 243-244°, qui a pour composition $C^{13}H^{20}$ et qui est peut-être un polymère du tétraphényléthylène. Les solutions de ce carbure offrent une fluorescence bleue.

La benzopinacoline α est identique avec l'oxyde de tétraphényléthylène décrit par A. Behr [*Deutsch. chem. Gesellsch.*, 1872, p. 277], et obtenu par l'oxydation directe du tétraphényléthylène. Les propriétés et les réactions sont les mêmes [W. Thœrner et Th. Zincke, *Deutsch. chem. Gesellsch.*, 1878, p. 65 et 1397].

E. Willm.

BENZOYLBENZOÏQUES (ACIDES),

$$C^{14}H^{10}O^3 = C^6H^5\text{-}CO\text{-}C^6H^4\text{-}COOH.$$

— On connaît deux acides benzoylbenzoïques. Le premier que l'on a préparé est :

I. *L'acide parabenzoylbenzoïque.* — Ce corps se forme : 1° par oxydation du parabenzyltoluène au moyen du mélange chromique ou de l'acide azotique de la densité 1,40 [Zincke, *Ann. Chem. Pharm.*, t. CLXI, p. 98; *Bull. Soc. chim.*, t. XVI, p. 142; *Deutsch. chem. Gesellsch.*, 1872, p. 685; *Bull. Soc. chim.*, t. XVIII, p. 400].

2° Lorsqu'on oxyde la méthylbenzophénone solide fusible à 56-57° [Zincke, *loc. cit.*; — Merz et Kollarits, *Deutsch. chem. Gesellsch.*, 1873, p. 538; *Bull. Soc. chim.*, t. XX, p. 385], ce mode de formation détermine la constitution de cet acide, car Radziszewski a obtenu cette acétone par distillation du mélange de benzoate et de paratoluate de calcium [*Deutsch. chem. Gesellsch.*, 1873, p. 810] et, d'autre part, Merz et Kollarits (*loc. cit.*), en faisant passer les vapeurs de cette acétone sur de la chaux sodée, chauffée au rouge sombre, ont obtenu de la benzine et de l'acide paratoluique.

3° Dans l'oxydation du phénylcrésyléthyle [Bandrowski, *Deutsch. chem. Gesellsch.*, 1874, p. 1016; *Bull. Soc. chim.*, t. XXIII, p. 79].

4° Par l'action de l'eau bouillante sur le benzoyltoluène trichloré C^6H^5-CO-C^6H^4-CCl^3, ou celle des alcalis ou de l'acide azotique sur le chlorure de benzoyltoluène trichloré,

$$C^6H^5\text{-}CCl^2\text{-}C^6H^4\text{-}CCl^3$$

[W. Thörner, *Deutsch. chem. Gesellsch.*, 1876, p. 482 et 1739; *Bull. Soc. chim.*, t. XXVI, p. 405; t. XXVIII, p. 205].

Le meilleur mode de préparation de l'acide parabenzoylbenzoïque est celui indiqué par Zincke. On fait bouillir 10 p. de benzyltoluène, au réfrigérant à reflux, pendant 2-3 jours avec 60 p. de dichromate de potassium, 90 p. d'acide sulfurique étendu de trois fois son poids d'eau. Il se forme un dépôt grisâtre que l'on fait digérer, au bain-marie, avec de la potasse; puis on sépare de l'oxyde de chrome par filtration, et l'on décompose le sel potassique par un acide. Après avoir lavé l'acide benzoylbenzoïque précipité avec de l'eau froide, on le transforme en sel barytique que l'on fait cristalliser à plusieurs reprises dans l'eau froide, pour le décomposer de nouveau (*loc. cit.*).

L'acide parabenzoylbenzoïque cristallise en aiguilles soyeuses, fusibles à 194°, solubles dans l'alcool, l'éther, et l'acide acétique glacial, peu solubles dans l'eau froide, le chloroforme, la benzine et le toluène. Il peut être sublimé. L'amalgame de sodium ou le zinc et l'acide chlorhydrique le convertissent en acide benzhydrylbenzoïque [Zincke, *loc. cit.*].

Lorsque l'action de l'amalgame de sodium est très prolongée, il se change en acide benzylbenzoïque (p. 342) [Zincke et Rotering, *Deutsch. chem. Gesellsch.*, 1876, p. 312; *Bull. Soc. chim.*, t. XXVI, p. 394].

L'acide iodhydrique en présence de phosphore rouge à 160-170° produit la même transformation [C. Graebe, *Deutsch. chem. Gesellsch.*, 1875, p. 1054; *Bull. Soc. chim.*, t. XXIV, p. 326].

Sel d'argent, $C^{14}H^9O^3Ag$. — Poudre amorphe peu soluble dans l'eau.

Sel de baryum, $(C^{14}H^9O^3)^2Ba + 2H^2O$. — Il cristallise en aiguilles réunies en faisceaux qui perdent leur eau à 150-160°. Lorsqu'on évapore sa solution aqueuse, on obtient un sel anhydre.

Sel de calcium, $(C^{14}H^9O^3)^2Ca + 2H^2O$. — Aiguilles plus solubles que le sel barytique.

Sel de potassium, $C^{14}H^9O^3K$. — Il est peu soluble dans l'eau.

Éther éthylique, $C^{14}H^9O^3.C^2H^5$. — Il cristallise en prismes fusibles à 52° (Zincke et Plaskuda).

Éther méthylique, $C^{14}H^9O^3.CH^3$. — Il est en prismes fusibles à 107° (Plaskuda).

Acide dinitro-parabenzoylbenzoïque,

$$C^{14}H^8(AzO^2)^2O^3.$$

— Il se forme lorsqu'on introduit, peu à peu, de l'acide parabenzoylbenzoïque dans un mélange d'acides azotique et sulfurique concentrés. Il cristallise en lamelles brillantes fusibles à 240°, solubles dans l'eau chaude, l'alcool et l'acide acétique. Les sels d'*ammonium*, de *baryum*,

$$[C^{14}H^7(AzO^2)^2O^3]^2Ba + H^2O,$$

de *cuivre*, et de *calcium*,

$$[C^{14}H^7(AzO^2)^2O^3]^2Ca + 2H^2O,$$

sont cristallisés, et peu solubles dans l'eau [Plaskuda, *Deutsch. chem. Gesellsch.*, 1874, p. 986; *Bull. Soc. chim.*, t. XXIII, p. 128].

II. Le second acide, l'*acide β-benzoylbenzoïque*, prend naissance lorsqu'on oxyde le benzyltoluène de Zincke. Ce carbure est un mélange; pour obtenir l'acide β-benzoylbenzoïque, il faut oxyder le carbure, au moyen du dichromate potassique et de l'acide sulfurique, de sorte qu'il en reste toujours une certaine quantité non attaquée. Dans ces conditions, on obtient beaucoup de méthylbenzophénone. Pour séparer les produits de l'oxydation, on les fait digérer avec de la soude qui dissout les deux acides benzoylbenzoïques formés. Après avoir filtré, on décompose la solution sodique par l'acide chlorhydrique, et l'on extrait l'acide par l'éther. Après avoir chassé l'éther, on dissout l'acide benzoylbenzoïque dans l'ammoniaque et l'on précipite par le chlorure de baryum. Le précipité est formé par le mélange des sels barytiques des acides α et β. On décompose ce mélange par un acide minéral, et l'on traite l'acide organique de nouveau par l'ammoniaque et le chlorure de baryum jusqu'à ce qu'il ne se forme plus de précipité. Toutes les eaux mères additionnées d'acide chlorhydrique laissent alors déposer de l'acide β-benzoylbenzoïque renfermant un peu d'acide α. On le purifie par plusieurs cristallisations dans l'eau [Zincke et Plaskuda, *Deutsch. chem. Gesellsch.*, 1873, p. 906; *Bull. Soc. chim.*, t. XX, p. 466].

Cet acide se forme aussi par l'oxydation de l'anhydride β-benzhydrylbenzoïque (Zincke et Rotering).

Friedel et Crafts ont obtenu cet acide en faisant réagir la benzine sur l'anhydride phtalique en présence de chlorure d'aluminium [*Comptes rendus*, 1878, p. 1368]. Fittig a isolé l'acide β-benzoylbenzoïque des produits de l'oxydation de l'acide isatropique par l'acide chromique en solution acétique [*Deutsch. chem. Gesellsch.*, 1879, p. 1740].

L'acide β-benzoylbenzoïque cristallise en longues aiguilles prismatiques fusibles à 127-128°. Séché sur l'acide sulfurique, il renferme $2H^2O$, qu'il perd à 100°; la modification hydratée fond à 85-87°. Lorsqu'on le traite par le zinc et l'acide chlorhydrique, il ne donne pas d'acide benzhydrylbenzoïque, mais l'anhydride de cet acide (Zincke et Rotering). Cette transformation rappelle la déshydratation des composés reconnus comme appartenant à la série ortho-, et nous permet d'envisager l'acide β-benzoylbenzoïque comme étant l'*acide ortho*.

Sel d'argent, $C^{14}H^9O^3Ag$. — Il est en aiguilles solubles dans l'eau chaude.

Sel de baryum, $(C^{14}H^9O^3)^2Ba$. — C'est une masse vitreuse soluble dans l'alcool chaud.

Les sels d'*ammonium* et de *potassium* sont cristallisables et solubles dans l'eau; le *sel de cuivre*, $(C^{14}H^9O^3)^2Cu + H^2O$, est une poudre cristalline fusible sous l'eau, et le *sel de zinc*, $(C^{14}H^9O^3)^2Zn + 2H^2O$, fond à 140°.

L'*éther éthylique*, $C^{14}H^9O^3.C^2H^5$, cristallise en prismes rhombiques fusibles à 58°, solubles dans l'alcool et l'éther; l'*éther méthylique* fond à 52°, et il est soluble dans l'eau.

Acide β-benzoylbenzoïque bromé, $C^{14}H^9BrO^3$. — Lorsqu'on chauffe 1 partie du mélange d'acides phtaliques bromés bouillant entre 300-330° avec 5 parties de benzine au bain-marie en présence du chlorure d'aluminium, et qu'on acidule par l'acide chlorhydrique, lorsqu'il ne se dégage plus de gaz chlorhydrique, on obtient l'acide β-benzoylbenzoïque bromé. Pour le séparer de la solution benzénique, on la décante et on la laisse refroidir. L'acide se dépose en croûtes cristallines que l'on purifie par cristallisation dans l'acide acétique glacial.

L'acide β-benzoylbenzoïque bromé est en aiguilles brillantes, fusibles à 219-221°, solubles dans l'alcool, l'éther et le chloroforme. (Voyez Pechmann, *Deutsch. chem. Gesellsch.*, 1879, p. 2126.)

M. Wassermann.

BENZOYLCARBINOL,

$$C^8H^8O^2 = C^6H^5\text{-}CO\text{-}CH^2OH.$$

— Ce corps a été découvert par Staedel et Rügheimer, dans la réaction de l'ammoniaque *en solution alcoolique ou éthérée* sur le phénylchloracétyle $C^6H^5\text{-}CO\text{-}CH^2Cl$ [Voyez *Deutsch. chem. Gesellsch.*, 1876, p. 1758; et *Bull. Soc. chim.*, t. XXVIII, p. 180]. Il a été ensuite obtenu par Hunaeus et Zincke par l'action des oxydants sur le phénylglycol, $C^6H^5\text{-}CH.OH\text{-}CH^2.OH$ [*Bull. Soc. chim.*, t. XXX, p. 198, et *Deutsch. chem. Gesellsch.*, 1877, p. 1486]. Pour le préparer, les premiers auteurs font agir l'ammoniaque gazeuse sur une solution éthérée de phénylchloracétyle; après cinq à sept jours, il se dépose, avec du sel ammoniac, la combinaison ci-dessus, $C^8H^8O^2$, facile à purifier par cristallisation dans l'alcool chaud. En même temps, il se forme deux isomères répondant à la formule $C^{16}H^{13}O^2Cl$.

Hunaeus et Zincke traitent le phénylglycol par de l'acide nitrique. Il se forme d'abord du benzoylcarbinol, puis de l'acide benzoylformique. — Voyez PHÉNYLGLYOXYLIQUE (ACIDE).

Le benzoylcarbinol est très soluble dans l'alcool, l'éther, le chloroforme, le pétrole. Il cristallise de sa solution alcoolique ou éthérée en tables hexagonales épaisses, et, si la solution alcoolique est étendue, en paillettes brillantes hydratées. Il fond à 85,5-86°, et s'il contient de l'eau, à 73-74°. Il se décompose par la chaleur en répandant une odeur pénétrante. Il s'unit aux bisulfites alcalins.

Il offre des propriétés réductrices remarquables. Il précipite l'argent de sa solution ammoniacale sous forme de miroir; le cuivre de ses solutions alcalines sous forme d'oxydule, même à froid. Dans ces diverses réactions, on remarque une odeur d'amandes amères, comme si l'on avait

$$\underset{\text{Benzoylcarbinol.}}{C^6H^5\text{-}CO\text{-}CH^2OH} = \underset{\text{Aldéhyde benzoïque.}}{C^6H^5\text{-}COH} + \underset{\text{Aldéhyde formique.}}{CH^2O},$$

dédoublement qui se fait à chaud par les alcalis.

L'*éther acétique*, $C^6H^5\text{-}CO\text{-}CH^2.O(C^2H^3O)$, est très soluble dans l'alcool, l'éther, le chloroforme. Il cristallise de sa solution dans l'essence de pétrole, sous forme de tables rhombiques, incolores et brillantes, fusibles à 49°.

L'*éther benzoïque*, $C^6H^5\text{-}CO\text{-}CH^2.O(C^7H^5O)$, est soluble dans les mêmes dissolvants. Il se dépose d'une solution alcoolique étendue et chaude en petites tablettes fusibles à 117°.

Malgré les réactions ci-dessus indiquées, qui le rapprochent des aldéhydes, les auteurs précédents pensent que le benzoylcarbinol est bien

$$C^6H^5\text{-}CO\text{-}CH^2OH,$$

et non l'aldéhyde

$$C^6H^5\text{-}CH.OH\text{-}COH,$$

et que ses propriétés réductrices tiennent au groupe $CO\text{-}CH^2.OH$, lequel se dédouble en COH et $CH.OH$, qui agissent à la façon des aldéhydes.

A. Gautier.

BENZOYL-CRÉSYLE [Syn. *Crésylphénylacétone*]. — L'action du chlore à chaud sur la paracrésylphenylacétone préparée par la méthode de Kollaritz et Merz [*Bull. Soc. chim.*, t. XX, p. 386] a fourni à Thoerner les trois chlorures :

Chlorure parabenzoyle-benzylique,

$$C^6H^5\text{-}CO\text{-}C^6H^4\text{-}CH^2Cl.$$

Dichlorure de parabenzoyle-benzylène,

$$C^6H^5\text{-}CO\text{-}C^6H^4\text{-}CHCl^2.$$

Trichlorure de parabenzoyle-benzényle,

$$C^6H^5\text{-}CO\text{-}C^6H^4\text{-}CCl^3$$

[*Bull. Soc. chim.*, t. XXVI, p. 405; et *Deutsch. chem. Gesellsch.*, 1876, p. 482].

Le premier de ces corps se forme par l'action du chlore à 100° sur la paracrésylphénylacétone. Après plusieurs cristallisations dans l'alcool absolu, il se présente en beaux prismes, fusibles à 97-98°; l'eau le sépare de sa solution alcoolique en larges aiguilles brillantes. Il est soluble dans le chloroforme, le sulfure de carbone, le toluène; moins soluble dans l'alcool et l'éther. Il se sublime en aiguilles aplaties et brillantes, fusibles à 93-94°.

Le *bichlorure*, $C^6H^5\text{-}CO\text{-}C^6H^4\text{-}CHCl^2$, se forme lorsque le chlore agit à 120-140°; il cristallise dans l'alcool bouillant en lames moirées, fusibles à 94-95°, et se sublime en lamelles fusibles à 85-86°. Il est aussi soluble dans le chloroforme, le sulfure de carbone, l'éther, l'alcool chaud; insoluble dans l'eau bouillante, qui n'agit pas sur lui.

Le *trichlorure*, $C^6H^5\text{-}CO\text{-}C^6H^4\text{-}CCl^3$, se produit à 150-160°. Il cristallise dans l'acide acétique en aiguilles soyeuses, fusibles à 107°; solubles dans l'éther, la benzine, l'alcool bouillant; insolubles dans l'eau. L'eau bouillante le décompose en donnant l'acide parabenzoylbenzoïque. Cette décomposition est totale à 180°.

A. Gautier.

BENZOYLDIACÉTIQUE (ACIDE). — Voyez *Suppl.*, p. 37.

BENZOYLE (BISULFURE DE). — Voyez t. III, p. 396.

BENZOYLE (CHLORURE DE). — Friedel, Crafts et Ador l'ont obtenu en faisant réagir l'oxychlorure de carbone sur la benzine en présence du chlorure d'aluminium. Ils ont soin d'interrompre la réaction quand il reste encore beaucoup d'oxychlorure dans le mélange [*Bull. Soc. chim.*, t. XXVIII, p. 482].

Sperlich et Lippmann ont observé que lorsque ce corps est pur, il cristallise par refroidissement [*Zeitsch. Chem.*, 1871, p. 285]. Il fond à —1° (Lieben).

Quand on traite le chlorure de benzoyle pur par son équivalent de bioxyde de baryum, puis par l'eau, on obtient du peroxyde de benzoyle cristallisé, $C^{14}H^{10}O^4$, doué de toutes les propriétés que lui a reconnues Brodie en 1864. (Voir plus loin BENZOYLE, PEROXYDE, p. 340.) Par l'acide sulfurique en excès, le chlorure de benzoyle dégage du gaz chlorhydrique, tandis qu'une combinaison cristalline répondant à la formule $C^6H^5\text{-}CO\text{-}SO^4H$, se dépose par le refroidissement. — Voyez *Suppl.*, BENZOYL-SULFURIQUE (ACIDE).

Le chlorure de benzoyle donne avec l'acide iséthionique l'acide benzoyl-iséthionique suivant l'équation

$$\underset{\text{Iséthionate.}}{C^2H^4(SO^3M)(OH)} + C^7H^5OCl$$

$$= \underset{\text{Benzoylisethionate.}}{C^2H^4(SO^3M)(OC^7H^5O)} + HCl.$$

Avec les sulfovinates, l'action est toute différente, il se forme du chlorure d'éthyle :

$$\underset{\text{Sulfovinate de potassium.}}{2C^2H^5O(SO^3K)} + C^7H^5OCl$$

$$= C^2H^5Cl + \underset{\text{Benzoate d'éthyle.}}{C^2H^5O(C^7H^5O)} + K^2S^2O^7$$

[Engelhardt et Latschinoff, *Bull. Soc. chim.*, t. X, p. 275].

Par son action sur le sulfhydrate de potassium, le chlorure de benzoyle donne un corps neutre, cristallisable dans l'alcool, en aiguilles pâles ayant les caractères et la composition du sulfure de benzoyle que Liebig et Wœhler avaient obtenu par l'action de ce chlorure sur le sulfure de plomb [*Ann. Chem. Pharm.*, t. CLIX, p. 240]. Toutefois,

Cloez a décrit comme acide thiobenzoïque C^7H^6OS, un corps cristallisé fusible à 120°, qu'il a obtenu par l'action du chlorure de benzoyle sur une solution alcoolique de monosulfure de potassium. Engelhardt, Latchinoff et Malyscheff ont aussi observé la formation de l'acide thiobenzoïque par l'action du chlorure de benzoyle sur le monosulfure de potassium,

$$C^7H^5OCl + K^2S = C^7H^5KOS + KCl.$$

(Voyez Acides thiobenzoïques, t. III, p. 305).

L'acide oxalique sublimé transforme le chlorure de benzoyle en acide benzoïque anhydre. On en obtient la quantité presque théorique [Anschütz, *Deutsch. chem. Gesell.*, 1877, p. 1881]. Traité par la baryte caustique, le chlorure de benzoyle donnerait aussi de l'acide benzoïque anhydre, d'après Gal.

Avec l'amidure de potassium, le chlorure de benzoyle donne de la benzamide et de la dibenzamide,

$$3C^7H^5OCl + 3KAzH^2$$
$$= C^7H^7AzO + C^{14}H^{11}AzO^2 + 3KCl + AzH^3$$

Benzamide. Dibenzamide.

[Baumert et Landolt, *Ann. Chem. Pharm.*, t. CXI, p. 1].

Le chlorure de benzoyle, en agissant sur la cyanamide, donne la *benzoylmélamine;* avec la sodium-cyanamide, il produit la *benzoylaméline;* avec la leucine, l'*anhydride benzoylamidocaproïque*.

Il s'unit directement à la nicotine pour former le composé $C^{10}H^{14}Az^2, 2C^7H^5OCl$.

Il forme avec l'hydroxylamine la dibenzhydroxylamide $Az(C^7H^5O)^2OH$. Sous l'influence du zinc, le chlorure de benzoyle se résinifie. Si l'on opère au sein de la benzine, on trouve parmi les produits secondaires (qui renferment un peu d'acide benzoïque et de benzophénone), un corps rouge cristallisable en aiguilles fusibles à 145-146° [Zincke, *Bull. Soc. chim.*, t. XIX, p. 516].

Chauffé avec le zinc-éthyle, le chlorure de benzoyle donne le benzoyle-éthyle $C^7H^5O.C^2H^5$, ou phényl-éthylacétone C^6H^5-CO-C^2H^5 liquide, d'odeur agréable, bouillant à 117°, et qui se sépare quand on ajoute de l'eau au produit brut de la réaction [Freund, *Ann. Chem. Pharm.*, t. CXVIII, p. 1]. Chauffé en présence de la naphtaline et du fer ou du zinc, le chlorure de benzoyle fournit une notable proportion de *naphylphénylacétone*.

Chlorure de benzoyle chloré. — Ce corps se produit, suivant Graebe, dans la réaction du perchlorure de phosphore sur l'acide quinique [*Bull. Soc. chim.*, t. VI, p. 228; et *Ann. Chem. Pharm.*, t. CXXXVIII, p. 197]. Il prend naissance en vertu de la réaction suivante :

$$C^7H^{12}O^6 + 5PCl^5$$
$$= C^7H^4Cl^2O + 5POCl^3 + 8HCl.$$

Par l'action de l'eau bouillante ou des alcalis, ce corps se dédouble en acide chlorhydrique et acide monochlorobenzoïque. Il bout vers 200°. Il est fortement réfringent. Le chlorure obtenu par Limpricht et Uslar en faisant agir le perchlorure de phosphore sur l'acide métasulfobenzoïque bout à 225° et régénère aussi par l'eau l'acide métachlorobenzoïque. Le chlorure de chlorobenzoyle de Chiozza, qui se forme par l'action du perchlorure de phosphore sur l'acide salicylique, donne par l'eau de l'acide orthochlorobenzoïque. On ne sait si le chlorure de chlorobenzoyle de Graebe est identique ou isomérique avec l'un de ceux-ci.

Cyanure de benzoyle. — Soumis à l'action de HCl concentré, ce cyanure fournit, d'après Claisen, un acide $C^8H^6O^3$. Le cyanure de benzoyle est enfermé dans un tube avec 2 fois et demi son volume d'acide chlorhydrique fumant; au bout de quelques jours, il se dissout *à froid;* un peu de sel ammoniac, puis une huile jaune se déposent; on chauffe alors à 70°, on ouvre le tube, on épuise son contenu par de l'éther. Celui-ci laisse par évaporation une huile épaisse qui se prend bientôt en une masse cristalline. C'est l'acide qui a pour composition $C^8H^6O^3$. Il fond à 65-66°. Lorsqu'on le chauffe, il paraît en partie distiller, en partie se dédoubler en gaz carbonique acide et aldéhyde benzoïques. Il est fort soluble dans l'eau. C'est l'acide phénylglyoxylique, C^6H^5-CO-CO^2H [Claisen, *Deutsch. chem. Gesellsch.*, 1877, p. 429].

Dans la réaction à froid de l'acide chlorhydrique sur le cyanure de benzoyle, il se forme en même temps de la phénylglyoxylamide :

$$C^8H^5AzO + H^2O = C^6H^5\text{-}CO\text{-}COAzH^2.$$

Pour la phénylglyoxylamide, voyez ce mot [Claisen, *Bull. Soc. chim.*, t. XXXI, p. 446; et *Deutsch. chem. Gesellsch.*, 1877, p. 1663].

En chauffant à 140° le cyanure de benzoyle avec de l'acide acétique cristallisable saturé de gaz chlorhydrique, Huebner et Buchka ont obtenu des réactions un peu différentes de celles qui viennent d'être exposées [*Deutsch. chem. Gesellsch.*, 1877, p. 479; et *Bull. Soc. chim.*, t. XXVIII, p. 367]. Le produit de la réaction fournit par addition d'eau une masse amorphe qui, redissoute dans l'alcool, donne par évaporation des amas cristallins jaunes d'un corps qui paraît avoir pour composition et constitution la formule

$$\begin{array}{l} C^6H^5\text{-}CO\text{-}C \nearrow AzH \\ \qquad\qquad\qquad > O \\ C^6H^5\text{-}CO\text{-}C \searrow AzH, \end{array}$$

et que les alcalis ou l'acide chlorhydrique dédoublent en un acide formé d'aiguilles incolores fusibles vers 111°. Cet acide aurait pour formule $C^8H^6O^3 = C^6H^5$-CO-CO^2H. Il serait un isomère du précédent; mais son existence n'est pas hors de doute. Ses auteurs lui donnent le nom d'*acide phénoxylique*.

A. Gautier.

BENZOYLE (HYDRURE DE). — Voyez Benzoïque (aldéhyde). *Suppl.*, p. 331.

BENZOYLE (OXYDES DE). — *L'oxyde de benzoyle* est l'acide benzoïque anhydre.

Peroxyde de benzoyle. — Pour obtenir ce corps, observé d'abord par Brodie (Voir t. I, p. 574), Sperlich et Lippmann [*Wien. Akad. Ber.*, (2), t. LXII, p. 613] recommandent de n'employer que la quantité de peroxyde de baryum nécessaire, préalablement titrée. On broie dans un mortier le peroxyde avec le chlorure de benzoyle; le produit est ensuite épuisé à l'eau, lavé avec une solution faible de carbonate sodique et dissous dans l'éther d'où il cristallise.

Lorsqu'on chauffe à 100° cette solution éthérée avec de l'amylène, puis qu'on distille, on obtient comme résidu une huile qui, lavée au carbonate sodique et desséchée, se décompose facilement même dans le vide. Elle représente de l'amylène, dans lequel un atome d'hydrogène a été remplacé par de l'oxybenzoyle :

$$C^5H^{10} + (C^7H^5O)^2O^2$$
$$= C^7H^5O.OH + C^5H^9(OC^7H^5O).$$

BENZOYLE (OXYIODURE DE) [Syn. Benzoate d'iode], $C^7H^5O.O.I.$ — Ce corps, qui n'a pas été obtenu dans un état de parfaite pureté, paraît se former quand on fait agir le chlorure d'iode sur le benzoate de sodium,

$$C^7H^5O.ONa + ICl = NaCl + C^7H^5O.O.I.$$

Quand on le chauffe, il se dégage de l'acide carbonique et de l'iode, et il distille un liquide qui se dédouble en benzine iodée C^6H^5I et en une substance solide ressemblant à la naphtaline [Schützenberger, *Compt. rend.*, t. LII, p. 135].

BENZOYLE (SULFOCARBIMIDE). — Voyez t. III, p. 117.

BENZOYLE-ACÉTOCARBONIQUE (ACIDE), $C^{10}H^{10}O^6$. — On l'obtient par l'action des alcalis sur l'acide phtalylacétique (voyez ce mot).

BENZOYLE-PHÉNOL. — Voyez PHÉNOL.

BENZOYLE-SULFO-URÉE. — Voyez SULFO-URÉES, t. III, p. 134.

BENZOYLFORMIQUE (ACIDE). — Voyez PHÉNYLGLYOXYLIQUE (ACIDE).

BENZOYLE-ISOPTALIQUE (ACIDE). — Voy. BENZYLISOXYLÈNE, p. 343.

BENZOYLSULFURIQUE (ACIDE),

$$C^6H^5\text{-}CO\text{-}SO^4H.$$

— Le chlorure de benzoyle agit énergiquement sur l'acide sulfurique; il se dégage de l'acide chlorhydrique et il se dépose bientôt des cristaux prismatiques. C'est l'acide benzoylsulfurique impur, qu'on fait égoutter sur une brique de biscuit.

Si l'on distille un mélange d'acide sulfurique avec un excès de chlorure de benzoyle, il reste une masse fondue, hygroscopique, qui, reprise par l'eau et saturée de carbonate de baryum, donne un sel cristallin soluble, $C^7H^4O^2SO^3Ba$, dont l'acide est identique avec l'acide sulfobenzoïque. Celui qui se forme à froid dans la réaction indiquée, savoir :

$$C^6H^5COCl + H^2SO^4 = HCl + C^6H^5\text{-}CO\text{-}SO^4H,$$

possède la constitution

$$SO^2 < \begin{matrix} OH \\ O.CO\text{-}C^6H^5. \end{matrix}$$

C'est le véritable acide benzoylsulfurique, monobasique et isomère de l'acide sulfobenzoïque,

$$C^6H^4 < \begin{matrix} CO^2H \\ SO^3H \end{matrix} \text{ ou } SO < \begin{matrix} OH \\ OC^6H^4\text{-}CO^2H, \end{matrix}$$

acide bibasique, dans lequel l'acide benzoylsulfurique se transforme peu à peu à froid et rapidement à chaud [A. Oppenheim, *Deutsch. chem. Gesellsch.*, 1870, p. 735].

BENZYLALLYLE [Syn. *Phénylbutylène*], $C^{10}H^{12}$. — Voyez PHÉNYLBUTYLÈNES, t. II, p. 880 et *Suppl.*

BENZYLAMINES. — BENZYLAMINE,

$$C^7H^7.AzH^2.$$

— La benzylamine s'obtient aussi par la méthode de M. Würtz, au moyen du chlorure de benzyle et du cyanate d'argent. On chauffe au bain de paraffine le chlorure de benzyle avec un excès de cyanate d'argent; la réaction devient très vive et est promptement terminée. On distille pour séparer le cyanate et le cyanurate de benzyle que l'on traite ensuite par la potasse. Il se forme en même temps de la di et de la tribenzylamine. On sépare ces trois bases par l'acide chlorhydrique concentré; le chlorhydrate de tribenzylamine est insoluble, celui de dibenzylamine cristallise rapidement, et celui de benzylamine reste dans les eaux mères. Il est bon de ne pas opérer sur plus de 50 grammes de chlorure de benzyle à la fois [Strakosch, *Deutsch. chem. Gesellsch.*, 1872, p. 692; *Bulletin Soc. chim.*, t. XVIII, p. 331].

La benzylamine en solution absorbe le cyanogène et donne de la *cyanobenzylamine*,

$$C^{18}H^{18}Az^4 = \begin{matrix} C^6H^5\text{-}CH^2.AzH.C.AzH. \\ C^6H^5\text{-}CH^2.AzH.\dot{C}.AzH, \end{matrix}$$

en cristaux incolores, brillants, insolubles dans l'eau, fusibles à 140°. La cyanobenzylamine donne un chlorhydrate $C^{16}H^{18}Az^4,2HCl$ en aiguilles soyeuses solubles dans l'eau; traitée à chaud par l'acide chlorhydrique, elle se convertit en benzyl et dibenzyloxamide, puis en oxamide. Avec le chlorure de cyanogène, la benzylamine en solution éthérée donne de la benzyl-cyanamide

$$CAz^2H(C^7H^7),$$

fusible à 33°, que l'eau bouillante et l'acide chlorhydrique convertissent en monobenzylurée.

En chauffant de l'acide acétique avec de la benzylamine, on obtient un composé,

$$C^7H^7,AzH,C^2H^3O,$$

fusible à 30°, distillant à 250°, et qui paraît être la *benzylacétamide*, mais qui résiste à l'action des acides et des alcalis.

Chauffée au réfrigérant ascendant en solution alcoolique avec du sulfure de carbone, elle donne de la dibenzylsulfo-urée $CSAz^2H^2(C^7H^7)^2$, fusible à 114° (Strakosch).

La benzoylsulfocarbimide agit sur la benzylamine et donne la sulfo-urée benzoyl-benzylique

$$CS < \begin{matrix} AzH\text{-}C^7H^7 \\ AzH\text{-}C^7H^5O, \end{matrix}$$

en prismes durs et cassants, fusibles à 145° [Miquel, *Bull. Soc. chim.*, t. XXV, p. 253].

DIBENZYLAMINE $(C^7H^7)^2AzH$. — La dibenzylamine, traitée en solution alcoolique par le chlorure de cyanogène, fournit la *cyanodibenzylamine*, $C^{14}H^{14}Az,CAz$; elle est insoluble dans l'eau, soluble dans l'alcool et dans l'éther, et cristallise en lames fusibles à 53-54°.

Le *chlorhydrate de dibenzylamine* cristallise en lames fusibles à 200°; le *chloroplatinate* est en groupes d'aiguilles orangées; le *bromhydrate* est en larges lames nacrées, fondant à 266°; l'*iodhydrate*, en longs prismes blancs fusibles à 224°; l'*azotate* est difficilement soluble, en aiguilles fusibles à 186°.

ÉTHYLDIBENZYLAMINE, $(C^7H^7)^2C^2H^5Az$. — Elle se forme par l'action de l'iodure d'éthyle sur la dibenzylamine, à 110°; elle constitue une huile jaunâtre dont le chlorhydrate cristallise [Limpricht, *Ann. Chem. Pharm.*, t. CXLIV, p. 304].

Dérivés nitrés et amidés des benzylamines.

Le chlorure de paranitrobenzyle chauffé à 100° avec de l'ammoniaque aqueuse fournit la *dibenzylamine dinitrée* et la *tribenzylamine trinitrée*, que l'on sépare au moyen de l'acide chlorhydrique qui dissout la première et ne dissout pas la seconde.

La *dinitrodibenzylamine*, $(C^7H^6.AzO^2)^2AzH$, cristallise dans l'alcool en grandes lames brillantes et jaunâtres, insolubles dans l'éther et dans l'eau, fusibles à 93°. Le *chlorhydrate* est en prismes jaunes, brillants, fusibles à 212°, peu solubles dans l'eau bouillante, dans l'alcool et dans l'acide chlorhydrique.

Le *chloroplatinate* est en aiguilles presque insolubles.

La *trinitrotribenzylamine*, $(C^7H^6.AzO^2)^3Az$, ne possède plus de caractère basique; elle est très peu soluble dans l'alcool bouillant, insoluble dans l'eau, soluble dans la nitrobenzine et l'acide acétique bouillant; elle est en aiguilles blanches, fusibles à 163°.

En faisant réagir le chlorure de benzyle nitré sur l'ammoniaque, il n'a pas été possible d'obtenir la mononitrobenzylamine.

La dinitrodibenzylamine réduite par l'acide chlorhydrique et l'étain fournit la *diamido-dibenzylamine*,

$$C^{14}H^{17}Az^3 = AzH < \begin{matrix} CH^2\text{-}C^6H^4.AzH^2 \\ CH^2\text{-}C^6H^4.AzH^2, \end{matrix}$$

qui est en aiguilles nacrées, fusibles à 106°, solubles à chaud dans l'eau, l'alcool, l'éther. Le *chlorhydrate* avec 3 H Cl est en lamelles blanches. Le *chloroplatinate*, $C^{14}H^{17}Az^{3}, 3\,HCl, Pt, Cl^{4}$, est en aiguilles solubles dans l'eau bouillante.

La réduction de la trinitrotribenzylamine fournit la *triamidotribenzylamine*,

$$C^{21}H^{24}Az^{4} = Az(CH^{2}\cdot C^{6}H^{4}.AzH^{2})^{3}.$$

Cette base cristallise en octaèdres adamantins, solubles dans l'alcool bouillant et dans l'éther, fusibles à 130°. Le chlorhydrate est très soluble; le chloroplatinate est amorphe [Strakosch, *Deutsch. chem. Gesellsch.*, 1873, p. 1056; *Bull. Soc. chim.*, t. XX, p. 550].

NITROSODIBENZYLAMINE, $C^{14}H^{14}(AzO)Az$ [Rhode, *Ann. Chem. Pharm.*, t. CLI, p. 366; *Bull. Soc. chim.*, 1870, t. XIII, p. 360]. — On l'obtient en chauffant à l'ébullition, pendant quelques heures, une solution alcoolique concentrée de tribenzylamine avec un tiers de son volume d'acide azotique fumant; on distille; il passe de l'essence d'amandes amères avec l'alcool; le résidu s'étant solidifié, on le fait cristalliser dans l'alcool.

Ce corps est en tables du système quadratique, fusibles à 52°; il est soluble dans l'eau; il ne se combine pas aux acides. Avec l'amalgame de sodium, il donne de l'ammoniaque et de la dibenzylamine; le brome sec le dissout et le convertit en une masse cristalline formée surtout de bromhydrate de dibenzylamine dibromée, mélangée de bromhydrate de dibenzylamine monobromée.

Dérivés chlorés des benzylamines.

Le chlorure de chlorobenzyle $C^{6}H^{4}Cl\text{-}CH^{2}Cl$, bouillant à 210-214° (chlorure de parachlorobenzyle mélangé de chlorure d'orthochlorobenzyle) chauffé avec l'ammoniaque fournit les trois benzylamines chlorées, dont la séparation est beaucoup plus difficile que celle des benzylamines non chlorées. (Voyez pour les détails le *Mémoire original*.) [Berlin, *Ann. Chem. Pharm.*, t. CLI, p. 237; *Bull. Soc. chim.*, 1870, t. XIII, p. 67.]

BENZYLAMINE MONOCHLORÉE, $C^{6}H^{4}Cl\text{-}CH^{2}\text{-}AzH^{2}$. — Elle est liquide et absorbe l'acide carbonique de l'air. Le *chlorhydrate* est en petites aiguilles, solubles dans l'eau et dans l'alcool, fusibles à 197°. Le *chloroplatinate* est en lamelles rhomboïdales, assez solubles dans l'eau.

DIBENZYLAMINE DICHLORÉE,

$$(C^{6}H^{4}Cl\text{-}CH^{2})^{2}AzH.$$

— Il existe quatre modifications de cette base; trois se forment dans la réaction primitive, ce qui tend à prouver que le chlorure de chlorobenzyle employé renferme les trois isomères, la 4e prend naissance dans l'action du brome sur la tribenzylamine trichlorée : l'auteur la désigne par α, les trois autres par β, γ et δ.

$$\underset{\text{Tribenzylamine trichlorée.}}{(C^{6}H^{4}Cl\text{-}CH^{2})^{3}Az} + H^{2}O + Br^{2}$$

$$= \underset{\text{Bromhydrate de dibenzylamine dichlorée.}}{(C^{6}H^{4}Cl\text{-}CH^{2})^{2}AzH, HBr} + \underset{\text{Aldéhyde chlorobenzoïque.}}{C^{7}H^{5}ClO} + HBr$$

BASE α. — *Bromhydrate* en aiguilles blanches fusibles à 283-290°.

Chlorhydrate. — Il cristallise dans l'alcool bouillant en lamelles soyeuses, ou dans l'eau en aiguilles étoilées, fusibles à 288-289°.

BASE β. — *Bromhydrate :* fusible à 224°. — *Chlorhydrate :* fond à 225-228°. — *Iodhydrate :* longues aiguilles nacrées peu solubles, fusibles à 215°. — *Azotate :* petits mamelons peu solubles, fusibles à 204-205°.

BASE γ. — *Azotate :* lamelles microscopiques, solubles, fusibles à 193°. — *Bromhydrate :* fond à 210-212°. — *Chlorhydrate :* fond à 218-220°. — *Iodhydrate :* fond à 187°, très soluble dans l'alcool.

BASE δ. — *Azotate :* très soluble dans l'alcool, fond à 176-177°. — *Bromhydrate :* fond à 198-199°. — *Chlorhydrate :* fond à 221-222°. *Iodhydrate :* fond à 216-218°.

TRIBENZYLAMINE TRICHLORÉE, $(C^{6}H^{4}Cl\cdot CH^{2})^{3}Az$. — Elle cristallise dans l'alcool en beaux prismes rhomboïdaux, fusibles à 88-89°. Le *chlorhydrate* qui renferme 2 mol. d'eau de cristallisation fond à 170-175° : il devient opaque à l'air en se déshydratant.

Action de la chaleur sur la benzylamine.

Les sels haloïdiques de tribenzylamine, chauffés à 269-270° donnent du toluène, à la distillation, et le résidu visqueux renferme des sels de lophine, $C^{12}H^{10}Az^{2}$. L'azotate à 220-240° fournit du toluène, du nitrotoluène, de l'hydrure de benzoyle et de la monobenzylamine (Rhode).

La décomposition de la di et de la tribenzylamine libres par la chaleur a été étudiée par Brunner [*Ann. Chem. Pharm.*, t. CLI, p. 133; *Bull. Soc. chim.*, 1870, t. XIII, p. 65].

Ces bases doucement chauffées se décomposent avec production de toluène, de bibenzyle, de stilbène, qui passent à la distillation; le résidu renferme de la lophine, $C^{12}H^{10}Az^{2}$, qu'on sépare en épuisant par l'alcool; la portion insoluble dans l'alcool, reprise par de l'acide chlorhydrique en solution alcoolique, donne deux sels : l'un, $C^{28}H^{28}Az^{4}, HCl$, est en prismes quadrangulaires fusibles à 230°; l'autre, $C^{21}H^{21}Az^{3}HCl$, est en mamelons blancs, assez solubles dans l'alcool, fusibles à 162-163°.

E. Grimaux.

BENZYLBENZINE [Syn. *Diphénylméthane*],

$$C^{13}H^{12} = C^{6}H^{5}\text{-}CH^{2}\text{-}C^{6}H^{5}.$$

— [Voyez PHÉNYLMÉTHANES, t, II, p. 907 et *Suppl.*]

BENZYLBENZOÏQUES (ACIDES),

$$C^{14}H^{12}O^{2} = C^{6}H^{5}\text{-}CH^{2}\text{-}C^{6}H^{4}\text{-}CO.OH.$$

— On a préparé deux acides benzylbenzoïques.

L'*acide α-benzylbenzoïque* est probablement l'acide *para;* il se forme lorsqu'on chauffe l'acide benzhydrylbenzoïque $C^{6}H^{5}\text{-}CH.OH\text{-}C^{6}H^{4}\text{-}CO^{2}H$, en tubes scellés, à 160°, avec de l'acide iodhydrique bouillant à 127°. Après avoir chauffé pendant quelques heures, on étend d'eau, on sépare par le filtre l'acide précipité, et l'on dissout celui-ci dans le carbonate de sodium, pour le précipiter de nouveau par l'acide chlorhydrique. [Zincke, *Ann. Chem. Pharm.*, t. CLXI, p. 105; *Bull. Soc. chim.*, t. XVIII, p. 143].

Graebe a obtenu cet acide en chauffant l'acide α-benzoylbenzoïque avec de l'acide iodhydrique et du phosphore amorphe à 160-170° [*Deutsch. chem. Gesellsch.*, 1875, p. 1054; *Bull. Soc. chim.*, t. XXIV, p. 326]. Zincke et Rotering ont trouvé cet acide parmi les produits de l'action de l'amalgame de sodium sur l'acide α-benzoylbenzoïque [*Deutsch. chem. Gesellsch.*, 1876, p. 312; *Bull. Soc. chim.*, t. XXVI, p. 394].

L'acide α-benzylbenzoïque se forme aussi lorsqu'on oxyde le benzyltoluène au moyen de l'acide azotique. Ce procédé donne de mauvais rendements (Zincke, *loc. cit.*).

L'acide α-benzylbenzoïque cristallise en aiguilles microscopiques, fusibles à 154-155°, solubles dans l'alcool, l'éther et le chloroforme, peu solubles dans l'eau froide. Le dichromate potassique et l'acide sulfurique le convertissent en acide α-benzoylbenzoïque.

Le *sel d'argent*, $C^{14}H^{11}O^2.Ag$, forme un précipité blanc soluble dans l'eau chaude. Le *sel de baryum*, $(C^{14}H^{11}O^2)^2Ba$, et de *calcium*, $(C^{14}H^{11}O^2)^2Ca$, cristallisent en aiguilles mamelonnées peu solubles dans l'eau froide.

Acide β-benzylbenzoïque. — Cet acide est probablement l'acide ortho; il se forme par la réduction de l'acide β-benzoylbenzoïque au moyen de l'amalgame de sodium. Il cristallise en aiguilles brillantes, fusibles à 114°, solubles dans l'alcool, l'éther et la benzine, peu solubles dans l'eau.

Le *sel d'argent* est un précipité amorphe.

Sel de baryum, $(C^{14}H^{11}O^2)^2Ba + 5\frac{1}{2}H^2O$. — Il est en aiguilles étoilées.

Sels de calcium. — Le premier,

$$(C^{14}H^{11}O^2)^2Ca + 2H^2O,$$

se forme par évaporation de la solution aqueuse; le second, $(C^{14}H^{11}O^2)^2Ca + 3\frac{1}{2}H^2O$, se dépose par cristallisation de la solution alcoolique.

L'*éther méthylique* est un liquide épais, soluble dans l'alcool et l'éther [Zincke et Rotering, *Deutsch. chem. Gesellsch.*, 1876, p. 631; *Bull. Soc. chim.*, t. XXVII, p. 36]. M. Wassermann.

BENZYLE. — Voy. Dibenzyle.

BENZYLE (DISÉLÉNIURE DE), $(C^7H^7)^2Se^2$ [Loring Jackson, *Deutsch. chem. Gesellsch.*, 1874, p. 1277; *Bull. Soc. chim.*, t. XIII, p. 565]. — On fait bouillir au réfrigérant ascendant poids égaux de diséléniure de sodium et de chlorure de benzyle. Le produit, repris par l'alcool bouillant, s'en sépare sous forme de flocons cristallins jaunes, altérables à l'air, fusibles à 90°, insolubles dans l'eau, peu solubles dans l'alcool froid et dans l'éther, inattaquables par l'acide chlorhydrique. L'acide azotique concentré le transforme en acide benzylhydrosélénieux, $C^7H^7.SeO^2H$.

BENZYLÉTHYLBENZINE,

$$C^6H^5\text{-}CH^2\text{-}C^6H^4\text{-}C^2H^5.$$

— Pour la préparer, on chauffe, au réfrigérant ascendant, 50 grammes d'éthylbenzine avec du zinc en poudre et 60 grammes de chlorure de benzyle. On distille le produit et on le traite par une nouvelle quantité de chlorure de benzyle et de zinc. Après quatre opérations semblables, on sépare par distillation le produit de la réaction.

La benzyléthylbenzine est un liquide incolore, soluble dans l'alcool, l'éther, le chloroforme. Elle bout à 294-295°. Densité à 18°,9 = 0,985 [J.-Fr. Walker, *Deutsch. chem. Gesellsch.*, 1872, p. 686]. Soumise à l'oxydation, elle donne de l'acide parabenzoyle-benzoïque et une acétone fusible à 120°, et cristallisable dans l'éther en cristaux rhombiques [Br. Radziszewski, *Deutsch. chem. Gesellsch.*, 1873, p. 810].

BENZYLIQUE (ALCOOL), C^7H^8O (t. I, p. 519). — L'alcool benzylique se rencontrant à l'état de cinnamate dans le baume de Pérou, comme l'a montré Scharling (t. I, p. 519 et 918), Kachler a proposé de l'en retirer par l'action de la potasse. 100 parties de baume lui ont fourni 20 p. d'alcool benzylique, 46 p. d'acide cinnamique brut et 32 p. de résine. Le styrax, outre la styracine (cinnamate de phényl-allyle) renferme également du cinnamate de benzyle (cinnaméine) [Kachler, *Journ. prakt. Chem.*, t. CVII, p. 307; *Bull. Soc. chim.*, t. XIII, p. 460; — Laubenheimer, *Ann. Chem. Pharm.*, t. CLXIV, p. 489].

L'alcool benzylique se forme dans l'hydrogénation de l'acide benzoïque et de l'acide hippurique [Hermann, *Jahresber. Chem.*, 1863, p. 354]. D'après Otto, l'action de l'amalgame de sodium sur l'acide hippurique en solution alcaline fournit l'acide hydrobenzylurique, $C^{16}H^{11}AzO^4$, qui, bouilli avec les alcalis, donne du glycocolle, de l'acide benzoléique, $C^7H^{10}O^2$, et de l'alcool benzylique [*Ann. Chem. Pharm.*, t. CXXXIV, p. 303; *Bull. Soc. chim.*, 1866, t. V, p. 381].

Le chlorure de cyanogène gazeux agit sur l'alcool benzylique en donnant de la benzyl-uréthane, $CO\,AzH^2(OC^7H^7)$, et du chlorure de benzyle; avec le chlorure de cyanogène solide, les produits varient suivant les conditions de l'expérience; il se forme surtout de la benzyluréthane, fusible à 80°; de plus un composé fusible à 153° qui paraît être du cyanate ou du cyanurate de benzyle, et un dérivé fusible à 143° dont la formule semble être $C^{15}H^{14}Az^2O$. [Cannizzaro, *Gazz. chim. ital.*, t. I, p. 33; *Bull. Soc. chim.*, t. XIV, p. 304].

Chauffé avec de l'azotate d'urée, l'alcool benzylique donne à 100° de la dibenzylurée et à 150-160° de la benzyl-uréthane; le rendement est faible [Campisi et Amato, *Bull. Soc. chim.*, t. XV, p. 134].

DÉRIVÉS CHLORÉS. — *Alcool parachlorobenzylique*, $C^6H^4Cl\text{-}CH^2.OH$. — [Beilstein et Kuhlberg, *Zeitsch. Chem.*, 1867, p. 157; *Bull. Soc. chim.*, t. IX, p. 491; — Neuhof, *Ann. Chem. Pharm.*, t. CXLVII, p. 344; *Bull. Soc. chim.*, t. XI, p. 162]. Le chlorure de parachlorobenzyle, $C^6H^4Cl\text{-}CH^2Cl$, fournit avec l'acétate de potassium un acétate que l'ammoniaque transforme à 160° en alcool parachlorobenzylique.

Ce corps est peu soluble dans l'eau bouillante, insoluble à froid. Par cristallisation dans l'eau, il se présente sous forme de longs cristaux aciculaires, fusibles à 66°, bouillant sans décomposition; à l'oxydation, il donne de l'acide parachlorobenzoïque.

Alcool dichlorobenzylique, $C^6H^3Cl^2\text{-}CH^2.OH$. — [Beilstein et Kuhlberg, *Zeitsch. Chem.*, 1868, p. 25; *Bull. Soc. chim.*, t. X, p. 46]. Obtenu par l'action de l'ammoniaque sur l'acétate dichloré, il est en cristaux solubles dans l'eau bouillante, fusibles à 77°.

Alcool trichlorobenzylique, $C^6H^2Cl^3\text{-}CH^2.OH$ [Beilstein et Kuhlberg, *Zeitsch. Chem.*, 1869, p. 526; *Bull. Soc. chim.*, t. XIII, p. 266]. — Il s'obtient directement par l'action à 150° du chlorure de trichlorobenzyle sur l'acétate de potassium en solution alcoolique; on peut le faire cristalliser dans l'eau.

L'alcool tétrachlorobenzylique,

$$C^6HCl^4\text{-}CH^2.OH,$$

et l'*alcool pentachlorobenzylique*, $C^6Cl^5\text{-}CH^2.OH$, s'obtiennent de la même manière avec les dérivés chlorés du chlorure de benzyle; le premier cristallise dans l'eau bouillante. Le second est insoluble dans l'eau et cristallise dans un mélange d'alcool et de benzine en fines aiguilles fusibles à 193°.

DÉRIVÉ NITRÉ. — *Alcool paranitrobenzylique*, $C^6H^4(AzO^2)\text{-}CH^2.OH$ (Beilstein et Kuhlberg). — L'acétate nitrobenzylique chauffé à 100° avec de l'ammoniaque aqueuse fournit cet alcool sous forme de fines aiguilles incolores et brillantes, fusibles à 93°; traité par l'acide azotique fumant il se convertit en *alcool dinitré*,

$$C^6H^3(AzO^2)^2\text{-}CH^2.OH;$$

on précipite par l'eau le produit qui se solidifie; il cristallise en fines aiguilles, fusibles à 71°.

Éthers benzyliques.

Les oxydes mixtes de benzyle et de méthyle, de benzyle et d'éthyle, etc., ne donnent pas de dérivés de substitution par action directe du chlore ou du brome. Avec le premier, le chlore donne à froid de l'hydrure de benzoyle, du chlorure de méthyle et de l'acide chlorhydrique; à chaud, on obtient du chlorure de benzoyle et du chlorure de méthyle. Le second, traité à froid par le chlore en présence d'iode, donne de l'essence d'amandes amères chlorée et de l'iodure d'éthyle [Sintenis, *Deutsch. chem. Gesellsch.*, 1871, p. 697; *Bull. Soc. chim.*, t. XVI, t. 326].

L'*oxyde de phényle et de benzyle*, ou éther phénylbenzylique $C^6H^5-CH^2.O.C^6H^5$, bout à 286-287° et fond à 38-39°. Traité par le chlore ou le brome, il donne du trichlorophénol ou du tribromophénol, et du chlorure ou du bromure de benzyle. Chauffé avec de l'acide chlorhydrique concentré, il se dédouble en phénol et en chlorure de benzyle. On parvient à obtenir des produits de substitution en ajoutant du brome à la solution alcoolique de l'éther tenant de l'oxyde de mercure en suspension : le *dérivé monobromé phényl-benzylique*, $C^6H^4Br-CH^2.O.C^6H^5$, est en aiguilles blanches, insolubles dans l'eau, solubles dans l'alcool bouillant, fusibles à 59°. Le *dérivé chloré* obtenu de la même façon est en longues aiguilles fusibles à 74° (Sintenis).

Acétate de benzyle. — Les dérivés chlorés s'obtiennent par l'action des dérivés chlorés du chlorure de benzyle sur l'acétate de potassium.

L'*acétate parachlorobenzylique*,

$$C^6H^4Cl-CH^2.O(C^2H^3O),$$

est un liquide incolore, d'une odeur aromatique, bouillant à 240° (Neuhof).

L'*acétate dichloré* est liquide et bout à 250° (Beilstein et Kuhlberg).

L'*acétate paranitrobenzylique*, obtenu par E. Grimaux par l'action du chlorure de benzyle nitré sur l'acétate de potassium, se produit aussi par la nitration directe de l'acétate de benzyle (Beilstein et Kuhlberg). Il fond à 75° (E. G.); à 78° (B. et K.).

Bromure de benzyle, $C^6H^5-CH^2Br$. — Traité par l'éther chloroxycarbonique et l'amalgame de sodium, il fournit l'acide dibenzylcarboxylique, $C^{15}H^{14}O^2$ (Wurtz, t. II, p. 911).

Le bromure de benzyle réagit à 100° sur le sulfure de méthyle; il se forme du bromure de triméthylsulfine, $S(CH^3)^3Br$, du sulfure de méthyle et de benzyle, $C^7H^7-S-CH^3$, et de l'oxyde de méthyle et de benzyle, $C^7H^7-O-CH^3$ [Cahours, *Bull. Soc. chim.*, t. XXIV, p. 385].

Pour les dérivés bromés et nitrés, voyez à l'article Toluène, t. III, p. 461 et 463.

Chlorure de benzyle, $C^6H^5-CH^2Cl$. — Il se comporte comme le bromure de benzyle avec l'amalgame de sodium et l'éther chloroxycarbonique (Wurtz).

Étendu de toluène, et chauffé avec de la poudre de zinc, il fournit divers hydrocarbures, entre autres le benzyl-toluène. (Voyez *Suppl.*, p. 316.) Avec le phénol et la poudre de zinc, il fournit du benzyl-phénol (t. II, p. 830). Ce sont des réactions générales qui ont lieu avec les corps aromatiques, et qui s'accomplissent plus facilement avec le chlorure d'aluminium. (Voyez Aromatique série, *Suppl.*, p. 227.)

Le chlorure de benzyle, chauffé à 110-120° avec de l'amalgame de sodium, ne fournit pas de mercure-benzyle; il se dégage de l'acide chlorhydrique, et il se forme, avec une petite quantité de stilbène, un produit huileux commençant à bouillir à 300° [Aronheim, *Bull. Soc. chim.*, t. XXVI, p. 196].

L'azotite d'argent, chauffé à 100° avec du chlorure de benzyle, réagit vivement; il se dégage du bioxyde d'azote. Le produit de la réaction cède à l'éther un corps azoté, qui se présente sous l'aspect d'un liquide jaunâtre, doué d'une odeur agréable, et qui se décompose brusquement à 170°; à 270°, il passe un produit non azoté qui cristallise facilement; ce corps n'a pu être étudié faute de matière.

L'azotite de potassium réagit à 150° sur le chlorure de benzyle; il se forme de l'acide et de l'aldéhyde benzoïque, et des produits non azotés distillant de 150 à 280°.

Avec l'azotate d'argent, le chlorure de benzyle donne une huile qui se décompose brusquement à 170° en donnant des vapeurs nitreuses, de l'acide et de l'aldéhyde benzoïque [H. Brunner, *Deutsch. chem. Gesellsch.*, 1876, p. 1761; *Bull. Soc. chim.*, t. XXVIII, p. 209].

Les dérivés chlorés et nitrés du chlorure de benzyle sont décrits à l'article Toluène, t. III, p. 461 et 464.

Cyanure de benzyle, C^7H^7-CAz. — Le cyanure de benzyle, bien refroidi, se dissout dans l'acide azotique fumant; par l'addition d'eau, on précipite une huile qui se solidifie ; on lave le produit avec de l'eau et de l'alcool froid, et on le fait cristalliser dans l'alcool bouillant. C'est le *dérivé nitré*, $C^6H^4(AzO^2)-CH^2-CAz$, cristallisant en longues aiguilles que la potasse en solution alcoolique fait passer au rouge, puis au vert.

Par réduction au moyen de l'acide chlorhydrique et de l'étain, le cyanure de nitrobenzyle se convertit en un *dérivé amidé*,

$$C^8H^8Az^2 = C^6H^4(AzH^2)-CH^2-CAz,$$

qui cristallise par évaporation de la solution éthérée, mais se sépare de la solution aqueuse sous forme d'une huile. Le *chlorhydrate* est en belles tables, peu solubles dans l'alcool froid [Crumpelik, *Deutsch. chem. Gesellsch.*, 1870, p. 472].

Iodure de benzyle, C^7H^7I. — Le chlorure de benzyle, laissé en contact pendant plusieurs semaines avec de l'acide iodhydrique concentré, fournit l'iodure de benzyle, qui forme des cristaux incolores, fusibles à 24°,5, d'une densité à 26° de 1,7335 rapportée à l'eau à 25° [Lieben, *Zeitschr. Chem.*, 1870, p. 736; *Bull. Soc. chim.*, t. XV, p. 114].

Acide benzyl-sulfonique (*Sulfite acide de benzyle*),

$$C^7H^8O^3S = C^6H^5-CH^2.SO^3H$$

[Böhler, *Zeitschr. Chem.*, 1868, p. 440; *Ann. Chem. Pharm.*, t. CLIV, p. 50; *Bull. Soc. chim.*, t. XI, p. 164; t. XIII, p. 164]. — On l'obtient à l'état de sel de potassium en faisant bouillir le chlorure de benzyle avec le sulfite de potassium. On isole l'acide en décomposant le sel de plomb par l'hydrogène sulfuré.

Il se forme aussi par l'oxydation du disulfure de benzyle au moyen de l'acide azotique [Barbaglia, *Deutsch. chem. Gesellsch.*, 1872, p. 687; *Bull. Soc. chim.*, t. XVIII, p. 330].

L'acide libre forme des cristaux très déliquescents, solubles dans l'alcool; l'acide azotique fumant le transforme en un dérivé mononitré. Fondu avec de la potasse, il dégage de l'hydrogène et se transforme en acide benzoïque (Vogt et Henninger).

Le *sel d'argent* cristallise en écailles brillantes, anhydres; le *sel de baryum* et le *sel de calcium* sont en cristaux lamellaires renfermant une molécule d'eau; le *sel de plomb* est en lamelles anhydres, incolores; il dissout de l'hydrate de plomb et donne un sel basique,

$$(C^6H^5-CH^2-SO^3)^2Pb + PbH^2O^2 + H^2O.$$

Le *sel de potassium*, $C^6H^5-CH^2-SO^3K + H^2O$, cristallise en prismes orthorhombiques, devenant anhydres entre 100 et 150°.

Le *chlorure benzyl-sulfonique*, $C^6H^5-CH^2.SO^2Cl$, se produit par l'action du pentachlorure de phosphore sur le benzylsulfite de potassium; il cristallise en prismes fusibles à 92°; l'ammoniaque concentrée le convertit en une amide fusible à 105°, et cristallisant dans l'eau en petits prismes [Limpricht, *Deutsch. chem. Gesellsch.*, 1873, p. 534].

Acide nitrobenzyl-sulfureux,

$C^6H^4(AzO^2)\text{-}CH^2.SO^3H$

(Böhler). — On l'obtient à l'état de sel de baryum en faisant bouillir le benzylsulfite de baryum avec de l'acide azotique. Le sel cristallise en aiguilles incolores avec deux molécules d'eau. Le sel de plomb neutre est en aiguilles renfermant trois molécules d'eau.

Acide chlorobenzyl-sulfureux,

$C^6H^4Cl\text{-}CH^2.SO^3H$

(Vogt et Henninger). — Voy. t. III, p. 464.

BENZYLO-SULFONE, $(C^6H^5\text{-}CH^2)^2SO^2$ [Vogt et Henninger, *Bull. Soc. chim.*, t. XVII, p. 548]. — Ce corps neutre se forme en même temps que le benzyl-sulfonate de potassium par l'action du chlorure de benzyle sur le sulfite de potassium; il est en belles aiguilles aplaties, insolubles dans l'eau, solubles dans l'alcool, fusibles à 150°.

Avec le chlorure de benzyle chloré, il se forme un corps analogue, la *benzyl-sulfone chlorée*, $(C^6H^4Cl\text{-}CH^2)^2SO^2$, voyez t. III, p. 464.

Acide benzylo-hydro-sélénieux, $C^7H^7.SeO^2H$. — [Loring Jackson, *Deutsch. chem. Gesellsch.*, 1874, p. 1277; *Bull. Soc. chim.*, t. XXIII, p. 505]. On l'obtient par l'action de l'acide azotique à froid sur le disélénure de benzyle $(C^7H^7)^2Se^2$. Il est en prismes aplatis, fusibles à 85°, peu solubles dans l'eau froide, solubles dans l'eau bouillante.

Le *sel d'argent*, $C^7H^7SeO^2Ag$, est un peu soluble dans l'eau bouillante; il est en cristaux capillaires. Il noircit à 100°. Le *sel d'ammonium* est en agrégations mamelonnées. Le *sel de baryum* et le *sel de sodium* sont très solubles; le *sel de plomb* est insoluble. E. Grimaux.

BENZYLIQUE (MERCAPTAN) (Syn. *Sulfhydrate de benzyle*), $C^6H^5\text{-}CH^2.SH$. (Voyez t. I, p. 582). — Le mercaptan benzylique est attaqué énergiquement par le brome en donnant du bisulfure de benzyle, $(C^7H^7)^2S^2$.

Il dissout le sodium avec dégagement d'hydrogène; le dérivé sodique, traité par l'iodure d'éthyle, fournit le sulfure, $C^7H^7\text{-}S\text{-}C^2H^5$. La combinaison mercurique donne, avec l'iodure d'éthyle à 130°, un liquide jaune qui cristallise par le refroidissement [Maerker, *Zeitsch. Chem.*, 1866, p. 314; *Bull. Soc. chim.*, t. VI, p. 171].

Sulfure de benzyle et d'éthyle, $C^7H^7\text{-}S\text{-}C^2H^5$ — Il s'obtient par l'action de l'iodure d'éthyle sur le mercaptan benzylique sodé; il bout à 214-216° (Maerker).

Sulfure de benzyle et de méthyle, $C^7H^7\text{-}S\text{-}CH^3$. — Il se produit par l'action du bromure de benzyle sur le sulfure de méthyle; il bout à 200° [Cahours, *Bull. Soc. chim.*, t. XXIV, p. 385].

Sulfhydrate de nitrobenzyle,

$C^6H^4(AzO^2)\text{-}CH^2.SH$.

— L'action du sulfhydrate d'ammonium sur le chlorure de benzyle nitré fournit le mercaptan benzylique nitré, insoluble dans l'eau, cristallisant dans l'alcool et fondant à 140°. L'ammoniaque le transforme en bisulfure de nitrobenzyle [Strakosch, *Deutsch. chem. Gesellsch.*, 1872, p. 692; *Bull. Soc. chim.*, 1872, t. XVIII, p. 333].

SULFURE DE BENZYLE, $(C^7H^7)^2S$. — Chauffé à 100° avec du brome, il donne du bromure de soufre et du bromure de benzyle (Maerker).

L'iodure de méthyle et le sulfure de benzyle réagissent à 100°. Il se forme de l'iodure de triméthyl-sulfine et de l'iodure de benzyle [Cahours, *Mem. cité*].

BISULFURE DE BENZYLE. — *Le dérivé nitré*,

$[C^6H^4(AzO^2)\text{-}CH^2]^2S^2$,

se forme par l'action de l'ammoniaque sur le sulfhydrate de benzyle nitré; il est en petits cristaux jaunes, fusibles à 89°, insolubles dans l'eau, solubles dans l'alcool et dans l'éther (Strakosch). E. Grimaux.

BENZYLISOXYLÈNE,

$C^{15}H^{16} = C^6H^5\text{-}CH^2\text{-}C^6H^3(CH^3)^2$.

— Produit par l'action du chlorure de benzyle sur l'isoxylène en présence de la poudre de zinc. Cet hydrocarbone forme un liquide incolore, bouillant à 295-296°.

Traité par l'acide chromique, il donne l'acide *benzoyle-isophtalique*,

$$C^{15}H^{10}O^5 = C^6H^5\text{-}CO\text{-}C^6H^3 < \begin{matrix} CO^2H \\ CO^2H. \end{matrix}$$

Cet acide est peu soluble dans l'eau, la benzine, le chloroforme; soluble dans l'alcool, l'éther, l'acide acétique. Il fond à 278-280°. Ses sels de baryum et de calcium sont plus solubles à froid qu'à chaud.

La réduction de l'acide benzoyle-isophtalique par le zinc et l'acide chlorhydrique produit non un composé correspondant à un acide benzhydryle-isophtalique, mais un acide $C^{15}H^{10}O^4$, cristallisable en prismes et fusible à 206°, qui constitue sans doute un anhydride benzhydryle-isophtalique :

$$\begin{matrix} C^6H^5\text{-}CH\text{-}C^6H^3\text{-}CO.OH \\ \quad O\text{-}CO \end{matrix}$$

[Th. Zincke, *Deutsch. chem. Gesellsch.*, 1872, p. 799; 1875, p. 319]. E. Willm.

BENZYLNAPHTALINE, $C^{10}H^7\text{-}CH^2\text{-}C^6H^5$. — Cet hydrocarbure se forme lorsqu'on fait agir le chlorure de benzyle sur la naphtaline en présence du zinc [Froté, *Compt. rend.*, t. LXXVI, p. 639. — P. Miquel, *Bull. Soc. chim.*, t. XXVI, p. 2].

Pour préparer la benzylnaphtaline, P. Miquel chauffe dans un ballon spacieux un mélange de 140 p. de naphtaline et de 20 p. de poudre de zinc, sur lequel il verse 100 p. de chlorure de benzyle. Dès que la réaction s'établit, il faut porter le ballon dans l'eau tiède pour l'empêcher de devenir tumultueuse. Le produit de la réaction est alors distillé, et les portions passant au delà de 310° sont exprimées, distillées de nouveau, puis soumises à la cristallisation dans l'alcool éthéré.

La benzylnaphtaline cristallise en prismes clinorhombiques, volumineux et incolores. Elle fond à 64° et distille entre 330 et 340°. Densité à 17° = 1,166. Elle se dissout dans 30 p. d'alcool bouillant et dans 2 p. d'éther ou de sulfure de carbone; elle est soluble aussi dans la benzine, le chloroforme, le pétrole.

Elle donne une combinaison picrique cristallisée en aiguilles jaunes, qui fondent au-dessus de 100° en se décomposant.

Le dérivé *monobromé* $C^{17}H^{13}Br$ est sirupeux et se forme par l'action du brome sur le carbure dissous dans le sulfure de carbone. L'action directe du brome donne des dérivés solides.

L'acide azotique fumant transforme la benzylnaphtaline en dérivé *trinitré*, $C^{17}H^{11}(AzO^2)^3$, qui n'a pas été obtenu cristallisé.

On obtient l'acide *benzylnaphtylsulfonique*, $C^{17}H^{13}.SO^3H$, composé incristallisable, lorsqu'on dissout la benzylnaphtaline dans un mélange d'acide sulfurique ordinaire et d'acide fumant. Ses sels sont en général très solubles et incristallisables. Les sels de cuivre, de plomb, d'argent, sont gommeux. Le sel d'ammonium est instable. Le sel de potassium $C^{17}H^{13}SO^3K + H^2O$ cristallise dans l'alcool en fines aiguilles incolores. Ed. Willm.

BENZYLTOLUÈNE [Syn. *Phénylcrésylméthane, méthylbenzylbenzine*].

$C^{14}H^{14} = C^6H^5\text{-}CH^2\text{-}C^6H^4\text{-}CH^3$.

— Ce carbure est isomérique avec le dibenzyle et le dicrésyle.

Le benzyltoluène a été découvert par Limpricht, mais ce chimiste n'en a pas établi la constitution, et ce n'est qu'après les travaux de Van Dorp que l'on a constaté l'identité du composé de Limpricht et du benzyltoluène de Zincke. Le benzyltoluène de Zincke est un mélange de différents benzyltoluènes, comme le démontrent, les produits d'oxydation. Quoique l'on ait reconnu ce fait, on n'est pas parvenu à séparer les divers carbures isomériques.

Le benzyltoluène se forme lorsqu'on chauffe le chlorure de benzyle avec de l'eau en tubes scellés à 190° pendant huit heures [Limpricht, *Ann. Chem. Pharm.*, t. CXXXIX, p. 312].

Zincke a préparé le benzyltoluène en chauffant le chlorure de benzyle avec du toluène, en présence de poudre de zinc. On procède de la façon suivante: On fait bouillir 100 gr. de chlorure de benzyle et 72 gr. de toluène avec 20-30 gr. de poudre de zinc, au réfrigérant à reflux, jusqu'à ce que le dégagement de gaz chlorhydrique ait cessé. Alors on distille le mélange et l'on ajoute à la partie passant jusqu'à 200-210° un mélange de 100 gr. de chlorure de benzyle et de 65 gr. de toluène, pour la chauffer de nouveau avec de la poudre de zinc. Lorsqu'il ne se dégage plus d'acide chlorhydrique, on traite le produit de la réaction comme la première fois, et l'on additionne le liquide passant jusqu'à 200-210° d'un mélange de 100 gr. de chlorure et de 45 gr. de carbure. Après avoir fait bouillir de nouveau avec du zinc, on ajoute à la fraction 200-210° un quatrième mélange de 100 gr. de chlorure et 45 gr. de carbure et l'on répète l'opération. Les parties bouillant au delà de 210° sont alors réunies, et on en recueille les deux tiers par distillation, pour les fractionner ensuite; 400 gr. de chlorure de benzyle fournissent 227 gr. de benzyltoluène [Zincke, *Ann. Chem. Pharm.*, t. CLXI, p. 93; *Bull. Soc. chim.*, t. XV, p. 264].

Schützenberger a trouvé le benzyltoluène parmi les produits de l'action d'un excès d'iode sur le toluène à 200° [*Compt. rend.*, t. LXX, p. 1767].

Le benzyltoluène est un liquide incolore, doué d'une odeur agréable, bouillant à 279-280° à 761mm,5, d'une densité de 1,002 à 14°, de 0,995 à 17°,5. Il est soluble dans l'alcool, l'éther, le chloroforme et l'acide acétique. Lorsqu'on oxyde le benzyltoluène au moyen du dichromate de potassium et de l'acide sulfurique, il se forme de la méthylbenzophénone et un mélange de deux acides benzoylbenzoïques. L'acide azotique fournit ces mêmes produits, plus de l'acide benzylbenzoïque (Zincke). Comme nous l'avons dit plus haut, le benzyltoluène est un mélange de deux isomères et en effet il fournit par l'oxydation deux acétones et deux acides. On a pu séparer les produits d'oxydation, mais on n'a pas réussi à isoler plusieurs carbures, même par oxydation ménagée [Zincke et Plaskuda, *Deutsch. chem. Gesellsch.*, 1873, p. 908; *Bull. Soc. chim.*, t. XX, p. 406].

Lorsqu'on fait passer les vapeurs de benzyltoluène à travers des tubes chauffés au rouge sombre, on obtient de l'anthracène [A. Van Dorp. *Liebig's Ann. Chem.* t. CLXIX, p. 214; *Bull. Soc. chim.*, t. XIX, p. 250].

Lorsqu'on fait passer le benzyltoluène sur de l'oxyde de plomb chauffé un peu au-dessous du rouge sombre, il se forme de l'anthracène [A. van Dorp et Behr, *Deutsch. chem. Gesellsch.*, 1873, p. 753; *Bull. Soc. chim.*, t. XX, p. 405].

Dinitrobenzyltoluène, $C^{14}H^{12}(AzO^2)^2$. — On prépare ce composé en introduisant du benzyltoluène, par petites quantités, dans de l'acide azotique, d'une densité de 1,50, fortement refroidi et précipitant ensuite par l'eau. Le dépôt lavé à l'eau est traité par de l'éther qui enlève des produits résineux. Pour achever la purification du dinitrobenzyltoluène on le fait cristalliser dans l'alcool bouillant. Il cristallise en aiguilles blanches, fusibles à 137°, peu solubles dans l'alcool froid et l'éther, solubles dans le chloroforme et la benzine. L'étain et l'acide chlorhydrique le convertissent en diamidobenzyltoluène [Th. Zincke et Milne, *Deutsch. chem. Gesellsch.*, 1872, p. 684; *Bull. Soc. chim.*, t. XVIII, p. 400].

Tétranitrobenzyltoluène, $C^{14}H^{10}(AzO^2)^4$. — Il se forme par l'action d'un mélange d'acide azotique et sulfurique concentrés sur le benzyltoluène. On enlève les résines par le chloroforme froid et l'on fait cristalliser dans la benzine chaude. Le tétranitrobenzyltoluène cristallise en prismes peu solubles dans l'alcool, l'éther, le chloroforme et la benzine froide, fusibles à 160-161° [Zincke et Milne, *loc. cit.*].

Diamidobenzyltoluène, $C^{14}H^{12}(AzH^2)^2$. — On obtient ce composé par la réduction du dérivé dinitré au moyen de l'étain et de l'acide chlorhydrique. Il forme une poudre blanche cristalline, soluble dans l'alcool et l'éther. Dans la préparation, il se forme le chlorostannite, dont on sépare la base par la potasse.

Chlorhydrate, $[C^{14}H^{12}(AzH^2)^2]^2 2HCl$. — Aiguilles blanches, très solubles dans l'eau et l'alcool, que l'on obtient en dirigeant un courant de gaz chlorhydrique dans la solution aqueuse du:

Chlorostannite. — Aiguilles solubles dans l'eau.

Sulfate $[C^{14}H^{12}(AzH^2)^2]^2 H^2SO^4$. — Aiguilles incolores [Zincke, *loc. cit.*].

Acide benzyltoluène-disulfonique,

$C^{14}H^{12}(SO^3H)^2$.

— Le benzyltoluène se dissout à chaud dans l'acide sulfurique fumant, et donne l'acide benzyltoluène-disulfonique, en même temps que d'autres dérivés sulfonés. Tous les sels de ces acides sont très solubles et l'on n'est parvenu à isoler que le dérivé disulfoné. On sépare celui-ci des autres en transformant le mélange en sel potassique et en précipitant la solution concentrée par l'alcool. Le disulfonate se dépose, et est purifié par cristallisation dans l'alcool étendu chaud. Une fois pur, il est converti en sel plombique que l'on décompose par l'hydrogène sulfuré.

L'acide benzyltoluène-disulfonique cristallise en longues aiguilles fusibles à 38°, solubles dans l'eau, l'alcool et l'éther.

Sel de baryum, $C^{14}H^{12}(SO^3)^2Ba + 8\frac{1}{2}H^2O$. — Cristaux mamelonnés solubles dans l'alcool.

Sel de cuivre, $C^{14}H^{12}(SO^3)^2Cu + 4\frac{1}{2}H^2O$. — Lamelles verdâtres, solubles dans l'alcool.

Sel de plomb, $C^{14}H^{12}(SO^3)^2Pb$. — Cristaux prismatiques, insolubles dans l'alcool.

Sel de potassium, $C^{14}H^{12}(SO^3K)^2 + 3\frac{1}{2}H^2O$. — Lamelles brillantes [Zincke et Milne, *Deutsch. chem. Gesellsch.*, 1872, p. 685; *Bull. Soc. chim.*, t. XVIII, p. 400]. M. Wassermann.

BERAUNITE (Min.). — Variété altérée de vivianite.

BERBÉRINE. — Le bois de *Coscinium fenestratum* renferme 1,5 à 3,5 % de berbérine. Pour en extraire cet alcaloïde, J. Stenhouse recommande de faire bouillir le bois, convenablement divisé, avec un vingtième de son poids d'acétate de plomb dissous dans l'eau et additionné de la même quantité de litharge. Par la concentration de la liqueur filtrée, la berbérine brute cristallise en aiguilles d'un brun foncé. Les eaux mères additionnées d'un excès d'acide azotique laissent déposer, après quelques jours, des cristaux d'azotate de berbérine, sel peu soluble en présence d'un excès d'acide. On décompose ce sel par la chaux à l'ébullition, les alcalis et l'ammoniaque décomposant la berbérine.

Pour purifier la berbérine, on la dissout dans l'eau bouillante, on précipite les impuretés par le sous-acétate de plomb et l'on filtre bouillant. La berbérine pure cristallise par le refroidissement en aiguilles jaunes brillantes, solubles dans la benzine et dans le sulfure de carbone. La berbérine paraît exister dans le bois en combinaison avec un acide [*Journ. chem. Soc.* (2), t. V, p. 187].

Weidel a trouvé pour la berbérine la formule $C^{20}H^{17}AzO^{4}$ [*Deutsch. chem. Gesellsch.*, t. VII, 1879, p. 410; *Bull. Soc. chim.*, t. XXXIII, p. 93].

Acide berbéronique, $C^{8}H^{5}AzO^{6}$. Weidel [*loc. cit.*] a obtenu cet acide en dissolvant la berbérine dans l'acide azotique concentré. La température ne doit pas s'élever au delà de 70 à 80°. Quand la solution, d'abord rouge, est devenue brun clair, on fait bouillir et l'on chasse l'excès d'acide azotique. Le résidu cristallise après quelques jours. Pour purifier l'acide berbéronique qui constitue les cristaux, on le transforme en sel de calcium que l'on décompose de nouveau par l'acide chlorhydrique.

L'acide berbéronique est soluble dans l'eau bouillante, peu soluble dans l'eau froide, très peu soluble dans l'alcool bouillant, insoluble dans l'éther, la benzine, le chloroforme. Ses cristaux, qui sont prismatiques, renferment $2H^{2}O$; ils perdent 1 molécule d'eau à l'air et le reste à 105°.

Le *berbéronate d'argent*, $C^{8}H^{2}Ag^{3}AzO^{6}$, est un précipité cristallin. Le *sel de calcium*, peu soluble, cristallise en petites aiguilles qui renferment $(C^{8}H^{2}AzO^{6})^{2}Ca^{3} + 8H^{2}O$.

Le sulfate ferreux colore en rouge la solution aqueuse d'acide berbéronique. Distillé, le berbéronate de calcium fournit de la pyridine.

L'acide berbéronique, qui offre une grande analogie avec l'acide oxycinchoméronique (voyez Cinchonine, *Suppl.*), représente peut-être l'acide pyridinotricarbonique, $C^{5}H^{2}Az(CO^{2}H)^{3}$.

E. Willm.

BERBÉRONIQUE (ACIDE). — Voy. Berbérine.

BERLINITE (Min.) (Blomstrand). — Phosphate d'alumine hydraté, $Al^{2}O^{3}.Ph^{2}O^{5} + \frac{1}{2}H^{2}O$. Masses compactes, d'un gris ou d'un rose pâle, translucides, à cassure inégale, trouvées à la mine de fer de Westana, en Scanie (Suède). Accompagnées de quartz, dont elles sont d'ordinaire séparées par une mince couche de klaprothine.

Dureté, 6; densité, 2,64.

A peine attaquable par les acides. Au chalumeau, blanchit sans fondre.

BÉTAÏNES [Syn. *Oxynévrine*], $C^{5}H^{11}AzO^{2}$. — La bétaïne a été découverte en 1866 par Scheibler, qui la retira du suc de betterave; en 1869, Liebreich, en traitant la triméthylamine par l'acide monochloracétique ou en oxydant la névrine, obtint une base de même formule que la bétaïne, l'*oxynévrine*; l'année suivante, Liebreich d'une part, et Scheibler de l'autre, reconnurent l'identité de la bétaïne avec l'oxynévrine. Griess a aussi obtenu de la bétaïne en faisant réagir l'iodure de méthyle par le glycocolle.

La bétaïne représente un type de bases nouvelles, dont plusieurs termes sont connus, et auxquelles on a donné le nom générique de *bétaïnes* (voir plus bas, *Constitution de la bétaïne*) [C. Scheibler, *Zeitsch. Chem.*, 1866, p. 279; *Deutsch. chem. Gesells.*, 1869, p. 292, et 1870, t. III, p. 155; *Bull. Soc. chim.*, 1867, t. VII, p. 201; t. XII, p. 482; t. XIII, p. 517; — Liebreich, *Deutsch. chem. Gesells.*, 1869, p. 187, et 1870, p. 161; *Bull. Soc. chim.*, 1869, t. XII, p. 354, et 1870, t. XIII, p. 517; — Griess, *Deutsch. chem. Gesells.*, 1875, p. 1406; *Bull. Soc. chim.*, 1876, t. XXVI, p. 170].

Extraction de la bétaïne. — Pour retirer cette base du jus de betterave, Scheibler précipite par le phosphotungstate de sodium le jus fraîchement exprimé et acidulé d'acide chlorhydrique; on filtre rapidement le précipité qui renferme de l'albumine, de la matière colorante, de la cellulose et une petite quantité de bétaïne, puis on ajoute du phosphotungstate de sodium, et l'on abandonne le tout pendant huit ou dix jours. Il se forme peu à peu un précipité cristallin; on le lave et on le met en digestion avec de la chaux, qui produit un phosphotungstate de calcium insoluble et de la bétaïne libre qui se dissout; on sépare la chaux par l'acide carbonique, on filtre, on évapore et on obtient de la bétaïne brute que l'on purifie en la faisant dissoudre dans l'alcool concentré en présence de noir animal.

Pour séparer la bétaïne de la mélasse, on étend celle-ci de 2 volumes d'eau, et l'on opère de même, en ayant soin de séparer le précipité formé par l'addition des premières portions de phosphotungstate de sodium.

Liebreich suit une méthode différente : il fait bouillir pendant douze heures, avec de l'eau de baryte, de la mélasse étendue d'eau; il sépare la baryte par l'acide carbonique, filtre, évapore et épuise le résidu par l'alcool. A l'extrait alcoolique concentré, il ajoute une solution concentrée de chlorure de zinc et obtient un précipité qu'il fait cristalliser dans l'eau. Cette combinaison zincique est décomposée par l'eau de baryte, l'oxyde de zinc séparé par le filtre, puis la baryte est précipitée exactement par l'acide sulfurique. La liqueur filtrée donne par concentration du chlorhydrate de bétaïne cristallisé.

La bétaïne s'obtient aussi, comme nous l'avons dit, par une oxydation ménagée de la névrine au moyen du permanganate de potassium ou de l'acide chromique, et par l'action à 100° pendant plusieurs heures de l'acide trichloracétique sur la triméthylamine en vase clos (Liebreich).

Pour la préparer au moyen du glycocolle, Griess opère de la manière suivante : Il ajoute 3 molécules d'iodure de méthyle à 1 molécule de glycocolle dissous dans la potasse concentrée pour rendre le mélange homogène. Au bout de peu de temps, le liquide s'échauffe, et, d'alcalin qu'il était, devient acide; on le sature peu à peu par la potasse, jusqu'à ce que cette acidité ne se produise plus. On neutralise alors par l'acide iodhydrique, on chasse l'alcool méthylique par la distillation, on étend d'eau et on ajoute au liquide une solution d'iode dans l'acide iodhydrique; il se sépare des aiguilles brillantes qui constituent un periodure de bétaïne, d'où l'on peut isoler la base.

Propriétés (Scheibler). — La bétaïne se dépose de l'alcool concentré en cristaux volumineux très brillants, contenant de l'eau de cristallisation, $C^{5}H^{11}AzO^{2} + H^{2}O$, et tombant en déliquescence à l'air. A 100° ou dans l'air sec, ils s'effleurissent et perdent toute leur eau. Elle est très soluble; la solution saturée à 25° renferme 61,8 % de la base anhydre, et sa densité est de 1,1177. Cette solution a une saveur fraîche et sucrée, elle est sans action sur les réactifs colorés et n'agit pas sur la lumière polarisée.

Par l'action de la chaleur, elle se boursoufle

en répandant l'odeur de la triméthylamine, puis celle du sucre brûlé, et laisse à la fin un charbon très divisé.

La potasse aqueuse l'attaque à l'ébullition ; il se dégage de la triméthylamine, et il se forme une base non volatile dont le chloraurate renferme

$$C^{8}H^{17}AzO^{5}HCl, AuCl^{3}.$$

Le *chlorhydrate*, $C^{5}H^{11}AzO^{2}, HCl$, est en beaux cristaux inaltérables à l'air ; ce sont des tables incolores et volumineuses appartenant au système clinorhombique ; le rapport des axes y est $a:b:c = 1,2670:1:0,8167$; l'angle $ph' = 96° 44'$; $mm = 76° 52'$.

Le *chloraurate*, $C^{5}H^{11}AzO^{2}, HCl, AuCl^{3}$, cristallise en lamelles solubles dans l'eau bouillante, peu solubles à froid.

Le *chloroplatinate*,

$$(C^{5}H^{11}AzO^{2}, HCl)^{2}PtCl^{4} + H^{2}O,$$

cristallise dans l'eau en cristaux volumineux s'effleurissant à l'air et donnant une poudre jaune.

L'oxalate acide, les *phosphates tri et bibasiques*, le *sulfate* sont en cristaux bien formés ; le *citrate*, le *malate* et le *tartrate* n'ont été obtenus qu'en masses hygroscopiques.

La bétaïne se combine avec le chlorure de zinc en donnant des cristaux microscopiques,

$$C^{5}H^{11}AzO^{2}, ZnCl^{2}$$

(Liebreich).

Constitution de la bétaïne. — Le chlorhydrate de bétaïne $C^{5}H^{11}AzO^{2}, HCl$ étant par son mode de formation (action de l'acide chloracétique sur la triméthylamine) le chlorure d'un ammonium quaternaire,

$$\begin{array}{c} CH^{2}\text{-}CO.OH \\ (CH^{3})^{3}\text{-}Az.Cl \end{array}$$

il semblerait que la bétaïne qu'on en extrait, en traitant le chlorure par l'oxyde d'argent, devrait en dériver par substitution de OH à Cl et renfermer

$$\begin{array}{c} CH^{2}\text{-}CO.OH \\ (CH^{3})^{3}.Az.OH \end{array} = C^{5}H^{13}AzO^{3},$$

tandis qu'elle renferme $C^{5}H^{11}AzO^{2}$.

Cette élimination d'une molécule d'eau vient de ce que le groupe $CO^{2}H$ du résidu de l'acide acétique, qui est un groupe acide, et le groupe OH de l'hydrate d'ammonium quaternaire s'unissent comme le font les acides et les bases, en éliminant une molécule d'eau, de telle sorte que la formule de la bétaïne est

$$\begin{array}{c} CH^{2}\text{-}CO \\ (CH^{3})^{3}.Az - O, \end{array}$$

ce corps pouvant fixer directement les acides sans élimination d'eau.

Cette formule de la bétaïne découle des recherches de Brühl ; ce savant a fait voir, par l'étude du triéthylglycocolle, homologue de la bétaïne, que le chlorhydrate est un véritable chlorure d'ammonium quaternaire, ne perdant son chlore que par l'action de l'oxyde d'argent [Brühl, *Ann. Chem. Pharm.*, t. CLXXVII, p. 199 ; *Bull. Soc. chim.*, 1876, t. XXV, p. 75].

Comme on connaît plusieurs autres bases constituées comme la bétaïne, on leur a appliqué le nom générique de *bétaïnes*.

Bétaïnes.

Les bétaïnes actuellement connues sont :

Le triméthylglycocolle (bétaïne),

$$C^{5}H^{11}AzO^{2} = \begin{array}{c} CH^{2}\text{-}CO \\ (CH^{3})^{3}.Az - O \end{array};$$

Le triéthylglycocolle,

$$C^{8}H^{17}AzO^{2} = \begin{array}{c} CH^{2}\text{-}CO \\ (C^{2}H^{5})^{3}.Az - O \end{array};$$

La triméthylalanine,

$$C^{6}H^{13}AzO^{2} = \begin{array}{c} CH^{3} \\ CH\text{-}CO \\ (CH^{3})^{3}.Az - O \end{array};$$

La triméthylbenzobétaïne,

$$C^{10}H^{13}AzO^{2} = \begin{array}{c} C^{6}H^{4}\text{-}CO \\ (CH^{3})^{3}.Az - O \end{array};$$

La triméthylanisobétaïne,

$$C^{11}H^{15}AzO^{3} = \begin{array}{c} OCH^{3} \\ C^{6}H^{3}\text{-}CO \\ (CH^{3})^{3}.Az - O \end{array};$$

L'hexaméthyl-diamidobenzobétaïne,

$$C^{13}H^{22}Az^{2}O^{3} = \begin{array}{c} (CH^{3})^{3}\text{-}Az - O \\ C^{6}H^{3}\text{-}CO \\ (CH^{3})^{3}Az\text{-}OH \end{array};$$

Et les bétaïnes phosphorées, la phosphobétaïne

$$C^{5}H^{11}PO^{2} = \begin{array}{c} CH^{2}\text{-}CO \\ (CH^{3})^{3}.P - O \end{array};$$

Et le corps

$$C^{8}H^{17}PO^{2} = \begin{array}{c} CH^{2}\text{-}CO \\ (C^{2}H^{5})^{3}.P - O \end{array},$$

correspondant au triéthylglycocolle.

TRIÉTHYLGLYCOCOLLE (*acide triéthylamidoacétique*), $C^{8}H^{17}AzO^{2}$.

Cette base a d'abord été obtenue par Hofmann. En chauffant, pendant plusieurs heures à 100° en tube scellé, un mélange d'éther chloracétique et de triéthylamine, il obtient un chlorure, $C^{10}H^{22}AzO^{2}, Cl$, que nous pouvons représenter par la formule de structure

$$\begin{array}{c} CH^{2}\text{-}CO^{2}.C^{2}H^{5} \\ (C^{2}H^{5})^{3}.Az.Cl \end{array}.$$

En traitant ce chlorure par l'oxyde d'argent, on saponifie le groupe éthylique, en même temps que l'on met la base en liberté, et l'on obtient le triéthylglycocolle

$$\begin{array}{c} CH^{2}\text{-}CO \\ (C^{2}H^{5})^{3}\text{-}Az - O \end{array}.$$

Pour préparer cette base, Brühl fait réagir l'éther chloracétique sur la triéthylamine à une température de 70-80° pendant douze heures ; il fait bouillir le contenu des tubes avec de l'eau pour chasser l'excès de triéthylamine libre, puis avec de l'eau de baryte jusqu'à décomposition totale du chlorhydrate de triéthylamine formé dans la réaction. La baryte agit sur le chlorhydrate,

$$\begin{array}{l} (C^{2}H^{5})^{3}\text{-}Az\text{-}CH^{2}\text{-}CO^{2}C^{2}H^{5} \\ \qquad\quad Cl \end{array},$$

de la même manière que l'oxyde d'argent. Il s'élimine de l'alcool, et l'on obtient le chlorhydrate de

$$\begin{array}{l} (C^{2}H^{5})^{3}\text{-}Az\text{-}CH^{2}\text{-}CO^{2}H. \\ \qquad\quad Cl \end{array}$$

Pour l'isoler, après que l'action de la baryte est terminée, on débarrasse la liqueur de l'excès de celle-ci par l'acide carbonique et l'acide sulfurique, on traite par le carbonate de plomb, on fait évaporer, et on épuise le résidu par l'alcool absolu. Celui-ci abandonne par le refroidissement un sel de plomb que l'on sépare par le filtre, puis, par l'évaporation lente, laisse déposer le chlorhydrate de triéthylglycocolle.

Le triéthylglycocolle est cristallisé; sa solution est neutre aux papiers réactifs. L'*azotate* précipité de sa solution alcoolique par l'éther est en belles aiguilles. Le *chlorure* est déliquescent. L'*iodure* est en cristaux très solubles dans l'eau; il est basique et renferme

$$C^8H^{18}AzO^2I, C^8H^{17}AzO^2.$$

Le *chloraurate* est en aiguilles solubles. Le *chloroplatinate*, $(C^8H^{18}AzO^2Cl)^2, PtCl^4$ est en magnifiques prismes rhomboïdaux [A.-W. Hofmann, *Comptes rend.*, 1862, t. LIV, p. 252; — Brühl, *Mémoire cité*].

TRIMÉTHYL-α-BÉTAÏNE (*triméthyl-alanine*),

$$C^6H^{13}AzO^2$$

[Brühl, *Deutsch. chem. Gesellsch.*, 1876, p. 34; *Bull. Soc. chim.*, t. XXVI, p. 281]. — On chauffe au bain-marie l'éther α-chloropropionique $CH^3\text{-}CHCl\text{-}CO^2.C^2H^5$ avec de la triméthylamine, et pour retirer la triméthylalanine on opère comme dans la préparation du triéthylglycocolle, que nous venons de décrire.

Cette base est une masse cristalline déliquescente, composée en apparence de cristaux cubiques. Elle est neutre, inodore, à saveur sucrée, soluble dans l'alcool, insoluble dans l'éther. Le *chlorhydrate* forme des aiguilles déliquescentes. — L'*iodhydrate* est un sel basique

$$C^6H^{14}AzO^2I, C^6H^{13}AzO^2;$$

il est en beaux prismes incolores, très solubles dans l'eau et dans l'alcool bouillants, insolubles dans l'éther. — Le *chloraurate* cristallise dans l'eau en aiguilles volumineuses; il est très soluble dans l'eau bouillante, dans l'alcool et dans l'éther. Le *chloroplatinate* est soluble dans l'eau, peu soluble dans l'alcool, insoluble dans l'éther: il cristallise en prismes surmontés d'un pointement, de 10 millimètres de long et de 1 millimètre d'épaisseur; ces cristaux sont brillants, de couleur aurore.

Chose étonnante, l'éther α-chloropropionique ne réagit sur la triéthylamine qu'à 200°, et la réaction fournit des produits goudronneux.

TRIMÉTHYLBENZOBÉTAÏNE, $C^{10}H^{13}AzO^2$ [Griess, *Deutsch. chem. Gesellsch.*, 1873, p. 585; *Bull. Soc. chim.*, t. XX, p. 382]. — On délaye l'acide amidobenzoïque dans de l'alcool méthylique, on ajoute assez de potasse pour dissoudre l'acide, puis 3 molécules d'iodure de méthyle. Après trois jours, on distille l'alcool, on ajoute de l'acide iodhydrique, il se sépare un iodure que l'on décompose par l'hydrate de plomb.

La triméthylbenzobétaïne cristallise en petites aiguilles blanches, renfermant H^2O, qu'elles perdent à 105°. Sa saveur est amère; elle est insoluble dans l'éther, très soluble dans l'alcool et déliquescente. Par l'action de la chaleur, cette base entre en fusion et se transforme en un isomère qui est l'éther méthylique de l'acide diméthyl-amidobenzoïque,

$$C^6H^4 \begin{cases} Az(CH^3)^2 \\ CO^2.CH^3. \end{cases}$$

Le *chloroplatinate*,

$$(C^{10}H^{14}AzO^2Cl)^2, PtCl^4 + 4H^2O,$$

forme des prismes jaunes, peu solubles à froid.

L'*iodhydrate*, $C^{10}H^{14}AzO^2I + H^2O$, cristallise en prismes courts, solubles dans l'eau et dans l'alcool bouillants, insolubles dans l'éther.

TRIMÉTHYLANISOBÉTAÏNE, $C^{11}H^{15}AzO^3$ (Griess). — On obtient cette base comme la précédente; elle cristallise en prismes volumineux brillants, renfermant $5H^2O$. Elle est très soluble dans l'eau, peu soluble dans l'alcool, insoluble dans l'éther.

La distillation sèche la transforme en *diméthylamidanisate de méthyle*,

$$C^6H^3 \begin{cases} CO^2CH^3 \\ Az(CH^3)^2 \\ OCH^3. \end{cases}$$

Le *chloroplatinate* est en lamelles jaunes, très peu solubles dans l'eau froide. — L'*iodhydrate* forme de longues aiguilles blanches et brillantes, solubles dans l'eau bouillante, peu solubles dans l'alcool, insolubles dans l'éther.

HEXAMÉTHYL-DIAMIDOBENZOBÉTAÏNE (*acide diamidobenzoïque hexaméthylé*), $C^{13}H^{22}Az^2O^3$, [Griess, *Deutsch. chem. Gesellsch.*, 1874, p. 39; *Bull. Soc. chim.*, t. XXII, p. 84]. — On traite l'acide diamidobenzoïque ordinaire par 6 molécules d'iodure de méthyle en opérant comme pour la préparation de la bétaïne par l'iodure de méthyle et le glycocolle. Pour séparer la base, on évapore l'alcool méthylique qui a servi de dissolvant, et on ajoute de l'acide iodhydrique au résidu. Il se forme une masse cristalline d'iodhydrate qu'on lave à l'eau froide, et que l'on décompose par l'oxyde d'argent. La base cristallise par l'évaporation en lamelles blanches très hygroscopiques; sa solution est très alcaline et caustique.

Le *carbonate*, $C^{13}H^{21}Az^2O^2, CO^3H + 3H^2O$, cristallise dans l'alcool en lamelles blanches assez solubles dans l'eau froide; sa réaction est alcaline.

Le *chlorhydrate*, $C^{13}H^{22}Az^2O^2Cl^2 + 4H^2O$, est en lamelles hexagonales, brillantes, solubles dans l'eau froide, peu solubles dans l'alcool bouillant. Il perd toute son eau à 100°. Le *chloroplatinate* est un précipité cristallin,

$$C^{13}H^{22}Az^2O^2Cl^2, PtCl^4 + H^2O.$$

L'*iodhydrate*, $C^{13}H^{22}Az^2O^2I^2 + H^2O$, est en tables hexagonales ou en lamelles; il est soluble dans l'eau bouillante, très peu soluble dans l'eau froide et dans l'alcool bouillant.

Bétaïnes phosphorées.

Ce sont des bétaïnes dont l'azote est remplacé par le phosphore; on en connaît deux; l'une a été obtenue par Hofmann, en 1862, et correspond au triéthylglycocolle; l'autre correspond à la bétaïne ordinaire.

PHOSPHOBÉTAÏNE, $C^5H^{11}PO^2$ [A.-H. Meyer, *Deutsch. chem. Gesellsch.*, 1871, p. 734; *Bull. Soc. chim.*, t. XVI, p. 870]. — On chauffe à 100°, pendant cinq à six heures, un mélange d'acide chloracétique et de triméthylphosphine; il se forme une masse visqueuse déliquescente parsemée de cristaux; on dissout le produit dans l'eau et on le précipite par le chlorure de platine. La base libre forme une belle masse cristalline radiée. Son *chlorure* est cristallisable et déliquescent. Le *chloraurate* est en longues aiguilles jaunes très solubles dans l'eau.

Le *chloroplatinate*, $(C^5H^{12}PO^2Cl)^2, PtCl^4$, cristallise dans l'eau bouillante en magnifiques cristaux rhomboïdaux jaune orangé, peu solubles à froid. — L'*iodure* cristallise en lamelles solubles.

TRIETHYLGLYCOCOLLE PHOSPHORÉ, $C^8H^{17}PO^2$ (Hofmann). — L'éther chloracétique agit sur la triéthylphosphine comme sur la triéthylamine (voyez plus haut, TRIÉTHYLGLYCOCOLLE). On obtient le chlorure $C^8H^{18}PO^2.Cl$, qui, traité par l'oxyde d'argent, donne le triéthylglycocolle phosphoré $C^8H^{17}PO^2$. Son *iodure* est basique et renferme $C^8H^{18}PO^2.I, C^8H^{17}PO^2$.

Ed. Grimaux.

BÉTULINE. — V. Haussmann assigne à ce composé la formule $C^{36}H^{60}O^{3}$ [*Liebig's Ann. Chem.*, t. CLXXXII, p. 368; *Bull. Soc. chim.*, t. XXVIII, p. 220], tandis que Wileginski représente sa composition par $2C^{20}H^{34}O + H^{2}O$, cette eau se dégageant à 120° [*Bull. Soc. chim.* (corresp. russe), t. XXVII, p. 370 et 451].

V. Haussmann épuise l'écorce de bouleau, préalablement traitée par l'eau, par l'alcool bouillant. La décoction alcoolique est précipitée par l'acétate neutre de plomb, filtrée bouillante, débarrassée de l'excès de sel de plomb par le carbonate ammonique et filtrée de nouveau; la bétuline cristallise par le refroidissement.

La bétuline pure se présente en aiguilles asbestoïdes blanches, sans odeur et sans saveur. Elle fond à 258° (corrigée) et se sublime partiellement en aiguilles déliées.

Le produit de Wileginski, obtenu en épuisant l'extrait alcoolique de bouleau par le chloroforme, fond à 247° (non corrigé).

Insoluble dans l'eau, peu soluble dans le sulfure de carbone, la bétuline se dissout dans l'acide acétique, dans l'essence de térébenthine. Voici les quantités des autres liquides qu'elle exige pour sa solution :

	A froid.	A l'ébullition.
Alcool à 98 cent.	148p,5	23p,4
Ether	250	32,5
Chloroforme	113	20
Benzine	417	32,3

L'acide sulfurique froid la transforme en une résine fusible vers 60° ; les acides chlorhydrique et iodhydrique agissent à chaud d'une manière analogue. La potasse alcoolique est sans action.

Distillée, la bétuline donne une huile à odeur de cuir de Russie, passant de 80 à 200°, et un produit épais distillant à 243° et paraissant être un anhydride $C^{36}H^{56}O$. Suivant Wileginski, on obtient ainsi une série de carbures $nC^{10}H^{16}$. Paterno et Spica ont obtenu un carbure $C^{11}H^{16}$ en distillant la bétuline avec l'anhydride phosphorique. Enfin, l'action du pentasulfure de phosphore sur la bétuline a fourni à Franchimont et Wigman un carbure $C^{12}H^{18}$ ou $C^{13}H^{20}$ [*Deutsch. chem. Gesellsch.*, 1879, p. 7].

DIACÉTYLE-BÉTULINE, $C^{36}H^{58}O^{3}(C^{2}H^{3}O)^{2}$. — Elle se forme par l'action de l'anhydride acétique à 125° sur la bétuline, et cristallise dans l'éther bouillant en prismes incolores très solubles dans la benzine. Elle fond à 223°.

ACIDE BÉTULINE-AMARIQUE, $C^{36}H^{52}O^{16}$. — Il se produit lorsqu'on dissout la bétuline dans l'acide nitrique et qu'on évapore à sec. Il est presque insoluble dans l'eau, soluble dans les alcalis, à saveur amère, très soluble dans l'alcool et dans l'éther. L'acide azotique d'une densité de 1,3 le dissout à chaud et l'abandonne à l'état cristallisé par le refroidissement.

Chauffé à 110°, l'acide bétuline-amarique est converti en un anhydride $C^{36}H^{48}O^{14}$, fusible à 185°.

L'acide bétuline-amarique est tétrabasique. Les sels de calcium, de plomb, de cuivre sont des précipités insolubles. L'anhydride forme des sels de même saturation.

L'éthérification de sa solution alcoolique par l'acide chlorhydrique conduit à un éther fusible à 119°, qui est l'éther de l'anhydride

$$C^{36}H^{44}O^{14}(C^{2}H^{5})^{4}.$$

ACIDE BÉTULIQUE, $C^{36}H^{54}O^{6}$. — On l'obtient en oxydant la solution acétique de la bétuline par l'acide chromique. L'eau précipite du liquide une poudre blanche, insoluble, fusible à 200°. Son sel de plomb est un précipité blanc qui renferme $(C^{36}H^{51}O^{6})^{2}Pb^{3}$. E. Willm.

BÉTULINE-AMARIQUE et **BÉTULIQUE (ACIDES)**. — Voy. BÉTULINE.

BEUSTITE (Min.) (Breithaupt). — Variété d'épidote de Predazzo (Tyrol), d'un gris blanc cendré.

BEYRICHITE (Min.). — Sulfure de nickel renfermant un peu de fer et répondant d'après l'analyse de Liebe à la formule $Ni^{5}S^{7}$. Forme des groupes de prismes qui paraissent hexagonaux. Éclat métallique, couleur gris de plomb. Se trouve avec millerite dans la mine de Lammrichs Kaul, Westerwald (Nassau).

Dureté, 3 à 3,5; densité, 4,7.

Caractères. — Soluble dans l'eau régale. Dans le tube bouché, décrépite et donne un sublimé de soufre. Sur le charbon, fond en globules magnétiques d'un jaune de laiton.

BIHARITE (Min.). — Silicate hydraté de magnésie et d'alumine, compacte ou à structure finement granulaire, d'un éclat gras, d'une couleur jaunâtre ou verdâtre, légèrement translucide, trouvé dans un calcaire granulaire à la montagne de Bihar près de Rezbanya.

$$SiO^{2} = 41,74 \quad Al^{2}O^{3} = 13,47 \quad Fe^{2}O^{3} = \text{traces}$$
$$MgO = 28,92 \quad CaO = 4,27 \quad Na^{2}O = \text{traces}$$
$$K^{2}O = 4,86 \quad H^{2}O = 4,46.$$

Infusible; dans le tube donne de l'eau.

BILE. — COMPOSITION CHIMIQUE DE LA BILE. — Aux faits précédemment cités (t. I, p. 597) relatifs à la composition chimique de la bile, on doit ajouter les recherches suivantes :

Bile humaine [Jacobsen, *Deutsch. chem. Gesellsch.*, 1873, p. 1026; *Bull. Soc. chim.*, t. XXI, p. 84]. — La bile humaine, recueillie d'une fistule qui la laisse régulièrement écouler, est un liquide clair, vert brun jaunâtre, entièrement neutre; densité, 1,0105 à 1,0107 à 17°,5.

Les premiers jours seulement après l'établissement de la fistule, elle contient un peu d'albumine et de leucine. Jamais de sucre ni d'urée. On y a toujours trouvé de la bilirubine et de la biliverdine. Le poids des éléments solides oscille de 2,23 à 2,28 %. Cette bile ne contenait pas d'acide taurocholique et ne donnait pas de taurine par la baryte; elle était surtout riche en glycocholate de sodium. Mais Jacobsen fait observer qu'ayant recherché dans d'autres biles humaines l'acide taurocholique, il l'y a quelquefois rencontré. Dans neuf déterminations, le soufre total a varié de 0,021 à 0,025, et, dans un seul cas, il s'est élevé à 2,67 % de bile sèche. Il s'est assuré que la *moitié* environ du soufre provient de l'acide taurocholique. De ces recherches il résulte que le rapport de ce dernier acide à l'acide glycocholique, qui ne fait jamais défaut dans la bile humaine, peut varier dans des limites étendues.

Les cendres de la bile humaine ont donné à l'analyse les résultats suivants :

	Pour 100 de bile sèche.	Pour 100 de cendres.
KCl	1,276	3,33
NaCl	24,508	65,16
$CO^{3}Na^{2}$	4,180	11,11
$PO^{4}Na^{3}$	5,984	15,90
$(PO^{4})^{2}Ca^{3}$	1,672	4,44
	37,620	100,00

L'éther dissolvait 3,14 parties sur 100 de bile sèche, dont 2,49 % de cholestérine, 0,44 de matière grasse, 0,21 de lécithine (calculée d'après le poids de phosphore de l'extrait éthéré).

Après l'action de l'éther, l'alcool dissolvait une forte proportion de matière organique; cet extrait contenait : 44,8 de glycocholate de sodium; 0,4 de palmitate et de stéarate de sodium, p. 100 de bile sèche. La matière organique insoluble dans l'alcool et l'éther était de 10 % de bile sèche. La lécithine ne manque jamais dans la bile.

Socoloff [*Revue des sciences médicales*, t. VII, p. 496] a donné de la bile, recueillie après la mort de malades atteints de diverses affections, la composition moyenne suivante :

	Pour 100 de bile sèche.	Pour 100 des matières précipitées par l'éther dans l'extrait alcoolique.
Matière insoluble dans l'alcool	3,724	»
Précipité par l'éther	6,471	»
Soufre	0,092	1,482
Acide taurocholique	1,490	23,833
Taurocholate de sodium	1,567	24,735
Savons	1,458	»
Cholestérine, lécithine, etc.,	non dosées	»

L'acide taurocholique, ayant été dosé d'après le poids total du soufre, est certainement trop élevé de moitié environ d'après les remarques de Jacobsen.

Divers auteurs ont signalé dans la bile de bœuf, de poisson, etc., la présence de glycérides à acides volatils. J. Dogiel a retiré par la baryte les acides acétique et propionique de la bile de bœuf. On vient de voir que les acides stéarique et palmitique ont été trouvés dans la bile humaine.

La cholestérine, qui se rencontre habituellement dans la bile des mammifères, semble manquer dans celle des poissons [Otto, *Bull. Soc. chim.*, t. X, p. 60]. L'urée, que l'on croyait ne s'y trouver que dans quelques cas pathologiques, paraît y exister normalement [Popp, *Bull. Soc. chim.*, t. XV, p. 142].

Les pigments peuvent manquer dans la bile, qui devient alors incolore. Cette observation a été faite dans l'ictère et dans les cas de dégénérescence graisseuse avancée du foie [Ritter, *Compt. rend.*, t. LXXIV, p. 813].

(Voyez encore une analyse de *bile d'oie* au *Bull. Soc. chim.*, t. XII, p. 159.)

ACIDES BILIAIRES.

ACIDE GLYCOCHOLIQUE. — *Préparation.* — La bile de bœuf fraîche est mélangée d'éther, puis additionnée de 5 % de son volume primitif d'acide chlorhydrique concentré. Le liquide se trouble et se prend bientôt en une masse cristalline, recouverte d'éther coloré. On décante cet éther qui contient de la matière colorante, de la cholestérine, des graisses. On délaye la masse solide dans beaucoup d'eau, on agite, on jette sur un filtre et on lave tant que les liqueurs restent vertes. Le produit, lavé sur le filtre et repris par l'eau bouillante, fournit de l'acide glycocholique cristallisé et pur. Les eaux vertes de lavage de cet acide contiennent l'acide taurocholique et d'autres principes biliaires (Voir plus loin ANALYSE DE LA BILE) [G. Hüfner, *Journ. prakt. Chem* (2), t. X, p. 267].

La préparation d'acide glycocholique suivante est due à Gorup-Besanez. On évapore la bile fraîche au bain-marie à consistance sirupeuse et l'on reprend par de l'alcool à 90°; après distillation de l'alcool, on étend d'eau le résidu et on chauffe avec un lait de chaux qui précipite les matières colorantes. La liqueur filtrée et refroidie est additionnée d'acide sulfurique étendu jusqu'à trouble persistant; par le repos, l'acide glycocholique se dépose lentement. On le lave à l'eau, on l'exprime, on le redissout dans de l'eau de chaux et on le précipite de nouveau par de l'acide sulfurique ajouté avec précaution [*Bull. Soc. chim.*, t. XV, p. 297].

Sur 300 échantillons de bile examinés, Hüfner a constaté, par le procédé ci-dessus, que dans 120 cas la cristallisation dans l'éther de l'acide glycocholique précipité par l'acide chlorhydrique était rapide; que dans 120 autres cas la cristallisation exigeait des heures et était moins abondante; que dans 60 cas il ne se formait pas de cristaux. Ces recherches montrent que la teneur de la bile en glycocholates est très variable. Elle paraît croître avec la quantité de sel marin existant dans l'économie. En ce qui concerne le sexe, Hüfner a remarqué que la préparation de l'acide réussit toujours bien avec la bile de taureau, moins bien avec celle de vache, jamais avec celle de bœuf. La bile de veau, traitée comme ci-dessus, ne fournit jamais de cristaux. Relativement à l'origine et à la nourriture des animaux, il ne se dégage rien de général de la statistique dressée par l'auteur [*Bull. Soc. chim.*, t. XXXIII, p. 233].

Dérivé de l'acide glycocholique. Acide chologlycolique [Land, *Bull. Soc. chim.*, t. XXV, p. 182], $C^{26}H^{42}O^7$. — On fait passer des vapeurs nitreuses dans une solution nitrique d'acide glycocholique à 8°. On sature par la baryte, on précipite l'excès de base par l'acide carbonique, on évapore la solution filtrée. Par l'addition d'acide chlorhydrique au sel de baryum, on obtient l'acide libre.

Cet acide ne cristallise pas. Lorsqu'on le fait bouillir avec l'acide sulfurique étendu, il donne de l'acide glycolique.

Cet acide se forme d'après l'équation

$$\underset{\text{Acide glycocholique.}}{2C^{26}H^{43}AzO^6} + Az^2O^3$$

$$= \underset{\text{Acide chologlycolique.}}{2C^{26}H^{42}O^7} + Az^4 + H^2O$$

Le *chologlycolate de sodium*, $C^{26}H^{41}NaO^7$, s'obtient en traitant le sel de baryum par le carbonate sodique. C'est une masse amorphe, transparente, très soluble, à faible réaction alcaline, ne précipitant pas les sels de Ba, Ca, Mg. Il donne des précipités floconneux solubles dans l'alcool, insolubles dans l'eau, avec les sels d'argent, de mercure, de plomb, de cuivre, de zinc.

Le *chologlycolate de baryum*,

$$(C^{26}H^{41}O^7)^2Ba + 3H^2O,$$

cristallise en tables minces mal définies, solubles dans l'alcool. Si on évapore ses solutions, le sel se sépare à l'état amorphe.

Le *chologlycolate d'argent*, $C^{26}H^{41}O^7Ag$, est un précipité floconneux, gélatineux, presque insoluble dans l'eau, qui fond au sein de l'eau bouillante et forme, après refroidissement, une masse résineuse.

ACIDE TAUROCHOLIQUE. — Parkes emploie pour le préparer la bile de chien. Après l'avoir évaporée avec du noir pour la décolorer, on reprend par l'alcool absolu et, de cette solution, on précipite par l'éther le taurocholate cristallisé. Ce sel, dissous dans l'eau, est traité par l'acétate de plomb légèrement ammoniacal. Le précipité lavé est épuisé par l'alcool absolu bouillant, filtré à chaud et privé de plomb par un courant d'acide sulfhydrique. Le liquide séparé du sulfure est précipité par un excès d'éther. Ce dépôt se prend après quelque temps en une masse d'aiguilles fines et soyeuses formées par l'acide pur. L'acide taurocholique se change rapidement à l'air en une masse amorphe, transparente. A l'état sec, il supporte une température bien supérieure à 100°. L'ébullition avec l'eau le dédouble peu à peu en taurine et acide cholique.

Pouvoir rotatoire spécifique à gauche,

$$[\alpha]\, j = -25^\circ.$$

Il semblerait qu'il y eût là un cas d'isomérie, l'acide ordinaire déviant à droite presque de la même quantité.

ACIDE CHÉNOCHOLIQUE OU CHÉNOTAUROCHOLIQUE (DE LA BILE D'OIE). — Otto a vérifié que cet acide a bien pour formule $C^{29}H^{49}AzSO^{6}$. Son sel de sodium renferme $C^{29}H^{50}NaAzSO^{7}$, mais il perd H^2O à 140°. Ce sel sec est une poudre jaune, électrique, irritant la gorge. De ses solutions aqueuses, on précipite l'acide chénocholique par les acides minéraux [*Zeitschr. Chem.*, 1868, p. 633]. Le même auteur a aussi obtenu l'acide parachénotaurocholique signalé par Heintz et Wislicenus, remarquable par son insolubilité dans l'eau. Il se forme lorsqu'on abandonne pendant quelque temps une solution alcoolique ou éthérée d'acide taurochénocholique. L'auteur n'en a fait qu'une analyse. Il a trouvé pour cent :

$$C = 62{,}8;\ H = 9{,}5;\ Az = 2{,}1;\ S = 6{,}5.$$

ACIDE CHOLALIQUE. (On lui donne aussi le nom d'*acide cholique* qui peut le faire confondre avec l'acide glycocholique.) — Cet acide est monobasique et diatomique. Ses sels ont été étudiés par Baumstark [*Bull. Soc. chim.*, t. XXI, p. 182].

Le *cholalate d'éthyle*, $C^{24}H^{39}(C^2H^5)O^5$, se produit en faisant agir l'acide chlorhydrique sur une solution alcoolique d'acide cholalique. On l'isole en le précipitant par l'eau, lavant à la soude, et reprenant par l'éther qui l'abandonne sous forme de résine. Il est insoluble dans l'eau, soluble dans l'alcool et l'éther; les alcalis ne le dédoublent qu'à 120°.

D'après Hoppe-Seyler, les cholalates de méthyle et d'éthyle sont cristallisables. L'ammoniaque aqueuse les transforme à 120° en sel ammoniacal; l'ammoniaque alcoolique donne lentement à 130° la *cholalamide*, $C^{24}H^{39}(AzH^2)O^4$, insoluble dans l'eau, soluble dans les acides, l'alcool et l'éther. Elle est identique à celle que donne le cholalate d'ammonium chauffé au bain-marie. En étendant sa solution alcoolique de 9 parties d'eau, portant à l'ébullition et filtrant à chaud, Hüfner l'a obtenue sous forme de magnifiques aiguilles soyeuses. Après dessiccation, elle fond à 130°. Elle est très soluble dans l'alcool, moins soluble dans l'éther, très peu dans l'eau bouillante. Ses solutions sont neutres [*Bull. Soc. chim.*, t. XXXIII, p. 234].

Baumstark n'a pu faire entrer dans l'éther cholalique un second groupe d'éthyle ou d'acétyle par l'action des chlorures correspondants; mais le chlorure de benzoyle donne l'éther benzoylique, $C^{24}H^{33}(C^2H^5)(C^7H^5O)O^5$, qui forme une masse résineuse, soluble dans l'alcool et l'éther, mais non dans l'eau.

L'oxydation de l'acide cholalique, étudiée par divers auteurs et en particulier par Toppeiner, donne divers produits acides que nous décrivons plus loin.

D'après Destrem, cité plus haut, la distillation sèche de l'acide cholalique en présence de zinc en poudre fournit un carbure d'hydrogène répondant à la formule $C^{24}H^{32}$, qui commence à se former vers 215°. Les dernières portions qui distillent sont cristallines.

La distillation de l'acide cholalique paraît fournir un anhydride, puis diverses substances mal définies, enfin du phénol (Baumstark). Si l'on chauffe avec des alcalis, on obtient des hydrocarbures huileux bouillant de 150 à 280°, et présentant tous la réaction de Pettenkofer, qui leur est d'ailleurs commune avec les matières albuminoïdes [*Bull. Soc. chim.*, t. XXI; p 367]. Ajoutons aussi que Lehmann a depuis longtemps observé que, fondu avec la potasse, cet acide donnait des palmitate, acétate, propionate et formiate.

L'acide cholalique est attaqué par le trichlorure de phosphore; il se dégage de l'acide chlorhydrique, et l'eau sépare de la masse une résine blanche qu'on lave jusqu'à cessation de réaction acide, puis en redissolvant plusieurs fois par la soude et reprécipitant par un acide. Le produit purifié est blanc, pulvérulent, amorphe, légèrement amer, insoluble dans l'eau, soluble dans l'alcool, un peu dans l'éther. Il donne la réaction de Pettenkofer. Sa composition se rapproche de la formule $C^{72}H^{114}P^2O^{15}$, et sa formation peut s'exprimer par l'équation

$$3C^{24}H^{40}O^5 + 2PCl^3 = C^{72}H^{114}P^2O^{15} + 6HCl.$$

Les sels alcalins de cet acide sont solubles dans l'eau et résineux; les sels métalliques sont des précipités amorphes. La cholestérine donne, aussi avec PCl^3, des produits phosphorés, se gonflant dans l'eau comme l'amidon [Gorup-Besanez, *Ann. Chem. Pharm.*, t, CLVII; p. 282].

Acide glycocholalique ou *glycodyslysine*. — Lorsqu'on chauffe en tubes scellés de 100 à 200° un mélange à équivalents égaux de glycocolle et d'acide cholalique, on obtient une masse fondue qui se dissout presque entièrement dans l'alcool absolu. Par addition d'eau, il se fait une solution laiteuse qui se clarifie peu à peu. Si l'on ajoute de la soude étendue, le liquide transparent laisse déposer lentement une poudre amorphe, peu soluble dans l'eau, soluble dans l'alcool, l'esprit de bois, l'éther, le chloroforme. C'est un corps indifférent qui répond à la formule $C^{26}H^{39}AzO^4$, et qui se forme d'après l'équation

$$C^{24}H^{36}O^3 + C^2H^3(AzH^2)O^2$$
$$= C^{26}H^{39}AzO^4 + H^2O.$$

La glycodyslysine, bouillie avec une solution alcoolique de potasse, ne donne ni acide glycocholique (dont elle diffère par $2H^2O$), ni acide cholonique. Une ébullition prolongée avec de l'acide chlorhydrique fournit du glycocolle. La glycodyslysine paraît donc être l'imide glycocholique. D'ailleurs l'acide glycocholique, chauffé à 200°, donne un corps ayant toutes les propriétés de la glycodyslysine [Lang, *Bull. Soc. chim.*, t. XXV, p. 182].

PRODUITS D'OXYDATION DE L'ACIDE CHOLALIQUE. — Latschinoff [*Bull. Soc. chim.*, t. XXIX, p. 213] en reprenant après Redtentacher l'étude de l'oxydation de l'acide cholalique a attribué à l'acide *cholestérique* de cet auteur les formules $C^9H^{12}O^5$ ou $C^9H^{12}O^6$, qui en feraient de l'acide camphorique ou oxy-camphorique ou des isomères. Destrem [*Compt. rend.*, t. LXXXVII, p. 880] et Egger [*Deutsch. chem. Gesellsch.*, 1870, p. 1608] a décrit un *acide bilinique*, $C^{12}H^{16}O^7$, cristallisable. Mais l'étude des produits dérivés de l'oxydation de l'acide cholalique a été surtout faite avec soin par Tappeiner [*Liebig's Ann. Chem.* t. CXCIV, p. 211, et *Bull. Soc. chim.*, t. XXXII, p. 347].

Dans un ballon de 2 litres, on mélange 50 p. d'acide cholalique, 200 gr. de dichromate, 300 gr. SO^4H^2 et 800 p. d'eau. La température du mélange s'élève jusqu'à 100°; il se fait un dégagement d'acide carbonique, et il se sépare une huile légère qui se solidifie. Les produits de l'oxydation sont deux acides jusqu'ici confondus sous le nom de *cholestérique* et répondant aux formules $C^{12}H^{16}O^7$ (voir plus haut) et $C^{11}H^{13}O^6$; en même temps que les acides palmitique et stéarique et un nouvel acide, l'acide cholanique. Tappeiner maintient au premier de ces acides, $C^{12}H^{16}O^7$, le nom de cholestérique, et au second, $C^{11}H^{16}O^6$, il donne celui de pyrocholestérique.

Acide cholestérique, $C^{12}H^{16}O^7$. Il se retrouve dans la solution chromique en même temps que de l'acide acétique et quelques homologues. Il cristallise en partie par le refroidissement en aiguilles microscopiques qui se réunissent en pellicules. Pour l'isoler, il faut interrompre l'action du mélange oxydant et n'effectuer la concentration de la liqueur qu'à basse température, si l'on veut éviter qu'il ne se transforme en acide pyro-cholestérique: on le purifie par cristallisation dans l'eau bouillante. Lorsqu'on abandonne au repos sa solution aqueuse étendue, recouverte d'une couche d'éther, il se forme des cristaux anhydres, de près de 1 centimètre. Leur solution alcoolique est faiblement dextrogyre. Injectée dans le sang, elle n'est point toxique comme celle de l'acide cholalique. L'acide cholestérique ne donne pas la réaction de Pettenkofer.

Les cholestérates sont mono-, bi-, ou trimétalliques. Les sels alcalins sont insolubles dans l'alcool et amorphes. Les sels de Ba et de Ca, amorphes aussi, sont plus solubles à froid qu'à chaud. La formule du sel de baryum est

$$(C^{12}H^{13}O^{7})^{2}Ba^{3}.$$

Le sel d'argent est un précipité blanc floconneux; on l'obtient par double décomposition; il renferme $C^{12}H^{13}O^{7}Ag^{3}$. Le précipité produit par l'acide libre et l'azotate d'argent est soluble dans l'alcool chaud et cristallise par refroidissement. Il a pour formule $C^{12}H^{13}O^{7}Ag + H^{2}O$.

Acide pyrocholestérique, $C^{11}H^{16}O^{5}$. — Il provient de l'acide cholestérique. Celui-ci perd lentement à 100°, rapidement à 198°, de l'acide carbonique et se transforme en acide pyrocholestérique. Il fond à 108°. Les cholestérates de Ba et de Ca se transforment aussi en pyrocholestérates. L'acide est une masse hygroscopique.

Acide cholanique. — Il a pour composition

$$C^{20}H^{28}O^{6}.$$

Pour l'isoler des acides gras qui l'accompagnent, on transforme en sel de baryum le produit insoluble obtenu par oxydation de l'acide cholalique, on précipite par le gaz carbonique l'excès de baryte, et on laisse cristalliser, à basse température, puis l'on porte à l'ébullition. Le sel de baryum, très peu soluble à chaud, se précipite. On le lave à l'eau bouillante, on le redissout dans l'eau pure et on précipite l'acide par l'acide chlorhydrique.

Il cristallise de l'alcool bouillant en prismes déliés anhydres groupés en faisceaux. Il se dissout dans 9000 p. d'eau pure, 4000 p. d'eau chaude. Il s'en dépose en cristaux neutres. La solution alcoolique est dextrogyre $[\alpha] = +53°0'$. Les cristaux de cet acide ne sont pas modifiés à 250°. Chauffés plus haut, ils fondent et se décomposent. L'acide se dissout dans l'acide sulfurique concentré; sa solution est fluorescente comme celle de l'acide cholalique. Il n'est pas toxique. Il ne donne pas la réaction de Pettenkofer.

L'acide cholanique fournit deux séries de sels: $C^{20}H^{27}O^{6}M$ et $C^{40}H^{51}O^{12}M^{5}$. Ces derniers peuvent être considérés comme des sels doubles,

$$C^{20}H^{26}O^{6}M^{2} + C^{20}H^{25}O^{6}M^{3}.$$

Le *sel de potassium,* $C^{40}H^{51}O^{12}K^{5} + 6H^{2}O$, s'obtient en faisant bouillir la solution alcoolique de l'acide avec du carbonate de potassium. Il cristallise en prismes déliés, solubles dans l'alcool et l'éther.

Le *sel de baryum* renferme

$$(C^{40}H^{51}O^{12})^{2}Ba^{5} + 10H^{2}O.$$

— Il est amorphe. Il peut cristalliser en aiguilles contenant $14H^{2}O$.

Le *sel de plomb,* $(C^{40}H^{51}O^{12})Pb^{5}$, est un précipité amorphe. Le sel d'argent, $C^{40}H^{51}O^{12}Ag^{5}$, est un précipité caillebotté.

L'éther cholanique, $C^{20}H^{27}O^{6}(C^{2}H^{5})$, a été obtenu en traitant par le gaz chlorhydrique la solution alcoolique d'acide cholanique. Il est cristallisable dans l'alcool et insoluble dans l'eau.

Traité par l'acide azotique étendu et bouillant, l'acide cholanique est converti en acide choloïdanique.

Combinaisons des alcaloïdes avec les acides biliaires. — Malin a montré en 1868 que l'acide cholalique forme avec la quinine un sel très peu soluble. De l'Arbre fit voir ensuite [*Deutsch. chem. Gesellsch.*, 1872, p. 185] que les taurocholates, glycocholates, hyoglycocholates de sodium forment avec les solutions de strychnine, brucine, quinine, quinidine, cinchonine, vératrine, émétine, des combinaisons pour la plupart très peu solubles dans l'eau. Les unes résultent d'un remplacement total de la soude par l'alcaloïde, les autres renferment un excès d'acide ou d'alcaloïde. On obtient des combinaisons à excès d'acide quand on neutralise d'abord le cholalate de sodium par l'acide acétique.

Les glycocholates de morphine et de strychnine, ainsi que le taurocholate de morphine et l'hyoglycocholate de brucine, sont cristallins. L'acide chlorhydrique étendu dédouble la plupart de ces combinaisons. Tous ces sels, même les moins solubles, se dissolvent dans un excès de bile ou de cholalate de sodium.

Matières colorantes de la bile.

Les matières colorantes de la bile paraissent provenir de la destruction de l'*hémoglobine,* matière colorante rouge du sang. Il existe en effet entre le pigment biliaire le plus abondant, la bilirubine, et l'hématine produit ferrugineux de dédoublement de l'hémoglobine du sang, la relation très simple :

$$\underset{\text{Hématine.}}{C^{32}H^{34}FeAz^{4}O^{6}} + H^{2}O = \underset{\text{Bilirubine.}}{C^{32}H^{36}Az^{4}O^{6}} + FeO.$$

D'ailleurs les matières colorantes biliaires s'accumulent dans le sang et dans la bile toutes les fois qu'une cause quelconque tend à détruire le globule rouge.

De la bilirubine on peut dériver très simplement la biliverdine comme nous le verrons plus loin, ainsi que la bilifuscine, et la biliprasine, qui sont peut-être des produits d'altération artificiels des deux pigments biliaires principaux.

Bilirubine [Syn : *bilifulvine, biliphéine, choléféine, cholépyrrhine*].

La bilirubine se retire des calculs biliaires, où elle existe le plus souvent sous forme de sel, quelquefois à l'état libre. Tudichum [*Journ. prakt. Chem.*, t. CIV, p. 193] l'extrait comme il suit : On porphyrise les calculs biliaires de bœuf, on humecte d'eau chaude cette poussière, puis on y verse beaucoup d'eau bouillante. Après quelques jours, on décante, on lave la poudre avec de nouvelle eau, et on la fait bouillir avec de l'alcool fort, qui enlève un acide, un sel de calcium, un peu d'acide gras et de la cholestérine. Le résidu pulvérulent est ensuite mis en digestion avec de l'acide chlorhydrique froid, puis repris par l'alcool, qui enlève une matière colorante brune; on le traite enfin par l'éther. On épuise alors la poudre ainsi lavée par du chloroforme bouillant. La solution de couleur rouge est distillée et le résidu est jeté sur un filtre et lavé au chloroforme froid jusqu'à ce qu'il ne soit plus du tout vert, et que la liqueur ne soit que jaune-rougeâtre. On distille ces eaux de lavage, et on les étend d'alcool qui donne un précipité rouge très divisé de bilirubine, qu'on filtre et lave à l'alcool. Les eaux mères alcooliques fournissent encore des cristaux. La matière colorante déposée est d'un beau rouge. On peut la purifier en la redissolvant dans le chloroforme et la précipitant de nouveau par l'alcool. La poudre qui a été épuisée par le chloroforme, traitée par la potasse alcoolique, fournit encore de la matière colorante lorsqu'on sature la potasse par l'acide chlorhydrique. On la purifie comme ci-dessus par dissolution dans le chloroforme.

Maly [*Bull. Soc. chim.*, t. X, p. 496, et t. XXIV, p. 227], comme Stædeler, attribue à la bilirubine la formule $C^{16}H^{18}Az^2O^3$, mais, d'après l'étude des composés bromés (voyez plus loin), il préfère la formule double $C^{32}H^{36}Az^4O^6$, formule qui a l'avantage, comme nous le verrons, de rattacher la bilirubine à la biliverdine, qui en dérive par oxydation, ainsi qu'à l'hydrobilirubine. Nous devons toutefois dire que Tudichum [*Bull. Soc. chim.*, t. X, p. 498], en s'appuyant sur ses analyses et sur l'étude des combinaisons que la bilirubine forme avec les bases, assigne à celle-ci la formule $C^9H^9AzO^2$.

Les cristaux de bilirubine sont rouge-brun avec des reflets pourpres et bleu d'acier, à peu près opaques au microscope. Leur forme cristalline dérive du prisme rhomboïdal. Récemment préparée, elle est rouge et brunit peu à peu à la lumière et à l'humidité.

Une partie de bilibuñine se dissout dans 586 p. de chloroforme. Cette solution, d'abord rouge, noircit à la lumière. Lorsqu'on y fait passer un courant de gaz chlorhydrique sec, puis qu'on distille, il reste un mélange de deux corps d'un beau vert solubles dans l'alcool, et dont un seul se dissout dans l'éther.

La bilirubine s'oxyde avec facilité sous l'influence de l'air et de l'eau, surtout en solution alcaline et à la lumière. Elle passe successivement par divers degrés d'oxydation quand on la traite par l'acide azotique, le bioxyde de plomb, le permanganate de potassium, la teinture d'iode, etc. Le premier terme de cette oxydation est la biliverdine, à laquelle Heintz assigne la formule $C^{16}H^{20}Az^2O^5$, et qui, d'après des recherches postérieures de R. Maly, serait $C^{16}H^{18}Az^2O^4$, ou $C^{32}H^{36}Az^4O^8$, formule qui ne diffère de la première que par H^2O, de sorte que l'on a, d'après Maly, l'équation très simple

$$\underset{\text{Bilirubine.}}{C^{16}H^{18}Az^2O^3} + O = \underset{\text{Biliverdine.}}{C^{16}H^{18}Az^2O^4},$$

ou

$$C^{32}H^{36}Az^4O^6 + O^2 = C^{32}H^{36}Az^4O^8.$$

Maly a vérifié cette équation en faisant voir que l'augmentation de poids de la bilirubine qui s'est transformée en biliverdine est à peu près celle qui correspond à l'addition de O.

Cette oxydation peut se faire en exposant avec ménagement la bilirubine aux vapeurs de brome dans l'air humide (voyez plus loin DÉRIVÉS BROMÉS), ou en la traitant par l'oxyde puce de plomb en solution alcaline. Dans ce cas, on ajoute le bioxyde jusqu'à ce que les acides produisent dans la solution un précipité vert; on sature par de l'acide acétique, qui précipite la biliverdine plombique; on décompose celle-ci par de l'alcool aiguisé d'acide sulfurique, on filtre et on précipite la biliverdine par l'eau. Par son oxydation définitive au moyen de l'acide azotique, la bilirubine, comme la biliverdine, donne la substance que Gmelin a nommée *choletéline*, et à laquelle Maly a attribué la formule $C^{16}H^{18}Az^2O^6$. Ces observations ont été confirmées par Stockwis [*Chem. Centralbl.*, n° 14, 1873]. Les produits intermédiaires d'oxydation de la bilirubine sont ceux de la biliverdine elle-même (voir plus loin).

Les combinaisons de la bilirubine avec les bases ont été étudiées par Tudichum [*Journ. prakt. Chem.*, t. CIV, p. 193, et *Bull. Soc. chim.*, t. X, p. 498], qui assigne, disions-nous plus haut, à cette substance la formule $C^9H^9AzO^2$. Traitée par une solution concentrée d'ammoniaque, la bilirubine donne une combinaison instable, sous forme de masses volumineuses brunes. Cette bilirubine-ammoniaque abandonne son ammoniaque à 100°. Elle est soluble dans l'alcool fort, et non dans l'éther. La solution de bilirubine dans l'ammoniaque faible donne des précipités avec les sels alcalins, terreux, d'argent, de plomb; ces sels sont neutres ou basiques, suivant que la solution est saturée de bilirubine, ou qu'il y reste un excès d'ammoniaque.

La bilirubine se dissout dans les alcalis. En neutralisant par les acides, on obtient des flocons bruns, ou verts si la solution a été chauffée; ceux-ci se forment sans doute par oxydation à l'air. Ces précipités se purifient par des lavages à l'alcool. Les bilirubinates de baryum et de calcium ont pour formule, d'après Tudichum,

$$C^{18}H^{20}BaAz^2O^6, \text{ ou } C^{18}H^{16}BaAz^2O^4 + 2H^2O,$$

et

$$C^{18}H^{20}CaAz^2O^6, \text{ ou } C^{18}H^{16}CaAz^2O^4 + 2H^2O.$$

Ce sont des précipités brun verdâtre foncés.

On obtient un sesquibilirubinate de baryum en employant une solution ammoniacale saturée de bilirubine; elle renferme $C^{27}H^{29}BaAz^3O^6$; on prépare de même la combinaison calcique correspondante.

Le *sesquibilirubinate de zinc* est un précipité brun rougeâtre de la formule $C^{27}H^{29}ZnAz^3O^6$.

Le *bilirubinate basique de plomb* $C^9H^7PbAzO^2$ s'obtient par addition d'acétate plombique à une solution ammoniacale de bilirubine avec excès d'alcali.

Bilirubinates d'argent. L'azotate d'argent donne dans une solution ammoniacale saturée de bilirubine un précipité brun-rouge qui, séché à l'abri de la lumière, répond à la formule

$$C^9H^{10}AgAzO^3 \text{ ou } C^9H^8AgAzO^2 + H^2O.$$

Si l'on ajoute de l'azotate d'argent à une solution de bilirubine avec excès d'ammoniaque, on obtient le bilirubinate basique $C^9H^7Ag^2AzO^2$, qui se précipite en saturant l'excès d'alcali par l'acide azotique faible.

D'après Maly [*Bull. Soc. chim.*, t. XXVII, p. 87], la bilirubine forme avec le brome diverses combinaisons successives de couleurs bleue, verte, violette. Si l'on met le pigment en suspension dans de l'éther à travers lequel on fait passer de l'air chargé de vapeurs de brome, le dissolvant se colore bientôt en bleu vif; si l'on filtre alors pour séparer l'excès de bilirubine, si l'on lave à l'eau et qu'on évapore l'éther, il reste un résidu qui paraît vert en couches minces, mais qui se dissout avec une belle couleur bleue dans l'alcool. L'analyse de ce produit a conduit à la formule $C^{32}H^{33}Br^3Az^4O^6$ qui représente de la *tribromobilirubine*. La composition de ce corps a conduit l'auteur à doubler la formule de la bilirubine, $C^{16}H^{18}Az^2O^3$ qu'il avait d'abord admise. Cette duplication s'accorde, du reste, avec la composition de l'*hydrobilirubine* $C^{32}H^{40}Az^4O^7$.

La tribromobilirubine est insoluble dans l'eau, soluble dans l'alcool et l'éther, peu soluble dans la benzine et le sulfure de carbone. Elle peut cristalliser. L'acide sulfurique la dissout en vert intense, les alcalis avec une couleur violette; la potasse concentrée la verdit, en la décomposant suivant l'équation :

$$C^{32}H^{33}Br^3Az^4O^6 + 3KHO = \underset{\text{Biliverdine.}}{C^{32}H^{33}(OH)^3Az^4O^6} + 3KBr.$$

Le chlore décolore la tribromobilirubine. Traitée par l'amalgame de sodium, elle devient rouge et présente les caractères de l'hydrobilirubine. L'hydrogène sulfuré et les sulfures alcalins la verdissent; l'acide azotique l'oxyde; elle passe au rouge puis au jaune brun. Ce travail de Maly a été critiqué par Tudichum [*Liebig's Ann. Chem.*, t. CLXXXI, p. 242], qui défend ses propres recherches ci-dessus exposées.

La formule admise pour la bilirubine

$$C^{32}H^{36}Az^4O^6,$$

d'après les recherches de Maly, et celle que l'on donne à l'hématine

$$C^{32}H^{34}FeAz^4O^6$$

sont, comme on le voit, très simplement reliées entre elles. Il ne saurait être douteux que la bilirubine dérive de l'hémoglobine du sang.

Hydrobilirubine. — L'urine normale et surtout l'urine des fiévreux renferme un pigment jaune que l'on peut précipiter par l'acétate de plomb, et auquel Jaffé a donné le nom d'urobiline; cette substance, caractérisée par une bande d'absorption γ, placée entre les lignes *b* et F de Fraunhofer, s'obtient aussi en épuisant la bile d'homme ou de chien par de l'acide chlorhydrique, puis agitant la solution acide avec du chloroforme. En évaporant ce dernier, on obtient un résidu rouge soluble dans l'alcool et dans l'eau, précipitable par l'acétate de plomb et le chlorure de calcium, présentant la bande γ, et donnant avec les alcalis une nouvelle raie entre F et G de Fraunhofer [Jaffé, *Journ. prakt. Chem.*, t. CIV, p. 401; et *Bull. Soc. chim.*, t. XIII, p. 84].

La substance ainsi caractérisée peut, d'après R. Maly [*Bull. Soc. chim.*, t. XVII, p. 372], être obtenue en traitant par l'amalgame de sodium la bilirubine dissoute dans une lessive faible de soude; la solution, d'abord opaque, devient après deux ou trois jours d'un jaune brun clair. L'acide chlorhydrique colore ce liquide en rouge et en précipite des flocons bruns ayant les caractères d'un acide faible qui donne avec les solutions métalliques des flocons rouges.

Ce pigment, auquel Maly a donné le nom impropre, comme nous le verrons, d'hydrobilirubine, est soluble dans l'alcool, fort peu soluble dans l'eau. Ses solutions alcalines ont la couleur des urines normales; les acides les font virer au rouge ou au brunâtre. Le corps dont il s'agit possède les caractères spectroscopiques de l'urobiline de Jaffé avec laquelle il paraît identique, ainsi qu'avec les pigments que Vanlair et Masius ont retirés des excréments par l'alcool, et aussi avec celui que l'on extrait de l'urine par la méthode de Scherer.

L'eau précipite l'hydrobilirubine de ses solutions dans l'alcool et dans l'acide sulfurique concentré.

L'hydrobilirubine est soluble dans l'éther, les hydrocarbures, l'acide acétique, le chloroforme. Sa solubilité dans l'eau est augmentée par le phosphate sodique. Elle peut être séchée à 100°, mais ne fond pas sans décomposition. Son sel barytique est soluble. L'hydrobilirubine répond à la composition $C^{32}H^{40}Az^4O^7$; elle dérive de la bilirubine à la fois par oxydation (de sa solution alcaline à l'air) et par hydrogénation, comme l'indique l'équation :

$$\underset{\text{Bilirubine.}}{C^{32}H^{36}Az^4O^6} + O + H^4 = \underset{\text{Hydrobilirubine.}}{C^{32}H^{40}Az^4O^7},$$

La biliverdine donne de l'hydrobilirubine dans les mêmes conditions.

Biliverdine (ou *cholochlorine*). On a successivement attribué à la biliverdine les formules $C^{16}H^{20}Az^2O^5$ (Staedeler), $C^{16}H^{18}Az^2O^4$ (Maly), formules qui ne diffèrent que par H^2O; et la formule $C^8H^9AzO^2$ (Tudichum), qui n'est que la moitié de la précédente; enfin, d'après les considérations précédentes et les travaux de Maly, la formule $C^{32}H^{36}Az^4O^8$ est la plus probable. La biliverdine ne diffère donc de la bilirubine que par 2O. Elle peut être d'ailleurs facilement obtenue par l'oxydation de cette dernière, comme on l'a vu plus haut. Maly la prépare en chauffant au bain-marie, en tubes scellés *pleins d'air*, une solution de bilirubine dans le chloroforme en présence d'acide acétique. On a vu plus haut qu'on peut aussi l'obtenir par d'autres procédés.

La biliverdine pure est un corps vert, presque noir, insoluble dans l'eau, l'éther, le chloroforme, la benzine, le sulfure de carbone; fort peu soluble dans l'alcool amylique. Sa solution dans l'alcool pur est d'un vert pâle avec une fluorescence rouge; la fluorescence disparaît et le vert devient plus vif par une goutte d'acide. Les acides chlorhydrique et sulfurique la dissolvent en vert; la solution chlorhydrique donne un précipité avec le chlorure de platine et le sublimé corrosif. La biliverdine se dissout dans les alcalis.

Soumise à l'action des réducteurs, elle donne une matière colorante brune (*hydrobilirubine?*), mais ne régénère pas la bilirubine.

La teinture d'iode la transforme en une résine noire. Le chlore donne des flocons jaune sale, solubles dans l'alcool. Le chlore en excès et le mélange de chlorate de potassium et d'acide chlorhydrique forment des dérivés chlorés.

L'oxyde d'argent humide transforme la biliverdine en solution faiblement ammoniacale, en une matière pourpre, la *bilipurpine*, qu'on isole de l'argent par l'acide chlorhydrique; elle est soluble dans l'alcool. Si on prolonge l'action de l'oxyde d'argent, on obtient un corps brun jaunâtre, la *biliflavine*, formée de grains cristallins, solubles dans l'alcool, un peu solubles dans l'eau et s'unissant aux alcalis.

La solution alcoolique de biliverdine donne, avec l'acide azotique, une coloration bleue, puis violette, orangée, et jaune; finalement, on obtient un produit nitré cristallisable dans l'alcool, et un acide à sel d'argent cristallisable [Tudichum, *Bull. Soc. chim.*, t. X, p. 501].

Pour isoler le pigment bleu, Jaffé [*Journ. für prakt. Chem.*, t. CIV, p. 401, et *Bull. Soc. chim.*, t. XIII, p. 84] traite une solution alcoolique de biliverdine ou de bilirubine par l'acide nitrique fumant, jusqu'à ce que la solution étendue montre les raies d'absorption α et β situées entre les lignes C et D de Fraunhofer. A ce moment, on agite avec du chloroforme et de l'eau, on décante le chloroforme, on le filtre, on l'évapore. Le résidu est repris à plusieurs reprises par le même dissolvant. La substance qu'on obtient comme résidu lorsqu'on chasse le chloroforme est d'un violet foncé; elle est insoluble dans l'eau, soluble en violet dans l'alcool, l'éther, le chloroforme. La solution dans les alcalis possède une teinte brune violette; la solution dans les acides est d'un beau bleu. Les solutions neutres ne montrent pas de bandes, mais la moindre quantité d'acide fait apparaître α, β et γ. Cette substance se dissout en vert foncé dans l'acide sulfurique concentré, dont l'eau la reprécipite en flocons verts. La solution reste colorée en violet bleuâtre et précipite en brun par le carbonate de sodium. Le pigment bleu n'est pas décoloré par le glucose potassique et ne peut être confondu avec l'indigo.

L'eau de baryte, l'eau de chaux donnent, dans la solution alcoolique de biliverdine, un précipité vert foncé, soluble dans l'eau. L'acétate de cuivre, les sous-acétate et acétate de plomb précipitent aussi ses solutions.

D'après Tudichum (*loc. cit.*), la combinaison calcique de la biliverdine aurait pour formule

$$C^{72}H^{77}Ca^2Az^9O^{18},$$

(qui représente pour lui 9 molécules de biliverdine calcique), le sel barytique répondrait à la formule

$$C^{24}H^{25}BaAz^3O^6.$$

Un dérivé bromé de la biliverdine se prépare, d'après le même auteur [*Bull. Soc. chim.*, t. XXVII, p. 323], en faisant passer des vapeurs de brome mélangées d'air sec sur de la biliverdine pulvérisée jusqu'à ce que le brome cesse d'être absorbé. C'est une poudre noire insoluble dans l'éther, très peu soluble dans l'alcool, soluble dans l'acide sulfurique concentré et précipitable par addition d'eau. Elle se dissout aussi dans la soude caustique, d'où l'acide acétique la sépare sous forme de flocons bruns. Elle répondrait à la formule $C^8H^8BrAzO^2$ (Tudichum), ou bien, en se rapportant aux formules habituelles,

$$C^{16}H^{16}Br^2Az^2O^4$$

Pigment biliaire bleu. — Ritter [*Bull. Soc. chim.*, t. XIII, p. 212] a retiré de la bile d'homme, de bœuf, de mouton, de porc, de chien, de chat, un pigment biliaire bleu dont la présence n'est pas constante, et qui paraît avoir des analogies avec l'indigo, le pigment bleu des urines et peut-être la pyocyanine. Il diffère du pigment bleu obtenu artificiellement par Jaffé en oxydant les pigments biliaires (voyez ci-dessus) par son insolubilité dans le chloroforme et les acides, et par la couleur à peine jaunâtre de sa solution dans les alcalis.

On l'obtient par le procédé suivant : La bile filtrée est agitée avec le chloroforme; la solution chloroformique est secouée avec une solution très faible de soude jusqu'à décoloration complète, puis neutralisée par HCl. Il se fait deux couches, l'une de chloroforme, qui a repris sa teinte jaune, l'autre d'un liquide acide qui tient en suspension la matière bleue. On la sépare par filtration.

Le seul caractère qui permette de distinguer ce pigment de l'indigo est le suivant : sa solution alcalino-glucosique neutralisée par un acide et exposée à l'air laisse lentement déposer un corps brun qui ne redevient bleu foncé qu'après quelques jours et d'autres fois après quelques mois.

D'après la méthode qui a servi à l'obtenir, et quoiqu'elle ne puisse être confondue avec le pigment bleu de Jaffé, cette substance bleue me paraît dériver de l'oxydation à l'air, en présence de l'alcali, des pigments normaux de la bile.

Ajoutons toutefois qu'Audouard [*Journ. Pharm. Chim.*, octobre 1877, p. 312] a retiré de matières bleues vomies contenant de la bile une matière colorante bleue insoluble dans l'éther, le chloroforme, la benzine, fort peu dans l'alcool, mais très soluble dans l'eau bouillante. Cette solution aqueuse neutre, bleue avec fluorescence rouge, offre au spectroscope une bande large entre C et D, devenant plus nette par HCl. Cette substance s'oxyde par l'acide nitrique nitreux, qui la fait passer au violet, au rouge et au jaune pâle. Les alcalis dissolvent ce pigment en jaune. Ce corps se rapproche de la cholécyanine de Stockwis[1].

Spectre d'absorption des pigments biliaires. — D'après Maly, la solution de bilirubine dans le chloroforme ou l'ammoniaque absorbe tous les rayons bleus ou violets du spectre. Si cette solution est assez étendue pour paraître presque incolore, elle absorbe encore une partie des rayons violets. La solution alcoolique concentrée de biliverdine ne laisse passer que les rayons verts; si la solution est très étendue, le rouge extrême est seul absorbé.

Les réactions colorées des pigments biliaires, sous l'influence de l'acide nitrique nitreux, sont accompagnées de changements caractéristiques dans le spectre d'absorption, changements étudiés par Jaffé [*Journ. prakt. Chem.*, t. CIV, p. 401]. La solution de la modification bleue donne un spectre présentant une large bande noire entre C et D de Fraunhofer; lorsqu'on étend la solution, cette bande se divise en deux, α et β, séparées par une raie brillante située près de D. Entre les lignes *b* et F se trouve une troisième bande obscure γ. Par une action prolongée de l'acide nitrique, α et β disparaissent peu à peu et γ apparaît plus nettement, pour disparaître à son tour quand la solution est devenue rouge.

Nous avons vu plus haut, en traitant de la biliverdine, comment Jaffé a isolé le pigment bleu qui en dérive et que caractérisent les bandes α et β.

Analyse de la bile et des calculs biliaires.

Le procédé suivant, quoique rapide, est assez exact pour séparer les principes les plus importants de la bile. Il est dû à G. Hüfner [*Journ. prakt. Chem.* (2), t. XIX, p. 302]. On additionne la bile de son volume d'alcool à 83° centésimaux. On sépare ainsi nettement les mucus, les épithéliums, l'albumine, s'il y en a, et quelques sels minéraux; on filtre et l'on distille en grande partie l'alcool à la température de 55° dans le vide. On reprend le résidu par son volume d'éther et l'on ajoute de l'acide chlorhydrique (5 % du volume primitif de bile); l'acide glycocholique se précipite bientôt en une masse cristalline, recouverte par une couche d'éther colorée en jaune ou en brun. Ce dissolvant contient les matières colorantes, les graisses, la cholestérine. Les cristaux d'acide glycocholique, empâtés d'eaux mères, sont épuisés à la trompe avec de l'eau glacée; l'acide glycocholique reste. Les eaux de lavage, neutralisées avec de la soude, sont évaporées sur du noir au bain-marie, et le résidu est rapidement épuisé par l'alcool. Après avoir chassé ce dissolvant, on étend d'eau et l'on précipite l'acide taurocholique par le sous-acétate de plomb. On transforme le sel plombique ainsi précipité en sel sodique que l'on précipite à son tour de la solution alcoolique par addition d'éther. Le liquide séparé du taurocholate de plomb et débarrassé de plomb par H^2S, est concentré par évaporation et précipité par le chlorure de platine avec addition d'éther. Il se dépose du chloroplatinate de névrine sous forme pulvérulente.

Pour la recherche de la bile dans l'urine, voyez *Bull. Soc. chim.*, 1866, t. V, p. 276, et *Revue des sciences médic.*, t. VII, p. 45, et VIII, p. 511.

L'analyse des calculs biliaires peut se faire d'après une méthode en partie due à Tudichum et en partie à Maly [*Ann. Chem. Pharm.*, t. CLXXV, p. 76]. 10 à 12 grammes de calcul sont pulvérisés et séchés à 100°. On constate la perte de poids. On épuise ensuite la poudre à l'eau bouillante et l'on concentre les eaux de lavage à 100 cent. cub.; une portion sert à doser le résidu soluble séché à 105° et les cendres. On évapore une autre partie à sec et on reprend par l'alcool qu'on additionne d'éther; celui-ci sépare le glycocholate sodique.

La poudre épuisée par l'eau est ensuite successivement traitée par l'alcool éthéré et par l'éther. Le liquide alcoolo-éthéré laisse déposer après distillation la matière grasse et fort peu de cholestérine. Le résidu insoluble dans l'alcool et l'éther, étant traité par HCl, cède les principes minéraux, phosphates et terres alcalines, qui étaient unis à la bilirubine. Celle-ci devient dès lors soluble dans le chloroforme bouillant. La solution chloroformique, étant évaporée et le

[1] M. Audouard a signalé aussi dans les calculs biliaires une substance réductible par les sulfures alcalins et par le glucose, qui présente une bande d'absorption entre D et E, et qui est soluble dans l'eau. Cette substance devient rouge par les réducteurs (voyez *Bull. Soc. chim.*, t. III, p. 266).

résidu lavé à l'alcool, donne, après dessiccation, le poids de la bilirubine. A. Gautier.

BILIRUBINE ET BILIVERDINE. — Voyez Bile, *Suppl.* p. 353 et 355.

BISMITE. — Voyez Bismuthocre.

BISMUTH. — A. Carnot a trouvé à Meymac (Corrèze) un gisement de minerais de bismuth, gisement qui a été livré à l'exploitation. Ces minerais sont du bismuth natif renfermant 99 °/₀ de bismuth, avec de petites quantités de fer, de plomb, d'arsenic et d'antimoine; du bismuth sulfuré, de l'hydrocarbonate de bismuth et du bismuth antimonial [*Ann. Chim. Phys.* (5), I, p. 403; *Bull. Soc. chim.*, t. XX, p. 487].

Pour extraire le métal du bismuth carbonaté, le minerai le plus abondant de Meymac, A. Carnot le traite à plusieurs reprises par l'acide chlorhydrique, par épuisement méthodique. La solution chlorhydrique, qui est très peu acide, est mise en contact avec des lames de fer. Le bismuth se précipite sous la forme d'une poudre noire, qu'on sépare aussitôt de son eau mère. Après l'avoir lavée à l'eau, on la comprime fortement, on la sèche dans une étuve, et on la fond dans un creuset de plombagine, sous une couche de charbon de bois en poudre, à une température aussi peu élevée que possible pour éviter les pertes par volatilisation [*Bull. Soc. chim.*, t. XXI, p. 114].

La marche suivante a été appliquée, dans l'usine Dorvault, à un minerai sulfuré, originaire de Bolivie et renfermant 20 à 37 °/₀ de bismuth, 10 à 17 °/₀ de fer, 9 à 12 °/₀ de cuivre, ainsi que des traces de plomb, d'antimoine et d'argent.

Le minerai grillé est fondu sur une sole a cuvette, dans un four à réverbère, avec 3 °/₀ de charbon et un fondant composé de chaux, de carbonate de sodium et de spath fluor. Le registre du four est tenu fermé pendant deux heures pour faciliter la réduction, puis on ouvre le registre et on porte la masse au rouge blanc pendant deux autres heures, et l'on procède à la coulée. La masse fondue se sépare en trois couches par la solidification; la couche inférieure est formée par le bismuth; la couche intermédiaire est une matte composée de sulfures de bismuth et de cuivre; enfin la couche supérieure est constituée par les scories. La matte, qui renferme de 5 à 8 °/₀ de bismuth, est soumise de nouveau au même traitement.

Le bismuth brut renferme 2 °/₀ d'antimoine et de plomb, 2 °/₀ de cuivre et des traces d'argent. On le fond avec du nitre pour le priver de l'antimoine et on procède à la séparation des autres métaux par voie humide [Valenciennes, *Ann. Chim. Phys.* (5), t. I, p. 397; *Bull. Soc. chim.*, t. XXI, p. 426].

Suivant Hugo Tamm, il suffit, pour extraire le bismuth du bismuth natif, du sulfure, du carbonate ou de l'oxychlorure, de fondre le minerai avec du charbon et un fondant parfaitement fusible, par exemple un mélange de 2ᵖ de carbonate alcalin et de 1ᵖ de chlorure de sodium auquel on a ajouté un peu de cyanure de potassium, ou, en grand, du charbon de bois. Ce procédé est applicable notamment aux minerais cuprifères, qui sont en général sulfurés; il repose sur la réductibilité du sulfure de bismuth par le charbon en présence d'un fondant alcalin; le sulfure de cuivre n'est pas réduit. Si le minerai n'est pas sulfuré ou ne l'est que peu, on ajoute du soufre au mélange. Pour éliminer les dernières traces de cuivre, on fond le métal avec 1/6 de son poids de sulfocyanate de potassium; le cuivre seul est attaqué, en produisant du sulfure de cuivre [*Chem. News.*, t. XXV, p. 65; *Bull. Soc. chim.*, t. XVIII, p. 134].

Ce procédé de purification a été appliqué par E. Smith avec une légère modification. On fond à basse température 16ᵖ de bismuth avec 1ᵖ d'un mélange de 8ᵖ de cyanure de potassium supposé pur et 3ᵖ de fleur de soufre; un défaut de cyanure de potassium occasionnerait la production d'une certaine quantité de sulfure de bismuth [*Pharm. Centralhalle*, t. XVII, p. 320; *Bull. Soc. chim.*, t. XXVIII, p. 329].

Pour séparer l'arsenic et l'antimoine, on introduit des barres de fer doux dans le bismuth fondu sous une couche de borax; il se forme de l'arséniure de fer qui vient se solidifier à la surface du métal. L'antimoine n'est éliminé qu'incomplètement par le fer. Pour achever sa séparation, on fond le métal avec une quantité d'oxyde de bismuth double ou triple de celle de l'antimoine retenu par le bismuth; l'antimoine réduit l'oxyde de bismuth (H. Tamm). S'il reste du soufre dans le bismuth, il est, comme l'arsenic, enlevé par le fer.

Suivant Méhu [*Annuaire Pharm.*, 1873, p. 23], le grillage partiel du bismuth le prive de tout l'arsenic qu'il renferme et d'une partie du soufre. Pour enlever la totalité de soufre, Méhu fond le métal avec du carbonate de potassium et du charbon. Mais le bismuth est alors allié à une certaine quantité de potassium. On se débarrasse facilement de celui-ci par un grillage partiel.

Pour obtenir le bismuth exempt de fer, Fürach le fond sous une couche de chlorate de potassium additionné de 2 à 5 °/₀ de carbonate de potassium [*Journ. prakt. Chem.* (2), t. XIV, p. 309]. Un autre procédé indiqué par le même auteur consiste à précipiter par l'acide oxalique la solution de bismuth légèrement acide. On obtient un précipité cristallin blanc, complètement exempt de fer, qui fournit du bismuth métallique par la calcination dans un creuset.

Propriétés. — Contrairement à ce qui est généralement admis, A. Tribe a trouvé que le bismuth solide est plus dense que le bismuth fondu et que, par conséquent, le métal ne se dilate pas pendant la solidification. D'après lui, la solidification commence par les couches inférieures, et la partie solide ne vient pas à la surface [*Journ. chem. Soc.*, 1868, p. 71].

L'expérience suivante, due à M. Bœttger, semble pourtant démontrer la dilatation du bismuth fondu par la solidification. On aspire dans un long tube de verre du bismuth fondu, ou un de ses alliages fusibles; par le refroidissement de la colonne métallique, il arrive fréquemment que le tube de verre est brisé. Quand cela a lieu, la rupture est toujours longitudinale et le tube se divise en un grand nombre de lamelles, suivant la génératrice du tube, ce qui montre que la pression produite s'exerce normalement à cette génératrice [*Dingl. polyt. Journ.*, t. CCXII, p. 441].

Enfin, suivant C.-W. Hayser, la dilatation par la solidification n'a pas lieu si le bismuth est allié à 10 °/₀ de plomb [*Deutsch. chem. Gesellsch.*, 1869, p. 309].

Le bismuth fond à 268°. Sa volatilité au rouge vif est de moins de $\frac{1}{1000}$ pendant une heure [A. Von Riemsdyk, *Chem. News*, t. XX, p. 32].

Dépôt de bismuth sur les métaux. — Pour obtenir un dépôt de bismuth sur le laiton, on plonge ce dernier dans un bain bouillant qu'on prépare en ajoutant 50 à 60 grammes de bismuth en poudre à une solution de 16 grammes de bismuth dans l'acide azotique étendu de 1 litre d'eau et renfermant 32 grammes d'acide tartrique [Puscher, *Dingl. polyt. Journ.*, t. CXCV, p. 375].

L'électrolyse d'une solution froide de 25 à 30 grammes par litre de chlorure double de bismuth et d'ammonium détermine sur le cuivre ou le laiton un dépôt de bismuth brillant et adhérent, dont l'aspect rappelle celui du vieil argent [A. Bertrand, *Compt. rend.*, t. LXXXIII, p. 354].

Alliages. — Lorsqu'on laisse refroidir un alliage fondu de 56,1 de bismuth et de 43,9 d'argent, on trouve à la surface des globules de bismuth renfermant 2,35 % d'argent. Avec une teneur de 70 à 85 % d'argent, la même séparation se produit, et les globules de bismuth ont sensiblement la même composition (2,5 % d'argent) [C.-W. Kayser, *loc. cit.*].

Lorsqu'on traite un alliage de bismuth et de sodium, préparé par union directe, par une solution de sel ammoniac, le métal se gonfle, devient pâteux, puis se concrète de nouveau. Le produit solide, qui représente un *ammoniure de bismuth*, étant desséché, fait entendre pendant plusieurs jours un crépitement dû au dégagement de l'ammonium (hydrogène et ammoniaque). La même décomposition s'effectue sous l'eau. Placé dans une solution de sulfate de cuivre, l'ammoniure de bismuth en précipite du cuivre métallique, propriété que ne possède pas le bismuth lui-même [Alb. Gallatin, *Philos. Magaz.* (4), t. XXXVIII, p. 57; *Bull. Soc. chim.*, t. XIII, p. 230].

Chlorure de bismuth. — Le trichlorure cristallisé fond à 225-230°. Chauffé dans un courant d'hydrogène, il est d'abord réduit à l'état de bichlorure, puis à l'état métallique [Patt. Muir, *Journ. chem. Soc.*, 1876. t. I, p. 144].

Sublimé au contact de l'air, il se transforme ou en *oxychlorure*, qui renferme

$$Bi^3Cl^3O^2 \text{ ou } Bi^4Cl^4O^3,$$

et qui forme une poudre cristalline jaune-rougeâtre, inaltérable à l'air, insoluble dans l'eau; chauffé, cet oxychlorure fond en une masse pâteuse qui émet des vapeurs de trichlorure de bismuth.

Cet oxychlorure, qui représente l'une des deux combinaisons $BiCl^3, Bi^2O^3$ ou Bi^2Cl^4, Bi^2O^3, se produit aussi lorsqu'on fait agir l'acide azoteux sur le trichlorure fondu [Patt. Muir, *Journ. chem. Soc.*, 1877, t. II, p. 128].

Bromure de bismuth. — Le tribromure de bismuth fond à 210-215°. L'hydrogène le réduit complètement, en donnant sans doute le dibromure comme produit intermédiaire, mais ce dibromure n'a pu être isolé.

Soumis à l'action du gaz ammoniac sec, le tribromure de bismuth fournit deux produits :

1° La combinaison $BiBr^3 . 3AzH^3$, qui forme une poudre jaune paille volatile;

2° Une masse vert olive, très adhérente au verre, déliquescente et décomposable par l'eau. Sa composition se rapproche de la formule

$$BiBr^3 . 2AzH^3;$$

3° Une masse grise infusible et fixe qui renferme $BiAz^2Br$ (?).

La combinaison $BiBr^3 . 3AzH^3$ se dissout dans l'acide chlorhydrique et la solution fournit par la concentration des cristaux déliquescents, décomposables par l'eau et renfermant

$$BiBr^3 . 3AzH^4Cl.$$

La combinaison $BiBr^3 . 2AzH^3$ fournit de même le sel double $BiBr^3, 2AzH^4Cl + 3H^2O$ [Patt. Muir, *Journ. chem. Soc.*, 1876, t. I, p. 144].

Oxybromures. — Dans la préparation du tribromure de bismuth par l'action du brome sur le bismuth, au contact de l'air, on obtient en même temps un oxybromure

$$Bi^8Br^6O^9 = 3Bi^2O^3, 2BiBr^3$$

sous la forme d'une poudre gris-jaune, infusible, insoluble dans l'eau. Chauffé avec du charbon, cet oxybromure donne du bismuth métallique et du tribromure de bismuth. Chauffé dans un courant de gaz ammoniac, il donne du bismuth réduit et un sublimé verdâtre ayant pour composition

$$2BiBr^3 . 5AzH^3.$$

Ce corps est inaltérable à l'air et indécomposable par l'eau. Dissous dans l'acide chlorhydrique, il fournit le sel double $2BiBr^3 . 5AzH^4Cl + H^2O$.

Lorsqu'on traite l'oxyde de bismuth par le brome, on obtient un autre oxybromure qui renferme $Bi^{11}Br^7O^{13}$, soit $7BiOBr . 2Bi^2O^3$. C'est une poudre amorphe, d'un jaune brunâtre, inaltérable à l'air, insoluble dans l'eau, soluble dans les acides [P. Muir. *Journ. chem. Soc.*, 1876, t. II, p. 12 et 1877, t. I, p. 24].

Oxydes de bismuth. — *Oxyde* Bi^2O^3. — L'hydrate de bismuth est soluble dans la glycérine; cette solution est réduite par le glucose [J. Hæve, *Zeitsch. analyt. Chem.*, t. X, p. 452].

Peroxyde, Bi^2O^4. — L'hydrate $Bi^2O^4 . 2H^2O$ se dépose en couches minces, irisées, lorsqu'on soumet à l'électrolyse une solution de sous-azotate de bismuth dans l'acide tartrique et sursaturée par la potasse. Densité = 5,571. Patt. Muir a obtenu un autre degré d'hydratation $Bi^2O^4 . 2H^2O$, en traitant par un courant de chlore l'hydrate de bismuth en suspension dans la potasse moyennement concentrée, jusqu'à ce que le précipité ait acquis une couleur brun chocolat; le dépôt est alors traité par l'acide azotique pour le débarrasser de la potasse entraînée. On obtient ainsi une poudre d'un jaune brun. Schrader avait préparé de la même manière l'hydrate orangé

$$Bi^2O^4 . 2H^2O;$$

Patt. Muir attribue cette différence à la concentration de l'acide azotique et à la durée de son action sur le précipité brun.

L'hydrate $Bi^2O^4 . H^2O$ perd son eau à 130° et est converti en Bi^2O^3 à 250°. L'acide chlorhydrique le dissout avec dégagement de chlore.

Acide bismuthique, BiO^3H. — Il se déshydrate à 120°, commence à perdre de l'oxygène à 150°, et est converti en peroxyde Bi^2O^4 à 225° (Patt. Muir).

Sulfobismuthites. — R. Schneider a obtenu les sulfobismuthites de potassium et de sodium en fondant le bismuth avec 6 fois son poids de soufre et 6 fois son poids de carbonate alcalin sec, puis lavant la masse fondue à l'eau.

Le *sel de potassium* BiS^2K (ou $Bi^2S^3 . K^2S$), se présente en aiguilles gris d'acier, d'aspect métallique, terminées par un pointement octaédrique. Il est décomposé par l'acide chlorhydrique.

Le *sel de sodium*, BiS^2Na, cristallise en petits prismes très brillants. Chauffé dans un courant d'hydrogène, il est réduit en bismuth métallique et sulfure de sodium [*Poggend. Ann.*, t. CXXXI, p. 461, et t. CXXXVIII, p. 299; *Bull. Soc. chim.*, t. XII, p. 247 et t. XIII, p. 500].

SELS OXYGÉNÉS DE BISMUTH

Perchlorate de bismuth basique ou Perchlorate de bismuthyle, $ClO^4(BiO)$. — Poudre amorphe blanche se produisant par la dissolution du bismuth dans l'acide perchlorique. Il est insoluble dans l'eau, soluble dans les acides chlorhydrique et azotique. Chauffé, il se décompose avec dégagement de trichlorure de bismuth et laisse un résidu d'oxyde [Patt. Muir, *Chem. News*, t. XXXIII, p. 15].

Iodate de bismuth, $(IO^3)^3Bi$. — Poudre blanche, anhydre, insoluble dans l'eau et les acides, qui se précipite lorsqu'on ajoute de l'acide iodique à une solution acétique d'azotate de bismuth [Buisson et Ferray, *Monit. scient.*, 1873, p. 900].

Sulfates de bismuth. — Le sel neutre $(SO^4)^3Bi^2$ se dépose en longues aiguilles soyeuses lorsqu'on évapore la dissolution d'oxyde de bismuth dans l'acide sulfurique moyennement concentré. Il n'est pas décomposé au rouge sombre [Schultz-Sellack, *Deutsch. chem. Gesellsch.*, 1871, p. 329]. Heintz n'avait pas pu obtenir ce sel neutre et A. Heist, en cherchant à le produire dans les circonstances indiquées par Schultz-Sellack, ne l'a pas obtenu davantage.

Lorsqu'on dissout l'oxyde de bismuth dans l'acide sulfurique étendu de 2 à 3 p. d'eau, la solution ne tarde pas à se troubler et à laisser déposer un sel basique. Celui-ci se dissout seulement dans un grand excès d'acide de la dilution ci-dessus indiquée. Si l'on évapore ensuite jusqu'à production de vapeurs acides, on obtient, après vingt-quatre heures, une masse cristalline qu'on sèche sur une plaque poreuse.

Ce sel est insoluble dans l'eau, qui finit par le décomposer, soluble dans les acides chlorhydrique et azotique. C'est le *sel acide*

$$(SO^4)^2BiH + 3H^2O \text{ ou } + 4H^2O,$$

suivant la concentration de l'acide employé.

Lavé à l'eau bouillante, ce sel acide est converti en sel basique

$$3SO^3.4Bi^2O^3 + 15H^2O,$$

soit $$3SO^4(BiO)^2.Bi^2O^3 + 15H^2O.$$

Si l'on filtre et qu'on concentre la solution, faite à l'ébullition, d'oxyde de bismuth dans l'acide sulfurique, on obtient, avant le refroidissement de la liqueur concentrée, des cristaux aciculaires du *sel basique*

$$(SO^4)^2\begin{cases}Bi'''\\(BiO)\end{cases} + 2H^2O$$

[*Ann. Chem. Pharm.*, t. CLX, p. 29; *Bull. Soc. chim.*, t. XVI, p. 252].

Le *sulfate acide de bismuthyle*,

$$SO^4H(BiO) + H^2O,$$

se précipite sous forme cristalline lorsqu'on fait bouillir la solution du sel double suivant dans l'acide acétique ou dans l'acide sulfurique faible (Luddecke).

Sulfate double de bismuth et d'ammonium,

$$(SO^4)^2\begin{cases}Bi'''\\AzH^4\end{cases} + 4H^2O.$$

— Il se produit lorsqu'on ajoute de l'azotate de bismuth à une solution de sulfate acide d'ammonium. Il est décomposable par l'eau. Il se dépose en tables rectangulaires solubles dans les acides chlorhydrique et azotique, moins solubles dans l'acide sulfurique [Luddecke, *Poggend. Ann.*, t. LXIII, p. 84].

Sulfate double de bismuth et de sodium,

$$(SO^4)^9\begin{cases}Bi^4\\Na^6.\end{cases}$$

— Prismes microscopiques qui se précipitent lorsque l'on ajoute 3 molécules de sulfate acide de sodium dissous dans l'acide azotique à 1 molécule d'azotate de bismuth, ou inversement, le bisulfate de sodium étant maintenu en excès (Luddecke).

Hyposulfite double de bismuth et de potassium,

$$(S^2O^3)^3\begin{cases}Bi\\K^3\end{cases} + H^2O.$$

— Précipité jaune soluble dans l'eau, insoluble dans l'alcool, qui se produit lorsqu'on ajoute un sel de potassium à une solution d'azotate de bismuth dans quelques gouttes d'acide chlorhydrique étendu d'alcool fort et additionné d'hyposulfite de sodium (ou de calcium) en solution concentrée. La solution aqueuse de ce sel double est décomposée à l'ébullition suivant l'équation :

$$2(S^2O^3)^3BiK^3 = 3SO^4K^2 + Bi^2S^3 + 3S + 3SO^2.$$

La réaction qui donne naissance à ce composé est recommandée par A. Carnot pour la recherche du potassium et même pour son dosage [*Compt. rend.*, t. LXXXIV, p. 390 et t. LXXXIV, p. 1504; *Bull. Soc. chim.*, t. XXVII, p. 136, et t. XXIX, p. 280].

SÉLÉNITE DE BISMUTH, $(SeO^3)^3Bi^2$. — Il cristallise en petites aiguilles [Nilson, *Bull. Soc. chim.*, t. XXI, p. 255].

AZOTATE DE BISMUTH. — *Azotate neutre.* — Yvon a trouvé pour ce sel la composition

$$(AzO^3)^3Bi + 5\tfrac{1}{2}H^2O.$$

Chauffé à 120°, il fond et perd de l'acide azotique en même temps que de l'eau. Si l'on cesse de chauffer avant que la décomposition soit complète, on obtient par le refroidissement des cristaux aciculaires du sel normal qui occupent la partie supérieure de la masse, tandis que la partie inférieure est composée de cristaux microscopiques de sous-azotate,

$$AzO^3(BiO) + \tfrac{1}{2}H^2O.$$

Le sous-azotate de bismuth obtenu par l'action de l'eau additionnée de carbonate terreux présente la même composition. Il en est de même des cristaux qui se déposent à la longue des liqueurs contenant de l'azotate de bismuth additionné d'une grande quantité d'eau; on sait que dans ce cas on n'obtient pas de précipité immédiat, le sous-azotate formé restant en dissolution; mais au bout de six mois il se précipite de petits prismes très réguliers et transparents.

D'après A. Ditte, le sous-azotate obtenu par l'action de l'eau sur le sel neutre est toujours cristallin et renferme de ½ à 2 molécules d'eau suivant la température. L'eau renfermant 3gr d'acide azotique par litre dissout l'azotate neutre sans le décomposer. Si l'on chauffe cette solution, elle laisse déposer un précipité cristallin qui se redissout par le refroidissement. Le terme final de l'action de l'eau est le sous-azotate

$$Az^2O^5.2Bi^2O^3 \text{ (soit } Az^2O^7(BiO)^4\text{)},$$

correspondant au pyrophosphate de bismuthyle. Yvon assigne à ce sous-azotate indécomposable par l'eau la formule plus complexe

$$5Az^2O^5.11Bi^2O^3 + 11H^2O$$

[Yvon, *Bull. Soc. chim.*, t. XXVII, p. 491; — Ditte, *Compt. rend.*, t. LXXIX, p. 956 et t. LXXXIV, p. 1317].

La forme cristalline du sous-azotate de bismuth est celle d'un prisme clinorhombique. Angles, $mt = 122°40'$; $pm = 123°35'$; $pt = 112°52'$. Le plan des axes optiques est parallèle à l'arête mh [Descloizeaux, *Compt. rend.*, LXXXIV, p. 116]. Ces cristaux perdent leur eau à 105° et leur acide à 260°, en laissant de l'oxyde de bismuth jaune orangé à chaud et jaune serin à froid; cet oxyde conserve la forme du sous-azotate (Yvon).

Pour obtenir le sous-azotate de bismuth exempt d'arsenic, on le précipite par fractionnements. L'arsenic est entièrement contenu dans le premier précipité, sous la forme d'arséniate de bismuth [Adriaansz, *Jahresber. Chem.*, 1868, p. 238].

Présence du plomb dans les sous-azotates de bismuth.—L'examen d'un grand nombre d'échantillons de sous-azotates de bismuth du commerce y a fait découvrir dans presque tous la présence de traces de plomb, variant de 1 à 10 millièmes. Pour déceler et doser ce métal, A. Carnot dissout l'essai dans l'acide chlorhydrique concentré, évapore la solution à consistance sirupeuse, y ajoute quelques gouttes d'acide, puis étend d'alcool et, après 24 heures, recueille le dépôt sur un filtre, le lave à l'alcool et l'incinère en brûlant le filtre à part; le résidu de sulfate de plomb est arrosé d'acide sulfurique et calciné de nouveau et enfin pesé [*Compt. rend.*, t. LXXXVI p. 718 et t. LXXXVII, p. 208]. P. Carles a également controlé la présence à peu près constante du plomb dans le sous-azotate de bismuth, mais dans une proportion moindre, variant de 15 à 30 cent-millièmes. Il se fonde sur l'insolubilité du chlorure de plomb dans l'alcool pour rechercher ce métal [*Journ. Pharm. Chim.* (4), t. XXVIII, p. 397].

Chapuis et Hinossier font bouillir à plusieurs reprises le sous-azotate avec une solution de soude caustique à 10 % et du chromate de potassium; le chromate de plomb reste dissous dans la soude et peut être précipité de la liqueur filtrée par l'acide acétique [*Journ. Pharm. Chim.* (4), t. XXXVIII, p. 156]. Ces auteurs n'ont trouvé de traces de plomb que dans trois échantillons sur 12. Enfin A. Riche [*Journ. Pharm. Chim.* (4), t. XXVIII, p. 147 et 452] sur 9 échantillons analysés n'en a trouvé qu'un seul contenant plus de 1/100 d'oxyde de plomb, et il ne pense pas qu'en général cette faible proportion puisse être nuisible. Ce savant s'est assuré que même avec un bismuth plombeux on peut obtenir un sous-azotate pur si l'on observe ponctuellement le procédé du Codex, à la condition de n'employer qu'une eau peu calcaire. E. Willm.

BISMUTH (RÉACTIONS ET DOSAGE). — Pour caractériser le bismuth au chalumeau, Kobell chauffe la substance sur le charbon avec un mélange à parties égales d'iodure de potassium et de soufre; le bismuth est accusé par la formation d'un enduit écarlate d'iodure de bismuth [*Zeitschr. analyt. Chem.*, 1872, p. 311].

Dosage. — H. Salkowski dose le bismuth sous la forme d'arséniate de bismuth; ce sel séché à 120° renferme $AsO^4Bi + \frac{1}{2}H^2O$. Le bismuth est entièrement précipité de ses solutions par l'acide arsénique ou par l'arséniate de sodium. Le précipité est insoluble dans l'acide azotique, soluble dans l'acide chlorhydrique; mais cette solution est intégralement précipitée par l'eau [*Journ. prakt. Chem.*, t. CIV, p. 120; *Bull. Soc. chim.*, t. X, p. 450].

Le phosphate de bismuth peut de même servir au dosage de ce métal. Patt. Muir précipite le bismuth en solution nitrique par un excès de phosphate de sodium, d'un titre connu, puis détermine cet excès à l'aide d'une dissolution titrée d'argent [*Chem. News*, t. XXXVI, p. 211].

Le même auteur [*Journ. chem. Soc.*, 1876, t. II, p. 483] a imaginé un autre procédé de dosage volumétrique fondé sur l'insolubilité du chromate de bismuth : on précipite la solution bismuthique, presque neutre, par une solution de dichromate de potassium, titrée à l'aide d'une liqueur normale de bismuth. Comme indicateur de la fin, on emploie le nitrate d'argent, qu'on ajoute à une partie prélevée de l'essai.

Enfin Buisson et Ferray précipitent le bismuth en solution acétique par une solution titrée d'acide iodique ajoutée en excès; l'iodate de bismuth, complètement insoluble dans l'acide acétique, est précipité, et la liqueur filtrée renferme l'excès d'acide iodique qu'on détermine en y ajoutant de l'iodure de potassium et de l'acide sulfurique et titrant par l'hyposulfite de sodium l'iode ainsi mis en liberté [*Monit. scientif.*, 1873, p. 900; *Bull. Soc. chim.*, t. XX, p. 504].

Séparation du cuivre et du cadmium. — On chauffe doucement la solution contenant les trois métaux, légèrement acide, après l'avoir additionnée de ferricyanure et de cyanure de potassium. Ce dernier redissout les précipités fournis par le cuivre et par le cadmium, de sorte que le bismuth reste seul précipité [Malv. Iles, *Chem. News*, t. XXXIV, p. 16; *Bull. Soc. chim.*, t. XXVII, p. 472]. E. Willm.

BISMUTHOLAMPRITE. — Voyez BISMUTHINE.

BISMUTHOSPHAERITE (Min.). — Carbonate de bismuthyle $Bi^2O^3, CO^2 = CO^3(BiO)^2$ en petites sphères de la grosseur d'un pois, fibreuses, d'un brun plus ou moins foncé, mates, enveloppant souvent un grain de bismuth; avec quartz, bismuth, smaltine et une dolomie ferrifère.

Poussière gris jaunâtre.

Chauffé dans le tube, devient d'un beau jaune citron.

Dureté, 3. Densité, 7,28, — 7,32.

La détermination a été faite par M. Wissbach sur les échantillons mêmes de Werner, qui avait donné à la substance en question le nom d'arsenic-wismuth.

BIURET (*amide allophanique*),

$$C^2O^2Az^3H^5 + H^2O$$
$$= AzH^2\text{-}CO\text{-}AzH\text{-}CO\text{-}AzH^2 + H^2O.$$

Préparation. — Pour régulariser la décomposition de l'urée par la chaleur, Baeyer chauffe celle-ci à 150-160° avec du phénol; par le refroidissement, il se forme une masse solide qu'on lave avec de l'éther, puis qu'on dissout dans l'eau et qu'on fait bouillir avec de l'hydrate de plomb pour retenir l'acide cyanurique. La liqueur, débarrassée de plomb par l'hydrogène sulfuré, est soumise à l'évaporation [*Ann. Chem. Pharm.*, t. CXXXI, p. 251].

Hofmann purifie simplement le biuret obtenu par décomposition à 150° de l'urée, en le faisant cristalliser plusieurs fois dans l'eau, puis dans l'ammoniaque faible; le résidu insoluble est de l'acide cyanurique [*Deutsch. chem. Gesellsch.*, 1871, p. 262; *Bull. Soc. chim.*, t. XV, p. 197].

Huppert et Dogiel préparent le biuret en faisant passer un courant de chlore sec dans l'urée chauffée à 150°, et arrêtant l'action quand la masse est devenue pâteuse. On fait cristalliser le biuret dans l'eau après avoir séparé l'acide cyanurique au moyen de l'acétate de plomb [*Zeitsch. Chem.*, 1867, p. 661; *Bull. Soc. chim.*, t. X, p. 32].

Le biuret se forme aussi par l'action à 100° de l'ammoniaque sur l'éther allophanique (Huppert et Dogiel; — Hofmann).

Propriétés. — Le biuret est décrit comme formant des cristaux grenus; il ne présente cet aspect que lorsqu'il est impur et qu'il renferme encore des traces d'acide cyanurique. Purifié par cristallisation dans l'alcool, il est en longues aiguilles; et il est identique avec le corps que Baeyer avait obtenu en faisant passer de l'ammoniaque sur la tribromacétylurée et qu'il avait appelé isobiuret (t. II, p. 137). Celui que fournit l'action de l'ammoniaque sur l'éther allophanique, cristallise également en aiguilles. Ces aiguilles renferment 1 molécule d'eau de cristallisation qu'elles perdent à 110°.

Le biuret fond à 190°, mais le point de fusion n'est pas un caractère très certain, car il se confond avec la température de décomposition.

Chauffé avec de l'aniline à 190°, le biuret donne l'*α-diphénylbiuret* (t. II, p. 879).

En ajoutant de l'azotate d'argent, puis de la soude à une solution concentrée de biuret, on obtient le *biuret diargentique*

$$C^2O^2Az^3H^3, Ag^2,$$

soluble dans l'acide azotique et dans l'ammoniaque, et s'en séparant de nouveau par la neutralisation [Bourré et Goldenberg, *Deutsch. chem. Gesellsch.*, 1873, p. 288; *Bull. Soc. chim*, t. XXII, p. 164].

CARBONYLE-DIBIURET, $C^5O^5Az^6H^8$. — [Schmidt, *Bull. Soc. chim.*, t. XVII, p. 399].

Ce corps se produit par l'action, à 60° pendant douze heures, du chloroxyde de carbone en excès sur le biuret et résulte de la réaction d'une molécule du premier corps sur 2 mol. du second avec élimination de 2 HCl. C'est une poudre cristalline blanche, légère, peu soluble dans l'eau froide, soluble dans l'eau à chaud. Elle se dissout à froid sans décomposition dans les acides et dans les alcalis, et est précipitée de sa solution dans l'acide sulfurique.

Chauffé à 150° avec du chloroxyde de carbone, le carbonyle-biuret donne de l'acide cyanurique et de l'acide chlorhydrique. Il fournit une combinaison mercurique $C^5O^5Az^6H^8 + 3HgO$, lorsqu'on mélange à chaud sa solution avec de l'azotate mercurique. Ed. Grimaux.

BIXINE. — La bixine, qui n'avait jamais été obtenue qu'amorphe, a été préparée à l'état cristallisé par C. Etti [*Deutsch. chem. Gesellsch.*, 1874, p. 446 et 1878, p. 864]. Voici la marche suivie :

On fait digérer vers 80°, dans un appareil spacieux, 1kgr,5 de rocou du commerce avec 2kgr,5 d'alcool à 80 centièmes auquel on a ajouté 150 grammes de carbonate de sodium sec. Il se dégage de l'acide carbonique et le rocou se délaye en une bouillie homogène brune. On filtre à chaud, on exprime le résidu entre des plaques chaudes et on le traite de nouveau à chaud par de l'alcool à 60 centièmes. Les solutions alcooliques réunies étant additionnées de leur volume d'eau, une partie de la combinaison sodique de la bixine se dépose à l'état cristallin. Cette séparation devient complète par l'addition de soude concentrée. On purifie cette combinaison en la redissolvant à 70-80° dans l'alcool à 60 centièmes et traitant la solution comme ci-dessus. On la décompose enfin par l'acide chlorhydrique pour mettre la bixine en liberté ; celle-ci est cristalline. L'eau mère alcoolique d'où l'on a précipité la combinaison sodique donne un volumineux précipité rouge lorsqu'on la traite par l'acide chlorhydrique. Ce précipité est en partie soluble dans l'éther, en partie insoluble. La partie soluble est de la bixine amorphe.

La bixine cristallisée est en lamelles microscopiques quadrangulaires ; elle est d'un rouge foncé avec un éclat métallique violacé. Elle fond à 175-176°, puis se charbonne. Elle est insoluble dans l'eau, peu soluble dans l'alcool froid, la benzine, le sulfure de carbone, encore moins dans l'éther. Séchée à 120°, elle a pour composition $C^{28}H^{34}O^5$.

Elle forme deux combinaisons sodiques

$$C^{28}H^{33}NaO^5 + 2H^2O \text{ et } C^{28}H^{32}Na^2O^5 + 2H^2O.$$

La première est cristalline : c'est celle qu'on obtient pendant la préparation de la bixine. Elle se présente en lamelles irisées solubles dans l'alcool faible, insolubles dans l'alcool absolu et dans l'éther, incomplètement solubles dans l'eau. La seconde est amorphe et s'obtient en employant une plus grande quantité de carbonate de sodium et en faisant bouillir plus longtemps ; dans ce cas, une partie de la bixine devient amorphe. Les combinaisons potassiques sont de même composition et douées des mêmes caractères.

La bixine forme aussi des combinaisons cristallines avec l'ammoniaque, mais les sels de calcium et de baryum sont amorphes et insolubles dans l'eau et dans l'alcool.

Les agents oxydants attaquent profondément la bixine et celle-ci réduit le tartrate cupropotassique.

L'amalgame de sodium la transforme en un composé amorphe $C^{28}H^{40}O^7$, et l'acide iodhydrique en une résine $C^{28}H^{40}O^4$. Décomposée par la poudre de zinc, la bixine fournit du métaxylène, du méta-éthyltoluène et un carbure $C^{14}H^{14}$.

Quant à la bixine amorphe, et aux produits étudiés par Bolley et Mylius, et par W. Stein [*Journ. prakt. Chem.*, t. CII, p. 175], ils ne constituent évidemment que des mélanges. E. Willm.

BLAKÉITE (Min.). — Sulfate ferrique de Coquimbo, que M. Dana distingue de la coquimbite à cause de sa forme cubique. Cristallise en octaèdres réguliers. La solution de la matière laisse déposer des cristaux de même forme. La composition paraît être la même.

BLUMENBACHITE. — Voyez ALABANDINE.

BLUMITE. — Voyez MÉGABASITE.

BOBIERRITE (Min.). — Phosphate trimagnésique hydraté, trouvé dans le guano de Mejillones (côte péruvienne) en agglomérations de petits prismes clinorhombiques, incolores.

BOHÉIQUE (ACIDE). — Acide retiré par Rochleder du thé noir (*Thea bohea*). — Pour l'extraire, on précipite la décoction aqueuse du thé par l'acétate neutre de plomb ; après 24 heures on filtre et on neutralise la liqueur filtrée par l'ammoniaque. On précipite ainsi le bohéate de plomb, qu'on décompose ensuite par l'hydrogène sulfuré après l'avoir mis en suspension dans l'alcool. L'acide libre reste après évaporation de la solution alcoolique dans le vide à l'état d'une masse amorphe jaune, très hygroscopique. Il est soluble en toutes proportions dans l'eau et dans l'alcool. Chauffé, il fond en une masse résineuse rouge, puis se décompose. Ses solutions rougissent à l'air. Elles colorent les sels ferriques sans les précipiter.

Le sel de baryum $C^7H^{10}O^6Ba$ est un précipité jaune. Le précipité plombique obtenu en ajoutant une solution alcoolique d'acétate de plomb à la solution alcoolique de l'acide est gris et renferme $C^7H^{10}O^6Pb$.

L'addition d'acétate de plomb ammoniacal à une solution d'acide bohéique en précipite le sel basique jaune $C^7H^{10}O^6Pb.PbO$ [*Ann. Chem. Pharm.*, t. LXIII, p. 202, et t. LXXI, p. 10].

BOLDINE. — Nom donné à un alcaloïde extrait des feuilles du *Pennius boldus* (Baillon), arbre originaire du Chili. L'extraction a lieu par l'eau aiguisée d'acide acétique.

La boldine est très peu soluble dans l'eau ; sa réaction est alcaline et sa saveur amère. Elle est soluble dans l'alcool, l'éther, le chloroforme, la benzine, ainsi que dans les alcalis caustiques et dans les acides. Les solutions acides sont précipitées par l'ammoniaque et par l'iodomercurate de potassium ; l'eau iodée y donne un précipité marron. L'acide azotique colore la boldine en rouge ; il en est de même de l'acide sulfurique [Ed. Bourgoin et Cl. Verne, *Bull. Soc. chim.*, t. XVIII, p. 481].

BOLIVIANE. (Min.). — Antimoniosulfure d'argent (Richter) contenant 15 pour cent d'argent. Petits cristaux orthorhombiques aciculaires groupés en houppes, ressemblant à la stibine, d'un éclat métallique faible, couleur gris de plomb.

Dureté, 2,5 ; densité, 4,82.

BOMBICCITE (Min.) — Résine fossile trouvée dans un lignite de Castelnuovo d'Avane (Toscane). Fond à 75° ; se volatilise à une plus haute température. Insoluble dans l'eau, soluble dans le sulfure de carbone ; transparent, incolore.

L'analyse correspond aux rapports $C^7H^{13}O$.

Triclinique, avec des angles de 174° 50′ et de 159°.

Dureté, 0,5 à 1 ; densité 1,06.

BORDITE (Min.). (Adam.) — Okénite en fibres blanches très fines, de Bordoë (Faroë).

BORDOSITE (Min.). — Chlorure double mercuroso-argentique, qui se trouve mélangé de 23 % d'oxyde mercurique (hydrargyrite) à los Bordos (Chili). Minéral jaune ou rouge, accompagné d'un amalgame et paraissant provenir de son altération. Devient noir à la lumière.

BORE [Hampe, *Liebig's Ann. Chem.*, t. CLXXXIII, p. 75 à 102; — Gustavson, *Zeitsch. Chem.*, 1871, p. 417; — C. A. Martius, *Ann. Chem. Pharm.*, t. CIX, p. 79; — Joulin, *Bull. Soc. chim.*, t. XIX]. — Des recherches faites depuis la rédaction de l'article BORE ont établi que les variétés connues sous le nom de bore adamantin jaune et noir sont des borures ou des borocarbures d'aluminium. Woehler et Sainte-Claire-Deville ont depuis longtemps déjà reconnu que la substance qu'ils avaient nommée, lors de sa découverte, bore graphitoïde, n'était autre que le borure d'aluminium $AlBo^2$.

BORE AMORPHE. — Il ne reste donc plus que le bore amorphe auquel on n'ait pas jusqu'à ce jour contesté la qualité de corps simple, bien qu'il présente, vu son état, de faibles garanties de pureté.

D'après ce qui précède, on voit qu'il est impossible de décrire avec quelque certitude les propriétés physiques du bore.

Chaleur spécifique du bore. — On avait signalé le bore comme faisant exception à la loi de Dulong et Petit. La chaleur spécifique de ce corps simple avait été déterminée par V. Regnault, qui avait opéré sur des échantillons cristallisés contenant jusqu'à 16 % d'aluminium et de carbone.

H.-F. Weber a repris, dans ces derniers temps, ces déterminations [*Poggend. Ann.*, t. CLIV, p. 560, 1875] et a constaté ce fait remarquable, qui se vérifie pareillement pour le carbone et le silicium, que la chaleur spécifique de ces éléments croît très rapidement avec la température. Pour le bore, elle s'élève entre 80° et + 263°,6 de 0,1915 à 0,3663, et d'après la forme de la courbe qui exprime ces variations il est probable que la chaleur spécifique du bore atteindrait, vers la température rouge, comme valeur finale, 0,5. Ce dernier chiffre donnerait pour la chaleur atomique du bore le nombre 5,5 qui se rapproche sensiblement de la moyenne 6,4 [*Suppl.*, p. 247]. Au reste, Weber fait remarquer que le bore cristallisé qui a servi à ces déterminations renfermait certainement de l'aluminium, circonstance qui explique la nature approximative des résultats obtenus.

Chaleur de combustion. — Selon Troost et Hautefeuille, le bore dégage 14,420 calories pour passer à l'état d'acide borique.

Action de l'acide iodique. — Le bore amorphe est attaqué par l'acide iodique à la température de 40°, avec mise en liberté d'iode. Le soufre ne l'attaque pas à 200°.

SUBSTANCES DÉCRITES SOUS LE NOM DE BORE CRISTALLISÉ. — Avant de passer à la description des substances désignées jusqu'à ce jour sous les noms de bore adamantin jaune ou noir, il est utile de rappeler que Woehler et Sainte-Claire-Deville avaient reconnu dans ces corps la présence du carbone et de l'aluminium, mais qu'ils regardaient ces impuretés comme accidentelles et variables d'un échantillon à l'autre. Ils s'expliquaient d'ailleurs facilement la présence du carbone en supposant que cet élément entrait en quelque sorte à titre de corps isomorphe dans le bore sous forme de diamant. Ils avaient cru reconnaître également que le bore adamantin cristallisait comme ce dernier dans le système cubique et qu'il était d'autant plus brillant et réfringent qu'il contenait plus de carbone.

D'après des recherches récentes, au contraire, Hampe, confirmant les mesures cristallographiques de Sella, assigne au bore jaune la forme d'un octaèdre quadratique et lui attribue, d'après ses propres analyses, la formule $C^2Al^3Bo^{48}$, que l'on peut encore écrire sous les deux formes suivantes :

$$C^2Bo^{12} + 3\,AlBo^{12}, \text{ et } Al^2Bo^{24} + C^2AlBo^{24}.$$

Le bore noir ne contient pas de carbone et la composition est représentée par la formule $AlBo^{12}$.

Cristaux noirs, $AlBo^{12}$. — Cette espèce se forme quand on opère hors du contact du charbon la réduction de l'anhydride borique par l'aluminium. On doit se servir de creusets réfractaires en pâte de kaolin que l'on charge de 100 à 200 grammes d'aluminium et de 200 à 400 grammes d'anhydride borique fondu.

Ces creusets sont maintenus pendant trois heures à la température de fusion du fer, après quoi on les laisse refroidir aussi lentement que possible. A la rupture du creuset, on trouve un culot métallique couvert de beaux cristaux noirs; la scorie, formant géode, est composée de borate d'alumine fortement basique. Après des traitements réitérés par la potasse et l'acide chlorhydrique pour enlever l'alumine, on obtient les cristaux noirs à l'état de pureté, ainsi qu'une certaine quantité de borure de la formule $AlBo^2$, en lames jaunes cuivrées.

Avec 100 grammes d'aluminium, on n'obtient pas plus de 2 grammes de cristaux parfaitement isolés. On peut encore préparer ces cristaux par la réaction d'un mélange d'acide borique et de cryolithe sur l'aluminium, ou bien en faisant passer du fluorure de bore sur de l'aluminium porté à une haute température dans des nacelles contenues dans un tube de porcelaine. Mais par ces deux méthodes on obtient des rendements plus faibles encore.

Le borure noir d'aluminium $AlBo^{12}$ ne contient pas trace de carbone; ses cristaux appartiennent au système clinorhombique et présentent ordinairement les faces $b^{1/2}$, $d^{1/2}$, p, h^1, h^z et une facette inclinée sur a. Dureté, 9 à 10; densité, 2,534. Ils sont très brillants et ne brûlent pas dans l'oxygène à la température où brûle le diamant. La potasse et les acides sulfurique et chlorhydrique bouillants ne les attaquent pas sensiblement. L'acide azotique, dans ces conditions, les dissout lentement.

L'azotate de potassium fondu est sans action, mais il n'en est pas de même du chromate de plomb ni de la potasse en fusion qui les oxyde avec incandescence.

Cristaux jaunes, $C^2Al^3Bo^{48}$. — Cette formule est celle d'un borocarbure très complexe que l'on obtient en réduisant dans un creuset de charbon l'anhydride borique par l'aluminium à la température de fusion de ce métal. Une opération faite sur 250 grammes d'aluminium donne environ 12 grammes de cristaux dont 5 grammes sont parfaitement isolés de leur gangue. Cette préparation donne toujours une faible quantité de borure noir $AlBo^{12}$.

D'après Hampe, le bore adamantin jaune, ou plus exactement le borocarbure d'aluminium, renferme du carbone et de l'aluminium dans les proportions suivantes : C = 3,67 — 3,80; Al = 12,94 — 13,45. Théorie, C = 3,78; Al = 13,00. Ces chiffres, qui justifient la formule donnée plus haut, seraient parfaitement constants d'après l'auteur, qui a fait de nombreuses expériences à ce sujet. Telle pourtant n'est pas l'opinion de Woehler et Sainte-Claire-Deville, qui avaient également constaté la présence des éléments signalés. Les cristaux jaunes ont la forme d'octaèdres quadratiques mesurant jusqu'à 0m,004.

Les autres borures ont des formules plus simples : tels sont le borure d'aluminium $AlBo^2$ (ancien bore graphitoïde) et le borure de manganèse de $MnBo^2$, préparé en décomposant le carbure Mn^3C par l'anhydride borique.

Peut-être pourrait-on simplifier un peu les formules attribuées aux borures complexes que nous venons de décrire en comparant le rôle du bore dans ces composés à celui du carbone dans l'acide graphitique de Brodie et faisant $\beta o = Bo^6$. On aurait alors pour le borure noir $Al Bo^{12} = Al \beta o^2$, et pour le boro-carbure jaune

$$C^2 Al^3 Bo^{48} = C^2 Al^3 \beta o^8, \quad ou \quad 3 Al \beta o^2 + C^2 \beta o^2.$$

COMPOSÉS DU BORE

Azoture de bore, $Bo Az$. — Ce corps a été découvert par Balmain, qui l'avait obtenu en chauffant l'anhydride borique avec du cyanure de potassium ou du cyanure de zinc [*Philosoph. Mag.*, (3), t. XXI, p. 170]. Woehler l'a préparé en portant au rouge vif dans un creuset de platine ou de porcelaine un mélange de 2 p. de sel ammoniac et 1 p. de borax anhydre :

$$Bo^4 O^7 Na^2 + 2 Az H^4 Cl$$
$$= 2 Bo Az + 2 Na Cl + Bo^2 O^3 + 4 H^2 O.$$

La masse calcinée étant épuisée par l'eau et finalement par l'eau bouillante aiguisée d'acide chlorhydrique, il reste une poudre blanche amorphe qui est de l'azoture de bore retenant encore une certaine quantité d'anhydride borique dont il est impossible de le débarrasser entièrement par les lavages [*Ann. Chem. Pharm.*, t. LXXIV, p. 70].

L'azoture de bore se forme aussi lorsqu'on fait passer un courant de gaz azote sur du bore amorphe chauffé au rouge blanc; plus facilement et en même temps que l'acide carbonique, lorsqu'on chauffe le bore dans un courant d'air ou d'oxyde azoteux ou d'oxyde azotique; enfin, par la décomposition de l'ammoniaque par le bore, au rouge [Woehler et Deville, *Ann. Chem. Pharm.*, t. CV, p. 69.] Plus récemment, Darmstadt a obtenu de l'azoture de bore en chauffant 1 p. d'anhydride borique finement pulvérisé avec 1 ¼ à 3 p. d'urée [*Ann. Chem. Pharm.*, t. CLI, p. 255].

Propriétés. — L'azoture de bore est une poudre blanche, amorphe, douce au toucher, insipide, infusible, absolument fixe, insoluble dans l'eau. Il est très stable. Chauffé dans une flamme à gaz ordinaire, il montre une phosphorescence verdâtre et subit une oxydation partielle. A la haute température du gaz oxhydrique, il brûle rapidement avec une faible flamme blanc-verdâtre émettant des fumées d'anhydride borique. Le chlore ne l'attaque pas à une température rouge modérée; au rouge blanc, il se forme du chlorure de bore. Chauffé au rouge dans un courant de vapeur d'eau, il forme de l'ammoniaque et de l'anhydride borique,

$$2 Bo Az + 3 H^2 O = Bo^2 O^3 + 2 Az H^3.$$

L'acide sulfurique concentré provoque le même dédoublement à chaud. Les autres acides et les solutions alcalines sont sans action. L'acide fluorhydrique fumant le convertit en fluorborate d'ammonium. Fondu avec la potasse, il dégage de l'ammoniaque. Chauffé avec du carbonate de potassium, il donne du borate et du cyanate,

$$Bo Az + CO^3 K^2 = Bo O^2 K + C Az O K.$$

L'azoture de bore ne décompose pas l'acide carbonique, même aux températures les plus élevées. Il réduit les oxydes de cuivre et de plomb en émettant des vapeurs rouges.

Fluorure de bore. — Ce gaz peut former des combinaisons cristallines avec plusieurs substances organiques par voie d'addition; placé dans de bonnes conditions, il peut leur enlever de l'eau ou les modifier sans les charbonner.

Chlorure de bore $Bo Cl^3$. — Point d'ébullition 18°,23 à 760mm (Regnault).

En chauffant pendant plusieurs jours, en tubes scellés, du perchlorure de phosphore avec de l'anhydride borique à 150°, on obtient du chlorure de bore (Gustavson, *loc. cit.*). Il est nécessaire de bien refroidir les tubes avant de les ouvrir. Le chlorure de bore formé distille au bain-marie. La masse blanche qui reste en fournit une nouvelle quantité lorsqu'on la chauffe à feu nu. Cette masse blanche paraît contenir un *oxychlorure de bore*, qui fournit du chlorure par l'action de la chaleur. Et de fait, lorsqu'on chauffe l'anhydride borique avec du chlorure de bore, à 150°, en vase clos, il se forme une masse blanche gélatineuse qui, chauffée à 100°, laisse dégager du chlorure de bore. L'action finale du perchlorure de phosphore sur l'anhydride borique est représentée par l'équation

$$6 P Cl^5 + 8 Bo^2 O^3$$
$$= 10 Bo Cl^3 + 3 (Bo^2 O^3, P^2 O^5).$$

Dans les mêmes conditions, le chlorobromure $P Cl^3 Br^2$ donne pareillement du chlorure de bore, mais pas trace de bromure.

L'oxychlorure de phosphore forme avec le chlorure de bore une combinaison cristallisable et volatile qui renferme $P O Cl^3, Bo Cl^3$. Ces cristaux, fusibles à 73°, se forment lorsqu'on dirige les vapeurs du chlorure de bore dans l'oxychlorure, ou encore par la réaction de l'anhydride phosphorique sur le chlorure de bore. L'eau les décompose en acides chlorhydrique, phosphorique et borique.

L'anhydride phosphorique réagit sur $Bo Cl^3$ à 200°, d'après l'équation

$$2 P^2 O^5 + 4 Bo Cl^3 = P^2 O^5, Bo^2 O^3$$
$$+ 2 (P O Cl^3, Bo Cl^3).$$

La masse blanche $P^2 O^5, Bo^2 O^3$ se résout par l'eau en acides phosphorique et borique. Chauffée au rouge, elle devient insoluble et paraît constituer un phosphate borique $P Bo O^4$, décrit par Vogel [Gustavson, *Deutsch. chem. Gesellsch*, 1871, p 975].

L'action des cyanures de potassium ou d'argent sur le chlorure de bore ne donne point naissance à du cyanure de bore.

Le sodium ne commence à réagir sur le chlorure de bore que vers 150°, de sorte qu'on peut distiller ce chlorure sur le sodium sans qu'il y ait altération.

En chauffant à 150° le chlorure de bore avec de l'amalgame de sodium en partie oxydé et hydraté à l'air, il se forme du bore, mais pas d'hydrogène boré $Bo H^3$.

Le chlorure de bore peut réagir sur les corps organiques hydroxylés. Dans le cas d'un mélange d'anhydride et d'acide acétique, il se forme un corps cristallisé que l'eau décompose en acides chlorhydrique, acétique et borique.

Le chlorure de bore réagit pareillement sur les corps amidés; avec les éthylamines on obtient des corps fusibles et sublimables sans décomposition. A 200°, ces corps se décomposent en fournissant, entre autres produits, du chlorure d'éthyle et de l'azoture de bore.

Acide borique. — *État naturel et fabrication.* — Depuis quelques années on a trouvé dans les gisements de borate de calcium du Chili une nouvelle source de cet acide. Le borate calcaire a pour formule

$$Bo^4 O^7 Ca + 10 H^2 O.$$

Le borax, le borate calcique et les principaux composés de l'acide borique ont été découverts en Californie, sur une grande étendue avoisinant les terrains volcaniques de la Sierra-Nevada. Le borate de calcium se trouve en bande continue dans les falaises des côtes de l'Orégon. Le borax a été trouvé dans un petit lac (Borax lake) non loin des geysers de Californie. Il est aujourd'hui l'objet d'une exploitation importante, ainsi que le borate de calcium, qui est encore plus abondant. On peut évaluer à 200 tonnes par mois la production des deux États de Nevada et de Californie.

Dans l'Amérique du Nord, on prépare l'acide borique au moyen de la boronatrocalcite, qui en renferme 43 %. Ce minéral étant pulvérisé, on le traite par l'acide sulfurique dans des vases de plomb, on fait sécher le mélange ; puis, après l'avoir introduit dans des cylindres placés verticalement et que l'on porte au rouge, on le soumet à l'action de la vapeur d'eau. Celle-ci entraîne l'acide borique qui vient se condenser dans des caisses doublées de plomb. Pour enlever l'acide sulfurique, on fait passer les vapeurs sur une couche de coke disposée dans le haut des cylindres et qui convertit l'acide sulfurique en gaz sulfureux [Gutzkow, *Bull. Soc. chim.*, t. XXI, p. 471].

On emploie aussi, pour la préparation de l'acide borique, la stassfurtite $2Bo^8O^{15}Mg^3 + MgCl^2$, qui renferme 62,57 % d'acide borique. Le minerai broyé et lavé est décomposé à chaud par l'acide chlorhydrique [Krause, *Bull. Soc. chim.*, t. XXV, p. 478].

Propriétés. — A 12°, la densité de l'acide anhydre est 1,8476 ; celle de l'acide hydraté 1,5172. La solubilité des acides boriques anhydre et hydraté est indiquée dans la table suivante et rapportée à 1 litre d'eau (A. Ditte) :

Température.	Acide anhydre.	Acide hydraté.
	gr.	gr.
0°	11,00	19,47
12	16,50	29,20
20	22,49	39,92
40	39,50	69,91
62	64,50	114,16
80	95,00	168,15
102	164,50	291,16

L'anhydride borique est décomposé par le potassium, avec incandescence ; le sodium le décompose sans phénomène de combustion.

Le trichlorure et les iodures de phosphore ne réagissent pas sur l'anhydride borique à 200°.

L'anhydride borique réagit sur l'oxychlorure de phosphore, quand on maintient ces deux corps en présence à chaud pendant 8 ou 10 heures. La réaction s'exprime par l'équation

$$Bo^2O^3 + 2\,POCl^3 = PBoO^4 + BoPOCl^6.$$

Ce sont ces deux mêmes composés qui se forment dans la réaction de l'anhydride phosphorique sur le chlorure de bore (voyez p. 363).

Le chlorure double $BoPOCl^6 = BoCl^3, POCl^3$ se sublime dans les tubes en cristaux qui se dédoublent partiellement à la distillation en $BoCl^3$ et $POCl^3$; le corps qui reste dans les tubes après la séparation du sublimé est soluble dans l'eau ; mais après calcination il perd cette propriété et n'est plus dissous que par les alcalis bouillants. C'est le composé $PBoO^4$. Il existe, d'après Vogel, une autre combinaison oxygénée de bore et de phosphore qui résulte pareillement de l'union à molécules égales des acides phosphorique et borique. L'eau, sans action sur elle, lui enlève seulement les acides en excès qu'elle pourrait contenir ; elle est extrêmement stable, inattaquable par les acides et infusible au chalumeau. Les alcalis la dissolvent.

Les acides sulfurique et anhydrosulfurique forment des combinaisons boriques. Lorsqu'on dissout l'anhydride borique dans de l'acide sulfurique concentré et qu'on chauffe le tout de 250 à 280°, jusqu'à ce que l'excès d'acide sulfurique soit chassé, on obtient un liquide incolore, qui se prend par le refroidissement en un verre incolore. Ce composé renferme $5Bo^2O^3, 2SO^4H^2$ [Merz, *Journ. prakt. Chem.* (2), t. XIX, p. 179]. L'anhydride acétique dissout l'anhydride borique à l'ébullition ; par le refroidissement, il se forme une masse vitreuse qui renferme, d'après Schützenberger, $Bo(C^2H^3O)O^2$. Ce serait le métaborate d'acétyle [*Rép. Chim. pure*, 1862, p. 6].

Hydrates boriques et borates. — Il ne paraît exister que deux hydrates boriques bien définis, savoir les acides orthoborique $Bo(OH)^3$ et métaborique $BoO(OH)$. L'acide borique normal ou orthoborique se dépose en cristaux de toutes les solutions boriques froides ou chaudes, concentrées ou étendues. Chauffé de 80 à 100°, il abandonne H^2O et se convertit en acide métaborique $BoO(OH)$. M. Merz avait décrit un hydrate borique $2B^2O^3, H^2O = Bo^4O^7H^2$ qui correspondrait au borax et qui resterait lorsqu'on chauffe pendant 14 heures l'acide borique à 140° [*Bull. Soc. chim.*, t. VII, p. 392]. Cet hydrate, dont au reste la théorie prévoit l'existence (voir t. I, p. 655), ainsi que le prétendu hydrate $8Bo^2O^3, H^2O$, pareillement signalé par Merz, ne sont, d'après Atterberg, que des mélanges dont la composition varie avec la durée de chauffe [*Bull. Soc. chim.*, t. XXI, p. 350]. Mais, si les hydrates ou anhydrohydrates que l'on vient de mentionner ne paraissent pas constituer des composés bien définis, cela prouve tout simplement qu'ils perdent avec facilité de l'eau pour former des anhydrohydrates de plus en plus riches en bore et qui peuvent se mélanger les uns avec les autres. A ces anhydrohydrates dont la théorie prévoit l'existence correspondent des borates bien définis. Il paraît donc utile de signaler ici le mode de formation et la constitution de ces anhydrohydrates et des anhydrosels qui y correspondent.

Deux molécules d'acide orthoborique perdant une molécule d'eau formeraient un anhydrohydrate diborique, $Bo^2O(OH)^4$:

$$2Bo(OH)^3 = H^2O + \begin{array}{l} Bo(OH)^2 \\ \quad >O \\ Bo(OH)^2. \end{array}$$

Trois molécules d'acide orthoborique perdant 2 molécules d'eau formeraient un anhydrohydrate triborique $Bo^3O^2(OH)^5$:

$$3Bo(OH)^3 = 2H^2O + \begin{array}{l} Bo \equiv (OH)^2 \\ \quad \diagdown O \\ \quad \diagup \\ Bo - OH \\ \quad \diagdown O \\ \quad \diagup \\ Bo \equiv (OH)^2. \end{array}$$

Et ainsi de suite : 4, 5, 6, 7, 8 molécules d'acide orthoborique, perdant 3, 4, 5, 6, 7 molécules d'eau donneraient naissance aux anhydrohydrates tétraborique, pentaborique, hexaborique, heptaborique, octoborique, etc. On a donc la série suivante :

$$Bo^n\,O^{n-1}(OH)^{n+2}.$$

$Bo^2O(OH)^4$	Anhydrohydrate	diborique.
$Bo^3O^2(OH)^5$	—	triborique.
$Bo^4O^3(OH)^6$	—	tétraborique.
$Bo^5O^4(OH)^7$	—	pentaborique.
$Bo^6O^5(OH)^8$	—	hexaborique.
$Bo^7O^6(OH)^9$	—	heptaborique.
$Bo^8O^7(OH)^{10}$	—	octoborique, etc.

Aux hydrates monoboriques $Bo(OH)^3$ et $BoO(OH)$ et à la plupart des anhydrohydrates boriques que l'on vient d'énumérer correspondent des sels bien définis. L'expérience a appris, en effet, que les nombreux borates qui ont été analysés appartiennent à des types différents. Un très grand nombre d'entre eux ont été considérés comme renfermant un excès d'acide borique : ils correspondent aux anhydrohydrates de la série précédente, et généralement, pour les faire rentrer dans cette série, on est obligé d'extraire de l'eau de cristallisation une ou plusieurs molécules d'eau, de façon à faire figurer un certain nombre d'oxydryles dans leur formule moléculaire : cela paraît légitime, car l'expérience a prouvé que les borates cristallisés retiennent quelquefois avec plus de force une ou deux molécules d'eau que les autres et on est autorisé à envisager cette eau comme de l'eau de constitution. Nous allons donner quelques exemples :

Le borax, qui est un tétraborate et qui cristallise avec 5 ou 10 molécules d'eau, retient $2H^2O$ à 100° et H^2O à 200°.

Le tétraborate (1) potassique, qui cristallise avec 4, 5 1/2, 6 molécules d'eau, retient $2H^2O$ à 80° et H^2O à 200° [Atterberg, *Bull. Soc. chim.*, t. XXII, p. 351].

Les borax sodique et potassique possèdent donc à 100° et à 80° la composition suivante :

$$2\,Bo^2O^3, M^2O, 2\,H^2O = Bo^4O^3 \begin{cases}(O\,M)^2 \\ (O\,H)^4\end{cases}$$

qui rentre dans le type $Bo^4O^3(O\,H)^6$.

Mais le borax peut perdre ces 2 molécules d'eau et devient anhydre au-dessus de 200° :

$$2Bo^2O^3, M^2O = \begin{array}{ccccccc} Bo & - O - & Bo & - O - & Bo & - O - & Bo \\ \| & & | & & | & & \| \\ O & & OM & & OM & & O. \end{array}$$

Les anhydrohydrates supérieurs de la série

$$Bo^n\,O^{n-1}(O\,H)^{n+2}$$

peuvent, de même, perdre de l'eau pour former des anhydrohydrates appartenant à d'autres séries. Ici, nous nous bornons à indiquer deux exemples. Considérons l'hydrate pentaborique

$$Bo^5O^4(O\,H)^7 = \begin{array}{ccccccccc} Bo & - O - & Bo & - O - & Bo & - O - & Bo & - O - & Bo \\ | & & | & & | & & | & & \| \\ (O\,H)^2 & & O\,H & & O\,H & & O\,H & & (O\,H)^2 \end{array}$$

$$Bo^5O^4(O\,H)^7 - H^2O = Bo^5O^5(O\,H)^5 = \begin{array}{ccccccccc} Bo & - O - & Bo & - O - & Bo & - O - & Bo & - O - & Bo \\ \| & & | & & | & & | & & \| \\ O & & O\,H & & O\,H & & O\,H & & (O\,H)^2 \end{array}$$

$$Bo^5O^4(O\,H)^7 - 2\,H^2O = Bo^5O^6(O\,H)^3 = \begin{array}{ccccccccc} Bo & - O - & Bo & - O - & Bo & - O - & Bo & - O - & Bo \\ \| & & | & & | & & | & & \| \\ O & & O\,H & & O\,H & & O\,H & & O \end{array}$$

$$Bo^5O^4(O\,H)^7 - 3\,H^2O = Bo^5O^7(O\,H) = \begin{array}{ccccccccc} Bo & - O - & Bo & - O - & Bo & - O - & Bo & - O - & Bo \\ \| & & | & & \diagdown & & \diagup & & \| \\ O & & O\,H & & & O & & & O \end{array}$$

Il est à remarquer que l'anhydrohydrate

$$Bo^5O^5(O\,H)^5 = 5(Bo\,O.\,O\,H)$$

correspond à un polymère de l'acide métaborique, et que chacun des cinq termes de la série

$$Bo^n\,O^{n-1}(O\,H)^{n+2}$$

peut donner naissance en perdant 1 molécule d'eau à un tel polymère :

$$Bo^2O(O\,H)^4 - H^2O = Bo^2O^2(O\,H)^2$$

$$= \begin{array}{ccc} Bo & - O - & Bo \\ (O\,H)^2 & & O \end{array} \quad \text{ou} \quad \begin{array}{ccccc} Bo & \diagup & O & \diagdown & Bo \\ & \diagdown & & \diagup & \\ O\,H & & O & & O\,H \end{array}$$

$$Bo^3O^2(O\,H)^5 - H^2O = Bo^3O^3(O\,H)^3$$

$$= \begin{array}{ccccc} Bo & - O - & Bo & - O - & Bo \\ \| & & | & & \| \\ (O\,H)^2 & & O\,H & & O \end{array}$$

$$Bo^4O^3(O\,H)^6 - H^2O = Bo^4O^4(O\,H)^4$$

$$= \begin{array}{ccccccc} Bo & - O - & Bo & - O - & Bo & - & Bo \\ \| & & | & & | & & \| \\ (O\,H)^2 & & O\,H & & O\,H & & O \end{array}$$

Il peut donc exister des dimétaborates, des trimétaborates, des tétramétaborates, etc., et il n'est pas prouvé que quelques-uns des métaborates énumérés dans le tableau suivant ne soient pas de tels métaborates condensés. On indiquera plus loin les arguments qui font penser que les éthers métaboriques appartiennent à ces types condensés.

Ces développements suffisent pour laisser entrevoir la variété des hydrates boriques, et, par conséquent, des borates dont la théorie prévoit l'existence et le mode de génération, et dont elle éclaire la constitution d'une façon satisfaisante, grâce à cette conception que, le bore étant trivalent, un nombre n d'atomes de bore formant une chaîne continue avec $(n-1)$ atomes d'oxygène, il reste disponible $(n+2)$ valences, qui peuvent être satisfaites soit par de l'oxhydryle, soit par de l'oxygène uni à 1 atome de bore ou *unissant 2 atomes* de bore.

Ajoutons qu'on ne conçoit pas l'existence d'anhydrohydrates formés par déshydratation incomplète de plusieurs molécules d'acide métaborique, le produit de cette déshydratation ne pouvant être que de l'anhydride borique, plus de l'acide métaborique en excès.

On voit, par ce qui précède, le rôle que jouent les molécules d'eau de cristallisation dans la constitution des borates. On voit aussi qu'il est difficile de décider, dans bien des cas, à quelle série d'anhydroborates appartient un borate donné renfermant un certain nombre de molécules d'eau; car, de cette eau, on pourra distraire une ou plusieurs molécules, suivant la série dans laquelle on voudra faire entrer le borate en question. Il y a là un procédé arbitraire et une difficulté qu'il est d'autant plus malaisé de résoudre, que nous sommes dans l'ignorance sur les vraies grandeurs moléculaires des sels et en général des corps solides. Dans quelques cas, on est guidé par cette circonstance qu'une ou plusieurs molécules d'eau sont retenues à une température relativement élevée, quelquefois fort au-dessus de 200°. Le

(1) Dans cette nomenclature, ce n'est pas le nombre des molécules d'acide borique, mais celui des atomes de bore qui marque le degré de la combinaison et qui est indiqué par le nom. Dans la notation dualistique, d'ailleurs très simple et peut-être plus commode que l'autre dans le cas présent, la composition du borax et du borax potassique est exprimée par les formules :

$$2\,Bo^2O^3, Na^2O, 10\,H^2O,$$
$$2\,Bo^2O^3, K^2O, n\,H^2O.$$

En ajoutant $2\,H^2O$ aux éléments du sel sec, ces formules deviennent

$$Bo^4O^9Na^2H^4 + 8\,H^2O,$$
$$Bo^4O^9K^2H^4 + (n-2)\,H^2O.$$

Elles représentent des tétraborates et rentrent dans la série précédente borate de calcium $Bo^2O^3, CaO + 2H^2O$ est-il un orthoborate

$$\begin{matrix} Bo < (OH)^2 \\ \quad > Ca \\ Bo < (OH)^2 \end{matrix}$$

ou un métaborate

$$\begin{matrix} BoO.O \\ BoO.O \end{matrix} > Ca + 2\,H^2O ?$$

La première hypothèse est la plus probable, car le sel ne devient complètement anhydre qu'à 300°. Autre exemple. Il existe un borate de potassium

$$Bo^2O^3, K^2O + 3\,H^2O.$$

Est-ce un métaborate $BoO^2K + 1\frac{1}{2}\,H^2O$, ou un orthoborate $BoO^3KH^2 + \frac{1}{2}\,H^2O$, ou un diborate

$$Bo^2O < \begin{matrix} (OK)^2 \\ (OH)^2 \end{matrix} + 2\,H^2O.$$

La dernière hypothèse est peut-être la plus probable. Le borate de plomb

$$Bo^2O^3, PbO, H^2O = Bo^2O^5PbH^2,$$

qui est probablement un diborate, se convertit en métaborate $(BoO^2)^2Pb$ en perdant de l'eau.

Aux idées qui viennent d'être émises sur la constitution des borates, Atterberg en oppose une qui consiste à envisager les anhydroborates ou borates acides comme renfermant des orthoborates et des métaborates simplement unis à un excès d'acide borique, qui y jouerait le rôle de l'eau de cristallisation [*Deutsch. chem. Gesellsch.*, 1870, p. 127[. L'explication est commode, mais semble peu satisfaisante, car elle ne fait que reculer la difficulté. Au surplus, on admettra difficilement que, dans le borax, la seconde molécule d'acide borique joue le rôle d'eau de cristallisation.

Ajoutons que Atterberg, prenant en considération ce fait que quelques borates cristallisent avec 4 ½ et 5 ½ molécules d'eau, propose de doubler les formules de l'acide métaborique et de l'acide orthoborique. Le bore étant trivalent, il n'y a aucune raison d'adopter les formules doubles $Bo^2O^4H^2$ et $Bo^2O^6H^6$, et il paraît plus naturel de supposer que *deux* molécules de borate fixent un nombre impair de molécules d'eau. Au surplus, le point d'ébullition relativement peu élevé (120°) et la densité de vapeur du borate triéthylique (5,14), démontrent que la formule moléculaire de l'acide orthoborique est bien $Bo(OH)^3$.

Dans le tableau suivant, nous donnons la composition d'un grand nombre de borates. On remarquera que, parmi les types que nous avons indiqués, quelques-uns paraissent stables et bien définis; il en est ainsi des tétraborates qui comprennent les borax, des pentaborates et même des octoborates. Il est certain d'ailleurs que, parmi les borates qui ont été décrits, un certain nombre doivent être considérés comme des mélanges. Il en est surtout ainsi pour un grand nombre de borates insolubles, amorphes et basiques, et même pour des borates cristallisés, tels que les borates d'ammonium. Les 5 ou 7 borates d'ammonium qui ont été décrits se réduiraient, d'après Atterberg, à deux bien définis : un tétraborate et un pentaborate.

Orthoborates, $[BoO^3H^3]$.

Baryum	Poudre cristalline (Atterberg (1))	$Bo^2O^3, BaO, 2H^2O$.	$(BoO^3)^2BaH^4$.
Calcium	Retient $2H^2O$ à 100°	$Bo^2O^3, CaO, 2H^2O$.	$(BoO^3)^2CaH^4$.
Cuivre	Poudre bleu-verdâtre	$\frac{1}{2}[Bo^2O^3, 2CuO, H^2O.]$	BoO^3CuH.
Magnésium	Cristaux nacrés préparés par voie sèche (Ebelmen)	$Bo^2O^3, 3MgO$.	$(BoO^3)^2Mg^3$.
Nickel	Précipité amorphe qui cède de l'acide borique à l'eau froide	$Bo^2O^3, NiO, 2H^2O$.	$(BoO^3)^2NiH^4$.
Sodium	Masse cristalline feuilletée préparée par voie sèche (2)	$1/2\,[Bo^2O^3, 3Na^2O]$.	BoO^3Na^3.

1. Atterberg, *Bull. Soc. chim.*, t. XXII, p. 352.
2. Benedikt, *Bull. Soc. chim.*, t. XXII, p. 373.

Métaborates, $BoO.OH$.

Argent	Précipité floconneux	$1/2\,[Bo^2O^3, Ag^2O]$.	BoO^2Ag.
Baryum	Prismes carrés courts, peu solubles (Atterberg)	$Bo^2O^3, BaO, 4H^2O$.	$(BoO^2)^2Ba, 4H^2O$.
Calcium	Prismes quadrilat. aplatis, préparés par voie sèche (Ditte) (1)	Bo^2O^3, CaO.	$(BoO^2)^2Ca$.
Cadmium	Par précipitation	Bo^2O^3, CdO.	$(BoO^2)^2Cd$
Magnésium	Par voie sèche (Ditte)	Bo^2O^3, MgO.	$(BoO^2)^2Mg$ (2).
Plomb	Par précipitation; perd son eau à 160° et fond au rouge	Bo^2O^3, PbO, H^2O.	$(BoO^2)^2Pb, + H^2O$ $(BoO^2)^2Pb$.
Chloroborate de plomb	Aiguilles nacrées	$1/2\,[Bo^2O^3, PbO, PbCl^2, 2H^2O]$.	$\begin{matrix} BoO^2 \\ Cl \end{matrix} > Pb + H^2O$.
Nitroborate de plomb	Cristaux brillants irréguliers	$1/2\,[Bo^2O^3, PbO, Pb(AzO^3)^2 + aq]$.	$\begin{matrix} BoO^2 \\ AzO^3 \end{matrix} > Pb + aq$.
Potassium	Masses compactes formées d'aiguilles microscopiques (3)	$1/2\,[Bo^2O^3, K^2O, 3H^2O]$.	$BoO^2K + 1\frac{1}{2}\,H^2O$.
Sodium	Cristaux volumineux du type dissymétrique (4)	$1/2\,[Bo^2O^3, Na^2O, 8H^2O]$.	$BoO^2Na + 4H^2O$.
Strontium	Aiguilles brillantes obtenues par voie sèche (5)	Bo^2O^3, SrO.	$(BoO^2)^2Sr$.
Zinc	Par précipitation	Bo^2O^3, ZnO.	$(BoO^2)^2Zn$.

1. Ditte, *Bull. Soc. chim.*, t. XXI, p. 270.
2. Obtenu par précipitation avec le borax et le sulfate de magnésium, il renferme de l'eau. Laurent l'a obtenu avec 4 molécules, Wöhler avec 8. Si deux molécules étaient retenues plus fortement que les autres, elles pourraient constituer le sel à l'état d'orthoborate.
3. Atterberg, *Bull. Soc. chim.*, t. XXII, p. 350.
4. Benedikt, *Bull. Soc. chim.*, t. XXII, p. 356.
5. Ditte, *loc. cit.*

			Tétraborates, $[Bo^4O^3(OH)^6]$.	Au-dessus de 200° $[Bo^4O^5(OH)^2]$
Ammonium...	Cristaux efflorescents	$2Bo^2O^3, Am^2O, 4H^2O$	$Bo^4O^3 < \begin{matrix}(OAm)^2 \\ (OH)^4\end{matrix} + 2H^2O$	—
Calcium......	Prismes quadrilatères aplatis, obtenus par voie sèche [1].....	$2Bo^2O^3, CaO$	—	$Bo^4O^5(O^2Ca)''$
—	Nodules blancs lamelleux [2]...........	$2Bo^2O^3, CaO + 8H^2O$	$Bo^4O^3 < \begin{matrix}(O^2Ca)'' \\ (OH)^4\end{matrix} + 6H^2O$	—
Cuivre ammoniacal [3]....	Tables rhomboïdales d'un beau bleu....	$2Bo^2O^3, CuO, 4AzH^3, 6H^2O$	$Bo^4O^3 < \begin{matrix}(O^2Cu)'' \\ (OAm)^4\end{matrix} + 4H^2O$	—
Lithium [3]....	Poudre grenue......	$2Bo^2O^3, Li^2O, 5H^2O$	$Bo^4O^3 < \begin{matrix}(OLi)^2 \\ (OH)^4\end{matrix} + 3H^2O$	$Bo^4O^5(OLi)^2$
Plomb........	Poudre amorphe, abandonne son eau entre 200 et 230°..	$2Bo^2O^3. PbO, 4H^2O$	$Bo^4O^3 < \begin{matrix}(O^2Pb)'' \\ (OH)^4\end{matrix} + 2H^2O$	$Bo^4O^5(O^2Pb)''$
Potassium [5]..	Prismes clinorhombiques courts.......	$2Bo^2O^3, K^2O, 6H^2O$	$Bo^4O^3 < \begin{matrix}(OK)^2 \\ (OH)^4\end{matrix} + 4H^2O$	$Bo^4O^5(OK)^2$
Rubidium [6]...	Tables orthorombiques.............	$2Bo^2O^3, Rb^2O, 6H^2O$	$Bo^4O^3 < \begin{matrix}(ORb)^2 \\ (OH)^4\end{matrix} + 4H^2O$	$Bo^4O^5(ORb)^2$
Sodium.......	Prismes clinorhombiques — octaèdres réguliers..........	$2Bo^2O^3, Na^2O \left\{\begin{matrix}+10H^2O \\ +5H^2O\end{matrix}\right.$	$Bo^4O^3 < \begin{matrix}(ONa)^2 \\ (OH)^4\end{matrix} \left\}\begin{matrix}+8H^2O \\ +3H^2O\end{matrix}\right.$	$Bo^4O^5(ONa)^2$
Strontium [7]..	Longues aiguilles déliées obtenues par voie sèche........	$2Bo^2O^3, SrO$	—	$Bo^4O^5(O^2Sr)''$
Zinc ammoniacal [8].......	Prismes orthorhombiques..............	$2Bo^2O^3, ZnO, 4AzH^3, 6H^2O$	$Bo^4O^3 < \begin{matrix}(O^2Zn)'' \\ (OAm)^4\end{matrix} + 3H^2O$	—

1. Ditte, *loc. cit.*
2. Thiercelin, *Bull. Soc. chim.*, t. XVII, p. 387.
3. F. Pasternack, *Bull. Soc. chim.*, t. XIII, p. 134.
4. T. Filsinger, *Bull. Soc. chim.*, t. XXVI, p. 155.
5. Cristallise aussi avec 4 molécules d'eau (prismes hexagonaux ou clinorhombiques) et avec 5 1/2 molécules d'eau (grands prismes hexagonaux) [Atterberg, *loc. cit.*].
6. Reissig, *Bull. Soc. chim.*, t. VI, p. 130.
7. Ditte, *loc. cit.*
8. E. Bascher, *Bull. Soc. chim.*, t. XIII, p. 133.

			Pentaborates, $[Bo^5O^4(OH)^7]$.	A 200°. $[Bo^5O^6(OH)^3]$
Ammonium [1].	Octaèdres orthorhombiques.............	$1/2[5Bo^2O^3, Am^2O, 8H^2O]$	$Bo^5O^4 < \begin{matrix}(OAm) \\ (OH)^6\end{matrix} + H^2O$	—
Potassium [1]..	Octaèdres orthorhombiques............	$1/2[5Bo^2O^3, K^2O, 8H^2O]$	$Bo^5O^4 < \begin{matrix}(OK) \\ (OH)^6\end{matrix} + H^2O$	$Bo^5O^6 < \begin{matrix}OK \\ (OH)^2\end{matrix}$
Sodium.......	Aiguilles fusibles dans leur eau..........	$1/2[5Bo^2O^3, Na^2O, 10H^2O]$	$Bo^5O^4 < \begin{matrix}O(Na) \\ (OH)^6\end{matrix} + 2H^2O$	$Bo^5O^6 < \begin{matrix}ONa \\ (OH)^2\end{matrix}$

			Hexaborates, $[Bo^6O^5(OH)^8]$.
Baryum.......	—	$3Bo^2O^3, BaO, 6H^2O$?	$Bo^6O^5 < \begin{matrix}(O^2Ba)'' \\ (OH)^6\end{matrix} + 3H^2O$
Sesquiborate [2]	Précipité volumineux.	$3Bo^2O^3, 2BaO, 6H^2O$	$Bo^6O^5 < \begin{matrix}(O^4Ba^2)^{IV} \\ (OH)^4\end{matrix} + 4H^2O$
Calcium [2]....	Mamelons cristallins.	$3Bo^2O^3, CaO, 4H^2O$	$Bo^6O^5 < \begin{matrix}(O^2Ca)'' \\ (OH)^6\end{matrix} + H^2O$
Lithium [3] ...	Devient cristallin au contact de l'alcool.	$3Bo^2O^3, Li^2O, 6H^2O$	$Bo^6O^5 < \begin{matrix}(OLi)^2 \\ (OH)^6\end{matrix} + 3H^2O$
Potassium [4]..	Prismes orthorhombiques..............	$3Bo^2O^3, K^2O, 5H^2O$	$Bo^6O^5 < \begin{matrix}(OK)^2 \\ (OH)^6\end{matrix} + 2H^2O$

			Octoborates, $[Bo^8O^7(OH)^{10}]$.
Lithium [3].....	Croûtes cristallines dures.............	$4Bo^2O^3, Li^2O, 20H^2O$?	$Bo^8O^7 < \begin{matrix}(OLi)^2 \\ (OH)^8\end{matrix} + 16H^2O$

1. Atterberg, *loc. cit.*
2. Ditte, *loc. cit.*
3. Filsinger, *Bull. Soc. chim.*, t. XXVI, p. 135.
4. Reissig, *Ann. Chem. Pharm.*, t. CXXVII, p. 33.

La boracite, qui renferme

$$8Bo^2O^8, 6MgO, MgCl^2,$$

peut être rattachée aux octoborates ou plutôt au deuxième anhydride de l'acide octoborique,

$$Bo^8O^7(OH)^{10} - 2H^2O = Bo^8O^9(OH)^6.$$

Deux groupes

$$Bo^8O^9 < \begin{matrix}(O^4Mg^2)^{IV} \\ (MgCl)'\end{matrix}$$

y seraient unis à un groupe MgO^2

$$\begin{matrix} & (MgCl)' \\ Bo^8O^9 - & (Mg^2O^4)^{IV} \\ & (MgO^2)'' \\ Bo^8O^9 - & (Mg^2O^4)^{IV} \\ & (MgCl)'. \end{matrix}$$

Borates basiques. — Les formules attribuées plus haut aux hydrates et anhydrohydrates boriques font prévoir l'existence de sels basiques. On en a décrit un grand nombre et, de fait, les borates ammoniacaux de zinc et de cuivre (voir plus haut) peuvent rentrer dans cette catégorie. Mais ces borates basiques, obtenus par double décomposition, constituent généralement des précipités amorphes et ne présentent aucune garantie de pureté : leur composition varie avec le degré de dilution, la température à laquelle la précipitation s'est effectuée, la durée des lavages, etc.

Il paraît donc inutile d'en faire ici une énumération. Citons seulement quelques borates basiques obtenus par double décomposition avec le borax et des sels métalliques et qu'on a envisagés comme des métaborates combinés avec des hydrates métalliques.

		Type $Bo^4O^3(OH)^6$.
Borate basique de cadmium	$3(BoO^2)^2Cd, CdO^2H^2 + 2H^2O$	$Bo^4O^3(O^6Cd^3)^{VI} + 3H^2O$
— de cobalt	$2(BoO^2)^2Co, CoO^2H^2 + 3H^2O$	$Bo^4O^3(O^6Co^3)^{VI} + 4H^2O$
— de cuivre	$2(BoO^2)^2Cu, CuO^2H^2 + 2H^2O$	$Bo^4O^3(O^6Cu^3)^{VI} + 3H^2O$
— de nickel	$2(BoO^2)^2Ni, NiO^2H^2 + 4H^2O$	$Bo^4O^3(O^6Ni^3)^{VI} + 5H^2O$

Enfin il existe des borates basiques d'alumine et de peroxyde de fer. Le borate aluminique est un orthoborate combiné avec un excès d'hydrate aluminique :

$$Bo^2O^3, 2Al^2O^3, 3H^2O = (BoO^3)^2Al^2, Al^2(OH)^6,$$

ou encore, plus simplement, de l'hydrate d'aluminium $Al^2(OH)^6$, dans lequel H^3 sont remplacés par Bo''' :

$$Al^2 < \begin{matrix}(OH)^3 \\ (O^3Bo)'''\end{matrix}.$$

ÉTHERS BORIQUES.

On a décrit les éthers boriques correspondants à l'acide orthoborique et à l'acide métaborique. Le tétraborate diéthylique $Bo^4O^5(OC^2H^5)^2$ correspondant au borax anhydre, et qui avait été décrit par Ebelmen et Bouquet, ne paraît pas exister (t. I, p. 1337). Schiff et Bechi [*Bull. Soc. chim.*, 1866, p. 372; *Jahresb. Chem.*, 1866, p. 492; — Schiff, *Ann. Chem. Pharm.*, Supplbd. V, p. 154].

Éthers orthoboriques.

		Densités.	Points d'ébullition.
Orthoborate de méthyle	$BoO^3(CH^3)^3$	0,955 à 0°	72°
— d'éthyle	$BoO^3(C^2H^5)^3$	0,887 à 0	120°
— d'amyle	$BoO^3(C^5H^{11})^3$	—	254°
— de glycéryle	$BoO^3(C^3H^5)'''$	—	—

Éthers métaboriques.

		Densités
Métaborate de méthyle	$BoO^2(CH^3)$	—
— d'éthyle	$BoO^2(C^2H^5)$	—
— d'amyle	$BoO^2(C^5H^{11})$	0,940 à 20° (H. Schiff).
— de phényle	$BoO^2(C^6H^5)$	—

Il n'est pas certain que les composés décrits sous le nom d'éthers métaboriques soient vraiment les éthers de l'acide métaborique BoO^2H et que les formules précédentes expriment leur grandeur moléculaire. Il semble que des composés aussi simples devraient se volatiliser sans décomposition; or il n'en est pas ainsi et il nous paraît plus probable que ces composés représentent les éthers d'anhydrohydrates boriques condensés. Cette conclusion semble fortifiée par ce fait que les éthers dont il s'agit prennent naissance lorsqu'on chauffe les éthers orthoboriques avec de l'anhydride borique [Schiff et Bechi, *Jahresb. Chem.*, 1861, t. 462].

S'il en était ainsi, on pourrait envisager (ce serait l'hypothèse la plus simple) ces éthers métaboriques comme des diborates de la forme $Bo^2O^2(OEt)^2$ dérivés de l'anhydrohydrate,

$$Bo^2O^2(OH)^2 = Bo^2O(OH)^4 - H^2O$$
$$= HO\text{-}Bo < \begin{matrix}O \\ O\end{matrix} > Bo\text{-}OH.$$

Cette manière d'envisager leur constitution rendrait compte de leur fixité relative et aussi de la décomposition que leur fait subir la chaleur. Schiff et Bechi ont constaté, en effet, que les éthers métaboriques se décomposent par la chaleur en éthers orthoboriques et en éthers triboriques qui sont des éthers plus condensés encore. Ainsi le métaborate éthylique donne du borate triéthylique et du *triborate monoéthylique :*

$$2\,Bo^2O^2(OC^2H^5)^2$$
$$= BoO^3(C^2H^5)^3 + BoO^4(OC^2H^5).$$

Le triborate monoéthylique $Bo^3O^4(OC^2H^5)$ correspond à un hydrate $Bo^3O^4(OH)$ qui dérivait lui-même de l'anhydrohydrate triborique

$$Bo^3O^2(OH)^5.$$
$$Bo^3O^2(OH)^5 - H^2O = Bo^3O^4(OH).$$

Schiff et Bechi ont décrit les éthers triboriques suivants :

Triborate monométhylique	$Bo^3O^4(OCH^3)$.
— monoéthylique	$Bo^3O^4(OC^2H^5)$.
— monoamylique	$Bo^3O^4(OC^5H^{11})$.
— monophénylique	$Bo^3O^4(OC^6H^5)$.

Indépendamment du triborate monophénylique, Schiff et Bechi ont obtenu un diborate tétraphénylique,

$$Bo^2O^5(C^6H^5)^4 = Bo^2O(OC^6H^5)^4$$

dérivé de l'anhydrohydrate diborique $Bo^2O(OH)^4$ page 364).

FLUOBORATES ET FLUOXYBORATES. — Indépendamment des borates dont on vient d'indiquer la composition, il existe des fluoborates et des fluoxyborates, qui ont été décrits t. I, p. 1474. Les premiers sont les dérivés métalliques de l'acide hydrofluoborique $BoFl^4H$, les autres dérivent de l'acide fluoxyborique $BoO^2H, 3HFl$. Ce dernier contient 4 atomes d'hydrogène basique; le fluoxyborate de sodium renferme

$$BoO^2Na, 3FlNa + \tfrac{1}{2}H^2O.$$

C'est un sel double formé par du métaborate sodique uni à du fluorure.

USAGES DE L'ACIDE BORIQUE. — En vue de ses nombreuses applications, l'acide borique est généralement transformé en borax au moyen du carbonate de sodium. Cette réaction peut se faire également bien avec le sulfure de sodium. En céramique, on emploie des quantités considérables de borax cristallisé concurremment avec le minium, le calcaire et les pegmatites pour faire les vernis de faïence, mais il est plus avantageux, ainsi que le prouve l'expérience, de faire usage d'une quantité correspondante d'acide borique et de cristaux de soude. L'acide borique a pour effet d'empêcher les émaux de se fendiller.

En Suède, on emploie avec succès, depuis 1870, l'acide borique, sous le nom d'aseptine pour conserver les viandes et le lait; pour ce dernier, il suffit de $\frac{1}{1000}$ d'acide [Hirschberg, *Bull. Soc. chim.*, t. XVIII, p. 374, 1872].

Dumas a signalé pareillement les propriétés antiseptiques du borax. Herzen a breveté l'emploi de l'acide borique et du borax, additionnés de sel marin et de salpêtre, pour la conservation de la viande. On a proposé aussi l'emploi du borate de calcium Bo^4O^7Ca pour la conservation de la viande [Suilliot, *Bull. Soc. chim.*, t. XXV, p. 346].

De recherches faites par Peligot, il résulte que l'acide borique tue rapidement les plantes. On n'est pas aussi bien fixé sur son innocuité vis-à-vis de l'homme ou des animaux qui en feraient un usage prolongé.

CARACTÈRES ANALYTIQUES ET DOSAGE.

On caractérise le bore à l'état d'acide borique après avoir amené sous cette forme les divers composés du bore, ou bien à l'état de fluorure de bore, qui jouit de la propriété de colorer la flamme en vert, ainsi que l'acide borique lui-même.

L'acide borique en présence d'un autre acide minéral colore le papier de curcuma en rouge. Cette réaction est très sensible et caractéristique. Un moyen encore plus sensible et plus sûr est le suivant : on mélange la substance à essayer avec du fluorure de calcium, de l'acide sulfurique et quelques petits morceaux de marbre servant à produire un dégagement régulier de gaz entraînant le fluorure de bore qui se forme, et l'amenant par un petit tube de platine dans la partie obscure d'une flamme. De très faibles quantités de bore sont accusées par la coloration verte de celle-ci.

Stolba a indiqué le procédé suivant pour la recherche de l'acide borique [*Bull. Soc. chim.*, (2) t. XIV, p. 43]. On broie la substance renfermant de l'acide borique avec du fluosilicate d'ammonium et on chauffe le mélange dans un petit tube : il se forme un sublimé qui renferme la majeure partie du bore à l'état de fluoborate d'ammonium. Ce sublimé colore la flamme en vert intense et brunit le curcuma après avoir été chauffé avec une goutte d'acide chlorhydrique.

On sait que les solutions alcooliques d'acide borique brûlent avec une flamme verte. Il faut s'assurer à l'avance, dans le cas des mélanges, que ceux-ci ne renferment ni cuivre ni chlore.

L'acide borique déplace le silicium dans l'acide hydrofluosilicique : il se forme de l'acide hydrofluoborique et de la silice se dépose. De même le borate acide de potassium déplace la silice des silicates solubles.

D'après Joulin [*Bull. Soc. chim.*, t. XIX, p. 344], les borates alcalins ne sont pas décomposés par l'eau en excès, ainsi que le croyait H. Rose ; une solution au $\frac{1}{3000}$ ne présente pas de réaction alcaline. Les borates des autres métaux sont décomposés dans ces conditions.

L'acide borique cristallisé ainsi que ses solutions aqueuses ou alcooliques perdent par évaporation au bain-marie des quantités d'acide notables; pour faire une détermination quantitative, on est obligé d'ajouter un poids connu et excédent d'alcali, puis de peser après fusion du mélange. L'augmentation de poids donne l'acide borique. S'il y avait en même temps de l'acide carbonique, il faudrait en retrancher le poids après un dosage direct de ce gaz.

Lorsqu'une liqueur renferme de l'acide tartrique en même temps que de l'acide borique, la précipitation des bases par la potasse n'a pas lieu; il faut dans ce cas ajouter de l'acide acétique et du fluorure de potassium : l'acide borique passe alors à l'état de fluoborate de potassium et n'entrave plus les réactions.

L'acide borique, lorsqu'il n'est pas dosé par différence, est séparé et pesé à l'état de fluoborure de potassium. Pour l'amener à cet état, on ajoute au composé borique, qui ne doit contenir que des alcalis, un petit excès de potasse et un grand excès d'acide fluorhydrique bien exempt de silice, puis on évapore à siccité dans une capsule de platine. Les vapeurs qui se dégagent ne doivent pas cesser d'être acides. Outre le fluoborate, le résidu desséché contient des fluorures alcalins dont on le débarrasse en le lavant sur le filtre avec une solution contenant une partie d'acétate de potassium pour quatre parties d'eau jusqu'à ce que le liquide filtré ne précipite plus le chlorure de calcium ; on lave alors à l'alcool pour chasser l'acétate, on sèche, puis on pèse. Le précipité renferme $BoFl^4K$.

A. Wurtz et A. Étard.

BORICKITE (Min.). — Phosphate ferrique hydraté renfermant de la chaux. Masses réniformes, d'un éclat cireux, d'un rouge brun.

Dureté, 3,5; densité, 2,70.

Analyse par Hauer.

$$P^2O^5 = 20,49 \qquad Fe^2O^3 = 52,29$$
$$CaO = 8,16 \qquad H^2O = 19,06$$

BORNÉOL, $C^{10}H^{18}O$. — Cet alcool s'obtient à l'état de dérivé sodé accompagné d'une égale quantité de camphre sodé quand on fait réagir le sodium sur le camphre en solution dans le toluène chaud :

$$2C^{10}H^{16}O + Na^2 = C^{10}H^{15}NaO + C^{10}H^{17}NaO.$$

Le camphre étant une aldéhyde, l'atome d'hydrogène déplacé par le sodium se fixe sur l'autre molécule pour la transformer en alcool.

Pour retirer le bornéol du mélange de camphre et de bornéol sodés, on fait passer un courant d'acide carbonique sec dans le ballon où s'est effectuée la réaction du sodium, il se forme ainsi de l'acide camphocarbonique stable et de l'acide bornéolcarbonique instable. Après sursaturation par l'acide carbonique, on ajoute de l'eau en volume égal à celui du toluène dissolvant, on agite et on décante rapidement. Le liquide aqueux et alcalin ainsi obtenu, étant additionné d'acide acétique, laisse déposer du bornéol pur provenant de la décomposition du bornéolcarbonate de sodium selon l'équation

$$C^{10}H^{17}OCO^2Na + C^2H^4O^2$$
$$= C^2H^3NaO^2 + CO^2 + C^{10}H^{18}O.$$

Les eaux mères acétiques renferment du camphocarbonate de sodium qu'on peut précipiter par un acide énergique (Baubigny).

Réactions. — Le perchlorure de phosphore attaque immédiatement le bornéol pour donner l'éther chlorhydrique, $C^{16}H^{17}Cl$.

Cet éther à son tour peut être attaqué par l'acide hypochloreux et donne ainsi du camphre,

$$C^{10}H^{17}Cl + ClOH = C^{10}H^{16}O + 2HCl.$$

On sait que par oxydation le bornéol donne du camphre; si l'oxydant employé est l'acide hypochloreux, on aurait la réaction suivante :

$$C^{10}H^{18}O + ClOH = C^{10}H^{16}O + H^2O + HCl.$$

L'acide iodhydrique saturé à 0° transforme à 250° en vase clos le bornéol en une série d'hydrocarbures parmi lesquels on trouve, C^5H^{12}, $C^{10}H^{20}$ et $C^{10}H^{22}$; le carbure $C^{10}H^{20}$ prédomine; en outre, on constate la présence de l'hydrogène libre.

Éthyl-bornéol. — En faisant réagir l'iodure d'éthyle sur le mélange de camphre et de bornéol sodés dont la formation est indiquée ci-dessus, il se dépose de l'iodure de sodium et il se produit de l'éthyl-camphre et de l'éthyl-bornéol. L'éthyl-camphre bouillant vers 230° est séparé par distillation et c'est parmi les produits inférieurs bouillant entre 195 et 210° qu'on doit rechercher le dérivé du bornéol; pour isoler celui-ci, on se fonde sur ce fait que le sodium attaque le camphre et le bornéol mais non leurs dérivés éthylés. Dès lors l'éthyl-camphre ayant été séparé par distillation, on n'a qu'à faire agir à chaud et par petites portions le sodium sur les produits légers encore souillés de camphre pour avoir l'éthyl-bornéol pur. Après chaque addition de sodium, on doit distiller afin que l'éthyl-bornéol ne reste pas empâté dans le camphre sodé; on enrichit ensuite successivement le produit distillé en dérivé éthylique et ce dernier est pur après une huitaine d'opérations. L'éthyl-bornéol, $C^{10}H^{17}OC^2H^5$, bout à 202°. Le perchlorure de phosphore l'attaque moins vite que le bornéol et donne du chlorure d'éthyle. Le camphre et le bornéol sodés agissent sur les bromures de radicaux diatomiques, comme le ferait la soude alcoolique : il se forme un carbure de la série de l'acétylène [Baubigny, *Ann. Chim. Phys.* (4), t. XIX. p. 221].

Bornéol cyané hydraté, $C^{10}H^{17}(CAz)O,H^2O$. — Ce dérivé se trouve dans les eaux mères du camphre cyané (voyez Camphre, *Suppl.*). On peut encore l'obtenir en faisant passer du cyanogène dans une solution benzique renfermant du bornéol sodé; on n'en obtient dans ces traitements que de petites quantités. Le bornéol cyané hydraté est insoluble dans l'eau froide, peu soluble dans l'eau bouillante qui l'abandonne en aiguilles, solubles dans l'alcool, l'éther et la benzine. Ses solutions alcooliques laissent déposer des prismes clinorhombiques volumineux. Formes : m, g^1, o^1, e^1; la forme e^1 est toujours hémièdre à droite; g^1 l'est très souvent, et alors elle fait défaut à droite. Angle des axes = 94°44'. Angles mm = 82°18'; po^1 = 146°4'; pe^1 = 142°25'. Ce dérivé possède un pouvoir rotatoire droit :

$$[\alpha]_D = + 24°42'.$$

Il fond à 115°, se sublime déjà à 100° et se décompose complètement sous l'influence de la potasse solide en donnant du bornéol et du cyanate de potassium [Haller, *Thèses de la Faculté des sciences*, Paris, 1879]. A. Étard.

BORNÉSITE, $C^7H^{14}O^6$. — Matière sucrée volatile, analogue à la dambonite, extraite du caoutchouc de Bornéo. Elle est très soluble dans l'eau et peu soluble dans l'alcool fort. On l'obtient cristallisée en prismes quadrangulaires transparents, du type orthorhombique, lorsqu'on ajoute une grande quantité d'alcool bouillant à sa solution aqueuse saturée et bouillante. La bornésite fond à 175° et se sublime à 205° en se décomposant légèrement.

Elle n'est pas fermentescible et ne réduit la liqueur cupro-potassique qu'après avoir été soumise à l'ébullition avec un acide étendu.

L'acide sulfurique la dissout à froid. Le mélange d'acide sulfurique et d'acide azotique la convertit en un dérivé nitré, fusible à 30-35° et détonant par le choc.

Comme la dambonite, elle est dédoublée par l'acide iodhydrique à 120° en iodure de méthyle et *dambose*.

La bornésite est dextrogyre, mais la dambose qui en résulte est inactive comme celle qui dérive de la dambonite. Le pouvoir rotatoire de la bornésite est environ moitié de celui du saccharose [A. Girard, *Compt. rend.*, t. LXXIII, p. 426]. E. Willm.

BORNITE. — Voyez Phillipsite.

BOSJEMANITE. (min.). — Variété de pickeringite renfermant de 2 à 2,5 % d'oxyde de manganèse. Forme un enduit épais de 15 centimètres dans une grotte située à Bosjeman River (Afrique centrale).

BOTALLACKITE. — Voyez Atacamite.

BOURBOULITE (Min.). — Mélange de mélantérie et de sulfate ferrique hydraté, trouvé à la Bourboule (Puy-de-Dôme) et se présentant en masses verdâtres friables; partiellement soluble dans l'eau et dans les acides.

BOWENITE (Min.) Dana. — Variété de serpentine ayant l'apparence de la néphrite, de Smithfield, États-Unis.

BRASSIDIQUE (ACIDE) (ou **BRASSIQUE**), $C^{22}H^{42}O^2$. — Isomère de l'acide érucique se produisant par l'action des vapeurs nitreuses sur ce dernier. Pour le préparer, on fait bouillir l'acide érucique avec de l'acide azotique étendu : l'acide brassidique se dépose ensuite par le refroidissement. Il cristallise dans l'alcool en belles écailles brillantes, fusibles à 60° et se concrétant à 54°. Il est moins soluble que l'acide érucique dans l'alcool et dans l'éther. Ses sels alcalins sont solubles dans l'alcool et dans l'eau. Le sel de sodium $C^{22}H^{41}O^2Na$ cristallise en lamelles brillantes et fond à 200°. Le sel de magnésium cristallise dans l'alcool.

Cet acide fixe une molécule de brome. Le *bromure* $C^{22}H^{42}O^2.Br^2$ cristallise dans l'alcool en petits cristaux incolores qui fondent à 54°; le produit fondu se concrète à 38-40°. Il n'est attaqué qu'à 210° par la potasse alcoolique et fournit l'acide bénoléique [O. Haussknecht, *Ann. Chem. Pharm.*, t. CLXIII, p. 40]. E. Willm.

BRASSYLIQUE (ACIDE). — Voyez Acide bénoléique, *Suppl.*, p. 265.

BREDBERGITE (Min.). — Variété de mélanite, contenant 12 % de magnésie, remplaçant une quantité équivalente de chaux. De Sala, Suède.

BRÉSILÉINE. — C'est le produit d'oxydation de la brésiline à l'air; les solutions rougies de ce corps donnent par les acides un précipité amorphe, rouge, violet, doré après dessiccation, qui a pour composition $C^{16}H^{12}O^5$. On l'obtient sous forme cristalline lorsqu'on ajoute de la teinture d'iode à une solution aqueuse de brésiline; la brésiléine se précipite en paillettes miroitantes grises ou argentées. R. Benedikt [*Liebig's Ann. Chem.*, t. CLXXVIII, p. 92] avait annoncé que la brésiléine, qui se forme aussi par l'action de l'acide azoteux renferme de l'azote; Liebermann et Burg n'ont pas confirmé ce fait. E. Willm.

BRÉSILINE. — Em. Kopp la retire des croûtes brunes qui se déposent dans la préparation ou pendant la conservation de l'extrait de bois de Brésil. On broie ces croûtes avec de l'eau additionnée d'acide chlorhydrique, puis avec de l'eau bouillante additionnée de 10 à 15 % d'alcool. Par le refroidissement de la solution, la brésiline se dépose en cristaux jaunâtres.

Les eaux mères, additionnées de craie et évaporées à sec, fournissent de la résorcine par la distillation.

Purifiée par plusieurs cristallisations, la brésiline est incolore, mais elle rougit à l'air. La soude étendue la dissout avec une couleur cramoisie. Cette solution se décolore par la poudre de zinc, pour se colorer de nouveau à l'air [*Deutsch. chem. Gesellsch.*, 1873, p. 446; *Bull. Soc. chim.*, t. XX, p. 210].

La coloration rouge que prend la brésiline à l'air, surtout sous l'influence de la lumière, ainsi que la fluorescence jaune d'or qui accompagne cette coloration, sont le résultat d'une oxydation, et on produit le même phénomène en agitant la solution avec du peroxyde de manganèse [Schœnbein, *Journ. prakt. Chem.*, t. CII, p. 107].

La distillation sèche de la brésiline fournit de la résorcine en abondance (Em. Kopp).

Les analyses de la brésiline qui ont fait adopter pour ce corps la formule $C^{22}H^{20}O^{7}$ peuvent aussi être interprétées par la formule $C^{16}H^{14}O^{5}$ qui exprime mieux les relations de la brésiline avec l'hématoxyline $C^{16}H^{14}O^{6}$; cette dernière, en effet, fournit du pyrogallol par l'action de la potasse fondue, tandis que la brésiline fournit la résorcine. Cette nouvelle formule est justifiée par l'étude de quelques dérivés et par de nouvelles analyses de C. Liebermann et O. Burg [*Deutsch. chem Gesellsch.*, 1876, 1883].

La cristallisation de la brésiline dans l'eau alcoolisée fournit, suivant la concentration, deux espèces de cristaux. Les uns sont des cristaux rhomboïdaux, limpides, d'un jaune d'ambre et renfermant $C^{16}H^{14}O^{5} + H^{2}O$; les autres renferment $1\ ^1/_2\ H^{2}O$ et forment des aiguilles soyeuses blanches. Ces cristaux se déshydratent à 130°.

La solution de brésiline donne avec l'acétate de plomb un précipité cristallin blanc qui renferme $C^{16}H^{10}Pb^{2}O^{5} + H^{2}O$.

Tétracétobrésiline, $C^{16}H^{10}O^{5}(C^{2}H^{3}O)^{4}$. — Elle se forme par l'action de l'anhydride acétique à 130° et cristallise dans l'alcool en aiguilles nacrées blanches; elle fond à 149-151°.

Chlorobrésiline et *bromobrésiline*. — Les précipités que produisent l'eau de chlore et l'eau de brome dans la solution aqueuse de brésiline présentent une composition voisine des formules $C^{16}H^{12}Cl^{2}O^{5}$ et $C^{16}H^{12}Br^{2}O^{5}$. E. Willm.

BROMAL. — Pinner l'a rencontré parmi les produits de l'action du brome sur l'aldéhyde [*Deutsch. chem. Gesellsch.*, 1874, p. 1499].

Soumis à l'oxydation il fournit l'acide tribromacétique.

Le bromal bout sans décomposition à 172-173°; il ne se solidifie pas à — 20°

L'hydrate de bromal fond à 53°,5. *L'alcoolate* cristallise en grosses aiguilles et fond à 44°.

Le bromal forme avec le bisulfite de sodium une combinaison soluble dans l'eau et cristallisable en lamelles transparentes [L. Schaeffer, *Deutsch. chem. Gesellsch.*, 1871, p. 366].

Le bromal se combine à l'acide cyanhydrique: cette combinaison reste longtemps liquide, mais se solidifie lorsqu'on l'arrose d'acide chlorhydrique. Elle cristallise dans l'alcool en prismes volumineux. L'acide chlorhydrique bouillant la convertit en acide tribromolactique (Pinner).

Le cyanure de potassium agit sur la solution alcoolique de bromal comme sur le chloral : il se dégage de l'acide cyanhydrique et il se forme de l'éther dibromacétique [Remi, *Deutsch. chem. Gesellsch.*, 1875, p. 695].

Le bromal se combine à la lactide, et cette combinaison, qui cristallise dans l'éther en grands prismes fusibles à 95-97°, se produit lorsqu'on traite l'acide lactique en solution éthérée par le brome; dans cette réaction qui donne naissance aussi à du bromure d'éthyle, le brome n'agit que sur l'éther [E. Klimenko, *Journ. prakt. Chem.* (2), t. XIII, p. 98; *Bull. Soc. chim.*, t. XXVII, p. 63].

Lorsqu'on ajoute de l'acide sulfurique à un mélange de 1 molécule de bromal et de 2 molécules de benzine, on produit le *diphényltribrométhane* $(C^{6}H^{5})^{2}HC\text{-}CBr^{3}$. On le précipite par l'eau et on le fait cristalliser dans l'alcool. Ce corps fond à 89°, puis se décompose. La potasse alcoolique le transforme en *diphényltribrométhylène*, corps fusible à 83° et distillant au-delà de 300°. [Guido Goldschmidt, *Deutsch. chem. Gesellsch.*, 1873, p. 985]. E. Willm.

BROMANILE. — Voyez t. II, p. 1306.

BROME. — Le brome du commerce contient presque toujours des composés bromés du carbone en dissolution; certains échantillons fournissent jusqu'à 10 % d'un liquide distillant de 80 à 105° et formé surtout de bromoforme (S. Reymann). Il est difficile de débarrasser complètement le brome de ces produits, et pour l'avoir absolument pur, il faut traiter du bromure de potassium pur par l'acide sulfurique et le bioxyde de manganèse. Qualitativement, on peut mettre ces impuretés en évidence en dissolvant le brome dans la potasse.

A l'état de pureté et de siccité parfaites, le brome se solidifie à — 24°,5 d'après Blochmann; ce point de solidification s'élève notablement quand le brome est humide, il peut alors se solidifier à — 7°.

Le brome en solution aqueuse ou chlorhydrique peut rendre de grands services en analyse, il attaque les sulfures et sulfarséniures naturels sans qu'il soit nécessaire de les porphyriser. Le soufre et l'arsenic passent à l'état d'acides sulfurique et arsénique. Dans le cas du cinabre, qui est rapidement dissous, la réaction se représente par l'équation :

$$HgS + 4Br^{2} + 4H^{2}O$$
$$= HgBr^{2} + SO^{4}H^{2} + 6HBr.$$

On peut dissoudre également, à l'aide du brôme, la plupart des métaux, notamment le fer, en vue du dosage du carbone.

Le brome peut servir à préparer le prussiate rouge de potassium, sans qu'il y ait formation de produits secondaires, ainsi que cela a lieu quand on emploie le chlore.

CHLORURE DE BROME. — Ce corps a été caractérisé comme espèce chimique par Schœnbein, qui toutefois n'a pu l'isoler de ses dissolutions à l'état de pureté. Le chlorure de brome prend naissance dans la fabrication de ce métalloïde par déplacement au moyen du chlore, c'est même là un des inconvénients de cette méthode, attendu qu'il faut un traitement séparé pour extraire le brome dans les dissolutions à l'état de chlorure.

Le chlorure de brome se prépare d'après Schœnbein en mélangeant volumes égaux d'eau de brome à 1 % et d'eau de chlore saturée, la solution rouge de brome se décolore et on obtient un liquide jaune pâle qui reprend sa couleur primitive sous l'influence de divers corps capables de se combiner au chlore ou d'être oxydés par lui. Tels sont la plupart des métaux, le soufre, l'acide sulfureux et le bioxyde d'azote.

L'eau oxygénée est décomposée par les solutions de chlorure de brome avec production d'oxygène; il se forme en même temps des acides chlorhydrique et bromhydrique.

L'éther enlève par simple agitation le chlorure de brome dissous dans l'eau; la solution éthérée est jaune et reproduit la plupart des réactions de la solution aqueuse. Le chlorure de brome est fort instable, et l'on n'a pu déterminer jusqu'à présent sa composition, qui paraît, d'après certaines expériences, correspondre à $BrCl^{5}$.

ACIDE BROMHYDRIQUE. — Dans les laboratoires, on peut facilement obtenir une solution fumante d'acide bromhydrique comme produit secondaire des substitutions organiques. On reçoit dans de l'eau froide le gaz qui se dégage pendant la préparation des benzine, toluène et xylène bromés. On peut débarrasser ce gaz des produits organiques qu'il entraîne et l'utiliser à l'état sec.

Si, dans un but de préparation, on substitue à ces carbures volatils un carbure fixe tel que la paraffine maintenue à 180°, il est facile d'obtenir un courant continu de gaz bromhydrique en laissant tomber goutte à goutte du brome dans le liquide chaud. Le gaz acide provient dans ce cas de la substitution, puis de la décomposition du dérivé substitué par la chaleur (Champion et Pellet).

La réaction de l'acide sulfurique sur les bromures alcalino-terreux constitue encore un bon moyen de préparer le gaz bromhydrique; dans ces circonstances, l'acide sulfurique n'est pas réduit comme cela a lieu quand on se sert des bromures alcalins (Bertrand). Avec ces derniers, on peut cependant tourner la difficulté en employant non plus l'acide sulfurique, mais les acides phosphorique ou arsénique sirupeux.

La dissolution d'acide bromhydrique saturée à 0° a pour densité 1,78; on peut la formuler HBr, H^2O. L'hydrate bouillant régulièrement à 126°, D = 1,48, correspond à $HBr, 5H^2O$.

Voici une table donnant la teneur en acide anhydre des solutions bromhydriques aqueuses de diverses densités (Wright) :

H Br %.	Densité.	H Br %.	Densité.
5	1,038	30	1,252
10	1,077	35	1,305
15	1,117	40	1,365
20	1,159	45	1,435
25	1,204	50	1,515

A. Étard.

BROMITE. — Voyez Bromargyre.

BROMOFORME. — Parmi les réactions qui donnent naissance à ce composé il faut citer l'action du brome sur les matières protéiques.

J.-A. Van 't Hoff a observé sa production en traitant l'acide cyanacétique par le brome :

$$CH^2(CAz)\text{-}COOH + 9Br + 2H^2O$$
$$= CHBr^3 + 2CO^2 + Az + 6HBr$$

[*Deutsch. chem. Gesellsch.*, 1874, p. 1571].

Le bromoforme est quelquefois contenu dans le brome du commerce.

Le bromoforme bout à 152° (Cahours) à 149-150° (Ern. Schmidt). Densité à 14°,5 = 2,775 (Ern. Schmidt). Il se solidifie à — 9°.

Un excès de brome en présence d'un alcali, ou plus lentement de l'eau, convertit le bromoforme en tétrabromure de carbone. La lumière est nécessaire pour que cette réaction s'accomplisse [Habermann, *Deutsch. chem. Gesellsch.*, 1873, p. 350].

BROMOPICRINE. — Pour préparer la bromopicrine, on ajoute 6 p. de brome à 4 p. de chaux, éteinte avec 50 p. d'eau, en évitant une élévation de température. On ajoute alors 1 p. d'acide picrique et l'on distille dans un vase de métal. La bromopicrine passe avec les premières portions (Th. Bolas et C. Groves).

La bromopicrine se produit aisément lorsqu'on traite le nitrométhane $CH^3(AzO^2)$ par le brome en excès, en ajoutant peu à peu de la potasse étendue au mélange [V. Meyer, *Deutsch. chem. Gesellsch.*, 1875, p. 816].

La bromopicrine est un liquide dense et réfringent. Sa densité à 12°,5 est égale à 2,811; son indice de réfraction pour la raie D est 1,57. Refroidie, elle cristallise en prismes qui fondent à 10°,25.

Elle se mêle en toutes proportions à la benzine, au sulfure de carbone, au chloroforme, au pétrole léger, à l'alcool, à l'éther. Elle dissout l'iode et la naphtaline. Elle n'est pas décomposée à froid par l'acide sulfurique concentré.

La bromopicrine distille sans décomposition dans le vide. Chauffée brusquement elle se décompose avec explosion au-dessus de 100°. Mais si l'on chauffe doucement, la décomposition est tranquille et se continue d'elle-même si l'on cesse de chauffer. Il se dégage de l'acide carbonique et du bioxyde d'azote, en même temps qu'il distille un liquide rouge bouillant à 56°,5, doué d'une odeur très irritante, attaquant rapidement le caoutchouc. Ce produit répond sensiblement à la formule $AzOBr^4$. Enfin le résidu de cette décomposition est le tétrabromure de carbone [Th. Bolas et C. Groves, *Journ. chem. Soc.* (2), t. VIII, p. 153, et t. IX, p. 773; *Bull. Soc. chim.*, t. XIV, p. 277, et t. XVI, p. 282].

E. Willm.

BROMOXAFORME (t. I, p. 24). — D'après Grimaux, il est identique avec l'acétone pentabromée (Suppl., p. 16).

BROSITE ou **BROSSITE** (Min.). — Nom donné à une dolomie ferrifère de Traversello (Piémont).

BRUCINE, $C^{23}H^{26}Az^2O^4$. — Lorsqu'on électrolyse une solution de sulfate neutre de brucine, il se dégage de l'hydrogène au pole négatif, mais pas d'oxygène au pôle positif, et le liquide entourant l'électrode positive se colore peu à peu en rouge. Avec le sulfate acide de brucine, cette coloration est plus rapide [Bourgoin, *Bull. Soc. chim.*, t. XII, p. 441].

Réactions.—La sensibilité de la réaction de l'acide azotique sur la brucine est telle qu'elle permet de retrouver soit $0^{mgr},01$ d'acide azotique dans 1 litre d'eau (Nicholson), soit $0^{gr},02$ de brucine (Pander).

L'iodure double de bismuth et de potassium précipite les solutions de brucine au $\frac{1}{5000}$ et l'iodure ioduré de potassium, les solutions au $\frac{1}{50000}$ (Pander).

Les agents réducteurs produisent dans la solution nitrique rouge de la brucine une coloration violette. Avec le sulfhydrate de sodium cette coloration violette passe au vert lorsque le réactif est en excès. Les acides étendus font virer la couleur au rose. Cette réaction permet de distinguer la brucine de la morphine [S. Cotton, *Journ. Pharm.* (4), t. X, p. 18].

D'après F. Baudrimont, le produit jaune de la réaction de l'acide azotique sur la brucine (la cacothéline) fournit, par les agents réducteurs, une matière violette qu'il nomme *améthystine* et qui est colorée en vert par les alcalis [*Ibid.*, t. X, p. 58]. Dav. Lindo [*Chem. News*, t. XXXVII, p. 98; *Bull. Soc. chim.*, t. XXXI, p. 334], et R. Roehr [*Deutsch chem. Gesellsch.*, 1878, p. 741; *Bull. Soc. chim.*, t. XXXI, p. 335] ont obtenu ce produit violet cristallisé, mais ne l'ont pas analysé.

D. Lindo ajoute à chaud une solution d'acide sulfureux à la solution nitrique de la brucine, lorsque cette solution est devenue jaune. Par le refroidissement, le produit de réduction se dépose en aiguilles violettes qu'on lave à l'eau froide, puis à l'alcool. Ces aiguilles sont très peu solubles dans l'eau froide, insolubles dans la benzine, l'alcool, le sulfure de carbone. Ce composé est très avide d'oxygène et il régénère le composé jaune, sans doute la cacothéline, par son oxydation. La potasse le dissout avec une couleur bleue, qui elle aussi devient jaune à l'air en passant par le vert.

R. Roche emploie le chlorure stanneux comme réducteur.

Avec le sulfure ammonique, on obtient finalement des aiguilles rouge brique, peu solubles dans l'eau froide et solubles dans la potasse avec une couleur bleue, qui vire au rouge par les acides.

Transformation en strychnine. — L'action prolongée de l'acide azotique étendu sur la brucine à chaud, donne naissance à de la *strychnine* $C^{21}H^{22}Az^2O^2$, qu'on peut isoler en évaporant, à sec, ajoutant de la potasse et épuisant par l'éther. Dans cette oxydation il se dégage de l'acide carbonique [Sonnenschein, *Deutsch. chem. Gesellsch.*, 1875, p. 212].

Polysulfure de brucine. — Comme la strychnine, la brucine se combine au persulfure d'hydrogène. Ern. Schmidt a décrit deux combinaisons [*Deutsch. chem. Gesellsch.*, 1875, p. 1267, et t. X, p. 1288; *Bull. Soc. chim.*, t. XXVI, p. 219, et t. XXX, p. 89].

La première, qui a pour composition

$$(C^{23}H^{26}Az^2O^4)^3H^2S^6 + 6H^2O,$$

se produit lorsqu'on sature d'hydrogène sulfuré une solution alcoolique de brucine au dixième et laissant la solution exposée au contact de l'air. Elle se dépose en petites aiguilles jaunes, fusibles vers 125°. Ces aiguilles se décomposent peu à peu en brucine, soufre et hydrogène sulfuré; les acides les dédoublent en brucine et persulfure d'hydrogène.

La seconde combinaison s'obtient lorsqu'on opère sur une solution de brucine au centième. Elle se dépose en cristaux rouge rubis appartenant au type dissymétrique et fondant à 155°. Ils ont pour composition

$$(C^{23}H^{26}Az^2O^4)^3.(H^2S^6)^2.$$

Triiodure de brucinium, $C^{23}H^{26}Az^2O^4.IH.I^3$. — Longues aiguilles d'un bleu violet, à éclat adamantin, qu'on obtient en faisant cristalliser dans l'alcool le précipité brun que produit l'iodure ioduré de potassium dans les solutions de brucine [S.-M. Joergensen, *Ann. Chim. Phys.* (4), t. XI, p. 129].

Joergensen a décrit en outre une série de polyiodures de dérivés alcooliques de la brucine. Pour les obtenir, on procède comme pour les dérivés correspondants de la strychnine (t. II, p. 1693), c'est-à-dire qu'à la solution alcoolique de l'iodhydrate de brucine substituée, par exemple, à l'iodhydrate de méthylbrucine, on ajoute 1 ou 2 molécules d'iode. Le polyiodure cristallise plus ou moins rapidement de cette solution. Ces composés perdent facilement de l'iode sous l'influence de la chaleur.

Triiodure de méthylbrucinium,

$$C^{23}H^{26}Az^2O^4.CH^3.I^3.$$

— Belles lames à éclat adamantin, groupées en rosettes, d'un jaune rouge par transparence, avec des reflets bleus; elles sont sans action sur la lumière polarisée.

Le *penta-iodure*, $C^{23}H^{26}Az^2O^4.CH^3.I^5$, cristallise par le refroidissement en prismes noirs, à reflets bleus. Vus parallèlement à l'axe optique, dans la lumière polarisée, les cristaux paraissent opaques; normalement à l'axe, ils sont rouges.

Triiodure d'éthybrucinium,

$$C^{23}H^{26}Az^2O^4.C^2H^5.I^3.$$

— Masses hémisphériques à éclat métallique, ressemblant au cuivre réduit et composées de cristaux d'un jaune d'or.

Le *penta-iodure*, $C^{23}H^{26}Az^2O^4.C^2H^5.I^5$, cristallise en belles aiguilles quadrangulaires vertes, à éclat métallique. Elles se comportent dans la lumière polarisée inversement des cristaux de penta-iodure de méthylbrucinium. Elles perdent déjà de l'iode à 65°.

Triiodure d'amylbrucinium,

$$C^{23}H^{26}Az^2O^4.C^5H^{11}.I^3.$$

— Fines aiguilles soyeuses d'un jaune rouge.

Le *penta-iodure* cristallise en longues aiguilles rhomboïdales d'un vert bleuâtre, à éclat métallique, tout à fait opaques.

Triiodure d'allylbrucinium,

$$C^{23}H^{26}Az^2O^4.C^3H^5.I^3.$$

— Ressemble beaucoup à la combinaison méthylée; il est seulement un peu plus foncé. Le *penta-iodure* cristallise en longues aiguilles à quatre pans, possédant tout à fait l'éclat et la couleur des ailes de cantharides.

Cobalticyanure de brucine,

$$C^{23}H^{26}Az^2O^4.H^6Co^2Cy^{12} + 20H^2O.$$

— On l'obtient par double décomposition entre le cobalticyanure de baryum et le sulfate de brucine en solutions bouillantes. Il se sépare presque entièrement en aiguilles par le refroidissement de la solution filtrée.

Le *nickelocyanure* cristallise avec $10H^2O$ [R.-H. Lee, *Sillim. Amer. Journ.*, 1871, t. II, p. 44].

Indications toxicologiques. — Introduite dans l'estomac ou dans le sang par injection sous-cutanée, la brucine se retrouve dans tous les organes et principalement dans le foie. Elle est en grande partie éliminée par les reins.

La putréfaction des matières animales est sans influence sur la brucine, même après plusieurs mois [Pander, *Beitr. zu gericht. Nachw. des Brucins*, etc., Dorpat, 1871, *Bull. Soc. chim.*, t. XVIII, p. 416]. E. Willm.

BRUCKNERELLITE (Min.). — Nom donné par Dana à l'acide géorétinique.

BRUSHITE (Min.). — Phosphate bicalcique hydraté $CaHPO^4 + 2H^2O$ trouvé dans le guano des îles Aves et Sombrero en croûtes cristallines incolores ou jaunâtres.

Caractères. — Soluble dans les acides. Dans le tube donne de l'eau, au chalumeau fond facilement avec boursouflement en colorant la flamme en vert; ce globule prend l'aspect cristallin par le refroidissement.

Dureté, 2 à 2,5; Densité, 2,21.

Forme cristalline. — Prisme clinorhombique de 142° 26′, $b^{\frac{1}{2}}\ b^{\frac{1}{2}} = 156°\ 46'$; clivage g^1 parfait et nacré.

BRYOÏDINE. — Flückiger assigne à ce principe retiré, de l'élemi, la formule $2C^{10}H^{16}.3H^2O$. Il regarde la bréidine de Baup comme de la bryoïdine pure [*Neu. Repert. Pharm.*, t. XXIV, p. 220].

BUNSENITE (Min.). — Oxyde de nickel NiO, cristallisé en petits octaèdres d'un éclat vitreux, d'un vert pistache, translucides. Trouvé dans une cavité avec d'autres minerais de nickel et avec des minerais d'uranium, à Johanngeorgenstadt (Saxe).

Dureté, 5,5; densité, 6,40.

BUTYLÈNES. — On connaît aujourd'hui trois butylènes isomériques dérivés de l'éthylène par substitution; si dans l'éthylène on remplace H par C^2H^5, on a l'éthyléthylène ou éthylvinyle

$$CH^3\text{-}CH^2\text{-}CH{=}CH^2,$$

et comme les quatre atomes d'hydrogène de l'éthylène sont chimiquement équivalents, on ne peut rencontrer qu'un seul carbure de cette formule. Si on substitue deux groupes méthyliques dans l'éthylène $CH^2{=}CH^2$, on obtiendra deux produits de substitution différents suivant que les radicaux méthyliques remplaceront les deux atomes d'hydrogène d'un même groupe CH^2 ou qu'ils se placeront dans deux groupes différents. Dans ce dernier cas, on a le diméthyléthylène normal ou butylène d'érythrite formant une chaîne continue d'atomes de carbones :

$$CH^3\text{-}CH{=}CH\text{-}CH^3;$$

dans le premier cas, on a l'isodiméthyléthylène ou isobutylène

$$(CH^3)^2{=}C{=}CH^2,$$

carbure à chaîne latérale qui correspond à la fois à l'alcool isobutylique et à l'alcool butylique tertiaire; dans les deux autres butylènes, au contraire, dont les propriétés sont très voisines, les atomes de carbone offrent le même arrangement et forment une chaîne continue.

Nous décrirons à l'article BUTYLÈNES-GLYCOLS les bromures, chlorures, etc.

ÉTHYLVINYLE, CH^3-CH^2-CH=CH^2. — On a aussi appelé ce carbure butylène normal, parce qu'il dérive de l'alcool butylique normal, mais ce nom a été donné aussi au diméthyléthylène normal; il vaut mieux y renoncer pour éviter les confusions. Chapmann semble avoir entrevu cet hydrocarbure [*Chem. Soc. Journ.* (2), t. V, p. 28, et *Ann. Chem. Pharm.*, t. CXLVI, p. 255]. On l'obtient, d'après Wurtz, au moyen du zinc-éthyle et de l'éthylène bromé, chauffés longtemps à 100° dans des tubes scellés; d'après son mode de préparation, il devait être identique au butylène dérivé de l'alcool normal, et cette identité a été démontrée par Wurtz [*Compt. rend.*, t. LXVIII, p. 841, et *Bull. Soc. chim.*, t. XII, p. 83].

Préparation. — L'éthylvinyle s'obtient facilement en traitant l'iodure butylique normal par la potasse alcoolique. Il se rencontre en abondance dans les gaz qui se forment pendant la décomposition pyrogénée des matières organiques, comme l'essence de pétrole; si la température est très élevée, il est mêlé de crotonylène. Il se dissout en abondance dans les huiles volatiles, qui se forment en même temps et qui constituent une source abondante de butylènes qu'on dégage en chauffant légèrement. Les huiles légères de bog-head et les huiles volatiles obtenues par la distillation des résidus de pétrole sont aussi des matières premières très avantageuses. Les gaz renfermant l'éthylvinyle seront traités par l'acide chlorhydrique saturé ou l'acide sulfurique étendu d'un demi-volume d'eau qui absorbent l'isobutylène et les vapeurs de triméthyléthylène; on les reçoit ensuite dans le brome, on sépare le bromure de crotonylène qui cristallise quelquefois directement, d'autres fois dans les résidus de distillation, et l'on isole par fractionnement le bromure d'éthylvinyle qui bout à 166° et qui est le produit principal. Le butylène est régénéré du bromure par le sodium. (Voyez BUTYLÈNES-GLYCOLS). Berthelot a indiqué qu'il se produit du butylène par la distillation de l'acétate de sodium [*Compt. rend.*, t. XLVI, p. 1104]. Kolbe l'a obtenu dans l'électrolyse de l'acide valérianique; il paraît se trouver encore dans les carbures obtenus en dissolvant la fonte dans l'acide chlorhydrique [Cloez, *Compt. rend.*, t. LXXVIII, p. 1565].

Propriétés. — L'éthylvinyle est, à la température ordinaire, un gaz fortement odorant, peu soluble dans l'eau, plus soluble dans l'alcool, très soluble dans les essences et l'huile lourde de pétrole; cette matière peut servir à en dissoudre et emmagasiner des quantités considérables. Il se condense à — 5° et s'unit avec énergie au brome et au chlore; c'est sous la forme de bromure qu'on le recueille d'habitude, parce que le point d'ébullition 166° de ce corps permet de le séparer des autres bromures de butylène. Il se combine avec les hydracides en formant des éthers secondaires. L'acide iodhydrique l'attaque à froid et peut absorber dans un appareil de Woolf un courant d'éthylvinyle pas trop rapide; au contraire, l'acide chlorhydrique même saturé ne l'attaque pas à la température ordinaire, mais s'y combine à 100°. Il faut se rappeler que ces éthers ne régénèrent point l'éthylvinyle quand on les traite par la potasse alcoolique, mais bien le butylène d'érythrite. L'acide sulfurique concentré attaque l'éthylvinyle et le polymérise; étendu d'un demi-volume d'eau il est sans action, aussi est-il employé avec HCl concentré pour purifier ce butylène quand il est souillé par de l'isobutylène et des vapeurs d'amylène ordinaire (triméthyle-éthylène) (voir plus haut).

BUTYLÈNE D'ÉRYTHRITE, CH^3-CH = CH-CH^3. — [Syn. *Diméthyléthylène normal, butylène de Luynes, diéthylidène*]. — Ce butylène est le terme final des transformations de tous les corps butyliques à chaîne continue; il s'obtient avec l'iodure secondaire et la potasse alcoolique, il prend naissance dans la réaction du zinc-méthyle sur l'iodure d'allyle [Wurtz, *Bull. Soc. chim.*, t. VIII, p. 265; — Grosheintz, *ibid.*, t. XXIX, p. 201]; cette réaction devrait fournir exclusivement l'éthylvinyle, mais il s'accomplit, sur une partie du produit, une transposition isomérique. Le diéthylidène existe aussi dans les produits de décomposition pyrogénée des matières organiques, mais en quantité moindre que l'éthylvinyle.

Le mode de préparation le plus avantageux consiste à faire tomber l'alcool isobutylique goutte à goutte sur 200 gr. de chlorure de zinc renfermés dans une bouteille à mercure fortement chauffée [Le Bel et Greene, *Bull. Soc. chim.*, t. XXIX, p. 306].

L'alcool subit une décomposition profonde, et il se forme des dépôts dans le tube abducteur, qui doit être muni d'une ouverture par laquelle on puisse passer de temps en temps une tige; moyennant cette précaution et l'addition de 150 grammes de chlorure de zinc les jours suivants, l'appareil peut fonctionner cinq à six jours de suite sans être démonté : il passe des polybutylènes et de l'alcool isobutylique qu'on condense, et le gaz renferme de l'isobutylène et un quart environ de butylène d'érythrite; on fait passer dans de grands flacons remplis d'acide chlorhydrique concentré où se condense du chlorure tertiaire, ensuite dans un laveur renfermant de l'acide sulfurique additionné d'un volume d'eau qui ne doit polymériser que des traces d'isobutylène, et enfin on reçoit le diéthylidène dans le brome, l'acide iodhydrique fumant, etc., suivant les besoins. Il se forme en même temps une faible proportion de gaz saturés, mais pas d'éthylvinyle. Le bromure de diéthylidène traité par le sodium peut aussi régénérer le butylène inaltéré (Wurtz); mais la réaction est très violente. On peut la modérer en opérant par petites fractions dans des tubes longs et minces [Le Bel et Greene, *loc. cit.*].

Propriétés. — Ce carbure se comporte à l'égard des hydracides et des corps halogènes exactement comme l'éthylvinyle, dont on ne sait pas encore le séparer directement; il bout de — 4 à + 8°. Il s'unit lentement à l'acide hypochloreux [Lieben, *loc. cit.*], pour former la chlorhydrine du glycol deux fois secondaire. Le bromure bout à 158° et l'iodure secondaire à 118-121°.

ISOBUTYLÈNE, $(CH^3)^2C$ = CH^2. — [Syn. *Pseudo-butylène* de Boutlerow]. — *Préparation.* — On l'obtient par l'action de la potasse alcoolique sur le chlorure, le bromure ou l'iodure de butyle tertiaire ou sur l'iodure ou le bromure d'isobutyle, par l'action du chlorure de zinc sur l'alcool isobutylique (voir plus haut), dans la décomposition pyrogénée des matières organiques; mais dans ces deux derniers cas il est mêlé à d'autres carbures. Puchot [*Compt. rend.*, t. LXXXV, p. 757, et *Bull. Soc. chim.*, t. XXX, p. 188] a indiqué un moyen de l'obtenir directement et presque pur. On mêle avec précaution 100 grammes d'alcool isobutylique à 100 grammes d'acide sulfurique en évitant que le mélange ne s'échauffe, on ajoute 160 grammes de plâtre bien cuit ou du verre pilé (Julie Lermontoff) et 40 grammes de sulfate de potassium, et on chauffe au bain de sable dans un ballon de 400 à 500 grammes. L'opération fournit 12 à 18 litres d'isobutylène et de l'éther isobutylique. Quand on reçoit le gaz dans le brome, le bromure bout à 153°; mais par la rectification, les produits supérieurs s'accumulant au-dessus de 170°, il ne reste que du bromure d'isobutylène passant à 149°; il ne paraît pas y avoir formation de carbures normaux.

Propriétés. — L'isobutylène bout à —7° (Boutlerow); sa densité est 0,635 à — 10°; il se distingue de ses isomères par la facilité avec laquelle il se combine aux hydracides à froid [Le Bel, *Bull. Soc. chim.*, t. XXVIII, p. 460]. Il est aussi attaqué par l'acide sulfurique étendu d'un demi volume d'eau; à la température ordinaire, il est polymérisé, mais dans le même mélange refroidi fortement acide, il formerait un acide sulfoconjugué qui pourrait servir à préparer le triméthylcarbinol. Il se combine énergiquement au brome et au chlore.

NITRO-ISOBUTYLÈNE, $C^4H^7(AzO^2)$. — Il se prépare en laissant tomber goutte à goutte l'acide nitrique dans le triméthylcarbinol; il y a en même temps formation d'acide carbonique, d'acide cyanhydrique et d'acide acétique. On le purifie par une distillation dans le vide ou avec la vapeur d'eau. Il bout avec décomposition partielle à 154-158°. C'est une huile plus lourde que l'eau, insoluble dans ce liquide. Chauffé avec l'eau à 100° pendant soixante heures, il donne du nitrométhane et de l'acétone. Par réduction on n'obtient presque que de l'ammoniaque; avec la soude alcoolique on obtient un précipité de nitro-isobutylène sodé, et avec le brome un dibromure [L. Haitinger, *Liebig's Ann. Chem.*, t. CXCIII].

ISODIBUTYLÈNE, C^8H^{16}. — Ce carbure se forme presque uniquement quand on traite le triméthylcarbinol par l'acide sulfurique [Boutlerow, *Bull. Soc. chim.*, t. XXVII, p. 370]. Il se forme aussi par l'action de l'acide sulfurique sur l'isobutylène. Il bout à 102-104° et se combine avec le brome, avec l'acide chlorhydrique et avec l'acide iodhydrique. L'iodhydrate réagit à froid sur l'oxyde d'argent fraîchement précipité et donne l'isodibutol, alcool tertiaire bouillant à 146,5- 147°,5, et dont la formule est

$$(CH^3)^2C.OH\text{-}CH^2\text{-}C \equiv (CH^3)^3.$$

L'oxydation de l'isodibutylène et de l'isodibutol, effectuée par un mélange de dichromate et d'acide sulfurique dilué, fournit de l'acétone et de l'acide triméthylacétique; la formule de l'isodibutylène serait donc, d'après Boutlerow,

$$(CH^3)^2C = CH\text{-}C(CH^3)^3,$$

il résulterait de la réaction de l'acide sulfoconjugué du triméthylcarbinol sur le butylène dans lequel vient se substituer le radical $C \equiv (CH^3)^3$ du triméthylcarbinol.

ISOTRIBUTYLÈNE, $C^{12}H^{24}$. — Il s'obtient en chauffant pendant vingt heures à 100° en vase clos l'iodure de triméthylcarbinol saturé de butylène (15 grammes dissolvent 7 à 8 litres) avec de l'oxyde de zinc, de la magnésie, ou mieux de la chaux [Julie Lermontoff, *Deutsch. chem. Gesellsch.*, 1878, p. 1250]. La chaux seule et le butylène ne réagissent pas. On trouve dans les tubes un mélange d'isodibutylène et d'isotributylène, qui bout à 177-178°. On trouverait probablement aussi l'isotributylène parmi les produits de polymérisation de l'isobutylène par l'acide sulfurique. J.-A. Le Bel.

BUTYLÈNES-GLYCOLS. — Ils se séparent en deux groupes, suivant qu'ils dérivent du butane normal ou de l'isobutane.

Du butane normal,

$$CH^3\text{-}CH^2\text{-}CH^2\text{-}CH^3$$

dérivent quatre glycols qui sont :

Le butylglycol biprimaire,

$$CH^2(OH)\text{-}CH^2\text{-}CH^2\text{-}CH^2(OH).$$

Le butylglycol primaire secondaire de l'aldol,

$$CH^2(OH)\text{-}CH^2\text{-}CH(OH)\text{-}CH^3.$$

Le butylglycol primaire secondaire ordinaire,

$$CH^2(OH)\text{-}CH(OH)\text{-}CH^2\text{-}CH^3.$$

Le butylglycol bisecondaire,

$$CH^3\text{-}CH(OH)\text{-}CH(OH)\text{-}CH^3$$

De l'isobutane, $CH \equiv (CH^3)^3$ dérivent deux glycols.

L'isobutylglycol biprimaire,

$$(CH^2.OH)^2 = CH\text{-}CH^3.$$

L'isobutylglycol primaire tertiaire,

$$CH^2(OH)\text{-}C(OH) = (CH^3)^2.$$

BUTYLGLYCOL BIPRIMAIRE,

$$CH^2.OH\text{-}CH^2\text{-}CH^2\text{-}CH^2.OH.$$

— Saytzeff [*Journ. für prakt. Chem.* (2), t. III, p. 427; *Bull. Soc. chim.*, t. XVI, p. 305 et t. XXI, p. 350] avait espéré l'obtenir par la réduction du chlorure de succinyle, étendu d'acide acétique et dissous dans l'éther, au moyen de l'amalgame de sodium, mais il se produit dans cette réaction le corps $C^4H^6O^2$ qui doit être considéré comme l'anhydride de l'acide oxybutyrique normal.

BUTYLGLYCOL PRIMAIRE SECONDAIRE DE L'ALDOL,

$$CH^2.OH\text{-}CH^2\text{-}CH.OH\text{-}CH^3.$$

— Il a été obtenu par Kekulé [*Deutsch. chem. Gesellsch.*, 1872, p. 56, et *Bull. Soc. chim.*, t. XVII, p. 270], en traitant l'aldéhyde en solution acide par l'amalgame de sodium; plus tard Wurtz [*Compt. rend.*, t. LXXVI, p. 1165, et *Bull. Soc. chim.*, t. XX, p. 4], l'a préparé, en traitant par l'amalgame de sodium l'aldol qui est l'aldéhyde primaire de ce glycol. Dans la préparation de Kekulé, il est évident qu'il se formait d'abord de l'aldol qui se réduisait ensuite. Pour réussir la réduction de l'aldol, il faut opérer en liqueur maintenue très faiblement acide et refroidie avec de l'eau glacée.

Propriétés. — Ce glycol bout à 201-203°. Oxydé par l'acide azotique, il fournit de l'acide acétique, de l'acide oxalique, de l'aldéhyde ordinaire et de l'aldéhyde crotonique; cette dernière est formée par oxydation et déshydratation.

BUTYLGLYCOL PRIMAIRE SECONDAIRE ORDINAIRE,

$$CH^2.OH\text{-}CH.OH\text{-}CH^2\text{-}CH^3.$$

— Il a été préparé par Grabowsky et Saytzeff [*Liebig's Ann. Chem.*, t. CLXXIX, p. 325, et *Bull. Soc. chim.*, t. XXV, p. 295], au moyen du bromure d'éthylvinyle, obtenu par l'iodure de butyle normal et la potasse alcoolique. Ce bromure est traité par l'acétate d'argent en présence d'un excès d'acide acétique, et on achève la réaction en chauffant dans un ballon muni d'un réfrigérant ascendant. Si la diacétine brute est distillée et saponifiée par la potasse, on obtient 4 % de rendement; si on emploie l'hydrate de baryum, on obtient 8 %.

Propriétés. — Ce glycol bout à 190-193°; sa densité à 0° est de 1,0189 et à 17°,5 de 1,0073. Oxydé par l'acide azotique étendu, il fournit une faible quantité d'acide α-oxybutyrique caractérisé par le sel de zinc; on obtient en outre les acides glycolique et glyoxylique.

Bromure d'éthylvinyle,

$$CH^2Br\text{-}CHBr\text{-}CH^2\text{-}CH^3.$$

— Ce corps est la dibromhydrine du glycol précédent; il bout à 166° et sa densité à 0° est de 1,876. Traité par du sodium dans des tubes scellés très résistants, il régénère l'éthylvinyle (Wurtz, *loc. cit.*); on peut faire cette opération en vases ouverts, en employant des matras soufflés à long col ou des tubes d'essai très longs, dans lesquels on introduit du sodium, le bromure et des résidus de sodium provenant d'une opération précédente. On chauffe au bain d'huile, et on a soin de retirer du bain dès qu'on voit le dégagement devenir trop violent; on peut opérer sur plusieurs vases à la fois en les faisant communiquer par un tube de caoutchouc assez long, avec l'appareil récepteur, de manière à pouvoir manœuvrer chaque matras isolément [Le Bel et Greene, *loc. cit.*].

BUTYLGLYCOL BISECONDAIRE.

$$CH^3\text{-}CH.OH\text{-}CH.OH\text{-}CH^3.$$

— Ce glycol a été étudié par de Luynes, il est décrit à l'article BUTYLGLYCOL, t. I. p. 678.

Bromure de diéthylidène,

$$CH^3\text{-}CHBr\text{-}CHBr\text{-}CH^3.$$

Ce corps est la dibromhydrine du glycol précédent, et s'obtient en traitant le diéthylidène ou butylène d'érythrite par le brome, il bout à 158°, il est décrit à l'article BROMURE DE BUTYLÈNE, t. I, p. 678. Traité par le sodium, il régénère le diéthylidène.

Chlorhydrine. $CH^3\text{-}CHCl\text{-}CH.OH\text{-}CH^3$. — Lieben [*Ann. Chem. Pharm.*, t. CLI, p. 121, et *Bull. Soc. chim.*, t. XII, p. 376], l'a préparée en faisant réagir l'acide hypochloreux sur le diéthylidène obtenu par l'iodure butylique secondaire et la potasse alcoolique. Le produit brut de la réaction est traité par l'acide sulfureux et distillé; il se sépare une huile insoluble dans l'eau (chlorure de butylène), la chlorhydrine reste dissoute dans l'eau, on la sépare par rectification. On peut aussi ajouter du carbonate de potassium, neutraliser par l'acide nitrique et extraire par l'éther. La chlorhydrine traitée par l'amalgame de sodium fournit l'alcool secondaire.

ISOBUTYLÈNES-GLYCOLS.

Isobutylène-glycol biprimaire

$$(CH^2.OH)^2{=}CH\text{-}CH^3.$$

— Ce corps n'a pas été isolé, il pourrait s'obtenir, soit par la réduction du chlorure d'isosuccinyle, soit en traitant par l'acétate d'argent la dibromhydrine $(CH^2Br)^2{=}CH\text{-}CH^3$, corps qui se trouve parmi les produits de l'action du brome sur le bromure d'isobutyle.

Isobutylène-glycol primaire tertiaire,

$$CH^2.OH\text{-}C.OH{=}(CH^3)^2.$$

— Il a été obtenu par Nevolé [*Bull. Soc. chim.*, t. XXV, p. 289 et t. XXVII, p. 63, et *Compt. rend.*, t. LXXXIII, p. 65], en faisant bouillir dans un appareil à reflux le bromure d'isobutylène avec une solution concentrée de carbonate de potassium jusqu'à la disparition de la couche de bromure; le rendement est faible. On sépare les sels de potassium en distillant le tout, et on concentre à basse température; il vaudrait mieux peut-être ajouter une grande quantité de carbonate potassique jusqu'à ce qu'on puisse extraire par l'alcool qui ne se dissout pas dans les solutions concentrées de ce sel. On peut aussi traiter le bromure d'isobutylène par l'acétate d'argent et saponifier la diacétine par l'hydrate de baryum.

Propriétés. — C'est un liquide sirupeux, soluble dans l'eau en toutes proportions et bouillant à 176-178°; sa densité à 0° est de 1,0129. Chauffé à 200° avec de l'eau, il fournit de l'aldéhyde isobutylique; il est probable que dans la préparation par le carbonate potassique cette décomposition a lieu et que c'est là la cause du mauvais rendement (Nevolé). Quand on traite le bromure d'isobutylène par l'oxyde de plomb à 180-190°, en présence de l'eau, il se produit également de l'aldéhyde ou de l'acétone [Eltekoff, *Deutsch. chem. Gesellsch.*, 1878, p. 990, et *Bull. Soc. chim.*, t. XIX, p. 530]. Cette production d'aldéhyde a été signalée par Linnemann et Zotta [*Ann. Chem. Pharm.*, t. CLXIX, p. 33; *Bull. Soc. chim.* t. XVII, p. 515], comme un moyen de passer de l'alcool tertiaire à l'alcool isobutylique primaire; en effet l'alcool tertiaire fournit le butylène qui donne le glycol, lequel chauffé à 150° fournit l'aldéhyde isobutylique bouillant à 62-65°, dont l'alcool dérive par hydrogénation.

Chlorhydrines. — En traitant le glycol primaire tertiaire par HCl on obtiendrait probablement la chlorhydrine primaire : $CH^2Cl\text{-}C.OH{=}(CH^3)^2$. La chlorhydrine tertiaire : $CH^2.OH\text{-}Cl{=}(CH^3)^2$ a été préparée par Henry [*Bull. Soc. chim.*, t. XXVI, p. 23], en traitant l'isobutylène par l'acide hypochloreux. Elle bout à 128-130°. Oxydée par l'acide azotique elle fournit un acide chloroisobutyrique qui bout à 190° avec décomposition partielle.

Bromure d'isobutylène, $CH^2Br\text{-}CBr{=}(CH^3)^2$. — Il s'obtient en dirigeant un courant d'isobutylène dans le brome refroidi, il bout à 148-149°. Boutlerow [*Deutsch. chem. Gesellsch.*, 1870, p. 622] a démontré qu'il fournit avec la potasse alcoolique un butylène bromé, mais ce dernier ne peut donner naissance à du crotonylène.

J.-A. Le Bel.

BUTYLIQUES (ALCOOLS). — La série butylique est la première qui présente à la fois des alcools primaires, secondaires et tertiaires; on trouvera à l'article ALCOOLS les caractères généraux de ces classes de corps si différents par leurs propriétés chimiques; ils seront étudiés ici isolément et dans leur ordre respectif; tous les alcools que la théorie prévoit sont actuellement connus dans cette série.

Alcools primaires.

On connaît deux alcools primaires qui sont l'alcool butylique normal,

$$CH^3\text{-}CH^2\text{-}CH^2\text{-}CH^2.OH,$$

et l'alcool isobutylique ou butylique de fermentation,

$$(CH^3)^2{=}CH\text{-}CH^2.OH$$

ALCOOL BUTYLIQUE NORMAL. — L'acide butyrique de fermentation étant l'acide normal peut servir à la préparation de l'alcool butylique normal qui a été obtenu pour la première fois de cette manière par A. Lieben et Rossi [*Compt. rend.*, t. LXVII, p. 1222; *Bull. Soc. chim.*, t. XII, p. 409, t. XVI, p. 115 et t. XIX p. 310; *Ann. Chem. Pharm.*, t. CLVIII, p. 137 et t. CLXV, p. 109].

Le mélange de butyrate et de formiate de calcium est distillé par petites portions: on rectifie le produit brut pour isoler l'aldéhyde butyrique qui bout à 75° et on le traite par l'amalgame de sodium en ayant soin de neutraliser au fur et à mesure la liqueur par l'acide sulfurique. Une autre méthode consiste à convertir l'acide butyrique normal en chlorure de butyryle et à traiter ce dernier par l'amalgame de sodium à 3 % [Saytzeff, *Zeitsch. für Chem.*, 1870, p. 105, et *Bull. Soc. chim.*, t. XIII, p. 147, et t. XIV, p. 51]. On obtient le meilleur rendement qui est de 8 % en employant 3 atomes de sodium pour une molécule de chlorure de butyryle qu'on étend préalablement de deux molécules d'acide butyrique: l'opération doit se faire dans un appareil en métal muni d'un agitateur. On isole par la distillation du butyrate de butyle qu'on saponifie ensuite. Linnemann [*Ann. Chem. Pharm.*, CLXI, p. 178 et 190 et *Bull. Soc. chim.*, t. XVII, p. 318] a étudié comparativement la réduction par l'amalgame de sodium du chlorure et de l'anhydride butyrique; ce dernier paraît donner de moins bons résultats. Dans la réduction de l'aldéhyde obtenue avec le mélange de formiate et de butyrate calciques, Linnemann signale la formation d'alcool isobutylique et de triméthylcarbinol comme produits accessoires. La production de l'alcool isobutylique et celle du triméthylcarbinol peuvent être mises en doute, car le même auteur croyait également avoir observé la présence de l'alcool isobutylique dans la réaction de l'acide azoteux sur la butylamine normale [Linnemann et Zotta, *Ann. Chem. Pharm.*, t. CLXII, p. 3 et *Bull. Soc. chim.*, t. XVII, p. 508], mais il a été démontré par V. Meyer, Barbieri et Forster [*Deutsch. chem. Gesellsch.*, 1877, p. 130 et *Bull. Soc. chim.*, t. XXVIII, p. 273] qu'il se forme uniquement de l'alcool normal et l'alcool secondaire, les produits accessoires de la réaction étant de la dibutylnitrosamine et du butylène. Il n'y a donc pas eu déplacement de carbone; il serait possible toutefois que dans la réaction pyrogénée qui donne naissance à l'aldéhyde butylique ce phénomène pût se produire plus facilement que dans la réaction simple que fournit la butylamine.

Une autre méthode indirecte, mais très élégante et avantageuse, pour préparer l'alcool butylique normal a été indiquée par Albert Fitz [*Deutsch. chem. Gesellsch.*, 1876, p. 1348, 1877, p. 276 et 1878, p. 42 et 1290 et *Bull. de la Soc. chim.*, t. XXVIII, p. 24]. On commence par faire bouillir pendant une heure une solution formée de 2000 p. d'eau, 100 p. de glycérine, 0^p,1 de phosphate de potassium, 0^p,02 de sulfate de magnésium et 1^p. de sulfate ou mieux 1^p,6 de phosphate d'ammonium, le tout additionné de 20 p. de craie. Dans ce liquide ainsi débarrassé de germes et maintenu à 37°, on sème des spores d'un bacillus particulier existant sur le foin et qu'on peut se procurer en faisant infuser le foin dans le liquide. Si l'on a ensemencé avec du foin il se développe d'abord deux bacillus dont l'un (*Bacillus subtilis*) provoque une fermentation alcoolique, l'autre plus grand (*Butylbacillus*) se développe de préférence; la plupart du temps, on le reconnaît à la coloration violette que l'iode lui communique; en choisissant dans les cultures qui ont le mieux réussi et en continuant à ensemencer d'autres, on obtient le ferment pur qu'on trouve assez facilement aujourd'hui. Selon Fitz la réaction s'accomplit à peu près suivant l'équation,

$$2C^3H^8O^3 = 2CO^2 + 2H^2 + C^4H^{10}O + H^2O,$$

elle indique une quantité d'alcool égale à 20 % du poids de la glycérine; on en a obtenu jusqu'à 16 et 18 %.

La fermentation est assez vive, il se forme une mousse épaisse et crayeuse à la surface du liquide; elle tombe au bout de 10 à 12 jours; on met alors de côté la partie crayeuse qui renferme les spores ou corpuscules germes du bacillus et on distille le liquide surnageant; si le ferment est pur, on obtient de suite de l'alcool surnageant l'eau; celle-ci est distillée à son tour. La couche huileuse déshydratée sur le carbonate de potassium sec est distillée à l'aide d'un appareil Henninger-Le Bel, pour séparer l'alcool éthylique qu'elle renferme toujours en quantité plus ou moins forte et une trace d'alcool propylique normal. Les autres produits accessoires sont les acides butyrique, acétique, caproïque et lactique, les trois derniers en très faible quantité; c'est afin de les neutraliser qu'on est obligé d'ajouter de la craie qui les sature à mesure qu'ils se forment; dans le même milieu sans craie, il se développerait des organismes tout différents. Le butylbacillus paraît anaérobie, cependant pour la germination des spores l'oxygène est nécessaire. Si l'on met 10 % de glycérine dans le liquide au lieu de 5, il ne peut les transformer en une fois, car l'acide butyrique gêne son développement : il y a formation de spores et cessation de la fermentation; celle-ci reprend si, après avoir enlevé l'alcool par la distillation du liquide surnageant la couche de spores, on le laisse refroidir et on le reverse sur les spores. Enfin la fermentation peut être arrêtée par le développement d'une bactérie qui forme de l'hydrogène sulfuré avec le sulfate d'ammonium; dans ce cas, le ferment forme encore des spores qui restent vivantes. Fitz indique que le même ferment semé dans une dissolution semblable renfermant 3 % de mannite donne 16 % du poids de la mannite en alcools bruts renfermant 2/3 d'alcool éthylique, 1/3 d'alcool butylique normal et des traces d'alcools supérieurs; en même temps il se forme un peu d'acide lactique et beaucoup d'acide succinique.

Pasteur avait déjà signalé, dans cette fermentation, la production d'un peu d'alcool butylique (probablement l'alcool normal).

Propriétés. — L'alcool butylique normal bout à 116°, sa densité à 0° est de 0,826 (Saytzeff) et de 0,8135 à 22° (Linnemann); il dissout 15 % de son volume d'eau et exige 12 parties d'eau pour se dissoudre; son odeur est analogue à celle de l'alcool isobutylique.

Chlorure, C^4H^9Cl. — On sature l'alcool par du gaz chlorhydrique; on ajoute de l'acide liquide et on chauffe en vase clos à 106° (Lieben et Rossi); la couche supérieure contient le chlorure butylique qui est rectifié, lavé à l'acide et séché. Il bout à 78°; sa densité à 0° est 0,9076.

Bromure, C^4H^9Br. — L'alcool saturé de gaz bromhydrique est chauffé pendant quelque temps à 80°, puis à 100° en vase clos; on opère comme pour le chlorure. On peut aussi laisser tomber du brome dans l'alcool chauffé au contact du phosphore, l'appareil étant monté comme pour l'iodure; cette méthode est beaucoup plus rapide; il y a formation d'une petite quantité de produits bromés supérieurs que la distillation élimine. Le bromure bout à 101°; sa densité à 0° est de 1,305, à 40° de 1,237.

Iodure, C^4H^9I. — On peut l'obtenir en chauffant l'alcool avec de l'acide iodhydrique; mais il est préférable d'ajouter de l'iode par petites portions à de l'alcool butylique additionné de phosphore et contenu dans une cornue qui communique avec un tube très large ou avec un réfrigérant ascendant; on termine à chaque fois la réaction en chauffant légèrement, et on laisse refroidir avant d'ajouter une nouvelle portion d'iode. En général, l'iodure donne des réactions plus faciles et plus avantageuses que le bromure et le chlorure. Il bout à 129°,8; sa densité à 0° est de 1,643 et à 40° de 1,589.

Éther butylique $(C^4H^9)^2O$. — Obtenu par l'action de l'iodure de butyle sur le butylate de sodium. Sa densité à 0° est de 0,784; il bout à 141°,5.

Éther éthylbutylique, $C^2H^5.O.C^4H^9$. — Il s'obtient en quantité plus forte que l'éther isobutylique correspondant dans la préparation du butylène avec l'iodure butylique et la potasse alcoolique. Sa densité à 0° est de 0,769; il bout à 91°,7.

Carbonate $(C^4H^9)^2CO^3$. — Obtenu par l'action de l'iodure butylique sur le carbonate d'argent; il y a en même temps production d'acide carbonique, de butylène, d'éther et d'alcool butyliques. Sa densité à 0° est de 0,9407; il bout à 207°.

Acétate, $C^2H^3O^2(C^4H^9)$. — Il s'obtient en faisant réagir l'iodure butylique sur l'acétate d'argent, ou l'acétate de potassium dissous dans l'acide acétique. Il est soluble dans 90 p. d'eau; sa densité à 23° est de 0,8718, il bout à 124°.

Cyanure. — Voyez CYANHYDRIQUES (ÉTHERS).

Propionate, $C^3H^5O^2(C^4H^9)$. — Sa densité à 15° est de 0,8828; il bout à 146°.

Benzoate, $C^7H^5O^2(C^4H^9)$. — Sa densité à 20° est de 1,000; il bout à 247°.

Acide sulfobutylique, $SO^4H.C^4H^9$. — Il a été préparé par Lieben et Rossi par l'action directe de l'acide sulfurique sur l'alcool; après repos, on sature le mélange par le carbonate de baryum, on en obtient le sel de baryum

$$(SO^4.C^4H^9)^2Ba + H^2O,$$

paillettes grasses au toucher, solubles dans l'eau à froid, davantage à chaud. Ce sel perd son eau de cristallisation dans le vide sur l'acide sulfurique; une fois sec, il est inaltérable à 60°, mais il brunit à 100°. En précipitant la baryte exactement par l'acide sulfurique, on peut isoler l'acide sulfobutylique.

Sulfure de butyle $(C^4H^9)^2S$. — Il a été obtenu par N. Grabowsky et A. Saytzeff [*Deutsch. chem. Gesellsch.*, 1873, p. 1258, et 1874, p. 1050; *Liebig's Ann. Chem.*, t. CLXXI, p. 251; *Bull. Soc. chim.*, t. XXI, p. 313; — Grabowsky, *Liebig's Ann. Chem.* t. CLXXV, p. 344], par l'action de l'iodure butylique sur le sulfure de potassium en solution alcoolique. Sa densité à 0° est de 0,852, et à 16° de 0,838; il bout à 182°. Traité par l'acide azotique d'une densité de 1,3, il fournit l'oxysulfure de butyle $(C^4H^9)^2SO$, corps cristallisé en aiguilles, fusible à 32°, non volatil, insoluble dans l'eau, très soluble dans l'alcool et l'éther; par réduction il fournit du mercaptan butylique. L'acide azotique concentré fournit la butylsulfone $(C^4H^9)^2SO^2$, cristaux tabulaires fusibles à 43°,5, que la réduction transforme également en mercaptan.

Mercaptan butylique, $C^4H^9.SH$. — Préparé par Grabowsky et Saytzeff [*loc. cit.*], par la réaction de l'iodure butylique sur le sulfhydrate de potassium. Sa densité à 0° est de 0,858, et à 16° de 0,843; il bout à 97-98°; l'acide azotique le transforme en acide butylsulfureux.

Acide butylsulfureux, $C^4H^9.SO^3H$. — Grabowsky [*loc. cit.*] l'a préparé en traitant le mercaptan par l'acide azotique à 1,3; il est soluble dans l'eau et incristallisable.

Sel de sodium, $C^4H^9.SO^3Na$. — Anhydre, en cristaux tabulaires, soluble à chaud dans l'eau et l'alcool.

Sel de baryum, $(C^4H^9.SO^3)^2Ba + H^2O$. — Grandes lamelles efflorescentes.

Sel de calcium, $(C^4H^9.SO^3)^2Ca + 2H^2O$. — Aiguilles groupées en boules, efflorescentes.

Sel de plomb, $(C^4H^9.SO^3)^2Pb$. — Aiguilles groupées en cercles, solubles dans l'eau, peu solubles dans l'alcool.

Sel basique de plomb,

$$(C^4H^9.SO^3)^2Pb + 2PbO^2H^2.$$

— Il s'obtient en chauffant avec l'hydrate de plomb le sel précédent; il ne perd son eau qu'au delà de 100°; il est soluble dans l'eau et forme une poussière cristalline.

Sel de cuivre $(C^4H^9.SO^3)^2Cu + 5H^2O$. — Agrégats sphériques d'aiguilles bleues. Soluble dans l'eau et l'alcool. Efflorescent.

Sel d'argent, $(C^4H^9.SO^3Ag$. — Paillettes solubles dans l'eau, peu altérées par la lumière.

SULFOCARBIMIDE. — Voy. t. III, p. 117.

BUTYLAMINE. — Lieben et Rossi [*loc. cit.*] l'ont préparée en chauffant entre 100 et 110° le chlorure de butyle avec du cyanate de potassium; le cyanate de butyle est décomposé par distillation avec la potasse et fournit la butylamine et accessoirement la di- et la tributylamine. La première bout à 75°,5, et se comporte en général comme l'ammoniaque, elle redissout les précipités formés dans les sels de cuivre et d'argent. Traitée par l'acide azoteux, la butylamine fournit les alcools normaux primaire et secondaire, et non l'alcool isobutylique.

Dibutylamine $(C^4H^9)^2AzH$. — Elle a été obtenue dans la préparation de la monamine par la méthode du cyanate; elle bout à 158-160°.

Tributylamine, $(C^4H^9)^3Az$. — lle s'obtient accessoirement dans la préparation de la monamine par le cyanate de butyle et dans celle de l'acide valérianique normal par le cyanure de butyle. Dans cette dernière opération, on l'obtient presque pure si on emploie toujours le même alcool comme véhicule dans plusieurs préparations successives. On peut isoler le mélange d'amines brutes qu'il renferme et le traiter en tubes scellés à 100° par l'iodure de butyle [Lieben et Rossi, *loc. cit.*] Elle bout à 211-215°; sa densité à 0° est 0,791.

ALCOOL ISOBUTYLIQUE[1], $(CH^3)^2CH-CH^2OH$. [Syn. *Alcool butylique de fermentation ou isopropylméthylique*]. — *Préparation*. — On trouve l'alcool isobutylique dans l'huile de pommes de terre et dans les alcools amyliques provenant des eaux-de-vie de mélasse; on l'en extrait facilement en rectifiant l'huile brute dans un bon appareil à boules de Henninger et Le Bel, avec 10 à 15 plateaux; on l'obtient dès la première rectification, et à la seconde il bout à température fixe. Il existe aussi dans le mélange à point d'ébullition fixe signalé par Pierre et Puchot (*Nachlauf* ou *queues* de distillation) qui bout à 85° environ et et qui passe après l'alcool ordinaire. Ce mélange peut être décomposé par le carbonate de potassium sec qui s'empare de l'eau; la rectification de la couche huileuse fournit alors les alcools éthylique, propylique, butylique et amylique. On observe aussi la production de ce mélange dans la rectification de l'alcool amylique brut du commerce. Enfin on trouve encore quelquefois, et en grande quantité l'alcool butylique dans les premières parties (*têtes* de distillation) qui passent pendant la rectification de l'alcool ordinaire dans un appareil à colonne industriel [Kraemer et Pinner, *Deutsch. chem. Gesellsch.*, 1869, p. 401, et 1871, p. 787; *Bull. Soc. chim.*, t. XIII, p. 341]. Pierre et Puchot ne l'ont point rencontré dans ces produits.

On trouve aujourd'hui très couramment dans le commerce l'alcool isobutylique presque pur.

On n'a pas constaté, dans les liqueurs fermentées, la présence de l'alcool butylique tertiaire, quoiqu'on trouve du chlorure tertiaire dans le chlorure d'isobutyle préparé avec l'alcool de fermentation (voyez plus loin CHLORURE D'ISOBUTYLE).

La synthèse de l'alcool isobutylique par l'acide azoteux et l'isobutylamine préparée par la réduction du cyanure d'isopropyle a été réalisée par Siersch [*Ann. Chem. Pharm.*, CXLVIII, p. 261, et *Bull. Soc. chim.*, t. XII, p. 274]; cet auteur n'a obtenu accessoirement que l'alcool tertiaire. Linnemann et Zotta [*Ann. Chem. Pharm.*, CLXII, p. 7, et *Bull. Soc. chim.*, XVII, p. 512], opérant sur l'acide isobutyrique dérivé de l'alcool isobutylique, mais qu'on peut préparer avec le cyanure d'isopropyle, ont distillé le mélange de butyrate (1 molécule) et de formiate (3/2 molécules) de calcium, ce qui a donné l'aldéhyde isobutylique bouillant entre 61 et 63°. L'aldéhyde dissoute dans 30 volumes d'eau et traitée par 20 parties d'amal-

1. Le nom d'alcool isobutylique que les chimistes allemands emploient généralement aujourd'hui est parfaitement impropre pour désigner l'alcool butylique de fermentation, le prefixe *is* devant être réservé pour les alcools secondaires. Du moment qu'on a conservé le nom d'alcool amylique à l'alcool primaire de fermentation $(CH^3)^2CH-CH^2-CH^2OH$, il fallait conserver à son homologue inférieur le nom d'alcool butylique que je lui ai primitivement donné. A. W.

game de sodium à 5 % a fourni l'alcool isobutylique passant à 106-107°, d'une densité de 0,802 à 19°, et dont l'iodure bouillait à 118-119°. Cette expérience prouve que dans ce cas il n'y a pas de changement isomérique dans le passage de l'acide à l'alcool correspondant; il est donc probable que si Linnemann a obtenu accessoirement de l'alcool isobutylique en faisant la synthèse de l'alcool butylique normal avec le cyanure de propyle, le changement isomérique n'a pas eu lieu dans la préparation de l'aldéhyde avec l'acide butyrique, mais dans la transformation du cyanure de propyle en acide butyrique.

Propriétés. — Alexejeff [*Deutsch. chem. Gesellsch.*, 1876, p. 1442], a observé que l'alcool isobutylique forme comme l'alcool amylique un hydrate plus soluble dans l'eau que l'alcool, car une solution saturée à froid se trouble quand on la chauffe, et il se sépare une couche d'alcool; au contraire, la solubilité de l'eau dans l'alcool isobutylique augmente avec la température. Distillé avec un excès d'eau, il passe dans les premières parties comme tous les corps gras solubles; cette propriété est utilisée pour le retirer des dissolutions très étendues.

Action des oxydants. — I. Pierre et Puchot [*Compt. rend.*, t. LXIX, p. 266 et *Bull. Soc. chim.*, t. XIII, p. 150] avaient annoncé que l'oxydation par le dichromate de potassium et l'acide sulfurique fournit de l'aldéhyde butyrique, du butyrate de butyle et de l'acide butyrique. Erlenmeyer [*Deutsch. chem. Gesellsch.*, 1870, p. 897, et *Bull. Soc. chim.*, t. XV, p. 91] a rectifié cette conclusion et a caractérisé l'acide obtenu comme isomère de l'acide butyrique normal obtenu par la fermentation butyrique du glucose; il a signalé comme produit d'oxydation plus avancé l'acide acétique sans acide propionique. Barbaglia [*Deutsch. chem. Gesellsch.*, 1873, p. 910] a signalé parmi ces produits d'oxydation l'acétone qu'il attribuait à la présence d'alcool isopropylique. G. Kraemer [*Deutsch. chem. Gesellsch.*, 1874, p. 252 et *Bull. Soc. chim.*, t. XXII, p. 189] a montré que cette acétone s'obtient avec l'alcool parfaitement pur; elle est, du reste, un produit d'oxydation de l'acide isobutyrique; l'aldéhyde isobutyrique fournit de même, par l'action du chlore, de l'acétone trichlorée.

Chlorure, $(CH^3)^2CH\text{-}CH^2Cl$. — Prunier [*Compt. rend.*, t. LXXX, p. 1003 et *Bull. Soc. chim.*, t. XXIV, p. 24] a étudié l'action du chlore à 80° passant dans le chlorure chauffé dans un appareil à reflux. On obtient différents corps de plus en plus chlorés; le plus riche en chlore, $C^4H^4Cl^6$, bout à 146-148° sous une pression de 45 à 50 millimètres; sa densité est de 1,67. Si on chauffe ce corps en vase scellé à 250° avec du chlorure d'iode, il y a décomposition et formation de CCl^4, C^2Cl^6 et C^3Cl^8 [Kraffts et Merz, *Deutsch. chem. Gesellsch.*, 1875, p. 1045 et 1296, et *Bull. Soc. chim.*, t. XXVI, p. 76].

Quand on prépare le chlorure d'isobutyle par l'alcool et l'acide chlorhydrique, la réaction est notablement plus difficile que pour les alcools normaux. Dans cette préparation on obtient accessoirement du chlorure tertiaire [Boutlerow, *Zeits. für Chem.*, 1867, p. 367, et *Bull. Soc. chim.*, t. VIII, p. 268]. Ce fait, joint à l'observation que l'iodure préparé avec l'alcool de fermentation traité par l'acétate d'argent fournit un éther dont la saponification par la potasse alcoolique donne un mélange d'alcool isobutylique et d'alcool tertiaire, avait fait penser que l'alcool tertiaire se trouve dans l'alcool de fermentation. On n'a jamais pu isoler ce dernier, quoique les queues d'alcools de mélasse et de pommes de terre aient été examinées et séparées par distillation avec grand soin par plusieurs chimistes, en particulier par I. Pierre et Puchot; ceci était de nature à faire douter de la présence de l'alcool tertiaire. Freund [*Journ. für prakt. Chem.* (2), t. XIII, p. 25 et *Bull. Soc. chim.*, t. XXVI, p. 78] a montré qu'en chauffant l'alcool isobutylique avec l'acide chlorhydrique sec à 100° on n'obtient que 3 % de chlorure tertiaire, tandis qu'en chauffant avec 7 parties d'acide aqueux saturé, on en obtient jusqu'à 30 % : la présence du chlorure tertiaire est donc due à une transformation isomérique; il en est de même dans les expériences de Linnemann.

Bromure, $(CH^3)^2CH\text{-}CH^2Br$. — Chapmann l'a préparé en saturant l'alcool de gaz bromhydrique et en chauffant à 100° en vase clos avec un excès d'acide aqueux saturé. Point d'ébullition, 92°, densité à 16°, 1,1270. Eltekoff [*Deutsch. chem. Gesellsch.*, 1873, p. 1258] a trouvé qu'il suffit de chauffer ce corps à 230-240° pendant un certain temps pour le transformer en bromure tertiaire. Merz et Weith [*Deutsch. chem. Gesellsch.*, 1878, p. 2244] ont étudié l'action du brome additionné d'iode sur le bromure d'isobutyle qui, d'après Wahl, se brome plus facilement que le bromure normal. En opérant en vase clos à 150-170° ces auteurs ont obtenu le corps $C^4H^4Br^6$ correspondant au corps chloré; il fond à 108-109° et se décompose en distillant. A 320° la réaction du brome va plus loin et l'on obtient un corps fusible à 52-53° de la formule $C^4H^2Br^6$; ensuite la molécule se détruit avec production de corps perbromés moins carbonés.

Iodure, $(CH^3)^2CH\text{-}CH^2I$. — On peut le préparer en chauffant l'alcool avec une solution saturée d'acide iodhydrique, mais il vaut mieux introduire l'iode peu à peu dans l'alcool placé dans une cornue tubulée communiquant avec un réfrigérant à reflux et contenant du phosphore; on achève chaque fois la réaction en chauffant et on laisse refroidir avant d'ajouter une nouvelle portion d'iode. Point d'ébullition, 121°; densité à 0° = 1,6301. L'iodure réagit assez facilement sur les métaux et les sels. Linnemann [*Ann. Chem. Pharm.*, CLIV, p. 130 et 367; t. CLXII, p. 12; t. CLXX, p. 211 et *Bull. Soc. chim.*, t. XIV, p. 160, 234; t. XVII, p. 513] a montré que l'iodure traitée par l'acétate d'argent fournit un éther acétique qui saponifié par la potasse alcoolique, ou mieux par la baryte, fournit de l'alcool isobutylique avec des proportions plus ou moins fortes d'alcool tertiaire, suivant la façon dont on opère; si l'on ajoute de l'acide acétique à l'acétate d'argent on obtient une forte proportion de ce dernier; enfin, si on traite l'iodure par de l'oxyde d'argent, ou de mercure on n'obtient presque que de l'alcool tertiaire. Boutlerow [*Ann. Chem. Pharm.*, t. CLXVIII, p. 145] a confirmé ces résultats, mais il a obtenu des quantités moins fortes de triméthylcarbinol.

Mercure-isobutyle $(C^4H^9)^2Hg$. — On le prépare, comme le mercure-éthyle, par l'action de l'amalgame de sodium à 2 % sur l'iodure d'isobutyle additionné de 10 % d'éther acétique. C'est un liquide incolore, bouillant à 205-207°, d'une densité de 1,835 à 15°. L'iode l'attaque vivement en donnant des lamelles brillantes d'*iodure de mercure-mono-isobutyle*. Ce dernier réagit à chaud sur l'oxyde d'argent humide et fournit l'*hydrate* $C^4H^9.Hg.OH$, qui, par évaporation de sa solution aqueuse, se dépose en petits cristaux. Les sels correspondant à cet hydrate sont en général peu solubles [A. Cahours, *Compt. rend.*, t. LXXVII, p. 1403; *Bull. Soc. chim.*, t. XXI, p. 356].

Zinc-isobutyle. — Il se forme par l'action à 120-130° du zinc sur le mercure-isobutyle. Rectifié dans un courant de gaz carbonique, il constitue un liquide incolore, bouillant à 188°, qui fume à l'air et s'enflamme lorsqu'il est un peu chaud. Par l'action des trichlorures de phosphore et d'arsenic, il produit la *phosphine* et l'*arsine* d'isobutyle. L'arsenic en poudre réagit à 175° sur l'iodure d'isobutyle et forme des cristaux rouges, combinaison d'iodure d'arsenic et de triisobutylarsine [A. Cahours, *loc. cit.*].

Stannisobutyle. — L'alliage d'étain avec 6 °/₀ de sodium attaque facilement à 100° l'iodure d'isobutyle et fournit l'*iodure de stanntriisobutyle* $Sn(C^4H^9)^3I$, liquide dense, bouillant à 292-296°. Densité = 1,540 à 15°. Distillé sur des fragments de potasse, il se transforme en *hydrate* volatil qui se concrète lentement en une masse amorphe. *L'acétate* forme des prismes minces, très brillants. Le *sulfate* se dépose de sa solution alcoolique sous forme d'un liquide huileux qui se concrète à la longue en une masse de prismes entrecroisés. Il en est de même du *nitrate*.

En même temps que l'iodure de stanntributyle, il se produit une petite quantité d'un corps cristallin, probablement l'*iodure de stanndiisobutyle*; par la distillation sur la potasse, il fournit également l'hydrate de stanntriisobutyle [A. Cahours, *loc. cit.*].

Aluminium-isobutyle, $Al^2(C^4H^9)^6$. — Liquide fumant à l'air qui se produit par l'action de l'aluminium sur le mercure-isobutyle à 125-130°. L'eau le décompose énergiquement en isobutane et hydrate d'aluminium [A. Cahours, *loc. cit.*].

Silicate, $Si(OC^4H^9)^4$. — Obtenu par la réaction du chlorure de silicium sur l'alcool butylique; corps stable, non décomposé par l'eau, bouillant à 256-260°. Densité à 15° = 0,953. Il réagit sur le chlorure de silicium et forme des chlorhydrines siliciques (Cahours).

Oxalate, $C^2O^4(C^4H^9)^2$. — Cahours l'a préparé [*Compt. rend.*, t. LXXVII, p. 1403, et *Bull. Soc. chim.*, t. XXI, p, 256], en faisant réagir l'acide oxalique partiellement déshydraté, sur l'alcool isobutylique. Il bout à 224-226°, sa densité à 14° est de 1,002; il est insoluble dans l'eau et soluble dans l'alcool. Traité par la potasse alcoolique, il fournit l'isobutyloxalate de potassium, et par l'ammoniaque, l'oxaméthane isobutylique. Dans la réaction de l'acide oxalique desséché (2 molécules) sur l'alcool butylique (1 molécule), on rencontre outre l'oxalate neutre de l'oxalate acide qui se décompose déjà vers 155°, en acide carbonique et formiate d'isobutyle, ce dernier passe à 92-96°. Si l'on opère de même avec l'alcool isopropylique, celui-ci échappe presque entièrement à la réaction, surtout quand il est mélangé à l'alcool primaire, qui réagit seul. Cette méthode peut servir pour séparer les alcools secondaires et peut-être tertiaires, mélangés aux alcools primaires [Cahours et Demarçay, *Compt. rend.*, t. LXXXIII, p. 688 et *Bull. Soc. chim.*, t. XXVII, p. 511].

Acétate, $C^2H^3O^2(C^4H^9)$. — Préparé en chauffant en vase clos un mélange d'acide acétique cristallisable et d'alcool isobutylique saturé d'acide chlorhydrique; on lave avec de l'eau et du carbonate de potassium étendu [Chapmann et Smith, *Journ. of the chem. Soc.*, t. VII, p. 153, et *Bull. Soc. chim.*, t. XII, p. 463]. Linnemann l'a obtenu par la réaction de l'iodure sur l'acétate d'argent; il bout à 113-115°.

Isobutyrate, $C^4H^7O^2(C^4H^9)$. — Dans la préparation de l'acide isobutyrique par l'oxydation de l'alcool par le dichromate de potassium et l'acide sulfurique, Is. Pierre et Puchot [*loc. cit.*] ont obtenu des quantités notables de cet éther. On peut aussi le préparer en chauffant l'acide isobutyrique, l'alcool et l'acide chlorhydrique; il bout à 149°,5, sa densité à 0° est de 0,872, et à 51°,8, de 0,8245.

Oxyde d'isobutyle $(C^4H^9)^2O$. — Puchot l'a obtenu en grande quantité dans la préparation de l'isobutylène par l'alcool isobutylique et l'acide sulfurique (*Suppl.*, p. 374); il bout à 98°.

Azotate, $AzO^5.C^4H^9$. — On mélange l'alcool avec 2 vol. d'acide sulfurique et 1 vol. d'acide azotique à 1,4, on laisse reposer, on étend d'eau, puis on lave avec l'eau et le carbonate de potassium et on rectifie; il bout à 123°; sa densité à 0° est de 1,0384 [Chapmann et Smith, *loc. cit.*].

Azotite, $AzO\text{-}O\text{-}C^4H^9$. — Obtenu par les auteurs précédents, en dirigeant un courant de vapeurs nitreuses dans l'alcool refroidi. Le produit de la réaction, lavé à l'eau et rectifié, fournit l'éther azoteux qui bout à 67°, sa densité à 0° est de 0,8944.

Isonitrobutane, $C^4H^9\text{-}AzO^2$. — Demole l'a obtenu en faisant agir l'iodure d'isobutyle sur l'azotite d'argent [*Ann. Chem. Pharm.*, t. CLXXV, p. 142; *Deutsch. chem. Gesellsch.*, 1874, p. 710; *Bull. Soc. chim.*, t. XXII, p. 153]. L'iodure d'isobutyle est ajouté par petites portions à l'azotite d'argent sec mêlé à un égal volume de sable et renfermé dans un appareil à reflux. On sépare par la distillation les produits de la réaction qui contiennent parties égales d'éther azoteux et d'isonitrobutane. C'est une huile insoluble dans l'eau, douée d'une légère odeur de menthe, bouillant à 137-140°, par conséquent 12° plus haut que le nitropropane normal. Il se dissout dans la potasse et les acides le séparent de nouveau, mais la soude alcoolique ne fournit point de précipité, ce qui le distingue des homologues inférieurs. Par l'acide acétique et la limaille de fer, il fournit l'isobutylamine; le brome donne des produits de substitution passant entre 135 et 190°, et qui contiennent un corps mono et un corps bibromé, et si l'on traite le mélange par la potasse, le second reste non dissous: c'est une huile attaquant les yeux fortement et bouillant à 180-185°. Agité avec une dissolution de nitrite de potassium contenant de la potasse libre, puis additionné goutte à goutte d'acide sulfurique étendu, l'isonitrobutane donne la coloration rouge des acides nitroliques (Suppl., p. 78).

Isobutylamine, $C^4H^9.AzH^2$. — Au lieu d'employer la méthode des cyanates, Reimer [*Deutsch. chem. Gesellsch.*, 1870, p. 756, et *Bull. Soc. chim.*, t. XIV, p. 395] chauffe l'iodure d'isobutyle à 150° avec une solution alcoolique d'ammoniaque; l'alcool étant chassé par la distillation, on traite par la potasse pour mettre les amines en liberté, et on les sépare approximativement par distillation. La partie volatile avant 110° est traitée par l'éther oxalique, qui fournit facilement la diisobutyloxamide

$$C^2O^2(AzH.C^4H^9)^2$$

qu'on purifie par des cristallisations. Par la potasse, on régénère l'isobutylamine qui bout à 62-65°; d'après Mac. Hughes et Roemer, à 65°,5; par la méthode des cyanates, on n'obtient qu'un mélange d'isobutylamine et de triméthylcarbinolamine [Linnemann, *Ann. Chem. Pharm.*, t. CLXII, p. 19; — Hoffmann, *Deutsch. chem. Gesellsch.*, 1874, p. 508.].

Diisobutylamine $(C^4H^9)^2AzH$. — La fraction 110-130° fournie par l'opération précédente (Reimer), est mise en digestion avec l'éther oxalique, elle fournit le diisobutyloxamate d'éthyle

$$(C^4H^9)^2Az\text{-}CO\text{-}OC^2H^5$$

qui régénère par la potasse la diisobutylamine pure bouillant à 120-122°.

Triisobutylamine, $(C^4H^9)^3Az$. — Les portions passant après 130° dans l'opération précédente, sont de nouveau traitées par l'iodure isobutylique jusqu'à ce que la base mise en liberté bouille à 177-180°. On n'a pas réussi à préparer l'iodure de tétrabutylammonium : quand on chauffe l'iodure et la tributylamine, il se forme du butylène et de l'acide iodhydrique. D'après Smidt et Sachleben [*Deutsch. chem. Gesellsch.*, 1878, p. 729 et 732], on obtient des quantités notables de triisobutylamine dans la préparation de l'acide valérianique par le cyanure d'isobutyle, quand on emploie pour dissoudre l'iodure d'isobutyle et le cyanure de potassium toujours le même alcool rectifié sur la potasse et séché après chaque opération. Densité à 21° = 0,785; point d'ébullition, 184-185°. Le sel de platine cristallise en belles tables analogues à l'hydrate de baryum.

Isobutylphosphines. — Voyez PHOSPHINES.

Isobutylcarbylamine. — Voyez ÉTHERS CYANHYDRIQUES.

Sulfocyanates. — Voyez t. III, p. 112.

Chloroxycarbonate, $C^4H^9.O.COCl$. — Voyez CARBONE, *Suppl.*

Acide isobutylxanthique, $C^4H^9O\text{-}CS\text{-}SH$, *disulfure isobutylxanthique* $(C^4H^9O.CS)^2S$ *et dérivés* (voy. CARBONE, n° 10, Sulfocarbonates, Suppl.).

Sulfocarbonate d'isobutyle, éthylthiocarbonate d'isobutyle,

$$CO(SC^2H^5)OC^4H^9,$$

et *isobutylthiocarbonate d'éthyle*,

$$CO(SC^4H^9)OC^2H^5.$$

(voy. CARBONE, n° 10, Sulfocarbonates, Suppl.).

Mercaptan isobutylique, $C^4H^9.S.H.$ — Mylius [*Deutsch. chem. Gesellsch.* 1872, p. 978] a observé que ce corps, traité par l'acide azotique à 1,30, produit principalement l'acide isobutyl-sulfureux; l'huile insoluble citée comme produit principal par Humann [*Ann. Chem. Pharm.*, t. XCV, p. 256], ne s'obtient qu'en petite quantité quand le corps est pur; on doit l'attribuer à la présence d'un peu de sulfure d'isobutyle.

Sulfure d'isobutyle, $(C^4H^9)^2S$. — La préparation de ce corps est la même que celle du sulfure normal; il bout à 172-175°. Chauffé au bain-marie avec l'acide azotique concentré, il fournit l'oxysulfure $(C^4H^9)^2SO$ qu'on peut extraire par l'éther, et qui forme des aiguilles fusibles à 41°.

Acide isobutylsulfureux, $C^4H^9.SO^3H$. — On l'obtient par l'oxydation au bain-marie du mercaptan par l'acide azotique à 1,30. Le sel de plomb traité par l'hydrogène sulfuré fournit l'acide pur, qui forme une bouillie cristalline. Avec l'acide libre et l'oxyde d'argent, on obtient le sel d'*argent* $C^4H^9.SO^3Ag$, paillettes solubles dans l'eau et l'alcool, résistant bien à la lumière. Traité par le chlorure de baryum, il fournit le sel de *baryum*, $(C^4H^9.SO^3)^2Ba$, cristallisant en petites aiguilles blanches. Le sel de *plomb* s'obtient par l'acide brut et l'oxyde de plomb; il se forme un sel basique en même temps. Le sel de *cuivre* forme des paillettes verdâtres très solubles [Mylius, *loc. cit.*].

Chlorure isobutylsulfurique, $C^4H^9OSO^2Cl$. — Behrend [*Deutsch. chem. Gesellsch.*, 1876, p. 1338, et *Bull. Soc. chim.*, t. XXVII, p. 508], l'obtient en laissant tomber goutte à goutte l'alcool dans le chlorure de sulfuryle bien refroidi; on chauffe doucement à la fin pour achever la réaction. Si on laissait tomber le chlorure dans l'alcool, on obtiendrait le sulfate diisobutylique. Le chlorure se décompose lentement à froid et d'une manière explosive à 80°; traité par l'eau, il fournit l'acide isobutylsulfurique et HCl.

Acide isobutylsulfurique, $C^4H^9.SO^4H$. — Indépendamment de la réaction précédente, on obtient cet acide, d'après Orlowsky [*Deutsch. chem. Gesellsch.*, 1876, p. 332], par la réaction de la chlorhydrine sulfurique sur l'alcool isobutylique; ses propriétés sont données t. I, p. 679.

Alcool butylique secondaire.

Ce corps, appelé aussi éthylméthylcarbinol, a pour formule

$$CH^3\text{-}CH^2\text{-}CH.OH\text{-}CH^3.$$

Il a été isolé et décrit par de Luynes [*Compt. rend.*, t. LVI, p. 803, et t. LVIII, p. 1089; *Ann. de Chim. et Phys.* (4), t. II, p. 385]. Les corps décrits t. I, p. 677, sous le titre de dérivés du butylène, correspondent à l'alcool secondaire. La densité de cet alcool à 0° est de 0,827, et son point d'ébullition 99° à la pression de 739 millimètres, d'après Lieben.

Préparation. — Le procédé le plus avantageux est celui employé par de Luynes par l'iodure secondaire et l'acétate d'argent; on peut y substituer l'acétate mercureux, qui est moins cher, mais le rendement est moins avantageux. L'iodure se prépare du reste, plus simplement qu'avec l'érythrite, par l'action de l'acide iodhydrique sur le butylène. Lieben, qui s'est servi de l'acétate d'argent, l'avait délayé, à l'exemple de Wurtz, dans l'acide acétique glacial. Un procédé de préparation excellent consiste à hydrogéner la méthyléthylacétone $C^2H^5\text{-}CO\text{-}CH^3$. Linnemann et Zotta [*Ann. Chem. Pharm.*, t. CLXII, p. 1, et *Bull. Soc. chim.*, t. XVII, p. 512] obtenaient cette acétone en faisant agir l'eau à 150° sur le bromure de butylène. Un procédé plus avantageux consite à distiller un mélange d'acétate et de propionate de calcium dissous et desséchés ensemble. Cette opération peut se faire dans des tubes de fer renfermant 100 grammes d'acétopropionate et placés sur la grille à analyse; on isole par distillation la méthyléthylacétone. Au lieu d'employer l'amalgame de sodium, il vaut mieux, suivant l'indication de Friedel et Silva, ajouter du sodium à l'acétone formant une couche de 1 centimètre sur une couche égale de carbonate de potassium (voir pour les détails de cette opération ALCOOL ISOPROPYLIQUE dans ce *Suppl.*),

Lieben [*Ann. Chem. Pharm.*, t. CL, p. 87 et 106, et t. CLI, p. 121; *Bull. Soc. chim.*, t. XII, p. 282 et 376] a traité le butylène symétrique

$$CH^3\text{-}CH{=}CH\text{-}CH^3,$$

par l'acide hypochloreux, et a réduit par l'amalgame de sodium la chlorhydrine :

$$CH^2\text{-}CHCl\text{-}CH.OH\text{-}CH^3,$$

du glycol bisecondaire; le rendement en alcool secondaire est minime.

On obtient pareillement cet alcool en faisant réagir le zinc-éthyle sur l'iodhydrine du glycol

$$CH^2.OH\text{-}CH^2I,$$

recouverte de benzine [Butlerow et Ossokine, *Ann. Chem. Pharm.*, t. CXLV, p. 265]. On obtient d'abord un corps solide de la formule

$$C^4H^9\text{-}O\text{-}Zn\text{-}C^2H^5$$

qu'une addition d'eau décompose en hydrure d'éthyle et en alcool secondaire. Dans cette réaction comme dans plusieurs autres du zinc-éthyle, il y a transformation isomérique, car théoriquement c'est l'alcool normal qui devrait prendre naissance.

Kannonikoff et Saytzeff [*Deutsch. chem. Gesellsch.*, 1874, p. 1750, et *Bull. Soc. chim.*, t. XXIII, p. 180] obtiennent de l'alcool butylique secondaire en faisant réagir, en présence du zinc en poudre, le formiate d'éthyle sur un mélange d'iodures de méthyle et d'éthyle. La réaction est représentée par l'équation

$$CH^3I + C^2H^5I + 2\,Zn + H\text{-}CO\text{-}O\text{-}C^2H^5 = ZnI^2 + ZnO + CH^3\text{-}CH(OC^2H^5)C^2H^5;$$

la réaction fournit un magma que l'on dissout dans H Cl, ensuite on isole par distillation les parties huileuses et on les sèche. Les auteurs les ont converties, par l'action de l'acide iodhydrique, en iodures qui ont été purifiés par distillation. On pourrait aussi fractionner l'éther, puis isoler l'alcool directement de l'éther en saturant par un équivalent d'acide iodhydrique gazeux qui, d'après Silva, donne l'iodure le plus simple et l'alcool le plus élevé qui serait l'alcool secondaire.

Éther éthylbutylique secondaire,

$C^2H^5.O.C^4H^9.$

— Indépendamment du procédé qui précède, cet éther a été préparé par l'action du zinc-éthyle sur l'oxychlorure d'éthylidène en présence d'éther anhydre [Kessel, *Deutsch. chem. Gesellsch.*, 1874, p. 291, et *Bull. Soc. chim.*, t. XXII, p. 179]; il bout à 120-122°.

Mercaptan butylique secondaire, $C^4H^9.SH$. — Reymann [*Deutsch. chem. Gesellsch.*, 1874, p. 128 et *Bull. Soc. chim.*, t. XXIII, p. 506] l'a obtenu en faisant digérer l'iodure avec une solution alcoolique de sulfhydrate de potassium. C'est une huile insoluble dans l'eau, soluble dans l'alcool, d'une odeur repoussante d'assa fœtida; il bout à 84-85°, sa densité à 17° est 0,8299. Il ne réagit pas comme les autres mercaptans sur l'oxyde mercurique, fraîchement précipité; mais si l'on dissout du chlorure mercurique et le mercaptan dans l'alcool, on obtient le mercaptide : $(C^4H^9S)^2Hg$ en paillettes insolubles dans l'alcool froid mais solubles à chaud. Le mercaptide d'argent se prépare de même par double échange; il forme de petites aiguilles blanches qui s'altèrent pendant la dessiccation. Le mercaptide de cuivre est un beau sel jaune, également très instable.

Sulfure butylique secondaire, $(C^4H^9)^2S$. — Il se prépare en laissant digérer l'iodure secondaire avec une solution alcoolique de monosulfure de potassium. C'est un liquide mobile d'une odeur d'ail désagréable; il ne se dissout pas dans l'eau, mais facilement dans l'alcool et l'éther; il bout à 165°; sa densité à 23° est de 0,8317. Chauffé à 100° avec de l'iodure de méthyle, il ne s'y combine point; il se forme entre autres produits l'iodure de triméthylsulfine $(CH^3)^3SI$.

Butylamine secondaire, $C^4H^9.AzH^2$. — Reymann l'a préparée en traitant l'essence de *Cochlearia officinalis* ou sulfocarbimide butylique secondaire par l'acide sulfurique concentré. On peut aussi traiter l'iodure butylique par le cyanate d'argent; le cyanate butylique avec l'ammoniaque aqueuse donne, suivant Wurtz, une urée substituée que la potasse attaque en fournissant l'amine primaire. Enfin on peut faire réagir à froid l'ammoniaque aqueuse sur l'iodure; il ne se forme, dans cette réaction, que peu de butylène et d'amines supérieures et pas du tout d'iodure de tétrabutylammonium. La butylamine secondaire bout à 63°; son chloroplatinate cristallise en paillettes jaunes. Elle précipite les sels de plomb, de cuivre, d'argent et d'alumine, mais un excès redissout les oxydes d'argent et d'alumine tandis que l'isobutylamine redissout les oxydes de cuivre et de zinc et que la butylamine normale redissout les oxydes d'argent et de cuivre. Enfin l'amine secondaire n'attaque pas l'éther oxalique même à 100°.

Nitrobutane secondaire, $C^4H^9.AzO^2$. — Il se prépare, suivant Meyer et Locher, avec le nitrite d'argent et l'iodure de butyle; il n'a pas été isolé à l'état pur. Le produit brut de cette réaction est agité avec du nitrite de potassium, dissous dans la potasse concentrée jusqu'à ce qu'il ne se dissolve plus rien; on sépare de l'huile surnageant la couche aqueuse et en neutralisant par l'acide sulfurique on sépare le pseudonitrol

$CH^3\text{-}CH^2\text{-}C.(AzO.AzO^2)\text{-}CH^3;$

corps blanc et cristallin à l'état solide. Sa dissolution est d'un bleu si intense qu'on peut mettre sa présence en évidence avec 0 gr. 5 d'iodure secondaire. Les corps obtenus dans les mêmes circonstances avec les iodures primaires sont rouges et les iodures tertiaires ne produisent pas de réaction colorée. Le pseudonitrol est insoluble dans l'eau et les acides, soluble à chaud dans l'alcool et l'éther et à froid dans le chloroforme, dissolvant qu'on emploie pour le purifier.

Sulfocarbimide butylique secondaire,

$C^4H^9.Az.CS.$

— [Syn. *Essence de Cochléaria*]. Voyez t. III, p. 118.

Alcool butylique tertiaire.

[Syn. *Triméthylcarbinol*]. Cet alcool et ses dérivés sont décrits à l'article triméthylcarbinol, t. III, p. 511.

Triméthylcarbinolamine, $C^4H^9.AzH^2$. — Hofmann [*Deutsch. chem. Gesellsch.*, 1874, p. 514] a répété la préparation indiquée par Linnemann par le cyanate de potassium et l'iodure d'isobutyle; il se forme effectivement de l'amine tertiaire, mais le produit principal est l'isobutylamine : cette transformation isomérique est donc partielle comme toutes les autres observées par Linnemann. L'amine se produit en assez forte proportion dans la préparation de l'acide triméthylacétique par le cyanure butylique tertiaire; elle bout à 45° [Rudneff, *Deutsch. chem. Gesellsch.*, 1876, p. 988]. Traitée par le sulfure de carbone et le chlorure mercurique, elle fournit l'essence de moutarde ou sulfocarbimide butylique tertiaire, $C^4H^9.Az.CS$, bouillant à 142° et fondant à 10°. L'amine tertiaire se combine à la température ordinaire avec l'iodure; la diamine n'a pas été isolée.

Nitrobutane tertiaire, $(CH^3)^3\equiv C\text{-}AzO^2$. — [Tcherniac, *Deutsch. chem. Gesellsch.*, 1874, p. 962]. Elle s'obtient en petite quantité par l'azotite d'argent et l'iodure tertiaire; il se forme en même temps beaucoup de butylène. Elle n'engendre ni un composé nitrolique coloré, ni un dérivé bromé; la réaction par l'acide acétique et le fer fournit beaucoup de butylène et un peu de monamine tertiaire.

J.-A. Le Bel.

BUTYRIQUE (ACÉTONE) (*butyrone, dipropylacétone, propylbutyryle*), $C^3H^7\text{-}CO\text{-}C^3H^7$. — La butyrone qu'on obtient en distillant le butyrate de calcium de fermentation est presque pure. Densité à 20° = 0,819. Elle ne se combine pas aux bisulfites. Elle a été signalée dans le produit de la distillation d'un mélange d'acétate et de butyrate de calcium.

Oxydée par un mélange de dichromate de potassium et d'acide sulfurique, elle fournit les acides propionique et butyrique [Kurtz, *Bull. Soc. chim.*, t. XVII, p. 320].

Quand on la distille avec du perchlorure de phosphore, on obtient les produits $C^7H^{14}Cl^2$, bouillant à 181°, et $C^7H^{13}Cl$, bouillant à 141° [Tawildaroff, *Bull. Soc. chim.*, t. XXVII, p. 370]. Ces deux dérivés avaient été déjà signalés dans la même réaction par Friedel.

Traitée par l'hydrogène naissant, la butyrone (bouillant à 144°) se transforme en alcool pseudoheptylique, qui, par son oxydation, régénère la butyrone, ce qui en fait l'alcool secondaire

$$C^3H^7\text{-}CH.OH\text{-}C^3H^7.$$

En même temps il se fait de la *butyropinacone* (voyez ce mot). [Kurtz, *Ann. Chem. Pharm.*, t. CLXI, p. 205].

En faisant agir l'iodure d'allyle et le zinc sur la butyrone, P. et A. Saytzeff ont obtenu l'*allyldipropylcarbinol*. A. Gautier.

BUTYRIQUES (ACIDES). — Il ne peut, d'après nos théories actuelles, exister que deux acides butyriques, savoir :

$$\begin{matrix} CH^3 & & CH^3 \\ CH^2 & \text{et} & CH\text{-}CO^2H \\ CH^2 & & CH^3 \\ CO^2H & & \end{matrix}$$

Le premier est l'acide *butyrique normal*, le second l'acide *isobutyrique*.

Acide butyrique normal.

Préparation et modes de formation. — L'*acide butyrique normal* se produit dans la fermentation des glucoses et des hydrates de carbone. C'est aussi celui que l'on trouve dans la butyrine du beurre de vache (Grünzweig). L'acide obtenu par l'oxydation de la conicine, par la saponification de l'essence de panais (Renesse), est encore de l'acide normal.

Grillone [*Bull. Soc. chim.*, t. XIX, p. 308] prend pour préparer l'acide normal 5 kilogrammes de riz, qu'il fait bouillir avec 60 kilogrammes d'eau. Après vingt-quatre heures, il ajoute 60 grammes de malt délayé dans 2 litres de lait, 1 kilogramme de viande hachée et 2 kilogrammes de craie. Après quelques semaines, il porte la liqueur à 80°, filtre, sature par du carbonate sodique, filtre de nouveau et décompose le butyrate par l'acide sulfurique. Il se forme dans cette préparation un peu d'acide acétique, de l'acide butyrique normal et un autre acide qui paraît être l'acide caproïque normal. Il ne semble pas se former d'acide valérique.

L'acide butyrique existe souvent en petite quantité dans la glycérine brute et peut en être extrait [Perutz, *Bull. Soc. chim.*, t. IX, p. 422].

L'acide succinique chauffé à 280° avec une proportion d'acide iodhydrique insuffisante pour le transformer complètement en hydrure de butylène, donne naissance à de l'acide butyrique :

$$C^4H^6O^4 + 6\,H = C^4H^8O^2 + 2\,H^2O$$

[Berthelot, *Bull. Soc. chim.*, t. IX, p. 455].

L'hydrogène naissant transforme l'acide crotonique en acide butyrique [Bulk, *Bull. Soc. chim.*, t. VII, p. 256].

Un acide butyrique a été obtenu par l'oxydation de l'allyldipropylcarbinol [*Bull. Soc. chim.*, t. XXX, p. 537].

L'acide éthylcrotonique

$$\begin{matrix} CH^3\text{-}CH^2 \\ CH^3\text{-}CH \end{matrix} \gtrdot C\text{-}CO^2H,$$

se dédouble par la potasse en acide acétique et acide butyrique (probablement normal) [*Bull. Soc. chim.*, t. XXI, p. 29].

Propriétés. — L'acide *butyrique normal ou de fermentation* obtenu soit comme il a été dit plus haut, soit par la décomposition du butyronitrile (ou cyanure propylique provenant de l'alcool de fermentation), est un liquide incolore, très acide, soluble en toutes proportions dans l'eau, inactif sur la lumière polarisée. Sa densité à 14°, est de 0,9601. Il se concrète dans un mélange de glace et de sel. Il bout à 160°,4 [Linnemann et Zotta, *Zeitschr. Chem.*, 1871, p. 513].

En présence d'un excès d'acide iodhydrique et à la température de 275°, l'acide butyrique est intégralement transformé en hydrure de butyle, suivant l'équation :

$$C^4H^8O^2 + 6HI = C^4H^{10} + 2H^2O + 6I$$

[Berthelot, *Bull. Soc. chim.*, t. VII, p. 62].

L'acide butyrique normal, oxydé lentement en liqueur neutre ou alcaline par le permanganate de potassium, fournit les acides carbonique, oxalique, acétique, propionique et succinique. Ce dernier se produit suivant l'équation :

$$C^4H^8O^2 + 3O = C^4H^6O^4 + H^2O.$$

On ne retrouve toutefois dans les produits formés qu'une faible proportion d'acide succinique, celui-ci se transformant à son tour par oxydation en acides oxalique et carbonique [Berthelot, *Bull. Soc. chim.*, t. VIII, p. 393].

La chlorohydrine sulfurique $SO^2(OH)Cl$ chauffée avec l'acide butyrique, donne l'acide disulfopropiolique $C^3H^8S^2O^6$ [Baumstark, *Bull. Soc. chim.*, t. VII, p. 152].

L'acide butyrique normal peut se transformer en acide isobutyrique. Erlenmeyer a observé que lorsqu'on chauffe à plusieurs reprises une solution de butyrate de calcium normal, il se forme peu à peu de l'isobutyrate. Mais cette transformation n'atteint que le dixième environ de la totalité du sel et demande un long temps pour s'opérer.

Acide isobutyrique.

L'acide *isobutyrique* obtenu par le cyanure d'isopropyle (Voyez t. II, p. 138) se prépare aussi par l'oxydation de l'alcool butylique de fermentation. Cet acide distille régulièrement à 155°,5 sous la pression de 760mm. Sa densité à 0° est de 0,9697 ; densité à 52°,6 = 0,916. Il n'exerce pas d'action sur la lumière polarisée [Is. Pierre et Puchot, *Compt. rend.*, t. LXXV, p. 1005].

L'acide retiré par distillation directe du fruit du caroubier (*Ceratonia siliqua*) est de l'acide isobutyrique [1]. Il en est de même de celui qui a été obtenu par Williams en dédoublant l'acide pyrotérébique par la potasse.

Le point d'ébullition de ces deux acides est distant de 5° environ. Mais ils se distinguent principalement par leurs sels de calcium. Le butyrate de calcium normal est plus soluble à froid qu'à chaud, et sa solution, saturée à froid, se trouble à 100°. L'isobutyrate de calcium, plus soluble à froid, cristallise au contraire par refroidissement de sa solution faite à chaud. Le butyrate normal de calcium cristallise avec 1 molécule d'eau $(C^4H^7O^2)^2Ca + H^2O$; l'isobutyrate avec 5 molécules,

$$(C^4H^7O^2)^2Ca + 5H^2O.$$

L'acide isobutyrique est à peine attaqué par un mélange de dichromate de potassium et d'acide sulfurique. Chauffé vers 140-150° en tubes scellés avec de l'acide chromique, il se transforme en acide carbonique et acétone [Popoff, *Bull. Soc. chim.*, t. XV, p. 233].

Soumis à l'action du chlore en excès et à 200-240°, l'acide isobutyrique fournit du propane perchloré, bouillant de 268 à 270°, en même temps qu'un peu de perchloréthane et perchlorométhane [Krafft, *Deutsch. chem. Gesellsch.*, 1876, p. 1085].

Pour les autres composés de substitutions chlo-

(1) L'acide obtenu en faisant fermenter ce fruit avec de la craie est de l'acide butyrique normal.

rés, bromés ou chlorobromés, voyez plus loin Dérivés de substitution.

Butyrates et isobutyrates métalliques.

Butyrate d'argent. — En saturant d'oxyde d'argent l'acide normal, le butyrate cristallise par refroidissement en aiguilles brillantes et anhydres [Linnemann et Zotta, *Bull. Soc. chim.*, t. XVII, p. 318].

Isobutyrate d'argent. — Lamelles transparentes anhydres ; 100 p. d'eau à 16° dissolvent 0p,928 de ce sel.

Butyrate de baryum (normal). — Il est anhydre et cristallise comme le sel de calcium.

Butyrate de calcium (normal). — Ce sel se dépose par évaporation dans le vide sec en lamelles rhombiques. Lorsqu'on chauffe brusquement sa solution saturée à froid, il se sépare en prismes rhombiques transparents. Ces cristaux renferment $(C^4H^7O^2)^2Ca + H^2O$; 100 p. d'eau à 22° dissolvent 19,6 p. de sel cristallisé [Grünzweig, *Bull. Soc. chim.*, t. XVIII, p. 125].

Par la distillation sèche d'un mélange de butyrate et d'acétate de calcium, on obtient l'acétone, la butyrone, la propylmétacétone et l'éthylmétacétone [Grimm, *Bull. Soc. chim.*, t. XXX, p. 233].

Isobutyrate de calcium. — Prismes ou aiguilles clinorhombiques qui perdent leur eau dans une atmosphère sèche; 100 p. d'eau à 180° dissolvent 36 p. du sel hydraté, répondant à la formule $(C^4H^7O^2)^2Ca + 5H^2O$ (Grünzweig).

Butyrate de strontium (normal),

$$(C^4H^7O^2)^2Sr + H^2O.$$

— Il cristallise en prismes transparents clinorhombiques aplatis. 100 p. d'eau à 20° dissolvent 39p,2 du sel hydraté.

Isobutyrate de strontium,

$$(C^4H^7O^2)^2Sr + 5H^2O.$$

— Prismes clinorhombiques. 100 p. d'eau à 17° dissolvent 44p,1 du sel cristallisé.

Butyrate d'yttrium (normal),

$$(C^4H^7O^2)^3Y + H^2O.$$

— Sel cristallisable [Popp, *Ann. Chem. Pharm.*, t. CXXXI, p. 179].

Butyrate de zinc (normal),

$$(C^4H^7O^2)^2Zn + 2H^2O.$$

— Prismes clinorhombiques transparents et aplatis. A 20°, 100 p. d'eau en dissolvent 10p,7 du sel hydraté [Grünzweig, *loc. cit.*].

Isobutyrate de zinc. — On ne peut l'obtenir cristallisé qu'en présence d'acide libre. Prismes clinorhombiques $(C^4H^7O^2)^2Zn + H^2O$. — 100 p. d'eau à 19°,5 dissolvent 17p,3, de sel cristallisé. La solution dépose à 100° un sel basique.

Éthers butyriques et isobutyriques.

Butyrate de benzyle. — Ce corps a été obtenu en chauffant au bain-marie le butyrate de potassium avec une solution alcoolique de chlorure de benzyle. C'est un liquide aromatique bouillant à 235°. Le sodium en agissant sur cet éther produit le phénylvalérianate de benzyle qui, par saponification, donne l'acide phénylvalérianique fusible à 78° [Conrad et Hodgkinson, *Deutsch. chem. Gesellsch.*, 1877, p. 254].

Butyrate de butyle (butyrate normal de butyle normal). — Il bout, d'après Lieben, à 165°,5 sous la pression de 735mm,7 (à 164°,7 Linnemann). Densité à 0° = 0,8885; à 40° = 0,8579 [Lieben et Rossi, *Bull. Soc. chim.*, t. XVI, p. 115; — Linnemann, *ibid.*, t. XVII, p. 320].

Butyrate normal d'isobutyle. — Préparé en chauffant à 70° un mélange d'acide butyrique normal, d'alcool butylique de fermentation et d'acide sulfurique concentré. Il bout de 150 à 153° (non corrigé, pression : 722 mm). Sa densité à 0° = 8798 [Grünzweig, *loc. cit.*].

Butyrate de cétyle. — On fait passer du gaz chlorhydrique sec dans un mélange d'alcool cétylique et d'acide butyrique. Cet éther constitue une huile incolore, d'une odeur faiblement butyrique, cristallisant à 15° et se liquéfiant à 20°. Il bout de 160 à 170°, sous une pression de 202 millimètres de mercure [E. Dollfus, *Ann. Chem. Pharm.*, t. CXXXI, p. 283].

Butyrate d'éthyle. — On sait qu'on l'emploie industriellement comme essence de fruit. On peut l'obtenir en distillant le butyrate de sodium avec l'acide sulfurique et l'alcool. Stinde prend 50 kilogrammes de gousses de caroubier broyées, dont il a fait avec de l'eau à 28° une bouillie liquide. Après quelques jours, il ajoute 12 kilogrammes de craie, en agitant de temps à autre; au bout de de six semaines, on peut distiller la masse toute entière avec 36 kilogrammes d'acide sulfurique et 60 kilogrammes d'alcool.

Le butyrate normal bout de 118 à 119°. *L'isobutyrate* à 112-113° (Markownikoff; — Isidore Pierre et Puchot). Densité à 0° = 0,890; à 55°,6 = 0,832.

Isobutyrate de méthyle. — Il bout à 93°. Densité à 0° = 0,9056; à 38°,6 = 0,862.

Butyrate d'octyle. — L'essence de panais obtenue par distillation des graines avec la vapeur d'eau, constitue un liquide incolore, neutre, d'odeur particulière, de saveur forte, passant principalement de 244 à 245° à la distillation et formé par du butyrate d'octyle $C^4H^7O^2.C^8H^{17}$. La potasse le saponifie en donnant de l'acide butyrique normal et de l'alcool octylique normal [Renesse, *Bull. Soc. chim.*, t. XX, p. 193].

Butyrate (normal) de propyle (normal). — Ce corps bout à 143°,4. Densité à 15° = 0,879 [Linnemann, *Bull. Soc. chim.*, t. XVII, p. 216].

Isobutyrate de propyle. — Bout à 137°,2. Densité à 0° = 0,888 (Pierre et Puchot).

Butyrate normal d'isopropyle. — Il a été obtenu en chauffant à 100° un mélange de butyrate d'argent et d'iodure d'isopropyle que l'on mélange d'abord à froid. Liquide incolore, très mobile, d'odeur assez agréable, quoique butyrique, bouillant à 129° sous 755mm brûlant avec une flamme très éclairante. Densité de vapeur, 4,7; théorie, 4,5. Densité à 0° = 0,8787; à 13° = 0,8652. Inactif sur la lumière polarisée. Indice de réfraction pour la raie jaune du sodium = 1,391 [Silva, *Bull. Soc. chim.*, t. XII, p. 114]. Friedel avait préparé ce corps en chauffant un mélange d'acide butyrique et d'alcool isopropylique.

Dérivés de substitution.

Acides α et β bromobutyriques et iodobutyriques (normaux). — Ces deux acides

$$CH^3-CH^2-CHBr-CO.OH \text{ (acide } \alpha)$$

$$\text{et } CH^3-CH.Br-CH^2-CO.OH \text{ (acide } \beta),$$

ont été obtenus en chauffant au bain-marie l'acide crotonique solide avec l'acide bromhydrique fumant. Les acides iodosubstitués de mêmes constitutions dérivent de l'action à 100° de l'acide iodhydrique concentré. Traités par la potasse, ils donnent de l'acide oxybutyrique (α), dont le sel de zinc est peu soluble, et de l'acide oxybutyrique (β), à sel de zinc amorphe et très soluble [Hemilian, *Bull. Soc. chim.*, t. XXII, p. 183 et 147]. Ces acides, traités par le sulfite d'ammonium, se transforment en acides sulfobutyriques α et β (voyez plus loin ainsi qu'aux mots crotonique et

OXYBUTYRIQUE, ACIDES.) Réciproquement, l'éther monobromobutyrique (de l'acide normal), traité par une solution alcoolique de potasse, donne l'acide crotonique solide, qui dérive aussi du cyanure d'allyle (*ibid.*, p. 363).

L'éther α-bromobutyrique (normal) bout à 178°, corrigé (Tupoleff).

Acides bromo-isobutyriques. — Il en existe deux que l'on obtient en faisant agir les acides bromhydrique et iodhydrique sur l'acide crotonique liquide. On les obtient aussi par l'action du brome à 140° sur l'acide isobutyrique (voyez ce mot, t. II, p. 138).

L'acide α-bromo-isobutyrique est une masse cristalline blanche, qui se dépose de l'éther en tables fusibles à 48°, distillant à 198-200°. Densité à 60° = 1,5225; à 100° = 1,500. Son contact irrite la peau. Il est soluble dans l'alcool, l'éther, la benzine, le sulfure de carbone. Il fond sous l'eau. L'eau bouillante le dédouble en acide bromhydrique et en acide oxy-isobutyrique fusible à 80°. Le nitrate d'argent produit à froid une réaction analogue. Traité par la méthode de Kolbe, l'acide bromo-isobutyrique donne un sel isomère de l'acide pyrotartrique, qui paraît répondre à la constitution de l'acide diméthylmalonique $C(CH^3)^2(CO^2H)^2$ [*Bull. Soc. chim.*, t. XXI, p. 303].

L'α-*bromo-isobutyrate d'éthyle*, obtenu par l'action de l'acide chlorhydrique sur la solution alcoolique de l'acide, bout à 162°,7 sous une pression de 746mm. Il bout à 163°,6 d'après Markownikoff, sous la pression ordinaire.

L'acide bromo-isobutyrique, traité par la potasse alcoolique, donne l'acide éthoxy-isobutyrique.

Traité par la baryte, il donne l'acide isoxy-butyrique.

L'éther bromo-isobutyrique, chauffé en tubes scellés avec de l'argent en poudre, donne l'éther de l'acide subérique (*tétraméthylsuccinique*); tandis que l'éther de l'acide bromo-butyrique normal donnerait sans doute l'acide diéthylsuccinique [Hell, Wittekind et Medinger, *Bull. Soc. chim.*, t. XXII, p. 298 et t. XXVIII, p. 385].

Acide butyrique dibromé. — L'acide crotonique, préparé par le cyanure d'allyle, s'unit directement au brome à froid, pour donner l'acide dibromobutyrique $C^4H^6Br^2O^2$, qui paraît identique avec l'acide que Cahours a obtenu en faisant réagir le brome sur l'itaconate de potassium.

Cet acide cristallise facilement dans l'éther, fond à 90°, et est moins soluble dans l'eau que l'acide crotonique.

Par l'action des alcalis, il donne de l'acide monobromocrotonique, et une huile bromée répondant à la formule C^4H^7Br [Kœrner, *Bull. Soc. chim.*, t. VI, p. 226; Voyez aussi Bulk, *ibid.*, t. VII, p. 257].

Acide trichlorobutyrique, $C^4H^5Cl^3O^2$. — Voyez CHLORAL BUTYLIQUE, Suppl.

Acide chlorodibromobutyrique, $C^4H^5ClBr^2O^2$. — Il s'obtient en faisant agir le brome sur l'acide monochlorocrotonique. Il se sépare sous la forme d'une huile concrète, difficilement soluble dans l'eau froide, décomposable par l'eau bouillante. L'alcool le dissout et l'abandonne sous forme d'aiguilles radiées. Il cristallise dans l'éther en prismes brillants devenant mats dans le vide sans perdre de poids. Il fond à 92°; mais sous l'eau il se liquéfie déjà à 37°.

Les chlorodibromo-butyrates sont solubles, sauf ceux d'argent, de plomb et de mercurosum.

Le *sel d'argent*, $C^4H^4ClBr^2O^2Ag$, est un précipité blanc cristallin, assez stable quand il est sec.

Le *sel de plomb*. $(C^4H^4ClBr^2O^2)^2Pb + H^2O$, se précipite en aiguilles mamelonnées, ou en cristaux volumineux si les solutions sont étendues.

Le *sel mercureux* est un précipité formé d'aiguilles blanches.

Tous ces sels se décomposent par l'eau bouillante en bromure, acide carbonique et en une huile neutre, qui paraît être le chlorobromure de propylène. L'acide chlorodibromobutyrique se comporte comme ses sels : à la distillation sèche, il fournit un peu de brome, de l'acide bromhydrique et de l'acide chlorocrotonique. Les réducteurs régénèrent le même acide [Sarnow, *Deutsch. chem. Gesellsch.*, 1872, p. 467].

DÉRIVÉS SULFONÉS. — Les acides α-chloro ou bromobutyriques et β-chloro ou bromobutyriques, ainsi que leurs éthers, traités par le sulfite d'ammonium, suivant la méthode de Strecker, donnent des dérivés sulfonés ou acides sulfobutyriques (α) et (β), répondant aux formules

$$CH^3\text{-}CH^2\text{-}CH(SO^3H)\text{-}CO^2H$$

Acide α-sulfobutyrique.

et

$$CH^3\text{-}CH(SO^3H)\text{-}CH^2\text{-}CO^2H.$$

Acide β-sulfobutyrique.

Ils se produisent d'après l'équation générale suivante, où R représente le radical acide :

$$RCl + SO^3(AzH^4)^2 = AzH^4Cl + R(SO^3AzH^4).$$

Sulfobutyrate d'ammonium.

L'*acide α-sulfobutyrique* est identique avec celui que l'on obtient en traitant l'acide butyrique par l'acide sulfurique. C'est un sirop incristallisable. Ses sels, sauf celui de calcium, sont insolubles dans l'alcool. Le sel de baryum cristallise en tables rhombiques; le sel d'argent, en aiguilles.

L'*acide β-sulfobutyrique* a été préparé avec l'acide β-*bromobutyrique* ou avec son éther, qui lui-même s'obtient en transformant l'éther acétylacétique de Geuther en *acide* β-*oxybutyrique* par l'amalgame de sodium, et traitant le sel sodique par le perchlorure de phosphore, puis décomposant par l'eau le chlorure de β-chlorobutyryle

L'acide β-sulfobutyrique forme une masse gélatineuse hygroscopique. Ses sels de plomb, de baryum et de calcium sont incristallisables. Ils se déposent en flocons par addition d'alcool à leur solution aqueuse [Hemilian, *Deutsch. chem. Gesellsch.* 1873, p. 196 et 562; et *Bull. Soc. chim.*, t. XX, p. 369, et XXII, p. 183].

A. Gautier.

BUTYRIQUE (ALDÉHYDE). — L'aldéhyde butyrique normale traitée par le perchlorure de phosphore, puis par la potasse alcoolique, fournit un crotonylène C^4H^6, qui est probablement identique avec celui qui dérive de la méthlyléthylacétone (Bruylants).

ALDÉHYDE ISOBUTYRIQUE. — L'aldéhyde obtenue par l'oxydation de l'alcool butylique de fermentation bout à 62°. Elle est très oxydable, d'odeur suffocante. Densité à 0° = 0,8226; à 27°,75, = 0,7919 (I. Pierre et Puchot). Elle se polymérise dans dans les mêmes conditions que l'aldéhyde ordinaire, c'est-à-dire par HCl, SO^4H^2, PCl^3, PCl^5. Cette réaction a lieu avec élévation de température; par le refroidissement, la masse se prend en fines aiguilles. Le polymère obtenu d'abord par Barbaglia, et fusible à 50-60°, produit par l'action de HCl sur cette aldéhyde, paraît identique avec celui qu'a obtenu après lui Demtschenko par l'action du protochlorure de phosphore sur la même aldéhyde. Celui-ci fond aussi à 59-60° et distille à 194°. Il répond à la formule $(C^4H^8O)^n$ [*Bull. Soc. chim.*, t. XXI, p. 217]. A. Gautier.

BUTYRIQUES (ANHYDRIDES). — ANHYDRIDE BUTYRIQUE NORMAL. — On peut l'obtenir en faisant agir le chlorure de butyryle sur l'acide butyrique ordinaire, en opérant d'abord à 100°, puis au bain d'huile. Il bout de 190 à 192°. Réduit par l'amalgame de sodium, il donne de l'alcool butylique normal [Linnemann, *Bull. Soc. chim.*, t. XVII, p. 318].

ANHYDRIDE ISOBUTYRIQUE. — Il a été obtenu, dans la préparation du chlorure d'isobutyryle, en faisant agir le perchlorure de phosphore sur l'isobutyrate de sodium. Il bout à 180° et est plus léger que l'eau [Markownikoff, *Bull. Soc. chim.*, t. VII, p. 350].

BUTYRITE (Min.). — Substance trouvée dans les marais tourbeux d'Irlande, cristallisée en aiguilles d'une consistance butyreuse. Fondant à 47° et, recristallisée dans l'alcool, à 52°. L'analyse correspond aux rapports $C^{16}H^{14}O^2$. Soluble dans la potasse, précipitable par les acides.

BUTYROBUTYLLACTIQUE (ACIDE). — L'éther de cet acide se prépare en faisant bouillir un mélange de butyrate de potassium et d'éther monobromobutyrique. On obtient ainsi le corps $C^4H^7(C^4H^7O)O^3.C^2H^5$, bouillant à 215°. Il se décompose par la potasse en éther butyrique et butyllactate alcalin [Gal, *Bull. Soc. chim.*, t. VII, p. 332].

BUTYROGLYCOLIQUE (ACIDE). — L'éther de cet acide s'obtient en faisant agir le butyrate de potassium sur le bromacétate d'éthyle. Cet éther est une substance insoluble dans l'eau, bouillant de 205 à 207°, et répondant à la formule $C^2H^3(C^4H^7O)O^3.C^2H^5$. Par la potasse, il donne de l'éther butyrique et du glycolate de potassium [Gal, *loc. cit.*].

BUTYRONITRILE (CYANURE DE PROPYLE). — D'après Rossi, celui que l'on obtient avec l'iodure de propyle et le cyanure de potassium fournit par la potasse de l'acide butyrique qui paraît identique avec l'acide butyrique normal.

Le cyanure $CH^3\text{-}CH(AzC)\text{-}CH^3$, ou isopropylcarbylamine, a été décrit au t. I, p. 1008.

BUTYRONE. — Voyez BUTYRIQUE [ACÉTONE].

BUTYROPINACONE, $C^{14}H^{30}O^2$. — C'est le corps cristallisable qui se forme en même temps que l'alcool pseudobutylique par l'action de l'hydrogène sur la butyrone. On le purifie par cristallisation dans l'alcool. La butyropinacone possède l'aspect et l'odeur du camphre; elle fond à 68° et se concrète à 57°. Densité à 20° = 0,87. Elle est soluble dans l'alcool et l'éther, très peu dans l'eau. L'oxydation la transforme de nouveau en butyrone [Kurtz, *Bull. Soc. chim.*, t. XVII, p. 321].

BUTYRYLE (CHLORURE DE) *normal*. — Le meilleur rendement s'obtient en faisant agir deux équivalents d'acide butyrique normal sur un équivalent de perchlorure de phosphore. Il bout de 101 à 101°,5 (Linnemann); à 95° suivant Markownikoff.

Le *chlorure de chlorobutyryle* (α) a été obtenu par Markownikoff en traitant le chlorure de butyryle par le chlore en présence d'un peu d'iode. C'est un liquide bouillant à 129-132°, d'une densité de 1,257.

CHLORURE D'ISOBUTYRYLE. — Markownikoff l'a préparé par l'action du perchlorure de phosphore sur l'isobutyrate de sodium. Il est incolore, plus dense que l'eau, facilement décomposable par la chaleur. Il bout à 92°.

C

CADMIUM. — Von Riemsdick a trouvé pour le point de fusion du cadmium 320°, comme Person. Ce métal commence à se volatiliser peu au-dessus de son point de fusion [*Chem. News*, t. XXVI, p. 32]. D'après E. de Souza, il se volatilise notablement à 440° dans un courant d'hydrogène. Distillé dans un courant de ce gaz, il se dépose en cristaux isolés, atteignant jusqu'à 6 ou 8mm de diamètre. Ces cristaux sont d'un blanc d'argent et paraissent dériver du système régulier; ce sont en général des octaèdres et des dodécaèdres. Cette distillation peut se faire dans un tube de verre peu fusible [H. Kaemmerer, *Deutsch. chem. Gesellsch.*, 1873, p. 1724].

Le cadmium se dissout dans l'acide sulfureux aqueux en produisant de l'hyposulfite, du sulfite, du trithionate et du sulfure de cadmium [P. Schweitzer, *Chem. News*, t. XXIII, p. 293].

Le dépôt de sulfure de cadmium est très abondant; mais ce qui a échappé à Schweitzer, et ce qui était pourtant à prévoir, c'est qu'il y a production d'hydrosulfite de cadmium; en effet, la solution montre au début, comme nous l'avons constaté les réactions des hydrosulfites.

OXYDE DE CADMIUM. — On l'obtient en cristaux rouges, d'apparence cubique, lorsqu'on le chauffe à une haute température dans un courant d'oxygène [Sidot, *Compt. rend.*, t. LXXIX, p. 201].

SULFURE DE CADMIUM. — Le sulfure de cadmium est un peu soluble dans le sulfure ammonique, surtout à chaud, vers 60°. Par un refroidissement lent, à l'abri de l'air, une partie du sulfure se dépose en petits cristaux transparents. Un litre de sulfure ammonique peut dissoudre environ 2 grammes de sulfure de cadmium. Cette solubilité est presque nulle, même à chaud, dans les sulfures alcalins; il faut donc employer ceux-ci de préférence pour séparer le sulfure de cadmium des autres sulfures solubles [A. Ditte, *Compt. rend.*, t. LXXXV, p. 402].

Sulfure double de cadmium et de sodium, $3CdS.Na^2S$. — On l'obtient sous la forme d'une poudre cristalline d'un jaune clair, composée d'aiguilles aplaties, lorsqu'on fond le sulfure de cadmium avec 12 p. de soude et 12 p. de soufre. Il faut laver la masse fondue avec de l'eau alcoolisée, l'eau pure décomposant le sulfure double.

Quand on remplace, dans l'opération précédente, la soude par la potasse, on n'obtient pas de sulfure double, mais du sulfure de cadmium cristallisé, présentant la forme de la greenockite ou sulfure de cadmium naturel [R. Schneider, *Poggend. Ann.*, t. CXLIX, p. 396; *Bull. Soc. chim.*, t. XXI, p. 268].

SÉLÉNIURE DE CADMIUM, CdSe. — Obtenu par union directe ou par l'action du cadmium sur l'hydrogène sélénié à chaud, il se présente en lamelles jaunes ou rouge de sang, suivant leur épaisseur, et striées dans deux directions normales l'une à l'autre. Densité = 5,80 [Margottet, *Compt. rend.*, t. LXXXIV, p. 1293].

TELLURURE DE CADMIUM, CdTe. — Cristaux réguliers noirs obtenus en unissant le cadmium et le tellure et sublimant la combinaison dans un courant d'hydrogène (Margottet).

CHLORURE DE CADMIUM. — Il est réductible par l'hydrogène sous l'influence de la chaleur (Potilitzine).

BROMURE DE CADMIUM. — Sa densité de vapeur observée à 914° est égale à 134; H = 1 (densité calculée = 136) (V. et C. Meyer).

Le bromure de cadmium est réductible par l'hydrogène.

Voici, d'après Eder, la solubilité du bromure de cadmium et de quelques-uns de ses bromures doubles. 1 partie de sel se dissout à 15° dans :

	Eau.	Alcool absolu.	Éther.
$CdBr^2 + 4H^2O$	0p,94	3p,4	250p
$CdBr^2.AzH^4Br + 1/2\,H^2O$	0 ,73	5 ,3	280
$CdBr^2.NaBr + 2\,1/2\,H^2O$	1 ,04	5 ,7	190
$CdBr^2.KBr + H^2O$	0 ,79	—	—

[*Dingler's polyt. Journ.*, t. CCXXI, p. 189 ; *Bull. Soc. chim.*, t. XXVII, p. 109].

IODURE DE CADMIUM. — Eder a aussi déterminé sa solubilité et celle de ses iodures doubles.

1 partie de sel se dissout à 15° dans :

	Eau.	Alcool absolu.	Éther
CdI^2..................	1p,18	0p,98	3p,6
$CdI^2.KI + H^2O$.......	0 ,94	—	—
$CdI^2.2\,NaI + 6\,H^2O$..	0 ,63	0 ,86	10 ,1
$CdI^2.AzH^4I + 1/2H^2O$	0 ,90	0 ,88	2 ,1

PHOSPHURES DE CADMIUM. — 1° Cd^2P. Emmerling l'a obtenu en chauffant le cadmium avec du phosphore. Il se produit ainsi une masse frittée grise, parsemée de petites aiguilles fragiles et accompagnée de phosphore rouge. Ce phosphure se dissout dans l'acide chlorhydrique avec dégagement d'hydrogène phosphoré [*Deutsch. chem. Gesellsch.*, 1879, p. 154].

2° Cd^3P^2. — Le phosphore, en agissant sur une solution alcaline de cadmium, y produit un précipité brun clair, de composition variable. Calciné dans un courant d'hydrogène, ce précipité abandonne de l'eau, du phosphore et de l'hydrogène phosphoré et laisse un composé cristallin, qui est le phosphure Cd^3P^2 [Oppenheim, *Deutsch. chem. Gesellsch.*, 1872, p. 979].

Le même phosphure, accompagné de CdP^2, se produit lorsqu'on chauffe au rouge sombre le cadmium, son oxyde ou son carbonate dans la vapeur de phosphore. Il présente alors l'aspect métallique. Il est soluble dans les acides étendus avec dégagement d'hydrogène phosphoré (B. Renault).

3° CdP^2. — Il s'obtient dans l'opération précédente sous la forme de houppes soyeuses, d'un rouge carmin, quelquefois en lamelles bleu indigo, mais le plus souvent en petits cristaux translucides, d'un rouge rubis, disséminés dans la masse du phosphure Cd^3P^2. On peut le préparer aussi en chauffant les phosphates d'ammonium, de mercure ou d'étain avec du carbonate de cadmium et du charbon. On le débarrasse du phosphure Cd^3P^2 en le traitant par l'acide chlorhydrique faible, qui dissout ce dernier.

Le phosphure CdP^2 pulvérisé est décomposé par l'acide chlorhydrique bouillant en produisant de l'hydrogène phosphoré non spontanément inflammable, de l'acide hypophosphoreux et un corps amorphe, d'un beau jaune, qui reste en suspension et qui a pour composition P^3H^2O [Renault, *Compt. rend.*, t. LXXVI, p. 283 ; *Bull. Soc. chim.*, t. XIX, p. 361].

SELS DE CADMIUM. — Ces sels sont toxiques. Ingérés dans l'estomac ou introduits sous la peau, ils déterminent l'inflammation des muqueuses de l'estomac et de l'intestin. Ils provoquent en même temps des syncopes et des vomissements. Une dose de 0gr,3 à 0gr,6, introduite dans l'estomac d'un lapin, détermine la mort. En injections sous-cutanées, la dose toxique est encore beaucoup plus faible. L'antidote des sels de cadmium est l'albumine, en présence d'un carbonate alcalin [Marmé, *N. Répert. Pharm.*, t. XVI, p. 303].

BROMATE DE CADMIUM, $(BrO^3)^2Cd + 2H^2O$. — Cristaux orthorhombiques : Faces g^1, m, h^3, g^5, a^1, e^1, e^2, p, $b^{1/2}$, $(b^1\,b^{1/3}\,h^1)$, $(b^1\,b^{1/5}\,h^{1/2})$. Rapport des axes 1 : 0,98845 : 0,7392. Densité = 2,583 (Haldor Topsoë).

PERIODATE DE CADMIUM, $(IO^4)^2Cd$. — Poudre blanche obtenue avec l'acide periodique et le carbonate de cadmium. Si l'acide periodique est en quantité insuffisante, on obtient le sel basique $I^2O^{11}Cd^4 + 3H^2O$.

L'eau mère de ces deux sels est acide et abandonne, par l'évaporation, des cristaux du sel $I^2O^9Cd^2 + 9H^2O$. Ces cristaux sont des tables rectangulaires, orthorhombiques. Angles $m\,g^1 = 120°\,45'$; $e^1\,g^1 = 128°\,30'$. Rapport des axes : 0,595 : 1 : 0,705. Ce sel est insoluble dans l'eau froide, décomposable par l'eau bouillante.

$I^6O^{31}Cd^{10} + 15H^2O$, précipité blanc obtenu avec le periodate normal de sodium dans une solution de sulfate de cadmium [Rammelsberg, *Poggend. Ann.*, t. CXXXIV, p. 368].

SULFATE DE CADMIUM. — *Sulfate de cadmium ammoniacal.* — Lorsqu'on agite une solution de sulfate de cadmium dans l'ammoniaque concentrée avec une solution alcoolique d'ammoniaque, il se sépare une couche huileuse qui, après plusieurs jours, se prend en une poudre cristalline. Cette poudre, redissoute dans l'ammoniaque et additionnée d'alcool ammoniacal, fournit, après quelques jours, des cristaux prismatiques hexagonaux. Ceux-ci ont pour composition $2(SO^4Cd.4AzH^3) + 5H^2O$. Ces cristaux perdent de l'ammoniaque à l'air et se résolvent en une poudre blanche. Ils sont solubles dans l'ammoniaque et décomposables par l'eau pure en sulfate d'ammonium et sulfate basique de cadmium [G. Müller, *Ann. Chem. Pharm.*, t. CXLIX, p. 70].

Le sulfate de cadmium anhydre absorbe le gaz ammoniac, avec élévation de température; il augmente de volume et se réduit en poudre. Le produit obtenu renferme $SO^4Cd.6AzH^3$. Chauffé dans le vide, il éprouve une dissociation qui est exprimée par les chiffres suivants. indiquant la tension de l'ammoniaque :

à 48°,5......................	368mm
51 ,5......................	439
100......................	1374

Le produit restant a pour composition

$$SO^4Cd.2AzH^3$$

[F. Isambert, *Compt. rend.*, t. LXX, p. 456].

Sulfates doubles. — D'après de Hauer, les sulfates doubles de cadmium et de potassium, de cadmium et d'ammonium, peuvent cristalliser, par refroidissement de leur solution, avec $2H^2O$. Le sel potassique est efflorescent et se transforme en un sel qui renferme $(SO^4)^2CdK^2 + 1\,1/2H^2O$, et qu'on peut aussi obtenir par évaporation de la solution ; il cristallise en prismes clinorhombiques bien formés, inaltérables à l'air [*Poggend. Ann.*, t. CXXXIII, p. 176].

HYPOSULFATE $S^2O^6Cd + 6H^2O$. — Cristaux tricliniques. Faces : h^1, p, g^1, m, c^1, e^1. Rapport des axes 1 : 0,8315 : 0,8146. Densité = 1,915 (H. Topsoë).

CARACTÈRES DES SELS DE CADMIUM. — Le sucre empêche la précipitation de l'hydrate de cadmium par les alcalis ; il en est de même de l'acide tartrique, mais seulement à froid. Les acides citrique et succinique sont sans influence.

Le sucre empêche aussi la précipitation du carbonate de cadmium, sel qui est très peu soluble dans la potasse, mais soluble dans les sels ammoniacaux.

Le cadmium est précipité de ses solutions neutres sous la forme de sulfure par l'hyposulfite de sodium [O. Follenius, *Zeitsch. analyt. Chem.*, 1874, p. 272, 411].

DOSAGE. — Pour le dosage du cadmium à l'état d'oxyde, il est à remarquer que celui-ci entraîne des sels alcalins dans sa précipitation ; il faut donc, après calcination du précipité, laver le résidu par l'eau bouillante. Le papier réduit facilement l'oxyde de cadmium par la calcination ; aussi est-il bon de recueillir celui-ci sur de l'amiante ou du verre filé.

Dans les sels de cadmium à acides volatils, on peut doser le cadmium en le transformant en sulfate (Follenius).

Dosage électrolytique — On précipite la solution du sel de cadmium (de préférence l'azotate) par la potasse, on redissout le précipité dans le cyanure de potassium et on soumet la solution à l'action du courant produit par trois éléments Bunsen, dont les zincs ont 15 centimètres de hauteur. La solution doit contenir environ $0^{gr},2$ par 75 centimètres cubes ; il se dépose environ $0^{gr},08$ à $0^{gr},09$ de cadmium par heure. On couvre le vase dans lequel se fait l'électrolyse pour empêcher les projections qui se produisent facilement [F. Beilstein et L. Jawein, *Deutsch. chem. Gesellsch.*, 1879, p. 759 ; *Bull. Soc. chim.*, t. XXXIII, p. 281]. Ed. Willm.

CAFÉINE. — *Extraction.* — Legrip et Petit [*Bull. Soc. chim.*, t. XXVII, p. 290] recommandent le procédé d'extraction suivant : On verse sur le thé réduit en poudre deux fois son poids d'eau bouillante ; on laisse macérer pendant quelques instants, et l'on épuise la poudre humide par le chloroforme dans un appareil à déplacement. On s'arrête quand le chloroforme ne se colore plus. Le chloroforme distillé donne un résidu formé de matières huileuses et de caféine qui, traité par l'eau en présence du noir animal, donne par refroidissement la caféine pure. L'eau que l'on ajoute au thé a pour rôle de retenir le tannin et de permettre au chloroforme de s'emparer de la caféine. Le thé sec ne donne rien.

La caféine fond à 234-235° (Strecker), 228-230° (Commaille) ; elle bout à 384° (Strecker).

Solubilité de la caféine (Commaille).

	15-17°.		A l'ébullition.	
	Hydratée.	Anhydre.	Hydratée.	Anhydre
Chloroforme		12,07		19,02
Alcool à 85°	2,51	2,30		
Eau	1,47	1,35	49,78	45,55
Alcool absolu		0,61		3,12
Éther		0,0437		0.36
Sulfure de carbone		0,0585		0,454
Essence de pétrole		0,025		

Dosage de la caféine. — On triture 5 grammes de café en poudre fine avec 1 gramme de magnésie et un peu d'eau. La pâte, abandonnée pendant vingt-quatre heures, devient jaune, puis verte. On l'épuise en trois fois par 110 grammes de chloroforme bouillant, on distille le chloroforme, on épuise le résidu par l'eau bouillante, on filtre sur un filtre mouillé, on évapore et l'on pèse la caféine [Commaille, *Bull. Soc. chim.*, t. XXV, p. 261].

CAFÉIQUE (ACIDE), $C^9H^8O^4$. — Voyez t. I, p. 696. Traité par l'amalgame de sodium et l'eau, l'acide caféique se transforme en acide hydrocaféique (Hlasiwetz).

Tiemann et Nagajosi-Nagai ont réalisé la synthèse de l'acide caféique, ou plutôt de son *dérivé diacétylé*. Ce composé, qui se forme par l'action de l'anhydride acétique sur l'acide caféique, prend naissance synthétiquement lorsqu'on chauffe à l'ébullition pendant trois ou quatre heures un mélange de parties égales d'aldéhyde protocatéchique et d'acétate de sodium fondu, avec 1 1/2 fois son poids d'anhydride acétique. Le produit de la réaction, épuisé par l'eau chaude, cède à ce dissolvant le dérivé diacétylé qui se dépose par le refroidissement de la solution. On le purifie par cristallisation dans l'alcool. L'acide diacétylcaféique $C^{13}H^{12}O^6$ cristallise en longues aiguilles blanches fusibles à 190-191°, solubles dans l'alcool et l'éther. Chauffé avec de la potasse, il se transforme en acide caféique [Tiemann et Nagajosi-Nagai, *Deutsch. chem. Gesellsch.*, 1878, p. 651 et 656 ; *Bull. Soc. chim.*, t. XXXI, p. 30].

L'acide caféique (1 molécule) chauffé à 120° pendant trois ou quatre heures, avec de l'iodure de méthyle (3 molécules) et de la potasse (3 molécules) dissoute dans l'alcool méthylique, fournit l'éther méthylique de l'*acide diméthylcaféique* $C^{11}H^{12}O^4$. Le même acide résulte de l'action de l'iodure de méthyle et de la potasse sur l'acide férulique. L'acide diméthylcaféique cristallise en aiguilles brillantes, fusibles à 180-181°, solubles dans l'alcool et l'éther. Ses *sels alcalins* sont solubles ; ses sels d'*argent* et de *plomb* sont insolubles ; le *sel cuivrique* est un précipité vert soluble dans l'ammoniaque [Tiemann et Nagajosi-Nagai, *loc. cit.*].

Acide méthylénocaféique,

$$C^{10}H^8O^4 = \begin{array}{l} C^6H^3 < {}^{O}_{O} > CH^2 \\ | \\ CH = CH\text{-}CO^2H. \end{array}$$

— On obtient ce corps en chauffant à l'ébullition, pendant six heures, un mélange de 5 p. de piperonal, 6 p. d'anhydride acétique et 3 p. d'acétate de sodium. Par le refroidissement du mélange, on obtient une masse brune, que l'on délaye dans l'eau et qu'on épuise ensuite par l'éther. On agite l'éther avec une solution de carbonate de sodium, puis on acidule la solution sodique par l'acide chlorhydrique. On obtient ainsi des flocons blancs que l'on purifie par cristallisation dans de l'eau additionnée d'un tiers d'alcool.

L'acide méthylénocaféique est en cristaux microscopiques fusibles à 232° ; peu solubles dans l'eau, solubles dans l'alcool et l'éther.

Le sel d'*argent* $C^{10}H^7AgO^4$ est un précipité blanc amorphe. Les sels de *calcium*, *plomb* et *zinc*, sont des précipités cristallisés.

L'amalgame de sodium convertit l'acide méthylénocaféique en acide méthylénohydrocaféique (Voyez ACIDE HYDROCAFÉIQUE) [C. Lorenz, *Deutsch. chem. Gesellsch.*, 1880, p. 756].

La formation artificielle de l'acide caféique, sa transformation en acide protocatéchique par la potasse fondante et l'existence d'un dérivé acétylé, mettent en évidence sa constitution. L'acide caféique est un dérivé hydroxylé de l'acide cinnamique ; il correspond donc à la formule

$$\begin{array}{l} C^6H^3 < {}^{OH}_{OH} \\ | \\ CH = CH\text{-}COOH. \end{array}$$

Les radicaux occupent les positions 1. 3. 4. comme dans l'acide protocatéchique. M. Wassermann.

CAFÉTANNIQUE (ACIDE). — Voyez t. I, p. 690. — L'acide cafétannique, distillé avec de l'acide azotique, fournit de l'acide cyanhydrique et de l'acide oxalique ; oxydé par le mélange chromique, il donne un précipité blanc floconneux de la formule $C^{12}H^{30}O^{39}CrO^3$ [Rochleder, *Journ. prakt. Chem.*, t. LXXII, p. 392].

CALAVÉRITE (Min.). — Tellurure d'or $AuTe^2$ de la mine Stanislas, Calaveras Cº Cal., compact, d'un jaune de bronze, fragile ; poussière gris-jaune.

CALCIUM. — Le calcium, préparé par l'électrolyse du chlorure fondu, en employant un courant faible, se présente en globules métalliques ayant la couleur de l'aluminium, et non celle du laiton. Il n'est pas malléable [Frey, *Liebig's Ann. Chem.*, t. CLXXXIII, p. 367].

Alliage avec l'aluminium. — On obtient cet alliage sous la forme d'un régule brillant, d'un gris de plomb, clivable en grandes lames, inaltérable à l'air et par l'eau, et d'une densité égale à 2.57, lorsqu'on fond le chlorure de calcium en excès avec un mélange à parties égales d'aluminium et de sodium. Cet alliage renferme 88 % d'aluminium, 8,6 de calcium et du fer provenant de l'aluminium. L'acide chlorhydrique l'attaque avec dégagement d'hydrogène et produit des chlorures [Wœhler, *Ann. Chem. Pharm.*, t. CXXXVIII, p. 253].

Oxyde de calcium. — Bruegelmann l'a obtenu en petits cubes à faces brillantes, en calcinant l'azotate dans des ballons en porcelaine. Ces cristaux sont clivables suivant les faces du cube, transparents et d'une densité égale à 3,251. Ils résistent beaucoup mieux que la chaux ordinaire à l'action de l'eau et de l'acide carbonique [*Poggend. Ann.* (2), t. II, p. 466, et IV, p. 277].

Pour l'action de l'acide carbonique sur la chaux, voir Carbonate de calcium.

Solubilité de la chaux. — Voici, d'après Lamy, les quantités de chaux anhydre que renferment 1000 parties de solution à diverses températures :

Température.	CaO de CO^3Ca précipité.	CaO du marbre.	CaO de l'hydrate.
0°	1g,362	1g,381	1g,430
10	1 ,311	1 ,342	1 ,384
15	1 ,277	1, 299	1 ,348
30	1, 142	1, 162	1 ,195
45	0 ,996	1 ,005	1 ,035
60	0 ,844	0 ,858	0 ,885
100	0 ,562	0 ,576	0 ,584

On voit que l'état d'agrégation de la chaux n'est pas sans influence sur sa solubilité. La filtration de l'eau de chaux sur du papier lui fait perdre un peu de chaux, absorbée par le papier [*Compt. rend.*, t. LXXXVI, p. 333].

L'hydrate calcique, qui cristallise vers 60°, renferme $Ca(OH)^2$, comme l'hydrate cristallisé à basse température ; il présente la même densité, 2,236, et la même forme cristalline, qui est celle de prismes hexaèdres aplatis (Lamy).

Bioxyde de calcium. — Il se produit en petite quantité, suivant H. Struve, lorsqu'on calcine l'oxalate ou le carbonate de calcium au contact de l'air [*Zeitsch. analyt. Chem.*, 1872, p. 22].

Son hydrate renferme $8H^2O$ [Conroy, *Journ. chem. Soc.* (2), t. XI, p. 808 ; — Em. Schœne, *Deutsch. chem. Gesellsch.*, 1873, p. 172].

Il est isomorphe avec les hydrates de bioxyde de baryum et de strontium. La forme des cristaux appartient au type quadratique. Faces observées, m et p ; les arêtes des prismes sont tronquées sur la face h^1 ; le développement de la face p donne aux cristaux une forme tabulaire ; les cristaux de $CaO^2.8H^2O$ présentent en outre la face $b^{1/2}$, mais peu développée (Em. Schœne).

Sulfure de calcium. — L'hydrogène sulfuré convertit le carbonate de calcium en sulfure, en présence de l'eau. Si le carbonate est délayé dans dix fois son poids d'eau, la conversion porte sur les 15 centièmes ; avec 50 parties d'eau, la moitié environ du carbonate est transformée ; enfin, avec 100 parties d'eau, la transformation est complète en trente heures [Naudin et de Montholon, *Bull. Soc. chim.*, t. XXVI, p. 71].

Fluorure de calcium. — T. Scheerer et E. Drechsel ont obtenu le fluorure de calcium cristallisé en fondant le fluorure amorphe avec certains chlorures, tels que ceux de calcium, de potassium, de sodium, et en laissant refroidir très lentement. On obtient ainsi des cristaux octaédriques. Le fluorure cristallise sous la même forme lorsqu'on chauffe le fluorure amorphe à 240° avec de l'eau acidulée d'acide chlorhydrique, ou bien le fluosilicate de calcium avec une solution étendue de chlorure de calcium ; dans ce dernier cas, quelques cristaux offrent les faces de l'hexaèdre.

En chauffant à 240°, avec de l'eau, un mélange de sulfate de baryum et de fluorure de calcium, les mêmes auteurs ont observé la production de petits cristaux prismatiques, assez fusibles, ayant pour composition $SO^4Ba.CaFl^2$ [*Journ. prakt. Chem.* (2), t. VII, p. 63].

Chlorure de calcium. — Voici, d'après H. Hammerl, la solubilité du chlorure de calcium dans l'eau, entre — 22° et + 29°,53 [*Wien. Akad. Ber.*, 1875, t. LXXII, p. 287]. 100 p. de solution saturée renfermant :

Temp.	$CaCl^2$.	Temp.	$CaCl^2$
— 22°,	32g,24	19°,35	42g,50
0	36 91	24 47	45 33
+ 7 39	38 77	27 71	46 30
13 86	41 03	29 53	50 67

Le même auteur a signalé un hydrate

$$CaCl^2 + 4H^2O,$$

qui s'obtient par des fusions et des solidifications successives de l'hydrate à $6H^2O$. Ce dernier fond à 29°,5 et représente alors une solution sursaturée du sel à $4H^2O$; par la solidification de cette solution, la température s'élève à 31°,36 [*loc. cit.*, p. 6.7].

Ce fait avait, du reste, déjà été observé par E. Lefèvre [*Compt. rend.*, t. LXX, p. 684]. On obtient une solution sursaturée de chlorure de calcium en dissolvant, à 40 ou 50°, 350 grammes de chlorure cristallisé, ou 200 grammes de chlorure anhydre dans 50 cent. cubes d'eau. La solution refroidie ne cristallise que par l'introduction d'un petit cristal de sel hydraté. Une solution sursaturée peut abandonner, sans que la sursaturation cesse, de grandes lames cristallines, qui constituent l'hydrate $CaCl^2 + 4H^2O$. Cet hydrate se produit notamment à 15° avec une solution de chlorure de calcium renfermant 55 % de sel anhydre.

La chaleur totale de dissolution du chlorure de calcium dans un excès d'eau est de 7948 calories. Elle représente la somme de la chaleur dégagée par la combinaison du sel anhydre avec l'eau et de celle qui résulte de la dissolution du chlorure $CaCl^2 + 6H^2O$ *liquide* dans l'eau. La chaleur dégagée par la combinaison est de 5867 calories [A. Ditte, *Compt. rend.*, t. LXXXV, p. 1103].

Chlorure hydraté basique. — Grimshaw représente cette combinaison par la formule

$$O <^{Ca(OH)}_{CaCl} + 7H^2O$$

[*Chem. News*, t. XXX, p. 280].

Iodate de calcium, $(IO^3)^2Ca + 5H^2O$. — Il se dépose en amas de cristaux prismatiques brillants lorsqu'on ajoute une solution de chlorure de chaux à une solution d'iodate de potassium [Reichardt, *Arch. Pharm.*, (3), t. V, p. 109].

Sulfate de calcium. — Hoppe-Seyler a constaté la production d'*anhydrite* lorsqu'on chauffe le sulfate de calcium hydraté avec une solution de chlorure de sodium à 130° sous pression. Avec l'eau pure, à 140-160°, la déshydratation n'est que partielle, et il se produit une masse cristalline qui renferme $2\,SO^4Ca + H^2O$ [*Pogend. Ann.*, t. CXXVII, p. 161]. Le même hydrate se produit, suivant Hannay, à 100°, sous une pression de 7 atmosphères, ainsi que par dessiccation de l'hydrate ordinaire à 150°.

On obtient des cristaux d'anhydrite lorsqu'on évapore une solution de sulfate de calcium sec dans l'acide sulfurique; densité = 3,028 [Struve, *Zeitsch. Chem.*, 1869, p. 324].

Solubilité. — La solubilité du sulfate de calcium (gypse) a de nouveau été déterminée par divers auteurs. Voici les résultats obtenus :

1000 p. d'eau

A 12°,5	dissolvent	2 p.	de sel	(Lecoq de Boisbaudran).
16 ,5	—	2,19	—	(Cossa).
22	—	2,352	—	(Cossa).
14	—	2,247	—	(Church).
20 ,5	—	2,351	—	(Church).

L'acide carbonique diminuerait cette solubilité (Church). Il en est de même du chlorure de sodium. Le sulfate de magnésium en excès précipite tout le sulfate calcique de sa solution (Fassbender).

L'examen de la solubilité du sulfate de calcium entre 0° et 100°, a confirmé l'existence d'un maximum de solubilité, déjà signalé par Poggiale. D'après Marignac, ce maximum est situé à 38°. Voici du reste les résultats obtenus, qui indiquent la quantité d'eau nécessaire pour dissoudre 1 partie de sel :

à 0°	525 p.	à 41°	468 p.
18	488	53	474
24	479	72	495
32	470	86	528
38	466	99	571

Le sulfate de calcium forme facilement des solutions sursaturées; ainsi on amène sa solution à contenir 1/300 de sel en l'évaporant à chaud, sans faire bouillir; on obtient même une solution à 1/114 quand on dissout le carbonate de calcium en poudre fine dans l'acide sulfurique étendu. Le gypse desséché vers 135° se dissout rapidement en donnant une solution sursaturée, qui laisse déposer une partie du sel à l'état hydraté; le gypse calciné se dissout beaucoup plus difficilement. On ne fait cesser complètement l'état de sursaturation que par l'addition d'une grande quantité de sulfate cristallisé [Marignac, *Ann. Chim. Phys.* (5), t. I, p. 275. — Erlenmeyer, *Neu. Repert. Pharm.*, t. XXII, p. 476; *Bull. Soc. chim.*, t. XXI, p. 179].

D'après Asselin, la glycérine dissout à froid 1 % de sulfate de calcium [*Compt. rend.*, t. LXXVI, p. 884].

Lorsqu'on évapore à sec une solution de sulfate calcique dans l'acide chlorhydrique, on obtient un résidu qui a pour composition

$$2\,SO^4Ca.HCl.3H^2O;$$

ce composé représenterait l'hydrate ordinaire, dont le quart de l'eau est remplacé par HCl (Hannay).

Action de l'ammoniaque. — Ni le gypse ni l'anhydrite n'absorbent le gaz ammoniac, mais bien le sel en partie desséché. Ainsi le sulfate retenant 5,9 % d'eau absorbe 0,06 % de gaz ammoniac; le sel avec 0,7 % d'eau, en absorbe 2,37 % à froid et 3 % à 100° [Jenkins, *Journ. prakt. Chem.* (2), t. XIII, p. 239].

Sulfates doubles. — *Sulfate double de calcium et d'ammonium.* — On l'obtient en saturant de sulfate de calcium une solution de 285 grammes de sulfate d'ammonium dans 800 cent. cubes d'eau, concentrant à 500 ou 600 cent. cubes et filtrant à la température de 40 ou 50°. Il renferme

$$SO^4Ca.SO^4(AzH^4)^2 + H^2O$$

[Fassbender, *Deutsch. chem. Gesellsch.*, 1876, p. 1358]. Il forme des aiguilles brillantes, qui ont aussi été obtenues par A. Ditte [*Compt. rend.*, t. LXXXIV, p. 86].

Ce sel a aussi été observé par Popp, en concentrant l'eau des lagoni de Toscane [*Ann. Chem. Pharm.* Supplbd. VIII, p. 1].

Le sulfate de calcium se dissout à 15° dans 92 parties d'une solution concentrée de sel ammoniac (Fassbender).

Sulfates de calcium et de potassium,

$$1°\quad 2\,SO^4Ca.SO^4K^2 + 3\,H^2O.$$

— Ce sel se sépare, sous la forme d'une masse cristalline composée d'aiguilles prismatiques, souvent terminées par une face oblique, lorsqu'on ajoute du sulfate calcique à une solution saturée de sulfate de potassium. Ce sel, comme les autres sulfates calciques doubles, est décomposé par l'eau (A. Ditte, *loc. cit.*).

$$2°\quad SO^4Ca.SO^4K^2 + H^2O.$$

— Lorsqu'on ajoute de l'acide sulfurique au mélange précédent et qu'on fait bouillir, le sulfate calcique se précipite sous forme d'une poudre blanche qui se convertit, après 24 heures, en petits cristaux prismatiques transparents offrant la composition ci-dessus (Ditte).

Ce sel se produit, suivant Philips, H. Rose, Fassbender, en fines aiguilles soyeuses lorsqu'on dissout du sulfate de potassium dans une solution de gypse, ou inversement.

Struve l'a obtenu en cristaux, ayant la forme du sulfate calcique, par dissolution de ce sel dans une solution d'azotate, de chlorure ou d'iodure de potassium [*Zeitsch. Chem.*, 1869, p. 323]. Enfin, il se dépose de suite lorsqu'on ajoute du sulfate de potassium à une solution de gypse dans l'azotate de potassium (une solution concentrée de ce dernier sel dissout 1,2 % de gypse; cette solubilité est beaucoup diminuée par le chlorure de sodium qui, à l'ébullition, précipite le sulfate calcique sous forme d'anhydrite). Fassbender a obtenu d'une manière analogue le sulfate triple $SO^4Ca.SO^4(KAzH^4) + H^2O$ [*Deutsch. chem. Gesellsch.*, 1878, p. 1968].

Sulfate de calcium et de rubidium,

$$(SO^4Ca)^2SO^4Rb^2 + 3H^2O.$$

— Aiguilles étoilées, qu'on obtient comme le sel potassique (A. Ditte).

On n'obtient pas, dans les mêmes circonstances, les sulfates doubles avec les sulfates de sodium ou le lithium.

Autres combinaisons doubles. — Les combinaisons suivantes ont été observées par Hannay, sous la forme d'incrustations tapissant les parois de tuyaux de conduite ayant été traversés alternativement par des solutions de sulfates de calcium, de potassium, de magnésium et de chromate de potassium [*Journ. Chem. Soc.*, 1877, t. II, p. 399].

1° $SO^4Ca.SO^4K^2 + H^2O$.

2° $SO^4Ca.CrO^4K^2 + H^2O$ et $SO^4Ca.2CrO^4K^2$.

— Ces deux derniers sels possèdent l'aspect de l'iodure de plomb; ils sont déboublés par l'eau.

3° $SO^4Ca.SO^4Na^2$, mélangé avec le sel triple $SO^4Ca.SO^4Na^2 + CrO^4K^2 + H^2O$.

Carbonate de calcium. — Debray a précisé les conditions de température qui régissent et la dissociation du carbonate de calcium par la chaleur et la combinaison directe du gaz carbonique sec avec la chaux anhydre.

Dans la vapeur de mercure, soit à 350°, la dissociation du spath d'Islande est nulle; elle est insensible à 440° (vapeur de soufre) et notable à 860° (vapeur de cadmium). A cette température, la dissociation cesse quand la tension du gaz carbonique mis en liberté atteint 85 millimètres de mercure. A 1040°, cette dissociation s'arrête quand la tension est de 520 mm.

La combinaison de la chaux anhydre avec l'anhydride carbonique, nulle à froid, ne commence qu'au rouge sombre. A une température plus élevée, 1040°, il y a combinaison ou dissociation du carbonate formé, suivant la pression. Sous la pression de l'atmosphère, la combinaison est complète à cette température [*Compt. rend.*, t. LXIV, p. 603].

D'après C. Birnbaum et Mahn, le point critique où commence la dissociation et où se produit la combinaison est situé à 415°,3, point de fusion du zinc. Portée à cette température dans un courant de gaz carbonique sec, la chaux absorbe, après 5 heures, 4,1 °/₀ de son poids d'anhydride carbonique; après 13 heures, cette absorption est de 15,2 °/₀; après 40 heures, de 31,6 °/₀ et après 50 heures, de 45,7 °/₀; après un temps plus long, l'augmentation de poids avait de nouveau baissé.

Chauffé dans un courant d'air sec à 415°,3, le carbonate de calcium précipité et sec a perdu 1,4 °/₀ de son poids après 10 heures, ce qui indique un commencement de dissociation. Il est à remarquer que cette dissociation a lieu sous une tension de l'anhydride carbonique toujours réduite à 0 par le courant d'air [*Deutsch. chem. Gesellsch.*, 1879, p. 1547].

Carbonate de calcium hydraté. — D'après Bondonneau, le précipité gélatineux obtenu par l'action de l'acide carbonique sur le sucrate de chaux n'est pas une combinaison de sucre et de carbonate de calcium, mais un hydrate de carbonate, hydrate qui est soluble dans le sucre et qui se dépose à une basse température sous la forme des cristaux hydratés décrits par Pelouze. La présence du sucre n'est pas nécessaire à la production de l'hydrate gélatineux, qui prend naissance en présence de la gomme, de la dextrine et même des solutions salines, c'est-à-dire en raison d'une augmentation de densité de la solution [*Bull. Soc. chim.*, t. XXIII, p. 100].

Rammelsberg a observé la présence de petits cristaux de l'hydrate $CO^3Ca + 5H^2O$ (¹) de Pelouze sur des conferves qui s'étaient développées dans un étang. Cet hydrate perd déjà son eau à 15°, même sous l'eau [*Deutsch. chem. Gesellsch.*, 1871, p. 569].

Précipitation du carbonate de calcium par double décomposition. — Lorsqu'on ajoute une solution étendue de carbonate d'ammonium à une solution ammoniacale de chlorure de calcium, maintenu en excès, on obtient un précipité gélatineux, qui se redissout bientôt pour se déposer de nouveau plus tard sous forme pulvérulente. Avec une plus grande quantité de carbonate ammonique, le précipité gélatineux est permanent, mais la précipitation est incomplète, car, même après plusieurs jours, la solution filtrée se trouble par l'ébullition. Avec un excès de carbonate ammonique, la précipitation est complète après 1 heure; l'ammoniaque hâte la précipitation.

Le carbonate de sodium se comporte au premier moment comme le carbonate d'ammonium; mais la précipitation en présence de l'ammoniaque est complète après 1 heure.

Avec le *carbamate* d'ammonium et le chlorure de calcium en excès, on n'obtient à froid qu'un faible précipité; lorsqu'on ajoute du carbamate d'ammonium en excès à une solution de chlorure de calcium rendue ammoniacale, il ne se forme qu'un léger précipité après huit heures et la liqueur se trouble encore par l'ébullition après plusieurs jours. Il y a donc une différence essentielle entre l'action du carbonate et celle du carbamate d'ammonium [Divers, *Journ. chem. Soc.*, (2), t. VIII, p. 359].

Ces faits sont confirmés par Drechsel, d'après lequel le carbonate ammonique *pur* précipite complètement le chlorure calcique après quinze minutes, si l'on agite le mélange au commencement pour favoriser la cristallisation des premières portions précipitées. Avec le carbonate ordinaire, qui renferme du carbamate d'ammonium et de l'ammoniaque libre, on obtient, si le chlorure de calcium est en excès et si l'on agite, un précipité de carbonate calcique; mais la précipitation est incomplète, car la liqueur filtrée se trouble par l'ébullition, ce que Drechsel attribue à la décomposition du carbamate qui se trouvait en dissolution [*Journ. prakt. Chem.* (2), t. XVI, p. 169].

Phosphates de calcium. — *Diphosphate tricalcique (phosphate de chaux tribasique)* $(PO^4)^2Ca^3$. — Voici quelques données, dues à Warington, sur la solubilité du diphosphate tricalcique [*Journ. chem. Soc.* (2), t. IV, p. 296, IX, p. 80].

1 p. de diphosphate tricalcique se dissout dans:

89448	p.	d'eau bouillie, à la température de	7°
19628	—	add. de 15 °/₀ de sel ammon.	à 10°
4324	—	— 10 °/₀ —	à 17°
1788	—	saturée de gaz carbonique sous la pression normale,	à 10°

La présence du carbonate du calcium dans l'eau chargée d'acide carbonique diminue considérablement la solubilité du phosphate.

Le diphosphate tricalcique ne s'obtient par double décomposition que lorsqu'on précipite un sel de calcium par un phosphate alcalin additionné d'ammoniaque. Récemment précipité, il est neutre; bouilli avec l'eau, il lui communique une réaction acide. Traité par une petite quantité d'acide acétique ou d'acide chlorhydrique, il est converti en phosphate monocalcique cristallin.

La solution du diphosphate tricalcique dans l'eau chargée d'acide carbonique est légèrement acide. Elle est précipitée par l'ammoniaque et par la chaleur. Soumise à l'évaporation lente, elle abandonne une pellicule cristalline de phosphate monocalcique, mélangé de carbonate, puis du triphosphate $(PO^4)^3Ca^4H$ en agrégations sphéroïdales, et finalement du phosphate tricalcique; la solution restante est alcaline [Warington; — E. Pelouze et Dusart, *Compt. rend.*, t. LXVI, p. 1327].

Le diphosphate tricalcique se dissout abondamment dans l'acide sulfureux aqueux. Un acide concentré en dissout relativement moins qu'un acide plus étendu; ainsi, dans le premier cas, il se dissout 1 moléc. de phosphate pour 6 moléc. d'acide sulfureux; dans le second cas, pour 5 et même pour 4 moléc. SO^2. Cette solution est peu stable; déjà au delà de 18° elle s'altère en abandonnant du sulfite de calcium peu soluble et du

(¹) Tome I, p. 709, ce sel est indiqué avec $6H^2O$.

phosphate monocalcique, tandis qu'il reste du phosphate acide en dissolution. Si l'on déplace l'acide sulfureux par un courant d'hydrogène, les mêmes sels se déposent. Il en est encore ainsi par l'addition d'alcool. Mais, si l'on porte rapidement la solution à l'ébullition, il se dégage de l'acide sulfureux et il se dépose un précipité dense, formé de cristaux hexagonaux microscopiques qui, séchés sur l'acide sulfurique, ont pour composition

$$Ca^3 \begin{cases} (PO^4H)^2 \\ SO^3 \end{cases} + H^2O.$$

Ce sel est très stable; il ne perd que peu d'eau (0,64 %) à 130° et ne se déshydrate à une température plus élevée qu'en perdant de l'acide sulfureux. Les acides dissolvent ce sel en dégageant de l'acide sulfureux. Le chlore et l'iode le transforment en phosphate acide, chlorure ou iodure et sulfate de calcium.

L'ammoniaque est absorbée en produisant une combinaison douée de propriétés antiseptiques remarquables.

La solution sulfureuse du diphosphate tricalcique donne, avec le chlorure ferrique, un précipité de phosphate ferrique renfermant tout l'acide phosphorique dissous. Avec le chlorure de baryum, on obtient de même un précipité immédiat; avec le chlorure de magnésium, le précipité se forme lentement.

Évaporée dans le vide, cette solution abandonne des cristaux volumineux, limpides, ne paraissant pas avoir une composition constante et donnant, à l'analyse, du sulfite, du sulfate calcique et du phosphate monocalcique [Gerland, *Chem. News*, t. XX, p. 268 et t. XXIII, p. 136; *Journ. prakt. Chem.* (2), t. IV, p. 97; *Bull. Soc. chim.*, t. XIV, p. 37, et t. XVI, p. 235].

Phosphate monocalcique PO^4CaH. — Il se produit, entre autres, par l'évaporation de la solution carbonique du diphosphate tricalcique. On l'obtient plus pur en saturant de carbonate de calcium une solution de phosphate acide de calcium, et en lavant le dépôt avec une solution de ce sel, puis avec de l'eau. Ainsi obtenu, il est grenu et renferme $2\,PO^4CaH + 5\,H^2O$ (E. Pelouze et Dusart, *loc. cit.*).

Le sel à $5\,H^2O$ se dissout, après une heure, dans le citrate d'ammonium basique; après sa dessiccation, qui a lieu à 115°, cette solution ne se fait plus qu'après douze heures environ (Millot).

On obtient le sel à $5\,H^2O$ par le mélange à froid de solutions de chlorure de calcium, de phosphate de sodium et d'acide acétique. A l'ébullition, le sel se précipite avec une molécule d'eau seulement (Millot).

Lorsqu'on ajoute à un excès de chlorure de calcium une solution de phosphate disodique, on obtient un précipité qui se redissout d'abord par l'agitation pour se déposer de nouveau sous forme cristalline; c'est le phosphate monocalcique.

Si le phosphate de sodium est en excès, c'est le sel plus complexe $(PO^4)^3Ca^4H + 2\,H^2O$ qui se précipite, aussi longtemps au moins que la solution reste neutre ou alcaline. Si l'on continue à ajouter du chlorure de calcium, la liqueur devient acide par suite de la formation de phosphate acide de sodium :

$$5\,PO^4Na^2H + 4\,CaCl^2$$
$$= 8\,NaCl + (PO^4)^3Ca^4H + 2\,PO^4H^2Na.$$

Ce triphosphate tétracalcique se produit aussi lorsqu'on fait digérer le phosphate monocalcique avec du phosphate disodique.

Déposé lentement, le phosphate monocalcique est en petits cristaux rhombiques, isomorphes avec la pharmacolite (arséniate monocalcique) et renferme alors $2\,PO^4CaH + 3\,H^2O$ (Warington).

D'après Pelouze et Dusart, 1000 p. d'eau dissolvent 0 p. 28 de phosphate monocalcique et 0 p. 66 si l'eau est chargée d'acide carbonique.

L'ébullition dédouble le phosphate monocalcique en phosphate acide et en diphosphate tricalcique (Millot).

Suivant Erlenmeyer [*N. Rep. Pharm.*, t. XXII, p. 476; *Bull. Soc. chim.*, t. XXI, p. 177], le phosphate acide $(PO^4)^2CaH^4$ est décomposé par l'eau froide en produisant le sel monocalcique

$$PO^4CaH + 2\,H^2O;$$

à l'ébullition, c'est le même phosphate, mais anhydre, qui se dépose. Le sel hydraté lui-même perd facilement son eau par l'ébullition.

Phosphate acide. — Il cristallise en tables volumineuses bien formées, qui ont pour composition $(PO^4)^2CaH^4 + H^2O$. Ces cristaux perdent leur eau à 100°, mais la reprennent lentement à l'air. Exposé dans un air saturé d'humidité, ce sel peut prendre plus d'eau, mais il perd de nouveau cet excès d'eau à l'air libre (Erlenmeyer).

Le phosphate acide de calcium, étant traité par le carbonate de sodium, ne donne pas de phosphate disodique et de carbonate de calcium, mais l'acide phosphorique se partage entre le sodium et le calcium, d'après l'équation déjà indiquée par Thenard, Soubeiran et Lecanu :

$$2\,(PO^4)^2CaH^4 + 2\,CO^3Na^2$$
$$= 2\,PO^4Na^2H + 2\,PO^4CaH + 2\,CO^2 + 2\,H^2O.$$

Il y a plus : le carbonate de calcium décompose le phosphate disodique en donnant du diphosphate tricalcique et du sesquicarbonate de sodium ou, si l'on opère à chaud, du carbonate de sodium et de l'acide carbonique :

$$2\,PO^4Na^2H + 3\,CO^3Ca$$
$$= (PO^4)^2Ca^3 + 2\,CO^3Na^2 + CO^2 + H^2O$$

[A. Fréhault et A. Destrem, *Bull. Soc. chim.*, t. XXVII, p. 479]. Ed. Willm.

CALCOURANITE (Min.). — Voyez AUTUNITE.

CALDERITE (Min.). — Grenat compact du Népaul (Inde).

CALIATOUR (BOIS DE). — La matière colorante de ce bois est identique avec celle du bois de santal [Sicherer, *Deutsch. chem. Gesellsch.*, 1879, p. 14; *Bull. Soc. chim.*, t. XXXIII, p. 139; — Voyez aussi SANTALINE, t. II, p. 1433].

CALORIMÈTRES. — Voyez THERMOCHIMIE, t. III, p. 374.

CALYCANTHINE, $C^{25}H^{28}O^{11}$. — Cette substance est un glucoside cristallisé, qui se trouve dans les différentes parties du *Calycanthus floridus*. Sa solution aqueuse est extrêmement fluorescente. Elle se range entre l'esculine et la fraxine [T. Hermann, *Zeitschr. Chem.*, 1868, p. 571; *Bull. Soc. chim.*, t. XI, p. 170].

CAMELLINE. — Nom donné par Katzujama [*Arch. der Pharm.* (3), t. XIII, p. 334] à une substance blanche bleuâtre, extraite des graines de *Camellia japonica*. Elle est à peine soluble dans l'eau, insoluble dans l'alcool; l'acide sulfurique additionné d'une petite quantité d'acide azotique la colore en un beau rouge. Par une ébullition avec l'acide sulfurique étendu, elle fournit du sucre. Les analyses conduisent à la formule $C^{53}H^{84}O^{19}$.

CAMPHÈNES. — Voyez TÉRÉCAMPHÈNE, t. III, p. 322.

CAMPHÉROL, $C^{10}H^{16}O^2$. — Ce produit de dédoublement des acides camphoglycuroniques est isomérique avec les oxycamphres de Wheeler et de Schiff. On fait bouillir au réfrigérant ascendant les acides camphoglycuroniques (p. 394) avec de l'acide chlorhydrique à 5 %, et l'on enlève, toutes les deux heures environ, le camphérol formé, en épuisant avec de l'éther. Les solutions éthérées réunies sont agitées avec de la potasse, lavées à l'eau et distillées; le résidu jaunâtre dissous dans une grande quantité d'eau et soumis à l'évaporation lente, se dépose en lamelles incolores, minces, irrégulières et molles. Ce corps fond à 197-198° et se volatilise facilement à une température plus basse, surtout avec la vapeur d'eau. Il est dextrogyre. Avec les acides, il forme des dérivés éthérés. Par oxydation avec l'acide nitrique, il fournit de l'acide camphorique ordinaire (Schmiedeberg et Meyer).

CAMPHINE. — Ce corps, décrit par Claus, est un mélange de divers carbures. Le produit principal bout de 160 à 168° et se comporte comme un carbure saturé $C^{10}H^{22}$; le reste renferme du cymène (174-176°) et un peu de laurène. Ces carbures se produisent en même temps que le carvacrol dans l'action de l'iode sur le camphre [Armstrong et Easkell, *Chem. News*, t. XXXVII, p. 4].

CAMPHIQUE (ACIDE), $C^{10}H^{16}O^2$. — Le camphre étant une aldéhyde fixe de la potasse, et engendre un sel d'où l'on tire l'acide camphique $C^{10}H^{16}O^2$, qui ne diffère du camphre que par un atome d'oxygène. De Montgolfier a montré que le camphre sodé, en solution dans la benzine, peut fixer directement l'oxygène de l'air à froid, et se transformer en camphate de sodium, comme le ferait toute autre aldéhyde. En même temps, il se produit de l'acide camphorique et une résine acide, tous deux d'autant plus abondants que la température est plus élevée. Dans cette préparation de l'acide camphique, on dissout le mélange oxydé dans une lessive alcaline et on effectue la précipitation fractionnée de cette solution par un acide; la résine entraînant la plus grande partie de l'acide camphorique se concentre dans les premiers précipités.

Les solutions alcalines d'acide camphique absorbent l'oxygène en vase clos à 100°. Soumis à l'oxydation par le permanganate de potassium, l'acide camphique est en partie détruit; il se forme de l'acide acétique, de l'acide camphorique, un acide fusible à 175°, très probablement identique avec l'acide paratoluique fusible à cette température, et enfin un acide intermédiaire entre les acides camphique et camphorique, l'*acide oxycamphique*, qui est un liquide incolore et sirupeux répondant à la formule

$$C^{10}H^{16}O^3.$$

Ces oxydations de l'acide camphique se passent en solutions alcalines ou neutres; elles peuvent, dans certains cas mal définis, donner naissance à un acide de la formule $C^9H^{16}O^2$, désigné sous le nom d'acide *phoronique*.

L'acide camphique, insoluble dans l'eau froide, est sensiblement soluble dans l'eau bouillante, d'où il se dépose par refroidissement en flocons filamenteux. Son pouvoir rotatoire est positif et égal à 15° 8'.

Camphate de cuivre $(C^{10}H^{15}O^2)^2Cu$. — Les solutions de camphate alcalin précipitent les sels cuivriques en vert; ce précipité est très caractéristique; l'alcool le dissout en donnant un sel acide formulé $C^{10}H^{16}O^2.\ 2\,(C^{10}H^{15}O^2)^2Cu$ [De Montgolfier, *Bull. Soc. chim.*, t. XXV, p. 13; t. XXX, p. 194].

Camphate de calcium $(C^{10}H^{15}O^2)^2Cu$. — Ce sel, soumis à la distillation sèche avec du formiate de calcium, donne du camphre (De Montgolfier). A. Etard.

CAMPHOCARBONIQUE (ACIDE),

$$C^{11}H^{16}O^3 = C^{10}H^{15}O\text{-}CO^2H.$$

— Cet acide a été obtenu par Baubigny en faisant réagir l'acide carbonique sur le camphre sodé. Pour le préparer, on dissout du camphre dans du toluène ordinaire, et on ajoute du sodium tant que celui-ci se dissout; dans le mélange sodé on fait alors arriver un courant d'acide carbonique sec et on sature à refus. La solution toluique, agitée avec de l'eau, cède à celle-ci du camphocarbonate et du bornéol-carbonate de sodium. Ce dernier, peu stable, est transformé par l'action de l'acide acétique, en bornéol qui se dépose, et acide carbonique; l'eau mère acétique, décomposée par un acide fort, laisse déposer l'acide camphocarbonique.

Cet acide est monobasique; il se dissout dans l'éther et cristallise en prismes à six pans; il fond vers 118° en se scindant en acide carbonique et en camphre.

Camphocarbonate d'ammonium. — Se prépare par solution directe; il cristallise en aiguilles confuses.

Sels de potassium et de sodium. — Très solubles, ne cristallisant pas, et servent à préparer par double décomposition des sels peu solubles tels que ceux de plomb et d'argent [Baubigny, *Ann. Phys. Chim.* (4), t. XIX, p. 221].

ACIDE CAMPHOCARBONIQUE BROMÉ,

$$C^{10}H^{14}BrO\text{-}CO^2H.$$

— On traite l'acide camphocarbonique refroidi par le brome (2 mol.). HBr se dégage et il se forme un produit soluble en jaune dans les alcalis, précipitable en poudre cristalline par les acides et fusible entre 109 et 110°. Peu soluble dans l'eau, très soluble dans l'alcool et l'éther; à l'état sec, il se dédouble déjà à 65° en

$$C^{10}H^{15}BrO \text{ et } CO^2,$$

la même réaction a lieu dans l'eau bouillante au bout d'un certain temps. On connaît les sels

$$(C^{11}H^{14}BrO^3)^2Ba \text{ et } C^{11}H^{14}BrO^3.AzH^4$$

peu stables [Santos de Silva, *Bull. Soc. chim.*, t. XX, p. 561].

ACIDE HYDROXYCAMPHOCARBONIQUE, $C^{11}H^{18}O^4$. — On prépare cet acide par l'action de la potasse aqueuse sur le camphre cyané à chaud.

Haller recommande de prendre pour 10 grammes de camphre cyané, 20 grammes de potasse et 80 grammes d'eau, et de maintenir le tout au réfrigérant ascendant tant qu'il se dégage de l'ammoniaque; le liquide qu'on obtient ainsi étant sursaturé par de l'acide sulfurique, laisse précipiter le nouvel acide.

L'acide hydroxycamphocarbonique est un corps blanc, léger, un peu soluble dans l'eau bouillante, très soluble dans l'éther et l'alcool, insoluble dans la benzine et le chloroforme. Il se sublime dès la température de 130° et fond vers 160° sans paraître se transformer en anhydride. L'acide azotique le dissout à chaud sans l'altérer notablement. Le pouvoir rotatoire est droit et égal à 50° 18'.

Les hydroxycamphocarbonates neutres sont bimétalliques.

Hydroxycamphocarbonate de sodium,

$$C^{11}H^{16}Na^2O^4.$$

— Se prépare à l'aide de l'acide et du carbonate sodique; c'est un sel difficilement cristallisable, très soluble dans l'eau et précipitant la plupart des métaux lourds.

Sel de potassium, $C^{11}H^{16}K^2O^4$. — Se prépare comme le précédent; il est incristallisable.

Sel de baryum, $C^{11}H^{16}BaO^4 + 6H^2O$. — Obtenu en dissolvant à chaud du carbonate de baryum dans une solution de l'acide. Très soluble à froid, il cristallise lentement en petites aiguilles.

Sel de calcium, $C^{11}H^{16}CaO^4 + 6H^2O$. — Même préparation que le sel précédent et propriétés analogues.

Sel de plomb, $C^{11}H^{16}PbO^4$. — On le prépare à l'aide du sel de sodium et de l'acétate de plomb par double décomposition; c'est un sel blanc, pulvérulent, amorphe et insoluble dans l'eau. Chauffé, ce sel donne du carbonate de plomb et une substance ayant toutes les apparences du camphre.

Sel de zinc, $C^{11}H^{16}ZnO^4$. — Soluble à froid, presque insoluble à chaud, ce qui permet de l'obtenir par double décomposition à l'aide du sel sodique et du sulfate de zinc à l'ébullition.

Sels de cobalt et de nickel. — Ont été obtenus par précipitation à chaud.

Sel de cuivre, $C^{11}H^{16}CuO^4$. — Vert, amorphe et insoluble, il se prépare à chaud par double décomposition [Haller, *Thèse de la Faculté de Paris*, 1879].

CONSTITUTION. — L'acide hydroxycamphocarbonique résulte de l'action de la potasse sur le dérivé cyané du camphre, lequel renferme le groupe aldéhydique COH.

Le cyanocamphre sera donc :

$$C^9H^{14} < \begin{matrix} COH \\ CAz \end{matrix}$$

et par l'action de la potasse, non seulement le groupe cyanogène, mais encore le groupe aldéhydique seront transformés en carboxyles CO^2H, d'après des équations connues. Le groupe aldéhydique fournit dans ces conditions de l'hydrogène qui, se fixant sur la molécule non saturée, la transforme en acide carbocampholique

$$C^9H^{16} < \begin{matrix} CO^2H \\ CO^2H \end{matrix}.$$

L'acide hydroxycamphocarbonique serait donc un véritable acide bibasique ne renfermant pas d'oxydryle alcoolique; ce qui est d'accord avec la formule de ses sels. A. Etard.

CAMPHOCRÉOSOTE. — Identique avec le carvacrol ou thymol β. — Voyez THYMOL, t. III, p. 413.

CAMPHOGLYCURONIQUE (ACIDE),

$$C^{16}H^{24}O^8.$$

— Cet acide existe sous deux modifications qui apparaissent dans l'urine de chien, après l'ingestion du camphre; elles sont accompagnées d'un acide azoté, probablement l'acide uramido-camphoglycuronique.

On précipite l'urine des chiens soumis à ce traitement par du sous-acétate de plomb, on décompose le précipité par du carbonate d'ammonium, et l'on chauffe la solution avec de la baryte jusqu'à ce que l'ammoniaque soit expulsée en totalité. Le liquide traité par le gaz carbonique, concentré par évaporation et précipité par l'alcool, fournit les sels barytiques des trois acides. Ces sels chauffés au bain-marie, en présence d'eau et d'hydrate de baryum, se transforment en composés basiques amorphes et peu solubles, faciles à laver, et que l'on décompose par la quantité strictement nécessaire d'acide sulfurique. On obtient ainsi un sirop brunâtre qui laisse quelquefois déposer des cristaux d'acide α-camphoglycuronique, lorsqu'on le laisse sécher à l'air et qu'on l'abandonne ensuite dans une atmosphère humide. Généralement on est obligé de saturer le mélange acide par de l'oxyde d'argent, et de séparer par le filtre des produits visqueux qui se précipitent; les sels d'argent des deux acides camphoglycuroniques se déposent peu à peu en cristaux du sein de la solution, souvent au bout d'un temps très long. L'acide uramido-camphoglycuronique reste dans les premières eaux mères. On sépare les sels cristallins par de nouvelles cristallisations dans l'eau qui dissout plus abondamment le sel α.

ACIDE α-CAMPHOGLYCURONIQUE. — Isolé du sel d'argent par l'acide chlorhydrique ou l'hydrogène sulfuré; il se présente en lamelles très petites, réunies souvent en mamelons, incolores, solubles dans 16 à 20 p. d'eau froide; il se dissout aisément dans l'alcool et l'eau chaude; il est insoluble dans l'éther. Il ne réduit pas l'oxyde cuivrique.

L'acide α-camphoglycuronique contient 1 molécule d'eau qui se dégage à 90-100° dans le vide. L'acide anhydre fond à 128-130°. Il est lévogyre; en solution aqueuse à 4 °/₀ d'acide hydraté, il possède le pouvoir rotatoire

$$[\alpha]_D = 32°,85.$$

Sel d'argent, $C^{16}H^{23}O^8.Ag$. — Fines aiguilles, groupées souvent concentriquement, contenant de l'eau qui se dégage sur l'acide sulfurique.

Sel de baryum, $C^{16}H^{22}O^8.Ba + H^2O$ ou $2H^2O$. — Fines aiguilles longues et flexibles, ou mamelons; le plus souvent on l'obtient à l'état amorphe. A 100°, il ne perd pas d'eau. Chauffé avec un excès de baryte, il forme un sel basique, amorphe et peu soluble; en même temps une partie de l'acide α se transforme en modification β.

ACIDE β-CAMPHOGLYCURONIQUE. — Mis en liberté du sel d'argent cristallisé le plus soluble, il constitue une masse vitreuse, incristallisable, fusible à 100°. A part ces caractères, il présente les propriétés de l'acide α avec lequel il est isomérique. Le sel d'argent $C^{16}H^{23}O^8.Ag + 3H^2O$, devient anhydre à 100°.

Les acides minéraux étendus à 5 °/₀ dédoublent les deux acides campboglycuroniques en acide glycuronique et camphérol (voyez ces mots, Suppl.] :

$$C^{16}H^{24}O^8 + H^2O = C^6H^{10}O^7 + C^{10}H^{16}O^2.$$

Acide campho-glycuronique.	Acide glycuronique.	Camphérol.

Le dédoublement est long à s'achever, et si on le pousse jusqu'au bout, une partie de l'acide glycuronique se décompose en gaz carbonique et en matières brunes [O. Schmiedeberg et H. Meyer, *Zeitschr. physiol. Chem.*, t. III, p. 422]. A. Henninger.

CAMPHOL. — Syn. de BORNÉOL.

CAMPHOLIQUE (ACIDE), $C^{10}H^{18}O^2$. — Cet acide est transformé par oxydation à l'aide de l'acide azotique en acides camphorique et camphoronique. Le brome en présence de l'eau donne les acides camphorique, oxycamphorique et l'anhydride bromocamphorique. Avec le perchlorure de phosphore, on obtient un chlorure organique décomposable [Kachler, *Bull. Soc. chim.*, t. XVII, p. 420].

CAMPHORIQUE (ACIDE), $C^{10}H^{16}O^4$. — L'acide camphorique qu'on a le plus souvent occasion de préparer est l'acide droit fourni par le camphre des laurinées également droit. Dans cette préparation il convient d'employer comme oxydant de l'acide azotique d'une densité égale à 1,25 qu'on fait réagir au réfrigérant ascendant et qu'on maintient à cette concentration, à mesure qu'il s'épuise, par des additions fréquentes d'acide plus concentré. C'est de cette précaution que dépend le succès de l'opération.

Jungfleisch, étendant à l'acide camphorique ses recherches sur l'acide tartrique, a chauffé de l'acide camphorique entre 150 et 300° en présence de l'eau afin d'éviter la formation d'anhydrides; il a constaté qu'il se formait dans ces conditions un mélange de deux acides inactifs correspondants aux acides tartriques inactifs. L'un de ces acides, inactif par compensation, se dédouble quand on le fait cristalliser un certain nombre de fois dans l'eau chaude en deux acides actifs de rotations inverses; l'acide droit, cristallise le premier dans l'eau chaude, le gauche se trouve dans les dernières portions cristallisées et correspond à l'acide gauche dérivant du camphre de matricaire. Quant à l'acide inactif non dédoublable, il paraît identique avec celui désigné par Wreden sous le nom de mésocamphorique. [Jungfleisch, *Bull. Soc. chim.*, t. XIX, p. 350.]

Soumis à la distillation sèche, à l'état de sel de calcium ou de cuivre, l'acide camphorique donne des carbures C^8H^{14}. L'un de ces carbures, obtenu par Moitessier à l'aide du sel cuivrique, bout à 105°. Wreden en chauffant l'acide camphorique avec de l'acide iodhydrique d'une densité de 1,7, à 200°, a obtenu une huile dense qui, distillée avec de la chaux, donne pareillement un hydrocarbure C^8H^{14}; un semblable carbure se forme aussi dans la distillation sèche des sels calcaires de l'anhydride oxycamphorique; dans ce cas, le carbure bout à 118-120°. Dans cette réaction, il paraît se former au moins deux carbures isomériques, car, outre les précédents, Ballo signale encore un carbure C^8H^{14}, qu'il appelle improprement campholène; ce dernier bout entre 122 et 126° et résulte de l'action du chlorure de zinc sur l'anhydride camphorique traité par l'ammoniaque [Ballo, *Deutsch. chem. Gesellsch.*, 1879, p. 324].

ANHYDRIDE BROMO-CAMPHORIQUE. — L'acide camphorique, chauffé avec du brome (deux molécules) et de l'eau à 170°, paraît donner un corps possédant la composition de l'acide bromocamphorique; toutefois, ce produit est peu stable et se décompose à l'air.

Le brome sec et l'anhydride camphorique maintenus pendant quelques heures à 130° donnent des cristaux qu'on lave à l'éther et qui, cristallisés dans le chloroforme, possèdent la composition de l'anhydride bromo-camphorique, $C^{10}H^{13}BrO^3$. Chauffés à 100°, ces cristaux noircissent et de l'acide camphorique se sublime. Le pentachlorure de phosphore n'agit pas sur ce corps. Par l'action de l'eau ou de l'alcool il se forme de l'acide bromhydrique et un dérivé hydroxylé ou oxéthylé correspondant.

ANHYDRIDE OXY-CAMPHORIQUE, $C^{10}H^{14}O^4$. — Se prépare par simple ébullition du dérivé bromé précédent avec de l'eau. Cet anhydride forme de longs cristaux plumeux se sublimant déjà vers 110° et fondant à 201°. Les solutions aqueuses le déposent avec une ou deux molécules d'eau combinée. Il forme un sel de sodium incristallisable; les autres sels sont pour la plupart solubles et cristallisables, même celui de plomb, ce qui permet de le séparer de l'acide camphorique. Les sels de baryum et d'argent sont détruits par l'eau à 100°, du carbonate de baryum ou de l'argent se séparent en même temps qu'un corps volatil odorant.

Sel de cadmium, $(C^{10}H^{13}O^4)^2Cd + 3H^2O$. — Prismes transparents.

Dérivé éthylique, $C^{10}H^{13}O^4.C^2H^5$. — On le trouve dans le produit de l'action du gaz chlorhydrique sur une solution alcoolique de l'anhydride oxycamphorique. Prismes fusibles à 63° sublimables; solubles dans l'alcool, l'éther, le chloroforme et l'eau à 100°. Cet éther se produit aussi dans l'action de l'anhydride bromo-camphorique sur l'alcool à 150°. Le perchlorure de phosphore transforme l'anhydride oxy-camphorique en anhydride chloro-camphorique.

ANHYDRIDE AMIDO-CAMPHORIQUE,

$$C^{10}H^{13}(AzH^2)O^4.$$

— Résulte de l'action de l'ammoniaque aqueuse à 100° sur l'anhydride bromé; fusible à 208°, sublimable à 150°; fort soluble dans l'alcool chaud qui le laisse déposer en aiguilles. La potasse aqueuse bouillante transforme cet anhydride en acide amido-camphorique.

ACIDE AMIDO-CAMPHORIQUE,

$$C^{10}H^{15}(AzH^2)O^4 + H^2O.$$

— On le précipite par un acide de la solution alcaline où il prend naissance, puis on le fait cristalliser dans l'alcool. Il perd son eau à 85° et fond à 160° en devenant anhydre.

Amido-camphorate de calcium,

$$[C^{10}H^{14}(AzH^2)O^4]^2Ca + 2H^2O.$$

— Prismes transparents très solubles dans l'eau.

Le sel de cuivre est en aiguilles bleues très solubles dans l'eau; à 60° ses solutions se décomposent et laissent déposer leur acide [Wreden, *Zeitschr. Chem.*, 1871, p. 97].

Des tentatives faites en vue d'obtenir la camphoramide et de la déshydrater par le chlorure de zinc pour arriver à un corps ayant la composition de la nicotine ont été infructueuses. A. Étard.

CAMPHORONIQUE (ACIDE), $C^9H^{12}O^5$ ou $C^9H^{14}O^6$. — Cet acide a été trouvé par Kachler [*Bull. Soc. chim.*, t. XVII, p. 339] dans les eaux mères de la préparation de l'acide camphorique, en même temps que d'autres acides. Pour le préparer, on abandonne ces eaux dans un lieu frais pendant plusieurs mois; elles se prennent alors en une masse cristalline qu'on essore et qu'on fait cristalliser dans l'alcool ou l'éther.

On peut encore, d'après de Montgolfier, saturer les eaux mères camphoriques par de l'ammoniaque et les précipiter par l'acétate de plomb. Le précipité, décomposé par l'hydrogène sulfuré, fournit l'acide camphorique et l'acide camphoronique reste dans les eaux mères. L'oxydation du camphre par un mélange de dichromate de potassium et d'acide sulfurique donne surtout de l'acide camphoronique.

Les eaux mères de l'acide camphoronique, à leur tour, peuvent être évaporées à feu nu tant qu'il se forme des vapeurs nitreuses et abandonnées au repos. Dans ce cas, la matière devient cristalline; on la fait digérer avec de l'eau froide pendant quelques jours, puis on filtre. La portion insoluble est formée d'un peu d'acide camphorique qu'on sépare par cristallisation fractionnée et d'un nouvel acide cristallisant en paillettes, du système orthorhombique, et fusibles à 215°. Cet acide est identique avec l'acide dinitroheptylique, $C^6H^{11}(AzO^2)^2CO^2H$.

Le mélange de ces acides provenant des eaux mères de l'acide camphorique a été désigné, comme espèce unique, sous le nom d'acide camphorésinique ou camphrésinique.

Ces produits, obtenus en vertu de réactions secondaires dans la préparation de l'acide camphorique, varient en nature et en quantité selon les conditions de la réaction principale, c'est-à-dire selon la concentration de l'acide azotique pris comme oxydant et la durée de l'opération.

Séché à 100°, l'acide camphoronique fond à 164-165° et renferme $C^9H^{12}O^5 + H^2O$; dans cet état, Kissling [*Thèses de Würzbourg*, 1878] le regarde comme de l'acide camphoronique bibasique normal, et Kachler (*loc. cit.*) comme un acide hydroxycamphoronique. Chauffé plus fort ou distillé, il devient anhydre et répond à la formule $C^9H^{12}O^5$. Il distille sans se décomposer très notablement et se concrète dans le récipient. Quand on soumet cet acide à l'action de la potasse fondante, il se décompose en donnant surtout du butyrate de potassium.

Camphoronate d'ammonium,

$$C^9H^{10}(AzH^4)^2O^5 + H^2O,$$

— Se prépare directement avec l'acide et l'ammoniaque; il est très soluble; chauffé à 100°, il perd de l'eau et de l'ammoniaque.

Sel de zinc, $C^9H^{10}ZnO^6 + H^2O$. — Cristallise en aiguilles très solubles.

L'acide camphoronique a de la tendance à former des sels basiques.

Camphoronate de calcium tribasique,

$$(C^9H^9O^6)^2Ca^3.$$

— Cristallise en aiguilles hydratées; séché à 100°, il retient deux molécules d'eau qu'il ne perd qu'à 320°.

Sel de cuivre, $(C^9H^9O^6)^2Cu^3 + 2H^2O$. — Sel amorphe, plus soluble à froid qu'à chaud.

Camphoronate d'éthyle, $C^9H^{13}(C^2H^5)O^6$. — Il dérive de l'acide normal $C^9H^{14}O^6$. On le prépare en saturant d'acide chlorhydrique une solution d'acide camphoronique dans l'alcool et en précipitant par l'eau. C'est une huile dense, incolore et bouillant à 302°.

L'éther monoéthylique de l'acide camphoronique séché sous la cloche à l'acide sulfurique, après avoir été fractionné, laisse bientôt déposer des tables incolores, fusibles à 67°, possédant la même composition que l'éther liquide restant, qu'on peut considérer comme son isomère. Les camphoronates monoéthylique, liquide ou solide, traités par l'ammoniaque en solution alcoolique, donnent des cristaux blancs, fusibles à 144-145°, et renfermant $C^9H^{16}Az^2O^4 + C^2H^6O$. Ils perdent leur alcool quand on les chauffe à 70° dans l'air sec, et se comportent alors comme une diamide dont les deux groupes AzH^2 auraient une stabilité différente; les chauffe-t-on en effet avec de la potasse en solution, ils perdent une molécule d'ammoniaque et il se forme une amide fusible à 212° qui reste dans les eaux alcalines; celle-ci, traitée à son tour par l'acide chlorhydrique, perd l'azote restant, à l'état de chlorhydrate d'ammoniaque, et l'acide camphoronique est régénéré.

Camphoronate diéthylique. — Cet éther résulte de l'action d'une molécule d'alcool sur l'éther monoéthylique.

L'action de l'ammoniaque alcoolique à 115-130° en vase clos sur cet éther donne naissance à une diamide $C^9H^{16}Az^2O^4$ fusible vers 160° et isomérique avec celle dérivée de l'éther monoéthylique. Les solutions bouillantes de potasse font perdre de l'ammoniaque à cette amide et il reste comme résidu un acide amidé $C^9H^{15}AzO^5$ ne formant ni chlorhydrate ni chloroplatinate, ainsi qu'on pouvait s'y attendre [E. Hjelt, *Deutsch. chem. Gesellsch.*, 1880, p. 796].

CONSTITUTION. — Selon Kissling (*loc. cit.*) la formule de l'acide camphoronique doit s'écrire

$$\begin{matrix} C^3H^7 \\ CO^2H \end{matrix} > CH\text{-}CO\text{-}CH^2\text{-}CH(OH)\text{-}CO^2H$$

Hjelt pense que dans cette formule, en raison des propriétés tribasiques que l'acide camphoronique montre vis-à-vis de certains corps, on doit placer les groupes CO et CH(OH) dans le voisinage d'un carboxyle.

ACIDE OXYCAMPHORONIQUE. — Quand on traite l'acide camphoronique par deux molécules de brome à 130°, il se dégage de l'acide bromhydrique, et il se forme une huile lourde qui, soumise à l'ébullition avec de l'eau, se transforme en un acide ne renfermant pas de brome.

L'acide oxycamphoronique ainsi préparé cristallise en prismes clinorhombiques fusibles à 210° et renfermant H^2O.

Oxycamphoronate acide de potassium,

$$C^9H^{11}KO^6 + H^2O.$$

— Petits prismes brillants préparés par saturation partielle de l'acide. Le sel neutre, $C^9H^{10}K^2O^6$, forme un enduit gommeux hygroscopique.

Sel de calcium, $C^9H^{10}CaO^6$. — Vitreux.

Sel de baryum, $C^9H^{10}BaO^6$. — Lamelles nacrées.

Sel d'argent, $C^9H^{10}Ag^2O^6$. — Précipité floconneux blanc. A. Étard.

CAMPHRE, $C^{10}H^{16}O$. — Il a été obtenu par l'oxydation des *camphènes*.

Les camphènes prennent naissance, comme on sait, quand on enlève de l'acide chlorhydrique aux monochlorhydrates *solides* des carbures $C^{10}H^{16}$, tels que le térébenthène, au moyen des stéarates alcalins ou de la potasse alcoolique. L'un de ces camphènes, le bornéocamphène, type de la série, se forme par l'action de la potasse sur l'éther chlorhydrique du bornéol :

$$C^{10}H^{18}O + HCl = C^{10}H^{17}Cl + H^2O.$$

$$C^{10}H^{17}Cl + KOH = KCl + H^2O + C^{10}H^{16}.$$

Or, comme le bornéol peut être facilement dérivé du camphre, on voit qu'il y a des rapports étroits entre le camphre et les camphènes

Depuis l'observation de Berthelot, qui obtint de faibles quantités de camphre en oxydant par le noir de platine un camphène, le camphre synthétique a été obtenu en quantité notable par Riban. Ce chimiste oxyde par le mélange d'acide sulfurique et de dichromate de potassium dans un appareil à reflux, le camphène lévogyre dérivé de l'essence de térébenthine française (Voyez TÉRÉCAMPHÈNE, t. III, p. 322.)

Une autre synthèse partielle du camphre est venue dans ces derniers temps trancher la question de la fonction chimique de ce corps. De Montgolfier, en oxydant le camphre, a obtenu directement l'acide camphique; par une réaction inverse, en appliquant la méthode de Piria à cet acide, c'est-à-dire en chauffant son sel de calcium avec du formiate de ce métal, il a obtenu le camphre, qui est dès lors l'aldéhyde camphique.

$$(C^{10}H^{15}O^2)^2Ca + (CHO^2)^2Ca$$
$$= 2CO^3Ca + 2C^{10}H^{16}O.$$

Dans cette réaction, le camphre se produit en même temps qu'un liquide bouillant entre 230 et 235° que l'auteur considère comme un homologue du camphre : $C^9H^{14}O$. Ce liquide serait probablement identique avec le camphrène de Chautard et Schwanert et différent de la phorone (de Montgolfier).

DÉRIVÉS DU CAMPHRE. *Action du chlore*. — Traité par un courant prolongé de chlore à 100° en présence d'un peu d'iode, le camphre est finalement détruit et donne de l'acide carbonique en même temps que les dérivés chlorés de l'éthane, du méthane et de la benzine : C^2Cl^6, CCl^4 et C^6Cl^6 [G. Ruoff, *Deutsch. chem. Gesellsch.*, 1876, p. 1483].

Action du perchlorure de phosphore. — A froid, il se forme comme le pensait Gerhardt, le dérivé $C^{10}H^{16}Cl^2$, par substitution de Cl^2 à O, et ce corps, perdant HCl par l'action de la chaleur, se transforme en $C^{10}H^{15}Cl$.

Action du chlorure de zinc. — Le camphre, soumis à la distillation avec du chlorure de zinc fondu, donne des produits hydrocarbonés constitués par de la benzine, du toluène, du paraxylène, du pseudocumène, du cymène et du laurène [Fittig, Koebrich et Jilke, *Ann. Chem. Pharm.*, t. CXLV, p. 129].

Action du zinc en poudre. — On introduit dans un tube à analyse du camphre intimement mélangé avec le tiers de son poids de zinc pulvérulent. On achève de remplir avec cette même poudre, puis on chauffe sur une grille. Les produits obtenus sont, comme dans le cas précédent, de la benzine, du toluène et du paraxylène

[H. Schrötter, *Deutsch. chem. Gesellsch.*, 1880, p. 1021].

Camphre monobromé, $C^{10}H^{15}OBr$. — Ce corps prend naissance par l'action réciproque de quantités calculées de camphre et de brome en tubes scellés à 100°; dans cette préparation il ne faut pas trop prolonger l'action de la chaleur, de peur de donner naissance à des produits secondaires.

Le camphre monobromé est peu soluble dans l'alcool, très soluble dans le chloroforme, le tétrachlorure de carbone et la benzine.

Chauffé un peu au-dessus de son point de fusion, il se sublime en aiguilles déliées pouvant atteindre plusieurs centimètres de long. L'acide sulfurique le dissout à froid et l'eau le sépare inaltéré de cette solution.

Le chlorure de zinc, chauffé avec du camphre bromé au bain d'huile à 150-160°, donne lieu à un dégagement d'acide bromhydrique. La réaction terminée, on distille à feu nu : il passe une huile renfermant du thymol et de l'hexahyparaxylène bouillant à 137°,6. L'hexahydroxylène provenant de l'acide camphorique bout à 115-120° [R. Schiff, *Deutsch. chem. Gesellsch.*, 1880, p. 1407].

Le bromocamphre, traité par l'hydrogène naissant ou la potasse alcoolique, se transforme en camphre. Le sodium précipite du bromure de potassium de sa solution toluique, et il se forme du camphre sodé.

L'acide azotique ordinaire n'exerce pas d'action à froid; à chaud, au bout d'un temps assez long, le camphre bromé est oxydé et donne de l'acide camphorique ainsi qu'un autre corps cristallisé. Le brome à 100° donne du camphre dibromé. L'hydrogène fourni par l'amalgame de sodium à 2 %, réagissant en solution alcoolique, régénère le camphre primitif (de Montgolfier).

Le camphre bromé se dépose dans l'alcool en prismes orthorhombiques de 109°40', avec des faces g^1 très développées, $mg^1 = 126°10'$, e^1, a^1 incertains. $[\alpha]_D$ pour la solution alcoolique $= +139°$

Camphre dibromé, $C^{10}H^{14}Br^2O$. — Ce composé se prépare en faisant agir 4 atomes de brome sur une molécule de camphre en vase clos. La pression due à l'acide bromhydrique n'est pas très forte à cause d'une sorte de combinaison de ce gaz avec la matière organique. Le produit brut est visqueux et ne cristallise qu'après un temps assez long. Le camphre dibromé est peu soluble dans l'alcool froid, soluble dans le chloroforme et la benzine. Ses propriétés sont très voisines de celles du camphre monobromé. Par l'action de l'amalgame de sodium on le transforme en camphre. $[\alpha]_D$ pour la solution alcoolique $= +102°$.

Par évaporation lente de sa solution alcoolique on l'obtient en beaux prismes orthorhombiques de 128°24' avec faces g^1, $g^{1/2}$ très développées [J. de Montgolfier, *Bull. Soc. chim.*, t. XXIII, p. 253].

Camphre bromonitré, $C^{10}H^{14}Br(AzO^2)O$. — En chauffant pendant plusieurs heures du camphre bromé avec quatre fois son poids d'acide azotique, il se dégage peu de brome et d'oxydes d'azote, et il se forme, en même temps que de l'acide camphorique, un corps cristallisé, insoluble dans l'alcool froid et fusible à 104-105°. Ce corps est le camphre bromonitré. Il se dissout indifféremment dans les acides et dans les alcalis. Par l'action de la chaleur, seul ou en présence de l'acide sulfurique, il se détruit en dégageant des oxydes d'azote [R. Schiff, *Deutsch. chem Gesellsch.*, 1880, p. 1402].

Camphre nitré, $C^{10}H^{15}(AzO^2)O$. — La potasse alcoolique réagit sur le camphre bromonitré avec dégagement de chaleur; le résultat de cette réaction est un mélange de camphre nitré, de bromure et de bromate potassiques.

Après avoir chassé l'alcool par évaporation, on reprend par l'eau, et on précipite le camphre nitré par l'acide sulfurique étendu : il se dépose ainsi une huile jaunâtre qu'on dissout dans l'ammoniaque, afin de pouvoir la décolorer par le noir animal, et qu'on précipite de nouveau par un acide.

Le camphre nitré est un corps d'un jaune clair, friable, fusible à 83°, et présentant des propriétés rappelant les phénols; c'est ainsi qu'il se dissout dans les alcalis, colore les sels ferriques en rouge grenat, et fournit avec les azotites un dérivé nitrosé cristallisé. Selon que le nitrocamphre est traité par l'acide nitrique ou l'acide nitrosulfurique, il donne de l'acide ou de l'anhydride camphorique; chauffé au bain de sable dans un courant de vapeur d'eau, il ne donne pas traces d'oxyde d'azote, mais de l'ammoniaque, de l'acide et de l'anhydride camphoriques.

Le zinc et l'acide chlorhydrique transforment également le camphre bromonitré en camphre nitré.

Selon R. Schiff [*loc. cit.*], les formules du camphre bromonitré et du camphre nitré sont respectivement

$$C^8H^{14} < \begin{matrix} C - AzO^2 \\ \| \\ C - OBr \end{matrix} \quad \text{et} \quad C^8H^{14} < \begin{matrix} C - AzO^2 \\ \| \\ C - OH. \end{matrix}$$

Amido-camphre, $C^{10}H^{15}(AzH^2)O$. — Le traitement du camphre nitré, en solution potassique, par l'amalgame de sodium, provoque le dépôt d'un précipité huileux qui, convenablement purifié, bout sans altération à 246°,4, et se concrète par le refroidissement en une masse cireuse, bleuissant le tournesol et se comportant à tous égards comme une base forte; c'est le camphre amidé.

L'amido-camphre, traité par le chloroforme et la potasse alcoolique, dégage une forte odeur de carbylamine; il réduit la liqueur de Fehling, ainsi que les sels d'argent et de mercure.

Chlorhydrate d'amido-camphre,

$$C^{10}H^{15}(AzH^2)O.HCl.$$

— Il se précipite sous la forme de belles aiguilles blanches, quand on ajoute de l'acide chlorhydrique à une solution éthérée d'amido-camphre.

Chloroplatinate d'amido-camphre

$$[C^{10}H^{15}(AzH^2)O.HCl]^2PtCl^4.$$

— Beaux cristaux solubles dans l'alcool.

Dicamphorylimide, $C^{20}H^{31}AzO^2$. — L'amido-camphre abandonné à lui-même pendant longtemps se transforme, par perte d'ammoniaque, en deux produits : l'un basique, l'autre neutre. On prépare plus facilement ces produits en soumettant une solution chlorhydrique d'amido-camphre à la distillation dans un courant de vapeur d'eau; celle-ci entraîne un corps jaune cristallisant en longues aiguilles, fusibles à 160°, et insolubles dans les acides; c'est la dicamphorylimide $2C^{10}H^{15}(AzH^2)O - AzH^3$.

Camphimide, $C^{10}H^{15}Az$. — Quand la solution chlorhydrique d'amido-camphre, dans la préparation ci-dessus, ne cède plus de dicamphorylimide à la vapeur d'eau, on la sursature avec un excès de potasse caustique, qui précipite une huile passant bientôt à l'état solide et répandant une odeur qui rappelle la conicine (R. Schiff).

La camphimide résulte de l'action réciproque des groupes AzH^2 et COH du camphre avec élimination d'eau :

$$C^{10}H^{15}(AzH^2)O = H^2O + C^{10}H^{15}Az.$$

Cette base est isomérique avec la corindine, cinquième homologue de la pyridine, et peut se représenter par la formule

$$C^8H^{14} < \overset{C}{\underset{C}{\|}} > AzH.$$

Camphre monoiodé, $C^{10}H^{15}IO$. — En faisant réagir du sodium sur du camphre en solution benzique on obtient un mélange de camphre et de bornéol sodés. On obtient du camphre iodé quand on fait réagir une solution benzique d'iode sur ce mélange, ou bien encore de l'iodure de cyanogène.

$$CAzI + C^{10}H^{15}NaO = CAzNa + C^{10}H^{15}IO.$$

Le camphre iodé est blanc; il cristallise en prismes orthorhombiques de 116°18′ modifiés sur e. Il est actif; $[\alpha]_D = + 160°42'$. L'eau ne le dissout pas; il est soluble dans l'alcool, la benzine et l'éther. Il fond entre 43 et 44°, se solidifie à 28°.

L'azotate d'argent n'agit pas sur sa solution alcoolique chaude [Haller, *Thèses de la Faculté des Sciences de Paris*, 1879].

Camphre cyané, $C^{10}H^{15}(CAz)O$. — On prépare ce dérivé en faisant arriver une solution benzique de camphre sodé sur du cyanure de mercure bien sec et à l'abri de l'air; on chasse la benzine et on épuise la masse par de l'eau alcaline qui, saturée par un acide, laisse déposer le camphre cyané. Celui-ci séché, dissous dans l'éther et évaporé, se dépose en magnifiques prismes clinorhombiques de 77° portant les faces m, p, h^1, a^1.

Le camphre cyané est insoluble dans l'eau froide, soluble dans l'eau bouillante qui l'abandonne en fines aiguilles. Soluble dans l'alcool, l'éther, le chloroforme et l'acide acétique. Il se volatilise déjà à 100° fond à 127-128° et bout à 250° en se décomposant partiellement. Pouvoir rotatoire : $[\alpha]_D = + 44°41'$.

Le camphre cyané se dissout dans les lessives alcalines sans former de combinaison stable; soumis à l'ébullition avec elles, le groupe CAz se transforme selon une équation connue en carboxyle CO^2H; en même temps il se dégage de l'ammoniaque. Il se forme dans ce cas du carboxylcamphre qui est un véritable acide, l'acide carboxyle-camphorique [Haller, *loc. cit.*].

Camphre cyanobromé, $C^{10}H^{14}Br(CAz)O$. — Le brome en solution sulfocarbonique transforme le camphre cyané en dérivé bromé; ce dernier est insoluble dans l'eau, soluble dans l'éther, l'alcool et le sulfure de carbone. Il se volatilise un peu à 100°, fond à 75°. L'acide azotique ne l'attaque pas [Haller, *loc. cit.*]. Le cyanogène réagit directement sur le camphre sodé en donnant du camphre cyané, mais il se forme en même temps une matière rouge mal définie.

Azotate de camphre, $[C^{10}H^{16}O]^2Az^2O^5$. — Distille avec l'acide nitrique dans la préparation de l'acide camphorique, ou se forme par l'action de l'acide nitrique sur le camphre à froid. L'azotate de camphre se décompose par la chaleur en émettant des vapeurs nitreuses; l'eau, l'alcool et la plupart des réactifs le décomposent; cependant on peut le débarrasser des corps volatils mélangés par un courant d'acide carbonique sec et le sécher sur de la potasse. C'est le produit ainsi obtenu qui a été analysé [Kachler, *Deutsch. chem. Gesellsch.*, 1871, p. 380].

Oxycamphre, $C^{10}H^{15}(OH)O$. — R. Schiff (*loc. cit.*) a obtenu un oxycamphre différent de celui de Wheeler, qui fond à 137°, en faisant réagir l'acide azoteux sur l'amido-camphre qu'il a découvert. Cet oxycamphre fond à 154-155°, et distille avec la vapeur d'eau; ses solutions alcalines sont précipitées par les acides.

Le *camphérol* décrit p. 392, constitue un troisième oxycamphre.

Amyl-camphre, $C^{10}H^{15}(C^5H^{11})O$. — Baubigny a préparé ce dérivé par l'action de l'iodure d'amyle sur le camphre sodé en vase clos. C'est un corps huileux bouillant à une température élevée.

CONSTITUTION. — Le camphre présente d'étroits rapports de structure avec les carbures $C^{10}H^{16}$ dont il est le produit d'oxydation. Divers auteurs, entre autres Hlasiwetz, Kachler, Meyer et Flavitzky ont donné pour ce corps des formules schématiques, mais seule la formule de Flavitzky, qui tient compte de la nature aldéhydrique du camphre, peut être conservée. La voici :

$$\begin{matrix} CH^3 \\ C^3H^7 \end{matrix} > CH\text{-}CH{=}CH\text{-}CH{=}CH\text{-}COH.$$

On peut aussi résumer les formules connues jusqu'à ce jour par la formule suivante, applicable à l'ensemble de la série :

$$\begin{matrix} CH^3\text{-}C{=}CH\text{-}COH \\ HC{=}CH\text{-}CH^2\text{-}CH < \begin{matrix} CH^3 \\ CH^3. \end{matrix} \end{matrix}$$

et qui rend compte de l'action du perchlorure de phosphore, de la formation facile de cymène ou isopropylbenzine paraméthylée et en même temps du rôle du camphre comme produit intermédiaire entre la série grasse et la série aromatique par les dérivés qu'il donne, appartenant complètement et sans reversion possible à l'une ou à l'autre série. A. Étard.

CAMPHRÉSINIQUE (ACIDE). — Schwanert avait donné ce nom à une masse sirupeuse provenant des eaux mères de la préparation de l'acide camphorique. D'après Kachler, cet acide est un mélange d'acides camphorique et camphoronique. (Voyez p. 395.)

CAMPOBELLO (JAUNE DE). — Le sel sodique de l'α-nitronaphtol, porte ce nom dans le commerce.

CAMPYLITE. — Voyez MIMÉTÈSE.

CANAANITE (Min.). — Pyroxène blanc ou grisâtre, compacte de Canaan (Conn.); a été considéré parfois comme une scapolite.

CANADA (BAUME DU). — L'*Abies balsamea* (Marshall), qui est originaire du nord-ouest de l'Amérique, fournit le baume du Canada. De même, le *Pinus Fraseri* (Pursh) et l'*Abies canadensis* (Michaux), etc., le donnent en petite quantité. Le baume du Canada ressemble beaucoup à la térébenthine de Strasbourg. Il est jaune clair transparent, et ne devient pas trouble en séchant. Il est dextrogyre; la résine tourne le plan de la lumière polarisée fortement à droite, tandis que l'essence, qui forme 24 % du baume, le dévie à gauche. Il n'est complètement soluble ni dans l'acide acétique glacial, ni dans l'alcool absolu.

L'*essence* du baume possède la composition $C^{10}H^{16}$; elle bout à 167°. Le *chlorhydrate* ne cristallise pas de suite, mais seulement après avoir été traité par l'acide azotique fumant.

La *résine* semble être formée de deux substances, dont l'une est soluble dans l'alcool.

CANDITE (Min.). — Spinelle ferro-magnésien de Ceylan. — Voyez PLÉONASTE.

CANTHARÈNE. — Voyez CANTHARIDINE, Suppl.

CANTHARIDINE, $C^{10}H^{12}O^4$. — Pendant longtemps on a attribué à la cantharidine la formule $C^5H^6O^2$, devenue inadmissible depuis qu'on a pris la densité de vapeur de cette substance et découvert le cantharène C^8H^{12}.

L'extraction de la cantharidine se fait par le chloroforme, qui peut en enlever des traces dans un liquide complexe. La préparation en grand peut se faire par la benzine ou par l'éther acétique.

On traite 500 grammes de poudre de cantharides par 2000 grammes de benzine bouillante dans un appareil à déplacement. On concentre le liquide par distillation jusqu'à ce qu'il n'occupe plus qu'un volume de 80 cc., puis on laisse cristalliser. Les cristaux de premier jet sont souillés d'une huile verte dont on les débarrasse par le sulfure de carbone, qui est sans action sur la cantharidine. Le rendement est de quatre à cinq millièmes [G. Boivaux et E. Léger, *Monit. scientif. de Quesneville*, t. XVII, p. 304].

A l'état de pureté, la cantharidine est tout à fait incolore et cristallise en prismes obliques à base rhombe; elle se ramollit vers 210° et fond à 218° (Piccard). Sa densité de vapeur prise dans l'appareil de V. Meyer a donné les nombres 6.6, 6.3, 6.4, tandis que l'ancienne formule en C^5 exige 3.3; cette formule doit donc être doublée. La cantharidine doit être considérée comme un anhydride interne analogue à la lactide. Elle fixe deux molécules d'eau et se comporte alors comme un acide bibasique faible, capable de former une série de sels très vésicants.

Cantharidate de potassium,

$$C^{10}H^{14}O^6K^2 + H^2O.$$

— On le prépare en ajoutant 0,573 de potasse à 1 gramme de cantharidine, le tout dissous dans 80 centimètres cubes d'eau ; il se dépose sous forme d'aiguilles groupées, solubles dans 25 parties d'eau froide et dans 12 parties d'eau bouillante. Ce sel est peu soluble dans l'alcool, presque insoluble dans l'éther et le chloroforme; il est alcalin et vésicant.

Sel de sodium, $C^{10}H^{14}O^6Na^2 + H^2O$. — Se prépare comme le précédent; il cristallise plus difficilement.

Sel de lithium. — Ressemble au sel de potassium, mais il est moins soluble.

Sel d'ammonium, $C^{10}H^{14}O^6(AzH^4)^2 + H^2O$. — Il se prépare en dissolvant de la cantharidine dans un excès d'ammoniaque vers 40°. Il cristallise en aiguilles soyeuses par refroidissement, et perd son ammoniaque à 100°. Très vésicant.

Sel de baryum, $C^{10}H^{14}O^6Ba + H^2O$. — On l'obtient par double décomposition; très peu soluble dans l'eau.

Sel de magnésium, $C^{10}H^{14}O^6Mg + 4H^2O$. — On chauffe pendant plusieurs heures 1 gramme de cantharidine avec 0,25 de magnésie et 35 centimètres cubes d'eau; la solution abandonne par évaporation le sel en longues aiguilles, plus solubles à froid qu'à chaud.

Sel de zinc, $C^{10}H^{14}O^6Zn + 4H^2O$. — Même préparation que le sel magnésien, et propriétés analogues.

Sel de cadmium, $C^{10}H^{14}O^6Cd + 8H^2O$. — Sel très peu soluble, préparé par double décomposition.

Sel de cobalt, $C^{10}H^{14}O^6Co + H^2O$. — Poudre cristalline rose obtenue par double décomposition, ainsi que le sel de nickel, pulvérulent, vert, ayant la même composition. Très peu solubles l'un et l'autre.

Sel de cuivre, $C^{10}H^{14}O^6Cu + 3H^2O$. — Précipité grenu cristallin.

Sel de plomb, $C^{10}H^{14}O^6Pb + 6H^2O$. — Précipite cristallin formé de tables hexagonales [Masing et Dragendorff, *Zeitschr. Chem.*, 1867, p. 464].

Par la distillation sèche de la cantharidine avec de la chaux sodée ou par la distillation d'un des cantharidates alcalins ou terreux décrits ci-dessus, on obtient du *cantharène*, du *xylène* et des corps de nature acétonique.

Distillée avec un excès de pentasulfure de phosphore, la cantharidine donne comme produit principal de l'*orthoxylène*, caractérisé par ses dérivés d'oxydation, l'acide orthotoluique et l'acide phtalique (1. 2).

L'acide iodhydrique, d'une densité de 1.9, attaque la cantharidine à 100° en la transformant en un corps isomère, l'acide cantharique. Cet acide paraît résulter de la décomposition d'un dérivé iodé intermédiaire qui prend naissance dans cette réaction et qu'on peut isoler parmi les produits secondaires de l'acide cantharique.

Cantharidine bi-iodée, $C^{10}H^{12}I^2O^3$. — Ce corps résulte de l'action de l'acide iodhydrique sur la cantharidine selon l'équation

$$C^{10}H^{12}O^4 + 2HI = H^2O + C^{10}H^{12}I^2O^3.$$

On le sépare de l'acide cantharique formé en même temps, en profitant de son insolubilité dans la potasse.

La cantharidine bi-iodée se dépose de ses solutions alcooliques en fines aiguilles, la benzine et le chloroforme donnent de gros prismes anorthiques fusibles à 131°. Elle est complètement insoluble dans les lessives alcalines froides.

Sous l'influence de la potasse bouillante et concentrée la cantharidine bi-iodée se dédouble en iode, acide carbonique et *cantharène* pur [J. Piccard, *Deutsch. chem. Gesellsch.*, 1879, p. 577].

Acide cantharique, $C^{10}H^{12}O^4$. — Cet acide découvert par Piccard, provient de la transformation isomérique de la cantharidine sous l'influence de l'acide iodhydrique concentré à 100°. On sépare l'acide qui s'est formé dans ces conditions de la cantharidine non transformée en le dissolvant dans de l'ammoniaque, on le précipite de cette solution pour le sécher et le laver à la benzine, après quoi on le redissout, et on le décolore par le noir animal pour le faire cristalliser.

L'acide cantharique est un acide monobasique énergique. Par l'évaporation lente de ses solutions aqueuses, il cristallise en prismes orthorhombiques anhydres dont les angles sont : $mm = 107°$ $e^1p = 121°30'$. Rapport des axes 1,62 : 1 : 0,74.

Il est insoluble dans la benzine et l'éther, très soluble dans l'alcool, soluble dans 120 p. d'eau froide et 12 p. d'eau chaude. L'acide cantharique fond à 278° et se décompose vers 400° en donnant du cantharène et du xylène. Distillé avec de la chaux ou à l'état de sel de baryum, il donne ces mêmes produits en même temps qu'un peu d'acide butyrique et xylique qui restent unis aux bases terreuses.

Cantharate de potassium, sel très soluble qui s'obtient cristallisé en aiguilles quand on mélange des solutions alcooliques de potasse et d'acide cantharique.

Cantharate de cuivre $(C^{10}H^{11}O^4)^2Cu$. — Petites aiguilles bleues se formant par le mélange de solutions de chlorure cuivrique et de cantharate de sodium.

Cantharate d'éthyle. — L'iodure d'éthyle réagit sur le cantharate de sodium, il se forme un liquide bouillant vers 300° sans altération, mais dont l'analyse n'a pas été faite.

Piccard attribue à l'acide cantharique la formule

$$C^6H^8 < \begin{matrix} CH < \begin{matrix} CO^2H \\ CO \end{matrix} \\ CH^2 - O \end{matrix}$$

les chaînes latérales de l'hydrobenzine occupant les positions ortho [J. Piccard, *Deutsch. chem. Gesellsch.*, 1878, p. 2120].

Cantharène, C^8H^{12}. — Le cantharène est un hydrocarbure qui, par l'ensemble de ses propriétés, se comporte comme un homologue supérieur des térébènes dont il diffère cependant en ce que, au lieu d'appartenir à la série para comme ces derniers, il fait partie de la série ortho. C'est un dihydroxylène.

Le cantharène se prépare par la distillation sèche de l'acide cantharique ou mieux des cantharates terreux; dans ces circonstances, il est toujours accompagné d'un peu d'orthoxylène. On ne l'obtient rigoureusement pur que par l'action de la potasse sur la cantharidine bi-iodée.

Le cantharène rectifié sur du potassium bout à 134°, son odeur est térébique et camphrée. Il possède à un haut degré la propriété d'absorber l'oxygène. Un volume d'hydrocarbure dissout 150 volumes de ce gaz, soit 17 % en poids. Les solutions éthérées de cantharène absorbent le gaz chlorhydrique en devenant brunes; après l'évaporation de l'éther, il reste une huile ayant l'odeur du camphre. Quelle que soit la méthode qui ait servi à préparer le cantharène, il fournit constamment de l'acide orthotoluique par oxydation. A. Étard.

CANTHARIQUE (ACIDE). — Voyez CANTHARIDINE, Suppl., p. 398.

CANTONITE (Min.). — Covelline de la mine de Canton (Géorgie); se trouvant en cubes avec clivage cubique.

CAOUTCHÈNE. — Voyez t. I, p. 728.

CAOUTCHINE. — Ce carbure d'hydrogène $C^{10}H^{16}$, qui a été trouvé par Himly dans les produits de distillation du caoutchouc (t. I, p. 728), doit être considéré, d'après les recherches de G. Bouchardat, comme du diisoprène $C^5H^8 \cdot C^5H^8$. On peut en effet l'obtenir en polymérisant l'isoprène, par l'action d'une température de 280-290°, maintenue pendant dix heures. La caoutchine doit être rangée, d'après ses propriétés, dans le groupe des hydrocarbures térébiques; sauf l'absence du pouvoir rotatoire, elle se rapproche de l'isotérébenthène (t. III, p. 317).

CAPILLOSE. — Voyez MILLERITE.

CAPRINONE (Syn. *Dinonylacétone*).

$$C^{19}H^{38}O = C^9H^{19} \cdot CO \cdot C^9H^{19}.$$

— Grimm l'a obtenue en distillant du caprate calcique. Elle se dépose dans l'alcool en lamelles nacrées blanches, d'un toucher gras, qui nagent sur l'eau. Elle fond à 58° et bout au delà de 350° en s'altérant un peu. Le mélange chromique et l'acide azotique étendu l'attaquent à peine [F. Grimm, *Ann. Chem. Pharm.*, t. CLVII, p. 264; *Bull. Soc. chim.*, t. XV, p. 235].

CAPRIQUE (ALDÉHYDE). — D'après les recherches de Gorup-Besanez et Grimm et de Giesecke, le composé que l'on retire de l'essence de rue n'est point l'aldéhyde caprique mais l'acétone méthylnonylique (voyez t. II, p. 1376).

Borodine a obtenu l'*aldéhyde isocaprique*, $C^{10}H^{20}O$, par l'oxydation de l'alcool isocaprique. Elle forme un liquide incolore, insoluble dans l'eau, soluble dans l'alcool et l'éther, bouillant à 169°, d'une densité de 0,8278 à 0°, doué d'une odeur aromatique. Elle ne se combine pas avec le bisulfite; la potasse fondante et l'acide chromique la convertissent en acide isocaprique [*Zeitschr. Chem.*, 1870, p. 416].

CAPRIQUES (ACIDES), $C^{10}H^{20}O^2$. — Un des deux acides capriques connus a été décrit, t. I, p. 732. Son *éther méthylique*, $C^{10}H^{19}O^2 \cdot CH^3$, est un liquide plus léger que l'eau, bouillant à 223-224°, insoluble dans l'eau, soluble dans l'alcool et l'éther, doué d'une odeur de fruits. L'*éther amylique*, $C^{10}H^{19}O^2 \cdot C^5H^{11}$, bout entre 275 et 290° [F. Grimm, *Ann. Chem. Pharm.*, t. CLVII, p. 264; *Bull. Soc. chim.*, t. XV, p. 235].

Acide isocaprique. — Borodine a préparé cet acide en oxydant l'alcool ou l'aldéhyde isocaprique par le mélange chromique [*Zeitschr. Chem.*, 1870, p. 416].

Le produit de condensation du valéral $C^{10}H^{18}O$ fournirait ce même acide par oxydation [Borodine, *Deutsch. chem. Gesellsch.*, 1872, p. 435; *Bull. Soc. chim.*, t. XVIII, p. 245].

On purifie l'acide brut par précipitation fractionnée de son sel de baryum en solution alcoolique au moyen de l'eau, ou par cristallisation des sels de calcium ou de cadmium dans l'alcool. Il forme une huile épaisse bouillant à 241°,5; d'une densité de 0,9096 à 0°, douée d'une odeur désagréable, insoluble dans l'eau, soluble dans l'alcool. Son *sel barytique* ne cristallise pas. Les sels de *calcium* $(C^{10}H^{19}O^2)^2Ca$ et de *cadmium* $(C^{10}H^{19}O^2)^2Cd$ sont des précipités blancs peu solubles dans l'eau, qui se déposent en aiguilles de leurs solutions alcooliques. Les sels de *sodium* et de *potassium* sont des masses amorphes solubles dans l'alcool; l'eau précipite un *sel acide* de cette solution (?).

Le *sel d'argent* est insoluble dans l'eau ainsi que les sels des métaux lourds. M. Wassermann.

CAPRIQUES (ALCOOLS). (Syn. *Alcools décyliques, alcools rutyliques*). $C^{10}H^{22}O$. — On connaît trois alcools de la série caprique. L'un d'eux, l'*alcool isocaprique*, a été obtenu par Borodine en traitant l'aldéhyde valérique par le sodium (voyez t. I, p. 734). Cet alcool est une huile peu soluble dans l'eau, douée d'une odeur agréable, bouillant à 203° sous 764 millimètres, et possédant une densité de 0,8569 à 0°.

L'*éther acétique* se forme par l'action de l'acide acétique sur l'alcool à 150-170°. Il bout à 219°5; à 0° sa densité est de 0,883.

L'*éther benzoïque* bout au delà de 280°.

Le perchlorure de phosphore transforme cet alcool en un chlorure $C^{10}H^{21}Cl$, bouillant à 175-185°. L'acide sulfurique le convertit en un acide caprylsulfurique; l'acide nitrique à 1,4 le transforme en une huile lourde. La combinaison sodique est cristalline. Chauffé à 250-300° avec de la chaux sodée, ou oxydé par l'acide chromique, il fournit l'acide isocaprique.

2°. Un second alcool de la formule $C^{10}H^{22}O$ a été obtenu par éthérification du chlorure $C^{10}H^{21}Cl$, provenant de l'action du chlore sur le diamyle, et saponification de l'éther formé. Il bout à 212°, et possède une odeur agréable.

3°. Anitow [*Deutsch. chem. Gesellsch.*, 1872, p. 479] a préparé un alcool de la formule $C^{10}H^{22}O$ par l'action du zinc-éthyle sur le chlorure de monobromacétyle; il bout à 155-157°. C'est probablement un alcool tertiaire.

CAPROÏQUES (ACIDES). — La théorie prévoit l'existence de huit acides caproïques chimiquement isomères (c'est-à-dire non compris ceux qui ne diffèrent que par le sens du pouvoir rotatoire). De ces huit acides, cinq sont actuellement connus avec certitude. Parmi ceux qui ont déjà été décrits dans cet ouvrage (t. I, p. 735), l'acide de fermentation est le seul qui soit bien défini. Celui qui provient de l'alcool amylique de fermentation peut être en effet un mélange, puisque l'alcool amylique dont il provient est lui-même un mélange de deux, peut-être de trois alcools de constitution chimique différente.

1° ACIDE CAPROÏQUE NORMAL,

$$CH^3 \cdot CH^2 \cdot CH^2 \cdot CH^2 \cdot CH^2 \cdot CO^2H.$$

Lieben et Rossi ont préparé cet acide synthétiquement par en partant de l'iodure d'amyle normal synthétique [Lieben et Rossi, *Bull. Soc. chim.*, t. XV, p. 81 et t. XIX, p. 312; *Ann. Chem. Pharm.*, t. CLIX, p. 75]. Il est identique avec l'acide de fermentation étudié déjà par Grillone [*Bull. Soc. chim.*, t. XIX, p. 308; — Lieben, *ibid.*, t. XXI, p. 358, et *Ann. Chem. Pharm.*, t. CLXX, p. 89]. On l'obtient encore en oxydant l'alcool hexylique de l'essence d'héracléum (Franchimont et Zincke). Il fait également partie des acides gras obtenus dans certaines usines, comme produits secondaires dans la distillation par la vapeur d'eau surchauffée des acides bruts destinés à la fabrication des bougies [Cahours et Demarçay, *Compt. rend.*, t. LXXXIX, p. 331].

Il bout à 204-205° sous la pression de 738^{mm},5; sa densité à 0° est de 0,9449, à 20° de 0,9294, à 40° de 0,9172, à 99°,1 de 0,8947.

Son éther éthylique bout à 166,9-167°,3 sous la pression de 735^{mm},8. A 0° sa densité est de 0,8898, à 20° de 0,8728, à 40° de 0,8594.

Sel de baryum, $(C^6H^{11}O^2)^2Ba$. — Ce sel est anhydre: 100 p. d'eau à 18°,5 en dissolvent 8p,49. Il est notablement plus soluble à chaud qu'à froid. Il se sépare de sa solution chaude en cristaux penniformes. D'après Kottal [*Ann. Chem. Pharm.*, t. CLXX, p. 95], il retiendrait 3 molécules d'eau de cristallisation et 100 p. d'eau à 23° dissoudraient 11p,53 de sel anhydre.

Sel de cadmium, $(C^6H^{11}O^2)^2Cd + 2H^2O$. — 100 p. d'eau dissolvent 0p,96 de sel anhydre à 23°,5 (Kottal).

Sel de calcium, $(C^6H^{11}O^2)^2Ca + H^2O$. — 100 p. d'eau à 18°,5 dissolvent 2p,66 de sel anhydre. Il est à peine plus soluble à chaud. Il se présente en longues lamelles brillantes.

Sel de strontium, $(C^6H^{11}O^2)^2Sr + 3H^2O$. — 100 p. d'eau à 24° dissolvent 8p,89 de sel anhydre (Kottal).

Sel de zinc, $(C^6H^{11}O^2)^2Zn + H^2O$. — 100 p. d'eau dissolvent à 24°,5, 1p,03 de sel anhydre (Kottal).

Traité par l'acide azotique étendu, cet acide donne des acides succinique et acétique sans acide oxalique [Erlenmeyer, Sigel et Belli, *Bull. Soc. chim.*, t. XXII, p. 461, et *Deutsch. chem. Gesellsch.*, 1874, p. 696]. Soumis à 100° à l'action du brome, il se transforme complètement en acide α-bromocaproïque:

$$(CH^3\text{-}CH^2\text{-}CH^2\text{-}CH^2\text{-}CH.Br\text{-}CO^2H.$$

A une plus haute température, vers 140°, il se forme en outre un second acide isomère. L'acide obtenu à 100° possède bien la constitution indiquée, car il se transforme par le carbonate de sodium en un acide leucique que l'acide chromique oxyde en donnant de l'acide valérianique normal [Erlenmeyer, *Deutsch. chem. Gesellsch.*, 1877, p. 636, et 1876, p. 1840].

2° Acide isobutylacétique,

$$\begin{matrix}CH^3\\CH^3\end{matrix}>CH\text{-}CH^2\text{-}CH^2\text{-}CO^2H$$

[W. Rohn, *Liebig's Ann. Chem.*, t. CXC, p. 305]. — Cet acide, qui doit être l'un de ceux que l'on prépare à l'aide de l'alcool amylique, s'obtient à l'état de pureté au moyen de l'éther isobutylacétylacétique (voyez Acétylacétique). On l'obtient aussi en hydrogénant l'acide pyrotérébique [Mielk, *Ann. Chem. Pharm.*, t. CLXXX, p. 57].

Il bout à 198°,6-198°,9 (199-199°,5, Mielk).

Son sel de calcium est anhydre suivant Rohn. Il se présente en aiguilles nacrées réunies en touffes. 100 p. d'eau à 19° dissolvent 9 p. de ce sel. Mielk a obtenu ce sel à l'état hydraté avec 3 H^2O. 100 p. d'eau à 21° en dissolvaient 5p,48.

Le sel de baryum obtenu par Rohn était anhydre et présentait le même aspect que le sel de calcium. 100 p. d'eau à 19° en dissolvaient 20p,3 et 19p,95 à 14°. Mielk a obtenu le même sel cristallisé avec 2 H^2O et 100 p. d'eau en dissolvaient 34p,65 à 18°,5.

L'*éther éthylique* de cet acide (?), obtenu par Lieben et Rossi, bouillait à 160°,4 sous la pression de 737^{mm}; à 0°, sa densité est de 0,887, à 20° de 0,8705, à 40° de 0,8566.

On peut rattacher à l'isobutylacétique les acides monobromocaproïque et dibromocaproïque, préparés au moyen des acides sorbique et hydrosorbique [Fittig, *Deutsch. chem. Gesellsch.*, 1876, p. 120]. La solution d'acide sorbique dans l'acide bromhydrique concentré laisse déposer lentement un acide dibromocaproïque fusible à 68°, difficilement soluble dans l'eau, même bouillante, et décomposable par une chauffe prolongée avec cet agent.

3° Acide diéthylacétique,

$$\begin{matrix}CH^3\text{-}CH^2\\CH^3\text{-}CH^2\end{matrix}>CH\text{-}CO^2H$$

[Frankland et Duppa, *Ann. Chem. Pharm.*, t. CXXXVIII, p. 221; — Heinrich Schnaps, *Deutsch. chem. Gesellsch.*, 1877, p. 1953; — Drobjasgine, *Bull. Soc. chim.*, t. XXI, p. 217, et *Deutsch. chem. Gesellsch.*, 1873, p. 1175; — A. Saytzeff, *Deutsch. chem. Gesellsch.*, 1878, p. 511]. — Cet acide a été obtenu, soit au moyen de l'éther acétylacétique (Frankland et Duppa, Schnaps), soit par hydrogénation de l'acide monochloré préparé avec l'acide diéthyloxalique (Drobjasgine), soit enfin au moyen de l'iodure d'amyle secondaire tiré de la propione,

$$CH^3\text{-}CH^2\text{-}CH.I\text{-}CH^2\text{-}CH^3.$$

C'est à Saytzeff, qui a employé ce moyen, que l'on doit l'étude la plus complète de cet acide [*Liebig's Ann. Chem.*, t. CXCIII, p. 349]. On fait réagir pendant huit jours au réfrigérant ascendant le cyanure de potassium sur cet iodure. L'acide qu'on extrait du cyanure ainsi préparé bout à 190° sous la pression de 756^{mm} (195-197° d'après Schnaps). A 0° sa densité est égale à 0,9355, et entre 0 et 18° son coefficient de dilatation est de 0,00095.

Son *éther éthylique* bout à 151°; sa densité à 0° est égale à 0,8826. Entre 0° et 18° son coefficient de dilatation est de 0,00089.

Le *sel d'argent*, $C^6H^{11}O^2Ag$, obtenu par refroidissement de sa solution bouillante, se présente en aiguilles brillantes semblables à l'asbeste. A 100° il faut 131 p. d'eau pour le dissoudre; à 20° il en faut 209p,4.

Sel de baryum, $(C^6H^{11}O^2)^2Ba$. — Il se dépose de sa solution aqueuse en croûtes cristallines, et de sa solution alcoolique en agrégats de structure rayonnée formés d'aiguilles.

Sel de calcium, $(C^6H^{11}O^2)^2Ca$. — Il est plus soluble à chaud qu'à froid. On n'a pu l'obtenir que sous forme de masse transparente.

Sel de plomb, $(C^6H^{11}O^2)^2Pb + x$ Aq. — Il se précipite de sa solution aqueuse en cristaux atteignant parfois un pouce de long et réunis en touffes. Ces cristaux sont mous et fondent quand on les arrache des parois du cristallisoir. Ils sont assez peu solubles dans l'eau. Ce sel ne perd son eau de cristallisation qu'à 160°, en même temps qu'il se décompose.

Sel de zinc, $(C^6H^{11}O^2)^2Zn$.—Touffes de cristaux prismatiques de parfois plus de 5 millimètres de long. Ce sel est plus soluble à froid qu'à chaud.

Le *sel de ferricum* s'obtient par double décomposition. C'est un précipité jaune, insoluble dans un excès de perchlorure de fer.

Le *sel de cuivre* est un précipité bleu, et le *sel de mercure* un précipité blanc.

4° Acide méthylpropylacétique,

$$\begin{matrix}CH^3\text{-}CH^2\text{-}CH^2\\CH^3\end{matrix}>CH\text{-}CO^2H.$$

[Saytzeff, *Deutsch. chem. Gesellsch.*, 1878, p. 511; *Liebig's Ann. Chem.*, t. CXCIII, p. 349]. — On prépare le nitrile de cet acide par l'action de l'iodure secondaire d'amyle, CH^3-CH^2-CH^2-CHI-CH^3, en vase clos, à 110-120° pendant quarante-huit heures sur le cyanure de potassium.

L'acide bout à 193° sous la pression de 748mm et possède une odeur assez agréable, différente de celle de l'acide caproïque ordinaire. Sa densité à 0° est égale à 0,9414; son coefficient de dilatation entre 0 et 18° est égal à 0,00080.

Son *éther éthylique* bout à 153° et possède une densité de 0,8816 à 0°; son coefficient de dilatation entre 0 et 18° est égal à 0,00092.

Sel d'argent, $C^6H^{11}O^2$.Ag. — Aiguilles plus courtes et moins brillantes que celles du sel d'argent de l'acide précédent. A 100° ce sel se dissout dans 111p,8 d'eau, et à 20° dans 218p,6.

Sel de baryum, $(C^6H^{11}O^2)^2$Ba. — Il forme une masse gommeuse.

Sel de calcium, $(C^6H^{11}O^2)^2$Ca. — La solution aqueuse de ce sel, abandonnée dans un dessiccateur, se fige en une masse cristalline. Il est plus soluble dans l'eau à froid qu'à chaud; aussi cette solution, saturée à froid, se prend-elle à chaud en une gelée semi-transparente. Dans l'alcool il cristallise en prismes courts et brillants.

Sel de plomb, $(C^6H^{11}O^2)^2$Pb + $5H^2O$ (?). — Par évaporation lente, ce produit s'obtient en cristaux minces de parfois 2 pouces de long, réunis en touffes. Ils sont très mous et encore plus fusibles que ceux du diéthylacétate de plomb.

Sel de zinc, $(C^6H^{11}O^2)^2$Zn. — Il forme des mamelons de 0mm,5 de diamètre au plus.

Le *sel de ferricum* est un précipité couleur de chair, soluble dans un excès de perchlorure de fer.

Le *sel de cuivre* est un précipité bleu; celui de *mercure* est un précipité blanc.

5° Acide diméthyléthylacétique,

$$\begin{array}{c} CH^3 \\ | \\ CH^3\text{-}CH^2\text{-}C\text{-}CO^2H. \\ | \\ CH^3 \end{array}$$

[Wischnegradsky, *Bull. Soc. chim.*, t. XXII, p. 257; *Deutsch. chem. Gesellsch.*, 1874, p. 730]. Cet acide s'obtient en décomposant par l'acide chlorhydrique fumant à 100° pendant huit jours, ou à 120° pendant deux jours, le nitrile obtenu par l'action de l'iodure de diméthyléthylcarbinol sur le cyanure double de mercure et de potassium.

Cet acide distille à 184-186° et se congèle à — 14° en une masse cristalline. Il forme des sels bien cristallisés et présente une grande analogie avec l'acide triméthylacétique.

Le *sel de baryum*, $(C^6H^{11}O^2)^2$Ba + $5H^2O$, forme de grandes feuilles. On a de même préparé les *sels de zinc, d'argent, de cuivre, de calcium, de magnésium, de sodium.*

Acide trichlorocaproïque [Pinner, *Deutsch. chem. Gesellsch.*, 1877, p. 1053]. — Cet acide, dont la constitution n'a pas été déterminée, se prépare par l'action de l'acide azotique fumant sur le chloral hexylique (voir ce mot, Suppl.). Deux parties d'acide sont mêlées à une partie de chloral, et le mélange est abandonné à lui-même dans l'eau froide pendant vingt-quatre heures pour éviter une réaction secondaire. Il se sépare au fond du vase une couche huileuse qui se fige après quelques jours. Une forte proportion reste dissoute. On ajoute alors de l'eau. Il se produit une nouvelle couche huileuse qui finit de même par se solidifier. La masse solide est alors séparée de l'acide trichlorobutyrique formé en même temps par cristallisation dans la benzine et l'éther de pétrole.

Ce corps, insoluble dans l'eau, se dissout aisément dans l'alcool, l'éther, la benzine, un peu moins dans l'éther de pétrole, qui le précipite en poudre cristalline de sa solution dans la benzine. Il est encore impur à cet état, fond à 64° et brunit lorsqu'on le chauffe davantage.

Traité, en émulsion dans l'eau, par la poudre de zinc (l'émulsion est ajoutée goutte à goutte à la poudre de zinc en excès sous une couche d'eau), il réagit d'abord très vivement. La réaction une fois calmée, on ajoute peu à peu de l'acide chlorhydrique. Il se forme alors dans le liquide de grandes aiguilles plates, flexibles, fusibles à 39° d'acide hexylénique, $C^6H^8O^2$, presque insoluble dans l'eau, très soluble dans l'alcool. Peut-être cet acide est-il identique avec l'acide éthylcrotonique. E. Demarçay.

CAPROYLÈNES. — Syn. d'Hexylènes.

CAPRYLIQUE (ACIDE), $C^8H^{16}O^2$. — [Renesse, *Ann. Chem. Pharm.*, t. CLXXI, p. 380 et *Bull. Soc. chim.*, t. XXII, p. 160]. — L'acide caprylique, retiré du beurre de coco, paraît identique à celui que l'on prépare par oxydation de l'alcool octylique de l'essence de panais. C'est du moins ce qui résulte de l'examen comparatif de l'acide bouillant à 236° et fusible à 16-17°, de l'éther éthylique bouillant à 207-208°, du sel de calcium

$$(C^8H^{15}O^2)^2Ca + H^2O,$$

qui devient anhydre à 130°, du sel de zinc anhydre et cristallisé en belles lamelles fusibles à 136° et enfin du sel de baryum anhydre dont 100 p. d'eau dissolvent 0,610 à 0p,620 à 20°.

Acide hydroxycaprylique, $C^8H^{16}O^3$ [Erlenmeyer et O. Sigel, *Deutsch. chem. Gesellsch.*, 1874, p. 679 et 1108]. — Ce composé s'obtient par l'action successive de l'acide cyanhydrique absolu et de l'acide chlorhydrique bouillant sur l'œnanthol. Il cristallise en lamelles incolores, fusibles à 69°,5, peu solubles dans l'eau, très solubles dans l'alcool et l'éther.

Le *sel de sodium*, qui cristallise aisément, se dissout sans difficulté dans l'eau et l'alcool; l'éther le précipite de cette dernière solution. Les sels de *calcium, baryum, strontium, magnésium* et *zinc* fournissent des précipités cristallins avec la solution de ce composé. Le *sel d'argent* est beaucoup plus soluble dans l'eau froide.

Le *nitrile hydroxycaprylique*, $C^7H^{14}(OH)CAz$, s'obtient dans la première phase de cette réaction sous la forme d'un liquide huileux, incolore, plus dense que l'eau et peu soluble dans ce menstrue.

L'amide hydroxycaprylique,

$$C^7H^{14}(OH)\text{-}COAzH^2,$$

préparée par l'action de l'acide chlorhydrique fumant sur le composé précédent, se forme avec dégagement de chaleur et se présente en lamelles cristallines satinées, blanches, fusibles à 150°, très peu solubles dans l'eau, plus aisément dans l'alcool et l'éther.

Acide amidocaprylique, $C^8H^{15}(AzH^2)O^2$. — Par l'action de l'acide cyanhydrique absolu sur l'œnanthol-ammoniaque, on obtient un nitrile impur, qui, bouilli avec de l'acide chlorhydrique, donne naissance à l'acide amidé. Ce sont des lamelles blanches, nacrées, de réactions parfaitement neutres. Elles se volatilisent sans fondre et sans se décomposer. Cette combinaison est peu soluble dans l'eau et l'alcool, insoluble dans l'éther; elle forme, avec l'acide chlorhydrique et l'acide azotique, de beaux sels très acides, inaltérables à l'air sec, mais décomposables par l'humidité.

L'amide amidocaprylique,

$$C^8H^{14}(AzH^2)O.AzH^2,$$

préparé par l'action de l'acide chlorhydrique fumant sur le nitrile brut, est une base énergique qui attire l'acide carbonique de l'air. Elle est soluble dans l'eau; l'éther l'enlève à cette solution. L'orthocarbonate de cette base forme des cristaux peu solubles dans l'eau. Le chlorhydrate cristallise mais n'a pas donné de combinaison avec le chlorure de platine.

Suivant les auteurs, ces produits appartiendraient à la série normale. La constitution de l'œnanthol ne paraît pas encore assez connue pour justifier cette assertion.

Acide hydroxyisocaprylique. — Markownikoff a préparé cet acide par l'action de l'iodure d'isopropyle et du zinc sur l'éther oxalique et saponification de l'éther obtenu. Il forme des aiguilles ou prismes plats, fusibles à 110-111° et ne se concrétant qu'à 80°. On peut le sublimer en longues aiguilles. Il est difficilement soluble dans l'eau, aisément dans l'alcool et l'éther. Sa constitution résulte de son mode de formation et répond à la formule $[(CH^3)^2.CH]^2.C(OH)\text{-}(CO^2H)$.

L'éther hydroxyisocaprylique est un liquide d'odeur de moisi qui bout à 202-204° (corrigé).

Le *sel de baryum*, $(C^8H^{15}O^3)^2Ba + 3H^2O$, forme de longues aiguilles efflorescentes.

Soumis à l'oxydation, cet acide donne la diisopropyle-acétone. Chauffé avec de l'eau et quelques gouttes d'acide sulfurique à la température de 180°, il se dédouble en eau, acide carbonique et heptylène :

$$[(CH^3)^2.CH]^2.COH\text{-}CO^2H$$
$$= CO^2 + H^2O + (CH^3)^2.CH\text{-}CH{=}C.(CH^3)^2.$$

Cet heptylène bout à 82-84° et donne naissance par l'action successive de l'acide iodhydrique et de l'oxyde d'argent, à un alcool qui bout entre 123 et 132° et ne donne que des acides par oxydation [*Deutsch. chem. Gesellsch.*, 1870, p. 422 et 1871, p. 561].

E. Demarçay.

CAPSAÏCINE. — Matière ternaire extraite par Thresh du piment. Elle se dissout dans la potasse et est précipitée de la solution par le gaz carbonique. L'alcool faible la laisse déposer en cristaux fusibles à 59°, qui se volatilisent sans décomposition à 115° ; son odeur est extrêmement piquante. Elle renferme $C^9H^{14}O^2$. Les oxydants la transforment en acide oxalique, en acide succinique et en un acide cristallisé presque insoluble [*Pharm. Journ. Trans.* (3), t. VII, p. 473 ; t. VIII, p. 187].

CAPSICINE. — Cet alcaloïde, qui existe dans différentes espèces de piments (*Capsicum annuum* et *C. fastigiatum*), a été l'objet des recherches de J.-C. Thresh [*Pharm. Journ. Trans.* (3), t. VI, p. 941 ; t. VII, p. 21]. On prépare, à l'aide de la benzine, un extrait des fruits, on mélange le produit rouge de la double quantité d'huile d'amandes et l'on traite le mélange à plusieurs reprises par l'alcool, qui s'empare de la capsicine. Elle cristallise en lamelles étroites, insolubles dans l'eau et fusibles dans ce liquide, très solubles dans l'alcool. Elle se volatilise déjà à 100° et se condense sous forme de gouttelettes ; son odeur est extrêmement piquante. La potasse la dissout aisément ; l'ammoniaque forme une masse savonneuse. En solution alcoolique concentrée, elle précipite les sels de baryum, de calcium et d'argent.

Le *chlorhydrate* cristallise en cubes et en tétraèdres ; le *sulfate* en prismes.

CARBALLYLIQUE (ACIDE) (Tricarballylique), $C^6H^8O^6 = C^3H^5(CO^2H)^3$. — Cet acide, découvert par Maxwell Simpson, t. I, p. 742, a été trouvé dans le suc de betteraves récoltées avant maturité et abandonnées pendant un long temps dans un magasin. Il s'est déposé par évaporation à l'état de sel de calcium [O. E. von Lippmann, *Deutsch. chem. Gesellsch.*, 1878, p. 707 et *Bull. Soc. chim.*, t. XXXI, p. 367].

On peut l'obtenir par l'action du cyanure de potassium sur le chlorure d'allyle monochloré [Claus et Kleever, *Deutsch. chem. Gesellsch.*, 1872, p. 358 et *Bull. Soc. chim.*, t. XVII, p. 560] et sur l'éther monochlorocrotonique tiré du chloral butylique [Claus et Beuttel, *Deutsch. chem. Gesellsch.*, 1876, p. 223 et *Bull. Soc. chim.*, t. XXVI, p. 880]. Dans le premier cas on peut représenter la réaction par les formules suivantes :

$$CH^2{=}CCl\text{-}CH^2Cl + 2KCAz + CAzH$$
$$= 2KCl + CH^2(CAz)\text{-}CH(CAz)\text{-}CH^2(CAz) + KCl$$
$$C^3H^5(CAz)^3 + 3H^2O + 3KHO$$
$$= 3AzH^3 + C^3H^5(CO^2K)^3.$$

Il se forme en même temps un autre acide facile à séparer, grâce à la solubilité de son sel de plomb.

Dans le second cas, on a de même :

$$CO^2(C^2H^5)\text{-}CH{=}CH\text{-}CH^2Cl + KCAz + CAzH$$
$$= CO^2(C^2H^5)\text{-}CH^2\text{-}CH(CAz)\text{-}CH^2(CAz)$$
$$C^3H^5(CO^2C^2H^5)(CAz)^2 + 3KHO$$
$$= C^2H^5.OH + 2AzH^3 + C^3H^5(CO^2K)^3.$$

Dans cette dernière opération, l'éther chloré, traité en solution alcoolique par le cyanure de potassium pur, est, la réaction terminée, additionné de potasse alcoolique jusqu'à cessation de dégagement ammoniacal. On acidule alors par l'acide sulfurique, après avoir chassé l'alcool, et l'on épuise la solution par l'éther. Ce dernier est évaporé au bain-marie et le résidu sirupeux est chauffé plusieurs heures à 100°, opération pendant laquelle une portion devient insoluble dans l'éther. On lave avec cet agent et le résidu insoluble traité par l'eau redevient soluble dans l'éther et fournit l'acide carballylique. Dans cette opération il semble donc, dans des circonstances mal définies, se former un anhydride de cet acide que l'on ne peut obtenir d'ordinaire.

On peut encore préparer l'acide carballylique au moyen de l'éther acétylcarballylique (voyez Acétylacétique), qui, traité par la potasse alcoolique, laisse déposer du carballylate de potassium impur. Ce sel, précipité par l'acétate de plomb, fournit le carballylate de plomb, d'où l'on tire l'acide par le procédé ordinaire [Miehle, *Liebig's Ann. Chem.*, t. CXC, p. 322 ; *Deutsch. chem. Gesellsch.*, 1878, p. 253 et *Bull. Soc. chim.*, t. XXX, p. 511].

Les *carballylates de sodium* sont très solubles dans l'eau et cristallisent difficilement. Le plus aisé à obtenir est le sel bimétallique

$$(C^6H^5O^6)HNa^2 + 2H^2O.$$

Le *sel de calcium*, précipité blanc peu soluble, a pour formule $(C^6H^5O^6)^2Ca^3 + 4H^2O$.

Le *sel de cuivre* est une poudre verte insoluble dans l'eau, de même que le sel de plomb, qui est blanc. Ces sels sont aisément solubles dans les acides.

Le *carballylate d'éthyle*, $(C^6H^5O^6)(C^2H^5)^3$, est un liquide plus dense que l'eau, bouillant de 295 à 305° et qui s'obtient en saturant de gaz chlorhydrique la solution alcoolique de l'acide.

L'éther amylique, $(C^6H^5O^6)(C^5H^{11})^3$, qui s'obtient d'une manière analogue, est pareillement plus lourd que l'eau et bout au delà de 350° [Maxwell Simpson, *Proceed., roy. Soc. London*, t. XIV, p. 77 ; *Ann. Chem. Pharm.*, t. CXXXVI, p. 272 et *Bull. Soc. chim.*, t. VI, p. 67].

E. Demarçay.

CARBAMIQUES (ACIDES). — L'acide carbamique se forme toutes les fois que l'ammoniaque et le gaz carbonique viennent en contact, qu'ils soient à l'état naissant ou libre ; ainsi on constate sa formation dans la combustion des matières organiques azotées, en solution alcaline, et il semble faire partie intégrante des liquides de l'économie, notamment du sérum sanguin [E. Drechsel, *Journ. prakt. Chem.* (2), t. XII, p. 417 ; t. XVI, p. 169, 180 ; *Bull. Soc. chim.*, t. XXVII, p. 85 ; t. XXXI, p. 395. — F. Hofmeister, *Journ. prakt. Chem.* (2), t. XIV, p. 173 ; *Bull. Soc. chim.*, t. XXVII, p. 86].

Recherche de l'acide carbamique en présence d'acide carbonique. — On ajoute à la solution de l'ammoniaque pure en excès, on précipite l'acide carbonique par le chlorure de calcium à froid, en ayant soin d'introduire la solution du chlorure calcique dans le liquide et de ne précipiter au début qu'une faible proportion de carbonate calcique; après une agitation de trois à cinq minutes, ce faible précipité devient entièrement cristallin; les précipités que l'on produit ensuite, par de nouvelles additions de chlorure de calcium, se transforment alors presque instantanément en poudres cristallines; on filtre la liqueur au bout de quinze minutes d'agitation; le liquide filtré se trouble par l'ébullition, s'il y a de l'acide carbamique [E. Drechsel, *Mém. cités*].

Carbamate d'ammonium. — Ce sel se forme toutes les fois que l'acide carbonique et l'ammoniaque se trouvent en présence dans des circonstances convenables. Ainsi, il se produit : 1° lorsqu'on fait entrer ces deux gaz dans de l'ammoniaque concentrée, et se dépose par le refroidissement en cristaux assez purs, qu'on sèche dans du papier buvard; 2° en faisant digérer le carbonate d'ammonium du commerce à 20-25°, pendant trente-six à quarante heures avec de l'ammoniaque liquide, le carbamate produit cristallise par le refroidissement; 3° en distillant le carbonate du commerce seul ou avec de l'alcool, en le distillant avec du carbonate de potassium chauffé à 60-80°, ou avec 1 1/2 à 3 parties de chlorure de calcium anhydre à 48-65°; 4° enfin il peut être retiré du carbonate commercial en soumettant ce dernier à la cristallisation fractionnée [E. Divers, *Journ. chem. Soc.* (2), t. VIII, p. 214; *Bull. Soc. chim.*, t. XV, p. 55]. Le carbonate neutre d'ammonium se convertit partiellement en carbamate à la température ordinaire et au bout de quelques heures [E. Drechsel, *Mém. cité*].

On prépare facilement le carbamate d'ammonium, pur et en grande quantité, en dirigeant de l'acide carbonique et de l'ammoniaque, les deux gaz parfaitement secs, dans de l'alcool absolu froid, séparant l'abondant précipité cristallin de la majeure partie des eaux mères, et chauffant en vase clos avec de l'alcool absolu à 100° ou au-dessus. Le carbamate se dépose par refroidissement en tables volumineuses [A. Basaroff, *Journ. chem. Soc.* (2), t. VI, p. 194; *Bull. Soc. chim.*, t. X, p. 250].

Les cristaux du carbamate d'ammonium paraissent appartenir au prisme rhomboïdal, droit ou oblique.

Exposé à l'air, le carbamate ammonique se liquéfie rapidement en se transformant en carbonate acide et perdant de l'ammoniaque :

$$CO^2(AzH^3)^2 + H^2O = CO^3HAzH^4 + AzH^3.$$

Chauffé, il ne fond pas comme les carbonates d'ammonium, mais se volatilise vers 59°, en se dédoublant en gaz carbonique et ammoniaque.

1 partie de carbamate se dissout dans 1p,5 d'eau, avec abaissement de température, et formation, au bout de quelque temps, de carbonate (d'après Drechsel, cette transformation n'est que partielle) :

$$CO^2(AzH^3)^2 + H^2O = CO(OAzH^4)^2.$$

Il se dissout à 15°, avec abaissement de température, dans un peu plus de 2 p. d'ammoniaque concentrée, et se dépose par le refroidissement à 0° en cristaux assez volumineux; les cristaux qui se produisent après un repos prolongé représentent du carbonate normal (E. Divers).

La stabilité du carbamate d'ammonium est augmentée par la présence d'un excès d'ammoniaque, si bien qu'on peut faire bouillir sa solution pendant quelque temps, sans amener la destruction totale du sel [E. Drechsel, *Mém. cité*].

A. Naumann donne le tableau suivant des tensions de dissociation du carbamate ammonique à des températures différentes :

Température.	Tension.	Température.	Tension.
— 15°	$2^{mm},6$	20°	$97^{mm},5$
— 10	4 8	28	110
— 5	7 5	30	124
0	12 4	32	143
+ 2	15 7	34	168
4	19	36	191
6	22	38	219
8	25 7	40	248
10	29 8	42	278
12	34	44	316
14	39	46	354
16	46 5	48	402
18	53 7	50	470
20	62 4	55	600
22	72	60	770
24	84 8		

Nous renvoyons pour les développements et les conclusions au mémoire original, *Ann. Chem. Pharm.*, t. CLX, p. 1; *Bull. Soc. chim.*, t. XVI: p. 215. Voyez aussi : A. Horstmann, *Deutsch. chem. Gesellsch.*, 1876, p. 1625, *Bull. Soc. chim.*, t. XXVIII, p. 460.

Le carbamate d'ammonium, chauffé à 130-140° en vase clos, donne naissance à une certaine quantité d'urée [A. Basaroff, *Mém. cité*] :

$$CO\genfrac{}{}{0pt}{}{<AzH^2}{<OAzH^4} = H^2O + CO\genfrac{}{}{0pt}{}{<AzH^2}{<AzH^2}.$$

Il est oxydé par les hypochlorites ou les hypobromites en solution alcaline, la moitié de l'azote se dégageant comme tel, tandis que l'autre moitié reste en solution à l'état de cyanate [H.-J.-H. Fenton, *Deutsch. chem. Gesellsch.*, 1878, p. 2146].

Action du carbamate d'ammonium sur l'aldéhyde ou l'acétone. — Voyez E. Mulder, *Ann. Chem. Pharm.*, t. CLXVIII, p. 241; sur le glycocolle : E. Baumann, *Deutsch. chem. Gesellsch.*, 1874, p. 238.

Carbamate de baryum. — Ce sel n'a pas été obtenu à l'état solide. Sa solution, préparée comme le sel calcique, se trouble rapidement, même à 0°; elle est précipitée par l'alcool, mais le dépôt produit est très instable. Le carbamate de baryum parait cependant former un sel double solide, renfermant $Ba(AzH^2CO^2)^2 + BaCl^2$. Ce sel se produit lorsqu'on sature par l'acide carbonique une solution ammoniacale de chlorure de baryum et qu'on précipite la solution, après l'avoir filtrée, par l'alcool à 0°; c'est une poudre dense, cristalline (Drechsel).

Carbamate de calcium,

$$Ca(CO^2AzH^2)^2 + \tfrac{1}{2}H^2O.$$

— Pour préparer ce sel, on dirige du gaz carbonique dans une solution concentrée d'ammoniaque (densité = 0,945), et l'on ajoute de temps en temps de petites quantités d'un lait de chaux récent, en agitant jusqu'à ce que la chaux ne se dissolve plus, et qu'il commence à se déposer des cristaux. Le liquide, filtré dans son volume d'alcool absolu refroidi à 0°, laisse déposer un précipité amorphe qui devient bientôt cristallin. On le recueille dans un tube large, au fond duquel on a déposé du sable et une couche de verre filé, on lave rapidement à la trompe avec un mélange à volumes égaux d'ammoniaque et d'alcool absolu, avec de l'alcool absolu ensuite, puis avec de l'éther anhydre, et on le sèche, dans le tube même, dans un courant d'air sec.

On l'obtient aussi en précipitant par le chlorure de calcium la solution ammoniacale du carbonate d'ammonium solide du commerce, filtrant et précipitant la solution filtrée par l'alcool. Le précipité, amorphe au début, devient bientôt cristallin. On le sépare comme il vient d'être indiqué (Drechsel).

Le carbamate de calcium est en prismes microscopiques incolores, inodores, très instables et laissant dégager de l'ammoniaque au bout de quelques heures. La solution aqueuse est limpide, mais elle se trouble par le repos ou l'ébullition et laisse déposer du carbonate calcique. En présence de l'ammoniaque, le sel est beaucoup plus stable; il peut même être chauffé pendant quelque temps en solution fortement ammoniacale sans se décomposer notablement. Une telle solution, saturée à une douce chaleur, puis refroidie à 0°, laisse déposer le carbamate calcique en prismes à quatre pans, de 1 à 2 millimètres de longueur.

Les acides, même l'acide acétique, le décomposent avec dégagement de gaz carbonique. Vers 95-100°, le sel perd 23,5 % de son poids, ce qui correspond à l'équation :

$$Ca^2(AzH^2CO^2)^4.H^2O = CO^2 + 2AzH^3 + CaCO^3 + (AzH^2CO^2)^2Ca.$$

Vers le rouge, le carbamate se décompose en calcium-cyanamide, eau et gaz carbonique,

$$(AzH^2CO^2)^2Ca = CaCAz^2 + 2H^2O + CO^2.$$

Le *carbamate de lithium* est obtenu en solution lorsqu'on fait passer du gaz carbonique dans une solution d'hydrate de lithium dans de l'ammoniaque concentrée.

Carbamate de potassium, AzH^2CO^2K. — On l'obtient en saturant à 0° une solution alcoolique étendue d'éthylate de potassium avec du gaz ammoniac, et traitant par le gaz carbonique sec. Il se forme un précipité floconneux qui devient cristallin au bout de vingt-quatre heures. Le produit, lavé à l'alcool et l'éther, est en petites aiguilles incolores, très hygroscopiques et très solubles dans l'eau; l'alcool le précipite sous forme huileuse de cette solution. La chaleur rouge décompose le carbamate de potassium en cyanate et eau (Drechsel).

Carbamate de sodium,

$$AzH^2CO^2Na + xH^2O.$$

— On le prépare en ajoutant une solution alcoolique d'éthylate de sodium à une solution aqueuse concentrée de carbamate d'ammonium. Le carbamate de sodium se dépose, soit à l'état de cristaux, soit sous la forme d'un liquide oléagineux qui se solidifie après addition d'alcool absolu. Les cristaux sont lavés rapidement à l'alcool ammoniacal, à l'alcool absolu, puis à l'éther anhydre, et séchés dans un courant d'air sec (Drechsel).

Ce sel est en beaux prismes incolores très efflorescents. Exposé au-dessus de l'acide sulfurique, il perd la totalité de son eau et devient très stable.

Le sel anhydre, décomposé par la chaleur, laisse un résidu partiellement fondu, renfermant du cyanate de sodium

$$AzH^2CO^2Na = H^2O + COAzNa.$$

Carbamate de strontium, $Sr(AzH^2CO^2)^2$. — Préparé comme le sel calcique, il se présente en paillettes cristallines blanches. Il est anhydre et se conserve beaucoup mieux que le sel calcique; à l'air humide, il développe bientôt l'odeur de l'ammoniaque. Sa solution aqueuse se trouble presque instantanément et laisse déposer du carbonate strontique; l'ammoniaque concentrée empêche cette décomposition.

Le carbamate de strontium est décomposé au rouge naissant en strontium-cyanamide $SrCAz^2$, eau et acide carbonique.

On voit que les carbamates ne sont pas aussi instables qu'on le supposait, et que l'affinité de l'acide carbonique pour l'ammoniaque est assez grande pour que ces deux corps se réunissent de préférence, en formant du carbamate d'ammonium, alors même que, par la présence des bases alcalines ou alcalino-terreuses, la formation de carbonates semblerait seule possible [E. Drechsel, *Journ. prakt. Chem.* (2), t. XVI, p. 180; *Bull. Soc. chim.*, t. XXXI, p. 397].

Éthers carbamiques.

Carbamate d'éthyle ou *uréthane*. — L'uréthane se trouve parmi les produits de l'action du cyanogène sur l'alcool chlorhydrique [Pinner et Klein, *Deutsch. chem. Gesellsch.*, 1878, p. 1481; *Bull. Soc. chim.*, t. XXXII, p. 105].

H. Bunte prépare l'uréthane en chauffant le nitrate d'urée avec un excès d'alcool absolu en tube scellé à 120-130°, traitant le produit de la réaction par l'eau, et épuisant la solution aqueuse par l'éther [*Ann. Chem. Pharm.*, t. CLI, p. 182].

L'anhydride acétique décompose l'uréthane à 150° en acétamide, acétate d'éthyle et acide carbonique :

$$\begin{matrix} AzH^2 \\ | \\ COOC^2H^5 \end{matrix} + O\left\langle\begin{matrix} C^2H^3O \\ C^2H^3O \end{matrix}\right. = C^2H^3O.AzH^2 + C^2H^3O^2.C^2H^5 + CO^2$$

[D. M'Creath, *Deutsch. chem. Gesellsch.*, 1875, p. 1182].

Le chlorure de benzoyle agit à 150-160° sur l'uréthane avec production d'acide chlorhydrique, d'acide carbonique et d'une belle matière cristallisée, fusible à 163°, renfermant $C^{11}H^{12}Az^2O^4$ (*éther benzoyle-allophanique*) [A. Kretzschmar, *Deutsch. chem. Gesellsch.*, 1875, p. 102; *Bull. Soc. chim.*, t. XXIV, p. 200].

Acétyluréthane,

$$(C^2H^3O)HAz.CO^2C^2H^5 = \begin{matrix} AzH(C^2H^3O) \\ | \\ CO.OC^2H^5. \end{matrix}$$

— On chauffe l'uréthane à 110° avec du chlorure d'acétyle, en vase clos [Salomon et Kretzschmar, *Journ. prakt. Chem.* (2), t. IX, p. 299; *Bull. Soc. chim.*, t. XXII, p. 277] ou on la fait digérer pendant quelques heures à 100° avec de l'anhydride acétique [D. M'Creath, *Mém. cité*].

L'acétyluréthane est en aiguilles solubles dans l'eau, l'alcool et l'éther, fusibles à 77-78° (Salomon et Kretzschmar). La potasse alcoolique la décompose en carbonate de potassium, acétate d'éthyle et ammoniaque, suivant l'équation :

$$\begin{matrix} AzH.C^2H^3O \\ | \\ CO.OC^2H^5 \end{matrix} + 2KOH = C^2H^3O.OC^2H^5 + K^2CO^3 + AzH^3$$

[A. Kretzschmar, *Mém. cité*].

Oxaléthyluréthane (oxalocarbamate d'éthyle),

$$\begin{matrix} AzH\text{-}CO\text{-}CO.OC^2H^5 \\ | \\ CO.OC^2H^5. \end{matrix}$$

— On chauffe l'uréthane au bain d'huile, dans un appareil à reflux, avec un léger excès de chlorure d'éthyloxalyle. Le produit de la réaction est purifié par la cristallisation dans l'éther. Faisceaux brillants d'aiguilles cassantes, fusibles à 45°, solubles dans l'eau, l'alcool et l'éther [F. Salomon, *Journ. prakt. Chem.* (2), t. IX, p. 292; *Bull. Soc. chim.*, t. XXII, p. 276].

Éthylidène-uréthane,

$$CH^3\text{-}CH < \begin{matrix} AzH\text{-}CO.OC^2H^5 \\ AzH\text{-}CO.OC^2H^5. \end{matrix}$$

— L'uréthane se dissout facilement dans l'aldéhyde; la solution dépose lentement des cristaux d'éthylidène-uréthane. La réaction est beaucoup plus rapide si l'on ajoute quelques gouttes d'acide chlorhydrique; le liquide s'échauffe alors fortement, et la nouvelle matière se dépose, par l'addition d'eau à la solution refroidie, en belles aiguilles blanches satinées, fusibles à 126°.

L'éthylidène-uréthane se forme aussi par la condensation de l'acétal avec l'uréthane, sous l'influence de l'acide chlorhydrique concentré.

Elle est très soluble dans l'éther, l'alcool et l'eau chaude, moins soluble dans l'eau froide. A 182°, elle commence à bouillir en se décomposant partiellement; peu à peu la température s'élève à 250°, et il distille, outre la substance non décomposée, une huile plus lourde que l'eau, d'une odeur piquante.

Les acides étendus la dédoublent à chaud en aldéhyde et uréthane [M. Nencki, *Deutsch. chem. Gesellsch.*, 1874, p. 160; *Bull. Soc. chim.*, t. XXII, p. 167. — C. Bischoff. *Deutsch. chem. Gesellsch.*, 1874, p. 628; *Bull. Soc. chim.*, t. XXII, p. 282].

Monochloréthylidène-uréthane,

$$C^8H^{15}ClAz^2O^4$$

$$= CH^2Cl\text{-}CH < \begin{matrix} AzH\text{-}CO.OC^2H^5 \\ AzH\text{-}CO.OC^2H^5. \end{matrix}$$

— Ce corps a été obtenu en faisant passer un courant lent de chlore à travers une solution alcoolique concentrée d'acide cyanhydrique, maintenue à 0°, et continuant le courant gazeux pendant plusieurs jours, jusqu'au moment où la solution se prend subitement en masse, en dégageant de l'acide carbonique et du chlorure de cyanogène. Par l'addition d'eau, à une douce chaleur, le nouveau composé se dépose en belles aiguilles.

La même matière se forme par l'action de l'acide chlorhydrique concentré sur une dissolution d'uréthane dans l'acétal monochloré.

La monochloréthylidène-uréthane se présente en fines aiguilles brillantes, fusibles à 140°, solubles dans l'alcool et l'éther, insolubles dans l'eau.

Sous l'influence des alcalis, de l'acide sulfurique, de l'eau à 150°, elle se dédouble en alcool, acide carbonique, ammoniaque et eau. L'ammoniaque alcoolique la transforme, à 150°, en une matière basique fluorescente. Chauffée à 100°, pendant 24 heures, avec de l'acide chlorhydrique étendu, elle se dédouble en chlorure d'éthyle et en divers dérivés glycoliques.

Elle se sublime en partie lorsqu'on la fond, mais elle ne distille pas sans décomposition, même dans le vide [C. Bischoff, *Deutsch. chem. Gesellsch.*, 1872, p. 80; 1874, p. 628; *Bull. Soc. chim.*, t. XVII, p. 305; t. XXII, p. 282].

Dichloréthylidène-uréthane,

$$C^8H^{14}Cl^2Az^2O^4$$

$$= CHCl^2\text{-}CH \begin{matrix} \diagup AzHCO.OC^2H^5 \\ \diagdown AzHCO.OC^2H^5. \end{matrix}$$

— C'est le corps que Stenhouse [voyez au *Dictionnaire, t. I*, p. 1081] a obtenu par l'action du chlore sur une solution alcoolique de cyanure de mercure.

Monobrométhylidène-uréthane,

$$C^8H^{15}BrAz^2O^4.$$

— Le composé monobromé n'a été obtenu qu'une fois, accidentellement, par l'action du brome sur l'alcool cyanhydrique; il cristallise bien et fond à 142°.

La *dibrométhylidène-uréthane*, $C^8H^{14}Br^2Az^2O^4$, s'obtient sous la forme d'une masse floconneuse blanche, qui cristallise dans l'éther en longues aiguilles, fusibles à 115-116° [C. Bischoff, *Mém. cité*].

Chloraluréthane,

$$\begin{matrix} AzH\text{-}CH.OH\text{-}CCl^3 \\ \dot{C}O.OC^2H^5. \end{matrix}$$

— On l'obtient en ajoutant de l'acide chlorhydrique concentré à une solution chloralique d'uréthane, et abandonnant le liquide à un repos prolongé. La liqueur se prend en une masse cristalline, qu'on lave à l'eau et qu'on fait cristalliser dans l'alcool éthéré. Ce corps se produit aussi par l'action condensante de l'acide chlorhydrique ou de l'acide sulfurique concentré sur un mélange fondu d'hydrate de chloral et d'uréthane.

La chloraluréthane fond à 103°, et n'est pas distillable sans décomposition. Elle est insoluble dans l'eau froide, soluble dans l'alcool et l'éther, et précipitable par l'eau. L'eau bouillante la dédouble en chloral et uréthane.

Bromaluréthane,

$$\begin{matrix} AzH\text{-}CH.OH\text{-}CBr^3 \\ \dot{C}O.OC^2H^5. \end{matrix}$$

— On ajoute de l'acide chlorhydrique concentré au mélange fondu de bromal et d'uréthane, on dissout la masse refroidie dans de l'alcool chaud, et l'on précipite par l'eau froide. — Précipité blanc, pulvérulent, fusible à 132°.

Butylchloraluréthane,

$$\begin{matrix} AzH\text{-}C^4H^5Cl^3.OH \\ \dot{C}O.OC^2H^5. \end{matrix}$$

— Cette combinaison se dépose en petits cristaux blancs, fusibles à 123-125°, lorsqu'on abandonne au repos une solution chlorhydrique de chloral butylique (anciennement crotonique) et d'uréthane. L'eau bouillante la décompose.

L'uréthane donne avec l'*aldéhyde valérique* un composé fusible à 126° renfermant

$$C^5H^{10}(AzH\text{-}CO.OC^2H^5)^2.$$

Le produit chloré obtenu avec la *valéro-aldéhyde monochlorée* fond à 130° et est plus stable.

La solution d'uréthane dans l'*aldéhyde benzoïque* se prend en masse par l'addition d'acide chlorhydrique concentré, avec élévation de température; il se forme la combinaison

$$C^6H^5\text{-}CH(AzH\text{-}CO.OC^2H^5)^2.$$

C'est une masse cristalline blanche, fusible à 171°, et sublimable sans décomposition, si l'on ne chauffe pas trop brusquement. Les acides étendus bouillants la dédoublent en uréthane et aldéhyde benzoïque [C. Bischoff, *Deutsch. chem. Gesellsch.*, 1874, p. 628; *Bull. Soc. chim.*, t. XXII, p. 282].

L'uréthane se combine d'une manière analogue avec l'*aldéhyde cinnamique*,

$C^9H^8(AzHCO.OC^2H^5)^2$, fusible à 135-143°,

l'*aldéhyde anisique*,

$C^7H^7O\text{-}CH(AzH\text{-}CO^2C^2H^5)^2$, fusible à 171-172°,

le *furfurol*,

$C^4H^3O\text{-}CH(AzH\text{-}CO^2C^2H^5)^2$, fusible à 169°.

Elle réagit sur l'*aldéhyde salicylique* en présence d'acide sulfurique, en produisant une masse poisseuse, soluble dans l'alcool [C. Bischoff, *Deutsch. chem. Gesellsch.*, 1874, p. 1078; *Bull. Soc. chim.*, t. XXIII, p. 272].

Carbamate de propyle (normal, *propyluréthane*),

$$\begin{matrix} AzH^2 \\ \dot{C}OO.C^3H^7. \end{matrix}$$

— On fait bouillir l'urée avec un excès d'alcool propylique normal dans un appareil à reflux et l'on sépare le carbamate produit de l'urée non attaquée par l'éther et de l'allophanate propylique formé en même temps, en ajoutant une petite quantité d'eau qui ne dissout que la propyluréthane [A. Cahours, *Compt. rend.*, t. LXXVI, p. 1387].

Le carbamate de propyle se produit également par l'action du chlorocarbonate de propyle sur l'ammoniaque aqueuse, et se dépose en beaux cristaux par l'évaporation spontanée du liquide [H. Roemer, *Deutsch. chem. Gesellsch.*, 1873, p. 1102 ; *Bull. Soc. chim.*, t. XXI, p. 17].

Magnifiques prismes incolores, longs d'un pouce, fusibles à 51-53° (Cahours), à 50° (Roemer), bouillant à 194-196°.

Éthylidène-propyluréthane,

$$CH^3\text{-}CH < \begin{matrix} AzHCO.OC^3H^7 \\ AzHCO.OC^3H^7. \end{matrix}$$

— Cette combinaison, qui s'obtient comme l'éthylidène-uréthane, en traitant l'aldéhyde par la propyluréthane, cristallise dans l'alcool étendu bouillant en belles aiguilles blanches, fusibles à 115-116°.

La *valéral-propyluréthane* forme de belles aiguilles blanches.

Propyluréthane et aldéhyde benzoïque. — La combinaison qui prend naissance renferme

$$C^6H^5\text{-}CH(AzH\text{-}CO.OC^3H^7)^2.$$

C'est une poudre cristalline, fusible à 143° et sublimable [C. Bischoff, *Deutsch. chem. Gesellsch.*, 1874, p. 1078 ; *Bull. Soc. chim.*, t. XXIII, p. 272].

J. Tcherniac.

CARBAZOL [Syn. *diphénylènimide*],

$$C^{12}H^9Az = \begin{matrix} C^6H^4 \\ C^6H^4 \end{matrix} > AzH.$$

— Graebe et Glaser ont découvert ce composé dans l'anthracène brut, où il se trouve, en même temps que d'autres carbures, avec son isomère l'acridine.

Le carbazol se forme :

1° Lorsqu'on distille de grandes quantités d'aniline commerciale avec une petite quantité de chaux [R. Braun et Ph. Greiff, *Deutsch. chem. Gesellsch.*, 1872, p. 276; *Bull. Soc. chim.*, t. XVII, p. 456] ;

2° Lorsqu'on fait passer les vapeurs d'aniline, ou de diphénylamine à travers des tubes de porcelaine chauffés au rouge :

$$1°\ 2\,C^6H^7Az = C^{12}H^9Az + H^2 + AzH^3.$$
$$2°\ (C^6H^5)^2AzH = C^{12}H^9Az + H^2$$

[Graebe, *Ann. Chem. Pharm.*, t. CLXVII, p. 125, et *Deutsch. chem. Gesellsch.*, 1872, p. 376; *Bull. Soc. chim.*, t. XVIII, p. 86] ;

3° Par le passage de la méthyldiphénylamine à travers des tubes rouges. Dans ces conditions, on n'obtient pas de méthylcarbazol [Graebe, *Liebig's Ann. Chem.*, t. CLXXIV, p. 181 ; *Bull. Soc. chim.*, t. XXII, p. 86].

Préparation. — Pour retirer le carbazol de l'anthracène brut, deux procédés ont été indiqués. D'après les données de Graebe et Glaser, on opère de la façon suivante. On dissout la partie de goudron de houille qui passe à la distillation entre 320 et 360° dans huit fois son poids d'un mélange chaud de toluène et de xylène, et l'on ajoute 1 ½ fois le poids du goudron en acide picrique. Si toute la masse du goudron n'est pas soluble dans les carbures, on filtre la solution avant d'y ajouter l'acide picrique. La solution claire laisse déposer par le refroidissement des cristaux rouges de picrate de carbazol. On lave ces cristaux avec le même mélange de carbures, et on les décompose ensuite par une ébullition prolongée avec de l'eau renfermant une quantité suffisante d'ammoniaque. Le carbazol se dépose sous forme de cristaux bruns que l'on purifie par une seule cristallisation dans le mélange des carbures indiqué plus haut ou dans l'alcool [Graebe et Glaser, *Ann. Chem. Pharm*, t. CLXIII, p. 343; t. CLXX, p. 88; *Bull. Soc. chim.*, t. XVII, p. 229].

O. Zeidler conseille la marche suivante. Après avoir enlevé l'acridine de l'anthracène brut, au moyen de l'eau renfermant de l'acide sulfurique, on épuise le résidu par l'acétate d'éthyle, on filtre et l'on chasse l'éther acétique par distillation. On épuise le résidu de cette opération par l'alcool à 95 %, et après avoir chassé l'alcool, on soumet la masse sèche à la distillation et l'on recueille ce qui passe entre 265 et 285°, pour le faire cristalliser dans l'alcool chaud. Par refroidissement de la solution, on obtient une masse blanche fusible entre 100 et 150°. On la fait digérer avec du sulfure de carbone : la partie insoluble dans ce véhicule, purifiée par une dernière cristallisation dans l'alcool ou dans l'acide acétique glacial, fournit le carbazol [O. Zeidler, *Liebig's Ann. Chem.*, t. CXCI, p. 288 ; *Bull. Soc. chim.*, t. XXXI, p. 468].

Le résidu de l'épuisement par l'éther acétique, après avoir été repris successivement par l'alcool et la benzine froide et chaude, laisse une masse brune qui fournit encore une certaine quantité de carbazol lorsqu'on la fait cristalliser dans l'acide acétique glacial [Zeidler, *ibid.*, p. 296].

Le carbazol cristallise en tables blanches, fusibles à 238° (Graebe et Glaser), à 245° (Zeidler). Il bout à 351°,5, et possède une densité de vapeur de 5,88 (calcul 5,85). Le carbazol est insoluble dans l'eau, soluble dans l'alcool, l'éther, le chloroforme, la benzine et l'acide acétique glacial. L'acide sulfurique pur le dissout, et se colore en jaune; cette coloration devient d'un vert intense lorsque l'acide sulfurique renferme des traces de chlore, de brome, d'iode ou d'acide chromique. L'acide azotique le colore en vert à froid, en jaune à chaud, et fournit des dérivés mono ou dinitrés. Le chlore et le brome réagissent sur les solutions de carbazol dans le sulfure de carbone et donnent des composés chlorés ou bromés qui n'ont pas été étudiés. La potasse fondante à 220-240° donne avec le carbazol une masse jaunâtre, qui paraît être du potassium carbazol, que l'eau décompose en régénérant le carbazol; l'acide sulfurique concentré et chaud le transforme en acide disulfonique non étudié ; avec l'anhydride acétique ou le chlorure d'acétyle, le carbazol fournit un dérivé acétylé. L'acide iodhydrique et le phosphore à 220° le convertissent en carbazoline.

Picrate de carbazol,

$$C^{12}H^9Az.C^6H^2(AzO^2)^3OH.$$

— Il cristallise en aiguilles rouges, que l'on obtient par le refroidissement d'une solution de 1 p. de carbazol et de 1 p. 1/2 d'acide picrique dans l'alcool chaud. Il fond à 182° (Graebe et Glaser), à 186° (Zeidler). Il est soluble dans l'éther et la benzine ; l'eau, les acides et les alcalis le décomposent.

Methyle-carbazol,

$$C^{13}H^{11}Az = C^{12}H^8Az.CH^3.$$

— Ce composé se forme lorsqu'on chauffe un mélange fondu de 2 p. de carbazol et de 1 p. de potasse caustique, en tubes scellés à 170-190° pendant plusieurs heures, avec trois ou quatre fois son poids d'iodure de méthyle. Pour isoler le méthyle-carbazol, on lave le contenu des tubes à l'eau et on fait cristalliser le résidu dans l'alcool.

Le méthyle-carbazol cristallise en lamelles nacrées fusibles à 87°, solubles dans l'alcool chaud et dans l'éther. Il ne forme pas de sels, et l'acide sulfurique renfermant de l'acide nitrique le colore comme le carbazol.

Le *picrate*, $(C^{13}H^{11}Az)C^6H^2(AzO^2)^3OH$, est en aiguilles rouges fusibles à 141°, solubles dans l'alcool, que l'on obtient par dissolution de la base dans l'acide picrique [C. Graebe et Behagel von Adlerskron, *Liebig's Ann. Chem.*, t. CCII, p. 23].

Éthyle-carbazol, $C^{14}H^{13}Az = C^{12}H^8Az.C^2H^5$. — Lamelles fusibles à 67-68°, solubles dans l'éther et l'alcool chaud, que l'on obtient en substituant l'iodure d'éthyle à l'iodure de méthyle dans la préparation précédente.

Le *picrate*, $(C^{14}H^{13}Az)C^6H^2(AzO^2)^3OH$, est en fines aiguilles rouges, fusibles à 97°, solubles dans l'alcool (Graebe et Behaghel von Adlerskron).

Acétylcarbazol, $C^{12}H^8(C^2H^3O)Az$. — Pour préparer ce composé, on chauffe parties égales de carbazol et d'anhydride acétique à 220-240° pendant six à huit heures. On étend d'eau le produit de la réaction et on fait cristalliser dans l'alcool étendu la poudre déposée. On peut substituer le chlorure d'acétyle à l'anhydride acétique dans cette préparation, mais alors le dérivé acétylé est souillé de matières brunes dont on ne peut le débarrasser.

L'acétylcarbazol cristallise en lamelles blanches fusibles à 69°, bouillant au delà de 360° avec décomposition partielle. Il est soluble dans l'alcool, l'éther et la benzine et ne se colore ni avec l'acide sulfurique ni avec l'acide chlorhydrique [Graebe et Glaser, *loc. cit.*].

Dérivés chlorés. — *Carbazol trichloré*,

$$C^{12}H^6Cl^3Az.$$

— Lorsqu'on fait passer du chlore sec dans de l'acide acétique glacial dans lequel on a délayé du carbazol, le liquide s'échauffe et prend des nuances qui changent du bleu à l'orangé, en passant par le vert. Si l'on interrompt le courant de chlore au moment où la masse est verte, et si l'on étend d'eau, il se précipite une poudre verdâtre de carbazol trichloré que l'on fait cristalliser dans la benzine.

Le carbazol trichloré est en aiguilles vertes fusibles à 180°, solubles dans l'alcool, l'éther, le chloroforme et la benzine. Il peut être sublimé et bout vers 440°, en se décomposant. L'acide sulfurique le dissout en se colorant en vert clair, en vert émeraude en présence d'acide nitrique. Avec une solution d'acide picrique dans la benzine, il donne une combinaison en aiguilles rouges fusibles à 100° [W. Knecht, *Liebig's Ann. Chem.*, t. CCII, p. 27].

Carbazol hexachloré, $C^{12}H^3Cl^6Az$. — Il se forme lorsqu'on fait passer du chlore sec pendant douze heures dans de l'acide acétique glacial contenant du carbazol trichloré en suspension. Le liquide étendu d'eau laisse déposer une poudre orangée que l'on fait cristalliser dans la benzine.

Le carbazol hexachloré est en aiguilles jaunes, fusibles à 225°, solubles dans la benzine, peu solubles dans l'alcool. L'acide sulfurique le dissout en se colorant en vert; cette coloration vire au jaune en présence de traces d'acide nitrique, après avoir passé par le bleu, le rouge et le violet. A 250°, le perchlorure d'antimoine le transforme en benzine perchlorée (Knecht).

Carbazol octochloré, $C^{12}HCl^8Az$. — Par l'action du perchlorure d'antimoine sur le carbazol hexachloré, à la température ordinaire, il se déclare une réaction violente que l'on modère en refroidissant; à la fin, il faut achever l'opération au bain-marie. On lave le produit à l'acide chlorhydrique, puis à l'alcool chaud, et on fait cristalliser le résidu dans la benzine.

Le carbazol octochloré est en aiguilles blanches, fusibles à 275°, solubles dans la benzine, insolubles dans l'acide sulfurique. A 250°, le pentachlorure d'antimoine le convertit en benzine perchlorée (Knecht).

Carbazol tétranitré, $C^{12}H^5(AzO^2)^4Az$. — On obtient ce corps en traitant le carbazol par trente fois son poids d'acide nitrique d'une densité de 1,49. On introduit peu à peu le carbazol dans l'acide; celui-ci se colore en vert, et une réaction violente se déclare. En même temps, une poudre verdâtre se dépose. On achève l'opération en chauffant au bain-marie pendant 1 heure et demie. La poudre se dissout et on la précipite en étendant la solution d'eau. Le précipité, cristallisé dans l'acide acétique glacial, est en aiguilles jaunes très peu solubles dans l'alcool, l'éther et la benzine. Chauffé avec de la potasse, le carbazol tétranitré se dissout, et, par le refroidissement, il se dépose une substance qui correspond à la formule $C^{12}H^4(AzO^2)^4AzK$. Cette substance est insoluble dans l'eau et l'alcool (Graebe et Behaghel von Adlerskron).

Nitrosocarbazol,

$$C^{12}H^8Az^2O = \begin{matrix} C^6H^4 \\ | \\ C^6H^4 \end{matrix} > Az(AzO).$$

— On obtient ce composé par l'action du nitrite de potassium sur une solution de carbazol dans l'acide acétique. On arrose 3 gr. de carbazol avec 60 gr. d'éther et 60 gr. d'acide acétique à 1,04, et l'on y ajoute peu à peu de l'azotite de potassium. Lorsque tout le carbazol est dissous, on verse encore quelques gouttes d'acide acétique dans la solution et l'on continue à ajouter l'azotite jusqu'à ce que l'éther ne laisse plus de lamelles de carbazol par évaporation. Alors on sépare la solution éthérée de la solution acétique et l'on chasse l'éther. On lave le résidu avec de l'eau et l'on fait cristalliser le nitrosocarbazol dans l'alcool.

Le nitrosocarbazol cristallise en longues aiguilles aplaties, jaune d'or, fusibles à 82°, solubles dans l'éther, le chloroforme et le sulfure de carbone à froid, dans l'alcool, la benzine et l'acide acétique à chaud. L'acide azotique le colore en vert; la solution alcoolique devient rouge avec l'acide chlorhydrique, verte avec l'acide azotique à froid, rouge à chaud. L'eau bouillante ne l'altère pas; l'alcool, même étendu, le décompose, par ébullition prolongée, en carbazol. L'amalgame de sodium, l'étain, l'acide chlorhydrique et le sulfhydrate d'ammonium le convertissent en carbazol [Zeidler, *Liebig's Ann. Chem.*, t. CXCXI, p. 303; *Bull. Soc. chim.*, t. XXXI, p. 471].

Lorsqu'on fond le carbazol avec 10-12 fois son poids d'acide oxalique, on obtient une masse bleue qui renferme l'anhydride interne de l'acide orthoamidophénylbenzoïque [W. Suida, *Deutsch. chem. Gesellsch.*, 1879, p. 1403]. M. Wassermann.

CARBAZOLINE, $C^{12}H^{15}Az$. — Ce composé se forme lorsqu'on chauffe un mélange de 6 gr. de carbazol, de 2 gr. de phosphore rouge et de 7-8 gr. d'acide iodhydrique (bouillant à 127°) en tubes scellés à 220-240° pendant huit à dix heures. Pour isoler la carbazoline, on étend d'eau le produit de la réaction, on fait bouillir et on filtre. On précipite la carbazoline de la liqueur filtrée par l'ammoniaque et on la fait cristalliser dans l'alcool.

La carbazoline cristallise en aiguilles blanches, fusibles à 99°, bouillant à 296-297°, qui peuvent être sublimées. Elle est soluble dans l'alcool, l'éther, la benzine et les acides. Elle possède une densité de vapeur de 6,06 (calculée 5,99). La potasse fondante et la chaux sodée ne l'attaquent pas. Elle est facilement oxydée, mais ne fournit pas de produits analysables. Le perchlorure de fer colore sa solution chlorhydrique en brun, et au bout de quelque temps il se dépose des flocons bruns au sein de la liqueur. Elle se dissout dans l'acide nitrique à 1,45, et l'eau précipite les corps di, tri et tétranitrés de cette solution.

Bromhydrate, $C^{12}H^{15}Az$, H Br. — Tables solubles dans l'eau chaude et l'alcool, peu solubles dans l'éther, que l'on obtient par le refroidissement de la solution de carbazoline dans l'acide bromhydrique chaud. Lorsqu'on le chauffe, il se comporte comme le chlorhydrate.

Chlorhydrate, $C^{12}H^{15}Az$, H Cl. — On obtient ce sel en dirigeant un courant de gaz chlorhydrique dans une solution éthérée de carbazoline. Il se dépose sous la forme d'un sirop qui finit par se prendre en masse. Il cristallise en tables blanches solubles dans l'eau, l'alcool et la benzine. Chauffé à 250-300°, il fournit l'*hydrocarbazol*. (Voyez plus loin.)

Iodhydrate, $C^{12}H^{15}Az$, HI. — Par dissolution de la carbazoline dans l'acide iodhydrique, exempt d'iode. Tables solubles dans l'alcool et la benzine et l'eau [Graebe et Glaser, *Ann. Chem. Pharm.*, t. CLXIII, p. 352; *Bull. Soc. chim.*, t. XVII, p. 229].

Éthyle-carbazoline. — L'*iodhydrate* d'éthyle-carbazoline, $C^{12}H^{14}(C^2H^5)Az$, HI, se forme lorsqu'on chauffe de la carbazoline à 100° pendant quelques heures avec de l'alcool et de l'iodure d'éthyle. Après avoir chassé l'excès d'alcool et d'iodure, on obtient une masse sirupeuse qui se remplit de cristaux lorsqu'on la sèche sur l'acide sulfurique. Pour purifier ce composé, on le fait cristalliser dans l'eau chaude; par le refroidissement, il se dépose une huile qui finit par se prendre en une masse cristalline.

L'iodhydrate d'éthyle-carbazoline est en tables épaisses, solubles dans l'eau chaude [Graebe et Behaghel von Adlerskron, *Liebig's Ann. Chem.*, t. CCII, p. 24].

Acétyle-carbazoline, $C^{12}H^{14}Az(C^2H^3O)$. — Elle se forme par l'action de l'anhydride acétique sur la carbazoline à 100-120°. Le produit de la réaction, précipité par l'eau et soumis à une cristallisation dans l'alcool, se présente sous forme d'aiguilles blanches fusibles à 98°, solubles dans l'alcool et l'éther (Graebe et Behaghel von Adlerskron).

Hydrocarbazol, $C^{12}H^{13}Az$. — Pour préparer l'hydrocarbazol, on chauffe le chlorhydrate de carbazoline sec à 300° au bain de sable, dans une cornue dont le col est dirigé en haut. Il se produit une légère ébullition, accompagnée d'un dégagement de gaz chlorhydrique et d'hydrogène. Après avoir chauffé pendant plusieurs heures, on extrait la carbazoline inaltérée à l'aide de l'acide chlorhydrique étendu, on dissout la masse entière dans l'alcool et on précipite l'hydrocarbazol par l'eau acidulée d'acide chlorhydrique. On purifie l'hydrocarbazol par plusieurs cristallisations dans l'alcool.

L'hydrocarbazol cristallise en tables fusibles à 120°, bouillant à 325-330°, solubles dans l'alcool, l'éther et la benzine. L'acide iodhydrique et le phosphore le convertissent en carbazoline.

Picrate, $C^{12}H^{13}Az. C^6H^2(AzO^2)^3OH$. — Lamelles brunes, solubles dans l'alcool et la benzine, que l'eau et les alcalis décomposent [Graebe et Glaser, *Ann. Chem. Pharm.*, t. CLXIII, p. 358]. M. Wassermann.

CARBIMIDE, CO AzH = O=C=Az-H. — L'acide cyanique libre constitue très probablement la carbimide; les éthers cyaniques de Wurtz sont les produits de substitution de ce corps; on les désigne par le nom générique de *Carbimides*. — Voyez Cyanique (acide).

CARBOCOMÉNIQUE (ACIDE). — Voyez Coménique (acide).

CARBOHYDROQUINONIQUE (ACIDE). — D'après les travaux de Lautemann [*Ann. Chem. Pharm.*, t. CXX, p. 299], Barth, Fittig et Macalpine [*ibid.*, t. CLXVIII, p. 99], Rakowski et Leppert [*Deutsch. chem. Gesellsch.*, 1875, p. 788], cet acide est identique avec l'acide protocatéchique (t. II, p. 1217); par la distillation, il fournit, comme ce dernier, de la pyrocatéchine et non de l'hydroquinone.

CARBONADO (Min.). — Diamant noir amorphe en rognons irréguliers.

CARBONE (voyez t. I, p. 747). — Les belles recherches de H.-F. Weber ont démontré que la chaleur spécifique du carbone augmente très considérablement avec la température; elle devient sept fois plus considérable lorsque la température s'élève de — 50 à + 600°; vers 600° et au-dessus, elle acquiert la valeur constante 0,46, qui, multipliée par le poids atomique (12) du carbone, donne le produit, 5,5, qui se rapproche de la moyenne exigée par la loi de Dulong et Petit; dès lors le carbone ne fait plus exception à cette loi générale, et son poids atomique se trouve confirmé. Ces recherches ont conduit en outre à attribuer la même chaleur spécifique à toutes les modifications opaques du carbone. Au-dessous du rouge, le carbone n'existe, au point de vue thermique, qu'en deux états allotropiques : l'état opaque et l'état transparent. Leur chaleur spécifique diffère d'autant plus que la température est plus basse; la différence décroît avec l'élévation de la température, pour devenir nulle vers 600° et au-dessus [*Poggend. Ann.*, t. CXLVII, p. 311; t. CLIV, p. 367 et 553; *Bull. Soc. chim.*, t. XVII, p. 445; *Programm der land. u. forstwirthschaftl. Acad. Hohenheim*, 1874, p. 84].

Bethge et Lürmann croient que la chaleur latente du carbone solide est représentée exactement par la différence entre la chaleur de formation de l'oxyde de carbone et la chaleur de combustion de ce gaz [*Dingler's polyt. Journ.*, t. CCXX, p. 183].

La température de combustion (à l'air) du carbone solide a été évaluée à 1678° [Valerius, *Bull. de l'Acad. Royal. de Belgique* (2), 1874, t. XXVIII, n° 12].

Diamant. — J.-B. Hannay a annoncé à la Société royale de Londres, dans la séance du 26 février 1880, qu'il avait réalisé la production artificielle du diamant en chauffant certains hydrocarbures à une chaleur presque rouge et sous une très haute pression, en présence d'un composé stable contenant de l'azote. Le fait n'a pas été confirmé depuis. R. von Schrötter déduit d'un grand nombre de déterminations une valeur moyenne pour la densité du diamant :

$$D = 3,51432 + 0,00065$$

[*Wien. Acad. Ber.* (2), 1871, t. LXIII, p. 462; — Voyez aussi Schrauf, *ibid.*, 1871, t. LXIV, p. 479; — Baumhauer, *Archives néerlandaises*, 1872, t. VIII, p. 1].

Le diamant chauffé au rouge blanc, dans un courant de gaz d'éclairage, augmente en poids et se recouvre d'un dépôt très adhérent, qui, examiné au microscope, présente un aspect lamelleux, cristallin, de la couleur métallique de la plombagine. La couche noire disparaît à l'air, sur une feuille de platine chauffée au rouge.

Dans l'hydrogène pur et sec on peut porter la température presque à la fusion du platine sans altérer le diamant. Dans un courant d'acide carbonique il perd un peu de son poli et aussi de son poids, brûlé à la surface par l'oxygène provenant de la dissociation normale de l'acide carbonique sous l'influence de la température élevée.

Le diamant s'allume et brûle à l'air lorsqu'on le place sur une feuille de platine chauffée au rouge blanc. Pendant la combustion il reste blanc et ne se boursoufle pas [Morren, *Compt. rend.*, t. LXX, p. 990; *Bull. Soc. chim.*, t. XIV, p. 192].

Le diamant n'est pas attaqué au blanc par la vapeur d'eau; les diamants colorés changent parfois de couleur par la calcination [E. H. de Baumhauer, *Mém. cité*].

G. Rose affirme que le diamant, stable au rouge blanc, s'altère cependant à la plus haute température qu'il soit possible d'atteindre, à l'aide d'une machine d'induction de fortes dimensions [*Poggend. Ann.*, t. CXLVIII, p. 497].

GRAPHITE. — Pour préparer du graphite absolument pur, il faut traiter les graphites naturels, en poudre impalpable, à plusieurs reprises, par la potasse en fusion, l'eau régale et l'acide fluorhydrique. Le graphite provenant de la soude brute renferme 21 °/₀ de cendres [Stingl, *Deutsch. chem. Gesellsch.*, 1873, p. 391; *Bull. Soc. chim.*, t. XX, p. 163].

On a assimilé au graphite plusieurs variétés de carbone amorphe, telles que la plombagine naturelle et divers carbones artificiels. Mais la définition d'un carbone amorphe comme graphite manque de rigueur si l'on se borne seulement à la constatation d'un caractère général. La propriété de tacher le papier, par exemple, qui a été souvent invoquée comme caractérisant le graphite, n'appartient pas à certains graphites véritables, tandis qu'elle existe dans le noir de fumée et dans quelques autres carbones amorphes.

Berthelot propose de réserver le nom de graphite exclusivement aux carbones qui fournissent par l'oxydation un oxyde graphitique. Il distingue trois variétés de graphite :

1° Le graphite de la plombagine naturelle;

2° Le graphite de la fonte;

3° Le graphite électrique, obtenu par la transformation des diverses variétés de carbone sous l'influence de l'arc voltaïque.

Ces trois graphites fournissent chacun un *oxyde graphitique*, un *oxyde hydrographitique* et un oxyde *pyrographitique* particuliers.

L'oxyde graphitique de la plombagine se présente à l'état humide sous la forme de paillettes micacées, d'un jaune pâle, insolubles dans tous les dissolvants. Desséché, même à la température ordinaire, il s'agglomère en plaques brunes, amorphes, tenaces, pour reprendre son aspect pailleté, lorsqu'on le chauffe avec un mélange d'acide nitrique et de chlorate de potassium. L'acide iodhydrique le transforme à 280° en *oxyde hydrographitique*, possédant les principaux caractères du corps primitif, mais ayant perdu la propriété de se décomposer avec boursouflement et déflagration sous l'influence de la chaleur. Par l'oxydation, il régénère l'oxyde graphitique dont il dérive.

Le produit que l'on obtient en détruisant par la chaleur (vers 250°) l'oxyde graphitique de la plombagine, l'*oxyde pyrographitique*, constitue une poudre noire, légère, floconneuse, qui renferme encore de l'oxygène et de l'hydrogène ($C^{22}H^2O^4$, Brodie), et qui ne reproduit par l'oxydation qu'une faible quantité d'oxyde graphitique.

L'oxyde graphitique de la fonte se présente en écailles jaune-verdâtre, qui ne s'agglomèrent en aucune façon pendant la dessiccation, subsistant avec leur teinte toute spéciale. Ce caractère reparaît à la suite des métamorphoses par hydrogénation ou décomposition pyrogénée. *L'oxyde hydrographitique*, qui en dérive, conserve la propriété de se détruire avec boursouflement sous l'influence de la chaleur.

L'oxyde graphitique du graphite électrique offre l'aspect d'une poudre marron, laquelle ne s'agglomère pas sensiblement pendant la dessiccation. Ces caractères reparaissent à la suite des métamorphoses par réduction ou décomposition pyrogénée. Son *oxyde hydrographitique* ne se décompose pas avec boursouflement sous l'influence de la chaleur. *L'oxyde pyrographitique* se forme avec déflagration; c'est une poudre pesante, non floconneuse [Berthelot, *Ann. Chim. Phys.* (4), t. XIX, p. 410].

L'acide graphitique (t. I, p. 1640) préparé par les méthodes de Brodie et Gottschalk, à l'aide du graphite de Styrie, forme une poudre amorphe jaune. Celui qui est préparé par le graphite de Ceylan apparaît sous le microscope en lamelles cristallines. Les graphites amorphes seuls déteignent et peuvent être employés comme couleur. C'est, au contraire le graphite lamellaire qu'on préfère pour la fabrication des creusets, en raison de sa densité et de sa résistance au feu et aux actions mécaniques. Cette même différence se remarque dans les produits pyrogénés qui dérivent de ces deux espèces de graphite.

Voici la composition des acides graphitiques de Styrie et de Bohême, comparée à la composition des acides de Brodie et de Gottschalk :

	Brodie.	Gottschalk.	Styrie.	Bohême.
C...	61,11-61,01	56,89-56,99	55,73	56,23
H...	1,85	1,72-1,77	1,87	1,83
O...	37,04-37,11	41,39-41,24	42,35	41,94

Le dosage du carbone dans le graphite ne peut se faire avec certitude que par la combustion avec l'oxyde de cuivre; le procédé qui consiste à l'évaluer par différence, en pesant les cendres, donne des résultats défectueux [Stingl, *Mém. cité*].

Hydrate graphitique. — On obtient un hydrate de carbone, offrant les rapports $C^{11} : 3H^2O$, qui le rattachent à la série de l'acide graphitique de Brodie ($C^{11}H^4O^5$), en traitant la fonte blanche à froid par une solution de sulfate de cuivre, et le cuivre carbonifère qui reste par une solution moyennement concentrée de perchlorure de fer, additionnée d'acide chlorhydrique. C'est une matière pulvérulente, brun-noir, qui, convenablement purifiée, renferme pour 100 de matière 64,00 de carbone, 26,1 de H^2O, 8,1 de cendre siliceuse et 1,8 de matières non déterminées.

Acide nitrographitique, $C^{22}H^{17}(AzO^2)O^{11}$. — L'acide nitrique ordinaire attaque énergiquement à chaud l'hydrate graphitique et le transforme en une substance rouge-brun, amorphe, soluble dans l'acide nitrique, l'alcool, les alcalis, l'ammoniaque, soluble aussi dans l'eau pure, mais précipitable par l'addition des sels neutres.

L'acide nitrographitique doit être identique avec le composé rouge obtenu par Eggertz dans l'attaque de la fonte par l'acide nitrique [Schützenberger et Bourgeois, *Compt. rend.*, t. LXXX, p. 911].

Le carbone de la fonte est attaqué par l'hydrogène naissant (fonte et acide chlorhydrique) avec production d'hydrocarbures liquides, bouillant de 9°,5 à 155°, et de produits gazeux [Williams, *Deutsch. chem. Gesellsch.*, 1873, p. 834; *Bull. Soc. chim.*, t. XX, p. 441].

Le mélange d'hydrocarbures obtenu avec la fonte miroitante est de composition complexe; Cloëz y a constaté la présence du propylène, de l'heptylène, d'un octylène bouillant de 118 à 124°, et de carbures supérieurs, dont les plus élevés sont solides [S. Cloëz, *Compt. rend.*, t. LXXVIII, p. 1565].

CHARBON MÉTALLIQUE. — Lorsqu'on chauffe au rouge de petits faisceaux de bois dans un courant de vapeur de sulfure de carbone, d'esprit de bois, de carbures d'hydrogène, etc., on obtient un charbon élastique et conducteur, caractérisé par sa grande sonorité, qui est entièrement semblable à celle du cristal.

Le charbon métallique possède une grande conductibilité pour la chaleur et l'électricité. Les crayons qu'on en compose donnent une lumière électrique beaucoup plus intense que la lumière que l'on obtient avec le charbon des cornues à gaz.

On obtient des résultats analogues avec le lin, le chanvre, le coton, le papier et la soie.

Lorsqu'on fait passer la vapeur d'alcool méthylique sur du bois chauffé au rouge dans un tube de porcelaine, les parois intérieures du tube se tapissent d'un charbon très singulier, qui se présente sous la forme de filaments longs d'un centimètre, constituant une espèce de coke soyeux et mousseux, d'un blanc d'argent. Ces filaments paraissent être formés par des petites boules juxtaposées [Sidot, *Compt. rend.*, t. LXX, p. 605; *Bull. Soc. chim.*, t. XIV, p. 193].

Le charbon métallique résiste énergiquement à l'oxydation, surtout lorsqu'il se présente en feuillets minces et brillants, d'une cohésion spéciale. Cependant au bout de six à huit traitements par un mélange de chlorate de potassium et d'acide nitrique, il finit par se dissoudre totalement. Les portions non cohérentes du charbon de tube tachent le papier à la façon de la plombagine, sans fournir trace d'oxyde graphitique [Berthelot, *Ann. Chim. Phys.* (4), t. XIX, p. 416].

CHARBON MÉTÉORIQUE. — Berthelot a examiné le carbone amorphe de la météorite de Cranbourne. L'oxydation par un mélange d'acide nitrique fumant et de chlorate de potassium fournit un oxyde graphitique verdâtre, identique de tout point, par ses propriétés et ses réactions caractéristiques, avec l'oxyde du graphite cristallisé de la fonte, mais distinct de l'oxyde de la plombagine. Il résulte de cette expérience que le carbone météorique doit être envisagé comme du charbon dissous par le fer en fusion et séparé de la masse par un refroidissement très rapide [*Compt. rend.*, t. LXXIII, p. 494; *Bull. Soc. chim.*, t. XVI, p. 237].

CARBONE FERREUX. — C'est un carbone floconneux, tenant 5 à 7 % de fer métallique. Il se produit lorsqu'on fait passer un mélange d'acide carbonique et d'oxyde de carbone sur l'oxyde de fer ou le fer métallique, à la température de 3 à 400° [Gruner, *Compt. rend.*, 1871, t. LXXIII, p. 28; L. Bell, *Journ. Chem. Soc.*, (2), 1869, t. VII, p. 203].

CHARBON DE CORNUE. — Le charbon se ramollit et finit par acquérir les propriétés du graphite sous l'influence d'une pile de 24 éléments Bunsen [Bettendorf, *Arch. Pharm.*, 1870 (2), t. CXLIV, p. 79].

Le carbone, en sortant des combinaisons hydrogénées, prend de préférence l'état de carbone amorphe, tandis que le carbone, en sortant de ses combinaisons avec le chlore, le soufre, le bore, et peut-être l'oxygène, avec le concours de la température rouge, offre une certaine tendance à prendre l'état de graphite [Berthelot, *Ann. Chim. Phys.*, (4), t. XIX, p. 425].

CHARBON DE BOIS. — Le charbon de sapin, le charbon de charme et le noir de fumée sont diamagnétiques [A. L. Holtz, *Poggend. Ann.*, t. CLI, p. 69].

Le charbon pur (charbon de fusain chauffé au rouge blanc dans un courant de chlore sec) est attaqué à froid par l'acide chromique. Il se forme une petite quantité d'acide oxalique, lequel se trouve engendré par synthèse totale :

$$C^2 + H^2O + O^3 = C^2H^2O^4$$

[Berthelot, *Compt. rend.*, t. LXX, p. 259; *Bull. Soc. chim.*, t. XIV, p. 113.]

Le charbon de bois, soumis à une calcination de plus en plus forte, devient moins attaquable par l'acide iodhydrique, à mesure qu'il se rapproche de l'état de carbone pur [Berthelot, *Bull. Soc. chim.*, t. XI, p. 286].

Une solution alcaline de permanganate de potassium réagit sur le charbon de bois, le charbon résultant de la calcination de la crème de tartre ou de la réduction de l'acide carbonique par le phosphore, purifiés par la calcination dans un courant de chlore, et même sur le graphite, en produisant, en même temps que de l'acide oxalique et d'autres acides non étudiés, de l'acide mellique, parfaitement identique avec l'acide mellique des gîtes houillers [Schulze, *Deutsch. chem. Gesellsch.*, 1871, p. 802, 806].

Par l'action de l'acide nitrique sur le charbon (charbon de saule, de paraffine, d'os et charbons minéraux) il se forme un composé amorphe, noir, soluble dans l'eau, dans l'alcool et dans l'éther, très déliquescent. Ce composé se combine avec les alcalis, et sa solution donne des précipités avec la plupart des sels métalliques. Sa solution aqueuse est aussi précipitée par les acides chlorhydrique et sulfurique. Cette combinaison renferme plus de 30 % de carbone, 2 à 3 % d'hydrogène et beaucoup d'azote [And. Scott, *Chem. News*, t. XXV, p. 77; *Bull. Soc. chim.*, t. XVII, p. 553].

Les diverses variétés du charbon, à l'exception du diamant, peuvent être oxydées entièrement par l'acide iodique, lorsqu'on les chauffe avec ce dernier dans un tube scellé, à 260° [Ditte, *Bull. Soc. chim.*, t. XIII, p. 321].

POUVOIR D'ABSORPTION DU CHARBON POREUX. — De Saussure, le premier, a constaté et mesuré la capacité d'absorption du charbon pour certains gaz; il remarqua, en outre, que les gaz condensés dans les pores du charbon produisent des réactions chimiques anormales [*Biblioth. britan.*, t. XLIX et L, 1812]. Plus tard, Mitscherlich calcula le volume des pores du charbon et arriva à la conclusion que certains gaz doivent se trouver dans les pores du charbon à l'état liquide; il donna même pour l'acide carbonique l'épaisseur de la couche liquide [*Ann. Chim. Phys.*, (3), t. VII, p. 15].

Enfin, tout récemment, M. Favre a entrepris une série de recherches approfondies, qui l'ont conduit à des conclusions intéressantes; nous allons en consigner les résultats les plus importants.

Pour un même gaz, le coefficient d'absorption par le charbon peut varier avec l'essence du bois carbonisé, et aussi, mais à un moindre degré, avec des échantillons différents provenant de la même essence. Le tableau suivant indique les volumes maxima absorbés par 1cc ou 1gr,57 d'un même charbon :

AzH^3	178 cent. cub.
HCl	165 —
SO^2	165 —
Az^2O	99 —
CO^2	97 —

Relativement au dégagement de chaleur qui accompagne l'absorption jusqu'à saturation, les gaz peuvent être placés à peu près dans le même ordre que précédemment, ainsi que cela ressort des nombres suivants rapportés à 1 gramme de gaz condensé :

AzH^3	494 calories.
HCl	274 —
SO^2	198 —
Az^2O	160 —
CO^2	158 —

La chaleur maxima dégagée par l'absorption de l'acide sulfureux et du protoxyde d'azote par le charbon dépasse de beaucoup la chaleur de liquéfaction de ces mêmes gaz; pour l'acide carbonique, elle dépasse même celle que ce corps dégagerait en se solidifiant. On voit qu'il ne suffit pas d'expliquer les phénomènes thermiques par le changement d'état du gaz absorbé et qu'il reste encore une part à faire à l'affinité spéciale exercée par le charbon sur le gaz absorbé.

Cette affinité semble se rapprocher plutôt de la capillarité que de l'affinité ordinaire [Favre, *Ann. Chim. Phys.* (5), t. I, p. 209; — voyez aussi : Angus Smith, *Chem. News*, t. XVIII, p. 121; — J. Hunter, *ibid*, t. XXV, p. 284; *Bull. Soc. chim.*, t. XVIII, p. 222; *Journ. Chem. Soc.*, (2), 1871, t. IX, p. 76].

Les cellules du charbon réalisent des combinaisons qui, sans elles, exigeraient la lumière solaire la plus intense.

Le charbon purifié absorbe le chlore avec élévation de température; en refroidissant le vase et en prolongeant l'action du gaz, on parvient à fixer, sur certains charbons, près de leur poids de chlore. Si, sur ces charbons chlorés, parfaitement secs, on fait arriver de l'hydrogène pur, on constate qu'il se produit à froid, dans l'obscurité absolue, des quantités notables d'acide chlorhydrique; en même temps, une certaine quantité de chlore reprend l'état gazeux, et la température baisse de 20° environ.

L'acide sulfureux dirigé sur le charbon chloré, à l'abri de la lumière directe, donne naissance à une grande quantité d'acide chlorosulfurique.

Si l'on fait arriver de l'eau sur le charbon chloré, elle se décompose dans un temps très court en acide chlorhydrique et en acide carbonique [Melsens, *Compt. rend.*, t. LXXVI, p. 92].

Cette curieuse propriété du charbon poreux (le charbon préparé suivant la méthode de Bussy[1] est d'un usage très avantageux), a été mise à profit par Damoiseau [*Brevet anglais*, 1875; *Compt. rend.*, t. LXXXIII, p. 60] pour la fabrication du sesquichlorure de carbone, et par Paterno [*Gazz. chim. ital.*, 1878, t. VIII, p. 233] pour la préparation de l'oxychlorure de carbone.

Par l'oxygène condensé dans ses pores, le charbon animal, après avoir été exposé à l'air, peut produire des actions oxydantes. Cette propriété peut être rendue évidente en faisant bouillir une solution alcoolique incolore de leucaniline avec du noir animal; cette solution se colore rapidement en rouge cramoisi foncé, par suite de la production de rosaniline [A. W. Hofmann, *Deutsch. chem. Gesellsch.*, 1874, p. 530; *Bull. Soc. chim.*, t. XXII, p. 263].

Le charbon animal purifié et calciné exerce une action réductrice très prononcée sur un grand nombre de sels métalliques; ainsi, il précipite le platine du chlorure platinique, et transforme le chlorure ferrique en chlorure ferreux; il doit probablement son pouvoir réducteur à la présence d'une petite quantité d'hydrogène occlus [Heintz, *Liebig's Ann. Chem.*, t. CLXXXVII, p. 227].

Eulenburg et Vohl recommandent le charbon poreux comme désinfectant et comme antidote; ainsi on peut enlever tout le phosphore à une solution de ce corps dans l'huile, en filtrant cette solution à travers une couche assez épaisse de charbon animal [*Dingler's polytechn. Journ.*, t. CXCVII, p. 435].

Analyse immédiate des variétés du carbone. — Une méthode propre à la reconnaissance des diverses variétés du carbone a été indiquée par Berthelot; cette méthode consiste à oxyder le carbone à basse température et à examiner les produits formés. Dans ces conditions :

1° Le diamant n'est pas oxydé sensiblement, même par des traitements réitérés et prolongés, qu'il s'agisse du diamant ordinaire ou du diamant noir.

2° Les diverses variétés du carbone amorphe sont converties entièrement en acides humoïdes, d'un brun jaunâtre, solubles dans l'eau; les propriétés de ces acides varient suivant les carbones qui les fournissent.

3° Les diverses variétés du graphite vrai sont changées en oxydes graphitiques correspondants, de nature différente, mais caractérisés tous par leur insolubilité, et surtout par leur propriété d'être décomposés brusquement et avec déflagration sous l'influence de la chaleur.

Pour constater ces résultats, on opère de la manière suivante :

Le carbone, réduit en poudre impalpable, est mélangé avec 5 fois son poids de chlorate de potassium en poudre; la masse est incorporée, peu à peu et par petites portions, avec de l'acide nitrique fumant, de façon à former une sorte de pâte. Il convient de ne pas opérer sur plus de 5 grammes de charbon à la fois, pour éviter les explosions. On abandonne le tout dans une petite fiole ouverte pendant quelques heures; puis on chauffe, vers 50 à 60° au plus, pendant trois ou quatre jours, sans interruption. Au bout de ce temps on étend la masse avec de l'eau, et on épuise par décantation au moyen de l'eau tiède. Finalement on dessèche la matière non dissoute et on l'examine.

En général, il est nécessaire de répéter la même série d'opérations, quatre, cinq, six fois, et même davantage, pour arriver soit à dissoudre entièrement les carbones amorphes, soit à changer entièrement les graphites en oxydes graphitiques [*Ann. Chim. Phys.* (4), t. XIX, p. 402].

1° ACIDE CARBONIQUE.

Préparation. — Stolba a proposé un procédé qui peut être commode lorsqu'on a besoin d'un courant lent et continu d'acide carbonique.

On dissout du sucre brut dans quatre fois son poids d'eau et on y ajoute 1/2 °/₀ en volume de levûre. La fermentation s'établit après quelques heures, et peut être activée ou retardée en variant la température. Les vases doivent être assez spacieux pour que la mousse n'atteigne point les tubes de dégagement. On peut remplacer le sucre par la mélasse dissoute dans 3 p. d'eau, en lavant l'acide carbonique produit avec une solution de sulfate ferreux, pour enlever le bioxyde d'azote. On le fait ensuite passer sur une colonne de charbon pour l'obtenir inodore [*Chem. Centralbl.*, 1873, t. V, p. 17; *Bull. Soc. chim.*, t. XXI, p. 559].

Propriétés physiques. — La chaleur de formation de l'acide carbonique, à partir des éléments,

1. On le prépare par la calcination d'un mélange d'une demi-partie de sang desséché avec deux parties de carbonate de potassium, à une température un peu inférieure à celle du rouge brun. Après refroidissement, on épuise par l'eau bouillante et l'on sèche. On obtient ainsi un charbon d'un noir mat, excessivement léger et spongieux, dont la force décolorante, comparée à celle du noir d'os, est comme 40 à 1 [*Journ. Pharm.*, 1822, t. VIII, p. 201].

a été déterminée par Favre et Silbermann. Voici les nombres qu'ils ont trouvés pour

$$C + O^2 = CO^2 \text{ (44 grammes) :}$$

	CO^2 gazeux.	En solution.
C. diamant.........	+ 94cal,0	+ 99cal,6
C. amorphe.........	+ 97, 0	+ 102, 6

La chaleur de dissolution, déduite de ces chiffres, serait de 5cal,6.

Thomsen est arrivé de son côté à un chiffre très approché; il trouve que la chaleur de dissolution de l'acide carbonique dans l'eau à 18° est 5cal,88 [*Deutsch. chem. Gesellsch.*, 1873, p. 710].

Vers 100°, l'acide carbonique s'écarte fort peu de la loi de Mariotte. Son coefficient de dilatation, par rapport à celui de l'air représenté par 0,00367, est

à 0°.....	0,003724	à 150°.....	0,003690
à 50	0,003704	à 200	0,003687
à 100	0,003695	à 250	0,003682

[Amagat, *Compt. rend.*, t. LXVIII, p. 1172; t. LXXIII, p. 184; voyez aussi Joly, *Poggend. Ann.*, Jubelband, 1874, p. 82].

Le coefficient de détente de l'acide carbonique reste constant depuis 1 jusqu'à 5 atmosphères [Cazin, *Ann. Chim. Phys.* (4), t. XX, p. 271].

Le pouvoir dispersif du gaz carbonique a été étudié par Croullebois [*Compt. rend.*, t. LXVII, p. 692; *Ann. Chim. Phys.* (4), t. XX, p. 177]; son spectre lumineux par Wüllner [*Poggend. Ann.*, t. CXLIX, p. 481].

Acide carbonique liquide. — Andrews a déterminé, pour l'acide carbonique fortement condensé, les rapports qui lient la température, la pression et le volume. Ce gaz cède à la pression beaucoup plus que l'air; la même pression, qui, à 10°,76, réduit un volume d'air à $\frac{1}{47,81}$ réduit à une température peu différente (13°,22), 1 volume d'acide carbonique à $\frac{1}{77,09}$. Si alors la pression est amenée à 48,8 atmosphères, la liquéfaction commence, et, par une augmentation de pression fort petite, le volume du gaz est réduit à celui du liquide. La courbe, qui représente les variations des volumes en fonction des variations des pressions, manifeste alors une chute brusque et court, pendant un assez long espace, parallèlement à l'axe des volumes; pour les pressions plus fortes, elle est presque droite et parallèle à l'axe des pressions représentant alors des volumes liquides qui varient relativement peu avec la pression. A 21°,5, si l'on comprime le gaz davantage, le passage de l'état gazeux à l'état liquide se fait encore assez brusquement. A 31°,1, si l'on augmente la pression de 73 à 75 atmosphères, l'on passe, par transition insensible, de l'état gazeux à l'état liquide; la liquéfaction ne s'accuse que par des stries mal déterminées, qui se forment dans le gaz; mais il suffit d'abaisser la température pour que, sans condensation nouvelle, le tube se trouve rempli de liquide visible. La continuité des deux états se manifeste encore d'une façon bien plus marquée à des températures plus élevées.

C'est à 30°,92 que le gaz carbonique perd la faculté de se transformer en un liquide visible, par l'effet seul de la compression. La température de 30°,92 est le *point critique* pour l'acide carbonique [Andrews, *Chem. News*, t. XXI, p. 101; *Bull. Soc. chim.*, t. XIX, p. 185; — Recknagel, *Poggend. Ann.*, t. V, p. 563].

Suivant Hartley, l'acide carbonique liquide se rencontrerait dans la nature, occlus dans les cavités de certains cristaux de quartz [*Journ. chem. Soc.* (2), t. XV, p. 239.].

L'acide carbonique liquide ne conduit pas l'électricité. On peut faire éclater au milieu du liquide les étincelles d'une forte bobine d'induction; la lumière de ces étincelles est blanche et très vive. Le liquide n'est pas décomposé.

Il transforme le carbonate de potassium en bicarbonate. L'iode s'y dissout en petite quantité en communiquant au liquide une coloration violet pâle. L'huile de pétrole dissout 5 à 6 volumes du liquide. Le sulfure de carbone ne s'y mélange qu'en faible quantité. L'éther paraît s'y mêler en toutes proportions. Les huiles grasses le dissolvent en petite quantité. Le suif, dans ces conditions, blanchit à la surface, en perdant la graisse liquide qu'il contient. La stéarine, la paraffine sont insolubles. Le sodium est sans action à la température ordinaire [Cailletet, *Compt. rend.*, t. LXXV, p. 1271].

Réactions et décompositions. — Le gaz carbonique, traversé par une série d'étincelles d'induction, se décompose rapidement. Cette décomposition ne dépasse pas un certain terme, mais elle ne tend vers aucune limite fixe [Berthelot, *Compt. rend.*, t. LXVIII, p. 1636].

Sous l'influence de l'effluve électrique, l'acide carbonique se décompose partiellement (4 à 8 °/₀) en oxyde de carbone et oxygène fortement ozonisé [A. Thenard, *Compt. rend.*, t. LXXIV, p. 1280; t. LXXV, p. 120].

L'absorption de l'acide carbonique par le sérum du sang est sous la dépendance directe de la température et de la pression [Setschenoff, *Bull. Soc. chim.*, t. XXVIII, p. 151; t. XXIX, p. 370].

En présence d'un peu d'eau et d'un mélange de sulfate ferreux et de phosphate de sodium, l'acide carbonique est ramené peu à peu à l'état d'oxyde de carbone [Horsford, *Wiener Anzeiger*, 1873, p. 91; *Bull. Soc. chim.*, t. XX, p. 445].

Mélangé avec son volume d'hydrogène sulfuré et dirigé à travers un tube chauffé au rouge, il se décompose suivant l'équation

$$CO^2 + H^2S = CO + H^2O + S$$

[Köhler, *Deutsch. chem. Gesellsch.*, 1878, p. 205].

Il agit au rouge sur le fer, en produisant de l'oxyde de carbone (Thenard) et du protoxyde de fer cristallin :

$$Fe + CO^2 = FeO + CO$$

[Tissandier, *Compt. rend.*, t. LXXIV, p. 531].

Il est des cas où l'acide carbonique peut déplacer des acides beaucoup plus énergiques, tels que les acides phosphorique, acétique, chromique. Ainsi, une solution d'acétate de baryum ou d'acétate de zinc précipite du carbonate par la saturation avec du gaz carbonique.

Dans une solution d'acétate de plomb, il détermine un abondant précipité, en décomposant 73,6 °/₀ de l'acétate; il transforme le chromate jaune en solution, en bichromate. Le borax, le phosphate de sodium et le phosphate sodicoammonique, l'acétate de sodium, sont plus ou moins attaqués. Enfin, de la solution du sel de Seignette, l'acide carbonique sépare de la crème de tartre [Mohr, *Liebig's Ann. Chem.*, t. CLXXXV, p. 286; *Bull. Soc. chim.*, t. XXVIII, p. 256].

ÉTHERS CARBONIQUES. — *Carbonate d'éthyle.* — L'éther carbonique se forme dans une foule de réactions, dans lesquelles on fait intervenir le chlorocarbonate d'éthyle [Voyez Wilm et Wischin, *Ann. Chem. Pharm.*, t. CXLVII, p. 150].

Lorsqu'on chauffe modérément le chlorocarbonate d'éthyle avec de l'éthylcarbonate de sodium, le produit liquide de la réaction est constitué uniquement par du carbonate d'éthyle :

$$CO<^{OC^2H^5}_{ONa} + CO<^{OC^2H^5}_{Cl}$$
$$= NaCl + CO^2 + CO(OC^2H^5)^2$$

[Wyss, *Deutsch. chem. Gesellsch.*, 1876, p. 847]. Sur la formation du carbonate d'éthyle par l'action des métaux alcalins sur l'éther oxalique, voyez Dittmar et Cranston [*Journ. chem. Soc.* (2), t. VII, p. 441; *Bull. Soc. chim.*, t. XIII, p. 431].

Le carbonate d'éthyle se produit également par l'action de l'éthylate de sodium sur l'éther oxalique [Geuther, *Zeitschr. Chem.*, 1868, p. 658].

Le pouvoir réfringent du carbonate d'éthyle est 0,1382; son volume spécifique 138,8 [Schrauf, *Poggend. Ann.*, t. CXXXIII, p. 479].

L'éthylate de sodium réagit à 120° sur l'éther carbonique, en produisant de l'éthylcarbonate de sodium et de l'éther éthylique; le sodium produit en même temps de l'oxyde de carbone :

$$3CO(OC^2H^5)^2 + Na^2$$
$$= 2CO<^{OC^2H^5}_{ONa} + 2(C^2H^5)^2O + CO$$

[Geuther, *Mém. cité*].

Le brome réagit à chaud sur l'éther carbonique; il se dégage de l'acide carbonique et il reste du bromure d'éthyle [Ladenburg et Wichelhaus, *Bull. Soc. chim.*, t. IX, p. 356; *Ann. Chem. Pharm.*, t. CLII, p. 163].

Carbonate de propyle, $CO(OC^3H^7)^2$. — Il se forme par l'action du sodium sur l'oxalate de propyle (Cahours); Roemer le prépare par l'action du chlorocarbonate de propyle sur le propylate de sodium (alcool normal).

C'est un liquide incolore bouillant à 160-165° (Roemer), à 156-160° (Cahours). Densité à 22° = 0,968.

Bouilli avec une solution concentrée de potasse caustique, il se dédouble avec régénération d'alcool propylique normal. L'ammoniaque en solution aqueuse le change en uréthane propylique [Cahours, *Compt. rend.*, t. LXXVII, p. 746; — Roemer, *Deutsch. chem. Gesellsch.*, p. 1101; *Bull. Soc. chim.*, t. XXI, p. 17].

Carbonate de butyle, $CO(OC^4H^9)^2$. — On l'obtient par l'action du carbonate d'argent sur l'iodure de butyle normal. Il bout à 207° sous la pression de 740mm. Densité à 0° = 0,9407; à 20° = 0,9224; à 40° = 0,911 [Lieben et Rossi, *Ann. Chem. Pharm.*, t. CLXV, p. 112; *Bull. Soc. chim.*, t. XIX, p. 310].

2° Oxyde de carbone.

Lorin a trouvé une nouvelle source d'oxyde de carbone dans la décomposition des formines brutes par la chaleur; un mélange d'acide oxalique sec et de glycérine, chauffé à 135°, fournit un dégagement régulier et constant d'oxyde de carbone.

L'oxyde de carbone prend également naissance dans la déshydratation de l'acide formique sous l'influence du formiate de sodium, de l'acétate de sodium, etc. [*Compt. rend.*, t. LXXII, p. 629, 750].

Il se forme par la réduction de l'acide carbonique, au rouge, à l'aide de l'hydrogène sulfuré

$$CO^2 + H^2S = CO + H^2O + S$$

[Köhler, *Deutsch. chem. Gesellsch.*, 1878, p. 206].

Préparation. — En prenant 9 p. d'acide sulfurique concentré pour 1 p. de ferrocyanure, chauffant avec précaution et éloignant le feu dès que la réaction se manifeste, on obtient un courant régulier et soutenu d'oxyde de carbone [Boutlerow, *Bull. Soc. chim.*, 1863, p. 582].

Chevrier fait passer le mélange gazeux de

$$CO^2 + CO,$$

obtenu en décomposant l'acide oxalique par l'acide sulfurique, dans un tube de porcelaine chauffé au rouge sur du charbon (braise de boulanger ou charbon de bois débarrassé de toute trace d'hydrocarbure). L'acide carbonique est transformé à peu près complètement en un volume double d'oxyde de carbone [*Compt. rend.*, t. LXIX, p. 138].

L'oxyde de carbone conserve son état gazeux à la température de —29° et à la pression de 300 atmosphères. Mais, si on le détend subitement, ce qui doit produire une température d'au moins 200° au-dessous du point de départ, on voit apparaître immédiatement un brouillard intense produit par la liquéfaction, ou peut-être par la solidification du gaz [Cailletet, *Compt. rend.*, t. LXXXV, p. 1213, 1217].

L'indice de réfraction de l'oxyde de carbone a fait l'objet de plusieurs études [Voyez Croullebois, *Ann. Chim. Phys.* (4), t. XX, p. 136; — Mascart, *Compt. rend.*, t. LXXVIII, p. 617, 679].

Sur le coefficient de transpiration et de frottement moléculaire de l'oxyde de carbone, voyez Clerk Maxwell [*Philos. Magaz.* (4), t. XLVII, p. 453; — O. E. Meyer, *Pogg. Ann.*, t. CXLIII, p. 14; et t. CXLVIII, p. 497].

Les spectres électriques, développés par l'oxyde de carbone dans les tubes de Geissler, ont été décrits par Wüllner [*Même Recueil*, t. CXLIV, p. 481].

Thomsen a indiqué les valeurs suivantes pour les quantités de chaleur dégagées dans la formation et dans l'oxydation de l'oxyde de carbone :

CO, O	+ 66cal,810
CO, O Aq	72, 090
C, O	30, 150

[*Deutsch. chem. Gesellsch.*, 1873, p. 1533; *Bull. Soc. chim.*, t. XXI, p. 422].

Sur l'affinité relative de l'oxygène pour l'oxyde de carbone, voyez Horstmann [*Liebig's Ann. der Chem.*, t. CLXXXX, p. 228].

La formation thermique des combinaisons de l'oxyde de carbone avec les autres éléments a été étudiée tout récemment par Berthelot; voici les nombres qui résultent de cette étude :

CO + O	+ 68cal,2
CO + S gaz	— 3, 0
CO + Cl²	+ 18, 8

[*Bull. Soc. chim.*, t. XXXI, p. 227].

La température de combustion de l'oxyde de carbone, à l'air libre, peut être évaluée par le calcul à 1430° [Valerius, *Bull. Acad. roy. Belg.* (2), 1874, t. XXXVIII, n° 12].

L'oxyde de carbone se dissout dans les solutions neutres de protochlorure de cuivre presque aussi abondamment que dans les solutions acides. Si l'on neutralise subitement ces dernières par une lessive de potasse, les six dixièmes du gaz dissous se dégagent avec effervescence; en neutralisant avec soin, on peut n'en dégager que 4 0/0 (pour éviter l'erreur qui pourrait en résulter dans l'analyse du gaz, il faut employer une solution de protochlorure de cuivre neutralisée par l'ammoniaque). Le sulfate d'ammonium augmente la solubilité de l'oxyde de carbone dans les solutions de protochlorure [Thomas, *Deutsch. chem. Gesellsch.*, 1878, p. 152].

Une solution de protochlorure de cuivre contenant sur 100 p.

Cu^2Cl^2	14,015
HCl	18,64
H^2O	67,345

absorbe environ 2 °/₀ ou 20 fois son volume d'oxyde de carbone. Au delà de cette limite, l'addition d'oxyde de carbone détermine la formation de la combinaison cristallisée, découverte par Berthelot. La chaleur de dissolution de l'oxyde de carbone ($CO = 28^{gr}$) dans le protochlorure de cuivre acide est en moyenne $+ 11^{cal},37$. La chaleur de formation des cristaux (rapportée à la formule plus simple $Cu^2Cl^2.CO.2H^2O$) est $14^{cal},82$ [Hammerl, *Compt. rend.*, t. LXXXIX, p. 97].

L'oxyde de carbone est absorbé vivement par l'acide cyanhydrique liquide, sans qu'il y ait combinaison chimique entre les deux corps [Böttinger, *Deutsch. chem. Gesellsch.*, 1877, p. 1122; *Bull. Soc. chim.*, t. XXIX, p. 156]. Les deux gaz ne se combinent point à la lumière directe [Carstanjen et Schertel, *Journ. prakt. Chem.* (2), t. IV, p. 49].

Il ne se combine pas avec le brome, même si l'on expose le mélange des deux corps à la lumière directe, pendant quelques mois. Les observations de Schiel [*Ann. Chem. Pharm.*, 1863, Supplementb., II, p. 311], qui avait cru remarquer des indices de combinaison, doivent être expliquées par la présence de l'eau ou de quelque impureté dans le brome [Berthelot, *Mém. cité*].

L'oxyde de carbone n'est pas oxydé par l'ozone à la température ordinaire, même à la lumière directe [Remsen et Southworth, *Deutsch. chem. Gesellsch.*, 1875, p. 1414; *Bull. Soc. chim.*, t. XXV, p. 551].

L'oxyde de carbone se combine avec l'oxygène à la température ordinaire, sous l'influence de l'acide chromique [Ludwig, *Ann. Chem. Pharm.*, t. CLVII, p. 47] et de l'asbeste platiné [van Kerckhoff, *Arch. Néerland.*, t. VII, p. 230; *Bull. Soc. chim.*, t. XVIII, p. 433].

L'acide iodique est sans action à froid sur l'oxyde de carbone; mais, si l'on chauffe un peu, le gaz est transformé en acide carbonique, tandis qu'il se dépose de l'iode; la réaction continue d'elle-même, si le courant gazeux n'est pas trop lent, jusqu'à la décomposition complète de l'acide iodique [Ditte, *Bull. Soc. chim.*, t. XIII, p. 318].

Mélangé d'acide carbonique, il est dédoublé par l'oxyde de fer ou le fer métallique, à la température de 300 à 400°, avec production de carbone ferreux [Gruner, *Compt. rend.*, t. LXXIV, p. 28; — L. Bell, *Journ. chem. Soc.* (2), t. VII, p. 203].

Il se combine avec le chlorure de platine pour former les *chloroplatinites de carbonyle* [Schützenberger, voyez t. II, p. 1040].

Dissous dans une solution ammoniacale de protochlorure de cuivre, l'oxyde de carbone réagit sur l'acétylène, l'aniline, la toluidine, etc., en produisant des combinaisons cristallines assez stables [Harnitz-Harnitzky, *Deutsch. chem. Gesellsch.*, 1876, p. 1606].

Combinaison cristallisée d'oxyde de carbone et de protochlorure de cuivre,

$$4 Cu^2Cl^2.3CO.8H^2O.$$

— On prépare cette combinaison en saturant par de l'oxyde de carbone une solution saturée de protochlorure de cuivre dans l'acide chlorhydrique (préparée en dissolvant dans l'acide bouillant un mélange d'oxyde et de tournure de cuivre). Elle se dépose en paillottes nacrées et brillantes qui finissent bientôt par remplir la liqueur tout entière. On favorise l'absorption en agitant continuellement. On isole les cristaux et on les comprime rapidement.

Il n'est pas impossible que la substance analysée eût déjà perdu un peu d'oxyde de carbone et répondît à la formule plus simple

$$Cu^2Cl^2.CO.2H^2O,$$

cette matière s'altérant à l'air avec une grande rapidité. L'eau décompose les cristaux, en les transformant en protochlorure de cuivre [Berthelot, *Ann. Chim. Phys.*, (3), t. XLVI, p. 488].

Action physiologique. — C'est Claude Bernard qui a établi le premier le mode d'action de l'oxyde de carbone dans l'intoxication des animaux; ce gaz se fixe sur les globules rouges du sang, en déplaçant l'oxygène combiné avec ces globules. La combinaison cristalline de l'oxyde de carbone avec l'hémoglobine a été isolée et étudiée par Hoppe-Seyler; l'analyse spectrale permet de la distinguer facilement de la combinaison correspondante de l'oxygène avec l'hémoglobine.

Gréhant a déterminé quantitativement la proportion d'oxyde de carbone combiné avec les globules rouges aux différents temps de l'intoxication; chez un chien qui respire de l'air contenant $\frac{1}{16}$ d'oxyde de carbone, mélange fortement toxique, le sang artériel, entre la 10e et la 25e seconde, renferme déjà 4 °/₀ d'oxyde de carbone; entre 1 minute 15 secondes et 1 minute 30 secondes, l'oxyde de carbone se trouve dans le sang en très forte proportion (18,4 °/₀), et l'oxygène en quantité très diminuée (4 °/₀).

Ces résultats sont applicables à l'homme. Si l'homme pénètre dans un milieu renfermant de l'oxyde de carbone, dès la première minute, le poison gazeux est dissous dans le sang artériel et porté au contact des éléments anatomiques qu'il tue [*Compt. rend.*, t. LXX, p. 1182; voyez aussi Poleck et Biefel, *Deutsch. chem. Gesellsch.*, 1877, p. 2224].

Recherche de l'oxyde de carbone. — H.-W. Vogel a indiqué une méthode pour la recherche de l'oxyde de carbone, basée sur les apparences spectrales de l'hémoglobine oxycarbonée. Voici comment on opère : On agite le mélange gazeux avec une goutte de sang délayée dans 2-3cc d'eau; on ajoute quelques gouttes de sulfure d'ammonium, et on examine le liquide au spectroscope. On reconnaît facilement l'oxyde de carbone par l'apparence caractéristique des bandes d'absorption.

Cette méthode permet de constater dans l'air la présence de 2,5 à 4 millièmes d'oxyde de carbone. L'oxygène libre, en grand excès, limite la sensibilité de cette réaction en transformant l'hémoglobine oxycarbonée en oxyhémoglobine; mais, si l'oxyde de carbone se trouve dilué par un gaz inerte, il devient facile de reconnaître la présence d'un millième de ce corps dans un mélange gazeux [*Deutsch. chem. Gesellsch.*, 1877, p. 792; 1878, p. 235; *Bull. Soc. chim.*, t. XXIX, p. 380].

Dosage. — On peut doser l'oxyde de carbone, avec non moins d'exactitude que par la méthode ordinaire, en le brûlant avec l'oxygène, en présence d'un fil de palladium porté au rouge [Bunte, *Deutsch. chem. Gesellsch.*, 1878, p. 1123].

Sous-oxyde de carbone, C^4O^3. — Ce corps, identique avec le sous-oxyde de Brodie, se produit sous l'influence de l'effluve électrique sur l'oxyde de carbone : $5CO = CO^2 + C^4O^3$.

C'est une matière amorphe, extractive, douée d'une réaction acide, très soluble dans l'eau et l'alcool absolu, insoluble dans l'éther. Chauffée vers 300 à 400° dans une atmosphère d'azote, elle se décompose, en produisant des volumes égaux d'acide carbonique et d'oxyde de carbone et un nouvel oxyde brun foncé renfermant C^8O^3 :

$$3C^4O^3 = 2CO + 2CO^2 + C^8O^3.$$

Un mélange d'oxyde de carbone et d'hydrogène produit, sous l'influence de l'effluve électrique, un composé solide renfermant n ($C^4H^3O^3$);

$$5CO + 3H = CO^2 + C^4H^3O^3$$

[Berthelot, *Bull. Soc. chim.*, XXVI, p. 100].

3° Oxybromure de carbone.

A. Emmerling l'obtient en petite quantité et souillé d'oxychlorure par l'action du mélange chromique (50 p. H^2SO^4 et 20-25 p. $K^2Cr^2O^7$) sur le bromoforme (5-10 p.); il se dégage beaucoup d'acide carbonique. On condense les vapeurs, un mélange de brome, d'oxybromure et d'oxychlorure, dans un mélange réfrigérant et l'on distille ensuite le liquide sur de l'antimoine.

L'oxybromure impur ainsi obtenu est un liquide lourd, incolore, doué d'une odeur suffocante, bouillant de 12 à 30°. Ses vapeurs attaquent fortement le caoutchouc, ce qui les distingue des vapeurs de l'oxychlorure de carbone [*Deutsch. chem. Gesellsch.*, 1880, p. 873].

4° Oxychlorure de carbone.

Wilm et Wischin ont perfectionné l'appareil qui servait à la production de l'oxychlorure de carbone par la méthode ordinaire. Le chlore sec et l'oxyde de carbone purifié et desséché (dominant) se rendent d'abord, avec des vitesses à peu près égales, dans un ballon de 10 litres en verre blanc, portant un bouchon en caoutchouc percé de trois trous, deux pour faire arriver le gaz au fond du ballon, le troisième pour donner issue aux gaz, qui se rendent dans un second ballon du même volume dans lequel la combinaison s'achève. On dispose ainsi d'un courant continu de gaz phosgène, d'une vitesse facile à régler [*Ann. Chem. Pharm.*, t. CXLVII, p. 151; *Bull. Soc. chim.*, t. X, p. 33].

Une méthode qui permet de préparer de grandes quantités d'oxychlorure de carbone, sans le concours de la lumière solaire, a été indiquée par Paterno; elle se base sur la curieuse propriété du charbon de provoquer certaines combinaisons chimiques. On fait passer un mélange de chlore et d'oxyde de carbone à travers un tube en verre de 15^{mm} de diamètre et de 400^{mm} de longueur, rempli de charbon animal en grains. La combinaison des deux gaz a lieu avec une grande rapidité; elle est accompagnée d'un dégagement considérable de chaleur qui nécessite le refroidissement du tube par un linge mouillé qu'on renouvelle de temps en temps [*Gazz. chim. ital.*, 1878, t. VIII, p. 233].

L'oxychlorure de carbone se forme en quantité notable par la transformation du tétrachlorure de carbone à l'aide de l'anhydride sulfurique [Schützenberger, *Compt. rend.*, t. LXIX, p. 352; — Prudhomme, *ibid.*, t. LXX, p. 1137], à la température du bain-marie, ou de l'anhydride phosphorique, à 200-210° [Gustavson, *Deutsch. chem. Gesellsch.*, 1872, p. 30; *Bull. Soc. chim.*, t. XVII, p. 213]; les réactions qui lui donnent naissance s'expriment par les équations suivantes :

$$2SO^3 + CCl^4 = S^2Cl^2O^5 + COCl^2,$$

et

$$P^2O^5 + 2CCl^4 = CO^2 + 2POCl^3 + COCl^2.$$

Il se produit aussi par l'oxydation du chloroforme au moyen du mélange chromique :

$$2CHCl^3 + 3O = 2COCl^2 + H^2O + Cl^2.$$

En employant 40 p. d'acide sulfurique concentré, 5 p. de dichromate de potassium et 2 p. de chloroforme, et en chauffant au bain-marie, on obtient un gaz, exempt d'oxygène, qui, débarrassé du chlore par l'antimoine métallique, n'est souillé que par l'acide carbonique (10 %) et la vapeur du chloroforme dont on peut le séparer par la rectification. Le rendement est de 66 % de la quantité théorique[1] [Emmerling et Lengyel, *Deutsch. chem. Gesellsch.*, 1869, p. 547; *Bull. Soc. chim.*, t. XIII, p. 226].

On remarque la formation plus ou moins abondante du gaz phosgène dans l'action du chlore au rouge, du chlorure cuivrique fondu et du perchlorure d'antimoine sur l'oxysulfure de carbone [Emmerling et Lengyel, *ibid*].

Emmerling et Lengyel ont réussi à liquéfier l'oxychlorure de carbone en faisant passer ce gaz à travers un tube en U refroidi par la glace. Le phosgène se condense en donnant un liquide mobile, facile à purifier par la distillation, bouillant vers + 8°. Versé dans l'eau, il tombe au fond en gouttes oléagineuses et se décompose avec dégagement d'acide carbonique [*Mém. cité*].

L'oxychlorure de carbone est fort soluble dans la benzine, l'acide acétique cristallisable et la plupart des liquides hydrocarbonés. On peut le dégager de ces liquides par l'ébullition; mais le gaz ainsi obtenu n'est pas pur, il est souillé par des vapeurs organiques et il renferme toujours un peu d'acides chlorhydrique et carbonique, dus à la présence d'une trace d'eau dans les dissolvants. L'eau froide dissout un ou deux volumes d'oxychlorure de carbone et ne le décompose qu'avec une grande lenteur. L'alcool absolu le change immédiatement en chlorocarbonate d'éthyle; on peut utiliser cette propriété dans l'analyse, lorsqu'on a un mélange gazeux renfermant de l'oxychlorure de carbone; on traite alors ce mélange, après l'avoir débarrassé de tous les gaz qui pourraient nuire à l'exactitude du procédé, par *une goutte* d'alcool absolu, laquelle dissout aussitôt l'oxychlorure [Berthelot, *Bull. Soc. chim.*, t. XIII, p. 15].

L'oxychlorure de carbone ne manifeste pas toujours l'activité chimique qu'on serait tenté de lui attribuer; ainsi, il n'exerce aucune action sur la benzine à 100°; on peut le chauffer au rouge avec du gaz des marais, de l'éthylène ou de l'acéthylène, sans qu'il se produise une attaque quelconque [Berthelot, *Bull. Soc. chim.*, t. XIII, p. 9]. Il ne réagit que lentement sur le zinc-méthyle [Butlerow, *Zeitsch. Chem.*, 1870, p. 522; *Bull. Soc. chim.*, 1863, p. 582].

Il attaque directement le diméthylaniline, la diéthylamine, etc. (Michler).

L'oxychlorure de carbone opère la transformation partielle de l'aldéhyde en paraldéhyde [Kekulé et Zincke, *Deutsch. chem. Gesellsch.*, 1870, p. 129].

Le phosgène liquide transforme le phénol à 140-150°, en chloroxycarbonate et en carbonate de phényle, le crésol et le thymol en chloroxycarbonates. Il réagit à 130° sur l'aldéhyde benzoïque avec formation de dichlorure de benzylène et d'acide carbonique. A 120°, il transforme l'acide acétique en chlorure d'acétyle [Kempf, *Journ. prakt. Chem.* (2), t. I, p. 402; *Bull. Soc. chim.*, t. VIII, p. 439]. Il réagit sur le cyanure d'argent :

$$AgCAz + COCl^2 = AgCl + CAzCl + CO$$

[Gintl, *Journ. prakt. Chem.* (2), t. IV, p. 362; *Bull. Soc. chim.*, t. XVII, p. 212].

Il réagit à 180-200° sur l'anthracène pour former de l'acide anthracène-monocarboxylique [Graebe et Liebermann, *Deutsch. chem. Gesellsch.*, 1869, p. 678].

E. Schmidt a étudié l'action du phosgène liquide sur l'urée, le biuret, l'acétamide, l'oxamide et la benzamide [*Journ. prakt. Chem.* (2), t. V, p. 35; *Bull. Soc. chim.*, t. XVII, p. 398].

1. D'après nos essais, ce procédé n'est guère applicable à la préparation de quantités un peu notables d'oxychlorure de carbone. A. H.

L'oxychlorure de carbone, si indifférent à l'égard des hydrocarbures dans les circonstances ordinaires, se prête aux échanges avec une facilité merveilleuse lorsqu'on le met en présence du chlorure d'aluminium. Ainsi, il réagit aisément, dans ces circonstances, sur la benzine pour former de la benzophénone ou du chlorure de benzoyle [Friedel et Crafts, *Compt. rend.*, t. LXXXV, p. 673].

Le gaz phosgène se dissout dans le mercaptan, et le transforme peu à peu en chlorure éthylthiocarbonique (p. 426) [Salomon, *Journ. prakt. Chem.* (2,) t. VII, p. 282].

ÉTHERS CHLOROCARBONIQUES. — *Chlorocarbonate d'éthyle*,

$$CO < {Cl \atop CO.OC^2H^5}.$$

Le zinc-méthyle réagit vivement sur le chlorocarbonate d'éthyle. Les produits principaux de la réaction sont l'acide carbonique, l'éthylène et le gaz de marais :

$$2CO < {Cl \atop OC^2H^5} + Zn(CH^3)^2$$
$$= ZnCl^2 + 2CO^2 + 2CH^4 + 2C^2H^4.$$

L'éther méthylique est attaqué d'une manière analogue.

Les chlorocarbonates d'éthyle et de méthyle, enfermés dans un tube avec du chlorure de zinc anhydre et chauffés au bain-marie, se scindent nettement en acide carbonique et chlorure alcoolique [Boutlerow, *Bull. Soc. chim.*, 1863, p. 582].

Le zinc décompose l'éther chlorocarbonique, au bain-marie et sans être attaqué lui-même, en acide chlorhydrique et chlorure d'éthyle [Matthey, *Journ. prakt. Chem.* (2), t. VI, p. 160].

Le chlorocarbonate d'éthyle réagit sur la sodiumcyanamide, en produisant du cyanamidocarbonate d'ethyle [Bässler, *ibid*, t. XVI, p. 125].

Il transforme l'urée en éther allophanique.

Le sodium le décompose suivant l'équation :

$$2CO < {Cl \atop OC^2H^5} + Na^2$$
$$= 2NaCl + CO + CO(OC^2H^5)^2.$$

Il réagit sur un grand nombre de composés organiques, mais en donnant rarement lieu à de doubles décompositions nettes; le plus souvent, la molécule se détruit et n'agit que par les produits de sa décomposition [Wilm et Wischin, *Ann. Chem. Pharm.*, t. CXLVII, p. 150; *Bull. Soc. chim*, t. X, p. 33; t. XI, p. 253].

Wurtz a fait servir le chlorocarbonate d'éthyle à l'introduction directe du groupe

$$CO.OC^2H^5,$$

dans les molécules, en traitant le mélange de ce corps avec un chlorure ou un bromure aromatique par l'amalgame de sodium [*Bull. Soc. chim.*, t. XII, p. 85]. Cette méthode s'est généralisée depuis et a permis d'opérer plusieurs synthèses intéressantes.

Le *chlorocarbonate de propyle*,

$$CO < {Cl \atop OC^3H^7},$$

se produit par l'action du gaz phosgène sur l'alcool propylique normal; on le lave à l'eau et on le sèche rapidement par du chlorure de calcium. La majeure partie du produit passe entre 120 et 130°, en se décomposant partiellement.

C'est un liquide plus dense que l'eau, à odeur très irritante. L'ammoniaque aqueuse le décompose en carbamate et carbonate de propyle [Roemer, *Deutsch. chem. Gesellsch.*, 1873, p. 1102; *Bull. Soc. chim.*, t. XXI, p. 17].

Chlorocarbonate d'isobutyle,

$$CO < {Cl \atop OC^4H^9}.$$

— On l'obtient en saturant l'alcool isobutylique par l'oxychlorure de carbone, lavant à l'eau et séchant rapidement sur du chlorure de calcium. Il distille à 130-140°, en se décomposant en grande partie [Mylius, *Deutsch. chem. Gesellsch.*, 1872, p. 972; *Bull. Soc. chim.*, t. XIX, p. 221].

CYANOCARBONATES. — Les composés cyanocarboniques ont été tous découverts et décrits par Weddige [*Journ. prakt. Chem.*, (2), t. VI, p. 117; t. VII, p. 79; t. X, p. 193; *Bull. Soc. chim.*, t. XVIII, p. 493; t. XX, p. 351; t. XXIII, p. 105].

Cyanocarbonate d'éthyle, $AzC\text{-}CO.OC^2H^5$. — On distille au bain d'huile 200 grammes d'un mélange intime, en parties égales, d'oxamate d'éthyle et d'anhydride phosphorique, dans une cornue spacieuse. Le mélange se boursoufle, et l'éther passe rapidement dès que la température atteint 120°. Le produit brut (45 à 50 grammes) est lavé à l'eau, séché sur du chlorure de calcium et distillé.

Le cyanocarbonate d'éthyle se forme aussi par l'action du pentachlorure de phosphore sur l'oxamate d'éthyle; mais, si l'on essaye d'isoler l'éther par la distillation du produit brut, la majeure partie se décompose [Henry, *Deutsch. chem. Gesellsch.*, 1872, p. 948].

Cette réaction peut cependant servir avec avantage à la préparation du corps, si, au lieu de distiller le produit de la réaction, on procède à la séparation de l'éther dichloramidoacétique, qui s'est formé en premier lieu. Voici comment il faut opérer :

On chauffe l'oxaméthane avec du pentachlorure de phosphore et on étend le produit liquide du double de son volume d'essence de pétrole, qui dissout l'oxychlorure de phosphore, tandis qu'il précipite en cristaux l'éther dichloramidacétique. Ce dernier est lavé au pétrole, étalé sur une plaque de porcelaine dégourdie et séché dans un exsiccateur au-dessus d'une couche de chaux sodée. Si l'on chauffe ce composé, il se dédouble en acide chlorhydrique et cyanocarbonate d'éthyle :

$$\begin{matrix} CCl^2.AzH^2 \\ CO.OC^2H^5 \end{matrix} = 2HCl + \begin{matrix} CAz \\ CO.OC^2H^5. \end{matrix}$$

50 grammes d'oxaméthane fournissent 20 grammes de cyanocarbonate brut (22,5 à 25 grammes par le procédé Weddige) [Wallach, *Deutsch. chem. Gesellsch.*, 1875, p. 300; *Bull. Soc. chim.*, t. XXIV, p. 292].

L'éther cyanocarbonique constitue un liquide bouillant à 115-116°, plus léger que l'eau, très réfringent, incolore et mobile, doué d'une odeur éthérée et piquante. Il est insoluble dans l'eau, qui le décompose lentement suivant l'équation :

$$AzC\text{-}CO.OC^2H^5 + H^2O$$
$$= HCAz + CO^2 + C^2H^5.OH.$$

Il brûle avec une flamme bleue, peu éclairante.

L'ammoniaque alcoolique transforme l'éther cyanocarbonique en cyanure d'ammonium et uréthane :

$$AzC\text{-}CO.OC^2H^5 + 2AzH^3$$
$$= AzH^4CAz + CO < {AzH^2 \atop OC^2H^5}.$$

L'aniline donne de l'acide cyanhydrique et de la phényluréthane; la méthylamine paraît agir de même.

Le sodium réagit en donnant des produits bruns et visqueux.

Lorsqu'on dirige un courant d'hydrogène sulfuré dans l'éther pur ou dissous dans l'alcool, il se sépare des cristaux jaunes, constituant du sulfoxamate d'éthyle, produit par addition :

$$\begin{matrix}CAz \\ CO.OC^2H^5\end{matrix} + H^2S = \begin{matrix}CS.AzH^2 \\ CO.OC^2H^5.\end{matrix}$$

L'acide chlorhydrique concentré décompose l'éther lentement à froid et rapidement à chaud, en donnant de l'acide oxalique et du chlorhydrate d'ammonium.

Sous l'influence de l'acide chlorhydrique sec ou du brome, l'éther se polymérise et se transforme en paracyanocarbonate (voyez plus loin).

Par l'action du brome, il se forme en même temps des produits visqueux qui n'ont pas été étudiés [Weddige, *Mém. cit.*]

Le cyanocarbonate d'éthyle se transforme facilement en glycocolle, lorsqu'on verse sa solution alcoolique sur du zinc, et qu'on y ajoute de l'acide chlorhydrique concentré, de temps en temps et par petites portions [Angelbis, *Deutsch. chem. Gesellsch.*, 1875, p. 309.]

Cyanocarbonate de méthyle, AzC-CO.OCH³.— Obtenu en chauffant l'oxamate de méthyle avec de l'anhydride phosphorique, cet éther constitue un liquide incolore, d'une odeur piquante, bouillant à 100-101°. L'eau le décompose bien plus rapidement que son homologue éthylique. L'hydrogène sulfuré le change en sulfoxamate de méthyle.

Cyanocarbonate d'isobutyle, AzC-CO.OC⁴H⁹. On distille au bain d'huile 2 p. d'oxamate de butyle avec 3 p. d'anhydride phosphorique.

C'est un liquide incolore, bouillant à 146°, d'une odeur piquante, rappelant en même temps l'odeur de l'alcool isobutylique. L'eau le décompose beaucoup plus lentement que ses homologues inférieurs. L'hydrogène sulfuré le convertit en sulfoxamate de butyle.

Cyanocarbonates polymériques. — Les éthers cyanocarboniques polymériques ou *paracyanocarbonates* se produisent sous l'influence du brome ou mieux de l'acide chlorhydrique sec sur les cyanocarbonates correspondants. La potasse réagit à froid sur les éthers polymériques en produisant du paracyanocarbonate de potassium. Ce dernier, traité par l'acide chlorhydrique, se convertit en *acide paracyanocarbonique*, qui constitue une masse blanche, volumineuse, retenant énergiquement une certaine quantité (4 à 5 %) de chlorure de potassium. Il est peu soluble dans l'eau froide, insoluble dans l'alcool et l'éther; l'eau bouillante le dédouble en ammoniaque et acide oxalique. Il fond au-dessus de 250°, en se décomposant.

Le *sel de potassium*, $(AzC\text{-}CO.OK)^n$, cristallise dans le vide en longues aiguilles ; l'alcool le précipite de sa solution aqueuse.

Sa solution aqueuse donne les réactions suivantes avec les sels métalliques :

Le chlorure de calcium donne un précipité blanc, soluble dans une grande quantité d'eau et dans l'acide acétique.

L'acétate de plomb produit un précipité blanc, cristallin.

Le nitrate mercureux précipite une poudre jaune cristalline.

Le chlorure de mercure, le nitrate de cadmium et le sulfate de zinc précipitent en blanc, le chlorure ferrique en brun clair, le sulfate de cuivre en vert clair.

L'azotate d'argent produit un précipité jaune, renfermant $(AzC\text{-}CO.OAg)^n$, brunissant bientôt à la lumière, soluble dans l'ammoniaque, insoluble dans l'acide azotique.

Paracyanocarbonate d'éthyle,

$$(AzC\text{-}CO.OC^2H^5)^n.$$

— On chauffe le cyanocarbonate éthylique saturé de gaz chlorhydrique à 100° en tube scellé pendant quelques heures, ou on l'abandonne pendant quelques jours à la température ordinaire, jusqu'à ce que le liquide se soit rempli d'une abondante cristallisation.

C'est une substance peu soluble dans l'eau, l'alcool, l'éther et la benzine. Elle cristallise en prismes à 6 pans, bien formés et transparents, fusibles à 165°, et se décomposant au-dessus de cette température. Les alcalis la décomposent à froid en alcool et paracyanocarbonate. A chaud, la décomposition est plus profonde; il se dégage de l'ammoniaque, et il reste de l'acide oxalique.

Paracyanocarbonate de méthyle,

$$(AzC\text{-}CO.OCH^3)^n.$$

— Préparé par l'action de l'iodure de méthyle à 100° et en présence d'alcool, sur le paracyanocarbonate d'argent, ou mieux en abandonnant pendant quelques semaines du cyanocarbonate de méthyle saturé de gaz chlorhydrique, il constitue de petites aiguilles, fusibles à 154°.

Paracyanocarbonate d'isobutyle,

$$(AzC\text{-}CO.OC^4H^9)^n.$$

— Préparé comme l'éther éthylique et purifié par cristallisation dans l'alcool bouillant, cet éther est en petites aiguilles blanches, fusibles à 158°.

Paracyanocarbamide $(AzC\text{-}CO.AzH^2)^n$.— L'ammoniaque alcoolique convertit à chaud le paracyanocarbonate d'éthyle en une substance blanche, amorphe, à peu près insoluble dans tous les véhicules. Chauffée, elle se volatilise sans fondre et se décompose. Les alcalis agissent de même.

L'ammoniaque aqueuse bouillante la transforme à la longue en cyanocarbonate d'ammonium.

Distillée avec de l'anhydride phosphorique, elle donne un produit cristallisé, soluble dans l'alcool.

Méthylparacyanocarbamide,

$$(AzC\text{-}CO.AzHCH^3)^n.$$

— Ce composé se produit lorsqu'on traite le paracyanocarbonate d'éthyle par une solution alcoolique de méthylamine. La liqueur s'échauffe et se prend bientôt en bouillie.

Aiguilles soyeuses et brillantes, mais perdant leur éclat par la dessiccation, solubles dans l'eau et l'alcool chaud, fusibles à 250°, en se décomposant.

La *phénylparacyanocarbamide*,

$$(AzC\text{-}CO.AzHC^6H^5)^n,$$

est en aiguilles jaune citron [Weddige, *Mém. cités*].

Isocyanocarbonate d'éthyle. — Ce composé, intéressant par son analogie avec les carbylamines de Gautier, prend naissance lorsqu'on fait tomber goutte à goutte sur de la potasse pulvérisée une solution alcoolique d'uréthane et de chloroforme. A cause des dangers que présente son inhalation, l'étude de ce corps n'a pas été faite [Salomon, *Journ. prakt. Chem.*, (2), t. IX, p. 208; *Bull. Soc. chim.*, t. XXII, p. 277.]

5° Bromures de carbone.

Tétrabromure de carbone, CBr⁴. — *Modes de formation et préparation.* — Ce corps se forme par l'action du brome, à 180-200°, sur le sulfure de carbone; en présence de l'iode, du bromure d'antimoine et de plusieurs autres bromures métalliques, sa production est beaucoup plus rapide et s'achève déjà à 150°. Il se produit aussi par l'action des mêmes agents sur le chloroforme ou l'iodoforme et dans la décomposition par la chaleur de la bromopicrine.

Pour le préparer, on chauffe à 150° 2 p. de sulfure de carbone avec 14 p. de brome sec et 3 p. d'iode pendant 48 heures. Le contenu des tubes est lavé dans un ballon, additionné d'un excès de soude caustique, puis distillé jusqu'à ce qu'il ne passe plus de tétrabromure de carbone avec la vapeur d'eau. On purifie le produit par la cristallisation dans l'alcool chaud, qu'il faut éviter de faire bouillir, si l'on ne veut pas éprouver des pertes sensibles.

La bromopicrine, chauffée dans un appareil à reflux avec $0^{g},8$ de brome et $1^{p},2$ de tribromure d'antimoine, pendant 36 heures, donne un rendement assez faible (40 %) [Bolas et Groves, *Journ. chem. Soc.* (2), t. VIII, p. 161; t. IX, p. 773; *Bull. Soc. chim.*, t. XIV, p. 223; t. XVI, p. 282].

Le mélange de sulfure de carbone et de brome, abandonné à la température ordinaire pendant trois semaines à l'abri de la lumière, rend 35 % du poids du sulfure de carbone employé en tétrabromure de carbone [Merz, Weith et Wahl, *Deutsch. chem. Gesellsch.*, 1876, p. 2235].

Le tétrabromure de carbone est un des produits secondaires de la fabrication du bromal. Il se trouve dans les portions du produit brut bouillant au delà de 180° [Schaeffer, *Deutsch. chem. Gesellsch.*, 1871, p. 369; *Bull. Soc. chim.*, t. XV, p. 215].

Il se forme par la bromuration complète de l'iodure de méthyle et du bromure d'allyle [Merz, Weith et Wahl, *Mém. cité*].

On obtient facilement de grandes quantités de tétrabromure de carbone lorsqu'on abandonne un mélange de brome et de bromoforme au contact de l'eau, ou mieux d'une lessive alcaline étendue, pendant 5 ou 6 jours, à l'action de la lumière directe [Habermann, *Deutsch. chem. Gesellsch.*, 1873, p. 549; *Bull. Soc. chim.*, t. XX, p. 356].

Propriétés. — Le tétrabromure de carbone cristallise en lames blanches et brillantes, fusibles à 91°, d'une odeur éthérée et d'une saveur douceâtre. Il bout à 189°,5, en perdant du brome; mais il distille sans décomposition au-dessous de 350^{mm} de pression. Sous une pression de 50^{mm}, il bout à 101°,75. Il peut être sublimé lentement, sans décomposition. Densité à 14°, 3,442. Il est extrêmement soluble dans l'éther, le sulfure de carbone, le tétrachlorure de carbone, le chloroforme, le bromoforme, la benzine et le pétrole; il est aussi très soluble dans l'alcool bouillant, qui le dépose par le refroidissement.

La lumière directe du soleil paraît l'altérer.

Sa vapeur, dirigée à travers un tube chauffé au rouge, se décompose en brome et charbon; on constate toutefois la production d'une petite quantité de sesquibromure de carbone. Suivant Merz, Weith et Wahl, la chaleur décompose le tétrabromure de carbone en C^2Br^4, benzine perbromée et charbon.

Par l'ébullition prolongée de sa solution alcoolique, il se décompose presque quantitativement en bromoforme et aldéhyde :

$$CBr^4 + C^2H^6O = CHBr^3 + HBr + C^2H^4O.$$

La potasse et la soude alcoolique le décomposent rapidement :

$$CBr^4 + 3C^2H^5ONa + 3NaOH = 4NaBr + Na^2CO^3 + 3C^2H^6O.$$

La potasse aqueuse ne l'attaque pas à la température ordinaire; à 100°, elle la décompose lentement, mais, à 150°, l'action est assez rapide et donne naissance à du bromure, à du carbonate de potassium et à de l'eau. L'acide sulfurique le décompose légèrement à chaud, en produisant une odeur de phosgène. L'amalgame de sodium le réduit avec formation de bromoforme et d'une petite quantité de dibromure de méthylène.

Il réagit sur l'aniline avec production de triphénylguanidine. L'ammoniaque alcoolique donne, comme produit principal, du bromoforme; il se produit, en outre, une petite quantité de guanidine. Chauffé à 100° avec de l'oxalate d'argent, le tétrabromure de carbone donne lieu à une violente explosion [Bolas et Groves, *Mém. cit.*].

PROTOBROMURE DE CARBONE (*éthylène perbromé*), C^2Br^4. — Il se forme par la bromuration totale de l'iodure d'éthyle, du bromure d'éthylène et du bromure d'allyle. Le produit brut reste facilement en surfusion. A l'état pur, il fond à 52,5-53°; il ne se volatilise pas avec la vapeur d'eau, ce qui permet de le séparer des autres bromures de carbone.

L'*hexabromure de carbone* commence à se décomposer en brome et protobromure vers 180°, mais la décomposition n'est complète qu'à 2.0°. Il distille facilement avec la vapeur d'eau [Merz, Weith et Wahl, *Mém. cit.*].

6° Chlorures de carbone.

TÉTRACHLORURE DE CARBONE. — Le tétrachlorure de carbone, CCl^4, se forme :

Par l'action du perchlorure de phosphore sur le sulfure de carbone :

$$CS^2 + 2PCl^5 = 2PSCl^3 + CCl^4$$

[Rathke, *Zeitsch. Chem.*, 1870, p. 57; *Bull. Soc. chim.*, t. XIII, p. 424];

Du chlorure d'iode, à 170°, sur le chloroforme :

$$CCl^3H + 2ClI = CCl^4 + HCl + I^2$$

[Friedel et Silva, *Bull. Soc. chim.* t. XVII, p. 538];

Du pentachlorure d'antimoine, à la température du bain-marie, sur le chloroforme :

$$CHCl^3 + SbCl^5 = SbCl^3 + HCl + CCl^4$$

[Lössner, *Journ. prakt. Chem.* (2), t. XIII, p. 418; *Bull. Soc. chim.*, t. XXVII, p. 115];

D'un courant de chlore sur le sulfure de carbone, additionné de pentachlorure de molybdène :

$$CS^2 + 6Cl = CCl^4 + S^2Cl^2$$

[Aronheim, *Deutsch. chem. Gesellsch.*, 1876, p. 1788].

Préparation. — Dans un litre de sulfure de carbone, on dissout environ $0^{gr},50$ d'iode, et on sature par un courant de chlore; on ajoute du soufre, pour ramener le bichlorure de soufre à l'état de protochlorure, et on distille au bain-marie. On agite avec de l'eau, qui décompose la petite quantité de protochlorure de soufre entraînée par la distillation, puis avec une solution de potasse, on dessèche sur du chlorure de calcium et l'on rectifie [Morel, *Compt. rend.*, t. LXXXIV, p. 1460].

Le tétrachlorure de carbone bout à 76°,1 sous une pression de 749^{mm}. Densité à 20° = 1,599 (comparée à la densité de l'eau à la même température); il distille, sous une couche d'eau, à une température inférieure à son point d'ébullition [Naumann, *Deutsch. chem. Gesellsch.*, 1877, p. 1819; *Bull. Soc. chim.*, t. XXX, p. 45].

Dirigé en vapeur, mélangé d'hydrogène, à travers un tube chauffé au rouge sombre, le tétrachlorure de carbone se condense, principalement suivant la réaction

$$2CCl^4 + H^2 = C^2Cl^6 + 2HCl$$

[Staedeler, *Ann. Chem. Pharm.*, Supplementb. VII, p. 168; *Bull. Soc. chim.*, t. XIII, p. 514].

Le tétrachlorure de carbone dissout l'anhydride sulfurique. La masse s'échauffe légèrement en prenant une teinte jaunâtre; chauffée au bain-marie vers 50 ou 60°, elle bout en donnant lieu à un dégagement très régulier d'oxychlorure de carbone :

$$CCl^4 + 2SO^3 = S^2O^5Cl^2 + COCl^2$$

[Schützenberger, *Bull. Soc. chim.*, t. XII, p. 198; — Armstrong, *Proceed. Roy. Soc. London*, 1870, t. XVIII, p. 502].

L'anhydride phosphorique, chauffé à 200-210° avec un excès de chlorure de carbone, le décompose d'après l'équation :

$$P^2O^5 + 2CCl^4 = COCl^2 + CO^2 + 2POCl^3;$$

si le premier de ces corps est en excès, les produits de la réaction sont autres :

$$2P^2O^5 + 3CCl^4 = 4POCl^3 + 3CO^2$$

[Gustavson, *Deutsch. chem. Gesellsch.*, 1872, p. 30; *Bull. Soc. chim.*, t. XVII, p. 213].

Le pentasulfure de phosphore ne réagit pas sur le tétrachlorure de carbone, même pas à la température de 200-220° [Thorpe, *Journ. chem. Soc.* (2), t. X, p. 453].

Le soufre le décompose facilement suivant l'équation

$$CCl^4 + S^3 = CCl^2S + S^2Cl^2$$

[Gustavson, *Zeitsch. Chem.*, 1871, p. 418].

SESQUICHLORURE DE CARBONE. — Le sesquichlorure de carbone, C^2Cl^6, ainsi que le chlorure CCl^4, se forment souvent aussi comme produits ultimes de la chloruration complète des composés organiques [Krafft et Merz, *Deutsch. chem. Gesellsch.*, 1875, p. 1296; *Bull. Soc. chim.*, t. XXVI, p. 76].

Le sesquichlorure prend naissance par la condensation du tétrachlorure de carbone, lorsqu'on dirige la vapeur de ce dernier mélangée d'hydrogène à travers un tube chauffé au rouge sombre [Staedeler, *Mém. cit.*].

Damoiseau prépare le sesquichlorure de carbone en grand, en faisant passer un mélange de 4 volumes de chlore et de 3 volumes de chlorure d'éthylène sur du noir animal, à travers un tube en platine chauffé à 280-300°; 64p,5 de chlorure d'éthylène donnent 180 à 200 p. de sesquichlorure. Le chlorure d'éthylène peut être remplacé par le chlorure d'éthylidène [*Brevet anglais* du 13 décembre 1873; *Compt. rend.*, t. LXXXIII, p. 60].

Le sesquichlorure de carbone fond à 160° et bout à 182°. Sa tension de vapeur est de 1mm à 15°, de 13mm,5 à 78° et de 31mm à 100° [Naumann, *Ann. Chem. Pharm.*, t. CLIX, p. 334; *Bull. Soc. chim.*, t. XVI, p. 214].

La potasse alcoolique additionnée d'eau le transforme en un sel potassique, cristallisé en aiguilles, renfermant C^2Cl^5OK [Kolbe et Hoch, *Journ. prakt. Chem.* (2), t. VI, p. 60].

L'anhydride sulfurique réagit sur le sesquichlorure de carbone avec formation d'aldéhyde perchlorée :

$$C^2Cl^6 + 2SO^3 = C^2Cl^4O + S^2O^5Cl^2$$

[Armstrong, *Proceed. Roy. London*, 1870, t. XVIII, p. 502; *Bull. Soc. chim.*, t. XIII, p. 497; — Prudhomme, *Compt. rend.*, t. LXX, p. 1137].

On emploie quelquefois le sesquichlorure de carbone comme oxydant dans l'industrie des couleurs de goudron.

PROTOCHLORURE DE CARBONE (*éthylène perchloré*), C^2Cl^4. — On peut préparer le protochlorure de carbone par la réduction du sesquichlorure de carbone au moyen de l'acide acétique et de la limaille de fer; mais l'ancienne méthode indiquée par Geuther (zinc et acide sulfurique) est préférable, quoique plus longue, parce qu'elle permet de préparer de grandes quantités de matière à la fois. Le protochlorure produit est toujours accompagné d'une certaine quantité d'éthylène trichloré, C^2HCl^3, dont il faut le débarrasser par la distillation [Kolbe, *Deutsch. chem. Gesellsch.*, 1869, p. 326; *Bull. Soc. chim.*, t. XIII, p. 53.]

Le protochlorure de carbone est un des produits du dédoublement du perchloropropane chauffé à 300° (Krafft et Merz).

L'anhydride sulfurique réagit sur le protochlorure de carbone, rapidement à 150°, lentement à froid, en produisant de l'acide sulfureux et de l'aldéhyde perchlorée :

$$C^2Cl^4 + SO^3 = SO^2 + C^2Cl^4O$$

[Prudhomme, *Compt. rend.*, t. LXX, p. 1137].

DINITROCHLORURE DE CARBONE, $C^2Cl^4(OAzO)^2$. — Ce composé se forme par l'union directe du protochlorure de carbone avec le peroxyde d'azote liquide, à 110-120°, en tubes scellés. Le rendement est diminué par la formation d'une grande quantité de chloroxyde de carbone. On évapore l'excès de peroxyde d'azote, on lave le produit avec de l'eau et on le fait cristalliser dans l'alcool bouillant.

Le dinitrochlorure de carbone se présente en cristaux fibreux, possédant une forte odeur de chloropicrine. Il est insoluble dans l'eau, soluble dans l'éther et l'alcool bouillant. Il se dissocie à 140° sans fondre; mais il peut être distillé avec la vapeur d'eau. Desséché, il s'agglutine et ne peut pas être pulvérisé.

La potasse aqueuse bouillante ne l'altère pas. La potasse alcoolique additionnée d'eau réagit en produisant un composé particulier, cristallisé en aiguilles, renfermant $C^2Cl^3(OAzO)^2OK$:

$$C^2Cl^4(OAzO)^2 + 2KOC^2H^5 + H^2O$$
$$= C^2Cl^3(OAzO)^2OK + KCl + 2C^2H^5.OH.$$

Le dinitrochlorure de carbone ne représente pas une vraie combinaison nitrée; ainsi il ne fournit pas d'ammoniaque composée par l'action des réducteurs; il doit plutôt être considéré comme l'éther nitreux du glycol perchloré :

$CH^2.OH$ $CH^2.OH$	$CCl^2.OAzO$ $CCl^2.OAzO.$
Glycol.	Dinitrochlorure de carbone.

[Kolbe, *Mém. cit.*; — Kolbe et Hoch, *Journ. prakt. Chem.*, (2), t. IV, p. 60; *Bull. Soc. chim.*, t. XVI, p. 281].

PERCHLOROPROPANE, C^3Cl^8. — Ce composé a été découvert par Cahours parmi les produits de la chloruration du dichloropropylène [*Compt. rend.* t. XXXI, p. 291]. On l'obtient en chlorurant la trichlorhydrine par le chlorure d'iode à 200° et fractionnant le produit obtenu. Il se forme aussi par la chloruration totale du chlorure de butyle.

Le perchloropropane cristallise en tables incolores qui distillent à 268-269° sous une pression de 734mm (280°, Cahours), en se décomposant légèrement. Il fond à 160°, et se dissout très facilement dans l'alcool, l'éther, la benzine et la ligroïne.

Chauffé en tube scellé à 300°, il se scinde complètement en tétrachlorure de carbone et en protochlorure :

$$C^3Cl^8 = CCl^4 + C^2Cl^4$$

[Krafft et Merz, *Deutsch. chem. Gesellsch.*, 1875, p. 1296; *Bull. Soc. chim.*, t. XXVI, p. 76].

7°. — Chlorobromures de carbone.

Trichlorobromure de carbone, CCl^3Br. — On l'obtient en chauffant un mélange de brome et de chloroforme à 170°, en ayant soin d'ouvrir les tubes de temps en temps pour laisser échapper l'acide bromhydrique formé. Le produit est lavé à la potasse étendue et à l'eau et séché au chlorure de calcium [Friedel et Silva, *Bull. Soc. chim.*, t. XVII, p. 538; — Paterno, *Gazz. chim. ital.*, t. I, p. 593; *Bull. Soc. chim.*, t. XVII, p. 213].

Il se forme, en outre, par l'action du brome sur le trichloracétate de potassium, à 110-120° :

$$CCl^3 \cdot CO^2K + Br^2 = CCl^3Br + CO^2 + KBr.$$

Le rendement est de 70 °/₀ de la quantité théorique [van 't Hoff, *Deutsch. chem. Gesellsch.*, 1877, p. 678; *Bull. Soc. chim.*, t. XXVIII, p. 370].

Le chlorobromure de carbone bout à 103-104°, sous la pression de 752^{mm}. C'est un liquide incolore, transparent et mobile. Densité à 0°, 2,058 (Paterno), 2,063 (Friedel et Silva), à 25°, 2,016.

Son odeur rappelle celle du chloroforme et du tétrachlorure de carbone; il se décompose légèrement à la lumière, en se colorant en jaune.

Il peut être distillé sur le sodium, sans être notablement attaqué. Chauffé avec le potassium, il donne lieu à une violente explosion.

Chlorotribromure de carbone, $CClBr^3$. — Un chlorobromure ayant cette composition a été observé par Bolas et Groves, parmi les produits de l'action du bromure d'iode et du brome sur le chloroforme [*Journ. chem. Soc.* (2), t. IX, p. 773; *Bull. Soc. chim.*, t. XVI, p. 282].

$C^2Cl^4Br^2$. — Combinaison cristallisée, qui se forme par l'action du brome sur l'éthane pentachloré [Paterno, *Mém. cit.*].

8° Iodure de carbone.

Tétraiodure de carbone, CI^4. — Ce corps se forme par l'action de l'iodure d'aluminium sur le tétrachlorure de carbone.

Pour le produire, on prépare une solution saturée d'iodure d'aluminium dans le sulfure de carbone (1 p. de Al^2I^6 pour 3 p. de CS^2). On fait tomber dans cette solution refroidie à 0°, goutte à goutte, du tétrachlorure de carbone mélangé à un volume égal de sulfure de carbone, en opérant, autant que possible, à l'abri de l'air. Il faut employer une quantité de tétrachlorure un peu inférieure à celle qui est exigée par la théorie. Après avoir ajouté toute la quantité de CCl^4, on sépare le liquide par décantation du dépôt formé (Al^2Cl^6), on le lave à l'eau et on le distille au bain-marie, à l'abri de l'air. On fait passer sur le résidu un courant d'acide carbonique sec, on le lave avec une solution de bisulfite de sodium, puis avec de l'eau, et l'on sèche à l'air les cristaux obtenus. On achève la purification en faisant cristalliser le produit dans le sulfure de carbone, à l'abri de l'air. Le rendement va jusqu'à 50 °/₀ de la quantité théorique.

Le tétraiodure de carbone se présente à l'état cristallisé en octaèdres réguliers d'un rouge foncé. Densité à 20°,2 = 4,32.

Il est insoluble dans l'eau, soluble dans l'éther, l'alcool, le chloroforme et le sulfure de carbone.

Chauffé faiblement, il se décompose en dégageant de l'iode.

L'air l'oxyde déjà à 100°, en produisant de l'acide carbonique; en solution sulfocarbonique, il l'oxyde même à la température ordinaire.

Le chlore et le brome remplacent facilement l'iode du tétraiodure; l'eau le transforme à l'ébullition en iodoforme; la potasse alcoolique le décompose facilement [Gustavson, *Compt. rend.*, t. LXXVIII, p. 1126].

9° Sulfures de carbone.

Protosulfure de carbone, CS. — Ce composé, ou son polymère sans doute, se forme lorsqu'on expose le sulfure de carbone à l'action prolongée de la lumière solaire; il se sépare du soufre qui reste en dissolution et du protosulfure de carbone, qui tapisse la paroi intérieure du tube. On purifie ce dernier par des lavages au sulfure de carbone et on le sèche à 150° dans un courant d'air sec ou d'hydrogène [Sidot, *Compt. rend.*, t. LXXXI, p. 32].

Le protosulfure de carbone prend aussi naissance lorsqu'on fait séjourner du sulfure de carbone avec du fer bien décapé pendant six semaines; il se forme un dépôt rouge-brun, qui est un mélange de sulfure de fer et de protosulfure de carbone. On sépare facilement ces corps par l'acide chlorhydrique [S. Kern, *Chem. News*, t. XXXIII, p. 253; *Bull. Soc. chim.*, t. XXVII, p. 166].

L'*érythrogène* de Thomson, trouvé par lui dans l'eau ammoniacale des usines à gaz, pourrait bien être identique avec le protosulfure de carbone [*Chem. News*, 1876, t. XXXIII, p. 44].

Le protosulfure de carbone constitue une poudre rouge marron, sans odeur ni saveur. Sa densité est de 1,66. Il est insoluble dans l'eau et l'alcool, l'essence de térébenthine et la benzine. Le sulfure de carbone et l'éther bouillant le dissolvent en très petites quantités. L'acide azotique bouillant le dissout en se colorant en rouge; l'acide monohydraté l'enflamme aussitôt en se colorant en rouge foncé. Les acides sulfurique et chlorhydrique ne paraissent pas l'attaquer. La potasse concentrée et bouillante le dissout en se colorant en brun noirâtre; mais, si l'on neutralise la solution, la liqueur se décolore et le protosulfure est mis en liberté à l'état floconneux.

Chauffé vers 200°, il se décompose en soufre et charbon. Chauffé avec du soufre en excès, il reproduit du sulfure de carbone et une petite quantité de cristaux incolores [Sidot, *Mém. cit.*].

Sulfure, C^5S^2. — Le sodium, introduit dans du sulfure de carbone pur, se recouvre au bout de quelques jours d'une croûte foncée, qui se détache lorsqu'on agite, et qui se reforme ensuite de nouveau. Ces croûtes constituent un sel sodé, soluble dans l'eau et l'alcool avec une couleur rouge, et très déliquescent. Sa solution aqueuse colore la peau et les tissus en brun. Le chlore, l'acide chlorhydrique ou les autres acides donnent, dans cette solution, d'abord un précipité jaunâtre, ensuite un précipité rouge-brun; il se dégage en même temps une combinaison hydrogénée, douée d'une odeur extrêmement fétide. Le composé qui se dépose est un sulfure de carbone C^5S^2, fusible à 135°, qui se décompose à 150°, en dégageant des vapeurs jaunes et des gouttelettes jaunes, solubles dans la potasse, insolubles dans l'alcool.

Le composé C^5S^2 est insoluble dans le sulfure de carbone, l'alcool et l'éther. Il se dissout sans altération et avec une couleur rouge dans les alcalis caustiques, l'ammoniaque et la baryte hydratée.

L'acide nitrique et l'eau régale le dissolvent également, avec une couleur jaune. Cette solution, d'un goût acide agréable, produit, avec le chlorure de baryum, un précipité blanc. C^5S^2 se dissout aussi dans le cyanure de potassium et dans les sulfites alcalins, d'où les acides le précipitent de nouveau [L. Raab, *Neues Rep. Pharm.*, t. XIX, p. 449; *Bull. Soc. chim.*, t. XV, p. 41].

Sulfure de carbone, CS^2. — Le sulfure de carbone se trouve en quantité notable dans les produits les plus volatils des benzines brutes.

La formation du sulfure de carbone, par l'action du soufre sur le charbon, commence déjà au rouge sombre ; elle se fait le plus complètement au rouge, et diminue notablement au rouge vif [Sidot, *Compt. rend.*, t. LXIX, p. 1303].

La chaleur dégagée par la combustion du sulfure de carbone en acide carbonique et acide sulfureux est de $258^{cal},4$ pour $CS^2 = 76$; en admettant que le soufre et le carbone, dans le sulfure de carbone, dégagent, en brûlant, la même quantité de chaleur qu'à l'état libre, on trouve que la combustion du sulfure de carbone fournit plus de chaleur que celle des éléments qui le constituent. Favre et Silbermann expliquent cette anomalie, en admettant que la chaleur absorbée par ces éléments, pour prendre l'état qui leur permet de se combiner, dépasse la quantité de chaleur qui se dégagerait par le fait seul de leur combinaison [*Ann. Chim. Phys.*, (3), t. XXXIV, p. 450].

Le sulfure de carbone peut être débarrassé complètement de son odeur désagréable : il prend une odeur de chloroforme, si on le mélange avec la moitié de son volume d'un lait de chaux et qu'on le distille à une température peu élevée. Pour le conserver dans son état de pureté, il suffit de placer dans les flacons qui le renferment quelques copeaux de cuivre, de zinc ou de fer, ou un peu de litharge [Millon, *Bull. Soc. chim.*, t. XII, p. 317 ; — Commaille, *Journ. Pharm.* (4), t. VIII, p. 361]. Wittstein conteste l'efficacité de ce procédé [*Vierteljahrsschr. Pharm.*, t. XVIII, p. 288].

Sidot propose de purifier le sulfure de carbone rectifié en l'agitant avec du mercure jusqu'à ce qu'il ne noircisse plus la surface brillante du métal ; cette opération doit se faire sur de petites quantités de matière à la fois (500^{gr} de CS^2), afin que l'agitation soit plus facile et la division du liquide plus grande [Sidot, *Mém. cit.* ; — Cloëz, *Compt. rend.*, t. LXIX, p. 1356].

Sergius Kern purifie le sulfure de carbone en l'agitant avec de l'azotate de plomb et du plomb métallique ; on renouvelle ce mélange aussi longtemps que le sel de plomb noircit, puis on décante et l'on distille [*Chem. News*, t. XXXII, p. 163 ; *Bull. Soc. chim.*, t. XXV, p. 552].

La décomposition des sulfocarbonates métalliques est un mode probable de préparation de sulfure de carbone pur [Delachanal et Mermet, *Compt. rend.*, 1874, p. 92].

Propriétés physiques. — H. L. Buff donne les chiffres moyens suivants pour la densité du sulfure de carbone [*Ann. Chem. Pharm.*, 1866, Supplementb. IV, p. 150] :

Température.	Densité.	Volume spécifique.
0°	1,20858	—
10	1,27904	—
17	1,26652	—
46	1,22743	61,91

D'après Is. Pierre, le volume du sulfure de carbone est donné par la formule :

$$V = 1 + 0,0011398\,t + 0,0000013707\,t^2 + 0,000000019123\,t^3.$$

Hirn est arrivé à une expression plus approchée pour la dilatation du sulfure de carbone entre 30 et 160° ; il en rend compte par l'expression suivante :

$$V = 1 + 0,0011680559\,t + 0,0000016489598\,t^2 - 0,000000000811119062\,t^3 + 0,000000000060946589\,t^4$$

[*Ann. Chim. Phys.* (4), t. X, p. 57 ; — Voyez aussi : Hannay, *Chem. News*, t. XXVIII p. 277 ; *Bull. Soc. chim.*, t. XXI, p. 264].

Le coefficient de compressibilité du sulfure de carbone à 14° est de 0,0000635 par atmosphère [Amaury et Descamps, *Compt. rend.*, t. LXVIII, p. 1564] ; sous la pression de 607 atmosphères et à + 8°, la compressibilité est de 0,0000980 (non corrigée de la contraction de l'enveloppe) [Cailletet, *Compt. rend.*, t. LXXV, p. 77] ; entre 9 et 38 atmosphères, elle est de 0,000087 à 15°,6 et de 0,000174 à 99°,3 [Amagat, *Compt. rend.*, t. LXXXV, p. 139].

Sur la dilatation et la compression de la vapeur du sulfure de carbone, voyez : Horstmann, [*Ann. Chem. Pharm.*, Supplementb. VI, p. 51], et Herwig [*Poggend. Ann.*, t. CXXXVII, p. 19, 56 ; t. CXLI, p. 83 ; *Ann. Chim. Phys.* (4), t. XVIII, p. 440].

Le sulfure de carbone est une des substances qui ont le plus fort coefficient de polarisation. Son indice de réfraction est 1,633. Son pouvoir spécifique de polarisation magnéto-rotatoire est 3,160 (celui de l'eau pure étant pris comme unité) [de La Rive, *Ann. Chim. Phys.* (4), t. XV, p. 57 ; t. XXII, p. 17 ; — Haagen, *Poggend. Ann.*, t. CXXXI, p. 117]. Sur l'indice de réfraction et de dispersion de la vapeur de sulfure de carbone, voyez : Croullebois [*Ann. Chim. Phys.* (4), t. XX, p. 136 ; *Compt. rend.*, t. LXVII, p. 696].

La chaleur spécifique du sulfure de carbone pur est 0,2468 de 14 à 29°,5 [Schüller, *Poggend. Ann.*, Ergänzungsband. V, p. 116-146 et p. 192-221] ; 0,2575 + 0,000182 t entre 4°,47 et 18°,62 [Winkelmann, *Même recueil*, t. CL, p. 502 ; voyez aussi : G. A. Hirn, *Ann. Chim. Phys.* (4), t. X, p. 81].

La conductibilité électrique du sulfure de carbone est 0,055, celle de l'eau pure étant prise comme unité [Saïd-Effendi, *Compt. rend.*, t. LXVII, p. 1565].

Certains métaux, tels que l'argent, l'aluminium et le fer, jouissent de la propriété de s'électriser par le frottement avec le sulfure de carbone dans un tube de verre, avec production d'abondantes étincelles qui jaillissent au sein du liquide [Sidot, *Compt. rend.*, t. LXXIV, p. 179].

Distillé sous une couche d'eau, le sulfure de carbone passe mélangé d'eau (2,38 volumes d'eau sur 100 volumes de sulfure de carbone), en bouillant d'une manière constante, à 42°,6, sous la pression de 740^{mm} [Kundt, *Poggend. Ann.*, t. CXL, p. 489 ; — Naumann, *Deutsch. chem. Gesellsch.*, 1877, p. 1427].

Densité de vapeur du sulfure de carbone (dans la vapeur d'eau) = 2,68 (calculé 2,62) [V. et C. Meyer, *Deutsch. chem. Gesellsch.*, 1878, p. 2257].

Le sulfure de carbone n'est pas complètement insoluble dans l'eau ; il se dissout dans 1000 fois son poids d'eau environ. Une petite portion se décompose lentement. Le coefficient de décomposition est de $0^{cc},35$ par jour à la lumière diffuse, et de $0^{cc},12$ dans l'obscurité. La solution aqueuse, récemment préparée, donne à la distillation du sulfure de carbone inaltéré ; elle renferme environ $0^{gr},002$ d'hydrogène sulfuré par litre [Sestini, *Bull. Soc. chim.*, t. XVII, p. 253].

D'après Dumas [*Ann. Chim. Phys.* (5), t. VII, p. 5], un litre d'eau à 13° dissout $1^{gr},78$ de sulfure de carbone.

Le sulfure de carbone est soluble en toutes proportions dans l'alcool absolu ; pour l'alcool aqueux, il existe un point de saturation qui est en rapport avec la richesse de l'alcool. Au-dessus de + 15°, la température n'influe pas sensiblement sur la solubilité du sulfure de carbone dans l'alcool aqueux. Au-dessous de 15°, au contraire, la température exerce une grande influence sur la solubilité ; ainsi, une solution alcoolique de sulfure de carbone, refroidie à + 10°, — 10° et 12°, laisse déposer successivement 1/3, 1/5 ou la moitié du sulfure dissous. Le tableau suivant indique les quantités de sulfure de carbone qui peuvent se dissoudre dans 10cc d'alcool, de richesse diverse, à la température de 17° :

Degrés centésimaux de l'alcool.	CS^2 dissous.
98,5	18cc,20
98,15	13 ,20
96,95	10 ,00
93,54	7 ,00
91,87	5 ,00
84,12	8 ,00
76,02	2 ,00
48,40	0 ,20
47,90	0

Aussitôt que le point de saturation est atteint, la liqueur devient laiteuse par l'addition d'une seule goutte de sulfure de carbone [Tuchschmidt et Follenius, *Deutsch. chem. Gesellsch.*, 1871, p. 583; *Bull. Soc. chim.*, t. XVI, p. 98].

Le charbon végétal absorbe la vapeur de sulfure de carbone en quantité assez notable [Hunter, *Journ. chem. Soc.* (2), 1868, t. VI, p. 186]. Le sulfure de carbone dissout le tiers de son volume d'anhydride sulfureux liquide; par le refroidissement, les deux liquides se séparent [Sestini, *Bull. Soc. chim.*, t. X, p. 226].

Combinaisons. — Wartha considère comme du sulfure de carbone solide la matière qui se forme lorsqu'on dirige un courant très rapide d'air sec à la surface du sulfure liquide (purifié par l'amalgame d'argent); la congélation commence déjà au-dessous de 0°, la température s'abaisse alors rapidement à —18°; bientôt tout le liquide disparaît, et le thermomètre commence à remonter pour rester stationnaire à — 12°, aussi longtemps qu'il reste de la matière solide. On ne réussit à congeler le sulfure de carbone dans le vide que si on le mélange avec de l'éther [*Deutsch. chem. Gesellsch.*, 1870, p. 80; 1871, p. 180; *Bull. Soc. chim.*, t. XIII, p. 419].

Ballo combat cette manière de voir; d'après lui, la matière solide se confond entièrement avec les hydrates de sulfure de carbone, signalés par Berthelot et Duclaux, et la solidification n'a point lieu si le courant d'air a été suffisamment desséché [*Deutsch. chem. Gesellsch.*, 1871, p. 118, 294; *Bull. Soc. chim.*, t. XV, p. 41].

Lorsqu'on chauffe sous pression un mélange d'eau et de sulfure de carbone, il se forme des cristaux qui paraissent constitués par une combinaison instable de $H^2S + CS^2$. Des cristaux analogues se produisent quand on dirige à travers un tube refroidi à — 25° un courant d'hydrogène sulfuré sec chargé de vapeurs de sulfure de carbone [Schützenberger, *Bull. Soc. chim.*, t. XXV, p. 146].

Le sulfure de carbone se combine à molécules égales avec la triméthylamine pour former le composé $Az(CH^3)^3 . CS^2$ (l'auteur le désigne sous le nom impropre de ***sulfocarbamate de triméthylamine***) [Bleunard, *Compt. rend.*, t. LXXXVII, p. 1040].

Le sulfure de carbone ajouté en très petite quantité à des mélanges d'acide acétique ou d'acide formique avec du brome provoque la combinaison moléculaire de ces matières et la transformation par substitution de l'acide acétique, tout en restant lui-même inaltéré [Hell et Mühlhäuser, *Deutsch. chem. Gesellsch.*, 1877, p. 2102; 1878, p. 241].

Réactions et décompositions. — Le sulfure de carbone, dirigé lentement à travers un tube de porcelaine rouge de feu, s'y décompose en partie, avec formation de soufre qui distille, et de carbone qui se dépose aux parois du tube sous l'apparence de minces feuillets, doués d'un éclat métallique; la décomposition du sulfure de carbone s'établit à la température même à laquelle il commence à prendre naissance [Berthelot, *Bull. Soc. chim.*, t. XI, p. 451]. A un certain moment, il s'établit un équilibre entre le sulfure de carbone, le soufre et le carbone; si le tube de porcelaine est rempli de charbon, le sulfure de carbone ne se décompose que très peu au rouge [W. Stein, *Journ. prakt. Chem.*, t. CVI, p. 316; *Bull. Soc. chim.*, t. XII, p. 346].

La vapeur de sulfure de carbone, mélangée d'hydrogène et dirigée sur de la mousse de platine chauffée, se décompose en hydrogène sulfuré et charbon [Cossa, *Deutsch. chem. Gesellsch.*, 1868, p. 117; *Bull. Soc. chim.*, t. XI, p. 137].

Un mélange de vapeurs de sulfure de carbone et d'alcool, dirigé sur du cuivre chauffé au rouge, se décompose, en donnant naissance à une quantité assez notable d'oxysulfure de carbone, accompagné de produits de décomposition de l'alcool [Carnelly, *Journ. chem. Soc.* (2), t. XIII, p. 523].

La vapeur de sulfure de carbone n'est pas attaquée par l'étincelle électrique, à 100°, en présence d'électrodes en charbon [A.-W. Hofmann, *Deutsch. chem. Gesellsch.*, 1871, p. 245].

Sous l'influence de la lumière solaire, le sulfure de carbone se décompose en soufre et protosulfure de carbone [Sidot, *Compt. rend.*, t. LXXIV, p. 179]. Voyez aussi : Loew, *Zeitschr. Chem.*, 1868, p. 622].

Un mélange de gaz carbonique et de vapeur de sulfure de carbone est ramené presque instantanément à l'état liquide par la potasse, l'acide carbonique étant absorbé et le sulfure de carbone se liquéfiant, par suite de la disparition du gaz qui le maintenait à l'état de vapeur. Mais, si l'on introduit alors dans le tube où l'absorption s'est faite, un volume d'air connu, on voit aussitôt ce volume augmenter dans une proportion considérable, par suite d'une nouvelle vaporisation du sulfure de carbone. Ce dernier se distingue en ceci de l'oxysulfure de carbone qui ne présente rien de semblable [Berthelot, *Ann. Chim. Phys.* (4), t. XXVI, p. 470].

Le sulfure de carbone, agité avec un lait de chaux ou de l'hydrate de baryum, produit des sulfocarbonates basiques. La strontiane se comporte de même. La magnésie donne une combinaison jaune, soluble. L'hydrate de zinc ne réagit pas [Sestini, *Bull. Soc. chim.*, t. XVII, p 253; — Walker, *Chem. News*, 1874, t. XXX, p. 28].

L'anhydride sulfurique réagit sur le sulfure de carbone avec production de soufre, d'acide sulfureux et d'oxysulfure de carbone :

$$CS^2 + SO^3 = S + SO^2 + COS$$

[Armstrong, *Proceed. Roy. Soc., London*, 1870, t. XVIII, p. 510].

L'acide chlorosulfurique réagit à 100° d'une manière analogue :

$$CS^2 + SO^3HCl = SO^2 + COS + HCl + S$$

[Dewar et Cranston, *Chem. News*, 1869, t. XX, p. 174; *Bull. Soc. chim.*, t. XIII, p. 131].

Le chlore, en présence du perchlorure de molybdène, transforme le sulfure de carbone en tétrachlorure de carbone et protochlorure de soufre [Aronheim, *Deutsch. chem. Gesellsch.*, 1876, p. 1788] :

$$CS^2 + 3Cl^2 = CCl^4 + S^2Cl^2.$$

Le perchlorure de phosphore réagit d'après l'équation

$$CS^2 + 2PCl^5 = CCl^4 + 2PSCl^3;$$

il ne se forme pas de chlorosulfure de carbone dans cette réaction, contrairement à l'assertion de Carius [Rathke, *Zeitsch. Chem.*, 1870, p. 57; *Bull. Soc. chim.*, t. XIII, p. 424].

Le brome pur n'agit pas sur le sulfure de carbone, même à 150-180°, ou lorsqu'on fait passer les deux corps réduits en vapeurs à travers un tube chauffé au rouge. Mais, en présence du bromure d'iode, du bromure d'antimoine et d'autres bromures, l'attaque a lieu et le sulfure de carbone est transformé en tétrabromure [Bolas et Groves, *Journ. chem. Soc.* (2), 1870, t. VIII, p. 223; *Bull. Soc. chim.*, t. XIV, p. 223].

Au contact de l'eau, ou mieux d'une lessive alcaline, et sous l'influence de la lumière directe, le brome réagit très rapidement sur le sulfure de carbone, en produisant la même transformation [Habermann, *Deutsch. chem. Gesellsch.*, 1873, p. 549; *Bull. Soc. chim.*, t. XX, p. 356].

Le trichlorure d'iode agit très énergiquement à froid sur le sulfure de carbone, même en présence de l'eau, en produisant un liquide brun, renfermant du chlorure de soufre, du tétrachlorure de carbone et une combinaison cristallisable de chlorure d'iode et de chlorure de soufre. Les mêmes produits prennent naissance lorsqu'on dirige un courant de chlore dans une solution d'iode dans le sulfure de carbone. La réaction est terminée lorsque la liqueur a pris une nuance d'un rouge vineux [R. Weber, *Poggend. Ann.*, t. CXXVIII, p. 459; *Bull. Soc. chim.*, t. VII, 487].

Le trichlorure d'iode pur, exempt de protochlorure, réagit selon l'équation :

$$4CS^2 + 6ICl^3 = 2CCl^4 + 2CSCl^2 + 3S^2Cl^2 + 3I^2$$

[Hannay, *Chem. News*, t. XXVIII, p. 254; *Bull. Soc. chim.*, t. XXI, p. 175].

Le sulfure de carbone, en vapeur, réagit à chaud sur le chromate de potassium, qui devient incandescent, et sur le chromate d'ammonium :

$$2(AzH^4)^2CrO^4 + 5CS^2$$
$$= 2(AzH^4)^2S^3 + Cr^2S^3 + 2CO + 3CO^2 + SO^2.$$

Il transforme l'antimoniate de potassium en sulfoantimoniate insoluble dans l'eau. Le manganate de potassium donne, dans les mêmes circonstances, du trisulfure de potassium et du sulfure manganeux :

$$K^2MnO^4 + 2CS^2 = K^2S^3 + MnS + 2CO^2;$$

l'oxalate de potassium, neutre ou acide, chauffé dans une atmosphère de sulfure de carbone, donne du sulfhydrate de potassium, du soufre et du charbon; le pyrophosphate de sodium donne du métaphosphate de sodium et du sulfure de sodium [W. Müller, *Poggend. Ann.*, t. CXXVII, p. 404].

Lorsqu'on agite une solution potassique de cyanure de mercure avec du sulfure de carbone, il se forme un précipité blanc, qui change rapidement de couleur pour devenir écarlate, après un repos de 24 heures. La matière écarlate (*Ponsaelion*) renferme HgS^3CH; elle n'est attaquée que par l'eau régale ou les autres chlorurants. Le précipité blanc primitif, recueilli immédiatement et desséché, est éminemment explosif; il paraît être constitué par un mélange de deux corps, dont l'un renferme du soufre et l'autre (*cyanon*) du cyanogène. Le mercure de ce composé peut être remplacé par le cuivre; le sel obtenu est aussi explosif que la combinaison mercurielle [L. Thompson, *Deutsch. chem. Gesellsch.*, 1878, p. 517].

Propriétés toxiques. — Le sulfure de carbone, mélangé à l'état de vapeur avec une masse d'air considérable, peut être introduit dans les organes respiratoires sans produire de troubles immédiats; cependant un pareil mélange ne peut pas être respiré impunément pendant longtemps.

Lorsque l'air respiré, au lieu de contenir seulement quelques millionièmes de vapeur de sulfure de carbone, en renferme 1/20 de son volume, le mélange agit rapidement sur l'économie animale, et, si l'on n'arrête pas à temps son action, il détermine la mort infailliblement [Cloëz, *Compt. rend.*, t. LXIII, p. 185; voyez aussi Dumas, *Ann. Chim. Phys.* (5), t. VII, p. 5].

Usages. — Les propriétés insecticides du sulfure de carbone le font employer avec succès contre le phylloxera. On l'emploie, soit à l'état isolé, soit sous forme de sulfocarbonate de potassium, suivant la proposition de Dumas. En se décomposant lentement dans le sol, les sulfocarbonates alcalins constituent une source régulière de sulfure de carbone, qui, dans ces conditions, exerce sa pleine action sur l'insecte ravageur.

On a cherché à éviter la préparation des sulfocarbonates, et à solidifier le sulfure de carbone pour ainsi dire mécaniquement. Ainsi, une solution aqueuse de gélatine au 1/10 mélangée avec du sulfure de carbone se concrète par le refroidissement, et donne un produit solide qui peut renfermer jusqu'à 75 °/₀ de CS^2. Cette matière dégage assez lentement le sulfure qu'elle renferme, mais elle le perd rapidement dès qu'on veut la diviser pour la mélanger avec de la terre [Cassius, *Compt. rend.*, t. LXXXV, p. 748 et 934].

Mercier solidifie le sulfure de carbone en le mélangeant avec du chlorure de soufre et de l'huile de lin [*Ibid.*, t. LXXXIV, p. 910].

L'emploi du sulfure de carbone à l'extraction des huiles se répand tous les jours davantage. D'après Fischer [*Deutsch. Industriezeitung*, 1872, p. 108; *Bull. Soc. chim.*, t. XVII, p. 476], le double reproche qu'on fait à ce procédé, d'être insalubre et de laisser des résidus inutilisables, manque tout à fait de fondement, pourvu qu'on prenne soin d'éliminer complètement des résidus le sulfure de carbone, et de condenser la totalité de ce dernier.

La propriété du sulfure de carbone de coaguler les albuminoïdes et de tuer les germes organisés l'a fait proposer comme désinfectant, pouvant servir aussi, en très petite quantité, à la conservation des aliments [Zœller, *Deutsch. chem. Gesellsch.*, 1876, p. 707, 1080; — H. Schiff, *Ibid.*, 1876, p. 828; 1878, p. 1529].

La flamme de sulfure de carbone brûlant dans une atmosphère d'oxyde azotique jouit d'une puissance photogénique considérable, supérieure à celle de la flamme de magnésium. On a construit des lampes basées sur ce principe, qui fournissent une flamme continue et se prêtent aux usages photographiques [Delachanal et Mermet, *Compt. rend.*, t. LXXIX, p. 1078; — Sell, *Deutsch. chem. Gesellsch.*, 1874, p. 1522; *Bull. Soc. chim.*, t. XXIV, p. 522]. Le spectre de la lampe à sulfure de carbone a été étudié par Vogel [*Deutsch. chem. Gesellsch.*, 1875, p. 96].

Recherche et dosage. — Pour reconnaître la présence du sulfure de carbone dans le gaz d'éclairage, on fait passer le gaz dans une boule de verre, chauffée au rouge, sur des bandes de cuivre. Si le gaz renferme du sulfure de carbone, la surface du cuivre prend une teinte irisée [Vogel, *Deutsch. chem. Gesellsch.*, 1869, p. 741; *Bull. Soc. chim.*, t. XIII, p. 478].

Sestini utilise la réaction des hydrates alcalino-terreux pour caractériser le sulfure de carbone. (Voyez plus loin, SULFOCARBONATES.)

Si l'on chauffe à 50° 10 centimètres cubes de solution aqueuse de sulfure de carbone avec de la potasse, l'addition d'acétate de plomb donne naissance à un abondant précipité de sulfure de plomb. La réaction est encore sensible, si l'on étend la solution de sulfure de carbone de dix fois son volume d'eau; elle permet de déceler la présence d'un $\frac{1}{10000}$ de sulfure de carbone [*Bull. Soc. chim.*, t. XVII, p. 253].

Pour doser le sulfure de carbone, on le transforme en xanthate de potassium, qu'on titre à l'aide d'une solution normale au 50ᵉ de sulfate de cuivre [Grete, *Deutsch. chem. Gesellsch.*, 1876, p. 923; *Bull. Soc. chim.*, t. XXVII, p. 473].

10° Sulfocarbonates.

Dans la description des composés sulfocarboniques, qui peuvent être considérés tous comme des carbonates dont l'oxygène a été remplacé, en partie ou en totalité, par le soufre, nous avons adopté la nomenclature proposée par M. Henninger (t. III, p. 82), et qui consiste à ramener les sulfocarbonates aux cinq acides sulfocarboniques prévus par la théorie, et à former le nom, en ajoutant au mot carbonique les préfixes *sulfo* ou *thio*, suivant que la substitution a lieu dans le carbonyle ou dans les hydroxyles :

Acide carbonique.............. $CO<\substack{OH\\OH}$

I. Acide monosulfocarbonique... $CS<\substack{OH\\OH}$

II. Acide thiocarbonique........ $CO<\substack{SH\\OH}$

III. Acide sulfothiocarbonique.... $CS<\substack{SH\\OH}$

(Acide xanthique).

IV. Acide dithiocarbonique..... $CO<\substack{SH\\SH}$

V. Acide sulfodithiocarbonique.. $CS<\substack{SH\\SH}$

(Acide sulfocarbonique ordinaire).

Toutefois nous avons conservé à l'acide sulfothiocarbonique et à l'acide sulfodithiocarbonique leurs noms généralement usités d'acide *xanthique* et d'acide *sulfocarbonique*, qui sont plus courts et dont le changement aurait pu donner lieu à des confusions.

I. *Monosulfocarbonates.*

Monosulfocarbonate d'éthyle,

$$CS<\substack{OC^2H^5\\OC^2H^5}.$$

— Ce composé, découvert par Debus, bout à 162°. Densité à 19° = 1,031. L'ammoniaque alcoolique le décompose en sulfocyanate d'ammonium et en alcool :

$$CS(OC^2H^5)^2 + 2AzH^3$$
$$= CSAzAzH^4 + 2C^2H^6OH$$

[Salomon, *Journ. prakt. Chem.* (2), t. VI, p. 433; *Bull. Soc. chim.*, t. XIX, p. 561].

II. *Thiocarbonates.*

Éthylthiocarbonate de potassium,

$$CO<\substack{OC^2H^5\\SK}$$

— Ce sel est entièrement identique avec le composé obtenu par Debus dans l'action de la potasse alcoolique sur le xanthate d'éthyle. Il prend naissance, en vertu d'une transformation intramoléculaire, à la place du composé

$$CS<\substack{OC^2H^5\\OK},$$

qui devrait se former normalement.

Bender le prépare par l'action de l'oxysulfure de carbone sur la potasse alcoolique. Une solution alcoolique de potasse, bien refroidie, absorbe une grande quantité d'oxysulfure de carbone et finit par se prendre en une bouillie cristalline. On recueille les cristaux, on les exprime et on fait recristalliser dans l'alcool chauffé à 50-60°, qu'on refroidit ensuite brusquement par de l'eau à 0° (si on laissait refroidir lentement, il y aurait une décomposition partielle); il se dépose ainsi des aiguilles blanches ressemblant au xanthate de potassium.

L'éthylthiocarbonate de potassium est très soluble dans l'eau et l'alcool, insoluble dans l'éther; il n'est pas déliquescent à l'air. Il commence à se décomposer à 100°; à 170° la décomposition est complète :

$$2C^3H^5SO^2K = COS + S(C^2H^5)^2 + K^2CO^3.$$

La solution aqueuse se décompose par la chaleur suivant l'équation :

$$2C^3H^5SO^2K + 2H^2O$$
$$= H^2S + K^2CO^3 + 2C^2H^5.OH + COS;$$

par l'action de la chaleur sur la solution alcoolique, il se produit de l'oxysulfure de carbone, du sulfure de carbone et un précipité cristallin.

L'acide chlorhydrique étendu décompose immédiatement ce sel en oxysulfure de carbone, alcool et chlorure de potassium :

$$CO<\substack{OC^2H^5\\SK} + HCl$$
$$= KCl + C^2H^5.OH + COS.$$

La solution aqueuse donne avec l'acétate de plomb un précipité blanc, cristallin, soluble dans un excès du réactif; avec le sulfate de cuivre, un précipité résineux jaune. L'azotate d'argent produit un précipité soluble dans un excès du réactif. Le précipité cadmique est jaune, le précipité nickélique brun-verdâtre, le précipité zincique blanc. Ces précipités ne se forment que lentement ou lorsqu'on chauffe. Le chlorure ferrique produit un précipité jaune, devenant bientôt rougeâtre et ne s'altérant pas par la lumière. Le sulfate ferreux pur et le chlorure de cobalt ne donnent qu'après quelque temps, ou si l'on chauffe, un précipité noir. Le chlorure d'or forme un précipité jaunâtre, devenant bientôt gris, puis brun. La solution de permanganate de potassium est décolorée, avec production d'un précipité brun [Bender, *Ann. Chim. Pharm.*, t. CXLVIII, p. 137; *Bull. Soc. chim.*, t. XII, p. 256; — Salomon, *Journ. prakt. Chem.* (2), t. V, p. 476; *Bull. Soc. chim.*, t. XVIII, p. 228].

Éthylthiocarbonate d'éthyle (carbonyloxysulfodiéthyle),

$$CO<\substack{OC^2H^5\\SC^2H^5}.$$

— Cet éther se forme par l'action du bromure d'éthyle sur le sel précédent. On le prépare en faisant réagir du chlorocarbonate d'éthyle sur l'éthylsulfhydrate de sodium (produit par l'action du sodium sur l'éthylmercaptan mélangé avec 2 fois son volume d'éther absolu) :

$$CO<\substack{OC^2H^5\\Cl} + S<\substack{Na\\C^2H^5}$$
$$= CO<\substack{OC^2H^5\\SC^2H^5} + NaCl.$$

Le produit de la réaction est étendu de 2 fois son volume d'eau pour dissoudre le chlorure de sodium. L'éther formé surnage; on le dessèche et on le purifie par la distillation fractionnée.

Liquide incolore, très réfringent, bouillant vers 156°, d'une odeur particulière rappelant les fruits pourris et d'une saveur aromatique.

Il est insoluble dans l'eau, très soluble dans l'alcool et l'éther. Densité à 18° = 1,0285.

La potasse alcoolique le décompose rapidement :

$$CO<^{OC^2H^5}_{SC^2H^5} + 2KOH$$
$$= CO(OK)^2 + C^2H^5SH + C^2H^5OH.$$

L'ammoniaque alcoolique le transforme au bout de 4 à 6 jours en uréthane et mercaptan :

$$CO<^{OC^2H^5}_{SC^2H^5} + AzH^3$$
$$= CO<^{OC^2H^5}_{AzH^2} + C^2H^5.SH.$$

L'eau réagit à 160° avec formation d'acide carbonique, de mercaptan et d'alcool :

$$CO<^{OC^2H^5}_{SC^2H^5} + H^2O$$
$$= CO^2 + C^2H^5SH + C^2H^5OH.$$

Toutes ces réactions démontrent que l'éthylthiocarbonate d'éthyle, ainsi que le sel potassique qui lui donne naissance, ont bien la constitution qui leur est assignée par leurs formules [Salomon, *Journ. prakt. Chem.* (2), t. VI, p. 433; *Bull. Soc. chim.*, t. XIX, p. 561].

Éthylthiocarbonate de butyle (sulféthyldioxycarbonate de butyle),

$$CO<^{SC^2H^5}_{OC^4H^9}.$$

— On l'obtient en ajoutant, goutte à goutte, du chloroxycarbonate de butyle à du sulféthylate de sodium bien refroidi. On chauffe au bain-marie pour enlever l'excès de chloroxycarbonate et on sépare le produit de la réaction par addition d'eau.

Liquide incolore, très réfringent, d'une odeur qui rappelle à la fois le mercaptan et le carbonate d'éthyle, bouillant à 190-195°. Densité à 10° = 0,9939.

Traité par la potasse alcoolique, il donne du mercaptan et des aiguilles soyeuses constituant probablement du butylcarbonate de potassium. Chauffé avec un excès de potasse, il se dédouble en éther butylique et en carbonate de potassium. L'ammoniaque alcoolique, à 100°, fournit du mercaptan et du carbamate de butyle :

$$CO<^{SC^2H^5}_{OC^4H^9} + AzH^3$$
$$= C^2H^5SH + CO<^{AzH^2}_{OC^4H^9}.$$

Butylthiocarbonate d'éthyle (sulfuobtyldioxycarbonate d'éthyle),

$$CO<^{SC^4H^9}_{OC^2H^5}.$$

— C'est le produit de l'action du sulfobutylate de potassium sur le chloroxycarbonate d'éthyle. Il bout à 190-193°; densité à 10° = 0,9938. La potasse et l'ammoniaque donnent lieu à une action inverse de celle qu'ils exercent sur l'éther précédent. Le sulfhydrate de potassium, en solution alcoolique, donne, à 100°, du mercaptan butylique :

$$CO<^{SC^4H^9}_{OC^2H^5} + 2KSH + 2H^2O$$
$$= C^4H^9.SH + C^2H^5.OH + 2H^2S + K^2CO^3$$

[Mylius, *Deutsch. chem. Gesellsch.*, 1873, p. 312; *Bull. Soc. chim.*, t. XX, p. 275].

Chlorure d'éthylthiocarbonyle (chlorure de carbonylsulféthyle),

$$CO<^{SC^2H^5}_{Cl}.$$

— Ce chlorure se forme, par une réaction tout à fait analogue à celle qui donne naissance à l'éther chlorocarbonique, lorsqu'on traite l'éthylmercaptan par l'oxychlorure de carbone :

$$COCl^2 + C^2H^5.SH = CO<^{SC^2H^5}_{Cl} + HCl.$$

Le gaz phosgène se dissout dans le mercaptan, mais ne commence à réagir qu'après quelques heures; il se manifeste alors un dégagement d'acide chlorhydrique qui continue jusqu'au lendemain. Le nouveau corps est isolé par la distillation. C'est un liquide incolore, très réfringent, bouillant à 136°, qui possède une odeur rappelant vaguement le mercaptan, en même temps qu'elle excite fortement le larmoiement. Densité à 16° = 1,184.

La potasse alcoolique le transforme en éthylthiocarbonate d'éthyle :

$$CO<^{SC^2H^5}_{Cl} + KOC^2H^5$$
$$= CO<^{SC^2H^5}_{OC^2H^5} + KCl.$$

Le sulféthylate de sodium le convertit en dithiocarbonate d'éthyle :

$$CO<^{SC^2H^5}_{Cl} + NaSC^2H^5$$
$$= CO<^{SC^2H^5}_{SC^2H^5} + NaCl.$$

L'ammoniaque aqueuse ou alcoolique donne un produit cristallisé exempt de soufre. L'ammoniaque gazeuse produit du thiocarbamate d'éthyle :

$$CO<^{SC^2H^5}_{Cl} + AzH^3 = CO<^{SC^2H^5}_{AzH^2} + HCl$$

[Salomon, *Journ. prakt. Chem.* (2), t. VII, p. 252; *Bull. Soc. chim.*, t. XXI, p. 348].

Éthylthiocarbonate d'éthylène (éther disulfoéthylène-dicarbonique) :

$$\begin{matrix} CH^2\text{-}S\text{-}CO.OC^2H^5 \\ | \\ CH^2\text{-}S\text{-}CO.OC^2H^5. \end{matrix}$$

— Cet éther se forme par l'action du bromure d'éthylène sur l'éthylthiocarbonate de potassium. C'est une huile épaisse, jaunâtre, douée d'une odeur désagréable, insoluble dans l'eau, soluble dans l'alcool et dans l'éther, et se décomposant par la distillation.

La potasse alcoolique le dédouble en éthylcarbonate de potassium et disulfhydrate d'éthylène. L'ammoniaque alcoolique fournit de l'uréthane et du disulfhydrate d'éthylène [Welde, *Journ. prakt. Chem.* (2), t. XV, p. 53].

Dicarbothionate d'éthyle,

$$S<^{COOC^2H^5}_{COOC^2H^5}.$$

— Cet éther peut être considéré comme l'anhydrosulfide de l'acide éthylthiocarbonique (inconnu à l'état libre) :

$$\begin{matrix} CO<^{OC^2H^5}_{SH} \\ CO<^{SH}_{OC^2H^5} \end{matrix} = H^2S + S<^{COOC^2H^5}_{COOC^2H^5}.$$

Il a été découvert, par V. Meyer, dans la réaction de l'éther chloroxycarbonique sur le sulfure de sodium en solution alcoolique :

$$Na^2S + 2\begin{matrix} Cl \\ | \\ CO.OC^2H^5 \end{matrix}$$
$$= S(CO.OC^2H^5)^2 + 2NaCl.$$

On sépare l'éther, en ajoutant de l'eau au produit de la réaction; il forme une huile incolore d'une odeur caractéristique assez faible. Il bout vers 180° avec une légère décomposition. La potasse ou la baryte donne du carbonate et du sulfure d'éthyle, d'après l'équation :

$$S(CO.OC^2H^5)^2 = 2CO^2 + S(C^2H^5)^2$$

[*Deutsch. chem. Gesellsch.*, 1869, p. 297; *Bull. Soc. chim.*, t. XIII, p. 58].

III. *Sulfothiocarbonates (Xanthates).*

Xanthates métalliques. — Le *xanthate cuivreux* forme un précipité jaune-orangé brillant; il se produit par l'addition d'une solution aqueuse de xanthate à un sel cuivrique, même très acide.

Dans les sels neutres ou légèrement alcalins, il se produit un précipité basique qui est de couleur jaune serin. Le premier est presque insoluble dans l'eau, même bouillante, fort peu soluble dans l'alcool, plus soluble dans le sulfure de carbone. L'acide nitrique l'attaque et le dissout facilement. A l'état sec, il brûle comme de l'amadou, en émettant une odeur alliacée. Ce sel est insoluble dans l'ammoniaque (le sel basique cède de l'oxyde), et peut être séparé facilement des xanthates solubles dans ce véhicule.

Le *xanthate de nickel* est presque insoluble dans l'eau, très soluble dans l'ammoniaque.

Le *xanthate de cobalt* est un précipité vert, presque insoluble dans l'ammoniaque.

Le *xanthate de zinc* forme un précipité blanc d'un grand éclat, peu soluble dans l'eau, beaucoup plus soluble dans l'alcool et dans le sulfure de carbone, très soluble dans l'ammoniaque.

La solution ammoniacale des xanthates de nickel et de zinc abandonnée à l'air laisse déposer, au bout de quarante-huit heures, des sels doubles ammoniacaux en fort beaux cristaux.

Les xanthates insolubles, en se dissolvant dans l'acide azotique étendu, donnent lieu à un dégagement d'éther nitreux [Phipson, *Compt. rend.*, t. LXXXIV, p. 1459].

Le xanthate de plomb et les xanthates alcalins (K et Na) secs donnent, par la distillation du sulfure de carbone, du monosulfure et du bisulfure d'éthyle et de l'oxysulfure de carbone. Les xanthates alcalins humides produisent en outre de l'acide carbonique, de l'hydrogène sulfuré, de l'alcool et du mercaptan. Le résidu est formé par un mélange de carbonate et de sulfure [Fleischer et Hanke, *Deutsch. chem. Gesellsch.*, 1877, p. 1293; *Bull. Soc. chim.*, t. XXX, p. 80].

Méthylxanthate de potassium,

$$CS{<}^{OCH^3}_{SK.}$$

— Aiguilles brillantes groupées en faisceaux. Il se forme par l'action du méthylate de potassium sur les éthers

$$CS{<}^{OC^2H^5}_{SC^2H^5} \quad \text{et} \quad CS{<}^{OC^2H^5}_{SCH^3.}$$

L'alcool bouillant le transforme en éthylthiocarbonate de potassium, qui se dépose en fines aiguilles, soyeuses et feutrées [Salomon et Manitz, *Journ. prakt. Chem.* (2), t. VIII, p. 114; *Bull. Soc. chim.*, t. XXI, p. 350].

L'*éthylxanthate de potassium*, ajouté à un mélange d'azotate alcalin et de chaux sodée, contribue à la transformation totale de l'azote du groupe nitré en ammoniaque [Grete, *Deutsch. chem. Gesellsch.*, 1878, p. 1557].

Le *propylxanthate de potassium* se sépare par l'addition de sulfure de carbone à une solution de potasse dans l'alcool propylique normal, sous forme d'une masse sirupeuse jaunâtre, cristallisable dans l'alcool en aiguilles soyeuses. Par l'addition d'acide sulfurique à la solution aqueuse du sel, l'acide propylxanthique libre se sépare en gouttes oléagineuses très altérables [Rœmer, *Deutsch. chem. Gesellsch.*, 1873, p. 784; *Bull. Soc. chim.*, t. XX, p. 512].

Isobutylxanthate de potassium,

$$CS{<}^{OC^4H^9}_{SK.}$$

— On ajoute du sulfure de carbone à une solution sirupeuse de potasse dans l'alcool isobutylique, qui se prend en une bouillie cristalline. Recristallisé dans l'alcool, ce sel est en aiguilles jaunâtres, qui supportent une température assez élevée, sans se décomposer. Distillé, il donne de l'oxyde de carbone, des sulfures de butyle et du sulfure de potassium.

Le sel sodé ressemble au précédent; il est très soluble dans l'eau, dans l'alcool et dans l'alcool éthéré [Mylius, *Deutsch. chem. Gesellsch.*, 1872, p. 972].

L'*amylxanthate de potassium* cristallise en feuilles. On peut l'employer avec avantage contre le phylloxera [Zoeller et Grete, *Compt. rend.*, t. LXXXI, p. 194].

Éthers xanthiques. — *Méthylxanthate de méthyle,*

$$CS{<}^{OCH^3}_{SCH^3.}$$

— On l'obtient, par l'action du méthylxanthate de potassium sur l'iodure de méthyle, sous forme d'un liquide peu coloré, très réfringent, bouillant à 167-168°; densité à 18° = 1,176.

L'ammoniaque alcoolique le convertit en méthylxanthogénamide et méthylmercaptan.

Sous l'influence de la potasse alcoolique, il donne naissance à de l'éthylthiocarbonate de potassium; l'alcool éthylique prend part à la réaction.

Méthylxanthate d'éthyle,

$$CS{<}^{OCH^3}_{SC^2H^5.}$$

— Il se forme par l'action de l'iodure ou du bromure d'éthyle sur le méthylxanthate de potassium :

$$CS{<}^{OCH^3}_{SK} + C^2H^5I = KI + CS{<}^{OCH^3}_{SC^2H^5.}$$

Liquide ressemblant à l'éther xanthique ordinaire. Il bout à 184°; densité à 18° = 1,12.

L'ammoniaque alcoolique le dédouble en mercaptan et métylxanthogénamide,

$$CS{<}^{OCH^3}_{SC^2H^5} + AzH^3$$
$$= CS{<}^{OCH^3}_{AzH^2} + C^2H^5SH.$$

La potasse alcoolique le transforme, l'alcool intervenant, en éthylthiocarbonate de potassium.

Éthylxanthate de méthyle,

$$CS{<}^{OC^2H^5}_{SCH^3.}$$

— C'est le produit de l'action de l'iodure de méthyle sur le xanthate de potassium. Il bout à 184°; densité à 18° = 1,129.

L'ammoniaque alcoolique le transforme en xanthogénamide et méthylmercaptan. La potasse alcoolique produit de l'éthylthiocarbonate de potassium.

Cet éther doit être identique avec le produit obtenu par Chancel par la distillation d'un mélange de xanthate et d'éthylsulfate de potassium, malgré la différence des points d'ébullition (Chancel indique 175° pour son éther) [Salomon et Manitz, *Mém. cit.*].

Éthylxanthate d'éthyle,

$$CS \Big< {OC^2H^5 \atop SC^2H^5}.$$

— Cet éther, découvert par Zeise et décrit par Debus, peut être préparé facilement, par la réaction du bromure d'éthyle sur le xanthate de potassium. Il bout à 200°; densité à 19° = 1,085.

Traité en vase clos, à 120-140°, par l'ammoniaque aqueuse, il donne du sulfocyanate d'ammonium, de l'alcool et du mercaptan :

$$CS \Big< {OC^2H^5 \atop SC^2H^5} + 2AzH^3$$
$$= AzCSAzH^4 + C^2H^5.OH + C^2H^5.SH$$

[Salomon, *Journ. prakt. Chem.* (2), t. VI, p. 433; *Bull. Soc. chim.*, t. XIX, p. 561].

Butylxanthate d'éthyle,

$$CS \Big< {OC^4H^9 \atop SC^2H^5}.$$

— L'iodure d'éthyle agit à 100° sur l'isobutylxanthate de potassium. Le produit, séparé par l'eau, forme un liquide jaune d'une odeur désagréable et d'une saveur anisée, bouillant à 227-228°; densité à 17° = 1,003.

Butylxanthate de butyle,

$$CS \Big< {OC^4H^9 \atop SC^4H^9}.$$

— Se prépare comme le précédent. Il bout à 247-250°; densité à 12° = 1,009.

Butylxanthate d'amyle,

$$CS \Big< {OC^4H^9 \atop SC^5H^{11}}.$$

— L'iodure d'amyle n'agit qu'à 140° sur le butylxanthate de potassium. Le produit, purifié par la distillation fractionnée dans le vide, bout sous la pression ordinaire à 265-270° [Mylius, *Deutsch. chem. Gesellsch.*, 1872, p. 972; *Bull. Soc. chim.*, t. XIX, p. 221].

Xanthacétate d'éthyle,

$$CS \Big< {OC^2H^5 \atop SCH^2\text{-}CO^2C^2H^5}.$$

— L'éther monochloracétique réagit vivement sur le xanthate de potassium en donnant naissance à l'éther diéthylique de l'acide xanthacétique :

$$CH^2Cl\text{-}CO^2C^2H^5 + CS \Big< {OC^2H^5 \atop SK}$$
$$= KCl + CS \Big< {OC^2H^5 \atop SCH^2\text{-}CO^2C^2H^5}.$$

Le tout étant versé dans l'eau, le chlorure de potassium se dissout, et le nouvel éther se rassemble au fond. C'est un liquide jaunâtre, oléagineux, doué d'une odeur désagréable; il bout dans le vide à 165° [Cech et Steiner, *Compt. rend.*, t. LXXXI, p. 155].

Xanthate d'éthylène (éther disulféthylène-disulfodicarbonique),

$$\begin{matrix} CH^2\text{-}S\text{-}CS.OC^2H^5 \\ CH^2\text{-}S\text{-}CS.OC^2H^5. \end{matrix}$$

— Ce composé se forme par l'action du bromure d'éthylène sur le xanthate de potassium en solution alcoolique. Par l'addition d'eau, il se sépare une huile qui ne tarde pas à se concréter. On purifie les cristaux, en les exprimant dans du papier buvard et en les faisant cristalliser dans l'éther.

Le xanthate d'éthylène est en aiguilles longues et soyeuses. Par une cristallisation lente, on l'obtient en tables volumineuses, très réfringentes, appartenant au système rhombique, fusibles à 42°, insolubles dans l'eau, très solubles dans l'alcool et l'éther.

La potasse alcoolique le transforme en xanthate de potassium, oxyde d'éthylène et eau :

$$C^2H^4(S.CS.OC^2H^5)^2 + 2KOH$$
$$= CS \Big< {OC^2H^5 \atop SK} + C^2H^4O + H^2O.$$

L'ammoniaque alcoolique le dédouble en sulfocarbamate d'éthyle et disulfhydrate d'éthylène [Welde, *Journ. prakt. Chem.* (2), t. XV, p. 43].

Éthylxanthate de xanthéthyle (disulfodicarbothionate d'éthyle),

$$CS \Big< {OC^2H^5 \atop S.CS.OC^2H^5}.$$

— L'éther chloroxycarbonique réagit facilement sur le xanthate de potassium, en donnant naissance à un corps cristallisant dans l'alcool en magnifiques aiguilles jaunes, ou en cristaux volumineux appartenant au système hexagonal, fusibles à 55°; c'est l'éthylxanthate de xanthéthyle :

$$3CS \Big< {OC^2H^5 \atop SK} + 2CO \Big< {OC^2H^5 \atop Cl}$$
$$= 2CS \Big< {OC^2H^5 \atop S.CS.OC^2H^5} + CO \Big< {OC^2H^5 \atop OK} + 2KCl.$$

L'ammoniaque alcoolique le transforme en sulfure d'ammonium et sulfocarbamate d'éthyle (xanthogénamide). La potasse alcoolique le dédouble en xanthate de potassium et éthylsulfocarbonate de potassium [Welde, *Deutsch. chem. Gesellsch.*, 1870, p. 1044; *Bull. Soc. chim.*, t. XXVIII, p. 77].

Dixanthyle (1) (dioxysulfocarbonate d'éthyle, disulfure éthylsulfocarbonique) :

$$\begin{matrix} S\text{-}CS\text{-}OC^2H^5 \\ S\text{-}CS\text{-}OC^2H^5. \end{matrix}$$

— On prépare facilement ce corps, découvert par Desains, en traitant avec précaution le xanthate de potassium par l'acide azotique :

$$2CS \Big< {OC^2H^5 \atop SK} + 2HAzO^3$$
$$= (S\text{-}CS\text{-}OC^2H^5)^2 + 2KAzO^3 + H^2$$

et

$$H^2 + HAzO^3 = AzO^2 + H^2O$$

[Küpfer, *Zeitschr. Chem.*, 1866, p. 67; *Bull. Soc. chim.*, t. VI, p. 335].

Hofmann indique le mode opératoire suivant : On dissout du xanthate de potassium brut (la bouillie cristalline qui se forme lorsqu'on mélange une solution alcoolique concentrée de potasse avec la quantité calculée de sulfure de carbone) dans deux fois son poids d'eau, et on fait passer un courant rapide de chlore à travers la solution additionnée d'un peu d'iode. La mise en liberté d'iode indique le moment où le chlore n'est plus absorbé. La solution laisse déposer bientôt le dixanthyle à l'état d'une huile, qui, lavée à l'eau et séchée, ne tarde pas à se concréter;

Le dixanthyle s'est formé dans cette réaction suivant l'équation

$$\begin{matrix} KS\text{-}CS\text{-}OC^2H^5 \\ KS\text{-}CS\text{-}OC^2H^5 \end{matrix} + Cl^2$$
$$= \begin{matrix} S\text{-}CS\text{-}OC^2H^5 \\ S\text{-}CS\text{-}OC^2H^5 \end{matrix} + 2KCl.$$

L'aniline réagit sur le dixanthyle en produisant du phénylsulfocarbamate d'éthyle, de l'acide xanthique et du soufre :

$$\begin{matrix} S\text{-}CS\text{-}OC^2H^5 \\ S\text{-}CS\text{-}OC^2H^5 \end{matrix} + AzH^2C^6H^5$$
$$= CS \Big< {AzHC^6H^5 \atop OC^2H^5} + CS \Big< {SH \atop OC^2H^5} + S$$

(1) Le dioxysulfocarbonate d'éthyle n'est autre chose que le radical double de l'acide xanthique, le *dixanthyle*.

[A.-W. Hofmann, *Deutsch. chem. Gesellsch.*, 1870, p. 772; *Bull. Soc. chim.*, t. XIV, p. 379].

Isobutyle-dixanthyle (dioxysulfocarbonate de butyle),

$$\begin{array}{l} S\text{-}CS\text{-}OC^4H^9 \\ S\text{-}CS\text{-}OC^4H^9. \end{array}$$

— On obtient ce composé en traitant par le chlore une solution aqueuse d'isobutylxanthate de potassium.

Liquide jaune, dense et oléagineux, qui ne se concrète pas à — 10° et ne distille pas sans altération. Le sodium le transforme en butylxanthate. Sa solution éthérée, traitée par l'ammoniaque ou une ammoniaque composée, dépose du soufre et donne du butylxanthate et une uréthane sulfurée [Mylius, *Deutsch. chem. Gesellsch.*, 1872, p. 972; *Bull. Soc. chim.*, t. XIX, p. 221].

IV. *Dithiocarbonates.*

Dithiocarbonate d'éthyle (carbonyle-disulfodiéthyle), $CO(SC^2H^5)^2$. — Ce composé, isomérique avec le xanthate d'éthyle, a été découvert par Schmitt et Glutz. Pour le préparer, on mélange 2 vol. d'acide sulfurique ordinaire avec 1 vol. de sulfocyanate d'éthyle, et on chauffe au bain-marie jusqu'à ce qu'il se forme de l'acide sulfureux; le liquide visqueux ainsi formé, bouilli avec 8 à 10 fois son volume d'eau, laisse passer le dithiocarbonate d'éthyle, entraîné par la vapeur d'eau. La réaction qui lui donne naissance s'exprime par l'équation

$$2C^2H^5SCAz + 3H^2O + 2SO^4H^2$$
$$= C^5H^{10}S^2O + 2SO^4HAzH^4 + CO^2.$$

Il se forme aussi par l'action de l'oxychlorure de carbone sur l'éthyle-sulfhydrate de sodium [Salomon, *Journ. prakt. Chem.*, (2), t. VI, p. 433].

Le dithiocarbonate d'éthyle constitue un liquide dense, d'une odeur alliacée, soluble dans l'alcool et l'éther; il bout à 196-197°. Densité à 23° = 1,084.

Traité par la potasse alcoolique, il donne du carbonate de potassium et du mercaptan; par l'ammoniaque alcoolique, de l'urée et du mercaptan. L'eau, à 160°, le convertit en acide carbonique et mercaptan.

Le *dithiocarbonate de méthyle* bout à 169° et le *dithiocarbonate d'amyle* à 281° [Schmitt et Glutz, *Deutsch. chem. Gesellsch.*, 1868, p. 166; *Bull. Soc. chim.*, t. XII, p. 47].

V. *Sulfo-dithiocarbonates.*

(Sulfocarbonates proprement dits).

SELS SULFOCARBONIQUES. — *Sulfocarbonate d'ammonium.* — Une solution de ce sel dans 35,47 p. d'eau offre les indices de réfraction suivants : pour la raie A, 1,3918; et pour D 1,3988 [Gladstone, *Journ. chem. Soc.* (2), t. VIII, p. 147].

Le sulfocarbonate d'ammonium se dissout dans l'acétone et la transforme en sulfocarbonate d'acétonine. L'aldéhyde acétique est converti en carbothialdine [Mulder, *Bull. Soc. chim.*, t. IX, p. 219; *Journ. prakt. Chem.*, t. CI, p. 401].

Sulfocarbonate de baryum, $BaCS^3$. — Quand on agite, pendant quelques minutes, une solution de sulfure de baryum tant soit peu concentrée avec du sulfure de carbone, il se précipite bientôt une poudre jaune serin, cristalline et très dense, qui constitue du sulfocarbonate de baryum pur, soluble dans 66,66 p. d'eau [P. Thénard, *Compt. rend.*, t. LXXIX, p. 673].

Il s'obtient aussi facilement par double décomposition au moyen du sulfocarbonate de sodium et du chlorure de baryum. Il est anhydre à l'état cristallin et peu soluble. Cependant, il colore l'eau en jaune rosé [Dumas, *Compt. rend.*, t. LXXIX, p. 647].

L'hydrate de baryum donne avec le sulfure de carbone une combinaison jaune, soluble.

Sulfocarbonate de calcium (Sels basiques). — Un mélange de sulfure de carbone et d'eau de chaux, exposé à la lumière pendant 6 à 8 heures, laisse déposer du jour au lendemain de beaux prismes rouge orangé. Si l'on chauffe vers 50°, la réaction s'accomplit en deux heures, et les cristaux ne se déposent par le refroidissement de la liqueur filtrée qu'après l'addition de chaux hydratée; ils renferment

$$CaCS^3 + 3Ca(OH)^2 + 7H^2O.$$

Ce sel est soluble dans l'eau, insoluble dans l'alcool. L'eau bouillante le décompose en hydrate de calcium, qui se précipite, et en sulfocarbonate qui reste dissous. Ce dernier finit par se décomposer, à la suite d'une ébullition prolongée, en hydrogène sulfuré et carbonate de calcium,

$$CaCS^3 + 3H^2O = 3H^2S + CaCO^3.$$

[Sestini, *Bull. Soc. chim.*, t. XVII, p. 253].

Le sulfure de carbone, agité avec un lait de chaux, laisse déposer, au bout de quelques jours, des aiguilles orangées, ayant la composition

$$CaCS^3 + 2Ca(OH)^2 + 6H^2O,$$

insolubles dans le sulfure de carbone et l'alcool, un peu solubles dans l'eau. Les acides décomposent ce sel, en mettant en liberté de l'acide sulfocarbonique [D. Walker, *Chem. News*, 1874, t. XXX, p. 28].

Le *sulfocarbonate de potassium* qu'on emploie aujourd'hui en grandes quantités pour la destruction du phylloxera, se prépare suivant le procédé indiqué par Dumas, en agitant en vase clos du sulfure de carbone avec une solution concentrée de sulfure de potassium, et en chauffant le mélange vers 50°; on obtient ainsi une solution de sulfocarbonate de potassium, renfermant jusqu'à 15 °/₀ de sulfure de carbone [Dumas, *loc. cit.* — Vincent, *Compt. rend.*, t. LXXXIV, p. 701].

L'acide carbonique décompose le sulfocarbonate de potassium et donne naissance à du bicarbonate, en dégageant de l'hydrogène sulfuré et du sulfure de carbone. Le gaz sulfhydrique lui-même décompose le sulfocarbonate. L'action de la silice en gelée est nulle.

L'action toxique des sulfocarbonates sur les animaux et sur les plantes a été étudiée avec le plus grand soin par Dumas [*Ann. Chim. Phys.*, (5), t. VII, p. 5].

Les sulfocarbonates alcalins sont extrêmement déliquescents. Seul le sulfocarbonate double de potassium et de nickel se présente en cristaux brillants, assez bien définis et assez maniables [Mermet, *Compt. rend.*, t. LXXXI, p. 344].

L'éthylsulfocarbonate de sodium se décompose par l'action de la chaleur en donnant du sulfure de carbone et des produits sulfurés bouillant à des températures plus élevées [de Clermont, *Compt. rend.*, t. LXVII, p. 1259].

Butylsulfocarbonate de sodium,

$$CS \begin{array}{l} \diagup SC^4H^9 \\ \diagdown SNa. \end{array}$$

— Ce sel s'obtient par l'union du sulfure de carbone avec le sulfobutylate de sodium (butylmercaptan sodique). La combinaison a lieu avec l'élévation de température.

Sel jaune très soluble dans l'eau et l'alcool, cristallisable en aiguilles mamelonnées. L'eau le décompose à 100° en bicarbonate de sodium, hydrogène sulfuré et butylmercaptan.

La solution aqueuse dépose, par l'addition d'acide sulfurique, une huile peu soluble, qui constitue sans doute l'acide butylsulfocarbonique

$$CS \begin{cases} SC^4H^9 \\ SH. \end{cases}$$

[Mylius, *Deutsch. chem. Gesellsch.*, 1873, p. 312; *Bull. Soc. chim.*, t. XX, p. 275].

POLYSULFOCARBONATES. — Le sulfure de carbone se dissout dans la solution des polysulfures alcalins avec production des polysulfocarbonates correspondants. Ces derniers se distinguent des sulfocarbonates ordinaires par leur grande solubilité dans l'alcool. Les solutions aqueuses sont d'un rouge un peu plus sombre; il en est de même des différents précipités que ces solutions forment avec les sels métalliques, et qui paraissent aussi se décomposer plus rapidement [Gélis, *Compt. rend.*, t. LXXXI, p. 282].

Dosage du sulfure de carbone dans les sulfocarbonates alcalins. — Depuis que la fabrication des sulfocarbonates a pris un caractère industriel, il est devenu important de trouver une méthode d'analyse qui permît d'en apprécier facilement le titre.

Delachanal et Mermet ont proposé une méthode qui consiste à décomposer le sulfocarbonate de plomb par l'acide acétique et à recueillir le sulfure de carbone dégagé dans un tube taré renfermant de l'huile d'olive ou de la potasse alcoolique [*Compt. rend.*, t. LXXXI, p. 92].

David et Rommier ont fondé un procédé sur la décomposition des sulfocarbonates sous l'influence de l'acide arsénieux, par une élévation de température : le sulfure de carbone est recueilli et mesuré dans une éprouvette graduée [*Compt. rend.*, t. LXXXI, p. 156].

Suivant Finot et Bertrand, ce dernier procédé serait tout à fait inexact; ils reprochent aussi au procédé de Delachanal et Mermet(1) de donner des résultats trop faibles, le sulfure de carbone n'étant pas complètement absorbé si l'on n'emploie qu'un seul tube à huile; en outre, ce procédé exigerait une manipulation longue et délicate.

Ils proposent de doser le sulfure de carbone par perte de poids, en se basant sur la décomposition subie par le sulfocarbonate de zinc, qui, ainsi que les sulfocarbonates de cuivre et de mercure, se dédouble à 50-60° en sulfure métallique et sulfure de carbone.

Voici le mode opératoire que ces chimistes recommandent :

On introduit dans un ballon en verre léger, de 100 centimètres cubes de capacité, 10gr. du sulfocarbonate à essayer, puis 25 ou 30cc d'eau et 10cc d'une solution concentrée de sulfate de zinc. Le ballon est fermé par un bouchon percé de deux trous : par l'un d'eux passe un tube à ponce imbibée d'acide sulfurique, et par l'autre un petit tube qui peut se fermer à l'aide d'un caoutchouc et d'une pince.

On fait la tare de l'appareil, on l'agite et on chauffe légèrement. Quand le sulfocarbonate s'est transformé entièrement en sulfure de zinc blanc, on ouvre la pince qui fermait l'un des tubes du ballon; on fait passer un courant d'air sec au moyen d'un aspirateur, on laisse refroidir l'appareil et on pèse de nouveau. La perte de poids indique le sulfure de carbone pour 10 grammes du sulfocarbonate analysé [*Ann. Chim. Phys.* (5), t. IX, p. 142].

Dans un mémoire étendu publié récemment [*Ann. Chim. Phys.*, (5), t. XII, p. 82], Delachanal et Mermet décrivent une méthode d'analyse très complète, qui permet de déterminer exactement dans les sulfocarbonates le soufre total et ses divers états (sulfure de carbone, acide hyposulfureux, acide sulfurique, sulfure alcalin, et soufre combiné au sulfocarbonate), à l'aide d'une solution alcaline d'hypobromite de potassium.

Ils proposent en outre un mode spécial de dosage du sulfure de carbone dans les sulfocarbonates, consistant à recueillir le sulfure dégagé par la décomposition du sel cuivrique dans une solution alcoolique de potasse et à titrer le xanthate de potassium produit par la liqueur d'iode. Nous renvoyons pour les détails d'exécution au mémoire précité.

(1) Voyez la réponse de ces derniers, *Ann. Chim. Phys.* (5), t. IX, p. 572.

ÉTHERS SULFOCARBONIQUES. — *Sulfocarbonate d'éthyle* (sulfocarbonyle-disulfodiéthyle),

$$CS(SC^2H^5)^2.$$

— L'action du bromure d'éthyle sur le sulfocarbonate de potassium est très vive. L'éther produit bout à 240°. La potasse alcoolique le dédouble selon l'équation,

$$CS(SC^2H^5)^2 + KOH + C^2H^5OH$$
$$= CO \begin{cases} OC^2H^5 \\ SK \end{cases} + 2C^2H^5SH$$

[Salomon, *Journ. prakt. Chem.*, (2), t. VI, p. 433; *Bull. Soc. chim.*, t. XIX, p. 501].

Sulfocarbonate de butyle, $CS^3(C^4H^9)^2$. — On chauffe à 100-130° de l'iodure de butyle avec du sulfocarbonate de potassium. Le rendement est assez faible à cause d'une réaction secondaire, qui peut être exprimée par l'équation suivante :

$$C^4H^9I + 3H^2O + K^2CS^3$$
$$= HSC^4H^9 + KI + KHCO^3 + 2H^2S.$$

C'est un liquide orangé, bouillant à 285-290°. Ses réactions sont les mêmes que celles des autres éthers sulfocarboniques [Mylius, *Deutsch. chem. Gesellsch.*, 1873, p. 312; *Bull. Soc. chim.*, t. XX, p. 275].

Éthylsulfocarbonate d'éthylène (éther disulféthylènetétrasulfodicarbothionique),

$$\begin{matrix} CH^2\text{-}S\text{-}CS\text{-}SC^2H^5 \\ CH^2\text{-}S\text{-}CS\text{-}SC^2H^5. \end{matrix}$$

— Il se forme par l'action du bromure d'éthylène sur l'éthylsulfocarbonate de potassium. Huile jaune qui n'a pas été obtenue à l'état de pureté [Welde, *Journ. prakt. Chem.* (2), t. XV, p. 43].

Le *di-sulfocarbéthyle*,

$$\begin{matrix} S\text{-}CS\text{-}SC^2H^5 \\ S\text{-}CS\text{-}SC^2H^5, \end{matrix}$$

paraît avoir été obtenu par Salomon dans l'action de l'iode sur l'éthylsulfocarbonate de potassium :

$$2CS \begin{cases} SC^2H^5 \\ SK \end{cases} + I^2 = S^2(CS^2C^2H^5)^2 + 2KI$$

[*Journ. prakt. Chem.* (2), t. XV, p. 51].

RÉACTIONS GÉNÉRALES DES ÉTHERS SULFOCARBONIQUES. — Les réactions des éthers sulfocarboniques permettent de leur attribuer les caractères généraux suivants :

Les éthers qui renferment du carbonyle fournissent, par l'action de la potasse, de l'acide carbonique, et autant de molécules de mercaptan qu'il y a d'atomes de soufre dans la combinaison; tandis que les éthers, renfermant le radical sulfocarbonyle CS, produisent de l'éthylthiocarbonate de potassium,

$$CO \begin{cases} OC^2H^5 \\ SK \end{cases}$$

et 1 ou 2 molécules de mercaptan, si la combinaison renferme du soufre extraradical (le groupe thio).

L'action de l'ammoniaque conduit à une loi analogue. Le soufre du radical passe dans la nouvelle combinaison, tandis que le soufre du groupe alcoolique s'élimine à l'état de mercaptan.

Wiedemann a déterminé les indices de réfraction du carbonate d'éthyle et des sulfocarbonates éthyliques, à la température de 18°,2, pour les raies du lithium, du sodium et du thallium :

	Li.	Na.	Tl.
$CO(OC^2H^5)^2$	1,3837	1,3858	1,3876
$CO\left\langle\begin{matrix}OC^2H^5\\SC^2H^5\end{matrix}\right.$	1,4479	1,4513	1,4544
$CO(SC^2H^5)^2$	1,5168	1,5237	1,5287
$CS(OC^2H^5)^2$	1,4563	1,4601	1,4632
$CS\left\langle\begin{matrix}OC^2H^5\\SC^2H^5\end{matrix}\right.$	1,5304	1,5370	1,5431
$CS(SC^2H^5)^2$	1,6105	1,6210	

Les conclusions sont faciles à tirer. La principale est que, dans tous les cas, l'indice de réfraction augmente lorsque 1 atome de soufre se substitue à 1 atome d'oxygène, et cela d'autant plus, qu'il y a déjà une plus grande quantité de soufre dans la combinaison [*Journ. prakt. Chem.* (2), t. VI, p. 453; *Bull. Soc. chim.*, t. XIX, p. 551].

11° Oxysulfure de carbone.

Ce gaz, découvert par Than, se produit par l'action de l'anhydride carbonique sur le soufre bouillant : $2CO^2 + 3S = 2COS + SO^2$ [Cossa, *Deutsch. chem. Gesellsch.*, 1868, p. 187; *Bull. Soc. chim.*, t. XI, p. 137; — Chevrier, *Compt. rend.*, t. LXIX, p. 138]. Il prend naissance par l'action de l'anhydride sulfurique sur le sulfure de carbone, à la température du bain-marie,

$$CS^2 + 3SO^3 = COS + 4SO^2$$

[Armstrong, *Deutsch. chem. Gesellsch.*, 1869, p. 712].

Il se forme aussi par l'action du sulfure de carbone sur l'urée, à 110°; sur l'oxamide à 200°. L'acide thiacétique, chauffé à 300°, donne naissance à une certaine quantité d'oxysulfure de carbone [A. Ladenburg, *Même recueil*, 1868, p. 273; 1869, p. 53, 271; *Bull. Soc. chim.*, t. XII, p. 254].

Ainsi que l'a indiqué Than, le soufre se combine rapidement avec l'oxyde de carbone, pour former de l'oxysulfure au rouge sombre.

Un moyen très commode pour préparer rapidement de l'oxysulfure, exempt de sulfure de carbone, consiste à décomposer l'éthylthiocarbonate de potassium par l'acide chlorhydrique étendu,

$$CO\left\langle\begin{matrix}OC^2H^5\\SK\end{matrix}\right. + HCl = COS + C^2H^6O + KCl;$$

le gaz produit, lavé à l'eau, est entièrement pur [Salomon, *Journ. prakt. Chem.* (2) t. V, p. 476; *Bull. Soc. chim.*, t. XVIII, p. 228].

Pour débarrasser l'oxysulfure de carbone, préparé par la méthode ordinaire, du sulfure de carbone qu'il renferme, il faut le faire passer à travers un tube en U rempli de morceaux de caoutchouc non vulcanisé et refroidi de — 18° à — 23° [Bender, *Ann. Chem. Pharm.*, t. CXLVIII, p. 137; *Bull. Soc. chim.*, t. XII, p. 256].

L'oxysulfure de carbone est absorbé rapidement par une solution alcoolique de potasse, avec formation d'éthylthiocarbonate de potassium :

$$COS + C^2H^5.OK = CO\left\langle\begin{matrix}OC^2H^5\\SK.\end{matrix}\right.$$

La potasse aqueuse l'absorbe avec une vitesse bien plus grande que la vapeur de sulfure de carbone mêlée avec l'air ou un autre gaz, bien que l'absorption soit toujours assez lente.

L'alcool absolu et les carbures liquides le dissolvent en grande quantité [Berthelot, *Ann. Chim. Phys.* (4), t. XXVI, p. 470].

L'oxysulfure de carbone est absorbé vivement par une solution aqueuse concentrée d'ammoniaque; le liquide se colore en jaune; il renferme du sulfure et du carbonate d'ammonium, et laisse, par l'évaporation, un résidu d'urée. Cette décomposition ne s'effectue qu'après un repos prolongé ou sous l'influence de la chaleur. La solution ammoniacale, saturée à 0°, ne renferme ni carbonate, ni sulfure d'ammonium; mais, par une élévation de température, le thiocarbonate d'ammonium produit se décompose d'une part en urée et hydrogène sulfuré; d'autre part, par fixation d'eau, en acide carbonique et sulfure d'ammonium.

Cette dernière décomposition est très secondaire lorsqu'on traite la solution saturée d'oxysulfure de carbone à 0° immédiatement par l'hydrate ou le carbonate de plomb, sans faire intervenir la chaleur; on obtient alors, comme produit principal, une quantité notable d'urée [E. Schmidt, *Deutsch. chem. Gesellsch.*, 1877, p. 191; *Bull. Soc. chim.*, t. XXVIII, p. 160].

L'oxysulfure de carbone ne se combine pas à la triéthylphosphine; mais la moindre trace de sulfure de carbone, mêlée avec ce gaz, donne naissance à la combinaison rouge caractéristique [A. W. Hofmann, *Deutsch. chem. Gesellsch.*, 1869, p. 73; *Bull. Soc. chim*, t. XII, p. 255].

Nous devons ajouter que les prévisions de Kolbe, relativement à l'existence de deux oxysulfures de carbone différents, dont l'un serait (CO)S et l'autre (CS)O [*Journ. prakt. Chem.* (2), t. IV, p. 381; *Bull. Soc. chim.*, t. XVII, p. 207], n'ont pas été confirmées, ainsi qu'il fallait s'y attendre, par les recherches entreprises dans ce but, par Salomon [*Mém. cité*].

12° Chlorosulfures de carbone.

Dichlorosulfure de carbone, $CSCl^2$. — Ce composé a été signalé par Kolbe comme résultant de l'action du chlore sur le sulfure de carbone et décrit comme un liquide bouillant à 70°. Mais il résulte des recherches de Rathke que le chlorosulfure $CSCl^2$ ne se forme qu'en très petite quantité dans cette réaction, et que le liquide bouillant vers 70° renferme principalement du sulfure et du tétrachlorure de carbone.

Le dichlorosulfure de carbone ne se forme pas non plus par l'action du pentachlorure de phosphore sur le sulfure de carbone, ou du pentasulfure sur le tétrachlorure de carbone. La seule méthode qui permette de le préparer sûrement consiste dans la soustraction de chlore au chlorosulfure $CSCl^4$, à l'aide de la poudre d'argent (argent réduit du chlorure par le zinc); on n'évite cependant pas la formation de produits secondaires. Voici comment il convient d'opérer :

On ajoute de la poudre d'argent par petites portions et en refroidissant, au tétrachlorosulfure de carbone maintenu en léger excès, et on distille au bain de sable. Le produit brut est lavé à l'eau, séché et distillé. La majeure partie passe entre 70 et 74°; mais il est impossible d'arriver par la distillation fractionnée à un point d'ébullition fixe, et à éliminer les dernières traces du chlorure CCl^4.

Le dichlorosulfure de carbone ainsi obtenu se présente à l'état d'un liquide mobile, d'un rouge vif, doué d'une odeur suffocante, rappelant celle du phosgène. Il se décompose à l'air humide, en répandant des fumées.

Conservé pendant plusieurs mois à la lumière, il se transforme en un polymère solide, se déposant par le refroidissement en cristaux volumineux et incolores, entièrement exempts de tétrachlorure de carbone qui reste dans les eaux mères. Ce polymère offre très sensiblement la composition $n(CSCl^2)$. Son odeur est faible; il est inaltérable à l'air, fusible à 112°,5, et se volatilise notablement avec la vapeur d'eau. Chauffé à 180°, il se transforme en chlorosulfure liquide. Le sulfite de potassium qui se combine instantanément avec ce dernier, est sans action sur le chlorosulfure solide.

Les alcalis décomposent le dichlorosulfure de carbone en donnant du carbonate, du sulfure et du chlorure alcalin. Par l'action de l'ammoniaque, il se produit aussi du sulfocyanate d'ammonium.

Le dichlorosulfure de carbone réagit sur le sulfite de potassium, plus vivement même que le tétrachlorosulfure, en donnant naissance au même produit, l'acide sulfométhine-trisulfonique:

$$CSCl^2 + 2K^2SO^3 + HKSO^3 = C(SO^3K)^3SH + 2KCl.$$

Sa solution alcoolique se décolore à l'ébullition et laisse déposer, par l'addition d'eau, une huile jaunâtre, sans doute

$$CSClOC^2H^5 \quad \text{ou} \quad CS(OC^2H^5)^2.$$

Il transforme l'aniline, si l'on évite un excès de cette dernière, en phénysulfocarbimide. Cette réaction est si sensible qu'elle permet de déceler les moindres traces du chlorosulfure.

Chauffé en vase clos avec de la diphénylsulfo-urée, il la transforme en phénylsulfocarbimide :

$$CS(AzH.C^6H^5)^2 + CSCl^2 = 2CSAzC^6H^5 + 2HCl.$$

Il convertit avec la même facilité l'éthylamine dissoute dans l'eau en éthylsulfocarbimide [Rathke, *Ann. Chem. Pharm.*, t. CLXVII, p. 204; *Bull. Soc. chim.*, t. XX, p. 264, 377].

Il change l'acide amidobenzoïque en sulfocarbimide benzoïque et en acide sulfo-urée benzoïque. L'action sur la benzamide est très complexe; si elle a lieu en vase clos, elle donne naissance à une certaine quantité de dibenzamide [Rathke et Schaefer, *Liebig's Ann. Chem.*, t. CLXIX, p. 101; *Bull. Soc. chim.*, t. XXI, p. 462].

Il réagit sur la benzine et s'unit à l'amylène [Rathke, *Zeitsch. Chem.*, 1870, p. 57; *Bull. Soc. chim.*, t. XII, p. 424].

Tétrachlorosulfure de carbone (méthylmercaptan perchloré), $CSCl^4 = CCl^3\text{-}SCl$. — On dirige un courant de chlore dans du sulfure de carbone contenant un peu d'iode (0,2 %). Le produit de la réaction est versé dans de l'eau et bouilli pendant 2 à 3 heures pour détruire le chlorure de soufre. On filtre à travers une toile, pour séparer le soufre, et l'on distille au bain-marie pour éliminer le sulfure et le tétrachlorure de carbone. Le résidu est séché sur du chlorure de calcium et distillé à feu nu jusqu'à ce que le thermomètre, plongé dans le liquide, marque 175°. On traite le produit de la distillation par l'eau, pour décomposer un peu de chlorure de soufre formé, et l'on rectifie. 1 kilogr de sulfure de carbone donne 320 gr. de tétrachlorosulfure.

Le tétrachlorosulfure de carbone se forme aussi par l'action prolongée d'un mélange d'acide chlorhydrique et de peroxyde de manganèse sur le sulfure de carbone; mais il est accompagné alors par une grande quantité de chlorure trichloro-méthylsulfureux.

Le tétrachlorosulfure de carbone est un liquide d'un jaune d'or, doué d'une odeur intense et très désagréable, attaquant fortement les yeux et les organes de la respiration. Il bout à 146,5-148°. Densité à 12°,8 = 1,712.

Chauffé en vase clos à 200°, il se détruit totalement, en donnant du chlorure de soufre.

L'argent réduit le transforme en dichlorosulfure. Le zinc en copeaux réagit à 160° avec production de soufre, de chlorure de zinc, de tétrachlorure et de sulfure de carbone; il ne se forme que très peu de dichlorosulfure.

L'eau le décompose entièrement à 160° :

$$CCl^4S + 2H^2O = CO^2 + 4HCl + S.$$

La même décomposition a lieu, plus lentement, par l'humidité de l'air. La potasse agit de même. Par l'action de l'ammoniaque, il se produit en outre du sulfocyanate d'ammonium et du persulfocyanogène.

L'acide azotique d'une densité de 1,2 transforme peu à peu le tétrachlorosulfure en chlorure trichlorométhylsulfonique. Le sulfite de potassium produit le sel de potassium de l'acide sulfométhine-trisulfonique.

Il réagit sur l'aniline en donnant naissance à de l'anilide perchlorométhylmercaptique :

$$CCl^3\text{-}SCl + 2AzH^2C^6H^5 = CCl^3\text{-}SAzHC^6H^5 + AzH^2C^6H^5.HCl;$$

si l'aniline est en excès, on obtient comme produit principal de la triphénylguanidine [Rathke, *Ann. Chem. Pharm.*, t. CLXVII, p. 195; *Bull. Soc. chim.*, t. XV, p. 39; t. XX, p. 264, 377].

Hexachlorosulfure de carbone,

$$C^2S^2Cl^6 = S\left(C < {Cl^2 \atop SCl}\right)^2 \quad \text{ou} \quad {CCl^3\text{-}S \atop CCl^3\text{-}S} > S.$$

— Ce composé se trouve dans le résidu de la distillation du précédent. On l'obtient en arrêtant la distillation à 175°, traitant le résidu par du bisulfite de potassium, et faisant cristalliser le liquide par le refroidissement.

Il cristallise dans l'alcool en prismes aplatis, incolores et brillants, fusibles à 57°,4, et se décomposant par la distillation. Il reste facilement en surfusion; son odeur est faible. Il est plus soluble dans l'alcool chaud que froid, soluble dans l'éther et le sulfure de carbone [Rathke, *Ann. Chem. Pharm.*, t. CLXVII, p. 209; *Bull. Soc. chim.*, t. XX, p. 266]. J. Tcherniac.

CARBONÉINES. — Baeyer a donné ce nom à des composés analogues aux phtaléines qui résultent de la fixation, avec élimination d'eau, de l'anhydride carbonique sur les phénols. Exemple :

$$\underset{\text{Résorcine.}}{2C^6H^6O^2} + CO^2 = 2H^2O + \underset{\text{Résorcine-carbonéine.}}{C^{13}H^8O^4}.$$

CARBONÉS (ACIDES) (Syn. *Carboxylés [acides]*). — Par ce nom on désigne les acides contenant une ou plusieurs fois le radical carboxyle CO^2H.

CARBOTHIACÉTONINE, $C^{10}H^{18}Az^2S^2$. — Staedler a obtenu le sulfhydrate de cette base faible en traitant l'acétone par le sulfure de carbone et l'ammoniaque aqueuse (voy. t. I, p. 34). D'après Mulder, on obtient ce même composé en soumettant l'acétone à l'action du thiosulfocarbamate d'ammonium. Le sulfhydrate de carbothiacétonine est un corps cristallin jaune, peu stable, insoluble dans l'eau, soluble dans l'alcool et l'acétone. A la température ordinaire, il dégage de l'acide sulfhydrique et du sulfure de carbone. L'acide chlorhydrique chaud le convertit en chlorhydrate d'acétonine :

$$C^9H^{18}Az^2.2HCl + H^2O;$$

en même temps il se forme un composé cristallisé en aiguilles jaunes. L'acide sulfurique le dissout avec une couleur jaune, et l'eau sépare une matière gluante de cette solution. Chauffé avec du chlorure ferrique, il fournit du sulfocyanate de fer; la potasse le décompose en donnant de l'acide sulfocyanique. Sa solution alcoolique donne avec le chlorure mercurique un précipité blanc, et avec l'acétate de plomb un précipité rouge, qui finissent par devenir noirs [E. Mulder, *Ann. Chem. Pharm.*, t. CLXVIII, p. 228].

CARBOTHIALDINE. $C^5H^{10}Az^2S^2$. (voy. t. I, p. 768). — Mulder a obtenu ce composé en traitant le thiosulfocarbamate d'ammonium par l'aldéhyde acétique. Il lui a donné le nom de *thiosulfocarbamate de diéthylidène-ammonium*, et lui assigne la constitution

$$CS \begin{cases} AzH^2 \\ SAz(C^2H^4)^2 \end{cases}$$

(voyez t. III, p. 88).

La solution alcoolique de la carbothialdine donne, avec les sels de cuivre, un précipité vert, avec l'azotate d'argent, un précipité verdâtre qui se convertit rapidement en sulfure d'argent, et avec le sublimé corrosif un précipité jaunâtre.

La carbothialdine oxydée par le permanganate de potassium fournit de l'aldéhyde, de l'acide acétique, de l'acide cyanhydrique, de l'acide sulfurique et du gaz carbonique (Guareschi). Traitée par le chlorure ferrique à une douce température, elle donne du sulfocyanate de fer, à l'ébullition du sulfure de fer. Traitée par le chlorure ferrique en solution chlorhydrique ou par le chlore, elle se transforme en *disulfure sulfocarbamique* ou *hydranzothine* de Zeise. D'après Guareschi, ces transformations, dans lesquelles il ne se forme pas d'acide sulfoné, parlent en faveur de la formule proposée pour la carbothialdine par Mulder [J. Guareschi, *Gazz. chim. ital.*, t. VIII, p. 246]. M. Wassermann.

CARBOVALÉRALDINE, $C^{11}H^{22}Az^2S^2$. — Cette base est un homologue supérieur de la carbothialdine. Elle dérive de l'aldéhyde valérique (voyez t. III, p. 617).

CARBOXYCINCHONIQUE (ACIDE). — Voyez CINCHONINE, Suppl.

CARBOXYLE. — On a donné ce nom au groupe monoatomique

$$CO^2H = O{=}C{-}OH,$$

contenu dans la plupart des corps organiques doués de propriétés acides. Ces acides portent le nom d'acides *carboxylés* ou *carbonés*, et le nombre des groupes CO^2H détermine leur basicité.

CARBOXYLIQUE (ACIDE). — Voyez RHODIZONIQUE (ACIDE), t. II, p. 1359.

CARBOXYTARTRONIQUE (ACIDE). — Il aurait pour formule $C(OH)(CO^2H)^3$. — Gruber admet son existence dans un sel de sodium de la formule $C^4H^2Na^2O^7 + 3H^2O$, qu'il a obtenu en neutralisant par du carbonate sodique le produit de l'action du gaz azoteux sur l'acide protocatéchique en solution éthérée.

Ce sel de sodium, à peine soluble dans l'eau, est très peu stable; il dégage déjà de l'acide carbonique au-dessous de 100°, et se dédouble à 200° quantitativement en gaz carbonique, et tartronate de sodium.

$$C^4H^2Na^2O^7 = CO^2 + C^3H^2Na^2O^5.$$

L'acide carboxytartronique n'a pu être isolé de son sel sodique; au moment où on le met en liberté à l'aide d'un autre acide, il se dédouble avec dégagement de gaz carbonique [Max Gruber, *Deutsch. chem. Gesellsch.*, 1879, p. 514; *Bull. Soc. chim.*, t. XXXII, p. 537].

CARBYLAMINES [Syn. *Éthers isocyanhydriques*]. — Voyez t. I, p. 1061, et Suppl. CYANHYDRIQUES (ÉTHERS).

CARLIQUE (ACIDE). — La racine d'*Atractylis gummifera* renferme le sel potassique de cet acide, en même temps que celui de l'acide atractylique. On obtient le sel potassique en épuisant par l'eau la racine préalablement extraite par l'alcool, et on le purifie par le noir animal et par précipitation répétée de la solution aqueuse concentrée par l'alcool. Le sel de potassium est en aiguilles blanches, qui fondent lorsqu'on les chauffe dans l'alcool concentré.

L'acide carlique est en cristaux microscopiques solubles dans l'eau, l'alcool et l'éther. Son sel de potassium précipite les sels d'argent [Lefranc, *Journ. de Pharm.* (4), t. X, p. 325].

CARMENITE (Min.). — Variété de chalcosine mélangée de covelline, de l'île de Carmen, golfe de Californie.

CARMIN. — Depuis la rédaction de l'article CARMIN, nos connaissances sur la fabrication industrielle de ce produit se sont à peine accrues.

Laques de carmin. — Ces laques sont préparées avec une solution de cochenille et ne peuvent l'être avec le carmin; car il paraît que la matière animale contenue dans l'insecte joue un certain rôle dans sa formation. Voici deux recettes pour obtenir ces laques; nous les devons à Crace-Calvert [*Monit. scientif.*, 1872, p. 26].

1° On fait bouillir 450 gr. de cochenille avec 10 litres d'eau auxquels on a ajouté 32 gr. d'alun. Le liquide est maintenu à l'ébullition durant trois minutes, puis abandonné au repos; au bout de plusieurs jours, on obtient environ 32 gr. de laque; on peut substituer la crème de tartre à l'alun.

2° On fait bouillir pendant trois heures 1 kgr. de cochenille en poudre dans 150 litres d'eau, on ajoute 100 gr. de salpêtre; on fait encore bouillir et on laisse déposer. La liqueur claire étant décantée et abandonnée au repos, on recueille, au bout de plusieurs semaines, la laque qui s'est précipitée.

COCHENILLE. — La cochenille a trouvé des concurrents très sérieux dans certaines matières colorantes artificielles qui peuvent la remplacer dans la teinture et l'impression de la laine et de la soie. Bien qu'on en fasse encore une grande consommation, son importance a cependant beaucoup diminué.

En 1876, on a commencé à substituer à la cochenille l'éosine soit seule, soit mélangée à des matières colorantes jaunes. Comme l'éosine teint en bain acide, on pouvait obtenir les nuances jaunes très facilement; les meilleurs effets ont été obtenus avec les fluorescéines bromonitrées. Ces matières colorantes artificielles ont l'avantage de teindre très facilement la laine, avec addition dans le bain d'une certaine quantité d'alun ou de crème de tartre, sans qu'on soit obligé, comme avec la cochenille, de mordancer d'abord avec les sels d'étain, ce qui est toujours préjudiciable à la fibre. De plus, les teintures faites avec les éosines résistent très bien aux acides, qui bleuissent la cochenille. A la lumière, elles sont assez stables, mais inférieures à la cochenille; elles paraissent aussi résister moins au foulon. Une concurrence encore plus sérieuse est faite à la cochenille par les ponceaux brevetés en 1878 par Meister, Lucius et Brünning de Hœchst, et qui ont déjà reçu une application très étendue. On les obtient par l'action des dérivés disulfoconjugués du β-naphtol sur divers composés diazoïques, notamment ceux de la xylidine. Ces matières colorantes, dont le prix est relativement assez élevé, ne le cèdent en rien aux teintures faites avec la cochenille, sous le rapport de la nuance et de la solidité.

On a proposé différentes méthodes nouvelles pour reconnaître la valeur commerciale de la cochenille, valeur qui est très variable.

Merrick [*Americ. Journ. Pharm.*, 1871, p. 502] propose de titrer les solutions avec une liqueur dosée de permanganate. 2 à 3 gr. de la cochenille à essayer sont pulvérisés très finement et soumis à l'ébullition avec 75^{cc} d'eau durant une heure; la solution est filtrée, étendue à 200^{cc}. A une certaine quantité mesurée de cette liqueur, on ajoute une solution titrée de permanganate de potassium jusqu'à ce que la coloration de la solution reste faiblement rose, et l'on compare les résultats obtenus avec ceux que donnent des échantillons-types.

Löwenthal [*Zeitschr. analyt. Chem.*, 1877, p. 179] a modifié ainsi ce procédé : 2 gr. de cochenille sont épuisés à l'ébullition, durant une heure, avec 1500 gr. d'eau et la solution est passée à travers un tamis très fin. On fait bouillir le résidu avec un litre d'eau durant trois quarts d'heure encore; les solutions sont réunies et ramenées à 2 litres. On en prélève 100^{cc}, auxquels on ajoute du carmin d'indigo, une quantité d'acide suffisante et assez d'eau pour faire 750^{cc} à 1 litre de liquide, et l'on titre avec une solution de permanganate.

De la quantité employée, on déduit celle exigée par l'indigo; la différence est proportionnelle à la valeur de la cochenille.

Les méthodes le plus ordinairement usitées pour déterminer le pouvoir colorant de la cochenille consistent à traiter comparativement l'échantillon à essayer et un échantillon-type par l'alcool ou par une dissolution d'alun. Les solutions ainsi obtenues sont observées au colorimètre. Par addition d'eau à l'une d'elles, on ramène les liquides à la même nuance : la quantité d'eau ajoutée permet de calculer la valeur relative de la cochenille.

On peut aussi teindre deux morceaux de laine de la même grandeur dans deux bains composés d'après l'une des recettes suivantes, l'un des bains étant formé avec l'échantillon de cochenille à analyser, l'autre avec le type :

	gr.		gr.
Eau	1250	Eau	1250
Crème de tartre	2	Crème de tartre	0,75
Composit. d'étain	2	Alun	1,50
Cochenille	1	Cochenille	1 »
Ce bain donne une teinte écarlate.		Teinte cramoisie.	

Pohl [*Dingler's polyt. Journ.*, t. CLXVI, p. 229] a proposé le procédé suivant pour distinguer les extraits ou les pâtes de cochenille des laques : On agite une certaine quantité de la substance à essayer avec environ vingt fois son volume d'eau et l'on filtre. Si la solution est incolore, on a affaire à une laque; si elle est colorée plus ou moins en rouge, elle peut être aussi bien une laque qu'un extrait. On fait bouillir une moitié de la solution et l'on filtre; la laque, qui n'était qu'en suspension dans le liquide, se dépose et reste sur le filtre, tandis que la coloration produite par les extraits persiste, ces matières étant solubles.

Il arrive quelquefois que les étoffes teintes avec la cochenille montrent des taches noires. On attribuait la formation de ces taches à la présence du fer, mais Guignet [*Bull. Soc. chim.*, t. XVIII, p. 102] a trouvé qu'elles provenaient du carminate de calcium qui forme une poudre noire, insoluble dans l'eau. Ce sel est soluble sans décomposition, avec une coloration rouge, dans l'acide acétique, et reste à l'état de poudre noire par évaporation.

Acide carminique. — On sait, par les travaux de Hlasiwetz et Grabowsky (t. I, p. 770), que cet acide est un glucoside qui se dédouble par les acides bouillants en sucre et *rouge de carmin*. Celui-ci, fondu avec 3 p. de potasse, fournit une matière cristallisée, la *coccinine*, et en outre les acides acétique, oxalique et succinique.

Coccinine, $C^{16}H^{12}O^5$ (?). — Elle cristallise dans l'alcool faible en lamelles jaunes, insolubles dans l'eau, très solubles dans l'alcool, moins solubles dans l'éther. L'acide sulfurique est coloré en jaune par la coccinine; la chaleur ou une petite quantité de peroxyde de manganèse font virer la coloration au bleu indigo, l'amalgame de sodium au vert. Les alcalis et l'ammoniaque s'unissent à la coccinine en formant des solutions jaunes qui passent à l'air au vert, au violet, enfin au pourpre. L'acétate de plomb donne avec la solution alcoolique de coccinine un précipité jaunâtre qui se colore en violet à l'air.

Liebermann et Dorp regardent la coccinine comme de la ruficoccine hydrogénée, c'est-à-dire, comme une hydroquinone; en effet, la solution alcaline de ce corps qui est jaune se change à l'air, d'abord en vert et ensuite en violet, enfin en rouge pourpre; la solution alcaline est colorée en rouge par le perchlorure de fer. Mais ces chimistes n'ont pu transformer ni la ruficoccine, ni le ruficarmin, par réduction avec de l'amalgame de sodium ou par fusion avec la potasse en coccinine.

Acide nitrococcusique ou *nitrococcique*,

$$C^8H^5(AzO^2)^3O^3.$$

— Cet acide, que Warren de la Rue a obtenu dans l'oxydation de l'acide carminique par l'acide nitrique, a été étudié depuis par C. Liebermann et van Dorp [*Deutsch. chem. Gesellsch.*, 1871, p. 655; *Ann. Chem. Pharm.*, t. CLXIII, p. 95; *Bull. Soc. chim.*, t. XVI, p. 376].

On le prépare très facilement en introduisant lentement le carmin pulvérisé dans l'acide azotique d'une densité de 1,37; lorsque la solution est complète, on évapore; le résidu se solidifie et est formé d'un mélange d'acide oxalique et d'acide nitrococcique qui peuvent être séparés par des cristallisations dans l'eau additionnée d'acide azotique; l'acide oxalique reste en solution. L'acide nitrococcique pur forme de grandes lamelles brillantes.

Chauffé à 180° avec de l'eau, cet acide est décomposé; à l'ouverture des tubes il se dégage de l'acide carbonique, tandis qu'il reste une huile jaune, se solidifiant lentement. Par cristallisation dans l'eau, on sépare une petite quantité d'acide nitrococcique non décomposé, tandis qu'il se dépose par évaporation de ce dissolvant du trinitrocrésol $C^7H^4(AzO^2)^3OH$ en longues aiguilles jaunes, fusibles à 104°. Les propriétés de ce corps coïncident avec celles indiquées par Duclos [*Ann. Chem. Pharm.*, t. CIX, p. 135; *Rép. chim. pure*, 1859, p. 338], et par Beilstein et Kellner [*Ibid.*, t. CXXVIII, p. 164], pour le trinitrocrésol du crésol retiré du goudron de houille.

La décomposition de l'acide nitrococcique par l'eau est représentée par l'équation

$$C^8H^5(AzO^2)^3O^3 = C^7H^4(AzO^2)^3OH + CO^2.$$

Il se forme les mêmes produits de décomposition lorsqu'on chauffe l'acide nitrococcique avec de l'acide chlorhydrique fumant à 180°, sans qu'il y ait substitution de l'hydrogène par du chlore.

D'après ces réactions, on peut conclure que l'acide nitrococcique est un acide trinitrocrésotique.

Ruficoccine $C^{16}H^{10}O^6$. — Le carmin se dissout dans l'acide sulfurique froid, mais, lorsqu'on élève la température, la couleur de la solution passe au violet à 125°; par la dilution, il se forme un précipité insoluble dans l'eau. On chauffe la solution sulfurique durant deux à trois heures à 130-140°. On lave le produit brut à l'eau, on le sèche et on l'épuise à différentes reprises par de l'alcool bouillant. La solution alcoolique, qui est rouge-brun avec une fluorescence jaune, laisse après évaporation la ruficoccine à l'état de poudre brune, qu'on purifie par des lavages à l'eau jusqu'à ce que celle-ci ne dissolve plus rien, et ensuite par cristallisations dans l'alcool. On peut obtenir, avec le carmin, 10 % de ce corps; il reste environ 30 % d'un résidu insoluble dans l'alcool, qui se dissout dans l'acide sulfurique ou dans la soude avec une coloration violette. La ruficoccine est insoluble dans l'eau à froid, peu soluble à chaud; elle est peu soluble dans l'éther, qui prend une fluorescence vert-jaunâtre; l'alcool en dissout davantage. Les alcalis la dissolvent en rouge et les acides précipitent de cette solution des flocons jaunes; l'acide sulfurique concentré la dissout avec une coloration violette.

Chauffé, ce corps dégage des vapeurs rouges et se sublime en très petite quantité. Lorsqu'on le chauffe en tubes scellés à 200°, il se dissout entièrement et se dépose par refroidissement sous forme de longues et fines aiguilles qui remplissent le tube; à 215°, on l'obtient par contre en aiguilles épaisses jaune-orange. Le sel de calcium se prépare en dissolvant la ruficoccine dans l'ammoniaque, précipitant par le chlorure de calcium et chassant l'excès d'ammoniaque par un courant d'acide carbonique. Il forme des flocons violets de la formule

$$C^{16}H^{8}CaO^{6},$$

lesquels, après dessiccation, sont presque noirs.

Par ses propriétés et sa formation, la ruficoccine est à la matière colorante de la cochenille, ce que la rufiopine est à l'acide opianique ou l'acide rufigallique à l'acide gallique. De plus, Liebermann et van Dorp ont pu, en traitant la ruficoccine par de la poudre de zinc, obtenir un carbure $C^{16}H^{12}$ analogue à l'anthracène qui a été caractérisé par son point de fusion, sa transformation en quinone. Ces faits ont permis a ces chimistes de donner une formule de constitution de la matière colorante du carmin.

Le carbure se forme d'après la réaction :

$$C^{16}H^{10}O^{6} - O^{6} + H^{2} = C^{16}H^{12}$$

L'acide nitrococcique étant de l'acide trinitrocrésotique $CH^{3}\text{-}C^{6}(AzO^{2})^{3}(OH)\text{-}CO^{2}H$, la matière colorante du carmin doit contenir des groupes méthyliques directement soudés au noyau aromatique. L'acide sulfurique agirait comme oxydant dans la préparation de la ruficoccine, et il se formerait d'abord un acide oxycrésotique $(CH^{3})\text{-}C^{6}H^{2}(OH)^{2}\text{-}CO^{2}H$. 2 molécules de ce corps, en se soudant avec perte d'eau, engendreraient un composé qui diffère de la ruficoccine par H^{2} en plus :

$$2(C^{8}H^{8}O^{4}) - 2H^{2}O = C^{16}H^{12}O^{6}.$$

On rappelle que 2 molécules d'acide gallique entrent dans la constitution de 1 molécule d'acide rufigallique. La constitution de la matière colorante de la cochenille, ainsi que la formation de la ruficoccine, seraient donc exprimées d'après ces chimistes par les équations suivantes :

$$2C^{6}H^{2}\begin{cases}(OH)^{2}\\ CH^{3}\\ COOH\end{cases} - 2H^{2}O = C^{14}H^{2}O^{2}\begin{cases}(OH)^{4}\\ (CH^{3})^{2}\end{cases}$$

$$C^{14}H^{2}O^{2}(OH)^{4}<\begin{matrix}CH^{3}\\ CH^{3}\end{matrix} + O$$

$$= C^{14}H^{2}O^{2}(OH)^{4}<\begin{matrix}CH^{2}\\ |\\ CH^{2}\end{matrix} + H^{2}O$$

Ruficoccine.

$$C^{14}H^{2}O^{2}(OH)^{4}<\begin{matrix}CH^{2}\\ |\\ CH^{2}\end{matrix} - O^{6} + H^{2} = C^{14}H^{8}<\begin{matrix}CH^{2}\\ |\\ CH^{2}\end{matrix}$$

Carbure $C^{16}H^{12}$.

Ruficarmin, $C^{16}H^{12}O^{2}$. — Cette substance se forme lorsqu'on chauffe à 200° le rouge de carmin avec de l'eau dans des tubes scellés. Le carminate de plomb est décomposé par l'acide sulfurique dilué, et le liquide filtré est maintenu en ébullition durant assez longtemps, au réfrigérant ascendant; l'excès d'acide sulfurique est éliminé par du carbonate de plomb, et la solution filtrée et un peu évaporée est chauffée à 200°. Le liquide se décolore, devient jaune, en même temps qu'il se forme un corps résineux; celui-ci se distingue du rouge de carmin par son insolubilité dans l'eau, de la ruficoccine par sa grande solubilité dans l'alcool. Pour le purifier, on le dissout dans l'éther qui, par évaporation, laisse des croûtes brunes; celles-ci sont reprises par de l'alcool et la solution est décomposée par de l'eau à laquelle on ajoute un peu d'acide chlorhydrique; il se précipite une belle poudre cramoisie. Par réduction avec du zinc, il se forme une très petite quantité d'un hydrocarbure. A. Kopp.

CARMINIQUE (ACIDE). — Voyez Carmin.

CARMINSPATH (Min.). — Voyez Carménite.

CARNAUBA (CIRE DE). Voy. t. I, p. 926. — Elle est fournie par le palmier *Copernicia cerifera*, et fond à 84°.

Bérard a trouvé dans cette cire de l'acide cérotique fusible à 77°, que l'on peut en extraire par l'alcool; la partie insoluble dans ce dissolvant fond à 86° et fournit par saponification un alcool fusible à 88° et un autre fusible à 75° [Berard, *Bull. Soc. chim.*, t. IX, p. 41].

Parmi les produits de saponification de la cire, Story-Maskelyne a rencontré l'alcool mélissique $C^{30}H^{62}O$ (ou peut-être $C^{31}H^{64}O$), cristallisant en lamelles fusibles à 88°, et en outre de petites quantités d'autres principes difficiles à séparer [*Bull. Soc. chim.*, t. XII, p. 382].

CARNINE, $C^{7}H^{8}Az^{4}O^{3}$. — Corps doué de propriétés basiques, retiré par Weidel de l'extrait de viande américain, qui en contient environ 1 %. Schützenberger l'a rencontré dans l'eau de levûre. Voici le mode de préparation : l'extrait de viande, dissous dans 6 à 7 p. d'eau tiède, est précipité par l'eau de baryte concentrée, dont on évite d'employer un excès, et le liquide filtré est précipité complètement par le sous-acétate de plomb. Le dépôt brun-clair est comprimé et épuisé à plusieurs reprises par de petites quantités d'eau bouillante qui dissout une combinaison plombique de la carnine; les décoctions aqueuses étant réunies et traitées à l'ébullition par l'hydrogène sulfuré, un obtient quelquefois par évaporation un dépôt cristallin de carnine. Dans tous les cas, on additionne le liquide de nitrate d'argent, on lave le précipité à l'eau, on le débarrasse du chlorure d'argent par une digestion avec l'ammoniaque et on le décompose au sein de l'eau bouillante par l'hydrogène sulfuré; la liqueur fournit alors par évaporation, au besoin après un traitement au charbon animal qui entraîne des pertes, des mamelons blancs formés de cristaux microscopiques, irréguliers.

La carnine est très peu soluble dans l'eau froide; insoluble dans l'alcool et l'éther; saveur amère, réaction neutre. Elle renferme $C^{7}H^{8}Az^{4}O^{3} + H^{2}O$ et perd son eau de cristallisation à 100-110°. L'acétate neutre de plomb ne la précipite pas; le sous-acétate donne un précipité soluble dans l'eau bouillante et dans l'acétate neutre de plomb. L'eau de baryte chaude ne l'altère pas. La carnine se rattache au groupe urique; en effet, le brome, le chlore, l'acide azotique la transforment facilement en sarcine, qui en diffère par les éléments de l'acide acétique; la réaction paraît s'effectuer d'après l'équation

$$C^{7}H^{8}Az^{4}O^{3} + Br^{2}$$
$$= C^{5}H^{4}Az^{4}O, HBr + CH^{3}Br + CO^{2}.$$

Il ne se forme pas d'acide monobromacétique.

Chlorhydrate de carnine, $C^7H^8Az^4O^3, HCl$. — Il se dépose d'une solution de carnine dans l'acide chlorhydrique chaud et concentré en aiguilles brillantes. Par une ébullition prolongée en présence d'acide chlorhydrique, la carnine se décompose complètement.

Chloroplatinate, $C^7H^8Az^4O^3, HCl, PtCl^4$. — Poudre cristalline fine, de couleur jaune d'or.

Carnine argentique, $(C^7H^7AgAz^4O^3)^2, AgAzO^3$. — Précipité blanc, inaltérable à la lumière, insoluble dans l'ammoniaque et dans l'acide nitrique; on l'obtient en ajoutant du nitrate d'argent à une solution aqueuse de carnine [H. Weidel, *Ann. Chem. Pharm.*, t. CLVIII, p. 353; *Bull. Soc. chim.*, t. XVI, p. 173].

Au point de vue physiologique, la carnine est un produit de désassimilation incomplète.

A. Henninger.

CARPÈNE. — Voyez t. II, p. 1110.

CARVACROL $C^{10}H^{14}O$. — Voyez CARVI (ESSENCE DE), t. I, p. p. 773, et THYMOL, t. III, p. 413.

CARVACROTINIQUE (ACIDE). — Voyez THYMOL, t. III, p. 413.

CARVOL. — Voyez t. I, p. 773, et THYMOL, t. III, p. 413. — Le carvol possède une densité de 0,9530 à 20°; son indice de réfraction (A) à 20° = 1,4886 [Gladstone, *Chem. Soc. Journ.* [2], t. X, p. 1]. Chauffé à l'état humide avec de la poudre de zinc, il fournit deux hydrocarbures. Le premier, rectifié sur le sodium, bout à 173° et correspond à la formule $C^{10}H^{16}$; l'acide chromique le convertit en acide téréphtalique. Le second, $C^{10}H^{14}$, bout à 178°; il parait identique avec le cymène [Arndt, *Deutsch. chem. Gesellsch.*, 1868, p. 203; *Bull. Soc. chim.*, t. XII, p. 68].

CARYOPHYLLINE. — D'après E. Mylius, la formule de ce composé serait $C^{20}H^{32}O^2$ au lieu de $C^{10}H^{16}O$. Lorsqu'on introduit de la caryophylline dans de l'acide azotique fumant, elle se dissout en dégageant beaucoup de chaleur. Il se dégage des torrents d'oxyde azotique, et, à un certain moment, il se dépose des aiguilles blanches microscopiques d'*acide caryophyllique* $C^{20}H^{30}O^6$ ou $C^{20}H^{32}O^6$. Cet acide est soluble dans l'alcool, l'éther et l'acide acétique glacial, mais sa solution nitrique seule fournit des cristaux. Les sels d'*argent* $C^{20}H^{30}O^6Ag^2$, de *baryum*

$$C^{20}H^{30}O^6Ba + 1\frac{1}{2}H^2O$$

et de *sodium* $C^{20}H^{30}O^6Na^2$ sont amorphes [E. Mylius, *Deutsch. chem. Gesellsch.*, 1873, p. 1053; *Bull. Soc. chim.*, t. XXI, p. 136].

E. Hjelt propose pour la caryophylline la formule double $C^{40}H^{64}O^4$. En la traitant par le perchlorure de phosphore, il a obtenu les dérivés chlorés $C^{40}H^{63}O^3.Cl$ et $C^{40}H^{62}O^2.Cl^2$. L'anhydride acétique à 100° transforme la caryophylline en un dérivé acétylé, fusible à 184°, qui forme des cristaux clinorhombiques [*Deutsch. chem. Gesellsch.*, 1880, p. 800].

CARYOPHYLLIQUE (ACIDE).—Voyez CARYOPHYLLINE.

CASCARILLINE $C^6H^9O^4$ (voyez t. I, p. 773). — C. et E. Mylius l'ont obtenu à l'état de pureté, en faisant cristalliser dans l'alcool bouillant la substance qui se dépose à la longue en petits grains dans l'extrait d'écorce de cascarille, et qui est insoluble dans l'eau. Le cascarilline est en prismes microscopiques, fusibles à 205°, peu solubles dans l'eau, l'alcool et le chloroforme, solubles dans l'alcool chaud et dans l'éther. Ce n'est pas un glucoside. Il se dissout avec une couleur rouge dans l'acide sulfurique; l'eau précipite des flocons verts de cette solution [*Deutsch. chem. Gesellsch.*, 1873, p. 1051; *Bull. Soc. chim.*, t. XXI, p. 84].

CASÉINE. — Voy. Suppl., p. 63 et 65.

CASTELLITE (Min.). — Petits cristaux d'un jaune clair se trouvant avec sphène dans une phonolithe de Saalesel en Bohème (Breithaupt).

CASTILLITE (Min.). — Sulfure de cuivre, de zinc, de plomb, de fer et d'argent;

$$(Cu^2Ag^2)S + 2(Cu, Pb, Zn, Fe)S;$$

compact, lamelleux, d'un éclat métallique, ayant la couleur de la phillipsite; de Guanasevi (Mexique) (Rammelsberg).

CATASPILITE (Min.). — Pseudomorphose de cordiérite, d'une couleur gris de cendre. Sa composition se rapproche de celle de la pinite. Se trouve en Wermeland.

CATÉCHINES. — Gautier [*Bull. Soc. chim.*, t. XXVIII, p. 147; t. XXX, p. 567] a décrit comme espèces distinctes un certain nombre de catéchines extraites de cachous de diverses origines.

C'est ainsi qu'il a obtenu les corps suivants :

Origine.		Point de fusion.
Cachou du Bengale, $C^{42}H^{38}O^{16}$		140°.
Bois d'acajou, $C^{42}H^{34}O^{16}$		161-165°
Cachou jaune, $C^{42}H^{36}O^{16}$		188-190°.
Cachous divers, $C^{40}H^{36}H^{16}$		
Gambir.	A, $C^{40}H^{38}O^{16}2H^2O$	204-205°.
	B, $C^{42}H^{38}O^{16}, H^2O$	176-177°.
	C, $C^{40}H^{38}O^{16}, H^2O$	163°.

La catéchine extraite du cachou du Bengale fondue avec la potasse donne, outre la phloroglucine et l'acide protocatéchique, de l'acide formique.

Le vin renfermerait également une catéchine spéciale, et la matière colorante du vin serait un produit d'oxydation de cette catéchine; en effet, elle possède la composition $C^{42}H^{36}O^{20}$; traitée par la potasse fondante, elle se dédouble en acide protocatéchique, acide formique et une substance qui parait être l'oxyphloroglucine.

D'après Etti [*Liebig's Ann. Chem.*, t. CLXXXVI, p. 327], la catéchine du cachou blanc précipite l'albumine mais non la gélatine.

Le même auteur a obtenu les anhydrides de la catéchine en la soumettant à l'action de la chaleur. Le premier anhydride, obtenu en chauffant de la catéchine à 127° puis à 140°, est identique avec l'acide cachoutannique. Il en exprime la formation par l'équation suivante :

$$2C^{19}H^{18}O^8 - H^2O = C^{38}H^{34}O^{15}.$$

Le deuxième anhydride, $C^{38}H^{32}O^{14}$, s'obtient en chauffant la catéchine à 162°.

Le troisième, $C^{38}H^{30}O^{13}$, se produit lorsque l'on fait bouillir la catéchine avec de l'acide sulfurique étendu au vingt-quatrième.

Le quatrième anhydride, $C^{38}H^{28}O^{12}$, est la catéchurétine déjà décrite (voy. t. I, p. 688).

Liebermann et Tauchert [*Deutsch. chem. Gesellsch.*, 1880, p. 694], ont obtenu la catéchine anhydre en aiguilles visibles à l'œil nu, en la faisant cristalliser dans l'éther acétique. Ils lui attribuent la formule $C^{21}H^{20}O^9$. Cristallisée dans l'eau bouillante, elle présente la composition $C^{21}H^{20}O^9, 5H^2O$.

Le dérivé diacétylé, $C^{21}H^{18}(C^2H^3O)^2O^9$, s'obtient en faisant bouillir la catéchine avec de l'acétate de sodium et de l'anhydride acétique. La masse, reprise par l'eau bouillante, abandonne de petits prismes anhydres, jaunes, solubles dans la plupart des dissolvants, fondant à 129-131°. L'action du chlore à froid transforme ce dérivé diacétylé en dichlorodiacétylcatéchine, $C^{21}H^{16}Cl^2(C^2H^3O)^2O^9$, cristallisant en longs prismes fusibles à 169°, solubles dans l'alcool et l'éther acétique, insolubles dans l'éther.

La monobromodiacétylcatéchine,

$$C^{21}H^{17}Br(C^2H^3O)^2O^9,$$

s'obtient de même par l'action du brome sur la diacétylcatéchine. Elle se dépose de sa solution dans l'alcool absolu en cristaux blancs, fusibles à 120°.

M. Hanriot.

CATÉCHIQUE (CIDE). — Syn. de *catéchine.*

CATHARTINE. — Voy. t. I, p. 778. Des recherches de Bourgoin et Bouchut sur la cathartine de Lassaigne et Feneulle, il résulte que ce composé est un mélange de trois corps, savoir, d'acide *chrysophanique*, de *glucose* et de *chrysophanine*. Pour obtenir cette dernière, on ajoute de l'alcool à une infusion concentrée de séné, on filtre et on précipite le liquide par l'acétate de plomb; la solution, débarrassée de plomb par H^2S et évaporée, laisse un résidu sirupeux de chrysophanine brute que l'on purifie par lavage de l'alcool à 90 °/₀, et par plusieurs précipitations de sa solution aqueuse par l'alcool fort. La chrysophanine est blanche et se dissout dans l'eau avec une couleur rouge foncé. Elle n'a pas été étudiée [*Bull. Soc. chim.*, t. XV, p. 14; t. XVI, p. 58].

CÉDRIRET. — Voyez Cérulignone.

CÉLASTRINE. — Nom donné par Dragendorff à la matière amère des feuilles de *Celastrus obscurus*, employées en médecine en Abyssinie, sous le nom d'*Add-add;* la célastrine se rapproche de la ményanthine.

CELLULOSE. — Le groupe des celluloses, assez mal limité d'ailleurs, renferme un certain nombre de corps présentant tous la formule empirique $C^6H^{10}O^5$, et ayant comme caractère commun d'être insolubles dans la plupart des réactifs neutres, et de se transformer par hydratation en dextrine, puis en glucose. Mais les différentes celluloses présentent dans leurs propriétés des divergences que l'on ne peut rattacher à des différences physiques. C'est ainsi qu'en traitant la levûre de bière par la potasse, par l'eau, puis par l'acide acétique, Schlossberger a obtenu une cellulose peu agrégée, puisqu'elle provient d'un tissu cellulaire, et cependant insoluble dans le réactif de Schweizer. L'acide sulfurique la transforme facilement en glucose [Schlossberger, *Ann. Chem. Pharm.*, t. XLI, p. 193].

Action de la chaleur sur la cellulose. — L'action de la chaleur sur la cellulose varie avec la température. Le papier chauffé à 210° dans un courant d'acide carbonique sec, se colore peu à peu en perdant de l'eau et un peu d'acide formique.

En présence de l'eau à 200°, le papier brunit rapidement, l'eau se colore et se charge de paillettes brillantes. A l'ouverture des tubes on constate un dégagement d'acide carbonique et la formation de la pyrocatéchine. Une chaleur plus élevée décompose entièrement la cellulose, en laissant un résidu de charbon et donnant des produits gazeux (H, CH^4, CO, CO^2) et liquides (esprit de bois, acide acétique, acétone, goudrons, etc.).

Hydratation de la cellulose. — L'hydratation de la cellulose se fait sous l'influence des acides forts, tels que les acides sulfurique ou phosphorique. Aimé Girard [*Compt. rend.*, t. LXXXI, p. 1105], a décrit sous le nom d'hydrocellulose le premier terme de cette hydratation. Pour l'obtenir, il plonge du coton cardé dans l'acide sulfurique à 45° B., et l'y laisse douze heures. Au bout de ce temps, le coton n'a pas changé d'aspect, mais est devenu friable. Séché à 100°, il répond à la formule $C^{12}H^{22}O^{11}$. Il s'oxyde facilement à l'air en se colorant et en devenant soluble dans l'eau. Cette solution réduit la liqueur de Barreswil.

L'action de la chaleur facilite la formation de l'hydrocellulose. Ainsi l'action du gaz chlorhydrique humide sur le coton maintenu à 100°, offre le meilleur procédé de préparation de ce corps [Aimé Girard, *Compt. rend.*, t. LXXXIX, p. 170].

Lorsque l'on broie de la cellulose avec de l'acide sulfurique concentré, ajouté par petites portions de façon qu'il n'y ait ni élévation de température ni coloration de la masse, on obtient une substance homogène analogue à de l'empois. Si l'on ajoute immédiatement de l'eau, on précipite une poudre blanche, amyloïde qui se colore en bleu par l'iode, tandis qu'il reste en solution de la dextrine. Si l'on fait bouillir cette solution, la dextrine se transforme elle-même en glucose.

Franchimont a constaté que le glucose obtenu par hydratation de la tunicine, est dextrogyre et identique avec celui que l'on prépare avec le papier [Franchimont, *Compt. rend.*, t. LXXXIX, p. 755].

Nitrocellulose. — Sutton [*Photographic. notes*, 1862] a décrit un coton-poudre qu'il désigne sous le nom d'alcolène et qui est entièrement soluble dans l'alcool. Pour préparer ce corps, il chauffe vers 80° dans une capsule de porcelaine, 115 gr. d'acide sulfurique d'une densité de 1,84, et 93 gr. d'acide azotique d'une densité de 1,40. Il immerge ensuite autant de coton qu'il peut en tenir, puis il lave à grande eau au bout de 5 minutes de contact. Le produit ainsi préparé se dissout entièrement dans l'alcool.

Le potassium et le sodium, parfaitement secs, réagissent immédiatement sur la nitrocellulose en déterminant une explosion. Leurs amalgames sont sans effet. L'arsenic en poudre, légèrement chauffé détermine également l'inflammation.

La nitrocellulose se dissout à la température ordinaire dans l'acide sulfurique, en formant un sirop incolore et en dégageant de l'acide nitrique sans acide nitreux. Ce sirop étendu d'eau est neutralisé par le carbonate de baryum, et le liquide filtré est concentré dans le vide. Il se sépare des cristaux d'azotate de baryum, et il reste une masse poisseuse qui est le sel de baryum de l'acide sulfoconjugué de la cellulose. L'acide lui-même peut être séparé au moyen de l'acide sulfurique. Il est fortement acide, ne précipite ni les sels de baryum ni les sels d'argent [Gintl, *Zeitschr. Chem.*, 1869, p. 703]. Sarrau et Vieille ont récemment étudié l'influence de la pression sur la décomposition du fulmicoton par la chaleur. Le produit employé était un produit commercial, mélange de cellulose trinitrique et dinitrique, et répondant à la formule

$$3C^6H^7(AzO^2)^3O^5 + C^6H^8(AzO^2)^2O^5.$$

A la pression atmosphérique, tout l'azote se dégage à l'état d'oxyde azotique; mais à mesure que la pression s'élève, l'azote est dégagé à l'état gazeux, et l'oxygène se porte d'abord sur l'hydrogène, puis sur le carbone, ainsi que le montrent les formules de décomposition suivantes :

Atmosphères.	
100.	$33CO + 15CO^2 + 16H + 22Az + 21H^2O.$
250.	$30CO + 18CO^2 + 22H + 22Az + 18H^2O.$
3 000.	$27CO + 21CO^2 + 28H + 22Az + 15H^2O.$
6 000.	$26CO + 22CO^2 + 30H + 22Az + 14H^2O.$

On voit donc que, les produits étant variables, la chaleur de décomposition du fulmicoton doit aussi varier avec la pression. Au contraire, la chaleur de formation est constante et a été trouvée égale à 542 calories par kilogramme de fulmicoton [*Bull. Soc. chim.*, t. XXXIII, p. 581].

Cellulose acétique. — Franchimont en traitant le papier par un mélange d'anhydride acétique et d'acide sulfurique, a obtenu un liquide coloré qui précipite par l'eau. Cette poudre lavée à grande eau, puis à l'alcool froid, a été dissoute dans l'alcool bouillant qui l'abandonne par refroidissement sous forme de belles aiguilles ou de lames. Ce corps, insoluble dans l'éther, soluble dans la benzine, fond à 212°. Il correspond à la formule $C^{40}H^{54}O^{27}$. Franchimont le considère comme un triglucose onze fois acétylé [Franchimont, *Compt. rend.*, t. LXXXIX, p. 711). M. Hauriot.

CENTRALLASSITE (Min.). — Masses radiées, d'une couleur nacrée, blanches ou jaunâtres, fragiles, trouvées dans les nodules d'une amygdaloïde, près de Black-Rock, baie de Fundy, et constitue la masse intermédiaire entre le centre (cianolithe) et l'intérieur (cérinite). Silicate de chaux hydraté, voisin de l'okénite par sa composition.

CÉRARGYRE (Min.). — Voyez KÉRARGYRE.

CÉRASINE. — Voy. t. I, pr. 1629.

CÉRATOPHYLLINE. — Voy. t. II, p. 1016.

CERBÉRINE. — Voyez THÉVÉTINE, t. III, p. 392.

CÉRÉBRALE (SUBSTANCE). — Nous étudierons ici sommairement la composition de la matière cérébrale et de la matière nerveuse qui, au point de vue qualitatif, présentent de grandes analogies. Le tissu nerveux possède une structure histologique très complexe que l'on trouvera décrite dans les traités spéciaux; rappelons cependant que l'on distingue essentiellement deux éléments nerveux : la cellule, en général grosse, multipolaire, et la fibre nerveuse, formée du *cylindre-axe*, d'une enveloppe extérieure ou *gaine de Schwann*, et d'une substance intermédiaire, ou *myéline*. Dans la *substance grise* du cerveau, les cellules nerveuses prédominent; dans la *substance blanche*, par contre, on trouve un plus grand nombre de fibres nerveuses. Celles-ci constituent la partie essentielle des nerfs proprement dits.

COMPOSITION DE LA SUBSTANCE CÉRÉBRALE. — Elle est toute spéciale et fort complexe; le tissu cérébral se distingue notamment de tous les autres tissus par une forte teneur en phosphore qui y est contenu pour la majeure partie, non à l'état de phosphate, mais sous forme de combinaison organique phosphorée, de *lécithine* (t. II, p. 211). Aussi la substance cérébrale est-elle le seul tissu qui fournisse par incinération des cendres acides, renfermant un excès d'acide phosphorique.

La réaction de la substance cérébrale vivante est alcaline ou neutre, mais après la mort elle devient rapidement acide; si on porte brusquement la substance à 100°, la réaction reste alcaline. Le tissu nerveux se comporte donc sous ce rapport comme le tissu musculaire; d'autre part, les deux tissus contiennent de l'inosite; en rapprochant ces deux ordres de faits, on est tenté d'attribuer à l'acide lactique l'acidité de la substance cérébrale; celle-ci en renferme en effet, mais il semble que cet acide lactique est identique avec l'acide de fermentation, et non pas avec l'acide paralactique.

La cuisson, l'alcool, les acides, surtout l'acide nitrique, l'acide picrique, le dichromate de potassium et d'autres sels font prendre à la substance cérébrale une dureté plus ou moins grande, en coagulant les matières albuminoïdes.

Voici l'énumération des principes immédiats que l'on a retirés du cerveau :

Eau.

Substances albuminoïdes. { Matière voisine de la myosine. Albumine soluble, coagulable à 75°. Caséine.

Substance analogue à l'élastine.
Névrokératine (voir ce mot).
Matière collagène.
Nucléine.
Cérébrine.
Lécithine.
Matières grasses proprement dites (?).
Inosite.

Produits de désassimilation. { Acides glycérophosphorique, oléophosphorique, acides gras volatils, urique (?), lactates, hypoxantine, xanthine, créatine.

Matières minérales. { Phosphates alcalins et alcalino-terreux, oxyde de fer, silice. Traces de sulfates, de chlorures et de fluorures.

Dans certains états pathologiques, on a trouvé en outre dans la matière cérébrale de la leucine et de l'urée, qui y existent très probablement aussi à l'état normal, seulement en très petite quantité.

On remarquera que la présence de véritables matières grasses est douteuse; la substance que les chimistes désignaient au commencement de ce siècle sous le nom de *graisse de cerveau* était un mélange formé de toutes les parties solubles dans l'éther ordinaire (cérébrine, cholestérine, lécithine et ses produits de décomposition).

On admettait depuis les travaux de Liebreich que la cérébrine et la lécithine sont combinées dans le cerveau, et forment une matière spéciale, le *protagon;* l'existence de ce dernier comme principe immédiat, mise en doute par Diakonow, Hoppe-Seyler et la plupart des chimistes, a été soutenue à nouveau dans ces derniers temps par Gamgee et Blankenhorn.

Lassaigne, von Bibra, Walther, Hauff et d'autres ont publié des analyses quantitatives de la matière cérébrale; ils n'ont pas dosé chacun des principes immédiats, et leurs analyses assez anciennes ne nous fournissent que peu de données utiles; nous n'en retiendrons que ce fait, qu'il existe des différences notables entre la composition de la substance grise et celle de la substance blanche. Cette conclusion découle du reste plus nettement encore de l'analyse complète que Petrowsky a faite avec le cerveau du bœuf [*Arch. für Physiol.*, t. VII, p. 367] :

100 parties de matière cérébrale de bœuf renferment d'après Petrowsky :

	Substance grise.	Substance blanche.
Eau	81,60	68,35
Matières solides	18,40	31,65

100 parties de matières solides sont formées de :

	Substance grise.	Substance blanche.
Albumine et gélatine	55,37	24,72
Lécithine	17,24	9,90
Cholestérine et graisses	18,68	51,91
Cérébrine	0,53	9,55
Matières extractives insolubles dans l'éther	6,71	3,34
Sels	1,46	0,57

On le voit, les différences de composition sont profondes, et elles sont en harmonie avec les différences de structure anatomique; la substance grise est plus riche en eau et la moitié de ses matériaux solides est formée d'albuminoïdes; tandis que la substance blanche, moins aqueuse, contient plus de matières solubles dans l'éther. Une autre différence capitale réside en la forte proportion de lécithine contenue dans la substance grise : on savait en effet, depuis Bibra, que cette substance est plus riche en phosphore que la blanche.

Il est probable que les chiffres précédents ne sont qu'approchés; faisant même abstraction des différences qui dépendent du sujet, il semble évident, en effet, que la composition de la substance grise, par exemple, doit être soumise à certaines variations, suivant la partie de l'encéphale d'où elle provient, vu qu'elle se présente avec une plus ou moins grande pureté, c'est-à-dire plus ou moins mélangée, pénétrée de substance blanche.

Il semble probable aussi que la composition de la substance cérébrale doive varier avec les divers états pathologiques; ces variations n'ont pas encore été dûment observées.

La matière cérébrale de l'embryon et du nouveau-né est très remarquable. Suivant Bibra, la quantité d'eau y est plus grande; par contre, la proportion de principes solubles dans l'éther est plus petite que chez l'adulte. Ces divergences disparaissent rapidement avec l'âge [von Bibra, *Unters. über das Gehirn*, Mannheim, 1854. *Jahresb. Chem.*, 1853, p. 610; 1854, p. 695].

Pour Schlossberger, la différence de composition de la substance blanche et grise n'existerait pas chez l'embryon; les deux substances posséderaient la même teneur en principes solubles dans l'éther [*Erster Versuch einer allgem. u. vergl. Thierchemie*].

On ne sait rien ou presque rien sur la localisation des principes immédiats qu'accusent les analyses dans les éléments nerveux. Il semblerait, d'après Kölliker, que le cylindre-axe est formé par une matière albuminoïde analogue à la myosine; il se gonfle dans l'acide acétique, mais ne s'y dissout que lentement à l'ébullition. La nucléine se trouve surtout dans la substance grise [Jaksch, *Arch. fur Physiol.*, t. XIII, p. 169]; la névrokératine est abondante dans les gaines des fibres nerveuses et dans la substance grise (Kühne).

Les matières solubles dans l'éther (cérébrine, cholestérine, lécithine, etc.) se trouvent surtout dans la myéline; celle-ci contient en outre une matière albuminoïde. La gaine de Schwann est formée d'une matière élastique, ne donnant pas de gélatine par la coction, insoluble dans l'acide acétique; cette matière se rapproche de l'élastine, mais elle se dissout un peu plus facilement dans la potasse que celle-ci.

MOELLE ÉPINIÈRE ET NERFS. — Ils offrent la même composition qualitative que la masse encéphalique, mais au point de vue quantitatif on constate des différences notables entre la substance cérébrale et la moelle d'une part, la moelle et les nerfs d'autre part; les diverses portions de la moelle diffèrent elles-mêmes. Ces divergences s'expliquent aisément si l'on a égard à la constitution histologique de ces parties; l'élément blanc dominant de beaucoup dans la moelle, celle-ci doit être plus pauvre en eau, et, par contre, plus riche en principes solubles dans l'éther que la substance de l'encéphale prise dans son ensemble. C'est ce qui ressort des chiffres suivants, dus à von Bibra.

Quantités de matières solubles dans l'éther, rapportées à 100 p. de substance fraîche (non desséchée) :

MAMMIFÈRES.			OISEAUX.		
	MOELLE épinière.	SUBSTANCE cérébrale.		MOELLE épinière.	SUBSTANCE cérébrale.
	%	%		%	%
Homme...	25	14	Canard s..	21	6
Chat......	22	13	Héron....	17	7
Chien.....	24	16	Perdrix..	22	9
Renard...	22	13	Pigeon....	15	6
Cheval...	25	16	Épervier..	13	7
Mouton...	21	14	Corneille..	20	7
Bœuf.....	26	14	Pie......	14	»
Chevreuil.	21	11	Choucas..	14	6
Lièvre....	22	11	Pic vert...	12	6
Lapin.....	21	9	Pic bigarré	17	6
Rat.......	18	10			

Malgré cette forte proportion de matières solubles dans l'éther, la moelle est plus pauvre en lécithine que le cerveau, ainsi que cela résulte de la teneur en phosphore.

Von Bibra a trouvé en effet chez l'homme, sur 100 p. d'extrait éthéré, 1,68 à 2,53 % de phosphore dans le cerveau, et 1,21 à 1,32 % de phosphore dans la moelle.

L'extrait éthéré de la moelle est formé en majeure partie de cholestérine.

Nerfs. — Leur composition est soumise à de très grandes variations, suivant les sujets et suivant l'espèce du nerf; l'extrait éthéré, tout en contenant de petites quantités de lécithine, de cérébrine et de cholestérine, est formé presque exclusivement de graisses proprement dites (palmitine, oléine) (von Bibra).

Le rôle que les principes immédiats de la substance cérébrale jouent au point de vue physiologique est complètement inconnu; nous ne savons rien sur leur désassimilation et élimination. Flint avait considéré la cholestérine comme le principe caractéristique de la métamorphose regressive de la substance cérébrale; mais c'est là une pure hypothèse, même peu probable.

A. Henninger.

CÉRÉBRINE [Vauquelin, *Ann. Chim.*, t. LXXXI, p. 37 et 60; — Couerbe, *Ann. Chim. Phys.*, t. LVI, p. 160; — Fremy, *ibid.* (3), t. II, p. 463; — Gobley, *Journ. Pharm. Chim.* (3), t. XI, p. 409; t. XII, p. 5; t. XVII, p. 401; t. XVIII, p. 107; t. XIX, p. 406; t. XXI, p. 241. — La matière qui se dépose à l'état cristallisé des extraits éthéro-alcooliques de la substance cérébrale faits à chaud, a été étudiée par un grand nombre de chimistes qui, l'ayant obtenue à un état de pureté plus ou moins grand, lui ont trouvé une composition différente, et l'ont décrite sous des noms différents (*Cérébrote* de Couerbe, *acide Cérébrique* de Fremy, *Cérébrine* de Gobley) Nous nous contenterons de renvoyer à ces travaux qui ont été mentionnés du reste, t. II, p. 212 (voyez plus haut la bibliographie).

Toutes les anciennes analyses indiquent le phosphore comme élément constituant de la cérébrine; mais W. Müller a montré que cette teneur en phosphore provient d'une impureté; la cérébrine est une matière quaternaire, exempte de phosphore [W. Müller, *Ann. Chem. Pharm.*, t. CV, p. 365]. On sait aujourd'hui que cette impureté phosphorée n'est autre que la lécithine, découverte par Gobley dans le jaune d'œuf, et qui existe abondamment dans la substance cérébrale, soit mélangée à la cérébrine (Diakonow), soit unie à elle sous forme d'une combinaison instable, le protagon de Liebreich.

La cérébrine est surtout abondante dans la substance blanche du cerveau; elle a aussi été trouvée par Gobley dans le jaune d'œuf, la laitance, les œufs de carpe, le sang humain, etc.; dans tous ces produits, elle est accompagnée de lécithine.

Préparation. — 1° La masse cérébrale divisée et épuisée successivement à froid par l'alcool et l'éther, est broyée et traitée par l'alcool bouillant : la solution laisse déposer par le refroidissement de la cérébrine, souillée de lécithine et de cholestérine. On enlève celle-ci par l'éther froid, et l'on détruit la lécithine en faisant bouillir la matière avec un excès d'eau de baryte, que l'on précipite ensuite par le gaz carbonique; le dépôt en entier, repris par l'alcool bouillant, fournit par le refroidissement de la cérébrine pure [E. G. Geoghegan, *Zeitschr. physiol. Chem.*, t. III, p. 332].

2° Bourgoin débarrasse la cérébrine brute de la lécithine, en la mettant en contact avec une quantité suffisante d'alcool à 90°, et élevant lentement et graduellement la température; la cérébrine se dissout avant l'ébullition, tandis qu'il reste une matière visqueuse phosphorée, adhérente au verre. Le liquide surnageant laisse déposer, par le refroidissement, la cérébrine, que l'on soumet au besoin à un second traitement semblable [*Bull. Soc. chim.*, t. XXI, p. 482].

Propriétés. — La cérébrine constitue une poudre blanche, cristalline, très légère, se présentant sous le microscope en mamelons sphériques; elle est inodore et insipide. Vers 80° elle commence à se décomposer en brunissant. Insoluble dans l'eau, l'alcool et l'éther froid, soluble à l'ébullition dans l'alcool et l'éther. Ses solutions sont neutres au papier. Dans l'eau bouillante, la cérébrine se gonfle comme l'amidon.

A l'analyse, elle a donné les chiffres suivants :

	Müller.	Bourgoin.	Geoghegan.
C........	63,23	66,35	68,74
H........	11,01	10,96	10,91
Az.......	4,63	2,29	1,44
O........	16,05	20,40	18,91

Müller a traduit ces chiffres par la formule $C^{17}H^{33}AzO^{3}$; et Geoghegan a proposé la formule $C^{57}H^{110}Az^{2}O^{23}$; ces formules empiriques ne présentent aucune garantie.

La cérébrine subit, par l'action de l'acide sulfurique, un intéressant dédoublement; dans l'acide sulfurique concentré, elle se dissout d'abord, mais la solution brunâtre ne tarde pas à laisser surnager une substance d'aspect fibrineux; à l'air sec, on n'observe pas d'autres changements, mais au contact de l'humidité, la liqueur se fonce, devient rouge pourpre et finalement noire.

La liqueur brunâtre est introduite dans 10 fois son poids d'eau, la solution est portée à l'ébullition jusqu'à ce que les flocons qui nagent dans le liquide commencent à s'agglutiner. On les dissout alors dans l'éther, on distille ce menstrue et l'on fait bouillir le résidu avec de l'eau à plusieurs reprises pour éliminer toute trace d'acide sulfurique.

La matière ainsi obtenue est exempte d'azote; elle a reçu le nom de *cétylide*. C'est une substance solide, fusible à 62-65°, insoluble dans l'eau, soluble dans l'éther, dans l'alcool chaud, et surtout dans le chloroforme. Elle a donné à l'analyse : C = 67,98; H = 10,81; O = 21,21. La potasse en fusion la transforme vers 270-300°, en acide palmitique $C^{16}H^{32}O^{2}$. La cétylide forme les 85 centièmes de la cérébrine.

Le liquide acide séparé par filtration de la cétylide, contient de l'ammoniaque et un acide lévogyre, soluble dans l'eau et réduisant la liqueur cupro-potassique (Geoghegan), acide qui avait déjà été observé par Müller. A. Henninger.

CÉRÉBRIQUE (ACIDE) et **CÉRÉBROTE.** — Voyez Cérébrine, p. 439.

CÉRÉSINE. — On désigne sous ce nom un mélange d'ozokérite raffinée et de cire de carnauba, que l'on trouve dans le commerce comme succédané de la cire d'abeilles.

CÉRIUM. — *État naturel.* — De petites quantités de cérium ont été trouvées dans un nombre considérable de minéraux différents, la nohlite, la hielmite, l'eudialyte, la thorite, l'arrhénite, dans les serpentines de Suède et de Finlande, dans l'apatite de Snarum (G. Rose), et de Krageroë (Nordenskiöld) et d'un grand nombre de localités [Cossa, *Acad. dei Lincei*, 1878-79].

On a trouvé aussi du cérium dans une roche bitumineuse de Nullaberget, Suède (Ekman), dans un manganèse plombifère de Schapbach (Wachenroder), dans le marbre de Carrare, le calcaire conchylifère d'Avellino, la schéelite de Traversella, dans les os et dans les cendres du hêtre, de l'orge et du tabac [Cossa, *loc. cit.*].

Classification. — On a généralement admis pour le protoxyde de cérium la formule de CeO, et pour le peroxyde $Ce^{3}O^{4}$. Par des considérations théoriques sur la périodicité des poids atomiques, Mendeléjeff a été conduit [*Ann. Chem. Pharm.*, Supplbd., VIII, p. 186] à proposer les formules

$$Ce^{2}O^{3} \text{ et } CeO^{2}.$$

En effet, avec le poids atomique du cérium, déduit de ces formules, on obtient des expressions plus simples et plus probables pour la composition de la plupart des combinaisons du cérium. Mendeléjeff a aussi essayé de vérifier l'opinion qu'il a émise à ce sujet par une détermination de la chaleur spécifique du métal. Il a obtenu le nombre approximatif 0,05, favorable à ses vues. Les recherches modernes sur la composition d'un grand nombre de composés de cérium par Jolin [*Bihang ties K. Sv. Vet. Akad. Handlingar*, t. II, n° 14; *Bull. Soc. chim.*, XXI, p. 533] tendent à prouver l'exactitude des suppositions de Mendeléjeff.

Le poids atomique du cérium a été fixé d'une manière définitive par la détermination de la chaleur spécifique du cérium métallique, détermination que l'on doit à Hildebrand et Norton [*Pogg. Ann.*, t. CLVI, p. 466]. Ces chimistes ont trouvé le nombre 0,04479, qui donne pour la chaleur atomique le nombre 6,18, si on accepte pour les oxydes de cérium les formules $Ce^{2}O^{3}$ et CeO^{2}.

Poids atomique. — Par l'analyse de l'oxalate de cérium, Bührig [*Journ. prakt. Chem.* (2), t. XII, p. 226] a trouvé le nombre 141,27 pour Ce quadrivalent. Deux chimistes américains, Wolf [*Sill. Am. Journ.* (2), t. XLV, p. 43, 1868], et Wing [*loc. cit.*, t. XLIX, p. 358, 1870] ont trouvé, par leurs analyses du sulfate céreux, le nombre 137. Il est difficile de se rendre compte de ces divergences assez notables entre des expériences qui paraissent avoir été faites avec soin.

Le *cérium métallique* a été obtenu à l'état compact par Hildebrand et Norton [*Poggend., Ann.*, t. CLVI, p. 466]. Ces chimistes ont réduit le chlorure céreux, mélangé avec des chlorures de sodium et de potassium, par un courant électrique. Le métal offre la couleur du fer; il possède un éclat métallique vif, la dureté de l'argent, le poids spéc. 6,628 à 6,728. Il est assez ductile. Il fond à la chaleur rouge vive, plus aisément que l'argent, moins facilement que l'antimoine. A l'air sec, il conserve son éclat, mais il se ternit assez vite dans l'air humide. Chauffé à l'air il s'enflamme et brûle avec un éclat plus vif que le magnésium. Il brûle aussi avec un grand éclat dans le chlore, moins vivement dans les vapeurs du brome, et il se combine sans ignition avec l'iode. A la température ordinaire il décompose très lentement l'eau pure. Les acides étendus l'attaquent énergiquement; il n'en est pas ainsi de l'acide sulfurique et de l'acide azotique concentrés. Chauffé avec des phosphates ou des sulfates il les réduit en phosphures ou en sulfures.

Séléniure de cérium. — Mosander a déjà obtenu ce corps en chauffant au rouge blanc le sélénite de cérium dans un courant d'hydrogène. C'est une poudre rouge-brunâtre, d'une odeur désagréable. Il se transforme par un chauffage oxydant en sélénite blanc, basique. Le séléniure de cérium n'est pas attaqué par l'eau, mais il dégage avec des acides de l'hydrogène sélénié.

Chlorure de cérium. — Le chlorure cristallisé renferme, d'après Jolin, $Ce^{2}Cl^{6} + 14H^{2}O$. Il ne se combine pas avec le chlorure de sodium. Il donne, avec le cyanure mercurique, un sel double, cristallisant en aiguilles asbestoïdes, et ayant pour formule $Ce^{2}Cl^{6} + 6\,Hg(CAz)^{2} + 16\,H^{2}O$ [Ahlén, *Bull. Soc. chim.*, t. XXVII, p. 365].

Oxychlorure de cérium, $Ce^2O^2Cl^2$. — En chauffant le chlorure neutre avec du sodium, Wœhler [*Ann. Chem. Pharm.*, t. CXLIV, p. 253] a obtenu, outre le cérium métallique, une poudre satinée d'une couleur pourpre, qui offre la composition indiquée. L'acide chlorhydrique l'attaque très peu. Erk a obtenu le même oxychlorure par l'électrolyse du chlorure de cérium en fusion.

Chloroplatinate de cérium,

$$Ce^2Cl^6 + 2\,PtCl^4 + 27\,H^2O,$$

cristallise en grands cristaux tabulaires, très solubles (Jolin). La forme cristalline a été déterminée par Topsoë [*Bihang. ties K. Sv. Vet. Ak. Handl.*, t. II, n° 5, p. 10] qui a trouvé le sel isomorphe avec le sel correspondant de lanthane. Il est quadratique $a : c = 1 : 1{,}1272$. Marignac a aussi trouvé la même forme [*Arch. sc. phys. et nat.* Genève, 1873] pour le chloroplatinate, qui renferme d'après lui

$$4\,Ce''Cl^3 + 3\,PtCl^4 + 36\,H^2O.$$

Chloroplatinite de cérium,

$$Ce^2Cl^6 + 4\,PtCl^2 + 21\,H^2O,$$

tables minces, déliquescentes [Nilson, *Bull. Soc. chim.*, t. XXVII, p. 213].

Chlorostannate de cérium,

$$Ce^2Cl^6 + 2\,SnCl^4 + 18\,H^2O.$$

— Grands cristaux incolores et très déliquescents [Cleve, *Bull. Soc. chim.*, t. XXXI, p. 196].

Chloraurate de cérium,

$$Ce^2Cl^6 + AuCl^3 + 27\,H^2O.$$

— D'après les analyses de Jolin, cette formule représente le sel cristallisé.

Chloromercurate de cérium,

$$Ce^2Cl^6 + 8\,HgCl^2 + 21\,H^2O.$$

— Cristallise en cubes. Un autre sel,

$$3\,Ce^2Cl^6 + 8\,HgCl^2 + x\,H^2O,$$

paraît exister d'après Jolin.

Bromaurate de cérium,

$$Ce^2Br^6 + 2\,AuBr^3 + 15\,H^2O,$$

cristallise en tables déliquescentes, d'une couleur brune foncée, presque noire (Jolin).

Fluorure de cérium, $Ce^2Fl^6 + H^2O$. — C'est le précipité amorphe que produit l'acide fluorhydrique dans les sels céreux (Jolin). Pour le minéral *hamartite*, voyez *Carbonate de cérium*, p. 442.

Cyanure de cérium. — Ce composé ne paraît pas exister. Jolin a constaté que le précipité blanc et volumineux formé par l'addition du cyanure de potassium aux sels céreux, se décompose avec dégagement d'acide cyanhydrique.

Sulfocyanate de cérium (voy. t. III, p. 98).

Ferrocyanure cérosopotassique,

$$Ce^2K^2(CAz)^{12}Fe^2 + 6\,H^2O.$$

— Précipité blanc, qu'on obtient en ajoutant du ferrocyanure potassique aux solutions de sels céreux (Jolin).

Ferricyanure de cérium,

$$Ce^2(CAz)^{12}Fe^2 + 8\,H^2O.$$

— Le ferricyanure de potassium ne produit aucun précipité dans l'azotate céreux, mais, par l'addition d'alcool, on obtient un précipité vert-brunâtre (Jolin).

Platinocyanure de cérium,

$$Ce^2(CAz)^{12}Pt^3 + 18\,H^2O.$$

— Prismes bien formés, verdâtres, avec un reflet bleu et jaune (Crudnowicz, Lange et Jolin). La forme cristalline a été déterminée par Topsoë qui a trouvé le sel parfaitement isomorphe avec le sel de didyme. Système clinorhombique $a : b : c = 0{,}5806 : 1 : 0{,}5527$; $ac = 72°\,27'$.

OXYSELS CÉREUX.

Perchlorate céreux, $Ce^2(ClO^4)^6 + 16\,H^2O$. — Tables minces, très déliquescentes (Jolin).

Iodate céreux, $Ce^2(IO^3)^6 + 4\,H^2O$, d'après Jolin.

Periodate céreux. — Ne paraît pas exister, Jolin ayant trouvé que l'acide periodique est réduit par l'hydrate céreux.

Bromate céreux, $Ce^2(BrO^3)^6 + 18\,H^2O$. — Forme une masse radiée, très soluble [Rammelsberg, *Poggend. Ann.*, t. LV, p. 63].

Platonitrite céreux, $Ce^2(4\,AzO^2Pt)^3 + 18\,H^2O$. — Forme de grands cristaux tabulaires, très solubles dans l'eau, d'une couleur jaunâtre (Nilson).

Platoïodonitrite céreux,

$$Ce^2(Az^2O^4I^2Pt)^3 + 18\,H^2O.$$

— Masse verdâtre (Nilson).

Hyposulfate céreux, $Ce^2(S^2O^6)^3 + 24\,H^2O$. — Grands cristaux hexagonaux, inaltérables à l'air, aisément solubles dans l'eau (Jolin).

Sulfite céreux, $Ce^2(SO^3)^3 + 3\,H^2O$. — En dissolvant le carbonate céreux dans l'acide sulfureux aqueux, et chauffant la solution, on obtient de petits prismes, qui se dissolvent par le refroidissement (Jolin).

Sulfate céreux anhydre, $Ce^2(SO^4)^3$. — Poids spécifique, 3,916 (O. Pettersson). Chauffé au blanc, il perd la totalité de son acide et laisse l'oxyde cérique ; calciné dans l'hydrogène, dans l'azote ou dans l'acide carbonique, il donne un mélange des oxydes cérique et céreux (Bührig).

Sulfates céreux hydratés. — Il en existe plusieurs avec 5, 6, 8, 9 et 12 molécules H^2O. Les sels à 5 et 6 H^2O se déposent sous forme de prismes radiés lorsqu'on chauffe la solution du sel anhydre. L'hydrate à $9\,H^2O$ se forme par l'évaporation à 40-50°, et est, d'après Marignac, isomorphe avec le sel correspondant de lanthane. (Voy. la forme cristalline dans *Arch. Sc. phys. nat. de Genève*, t. VIII, p. 265 et t. XLVI, p. 206). Le sel à $8\,H^2O$ se dépose par l'évaporation spontanée d'une solution acide. Grands cristaux octaédriques, appartenant au système rhombique, et dont la forme a été déterminée par Marignac.

Le sel à $12\,H^2O$ se dépose, d'après Jolin, en aiguilles minces par l'évaporation d'une solution neutre à la température ordinaire.

Sulfates céroso-potassiques. — Il en existe quatre, dont les formules sont les suivantes :

$Ce^2(SO^4)^3 + 3\,K^2SO^4$ (Hermann, Crudnowicz, Jolin).

$Ce^2(SO^4)^3 + 2\,K^2SO^4 + 2\,H^2O$ (Hermann, Jolin).

$2\,Ce^2(SO^4)^3 + 3\,K^2SO^4$ (Hermann).

$Ce^2(SO^4)^3 + K^2SO^4 + 2\,H^2O$ (Crudnowicz).

Sulfates thalloso-céreux. — Il en existe deux : Le premier, $Ce^2(SO^4)^3 + 3\,Tl^2SO^4 + H^2O$, se forme par le mélange des solutions concentrées des sels simples. Précipité cristallin. Le second, $Ce^2(SO^4)^3 + Tl^2SO^4 + 2\,H^2O$, se dépose en croûtes cristallines lorsqu'on évapore les solutions mélangées des sels simples (Zschiesche).

Sulfate céroso-ammonique,

$$Ce^2(SO^4)^3 + Am^2SO^4 + 8\,H^2O.$$

Les analyses de Jolin et celles de Crudnowicz s'accordent assez bien avec la formule donnée.

Sulfate céroso-lutéocobaltique,

$$Ce^2(SO^4)^3 + Co^2(AzH^3)^{12}(SO^4)^3 + H^2O,$$

et *roséocobaltique*,

$$Ce^2(SO^4)^3 + Co^2(AzH^3)^{10}(SO^4)^3 + 5\,H^2O,$$

ont été obtenus par Wing.

Sélénites céreux. — Il en existe quatre, savoir :

a. $Ce^2(SeO^3)^3$. — Précipité amorphe contenant d'après Jolin, $3H^2O$; d'après Nilson, $12H^2O$. Le premier l'a séché sur l'acide sulfurique; Nilson a analysé le sel séché entre du papier.

b. $Ce^2(SeO^3)^3 + SeO^2 + 5$ ou $6H^2O$. — Il a été obtenu par l'action de l'acide sélénieux sur le carbonate de cérium (Jolin) ou le sélénite basique *d* (Nilson). Aiguilles blanches microscopiques.

c. $Ce^2(SeO^3)^3 + 3SeO^2 + 5H^2O$. — Par le sel basique *a* et un excès de l'acide sélénieux. Feuilles microscopiques que l'eau ne décompose pas (Nilson).

d. $2Ce^2O^3, 5SeO^2 + 30H^2O$. — Se précipite par l'addition du sélénite de sodium à la solution du sulfate céreux. Précipité blanc, amorphe (Nilson).

Séléniate céreux, $Ce^2(SeO^4)^3$. — Cristallise d'après Jolin, avec 6, 9 et $12H^2O$. Le sel à $6H^2O$, se forme par l'évaporation d'une solution neutre au bain-marie : aiguilles minces. Le sel à $9H^2O$ se présente aussi en petites aiguilles cristallisant d'une solution acide, soit à la température ordinaire, soit par l'évaporation à chaud.

L'hydrate à 12 mol. d'eau forme des groupes irréguliers d'aiguilles très solubles, qu'on obtient par dessiccation d'une solution neutre sur l'acide sulfurique.

Le séléniate donne les sels doubles suivants, qui ont été obtenus par Jolin :

$$Ce^2(SeO^4)^3 + Am^2SeO^4 + 9H^2O$$
$$Ce^2(SeO^4)^3 + 5K^2SeO^4$$
$$Ce^2(SeO^4)^3 + Na^2SeO^4 + 5H^2O.$$

Ils sont tous solubles et cristallisables.

Hypophosphite céreux, $Ce^2(PH^2O^2)^6 + 2H^2O$. — Forme de petits prismes blancs [*Berl. Acad. Ber.*, 1872, p. 437].

Phosphates céreux. — *a.* L'*orthophosphate anhydre* renferme $Ce^2(PO^4)^2$, d'après Radominsky [*Bull. Soc. chim.*, t. XXIII, p. 177], qui l'a obtenu à l'état cristallin, par calcination du phosphate précipité du chlorure de cérium. Cristaux incolores, ressemblant à la monazite. Le *sel hydraté*, qu'on obtient en ajoutant de l'acide phosphorique à du sulfate céreux, est un précipité blanc, qui devient cristallin après quelque temps. Il présente, après dessiccation sur l'acide sulfurique, la composition $Ce^2(PO^4)^2 + 4H^2O$ (Jolin).

b. Le *pyrophosphate acide* possède la composition $Ce^2H^2(P^2O^7)^2 + 6H^2O$. — Il se forme par l'action de l'acide libre sur le carbonate céreux et constitue de petites aiguilles radiées. Le pyrophosphate sodique produit, dans la solution du sulfate céreux, un précipité soluble dans le sel céreux (Jolin).

c. Le *métaphosphate*, $Ce^2(PO^3)^6$, se forme, d'après Rammelsberg, par l'action de l'acide azotique sur l'hypophosphite et calcination du résidu. Le sel est décomposé incomplètement par la fusion avec un alcali.

Carbonate céreux. — Le carbonate est en lamelles micacées et possède la composition

$$Ce^2(CO^3)^3 + 5H^2O$$

(Jolin). On l'obtient à l'état de pureté par l'addition d'une solution chaude du carbonate d'ammonium à la solution du sulfate céreux.

Le carbonate se trouve dans le règne minéral, combiné au fluorure de calcium dans la *parisite*. La *fluocérine* d'Hisinger de Bastnäs ou l'*hamartite* de Nordenskiöld, est un sel double fort intéressant

$$Ce^2(La^2) < \begin{matrix}(CO^3)^2 \\ Fl^2\end{matrix}.$$

Le carbonate de cérium ne s'unit pas au carbonate d'ammonium, mais il donne, avec les carbonates de sodium et de potassium, les sels doubles suivants, obtenus par Jolin :

Le *sel potassique*, $Ce^2(CO^3)^3 + K^2CO^3 + 3H^2O$. — Le précipité que produit le sulfate céreux avec le bicarbonate de potassium se transforme au contact d'un excès du dernier sel, au bout de quelques jours, en aiguilles minces, ayant un éclat argentin.

Le *sel sodique*, $Ce^2(CO^3)^3 + 2Na^2CO^3 + 2H^2O$ est un précipité amorphe et compact, très peu soluble dans un excès du carbonate de sodium.

Oxysels céreux a acides organiques. — *Formiate céreux*, $Ce^2(CHO^2)^6$. — Il se précipite par l'addition du formiate d'ammonium au sulfate céreux. Poudre blanche, légère, peu soluble (1 p. dans 360 p. d'eau). Chauffé, il projette une fumée brûlante formée d'oxyde (Jolin).

Acétate céreux, $Ce^2(C^2H^3O^2)^6 + 3H^2O$. — Masses arrondies de petits cristaux soyeux, plus solubles dans l'eau froide que dans l'eau chaude (Lange, Crudnowicz, Jolin).

Propionate céreux, $Ce^2(C^3H^5O^2)^6 + 6H^2O$. — Cristallise par l'évaporation, sur l'acide sulfurique, sous forme d'aiguilles incolores [Cleve, *Recherches inédites*].

Oxalate céreux, $Ce^2(C^2O^4)^3 + 9H^2O$. — Poudre blanche, cristalline, presque insoluble dans l'eau pure, peu soluble dans les acides étendus (Jolin). Beringer, Rammelsberg, Mayer et Jolin ont indiqué la composition, exprimée par la formule ci-dessus. D'un autre côté, Erk et Holzmann indiquent que le sel contient $12H^2O$.

L'oxalate se dissout très peu dans une solution bouillante d'oxalate d'ammonium (Bunsen); il ne paraît pas former un sel double avec l'oxalate de potassium (Jolin).

Succinate céreux, $2[Ce^2(C^4H^4O^4)^3] + 9H^2O$. — Précipité blanc et cristallin, soluble dans les acides et dans le succinate d'ammonium (Crudnowicz).

Tartrate céreux, $Ce^2(C^4H^4O^6)^3 + 9H^2O$. — Précipité amorphe et volumineux, très soluble dans les acides, dans les alcalis et dans les tartrates alcalins. Le *paratartrate* possède la même composition que le tartrate, auquel il ressemble (Crudnowicz).

Citrate céreux, $Ce^2(C^6H^5O^7)^2 + 7H^2O$. — Précipité d'abord volumineux, puis cristallin, soluble dans les acides, même dans l'acide citrique et dans le citrate de sodium, mais non dans le sulfate céreux (Crudnowicz). La solution du sel neutre dans l'acide citrique dépose, par l'évaporation, un sel acide sous forme d'une masse gommeuse (Berzelius).

Benzoate céreux, $Ce^2(C^7H^5O^2)^6 + 6H^2O$. — Poudre grenue et cristalline, peu soluble dans l'eau, très soluble dans les acides et dans un excès de sulfate de cérium, insoluble dans un excès de benzoate d'ammonium (Crudnowicz).

Hippurate céreux, $Ce^2(C^9H^8AzO^3)^6 + 8H^2O$. — Aiguilles microscopiques, très solubles dans les acides, même dans l'acide hippurique, dans le sulfate céreux, mais insolubles dans les hippurates alcalins (Crudnowicz).

Picrate céreux, $Ce^2[C^6H^2(AzO^2)^3O]^6 + 18H^2O$. — Forme de grands prismes striés et aplatis, très solubles dans l'eau chaude. Le sel fond en une huile avant de se dissoudre dans l'eau bouillante. Il est explosif [Cleve, *Recherches inédites*].

OXYSELS CÉRIQUES.

Les formules des oxydes céreux et cérique ayant été changées, il est évident que les sels qu'on avait autrefois envisagés comme des sels céroso-cériques sont en partie de véritables sels cériques.

Sulfate cérique. — L'oxyde cérique subit par la dissolution dans l'acide sulfurique concentré une réduction partielle, accompagnée d'un dégagement d'oxygène ozonisé. La solution dépose par cristallisation d'abord des cristaux rouges hexagonaux d'un sel céroso-cérique, dont la forme cristalline a été examinée par M. Rammelsberg [*Poggend. Ann.*, t. CVIII, p. 45]. Les analyses par Hermann, Rammelsberg, Crudnowicz, Zschiesche et Erk s'accordent le mieux avec la formule $Ce^2(SO^4)^3 + 3Ce(SO^4)^2 + 31H^2O$, proposée par Jolin, pas si bien avec la formule $Ce^2(SO^4)^3 + 2Ce(SO^4)^2 + 24H^2O$, proposée par Mendeléjeff.

L'eau mère de ce sel abandonne un sel jaune en cristaux grenus, le sel neutre normal

$$Ce(SO^4)^2 + 4H^2O.$$

Les solutions de ces deux sels sont décomposées par l'eau : il se dépose un sel basique, soluble, d'après Mosander, dans 2500 parties d'eau. C'est un précipité caillebotté ou floconneux, dont l'eau bouillante extrait de l'acide sulfurique. Sa composition paraît correspondre à la formule

$$(CeO)^4 \left\langle \begin{matrix}(SO^4)^3\\(OH)^2\end{matrix} \right. + 5H^2O.$$

Sulfate cérico-potassique. — La formule de ce sel décrit (t. I, p. 797) est

$$Ce(SO^4)^2 + 2K^2SO^4 + 2H^2O.$$

Les précipités qu'on obtient avec le sulfate potassique et le sulfate céroso-cérique, sont à envisager comme des mélanges de ce sulfate cérico-potassique avec du sulfate céroso-potassique.

Sulfate cérico-ammonique. — Par l'évaporation de la solution des sels simples, on obtient d'abord de petits cristaux jaunes

$$Ce^2O^3, 6CeO^2, 12Am^2O, 27SO^3 + 12H^2O.$$

L'eau mère dépose de grands cristaux clinorhombiques et trichroïques

$$Ce(SO^4)^2 + 3Am^2SO^4 + 3H^2O,$$

dont la forme cristalline a été décrite par Rammelsberg.

Azotate cérico-ammonique. — Obtenu par Holzmann (t. I, p. 798), il a pour formule

$$2Ce(AzO^3)^4 + 4AmAzO^3 + 3H^2O.$$

Les azotates doubles de magnésium, de zinc et de nickel (t. I, p. 798), ne sont, d'après les recherches de Rammelsberg et de Zschiesche, autre chose que des sels céreux (décrits p. 796), mais souillés d'un peu d'eau mère contenant de l'oxyde cérique.

Séparation du cérium, du lanthane et du didyme. — Stolba [*Jahresb. Chem.*, 1878, p. 1059] propose de neutraliser par l'oxyde de zinc les solutions des chlorures ou l'azotate, d'y ajouter du permanganate de potassium, de tenir le mélange à l'ébullition, jusqu'à ce que la solution prenne une couleur rouge. Il se précipite du cérium; le lanthane et le didyme restent dans la solution.

P.-T. Cleve.

CÉROTINE. — Syn. de *Cérylique* (*alcool*).

CÉROTIQUE (ACIDE). — Il existe à l'état de cérotate de céryle dans la partie de la cire de pavot qui se dissout dans le chloroforme; le palmitate de céryle l'y accompagne (O Hesse). A l'état libre, on le trouve dans la cire de carnauba et on peut l'en extraire par l'alcool (Bérard). La cire du foin en contient également, et on y trouve en outre de la cholestérine et un hydrocarbure fusible à 65°, qui n'est peut-être autre que le *cérotène* (Koning et Kiesow). L'acide cérotique semble se former par l'oxydation de la paraffine par l'acide azotique (Gill et Meusel).

Le cérotate plombique étant chauffé, on obtient l'acétone cérotique, la *cérotinone*, très-voisine de la géocérinone des lignites (t. I, p. 1559).

D'après les travaux récents de Schalfejeff, l'acide cérotique de Brodie, $C^{27}H^{54}O^2$, ne serait pas un corps homogène; par précipitation fractionnée de son sel plombique, on pourrait le dédoubler en une série de substances, dont une seule a été obtenue à l'état de pureté. Cet acide, que l'on peut aussi isoler de l'acide cérotique de Brodie par des cristallisations dans l'éther, fond à 91° et paraît renfermer $C^{34}H^{68}O^2$ [*Bull. Soc. chim.*, t. XXVI, p. 450; t. XXVII, p. 372].

CÉRULÉINE, $C^{20}H^{10}O^6$. — Voy. Phtaléines, t. II, p. 1010.

CÉRULIGNONE, $C^{16}H^{16}O^6$. — Sous le nom de *cédriret*, Reichenbach, dans ses travaux sur les produits de la distillation du bois, a décrit un corps qui n'existe pas comme tel dans ces produits, mais qui se forme dans les traitements qu'on leur fait subir. Voici le procédé qu'il employait pour préparer ce corps [*Berzelius, Jahresb. Chem.*, t. XV, p. 40 8].

Les huiles qu'on obtient par rectification des goudrons du bois de hêtre sont traitées par du carbonate de potassium pour les débarrasser de l'acide acétique, et ensuite par une lessive de potasse caustique; la solution alcaline est séparée de la partie insoluble et sursaturée par de l'acide acétique.

L'huile qui se sépare est rectifiée; lorsqu'un tiers a passé à la distillation, on essaye souvent le produit de la rectification avec une solution concentrée de sulfate ferrique; ce corps, comme d'ailleurs tous les corps oxydants, produit à un certain moment, avec l'huile, une coloration rouge.

Ce qui distille alors est reçu dans un autre récipient; avec les corps oxydants, comme le dichromate de potassium et l'acide tartrique, il donne un beau corps rouge, formé d'aiguilles, qui remplissent tout le liquide et se déposent lentement; c'est le cédriret (de *cedrium*, vinaigre de bois, et *rete*, réseau, parce que les cristaux s'enchevètrent sur le filtre). Le cédriret possède les propriétés suivantes : il cristallise en fines aiguilles rouges, ne fond pas, se décompose déjà à une température relativement peu élevée. L'acide sulfurique le dissout avec une belle coloration bleu indigo. Il est insoluble dans l'eau, l'alcool, les éthers, le sulfure de carbone; la créosote le dissout avec une coloration pourpre; l'alcool le sépare de cette solution.

Ce travail de Reichenbach date de 1832; depuis lors, personne n'avait plus préparé le cédriret, et ce dernier était complètement oublié, lorsqu'en 1872, un fabricant d'acide acétique, Lettermager, trouva que, dans la purification de son vinaigre, ce produit se recouvrait souvent, à la surface, d'une pellicule brillante bleue, qui se déposait lentement dans les réservoirs en formant une boue bleu-noirâtre. Un échantillon de ce corps fut donné à Liebermann, qui en étudia la nature chimique, établit sa constitution et lui donna le nom de *cérulignone*, mais sans se douter qu'il avait entre les mains le cédriret de Reichenbach. W. Marx [*Wagner's Jahresb.*, 1873, p. 827] et plus tard, A. W. Hofmann [*Deutsch. chem. Gesellsch.*, 1875, p. 68] montrèrent que le cédriret et le cérulignone n'étaient qu'un seul et même corps. Hofmann avait obtenu de son côté la cérulignone [*Deutsch. chem. Gesellsch.*, 1874 p. 78] en soumettant à l'action d'un mélange de dichromate et d'acide acétique la fraction du goudron de hêtre distillant à 270°.

Formation de la cérulignone dans la fabrication de l'acide pyroligneux. — Le mode de fabrication de Lettermager doit offrir certaines particularités, car on n'avait jamais remarqué la formation de ce corps dans les autres fabriques de vinaigre.

Lettermager emploie principalement du bois de hêtre ou de bouleau; le liquide acide qui distille est décanté du goudron qui s'est formé en même temps et est neutralisé par de la chaux. Il se forme un précipité brun; par filtration, on en sépare le liquide, ainsi que de l'excès de chaux. La solution filtrée est distillée pour enlever l'alcool méthylique, le résidu est filtré et le liquide évaporé à siccité; la masse ainsi obtenue est distillée à feu nu dans des cornues en fer après addition d'une quantité équivalente d'acide chlorhydrique. L'acide acétique brut qui passe est traité par une petite quantité de dichromate de potassium et abandonnée au repos dans des cuves. C'est dans celles-ci que se forme la cérulignone à la surface; ensuite elle se dépose au fond. On l'obtient principalement dans les dernières parties de la distillation.

Liebermann a fait des essais pour s'assurer si toutes les sortes de bois donnaient naissance à ce corps, et a reconnu que cette propriété n'appartenait qu'au bois de hêtre; il a reconnu qu'avec 1 kilogr. de bois, on peut obtenir un gramme de cérulignone. D'ailleurs, les rendements dépendent beaucoup de la température à laquelle on distille.

Formation de la cérulignone au moyen des fractions élevées de la créosote. — Les fractions élevées de la créosote, bouillant au-dessus de 250° et complètement solubles dans les alcalis, donnent, par oxydation, de la cérulignone. A. W. Hofmann [*Deutsch. chem. Gesellsch.*, 1878, p. 333], pour isoler le corps qui donne naissance à cette substance, traite la créosote, bouillant de 250-270° et déjà purifiée par de nombreux fractionnements, par du chlorure de benzoyle; la masse cristallisée, ainsi obtenue, fond à 107-110°; elle a été purifiée par cristallisations successives et le dérivé benzoylé décomposé par de l'acide sulfurique. L'huile, mise en liberté, distillait de 256-265°; comme elle se solidifiait partiellement, on a séparé les parties liquides et le corps solide a été comprimé et recristallisé dans l'eau bouillante. On a obtenu ainsi de beaux prismes blancs, fusibles à 51-52°, distillant à 253°, donnant avec les alcalis des composés cristallisés. Ce corps, par les différents agents oxydants, et mieux par l'acide acétique et le dichromate de potassium, se transforme en cérulignone. Il a pour composition $C^8H^{10}O^3$; c'est l'éther diméthylique du pyrogallol $C^6H^3(OH)(OCH^3)^2$, et il a pu être préparé artificiellement, en chauffant à 150-160° durant quatre à cinq heures 1 molécule de pyrogallol, 2 molécules de potasse et 2 molécules d'iodure de méthyle.

Propriétés de la cérulignone. — Ce corps ne se présente que sous forme d'une masse d'un bleu violet. Il est insoluble dans la plupart des dissolvants; en suspension dans l'eau ou dans l'alcool, il présente un miroitement tout particulier, provenant d'une réfraction de la lumière; sous le microscope, on le voit formé de petites aiguilles violettes. Il n'est pas volatil sans décomposition; il brûle en laissant un charbon très difficilement combustible. Son meilleur dissolvant est l'acide acétique cristallisable; il se dissout également dans le phénol avec une belle coloration rouge, mais la solution ne doit pas être chauffée au-dessus de 30°; lorsqu'on ajoute de l'alcool ou de l'éther à cette solution, la cérulignone se précipite sous forme de belles aiguilles bleues.

L'acide sulfurique concentré la dissout avec une coloration bleue magnifique, tout à fait caractéristique pour ce corps. La chrysoquinone possède bien la même réaction, mais la solution sulfurique de cérulignone peut être étendue d'eau ou d'acide acétique concentré sans que la coloration disparaisse. On ne peut plus précipiter le corps primitif de ces solutions par l'eau, le liquide se colore d'abord en rouge; ensuite, par une dilution plus grande, il se précipite un corps brun.

Dans cette réaction, il se forme des dérivés intermédiaires entre la cérulignone et l'hexaoxydiphényle dont il sera question plus loin. Si l'on fait agir de l'acide sulfurique concentré sur la cérulignone, la masse passe rapidement du bleu au brun: le produit de la réaction, débarrassé de l'excès d'acide sulfurique par des lavages et cristallisé dans l'alcool bouillant, se présente en aiguilles jaunes, qui se dissolvent dans l'acide sulfurique concentré avec une coloration brune-rougeâtre; ce corps a pour formule $C^{15}H^{14}O^6$. Lorsqu'on prolonge l'action de l'acide sulfurique, cet acide prend une coloration rouge intense, et par l'eau il se forme un précipité rouge, qui devient brun à l'air; après lavage et dessiccation il forme une poudre orangée; ce corps renferme $C^{14}H^{12}O^6$.

E. Fischer [*Deutsch. chem. Gesellsch.*, 1875, p. 158; *Monit. scient.*, (3), t. V, p. 399] a soumis à une étude plus approfondie le corps brun qui se forme par l'action de l'acide sulfurique concentré sur la cérulignone et qui en est précipité à l'état cristallisable par l'eau; l'hydrocérulignone (voyez plus loin) dans les mêmes conditions n'est transformée que partiellement. Fischer attribue au corps dont il s'agit la composition $C^{15}H^{16}O^6$; il est peu soluble dans l'eau froide, plus facilement dans l'eau chaude ainsi que dans l'éther, la benzine, l'essence de pétrole; il est très soluble dans l'alcool chaud ou froid. Les solutions présentent une saveur amère. Dans les alcalis il se dissout avec une coloration verte caractéristique. Il forme avec eux des combinaisons salines.

Le sel de potassium $C^{15}H^{14}K^2O^6 + 2H^2O$ est un précipité d'un vert foncé qu'on obtient en mélangeant une solution alcoolique de ce corps avec une solution alcoolique de potasse.

Le sel de baryum $C^{15}H^{14}BaO^6$ peut être obtenu à l'aide du sel de potassium et du chlorure de baryum. Il est vert, assez difficilement soluble dans l'eau et dans l'alcool dilué.

D'après Liebermann [*Deutsch. chem. Gesellsch.*, 1875, p. 249] ce corps serait le triméthylhexaoxydiphényle, qui ne se distingue de l'hydrocérulignone que par un groupe CH^2 en moins; il se forme de l'hydrocérulignone par l'action de l'acide sulfurique, qui remplace un groupe méthoxyle OCH^3 par un hydroxyle OH :

$$C^{12}H^4 < \begin{matrix}(OCH^3)^4 \\ (OH)^2\end{matrix} \qquad C^{12}H^4 < \begin{matrix}(OCH^3)^3 \\ (OH)^3\end{matrix}$$

Hydrocérulignone. Triméthylhexaoxydiphényle.

Les alcalis décomposent également la cérulignone, surtout lorsqu'on chauffe. La solution se colore d'abord en vert, mais passe rapidement au jaune, et il se forme avec la potasse alcoolique un précipité jaune.

La cérulignone est transformée très facilement par les corps réducteurs; mise en suspension dans de l'eau ou de l'acide acétique et traitée par un courant d'acide sulfureux elle se décolore rapidement; le sulfhydrate d'ammonium la dissout avec dégagement de chaleur. On peut aussi réduire la cérulignone avec du zinc et l'acide chlorhydrique; lorsque tout le corps bleu est devenu blanc, on décante le liquide surnageant, on lave le résidu à l'eau bouillante et on le dissout dans de l'alcool chaud; on obtient, par refroidissement, de beaux prismes incolores d'un corps ayant pour formule : $C^{16}H^{18}O^{6}$; ce corps s'est formé d'après l'équation

$$C^{16}H^{16}O^{6} + H^{2} = C^{16}H^{18}O^{6},$$

et représente par conséquent l'hydrocérulignone.

Hydrocérulignone, $C^{16}H^{16}O^{4}(OH)^{2}$. — Elle est presque insoluble dans l'eau et l'éther; très-soluble dans la benzine et l'alcool. A l'air, elle se colore lentement en brun. Elle fond à 190° et se dissout dans l'acide sulfurique avec une coloration jaune, en donnant les mêmes produits que la cérulignone; par les agents oxydants, elle est de nouveau transformée en cérulignone.

Combinaison de l'hydrocérulignone avec la soude, $C^{16}H^{16}Na^{2}O^{6}$. — Une solution chaude d'hydrocérulignone dans l'alcool est précipitée en flocons jaunes, par la soude alcoolique; on cesse d'ajouter la soude avant que le liquide soit devenu alcalin; on filtre rapidement et on lave avec de l'alcool chaud; sous l'exsiccateur, le précipité devient cristallin; à l'air, ce composé, surtout lorsqu'il est humide, se colore d'abord en vert, ensuite en violet.

Combinaison avec la potasse, $C^{16}H^{16}K^{2}O^{6}$. — Se forme dans les mêmes conditions que le corps précédent, auquel il ressemble tout à fait.

Le composé $C^{16}H^{16}K^{2}O^{6} + 4K^{2}O$, se produit, d'après Ewald [*Deutsch. chem. Gesellsch.*, 1878, p. 1023] en faisant bouillir rapidement l'hydrocérulignone avec une solution concentrée de potasse aqueuse. La liqueur jaune laisse déposer, par refroidissement, des lamelles jaune d'or.

Hydrocérulignone diacétylée,

$$C^{16}H^{16}(C^{2}H^{3}O)^{2}O^{6}.$$

— On obtient ce corps en chauffant durant plusieurs heures de l'hydrocérulignone avec un excès d'anhydride acétique à 170°, ou bien de la cérulignone et de l'anhydride acétique; il se forme de beaux prismes incolores, insolubles dans l'eau, peu solubles dans l'alcool bouillant, d'où le nouveau composé cristallise en petites aiguilles, très solubles dans l'acide acétique cristallisable. Le point de fusion est difficile à déterminer, par suite d'une décomposition; il est situé entre 217° et 225°.

En faisant agir le perchlorure de phosphore sur ce corps, on obtient, d'après Hayduck [*Deutsch. chem. Gesellsch.*, 1876, p. 928], l'hydrocérulignone dichloracétylée $C^{16}H^{14}Cl^{2}(C^{2}H^{3}O)^{2}O^{6}$. On mélange parties égales d'hydrocérulignone acétylé sec avec du perchlorure de phosphore et l'on chauffe durant quelques minutes. Le corps chloré cristallise en petits prismes, fusibles à 172°.

Hydrocérulignone dibenzoylée,

$$C^{16}H^{16}(C^{7}H^{5}O)^{2}O^{6}.$$

— On peut employer aussi bien le chlorure de benzoyle que l'anhydride benzoïque. Avec le premier de ces corps, on chauffe dans des tubes scellés, à 170°; avec le second, dans un ballon ouvert à 150°. Le dérivé dibenzoylé cristallise dans l'acide acétique en aiguilles aplaties, très brillantes, fusibles à 244°; il est très peu soluble dans l'alcool et dans de l'acide acétique bouillant.

Dichlorhydrocérulignone, $C^{16}H^{14}Cl^{2}O^{4}(OH)^{2}$. — On fait bouillir la dichloracétyle-hydrocérulignone avec de la potasse alcoolique; d'abord tout se dissout; ensuite il se forme lentement un précipité; celui-ci est lavé et dissous dans l'eau. Par les acides, il se précipite un corps blanc gélatineux qui cristallise dans l'alcool chaud, dans lequel il est assez peu soluble, en petites tables rhomboédriques incolores, fusibles à 220°.

Le sel de potassium est presque insoluble dans l'alcool froid; il se dissout facilement dans l'eau et cristallise en aiguilles.

Dibromhydrocérulignone, $C^{16}H^{14}Br^{2}O^{4}(OH)^{2}$. — Se forme par l'ébullition avec de la potasse alcoolique de l'hydrocérulignone dibromacétylée, qu'on obtient en ajoutant à une solution chaude d'hydrocérulignone dans de l'acide acétique la quantité calculée de brome. Le corps dibromé est précipité par l'eau; cristallisé dans l'alcool, il forme des aiguilles incolores, fusibles à 178°.

La dibromhydrocérulignone forme des prismes fusibles à 262°; elle est peu soluble dans l'alcool et la benzine, même à l'ébullition.

Tétrabromhydrocérulignone,

$$C^{16}H^{12}Br^{4}O^{4}(OH)^{2}.$$

— Se forme lorsqu'on emploie dans la préparation précédente un excès de brome. Aiguilles brillantes fusibles à 217-218° [Hayduck, *loc. cit.*].

Ewald, en chauffant à 140° durant six heures le sel de potassium de l'hydrocérulignone avec 1 1/2 fois son poids de méthylsulfate de potassium sec et une certaine quantité d'alcool méthylique obtient la diméthylhydrocérulignone

$$C^{16}H^{16}O^{4}(OCH^{3})^{2}.$$

Ce corps, qui est comme on le verra l'hexaméthoxydiphényle, cristallise en aiguilles incolores, brillantes, fusibles à 126°, très solubles dans l'alcool et l'acide acétique. Le dérivé dibromé $C^{12}H^{2}Br^{2}(OCH^{3})^{6}$, se forme lorsqu'on ajoute du brome à une solution acétique; il cristallise dans l'alcool ou dans l'acide acétique en aiguilles blanches, fusibles à 138-140°. L'acide sulfurique le dissout avec une coloration bleue.

Le dérivé dichloré $C^{12}H^{2}Cl^{2}(OCH^{3})^{6}$ est obtenu dans les mêmes conditions avec de l'eau de chlore; cristallisé dans l'alcool, il forme des aiguilles incolores, se colorant facilement en rose.

Constitution de la cérulignone. — La cérulignone est une quinone; indépendamment des propriétés que l'on a indiquées, elle possède aussi le pouvoir oxydant de ces corps; en effet, si d'après la réaction de Wichelhaus [*Deutsch. chem. Gesellsch.*, 1871, p. 846], on la chauffe avec une solution de pyrogallol, elle donne, par oxydation, de la purpurogalline, tandis qu'elle est transformée en hydrocérulignone.

Lorsqu'on chauffe la cérulignone avec de l'acide chlorhydrique et du phosphore rouge à 170°, on constate à l'ouverture des tubes la formation de l'iodure de méthyle, et d'un corps solide qui, débarrassé de l'excès d'acide iodhydrique et cristallisé dans l'eau bouillante, se trouve être de l'hexaoxydiphényle qui s'est formé d'après la réaction : $C^{16}H^{18}O^{6} + 4HI + C^{12}H^{10}O^{6} + 4CH^{3}I$.

L'hexaoxydiphényle a été caractérisé par l'analyse, par ses propriétés et sa transformation en dérivé acétylé.

Par la fusion de l'hydrocérulignone avec de la potasse, il se forme également de l'hexaoxydiphényle qu'on isole en dissolvant le produit dans de l'acide chlorhydrique concentré et en épuisant la solution par l'éther.

En chauffant de l'hydrocérulignone avec de la poussière de zinc, on obtient du diphényle fusible à 70°.

Ainsi, la cérulignone se rattache à la série du diphényle et spécialement à une quinone correspondant à un hexaoxydiphényle. Elle constitue le dérivé tétraméthylé de cette quinone et l'on a

$$\begin{array}{l} C^{6}H^{2}(OH)^{2}(OH) \\ | \\ C^{6}H^{2}(OH)^{2}(OH) \end{array} \qquad \begin{array}{l} C^{6}H^{2}(OH)^{2}O \diagdown \\ | \qquad\qquad\qquad\; \rangle \\ C^{6}H^{2}(OH)^{2}O \diagup \end{array}$$

Hexaoxydiphényle. — Quinone correspondante inconnue.

$$\begin{array}{l} C^{6}H^{2}(OCH^{3})^{2}OH \\ | \\ C^{6}H^{2}(OCH^{3})^{2}OH \end{array} \qquad \begin{array}{l} C^{6}H^{2}(OCH^{3})^{2}O \diagdown \\ | \qquad\qquad\qquad\quad \rangle \\ C^{6}H^{2}(OCH^{3})^{2}O \diagup \end{array}$$

Hydrocérulignone. — Cérulignone.

Ces formules expliquent d'une manière satisfaisante les réactions de la cérulignone et de ses dérivés; elles permettent aussi d'interpréter jusqu'à un certain point la formation de ce corps par oxydation du diméthylpyrogallol, 2 molécules se soudant avec perte de 4 atomes d'hydrogène,

$$2[C^6H^3(OCH^3)^2(OH)] - H^4 = [C^6H^2(OCH^3)^2O]^2.$$

Éthylcérulignone. — En oxydant le diéthylpyrogallol, comme il l'avait fait pour l'éther méthylique, Hofmann [*Deutsch. chem. Gesellsch.*, 1878, p. 797] a préparé *l'éthylcérulignone*

$$\left.\begin{matrix} C^6H^2(OC^2H^5)^2O \\ C^6H^2(OC^2H^5)^2O \end{matrix}\right>$$

On obtient l'éther diéthylé du pyrogallol en chauffant 1 mol. de ce corps, 3 mol. de potasse et 3 mol. d'éthylsulfate de potassium. Le produit de la réaction est saturé par de l'acide chlorhydrique, l'alcool est chassé par distillation au bain-marie et le produit est épuisé par l'éther. Le résidu de l'évaporation de l'éther forme une huile brune d'une forte odeur créosotée; on la lave à l'eau pour enlever le pyrogallol et l'on traite par la soude. L'éther triéthylé n'est pas dissous, tandis que les deux autres éthers se dissolvent; l'éther diéthylé cristallise dans l'alcool dilué en cristaux fusibles à 70°; par oxydation, il donne de l'éthylcérulignone, qui est insoluble dans l'eau et l'éther; soluble dans l'alcool d'où elle cristallise en longues aiguilles d'un rouge sang avec reflets métalliques. Elle se dissout dans l'acide sulfurique concentré avec une belle coloration bleue; avec l'acide sulfureux et les autres corps réducteurs, elle se transforme en *hydroéthylcérulignone* $C^{20}H^{26}O^6$, insoluble dans l'eau, très soluble dans l'éther.

A. Kopp.

CÉRYLIQUE (ALCOOL) — Il existe sous forme d'éther cérotique et palmitique dans la partie soluble dans le chloroforme de la cire de pavot (O. Hesse); Maskelyne l'a rencontré dans la cire de carnauba.

D'après Kessel, la cire brune du *Ficus gummiflua* de Java, qui fond entre 60 et 70°, contient une substance cristalline, peu soluble dans l'éther, qui possède la composition $C^{27}H^{56}O$ de l'alcool cérylique, mais qui fond à 62° déjà. L'éther acétique de cet alcool fond à 57°. La cire renferme en outre une matière très-soluble dans l'éther, de le formule $C^{15}H^{30}O$, qui cristallise en petits mamelons, fusibles à 73°; enfin on y trouve une quantité notable de matière colorante brune, soluble dans l'eau bouillante [Fr. Kessel, *Deutsch. chem. Gesellsch.*, 1878, p. 2112].

CÉSIUM. — *Extraction.* — Pour extraire le césium et le rubidium de la lépidolithe, Stolba attaque le minerai par l'acide sulfurique et le fluorure de calcium. Après expulsion de l'excès d'acide, le résidu est épuisé par l'eau bouillante et la solution est additionnée de carbonate potassique; par le refroidissement de la liqueur filtrée, il cristallise de l'alun potassique, accompagné des aluns de césium et de rubidium [*Dingler's polyt. Journ.*, t. CXCVII, p. 336].

Lecoq de Boisbaudran attaque la lépidolithe de la même manière, mais le produit de l'attaque est débarrassé de la chaux et des métaux par les procédés ordinaires, puis le césium et le rubidium sont précipités par le chlorure de platine [*Bull. Soc. chim.*, t. XVII, p. 551].

Des procédés analogues ont été proposés par Sharples [*Amer. Chemist*, 1873, p. 453] et par Peterson [*Dingler's polyt. Journ.*, t. CCXXIV, p. 176; *Bull. Soc. chim.*, t. XXVIII, p. 417].

La séparation du césium et du rubidium peut être effectuée par le chlorure stannique, qui forme, avec le chlorure de césium, un sel double peu soluble, tandis qu'il ne précipite pas le chlorure de rubidium; on purifie le chlorostannate de césium par cristallisation [Stolba, *Dingler's polyt. Journ.*, t. CXCVIII, p. 225; — Sharples, *loc. cit.*].

Poids atomique. — Les déterminations de R. Godeffroy, qui a étudié un grand nombre de combinaisons du césium, assignent à ce métal le poids atomique 132,6, peu éloigné de celui qui avait été admis jusque-là, c'est-à-dire 133 [*Liebig's Ann. Chem.*, t. CLXXXI, 176].

Solubilité des sels de césium. — Il résulte de la comparaison de la solubilité des sels alcalins, que Godeffroy a résumée dans un tableau [*Deutsch. chem. Gesellsch.*, 1876, p. 1365; *Bull. Soc. chim.*, t. XXVII, p. 561], que les sels simples de césium sont les plus solubles des sels alcalins, tandis que les sels doubles sont les moins solubles.

CHLORURE DE CÉSIUM. — D'après R. Godeffroy, il n'est pas déliquescent et sa forme cristalline ne paraît pas appartenir au système cubique. Suivant les observations de Streng, il cristallise en rhomboèdres, dont les faces sont fortement arrondies.

Le chlorure de césium forme un grand nombre de sels doubles, qui ont été étudiés par Godeffroy [*Arch. Pharm.*, (3), t. IX, p. 343; XII, p. 47; *Deutsch. chem. Gesellsch.*, 1874, p. 375, et 1875, p. 9]. Ces sels sont insolubles ou peu solubles dans l'acide chlorhydrique concentré, solubles et cristallisables dans l'acide étendu et dans l'eau.

Chlorure de césium et d'antimoine,

$$SbCl^3, 6CsCl.$$

— Précipité cristallin, obtenu en ajoutant un sel de césium à une solution étendue de trichlorure d'antimoine dans l'acide chlorhydrique concentré. Il cristallise dans l'acide chlorhydrique étendu en cristaux bien formés, durs, inaltérables à l'air. L'eau pure le décompose.

La réaction qui produit ce sel est plus sensible que celle qu'on obtient avec le chlorure stannique.

Chlorure de césium et d'étain,

$$SnCl^4, 2CsCl.$$

—Cette combinaison, peu soluble dans l'acide chlorhydrique concentré, a été découverte par Sharples (*loc. cit.*). Elle a été signalée à l'occasion de la séparation du césium et du rubidium (voir t. II, p. 1373). Elle cristallise en octaèdres réguliers ou en cristaux offrant les faces p et a^1. Densité des cristaux à 20°,5 = 3,3308 [F. Stolba, *Dingler's polyt. Journ.*, t. CXCVIII, p. 225].

Chlorure de césium et de manganèse,

$$MnCl^2, 2CsCl.$$

— Précipité cristallin produit en présence de l'acide chlorhydrique concentré. Il est très soluble dans l'eau et dans l'acide chlorhydrique étendu. L'évaporation lente de sa solution aqueuse le fournit en cristaux volumineux, d'un rouge pâle, renfermant trois mol. d'eau de cristallisation.

Enfin les eaux mères chlorhydriques du précipité primitif, qui est anhydre, donnent, par l'évaporation lente, de petits cristaux clinorhombiques rougeâtres, qui ont pour composition

$$2(MnCl^2, 2CsCl) + 5H^2O.$$

Chloraurate de césium, $AuCl^3, CsCl$. — Petites aiguilles d'un jaune rougeâtre, moins solubles que celles de rubidium dans l'eau, dans l'alcool et dans l'éther.

Chloropalladite de césium, $PdCl^2, 2CsCl$. — Précipité jaune, cristallisable dans l'eau froide en faisceaux d'aiguilles d'un rouge brun. L'eau bouillante décompose ce sel, en précipitant du palladium.

Chloroplatinite de césium, $PtCl^2, 2CsCl$. —

Ce sel se produit lorsqu'on chauffe jusqu'à fusion le chloroplatinite de césium avec de l'acide oxalique ou dans un courant d'hydrogène, reprenant par l'eau et évaporant la solution. Il se dépose en longs prismes clinorhombiques, inaltérables à l'air, d'un rouge foncé par transparence et d'un jaune vert par réflexion. Il est soluble dans l'eau, insoluble dans l'alcool. 100 parties d'eau en dissolvent 3p,4 à 20° et 12p,1 à 100° (Godeffroy).

R. Godeffroy a encore obtenu les sels doubles suivants sous la forme de précipités cristallins, insolubles dans l'acide chlorhydrique concentré, solubles dans l'eau et cristallisables par l'évaporation :

$Fe^2Cl^6.6CsCl$.
$BiCl^3.6CsCl$.
$ZnCl^2.2CsCl$.
$CdCl^2.2CsCl$.
$HgCl^2.2CsCl$.
$CuCl^2.2CsCl$.
$NiCl^2.2CsCl$.

Fluosilicate de césium, $SiFl^6Cs^2$. — Précipité amorphe, devenant peu à peu cristallin, anhydre à 100°. Il cristallise de sa solution aqueuse bouillante en petits cubo-octaèdres. Il est plus soluble que les fluosilicates de potassium et de rubidium. Il n'exige que 166 parties d'eau froide pour se dissoudre, et beaucoup moins d'eau bouillante. Il est insoluble dans l'alcool [A. Preis, *Journ. prakt. Chem.*, t. CIII, p. 419].

Silicotungstate de césium. — Voir t. II, p. 533.

Ed. Willm.

CESPITINE, $C^5H^{13}Az$. — Cet alcaloïde isomère avec l'amylamine et présentant le caractère d'une base tertiaire, prend naissance en même temps que des bases pyridiques dans la distillation sèche de la tourbe d'Irlande. La cespitine bout à 95°, se dissout dans l'eau, présente une consistance légèrement huileuse et une odeur forte et désagréable.

L'iodure d'éthyle à 180° ne donne pas de dérivé éthylique, mais un iodure d'ammonium quaternaire.

Chloroplatinate de cespitine,

$(C^5H^{13}Az.HCl)^2PtCl^4$.

— Beau sel rouge orangé, perdant comme les sels pyridiques correspondants de l'acide chlorhydrique, quand on le soumet à une ébullition prolongée avec de l'eau, et se transformant en dérivé cespityl-platinique [W. Church et W. Owen, *Journ. prakt. Chem.*, t. LXXXIII, p. 224].

CÉTÈNE, $C^{16}H^{32}$ (voyez t. I, p. 808). — D'après les recherches de Elissafof, le cétène ne serait pas un carbure unique, mais un mélange de plusieurs hydrocarbures de la formule C^nH^{2n}. [*Bull. Soc. chim.*, t. XXI, p. 303 et 416]. Lasarenko a soumis le cétène obtenu par l'action de l'anhydride phosphorique sur l'alcool cétylique, à une nouvelle étude, et il l'envisage comme une espèce chimique. D'après cet auteur, le cétène est peu soluble dans l'alcool. Traité par l'anhydride sulfurique, il fournit *l'acide cétène-sulfonique*, $C^{16}H^{31}SO^3H$. Cet acide constitue une masse cireuse, fusible à 18°, insoluble dans l'eau, soluble dans l'alcool et l'éther. Son *sel de potassium* $C^{16}H^{31}.SO^3K$ cristallise en lamelles brillantes, fusibles à 105-110°, solubles dans l'eau. Les sels d'*argent*, de *baryum*, de *cuivre*, de *nickel*, de *magnésium* et de *strontium* sont cristallisés.

CÉTÈNE-SULFONIQUE (ACIDE), $C^{16}H^{32}SO^3$. — Voyez Cétène.

CÉTYLE (HYDRURE DE) $C^{16}H^{34}$. — (Syn. d'*hydrure de palmityle*). Voyez t. II, p. 733.

CÉTYLIDE. — Voyez Cérébrine, p. 440.

CÉTYLIQUE (ALCOOL), $C^{16}H^{34}O$. — Voyez t. I, p. 810. — Cet alcool se forme en même temps qu'un carbure C^8H^{16}, lorsqu'on distille l'acide sébacique avec de la baryte caustique [Schorlemmer, *Deutsch. chem. Gesellsch.*, 1870, p. 500; *Bull. Soc. chim.*, t. XIV, p. 262].

A la température du rouge, l'alcool cétylique fournit du propylène [Cahours, *Compt. rend.*, t. XXXI, p. 142].

CÉTYLIQUES (COMPOSÉS). — Voyez t. I, p. 811. *Cyanure de cétyle*. — Il se forme lorsqu'on chauffe le chlorure ou l'iodure de cétyle avec le cyanure de potassium ou d'argent, ou mieux encore lorsqu'on chauffe le cétylsulfate de potassium avec le cyanure de potassium à 140-200°. On le sépare du produit de la réaction au moyen de l'éther. D'après Köhler, il fond à 53°; Heintz affirme qu'il est liquide.

Azotate de cétyle, $C^{16}H^{33}AzO^3$. — On obtient ce corps en introduisant de l'alcool cétylique pulvérisé dans le mélange nitro-sulfurique, précipitant par l'eau, et en lavant le produit huileux par l'eau. Il constitue une huile peu soluble dans l'alcool froid, soluble dans le chloroforme, l'éther et le sulfure de carbone. Il possède une densité de 0,91 ; entre 10-12°, il se prend en aiguilles [Champion, *Compt. rend.*, t. LXXIII, p. 573].

Borate de cétyle, $(C^{16}H^{33})BoO^2$. — On obtient ce corps en chauffant l'alcool cétylique avec l'anhydride borique, et en épuisant le produit par l'éther. C'est une masse cristalline blanche, fusible à 58° [Bechi, *Compt. rend.*, t. LXII, p. 397].

CÉVADINE. — Dans un travail récent sur les alcaloïdes de la graine de cévadille, Wright et Luff distinguent la vératrine de Couërbe de la vératrine de Merck, et donnent à cette dernière le nom de *cévadine*. La sabadilline de Weigelin (t. II, p. 1386) est désignée sous le nom de *cévadilline* [C.-R.-A. Wright et A.-P. Luff, *Journ. chem. Soc.*, 1878, t. XXXIII, p. 338].

CÉVINE ET CÉVILLINE. — La vératrine de Merck (cévadine de Wright et Luff) est dédoublée, d'après ces deux derniers auteurs, par la soude alcoolique et bouillante en acide méthylcrotonique, et une nouvelle base, la *cévine*. La sabadilline de Weigelin (cévadilline de Wright et Luff) fournit dans les mêmes conditions la *cévilline*.

CHALCOLITE (Min.). — Voyez Torbernite.

CHALCOMORPHITE (Min.). — Silicate hydraté de chaux avec un peu de magnésie. Se trouve dans les cavités d'un calcaire emprisonné dans la lave au lac de Laach (Prusse rhénane) et à Niedermendig. Hexagonal. Clivage basal parfait.

Caractères. — Soluble dans l'acide chlorhydrique avec séparation de silice gélatineuse. Au chalumeau, se gonfle et fond sur les bords. Dureté, 5. Densité, 2,5.

CHALCOPYRRHOTINE, Blomstrand (Min.). — Pyrrhotine cuprifère trouvée à Nya-Kopperbeg (Suède), avec chondrodite. Sa composition peut être représentée par la formule Fe^4CuS^6.

CHALYLITE (Min.). — Variété compacte, brun rouge, de Thomsonite, d'Onegore-Mounts, Antrim (Écosse).

CHAMASITE (Min.). — Fer nickelé, renfermant jusqu'à 23 % de nickel, trouvé dans les fers météoriques.

CHAVICINE. — D'après R. Buchheim, le poivre renferme, en même temps que de la pipérine, une substance plus soluble dans l'alcool, l'éther et l'essence de pétrole : c'est la chavicine. Elle ne cristallise pas. La potasse alcoolique bouillante la transforme en pipéridine et en *acide chavicique*, incristallisable. Ces composés n'ont pas été étudiés [*Neues Rep. Pharm.*, t. XXV, p. 335].

CHAVICIQUE (ACIDE). — Voy. CHAVICINE.

CHÉLÉRYTHRINE. — Cette matière retirée du *chelidonium majus*, est identique avec la sanguinarine (voy. t. II, p. 1431).

CHÉLIDONINE, $C^{20}H^{19}Az^{3}O^{3} + H^{2}O$, ou peut-être plutôt $C^{19}H^{17}Az^{3}O^{3} + H^{2}O$. — Alcaloïde qui existe dans toutes les parties de la grande chélidoine (*Chelidonium majus*), et qui y accompagne la sanguinarine (t. II, p. 1432); elle se trouve notamment accumulée dans la racine [Godefroy, *Journ. de Pharm.*, décembre 1824; — Probst, *Ann. Chem. Pharm.*, t. XXIX, p. 123; Reuling, *ibid.*, t. XXIX, p. 131; — Will, *ibid.*, t. XXXV, p. 143].

Préparation. — On épuise la racine de chélidoine avec de l'eau acidulée d'acide sulfurique, on précipite la solution par l'ammoniaque et l'on dissout le précipité dans l'alcool aiguisé d'acide sulfurique; l'alcool ayant été chassé par la distillation, on précipite de nouveau par l'ammoniaque. On obtient ainsi un mélange de chélidonine et de sanguinarine que l'on sépare à l'aide de l'éther, qui dissout principalement la sanguinarine. Le résidu est dissous dans la moindre quantité possible d'acide sulfurique étendu et additionné ensuite de deux volumes d'acide chlorhydrique concentré; au bout de quelque temps, il se dépose à l'état grenu du chlorhydrate de chélidonine qu'on lave à froid et que l'on décompose en le mettant en digestion avec de l'eau ammoniacale. La chélidonine mise en liberté est purifiée par cristallisation lente dans l'alcool aqueux (Probst).

Propriétés. — La chélidonine est en petites tables incolores ou en aiguilles incolores et brillantes, insolubles dans l'eau, solubles dans l'alcool et l'éther. La base précipitée de ses sels constitue un dépôt blanc volumineux amorphe, devenant cristallin au bout de quelque temps. Les cristaux perdent à 100° 1 molécule d'eau et fondent à 130°. Les acides sulfurique et nitrique décomposent profondément la chélidonine; l'acide sulfurique nitreux la colore en vert, et, à 150°, en vert olive (Dragendorff). Mise en suspension dans une solution sucrée et additionnée peu à peu d'acide sulfurique, elle donne une coloration rouge violacée (Schneider).

SELS DE CHÉLIDONINE. — Cet alcaloïde offre une réaction alcaline et forme des sels bien définis, cristallisés pour la plupart. Leur saveur est amère, leur réaction acide, et les sels à acide faible perdent par évaporation une partie de celui-ci.

Acétate. — Très soluble dans l'eau et dans l'alcool, se desséchant en une masse gommeuse.

Azotate. — Cristaux assez volumineux, peu solubles.

Chlorhydrate. — Fines aiguilles, solubles à 18° dans 324 p. d'eau.

Chloroplatinate, $(C^{20}H^{19}Az^{3}O^{3}, HCl)^{2}, PtCl^{4}$. — précipité d'un beau jaune, d'abord floconneux, mais devenant grenu et cristallin avec le temps.

Phosphate. — Cristallise aisément; fort soluble dans l'eau et l'alcool, insoluble dans l'éther.

Sulfate. — En soumettant à l'évaporation lente sa solution dans l'alcool absolu, on l'obtient à l'état cristallisé; fort soluble dans l'alcool et dans l'eau. Il fond entre 50 et 60°. A. Henninger.

CHELMSFORDITE (Min.). — Warnerite d'un violet pâle de Chelmsford (Mass.).

CHÉNOPODINE. — Reinsch avait donné ce nom à une matière azotée cristallisable qu'il avait extraite du suc de jeunes plants de *Chenopodium album*, et dont il avait observé en outre la formation dans la putréfaction de certains jus végétaux et du fromage. D'après Dragendorff et Gorup-Besanez, la chénopodine ne serait autre que de la leucine [H. Reinsch, *Chem. Centralbl.*, 1864, p. 576; 1868, p. 32; — Gorup-Besanez, *Deutsch. chem. Gesellsch.*, 1874, p. 147].

CHEROKINE (Min.). — Pyromorphite blanc de lait ou rosâtre, en petits prismes, trouvé à Canton Mine, Cherokee C° (Géorgie).

CHILENITE (Min.). — Syn. : Argent bismuthal. $Ag^{6}Bi$. Amorphe, grenu, blanc d'argent, devenant jaune à la surface, trouvé à la mine de San-Antonio (Copiapo).

CHIMAPHYLINE. — Cette matière a été retirée de l'extrait alcoolique des feuilles de *pyrola* ou de *Chimaphyla umbellata*, au moyen du chloroforme. On l'obtient également par la distillation de ces plantes avec de l'eau. Elle est en lamelles jaunes dorées, peu solubles dans l'eau, solubles dans l'alcool, l'éther, le chloroforme et les huiles grasses [Fairbank, *Amer. Journ. of Pharm.*, t. XXXII, p. 254].

CHIRATINE, $C^{26}H^{48}O^{15}$. — Matière amère, jaune et résineuse, extraite par Hohn des tiges de l'*Ophelia chirata*; elle est très soluble dans l'alcool et l'éther, et se dédouble par l'acide chlorhydrique étendu en *chiratogénine*, $C^{13}H^{24}O^{3}$, matière amère, brune et amorphe, et en acide *ophélique*, $C^{13}H^{20}O^{10}$, acide incristallisable, réduisant la liqueur de Fehling. Toutes ces formules manquent de contrôle [H. Hohn, *Arch. Pharm.*, t. CXXXIX, p. 213].

CHITINE (voyez t. I, p. 854). — Lorsqu'on fait bouillir la chitine avec de l'acide chlorhydrique concentré, on la transforme en chlorhydrate de glucosamine

$$COH(CH\text{-}OH)^{4}CH^{2}.AzH^{2},HCl.$$

Cette transformation s'accomplit plus facilement en présence d'une certaine quantité d'étain, que l'on sépare ensuite du liquide au moyen de l'acide sulfhydrique [G. Ledderhose, *Deutsch. chem. Gesellsch.*, 1876, p. 1200; *Bull. Soc. chim.*, t. XXVII, p. 413; *Zeitschr. physiol. Chem.*, t. II, p. 213]. On obtient en glucosamine jusqu'à 75 % du poids de la chitine, et il ne se forme en outre que de l'acide acétique et une trace d'un acide plus riche en carbone. En admettant pour la chitine la formule $C^{15}H^{26}Az^{2}O^{10}$, on pourrait représenter le dédoublement par l'équation suivante :

$$2C^{15}H^{26}Az^{2}O^{10} + 6H^{2}O$$
$$= 4C^{6}H^{13}AzO^{5} + 3C^{2}H^{4}O^{2}.$$

CHLADÉNITE (Min.) — Enstatite pure, trouvée dans les pierres météoriques.

CHLORACÉTÈNE. — Le corps que Harnitz-Harnitzky avait obtenu en faisant agir le chlorure de carbonyle sur l'aldéhyde, et décrit sous le nom de chloracétène (t. I, p. 855), n'existe pas, d'après les recherches de Kekulé et Zincke [*Deutsch. chem. Gesellsch.*, 1870, p. 129]. Malgré de nombreuses expériences, ces deux savants n'ont obtenu, dans la réaction indiquée, qu'un mélange d'aldéhyde et de paraldéhyde, le chlorure de carbonyle ayant agi comme simple agent de polymérisation, à la manière du gaz chlorhydrique et d'une foule d'autres corps. Il est donc plus que probable que le chimiste russe a eu entre les mains un mélange de ce genre.

CHLORAL. — Le chloral peut être obtenu par l'action d'un courant de chlore sur l'aldéhyde en présence de fragments de marbre. Pinner admettait qu'il était nécessaire de soustraire l'aldéhyde à l'action de l'acide chlorhydrique formé [Pinner, *Deutsch. chem. Gesellsch.*, 1871, p. 256. A. Wurtz et Vogt [*Compt. rend.*, t. LXXIV, p. 777], l'ont obtenue par l'action du chlore sur la chloréthyline d'éthylidène, en présence d'une petite quantité d'iode; il se forme d'abord le composé

$$CCl^{3}\text{-}CH\begin{cases}OC^{2}H^{5}\\Cl\end{cases}$$

ou éther tétrachloré, qui, chauffé à 100° avec de l'eau, fournit le chloral. Il est probable que telle est la série des réactions qui s'effectuent dans la préparation du chloral : transformation de l'alcool en aldéhyde, puis en chloroéthyline, par l'action de l'acide chlorhydrique formé, et enfin en éther tétrachloré. En effet, Stas a constaté dans les produits de l'action du chlore sur l'alcool la présence de l'aldéhyde, et Lieben celle de l'acétal trichloré

$$CCl^3\text{-}CH < \begin{matrix} OC^2H^5 \\ OC^2H^5 \end{matrix}$$

qui prend naissance par l'action de l'alcool sur l'éther tétrachloré.

Parmi les produits accessoires de cette fabrication, signalons : le chlorure d'éthyle, le chlorure d'éthylidène, le chlorure d'éthylène, le chlorure d'éthylène chloré [Kraemer, *Deutsch. chem. Gesellsch.*, 1870, p. 257], l'acétal pentachloré [Friedel, *Bull. Soc. chim.*, t. XXIII, p. 333].

Action de l'eau et des alcools. — Le chloral est susceptible de s'unir à froid à l'eau pour former l'hydrate de chloral, qui fond à 50-51°. Il a déjà été décrit dans le premier volume.

Le chloral s'unit de même à l'alcool pour former l'alcoolate de chloral. Obtenu pour la première fois par Roussin, ce corps a été étudié par Personne [*Bull. Soc. chim.*, t. XIII, p. 98]; il fond à 56-57° et bout à 115-116°. Il est soluble dans l'eau, l'alcool et l'éther. Sa densité de vapeur, 3,59, correspond à 4 volumes, ce qui démontre que, comme l'hydrate, ce corps est complètement dissocié à l'état de vapeur (voy. Suppl., p. 246).

Le chloral se combine de même avec les autres alcools en formant des composés analogues; le méthylate fond à 50° et bout à 106° (Jacobsen), 98° (Martius); l'amylate fusible à 56° bout à 145°; le cétylate se présente en cristaux mamelonnés.

L'alcool allylique s'unit à froid au chloral en formant un liquide épais, bouillant à 110° et pouvant cristalliser en fines aiguilles, fondant à 20°, solubles dans l'eau [Oglialoro, *Deutsch. chem. Gesellsch.*, 1874, p. 1461].

Action de l'hydrogène naissant. — Traité par le zinc et l'acide chlorhydrique, le chloral se convertit en aldéhyde [Personne, *Bull. Soc. chim.*, t. XIV, p. 381].

Action des oxydants. — L'acide nitreux, le permanganate de potassium, le convertissent en acide trichloracétique.

Action du brome. — Chauffé en tubes scellés à 150° avec du brome, le chloral donne du bromotrichlorométhane CCl^3Br, du bromure de trichloracétyle, de l'acide bromhydrique et de l'oxyde de carbone [Oglialoro, *Deutsch. chem. Gesellsch.*, 1874, p. 1461].

Le chlorobromure de phosphore PCl^3Br^2 le transforme en bromure de trichloréthylidène $CCl^3\text{-}CHBr^2$ bouillant à 200°; sa densité à 15° est 2,317 [E. Paterno, *Gazz. chim. ital.*, t. I, p. 593].

Action de l'acide sulfurique. — L'acide sulfurique transforme le chloral en chloral insoluble. Par un contact prolongé, il se combine au chloral en formant des cristaux volumineux, solubles dans l'éther, décomposés par l'eau et l'alcool. Ils renferment $C^{10}H^9Cl^{15}S^3O^{13}$. Ces cristaux fondent à 70° et se décomposent à 100°. Il distille du chloral et il reste de la chloralide. Le même corps se forme par l'action de l'anhydride sulfurique sur le chloral [Grabowsky, *Deutsch. chem. Gesellsch.*, 1873, p. 227 et p. 1070].

Action de l'hydrogène sulfuré. — L'hydrogène sulfuré est absorbé en grande quantité par le chloral. Au bout de vingt-quatre heures, celui-ci s'est pris en une masse blanche, d'odeur très désagréable, soluble dans l'alcool, l'éther et le chloroforme, et cristallisant en prismes droits à quatre pans; fusibles à 77°, bouillant à 123° sous la pression de 0,738; ces cristaux se subliment facilement. Le nouveau corps a pour formule C^2HCl^3O, H^2S. L'eau le décompose en soufre, hydrogène sulfuré, hydrate de chloral, perchlorure de carbone. Les alcalis le dédoublent en sulfhydrate et en chloroforme [Byasson, *Compt. rend.*, t. LXXIV, p. 1290].

Hagemann a obtenu dans cette même réaction un corps solide blanc, peu soluble à froid dans le chloroforme, fondant à 120°, ne distillant pas. Il renferme $(CCl^3\text{-}CH.OH)^2S$. Chauffé avec du perchlorure de phosphore, il se dédouble, en donnant du chlorure d'éthyle, de l'acide chlorhydrique et du chlorosulfure de phosphore [Hagemann, *Deutsch. chem. Gesellsch.*, 1872, p. 151].

L'hydrate de chloral donne naissance au même composé. Le chlorure d'acétyle transforme ce dernier en un dérivé diacétylé $(CCl^3\text{-}CH.OC^2H^3O)^2S$ en beaux cristaux solubles dans l'alcool, fusibles à 77° [Wyss, *Deutsch. chem. Gesellsch.*, 1874, p. 211].

Le chloral s'unit au mercaptan en donnant le composé

$$CCl^3\text{-}CH < \begin{matrix} SC^2H^5 \\ SH \end{matrix}$$

[Martius et Mendelsohn-Bartholdi, *Deutsch. chem. Gesellsch.*, 1870, p. 443].

Il se combine avec le chlorure d'acétyle, en produisant un liquide huileux, bouillant à 198°, ayant pour formule

$$CCl^3\text{-}CH < \begin{matrix} Cl \\ OC^2H^3O \end{matrix}$$

et dont la densité est de 1,327.

Le chloral s'unit de même à l'anhydride acétique pour former le diacétate de trichloréthylidène, $CCl^3\text{-}CH(OC^2H^3O)^2$, bouillant à 221°; sa densité est de 1,422 [V. Meyer et Dulk, *Deutsch. chem. Gesellsch.*, 1871, p. 963]. Chauffé à 100° avec la monochlorhydrine du glycol, il s'y combine en donnant un liquide épais que le perchlorure de phosphore transforme en éther pentachloré

$$CCl^3\text{-}CH < \begin{matrix} OCH^2\text{-}CH^2Cl \\ OH \end{matrix} + PCl^5$$

$$= CCl^3\text{-}CH < \begin{matrix} OCH^2\text{-}CH^2Cl \\ Cl \end{matrix} + HCl + POCl^3.$$

Avec le glycol, on obtient un liquide ne distillant pas et qui, traité par le perchlorure de phosphore, donne le corps

$$\begin{matrix} CH^2\text{-}O\text{-}CHCl\text{-}CCl^3 \\ CH^2\text{-}O\text{-}CHCl\text{-}CCl^3. \end{matrix}$$

Le chloral s'unit au lactate monoéthylique en donnant un liquide visqueux se décomposant avant de distiller, d'une densité de 1,42, et qui, traité par le perchlorure de phosphore, devient :

$$CCl^3\text{-}CHCl\text{-}OCH < \begin{matrix} CH^3 \\ CO.OC^2H^5 \end{matrix}$$

[Henry, *Bull. Soc. chim.*, t. XXII, p. 510].

Le chloral s'unit aux acides-alcools pour former des chloralides (voir ce mot).

Action de l'ammoniaque. — Le chloral, traité par le gaz ammoniac, se transforme en un composé blanc, fusible et volatil, qui est le chloral-ammoniaque

$$C^2HCl^3O, AzH^3 = CCl^3\text{-}CH < \begin{matrix} AzH^2 \\ OH. \end{matrix}$$

L'eau le dédouble en chloroforme et formiamide [Personne, *Bull. Soc. chim.*, t. XIV, p. 381].

Dans cette préparation une partie du chloral-ammoniaque se dédouble. Aussi Robert Schiff recommande-t-il [*Deutsch. chem. Gesellsch.*, 1877,

p. 105] de dissoudre le chloral dans une fois et demie son poids de chloroforme et de refroidir dans un mélange de glace et de sel avant de faire passer le courant d'ammoniaque. On obtient une masse blanche assez soluble dans l'éther et le chloroforme, fusible à 62-64°.

Le chlorure d'acétyle ou l'acide acétique anhydre agissent sur le chloral-ammoniaque en donnant l'acétyle-chloral-ammoniaque

$$CCl^3\text{-}CH\!<^{OC^2H^3O}_{AzH^2}.$$

Ce composé ne se détruit pas par l'eau bouillante; il est identique avec le produit obtenu par Jacobsen dans l'action de l'acétamide sur le chloral. (Voir plus bas).

Chauffé en tubes scellés à 120° avec du chlorure d'acétyle, le chloral-ammoniaque s'y combine et forme des prismes volumineux fusibles à 117-118° et possédant la composition

$$CCl^3\text{-}CH\!<^{OC^2H^3O}_{AzH.C^2H^3O}.$$

Le chloral-ammoniaque s'unit a l'aldéhyde benzoïque en donnant des cristaux blancs, fusibles à 130°, facilement décomposables par les acides et même par l'eau et l'alcool, et correspondant à la formule

$$C^6H^5\text{-}CH=Az\text{-}CH\!<^{CCl^3}_{OH}$$

[A. Schiff, *Deutsch. chem. Gesellsch.*, 1878, p. 2166].

Action des ammoniaques composées. — Le chloral et l'aniline s'unissent en formant une masse jaunâtre, cristallisant dans l'alcool éthéré, se décomposant par les acides étendus. C'est la trichloréthylidène-diphénylamine, fusible à 100-101°, se décomposant à 150°. Sa formation est représentée par l'équation

$$CCl^3\text{-}CHO + 2\,C^6H^5.AzH^2$$
$$= CCl^3\text{-}CH(AzHC^6H^5)^2 + H^2O.$$

La toluidine donne de même le composé

$$CCl^3\text{-}CH.(AzHC^7H^7)^2,$$

insoluble dans l'eau, soluble dans l'alcool, fusible à 76-77° [Wallach, *Deutsch. chem. Gesellsch.*, 1871, p. 668].

La réaction se passe différemment avec l'acétate d'aniline. Lorsque l'on chauffe ce sel au bain-marie avec du chloral, on obtient un liquide huileux qui se solidifie quand on l'agite avec de l'eau. L'alcool en extrait de l'acétanilide fusible à 118° et un corps plus soluble, qui se dépose des eaux mères en fines aiguilles feutrées, solubles dans l'alcool et dans l'éther, fusibles à 83-84, présentant la composition

$$CH^2Cl\text{-}CO\text{-}AzHC^6H^5$$

[Pinner et Fuchs, *Deutsch. chem. Gesellsch.*, 1877, p. 1068].

Lorsqu'on traite le chloral par l'éthylène-diamine, il se sépare du chloroforme et il se produit de l'éthylène-diformyldiamide, qui se présente sous forme d'un sirop incolore.

$$(C^2H^4)''H^4Az^2 + 2CCl^3\text{-}CHO$$
$$= C^2H^4(CHO)^2H^2Az^2 + 2CHCl^3$$

[Hofmann, *Deutsch. chem. Gesellsch.*, 1872, p. 240].

Action des amides. — Le chloral peut également s'unir aux amides; avec l'acétamide, on obtient des prismes rhomboïdaux fusibles à 158°, solubles dans l'eau bouillante et l'alcool, insolubles dans l'éther, ayant pour formule

$$C^2HCl^3O,C^2H^3O.AzH^2.$$

Le chloral-benzamide, $C^2HCl^3O,C^7H^5O.AzH^2$, se dépose de sa solution alcoolique en tables hexagonales ou rhomboïdales, peu solubles dans l'eau, fusibles à 146°.

Lorsque l'on chauffe une solution d'hydrate de chloral avec un excès d'une solution saturée d'urée, il se dépose des prismes peu solubles dans l'eau et l'alcool froids, fusibles à 150° et ayant pour formule $C^2HCl^3O,COAz^2H^4$.

En chauffant du chloral et de l'urée sèche, on obtient un produit insoluble dans l'eau, soluble dans l'alcool et l'éther qui l'abandonnent en tables hexagonales, correspondant à la formule $2C^2HCl^3O,COAz^2H^4$ [Jacobsen, *Ann. Chem. Pharm.*, t. CXXXI, p. 243].

Le chloral s'unit à l'uréthane en présence de l'acide chlorhydrique; il se forme un produit pulvérulent, jaunâtre, insoluble dans l'eau, soluble dans l'alcool, fusible à 103°; on peut le représenter ainsi :

$$CCl^3\text{-}CH\!<^{OH}_{HAz\text{-}CO\text{-}OC^2H^5}$$

[Bischoff, *Deutsch. chem. Gesellsch.*, 1874, p. 628].

Action de l'acide cyanhydrique et des cyanures. — Le chloral et l'acide cyanhydrique s'unissent en formant un cyanhydrate

$$CCl^3\text{-}CH\!<^{OH}_{CAz}$$

cristallisant en prismes incolores, solubles dans l'eau, l'alcool et l'éther, fusibles à 60-61°. L'acide chlorhydrique le transforme en acide trichlorolactique.

Lorsqu'on fait bouillir au réfrigérant à reflux ce cyanhydrate de chloral avec les 2/3 de son poids d'anhydride acétique, que l'on distille ensuite en recueillant sous l'eau ce qui passe au-dessus de 160°, on obtient une huile qui se concrète par l'agitation avec l'eau en une masse cristalline fondant à 31°, bouillant à 208°, piquant fortement les yeux, insoluble dans l'eau, soluble dans l'alcool, l'éther, le chloroforme; les alcalis la dédoublent; l'acide sulfurique la transforme en acétylo-trichlorolactamide

$$CCl^3\text{-}CH(OC^2H^3O)CAz + H^2O$$
$$= CCl^3\text{-}CH(OC^2H^3O).(COAzH^2).$$

Ce sont de fines aiguilles fondant à 94-95°, peu solubles dans l'eau, solubles dans l'eau bouillante et l'alcool.

La potasse transforme le cyanhydrate de chloral en acide dichloracétique, l'alcool le convertit en éther dichloracétique [Wallach, *Deutsch. chem. Gesellsch.*, 1877, p. 1525].

L'ammoniaque transforme le cyanhydrate de chloral en dichloracétamide $C^2H^3Cl^2AzO$, fusible à 98°, bouillant à 233° [Pinner et Fuchs, *Deutsch. chem. Gesellsch.*, 1877, p. 108].

Le cyanhydrate de chloral se combine avec 2 molécules d'aniline en solution alcoolique; il se dégage CAzH et il reste une masse cristalline qui, lavée à l'eau acidulée, et reprise par l'alcool, se dépose en grands cristaux limpides fusibles à 117-118°, sublimables, solubles dans l'alcool, l'éther, la benzine et un peu dans l'eau bouillante. C'est l'acétanilide dichlorée

$$CHCl^2\text{-}CO\text{-}AzH.C^6H^5.$$

La toluidine cristallisée fournit un composé analogue, soluble dans l'alcool, l'éther, l'acide chlorhydrique chaud, fusible à 153° [Cech, *Deutsch. chem. Gesellsch.*, 1876, p. 327, et 1877, p. 878].

L'acétate d'aniline chauffé à 100° avec du cyanhydrate de chloral s'y combine en donnant des prismes solubles dans l'alcool, l'éther et l'acide chlorhydrique, ayant pour composition $CCl^3\text{-}CH(AzHC^6H^5)^2$. L'urée, chauffée une heure à 105° avec du cyanhydrate de chloral, donne de fines aiguilles blanches, insolubles dans la plupart des dissolvants, solubles dans un mélange d'acides acétique et sulfurique; c'est la dichloracétylguanidine

$$AzH{=}C{<}{}^{AzH.CO-CHCl^2}_{AzH^2}$$

[Pinner et Fuchs, *Deutsch. chem. Gesellsch.*, 1877, p. 1068].

Le cyanure de potassium, en solution étendue, donne avec le chloral un composé cristallisant en paillettes, peu solubles dans l'alcool, se décomposant à 200° sans fondre et ayant pour formule $C^4H^2Cl^2Az^2O^2$.

Lorsque l'on mêle des solutions alcooliques concentrées de cyanure de potassium et d'hydrate de chloral, il s'établit une vive réaction avec départ d'acide cyanhydrique et dépôt de cristaux; si l'on ajoute de l'eau, ils se redissolvent et il se sépare une huile dense, laquelle, convenablement séchée, bout à 154-157°. C'est du dichloracétate d'éthyle que l'acide chlorhydrique transforme à 150° en acide dichloracétique. La solution d'où s'est déposé l'éther dichloracétique renferme du dichloracétate de potassium. L'équation suivante rend compte de la réaction

$$CCl^3\text{-}CH(OC^2H^5)(OH) + CAzK$$
$$= CAzH + CHCl^2\text{-}CO.OC^2H^5 + KCl.$$

Si l'on opère en solution aqueuse, il se produit de l'acide dichloracétique, mais la réaction est moins nette [Wallach, *Deutsch. chem. Gesellsch.*, 1873, p. 114 et 1875, p. 1327].

Lorsque l'on emploie un mélange de cyanure et de cyanate, ou du cyanure du commerce renfermant ces deux corps, il se dépose des cristaux de cyanocyanate de chloral $C^4H^3Cl^3Az^2O$, solubles dans l'alcool, fondant à 80° et bouillant à 100°. L'eau à 100° les décompose avec production d'acide formique.

L'éthylamine se combine avec le chloral en formant des prismes jaunâtres, fusibles à 55°, se sublimant à une température plus élevée.

L'aniline et la toluidine donnent avec lui les mêmes produits qu'avec le cyanhydrate de chloral [Cech, *Deutsch. chem. Gesellsch.*, 1875, p. 1174].

Le ferrocyanure de potassium et l'hydrate de chloral réagissent l'un sur l'autre, suivant l'équation

$$2FeCy^6K^4 + 3C^2Cl^3OH.H^2O$$
$$= 3CHCl^2\text{-}CO^2K + 3KCl + 6CAzH + 2FeCy^3K$$

[Wallach, *Deutsch. chem. Gesellsch.*, 1877, p. 1525].

Le chloral et l'acide cyanique s'unissent en donnant, non de l'acide trigénique trichloré, mais le corps $(CCl^3\text{-}CHO)^2CAzOH$, fusible à 167-170°, se dédoublant à 200°; il est insoluble dans l'eau et l'acide chlorhydrique, soluble dans l'alcool et l'éther [Bischoff, *Deutsch. chem. Gesellsch.*, 1872, p. 86].

Le sulfocyanate d'ammonium se dissout dans l'hydrate de chloral fondu; il se dégage de l'acide sulfocyanique, et l'alcool extrait du résidu le composé $C^5H^5Az^3Cl^6S$, insoluble dans l'eau, soluble dans l'alcool bouillant [Nencki et Schaffer, *Journ. prakt. Chem.* (2), t. XVIII, p. 430].

En chauffant en vase clos le chloral avec du cyanure de méthyle, on obtient de beaux cristaux peu solubles dans l'eau, solubles dans l'alcool, représentés par la formule $CCl^3\text{-}CH(CH^2\text{-}CAz)^2$. Bouillis avec de l'acide chlorhydrique étendu, ils s'hydratent et donnent le corps

$$CCl^3\text{-}CH(CH^2\text{-}COAzH^2)^2$$

[Huebner et Schreiber, *Deutsch. chem. Gesellsch.*, 1873, p. 109].

Action des hydrocarbures. — Le chloral réagit sur les hydrocarbures en présence d'un grand excès d'acide sulfurique. Il se produit de l'eau et les deux restes de l'hydrocarbure remplacent l'oxygène du chloral.

C'est ainsi que Baeyer a obtenu une combinaison de chloral et de benzine $CCl^3\text{-}CH(C^6H^5)^2$, cristallisant dans l'alcool en lamelles blanches, fusibles à 64° [Baeyer, *Deutsch. chem. Gesellsch.*, 1872, p. 1094].

Le chloral réagit dans les mêmes conditions sur la benzine monobromée. On obtient le dimonobromophényle-trichloréthane

$$CCl^3\text{-}CH(C^6H^4Br)^2$$

en cristaux fusibles à 139-140°, insolubles dans la benzine. La potasse lui enlève de l'acide chlorhydrique et forme le dimonobromophényle-dichloréthylène $CCl^2{=}C(C^6H^4Br)^2$ [O. Zeidler, *Deutsch. chem. Gesellsch.*, 1872, p. 1180].

Le chloral se combine pareillement avec le toluène en formant de beaux cristaux fusibles à 89°, ayant pour formule $CCl^3\text{-}CH(C^7H^7)^2$. La potasse lui enlève de l'acide chlorhydrique et donne le dicrésyle-dichloréthylène. L'acide sulfurique et le dichromate l'oxydent en donnant le composé

$$CCl^3\text{-}CH{<}{}^{C^6H^4\text{-}CH^3}_{C^6H^4\text{-}CO^2H}$$

[O. Fischer, *Deutsch. chem. Gesellsch.*, 1874, p. 1191].

On obtient une combinaison analogue avec la naphthaline en présence d'acide sulfurique

$$CCl^3\text{-}CH(C^{10}H^7)^2.$$

Elle est fusible à 156° [Grabowski, *Deutsch. chem. Gesellsch.*, 1878, p. 298].

Le thymol laissé un certain temps au contact du chloral en présence d'acide sulfurique, s'y combine en formant le composé

$$CCl^3\text{-}CH(C^{11}H^{12}.OH)^2$$

[Jaeger, *Deutsch. chem. Gesellsch.*, 1874, p. 1193].

Enfin, les solutions d'hydrate de chloral précipitent l'albumine en formant une combinaison imputrescible (Personne).

Action physiologique. — O. Liebreich partant de cette idée que le chloral devait se dédoubler dans le sang en formiate et en chloroforme, eut en 1869 l'idée de l'employer comme anesthésique. En effet, l'hydrate de chloral procure un sommeil, mais dans lequel la sensibilité n'est pas suspendue, à moins que la dose n'ait été excessive [O. Liebreich, *Compt. rend.*, t. LXIX, p. 486]. On ne peut plus admettre aujourd'hui que le chloral agisse comme « la chloroformisation la plus lente que l'on puisse imaginer (Richardson). » Bouchut a admis le premier que le chloral agissait en vertu d'une action propre et non par ses produits de dédoublement, et Mlle Tomaszevick a pu en constater la présence dans l'urine. Enfin, Musculus et de Mering constatèrent de plus, dans ce liquide, la présence d'un acide particulier $C^7H^{12}Cl^2O^6$, qu'ils appelèrent acide urochloralique, très soluble dans l'eau et l'alcool, réduisant les sels de cuivre et de bismuth, et exerçant le pouvoir rotatoire à gauche [Musculus et de Mering, *Bull. Soc. chim.*, t. XXIII, p. 486].

Les effets physiologiques du chloral peuvent être divisés en trois périodes : la première, celle d'excitation, pouvant aller jusqu'au délire, est marquée par l'accélération du pouls et l'accroissement de tension vasculaire; la deuxième, celle d'hypnotisme, que l'on recherche dans l'emploi thérapeutique du chloral, est caractérisée par un sommeil profond accompagné de résolution musculaire, de coloration des téguments et de resserrement de la pupille; la sensibilité est émoussée, mais non abolie; enfin, la dernière, celle de stupeur, amène l'anesthésie complète, l'affaiblissement des contractions cardiaques, le ralentissement de la respiration et un faible abaissement de température. Le meilleur antagoniste du chloral est la strychnine, ou, à un degré moindre, l'ésérine.

Fauret admet que l'anesthésie produite par le chloral provient du dédoublement du formiate en oxyde de carbone dans le sang. Feltz et Ritter ont constaté que le sang des animaux chloralisés est plus rouge et ne fixe plus la quantité normale d'oxygène. M. Hanriot.

CHLORAL BUTYLIQUE, $C^4H^5Cl^3O$. — *Préparation*. — On fait passer un courant lent de chlore dans de l'aldéhyde maintenue dans un mélange réfrigérant. On laisse peu à peu le liquide s'échauffer et l'on finit par le porter à 100° dans un ballon muni d'un réfrigérant ascendant. Lorsque le courant de chlore a duré vingt-quatre heures, l'aldéhyde est transformée en un liquide épais, brun, recouvert d'eau chargée d'acide chlorhydrique. Ce liquide, soumis à la distillation, passe de 90 à 200°, la majeure partie entre 160 et 180°. Il reste dans la cornue un charbon très volumineux. Pour purifier le liquide distillé on l'agite avec de l'acide sulfurique et l'on distille la couche supérieure qui passe de 163-165° [Kraemer et Pinner, *Deutsch. chem. Gesellsch.*, 1870, p. 383].

On obtient ainsi un liquide oléagineux, incolore, qui présente la composition $C^4H^5Cl^3O$. Les premières analyses de ce corps avaient donné des résultats qui pouvaient aussi bien se rapporter à la formule $C^4H^3Cl^3O$, celle du chloral crotonique. Kraemer et Pinner adoptèrent d'abord cette dernière formule admettant que l'aldéhyde se transformait en aldéhyde crotonique par l'action de l'acide chlorhydrique, et que le chlore agissait par substitution sur celle-ci. Plus tard, Pinner revint à la première formule pour les raisons suivantes :

1° De nouvelles analyses concordaient mieux avec la formule $C^4H^5Cl^3O$;

2° L'aldéhyde monochlorocrotonique absorbe le chlore sans dégager une quantité notable d'acide chlorhydrique, en donnant naissance au chloral butylique,

$$C^4H^5ClO + Cl^2 = C^4H^5Cl^3O;$$

3° L'acide monochlorocrotonique chauffé à 100° fut soumis à l'action d'un courant de chlore; il se produisit de l'acide trichlorobutyrique, identique avec celui dérivé du chloral butylique;

4° L'action de l'argent sur ce même acide trichlorobutylique, reproduit l'acide monochlorocrotonique [Pinner, *Deutsch. chem. Gesellsch.*, 1877, p. 1561].

Dans la préparation du chloral butylique, on obtient comme produits accessoires du chlorure d'éthylidène, du dichloracétal, de l'éther acétique, de l'aldéhyde monochlorocrotonique et un corps huileux, bouillant de 215 à 220° et répondant à la formule $C^6H^9Cl^3O$ (Voyez CHLORAL HEXYLIQUE.) [Pinner, *Deutsch. chem. Gesellsch.*, 1877, p. 1321]. Ces produits sont les mêmes que ceux que l'on obtient dans la préparation du chloral ordinaire, ce qui ne peut surprendre puisque dans cette préparation les premières bulles de chlore ont pour effet de produire de l'aldéhyde.

Action de l'eau. — Le chloral butylique attire fortement l'humidité de l'air; il se combine avec l'eau en donnant un hydrate $C^4H^5Cl^3O, H^2O$, peu soluble dans l'eau froide, assez soluble à chaud, soluble dans l'alcool sans décomposition, distillant avec la vapeur d'eau. Cette vapeur est très irritante.

Les solutions alcalines le décomposent à froid en produisant du chloroforme propylique qui n'est pas stable et perd de l'acide chlorhydrique en donnant du propylène dichloré

$$C^4H^5Cl^3O + KHO = CHO^2K + C^3H^5Cl^3$$
$$C^3H^5Cl^3 = HCl + C^3H^4Cl^2.$$

Celui-ci bout à 78° et peut fixer deux atomes de brome en donnant le bromure de dichloropropylène.

Action du perchlorure de phosphore. — Lorsque l'on chauffe au réfrigérant ascendant du chloral butylique et du perchlorure de phosphore, puis que l'on distille le produit de la réaction, on obtient, vers 200°, du butylène tétrachloré $C^4H^4Cl^4$ [E. Judson, *Deutsch. chem. Gesellsch.*, 1870, p. 782].

Action des réactifs oxydants. — Lorsque l'on soumet le chloral butylique à l'action de l'acide nitrique froid, il se transforme peu à peu en *acide trichlorobutyrique*. C'est un liquide bouillant à 234-236°, se concrétant en aiguilles incolores, radiées, fusibles à 44°, solubles dans vingt-cinq fois leur poids d'eau. Sa composition correspond à la formule $C^4H^5Cl^3O^2$.

Le *sel de potassium* s'obtient en saturant à froid l'acide libre par du carbonate de potassium. Il forme des prismes hygroscopiques peu solubles dans l'alcool et dans l'éther.

Le *sel d'ammonium*, $C^4H^4Cl^3O^2(AzH^4)$, cristallise dans l'alcool en lamelles incolores, solubles dans l'eau et l'alcool, peu solubles dans l'éther.

Le *sel de plomb*, $(C^4H^4Cl^3O^2)^2Pb + 2H^2O$, s'obtient en saturant l'acide libre par le carbonate de plomb; il est soluble dans l'alcool et dans l'éther et se dépose de sa solution éthérée sous forme d'un faisceau d'aiguilles radiées.

Le *sel d'argent*, $C^4H^4Cl^3O^2.Ag$, s'obtient en ajoutant à une solution de l'acide libre de l'oxyde d'argent pour enlever l'excès d'acide chlorhydrique, puis de l'azotate d'argent et de l'ammoniaque. C'est un précipité cristallin que l'eau bouillante décompose avec dégagement d'acide carbonique. Il se forme un liquide lourd oléagineux, bouillant à 78°, probablement identique avec le propylène dichloré que Kraemer et Pinner ont obtenu par l'action de la soude sur le chloral butylique

$$C^4H^4Cl^3O^2.Ag$$
$$= C^3H^4Cl^2 + AgCl + CO^2.$$

L'*ether éthylique*, $C^4H^4Cl^3O^2.C^2H^5$, s'obtient en chauffant à 100° en tubes scellés, l'acide libre avec de l'alcool. Il se forme deux couches. La couche inférieure, lavée à l'eau, distille à 212°. Elle possède une odeur aromatique.

Le perchlorure de phosphore réagit sur l'acide trichlorobutyrique lorsqu'on les chauffe ensemble pendant plusieurs jours à 120°. Le produit, soumis à la distillation fractionnée, donne un liquide incolore, passant de 162-166°. C'est le chlorure de trichlorobutyryle $C^4H^4Cl^3O.Cl$. L'eau le décompose en régénérant l'acide trichlorobutyrique, l'alcool en fournissant l'éther déjà décrit; l'ammoniaque donne la trichlorobutyramide $C^4H^4Cl^3O.AzH^2$. Ce sont des cristaux solubles dans l'eau bouillante et l'alcool, fusibles à 96° [E. Judson, *Deutsch. chem. Gesellsch.*, 1870, p. 782].

Traité par le zinc et l'acide chlorhydrique, l'acide trichlorobutyrique fournit de beaux cristaux d'odeur aromatique, fusibles à 100°, formés par l'acide monochlorobutyrique. L'amalgame de sodium lui enlève de l'acide chlorhydrique en donnant l'acide crotonique fusible à 76° [Kraemer, *Deutsch. chem. Gesellsch.*, 1870, p. 790; — Sarnow, *Deutsch. chem. Gesellsch.*, 1871, p. 731].

Action de l'ammoniaque. — Le chloral butylique fortement refroidi et traité par un courant lent d'ammoniaque gazeuse, s'y combine en donnant une masse blanche qui est le butylchloralammoniaque. Celui-ci, traité par l'aldéhyde benzoïque en solution alcoolique, donne après un contact très prolongé, des cristaux que l'on purifie par cristallisation dans l'éther. Ils constituent la butylidénimide trichlorée $C^4H^5Cl^3 = AzH$, fusible à 169-170° [R. Schiff, *Deutsch. chem. Gesellsch.*, 1878, p. 2166].

Le chloral butylique s'unit à l'uréthane en présence d'acide chlorhydrique, en formant une masse cristalline peu soluble dans l'eau, se déposant de sa solution alcoolique en prismes blancs, fusibles à 123-125°, décomposés par l'eau bouillante. Ils correspondent à la formule

$$C^4H^5Cl^3 < \begin{matrix} OH \\ AzHCO.OC^2H^5 \end{matrix}$$

[Bischoff, *Deutsch. chem. Gesellsch.*, 1874, p. 628].

Action de l'acide cyanhydrique. — Le butylchloral se combine lentement à l'acide cyanhydrique; à la température de l'été, il faut plusieurs semaines; au bain-marie, la combinaison se fait en plusieurs jours; l'alcool facilite la réaction. Le produit formé se présente sous l'aspect d'une huile lourde qui, lavée à l'eau, ne tarde pas à se prendre en une masse formée de cristaux lamellaires, très solubles dans l'alcool et dans l'éther, peu solubles dans la benzine. Elle fond à 101-102°, bout à 230°, et se sublime déjà dans le vide au-dessous de 100°. Ce corps est représenté par la formule

$$C^4H^5Cl^3 < \begin{matrix} OH \\ CAz. \end{matrix}$$

L'ébullition prolongée avec un acide étendu le transforme en acide *trichloroxyvalérique*,

$$C^4H^5Cl^3 < \begin{matrix} OH \\ CO^2H, \end{matrix}$$

en tables clinorhombiques ressemblant au gypse, presque insolubles dans l'eau froide, solubles dans l'alcool et l'éther, fusibles à 140° [C. Bischoff et Pinner, *Deutsch. chem. Gesellsch.*, 1872, p. 208].

Traité par le gaz ammoniac, le chloral butylcyanhydrique laisse déposer du chlorhydrate d'ammoniaque et se transforme en amide monochlorocrotonique $C^4H^4ClO.AzH^2$, en grands cristaux transparents et incolores, fusibles à 112°, se sublimant dès 107°. La réaction peut être représentée par l'équation :

$$C^4H^5Cl^3.OH.CAz + 4AzH^3$$
$$= C^4H^5ClO.AzH^2 + 2AzH^4Cl + AzH^4.CAz.$$

Le carbonate d'ammonium donne naissance au même composé, mais exempt de produits résineux.

L'aniline ne réagit pas sur le chloral butylcyanhydrique.

Chauffé avec un excès d'urée, le chloral butylcyanhydrique s'y combine en dégageant de l'acide chlorhydrique et en donnant l'urée monochlorocrotonique

$$CO < \begin{matrix} AzH^2 \\ AzH.C^4H^4ClO, \end{matrix}$$

fusible avec décomposition et volatilisation partielle vers 216°.

Traité par cinq fois son poids d'acide sulfurique, le chloral butylcyanhydrique perd de l'acide cyanhydrique. L'eau précipite un corps soluble dans la benzine et la ligroïne, qui est l'amide trichloroxyvalérique ou trichlorovalérolactique.

Traité par l'acétate d'ammonium, le chloral butylcyanhydrique fournit des croûtes cristallines qui sont l'imide trichlorobutylidénique

$$C^4H^5Cl^3 = AzH,$$

se décomposant en partie à la lumière, fusible à 164-165°, se décomposant à 192° [C. Pinner et Fr. Klein, *Deutsch. chem. Gesellsch.*, 1878, p. 1488].

Action du cyanure de potassium. — Le cyanure de potassium réagit sur le chloral butylique en présence de l'alcool et fournit un éther oléagineux qui, distillé avec l'eau et séché, bout à la température de 176-178°. C'est l'éther monochlorocrotonique. Saponifié par l'acide chlorhydrique, il donne un acide fondant à 96° [Wallach et Bœhringer, *Deutsch. chem. Gesellsch.*, 1873, p. 1539].

Action des hydrocarbures. — Lorsqu'on laisse longtemps en contact le chloral butylique et la benzine en présence de l'acide sulfurique, et que l'on verse le produit de la réaction dans l'eau, on obtient une masse cristalline que l'on fait recristalliser dans l'alcool. Ce sont des prismes incolores ayant pour composition

$$C^3H^4Cl^3\text{-}CH\,(C^6H^5)^2.$$

Ils fondent à 80° et sont décomposés à une température plus élevée [Hepp, *Deutsch. chem. Gesellsch.*, 1874, p. 1420].

Constitution. — La constitution du chloral butylique n'est pas suffisamment établie. Il est cependant probable que les trois atomes de chlore ne sont pas liés au même atome de carbone et que l'on peut le représenter par la formule

$$CHCl^2\text{-}CHCl\text{-}CH^2\text{-}CHO.$$

M. Hanriot.

CHLORAL CROTONIQUE. — Voyez Chloral butylique, p. 452.

CHLORAL HEXYLIQUE. — Les produits supérieurs de la préparation du chloral butylique renferment une huile passant vers 212-214° et correspondant à la formule $C^6H^9Cl^3O$, qui est celle du chloral hexylique. Ce corps présente de grandes différences de propriétés avec le chloral ordinaire; ainsi, il ne se combine ni à l'eau, ni à l'acide cyanhydrique; la soude le décompose suivant l'équation

$$C^6H^9Cl^3O + 2NaOH$$
$$= C^5H^8Cl^2 + NaCl + CHO^2Na + H^2O.$$

C'est un liquide insoluble dans l'eau, soluble dans l'alcool, l'éther et la benzine, bouillant à 212-214°. L'acide azotique fumant le convertit à froid en acide trichlorocaproïque $C^6H^9Cl^3O^2$, fusible à 64° (Suppl., p. 402) [Pinner, *Deutsch. chem. Gesellsch.*, 1877, p. 1052].

CHLORALIDES. — Wallach ayant fait agir sur la chloralide, en suspension dans l'alcool, l'étain et l'acide chlorhydrique, a obtenu de l'aldéhyde et un acide qui n'est autre que l'acide dichloracrylique. Par l'action du zinc et de l'acide chlorhydrique, il se forme en outre de l'acide monochloracrylique.

Par l'action de l'alcool, la chloralide se dédouble en alcoolate de chloral et en éther trichlorolactique, fondant à 66-67°. Wallach se trouve ainsi conduit à considérer la chloralide comme une combinaison de chloral et de trichlorolactide.

$$CCl^3\text{-}CH < \begin{matrix} CO\cdot O \\ O \end{matrix} > CH\text{-}CCl^3,$$

c'est-à-dire comme le trichlorolactate trichloréthylidénique [Wallach, *Deutsch. chem. Gesellsch.*, 1875, p. 1578].

Wallach et Th. Heymer ont réalisé la synthèse de la chloralide, en faisant agir l'acide trichlorolactique sur le chloral à une température de 150° :

$$CCl^3\text{-}CH < \begin{matrix} CO^2H \\ OH \end{matrix} + CHO\text{-}CCl^3$$
$$= H^2O + CCl^3\text{-}CH < \begin{matrix} CO^2 \\ O \end{matrix} > CH\text{-}CCl^3.$$

La chloralide est un corps solide blanc, fondant à 114-115°, bouillant à 268° sous la pression de

731^{mm}. L'eau le décompose à 200° en acide chlorhydrique, oxyde de carbone et acide carbonique [Grabowski, *Deutsch. chem. Gesellsch.*, 1875, p. 1327].

La chloralide devient le type d'une série de corps que l'on peut représenter par

$$R\text{-}C^4H^2O^3Cl^3 = R\text{-}CH <^{CO^2}_{O}> CH\text{-}CCl^3,$$

et que Wallach a désignés sous le nom de *chloralides*. Il a entrepris la synthèse d'un certain nombre de ces corps.

Le *chloralide lactique* ou lactate trichloréthylidénique $CH^3\text{-}C^4H^2O^3Cl^3$ s'obtient en chauffant l'acide lactique et le chloral à 200°; on obtient ainsi des cristaux fondant à 45°, bouillant à 224-225°. Il est soluble dans l'eau, l'alcool, l'éther [Wallach et Heymer, *Deutsch. chem. Gesellsch.*, 1876, p. 545].

Hansen [*Liebig's Ann. Chem.*, t. CXCIII p. 1], a obtenu *la chloralide glycolique* $H\text{-}C^4H^2O^3Cl^3$, en chauffant à 120-130° l'acide glycolique et le chloral. Le corps ainsi obtenu est en cristaux tabulaires fondant à 41-42°, solubles dans l'alcool, l'éther, le chloroforme, bouillant à 200-240°.

La *chloralide trichloroxyvalérique*,

$$C^3H^4Cl^3\text{-}C^4H^2O^3Cl^3$$

s'obtient de la même façon; elle fond à 87-88° et bout à 205-209°

La *chloralide formobenzoylique*,

$$C^6H^5\text{-}C^4H^2O^3Cl^3,$$

insoluble dans l'eau, soluble dans l'alcool, l'éther, le chloroforme, fond à 82-83° et bout à 305-310°.

La *chloralide salicylique*,

$$C^6H^4 <^{CO^2}_{O}> CH\text{-}CCl^3,$$

s'obtient en chauffant 1 molécule d'acide salicylique et 4 de chloral à 150° pendant trente heures; on traite ensuite par l'ammoniaque pour dissoudre l'acide salicylique non attaqué, et on fait cristalliser le résidu dans l'éther. Le produit fond à 124-125°.

La *chloralide malique*, $CO^2H\text{-}CH^2\text{-}C^4H^2O^3Cl^3$, forme de longues aiguilles blanches, solubles dans l'eau bouillante, fusibles à 139-140°. On ne peut en obtenir les sels. Les alcalis la dédoublent en malates et en chloral. Le perchlorure de phosphore la transforme en un chlorure, qui, par l'action de l'alcool, fournit l'éther éthylique de la chloralide malique, fondant à 45°. L'éther méthylique fond à 85°.

La *chloralide tartrique* s'obtient en chauffant l'acide tartrique avec un grand excès de chloral; elle a pour formule :

$$Cl^3C\text{-}HC <^{O\text{-}OC}_{O}> CH\text{-}CH <^{CO\text{-}O}_{O}> CH\text{-}CCl^3.$$

Elle forme de belles aiguilles, solubles dans l'alcool, insolubles dans l'eau.

Hunaeus [*Liebig's Ann. Chem.*, t. CXCIII, p. 48], a obtenu des homologues des chloralides en remplaçant le chloral éthylique par le chloral butylique :

La *butylchloralide lactique*,

$$CH^3\text{-}CH <^{CO\text{-}O}_{O}> CH\text{-}C^3H^4Cl^3,$$

est un liquide qui bout vers 260-262°.

La *butylchloralide trichlorolactique*, soluble dans le chloroforme, se dépose en prismes fondant vers 106-107°.

La *butylchloralide*,

$$C^3H^4Cl^3\text{-}CH <^{CO\text{-}O}_{O}> CH\text{-}CCl^3,$$

s'obtient par l'action de l'acide trichloroxyvalérique sur le chloral butylique.

BROMALIDE. — Obtenue par l'action du bromal sur l'acide tribromolactique, elle est insoluble dans l'eau, soluble dans l'éther, l'alcool la décompose; elle fond à 158°.

La *bromochloralide*,

$$CCl^3\text{-}CH <^{CO\text{-}O}_{O}> CH\text{-}CBr^3,$$

fond à 149-150°; son isomère

$$CBr^3\text{-}CH <^{CO\text{-}O}_{O}> CH\text{-}CCl^3,$$

fond à 132-135°.

La *bromalide lactique*, obtenue par l'action du bromal sur l'acide lactique, fond à 94-97°. Elle avait été obtenue par Klimenko, dans l'action du brome sur l'acide lactique. M. Hanriot.

CHLORANILE et **CHLORANILIQUE (ACIDE)**. — Voy. t. II, p. 1307 et p. 1310.

CHLORE. — *Propriétés physiques.* — La densité du chlore a été déterminée à différentes températures, d'après le procédé de Bunsen, par Ludwig [*Deutsch. chem. Gesellsch.*, 1868, p. 232].

Températ. =	20°	50°	100°	150°	200°
Densité... =	2,4807	2,4783	2,4685	2,4609	2,4502

La densité calculée d'après le poids atomique du chlore, déterminé par Stas (35,457), est = 2,45012.

Pour liquéfier le chlore, Melsens fait usage du pouvoir absorbant du charbon [*Compt. rend.*, t. LXXVII, p. 781]. Certaines sortes de charbons peuvent absorber jusqu'à leur poids de chlore.

On sature de chlore bien sec un morceau de charbon renfermé dans un tube; ce dernier est ensuite courbé en deux coudes inégaux et soudé à ses deux extrémités; si l'on place la partie renfermant le charbon dans de l'eau chaude, le chlore se dégage et vient se condenser dans la branche la plus petite.

Le chlore possède une grande faculté d'absorption pour les rayons fortement réfrangibles.

Propriétés chimiques. — Gautier [*Deutsch. chem. Gesellsch.*, 1869, p. 71], en chauffant du chlore et de l'hydrogène à différentes températures, a constaté qu'il se formait déjà de l'acide chlorhydrique à 190°.

Dans la plupart des ouvrages, on donne à l'*hydrate de chlore* l'une ou l'autre des formules $Cl^2 + 10H^2O$ ou $HOCl + HCl + 9H^2O$. La seconde a été admise par Schönbein et Gmelin. Cet hydrate se forme non seulement lorsqu'on dirige un courant de chlore dans de l'eau refroidie à 0° mais encore, d'après Hiller, si l'on fait passer un courant de chlore dans une solution d'acide hypochloreux, refroidie à 0°. En hiver, l'hydrate de chlore se forme souvent dans les tuyaux de conduite servant à la fabrication du chlorure de chaux. Pour prouver que l'hydrate de chlore possède la formule $HOCl + HCl + 9H^2O$, Göpner [*Deutsch. chem. Gesellsch.*, 1875, p. 287] agite les cristaux avec du mercure et examine les produits de la réaction; en admettant que l'hydrate de chlore ait pour formule $Cl^2 + 10H^2O$ il n'aurait dû se former, d'après ce chimiste, que du chlorure mercureux, tandis qu'il s'est formé principalement du chlorure mercurique, provenant de la décomposition de l'oxychlorure de mercure qui se produit par l'action de l'acide hypochloreux sur le mercure. L'argument paraît peu concluant.

H. Schiff [*Deutsch. chem. Gesellsch.*, 1875, p. 419] se prononce avec raison, selon nous, pour la formule $Cl^2 + 10H^2O$; il lui paraît difficile d'admettre que l'acide chlorhydrique puisse exister en présence de l'acide hypochloreux, en solution concentrée sans réagir sur ce dernier, bien que Millon ait démontré dès 1849 que de petites quantités de ces deux acides peuvent coexister en solution aqueuse. H. Schiff rappelle, en outre, que l'hydrate de chlore réagit, d'après Faraday, sur des matières organiques comme le chlore.

Isambert [*Compt. rend.*, t. LXXXVI, p. 481] a étudié la dissociation de l'hydrate de chlore.

Potilizine [*Bull. Soc. chim.*, t. XXVII, p. 503; t. XXXIV, p. 220] a étudié les lois qui régissent le déplacement du chlore par le brome dans les chlorures. Lorsqu'on chauffe un chlorure, celui de sodium, par exemple, avec une quantité équivalente de brome, en vase clos, une certaine quantité de chlore est mise en liberté. Or, pour différents chlorures du même groupe, les quantités de chlore mises en liberté sont directement proportionnelles aux poids atomiques des métaux. Ainsi, pour les chlorures suivants, les quantités de chlore déplacées sont :

$$LiCl = 1{,}84\ \%;\ NaCl = 5{,}56\ \%;\ KCl = 9{,}78\ \%;\ AgCl = 27{,}28\ \%.$$

Ces nombres sont proportionnels aux poids atomiques du lithium, du sodium, du potassium et de l'argent.

Dans la réaction du chlore sur l'iode, en présence de l'eau, la quantité d'eau joue un grand rôle. Pour effectuer la transformation totale de l'iode en acide iodique d'après l'équation :

$$2I + 10Cl + 6H^2O = 2IO^3H + 10HCl,$$

il faut, pour une partie d'iode, faire intervenir vingt parties d'eau; si la proportion d'eau est plus petite, la production d'acide iodique diminue et il se forme une quantité correspondante de chlorure d'iode [Sodini, *Gazz. chim. ital.*, 1876, p. 321].

Voici une observation intéressante de Melsens. Si l'on fait arriver simultanément un courant de chlore et un courant de gaz sulfureux dans de l'acide acétique cristallisable, il se forme du chlorure de sulfuryle SO^2Cl^2. C'est un moyen facile de se procurer ce dernier corps, qu'on purifie facilement par distillation fractionnée [*Compt. rend.*, 1876, p. 92].

Procédés nouveaux pour chlorer les corps organiques. — Le remplacement de l'hydrogène par le chlore dans un certain nombre de corps organiques, principalement les alcools, les carbures, etc., ne s'effectue souvent que difficilement. Au lieu de faire agir le chlore directement sur ces corps, on a proposé de faire intervenir différents composés qui facilitent la réaction.

Le chlore réagit beaucoup plus énergiquement lorsqu'il se trouve en présence de l'iode. Armstrong et plus tard Stenhouse ont fréquemment employé le chlorure d'iode. Ainsi, lorsqu'on fait réagir ce corps sur l'acide picrique, il se forme du dinitrochlorophénol.

On sait, d'un autre côté, que la présence de l'iode exerce une influence sur le mode de substitution, le chlore se portant de préférence, dans ce cas, sur l'hydrogène du groupe méthylique placé à l'extrémité de la chaîne dans les composés de la série grasse. C'est ainsi que Friedel et Silva ont réussi à convertir en trichlorhydrine, le chlorure de propylène $CH^3\text{-}CHCl\text{-}CH^2Cl$.

Lorsqu'on fait bouillir au réfrigérant ascendant une solution alcoolique de chlorure de zinc, il se forme du chlorure d'éthyle. Pour effectuer des réactions de ce genre, on peut aussi diriger un courant d'acide chlorhydrique dans un mélange bouillant du corps à chlorer et de chlorure de zinc [Groves, *Deutsch. chem. Gesellsch.*, 1871, p. 741; — Schorlemmer, *ibid.*, 1874, p. 1792].

Veut-on remplacer l'hydrogène par du chlore dans le noyau benzénique, on fait réagir le chlore en présence du chlorure de molybdène. On prépare ce dernier en faisant passer un courant de chlore bien sec sur du sulfure de molybdène. Dans ces conditions, les chaînes latérales des composés de la benzine ne sont pas attaquées [Aronheim, *Deutsch. chem. Gesellsch.*, 1874, p. 1400]. Ainsi, en faisant passer à une douce chaleur un courant de chlore dans la benzine, à laquelle on a ajouté 1 % de chlorure de molybdène, on obtient un mélange de benzine di et trichlorée. Le sulfure de carbone est transformé par ce procédé en tétrachlorure de carbone.

Damoiseau [*Compt. rend.*, 1876, p. 1131] effectue les substitutions de chlore à l'hydrogène en présence de corps poreux. On emploie de préférence le charbon animal, qui semble agir dans certains cas beaucoup mieux que le charbon platiné ou l'éponge de platine; à une température élevée, la réaction se fait aussi bien qu'en chlorant au soleil. Ce fait est en rapport avec l'observation de Melsens, citée plus haut.

Préparation du chlore. — Pour obtenir un dégagement de chlore à froid, Mermet [*Bull. Soc. chim.*, t. XXI, p. 541] fait réagir l'acide chlorhydrique sur le chlorure de chaux dans l'appareil Deville. Le chlorure de chaux étant réduit à l'état de pâte par addition d'eau, on en forme des morceaux de la grosseur d'une noix; exposées à l'air, ces boulettes se recouvrent d'une couche de carbonate de calcium qui les protège, et se conservent indéfiniment.

Kämmerer [*Deutsch. chem. Gesellsch.*, 1876, p. 1548] emploie la même méthode. L'appareil qu'il recommande peut fournir un dégagement régulier et constant de chlore aussi facilement que l'appareil à acide carbonique employé dans les laboratoires. Il consiste en un flacon de Woolf, muni de deux tubulures et placé sur une rondelle en caoutchouc. Dans l'une des tubulures est engagée la douille assez mince d'un appareil à déplacement avec robinet; la boule de cet appareil est remplie d'acide chlorhydrique, le flacon de Woolf d'une solution saturée de chlorure de chaux. La deuxième tubulure porte un tube de dégagement communiquant avec deux flacons laveurs renfermant de l'acide sulfurique. En ouvrant le robinet, on fait tomber l'acide goutte à goutte dans la solution d'hypochlorite, et l'on obtient un dégagement régulier de chlore. Lorsque l'appareil ne doit plus fonctionner, on ferme le robinet et l'on met en communication le flacon de Woolf avec un flacon rempli de soude caustique; pour prévenir l'absorption, un tube de sûreté plonge dans la solution d'hypochlorite.

Purification. — Lorsque le chlore renferme de l'acide chlorhydrique, on peut le débarrasser de ce corps en faisant passer le gaz à travers une solution assez concentrée de sulfate de cuivre.

COMBINAISONS DU CHLORE.

ACIDE CHLORHYDRIQUE.

J. Kolb [*Compt. rend.*, 1872, p. 737] a déterminé la densité de l'acide chlorhydrique aqueux, les nombres de Davy et d'Ure ne s'accordant pas. De l'eau saturée à 0° d'acide chlorhydrique contient 45,3 % de gaz, mais cet acide est très peu stable, et laisse dégager de l'acide par l'exposition à l'air.

Kremers [*Pogg. Annal.*, t. CVIII, p. 115] donne le tableau suivant indiquant les changements de volume qu'éprouve l'acide chlorhydrique à diverses températures comprises entre 0° et 100°.

Cette table montre quel est le volume d'un acide d'une densité déterminée s et d'une teneur p à une température autre que celle à laquelle elles ont été déterminées, c'est-à-dire 19°,5.

Temperature	Densité 1,0401 Teneur 8,9 % de Cl.	1,0704 16,6 %.	1,1010 25,5 %.	1,1330 33,8 %.	1,1608 40,6 %.
0°	0,99557	0,99379	0,99221	0,99079	0,98982
19,5	1,00000	1,00000	1,00000	1,00000	1,00000
40	1,00707	1,00781	1,00877	1,00930	1,01063
60	1,01588	1,01665	1,01794	1,01969	1,02108
80	1,02539	1,02676	1,02791	1,02986	—
100	1,03855	1.03801	1,03867	1,04059	—

Par exemple, un acide renfermant 25,5 % d'H Cl à 19°,5 et possédant une densité de 1,101 = 13° Baumé, aura :

A 100° une densité de $\frac{1,101}{1,03867}$ = 1,060 = 8° Baumé.

80° — $\frac{1,101}{1,02676}$ = 1,072 = 10° —

60° — $\frac{1,101}{1,01665}$ = 1,082 = 11° —

A 40° une densité de $\frac{1,101}{1,00781}$ = 1,092 = 12° Baumé.

La table suivante, due à Kolb [*Bull. Soc. chim.* t. XVII, p. 280] donne les quantités d'acide chlorhydrique anhydre, d'acide à 20°, à 21° et à 22° B. contenues dans une solution aqueuse d'acide chlorhydrique possédant la densité inscrite dans la deuxième colonne.

TABLE INDIQUANT LA DENSITÉ ET LA RICHESSE DES SOLUTIONS D'ACIDE CHLORHYDRIQUE (J. KOLB).

Degré aerométrique.	Densité.	100 p. contiennent à 0°. H Cl.	100 p. contiennent à 15°. H Cl	Acide à 20°.	Acide à 21°.	Acide à 22°.
0°	1,000	0,0	0,1	0,3	0,3	0,3
1	1,007	1,4	1,5	4,7	4,4	4,2
2	1,014	2,7	2,9	9,0	8,6	8,1
3	1,022	4,2	4,5	14,1	13,3	12,6
4	1,029	5,5	5,8	18,1	17,1	16,2
5	1,036	6,9	7,3	22,8	21,5	20,4
6	1,044	8,4	8,9	27,8	26,2	24,9
7	1,052	9,9	10,4	32,0	30,7	29,1
8	1,060	11,4	12,0	37,6	35,4	33,6
9	1,037	12,7	13,4	41,9	39,5	37,5
10	1,075	14,2	15,0	46,9	44,2	42,0
11	1,083	15,7	16,5	51,6	48,7	46,2
12	1,091	17,2	18,1	56,7	53,4	50,7
13	1,100	18,9	19,9	62,3	58,7	55,7
14	1,108	20,4	21,5	67,3	63,4	60,2
15	1,116	21,9	23,1	72,3	68,1	64,7
16	1,125	23,6	24,8	77,6	73,2	69,4
17	1,134	25,2	26,6	83,3	78,5	74,5
18	1,143	27,0	28,4	88,9	83,8	70,5
19	1,152	28,7	30,2	94,5	89,0	84,6
19,5	1,157	29,7	31,2	97,7	92,0	87,4
20	1,161	30,4	32,0	100,0	94,4	89,6
20,5	1,166	31,4	33,0	103,3	97,3	92,4
21	1,171	32,3	33,9	106,1	100,0	94,9
21,5	1,175	33,0	34,7	108,6	102,4	97,2
22	1,180	34,1	35,7	111,7	105,3	100,0
22,5	1,185	35,1	36,8	115,2	108,6	103,0
23	1,190	36,1	37.9	118,6	111,8	106,1
23,5	1,195	37,1	39,0	122,0	115,0	109,2
24	1,199	38,0	39,8	124,6	117,4	111,4
24,5	1,205	39,1	41,2	130,0	121,5	115,4
25	1,210	40,2	42,4	132,7	125,0	109,0
25,2	1,212	41,7	42,9	134,3	126,6	120,1

Le coefficient de dilatation de l'acide le plus concentré (contenant 43,00 % d'H Cl) est = 0,058; celui de l'acide ordinaire à 36,6 % d'H Cl est huit fois plus grand que celui de l'eau.

Mode de formation. — Lorsqu'on fait passer sur du charbon saturé de chlore de l'hydrogène sec, il se forme de grandes quantités d'acide chlorhydrique même dans l'obscurité; en opérant sur 50 grammes de charbon, on observe un refroidissement de 20°. En versant sur le charbon saturé de chlore de l'eau, celle-ci est décomposée; il se forme de l'acide chlorhydrique et de l'acide carbonique (Melsens).

Propriétés chimiques. — L'acide chlorhydrique forme un hydrate, $HCl + 2H^2O$, qui se dépose lorsqu'on fait arriver un courant de gaz sec dans l'acide chlorhydrique concentré et refroidi à — 25°. Les cristaux obtenus ressemblent beaucoup à ceux du carbonate de sodium, ils fondent à 18° et se décomposent facilement; à l'air, ils répandent des vapeurs blanches (Pierre et Puchot).

Thomson a montré qu'en solution diluée l'acide chlorhydrique possède une acidité double de celle de l'acide sulfurique.

L'acide chlorhydrique décompose un grand nombre de sels en mettant les acides en liberté. Il déplace même dans certains cas l'acide sulfurique.

On rappelle à cet égard les expériences de Boussingault [*Compt. rend.*, t. LXXXVIII, p. 593] sur la décomposition des sulfates par l'acide chlorhydrique à une haute température.

Hensgen [*Deutsch. chem. Gesellsch.*, 1877, p. 259] a montré que l'acide chlorhydrique sec et gazeux réagit différemment sur les sulfates à des températures variées : ainsi le sulfate de potassium n'est pas décomposé à 360°, mais, au-dessus de cette température, la décomposition devient complète. Le sulfate de sodium anhydre n'est attaqué qu'à une température très élevée, tandis que le sulfate, cristallisé avec 10 molécules d'eau, est transformé en chlorure de sodium, même à la température ordinaire. Le sulfate de cuivre forme, avec l'acide chlorhydrique sec, un produit d'addition $CuSO^4 + 2HCl$.

Hautefeuille a constaté que l'iodure et le bromure d'argent sont décomposés lorsqu'on les chauffe avec de l'acide chlorhydrique à 700° : il se forme du chlorure ou du bromure d'argent avec dégagement d'acide iodhydrique ou bromhydrique. La réaction inverse a lieu à la température ordinaire : un certain nombre de composés chlorés sont décomposés par l'acide iodhydrique [*Bull. Soc. chim.*, t. VII, p. 198, 200, 203].

Essai de l'acide chlorhydrique. — Bettendorf [*Zeitschr. analyt. Chem.*, 1869, p. 492; *Bull. Soc. chim.*, t. XIII, p. 42] a proposé une méthode très prompte et très sensible pour reconnaître si l'acide chlorhydrique renferme de l'*arsenic*. Il ajoute à l'acide à essayer du chlorure stanneux et chauffe à 90°; si l'acide est arsenical il se forme un précipité d'arsenic, ou, lorsque la proportion est très faible, le liquide se colore en brun.

$$3SnCl^2 + As^2O^3 + 6HCl$$
$$= 3SnCl^4 + 3H^2O + 2As.$$

Pour rechercher l'arsenic dans l'acide chlorhydrique, Oster [*Zeitschr. analyt. Chem.*, 1872, p. 463] plonge dans ce dernier une feuille d'étain, chauffe à l'ébullition et laisse refroidir. Si la feuille noircit, l'acide contient de l'arsenic.

Pour reconnaître la présence de l'acide arsénieux et de l'acide sulfureux dans l'acide chlorhydrique, Hilger, ajoute quelques grenailles de zinc pur à l'acide; le tube à réactif est fermé par un bouchon portant à sa partie inférieure deux rainures dans lesquelles on engage deux papiers: l'un est humecté d'une solution d'azotate d'argent, l'autre d'une solution de sel de plomb. Si le papier d'argent est noirci seul, l'acide ne renferme pas d'acide sulfureux; en effet, les sels de plomb ne sont pas noircis par l'hydrogène arsénié, mais bien par l'hydrogène sulfuré produit dans ce cas par la réduction de l'acide sulfureux. De plus, le papier d'argent, noirci par l'arsenic, n'est pas décoloré lorsqu'on le plonge dans une solution de cyanure de potassium.

On reconnaît la présence du *chlore* dans l'acide chlorhydrique au moyen d'un papier imprégné d'une solution d'amidon et d'iodure de potassium. *L'acide sulfureux* peut être décelé comme il a été dit plus haut. On peut aussi ajouter de l'hydrogène sulfuré qui produit un précipité blanc de soufre; ou encore du chlorure d'étain qui est transformé en SnS^2.

Purification de l'acide chlorhydrique du commerce. — Pour obtenir de l'acide pur, le mieux est de décomposer le sel marin par l'acide sulfurique pur, car il n'est pas facile d'obtenir avec de l'acide du commerce un produit complètement pur, l'arsenic surtout étant difficile à éliminer.

On a proposé un grand nombre de méthodes pour purifier l'acide chlorhydrique.

Engel [*Compt. rend.*, t. LXXVI, p. 1139] ajoute à l'acide impur 0,5 °/₀ d'hypophosphite de potassium; il laisse déposer le précipité renfermant l'arsenic, décante avec précaution et distille. Par ce moyen, il élimine l'arsenic et le chlore.

Zettnow [*Poggend. Ann.*, t. CXLVI, p. 318] propose pour la purification de l'acide chlorhydrique la méthode d'analyse de Bettendorf. Il fait arriver dans l'acide impur, dont la densité a été ramenée à 1,16 et qui ne doit pas contenir de fer, quelques bulles de chlore pour transformer l'acide sulfureux en acide sulfurique. Il ajoute ensuite à 10 kilogr. d'acide, 50 gr. de sel d'étain, et laisse digérer le tout à 35°. L'arsenic s'étant séparé au bout de 24 heures, il décante le liquide clair et distille après une addition de sel marin.

Ce procédé n'est pas exempt d'inconvénients, Hager [*Pharmac. Centralhalle*, t. XIII, p. 52] fait remarquer qu'il faut filtrer l'acide, de plus, le chlorure stannique étant volatil, l'acide distillé renferme de l'étain. Il recommande le procédé de Duflos. On ramène l'acide à une densité de 1,130 par addition d'eau, on y plonge quelques lames de cuivre bien décapées et on laisse digérer un à deux jours à une température de 35°. L'arsenic se précipite sur le cuivre, on enlève ce dernier après quelque temps, on le nettoie et on le plonge encore durant un jour dans l'acide; l'arsenic et le chlore libre sont ainsi éliminés.

Lorsque l'acide chlorhydrique contient de l'acide sulfureux, on y ajoute quelques fragments de bioxyde de manganèse avant d'y plonger les lames de cuivre. Le chlorure ferrique, qui peut passer à la distillation, est transformé en chlorure ferreux par une addition de tournures de cuivre qu'on place dans la cornue où l'on distille l'acide après lui avoir fait subir ces traitements.

On a essayé de purifier l'acide chlorhydrique industriellement. Hargreaf et Robinson [*Deutsch. chem. Gesellsch.*, 1874, p. 760] font passer l'acide qui se dégage des fours à sulfate à travers des tours remplies de coke sur lequel coule de l'eau. A l'entrée de ces tours l'acide rencontre de l'hydrogène sulfuré qui transforme le chlorure d'arsenic en sulfure, tandis que l'acide sulfureux est réduit à l'état de soufre.

P. W. Hofmann [*Deutsch. chem. Gesellsch.*, 1868, p. 272] conseille de préparer l'acide chlorhydrique pur en ajoutant par portion de l'acide sulfurique d'une densité de 1,848 à l'acide impur. Le gaz, lavé, est condensé dans de l'eau pure. Il ne se dégage plus d'acide chlorhydrique, lorsque l'acide sulfurique a atteint une densité de 1,566; il renferme alors 0,32 °/₀ d'acide chlorhydrique. Ce procédé est très pratique, mais Fresenius [*Zeitschr. analyt. Chem.*, t. IX, p. 64] fait remarquer qu'il ne permet pas de débarrasser l'acide de l'arsenic; de plus, lorsque l'acide sulfurique contient des dérivés oxygénés de l'azote, l'acide distillé renferme encore du chlore.

CHLORURES. — La conductibilité pour l'électricité des chlorures alcalins et alcalino-terreux, en solution aqueuse, croît à peu près uniformément avec la température. En solution diluée le coefficient de conductibilité est à peu près uniforme pour tous les chlorures, mais il décroît lorsque les solutions deviennent plus concentrées. Tandis que la conductibilité des solutions des chlorures de potassium, d'ammonium et de baryum continue à décroître jusqu'à saturation, celle des solutions de chlorure de sodium, de calcium et de magnésium décroît d'abord pour augmenter ensuite. Le minimum est atteint avec une dilution de 10 à 20 °/₀ [A. Gotrian, *Dingler's polyt. Journ.*, t. CCXIV, p. 337].

Rose avait déjà reconnu que les chlorures alcalins absorbent l'acide sulfurique anhydre : il se forme d'abord un sel chlorosulfurique. Par une réaction prolongée, une grande quantité d'acide sulfurique est absorbée. Les chlorures de potassium et de sodium donnent une masse cristalline ayant pour composition

$$NaCl(SO^3)^4 \text{ et } KCl(SO^3)^8;$$

le chlorure d'argent donne le composé $AgCl(SO^3)^4$ et le chlorure de baryum le composé $BaCl^2(SO^3)^2$. Lorsqu'on chauffe ces combinaisons, qui paraissent analogues au bichromate de chlorure de potassium de Peligot,

$$CrO^2 < {Cl \atop OK},$$

il se dégage d'abord de l'acide sulfurique anhydre, ensuite du chlore, de l'acide sulfureux, et il reste finalement un sulfate [Schultz-Sellack, *Deutsch. chem. Gesellsch.*, 1871, p. 109; *Bull. Soc. chim.* t. XV, p. 46].

Le perchlorure de phosphore se combine avec un grand nombre de perchlorures et de sesquichlorures en donnant des composés assez instables. — (Voyez t. II, p. 963.)

Topsoe [*Archives des sciences phys. et natur.*,

t. XLV, p. 223; *Chem. Centralb.*, t. IV, p. 76] a déterminé la densité, les poids et les volumes moléculaires d'un certain nombre de chlorures.

PROCÉDÉS ANALYTIQUES POUR LA RECHERCHE ET LE DOSAGE DU CHLORE. — L'acide chlorhydrique libre peut être décelé dans une liqueur renfermant des chlorures à l'aide du peroxyde de plomb. Ce dernier est transformé par l'acide libre en chlorure de plomb, avec dégagement de chlore, tandis que les chlorures MCl ou MCl², ne réagissent pas sur le peroxyde de plomb. Certains chlorures de la formule M²Cl⁶, comme le perchlorure de fer, attaquent le bioxyde de plomb, tandis que le sesquichlorure d'aluminium n'exerce aucune action sur ce corps, si la solution ne contient pas d'acide libre. Le chlorure d'étain, dans ses deux modifications, est rapidement décomposé par le bioxyde de plomb.

Pour reconnaître la présence du chlore, du brome ou de l'iode par voie sèche, on peut mettre à profit la coloration verte ou bleue que prend la flamme, lorsqu'on chauffe une parcelle de la substance à essayer avec de l'oxyde de cuivre sur le fil de platine, dans la partie réductrice du bec de Bunsen (Beilstein).

Il est difficile de doser de petites quantités de chlore, en présence de l'iode. Dietzell [*Dingler's polyt. Journ.*. t. CXC, p. 41] recommande de précipiter le mélange de chlorures et d'iodures avec de l'acétate de plomb; il se forme de l'iodure et du chlorure de plomb basiques. Ce dernier se sépare sous forme de cristaux lorsqu'on évapore la solution du précipité dans une petite quantité d'acide acétique. Pour découvrir le chlore dans le bromure de potassium, E. Baudrimont [*Journ. de Pharm.* (4), t. VII, p. 411] recherche d'abord si ce sel contient de l'iode en agitant la solution avec du brome et du sulfure de carbone; cette présence constatée, il chasse l'iode en chauffant la solution du sel avec de l'eau de brome et en évaporant à siccité. 1 gr. du bromure à essayer est dissous dans 100ᶜᶜ d'eau; à 10ᶜᶜ de cette solution on ajoute une liqueur titrée d'azotate d'argent renfermant 10 gr. d'azotate d'argent par dans 1 litre, jusqu'à ce que la précipitation soit complète, ce qu'on reconnaît avec du chromate de potassium comme indicateur. Si le bromure est pur, il faut 14ᶜᶜ,3 de la solution d'argent.

Siewert a contesté l'exactitude du procédé de Field, qui a été indiqué t. I, p. 867. Il est fondé sur la propriété que possèderait le chlorure d'argent d'être transformé en bromure lorsqu'il est chauffé avec une solution de bromure de potassium, tandis que le bromure et le chlorure d'argent sont transformés à leur tour en iodure par évaporation avec de l'iodure de potassium. Ce procédé ne serait pas exact parce que la décomposition du bromure en iodure d'argent n'est pas complète; d'un autre côté, le bromure d'argent est transformé en majeure partie en chlorure par le chlorure de sodium, de sorte qu'une certaine quantité de chlorure d'argent échappe à la transformation en bromure [*Zeitschr. analyt. Chem.*, t. VII, p. 469].

La détermination du chlore, du brome et de l'iode, en présence de substances végétales ou animales, offre quelques difficultés : la méthode fondée sur la fusion de ces corps avec du carbonate de sodium n'est pas rigoureuse, à cause de la volatilisation de l'iode. La calcination avec la baryte ou la chaux donne des résultats bien plus satisfaisants. Les cendres obtenues étant dissoutes dans de l'acide azotique à froid, on détermine dans la solution l'alcali et les halogènes. En présence des phosphates, il n'est pas possible d'extraire tout l'alcali et le chlore [Behagel von Adlerskroon, *Zeitschr. analyt. Chem.*, 1873, p. 390].

S'agit-il de doser le chlore, le brome et l'iode dans les corps organiques fortement azotés, Em. Kopp [*Deutsch. chem. Gesellsch.*, 1875, p. 769] se sert d'un tube à combustion ayant une longueur de 60 cent. et 5 à 6 millim. de diamètre. La substance à analyser est mélangée d'oxyde de fer pur, de façon à former une colonne de 12 à 13 cent. de longueur. Devant cette couche on place des spirales de fil de fer sur une longueur de 20 à 25 cent., et le reste des tubes est rempli de fragments de soude pure calcinés. La partie du tube dans laquelle se trouvent les spirales est chauffée d'abord; ensuite, on avance progressivement jusqu'à l'extrémité fermée. Après le refroidissement, le contenu du tube est vidé dans une capsule renfermant de l'eau; celle-ci étant portée à l'ébullition, on filtre et on lave le résidu sur le filtre. La liqueur filtrée est acidulée avec de l'acide azotique et précipitée par l'azotate d'argent. L'oxyde de fer qui sert dans cette opération est obtenu par calcination à l'air du sulfate de fer pur.

Brügelmann [*Zeitschr. analyt. Chem.*, 1877, p. 24] détermine le chlore en présence du phosphore, du soufre et même de l'arsenic, en mélangeant la substance à analyser avec de la chaux vive pure et granulée; on introduit le mélange dans un tube à combustion ouvert à ses deux extrémités, et, devant cette couche, on en place une autre formée de chaux, sur une longueur de 10 cent. La calcination se fait dans un courant d'oxygène. A la place de la chaux on peut aussi employer de la chaux sodée.

Pour doser le chlore, le brome et l'iode dans les composés platiniques, Thopsoe [*Zeitschr. analyt. Chem.*, t. IX, p. 30; *Bull. Soc. chim.* t. XIV, p. 47] donne les indications suivantes : Dans beaucoup de composés platiniques, on peut précipiter directement le platine par du zinc et déterminer, à l'aide du procédé ordinaire, le chlore, le brome ou l'iode, dans la solution à laquelle on a ajouté de l'ammoniaque et qu'on a fait bouillir jusqu'à ce qu'elle soit devenue incolore et qu'il ne se dégage plus d'hydrogène.

Quant aux composés qui renferment en même temps des métaux lourds, le même chimiste propose une autre méthode, fondée sur l'action de l'azotate d'argent sur le sulfite platineux. On ajoute à une solution aqueuse des sels platiniques une solution de sulfite acide de sodium et de l'acide sulfureux; il se forme un précipité qui se redissout dans l'acide libre; on chauffe pendant quelque temps au bain-marie; à la liqueur refroidie on ajoute la quantité nécessaire d'azotate d'argent, pour qu'il ne se forme que peu de sulfite d'argent. Le précipité est traité par l'acide azotique qu'on ajoute lentement, et le chlorure, le bromure ou l'iodure d'argent sont séparés par filtration.

Dosage du chlore par liqueurs titrées. — Messel [*Zeitschr. analyt. Chem.*, 1873, p. 183] fait remarquer que le chlore ou l'acide chlorhydrique ne peuvent être dosés en présence de l'acide sulfureux d'après la méthode volumétrique ordinaire avec le chromate de potassium comme indicateur, car la fin de la réaction ne peut être reconnue que lorsque tout l'acide sulfureux a été transformé en sulfite d'argent. Pour obvier à cet inconvénient, Lunge transforme l'acide sulfureux en acide sulfurique avec une solution de permanganate de potassium. La méthode dont il s'agit est également inexacte en présence des phosphates alcalins ou des pyrophosphates, ce qui a une grande importance dans l'analyse des cendres [Young, *Chem. New's*, t. XXXII, p. 6].

Comme le chromate de potassium du commerce est rarement exempt de chlore, Stolba propose de remplacer ce corps par le chromate double de calcium et de potassium qu'on obtient facilement à l'état de pureté. On ajoute à une solution de dichromate de potassium, purifiée par cristallisation dans huit parties d'eau, de l'hydrate de calcium jusqu'à ce que le liquide prenne une coloration jaune. L'excès de chaux est enlevé soit par évaporation, soit par un courant d'acide carbonique [*Dingler's polyt. Journ.*, t. CCXI, p. 260].

Bohlig [*Zeitschr. analyt. Chem.*, t. IX, p. 310] a proposé une nouvelle méthode pour doser volumétriquement le chlore, le brome et l'iode. Les chlorures, bromures ou iodures sont décomposés par de l'oxyde d'argent; l'alcali, mis en liberté, est titré avec un acide normal. Pour précipiter les métaux et les terres, on ajoute à la solution un excès de carbonate de potassium, on dilue à 250 centimètres cubes, on agite et l'on filtre. Dans 50 centimètres cubes de la solution filtrée on détermine l'excès de carbonate de potassium avec un acide normal; à 125 centimètres cubes on ajoute ensuite un excès d'oxyde d'argent pur et l'on agite; on filtre alors 100 centimètres cubes et l'on titre de nouveau. La différence entre la quantité d'acide qui a été employée dans la première titration et la seconde multipliée par 5 correspond à la quantité de chlore contenue dans la substance analysée. L'oxyde d'argent, employé dans cette méthode, ne doit pas renfermer de sous-oxyde : on le prépare à la manière ordinaire, mais on le conserve sous de l'eau à laquelle on a ajouté du permanganate de potassium jusqu'à coloration rouge.

D'après le même auteur [*Arch. Pharm.*, (3), t. IV, p. 122], on peut déterminer volumétriquement les sels solubles des composés chlorés, en mettant à profit cette réaction que les chlorures des métaux alcalins, à l'exception du chlorhydrate d'ammoniaque, sont décomposés par le carbonate d'argent, en présence d'acide carbonique, en chlorure d'argent et en carbonate alcalin. Ce dernier est titré par un acide normal. Cette détermination du chlore peut suffire dans un grand nombre de cas, lorsqu'on a eu soin d'éliminer les métaux, ainsi que les acides oxalique et phosphorique.

Pour doser le chlore dans les urines, Falck [*Deutsch. chem. Gesellsch.*, 1875, p. 12] emploie la méthode de Volhard pour titrer l'argent, méthode qui est fondée sur l'action des sulfocyanates solubles sur les sels d'argent en présence des sels ferriques (Suppl. p. 201).

A un volume déterminé de la solution qu'on doit titrer l'on ajoute 5 centimètres cubes d'une solution d'alun ferrique. Le liquide est rougi à l'aide de quelques gouttes d'une solution titrée de sulfocyanate d'ammonium, puis additionné d'une solution titrée d'argent jusqu'à disparition de la couleur rouge; on ajoute de nouveau goutte à goutte la solution de sulfocyanate d'ammonium jusqu'à réapparition d'une teinte rosée faible. La différence entre les quantités employées de la solution d'argent et de sulfocyanate correspond à la teneur en chlore du liquide.

Il ne faut pas opérer en présence d'un grand excès d'acide, le sulfocyanate de fer étant décomposé dans ce cas. Pour plus de détails, nous renvoyons au mémoire original.

COMPOSÉS OXYGÉNÉS DU CHLORE

ACIDE HYPOCHLOREUX. — ClOH. ANHYDRIDE HYPOCHLOREUX Cl^2O. — *Mode de préparation.* — Lorsqu'on fait arriver goutte à goutte de l'oxychlorure de phosphore dans du chlorite de potassium bien refroidi, il se dégage de l'anhydride hypochloreux sous forme d'un gaz jaune verdâtre; ce dernier est absorbé très facilement par l'eau ou la potasse, avec formation d'acide hypochloreux ou d'hypochlorite de potassium [Spring, *Deutsch. chem. Gesellsch.*, 1874, p. 1584].

Lorsqu'on dirige de l'anhydride chloreux, Cl^2O^3, sur du perchlorure de phosphore, il se dégage pareillement de l'anhydride hypochloreux, souvent avec une explosion violente.

D'après Fairley [*Report of the British Association for the Advancem. of Science*, 1874, p. 57], si l'on ajoute du peroxyde d'hydrogène (2,45 °/₀ de H^2O^2) à un grand excès d'eau de chlore, il se forme de l'acide hypochloreux d'après l'équation :

$$Cl^2 + H^2O^2 = 2\,ClOH.$$

Mais, si le peroxyde d'hydrogène est en excès, il se dégage de l'oxygène :

$$HOCl + H^2O^2 = HCl + H^2O + 2\,O.$$

Lorsqu'on fait passer de l'air ozonisé à travers une solution d'acide hypochloreux, il se forme de l'acide perchlorique.

Les spectres d'absorption de l'acide hypochloreux ont été étudiés par D. Gernez [*Compt. rend.*, t. LXXIV, p. 465]; les bandes sont situées dans le bleu et dans le violet. Il ne faut employer qu'une solution diluée; comme dissolvant on s'est servi du chloroforme. Les bandes d'absorption dans le bleu et dans le violet sont très fines.

Chlorure de chaux. — Voyez plus loin, p. 470.

ANHYDRIDE CHLOREUX. Cl^2O^3 — Les méthodes ordinaires de préparation de ce corps ne donnent qu'un gaz impur; en effet, l'acide chloreux, chauffé avec l'eau, se décompose en acide chlorhydrique et en acide chlorique.

Carius prépare l'anhydride choreux en chauffant à 60-70° une solution de 50 parties de chlorate de potassium dans 100 parties d'eau avec une solution de 100 parties d'acide sulfurique et 16 parties de benzine [*Liebig's Ann. Chem.*, t. CXLIII, p. 315].

Brandau [*Ibid.*, t. CLI, p. 340] a modifié ce mode de préparation : il dissout 10 parties de benzine pure dans 100 parties d'acide sulfurique dilué de 100 parties d'eau; ce liquide, refroidi, est versé sur douze parties de chlorate de potassium finement pulvérisé. Le ballon doit avoir un col très long et le tube de dégagement doit être soudé au bouchon de verre, lui-même rodé sur le col du ballon. On chauffe à 50°, et l'on dirige le gaz dans un récipient placé dans un mélange formé de glace et de sel. Si l'on n'a pas pris soin de dessécher le gaz, il se condense des cristaux d'hydrate de chlore; le liquide surnageant est de l'anhydride chloreux.

Propriétés. — Ce corps forme un liquide d'un brun rouge intense, très mobile. Au-dessus de 0°, il entre en ébullition, mais les dernières portions ne passent qu'à + 8°. Lorsqu'on le conserve le point d'ébullition varie; plusieurs jours après sa préparation l'acide ne distille qu'à + 8 ou 9° sous une pression de $0^m,745$; comme résidu, il reste une faible proportion d'acide chlorique.

La densité de vapeur de l'anhydride gazeux a été trouvée = à 4,022 à 13° et 4,070 à 9°. Ces nombres sont calculés dans la supposition que le gaz obéit, à ces basses températures, aux lois de Mariotte et de Gay-Lussac. La densité théorique exigée par la formule Cl^2O^3 est 4,123. La méthode employée consiste à faire évaporer de l'anhydride chloreux liquide et *récemment préparé*, de façon à obtenir un volume déterminé de gaz et à doser ce dernier à l'aide d'une solution d'iodure de potassium. On titre la quantité d'iode mise en liberté. En opérant sur un produit qui avait été préparé depuis quelques jours et exposé à la lumière, on a trouvé pour la densité à 20° le nombre 2,775. Il s'applique à une substance partiellement décomposée. La densité de l'anhydride liquide est =1,3208 à 0°.

La détermination de la solubilité dans l'eau a donné les résultats suivants : 100 gr. d'eau dissolvent :

Température	Pression.	Grammes d'anhydride chloreux.
8°,5	752,9	4,765
14	756,3	5,012
21	754	5,445
23	760	5,651

Lorsqu'on fait arriver du gaz chloreux, obtenu par l'évaporation du liquide dans de l'eau à 0°, l'anhydride se précipite en gouttelettes résineuses ou en grains qui, par agitation du liquide, se prennent en masses cristallines jaunes; ces dernières étant réunies et pressées entre du papier à filtrer, on obtient des cristaux lamelleux avec éclat soyeux : c'est un hydrate qui a été obtenu avec 50,07 et 67,43 °/₀ d'eau. Il paraît donc exister différents hydrates d'acide chloreux.

Au-dessous de 0°, l'anhydride chloreux n'est pas dangereux à manier.

L'acide iodhydrique est décomposé par l'anhydride chloreux, lorsque la température est maintenue assez basse :

$$Cl^2O^3 + 8HI = 2\,HCl + 3\,H^2O + 4\,I^2.$$

Le spectre d'absorption de l'acide chloreux ressemble à celui de l'acide hypochloreux.

ACIDE CHLORIQUE. — L'acide chlorique aqueux, concentré dans le vide, a pour composition :

$$ClO^3H + 7\,H^2O.$$

La densité de cet hydrate à 14°,2 est = 1,282. Lorsqu'on le laisse longtemps sur l'acide sulfurique, il arrive à un degré de concentration où il se produit un vif dégagement gazeux : le liquide qui reste présente la composition

$$2\,ClO^3H + 9H^2O.$$

A — 20°, cet hydrate devient visqueux, mais sans se solidifier; il est décomposé par l'ébullition. (Kämmerer).

D'après Kämmerer [*Poggend. Ann.*, t. CXXXVIII, p. 390], il existe trois hydrates d'acide chlorique, et ceux-ci correspondent à ceux de l'acide iodique.

	Renferment °/₀ d'anhydride.	Poids moléculaire.	Densité.
$ClO^3H + 7\,H^2O$	35,73	210,5	1,262
$ClO^3H + 15\,H^2O$	21,29	354,5	1,161
$ClO^3H + 20\,H^2O$	16,98	444,5	1,128

CHLORATES. — Pour préparer du chlorate d'argent pur, Stas [*Chem. New's*, t. XVI, p. 79] fait passer dans de l'oxyde ou du carbonate d'argent, tenus en suspension dans de l'eau, un courant lent de chlore; après peu de temps il laisse déposer et décante le liquide; celui-ci contient, à l'état d'hypochlorites, les alcalis que pouvaient renfermer l'oxyde ou le carbonate d'argent. Le précipité est lavé avec soin, mis en suspension dans une nouvelle quantité d'eau, et soumis à un courant de chlore jusqu'à ce que la majeure partie de l'oxyde d'argent soit attaquée. On agite jusqu'à disparition de l'excès de chlore, et l'on maintient la liqueur claire pendant quelque temps à 60°; ensuite on l'évapore au bain-marie.

La présence d'un excès d'oxyde d'argent est indispensable; la réaction parcourt diverses phases ainsi que l'indiquent les équations suivantes :

$$Ag^2O + 4Cl + H^2O = 2\,AgCl + 2ClOH,$$
$$2ClOH + Ag^2O = 2ClOAg + H^2O,$$
$$3\,ClOAg = 2AgCl + ClO^3Ag.$$

Le chlorate d'argent forme une poudre blanche qui ne se décompose pas à l'air libre même humide.

CHLORATE DE POTASSIUM. — Pour la préparation de ce corps, on continue à se servir du procédé de Liebig (t. II, p. 1138).

Lunge a décrit [*Dingler's polyt. Journ.*, t. CLXXXIX, p. 489] le mode de préparation suivi en Angleterre : on sait que ce pays fournit à lui seul presque tout le chlorate qui est consommé.

Un lait de chaux est placé dans deux cylindres en fer, garnis à l'intérieur de plomb, ou plus simplement dans des réservoirs en fonte munis d'un agitateur et communiquant ensemble. Le courant de chlore peut être dirigé de telle façon qu'il traverse d'abord le cylindre renfermant la chaux presque saturée; le chlore, qui n'est pas absorbé, arrive dans du lait de chaux frais. Dès que le premier cylindre est saturé, on le remplit de nouveau lait de chaux, et l'on renverse le courant de chlore. La solution de chlorate et de chlorure de calcium est colorée en rose; la plupart des auteurs pensent que cette coloration provient de la présence du permanganate de potassium, mais on l'observe aussi lorsqu'il n'y a pas de manganèse dans la solution. Elle indique que le liquide est saturé de chlore. Additionné d'acide chlorhydrique à froid, ce liquide ne doit plus dégager de chlore, preuve qu'il n'y a plus d'acide hypochloreux en solution. Les solutions saturées sont additionnées de chlorure de potassium et le tout est évaporé jusqu'à ce que le liquide présente une densité de 1,28; il est ensuite abandonné à la cristallisation.

Les cristaux formés sont séparés de leurs eaux mères; celles-ci étant concentrées jusqu'à ce qu'elles présentent une densité de 1,35, fournissent une seconde cristallisation de chlorate de potassium. Dans les dernières eaux mères, il reste toujours du chlorate, environ 12 °/₀. On a essayé, mais sans grand succès, de faire servir ces solutions à la préparation du chlore. Les divers produits cristallisés contiennent une certaine proportion de chlorure de potassium et du fer. On parvient à les en débarrasser en dissolvant le chlorate de potassium brut dans le moins d'eau possible, et en ajoutant à 10 litres de la solution 250 grammes de carbonate de sodium; lorsque le carbonate de calcium et de fer se sont déposés, on décante et on évapore la solution jusqu'à cristallisation. Le chlorure de plomb est éliminé par addition d'une très petite quantité de sulfure de sodium. Les petits cristaux sont séchés, tandis que les grands sont écrasés entre des rouleaux en bois. Malgré toutes les précautions, dont la principale consiste à éviter la présence de tout corps organique, il arrive quelquefois des explosions. Il est donc préférable d'évaporer jusqu'à cristallisation en agitant de façon à n'avoir que de petits cristaux; ceux-ci sont essorés et lavés avec de l'eau froide.

On a aussi proposé, pour obtenir dans les laboratoires le chlorate de potassium en poudre, sans s'exposer à des accidents, de tremper, dans une solution saturée et chaude de ce corps, des lames de porcelaine ou de verre, qui se couvrent d'une couche de chlorate de potassium très fin qu'on râcle avec une carte.

Muir a déterminé la solubilité du chlorate de potassium pur dans l'eau et a dressé le tableau suivant [*Chem. Soc. Journ.*, 1876, t. I, p. 611] :

Température.	Teneur °/₀ de la solution.	Densité.	Solubilité de 1 p. de $KClO^3$ dans
0°	0,705	1,0005	142,9 parties.
25°	1,92	1,0123	52,5 —
50°	5,07	1,0181	15,5 —
100°	15,75	1,066	5,04 —

Pellagri [*Deutsch. chem. Gesellsch.*, 1875, p. 1357] n'a pu réduire que fort incomplètement le chlorate de potassium par un élément formé d'une lame de cuivre et d'une lame de plomb reliées par un fil de cuivre. Eccles [*Chem. Soc. Journ.*, 1876 (1), p. 856], par contre, a obtenu une réduction complète au moyen de la pile de Gladstone-Tribe.

CHLORATE DE SODIUM, ClO^3Na. — Ce sel a acquis une certaine importance par suite de son emploi dans l'impression du noir d'aniline. Il est beaucoup plus soluble que le chlorate de potassium. On peut le préparer d'une façon tout à fait analogue, mais il en reste une grande quantité dans les eaux mères sans qu'on puisse le séparer du chlorure de calcium; aussi préfère-t-on décomposer le chlorate de potassium par le fluosilicate de sodium, que l'on prépare en saturant la soude par l'acide hydrofluosilicique.

Si l'on fait bouillir une solution de fluosilicate avec du chlorate de potassium il se précipite du fluosilicate de potassium, tandis que le chlorate de sodium entre en solution. Par évaporation on obtient de belles tables.

La solution saturée bout à 132°.

D'après Gerlach sa densité à 19°,5 est :

Solution à	10 %	1.070	25 %	1.190
—	15 %	1.108	30 %	1.235
—	20 %	1.147	35 %	1.282

Analyse de l'acide chlorique. — Böttger [*Zeitsch. analyt. Chem.*, t. VIII, p. 455] se sert du sulfate d'aniline pour reconnaître cet acide. Les chlorates colorent la solution du sel d'aniline en bleu, tandis que l'acide azotique ou l'acide azoteux la colorent en rouge orangé ou en jaune.

On a fondé un procédé de dosage de l'acide chlorique sur la décomposition de cet acide par l'oxyde ferreux

$$ClO^3K + 6FeO = KCl + 3Fe^2O^3.$$

Les chlorates sont chauffés à l'ébullition avec du sulfate ferreux et de la potasse exempte de chlore : le chlore est dosé dans la solution après filtration de l'oxyde ferrique et addition d'acide azotique [Stelling, *Zeitsch. analyt. Chem.*, t. VI, p. 32; *Bull. Soc. chim.*, t. IX, p. 53].

Thorpe réduit l'acide chlorique par une lame de zinc qui a été plongée dans une solution de sulfate de cuivre : l'acide chlorique et ses sels sont transformés en chlorures [*Chem. Soc. Journ.* (2), t. XI, p. 541].

Jean [*Compt. rend.*, t. LXXX, p. 673] dose par titration les acides oxygénés du chlore. Il se fonde sur la propriété que possède le chlorure cuivreux d'être transformé par les acides du chlore en chlorure cuivrique; ce dernier est dosé au moyen d'une solution titrée de chlorure d'étain :

$$ClO^3H + 3Cu^2Cl^2 + 5HCl = 3H^2O + 6CuCl^2$$
$$Fe^2Cl^6 + Cu^2Cl^2 = 2\ CuCl^2 + 2\ FeCl^2.$$

ACIDE PERCHLORIQUE. — Cet acide se forme lorsqu'on fait passer de l'air ozonisé à travers une solution d'acide hypochloreux.

PEROXYDE DE CHLORE, ClO^2. — D'après des recherches récentes de Pebal [*Liebig's Ann. Chem.*, t. CLXXVII, p. 1], la composition de ce corps est bien celle qui lui a été attribuée par H. Davy et Gay-Lussac. Son poids moléculaire à l'état gazeux (H = 2) est 67,2, chiffre qui conduit à la formule moléculaire ClO^2. Son point d'ébullition est situé à + 9°.

Euchlorine. — Lorsqu'on fait réagir l'acide chlorhydrique sur le chlorate de potassium ou l'acide sulfurique étendu sur un mélange de chlorure et de chlorate de potassium, il ne se forme pas d'acide perchlorique mais un mélange de chlore et de peroxyde de chlore,

$$ClO^3H + HCl = ClO^2 + Cl + H^2O.$$

La formation d'un excès de chlore dépend d'une réaction secondaire de l'acide chlorhydrique sur le peroxyde de chlore [Schacherl, *Liebig's Ann. Chem.*, t. CLXXXII, p. 93].

H. Davy avait donné le nom d'euchlorine au gaz qui se dégage dans cette réaction. Pebal (*loc. cit.*) a établi, par des déterminations rigoureuses, que ce corps n'est qu'un mélange. Les avis sur sa composition étaient d'ailleurs très partagés : tandis que Humphry Davy, Gay-Lussac et Thénard considéraient l'euchlorine comme une combinaison définie, Soubeiran, J. Davy et d'autres chimistes l'envisageaient, au contraire, comme un mélange.

Rappelons que Soubeiran [*Ann. Chim. Phys.*, t. XLVIII, p. 114], ayant fait absorber l'euchlorine par l'eau et chassé ensuite par la chaleur le gaz absorbé, obtint des composés renfermant moins de chlore; avec le calomel il put enlever une quantité de chlore telle qu'il resta un corps ayant très approximativement la composition du peroxyde de chlore.

Millon [*Ann. Chim. Phys.* (3), t. VII, p. 314] a fait passer le gaz dégagé par l'action de l'acide chlorhydrique sur le chlorate de potassium à travers une série de tubes en U qui étaient refroidis à des températures différentes. Outre l'acide chlorhydrique et le chlore, il condensa un liquide rouge auquel il attribua la composition Cl^6O^{13}; mais le procédé analytique employé par cet auteur ne pouvait conduire qu'à des résultats erronés.

Pebal a fait voir que la composition du gaz variait selon le procédé de préparation, soit par l'action de l'acide chlorhydrique sur le chlorate de potassium soit par l'action de l'acide sulfurique dilué sur un mélange de sel marin et de chlorate de potassium, et qu'elle varie aussi lorsqu'on fait subir au gaz une condensation partielle.

Ad. Kopp.

CHLORE (INDUSTRIE). — PRÉPARATION INDUSTRIELLE DU CHLORE. — [Voyez *Grande industrie chimique*, par Lunge et Naville. — Procédé Weldon, *Dingler's polytechn. Journ.*, t. CLXXXVI, p. 129; t. CXCIV, p. 51; t. CXCVIII, p. 227; t. CCIX, p. 279, 443; t. CCIII, p. 501; t. CCXI, p. 266; t. CCXIV, p. 464; t. CCXV, p. 54, 140; *Monit. scientif.*, 1870, p. 115; *Ann. des Mines*, 1873, t. III, p. 5; *Bull. Soc. d'encouragem.*, 1877, p. 440. — Procédé Deacon, *Deutsch. chem. Gesellsch.*, 1870, p. 874; 1874, p. 2. *Dingler's polyt. Journ.*, t. CXCVIII, p. 540; t. CC, p. 272, t. CCI, p. 351; t. CCIX, p. 443; t. CCXI, p. 195; t. CCXXI, p. 356, 478, t. CCXXII, p. 253, 256, 366, 567; t. CCXXIV, p. 424; t. CCXXIII, p. 417].

Dans ces dix dernières années, une véritable révolution s'est accomplie dans l'industrie des produits chimiques. En premier lieu, le procédé à l'ammoniaque, pour la fabrication de la soude, s'est répandu de plus en plus dans les fabriques du continent; en second lieu, à partir de 1870, un nouveau procédé de fabrication du chlore, celui de Deacon, et un procédé de régénération du bioxyde de manganèse, que l'on doit à Weldon, ont été mis à l'essai, d'abord en Angleterre, puis en Allemagne, et aujourd'hui il n'est plus guère de grande usine sur le continent qui n'ait adopté le procédé Weldon. Quant au procédé si ingénieux et si original de Deacon, qui promettait au début tant de succès, il a été abandonné dans presque toutes les fabriques; mais il n'est pas impossible que les travaux persévérants de Hurter, qui a beaucoup contribué à l'étude de ce procédé, ne parviennent à lever les difficultés qui ont entravé sa réussite jusqu'aujourd'hui. Dans l'exposé que nous allons faire, nous décrirons d'abord divers procédés pour la régénération du bioxyde de manganèse, et nous entrerons ensuite dans quelques détails sur le procédé Deacon; nous mentionnerons enfin divers autres procédés qui ont été proposés pour la préparation industrielle du chlore.

Les appareils générateurs du chlore au moyen du peroxyde de manganèse naturel se sont perfectionnés, et, dans la grande industrie, on n'emploie plus que la pierre à chlore, dont un modèle a été décrit t. I, p. 860. L'appareil en usage aujourd'hui est représenté par la figure suivante :

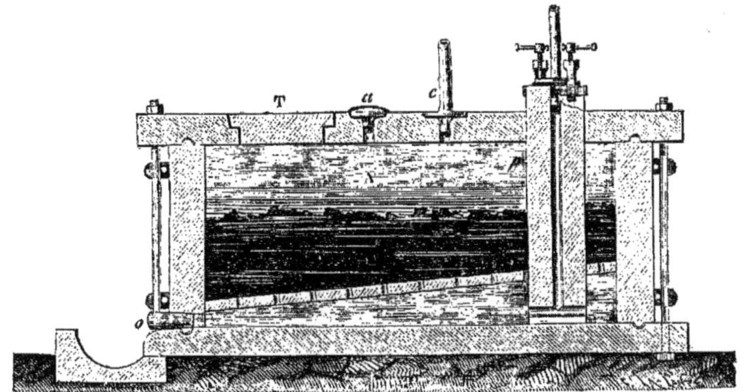

Fig. 28. — A, caisse rectangulaire formée par la réunion de dalles en grès des Vosges de $0^m,15$ d'épaisseur, assemblées avec interposition de mastic à l'argile et au bitume ou de caoutchouc. Longueur 2 mètres à $2^m,50$; largeur $1^m,10$, hauteur 1 mètre. A quelques centimètres du fond se trouve un faux fond incliné, composé de dalles étroites et non jointives, sur lesquelles repose le peroxyde en morceaux. — T, trou d'homme. — *a*, ouverture et bouchon pour l'introduction de l'acide. — *c*, tube à dégagement pour le gaz chlore. — *p*, prisme en grès percé dans sa longueur et transversalement pour l'introduction de la vapeur — *o*, orifice d'écoulement pour le liquide saturé. — Un semblable appareil se charge avec 500 à 600 kilogrammes de bioxyde.

I. — **RÉGÉNÉRATION DU BIOXYDE DE MANGANÈSE.** — Pendant de longues années on a préparé le chlore en faisant agir l'acide chlorhydrique, produit secondaire de la fabrication du sulfate de sodium, sur le bioxyde de manganèse naturel. Tant que ce minerai était à bas prix, on ne songeait pas à régénérer le manganèse, qui se retrouve à l'état de chlorure dans les eaux mères de la préparation du chlore; mais au fur et à mesure que les sources ont tari et que le bioxyde devenait en même temps et plus cher et moins riche, il était urgent de ne pas laisser perdre un produit aussi précieux. Bientôt on fit connaître un certain nombre de procédés de régénération du manganèse, procédés dont on trouvera la description dans l'ouvrage de Lunge, *l'Industrie de la soude*.

PROCÉDÉ DUNLOP. — Le premier de ces procédés est celui de Dunlop, déjà décrit t. I, p. 861. Il est encore employé, à côté de celui de Weldon, dans le grand établissement de Tennant, à Glasgow. On décompose le chlorure de manganèse par du carbonate de calcium ; on fait passer dans le précipité un courant de vapeur à 2 ou 4 atmosphères de pression, et l'on chauffe le carbonate de manganèse formé à 300-400° au contact de l'air.

Clemm [*Dingler's polyt. Journ.*, t. CLXXIII, p. 28] a modifié cette méthode; mais son procédé ne s'est pas introduit dans la pratique. Pour décomposer le chlorure de manganèse, il remplace le carbonate de calcium par le carbonate de magnésium; il se forme du chlorure de magnésium. La solution est évaporée et le résidu décomposé par la vapeur d'eau surchauffée ; l'acide chlorhydrique, mis en liberté, peut servir à la préparation du chlore, tandis que la magnésie précipitée sert de nouveau à décomposer le chlorure de manganèse. Ainsi qu'on le voit, ce procédé aurait l'avantage de récupérer l'acide chlorhydrique, qui est perdu à l'état de chlorure de calcium, lorsqu'on fait usage du carbonate de calcium.

PROCÉDÉ DE P.-W. HOFFMANN. — Un autre procédé de régénération du bioxyde de manganèse est celui de P.-W. Hofmann; il est ingénieux en ce sens qu'il tend à utiliser deux produits embarrassants à plus d'un titre dans les fabriques de produits chimiques, savoir : les résidus de chlore et les marcs de soude. Ce procédé a été employé pendant quelque temps à Dieuze, en Lorraine, et dans différentes usines d'Allemagne.

P.-W. Hofmann fait réagir les résidus acides provenant de la préparation du chlore, sur les mélanges des *eaux jaunes sulfurées* et des *eaux jaunes oxydées*. On sait que les eaux jaunes sulfurées proviennent de la lixiviation des résidus de la fabrication de la soude, ces résidus ayant été exposés pendant six à sept jours à l'air. Les eaux jaunes oxydées sont les solutions qu'on obtient en épuisant les résidus de l'opération précédente, après les avoir exposés de nouveau à l'air. Les eaux jaunes sulfurées contiennent principalement des polysulfures; les eaux jaunes oxydées, des sulfites et des hyposulfites.

L'acide chlorhydrique libre, contenu dans les résidus de la fabrication du chlore, ainsi que le perchlorure de fer, réagissent sur les sulfures, les sulfites et les polysulfures; il se précipite du soufre, et si le mélange des eaux a été fait en proportions exactes, il ne se dégage pas d'hydrogène sulfuré ou seulement une très petite quantité de ce gaz, par suite de sa réaction sur l'acide sulfureux. Lorsque le précipité formé, jaune d'abord, commence à prendre une teinte noirâtre provenant du sulfure de fer qui se précipite à son tour, on cesse d'ajouter des résidus de chlore. On laisse déposer le soufre et les eaux surnageantes, maintenant neutres, sont décantées dans un autre bassin; ici on les décompose par de nouvelles liqueurs provenant de la lixiviation de la soude brute, auxquelles on a ajouté un peu de chaux; lorsque tout le fer est précipité, c'est-à-dire lorsque le dépôt commence à prendre une teinte rosée provenant du sulfure de manganèse, on laisse déposer le sulfure de fer et l'on fait passer le liquide surnageant dans un troisième bassin où il est décomposé par une nouvelle addition d'eaux jaunes sulfurées: tout le manganèse contenu dans les résidus du chlore se précipite à l'état de sulfure mélangé de soufre. Le liquide surnageant ne renferme plus que du chlorure de calcium; on le laisse couler à la rivière. Le dépôt est lavé à l'eau, séché et calciné au contact de l'air, l'acide sulfureux qui se dégage est conduit dans les chambres de plomb; le résidu de la calcination se compose de sesquioxyde de manganèse et de sulfate de manganèse. Ce dernier est extrait par lixiviation, la solution évaporée et le résidu mélangé avec de l'azotate de sodium est calciné de nouveau; il se forme du sulfate de sodium et du nitrate de manganèse qui se décompose en peroxyde de manganèse et en acide azoteux; ce dernier est utilisé dans les chambres de plomb. Le sesquioxyde de manganèse est pur, exempt de fer et peut être vendu avantageusement aux verreries.

Procédé de Kuhlmann. — Fr. Kuhlmann mélange des solutions impures de chlorure de manganèse avec de la craie; le fer est précipité à l'état de carbonate; après décantation, il ajoute de la chaux; il se forme un précipité d'hydrate manganeux qui est lavé à l'eau et dissous dans de l'acide azotique; la solution est évaporée et le résidu calciné; les vapeurs nitreuses qui se dégagent sont conduites sur de l'hydrate de protoxyde de manganèse. Ce procédé a été abandonné après quelques essais, les pertes d'acide azotique étant trop grandes.

Valentin a fait breveter un procédé de régénération du manganèse qui ne sera jamais appliqué, en raison du prix élevé de la matière première. L'oxyde manganeux est oxydé par le ferricyanure de potassium, et le ferrocyanure produit est de nouveau transformé en ferricyanure de potassium par un courant d'air qu'on fait passer dans la solution.

Procédé Weldon. — Les premiers essais de ce procédé remontent à l'année 1868. Il est fondé sur le même principe que celui de Bing's et Macqueen [*Technologiste*, 1862, septembre, p. 27]: on décompose les résidus de chlore par la chaux, et l'on transforme le précipité en oxydes supérieurs du manganèse en insufflant un courant d'air surchauffé à travers la liqueur de précipitation: mais, tandis que Bing's et Macqueen n'emploient que la quantité de chaux théorique pour précipiter le manganèse, Weldon emploie un grand excès; l'oxydation, dans ce cas, est beaucoup plus complète et plus rapide.

Conduite de l'opération. — Les solutions de manganèse provenant de l'appareil de dégagement du chlore sont amenées dans des réservoirs, murés en terre (fig. 29), munis d'un agitateur, où elles sont traitées par du calcaire, afin de neutraliser l'acide et de précipiter le fer et l'alumine. La solution est pompée dans un bassin où elle se clarifie; le précipité bien déposé passe par les filtres-presses, tandis que le liquide clair et neutre, qui contient seulement des traces de fer et d'alumine, peu de silice soluble et de magnésie, arrive ensuite dans l'appareil d'oxydation ou oxydeur. Celui-ci consiste en un cylindre en fer (B, fig. 29) de 4 mètres de diamètre et de 7 à 8 mètres de hauteur. A la base débouche un tuyau amenant la vapeur et un ou plusieurs tuyaux plus larges *n* pour l'air comprimé; on remplit à moitié cette espèce de tour avec la solution bien clarifiée de chlorure de manganèse; on élève la température jusqu'à 55-75° au moyen de la vapeur, et en même temps qu'on fait arriver de l'air comprimé, on introduit un lait de chaux qui s'écoule d'un bassin supérieur et gradué. Lorsqu'on approche du point où tout le manganèse doit être précipité, l'on prélève fréquemment des prises d'essai et l'on arrête l'arrivée du lait de chaux, aussitôt qu'on a atteint ce point. L'essai consiste à filtrer une petite quantité de la liqueur; la solution filtrée doit être alcaline et elle ne doit pas donner de coloration foncée avec une solution de chlorure de chaux. On lit sur la graduation du réservoir de la chaux la quantité qu'on a employée, et on laisse encore couler dans l'appareil d'oxydation un excès de chaux dont la proportion a été fixée par expérience. Elle dépend d'ailleurs de la qualité de la chaux et varie de 40 à 65 %. Le précipité, d'abord rosé, devient de plus en plus foncé par l'insufflation de l'air. Cet air traverse toute la colonne du liquide avec une grande force, cette opération étant continuée durant trois à cinq heures. On emploie souvent 8 à 10 mètres cubes d'air par kilogramme de bioxyde de manganèse; à peine 1 dixième de l'oxygène est utilisé.

La réaction alcaline doit rester sensible, encore une heure après la seconde addition de chaux; elle diminue ensuite successivement et finit par disparaître. Vers la fin de l'opération on laisse couler du bassin A, qui contient le chlorure de manganèse et qui est situé à la partie la plus élevée de l'appareil, une nouvelle quantité de cette solution, jusqu'à ce qu'un échantillon filtré indique un léger excès de manganèse, excès qui disparaît lentement et qu'il est avantageux de laisser jusqu'à la fin de l'opération. Cette dernière addition de chlorure de manganèse a pour but de neutraliser l'excès de chaux qu'il a fallu employer pour obtenir une oxydation complète. Pour achever celle-ci il est nécessaire de prolonger l'insufflation de l'air durant une heure et demie.

Le contenu de l'appareil d'oxydation est ensuite vidé dans le bassin de décantation C, situé un peu plus bas et où se dépose, après quelques heures de repos, un précipité épais, noir, de consistance boueuse, renfermant dans un mètre cube à peu près 70-99 kilogrammes de MnO^2, c'est-à-dire 75 % du manganèse total oxydé. La solution surnageante claire de chlorure de calcium est décantée.

Théorie de l'opération. — L'hydrate manganeux, en suspension dans l'eau, est oxydé par l'oxygène qui traverse sa masse et il se forme du sesquioxyde de manganèse Mn^2O^3; mais en présence d'un excès d'alcali, cette oxydation va plus loin et sous l'influence d'un courant d'air il se forme du bioxyde MnO^2. Cet oxyde reste combiné avec la chaux et forme un composé que Weldon appelle ***manganite de calcium***, MnO^3Ca; et qui représente du sesquioxyde de manganèse Mn^2O^3 ou MnO, MnO^2, dans lequel un atome de manganèse est remplacé par du calcium

$$CaO, MnO^2.$$

Une molécule de ce manganite de calcium exige autant d'acide chlorhydrique pour sa décomposition qu'une molécule de Mn^2O^3.

Les sels de manganèse en excès retardent beaucoup l'oxydation du précipité manganèse, tandis qu'en présence d'un excès de chaux il se forme

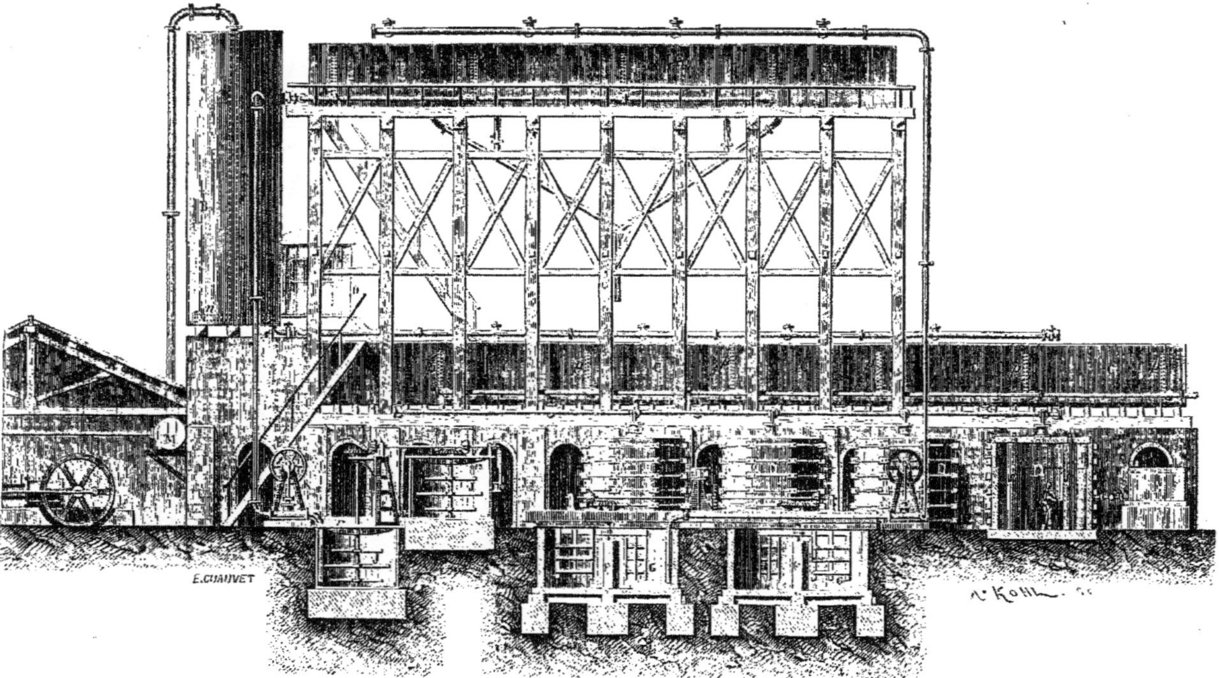

Fig. 29. — *Appareil Weldon.* — A, A, bassins de clarification des solutions de manganèse. — B, tour d'oxydation. — C, C, bassins où se dépose le peroxyde de manganèse régénéré dans la tour d'oxydation. — D, D, appareils de dégagement du chlore. — G, G, bassins où se fait la neutralisation des eaux mères de manganèse acides avec de la craie. — J, J, appareils pour préparer le lait de chaux. — K, pompe alimentant la tour d'oxydation de lait de chaux. — L, pompe à air. — M, réservoir à air. — O, laboratoire. — *n*, tuyau amenant l'air comprimé.

une solution brune de manganite de calcium qui facilite l'absorption de l'oxygène.

Ajoutons que Weldon a obtenu, en forçant la quantité d'air insufflée et en diminuant la proportion de la chaux, un manganite acide auquel il attribue la composition MnO^3Ca, MnO^3H^2 ou $(MnO^2)^2CaO + H^2O$.

Dans les opérations ordinaires, le précipité calcique a pour composition :

MnO^2............	0,8.
MnO.............	0,2
CaO.............	0,28

D'après Post [*Deutsch. chem. Gesellsch.*, 1879, p. 1454], il ne se formerait pas de manganite de calcium MnO^3Ca ou même de dimanganite $(MnO^2)^2CaO$ dans la régénération par le procédé Weldon. Ce chimiste fait remarquer que la forme boueuse du produit rend l'analyse très difficile à exécuter, la substance étant d'ailleurs très hygroscopique et très difficile à laver. Pour la déshydrater entièrement, il faudrait la chauffer à 300° : or, à 280°, il se dégage déjà une proportion d'oxygène correspondant à une teneur de 76 % de MnO^2. L'analyse de cette boue a donné à Post une proportion de chaux trois fois moindre que n'en exigerait la formule de manganite de calcium $(MnO^2)^2CaO$; et cet auteur croit que toute la chaux est combinée à l'acide carbonique. Du reste, voici le résultat de ces analyses :

Eau..............	22, 7	à	25 %
Acide carbonique...	2,31		2,39
MnO^2..........	69, 7		76, 8
MnO............	14, 8		18, 9
CaO	5, 6		6
MgO............	1,09		1,53
Fe^2O^3........	1,36		1,38

Remarques sur le procédé Weldon. — Le procédé Weldon doit produire une tonne de chlorure de chaux à 35 % avec l'acide chlorhydrique correspondant à 60 quintaux de chlorure de sodium, si l'on opère dans de bonnes conditions et qu'on conduise avec soin la régénération. On estime de 2 1/2 à 8 % la quantité de bioxyde de manganèse naturel qu'il est nécessaire d'ajouter pour remplacer les pertes inévitables pendant l'opération. Quelques usines qui, avec l'ancien procédé, étaient obligées, avant d'évacuer leurs liquides à la rivière, de les neutraliser et de précipiter le manganèse, exploitent maintenant cet oxyde dont des amas considérables se sont accumulés.

La qualité de la chaux exerce une grande influence sur le résultat de l'opération. Il est nécessaire de rejeter celle qui contient au delà de 1 % de magnésie; en effet, en présence d'un excès de chaux, ce corps n'est pas éliminé comme le chlorure de calcium qui est dissous dans le liquide de décantation; mais il accompagne le manganèse à l'état d'hydrate de magnésium sans se combiner au bioxyde. En s'accumulant dans les boues de manganèse, il rend le précipité de plus en plus basique.

La chaux doit être éteinte d'une façon particulière; on a reconnu qu'on obtenait un lait de chaux bien plus actif en jetant la chaux vive dans de

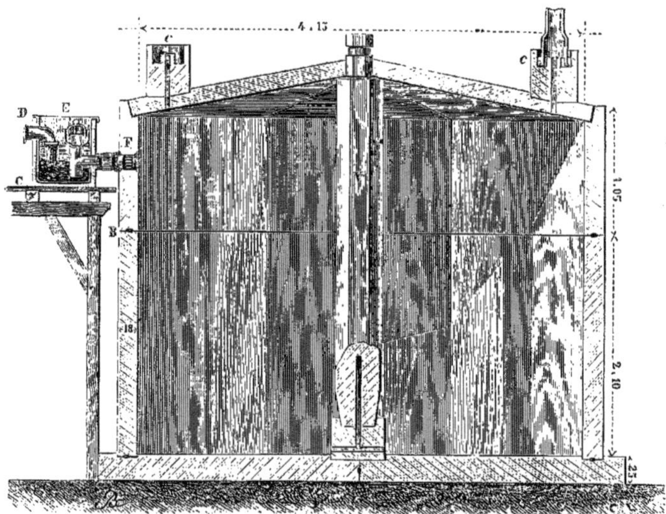

Fig. 30. — *Still ou appareil de dégagement du chlore de l'appareil Weldon.*

B, chambre formée de dalles en pierres. — V, tuyau en pierre, servant à l'arrivée de la vapeur. — D, tuyau amenant la boue de manganèse dans l'appareil E. — F, tuyau d'entrée de la boue de manganèse dans la chambre. Il est ouvert à sa partie inférieure, tandis que la partie supérieure est munie d'une fermeture hydraulique afin d'éviter le dégagement de chlore. — *c*, sortie du chlore formé.

l'eau déjà chaude. On place la chaux bien calcinée dans un panier en fer garni de trous, et on plonge le tout dans un réservoir muni d'un agitateur. Les pierres et les impuretés sont retirées avec le panier; par surcroît de précaution, on fait passer le lait de chaux, avant qu'il arrive aux réservoirs, par un tamis assez fin.

La boue de peroxyde de manganèse régénéré d'après Weldon, est décomposée par l'acide chlorhydrique dans un appareil spécial, le *still*, (D, fig. 29), dont la figure 30 représente la coupe.

Régénération du manganèse au moyen du manganite de magnésie. Deuxième procédé Weldon. — Dans le procédé précédent, une assez grande quantité d'acide chlorhydrique est employée en pure perte pour saturer la chaux du manganite de chaux. Dans le but de se débarrasser de tout produit secondaire, Weldon a fait breveter le procédé suivant, qui n'a pas encore trouvé d'application, mais qui pourrait présenter un certain avenir lorsque le procédé à l'ammoniaque pour fabriquer la soude se sera répandu davantage, c'est-à-dire lorsque l'acide chlorhydrique ne sera plus, comme aujourd'hui, un produit accessoire et, dans certaines fabriques, de médiocre valeur. Ce nouveau procédé doit utiliser jusqu'à 62 °/₀ d'acide chlorhydrique que peut fournir le chlorure de sodium. On neutralise les liqueurs acides de manganèse par la magnésite préalablement calcinée et pulvérisée, et on laisse déposer dans des cuves le précipité d'oxyde de fer et d'alumine, auquel est mêlé une certaine quantité de sulfate de calcium. La liqueur claire qui renferme des chlorures de magnésium et de manganèse, est évaporée dans une chaudière de fer jusqu'à ce que la température atteigne 160°. La masse, encore humide, est introduite dans un four à réverbère, à deux compartiments, où s'achève la dessiccation : il se dégage de l'acide chlorhydrique, mêlé d'une quantité notable de chlore. On dirige le mélange du gaz dans une tour remplie de coke mouillé, et où se condense l'acide chlorhydrique qui rentre dans le travail; quant au chlore, on le dirige dans un lait de chaux.

Le résidu de cette évaporation est réduit en morceaux et transféré dans le second compartiment. Là il est chauffé modérément, de façon à ne pas fondre, et soumis à un courant d'air qui oxyde le protoxyde de manganèse mis en liberté par l'action de la chaleur, de l'eau et de l'air, sur le mélange des chlorures, en même temps qu'il s'est dégagé du chlore. Il reste du manganite de magnésium MnO^3Mg, qui sert pour la préparation du chlore, la solution acide de manganèse étant ainsi régénérée pour être soumise au même traitement.

L'acide chlorhydrique qui se dégage vers la fin de la dessiccation suffit pour décomposer l'hypochlorite de calcium obtenu par la condensation du chlore.

Procédé de Jezler. — Jezler [*Moniteur scientifique*, 1874, p. 328] a proposé une modification du procédé Weldon : elle consiste à se passer de l'insufflateur à air et à obtenir le manganèse régénéré sous une autre forme que la forme boueuse. Les solutions de manganèse sont précipitées par un lait de chaux, dont on ajoute le tiers ou la moitié en plus de la quantité nécessaire. Le précipité, après décantation, est filtré, pressé et chauffé à 30-40°, la masse étant remuée jusqu'à ce qu'elle soit devenue noire; le résidu, débarrassé de la plus grande partie du chlorure de calcium par des lavages, est ensuite oxydé à une plus haute température. On admet qu'il se forme dans ces conditions du *dimanganite de calcium* $2MnO^2,CaO$. Celui-ci est compact et pulvérulent, et peut être décomposé dans les appareils ordinaires : la plus grande partie du chlore se dégage à froid.

II. — Procédé Deacon pour la préparation du chlore. — Le procédé de Deacon, bien qu'il ait été abandonné dans presque toutes les usines qui l'avaient adopté primitivement, mérite cependant d'être décrit. Outre que le principe en est très ingénieux, il offre l'exemple frappant d'un procédé très simple, très étudié dans le laboratoire, qui échoue par suite d'un simple détail de fabrication; d'ailleurs il n'est pas impossible que cet échec soit réparé un jour et que le procédé Deacon reprenne l'importance qu'on lui attribuait il y a quelque temps.

Deacon se passe complètement du manganèse, et transforme, sans produits secondaires, l'acide chlorhydrique en chlore. Son procédé est fondé sur les faits suivants, connus depuis des années : le chlorure cuivrique, chauffé à une certaine température, se décompose en chlore et en chlorure cuivreux; ce dernier, chauffé dans un courant d'air et d'acide chlorhydrique, se transforme d'abord en oxychlorure, puis en chlorure cuivrique

$$2\,CuCl^2 = Cu^2Cl^2 + Cl^2$$
$$Cu^2Cl^2 + 2\,HCl + O = H^2O + 2\,CuCl^2.$$

— Il faut rappeler aussi que plusieurs brevets avaient été pris pour préparer le chlore en faisant passer un mélange d'air et d'acide chlorhydrique sur des matières poreuses telles que pierre ponce, briques, etc., chauffées au rouge; mais ces brevets n'avaient jamais trouvé une application pratique.

Deacon a combiné toutes ces réactions pour obtenir un courant de chlore continu; seulement au chlorure cuivrique il a substitué le sulfate, celui-ci pouvant subir des transformations analogues à celles qu'éprouve le chlorure, mais restant comme ce dernier inaltéré à la fin de la réaction, son intervention se bornant, en quelque sorte, à faciliter la décomposition du gaz chlorhydrique; cette décomposition s'effectue même à une température moins élevée que lorsqu'on emploie le chlorure. En définitive, le procédé Deacon consiste à diriger un mélange d'air et d'acide chlorhydrique, venant directement du four à sulfate, et chauffé à 400°, dans des chambres en terre réfractaire, contenant des boules d'argile ou de la brique, ou du coke préalablement imbibés d'une solution de sulfate de cuivre : il se forme du chlore et de l'eau. L'acide chlorhydrique, qui a échappé à la réaction, et l'eau sont condensés; le chlore est desséché et dirigé dans les chambres à chlorure de chaux.

Conduite de l'opération. — Le gaz chlorhydrique est mélangé d'un volume d'air plus que suffisant pour mettre le chlore en liberté, et le mélange est dirigé à travers une série de tuyaux recourbés, en U, en fonte, chauffés vers 400°. Les gaz chauds entrent par le haut dans une tour qu'on nomme le *régulateur* et qui est rempli de briques, placées de champ, et alternant entre elles de façon à ménager des passages aux gaz : vers le pourtour sont ménagés des carneaux dans lesquels circule la flamme. Le régulateur est destiné ou à chauffer davantage le mélange de chlore et d'air si sa température est trop basse, ou à absorber de la chaleur, c'est-à-dire à refroidir les gaz, s'ils sont trop chauds. Ces gaz sortent de la partie inférieure du régulateur pour entrer dans l'*appareil de décomposition* ou *décomposeur*.

Le décomposeur comprend une ou deux chambres carrées ou cylindriques en fonte, partagées elles-mêmes en cinq à dix compartiments; dans chacun de ces derniers est un gril sur lequel reposent des boules d'argile d'un diamètre de 1cm,5, préalablement imbibées d'une solution saturée de sulfate de cuivre; primitivement on employait une solution de 3 p. de sulfate de sodium et de 2 p. de sulfate de cuivre. Les gaz entrent par le haut et traversent lentement tous ces compartiments l'un après l'autre, jusqu'en bas.

Tout l'appareil est entouré d'une enveloppe en fonte; dans l'intervalle circule de l'air; une seconde enveloppe en briques recouvre le tout, et dans cette dernière se trouvent ménagés des carneaux pour la flamme. La température doit être maintenue très constante dans cet appareil, ne pas s'abaisser au-dessous de 350° et ne pas dépasser 450°, car au-dessus de cette température il se volatilise du chlorure de cuivre. Les gaz qui en sortent sont un mélange de chlore, de vapeur d'eau, d'azote, d'oxygène en excès et d'acide chlorhydrique non décomposé. Pour les refroidir on les fait circuler dans de longs tuyaux, et on les dirige ensuite dans une tour à condensation où l'acide non décomposé est retenu. L'eau est absorbée dans une autre tour remplie de chlorure de calcium, ou mieux de coke sur lequel on fait couler de haut en bas de l'acide sulfurique concentré. Cette dessiccation est superflue lorsqu'on fait servir le chlore à la préparation du chlorate de potassium.

Comme il est très difficile, sinon impossible, de construire un appareil composé de parties tout à fait étanches, Deacon évite toute déperdition de gaz en établissant à la suite des chambres de chlorure de chaux un aspirateur, et mesure la vitesse des gaz au moyen d'un anémomètre, ou apprécie leur tension à l'aide d'un baromètre. Par suite de cette aspiration, l'air extérieur rentre par toutes les ouvertures qui peuvent exister dans l'appareil; lorsque celles-ci deviennent un peu grandes, la marche de l'opération en souffre, par suite de la grande quantité d'acide carbonique qui est introduite dans les chambres à chlorure de chaux, cet acide se fixant sur la chaux et abaissant considérablement le titre du chlorure.

Causes d'insuccès du procédé Deacon. — D'après Deacon on doit pouvoir produire, avec 1500 kil. de chlorure de sodium au delà de 1000 kil. de chlorure de chaux à 35 °/0 en brûlant 1000 kil. de poussière de charbon. Par suite de la chaleur dégagée par la réaction la température du décomposeur se maintient assez élevée.

Dans la pratique, on n'a jamais pu décomposer plus de 30 °/0 de l'acide chlorhydrique.

Dans les premiers temps de l'installation des appareils Deacon, la décomposition se fait très bien et l'on obtient un chlorure de chaux à titre élevé; mais après un temps qui peut varier de un à dix mois, le titre diminue et la quantité d'acide chlorhydrique non décomposée augmente rapidement, sans que cependant on puisse constater une perte appréciable de sulfate de cuivre.

Hasenclever a remarqué que, lorsque l'appareil commence à fonctionner mal, l'acide chlorhydrique condensé renferme de l'acide sulfurique, tandis que primitivement il en était privé. Les boules imbibées de sulfate de cuivre renferment à ce moment 1,2 de cuivre et 8,0 d'acide sulfurique, tandis que leur teneur au début est de 1,2 de cuivre et 1,5 d'acide.

L'acide sulfurique ainsi entraîné ne provient pas seulement du sulfate de cuivre : il existe en petite quantité à l'état anhydre dans le gaz chlorhydrique; et la preuve qu'il contribue à la mauvaise marche des opérations, c'est que la décomposition de l'acide chlorhydrique s'effectue plus régulièrement et plus longtemps dans les fabriques qui emploient l'acide chlorhydrique sortant des cuvettes, lequel ne renferme que 1,5 °/0 de SO^3, tandis que celui des cabines en contient jusqu'à 7,5 °/0.

Tant que les boules peuvent retenir l'acide sulfurique, la transformation de l'acide chlorhydrique en eau et en chlore se fait presque théoriquement, mais au bout d'un certain temps, soit que les pores s'obstruent par les impuretés entraînées ou par les chlorures volatils, soit qu'il se forme à la surface des sulfates d'alumine et de fer qui empêchent l'action de l'acide chlorhydrique sur le sulfate de cuivre, la production du chlore diminue.

D'autres réactions peuvent intervenir pour gêner la marche de l'opération; telles sont : la transformation de l'acide sulfurique en oxygène et en gaz sulfureux au contact des boules d'argile ou bien dans le régulateur; l'action de l'acide sulfurique sur le fer avec production de sulfate ferrique et d'acide sulfureux, ce dernier réagissant sur l'eau et le chlore, et régénérant l'acide chlorhydrique, d'après l'équation bien connue :

$$2Cl + SO^2 + 2H^2O = 2HCl + SO^4H^2.$$

L'acide sulfurique ne paraît pas être la seule cause de l'insuccès du procédé Deacon. D'après Hurter, la décomposition de l'acide chlorhydrique dépendrait de 3 facteurs principaux :

1° La proportion du mélange d'acide chlorhydrique et d'air,

2° La vitesse de la masse gazeuse,

3° La température des boules d'argile et du mélange gazeux.

La proportion du mélange de gaz chlorhydrique et d'air varie d'ordinaire entre 20 et 60 °/0 du premier. La décomposition se ralentit lorsque la proportion d'air diminue. Lorsque la vitesse augmente, les autres conditions restant les mêmes, la décomposition se ralentit pareillement, tandis qu'elle augmente à mesure que le mouvement des gaz se ralentit.

Hurter pense que ce sont plutôt les corps étrangers, tels que le sulfate ferrique ou l'arséniate de cuivre, qui, en recouvrant les boules d'argile d'une couche de substance inerte, diminuent la production du chlore.

Deacon a essayé de rendre son procédé pratique en y apportant plusieurs modifications, sans que le succès ait répondu à son attente.

Il a proposé [*Chem. New's*, 1876, p. 33, p. 41, p. 81] de mélanger les sels de cuivre avec de la magnésie ou d'autres composés magnésiens. Il a trouvé aussi que l'addition du sulfate de sodium au sulfate de cuivre facilite la décomposition de l'acide chlorhydrique.

Plus récemment [*Deutsch. chem. Gesellsch.*, 1877, p. 221] il a essayé de remplacer l'acide chlorhydrique par du chlorure de sodium, en adoptant naturellement des dispositions mécaniques tout à fait nouvelles; le chlorure de cuivre qui se volatilise est condensé dans des chambres remplies de morceaux d'argile.

Enfin, il a essayé de priver le gaz chlorhydrique de l'acide sulfurique, en lavant les gaz dans l'acide chlorhydrique ou en les faisant passer à travers une grande masse de chlorure de calcium fortement chauffé [*Deutsch. chem. Gesellsch.*, 1877, p. 414].

Dans plusieurs fabriques on avait intercalé entre les fours à sulfate et le régulateur, une auge en pierre où l'acide chlorhydrique se condensait partiellement avec la majeure partie de l'acide sulfurique entraîné.

Théorie du procédé Deacon. Elle est imparfaitement connue. Deacon et Hurter ont pensé que le sulfate de cuivre agit par son simple contact. Wislicenus admet qu'il agit comme le chlorure, en parcourant un cercle de réactions où il se régénère sans cesse après s'être transformé, par l'action de l'acide chlorhydrique, en chlorosulfate, puis en sulfate cuivreux (acide) (?); les formules suivantes représentent ces réactions successives :

Le sulfate de cuivre, qui retient une molécule d'eau jusqu'à 240°, peut être envisagé, d'après Erlenmeyer, comme renfermant

$$\mathrm{Cu}\Big\langle\begin{matrix}\mathrm{OH}\\ \mathrm{OSO^3H}\end{matrix};$$

par l'action de l'acide chlorhydrique il se convertit en eau et en

$$\mathrm{Cu}\Big\langle\begin{matrix}\mathrm{Cl}\\ \mathrm{OSO^3H}\end{matrix}.$$

Ce chlorosulfate se décomposerait à une température plus élevée d'après l'équation :

$$2\,\mathrm{Cu}\Big\langle\begin{matrix}\mathrm{Cl}\\ \mathrm{OSO^3H}\end{matrix} = \begin{matrix}\mathrm{CuSO^4H}\\ \mathrm{CuSO^4H}\end{matrix} + 2\mathrm{Cl}.$$

Le sulfate cuivreux ainsi formé, en absorbant de l'oxygène et de l'acide chlorhydrique, se convertirait en chlorosulfate et sulfate cuivrique

$$\mathrm{Cu}\Big\langle\begin{matrix}\mathrm{OSO^3H}\\ \mathrm{Cl}\end{matrix} + \mathrm{Cu}\Big\langle\begin{matrix}\mathrm{OH}\\ \mathrm{OSO^3H}\end{matrix},$$

lesquels, par l'action d'une nouvelle quantité d'acide chlorhydrique, se décomposeraient selon l'équation :

$$\left.\begin{matrix}\mathrm{Cu}\Big\langle\begin{matrix}\mathrm{OSO^3H}\\ \mathrm{Cl}\end{matrix}\\ \mathrm{Cu}\Big\langle\begin{matrix}\mathrm{OH}\\ \mathrm{OSO^3H}\end{matrix}\end{matrix}\right\} + \mathrm{HCl}$$

$$= \mathrm{H^2O} + \mathrm{Cl^2} + \begin{matrix}\mathrm{CuSO^4H}\\ \mathrm{CuSO^4H}.\end{matrix}$$

Hengsen [*Dingler polyt. Journ.*, t. CCXXVII, p. 369] a proposé une autre explication qu'il nous paraît inutile de rapporter ici.

III. **Autres procédés pour la préparation industrielle du chlore.** — Parmi les autres procédés proposés pour la préparation industrielle du chlore nous mentionnons les suivants à titre de renseignement historique, car aucun d'eux n'a acquis une véritable importance pratique. Nous commençons par ceux qui ont quelque rapport avec le procédé Deacon que nous venons de décrire.

1° *Décomposition de l'acide chlorhydrique par l'air.* — Cette méthode a été proposée par différents auteurs. Oxland (1840) fait passer un mélange de ces deux corps sur de la pierre ponce incandescente; l'acide chlorhydrique entraîné est éliminé par des lavages. Jallion (1846) fait traverser de l'éponge de platine par un mélange d'air et d'acide chlorhydrique. Henderson (1871) fait passer un mélange des deux gaz sur des briques ou de l'oxyde de fer chauffés à 200°. Weldon (1871) fait passer de l'acide chlorhydrique gazeux mélangé d'air sur de l'asbeste platiné ou tout autre corps poreux. Wigg (1873) emploie de la pierre ponce; Townsend (1874) des composés du manganèse ou du magnesium.

2° *Décomposition de l'acide chlorhydrique par l'oxygène de l'air en présence de chlorure cuivreux.* — Vogel [*Dingl. polyt., Journ.*, t. CXXXVI, p. 237] a proposé le premier, en 1855, de préparer du chlore en chauffant du chlorure cuivrique au rouge,

$$2\,\mathrm{CuCl^2} = \mathrm{Cu^2Cl^2} + \mathrm{Cl^2}.$$

Le chlorure cuivreux formé étant chauffé avec de l'acide chlorhydrique en présence d'un courant d'air, régénère du chlorure cuivrique

$$\mathrm{Cu^2Cl^2} + 2\,\mathrm{HCl} + \mathrm{O} = 2\,\mathrm{CuCl^2} + \mathrm{H^2O}.$$

Le même procédé a été breveté en 1860 par Laurent. Ce chimiste prépare le chlorure de cuivre en dissolvant du cuivre dans l'eau régale ou de l'oxyde de cuivre dans l'acide chlorhydrique, ou encore en précipitant une solution de sulfate de cuivre par du chlorure de baryum ou de calcium. La solution est évaporée à siccité, chauffée à 100-150°, et la poudre brune ainsi obtenue est mélangée avec la moitié de son poids de sable, puis chauffée dans une cornue à une température de 220-300°. Le résidu est mélangé avec de l'acide chlorhydrique et évaporé dans un courant d'air.

Mallet [*Compt. rend.*, t. LXIV, p. 226] chauffe du chlorure cuivreux, mélangé de sable et humecté avec 20 % d'eau, dans des cornues horizontales mobiles autour de leur axe, et y fait passer, durant plusieurs heures, un courant d'air à 100°. Il se forme un oxychlorure qui, vers 400°, dégage de l'oxygène en régénérant le chlorure cuivreux et peut servir par conséquent à la préparation de ce gaz.

Si l'on évapore cet oxychlorure avec la quantité d'acide chlorhydrique nécessaire (50 %), et qu'on calcine le résidu, on donne lieu à un dégagement de chlore. Lorsque la quantité d'acide chlorhydrique n'est pas suffisante, il se dégage un mélange de chlore et d'oxygène.

3° *Décomposition de divers chlorures chauffés dans un courant d'air.* — Longniard a pris, en 1845, un brevet pour préparer le chlore en calcinant les chlorures de manganèse, de cuivre, de fer, de zinc et de plomb dans un courant d'air. Swindell et Nicholson (1852) proposent de faire passer un courant d'oxygène ou d'air sur du chlorure de manganèse ou du perchlorure de fer.

Thibierge (1855) fait passer du gaz chlorhydrique sec sur du fer chauffé et recueille l'hydrogène. Le chlorure ferreux est ensuite soumis à un courant d'air sec et transformé en oxyde de fer et en chlore.

De Lalande et Prud'homme [*Bull. Soc. chim.*, t. XVII, p. 7; t. XX, p. 74] ont remarqué qu'en faisant passer sur un mélange d'acide silicique et de chlorure de sodium chauffé au rouge un courant d'air, il se dégage du chlore, tandis qu'il reste du silicate de sodium :

$$\mathrm{SiO^2} + 2\,\mathrm{NaCl} + \mathrm{O} = \mathrm{SiO^3Na^2} + \mathrm{Cl^2}.$$

Ce silicate, chauffé dans un courant d'acide chlorhydrique, régénère l'acide silicique et du chlorure de sodium. Des mélanges d'acide silicique et de chaux, d'acide borique et de chaux, d'alumine et de chlorure de sodium se comportent d'une façon identique.

Solvay (1877) chauffe un mélange de chlorure de calcium ou de magnésium avec de la silice ou de l'alumine dans un courant d'air.

Lamy [*Bull. Soc. chim.*, t. XX, p. 2] a fait un certain nombre d'essais pour déterminer les corps qui peuvent servir à décomposer l'acide chlorhydrique. Toutes les combinaisons du cuivre, du fer, du manganèse, du chrome, le grès, l'acide silicique, le verre, sont capables de transformer un mélange d'acide chlorhydrique et d'oxygène en eau et en chlore. Pour les composés du cuivre la température la plus favorable est 400°, pour ceux des autres métaux il faut des températures encore plus élevées.

La décomposition est d'autant plus imparfaite que la pierre ponce, le verre, le grès sont plus purs.

4° *Préparation du chlore au moyen de l'eau régale.* — Baggs et Simpson (1864) chauffent de l'acide chlorhydrique avec de l'acide azotique, le mélange de chlore et de vapeurs rouges qui se forme est dirigé dans de l'acide sulfurique, qui absorbe la vapeur rouge tandis que le chlore se dégage.

5° *Au moyen du salpêtre.* — En 1847, Dunlop a pris un brevet pour préparer le chlore, en même temps que l'acide azoteux et le sulfate de sodium, en chauffant un mélange de chlorure de sodium, de salpêtre et d'acide sulfurique.

Bink (1839) fait passer à travers des tuyaux de grès, chauffés au rouge, quatre volumes d'acide chlorhydrique avec un volume des gaz qu'on obtient en calcinant du salpêtre. Il se forme un mélange de chlore, d'azote et d'eau.

Tessié du Mothay [*Bull. Soc. chim.*, t. XXII, p. 48] fait passer sur du chlorure cuivreux les gaz qui se forment en chauffant un mélange de chlorure de sodium, d'azotate de sodium et d'acide sulfurique.

6° *Action d'un mélange d'acide azotique et d'acide chlorhydrique sur le bioxyde de manganèse.* — En chauffant un mélange *dilué* d'acide chlorhydrique et d'acide azotique avec le peroxyde de manganèse il ne se dégage, ainsi que l'a remarqué Schlösing [*Compt. rend.*, t. LV, p. 284], que du chlore, l'acide azotique se combinant intégralement avec l'oxyde de manganèse réduit; le résidu est formé d'azotate de manganèse, et celui-ci, par la calcination, se transforme en peroxyde; l'acide nitreux qui se produit en même temps est transformé par l'eau et l'air en acide azotique.

On doit employer de l'acide azotique renfermant 505 gr. d'acide azotique anhydre par litre et un acide chlorhydrique renfermant 397 gr. de HCl par litre; on mélange quatre équivalents du premier acide avec trois du second, on ajoute le 1/7 du volume en eau, et l'on chauffe au bain de chlorure de calcium à 122°. Il se dégage du chlore en vertu de la réaction suivante :

$$MnO^2 + 2AzO^3H + 2HCl$$
$$= Mn(AzO^3)^2 + 2H^2O + 2Cl.$$

7° *Action du bioxyde de manganèse sur le chlorure de magnésium.* — Tilghman et de Sussex ont fait breveter (1847) un procédé de préparation du chlore qui consiste à chauffer du chlorure de magnésium avec du bioxyde de manganèse ou avec des permanganates.

Ramon de Luna [*Compt. rend.*, t. XLI, p. 95] chauffe un mélange de sulfate de magnésium, de chlorure de sodium et de bioxyde de manganèse. Il se forme du chlore d'après la réaction :

$$2MgSO^4 + 4NaCl + MnO^2$$
$$= 2Na^2SO^4 + MnCl^2 + 2MgO + 2Cl.$$

Clemm [*Dingl. polytechn. Journ.*, t. CLXXIII, p. 127] conseille de concentrer des solutions de chlorure de magnésium à 44° Baumé et de les mélanger avec du bioxyde de manganèse, dans la proportion d'une molécule de MnO^2 sur deux molécules de $MgCl^2$. La masse qui s'est solidifiée par le refroidissement est pulvérisée et soumise à un courant de vapeur d'eau chauffée à 300°.

8° *Action de l'acide chlorhydrique sur les chromates.* — Mac Dougal et Rawson ont fait breveter en 1848 le procédé suivant de préparation du chlore : ils chauffent des chromates ou des dichromates, de préférence le chromate de calcium, avec de l'acide chlorhydrique. Le résidu, formé de chlorures et d'oxyde de chrome, est traité par de l'acide azotique : il distille de l'acide chlorhydrique, et il suffit de soumettre le résidu à une simple calcination pour régénérer le chromate. On tire parti, en outre, des vapeurs nitreuses.

Peligot [*Ann. Chim. Phys.* (2), t. LII, p. 267] et Gentele [*Dingler's polyt. Journ.*, t. CXXV, p. 492] obtiennent du chlore en chauffant le dichromate de chlorure de potassium $CrO^2(OK)Cl$, qui, à 100°, laisse dégager tout son chlore.

Shank (1858) traite le chromate de calcium par l'acide chlorhydrique :

$$2CaCrO^4 + 16HCl$$
$$= 2CaCl^2 + Cr^2Cl^6 + 8H^2O + 6Cl.$$

La solution obtenue est neutralisée et le chrome est précipité par un excès de chaux; après filtration, l'oxyde de chrome mélangé avec de la chaux est chauffé au rouge au contact de l'air et le chromate de calcium est régénéré.

Aubertin (1873) a préparé le chlore en faisant passer un mélange d'air et d'acide chlorhydrique sur du dichromate de potassium chauffé au rouge.

9° *Action de l'acide chlorhydrique sur les permanganates.* — On a proposé de préparer le chlore en faisant réagir l'acide sulfurique sur un mélange de chlorure de sodium et de permanganate de sodium (Condy 1866).

Tessié du Mothay [*Chron. de l'indust.*, 1872, p. 178; *Dingler's polyt. Journ.*, t. CCV, p. 356] dirige de l'acide chlorhydrique gazeux sur un mélange de bioxyde de manganèse et de chaux placé dans une cornue chauffée au rouge. Il se dégage du chlore. Le résidu étant chauffé à la même température dans un courant d'air, on obtient un nouveau dégagement de chlore; mais le chlore qui se dégage dans cette partie de l'opération renferme un excès d'air et est mélangé d'azote; comme il est trop dilué pour pouvoir être utilisé pour la préparation du chlorure de chaux, on le fait barboter dans de l'eau contenant de l'oxyde manganeux et de la chaux en suspension : il se forme du bioxyde de manganèse et de l'hypochlorite de calcium. L'acide chlorhydrique décompose cette solution avec dégagement de chlore; la solution chlorhydrique étant traitée par un excès de chaux, il reste, après filtration, un mélange d'oxyde manganeux et de chaux qui rentre dans le travail.

IV. PROCÉDÉ DE MACFERLANE POUR LA PRÉPARATION DU CHLORE ET DU SULFATE DE SODIUM [*Dingler's polyt. Journ.*, t. CLXXIII, p. 129]. — Le principe de ce procédé consiste à préparer simultanément le chlore et le carbonate de sodium par l'action d'un courant d'air sur un mélange incandescent de sulfate de fer et de chlorure de sodium; il se forme du sulfate de sodium et du chlorure ferreux qui est transformé par l'oxygène de l'air en oxyde de fer et en chlore. Le mélange ainsi obtenu de sulfate de sodium et d'oxyde de fer est réduit au moyen de charbon; la masse est épuisée par l'eau qui dissout de la soude qu'on peut transformer facilement en carbonate, tandis que le sulfure de fer qui reste est de nouveau transformé en sulfate par l'exposition à l'air.

Parmi les autres procédés, mentionnons encore les suivants :

Könitys (1871) chauffe dans un courant d'air une masse formée de pyrite, de chlorure de sodium, d'oxyde de fer.

Kenyow et Swindell prirent un brevet, en 1872, pour préparer du chlore en même temps que de l'acide sulfurique, au moyen d'un mélange de chlorure de sodium, de soufre, de pyrites de fer ou de cuivre et d'une certaine quantité de salpêtre.

Hargreaves et Robinson (1872) préparent du chlore en portant au rouge un mélange de chlorure de sodium ou de potassium avec de l'oxyde de chrome ou du bioxyde de manganèse et faisant passer un courant d'air sur la masse.

V. ESSAIS DE PRÉPARATION DE L'ACIDE CHLORHYDRIQUE AVEC LES CHLORURES DE CALCIUM OU DE MAGNÉSIUM. — La plupart des fabriques de produits chimiques étaient obligées, jusqu'à présent, pour tirer parti de leur acide chlorhydrique, de transformer cet acide en chlore et celui-ci en chlorure de chaux. L'acide chlorhydrique est, en effet, un produit accessoire et sans grande valeur partout où les consommateurs font défaut ou sont trop éloignés du lieu de production; même il arrive que, dans certaines usines d'Angleterre, où, par un acte du Parlement (*alcali act*), les fabriques sont tenues de condenser avec beaucoup de soin leurs acides, afin de ne pas incommoder leur voisinage, on laisse couler une grande partie de l'acide chlorhydrique à la rivière ou dans la mer. Cet état de choses changera complètement avec l'adoption générale du procédé Solvay. En effet, dans ce procédé, il n'y a pas de réaction secondaire produisant de l'acide chlorhydrique, et tout le chlore du chlorure de sodium est perdu, jusqu'ici du moins, à l'état de chlorure de calcium. On peut donc prévoir que le prix de l'acide chlorhydrique, et par conséquent celui du chlorure de chaux, augmenteront de telle façon qu'un certain nombre d'usines pourront continuer à fabriquer d'après le procédé Leblanc, à moins qu'on ne parvienne à retirer le chlore du chlorure de calcium, qui reste comme résidu dans le procédé Solvay. Déjà plusieurs tentatives ont été faites dans cette dernière voie.

Ainsi Weldon, dans un brevet anglais pris le 21 mai 1872, propose de décomposer le chlorhydrate d'ammoniaque non par la chaux, mais par la magnésie, ou encore par les oxydes de zinc, de cuivre ou de plomb. En chauffant ensuite les chlorures dans un courant d'air ou de vapeur d'eau, il obtient du chlore ou de l'acide chlorhydrique, et les oxydes métalliques sont régénérés.

Solvay espère aussi arriver à décomposer le chlorure de calcium, dans certaines conditions spéciales, sans que le problème ait encore été résolu jusqu'à présent d'une façon pratique.

Dans le même but, Gouny [*Brevet anglais* du 10 novembre 1873] mélange le chlorure de calcium obtenu dans le procédé à l'ammoniaque, avec du sable, et chauffe le tout dans des cornues, en faisant passer un courant de vapeur sur le mélange. Il se dégage de l'acide chlorhydrique. Sur 1 p. de $CaCl^2$ on doit employer 1 ½ p. de sable. Cette réaction a été indiquée par Pelouze [*Compt. rend.*, L. II, p. 1267]. Arrot [*Brevet anglais*, 18 décembre 1873] se contente de faire passer un courant de vapeur d'eau sur le chlorure de calcium chauffé au rouge; d'après lui, il se dégage dans ces circonstances de l'acide chlorhydrique, tandis qu'il reste de la chaux.

CHLORURE DE CHAUX.

Fabrication de ce corps. — Peu de changements ont été introduits, depuis ces dernières années, dans la préparation du chlorure de chaux. Le dégagement du chlore obtenu par le procédé Weldon étant assez rapide, il faut, pour éviter une température trop élevée, employer à la construction des chambres des matériaux bons conducteurs de la chaleur, des plaques métalliques en fonte ou des plaques recouvertes en plomb.

D'après A. Favre [*Monit. scientif.* (3), t. VI, p. 274], qui a décrit la fabrication du chlorure de chaux dans le sud de la France, on fait usage d'un système de trois chambres pour obtenir une saturation complète, la troisième servant pour absorber l'excès du chlore.

Les chambres à chlorure de chaux qu'on construit aujourd'hui sont beaucoup plus grandes que les anciennes. Elles ont 10 mètres de largeur et de 20 à 30 mètres de longueur. Le système des étages est abandonné depuis longtemps. Les chambres de moyenne grandeur sont bâties en briques; les grandes sont recouvertes de plomb et ont beaucoup d'analogie dans la forme et la construction avec les chambres de plomb employées dans la fabrication de l'acide sulfurique. Enfin on en trouve qui sont en fonte. Le plancher de ces chambres est ordinairement asphalté.

Des recherches théoriques auxquelles se sont livrés différents chimistes dans ces derniers temps, ressortent un certain nombre de règles générales qui doivent être observées dans la fabrication du chlorure de chaux.

Le chlore ne doit contenir ni acide chlorhydrique ni acide carbonique; il doit être introduit à une basse température dans les chambres. L'hydrate de calcium doit être aussi pur que possible, et exempt de carbonate; il est nécessaire de le tamiser. Les chambres, durant l'opération, doivent rester froides, leur température ne devant pas dépasser 25°. Il faut éviter d'emballer immédiatement le chlorure de chaux dans les tonneaux : on doit d'abord le mélanger intimement dans de grandes caisses en bois et ne le mettre en fûts que lorsque sa température est descendue à 20°.

Lorsqu'on employait encore le procédé de Deacon pour préparer le chlore, il fallait donner aux chambres une superficie considérable, à cause de la grande dilution du chlore; leur surface atteignait, dans certains cas, jusqu'à 200 mètres carrés. La chaux était étendue en couches très minces de 1,6 à 2 centimètres. Tandis que, dans les procédés ordinaires, on retourne la chaux dès qu'elle a absorbé 30 % de chlore, on ne pouvait, avec le système de Deacon, songer à retourner une couche aussi étendue et aussi mince de chaux, mais on se contentait d'y tracer beaucoup de sillons.

Le courant de chlore était dirigé de telle façon qu'il rencontrait, à l'entrée des chambres, de la chaux presque saturée; par contre, le mélange des gaz, ne renfermant plus que très peu de chlore, passait, avant de se répandre dans l'air, sur de la chaux pure, de sorte que tout le chlore était absorbé.

On a aussi essayé l'adoption d'un système analogue à celui des fours à pyrite de Hasenclever et Helbig. La chaux arrive à la partie supérieure d'une tour et glisse lentement jusqu'à la partie inférieure sur une série de plaques ou ardoises inclinées entre elles; le chlore, par contre, entre à la partie inférieure de la tour et marche en sens inverse de la chaux, qui sort, à l'état de chlorure de chaux saturé, à la partie inférieure.

Hurter a étudié les conditions dans lesquelles le chlore est absorbé par la chaux, en tenant compte de la concentration du chlore, du temps et de l'épaisseur de la couche; il a constaté l'influence fâcheuse des gaz qui peuvent être mélangés au chlore, enfin celle de la chaleur produite par l'absorption.

L'absorption du chlore se fait avec une vitesse qui diminue très rapidement dès que la surface commence à être saturée. La quantité de chlore qui est absorbée dans un temps égal par deux couches de chaux dépend de la surface de cette couche. Lorsque la chaux commence à être recouverte d'une couche de chlorure de chaux, la faculté d'absorption est diminuée de moitié et demeure constante jusqu'à ce que le chlore atteigne la dernière couche de chaux, pour décroître alors lentement.

Parmi les corps qui exercent une influence fâcheuse sur la formation du chlorure de chaux, se trouvent l'acide carbonique, l'acide chlorhydrique et l'eau; ces deux derniers corps se laissent éloigner assez facilement, mais on ne peut se débarrasser de l'acide carbonique. Dans le procédé Weldon, diverses causes donnent lieu au mélange d'une certaine quantité d'acide carbonique : ainsi, pour oxyder une tonne d'oxyde de manganèse, il faut 16000 mètres cubes d'air, qui renferment près de 12 kilogrammes d'acide carbonique; d'un autre côté, la chaux qu'on sature de chlore en contient à peu près 1 %; enfin, on introduit une certaine quantité d'acide carbonique en neutralisant la solution de chlorure de manganèse par du carbonate de calcium. Malgré ces nombreuses sources d'acide carbonique, le chlorure de chaux fabriqué par le procédé Weldon ne contient généralement que 1,5 p. % d'acide carbonique, proportion qu'on peut regarder comme insignifiante.

Dans le procédé Deacon, le chlore étant dilué de beaucoup d'air, l'acide carbonique s'y trouve en grande quantité; de plus, le décomposeur ainsi que le régulateur sont entourés de canaux dans lesquels circule la flamme. Or ces appareils ne sont jamais bien étanches, et, par suite de l'aspiration de l'air, les produits de la combustion se mélangent aux gaz et augmentent la teneur en acide cabonique dans une forte proportion. Aussi longtemps que la décomposition de l'acide chlorhydrique marche d'une manière satisfaisante, la présence de l'acide carbonique ne présente pas de grands inconvénients; mais lorsque la décomposition se ralentit, il se forme, dans les premières chambres, à la surface de la chaux, une couche de carbonate qui empêche l'action ultérieure du chlore; alors il n'est plus possible d'obtenir un chlorure de chaux titrant 35 % de chlore.

Tandis que l'humidité du chlore n'exerce pas une grande influence ou est plutôt favorable, dans l'ancien procédé de fabrication du chlorure de chaux au moyen du bioxyde de manganèse ou bien au moyen du manganèse régénéré selon Weldon, il n'en est plus de même avec le procédé Deacon, qui fournit du chlore très dilué, c'est-à-dire un mélange gazeux renfermant tout au plus 15 % de chlore. Dans ce cas, l'eau, en hydratant outre mesure la chaux, forme une couche qui ne se laisse plus traverser par le chlore. D'un autre côté, l'eau favorise la formation de chlorate de calcium. Par ces raisons, il est indispensable, en employant ce procédé, de dessécher complètement le chlore.

Décomposition spontanée du chlorure de chaux. [Opl, *Dingler's polyt. Journ.*, t. CCXV, p. 232, 325; — Hurter, *ibid.*, t. CCXXIV, p 432]. — Le titre du chlorure de chaux du commerce diminue plus ou moins rapidement par la conservation : ce corps est très hygroscopique et subit une décomposition profonde par l'acide carbonique lorsqu'il est humide; la température s'élève et il se dégage du chlore avec formation de carbonate de calcium.

Par l'action de la chaleur, il se décompose (p. 474). Lorsqu'il est humide, l'action de la chaleur le convertit en chlorure de calcium et en oxygène; en même temps, il se forme une certaine quantité de chlorate de calcium.

L'action de la lumière produit une décomposition analogue à celle accomplie par la chaleur; mais, en même temps, il se forme de l'acide chloreux. Le chlorure de chaux se colore alors en rose.

Lorsqu'un chlorure de chaux emballé dans des tonneaux commence à se décomposer, on perçoit une odeur de chlore, le chlorure devient visqueux ou s'agglomère en morceaux plus ou moins gros. Ce n'est qu'en été qu'on remarque ces accidents et encore ne sont-ils pas fréquents. Voici, du reste, l'analyse de deux échantillons de chlorure de chaux décomposé, analyses que nous devons à Opl.

	1.	2.
Chlore à l'état de $CaOCl^2$	22,4	21,5
— — $CaCl^2$.........	4,4	11,1
— — $Ca(ClO^3)^2$	0,2	1,0
Totalité du chlore..	27,0 0/0	33,6 0/0

Le premier échantillon était visqueux, le deuxième était sec, mais formé de morceaux gris. Kolb avait déjà constaté la formation de chlorate de calcium par suite de la décomposition du chlorure de chaux.

Le chlorure de chaux sortant des chambres possède ordinairement une température de 2 à 3° plus élevée que celle de l'air ambiant. Lorsqu'on le mélange, au bout de quelques heures, la température au lieu de diminuer augmente et peut dépasser de 20° la température ambiante. Cela provient de ce que les différentes couches de chlorure offrent une composition différente et qu'elles contiennent plus ou moins d'eau.

D'ailleurs la température des chambres exerce une grande influence sur la conservation plus ou moins facile du chlorure de chaux; on a reconnu qu'en hiver la préparation d'un bon produit est plus facile qu'en été. Avec des chambres chaudes, on ne parvient pas à obtenir un produit ayant un titre chlorométrique élevé; ainsi le chlorure de chaux, préparé à 19°, possède une apparence toute différente de celle d'un autre préparé à 31°. Le premier forme dans les chambres une couche solide qui, écrasée, est sèche et pulvérulente, tandis que le second forme une poudre fine, humide, dégageant une forte odeur de chlore; mais, lorsqu'il est refroidi à 21°, il devient, comme le premier, sec et pulvérulent. L'acide carbonique est facilement absorbé par le chlorure de chaux; le produit de cette réaction exhale une forte odeur d'acide hypochloreux et contient du chlorate de calcium.

Hurter [*Dingler's polyt. Journal*, t. CCXXIV, p. 32] pense que le chlorure de chaux qui se décompose spontanément doit contenir, pour une cause quelconque, un corps organique; en effet, il arrive souvent dans les fabriques que les balayures de chlorure de chaux, mélangées de sciure de bois, s'échauffent spontanément avec dégagement de chlore.

Analyse du chlorure de chaux. — Evert et Sievert (t. I, p. 872) avaient proposé de doser le chlore au moyen du sulfate double de fer et d'ammonium. Biltz [*Arch. der Pharm.* (2), t. CXLVI, p. 97] fait remarquer que par cette méthode on peut éprouver une perte très notable; en effet, le chlore réagit sur l'ammoniaque, et il y a formation d'azote, d'acide chlorhydrique et d'une certaine quantité d'acide hypochloreux. Graeger [*Neues Jahrsb. d. Pharm.*, t. XXXVII, p. 129] propose de remplacer ce sulfate double par le sulfate de fer et de sodium; ce sel n'est pas hygroscopique, ne s'oxyde pas à l'air et peut même être séché à 100° sans qu'il y ait oxydation.

Pour le préparer, on ajoute un équivalent de sulfate de fer pur, dissous dans l'eau, à un équivalent de sulfate de sodium pur, également dissous. Lorsqu'on chauffe ce mélange à l'ébullition, le sel double se précipite.

Vogel [*N. Repert. der Pharm.*, t. XXII, p. 577] a remarqué que la solution normale d'acide arsénieux, qui sert à doser le chlore d'après la méthode de Gay-Lussac, se décompose au bout d'assez peu de temps. Après une année de conservation, l'acide dissous dans la liqueur titrée s'était transformé, pour plus de la moitié, en acide arsénique.

Davis [*Chem. New's*, t. XXVI, p. 24; *Dingler's polyt. Journ.*, t. CCV, p. 353] a proposé différentes modifications à la méthode de Penot (t. I, p. 872) : ainsi il dissout l'acide arsénieux dans la glycérine.

Parmi les procédés employés pour le dosage des principes constituants du chlorure de chaux, nous indiquerons encore les suivants :

1° J. Kolb [*Compt. rend.*, t. LXV, p. 530; *Bull. Soc. chim.*, t. IX, p. 82] détermine le chlore actif par la méthode de Gay-Lussac; la quantité totale du chlore, renfermée dans ce corps à l'état d'hypochlorite et de chlorure de calcium, est dosée par l'azotate d'argent après transformation du composé décolorant en chlorure; Kolb opère cette transformation en chauffant le liquide avec de l'ammoniaque :

$$3 CaOCl^2 + 2 AzH^3 = 3 CaCl^2 + 3 H^2O + Az^2.$$

Lorsqu'on veut doser le chlorate de calcium formé par la décomposition du chlorure de chaux, on chauffe la solution avec de l'ammoniaque; on acidule fortement par de l'acide sulfurique dilué, et l'on traite par le zinc; l'acide chlorique est réduit à l'état d'acide chlorhydrique. On précipite par l'azotate d'argent. Si ce dosage donne un nombre plus élevé que le précédent, l'excédent de chlore doit être calculé à l'état de chlorate.

2° Pour doser séparément le chlore et l'acide hypochloreux, Wolters [*Journ. prakt. Chem.* (2), t. X, p. 128] se sert du mercure. Ce métal est transformé en chlorure mercureux par le chlore, en oxychlorure mercurique par l'acide hypochloreux. Pour reconnaître la présence de l'oxychlorure, même en petite quantité, on ajoute de l'acide chlorhydrique, on filtre et l'on recherche la présence du mercure dans la liqueur, à l'aide du chlorure stanneux. La formation d'un précipité indique la présence de l'acide hypochloreux.

Pour la détermination quantitative d'un mélange de chlore et d'acide hypochloreux, cet auteur met à profit ce fait que l'oxyde mercurique, aussi bien que l'oxychlorure, sont transformés par l'acide oxalique en oxalates; ce sel est soluble dans une solution concentrée d'acide oxalique, mais insoluble dans une solution diluée. Les chlorures de mercure ne sont pas attaqués par l'acide oxalique.

Pour effectuer le dosage d'après cette méthode, Wolters, après avoir agité le mélange avec du mercure, ajoute après disparition de l'odeur une solution d'acide oxalique en léger excès. Le tout est agité pendant quelques minutes, puis additionné d'une quantité suffisante d'eau et filtré. Le résidu lavé est ensuite traité par l'acide chlorhydrique étendu, qui met en liberté l'acide oxalique combiné à l'oxyde mercurique qui existait à l'état d'oxychlorure. L'acide oxalique est titré au moyen du permanganate de potassium. Pour doser le chlore, on opère sur une seconde portion dans laquelle, après avoir décomposé l'acide hypochloreux par l'ammoniaque, on précipite tout le chlore par le nitrate d'argent. Si de la quantité totale de chlore on retranche celle qui était contenue dans l'oxychlorure (2 atomes pour 1 molécule d'acide oxalique) et qui correspond à l'acide hypochloreux, on obtient le chlore libre.

3° Pour faire une analyse complète du chlorure de chaux, Opl recommande le procédé suivant, comme pouvant donner des indications d'une exactitude suffisante pour la pratique.

Il dose le chlore du composé décolorant $CaOCl^2$ à l'aide d'une solution normale d'acide arsénieux, selon Gay-Lussac. La quantité totale de chlore, à l'exception de celui contenu dans l'acide chlorique, est dosée dans un second échantillon; après avoir décomposé tous les dérivés oxygénés du chlore, à l'exception de l'acide chlorique, par l'ébullition avec de l'ammoniaque, on titre par l'azotate d'argent. Enfin, par évaporation et calcination du résidu, on dose la quantité totale du chlore.

4° Bong [*Bull. Soc. chim.*, t. XXIV, p. 264] emploie le ferrocyanure de potassium dans la chlorométrie. Il acidule 10 centimètres cubes d'une solution normale de ferrocyanure de potassium renfermant 37,9 grammes par litre, avec de l'acide chlorhydrique et les colore en bleu avec quelques gouttes d'une solution d'indigo. La solution chlorée est ensuite ajoutée goutte à goutte jusqu'à ce que le liquide commence à se colorer en brun.

Ad. Kopp.

Constitution du chlorure de chaux. — Un assez grand nombre de travaux ont été publiés sur ce sujet dans ces dernières années. On peut dire que ces travaux ont éclairci la question sans l'avoir résolue définitivement; comme ils ont fait connaître des résultats intéressants et qu'ils ont servi à fixer les conditions dans lesquelles se forme et se décompose le chlorure de chaux, chose importante pour la pratique, nous croyons devoir résumer ici les opinions émises sur la constitution du chlorure de chaux.

Berthollet avait envisagé le chlorure de chaux comme une combinaison de chlore et de chaux CaO, Cl^2; Gay-Lussac et Balard, comme un mélange de chlorure de calcium et d'hypochlorite de calcium

$$2 CaO + 2 Cl^2 = (ClO)^2Ca + CaCl^2.$$

Cette dernière opinion a été généralement adoptée par les chimistes, bien qu'elle soulève une difficulté dans l'interprétation de l'action décolorante du chlorure de chaux. On sait en effet que cette action se manifeste sous l'influence des acides, même les plus faibles, et on l'expliquait, dans la supposition qu'elle est due à du chlore mis en liberté, en admettant une décomposition simultanée de l'hypochlorite de calcium et du chlorure de calcium en acides hypochloreux et chlorhydrique, lesquels en réagissant l'un sur l'autre, donnent de l'eau et du chlore. Or, il paraît assez difficile d'admettre que le chlorure de calcium soit décomposé à la température ordinaire par l'acide carbonique, surtout lorsqu'il s'agit du chlorure de chaux sec, qui renferme toujours un excès de chaux. Il y avait donc là une difficulté qui disparaît lorsqu'on adopte la formule proposée par Berthollet; cette dernière peut être interprétée de deux manières. Le corps $CaOCl^2$ peut être envisagé, d'après Millon, comme un chlorure d'oxyde correspondant à un peroxyde CaO^2, ou encore, selon une idée ingénieuse de Odling, comme un chlorohypochlorite de calcium

$$Ca <^{OCl}_{Cl}.$$

Cette dernière hypothèse paraît de beaucoup la plus vraisemblable, et il est à remarquer qu'elle offre le moyen de concilier les opinions contraires de Berthollet et de Balard, le composé

$$Ca <^{OCl}_{Cl}$$

étant *à la fois* chlorure et hypochlorite. Il faut considérer aussi que l'action de l'acide carbonique sur le chlorure de chaux reçoit, par cette formule, une interprétation qui n'a rien de forcé. Il semblerait donc qu'elle doive être adoptée sans hésitation, et tout compte fait, nous pensons qu'elle est la plus probable. Malheureusement la question n'est pas aussi simple que nous venons de la poser. Divers faits importants concernant la composition et les réactions du chlorure de chaux, sont laissés en dehors de la théorie précédente ou sont difficilement expliqués par elle.

En premier lieu, s'il est incontestable que le chlorure de chaux dégage du chlore pur par l'action des acides concentrés, employés en excès, particulièrement de l'acide chlorhydrique, il s'en faut qu'il en soit ainsi, lorsqu'on fait agir sur ce corps des acides dilués ou faibles employés en quantités suffisantes.

En second lieu, l'eau intervient d'une manière nécessaire dans la fabrication et dans la composition du chlorure de chaux; son action sur le corps pulvérulent ne paraît pas être une action purement dissolvante; et de plus, la solution éprouve, avec le temps, une altération spontanée.

En troisième lieu, le chlorure de chaux renferme un excès d'hydrate inattaquable par le chlore, et qui reste à l'état insoluble lorsqu'on traite la poudre décolorante par l'eau.

Nous allons étudier successivement ces divers points, en prenant pour guide les travaux publiés dans ces dernières années, et en élaguant la discussion passablement confuse à laquelle ils ont donné lieu.

1° *Action des acides sur le chlorure de chaux.* — On doit à Wolters [*Dingler's polyt. Journ.*, t. CCIV, p. 140; *Journ. prakt. Chem.* (2), t. X, p. 128] des expériences intéressantes sur ce sujet.

Ayant distillé des solutions filtrées de chlorure avec différents acides fortement dilués et employés en quantités précisément suffisantes pour décomposer l'hypochlorite présumé, il a constamment observé un dégagement simultané de chlore et d'acide hypochloreux.

Ayant dosé, à l'aide d'un procédé qui a été décrit plus haut (page 472), les proportions relatives de chlore et d'acide hypochloreux, il a reconnu qu'elles variaient suivant la nature de l'acide employé, mais que, dans tous les cas, celle de l'acide hypochloreux était notable.

Wolters, partisan de la formule $CaOCl^2$, attribue le dégagement de l'acide hypochloreux à des réactions secondaires, particulièrement à l'action du chlore sur les sels oxygénés formés dans la réaction. En effet, ayant mis en contact de l'eau de chlore récemment préparée avec des solutions de divers sels calcaires, tels que le sulfate, le carbonate, etc., et ayant distillé le quart de la liqueur, il a toujours recueilli un mélange de chlore et d'acide hypochloreux; ce dernier se formant en vertu des réactions suivantes :

$$2SO^4Ca + 2Cl^2 + H^2O = (SO^4H)^2Ca + CaCl^2 + Cl^2O$$
$$CO^3Ca + Cl^2 = CaCl^2 + CO^2 + Cl^2O.$$

Le fait découvert par Wolters offre de l'intérêt et enlève toute valeur, comme on voit, à l'argument qu'on voudrait tirer de la formation de l'acide hypochloreux dans l'action des acides faibles sur le chlorure de chaux, en faveur de la préexistence de l'hypochlorite, tout formé, dans ce chlorure.

Göpner [*Dingler's polyt. Journ.*, t. CCIX, p. 1181; *Monit. scientif.* (3), t. III, p. 1074] avait annoncé qu'en distillant un excès de chlorure de chaux avec des acides chlorhydrique et sulfurique *dilués*, il n'avait recueilli que du chlore. Cette assertion a été réfutée par Schorlemmer et Kopfer [*Deutsch. chem. Gesellsch.*, 1874, p. 602], qui ont toujours constaté la présence de l'acide hypochloreux dans le produit de la distillation du chlorure de chaux avec de l'acide sulfurique dilué. Il n'est pas inutile de rappeler que Gay-Lussac avait observé le même fait, et avait même fondé un procédé de préparation de l'acide hypochloreux sur la réaction dont il s'agit.

On savait aussi que l'acide carbonique en agissant sur le chlorure de chaux met de l'acide hypochloreux en liberté. Ainsi Kolb [*Ann. Chim. Phys.* (4), t. XII, p. 266; et *Bull. Soc. chim.*, t. IX, p. 82] a constaté que l'acide carbonique dirigé dans une solution de chlorure de chaux, en précipite du carbonate de calcium et met de l'acide hypochloreux en liberté, et que le même gaz exerce une action analogue sur le chlorure solide plus ou moins *humide*. La réaction est différente lorsqu'on fait agir l'acide carbonique sur du chlorure de chaux sec; dans ce cas, il se dégage du chlore et il ne reste que du carbonate mélangé de chaux hydratée.

J. Kolb, partisan de la formule $CaOCl^2$, pense que l'action de l'acide carbonique sur le chlorure de chaux vient à l'appui de cette formule; il admet que l'hypochlorite et le chlorure ne se forment qu'au moment de la dissolution dans l'eau; de là la différence d'action de l'acide carbonique sur la solution et sur le produit sec.

Richters et Junker [*Dingler's polyt. Journ.*, t. CCI, p. 31] admettent au contraire que le chlorure de chaux n'est pas décomposé par l'acide carbonique; que cet acide n'exerce une action que sur un produit renfermant au moins 10 % d'eau, et que dans ce cas il se dégage du chlore et de l'acide hypochloreux. Tout cela prouve que le degré de siccité du chlorure de chaux exerce une influence sur sa décomposition par l'acide carbonique; il s'agit donc de s'entendre sur ce degré de siccité; et nous verrons plus loin qu'il n'existe pas de chlorure de chaux absolument sec.

Wolters (*loc. cit.*) a trouvé que l'anhydride hypochloreux lui-même réagit sur le chlorure de chaux avec dégagement de chlore et formation d'hypochlorite; réaction qu'il croit pouvoir interpréter par l'équation suivante :

$$CaOCl^2 + Cl^2O = Ca(OCl)^2 + Cl^2.$$

L'action de l'acide hypochloreux sur le chlorure de chaux lui paraît fournir un argument en faveur de la formule $CaOCl^2$; en effet, cet acide ne peut agir sur l'hypochlorite de calcium qu'en se transformant en chlorate avec dégagement de chlore; et cette réaction ne s'accomplit qu'en solution concentrée ou sous l'influence de la chaleur. Or, l'une et l'autre condition ayant été évitées, il ne s'est formé qu'une quantité insignifiante d'acide chlorique, tandis qu'on a constaté un dégagement notable de chlore. La réaction, conclut l'auteur, paraît donc s'accomplir selon l'équation donnée plus haut.

Il est à remarquer que Wolters ne tient aucun compte, dans son raisonnement, de la présence du chlorure de calcium, qui est mélangé avec l'hypochlorite, dans l'hypothèse qu'il cherche à réfuter. Le chlorure de calcium peut prendre part à la réaction.

L'action de l'acide hypochloreux sur le chlorure de chaux n'est d'ailleurs pas immédiate. Lorsqu'on ajoute à du chlorure de chaux une quantité d'acide dilué insuffisante pour le décomposer et qu'on distille immédiatement, il passe de l'acide hypochloreux; mais lorsqu'on abandonne le liquide à lui-même pendant quelque temps, l'acide hypochloreux libre agit comme oxydant sur l'hypochlorite de calcium, ou encore sur le composé $CaOCl^2$, qu'il transforme en chlorate avec dégagement de chlore : si donc on distille à ce moment, on recueillera du chlore. Richters et Junker, qui ont observé ce fait [*Dingler's polyt. Journ.*, t. CCXI, p. 31; *Monit. Scientif.* (3), t. IV, p. 349], interprètent la formation du chlorate par l'équation suivante :

$$CaOCl^2 + 2Cl^2O = CaClO^3 + 5Cl.$$

Un fait d'un autre ordre, mais qui est relatif aussi à l'action des acides sur le chlorure de chaux, a été invoqué par C. Göpner [*Deutsch. chem. Gesellsch.*, 1874, p. 270], en faveur de la même formule $CaOCl^2$. Ce chimiste a observé que le chlore actif du chlorure de chaux peut se substituer à l'hydrogène de l'acide acétique glacial, et il trouve que la moitié du chlore y entre ainsi à titre d'élément substitué. On n'aurait dû en trouver, dit-il, que le quart, si le chlorure de chaux renfermait un mélange d'hypochlorite et de chlorure de calcium. L'argument ne paraît pas concluant. Göpner oublie qu'en présence des acides concentrés (acide acétique glacial et acide chlorhydrique mis en liberté) tout le chlore actif du chlorure de chaux devient disponible pour agir sur l'acide acétique.

2° *Rôle de l'eau dans la constitution et dans les réactions du chlorure de chaux.* — C'est l'hydrate de calcium $Ca(OH)^2$ qui intervient dans la préparation du chlorure de chaux, lequel renferme comme élément nécessaire une certaine quantité d'eau. Kolb, Stahlschmidt, Opl, sont d'accord sur ce point.

Voici du reste une analyse d'un chlorure de chaux due à Davis [*Chem. New's*, t. XXVII, p. 225] et qui montre clairement la présence de l'eau.

$CaOCl^2, H^2O$......	81,2	30,7 Cl
$Ca(OH)^2$..........	13,2	
$CaCO^3$............	3	
K^2O..............	1,7	
Fe^2O^3, et Cl^2O^3 ...	0,5	
Parties insolubles ..	0,2	

Kolb (*loc. cit.*) admet que le chlorure de chaux renferme les éléments de 3 molécules d'eau, et lui attribue la formule

$$CaOCl^2 + CaO + 3H^2O.$$

Stahlschmidt a démontré la présence de l'eau dans le chlorure de chaux en chauffant ce corps, récemment préparé, dans une boule de verre. Entre 100 et 120°, il se dégage de l'oxygène provenant sans doute de la décomposition du chlorate formé ; à une température plus élevée, au rouge, le tout fond en un liquide transparent qui se prend après le refroidissement en une masse cristalline. La masse portée au rouge naissant ne serait pas encore exempte d'eau. Stahlschmidt admet, d'après ces expériences, que le chlorure de chaux renferme 3 molécules d'eau, dont deux sont à l'état libre, et se dégagent à une température relativement basse, et que la troisième est intimement combinée aux autres éléments et retenue à une température élevée. Lorsqu'au contraire on chauffe le chlorure de chaux avec du carbonate de sodium, on parvient à en dégager, en moyenne, 14,86 % d'eau, ce qui correspond à 3 molécules.

Stahlschmidt [*Deutsch. chem. Gesellsch.*, 1875, p. 869], tenant compte de ces faits, attribue au chlorure de chaux la formule suivante :

$$2CaHClO^2 + CaCl^2 + 2H^2O.$$

La formule $CaHClO^2$ est nouvelle et correspond à un hypochlorite basique

$$Ca<^{OCl}_{OH}$$

qui serait mélangé (ou combiné) dans le chlorure de chaux avec du chlorure de calcium, le tout retenant 2 molécules d'eau.

Opl [*Dingler's polyt. Journ.*, t. CCXV, p. 232 et 325; *Monit. scientif.* (3), t. V, p. 511] a obtenu des résultats analogues aux précédents. Ayant placé du chlorure de chaux au-dessus d'un vase renfermant de l'acide sulfurique, il a constaté une perte de 6,06 % d'eau et en même temps un dégagement de 3,9 % de chlore. Il est donc impossible d'enlever de l'eau au chlorure de chaux sans qu'il y ait décomposition, et le produit présente une composition différente suivant la quantité d'eau qu'il renferme. Aussi cette composition varie-t-elle dans l'épaisseur même des couches du produit manufacturé : la teneur en eau croît du milieu de la couche vers la partie supérieure et vers la partie inférieure ; cela tient à ce que la chaleur dégagée par l'absorption du chlore qui se fait à la surface, chasse l'eau vers la partie centrale qui est plus froide.

Ce qui précède s'applique au chlorure de chaux solide ; il faut examiner maintenant si ce sel éprouve une décomposition en se dissolvant dans l'eau. Plusieurs chimistes sont de cet avis.

Kolb admet qu'au moment où il se dissout dans l'eau, il y a formation d'hypochlorite et de chlorure, selon l'équation

$$2CaOCl^2 = Ca(ClO)^2 + CaCl^2.$$

Stahlschmidt, qui regarde le chlorure de calcium comme tout formé dans le chlorure de chaux solide

$$2Ca>^{OCl}_{OH} + CaCl^2 + 2H^2O,$$

pense qu'au contact de l'eau le principe décolorant se dédouble en hypochlorite et en hydrate de calcium :

$$2Ca<^{OCl}_{OH} = Ca(OCl)^2 + Ca(OH)^2.$$

La solution de chlorure de chaux renfermerait donc de l'hypochlorite.

C'est ici le lieu de faire remarquer que ce sel a été extrait en nature de la solution de chlorure de chaux par Kingzett [*Chem. Soc. Journ.* (2), t. XIII, p. 404; *Monit. scientif.* (3), t. V, p. 901]. Ayant refroidi fortement une telle solution, ce chimiste a vu se former une masse solide qui était composée de cristaux soyeux offrant la composition $Ca(OCl)^2 + 4H^2O$. Les mêmes cristaux ont été obtenus par l'évaporation d'une solution de chlorure de chaux au-dessus d'un vase renfermant de l'acide sulfurique.

Si la solution du chlorure de chaux renferme de l'hypochlorite, il est à peine nécessaire de faire remarquer qu'elle doit renfermer aussi du chlorure de calcium, soit que ce sel préexiste dans le chlorure sec, comme le pense Stahlschmidt (voir plus haut), soit qu'il se forme par l'action de l'eau sur le composé

$$Ca<^{OCl}_{Cl}.$$

Néanmoins ce point a été contesté par Richters et Junker (*loc. cit.*), mais nous croyons devoir passer sous silence la discussion qui s'est engagée à ce sujet.

En tout cas, tout le monde est d'accord sur un point : le chlorure de chaux renferme une faible proportion de chlore, dit inactif, et qui y est évidemment contenue sous forme de chlorure de calcium. Wolters (*loc. cit.*) admet que c'est l'acide chlorhydrique entraîné en petite quantité par le chlore qui lui donne naissance.

Le même chimiste [*Journ. prakt. Chem,* (2) t. X, p. 142] admet pareillement que le composé $CaOCl^2$ se dédouble à la longue, par l'action de l'eau, en hypochlorite et chlorure. Il cite, à l'appui de cette manière de voir, les expériences suivantes. Une solution de chlorure de chaux sursaturée de chlore a été divisée en trois portions égales. Dans la première, on a dirigé immédiatement jusqu'à refus un courant d'acide carbonique : on a recueilli une certaine quantité de carbonate de calcium :

$$CaOCl^2 + CO^2 = CaO, CO^2 + Cl^2.$$

La seconde portion a été abandonnée à elle-même pendant vingt-quatre heures, puis soumise ensuite à l'action d'un courant de gaz carbonique. On a recueilli moins de carbonate de calcium. Enfin la troisième partie, additionnée d'une certaine quantité de gypse, a été abandonnée pendant vingt-quatre heures, puis traitée par l'acide carbonique ; il ne s'est pas formé de carbonate de calcium. Ces expériences, variées de diverses manières, ont conduit à la conclusion suivante : une solution fraîche de chlorure de chaux renferme une combinaison facilement attaquable par l'acide carbonique, savoir le composé $CaOCl^2$; une solution ancienne contient une combinaison peu ou point décomposable par l'acide carbonique, savoir l'hypochlorite. La transformation qu'éprouve la solution est favorisée par la présence du sulfate, du phosphate de calcium et aussi par le chlore libre.

3° *Présence de l'hydrate de calcium dans le chlorure de chaux.* — C'est un fait connu que le chlorure de chaux préparé avec soin et saturé de chlore renferme un excès de chaux, qui reste comme résidu lorsqu'on dissout le produit dans l'eau. Comment se fait-il que le chlore soit sans action sur cet excès de chaux? Cette question a été vivement controversée. Les uns admettent, avec H. Rose et Fresenius, que l'hydrate de calcium est combiné avec le chlorure de calcium, de façon à former un composé basique inattaquable par le chlore. Il l'est, en effet, en l'absence de l'humidité, ainsi que cela résulte d'une expérience directe de Richters et Junker; il ne l'est pas dans le cas contraire, ainsi que l'a démontré Bolley. Ce dernier chimiste a émis l'opinion que le chlorure de calcium *enveloppe* l'excès de chaux et le protège ainsi contre l'action du chlore. Göpner partage cette opinion, bien qu'il considère le chlorure de calcium comme un élément accessoire et accidentel du chlorure de chaux (!). Wolters étend la faculté d'envelopper au composé décolorant, $CaOCl^2$, lui-même. Tout cela paraît peu plausible.

Richters et Junker, qui ont combattu cette théorie de l'enveloppement, attribuent à la proportion insuffisante d'eau la présence d'un excès d'hydrate dans le chlorure de chaux. Ils fondent cette opinion sur un fait observé par Graham, savoir que le chlore n'exerce aucune action sur l'hydrate de calcium sec. Richters et Junker admettent donc que le composé décolorant attirant l'eau protège ainsi l'excès d'hydrate de chaux. Il est difficile qu'il en soit ainsi; pour faire disparaître cet excès de chaux, il suffirait alors de faire intervenir la quantité d'eau nécessaire, et l'on sait que même avec du chlore et de l'hydrate de calcium humides l'un et l'autre, on ne parvient pas à enlever l'excès de chaux dont il s'agit. Au reste, le fait même observé par Graham a été contesté. D'après Tschigianjanz, Fricke et Reimer [*Dingler's polyt. Journ.*, t. CCXXII, p. 297], l'hydrate de calcium desséché au-dessus de l'acide sulfurique, absorbe toujours le chlore, et il faut une quantité d'eau très faible pour commencer la réaction; celle-ci mettant de l'eau en liberté, l'action continue jusqu'à épuisement. Ceci s'accorde avec une expérience de Köpfer, qui dit avoir démontré que, non seulement l'hydrate de calcium desséché, mais encore un mélange de ce corps avec la chaux vive, sont attaqués par le chlore, ce dernier mélange en proportion de l'hydrate qu'il renferme. Au reste, l'action du chlore varie suivant la qualité de l'hydrate de calcium qu'on emploie; certains calcaires fournissent un hydrate qui, desséché à 100°, n'est plus attaqué par le chlore ; d'autres donnent, dans ces circonstances, un chlorure de chaux renfermant de 32 à 38 °/₀ de chlore actif [Tschigianjanz, Fricke et Reimer, *loc. cit.*].

Kolb a énoncé l'opinion que l'excès d'hydrate de calcium n'est pas attaqué par le chlore, par la raison qu'il forme un composé stable avec le principe décolorant $CaOCl^2$.

Ceci nous ramène à la formule proposée par Stahlschmidt, d'après laquelle le principe décolorant du chlorure de chaux serait *à la fois* hypochlorite et hydrate de calcium.

Le composé

$$2\,Ca \lessdot {OCl \atop OH}$$

se décomposerait par l'action de l'eau en

$$Ca(OCl)^2 + Ca(OH)^2;$$

de telle sorte que le chlorure de chaux solide

$$2\,Ca \lessdot {OCl \atop OH} + CaCl^2 + 2H^2O$$

serait transformé par l'eau en

$$2\,Ca(OCl)^2 + Ca(OH)^2 + CaCl^2 + 2H^2O.$$

Cette formule exigerait 15,38 °/₀ de chaux libre. Stahlschmidt ayant décomposé le chlorure de chaux à l'ébullition, après addition d'une petite quantité de *sulfate de cobalt*, qui convertit l'hypochlorite en chlorate et en chlorure, avec dégagement d'oxygène, a fait passer un courant d'acide carbonique dans le liquide, de façon à transformer l'hydrate en carbonate. Ayant fait bouillir pour décomposer le bicarbonate, il a obtenu une quantité de carbonate correspondant à 15,4 °/₀, ce qui s'accorde avec la formule précédente.

Il résulte de cette longue discussion que la question de la constitution du chlorure de chaux n'est pas définitivement vidée. En effet, bien que les formules proposées par Odling

$$Ca \lessdot {OCl \atop Cl}$$

et par Stahlschmidt

$$Ca \lessdot {OCl \atop OH}$$

pour le principe décolorant, expliquent la plupart des réactions du chlorure de chaux, aucune des deux, prise isolément, n'offre cet avantage, et il nous paraît probable que le chlorure de chaux renferme *à la fois* les deux composés dont il s'agit. A. Wurtz.

CHLORHYDRINIMIDE. — Nom donné par Claus à un des produits de la réaction de l'ammoniaque sur la dichlorhydrine de la glycérine (Voyez Glycérides, Suppl.).

CHLORO. — Pour les mots qui ne se trouvent pas à leur rang alphabétique, voyez le mot qui suit ou le mot générique. Exemple : *Chloronitrobenzine*, voy. Benzine.

CHLOROCALCITE (Min.). — Chlorure de calcium, trouvé dans les bombes volcaniques du Vésuve, éruption de 1872.

CHLOROCARBONIQUES OU CHLOROXYCARBONIQUES (ÉTHERS). — Voyez Carbone.

CHLOROFORME [voyez t. I, p. 877]. — D'après les indications anciennes, le chloroforme résulterait de l'action du chlorure de chaux sur des substances qui ne renferment pas le groupe CH^3, ou qui le contiennent combiné à un autre élément que du carbone. Ainsi Dumas et Peligot avaient annoncé la production du chloroforme dans la distillation de l'esprit de bois avec le chlorure de chaux, et Bonnet et Schlagdenhauffen ont prétendu que la distillation de l'oxalate de méthyle avec le chlorure de chaux et fournirait également. Les recherches de A. Be lohoubek ont démontré que dans le premie cas la formation du chloroforme dépend de la présence d'acétone dans l'alcool méthylique, et que dans le second cas il ne s'engendre pas de chloroforme. De ces recherches il ressort que le chloroforme résulte de l'action du chlorure de chaux sur des composés dans lesquels le groupe CH^3 est combiné à un atome de carbone [A. Belohoubek, *Liebig's Ann. Chem.*, t. CLXV, p. 349; *Bull. Soc. chim.*, t. XIX, p. 301].

Le chloroforme prend naissance lorsqu'on traite le chlorure de carbone CCl^4 par le zinc et l'acide chlorhydrique [Geuther, *Ann. Chem. Pharm.*, t. CVII, p. 244].

L'acétone trichlorée, CCl^3-CO-CH^3, traitée par l'eau de baryte, se dédouble en chloroforme et en acide acétique [Kraemer, *Deutsch. chem. Gesellsch.*, 1874, p. 258; *Bull. Soc. chim.*, t. XXII, p. 189; — C. Bischoff, *ibid.*, 1875, p. 1233; *Bull. Soc. chim.*, t. XXVI, p. 173].

L'acide isotrichloroglycérique traité par les alcalis fournit du chloroforme [Schreder, *Liebig's Ann. Chem.*, t. CLXXVII, p. 286; *Bull. Soc. chim.*, t. XXIV, p. 553].

Lorsqu'on fait passer les vapeurs de chloroforme sur du cuivre chauffé au rouge, on obtient de l'acétylène [Berthelot, *Compt. rend.*, t. L., p. 805]. Ketzwisky a constaté la formation d'un gaz dans l'action de l'amalgame de potassium sur chloroforme; Fittig a démontré que ce gaz est de l'acétylène [*Jahresb.*, 1865, p. 485].

Lorsqu'on laisse le chloroforme pendant longtemps en contact avec du zinc et de l'acide chlorhydrique il se transforme en tétrachlorure de carbone [Geuther, *loc. cit.*].

Le perchlorure d'antimoine opère la même transformation à 100° [C. W. Lössner, *Journ. prakt. Chem.*, (2), t. XIII, p. 418].

Chauffé à 125° avec de l'acide iodhydrique, le chloroforme se transforme en iodure de méthylène [Lieben, *Wien. Acad. Berichte*, t. LVIII, p. 210].

L'iodure de phosphonium à 100° convertit le chloroforme en méthylphosphine [A. W. Hofmann, *Deutsch. chem. Gesellsch.*, 1873, p. 301; *Bull. Soc. chim.*, t. XXI, p. 197]. Cette formation semble être précédée de la production du chlorure de méthyle.

Le mélange chromique convertit le chloroforme en oxychlorure de carbone [Emmerling et Lengyel, *Ann. Chem. Pharm.*, Supplbd. VII, p. 101; *Bull. Soc. chim.*, t. XIII, p. 226].

D'après Rump, la décomposition que le chloroforme subit à la lumière donne également lieu à la formation du gaz phosgène [*Archiv. f. Pharm.*, (3), t. V, p. 313 et 323].

Lorsqu'on chauffe doucement un mélange de chloroforme et de zinc-éthyle, il se forme un peu d'éthylène et de propylène, en même temps que beaucoup d'amylène, dont le bromure bout à 175° [Rieth et Beilstein, *Ann. Chem. Pharm.*, t. CXXIV, p. 245; *Bull. Soc. chim.*, 1863, p. 214].

Le chloroforme chauffé en tubes scellés de 160 à 170° avec du chlorure d'iode, se convertit en tétrachlorure de carbone. En même temps il se forme une petite quantité d'un corps iodé ($ClCl^3$?). Chauffé à 170° avec du brome, il se change en chlorobromure de carbone $CBrCl^3$ [Friedel et Silva, *Bull. Soc. chim.*, t. XVII, p. 538; aussi, Paterno, *Gazzetta chim. ital.*, t. I, p. 592].

Le sodium réagit violemment sur le chloroforme en présence d'eau. Il se dépose du carbone, et il se forme de la soude et du chlorure de sodium accompagné d'un dégagement d'hydrogène. Lorsqu'il n'y a pas d'eau en présence, et que la réaction s'accomplit dans des vases mal fermés on obtient une masse brune qui se décolore à l'air et fournit du formiate de sodium [S. Kern, *Chem. News*, t. XXXI, p. 121].

Gladstone et Tribe ont reconnu que l'élément zinc-cuivre n'attaque pas le chloroforme à la température ordinaire, même en présence d'alcool absolu. A 50° pourtant on observe une réaction violente dans laquelle il se forme du chloréthylate de zinc, du méthane et de l'acétylène. En présence de l'eau la réaction s'accomplit à la température ordinaire; il se forme du méthane et de l'oxychlorure de zinc [*Chem. Soc. Journ.*, (2) t. XIII, p. 508; *Bull. Soc. chim.*, t. XXIV, p. 474]. Sabanajeff a observé que le zinc en grenaille décompose une solution bouillante de chloroforme dans l'alcool aqueux en dégageant du méthane [*Deutsch. chem. Gesellsch.*, 1876, p. 1810; *Bull. Soc. chim.*, t. XXVII, p. 446].

L'anhydride sulfurique décompose le chloroforme en oxyde de carbone, en chlorhydrine sulfurique et en chlorure de pyrosulfuryle [Armstrong, *Lond. Roy. Soc. Proceed.*, t. XVIII, p. 502].

Lorsqu'on ajoute du chloroforme à une solution de sodium dans l'éther acétylacétique, il se forme, indépendamment de l'éther de Kay, une certaine quantité d'acide oxyuvitique [A. Oppenheim et S. Pfaff, *Deutsch. chem. Gesellsch.*, 1874, p. 929; *Bull. Soc. chim.*, t. XXII, p. 552].

D'après Bouchardat, les cyanures de potassium, d'argent et de mercure n'exercent aucune action sur le chloroforme. Fairley indique au contraire la formation de cyanoforme $CHCy^3$ par l'action du cyanure de potassium en présence d'alcool sur le chloroforme à 100° [*Jahresb. Chem.*, 1864, p. 412].

Lorsqu'on chauffe le chloroforme pendant 120 heures à 90-100° avec 2 vol. d'acide azotique renfermant de l'acide nitreux, ou avec un mélange d'un vol. d'acide nitrique et de 2 vol. d'acide sulfurique, il engendre une petite quantité de chloropicrine [Mills, *Journ. chem. Soc.*, (2), t. IX, p. 641].

Hofmann a employé le chloroforme pour déceler la présence d'une amine primaire dans un mélange. Celles-ci, chauffées avec du chloroforme et de la potasse alcoolique, se convertissent en carbylamines, que l'on reconnaît à leur odeur caractéristique. Cette réaction est très sensible [*Deutsch. chem. Gesellsch.*, 1870, p. 767; *Bull. Soc. chim.*, t. XIV, p. 383].

A.-C. Oudemans jr. met à profit la solubilité de la cinchonine pour déterminer la teneur en chloroforme dans un mélange de cette substance et d'alcool, cet alcaloïde étant plus soluble dans l'alcool que dans le chloroforme [*Ann. Chem. Pharm.*, t. CLXVI, p. 78].

Moddermann emploie la réduction de l'hydrate de cuivre pour reconnaître des traces de chloroforme dans des liquides. A la température ordinaire, en présence de la potasse, le sulfate de cuivre est réduit en oxyde cuivreux, au bout de douze à vingt-quatre heures, par le chloroforme [*Maandblad voor Natuurwetenschappen*, 6e année, n° 9].

Lorsqu'on chauffe les phénates de métaux alcalins avec du chloroforme, on obtient des aldéhydes aromatiques. Cette réaction générale et importante, découverte par Reimer, fournit avec le phénol les aldéhydes para-oxybenzoïques, avec le gaïacol, la vanilline [*Deutsch. chem. Gesellsch.*, 1876, p. 423; *Bull. Soc. chim.*, t. XXVII, p. 121].

Le chloroforme empêche la putréfaction des matières organisées [Robin, *Compt. rend.*, t. XXX, p. 52; — Augendre, *ibid*, t. XXXI, p. 679].

M. Wassermann.

CHLOROGÉNINE. — Voyez t. I, p. 879. L'écorce australienne qui renferme cet alcaloïde est l'écorce d'*Alstonia constricta*. Elle contient en outre de la porphyrine (t. II, p. 1115) et une autre matière amère, l'*Alstonine* de Palm [Palm, *Jahresb. Chem.*, 1863, p. 615; — O. Hesse, *Deutsch. chem. Gesellsch.*, 1878, p. 2234].

CHLOROPHYLLANE. — Voy. CHLOROPHYLLE.

CHLOROPHYLLE. — Les feuilles paraissent renfermer deux matières colorantes : l'une jaune ou *chrysophylle* (peut-être identique avec la phylloxanthine de Fremy), et l'autre verte ou *chlorophylle* proprement dite : l'une et l'autre de ces substances ont été obtenues cristallisées.

Hartsen [*Poggend. Ann.*, t. CXLVI, p. 158] prépare la chrysophylle par le procédé suivant : il traite les feuilles par l'alcool pour les priver d'eau, il les exprime et les fait digérer pendant vingt-quatre heures avec de l'alcool éthéré. Le liquide filtré est évaporé à basse température. Il se dépose un mélange de chlorophylle en grains amorphes, et de chrysophylle en aiguilles entrelacées. Quand l'évaporation est terminée, on traite le mélange par le pétrole ou la potasse bouillante qui dissolvent la chlorophylle seule. On fait recristalliser la chrysophylle dans l'éther.

Elle se présente sous forme de cristaux entrelacés, jaune d'or, insolubles dans l'eau, peu solubles dans le pétrole, la potasse, l'ammoniaque, l'acide chlorhydrique et l'alcool, très solubles dans l'éther, la benzine et les corps gras. Hartsen l'a retrouvée dans un grand nombre de plantes, monocotylédonées et dicotylédonées, elle paraît être un produit d'oxydation de la chlorophylle.

Filhol [*Compt. rend.*, t. LXXXIX, p. 612] a obtenu probablement le même corps de la façon suivante : il traite les feuilles par l'acide chlorhydrique étendu; la couleur verte disparait et fait place à une teinte brune. La liqueur filtrée est additionnée d'un excès d'acide chlorhydrique qui précipite une matière colorante jaune, en aiguilles microscopiques, soluble dans l'alcool bouillant, à peine soluble dans l'alcool froid, soluble dans l'éther, la benzine, le chloroforme, le sulfure de carbone et l'acide acétique concentré.

La chlorophylle cristallisée a été isolée pour la première fois par Gautier [*Bull. Soc. chim.*, t. XXVIII, p. 147; t. XXXII, p. 499], puis retrouvée par Hoppe-Seyler, qui l'a décrite sous le nom de chlorophyllane [*Deusch. chem. Gesellsch.*, 1879, p. 1555].

Pour la retirer, on pile des feuilles dont on neutralise le suc par une petite quantité de carbonate de sodium et l'on exprime le magma sous une forte presse. La chlorophylle reste dans le marc; celui-ci, délayé dans l'alcool à 55°, et de nouveau exprimé, est mis à digérer dans l'alcool froid à 83° centésimaux. La chlorophylle se dissout en même temps qu'une certaine quantité de cire, de graisse et de résine. La solution est alors traitée par le noir animal (15 grammes par litre), qui ne s'empare que de la chlorophylle et de la chrysophylle. Il cède cette dernière à l'alcool à 65°, tandis que l'on obtient la chlorophylle en épuisant ce charbon par l'éther ou le pétrole. L'évaporation de cette solution laisse la chlorophylle sous forme de cristaux appartenant au prisme rhomboïdal oblique.

Ces cristaux sont un peu mous, vert foncé et dichroïques. Ils s'oxydent à la lumière diffuse en donnant une masse incristallisable.

Hoppe-Seyler traite les feuilles par l'éther pour enlever la cire, puis par l'alcool chaud, qui dissout deux matières colorantes. L'une, difficilement soluble dans l'alcool et l'éther, est en tables quadratiques verdâtres, et l'autre en aiguilles et en lames d'un vert foncé. Cette dernière, qu'il appelle *chlorophyllane*, est en cristaux vert foncé, ayant la consistance de la cire et qui présentent la bande d'absorption caractéristique de la chlorophylle. Elle est encore visible à une concentration de 1 millionnième. Séchée dans le vide ou à 110°, elle n'a rien perdu de son poids et a donné à l'analyse les nombres suivants : C = 73,4; H = 9,7; Az = 5,62; O = 9,57; Ph = 1,37; Mg = 0,34. Hoppe-Seyler pense que le phosphore pourrait venir d'un mélange avec une petite quantité de lécithine.

Spectre d'absorption et rôle de la chlorophylle. — La chlorophylle est intimement unie dans la plante au protoplasma, et les propriétés optiques de ses dissolutions sont légèrement différentes de celles que l'on observe dans la feuille elle-même. Le spectre d'une dissolution alcoolique de chlorophylle présente, d'après Krauss, 7 bandes d'absorption : 4 bandes étroites, nettement limitées, situées dans la portion la moins réfrangible du spectre entre B et E, la plus forte occupant tout l'espace entre B et C; ces 4 bandes se confondent en une seule lorsque la solution est concentrée; les 3 dernières, situées dans le bleu et le violet, sont estompées.

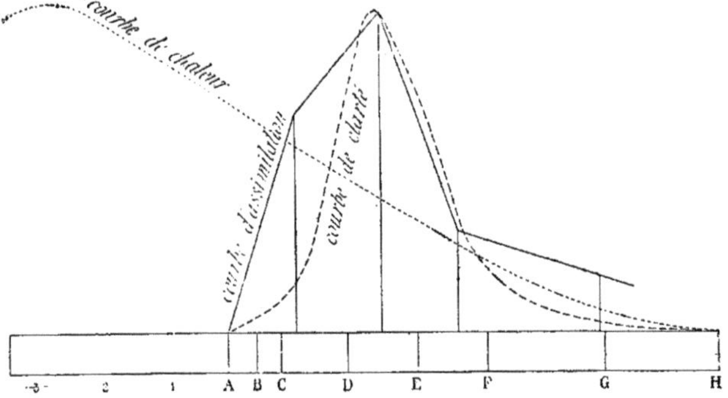

Fig. 31. — Courbe donnant la variation de la décomposition du gaz carbonique par la chlorophylle sous l'influence des diverses radiations lumineuses.

Le spectre des feuilles vivantes offre les 5 premières bandes d'absorption, mais un peu plus rapprochées du rouge; le bleu et le violet sont complètement absorbés sans que l'on y puisse distinguer de bandes.

La chlorophylle est fluorescente; une dissolution concentrée paraît rouge foncé par réflection et verte dans la lumière transmise. La lumière rouge réfléchie est uniquement composée de radiations correspondant à la bande d'absorption la plus foncée de la chlorophylle.

La chlorophylle, sous l'influence des rayons solaires, décompose l'acide carbonique et dégage 1 volume sensiblement égal d'oxygène. Pfeffer et Sachs [*Poggend. Ann.*, t. CXLVIII, p. 86]; et Draper [*Ann. Chim. Phys.*, 1845, p. 214] ont étudié l'influence des diverses parties du spectre sur cette décomposition, et la courbe ci-dessus donne la marche du phénomène (Voy. fig. 31).

On voit que le maximum a lieu entre le jaune et l'orangé; il correspond au maximum de clarté du spectre. Du reste, les différentes plantes paraissent renfermer des chlorophylles de sensibilité très variables pour la lumière; c'est ainsi que les acotylédones (fougères) renfermeraient une chlorophylle extrêmement altérable, ce qui est en rapport avec le milieu obscur où elles vivent.

La décomposition de l'acide carbonique par la chlorophylle est directement en rapport avec la formation de l'amidon dans la plante. Ainsi l'on voit apparaître les grains d'amidon à l'intérieur des corps chlorophylliens convenablement éclairés. L'amidon se dissout et peut être transporté dans les divers organes de la plante.

Usages de la chlorophylle. — Les solutions de chlorophylle ont été récemment employées par Becquerel et Cros dans les essais de photographie en couleur, et récemment Guillemait [*Revue scientifique*, 1880, p. 390] a proposé l'emploi de la chorophylle pour la coloration artificielle des légumes conservés. M. Hanriot.

CHLOROPICRINE (*Nitrochloroforme*),

$$CCl^3(AzO^2).$$

— La chloropicrine que l'on prépare d'ordinaire par l'action du chlorure de chaux sur l'acide picrique, prend aussi naissance par la distillation du chloral avec l'acide azotique concentré, ou par l'action à chaud d'une solution d'alcool méthylique dans l'acide sulfurique sur un mélange d'azotate de potassium et de chlorure de sodium [Kekulé, *Ann. Chem. Pharm.*, t. CVI, p. 144]. Il se forme aussi un peu de chloropicrine, quand on chauffe à 100° du chloroforme avec son volume d'acide azotique fumant et le double de son volume d'acide sulfurique [Cossa, *Deutsch. chem. Gesellsch.*, 1872, p. 790; *Bull. Soc. chim.*, t. XVIII, p. 454].

La chloropicrine peut aussi être préparée par l'action de l'acide azotique sur un mélange pâteux d'alcool méthylique et de chlorure de chaux; on ajoute l'acide azotique peu à peu, et l'on soumet à la distillation [S. Priestley, *Chem. News*, t. IX, p. 3].

La chloropicrine bout à 112°,8 sous une pression de 743 millimètres. Elle dissout l'iode, l'acide cinnamique, l'acide benzoïque, des résines et beaucoup de substances très carbonées. Elle se mêle en toutes proportions à la benzine, à l'alcool amylique, au sulfure de carbone et à l'alcool absolu; à 11°, 1 vol. d'alcool de 80°,5 en dissout 3^{vol},7 et 1 volume d'alcool de 78° en dissout 1^{vol},3. L'éther en dissout seulement 3/10es de son volume (Cossa).

La chloropicrine chauffée à 100° avec de l'alcool ammoniacal pendant cinq à six jours, donne du chlorhydrate d'ammoniaque, de l'azotite d'ammoniaque, de l'azote et un peu de *chlorhydrate de guanidine* (Hofmann); à 100°, avec de l'acétate de potassium fondu en présence d'alcool, elle donne du chlorure, du diacétate, de l'azotite et du carbonate de potassium, en même temps que de l'acétate d'éthyle [Basset, *Journ. chem. Soc.* (2), t. III, p. 91; *Bull. Soc. chim.*, t. VI, p. 398].

Avec le cyanure de potassium, elle fournit du dicyano-nitro-chlorométhane $C(AzO^2)Cl(CAz)^2$, qui n'a pu être obtenu à l'état pur. Ce corps peu stable est soluble dans l'alcool, l'eau, l'éther, le chloroforme; il donne avec l'acétate de plomb un précipité renfermant 3PbO; avec l'azotate d'argent, un précipité de la formule

$$3[C(AzO^2)Cl(CAz)^2], 4AzO^3Ag, 8H^2O$$

[Basset, *Journ. chem. Soc.* (2), t. IV, p. 352].

La chloropicrine, traitée par l'acide iodhydrique fumant, fournit de l'iodure d'ammonium, de l'acide carbonique et de l'acide chlorhydrique [Mills, *Journ. chem. Soc.* (2), t. II, p. 153].

Par réduction, au moyen de la limaille de fer et de l'acide acétique, on transforme la chloropicrine en méthylamine [Geisse, *Ann. Chem. Pharm.*, t. CIX, p. 282; *Rép. Chim. pure*, 1858, p. 334].

En chauffant au bain-marie la chloropicrine avec une solution concentrée de sulfite de potassium, on obtient le *nitrométhane-disulfonate de potassium* $CH(AzO^2)(SO^3K)^2$. Si l'on prolonge l'action, le groupe AzO^2 est lui-même remplacé, et il se forme du *méthane-trisulfonate de potassium*, appelé aussi *méthine-trisulfonate*

$$CH(SO^3K)^3 + H^2O$$

[Rathke, *Ann. Chem. Pharm.*, t. CLXI, p. 149 et t. CLXVII, p. 219; *Bull. Soc. chim.*, t. XVII, p. 311 et t. XXI, p. 75]. E. Grimaux.

CHLOROXALÉTHYLINE, CHLOROXALMÉTHYLINE, etc. — Bases chlorées de la formule générale $C^4H^{2n-3}ClAz^2$, découvertes par Wallach, qui se produisent par l'action du perchlorure de phosphore sur la diéthyloxamide, la diméthyloxamide, sur les oxalylalcalamides en général (Voyez Oxamides).

CHOLANIQUE (ACIDE). — Voyez Bile, Suppl., p. 353.

CHOLEFEINE et **CHOLEPYRRHINE.** — Syn. de Bilirubine.

CHOLÉOCAMPHORIQUE (ACIDE). — En traitant la bile par l'acide azotique, Theyer et Schlosser [*Ann. Chem. Pharm.*, t. L, p. 243] avaient obtenu un acide cristallisé, l'acide choloïdanique, que Redtenbacher [*ibid.*, t. LVII, p. 145] a préparé plus tard par l'oxydation de l'acide choloïdique à l'aide du même réactif, et enfin Tappeiner, en partant de l'acide cholanique (Suppl., p. 303). Redtenbacher lui avait attribué la formule $C^{16}H^{24}O^7$, que Latschinoff a récemment modifiée en $C^{10}H^{16}O^4$, en le considérant comme un isomère des acides camphoriques, et le désignant sous le nom d'acide choléocamphorique [P. Latschinoff, *Deutsch. chem. Gesellsch.*, 1879, p. 1518].

On le prépare, d'après Latschinoff, en traitant l'acide cholalique à chaud par de l'acide azotique (D = 1,37), que l'on ajoute peu à peu aussi longtemps qu'il se dégage des vapeurs rouges; la solution jaunâtre est évaporée à sec au bain-marie, le résidu repris par l'eau et malaxé avec ce liquide jusqu'à ce que la masse emplastique, qui est restée insoluble, soit devenue solide et cassante. On la dissout alors dans l'ammoniaque, on ajoute un excès de baryte hydratée, on sépare par le filtre le précipité formé et l'on transforme par le carbonate d'ammonium le sel barytique en sel ammoniacal. La solution étant filtrée à nouveau et concentrée au bain-marie, l'acide azotique y produit un précipité fortement coloré, boueux, que l'on agite avec l'éther en présence d'eau; l'acide choléocamphorique reste insoluble et peut être purifié par cristallisation dans l'alcool étendu, avec addition de charbon animal, ou mieux dans l'acide acétique à 20-25 %.

L'acide choléocamphorique, $C^{10}H^{16}O^4$, cristallise en lamelles étroites, groupées en général en boules, peu solubles dans l'eau et dans l'éther, très solubles dans l'alcool; la solution alcoolique chaude se prend, par le refroidissement, en une masse gélatineuse. A 130°, l'acide cristallisé perd 2,00 % de son poids, ce qui correspondrait au départ de $1/3H^2O$; il ne fond pas encore à 270° et commence à se décomposer à cette température. Les acides nitrique et sulfurique le dissolvent à une douce chaleur, et l'eau le précipite inaltéré de la solution. Il est dextrogyre.

L'acide choléocamphorique est bibasique; les sels des métaux lourds ne se dissolvent pas dans l'eau. Presque tous les choléocamphorates sont insolubles dans l'alcool.

Sel ammoniacal. — Soluble dans l'eau et dans l'alcool, insoluble dans l'éther; il perd son ammoniaque par l'évaporation de sa solution.

Sel de potassium, $C^{10}H^{14}O^{4}.K^{2}$. — Masse emplastique, très soluble dans l'eau. Il existe un *sel acide* $C^{10}H^{15}O^{4}.K + 2H^{2}O$, qui cristallise difficilement par évaporation de sa solution aqueuse; l'alcool absolu, ou mieux l'acétone, le précipitent à froid de cette solution en aiguilles réunies en étoiles.

Sel de baryum,

$$C^{10}H^{14}O^{4}.Ba + 4\frac{1}{2} \text{ ou } 5H^{2}O.$$

— De tous les choléocamphorates, c'est celui qui cristallise le plus facilement, soit par évaporation de la solution aqueuse, soit par addition d'alcool. Il se présente en aiguilles microscopiques, réunies en faisceaux. Sur l'acide sulfurique, il perd $3H^{2}O$, le reste à 130°.

Sel de calcium, $C^{10}H^{14}O^{4}.Ca + 2H^{2}O$. — L'alcool le précipite sous forme d'un dépôt volumineux amorphe.

Sel de cuivre. — Précipité vert-bleuâtre, de composition variable, un peu soluble.

Sel de plomb, $C^{10}H^{14}O^{4}.Pb + 3H^{2}O$. — Précipité blanc, fibrineux, insoluble dans l'eau.

Sel d'argent, $C^{10}H^{14}O^{4}.Ag^{2}$. — Précipité blanc, d'aspect fibrineux. A. Henninger.

CHOLESTÉRINE. — La cholestérine présente le pouvoir rotatoire à gauche. D'après O. Hesse [*Liebig's Ann. Chem.*, t. CXCII, p. 175], ce pouvoir serait à 15° : $[\alpha]_D = -31°$ en solution éthérée, et $[\alpha]_D = -36,61$ en solution chloroformique. Le même auteur fixe le point de fusion de la cholestérine à 145-146°.

Lorsque l'on ajoute à une solution de cholestérine dans le sulfure de carbone, du brome jusqu'à ce qu'il ne soit plus décoloré, on obtient un dibromure $C^{26}H^{44}OBr^{2}$ que l'on purifie par cristallisation dans l'éther. Il forme de fines aiguilles incolores, insolubles dans l'eau, peu solubles dans l'alcool, solubles dans l'éther. L'hydrogène naissant en régénère la cholestérine. [Moldenhauer et Wislicenus, *Zeitschr. Chem.*, 1868, p. 122].

Le chlorure d'acétyle réagit sur la cholestérine en donnant l'acétate de cholestéryle. Ce sont des aiguilles incolores, fondant à 92°.

D'après Lœbisch [*Deutsch. chem. Gesellsch.*, 1872, p. 510], l'ammoniaque alcoolique réagit en vase clos sur le chlorure de cholestéryle en donnant la cholestérylamine $C^{26}H^{43}AzH^{2}$. Celle-ci peut cristalliser dans l'alcool en lamelles irisées fondant à 104°.

Walitzky [*Bull. Soc. chim.*, t. XXVII, p. 262] n'a pas obtenu d'amine dans cette réaction. L'ammoniaque agit sur le chlorure de cholestéryle entre 160 et 220° comme la potasse et la soude, en produisant des hydrocarbures amorphes et une petite quantité d'un corps cristallisé répondant à la formule $(C^{26}H^{42})^{2}HCl$, et se décomposant sans fondre à 230°. Le carbure, $C^{26}H^{42}$, peut être obtenu par l'action de l'éthylate de sodium sur le chlorure de cholestéryle. Il cristallise en aiguilles.

En réduisant le chlorure de cholestéryle par l'amalgame de sodium, le même auteur a obtenu le carbure $C^{26}H^{44}$ en cristaux groupés, fondant à 90°.

L'acide iodhydrique fumant donne un hydrocarbure $C^{26}H^{42}$, amorphe, fondant à 68°, soluble dans l'éther, précipitable par l'alcool.

D'après Walitzky, le sodium agit à la longue et à froid sur la cholestérine parfaitement sèche et privée de son eau de cristallisation en donnant des produits résineux, contrairement à ce qu'avait annoncé Lindenmeyer. En chauffant, on obtient un carbure amorphe, soluble dans l'éther, insoluble dans l'alcool. Il renferme $C^{26}H^{42}$, et parait identique avec le carbure formé par l'action des acides sulfurique et iodhydrique. Walitzky le désigne sous le nom de *cholestène*.

Ces diverses réactions semblent établir que la cholestérine n'est pas un véritable alcool et est plutôt comparable aux hydrates de terpène.

L'aniline, la paratoluidine, la naphtylamine, chauffées six heures à 180° avec du chlorure de cholestéryle en tubes scellés, s'y combinent en donnant naissance à des bases complexes [Walitzky, *Bull. Soc. chim.*, t. XXX, p. 536].

La cholestéryle-aniline, $C^{26}H^{43}.AzHC^{6}H^{5}$, fond à 187°; elle est peu soluble dans l'alcool bouillant et l'éther, très soluble dans le sulfure de carbone, d'où elle se dépose sous forme de plaques rectangulaires; ses sels sont facilement décomposés par l'eau et l'alcool; ils se précipitent lorsqu'on ajoute quelques gouttes d'acide dans la solution de cholestéryle-aniline dans l'éther.

La cholestéryle-paratoluidine, ressemble beaucoup à la précédente. Elle fond à 172°. La cholestéryle-naphtylamine fond à 202°. Elle est moins soluble dans le sulfure de carbone. Ses sels se forment et se comportent comme ceux de la cholestéryle-aniline.

L'oxydation de la cholestérine au moyen de l'acide chromique a fourni à Loebisch un acide voisin des acides biliaires, qui, séché à 120°, répond à la formule $C^{24}H^{40}O^{6}$. Voici comment il opère : on fait bouillir pendant douze heures 50 grammes de cholestérine, 5 grammes de dichromate de potassium et 10 grammes d'acide sulfurique dissous dans vingt fois son poids d'eau. Le produit est chauffé à 100° avec de l'acide chlorhydrique concentré, puis lavé à grande eau pour le débarrasser des sels de chrome. Le résidu est dissous dans l'ammoniaque et reprécipité par un acide. Le corps ainsi obtenu est soluble dans l'éther, l'alcool, l'acide acétique chaud et dans une grande quantité d'eau bouillante. Il est doué de propriétés légèrement acides. Les sels de calcium, de baryum ($C^{24}H^{38}BaO^{6}$), d'argent, s'obtiennent en précipitant la solution ammoniacale de l'acide par les sels métalliques correspondants [Lœbisch *Deutsch. chem. Gesellsch.*, 1872, p. 510]; Latschinoff [*Bull. Soc. chim.*, t. XXVII, p. 456], n'a pas eu de résultats précis en oxydant la cholestérine. Il a séparé une série d'acides possédant les formules :

$C^{26}H^{42}O^{4}$, acide cholestérique;
$C^{26}H^{42}O^{5}$, acide oxycholestérique;
$C^{26}H^{42}O^{6}$, acide dioxycholestérique;
$C^{26}H^{42}O^{7}$, acide trioxycholestérique.

Tous ces acides sont solubles dans l'ammoniaque et forment avec les métaux des précipités insolubles.

L'oxydation de l'éther acétique de la cholestérine a fourni des résultats plus nets; en faisant agir le permanganate de potassium sur une solution acétique d'acétate de cholestérine, Latschinoff a obtenu un corps fusible à 77° qui est l'éther diacétique de la trioxycholestérine.

L'acide nitrique réagit sur la cholestérine en solution acétique, en donnant l'éther nitreux de la trioxycholestérine, qui se présente sous forme de plaques minces, nacrées, se décomposant à 185° [Latschinoff, *Bull. Soc. chim.*, t. XXX, p. 536].

Lorsqu'on projette de la cholestérine en poudre sur de l'acide azotique fumant, elle se convertit en gouttelettes liquides qui, dissoutes dans l'alcool bouillant, abandonnent un corps cristallisé en fines aiguilles qui ont pour composition

$C^{26}H^{42}(AzO^2)^2O$. La dinitrocholestérine fond à 120-121°.

Le chlorure de cholestéryle, traité de même, se transforme en chlorure de nitrocholestéryle, $C^{26}H^{42}(AzO^2)Cl$, qui cristallise dans l'alcool bouillant en aiguilles incolores, fusibles à 148-149°.

ISOCHOLESTÉRINE — Hartmann a montré que le suint renferme de la cholestérine; il contient en outre un isomère de cette substance, l'isocholestérine. Pour l'isoler, on traite le suint par l'alcool bouillant; la cholestérine (15 °/₀) se dissout, et le résidu renferme des acides gras et l'isocholestérine, que l'on peut séparer en la transformant en éther benzoïque [*Deutsch. chem. Gesellsch.*, 1873, 251].

L'isocholestérine fond à 137-138° et se volatilise sans altération. Elle cristallise dans l'acétone ou dans l'éther sous forme de fines aiguilles transparentes, tandis qu'elle se dépose de sa solution alcoolique sous forme d'une masse gélatineuse.

Le mélange de cholestérine et d'isocholestérine fond à 10 ou 15° plus bas que chacune d'elles isolément.

Traitée par le perchlorure de phosphore, l'isocholestérine se transforme en une masse brunâtre très fusible, qui, reprise par l'eau, laisse le chlorure d'isocholestérine $C^{26}H^{43}Cl$, soluble dans l'éther, peu soluble dans l'alcool, insoluble dans l'eau.

Le chlorure d'acétyle la transforme en acétate d'isocholestérine, masse blanche, amorphe, soluble dans l'alcool.

Le benzoate d'isocholestérine, peu soluble dans l'alcool bouillant, est soluble dans l'acétone et l'éther d'où il se dépose en faisceau d'aiguilles brillantes. M. Hanriot.

CHOLESTÉRIQUE (ACIDE). — Voyez t. I, p. 882, et Suppl., p. 352 et 479.

CHOLESTÉRONE. — Voyez t. I. p. 883.

CHOLESTÉRYLÈNE. — Voyez t. I, p. 883.

CHOLÉTÉLINE. — Voyez BILE, p. 354.

CHOLINE. — Elle est identique avec la névrine.

CHOLOCHLORINE. — Syn. de BILIVERDINE.

CHOLOÏDANIQUE (ACIDE). — Il est identique avec l'*acide choléocamphorique* (voir ce mot, p. 478).

CHONDRINE. — Voyez t. I, p. 884. — D'après les recherches de Schæfer, les enveloppes de différentes espèces de tuniciers, chauffées sous pression avec de l'eau, fournissent de la chondrine [*Ann. Chem. Pharm.*, t. CLX, p. 330; *Bull. Soc. chim.*, t. XVII, p. 371].

En solution légèrement alcaline, la chondrine possède un pouvoir rotatoire de —213,5°; après addition du même volume d'une solution de soude caustique, ce pouvoir devient —552° [De Bary, *Bull. Soc. chim.*, t. VI, p. 247].

La chondrine chauffée avec de l'hydrate de baryum, se dédouble en un mélange de composés amidés dans lequel il n'existe pas de glycocolle. Ce mélange est formé d'alanine, de butalanine, et d'acides amidés supérieurs de la formule

$$C^nH^{2n-1}AzO^2 \text{ et } C^nH^{2n-1}AzO^4$$

[Schützenberger et Bourgeois, *Bull. Soc. chim.*, t. XXV, p. 146].

Les acides concentrés et le suc gastrique dédoublent la chondrine en une matière que l'on a appelée *chondroglucose*. Les recherches récentes démontrent que ce chondroglucose est une substance azotée.

CHONDROGLUCOSE [Syn. *Acide chondroïtique*]. — Bœdecker avait obtenu cette substance en dédoublant la chondrine par l'acide sulfurique ou par le suc gastrique. Il l'avait envisagée comme un glucose difficilement cristallisable et difficilement fermentescible. D'après Bœdecker, la fermentation de cette matière fournirait deux nouveaux glucoses, dont un seul serait fermentescible.

Petri a soumis le chondroglucose à une nouvelle étude, et il a démontré qu'il est formé d'un mélange de *deux acides azotés*. Nous adoptons donc le premier nom de Bœdecker, *acide chondroïtique*.

Pour préparer l'acide chondroïtique, on fait bouillir de la chondrine avec de l'acide sulfurique à 1 °/₀, en faisant traverser le liquide par un courant de vapeur d'eau. Lorsque toute la chondrine est décomposée, on a une liqueur opalescente, que l'on précipite par le carbonate de baryum pour enlever l'acide sulfurique; en même temps, une substance analogue à la syntonine se dépose. On enlève l'excès de baryte par l'acide sulfurique. Le liquide renferme encore des peptones que l'on précipite par le chlorure mercurique. Le liquide filtré additionné d'alcool fournit un dépôt que l'on lave à l'alcool, et que l'on dissout de nouveau dans l'eau. La solution est traitée par l'hydrogène sulfuré pour en éliminer le mercure, puis l'on précipite par l'alcool, on redissout dans l'eau et l'on répète la précipitation plusieurs fois.

Ainsi préparé, l'acide chondroïtique est un précipité blanc formé de petites sphères. Lorsqu'on le laisse en contact avec l'alcool pendant longtemps, il perd de l'eau, devient transparent, et acquiert une structure cristalline. Ces cristaux sont ou des fines aiguilles ou des tables rhombiques.

La solution aqueuse d'acide chondroïtique est visqueuse; elle offre une réaction acide et elle donne un précipité jaune avec le chlorure d'or. L'alcool et l'acétate de plomb la précipitent. Avec le tannin, le chlorure de platine et les sels d'argent et de mercure, elle ne donne pas de dépôt, mais, si on la fait bouillir avec les sels de ces métaux en présence d'un alcali, il y a réduction du sel métallique. Elle est lévogyre : $[\alpha]_D = -45°,5$ (de Bary).

Lorsqu'on fait bouillir sa solution avec du carbonate basique de cuivre, on obtient deux sels cuivriques; l'un d'eux reste dissous. La solution est acide et fournit par évaporation des aiguilles microscopiques vertes. Les alcalis colorent la solution en violet. L'autre sel est amorphe et insoluble dans l'eau, soluble dans les acides avec une coloration jaune, dans les alcalis avec une coloration violette. De ces deux sels on peut séparer les acides [R. Petri, *Deutsch. chem. Gesellsch.*, 1879, p. 267. M. Wassermann.

CHONDROARSENITE (Min.). — Petits grains translucides, jaunes ou rougeâtres, fragiles; arséniate de manganèse hydraté avec un peu de chaux et de magnésie.

CHONDROGÈNE (MATIÈRE). — Substance fondamentale des cartilages que l'eau bouillante transforme en chondrine.

CHONDROGLUCOSE. — Voyez CHONDRINE.

CHONDROÏTIQUE (ACIDE). — Voyez CHONDRINE.

CHRISTIANITE (Min.) [Syn. *Phillipsite*, Lévy, harmotome de Marbourg, harmotome de chaux]. — Silicate hydraté d'alumine de chaux et de potasse, dans lequel les rapports d'oxygène de $(R,R^2)O : Al^2O^3 : SiO^2 : H^2O = 1 : 3 : 8 : 5$. Petits cristaux, presque toujours groupés en forme de croix, d'un blanc de lait, d'un éclat vitreux, se trouvant dans les cavités des rochers amygdaloïdes ou basaltiques et dans les laves anciennes sur la côte ouest d'Islande, à Stempel, près Marbourg, au Kaiserstuhl, etc.

Caractères. — Fait gelée avec l'acide chlorhydrique. Au chalumeau, se gonfle et fond en un émail blanc.

Dureté, 4 à 4,5, poussière blanche. Densité, 2,2.

Forme cristalline. — Prismes orthorhombiques de 111°15'; $b^{1/2}m = 147°30'$. Les cristaux sont habituellement maclés de manière que leurs faces *p* fassent entre elles un angle de 90°. Clivages peu nets, g^1 et *p*.

Le nom de christianite a été donné à cette espèce par Des Cloizeaux pour, éviter la confusion avec la phillipsite (cuivre panaché).

CHRISTIANITE (Min.). — Syn. d'ANORTHITE.

CHRISTOPHITE (Min.). — Variété de blende noire brillante renfermant 18 °/₀ de fer, trouvée à Breitenbrunn, près de Johanngeorgenstadt (Bohême).

CHROME. — Em. Zettnow prépare le chrome cristallisé en suivant le procédé de Woehler, qui consiste à réduire le chlorure de chrome par le zinc; mais il remplace le chlorure chromique par le chlorure double de chrome et de potassium. On prépare ce chlorure double en décomposant 100 gr. de dichromate de potassium par l'acide chlorhydrique, ajoutant 100 à 180 gr. de chlorure de potassium et évaporant à sec. Le résidu, fortement desséché dans un creuset, est mélangé avec 200 gr. de zinc et conservé dans des flacons bien bouchés pour être introduit par portions successives dans un creuset chauffé au rouge clair. Quand toute la masse est entrée en fusion, on brasse le mélange et on maintient le feu pendant 30 à 45 minutes. Le culot métallique qu'on trouve au fond du creuset, après refroidissement, est traité par l'acide azotique étendu, qui dissout le zinc et laisse le chrome cristallisé [*Poggend. Ann.*, t. CXLIII, p. 477].

On obtient le chrome amorphe en chauffant à 350°, dans un courant d'hydrogène, l'amalgame de chrome, qui se prépare par l'action de l'amalgame de sodium pâteux sur une solution concentrée de chlorure chromique. Débarrassé du sodium en excès, par l'eau bouillante, cet amalgame est liquide et se recouvre à l'air d'une couche d'oxyde [Moissan, *Bull. Soc. chim.*, t. XXXI, p. 149].

BIOXYDE DE CHROME, CrO^2 ou CrO^3, Cr^2O^3. — Voir *Chromate de chrome*, p. 485.

ACIDE CHROMIQUE. — E. Duvillier prépare cet acide en décomposant le chromate de baryum par l'acide azotique. On délaye 100 p. de chromate de baryum dans 100 p. d'eau, et on y ajoute peu à peu 140 p. d'acide azotique à 40° Baumé, puis 200 p. d'eau. On fait bouillir, et, après quelque temps, on sépare, par décantation, la solution rouge de l'azotate de baryum déposé, on l'évapore au volume de l'acide azotique employé, on sépare de nouveau les cristaux d'azotate de baryum, puis l'on chasse par évaporation l'acide azotique en excès et l'on fait cristalliser l'acide chromique dans l'eau [*Compt. rend.*, t. LXXV, p. 711].

Chauffé avec précaution, l'acide chromique pur peut être fondu sans décomposition. Il cristallise, par le refroidissement, à 170-172°; pendant la cristallisation, le thermomètre remonte à 193°. La densité de l'acide chromique cristallisé est égale à 2,78; celle de l'acide fondu est égale à 2,80 (Zettnow).

Une solution saturée d'acide chromique, qui en renferme 62,23 °/₀, a pour densité 1,7028. Voici les densités observées par Zettnow pour des solutions moins concentrées à 18-20° :

Densité.	Acide °/₀.	Densité.	Acide °/₀.
1,3441	37,80	1,1569	19,33
1,2191	32,59	1,0957	12,84
1,2027	31,83	1,0679	8,79

CHLORURE CHROMIQUE. — Densité = 2,357 à 17°,2 [F. W. Clarke, *Silliman's Amer. Journ.*, (3), t. XIV, p. 281].

Chloroplatinate de chrome,

$$Cr^2Cl^6, 2PtCl^4 + 21H^2O.$$

— Prismes volumineux brillants, d'un vert sombre, très déliquescents [Nilson, *Bull. Soc. chim.*, t. XXVII, p. 208].

Chloroplatinite de chrome,

$$Cr^2Cl^6, 3PtCl^2 + 18H^2O.$$

— Petits prismes rouges [Nilson, *loc. cit.*, p. 212].

MONOCHLORHYDRINE CHROMIQUE,

$$CrO^2 <^{Cl}_{OH}.$$

— Elle est inconnue, mais on connaît son sel de potassium, qui a été décrit (t. I, p. 894) sous le nom de bichromate de chlorure de potassium et le sel de magnésium correspondant. Le composé signalé ci-dessous $Cr^3O^6Cl^2$ en constitue le sel chromeux

$$CrO^2 <^{Cl}_{O-Cr-O} {}^{Cl}> CrO^2$$

(voir *Chromates*, p. 485).

ACIDE CHLOROCHROMIQUE (*chlorure de chromyle; dichlorhydrine chromique*), CrO^2Cl^2. — Purifié par plusieurs distillations dans un courant de gaz carbonique, il bout à 116°,8, sous une pression de 733mm. Densité à 25° = 1,970 [T.-E. Thorpe, *Journ. chem. Soc.*, (2), t. VI, p. 514]. Il se décompose spontanément, à la longue, en chlore et bioxyde de chrome. Chauffé à 180°, il se convertit en chlorochromate de chrome $Cr^3O^6Cl^2$, en perdant du chlore [Thorpe, *loc. cit.*, t. VIII, p. 31].

Le trichlorure de phosphore exerce sur la dichlorhydrine chromique une action très énergique, avec production de lumière et quelquefois avec explosion. Cette action a lieu d'après l'équation

$$4\,CrO^2Cl^2 + 6\,PCl^3 = 2\,Cr^2Cl^6 + PCl^5 + 3\,POCl^3 + P^2O^5$$

[Michaelis, *Journ. prakt. Chem.* (2), t. IV, p. 449].

L'action de l'ammoniaque est également violente, même à 0°; elle est plus calme si l'on dissout la dichlorhydrine dans l'acide acétique cristallisable, ou dans le chloroforme; dans le premier cas, l'acide acétique prend part à la réaction et l'on obtient de l'acétate de chrome, du sel ammoniac, de l'azote et de l'acétamide. Dans le second cas, on obtient un sel brun, incristallisable, peu soluble dans l'eau et qui constitue un chromate chromoso-ammonique $Cr^3O^6(OAzH^4)^2$ soit

$$CrO^2 <^{AzH^4}_{O-Cr-O} {}^{AzH^4}> CrO^2.$$

J. Heintze espérait, par ces réactions, arriver à l'amide chromique,

$$CrO^2 <^{AzH^2}_{AzH^2}$$

[*Journ. prakt. Chem.* (2), t. IV, p. 212].

L'action de la dichlorhydrine chromique sur les matières organiques est à la fois oxydante et chlorurante. Pour modérer l'énergie de la réaction, Carstanjen a recommandé d'employer la solution de ce corps dans l'acide acétique cristallisable, qui n'est pas attaqué à froid [*Deutsch. chem. Gesellsch.*, 1869, p. 632]. Etard a étudié le sens de ces réactions qui, d'une manière générale, ont lieu d'après l'équation de décomposition

$$4\,CrO^2Cl^2 = Cr^2Cl^6 + 2\,CrO^3 + O^2 + Cl^2.$$

Il a signalé notamment, parmi les produits de la réaction du chlorure de chromyle sur la benzine, la quinone, sur la nitrobenzine, la nitroquinone, sur le nitrotoluène, la nitrotoluquinone; le chloroforme fournit de l'oxychlorure de carbone. L'acide acétique, qui reste inaltéré à froid, donne lieu à 100°, sous pression, à un acétochromate de chrome hydraté

$$Cr^2O^7 < \begin{matrix} Cr^2(C^2H^3O^2)^5 \\ Cr^2(C^2H^3O^2)^5 \end{matrix} + 8\,H^2O$$

[*Compt. rend.*, t. LXXXIV, p. 391; *Bull. Soc. chim.*, t. XXVII, p. 249, et t. XXVIII, p. 275].

Lorsqu'on fait réagir le chlorure de chromyle en solution sulfocarbonique sur le toluène, le xylène, l'éthylbenzine et d'autres carbures de la série aromatique, on constate d'abord la formation de produits d'addition renfermant à la fois les éléments de 1 molécule de l'hydrocarbure et ceux de 2 molécules de chlorure de chromyle. Par l'action de la chaleur, ces produits d'addition perdent de l'acide chlorhydrique; par l'action de l'eau, ils se dédoublent en acide chlorhydrique, sesquioxyde de chrome et aldéhydes. C'est un nouveau mode de formation des aldéhydes que Étard a signalé dans cette réaction [*Thèses de la Faculté des Sciences de Paris*, 1880]. C'est ainsi qu'il a obtenu par l'action du chlorure de chromyle sur le toluène le composé

$$C^6H^5\text{-}CH^3, 2\,CrO^2Cl^2,$$

qui perd, lorsqu'on le chauffe, $2\,HCl$, pour se transformer en $C^6H^5\text{-}CH\,(CrO^2Cl)^2$. Traités par l'eau, l'un et l'autre composé fournissent de l'essence d'amandes amères.

$$1.\quad C^6H^5\text{-}CH < \begin{matrix} HO \\ O \\ O \\ HO \end{matrix} \begin{matrix} > CrCl^2 \\ \\ > CrCl^2 \end{matrix} + H^2O$$

$$= 4\,HCl + 2\,CrO^3 + C^6H^5\text{-}CHO.$$

$$2.\quad C^6H^5\text{-}CH < \begin{matrix} OCrOCl \\ OCrOCl \end{matrix} + H^2O$$

$$= 2\,HCl + 2\,CrO^3 + C^6H^5\text{-}CHO.$$

Par l'action du chlorure de chromyle sur le chlorure de benzyle, il se forme pareillement de l'aldéhyde benzoïque. Dans le cas du parabromotoluène, on obtient l'aldéhyde benzoïque parabromée qui se transforme facilement, par oxydation, en acide parabromobenzoïque. Le xylène a donné l'aldéhyde

$$C^6H^4 < \begin{matrix} CH^3 \\ CHO \end{matrix};$$

l'éthylbenzine, l'aldéhyde phénylacétique

$$C^6H^5\text{-}CH^2\text{-}CHO,$$

fusible au-dessous de 10° et bouillant à 192-193°; la propylbenzine, l'aldéhyde hydrocinnamique $C^6H^5\text{-}CH^2\text{-}CH^2\text{-}CHO$, bouillant vers 208°. Le cymène, préparé avec l'essence de térébenthine, a fourni l'aldéhyde isocuminique $C^{10}H^{12}O$, fusible à 80°, bouillant à 220°.

SULFURES DE CHROME. — *Sesquisulfure de chrome.* — On l'obtient en paillettes noires conservant la forme du chlorure chromique violet, lorsqu'on chauffe ce dernier à 440° dans un courant d'hydrogène sulfuré. Il se produit à l'état amorphe, brun, lorsqu'on chauffe le sesquioxyde de chrome dans un courant d'hydrogène sulfuré; si le sesquioxyde a été calciné à 440°, il n'est pas attaqué [Moissan, *Compt. rend.*, t. XC, p. 817].

Protosulfure, CrS. — Calciné à l'abri de l'air, ou dans un courant d'hydrogène, le sesquisulfure perd du soufre et se convertit en protosulfure. Celui-ci se produit aussi par l'action de l'hydrogène sulfuré sur le chlorure chromeux, dont il conserve l'aspect micacé.

Introduit dans du sulfure de potassium fondu, le protosulfure de chrome s'y combine et, lorsqu'on reprend la masse fondue par l'eau, celle-ci dissout le sulfure de potassium en excès et laisse une poudre cristalline rouge, inaltérable en présence du sulfure alcalin, mais décomposable par l'eau pure (Moissan).

SESQUISÉLÉNIURE DE CHROME, Cr^2Se^3. — Moissan l'a obtenu en chauffant le sesquioxyde de chrome dans la vapeur de sélénium, entraînée par un courant d'hydrogène ou d'azote. C'est une poudre amorphe, brun marron, difficilement attaquable par les acides. On l'obtient à l'état cristallin par l'action de l'hydrogène sélénié sur le chlorure chromique.

Protoséléniure de chrome, $CrSe$. — Poudre noire résultant de la décomposition du sesquiséléniure par la chaleur.

SELS DE CHROME

SULFATE CHROMIQUE. — Pour préparer ce sel, Etard dirige des vapeurs d'éther dans une solution de 100 p. de dichromate de potassium dans 225 p. d'eau et 150 parties d'acide sulfurique. On obtient ainsi une masse cristalline composée de lamelles inaltérables à l'air et renfermant $(SO^4)^3Cr^2 + 18\,H^2O$. Ce sel perd $12\,H^2O$ à 100° et se transforme en une masse déliquescente, qui ne se déshydrate complètement qu'au rouge naissant et qui constitue la modification verte. Ce passage de la modification violette à la modification verte paraît, en général, être dû à une déshydratation; en effet, il peut être provoqué par les agents déshydratants tels que l'acide sulfurique concentré, le trichlorure de phosphore, etc. [*Compt. rend.*, t. LXXXIV, p. 1089]. Etard a aussi constaté que l'azotite de potassium, ainsi que le sulfocyanate, provoquent la transformation inverse [*loc. cit.*, t. LXXX, p. 1306].

ALUN DE CHROME. — Lielegg le prépare en décomposant le dichromate de potassium par l'acide oxalique en présence de l'acide sulfurique. La réduction ayant lieu à froid, il n'y a pas production de la modification verte [*Dingl. polyt. Journ.*, t. CCVII, p. 321]. D'après Gernez, la solution du sel vert peut fournir des cristaux lorsqu'on y introduit un cristal d'alun de chrome ou d'un autre alun [*Compt. rend.*, t. LXXIX, p. 1332].

Lecoq de Boisbaudran [*Bull. Soc. chim.*, t. XII, p. 30] a constaté que la solution du sel vert se modifie graduellement en passant au bleu verdâtre; elle renferme alors une certaine proportion de sel violet et est apte à cristalliser. De même, la solution du sel violet se modifie spontanément et passe du bleu violet au vert sale. Ainsi, les solutions violette et verte tendent vers un même état d'équilibre stable constitué par un mélange des deux modifications.

B. Franz a déterminé la densité des solutions d'alun de chrome, à 17°,5, depuis 1 jusqu'à 30 parties de sel cristallisé par 100 parties de solution [*Journ. prakt. Chem.* (2), t. V, p. 274]; nous en extrayons les résultats suivants :

Teneur.	Densité.	Teneur.	Densité.
2 %	1,0070	30 %	1,1274
10	1,0342	36	1,1637
20	1,0746		

AUTRES SULFATES DOUBLES. — Wernicke a obtenu des sulfates doubles, de la forme générale $(CrO^4)^3Cr^2 . 3\,SO^4M^2$, en fondant, pendant huit heures, l'alun de chrome, le sulfate ou l'oxyde de chrome avec un disulfate alcalin [*Poggend. Ann.*, t. CLIX, p. 572]. Ces sels doubles sont anhydres et appartiennent à la modification verte.

Ils sont insolubles dans les acides. Le *sel de potassium* se présente en aiguilles microscopiques constituant des prismes hexagonaux. Le *sel de sodium* s'obtient en cristaux plus volumineux, et le *sel de lithium* en fines aiguilles d'un gris vert.

Etard a obtenu les mêmes sels en aiguilles feutrées, d'un vert jaunâtre, en introduisant du chlorure chromique dans du disulfate de potassium ou du sodium en fusion [*Compt. rend.*, t. LXXXIV, p. 1089].

Sulfates doubles, $(SO^4)^6Cr^2(M^2)^{VI}$. — On obtient le sulfate chromico-ferrique

$$(SO^4)^6Cr^2Fe^2 . SO^4H^2$$

en dissolvant du sulfate ferreux et de l'acide chromique, molécule pour molécule, dans une petite quantité d'eau bouillante, suroxydant le fer par l'acide azotique, ajoutant un grand excès d'acide sulfurique concentré et chauffant à 200°; le sulfate double se sépare sous la forme d'un précipité cristallin jaunâtre, insoluble dans l'eau. A une température plus élevée, il perd 1 molécule SO^4H^2 et laisse le sel $(SO^4)^6Fe^2Cr^2$.

On prépare d'une manière analogue les sels doubles aluminique et manganique. Le premier $(SO^4)^6Cr^2Al^2.SO^4H^2$ est un précipité cristallin vert bleu. Le second $(SO^4)^6Cr^2Mn^2.2SO^4H^2$ cristallise en tables brunes qui perdent l'acide sulfurique en excès à une température élevée et se transforment en une poudre verte [Etard, *Compt. rend.*, t. LXXXVI, p. 1399].

Enfin, Etard a encore signalé l'existence des sulfates doubles suivants, produits en chauffant à 200° la solution sulfurique des sulfates respectifs :

$SO^4Cr^2.2SO^4Cu.SO^4H^2$	Aig. soyeuses verd.
$SO^4Cr^2.2SO^4Fe.SO^4H^2 + 2H^2O$.	Vert brunâtre.
$SO^4Cr^2.SO^4Ni.2SO^4H^2 + 3H^2O$.	Jaune verdâtre.

Sulfite chromico-potassique basique,

$$(SO^3)^2K^2Cr^2O^2 + x\,H^2O.$$

— Précipité volumineux vert produit par le mélange des solutions de sulfite de potassium et d'un sel de chrome [Berglund, *Bull. Soc. chim.*, t. XXI, p. 213].

Phosphate. — Le phosphate violet

$$(PO^4)^2Cr^2 + 10\,H^2O$$

perd 7 H^2O à 100° et se transforme en phosphate vert. Les acides sulfurique et azotique produisent la même transformation (Etard).

Composés chromammoniques. — Fremy a le premier signalé l'existence de ces composés, qu'il a nommés *amidochromiques* [*Compt. rend.*, t. XLVII, p. 883, 1858]. Ils ont été étudiés un peu plus tard par Cleve, qui a décrit principalement les combinaisons octammoniques, et tout récemment par Jœrgensen, qui a fait connaître les combinaisons décammoniques ou purpuréo-chromiques [Cleve, *Journ. prakt. Chem.*, t. LXXXVI, p. 47 (1862); *Kongl. Svenska Vet. Akad. Handl.* (1866). — Jœrgensen, *Journ. prakt. Chem.*, (2), t. XX, p. 105 (1879); et *Bull. Soc. chim.*, t. XXXIII, p. 196].

L'oxyde de chrome, non modifié par la chaleur, se dissout dans les sels ammoniacaux en présence de l'ammoniaque libre, avec une couleur d'un rose violacé. Le corps ainsi engendré peut être précipité par l'alcool. Le composé formé par le chlorure d'ammonium est d'un beau violet quand il est sec; il est soluble dans l'eau, à peine alcalin, et sa solution n'est pas précipitée par l'azotate d'argent. Soumis à l'ébullition, ce produit se dédouble en ses composants, suivant les rapports $4\,AzH^4Cl : 8\,AzH^3 : 3\,Cr^2O^3$. Une décomposition analogue, mais moins complète, a lieu à la longue au contact de l'air. Il se dépose alors un composé violet insoluble, en grains arrondis, transparents, à reflets chatoyants et renfermant $Cr^2O^3.\,2\,AzH^3 + 12\,H^2O$, ainsi que l'indique sa décomposition par l'ébullition (Fremy).

Composés octammoniques ou roséochromiques. — Le corps $Cr^2O^3.2\,AzH^3$, étant traité par les acides, donne naissance à de nouveaux dérivés, que Fremy a nommés roséochromiques; cette transformation se produit suivant l'équation

$$4\,(Cr^2O^3.Az^2H^6) + 12\,SO^4H^2$$
$$= 3\,(SO^4)^3Cr^2 + (SO^4)^3Cr^2.8\,AzH^3 + 12H^2O.$$

Les sels roséochromiques se produisent directement par l'addition d'un acide à la solution de l'oxyde de chrome dans un sel ammoniacal avec excès d'ammoniaque libre (Fremy).

Chlorure roséochromique,

$$Cr^2Cl^6.8\,AzH^3 + 2\,H^2O.$$

— C'est le sel roséochromique qui cristallise le mieux. Il s'obtient en octaèdres réguliers suivant Fremy, et est décomposé par l'eau pure en donnant un nouveau sel, qui cristallise en beaux prismes orthorhombiques, et un composé salin plus soluble. D'après Cleve, ce chlorure se dépose peu à peu, en présence de l'acide chlorhydrique concentré, sous la forme d'une poudre cristalline et, dans l'acide chlorhydrique étendu, en prismes orthorhombiques, d'un rouge foncé, à éclat vitreux, solubles dans l'eau et inaltérables à l'air. Sa solution aqueuse est neutre; soumise à l'ébullition, elle dégage de l'ammoniaque. Les cristaux se déshydratent à 100° et se décomposent à 220°.

La formule de ce chlorure peut s'écrire

$$Cr^2Cl^2(Az^2H^6)^4Cl^4,$$

car il donne facilement naissance à d'autres sels par échange de 4 atomes de chlore contre un radical acide.

Il forme un *chloroplatinate* qui renferme

$$Cr^2Cl^2(Az^2H^6)^4Cl^4, 2\,PtCl^4$$

et qui se précipite sous la forme d'une poudre cristalline d'un rouge brun. Il forme également un *chloromercurate*.

Sulfate acide, $Cr^2Cl^2(Az^2H^6)^4(SO^4H)^4 + 4\,H^2O$. — Aiguilles déliquescentes roses, obtenues en traitant le chlorure par l'acide sulfurique concentré. L'eau pure le décompose en produisant le *sulfate neutre* $Cr^2Cl^2(Az^2H^6)^4(SO^4)^2 + 2\,H^2O$ (Cleve).

Azotate, $Cr^2Cl^2(Az^2H^6)^4(AzO^3)^4 + 2\,H^2O$. — Tables hexagonales solubles dans l'eau, produites par double décomposition entre le chlorure roséochromique et l'azotate d'argent (Cleve).

Cleve a aussi fait connaître les sels roséochromiques ou octammoniques suivants :

Bromure chloré....	$Cr^2Cl^2(Az^2H^6)^4Br^4 + 2\,H^2O$.
Iodure chloré......	$Cr^2Cl^2(Az^2H^6)^4I^4 + 2\,H^2O$.
Chromate chloré....	$Cr^2Cl^2(Az^2H^6)^4(CrO^4)^2 + x\,H^2O$
Bromure............	$Cr^2Br^2(Az^2H^6)^4Br^4 + 2\,H^2O$.
Chlorure bromé ...	$Cr^2Br^2(Az^2H^6)^4Cl^4 + 2\,H^2O$.
Sulfate bromé......	$Cr^2Br^2(Az^2H^6)^4(SO^4)^2 + 2\,H^2O$.
Iodure.............	$Cr^2I^2(Az^2H^6)^4I^4 + 2\,H^2O$.

Composés décammoniques ou purpuréochromiques. — Ces composés, analogues aux sels purpuréocobaltiques, ont été obtenus par Jœrgensen en partant du chlorure chromeux : tous ceux qu'il a décrits renferment 2 atomes de chlore.

Chlorure purpuréochromique,

$$Cr^2Cl^2(AzH^3)^{10}Cl^4.$$

Pour le préparer, on réduit le chlorure chromique par un courant d'hydrogène pur et sec, au rouge sombre, dans un tube que l'on peut fermer après refroidissement dans le courant d'hydrogène. L'opération terminée, on aspire à travers le tube une solution ammoniacale de sel ammoniac (180 grammes par litre d'ammoniaque); tout le chlorure chromeux se dissout avec élévation de température, en donnant une solution bleu de ciel. En faisant passer un courant d'air dans cette solution, elle se colore en rouge de sang, et fournit alors, lorsqu'on la sursature par l'acide chlorhydrique, une poudre cristalline rouge carmin qui constitue le chlorure chloropurpuréochromique. Ce corps est accompagné de sel ammoniac coloré en jaune par une combinaison non isolée, que Jœrgensen nomme *lutéochromique*. Celle-ci se dissout avec le sel ammoniac par un lavage avec un mélange d'eau et d'acide chlorhydrique (la combinaison lutéochromique peut être précipitée de cette solution par le chlorure mercurique sous la forme de petits cristaux octaédriques, prismatiques ou tabulaires).

Le chlorure chloropurpuréochromique se produit aussi, accompagné du chlorure octammonique de Cleve, lorsqu'on précipite par l'acide chlorhydrique le produit de l'action de l'ammoniaque sur le chlorure double de chrome et d'ammonium. Pour séparer les deux chlorures, on traite leur solution aqueuse par le sulfate ammonique qui fournit, avec le chlorure octammonié, un précipité cristallin de chlorosulfate, puis on précipite le chlorure purpuréochromique par l'acide fluosilicique.

Le chlorure purpuréochromique est soluble dans 150 p. d'eau froide, avec une couleur rouge violet; il est plus soluble à l'ébullition et cristallise par le refroidissement. L'acide chlorhydrique le précipite de sa solution aqueuse en octaèdres microscopiques rouges. Une ébullition prolongée avec l'eau le transforme en une modification que Jœrgensen nomme roséochromique; l'acide chlorhydrique produit la transformation inverse, comme cela a lieu pour les combinaisons cobaltiques du même ordre.

Traitée par l'acide bromhydrique, la solution aqueuse froide de chlorure chloropurpuréochromique fournit un précipité cristallin de bromure chloré; avec l'iodure de potassium, elle donne l'iodure chloré; avec les acides, les sels correspondants. L'oxyde d'argent paraît fournir l'hydrate chloropurpuréochromique, mais celui-ci reste en solution.

Bromure purpuréochromique,

$$Cr^2Cl^2(AzH^3)^{10}Br^4.$$

— Se précipite en octaèdres microscopiques rouges, anhydres, un peu plus solubles que le chlorure dans l'eau pure.

Chloroplatinate, $Cr^2Cl^2(AzH^3)^{10}Cl^4(PtCl^4)^2$. — Précipité brun chamois, cristallin.

Chloromercurate, $Cr^2Cl^2(AzH^3)^{10}Cl^4.6HgCl^2$. — Il se précipite en aiguilles roses, anhydres, altérables à la lumière.

Bromomercurate,

$$Cr^2Cl^2(AzH^3)^{10}Br^4.5HgBr^2.$$

— Fines aiguilles violettes, très peu solubles.

Iodomercurate, $Cr^2Cl^2(AzH^3)^{10}I^4.4HgI^2$. — Petites aiguilles d'un brun chamois.

Il en existe un autre, en lamelles rhombiques d'un rouge lilas, qui renferme

$$Cr^2Cl^2(AzH^3)^{10}I^4.2HgI^2.$$

Azotate, $Cr^2Cl^2(AzH^3)^{10}(AzO^3)^4$. — Octaèdres microscopiques d'un rouge carmin, solubles à 17° dans 71 p. d'eau.

Sulfate acide,

$$Cr^2Cl^2(AzH^3)^{10} < \begin{matrix} SO^4 \\ 2SO^4H. \end{matrix}$$

— On l'obtient en traitant le chlorure par l'acide sulfurique concentré, puis ajoutant de l'eau. Le sulfate acide se dissout et cristallise lentement en longs prismes.

Sulfate neutre,

$$Cr^2Cl^2(AzH^3)^{10}(SO^4)^2 + 4H^2O.$$

— On décompose le chlorure par le carbonate d'argent et on neutralise la solution par l'acide sulfurique. Par l'addition d'alcool à la solution, le sulfate se sépare en longs prismes rouges.

Hyposulfate, $Cr^2Cl^2(AzH^3)^{10}(S^2O^6)^2$. — Longues aiguilles rouges, très peu solubles, obtenues par double décomposition.

Persulfure, $Cr^2Cl^2(AzH^3)^{10}S^{10}$. — Précipité cristallin jaune formé par l'addition de sulfure ammonique jaune, puis d'alcool, à la solution du chlorure.

Oxalate, $Cr^2Cl^2(AzH^3)^{10}(C^2O^4)^2$. — Prismes rectangulaires très peu solubles, d'un rouge cramoisi.

Ferrocyanure, $Cr^2Cl^2(AzH^3)^{10}FeCy^6 + 4H^2O$. — Cristaux confus, d'un jaune rouge, solubles dans l'eau, insolubles dans l'alcool.

CHROMITES.

Gerber a préparé les chromites suivants, en chauffant au rouge les chlorures métalliques anhydres avec le dichromate de potassium, puis lavant le produit à l'eau [*Bull. Soc. chim.*, t. XXVII, p. 435].

Chromite de baryum, Cr^2O^4Ba. — Poudre cristalline verte, dense.

Chromite de cuivre, Cr^2O^4Cu. — Poudre cristalline noire.

Chromite ferreux, Cr^2O^4Fe. — Poudre noire parsemée de petits cristaux brillants.

Chromite de magnésium, Cr^2O^4Mg. — Poudre amorphe, légère, d'un jaune sale.

Chromite de zinc, Cr^2O^4Zn. — Brun violet.

Le chlorure stanneux produit une poudre amorphe verdâtre; le chlorure de plomb, une masse cristalline noire; le chlorure de manganèse, une poudre cristalline noire.

CHROMATES.

DICHROMATE DE BARYUM, $Cr^2O^7Ba + 2H^2O$. — Il se dépose par le refroidissement sous forme cristalline lorsqu'on dissout le chromate neutre dans une solution bouillante d'acide chromique [Zettnow, *Poggend. Ann.*, t. CXLV, p. 167].

CHROMATES DE BISMUTH. — Patt. Muir a décrit un grand nombre de ces sels; les uns basiques, les autres acides. Ces derniers ne présentent dans leur composition qu'une faible différence [*Journ. chem. Soc.*, 1877, t. I, p. 24 et 645; *Bull. Soc. chim.*, t. XXVIII, p. 161 et t. XXIX, p. 215].

Dichromate de bismuthyle,

$$Cr^2O^7(BiO)^2 \text{ ou } 2CrO^3.Bi^2O^3.$$

— Précipité jaune, obtenu en précipitant l'azotate de bismuth légèrement acide par le dichromate de potassium.

Le même sel, renfermant 1 molécule H^2O, a été obtenu en traitant ce précipité d'abord par la soude, puis neutralisant de nouveau la soude par digestion avec l'acide azotique étendu. Il forme de petites aiguilles orthorhombiques, g^1, m, $b^{1/2}$, d'une couleur jaune orangé.

Tétrachromate de bismuth,

$$4CrO^3.Bi^2O^3.H^2O.$$

— Petits cristaux rouge rubis, obtenus par l'action de l'acide azotique concentré et bouillant sur le chromate de bismuthyle.

L'action de l'acide azotique plus étendu sur le chromate de bismuthyle donne naissance aux composés $7\,CrO^3.3\,Bi^2O^3$ et $11\,CrO^3.5\,Bi^2O^3$. Le premier est une poudre orangé clair, insoluble dans l'eau. Le second est une poudre dense, rouge brique.

Chromate de bismuthyle,

$$CrO^3.Bi^2O^3 \text{ ou } CrO^4(BiO)^2.$$

— Précipité rouge cinabre, obtenu en précipitant à l'ébullition l'azotate de bismuth par le chromate de potassium, ou en faisant bouillir le dichromate de bismuthyle avec un alcali.

Enfin, en traitant de même l'heptachromate mentionné plus haut, P. Muir a préparé un sel plus basique, qui renferme $2\,CrO^3.3\,Bi^2O^3$ et que Loewe a obtenu, de son côté, en précipitant une solution à peu près neutre d'azotate de bismuth par le chromate neutre de potassium.

CHROMATES DE CADMIUM. — Le sel neutre est brun et incristallisable: sa solution se dédouble par l'évaporation en sel acide qui reste dissous et en sel basique insoluble.

Le précipité produit par le sulfate de cadmium dans une solution de chromate neutre de potassium en excès, puis lavé à l'eau bouillante, renferme $CrO^4Cd.CdO + H^2O$. Si c'est le sulfate de cadmium qui est en excès, une partie de l'acide chromique est remplacée par l'acide sulfurique [Freese, *Poggend. Ann.*, t. CXL, p. 242; *Deutsch. chem. Gesellsch.*, 1869, p. 476; *Bull. Soc. chim.*, t. XIII, p. 331 et t. XIV, p. 200].

CHROMATE DE CALCIUM. — Il est soluble dans 34 p. d'eau (Schwarz).

CHROMATES DE CHROME. — L'oxyde intermédiaire CrO^2 représente un chromate basique de chrome ou chromate de chromyle

$$CrO^4(CrO)^2 \text{ ou } CrO^3.Cr^2O^3.$$

On l'obtient :

1° En décomposant l'azotate de chrome par la chaleur (Vauquelin);

2° Par la calcination de l'acide chromique ou par celle du sesquioxyde de chrome hydraté au contact de l'air (Dœbereiner);

3° Par l'action de l'acide chromique sur le sesquioxyde de chrome (Em. Kopp).

4° Par l'action de l'oxyde azotique sur le dichromate de potassium en solution aqueuse (Schweitzer); c'est le procédé qui donne le produit le plus pur.

5° En traitant l'hydrate chromique ou le chlorure chromique par le chlorure de chaux [H. Schiff, *Ann. Chem. Pharm.*, t. CXX, p. 207].

6° En évaporant un mélange d'acide oxalique, de dichromate de potassium et d'acide azotique (H. Schiff).

7° En traitant à froid une solution de dichromate de potassium par l'hyposulfite de sodium :

$$2\,Cr^2O^7K^2 + S^2O^3Na^2$$
$$= CrO^4K^2 + Cr^3O^6 + SO^4K^2 + SO^3Na^2.$$

Si l'on opère à chaud, on obtient le chromate $CrO^3.2\,Cr^2O^3 + 9\,H^2O$. Ce dernier résulte aussi des lavages prolongés de l'oxyde CrO^2 [Popp, *Ann. Chem. Pharm.*, t. CLVI, p. 90].

Le procédé de Schweitzer fournit un hydrate rouge brun, qui perd son eau à 250°. L'oxyde anhydre est une poudre hygroscopique noire.

Le chlore attaque difficilement l'oxyde CrO^2, en donnant l'oxychlorure $Cr^3O^6Cl^2$ [Hintz, *Ann. Chem. Pharm.*, t. CLXIX, p. 367].

Le chromate hydraté $CrO^3, 2\,Cr^2O^3 + 9\,H^2O$, que Popp regarde comme le plus stable des chromates de chrome, est une poudre volumineuse, d'un jaune brun foncé, hygroscopique, soluble dans les acides minéraux étendus, avec une couleur verte; difficilement soluble dans l'acide acétique. Les solutions acides sont décomposées par l'ammoniaque avec précipitation d'hydrate chromique et formation de chromate d'ammonium.

Calciné dans un creuset, cet hydrate perd d'abord de l'eau puis de l'oxygène, et laisse un sesquioxyde vert très beau ; cette réduction a lieu avec une vive incandescence.

CHLOROCHROMATE DE CHROME,

$$CrO^2 < \begin{matrix} Cl \quad . \quad Cl \\ O.Cr.O \end{matrix} > CrO^2 = Cr^3O^6Cl^2.$$

— Il correspond au chlorochromate de potassium

$$CrO^2 < \begin{matrix} Cl \\ OK \end{matrix}$$

et se produit par l'action d'une température de 180° sur la dichlorhydrine chromique $CrO^2.Cl^2$ (Thorpe) et par l'action du chlore sur le chromate de chrome (Hintz); Zettnow a obtenu un composé sans doute identique, mais auquel il assigne la formule brute $Cr^6O^{13}Cl^4$, en traitant le chlorochromate de potassium par l'acide sulfurique concentré; il accompagne dans ce cas la dichlorhydrine chromique [*Poggend. Ann.*, t. CXLIII, p. 328; *Bull. Soc. chim.*, t. XVI, p. 79].

Enfin Mac Ivor a observé sa formation en traitant la dichlorhydrine chromique par l'iode

$$3\,CrO^2Cl^2 + I^4 = Cr^3O^6Cl^2 + 4\,ClI$$

[*Chem. News*, t. XXVIII, p. 138].

Le chlorochromate de chrome est une poudre amorphe noire, déliquescente, et donnant une solution qui répand l'odeur du chlore. Traité par l'acide chlorhydrique, il fournit du chlore et du chlorure chromique. L'hydrogène le réduit à une température peu élevée, sous l'influence de la lumière, en produisant de l'acide chlorhydrique, de l'eau et du sesquioxyde de chrome.

L'ammoniaque le décompose avec production de chlorure d'ammonium et de chromate de chrome [Thorpe, *Journ. chem. Soc.* (2), t. VIII, p. 31].

Chromate chromoso-potassique,

$$CrO^2 < \begin{matrix} OK\,KO \\ O.Cr.O \end{matrix} > CrO^2.$$

— J. Heintze l'a obtenu en traitant le chlorochromate de potassium pulvérisé et sec par le gaz ammoniac. Il est insoluble dans l'alcool et cristallise dans l'eau en lamelles hexagonales, brunes et brillantes.

CHROMATE DE COBALT. — D'après Freese, le précipité obtenu par le sulfate de cobalt et le chromate neutre de potassium a pour composition $CrO^4Co.CoO + 2\,H^2O$.

CHROMATE BASIQUE DE CUIVRE. — Obtenu par double décomposition, à l'ébullition, il renferme, d'après Freese, $CrO^4Cu.2\,CuO + 2\,H^2O$; il perd $2\,H^2O$ à 260°. On obtient le même chromate basique par l'acide chromique et le carbonate de cuivre, ou bien lorsqu'on soumet le sel suivant à l'action de l'eau bouillante.

Chromate cupro-potassique,

$$(CrO^4)^3K^2Cu^2.CuO + H^2O.$$

— Se forme lorsqu'on sature le dichromate de potassium par l'hydrate de cuivre (Freese).

CHROMATE DE FER ET DE POTASSIUM,

$$(CrO^4)^4(Fe^2)K^2 + 4\,H^2O.$$

— On prépare ce sel en ajoutant du chlorure ferrique au chromate neutre de potassium, puis redissolvant le précipité dans l'acide chlorhydrique. Le sel double se dépose de la solution rouge, après plusieurs jours, en croûtes lamellaires rouges, qu'on lave rapidement avec un peu d'eau, puis successivement avec de l'alcool et de l'éther. L'eau le décompose lentement [C. Hensgen, *Deutsch. chem. Gesellsch.*, 1879, p. 1300 et 1656].

On obtient de même le sel ammoniacal.

Chromate de glucinium. — La solution de glucine de l'acide chromique est incristallisable. Le précipité produit par un sel de glucinium dans le chromate neutre de potassium est un sel basique auquel l'eau enlève encore de l'acide chromique pour laisser un sel qui renferme 13 molécules de glucine pour 1 de chromate normal [Attenberg, *Bull. Soc. chim.*, t. XIX, p. 498].

Chromate d'indium. — Voy. t. II, p. 110.

Chromates basiques de nickel. — Lorsqu'on précipite 2 molécules de sulfate de nickel par 1 molécule de chromate neutre de potassium, on obtient un précipité qui renferme

$$CrO^4Ni.2NiO + 6H^2O.$$

Si l'on intervertit ces proportions, on obtient le sel $2CrO^4Ni.3NiO + 12H^2O$. Enfin, si l'on emploie 4 molécules de chromate de potassium, on obtient le sel $CrO^4Ni.NiO + 6H^2O$. Ce sel retient à 100° 2 molécules H^2O, qu'il ne perd qu'à 300° [Freese; — E. A. Schmidt, *Ann. Chem. Pharm.*, t. CLXVI, p. 19].

Chromate ammoniacal, $CrO^4Ni.6AzH^3$. — Schmidt l'a obtenu en cristaux volumineux anhydres en versant une couche d'alcool sur la solution ammoniacale de chromate de nickel.

Chromate basique de manganèse,

$$CrO^4Mn.MnO + 2H^2O.$$

— Précipité cristallin noir, volumineux, obtenu en précipitant le chromate neutre de potassium par le sulfate de manganèse (Freese).

Chromate basique de plomb, $CrO^4Pb.PbO$. — Rosenfield prépare le *rouge de chrome* en ajoutant de l'eau à un mélange intime et chaud de 2 molécules d'oxyde de plomb et de 1 molécule de chromate neutre de potassium [*Journ. prakt. Chem.* (2), t. XV, p. 239]. Prinvault remplace l'oxyde de plomb par le carbonate et dissout le chromate de potassium dans 50 parties d'eau. Si l'on fait bouillir, on obtient un précipité violet qui constitue un sel plus basique. Traité par un acide étendu, ce précipité se convertit en rouge de chrome [*Bull. Soc. Rouen.*, 1875, p. 318].

Chromate de potassium. — *Chromate neutre*. Voici la solubilité de ce sel d'après Alluard :

100 p. d'eau	à	0°	dissolvent	58p,90	de sel.
—	—	20	—	62,94	—
—	—	50	—	69,00	—
—	—	100	—	79,10	—

Le chromate neutre est partiellement converti en dichromate par l'acide carbonique. Le chlorure d'ammonium à l'ébullition agit de même et l'on observe un dégagement d'ammoniaque [Mohr, *Zeitsch. analyt. Chem.*, 1872, p. 278].

Chromate ammoniaco-potassique,

$$CrO^4K(AzH^4) + H^2O.$$

— Ce sel se sépare par le refroidissement en longues aiguilles jaunes et brillantes, lorsqu'on mélange les solutions bouillantes de chromate de potassium neutre et de sel ammoniac. Il perd son eau en même temps que de l'ammoniaque à 100°; à 250°, il devient brun et retient encore des traces d'ammoniaque. Repris alors par l'eau, le résidu laisse du chromate de chrome et abandonne le chromate de potassium. Le même sel s'obtient lorsqu'on dissout à froid le dichromate dans l'ammoniaque [A. Étard, *Compt. rend.*, t. LXXXV, p. 442].

Chromate de potassium et sulfate de magnésium, $(SO^4Mg)^2CrO^4K^2 + 9H^2O$. — Etard a obtenu ce sel en cherchant à préparer un chromate double analogue aux sulfates doubles de la série magnésienne. Il cristallise d'un mélange de deux sels en gros prismes jaunes, clinorhombiques, modifiés suivant h^1 et g^1 et quelquefois sur les angles *a*, *e* et *o*. Il retient $4H^2O$ à 100°.

Dichromate de potassium,

$$Cr^2O^5 < \begin{matrix} OK \\ OK. \end{matrix}$$

— H. Schwarz recommande, pour sa fabrication, de chauffer au four à réverbère le fer chromé avec de la chaux et du sulfate de potassium. Le lessivage de la masse détermine la double décomposition entre le chromate de calcium formé et le sulfate de potassium [*Dingl. polyt. Journ.*, t. CXCVIII, p. 157].

Chlorochromate de potassium,

$$CrO^2 < \begin{matrix} Cl \\ OK. \end{matrix}$$

— Il prend naissance dans l'action du trichlorure de phosphore sur le dichromate :

$$10\,Cr^2O^7K^2 + 14\,PCl^3 = 6\,CrO^2 < \begin{matrix} Cl \\ OK \end{matrix}$$
$$+ 5PO^3K + 14CrO^2 + 9KCl + 9POCl^3$$

[Michaelis, *Journ. prakt. Chem.* (2), t. IV, p. 449].

Lorsqu'on traite le chlorochromate de potassium par le peroxyde d'azote, il se produit du chlorure d'azotyle; avec le cyanure de potassium, on obtient du chromate neutre et du chlorure de cyanogène (Heintze).

Chlorochromate de magnésium,

$$CrO^2 < \begin{matrix} Cl \\ O.Mg.O \end{matrix} \begin{matrix} Cl \\ \end{matrix} > CrO^2 + 9H^2O.$$

— On l'obtient par l'action de la dichlorhydrine chromique (chlorure de chromyle) sur le chromate de magnésium. C'est une masse cristalline, fusible à 66° et perdant son eau à 135°-140°.

Les *chlorochromates de cobalt, de nickel, de zinc* renferment $9H^2O$ comme le sel de magnésium et s'obtiennent de la même manière. Le premier forme de petites tables à reflets bleuâtres, fusibles à 40° et se décomposant à 114°. Le sel de nickel est bleuâtre; il fond à 46-48° et se décompose déjà vers 90°. Le sel de zinc, très déliquescent, fond à 37°,5 [Prætorius, *Liebig's Ann. Chem.*, t. CCI, p. 1].

Chlorochromate de sodium,

$$CrO^2 < \begin{matrix} Cl \\ O \end{matrix} + 2H^2O.$$

— On le prépare en ajoutant une quantité calculée de chlorhydrine chromique à une solution concentrée de chromate de sodium. Il cristallise par évaporation sur l'acide sulfurique en prismes orangés, qui fondent déjà à la température de la main et qui perdent leur eau à 100° en s'altérant (Prætorius).

Chlorochromate de baryum. — Pour le préparer, on délaye le chromate de baryum dans l'acide nitrique et l'on y ajoute une solution concentrée d'acide chromique et du chlorure de chromyle. Il forme de grands cristaux rouges, efflorescents et décomposables par une grande quantité d'eau. Ces cristaux ont pour composition

$$CrO^2 < \begin{matrix} Cl \\ O.Ba.O \end{matrix} \begin{matrix} Cl \\ \end{matrix} > CrO^2 + 2C^2H^4O^2 + 2H^2O.$$

Lorsqu'on chauffe les eaux mères de ce sel avec de l'acide chlorhydrique, elles fournissent des aiguilles dorées qui constituent le *chlorochromate chlorobarytique* :

$$CrO^2 < \begin{matrix} Cl \\ OBaCl. \end{matrix}$$

Le *sel de strontium* cristallise avec $4H^2O$ et fond à 72°. — Le *sel de calcium* renferme $5H^2O$ et fond à 56° (Prætorius).

Bromochromate de potassium,

$$CrO^2 < {OK \atop Br.}$$

— Il se dépose en cristaux d'un rouge foncé quand on ajoute de l'acide bromhydrique concentré à une solution concentrée et bouillante de dichromate. Il fournit du bromure d'azotyle par l'action du peroxyde d'azote (Heintze).

Iodochromaté de potassium,

$$CrO^2 < {OK \atop I.}$$

— On chauffe à l'ébullition, mais sans faire bouillir, du dichromate de potassium pulvérisé avec de l'acide iodhydrique concentré. L'iodochromate se dépose par le refroidissement en cristaux d'un rouge grenat. L'eau bouillante dédouble ce sel en acide iodhydrique et dichromate. L'acide iodhydrique en excès et bouillant le décompose d'après l'équation

$$2CrO^3KI + 12HI$$
$$= 3I^2 + 2KI + Cr^2I^6 + 6H^2O$$

[P. Guyot, *Compt. rend.*, t. LXXIII, p. 46].

Fluodichromate de potassium,

$$Cr^2O^5 < {OK \atop Fl.}$$

— On chauffe, dans un vase de platine, le dichromate de potassium avec de l'acide fluorhydrique concentré. Le fluochromate cristallise par le refroidissement en petits octaèdres orthorhombiques, d'un rouge rubis, translucides. Ce sel fond à une température élevée en un liquide rouge foncé. Il attaque le verre. L'eau le décompose [A. Streng, *Ann. Chem. Pharm.*, t. CXXXIX, p. 225; *Bull.Soc. chim.*, 1864. t. I, p. 348]. Varenne a obtenu ce sel en versant de l'acide fluorhydrique concentré dans une solution bouillante de dichromate de potassium et laissant refroidir la solution après concentration [*Compt. rend.*, 11 août 1879].

Nitrodichromate et *nitrotrichromate de potassium,*

$$Cr^2O^5 < {OK \atop AzO^2} \quad \text{et} \quad Cr^3O^8 < {OK \atop AzO^2.}$$

— En dissolvant le dichromate dans l'acide nitrique chaud et faisant refroidir, Darmstädter avait obtenu des cristaux auxquels il attribuait l'une ou l'autre des formules ci-dessus, suivant la quantité d'acide azotique employée. D'après les recherches toutes récentes de Wyrouboff, ces deux sels constituent du tétrachromate, contenant une petite quantité d'acide nitrique [Darmstädter, *Deutsch. chem. Gesellsch.*, 1871, p. 117; G. Wyrouboff, *Bull. Soc. chim.*, t. XXXV, p. 162].

Amidochromate de potassium,

$$CrO^2 < {OK \atop AzH^2.}$$

— Ce sel résulte de l'action du gaz ammoniac sec sur le chlorochromate de potassium en présence de l'éther :

$$CrO^2 < {OK \atop Cl} + 2AzH^3$$
$$= CrO^2 < {OK \atop AzH^2} + AzH^4Cl.$$

Il y a élévation de température et le sel devient jaune. Après 24 heures de digestion, on distille l'éther et on reprend le résidu par l'eau, qui laisse un résidu insoluble brun (Cr^2O^3. AzH^2,?). La solution aqueuse abandonne par l'évaporation l'amido-chromate en cristaux d'un rouge grenat. Ce sel se dissout dans 7p,7 d'eau froide. La soude concentrée n'en dégage l'ammoniaque qu'à l'ébullition. L'eau sous pression le dédouble en ammoniaque et dichromate. L'acide azoteux le décompose avec dégagement d'azote [J. Heintze, *Journ. prakt. Chem.*, (2), t. IV, p. 38; *Bull. Soc. chim.*, t. XVI, p. 248].

CHROMATES DE ZINC. — Le chromate neutre CrO^4Zn est un sel brun, incristallisable, dont la solution se dédouble par l'évaporation en sel basique insoluble et en un sel acide très soluble et incristallisable. D'après Freese, le sel cristallisé décrit par Knop est du sulfate de zinc coloré par du chromate.

Chromates basiques. — Philippona et Pruessen ont décrit le sel $CrO^4Zn.ZnO + 2H^2O$; c'est un précipité léger, jaune orange, obtenu en précipitant 3 molécules de sulfate de zinc par 1 molécule de chromate neutre de potassium. Le même sel, avec 1 1/2H^2O, se produit lorsqu'on traite l'hydrocarbonate de zinc par l'acide chromique [*Ann. Chem., Pharm.*, t. CXLIX, p. 92].

Le chromate basique, $CrO^4Zn.3ZnH^2O^2$, se produit lorsqu'on ajoute peu à peu du sulfate de zinc à une solution bouillante de chromate neutre de potassium; le précipité produit se redissout d'abord avec une couleur orangée, puis il persiste. Il est gélatineux et doit être lavé à l'eau bouillante. Il ne perd son eau qu'à 270° et la reprend ensuite lentement à l'air [Freese, *loc. cit.*].

Chromate de zinc et de potassium,

$$(CrO^4)^4K^2Zn^3.2ZnO + 6H^2O.$$

— Précipité jaune orange, obtenu par le sulfate de zinc et le chromate neutre de potassium en excès. L'eau bouillante le dédouble en chromate de potassium et chromate basique de zinc (Philippona et Pruessen). D'après Freese, le précipité renferme $(CrO^4)^3K^2Zn^3.2ZnO + 3H^2O$.

Chromate de zinc ammoniacal,

$$CrO^4Zn.4AzH^3 + 3H^2O.$$

— Obtenu dans les conditions indiquées par Malaguti et Sarzeaud, qui assignent à ce sel 5 molécules d'eau(1) [Bieler, *Ann. Chem. Pharm.*, t. CLI, p. 223]. Ed. Willm.

CHRYIODINE. — Substance violette soluble en bleu dans les alcalis, et que Mudler a obtenue en chauffant l'acide chrysamique avec de l'acide sulfurique concentré. Elle renfermerait

$$C^{28}H^8Az^3O^{14}(?).$$

CHRYSAMIQUE (ACIDE) (*tétranitrochrysazine*), $C^{14}H^2(AzO^2)^4(OH)^2O^2$ (voyez t. I, p. 164). — On le prépare le plus avantageusement avec l'aloès des Barbades; on agite ce dernier avec sept à huit fois son poids d'eau bouillante additionnée d'un peu d'acide chlorhydrique et l'on évapore à consistance sirupeuse; le résidu laisse déposer, après un ou deux jours, une masse grenue et cristalline qu'on sépare par expression. Les cristaux (*barbaloïne*), dont on obtient environ 20 à 25 % du poids de l'aloès employé, sont introduits dans six fois leur poids d'acide nitrique fumant. Par l'addition d'eau, il se dépose un mélange d'acide aloétique et d'acide chrysamique que l'on fait bouillir avec de l'acide nitrique; le précipité cristallin d'acide chrysamique est lavé à l'eau et purifié par cristallisation du sel potassique; on obtient de ce dernier environ un tiers de la barbaloïne employée. L'acide libre est obtenu en faisant bouillir la solution aqueuse du sel de potassium avec de l'acide acétique [W.-A.

(1) La formule indiquée t. 1. p. 895, et dans d'autres traités de chimie est erronée [Voir Malaguti et Sarzeaud, *Ann. Chim. Phys.*, (3), IX, p 441].

Tilden, *Journ. Soc. chem.*, (2), t. X, p. 488; *Bull. Soc. chim.*, t. XVIII, p. 183].

D'après les recherches de Liebermann et Giesel, l'acide chrysamique se produit également par l'action de l'acide nitrique fumant et bouillant sur la chrysazine. La tétranitrochrysazine ainsi obtenue est absolument identique avec l'acide chrysamique de l'aloès : ainsi, elle possède les mêmes propriétés optiques et présente identiquement la même forme cristalline.

On peut l'obtenir en cristaux clinorhombiques très nettement développés en faisant cristalliser lentement sa solution bouillante dans l'acide azotique dénitré. Faces m, h^1, e^1; angles $mm = 125°32'$; $e^1 e^1$ (sur p) $= 84°30'$.

Les chrysamates s'obtiennent par l'ébullition de l'acide avec les acétates correspondants et cristallisation.

Le *chrysamate de potassium*, $C^{14}H^2Az^4O^{12}K^2$, forme des aiguilles métalliques, peu solubles, anhydres.

Le *sel de calcium*, $C^{14}H^2Az^4O^{12}Ca$, est en aiguilles d'un jaune d'or.

Le *sel de magnésium*, $C^{14}H^2Az^4O^{12}Mg + 5H^2O$, est en magnifiques cristaux rouges devenant brun d'or par la dessiccation.

La différence des chiffres indiqués par Mulder pour l'eau de cristallisation des chrysamates est due à l'eau hygroscopique que ces sels retiennent énergiquement [C. Liebermann et F. Giesel, *Deutsch. chem. Gesellsch.*, 1875, p. 1643; 1876, p. 329; *Liebig's Ann. Chem.*, t. CLXXXIII, p. 174; *Bull. Soc. chim.*, t. XXVI, p. 310].

Le *chrysamate de plomb*,

$$C^{14}H^2Az^4O^{12}Pb + 4H^2O,$$

est en cristaux bronzés, polarisant fortement la lumière.

Le *sel de baryum*, $C^{14}H^2Az^4O^{12}Ba + 2H^2O$, cristallise nettement (Tilden).

Le *chrysamate d'éthyle*, $C^{14}H^2Az^4O^{12}(C^2H^5)^2$, s'obtient par l'action de l'iodure d'éthyle sur le chrysamate d'argent. Lamelles jaunâtres, solubles dans la benzine (Stenhouse).

Acide benzoylchrysamique. — Prismes jaunes, insolubles dans les dissolvants ordinaires et que l'on obtient en traitant l'acide chrysamique par le chlorure de benzoyle.

HYDROCHRYSAMIDE (*Tétramidochrysazine*). t. II, p. 70. $C^{14}H^4(AzH^2)^4O^4$. — Schunck, qui a découvert l'hydrochrysamide, lui avait attribué la composition $C^{14}H^2(AzH^2)^3(AzO^2)(OH)^2O^2$. Cette formule rendait inexplicable la résistance de l'hydrochrysamide aux agents de réduction les plus énergiques; la solution bleue de l'hydrochrysamide est, à la vérité, décolorée par les agents réducteurs; mais la couleur bleue reparaît au contact de l'air; c'est là le résultat de l'hydrogénation du groupe quinonique. La nouvelle formule fait disparaître cette anomalie, tout en exprimant exactement les résultats des analyses.

On prépare avec avantage l'hydrochrysamide en modifiant légèrement la méthode de Schunck [*Ann. Chem. Pharm.*, t. LXV, p. 234]. Dans une solution faiblement alcaline de sulfhydrate de sodium (densité 1,05), on introduit autant de chrysamate de potassium qu'il peut s'en dissoudre à froid (environ 30 grammes par litre). La réaction commence d'elle-même, on l'entretient en chauffant rapidement à l'ébullition; on filtre et l'on abandonne la solution à un refroidissement lent. Le liquide se prend en une masse d'aiguilles douées de reflets cuivreux; on les lave sur le filtre, pendant quelques jours, à l'eau, puis à l'acide acétique; on les sèche et on les débarrasse, au moyen du sulfure de carbone, d'une certaine quantité de soufre qu'elles renferment. On obtient ainsi environ 72 % du rendement théorique sans compter ce qui reste dans les eaux mères (10 % environ).

L'hydrochrysamide se dissout dans l'acide sulfurique; l'addition d'une petite quantité d'eau la précipite sous forme de sulfate en longues aiguilles jaunes, qui n'ont pu être analysées [C. Liebermann et F. Giesell, *Mém. cité*].

L'*acide amido-chrysamique* de Schunck, ou *chrysamide* de Mulder, est une combinaison du même ordre que la combinaison ammoniacale de l'imide chrysophanique ; elle forme également un sel soluble barytique, et elle est précipitée sans altération par les acides étendus froids, tandis que les acides concentrés et chauds la transforment en acide chrysamique; sa formule doit être écrite

$$C^{14}H^3(AzO^2)^4AzH.O^2.AzH^3$$

[C. Liebermann et O. Fischer, *Deutsch. chem. Gesellsch.*, 1875, p. 1102; *Bull. Soc. chim.*, t. XXV, p. 423].

L'acide chrysamique diffère de l'acide tétranitrochrysophanique par CH^2 en moins; il est par contre en relation directe avec l'anthracène et une dioxyanthraquinone (chrysazine). J. Tcherniac.

CHRYSANILINE. — Syn. *Jaune d'aniline*, t. I, p. 328.

CHRYSANISIQUE (ACIDE) (voyez t. I, p. 898). — Ce corps doit être envisagé comme un acide *dinitroparamidobenzoïque* de la formule

$$C^7H^5Az^3O^6$$
$$= C^6H^2(CO^2H)_{(1)}(AzO^2)_{(3)}(AzH^2)_{(4)}(AzO^2)_{(5)}.$$

H. Salkowski a montré, en effet, qu'il subit les transformations suivantes, qui ne laissent aucun doute sur sa véritable nature :

1° L'étain et l'acide chlorhydrique le convertissent en acide triamidobenzoïque

$$C^7H^3(AzH^2)^3O^2,$$

qui par la distillation se dédouble en gaz carbonique et triamidobenzine (1.2.3) (t. II, p. 795).

2° L'acide chlorhydrique concentré donne, à 210°, un acide trichlorobenzoïque (Suppl. p. 320).

3° Lorsqu'on dirige de l'acide azoteux dans une solution aqueuse et bouillante d'acide chrysanisique, on obtient un acide dinitroparaxybenzoïque $C^7H^3(AzO^2)^2(OH)O^2$ (t. II, p. 773).

4° La potasse bouillante donne lieu à la même transformation [H. Salkowski, *Ann. Chem Pharm.*, t. CLXIII, p. 1].

5° La dinitroparatoluidine, oxydée par l'acide chromique, fournit de l'acide chrysanisique [Friederici, *Deutsch. chem. Gesellsch.*, 1878, p. 1975].

L'acide chrysanisique constituant l'acide dinitroparamidobenzoïque, il était difficile de concevoir comment il pouvait se former par la nitratation directe de l'acide anisique, et, en effet, d'après les expériences de Salkowski, cette réaction ne fournit point d'acide chrysanisique, mais un acide dinitroanisique; l'ammoniaque, que l'on faisait intervenir dans la préparation, transforme ce dernier en acide chrysanisique, d'après l'équation

$$\underset{\text{Acide dinitroanisique.}}{C^7H^3(AzO^2)^2(OCH^3)O^2} + AzH^3$$
$$= CH^3.OH + \underset{\text{Acide chrysanisique.}}{C^7H^3(AzO^2)^2(AzH^2)O^2}.$$

Cette réaction s'accomplit très facilement. On obtient, en outre, dans la préparation de l'acide chrysanisique plusieurs produits secondaires, parmi lesquels Engelhardt et Latschinoff signalent le dinitro- et trinitrophénate de méthyle, un acide dinitrophtalique et l'acide picrique [*Zeitschr. Chem.*, 1871, p. 262].

L'acide chrysanisique fond à 259°. L'anhydride acétique bouillant, mais non le chlorure d'acétyle, le convertit en un dérivé acétylé,

$$C^7H^3(AzO^2)^2(AzH.C^2H^3O)O^2,$$

que l'on purifie par cristallisation dans l'alcool ou l'acide acétique. Aiguilles incolores, fusibles à 270° en se décomposant [H. Salkowski, *Deutsch. chem. Gesellsch.*, 1877, p. 1696].

A. Henninger.

CHRYSAROBINE, $C^{30}H^{26}O^7$. — Le nom de chrysarobine a été donné par Attfield à la moelle de l'*Araroba*, légumineuse employée sous les noms de *poudre de Goa*, *d'Araroba*, ou *de Bahia*, comme médicament dans les affections cutanées parasitaires. Attfield avait proposé la poudre de Goa comme la source la plus abondante d'acide chrysophanique, dont elle renfermerait près de 84 °/₀ [*Pharm. Journ. Transact.* (3), t. V, p. 721; — F.-M. Holmes, *ibid.*, p. 801]. Mais, d'après C. Liebermann et L. Seidler [*Deutsch. chem. Gesellsch.*, 1878, p. 1603; *Bull. Soc. chim.*, t. XXXII, p. 255], l'acide chrysophanique n'existe pas tout formé dans la poudre de Goa, et on ne peut l'obtenir à l'aide de cette matière qu'en soumettant à l'oxydation le principe qui en constitue la majeure partie, la chrysarobine.

Pour extraire la chrysarobine, on épuise la poudre de Goa par la benzine bouillante, qui laisse environ 17,5 °/₀ de cellulose; par le refroidissement, la benzine dépose les deux tiers environ du poids de la matière épuisée sous la forme d'une poudre cristalline jaune pâle; la même substance moins pure reste après l'évaporation de la benzine.

Purifiée par plusieurs cristallisations dans l'acide acétique, elle se présente en lamelles jaunes, insolubles dans l'eau et l'ammoniaque, solubles dans les alcalis avec une couleur jaune et une fluorescence verte.

Distillée avec de la poudre de zinc, elle donne du méthylanthracène. L'abondance du carbure obtenu de la sorte et la facilité de se procurer de grandes quantités de chrysarobine font paraître cette dernière comme la matière première la plus avantageuse pour la préparation du méthylanthracène.

Dissoute dans de la potasse et traitée par un courant d'air, la chrysarobine se transforme intégralement en acide chrysophanique :

$$C^{30}H^{26}O^7 + 2O^2 = 2C^{15}H^{10}O^4 + 3H^2O$$

L'acide azotique bouillant transforme la chrysarobine en acide tétranitrochrysophanique.

Les caractères suivants permettent de distinguer la chrysarobine de l'acide chrysophanique: l'acide sulfurique concentré dissout la chrysarobine avec une couleur jaune, l'acide chrysophanique avec une couleur rouge; par la fusion avec la potasse, l'acide chrysophanique donne une masse bleue, la chrysarobine une masse brune; la chrysarobine ne se dissout que dans la potasse *concentrée*, et sa solution alcaline présente une fluorescence jaune-vert. Cette fluorescence disparaît à l'air par la conversion de la chrysarobine en acide chrysophanique [C. Liebermann, *Deutsch. chem. Gesellsch.*, 1880, p. 915].

L'acétylchrysarobine, $C^{30}H^{22}O^7(C^2H^3O)^4$, est obtenue par l'ébullition de la chrysarobine avec de l'anhydride acétique et de l'acétale de sodium. Elle cristallise en prismes jaunâtres, fusibles à 228-230°, peu solubles dans l'alcool avec une belle fluorescence bleue, solubles dans l'acide acétique. L'acide chromique la convertit rapidement en acide diacétylchrysophanique.

La constitution de la chrysarobine est analogue à celle de l'anthranol de Liebermann et Topf; elle peut être représentée par le schéma suivant:

$$C^6H^4\left<\begin{matrix}CH(OH)\\CH\ -\end{matrix}\right>C^6H(OH)^2\text{-}CH^3$$
$$\overset{|}{O}$$
$$C^6H^4\left<\begin{matrix}CH\ -\\CH(OH)\end{matrix}\right>C^6H(OH)^2\text{-}CH^3$$

J. Tcherniac.

CHRYSAZINE, $C^{14}H^8O^4$. — Cet isomère de l'alizarine est la matière mère de l'acide chrysamique de l'aloès. Elle peut être obtenue par synthèse directe en partant de l'anthracène ou bien en remplaçant les groupes amidés de l'hydrochrysamide par l'hydrogène.

Pour la préparer avec l'hydochrysamide (p. 848), la solution sulfurique de cette dernière, additionnée d'eau de manière à former une bouillie que l'on refroidit avec de la neige, est soumise à l'action d'un courant d'acide azoteux jusqu'à liquéfaction complète de la masse, puis versée dans de l'alcool bien refroidi; les flocons bruns de la combinaison diazoïque sont filtrés rapidement et traités par l'alcool à 60°, puis à l'ébullition. L'eau ajoutée à la solution alcoolique filtrée précipite la chrysazine en flocons jaune-brun qu'on purifie par dissolution dans l'éther, puis par cristallisation dans l'alcool ou dans l'acide acétique; on en obtient environ 40 °/₀ de l'hydrochrysamide employée.

Si l'on veut obtenir la chrysazine en partant de l'anthracène, on transforme ce dernier en acide anthracène-disulfonique-α, puis en chrysazol (voyez ce mot); le diacétylchrysazol est converti par oxydation en diacétylchrysazine, et celle-ci, traitée à l'ébullition par la potasse, se change en chrysazine qu'on précipite par un acide et qu'on purifie.

La chrysazine cristallise dans l'alcool en aiguilles d'un jaune rouge, ou en lamelles jaunes, fusibles à 191-192° et se sublimant facilement en aiguilles rouges. Elle se dissout dans les alcalis avec une couleur jaune-rouge, et à chaud dans les carbonates alcalins. Les sels de calcium, de baryum et de plomb sont insolubles. La solution sulfurique est jaune-rouge et présente une bande d'absorption dans le vert et une autre entre le bleu et le vert. Distillée avec de la poudre de zinc, la chrysazine fournit beaucoup d'anthracène.

L'acide nitrique la transforme en acide chrysamique identique avec celui de l'aloès.

Diacétyle-chrysazine, $C^{14}H^6O^2(OC^2H^3O)^2$. — Elle se forme par l'action de l'anhydride acétique sur la chrysazine à 170°, ou bien en oxydant le diacétylchrysazol par l'acide chromique (1 à 1 1/2 fois le poids du diacétylchrysazol) en solution acétique chauffée modérément. Elle se dépose dans l'acide acétique ou dans l'alcool en aiguilles ou en lamelles jaunâtres, fusibles à 227-232°.

Oxychrysazine, $C^{14}H^5(OH)^3O^2$. — La chrysazine, chauffée avec de la potasse, se transforme en une masse à reflets métalliques bleus dont la solution possède la couleur de l'alizarine. Les acides précipitent de cette solution des flocons bruns d'une matière cristallisable dans l'alcool, constituant l'oxychrysazine. C'est une trioxyanthraquinone isomérique avec la purpurine, dont elle se distingue par la couleur bleue de sa solution alcaline (la purpurine donne une solution rouge) et par l'absence de ces bandes d'absorption qui caractérisent si nettement la purpurine. Elle teint les mordants en tons intermédiaires entre ceux fournis par l'alizarine et la purpurine.

Le chlorure d'acétyle la transforme en un dérivé triacétylé, $C^{14}H^5O^2(OC^2H^3O)^3$, qui est en aiguilles jaune clair, fusibles à 192-193° [C. Liebermann et F. Giesel, *Deutsch. chem. Gesellsch.*,

1875, p. 1643; 1876, p. 329; *Liebigs Ann. Chem.*, t. CLXXXIII, p. 174; *Bull. Soc. chim.*, t. XXVI, p. 310. — C. Liebermann, *Deutsch. chem. Gesellsch.*, 1879, p. 182; *Bull. Soc. chim.*, t. XXXII, p. 597]. J. Tcherniac.

CHRYSAZOL, $C^{14}H^{6}(OH)^{2}$. — C'est un dérivé diphénolique de l'anthracène. Pour obtenir l'acide anthracène-disulfonique conduisant au chrysazol, on opère comme pour l'anthrarufine (voyez Suppl., p. 184), mais en dissolvant la moitié de l'anthracène au bain-marie. La solution des sels plombiques, évaporée à 1 litre pour 100 grammes d'anthracène dissous, laisse déposer 15 grammes de sel de plomb correspondant au chrysazol. La séparation se complète par la cristallisation des sels sodiques, le sel α étant beaucoup moins soluble que le sel β, surtout en présence d'un excès de soude.

L'anthracène-disulfonate de sodium α est fondu avec 5 fois son poids de potasse jusqu'à liquéfaction de la masse épaissie; après le refroidissement, on reprend directement par l'acide chlorhydrique en excès, qui sépare le chrysazol en flocons denses jaune clair. On l'obtient en lamelles lorsqu'on ajoute de l'eau à sa solution dans un mélange bouillant d'acide acétique et d'alcool. L'addition d'eau à la solution alcoolique froide le précipite sous forme de petites aiguilles jaunes scintillantes, se décomposant vers 220° sans fondre.

Le chrysazol se distingue des autres dérivés anthracéniques par sa forte solubilité dans l'alcool froid; sa solution jaune présente une fluorescence bleue très vive. Les propriétés du chrysazol sont celles d'un véritable phénol anthracénique; les alcalis et l'ammoniaque le dissolvent avec une couleur jaune, les carbonates alcalins ne le dissolvent complètement qu'à chaud. Les solutions alcalines chaudes verdissent à l'air en s'oxydant; la solution alcoolique donne avec le chlorure ferrique et l'eau de brome une belle coloration bleu-vert; l'eau en précipite ensuite des flocons verts. La solution ammoniacale produit un précipité orangé avec l'acétate de plomb.

Le *diacétylchrysazol*, $C^{14}H^{8}(OC^{2}H^{3}O)^{2}$, est préparé par l'action de l'acétate de sodium et de l'anhydride acétique sur le chrysazol. Il cristallise dans un mélange d'acide acétique et d'alcool en lamelles ou en aiguilles argentées, fusibles à 184°. Par l'oxydation, il se transforme en diacétylchrysazine [C. Liebermann, *Deutsch. chem. Gesellsch.*, 1879, p. 182; *Bull. Soc. chim.*, t. XXXII, p. 597. — C. Liebermann et K. Boeck, *Deutsch. chem. Gesellsch.*, 1878, p. 1613; *Bull. Soc. chim.*, t. XXXII, p. 336. — C. Liebermann, *Deutsch. chem. Gesellsch.*, 1878, p. 1610]. J. Tcherniac.

CHRYSÉANE, $C^{4}H^{5}Az^{3}S^{2}$. — Ce corps, découvert par Wallach, prend naissance lorsqu'on fait passer de l'hydrogène sulfuré dans une solution aqueuse concentrée de cyanure de potassium; il se dépose des aiguilles jaunes, qu'il suffit de laver à l'eau froide et de faire cristalliser dans ce même dissolvant chaud pour les obtenir à l'état de pureté :

$$4\,CAzK + 5\,H^{2}S = 2\,K^{2}S + AzH^{4}.SH + C^{4}H^{5}Az^{3}S^{2}.$$

Aiguilles d'un jaune d'or, solubles dans l'alcool, l'éther, les acides et les alcalis; ces dissolvants ne l'altèrent pas. La solution chlorhydrique colore en rouge le bois de pin. L'oxyde mercurique jaune dédouble à chaud la chryséane, en solution aqueuse, en acides sulfhydrique et cyanhydrique. L'acide nitreux la transforme en une masse rouge qui présente un éclat vert; ce corps est très peu soluble dans l'eau, plus soluble dans l'alcool et l'éther, qu'il colore en rouge fuchsine; il se dissout aisément et sans altération dans les alcalis [O. Wallach, *Deutsch. chem. Gesellsch.*, 1874, p. 902; *Bull. Soc. chim.*, t. XXIII, p. 19].

CHRYSÈNE, $C^{18}H^{12}$. — On a décrit t. I, p. 899, les principales sources et méthodes d'extraction du chrysène. G. Schultz [*Deutsch. chem. Gesellsch.*, 1873, p. 415] n'a pu confirmer qu'en partie les travaux de Berthelot. Le corps que ce chimiste avait décrit comme du chrysène et qui se forme en faisant passer des vapeurs de benzine à travers des tubes chauffés au rouge, serait, d'après Schultz, de la paradiphénylbenzine $C^{6}H^{4}(C^{6}H^{5})^{2}$.

Schmidt, en opérant même sur une grande quantité de benzine, ne put davantage constater le chrysène parmi ses produits de décomposition; d'après lui, le corps fusible à 200° obtenu par Berthelot serait un mélange de diphényle et de paradiphénylbenzine [*Deutsch. chem. Gesellsch.*, 1874, p. 1367].

C. Liebermann et O. Burg [*Deutsch. chem. Gesellsch.*, 1878, p. 723], en distillant le goudron de lignites et de tourbe et en faisant passer les produits de la distillation à travers des tubes chauffés au rouge, ont pu constater la formation du chrysène [voyez aussi Adler, *Deutsch. chem. Gesellsch.*, 1879, p. 1889].

Claus et Suckert [*Deutsch. chem. Gesellsch.*, 1875, p. 37], en faisant passer de l'azobenzol en vapeur à travers un tube chauffé au rouge, ont obtenu du chrysène, et, en outre, de l'acide cyanhydrique, de l'ammoniaque, du charbon, du diphényle et de l'anthracène.

Graebe et Bungener [*Deutsch. chem. Gesellsch.*, 1879, p. 1078] ont réussi à préparer le chrysène par voie synthétique. Comme ce carbure se rapproche davantage du phénanthrène que de l'anthracène, et que, de plus, la chrysoquinone donne un hydrocarbure de la composition de la phénylnaphtaline lorsqu'on la distille avec de la chaux sodée, il devenait probable que l'on pourrait préparer le chrysène par un procédé analogue à celui qui a fourni le phénanthrène en partant du stilbène ou du dibenzyle. L'expérience a confirmé ces vues.

L'acide phénylacétique est transformé en benzylnaphtylacétone $C^{6}H^{5}\text{-}CH^{2}\text{-}CO\text{-}C^{10}H^{7}$, et celle-ci en hydrocarbure. A cet effet, on ajoute à un mélange de parties égales de chlorure phénylacétique et de naphtaline du chlorure d'aluminium jusqu'à ce qu'il n'y ait plus de réaction. On obtient une masse goudronneuse, noire, qui est traitée successivement par l'eau froide et l'éther, puis la solution éthérée agitée par une solution de soude caustique. En faisant cristalliser dans l'alcool le résidu de l'évaporation de la solution éthérée, on obtient des cristaux de benzylnaphtylacétone, fusibles à 57°, facilement solubles dans l'alcool et l'éther.

Ce corps est réduit par l'acide iodhydrique et le phosphore à 150-160°, et l'hydrocarbure formé, $C^{6}H^{5}\text{-}CH^{2}\text{-}CH^{2}\text{-}C^{10}H^{7}$, est dirigé à travers un tube chauffé au rouge. Les produits condensés, traités par le sulfure de carbone et cristallisés dans l'alcool, ont donné du chrysène, que l'on a caractérisé par le point de fusion, et par transformation en chrysoquinone. Cette synthèse permet d'attribuer au chrysène la formule

$$\begin{matrix} C^{6}H^{4}\text{-}CH \\ \| \\ C^{10}H^{6}\text{-}CH. \end{matrix}$$

Préparation. — Pour isoler le chrysène, Liebermann [*Ann. Chem. Pharm.*, t. CLVIII, p. 299], auquel nous devons en grande partie l'étude des propriétés et des réactions de ce corps, traite par du sulfure de carbone les derniers produits qu'on obtient lorsqu'on distille la houille de façon à ne laisser que du coke comme résidu dans la cornue. Le chrysène, très peu soluble dans ce dissolvant, est purifié par cristallisations dans les carbures benzéniques bouillant à 150°. Le produit ainsi obtenu est plus ou moins coloré en jaune, et cette coloration lui adhère avec une grande ténacité. On ne peut l'obtenir incolore ni par cristallisations répétées ni par sublimation. Liebermann le purifie complètement en le traitant à 240° avec de l'acide iodhydrique et du phosphore rouge en tubes scellés, ou en l'oxydant incomplètement avec de l'acide chromique, ou plus facilement encore en le chauffant avec de l'alcool mélangé d'acide azotique.

E. Schmidt [*Journ. prakt. Chem.* (2), t. IX, p. 250-270] sépare le chrysène de l'anthracène brut fusible à 207°, de la façon suivante : On fait bouillir la solution filtrée de 50 gr. d'anthracène brut dans 5 litres d'alcool à 95 % avec 30 gr. d'acide azotique à 1,5; il se précipite une combinaison de dinitroanthraquinone et de chrysène, et celle-ci, traitée par l'étain et l'aeide chlorhydrique, laisse le chrysène inattaqué.

Propriétés. — Le chrysène pur, cristallisé dans l'alcool ou l'acide acétique glacial, forme de grandes lamelles incolores, appartenant au système rhombique et qui présentent, ainsi que leur solution, une fluorescence rouge intense. Le point de fusion de ce corps est situé entre 248-250° (Graebe), 250° (Schmidt). Il se sublime au-dessous de son point de fusion et distille au-dessus de 360°. Il est très peu soluble à froid dans l'éther, le sulfure de carbone, la benzine et l'alcool, plus soluble à chaud dans ces deux derniers dissolvants et dans les carbures à point d'ébullition élevé.

L'acide sulfurique concentré le dissout avec une coloration bleue; lorsqu'on emploie de grandes quantités d'acide sulfurique chaud, il se forme des dérivés sulfonés.

La plupart des réactifs agissent plus facilement sur le corps impur encore coloré en jaune que sur le chrysène complètement purifié et blanc.

Le chlore ne l'attaque guère à froid; à chaud il se forme un produit de substitution dichloré. Le brome réagit sur le chrysène dissous dans le sulfure de carbure, et il se précipite un dérivé dibromé.

L'acide azotique ordinaire ne l'attaque pas, même à l'ébullition; avec de l'acide fumant il se forme un dérivé tétranitré.

Le chrysène, chauffé avec de l'acide chromique et de l'acide acétique glacial, donne une quinone rouge-orangé; un excès d'acide chromique le transforme en acide phtalique.

Le perchlorure d'antimoine réagit avec violence à chaud sur le chrysène; il se forme, d'après Ruoff [*Deutsch. chem. Gesellsch.*, 1877, p. 1234], de la benzine perchlorée C^6Cl^6, de l'éthane et du méthane perchlorés.

Le *picrate de chrysène*, $C^{18}H^{13}, C^6H^2(AzO^2)^3O$, s'obtient en longues aiguilles rouges par évaporation lente d'un mélange de solutions pas trop concentrées de chrysène et d'acide picrique dans la benzine. La combinaison de dinitroanthraquinone et de chrysène, $C^{18}H^{12}, C^{14}H^6(AzO^2)^2O^2$, qui s'obtient, comme on l'a vu, dans la purification du chrysène, est en fines aiguilles rouges, fusibles avec décomposition partielle à 294°. L'alcool, l'éther, le sulfure de carbone, le chloroforme, n'en dissolvent que des traces; elle est plus soluble dans l'acide acétique glacial. Par l'action des acides azotique, sulfurique ou chromique, la dinitroanthraquinone est mise en liberté, tandis que le chrysène se combine avec ces réactifs. Par réduction au moyen de l'étain et de l'acide chlorhydrique, il se sépare du chrysène, tandis que les produits de réduction de la nitroquinone entrent en solution (E. Schmidt).

La combinaison de dinitroanthraquinone et de chrysène, exposée à une douce chaleur, se sublime sans décomposition en aiguilles rouges; mais elle se décompose en grande partie par une chaleur plus forte en laissant du charbon comme résidu et donnant un corps plus volatil, qui a été décrit autrefois par Bolley et Tuchschmid comme nitroanthracène [*Deutsch. chem., Gesellsch.*, 1870, p. 811; *Bull. Soc. chim.*, t. XIV, p. 457].

La densité de vapeur du chrysène est de 7,95 (Knecht), de 8,12 (V. Meyer), la théorie exigeant 7,89.

Morton [*Amer. Chemist.*, t. V, p. 115] donne la description des spectres d'absorption et de fluorescence du chrysène à l'état solide et en solution. Il les trouve très semblables à ceux que forme l'anthracène, sans cependant qu'ils soient identiques avec ces derniers. Le spectre de fluorescence du chrysène montre quatre maxima de lumière, dont la position est influencée par le dissolvant. Il existe deux à trois spectres d'absorption.

DÉRIVÉS CHLORÉS. — Le chlore n'exerce pas d'action sur le chrysène à froid; mais à 100° il se forme le *chrysène dichloré*, $C^{18}H^{10}Cl^2$, qui, par cristallisations répétées dans l'alcool, s'obtient sous forme de fines aiguilles blanches, fusibles à 267°, se sublimant en aiguilles. Il est presque insoluble dans l'alcool, l'éther, le sulfure de carbone, même à l'ébullition; il se dissout plus facilement dans la benzine à chaud.

En faisant passer un courant de chlore sur le chrysène chauffé à 160-170° jusqu'à ce qu'il n'y ait plus de dégagement d'acide chlorhydrique, on obtient une masse goudronneuse qui abandonne à la benzine le *chrysène trichloré*. Celui-ci forme des aiguilles fines presque complètement insolubles dans l'alcool, l'éther et le chloroforme, et qui ne sont fusibles qu'au-dessus de 300° [E. Schmidt, *loc. cit.*].

DÉRIVÉS BROMÉS. — Lorsqu'on verse une solution sulfocarbonique de brome dans une solution de chrysène dans le même dissolvant, il se précipite lentement du *chrysène dibromé* sous forme d'aiguilles blanches qu'on purifie par cristallisations dans la benzine. Il fond à 273°, se sublime en aiguilles sans décomposition, et ne se dissout que dans la benzine bouillante.

La potasse alcoolique ou aqueuse ne l'attaque pas même à l'ébullition; mais lorsqu'on chauffe sous pression à 180°, il donne du bromure de potassium et régénère le chrysène.

Il n'est pas décomposé par l'acide azotique dilué ou concentré; l'acide fumant en sépare du brome; l'eau précipite de la solution une poudre jaune, formée principalement de tétranitrochrysène.

Lorsqu'on dirige des vapeurs de brome sur du chrysène pulvérisé, le brome est absorbé avec formation d'un produit jaune-brun, qui, après des lavages à l'éther, cristallise dans la benzine bouillante en fines aiguilles blanches qui paraissent être un mélange de chrysène tétrabromé et d'autres produits de substitution.

DÉRIVÉS NITRÉS. — *Mononitrochrysène,*

$C^{18}H^{11}.AzO^2$.

— Ce corps se forme, d'après Liebermann, en chauffant longtemps le chrysène avec de l'alcool additionné d'acide azotique à 1,4; on le sépare de l'excès de chrysène, qui est devenu incolore, en mettant à profit sa solubilité dans l'alcool. Schmidt chauffe au bain-marie du chrysène finement pulvérisé et de l'acide azotique à 1,25. Le produit de la réaction est purifié par cristallisation dans la benzine et sublimation; il forme des prismes rangés en croix, fusibles à 100°, se sublimant en longues aiguilles. Il est moins soluble dans l'éther, le sulfure de carbone, l'alcool, que dans la benzine et l'acide acétique.

Dinitrochrysène, $C^{18}H^{10}(AzO^2)^2$. — Le chrysène, finement pulvérisé, chauffé avec de l'acide azotique à 1,2, donne le nitrochrysène de Laurent; c'est un mélange de mono, di et de tétranitrochrysène. Lorsqu'on sublime ce produit, le tétranitrochrysène se charbonne, tandis que le dinitrochrysène et un peu du dérivé mononitré se subliment. Ils sont séparés par cristallisation dans la benzine et l'acide acétique glacial. Le dinitrochrysène est sous forme de fines aiguilles jaunes, fusibles au-dessus de 300°, presque insolubles dans l'alcool, l'éther, la benzine, un peu plus solubles dans l'acide acétique.

Tribromodinitrochrysène, $C^{18}H^7(AzO^2)^2Br^3$. — Adler l'obtient en faisant agir du brome sur le tétranitrochrysène; le produit de la réaction, cristallisé dans l'alcool bouillant, se présente en aiguilles jaune-rougeâtre. Il se décompose avant de fondre, et n'est pas attaqué par une solution de potasse alcoolique.

Tétranitrochrysène, $C^{18}H^8(AzO^2)^4$. — Se forme lorsqu'on traite le chrysène par de l'acide azotique fumant, ou encore lorsqu'on le fait bouillir longtemps avec de l'acide azotique concentré. Il est presque insoluble dans tous les dissolvants; il se dissout un peu dans l'acide acétique glacial, d'où il cristallise en aiguilles jaunes. Il fond au-dessus de 300°; chauffé à une température plus élevée, il fait explosion (Schmidt).

Chauffé avec de l'acide azotique à 170°, il se transforme en un acide très hygroscopique. L'acide chromique le détruit en majeure partie. Il se résinifie lorsqu'on le traite par l'étain et l'acide chlorhydrique (Graebe).

CHRYSOQUINONE, $C^{18}H^{10}O^2$. — Pour la préparer, on ajoute à froid à un mélange de chrysène et d'acide acétique cristallisable peu à peu de l'acide chromique (1 1/2 du poids du chrysène employé), on chauffe et l'on filtre à l'ébullition. L'eau précipite la quinone, qui est purifiée d'abord par des lavages à l'eau, ensuite par dissolution dans l'acide sulfurique concentré et précipitation par l'eau. Le précipité est cristallisé à différentes reprises dans la benzine. La chrysoquinone se dissout dans l'alcool chaud, la benzine, l'acide acétique cristallisable; elle se dépose de l'alcool chaud en lamelles rhombiques; par évaporation de sa solution dans la benzine, on l'obtient sous forme d'aiguilles jaune-rougeâtre, fusibles à 220° avec décomposition. Elle se dissout dans l'acide sulfurique concentré et froid avec une belle coloration bleue. La potasse n'en dissout qu'une petite quantité à chaud.

Avec l'acide azotique fumant, elle forme la *tétranitrochrysoquinone*, très peu soluble.

Le permanganate de potassium la transforme en acide phtalique. Le brome est sans action sur elle. Chauffée avec de la poudre de zinc, elle régénère du chrysène. La potasse et le zinc à chaud, ou bien l'acide sulfureux, la transforment en chrysohydroquinone, qui, à l'air, se change lentement en quinone.

Par l'action de l'acide chromique sur la chrysoquinone, il semble se former d'abord une seconde quinone; finalement on obtient de l'acide phtalique. Le perchlorure de phosphore réagit violemment sur la chrysoquinone; il se forme d'abord la *dichlorochrysoquinone*, $C^{18}H^8Cl^2O^2$, et avec un excès du réactif le *décachlorochrysène*, $C^{18}H^2Cl^{10}$. Avec les sulfites alcalins, la chrysoquinone forme des combinaisons incolores, solubles dans l'eau. Desséchée, elle ne se dissout que difficilement dans une solution de sulfite acide de sodium; mais, lorsqu'on la fait digérer d'abord avec de l'alcool, elle entre rapidement en solution. Les cristaux qu'on obtient par évaporation ont probablement pour formule

$$C^{18}H^{10}(OH)(OSO^3Na).$$

Ils sont décomposés par l'eau [Graebe, *Deutsch. chem. Gesellsch.*, 1874, p. 782].

L'ammoniaque aqueuse attaque la chrysoquinone à 180° et produit des corps azotés.

Dibromochrysoquinone, $C^{18}H^8Br^2O^2$. — Adler [*Deutsch. chem. Gesellsch.*, 1879, p. 1892] recommande de faire agir le brome directement sur la chrysoquinone; il se dégage de l'acide bromhydrique en abondance; après quelque temps, on chasse l'excès de brome en chauffant au bain-marie, et l'on dissout le résidu dans le sulfure de carbone. Par évaporation, il se sépare de petites tables rouges, solubles dans l'alcool et la benzine, beaucoup moins solubles dans l'éther, fusibles à 160-165°. Ce dérivé bromé se décompose lorsqu'on le chauffe; l'acide sulfurique concentré le dissout avec une belle coloration rouge, mais qui passe bientôt au brun.

Dinitrochrysoquinone, $C^{18}H^8(AzO^2)^2O^2$. — La chrysoquinone se dissout dans de l'acide azotique de 1,4 avec une belle coloration rouge; l'eau en précipite un corps orangé, qui se dissout dans un mélange bouillant d'acide acétique cristallisable et d'alcool. Par évaporation, il se sépare des aiguilles rouges fusibles à 230°, difficilement solubles dans la benzine et l'éther. Chauffées, elles ne subliment qu'incomplètement et se charbonnent [Adler, *loc. cit.*].

D'après Graebe [*loc. cit*], en chauffant la chrysoquinone avec de la chaux sodée, il se forme deux carbures qui ne peuvent être séparés que difficilement. Le produit principal, $C^{16}H^{12}$, fond à 104-105°, se dissout peu dans l'alcool bouillant, moins encore dans l'alcool froid; par contre, il est très soluble dans l'éther, la benzine, le sulfure de carbone. Sa formation peut se traduire par l'équation

$$C^{18}H^{10}O^2 + 4NaOH = C^{16}H^{12} + 2CO^3Na^2 + 2H.$$

Le produit secondaire $C^{17}H^{12}$ fond à 200-204°, il se combine avec l'acide picrique.

La chrysoquinone correspond, par ses propriétés, beaucoup plus à la phénanthrène-quinone qu'à l'anthraquinone.

CHRYSÉZARINE., $C^{18}H^{10}O^4$ (*dioxyquinone du chrysène*). — Claus et Willgerodt [*Deutsch. chem. Gesellsch.*, 1875, p. 157], en analysant une pâte d'alizarine de Meister, Lucius et Brüning, ont isolé un corps qui se distingue de l'alizarine en ce que ses combinaisons avec la potasse sont d'un rouge pur, sans trace du ton violet que possède l'alizarate de potassium. On sépare ce corps de l'alizarine en neutralisant la pâte avec de la potasse, et en faisant bouillir la combinaison potassique avec de l'alcool. Les premières solutions sont colorées en rouge de sang; elles ne renferment que des traces d'alizarate de potassium; les acides produisent dans ces solutions un précipité volumineux gélatineux, de couleur jaune-citron clair. Il se dissout facilement dans l'acide acétique bouillant, et se dépose par refroidissement en aiguilles très longues, assez larges, d'un brun foncé et possédant un éclat métallique. Ce corps est facilement soluble dans l'alcool et l'éther, et reste, par évaporation de ces dissolvants, à l'état de petites aiguilles jaunes. Insoluble dans l'eau froide, il ne se dissout à chaud qu'en petite quantité. Il fond au-dessus de 300° et se sublime en larges aiguilles de couleur jaune-orangé. 1 kilogramme de pâte d'alizarine renfermait 4 à 5 gr. de chrysézarine. Ad. Kopp.

CHRYSÉNINE. — Nom donné par Phipson à une substance jaune et amère, douée de propriétès basiques, qui se trouve dans le chrysène brut [*Chem. News*, t. XXX, p. 69].

CHRYSÉZARINE. — Voyez CHRYSÈNE, p. 492.

CHRYSINDINE. Mulder a donné ce nom à une substance qui prend naissance à l'état de sel ammoniacal bleu, $C^{28}H^{8}Az^{8}O^{13}(AzH^{4})^{2}$, lorsqu'on réduit l'acide chrysamique par le sulfhydrate d'ammonium. Au point de vue de sa composition, cette substance mal définie est intermédiaire entre l'acide chrysamique et l'hydrochrysamide [*Ann. Chem. Pharm.*, t. LXXII, p. 285].

CHRYSINE, $C^{15}H^{10}O^{4}$. — C'est la matière décrite sous le nom d'acide chrysinique, t. I, p. 899, et qui a été découverte par Picard dans les bourgeons de peupliers (*Populus pyramidalis, nigra* et *balsamifera*). La chrysène y est accompagnée par la salicine, la populine, la tectochrysine (voir plus loin) et une huile essentielle dont la partie principale bout à 260-261° et qui renferme $(C^{5}H^{8})^{n}$.

Pour préparer la chrysine, on précipite l'extrait alcoolique de 100 p. de bourgeons de peuplier à la température de 70° par une solution alcoolique de 12 p. d'acétate de plomb, on filtre le lendemain, on débarrasse le liquide de plomb par l'hydrogène sulfuré et on le distille. Le résidu résineux, séparé du liquide surnageant, est dissous dans une petite quantité d'alcool bouillant, et la chrysine qui se dépose au bout de quelques jours est débarrassée de cires, de résines et de soufre par des lavages avec de faibles quantités d'alcool, d'éther et de sulfure de carbone; par l'eau bouillante on enlève la salicine et la populine, et par la benzine chaude la tectochrysine. Pour achever la purification, on chauffe la substance à 275°, on la soumet à un nouveau traitement par l'acétate de plomb et on la fait cristalliser deux fois dans l'alcool.

La chrysine renferme, d'après les nouvelles recherches de Picard, $C^{15}H^{10}O^{4}$. Elle cristallise en tables brillantes de couleur jaune clair, très solubles dans l'alcool bouillant, l'acide acétique, l'aniline, peu solubles dans l'éther, à peine solubles dans le sulfure de carbone, le pétrole, le chloroforme, insolubles dans l'eau. Elle fond à 275° et se sublime à une température plus élevée. Le chlorure ferrique colore la solution alcoolique en violet sale.

Chauffée avec la poudre de zinc, la chrysine fournit un mélange de benzine et de toluène. La potasse concentrée et bouillante la dédouble en acides benzoïque (42 à 45 °/₀) et acétique, phloroglucine, une petite quantité d'acétophénone (5 à 6 °/₀) et des matières colorées en brun, produits d'oxydation de la phloroglucine; elle renferme donc les groupes suivants :

$$C^{15}H^{10}O^{4} = C^{6}H^{6}O^{3} + C^{7}H^{6}O^{2} + C^{2}H^{4}O^{2} - 3\,H^{2}O.$$

La chrysine contient un groupe OH phénolique, dont l'hydrogène peut être remplacé par du potassium ou par des radicaux d'alcools.

Méthylchrysine, $C^{15}H^{9}O^{4}.CH^{3}$. — Cet éther est identique avec la *tectochrysine* qui accompagne la chrysine dans les bourgeons de peuplier. Pour le préparer à l'aide de la chrysine, on chauffe celle-ci au bain-marie, en solution dans l'alcool méthylique, avec l'iodure de méthyle et de la potasse en quantité un peu plus faible que la théorie. La méthylchrysine est purifiée par dissolution dans le chloroforme et cristallisation dans l'alcool. Elle se présente en prismes courts de couleur jaune de soufre, appartenant au système clinorhombique; formes : p, m, g^{1}, d^{1}, g^{3}; angles : $mm = 133°40'$; $d^{1}d^{1} = 123°24'$; $pd^{1} = 93°10'$; angle des axes = 56°6'. Fond à 164°. Par dédoublement avec la potasse, elle fournit les mêmes produits que la chrysine, à l'exception de la phloroglucine, qui est remplacée par son éther méthylique.

Éthylchrysine, $C^{15}H^{9}O^{4}.C^{2}H^{5}$. — Longues aiguilles soyeuses, plus rarement gros cristaux. Fond à 146°.

Amylchrysine, $C^{15}H^{9}O^{4}.C^{5}H^{11}$. — Aiguilles minces, fusibles à 125°. Elle forme avec le brome un dérivé dibromé cristallisé.

PRODUITS DE SUBSTITUTION DE LA CHRYSINE. — *Dibromochrysine*, $C^{15}H^{8}Br^{2}O^{4}$. — Elle cristallise en aiguilles.

Le *dichlorochrysine*, $C^{15}H^{8}Cl^{2}O^{4}$, prend naissance lorsqu'on fait agir le chlore sur la solution alcoolique de chrysine.

La *diiodochrysine* se forme par l'action simultanée de l'iode et de l'acide iodique sur la chrysine en solution dans l'alcool faible; elle n'est pas très stable.

Dinitrochrysine, $C^{15}H^{8}(AzO^{2})^{2}O^{4}$. — La chrysine se dissout à froid dans l'acide nitrique très concentré, et au bout de quelques minutes la solution s'échauffe, dégage des gaz et laisse déposer de la nitrochrysine. On l'épuise à l'eau bouillante, puis à l'alcool bouillant et on la dissout dans l'ammoniaque; par l'évaporation il se dégage de l'ammoniaque, et il se dépose de beaux cristaux jaunes d'un sel ammoniacal acide qu'il suffit de décomposer par un acide pour obtenir la dinitrochrysine. Comme les dérivés bromés, chlorés et iodés, cette matière est à peu près insoluble dans l'alcool, l'éther, la benzine; mais dans l'aniline et dans l'acide acétique bouillants, elle se dissout et se dépose par le refroidissement en cristaux assez volumineux [J. Picard, *Deutsch. chem. Gesellsch.*, 1873, p. 884 et 890; 1874, p. 888; 1877, p. 176].

A. Henninger.

CHRYSINIQUE (ACIDE). — Voyez CHRYSINE.

CHRYSOCYAMIQUE (ACIDE),

$$C^{18}H^{6}Az^{6}O^{12} + 3\,H^{2}O.$$

— Finckh a obtenu cet acide en chauffant à 60° de l'acide chrysamique avec 2 p. de cyanure de potassium dissous dans 12 à 18 p. d'eau. Le liquide s'échauffe : il se dégage de l'ammoniaque et du gaz carbonique, et après quelques heures il se dépose un précipité cristallin, que l'on dissout dans l'eau bouillante, pour le précipiter ensuite par une solution concentrée de carbonate de potassium; puis on fait cristalliser ce sel potassique, pour le décomposer par l'acide azotique étendu. L'acide chrysocyamique est insoluble dans l'eau, soluble dans l'alcool, et possède un éclat métallique; il détone lorsqu'on le chauffe. La formation est exprimée par l'équation :

$$\underset{\text{Acide chrysamique.}}{C^{14}H^{4}Az^{4}O^{12}} + 6\,CAzH + 4\,H^{2}O,$$

$$\underset{\text{Acide chrysocyamique.}}{C^{18}H^{6}Az^{6}O^{12}} + 4\,AzH^{3} + 2\,CO^{2}.$$

Le *sel d'ammonium*,

$$C^{18}H^{4}Az^{6}O^{12}(AzH^{4})^{2} + 3\,H^{2}O,$$

est en aiguilles vertes.

Le *sel d'argent*, $C^{18}H^{4}Az^{6}O^{12}.Ag^{2}$, est un précipité rouge-brun, soluble dans beaucoup d'eau.

Le *sel de baryum*, $C^{18}H^{4}Az^{6}O^{12}.Ba$, est un précipité cristallin, qui se transforme par dessiccation en une masse rouge.

Le *sel de calcium*, $C^{18}H^{4}Az^{6}O^{12}.Ca + 3\,H^{2}O$, et le *sel de plomb*, $C^{18}H^{4}Az^{6}O^{12}.Pb$, sont des précipités.

Le *sel de potassium*, $C^{18}H^{4}Az^{6}O^{12}.K^{2} + 3\,H^{2}O$, perd son eau à 120°; sa solution aqueuse est violette [Finckh, *Ann. Chem. Pharm.*, t. CXXXIV, p. 229; *Bull. Soc. chim.*, t. IV, p. 214].

M. Wassermann.

CHRYSOGÈNE (voyez t. I, p. 899). — D'après Morton, le spectre de bandes que donne la lumière de fluorescence de l'anthracène ordinaire éclairé par les rayons violets et ultra-violets est dû à une petite quantité de chrysogène contenue dans l'anthracène. Ce dernier corps pur ne donne, dans ce cas, qu'un spectre continu. Le chrysogène fournit aussi un spectre d'absorption avec des bandes diffuses, surtout visibles dans le bleu et le violet. La solution du chrysogène dans la benzine donne des bandes de phosphorescence ou d'absorption semblables aux précédentes, mais comme repoussées vers le violet [H. Morton, *Chem. News*, t. XXVII, p. 199; *Bull. Soc. chim.*, t. XIX, p. 170].

CHRYSOÏDINE. — Nom commercial du métadiamidoazobenzol, qui est employé comme matière colorante (Suppl., p. 301).

CHRYSOPHANE, $C^{32}H^{18}O^{16}$(?). — C'est un glucoside amer contenu dans l'extrait aqueux de rhubarbe. On l'en retire de la manière suivante : On précipite par l'acétate de plomb le tannin et la résine (*phœorétine*), on filtre la solution, on précipite le plomb par l'hydrogène sulfuré, on lave le sulfure de plomb à l'eau, on l'épuise par l'alcool et l'on fait cristalliser l'extrait alcoolique; on purifie la chrysophane par cristallisation dans l'alcool.

La chrysophane forme à l'état sec une poudre rouge-orangé d'une saveur amère, soluble dans l'eau et l'alcool, insoluble dans l'éther. Elle réduit les sels d'argent, mais non la solution alcaline de cuivre. Les acides la dédoublent en sucre et en acide chrysophanique. L'acétate de plomb produit un précipité floconneux paraissant fondre à 145° [M. Kubly, *Zeitschr. Chem.*, 1868, p. 308; *Bull. Soc. chim.*, t. X, p. 293].

D'après Dragendorff, la teneur en chrysophane et tannin varie dans les différentes sortes de rhubarbe de 4,83 à 17,13 % [*Russ. Zeitschr. Pharm.*, 1878, t. XVII, p. 65 et 97]. J. Tcherniac.

CHRYSOPHANINE. — Voy. Cathartine, Suppl., p. 437.

CHRYSOPHANIQUE (ACIDE), $C^{15}H^{10}O^{4}$. — L'acide chrysophanique se trouve dans l'écorce de *Cassia bijuga* (0,4574 %) [T. Pekolt, *Arch. Pharm.*, 1868, t. CXXXIV, p. 37]; dans la feuille de séné [E. Koussler, *Russ. Zeitschr. Pharm.*, 1878, p. 257, 289, 321, 353]; en grande quantité dans la *Parmelia parietina* [W. L. Lindsay, *Pharm. Journ. Transact.*, (3), t. VII, p. 709]. Dragendorff a fait l'analyse de cinq sortes différentes de rhubarbe, et n'a trouvé que dans une seule, de l'acide chrysophanique libre (1,01 %) [*Russ. Zeitschr. Pharm.*, 1878, t. XVII, p. 65, et 97]. La *poudre de Goa* ou *d'Araroba* est une source très abondante d'acide chrysophanique [Attfield, *Pharm. Journ. Transact.* (3), t. V, p. 721; — F. M. Holmes, *ibid*, p. 801], mais ce dernier n'en constitue pas le principe immédiat : c'est la *chrysarobine* (voyez ce mot, p. 489), qui compose la majeure partie de la poudre de Goa; l'acide chrysophanique obtenu par Attfield provient d'une oxydation de la chrysarobine [C. Liebermann et P. Seidler, *Deutsch. chem. Gesellsch.*, 1878, p. 1603; *Bull. Soc. chim.*, t. XXXII, p. 255].

Pour retirer l'acide chrysophanique de la racine de rhubarbe, on la fait macérer avec de l'eau qui enlève environ 50 % de matières solubles, et l'on traite le résidu par la benzine, dans un appareil à déplacement. L'acide chrysophanique passe tout entier dans la benzine et s'obtient par concentration de la solution et cristallisation.

On peut se servir avec avantage pour la préparation de l'acide chrysophanique de la racine de rhubarbe épuisée par l'alcool, c'est-à-dire des résidus de la teinture de rhubarbe; ces résidus abandonnent à la benzine environ 2,6 % d'acide chrysophanique pur [W. De La Rue et H. Müller, *Journ. chem. Soc.*, t. X, p. 298].

La chrysarobine est la matière première la plus avantageuse pour préparer l'acide chrysophanique. A cet effet, on l'arrose dans un flacon spacieux avec une grande quantité de potasse étendue, et l'on fait entrer un courant d'air, en agitant continuellement, jusqu'à dissolution complète de la matière et coloration de la solution en bleu intense; on précipite l'acide chrysophanique formé par un acide, on lave le précipité, on le sèche, et on l'épuise, dans un appareil à déplacement, par la ligroïne qui l'abandonne par le refroidissement en belles lamelles jaunes (C. Liebermann et P. Seidler).

L'acide chrysophanique retiré de la rhubarbe renferme des quantités assez notables d'émodine; on peut l'en débarrasser par l'ébullition avec du carbonate de sodium et cristallisation dans de l'alcool à 90° degrés centésimaux [F. Rochleder, *Deutsch. chem. Gesellsch.*, 1869, p. 373; *Bull. Soc. chim.*, t. XIII, p. 81].

L'acide chrysophanique pur cristallise dans l'alcool, l'alcool amylique et l'acide acétique en agrégats mousseux, dans la benzine en tables à six côtés (prisme clinorhombique), ressemblant à l'iodure de plomb, fusibles à 162°. La couleur des cristaux varie du jaune pâle à l'orangé foncé, suivant le volume. Il se dissout dans 224 p. d'alcool bouillant à 86 % et dans 1125 p. d'alcool à 30 %.

L'acide chrysophanique possède des propriétés acides assez peu prononcées; il se dissout bien dans les alcalis, mais il n'élimine pas l'acide carbonique, et son sel ammoniacal se dissocie entièrement par l'évaporation. La solution potassique est d'un beau pourpre et dépose peu à peu un précipité floconneux; par l'addition de glucose, la solution est décolorée et le précipité finit par se dissoudre [W. De La Rue et H. Müller, *Journ. chem. Soc.*, t. X, p. 298].

Chauffé à 195° dans une lessive alcaline concentrée, il se transforme en une substance douée de propriétés colorantes, probablement isomérique avec la purpurine. Cette substance est beaucoup plus soluble dans l'alcool faible que l'acide chrysophanique, et se sépare sous forme d'une poudre cristalline d'un rouge foncé, dont la solution alcaline est un peu plus violacée que celle de l'alizarine pure; elle teint les mordants d'alumine en rouge grenat, ceux de fer en un bleu vert très rabattu; ces couleurs résistent bien à l'eau de savon bouillante [A. Rosenstiehl, *Compt. rend.*, t. LXXIX, p. 766].

Le brome attaque l'acide chrysophanique en produisant deux matières difficiles à séparer; l'acide chromique ne l'altère pas à l'ébullition [Zd. H. Skraup, *Wien. Akad. Ber.*, t. LXX, p. 235]. Par l'action de l'acide iodhydrique en présence du phosphore, il se produit des matières cristallines présentant beaucoup d'analogie avec la chrysarobine [C. Liebermann et P. Seidler, *Mém. cité*].

Acide diacétylchrysophanique,

$$C^{15}H^{8}O^{2}(OC^{2}H^{3}O)^{2}.$$

— On l'obtient en faisant bouillir l'acide chrysophanique avec de l'anhydride acétique et de l'acétate de sodium; l'excès d'anhydride acétique est enlevé par la distillation, le résidu est lavé à l'eau et cristallisé dans l'acide acétique. Il se dépose en lamelles jaunâtres, fusibles à 200°, très solubles dans l'acide acétique.

Acide tétranitrochrysophanique,

$$C^{14}H(CH^{3})(AzO^{2})^{4}(OH)^{2}O^{2}.$$

— C'est le produit obtenu par Warren de la

Rue et H. Müller, dans l'action de l'acide nitrique fumant sur l'acide chrysophanique, et considéré par eux comme identique avec l'acide chrysamique de l'aloès. Les recherches de Liebermann et Giesel ont mis hors de doute la différence des deux matières, en démontrant que l'acide tétranitrochrysophanique est l'homologue supérieur de l'acide chrysamique :

$$C^{14}H(AzO^2)^4O^2(OH)^2\text{-}CH^3,$$

Acide tétranitrochrysophanique.

$$C^{14}H^2(AzO^2)^4O^2(OH)^2.$$

Acide chrysamique.

Pour le préparer, on dissout l'acide chrysophanique dans l'acide nitrique fumant, et l'on abandonne la solution pendant vingt-quatre heures; on ajoute de l'eau, on lave à l'eau chaude et l'on fait cristalliser dans l'acide acétique.

L'acide tétranitrochrysophanique est en paillettes jaunes ou en aiguilles, presque insolubles dans l'eau froide, peu solubles dans l'eau chaude; la fusion le décompose. C'est un acide très énergique, l'acide acétique bouillant décompose à peine ses sels et même l'acide chlorhydrique étendu ne les décompose que lentement.

Le *sel de potassium*, $C^{15}H^4Az^4O^{12}K^2 + nH^2O$, est peu soluble dans un excès de carbonate de potassium, très soluble dans l'eau. Il cristallise dans l'eau en longues aiguilles rouges, déliées, dépourvues d'éclat métallique.

Le *sel de calcium*, $C^{15}H^4Az^4O^{12}.Ca + nH^2O$, s'obtient en faisant digérer l'acide avec une solution d'acétate de calcium et cristallisant le sel dans l'alcool aqueux. Aiguilles rouges, moins solubles que le sel précédent.

Le *sel de magnésium*, $C^{15}H^4Az^4O^{12}.Mg + nH^2O$, est une poudre rouge cristalline, peu soluble [C. Liebermann et F. Giesel, *Liebig's Ann. Chem.*, t. CLXXXIII, p. 175; *Bull. Soc. chim.*, t. XXVI, p. 310].

Amide chrysophanique,

$$C^{15}H^{11}AzO^3 = C^{14}H^5(CH^3)O^2(AzH^2)OH.$$

— On chauffe l'acide chrysophanique à 180-200° en tubes scellés avec de l'ammoniaque aqueuse; le contenu charbonné du tube est filtré et précipité par l'acide chlorhydrique; le précipité est purifié par dissolution dans l'alcool additionné d'acide chlorhydrique, précipitation par l'eau et traitement par l'eau de baryte. L'amide chrysophanique donne un sel barytique soluble, tandis que le chrysophanate de baryum est insoluble; la solution barytique fournit l'amide libre par addition d'acide chlorhydrique. On la purifie enfin par cristallisation dans l'alcool qui l'abandonne en lamelles confuses, jaunes.

Si dans le procédé qui vient d'être décrit on a omis le traitement par l'acide chlorhydrique chaud, qui détruit une partie de l'amide, celle-ci retient une combinaison ammoniacale, renfermant probablement $C^{15}H^9(AzH^2)O^3.AzH^3$, analogue aux combinaisons semblables qui existent pour l'alizarinimide, l'amide de la purpuroxanthine, l'imide chrysophanique et la chrysamide.

Les alcalis étendus et les acides bouillants dédoublent l'amide chrysophanique en ammoniaque et acide chrysophanique.

Imide-ammoniaque chrysophanique,

$$C^{15}H^{12}Az^2O^2 = C^{14}H^5(CH^3)O^2(AzH).AzH^3.$$

— Cette combinaison se forme par l'action de l'ammoniaque aqueuse sur l'acide chrysophanique à 150°; elle se dépose en aiguilles à éclat métallique, qu'on lave à l'ammoniaque très étendue, puis à l'acide chlorhydrique; on les dissout ensuite dans l'eau de baryte froide et l'on précipite par un acide. Les flocons jaunes, lavés à l'eau, deviennent d'un rouge vermillon intense.

L'imide elle-même ne peut pas être isolée, à cause de la facilité avec laquelle elle se transforme en amide, puis en acide chrysophanique.

Acétylimide chrysophanique,

$$C^{17}H^{11}AzO^3 = C^{14}H^5(CH^3)O^2(Az.C^2H^3O).$$

— On fait bouillir la combinaison précédente avec de l'anhydride acétique. L'acétylimide se dépose sous forme d'une poudre d'un vert foncé, présentant l'aspect de la xylindéine, qu'on purifie par un lavage au chloroforme. Après dessiccation, elle forme une poudre violette métallique, peu soluble.

La soude caustique ne l'altère pas. L'acide sulfurique concentré la dissout et la transforme à chaud en acide chrysophanique; l'acide azotique agit d'une manière analogue.

L'anhydride isobutyrique dissout à l'ébullition l'imide-ammoniaque chrysophanique en donnant naissance à un composé analogue à l'acétylimide [C. Liebermann et H. Troschke, *Deutsch. chem. Gesellsch.*, 1875, p. 382; *Bull. Soc. chim.*, t. XXIV, p. 312. — C. Liebermann et O. Fischer, *Deutsch. chem. Gesellsch.*, 1875, p. 1102; *Bull. Soc. chim.*, t. XXV, p. 423].

Constitution. — Graebe et Liebermann, ayant obtenu par la distillation de l'acide chrysophanique avec de la poudre de zinc un carbure qu'ils prirent pour de l'anthracène, crurent devoir rattacher l'acide chrysophanique à la série de l'anthracène, sans toutefois se décider entre les formules $C^{14}H^{10}O^4$ et $C^{14}H^8O^4$.

Cette dernière formule conduisait à envisager comme un isomère de l'alizarine l'acide chrysophanique dont le caractère quinonique est indiscutable (il est transformé par l'hydrogène naissant en une substance incolore qui, en s'oxydant de nouveau à l'air, régénère l'acide chrysophanique [*Ann. Chem. Pharm.*, Supplemtbd. VII, p. 306; *Bull. Soc. chim.*, t. XIV, p. 69]. Rochleder se prononça pour la formule $C^{14}H^{10}O^4$ (formule de Gerhardt), en se basant sur des analyses d'un acide chrysophanique purifié avec soin et séché à 115° [*Deutsch. chem. Gesellsch.*, 1869, p. 373]. La formule $C^{32}H^{22}O^{10}$ donnée par Zd. H. Skraup [*Wien. Akad. Ber.*, 1874, t. LXX, p. 235] repose évidemment sur une base erronée.

Une année plus tard, dans un mémoire sur l'émodine, Liebermann émit l'opinion que l'acide chrysophanique pourrait bien dériver du méthylanthracène et non de l'anthracène [*Deutsch. chem. Gesellsch.*, 1875, p. 970]. Cette prévision a été confirmée par Liebermann et O. Fischer [*Deutsch. chem. Gesellsch.*, 1875, p. 1103; *Bull. Soc. chim.*, t. XXV, p. 423].

Le carbure obtenu par la distillation avec de la poudre de zinc est en effet le méthylanthracène. Les analyses effectuées avec de l'acide chrysophanique sublimé et l'ensemble de ses réactions le caractérisent incontestablement comme une dioxyméthylanthraquinone et lui assignent la formule de structure

$$C^{14}H^5O^2 \begin{cases} CH^3 \\ (OH)^2 \end{cases}.$$

Par la comparaison avec la formule de l'émodine,

$$C^{14}H^4O^2 \begin{cases} CH^3 \\ (OH)^3 \end{cases},$$

on voit que l'acide chrysophanique est à l'émodine ce que l'alizarine est à la purpurine.

J. Tcherniac.

CHRYSOPHYLLE. — Voyez Chlorophylle, Suppl. p. 477.

CHRYSOPICRINE. — Principe colorant du lichen *Parmelia parietina*, identique avec l'acide vulpique (t. III, p. 719).

CHRYSOQUINONE. — Voyez Chrysène, p. 492.

CHRYSORÉTINE. — Résine jaune des feuilles

de séné, peut-être identique avec l'acide chrysophanique.

CHRYSOTOLUIDINE. — Voyez t. I, p. 328.

CHURCHITE (Min.). — Groupement en éventail de petits cristaux d'un éclat vitreux, nacré sur les clivages, d'un gris de fumée rougeâtre, transparents ou translucides; formés de phosphate de cérium et de calcium hydraté. L'oxygène des bases est à celui de l'anhydride phosphorique et de l'eau comme 3 : 5 : 4. Se trouve dans le Cornouailles avec quartz.

Caractères. — Dans le tube donne une eau acide (fluor), dans la flamme extérieure rougit; avec le borax au feu d'oxydation, perle jaune et opaque à chaud, incolore ou violacée à froid.

Dureté, 3. Poussière blanche. Densité 3,14(?).

Forme cristalline. — Clinorhombique; clivage parfait dans une direction.

CHUSITE (Saussure) (Min.). — Chrysolithe altérée.

CICUTÈNE. — Carbure $C^{10}H^{16}$ qui existe en petite quantité dans la racine de *Cicuta virosa*; 75 kilogr. de racine ont fourni 90 gr. d'essence brute. Le cicutène bout à 166° et est dextrogyre $[\alpha]j = + 14°,7$. Densité à 18° = 0,8704. Avec l'eau, cet hydrocarbure forme un hydrate solide, ressemblant à la terpine, et avec le gaz chlorhydrique, un chlorhydrate qui se solidifie dans un mélange réfrigérant [A.-H. van Ankum, *Journ. prakt. Chem.*, t. CV, p. 151].

CINCHOMÉRONIQUE (ACIDE). — Voyez CINCHONINE, p. 498.

CINCHONICINE, $C^{19}H^{22}Az^2O$. — Elle se forme par l'action d'une température de 130° sur le bisulfate de cinchonine, ou mieux encore sur celui de cinchonidine. On redissout le sel fondu dans l'eau, on sursature la solution par l'ammoniaque et on l'agite avec de l'éther; le résidu de l'évaporation de la solution éthérée est transformé en oxalate neutre qu'on purifie par cristallisation dans le chloroforme.

La base régénérée de l'oxalate est anhydre; elle fond à 50° et se colore en brun à 80°. Elle est soluble dans l'alcool, l'éther, le chloroforme, l'acétone et la benzine. C'est une base énergique. Le chlore et l'ammoniaque ne la colorent pas; la solution de son chlorhydrate donne un précipité floconneux blanc avec l'hypochlorite de sodium, ce qui distingue ce sel des chlorhydrates de cinchonine et de cinchonidine qui ne sont pas précipités. La cinchonicine réduit le permanganate en donnant uniquement des résines.

La cinchonicine est plus soluble dans l'eau que la quinicine; ses solutions sont incomplètement précipitées par l'ammoniaque.

SELS DE CINCHONICINE. — *Oxalate neutre de cinchonicine*, $(C^{19}H^{22}Az^2O)^2C^2H^2O^4 + 4H^2O$. — Ce sel cristallise dans l'eau et dans le chloroforme en prismes déliés blancs; il est très soluble dans ces deux véhicules ainsi que dans l'alcool bouillant. Il perd son eau à 100° et même sur l'acide sulfurique.

Iodhydrate, $C^{19}H^{22}Az^2O, HI$. — Poudre cristalline blanche, obtenue par double décomposition entre l'iodure de potassium et l'oxalate; il apparaît sous le microscope en prismes courts. Il est très soluble dans l'eau et dans l'alcool bouillants, et insoluble dans les solutions d'iodure de potassium.

Chloromercurate. — Précipité oléagineux, paraissant incristallisable.

Chloroplatinate,

$$3(C^{19}H^{22}Az^2O.HCl), 2PtCl^4 + 4H^2O.$$

— Précipité blanc jaunâtre, devenant peu à peu cristallin. Lorsque la précipitation s'effectue dans un liquide très acide, le sel double renferme $C^{19}H^{22}Az^2O, 2HCl, PtCl^4 + H^2O$.

Sulfocyanate. — Ce sel ne se précipite pas par l'addition d'un excès de sulfocyanate de potassium à l'oxalate de cinchonicine.

Le pouvoir rotatoire de la cinchonicine est $[\alpha]_D = + 32°,52$. Dans les mêmes circonstances, la cinchonine donne + 258°,78 et la cinchonidine — 175°,38 [O. Hesse, *Liebig's Ann. Chem.*, t. CLXXVIII, p. 244].

CINCHONIDINE, $C^{19}H^{22}Az^2O$. — Cette base étant isomérique avec la cinchonine, il convient de lui assigner la formule rectifiée de cette dernière, qui renferme 19 atomes de carbone. L. Fleury [*Compt. rend.*, t. LXXXII, p. 208], discutant les analyses de Leeds et de Stahlschmidt, a proposé d'adopter une formule encore moins riche en carbone et d'écrire $C^{18}H^{22}Az^2O$; mais il n'y a pas lieu d'admettre cette formule, qui ne s'appuie sur aucun dédoublement.

Oxydation de la cinchonidine. — Le premier degré d'oxydation par le permanganate fournit de la cinchoténidine et de l'acide formique; une oxydation plus avancée donne de l'acide cinchoninique et des acides carbopyridiques. La cinchonidine se comporte à l'oxydation exactement comme la cinchonine (Skraup, Weidel).

L'acide sulfurique transforme la cinchonidine en cinchonicine à 130°.

Action du brome. — La solution sulfocarbonique de cinchonidine est précipitée par le brome additionné de sulfure de carbone; il se forme, dans ce cas, des aiguilles jaunes qui, après une recristallisation dans l'eau, perdent leur coloration et renferment $C^{19}H^{20}Br^2Az^2O, 2HBr$, selon Skalweit, qui nomme ce corps bromhydrate de cinchonidine dibromée. Sous l'influence de la potasse alcoolique, ce corps se transforme en dioxycinchonidine [Skalweit, *Bull. Soc. chim.*, t. XXII, p. 414].

SELS DE CINCHONIDINE. — La cinchonidine est susceptible de se combiner au phénol pour donner des dérivés salins cristallisés.

Semiphénolcinchonidine. — Quand on mélange des solutions alcooliques de phénol et de cinchonidine à molécules égales, il se dépose une huile qui cristallise peu à peu et répond à la formule $2C^{19}H^{22}Az^2O, C^6H^6O$. Ce corps ne peut subir une nouvelle cristallisation sans se décomposer.

Sulfate de semiphénolcinchonidine,

$$2C^{19}H^{22}Az^2O, C^6H^6O, SO^4H^2 + 4H^2O.$$

— On le prépare en versant une solution de phénol dans une solution neutre bouillante de sulfate de cinchonidine. Il cristallise par refroidissement en prismes incolores brillants et se dissout dans 425 p. d'eau à 15°. L'eau et l'alcool bouillant le dissolvent mieux. Le sulfate de phénolcinchonidine est précipité de sa solution aqueuse par un excès de phénol; les acides et les alcalis en séparent du phénol.

Chlorhydrate de phénolcinchonidine,

$$C^{19}H^{22}Az^2O, C^6H^6O, HCl + H^2O.$$

— Il se dépose en cristaux blancs grenus des solutions bouillantes de chlorhydrate de cinchonidine et de phénol. Ce sel est soluble dans 46 p. d'eau à 15°; à cette température, son pouvoir rotatoire en solution alcoolique donne $[\alpha]_D = 83°$. Le chlorure de platine précipite le chlorhydrate de phénolcinchonidine à l'état de chloroplatinate de cinchonidine exempt de phénol.

Sesquiphénolcinchonidine,

$$2C^{19}H^{22}Az^2O, 3C^6H^6O.$$

— En modifiant les proportions de phénol et de cinchonidine, on obtient ce sel, qui forme des cristaux incolores brillants, inaltérables à l'air et perdant tout leur phénol à 130°.

Le *sulfate*,

$$2C^{19}H^{22}Az^2O,3C^6H^6O,SO^4H^2 + 4H^2O,$$

se prépare par dissolution du dérivé phénolique dans l'acide sulfurique étendu.

La cinchonine ne paraît pas pouvoir se combiner au phénol [O. Hesse, *Liebig's Ann. Chem.*, t. CLXXXII, p. 160, et t. CLXXXI, p. 53].

Sulfocyanate de cinchonidine,

$$C^{19}H^{22}Az^2O,CAzSH.$$

— Prismes déliés, blancs, anhydres, obtenus par double décomposition entre le sulfocyanate de potassium et le chlorhydrate de cinchonidine. Ce sel est soluble à 20° dans 305 p. d'eau ; soluble dans l'alcool et l'eau chaude, il se dissout peu dans l'éther et pas du tout dans les solutions de sulfocyanate potassique. Par l'action de l'acide sulfurique, on obtient un acide, et, avec le phénol, un dérivé cristallisé [O. Hesse, *Liebig's Ann. Chem.*, t. CLXXXI, p. 48]. A. Étard.

CINCHONINE, $C^{19}H^{22}Az^2O$. — La formule de la cinchonine est depuis longtemps contestée ; aujourd'hui, d'après l'analyse de sels de platine suffisamment purs et l'étude des produits de décomposition, la formule primitive de Laurent en C^{19} peut être regardée comme exacte suivant Skraup, tandis que O. Hesse maintient la formule en C^{20}.

La cinchonine fond de 256 à 262°, selon les échantillons. Elle commence à se sublimer à 275° dans un courant d'acide carbonique. Maintenue longtemps à 150°, elle s'altère et donne des bases liquides et volatiles. Son sulfate est fusible à 188° (Bouchardat).

La cinchonine ordinaire renferme une base contenant H^2 en plus, l'hydrocinchonine de Caventou et Willm. Cette base n'est pas attaquée par les solutions étendues de permanganate, ce qui permet de la séparer de la cinchonine.

En soumettant la cinchonine à la distillation sèche avec un alcali, on obtient des produits volatils huileux, desquels on peut extraire, en assez grande quantité, de la quinoléine C^9H^7Az ; indépendamment de cette base on trouve de l'éthyl-pyridine isomérique ou identique avec la lutidine d'Anderson [Boutlerow et Wischnegradsky, *Deutsch. chem. Gesellsch.*, 1878, p. 1253 ; — Wischnegradsky, *ibid.*, 1879, p. 1480]. Cette dernière base peut être regardée comme un produit de décomposition de la première pendant la distillation. Dans ces derniers temps, OEchsner de Coninck a retiré du mélange des bases provenant de la distillation de la cinchonine avec la potasse toute la série des bases pyridiques, entre autres deux lutidines, deux collidines, la parvoline, etc. [*Bull. Soc. chim.*, t. XXXIV, p. 210 ; t. XXXV, p. 296].

ACTION DES HYDRACIDES. — Ces acides, saturés à 0°, réagissent sur la cinchonine, en tubes scellés, à 150° [W. Zorn, *Journ. prakt. Chem.* (2), t. IV, p. 44 ; t. VIII, p. 279 ; — Skraup, *Deutsch. chem. Gesellsch.*, 1879 p. 1107]. L'acide chlorhydrique, réagissant sur le sulfate de cinchonine, donne un produit qui, après quelques cristallisations, ne renferme plus d'oxygène, mais trois atomes de chlore, dont deux sont déplacés immédiatement par l'azotate d'argent.

La cinchonine pure et l'acide chlorhydrique saturé, chauffés à 150°, ne donnent ni chlorure de méthyle ni chlorure d'éthyle ; on obtient, comme ci-dessus, un produit à 3 atomes de chlore, peu soluble, que l'on précipite par l'eau. Par refroidissement de sa solution bouillante, il cristallise en prismes à six pans, auxquels Zorn, admettant qu'il y a remplacement de (O H), préexistant dans la cinchonine, par Cl, attribue la formule $C^{19}H^{21}Az^2Cl,2HCl + H^2O$, bien que ce corps ne perde pas d'eau par l'action de la chaleur. La base qui en dérive serait

$$C^{19}H^{21}Az^2Cl + H^2O.$$

Skraup critique cette formule et, admettant dans la cinchonine un groupe OCH^3, pense qu'il se forme du chlorure de méthyle, qui se fixe aussitôt sur l'azote tertiaire du résidu cinchonique, pour former un chlorure d'ammonium quaternaire, dont la formule serait, dès lors, $C^{19}H^{23}Az^2OCl,2HCl$. En effet, la chlorocinchonine n'est pas décomposée par l'ammoniaque, mais elle est attaquée par l'oxyde d'argent, comme le sont les chlorures des ammoniums quaternaires, en donnant une base très alcaline, mais qui est en même temps fort décomposable dans le cas présent. La chlorocinchonine n'est pas attaquée par l'eau à 150° ; à 170° la décomposition est rapide, et on perçoit l'odeur de la quinoléine.

L'acide bromhydrique réagit de même : il ne se forme que des traces de bromure de méthyle et un produit

$$C^{19}H^{25}Az^2OBr^3 = C^{19}H^{23}Az^2OBr,2HBr$$

que l'ammoniaque transforme en

$$C^{19}H^{23}Az^2OBr.$$

L'oxyde d'argent enlève le brome à cette dernière base et donne ainsi un dérivé très alcalin.

ACTION DE PCl^5. — Le chlorhydrate de cinchonine séché à 110°, traité par deux fois son son poids de perchlorure de phosphore dissous dans 6 p. d'oxychlorure phosphorique, s'échauffe et laisse dégager une grande quantité d'acide chlorhydrique ; on termine la réaction à 100°, puis, après refroidissement, le produit est jeté dans de l'eau glacée additionnée d'une petite quantité d'ammoniaque pour décomposer les produits chlorophosphoriques, et en même temps séparer une résine jaunâtre. Par une addition subséquente d'ammoniaque, il se forme au bout d'un certain temps un précipité cristallin, qu'on fait recristalliser dans l'alcool. On obtient ainsi des aiguilles blanches, fusibles à 52°, solubles dans l'alcool, la benzine, l'éther, le sulfure de carbone et peu solubles dans l'eau bouillante. Séchées sur l'acide sulfurique, ces aiguilles renferment $C^{19}H^{21}Az^2Cl$: on ne peut trancher la question de savoir si ce corps provient du remplacement de (O H) par Cl, ou bien de la perte de H Cl qu'éprouverait un dérivé $C^{19}H^{22}Cl^2Az^2$, provenant de la substitution régulière d'un atome d'oxygène acétonique par Cl^2 [W. Königs, *Deutsch. chem. Gesellsch.*, 1880, p. 285].

ACTION DES HALOGÈNES. — En sursaturant de chlore une solution chlorhydrique de cinchonine exposée au soleil, on voit se précipiter un corps résineux, quelquefois cristallin, très difficile à purifier, à cause de son insolubilité dans la plupart des dissolvants ordinaires. Après dissolution dans l'acide acétique et précipitation par l'eau, il paraît avoir pour formule

$$C^{19}H^{20}Cl^2Az^2O,Cl^6,HCl.$$

Le brome donne des résultats plus nets. On chauffe à 150°, pendant plusieurs jours, un mélange de cinchonine, de brome pur et d'eau. Il y a substitution totale, avec formation d'acides bromhydrique et carbonique. Les tubes renferment de l'eau tenant en solution du bromhydrate d'ammoniaque et un magma cristallin composé de cristaux blancs et jaunes ; il se forme en outre une petite quantité d'un corps à fonction acide et d'apparence résineuse. Les cristaux jaunes sont solubles dans le chloroforme bouillant. On les purifie par plusieurs cristallisations dans ce liquide, et finalement par une sublimation suivie d'un lavage à l'éther. Ce composé est un bromure de carbone; sa formule est celle du perbromanthracène $C^{14}Br^{10}$. Les cristaux blancs se scindent à 200-210° en Br^2 et en perbromométhylène, C^2Br^4, fusible à 53°. Ces cristaux sont donc du perbromométhane [Fileti, *Deutsch. chem. Gesellsch.*, 1879, p. 423].

ACTION DES OXYDANTS. — Les divers oxydants, tels que le permanganate de potassium et les acides azotique et chromique, attaquent la cinchonine en donnant, selon la concentration et la température, des acides cristallisés différents; mais tous ces acides, d'abord complexes, se simplifient quand on prolonge la réaction et viennent aboutir aux acides di et tricarboxylés de la pyridine. De ces acides on passe par simple perte de CO^2 à la base elle-même. Quand la réaction est modérée, on passe d'abord par des dérivés quinoléiques; mais on sait aujourd'hui, grâce à des synthèses et à des décompositions directes, que ces dérivés remplissent la fonction *naphtalique* vis-à-vis de la série pyridique à laquelle ils se rattachent.

Caventou et Willm ont les premiers obtenu des produits cristallisés, en oxydant la cinchonine par le permanganate. Le premier de ces corps est sensiblement neutre, ils l'ont nommé cinchoténine. C'est le premier degré d'oxydation. La cinchoténine, $C^{18}H^{20}Az^2O^3$, se forme en même temps que de l'acide formique, vraisemblablement d'après l'équation

$$C^{19}H^{22}Az^2O + O^4 = C^{18}H^{20}Az^2O^3 + CH^2O^2.$$

Dans les mêmes conditions, la quinine donne la quiténine $C^{19}H^{22}Az^2O^4$.

Un autre corps, l'hydrocinchonine $C^{19}H^{24}Az^2O$, a été trouvé dans cette réaction, mais paraît y être étranger et exister à l'état de mélange dans la cinchonine, attendu qu'il n'est pas attaqué par le permanganate étendu.

Le produit acide de l'oxydation de la cinchonine a reçu d'abord le nom d'acide carboxycinchonique; d'après la formule double

$$C^{20}H^{14}Az^2O^4,$$

admise pendant un certain temps, il était plus carboné que la cinchonine. Cet acide a définitivement reçu le nom d'acide cinchoninique et la formule $C^{10}H^7AzO^2$, qui est celle de l'acide monocarboquinoléique.

MÉTHODES D'OXYDATION. — 1° *Par l'acide chromique.* — On additionne l'acide chromique d'une quantité d'acide sulfurique suffisante pour saturer l'oxyde de chrome qui se forme et on ajoute le réactif par petites portions; il se dégage de l'acide carbonique. Il convient de poursuivre l'oxydation à chaud jusqu'à ce qu'une prise d'essai se dissolve complètement dans la lessive de soude froide. On précipite alors l'oxyde chromique par un alcali, et, après concentration, on déplace l'acide cinchoninique par l'acide chlorhydrique étendu [W. Königs, *Deutsch. chem. Gesellsch.*, 1879, p. 97].

2° *Par l'acide azotique.* — On opère dans une capsule en remplaçant l'acide évaporé de temps à autre. On obtient de l'acide cinchoninique, plus ou moins mélangé de ses produits d'oxydation ultérieure. On le purifie par cristallisation. Les acides qui accompagnent l'acide cinchoninique dans cette préparation sont les acides cinchoméronique ou dicarbopyridique, tricarbopyridique et quinoléique [H. Weidel et M. de Schmidt, *Deutsch. chem. Gesellsch.*, 1879, p. 1146; *Ann. Chem. Pharm.*, t. CLXVII, p. 76].

3° *Par le permanganate de potassium.* — C'est la méthode d'oxydation la plus commode. On oxyde avec des solutions à 2 % à chaud ou à froid; dans ce dernier cas, il se forme de la cinchoténine et de l'acide formique. On sépare le précipité d'oxyde de manganèse, qui retient souvent tout ou partie de la cinchoténine, qu'on peut extraire par l'alcool étendu. Les acides contenus dans la solution se déplacent par l'acide chlorhydrique et se purifient par cristallisation. L'attaque ménagée fournit de l'acide cinchoninique, l'attaque violente de l'acide tricarbopyridique (ancien acide oxycinchoméronique) [Caventou et Willm, *Bull. Soc. chim.* t. XII, p. 174; — J. J. Dobbie et Ramsay, *Deutsch. chem. Gesellsch.*, 1878, p. 258, p. 324].

Acide cinchoninique, $C^{10}H^7AzO^2$. — Préparé par une des méthodes ci-dessus, il représente l'acide monocarboquinoléique. Sa constitution a été établie par son analyse, celle de ses sels et la décomposition par voie sèche de son sel de chaux, en quinoléine et acide carbonique. Cette dernière réaction s'effectue en distillant vers 120° un mélange intime de 5 à 7 grammes d'acide avec 2 à 3 grammes de chaux vive. Il passe une huile brune, mêlée de quelques cristaux qu'on sépare. On dissout cette huile dans un acide et l'on évapore, pour chasser un peu de pyrrol, on filtre, on déplace par un alcali et, après dessiccation de l'huile qui se sépare, sur de la potasse fondue, on rectifie. Le produit qui passe est de la quinoléine bouillant de 227 à 228°. Le rendement est de 43 %.

La base cristallisée qui constitue le produit accessoire fond à 192° et cristallise en aiguilles solubles dans l'éther; son chloroplatinate est floconneux jaune. D'après un dosage de carbone, sa formule serait $C^{12}H^9Az$.

Acide oxycinchoninique. — L'acide cinchoninique, fondu avec de la potasse humide en prenant assez de précautions pour qu'il ne se dégage ni ammoniaque ni quiloéine, repris par l'eau et précipité par l'acide chlorhydrique étendu, donne un dérivé hydroxylé : l'acide *oxycinchoninique* ou δ-oxycarboquinoléique. On purifie cet acide par quelques cristallisations dans l'eau, après lavage par l'acide chlorhydrique étendu bouillant qui ne le dissout pas. L'acide oxycinchoninique pur se présente en aiguilles groupées, soyeuses et brillantes; séché à 140°, il renferme $C^{10}H^7AzO^3$. Il est à peine soluble dans l'eau froide, un peu plus dans l'eau chaude et mieux dans l'alcool et l'acide acétique; on peut le sublimer.

Oxycinchoninate d'argent, $C^{10}H^6AgAzO^3$. — Sel blanc floconneux, soluble dans l'eau bouillante,

Oxycinchoninate de cuivre, $(C^{10}H^6AzO^3)^2Cu$. — Précipité du sulfate de cuivre par le sel d'ammonium ou de baryum. Cristallise en prismes verts brillants par refroidissement de sa solution bouillante. Les sels de calcium, de baryum et de plomb sont plus solubles que les précédents.

Dérivé chloré. — L'acide oxycinchoninique, chauffé avec de l'acide chlorhydrique à 100-120° pendant quelques heures, se transforme en acide chlorocinchoméríque $C^{10}H^6ClAzO^2$. Insoluble dans l'eau, soluble dans l'alcool bouillant, qui, par refroidissement, le laisse déposer en aiguilles blanches [W. Königs, *Deutsch. chem. Gesellsch.*, 1879, p. 97].

ACIDE CINCHOMÉRONIQUE, $C^7H^5AzO^4$. — Cet acide s'obtient quand on oxyde par l'acide azotique la cinchonine, la quinine et leurs isomères ou leurs premiers dérivés, la cinchoténine et la quiténine ou enfin l'acide cinchoninique. L'acide chromique et le permanganate en fournissent également. Cet acide est généralement accompagné d'acides tricarbopyridique et quinoléique; il est lui-même un des acides dicarbopyridiques possibles; on lui conserve le nom de cinchoméríque pour le distinguer d'un isomère fusible de

122 à 125°, obtenu dans l'oxydation de la quinoléine du goudron, et d'un autre isomère fusible à 241°, obtenu par Dewar, et dont la solution se colore en rouge orangé par le sulfate de fer [Hoogewerf et van Dorp, *Deutsch. chem. Gesellsch.*, 1879, p. 747; — W. Kœnigs, *ibid.*, 1879, p. 983]. L'acide cinchomérique qui, d'après Weidel, fond de 249 à 251° en brunissant et en se décomposant un peu, cristallise facilement et ne donne pas la réaction de Dewar par le sulfate de fer.

Cinchoméronate de sodium acide, $C^7H^4AzO^4Na$. — Obtenu directement à l'aide de 2 molécules d'acide et 1 molécule de carbonate de sodium; petits prismes blancs, solubles dans l'eau, insolubles dans l'alcool et anhydres.

Sel neutre, $C^7H^3Na^2AzO^4$. — En saturant complètement l'acide par le sel sodique, on l'obtient en aiguilles solubles dans l'eau et l'alcool, renfermant 2 molécules d'eau.

Cinchoméronate de calcium,

$$C^7H^3CaAzO^4, 3H^2O.$$

Ce sel distillé avec de la chaux vive fournit de la pyridine.

Derivés de l'acide cinchoméronique. — Le cinchoméronate de sodium traité par l'amalgame de ce métal laisse dégager de l'ammoniaque et donne un acide non azoté, dont la formule est $C^7H^6O^5$. Cet acide, nommé acide cinchonique, se forme d'après l'équation

$$C^7H^5AzO^4 + H^2O + H^2 = AzH^3 + C^7H^6O^5.$$

Ses propriétés ne sont pas bien étudiées, mais il donne un dérivé intéressant.

Acide pyrocinchonique, $C^6H^6O^3$. — Quand on soumet à la distillation sèche le produit de l'action de l'amalgame de sodium sur l'acide cinchonique, il passe une huile capable de se concréter; en même temps de l'acide carbonique se dégage. Le produit concret, purifié par quelques cristallisations, constitue l'acide pyrocinchonique, qui se présente alors en lamelles rhombiques, d'un éclat nacré. Il fond à 90° et bout entre 210 et 215° (non corrigé). Sa densité de vapeur est 4,16; la théorie exige 4,35.

Cet acide se forme d'après l'équation

$$C^7H^6O^5 = CO^2 + C^6H^6O^3,$$

qui confirme en même temps la formule de l'acide cinchonique. L'acide pyrocinchonique est isomérique avec l'acide pyrogallique et les autres phénols triatomiques [H. Weidel et M. de Schmidt, *Deutsch. chem. Gesellsch.*, 1879, p. 1146].

SELS DE CINCHONINE. — *Chlorozincate de cinchonine*, $(C^{19}H^{22}Az^2O, 2HCl)^2, ZnCl^2 + 2H^2O$. — Ce sel s'obtient en versant du chlorure de zinc dans une solution alcoolique de cinchonine, et en ajoutant à la préparation bouillante la quantité d'acide chlorhydrique strictement nécessaire pour dissoudre le précipité qui prend naissance. Il cristallise par refroidissement en grains brillants.

Sel acide, $(C^{19}H^{22}Az^2O, 3HCl)^2ZnCl^2 + H^2O$. — Provient de la cristallisation du sel précédent dans l'acide chlorhydrique étendu [R. Graefinghoff, *Journ. prakt. Chem.*, t. XCV, p. 221].

Tannate de cinchonine,

$$2C^{14}H^{16}O^9, C^{19}H^{22}Az^2O.$$

— Floconneux, insoluble.

Sulfarséniate, $2(C^{19}H^{22}Az^2O, H^2S), As^2S^3$. — Précipité blanc volumineux formé par le sulfarséniate de sodium dans les sels de cinchonine.

Triodure, $C^{19}H^{22}Az^2O\ I^3$. — Se prépare en ajoutant de la teinture d'iode à l'iodhydrate de cinchonine (Jœrgensen).

CONSTITUTION. — Diverses formules de constitution ont déjà été proposées depuis que l'existence d'un groupe quinoléique est démontrée dans la cinchonine. Skraup, d'après ses recherches, admet dans cette base un groupe méthoxylique et propose la formule

$$C^9H^6Az\text{-}C^9H^{13}Az\text{-}OCH^3.$$

Cette formule ne permet pas d'expliquer la formation du perbromanthracène obtenu par Fileti, qui fait découler la constitution de la cinchonine sur ce fait. Prenant en considération toutes les réactions connues jusqu'à ce jour, ainsi que la production du perbromanthracène et des acides cinchoninique, dicarbo- et tricarbopyridiques, on pourrait représenter cette constitution par le schéma suivant :

```
H²C-Az = C-CH  =  C(OCH³)
H²C-CH-CH-CH = CH
          |
HC=C  -  CH-CH²-CH²
HC=CH-C  =  Az  -  CH².
```

La position du groupe OCH^3 est arbitrairement choisie, mais non celle de la liaison des deux groupes et des lacunes. A. Étard.

CINCHONINIQUE ET CINCHONIQUE (AC.). — Voyez CINCHONINE, p. 496.

CINCHOTÉNICINE, $C^{18}H^{20}Az^2O^3$. — O. Hesse [*Deutsch. chem. Gesellsch.*, 1878, p. 1083] a observé que la cinchoténine pouvait se transformer en un isomère : la cinchoténicine. Cet isomère est amorphe et se produit lorsqu'on évapore à une douce chaleur une solution de cinchoténine dans l'acide sulfurique dilué, à molécules égales. On sèche d'abord le résidu cristallin à 120°, puis à 150°; il est alors amorphe et constitue le sulfate de cinchoténicine, base qu'on met en liberté par la baryte et qu'on décolore par le noir animal.

La cinchoténicine est amorphe, brune, et donne une poudre jaune. Elle se dissout dans l'eau, l'alcool, le chloroforme, les alcalis et les acides étendus; l'éther ne la dissout pas. Son pouvoir rotatoire en solution aqueuse à 2,6 % est $[\alpha]_D = + 0°9'$.

La base fond à 153° et se décompose à 180°. L'acide azotique l'attaque beaucoup plus facilement que la cinchoténine.

Le chloroplatinate de cinchoténicine est amorphe et soluble dans l'eau, le chloraurate est amorphe et insoluble, le phosphotungstate est couleur de chair et insoluble dans l'acide chlorhydrique.

CINCHOTÉNIDINE, $C^{18}H^{20}Az^2O^3$. — De même qu'en oxydant la cinchonine par le permanganate, on obtient de la *cinchoténine*, de même en oxydant son isomère, la cinchonidine, on obtient la *cinchoténidine*. Les deux bases d'oxydation sont isomériques, comme les alcaloïdes d'où elles dérivent, en fixant de l'oxygène et en perdant de l'acide formique :

$$C^{19}H^{22}Az^2O + O^4 = C^{18}H^{20}Az^2O^3 + CH^2O^2.$$

La cinchoténidine, préparée comme la cinchoténine, est un alcaloïde fusible à 256°, assez soluble dans l'eau bouillante; l'eau froide en dissout 1/500e, l'alcool absolu bouillant 1/600e environ. Elle cristallise de sa solution aqueuse en prismes limpides devenant opaques à l'air et renfermant 3 H^2O. Ces cristaux sont clinorhombiques et présentent les faces h^1, m, a^1, o^1. Rapport des axes : 1,121 : 1 : 0,457; angle des axes : 91° 48'.

La cinchoténidine présente jusqu'à un certain point des propriétés phénoliques; sa solution est neutre et présente une légère fluorescence, peut-être due à un peu de quinine. Elle se dissout dans les acides et dans les alcalis en laissant, par évaporation, un résidu qui ne cristallise que dans le cas de la solution sulfurique.

Le nitrate d'argent précipite la cinchoténidine en blanc; à l'ébullition il se produit une légère réduction argentique; avec le sulfate de cuivre on obtient un précipité bleu-verdâtre pâle. L'acide sulfurique concentré dissout la cinchoténidine et la solution devient jaune-brun quand on la chauffe.

Le pouvoir rotatoire de la cinchoténidine est $[\alpha]_D = -189°$.

Sulfate de cinchoténidine.

$$(C^{18}H^{20}Az^2O^3)^2SO^4H^2 + 2\,1/2\,H^2O.$$

— Il cristallise, bien que difficilement, en beaux prismes incolores, très solubles dans l'eau. Sa solution est fluorescente et acide.

Chloroplatinate de cinchoténidine,

$$(C^{18}H^{20}Az^2O^3)^2(HCl)^4PtCl^4.$$

— Cristallise en lamelles orangées brillantes ou par évaporation lente de sa solution chlorhydrique en grandes tables minces du type orthorhombique. Sa composition diffère de celle des chloroplatinates en général et notamment de celui de cinchoténine en ce qu'elle accuse un excès d'acide chlorhydrique [Zd.-H. Skraup et G. Vortmann. *Liebig's Ann. Chem.*, t. CXCVII, p. 226].

CINCHOTÉNINE, $C^{18}H^{20}Az^2O^3$. — Cet alcaloïde a été obtenu par Caventou et Willm par l'oxydation à froid d'une solution de sulfate de cinchonine par une solution saturée de permanganate qu'on doit verser goutte à goutte tant qu'il y a décoloration. Après séparation du précipité manganique qui prend naissance, on évapore à sec, puis on traite par l'alcool. L'extrait alcoolique évaporé à son tour est épuisé par l'eau bouillante, qui laisse de l'hydrocinchonine et laisse déposer par le refroidissement une abondante cristallisation de cinchoténine.

La cinchoténine se sépare de sa solution aqueuse bouillante en cristaux soyeux d'un blanc d'argent, peu solubles dans l'eau froide et très peu solubles dans l'alcool même bouillant. Elle est à peu près neutre aux réactifs colorés et se dissout aussi bien dans les acides que dans les alcalis; néanmoins elle est insoluble dans la potasse concentrée; sa solution barytique l'abandonne complètement sous l'influence d'un courant d'acide carbonique.

Le permanganate de potassium attaque difficilement la cinchoténine, même à chaud. Elle est dextrogyre comme la cinchonine et imprime au plan de polarisation une déviation de 6°.5; dans les mêmes conditions la cinchonine donne une rotation de 9°. La cinchoténine réduit à chaud le nitrate d'argent après avoir produit un précipité blanc à froid.

Dans cette oxydation de la cinchonine il se produit une substance réductrice qui a été caractérisée plus tard par Skraup comme acide formique et qui permet, selon lui, d'établir l'équation suivante pour le premier degré d'oxydation de la cinchonine :

$$C^{19}H^{22}Az^2O + O^4 = C^{18}H^{20}Az^2O^3 + CH^2O^2.$$

Par une oxydation plus avancée la cinchoténine se convertit en acide cinchoninique [E. Caventou et Ed. Willm, *Bull. Soc. chim.*, t. XII, p. 214].

CINCHOTICINE. — Alcaloïde isomère avec la cinchotine (hydrocinchonine), qui se forme lorsqu'on chauffe à 100° le sulfate de cette dernière base. Il est amorphe et très soluble dans l'éther.

CINCHOTINE, $C^{19}H^{24}Az^2O$. — Ce nom a été proposé par Skraup pour l'hydrocinchonine de Caventou et Willm [voir t. II, p. 70], afin d'éviter toute confusion avec les produits d'hydrogénation de la cinchonine.

La cinchotine s'extrait de la cinchonine du commerce qui peut en contenir jusqu'à 10 %, en oxydant le produit commercial par le permanganate de potassium à l'action duquel la cinchotine résiste assez bien à froid. On peut aussi, par une série de cristallisations fractionnées effectuées sur des sulfates ou des tartrates, enrichir considérablement la cinchonine en cinchotine, porter sa teneur de 10 à 80 %, et terminer la préparation au moyen du permanganate. Ces faits démontrent que la cinchotine n'est pas, comme le pensait O. Hesse, un produit de l'action du permanganate sur la cinchonine, mais bien qu'elle préexiste dans cette dernière à titre d'alcaloïde particulier, comme l'ont admis Caventou et Willm.

CINCHOVATINE. — D'après les recherches de O. Hesse, cet alcaloïde est identique avec la *cinchonidine*, dont le sulfate, dans certaines circonstances, particulièrement quand on l'arrose avec du chloroforme, se transforme en un sel gélatineux.

CINNAMÈNE [Syn. : *Phényléthylène, styrol, styrolène*], $C^8H^8 = C^6H^5\text{-}CH = CH^2$. — *Synthèse.* — L'éthylbenzine, traitée à l'ébullition par le brome, fournit un dérivé monobromé, l'éther bromostyrolylique, $C^6H^5\text{-}CHBr\text{-}CH^3$ (t. II, p. 1695), qui se convertit en cinnamène par perte d'acide bromhydrique. On réalise cette transformation par l'action de la potasse aqueuse à 180° [Berthelot, *Bull. Soc. chim.*, t. X, p. 347], ou quand on le soumet plusieurs fois à la distillation [Thorpe, *Bull. Soc. chim.*, t. XV, p. 273].

L'éthylbenzine fournit du cinnamène comme produit principal quand on la dirige dans un tube chauffé à une température rouge modérée (Berthelot).

L'acide bromohydrocinnamique, dit phénylpropionique bromé, obtenu par l'action de l'acide bromhydrique sur l'acide cinnamique ou sur l'acide phényllactique (t. II, p. 910), est décomposé à froid par le carbonate de sodium avec production de cinnamène [Binder, *Deutsch. chem. Gesellsch.*, 1877, p. 518; *Bull. Soc. chim.*, t. XXX, p. 44].

L'alcool benzyléthylique $C^6H^5\text{-}CH(OH)\text{-}CH^3$, obtenu par l'hydrogénation de l'acétophénone, fournit une petite quantité de cinnamène par l'action du chlorure de zinc [Emmerling et Engler. *Deutsch. chem. Gesellsch.*, 1871, p. 147].

BROMURE DE CINNAMÈNE. — Préparé par l'action du brome sur l'éthylbenzine bouillante, il fond à 72°,5 (E. Grimaux).

Chauffé en vases clos avec de l'eau, à 180°, il donne de l'acide bromhydrique et un corps cristallisable qui paraît être le phénylglycol ou glycol cinnaménique (E. Grimaux).

Wachendorff et Zincke ont isolé le phénylglycol, qu'ils appellent aussi *alcool styrolénique*, en transformant le bromure de cinnamène en acétate au moyen de l'acétate de potassium ou de l'acétate d'argent [*Deutsch. chem. Gesellsch.*, 1877, p. 1004; *Bull. Soc. chim.*, t. XXIX, p. 321].

Le bromure de cinnamène, dirigé en vapeur à travers un tube chauffé au rouge et contenant de la chaux, fournit du phénylacétylène C^8H^6 et du polystyrol, cristallisable en lamelles fusibles à 119° [Radziszewski, *Deutsch. chem. Gesellsch.*, 1873, p. 492; *Bull. Soc. chim.*, t. XX, p. 400].

Dérivés bromés et chlorés.

Le cinnamène, étant $C^6H^5\text{-}CH = CH^2$, peut fournir deux séries de dérivés monobromés ou monochlorés dans sa chaîne latérale :

	Chlorocinnamènes.	Bromocinnamènes.
Dérivés α,	$C^6H^5\text{-}CH = CHCl$,	$C^6H^5\text{-}CH = CHBr$.
Dérivés β,	$C^6H^5\text{-}CCl = CH^2$,	$C^6H^5\text{-}CBr = CH^2$.

On a obtenu des dérivés bromés et chlorés du cinnamène correspondant à ces deux formules, mais il y a encore divergence sur les formules qu'on doit attribuer aux dérivés de diverses origines.

BROMOCINNAMÈNES. — *Dérivé-β.* — Par l'action de la potasse alcoolique sur le dibromure de cinnamène, il se forme un cinnamène bromé, liquide, se décomposant par la distillation, et fournissant du phénylacétylène, $C^6H^5\text{-}C{\equiv}CH$ par la potasse alcoolique. Glaser le considère comme le dérivé α, $C^6H^5\text{-}CH{=}CHBr$, mais nous verrons qu'il doit correspondre à la formule β. A l'appui de la formule de Glaser, on peut invoquer la synthèse de l'acide cinnamique que Swartz a réalisée en soumettant le cinnamène bromé à l'action simultanée de l'acide carbonique et du sodium. Mais, d'autre part, Friedel et Balsohn, en le chauffant à 180°, pendant douze heures, avec un grand excès d'eau, ont recueilli du méthylbenzoyle (acétophénone) $C^6H^5\text{-}CO\text{-}CH^3$. Cette réaction prouve évidemment que ce dérivé bromé correspond à la formule $C^6H^5\text{-}CBr{=}CH^2$, car 6 gr. fournissent 2 gr. 5 de méthylbenzoyle pur, la quantité théorique étant de 3 gr. 18. Suivant Friedel et Balshon, on peut expliquer la formation d'acide cinnamique observée par Swartz en admettant que, si le cinnamène bromé est formé pour la plus grande partie du corps $C^6H^5\text{-}CBr = CH^2$, il renferme une petite quantité de l'isomère

$$C^6H^5\text{-}CH = CH^2Br,$$

ce qui est d'accord avec l'existence, démontrée par Reboul, des deux propylènes bromés

$$CH^3\text{-}CBr{=}CH^2 \text{ et } CH^3\text{-}CH{=}CHBr$$

dans le produit de l'action de la potasse alcoolique sur le bromure de propylène.

La formule $C^6H^5\text{-}CBr = CH^2$ (dérivé β) est encore prouvée par ce fait que le corps bromé dont il s'agit fournit du phénylacétylène; il est donc constitué comme le chlorocinnamène que fournit l'action du perchlorure de phosphore sur le méthylbenzoyle $C^6H^5\text{-}CO\text{-}CH^3$ et qui donne du phénylacétylène avec la potasse alcoolique, comme l'a montré Friedel.

Dérivé-α. — L'action de l'eau sur l'acide phényldibromopropionique (t. II, p. 910) fournit un cinnamène bromé, distillant avec décomposition à 228°, et qui se produit également par l'action de l'eau à 100° sur l'acide phénylbromolactique, ou par l'action du brome à chaud sur la solution aqueuse des cinnamates alcalins. L'action simultanée du sodium et de l'acide carbonique le convertit en acide phénylpropiolique

$$C^6H^5\text{-}C{\equiv}C\text{-}CO^2H,$$

les oxydants en acide benzoïque; la potasse alcoolique ne l'attaque pas à 200°.

D'après Glaser, le cinnamène ainsi formé serait le dérivé β, $C^6H^5\text{-}CBr{=}CH^2$, mais il paraît être son isomère α, $C^6H^5\text{-}CH{=}CHBr$; en effet, il dérive de l'acide phénylbromolactique, qui doit être $C^6H^5\text{-}CH,OH\text{-}CHBr\text{-}CO^2H$, comme il est indiqué dans ce dictionnaire (t. II, p. 906, en note), à cause de l'analogie de l'acide phényllactique et de l'acide β-oxybutyrique, et comme Erlenmeyer vient de le démontrer.

CHLOROCINNAMÈNES. — Les mêmes raisonnements s'appliquent à la distinction des dérivés chlorés du cinnamène; le chlorure obtenu par l'action de la chaux sur le chlorure de cinnamène (Blyth et Hofmann) est identique avec celui que fournit le méthylbenzoyle par le perchlorure de phosphore; sa formule est évidemment celle du dérivé β, $C^6H^5\text{-}CCl{=}CH^2$, et non pas celle du dérivé α, que lui donne Glaser.

Ce cinnamène chloré est un liquide qui, traité par la potasse alcoolique, donne du phénylacétylène (Friedel).

L'α-chlorocinnamène (que Glaser appelle dérivé β) se produit dans l'action de l'eau à 200° sur l'acide phénylchlorolactique; il bout à 199° sous une pression de 766 millimètres; sa densité à 22°,3 est de 1,112.

Nous voyons donc qu'en conservant la nomenclature de Glaser, et appliquant comme lui la dénomination d'α aux dérivés $C^6H^5\text{-}CH{=}CHR$ (R étant du chlore ou du brome) et la dénomination de β aux dérivés $H^6C^5\text{-}CR{=}CH^2$, on doit assigner la constitution α aux dérivés que Glaser désignait par la constitution β et inversement [Glaser, *Ann. Chem. Pharm.*, t. CLIX, p. 137; *Bull. Soc. chim.*, t. XIV, p. 315; — Blyth et Hofmann. *Ann. Chem. Pharm.*, t. LIII, p. 290; — Friedel, *Bull. Soc. chim.*, t. XI, p. 2; — Swartz, *Bull. Soc. chim.*, t. VI, p. 61; — Friedel et Balsohn, *Bull. Soc. chim.*, t. XXXII, p. 613].

Polymères du cinnamène.

DICINNAMÈNE (*Distyrol*), $C^{16}H^{16}$. [Erlenmeyer, *Ann. Chem. Pharm.*, t. CXXXV, p. 122; *Bull. Soc. chim.*, t. V, p. 365]. — Ce polymère du cinnamène, différent du métastyrol, se produit quand on chauffe l'acide cinnamique avec une solution d'acide bromhydrique, d'une densité de 1,35, entre 150 et 240°. L'acide chlorhydrique d'une densité de 1,12 et un mélange formé de 1 p. d'acide sulfurique et de 2 p. d'eau agissent de la même manière On obtient encore du dicinnamène en chauffant le cinnamène à 200° avec de l'acide chlorhydrique d'une densité de 1,12.

Ce polymère se combine avec le brome et donne un bromure cristallisé $C^{16}H^{16}Br^2$.

Dans la distillation sèche du cinnamate de calcium, il se forme un hydrocarbure cristallisé, fusible à 117°, se déposant en cristaux tabulaires des portions distillant entre 290 et 330° [Engler et Leist, *Deutsch. chem. Gesellsch.*, 1873, p. 254; *Bull. Soc. chim.*, t. XX, p. 205].

L'action de la chaleur rouge sur le bromure de cinnamène fournit, outre le phénylacétylène, un hydrocarbure fusible à 119°, qui paraît identique avec le précédent [Radziszewski, *Deutsch. chem. Gesellsch.*, 1873, p. 492; *Bull. Soc. chim.*, t. XX. p. 401].

Ed. Grimaux.

CINNAMIQUE (ACIDE). — Hugo Schiff a fait la synthèse de l'acide cinnamique en chauffant un mélange d'aldéhyde benzoïque et d'acide acétique dans un courant de gaz chlorhydrique sec, ou en tubes scellés à 160° avec du chlorure de zinc $C^7H^6O + C^2H^4O^2 = C^9H^8O^2 + H^2O$. Le rendement est faible.

La réaction de Bertagnini (hydrure de benzoyle et chlorure d'acétyle), inexpliquée au moment de sa publication, se comprend comme les précédentes, par un mécanisme fort simple. Le groupe méthyle réagit sur l'oxygène de l'aldéhyde pour former de l'eau, qui, à son tour, transforme le groupe (COCl)' en (COOH)':

$$C^6H^6\text{-}CHO + CH^3\text{-}COCl$$
$$= C^6H^5\text{-}CH = CH\text{-}CO^2H + HCl.$$

Préparation. — Perkin a obtenu l'acide cinnamique par le procédé qui lui a permis de préparer la coumarine avec l'aldéhyde salicylique, l'anhydride acétique et l'acétate de sodium (voyez t. II, p. 1397). Il soumet à une ébullition prolongée un mélange d'hydrure de benzoyle, d'anhydride acétique et d'acétate de sodium, ou bien chauffe le mélange à 180° en tubes scellés [*Chem. News*, t. XXII, p. 258, et *Journ. chem. Soc.*, 1877, t. XXVI, p. 217; et 1877, t. XXIX, p. 328]. Tiemann et Herzfeld recommandent les proportions suivantes : 3 p. d'hydrure de benzoyle, 3 p. d'acétate de sodium fondu, et 10 p. d'anhydride acétique [*Deutsch. chem. Gesellsch.*, 1877, p. 63, et *Bull. Soc. chim.*, t. XXVIII, p. 303].

Cette réaction est tellement nette qu'elle peut servir à la préparation industrielle de l'acide cinnamique.

Pour purifier l'acide extrait du styrax, on le délaye dans de l'eau au sein de laquelle on a déposé du carbonate d'ammonium en gros morceaux. On agite de temps en temps et l'on abandonne au repos. La résine reste insoluble. On précipite par l'acide chlorhydrique et l'on distille. L'acide benzoïque pur distille à 246° et l'acide cinnamique à 290° (Beilstein et Kuhlberg).

Réactions. — L'acide cinnamique fixe directement HBr et HI à froid, pour donner l'acide bromohydrocinnamique fusible à 130°, et l'acide iodohydrocinnamique fusible à 219° [Fittig et Binder, *Deutsch. chem. Gesellsch.*, 1876, p. 1191, et *Bull. Soc. chim.*, t. XXVIII, p. 86].

Lorsqu'on a fait bouillir pendant douze heures molécules égales d'acide cinnamique et de sulfite neutre de potassium dissous dans 10 fois son poids d'eau, l'acide acétique précipite de la solution un sel à réaction acide, soluble dans 25 p. d'eau et décomposable à chaud. Il a pour composition $C^9H^9KSO^5$. Neutralisé par le carbonate de potassium, il fournit un sel soluble dans l'alcool, $C^9H^8K^2SO^5$. C'est un produit d'addition, l'acide phénylsulfopropionique. Le sel de plomb décomposé par l'hydrogène sulfuré fournit l'acide

$$C^2H^3\begin{cases}C^6H^5\\SO^2.OH\\CO.OH\end{cases} = \begin{matrix}C^6H^5\text{-}CH\text{-}CH^2\text{-}CO^2H\\ \quad\; | \\ \quad SO^3H\end{matrix}$$

[Valet, *Ann. Chem. Pharm.*, t. CLIV, p. 62].

L'acide cinnamique se polymérise avec perte d'acide carbonique, lorsqu'on le fait bouillir avec 4 à 5 p. d'acide acétique mélangé de 1/4 à 1/2 volume d'acide sulfurique, ou plus simplement avec de l'acide sulfurique étendu de 1 fois 1/2 son volume d'eau. Il se dégage en même temps un hydrocarbure $C^{16}H^{16}$. L'acide formé $C^{17}H^{16}O^2$ constitue une masse amorphe, se décomposant fort peu à la distillation [Fittig, *Deutsch. chem. Gesellsch.*, 1879, p. 1739, et *Bull. Soc. chim.*, t. XXXIV, p. 374].

Cinnamates. — En chauffant un mélange de *cinnamate* et d'*acétate de calcium*, on obtient l'*acétocinnamone*, $C^6H^5\text{-}CH=CH\text{-}CO\text{-}CH^3$, bouillant à 240-241°.

Le *cinnamate de calcium*, seul, fournit un peu d'un hydrocarbure en C^nH^n, fondant à 117°, et paraissant être

$$\begin{matrix}C^6H^5\text{-}CH\text{-}CH^2\\ \quad | \qquad |\\ C^6H^5\text{-}CH\text{-}CH^2\end{matrix}$$

[Engler et Leist, *Deutsch. chem. Gesellsch.*, 1873, p. 253 et 257].

Éthers cinnamiques [Anschütz et Kinnicutt, *Deutsch. chem. Gesellsch.*, 1878, p. 1219, et *Bull. Soc. chim.*, t. XXXII, p. 311].

Le *cinnamate de méthyle* est un corps solide, d'une odeur agréable, fusible à 33°,4, et ne se concrétant qu'à 29°. Il bout à 263°. Soluble dans les dissolvants ordinaires, sauf l'eau.

L'*éther éthylique* est un liquide incolore d'une odeur agréable, bouillant à 271°.

Le *cinnamate de propyle* est un liquide incolore, bouillant à 283-284°.

PRODUITS DE SUBSTITUTION.

Acides bromocinnamiques. — Barisch représente l'acide fusible à 120° par la formule

$$C^6H^5\text{-}CH=CBr\text{-}CO^2H,$$

et le désigne par la lettre α; quant à l'acide fusible à 131°, il serait $C^6H^5\text{-}CBr=CH\text{-}CO^2H$, et désigné par la lettre β. Il est à remarquer que cette nomenclature est inverse de celle de Glaser, qui avait désigné l'acide fusible à 120° par la lettre β.

L'acide fusible à 120° est peu stable, et se transforme en acide fusible à 131° par la distillation comme l'a montré Glaser, ou par l'éthérification; ainsi, les deux acides traités par l'alcool et l'acide chlorhydrique donnent un même éther, et quel que soit l'acide employé primitivement, c'est toujours de l'acide β-bromocinnamique, fusible à 131°, qui constitue la portion d'acide qui a échappé à l'éthérification.

En traitant cet acide par le cyanure de potassium, et saponifiant le nitrile par la potasse, on obtient l'*acide phénylfumarique*

$$C^{10}H^8O^4 = \begin{matrix}C(C^6H^5)\text{-}CO^2H\\ \| \\ CH.\text{-}CO^2H\end{matrix}$$

[Barisch, *Journ. prakt. Chem.* (2), t. XX, p. 17].

Acides nitrocinnamiques. — Les acides para et ortho s'obtiennent par l'action de l'acide nitrique fumant et bien refroidi.

Acide paranitrocinnamique, $C^9H^7(AzO^2)O^2$. — Il forme des aiguilles déliées fondant à 265°, peu solubles dans l'alcool, l'éther, même bouillant, insolubles dans le sulfure de carbone.

Le *sel de baryum* $[C^9H^6(AzO^2)O^2]^2Ba + 3H^2O$, cristallise dans l'eau en aiguilles microscopiques jaunes, peu solubles dans l'eau chaude, perdant presque toute leur eau sur l'acide sulfurique, et la dernière portion, 1/2 H^2O à 150°.

Le *sel de calcium* $[C^9H^6(AzO^2)O^2]^2Ca + 2H^2O$ forme des lames brillantes.

L'*éther éthylique*, $C^9H^6(AzO^2)O^2, C^2H^5$, cristallise dans l'alcool en fines aiguilles jaunâtres, fusibles à 138°,5. Il se dissout peu dans l'éther bouillant, pas du tout à froid.

Acide orthonitrocinnamique. — Considéré jusqu'alors comme un mélange d'acide benzoïque, nitrobenzoïque, et d'autres produits d'oxydation de l'acide cinnamique, il a été distingué de son isomère par Beilstein et Kuhlberg [*Zeitschr. Chem.*, 1871, p. 487].

La plus grande solubilité dans l'alcool de l'acide ortho, de son sel barytique, et de son éther éthylique, facilite la séparation des deux acides.

L'acide orthonitrocinnamique est insoluble dans l'eau, soluble dans l'alcool bouillant, et fond à 232°.

Le sel barytique $[C^9H^6(AzO^2)O^2]^2Ba + 4H^2O$ cristallise en petites aiguilles jaunâtres.

Le sel calcique, plus soluble que le précédent, cristallise avec 2 molécules d'eau.

Le sel plombique est presque insoluble.

L'*éther méthylique* fond à 72-73°. Il est peu soluble dans l'eau bouillante.

L'*éther éthylique* se sépare par refroidissement de sa solution alcoolique, en une huile qui se transforme lentement en aiguilles fusibles à 42°, tandis que l'éther paranitrobenzoïque, beaucoup moins soluble, cristallise immédiatement.

Baeyer prépare l'acide orthonitrocinnamique à l'aide de l'aldéhyde benzoïque orthonitrée et de l'anhydride acétique, en présence de l'acétate de sodium. C'est avec le dérivé dibromé de l'acide ainsi produit qu'il a pu faire la synthèse de l'indigo. Un autre procédé l'a mené au même résultat, en partant toujours de l'acide nitrocinnamique. Il le transforme en acide nitrophénylpropiolique $C^9H^5AzO^4$, qui, traité par un mélange réducteur, fournit pareillement l'indigo bleu C^8H^5AzO.

Acide métanitrocinnamique. — Robert Schiff

[*Bull. Soc. chim.*, t. XXXII, p. 451] obtient l'acide métanitrocinnamique, en chauffant au réfrigérant ascendant molécules égales d'aldéhyde métanitrobenzoïque, d'acétate de sodium fondu et d'anhydride acétique. Le produit cristallise par refroidissement; on l'épuise par l'eau bouillante. Le résidu, mis à cristalliser dans l'alcool, laisse déposer le nouvel acide en aiguilles jaunâtres; on le dissout dans l'ammoniaque, on filtre, et l'on précipite par l'acide sulfurique étendu. L'acide se précipite sous la forme d'une poudre cristalline blanche fusible à 196197°.

Ed. Grimaux.

CIRCOLITHE (Min.). — Masses compactes, sans clivage, d'un jaune pâle, trouvées dans les mines de fer de Westana (Suède), formées par un phosphate d'alumine et de chaux hydraté,

$$Al^2O^3P^2O^5 + 2(CaO)^3P^2O^5 + 3H^2O.$$

Caractères. — Soluble en poudre fine dans l'acide chlorhydrique. Au chalumeau, fond facilement en un émail blanc. Avec la soude, réaction du manganèse.

Dureté, 5 à 6, poussière blanche. Densité, 3,08.

CITRACÉTIQUE (ACIDE). — A. Baeyer a désigné sous ce nom un acide tribasique, qui se forme indépendamment de l'acide acéconitique (t. I, p. 4) lorsqu'on fait agir le sodium sur l'éther bromacétique. Cet acide fournit des sels incristallisables et n'a pas été étudié. Rappelons que l'acide acéconitique qui a été représenté par la formule $C^6H^9O^6$, renferme $C^6H^6O^6$ d'après une note plus récente de Baeyer; il serait isomérique avec l'acide aconitique [A. Baeyer, *Journ. prakt. Chem.*, t. XCIII, p. 223; *Ann. Chem. Pharm.*, t. CXXXV, p. 306].

CITRACONIQUE (ACIDE). $C^5H^6O^4$. — Pour la préparation de ce composé, Wilm recommande de dessécher l'acide citrique au bain-marie avant de le soumettre à la distillation [Th. Wilm, *Bull. Soc. chim.*, t. VIII, p. 356, et *Ann. Chem. Pharm.*, t. CXLI, p. 28]. On peut effectuer la synthèse de l'acide citraconique en distillant l'acide oxypyrotartrique dont on se procure le nitrile en traitant par l'acide cyanhydrique l'éther acétylacétique :

$$\underset{\text{Acide oxypyrotartrique.}}{\begin{array}{l}CH^3\text{-}C(OH)\text{-}CO^2H\\ \quad\ \dot{C}H^2\text{-}CO^2H\end{array}} = \underset{\text{Anhydride citraconique.}}{\begin{array}{l}CH^3\text{-}C\text{-}CO\\ \quad\ \ddot{C}H\text{-}CO\end{array}\!\!\!>O} + 2H^2O$$

On recueille de l'anhydride citraconique et de l'eau. Cette réaction est très nette [Demarçay, *Compt. rend.*, t. LXXXII, p. 1337].

Dans l'action de l'acide azotique concentré sur l'acide citraconique il se produit, outre l'eulyte et la dislyte, une huile jaune volatile avec la vapeur d'eau, présentant une odeur de corps nitré et décomposable par la chaleur. La composition de l'eulyte, qui fond à 99°,5, est exprimée par la formule $C^6H^6Az^4O^7$(?). L'étain en présence de l'acide chlorhydrique l'attaque. On obtient du sel ammoniac et une petite quantité d'une matière goudronneuse soluble dans la potasse. La dislyte a pour formule $C^8H^6Az^4O^6$. Elle cristallise en fines aiguilles, fusibles à 180° [Basset, *Chem. News*, t. XXIV, p. 631 et *Bull. Soc. chim.*, t. XVII, p. 415].

Soumis à l'électrolyse, le citraconate de potassium fournit un allylène absorbable par la solution ammoniacale d'oxyde d'argent. Il se forme de l'allylénure d'argent, et, en même temps, de petites quantités d'acides acrylique (?) et mésaconique [Aucland, *Journal prakt. Chem.* (2), t. VII, p. 142, 1873, et *Bull. Soc. chim.*, t. XXI, p. 26].

Chauffé avec de l'acide chlorhydrique, l'acide citraconique fixe ce corps. L'acide *citrachloropyrotartrique* formé, décomposé à chaud par la soude, fournit de l'acide méthacrylique [Prehn, *Deutsch. chem. Gesellsch.*, 1875, p. 19, et *Bull. Soc. chim.*, t. XXIV, p. 199]. De même l'acide citraconique ou son anhydride se dissolvent dans l'acide bromhydrique concentré. Au bout de quelques jours, il se dépose de petits cristaux d'acide *citrabromopyrotartrique*, purs si l'on a opéré à basse température. Cet acide cristallise sans décomposition d'une solution aqueuse bouillante, sous la forme clinorhombique. Il fond à 148° et se décompose par une ébullition prolongée en acides bromhydrique, carbonique et méthacrylique. Le carbonate de sodium provoque ce dédoublement plus rapidement. Il se forme encore un peu d'acide mésaconique [Fittig et Landolt, *Deutsch. chem. Gesellsch.*, 1876, p. 1191, et *Bull. Soc. chim.*, t. XXVIII, p. 84].

De même que par l'amalgame de sodium, le zinc en poudre transforme en acide pyrotartrique l'acide citraconique [Böttinger, *Deutsch. chem. Gesellsch.*, 1876, p. 1821, et *Bull. Soc. chim.*, t. XXVIII, p. 471].

Saturés de chlore, les citraconates alcalins fournissent d'abord un acide monochloro-crotonique (probablement chlorométhacrylique), qui se transforme lui-même en acide trichlorobutyrique ou plutôt trichlorisobutyrique [Gottlieb, *Journ. prakt. Chem.* (2), t. XII, p. 1 et *Bull. Soc. chim.*, t. XXV, p. 563; — Morawski, *Journ. prakt. Chem.* (2), t. XII, p. 369, et *Bull. Soc. chim.*, t. XXVI, p. 518].

Citraconate de baryum. — Quand on ajoute de l'acétate de baryum à une solution de citraconate d'ammonium neutre, on obtient, si les solutions ne sont pas trop étendues, un précipité amorphe qui, par l'ébullition, se transforme en petits cristaux microscopiques renfermant

$$2(C^5H^4O^4Ba) + 5H^2O.$$

Ils sont insolubles dans l'eau froide. On les obtient aussi en précipitant à chaud l'acide par de l'acétate de baryum. Les données généralement admises pour le citraconate de baryum s'appliquent au sel amorphe [Kaemmerer, *Ann. Chem. Pharm.*, t. CLXX, p. 191, et *Bull. Soc. chim.*, t. XXI, p. 355].

Le *citraconate de calcium* obtenu par évaporation au bain-marie de la solution de la chaux dans l'acide citraconique se présente avec l'aspect amorphe. Par évaporation spontanée, on l'obtient en cristaux microscopiques groupés en escaliers ou en aiguilles nacrées contenant $5H^2O$ et efflorescents [Kaemmerer, *Ann. Chem. Pharm.*, t. CXLVIII, p. 325, et *Bull. Soc. chim.*, t. XII, p. 143].

Traité à froid par le perchlorure de fer, l'acide citraconique ne donne rien; à l'ébullition, il se produit une coloration rouge-brun qui disparaît à froid. Le même réactif colore en rouge les citraconates neutres de sodium et d'ammonium; à l'ébullition, à moins d'un grand excès de perchlorure, il se forme un précipité rouge-brun qui se redissout par le refroidissement [Aucland, *Bull. Soc. chim.* t. XIX, p. 257, et *Journ. prakt. Chem.* (2), t. VI, p. 256].

ACIDE CHLOROCITRACONIQUE. — Par la chaleur, l'acide chlorocitramalique se dédouble en eau et anhydride chlorocitraconique. Ce dernier est purifié par sublimation après avoir séjourné quelque temps à l'air pour perdre son eau. Il se présente sous la forme de lames incolores brillantes, fusibles à 100° et se sublimant déjà au-dessous de cette température. Très soluble dans l'alcool et l'éther, il est insoluble dans l'eau. Peu à peu, à son contact, il s'hydrate et finit par se dissoudre. Mais l'acide ainsi formé est très instable et perd déjà son eau par évaporation à basse température.

Son *sel de baryum* est un précipité cristallin

peu soluble dans l'eau et très peu soluble dans l'alcool. Il peut s'obtenir en cristaux par évaporation de sa solution aqueuse. Il se dissout facilement dans l'acide libre, en donnant de longues aiguilles d'un sel acide. Sa composition s'exprime par la formule

$$2(C^5H^3ClO^4.Ba) + 7H^2O.$$

Il perd son eau à 100°.

Le *sel de sodium*, qui est anhydre, est très soluble. Il cristallise en fines aiguilles enchevêtrées. Il en est de même du *sel ammoniacal*.

Le *sel d'argent*, également anhydre, se dépose en petits cristaux dendritiques de sa solution aqueuse bouillante. Dissous dans l'acide chlorocitraconique, il fournit le sel acide qui forme de petits prismes incolores et brillants, plus solubles que le sel neutre et peu altérables à la lumière.

Le *sel de plomb* est une poudre amorphe blanche, très peu soluble.

L'hydrogène naissant transforme l'acide chlorocitraconique en acide pyrotartrique fusible à 112° [Gottlieb, *Journ. prakt. Chem.* (2), t. VIII, p. 73, et *Bull. Soc. chim.*, t. XXI, p. 452].

ACIDE OXYCITRACONIQUE, $C^5H^6O^5$ [Morawski, *Journ. prakt. Chem.* (2), t. X, p. 68, et *Bull. Soc. chim.*, t. XIII, p. 73]. — Bouilli avec de la baryte, l'acide chlorocitramalique dégage de l'acide carbonique, en même temps qu'il se forme de l'acétone et de l'acide citratartrique. Mais, si l'on emploie un excès de baryte, il se produit en outre un sel en aiguilles beaucoup plus solubles à chaud qu'à froid. Cet acide, mis en liberté, est séparé de l'acide citratartrique par l'éther. L'acide recristallisé dans l'eau présente la composition d'un acide oxycitraconique. Il forme de beaux prismes très solubles dans l'eau, l'alcool et l'éther. Il ne fixe ni le brome, ni l'hydrogène dégagé par l'amalgame de sodium. Mais l'acide iodhydrique le transforme en acide citramalique. Le chlorure d'acétyle ne donne pas de dérivé acétylé. Il s'hydrate avec facilité entre 120 et 130° en fournissant de l'acide citratartrique; il en est de même de ses sels. Tel est le cas du sel de baryum à 120°, avec une légère décomposition accessoire, et du sel de plomb déjà à 100°. Ces réactions permettent d'assigner à ce composé sa constitution probable. Ce sont, en effet, les propriétés d'un corps à fonction double, celles d'acide bibasique et d'oxyde analogue à l'oxyde d'éthylène. Le nom donné à cet acide est donc impropre : c'est en effet un dérivé de l'acide pyrotartrique, dont la constitution peut s'exprimer par la formule

$$\begin{array}{ccccc} CO^2H & & CO^2H & & \\ | & & | & & \\ CH & - & C & - & CH^3. \\ & \diagdown & O & \diagup & \end{array}$$

Cet acide forme des sels bien définis, qui sont en général précipités par l'alcool en gouttes visqueuses.

Le *sel ammoniacal*, $C^5H^4O^5(AzH^4)^2$, cristallise en aiguilles concentriques.

Le *sel acide de potassium*, $C^5H^5O^5K$, se présente en prismes microscopiques anhydres, moins solubles que l'acide libre. Le *sel ammoniacal acide* ressemble à ce dernier composé.

Le *sel de baryum*, $C^5H^4O^5Ba + 4H^2O$, forme des aiguilles brillantes, assez peu solubles à froid dans l'eau et très solubles à l'ébullition.

Sel de strontium, $C^5H^4O^5Sr + 4H^2O$. — Fines aiguilles, plus solubles que le sel de baryum.

Le *sel de calcium* est très soluble et cristallise en pyramides microscopiques surbaissées. Le *sel de magnésium* est gommeux. Le sel neutre de potassium est précipité par le *perchlorure de fer* en rouge brique. A chaud, ce précipité disparaît; en même temps il se dégage de l'acide carbonique, le perchlorure est réduit et il distille un corps odorant. Les *sels de nickel, de cobalt, de manganèse* et *d'aluminium* ne précipitent pas les sels alcalins neutres.

Le *sel de plomb*, $2(C^5H^4O^5.Pb) + 9H^2O$, est très peu soluble. Il cristallise en aiguilles soyeuses et est moins soluble à chaud qu'à froid. L'ébullition l'altère; il se précipite du carbonate de plomb. A 100°, il perd 8 molécules d'eau. Le *sel d'argent* est un précipité blanc qui s'altère très facilement à l'ébullition en donnant de l'argent métallique.

ACIDE CHLORHYDROXYCITRACONIQUE,

$$C^5H^7ClO^5$$

[Morawski, *Journ. prakt. Chem.* (2), t. XI, p. 209, et *Bull. Soc. chim.*, t. XXV, p. 118]. — Cet isomère de l'acide chlorocitramalique se prépare en traitant pendant une heure à 110-120° par l'acide chlorhydrique fumant l'acide oxycitraconique. Il se produit de belles lamelles fusibles à 160-162°. L'acide chlorhydroxycitraconique se décompose suivant l'équation

$$C^5H^7ClO^5 = HCl + CO^2 + CO + C^3H^6O^2.$$

Il se dissout aisément dans l'eau et donne de beaux cristaux tabulaires. L'éther le dissout aussi en grande quantité. L'amalgame de sodium le transforme en acide citramalique Les bases le dédoublent aisément. Ainsi, à l'ébullition, avec de la baryte, on obtient des acides chlorhydrique, carbonique, oxycitraconique, ainsi qu'une substance hydrocarbonée d'odeur désagréable; avec un excès de baryte, il ne se produit que du chlorure et de l'oxycitraconate.

Le sel ammoniacal précipite les sels de plomb et d'argent, mais non pas ceux de baryum et de calcium. Après quelques jours, on trouve du carbonate mêlé de fines aiguilles d'oxycitraconate.

E. Demarçay.

CITRAMALIQUE (ACIDE), $C^5H^8O^5$. — On prépare cet homologue de l'acide malique d'après le procédé de Carius (t. I, p. 930), en introduisant du zinc dans une solution d'acide chlorocitramalique à 10 % et activant vers la fin le dégagement d'hydrogène par addition d'acide chlorhydrique. La solution laisse déposer du citramalate de zinc cristallin, qu'il est facile de laver et de décomposer par l'hydrogène sulfuré après l'avoir finement pulvérisé. La solution étant évaporée, le résidu laisse déposer de grands cristaux lorsqu'on l'abandonne dans l'air sec.

L'acide citramalique se forme aussi lorsqu'on réduit l'acide chlorhydroxycitraconique, ou qu'on chauffe à 100-110° l'acide oxycitraconique (Suppl. p. 504) avec de l'acide iodhydrique concentré (Morawski) :

$$C^5H^6O^5 + 2HI = I^2 + C^5H^8O^5.$$

Les acides glutanique, itamalique et oxypyrotartrique de Demarçay sont isomériques avec l'acide citramalique; les formules suivantes rendent compte de l'isomérie des deux derniers acides :

Acide citramalique.	Acide oxypyrotartrique.
$CH(OH)-CO^2H$	CH^2-CO^2H
$CH-CO^2H$	$C(OH)-CO^2H$
CH^3	$CH^3.$

L'acide citramalique fond à 119°; par la distillation il fournit, sans se colorer, de l'eau et de l'anhydride citraconique.

CITRAMALATES. — L'acide est bibasique; les sels ont été étudiés par Carius et Th. Morawski [*Wien. Akad. Ber.*, 2e part., t. LXXVI, p. 670; 1878].

Sel ammonique, $C^5H^6O^5(AzH^4)^2$. — Petites aiguilles, extrêmement solubles.

Le *sel de potassium* est en cristaux, celui de *sodium* n'a pu être amené sous cette forme.

Sel d'argent, $C^5H^6O^5.Ag^2$. — Il est stable et se dépose par refroidissement de la solution bouillante en aiguilles microscopiques, peu solubles à froid; il détone par la chaleur.

Sel de baryum, $C^5H^6O^5.Ba$. — Masse gommeuse cassante, qui ne devient anhydre qu'à 200°; le *sel acide* $(C^5H^7O^5)^2Ba + 2H^2O$ est en croûtes cristallines dures, très solubles dans l'eau, et perdant leur eau à 100°.

Sel de calcium, $C^5H^6O^5.Ca + 1\,1/2\,H^2O$. — Le mélange de solutions de citramalate ammonique et de chlorure de calcium reste limpide à froid, mais laisse déposer à l'ébullition le sel calcique en écailles peu solubles, d'apparence rhombique ou hexagonale sous le microscope. Il devient anhydre entre 100 et 130°. Le *sel acide* $(C^5H^7O^5)^2Ca + 5H^2O$ est en lamelles très étroites, fort solubles.

Sel de magnésium. — Masse amorphe, devenant cristalline au contact de l'alcool, et ne se déshydratant complètement qu'à 180°.

Sel de zinc, $C^5H^6O^5.Zn + 2H^2O$. — Très petits cristaux brillants, devenant anhydres à 180° et se décomposant à 190°.

Sel de plomb, $C^5H^6O^5.Pb + 3\,1/2\,H^2O$. — Le citramalate ammonique additionné d'acétate de plomb laisse déposer à la longue des croûtes dures de ce sel qui se déshydrate sur l'acide sulfurique. Avec le sous-acétate de plomb, on obtient un sel *basique* $C^5H^6O^5.Pb, PbO + 3H^2O$ à l'état d'un précipité floconneux qui se transforme rapidement en fines aiguilles microscopiques.

ACIDE MONOCHLOROCITRAMALIQUE.

$$C^5H^7ClO^5 = \begin{array}{l} CH(OH)\text{-}CO^2H \\ CCl\text{-}CO^2H \\ CH^3 \end{array}$$

— Cet acide, que Carius a obtenu en fixant l'acide hypochloreux sur l'acide citraconique (t. I, p. 927), se forme aussi : 1° lorsqu'on introduit du chlorate de potassium dans une solution d'acide citraconique dans l'acide chlorhydrique assez concentrée et chauffée à 100°; 2° par l'action de l'eau régale à une température modérée sur l'acide citraconique; 3° lorsqu'on fait passer du chlore dans une solution aqueuse de cet acide, jusqu'à coloration sensible; 4° si l'on fait agir le gaz chlore sur une solution étendue de citraconate sodique, jusqu'à ce que le liquide commence à se troubler [Gottlieb, *Ann. Chem. Pharm.*, t. CLX, p. 101].

Lorsqu'on traite l'acide mésaconique, en suspension dans l'eau, par le chlore, on obtient, par évaporation de la solution, de l'acide monochlorocitramalique (Morawski).

Pour purifier l'acide brut obtenu d'après un de ces procédés, de préférence le procédé 4° qui est le plus avantageux, on précipite sa solution aqueuse par l'acétate de baryum, on met le dépôt en suspension dans l'alcool à 95 centièmes et on le décompose par le gaz chlorhydrique. L'alcool étant ensuite chassé par la distillation, on obtient un résidu cristallin qu'il est facile, par deux cristallisations dans l'eau, d'amener à l'état de pureté.

L'acide monochlorocitramalique forme des prismes brillants, anhydres, fusibles à 100°, et appartenant au système orthorhombique. Formes : m, a^1, e^1, plus rarement g^1; angles : $mm = 109°$ environ; e^1e^1 (sur p) $= 90°$. L'acide se volatilise un peu à l'air; il offre une odeur de fruits; il n'est pas déliquescent, mais les cristaux perdent leur éclat à l'air.

Le monochlorocitramalate de baryum neutre, étant chauffé avec de l'eau, on obtient l'acide citratartrique de Carius, et, comme produits secondaires, de l'acétone et du gaz carbonique, selon l'équation

$$2C^5H^5ClO^5.Ba + H^2O$$
$$= C^5H^6O^6Ba + BaCl^2 + C^3H^6O + 2CO^2.$$

En présence de baryte en excès il se forme en outre un acide que Morawski a dénommé oxycitraconique $C^5H^6O^5$ (Suppl. p. 504) et qui résulte de l'acide chlorocitramalique par perte de HCl.

L'acide monochlorocitramalique est isomérique avec les acides monochloroïtamalique et chlorhydroxycitraconique (Suppl. p. 504).

MONOCHLOROCITRAMALATES. — Ils se décomposent facilement surtout par ébullition de leurs solutions, et donnent du chlorure et un citratartrate.

Sel de potassium, $C^5H^5ClO^5.K^2$. — Il cristallise.

Sel d'argent, $C^5H^5ClO^5.Ag^2$. — L'acide libre produit dans le nitrate d'argent un dépôt blanc composé de petits cristaux dendritiques, très altérables.

Sel de baryum, $C^5H^5ClO^5.Ba + 4H^2O$. — A froid, ou plus rapidement à 30-40°, il perd $2H^2O$.

Sel de plomb. — L'acétate de plomb donne dans la solution concentrée de l'acide un précipité blanc amorphe; en liqueur étendue, on obtient le sel plombique sous forme de fines aiguilles ou d'écailles renfermant 4 molée. d'eau, dont 2 se dégagent à la longue à l'air [Gottlieb, *loc. cit.*].

A. Henninger.

CITRATARTRIQUE (ACIDE), $C^5H^8O^6$. — Sa formation dans la décomposition des monochlorocitramalates, observée par Carius (t. I, p. 930), a été confirmée par Morawski. Ce même savant l'a obtenu en chauffant à 110-120° l'acide oxycitraconique ou ses sels avec de l'eau,

$$C^5H^6O^5 + H^2O = C^5H^8O^6,$$

ou bien en chauffant cet acide à 120-130°, et le dissolvant ensuite dans l'eau. L'acide oxycitraconique est une sorte d'oxyde anhydre formé aux dépens de l'acide citratartrique contenant 1 atome d'oxygène lié à 2 atomes de carbone, à l'instar de l'oxyde d'éthylène (Suppl. p. 504).

CITRATES. — Les citrates ne réduisent pas, même à l'ébullition, le permanganate de potassium en solution très alcaline; ce sel passe seulement au vert avec lenteur. Cette réaction peut servir à les distinguer des tartrates qui, au contraire, s'oxydent très facilement [Chapman et Smith, *Zeitsch. Chem.*, 1867, p. 413, et *Bull. Soc. chim.*, t. VIII, p. 185].

CITRATES MÉTALLIQUES [Kaemmerer, *Ann. Chem. Pharm.*, t. CLVIII, p. 294; t. CLXX, p. 176; *Bull. Soc. chim.*, t. XII, p. 138; t. XXI, p. 353].

Citrate d'argent. — Ce sel se décompose à l'ébullition, surtout en solution ammoniacale. Dans ce cas, il se forme des gaz et un peu de sel ammoniacal.

Citrate de baryum. — Le sel tribarytique s'obtient en poudre formée de prismes courts et épais $(C^6H^5O^7)^2Ba^3 + 5H^2O$, quand on mêle 2 mol. de citrate trisodique à 3 mol d'acétate de baryum dissous dans une petite quantité d'eau. Le précipité met quelques jours à se former. Si l'on mêle, au contraire, l'acide citrique avec de l'acétate de baryum, on obtient à la longue un sel amorphe à 7 mol. d'eau. Ce sel, digéré au bain-marie avec de l'ammoniaque, se transforme en cristaux microscopiques sans changer de composition. Si, au contraire, on chauffe le citrate de baryum amorphe ordinaire avec beaucoup d'eau au bain-marie, il se transforme en petites aiguilles qui contiennent 5 mol. d'eau, et qui, par une action encore plus prolongée, fournissent de petits prismes clinorhombiques. On obtient encore ces cristaux et même plus volumineux, quand on les chauffe en tube scellé à 120° avec de l'eau. Ils renferment

$$(C^6H^5O^7)^2Ba^3 + 3\,1/2\,H^2O.$$

Ce sel insoluble ne perd pas son eau à 100°, et se décompose à 180° en donnant de l'aconitate. Sa forme et son insolubilité sont caractéristiques pour l'acide citrique. On peut le rapprocher du sel $(C^6H^5O^7)^4Ba^5H^2 + 7H^2O$, que l'on obtient cristallisé en petits prismes clinorhombiques, en précipitant par l'acide citrique l'acétate de baryum, et faisant digérer le dépôt avec de l'eau au bain-marie ou bien en dissolvant dans l'acide acétique le citrate tribarytique et évaporant la solution au bain-marie. Sonstadt, formule ce sel $(C^6H^5O^7)^3Ba^4H$ [Sonstadt, *Chem. News*, t. XXVI, p. 148, et *Bull. Soc. chim.*, t. XIX, p. 31].

Citrate de calcium. — Le sel précipité ordinaire est confusément cristallin. Au bain-marie, il se transforme peu à peu en fines aiguilles microscopiques de même composition. Ce sel est soluble dans l'ammoniaque et s'en sépare avec la même composition.

Si l'on ajoute 1 gr. d'acétate de calcium dissous dans 300 gr. d'eau, la moitié du citrate trisodique nécessaire pour le précipiter, il se sépare après plusieurs jours un précipité de prismes microscopiques. Ce sel, $(C^6H^5O^7)^2Ca^3 + 7H^2O$, perd 4 mol. d'eau au-dessus de l'acide sulfurique et en retient encore une à 210°. Le sel ordinaire, au contraire, devient anhydre à 200°.

Citrate de cadmium. — Le sel neutre est peu soluble dans l'eau froide. A l'état amorphe, il fond dans l'eau bouillante; maintenu longtemps au bain-marie, il devient cristallin et infusible. Il renferme $(C^6H^5O^7)^2Cd^3 + 1/2\,H^2O$. Si le sel amorphe a été précipité à froid, il devient plus lentement cristallin et forme des prismes rhomboïdaux, qui renferment 10 mol. d'eau et en perdent 9 à 150°. Les eaux mères laissent déposer un mélange de prismes et d'aiguilles qui ont la forme du sel barytique $(C^6H^5O^7)^2Ba^3 + 3\,1/2\,H^2O$; mais ces deux composés n'ont pu être séparés.

La solution dans l'ammoniaque du sel neutre, concentrée au bain-marie, donne naissance à des croûtes d'un sel ammoniacal. Lorsqu'on le redissout dans l'eau à plusieurs reprises en chauffant chaque fois, ce sel perd de l'ammoniaque et donne des aiguilles microscopiques groupées concentriquement, qui renferment

$$3\,C^6H^4O^7Cd^2 + (C^6H^5O^7)^2Cd^3 + 18H^2O.$$

Les eaux mères concentrées donnent ce même sel avec 27 mol. d'eau.

Citrates de cuivre. — Quand on mélange 2 mol. de sulfate de cuivre avec 1 mol. de citrate neutre de sodium, on obtient un précipité de citrate de cuivre tétramétallique, c'est-à-dire dans lequel 4 atomes d'hydrogène sont remplacés par du métal $C^6H^4O^7Cu^2 + 2\,1/2\,H^2O$.

La solution du carbonate de cuivre dans l'acide citrique additionnée d'alcool fournit le sel

$$(C^6H^5O^7)^2Cu^3 + C^6H^4O^7Cu^2 + 15H^2O;$$

à 160°, ce sel perd son eau et se transforme en aconitate. La solution aqueuse laisse déposer à chaud le citrate tétramétallique. Ce dernier se produit encore par la décomposition lente du citrate de cuivre ordinaire, même sec. On l'obtient encore par le mélange de 2 mol. de sulfate de cuivre et de 1 mol. d'acide citrique.

Citrates de fer. — Lorsqu'on fait bouillir du fer avec de l'acide citrique, il se dégage de l'hydrogène et l'on obtient le sel bimétallique

$$C^6H^6O^7Fe + H^2O.$$

Il se dépose en petits cristaux assez altérables à l'air, solubles dans l'eau, qui rougissent à la lumière en s'oxydant. Dissous dans l'ammoniaque et évaporé en couche mince, il produit un sel très soluble dans l'eau, insoluble dans l'alcool fort et inaltérable à l'ébullition :

$$(C^6H^5O^7)^2Fe^2, 2\,AzH^3 + 3H^2O$$

[Méhu, *Journ. Pharm. Chim.*, t. XVIII, p. 85, et *Bull. Soc. chim.*, t. XX, p. 453]. Si l'on ajoute à l'acétate ferrique de l'acide citrique, puis de l'alcool fort, on obtient un précipité jaune de citrate ferrique soluble dans l'eau.

Citrates de magnésium. — Si l'on chauffe à 120° des solutions de 1 mol. de sulfate de magnésium et 2 mol. de citrate trisodique, qu'on évapore à sec et qu'on épuise la masse par l'eau froide, on obtient un citrate trimétallique en prismes hexagonaux pyramidés. On peut le préparer aussi par l'ébullition d'une solution d'acétate de magnésium et d'acide citrique. Il contient $(C^6H^5O^7)^2Mg^3 + 9H^2O$; repris par l'eau bouillante et évaporé au bain-marie, il fournit des prismes aigus $(C^6H^5O^7)^2Mg^3 + 5\,1/2\,H^2O$.

En faisant agir l'acide citrique sur le carbonate de magnésium à l'ébullition, il se forme le sel $(C^6H^4O^7)^3Mg^5H^2 + 8H^2O$. De l'alcool ajouté à une solution, en proportions convenables, d'acétate de magnésium et de citrate trisodique, détermine la précipitation d'un corps visqueux qui devient cristallin après quelques jours et contient 14 mol. d'eau. Chauffe-t-on au bain-marie la solution aqueuse du sel encore visqueux, il se dépose un précipité cristallin qui contient

$$4(C^6H^4O^7Mg^2) + (C^6H^5O^7)^2Mg^3 + 13H^2O\ (?).$$

On prépare un précipité visqueux qui se comporte de même, en ajoutant de l'alcool à la solution de 1 mol. de citrate trisodique et 2 mol. 1/2 d'acétate de magnésium concentré au point de dégager des vapeurs acides.

La solution ammoniacale de citrate trimagnésique laisse déposer au bain-marie le sel

$$(C^6H^5O^7)^2Mg^3 + 9H^2O,$$

puis après filtration un sel basique

$$2(C^6H^5O^7)^2Mg^3 + C^6H^4O^7Mg^2 + 3H^2O\ (?).$$

Citrates de manganèse. — Par le mélange de 1 mol. 1/2 d'acétate de manganèse et 1 mol. de citrate trisodique, il se sépare une poudre cristalline de petits prismes rhomboïdaux :

$$(C^6H^5O^7)^2Mn^3 + 9H^2O;$$

à 130°, ce sel perd 10 mol. d'eau en donnant de l'aconitate; à 150°, il y a décomposition complète. Les eaux mères, additionnées d'alcool, laissent déposer un sel fusible à chaud en une masse poisseuse qui devient lentement cristalline. On le prépare encore en traitant par l'acide citrique le carbonate de manganèse. La composition répond à la formule $(C^6H^4O^7)^3Mn^5H^2 + 15H^2O$, analogue à celle d'un sel de magnésium déjà décrit; à 100°, l'eau le transforme en un autre sel $(C^6H^4O^7)^4Mn^7H^2 + 18H^2O$, analogue à un sel de strontium décrit plus loin.

Molécules égales de citrate trisodique et d'acétate de manganèse précipitent à chaud, à une certaine concentration, un citrate blanc, cristallin, bimétallique, $C^6H^6O^7Mn + H^2O$.

Citrate de sodium. — Ce sel cristallise, soit en gros cristaux déjà décrits, soit en aiguilles fines groupées concentriquement et formant une masse molle. Ces deux sels possèdent la même composition, $C^6H^5O^7Na^3 + 5\ 1/2 H^2O$.

Citrates de plomb. — 1 mol. d'acide citrique et 1 1/2 moléc. d'acétate de plomb produisent un précipité amorphe qui devient cristallin quand on le chauffe avec de l'eau au bain-marie. On l'obtient encore en traitant le citrate trisodique par l'azotate de plomb en très grand excès et chauffant le précipité dans son eau mère. Il se forme des prismes clinorhombiques indécomposables par l'eau $(C^6H^5O^7)^2Pb^3 + 3H^2O$. Avec l'ammoniaque à chaud, ce produit se transforme en sel tétrabasique amorphe $C^6H^4O^7Pb^2 + 2H^2O$.

Citrates de strontium. — Le sel neutre précipité à froid est amorphe; à chaud il est confusément cristallin et n'a pu être transformé en cristaux distincts. Mais si l'on ajoute 2 gr. de citrate trisodique à 8 gr. d'acétate de strontium dissous dans 500 gr. d'eau, il se dépose, après vingt-quatre heures, des aiguilles microscopiques soyeuses de citrate de strontium.

L'acide citrique, chauffé avec de l'acétate de strontium dans le rapport de 1 à 2 mol. de ce dernier pour 1 mol. du premier, forme un précipité amorphe qui passe lentement à l'état de tables clinorhombiques $(C^6H^4O^7)^4Sr^7H^2 + 11H^2O$. Dissous dans l'acide acétique, ce sel se dépose à l'état amorphe par évaporation; il ne contient plus alors que $5H^2O$.

Citrotungstates. — Une solution concentrée de tungstate neutre de sodium, additionnée d'acide citrique en grand excès, laisse déposer des houppes cristallines formées de prismes obliques aciculaires solubles à 15° dans 20 p. d'eau. La composition de ce sel conduit à la formule

$$4C^6H^8O^7 + Tu^2O^7Na^2 + 4H^2O (?).$$

Le sel potassique est incristallisable [Lefort, *Ann. Chim. Phys.* (5), t. IX, p. 93, et *Bull. Soc. chim.*, t. XXVII, p. 567].

Citrates de zinc. — On obtient dans quelques cas, en essayant de préparer le citrate trizincique, un sel basique $(C^6H^4O^7)^2Zn^3H^2$, ou bien $C^6H^4O^7Zn^2$, en même temps la liqueur devient acide.

Citrate triéthylique. — Chauffé vingt-quatre heures entre 75 et 110° avec de l'ammoniaque alcoolique, cet éther donne le citraméthane :

$$C^6H^5O^4(C^2H^5O)(AzH^2)^2.$$

C'est une poudre amorphe vert foncé, hygroscopique, soluble dans l'eau et l'alcool, insoluble dans l'éther [Sarandinaki, *Deutsch. chem. Gesellsch.*, 1872, p. 1100, et *Bull. Soc. chim.*, t. XIX, p. 319].

Acide éthylcitrique. — L'éther citrique neutre produit cet acide quand on le traite par l'amalgame de sodium. C'est un liquide épais soluble dans l'eau, l'alcool, l'éther, décomposable par distillation [Petrieff et Eguis, *Bull. Soc. chim.*, t. XXIV, p. 361].

E. Demarçay.

CITRIQUE (ACIDE). — Suivant Sarandinaki, l'acide citrique, séché à 130°, ou bien bouilli longtemps avec de l'eau, ne cristallise plus avec une molécule d'eau comme d'ordinaire. Il y aurait transformation isomérique [Sarandinaki, *Deutsch. chem. Gesellsch.*, 1872, p. 1100, et *Bull. Soc. chim.*, t. XIX, p. 319].

D'après Bourgoin, l'acide citrique se dissout à 150° dans 45p,26 d'éther, 2p,31 d'alcool absolu, 2p,89 d'alcool à 90°.

Suivant Creux, on peut doser l'acide citrique par le procédé suivant. L'acide, amené à l'état de sel alcalin, est additionné d'un petit excès d'acétate de baryum et de deux volumes d'alcool à 95°. Après vingt-quatre heures, on filtre. Le précipité, dissous dans l'eau, est reprécipité par deux volumes d'alcool; le nouveau précipité, lavé à l'alcool à 63°, est calciné. L'acide citrique est toujours à l'état de sel tribasique [Creux, *Chem. News*, t. XXVI, p. 50, et *Bull. Soc. chim.*, t. XIX, p. 123].

D'après les recherches de Claus et Bœnnefahrt, l'acide hydrocitrique n'existe pas. Ces chimistes ont en effet constaté que l'hydrogène dégagé dans la prétendue hydrogénation est égal au volume théorique [Claus et Bœnnefahrt, *Deutsch. chem. Gesellsch.*, 1875, p. 155, et *Bull. Soc. chim.*, t. XXV, p. 80].

Suivant Hugo Schiff, l'acide citrique, traité par le perchlorure de phosphore, puis par l'eau et l'éther, donnerait une substance floconneuse, soluble dans l'eau, précipitable de cette solution par l'acide chlorhydrique et présentant les caractères d'un tannin [Hugo Schiff, *Liebig's Ann. Chem.*, t. CLXXII, p. 356, et *Bull. Soc. chim.*, t. XXII, p. 364].

Chauffé à 160° avec 10 fois son poids d'eau, l'acide citrique fournit des acides carbonique, itaconique et mésaconique [Markownikoff et de Purgold, *Zeitschr. Chem.*, 1867, p. 264]. L'acide bromhydrique, bouillant à 126°, en agissant à cette température sur l'acide citrique séché à 100°, le transforme en acide aconitique. L'acide iodhydrique, bouillant à 127°, ne donne à cette température que des traces du même acide [Mercadante, *Gazz. chim. ital.*, 1871, p. 248; *Journ. prakt. Chem.* (2), t. III, p. 356, et *Bull. Soc. chim.*, t. XVI, p. 304]. Dessaignes avait déjà obtenu l'acide aconitique au moyen de l'acide chlorhydrique. Mais on peut, en modifiant les conditions, obtenir une nouvelle combinaison, l'acide diaconique.

Acide diaconique, $C^9H^{10}O^6$. [Otto Hergt, *Journ. prakt. Chem.* (2), t. VIII, p. 372, et *Bull. Soc. chim.*, t. XXII, p. 76]. — Quand on chauffe de 140 à 150° l'acide citrique avec de l'acide chlorhydrique, il se produit de l'acide aconitique sans produits étrangers. Si la température s'élève jusque vers 190 ou 200°, il se dégage des gaz en abondance, et l'on obtient de l'acide diaconique. L'opération se fait en tubes scellés; les tubes ne doivent être remplis qu'au tiers et contenir 3 à 4 grammes environ d'acide citrique. Il faut, en outre, ouvrir ces tubes de temps en temps. Le contenu se colore en brun clair et laisse déposer une trace de matière résineuse que l'on sépare par filtration; on évapore ensuite au bain-marie à consistance sirupeuse; après un repos de vingt-quatre heures, il se sépare des cristaux d'acide diaconique baignés dans une eau mère sirupeuse chargée d'acide citrique. L'acide chlorhydrique, qui ne dissout que l'acide diaconique, sert à le séparer. On le purifie alors par cristallisation dans l'eau. L'équation qui représente sa formation est la suivante:

$$2C^6H^8O^7 = C^9H^{10}O^6 + 2CO^2 + CO + 3H^2O,$$

qui a été vérifiée par l'analyse des gaz dégagés. L'acide citrique se transforme d'abord en acide aconitique. Ce dernier peut se transformer directement en acide diaconique.

Cet acide est soluble dans l'eau, l'alcool et l'éther. Il forme de petits cristaux fort nets, probablement clinorhombiques. Il fond à 199-200° en brunissant un peu; à 190° il fournit déjà un sublimé de longues aiguilles incolores, peu solubles dans l'eau. La réaction de l'acide diaconique est très acide. Il donne un précipité blanc gélatineux avec le protochlorure d'étain. Les sels solubles précipitent également le perchlorure de fer et le sous-acétate de plomb.

Le *sel de potassium*, $C^9H^8K^2O^6$, est déliquescent. Il se décompose vers 170° et s'obtient par double décomposition entre le sel de baryum et le sulfate de potassium.

Le *sel ammoniacal*, $C^9H^8(AzH^4)^2O^6$, est une masse cristalline, cornée et cassante. Il est déliquescent, fort soluble et fond à 95° en perdant de l'ammoniaque.

Le *sel de baryum*, $2C^9H^8BaO^6 + 3H^2O$, plus soluble à chaud qu'à froid, donne, par évaporation au-dessus de l'acide sulfurique, des croûtes cristallines, dures, inaltérables à l'air et qui ne se déshydratent complètement qu'à 200° en fournissant une masse vitreuse très soluble.

Le *sel acide*, $(C^9H^9O^6)^2Ba$, est une masse amorphe transparente, très soluble.

Sel strontique, $C^9H^8SrO^6 + 5H^2O$, obtenu par évaporation; c'est une masse cristalline plus soluble à froid qu'à chaud.

Sel calcique, $C^9H^8CaO^6 + H^2O$; masse cristalline plus soluble à froid qu'à chaud.

Sel magnésique, $C^9H^8MgO^6 + 6H^2O$; croûtes dures, cristallisées, aisément solubles.

Le *sel ferrique* est un précipité ocreux auquel on attribue la formule $(C^9H^9O^6)^2Fe^2(OH)^4$.

Sel manganeux, $C^9H^8MnO^6 + 5H^2O$; tables incolores, bien développées, apparemment clinorhombiques.

Sel cobaltique, $C^9H^8CoO^6 + 6H^2O$; petites tables clinorhombiques roses; anhydre, ce sel est bleu.

Sel nickélique, $C^9H^8NiO^6 + 6H^2O$; croûtes cristallines d'un vert de mer.

Sel zincique, $C^9H^8ZnO^6 + 6H^2O$; tables clinorhombiques obtenues par évaporation lente.

Le *sel acide*, $(C^9H^9O^6)^2Zn + 7H^2O$, est en cristaux probablement clinorhombiques.

Additionné d'acétate de plomb, le sel de baryum laisse déposer de petits cristaux quadratiques sur les parois du vase. Le sous-sel de plomb est un précipité floconneux.

Sel cuivrique, $C^9H^8CuO^6 + 3H^2O$: prismes durs, vert-bleuâtre, insolubles dans l'eau et probablement clinorhombiques.

Ether éthylique, $C^9H^8(C^2H^5)^2O^6$. — On l'obtient en faisant digérer à chaud l'acide avec de l'alcool absolu saturé d'acide chlorhydrique; on précipite par l'eau; l'huile qui se sépare, lavée avec du carbonate de sodium, puis avec de l'eau, est dissoute dans l'éther, et la solution est évaporée. C'est une huile indistillable, sans décomposition, que l'eau saponifie à chaud.

En se fondant sur la composition des sels et particulièrement du sel d'étain, l'auteur pense que cet acide est triatomique et bibasique.

Synthèse de l'acide citrique. — Grimaux et Adam sont parvenus tout récemment à préparer artificiellement cet acide important [*Compt. rend.*, t. XC, p. 1252]. Ils sont partis de la dichloracétone symétrique de Markownikoff, laquelle fixe aisément l'acide cyanhydrique. Le cyanure formé est traité par l'acide chlorhydrique, et la solution distillée dans le vide est épuisée par l'éther, qui abandonne, par évaporation, l'acide dichloracétonique symétrique. Cet acide, saturé par du carbonate de sodium, est chauffé en solution concentrée avec 2 moléc. de cyanure de potassium. La réaction terminée, on sature le liquide par l'acide chlorhydrique gazeux, et l'on chauffe quinze heures au bain-marie. On distille dans le vide et l'on sépare l'acide citrique à l'ébullition par un lait de chaux à l'état de sel insoluble de calcium qui sert à préparer l'acide par le procédé ordinaire. Les formules suivantes indiquent les étapes successives de cette élégante synthèse :

CH^2-Cl CO CH^2-Cl	CH^2Cl C(OH)-CO^2H CH^2Cl
Dichloracétone.	Acide dichloracétonique.

CH^2-CAz C(OH)-CO^2H CH^2-CAz	CH^2-CO^2H C(OH)-CO^2H CH^2-CO^2H
Acide dicyanacétonique.	Acide citrique.

E. Demarçay.

CITRIQUE (GROUPE). — *Constitution.* — La constitution de l'acide citrique paraît pouvoir se déduire, avec un assez grand degré de certitude, de l'étude de ses réactions et de sa synthèse; mais il n'en est pas de même de tous ses dérivés, et il règne encore sur la nature de quelques-uns la plus grande incertitude.

L'acide citrique se dédouble, par une chaleur modérée, d'une part en eau et acide aconitique, d'autre part en acétone, eau, acide carbonique et oxyde de carbone. L'acide aconitique peut enfin fixer une molécule d'hydrogène en se transformant en acide carballylique. C'est donc un acide carballylique privé de deux atomes d'hydrogène, ou bien très probablement :

CH-CO^2H
‖
C -CO^2H
|
CH^2-CO^2H

D'ailleurs cette formule, qui concorde très bien avec les propriétés de l'acide aconitique, est la seule possible, si l'on écarte l'hypothèse peu vraisemblable d'un atome de carbone diatomique ou d'une chaîne fermée.

L'acide citrique, qui ne diffère de ce composé que par une molécule d'eau en plus, ne peut donc être que l'un des deux acides oxycarballyliques :

I	II
CH^2-CO^2H C(OH)-CO^2H CH^2-CO^2H	CH(OH)-CO^2H CH-CO^2H CH^2-CO^2H

Cet acide donne facilement naissance à de l'acétone, et la formule (2) se prête difficilement à la représentation de cette réaction. On peut ajouter, en outre, que cette formule tendrait à faire admettre l'existence d'acides citriques actifs sur la lumière polarisée (théorie de Lebel et de Van t'Hoff), ce qui n'a jamais été constaté. On peut conclure que c'est la formule (1) qui correspond le mieux à la constitution de l'acide citrique. La synthèse de l'acide citrique réalisée par Grimaux et Adam confirme entièrement ces vues (voyez plus haut Acide citrique).

Les acides citraconique, itaconique et mésaconique sont ensuite les dérivés les plus importants de l'acide citrique. Ces acides ont ceci de commun que, sous l'influence de l'hydrogène naissant, ils engendrent tous trois l'acide pyrotartrique, fusible à 112°, dont la constitution correspond à la formule

CH^3
|
CH-CO^2H
|
CH^2-CO^2H

On en conclut que ces trois acides ne diffèrent de ce dernier que par H^2 en moins. Si nous remarquons maintenant que les acides itaconique et citraconique subissent avec la même facilité les mêmes réactions (fixation de brome, des hydracides, de l'acide hypochloreux), on sera tenté de leur attribuer des constitutions analogues; et, à l'acide mésaconique, au contraire, qui s'éloigne d'eux sous ce rapport, une constitution spéciale différente de la leur. Les deux premières formules que suggère la composition $C^5H^8O^4 - H^2$ sont :

(a) CH^3 / $\overset{|}{C}\text{-}CO^2H$ / $\overset{||}{C}H\text{-}CO^2H$ (b) CH^2 / $\overset{||}{C}\text{-}CO^2H$ / $\overset{|}{C}H^2\text{-}CO^2H$.

On est donc tenté d'attribuer l'une à l'acide citraconique, l'autre à l'acide itaconique et même (a) au premier, (b) au second, à cause de la stabilité différente de ces acides et des idées généralement reçues sur la stabilité des liaisons doubles voisines des groupes CO^2H.

Quant à l'acide mésaconique, il est plus difficile de lui assigner une formule probable. Henry [*Bull. Soc. chim.*, t. XXIII, p. 374] a supposé que ce pouvait être

$$CO^2H\text{-}CH = CH\text{-}CH^2\text{-}CO^2H,$$

composé qui se rattache à l'acide pyrotartrique normal, ce qui semble devoir faire rejeter cette formule, si l'on considère sa transformation en acide pyrotartrique fusible à 112°, et à sa facile transformation en acide citraconique.

Fittig a pris un point de vue complètement différent : il représente l'acide mésaconique par la formule (a), l'acide itaconique par la formule (b), et l'acide citraconique par la formule

$$\begin{array}{l} CH^3 \\ \overset{|}{C}H\text{-}CO^2H \\ \overset{||}{C}\text{-}CO^2H \end{array}$$

éloignant ainsi complètement les deux acides qui se rapprochent le plus, et rapprochant ceux qui s'éloignent. En outre, on comprend difficilement, dans son hypothèse, que, par fixation d'acide hypochloreux sur l'acide citraconique, il puisse prendre naissance un acide citrachloromalique doué de quelque stabilité et représenté par la formule

$$\begin{array}{l} CH^3 \\ \overset{|}{C}H\text{-}CO^2H \\ ClC(OH)\text{-}CO^2H. \end{array}$$

Et enfin la formule dont il s'agit n'explique pas la synthèse si nette de l'acide citraconique par distillation de l'acide oxypyrotartrique dérivé de l'éther acétylacétique. Les arguments précédents semblent écarter cette manière de voir.

Il est une autre formule qui correspond à une constitution tout à fait différente de l'acide mésaconique et qui me semble justifiée par ce fait que tous les mésaconates, même celui d'argent, retiennent une molécule d'eau qu'ils ne perdent qu'en se décomposant. Cette formule est celle d'un anhydride interne d'un acide oxypyrotartrique,

$$\begin{array}{l} \quad CH^3 \\ OC\text{-}\overset{|}{C}H \\ \ \ \overset{|}{O}\text{-}\overset{|}{C}H\text{-}CO^2H, \end{array}$$

ce qui ferait de l'acide mésaconique un homologue inférieur de l'acide térébique. Cette formule explique l'action comparativement difficile du brome et des hydracides et la différence du produit d'addition bromé

$$\begin{array}{l} \quad CH^3 \\ OC\text{-}\overset{|}{C}H \qquad + Br^2 \\ \ \ \overset{|}{O}\text{-}\overset{|}{C}H\text{-}CO^2H \end{array}$$

$$\begin{array}{l} \quad CH^3 \\ = OC\text{-}\overset{|}{C}H \\ \ \ \overset{|}{O}\text{-}CBr\text{-}CO^2H \end{array} \quad + BrH = \begin{array}{l} \quad CH^3 \\ HO^2C\text{-}\overset{|}{C}H \\ \quad CBr^2\text{-}CO^2H \end{array}$$

avec les produits correspondants des acides citraconique et itaconique. Elle exige, d'autre part, que le produit décrit comme éther mésaconique soit en réalité identique avec l'éther citraconique ou itaconique, ce qui n'a pas encore été examiné.

Les autres dérivés de l'acide citrique (aconique, diaconique, xéronique exceptés), sont des acides pyrotartriques substitués dont la formule exacte ne sera connue que le jour où l'on saura exactement celle des acides pyrocitriques.

L'acide aconique paraît être un anhydride interne, tel que

$$\begin{array}{l} \quad CH^2 \\ OC\text{-}\overset{||}{C} \\ \ \ \overset{|}{O}\text{-}\overset{|}{C}H\text{-}CO^2H \end{array}$$

Cet acide est du reste trop peu étudié pour qu'on puisse rien affirmer.

L'acide paraconique est certainement un corps de cette nature,

$$\begin{array}{l} \ \ O\ CH^3 \\ \ /\backslash\ | \\ OC\text{-}C \\ \quad \overset{|}{C}H^2\text{-}CO^2H \end{array} \quad \text{ou} \quad \begin{array}{l} CH^2\text{-}O \\ \overset{|}{C}H\text{-}\overset{|}{C}O \\ \overset{|}{C}H^2\text{-}CO^2H \end{array}$$

ainsi que l'indique sa transformation immédiate par les bases en acide itamalique.

Enfin les acides butyrique et crotonique, obtenus à l'aide des acides pyrocitriques, sont identiques aux acides isobutyrique et méthacrylique ou à leurs dérivés, ainsi qu'il résulte des travaux de Swarts, Prehn, Fittig (voyez CITRACONIQUE.)

En résumé, les acides pyrocitriques réclament de nouvelles recherches pour qu'on puisse élucider avec certitude leur constitution. Ce que l'on en sait actuellement est absolument insuffisant.

E. Demarçay.

CITRONELLOL. — L'essence de citronelle fournie par l'*Andropogon Nardus* (Ceylan) contient principalement un corps oxygéné, le citronellol. Ce dernier bout à 200-205°, est lévogyre (—13°) et renferme $C^{16}H^{16}O$, d'après Gladstone; il bout à 210° et aurait pour composition $C^{16}H^{18}O$, d'après Wright. Le brome attaque le citronellol, et les produits formés fournissent du cymène lorsqu'on les chauffe avec de l'eau. Avec le sulfure de phosphore il donne un hydrocarbure $C^{16}H^{16}$, et avec le perchlorure de phosphore on obtient un chlorure $C^{16}H^{17}Cl$ qui se dédouble en acide chlorhydrique et en un terpène, bouillant de 168 à 173° lorsqu'on le chauffe avec de l'acide chlorhydrique aqueux [J.-H. Gladstone, *Journ. chem. Soc.*, (2), t. X, p. 1; — C.-R.-A. Wright, *ibid.*, t. XII, p. 22].

CITROPTÈNE. — C'est le camphre de l'essence de citron (t. I, p. 936).

CLADONIQUE (ACIDE). — C'est l'acide β-usnique de Hesse. — Voyez USNIQUE (ACIDE), t. III, p. 612.

CLAUDETITE (Min.). Anhydride arsénieux orthorhombique, isomorphe avec la valentinite; trouvé à San-Domingo (Portugal). Éclat fortement nacré.

Dureté, 2,5. Densité, 3,85.

CLEIOPHANE (Min.). — Variété incolore de bleu de Franklin. New-Jersey.

CLINOÉDRITE (Min.). — Voyez PANABASE.

CLINTONITE (Min.). — Voyez SEYBERTITE.

COBALT. — Cl. Winkler a déterminé le poids atomique du cobalt d'après la quantité d'or mise en liberté de son chlorure par le cobalt métallique qu'on peut obtenir en réduisant le chlorure roséocobaltique par l'hydrogène; le nombre trouvé est 58,992, soit 59 [*Zeitsch. analyt. Chem.*, t. IV, p. 18]. Lee est arrivé au même nombre, qui est celui généralement admis, par l'analyse des cobalticyanures de strychnine et de brucine

[*Sillim. Amer. Journ.* (3), t. II, p. 44; *Bull. Soc. chim.*, t. XVI, p. 253].

On peut communiquer au cobalt la malléabilité qui lui fait défaut, en y incorporant 1/8 % de magnésium. Il est alors malléable à chaud et possède à froid une grande dureté. Il est très tenace, blanc et plus brillant que le nickel. On peut le souder au rouge blanc au fer et à l'acier [Th. Fleitmann, *Deutsch. chem. Gesellsch.*, 1879, p. 454; *Bull. Soc. chim.*, t. XXXII, p. 667].

Oxyde de cobalt. — Lorsqu'on chauffe le carbonate de cobalt pendant 12 heures à 200°, il se transforme en une poudre noire, qui fixe de l'eau par son exposition à l'air et possède alors la composition $Co^3O^4.2H^2O$. Séchée ensuite à 100°, cette poudre renferme $4Co^2O^3 + 5H^2O$ [C. Braun, *Zeitschr. analyt. Chem.*, t. VI, p. 76].

Sulfures de cobalt. — On obtient le *sesquisulfure* Co^2S^3 en lamelles hexagonales irrégulières, d'un gris d'acier, en fondant le carbonate de cobalt avec du soufre et de la soude. Ce sulfure n'est que difficilement attaqué par l'eau régale [R. Schneider, *Poggend. Ann.*, t. CLI, p. 437].

Protosulfure, CoS. — Préparé en fondant le sulfate de cobalt avec du sulfure de baryum et du chlorure de sodium, il se présente en cristaux prismatiques, d'un gris d'acier, paraissant isomorphes avec la millérite ou sulfure de nickel naturel. Il n'est pas magnétique [Hjortdahl, *Compt. rend.*, t. LXV, p. 75].

Sulfure intermédiaire, Co^3S^4. — Lorsqu'on traite l'oxyde de cobalt au rouge par un courant d'hydrogène sulfuré, on obtient ce sulfure en globules fondus, à éclat métallique, d'un jaune de laiton, magnétiques (Hjortdahl).

Chlorure de cobalt. — Le chlorure cristallisé renferme $CoCl^2 + 6H^2O$; il perd $4H^2O$ sur l'acide sulfurique et le reste à 100° [Mills, *Phil. Magaz.* (4), t. XXXV, p. 245].

Il possède la même composition, et se présente sous la forme d'une masse cristalline rouge lorsqu'on concentre sa solution jusqu'à ce que son point d'ébullition s'élève à 111°, puis qu'on laisse refroidir. Lorsque le point d'ébullition atteint 110°, le produit obtenu contient $4H^2O$. Si l'on élève davantage la température de ce dernier hydrate fondu, il fournit des cristaux bleus de l'hydrate $CoCl^2 + 2H^2O$; cette transformation est complète à 121°. Enfin, il y a déshydratation totale à 140°.

Le chlorure anhydre est pâle, il rougit à l'air et se transforme dans l'hydrate à 6 moléc. d'eau.

L'hydrate $CoCl^2 + 2H^2O$, obtenu par dessiccation sur l'acide sulfurique, est une poudre rouge fleur de pêcher qui prend à 125° la couleur du sesquichlorure de chrome sublimé; il est très hygroscopique.

L'hydrate $CoCl^2 + 4H^2O$ est d'un rouge plus vif. Il ne perd pas de poids sur l'acide sulfurique et se transforme à 110° dans l'hydrate bleu à $2H^2O$, sans fondre.

Bersch, à qui l'on doit ces observations, admet que le changement de couleur est dû non à une déshydratation, mais à l'existence de deux modifications particulières, l'une bleue, l'autre rouge [*Journ. prakt. Chem.*, t. CIII, p. 252].

Cette interprétation paraît confirmée par une autre observation de Tischborn et de Clowes. Ces auteurs ont remarqué qu'une solution de chlorure de cobalt, qui ne change pas de couleur à 100°, devient bleue lorsqu'on la chauffe plus fort en tubes scellés [*Chem. News*, t. XXV, p. 123 et XXVIII, p. 161].

Une solution saturée de chlorure de cobalt a pour densité 1,3613 (B. Franz).

Bromure de cobalt. — Lorsqu'on concentre sur l'acide sulfurique une solution de bromure de cobalt, préparée en traitant le cobalt par le brome en présence de l'eau, on obtient des prismes d'un rouge pourpre, efflorescents à l'air sec et déliquescents à l'air humide, et qui ont pour composition $CoBr^2 + 6H^2O$. Chauffés à 100°, ces cristaux fondent, perdent $4H^2O$ et se transforment en une masse cristalline d'un bleu violet, renfermant $CoBr^2 + 2H^2O$. Le bromure anhydre qui reste après qu'on a chauffé le bromure hydraté à 130°, est une poudre amorphe, d'un vert vif [W. Noel Hartley, *Journ. chem. Soc.*, (2), t. XII, p. 501].

Iodure de cobalt. — La solution rouge de l'iodure de cobalt, obtenue par le cobalt, l'iode et l'eau, devient d'un vert foncé lorsqu'on la concentre à la température de 120° et laisse déposer alors, sur l'acide sulfurique, de petits cristaux verts, extrêmement déliquescents, qui ont pour composition $CoI^2 + 2H^2O$.

La déshydratation de ce corps à l'air lui fait perdre de l'iode, et il se produit un *oxyiodure*, Co^2I^2O.

Si l'on évapore à 50° la solution d'iodure de cobalt, jusqu'à ce qu'elle devienne verte, on obtient, par le refroidissement dans un dessiccateur, de beaux prismes hexagonaux, d'un rouge foncé, déliquescents, qui constituent l'hydrate $CoI^2 + 6H^2O$ (Hartley).

Azotate de cobalt. — Voici d'après B. Franz la densité de ses solutions :

$(AzO^3)^2Co$ %.	Densité.
10	1,091
20	1,194
30	1,310
40	1,4062
Solution saturée	1,5382

Azotites doubles de cobalt. — Le sel qui se dépose lorsqu'on ajoute une solution concentrée d'azotite de potassium à une solution de chlorure de cobalt, additionnée de beaucoup d'acide acétique, a pour composition $(AzO^2)^{12}(Co^2)K^6$. Suivant la concentration des solutions, il est anhydre ou renferme 1, 2, 3 et 4 moléc. d'eau; sa couleur varie du jaune clair au jaune serin. Pour l'isoler, on le lave avec une solution d'acétate de potassium, puis avec de l'alcool.

Si l'on ajoute une solution étendue d'azotite de potassium à une solution chaude de chlorure de cobalt, on obtient d'abord un précipité cristallin noir ou vert, puis un précipité jaune, amorphe ou confusément cristallin. Le premier renferme $2[(AzO^2)^3Co''K] + H^2O$; le second, $(AzO^2)^4Co''K^2 + H^2O$ [S. P. Sadtler, *Sillim. Amer. Journ.* (2), t. XLIX, p. 189; *Bull. Soc. chim.*, t. XVI, p. 81].

On prépare l'*azotite cobaltico-sodique* en ajoutant de l'azotite de sodium à une solution acide de chlorure de cobalt. Il se produit d'abord un précipité brun qui a pour composition,

$$(AzO^2)^{10}(Co^2)^{vi}Na^4 + H^2O,$$

puis, par une nouvelle addition d'azotite, un précipité jaune qui constitue le sel double

$$(AzO^2)^{12}(Co^2)^{vi}Na^6 + H^2O.$$

La solution de ce dernier sel donne avec le chlorure lutéocobaltique un précipité cristallin jaune, insoluble dans l'eau, qui renferme

$$(AzO^2)^6(Co^2)^{vi} + (AzO^2)^6(Co^2)^{vi}12AzH^3 + H^2O.$$

On obtient de même le sel double roséocobaltique avec $10AzH^3$ et le sel xanthocobaltique (Sadtler).

Sadtler a préparé, comme les sels sodiques, les sels doubles ammoniacaux

$$(AzO^2)^{10}(Co^2)^{vi}(AzH^4)^4 + 2H^2O$$

et

$$(AzO^2)^{12}(Co^2)^{vi}(AzH^4)^6 + 2H^2O.$$

Iodate de cobalt, $(IO^3)^2Co + 6H^2O$. — Il se dépose en petits cristaux rouges par l'évaporalente de sa solution. Il perd $4H^2O$ à 100°. Densité à 16° = 3,6426 [F. W. Clarke, *Sillim. Amer. Journ.* (3), t. XIV, p. 280].

Periodate de cobalt, $I^4O^{21}Co^7 + 16H^2O$. — Résidu insoluble dans l'eau qui reste après l'évaporation d'une solution de sulfate de cobalt additionnée d'iodate de sodium. L'acide chlorhydrique l'attaque avec dégagement de chlore. Calciné, il laisse de l'oxyde Co^3O^4 [Lautsch, *Journ. prakt. Chem.*, t. C, p. 65].

Carbonate de cobalt. — C. Braun a rencontré un carbonate basique de cobalt du commerce, qui renfermait, après dessiccation à 100°,

$$(CO^3Co)^2.Co(OH^2 + 3H^2O.$$

Sulfate de cobalt. — 100 parties d'eau à 11-14° dissolvent 23p,88 de sel supposé anhydre (C. de Haver).

Hyposulfite de cobalt, $S^2O^6Co + 8H^2O$. — Cristaux tricliniques p, g^1, h^1, t. Rapport des axes = 1 : 0.8082 : 0.9748. Densité = 1,8155 (Hald. Topsoë).

Sulfites de cobalt. — *Sulfites cobalteux doubles.* — Lorsqu'on ajoute du sulfite neutre de potassium à du sulfate ou à du chlorure cobalteux, on obtient de petits cristaux d'un rose pâle, insolubles dans l'eau, solubles dans l'acide chlorhydrique et noircissant à l'air en s'oxydant. Ces cristaux sont le sulfite double $(SO^3)^2CoK^2$.

Le sel sodique n'est pas cristallin; il est plus foncé et sa composition est celle d'un sel basique $(SO^3)^3Co^2Na^2.CoO$ [W. Schultze, *Zeitschr. Chem.*, 1865, p. 89].

Sulfite ammoniaco-cobalteux,

$$(SO^3)^2Co(AzH^4)^2 + xH^2O.$$

— Précipité violet confusément cristallin (E. Berglund).

Sulfites cobaltiques. — Lorsqu'on fait bouillir du sesquioxyde de cobalt avec un sulfite alcalin neutre, la solution devient fortement alcaline et il se dépose un produit rougeâtre, insoluble dans l'eau, indécomposable à froid par les alcalis et dégageant de l'acide sulfureux au contact des acides [Geuther, *Ann. Chem. Pharm.*, t. CXXVIII, p. 157]. Pour purifier ce produit, on le fait bouillir à plusieurs reprises avec de nouvelles quantités de sulfites alcalins.

Obtenu avec le sulfite de potassium, le corps représente le sulfite double $(SO^3)^4(Co^2)^{VI}K^2$, souillé par un peu de sel cobalteux; il noircit à l'air.

La combinaison sodique est basique et renferme $(SO^3)^2(Co^2O^2)''Na^2$ (W. Schultze).

E. Berglund a décrit une série de sulfites cobaltiques doubles se rapportant à un acide *cobaltisulfureux hypothétique*, $(SO^3)^6(Co^2)^{VI}H^6$ [*Bull. Soc. chim.*, t. XXI, p. 212]. Ces sels sont en général des précipités volumineux amorphes. Leur point de départ est le *cobaltisulfite ammoniacobalteux*, $(SO^3)^6(Co^2)^{VI}(AzH^4)^2Co^2 + 14H^2O$, qu'on obtient en faisant passer du gaz sulfureux dans la solution brune qui se produit lorsqu'on expose à l'air un sel cobalteux additionné de sel ammoniac et d'ammoniaque caustique. C'est un précipité jaune, confusément cristallin, décomposable par l'eau, soluble dans les acides. Sa solution l'abandonne en cristaux bruns. Les eaux mères de ce sel en renferment un autre, $(SO^3)^6(Co^2)^{VI}(AzH^4)^4Co$, qu'on obtient plus aisément en saturant de gaz sulfureux la solution ammoniacale d'azotite cobalteux et d'azotate d'ammonium.

Le *cobaltisulfite,*

$$(SO^3)^6(Co^2)^{VI}(AzH^4)^6 + 11H^2O,$$

se sépare en aiguilles orangées lorsqu'on ajoute de l'ammoniaque aux eaux mères des sels précédents.

Le *sel de potassium,* $(SO^3)^6(Co^2)^{VI}K^6 + xH^2O$, est un précipité jaune, peu cristallin, obtenu par l'addition de potasse au premier sel d'ammonium.

Le *sel de baryum,* $(SO^3)^6(Co^2)^{VI}Ba^3 + 12H^2O$, est un précipité jaune-rougeâtre.

Le *sel cobalteux,* $(SO^3)^6(Co^2)^{VI}Co^3$, se précipite en flocons jaunes par l'addition d'alcool à la solution chlorhydrique du sel ammoniacocobalteux.

En ajoutant de l'azotite d'argent à la solution nitrique du sel ammoniacal, on obtient un précipité jaune-rougeâtre, qui renferme

soit $(SO^3)^6(Co^2)^{VI}Ag^4Co + 9H^2O$,

soit $(SO^3)^6(Co^2)^{VI}Ag^6$.

On obtient de la même manière le *sel de bismuth,* $(SO^3)^6(Co^2)^{VI}Bi^2 + 27H^2O$, sous la forme d'un précipité floconneux, volumineux, rouge.

Sulfite cobaltique ammoniacal. — Le sesquichlorure de cobalt se dissout dans une solution de sulfite neutre d'ammonium, en déplaçant une partie de l'ammoniaque et en donnant une liqueur brune, qui dépose par la concentration une poudre jaune clair, soluble et dont la solution fournit des cristaux jaune-brunâtre. Ceux-ci, comme la poudre jaune elle-même, ont pour composition $(SO^3)^3(Co^2)_{VI}.5AzH^3 + 41/2H^2O$. Les eaux mères de la poudre jaune donnent successivement des cristaux vert olive, sans composition constante, puis des cristaux plus foncés que l'eau décompose en produisant une poudre cristalline qui renferme $(SO^3)^3(Co^2)^{VI}.6AzH^3 + H^2O$ (Geuther).

Phosphite de cobalt, $PO^3HCo + 2H^2O$. — Obtenu par le carbonate de cobalt et l'acide phosphoreux. Il perd la moitié de son eau audessus de l'acide sulfurique (Rammelsberg).

Ed. Willm.

COBALTAMINES. — Les nombreuses combinaisons qui se forment par l'action de l'ammoniaque sur les composés cobaltiques ont été énumérées et décrites, t. I, p. 947. Parmi ces combinaisons, les sels purpuréocobaltiques sont les plus stables et les plus importants. On a fait connaître récemment divers dérivés de ces sels; nous les décrivons ci-après.

I. Sels chloropurpuréocobaltiques. — Les sels purpuréocobaltiques répondent à la formule $Co^2X^6, 10AzH^3$. Jörgensen a récemment préparé une série de combinaisons purpuréocobaltiques dans lesquelles, X^2 étant toujours remplacés par du chlore ou du brome, les quatre dernières valences X^4 peuvent être représentées par divers radicaux acides. Il les a nommées chloro et bromopurpuréocobaltiques [Jörgensen, *Journ. prakt. Chem.*, (2), t. XVIII, p. 209].

Le chlorure purpuréocobaltique,

$$Co^2Cl^2Cl^4, 10AzH^3,$$

décrit t. I, p. 948, renferme 2 atomes de chlore plus fortement unis et 4 atomes de chlore pouvant être échangés par substitution.

Sulfate acide chloropurpuréocobaltique,

$$[Co^2Cl^2(SO^4H)^2, 10AzH^3]^2SO^4.$$

— Il s'obtient en traitant à froid 1 molécule de chlorure purpuréocobaltique par 12 molécules d'acide sulfurique. Quand le dégagement d'acide chlorhydrique est terminé, on étend d'eau (8 fois le poids du chlorure) et on chauffe vers 70°. La liqueur, filtrée rapidement, laisse déposer des prismes rouge-violet décomposables par l'eau, mais non par l'alcool. Ils se dissolvent à froid dans l'acide sulfurique sans dégager d'acide chlorhydrique. Leur solution aqueuse ne précipite pas par le nitrate d'argent. Ces caractères, qui se retrouvent dans tous les sels de cette série, montrent que le chlore est fortement retenu dans la combinaison cobaltique. C'est pour rappeler ces faits que Jörgensen a fait entrer le nom de chlore dans le radical de la combinaison.

On obtient le sulfate neutre

$$Co^2Cl^2.2SO^4, 10AzH^3 + 4H^2O$$

en opérant comme ci-dessus, mais en employant une quantité d'acide sulfurique moitié moindre. Ce sont des cristaux rhomboédriques, d'un rouge pourpre, brillants, qui s'effleurissent à l'air sec, solubles dans 133 p. d'eau froide, plus solubles dans l'eau chaude, mais en se décomposant partiellement.

Dans cette préparation, il se forme en même temps une petite quantité de sel anhydre en octaèdres bruns ou noirs. Leur solubilité dans l'eau est la même que celle du sel hydraté.

On obtient un précipité d'azotate

$$Co^2Cl^2.4AzO^3, 10AzH^3$$

en ajoutant un excès d'acide azotique à la solution du sulfate acide. Ce sont des octaèdres d'un beau rouge violet, solubles dans 82 p. d'eau froide, assez solubles dans l'eau bouillante.

Le *bromure chloropurpuréocobaltique*,

$$Co^2Cl^2Br^4, 10AzH^3,$$

s'obtient en précipitant une solution chaude du chlorure dans l'acide sulfurique étendu, par l'acide bromhydrique concentré, et lavant le précipité à l'alcool. Il ressemble beaucoup au chlorure purpuréocobaltique, mais est plus soluble dans l'eau (214 p.).

L'iodure $Co^2Cl^2I^4, 10AzH^3$ s'obtient de même. Il est soluble dans 54 p. d'eau.

Chloromercurates. — Gibbs a signalé un chloromercurate $Co^2Cl^6, 10AzH^3 + 4HgCl^2$; mais ce sel paraît se former difficilement. Lorsqu'on traite le chlorure purpuréocobaltique par le chloromercurate de sodium, on obtient une combinaison $Co^2Cl^6, 10AzH^3 + 6HgCl^2$.

Le bromomercurate chloropurpuréocobaltique s'obtient de même; il est formé de longues aiguilles violettes, rectangulaires, anhydres, dont la composition répond à la formule

$$(Co^2Cl^2Br^4 + 10AzH^3)^2 + 9HgBr^2.$$

Les iodomercurates

$$C^2Cl^2I^4, 10AzH^3 + 4HgI^2$$

et

$$Co^2Cl^2I^4.10AzH^3 + 2HgI^2$$

s'obtiennent comme les précédents.

Lorsqu'on broie un mélange de chlorure purpuréocobaltique et de carbonate d'argent et que l'on filtre immédiatement, la solution rouge cerise, additionnée d'alcool, laisse déposer de longues lames violettes brillantes qui constituent le chlorocarbonate $Co^2Cl^2.2CO^3, 10AzH^3 + 9H^2O$. Si l'on a ajouté un grand excès d'alcool, on peut obtenir ce sel avec une seule molécule d'eau.

L'oxalate $Co^2Cl^2.2C^2O^4, 10AzH^3$ a été décrit par Gibbs et Genth sous le nom d'oxalate purpuréocobaltique. Il cristallise en prismes rectangulaires, groupés en faisceaux.

On obtient le tartrate acide

$$Co^2Cl^2.4C^4H^5O^6, 10AzH^3 + 5H^2O$$

en faisant réagir l'acide tartrique et le carbonate d'argent ou le tartrate d'argent sur le chlorure chloropurpuréocobaltique. Ce sont de longues aiguilles brillantes, rouge-violet, assez solubles dans l'eau.

Les pyrophosphates,

$$Co^2Cl^2.2P^2O^7H^2, 10AzH^3$$

et

$$Co^2Cl^2.P^2O^7, 10AzH^3 + nH^2O$$

s'obtiennent en ajoutant de l'acide pyrophosphorique à la solution de l'azotate.

II. Sels bromopurpuréocobaltiques. — Le bromure bromopurpuréocobaltique

$$Co^2Br^2Br^4, 10AzH^3$$

s'obtient en dissolvant le carbonate de cobalt dans un excès d'acide bromhydrique, sursaturant par l'ammoniaque et faisant passer un courant d'air dans le mélange jusqu'à dissolution du précipité. La liqueur filtrée, additionnée d'acide bromhydrique, est chauffée au bain-marie. Le bromure purpuréocobaltique se dépose.

C'est une poudre cristalline d'un violet bleu, se déposant de l'acide bromhydrique bouillant en octaèdres volumineux presque noirs. Densité = 2,483. Il se dissout dans 530 p. d'eau froide.

La solution de ce bromure précipitée par l'acide nitrique fournit un bromonitrate; traitée par l'acide chlorhydrique, elle donne du chlorure bromopurpuréocobaltique qui se précipite en octaèdres microscopiques insolubles dans l'acide chlorhydrique étendu.

Il eût été intéressant de comparer ce sel au bromure chloropurpuréocobaltique.

Jörgensen a encore décrit un certain nombre de sels doubles préparés avec les précédents.

Gibbs a signalé une combinaison de chloronitrate et de nitrate purpuréocobaltiques à laquelle il assigne la formule

$$Co^2Cl^3(AzO^3)^3, 10AzH^3 + Co^2(AzO^3)^6, 10AzH^3.$$

On l'obtient par l'action du nitrite de sodium (qui renferme toujours du nitrate) sur le sulfate acide purpuréocobaltique, en présence d'un peu d'acide chlorhydrique. Ce sel cristallise en beaux octaèdres rouge grenat, solubles dans l'eau. Les expériences de Jörgensen font douter de la formule compliquée attribuée à ce sel par Gibbs [*Deutsch. chem. Gesellsch.*, 1871, p. 790].

Le même auteur a décrit les deux chromates purpuréocobaltiques

$$Co^2O(CrO^4)^2, 10AzH^3 + 6H^2O$$

et

$$Co^2(Cr^2O^7)^3, 10AzH^3 + 5H^2O,$$

cristallisables en belles lamelles rouge-orangé.

III. Sels nitratopurpuréocobaltiques [Jörgensen, *Journ. prakt. Chem.*, (2), t. XXIII, p. 227]. — Ils se rapprochent des sels chloro- et bromopurpuréocobaltiques en ce sens que deux groupes (AzO^3) y sont plus intimement unis au radical cobalto-ammonique que quatre autres groupes X^4 susceptibles de double décomposition. Le point de départ de ces sels est le nitrate nitratopurpuréocobaltique, d'abord préparé par Fremy [*Ann. Chim. Phys.*, (3), t. XXXV, p. 296] et décrit ensuite par Gibbs et Genth sous le nom de nitrate roséocobaltique anhydre (t. I, p. 947). On peut l'obtenir en faisant bouillir avec de l'acide nitrique l'azotate roséocobaltique. On peut aussi prendre pour départ un autre sel roséocobaltique que Blomstrand [*Journ. prakt. Chem.*, (2), t. III, p. 206] obtient de la façon suivante : On introduit de l'iode dans une solution ammoniacale de sulfate de cobalt et d'ammoniaque tant que l'iode disparaît pour faire place à un précipité jaune. Ce dernier est un iodosulfate lutéocobaltique

$$Co^2I^2.2SO^4, 12AzH^3;$$

le composé roséocobaltique correspondant

$$Co^2I^2.2SO^4, 10AzH^3 + 2H^2O$$

reste en dissolution et se sépare sous forme de cristaux par l'évaporation spontanée. Lorsqu'on chauffe ce dernier sel avec de l'acide nitrique au bain-marie, comme l'a d'abord fait Krok, il se convertit en nitrate nitratopurpuréocobaltique. Au reste, il suffit de chauffer le nitrate roséocobaltique à 100° pour qu'il se convertisse en nitrate nitratopurpuréocobaltique avec perte de deux molécules d'eau. Pour la préparation commode de ce dernier sel, Jörgensen recommande le procédé suivant : On dissout 20 grammes de carbonate de cobalt dans la quantité suffisante d'acide nitrique étendu; on additionne la liqueur amenée à 100 centimètres cubes de 200 centimètres cubes d'ammoniaque concentrée; on porte à l'ébullition et on ajoute de l'iode en poudre fine dans la proportion de 1 atome pour 1 atome de cobalt. Il se forme un précipité jaune-brun cristallin d'iodonitrate lutéocobaltique

$$Co^2I^2(AzO^3)^4 . 12\,AzH^3,$$

tandis que le sel roséocobaltique reste en solution. La liqueur filtrée rouge est additionnée d'acide nitrique jusqu'à ce que le sel roséocobaltique commence à se séparer, puis d'un demi-litre d'acide nitrique ordinaire. Le tout étant chauffé au bain-marie pendant trois heures, le nitrate nitratopurpuréocobaltique se sépare, tandis que l'iode reste en dissolution à l'état d'acide iodique.

Le *nitrate nitratopurpuréocobaltique*,

$$Co^2(AzO^3)^2(AzO^3)^4 . 10\,AzH^3,$$

se présente en cristaux d'un rouge intense, tirant un peu sur le violet. Il se dissout à 16° dans 273 p. d'eau. Par l'ébullition, la solution se décompose avec séparation d'hydrate cobaltique noir. Le nitrate roséocobaltique,

$$Co^2(AzO^3)^6 . 10\,AzH^3 + 2\,H^2O,$$

se dissout au contraire à 15° dans 20 p. d'eau. L'auteur pense que l'existence de l'eau de cristallisation dans le dernier sel ne saurait motiver une telle différence de propriétés. Il décrit encore les sels suivants :

Chlorure nitratopurpuréocobaltique,

$$Co^2(AzO^3)^2Cl^4 . 10\,AzH^3.$$

— Il se sépare sous forme d'un précipité cristallin, d'un beau rouge, avec reflet violacé, lorsqu'on fait couler dans de l'acide chlorhydrique refroidi à 0° une solution de nitrate dans l'acide sulfurique étendu.

Bromure nitratopurpuréocobaltique,

$$Co^2(AzO^3)^2Br^4 . 10\,AzH^3.$$

— Ressemble au chlorure, mais présente une teinte plus violette.

Chloroplatinate,

$$Co^2(AzO^3)^2Cl^4 . 10\,AzH^3, 2\,PtCl^4.$$

— Précipité rouge cinabre cristallin.

Sulfate nitratopurpuréocobaltique,

$$Co^2(AzO^3)^2 2\,SO^4 . 10\,AzH^3 + 2\,H^2O.$$

— Belles aiguilles rouges.

Chromate, $Co^2(AzO^3)^2 2\,CrO^4 . 10\,AzH^3$. — Précipité rouge brique.

Dichromate,

$$Co^2(AzO^3)^2 2\,Cr^2O^7 . 10\,AzH^3 + 2\,H^2O.$$

— Précipité orange cristallin.

Oxalate, $Co^2(AzO^3)^2 2\,C^2O^4 . 10\,AzH^3$. — Belles aiguilles rouges.

Pour la description des autres sels, nous renvoyons au mémoire original.

IV. COMBINAISONS FLAVOCOBALTIQUES

Les sels flavocobaltiques se forment en même temps que les sels xanthocobaltiques

$$Co^2(AzO^2)^2X^4 . 10\,AzH^3,$$

par l'action de l'acide nitreux sur une solution ammoniacale de cobalt [Gibbs, *Deutsch. chem. Gesellsch.*, 1870, p. 42, et 1873, p. 830].

L'auteur avait d'abord attribué au chlorure la formule $Co^2(AzO^2)^4Cl^2, 10\,AzH^3 + 2\,H^2O$, mais, ayant obtenu du chlorure flavocobaltique par l'action réciproque du chlorure et du nitrate xanthocobaltique, il a dû considérer comme un nitrate xanthocobaltique

$$Co^2(AzO^2)^2(AzO^3)^2Cl^2, 10\,AzH^3.$$

Ce mode de formation s'exprime, en effet, par l'équation suivante :

$$Co^2(AzO^2)^2(AzO^3)^4, 10\,AzH^3$$

Nitrate xanthocobaltique.

$$+\ Co^2(AzO^2)^2Cl^4, 10\,AzH^3$$

Chlorure xanthocobaltique.

$$=\ 2\,Co^2(AzO^2)^2(AzO^3)^2Cl^2, 10\,AzH^3.$$

Chloronitrate xanthocobaltique (chlorure flavocobaltique).

Le même composé se forme par la réaction du chlorure purpuréocobaltique sur le nitrite de sodium du commerce, qui renferme toujours du nitrate :

$$Co^2Cl^6, 10\,AzH^3 + 2\,AzO^2Na + 2\,AzO^3Na$$
$$= Co^2Cl^2(AzO^2)^2(AzO^3)^2, 10\,AzH^3 + 4\,NaCl;$$

du reste ce sel ne perd pas d'eau à la température où il commence à se décomposer, ce qui infirme la première formule.

Le nitrate d'argent décompose le chlorure xanthocobaltique en donnant du nitrate flavocobaltique :

$$Co^2Cl^2(AzO^2)^2(AzO^3)^2, 10\,AzH^3 + 2\,AzO^3Ag$$
$$= Co^2(AzO^2)^2(AzO^3)^4, 10\,AzH^3.$$

De même l'oxalate d'ammoniaque le transforme en oxalate xanthocobaltique.

Les sels flavocobaltiques ressemblent beaucoup aux sels xanthocobaltiques; ils donnent de même des sels doubles avec les sels d'or, d'argent, de platine, d'étain et de mercure.

V. SELS OCTAMMONIQUES DE GIBBS (CROCÉOCOBALTIQUES).

Gibbs a décrit [*Deutsch. Chem. Gesellsch.*, 1873, p. 831] une nouvelle cobaltamine dont le sulfate renferme $Co^2(AzO^2)^4SO^4, 8\,AzH^3$. Il l'obtient en abandonnant à elle-même pendant un jour une solution de sulfate de cobalt additionnée d'ammoniaque et de nitrite de potassium. La solution absorbe l'oxygène, et laisse déposer de beaux cristaux jaunes, auxquels se mêle finalement de l'hydrate cobalteux. Le précipité, bouilli avec de l'acide sulfurique étendu, laisse déposer le sulfate indiqué plus haut. Il forme des cristaux quadratiques, anhydres, peu solubles dans l'eau bouillante, plus solubles dans les acides étendus.

Les autres sels s'obtiennent par double décomposition; ils sont tous jaune-orange et cristallisent bien. Gibbs a décrit le chlorure, le nitrate, le chromate, le chloroplatinate

$$Co^2(AzO^2)^4Cl^2, 8\,AzH^3 + PtCl^4,$$

le chloroaurate et un periodure

$$Co^2(AzO^2)^4I^2, 8\,AzH^3 + I^4$$

que l'on obtient en ajoutant de l'iodure de potassium ioduré à la solution du nitrate. Il est en cristaux rouge cinabre, inaltérables à l'air, mais que l'on ne peut faire recristalliser.

Bouilli avec de l'acide chlorhydrique, le chlorure fournit un acide violet, qui laisse bientôt déposer des cristaux de chlorure purpuréocobaltique.

VI. SELS OCTAMMONIQUES DE F. ROSE ET VORTMANN.

F. Rose a décrit, sous le nom de chlorure *praséocobaltique*, un sel renfermant

$$Co^2Cl^6, 8\,AzH^3 + 2\,H^2O,$$

et qui se forme dans les circonstances indiquées plus loin. Il cristallise en petites aiguilles vertes. Plus récemment, Vortmann a décrit un sel possédant la même composition et qu'il obtient en traitant, *à chaud*, par l'acide chlorhydrique, une solution ammoniacale de carbonate de cobalt oxydée à l'air : il se forme un précipité violet, qui est lavé à l'alcool et séché à 110°. Sa composition répond à la formule $Co^2Cl^6(H^2O)^2, 8\,AzH^3$.

L'auteur l'envisage comme du chlorure purpuréocobaltique où 2 AzH^3 seraient remplacés par $2H^2O$. Il le nomme assez improprement chlorure *octamine-purpuréocobaltique*, et admet qu'il ne diffère du sel praséocobaltique de Fr. Rose que parce qu'il renferme les 2 mol. d'eau sous forme d'eau de constitution. Ce sel cristallise en petits octaèdres violets.

La solution chlorhydrique chaude d'où s'est séparé le chlorure octamine-purpuréocobaltique laisse déposer au bout de quelque temps le chlorure praséocobaltique de Fr. Rose.

En précipitant *à froid*, par l'acide chlorhydrique concentré, la solution ammoniacale de carbonate de cobalt, on obtient un précipité rouge dont la composition est représentée par la formule $Co^2Cl^6(H^2O)^2, 8(AzH^3) + H^2O$; c'est le composé *octamine-roséocobaltique* correspondant ; à 110° il perd $2H^2O$ et se transforme en composé octamine-purpuréocobaltique.

L'acide sulfurique précipite, dans la solution primitive, le sulfate correspondant

$$Co^2(SO^4)^3(H^2O)^2, 8\,AzH^3 + 6H^2O$$

[Vortmann, *Deutsch. chem. Gesellsch.*, 1877, p. 1451].

VII. Sels d'Erdmann.

Les composés suivants, décrits par Erdmann, sont plus complexes et ne rentrent pas dans les séries précédemment décrites. Le point de départ est un sel qui se forme dans les circonstances suivantes :

Lorsqu'on ajoute un excès d'azotite de potassium à une solution de protochlorure de cobalt, en présence de sel ammoniac, il se dépose des aiguilles micacées tirant sur le vert, et plus tard des cristaux jaune-brun, solubles dans l'eau, et que l'on purifie par cristallisation. Leur composition est exprimée par la formule

$$Co^2K^2(AzO^2)^8, 4\,AzH^3.$$

Le potassium de ce sel peut être remplacé par des métaux ou divers restes des cobaltamines. Ainsi la solution précipite par l'azotate d'argent, le précipité, dissous dans l'eau bouillante, dépose des lamelles répondant à la formule

$$Co^2Ag^2(AzO^2)^8, 4\,AzH^3.$$

Si l'on remplace, dans la préparation précédente, l'azotite de potassium par l'azotite d'ammonium, on obtient le composé $Co^2(AzH^4)^2(AzO^2)^8, 4\,AzH^3$ en cristaux rhomboïdaux [Erdmann, *Journ. prakt. Chem.*, t. XCVII, p. 385].

Le sel d'Erdmann donne avec la strychnine et la brucine de beaux précipités cristallins. Il peut échanger son potassium contre les restes des cobaltamines ; ainsi, en réagissant sur les sels octamine-cobaltiques, xanthocobaltiques, lutéocobaltiques, il donne lieu aux réactions suivantes :

$$Co^2X^4Cl^2, 8\,AzH^3 + Co^2K^2X^8, 4\,AzH^3$$
$$= 2\,KCl + 2\,Co^2X^6, 6\,AzH^3 ;$$
$$Co^2X^2Cl^4, 10\,AzH^3 + 2\,Co^2K^2X^8, 4\,AzH^3$$
$$= 4\,KCl + 3\,Co^2X^6, 6\,AzH^3,$$
$$Co^2Cl^6, 12\,AzH^3 + 3\,Co^2K^2X^8, 4\,AzH^3$$
$$= 6\,KCl + 4\,Co^2X^6, 6\,AzH^3.$$

Les combinaisons isomériques qui prennent ainsi naissance forment des sels cristallisables et caractéristiques. Ce ne sont pas du reste les seuls corps répondant à cette formule. Erdmann, puis Gibbs, ont décrit des composés possédant la même formule brute et paraissant différer des précédents [Gibbs, *Deutsch., chem. Gesellsch.*, 1873, p. 833].

En terminant, nous donnerons dans le tableau suivant l'aperçu de la composition des cobaltamines, en faisant remarquer que tous ces corps renferment 2 atomes de cobalt hexatomiques, unis à six éléments ou radicaux, ce groupement Co^2X^6 ayant la propriété de fixer 4, 6, 8, 10, 12 molécules d'ammoniaque.

Sels tétrammoniques		$Co^2X^6, 4\,Az^2H^3$
Sels hexammoniques		$Co^2X^6, 6\,AzH^3$.
Sels octammonniques	1° Sels de Gibbs	$Co^2(AzO^2)^4X^2, 8\,AzH^3$.
	2° Sels fuscocobaltiques	$Co^2OX^4, 8\,AzH^3$.
	3° Sels praséocobaltiques	$Co^2X^6, 8\,AzH^3 + 2\,H^2O$.
	4° Sels de Vortmann	$Co^2X^6(H^2O)^2, 8\,AzH^3$.
Sels décammoniques.		
1° *Purpuréocobaltiques*		$Co^2X^6, 10\,AzH^3$.
a. Chloropurpuréocobaltiques		$Co^2Cl^2X^4, 10\,AzH^3$.
b. Bromopurpuréocobaltiques		$Co^2Br^2X^4, 10\,AzH^3$,
c. Nitratopurpuréocobaltiques		$Co^2(AzO^3)^2X^4, 10\,AzH^3$.
2° *Roséocobaltiques*		$Co^2X^6, 10\,AzH^3 + n\,H^2O$.
3° *Xanthocobaltiques*		$Co^2(AzO^2)^2X^4, 10\,AzH^3$.
4° *Flavocobaltiques*		$Co^2(AzO^2)^2(AzO^3)^2X^2, 10\,AzH^3$.
Sels dodécammoniques (lutéocobaltiques)		$Co^2X^6, 12\,AzH^3$.

Dans ces formules X marque un élément ou un groupe pouvant être échangé facilement par double décomposition. M. Hanriot.

COCCININE. — Voyez Carmin, Suppl., p. 434.

COCCOGNINE. — Substance cristallisée, distincte de la daphnétine, retirée par Casselmann des semences de mézéréon (*Daphne mezereum*), qui en contiennent 0,4 %, et, en outre, 31 % d'huile. Les semences, débarrassées de matières grasses et résineuses par l'expression et par des traitements à l'éther, cèdent à l'alcool à 95 % de la coccognine très impure que l'on reprend par l'alcool à 70 %. La poudre jaune qui reste insoluble étant soumise à des cristallisations dans l'alcool bouillant, on obtient des cristaux incolores de coccognine groupés en étoiles. Cette matière renferme $C^{20}H^{22}O^8$. Peu soluble dans l'eau, très soluble dans l'alcool, sublimable ; bouillie avec de l'acide sulfurique faible, elle ne fournit point de sucre [A. Casselmann, *Zeitschr. Chem.*, 1870, p. 681].

COCHENILLE. — Voyez Carmin, Suppl., p. 433.

COCINYLÈNE. — Hydrocarbure $C^{13}H^{26}$, bouillant à 230-231° ; densité à 0° = 0,8445. Warren et Storer l'ont retiré de l'huile minérale de Birma (*Rangoon-tar*). Il y accompagne des carbures d'hydrogène homologues en C^{10}, C^{11} et C^{12} [*Journ. prakt. Chem.*, t. CII, p. 441].

CODAMINE, $C^{20}H^{25}AzO^4$. — La codamine est un des alcaloïdes accessoires de l'opium ; elle est isomérique avec la laudanine. — Voyez Opium, t. II, p. 621.

CODÉINE, $C^{18}H^{21}AzO^3$. — La codéine peut être considérée comme le dérivé méthylé de la morphine et se représenter dès lors par la formule $C^{17}H^{18}(CH^3)AzO^3$. Se basant sur la composition de dérivés polymérisés de cet alcaloïde, Wright a proposé d'en doubler la formule et d'écrire $C^{36}H^{42}Az^2O^6$; mais cette manière de voir n'a pas été généralement admise [Wright, *Deutsch. chem. Gesellsch.*, 1873, p. 268].

On trouve la codéine dans l'opium de Turquie à la dose de 0,30 à 2,02 °/o.

L'acide sulfurique étendu de son volume d'eau paraît transformer la codéine en un isomère, la *codénine*, obtenue déjà autrefois par Anderson; en même temps il y a perte de méthyle et formation d'apomorphine [Armstrong, *Deutsch. chem. Gesellsch.*, 1871, p. 128].

Apocodéine. — Le chlorure de zinc en solution concentrée à 170-180° agit comme déshydratant; il se forme une masse goudronneuse qui est du chlorhydrate d'apocodéine presque pur,

$$C^{18}H^{19}AzO^2,\ HCl.$$

Ce sel est incristallisable, ses réactions sont très voisines de celles du chlorhydrate d'apomorphine, dont il possède à un moindre degré les propriétés émétiques [Mathiessen et Burnside, *Ann. Chem. Pharm.*, t. CLVIII, p. 131].

Triiodure de codéine, $C^{18}H^{21}AzO^3.I^2.HI$. — Ce dérivé s'obtient en précipitant un sel de codéine par de l'iodure de potassium ioduré : il se forme un précipité brun qui se dissout et cristallise dans l'alcool. Le triiodure de codéine, qui contient un groupe HI, dissout l'oxyde de mercure et donne des sels doubles renfermant 2 Hg.

Pentaiodure de codéine. — On l'obtient amorphe en précipitant la codéine par un excès d'iodure ioduré; quand on essaye de le faire cristalliser, il se dédouble en iode et triiodure [Jörgensen, *Deutsch. chem. Gesellsch.*, 1869, p. 460]. Le triiodure et le pentaiodure décrits ci-dessus sont les iodhydrates des dérivés d'addition iodés de la codéine en I^2 et I^4.

Action de l'acide chlorhydrique. — *Chlorocodide*, $C^{18}H^{20}ClAzO^2$. — On chauffe pendant douze heures, au bain-marie, de la codéine avec 15 p. d'acide chlorhydrique concentré sous une couche de paraffine, on étend d'eau, puis on précipite par du bicarbonate de sodium. Le précipité obtenu est du chlorocodide mélangé d'apomorphine, dont on le débarrasse par des lavages à l'eau ammoniacale; on le purifie par quelques précipitations au moyen du bicarbonate sodique.

Le chlorocodide est amorphe et parfaitement blanc; son chlorhydrate est sirupeux.

Le *chloroplatinate de chlorocodide*

$$[C^{18}H^{20}ClAzO^2.HCl]^2PtCl^4$$

est un précipité amorphe.

Les solutions de chlorocodide réduisent l'azotate d'argent et donnent une coloration améthyste avec le perchlorure de fer.

Dans la réaction qui donne naissance au chlorocodide, il paraît se former de l'apocodéine; quant au dérivé chloré, il résulte du remplacement de OH par Cl, selon l'équation

$$C^{18}H^{21}AzO^3 + HCl = H^2O + C^{18}H^{20}ClAzO^2.$$

Sous l'influence de l'eau à 140°, en vase clos, le chlorocodide subit une réaction inverse et régénère de la codéine :

$$C^{18}H^{20}ClAzO^2 + H^2O = HCl + C^{18}H^{21}AzO^3;$$

tandis que, par l'action prolongée de l'acide chlorhydrique concentré à 150°, il perd du chlorure de méthyle et donne de l'apomorphine :

$$C^{18}H^{20}ClAzO^2 = CH^3Cl + C^{17}H^{17}AzO^2$$

[Mathiessen et Wright, *Ann. Chem. Pharm.*, Supplbd. VII, p. 364].

Action de l'acide bromhydrique. — L'acide bromhydrique à 48 °/o réagit sur la codéine en donnant divers corps, parmi lesquels on trouve le bromocodide $C^{18}H^{20}BrAzO^2$, la désoxycodéine $C^{18}H^{21}AzO^2$ et la bromotétracodéine (Wright).

Polymères de la codéine. — L'acide iodhydrique additionné de phosphore rouge dissout la codéine et la convertit en une série de polymères. Si, comme le fait Wright, on double la formule de la codéine, le premier de ces polymères, la dicodéine, est $C^{72}H^{84}Az^4O^{12}$, qui cristallise avec 4 molécules d'eau. Par des cristallisations on peut séparer des produits de cette réaction la tricodéine $C^{108}H^{126}Az^6O^{18}$ et la tétracodéine $C^{144}H^{168}Az^8O^{24}$. Ce dernier produit se prépare facilement par l'action de l'éthylate de sodium sur la codéine en solution dans la benzine. Tous ces dérivés sont difficiles à purifier et à analyser [C.-R.-A. Wright, *Chem. News*, t. XXV, p. 162, 185, 193].

Tétracétyldicodéine, $C^{72}H^{80}(C^2H^3O)^4Az^4O^{12}$. — Ce corps, qui possède la composition de l'acétylcodéine, se forme par l'action de l'anhydride acétique en vase clos, sur la dicodéine cristallisée $C^{72}H^{84}Az^4O^{12} + 4H^2O$ [Wright et H. Beckett, *Deutsch. chem. Gesellsch.*, 1874, p. 119].

Diacétylcodéine iodéthylique,

$$C^{36}H^{40}(C^2H^3O)^2Az^2O^6.\ 2C^2H^5I + H^2O$$

— Ce corps se forme par l'action de l'iodure d'éthyle sur la tétracétyldicodéine en tubes scellés et en présence d'un peu d'alcool. La dibutyrylecodéine iodéthylée

$$C^{36}H^{40}(C^4H^7O)^2Az^2O^6.\ 2C^2H^5I + H^2O$$

et la dibenzoyle-codéine iodéthylée

$$C^{36}H^{40}(C^7H^5O)^2Az^2O^6.\ 2C^2H^5I + H^2O$$

ont été obtenues par des procédés analogues [Wright et Beckett, *Deutsch. chem. Gesellsch.*, 1875, p. 119]. A. Étard.

CODÉNICINE. — C'est la codéine amorphe (tricodéine, d'après Wright) qui se forme par l'action prolongée de l'acide sulfurique sur la codéine, ou bien en chauffant cet alcaloïde à 180° avec du chlorure de zinc. La base et ses sels sont amorphes.

CODÉNINE. — Cet isomère de la codéine (ou son polymère, dicodéine de Wright) prend naissance lorsqu'on chauffe la codéine avec de l'acide sulfurique étendu de son volume d'eau, ou avec de l'acide phosphorique à 200°. La codénine cristallise en aiguilles qui renferment $C^{18}H^{21}AzO^3 + H^2O$, mais habituellement elle constitue une poudre blanche légère. Le *chlorhydrate* cristallise avec $2H^2O$ en prismes hexagonaux, groupés concentriquement, qui perdent leur eau à 100°; le *chloroplatinate* est amorphe et devient anhydre à 100°.

CŒRULÉOLACTITE (Min.) — Phosphate hydraté d'alumine $(Al^2O^3)2(P^2O^5) + 10H^2O$, en masses cryptocristallines, blanc de lait ou bleuâtres. Au chalumeau, décrépite sans fondre. De Rindsberg, près de Katzenellenbogen (Nassau).

CŒRULIGNONE. — Voyez Cérulignone.

COLCHICINE. — Depuis la rédaction de l'article Colchicine, t. I, p. 957, cet alcaloïde a été l'objet d'un grand nombre de travaux, mais les savants ne se sont occupés, pour ainsi dire, que de sa recherche toxicologique.

E. Dannenberg a constaté que la colchicine résiste à la putréfaction. R. Schneider a observé que cet alcaloïde ne se colore pas avec le sucre et l'acide sulfurique. Hager enfin a décrit la réaction de l'iodomercurate et de l'iodocadmate de potassium, et de l'acide picrique sur la colchicine en solution acide ; il se produit dans ce cas des précipités abondants blanc-jaunâtre. L'eau phéniquée donne un trouble blanc dans les solutions de l'alcaloïde, exemptes d'acide. La solution de colchicine agitée avec du peroxyde de manganèse et de l'acide sulfurique prend au bout de quelques heures une coloration jaune intense ; elle précipite alors en jaune par le phosphomolybdate de sodium ; l'ammoniaque dissout partiellement ce précipité en se colorant en un bleu intense.

La colchicine a été employée frauduleusement pour donner de l'amertume à la bière, à la place du houblon. Sa recherche dans ce cas offre des difficultés, vu que le houblon et la bière pure renferment quelquefois une substance douée de propriétés analogues à celles de la colchicine. On sépare aisément la colchicine des principes du houblon à l'aide de l'acétate de plomb, qui précipite ceux-ci (Dragendorff).

COLÉINE. — Matière colorante rouge extraite par A.-H. Church des tiges et des feuilles de *Coleus Verschaffelii*. Elle est insoluble dans l'éther, soluble dans l'alcool. Sa composition est représentée par la formule $C^{20}H^{20}O^{10}$; le sel de *plomb* renferme $C^{20}H^{18}PbO^{10}$. L'ammoniaque ajoutée peu à peu à la solution alcoolique en fait virer la coloration rouge, successivement au violet, au bleu, au vert et finalement au jaune gris [*Deutsch. chem. Gesellsch.*, 1877, p. 296].

COLLÉTIINE. — Matière amère cristallisable contenue dans la teinture de *Colletia spinosa*, employée au Brésil contre les fièvres intermittentes (Reuss).

COLLIDINE, $C^8H^{11}Az$. — La collidine, découverte par Anderson dans le goudron animal et décrite au t. I, p. 958, est une base de la série pyridique. D'après une belle conception de Körner la pyridine C^5H^5Az possèderait une constitution analogue à celle de la benzine et représentée par le schéma

```
      CH
   /     \
HC        CH
 |         |
HC        CH
   \     /
      Az.
```

La collidine $C^8H^{11}Az$ serait la triméthylpyridine $C^5H^2(CH^3)^3Az$ (voir plus loin pour les isoméries).

Synthèses. — 1° Baeyer et Ador [*Ann. Chem. Pharm.*, t. CLV, p. 294] ont réalisé la synthèse de la collidine en chauffant l'aldéhyde-ammoniaque avec de l'urée en vase clos à la température de 120 à 130°. L'urée agit comme réactif de déshydration : $4\,C^2H^4O + AzH^3 = C^8H^{11}Az + 4\,H^2O$. Le rendement est mauvais. Il est un peu meilleur lorsqu'on chauffe dans un autoclave de 120 à 130° l'aldéhyde-ammoniaque avec le double de son poids d'alcool. La liqueur alcoolique est distillée au bain-marie, jusqu'à ce qu'une portion du liquide qui passe se trouble par l'eau, et le résidu est soumis à l'action d'un courant de vapeur d'eau surchauffée dont on élève finalement la température à 180°. L'huile basique qui passe à la distillation est purifiée par distillation fractionnée : la partie qui bout entre 170 et 185° renferme la collidine. Pour l'avoir entièrement pure, on la convertit en sel de platine que l'on fait cristalliser à plusieurs reprises et qu'on décompose ensuite par l'hydrogène sulfuré. Le point d'ébullition du produit ainsi obtenu est situé à 176° (non corrigé) ; Anderson indique 179°. Cette base, que Baeyer et Ador avaient d'abord nommée *aldéhydine*, paraît donc très voisine de la collidine d'Anderson. Sa densité de vapeur est de 4,0 ; calculée 4,18.

2° G. Kraemer [*Deutsch. chem. Gesellsch.*, 1870, p. 262] a obtenu la collidine en chauffant avec l'ammoniaque alcoolique, à 160°, le chlorure d'éthylidène ou chlorure d'éthyle chloré qui se forme en proportion assez forte, comme produit accessoire dans la préparation du chloral. Il se produit, indépendamment du chlorhydrate de collidine, une quantité notable de sel ammoniac. L'auteur suppose que le chlorure d'éthylidène se scinde, dans cette réaction, en acide chlorhydrique et en un trichlorure en C^8, lequel en réagissant sur l'ammoniaque, peut donner de la collidine, comme le tribromure d'allyle donne la picoline (Baeyer) $4\,C^2H^4Cl^2 = 5\,HCl + C^8H^{11}Cl^3$.

La réaction découverte par Kraemer donne un rendement satisfaisant en collidine. Le point d'ébullition de celle-ci a été trouvé de 180 à 182°. Ajoutons que le bromure d'éthylidène $C^2H^4Br^2$ donne pareillement de la collidine lorsqu'on le chauffe avec de l'ammoniaque ; point d'ébullition 181° [Tawildarow, *Ann. Chem. Pharm.*, t. CLXXVI, p. 12, et *Deutsch. chem. Gesellsch.*, 1873, p. 1459].

3° Wurtz a observé la formation de la collidine dans la distillation de l'aldol-ammoniaque [*Compt. rend.*, t. LXXXVIII, p. 454 et 1554]. (Voir Suppl., p. 89.)

Autres modes de formation. — La collidine se forme avec d'autres bases de la série pyridique, lorsqu'on décompose diverses bases naturelles par la distillation sèche ou par la potasse. Elle existe, d'après Greville-Williams, dans la quinoléine brute obtenue par la distillation de la cinchonine avec la potasse.

H. Vohl et H. Eulenburg l'ont rencontrée, avec les autres bases pyridiques, dans les produits condensables de la fumée de tabac [*Arch. Pharm.*, (2), t. CXLVII, p. 130 ; *Jahresb. Chem.*, 1871, p. 822]. Tout récemment, Cahours et Étard l'ont obtenue comme produit de décomposition de la nicotine.

Isoméries. — L'idée émise par Körner sur la constitution des bases pyridiques fait prévoir l'existence d'isomères dans cette série. H. Weidel [*Deutsch. chem. Gesellsch.*, t. XII, p. 1989] a distingué deux picolines. De son côté, Oechsner de Coninck a établi l'isomérie des bases pyridiques retirées de la cinchonine avec celles du goudron animal. Ainsi d'après sa densité à 0° = 0,9656 et son point d'ébullition 195°, sous la pression de 0m,753, une des collidines retirée de la cinchonine diffère à la fois de la collidine du goudron animal et de l'aldéhydine. On voit que le point d'ébullition est plus élevé d'environ 15° que celui des autres collidines. Cette isomérie est donc bien établie par la comparaison des propriétés, en attendant qu'elle le soit par la nature des produits d'oxydation. Je ferai remarquer d'ailleurs qu'il sera nécessaire de soumettre à cette épreuve les collidines obtenues par synthèse, avant de se prononcer définitivement sur leur identité avec la collidine du goudron animal. La seule chose qui soit établie aujourd'hui, ou du moins très probable, c'est l'identité des collidines dérivant de l'aldéhyde-ammoniaque, de l'aldol-ammoniaque et du chlorure d'éthylidène. Quoi qu'il en soit, l'isomérie des collidines peut résulter non seulement de la position des groupes CH^3 par rapport à l'azote, mais encore de la substitution à l'hydrogène pyridique d'un groupe propylique ou isopropylique, ou à la fois d'un groupe éthylique et d'un groupe méthylique.

Propriétés. — Baeyer et Ador ont étudié avec soin les propriétés de la collidine préparée par synthèse, à l'aide de l'aldéhyde-ammoniaque. C'est une huile incolore qui ne brunit pas, même lorsqu'on la conserve pendant longtemps dans des vases remplis d'air. Peu soluble dans l'eau, elle est capable d'en dissoudre une petite quantité. Elle précipite les solutions des sels d'aluminium et de zinc et les sels ferriques; avec le nitrate mercureux, elle forme un précipité blanc qui noircit bientôt; avec un excès de sublimé, elle forme un précipité poisseux, lequel fournit de fines aiguilles blanches lorsqu'on le reprend par l'alcool bouillant et qu'on laisse refroidir.

L'acide iodhydrique paraît sans action sur la collidine, même à 280°. Le brome s'y unit directement en formant une huile dense, d'où la potasse sépare de la collidine non altérée. Le sodium réagit fortement sur la collidine lorsqu'on chauffe les deux substances au bain-marie. La masse brunit et devient épaisse. L'éther en extrait un mélange de bases bouillant de 180 à 360° et renfermant de la collidine et probablement des polymères.

En soumettant l'aldéhyde-collidine à l'oxydation, au moyen d'un mélange d'acide chromique et d'acide sulfurique, B. Wischnegradsky [*Deutsch. chem. Gesellsch.*, 1879, p. 1506] l'a convertie en acide méthyldicarbopyridique

$$C^8H^7AzO^4 = C^5H^2Az < \begin{matrix} CH^3 \\ (CO^2H)^2 \end{matrix} \cdot$$

Le *chloroplatinate* $(C^8H^{11}Az, HCl)^2PtCl^4$ forme des tables appartenant au système anorthique d'une belle couleur orangée, solubles dans l'eau, insolubles dans l'alcool et dans l'éther.

Chloraurate, $C^8H^{11}Az, HCl, AuCl^3$, cristallise en lamelles d'un beau jaune, assez solubles dans l'eau, fusibles au-dessous de 100°.

Action de l'iodure d'éthyle sur la collidine. — Lorsqu'on chauffe les deux substances au bain-marie, il se dépose un liquide oléagineux qui est l'iodure d'éthylcollidine. Débarrassé de l'excès d'iodure d'éthyle, il cristallise en belles tables rhombiques, très solubles dans l'eau et dans l'alcool. Le chlorure correspondant, obtenu par l'action du chlorure d'argent sur l'iodure, est un sirop incristallisable qui fournit un sel de platine peu soluble et à peine cristallin

$$(C^8H^{11}Az.C^2H^5.Cl)^2PtCl^4.$$

Le sel d'or est un précipité jaune, formé par de petites aiguilles à peine solubles. Le sel double mercurique se dépose sous forme d'un précipité blanc assez soluble dans l'eau et cristallisable en prismes. La base elle-même, séparée de l'iodure par l'oxyde d'argent, donne un liquide fortement alcalin qui laisse, après l'évaporation dans le vide, un sirop incristallisable. Les propriétés des combinaisons qui viennent d'être décrites s'accordent, à de légères variantes près, avec celles que leur attribue Anderson.

Paracollidine. — C'est un polymère de la collidine. Elle existe sans doute dans le mélange de bases peu volatiles, formées par l'action du sodium sur la collidine, et a été obtenue comme produit accessoire de la préparation de la collidine (Baeyer et Ador). Le résidu basique et épais qui reste après l'entraînement de cette base par la vapeur d'eau (voyez plus haut) distille à feu nu de 180 à 300°. De 220 à 230° il passe une base liquide, épaisse, d'une odeur à la fois aromatique et piquante, et qui possède la composition de la collidine. Cette base, qui est la paracollidine, se comporte avec les réactifs comme la collidine elle-même. Ses sels cristallisent encore plus difficilement. Son chloroplatinate se sépare sous la forme d'une masse épaisse qui devient peu à peu grenue.

Ad. Wurtz.

COLLOÏDINE. — Cette substance, extraite pour la première fois par Wurtz d'un cancer colloïde [*Journal de Virchow*, t. IV, p. 203], a été étudiée plus récemment par Gautier, Cazeneuve et Daremberg. Elle existe dans le corps thyroïde, où elle contribue à former les goitres; dans la rate, le rein, les muscles en voie de dégénérescence et les kystes colloïdes de l'ovaire.

Pour l'extraire de ces derniers, on les chauffe à 110° pendant quelques heures en tubes scellés avec de l'eau. La liqueur filtrée est dialysée pour séparer les substances minérales, puis précipitée par l'alcool.

La substance, purifiée par un certain nombre de dissolutions dans l'eau et de précipitations par l'alcool, présente l'aspect de la gomme arabique. Sa composition répond à la formule $C^9H^{15}AzO$. Ses solutions aqueuses moussent sans filer; elles ne précipitent ni par la chaleur, ni par les acides, ni par les sels minéraux, mais par le tannin et l'alcool. Le réactif de Millon les colore en rose.

On voit que par la plupart de ses caractères cette substance s'écarte des matières albuminoïdes et gélatineuses.

COLLOTURINE. — Alcaloïde découvert par O. Hesse dans l'écorce de Lotur, provenant du *Symplocus racemosa*, où il accompagne deux autres alcaloïdes, la *loturine* et la *loturidine*. Pour isoler et séparer ces bases, on épuise l'écorce par l'alcool bouillant, on évapore à sec la solution alcoolique et on reprend le résidu, additionné de soude, par l'éther; on distille la solution éthérée et on reprend le nouveau résidu, qui est cristallin, par l'acide acétique. Par l'addition de sulfocyanate de potassium à la solution acétique, la loturine et la colloturine sont précipitées; la loturidine reste dissoute. Les deux premières sont alors remises en liberté par la soude, dissoutes dans l'éther, puis purifiées par cristallisation dans l'alcool bouillant. La loturine cristallise en prismes brillants, devenant rapidement mats et pouvant, en raison de cette circonstance, être séparés facilement à la main des cristaux de colloturine. Celle-ci se présente en prismes pyramidés brillants, inaltérables à l'air. Elle se sublime lentement à 234°. La solution chlorhydrique possède une fluorescence bleue; elle donne, avec le chlorure d'or, un précipité floconneux jaune [O. Hesse, *Deutsch. chem. Gesellsch.*, 1878, p. 1546; *Bull. Soc. chim.*, t. XXXII, p. 352].

COLOPHANE. — En oxydant la colophane par de l'acide azotique étendu et bouillant, J. Schreder a obtenu les acides métaphtalique, trimellique (6 %) et térébique, ce dernier en petite quantité [*Liebig's Ann. Chem.*, t. CLXXII, p. 93].

G. Bruylants a repris l'étude des produits de distillation de la colophane avec la chaux, et il a reconnu la formation des composés suivants: hydrocarbures saturés, éthylène, propylène, amylène, acétone ordinaire en petite quantité, un corps de la formule $C^5H^{10}O$, bouillant de 90 à 95°; le perchlorure de phosphore attaque aisément ce dernier et il se forme, entre autres produits, le chlorure C^5H^9Cl bouillant à 95° [*Deutsch. chem. Gesellsch.*, 1875, p. 1464].

Lorsqu'on soumet la colophane seule à la distillation, on observe la formation d'hydrocarbures gazeux (méthane, éthylène, butylène) et d'hydrocarbures liquides, dont le mélange constitue *l'huile de résine.*

A différentes reprises on a cherché à tirer parti de ces huiles pour l'éclairage, mais leur facile transformation par oxydation en produits résineux qui encrassent les lampes s'était opposée à leur emploi; dans ces derniers temps, on a de nouveau livré à la consommation un produit semblable, sous le nom de *soléine*, qui, étant bien rectifié, semble supérieur à tous les produits essayés autrefois. La portion de l'huile de résine qui bout vers 135°, constitue la *vive essence* : elle contient un carbure très oxydable, qui, à l'air, se transforme en colophonine (voyez ce mot).

La colophane distillée à 400° avec la moitié de son poids de soufre fournit un hydrocarbure solide auquel Curie a donné le nom de *colophtaline*. Après purification dans l'alcool, on l'obtient en flocons blancs, d'odeur balsamique faible, soluble dans la benzine, le térébenthène, le sulfure de carbone, l'éther et l'alcool. Elle renferme $C^{11}H^{10}$, fond à 70° et bout vers 400°.

Les oxydants transforment la colophtaline en *oxycolophtaline* $C^{11}H^{10}O$; le chlore fournit le dérivé dichloré $C^{11}H^{8}Cl^{2}$, et l'acide nitrique un dérivé nitré. Curie a décrit encore d'autres dérivés très mal définis de la colophtaline [*Chem. News*, t. XXX, p. 189].

COLOPHÈNE, $C^{20}H^{32}$ (voyez t. I, p. 960). — D'après les recherches de Riban, le colophène préparé par le procédé de H. Deville bout à 318-320°, et possède une densité de vapeur de 8,3. La formule $C^{20}H^{32}$ exige 9,4. Riban considère le colophène comme étant du ditérébène, et non pas un polymère du térébenthène. Cet auteur rejette aussi l'hypothèse de Berthelot, qui envisage le colophène comme un sesquitérébène $C^{15}H^{24}$.

Lorsqu'on fait passer du gaz chlorhydrique dans une solution éthérée de colophène jusqu'à saturation, et qu'on enlève l'acide chlorhydrique avec une solution étendue de bicarbonate de sodium, on obtient, après avoir chassé l'éther, une masse sirupeuse qui, séchée dans le vide, renferme 5,06 °/₀ de Cl. La formule $(C^{20}H^{32})^{2}HCl$ exigerait 6,11 °/₀ Cl.

D'après Riban, le colophène ne serait pas un composé pur, mais un mélange de térébène et d'autres carbures, que l'on ne peut pas séparer [*Ann. Chim. Phys.*, (5), t. VI, p. 40].

COLOPHONINE. — Corps oxygéné formant facilement un hydrate auquel la *vive essence* bouillant vers 135° (produit de distillation de la colophane) doit la propriété de verdir par les acides. L'hydrate de colophonine se produit par oxydation; il n'existe pas dans l'essence fraîche, ni dans celle qui vient d'être lavée avec de l'eau. Tichborne, qui a découvert cet hydrate, le prépare en abandonnant au contact de l'air une grande quantité de vive essence (10 litres) pendant un an dans un flacon incomplètement bouché; au bout de ce temps, on lave l'essence deux ou trois fois avec de l'eau et on évapore les solutions réunies.

L'*hydrate de colophonine* $C^{10}H^{22}O^{3}, H^{2}O$ cristallise aisément dans l'eau ou dans l'alcool en très grands prismes incolores, inodores, d'une saveur sucrée; l'eau, l'alcool, l'éther, le chloroforme, le tétrachlorure de carbone le dissolvent facilement; il est moins soluble dans la benzine et l'essence vive, encore moins dans le sulfure de carbone. L'hydrate s'effleurit en partie dans l'air sec; il fond vers 106° et se sublime à une température plus élevée en se dissociant; par plusieurs sublimations successives, on peut le déshydrater complètement, en ayant soin de l'exprimer chaque fois entre des doubles de papier, et l'on obtient alors la *colophonine* $C^{10}H^{22}O^{3}$. Th. Anderson, qui a analysé également la colophonine, lui attribue la formule $C^{7}H^{14}O^{2}$ [*Chem. News*, t. XX, p. 76].

Le brome agit très énergiquement sur l'hydrate de colophonine et le carbonise en partie; en solution, il paraît engendrer un dérivé tétrabromé liquide. Les acides (sulfurique, phosphorique, arsénique, citrique, tartrique) donnent avec l'hydrate de colophonine une coloration verte; on la produit le plus facilement en traitant l'hydrate par l'acide et ajoutant un excès d'alcool. Ces liqueurs vertes offrent un spectre d'absorption particulier: une bande noire dans le rouge, une seconde entre l'orangé et le jaune, et l'absence complète de radiations violettes et bleues caractérisent ce spectre.

L'acide chlorhydrique donne, dans certaines conditions, la même coloration verte; mais si, avant d'ajouter l'alcool, on prolonge pendant une demi-heure le contact de l'hydrate et de l'acide, on observe une coloration rouge dont la teinte passe graduellement au violet et finalement au bleu indigo pur, à mesure que le commencement de l'expérience s'éloigne du moment où l'on ajoute l'alcool [Ch. R.-C. Tichborne, *Chem. News*, t. XX, p. 38; *Bull. Soc. chim.*, t. XIII, p. 278].

A. Henninger.

COLOPHTALINE. — Voyez Colophane.

COMÉNIQUE (ACIDE), $C^{6}H^{4}O^{5}$. — (Voyez t. I, p. 963). — Lorsqu'on fait bouillir l'acide coménique avec de l'hydrate de baryum, on le dédouble en gaz carbonique, en acide formique, et en une huile volatile avec les vapeurs d'eau et qui réduit les solutions ammoniacales d'argent [E. Ihlée, *Thèse*, Strasbourg, 1876].

CONESSINE [Syn. de Wrightine, t. III, p. 724].

CONFOLENSITE (Min.). — Voyez Montmorillonite.

CONGLUTINE. — Voyez Suppl., p. 65.

CONICHALCITE. — Voyez Konichalcite, t. II, p. 173.

CONICINE, $C^{8}H^{15}Az$. — La conicine est une base volatile bouillant sans décomposition notable à 163°,5, sous une pression de 739 millimètres (Wertheim); à 168°, sous la pression normale. Ses densités à 0°, 15° et 90 sont respectivement: 0,886, 0,873 et 0,811 (Schiff).

La conicine possède le pouvoir rotatoire, elle est fortement dextrogyre; mais ce pouvoir rotatoire ne peut être défini exactement, car il varie pour la base pure avec le temps écoulé depuis sa distillation et pour les solutions avec la nature et la concentration du dissolvant (Petit).

L'action prolongée d'une température de 200° polymérise la conicine.

Les aldéhydes réagissent par leur oxygène sur l'hydrogène typique de la conicine: il se forme de l'eau et des dérivés liquides, denses, qui ne s'unissent pas aux acides. La combinaison œnanthylique renferme $C^{7}H^{14}(C^{8}H^{14}Az)^{2}$; les dérivés acétique et acrylique forment des chloroplatinates. Ces réactions n'ont pas lieu avec la méthylconicine. On pourrait fonder sur ce fait une méthode de séparation des deux alcaloïdes [H. Schiff, *Ann. Chem. Pharm.*, t. CXL, p. 113].

Iodhydrate de triiodure de conicine,

$$(C^{8}H^{15}Az)HI.I^{3}.$$

— Quand on verse goutte à goutte de la teinture d'iode dans un excès de conicine en solution alcoolique, il se produit un trouble qui disparaît bientôt; par évaporation, on obtient une matière jaune insoluble dans la benzine et le chloroforme, soluble dans l'éther, l'alcool et l'eau. La solution aqueuse, évaporée sur l'acide sulfurique, laisse déposer de gros octaèdres jaunâtres répandant une forte odeur de conicine et possédant la composition indiquée [R. Bauer, *Arch. Pharm.*, 1874, t. V, p. 214].

Paraconicine, $C^{8}H^{15}Az$. — La butyraldéhyde ammonique, chauffée vers 100° dans un courant d'ammoniaque, se transforme en deux bases oxygénées peu stables. L'une est la *tétrabutyraldine*

$$C^{16}H^{33}AzO = 4C^{4}H^{8}O + AzH^{3} - 3H^{2}O;$$

l'autre, la *dibutyraldine*

$$C^{8}H^{17}AzO = 2C^{4}H^{8}O + AzH^{3} - H^{2}O.$$

La dibutyraldine est isomérique avec la conhydrine extraite par Wertheim des fleurs de ciguë: mais, tandis que cette dernière, très stable, ne se transforme en conicine que sous l'influence du sodium, la dibutyraldine ou son chloroplatinate donnent immédiatement, par distillation sèche, une base isomérique avec la conicine, la paraconicine : $C^8H^{17}AzO = H^2O + C^8H^{15}Az$.

Pour préparer la paraconicine, le meilleur procédé consiste à exposer pendant plusieurs mois au soleil une solution d'aldéhyde butyrique dans l'alcool ammoniacal. Après avoir chassé par distillation l'alcool, l'ammoniaque et l'excès de butyral, on chauffe le résidu sirupeux pendant douze heures entre 130 et 150°; après ce traitement, on distille dans la vapeur d'eau tant que les liquides condensés entraînent des alcaloïdes; on chauffe de nouveau le résidu pendant douze heures à 200° en tubes scellés, puis on entraîne les parties volatiles par la vapeur d'eau. Les eaux alcalines, saturées par un acide, sont évaporées, les bases sont déplacées par la potasse. Après les avoir séchées sur cet alcali, on les distille dans un courant d'hydrogène. Le liquide se sépare en deux portions : l'une bouillant à 166-170°; l'autre à 205-215°.

La paraconicine bout à 168-170°. Ses densités à 0°, 15° et 90° sont : 0,913, 0,899 et 0,842; elle est donc plus dense que l'alcaloïde naturel, elle diffère encore de ce dernier par l'absence de pouvoir rotatoire.

La paraconicine est une base tertiaire; comme telle, elle ne peut s'unir aux aldéhydes avec élimination d'eau, et ne forme, avec l'iodure d'éthyle, qu'un iodure quaternaire dont l'hydrate est peu stable. Ces différences fonctionnelles la séparent nettement de la conicine. Les réactifs généraux des alcaloïdes, tels que le tannin, l'iodure ioduré de potassium, l'acide phosphomolybdique et l'acide picrique donnent, avec la paraconicine, les mêmes réactions qu'avec la conicine; il n'en est pas tout à fait de même avec les chlorures de mercure et d'or, ni l'azotate d'argent. Ses propriétés vénéneuses sont énergiques.

Hydrate d'éthylparaconium. — Liquide très-alcalin et très amer, obtenu par l'action de l'oxyde d'argent et de l'eau sur l'iodure correspondant; il se décompose par la concentration, même dans le vide, et absorbe l'acide carbonique en donnant un sirop.

Chloroplatinate d'éthylparaconium,

$$[C^8H^{15}Az \cdot C^2H^5Cl]^2PtCl^4.$$

— Précipité cristallin peu soluble; sa solution se décompose à l'ébullition, en donnant une résine basique et en répandant une forte odeur butyrique.

La formule

$$\begin{array}{l} CH^3\text{-}CH^2\text{-}CH=CH \\ CH^3\text{-}CH^2\text{-}CH^2\text{-}CH \end{array}\Big\rangle Az$$

exprimerait, selon Schiff, la constitution de la paraconicine [H. Schiff, *Ann. Chem. Pharm.*, t. CLVII, p. 352; *Deutsch. chem. Gesellsch.*, 1870, p. 946, et 1872, p. 42].

Paradiconicine, $C^{16}H^{27}Az$. — Cette base se forme par l'action de la chaleur sur la paraconicine : $2C^8H^{15}Az - AzH^3 = C^{16}H^{27}Az$, ou encore par la distillation sèche de la tétrabutyraldine. Dans la préparation de la paraconicine, elle se rencontre dans les produits bouillant à 205-215°; on peut la purifier par précipitation fractionnée de son chloroplatinate.

La paradiconicine est un liquide huileux bouillant vers 210°, d'une densité de 0,915, plus soluble dans l'eau à froid qu'à chaud. Elle réduit les sels d'argent et d'or à 100°. Les sels de paradiconicine sont incristallisables [H. Schiff, *loc. cit.*].

Selon Hofmann, une base présentant les caractères de la conicine se forme dans la réaction de l'ammoniaque sur le bromure de butylène; d'après sa préparation, elle devrait répondre à la formule d'une dicrotonylamine $(C^4H^7)^2AzH$ [A.-W. Hofmann, *Deutsch. chem. Gesellsch.*, 1879, p. 990].

Constitution. — Les propriétés vénéneuses de la conicine, sa grande stabilité et la formation de dérivés iodés avec le periodure de potassium et l'iode libre, doivent faire regarder la conicine comme un dérivé pyridique. De même que la pipéridine et la nicotine sont des hydrures pyridiques, de même la conicine serait l'hydrure d'une collidine. En admettant que la collidine, d'où elle dérive, fût une triméthylpyridine, sa formule serait

$$\begin{array}{l} CH^2\text{-}AzH \;-\; C(CH^3 \\ CH^2\text{-}CH(CH^3)\text{-}C(CH^3) \end{array}$$ (1).

A. Étard.

CONIFÉRINE. — Voyez Vanilline, Appendice, t. III, p. 645.

CONIFÉRYLIQUE (ALCOOL). — Voyez Vanilline, Appendice, t. III, p. 646.

CONIMA (RÉSINE). — Stenhouse et Groves ont étudié récemment la résine de ce nom qui est formée par l'*Icica heptaphylla* (Aubl.), arbre de la Guyane anglaise. Cette résine, d'une odeur balsamique agréable, contient une essence, une matière cristallisée et des corps amorphes.

L'essence, extraite par la vapeur d'eau et purifiée par distillation sur le sodium, est formée en très grande partie par un hydrocarbure, le *conimène* $C^{15}H^{24}$, bouillant à 264°, doué d'une odeur agréable.

La matière cristallisée, l'*icacine*, forme environ 1/5e de la résine; elle se dépose directement au sein de la solution de la résine dans 6 p. d'alcool bouillant, et est facile à purifier par des cristallisations dans le pétrole et finalement dans l'alcool.

L'icacine est en aiguilles soyeuses d'un blanc éclatant, de la formule $C^{46}H^{76}O$, fusibles à 175°, insolubles dans l'eau, très solubles dans la benzine, l'éther, le sulfure de carbone. Elle ne s'unit pas aux alcalis et ne s'y dissout pas; l'acide sulfurique la détruit.

Les eaux mères de l'icacine renferment une résine jaune, incristallisable et très soluble [Stenhouse et Groves, *Liebig's Ann. Chem.*, t. CLXXX, p. 253].

Il se peut que la résine conima soit identique avec la résine icica étudiée par Scribe (t. II, p. 86) et que l'icacine se confonde avec le bréan de Scribe.

CONQUININE. — Voyez Quinidine, t. II, p. 1283.

COPAHU (BAUME DE). — Voyez t. I, p. 974. D'après Strauss, le baume de copahu ne renferme pas toujours les mêmes substances. Le copahu de Maracaïbo possède une densité de 0,990 à 15°. Traité par la soude, il se sépare en deux couches; l'une d'elles est formée d'essence qui bout à 250-260° et possède une densité de 0,921 à 10°. L'acide azotique la colore en rouge et la transforme en une résine $C^{20}H^{32}$ dont la densité de vapeur est de 9,5. La seconde est formée de *métacopahuvate de sodium.* L'acide chlorhydrique en précipite l'acide en flocons blancs qui sont solubles dans l'alcool et s'en déposent sous forme de lamelles cristallines. Cet acide est bibasique, sa formule est $C^{22}H^{34}O^4$. Il fond à 205-206°. Les sels argentique et cuivrique renferment 1 molécule d'eau. L'acide métacopahuvique est probablement identique avec l'acide que Werner a retiré du baume de gurgu [E.

(1) Cet article était composé lorsque M. Hofmann a publié [*Deutsch. chem. Gesellsch.*, 1881, p. 705] un travail où il attribue, d'après de nouvelles analyses, à la conicine la formule $C^8H^{17}Az = (C^8H^{16})AzH$.

Strauss, *Ann. Chem. Pharm.*, t. CXXVIII, p. 148; *Bull. Soc. chim.*, t. XI, p. 502].

Le *copahuvène*, partie principale de l'essence de copahu, chauffé à 280° avec de l'acide iodhydrique, fournit de l'hydrure d'amyle, de l'hydrure de décyle $C^{10}H^{22}$, et un carbure $C^{15}H^{32}$ [Berthelot, *Bull. Soc. chim.*, t. XI, p. 30].

COPALCHINE. — Matière amère de l'écorce de *Croton Pseudochina*. Elle n'est pas précipitée par l'acétate de plomb, mais par le tannin. Soluble dans l'alcool et le chloroforme, peu soluble dans l'éther et dans l'eau. L'acide sulfurique la colore en rouge. Ce n'est pas un glucoside [F. Mauch, jeune, *Vierteljahrschr. prakt. Pharm.*, t. XVIII, p. 161].

COPTINE. — Nom donné par E.-Z. Gross à un alcaloïde incolore qui accompagne la berbérine dans la racine de *Coptis trifolia* (Salisbury) (*Helleborus trifolius*, L.). La coptine donne, avec l'iodomercurate de potassium, un précipité cristallisé. Elle se dissout dans l'acide sulfurique, sans coloration à froid; à chaud la solution devient pourpre [*Jahresb. Chem.*, 1874, p. 914].

CORALLINE. — Nous désignerons sous le nom de *coralline* la matière colorante qui se forme par l'action de l'acide oxalique sur le phénol, en présence de l'acide sulfurique, réaction très complexe, qui donne naissance à plusieurs corps différents.

Dans cet article nous étudierons, outre la coralline, dont la préparation industrielle a été décrite t. II, p. 823, les matières colorantes analogues, comme l'*aurine*, l'*acide rosolique*, et celles qui se trouvent dans la coralline commerciale, et qui ont été isolées par Zulkowsky. Sous le nom d'aurine, nous désignons le corps qu'ont obtenu Dale et Schorlemmer, en purifiant la coralline commerciale, ou bien en faisant agir, à basse température, l'acide oxalique sur le phénol chimiquement pur, ou encore en faisant agir l'acide azoteux, d'après la méthode de Wanklyn et Caro, sur la pararosaniline.

L'acide rosolique est le corps obtenu par l'action de l'acide azoteux sur la rosaniline ordinaire.

Kolbe et Schmitt donnent les proportions suivantes comme devant produire les meilleurs rendements en coralline. Ils chauffent, durant cinq à six heures, à 140-150°, 1 partie d'acide oxalique cristallisé, 1 p. 1/2 de phénol et 2 p. d'acide sulfurique. D'après Fresenius, le rendement en coralline est de 16 à 17 % de la quantité de phénol employée.

Théoriquement, cette quantité d'acide sulfurique est beaucoup trop forte pour la transformation du phénol en acide phénylsulfureux. D'après les recherches de Zulkowsky [*Liebig's Ann. Chem.*, t. CXCIV, p. 114; t. CCII, p. 179], on peut obtenir un rendement de 70 % de la quantité de phénol employée en se servant d'acide oxalique déshydraté et en prenant les proportions suivantes : 100 p. de phénol, 50 p. d'acide sulfurique à 66°, et 15 à 16,6 p. d'acide oxalique déshydraté. On ajoute au phénol l'acide sulfurique par petites portions, afin d'éviter un trop grand dégagement de chaleur, puis on y introduit l'acide oxalique et l'on chauffe le ballon, muni d'un réfrigérant ascendant, au bain de sable à 120-130°. L'acide oxalique se dissout à cette température; on maintient cette dernière constante entre 125-130° durant vingt-quatre heures, c'est-à-dire jusqu'à ce que tout dégagement gazeux ait cessé et que, par le refroidissement, le contenu du ballon forme une masse épaisse fortement colorée. Le produit de la réaction étant alors versé dans de l'eau, la coralline se précipite à l'état de résine mordorée; on la fait bouillir à plusieurs reprises avec de l'eau bouillante. Le liquide décanté peut fournir, par un traitement convenable, une nouvelle quantité de coralline.

Commaille [*Monit. scientif.* (3), t. III, p. 48 et p. 902, *Compt. rend.*, t. LXXVII, p. 678] a trouvé que la proportion d'acide oxalique est d'ordinaire beaucoup trop grande.

Pour isoler la matière colorante de la coralline brute, obtenue par le procédé à l'acide oxalique, Fresenius [*Journ. prakt. Chem.*, t. V, p. 184, *Bull. Soc. chim.*, t. XVI, p. 375] fait bouillir la coralline avec de l'eau jusqu'à disparition de l'odeur du phénol; après refroidissement, il filtre et épuise le résidu, mélangé avec de la magnésie calcinée, à diverses reprises par de l'eau bouillante. La solution filtrée est traitée par du chlorhydrate d'ammoniaque; il se précipite une résine d'un beau rouge carmin, qui est séparée par le filtre, lavée avec une solution concentrée de sel ammoniac, enfin décomposée par l'acide chlorhydrique.

La matière colorante, ainsi obtenue, cristallise dans l'alcool en longues aiguilles entrelacées, d'un rouge cramoisi; cristallisée dans l'acide acétique, elle est en prismes verts avec reflets métalliques. Elle fond à 156°.

D'un autre côté, Dale et Schorlemmer [*Deutsch. chem. Gesellsch.*, 1871, p. 971; *Bull. Soc. chim.*, t. XVI, p. 374] ont isolé du produit commercial une matière colorante différente, infusible à 200°, qu'ils ont étudiée sous le nom d'aurine et que nous allons décrire plus loin.

Zulkowsky (*loc. cit.*) a cherché à isoler les différents principes constituant la coralline brute. Il a employé la méthode de purification adoptée par Graebe et Caro pour extraire l'acide rosolique pur du produit obtenu par la décomposition de la rosaniline par l'acide azoteux. La coralline est dissoute dans de la soude caustique, et cette solution est saturée de gaz sulfureux, puis additionnée d'eau; les corps résineux se précipitent, tandis que la matière colorante reste en dissolution. La quantité de résine s'élève jusqu'à 70 % de la coralline.

Zulkowsky appelle cette résine *acide pseudo-rosolique* et pense que ce corps, décrit plus loin sous ce nom (corps E), est identique avec la matière colorante obtenue par Liebermann et Schwarzer au moyen de l'aldéhyde salicylique, et sur lequel nous allons revenir plus loin. Mais, indépendamment de cette résine, la coralline du commerce renferme, d'après Zulkowsky, d'autres corps qu'il a cherché à isoler en employant le procédé suivant :

Le liquide, d'où s'est précipité l'acide pseudo-rosolique, laisse toujours déposer, après un repos plus ou moins long, une nouvelle quantité de cette résine. On chauffe la solution à 70-80°, et l'on précipite, par l'acide chlorhydrique concentré, les corps cristallisés qui ont été dissous par le bisulfite de sodium; il se dégage de l'acide sulfureux, et il se précipite une masse de consistance résineuse, colorée en rouge minium, et formée d'une combinaison des corps cristallisables avec de l'acide sulfureux. Après le refroidissement, le dépôt est séparé par décantation, pulvérisé, lavé à l'eau, ensuite séché à une douce chaleur et chauffé finalement à 120°, jusqu'à ce qu'il ne dégage plus de gaz sulfureux. La coralline fournit environ 30 % de ce corps. Pour en séparer les principes constituants, on le dissout dans de l'alcool à 60 %. La solution alcoolique, qui est brune, laisse déposer, au bout de quelques jours, des cristaux formés d'un mélange de deux corps, dont l'un cristallise en aiguilles douées de reflets métalliques verts, et dont l'autre se présente en aiguilles d'un bleu violet. Le premier est le corps A de Zulkowsky.

Les eaux mères d'où se sont déposés ces cristaux sont traitées par un courant de gaz sulfureux, qui forme avec les corps dissous des combinaisons très peu solubles dans l'alcool; on obtient ainsi un précipité, qui est séparé par filtration et on laisse reposer la solution. Le précipité est lavé avec de l'alcool à 50 °/₀, séché, pulvérisé et chauffé à 120-130° jusqu'à disparition de toute odeur sulfureuse. C'est la fraction B. Elle est formée d'aurine et renferme, en outre, le corps violet bleu qui se trouve également dans la fraction précédente.

Les eaux mères de cette seconde séparation contiennent beaucoup de résine, et des acides leucorosoliques probablement formés pendant l'opération; pour les séparer, on évapore les eaux mères au bain-marie, on dissout le résidu dans de la soude caustique et l'on sature la solution de gaz sulfureux. Les acides leucorosoliques ne forment pas de combinaisons avec le bisulfite de sodium. Ils sont précipités à l'état de poudre cristalline d'un rouge clair, très soluble dans l'alcool : c'est la portion C. Le liquide surnageant est décomposé par l'acide chlorhydrique à chaud; le précipité est débarrassé par la chaleur de l'acide sulfureux, dissous dans l'alcool absolu et traité par l'ammoniaque jusqu'à saturation. Après un temps souvent assez long, il se précipite un sel ammoniacal cristallisant en aiguilles bleues. Celles-ci sont séparées par le filtre, lavées à l'alcool et traitées par de l'acide chlorhydrique dilué. On obtient ainsi le corps D.

Pour purifier les divers produits obtenus par ces traitements successifs, il faut avoir recours à la cristallisation fractionnée des solutions : on pulvérise les cristaux, on les fait bouillir avec de l'alcool à 60 °/₀ durant trois à cinq heures, et l'on fait cristalliser lentement, en ayant soin de séparer les cristaux, qui ont des formes et une coloration très différente. Les fractions A et C renferment le corps vert à reflets métalliques, la fraction B le corps rouge grenat; les aiguilles violettes sont contenues dans les fractions A et B.

Corps A. Le corps A, que Zulkowsky a appelé *acide rosolique à reflets métalliques*, et plus tard *méthylaurine*, se dépose en groupes de cristaux disposés en éventail. Ces cristaux présentent par transparence une coloration rose foncée, par réflexion des teintes d'un vert magnifique.

Les analyses concordent avec la formule

$$C^{20}H^{16}O^3 + H^2O.$$

Ce corps perd son eau de cristallisation à 100°; chauffé à 200°, il ne fond pas encore. Il se dissout dans l'alcool et donne une solution jaune-rougeâtre; avec les alcalis et l'ammoniaque, la coloration devient rouge cramoisi.

On obtient le leuco-dérivé de ce corps en dissolvant ce dernier dans de l'alcool à 50 °/₀ bouillant, et en ajoutant de l'acide acétique et de la poudre de zinc; la solution se décolore; on filtre rapidement : le liquide, dilué dans son volume d'eau, et placé sur de l'acide sulfurique, laisse déposer de longues aiguilles jaunes de la formule $C^{20}H^{18}O^3$.

Graebe et Caro ont obtenu avec la rosaniline de l'acide rosolique $C^{20}H^{16}O^3$, qui se dépose d'une solution alcoolique en cristaux d'un rouge rubis, exempts d'eau de cristallisation. Zulkowsky, dans ses nombreuses analyses de la coralline commerciale, n'a jamais pu isoler un corps identique avec cet acide rosolique. Il pense que la méthylaurine n'est pas un dérivé du tolyldiphénylméthane, mais bien du triphénylméthane, et lui attribue la formule

$$C^{20}H^{16}O^3 = C\left\{\begin{array}{l} C^6H^4.OH \\ C^6H^4.OH \\ C^6H^4 \\ CH^2 \end{array}\right. \!\!\!> O.$$

En ajoutant à une solution saturée de méthylaurine dans de l'alcool à 60 °/₀ dix parties d'acide chlorhydrique concentré, on obtient, après quelque temps, de grands prismes d'un rouge clair avec reflets bleu de ciel et renfermant

$$C^{23}H^{25}ClO^4$$

[Zulkowski, *Ann. Chem. Pharm.*, t. CCII, p. 203].

Lorsqu'on fait passer dans une solution alcoolique de méthylaurine saturée un courant d'acide sulfureux, il se forme un précipité amorphe rouge carmin, qui se dissout en partie dans l'eau et qui perd, chauffé à 100°, de l'eau et de l'acide sulfureux.

L'oxydation de la méthylaurine par le manganate de potassium n'a pas conduit à des résultats concordants.

Corps B. Nommé par Zulkowsky *acide rosolique rouge grenat* ou *aurine*. On l'obtient en grands cristaux très brillants, rouge grenat à reflets bleuâtres. Il se dissout dans l'alcool avec une coloration rouge-jaunâtre; mais par les alcalis la solution devient rouge carmin. Il ne renferme pas d'eau de cristallisation et peut être chauffé à 200° sans fondre. Sa formule est $C^{19}H^{14}O^3$.

Le leuco-dérivé s'obtient facilement; il se laisse oxyder plus facilement que le leuco-dérivé de la méthylaurine.

Corps C, ou *aurine oxydée*, $C^{19}H^{16}O^6$. — Aiguilles violettes. La solution alcoolique possède une coloration jaune-brunâtre; les alcalis la font passer au rouge carmin. Ce corps se dissout facilement dans l'alcool à 50 °/₀ bouillant, et cristallise de cette solution par le refroidissement. Chauffés à 130°, les cristaux deviennent verts et prennent un reflet mordoré; à 150°, ils fondent partiellement et l'on obtient une masse cassante, d'un beau vert à reflets mordorés. Ce corps se décompose à 100°. Séché sur l'acide sulfurique, il renferme $C^{19}H^{16}O^6$ ou $C^{19}H^{14}O^5 + H^2O$. Par réduction, il fournit le même leuco-dérivé que les cristaux grenats.

L'aurine oxydée ne paraît pas être un des principes de la coralline commerciale : elle s'est probablement formée pendant les traitements. Elle se décompose comme si elle renfermait les éléments de

$$C^{19}H^{14}O^3 + O^2 + H^2O.$$

En effet, par l'action de l'alcool bouillant ou par l'hydrogène naissant, elle se convertit en leucoaurine; par l'action de l'acide sulfureux, de l'anhydride acétique, elle forme des dérivés de l'aurine.

Zulkowsky a pu l'obtenir d'ailleurs par oxydation de l'aurine, au moyen du manganate de potassium. Récemment, le même auteur a constaté la formation de l'aurine oxydée par l'action de l'oxygène sur une solution alcalisée d'aurine [*Monatshefte für Chem.* t. I, p. 782].

Corps D, acide leucorosolique. — Il a pour formule $C^{20}H^{18}O^3$ et se présente en cristaux d'un rouge clair. Par oxydation avec du manganate de potassium, la solution alcaline de ce corps ne se transforme pas en acide rosolique. Le produit de l'oxydation ne cristallise pas dans l'alcool à 60 °/₀, mais se précipite sous forme d'une poudre rouge clair amorphe.

Corps E, acide pseudorosolique. — C'est une matière résineuse formant la majeure partie de la coralline commerciale. Préparée récemment, elle constitue une masse compacte, plus ou moins colorée en rouge et qui fond facilement; par exposition à l'air, elle se colore de plus en plus et prend un aspect mordoré. Les alcalis dissolvent ce corps avec une coloration rouge-violet qui devient excessivement intense par les oxydants, comme le ferrocyanure de potassium ou le manganate de potassium (1). L'analyse de ce corps n'a pas donné de nombres concordants. Le produit d'oxydation, par l'action du manganate, forme une poudre amorphe rouge, infusible à 140° ; sa solution alcoolique est jaune-brunâtre; c'est une matière colorante. D'après sa formule $C^{20}H^{14}O^{4}$, il pourrait posséder une constitution analogue à celle des phtaléines de Baeyer.

AURINE.

Dale et Schorlemmer [*Deutsch. chem. Gesellsch.*, 1871, p. 574; *Chem. News*, 1871, p. 34 et 232; *Bull. Soc. chim.*, t. XVI, p. 374], en essayant de purifier la coralline jaune obtenue par l'action de l'acide sulfurique et de l'acide oxalique sur le phénol, ont trouvé que ce produit est un mélange de plusieurs corps, d'où ils ont retiré une matière colorante bien définie, l'*aurine*. Ce corps cristallise dans l'acide acétique concentré en beaux cristaux rouges brillants, ou en petites aiguilles avec reflets bleuâtres. Pour l'obtenir à l'état de pureté, on ajoute à une solution ammoniacale d'aurine de l'alcool ammoniacal : il se précipite une combinaison d'ammoniaque et d'aurine insoluble dans l'alcool ; on la filtre, on lave avec de l'alcool, et l'on chasse l'ammoniaque soit par exposition à l'air, soit par un traitement à l'acide acétique.

Dale et Schorlemmer [*Chem. News*, 1872, p. 102 et 208; *Bull. Soc. chim.*, t. XX, p. 217; *Liebig's Ann. Chem.*, t. CLXVI, p. 129] ont comparé ce corps avec la coralline de Fresenius, qui avait été obtenue par purification de la coralline commerciale, en passant par le sel de magnésie; les deux substances ne sont pas identiques; la coralline fondant à 156°, l'aurine ne fond pas encore à 220°.

Les mêmes chimistes ont préparé l'aurine avec du phénol chimiquement pur, en maintenant la température pendant la réaction aussi basse que possible vers 100-110°, et en chauffant pendant quatre à cinq heures. La matière colorante étant précipitée par l'eau, ils l'ont épuisée par l'eau bouillante, pour la dissoudre ensuite dans la soude et la reprécipiter par un acide. Le produit cristallin est identique avec le corps obtenu à l'aide de l'alcool ammoniacal.

L'aurine cristallise dans l'acide chlorhydrique concentré et chaud, en aiguilles très fines, qui retiennent encore de l'acide chlorhydrique à 110°. Cet acide précipite l'aurine de sa solution dans la soude. Elle cristallise d'une solution alcoolique en aiguilles d'un rouge mat avec reflets verts. Ces cristaux retiennent de l'alcool et de l'eau. Chauffée à 200°, l'aurine ne fond pas encore; mais elle a perdu toute son eau et donne alors à l'analyse des nombres répondant à la formule $C^{19}H^{14}O^{3}$; séchée à 110°, elle renfermerait $C^{19}H^{14}O^{3} + H^{2}O$. L'aurine peut être considérée comme une combinaison analogue à la phtaléine du phénol :

$$CO^{2} + 3C^{6}H^{6}O = C^{19}H^{14}O^{3} + 2H^{2}O.$$

Combinaison d'aurine et de bisulfite de potassium, $C^{19}H^{14}O^{3}.SO^{3}HK$. — Cette combinaison s'obtient en ajoutant à une solution alcoolique chaude d'aurine une solution de bisulfite de potassium, jusqu'à ce que la coloration jaune-rougeâtre ait disparu. Il se précipite une poudre fine et blanche formée de lamelles rectangulaires microscopiques. Ce composé est plus soluble dans l'eau que dans l'alcool, et cristallise dans l'eau chaude; à l'ébullition il se précipite de l'aurine.

Une combinaison d'aurine et de bisulfite de sodium ou d'ammonium s'obtient d'une façon analogue.

Combinaison de l'aurine avec les acides. — L'aurine se combine avec les acides pour former des sels très stables et cristallisant très bien. Lorsqu'on fait passer un courant de gaz sulfureux dans une solution alcoolique chaude et saturée d'aurine, la solution jaune-rougeâtre disparaît pour faire place à une coloration plus claire, et il se dépose une combinaison hydratée d'acide sulfureux et d'aurine. Elle forme ou des croûtes cristallines d'un rouge brique, ou des cristaux grenat, sans reflet mordoré. Ce composé, qui renferme $(C^{19}H^{14}O^{3})^{2}SO^{3}H^{2} + 4H^{2}O$, peut être chauffé à 100° sans fondre; à une température plus élevée, il y a décomposition avec dégagement de gaz sulfureux et d'eau.

En saturant une solution concentrée chaude d'aurine dans l'acide acétique cristallisable par du gaz chlorhydrique, on voit le liquide se décolorer, et bientôt se précipiter des aiguilles d'un rouge clair, très brillantes, offrant la composition $C^{19}H^{14}O^{3}.HCl + C^{2}H^{4}O^{2}$; à l'air, ces cristaux dégagent de l'acide acétique, deviennent d'un bleu d'acier et perdent leur forme.

En dirigeant du gaz chlorhydrique dans une solution alcoolique d'aurine, on obtient des cristaux analogues aux précédents, mais plus petits. Chauffés à 100°, ils perdent de l'alcool en même temps que leur éclat; ensuite ils peuvent être chauffés à 200° sans se décomposer. Ce corps possède la composition $C^{19}H^{14}O^{3},HCl$.

En ajoutant de l'acide sulfurique à une solution saturée à chaud d'aurine dans de l'acide acétique cristallisable, on obtient par le refroidissement des prismes ou de larges aiguilles très brillantes; dans les mêmes circonstances il se précipite de petites aiguilles courtes, rouges, d'une solution alcoolique. Ces sels, suivant la manière de les préparer, renferment de l'acide acétique ou de l'alcool, qu'ils perdent lorsqu'on les chauffe. La poudre rouge qui reste est décomposée par l'eau en acide sulfurique et en aurine.

Il se forme une combinaison analogue avec l'acide azotique; elle cristallise très bien.

Si l'on chauffe l'aurine avec l'anhydride acétique à une température élevée, il ne se forme pas de produit acétylé, mais on observe une réaction complexe. A froid ou en chauffant au bain-marie, on obtient un produit d'addition d'aurine avec une molécule d'anhydride acétique. Ce produit renferme $C^{19}H^{14}O^{3} + (C^{2}H^{3}O)^{2}O$; il cristallise dans l'alcool en tables incolores et fond à 159-160°. Il est insoluble dans l'eau, peu soluble dans l'alcool froid, très soluble à chaud; il se transforme de nouveau en aurine avec la plus grande facilité (Graebe et Caro).

Tétrabromaurine, $C^{19}H^{10}Br^{4}O^{3}$. — On ajoute à un mélange d'acide acétique cristallisable et de brome, en excès, une solution saturée d'aurine dans l'acide acétique. Il se précipite, au bout de quelque temps, des cristaux de tétrabromaurine sous forme de lamelles bronzées, brun-verdâtre.

Combinaison de l'aurine avec l'ammoniaque. — Ce composé, qui renferme $C^{19}H^{14}O^{3}(AzH^{3})^{2}$, s'obtient facilement en saturant d'ammoniaque une solution alcoolique et concentrée d'aurine. Il cristallise sous forme de belles aiguilles d'un rouge foncé avec reflets métalliques bleus; à l'air, il perd de l'ammoniaque.

Action de l'ammoniaque sur l'aurine. — L'aurine, chauffée avec de l'ammoniaque à 140°, se transforme en coralline rouge [voyez INDUSTRIE DU PHÉNOL, t. II, p. 825] qui teint la laine et la

(1) L'auteur prépare le manganate en ajoutant au permanganate une quantité équivalente de potasse et de l'alcool jusqu'à ce que la liqueur soit devenue verte.

soie en tons plus rouges que la coralline jaune.

Les choses se passent autrement lorsqu'on chauffe l'aurine avec de l'alcool ammoniacal à 150°. Dale et Schorlemmer [*Chem. News*, t. XXXV, p. 216, 250; *Bull. Soc. chim.*, t. XXVIII, p. 422; *Deutsch. chem. Gesellsch.*, 1877, p. 1016, 1123, 1602] ont trouvé que dans ces conditions la coloration rouge de la solution disparaît : la liqueur devient jaune, et, par addition d'eau, il se forme un précipité blanc possédant toutes les propriétés de la rosaniline, ou plutôt de la pararosaniline; ce corps se dissout avec une belle coloration rose dans l'acide acétique. La réaction aurait lieu d'après l'équation

$$C^{19}H^{14}O^3 + 3AzH^3 = C^{19}H^{17}Az^3 + 3H^2O.$$

La triamine ainsi produite a été transformée en violet Hofmann, en bleu et en vert d'aniline.

Lorsqu'on chauffe l'aurine avec de l'alcool ammoniacal durant plusieurs jours à 150°, la pararosaniline formée se transforme en leucaniline.

Action de l'aniline sur l'aurine. — L'*azurine* ou l'*azuline* [t. I, p. 499; t. II, p. 825] est aussi un dérivé de l'aurine; c'est une matière colorante bleue qui se forme lorsqu'on chauffe ce dernier corps avec de l'aniline. Si l'on fait bouillir l'aurine et l'aniline avec addition d'un peu d'acide acétique, le mélange prend bientôt une belle coloration bleue. En faisant bouillir le produit brut avec de l'acide chlorhydrique dilué, on le débarrasse de l'excès d'aniline, et il reste un corps bleu, résineux formé d'un mélange de plusieurs substances qui ne sont que partiellement solubles dans l'acide acétique.

Une partie se dissout dans la soude caustique avec une coloration rouge-pourpre et se précipite par addition d'un acide en flocons bleus, solubles en bleu dans l'alcool et l'acide acétique. La portion insoluble dans les alcalis se dissout pareillement dans l'acide acétique et dans l'alcool avec une belle coloration bleue; l'éther n'en dissout qu'une partie avec une coloration rouge foncé. La solution éthérée étant évaporée, il reste un corps bleu résineux.

LEUCAURINE. $C^{19}H^{16}O^3$. — On obtient ce corps en chauffant une solution alcaline d'aurine avec de la poudre de zinc et en acidulant lorsque la réaction est terminée, ou bien en traitant une solution acétique ou alcoolique et acidulée d'aurine par la poudre de zinc et en ajoutant de l'eau au produit de la réaction. La leucaurine pure est incolore; elle se colore en jaune lorsqu'on la fait recristalliser; elle est très soluble dans l'alcool et l'acide acétique, mais peu soluble dans l'eau; elle se précipite de la solution alcoolique sous forme de prismes. Chauffée à 130°, elle ne fond pas, mais prend une coloration rouge. La solution alcaline se colore en rouge lorsqu'elle est exposée à l'air; cette coloration se produit immédiatement et d'une façon très intense par l'addition de ferricyanure de potassium; la solution renferme un produit d'oxydation qui est précipité par les acides et est presque insoluble dans l'alcool et l'acide acétique.

La leucaurine oxydée, en solution alcaline, avec du manganate de potassium, donne un produit d'oxydation amorphe avec reflets métalliques, dont l'analyse conduit à la formule $C^{19}H^{14}O^4$ (Zulkowsky).

Leucaurine triacétylée. — On chauffe la leucoaurine avec un excès de chlorure d'acétyle. Le produit de la réaction est agité avec de l'eau et soumis à des cristallisations dans l'alcool. Il forme de petites aiguilles soyeuses, facilement solubles dans l'alcool et l'acide acétique. Ce produit est facilement saponifié par les alcalis ou par l'ébullition avec l'eau. Il fond à 138-139°.

Zulkowsky l'obtient en faisant bouillir la leucaurine finement pulvérisée avec de l'anhydride acétique, et en versant la solution obtenue dans de l'eau. Il se précipite une poudre blanche que l'on fait cristalliser dans l'alcool.

Leucaurine tribenzoylée. — On chauffe la leucaurine avec du chlorure de benzoyle. Ce composé est beaucoup plus stable que le dérivé acétylé. Il est peu soluble dans l'alcool et l'acide acétique, très soluble dans la benzine; cette dernière solution laisse déposer une combinaison de tribenzoyle-leucaurine et de benzine, sous forme de cristaux transparents à l'air; ceux-ci deviennent opaques, et, lorsqu'on les chauffe, ils se transforment en une poudre blanche.

CONSTITUTION DE L'AURINE. — Dale et Schorlemmer avaient d'abord donné à l'aurine la formule $C^{20}H^{14}O^3$ et avaient représenté sa formation par l'équation

$$3C^6H^6O + 2CO = C^{20}H^{14}O^3 + 2H^2O.$$

Les mêmes chimistes, ayant repris plus tard l'étude de l'aurine [*Deutsch. chem. Gesellsch.*, 1878, p. 709, *Bull. Soc. chim.*, t. XXXI, p. 333, t. XXXII, p. 236], ont montré que les analyses de ce composé convenablement purifié concordent plutôt avec la formule $C^{19}H^{14}O^3$.

Les travaux de Em. et O. Fischer sont venus confirmer cette formule; d'après eux, la constitution de la pararosaniline et celle de l'aurine est représentée par les formules $C^{19}H^{11}(AzH^2)^3$ et $C^{19}H^{11}(OH)^3$. Dale et Schorlemmer se sont ralliés à cette manière de voir.

Les expériences de E. et O. Fischer démontrent en effet [*Deutsch. chem. Gesellsch.*, 1878, p. 473, *Bull. Soc. chim.*, t. XXX, p. 385] que l'aurine est un dérivé du triphénylméthane : la paraleucaniline, obtenue avec l'aurine pure, peut être transformée en dérivé diazoïque, lequel, décomposé par l'alcool, donne du triphénylméthane identique en tout point avec le carbure synthétique.

D'après eux, la formule de l'aurine serait

$$(OH)C^6H^3 = C < \begin{matrix} C^6H^4.OH \\ C^6H^4.OH. \end{matrix}$$

Caro et Graebe [*Deutsch. chem. Gesellsch.*, 1878, p. 1116, *Bull. Soc. chim.*, t. XXXI, p. 557, t. XXXII, p. 46] n'acceptent pas complètement cette manière de voir et proposent la formule suivante, qui est celle d'un anhydride interne et qui rend compte de la formation, de la décomposition et des réactions de l'aurine :

$$C\left\{\begin{matrix} C^6H^4.OH \\ C^6H^4.OH \\ C^6H^4 \\ | \\ O \end{matrix}\right. \qquad C\left\{\begin{matrix} C^6H^4.AzH^2 \\ C^6H^4.AzH^2 \\ C^6H^4 \\ | \\ AzH. \end{matrix}\right.$$

Aurine. Pararosaniline.

L'aurine, par addition d'acide cyanhydrique, donne l'hydrocyanoaurine :

$$C\left\{\begin{matrix} C^6H^4.OH \\ C^6H^4.OH \\ C^6H^4 \\ | \\ O \end{matrix}\right. + CAzH = C\left\{\begin{matrix} C^6H^4.OH \\ C^6H^4.OH \\ C^6H^4.OH \\ CAz. \end{matrix}\right.$$

Avec l'acide acétique, ainsi que nous l'avons vu, on obtient le produit d'addition :

$$C\left\{\begin{matrix} C^6H^4.OH \\ C^6H^4.OH \\ C^6H^4O.C^2H^3O \\ O.C^2H^3O. \end{matrix}\right.$$

Synthèse de l'aurine. — Ce qui a donné beaucoup de valeur aux formules précédentes, c'est la synthèse de l'aurine effectuée par Caro et Graebe [*Deutsch. chem. Gesellsch.*, 1878, p. 1348], il est vrai par voie détournée. Voici les faits sur lesquels repose cette synthèse.

En chauffant l'aurine avec de l'eau à 220-250°, on obtient une substance incolore qui est identique avec la dioxybenzophénone :

$$CO\begin{matrix} \diagup C^6H^4.OH \\ \diagdown C^6H^4.OH \end{matrix}$$

découverte par Staedel et Gail [*Deutsch. chem. Gesellsch.*, 1878, p. 746]. Elle fond à 210°, cristallise dans l'eau en longues et fines aiguilles; son dérivé benzoylé fond à 182°, son dérivé acétylé à 151°.

Indépendamment de la dioxybenzophénone et de produits de décomposition charbonneux, il se forme toujours du phénol par l'action de l'eau sur l'aurine :

$$C\begin{matrix} = (C^6H^4.OH)^2 \\ - C^6H^4 \\ \diagdown \; | \\ O \end{matrix} + H^2O = CO(C^6H^4.OH)^2 + C^6H^5.OH.$$

Aurine. Dioxybenzophénone. Phénol.

On n'a pu reproduire synthétiquement l'aurine en faisant agir directement le phénol sur la dioxybenzophénone; Caro et Graebe ont réussi à opérer cette synthèse en traitant ce dernier corps préalablement avec du trichlorure de phosphore.

Après avoir chauffé la dioxybenzophénone peu de temps avec le trichlorure au réfrigérant ascendant et avoir distillé l'excès de réactif au bain-marie, on ajoute le phénol, puis une petite quantité d'acide sulfurique concentré. Déjà à froid la masse se colore en rouge, et il se dégage de l'acide chlorhydrique; on termine la réaction en chauffant à 140°. Par addition d'eau, il se sépare un corps identique avec l'aurine d'après toutes ses propriétés.

Eu égard à la décomposition et à la synthèse de l'aurine, il semble que les deux groupes hydroxylés occupent la position para, relativement à l'atome de carbone central, comme les groupes AzH^2 dans la pararosaniline. Quant au troisième atome d'oxygène dans l'aurine et au groupe imide dans la rosaniline, ils doivent occuper la position ortho, du moins à en juger par la synthèse de la rosaniline, au moyen de l'orthotoluidine, et celle d'un acide rosolique, au moyen de l'aldéhyde salicylique.

ACIDE ROSOLIQUE.

En étudiant la constitution de la rosaniline, Caro et Wanklyn [*Proceed. Roy. Soc. London*, t. XV, p. 210; *Journ. prakt. Chem.*, t. C, p. 49] avaient transformé cette base, au moyen de l'acide azoteux, en dérivé diazoïque, et, en décomposant ce dernier avec l'eau, ils avaient obtenu un acide non azoté, de la formule $C^{20}H^{16}O^3$. Ils considéraient ce corps comme identique avec la coralline, qui se forme par l'action de l'acide oxalique et de l'acide sulfurique sur le phénol; mais Fresenius montra que l'acide rosolique était différent de la coralline et attribua au corps de Caro et Wanklyn la formule $C^{26}H^{28}O^{10}$. Comme nous l'avons vu, Dale et Schorlemmer [*Ann. Chem. Pharm.*, t. CLXVI, p. 279; *Monit. scientif.* (3), t. III, p. 883] ont retiré un peu plus tard de la coralline du commerce, préparée par la méthode à l'acide oxalique, une matière colorante présentant beaucoup d'analogie avec l'acide rosolique, et qu'ils ont appelée aurine. L'acide rosolique est l'homologue supérieur de l'aurine :

$C^{19}H^{14}O^3$	$C^{20}H^{16}O^3$
Aurine.	Acide rosolique.

Nous devons à Graebe et Caro [*Liebig's Ann. Chem.*, t. CLXXIX, p. 185, *Bull. Soc. chim.*, t. XXXII, p. 40] d'avoir reconnu les caractères définis de ces matières colorantes et d'avoir en particulier étudié l'acide rosolique.

L'aurine, obtenue avec le phénol, et l'acide pararosolique obtenu avec la pararosaniline paraissent être identiques; en effet, ils sont précipités par l'acide chlorhydrique d'une solution alcaline chaude, en aiguilles fines, qui se dissolvent, sans fondre préalablement, dans la solution étendue et bouillante et se déposent de nouveau par refroidissement sous forme d'aiguilles d'un jaune rouge.

L'acide rosolique, dans les mêmes conditions, se sépare en gouttelettes d'une résine mordorée, qui ne devient solide qu'après un certain temps sans se transformer en aiguilles.

Voici d'autres différences : l'acide leucorosolique triacétylé fond à 148-149°; la leucoaurine triacétylée, préparée soit avec le phénol, soit avec la pararosaniline, fond à 138-139°. Elle cristallise, comme le dérivé rosolique correspondant, en longs prismes incolores, se dissout difficilement dans l'eau froide, assez facilement dans l'alcool et l'éther chaud; elle est insoluble dans l'eau. L'acide hydrocyanorosolique triacétylé fond à 143°; le dérivé correspondant de l'aurine, à 193-194°; ce dernier, insoluble dans l'eau, se dissout très difficilement dans l'alcool à froid, assez difficilement à chaud, et cristallise en prismes incolores.

Préparation de l'acide rosolique. — Cet acide est à la rosaniline ordinaire ce que l'aurine est à la pararosaniline. On peut l'obtenir par le procédé que Griess a appliqué le premier à la transformation des amines aromatiques en phénols. On dissout la rosaniline pure dans de l'acide chlorhydrique dilué, et l'on fait passer un courant d'acide azoteux dans la solution bien refroidie, jusqu'à ce qu'il y ait excès de cet acide. Par addition d'alcool ou d'éther, le corps diazoïque se précipite sous forme de gouttelettes huileuses brunes, qui, après des traitements à l'alcool et à l'éther, montrent des tendances à se solidifier. Le corps diazoïque purifié est dissous dans beaucoup d'eau et la solution chauffée lentement au bain-marie, jusqu'à ce qu'il n'y ait plus dégagement d'azote. L'acide rosolique se précipite, par le refroidissement de la solution, en prismes ou aiguilles très brillantes à reflets métalliques; on les purifie par des cristallisations successives dans l'alcool.

Ce procédé étant trop dispendieux pour la préparation de grandes quantités d'acide rosolique, Caro et Graebe ont adopté la méthode suivante :

On dissout 500 grammes de rosaniline ou de l'un de ses sels dans un mélange de 1500 centimètres cubes d'acide chlorhydrique concentré et de 1500 centimètres cubes d'eau, et l'on verse la solution brune dans environ 150 litres d'eau froide; à cette liqueur on ajoute lentement une solution étendue d'azotite de sodium, jusqu'à ce qu'il ne reste plus qu'une faible quantité de rosaniline en solution. Pour constater cet excès de rosaniline, on dépose de temps en temps une goutte de liquide sur du papier à filtrer; tant que le bord de la tache est rouge, on peut continuer l'addition du nitrite; on arrête quand la coloration devient rose. On fait bouillir la solution, et, lorsque le dégagement d'azote a cessé, on filtre; par le refroidissement, il se sépare de l'acide rosolique en cristaux brillants, colorés en vert. Ces cristaux sont dissous dans la soude et la solution est saturée de gaz sulfureux. Le liquide rouge se décolore et les impuretés se précipitent en flocons bruns. Lorsqu'on ajoute un acide minéral à la solution devenue presque incolore, et qu'on chauffe légèrement, l'acide rosolique se dépose. On répète cette dernière opération plusieurs fois; à la fin, on dissout le produit dans l'alcool, et l'on précipite par l'eau. Pour l'obtenir à l'état cristallisé, on le dissout dans de l'alcool dilué; on peut aussi ajouter à sa solution alcoolique, saturée à chaud, de l'eau bouillante.

Propriétés de l'acide rosolique. — Cet acide cristallise dans l'alcool dilué en cristaux rouge foncé; par addition d'eau bouillante à la solution alcoolique il se dépose en lamelles vertes, brillantes, à reflets cantharidés.

Il se dissout très facilement dans l'alcool chaud, moins bien dans l'alcool froid; il est assez soluble dans l'éther et l'acide acétique, insoluble dans la benzine et le sulfure de carbone. L'eau le dissout à peine, les acides en prennent davantage; ses solutions possèdent une coloration rouge-jaunâtre. Il se dissout dans les alcalis avec une coloration rouge. Ses solutions alcalines absorbent l'oxygène de l'air [Zulkowsky, *Monatshefte für Chem.*, t. I, p. 783].

Chauffé, l'acide rosolique ne fond pas à 260°; si l'on élève la température, il se dégage de l'eau et du phénol.

L'acide rosolique offre, dans ses réactions et transformations, les plus grandes analogies avec l'aurine. C'est un acide faible dont il est difficile d'obtenir des sels bien cristallisés.

Si l'on fait passer un courant d'ammoniaque dans la solution alcoolique, le sel *ammoniacal* se précipite sous forme d'aiguilles d'un bleu foncé, qui sont peu solubles dans l'alcool, très solubles dans l'eau, et qui perdent l'ammoniaque à l'air ou par des lavages. Les sels de *baryum* et de *plomb* se comportent de même.

Les substances réductrices transforment l'acide rosolique en acide leucorosolique; avec l'acide sulfureux, on ne parvient pas à effectuer cette transformation même à 200°; mais elle s'opère facilement en solution alcaline avec la poudre de zinc ou l'amalgame de sodium. L'acide rosolique se dissout dans le cyanure de potassium, et les acides précipitent de la solution, devenue incolore, l'acide hydrocyanorosolique; le même corps se forme encore plus facilement si l'on chauffe une solution alcaline d'acide rosolique avec du cyanure de potassium.

L'acide rosolique se dissout entièrement dans les bisulfites alcalins; on met à profit cette propriété pour le purifier; en effet, les impuretés qui l'accompagnent d'ordinaire sont des dérivés nitrés qui ne se dissolvent pas dans les sulfites. Les produits d'addition des sulfites avec l'acide rosolique sont très solubles dans l'eau et ne peuvent être isolés que très difficilement: les acides précipitent de nouveau l'acide rosolique.

Les corps oxydants, comme le perchlorure de fer, le permanganate de potassium ou l'acide chromique, attaquent l'acide rosolique; il se forme des composés qui se dissolvent dans les alcalis avec la même coloration que cet acide, mais qui cristallisent difficilement; ces composés sont plus oxygénés que l'acide rosolique.

En chauffant l'acide rosolique avec de l'eau à 220-230°, on obtient, indépendamment de produits de décomposition colorés en brun, et de corps appartenant à la classe des phénols, un corps incolore très soluble. Pour le purifier on épuise le produit de la réaction par l'eau bouillante et l'on soumet à plusieurs cristallisations la substance qui entre en dissolution. Ce corps est analogue à celui que Liebermann [*Deutsch. chem. Gesellsch.*, 1872, p. 144] a obtenu en chauffant la rosaniline avec de l'eau à 270°. Il fond vers 200°; l'analyse concorde avec celle d'un corps intermédiaire entre

$$C^{20}H^{16}O^{4} \text{ et } C^{20}H^{16}O^{4} + H^{2}O.$$

Chauffé avec de l'anhydride acétique à 140-150°, l'acide rosolique fournit un dérivé tétracétylé, cristallisé en aiguilles fusibles à 148-150°, très soluble dans l'alcool et l'acide acétique, insoluble dans l'eau.

En chauffant l'acide rosolique avec de l'anhydride acétique en tubes scellés à 150-200°, on n'obtient pas de produit acétylé, mais, selon la température, il se forme des produits incolores parmi lesquels on a pu isoler l'acide leucorosolique triacétylé, fusible à 148°.

Acide tétrabromorosolique, $C^{20}H^{12}Br^{4}O^{3}$. — Lorsqu'on fait arriver goutte à goutte du brome en excès dans une solution acétique d'acide rosolique, il se précipite des lamelles verdâtres à reflets mordorés; on abandonne le tout pendant quelque temps et l'on chauffe pour chasser l'excès de brome et d'acide bromhydrique. Les cristaux formés sont séparés par le filtre et lavés à l'alcool et redissous dans l'acide acétique glacial; l'acide tétrabromorosolique se dépose en belles lamelles vertes, très brillantes. Il est insoluble dans l'eau et très peu soluble dans l'alcool et l'éther; il se dissout dans les alcalis et l'ammoniaque avec une belle coloration violette. Les agents réducteurs le transforment en leuco-dérivé correspondant; avec le cyanure de potassium, on obtient un dérivé hydrocyané, et avec les sulfites il se forme des solutions incolores, d'où les acides précipitent des flocons rouges.

ACIDE LEUCOROSOLIQUE, $C^{20}H^{18}O^{3}$. — Ce corps s'obtient en chauffant une solution alcaline d'acide rosolique avec de la poudre de zinc, jusqu'à ce que le liquide soit devenu incolore. L'acide leucorosolique se précipite de la liqueur filtrée sous forme de cristaux blancs, brillants; par cristallisation dans l'alcool, on l'obtient sous forme d'aiguilles; il est très soluble, surtout à chaud, dans l'alcool et l'éther, très peu soluble dans l'eau. Cet acide se dissout dans les alcalis, en donnant une solution incolore; avec le ferricyanure, cette solution prend une coloration analogue à celle de l'acide rosolique, mais il se forme un corps plus oxygéné que cet acide.

Acide leucorosolique triacétylé,

$$C^{20}H^{15}O^{3}(C^{2}H^{3}O)^{3}.$$

— Il se forme lorsqu'on chauffe l'acide leucorosolique avec de l'anhydride acétique ou du chlorure d'acétyle à 130-150°. Le produit de la réaction est lavé à l'eau, et cristallisé dans l'alcool. L'acide leucorosolique triacétylé forme de longues aiguilles fusibles à 148-149°; il ne se dissout guère dans l'alcool froid, mais assez bien dans l'alcool chaud: il résiste à l'action de la soude caustique.

Acide tétrabromoleucorosolique. — S'obtient en chauffant l'acide rosolique tétrabromé avec de la poudre de zinc et de la soude. Il cristallise de l'alcool dilué en lamelles très solubles dans l'alcool.

ACIDE HYDROCYANOROSOLIQUE, $C^{21}H^{17}AzO^{3}$. — Lorsqu'on ajoute du cyanure de potassium à une solution aqueuse d'un rosolate alcalin, on voit la solution se décolorer lentement à froid, plus rapidement à chaud; l'acide hydrocyanorosolique est précipité par les acides de la solution froide.

Dissous à chaud dans l'alcool dilué, il se sépare d'abord sous forme de gouttelettes huileuses qui se transforment en cristaux, souvent après plusieurs jours seulement.

L'acide hydrocyanorosolique est très soluble dans l'alcool, l'éther, la benzine et très peu soluble dans l'eau; il ne fond pas à 200° et se décompose au-dessus de cette température. Il se dissout lentement à froid dans l'acide sulfurique concentré; à chaud avec une coloration bleu-violet. Chauffé avec de l'anhydride acétique à 140-150°, il fournit un dérivé triacétylé, cristallisant en petits prismes, fusibles à 143°, insolubles dans l'eau, très solubles dans l'acide acétique et l'alcool.

Acide hydrocyanotétrabromorosolique. — Cet acide, qui se forme par l'action du cyanure de potassium sur l'acide rosolique tétrabromé, cristallise en tables incolores, insolubles dans l'eau, très solubles dans l'alcool et l'éther. Il se dissout dans l'acide sulfurique concentré avec une belle coloration bleue.

CONSTITUTION DE L'ACIDE ROSOLIQUE. — Graebe et Caro avaient d'abord admis, à la suite de leurs travaux sur l'acide rosolique, que ce corps était une sorte de dérivé quinonique de la formule

$$C^6H^3(OH) < \begin{matrix} CH^2-C^6H^4.O \\ CH^2-C^6H^4.O, \end{matrix}$$

la rosaniline elle-même étant un dérivé amidébimidé

$$C^6H^3(AzH^2) < \begin{matrix} CH^2-C^6H^4.AzH \\ CH^2-C^6H^4.AzH. \end{matrix}$$

L'acide rosolique, la rosaniline et leurs leuco-dérivés correspondants dérivaient d'un même carbure fondamental que ces chimistes pensaient être la dibenzylbenzine $C^{20}H^{18}$.

Emile et Otto Fischer, dans leur travail classique sur la constitution de la rosaniline [*Deutsch. chem. Gesellsch.*, 1878, p. 200], ont envisagé l'acide rosolique comme un dérivé hydroxylé du carbure $C^{20}H^{16}$, et ont proposé les deux formules

$$OH.C^6H^3 = C < \begin{matrix} C^6H^4.OH \\ C^7H^6.OH \end{matrix}$$

ou

$$OH.C^7H^5 = C < \begin{matrix} C^6H^4.OH \\ C^6H^4.OH. \end{matrix}$$

L'acide rosolique serait donc de la rosaniline dans laquelle trois groupes OH sont venus se substituer aux trois groupes AzH^2. Caro et Graebe [*Deutsch. chem. Gesellsch.*, 1878, p. 1116], modifiant leur première manière de voir, admettent avec E. et O. Fischer que le carbure fondamental de l'acide rosolique, ainsi que celui de la rosaniline, est un crésyldiphénylméthane, se distinguant du triphénylméthane, carbure fondamental de la pararosaniline et de l'aurine, par le groupe méthyle en plus; ils proposent les formules de constitution suivantes :

$$C \begin{cases} C^6H^3(CH^3).OH \\ C^6H^4.OH \\ C^6H^4 \\ O \end{cases} \quad \text{ou bien} \quad C \begin{cases} C^6H^4.OH \\ C^6H^4.OH \\ C^6H^3(CH^3) \\ O \end{cases}$$

formules tout à fait analogues à celles que nous avons données plus haut pour l'aurine, et dont la première paraît être la plus probable.

Théorie de la formation de l'aurine et de l'acide rosolique. — On a expliqué très différemment le rôle que joue l'acide oxalique dans la formation de la coralline.

Dale et Schorlemmer [*Ann. Chem. Pharm.*, t. CLXVI, p. 292] avaient pensé que l'oxyde de carbone joue un rôle important dans la formation de la coralline, formation qu'ils représentaient par l'équation

$$3\,C^6H^6O + 2\,CO = C^{20}H^{14}O^3 + 2H^2O.$$

Les expériences de Fresenius semblaient confirmer cette opinion. Ce chimiste [*Journ. prakt. Chem.* (2), t. V, p. 184; *Bull. Soc. chim.*, t. XVI, p. 375] ayant recueilli les gaz qui se forment dans la préparation de la coralline par la méthode à l'acide oxalique, trouva que la majeure partie était formée d'acide carbonique, et en a conclu que cet acide ne joue aucun rôle dans la production de la coralline. De plus, en faisant passer sur l'acide phénolsulfonique, chauffé à 140-150°, un courant d'acide carbonique, il n'a pas obtenu de matière colorante; cette dernière se produisit, par contre, lorsqu'il fit arriver lentement de l'acide formique dans un mélange de 1 p. 5 de phénol et 2 p. d'acide sulfurique, chauffé à 140-150°. Enfin, d'après Fresenius, il se formerait aussi de la coralline lorsqu'on chauffe à 150-160° l'acide phénolsulfonique avec du ferrocyanure de potassium.

Prud'homme [*Bull. Soc. chim.*, t. XIX, p. 339, et t. XX, p. 97] est arrivé aux mêmes résultats que Fresenius, et a montré en outre qu'on peut remplacer dans la préparation de la coralline brute l'acide sulfurique par les acides borique, arsénieux ou arsénique; d'après lui, cette matière colorante se forme aussi lorsqu'on chauffe à 110-120° du phénol avec de l'acide oxalique sec. L'acide sulfurique agit donc comme déshydratant.

Gukassianz [*Deutsch. chem. Gesellsch.*, 1878, p. 1179, *Bull. Soc. chim.*, t. XXXII, p. 42] admet qu'une partie de l'acide oxalique se combine avec le phénol pour former de la coralline, tandis qu'une autre partie, échappant à la réaction, se décompose en acide carbonique et en oxyde de carbone, gaz qu'on peut recueillir pendant l'opération. Quant à l'action de l'acide formique sur le phénol en présence d'acide sulfurique, elle donne bien naissance à une matière colorante, mais celle-ci est, en majeure partie, soluble dans l'eau et ne se précipite pas sous forme résineuse comme la coralline. Enfin Gukassianz n'a obtenu que des résultats négatifs en faisant réagir à 150-160° le ferrocyanure de potassium desséché sur l'acide phénolsulfonique. Ce chimiste, adoptant la formule $C^{14}H^{10}O^4$ pour le corps fusible à 135°, purifié par cristallisation de l'acide sulfurique dilué, pense qu'il se produit, par l'action de l'acide oxalique sur le phénol, en présence de l'acide sulfurique, l'acide oxalique agissant comme l'acide phtalique :

$$\begin{matrix} CO.OH \\ CO.OH \end{matrix} + 2\,C^6H^5.OH = \begin{matrix} CO-C^6H^4-OH \\ CO-C^6H^4-OH \end{matrix} + 2H^2O.$$

Oxaléine du phénol.

Zulkowsky partage cette opinion, du moins en ce qui concerne la formation des produits résineux de la coralline.

Baeyer [*Deutsch. chem. Gesellsch.*, 1871, p. 660] avait déjà émis antérieurement l'idée que l'acide carbonique, mis en liberté par la décomposition de l'acide oxalique, agit comme l'anhydride phtalique dans la formation des phtaléines, et forme de la coralline en se combinant avec deux ou quatre molécules de phénol, avec élimination d'une ou de deux molécules d'eau :

$$CO^2 + 4\,C^6H^6O = C^{25}H^{20}O^4 + 2\,H^2O,$$
$$CO^2 + 2\,C^6H^6O = C^{13}H^{13}O^3 + H^2O.$$

Il est à remarquer que ces formules ne représentent pas la composition de la coralline. En ce qui concerne l'aurine, E. et O. Fischer adoptant l'idée de Baeyer ont modifié l'équation qui représente la génération de cette matière colorante :

$$CO^2 + 3\,C^6H^5.OH = 2H^2O + C^{19}H^{14}O^3.$$

Dale et Schorlemmer [*Deutsch., chem. Ge-*

sellsch., 1878, p. 1556], ayant trouvé de l'acide formique parmi les produits de la réaction du phénolsulfonate de baryum sur l'acide oxalique, pensent que l'aurine se forme d'après l'équation

$$3\,C^6H^6O + C^2H^2O^4 \\ = C^{19}H^{14}O^3 + CH^2O^2 + 2\,H^2O.$$

Mentionnons encore une opinion d'après laquelle l'aldéhyde interviendrait dans la formation de la coralline ou plutôt d'un corps voisin de la coralline.

Guareschi [*Deutsch. chem. Gesellsch.*, 1872, p. 1055] avait obtenu un tel corps par l'action du chloroforme sur un mélange de phénol et de potasse. On sait, d'un autre côté, d'après les expériences de Reimer et de Tiemann, que cette réaction donne aussi naissance à l'aldéhyde salicylique [*Deutsch. chem. Gesellsch.*, 1876, p. 423]. Or Liebermann et Schwarzer [*Deutsch. chem. Gesellsch.*, 1876, p. 800] ont émis l'opinion que la matière colorante qui se forme en même temps que l'aldéhyde salicylique dans la réaction dont il s'agit, est identique avec celle qui s'obtient dans la réaction de l'acide oxalique sur le phénol, et qui forme, d'après Zulkowsky, la majeure partie de la coralline. D'après ces chimistes, l'oxyde de carbone, à l'état naissant, en réagissant sur le phénol, formerait de l'aldéhyde salicylique qui, en présence de l'excès de phénol, engendrerait de l'acide rosolique. La formation de cet acide aurait lieu d'après l'équation suivante :

$$2\,C^7H^6O^2 + C^6H^6O = C^{20}H^{14}O^3 + 2\,H^2O.$$

Nous ferons remarquer que la formule $C^{20}H^{14}O^3$ ne représente pas la composition de l'acide rosolique ($C^{20}H^{16}O^3$).

Liebermann a étudié plus tard une matière colorante analogue, qui se forme par l'action de l'acide sulfurique sur un mélange de phénol et d'aldéhyde paroxybenzoïque [*Deutsch. chem. Gesellsch.*, 1878, p. 1437]. Il représente la composition de ce corps par la formule $C^{26}H^{22}O^6$ et explique son mode de formation par l'équation

$$2\,C^7H^6O^2 + 2\,C^6H^6O + O \\ = C^{26}H^{22}O^6 + H^2O.$$

Pour plus de détails nous renvoyons au Mémoire de l'auteur.

Pour résumer cette longue discussion, il nous paraît probable que la formation du produit commercial désigné sous le nom de *coralline* a lieu en vertu de réactions complexes, et que les différents principes constituants qui ont été retirés de cette matière colorante par Zulkowsky, sont engendrés chacun par une réaction spéciale. En ce qui concerne l'aurine et l'acide rosolique, l'opinion qui consiste à les rapprocher des phtaléines de Baeyer et à faire intervenir l'acide carbonique dans leur formation nous paraît la plus probable. Ad. Kopp.

CORIDINE. — Voyez Goudron, t. I, p. 1634.

CORIINE. — Lorsqu'on fait digérer de la peau fraîche avec de l'eau de chaux ou une solution de chlorure de sodium, il se dissout une substance que l'on peut précipiter ensuite par addition de petites quantités d'acide chlorhydrique. Cette substance a reçu le nom de *coriine* (Reimer). Elle n'offre pas les réactions des albuminoïdes et a donné à l'analyse des chiffres correspondant à la formule $C^{30}H^{50}Az^{10}O^{15}$. Soluble dans les alcalis, précipitée par les acides et soluble dans un excès d'acide. La solution alcaline de la coriine est précipitée par l'alun, dont un excès redissout le dépôt. Le chlorure ferrique ne trouble pas les solutions de coriine, mais le sulfate ferrique basique et le tannin les précipitent. C'est à la coriine qu'il faudrait attribuer l'accolement des fibres de la peau pendant la dessiccation, et le tannage aurait pour effet de rendre la coriine insoluble [A. Reimer, *Dingler's polyt. Journ.*, t. CCV, p. 143, 248, 358, 457, 580].

CORTICIQUE (ACIDE). — Substance amorphe, soluble dans l'eau, de couleur brun canelle, que Siewert a retirée de l'extrait alcoolique du liège; cette écorce en contient 1 °/₀. L'acide corticique se dissout dans les alcalis avec une coloration rouge intense, et renfermerait $C^{12}H^{10}O^6$. Les eaux mères de l'acide corticique contiennent un tannin à l'état de sel de calcium :

$$(C^{27}H^{21}O^{17})^2Ca + 8\,H^2O$$

[M. Siewert, *Journ. prakt. Chem.*, t. CIV, p. 118].

CORYDALINE, $C^{18}H^{19}AzO^4$. — Alcaloïde découvert par Wackenroder dans la racine de corydale (*Corydalis bulbosa* et *fabacea*) et qui se rencontre aussi dans la racine d'aristoloche (*Aristolochia cava*). Il a été étudié surtout par Doebereiner, Müller et plus récemment par Wicke [Wackenroder, 1826, *Arch. Karsten*, t. VIII; — Peschier, *Neu. Journ. v. Trommsdorff*, t. XVII, p. 80; — Winckler, *Pharm. Centralbl.*, 1832, p. 301; — Fr. Doebereiner, *Ann. Chem. Pharm.*, t. XXVIII, p. 288; — Ruickholdt, *ibid.*, t. LXIV, p. 369; — Müller, *Vierteljahrsschr. prakt. Pharm.*, t. VIII, p. 526; — Leube, *ibid.*, t. IX, p. 524; — H. Wicke, *Ann. Chem. Pharm.*, t. CXXVII, p. 274; *Bull. Soc. chim.*, t. VI, p. 412].

Pour préparer la corydaline, on épuise les racines par l'eau aiguisée d'acide chlorhydrique, on précipite le liquide par le carbonate sodique, et l'on épuise le précipité par l'alcool.

Wicke a employé le procédé suivant : Les racines concassées sont épuisées à plusieurs reprises à 50° par 6 p. d'eau acidulée par l'acide sulfurique; les liqueurs réunies sont précipitées par le sous-acétate de plomb, filtrées, débarrassées de plomb par l'acide sulfurique et précipitées enfin par le métatungstate ou le phosphotungstate de sodium; il faut veiller à ce que le liquide demeure fortement acide. Le précipité blanc-jaunâtre étant recueilli et exprimé, on le mélange encore humide avec de la craie, on le dessèche au bain-marie pour l'épuiser par l'alcool bouillant; après avoir chassé l'alcool par la distillation, on obtient des cristaux de corydaline que l'on lave à l'alcool éthéré froid et dont on achève la purification par cristallisation dans le même véhicule bouillant.

La corydaline cristallise en prismes courts ou en aiguilles incolores, insolubles dans l'eau, solubles dans l'alcool, l'éther, le chloroforme, l'alcool amylique, le sulfure de carbone, la benzine et le térébenthène. Elle fond à 130° en une masse brun-rouge. Saveur amère, réaction alcaline. L'acide nitrique la transforme en une résine brun-rouge; l'acide sulfurique la dissout en se colorant en jaune rouge.

L'iodure d'éthyle se fixe à 100° sur la corydaline et donne un iodure d'ammonium quaternaire en cristaux jaunes, peu solubles, de la formule $C^{18}H^{19}AzO^4 . C^2H^5I$. Le *chloroplatinate* correspondant est un précipité amorphe jaune sale (Wicke).

Sels de corydaline. — Ils sont bien définis. Leur solution est précipitée par les alcalis ou carbonates alcalins; un excès d'alcali dissout le précipité; le sulfocyanate potassique, le chlorure mercurique, l'iodomercurate de potassium, l'iode, les picrate, métatungstate et phosphotungstate de sodium, le dichromate de potassium, les chlorures d'or et de platine, etc., donnent des précipités dans la solution des sels de corydaline (Wicke).

Acétate. — Cristaux très solubles.

Chlorhydrate,

$$C^{18}H^{19}AzO^4, HCl + 5H^2O.$$

Aiguilles groupées en faisceaux, perdant leur eau sur l'acide sulfurique; très solubles dans l'eau et dans l'alcool. Cristallisé à chaud dans l'acide chlorhydrique étendu, il est anhydre.

Chloroplatinate, $(C^{18}H^{19}AzO^4, HCl)^2, PtCl^4$. — Précipité cristallin jaune.

Sulfate acide, $C^{18}H^{19}AzO^4, SO^4H^2$. — Prismes minces, peu solubles. A. Henninger.

COSINE. — Nom donné par Flückiger et Buri au principe actif et cristallisé du cousso (fleurs du *Brayera anthelminthica*, Kunth, ou *Hageria abyssinica*, Lamarck), qui avait été antérieurement obtenu à l'état impur et amorphe et décrit sous les noms de *cosine* [Saint-Martin, *Bull. thérap.*, t. XXIV, p. 285], de *coussine* ou de *taeniine* [Pavesi, *Jahresb. Chem.*, 1859, p. 585; — A. Vée, *Rép. Chim. appl.*, 1859, p. 173; — Bedall, *Jahresb. Chem.*, 1859, p. 586].

La cosine cristallise en formes rhombiques d'un jaune de soufre, fusibles à 142° sans perdre de poids; à une plus haute température, il se dégage une odeur butyrique, puis il se forme un goudron brun. Presque insoluble dans l'eau, très soluble dans l'éther, la benzine, le sulfure de carbone, le chloroforme, l'acide acétique cristallisable, l'alcool, dans les alcalis et leurs carbonates; les acides précipitent ces dernières solutions. L'acide sulfurique concentré dissout la cosine à 15° et la laisse déposer inaltérée par le froid. Le chlorure ferrique colore la solution de cosine dans l'alcool en rouge persistant. La potasse fondante fournit avec elle les acides formique, butyrique et oxalique, en même temps que des produits bruns visqueux.

La cosine renferme $C^{31}H^{38}O^{10}$; l'anhydride acétique la convertit en un dérivé hexacétylé

$$C^{31}H^{32}(C^2H^3O)^6O^{10}.$$

L'acide sulfurique concentré dédouble la cosine à une douce chaleur en acide *isobutyrique* et en un corps rouge amorphe de la formule $C^{23}H^{22}O^{10}$. Traitée par l'amalgame de sodium, la cosine engendre une huile volatile, $C^{23}H^{46}O^2$, et une substance amorphe de la couleur du soufre doré d'antimoine qui renferme $(C^5H^3O^2)^n$ [F.-A. Flückiger et E. Buri, *Arch. Pharm.* (3), t. V, p. 193; 1874]. A. Henninger.

COTARNINE, $C^{12}H^{13}AzO^3$ (voyez t. I, p. 978). — Les recherches de Wright et Beckett ont confirmé la formule que Matthiessen et Forster avaient attribuée à la cotarnine.

D'après Adler Wright et Beckett, la cotarnine que l'on obtient par l'oxydation de la narcotine au moyen du peroxyde de manganèse et de l'acide sulfurique, résulte de l'action de ces agents sur l'hydrocotarnine (voyez ce mot au Suppl.). En effet, on trouve toujours une certaine quantité d'hydrocotarnine parmi les produits d'oxydation de la narcotine, qui se transforme, dans cette réaction, en hydrocotarnine et en acide opianique, et non pas en cotarnine et en méconine, comme l'ont indiqué Matthiessen et Wright [*Chem. News*, t. XXXI, p. 181; *Bull. de la Soc. chim.*, t. XXV, p. 228].

La cotarnine se forme lorsqu'on oxyde l'oxynarcotine par le chlorure ferrique [Beckett et Wright, *Chem. Soc. Journ.*, 1876, t. Ier, p. 461]. Traitée par l'acide chlorhydrique et le zinc, elle fournit l'hydrocotarnine (Beckett et Wright).

La cotarnine fixe l'iodure d'éthyle, et donne un éthyliodure peu stable que l'on a transformé en éthylchlorure. Ce dernier composé fournit un chloroplatinate de la formule

$$(C^{12}H^{13}AzO^3.C^2H^5Cl)^2PtCl^4$$

[Beckett et Adler Wright, *Chem. News*, t. XXXII, p. 257 et 298; *Bull. Soc. chim.*, t. XXVI, p. 87].

Triiodure de cotarnine, $C^{12}H^{13}AzO^3, HI.I^2$. — Il cristallise dans l'alcool en longues aiguilles brunes, que l'on prépare par précipitation d'un sel de cotarnine par une solution iodurée d'iodure de potassium [S.-M. Jörgensen, *Deutsch. chem. Gesellsch.*, 1869, p. 460; *Bull. Soc. chim.*, t. XIII, p. 178]

Dérivés bromés. — Lorsqu'on traite le bromhydrate d'hydrocotarnine par l'eau bromée, on obtient différents composés, selon la quantité de brome employée. D'abord il se précipite une poudre jaunâtre de la formule

$$C^{12}H^{15}Br^2AzO^3.HBr,$$

qui se dissout lorsqu'on agite de nouveau avec de l'eau de brome. En même temps il se décompose et fournit le bromhydrate de bromhydrocotarnine $C^{12}H^{14}BrAzO^3.HBr$.

Ce composé, soumis à l'action de l'eau bromée, fixe 2 atomes de brome et donne un précipité

$$C^{12}H^{14}Br^3AzO^3.HBr,$$

qui perd 2 molécules d'acide bromhydrique, lorsqu'on l'agite avec de l'eau bromée et se transforme en

Bromhydrate de bromocotarnine,

$$C^{12}H^{12}BrAzO^3.HBr.$$

Les alcalis en séparent la base.

Bromocotarnine, $C^{12}H^{12}BrAzO^3$. — Elle cristallise en aiguilles fusibles à 100°, solubles dans l'alcool et la benzine à chaud. Elle fournit des sels cristallisables. L'acide chlorhydrique et le zinc la convertissent en bromohydrocotarnine. Son bromhydrate, chauffé à 200-210°, émet des vapeurs combustibles (probablement CH^3Br) et de l'acide bromhydrique, et laisse une masse verte, dont on a extrait deux nouvelles bases : la *tarconine* $C^{11}H^9AzO^3$ (voyez Suppl.) et une autre de la formule $C^{20}H^{14}Az^2O^6$.

Bromhydrate de cotarnine,

$$C^{12}H^{13}AzO^3.HBr + 2H^2O.$$

Il est très soluble; avec le brome, il fournit le bromhydrate de dibromhydrocotarnine, que l'eau dédouble en acide bromhydrique et en bromhydrate de bromocotarnine [Adler-Wright, *Chem. News*, t. XXXV, p. 219; *Bull. Soc. chim.*, t. XXX, p. 406]. M. Wassermann.

COTOÏNE, $C^{22}H^{18}O^6$. — Principe contenu dans l'écorce de *coto*, originaire de Bolivie et prise dans l'origine pour une variété de quinquina. Pour extraire la cotoïne, on épuise l'écorce par l'éther, on concentre la solution éthérée et on la mélange, encore chaude, avec de l'éther de pétrole chaud. Il se forme deux couches, qu'on sépare immédiatement. La couche inférieure abandonne une résine par l'évaporation; la couche supérieure fournit des cristaux de cotoïne et une résine faciles à séparer.

La cotoïne pure cristallise en aiguilles quadratiques jaunâtres, fusibles à 130°. Elle est soluble dans l'eau bouillante, l'alcool, l'éther, le chloroforme, peu soluble dans l'eau froide, dans la benzine et dans le pétrole léger. Elle possède une saveur amère.

Les alcalis dissolvent la cotoïne avec une couleur jaune; les acides la précipitent de nouveau. L'acide azotique concentré la dissout avec une couleur rouge de sang; l'acide sulfurique concentré, avec une couleur brune, et l'acide chlorhydrique avec une couleur d'un jaune pur. La solution aqueuse est neutre. Elle réduit à froid les sels d'or et d'argent, ainsi que la liqueur de Fehling. Elle est précipitée par le sous-acétate de plomb et colorée en brun par les sels ferriques [Jobst, *Neu. Repert. Pharm.*, t. XXV, p. 22, *Liebig's Ann. Chem.*, t. CIC, p. 17; *Bull. Soc. chim.*, t. XXVI, p. 418].

Lorsqu'on fait cristalliser la cotoïne brute dans l'eau bouillante, les dernières portions sont accompagnées d'un composé cristallisé en lamelles déliées blanches, fusibles à 74°, solubles dans l'alcool, l'éther, le chloroforme, et qui ont pour composition $C^{44}H^{34}O^{11}$. Jobst et O. Hesse avaient d'abord nommé ce corps *cotonétine;* mais de nouvelles recherches leur ont montré qu'il constitue une *dicotoïne.*

La potasse en fusion attaque la cotoïne en donnant de l'acide benzoïque et une huile possédant l'odeur des amandes amères.

Tribromocotoïne, $C^{22}H^{15}Br^3O^6$. — Prismes fusibles à 114°, solubles dans l'eau bouillante, l'alcool, l'éther, le chloroforme. On la prépare en traitant par le brome la cotoïne dissoute dans le chloroforme.

Triacétyle-cotoïne, $C^{22}H^{15}O^3$ $(O.C^2H^3O)^3$. — On la prépare en traitant à 170° la cotoïne par l'anhydride acétique. Elle cristallise dans l'eau en prismes fusibles à 94°, solubles dans l'alcool bouillant, l'éther, le chloroforme. Elle n'est pas colorée par le chlorure ferrique.

En opérant sur une autre variété d'écorce de coto, Jobst et O. Hesse en ont retiré plusieurs autres principes : la *paracotoïne,* l'*oxyleucotine,* la *leucotine* et l'*hydrocotoïne* [*Deutsch. chem. Gesellsch.*, 1876, p. 1033; 1877, p. 249; *Liebig's, Ann. Chem.*, t. CIC, p. 17; *Bull. Soc. chim.*, t. XXVIII, p. 317, et t. XXIX, p. 79].

Ces divers composés peuvent être séparés par cristallisations fractionnées dans l'alcool bouillant, et se déposent dans l'ordre suivant :

Paracotoïne, $C^{19}H^{12}O^6$. — Elle cristallise dans l'alcool bouillant en lamelles jaunes et dans l'eau bouillante en lamelles incolores. Elle est soluble dans l'éther, le chloroforme, l'alcool bouillant, peu soluble dans l'alcool froid, la benzine, le pétrole léger et l'eau bouillante, insoluble dans l'ammoniaque. Elle fond à 152° et se sublime en lamelles jaunes. La baryte bouillante la transforme en *acide paracotoïque,* $C^{19}H^{14}O^7$. Libre, celui-ci constitue une poudre amorphe fusible à 108°.

Lorsqu'on distille la paracotoïne avec une lessive concentrée de potasse, il passe avec l'eau une substance solide, cristallisable dans l'eau bouillante en lames incolores, solubles dans l'alcool, l'éther, le chloroforme. Celles-ci sont fusibles à 82-83°. Ce corps, que Jobst et Hesse nomment *paracoumarhydrine,* a pour composition $C^9H^8O^3$.

Oxyleucotine, $C^{34}H^{32}O^{12}$. — Prismes quadrangulaires incolores, qui fondent à 133°.

L'oxyleucotine est insoluble dans les alcalis; traitée par le brome, elle donne deux dérivés cristallisables dans l'alcool bouillant.

La *dibromoxyleucotine* cristallise en prismes pyramidés, fusibles à 190-192°. Le *dérivé tétrabromé* fond à 150°.

Leucotine, $C^{34}H^{32}O^{10}$. — Prismes déliés blancs, fusibles à 97°, très solubles dans l'alcool, l'éther et la benzine.

La leucotine ne donne pas de dérivé acétylé.

La *dibromoleucotine* est en petits prismes incolores, fusibles à 187°, insolubles dans l'alcool froid. La *tetrabromoleucotine* fond à 157°.

Fondue avec la potasse, la leucotine fournit de l'acide benzoïque, de l'acide protocatéchique et un corps neutre, la *cotogénine,* $C^{14}H^{14}O^5$, cristallisable dans l'alcool et fusible à 210°, ainsi que de l'aldéhyde protocatéchique, $C^7H^6O^3$.

En même temps que ces produits, on obtient, si l'on opère dans un appareil distillatoire, un composé volatil, l'*hydrocoton,* $C^{18}H^{24}O^6$, soluble dans l'alcool et dans l'éther, cristallisable en prismes incolores, qui fondent à 48-49° et qui distillent à 243°.

L'action de la potasse sur la leucotine est représentée par les équations :

$$C^{34}H^{32}O^{10} + 5H^2O$$

Leucotine.

$$= C^{18}H^{24}O^6 + C^{14}H^{14}O^5 + 2\,CH^2O^2$$

Hydrocoton. Cotogénine.

et

$$C^{34}H^{32}O^{10} + 4\,H^2O$$
$$= C^{18}H^{24}O^6 + 2C^7H^6O^2 + 2\,CH^2O^2.$$

La leucotine brute renferme une autre substance, peu soluble dans l'acide acétique, le *dibenzoylhydrocoton* $C^{32}H^{32}O^8$, qui cristallise en prismes blancs, fusibles à 113° et que la potasse dédouble en acide benzoïque et hydrocoton.

Hydrocotoïne, $C^{15}H^{14}O^4$. — Elle reste dans les dernières eaux mères, accompagnée d'une résine de laquelle on la sépare par la potasse très faible. Après l'avoir remise en liberté par l'acide chlorhydrique, on la fait cristalliser dans l'alcool, qui l'abandonne en prismes brillants, d'un jaune pâle; elle cristallise dans l'eau en aiguilles déliées blanches. Elle est neutre et sans saveur. Elle fond à 98°. Elle est soluble dans les alcalis avec une couleur jaune. L'acide sulfurique concentré la dissout avec une couleur rouge et l'acide azotique avec une couleur pourpre.

Traitée en solution chloroformique par le brome, l'hydrocotoïne fournit un dérivé monobromé cristallisable dans l'alcool en prismes clinorhombiques, fusibles à 147°. Elle donne aussi un dérivé qui cristallise en prismes d'un jaune de soufre.

L'*acétylhydrocotoïne*, obtenue en chauffant l'hydrocotoïne à 150° avec l'anhydride acétique, cristallise dans l'alcool bouillant en prismes blancs, fusibles à 83°.

Chauffée avec de l'acide chlorhydrique, l'hydrocotoïne fournit du chlorure de méthyle. La potasse en fusion la convertit en acide benzoïque, accompagné sans doute d'alcool méthylique.

Le nom d'*hydrocotoïne* est impropre, car ce corps ne présente pas avec la cotoïne les relations que ce nom semble indiquer.

Huile essentielle de coto. — L'écorce de coto, qui fournit la paracotoïne, contient une huile essentielle, d'une odeur agréable, et que la distillation fractionnée partage en divers proncipes :

α-Paracotène, $C^{12}H^{18}$. Bout à 160°. D = 0,8727 à 15°; $[\alpha]_D = +9°34$.

β-Paracotène, $C^{11}H^{18}$, Bout à 170-172°. Densité = 0,8846, $[\alpha]_D = -0°,63$.

α-Paracotol, $C^{15}H^{24}O$. Bout à 220-222°. D = 0,9262. $[\alpha]_D = -11°87$.

β-Paracotol, $C^{28}H^{40}O^2$. Bout à 236°. D = 0,9526. $[\alpha]_D = -5°,88$.

γ-Paracotol, Isomérique avec le β-paracotol. Bout à 242°. D = 0,9650. $[\alpha]_D = -0°,52$.

Ed. Willm.

COUMARILIQUE (ACIDE). — Voyez Coumarine.

COUMARINE, $C^9H^6O^2$. — La coumarine a été rencontrée dans un assez grand nombre de plantes. Outre celles déjà signalées au t. I, p. 979, elle a été extraite des feuilles du *Melilotus vulgaris* [Reinsch, *Neues Jahrb. der Pharm.*, t. XXVIII, p. 65]. Le suc coagulé des feuilles est évaporé jusqu'à consistance sirupeuse, et le résidu est repris par l'éther qui dissout la coumarine. La partie insoluble dans l'éther contiendrait de la chénopodine.

Cauvet a trouvé la coumarine dans les feuilles

d'*Aceras anthropophora* (orchidées) ayant subi un commencement de fermentation.

Préparation synthétique de la coumarine. — Tiemann et Herzfeld [*Deutsch. chem. Gesellsch.*, 1877, p. 283] ont modifié le mode de préparation de Perkin. Ils chauffent au bain d'huile 3 p. d'aldéhyde salicylique, 5 p. d'anhydride acétique et 4 p. d'acétate de sodium sec. Le produit de la fusion est traité par l'eau; il se sépare un mélange huileux de coumarine et d'un acide. On isole ces corps en épuisant par l'éther et en agitant la solution éthérée avec une solution de carbonate de sodium. La solution alcaline, décomposée par un acide, laisse déposer des aiguilles blanches d'acide acétylorthocoumarique. L'éther par évaporation abandonne la coumarine. Lorsque l'acide acétylorthocoumarique est chauffé au-dessus de son point de fusion, il se dégage des vapeurs d'acide acétique, et il reste une huile qui, débarrassée par le carbonate de sodium de l'acide non décomposé, abandonne à l'éther la coumarine.

PARACOUMARINE. — Jobst et Hesse [*Deutsch. chem. Gesellsch.*, 1877, p. 249] ont obtenu un isomère de la coumarine, la *paracoumarine*, correspondant à l'acide paraoxybenzoïque. En épuisant l'écorce de *coto* provenant de la Bolivie par l'éther, ces chimistes ont obtenu, avec d'autres corps encore, la *paracotoïne*, $C^{19}H^{12}O^{6}$ (p. 529). Celle-ci, traitée par une solution diluée de potasse caustique, donne de l'acide paracotoïque $C^{19}H^{14}O^{7}$ et une petite quantité de *paracoumarhydrine* $C^{9}H^{8}O^{3}$. Cette dernière forme des lamelles fines, blanches, fusibles à 95°, volatiles avec la vapeur d'eau et qui sont très solubles dans l'alcool et dans l'éther, mais peu dans l'eau chaude. La formation de ce corps à l'aide de la paracotoïne est interprétée par l'équation

$$C^{19}H^{12}O^{6} + 2H^{2}O = CO^{2} + 2C^{9}H^{8}O^{3}.$$

La paracoumarhydrine possède une odeur agréable, analogue à celle de la coumarine.

Lorsqu'on distille ce corps avec la vapeur d'eau, une certaine quantité reste dans le résidu, et s'est transformée, en perdant de l'eau, en paracoumarine. Cette décomposition s'accomplit plus facilement encore par le chlorure de zinc.

La paracoumarine forme des lamelles brillantes, fusibles à 81-82°.

La paracoumarhydrine, traitée par la potasse, donne de l'acide paracoumarique, qui cristallise en petites aiguilles, fond vers 200° et est identique avec le corps préparé par Tiemann et Herzfeld (voir p. 533).

CONSTITUTION DE LA COUMARINE. — Plusieurs formules de constitution ont été successivement attribuées à la coumarine. Perkin avait proposé la formule $CO{=}C^{6}H^{3}\text{-}CO\text{-}CH^{3}$ (t. I, p. 981).

Strecker, Fittig et Lieben ont envisagé la coumarine comme l'anhydride interne de l'acide coumarique (orthoxycinnamique) :

$$C^{6}H^{4}\begin{cases} CH{=}CH \\ OH\quad CO.OH \end{cases} \qquad C^{6}H^{4}\begin{cases} CH{=}CH \\ O - CO \end{cases}$$

Acide coumarique. — Coumarine.

La coumarine serait l'anhydride d'un acide-phénol, comme la lactide est l'anhydride d'un acide-alcool, savoir : l'acide lactique [A. Strecker, *Lehrb. organ. Chem.*, 1867, p. 744; — Fittig, *Zeitschr. Chem.*, 1868, p. 595; — Fittig et Lieben, *Liebig's Ann. Chem.*, t. CLIII, p. 360].

D'après ces chimistes, la synthèse de la coumarine s'accomplirait de telle façon qu'il se formerait d'abord, avec élimination d'eau, une combinaison double d'anhydride acétique et de coumarine sodée :

$$C^{6}H^{4}<\begin{matrix} COH \\ ONa \end{matrix} + \begin{matrix} CH^{3}\text{-}CO \\ CH^{3}\text{-}CO \end{matrix}>O =$$

$$NaO.C^{6}H^{4}\text{-}CH{=}\begin{matrix} CH\text{-}CO \\ CH^{3}\text{-}CO \end{matrix}>O + H^{2}O.$$

Celle-ci serait décomposée par l'eau en acide acétique et en coumarate de sodium; ensuite en acétate de sodium, et en acide coumarique. Cet acide, en présence de l'excès d'anhydride acétique, donnerait, en se déshydratant, la coumarine.

D'après Perkin, cette formule ne saurait rendre compte de la synthèse de la coumarine; ce chimiste fait remarquer [*Chem. Soc. Journ.*, (2), t. VII, p. 191] que la propriété que possède la coumarine d'être dissoute sans décomposition par les alcalis et de former avec ces corps, de même qu'avec l'oxyde d'argent, des combinaisons instables qui sont détruites par les acides, avec mise en liberté de la coumarine non altérée, ne correspond pas avec l'hypothèse que la coumarine est un anhydride.

En supposant que l'acide coumarique soit véritablement de l'acide oxycinnamique, Perkin croit que le rapport entre ces deux corps serait expliqué d'une façon plus en harmonie avec les faits par les formules :

$$\begin{matrix} C^{6}H^{4}.OH \\ CH{=}CH\text{-}COOH \end{matrix} \qquad \begin{matrix} C^{6}H^{4}.OH \\ CH{=}C{=}CO. \end{matrix}$$

Acide coumarique. — Coumarine.

Malgré ces objections, la formule de Strecker a prévalu. Sans entrer dans la discussion à laquelle a donné lieu cette question, nous dirons que cette formule rend suffisamment compte des réactions de la coumarine. Son mode de formation à l'aide de l'aldéhyde salicylique et de l'anhydride acétique peut être diversement interprété. Grimaux a exprimé à ce sujet (t. II, p. 1397) des idées qui nous paraissent justes : il a comparé la réaction synthétique de Perkin à la condensation de deux molécules d'aldéhyde dans la synthèse de l'aldol et ultérieurement dans l'aldéhyde crotonique. Du reste, la manière dont l'acide acétylcoumarique

$$C^{6}H^{4}<\begin{matrix} CH = CH\text{-}CO.OH \\ O.C^{2}H^{3}O \end{matrix}$$

et l'anhydride mixte acétylique et acétylcoumarique

$$C^{6}H^{4}<\begin{matrix} CH = CH\text{-}CO.OC^{2}H^{3}O \\ OC^{2}H^{3}O \end{matrix}$$

se comportent lorsqu'on les soumet à l'action de la chaleur ne peut s'expliquer d'une manière naturelle que dans l'hypothèse que la coumarine est un anhydride. Le premier de ces corps fournit en effet dans les conditions indiquées de l'acide acétique et de la coumarine, le second de l'anhydride acétique et de la coumarine [Tiemann et Herzfeld, *Deutsch. chem. Gesellsch.*, 1877, p. 63 et 283].

Dans ces derniers temps, Barbier [*Thèse de l'École de pharmacie*, 1879] a rejeté les conclusions auxquelles la plupart des chimistes qui se sont occupés de la question étaient arrivés. Il a cherché à prouver que les analogies entre la lactide et la coumarine n'existent pas, c'est-à-dire que la coumarine n'est point l'anhydride de l'acide coumarique, mais que ce corps se forme par simple déshydratation de l'aldéhyde salicylique acétylée

$$C^{6}H^{4}<\begin{matrix} OC^{2}H^{3}O \\ COH \end{matrix} - H^{2}O = C^{6}H^{4}<\begin{matrix} OC^{2}H^{2} \\ CO. \end{matrix}$$

Barbier fait remarquer que la coumarine, chauffée avec de l'eau à 180°, ne donne pas d'acide coumarique : ce qui devrait arriver si la coumarine était l'anhydride de l'acide coumarique, la lactide, dans les mêmes conditions, se transformant facilement en acide lactique. La coumarine n'est pas non plus attaquée par l'ammoniaque. D'un autre côté, le même chimiste n'a pas réussi à déshydrater l'acide coumarique.

A notre avis, Barbier n'a pas assez tenu compte de la différence qui existe entre les anhydrides d'acides-alcools et les anhydrides d'acides-phénols : ces derniers résistent beaucoup mieux à l'action des réactifs.

En faisant réagir l'anhydride acétique sur le salicylure de sodium en suspension dans l'éther, d'après le procédé indiqué par Perkin, Barbier n'a pu obtenir le produit intermédiaire, l'aldéhyde salicylique acétylée pure; mais, en opérant dans un milieu absolument anhydre, et en employant du chlorure d'acétyle et de la benzine à la place d'éther, il a réussi à préparer le dérivé acétylé distillant à 254-255° sans trace de coumarine. Ce corps, chauffé avec trois fois son poids d'acétate de sodium fondu à 180-200°, se transforme en coumarine.

DÉRIVÉS CHLORÉS DE LA COUMARINE. — Baesecke [*Ann. Chem. Pharm.*, t. CLIV, p. 84; *Bull. Soc. chim.*, t. XIV, p. 312] a préparé une monochlorocoumarine, en employant la méthode de Perkin; l'aldéhyde salicylique chlorée est dissoute dans une petite quantité d'alcool chaud, et additionnée d'une quantité équivalente de soude alcoolique. Le chlorosalicylite de sodium est ensuite distillé avec un peu plus que la quantité équivalente d'anhydride acétique, et le produit de la distillation est recueilli dès qu'il commence à devenir cristallin.

La *coumarine chlorée*, $C^9H^5ClO^2$, purifiée par cristallisation dans l'alcool, est presque insoluble dans l'eau froide, un peu plus soluble dans l'eau bouillante, d'où elle se précipite en cristaux microscopiques; elle se volatilise difficilement avec la vapeur d'eau. Peu soluble dans l'alcool et l'éther froid, elle l'est plus à chaud et se dissout assez facilement dans la benzine et le sulfure de carbone. Elle fond à 162°, mais se sublime déjà au-dessous de cette température. Elle se dissout dans la potasse à chaud; par l'ébullition prolongée avec ce réactif il se forme de l'acide coumarique chloré, et, par la fusion avec la potasse, de l'acide salicylique chloré.

Perkin [*Chem. Soc. Journ.* (2), t. IX, p. 37; *Zeitsch. Chem.*, 1871, p. 177] a préparé différents dérivés chlorés en traitant une solution de coumarine dans le chloroforme par un courant de chlore; il ne se dégage pas d'acide chlorhydrique; par évaporation de la solution, il reste un sirop épais formé de *dichlorure de coumarine*

$$C^9H^6O^2Cl^2,$$

qui, chauffé, se change en acide chlorhydrique et en α-chlorocoumarine isomérique avec la coumarine monochlorée de Baesecke.

L'*α-chlorocoumarine*, $C^9H^5ClO^2$, se forme aussi lorsqu'on chauffe graduellement à 200° un mélange d'une partie de coumarine et de trois parties de perchlorure de phosphore. Le produit de la réaction est traité par l'eau. Ce corps fond à 122-123°.

L'*α-tétrachlorocoumarine*, $C^9H^2Cl^4O^2$, se prépare en faisant passer un courant de chlore à travers une solution de coumarine et d'iode dans du tétrachlorure de carbone. Ce corps fond à 144-145°; il cristallise dans l'alcool en petites aiguilles blanches.

DÉRIVÉS BROMÉS. — La coumarine et le brome se combinent facilement avec un faible dégagement d'acide bromhydrique; selon les conditions de l'opération, la nature du produit varie.

Perkin, qui a étudié ces corps [*Ann. Chem. Pharm.*, t. CLVII, p. 115; *Bull. Soc. chim.* t. XIV, p. 454], mélange 14 p. de coumarine finement pulvérisée et tenue en suspension dans le sulfure de carbone avec une solution de 16 p. de brome dans le sulfure de carbone. La solution donne par évaporation un résidu cristallin qui, après avoir été lavé avec de l'alcool froid, est cristallisé dans l'alcool, mais en chauffant la solution le moins de temps possible.

On obtient ainsi le *dibromure de coumarine*

$$C^9H^6O^2Br^2.$$

Il fond avec décomposition partielle à 100°; chauffé davantage, il est décomposé avec dégagement de brome. Il est très soluble dans l'alcool, l'éther, le sulfure de carbone. Il cristallise dans l'alcool en prismes transparents. Par l'ébullition avec ce liquide, ou par l'exposition de la solution alcoolique à la lumière, il se décompose.

α-Dibromocoumarine, $C^9H^4Br^2O^2$. — Ce dérivé bromé se prépare en chauffant à 140° 2 p. de brome et 1 p. de coumarine avec du sulfure de carbone en tube scellé. Le sulfure de carbone est évaporé et le résidu est cristallisé plusieurs fois dans l'alcool bouillant. La dibromocoumarine cristallise en aiguilles fines, fusibles à 183° et distillant sans altération; les eaux mères de ce corps renferment, en assez faible proportion, de la monobromocoumarine.

α-Monobromocoumarine, $C^9H^5BrO^2$. — Ce corps est obtenu par évaporation des eaux mères de l'α-dibromocoumarine; il est purifié par des cristallisations répétées. On le prépare plus facilement en ajoutant de la potasse alcoolique au dibromure de coumarine. Il cristallise en prismes transparents, souvent courbés, fusibles à 110°. Les deux dérivés bromés, chauffés avec de la potasse, donnent des acides.

La *β-monobromocoumarine* prend naissance lorsqu'on chauffe la combinaison sodique de l'aldéhyde salicylique bromée avec de l'anhydride acétique. Elle cristallise dans l'alcool en prismes rhomboédriques fusibles à 160°.

La *β-dibromocoumarine* se forme, comme le corps précédent, avec l'aldéhyde salicylique dibromée; elle cristallise en aiguilles dures et très courtes, fusibles à 176°; elle n'est pas décomposée par les alcalis.

Acide coumarine-sulfonique,

$$C^9H^5O^2.SO^3H + 2H^2O$$

[Perkin, *Chem. New's*, t. XXII, p. 85; *Zeitsch. Chem.*, 1871, p. 94].

Le sel *ammoniacal* cristallise en aiguilles soyeuses, facilement solubles.

Le sel de *sodium* forme des cristaux rhomboédriques transparents, presque insolubles dans l'alcool.

Le sel de *potassium* cristallise en prismes plats.

Le sel de *baryum*, $(C^9H^5O^2.SO^3)^2Ba + 5H^2O$, et celui de *strontium*, $(C^9H^5O^2.SO^3)^2Sr + H^2O$, cristallisent bien.

Acide coumarine-disulfonique,

$$C^9H^4O^2(SO^3H)^2.$$

— Le sel de *baryum*, $C^9H^4O^2(SO^3)^2Ba + H^2O$, est presque insoluble dans l'eau froide, peu soluble dans l'eau chaude.

Combinaisons de la coumarine avec les oxydes métalliques et les hydrates. — On fait bouillir une solution de soude caustique avec un excès de coumarine, et l'on enlève la coumarine non combinée en agitant avec de la benzine; ou encore, on dissout la coumarine dans la quantité calculée de soude : la solution jaunâtre laisse, par évaporation, un corps solide qui, séché à 120°, a pour formule $C^9H^6O^2,2NaOH$. La solution aqueuse de ce composé possède, lorsqu'elle est diluée, une fluorescence verte caractéristique; elle est décomposée par les acides forts, et même, quoique lentement, par l'acide carbonique avec séparation de coumarine. Dans le vide, au-dessus d'acide sulfurique, la solution se dessèche en une masse gommeuse qui ne cristallise pas; à 100°, elle se transforme en une masse cristalline rayonnée; à 150°, il se dégage une nouvelle quantité d'eau, et il reste le composé $C^9H^6O^2 + Na^2O$. Lorsqu'on décompose ce corps par les acides, il ne se sépare ni coumarine, ni acide coumarique, mais une masse amorphe, pâteuse, fusible au-dessous de 100°.

On obtient d'une façon analogue la combinaison de la coumarine avec la potasse; séchée à 120°, elle offre la composition $C^9H^6O^2, 2KOH$.

La coumarine se dissout à l'ébullition dans l'eau de baryte; la solution jaune donne par évaporation une masse gommeuse; celle-ci, séchée à 100°, aurait pour formule $C^9H^6O^2, Ba(OH)^2$. Lorsqu'on chauffe la coumarine avec de l'hydrate de baryum à 200°, il se forme un autre composé.

Le précipité jaune qu'on obtient en ajoutant de l'azotate d'argent à la combinaison sodique, est le composé argentique $C^9H^6O^2.Ag^2O$, qui a déjà été décrit par Perkin. Il est purifié par des lavages successifs à l'eau, à l'alcool et à l'éther.

Les solutions des sels de plomb précipitent de la solution de la coumarine sodique le composé basique $C^9H^6O^2.2PbO$, [Williamson, *Journ. Soc. chem.* (2), t. XIII, p. 850].

HOMOLOGUES DE LA COUMARINE.

COUMARINE PROPIONIQUE, $C^{10}H^8O^2$. — Perkin [*Deutsch. chem. Gesellsch.*, 1875, p. 1599] prépare ce corps en faisant réagir, à l'ébullition, un excès d'anhydride propionique sur le salicylite de sodium. Si l'on traite le produit de la réaction par l'eau, il se dissout du propionate de sodium, tandis que la coumarine propionique se précipite sous forme huileuse, et se solidifie par le refroidissement. Purifiée par cristallisation dans l'alcool, elle forme de beaux prismes transparents qui fondent à 90°. La coumarine propionique possède une odeur ressemblant à celle de la coumarine; elle distille sans décomposition, l'eau bouillante la dissout en petite proportion, et, par le refroidissement, la laisse déposer en fines aiguilles. Elle est très soluble dans l'alcool chaud, moins soluble à froid; elle est presque insoluble dans la potasse à froid; à chaud, elle se dissout avec une coloration jaune; les acides reprécipitent de la coumarine de la solution. Lorsqu'on la fond avec les alcalis, il se forme de l'acide propiocoumarique, à une température plus élevée de l'acide salicylique.

Dibromure de propiocoumarine. — Ce corps se forme lorsque les vapeurs de brome agissent sur la propiocoumarine à froid.

β-*Bromopropiocoumarine*, $C^{10}H^7BrO^2$. — On obtient ce corps en faisant agir de l'anhydride propionique sur le salicylite de sodium bromé, ou par dissolution de la propiocoumarine dans le brome. Il cristallise dans l'alcool en longues aiguilles fines, fusibles à 146°; on peut le distiller presque sans décomposition. Il est soluble dans l'alcool bouillant, mais moins que la propiocoumarine; il se dissout dans la potasse bouillante et en est précipité par les acides.

β-*Dibromopropiocoumarine*, $C^{10}H^6Br^2O^2$. — Se forme lorsqu'on chauffe de la propiocoumarine avec le double de son poids de brome, dissous dans le sulfure de carbone. Le corps brut est purifié par cristallisation dans la benzine.

COUMARINE BUTYRIQUE, $C^{11}H^{10}O^2$ [Perkin, *Ann. Chem. Pharm.*, t. CXLVII, p. 233]. — Se prépare par l'action de l'anhydride butyrique sur le salicylite de sodium. Cristaux fusibles à 70-71°. Bout à 296-297°. Peu soluble dans l'eau bouillante, la solution devient laiteuse par le refroidissement et laisse déposer, au bout de quelque temps, de fines aiguilles. Se dissout à chaud dans la potasse caustique; par la concentration, il se dépose une huile qui s'épaissit en se refroidissant et qui constitue une combinaison potassique.

COUMARINE VALÉRIQUE, $C^{12}H^{12}O^2$ [Perkin, *ibid.*, p. 235]. — On l'obtient, comme les corps précédents, avec l'anhydride valérique et le salicylite de sodium. Pour purifier le produit brut, on le dissout dans la potasse, on agite la solution avec de l'éther pour séparer des produits huileux, puis on décompose la solution alcaline par l'acide chlorhydrique; il se sépare une huile que l'on dissout dans l'éther. La solution éthérée est agitée avec une solution de carbonate de sodium, puis évaporée. La coumarine valérique se sépare sous forme d'une huile qui se concrète bientôt. On la purifie par plusieurs cristallisations dans l'alcool. Beaux prismes à six pans, qui paraissent être clinorhombiques, fusibles à 54°. Bout à 301°, avec décomposition partielle. Insoluble dans l'eau froide, peu soluble dans l'eau bouillante, très soluble dans l'alcool et dans l'éther. Se comporte avec la potasse comme son homologue, la coumarine butyrique.

HYDROCOUMARINE, $C^{18}H^{14}O^4$. — Ce corps a été découvert par Zwenger [*Ann. Chem. Pharm.*, Supplementb. VIII, p. 23; *Bull. Soc. chim.*, t. XIV, p. 451], qui l'a obtenu en chauffant l'acide hydrocoumarique à 100°, lavant la masse fondue avec de l'alcool et faisant cristalliser dans le chloroforme.

Il se forme aussi, indépendamment de l'acide mélilotique et de l'acide hydrocoumarique, par l'action de l'amalgame de sodium sur une solution aqueuse de coumarine à laquelle on a ajouté un peu d'alcool :

$$\underset{\text{Coumarine.}}{2C^9H^6O^2} + H^2 = \underset{\text{Hydrocoumarine.}}{C^{18}H^{14}O^4}.$$

Zwenger considère l'hydrocoumarine comme l'anhydride de l'acide hydrocoumarique :

$$C^{18}H^{18}O^6 = C^{18}H^{14}O^4 + 2H^2O.$$

Elle forme des lamelles incolores brillantes, fusibles à 220°, se décomposant par une fusion prolongée; presque insoluble dans l'alcool, l'éther et l'eau; par l'ébullition avec de l'acide azotique dilué, elle se convertit en un dérivé nitré. L'ammoniaque et la potasse diluée ne l'attaquent pas, tandis que la potasse alcoolique la transforme en en acide hydrocoumarique. Ad. Kopp.

COUMARIQUE (ACIDE) (t. I, p. 981). — L'acide coumarique est l'acide oxycinnamique :

$$C^9H^8O^3 = C^6H^4 < \begin{matrix} OH \\ CH = CH \cdot COOH. \end{matrix}$$

Il existe deux modifications isomériques de ce corps, savoir : l'acide orthocoumarique et l'acide paracoumarique.

ACIDE ORTHOCOUMARIQUE. — Cet acide se trouve tout formé dans la nature. Zwenger l'a extrait du mélilot et des feuilles de Fahama. On l'obtient aussi en décomposant par les alcalis l'acide acétylorthocoumarique :

$$C^6H^4 < \begin{matrix} CH = CH\text{-}COOH \\ OC^2H^3O \end{matrix}$$

que l'on prépare en chauffant 3 p. d'aldéhyde salicylique, 4 p. d'anhydride acétique et 4 p. d'acétate de sodium fondu. Sous l'influence des alcalis, cet acide se dédouble, d'après Tiemann et Herzfeld [*Deutsch. chem. Gesellsch.*, 1877, p. 63 et p. 283], en acide acétique et en acide orthocoumarique.

Ce dernier acide forme des aiguilles blanches, fusibles à 207-208°. Par ses propriétés et sa solubilité dans les différents véhicules, il se rapproche de l'acide paracoumarique. Il se distingue de ce dernier par la coloration de sa dissolution dans les alcalis, qui est jaune avec une fluorescence verte caractéristique.

Delalande, Bleibtreu et plus récemment Zwenger ont obtenu l'acide orthocoumarique en faisant bouillir la coumarine avec de la potasse concentrée, mais ces auteurs donnent des points de fusion différents : Bleibtreu indique 170°, Zwenger, 195°.

Pour le préparer, Zwenger fait évaporer dans un ballon une solution de coumarine avec une lessive de potasse très concentrée, jusqu'à ce qu'une prise se solidifie rapidement. On dissout le tout dans l'eau, et l'on précipite par de l'acide chlorhydrique. Pour séparer l'acide coumarique des traces de coumarine qui y adhèrent, on le fait cristalliser, on le dissout dans un léger excès d'ammoniaque dilué, et, par filtration, on le sépare de la coumarine restée insoluble. La solution est précipitée par de l'azotate d'argent, le précipité repris par l'eau et décomposé par l'acide chlorhydrique.

L'acide ainsi obtenu cristallise en longues aiguilles anhydres, peu solubles dans l'eau froide, plus solubles dans l'eau bouillante, et encore plus dans l'alcool et dans l'éther. Par distillation sèche, il donne du phénol.

Zwenger n'a pu obtenir d'acide mélilotique par l'action de l'amalgame de sodium sur l'acide orthocoumarique. Tiemann et Herzfeld ont réussi, de leur côté, à réaliser cette transformation [*Deutsch. chem. Gesellsch.* 1867, p. 286]. L'acide mélilotique est donc l'acide hydroorthocoumarique.

Orthocoumarate de baryum,

$$(C^9H^7O^3)^2Ba + H^2O.$$

— Se forme en saturant l'acide orthocoumarique par du carbonate de baryum ou de l'eau de baryte. Cristallise en prismes colorés en jaune, très solubles dans l'eau.

Orthocoumarate de plomb, $(C^9H^7O^3)^2Pb$. — S'obtient à l'état de précipité cristallin, en décomposant le coumarate d'ammonium par l'acétate de plomb. Ce sel est soluble dans un excès de coumarate d'ammonium ; par un repos prolongé, il se précipite sous forme de cristaux grenus. Par l'ébullition avec l'eau, on obtient un sel basique jaune, qui se forme aussi en précipitant le coumarate d'ammonium par du sous-acétate de plomb.

Orthocoumarate de zinc, $(C^9H^7O^3)^2Zn$. — Forme des aiguilles fines et brillantes, peu solubles dans l'eau froide.

Orthocoumarate d'argent, $C^9H^7O^3.Ag$. — Précipité pulvérulent presque insoluble dans l'eau, qui se décompose par la chaleur en acide coumarique, tandis que les sels de plomb et de zinc donnent, dans les mêmes conditions, de la coumarine.

ACIDE PARACOUMARIQUE. — Cet acide se prépare par décomposition avec la potasse de l'acide acétylparacoumarique (obtenu par l'ébullition de 8 p. d'aldéhyde paraoxybenzoïque, 5 p. d'acétate de sodium sec et 2 p. d'anhydride acétique).

L'acide paracoumarique forme, à l'état brut, des aiguilles rouges ; mais, par des cristallisations répétées dans l'eau chaude, on l'obtient sous forme d'aiguilles blanches, fusibles à 206°, très solubles dans l'alcool, l'éther, l'eau bouillante, très peu solubles dans l'eau froide. Par l'action de l'amalgame de sodium sur cet acide, il se forme de l'acide hydroparacoumarique $C^9H^{10}O^3$. Ce dernier acide, découvert par Malin [*Bull. Soc. chim.*, t. IX, p. 503], forme de petits cristaux clinorhombiques, fusibles à 125° et solubles dans l'eau, l'alcool et l'éther.

Les propriétés de l'acide paracoumarique ainsi préparé par Tiemann et Herzfeld, correspondent avec celles de l'acide que Hlasiwetz a obtenu en faisant bouillir une solution d'aloès avec de l'acide sulfurique, et qui a été décrit t. I, p. 981. Mais ce dernier chimiste indique comme point de fusion 180°, tandis qu'il est situé à 206°.

HOMOLOGUES DE L'ACIDE COUMARIQUE. — *Acide butyrocoumarique*, $C^{11}H^{12}O^3$. — Lorsqu'on évapore une solution de coumarine butyrique avec de la potasse, il se sépare une couche huileuse qui se solidifie par le refroidissement ; par la fusion, elle se transforme en butyrocoumarate de potassium. On reprend le tout par l'eau, et l'on décompose la solution par un acide. L'acide précipité est purifié par dissolution dans l'ammoniaque, et la solution est épuisée avec du chloroforme.

Cet acide cristallise en prismes aplatis, brillants, fusibles avec décomposition à 174° ; il est très soluble dans l'alcool et l'éther, peu soluble dans l'eau et le chloroforme.

Le sel de sodium est cristallin et très soluble.

Le sel d'argent, $C^{11}H^{11}AgO^3$, forme d'abord un précipité jaune qui devient bientôt blanc et cristallin. Il est peu soluble dans l'eau [Perkin, *Chem. Soc. Journ.*, (2), t. VI, p. 472 ; *Ann. Chem. Pharm.*, t. CL, p. 81].

ACIDE HYDROCOUMARIQUE, $C^{18}H^{18}O^6$. — Lorsqu'on traite une solution aqueuse de coumarine avec de l'amalgame de sodium, il se forme de l'acide coumarique et de l'acide mélilotique ; la réaction n'est pas la même si l'on opère en solution alcoolique. Dans ce cas, il se forme principalement le sel de sodium de l'acide hydrocoumarique. Zwenger [*Ann. Chem. Pharm.*, Supplemtb. VIII, p. 23 ; *Bull. Soc. chim.*, t. XIV, p. 451] fait agir au bain-marie, sur une solution alcoolique concentrée de coumarine, de l'amalgame de sodium pâteux. Il se précipite de l'hydrocoumarate de sodium, qui est séparé du coumarate et du mélilotate de sodium par des lavages à l'alcool absolu bouillant. La dissolution alcoolique est distillée, le résidu est acidulé par de l'acide acétique, et la solution précipitée par de l'acétate de plomb. Le précipité, après avoir été épuisé à différentes reprises par de l'eau bouillante, est décomposé par l'hydrogène sulfuré.

L'acide hydrocoumarique est peu soluble dans l'eau froide, plus soluble à chaud, et cristallise en aiguilles ; il est très soluble dans l'alcool et l'éther. Chauffé à 100°, il se transforme en son anhydride, l'hydrocoumarine. Il n'est pas attaqué par l'amalgame de sodium.

Le sel ammoniacal ne cristallise pas. Le sel de sodium $C^{18}H^{16}Na^2O^6 + 10\,H^2O$ se dissout facilement dans l'eau chaude et cristallise en prismes brillants incolores.

Le sel de plomb, $C^{18}H^{16}PbO^6$, ceux d'argent et de cuivre forment des précipités volumineux ; les deux premiers deviennent cristallins au contact des liquides d'où ils ont été précipités.

ACIDE HYDROPARACOUMARIQUE,

$$C^9H^{10}O^3 = C^6H^4 \begin{cases} OH \\ CH^2\text{-}CH^2\text{-}COOH. \end{cases}$$

— Cet acide est l'isomère de l'acide mélilotique, qui est l'acide hydroorthocoumarique (voyez t. II, p. 326). Il a été découvert par Malin [*Ann. Chem. Pharm.*, t. CXLII, p. 358], qui l'a préparé en faisant bouillir l'acide paracoumarique, obtenu avec l'aloès, avec l'amalgame de sodium. On décompose par l'acide sulfurique dilué, on agite la masse avec de l'éther, et l'on distille la solution éthérée ; le résidu de la distillation est redissous dans l'eau, d'où l'acide hydroparacoumarique cristallise en petits cristaux bien formés. Il fond à

125° et se dissout facilement dans l'eau, l'alcool et l'éther.

La solution d'acide hydroparacoumarique n'est précipitée ni par l'acétate de plomb ni par le chlorure mercurique; le perchlorure de fer n'y produit pas de coloration, ce qui le distingue de son isomère l'acide mélilotique, qui est coloré, mais d'une façon passagère, en bleu. Avec l'eau de brome, il se forme un trouble laiteux, ensuite il se précipite un corps huileux.

L'acide hydrocoumarique se forme aussi par l'action de l'acide azoteux sur l'acide paraamido-hydrocinnamique

$$C^6H^4 \left\langle \begin{array}{l} AzH^2 \\ CH^2\text{-}CH^2\text{-}COOH. \end{array} \right.$$

ACIDE COUMARILIQUE, $C^9H^6O^3$. — Ce corps se forme, d'après Perkin [*Chem., Soc. Journ.*, (2), t. IX, p. 37; *Zeitschr. Chem.*, 1871, p. 177], lorsqu'on chauffe à l'ébullition l'α-bromo ou l'α-chlorocoumarine avec de la potasse alcoolique. On dissout le tout dans l'eau bouillante; par le refroidissement le sel de potassium se sépare.

L'acide coumarilique fond et se décompose partiellement par distillation; il se sublime lorsqu'on le chauffe avec précaution; il est très soluble dans l'alcool, moins dans le chloroforme et le sulfure de carbone. Il cristallise dans l'eau en aiguilles ressemblant à l'acide benzoïque; c'est un acide monobasique.

Le sel ammoniacal cristallise en prismes plats, réunis concentriquement et très solubles; le sel de sodium est en lamelles transparentes; le sel de potassium, en longs prismes.

Les sels de calcium et de baryum forment des précipités cristallins peu solubles. Les sels d'argent, $C^9H^5O^3Ag$, ceux de mercure et de plomb sont des précipités blancs; le sel ferrique est un précipité brun clair.

L'acide bromocoumarilique, $C^9H^5BrO^3$, se forme, comme l'acide coumarilique, par l'action de la potasse sur la dibromocoumarine. Cet acide bromé fond au-dessus de 250°; il se décompose lorsqu'on le chauffe à 180° avec de la potasse. Il cristallise dans l'alcool en aiguilles, il est assez peu soluble dans l'eau. Ses sels ressemblent à ceux de l'acide coumarilique. Ad. Kopp.

COUSSINE Syn. de COSINE.

CRÉATINE, $C^4H^9Az^3O^2$. — *Synthèse.* — En appliquant au méthylglycocolle la réaction au moyen de laquelle Strecker avait obtenu la glycocyamine (action du glycocolle sur la cyanamide), Volhard a réalisé la synthèse de la créatine. Il porte à 100° pendant quelques heures un mélange de méthylglycocolle (sarcosine) et de cyanamide récemment préparée; par le refroidissement, il se dépose de petits cristaux de créatine. On l'obtient aussi en chauffant les solutions aqueuses des deux corps ou en abandonnant le mélange à lui-même [Volhard, *Zeitschr. Chem.*, 1869, p. 318; *Bull. Soc. chim.*, t. XII, p. 264] :

$$\underset{\text{Sarcosine.}}{\begin{array}{l} CH^2\text{-}AzH(CH^3) \\ | \\ CO^2H \end{array}} + \underset{\text{Cyanamide.}}{C \left\langle \begin{array}{l} AzH \\ AzH \end{array} \right.} = \underset{\text{Créatine.}}{\begin{array}{l} CH^2\text{-}Az(CH^3)\text{-}C(AzH)\text{-}AzH^2 \\ | \\ CO^2H. \end{array}}$$

On peut retirer de la créatine de l'extrait de viande de Liebig; on dissout 40 p. d'extrait dans 80 p. d'eau; on précipite par le sous-acétate de plomb en léger excès; on filtre et on évapore au volume primitif de l'extrait. Il se dépose de la créatine au bout de quelque temps [Mulder et Monthaan, *Zeitschr. Chem.*, 1869, p. 341; *Bull. Soc. chim.*, t. XII, p. 357].

La créatine se combine avec l'oxyde de mercure; si dans une solution de créatine en excès on ajoute du sublimé corrosif, puis de la potasse, on obtient un précipité cristallin, insoluble dans la potasse [Engel, *Compt. rend.*, t. LXXVIII, p. 1707].

L'hypobromite de sodium dégage à froid tout l'azote de la créatine [Magnier de la Source, *Bull. Soc. chim.*, t. XXI, p. 291].

Constitution de la créatine. — Comme nous l'avons indiqué (t. I, p. 984), la créatine et la créatinine peuvent être considérées comme des guanidines substituées. Erlenmeyer les représente, ainsi que leurs homologues, la glycocyamine et la glycocyamidine, par les formules de constitution suivantes :

$$\begin{array}{l} CH^2\text{-}AzH\text{-}C(AzH)\text{-}AzH^2 \\ | \\ CO^2H \end{array}$$

Glycocyamine.

$$\begin{array}{l} CH^2\text{-}Az(CH^3)\text{-}C(AzH)\text{-}AzH^2 \\ | \\ CO^2H \end{array}$$

Créatine.

$$\underset{\text{Glycocyamidine.}}{\left. \begin{array}{l} CH^2\text{-}AzH \\ | \\ CO\text{-}AzH \end{array} \right\rangle C(AzH)} \qquad \underset{\text{Créatinine.}}{\left. \begin{array}{l} CH^2\text{-}Az(CH^3) \\ | \\ CO \;—\; AzH \end{array} \right\rangle C(AzH)}$$

La glycocyamine est de la guanidine glycolique, c'est-à-dire de la guanidine dans laquelle 1 atome d'hydrogène est remplacé par un reste glycolique $CH^2\text{-}CO^2H$, et la créatine, ou méthylguanidine acétique, dérive de la même façon de la méthylguanidine [Erlenmeyer, *Ann. Chem. Pharm.*, t. CLXVI, p. 257; *Bull. Soc. chim.*, t. X, p. 411].

On comprend par conséquent qu'il existe d'autres guanidines substituées, formées de la même façon, auxquelles on a donné le nom générique de *créatines* et de *créatinines* (voyez plus loin).

Kolbe a combattu les formules précédentes et a regardé la créatine comme de l'urée méthylamido-acétique :

$$[C^2H^2(AzH, CH^3)O]AzH\text{-}CO\text{-}AzH^2;$$

mais l'origine et les réactions de la créatine s'accordent mieux avec la formule qui en fait un dérivé de la guanidine.

La créatine et la créatinine, en effet, présentent avec la guanidine les mêmes relations que l'acide méthyl-hydantoïque et la méthyl-hydantoïne avec l'urée. De même, la guanidine est comparable à l'urée; elle se forme par l'union de la cyanamide et de l'ammoniaque, comme l'urée par l'union de l'ammoniaque et de l'acide cyanique :

$$\underset{\text{Urée.}}{AzH^2\text{-}CO\text{-}AzH^2} \qquad \underset{\text{Guanidine.}}{AzH^2\text{-}C(AzH)\text{-}AzH^2}$$

$$\begin{array}{l} CH^2\text{-}Az(CH^3)\text{-}CO\text{-}AzH^2 \\ | \\ CO^2H \end{array}$$

Acide méthyl-hydantoïque.

$$\left. \begin{array}{l} CH^2\text{-}Az(CH^3) \\ | \\ CO \;—\; AzH \end{array} \right\rangle CO$$

Méthyl-hydantoïne.

$$\begin{array}{l} CH^2\text{-}Az(CH^3)\text{-}C(AzH)\text{-}AzH^2 \\ | \\ CO^2H \end{array}$$

Créatine.

$$\left. \begin{array}{l} CH^2\text{-}Az(CH^3) \\ | \\ CO \;—\; AzH \end{array} \right\rangle C(AzH)$$

Créatinine.

On voit que les guanidines substituées représentent des dérivés uréiques, dans lesquels l'oxygène du carbonyle CO est remplacé par le groupement diatomique AzH. E. Grimaux.

CRÉATINES. — On a donné ce nom générique à des corps constitués comme la créatine. Les créatines s'obtiennent par le procédé général dû à Strecker, et qui consiste à unir la cyanamide aux acides amidés. On dissout l'acide amidé et la cynamide dans un peu d'eau, on ajoute quelques gouttes d'ammoniaque et l'on abandonne le mélange quelques jours à lui-même.

Les créatines, en perdant de l'eau, fournissent les créatinines.

Les créatines connues sont : la *glycocyamine*, dérivée du glycocolle (t. I, p. 1605); l'*alacréatine*, dérivé de l'alanine (Suppl., p. 52). Mulder, au moyen de l'isoalanine (acide β-amido-propionique) résultant de l'action de l'ammoniaque sur l'acide β-iodo-propionique $CH^2I\text{-}CH^2\text{-}CO^2H$), a obtenu un isomère de l'alacréatine qu'il a appelé acide β-*guanido-amido-propionique* :

$$C^4H^9Az^3O^2 = \begin{array}{l} CH^2\text{-}CH^2\text{-}AzH\text{-}C(AzH)\text{-}AzH^2. \\ \dot{C}O^2H \end{array}$$

Il est bien cristallisé, très stable, ne se décomposant qu'à 205-210° [Mulder, *Bull. Soc. chim.*, t. XXV, p. 560]. Enfin on connait l'*homocréatine* dérivée de la méthylalanine et enfin, dans la série aromatique, les corps appelés *benzocréatines* (Suppl., p. 326). E. Grimaux.

CRÉATININE, $C^4H^7Az^3O$. — La créatinine saturée en solution aqueuse froide par du carbonate de sodium, puis additionnée de tartrate sodico-potassique et d'une petite quantité de sulfate de cuivre, dépose au bout de quelque temps une poudre blanche. La réaction est plus rapide quand on porte le liquide à 50-60° pendant quelques instants; le précipité se fait alors par le refroidissement.

Ce précipité est une combinaison de créatinine et d'oxyde cuivreux, qui apparait sous le microscope comme formé de petits grains agglutinés. La réaction est tellement sensible qu'elle accuse dans une solution 1/10000 de créatinine [O. Maschke, *Zeitschr. analyt. Chem.*, t. VII, p. 134; *Bull. Soc. chim.*, t. XXII, p. 468].

Pour la constitution de la *Créatinine*, voyez Créatine.

CRÉOSOL,

$$C^8H^{10}O^2 = C^6H^3\begin{cases} CH^3 \\ OCH^3 \\ OH \end{cases}$$

t. I, p. 986. — La constitution du créosol, retiré de la créosote du goudron de hêtre, a été établie définitivement par les travaux de Tiemann et Mendelsohn [*Deutsch. chem. Gesellsch.*, 1875, p. 1136; 1877, p. 57]; c'est une méthylpyrocatéchine méthylée ou un homogaïacol appartenant à la série protocatéchique.

La fraction de la créosote du goudron de hêtre, bouillant à 220°, est formée principalement de deux corps : le créosol et le phlorol; on parvient à les séparer en dissolvant un volume de cette huile dans son volume d'éther et en ajoutant 1 ½ à 2 volumes d'une solution alcoolique saturée de potasse. La plus grande partie du créosol se sépare sous forme de créosolate de potassium, tandis que dans les eaux mères se trouve le composé potassique du phlorol.

Tiemann et Mendelsohn ont préparé les dérivés suivants du créosol :

Méthylcréosol, $C^6H^3(CH^3)(OCH^3)^2$. — On l'obtient en dissolvant le créosolate de potassium dans de l'alcool méthylique et en chauffant avec un excès d'iodure de méthyle au bain-marie. Le produit de la réaction est distillé, précipité par l'eau, et l'huile obtenue agitée avec de la potasse qui dissout le phénol non attaqué. Le méthylcréosol est un liquide incolore, bouillant à 216°, d'odeur agréable; insoluble dans l'eau et dans les alcalis dilués, il se dissout facilement dans l'alcool et l'éther. En oxydant par une solution diluée de permanganate de potassium, on obtient de l'acide diméthylprotocatéchique, fusible à 174°.

L'acétylcréosol, $C^6H^3(CH^3)(OCH^3)(OC^2H^3O)$, s'obtient en chauffant au réfrigérant ascendant, durant deux à trois heures, du créosol avec un excès d'anhydride acétique. Le produit de la réaction, versé dans l'eau, laisse déposer une huile bouillant à 246-248°. L'acétylcréosol, mis en suspension dans de l'acide acétique et oxydé à une température de 70-80° par une solution diluée de permanganate de potassium, donne de l'acide vanillique $C^6H^3(CO^2H)(OCH^3)(OH)$.

Acide créosolsulfonique, $C^8H^9O^2.SO^3H$. — Biechele [*Ann. Chem. Pharm.*, t. CLI, p. 109; *Bull. Soc. chim.*, t. XII, p. 411] a étudié l'action de l'acide sulfurique sur le créosol; le mélange est chauffé à 60° jusqu'à ce qu'il se dissolve dans l'eau.

L'acide libre forme une masse cristalline jaune, très hygroscopique.

Sel de baryum, $(C^8H^9SO^5)^2Ba$. Masse cristalline, très soluble dans l'eau et l'alcool, insoluble dans l'éther.

Sel de plomb, $(C^8H^9SO^5)^2Pb$. Aiguilles jaunâtres, solubles dans l'eau, l'alcool et l'éther.

Sel de potassium, $C^8H^9SO^5K$. Aiguilles réunies en mamelons, très solubles dans l'eau, peu solubles dans l'alcool, insolubles dans l'éther.

Action du perchlorure de phosphore sur le créosol. — Ces deux corps réagissent à froid avec dégagement d'acide chlorhydrique; on achève la réaction au bain-marie, et l'on distille; la fraction qui passe à 185° forme une huile jaune, d'une densité de 1,028, d'une odeur piquante. C'est un dérivé chloré très peu soluble dans l'eau, très soluble dans l'alcool et dans l'éther (Biechele).

La réaction se ferait d'après l'équation

$$C^8H^{10}O^2 + PCl^5 = C^8H^9OCl + POCl^3 + HCl.$$

Ce corps ne se forme qu'en petite quantité, et sa constitution n'est pas connue. Ad. Kopp.

CRÉOSOTE (voyez t. I, p. 987 et 1510). — Parmi les travaux qui ont le plus contribué à éclaircir l'histoire complexe de la créosote, nous citerons celui de Marasse [*Ann. Chem. Pharm.*, t. CLII, p. 59; *Bull. Soc. chim.*, t. XI, p. 165; t. XII, p. 410; t. XIII, p. 363]. Ce savant a montré que la créosote du goudron de hêtre provenant des fabriques du Rhin renferme un mélange de phénols et d'éthers méthyliques acides de diphénols. Il a isolé les composés suivants :

Phénol....	C^6H^5OH	point d'ébullition 184°.
Crésol....	$C^6H^4\begin{cases} OH \\ CH^3 \end{cases}$	— 203°.
Phlorol...	$C^6H^3\begin{cases} OH \\ CH^3 \\ CH^3 \end{cases}$	— 220°.
Gaïacol....	$C^6H^4\begin{cases} OH \\ OCH^3 \end{cases}$	point d'ébullition 200°.
Créosol....	$C^6H^3\begin{cases} OH \\ CH^3 \\ OCH^3 \end{cases}$	— 217°.

Parmi les huiles neutres, c'est-à-dire celles qui ne se dissolvent pas dans la soude caustique, le même chimiste signale dans la fraction 214-218° le méthylcréosol; dans les fractions supérieures, les éthers méthyliques du gaïacol, du phlorol et d'autres homologues du créosol.

A.-W. Hofmann [*Deutsch. chem. Gesellsch.*, 1874, p. 78; 1875, p. 66; 1877, p. 33; 1878, p. 329 et 797; 1879, p. 1371 et 2216; *Bull. Soc. chim.*, t. XXII, p. 58; t. XXX, p. 463. t. XXXI, p. 422] a retiré des fractions les moins volatiles de la créosote les éthers diméthyliques du pyrogallol, $C^6H^3(OCH^3)^2(OH)$, du méthylpyrogallol, $CH^3.C^6H^2(OCH^3)^2OH$, et du propylpyrogallol $C^3H^7.C^6H^2(OCH^3)^2OH$.

Nous allons étudier les propriétés physiques de la créosote et les méthodes qui ont été employées pour la séparer en ses principes constituants.

Propriétés. — La créosote du commerce forme un liquide faiblement coloré en jaune, très réfringent, d'une odeur aromatique particulière, très persistante et bien distincte de celle du phénol. A l'air elle se colore en brun. Elle ne se solidifie pas à — 11°. Elle est complètement soluble dans la soude diluée, très peu soluble dans l'eau; elle se dissout dans l'acide sulfurique concentré avec une coloration rouge qui passe lentement au violet pourpre; agitée avec de l'acide chlorhydrique concentré, elle se colore en brun rouge lorsqu'il n'y a pas accès d'air; par contre, à l'air, la coloration passe au brun foncé ou au noir. L'acide azotique l'attaque violemment; l'acide acétique, d'une densité de 1,045, ne la dissout que partiellement. Elle absorbe du brome en grande quantité, avec dégagement d'acide bromhydrique.

Avec le perchlorure, elle produit une coloration d'un brun violet; avec le chlorure mercurique, un précipité jaune-rougeâtre; avec le sulfate de cuivre, un précipité vert pomme. Une solution alcoolique de ce corps donne avec une solution alcoolique de perchlorure de fer une belle coloration vert émeraude.

Lorsqu'on la distille, la créosote retient l'eau avec beaucoup de ténacité; pour l'en priver, il faut la chauffer à 100° avec du chlorure de calcium. Voici le résultat d'une distillation de créosote qui a été faite par Gorup-Besanez sur 350 grammes :

Jusqu'à 199° il distille		15,5 gr.
De 199 à 203°	—	222
De 203 à 210°	—	87
Résidus......	—	25,5.

La plus grande partie passe de 200 à 203°; à chaque nouvelle rectification, il reste toujours un résidu dans la cornue, ce qui indique que la créosote ne distille pas complètement sans décomposition.

ANALYSE DE LA CRÉOSOTE. — Hlasiwetz a extrait le premier le créosol de la créosote de Blansko en Bohême. A cet effet, il a préparé deux sels de potassium faciles à purifier, un sel acide et un sel neutre. Il a obtenu le premier, en ajoutant à la créosote placée dans une atmosphère d'hydrogène portée à une température de 90°, des morceaux de potassium jusqu'à refus. La solution brune ainsi formée a été versée, à l'abri du contact avec l'air, dans de l'éther, et la solution éthérée refroidie par un mélange réfrigérant; la masse cristalline, débarrassée des eaux mères, pressée, lavée avec de l'éther absolu et purifiée par des cristallisations dans l'alcool. Pour obtenir le sel neutre, Hlasiwetz dissolvait la créosote dans son volume d'éther et mélangeait la solution avec un faible excès d'une solution de potasse alcoolique très concentrée.

Gorup-Besanez a obtenu des combinaisons analogues avec la créosote du Rhin et a isolé le gaïacol distillant à 200°.

En faisant agir du phosphore et de l'iode en présence d'eau sur le gaïacol, ce même chimiste a obtenu de l'iodure de méthyle, de la pyrocatéchine, et une huile lourde phosphorée. Il a donc envisagé le gaïacol comme un dérivé méthylé de la pyrocatéchine. On sait aujourd'hui que ce corps est la méthylpyrocatéchine

$$C^6H^4 <^{OCH^3}_{OH}.$$

Marasse, ayant reconnu la difficulté, sinon l'impossibilité de séparer la créosote de ses composants, soit par distillation fractionnée, soit par la transformation en composés cristallisables, s'est servi d'une méthode d'analyse tout autre : il a divisé sa créosote en différentes fractions et a étudié les produits de décomposition de chacune de ces portions.

Partie distillant au-dessous de 199°. — De 160 à 199°, il distille une faible quantité de créosote mélangée avec un peu d'eau. En saturant partiellement cette huile avec de la soude, diluant avec de l'eau et séparant la solution aqueuse de l'huile insoluble, enfin en précipitant par un acide et fractionnant de nouveau, on a pu isoler du phénol pur, bien cristallisé, fusible à 183-184°.

Fraction distillant de 200 à 300°. — C'est la majeure partie. L'analyse conduit aux nombres

$$C = 73,2;\ H = 7,10;\ O = 19,70.$$

Distillée avec de la poudre de zinc, elle donne du toluène et de l'anisol. Ces deux corps ne peuvent être contenus dans la créosote, qui se dissout complètement dans la potasse; mais, comme la poudre de zinc, ainsi que l'a démontré Baeyer, enlève l'oxygène de l'hydroxyle, ils doivent dériver de l'hydroxyltoluène, c'est-à-dire du crésol et de l'hydroxylanisol, c'est-à-dire du gaïacol :

$$C^6H^4 <^{CH^3}_{OH} \qquad C^6H^4 <^{OH}_{OCH^3}.$$

En faisant agir la potasse caustique en fusion sur cette fraction de la créosote, Marasse obtint du crésol et de la pyrocatéchine $C^6H^4(OH)^2$ provenant de la décomposition du gaïacol. Probst avait déjà opéré la même décomposition [*Zeitschr. Chem.*, 1867, p. 280]. Par l'action de l'acide iodhydrique, il a pu obtenir, comme Gorup-Besanez et Hugo Müller, de la pyrocatéchine et de l'iodure de méthyle; il a aussi isolé du crésol qui se trouve tel quel dans cette fraction, ainsi que nous l'avons vu.

Ce crésol est le paracrésol, car son éther méthylique fournit par oxydation de l'acide anisique.

Fraction de 217-220°. — Cette fraction étant traitée par l'acide iodhydrique bouillant à 127°, on obient, indépendamment de l'iodure de méthyle, du crésol et de la pyrocatéchine, et de l'homopyrocatéchine $C^6H^3(CH^3)(OH)^2$.

Produits de l'action du chlorate de potassium et de l'acide chlorhydrique sur la créosote.

En 1853, Gorup-Besanez [*Ann. Chem. Pharm.*, t. LXXXVI, p. 223; *Bull. Soc. chim.*, t. VII, p. 500; t. VIII, p. 270; t. XI, p. 164], en traitant la créosote de Blansko, en Bohême, par un mélange de chlorate de potassium et d'acide chlorhydrique, obtint des dérivés chlorés, différents du chloranile ou quinone tétrachlorée (voyez t. I, p. 988).

Plus tard, Gorup [*Liebig's Ann. Chem.*, t. CXLIII, p. 157] revint sur ces composés. Pour les préparer, on traite un mélange de créosote et d'acide chlorhydrique concentré, au bain-marie, par du chlorate de potassium; la réaction est très vive; on continue les additions de chlorate jusqu'à ce que la masse soit colorée en jaune et soit devenue très épaisse. Elle est épuisée d'abord par l'eau, ensuite par l'alcool froid, et enfin par de l'alcool à 82 % bouillant; par refroidissement, il se sépare de petites lamelles d'un jaune d'or. Ces cristaux sont sublimés et séparés, par cristallisations dans le chloroforme, en deux corps homologues, que Gorup-Besanez a désignés sous les noms de tétrachlorogaïacone, $C^7H^2Cl^4O^2$ et de tétrachlorocréosone $C^8H^4Cl^4O^2$; ce sont deux quinones provenant, d'après Gorup-Besanez, l'une du gaïacol, l'autre du créosol, et se formant d'après les réactions suivantes :

$$C^7H^8O^2 + 10Cl = C^7H^2Cl^4O^2 + 6HCl.$$
Gaïacol. Tétrachlorogaïacone.

$$C^8H^{10}O^2 + 10Cl = C^8H^4Cl^4O^2 + 6HCl.$$
Créosol. Tétrachlorocréosone.

D'après les idées que Graebe avait introduites dans la science sur la nature des quinones, la tétrachlorogaïacone devait être $C^6Cl^3(CH^2Cl)(O^2)$, mais il était difficile d'expliquer la formation de ce corps avec le gaïacol

$$C^6H^4 < \begin{matrix} OH \\ OCH^3. \end{matrix}$$

Et, de fait, le gaïacol pur ne fournit pas un dérivé chloré de cette composition. Marasse [*Ann. Chem. Pharm.*, t. CLII, p. 78] envisage cette tétrachlorogaïacone comme une toluquinone tétrachlorée ou crésoquinone tétrachlorée, produit d'oxydation et de chloruration du cresol; en traitant la créosote par du chlorate de potassium et de l'acide chlorhydrique, d'après la manière d'opérer de Gorup-Besanez, Marasse a pu obtenir, en effet, de la tétrachlorotoluquinone.

Par l'action de l'acide sulfurique et du bioxyde de manganèse sur la créosote, bouillant de 208 à 220°, Gorup-Besanez et von Rad [*Zeitschr. Chem.*, 1868, p. 560; — von Rad, *Ann. Chem. Pharm.*, t. CLI, p. 158; *Bull. Soc. chim.*, t. XIII, p. 72] ont obtenu de la phlorone,

$$C^8H^8O^2 = C^6H^2(CH^3)^2(O^2),$$

homologue supérieur de la quinone, qu'ils considèrent comme un produit d'oxydation du créosol. Marasse fait remarquer que la phlorone ne peut dériver du créosol $C^6H^3(CH^3)(OCH^3)OH$, par les mêmes raisons que **la** tétrachlorogaïacone ne peut dériver du gaïacol, mais que cette phlorone peut être un produit d'oxydation du phlorol

$$C^6H^3 < \begin{matrix} OH \\ (CH^3)^2. \end{matrix}$$

Analyse des fractions supérieures de la créosote.

Elle est due aux travaux de A.-W. Hofmann.

Tandis que les fractions inférieures de la créosote se composent de mélanges de phénols et de diphénols ou de leurs dérivés méthylés, les fractions supérieures contiennent toute une série de phénols trivalents; parmi ces derniers, A.-W. Hofmann a isolé d'abord le composé $C^{11}H^{16}O^3$. C'est une huile d'une odeur créosotée, un peu visqueuse, très réfringente, bouillant à 285°, formant avec les alcalis caustiques des sels bien cristallisés, et avec le brome un dérivé fusible à 108-109° et renfermant $C^{11}H^{14}Br^2O^3$; avec l'anhydride acétique, il donne un dérivé acétylé, fusible à 87°, insoluble dans l'eau, mais cristallisant dans l'alcool en beaux prismes blancs, ayant pour formule $C^{11}H^{15}(C^2H^3O)O^3$, et qui, traités par le brome, donnent un produit de substitution $C^{11}H^{13}Br^2(C^2H^3O)O^3$ fusible à 101,5-102°,5.

Avec le chlorure de benzoyle, cette huile donne un dérivé benzoylé bien cristallisé, fusible à 91°.

Chauffée en tubes scellés à 130° avec de l'acide chlorhydrique concentré, elle se décompose en chlorure de méthyle et en propylpyrogallol; c'est donc l'éther diméthylé d'un homologue supérieur du pyrogallol, savoir du propylpyrogallol

$$C^6H^2(C^3H^7) \left\{ \begin{matrix} OCH^3 \\ OCH^3 \\ OH. \end{matrix} \right.$$

Par oxydation avec du dichromate de potassium et de l'acide acétique, cette huile se transforme en une quinone $C^8H^8O^4$ cristallisant en belles aiguilles jaunes. Cette quinone peut se convertir en une hydroquinone $C^8H^{10}O^4$, bien cristallisée en aiguilles blanches, fusibles à 160°; un mélange de molécules égales de ces deux corps cristallise en très belles aiguilles rouges. C'est une quinhydrone, fusible à 175°.

La fraction de la créosote distillant de 250 à 270° peut être purifiée par cristallisation répétée de son sel de sodium. Mise en liberté par un acide, elle bout à 270°. Elle ne donne plus, par oxydation, la quinone précédente, mais des aiguilles bleues, identiques avec la cérulignone de Liebermann (Suppl., p. 443).

Pour isoler le corps générateur de la cérulignone, Hofmann prépare le dérivé benzoylé de l'huile bouillant de 250-270° : c'est un corps bien cristallisé, fusible de 107-110°; après plusieurs cristallisations, l'huile est mise en liberté par un traitement à l'acide sulfurique. Elle passe entre 250 et 265°; placée dans un mélange réfrigérent, elle laisse déposer des cristaux que l'on débarrasse du reste de l'huile, et que l'on fait recristalliser dans l'eau bouillante. Ils constituent de beaux prismes blancs, fusibles à 51-52° et distillant à 253°; ce corps donne, avec les alcalis, de beaux sels cristallisés. Il a pour formule $C^8H^{10}O^3$. C'est l'éther diméthylé du pyrogallol

$$C^6H^3(OCH^3)^2(OH).$$

Chauffé avec l'acide chlorhydrique, il se décompose déjà à 100° en chlorure de méthyle et en pyrogallol.

Hofmann s'est d'ailleurs assuré par des expériences synthétiques que, ce sont bien les corps précédemment décrits qui se trouvent dans la créosote; il a préparé et étudié les éthers méthyliques du pyrogallol et du propylpyrogallol.

Sous le nom de *pittakalle*, Reichenbach [*Berzelius Jahresber.*, t. XIV, p. 358] a décrit un corps bleu à reflets métalliques, soluble dans les acides minéraux avec une couleur rouge, d'où il est de nouveau précipité par les alcalis. Reichenbach avait retiré ce produit de la créosote de hêtre sans en indiquer le mode de préparation. Ce n'est que dans ces derniers temps qu'un distillateur de bois, Gratzel, de Hanovre, l'a obtenu de nouveau et en a remis un échantillon à Liebermann. Le corps en question ne se dissolvait que partiellement dans les alcalis avec une belle coloration bleue, mais ne contenait qu'une faible quantité de matière colorante; il a été épuisé par l'acide acétique dilué; la solution a été précipitée par l'acétate de plomb, et le sel de plomb décomposé par l'hydrogène sulfuré. La matière colorante est entraînée en majeure partie par le sulfure de plomb formé; après lavages, le précipité a été épuisé avec de l'alcool bouillant, et le résidu de l'évaporation de la solution alcoolique dissous dans l'alcool ou dans l'acide acétique dilué, d'où il se dépose en aiguilles orangées.

Cette matière colorante se dissout dans l'alcool et dans l'acide acétique concentré avec une coloration brune; les alcalis la dissolvent en pourpre, l'ammoniaque en bleu; les sels la précipitent en bleu de ses solutions alcalines. L'acide sulfurique concentré la dissout en beau bleu. Liebermann, bien qu'ayant fait l'analyse de ce corps, ne lui donne pas de formule; il a proposé de l'appeler *eupittone*. Hofmann a reproduit le même corps [*Deutsch. chem. Gesellsch.*, 1878, p. 1455; *Bull. Soc. chim.*, t. XXX, p. 463] en faisant agir le sesquichlorure de carbone C^2Cl^6 sur le sel de potassium de l'éther diméthylé du pyrogallol, en solution faiblement alcaline et en chauffant pendant six à huit heures à 120-130°.

Hofmann crut d'abord que ce corps se forme d'après une réaction analogue à celle qui donne naissance à l'acide rosolique avec le phénol :

$$3C^6H^6O + CO^2 = C^{19}H^{14}O^3 + 2H^2O,$$
$$3C^8H^{10}O^3 + CO^2 = C^{25}H^{26}O^9 + 2H^2O;$$

il l'a envisagé comme de l'acide rosolique six fois méthoxylé $C^{19}H^8(OCH^3)^6O^3$. Il l'a nommé *acide eupittonique*.

Lorsqu'on le chauffe avec de l'ammoniaque alcoolique, dans des tubes scellés, à 160-170°, la couleur bleue disparaît, et dans le liquide brun se trouvent de très belles aiguilles d'une base présentant des analogies avec la rosaniline, et qui s'est formée d'après la réaction

$$C^{25}H^{26}O^9 + 3AzH^3$$
$$= C^{25}H^{29}Az^3O^6, H^2O + 2H^2O.$$

L'éther diméthylé du pyrogallol qui avait été employé dans ces réactions, provenait de la créosote; il était liquide et n'avait été purifié que par des distillations répétées. Hofmann remarqua que l'éther tout à fait pur et solide ne donnait pas d'acide eupittonique lorsqu'on le traitait par le sesquichlorure de carbone. Il a constaté qu'il existe deux éthers diméthylés du pyrogallol, l'un solide, l'autre liquide, mais que ni l'un ni l'autre ne donnent par oxydation l'acide eupittonique.

Il devait donc exister dans l'éther extrait de la créosote, et qui n'était pas encore entièrement pur, un second corps dont la présence était nécessaire à la formation de l'acide dont il s'agit. De nouvelles recherches confirmèrent cette supposition. L'huile acide de la créosote bouillant à 255-270°, traitée par le chlorure de benzoyle, donne en effet trois dérivés benzoylés que l'on parvient à séparer par de nombreuses cristallisations. Le premier, fusible à 118°, correspond à l'éther diméthylique du pyrogallol; le second, fusible à 91°, dérive de l'éther diméthylique du propylpyrogallol; le troisième enfin, qui fond également à 118-119°, correspond à un éther diméthylique d'un *méthylpyrogallol* que l'on peut isoler en saponifiant le composé benzoylé par la potasse.

L'éther diméthylique du méthylpyrogallol

$$CH^3\text{-}C^6H^2(OCH^3)^2OH$$

forme une huile bouillant à 265°, se solidifiant dans un mélange réfrigérant; les cristaux fondent à 36°; par les oxydants, ce corps ne donne pas de cérulignone, mais, en très faible quantité, un corps homologue beaucoup plus soluble, se dissolvant dans l'acide sulfurique concentré avec une coloration bleue; par une oxydation plus profonde, il se forme principalement la quinone jaune déjà décrite.

Cet éther, traité seul par le sesquichlorure de carbone, ne donne pas l'acide eupittonique; mais en employant un mélange des sels de sodium, des éthers diméthylés du méthylpyrogallol et du pyrogallol, et en chauffant le mélange avec un léger excès de soude caustique, on voit la masse se colorer en bleu; elle se dissout avec une coloration bleu indigo dans l'eau, avec une coloration cramoisie dans l'acide chlorhydrique. La solution acide, préalablement agitée avec de l'éther pour enlever les éthers pyrogalliques non décomposés, cède à la benzine l'acide eupittonique.

Les meilleurs rendements ont été obtenus en employant 2 molécules de l'éther du pyrogallol et 1 molécule de l'éther du méthylpyrogallol. Dans les cas les plus favorables, Hofmann put obtenir 10 °/₀ d'acide eupittonique des éthers employés; une assez grande partie des éthers n'est pas attaquée, mais de plus il se forme une assez forte proportion de produits secondaires violets ou bruns.

L'acide eupittonique se formerait donc d'après une réaction analogue à celle qui fournit la rosaniline :

$$\underset{\text{Aniline.}}{2C^6H^7Az} + \underset{\text{Toluidine.}}{C^7H^9Az} = \underset{\text{Pararosaniline.}}{C^{19}H^{17}Az^3} + 6H,$$

$$\underset{\text{Éther diméthylé du pyrogallol.}}{2C^8H^{10}O^3} + \underset{\text{Éther diméthylé du méthylpyrogallol.}}{C^9H^{12}O^3} = \underset{\text{Acide eupittonique.}}{C^{25}H^{26}O^9} + 6H.$$

Usages et essai de la créosote. — La créosote, qui est un antiseptique efficace, a trouvé dans ces derniers temps un certain emploi dans la thérapeutique; elle a été préconisée, soit seule, soit associée à l'huile de foie de morue, dans les cas de tuberculose pulmonaire.

Elle renferme souvent du phénol, et il n'est pas facile de déceler de faibles quantités de ce corps dans la créosote.

Un grand nombre de méthodes, outre celle déjà indiquée dans cet ouvrage (t. I, page 988), ont été proposées pour reconnaître les mélanges de créosote et de phénol.

Hager conseille de rejeter comme suspecte toute créosote qui, versée goutte à goutte dans de l'eau, ne tomberait pas au fond par une légère agitation ou qui ne conserverait pas dans l'eau sa transparence ou ne donnerait pas, agitée avec de l'ammoniaque, une solution claire, ou encore qui, soumise à l'ébullition avec ce liquide et abandonnée au repos pendant un jour, laisserait surnager, après ce temps, un liquide verdâtre, bleu ou violet. Additionnée de son volume de collodion, elle ne doit pas donner de liquide gélatineux; dissoute dans de la potasse, puis étendue de plusieurs fois son volume d'eau, elle ne doit pas se troubler.

Pour distinguer le phénol de la créosote, Clark [*Pharm. J. Transact.* (3), t. III, p. 1087] conseille d'ajouter à une solution de créosote dans l'alcool une solution de perchlorure de fer; il se forme une coloration bleu-verdâtre foncé, tandis que le phénol, traité d'une manière identique, donne une coloration brun clair. De cette façon, on pourait reconnaître facilement 1 partie de créosote dans 500 parties de phénol. Pour déceler inversement la présence du phénol dans la créosote, le même auteur fait bouillir quelques grammes de l'huile suspecte avec un excès d'acide azotique, jusqu'à ce qu'il ne se dégage plus de vapeurs rouges, et décompose la solution obtenue par la potasse. S'il se forme un précipité jaune cristallisé, il provient du picrate de potassium derivé du phénol; la créosote, dans les mêmes conditions, donne de l'acide oxalique.

Flückiger [*Neues Repert. der Pharm.*, t. XXII, p. 240] critique ce procédé; il préfère les réactions indiquées par Lex, modifiées par Salkowski, pour reconnaître l'acide phénique. Il conseille d'opérer ainsi qu'il suit : L'huile à essayer est chauffée avec le quart de son volume d'ammoniaque, et versée dans une grande capsule dont on recouvre les bords; l'excès de la solution est versé et la capsule est tenue renversée au-dessus d'un flacon de brome. En présence de phénol, il se forme une coloration bleue au point de contact du brome et de la mince couche de liquide qui recouvre la capsule.

La méthode de Lex consiste à faire réagir de l'acide azotique, renfermant des vapeurs nitreuses, sur une solution de phénol; il se forme une coloration jaune; cette solution, saturée avec de la soude, se colore en brun foncé, mais prend une coloration bleue avec l'acide hypochloreux.

Plugge fait bouillir la solution avec de l'azotate mercureux, renfermant de l'acide azoteux; en présence de phénol, la solution se colore en rouge foncé, et répand l'odeur de l'aldéhyde salicylique.

Read [*Archiv. der Pharm.* (3), t. IV, p. 444] donne les réactions suivantes, qui permettraient de distinguer la créosote du phénol :

On ajoute à l'huile à essayer.	Créosote.	Phénol.
Trois à quatre fois son volume d'eau de baryte.	Solution trouble.	Solution claire quelquefois après quelque temps, précipité faible.
Une solution alcoolique de perchlorure de fer.	Coloration verte.	Coloration brune.
Une solution aqueuse de perchlorure de fer.	Pas de changement.	Coloration bleue.
De la glycérine.	Soluble dans la glycérine, d'où elle est précipitée par l'eau.	Soluble dans la glycérine, d'où elle n'est plus précipitée par l'eau.

Ad. Kopp.

CRÉSOLS [Syn. *Crésylol, phénol crésylique, hydrate de crésyle*]. — Sous le nom de crésylol on a décrit, t. I, p. 988, non pas un corps unique, mais un mélange de trois isomères. L'acide *taurylique* (t. III, p. 251), que Staedeler avait retiré de l'urine de vache, est de même un crésol impur, contenant les trois crésols isomériques et un peu de phénol.

Les crésols ont été préparés synthétiquement par Griess, qui les a obtenus en faisant bouillir de l'azotate de diazotoluol avec de l'eau, et par Wurtz, qui les prépare en fondant du toluène-sulfonate de potassium avec de l'hydrate de potassium.

Körner [*Zeitschr. Chem.*, 1868, p. 326] a obtenu l'éther méthylique d'un crésol en faisant agir le sodium sur un mélange d'iodure de méthyle et d'anisol bromé.

Friedel et Crafts enfin [*Compt. rend.*, t. XIV, 1879, p. 826] ont préparé synthétiquement un crésol en faisant passer un courant d'oxygène dans un mélange de chlorure d'aluminium et de toluène.

Comme tous les dérivés bisubstitués de la benzine, les crésols existent sous trois modifications isomériques, que Engelhardt et Latschinoff avaient distinguées par les lettres α, β et γ (voyez t. II, p. 829).

La constitution de ces isomères a été établie par Barth [*Ann. Chem. Pharm.*, t. CLIV, p. 356; *Bull. Soc. chim.*, t. XIV, p. 416], qui a transformé le crésol-α par la fusion avec de la potasse en acide paraoxybenzoïque, le crésol-γ en acide métaoxybenzoïque et le crésol-β en acide salicylique.

Avec le chloroforme et la soude les crésols se comportent comme tous les phénols, c'est-à-dire qu'ils produisent des aldéhydes-phénols (aldéhydes crésotiques ou oxytoluiques dans ce cas spécial) (Tiemann et Schotten).

De même, en présence du sodium, ils fixent le gaz carbonique et donnent les acides crésotiques (Engelhardt et Latschinoff). Les mêmes acides prennent naissance lorsque les crésols sont chauffés avec de la soude et du tétrachlorure de carbone (Schall).

ORTHOCRÉSOL (voir t. II, p. 830),

$$C^6H^4 \Big< {OH_{(1)} \atop CH^3_{(2)}}$$

— Ce corps se trouvait dans le crésol préparé synthétiquement par Wurtz; Engelhardt et Latschinoff l'ont décrit sous le nom de β-crésol; mais ils n'ont pu l'obtenir, pas plus que Barth, à l'état de pureté. Le corps obtenu par ce dernier chimiste se solidifiait par un froid intense, et ne fondait que vers + 1°.

Kekulé [*Deutsch. chem. Gesellsch.*, 1874, p. 1006] a obtenu le premier l'orthocrésol pur en décomposant le sulfate de diazo-orthotoluol par l'eau, ou bien en décomposant le cymophénol (carvacrol)

[Formule : noyau benzénique portant OH, CH^3 et C^3H^7]

par l'anhydride phosphorique; il se dégage du propylène et il reste une masse épaisse jaune, formée par l'éther phosphorique de l'orthocrésol, et qui, fondue avec de la potasse, donne ce dernier. C'est là une réaction analogue en tout point à celle qui a fourni le métacrésol en partant du thymol, phénol isomérique avec le carvacrol.

La présence de l'orthocrésol, à côté du paracrésol, dans le goudron de houille a été reconnue par Ihle [*Journ. prakt. Chem.*, (2), t. XIV, p. 442]; Baumann l'a signalée dans les produits de putréfaction des matières albuminoïdes.

Von Gerichten et Rössler [*Deutsch. chem. Gesellsch.*, 1878, p. 705 et 1586; *Bull. Soc. chim.*, t. XXXII, p. 651] ont obtenu de l'orthocrésol par distillation d'un mélange de chaux et du sel de potassium de l'acide méthyloxytoluique.

Pour le préparer à l'aide de l'orthotoluidine on traite le sulfate de cette base, en solution aqueuse, par de l'azotite de potassium, d'après la méthode de Griess, modifiée par V. Meyer et Ambühl [*Deutsch. chem. Gesellsch.*, 1875, p. 1074]; rendement de 70 à 75 % [voir Tiemann et Schotten, *ibid.*, 1878, p. 768].

Propriétés de l'orthocrésol. — Il forme une masse cristalline incolore, ou de grands prismes fusibles à 31-31°,5, bouillant à 185-186°.

Par l'action d'un mélange de chlorate de potassium et d'acide chlorhydrique, l'orthocrésol fournit la dichloro- et la trichloro-toluquinone (t. III, p. 501). Le crésol du goudron donne les mêmes composés, grâce à sa teneur en orthocrésol.

En chauffant l'orthocrésol (2 p.) avec de l'anhydride phtalique (3 p.) et du chlorure stannique (2 p.), Fraude a obtenu l'orthocrésol-phtaléine.

Dérivés de l'orthocrésol. — Ils ne sont qu'imparfaitement connus, car ils ont été préparés avec de l'orthocrésol impur par Engelhardt et Latschinoff.

Le *dérivé benzoylique* forme une huile jaune épaisse, insoluble dans l'eau, très soluble dans l'éther; le *dérivé acétylé* fond à 106°.

L'*acide orthocrésolsulfonique* s'obtient par l'action de l'acide sulfurique à 66° B. sur le crésol; on sature par du carbonate de baryum, et à la solution filtrée bouillante on ajoute de l'hydrate de baryum : il se précipite un sel de baryum basique peu soluble, correspondant au paracrésol, tandis que l'orthocrésolsulfonate de baryum basique

$$C^7H^6 \Big< {SO^3 \atop O} \Big> Ba + 2H^2O$$

cristallise en petits mamelons par refroidissement de la solution évaporée. L'orthocrésolsulfonate neutre de baryum $(C^7H^6.OH.SO^3)^2Ba + xH^2O$ se dissout facilement dans l'eau et dans l'alcool bouillant; par refroidissement, il se dépose sous la forme d'une poudre cristalline blanche.

Le sel de potassium est amorphe et très soluble dans l'eau.

Il existe un *acide orthocrésylsulfurique* dont le sel de potassium, $C^7H^7SO^4K$, se trouve en petite quantité dans l'urine de cheval; il est accompagné de ses deux isomères [Preusse, *Zeitschr. physiol. Chem.*, t. II, p. 355].

MÉTACRÉSOL (t. II, p. 830),

$$C^6H^4 < \begin{matrix} OH_{(1)} \\ CH^3_{(3)} \end{matrix}.$$

— Engelhardt et Latschinoff ont obtenu ce corps en chauffant du thymol avec de l'anhydride phosphorique; voici les détails de cette préparation, donnés par Tiemann et Schotten (*loc. cit.*), qui obtiennent un rendement de 34 % du thymol employé. 100 gr. de thymol sont chauffés avec 35 gr. d'anhydride phosphorique; ce dernier se dissout lentement et le dégagement de propylène ne cesse qu'après dix à douze heures; le propylène peut être condensé avantageusement dans du brome. Lorsque la réaction est terminée, on porte la masse sirupeuse dans 115 à 120 grammes d'hydrate de potassium fondu et l'on chauffe durant cinq à dix minutes, après quoi on dissout la masse dans l'eau; la solution, agitée avec de l'éther, est rendue acide par l'acide chlorhydrique et épuisée de nouveau par l'éther, qui s'empare du métacrésol.

Le même corps a été obtenu par Oppenheim et Pfaff [*Deutsch. chem. Gesellsch.*, 1875, p. 824; *Compt. rend.*, t. LXXXI, p. 149], qui l'ont préparé en soumettant les sels de l'acide oxyuvitique à la distillation sèche.

Le métacrésol forme un liquide incolore, d'odeur de phénol, bouillant à 201° et qui ne se solidifie pas dans un mélange d'acide carbonique et d'éther; sa solution aqueuse prend, comme celle des autres crésols, une coloration violet-bleu avec le perchlorure de fer. Par la fusion avec de la potasse, il donne de l'acide métoxybenzoïque.

Pour les dérivés de ce crésol, voy. t. II, p. 830.

PARACRÉSOL (t. II, p. 829),

$$C^6H^4 < \begin{matrix} OH_{(1)} \\ CH^3_{(4)} \end{matrix}.$$

— C'est le mieux connu des trois isomères. Rappelons qu'il a été obtenu par Wurtz, Engelhardt, Latschinoff et Barth, en fondant le toluène-parasulfonate de sodium avec la soude ou la potasse; par Griess, en décomposant par l'eau le diazoparatoluol. Il forme la partie principale du crésol extrait de la créosote du goudron de hêtre.

Weyl [*Deutsch. chem. Gesellsch.*, 1879, p. 354] a constaté la formation du paracrésol dans la putréfaction de la tyrosine; d'après Baumann et Brieger [*Zeitschr. physiolog. Chem.*, t. III, p. 149], ce corps accompagne le phénol et l'orthocrésol produits par la putréfaction de l'albumine.

Il existe enfin à l'état d'acide paracrésylsulfurique, ou plutôt du sel de potassium de celui-ci, dans l'urine des herbivores (Baumann).

Le paracrésol forme des prismes incolores, d'une odeur rappelant en même temps le phénol et l'urine putréfiée. Il fond à 36° et bout à 201,5-202°. Il ne se dissout que très peu dans une solution de carbonate d'ammonium ou dans l'eau, assez facilement dans l'ammoniaque; la solution aqueuse se colore en bleu avec le perchlorure de fer. Chauffé avec un excès de potasse caustique, il se transforme en l'acide paraoxybenzoïque, ce qui indique sa constitution. Pour séparer cet acide du crésol non attaqué, on traite la solution éthérée, qui les contient tous deux, par du carbonate d'ammonium jusqu'à réaction alcaline; le crésol reste dissous dans l'éther, l'acide paraoxybenzoïque passe dans la solution ammoniacale.

Le perchlorure de phosphore transforme à l'aide de la chaleur le paracrésol en parachlorotoluène. Par le chlorate de potassium et l'acide chlorhydrique, on n'obtient pas de dérivé quinonique; le parachlorocrésol est transformé en une masse noire dont il a été impossible de retirer un corps cristallisé.

L'*éther méthylique*, $C^7H^7.OCH^3$, forme un liquide bouillant à 170°, et donne de l'acide anisique par oxydation avec l'acide chromique. — Pour les autres dérivés éthérés, voy. t. II, p. 829.

Monobromoparacrésol,

$$C^6H^3(OH)_{(1)}Br_{(2)}(CH^3)_{(4)}.$$

— Il a été obtenu par Vogt et Henninger, qui le préparent en ajoutant la quantité calculée de brome à du paracrésol dissous dans du sulfure de carbone. C'est une masse cristalline radiée, fusible à + 18° et bouillant à 220° [*Recherches inédites*].

Tétrabromoparacrésol [Baumann et Brieger, *Deutsch. chem. Gesellsch.*, 1879, p. 804]. — En ajoutant à une solution aqueuse de paracrésol de l'eau bromée jusqu'à ce qu'elle se colore en jaune, on voit bientôt apparaître un précipité formé de lamelles brillantes, qui fondent à 108-110°, et qui se décomposent lorsqu'on les conserve. Au contact d'eau de brome, il se dégage de l'acide carbonique, et ce dérivé se transforme lentement en tribromophénol.

Acide paracrésolsulfonique. — Lorsqu'on chauffe le paracrésol avec de l'acide sulfurique, il ne se forme, d'après Engelhardt et Latschinoff, qu'un seul acide crésolsulfonique; le même corps s'obtient par l'action successive de l'acide azoteux et de l'eau sur l'acide amidocrésylsulfonique préparé à l'aide de la paratoluidine [M. de Pechmann, *Liebig's Ann. Chem.*, t. CLXXIII, p. 203].

Armstrong et Field [*Chem. News*, t. XXVII, p. 318; *Deutsch. chem. Gesellsch.*, 1873, p. 973, et 1874, p. 406; *Bull. Soc. chim.*, t. XX, p. 556], en chauffant de l'acide sulfurique au bain-marie avec du crésol obtenu par distillation fractionnée du goudron de houille et bouillant entre 190 et 205°, et en transformant l'acide sulfonique en sel de potassium, ont pu séparer les sels des trois acides crésolsulfoniques. Le moins soluble des trois, cristallisant avec deux molécules d'eau, paraît correspondre à l'acide paracrésolsulfonique.

Les sels de cet acide sont décrits au t. II, p. 829.

Par l'action du brome sur le paracrésolsulfonate de potassium, on obtient un dérivé monobromé; par l'action ultérieure du brome, il se forme du tribromoparacrésol [Armstrong et Thorpe, *Journ. prakt. Chem.* (2), t. XIV, p. 442].

En traitant le sel de potassium par de l'acide azotique, on obtient l'acide *mononitrocrésolsulfonique;* le sel de ce nouvel acide, traité par de l'acide azotique, donne le dinitrocrésol fusible à 84°. Ce même sel fournit avec le brome du *dibromonitrocrésol.*

Acide paracrésoldisufonique, $C^7H^5(SO^3H)^2OH$. — Voyez t. II, p. 829.

NITROPARACRÉSOL, $C^6H^3(OH)_{(1)}(AzO^2)_{(3)}(CH^3)_{(4)}$. — Il a été obtenu par Wagner [*Deutsch. chem. Gesellsch.*, 1874, p. 535 et 1260], qui le prépare en faisant digérer de la mononitroacétoparatoluidine fusible à 92° (t. III, p. 487) avec de la soude caustique très concentrée.

Armstrong et Thorpe [*Report brit. Associat.*, 1875, p. 112] ont obtenu l'orthonitroparacrésol par nitration directe du paracrésol, en traitant le paracrésol à froid par de l'acide azotique étendu de son volume d'eau, et en distillant avec la vapeur d'eau le produit huileux préalablement lavé. La substance est purifiée par une nouvelle distillation avec la vapeur d'eau. Ce nitrocrésol forme des aiguilles aplaties, jaunes, fusibles à 33°,5, peu solubles dans l'eau, très solubles dans l'alcool et dans l'éther, et est précipité sous forme cristalline par addition d'eau à la solution alcoolique. Ce nitrocrésol doit être identique avec celui de Duclos (t. I, p. 989).

Les sels qu'il donne se décomposent par une ébullition prolongée de leur solution.

Sel de sodium, $C^7H^6(AzO^2)ONa$. Aiguilles rouge foncé, solubles dans l'eau et dans l'alcool.

Sel de baryum. Lamelles rouge clair.

Le *sel d'argent*, $C^7H^6(AzO^2)OAg$, est une poudre d'un rouge brique; le *sel de plomb* un précipité orange.

L'*éther méthylique* du paranitrocrésol s'obtient soit en chauffant le nitrocrésol avec la quantité théorique de potasse alcoolique et d'iodure de méthyle à 100°, soit en ajoutant le sel d'argent à de l'iodure de méthyle, dilué de son volume d'éther.

Il forme de longues aiguilles feutrées. Il bout à 274°, et distille avec la vapeur d'eau. Chauffé avec de l'ammoniaque alcoolique à 160-180°, il se transforme en nitrotoluidine, fusible à 165°.

L'*éther éthylique* forme des lamelles nacrées.

Dinitrocrésol, $C^6H^2(CH^3)(AzO^2)^2OH$. — La dinitroacétoparatoluidine (t. III, p. 487) ne donne, lorsqu'on la fait bouillir avec de la soude, que des traces de dinitrocrésol; par contre, on obtient facilement ce dernier en faisant bouillir durant une demi-heure de la soude et de la dinitrotoluidine (t. III, p. 479), qu'on prépare en chauffant la dinitroacétoluidine avec de l'ammoniaque alcoolique à 160-180°.

Wichelhaus [*Deutsch. chem. Gesellsch.*, 1874, p. 176; *Bull. Soc. chim.*, t. XXI, p. 522], en analysant une matière colorante connue sous le nom de jaune d'or ou jaune Victoria, reconnut qu'elle était composée du sel de potassium d'un dinitrocrésol qui paraît être identique avec celui de Wagner: il en est de même du corps que Martius et Wichelhaus ont obtenu [*Deutsch. chem. Gesellsch.*, 1869, p. 207; *Bull. Soc. chim.*, t. XII, p. 476] en décomposant la paratoluidine par l'acide azoteux; du produit préparé par Armstrong et Field (*loc. cit.*) en traitant l'acide paracrésolmétasulfonique par l'acide azotique; enfin du corps obtenu par Beilstein et Kreussler [*Ann. Chem. Pharm.*, t. CXLIV, p. 183] en évaporant des eaux mères de l'acide paraoxytoluique, eaux mères qui renfermaient de l'acide azotique.

Ce dinitrocrésol se forme aussi lorsqu'on dissout le dérivé azoïque de l'acide paramidométacrésylsulfonique dans de l'acide azotique et qu'on dilue la solution après quelque temps avec de l'eau [von Pechmann, *Liebig's Ann. Chem.*, t. CLXXIII, p. 205; *Deutsch. chem. Gesellsch.*, 1874, p. 719].

Le dinitroparacrésol, cristallisé dans l'alcool dilué, forme de longues aiguilles jaunes, fusibles à 84°, peu solubles dans l'eau, très solubles dans l'alcool et dans l'éther. Il se combine avec les bases, donne des sels peu solubles, ne possédant pas d'eau de cristallisation et qui colorent la laine en jaune.

Sel d'ammonium, $C^7H^5(AzO^2)^2OAzH^4$. — Aiguilles rouges, fusibles à 200° avec décomposition, très solubles dans l'eau, peu solubles dans l'alcool.

Sel de potassium, $C^7H^5(AzO^2)^2OK$. — Longues aiguilles rouges, très solubles dans l'eau, peu solubles dans l'alcool.

Sel de baryum, $[C^7H^5(AzO^2)^2O]^2Ba$. — S'obtient en ajoutant à une solution aqueuse de dinitrocrésol, de l'eau de baryte; il forme de fines aiguilles jaunes, peu solubles dans l'eau, presque insolubles dans l'alcool.

Sel de plomb, $[C^7H^5(AzO^2)^2O]^2Pb$. — Précipité jaune-rougeâtre, formé de fines aiguilles, peu solubles dans l'eau, insolubles dans l'alcool.

Sel d'argent, $C^7H^5(AzO^2)^2OAg$. — Se forme en ajoutant de l'azotate d'argent à une solution diluée chaude du sel ammoniacal. Belles aiguilles d'un rouge cramoisi.

Trinitrocrésol, $C^7H^5(AzO^2)^3O$. — Ce corps a été préparé par Fairlie, ensuite par Duclos (t. I, p. 989), et par Beilstein et Kellner [*Ann. Chem. Pharm.*, t. CXXVIII, p. 164; *Bull. Soc. chim.*, t. I, p. 378] à l'aide du crésol retiré du goudron de houille.

Le trinitrocrésol a aussi été obtenu par Liebermann et van Dorp [*Deutsch. chem. Gesellsch.*, 1871, p. 665; *Ann. Chem. Pharm.*, t. CLXIII, p. 97; *Bull. Soc. chim.*, t. XVI, p. 376] en chauffant l'acide nitrococcique durant plusieurs heures avec de l'eau en tubes scellés à 180°.

Il cristallise en longues aiguilles jaunes, fusibles à 105-106°; très solubles dans l'alcool, peu dans l'eau. Le *sel de potassium* est en petites aiguilles jaunes.

Par réduction du trinitrocrésol, en solution alcoolique, par du sulfhydrate d'ammonium, on obtient, indépendamment d'une matière colorante brune, difficile à éliminer, le *dinitroamidocrésol*, cristallisant en aiguilles jaunes, fusibles avec décomposition à 151°, insolubles dans l'eau froide, mais solubles dans l'eau bouillante, très solubles dans l'alcool et dans l'éther.

Les sels du dinitroamidocrésol sont la plupart peu solubles dans l'eau; le *sel de magnésium* est caractéristique: il se précipite sous forme de petits cristaux en ajoutant à une solution du sel ammoniacal une solution de sulfate de magnésium. Il forme de longues aiguilles.

Crésol trichloré. — Von Rad [*Ann. Chem. Pharm.*, t. CLI, p. 177], en faisant agir du chlore sur le crésol retiré du goudron de hêtre, a obtenu un liquide jaune très épais, qui ne se solidifie pas dans un mélange réfrigérant, et qui, exposé à la lumière, dégage de l'acide chlorhydrique; il ne peut pas être distillé.

Le crésol, chauffé légèrement avec du chlorate de potassium et de l'acide chlorhydrique, se colore en rouge; il se dégage de l'acide chlorhydrique, le liquide s'épaissit et se remplit de lamelles jaunes; celles-ci, recristallisées dans l'alcool, constituent un crésol trichloré. Ce corps est insoluble dans l'alcool à froid et l'acide acétique à chaud.

Azophénназloxycrésyle (*crésol-azobenzol*),

$$C^6H^5 . Az = Az . C^6H^3(CH^3)OH.$$

— Ce corps a été signalé par Mazzara [*Deutsch. chem. Gesellsch.*, 1879, p. 2367]. Il se forme, lorsqu'il est abandonné à lui-même, un mélange de nitrite de potassium et de nitrate d'aniline dissous dans beaucoup d'eau et additionné de paracrésol.

Ad. Kopp.

CRÉSOTIQUES (ACIDES),

$$C^8H^8O^3 = CH^3\text{-}C^6H^3 < \begin{matrix} OH \\ CO^2H \end{matrix}$$

— Trois acides de cette formule ont été décrits (t. II, p. 717) sous le nom d'*acides oxytoluiques*. Ces corps, qui sont les homologues des acides oxybenzoïques (salicylique, etc.), ont été depuis l'objet d'un assez grand nombre de travaux dont plusieurs sont contradictoires; mais on connaît exactement aujourd'hui la constitution de six acides crésotiques, dont cinq ont été obtenus par Tiemann et Schotten [*Deutsch. chem. Gesellsch.*, 1878, p. 767, *Bull. Soc. chim.*, t. XXXI, p. 426] par oxydation des aldéhydes crésotiques.

Par les oxydants, ces aldéhydes ne se transforment que difficilement en acides correspondants. On obtient de meilleurs résultats en faisant usage de leurs dérivés acétylés; oxydés par le permanganate de potassium en solution acétique, ils fournissent les acides crésotiques acétylés, qu'il suffit de fondre avec de la potasse et de précipiter ensuite par de l'acide chlorhydrique pour obtenir les acides crésotiques.

ACIDES CRÉSOTIQUES PRÉPARÉS AVEC L'ORTHOCRÉSOL.

1° *Acide orthohomosalicylique*,

$$C^6H^3(OH)_{(1)}(CH^3)_{(2)}(CO^2H)_{(6)}.$$

Cet acide est obtenu par fusion avec la potasse de l'aldéhyde orthohomosalicylique; il fond à 150-160°; c'est l'acide crésotique-β de Engelhardt et Latschinoff, qui renfermait encore de l'acide parahomosalicylique (Tiemann et Schotten). Il se forme encore par oxydation de la β-xylène-sulfamide, fusible à 95-96°, au moyen de l'acide chromique, et en traitant par la potasse l'acide sulfamine-toluique ainsi obtenu [Jacobsen, *Deutsch. chem. Gesellsch.*, 1878, p. 900].

2° *Acide orthohomoparoxybenzoïque*,

$$C^6H^3(OH)_{(1)}(CH^3)_{(2)}(CO^2H)_{(4)}.$$

— Se forme aux dépens de l'aldéhyde orthohomoparoxybenzoïque; il a été obtenu par Jacobsen [*Deutsch. chem. Gesellsch.*, 1878, p. 893, 1529] et par Iles et Ira Remsen [*Ibid.*, p. 888, 1326] au moyen de l'acide sulfamine-toluique fusible à 254° (préparé par oxydation de la xylène-sulfamide-α, $C^6H^3(SO^2AzH^2)_{(1)}(CH^3)_{(2)}(CH^3)_{(4)}$, fusible à 137°). On fond cet acide avec de la potasse. L'acide orthobromoparoxybenzoïque cristallise dans l'eau en petites aiguilles, colorées faiblement en rose, renfermant 1/2 molécule d'eau qu'il perd à 100°; sec, il fond à 172-173°. Il se dissout très peu dans le chloroforme à froid, plus facilement à chaud, très facilement dans l'eau bouillante, l'alcool et l'éther.

Les solutions aqueuses ne sont pas colorées par le perchlorure de fer. Les sels neutres de baryum et de calcium sont très solubles, l'ammoniaque ne précipite pas de sels basiques de leurs solutions.

ACIDES CRÉSOTIQUES PREPARÉS AVEC LE MÉTACRÉSOL.

Acide métahomosalicylique,

$$C^6H^3(OH)_{(1)}(CH^3)_{(3)}(COH^2)_{(6)}.$$

— Se forme par oxydation de l'aldéhyde métahomosalicylique; c'est l'acide crésotique-γ fusible à 173°.

Jacobsen [*Deutsch. chem. Gesellsch.*, 1878, pp. 374, 570] a préparé cet acide par la fusion du paraxénol avec de l'hydrate de potassium.

Cet acide crésotique se dépose en longues aiguilles d'une solution dans l'eau bouillante; le chloroforme le dissout à froid et l'abandonne par évaporation sous forme de lamelles. Il donne avec le perchlorure de fer une coloration violette.

Le *sel de baryum*, assez peu soluble, cristallise en prismes, ne renfermant pas d'eau de cristallisation.

Le *sel ammoniacal* forme, par évaporation de sa solution, une masse cristalline; sa solution concentrée ne précipite les sels de baryum et de potassium qu'à chaud et avec un excès d'ammoniaque; les sels de cuivre donnent un précipité jaune-verdâtre, d'abord floconneux, devenant cristallin.

Le *sel d'argent* forme un précipité blanc, soluble dans beaucoup d'eau et cristallisant en lamelles par le refroidissement.

Sel de plomb. — Précipité blanc, floconneux, assez soluble dans l'eau chaude.

Jacobsen a dédoublé cet acide crésotique en acide carbonique et en métacrésol, en le chauffant avec de l'acide chlorhydrique à 170°.

Acide métahomoparoxybenzoïque,

$$C^6H^3(OH)_{(1)}(CH^3)_{(3)}(CO^2H)_{(4)}.$$

— Obtenu à l'aide de l'aldéhyde métahomoparoxybenzoïque, il cristallise dans l'eau en petites aiguilles blanches, renfermant 1/2 molécule d'eau, qu'il perd à 100°; à l'état anhydre il fond à 177-178°. Il se dissout peu dans l'eau froide, encore moins dans le chloroforme, facilement dans l'eau chaude, l'alcool et l'éther.

ACIDE CRÉSOTIQUE PRÉPARÉ AVEC LE PARACRÉSOL.

Acide parahomosalicylique,

$$C^6H^3(OH)_{(1)}(CO^2H)_{(2)}(CH^3)_{(4)}.$$

— C'est l'acide α-crésotique de Engelhardt et Latschinoff; il a aussi été préparé par Jacobsen (*loc. cit.*) par l'action prolongée de la potasse sur le métaxénol $C^6H^3(OH)_{(1)}(CH^3)_{(2)}(CH^3)_{(4)}$. Il fond à 151°; les autres propriétés sont identiques avec celles des acides ortho- et métahomosalicylique. Il se dissout en petite quantité dans l'eau froide, plus facilement à chaud et dans l'alcool, l'éther, le chloroforme. Il cristallise dans l'eau ou dans l'alcool dilué en aiguilles blanches brillantes; avec le perchlorure de fer, ses solutions donnent une coloration bleue et violette, comme l'acide salicylique. Le chlorure de baryum ne forme pas de précipité dans une solution d'homosalicylate d'ammonium, mais il en sépare un sel basique lorsqu'on ajoute un excès d'ammoniaque et qu'on chauffe. En ajoutant à la solution neutre ammoniacale du sulfate de cuivre, il se précipite des sels de cuivre neutres, jaune-verdâtre, cristallins, qui se dissolvent dans une grande quantité d'eau chaude.

ACIDES HOMOMÉTAXYBENZOÏQUES. — La théorie indique la possibilité de quatre de ces acides (2 dérivés de l'orthocrésol, 1 dérivé du métacrésol et 1 dérivé du paracrésol). Les aldéhydes correspondantes ne sont pas connues; elles ne prennent pas naissance dans les réactions décrites. Un acide *homométaxybenzoïque* de la formule $C^6H^3(OH)_{(1)}(CH^3)_{(2)}(CO^2H)_{(5)}$ a été obtenu par Flesch [*Deutsch. chem. Gesellsch.*, 1873, p. 641] en partant du cymène du camphre. Le cymène est transformé en sulfhydrate $C^{10}H^{13}.SH$ et ce dernier, traité au bain-marie par l'acide azotique, se transforme en acide crésotique.

Cet acide se forme aussi par la fusion avec la potasse des acides paratoluiques chloré et bromé [E. von Gerichten, *Deutsch. chem. Gesellsch.*, 1878, p. 368; — Von Gerichten et Rössler, *ibid.*, 1878, p. 705, 1586]. L'acide paratoluique chloré est obtenu en traitant le cymène chloré (préparé avec le thymol), fusible à 208-210°, avec de l'acide azotique.

L'acide paratoluique nitré, obtenu par Fittig [*Deutsch. chem. Gesellsch.*, 1876, p. 927] avec le cymol, donne également cet acide crésotique. L'acide nitroparatoluique, fusible à 190°, est transformé en acide amidotoluique fusible à 164°; le sulfate est traité par de l'acide azoteux, et le dérivé diazoïque est décomposé par une ébullition avec de l'eau.

Enfin, Hall et Ira Remsen [*Deutsch. chem. Gesellsch.*, 1878, p. 229, 1879, p. 1432] l'ont obtenu par fusion avec de la potasse de l'acide sulfamine-paratoluique.

D'après von Gerichten et Rössler [*Deutsch. chem. Gesellsch.*, 1879, p. 1586], cet acide cristallise en longues aiguilles soyeuses, fusibles à 203-204°, peu solubles dans l'eau froide, très solubles dans l'eau chaude, dans l'alcool et l'éther, insolubles dans le chloroforme; elles sont volatiles avec la vapeur d'eau.

Le *sel de plomb* cristallise avec 2 molécules d'eau et forme de belles aiguilles brillantes. Le *sel de calcium* cristallise avec $4H^2O$.

L'éther éthylique forme des mamelons fusibles à 74-75°. *L'éther diméthylique* cristallise en aiguilles; chauffé avec de la potasse, il se convertit en acide méthylcrésotique, fusible à 156°.

L'acide homométoxybenzoïque, chauffé en tube scellé à 240° avec de l'acide chlorhydrique concentré, n'est pas décomposé; mais par la distillation du sel de potassium avec de la potasse on obtient de l'orthocrésol.

Ainsi que nous venons de le dire, Tiemann et Schotten sont parvenus à transformer les trois crésols isomériques en cinq acides crésotiques, en passant par leurs aldéhydes. Les trois acides homosalicyliques, désignés autrefois sous la dénomination d'acides crésotiques α, β et γ, se forment aussi par l'action du sodium et de l'acide carbonique sur les crésols; mais cette réaction ayant lieu à une température élevée (180-200°), température à laquelle peut avoir lieu une transposition moléculaire, il était intéressant de découvrir une méthode propre à transformer les phénols en acides à basse température. C'est ce que Reimer et Tiemann ont réalisé en faisant agir à 100° le tétrachlorure de carbone sur les crésates sodiques. La réaction est exprimée par l'équation générale :

$$R \lessdot \begin{matrix} H \\ ONa \end{matrix} + CCl^4 + 5NaHO$$
$$= R \lessdot \begin{matrix} CO^2Na \\ ONa \end{matrix} + 4NaCl + 3H^2O.$$

C. Schall [*Deutsch. chem. Gesellsch.*, 1879, p. 816] a employé cette méthode pour transformer les trois crésols en acides crésotiques, et a obtenu cinq acides crésotiques identiques avec les acides préparés par oxydation des aldéhydes crésotiques. Pour établir avec certitude leur constitution, il les a transformés par oxydation en acides oxyphtaliques, dont la constitution est connue. A cet effet, les acides crésotiques sont dissous dans 10 p. d'alcool méthylique et transformés par la quantité nécessaire de sodium en sels de sodium basiques :

$$C^6H^3(CH^3)(ONa)(CO^2Na).$$

Après dessiccation préalable, on chauffe ceux-ci à 140-150° avec de l'iodure de méthyle et l'on saponifie les éthers diméthylés par la potasse. Les acides méthylcrésotiques

$$C^6H^3(CH^3)(OCH^3)(CO^2H)$$

ainsi obtenus sont oxydés par le permanganate de potassium en solution bouillante à 1/200, et fournissent des acides méthoxyphtaliques

$$C^6H^3(OCH^3)(CO^2H)^2$$

que l'acide chlorhydrique convertit à 160° en acides oxyphtaliques $C^6H^3(OH)(CO^2H)^2$.

Le tableau suivant donne les formules et les points de fusion de ces différents corps, et permet d'embrasser ces transformations successives. Les noms des homologues des acides oxybenzoïques (homosalicylique, homoparoxybenzoïque, etc.) ont été formés de telle sorte que le préfixe placé devant homo indique la position du groupe CH^3 par rapport à l'oxhydryle.

1. *Acide orthohomosalicylique*,
$C^6H^3(OH)_{(1)}(CH^3)_{(2)}(CO^2H)_{(6)}$,
fusible à 164°.

Acide méthylorthohomosalicylique,
$C^6H^3(OCH^3)_{(1)}(CH^3)_{(2)}(CO^2H)_{(6)}$,
fusible à 81°.

Acide β-méthoxyisophtalique,
$C^6H^3(OCH^3)_{(1)}(CO^2H)_{(2)}(CO^2H)_{(6)}$,
fusible à 216-218°.

Acide β-oxyisophtalique,
$C^6H^3(OH)_{(1)}(CO^2H)_{(2)}(CO^2H)_{(6)}$,
fusible à 242°.

2. *Acide métahomosalicylique*,
$C^6H^3(OH)_{(1)}(CH^3)_{(3)}(CO^2H)_{(6)}$,
fusible à 173°.

Acide méthylmétahomosalicylique,
$C^6H^3(OCH^3)_{(1)}(CH^3)_{(3)}(CO^2H)_{(6)}$,
fusible à 103°.

3. *Acide orthohomométoxybenzoïque*.
$C^6H^3(OH)_{(1)}(CH^3)_{(2)}(CO^2H)_{(5)}$,
fusible à 203-204°.

Acide méthylorthohomométaoxybenzoïque.
$C^6H^3(OCH^3)_{(1)}(CH^3)_{(2)}(CO^2H)_{(5)}$,
fusible à 156°.

Méthoxytéréphtalique,
$C^6H^3(OCH^3)_{(1)}(CO^2H)_{(3)}(CO^2H)_{(6)}$,
fusible à 277-279°.

Oxytéréphtalique,
$C^6H^3(OH)_{(1)}(CO^2H)_{(3)}(CO^2H)_{(6)}$,
fusible au-dessus de 300°.

4. *Acide parahomosalicylique*,
$C^6H^3(OH)_{(1)}(CH^3)_{(4)}(CO^2H)_{(2)}$,
fusible à 151°.

Acide méthylparahomosalicylique,
$C^6H^3(OCH^3)_{(1)}(CH^3)_{(4)}(CO^2H)_{(2)}$,
fusible à 67°.

5. *Acide orthohomoparoxybenzoïque*,
$C^6H^3(OH)_{(1)}(CH^3)_{(2)}(CO^2H)_{(4)}$,
fusible à 172°.

Acide orthohomoanisique,
$C^6H^3(OCH^3)_{(1)}(CH^3)_{(2)}(CO^2H)_{(4)}$,
fusible à 192°.

Acide α-méthyloxyisophtalique,
$C^6H^3(OCH^3)_{(1)}(CO^2H)_{(4)}(CO^2H)_{(2)}$,
fusible à 261°.

Acide α-oxyisophtalique,
$C^6H^3(OH)_{(1)}(CO^2H)_{(4)}(CO^2H)_{(2)}$,
fusible au-dessus de 300°.

6. *Acide métahomoparoxybenzoïque*,
$C^6H^3(OH)_{(1)}(CH^3)_{(3)}(CO^2H)_{(4)}$,
fusible à 178°.

Acide métahomoanisique,
$C^6H^3(OCH^3)_{(1)}(CH^3)_{(3)}(CO^2H)_{(4)}$,
fusible à 170°.

Acide méthyloxyorthophtalique,
$C^6H^3(OCH^3)_{(1)}(CO^2H)_{(3)}(CO^2H)_{(4)}$
fusible à 138-144°.

Acide oxyorthophtalique,
$C^6H^3(OH)_{(1)}(CO^2H)_{(3)}(CO^2H)_{(4)}$,
fusible à 181°.

Ad. Kopp.

CRÉSOTIQUES (ALDÉHYDES) [Syn. : *Oxytoluiques (aldéhydes)*],

$$C^8H^8O^2 = CH^3\text{-}C^6H^3 \lessdot \begin{matrix} OH \\ CHO. \end{matrix}$$

— Tiemann et Schotten ont obtenu ces homologues des aldéhydes oxybenzoïques en faisant agir le chloroforme sur les crésols isomériques en présence de la soude.

Dans ces conditions, le groupe CHO vient occuper les positions ortho et para, par rapport au groupe OH des crésols, de sorte que l'orthocrésol fournit deux aldéhydes crésotiques, le métacrésol pareillement deux, et le paracrésol une seule; ces aldéhydes sont donc les homologues de deux aldéhydes oxybenzoïques seulement, comme le montre le tableau suivant :

Orthocrésol. — Aldéhyde orthohomosalicylique,

$$C^6H^3(OH)_{(1)}(CH^3)_{(2)}(CHO)_{(6)};$$

Aldéhyde orthohomoparoxybenzoïque,

$$C^6H^3(OH)_{(1)}(CH^3)_{(2)}(CHO)_{(4)}.$$

Métacrésol. — Aldéhyde métahomosalicylique,

$$C^6H^3(OH)_{(1)}(CH^3)_{(3)}(CHO)_{(2\ ou\ 6)};$$

Aldéhyde métahomoparoxybenzoïque,

$$C^6H^3(OH)_{(1)}(CH^3)_{(3)}(CHO)_{(4)}.$$

Paracrésol. — Aldéhyde parahomosalicylique,

$$C^6H^3(OH)_{(1)}(CH^3)_{(4)}(CHO)_{(2)}.$$

Le métacrésol devrait engendrer, dans la réaction indiquée, trois aldéhydes isomériques, mais on n'en a obtenu que deux [F. Tiemann et C. Schotten, *Deutsch. chem. Gesellsch.*, 1878, p. 767; *Bull. Soc. chim.*, t. XXXI, p. 420].

Voici comment on prépare ces aldéhydes : 20 gr. de crésol sont chauffés au réfrigérant ascendant avec une solution de 50 gr. de soude ou de potasse caustique dans 150 gr. d'eau, et 30 à 40 gr. de chloroforme que l'on a soin d'ajouter par petites portions; la masse prend une coloration rouge et la réaction est terminée au bout de 3 à 4 heures. Le liquide est alors acidulé et distillé dans un courant de vapeur d'eau : les aldéhydes homosalicyliques et l'excès de crésol sont entraînés, tandis que les matières résineuses et les aldéhydes homoparoxybenzoïques (le paracrésol n'en fournit pas) restent dans le vase distillatoire et cristallisent par refroidissement de la liqueur filtrée. Le liquide distillé est épuisé par l'éther, et la solution éthérée est agitée avec une solution étendue de bisulfite de sodium qui s'empare des aldéhydes, laissant les crésols dans la couche éthérée; il est important de ne pas employer une solution concentrée de bisulfite, par la raison que les combinaisons bisulfitiques des aldéhydes homosalicyliques peu solubles se précipiteraient et entraîneraient du crésol difficile à enlever par des lavages. Par un procédé analogue, on débarrasse les aldéhydes homoparoxybenzoïques des matières colorantes qui les accompagnent, mais ici la cristallisation n'est pas à craindre, les composés de bisulfite et d'aldéhyde étant très solubles. Finalement on met les aldéhydes en liberté à l'aide de l'acide sulfurique étendu.

Par ce procédé, l'orthocrésol et le métacrésol fournissent environ 10 °/₀ d'aldéhydes homosalicyliques et 8 à 10 °/₀ d'aldéhydes paroxybenzoïques; le paracrésol donne 25 °/₀ de son poids en aldéhyde parahomosalicylique.

La potasse en fusion ou le permanganate de potassium, agissant sur leurs dérivés acétylés, les transforment en acides crésotiques (p. 541).

I. — ALDÉHYDES HOMOSALICYLIQUES.

Elles sont peu solubles dans l'eau, très solubles dans l'alcool, l'éther, le chloroforme. Elles sont volatiles avec la vapeur d'eau. L'ammoniaque et les alcalis les colorent en un jaune foncé; les combinaisons ammoniacales formées sont peu solubles dans un excès d'ammoniaque; elles précipitent en blanc par l'acétate de plomb et le nitrate d'argent, en vert par le sulfate de cuivre; ces précipités sont insolubles dans un excès d'ammoniaque. On connaît trois aldéhydes homosalicyliques :

1° ALDÉHYDE ORTHOHOMOSALICYLIQUE (1.2.6). — Préparée à l'aide de l'orthocrésol. Cristaux incolores, fusibles à 17°, bouillant à 208-209°, d'odeur agréable. Coloration bleuâtre avec le chlorure ferrique.

2° ALDÉHYDE MÉTAHOMOSALICYLIQUE (1.2.3 ou 1.3.6). — Elle dérive du métacrésol. Cristaux fusibles à 54°, bouillant à 222-223°, d'une odeur d'aldéhyde salicylique, rappelant en même temps l'essence d'amandes amères. Coloration violette avec le chlorure ferrique.

3° ALDÉHYDE PARAHOMOSALICYLIQUE (1.2.4). — Obtenue avec le paracrésol. Lamelles nacrées, blanches, constituées par des tables hexagonales microscopiques, fusibles à 56°, bouillant de 217 à 218°. Odeur d'aldéhyde salicylique, forte et presque repoussante. Coloration bleu foncé avec le perchlorure de fer.

Les dérivés de cette aldéhyde ont été étudiés par Schotten. L'acide nitrique concentré fournit, à une douce chaleur, le *dérivé orthonitré*

$$C^6H^2(OH)_{(1)}(CHO)_{(2)}(CH^3)_{(4)}(AzO^2)_{(6)},$$

cristallisé en aiguilles blanc-jaunâtre, fusibles à 141° et sublimables, peu solubles dans l'eau bouillante. Il s'unit au bisulfite. Son sel potassique fournit, avec le nitrate d'argent, un précipité rouge.

Aldéhyde acétoparahomosalicylique,

$$C^{10}H^{10}O^3 = C^6H^3(OC^2H^3O)(CH^3)(COH).$$

— L'aldéhyde est additionnée de la quantité calculée de potasse aqueuse et séchée au bain-marie; le résidu, pulvérisé et mis en suspension dans l'éther, est traité par l'anhydride acétique en quantité théorique; après une agitation prolongée, l'éther laisse, par l'évaporation, l'aldéhyde acétoparahomosalicylique en longues aiguilles soyeuses, fusibles à 57°. Le chlorure ferrique ne la colore pas, le bisulfite s'y combine; l'eau bouillante la saponifie lentement.

A la manière des aldéhydes, elle peut fixer, par addition directe, une molécule d'anhydride acétique en donnant le composé

$$C^6H^3(OC^2H^3O)(CH^3)CH(OC^2H^3O)^2.$$

On l'obtient en portant à l'ébullition, pendant quelques heures, un mélange de 1 p. d'aldéhyde et de 3 p. d'anhydride. Il se dépose dans l'alcool en cristaux transparents fusibles à 94°; la soude ou l'eau bouillante le saponifient rapidement.

Aldéhyde méthylparahomosalicylique,

$$C^9H^{10}O^2 = C^6H^3(OCH^3)(CH^3)(CHO).$$

— On la prépare en chauffant l'aldéhyde avec de l'iodure de méthyle et de la potasse en solution dans l'alcool méthylique. C'est un liquide incolore, d'une odeur de créosote, bouillant à 254°; elle n'est colorée ni par la soude ni par le chlorure ferrique.

Parahomosaligénine,

$$C^8H^{10}O^2 = C^6H^3(OH)(CH^3)(CH^2.OH).$$

— On fait agir l'amalgame de sodium, pendant un à deux jours, sur un mélange d'eau et d'aldéhyde, on neutralise exactement par l'acide sulfurique étendu, on filtre et on extrait la parahomosaligénine par l'éther. Elle cristallise dans l'eau bouillante en lamelles rhombiques incolores; solubles dans 15 p. d'eau froide, fusibles à 105°. Les acides l'altèrent à l'instar de la saligénine, l'acide sulfurique concentré la colore en brun rouge ; le chlorure ferrique en bleu foncé [C. Schotten, *Deutsch. chem. Gesellsch.*, 1878, p. 784 ; *Bull. Soc. chim.*, t. XXXI, p. 429].

II. — *Aldéhydes homoparoxybenzoïques.*

Assez solubles dans l'eau bouillante ; très solubles dans l'alcool et l'éther, moins solubles dans le chloroforme. Non volatiles avec les vapeurs aqueuses. Solubles sans coloration dans les alcalis et dans l'ammoniaque ; le nitrate d'argent, l'acétate de plomb et le sulfate de cuivre précipitent la solution ammoniacale ; le précipité bleu, produit par le dernier réactif, est soluble dans un excès d'ammoniaque.

1° ALDÉHYDE ORTHOHOMOPAROXYBENZOÏQUE (1.2.4). — Dérivée de l'orthocrésol. Prismes terminés en pointe, souvent maclés à la manière du gypse en fer de lance, fusibles à 115° ; incolore à l'état récent, jaunissant avec le temps. Coloration bleu-violet avec le chlorure ferrique.

L'acide nitrique concentré la transforme, à une douce chaleur, en *dérivé orthonitré*

$$C^6H^2(OH)_{[1]}(CH^3)_{[2]}(CHO)_{[4]}(AzO^2)_{[6]};$$

aiguilles blanc-jaunâtre, fusibles à 152° et sublimables, très peu solubles dans l'eau bouillante. Ce corps nitré n'est pas coloré par le chlorure ferrique ; il s'unit au bisulfite et donne avec la potasse un sel cristallisé en fines aiguilles (Schotten).

2° ALDÉHYDE MÉTAHOMOPAROXYBENZOÏQUE (1.3.4). — Préparée avec le métacrésol. Lamelles incolores, ne devenant pas jaunes, fusibles à 110°. Coloration rose avec le perchlorure de fer (Tiemann et Schotten).

A. Henninger.

CRÉSYLE (DÉRIVÉS SULFURÉS). — SULFHYDRATES [Syn. *Crésylmercaptans*],

$$C^6H^4(CH^3)SH.$$

— On connaît trois isomères de cette composition.

Sulfhydrate d'orthocrésyle. — Hübner et Post [*Zeitschr. Chem.*, 1870, p. 390 ; *Bull. Soc. chim.*, t. XVI, p. 130] ont obtenu ce corps en réduisant par l'étain et l'acide chlorhydrique le chlorure de l'acide parabromorthocrésylsulfonique (t. III, p. 454). Le sulfhydrate de crésyle bromé formé, est ensuite traité par l'amalgame de sodium.

Ce corps forme des lamelles fines brillantes, fusibles à 15°, bouillant à 188° ; il est insoluble dans l'eau, miscible à l'alcool.

Le *sel de plomb* $(C^6H^4.CH^3.S)^2Pb$ forme un précipité rouge ; il s'oxyde facilement.

Le *dérivé bromé* $C^6H^3Br(CH^3)SH$ bout à 245°.

Sulfhydrate de métacrésyle. Se forme comme son isomère par réduction du chlorure orthobromométacrésylsulfonique.

Ce sulfhydrate de crésyle forme un liquide incolore, très réfringent, d'une odeur désagréable, bouillant à 188-190°, ne se solidifiant pas à — 10°.

Le *sel de plomb* se précipite à l'état d'une poudre jaune lorsqu'on mélange des solutions alcooliques d'acétate de *plomb* et de sulfhydrate de crésyle.

Sulfhydrate de paracrésyle. — Se prépare, d'après Otto [*Deutsch. chem. Gesellsch.*, 1877, p. 939], en réduisant le paracrésylsulfinate de zinc par de l'acide chlorhydrique et du zinc ; il se forme du sulfhydrate et du disulfure, ce dernier est réduit dans la solution même par de la poudre de zinc ; le sulfhydrate est distillé avec de la vapeur d'eau :

$$C^6H^4(CH^3)SO^2H + 2H^2 = 2H^2O + C^6H^4(CH^3)SH.$$

Le parasulfhydrate de crésyle cristallise en grandes lamelles incolores, d'une odeur particulière ; il fond à 43° et bout à 188°. Il est très soluble dans l'éther, moins soluble dans l'alcool, insoluble dans l'eau.

On obtient le *sel de mercure* en mélangeant de l'oxyde de mercure avec une solution alcoolique de sulfhydrate de crésyle ; il cristallise en lamelles blanches brillantes. Le *sel de plomb* forme des flocons jaune-orange.

Le parasulfhydrate de crésyle présente une réaction caractéristique avec l'acide sulfurique concentré ; on obtient une belle solution bleue ; il se dégage de l'acide sulfureux ; l'eau précipite de la solution un corps résineux faiblement coloré en rouge.

Par l'action de l'acide azotique, d'une densité de 1,3, il se forme de l'acide nitrocrésylsulfonique, de l'acide sulfurique et du dioxydisulfure de paracrésyle $C^{14}H^{14}S^2O^2$.

DISULFHYDRATE DE CRÉSYLÈNE, $C^7H^6(SH)^2$. — Dennstedt a obtenu ce corps [*Deutsch. chem. Gesellsch.*, 1879, p. 1640] par réduction du chlorure α-crésylène-disulfonique, fusible à 52°, par l'étain et l'acide chlorhydrique. Le disulfhydrate de crésylène fond à 34,5-35° ; il forme un sel de plomb coloré en rouge jaunâtre de la formule $CH^3.C^6H^3.S^2Pb$.

SULFURE DE PARACRÉSYLE, $(C^7H^7)^2S$. — Otto, Löwenthal et Gruber [*Ann. Chem. Pharm.*, t. CLXIX, p. 116 ; — Otto, *Deutsch. chem. Gesellsch.*, 1879, p. 1176] l'ont obtenu en soumettant à la distillation sèche le sel de plomb du sulfhydrate de paracrésyle :

$$\begin{matrix}(C^7H^7)^2\\Pb\end{matrix} > S^2 = PbS + \begin{matrix}C^7H^7\\C^7H^7\end{matrix} > S.$$

Le produit brut est traité par la potasse diluée et la masse jaune insoluble est cristallisée dans l'alcool. On obtient ainsi des aiguilles blanches, insolubles dans l'eau, très solubles dans l'alcool absolu, l'éther et la benzine, et distillant sans décomposition ; fusibles à 56-57°.

DISULFURE DE PARACRÉSYLE, $C^{14}H^{14}S^2$. — Il se forme toujours en assez grande quantité, lorsqu'on prépare le sulfhydrate de paracrésyle à l'aide du chlorure paracrésylsulfonique [Otto et Schiller, *Deutsch. chem. Gesellsch.*, 1876, p. 1588] ; il se produit d'abord de l'acide paracrésylsulfinique

$$C^7H^7.SO^2Cl + H^2 = C^7H^7.SO^2H + HCl,$$

et ce corps, agissant à son tour sur le sulfhydrate, donnerait naissance au disulfure :

$$C^7H^7.SO^2H + 3C^7H^7.SH = 2(C^7H^7)^2S^2 + 2H^2O.$$

On l'obtient encore en évaporant une solution de sulfhydrate de paracrésyle dans de l'ammoniaque alcoolique ou bien, d'après Beckurts et Otto [*Deutsch. chem. Gesellsch.*, 1878, p. 2066 ; *Bull. Soc. chim.*, t. XXXII, p. 318], par l'action de la chlorhydrine sulfurique $SO^2(OH)Cl$ sur le sulfhydrate de paracrésyle.

Il cristallise en grandes aiguilles fusibles à 41°, insolubles dans l'eau, solubles dans l'alcool ; par l'hydrogène naissant il est transformé en sulfhydrate de paracrésyle.

DISULFOXYDE DE PARACRÉSYLE, $C^{14}H^{14}S^2O^2$. — Otto et Gruber [*Ann. Chem. Pharm.*, t. CXLII, p. 92 ; t. CXLV, p. 10] l'ont préparé en chauffant l'acide paracrésylsulfinique avec de l'eau à 120-130° :

$$3C^7H^8SO^2 = C^{14}H^{14}S^2O^2 + C^7H^8SO^3 + H^2O.$$

Le disulfoxyde cristallise dans l'alcool absolu chaud en grands prismes brillants, insolubles dans l'eau, très solubles dans l'alcool, la benzine et l'éther chaud, fusibles à 76°.

Ce corps est transformé par l'hydrogène naissant en sulfhydrate de paracrésyle. Par l'ébullition avec de la potasse concentrée il est décomposé avec formation de disulfure de paracrésyle, de paracrésylsulfonate et paracrésylsulfinate de potassium :

$$2\,C^{14}H^{14}S^2O^2 + H^2O$$
$$= \begin{matrix}C^7H^7\\C^7H^7\end{matrix}\!>S^2 + C^7H^8SO^3 + C^7H^8SO^2.$$

Bromure de disulfoxyde de paracrésyle,

$$(C^{14}H^{14}S^2O^2)^2Br^2.$$

— Ce corps a été d'abord préparé par Otto et Gruber (*loc. cit.*), ensuite étudié par Otto, Loewenthal et Gruber (*loc. cit.*). On fait arriver goutte à goutte du brome sur le disulfoxyde mis en suspension dans l'eau. Le bromure est purifié par cristallisation dans l'éther. Il forme de petites aiguilles blanches, très solubles dans l'éther et la benzine, insolubles dans l'eau.

Par l'action de l'ammoniaque il se forme de la crésylsulfamide, fusible à 140° et du disulfure de crésyle :

$$(C^{14}H^{14}S^2O^2)^2Br^2 + 4\,AzH^3$$
$$= 2\,AzH^4Br + 2\,C^7H^7.SO^2.AzH^2 + (C^7H^7)^2S^2.$$

En faisant agir un excès de brome sur le disulfoxyde, délayé dans l'eau, on obtient du bromure paracrésylsulfonique $C^7H^7.SO^2Br$, fusible à 96° :

$$C^{14}H^{14}S^2O^2 + Br^2 + O^2 = 2\,C^7H^7.SO^2Br.$$

Le chlore agit beaucoup plus énergiquement sur le disulfoxyde que le brome : il se forme du chlorure paracrésylsulfonique, fusible à 68°.

DIPARACRESYLSULFONE [Syn. *Sulfotoluide*]. — Ce composé, $(C^7H^7)^2SO^2$, qui a été découvert par Deville dans la réaction de l'acide sulfurique anhydre sur le toluène (t. III, p. 447), s'obtient aussi lorsqu'on fait agir sur le toluène un mélange d'acide paracrésylsulfonique et d'anhydride phosphorique (Michael et Adair) ou de chlorure paracrésylsulfonique et de chlorure d'aluminium (Beckurts et Otto), ou enfin lorsqu'on oxyde le sulfure de paracrésyle [Otto, *Deutsch. chem. Gesellsch.*, 1879, p. 1177] ; 5 p. du sulfure sont chauffées avec 150 p. d'acide acétique concentré, et on ajoute au liquide 5 p. de permanganate de potassium. L'oxyde de manganèse précipité étant épuisé par de l'alcool, on obtient un corps fusible à 158°, bouillant à 404,6-405°,2 sans décompolition (détermination faite à l'aide du thermomètre de Crafts). A. Kopp.

CRÉSYLÈNE-DIAMINE,

$$C^7H^{10}Az^2 = CH^3\text{-}C^6H^3(AzH^2)^2.$$

— On connait trois crésylènes-diamines, dont l'étude a été faite d'abord par Beilstein et Kuhlberg [*Zeitschr. Chem.*, 1871, p. 134, *Ann. Chem. Pharm.*, t. CLVIII, p. 350; *Bull. Soc. chim.*, t. XV, p. 249].

I MÉTACRÉSYLÈNE-DIAMINE ou α-crésylène-diamine, $C^6H^3(CH^3)_{(1)}(AzH^2)_{(2)}(AzH^2)_{(4)}$; c'est la base découverte par Hofmann dans un produit solide provenant d'une fabrique d'aniline [*Compt. rend.*, t. LIII, p. 889] et qui prend naissance par la réduction du paraorthodinitrotoluène, fusible à 70°5. Hell et Schoop l'ont aussi retrouvée dans les queues d'aniline [*Deutsch. chem. Gesellsch.*, 1879, p. 73].

La métacrésylène-diamine forme de longues aiguilles fusibles à 99°, bouillant à 280° (Beilstein et Kuhlberg) à 283-285° (Hell et Schoop); peu soluble dans l'eau froide, elle l'est facilement dans l'eau chaude, l'alcool et l'éther.

Le *sulfate* $C^7H^6(AzH^2)^2,H^2SO^4 + 2H^2O$ cristallise dans l'eau en longs prismes brillants qui se colorent bientôt en rouge; il est précipité par l'alcool de sa solution aqueuse. 100 p. d'eau en dissolvent 5p,58 à 19°.

Le *chlorhydrate* $C^7H^6(AzH^2)^2,2HCl$ cristallise facilement dans l'acide chlorhydrique; il est très soluble dans l'eau.

Le *bromhydrate* cristallise en aiguilles courtes, solubles dans l'eau et dans l'alcool.

Le *sel de platine* forme des lamelles jaune d'or, très solubles dans l'eau.

Acéto-crésylène-diamine,

$$C^7H^6<\begin{matrix}AzH.C^2H^3O.\\AzH^2\end{matrix}$$

[Tiemann, *Deutsch. chem. Gesellsch.*, 1870, p, 219]. En chauffant, au réfrigérant ascendant, une molécule de crésylène-diamine avec un peu moins de deux molécules d'acide acétique cristallisable dilué d'un peu d'eau, on obtient, indépendamment de la diacéto-crésylène-diamine, le dérivé monoacétylé, moins soluble dans l'alcool, mais plus soluble dans l'eau chaude. Il forme des prismes jaunes, fusibles à 158-159°; l'acide azotique fumant le dissout avec une réaction très violente; l'eau précipite de la solution un corps cristallisant en aiguilles fines, qui n'a pas été étudié. Par l'action de l'eau de brome sur la monoacétocrésylènediamine suspendue dans l'eau, on obtient la *monoacétocrésylène-diamine dibromée*, en longues aiguilles argentées fusibles à 208° avec décomposition.

Diacéto-crésylène-diamine, $C^7H^6(AzH.C^2H^3O)^2$. Ce corps a été obtenu par G. Koch [*Compt. rend.* t. LXVIII, p. 1568], en chauffant la crésylènediamine avec de l'anhydride acétique. Tiemann [*Deutsch. chem. Gesellsch.*, 1870 p. 8 et p. 219] la prépare en chauffant au réfrigérant ascendant une molécule de crésylène-diamine et deux molécules d'acide acétique glacial. Elle forme de longues aiguilles brillantes, fusibles à 221°, solubles dans l'eau chaude, l'alcool et l'éther.

Diacéto-crésylène-diamine monobromée. — Elle se forme, d'après Koch, lorsqu'on ajoute du brome au dérivé diacétylé, dissous dans l'eau. Elle cristallise en petites aiguilles blanches qui, à 240°, n'entrent pas encore en fusion. Elle est peu soluble dans l'eau bouillante, plus soluble dans l'alcool. Par l'action de la soude elle se transforme en monobromo-crésylène-diamine.

Nitrodiacéto-crésylène-diamine. — On ajoute de la crésylène-diamine diacétylée en poudre à de l'acide azotique d'une densité de 1,47, et on précipite la solution par l'eau. Ce corps est peu soluble dans la plupart des dissolvants et cristallise dans l'acétone en fines aiguilles.

Nitrocrésylène-diamine, $C^7H^5(AzO^2)(AzH^2)^2$ [Tiemann, *loc. cit.*; — Ladenburg, *Deutsch. chem. Gesellsch.*, 1875, p. 1209]. On fait bouillir le dérivé précédant avec de la soude caustique ou de l'acide chlorhydrique concentré. Cristallisée dans l'eau, elle forme de longues aiguilles jaunes qui, séchées, présentent un reflet violet; elle fond à 154°. Elle donne un chlorhydrate cristallisable. Le chloroplatinate est très soluble et cristallise difficilement.

Par l'action de l'acide azoteux sur la nitrocrésylène-diamine il se forme un corps amorphe rouge, presque insoluble dans la plupart des dissolvants et qui ne se laisse pas attaquer par les différents réactifs. L'analyse a fourni des nombres concordant avec la formule

$$C^7H^5(AzO^2)AzH^2.Az^2.AzH.C^7H^5(AzO^2)AzH^2.$$

A côté de cette substance, il se forme un corps soluble dans l'alcool, cristallisant en prismes fusibles à 72-73°, bouillant vers 285°, fort soluble dans l'alcool à chaud, moins à froid; l'analyse concorde avec la formule $C^7H^6(OC^2H^5)AzO^2$ (Ladenburg).

Acide crésylène-diamine-sulfonique,

$$C^7H^5(AzH^2)^2SO^3H.$$

Cet acide se forme, d'après Wiesinger [*Deutsch. chem. Gesellsch.*, 1874, p. 464] lorsqu'on fait agir l'acide sulfurique fumant sur la crésylène-diamine. Il constitue de petits prismes transparents, peu solubles dans l'eau, l'alcool et l'acide acétique cristallisable.

Sel de sodium, $C^7H^5(AzH^2)^2SO^3Na + 4H^2O$. Grandes tables incolores, très solubles dans l'eau.

Sel de potassium, $C^7H^5(AzH^2)^2SO^3K + H^2O$. Longs prismes soyeux, fort solubles dans l'eau et dans l'alcool.

Sel de calcium,

$$[C^7H^5(AzH^2)^2SO^3]^2Ca + 6\frac{1}{2}H^2O.$$

Tables transparentes à 4 ou 6 faces, très solubles dans l'eau, insolubles dans l'alcool.

Sel de baryum, tables incolores contenant $6\frac{1}{2}H^2O$.

Crésylène-oxaméthane,

$$C^{11}H^{14}Az^2O^3 = C^7H^6 \begin{cases} AzH^2 \\ AzH.C^2O^2.OC^2H^5. \end{cases}$$

— Lorsqu'on chauffe à 100° une solution, dans de l'alcool absolu, de molécules égales d'acide oxalique et de crésylène-diamine, il se précipite par le refroidissement de la solution des lamelles nacrées, fusibles à 168°, peu solubles dans l'alcool froid, très solubles à chaud, ainsi que dans l'eau bouillante. La soude transforme ce dérivé en acide oxalique, alcool et crésylène-diamine [Tiemann, *loc. cit.*].

Carbamate de crésylène diéthylique,

$$C^{13}H^{18}Az^2O^4 = C^7H^6 \begin{cases} AzH.CO^2C^2H^5 \\ AzH.CO^2C^2H^5. \end{cases}$$

— Lussy l'a obtenu [*Deutsch. chem. Gesellsch.*, 1874, p. 1263] en faisant agir sur la crésylène-diamine de l'éther chlorocarbonique. Il cristallise en aiguilles blanches brillantes, fusibles à 137°. Il se laisse distiller partiellement; une autre partie se décompose en cyanate de crésyle et en alcool :

$$C^7H^6 \begin{cases} AzH.CO^2C^2H^5 \\ AzH.CO^2C^2H^5 \end{cases}$$

$$= 2C^2H^6O + C^7H^6 \begin{cases} Az.CO \\ Az.CO. \end{cases}$$

Cyanate crésylénique [Lussy, *Deutsch. chem. Gesellsch.*, 1875, p. 291]. — En distillant le carbamate de crésylène avec de l'anhydride phosphorique, on obtient une huile jaune possédant un grand pouvoir réfringent et une odeur repoussante; après quelque temps, cette huile se transforme en petits cristaux jaunes, fusibles à 95°. Avec l'ammoniaque on obtient la *crésylène-urée*, $C^7H^6(AzH\text{-}CO\text{-}AzH^2)^2$, corps que Strauss a découvert [*Ann. Chem. Pharm.*, t. CXLVIII, p. 157] en traitant le sulfate de crésylène-diamine avec du cyanate de potassium (voy. t. III, p. 571).

Monophtalylcrésylène-diamine,

$$C^7H^6 \begin{cases} AzH\text{-}CO \\ AzH\text{-}CO \end{cases} C^6H^4.$$

— Biedermann a obtenu ce corps [*Deutsch. chem. Gesellsch.*, 1877, p. 1160; *Bull. Soc. chim.*, t. XXIX, p. 265] en chauffant molécules égales de crésylène-diamine et d'anhydride phtalique; tant qu'il y a dégagement d'eau. La masse brune résultante est épuisée par de l'eau chaude; le résidu, traité par de l'alcool, cède à ce dissolvant la monophtalylcrésylène-diamine, tandis que la diphtalylcrésylène-diamine se dissout dans l'acide acétique glacial. Le premier de ces corps forme des aiguilles brillantes, jaunes, fusibles à 192°, insolubles dans l'eau froide; il est à peine soluble dans l'eau bouillante, mais se dissout facilement à chaud dans l'alcool et l'acide acétique. La soude caustique et l'acide chlorhydrique concentré le décomposent en acide phtalique et en crésylène-diamine. Par l'ébullition avec de l'acide chlorhydrique dilué, il se forme de la diphtalylcrésylène-diamine et la diphtalyltricrésylène-diamine :

$$\begin{array}{l} C^7H^6 < \begin{array}{l} AzH^2 \\ AzH\text{-}CO \end{array} \\ \qquad\qquad\qquad > C^6H^4 \\ C^7H^6 < \begin{array}{l} AzH\text{-}CO \\ AzH\text{-}CO \end{array} \\ \qquad\qquad\qquad > C^6H^4 \\ C^7H^6 < \begin{array}{l} AzH\text{-}CO \\ AzH^2 \end{array} \end{array}$$

Cette base est difficilement soluble dans l'eau ; son chlorhydrate donne avec le chlorure de platine un chloroplatinate jaune-rougeâtre de la formule $C^{37}H^{34}Az^6O^4(HCl)^2.PtCl^4$. Lorsqu'on évapore plusieurs fois successivement le chlorhydrate de la base, il se sépare encore de l'acide phtalique, et à la fin on obtient du chlorhydrate de crésylène-diamine.

Diphtalylcrésylène-diamine, $C^7H^6(AzC^8H^4O^2)^2$. — Cette substance est insoluble dans l'eau et dans l'alcool; elle cristallise dans l'acide acétique glacial en petits cristaux brillants, fusibles à 232-233°. Elle n'est pas attaquée par l'acide chlorhydrique, mais la soude la décompose.

Crésylcrésylène-chrysoïdine. — Lorsqu'on fait agir le paradiazotoluène sur la crésylène-diamine, il se forme, d'après A.W. Hoffmann [*Deutsch. chem. Gesellsch.*, 1877, p. 213], une matière colorante analogue à la chrysoïdine. La base cristallise en aiguilles jaune-orange groupées en croix, insolubles dans l'eau. Elle se dissout facilement dans l'alcool et dans l'éther.

Le chlorhydrate, $C^{14}H^{16}Az^4,HCl$, fournit un chloroplatinate rouge cramoisi. En traitant la crésylène-diamine par le chlorate de potassium et des sels de cuivre ou de vanadium, comme l'on traite l'aniline pour la convertir en noir, on obtient des nuances brunes cachou et modes, qui varient beaucoup lorsqu'on emploie un mélange de naphtylamine et de crésylène-diamine.

Le *bleu de crésylène*, décrit par O. N. Witt [*Deutsch. chem. Gesellsch.*, 1879, p. 931], rentre dans cette classe de corps; on l'obtient en mélangeant des solutions aqueuses de 36 grammes de chlorhydrate de nitrosodiméthylaniline, de 24 grammes de métacrésylène-diamine dans 500 grammes d'eau. Le mélange se colore d'abord en vert, devient ensuite bleu, et il se dépose des prismes d'un reflet brun métallique. Cette matière colorante se dissout avec une belle coloration bleue dans l'eau, l'alcool et l'acide acétique. Elle a pour composition $C^{15}H^{18}Az^4,HCl + H^2O$.

II. ORTHOCRÉSYLÈNE-DIAMINE OU β-CRÉSYLÈNE-DIAMINE, $C^6H^3(CH^3)_{[1]}(AzH^2)_{[3]}(AzH^2)_{[4]}$. — Cette base s'obtient par réduction de la métanitroparatoluidine au moyen de l'étain et de l'acide chlorhydrique (Beilstein et Kuhlberg), ou par réduction de la métanitroparatrichloracétoluidine [Friederici, *Deutsch. chem. Gesellsch.*, 1878, p. 1970]. Le produit de la réduction est débarrassé de l'étain par l'hydrogène sulfuré; la solution, évaporée à siccité, mélangée avec de la chaux, et le tout est distillé.

Lamelles nacrées, fusibles à 88°,5, bouillant à 265°. La base est assez soluble dans l'eau froide, très soluble à chaud; la solution aqueuse se décompose rapidement et devient brune.

Le *chlorhydrate* cristallise en longues aiguilles très solubles dans l'eau.

Le *sulfate*, $C^7H^6(AzH^2)^2H^2SO^4 + 1\frac{1}{2}H^2O$. — Lamelles nacrées; 100 p. d'eau dissolvent 0gr,29 à 19°,5.

Amidoazocrésylène, $C^7H^7Az^3$ [Ladenburg, *Deutsch. chem. Gesellsch.*, 1876, p. 219]. — On fait agir sur une solution aqueuse très diluée et acidulée par l'acide sulfurique de crésylène-diamine une solution d'azotite de potassium. On chauffe à l'ébullition, on filtre et l'on agite avec de l'éther. Celui-ci laisse, par évaporation, une huile qui cristallise après quelque temps.

Cristallisé dans du toluène, l'amidoazocrésylène forme de grands prismes renfermant 18 °/₀ de toluène, fusibles à 83° et distillant à 323°, très solubles dans l'alcool, le chloroforme et l'eau chaude, moins solubles dans l'éther et la benzine. Les sels sont décomposés par l'eau; avec le chlorure de platine, on obtient un sel cristallisant en prismes jaune d'or, de la formule $(C^7H^7Az^3, HCl)^2PtCl^4$.

Éthénylcrésylène-diamine,

$$CH^3\text{-}C^6H^3 \begin{matrix} < AzH > \\ < Az \,/\!\!/ \end{matrix} C\text{-}CH^3.$$

— Se forme, d'après Hobrecker [*Deutsch. chem. Gesellsch.*, 1872, p. 920], lorsqu'on traite la nitroacétoparatoluidine par l'étain et l'acide chlorhydrique. Le même corps a été obtenu par Ladenburg [*Deutsch. chem. Gesellsch.*, 1875, p. 677], en faisant bouillir l'orthocrésylène-diamine avec de l'acide acétique concentré; enfin par Ladenburg et Rugheimer [*Deutsch. chem. Gsselisch*, 1879, p. 953] en chauffant à 116° le produit obtenu par l'action de l'éther acétylacétique sur l'orthocrésylène-diamine :

$$CH^3\text{-}C^6H^3 \begin{matrix} < AzH > \\ < AzH > \end{matrix} C \begin{matrix} < CH^3 \\ < CH^2\text{-}COOC^2H^5 \end{matrix}$$

$$= CH^3\text{-}C^6H^3 \begin{matrix} < AzH > \\ < Az \,/\!\!/ \end{matrix} C\text{-}CH^3 + CH^3.COOC^2H^5.$$

La base forme des tables fusibles à 198-199°, peu solubles dans l'eau froide, plus solubles dans l'eau bouillante, et encore davantage dans l'alcool et l'éther; elle donne un chlorhydrate très soluble et un chloroplatinate cristallisable en longues aiguilles.

Méthényle-crésylène-diamine, $C^7H^6Az^2H.CH$. — Ce produit de condensation a été obtenu par Ladenburg [*Deutsch. chem. Gesellsch.*, 1877, p. 1123 et 1260] en chauffant au réfrigérant ascendant parties égales de crésylène-diamine et d'acide formique. Il distille à une température élevée, fond à 98-101°; il n'a pas été obtenu à l'état de pureté. Le chlorhydrate est très soluble; le chloroplatinate $(C^8H^8Az^2, HCl)^2PtCl^4$, cristallisé dans l'eau chaude, forme des prismes jaunes.

Benzényle-crésylène-diamine,

$$CH^3\text{-}C^6H^3 \begin{matrix} < Az \,\backslash\!\!\backslash \\ < AzH / \end{matrix} C\text{-}C^6H^5.$$

— On chauffe une molécule de crésylène-diamine et une molécule d'acétophénone lentement à 180° et on maintient cette température durant 30 heures. On épuise la masse avec de l'acide chlorhydrique dilué; la base est précipitée de cette solution par de la soude; Hübner et Kolbe ont obtenu le même corps [*Deutsch. chem. Gesellsch.*, 1875, p. 874] en réduisant le dérivé mononitré de la benzoyltoluidine.

Cette base forme des aiguilles incolores, fusibles à 240°; elle est soluble dans l'alcool et dans le chloroforme; le chlorhydrate cristallise en aiguilles; le sulfate est presque insoluble dans l'eau froide. Le chloroplatinate est insoluble dans l'eau et l'alcool absolu [Ladenburg et Rugheimer, *Deutsch. chem. Gesellsch.*, 1879, p. 951].

Diphtalyle-crésylène-diamine, $C^{23}H^{14}Az^2O^4$. — Obtenue en chauffant assez longtemps 2 p. d'anhydride phtalique et 1 p. de crésylène-diamine. Cristallisée dans l'acide acétique glacial, elle forme des primes brillants, colorés en jaune, fusibles au-dessus de 270° et ne possédant pas de propriété basique ou acide. Ce corps se décompose par distillation; il est soluble dans la plupart des dissolvants (Ladenburg).

Dibenzylène-crésylène-diamine,

$$C^7H^6(Az = C^7H^6)^2.$$

— Se forme lorsqu'on chauffe à 180° 1 p. de crésylène-diamine et 2 p. d'essence d'amandes amères. Le produit de la réaction est épuisé par l'acide chlorhydrique dilué et la solution précipitée par l'ammoniaque. La base cristallise en prismes brillants, fusibles à 195°,5, solubles dans l'alcool, insolubles dans l'eau.

Le chlorhydrate est plus soluble dans l'alcool que dans l'eau; le chloroplatinate,

$$(C^{21}H^{18}Az^2, HCl)^2PtCl^4,$$

insoluble dans l'eau et l'acide chlorhydrique, peut être cristallisé dans l'alcool dilué chaud. Ladenburg [*Deutsch. chem. Gesellsch.*, 1878, p. 590 et 1656] a, en outre, étudié toute une série de bases analogues qu'il nomme *aldéhydines* et qui sont formées par la condensation d'une molécule d'une orthodiamine et de deux molécules d'une aldéhyde.

III. PARACRÉSYLÈNE-DIAMINE, γ-crésylène-diamine de Beilstein et Kuhlberg,

$$C^6H^3(CH^3)_{(1)}(AzH^2)_{(2)}(AzH^2)_{(5)}.$$

— Ces chimistes l'ont obtenue par réduction de la métanitroorthotoluidine et lui avaient assigné la constitution $C^6H^3(CH^3)_{(1)}(AzH^2)_{(2)}(AzH^2)_{(3)}$; mais Ladenburg [*Deutsch. chem. Gesellsch.*, 1878, p. 1656] a prouvé que ce n'était pas une orthodiamine; en effet, les chlorhydrates de ces bases, chauffées à 100° avec de l'essence d'amandes amères, dégagent de l'acide chlorhydrique, ce que ne fait pas la paracrésylène-diamine. Enfin, Nietzki [*Deutsch. chem. Gesellsch.*, 1877, p. 332, et 1879, p. 2223] a établi la constitution de cette crésylène-diamine en la transformant par oxydation en toluquinone. Il la prépare en réduisant l'orthoamidoazotoluène par l'étain et l'acide chlorhyd'alcalidrique, précipitant l'étain par un excès et épuisant la solution par l'éther.

Par cristallisation dans la benzine, on obtient des tables incolores groupées sous forme de rosettes, fusibles à 64°, distillant à 280°; cette base se dissout facilement dans l'eau, l'alcool, l'éther et la benzine chaude, difficilement à froid dans le dernier véhicule. Ses solutions se colorent rapidement en rouge à l'air et laissent déposer une substance brune, amorphe. Avec les acides, il forme des sels bien cristallisés. Le *chlorhydrate* $C^7H^{10}Az^2(HCl)^2$ est en lamelles fines et nacrées, très solubles dans l'eau, peu solubles dans l'acide chlorhydrique concentré.

Le sulfate, $C^7H^6(AzH^2)^2H^2SO^4$, est anhydre et pulvérulent; il est peu soluble dans l'eau froide, plus soluble à chaud. L'alcool le précipite de sa solution aqueuse. Ces sels, traités par des oxydants, se colorent en un beau vert qui passe rapidement au rouge sale.

Ad. Kopp.

CROCINE. — On a donné ce nom à deux substances, savoir : la matière colorante des baies jaunes de *Gardenia grandiflora* (t. I, p. 1002), et un des produits du dédoublement de la polycroïte, principe colorant du safran (t. II, p. 1389).

CROCUS. — Nom que les alchimistes donnaient à des combinaisons métalliques dont la coloration se rapprochait plus ou moins de celle du safran (*crocus metallorum*, oxysulfure d'antimoine; *crocus cupri*, oxyde cuivreux; *crocus martis aperiens*, hydrate ferrique, etc.).

CROSSOPTÉRINE. — Alcaloïde existant en très petite quantité (0,018 °/₀) dans l'écorce de *Crossopterix Kotschyana* (ou *febrifuga*), rubiacée assez répandue au Soudan et réputée comme fébrifuge. L'extrait aqueux de cette écorce présente une fluorescence bleue, mais ne renferme pas de quinine.

La crossoptérine est blanche, amorphe, soluble dans l'alcool et l'éther, insoluble dans l'eau et la soude, soluble dans l'ammoniaque. Elle offre une solution alcaline. Le chloroplatinate et le chloraurate sont des précipités jaunes, amorphes [O. Hesse, *Deutsch. chem. Gesellsch.*, t. XXXII, p. 3547].

CROTACONIQUE (ACIDE),

$$C^5H^6O^4 = C^3H^4(CO^2H)^2.$$

— Acide bibasique, isomérique avec les acides pyrocitriques, que Claus et Wasowiez ont obtenu en traitant l'éther monochlorocrotonique (préparé avec le chloral butylique) par le cyanure de potassium; cette réaction fournit en outre de l'acide tricarballylique (Suppl. p. 403). On dissout du cyanure de potassium (1 mol.) dans la plus petite quantité d'eau, et on y ajoute l'éther chlorocrotonique (1 mol.) et une quantité d'alcool suffisante pour que le tout entre en solution; au bout de 24 heures de contact, la solution filtrée est évaporée, le résidu est repris par l'alcool et précipité par l'éther.

On obtient ainsi du *cyanocrotonate de potassium*, $C^4H^4(CAz)O^2K$, en petits cristaux durs et blancs; le sel d'*argent* est un précipité blanc, caillebotté, instable. Les alcalis et les acides hydratent facilement ce nitrile; il suffit de dissoudre le sel de potassium dans l'acide chlorhydrique pour obtenir du crotaconate acide d'ammonium, que l'on peut extraire de la solution en l'agitant avec de l'éther. Ce sel est d'abord sirupeux, mais il se prend peu à peu en masse et peut alors être purifié par compression; pur, il ne se dissout plus dans l'éther.

L'acide libre, purifié par dialyse, forme de petits cristaux incolores, fusibles à 119° et se décomposant déjà à 130° avec perte de gaz carbonique. Il fixe directement l'acide bromhydrique et engendre un acide *bromopyrotartrique* fusible à 141°, différant des acides ita-, mésa- et citrabromopyrotartriques.

Crotaconate acide d'ammonium, $C^5H^5O^4(AzH^4)$. — L'éther le précipite de sa solution alcoolique en lamelles soyeuses.

Sel de potassium acide, $C^5H^5O^4K + 2H^2O$. — Masse cristalline jaunâtre, hygroscopique. Le *sel neutre*, $C^5H^4O^4K^2 + H^2O$, est en cristaux durs, déliquescents.

Les sels de *baryum* et de *calcium* sont peu solubles; le sel *magnésien* au contraire se dissout facilement; sel *ferrique*, précipité jaune; sels de *zinc*, de *plomb* et d'*argent*, précipités blancs; le dernier verdit, puis noircit à la lumière.

Crotaconate d'éthyle. — Liquide jaunâtre, amer, non distillable. D = 1,14 à 15° [A. Claus et D. van Wasowiez, *Liebig. Ann. Chem.*, t. CXCI, p. 33].

A. Henninger.

CROTON (HUILE DE). — Voyez TIGLIQUE (ACIDE), t. III, p. 415.

CROTONIQUES (ACIDES). — Il peut théoriquement exister trois acides crotoniques contenant une liaison double de deux atomes de carbone; deux d'entre eux se rattachent à l'acide butyrique normal, le troisième à l'acide isobutyrique. Ce dernier est connu sous le nom d'acide *méthacrylique*; les deux premiers, dont il est ici question, sont l'acide *crotonique* proprement dit, $CH^3\text{-}CH = CH\text{-}CO^2H$, et l'acide *isocrotonique*, $CH^2 = CH\text{-}CH^2\text{-}CO^2H$. Quant à l'acide méthacrylique, il renferme

$$\begin{matrix} CH^2 \\ CH^3 \end{matrix} \!\!>\! C\text{-}CO^2H.$$

ACIDE CROTONIQUE (ACIDE TÉTRACRYLIQUE). — Suivant Geuther, l'huile de croton ne renferme ni acide crotonique ni acide isocrotonique. Les propriétés assignées d'ailleurs à cet acide par les différents auteurs ne concorderaient pas avec celles de l'un de ces acides, mais plutôt avec celles de l'acide méthacrylique.

L'acide crotonique a été obtenu à l'état de pureté par Bulk, qui le prépare par ébullition avec la potasse du cyanure d'allyle. D'après cette réaction, il semble que la formule de constitution de l'acide crotonique doive être

$$CH^2 = CH\text{-}CH^2\text{-}CO^2H.$$

Il n'en est pourtant rien, et les réactions décrites plus loin ne laissent aucun doute sur la formule qu'il convient de lui attribuer.

Les propriétés de l'acide que l'on prépare par cette voie ont été décrites exactement dans le tome Ier de cet ouvrage.

L'acide crotonique se forme encore par l'action de la potasse alcoolique ou aqueuse en quantité théorique et au-dessous de 50°, ou bien par celle de la baryte sur l'acide α-chlorobutyrique. Il se forme en même temps un peu d'acide oxybutyrique ou éthyloxybutyrique [Balbiano, *Bull. Soc. chim.*, t. XXX, p. 356; et *Deutsch. chem. Gesellsch.*, 1878, p. 457; Carl Hell et E. Lauber, *ibid.*, 1874, p. 560, et *Bull. Soc. chim.*, t. XXII, p. 363]. L'acide acétique brut de la distillation du bois contient, outre divers acides, les deux acides crotonique et isocrotonique [Kraemer et Grodski, *Deutsch. chem. Gesellsch.*, 1878, p. 1356]. Quand on chauffe quelque temps vers son point d'ébullition l'acide isocrotonique, il se transforme en acide crotonique (Hemilian). On obtient aussi l'acide crotonique par oxydation de l'aldéhyde crotonique (Kekulé), par distillation de l'acide β-oxybutyrique [Wislicenus, *Zeitsch. Chem.*, 1869, p. 324, et *Bull. Soc. chim.*, t. XIII, p. 149].

L'acide crotonique fond à 72° (Bulk), à 71-72° (Kekulé), à 71°,5 lorsqu'il est cristallisé dans l'eau (Geuther), et se concrète à 70° (Bulk). Il bout à 190°, thermomètre tout entier dans la vapeur (Kekulé), à 183° (Bulk). Il se sublime déjà à la température ordinaire dans les vases où on le conserve. Il se dissout à 15° dans 12,07 parties d'eau (Bulk), à 19° dans 12,47 parties d'eau (Kekulé). Par évaporation lente de cette solution, on l'obtient en cristaux bien développés du type clinorhombique. Faces m, h^1, p, o; les deux dernières faces prédominent souvent; h^1 est très étroit. Angles $pm = 112°30'$; $po^1 = 125°30'$. Rapport des axes, $a : b : c = 1,8065 : 1 : 1,5125$. Angle de $a\ c = 131°0'$.

Clivage parallèle à a et à c.

Fondu avec de la potasse, il donne de l'acide acétique (Kekulé). Avec l'amalgame de sodium ou bien le zinc et l'acide sulfurique, il donnerait, suivant Bulk, de l'acide butyrique; Körner, Fittig et Alberti, en essayant cette réaction, ont obtenu des résultats négatifs.

Il se combine aisément avec les acides bromhydrique et iodhydrique. Ce dernier dissout de suite l'acide crotonique, et laisse déposer lentement le produit d'addition. On obtient ainsi deux acides : l'un, solide, fond à 110°; l'autre, liquide, est un mélange d'un acide liquide et du précédent. Les bases régénèrent de ces produits d'addition l'acide crotonique. Il se forme en outre de l'acide oxybutyrique. Avec l'acide bromhydrique, il se forme un produit liquide, mélange probablement de deux isomères. Les alcalis régénèrent de ce mélange beaucoup d'acide crotonique.

La constitution de l'acide iodobutyrique solide s'exprime par la formule $CH^3\text{-}CH^2\text{-}CHI\text{-}CO^2H$, tandis que l'isomère contenu dans le mélange liquide se représente par la formule

$$CH^3\text{-}CHI\text{-}CH^2\text{-}CO^2H.$$

En effet, l'acide isocrotonique ne donne, dans les mêmes conditions, qu'un seul de ces acides, celui qui est liquide et qui, soumis à l'action des alcalis, donne de l'acide crotonique solide sans trace d'acide oxybutyrique. Or, les deux acides crotoniques étant

$$CH^2=CH\text{-}CH^2\text{-}CO^2H$$

et

$$CH^3\text{-}CH=CH\text{-}CO^2H,$$

le seul acide qui puisse se former par addition de gaz iodhydrique aux deux à la fois est le suivant : $CH^3\text{-}CHI\text{-}CH^2\text{-}CO^2H$.

Le second acide iodobutyrique qui donne de l'acide oxybutyrique ne peut être que

$$CH^3\text{-}CH^2\text{-}CHI\text{-}CO^2H;$$

il en résulte que l'acide crotonique solide, qui donne naissance à ces deux acides à la fois, a bien la constitution représentée par la formule

$$CH^3\text{-}CH=CH\text{-}CO^2H$$

[Fittig et Alberti, *Deutsch. chem. Gesellsch.*, 1876, p. 1191, et *Bull. Soc. chim.*, t. XXVIII, p. 83; — Hemilian, *Bull. Soc. chim.*, t. XXII, p. 147]. La constitution de l'acide crotonique repose donc sur l'identité de l'acide oxybutyrique produit dans cette réaction avec l'acide α-oxybutyrique ordinaire. C'est, du reste, la seule réaction qui soit susceptible d'établir solidement cette constitution, qui est fondamentale pour tout le groupe crotonique.

Oxydé par le permanganate de potassium, l'acide crotonique donne des acides carbonique, acétique et oxalique (Hemilian). Soumis à l'action des vapeurs de brome, il les absorbe en donnant naissance à un acide dibromobutyrique, fusible à 78°, et se solidifiant à 75°,5. Si l'on traitait par le brome la solution aqueuse de l'acide, il ne se se formerait que des matières sirupeuses.

Sel d'argent, $C^4H^5O^2Ag$. — Précipité blanc, caséeux, noircissant facilement à la lumière. Sa solution aqueuse bouillante le dépose par refroidissement en cristaux dendritiques. A 100°, cette solution donne lentement de l'argent métallique.

Sel de baryum, $(C^4H^5O^2)^2Ba$. — Cristaux rayonnés, assez solubles dans l'eau. A l'état humide, ainsi que plusieurs de ces sels, ils présentent l'odeur particulière à l'acide.

Le *sel de cuivre* est un précipité bleuâtre; celui de *ferricum* un précipité orangé.

Sel de plomb, $(C^4H^5O^2)^2Pb$. — Il est un peu moins soluble que le butyrate correspondant. Par évaporation, il se présente en aiguilles cristallines qui deviennent blanches par dessiccation. On peut l'obtenir par double décomposition au moyen du sel de sodium.

Sel de potassium, $C^4H^5O^2.K$. — C'est une masse déliquescente, de structure cristalline rayonnée.

Sel de sodium, $C^4H^5O^2.Na$. — Masse cristalline nacrée, très soluble dans l'eau. 72,6 parties d'alcool à 97 °/₀ dissolvent à 14° une partie de ce sel.

Le *crotonate d'éthyle* est un liquide incolore mobile qui bout à 142-143° (Kraemer et Grodski).

La *crotonamide* s'obtient en aiguilles fusibles à 159°, par l'action de l'acide chlorhydrique concentré sur le cyanure d'allyle. La solution, abandonnée une nuit à elle-même, étendue, neutralisée par le carbonate de sodium, l'acide et l'éther [A. Pinner, *Deutsch. chem. Gesellsch.*, 1879, p. 2056].

ACIDE α-CHLOROCROTONIQUE,

$$C^4H^5ClO^2 = CH^3\text{-}CCl=CH\text{-}CO^2H.$$

— Il se prépare au moyen de l'éther acétylacétique, par un procédé qui fournit en même temps l'acide chlorisocrotonique. Une partie d'éther acétylacétique est versée sur 3,3 parties de perchlorure de phosphore. On chauffe, pour terminer la réaction, jusqu'à ce qu'il ne se dégage plus d'acide chlorhydrique. Le produit, traité par l'eau, est distillé jusqu'à ce qu'il ne passe plus guère que de l'eau. Le récipient contient un produit huileux et un acide cristallisable qu'on sépare en les distillant avec de l'eau contenant du carbonate de sodium. Le liquide huileux, mélange des éthers des deux acides chlorocrotoniques et d'un autre produit, passe seul. L'acide volatil, ainsi isolé, est l'acide chlorisocrotonique ; c'est le plus abondant. L'acide chlorocrotonique reste dans la cornue avec l'eau et quelques impuretés. On le traite par le carbonate de sodium. La solution filtrée est évaporée à sec; le résidu, repris par l'alcool et évaporé de nouveau à sec, est dissous dans l'eau, additionné d'un petit excès d'acide sulfurique et traité par l'éther, qui enlève l'acide crotonique chloré et le laisse cristalliser par évaporation. L'acide, décoloré par un peu de charbon animal, est alors soumis à une cristallisation lente. Les dernières eaux mères abandonnent un acide oléagineux et doivent être rejetées.

Cet acide forme de longues aiguilles clinorhombiques, incolores, très réfringentes. Elles fondent à 94° et distillent à 206-211° en se décomposant. Elles se dissolvent dans 35,2 parties d'eau à 19°.

La potasse bouillante enlève les éléments de l'acide chlorhydrique à ce composé en le transformant en acide tétrolique. L'hydrogène naissant fournit l'acide crotonique, fusible à 72°. D'après cette réaction et celle qui donne naissance à cet acide, savoir :

$$CH^3\text{-}CO\text{-}CH^2\text{-}CO^2C^2H^5 + 2PCl^5$$

Éther acétylacétique.

$$= 2PCl^3O + CH^3\text{-}CCl^2\text{-}CH^2\text{-}COCl + C^2H^5Cl$$

Chlorure de dichlorobutyryle.

$$CH^3\text{-}CCl^2\text{-}CH^2\text{-}COCl = HCl + \begin{matrix} CH^2=CCl\text{-}CH^2\text{-}COCl \\ CH^3\text{-}CCl=CH\text{-}COCl, \end{matrix}$$

Chlorures chlorocrotoniques.

sa constitution est bien celle que nous avons énoncée ci-dessus.

Sel d'argent, $C^4H^4ClO^2.Ag$. — Ce sel s'obtient par double décomposition ; il est cristallin.

Sel de baryum, $(C^4H^4ClO^2)^2Ba$. — Octaèdres rhomboïdaux, solubles à 18° dans 2,2 parties d'eau.

Sel de calcium, $(C^4H^4ClO^2)^2Ca + H^2O$. — Petits cristaux bleus.

Sel de sodium, $2(C^4H^4ClO^2.Na) + H^2O$. — Lamelles brillantes, très solubles dans l'eau et l'alcool.

L'éther α-chlorocrotonique, $C^4H^4ClO^2.C^2H^5$, est un liquide très réfringent, d'odeur aromatique, qui distille à 184°. A 16°, sa densité est égale à 1,111.

ACIDE β-CHLOROCROTONIQUE,

$$CH^3\text{-}CH=CCl\text{-}CO^2H$$

[Georg W.-A. Kahlbaum, *Deutsch. chem. Gesellsch.*, 1879, p. 2335; — Sornow, *ibid.*, 1871, p. 731, 1872, p. 457, et *Bull. Soc. chim.*, t. XVI, p. 289, t. XVIII, p. 237; — Kraemer, *Deutsch. chem. Gesellsch.*, 1870, p. 393; — Judson, *ibid.*, 1870, p. 782, et *Bull. Soc. chim.*, t. XIV, p. 391; — Fittig et Alberti, *Deutsch. chem. Gesellsch.*, 1876, p. 1191 ; *Bull. Soc. chim.*, t. XXVIII, p. 83; — Wallach, *Deutsch. chem. Geseltsch.*, 1877, p. 1529]. — Cet acide, qui paraît différer du précédent, a d'abord été obtenu par Kraemer, puis étudié par Sornow. Fittig et Alberti l'ont envisagé comme identique avec l'acide tétracrylique monochloré de Geuther; enfin Kahlbaum a démontré par un examen comparatif que ces corps étaient différents, ainsi que Sarnow l'avait annoncé.

On peut obtenir l'acide β-chlorocrotonique par l'action du zinc et de l'acide chlorhydrique sur l'acide trichlorobutyrique dérivé du chloral butylique. Mais il vaut mieux faire tomber l'acide butyrique trichloré goutte à goutte sur un mélange d'eau et de poudre de zinc. La réaction est régulière et se passe sans dégagement de gaz, si l'addition de l'acide ne s'effectue pas par fortes proportions. L'opération terminée, le nouveau composé est précipité de sa solution zincique par un acide fort et cristallisé dans l'eau chaude. On l'obtient aussi par l'action du cyanure de potassium sur le chloral butylique.

A 12°,5, 100 p. d'eau dissolvent 1p,97 d'acide β-chlorocrotonique. A 100° il est bien plus soluble. Il est volatil avec la vapeur d'eau, mais moins que l'acide chlorisocrotonique. Il fond à 96° (Sornow), 97°,5 (Kahlbaum), et se solidifie à 97°. L'ébullition commence à 206°, mais n'est bien en train qu'à 212°. La potasse alcoolique ne l'altère pas, comme son précédent isomère, à 150°; l'ammoniaque lui enlève une partie de son chlore. L'amalgame de sodium le transforme en solution alcaline, en crotonate de sodium.

Sel de potassium, $C^4H^4ClO^2K$. — Très soluble dans l'eau, ce sel s'en sépare en petits amas d'aiguilles. Dans l'alcool, il donne des lamelles d'éclat gras.

Sel de sodium, $C^4H^4ClO^2Na$. — Il ne cristallise de sa solution aqueuse que lorsqu'elle est presque évaporée à sec; on obtient des cristaux mal formés. Sa solution alcoolique donne des masses savonneuses amorphes.

Sel d'ammonium, $C^4H^4ClO^2AzH^4$. — Très soluble aussi dans l'eau: il fournit des lames assez grosses et des tables épaisses à six pans. A 100° il se sublime déjà en fines lamelles rhombiques.

Sel d'argent, $C^4H^4ClO^2Ag$. — Ce corps, assez peu soluble dans l'eau, donne pourtant des aiguilles assez longues, qui, blanches d'abord, deviennent ensuite grises à la lumière, bien qu'elles soient stables.

Sel de calcium, $(C^4H^4ClO^2)^2Ca$. — Prismes ou agrégats mamelonnés, d'aspect mat.

Sel de baryum, $(C^4H^4ClO^2)^2Ba$. — Lamelles minces, d'éclat gras, plus soluble que le sel de calcium.

Sel de plomb, $(C^4H^4ClO^2)^2Pb + H^2O$. — Lamelles et aiguilles brillantes, qui à 100°, perdent leur eau et fondent en se transformant en une masse cassante et vitreuse que l'eau bouillante retransforme en cristaux.

Sel de cuivre, $(C^4H^4ClO^2)^2Cu + CuH^2O^2$. Poudre bleu clair, apparemment amorphe, presque insoluble dans l'eau, obtenue par précipitation. Le sel neutre formé directement par le carbonate de cuivre et l'acide se présente en prismes bleus dont la solution chaude laisse déposer le sel précédent.

L'*éther éthylique*, $C^4H^4ClO^2.C^2H^5$, se prépare par l'action de l'acide chlorhydrique sur une solution alcoolique d'acide chlorocrotonique. C'est un liquide incolore, d'agréable odeur de fruits, qui bout à 172°.

Le *chlorure β-chlorocrotonique*, $C^4H^4ClO.$[illegible] obtenu par l'action du perchlorure de phosphore sur l'acide, est séparé de l'oxychlorure de phosphore qui l'accompagne par plusieurs distillations sur le chlorocrotonate de potassium. C'est un liquide incolore, qui bout à 182°. Sa densité de vapeur est égale à 69,14 (théorie, 69,5).

En essayant de préparer au moyen de ce chlorure l'anhydride correspondant, on n'a obtenu que des produits de décomposition.

L'*amide β-chlorocrotonique*, $C^4H^4ClO.AzH^2$, se sépare en lamelles minces, d'un magnifique éclat nacré, quand on verse lentement dans de l'ammoniaque aqueuse le chlorure précédent. Elle est peu soluble à froid dans l'eau, plus à chaud, et se volatilise aisément avec la vapeur d'eau. L'alcool, l'éther alcoolique, la dissolvent facilement et la laissent déposer en une masse cristalline rayonnée. L'éther pur n'en prend qu'une faible quantité. Elle fond à 107° et bout à 230-240°. Elle se volatilise déjà fortement à 100° et même à froid dans le vide.

Le *nitrile chlorocrotonique*, $CH^3\text{-}CH{=}CCl\text{-}CAz$, s'obtient par l'action de l'acide phosphorique anhydre sur l'amide. Dans cette opération, il faut éviter un excès d'acide phosphorique qui détruirait une portion du nitrile formé. Ce dernier est un liquide incolore, très réfringent, d'agréable odeur éthérée, qui rappelle le benzonitrile. Il bout à 136° et se vaporise déjà rapidement à la température ordinaire. Sa densité de vapeur est de 50,70 (théorie, 50,75).

ACIDE ISOCROTONIQUE (quarténylique),

$$CH^2{=}CH\text{-}CH^2\text{-}CO^2H$$

[Geuther, *Zeitschr. Chem.*, 1871, p. 237, et *Bull. Soc. chim.*, t. XVI, p. 107]. Cet acide, étudié par Geuther et nommé par lui acide quarténylique, se prépare par réduction de l'acide chlorisocrotonique au moyen de l'amalgame de sodium, réagissant sur la solution aqueuse du sel de sodium.

Cet acide forme une huile incolore, d'odeur pénétrante, analogue à celle de l'acide butyrique. Il ne se solidifie pas encore à — 15°, et bout à 171°,9. Sa densité à 25° égale 1,018, il se dissout dans l'eau en toute proportion.

Fondu avec de la potasse, il ne fournit, comme l'acide crotonique, que de l'acide acétique. Soumis, pendant quelques heures, à une température de 180°, il se transforme en totalité en acide crotonique fusible à 72°. Cette transformation est analogue à celle de l'acide angélique en acide méthylcrotonique (Hemilian). Il se dissout dans l'acide iodhydrique avec facilité. Par addition d'acide iodhydrique, il se forme un acide iodobutyrique liquide qui, traité par les alcalis, donne de l'acide crotonique sans acide oxybutyrique.

Sel de baryum, $(C^4H^5O^2)^2Ba + 2H^2O$. — Petits cristaux très solubles.

Sel de calcium, $(C^4H^5O^2)^2Ca + 2H^2O$. — Aiguilles groupées concentriquement; très solubles.

Sel de plomb, $(C^4H^5O^2)^2Pb + H^2O$. — Masse nacrée d'aiguilles feutrées, fusibles à 69°.

Sel d'argent, $C^4H^5O^2.Ag$. — Précipité caillebotté qui noircit rapidement.

Ether isocrotonique, $C^4H^5O^2.C^2H^5$. — Bout à 136°; sa densité à 19° égale 0,927.

ACIDE CHLORISOCROTONIQUE (*chloroquarténylique*). — Cet acide, dont la préparation et la formule ont été indiquées plus haut (p. 550), forme des prismes obliques fusibles à 59°,5, se concrétant à 55°,5 et bouillant sans décomposition à 194°,8. Il se sublime déjà à la température ordinaire dans les vases où on le conserve. Il est très volatil avec la vapeur d'eau, et peu soluble dans ce liquide; à 70°, il se dissout dans 79 p d'eau. Ainsi qu'on l'a déjà indiqué, il se transforme par l'hydrogène naissant en acide isocrotonique, et sa constitution s'exprime par la formule

$$CH^2{=}CCl\text{-}CH^2\text{-}CO^2H.$$

Sel d'argent, $C^4H^5ClO^2Ag$. — C'est un précipité blanc, cristallin, presque insoluble dans l'eau froide. Sa solution bouillante le dépose en lamelles nacrées, très altérables à la lumière.

Sel de baryum, $(C^4H^4ClO^2)^2Ba + 2H^2O$. — Prismes quadrangulaires, à faces terminales obliques.

Sel de calcium, $(C^4H^4ClO^2)^2Ca + 3H^2O$. — Prismes à quatre pans, généralement creux, facilement solubles, devenant rapidement opaques par suite d'une efflorescence. Ils perdent leur eau au-dessus de l'acide sulfurique.

Sel de cobalt, $(C^4H^4ClO^2)^2Co + 6H^2O$. — Tables rhomboïdales roses, brillantes, efflorescentes en devenant violettes ou bleues.

Quand on fait bouillir du carbonate de cuivre avec de l'eau et de l'acide chlorisocrotonique, on obtient une solution qui laisse déposer des cristaux bleus rhomboïdaux et des prismes verts tétragonaux pyramidés. Les premiers deviennent verts lorsqu'on les sèche à 80°, les seconds bleus si on les fait bouillir avec de l'eau. Il semble donc que ce soit là un phénomène d'hydratation. Les cristaux verts renferment

$$2(C^4H^4ClO^2)^2Cu + 3H^2O.$$

Sel de magnésium, $(C^4H^4ClO^2)^2Mg + 5H^2O$. — Tables incolores transparentes, du système clinorhombique, très solubles et efflorescentes.

Sel de manganèse, $(C^4H^4ClO^2)^2Mn + 2H^2O$. — Tables rhomboïdales incolores très solubles.

Le *sel de mercure* est un précipité cristallin, blanc, très peu soluble dans l'eau bouillante.

Sel de nickel, $(C^4H^4ClO^2)^2Ni + 6H^2O$. — Cristaux verts efflorescents, de même forme que le sel de cobalt.

Sel de plomb, $(C^4H^4ClO^2)^2Pb + 4H^2O$. — Aiguilles soyeuses groupées concentriquement, peu solubles dans l'eau.

Sel de sodium, $2(C^4H^4ClO^2.Na) + H^2O$. — Cristaux nacrés blancs, réunis en agrégations penniformes, fort solubles dans l'eau et l'alcool.

Sel de thallium, $2(C^4H^4ClO^2.Th) + H^2O$. — Poudre cristalline ou tables rhomboïdales allongées.

Sel de zinc, $2(C^4H^4ClO^2)^2Zn + 5H^2O$. — Cristaux rhomboïdaux brillants, assez solubles, non efflorescents.

L'éther éthylique, $C^4H^4ClO^2.C^2H^5$, préparé par l'action du gaz chlorhydrique sur la solution alcoolique de l'acide, est un liquide incolore, d'odeur aromatique, de saveur fraîche. Il bout à 161°,4; sa densité à 15° est de 1,113; il est très peu soluble dans l'eau.

L'éther méthylique, $C^4H^4ClO^2.CH^3$, obtenu comme le précédent, bout à 142°,4, et sa densité à 15° égale 1,143 [Frœlich, *Jenaïsche Zeitsch.*, t. V, p. 82; *Zeitsch. Chem.*, 1869, p. 270, et *Bull. Soc. chim.*, t. XII, p. 360].

ACIDE CHLOROTRIBROMOCROTONIQUE. — Nous mentionnerons ici un acide crotonique de constitution encore inconnue. Cet acide se prépare en traitant l'hydrate de l'aldéhyde chlorotribromocrotonique par trois à quatre fois son poids d'acide azotique fumant. L'aldéhyde se liquéfie et se dissout en partie, puis complètement, par l'élévation de température. On distille l'acide azotique, il reste une huile qui se fige en partie, après quelque temps, en belles lamelles blanches. Ces cristaux, qui fondent à 140°, constituent l'acide chlorotribromocrotonique [Pinner, *Deutsch. chem. Gesellsch.*, 1875, p. 1321, et *Bull. Soc. chim.*, t. XXVI, p. 179]. E. Demarçay.

CROTONIQUE (ALDÉHYDE). — L'aldéhyde crotonique est identique avec l'acraldéhyde et avec l'éther-aldéhyde de Lieben, corps dérivés de l'aldéhyde ordinaire, mais dont la vraie nature avait été méconnue. La fonction de ce composé a été dévoilée par Kekulé, qui en a aussi examiné les principales propriétés [*Deutsch. chem. Gesellsch.*, 1869, p. 365; *Bull. Soc. chim.*, t. XII, p. 465]. On peut le préparer en abondance par l'action du chlorure de zinc, en petite quantité, sur l'aldéhyde mêlé d'un peu d'eau et à 100°. Le produit brut est purifié par rectification. Il se forme encore par l'action de l'acide chlorhydrique sur l'aldéhyde, mais mélangé à d'autres produits.

Wurtz l'a obtenu en décomposant l'aldol par la chaleur (voyez ALDOL). À partir de 135°, l'aldéhyde crotonique distille, et à 150° il ne reste plus qu'un faible résidu. L'aldol donne encore de l'aldéhyde crotonique quand on le chauffe avec de l'acide acétique cristallisable ou même avec de l'eau à 160°. Ce mode de préparation avantageux semble montrer que, dans celui que nous avons indiqué plus haut, il se forme d'abord de l'aldol, qui se décompose ensuite.

Paterno et Amato l'ont rencontrée parmi les produits de l'action de l'aldéhyde sur le chlorure d'éthylidène en tubes scellés [*Compt. rend.*, t. LXIX, p. 479; *Bull. Soc. chim.*, t. XIII, p. 155].

L'acétylène et l'éthylène monobromé fournissent aussi cette aldéhyde sous l'influence de l'acide sulfurique [Zeizel, *Deutsch. chem. Gesellsch.*, 1878, p. 805; — Lagermarck et Eltekoff, *Deutsch. chem. Gesellsch.*, 1879, p. 693].

L'aldéhyde crotonique est un liquide mobile, incolore, d'odeur extrêmement âcre et pénétrante, qui bout sans altération entre 103 et 105°.

Elle s'oxyde assez rapidement à l'air et se transforme en acide crotonique solide, fusible à 72°. Ce fait, joint au mode de formation de cette aldéhyde, conduit à la formule

$$CH^3\text{-}CH = CH\text{-}CHO.$$

L'hydrogène naissant la transforme en un mélange d'alcools butylique et crotonylique, difficiles à séparer [Lieben et Zeizel, *Deutsch. chem. Gesellsch.*, 1879, p. 570].

Traitée par l'acide chlorhydrique gazeux, elle donne naissance à un produit cristallisé, incolore, insoluble dans l'eau, peu soluble dans l'alcool. C'est une aldéhyde chlorobutyrique, fusible à 96-97°, à peine volatile avec la vapeur d'eau. Le même produit se forme aussi dans l'action de l'acide chlorhydrique sur l'aldéhyde ordinaire (Kekulé).

L'acide acétique, en réagissant sur l'aldéhyde crotonique pendant dix heures, entre 150 et 200°, fournit un liquide d'odeur d'éther benzoïque. Ce produit s'obtient encore à 130° par l'action de l'anhydride acétique, soit sur l'aldéhyde crotonique, soit sur l'aldol. Il bout à 205-210° sous la pression ordinaire, à 150-160°, dans le vide. Sa densité à 14° est égale à 1,05. C'est un liquide épais, visqueux, tachant d'une manière passagère le papier comme les huiles fixes. Sa composition se représente par la formule

$$CH^3\text{-}CH=CH\text{-}CH(OC^2H^3O)^2.$$

Chauffé avec de l'eau, il lui cède de l'acide acétique; avec la baryte, on obtient de l'acétate de baryum et une résine en flocons jaunes [Wurtz, *Bull. Soc. chim.*, t. XVII, p. 437; — Lagermarck et Eltekoff].

Le perchlorure de phosphore convertit l'aldéhyde crotonique en un chlorure, $C^4H^6Cl^2$, bouillant à 125-127°. Sa densité est de 1,31; la potasse alcoolique le transforme en un composé C^4H^5Cl plus léger que l'eau, d'odeur d'hydrocarbure chloré (Kekulé).

Aldéhyde crotonique chlorée. — Dans les produits accessoires de la préparation du chloral par l'action du chlore sur l'alcool, ou mieux sur l'aldéhyde, on obtient une certaine quantité d'une huile qui bout entre 140 et 150°. Cette huile, rectifiée, bout à 147° et présente la composition et les propriétés d'une *aldéhyde crotonique monochlorée*. C'est un liquide d'abord incolore, mais qui ne tarde pas à se colorer en noir, en passant par le jaune et le brun. Il absorbe avec une grande avidité le brome en fournissant l'*aldéhyde dibromochlorobutyrique* $C^4H^5ClBr^2O$, pourvu que l'on ait opéré avec précaution sur l'aldéhyde, placée sous une couche d'eau froide et maintenue froide pendant l'opération. La combinaison cristallise lentement sous l'eau, en donnant un *hydrate* $C^4H^3ClBr^2O + H^2O$, qui ne se forme que difficilement. Si l'on ajoute le brome sans éviter l'échauffement, il se dégage de l'acide bromhydrique, et l'on obtient une huile lourde qui se concrète en partie sous l'eau. C'est l'*hydrate de l'aldéhyde monochlorotribromocrotonique*, $C^4H^2ClBr^3O + H^2O$. Ce produit possède l'odeur de l'hydrate de chloral. Il cristallise en fines aiguilles entrelacées et fond à 78° en un mélange d'eau et d'aldéhyde. Il commence à bouillir à 110° en se décomposant. Il est très soluble dans l'alcool, peu soluble dans l'eau et autant à froid qu'à chaud. La soude caustique le décompose suivant l'équation

$$C^4H^2ClBr^3O = CO + HBr + C^3HClBr^2.$$

Cette aldéhyde fixe l'acide cyanhydrique, en fournissant un liquide que la chaleur décompose [Pinner, *Bull. Soc. chim.*, t. XXVI, p. 179; *Deutsch. chem. Gesellsch.*, 1875, p. 1321].

E. Demarçay.

CROTONIQUE (CHLORAL). — Voy. Suppl. p. 452.

CROTONYLÈNE (t. I, p. 1005), C^4H^6. — Cet hydrocarbure a été découvert par E. Caventou dans la réaction de l'éthylate de sodium sur le butylène bromé, préparé lui-même avec le bromure de butylène bouillant à 158°. Depuis, le même savant a trouvé le crotonylène dans le gaz de l'éclairage, et a reconnu que le liquide très volatil, qui se condense lors de la fabrication du gaz comprimé, constitue une source abondante de crotonylène. Ce carbure d'hydrogène est, du reste, le produit d'un grand nombre de réactions pyrogénées. Berthelot l'a formé en portant au rouge sombre un mélange à volumes égaux d'acétylène et d'éthylène, ou bien en soumettant l'acétylène à l'effluve électrique. Prunier l'a obtenu en faisant passer des vapeurs de pétrole léger à travers un tube chauffé au rouge; les hydrocarbures C^nH^{2n} des pétroles du Caucase en fournissent aussi dans les mêmes conditions (Schützenberger).

Henninger enfin, en réduisant l'érythrite par l'acide formique, a obtenu un hydrocarbure C^4H^6 qui paraît être identique avec le crotonylène de Caventou :

$$C^4H^{10}O^4 + 2CH^2O^2 = C^4H^6 + 2CO^2 + 4H^2O$$

(voyez Érythrite, Suppl.) [E. Caventou, *Bull. Soc. chim.*, t. XIX, p. 145; — M. Berthelot, *ibid.*, t. VI, p. 279; — L. Prunier, *ibid.*, t. XX, p. 72; — A. Henninger, *ibid.*, t. XIX, p. 145].

La constitution du crotonylène n'est pas encore établie avec certitude; sa production à l'aide du bromure de butylène bouillant à 158°,

$$CH^3\text{-}CHBr\text{-}CHBr\text{-}CH^3,$$

montre qu'il correspond à l'une ou à l'autre des formules suivantes :

$$CH^2=CH\text{-}CH=CH^2$$

ou bien

$$CH^3\text{-}C\equiv C\text{-}CH^3.$$

La première est la plus probable, vu qu'elle permet seule d'interpréter la formation du crotonylène par réduction de l'érythrite. Henninger a montré, en effet, que cette réaction est très nette et qu'elle s'accomplit sans transposition moléculaire : la tétrachlorhydrine de l'érythrite, préparée avec le perchlorure de phosphore, et la tétrachlorure de crotonylène étant identiques [A. Henninger, *Bull. Soc. chim.*, t. XXXIV, p. 195].

Les dérivés du crotonylène sont très incomplètement connus.

Tétrabromure, $C^4H^6Br^4$. — Cristallise dans l'alcool en longues aiguilles ou en lamelles incolores, assez peu solubles, fusibles à 115-116°.

Tétrachlorure, $C^4H^6Cl^4$. — Le crotonylène préparé avec l'érythrite s'unit au chlore avec une très grande énergie; on modère la réaction en faisant rencontrer les deux gaz au sein du perchlorure de carbone; par évaporation du dissolvant, on obtient le tétrachlorure en magnifiques cristaux incolores, très brillants, doués d'une odeur particulière, fusibles à 73°. Ce corps se confond par ses propriétés et sa forme cristalline avec la tétrachlorhydrine de l'érythrite (Henninger, *loc. cit.*).

Isocrotonylène (*Ethylacétylène*),

$$C^4H^6 = CH^3\text{-}CH^2\text{-}C\equiv CH.$$

— Bruylants l'a obtenu en traitant par la potasse le butylène monochloré dérivé de la méthyléthylacétone. Ce dernier corps fournit, avec le perchlorure de phosphore, le chlorure

$$CH^3\text{-}CH^2\text{-}CCl^2\text{-}CH^3,$$

bouillant à 96°, que la potasse transforme successivement en butylène monochloré

$$CH^3\text{-}CH^2\text{-}CCl=CH^2,$$

bouillant à 55°, et en isocrotonylène, bouillant à 18°. C'est un hydrocarbure acétylénique qui précipite en blanc le nitrate d'argent ammoniacal, et en jaune le chlorure cuivreux ammoniacal. Il donne, avec le brome, un dibromure et un tétrabromure cristallisé [G. Bruylants, *Deutsch. chem. Gesellsch.*, 1875, p. 412].

La décomposition des sels du dibromure d'acide angélique par l'eau bouillante fournit un corps de la formule C^4H^7Br, qui représente très probablement un bromhydrate d'isocrotonylène, liquide d'odeur piquante, bouillant à 97°, qui fixe directement 2 atomes de brome [B. Jaffe, *Ann. Chem. Pharm.*, t. CXXXV, p. 291].

A. Henninger.

CRUORINE. — Nom donné par Stokes à l'hémoglobine.

CRYOCONITE (Min.). — Poussière contenant différents éléments minéralogiques, parmi lesquels il y en a qui paraissent feldspathiques, d'autres augitiques, trouvée à la surface des champs de glace, à 30 milles de la côte, au Groënland.

CRYOPHYLLITE (Min.). — Silicate d'alumine de potasse, de lithine, avec fer, manganèse, magnésie et fluor : rapports de l'oxygène dans

$$(RR^2)O : R^2O^3 : SiO^2 = 3 : 4 : 14.$$

Se trouvant dans le granit au cap Anne, avec danalithe et lépidomélane. Masses compactes ou petits prismes orthorhombiques voisins de 120° à clivages très faciles, ou lamelles accolées; vert émeraude à la lumière, transmise dans le sens de l'axe; brun-rouge perpendiculairement à l'axe.

Caractères. — En poudre fine, attaqué par l'acide chlorhydrique avec dépôt de silice pulvérulente. Le fluor n'est pas chassé même au rouge. Fond facilement dans la flamme de la bougie. Au chalumeau, donne un émail gris.

Dureté, 2 à 2,5. Poussière gris-verdâtre.

Densité, 2,9.

CRYPTOMORPHITE (Min.). — Borate hydraté de chaux trouvé à Windsor (Nouvelle-Écosse). Petites lamelles microscopiques groupées, ayant un angle de 80°; blanches, formant des grains de la grosseur d'un pois entre les cristaux de glaubérite.

CRYPTOPHANIQUE (ACIDE). — Lorsque l'urine, traitée par un lait de chaux, est concentrée au bain-marie, filtrée, neutralisée par l'acide acétique, évaporée en consistance sirupeuse et additionnée de 4 à 5 volumes d'alcool fort, il se précipite une masse floconneuse, brune, constituée, d'après Thudichum, par le sel de calcium de l'acide cryptophanique. Cet acide, qui formerait un des principes normaux de l'urine, aurait pour formule $C^5H^9AzO^5$ [J.-L.-W. Thudichum, *Journ. chem. Soc. London* (2), 1870, t. VIII, p. 116; *Bull. Soc. chim.*, t. XIV, p. 335]. D'après les recherches plus récentes de Pircher, l'acide et les nombreux sels décrits par Thudichum n'existent pas en tant que composés définis; ce sont des mélanges de matières minérales avec des substances extractives de l'urine [J. Pircher, *Centralbl. mediz. Wissench.*, 1871, n° 4; *Bull. Soc. chim.*, t. XVII, p. 81]. Silversidge a également contredit les indications de Thudichum [*Journ. of Anat. Physiol.*, t. VI, p. 422].

CRYPTOPINE, $C^{21}H^{23}AzO^5$. — Cet alcaloïde existe dans l'opium en quantités extrêmement petites; T. et H. Smith, qui l'ont découvert, n'ont pu extraire que 150 grammes de son chlorhydrate de cinq tonnes d'opium. — Voyez t. II, p. 621.

CRYPTOTUNGSTITE. — Tungstate hydraté de cuivre avec un peu de fer, de chaux, etc. Croûtes vert-jaunâtre, enveloppant la cuproscheellite, dans la rivière de Lianico, près Santiago (Chili).

CUBÈBE. Le cubèbe, chauffé à 280° avec de l'acide iodhydrique, fournit les carbures

$$C^5H^{12}, C^{10}H^{22}, C^{15}H^{32}$$

et un carbure volatil au-dessus de 360° probablement $C^{20}H^{42}$ [Berthelot, *Bull. Soc. chim.*, t. XI, p. 25]. Les cubèbes, distillés avec de l'eau, fournissent 14 % d'une huile essentielle. Le résidu de cette distillation, épuisé par l'alcool, lui cède un produit gélatineux qui se sépare en deux couches lorsqu'on a chassé l'alcool. L'une de ces couches est résineuse. Cette résine, distillée d'abord avec l'eau, puis dissoute dans l'alcool, laisse déposer une matière grasse, tandis que l'alcool fournit, par évaporation, la résine pure. Celle-ci, traitée par la potasse, est dédoublée en *cubébine* (voyez t. I, p. 1006) et en une résine neutre, que l'ammoniaque scinde de nouveau en une *résine neutre* fusible à 66° de la formule $C^{13}H^{14}O^5$ et en *acide cubébique*, $C^{13}H^{14}O^7, H^2O$. Cet acide a été découvert par Bernatzik. Il forme une résine blanche fusible à 45°, soluble dans l'alcool, l'ammoniaque et les alcalis fixes. L'acide sulfurique le colore en rouge. Les sels *d'argent*, de *baryum*, de *calcium* et de *plomb* sont amorphes. L'acide est bibasique [Schmidt, *Zeitsch. Chem.*, 1870, p. 189; *Bull. Soc. chim.*, t. XIV, p. 320; — Schulze, *Arch. Pharm.* [3], t. II, p. 388; *Bull. Soc. chim.*, t. XX, p. 471].

CUIVRE. — A. Van Riemsdyck indique 1330° pour le point de fusion du cuivre [*Chem. News*, t. XX, p. 32].

Les solutions salines, telles que les azotates et sulfates alcalins, de calcium, de magnésium, et surtout des sels ammoniacaux, dissolvent du cuivre par leur contact avec ce métal. Dans une étude sur cette action et sur celle de l'eau de mer, Th. Carnelly a recherché leur intensité. La quantité de cuivre entrée en dissolution varie avec la durée du contact, la surface du métal et la concentration de la solution. Le sel le plus actif est le chlorure d'ammonium; pour les sels alcalins, ce sont les chlorures qui dissolvent le plus de cuivre, puis les carbonates et les sulfates; les azotates se sont montrés les moins actifs. L'action du chlorure de sodium est augmentée par la présence de l'azotate et surtout du sulfate de potassium. Celle des sels ammoniacaux est diminuée en présence des sels alcalins fixes [*Journ. chem. Soc.*, 1876, t. II, p. 1].

Lorsque le cuivre a été recouvert d'une couche de sulfure par son immersion dans le sulfure ammonique, il résiste beaucoup mieux à l'action des solutions salines; mais l'eau aérée l'attaque plus rapidement par suite de l'oxydabilité du sulfure [Shaw et Carnelly, *Journ. chem. Soc.*, 1877, t, I, p. 442].

Dans une étude sur la métallurgie du cuivre, Hampe a fait connaître l'influence qu'exerce sur les propriétés de ce métal la présence d'éléments étrangers [*Chem. Centralbl.*, t. V, p. 104; *Bull. Soc. chim.*, t. XXIV, p. 570; t. XXVII, p. 41].

Le cuivre pur, préparé par l'électrolyse du sulfate, qu'on a préalablement précipité en partie par la potasse, a pour densité 8,945 à 0°; celle du cuivre commercial est de 8,2 à 8,5. Le poids atomique déterminé avec ce cuivre pur a été trouvé égal à 63,34. Fondu dans une nacelle de porcelaine dans un courant d'hydrogène, le cuivre devient souvent spongieux; il est beaucoup plus compact lorsqu'on a employé un courant de gaz carbonique. Le cuivre pur fondu absorbe l'hydrogène qu'il perd en rochant, par la solidification; il en est de même pour l'oxyde de carbone, mais d'une manière beaucoup moins prononcée. L'acide carbonique n'est pas absorbé, mais il chasse l'hydrogène absorbé. Le cuivre fondu n'absorbe pas le charbon.

La présence de 0,45 % d'oxyde de cuivre (ou 0,05 % d'oxygène) diminue la ténacité du cuivre, mais n'altère pas sensiblement sa malléabilité.

Le soufre rend le cuivre cassant lorsque sa proportion atteint 0,5 %.

L'arsenic, dans la proportion de 1 %, rend le cuivre cassant à chaud, mais non à froid. L'introduction de 2 % d'arséniate de cuivre rend le cuivre très cassant à froid; le cuivre reprend en partie ses propriétés lorsqu'on réduit cet arséniate. L'antimoine et les antimoniates exercent une influence analogue. En général, les métaux introduits sous la forme d'oxyde nuisent beaucoup plus aux qualités du cuivre que les métaux libres. Le plomb pourtant fait exception.

L'influence du plomb ne se fait sentir que pour une teneur de 0,3 %. Avec 0,4 % de plomb, le cuivre devient très cassant; il se laisse encore laminer, mais se déchire par la flexion.

Quant au bismuth, il suffit de 0,02 % de ce métal pour altérer la malléabilité du cuivre. Le phosphore rend le cuivre plus tenace et plus ductile, ce qu'il faut attribuer à son affinité pour l'oxygène contenu dans le cuivre (voyez plus loin PHOSPHURE DE CUIVRE).

Cuivre réduit. — Lorsqu'on fait bouillir une solution étendue de sulfate de cuivre avec de la potasse et un excès de glucose, il se précipite du cuivre métallique en même temps que de l'oxydule; ce métal peut même être précipité seul [Commaille, *Journ. Pharm. Chim.* (4), t. VIII, p. 18]. Stolba a observé le même fait et utilisé cette réaction pour préparer le cuivre réduit. On additionne d'une quantité suffisante de glucose une solution ammoniacale d'oxyde de cuivre, puis on y ajoute de la potasse jusqu'à ce qu'il se produise un précipité permanent, enfin on fait bouillir. Le cuivre se précipite sous forme pulvérulente et produit en même temps un miroir métallique sur les parois du vase. Pour recueillir le dépôt, on acidule la solution et on filtre [*Dingl. polyt. Journ.*, t. CXC, p. 495].

Cuivre électrolytique. — Le cuivre déposé par électrolyse du sulfate, renferme 4,4 fois son volume de gaz; ces gaz, qui sont éliminés par l'action de la chaleur, sont formés de 3vol,40 d'hydrogène; 0,37 d'oxyde de carbone; 0,49 d'acide carbonique et 0,14 de vapeur d'eau [Lenz, *Journ. prakt. Chem.*, t. CVIII, p. 436].

Cuivre allotropique. — Lorsqu'on électrolyse

une solution étendue d'acétate de cuivre, on observe sur la face de la lame de platine qui regarde l'électrode positive, formée par une lame de cuivre, un dépôt de cuivre très différent du cuivre ordinaire; ce dernier forme souvent une bordure autour de la première couche, ce qui permet d'apprécier facilement la différence d'aspect. Le cuivre allotropique se présente en plaques à surface grenue, ayant la couleur du bronze. Il est très fragile et dépourvu de toute malléabilité. Il est très oxydable et prend au contact de l'air une couleur indigo. Sa densité est égale à 8 environ. Il décompose l'acide azotique étendu avec dégagement de *protoxyde d'azote*, tandis que le cuivre ordinaire attaque plus difficilement l'acide de même concentration et en dégage du bioxyde d'azote. Cette réaction n'est due ni à de l'hydrure de cuivre ni à de l'hydrogène occlus. En effet, lorsqu'on le chauffe dans le vide, il n'abandonne pas d'hydrogène, mais seulement un peu de vapeur d'eau chargée d'acide acétique, provenant d'un peu d'acétate de cuivre interposé. Les propriétés spéciales du cuivre allotropique disparaissent spontanément, lorsqu'on le conserve à l'abri de l'oxygène, et plus rapidement lorsqu'on le chauffe à 100 ou 150°. Cette transformation a lieu sans perte de poids [Schützenberger, *Compt. rend.*, t. LXXXVI, p. 1265; *Bull. Soc. chim.*, t. XXXI, p. 291].

Alliages. — Dans un mémoire étendu, A. Riche a étudié les propriétés des alliages de cuivre et d'étain dans les proportions variant de Sn^5Cu à $SnCu^{15}$. La densité de ces alliages est un peu plus faible que la densité moyenne pour Sn^5Cu, Sn^4Cu et Sn^3Cu, puis elle est plus forte; le maximum d'écart + 0,70, s'observe pour l'alliage $SnCu^3$ (densité observée = 8,91; densité calculée = 8,21). Cet alliage se distingue encore des autres par l'ensemble de ses propriétés. Il est cassant, et se réduit sous le marteau en petits grains cristallins, bleuâtres. Seul, avec l'alliage $SnCu^4$, il fond et se solidifie, sans éprouver de liquation; son point de solidification est situé entre les points de fusion de l'antimoine et de l'argent (vers 600 à 700°) [*Ann. Chim. Phys.* (4), t. XXX, p. 351].

Bronze phosphoré. — L'addition de phosphore au cuivre ou au bronze leur communique des propriétés précieuses, qui ont fait recommander le bronze phosphoré pour la fabrication des engrenages, des essieux, des cloches, des canons, etc.

Déjà Parker, en 1848, puis Percy, Will, Abel, Ruolz-Montchanal et Fontenay et d'autres ont attiré l'attention sur cet alliage, qui, dans ces dernières années, a de nouveau fait l'objet d'études approfondies [G. Montefori-Lewi et Künzel, *Dingl. polyt. Journ.*, t. CC, p. 379; — Uchatius; Kiskaldy, *même Recueil*, t. CLIX, p. 186; — de Ruolz-Montchanal et Fontenay, *Compt. rend.*, t. LXXXIII, p. 783; — Polain, *Revue univers. des mines*, t. XXXV, p. 595].

La résistance du bronze phosphoré à la tension et à la flexion est bien supérieure à celle du bronze ordinaire. La couleur du bronze phosphoré est plus vive et se rapproche de celle de l'or cuprifère. Son grain est analogue à celui de l'acier. Un bronze phosphoré à 85 % de cuivre, qui se prête très bien à la confection des essieux, des engrenages de laminoirs, etc., se déforme moins que le fer, et est beaucoup moins fragile que la fonte. Son laminage et son étirage sont plus faciles que pour le cuivre.

Le bronze phosphoré ne subit pas d'altération par la fusion, et se coule très facilement (voyez phosphures de cuivre).

La composition du bronze phosphoré est extrêmement variable. Voici la composition de divers échantillons [Bauschinger et Stoelzel, *Dingl. polyt. Journ.*, t. CCXVIII, p. 372] :

Cuivre....	93,68	94,11	90,86	94,71	90,34
Étain.....	5,83	5,15	8,56	4,88	8,99
Phosphore.	0,17	0,21	0,19	0,55	0,76
Zinc......	0,35	0,28	—	—	—

Le bronze phosphoré s'obtient par l'introduction du phosphure de cuivre dans le cuivre ou dans le bronze en fusion.

Cuivre et manganèse. — Le manganèse a une grande affinité pour le cuivre. Les alliages contenant de 3 à 15 % de manganèse sont durs et sonores. Ceux renfermant de 3,5 à 8 % de manganèse sont ductiles. A 12 %, l'alliage est aigre et d'un jaune de laiton. A 15 %, il est dur, gris et cassant, inaltérable à l'air [Valenciennes, *Compt. rend.*, t. LXX, p. 697]. Prieger avait préparé industriellement, en 1865, des alliages de cuivre et de manganèse, par la réduction simultanée de leurs oxydes. Ces alliages ressemblent au bronze, mais ils sont plus durs et plus résistants [*Deutsch. Industrie-Zeit.*, t. CLXXXV, p. 184; *Bull. Soc. chim.*, t. IV, p. 409].

Amalgame. — Un mélange de 20 à 30 p. de cuivre réduit par l'hydrogène et de 80 p. de mercure, arrosé d'acide sulfurique, donne une masse qui, après élimination de l'acide sulfurique par l'eau bouillante, constitue, au bout de douze heures, un amalgame compact, pouvant prendre l'éclat et le poli de l'or, et devenant plastique à chaud [*Monit. scientif.* (3), t. VII, p. 312].

Hydrure de cuivre, Cu^2H^2. — Il se produit lorsqu'on verse sur du zinc une solution de sulfate de cuivre, additionnée d'acide sulfurique. La poudre brune, qui se dépose dans ces conditions, dégage de l'hydrogène au contact de l'eau pure, et est convertie en chlorure cuivreux par l'action de l'acide chlorhydrique [Schorr, *Arch. Néerl.*, t. XII, p. 96]. L'hydrure de cuivre préparé par l'action de l'acide hypophosphoreux sur le sulfate de cuivre renferme quelques centièmes de phosphite de cuivre.

Chlorure cuivreux. — Heumann le prépare en dissolvant dans l'acide chlorhydrique 14p,2 d'oxyde de cuivre et 7 p. de poudre de zinc, puis précipitant par l'eau bouillie [*Deutsch. chem. Gesellsch.*, t. VII, p. 720].

Pour le purifier, Rosenfeld recommande de le laver, après précipitation par l'eau, avec de l'acide acétique cristallisable, puis de le sécher, après expression, à une douce chaleur. Obtenu ainsi, il est beaucoup moins altérable [*Deutsch. chem. Gesellsch.*, 1879, p. 954].

Lorsqu'on soumet à l'électrolyse une solution chlorhydrique de chlorure cuivreux, en employant des lames de cuivre comme électrodes, le chlorure cuivreux se dépose au pôle positif, en tétraèdres microscopiques blancs et brillants, tandis que l'électrode négative se recouvre de cuivre métallique spongieux, très léger [Bœttger, *Journ. prakt. Chem.* (2), t. II, p. 135].

La densité de vapeur du chlorure cuivreux, observée vers 1500°, a été trouvée égale à 6,84 — 6,93, ce qui correspond bien à la formule Cu^2Cl^2 (densité théorique = 7,05) [V. et C. Meyer, *Deutsch. chem. Gesellsch.*, 1879, p. 1116 et 1283].

L'acide sulfurique concentré attaque à peine le chlorure cuivreux à chaud. L'acide azotique ne l'altère qu'à la lumière. Sa solution ammoniacale récente dissout la cellulose.

Chauffé avec du chlorate de potassium, le chlorure cuivreux facilite singulièrement la décomposition de ce sel (Rosenfeld).

Le chlorure cuivreux se dissout dans une solution d'hyposulfite de sodium. La solution neutre n'est pas altérée par l'ébullition. Si l'hyposulfite n'est pas en excès, les acides ne précipitent pas de soufre de la solution. La liqueur, rendue ainsi acide, fournit, à chaud, un dépôt de sulfure de cuivre et un dégagement d'acide sulfureux. 1 mol. d'hyposulfite dissout exactement 1 mol. de chlorure cuivreux; il est donc probable qu'il y a combinaison [Cl. Winkler, *Chem. Contralbl.*, t. V, p. 308; *Bull. Soc. chim.*, t. XXII, p. 121].

Combinaison avec le sulfure mercurique,

$$Cu^2Cl^2.2HgS \text{ ou } \begin{matrix}Hg\text{-}S\text{-}(CuCl)\\ | \\ Hg\text{-}S\text{-}(CuCl)\end{matrix}.$$

— Poudre brillante d'un jaune orange, qui se produit lorsqu'on chauffe le chlorure cuivrique avec du sulfure de mercure et de l'acide chlorhydrique concentré. Ce produit est mélangé de soufre, dont on peut le débarrasser par le sulfure de carbone. Sa formation a lieu d'après l'équation

$$3HgS + 2CuCl^2 = Cu^2Cl^2.2HgS + HgCl^2 + S.$$

L'acide chlorhydrique attaque cette combinaison, en dégageant de l'hydrogène sulfuré et en dissolvant du chlorure cuivreux et du chlorure mercurique. L'acide sulfurique concentré l'attaque avec dégagement d'acide chlorhydrique et d'acide sulfureux. La soude la noircit, en donnant du sulfure de mercure et de l'oxydule de cuivre, ou plutôt du sulfure cuivreux et de l'oxyde mercurique [Heumann, *Deutsch. chem. Gesellsch.*, 1874, p. 1390].

Combinaison avec l'hydrogène phosphoré. — L'hydrogène phosphoré est absorbé par une solution chlorhydrique de chlorure cuivreux, en produisant un amas de longues aiguilles incolores, qui ne sont solubles qu'en présence de leur eau mère. Ces cristaux ont pour composition $Cu^2Cl^2.2PH^3$, et représentent le *chlorure de cuprosodiphosphonium* $Cu^2H^6P^2.Cl^2$. Soumis à l'action de la chaleur, ils dégagent de l'hydrogène phosphoré pur (ne renfermant environ que 1/800 de son volume d'hydrogène); le résidu est formé de phosphure de cuivre :

$$3(Cu^2Cl^2.2PH^3) = 4PH^3 + Cu^6P^2 + 6HCl.$$

On obtient une combinaison plus riche en hydrogène phosphoré, et renfermant sans doute $Cu^2Cl^2.4PH^3$, lorsqu'on continue à faire passer ce gaz dans le chlorure cuivreux, après la formation des aiguilles; celles-ci se redissolvent, mais le composé, nouvellement produit, n'a pu être isolé. La solution ainsi obtenue perd de l'hydrogène phosphoré par le passage d'un gaz inerte, et les aiguilles prennent de nouveau naissance [J. Riban, *Bull. Soc. chim.*, t. XXXI, p. 385].

Oxychlorure de cuivre. — L'oxyde de cuivre se dissout dans une solution de chlorure d'ammonium, avec une couleur verdâtre, sans dégager d'ammoniaque. En évaporant à sec et reprenant le résidu par l'eau, on obtient une poudre d'un vert jaune, insoluble, présentant à peu près la composition de l'atakamite, soit

$$CuCl^2.3CuO + 4\,1/2\,H^2O$$

[Tuttschew, *Zeitschr. Chem.*, 1870, p. 109].

Fluosilicate de cuivre. — Il cristallise dans le système rhomboédrique : faces *p*, *d*; angles *pp* au sommet = 125° 30'; ses cristaux renferment, d'après Stolba, $2SiFl^6Cu + 13H^2O$; ils sont efflorescents dans l'air sec, déliquescents dans l'air humide. Densité = 2,1576 à 19°. Chauffé à 100°, ce sel perd peu à peu son eau; à 125°, il perd en outre du fluorure de silicium, et le résidu n'est plus entièrement soluble. Le fluosilicate de cuivre se dissout à 17° dans 0,427 p. d'eau; il est soluble aussi dans l'alcool faible. L'addition d'alcool fort à sa solution le sépare en cristaux, renfermant 5 1/2 H^2O [*Journ. prakt. Chem.*, t. CII, p. 7; *Bull. Soc. chim.*, t. IX, p. 211].

Iodure cuivreux, Cu^2I^2. — Il s'obtient en tétraèdres d'un jaune verdâtre clair, par l'action du cuivre sur une solution d'acide iodhydrique, renfermant de l'iode libre, ou, plus facilement, par l'action de l'acide iodhydrique sur le sulfure cuivreux [Meusel, *Deutsch. chem. Gesellsch.*, 1870, p. 123]. Il se combine à l'iodure mercurique (voyez t. II, p. 347).

Periodures de cuivre. — L'iodure cuivreux se dissout lentement dans la teinture alcoolique d'iode, dans le rapport $Cu^2I^2 : 9I^2$. La solution brune n'est pas précipitée par l'eau, mais par une solution alcoolique d'iodure de potassium, celui-ci s'emparant de l'iode et remettant l'iodure cuivreux en liberté. Agitée avec du mercure, la solution brune fournit de l'iodure mercureux, et la liqueur filtrée, qui est verte, laisse déposer par l'évaporation des prismes rouges d'iodomercurate cuivreux, mélangés d'iodure mercurique. Cette même liqueur verte, traitée par l'ammoniaque, devient bleue et abandonne des aiguilles vertes de la formule $CuI^2.2HgI^2.4AzH^3$ [Jörgensen, *Journ. prakt. Chem.* (2), t. II, p. 347; *Bull. Soc. chim.*, t. XVI, p. 73].

Tétraiodure de cuprotétrammonium,

$$CuI^2.I^2.4AzH^3.$$

— Précipité cristallin-brun noir, qu'on obtient en ajoutant un léger excès d'ammoniaque alcoolique à la solution brune ci-dessus. Ce précipité est formé de tables rhomboïdales, présentant des angles de 74 et de 106° et les caractères optiques de la tourmaline.

Lorsqu'on arrose d'alcool ce tétraiodure ammoniacal, et qu'on l'agite avec du mercure, on obtient une combinaison bleue qui cristallise dans l'alcool ammoniacal en prismes bleus et brillants, de la formule $CuI^2.HgI^2.4AzH^3$ et qu'on obtient aussi, en chauffant le sulfate de cuivre ammoniacal avec de l'iodomercurate de potassium et un excès d'iodure de potassium. L'eau décompose ces cristaux.

Hexaiodure de cuprotétrammonium,

$$CuI^2.I^4.4AzH^3.$$

— Masse cristalline brune, qui se dépose par le refroidissement, lorsqu'on mélange à 50° les solutions d'azotate de cuprotétrammonium et d'iodure ioduré de potassium. Ce corps peut être lavé et conservé sous l'eau (Joorgensen).

Oxydule de cuivre, Cu^2O. — L'oxyde cuivreux se dissout dans une solution concentrée de chlorure de magnésium, en séparant de la magnésie et en produisant du chlorure cuivreux. Il décompose de même le chlorure de zinc. Traité par le chlorure ferreux, il est en partie réduit, d'après l'équation

$$3Cu^2O + 2FeCl^2 = 2Cu^2Cl^2 + 2Cu + Fe^2O^3$$

[Sterry-Hunt, *Compt. rend.*, t. LXIX, p. 1357].

On obtient un dépôt d'oxydule de cuivre lorsqu'on plonge un couple cuivre et argent dans une solution acide et *aérée* de sulfate de cuivre; le dépôt se produit sur la lame d'argent [Gladstone et Tribe, *Chem. News*, t. XXV, p. 193].

Oxyde de cuivre, CuO. — Il se dissout dans 30 molécules de soude employée en lessive à 70 %. La solution, étendue de 3 à 4 volumes d'eau, n'est pas troublée par l'ébullition; additionnée de 10 volumes d'eau, elle se décolore par l'agitation ou lorsqu'on la chauffe, et laisse déposer l'oxyde de cuivre. La solution concentrée, abandonnée à elle-même pendant quelques jours, laisse déposer une poudre d'un bleu clair, qui renferme les oxydes de cuivre et de sodium, dans le rapport de CuO à Na^2O, et qui est décomposé par l'eau.

Le produit de la fusion de l'oxyde de cuivre avec la potasse se dissout dans une petite quantité d'eau, avec une coloration bleue [O. Loew, *Zeitschr. analyt. Chem.*, t. IX, p. 463].

L'oxyde de cuivre peut exercer une action oxydante, par voie humide, à une température élevée, sur les composés organiques. Lorsqu'on le chauffe à 280° avec de l'éther, il transforme celui-ci en aldéhyde et acide acétique; lui-même est ramené en partie à l'état métallique, en partie à l'état d'oxydule. L'oxyde précipité produit seul cette oxydation [A. Guérout, *Compt. rend.*, t. LXIX, p. 231].

Lorsqu'on chauffe l'acétate de cuivre à 200° avec de l'acide acétique, celui-ci est converti en acide glycolique et il se dépose de l'oxydule de cuivre [Cazeneuve, *Compt. rend.* Sept. 1879].

Peroxyde de cuivre, CuO^2. — Le peroxyde de manganèse, obtenu par précipitation, sépare à froid tout le cuivre d'une solution cuivrique, sous la forme de peroxyde. La réaction est lente, mais s'effectue en quantité théorique [Werner Schmid, *Journ. prakt. Chem.*, t. XCVIII, p. 136].

Phosphures de cuivre. — Le phosphure Cu^2Ph^2, qui renferme 32,8 °/₀ de phosphore, s'obtient en chauffant au rouge sombre le phosphure de cuivre du commerce, employé pour la fabrication du bronze phosphoré et qui renferme 20 °/₀ de phosphore (soit environ Cu^2Ph), avec du phosphore rouge en excès. Une température plus élevée déterminerait une perte de phosphore [Champion et Pellet, *Bull. Soc. chim.*, t. XXIV, p. 446].

Ce même phosphure se produit, lorsqu'on chauffe le cuivre dans la vapeur du phosphore. Il se présente alors sous la forme d'une masse cassante, offrant la couleur de l'argent mat, soluble dans l'acide chlorhydrique. Densité = 5,16 [Emmerling, *Deutsch. chem. Gesellsch.*, 1879, p. 152].

H. Schwarz prépare le phosphure de cuivre en introduisant dans le cuivre en fusion du phosphore, préalablement plongé dans une solution de sulfate de cuivre, pour diminuer son inflammabilité [*Dingl. polyt. Journ.*, t. CCXVIII, p. 58].

La gaine métallique qui se produit autour d'un ballon de phosphore, plongé dans une solution de sulfate de cuivre, est formée de phosphure de cuivre et de cuivre métallique. Débarrassé du phosphore libre par le sulfure de carbone, ce dépôt métallique est noir, inaltérable à l'air. Densité = 6,350. Il fond au rouge, en perdant 10 °/₀ de son poids et donne un culot métallique d'un blanc grisâtre. Chauffé plus fort, il perd encore du phosphore et laisse une masse blanche, dure comme l'acier et qui peut être coulée en lingots.

Le dépôt métallique noir peut être obtenu en grande quantité, si l'on fait bouillir une solution de sulfate de cuivre avec du phosphore, et qu'on remplace le sel, à mesure qu'il est décomposé, par des cristaux de sulfate de cuivre. Ce dépôt fournit des cristaux à base hexagonale et d'un aspect métallique, lorsqu'on le chauffe dans la vapeur de phosphore, ou simplement lorsqu'on le chauffe sans dépasser le point de fusion. Sidot, à qui l'on doit ces observations, ne donne pas la composition de ces phosphures. Il a aussi obtenu un autre phosphure cristallisé en chauffant un mélange de phosphate acide de calcium, d'oxyde de cuivre et de charbon [*Compt. rend.*, t. LXXXIV, p. 1454].

Le phosphure de cuivre à 9 °/₀ de phosphore (Cu^5Ph) est un composé cassant, plus dur que le bronze des coussinets, susceptible d'un beau poli, d'un grain fin. Il peut être fondu, sans altération, dans un creuset brasqué et peut être coulé sans soufflures. Il est très sonore et peut servir comme métal de cloches. De Ruolz-Montchanal et Fontenay ont montré que les cloches fabriquées avec ce phosphure présentent des qualités d'acuité, d'intensité et de timbre supérieures à celles des cloches de même dimension en métal de cloches ordinaire. Le phosphure fondu présente aussi plus d'homogénéité dans sa composition.

L'addition de quelques millièmes de phosphore au cuivre rouge permet de le couler en sable.

Sulfures de cuivre. — Le cuivre métallique agit sur une solution de polysulfure d'ammonium. Il se recouvre d'une couche brun-noir à sa sur face intérieure, et d'un bleu noir à sa surface extérieure. Cette couche, qui est du sulfure cuivrique CuS, change peu à peu d'aspect par un contact prolongé, et se transforme en petites aiguilles métalliques grises, qui constituent du protosulfure Cu^2S. En même temps, la solution se décolore [Privoznik, *Ann. Chem. Pharm.*, t. CLXIV, p. 46, et t. CLXXI, p. 110. — Heumann, *Ibid.*, t. CLXXIII, p. 21. Voir aussi, *Bull. Soc. chim.*, t. XVIII, p. 446; t. XX, p. 439, et t. XXI, p. 274].

D'après Privoznik, la production subséquente du sous-sulfure est due à l'action du cuivre en excès sur le sulfure cuivrique. Suivant Heumann, au contraire, elle résulterait de l'action du cuivre sur le sulfure ammonique décoloré, action qui a lieu avec dégagement d'hydrogène et production d'ammoniaque caustique. La solution, quoique incolore, renferme alors un peu de cuivre en dissolution, et l'addition d'eau y fait naître un précipité cuprifère.

Les cristaux de sulfure Cu^2S prennent à l'air la couleur de l'acier, et le sulfure ammonique jaune les convertit en sulfure CuS. Leur forme cristalline n'a pu être déterminée.

Le sulfure cuivreux prend encore naissance lorsqu'on fait agir le cuivre sur une solution d'hyposulfite de sodium (Privoznik) :

$$S^2O^3Na^2 + Cu^2 = Cu^2S + SO^3Na^2.$$

Enfin, il se produit aussi par l'action de l'oxyde de cuivre sur le sulfure d'ammonium incolore, qui est converti en polysulfure (Heumann) :

$$2\,CuO + 3\,(AzH^4)^2S$$
$$= Cu^2S + 2\,H^2O + 4\,AzH^3 + (AzH^4)^2S^2.$$

Polysulfure ammoniacal de cuivre,

$$Cu^2(AzH^4)^2S^7 \quad \text{ou} \quad 2\,CuS^3.(AzH^4)^2S.$$

— Ce sel a été décrit, pour la première fois, par Peltzer, qui l'a obtenu en ajoutant une solution ammoniacale de sulfate de cuivre à du sulfure ammonique jaune, jusqu'à ce que le précipité ne se redissolve plus. La liqueur filtrée laisse déposer, à l'abri de l'air, le persulfure cuprammonique en aiguilles d'un rouge grenat, groupées en aiguilles, ou sous la forme d'une poudre rouge cinabre. Cette combinaison est très instable et s'altère au contact de l'air [*Ann. Chem. Pharm.*, t. CXXVIII, p. 180].

Gescher prépare cette combinaison de la même manière [*Ibid.*, t. CXLI, p. 350; *Bull. Soc. chim.*, t. VIII, p. 410].

Bloxam l'a obtenue en faisant bouillir le sulfure de cuivre avec du sulfure ammonique jaune, filtrant et laissant reposer la solution [*Journ. chem. Soc.* (2), t. III, p. 94].

Pour la préparer, H. Vohl fait tomber, goutte à goutte, dans une solution de sulfure ammonique, chargée de soufre, une solution, faite à l'abri de l'air, de chlorure cuivreux dans le sel ammoniac, sous une couche de pétrole, pour empêcher l'accès de l'air. La liqueur, qui est d'un rouge brun, se remplit bientôt de cristaux rouges [*Journ. prakt. Chem.*, t. CII, p. 32].

Enfin, Privoznik a observé la production des mêmes cristaux dans une des phases de l'action du cuivre sur le persulfure d'ammonium.

On obtient une combinaison potassique analogue, en aiguilles brillantes, d'un rouge grenat, en faisant agir l'oxyde ou le sulfure de cuivre sur le pentasulfure de potassium. Cette combinaison est décomposée par l'eau et plus facilement encore par l'ammoniaque et par les sulfures alcalins (Privoznik).

Le persulfure de sodium ne donne pas de semblable combinaison.

SELS DE CUIVRE.

Azotate de cuivre. — Voici, d'après B. Franz, la densité de ses solutions :

$(AzO^3)^2Cu$ %.	Densité.	$(AzO^3)^2Cu$ %.	Densité.
10	1,0942	40	1,4724
20	1,2036	45	1,5576
30	1,3498		

Azotate basique.

$$2(AzO^3)^2Cu.10CuO^2H^2 + 5H^2O.$$

— Poudre verdâtre, obtenue en faisant bouillir une solution d'azotate d'ammonium avec de l'oxyde de cuivre, évaporant la liqueur filtrée et lavant le résidu à l'eau (Tuttschew).

Azotite basique, $(AzO^2)^2Cu.3CuO^2H^2$. — On le prépare en ajoutant de l'alcool à une solution, en proportion moléculaire, d'azotite de potassium et de sulfate de cuivre, et évaporant la liqueur alcoolique filtrée. Il se dépose en petites aiguilles plumeuses, inaltérables à l'air, peu solubles dans l'eau et dans l'alcool [Van der Meulen, *Deutsch. chem. Gesellsch.*, 1879, p. 758].

Borate de cuivre. — Le sel obtenu par précipitation ne paraît pas avoir une composition constante (Pasternack).

Borate ammoniacal,

$$Bo^4O^7Cu.4AzH^3 + 6H^2O.$$

— Croûtes cristallines, composées de tables rhomboïdales d'un beau bleu, s'effleurissant à l'air, en perdant de l'ammoniaque. On l'obtient en ajoutant de l'alcool à une solution, en proportion moléculaire, d'acétate de cuivre et de borax [Pasternack, *Ann. Chem. Pharm.*, t. CLI, p. 227].

Bromate de cuivre, $(BrO^3)^2Cu + 6H^2O$. — Cristallise dans le système régulier. Densité = 2,583 (H. Topsoë).

Carbonate basique. — On obtient un carbonate ayant la composition de la malachite en faisant bouillir le carbonate ammonique avec de l'oxyde de cuivre (Tuttschew).

Periodate de cuivre, $I^2O^{11}Cu^4.H^2O$. — Sel cristallin vert, obtenu en évaporant à sec une solution de periodate de sodium additionnée de sulfate de cuivre, puis reprenant le résidu par l'eau [Lautsch, *Journ. prakt. Chem.*, t. C, p. 65].

Le même sel, avec $7H^2O$, se dépose en cristaux microscopiques d'un vert foncé, de la solution bleue qu'on obtient en ajoutant du periodate de potassium IO^4K à une solution de sulfate de cuivre, et filtrant pour séparer le précipité vert d'abord formé.

$I^2O^{12}Cu^5 + 5H^2O$. — Poudre verte, obtenue par l'acide periodique et le carbonate de cuivre. Il perd la moitié de son eau à 200°.

$I^2O^9Cu^2 + 6H^2O$. — La solution de l'hydrate de cuivre dans l'acide periodique donne d'abord le sel pentacuivrique, puis, par évaporation lente, le sel dicuivrique, qui forme des agrégations cristallines vert foncé.

$4I^2O^{11}Cu^4, 3I^2O^9K^4 + 60H^2O$. — Précipité vert produit par le periodate de potassium et l'azotate de cuivre. L'eau le dédouble [Rammelsberg, *Journ. prakt. Chem.*, t. CIV, p. 434].

Phosphates de cuivre. — Le précipité obtenu en ajoutant deux mol. de phosphate de sodium ordinaire à 3 mol. de sulfate de cuivre, renferme, d'après Metzner, $(PO^4)^3Cu^4H + 5H^2O$. Dissous dans l'ammoniaque, puis additionné d'alcool ammoniacal, ce précipité fournit, par le repos, des cristaux bleus ayant pour composition

$$(PO^4)^3Cu(AzH^4)^7 + 3AzH^3 + 7H^2O.$$

Ce sel est soluble dans l'eau. Exposé à l'air, il perd de l'ammoniaque et se transforme en une poudre d'un blanc bleuâtre [*Liebig's Ann. Chem.*, t. CLXIX, p. 66].

Lorsqu'on verse une solution de 3 mol. de sulfate de cuivre dans une solution chaude renfermant 2 mol. de phosphate de sodium, il se précipite un mélange de sels sodico-cuivriques, présentant les rapports $4P^2O^5.9CuO.2Na^2O$. [*Ann. Chem. Pharm.*, t. CXLVI, p. 57].

Sulfate de cuivre. — Les cristaux de sulfate de cuivre ont pour densité 2,330 (Rüdorff).

Le sel à 5 mol. d'eau, maintenu à 25 ou 30° dans l'air sec, se transforme en une poudre bleuâtre renfermant $SO^4Cu + 3H^2O$. Cet hydrate ne perd pas d'eau dans le vide, tandis que le sel à $5H^2O$ en perd 4 mol. [Magnier de la Source, *Compt. rend.*, t. LXXXIII, p. 899].

Sulfates basiques. — Tuttschew a obtenu un sulfate basique, offrant la composition de la *brochantite*, en faisant bouillir le sulfate d'ammonium avec de l'oxyde de cuivre, évaporant à sec et reprenant le résidu par l'eau.

Sulfites cuivreux. — On a décrit un certain nombre de sulfites doubles nouveaux [Commaille, *Journ. Pharm.* (4), t. VI, p. 107 ; — N. Svensson, *Deutsch. chem. Gesellsch.*, 1871, p. 713].

Sulfites cuproso-ammoniacaux :

1. $SO^3Cu^2.SO^3(AzH^4)^2 + 2H^2O$. — Tables hexagonales incolores, obtenues en saturant de gaz sulfureux une solution ammoniacale de sulfate de cuivre ou une solution d'acétate de cuivre digérée avec du cuivre jusqu'à décoloration (Commaille).

2. $SO^3Cu^2.7SO^3(AzH^4)^2$ — Péan de Saint-Gilles a décrit ce sel avec $10H^2O$. Svensson lui assigne $14H^2O$.

3. $SO^3Cu^2.5SO^3(AzH^4)^2 + 2H^2O$. — Le sulfite cuproso-cuivrique, traité par le sulfite d'ammonium, se transforme en une bouillie du sel précédent. L'addition d'une certaine quantité d'ammoniaque dissout cette bouillie cristalline et la solution abandonne le nouveau sulfite en aiguilles jaunâtres. Avec une plus grande quantité d'ammoniaque, on obtient des aiguilles bleues d'hyposulfate cuprammonique (Svensson).

Sulfites cuproso-potassiques. — Lorsqu'on traite le carbonate de cuivre par un excès de bisulfite de potassium, on obtient, suivant la proportion de ce dernier, un sel jaune qui renferme $SO^3Cu^2.(SO^3)^5K^6H^4 + 5H^2O$, ou bien des cristaux brillants, à peine jaunâtres, du sel $SO^3Cu^2.(SO^3)^7K^8H^6$ (Svensson).

Sulfites cuproso-sodiques :

1° $SO^3Cu^2.SO^3Na^2 + 2H^2O$. — Cristaux microscopiques incolores, se déposant lentement d'une solution concentrée d'acétate de cuivre additionnée de sulfite de sodium, jusqu'à production d'un précipité permanent. Au contact de leurs eaux mères, ces cristaux se convertissent peu à peu en tables quadratiques microscopiques, renfermant $11H^2O$ (Commaille).

Svensson a obtenu le sel avec $2H^2O$, en cristaux microscopiques jaunes, en traitant le carbonate de cuivre par le bisulfite de sodium ; et le sel avec 11 H^2O, en cristaux volumineux incolores, par l'action du sulfite de sodium sur le sulfite cuproso-cuivrique rouge.

2° $2SO^3Cu^2.3SO^3Na^2 + 2H^2O$. — Il se dépose en petits cristaux blancs, lorsqu'on fait passer un courant de gaz sulfureux dans les eaux mères du sel précédent à 11 H^2O.

3° $SO^3Cu^2.7SO^3Na^2 + 19H^2O$. — Précipité incolore, obtenu par l'addition d'alcool aux mêmes eaux mères (Svensson).

Hyposulfite cuivreux. — Le chlorure cuivreux se dissout dans l'hyposulfite de sodium, et la solution abandonnée à la longue du sulfure de cuivre. Si, après quelque temps, on la traite par l'ammoniaque en excès, on obtient une solution bleue, d'où se déposent des cristaux rhomboïdaux bleus, insolubles dans l'eau froide, décomposables par l'eau bouillante. Ces cristaux renferment $2S^2O^3Na^2.(S^2O^3)^2Cu(Cu^2)$. Pulvérisés et traités par la potasse étendue, ils donnent un hydrate cuproso-cuivrique $Cu^3(OH)^4$.

Lorsqu'on mélange des solutions concentrées et froides de 6 mol. de sulfate de cuivre et de 8 mol. d'hyposulfite de sodium, il y a décoloration et dépôt d'un sel jaune, qui a pour composition $2S^2O^3Na^2.3S^2O^3Cu^2$.

Si l'on opère à chaud, le précipité est brun par suite de la présence de sulfure de cuivre. Il renferme alors $S^2O^3Na^2.S^2O^3Cu^2.CuS + 4H^2O$ [Siewert, *Zeitsch. Chem.*, 1866, p. 363].

E. Kessel, qui a repris l'étude de ces combinaisons, a reconnu que les rapports trouvés par Siewert pour ce dernier sel sont ceux qu'on observe lorsque le sel est préparé à la température de + 10°. A — 10°, les rapports du sodium, du cuivre et du soufre sont sensiblement 4 : 1 : 4 [*Arch. Néerl.*, t. XII, p. 96; *Bull. Soc. chim.*, t. XXXII, p. 400].

Chauffé à 100°, le sel de Siewert se décompose en produisant $3CuS, SO^4Na^2$ et SO^2.

Lorsqu'on le traite à basse température (—10°) par l'acide chlorhydrique concentré, il se transforme en une poudre blanche, qui bleuit à l'air et que l'eau décompose avec dépôt de sulfure de cuivre et dégagement d'acide sulfureux. Ce sel blanc se dissout sans coloration dans l'ammoniaque; mais la solution incolore bleuit au contact de l'air. Il est soluble dans l'acide acétique. Les alcalis en séparent de l'oxydule de cuivre. Il renferme le sodium, le cuivre et le soufre dans les rapports $Na^3 : Cu : S^3$, abstraction faite d'un mélange de chlorure de sodium. Ed. Willm.

CUIVRE (ANALYSE). — Dosage électrolytique. — Cette méthode, due à Lecoq de Boisbaudran, permet de doser exactement le cuivre en présence de certains autres métaux, notamment du fer, du zinc, du cobalt, du nickel.

La réduction du cuivre se fait dans un creuset de platine taré, qu'on met en communication avec le pôle négatif d'une pile de deux éléments Bunsen; on recouvre le creuset d'un verre de montre percé à son centre d'une ouverture par laquelle on introduit un petit demi-cylindre formé d'une feuille de platine, que l'on met en communication avec le pôle positif. On fait passer le courant pendant deux ou trois heures, et plus longtemps si la solution est étendue. Lorsque l'intensité du courant n'est pas trop considérable, le cuivre forme une couche adhérente, plus facile à laver que le cuivre déposé sous forme pulvérulente. On le dessèche à une douce chaleur dans un courant d'hydrogène et on pèse.

Les sels doivent être à l'état de sulfates, et il faut surtout éviter la présence des chlorures qui, en dégageant du chlore, attaqueraient le platine.

Ce procédé doit être un peu modifié lorsqu'il y a beaucoup de fer en présence du cuivre, à cause de la facilité avec laquelle ce dernier se dissout dans un persel acide de fer. Dans ce cas, on aspire le liquide du creuset, lorsque le courant a suffisamment agi, à travers un second trou pratiqué dans le verre de montre, on remplace le liquide aspiré par de l'eau acidulée; après avoir opéré plusieurs fois ce soutirage, on remplace l'eau acidulée par de l'eau bouillante, puis on achève le lavage du dépôt métallique, qu'on sèche et qu'on pèse [*Bull. Soc. chim.*, t. VII, p. 468; t. XI, p. 35; t. XVII, p. 41; t. XXIII, p. 340].

Le même procédé, avec des dispositions particulières, a été proposé par Ullgren [*Zeitsch. analyt. Chem.*, t. VII, p. 442; *Bull. Soc. chim.*, t. XII, p. 249], et par Oeschger et Mesdach [*Bull. Soc. chim.*, t. XXIII, p. 180]. Ces dispositions sont moins simples que celle adoptée par Lecoq de Boisbaudran et ne présentent sur cette dernière aucun avantage.

Dosage volumétrique. — On a proposé un grand nombre de procédés pour le dosage volumétrique du cuivre.

Procédé de E. Weil. — Il repose sur la coloration vert-jaunâtre que possède la solution d'une très petite quantité d'un sel cuivrique dans l'acide chlorhydrique libre et sur la réduction du chlorure cuivrique par le chlorure stanneux. Pour l'appliquer, on emploie une solution titrée de chlorure stanneux, qu'on ajoute à la solution chlorhydrique du sel cuivrique, jusqu'à décoloration; on opère à 100°. Si le cuivre est en présence du fer, il faut doser ce dernier séparément, puis retrancher du volume de chlorure stanneux celui qui est nécessaire pour la réduction du sel ferrique [*Compt. rend.*, t. LXX, p. 997].

Procédé Lafollye. — C'est le procédé de Parkes (t. I, p. 1028) légèrement modifié [*Compt. rend.*, t. LXXIV, p. 1104]. Pour appliquer le procédé de Parkes en présence du zinc, c'est-à-dire à l'analyse du laiton, il faut, après un premier titrage, précipiter le cuivre par l'hyposulfite de sodium, redissoudre le sulfure de cuivre dans l'acide azotique et le titrer seul. La différence des deux essais donne le zinc [Yvon, *Compt. rend.*, t. LXXIV, p. 1252].

Procédé Lagrange. — Le cuivre, amené en solution tartrique alcaline, est dosé par une solution titrée de glucose [*Ann. Chim. Phys.* (5), t. III, p. 478].

Procédé H. Schwarz. — Il est fondé sur l'emploi du xanthate de potassium, qui donne dans les solutions cuivriques un précipité jaune, se rassemblant facilement par l'agitation. On emploie :

1° Une solution type de cuivre, renfermant 10 grammes de métal par litre;

2° Une solution de 25 grammes de xanthate de potassium cristallisé par litre. 20 centimètres cubes de cette solution correspondent à $0^{gr},1$ de cuivre. Le titre de la solution doit être, du reste, vérifié avec la liqueur normale cuivrique.

Le cuivre doit être séparé des autres matières et en solution acétique [*Dingl. polyt. Journ.*, t. CXC, p. 220].

E. A. Grete emploie la même méthode en opérant sur la solution de l'oxyde de cuivre dans le sel de Seignette, avec addition de carbonate de sodium. La solution ne doit contenir ni ammoniaque ni alcalis caustiques [*Chem. Centralbl.*, t. IX, p. 921].

Procédé Volhard. — Volhard a rendu volumétrique le procédé de dosage à l'état de sulfocyanate cuivreux. A cet effet, il précipite le cuivre, en présence de l'acide sulfureux, par une solution titrée de sulfocyanate de potassium en excès, puis il détermine cet excès à l'aide d'une solution titrée d'argent, en présence de chlorure ferrique (voir Suppl., p. 201).

Pour appliquer cette méthode, on dissout le cuivre ou l'alliage dans l'acide azotique; on évapore la solution à sec, on reprend par l'eau, on neutralise par le carbonate de sodium, on ajoute de l'acide sulfureux et on précipite à chaud par le sulfocyanate en excès; enfin, on procède au titrage de cet excès [*Liebig's Ann. Chem.*, t. CXC, p. 51; *Bull. Soc. chim.*, t. XXXI, p. 92].

Ed. Willm.

CUMÈNES, C^9H^{12}. Voy. CUMÈNE, t. I, p. 1038; MÉSITYLÈNE, t. II, p. 371; PROPYLBENZINE, t. II, p. 889. — Les carbures aromatiques correspondant à la formule C^9H^{12} peuvent exister sous huit modifications isomériques. Ce sont :

1° La propylbenzine, $C^6H^5\text{-}CH^2\text{-}CH^2\text{-}CH^3$;

2° L'isopropylbenzine, $C^6H^5\text{-}CH=(CH^3)^2$, cumène de l'acide cuminique;

3° La paraéthylméthylbenzine ou paraéthyltoluène, $C^6H^4(CH^3)_{(1)}(C^2H^5)_{(4)}$;

4° La métaéthylméthylbenzine ou métaéthyltoluène, $C^6H^4(CH^3)_{(1)}(C^2H^5)_{(3)}$;

5° La triméthylbenzine ou pseudocumène, $C^6H^3(CH^3)^3_{(1.2.4)}$;

6° Le mésitylène, $C^6H^3(CH^3)^3_{(1.3.5)}$;

7° L'orthométhyléthylbenzine,

$$C^6H^4(CH^3)_{(1)}(C^2H^5)_{(2)};$$

8° La triméthylbenzine, $C^6H^3(CH^3)^3_{(1.2.3)}$.

Ces deux derniers carbures n'ont pas encore été obtenus.

Pour conserver l'ordre adopté dans le corps de l'ouvrage nous ne décrirons dans cet article que les dérivés de l'isopropylbenzine et de la triméthylbenzine ou pseudocumène, en renvoyant pour les isomères aux articles indiqués plus haut.

ISOPROPYLBENZINE.

Fittig, ayant montré que la propylbenzine préparée au moyen de l'iodure de propyle normal est différente du cumène de l'acide cuminique, Jacobsen a identifié ce carbure à l'isopropylbenzine. Pour l'obtenir, il fait digérer à froid sur du sodium, pendant quatre jours, un mélange d'iodure d'isopropyle et de benzine monobromée dissoute dans six fois son volume d'éther. Il sépare par fractionnement un carbure bouillant à 150°, dont il a identifié l'acide sulfoné à l'acide cumène-sulfonique [Jacobsen, *Deutsch. chem. Gesellsch.*, 1875, p. 1260; *Bull. Soc. chim.*, t. XXVI, p. 173].

DÉRIVÉS BROMÉS. — Le cumène, traité par le brome à froid pendant deux jours, fournit à la distillation une portion, bouillant de 218-220°, qui est le *cumène parabromé*,

$$C^6H^4Br_{(4)}C^3H^7_{(1)}.$$

Sa densité est de 1,3223. La potasse ne l'attaque pas; le mélange chromique le transforme en acide parabromobenzoïque et acide acétique [Meusel, *Zeitsch. Chem.*, 1867, p. 372; *Bull. Soc. chim.*, t. VIII, p. 93].

Cumène pentabromé, $C^9H^7Br^5$. — Le cumène abondonné pendant un mois avec un excès de brome se transforme en un composé solide, soluble dans l'alcool bouillant, fusible à 100°, cristallisant en prismes rayonnés, correspondant à la formule $C^9H^7Br^5$. La potasse alcoolique lui enlève du brome [Meusel, *loc. cit.*].

Le brome transforme le cumène en présence de l'eau à 200° en acide dibromobenzoïque.

DÉRIVÉS NITRÉS. — Aux cumènes mono et dinitrés déjà décrits, il faut ajouter le *cumène trinitré*, que Fittig, Koenig et Schaeffer ont préparé en traitant le cumène par un mélange d'acide nitrique et d'acide sulfurique. Il cristallise en aiguilles incolores, fusibles à 109°, correspondant à la formule $C^9H^9(AzO^2)^3$ [*Ann. Chem. Pharm.*, t. CXLIX, p. 324; *Bull. Soc. chim.*, t. XII, p. 307].

Diamidocumène, $C^9H^{10}(AzH^2)^2$. — Cette base résulte de l'action de l'acide acétique et du fer sur le cumène dinitré. Elle est en cristaux fusibles à 47° [Hoffmann, *Compt. rend.*, t. LV, p. 782]. Cette diamine dérive du cumène de l'acide cuminique, d'après une communication verbale [*Handwörterbuch*, 2e édition, t. II, p. 840].

DÉRIVÉS SULFONÉS. — On obtient l'acide *cumène-sulfonique* en dissolvant le cumène dans un mélange d'acide sulfurique et d'acide sulfurique fumant. On le sépare au moyen de son sel barytique par l'évaporation de sa solution; il se présente en écailles nacrées déliquescentes, de la formule $C^9H^{11}SO^3H$.

Le *sel barytique* $(C^9H^{11}SO^3)^2Ba$ est soluble dans 30 p. d'eau à 16° et dans 2 p. d'eau bouillante.

Le *sel d'argent* est en aiguilles dendritiques.

Le *sel de calcium* renferme $2H^2O$; celui de *magnésium* $(C^9H^{11}SO^3)^2Mg, 7H^2O$ est soluble dans 3 à 4 p. d'eau.

Le *sel de strontium* renferme 2 molèc. d'eau de cristallisation, celui de *plomb* n'en renferme qu'une [Jacobsen, *Ann. Chem. Pharm.*, t. CXLVI, p. 85; *Bull. Soc. chim.*, t. X, p. 403].

D'après Fittig, Koening et Schaeffer (*loc. cit.*), les sels de *baryum* et de *calcium* renferment 1 mol. d'eau.

Le sel potassique de cet acide oxydé au moyen du permanganate de potassium fournit un acide de la formule

$$C^9H^{12}SO^4 = C^6H^4 < \begin{matrix} C^3H^6.OH \\ SO^3H \end{matrix}$$

l'acide *oxypropyle-phénylsulfonique*, ou mieux *oxyisopropylphénylsulfonique*. Le sel de l'acide sulfoné de la normale propylbenzine ne fournit pas d'acide oxydé dans ces conditions.

Traité par le perchlorure de phosphore, puis par l'ammoniaque, l'acide oxypropylphénylsulfureux donne une *amide* fusible à 152° de la formule

$$C^9H^{11}SO^2Az = C^6H^4 < \begin{matrix} C^3H^5 \\ SO^2AzH^2 \end{matrix},$$

par suite d'une perte d'eau que subit le chlorure au moment de sa formation. Cette amide fixe du brome à froid [H. Meyer et A. Baur, *Deutsch. chem. Gesellsch.*, 1879, p. 2238; *Bull. Soc. chim.*, t. XXXIV, p. 603].

P. Spica a isolé un second acide cumène-sulfonique des eaux mères du sel barytique du précédent. D'après cet auteur, le nouvel acide serait l'acide *cumène-orthosulfonique*, tandis que le premier serait l'acide para.

Les sels de *baryum* et de *plomb* de l'acide ortho cristallisent avec 3 mol. d'eau [*Gazz. Chim. ital.*, t. IX, p. 433].

Chlorures et amides sulfonés. — Les deux acides cumène-sulfoniques sont transformés par le perchlorure de phosphore en chlorures. Le *chlorure de l'acide para* est huileux; l'ammoniaque alcoolique le convertit en une masse huileuse qui se solidifie au contact de l'eau, et qui peut être scindée par cristallisations dans l'alcool faible en deux composés cristallins de la formule $C^9H^{11}SO^2AzH^2$. Ces deux amides fondent à 106-107° et à 95,5-97°. L'acide *ortho* donne une amide huileuse qui ne cristallise pas. Par oxydation, l'amide fusible à 106-107° donne un acide oxybenzoïque fusible à 204-205°; l'amide fusible à 96-97° se transforme en acide fusible à 150-170° (acide salicylique fusible à 158°).

La potasse fondant convertit les acides cumène-sulfureux en cumophénols [Spica, *loc. cit.*].

PSEUDOCUMÈNE

La triméthylbenzine que l'on a retirée du goudron de houille est un mélange de pseudocumène et de mésitylène. Par distillation fractionnée on n'a pu séparer ces deux isomères, et la cristallisation des sels barytiques des acides sulfonés n'a pas donné de bons résultats. Jacobsen a réussi à isoler chacun de ces hydrocarbures du mélange en les transformant en amides des acides sulfonés. Les dérivés trinitrés ne se prêtent pas à la séparation, et l'oxydation partielle de l'hydrocarbure brut, au moyen du permanganate de potassium, ne fournit pas un produit pur. Dans le courant de ces recherches, Jacobsen est arrivé à la conclusion que les cumène-sulfonates de baryum provenant du goudron de houille forment des sels doubles de pseudocumène et mésitylène-sulfonate analogues au benzoparanitrobenzoate barytique de Salkowski.

Pour scinder le mélange de ces deux carbures en ses composants, on traite le sel sodique de l'acide sulfoné brut par le perchlorure de phosphore, et après avoir enlevé l'oxychlorure formé, en chauffant le produit de la réaction, on soumet la masse à l'action d'un excès d'ammoniaque. Après quelques jours il se dépose des cristaux de sulfamide. On lave ceux-ci à l'eau et on les fait cristalliser deux ou trois fois dans l'alcool bouillant. Par le refroidissement on obtient des croûtes cristallines de *pseudocumène-sulfamide*, tandis que la sulfamide mésitylénique reste en solution, et peut être obtenue par concentration du liquide. On peut isoler le pseudocumène de cette amide, en la chauffant en tubes scellés à 170-175° avec un excès d'acide chlorhydrique fumant. Les dernières eaux mères renferment la *sulfamide isoxylénique* [Jacobsen, *Liebig's Ann. Chem.*, t. CLXXXIV, p. 179; *Deutsch. chem. Gesellsch.*, 1876, p. 256; *Bull. Soc. chim.*, t. XXVI, p. 393]. Voyez plus loin un autre mode de séparation de ces deux carbures.

Fittig, Köbrich et Jilke ont rencontré le pseudocumène dans les produits de la distillation du camphre avec du chlorure de zinc fondu, en même temps que le toluène, le xylène, le cymène et le laurène $C^{11}H^{16}$ [*Ann. Chem. Pharm.*, t. CXLV, p. 137; *Bull. Soc. chim.*, t. XI, p. 78].

Le pseudocumène brut du goudron, dirigé à travers un tube chauffé au rouge, fournit du toluène, du xylène et de la naphtaline, et de petites quantités de benzine, de chrysène, d'anthracène et de carbures qui se volatilisent entre 250 et 320° [Berthelot, *Bull. Soc. chim.*, t. VII, p. 229].

Chauffé avec un excès d'acide iodhydrique à 280°, il donne de l'hydrure de nonyle; avec une quantité insuffisante de cet acide, il engendre de l'hydrure de propyle [Berthelot, *Bull. Soc. chim.*, t. IX, p. 100].

Pseudocumène dibromé. — Fittig a isolé des eaux mères du tribromopseudocumène une masse huileuse qui semble être du pseudocumène dibromé.

Pseudocumène monobromé dinitré,

$$C^9H^9(AzO^2)^2Br.$$

— Lorsqu'on dissout du pseudocumène monobromé dans l'acide azotique fumant à froid, et qu'on verse la solution dans l'eau, il se précipite du pseudocumène monobromé dinitré, qui, lavé à l'eau et soumis à une cristallisation dans l'alcool bouillant, se présente en aiguilles incolores fusibles à 214°, peu solubles dans l'alcool froid [Fittig, *Ann. Chem. Pharm.*, t. CXLVII, p. 11; *Bull. Soc. chim.*, t. XI, p. 88].

Acide pseudocumène-sulfonique,

$$C^9H^{11}.SO^3H + 2H^2O$$

La solution du pseudocumène dans l'acide sulfurique chaud fournit par le refroidissement des cristaux anhydres d'acide sulfoné. Si l'on emploie un excès d'acide sulfurique suffisant pour qu'il ne se dépose rien par le refroidissement, et que l'on ajoute ensuite de l'eau, on obtient une masse cristalline, qui, soumise à une cristallisation dans l'eau acidulée par l'acide sulfurique, se présente en grands rhomboèdres renfermant $2H^2O$. Cet acide pseudocumène-sulfonique est moins soluble dans l'eau acidulée par l'acide sulfurique que l'acide mésitylène-sulfonique. On peut séparer les deux hydrocarbures par cristallisation de leurs acides sulfonés dans ce véhicule. On ajoute 180^{cc} d'eau à la solution sulfurique renfermant 390^{cc} du mélange des carbures du goudron (160-168°). La solution se sépare en deux couches, dont l'inférieure est formée d'acide sulfurique étendu. La couche supérieure, additionnée de 120^{cc} d'eau, puis chauffée jusqu'à dissolution des cristaux formés, fournit une nouvelle couche d'acide sulfurique. La solution des carbures laisse déposer des cristaux, et les eaux mères évaporées en fournissent encore une certaine quantité. Ces cristaux, essorés et soumis à deux cristallisations dans l'acide sulfurique étendu, donnent de l'acide pseudocumène-sulfonique pur, l'acide mésithylène-sulfonique restant dissous [Jacobsen, *loc. cit.*].

Sel de baryum $(C^9H^{11}SO^3)^2Ba + 2H^2O$. — Tables rhomboédriques que l'on obtient par évaporation de la solution. Il se dépose à la surface de la solution des écailles cristallines *anhydres* du sel barytique (Jacobsen).

Les *sels de calcium*, $(C^9H^{11}SO^3)^2Ca + 2H^2O$; de *cuivre*, $(C^9H^{11}SO^3)^2Cu + 4H^2O$; de *magnésium*, $(C^9H^{11}SO^3)^2Mg + 2H^2O$; de *manganèse*, $(C^9H^{11}SO^3)^2Mn + 4H^2O$; de *potassium*, $C^9H^{11}SO^3K + H^2O$; de *zinc*,

$$(C^9H^{11}SO^3)^2Zn + 6H^2O,$$

décrits par Jacobsen sont probablement, d'après ses dernières recherches, des mélanges de pseudocumène- et de mésitylène-sulfonates.

Pseudocuméno-mésitylène-sulfonate de baryum, $(C^9H^{11}SO^3)Ba$. — On obtient ce sel double à l'état de cristaux microscopiques anhydres par évaporation du mélange de solutions de parties égales de pseudocumène-sufonate et de mésitylène-sulfonate de baryum anhydre. Il est plus soluble dans l'eau que ses composants (Jacobsen).

L'acide pseudocumène-sulfonique fondu avec de la potasse fournit le pseudocumène-phénol ou pseudocuménol. Si la fusion est trop prolongée, il se forme de l'acide oxyxylique. Fondu avec le formiate de sodium, il donne l'acide cumylique [Reuter, *Deutsch. chem. Gesellsch.*, 1878, p. 29; *Bull. Soc. chim.*, t. XXXI p. 454].

Ces transformations de l'acide pseudocumène-sulfonique indiquent sa constitution, si l'on tient compte de celle du pseudocumène lui-même et du xénol dérivant de l'acide oxyxylique. Cet acide sulfoné renferme les groupes dans les positions 1 : 2 : 4 : 5, [$SO^3H = 1$]. — Voyez AROMATIQUE (SÉRIE). Suppl. p. 215.

Pseudocumène-sulfamide, $C^9H^{11}SO^2 \cdot AzH^2$. — Sa préparation a été indiquée plus haut. Elle cristallise de sa solution alcoolique en prismes courts, de sa solution aqueuse en lamelles fusibles à 175-176°, solubles dans 380^p d'eau bouillante. Chauffée pendant longtemps à 50-60° en solution sulfurique, elle fournit l'acide sulfoné.

Dipseudocumène-sulfamide, $(C^9H^{11}SO^2)^2AzH$. — Elle se forme lorsqu'on chauffe la précédente avec de l'acide chlorhydrique en quantité insuffisante pour la transformer dans l'acide sulfoné. L'acide chlorhydrique la précipite de sa solution alcaline en écailles peu solubles dans l'eau chaude, fusibles à 177° (Jacobsen).

Chlorure pseudocumène-sulfonique,

$$C^9H^{11}SO^2Cl.$$

— Il se dépose de sa solution éthérée en cristaux clinorhombiques fusibles à 61°. Traité en solution alcoolique par la poudre de zinc, il se transforme en sel de zinc de l'*acide pseudocumène-sulfinique*, $C^9H^{11}SO^2H$. — Cet acide cristallise de sa solution aqueuse en longues aiguilles fusibles à 98°. Les sels d'*ammonium*, de *baryum* et de *sodium* sont très solubles et anhydres. Le sel d'*argent* est en lamelles peu solubles [J. Radloff, *Deutsch. chem. Gesellsch.*, 1878, p. 32; *Bull. Soc. chim.*, t. XXXI, p. 467].

Sulfhydrate de pseudocumyle, $C^9H^{11}.SH$. — Lorsqu'on introduit du pseudocumène-sulfinate de zinc dans un mélange de zinc et d'acide chlorhydrique, en ayant soin de refroidir, il se forme du pseudocumène-sulfhydrate. On ajoute un excès de zinc et d'acide chlorhydrique vers la fin, et l'on distille dans un courant de vapeurs d'eau qui entraîne le sulfhydrate. Cristallisé dans l'alcool, il se présente en lamelles fusibles à 85°. L'azotate de plomb le précipite en jaune, l'acétate d'argent en rouge orangé. Avec le chlorure mercurique il donne le sel $(C^9H^{11}S)^2Hg$, insoluble dans l'eau, soluble dans l'alcool bouillant, et qui cristallise en fines aiguilles (Radloff).

Pseudocumène-disulfuré, $(C^9H^{11})^2S^2$. — Il se dépose en petits cristaux fusibles à 115°, par le refroidissement d'un mélange des solutions alcooliques concentrées du sulfhydrate et de l'acide pseudocumène-sulfinique lorsque celles-ci ont été chauffées pendant plusieurs heures à 140° (Radloff).

Constitution du pseudocumène. — Ce carbure renferme les trois groupes méthyliques dans la position 1 : 3 : 4, c'est-à-dire méta et para. Ceci découle de la préparation au moyen des méta- et paraxylènes monobromés et de sa transformation en acides xylique et paraxylique par oxydation. — Voyez à ce sujet AROMATIQUES (SÉRIE). Suppl., p. 215.

Silva a obtenu un carbure de la formule C^9H^{12} bouillant à 155° par l'action du chlorure d'isopropyle sur la benzine en présence du chlorure d'aluminium. Il semble être identique avec le cumène du goudron. Ce même carbure se forme lorsqu'on fait réagir le méthylchloracétol ou le propylène monochloré sur la benzine en présence du chlorure d'aluminium, avec d'autres carbures, notamment du diphénylo-propyle. La constitution de ce carbure n'est pas fixée [*Bull. Soc. chim.*, t. XXVIII, p. 529; t. XXXIV, p. 674; t. XXXV, p. 289].

M. Wassermann.

CUMINIQUE (ACIDE), $C^{10}H^{12}O^2$ (voyez t. I, p. 1042). — D'après Beilstein et Kupffer, l'acide cuminique fond à 115°, comme l'avait indiqué Gerhardt. Son *sel de baryum*,

$$(C^{10}H^{11}O^2)^2Ba + 2H^2O,$$

est en lamelles nacrées; 100 p. d'eau à 80°,5 en dissolvent 0p,996. Le *sel de calcium* renferme $5H^2O$; séché sur l'acide sulfurique, il ne contient plus que $3H^2O$; à 20°,5, 100 p. d'eau en dissolvent 0p,810. Le *sel de magnésium* est en tables nacrées, renfermant $6H^2O$. 100 p. d'eau en dissolvent 0p,825 à 20°,5 [*Deutsch. chem. Gesellsch.*, 1873, p. 1184].

Le chlorure de cumyle, traité par le chlore ou le brome, puis par l'eau, fournit un acide *chloro-* ou *bromocuminique*, avec le corps halogène étant contenu dans le groupe C^3H^7. On peut remplacer le chlore ou le brome par le radical (OH), et on obtient un acide *oxycuminique* isomérique avec celui de Cahours [E. Czumpelik, *Deutsch. chem. Gesellsch.*, 1869, p. 613].

Czumpelik a obtenu un acide bromocuminique en chauffant l'acide cuminique en tubes scellés pendant deux heures, à 120°, avec de l'acide bromhydrique fumant et du brome. Cristallisé dans de l'essence de pétrole, il se présente en cristaux dendritiques, qui perdent de l'acide bromhydrique lorsqu'on les chauffe, et se transforment en acide *allylphénylformique*,

$$C^3H^5\text{-}C^6H^4\text{-}CO.OH.$$

Le *sel barytique* de cet acide contient 1 mol. d'eau. Avec de la potasse alcoolique, l'acide bromé donne l'*acide éthoxylcuminique*,

$$C^9H^{10}\text{-}(OC^2H^5)\text{-}CO^2H$$

[*Deutsch. chem. Gesellsch.*, 1870, p. 476]. Chauffé avec du sulfocyanate de potassium, l'acide cuminique fournit du cumonitrile [Letts, *Deutsch. chem. Gesellsch.*, 1872, p. 669].

ACIDE AMIDOCUMINIQUE. — Paterno et Fileti avaient avancé ce fait que l'acide nitrocuminique fournit par réduction deux acides amidés, l'un fusible à 104°, l'autre à 120° [*Deutsch. chem. Gesellsch.*, 1874, p. 81]. D'après Lippmann et Lange [*ibid.*, 1876, p. 1661], l'acide fusible à 104° est un produit impur; purifié, il fond à 129°. Fileti a repris ce sujet et prétend que ces deux acides sont des modifications allotropiques du même corps. L'acide fusible à 104° est en tables flexibles, transparentes; l'autre, en cristaux opaques. La première modification se transforme facilement dans la seconde. L'acide fusible à 104° est difficile à préparer; on l'obtient quelquefois en chauffant pendant une heure l'acide fusible à 129° avec vingt fois son poids d'eau à 110° et laissant refroidir sans y toucher pendant vingt-quatre heures [Fileti, *Gazz. chim. ital.*, t. XI, p. 12].

L'acide acétylo-amidocuminique est en fines aiguilles fusibles à 248-250°, très peu solubles dans l'alcool [Fileti, *loc. cit.*].

ACIDE ISOCUMINIQUE. — L'aldéhyde isocuminique solide abandonné à l'air pendant quelque temps se transforme en aiguilles dures. Celles-ci, converties en sel ammoniacal, puis traitées par un acide, fournissent l'*acide isocuminique* $C^{10}H^{12}O^2$, fusible à 51°. Son *sel d'argent* est un précipité qui se transforme rapidement en écailles cristallines de la formule $C^{10}H^{11}O^2Ag$ [A. Étard, *Thèse de la Faculté des Sciences de Paris*, 1880, p. 43].

ACIDES OXYCUMINIQUES, $C^{10}H^{12}O^3$. — Les acides oxycuminiques peuvent former deux séries isomériques, en raison de la différence de constitution du groupe propyle qu'ils renferment. Les acides constitués d'après la formule

$$\begin{matrix}CH^3\\CH^3\end{matrix}\!>CH\text{-}C^6H^3\!<\!\begin{matrix}OH\\CO^2H\end{matrix}$$

sont de vrais acides oxycuminiques qui dérivent de l'isocymène de Jacobsen (voyez CYMÈNE, Suppl.). Les acides oxy-isocuminiques correspondent à la formule

$$CH^3\text{-}CH^2\text{-}CH^2\text{-}C^6H^3\!<\!\begin{matrix}OH\\CO^2H.\end{matrix}$$

Chacune de ces séries comprend trois acides; la seconde n'est pas complète : on ne connaît que deux acides oxy-isocuminiques.

Une troisième isomérie est possible dans le groupe des acides oxycuminiques; cette nouvelle série comprend les acides qui renferment un groupement (OH) dans le radical propyle ou isopropyle. On en connaît un, représentant l'acide oxypropylbenzoïque de R. Meyer. Nous décrirons successivement ces six acides.

I. Acides oxycuminiques. — 1° *Acide* 1.2.4. Jacobsen a préparé ce composé par la fusion de l'α-isocymène-sulfonate de sodium avec de la potasse, à une température peu élevée. En même temps, il se forme de l'acide oxytéréphtalique. Il fond à 88°. Son sel de baryum cristallise en courts prismes durs.

2° *Acide* 1.3.4. Il se forme par fusion du β-isocymène-sulfonate de sodium (correspondant au sel barytique, plus soluble que celui de l'acide α-isocymène sulfonique) avec la potasse. Il fond à 160-170° [Jacobsen, *Deutsch. chem. Gesellsch.*, 1879, p. 429].

3° L'*acide* 1.2.5 a été préparé par Paterno et Mazzara en faisant réagir à 140-150° le gaz carbonique sur le cumophénol fusible à 61°, en présence du sodium. Il cristallise en tables brillantes, fusibles à 120°,5. Le chlorure ferrique colore sa solution en violet [*Gazz. chim. ital.*, t. VIII, p. 389].

II. Acides oxy-isocuminiques. 1° *Acide dérivant du carvacrol.* — Il se forme lorsqu'on fond le carvacrol avec de la potasse à basse température. Il cristallise en aiguilles aplaties solubles dans l'alcool, l'éther et le chloroforme, peu solubles dans l'eau, fusibles à 93°. Le chlorure ferrique colore sa solution en rouge violet. Le *sel barytique* est en tables rhombiques. Le *sel de calcium* en aiguilles groupées en étoiles. Sa constitution est probablement 1.2.4 (CO^2H = 1) [Jacobsen, *Deutsch. chem. Gesellsch.*, 1878, p. 1061].

2° *Acide dérivant du thymol.* — Ce composé prend naissance lorsqu'on substitue le thymol au carvacrol dans la préparation précédente. En même temps il se forme de l'acide oxybenzoïque et de l'acide oxytéréphtalique. Il cristallise en aiguilles incolores fusibles à 143°. Il forme deux séries de sels par remplacement des hydrogènes carboxyliques et hydroxyliques. Les *sels sodiques* correspondent aux formules

$$4\,(C^{10}H^{11}O^{3}Na) + 9\,H^{2}O$$

et

$$C^{10}H^{10}O^{3}Na^{2} + 1\tfrac{1}{2}\,H^{2}O.$$

Les *sels de baryum* et de *cadmium* sont anhydres. L'*éther éthylique* $C^{10}H^{11}O^{3}(C^{2}H^{5})$ est en longs prismes fusibles à 72-75°. Lorsqu'on le broie avec du brome au bain-marie, cet acide donne un dérivé bromé cristallin de la formule $C^{10}H^{10}Br^{2}O^{3}$. Sa constitution répond au schema 1.3.4 [Barth, *Deutsch. chem. Gesellsch.*, 1878, p. 1571].

III. Acide oxypropylbenzoïque,

$$C^{6}H^{4} < \begin{matrix} C^{3}H^{6}.OH \\ CO^{2}H \end{matrix} \; .$$

— Cet acide se forme lorsqu'on oxyde l'acide cuminique en solution alcaline par le permanganate de potassium. En même temps il se forme une certaine quantité d'acide téréphtalique. L'acide oxypropylbenzoïque cristallise en cristaux dendritiques fusibles à 155-156°, solubles dans l'eau chaude et dans l'alcool. L'acide chromique le convertit en acide téréphtalique. Son *sel d'argent* correspond à la formule

$$4\,(C^{10}H^{11}AgO^{3}) + H^{2}O;$$

les *sels de baryum* $(C^{10}H^{11}O^{3})^{2}Ba + H^{2}O$ et de *calcium* $(C^{10}H^{11}O^{3})^{2}Ca + 5\,H^{2}O$ sont très solubles. Le sel de cuivre renferme $3\,H^{2}O$.

Le sel calcique distillé avec de la chaux fournit un mélange de carbures, parmi lesquels se trouve la paradiphénylbenzine, fusible à 205°.

L'acide chlorhydrique étendu et bouillant transforme l'acide oxypropylbenzoïque en un acide peu soluble, de la formule $C^{10}H^{10}O^{2}$, fusible à 160-161°. C'est l'*acide propénylbenzoïque*. Le chlorure d'acétyle et l'anhydride acétique opèrent la même transformation. Son *sel de baryum* $(C^{10}H^{9}O^{2})^{2}Ba + H^{2}O$ est en lamelles blanches; le *sel de cuivre* renferme $7\,H^{2}O$.

L'*éther méthylique* s'obtient par l'action du gaz chlorhydrique sur la solution de l'acide oxypropylbenzoïque. Il est en cristaux fusibles à 53° et bouillant à 254°. Son sel sodique, traité par l'amalgame de sodium, se transforme en sel de l'acide cuminique.

Lorsqu'on fait bouillir l'acide oxypropylbenzoïque ou l'acide propénylbenzoïque avec de l'acide chlorhydrique concentré, on obtient un acide isomérique avec ce dernier, fusible à 255-260°, que l'amalgame de sodium ne transforme pas en acide cuminique. Cette réduction s'effectue au moyen de l'acide iodhydrique et du phosphore rouge à 160°. Son *éther méthylique* fond à 83°. Le *sel de baryum* renferme 1 moléc. d'eau; le *sel de calcium* $(C^{10}H^{9}O^{2})^{2}Ca + 3\,H^{2}O$ et le *sel de cuivre* $(C^{10}H^{9}O^{2})^{2}Cu$ sont des précipités cristallins.

Lorsqu'on oxyde l'acide oxypropylbenzoïque avec le mélange chromique sans en employer un excès, on obtient de l'acide téréphtalique en grande quantité, mélangé d'une petite quantité d'un nouvel acide de la formule $C^{9}H^{8}O^{3}$, *acide paracétylbenzoïque* ou *acétophénone-carbonique*. On sépare ces deux acides par cristallisation de leurs sels ammoniacaux. L'acide paracétylbenzoïque cristallise en aiguilles fusibles à 200°. Son éther méthylique fond à 92°. Meyer lui attribue la formule

$$C^{6}H^{4} < \begin{matrix} CO^{2}H \\ CO\text{-}CH^{3}, \end{matrix}$$

et admet pour l'acide oxypropylbenzoïque la constitution

$$C^{6}H^{4} < \begin{matrix} CO^{2}H \\ C(OH) < \begin{matrix} CH^{3} \\ CH^{3} \end{matrix} \end{matrix}$$

[Meyer, *Deutsch. chem. Gesellsch.*, 1878, p. 1283; — Meyer et Rosicki, *ibid.*, 1878, p. 1790 et 2172, et 1879, p. 1071]. M. Wassermann.

CUMINIQUE (ALCOOL), $C^{10}H^{14}O$. — Voyez t. I, p. 1045. — Lorsqu'on traite l'alcool cuminique par l'acide chlorhydrique, il se transforme en *chlorure de cumyle* $C^{10}H^{13}Cl$, que l'ammoniaque convertit en un mélange de trois amines [Rossi, *Compt. rend.*, t. LI, p. 570].

Par l'action du chlorure de cyanogène gazeux sur l'alcool cuminique, Spica a obtenu des cristaux de *carbamate de cumyle* $C^{10}H^{13}.CO^{2}(AzH^{2})$, mélangés à une huile que l'on entraîne par un courant de vapeurs d'eau. Le carbamate de cumyle est en prismes fusibles à 88-89°, volatils au delà de 200°, solubles dans l'eau chaude, l'alcool et l'éther. L'huile formée est un mélange d'alcool et de chlorure cuminique. Le chlorure de cyanogène solide opère les mêmes transformations à 180° [P. Spica, *Deutsch. chem. Gesellsch.*, 1876, p. 82].

Avec la poudre de zinc, l'alcool cuminique fournit à l'ébullition du cymène [Kraut, *Liebig's Ann. Chem.*, t. CXCII, p. 222].

CUMINIQUE (ALDÉHYDE), $C^{10}H^{12}O$. — Voyez t. I, p. 1045. — D'après les recherches récentes de R. Meyer, l'aldéhyde cuminique ne fournit pas de cymène, comme l'avait indiqué Kraut, lorsqu'on la soumet à l'action de la potasse alcoolique ou de la potasse fondante. Cette réaction ne donne que l'alcool et l'acide cuminiques [R. Meyer, *Deutsch. chem. Gesellsch.*, 1877, p. 149; *Bull. Soc. chim.*, t. XXIX, p. 38].

Traitée par l'ammoniaque aqueuse ou alcoolique, soit à la température ordinaire, soit à 100°, l'aldéhyde cuminique fournit une hydramide qui est une huile épaisse. Celle-ci, chauffée à 120-130°, ou mieux l'aldéhyde exposée avec de l'ammoniaque aqueuse à cette température per.

dant quelques jours, fournit la base isomérique cristallisée. Cette base, lavée d'abord à l'eau froide, puis à l'éther, et soumise à une cristallisation dans la benzine, se présente en aiguilles groupées en mamelons de la formule $C^{30}H^{36}Az^{2}$, fusibles à 205°, très peu solubles dans l'eau, solubles dans l'alcool et dans les carbures. Le *sulfate* cristallise en aiguilles fusibles à 192°, peu solubles dans l'eau [Borodine, *Deutsch. chem. Gesellsch.*, 1873, p. 1253].

Avec l'uréthane, en présence d'acide chlorhydrique, l'aldéhyde cuminique donne un corps cristallisé en aiguilles, la *cuminol-uréthane* [Bischoff, *Deutsch. chem. Gesellsch.*, 1874, p. 1079].

L'aldéhyde cuminique traitée par 2 molécules de diméthylaniline en présence de chlorure de zinc, fournit un dérivé de condensation, le *tétraméthyl-diamido-propyle-triphenylméthane*, qui cristallise en aiguilles incolores, fusibles à 118-119° de la formule $C^{26}H^{32}Az^{2}$ [O. Fischer, *Deutsch. chem. Gesellsch.*, 1879, p. 1685].

Cuminyle-diacétamide,

$$C^{9}H^{11}.CH(AzH.C^{2}H^{3}O)^{2}.$$

— Elle se forme par l'action de 2 molécules d'acétamide sur l'aldébyde cuminique à 170-180°. Elle cristallise en fines aiguilles soyeuses, fusibles à 212°, peu solubles dans l'eau, solubles dans l'alcool (Raab).

Cuminyle dibenzamide,

$$C^{9}H^{11}.CH(AzH.C^{7}H^{5}O)^{2}.$$

— On la prépare comme la précédente. Elle est en aiguilles fusibles à 224° (Raab).

W. H. Perkin a transformé l'aldéhyde cuminique en β-*isopropylbuténylbenzine*,

$$C^{6}H^{4}.C^{3}H^{7}.C^{4}H^{7},$$

en la chauffant à 150° avec de l'acide isobutyrique et de l'isobutyrate de sodium [*Deutsch. chem. Gesellsch.*, 1879, p. 298].

Lorsqu'on oxyde l'aldéhyde cuminique au moyen du permanganate de potassium, elle fournit de l'*acide oxypropylbenzoique* $C^{10}H^{12}O^{3}$ [Meyer et Rosicki, *Deutsch. chem. Gesellsch.*, 1878, p. 1790].

L'aldéhyde cuminique additionnée d'acides cyanhydrique et chlorhydrique, puis dissoute dans l'alcool et chauffée à 120° pendant quinze heures, fournit l'acide *phénylpropylglycolique* $C^{11}H^{14}O^{3}$, cristallisé en aiguilles fusibles à 158°, soluble dans l'eau, très soluble dans l'alcool et l'éther. Les sels *barytique* et *calcique* renferment $4H^{2}O$ [A. Raab, *Deutsch. chem. Gesellsch.*, 1875, p. 1148; *Bull. Soc. chim.*, t. XXV, p. 324].

Aldéhyde cuminique mononitrée,

$$C^{9}H^{10}(AzO^{2})COH.$$

— Lippmann et Strecker ont obtenu ce corps en traitant l'aldéhyde cuminique par le mélange sulfonitrique à basse température. Le produit de la réaction, versé dans l'eau, fournit une masse cristalline. Celle-ci, lavée à l'alcool, puis combinée au bisulfite de sodium et séparée de cette combinaison, se présente en cristaux clinorhombiques jaunâtres, fusibles à 54°. En même temps, il se forme dans cette préparation une huile qui ne se combine pas avec le bisulfite, et qui semble être un isomère de l'aldéhyde nitrée [*Deutsch. chem. Gesellsch.*, 1879, p. 76].

ALDÉHYDE ISOCUMINIQUE. — A. Étard a préparé ce composé en traitant le cymène par l'acide chlorochromique. Il se présente en masses blanches fusibles à 80°, bouillant vers 220 [*Thèse de Paris*, 1880, p. 43].

HYDROCUMOINE, $C^{20}H^{26}O^{2}$. — L'aldéhyde cuminique traitée en solution alcoolique par le zinc et l'acide chlorhydrique, fournit des gouttes huileuses qui se dissolvent dans l'éther. La solution éthérée concentrée, additionnée d'eau, laisse déposer une huile qui finit par se prendre en masse. Cette masse cristallisée dans l'alcool, se présente en aiguilles blanches, fusibles à 135°, solubles dans l'alcool et l'éther. C'est *l'hydrocumoïne*, dont le dérivé acétylé est en aiguilles de la formule $C^{20}H^{24}(OC^{2}H^{3}O)^{2}$, fusibles à 144° [A. Raab, *Deutsch. chem. Gesellsch.*, 1877, p. 52; *Bull. Soc. chim.*, t. XXVII, p. 305].

L'hydrocumoïne, traitée par le trichlorure de phosphore, donne le chlorure $C^{20}H^{24}Cl^{2}$, qui cristallise en aiguilles blanches, fusibles à 185°, que la potasse transforme en un corps fusible à 98° (Raab).

L'acide azotique concentré transforme l'hydrocumoïne en une huile qui se prend en masse, et se présente, après cristallisation dans l'alcool, sous forme d'aiguilles de *cumoïne* $C^{20}H^{24}O^{2}$, fusibles à 138° (Raab). M. Wassermann.

CUMINURIQUE (ACIDE), $C^{12}H^{15}AzO^{3}$. — Voyez t. I, p. 1047. — Cet acide se trouve dans les urines des chiens auxquels on a fait ingérer du cymène. Pour l'isoler on évapore les urines à 1/10e de leur volume, puis on acidule par l'acide chlorhydrique et on épuise par l'éther, et, après avoir distillé celui-ci, on reprend par le carbonate de sodium, et l'on précipite par l'acide chlorhydrique. L'acide précipité est dissous de nouveau dans l'alcali, puis mis en liberté par l'acide chlorhydrique. On le transforme en sel barytique, dont on le sépare de nouveau pour le convertir en sel calcique. Par décomposition de ce dernier sel, on l'obtient en lamelles rhombiques, fusibles à 168°, très solubles dans l'alcool, peu solubles dans l'éther et l'eau froide. Chauffé à 125° en tubes scellés avec de l'acide chlorhydrique concentré pendant deux heures, il se dédouble en chlorhydrate de glycocolle et en acide cuminique. Ce dernier a été identifié avec celui de Cahours par ses sels et par le point de fusion.

Les sels d'*ammonium* et de *potassium* sont en fines aiguilles; le *sel de baryum*,

$$(C^{12}H^{14}AzO^{3})^{2}Ba + H^{2}O,$$

est en aiguilles groupées en faisceaux; 100 p. d'eau à 6° dissolvent 0g,48 du sel anhydre. Le sel *calcique* $(C^{12}H^{14}AzO^{3})^{2}Ca + 3H^{2}O$ est en fines aiguilles. Les sels de *cadmium*, de *magnésium*, de *manganèse* et de *zinc* sont des précipités cristallins. Le sulfate ferreux précipite l'acide cuminurique en vert, le chlorure ferrique en brun, et le sulfate de cuivre en bleu. Le chlorure mercurique ne le précipite pas, l'azotate donne un précipité floconneux [O. Jacobsen, *Deutsch. chem. Gesellsch.*, 1879, p. 1512].

Nencki et Ziegler n'ont pas trouvé d'acide cuminurique, mais de l'acide cuminique seulement dans les urines d'un chien après ingestion de cymène [*Ibid*, 1872, p. 749].

CUMOL. — Syn. de CUMÈNE.

CUMONITRILE, $C^{10}H^{11}Az$. — Voyez t. I, p. 1047. — Henry et de l'Escaille ont obtenu ce corps par l'action du pentasulfure de phosphore sur la cuminamide [*Deutsch. chem. Gesellsch.*, 1869, p. 495].

Le cumonitrile se forme également lorsqu'on chauffe au bain d'huile un mélange de 2 molécules d'acide cuminique et de 1 molécule de sulfocyanate de potassium à 211°. Il se dégage de l'acide sulfhydrique et du gaz carbonique et la masse se gonfle. Alors on la chauffe jusqu'à fusion et on distille, et après avoir épuisé le liquide distillé par l'ammoniaque, on entraîne le cumonitrile par un courant de vapeurs d'eau [Letts, *Deutsch. chem. Gesellsch.*, 1872, p. 669].

Cumonitrile mononitré. — Lorsqu'on fait tomber goutte à goutte du cumonitrile dans un mélange sulfonitrique et qu'on verse la solution dans l'eau, il se dépose une masse cristalline, $C^{10}H^{10}(AzO^2)Az$, qui, soumise a une cristallisation dans l'alcool, se présente en cristaux blancs fusibles à 71°, solubles dans l'alcool et l'éther. Réduite en solution alcoolique par le zinc et l'acide chlorhydrique, elle fournit le *cumonitrile amidé*, $C^{10}H^{10}(AzH^2)Az$. On la purifie par distillation après avoir enlevé le zinc au moyen de la soude. Il bout à 305° et donne une huile qui se prend en masse. Cristallisé dans l'alcool, il se présente en aiguilles fusibles à 45°. Le *chlorhydrate*, le *sulfate* et l'*azotate* sont bien cristallisés et solubles dans l'eau et l'alcool ; le *chloroplatinate*, $(C^{10}H^{12}Az^2.HCl)^2PtCl^4$, cristallise en lamelles [E. Czumpelik, *Deutsch. chem. Gesellsch.*, 1869, p. 182].

CUMOPHÉNOLS [Syn. *oxycumènes*], $C^9H^{12}O$ — Paterno et Spica ont décrit sous ce nom le phénol du cumène qui avait déjà été obtenu en 1869 par H. Müller. Il se forme lorsque l'on fond 7 gr. de cumène-sulfonate de potassium avec 2 gr. de potasse. Il fond à 61° et bout de 228-229°. Son dérivé méthylé $C^6H^4.C^3H^7.OCH^3$ est un liquide très réfringent, bouillant à 213-214°, d'une densité à 0° de 0, 962. L'acide chromique le convertit en acide anisique.

Le *dérivé acétylé*, $C^9H^{11}O, C^2H^3O$, obtenu par l'action du chlorure d'acétyle sur ce phénol, bout à 244° et possède une densité de 1,026 à 0° [Paterno et Spica, *Deutsch. chem. Gesellsch.*, 1877 p. 83].

Le sel potassique de l'acide orthocumène-sulfonique fournit l'*orthocumophénol*, qui est liquide. Il bout à 218°,5.

L'*éther éthylique* du cumophénol solide bout à 220° ; le mélange chromique le transforme en acide éthylparoxybenzoïque. L'éther de l'orthocumophénol bout à 213°. L'oxydation le convertit en un mélange de deux acides, dont l'un fond à 194° ; l'autre est liquide [Spica, *Gazz. ital. chim.*, t. IX, p.4 33].

PSEUDOCUMÉNOL. — Il se forme lorsqu'on fond de l'acide pseudocumène-sulfonique avec la potasse. Il se volatilise avec les vapeurs d'eau, et cristallise en aiguilles fusibles à 69°. Il bout à 240°. Peu soluble dans l'eau, il se dissout dans l'alcool et dans l'éther.

Pseudocuménol-monobromé, $C^9H^{10}Br.OH$. — On l'obtient en ajoutant du brome à la solution acétique du phénol. Il est en aiguilles incolores, fusibles à 32°, bouillant vers 250° en se décomposant.

Pseudocuménol-dibromé, $C^9H^9Br^2.OH$. — Se forme par l'action d'un excès de brome sur le phénol refroidi. Il cristallise en aiguilles fusibles à 150°, solubles dans l'alcool.

Acide pseudocuménol-sulfonique,

$$C^9H^{10} < \begin{matrix} OH \\ SO^3H. \end{matrix}$$

— Il se dépose en cristaux brillants de la solution du phénol dans l'acide sulfonique. Le *sel de baryum* est en lamelles groupées en mamelons ; les sels de *potassium* et de *zinc* sont en lamelles allongées.

Fondu avec de la potasse, le pseudocuménol donne l'acide oxyxylique. Il possède la constitution

$$1 : 2 : 4 : 5 \ (OH = 1)$$

comme l'acide pseudocumène-sulfonique dont il dérive [A. Reuter, *Deutsch. chem. Gesellsch.*, 1878, p. 29 ; *Bull. Soc. chim.*, t. XXXI, p. 454].

M. Wassermann.

CUPRÉINE (Min.). — Chalcosine hexagonale d'après Breithaupt.

CUPROMAGNÉSITE (Min.). — Croûtes verdâtres formées de sulfate de cuivre et de magnésie, trouvées sur la lave du Vésuve, éruption de 1872.

CUPROSCHÉELITE (Min.). — Schéelite cuprifère, trouvé dans le voisinage de la Paz, Basse-Californie.

CUPROURANITE. — Voyez TORBERNITE.

CURARINE. — La curarine donne, par les agents d'oxydation, en présence d'acide sulfurique, la même coloration violette que la strychnine ; il importe cependant, au point de vue médico-légal, de pouvoir distinguer l'une de l'autre ces deux substances antagonistes.

Si l'on ajoute à une solution de curarine du dichromate de potassium en solution concentrée, il se précipite du chromate de curarine incristallisable, tandis que celui de strychnine cristallise facilement. Le chromate de curarine, beaucoup plus soluble que l'autre, ne se précipite que du sein de liqueurs concentrées ou additionnées d'alcool ou de glycérine. Il se dissout dans l'acide sulfurique concentré en bleu persistant, tandis que le chromate de strychnine se dissout en violet persistant.

L'iodure de potassium ioduré et le platinocyanure de potassium donnent, avec la curarine, des précipités amorphes, solubles dans l'alcool et incristallisables par l'évaporation de l'alcool [Flückiger, *Neu Repert. Pharm.*, t. XXII, p. 65, et *Bull. Soc. chim.*, t. XX, p. 309].

L'acide sulfurique la colore en rouge et non en bleu (Brunner).

L'éther ne l'enlève pas aux solutions aqueuses, acides ou alcalines ; enfin elle est insoluble dans la benzine.

Salomon a proposé le moyen suivant pour isoler la curarine. La solution aqueuse, agitée avec l'éther, l'alcool amylique, le pétrole et le chloroforme pour enlever les différents alcaloïdes, est épuisée par le phénol, qui dissout la narcéine et et la curarine. Le phénol est évaporé dans une capsule, et le résidu amorphe, dissous dans l'alcool absolu, est facile à caractériser [Salomon, *Zeitschr. analyt. Chem.*, t. X, p. 454].

CURCUMA. — Le curcuma est fourni par une Scitaminée, le *Curcuma longa*. Les rhizomes contiennent une matière colorante jaune, la *curcumine*, dont le peu de solidité à l'air et à la lumière empêche toute appplication industrielle, mais qui est employée depuis longtemps comme réactif dans les laboratoires. Indépendamment de la curcumine, le curcuma renferme une huile volatile oxygénée, isomère du thymol, le *curcumol* ; il paraît encore renfermer une autre matière colorante et peut-être un alcaloïde.

CURCUMOL. — Lorsque l'on soumet la poudre de curcuma délayée dans l'eau à l'action d'un courant de vapeur d'eau, il distille une petite quantité d'huile essentielle plus légère que l'eau. Rectifiée, la majeure partie passe entre 230-245°. Elle répond à la formule $C^{10}H^{14}O$,

Le curcumol possède une odeur aromatique rappelant l'absinthe de Judée. Il se combine avec le sulfhydrate d'ammoniaque en formant une masse cristalline [Suida et Daube, *Schweiz. polyt. Zeitschr.*, 1868, et *Bull. Soc. chim.*, t. X, p. 74].

Le curcumol s'oxyde à froid par l'acide chromique en donnant un mélange d'acides valérique et caproïque [Ivanow Gazewsky, *Deutsch. chem. Gesellsch.*, 1872, p. 1102].

CURCUMINE. — La curcumine a été isolée par Vogel et Pelletier [*Journ. Chem. Phys. Schweigger*, t. XVIII, p. 212 ; *Journ. Pharm. Chim.*, 1815, p. 259 ; (2), t. II, p. 20]. Elle a été obtenue cristallisée par Daube [*Deutsch. chem. Gesellsch.*, 1871, p. 609]. Pour l'obtenir, on débarrasse la racine de son huile essentielle au moyen d'un courant de vapeur d'eau. On la lave à l'eau bouillante, puis on l'épuise par la benzine, qui l'abandonne à l'état de croûtes cristallines rouge orangé. On la purifie par dissolution dans l'alcool et précipitation par une solution alcoolique de sous-acétate de plomb. Le précipité plombique, décomposé par l'hydrogène sulfuré, cède à l'alcool la curcumine pure.

La curcumine étant très peu soluble dans la benzine, J. Gazewsky préfère épuiser la racine de curcuma par le sulfure de carbone qui enlève les résines, puis par l'éther qui dissout la curcumine [J. Gajewsky, *Deutsch. chem. Gesellsch.*, 1871, p. 624].

La curcumine cristallise en prismes orthorhombiques de 80°, tronqués sur les sommets aigus par des facettes inclinées sur l'axe de 42°. Ils sont groupés en faisceaux, d'un éclat nacré, jaunes d'ambre par transparence, oranges par réflexion. Les solutions sont fluorescentes. Les bandes d'absorption sont dans le voisinage de la raie H et dans l'ultraviolet.

Elle correspond à la formule $C^{10}H^{10}O^{3}$ (Daube) $C^{4}H^{4}O$ (Gazewsky). Elle fond à 172° et se décompose sans se sublimer.

Elle est insoluble dans l'eau, peu soluble dans la benzine, 1/2000e, plus soluble dans l'éther, très soluble dans l'alcool. Les alcalis la dissolvent avec une coloration rouge-brun, les acides la précipitent. Le sous-acétate de plomb y forme un précipité répondant à la formule $(C^{16}H^{9}O^{3})^{2}Pb$.

L'acide azotique la transforme en acide oxalique. Un mélange de bichromate de potasse et d'acide sulfurique la convertit en acide téréphtalique.

Les solutions alcalines de curcumine réduisent le nitrate d'argent et les sels mercureux.

Chauffée avec de la poudre de zinc, la curcumine fournit du curcumol (J. Gazewsky) et de l'anthracène (?) (Kachler).

Action de l'acide borique. — Lorsqu'on fait bouillir une solution alcoolique de curcumine avec de l'acide borique, la couleur passe à l'orangé, et l'eau froide précipite la combinaison des deux substances sous forme d'un dépôt rouge vermillon, insoluble dans l'eau, l'éther, la benzine, perdant une partie de son acide borique dans l'eau froide, se décomposant rapidement dans l'eau chaude en abandonnant tout son acide borique et laissant une matière résineuse que Schlumberger a désigné sous le nom de *pseudocurcumine*. Elle est insoluble dans l'eau et dans l'éther, très soluble dans l'alcool. Elle se dissout dans les alcalis en gris verdâtre, ce qui la distingue de la curcumine. La pseudocurcumine paraît pouvoir cristalliser.

Lorsqu'on fait bouillir la combinaison d'acide borique et de curcumine en solution alcoolique avec un acide minéral énergique, la solution fonce rapidement et laisse déposer par refroidissement une substance cristalline pourpre, la *rosocyanine*.

Elle est complètement insoluble dans l'eau, la benzine et l'éther. Elle se dissout fort bien dans l'alcool, surtout en présence d'une trace d'acide chlorhydrique L'ébullition décompose cette solution en produisant de la pseudocurcumine.

La rosocyanine paraît jouer le rôle d'un acide. Lorsqu'on ajoute à une solution alcoolique de rosocyanine une petite quantité d'ammoniaque ou d'eau de chaux, on obtient une belle coloration bleue, qui n'est pas stable; le corps dissous se transforme rapidement en pseudocurcumine. La rosocyanine se décompose à 220° sans fondre.

Fondue avec de la potasse, elle se transforme en acide paroxybenzoïque [Schlumberger, *Bull. Soc. chim.*, t. V, p. 195]. M. Hanriot.

CURCUMOL. — Voy. Curcuma.

CUSCAMINE. — Cet alcaloïde cristallisé a été trouvé par Hesse dans une écorce de quinquina, ressemblant à celle de Cusco, et provenant probablement du *Cinchona Pelletierana;* cette écorce contenait en outre un alcaloïde amorphe, la *cuscamidine*, 0,24 °/₀ d'aricine et 0,35 °/₀ de cusconidine (voir plus loin). Ces alcaloïdes restent dans les eaux mères acétiques de l'aricine (Suppl., p. 202], et peuvent en être précipités par addition d'une petite quantité d'acide azotique; les nitrates étant transformés en oxalates, on obtient l'oxalate de cuscamine peu soluble, tandis que le sel de cuscamidine reste en dissolution.

La cuscamine cristallise dans l'alcool en prismes aplatis, très solubles dans l'éther et le chloroforme. Elle fond à 218°, Ses sels ne sont pas fluorescents; le chlorure ferrique ne les colore pas, l'ammoniaque ou la soude y produisent un précipité floconneux. Leur saveur est astringente et faiblement amère. Le chlorhydrate constitue une gelée très soluble; le chloroplatinate et le chloraurate sont jaunes et amorphes. Le bromhydrate cristallise en lames incolores; l'iodhydrate est un précipité blanc devenant cristallin. Le nitrate forme des aiguilles déliées, presque insolubles dans l'eau; le sulfate neutre, des aiguilles déliées; le sel acide, des prismes. L'oxalate neutre se présente sous formes de fines aiguilles, peu solubles dans l'eau froide; l'oxalate acide est en prismes groupés en étoiles [O. Hesse, *Liebig's Ann. Chem.*, t. CC, p. 302]. A. Henninger.

CUSCONIDINE. Hesse a donné ce nom à une base incristallisable qui accompagne l'aricine et la cusconine dans l'écorce du quinquina de Cusco. Elle se trouve dans les eaux mères du sulfate de cusconine et peut en être précipitée par l'ammoniaque sous forme de flocons jaune pâle. Ses sels sont incristallisables.

CUSCONINE, $C^{23}H^{26}Az^{2}O^{4} + 2H^{2}O$. — Cet alcaloïde, qui a été longtemps confondu avec l'aricine, est isomérique avec elle et l'accompagne dans une écorce de quinquina faux-Calisaya importée de Cusco (voyez Aricine, Suppl., p. 201). On a décrit dans cet article la préparation du sulfate de cusconine. Ce sel est dissous dans l'eau bouillante, et la masse gélatineuse qui se produit par le refroidissement est placée sur des doubles de toile et exprimée pour la débarrasser autant que possible des eaux mères. Cette opération, extrêmement pénible, est répétée une deuxième fois, puis le sel est décomposé par l'ammoniaque à une douce chaleur; l'alcaloïde, précipité et séché, est purifié par des cristallisations répétées dans l'éther.

La cusconine se présente sous forme de lamelles blanches, peu brillantes, groupées généralement en rosaces; l'alcool ou l'acétone la laissent déposer souvent en prismes courts. Elle se dissout à 18° dans 38 p. d'éther (densité, 0,72), elle est plus soluble dans l'alcool et l'acétone, très soluble dans le chloroforme. L'eau et les alcalis n'en dissolvent que des traces.

A l'état cristallisé, la cusconine renferme $2H^{2}O$; elle en perd une partie dans l'air sec, le reste à 80°. A l'état anhydre, elle fond à 110° et se solidifie en une masse amorphe. Vers 130°, elle brunit en se décomposant lentement.

La cusconine est lévogyre; pour la solution éthérée $[\alpha]_D = -27°$; pour la solution dans l'alcool à 97 centièmes $[\alpha]_D = -54°,32$; pour la solution chlorhydrique (3 mol. H Cl) $[\alpha]_D = -71°,81$. Le pouvoir rotatoire de cette dernière solution est remarquable, par la raison que le chlorhydrate d'aricine est inactif, bien que la base libre soit fortement lévogyre comme la cusconine.

L'acide nitrique concentré colore la cusconine en vert foncé et la dissout ensuite en prenant une teinte jaune-verdâtre. L'acide sulfurique concentré la dissout et prend une couleur jaune-verdâtre qui passe au brun par la chaleur. Si l'acide sulfurique renferme en solution du molybdate ammonique, la cusconine produit, à une douce chaleur, une belle liqueur bleu foncé qui vire au vert olive à une température plus élevée et reprend la couleur bleue primitive en se refroidissant; l'aricine produit la même réaction. Avec les autres réactifs des alcaloïdes, la cusconine se comporte comme l'aricine, présentant cependant cette différence que les précipités qu'elle produit sont un peu plus solubles.

SELS DE CUSCONINE. — L'alcaloïde offre une réaction alcaline très faible; aussi ne parvient-il pas à neutraliser complètement les acides. Ses sels sont peu solubles dans l'eau et donnent des solutions non fluorescentes; ils sont en général incristallisables et susceptibles de former des gelées. La saveur en est âpre, puis faiblement amère.

Chlorhydrate. — Il se précipite à l'état de masse gélatineuse lorsqu'on ajoute de l'acide chlorhydrique à la solution de l'alcaloïde dans l'acide acétique; à une douce chaleur, cette gelée se dissout, et la solution donne, avec le chlorure mercurique, un précipité blanc pulvérulent de la formule $C^{23}H^{26}Az^2O^4, HCl, HgCl^2 + 2H^2O$.

Le *chloroplatinate*,

$$(C^{23}H^{26}Az^2O^4, HCl)^2, PtCl^4 + 5H^2O,$$

et le *chloraurate* constituent des précipités jaunes amorphes et peu solubles.

Bromhydrate. — Précipité gélatineux, assez soluble dans l'eau pure, beaucoup moins soluble en présence du bromure de potassium.

Iodhydrate. — Précipité amorphe jaunâtre, devenant quelquefois gélatineux, mais le plus souvent cristallisable. Il est soluble dans l'eau pure, mais non en présence d'iodure de potassium.

Azotate. — Flocons gélatineux.

Sulfates. — Le sel neutre,

$$(C^{23}H^{26}Az^2O^4)^2SO^4H^2,$$

est une masse gélatineuse, cornée après dessiccation, qui se précipite par addition de sulfate d'ammonium ou d'acide sulfurique à la solution d'acétate. L'alcool fort dissout ce sel et l'abandonne par l'évaporation d'abord en masses lamelleuses, vers la fin sous forme de gelée.

Le *sulfate acide* est également gélatiniforme et ne se dissout pas dans un excès d'acide. Par les propriétés de ces deux sulfates, la cusconine se distingue nettement de tous les autres alcaloïdes des quinquinas.

Hyposulfite. — Précipité gélatineux, soluble dans l'eau chaude; cette solution donne, avec l'eau de phénol, un précipité floconneux, conglobant.

Sulfocyanate, $C^{23}H^{26}Az^2O^4, CAzSH + 2H^2O$. — Poudre amorphe jaunâtre, perdant son eau à 90°.

Acétate. — La solution de la base libre dans l'acide acétique étendu et chaud devient gélatineuse par le refroidissement; la gelée se dissout dans une grande quantité d'eau.

Salicylate. — Précipité cristallin, très soluble dans l'alcool, contenant $2H^2O$.

Oxalate. — Masse gélatineuse, qui se transforme avec l'alcool en aiguilles microscopiques. Le sel *acide* est gélatineux.

Tartrate et *citrate.* — Précipités gélatineux, peu solubles dans l'eau froide [O. Hesse, *Liebig's Ann. Chem.*, t. CLXXXI, p. 58; t. CLXXXV, p. 296; *Bull. Soc. chim.*, t. XXIX, p. 86].

A. Henninger.

CYANÉTHINE, $C^9H^{15}Az^3$. — Cette substance est un polymère triple du cyanure d'éthyle ou propionitrile, et correspond à la cyaphénine.

Selon E. von Meyer [*Journ. prakt. Chem.* (2), t. XXII, p. 261], on prépare la cyanéthine en faisant réagir du sodium sur environ 8 p. de cyanure d'éthyle à l'abri de l'air, à froid, et en terminant la réaction au bain d'huile. Quand tout le sodium est dissous, on chasse le cyanure volatil et on traite la masse par l'eau. Une partie de la cyanéthine reste insoluble, l'autre portion se dépose des eaux mères à l'état cristallisé. Les rendements s'élèvent à 65 °/₀ du cyanure employé.

La cyanéthine fond à 189°. Elle se dissout dans 1370 p. d'eau à 17° et dans 17p,6 d'alcool à 90°.

Le chlorhydrate de cyanéthine cristallise en gros prismes. Le nitrate est précipité par l'azotate d'argent; ce précipité renferme

$$(C^9H^{15}Az^3)^2 AgAzO^3.$$

L'iodure d'éthyle donne une combinaison qui renferme $C^9H^{15}(C^2H^5)Az^3I$ et correspond aux iodures des bases tertiaires. L'acide azoteux ne l'attaque pas. L'acide chlorhydrique à 180-200° donne une base $C^9H^{14}Az^2O$ fusible à 156-157°, cristallisable et monoacide. Cette nouvelle base n'est pas attaquée par l'anhydride acétique, et en présence de l'iodure d'éthyle se comporte comme un alcali tertiaire. Le perchlorure de phosphore donne avec elle un dérivé chloré $C^9H^{13}Az^2Cl$ qui ne passe pas à la distillation et qui traité à 220° par l'ammoniaque alcoolique régénère de la cyanéthine. A son tour le dérivé chloré ci-dessus se transforme en présence de la potasse alcoolique en dérivé oxyéthylique,

$$C^9H^{13}Az^2OC^2H^5,$$

qui perd du chlorure d'éthyle quand on le chauffe à 200° avec de l'acide chlorhydrique et donne un dérivé hydroxylé, $C^9H^{14}Az^2O$.

Il paraît exister dans la cyanéthine un radical $C^9H^{14}Az^2$ fournissant tous les dérivés ci-dessus par substitution des groupes

$$AzH^2,\ OH,\ Cl,\ OC^2H^5, \text{etc. à } H.$$

De fait, ce radical a été préparé en traitant le dérivé chloré par le zinc et l'acide chlorhydrique. Le corps $C^9H^{14}Az^2$ est liquide, volatil à 204-205°, il est fort vénéneux et ressemble, à bien des égards, à la conicine, dont il représente par sa formule le dérivé cyané

$$C^9H^{14}Az^2 = C^8H^{14}(CAz)Az.$$

Sa réaction est alcaline et son action physiologique voisine de celle de la conicine. A. Etard.

CYANAMIDES. — I. CYANAMIDE, CAz^2H^2. — *Préparation par la sulfo-urée* (Volhard). — La disulfuration de la sulfo-urée par les oxydes métalliques n'a fourni à Hofmann que de la dicyanodiamide [*Deutsch. chem. Gesellsch.*, 1869, p. 600; *Bull. Soc. chim.*, t. XIII, p. 511]. Baumann a reconnu qu'il se forme de la cyanamide lorsqu'on traite la sulfo-urée en solution alcoolique par l'oxyde de mercure, mais il n'a pas cherché à l'isoler [*Deutsch. chem. Gesellsch.*, 1873, p. 1376].

La solution aqueuse de sulfo-urée peut subir une disulfuration beaucoup plus rapide; la réaction est immédiate à froid et il ne se forme que de la cyanamide. On peut employer l'oxyde de mercure précipité et bien lavé, ou bien l'oxyde rouge délayé dans de l'eau; on l'ajoute par petites portions à la solution aqueuse de sulfo-urée, et l'on évite d'en prendre un excès, en faisant l'essai suivant, avant chaque nouvelle addition, lorsqu'on juge que la réaction touche à sa fin : on dépose une goutte du liquide sur une feuille de papier à filtrer, et on y ajoute une goutte d'une solution ammoniacale de nitrate d'argent; la présence de la sulfo-urée est accusée par une coloration brune qui se développe plus ou moins vite sur la tache jaune due à la formation de l'argent-cyanamide.

La solution aqueuse, filtrée et additionnée d'une goutte d'acide acétique, est évaporée rapidement au bain-marie jusqu'à ce qu'un essai prélevé sur la masse se concrète par le refroidissement; on traite par l'éther, qui laisse une petite quantité de dicyanodiamide et l'on évapore la solution éthérée au bain-marie. 30 gr. de sulfo-urée fournissent 8 à 10,5 gr. de cyanamide pure [J. Volhard, *Journ. prakt. Chem.* (2), t. IX, p. 24; *Bull. Soc. chim.*, t. XXII, p. 126].

E. Drechsel recommande l'emploi de l'oxyde de mercure précipité, préparé de la manière suivante : une solution bouillante de chlorure de mercure est additionnée de lessive de soude, par petites portions; l'oxychlorure noir qui se produit, bouilli avec un excès de soude caustique, se transforme complètement en un oxyde rouge, bien plus dense que l'oxyde jaune ordinaire.

L'oxyde ainsi obtenu doit être débarrassé de toute trace d'alcali par une ébullition répétée avec de l'eau et un lavage suffisamment prolongé, puis conservé à l'état de bouillie. Pour préparer la cyanamide, la bouillie d'oxyde de mercure est mélangée intimement avec la solution aqueuse de sulfo-urée, en triturant le mélange de temps en temps avec un pilon. La solution de cyanamide est concentrée rapidement au bain-marie, après addition de quelques gouttes d'acide acétique, puis exposée dans le vide au-dessus de l'acide sulfurique. On évite ainsi presque complètement la formation de dicyanodiamide qui, lorsqu'on évapore la solution au bain-marie jusqu'à cristallisation, est quelquefois assez sensible pour diminuer très notablement le rendement en cyanamide: on arrive à obtenir jusqu'à 42 °/₀ de la sulfo-urée employée, sous forme de cyanamide cristallisée pure [*Journ. prakt. Chem.* (2), t. XI, p. 284; *Bull. Soc. chim.*, t. XXIV, p. 467].

D'après G. Praetorius-Seidler, il est préférable d'opérer la désulfuration de la sulfo-urée en solution *alcoolique* (méthode de Baumann); on obtient alors constamment 37 °/₀ environ de la sulfo-urée employée, tandis que par le procédé Volhard le rendement descend quelquefois au-dessous de 20 °/₀ [*Journ. prakt. Chem.* (2), t. XXI, p. 131].

On peut augmenter considérablement le rendement en cyanamide par rapport au sulfocyanate d'ammonium employé pour la préparation de la sulfo-urée (on obtient de cette dernière 20 °/₀ au plus du poids du sulfocyanate ammonique), en se servant du mélam brut, c'est-à-dire de la matière qui reste par la forte calcination des résidus de cette préparation de sulfo-urée. A cet effet, le mélam brut, exempt de soufre autant que possible, est pulvérisé finement, intimement mélangé avec son poids de chaux vive, puis chauffé au rouge clair dans un creuset de Hesse muni de son couvercle. La masse pulvérisée s'échauffe sensiblement lorsqu'on la triture avec une grande quantité d'eau froide; la solution refroidie est filtrée, saturée par l'acide carbonique (on n'a pas à s'occuper du cyamidocarbonate de calcium qui vient se déposer en petites aiguilles si la solution n'est pas trop étendue) et portée à l'ébullition; il se dépose du carbonate calcique qu'on sépare par filtration. La solution aqueuse, additionnée d'une goutte d'acide acétique, est évaporée rapidement au bain-marie; la cyanamide obtenue est purifiée par la voie ordinaire.

Si le mélam renferme du soufre, il se produit du sulfure de calcium; on doit alors modifier légèrement la marche du procédé ci-dessus : le cyamidocarbonate de calcium est filtré, lavé par une petite quantité d'eau froide, puis décomposé par l'eau bouillante.

En opérant ainsi, on a obtenu, par l'emploi de 4 kilogr. 1/2 de sulfocyanate d'ammonium qui avaient fourni 1010 gr. de sulfo-urée et 727 gr. de mélam, 400 gr. de cyanamide provenant de la sulfo-urée et 292 gr. provenant du mélam, en tout 692 gr., c'est-à-dire plus de 15 °/₀ du sulfocyanate employé [E. Drechsel et R. Krüger, *Journ. prakt. Chem.* (2), XXI, p. 77].

La réaction qui donne naissance à la cyanamide aux dépens de la sulfo-urée peut être exprimée d'une manière très simple par l'équation

$$SC(AzH^2)^2 + HgO = HgS + H^2O + CAz^2H^2.$$

Il est probable cependant qu'elle se fait en deux phases, et que la cyanamide doit sa formation au dédoublement d'une sulfo-urée mercurique formée en premier lieu :

$$H^2Az.CS.AzH^2 + HgO$$
$$= HgAz.CS.AzH^2 + H^2O,$$
$$HgAz.CS.AzH^2 = HgS + AzC.AzH^2.$$

A l'appui de cette manière de voir on peut citer la réaction produite dans une solution aqueuse de sulfo-urée par l'hydrate de thallium; le précipité est blanc et cristallin, mais il ne tarde pas à noircir en se dédoublant en sulfure de thallium et cyanamide [E. Drechsel, *Mém. cit.*].

La disulfuration de la sulfo-urée avec production de cyanamide peut se faire de différentes autres manières : le composé double de sulfo-urée et de chlorure de mercure fournit de la cyanamide lorsqu'on le traite par un alcali; le sous-acétate de plomb à l'ébullition, le bioxyde de plomb; en présence d'un peu d'acide acétique le brome et le permanganate de potassium agissent sur la sulfo-urée en produisant la même décomposition. La cyanamide prend également naissance quand on dirige un courant d'acide hypochloreux dans une solution aqueuse de sulfo-urée :

$$SC(AzH^2)^2 + ClOH = S + HCl + H^2O + CAz^2H^2$$

[E. Mulder et J.-A. Roorda Smit, *Deutsch. chem. Gesellsch.*, 1874, p. 1634; *Bull. Soc. chim.*, t. XXIII, p. 550].

La sulfo-urée subit le même dédoublement sous l'influence de l'oxalate d'argent récemment précipité [R. Maly, *Deutsch. chem. Gesellsch.*, 1876, p. 172].

Préparation de la cyanamide par le cyanate de potassium. — Le cyanate de potassium peut servir facilement à la préparation rapide de la cyanamide, à la condition d'employer du nitrate d'argent pour isoler la cyanamide produite. A cet effet, on fond dans un vase de verre de Bohême 3 p. de cyanate de potassium et on ajoute 2 p. de chlorure de calcium; ce dernier se dissout facilement dans la masse fondue. On renforce la chaleur graduellement jusqu'à ce que la masse épaissie ne dégage plus d'acide carbonique (un bec de Bunsen de fortes dimensions suffit pour des quantités au-dessous de 50 gramm.; si l'on veut opérer sur des quantités plus grandes, on doit avoir recours à un creuset en fer et chauffer dans un fourneau à air). En traitant la masse refroidie par l'eau et filtrant, on obtient une solution de cyanamide qu'on précipite par le nitrate d'argent ammoniacal. On dissout le précipité dans de l'acide azotique étendu pur, on filtre, on ajoute une petite quantité de nitrate d'argent et de l'ammoniaque en excès; le précipité est lavé, puis suspendu dans l'eau et décomposé par l'acide chlorhydrique étendu, en ayant soin de maintenir l'argent-cyanamide en léger excès. La solution filtrée, absolument neutre, est additionnée d'une goutte d'acide acétique et évaporée de la manière ordinaire.

Le nitrate d'argent ne peut pas être remplacé par un sel de cuivre, à cause de la nature volumineuse du précipité cuivrique et des inconvénients que présente le traitement subséquent par l'hydrogène sulfuré [E. Drechsel et R. Krüger, *mém. cité*].

Autres modes de formation de la cyanamide. — La cyanamide se produit par la distillation de l'ammélide dans un courant de gaz carbonique [E. Drechsel, *mém. cité*], et par l'ébullition de la nitrososulfhydantoïne avec l'eau de baryte [R. Maly et R. Andreasch, *Deutsch. chem. Gesellsch.*, 1880, p. 602]. Certaines cyanamides métalliques se produisent : par la fusion des carbamates ou des cyanates correspondants [E. Drechsel, *Journ. prakt. Chem.* (2), t. XVI, p. 201 ; voyez plus loin, CYANAMIDES MÉTALLIQUES] ; par la fusion du cyanure de potassium dans une atmosphère d'azote et de sodium métallique :

$$CAzK + Az + Na = CAz^2KNa;$$

par la calcination de l'oxycyanure de baryum ou du ferrocyanure anhydre dans un courant d'azote :

$$C^2Az^2Ba + Az = CAz^2Ba + CAz,$$

ou de l'amalgame de baryum dans un courant de cyanogène ; enfin, par l'action de la potasse caustique au rouge sur le cyanure ou le cyanate de potassium :

$$2\,KCAz + 4\,KOH$$
$$= CAz^2K^2 + K^2CO^3 + K^2O + 4\,H,$$
$$2\,KOCAz + 2\,KOH = CAz^2K^2 + K^2CO^3 + H^2O$$

[E. Drechsel et R. Krüger, *mém. cité*].

PROPRIÉTÉS PHYSIQUES. — La cyanamide est très soluble dans l'eau, déliquescente. Par l'évaporation de sa solution aqueuse ou éthérée, elle reste en surfusion, mais elle se concrète par le contact d'un corps aigu ou d'un cristal de cyanamide ; elle est très soluble dans l'alcool et l'éther, déliquescente dans la vapeur d'éther, très soluble dans l'éther monochloracétique et l'acétonitrile. Elle est assez soluble à chaud dans un mélange à volumes égaux de benzine et d'alcool ; par le refroidissement, cette solution se sépare en deux couches, dont l'inférieure est constituée par une solution alcoolique de cyanamide. Elle est peu soluble dans les véhicules suivants : sulfure de carbone, chloroforme, chlorure d'éthylidène, iodure d'éthyle, bromure d'amyle, benzine.

Elle passe en quantité notable avec l'éther lorsqu'on distille sa solution éthérée au bain-marie [E. Drechsel, *loc. cit.*].

RÉACTIONS ET DÉCOMPOSITIONS. — Lorsqu'on chauffe la cyanamide jusqu'à ce qu'on entende un commencement de crépitation, on observe une réaction très énergique qui ne consiste pas seulement en une simple polymérisation (Cloëz et Canizzaro) ; on constate un grand développement de chaleur, il se dégage de l'ammoniaque, une petite quantité de cyanamide s'échappe à la décomposition et vient se condenser dans les parties les plus froides du tube, tandis que dans les parties les plus chaudes il se forme un anneau liquide de dicyanodiamide, le produit principal de la réaction, qui cristallise rapidement ; il reste comme résidu un peu de mélam. Si la cyanamide est mélangée de sable, la réaction est très calme ; on obtient un beau sublimé de dicyanodiamide, et un résidu renfermant du mélam et du mellon. Les équations suivantes rendent compte de la formation de ces composés :

$$2\,CAz^2H^2 = C^2Az^4H^4 \text{ (dicyanodiamide)};$$

$$3\,C^2Az^4H^4 = AzH^3 + Az \begin{matrix} \diagup\!\!\diagup (C^3Az^5H^4)^2 \\ \diagdown H \end{matrix} \text{(mélam)};$$

$$C^6Az^{11}H^9 = 3\,AzH^3 + C^3Az^8 \text{ (mellon)}$$

[E. Drechsel, *loc. cit.*; *Journ. prakt. Chem.* (2), t. XIII, p. 330 ; *Bull. Soc. chim.*, t. XXVIII, p. 112].

Chauffée en solution éthérée pendant quelques heures à 150°, la cyanamide se transforme intégralement en dicyanodiamide [E. Drechsel, *Journ. prakt. Chem.* (2), t. XI, p. 284 ; *Bull. Soc. chim.*, t. XXIV, p. 467]. La même transformation s'opère lorsqu'on chauffe la cyanamide avec du phénol, en présence d'alcool, au bain-marie [G. Praetorius-Seidler, *Journ. prakt. Chem.* (2), t. XXI, p. 137].

La solution aqueuse de cyanamide se colore par l'électrolyse et fournit de l'acide cyanhydrique [E. Mulder et J.-A. Roorda-Smit, *mém. cit.*].

Hydrogène. — L'hydrogène naissant, développé par le zinc et l'acide chlorhydrique, convertit la cyanamide en méthylamine et ammoniaque ; il ne se produit pas de méthylène-diamine [E. Drechsel, *loc. cit.*].

Hydrogène sulfuré. — Sous l'influence de l'hydrogène sulfuré, la cyanamide se transforme en sulfo-urée [E. Baumann, *Deutsch. chem. Gesellsch.*, 1873, p. 1375 ; *Bull. Soc. chim.*, t. XXI, p. 308]. Ce fait, contesté par Mulder et Roorda-Smit (*Mém. cité*), a été mis hors de doute par de nouvelles recherches qui ont fixé les conditions dans lesquelles la transformation a lieu : une solution de cyanamide pure dans l'éther anhydre, saturée d'hydrogène sulfuré sec, commence à déposer de la sulfo-urée au bout de un à deux jours ; le dépôt continue à augmenter jusqu'à la disparition totale de l'hydrogène sulfuré. Les acides empêchent la réaction ; par contre, des traces d'ammoniaque la favorisent singulièrement. La cyanamide fondue est apte à subir la même transformation. Enfin, la cyanamide se convertit très rapidement en sulfo-urée lorsqu'on ajoute du sulfure d'ammonium à sa solution aqueuse [E. Baumann, *Deutsch. chem. Gesellsch.*, 1875, p. 26 ; *Bull. Soc. chim.*, t. XXIV, p. 134].

La transformation de la cyanamide en sulfo-urée s'opère également aux dépens de l'acide thiacétique ; en même temps il se forme de l'acétylsulfo-urée [G. Praetorius-Seidler, *Journ. prakt. Chem.* (2), t. XXI, p. 140].

Cyanogène. — La cyanamide est capable de fixer les éléments du cyanogène en se transformant en une poudre amorphe jaunâtre qui, chauffée avec les acides, fournit un composé cristallin magnifique, peu soluble dans l'eau et se déposant par le refroidissement de sa solution bouillante en longues aiguilles déliées [A. W. Hofmann, *Proceed. Roy. Soc. London*, t. XI, p. 278].

Le *bromure de cyanogène*, chauffé à 100° avec de la cyanamide, la polymérise en la transformant en une matière isomérique sans doute avec la mélamine et qui se convertit en ammélide sous l'influence de l'eau (acide chlorhydrique) [C.-O. Cech et B. Dehmel, *Deutsch. chem. Gesellsch.*, 1878, p. 249 ; *Bull. Soc. chim.*, t. XXXI, p. 133].

Acides. — L'acide sulfurique concentré réagit violemment sur la cyanamide ; s'il est étendu de son volume d'eau, et employé en quantité relativement petite, il la transforme en ammélide qui se dépose par le refroidissement :

$$6\,CH^2Az^2 + 3\,H^2O + 3\,H^2SO^4$$
$$= C^6H^9Az^9O^3 + 3\,AzH^4HSO^4.$$

Si l'acide est en excès, il se produit de l'urée et de la dicyanodiamidine, en quantités variables. L'acide à 5 % agit de même, mais beaucoup plus lentement, et en paraissant former plus de dicyanodiamidine. L'acide phosphorique suffisamment concentré réagit comme l'acide sulfurique. L'acide chlorhydrique bouillant produit principalement de la dicyanodiamidine [E. Baumann, *Deutsch. chem. Gesellsch.*, 1873, p. 1371, 1402; *Bull. Soc. chim.*, t. XXI, p. 308].

Les *alcalis* déterminent la transformation de la cyanamide en dicyanodiamide; s'ils sont concentrés, ils provoquent à chaud une décomposition complète [E. Baumann, *mém. cité*]. D'après Mulder [*Deutsch. chem. Gesellsch.*, 1873, p. 655; *Bull. Soc. chim.*, t. XX, 267], la cyanamide peut être chauffée pendant quelque temps avec de la potasse étendue sans éprouver une décomposition notable.

Azotites. — L'azotite de potassium, chauffé en solution aqueuse concentrée avec de la cyanamide, donne lieu à une réaction violente :

$$4\,CAz^2H^2 + 4\,AzO^2K = 2\,CO^3K^2 + 4\,Az^2 + 2\,H^2O + C^2Az^4H^4.$$

Si l'on remplace l'azotite de potassium par l'azotite d'argent, il se dégage des vapeurs rouges, puis un mélange d'acide carbonique et d'azote; il se forme un précipité de cyanure d'argent, et la solution renferme de la dicyanodiamide et de l'acide azotique [E. Drechsel, *Journ. prakt. Shem.* (2), t. VIII, p. 327; t. XI, p. 284; *Bull. Coc. chim.*, t. XXI, p. 445; t. XXIV, p. 467].

L'*acétamide*, chauffée avec de la cyanamide, à 110-120°, en présence de l'alcool, la transforme presque complètement en dicyanodiamide [E. Drechsel, *loc. cit.*].

Chlorures d'acides. — Le chlorure d'acétyle donne, dans la solution éthérée de cyanamide, un précipité blanc, très volumineux, paraissant être un mélange de chlorhydrates de cyanamide et d'acétylcyanamide [E. Drechsel, *loc. cit.*]. Le chlorure de benzoyle, chauffé avec de la cyanamide, ne réagit que fort lentement et incomplètement. Le produit de la réaction, masse jaune, visqueuse, cède à l'éther de la cyanamide, du chlorure de benzoyle et du benzonitrile; la partie insoluble dans l'éther renferme de l'acide benzoïque et de la monobenzoylmélamine [G. Gerlich, *Journ. prakt. Chem.* (2), t. XIII, p. 270; *Bull. Soc. chim.*, t. XXVIII, p. 113].

L'*iodure d'éthyle* agit à 100° sur la cyanamide en solution éthérée. Par le refroidissement, il se sépare une matière blanche, gluante, peu soluble dans l'eau bouillante, qui la dépose en flocons blancs [F. Halwachs, *Ann. Chem. Pharm.*, t. CLIII, p. 293].

La cyanamide ne se combine pas avec le *sulfure d'éthyle* ou l'*éthylmercaptan*; par contre, on obtient des urées sulfurées en fixant la cyanamide sur les thio-acides [E. Baumann, *mém. cité*].

L'éther monochloracétique, agissant sur la cyanamide, paraît produire, indépendamment de l'acide mélido-acétique (voyez ce mot), une certaine quantité d'acide cyamidoacétique; ce dernier se trouve dans les eaux mères acétiques, après la précipitation de l'acide mélido-acétique, et il se transforme en celui-ci, par l'évaporation de ces eaux mères [E. Drechsel, *Journ. prakt. Chem.* (2), t. XI, p. 284; *Bull. Soc. chim.*, t. XXIV, p. 467].

L'acide formique réagit facilement sur la cyanamide en produisant de l'urée et de l'oxyde de carbone :

$$HCOOH + H^2Az\text{-}AzC = CO(AzH^2)^2 + CO.$$

Les acides lactique et salicylique convertissent également la cyanamide en urée [G. Praetorius-Seidler, *Journ. prakt. Chem.* (2), t. XXI, p. 135].

Par l'action de la cyanamide sur la *bromacétylurée*, il se produit un corps gélatineux, peu soluble dans l'eau froide [E. Mulder, *mém. cité*].

Le *chloral* réagit en formant un produit d'addition sirupeux [R. Schiff et M. Fileti, *Deutsch. chem. Gesellsch.*, 1877, p. 425].

La cyanamide ne se combine pas avec l'uréthane [E. Baumann, *Ann. Chem. Pharm.*, t. CLXVII, p. 81]. Chauffée à 100°, en solution alcoolique, avec du *chlorure d'ammonium*, elle fixe les éléments de ce dernier pour se transformer en chlorhydrate de guanidine [E. Erlenmeyer, *Ann. Chem. Pharm.*, t. CXLVI, p. 259]. Cette réaction typique a servi depuis à la synthèse d'un grand nombre de guanidines substituées [voyez E. Erlenmeyer, *Deutsch. chem. Gesellsch.*, 1870, p. 896]; elle explique aussi la formation du sulfocyanate de guanidine par la fusion du sulfocyanate d'ammonium [J. Volhard, *Deutsch. chem. Gesellsch.*, 1874, p. 92].

La cyanamide se combine avec la sarcosine pour produire la créatine [J. Volhard, *Zeitschr. Chem.*, 1869, p. 318], et avec l'*alanine* pour former l'alacréatine [H. Salkowski, *Deutsch. chem. Gesellsch.*, 1873, p. 535; *Bull. Soc. chim.*, t. XX, p. 268; — E. Baumann, *même recueil*, 1873, p. 1371]. Elle fixe directement sur l'acide β-amidopropionique pour former l'acide β-guanidinepropionique, isomérique avec l'alacréatine [E. Mulder, *Deutsch. chem. Gesellsch.*, 1875, p. 1266; *Bull. Soc. chim.*, t. XXV, p. 558]. Elle s'unit au cyanate de potassium pour produire du dicyanamidate de potassium [F. Hallwachs, *Zeitschr. Chem.*, 1868, p. 517].

Citons encore l'action de la cyanamide sur les composés suivants : chlorhydrate de diméthylaniline [Tatarinoff, *Deutsch. chem. Gesellsch.*, 1879, p. 2270], chlorhydrate d'hydroxylamine (oxyguanidine) [G. Praetorius-Seidler, *Journ. prakt. Chem.* (2), t. XIX, p. 309; t. XXI, p. 132], chlorhydrate d'orthotoluidine [F. Berger, *Deutsch. chem. Gesellsch.*, 1879, p. 1859], taurine [E. Dittrich, *Journ. prakt. Chem.* (2), t. XVIII, p. 63], acide amidobenzoïque (benzcréatine) [P. Griess, *Deutsch. chem. Gesellsch.*, 1874, p. 575], alloxanthine (acide iso-urique) [E. Mulder, *même recueil*, 1873, p. 1236; *Bull. Soc. chim.*, t. XXI, p. 127], éther oxalique, anhydride succinique [E. Mulder, *Deutsch. chem. Gesellsch.*, 1874, p. 1631; *Bull. Soc. chim.*, t. XXIII, p. 549], acide succinique [H. Möller, *Journ. prakt. Chem.*, t. XXII, p. 193], acide α-amidobutyrique [E. Duvillier, *Compt. rend.*, t. LXXXXI, p. 171].

COMBINAISONS DE LA CYANAMIDE AVEC LES ACIDES.

Chlorhydrate de cyanamide, $CAz^2H^2.2\,HCl$. — Ce sel se précipite lorsqu'on fait passer du gaz chlorhydrique sec dans une solution de cyanamide dans l'éther absolu. Lavé à l'éther absolu et séché dans le vide, il forme une poudre blanche, légère, stable à l'air, très soluble dans l'eau. Par l'évaporation spontanée de sa solution aqueuse, il se dépose en grands cristaux lamellaires. Il se dissout un peu à chaud dans l'alcool absolu et cristallise par le refroidissement en petits mamelons. Il ne se combine pas avec les chlorures de platine et d'or; le nitrate d'argent donne un précipité de chlorure d'argent, tandis que la solution filtrée renferme de l'argent-cyanamide qu'on peut précipiter par l'ammoniaque. Chauffé, il fond, dégage des torrents d'acide chlorhydrique, et laisse un résidu jaune ressemblant à celui que la cyanamide produit dans les mêmes conditions; si la décomposition a lieu à 160-170°, la masse ne fond pas et le résidu renferme de la mélamine.

La solution alcoolique du chlorhydrate dissout l'oxyde de mercure et fournit, par l'évaporation, de grands cristaux du composé double

$$CAz^2H^2.HgCl^2.3\,H^2O.$$

E. Mulder croit que le chlorhydrate de cyanamide peut être envisagé comme une dichlorurée $Cl^2C(AzH^2)^2$. Il n'est pas besoin d'insister sur tout ce que cette opinion présente d'invraisemblable.

Le *bromhydrate de cyanamide*, $CAz^2H^2.2HBr$, ressemble en tout point au chlorhydrate.

Le *nitrate* se présente sous la forme d'une masse cristalline très instable [E. Drechsel, *Journ. prakt. Chem.* (2), t. X, p. 180; t. XI, p. 284; *Bull. Soc. chim.*, t. XXIV, p. 467. — E. Mulder et J.-A. Roorda Smit, *mém. cité*].

CYANAMIDES MÉTALLIQUES.

Argent-cyanamide, CAz^2Ag^2. — C'est un précipité jaune, soluble dans l'acide azotique, peu soluble à froid dans l'ammoniaque étendue, qui se produit par l'addition de nitrate d'argent ammoniacal à une solution aqueuse de cyanamide. L'argent-cyanamide se dissout dans l'ammoniaque bouillante et se dépose en partie par le refroidissement en aiguilles microscopiques, jaunes, transparentes, tandis qu'une autre partie est transformée en dicyanodiamide. Elle n'est pas décomposée sensiblement par la potasse bouillante. La lumière est sans action, de même qu'une température de 220°; chauffée plus fort, elle détone : $CAz^2Ag^2 = Ag^2 + Az + CAz$ [Beilstein et Geuther, *Ann. Chem. Pharm.*, t. CVIII, p. 94. — E. Mulder, *Deutsch. chem. Gesellsch.*, 1873, p. 655; *Bull. Soc. chim.*, t. XX, p. 267. — F. Beilstein, *Deutsch. chem., Gesellsch.*, 1873, p. 1185. — E. Drechsel, *Journ. prakt. Chem.* (2), t. XI, p. 284].

Si l'on fait passer du gaz hydrogène sulfuré sur la cyanamide argentique, celle-ci noircit à la surface, devient bientôt incandescente et se décompose avec explosion [E. Baumann, *Deutsch. chem. Gesellsch.*, 1875, p. 26; *Bull. Soc. chim.*, t. XXIV, p. 134].

La *baryum-cyanamide*, CAz^2Ba, est obtenue par la fusion du cyanurate de baryum ($Ba^2H^2Cy^6O^6$); elle est stable à chaud, à l'abri de l'air.

Lorsqu'on ajoute une solution de baryte anhydre dans l'alcool méthylique à une solution de cyanamide dans le même véhicule, il se produit un précipité floconneux, amorphe, soluble dans l'eau [E. Drechsel, *mém. cité; Journ. prakt. Chem.* (2), t. XVI, p. 201].

On connaît deux *calcium-cyanamides* : CAz^2Ca et $(HCAz)^2Ca$. La première se produit par la fusion au rouge du carbamate et surtout du cyanate de calcium ($2KOCAz + CaCl^2$) :

$$(CO^2AzH^2)^2Ca = CAz^2Ca + 2H^2O + CO^2,$$
$$(OCAz)^2Ca = CAz^2Ca + CO^2.$$

L'eau la décompose en produisant le composé monosubstitué

$$2CaCAz^2 + 2H^2O = Ca(HCAz^2)^2 + Ca(OH)^2.$$

Le même composé cristallise par l'évaporation dans le vide d'une solution calcique de cyanamide [E. Drechsel, *mém. cité*].

Par l'évaporation spontanée de la solution calcique concentrée, on obtient des aiguilles soyeuses d'un sel basique hydraté renfermant

$$AzC.Az<^{CaOH}_{CaOH} + 6H^2O$$

[G. Meyer, *Journ. prakt. Chem.* (2), t. XVIII, p. 425].

Cuivre-cyanamide, CAz^2Cu. — Précipité amorphe, brun-noirâtre, très soluble dans les acides étendus et l'ammoniaque (insoluble dans l'ammoniaque d'après Mulder), obtenu par l'addition de cyanamide à une solution d'acétate de cuivre. La solution ammoniacale exposée à l'air le dépose en amas sphériques de cristaux confus.

Le chlorure cuivreux ammoniacal et le protoxyde de cuivre ammoniacal produisent un précipité blanc, noircissant rapidement à l'air [F. Beilstein et Geuther, *mém. cité*. — E. Drecshel, *Journ. prakt. Chem.* (2), t. VIII, p. 327; t. XI, p. 284; *Bull. Soc. chim.*, t. XXI, p. 445; t. XXIV, p. 467. — R. Engel, *même recueil*, t. XXIV, p. 272].

Le chlorure d'acétyle réagit sur la cuivre-cyanamide en produisant de l'acétylurée et de l'acide acétique [O. Mertens, *Journ. prakt. Chem.* (2), t. XVII, p. 1; *Bull. Soc. chim.*, t. XXX, p. 543].

Mercure-cyanamide, CAz^2Hg. — Précipité blanc obtenu en ajoutant à la solution de cyanamide du chlorure de mercure, puis de la potasse, ou bien en faisant agir l'oxyde de mercure récemment précipité sur une dissolution de cyanamide.

Dans la préparation de la cyanamide par le procédé Volhard, il se produit, vers la fin de l'opération, une certaine quantité de mercure-cyanamide qui échappe au traitement subséquent et diminue le rendement en cyanamide [E. Mulder, E. Drechsel, R. Engel, *mém. cités*].

La *plomb-cyanamide*, CAz^2Pb, est précipitée par l'acétate de plomb ammoniacal sous la forme de flocons amorphes jaunâtres, qui deviennent bientôt jaune citron, cristallins. Séchée, elle présente des paillettes jaunes, brillantes, offrant l'aspect de l'iodure de plomb. Elle est très soluble dans les acides étendus dont les sels plombiques sont solubles, insoluble dans l'ammoniaque. Chauffée, elle se colore en rouge, puis fond en dégageant des gaz et laissant un résidu de plomb métallique [E. Drechsel, *Mém. cités*].

La *potassium-cyanamide*, CAz^2HK, se précipite par l'addition d'éther à la solution alcoolique de cyanamide sous forme d'une huile qui ne tarde pas à se solidifier [E. Drechsel, *Journ. prakt. Chem.*, (2), t. XI, p. 284; *Bull. soc. chim.* t. XXIV, p. 467].

Sodium-cyamide, CAz^2NaH. — Le sodium métallique attaque la cyanamide en solution éthérée en dégageant de l'hydrogène et se recouvrant d'une croûte blanche de cyanamide monosodée. Pour préparer ce composé, on dissout 1 p. de sodium dans 15 p. d'alcool absolu et l'on ajoute, par petites portions, au liquide refroidi, une solution alcoolique de 2 p. de cyanamide. Il se forme un précipité volumineux qui se convertit bientôt en une poudre cristalline. On agite le liquide avec son volume d'éther absolu, on laisse déposer, on filtre rapidement le dépôt, on le lave avec un mélange à volumes égaux d'alcool et d'éther, puis avec de l'éther pur, et on le sèche dans le vide.

La sodium-cyanamide constitue une poudre légère cristalline, poussiéreuse, très soluble dans l'eau avec élévation de température. Elle attire l'acide carbonique de l'air en s'agglutinant. Chauffée, elle dégage de l'ammoniaque, puis de l'azote, et laisse un résidu de cyanure de sodium :

$$3NaHCAz^2 = AzH^3 + Az^2 + 3NaCAz.$$

La solution aqueuse est très alcaline; additionnée de nitrate d'argent en excès, elle produit le précipité caractéristique d'argent-cyanamide et acquiert une réaction acide :

$$NaHCAz^2 + 2AgAzO^3$$
$$= CAz^2Ag^2 + NaAzO^3 + HAzO^3.$$

Chauffée avec une petite quantité d'eau à 150°, la sodium-cyanamide est décomposée avec production d'ammoniaque, d'urée et de carbonate de sodium. Si l'on ajoute en même temps de l'alcool, la réaction a déjà lieu vers 90-100°, et donne naissance, en outre des produits mentionnés, à une certaine quantité de carbamate de sodium :

$$AzCAzHNa + 2H^2O = CO<^{AzH^2}_{ONa} + AzH^3.$$

Traitée à 100° par l'iodure d'éthyle en excès, elle parait se transformer en triéthylamméline.

La sodium-cyanamide, chauffée avec de l'éther monochloracétique, en présence d'alcool et d'éthylate de sodium, donne naissance au mélido-acétate de sodium [E. Drechsel, *Mém. cité*] :

$$2\,CAz^2H^2 + CAz^2NaH$$
$$+ NaOC^2H^5 + CH^2Cl\text{-}COOC^2H^5$$
$$= O(C^2H^5)^2 + NaCl + CH^2(C^3Az^6H^5)\text{-}CO^2Na.$$

Le chlorure de benzoyle réagit énergiquement, en produisant principalement du benzonitrile, de l'acide benzoïque et de la monobenzoylamméline [*G. Gerlich, Journ. prakt. Chem.* (2), t. XIII, p. 270; *Bull. Soc. chim.*, t. XXVIII, p. 113].

Disodium-cyanamide, Na^2Az^2C. — On l'obtient en fondant la sodium-amide avec de la sodium-cyanamide :

$$NaAzH^2 + NaHAz^2C = Az^2Na^2C + AzH^3.$$

Fondue avec du charbon (noir de fumée), elle se transforme en cyanure de sodium :

$$Az^2Na^2C + C = 2\,CAzNa$$

[E. Drechsel et R. Krüger, *Journ. prakt. Chem.*, (2), t. XXI, p. 90].

Sodium-potassium-cyanamide, $NaKAz^2C$. — Ce composé se forme lorsqu'on fond la sodium-amide avec du cyanate de potassium :

$$NaAzH^2 + KAzCO = NaKAz^2C + H^2O\,;$$

l'eau produite décompose une partie de la sodium-amide, avec dégagement d'ammoniaque [E. Drechsel, *Journ. prakt. Chem.* (2), t. XVI, p. 201].

La *thallium-cyanamide*, Tl^2Az^2C, se produit par la fusion du cyanate thalleux; elle est stable à chaud, à l'abri de l'air. La cyanamide ne précipite pas la solution d'hydrate thalleux [E. Drechsel, *Mém. cité* et t. XI, p. 284].

CYANAMIDES A RADICAUX ACIDES.

Acétylcyanamide. — Cette combinaison s'obtient à l'état d'un liquide sirupeux, jaunâtre, très acide et corrosif, lorsqu'on traite l'argent-acétylcyanamide, en suspension dans l'éther, par un courant d'hydrogène sulfuré, et qu'on évapore la solution éthérée, débarrassée de l'hydrogène par un courant de gaz carbonique et filtrée. Elle n'a pas été analysée; cependant il ne saurait y avoir de doute sur sa composition, vu qu'elle régénère par l'azotate d'argent l'acétylcyanamide argentique.

Lorsqu'on fait bouillir la solution aqueuse de la combinaison double d'acétylsulfo-urée et de cyanure de mercure,

$$SC\,(AzH^2)\,(AzHC^2H^3O)\,HgCy^2,$$

celle-ci est décomposée totalement avec production de sulfure de mercure, mais l'acétylcyanamide qui se produit sans doute en premier lieu se transforme intégralement en acétylurée [M. Nencki et W. Leppert, *Deutsch. chem. Gesellsch.*, 1873, p. 902].

Argent-acétylcyanamide, $Az(CAz)(C^2H^3O)Ag$. — On fait réagir, par petites portions, une molécule d'acide acétique anhydre additionné de son volume d'éther sur deux molécules de sodium-cyanamide sèche, arrosée d'éther (73 gr. de sodium-cyanamide et 700 cc. d'éther), et l'on chauffe au bain-marie pendant 3 à 4 heures dans un appareil à reflux muni d'un tube à chlorure de calcium pour empêcher l'accès de l'humidité. Il se produit un précipité blanc, composé de sodium-acétylcyanamide, d'acétate de sodium et de cyanamide, qu'on épuise par l'éther dans un appareil à extraction et qu'on dissout dans l'eau; la solution aqueuse est précipitée par l'azotate d'argent. Le précipité est traité par l'ammoniaque qui ne dissout que l'argent acétylcyanamide; la solution ammoniacale est précipitée par l'acide azotique étendu.

L'argent acétylcyanamide forme une poudre blanche cristalline, insoluble dans l'eau, très soluble dans l'ammoniaque et l'acide azotique; ce dernier la décompose. Chauffée, elle se détruit en répandant l'odeur de l'acétonitrile et laissant un résidu d'argent métallique.

Sodium-acétylcyanamide, $Az(CAz)(C^2H^3O)Na$. — Le produit de l'action de l'anhydride acétique sur la sodium-cyanamide est composé de cyanamide et d'un mélange de sodium-acétylcyanamide et d'acétate de sodium, mais une séparation complète des deux derniers corps est pour ainsi dire impossible. Pour obtenir la sodium-acétylcyanamide à l'état pur, il faut avoir recours au composé argentique, qu'on fait digérer au bain-marie avec une solution aqueuse de chlorure de sodium. Elle se forme aussi par l'action du carbonate de sodium sur le chlorhydrate d'acétylcyanamide.

La sodium-acétylcyanamide est à l'état d'une poudre blanche cristalline, très hygroscopique, très soluble dans l'alcool; l'éther la précipite de sa solution alcoolique froide. La solution aqueuse, évaporée sur l'acide sulfurique, la dépose en octaèdres volumineux. La chaleur la décompose, apparemment en acétonitrile et cyanate de potassium.

La *potassium-acétylcyanamide* est tout à fait analogue au composé sodique.

Diacétylcyanamide, $Az(CAz)(C^2H^3O)^2$. — Cette combinaison n'a été obtenue qu'une fois par l'action du chlorure d'acétyle pur sur l'argent-acétylcyanamide arrosée d'éther et chauffée au bain-marie. La solution éthérée, évaporée sur l'acide sulfurique, a fourni une masse cristalline, qui a été purifiée par dissolution dans l'éther. Tables rhombiques incolores, insolubles dans l'eau, peu solubles dans l'alcool, très solubles dans l'éther, se décomposant vers 65°.

La *butyrylcyanamide* s'obtient d'une manière analogue à celle qui fournit l'acétylcyanamide. Son composé argentique se présente sous forme de petits cristaux blancs, poussiéreux, se transformant au bout d'un certain temps en une masse mucilagineuse. Le composé sodique renferme $C^5H^7Az^2ONa$; c'est une poudre cristalline blanche, soluble dans l'eau, peu soluble dans l'alcool, insoluble dans l'éther.

La *valérylcyanamide* et son dérivé argentique sont préparés par les mêmes procédés et possèdent des propriétés analogues.

Lactocyanamide, $Az(CAz)(C^3H^5O^2)H$. — Ce composé se forme par l'action de la lactide sur la potassium-cyanamide en présence d'alcool; il se produit en outre de l'éthyllactate de potassium.

On prépare une solution de potassium-cyanamide en dissolvant 6 ½ gr. de potassium dans 60 cc. d'alcool absolu et ajoutant à la solution à 40° 7 gr. de cyanamide dissoute dans l'alcool; on ajoute ensuite 24 gr. de lactide, et l'on fait digérer au bain-marie jusqu'à disparition complète de la cyanamide. La solution saturée par l'acide carbonique est filtrée, agitée à plusieurs reprises avec de l'eau, puis évaporée au bain-marie jusqu'à commencement de cristallisation. Les cristaux qui se déposent par le refroidissement sont purifiés par cristallisation répétée dans l'alcool absolu.

La lactocyanamide est en tables incolores, peu solubles dans l'eau froide, très solubles dans l'eau chaude et l'alcool, insolubles dans l'éther. Elle fond à 212° et se prend par le refroidissement en aiguilles étoilées; elle se décompose à une température plus élevée.

L'*argent-lactocyanamide*, $C^4H^5Az^2O^2Ag$, est soluble dans l'acide azotique, insoluble dans l'ammoniaque; elle subit la double décomposition avec les chlorures alcalins [O. Mertens, *Journ. prakt. Chem.* (2), t. XVII, p. 1; *Bull. Soc. chim.*, t. XXX, p. 543].

La *benzoylcyanamide* s'obtient en solution éthérée en mettant la sodium-cyanamide délayée dans l'éther au contact d'une solution éthérée de chlorure de benzoyle; le mélange s'échauffe, s'épaissit, et il faut agiter et refroidir avec soin pour empêcher la réaction de devenir trop vive; on chauffe ensuite au réfrigérant ascendant jusqu'à l'apparition d'une coloration jaune.

La *sodium-benzoylcyanamide* se précipite par l'addition d'éthylate de sodium à la solution éthérée de benzoylcyanamide; elle se dédouble par la distillation sèche en cyanate de sodium et benzonitrile :

$$Az \begin{cases} Na \\ CAz \\ COC^6H^5. \end{cases} = C^6H^5\text{-}CAz + COAzNa.$$

La solution éthérée de benzoylcyanamide, saturée de gaz chlorhydrique, fournit un précipité qui présente la composition d'un mélange de chlorhydrate de cyanamide et de benzoylcyanamide [E. Gerlich, *Journ. prakt. Chem.* (2), t. XIII, p. 270; *Bull. Soc. chim.*, t. XXVIII, p. 113].

CYAMIDOCARBONATES

L'acide cyamidocarbonique libre n'est pas connu; si l'on essaye de le séparer de ses sels, par l'addition d'un acide, on n'obtient que les produits de son dédoublement, savoir : de la cyanamide et de l'acide carbonique.

Cyamidocarbonate de calcium,

$$C^2Az^2O^2Ca + 5H^2O.$$

— Ce sel se dépose en aiguilles déliées peu solubles, lorsqu'on dirige un courant de gaz carbonique dans une solution concentrée de calcium-cyanamide. La solution aqueuse, portée à l'ébullition, se décompose instantanément, avec production de carbonate de calcium et de cyanamide :

$$C^2Az^2O^2Ca + H^2O = CO^3Ca + CAz^2H^2.$$

Le sel cristallisé, chauffé à 130°, perd $4\,H^2O$ et éprouve la décomposition ci-dessus, compliquée par la polymérisation d'une partie de la cyanamide formée.

Le *sel barytique*, $(C^2Az^2O^2Ba)^2 + 3H^2O$, et le *sel de strontium*, $(C^2Az^2O^2Sr)^4 + 9H^2O$, sont obtenus par l'action de l'acide carbonique sur une solution de baryte ou de strontiane dans la cyanamide aqueuse; ils ressemblent en tout point au sel de calcium.

Cyamidocarbonate de sodium,

$$Az^2C^2O^2Na^2 = Az \begin{cases} CO^2Na \\ CAz \\ Na. \end{cases}$$

— On dirige un courant d'acide carbonique dans une solution alcoolique bouillante de sodium-cyanamide, on filtre le dépôt volumineux qui se produit, on le lave à l'alcool bouillant et on le sèche sur de l'acide sulfurique.

Le cyamido-carbonate de sodium est une poudre blanche, amorphe, très soluble dans l'eau. L'alcool le précipite de sa solution aqueuse sous forme de gouttes qui se solidifient bientôt. On l'obtient en aiguilles microscopiques en versant sa solution aqueuse, goutte à goutte, dans une grande quantité d'alcool.

Chauffé, il fond et se solidifie par le refroidissement, sans changement en apparence; en réalité, le sel s'est transformé intégralement en cyanate de sodium, avec lequel il est polymérique : $Az^2C^2O^2Na^2 = 2\,COAzNa$.

L'azotate d'argent décompose le cyamido-carbonate de sodium avec production d'argent-cyamide et d'azotate de sodium :

$$Az^2C^2O^2Na^2 + 2\,AgAzO^3$$
$$= CO^2 + CAz^2Ag^2 + 2\,NaAzO^3.$$

Le *cyamidocarbonate de potassium* ressemble sous tous les rapports au sel sodique [G. Meyer, *Journ. prakt. Chem.* (2), t. XVIII, p. 419].

Cyamidocarbonates éthyliques. — D'après Seydel, la cyanamide réagit avec violence sur le chlorocarbonate d'éthyle en produisant du cyamidocarbonate d'éthyle, un liquide sirupeux, non volatil [*Inauguraldissertation*, p. 22 à 26. Dresde, chez V. Brummer].

Ce liquide sirupeux n'est pas du cyamidocarbonate pur, mais un mélange complexe, renfermant au moins trois matières distinctes, dont une constitue bien l'éther en question, mais en quantité excessivement petite. Pour obtenir l'éther brut dans des conditions plus avantageuses, on doit remplacer la cyanamide par son dérivé sodique, et, comme on le verra plus loin, ce n'est qu'à l'aide de ses dérivés métalliques que l'on peut arriver à préparer du cyamidocarbonate d'éthyle absolument pur.

Préparation de l'éther brut. — On introduit dans un appareil à reflux, terminé par un tube à chlorure de calcium, 150 gr. de sodium-cyanamide, parfaitement sèche, et 500 gr. d'éther absolu; on ajoute ensuite, par petites portions, 254 gr. de chlorocarbonate d'éthyle. Quand le mélange s'échauffe et entre en vive ébullition, on modère la réaction en plongeant le flacon dans de l'eau glacée. On chauffe ensuite au bain-marie, pendant huit à douze jours, jusqu'à disparition complète de l'odeur chlorocarbonique. On filtre alors rapidement la bouillie épaisse et l'on épuise par l'éther, dans un appareil à extraction, la masse blanche gluante qui est restée sur le filtre; on réunit les solutions éthérées, on les évapore au bain-marie et on expose le résidu au-dessus de l'acide sulfurique.

Le produit sirupeux ainsi obtenu est constitué principalement par du cyamidocarbonate d'éthyle (trouvé 21 p. 100 d'azote; théorie 24,56), mais il contient en outre du cyamidodicarbonate d'éthyle, de la cyanamide et de la dicyanodiamide; il constitue la matière première pour la préparation de tous les dérivés éthylcyamidocarboniques.

Cyamidocarbonate d'éthyle,

$$C^4H^6Az^2O^2 = Az \begin{cases} H \\ COOC^2H^5 \\ CAz. \end{cases}$$

— On traite l'éther sodique (voyez plus loin) en solution aqueuse concentrée par l'acide sulfurique, l'éther pur vient nager sur la solution acide à l'état d'un liquide incolore, oléagineux; on en retire une nouvelle quantité en agitant la solution avec de l'éther. L'extrait éthéré est séché par le chlorure de calcium et distillé rapidement à une température peu élevée. Le résidu oléagineux est séché dans le vide sur de l'acide sulfurique, en ayant soin de mettre la cloche à l'abri de l'air et de la maintenir froide en l'entourant de morceaux de glace. Le produit, ainsi obtenu, est parfaitement pur.

On peut obtenir du cyamido-carbonate d'éthyle relativement pur en dissolvant l'éther brut, débarrassé du cyamido-dicarbonate d'éthyle, par l'exposition à une température très basse, dans dix fois son poids d'eau environ, filtrant et saturant la solution filtrée par le chlorure de calcium. L'éther se sépare à l'état huileux et vient nager sur la solution calcique.

Le cyamido-carbonate d'éthyle forme un liquide oléagineux, sirupeux, plus ou moins jaunâtre, doué d'une forte réaction acide et d'une saveur brûlante; son odeur est agréablement éthérée. Il brûle difficilement avec une flamme violette bordée de rouge. Il est très soluble dans l'alcool, l'éther, la benzine, le chloroforme et le sulfure de carbone, assez soluble dans l'eau. Par l'ébullition prolongée de sa solution aqueuse, il se décompose en cyanamide, alcool et acide carbonique. La potasse alcoolique concentrée réagit vivement sur sa solution éthérée en précipitant du potassium-cyamido-carbonate d'éthyle, sous forme d'une poudre cristalline. L'azotate d'argent produit le composé argentique, précipité blanc caséeux.

Il est excessivement altérable et se décompose spontanément avec la plus grande facilité. Chauffé à 115°, il se détruit avec violence en dégageant des vapeurs acides et laissant comme résidu une substance blanche.

Chlorhydrate d'éther cyamidocarbonique,

$$C^4H^6Az^2O^2,\ H^2Cl^2.$$

— Ce corps se dépose à l'état d'un précipité blanc cristallin, très volumineux, lorsqu'on dirige un courant de gaz chlorhydrique dans la solution éthérée du cyamidocarbonate d'éthyle. Il est peu soluble dans l'alcool, presque insoluble dans l'éther. Exposé à l'air, il tombe en déliquescence et se décompose peu à peu en dégageant de l'acide chlorhydrique; sous l'influence de la chaleur, il se comporte comme le dérivé correspondant de la cyanamide; il dégage des torrents d'acide chlorhydrique et laisse un résidu jaunâtre. L'eau le décompose à l'ébullition en acide chlorhydrique et éther allophanique :

$$Az \begin{array}{l} \diagup H \\ - CO.OC^2H^5.2HCl \\ \diagdown CA \end{array} + H^2O$$

$$= CO \begin{array}{l} \diagup AzHCO.OC^2H^5 \\ \diagdown AzH^2 \end{array} + 2HCl.$$

Argent-cyamidocarbonate d'éthyle,

$$C^4H^5Az^2O^2Ag.$$

— Précipité caséeux blanc, très altérable, très soluble dans l'ammoniaque et l'acide azotique étendu.

Le *sel basique de cuivre*, $C^4H^5Az^2O^3.CuOH$, s'obtient, à l'état d'un précipité vert d'iris cristallin, par l'addition d'acétate de cuivre à la solution aqueuse concentrée de l'éther sodique. Il est insoluble dans l'eau, soluble dans l'acide acétique, l'ammoniaque et la solution aqueuse de cyamidocarbonate d'éthyle; il est décomposable par la chaleur. La solution ammoniacale dépose, par l'ébullition prolongée, de la cyanamide cuivrique.

Le *potassium-cyamidocarbonate d'éthyle*,

$$C^4H^5Az^2O^2K,$$

se précipite à l'état d'une poudre cristalline lorsqu'on ajoute de la potasse alcoolique à la solution éthérée du cyamidocarbonate éthylique. Il se produit aussi lorsqu'on traite le cyamidodicarbonate d'éthyle par la potasse alcoolique; le mélange s'échauffe; on achève la réaction par une digestion au bain-marie :

$$Az \begin{array}{l} \diagup CO.OC^2H^5 \\ - CO.OC^2H^5 \\ \diagdown CAz \end{array} + 3KOH = Az \begin{array}{l} \diagup K \\ - COOC^2H^5 \\ \diagdown CAz. \end{array}$$

$$+ K^2CO^3 + H^2O + C^2H^5.OH.$$

Ce sel fond à 199°.

Sodium-cyamidocarbonate d'éthyle,

$$C^4H^5Az^2O^2Na = Az \begin{array}{l} \diagup Na \\ - COO.C^2H^5 \\ \diagdown CAz. \end{array}$$

— Pour préparer ce sel à l'état de pureté, on chauffe du cyamidodicarbonate d'éthyle (1 moléc.) en solution alcoolique avec de l'éthylate de sodium (2 moléc.) en tubes scellés à 150°. Le dépôt cristallin est lavé à l'alcool absolu, séché et dissous dans une petite quantité d'eau; on filtre la solution aqueuse, on l'évapore à sec et on dissout le résidu dans l'alcool absolu bouillant. Par le refroidissement de la solution alcoolique filtrée et évaporée, le sodium-cyamidocarbonate d'éthyle se dépose en belles aiguilles satinées, inaltérables à l'air, peu solubles à froid dans l'alcool absolu insolubles dans l'éther. Il fond à 241° et se décompose au-dessus de son point de fusion. Par l'addition d'éther à la solution alcoolique, le sel est précipité à l'état de poudre fine, cristalline. La solution aqueuse est alcaline; elle donne avec l'azotate d'argent le précipité blanc caséeux d'argent-cyamidocarbonate d'éthyle.

Éthylcyamidocarbonate d'éthyle,

$$C^6H^{10}Az^2O^2 = Az \begin{array}{l} \diagup C^2H^5 \\ - CO.OC^2H^5 \\ \diagdown CAz. \end{array}$$

— Cet éther s'obtient par l'action de l'iodure d'éthyle à 150° sur le potassium-cyamidocarbonate d'éthyle; la solution alcoolique est filtrée et distillée et le résidu dissous dans l'éther; on évapore ensuite ce dernier et on purifie le produit par la distillation fractionnée.

L'éthylcyamidocarbonate d'éthyle bout sans décomposition à 213°; c'est un liquide oléagineux, incolore, plus léger que l'eau, doué d'une saveur alcoolique et d'une odeur faible; il est assez soluble dans l'eau chaude, miscible en toutes proportions avec l'alcool et l'éther. Il est extraordinairement stable et n'est pas décomposé sensiblement même lorsqu'on le fait passer sur de la ponce chauffée au rouge. Densité de vapeur = 4,534 (théorie 4,918).

Par l'action de l'ammoniaque alcoolique, il paraît se former du cyamidocarbonate d'éthyle et de l'uréthane.

Cyamidodicarbonate d'éthyle,

$$C^7H^{10}Az^2O^4 = Az \begin{array}{l} \diagup CO.OC^2H^5 \\ - CO.OC^2C^5 \\ \diagdown CAz. \end{array}$$

— Ce composé se forme par l'action du chlorocarbonate d'éthyle en solution éthérée, à 100°, sur le sodium-cyamidocarbonate d'éthyle :

$$Az \begin{array}{l} \diagup Na \\ - CO.OC^2H^5 \\ \diagdown CAz \end{array} + \begin{array}{l} Cl \\ CO.OC^2H^5 \end{array}$$

$$= ClNa + Az \begin{array}{l} \diagup COOC^2H^5 \\ - COOC^2H^5 \\ \diagdown CAz. \end{array}$$

Il est contenu en quantité notable dans le cyamidocarbonate d'éthyle brut; pour l'en retirer, on refroidit la solution éthérée à — 15°; la matière cristalline qui se sépare est agitée à plusieurs reprises avec de l'eau à 35-40°, jusqu'à ce que les eaux de lavage ne précipitent plus par l'azotate d'argent (argent-cyanamide); on fait cristalliser la matière fondue par l'agitation avec de l'eau glacée, on sèche la masse friable sur l'acide sulfurique et on la purifie par cristallisation dans l'éther.

Le cyamidodicarbonate d'éthyle se présente en magnifiques aiguilles soyeuses, longues quelquefois de plusieurs centimètres, fusibles à 33°. Fondu, il reste longtemps en surfusion, mais par le contact d'une parcelle cristalline, il commence aussitôt à cristalliser; il cristallise le mieux dans le chloroforme. Il est très soluble dans l'éther, l'alcool, le chloroforme et la benzine, moins soluble dans le sulfure de carbone, insoluble dans l'eau; l'acide sulfurique concentré le dissout et le sépare par l'addition d'eau en gouttes huileuses. Chauffé, il se détruit entièrement en produisant du gaz carbonique, du cyanate d'éthyle, du cyanurate, etc., et en laissant un résidu charbonneux. L'eau le convertit par une ébullition prolongée en cyamidocarbonate d'éthyle d'abord, puis en cyanamide; il se forme en même temps de l'alcool et du gaz carbonique.

L'éthylate de soude le décompose suivant l'équation :

$$\mathrm{Az}\begin{cases}\mathrm{CO.OC^2H^5}\\ \mathrm{CO.OC^2H^5}\\ \mathrm{CAz}\end{cases} + \mathrm{2NaOC^2H^5}$$

$$= \mathrm{CO}\begin{cases}\mathrm{ONa}\\ \mathrm{OC^2H^5}\end{cases} + \mathrm{O(C^2H^5)^2} + \mathrm{Az}\begin{cases}\mathrm{Na}\\ \mathrm{CO.OC^2H^6}\\ \mathrm{CAz}\end{cases}$$

[B. Bassler, *Journ. prakt. Chem.* (2). t. XVI, p. 125; *Bull. Soc. chim.*, t. XXXI, p. 402].

CYANAMIDES HOMOLOGUES.

Méthylcyanamide. — Pour sa transformation en méthylguanidine, voyez, N. Tawidarow. *Deutsch. chem. Gesellsch.*, 1872, p. 477; et E. Erlenmeyer, *même recueil*, 1879, p. 1984.

Éthylcyanamide, $\mathrm{AzC.AzHC^2H^5}$. — C'est le produit direct de la désulfuration de la monethylsulfurée; elle est identique avec l'éthylcyanamide de Cloëz et Cannizzaro (t. I, p. 1053).

L'éthylcyanamide n'est pas alcaline et ne fournit pas de chloroplatinate; elle n'acquiert ces propriétés qu'après avoir été chauffée pendant assez longtemps au bain-marie; elle s'est transformée alors entièrement en triéthylmélamine qui possède des propriétés basiques et la faculté de cristalliser :

$$\mathrm{3AzC.AzHC^2H^5 = C^3Az^3(C^2H^5)^3(AzH)^3}.$$

La décomposition éprouvée par l'éthylcyanamide distillée (voyez t. I, p. 1053) s'explique aisément par cette transformation préalable en mélamine; c'est cette dernière qui se dédouble en diéthylcyanamide et la base cristallisée (probablement éthyldicyanodiamide) :

$$\mathrm{C^3Az^3(C^2H^5)^3(AzH)^3}$$
$$= \mathrm{Az(CAz)(C^2H^5)^2 + C^2Az^2HC^2H^5(AzH)^2}$$

[A. W. Hofmann, *Deutsch. chem. Gesellsch.*, 1870, p. 264; *Bull. Soc. chim.*, t. XIV, p. 161].

Diethylcyanamide, $\mathrm{AzC.Az(C^2H^5)^2}$. — Par l'action de l'iodure d'éthyle sur l'argent-cyanamide, on obtient une diéthylcyanamide, bouillant à 186° et ne différant en rien de celle obtenue par Cloëz et Cannizzaro au moyen du chlorure de cyanogène et de la diéthylamine; elle partage notamment avec cette dernière la propriété, significative pour la constitution de la cyanamide, de fournir par hydratation un mélange *d'ammoniaque* et de *diéthylamine* [R. Schiff et M. Fileti. *Deutsch. chem. Gesellsch.*, 1877, p. 425; *Bull. Soc. chim.*, t. XXVIII, p. 363].

Phénylcyanamide, $\mathrm{AzC.AzHC^6H^5}$ (t. II, p. 883). — Sa préparation se fait facilement par l'action de l'oxyde de plomb sur la monophénylsulfurée en solution dans la potasse aqueuse. Après neutralisation par l'acide acétique, elle se dépose en paillettes incolores possédant la composition $\mathrm{(CAz^2HC^6H^5)^2.3H^2O}$. Cet hydrate tombe en déliquescence quand on l'expose au-dessus de l'acide sulfurique et se prend finalement en cristaux de phénylcyanamide anhydre.

Le *chloroplatinate* renferme

$$\mathrm{(CAz^2HC^6H^5.HCl)^2.PtCl^4}.$$

On a obtenu un composé argentique renfermant $\mathrm{(CAz^2HC^6H^5)^2Ag}$ (?).

La phénylcyanamide se produit aussi par la décomposition spontanée de la monophénylguanidine :

$$\begin{matrix}\mathrm{AzH^2} & & & & \mathrm{Az}\\ \mathrm{C=AzH} & = & \mathrm{AzH^3} & + & \mathrm{\overset{|||}{C}}\\ \mathrm{AzHC^6H^5} & & & & \mathrm{AzHC^6H^5}\end{matrix}$$

[B. Rathke, *Deutsch. chem. Gesellsch.*, 1879 p. 772; — C. Feuerlein, *même recueil*, p. 1602]

Action de la phénylcyanamide sur la glycocolle; voyez F. Berger, *même recueil*, 1880, p. 992.

Phénylcyanamide et hydrogène sulfuré. — Lorsqu'on dirige un courant d'hydrogène sulfuré dans une solution benzénique de phénylcyanamide, il se dépose peu à peu des cristaux de monophénylsulfo-urée :

$$\begin{matrix}\mathrm{Az} & & & & \mathrm{AzH^2}\\ \mathrm{\overset{|||}{C}-AzHC^6H^5} & + & \mathrm{H^2S} & = & \mathrm{S=C-AzHC^6H^5}\end{matrix}$$

[W. Weith, *Deutsch. chem. Gesellsch.*, 1876, p. 819; *Bull. Soc. chim.*, t. XXVII, p. 183].

Diphénylcyanamide, $\mathrm{AzC.Az(C^6H^5)^2}$. — Lorsqu'on fait réagir le chlorure de cyanogène sur la diphénylamine, au-dessus de 250°, il ne se forme que très peu de tétraphénylguanidine, mais principalement de la diphénylcyanamide qu'on retire par l'alcool bouillant.

Elle se produit également lorsqu'on maintient le chlorhydrate de tétraphénylguanidine bien déshydraté, pendant 4 à 5 heures, à une température de 280° à 300°.

La diphénylcyanamide se présente en rhomboèdres obtus, très brillants, fusibles à 292°. Elle est insoluble dans l'eau, peu soluble dans l'alcool, l'éther et la benzine. L'essence de térébenthine chaude la dissout quelque peu et la dépose par le refroidissement en paillettes incolores. Elle se dissout dans l'acide sulfurique concentré, en produisant une magnifique coloration violette. A une température très élevée, elle se décompose en se charbonnant et dégageant l'odeur du benzonitrile.

La constitution de la diphénylcyanamide ressort nettement du dédoublement que lui fait subir à 200° l'acide chlorhydrique concentré; tandis que la carbodiphénylimide donne dans ces conditions de l'acide carbonique et de *l'aniline*, $\mathrm{C(AzC^6H^5)^2 + 2H^2O = CO^2 + 2AzH^2C^6H^5}$, la diphénylcyanamide est décomposée en acide carbonique, *ammoniaque* et *diphénylamine* :

$$\mathrm{AzC.Az(C^6H^5)^2 + 2H^2O}$$
$$= \mathrm{CO^2 + AzH^3 + AzH(C^6H^5)^2}.$$

La potasse produit la même décomposition.

Il est très probable que la diphénylcyanamide que nous venons de décrire ne possède pas la formule simple $\mathrm{AzC.Az(C^6H^5)^2}$, mais qu'elle est constituée par un polymère, la *perphénylmélamine* sans doute. Cette supposition est basée sur le point de fusion si élevé de la combinaison, et sur la résistance qu'elle oppose à l'attaque de l'aniline et de la diphénylamine, qui ne produisent aucune action, même à 330° [W. Weith, *Deutsch. chem. Gesellech.*, 1874, p. 843; *Bull. Soc. chim.*, t. XXIII, p. 37].

DÉRIVÉS DE LA CARBODIIMIDE.

On connaît plusieurs composés qui doivent être envisagés comme les dérivés d'un isomère hypothétique de la cyanamide, la *carbodiimide*, inconnue comme telle. L'isomérie ressort de la comparaison des deux formules suivantes :

$$\underset{\text{Cyanamide}}{\begin{matrix}\mathrm{Az}\\ \mathrm{\overset{|||}{C}-AzH^2}\end{matrix}} \qquad \underset{\text{Carbodiimide.}}{\mathrm{C}\begin{cases}\mathrm{=AzH}\\ \mathrm{=AzH}\end{cases}}$$

Carballyléthylimide,

$$\mathrm{C}\begin{cases}\mathrm{=AzC^3H^5}\\ \mathrm{=AzC^2H^5}.\end{cases}$$

C'est l'*éthylsinnamine* de Hinterberger (voyez t. I, p. 159).

La *phénylsinnamine* de Bizio [*Rép. Chim. pure*, 1862, p. 285] doit être considérée comme une *carballylphénylimide*.

Carbéthylphénylimide,

$$\mathrm{C^9Az^2H^{10} = H^5C^2Az = C = AzC^6H^5}.$$

L'éthylphénylsulfo-urée dissoute dans la benzine est attaquée lentement par l'oxyde de plomb en poudre :

$$\mathrm{SC{<}^{AzHC^2H^5}_{AzHC^6H^5} + PbO}$$
$$\mathrm{= PbS + H^2O + C{\lessgtr}^{AzC^2H^5}_{AzC^6H^5}}.$$

La solution filtrée abandonne par l'évaporation une masse vitreuse qui devient peu à peu cristalline.

La carbéthylphénylimide possède une odeur irritante qui n'est pas désagréable lorsqu'elle est faible. Par l'action de l'hydrogène sulfuré sur sa solution benzénique, elle régénère l'éthylphénylsulfo-urée qui lui a donné naissance.

Elle se combine avec l'aniline pour former l'éthyldiphénylguanidine.

Par l'action du gaz chlorhydrique sur sa solution benzinique, on obtient le chlorhydrate $\mathrm{C^9Az^2H^{10}, HCl}$, précipité blanc, cristallin [W. Weith, *Deutsch. chem. Gesellsch.*, 1875, p. 1530; *Bull. Soc. chim.*, t. XXVI, p. 168].

Carbodiphénylimide,

$$\mathrm{C^{13}Az^2H^{10} = H^5C^6Az = C = AzC^6H^5}.$$

On obtient cette combinaison par l'action de l'oxyde de mercure sur la diphénylsulfo-urée dissoute dans la benzine (Weith) ou dans l'alcool *absolu* [May, *Deutsch. chem. Gesellsch.*, 1877, p. 1234] :

$$\mathrm{SC(AzHC^6H^5)^2 + HgO}$$
$$\mathrm{= HgS + H^2O + C(AzC^6H^5)^2}.$$

Par l'évaporation de la benzine, la carbodiphénylimide reste à l'état d'un sirop peu soluble, se transformant bientôt, par une polymérisation sans doute, en un corps d'abord porcelané, puis cristallin, peu soluble dans la benzine, fusible à 168-170° et bouillant sans décomposition à 330-331°.

La carbodiphénylimide se forme aussi par la distillation sèche de l'α-triphénylguanidine :

$$\mathrm{C^6H^5Az = C(AzHC^6H^5)^2}$$
$$\mathrm{= AzH^2C^6H^5 + C(AzC^6H^5)^2}.$$

Bouillie avec de l'alcool aqueux, elle fixe les éléments de l'eau et se transforme en diphénylurée : $\mathrm{C(AzC^6H^5)^2 + H^2O = CO(AzHC^6H^5)^2}$.

L'hydrogène sulfuré réagit à froid sur la solution benzinique en produisant nettement de la diphénylsulfo-urée : $\mathrm{C(AzC^6H^5)^2 + H^2S = CS(AzHC^6H^5)^2}$; à chaud, elle subit en partie une destruction totale avec production de sulfure de carbone, d'aniline et de triphénylguanidine-α.

Elle s'unit à l'ammoniaque (diphénylguanidine) et à l'aniline (α-triphénylguanidine).

Le sulfure de carbone agit à 140-150° sur la solution benzénique et convertit la carbodiphénylimide en phénylsulfocarbimide :

$$\mathrm{C(AzC^6H^5)^2 + CS^2 = 2SCAzC^6H^5}.$$

La diphénylurée agit à 150° en produisant du cyanate de phényle et de la triphénylguanidine α. Par l'action de la diphénylsulfo-urée à 150°, il se produit de la phénylsulfocarbimide et de la triphénylguanidine-α:

$$\mathrm{C(AzC^6H^5)^2 + SC(AzHC^6H^5)^2}$$
$$\mathrm{= SCAzC^6H^5 + C{<}^{AzC^6H^5}_{(AzHC^6H^5)^2}};$$

la dicrésylsulfo-urée agit d'une manière analogue.

Chlorhydrate de carbodiphénylimide,

$$\mathrm{C(AzC^6H^5)^2\,HCl}.$$

Ce sel se dépose à l'état d'un précipité blanc cristallin lorsqu'on dirige un courant de gaz chlorhydrique dans une solution benzénique de carbodiphénylimide. Si l'on prolonge l'action du courant gazeux, la solution s'échauffe et redissout le précipité pour le laisser déposer par le refroidissement en agrégations prismatiques d'aiguilles brillantes.

L'aniline le transforme en chlorhydrate d'α-triphénylguanidine [W. Weith, *Deutsch. chem. Gesellsch*, 1873, p. 1308; 1874, p. 10, 1303; 1876, p. 810; *Bull. Soc. chim.*, t. XXI, p. 312; t. XXII, p. 82; t. XXIII, p. 500; t. XXVII, p. 182].

Constitution de la cyanamide. — La cyanamide possède incontestablement la constitution qui lui est généralement attribuée; c'est une ammoniaque dont un atome d'hydrogène est substitué par le radical monatomique du cyanogène. La formation de la cyanamide par le chlorure de cyanogène et l'ammoniaque, et la facilité avec laquelle elle se transforme en composés cyanogénés ne laissent aucun doute à ce sujet. Sa formule est bien $\mathrm{Az \equiv C - AzH^2}$, telle qu'elle lui a été assignée par Cloëz et Cannizzaro. Cette formule a reçu, d'ailleurs, une confirmation indirecte par la synthèse de la diéthylcyanamide (respectivement diéthylamine) au moyen de l'argent-cyanamide (Schiff et Fileti) et par les élégantes recherches de Weith sur les carbodiimides substituées.

Si nous insistons tant sur un point qui paraît indiscutable *a priori*, ce n'est qu'à cause des tentatives qui se sont produites de divers côtés [E. Mulder, *Deutsch. chem. Gesellsch.*, 1873, p. 635; R. Engel, *Bull. Soc. chim.*, t. XXIV, p. 274] pour octroyer à la cyanamide la formule de la carbodiimide hypothétique, formule qui nous paraît en contradiction absolue avec le caractère chimique de la cyanamide et la généralité de ses réactions.

Mais, si la cyanamide elle-même se présente sûrement comme une combinaison cyanogénée, il n'en est pas de même pour les composés qu'elle fournit par polymérisation, la dicyanodiamide et la mélamine. Il y a, au contraire, toute raison pour considérer ces composés comme des carbodiimides polymériques, ainsi qu'elles s'établissent par les formules que nous leur attribuons. On est alors à se demander si la polymérisation de la cyanamide n'est pas précédée nécessairement par une transformation isomérique en carbodiimide.

II. Dicyanodiamide (*Dicarbotétrimide*).

Dicyanodiamide, $\mathrm{C^2Az^2H^4}$,

$$\mathrm{HAz = C{<}^{\overset{H}{Az}}_{\underset{H}{Az}}{>}C = AzH}$$

[A. Strecker, *Lehrb. organ. Chem.*, 5e édit., p. 63]. — Cette combinaison se forme lorsqu'on fait digérer au bain-marie une solution de sulfo-urée avec un oxyde métallique jusqu'à la disparition complète de la sulfo-urée. La liqueur filtrée et concentrée la dépose par le refroidissement en prismes blancs et brillants ou en tables carrées, fusibles à 204° [A.-W. Hofmann, *Deutsch. chem. Gesellsch.*, 1869, p. 600; *Bull. Soc. chim.*, t. XIII, p. 511].

Elle se produit également, à l'exclusion de la cyanamide, lorsqu'on fait bouillir avec de l'eau la combinaison de cyanure de mercure et de sulfo-urée :

$$[SC(AzH^2)^2Hg(CAz)^2]^2$$
$$= C^2Az^4H^4 + 4CAzH + 2HgS$$

[M. Nencki, *Deutsch. chem. Gesellsch.*, 1873, p. 598; *Bull. Soc. chim.*, t. XX, p. 352] et par l'action de l'argent-sulfo-urée de Mulder sur la sulfo-urée [R. Maly, *Deutsch. chem. Gesellsch.*, 1876, p. 172]; voyez aussi aux réactions de la cyanamide.

Elle cristallise dans le système clinorhombique ($a:b:c = 1,150:1:0,8055$; $\beta = 64°47'$) [C. Haushofer, *Zeitschr. Kryst.*, 1878, t. III, p. 73].

La dicyanodiamide, quoique se formant par l'action de la chaleur (140° environ) sur la cyanamide, peut régénérer cette dernière à une température plus élevée. Pour constater la formation de la cyanamide, on n'a qu'à diriger un courant de vapeur d'éther dans de la dicyanodiamide fondue; le flacon se remplit de nuages épais blancs qui se condensent dans le récipient et qui renferment une quantité notable de cyanamide [E. Drechsel, *Journ. prakt. Chem.* (2), t. XI, p. 284; *Bull. Soc. chim.*, t. XXIV, p. 467].

Chauffée au-dessus de son point de fusion, elle dégage de l'ammoniaque, fournit un sublimé de mélamine à peu près pure et laisse un résidu jaune [E. Drechsel, *Journ. prakt. Chem.* (2), t. XIII, p. 330; *Bull. Soc. chim.*, t. XXVIII, p. 112].

Soumise à l'influence des alcalis, elle fournit de l'acide amidodicyanique :

$$C^2Az^4H^4 + H^2O = AzH^3 + C^2Az^3H^3O$$

[F. Hallwachs, *Zeitschr. Chem.*, 1868, p. 517].

L'ammoniaque (sulfate de cuivre ou oxyde de cuivre ammoniacal) la transforme en biguanide (voyez ce supplément : GUANIDINE) :

$$C^2Az^4H^4 + AzH^3 = C^2Az^5H^7$$

[R. Herth, *Wien. Akad. Ber.*, t. LXXX, p. 1078].

Dérivés métalliques.

Dicyanodiamide argentique, $C^2Az^4H^2Ag^2$. — Cette combinaison ne possède jamais la composition $C^2Az^4H^3Ag$ qui lui a été attribuée par Haag (t. I, p. 1053). Quelles que soient les circonstances dans lesquelles elle prend naissance, même si la dicyanodiamide est en excès, elle se forme toujours d'après l'équation

$$C^2Az^4H^4 + 2AgAzO^3 + 2KOH$$
$$= 2KAzO^3 + 2H^2O + C^2Az^4H^2Ag^2.$$

La potasse remplace avantageusement l'ammoniaque qui redissout en partie le précipité. Ce dernier est d'un blanc pur; en présence d'un excès de nitrate d'argent il prend une coloration olivâtre.

Si l'on recueille les eaux mères d'où s'est précipitée la combinaison de dicyanodiamide et d'azotate d'argent, et qu'on y verse la plus légère quantité d'acide azotique, une nouvelle et abondante cristallisation se produit immédiatement, et le liquide finit par se transformer en une véritable bouillie.

Dicyanodiamide mercurique, $C^2Az^4H^2Hg$. — Précipité blanc produit par le chlorure de mercure dans une solution potassique de dicyanodiamide; il est peu soluble dans l'acide acétique étendu, soluble dans l'acide chlorhydrique, insoluble dans la potasse.

La dicyanodiamide est précipitée directement par l'azotate mercurique [R. Engel, *Bull. Soc. chim.*, t. XXIV, p. 272].

Éthyldicyanodiamide, voyez ÉTHYLCYANAMIDE, p. 575.

La *dibenzoydicyanodiamide*, $(CAz^2HC^7H^5O)^2$ se produit à l'état de sublimé blanc lorsqu'on soumet la tribenzoylmélamine à la distillation sèche. Elle est en cristaux bien développés, fusibles à 112°, très solubles dans l'alcool, moins solubles dans l'éther, peu solubles dans l'eau. L'éthylate de sodium ne précipite pas la solution alcoolique [G. Gerlich, *Journ. prakt. Chem.* (2), t. XIII, p. 270; *Bull. Soc. chim.*, t. XXVIII, p. 113].

Le *param* de Beilstein et Geuther (t. I, p. 1053) est identique avec la dicyanodiamide [R. Engel, *mém. cité*].

Dicyanodiamidine.

La dicyanodiamidine ne se forme pas par l'action de la cyanamide sur l'urée ou du cyanate de potassium sur le sulfate de guanidine; mais elle se produit aisément lorsqu'on fond un sel de guanidine avec de l'urée :

$$CH^5Az^3 + COAz^2H^4 = C^2H^6Az^4O + AzH^3.$$

La constitution de la dicyanodiamidine est donc celle que Strecker lui assigne par la formule

$$H^2{=}Az - \overset{AzH}{\overset{\|}{C}} - \overset{H}{\overset{|}{Az}} - \overset{O}{\overset{\|}{C}} - Az{=}H^2;$$

c'est une urée dans laquelle un groupe AzH^2 est remplacé par le reste guanidinique.

Préparation. — On chauffe à 150-160° une partie de carbonate de guanidine sec avec 2 à 2 1/2 parties d'urée sèche. Quand le dégagement de l'ammoniaque s'est ralenti, quand le carbonate de guanidine s'est dissous, on laisse refroidir; on dissout dans l'eau et l'on précipite la solution aqueuse, additionnée de soude caustique, par le sulfate cuivrique. Le précipité rose est traité par l'hydrogène sulfuré qui met la base en liberté; on n'a ensuite qu'à saturer la solution aqueuse par l'acide dont on veut préparer le sel.

La base libre s'obtient facilement par l'action de l'oxyde d'argent sur le chlorhydrate. La solution est très alcaline et absorbe avidement l'acide carbonique de l'air; évaporée sur l'acide sulfurique, elle prend une consistance sirupeuse, puis fournit des cristaux de la base libre, sans doute, qui ressemblent à ceux de l'urée et se dissolvent dans l'alcool. La solution alcoolique dépose un léger précipité cristallin par l'addition d'éther. La solution aqueuse donne un précipité gélatineux violet avec le sulfate de cuivre, et des précipités blancs amorphes avec le nitrate d'argent et le chlorure de mercure.

Pour isoler la dicyanodiamidine, Haag avait décomposé son sulfate par le carbonate barytique et avait obtenu des cristaux présentant la composition $C^2H^8Az^4O^2$ qu'il prit pour l'hydrate de dicyanodiamidine ($C^2H^6Az^4O.H^2O$), l'affinité de la dicyanodiamidine pour l'acide carbonique lui ayant échappé : en effet, la solution obtenue renferme, non pas la base libre, mais son carbonate; lorsqu'on l'évapore au bain-marie, elle fournit un résidu qui laisse déposer des cristaux durs et brillants par l'addition d'alcool, mais ces cristaux sont non l'hydrate de dicyanodiamidine, mais le carbonate de guanidine qui présente la même composition et qui résulte de la décomposition du carbonate de dicyanodiamidine :

$$(C^2H^6Az^4O + H^2CO^3) + H^2O$$
$$= CAz^3H^5.H^2CO^3 + CO^2 + AzH^3;$$

cette décomposition se fait même à froid, mais plus lentement.

Bicarbonate de dicyanodiamidine,

$$C^2H^6Az^4O.H^2CO^3.$$

— Ce sel, très peu soluble, se produit lorsqu'on

traite la solution du carbonate neutre par un courant de gaz carbonique. Le dépôt cristallin, lavé à l'alcool et séché dans le vide, se présente au microscope sous forme d'aiguilles concentriques. Il exige 150 p. d'eau à 18° pour se dissoudre; la solution aqueuse se décompose par la chaleur. Chauffé, il commence à s'altérer vers 50°, puis fond vers 60-65° et perd, à 100° environ, 32 p. 100 de son poids; le poids reste ensuite constant jusque vers 170°; le résidu est composé de carbonates de dicyanodiamine et de guanidine.

Lorsqu'on décompose le carbonate ou le sulfate par la baryte *en excès* et qu'on chauffe au bain-marie la liqueur filtrée, elle se trouble et dégage de l'ammoniaque; la solution renferme de l'urée :

$$CO(AzH^2)(Az^3H^4C) + 2\,H^2O$$
$$= CO(AzH^2)^2 + CO^2 + 2\,AzH^3.$$

L'oxydation de la dicyanodiamidine, déterminée par l'action du chlorate de potassium sur la solution chlorhydrique étendue, fournit de la guanidine :

$$2\,[CO(AzH^2)(Az^3H^4C)] + 3\,O$$
$$= 2\,CAz^3H^5 + 2CO^2 + Az^2 + H^2O.$$

Le *chlorhydrate* et le *sulfate* de dicyanodiamidine supportent une température de 160° sans se décomposer. Chauffés plus fort, ils se détruisent en produisant de l'ammoniaque, des sels ammoniacaux et une matière blanche amorphe, douée de faibles propriétés alcalines, analogue sans doute aux guanamines de Nencki [E. Baumann, *Deutsch. chem. Gesellsch.*, 1874, p. 446, 1766; 1875, p. 708; *Bull. Soc. chim.*, t. XXII, p. 165; t. XXIV, p. 70; t. XXV, p. 73].

La dicyanodiamidine partage avec le biuret et la biguanide la propriété si caractéristique de produire des combinaisons rouges, par l'ébullition avec l'oxyde de cuivre et la soude caustique. Cette communauté de réaction s'explique par l'analogie de contitution :

Biuret.	Dicyanodiamidine.	Biguanide.
AzH^2	AzH^2	AzH^2
$\overset{\vert}{C}=O$	$\overset{\vert}{C}=AzH$	$\overset{\vert}{C}Az=H$
$\overset{\vert}{Az}-H$	$\overset{\vert}{Az}-H$	$\overset{\vert}{Az}-H$
$\overset{\vert}{C}=O$	$\overset{\vert}{C}=O$	$\overset{\vert}{C}=AzH$
$\overset{\vert}{Az}H^2$	$\overset{\vert}{Az}H^2$	$\overset{\vert}{Az}H^2$

[B. Rathke, *Deutsch. chem. Gesellsch.*, 1879, p. 783].

Sulfodicyanodiamidine (*thiodicyanodiamidine*), $C^2H^6Az^4S =$

$$H^2Az - \overset{\overset{AzH}{\Vert}}{C} - \overset{\overset{H}{\vert}}{Az} - \overset{\overset{S}{\Vert}}{C} - AzH^2.$$

Certaines substances, comme le chlorosulfure de carbone $CSCl^2$ et le pentachlorure de phosphore, agissent sur la sulfo-urée d'une manière toute particulière; elles enlèvent une molécule d'hydrogène sulfuré à deux molécules de ce corps :

$$2\,SC(AzH^2)^2 + PCl^5$$
$$= PSCl^3 + 2\,HCl + C^2H^6Az^4S.$$

La matière produite, la sulfo-dicyanodiamidine, ne se forme jamais qu'en quantité minime et sa séparation est longue et difficile. Voici comment il faut opérer :

Le mélange intime de trois molécules de sulfo-urée avec une molécule de pentachlorure de phosphore est introduit dans un flacon spacieux et chauffé très graduellement à 100°; on le maintient ensuite à cette dernière température pendant cinq à six heures. La masse refroidie et concassée est débarrassée du chlorosulfure de phosphore par un lavage au sulfure de carbone, puis dissoute dans l'eau froide, filtrée et évaporée à un petit volume (pendant l'évaporation, il se dépose du soufre). Par le refroidissement, la majeure partie du chlorhydrate de sulfo-urée se dépose en cristaux qu'on sépare par filtration des eaux mères et qu'on fait recristalliser plusieurs fois en joignant chaque fois les eaux mères aux premières eaux; ces dernières sont traitées ensuite par l'ammoniaque jusqu'à réaction alcaline; le chlorhydrate de sulfo-urée est transformé en sulfo-urée moins soluble, et il se précipite du phosphate d'ammonium peu soluble. La sulfo-urée est éliminée par cristallisation fractionnée; elle entraîne avec elle une certaine quantité d'acide persulfocyanhydrique.

Les eaux mères finales peuvent être traitées par deux procédés différents : l'un consiste à ajouter à la solution alcaline une solution concentrée bouillante d'oxalate d'ammonium, et ensuite de l'acide oxalique jusqu'à réaction acide très prononcée. Par le refroidissement, il se dépose de l'oxalate de sulfodicyanodiamine qu'on n'a plus qu'à purifier par cristallisation dans l'eau bouillante.

Le second procédé est fondé sur l'emploi du chlorure de plomb. A cet effet, la liqueur, additionnée d'acide chlorhydrique en excès, est chauffée à l'ébullition, puis agitée avec autant de chlorure de plomb humide qu'elle peut en dissoudre. Par le refroidissement, la sulfo-urée se dépose presque tout entière à l'état de composé chloroplombique à peu près insoluble. La solution filtrée et concentrée est bouillie de nouveau avec du chlorure de plomb, puis refroidie, filtrée et évaporée à siccité au bain-marie; le résidu est épuisé par l'alcool bouillant. La solution alcoolique fournit par l'évaporation du chlorhydrate de sulfodicyanodiamidine qu'on purifie par cristallisation répétée dans l'eau.

On obtient la base libre en traitant la solution aqueuse, étendue et bouillante de l'oxalate par l'eau de baryte et précipitant l'excès de cette dernière par le gaz carbonique. La sulfodicyanodiamidine se dépose par le refroidissement de la solution filtrée en cristaux, appartenant au type clinorhombique, vitreux et transparents, quelquefois porcelanés, assez solubles dans l'eau froide, peu solubles dans l'alcool; la solution possède une réaction alcaline très prononcée. Chauffée à 100°, la base fond et se transforme en son isomère, le sulfocyanate de guanidine. Traitée en solution aqueuse, acidulée par l'acide azotique, par le nitrate d'argent, elle précipite du sulfure d'argent, immédiatement même à froid, et se convertit en dicyanodiamide (1) :

$$C^2H^6Az^4S = H^2S + C^2H^4Az^4;$$

cette réaction la distingue nettement de la sulfo-urée, qui n'est pas attaquée à froid par l'azotate d'argent en solution azotique.

Le *chlorhydrate*, $C^2H^6Az^4S.HCl$, est en beaux cristaux rhombiques, vitreux, à réaction acide, très solubles dans l'eau et l'alcool. Le chlorure de platine produit un précipité amorphe.

L'*oxalate*, $2C^2H^6Az^4S.C^2H^2O^4 + 2\,H^2O$, se dépose par le refroidissement de sa solution aqueuse concentrée en petits cristaux grenus, à réaction acide, modérément solubles dans l'eau chaude, peu solubles dans l'eau froide, solubles dans les alcalis et les acides concentrés. A 100° il perd son eau de cristallisation [B. Rathke, *Deutsch. chem. Gesellsch*, 1878, p. 962].

(1) La réaction inverse ne donnerait-elle pas naissance à cette base intéressante, si difficile à préparer par le procédé qui vient d'être décrit? J. T.

Triphénylsulfodicyanodiamidine,

$$\begin{array}{ccccccccc} & & AzH & & C^6H^5 & & S & & \\ & & \Vert & & | & & \Vert & & \\ H^5C^6.HAz & — & C & — & Az & — & C & — & AzH.C^6H^5 \end{array}$$

Cette combinaison se produit par l'union directe de la diphénylguanidine avec le sulfocyanate de phényie, à froid et en solution benzénique. Elle est peu soluble dans la benzine et l'alcool bouillant, très soluble dans le chloroforme; ce dernier la dépose par l'évaporation en croûtes incolores, cristallines, fusibles à 150°. La solution acide est désulfurée facilement par le nitrate d'argent.

Le *chlorhydrate*, $C^{20}H^{18}Az^4S.HCl$, est en cristaux verdâtres, solubles dans l'alcool. Si l'on verse la solution alcoolique dans une grande quantité d'eau, le sel est dédoublé entièrement et la base libre se précipite [B. Rathke, *même recueil*, 1879, p. 774].

Acide amidodicyanique, $C^2H^3Az^3O$ =

$$O = C < \begin{array}{c} H \\ | \\ Az \\ Az \\ | \\ H \end{array} > C = Az\,H.$$

L'acide amidodicyanique a été découvert en 1868 par F. Hallwachs. Il se produit par l'action de l'eau de baryte sur la dicyanodiamide :

$$C^2H^4Az^4 + H^2O = AzH^3 + C^2H^3Az^3O,$$

et, par l'union de la cyanamide avec le cyanate de potassium, à l'état de sel potassique :

$$CH^2Az^2 + KOCAz = C^2H^2Az^3OK.$$

Ce dernier mode se prête le mieux à la préparation de l'acide. A cet effet, on mélange les deux corps dissous dans l'eau dans le rapport 1:2 et l'on abandonne la solution pendant vingt-quatre heures; au bout de ce temps, la cyanamide a disparu complètement. La solution aqueuse est digérée au bain-marie pour détruire l'excès du cyanate de potassium, puis additionnée d'acide azotique en excès et de nitrate d'argent ; il se précipite de l'amidodicyanate d'argent blanc caséeux (on en obtient près de 80 % de la proportion théorique).

L'acide amidodicyanique libre se produit rapidement lorsqu'on chauffe à 60° un mélange de cyanamide et d'acide cyanique secs; à une température plus élevée, la réaction est violente et amène une décomposition profonde.

Pour préparer l'acide amidodicyanique à l'aide de la dicyanodiamide, on fait bouillir cette dernière avec de l'eau de baryte assez concentrée, jusqu'à ce qu'une portion du liquide, traitée par l'acide azotique et l'azotate d'argent, ne fournisse plus par le refroidissement les cristaux caractéristiques du nitrate d'argent-dicyanodiamide; en employant 20 à 30 grammes de dicyanodiamide, il faut chauffer de trois à quatre heures; il se produit de l'acide carbonique et il se dégage de l'ammoniaque. Lorsque la réaction est terminée, on précipite l'excès de baryte par l'acide carbonique, on chauffe à l'ébullition, on filtre, on additionne la solution, maintenue chaude au bain-marie, d'acide azotique jusqu'à réaction acide faible mais durable, et l'on ajoute ensuite du nitrate d'argent. Le rendement est très faible, à cause de la décomposition partielle de l'acide amidodicyanique par l'eau de baryte :

$$C^2H^3Az^3O = CH^2Az^2 + COAzH.$$

Pour obtenir l'acide amidodicyanique libre, on traite le sel d'argent, en suspension dans l'eau tiède, par l'acide chlorhydrique, en ayant soin de tenir le premier en excès. L'acide se dépose par le refroidissement en petits cristaux groupés en rosettes ou en longues aiguilles, renfermant $C^2H^3Az^3O$. Chauffé dans un tube, il commence à se décomposer vers 100°, fournit un sublimé blanc, puis subit un commencement de fusion, donne un sublimé jaune formé d'aiguilles et laisse un résidu brun clair. La solution aqueuse se décompose par l'évaporation et laisse déposer peu à peu un corps peu soluble; les acides concentrés la décomposent avec effervescence, surtout à chaud, en dégageant l'odeur de l'acide cyanique ; elle décompose les carbonates et précipite le nitrate d'argent; traitée à une douce chaleur par l'oxyde de cuivre précipité, elle le dissout et fournit le sel de cuivre qui cristallise par le refroidissement. D'après E. Baumann [*Deutsch. chem. Gesellsch.*, 1875, p. 708; *Bull. Soc. chim.*, t. XXV, p. 73], l'acide amidodicyanique est dissous à 60-70°, sans dégagement de gaz, par l'acide sulfurique étendu de son volume d'eau, et transformé en biuret :

$$OC < \begin{array}{c} AzH \\ AzH \end{array} > CAzH + H^2O$$
$$= OC < \begin{array}{l} AzH^2 \\ AzH.COAzH^2. \end{array}$$

Sel d'ammonium, aiguilles incolores.

Sel d'argent, $C^2H^2Az^3OAg$. — Poudre blanche amorphe, insoluble dans l'eau bouillante, peu soluble dans l'acide azotique étendu, soluble dans l'ammoniaque. L'acide azotique suffisamment concentré le dissout à l'ébullition en le décomposant en partie.

La solution ammoniacale étendue dépose le sel anhydre par l'évaporation lente en petites aiguilles transparentes, réunies en faisceaux, inaltérables à l'air; par le refroidissement gradué de la solution ammoniacale chaude on obtient des tables brillantes d'une combinaison ammoniacale, qui deviennent opaques à l'air en perdant de l'ammoniaque.

Le *sel de baryum*, $Ba(C^2H^2Az^3O)^2.3H^2O$, obtenu par le sel d'argent et le chlorure de baryum, est en cristaux incolores, excessivement solubles dans l'eau. Lorsqu'on le fait bouillir avec de l'alcool aqueux, il le sépare en deux couches; il est peu soluble dans l'alcool absolu bouillant et se dépose par le refroidissement en petits cristaux cubiques. A 130°, il devient complètement anhydre.

Sel de cuivre, $Cu(C^2H^2Az^3O)^2.4H^2O$. — On traite le sel d'argent à une douce chaleur par une solution neutre de chlorure cuivrique et on fait cristalliser la solution filtrée. Cristaux d'un bleu céleste, peu solubles dans l'eau froide, perdant $3H^2O$ à 90° et se décomposant à 100°.

Sel basique, $C^2HAz^3OCu.2H^2O$, probablement

$$Cu < \begin{array}{l} C^2H^2Az^3O \\ OH \end{array} + H^2O$$

[W. Lossen *Zeitschr. Chem.*, 1870, p. 354]. — Ce sel se dépose à l'état d'une poudre vert foncé insoluble lorsqu'on porte à l'ébullition la solution aqueuse du sel précédent. Il est soluble à froid dans les acides minéraux et à chaud dans l'acide acétique; chauffé au-dessus de 100°, il perd 10 % d'eau, puis se décompose vers 120°.

Ces deux combinaisons cuivriques fournissent les caractères les plus distinctifs dont on dispose pour la recherche de l'acide amidodicyanique.

Le *sel de potassium*, $C^2H^2Az^3OK$, se forme, comme nous l'avons vu, par l'union directe de la cyanamide avec le cyanate de potassium. Pour l'obtenir pur, on traite le sel d'argent par le chlorure de potassium. Il est très soluble dans l'eau et cristallise difficilement. Par l'évaporation lente à l'air sec il se dépose en croûtes efflorescentes. L'acide sulfurique concentré le dissout sans le noircir, en donnant lieu à un abondant dégagement de gaz carbonique et en développant l'odeur de l'acide cyanique.

Le *sel de sodium*, $C^2H^2Az^3ONa$, ressemble en tout point au sel potassique [F. Hallwachs, *Zeitschr. Chem.*, 1868, p. 515; *Ann. Chem. Pharm.*, t. CLIII, p. 293; *Bull. Soc. chim.*, t. XIV, p. 220].

MÉLAMINE (*Tricarbohexímide*).

MÉLAMINE, $C^3H^6Az^6$ =

```
          AzH
           |
           C
         /   \
     H-Az     Az-H
       |       |
  HAz=C         C=AzH
        \     /
          Az
          |
          H
```

E. Drechsel envisage la mélamine comme une base primaire (?) renfermant le groupement monatomique $C^3Az^5H^4$, le mélam comme une base secondaire renfermant deux fois le même groupement :

$$Az\begin{cases}C^3Az^5H^4\\ H\\ H\end{cases} \qquad Az\begin{cases}C^3Az^5H^4\\ C^3Az^5H^4\\ H\end{cases}$$

Mélamine. Mélam.

[*Journ. prakt. Chem.* (2), t. XI, p. 284].

Modes de formation et préparation. — La mélamine se trouve parmi les produits de l'action de l'ammoniaque sur l'oxychlorure de carbone [G. Bouchardat, *Bull. Soc. chim.*, t. XI, p. 353].

Elle se forme par l'action des acides chlorhydrique et azotique étendus sur les acides thioprussiamiques [A. Claus et Seippel, *Deutsch. chem. Gesellsch.*, 1874, p. 233]; en quantité notable lorsqu'on chauffe la guanidine en solution phénolique à 160° [M. Nencki, *Journ. prakt. Chem.* (2), t. XVII, p. 237; *Bull. Soc. chim.*, t. XXXI, p. 407]; par l'action des acides chlorhydrique et azotique, du perchlorure de fer et du permanganate de potassium sur la cyanomélamidine ($C^7H^{15}Az^{13}O$) [S. Byk, *Journ. prakt. Chem.* (2), t. XX, p. 328].

Pour préparer la mélamine, on fait bouillir pendant une vingtaine d'heures 25 grammes de mélam avec 100 grammes de potasse dissoute dans deux litres et demi d'eau et l'on évapore; on obtient ainsi 10 à 11 grammes de mélamine [Claus et Henn, *Liebig's Ann. Chem.*, t. CLXXIX, p. 120; *Bull. Soc. chim.*, t. XXVI, p. 159].

Propriétés. — La mélamine, maintenue au-dessous de son point de fusion, fait entendre un crépitement et se sublime en partie en petits cristaux. Fondue, elle grimpe le long des parois et se décompose (Liebig).

Chauffée avec précaution dans un courant d'hydrogène, elle peut être sublimée sans éprouver une décomposition sensible.

Elle se dissout en quantité appréciable dans l'alcool bouillant et cristallise par le refroidissement. Elle est assez soluble dans la glycérine chaude et se dépose en beaux cristaux par un repos prolongé [E. Drechsel, *Journ. prakt. Chem.* (2), t. XIII, p. 330; *Bull. Soc. chim.*, t. XXVIII, p. 112].

Le bromure d'éthyle n'agit pas à 105° sur la mélamine sèche; si l'on ajoute une grande quantité d'eau (20 fois le poids du bromure employé), celui-ci disparaît peu à peu et la réaction se termine au bout de huit heures environ; on trouve alors dans le tube des cristaux nacrés de bromhydrate de mélamine, tandis que la solution renferme de l'alcool; la mélamine peut saponifier ainsi jusqu'à seize fois son poids de bromure d'éthyle.

L'iodure d'éthyle agit d'une manière analogue [Claus et Henn, *mém. cité*].

Le *chlorhydrate de mélamine*,

$$2C^3H^6Az^6.HCl + H^2O,$$

est en faisceaux d'aiguilles brillantes magnifiques, peu solubles dans l'alcool [S. Byk, *Journ. prakt. Chem.* (2), t. XX, p. 328].

Le sulfate de mélamine est connu à l'état anhydre, et hydraté, tantôt avec 1 1/2 H^2O, tantôt avec 2 H^2O :

Sulfate anhydre, $C^3H^6Az^6.H^2SO^4$. — On dissout à chaud le sulfate hydraté ($2H^2O$) dans l'acide sulfurique étendu de deux à quatre fois son volume d'eau. Petits prismes rhombiques bien définis. L'eau reproduit le sulfate primitif [M. Nencki, *Journ. prakt. Chem.* (2), t. XVII, p. 237; *Bull. Soc. chim.*, t. XXXI, p. 407].

Par le refroidissement de la solution bouillante, on obtient le sulfate

$$(C^3H^6Az^6)^2H^2SO^4 + 2H^2O,$$

en fines aiguilles [E. Drechsel, *Journ. prakt. Chem.* (2), t. XI, p. 284] et quelquefois le sel $(C^3H^6Az^6)^2.H^2SO^4 + 1\,1/2\,H^2O$, sans qu'on connaisse les circonstances qui favorisent la formation de l'un ou l'autre sel [*même recueil*, t. XIII, p. 330]. Enfin, S. Byk (*Mém. cité*) a décrit un sulfate de mélamine possédant la composition $(C^3H^6Az^6)^2.H^2SO^4 + 1/2H^2O$.

J.-H. Jaeger prépare le sulfate de mélamine en traitant le mélam pulvérisé par six fois son poids d'acide sulfurique concentré (la température s'élève à 120°). Le mélange, maintenu au bain-marie pendant une demi-heure, puis filtré sur de l'amiante, est additionné d'alcool et le précipité est traité par l'eau bouillante; par le refroidissement, le sulfate de mélamine (avec 2 H^2O) se dépose en fines aiguilles.

Si l'on chauffe à 150° le mélange de mélam ou de mélamine et d'acide sulfurique, il se forme beaucoup de mousse, la température s'élève à 210°, et il se produit l'ammélide de Gerhardt ($C^6H^9Az^9O^3$) [*Deutsch. chem. Gesellsch.*, 1876, p. 1554; *Bull. Soc. chim.*, t. XXVIII, p. 8. — Voyez aussi, S. Gabriel, *Deutsch. chem. Gesellsch.*, 1875, p. 1165; *Bull. Soc. chim.*, t. XXV, p. 262].

Le *sulfocyanate*, $C^3Az^6H^6.HSCAz$, se forme lorsqu'on fait agir l'ammoniaque liquide à 150-160° sur le persulfocyanogène [J. Ponomareff, *Deutsch. chem. Gesellsch.*, 1874, p. 1792]; il se trouve dans le mélam brut (obtenu en maintenant le sulfocyanate d'ammonium à 250° jusqu'à solidification), sous forme de petits prismes blancs, tapissant les cavités du produit boursouflé; on le sépare facilement au moyen de l'eau bouillante, qui le dépose par le refroidissement en cristaux prismatiques jaunâtres, solubles dans l'alcool et sublimables [A. Claus et Lindhorst, *même recueil*, 1876, p. 1915; *Bull. Soc. chim.*, t. XXVIII, p. 167].

D'après Ponomareff, ce sel est en petites aiguilles, peu solubles dans l'eau froide, insolubles dans l'alcool et l'éther, et partiellement sublimables. La potasse le décompose en mélamine et en sulfocyanate de potassium.

Mélamine et azotate d'argent. — Une solution chaude de mélamine et de nitrate d'argent fournit par le refroidissement la combinaison cristallisée $C^3H^6Az^6.AgAzO^3$ (Liebig). Si l'on chauffe celle-ci avec une solution saturée de nitrate d'argent en excès, elle se dissout et l'on obtient par le refroidissement de belles aiguilles d'un composé diargentique $C^3H^6Az^6.2AzO^3Ag$; l'ammoniaque convertit cette dernière en *diargent-mélamine* $C^3Az^6H^4Ag^2$, poudre amorphe blanche [C. Zimmermann, *Deutsch. chem. Gesellsch.*, 1874, p. 288; *Bull. Soc. chim.*, t. XXII, p. 164].

Le composé $C^3H^6Az^6.2AzO^3Ag$ se produit lorsqu'on fait bouillir le sulfure de mercure, provenant de la préparation de la cyanamide par l'action de l'oxyde mercurique sur la sulfo-urée, avec de l'acide azotique étendu, évaporant la solution et traitant le résidu par l'azotate d'argent; il se dissout dans l'eau bouillante, qui le dépose par le refroidissement en belles aiguilles soyeuses [C. O. Cech et B. Dehmel, *Deutsch. chem. Gesellsch.*, 1878, p. 249].

Formomélamine, $C^3Az^6H^5(COH)$. — Un composé, possédant peut-être cette constitution se forme par l'action de la cyanamide sur l'éther oxalique à 110-120°; c'est une matière jaunâtre, infusible, peu soluble dans l'alcool [E. Mulder, *Deutsch. chem. Gesellsch.*, 1874, p. 1631; *Bull. Soc. chim.*, t. XXIII. p. 549].

Mélamines homologues.

Triméthylmélamine, $C^3H^3(CH^3)^3Az^6.3H^2O$. — La méthylcyanamide qui se produit par l'action des oxydes métalliques sur la monométhylsulfo-urée se polymérise avec la plus grande facilité en se transformant en triméthylmélamine. Cette dernière possède une réaction alcaline très prononcée; elle cristallise dans l'alcool en prismes incolores, dans l'eau en aiguilles soyeuses, déliées, renfermant $3H^2O$ et devenant anhydres à 100°. Elle se sublime sans fondre; l'acide chlorhydrique la décompose sans donner de triméthylamméline.

Le *chloroplatinate*,

$$C^3H^3(CH^3)^3Az^6.2HCl.PtCl^4,$$

cristallise en lamelles fort peu solubles dans l'eau et l'alcool [A. W. Hofmann, *Deutsch. chem. Gesellsch.*, 1870, p. 264; *Bull. Soc. chim.*, t. XIV, p. 161. — E. Baumann, *Deutsch. chem. Gesellsch.*, 1873, p. 1372; *Bull. Soc. chim.*, t. XXI, p. 308].

Triéthylmélamine, $C^3H^3(C^2H^5)^3Az^6$. — Cristaux feutrés blancs, obtenus par la désulfuration de la monéthylsulfo-urée, en solution aqueuse ou alcoolique, à l'aide de l'oxyde de plomb ou de mercure, et évaporation répétée de la solution concentrée sirupeuse. La triéthylmélamine n'est pas le produit direct de la réaction; le premier produit est l'éthylcyanamide de Cahours et Cloëz [*Compt. rend.*, t. XXXVIII, p. 354], matière sirupeuse, dénuée de propriétés basiques; mais, sous l'influence prolongée de la chaleur du bain-marie, cette dernière se polymérise et se transforme en triéthylmélamine; elle acquiert alors une réaction alcaline et la faculté de cristalliser.

L'acide chlorhydrique décompose facilement la triéthylmélamine en la transformant en chlorhydrate de triéthylamméline :

$$C^3H^3(C^2H^5)^3Az^6 + H^2O$$
$$= C^3H^2(C^2H^5)^3Az^5O + AzH^3.$$

Chauffée pendant longtemps en vase clos avec de l'acide chlorhydrique, elle se transforme en cyanurate d'éthyle :

$$C^3H^3(C^2H^5)^3Az^6 + 3H^2O$$
$$= C^3(C^2H^5)^3Az^3O^3 + 3AzH^3.$$

Le *chloroplatinate*,

$$C^3H^3(C^2H^5)^3Az^6.2HCl.PtCl^4,$$

est en cristaux fibreux, rayonnés, solubles dans l'eau, peu solubles dans l'alcool [A. W. Hofmann, *Deutsch. chem. Gesellsch.*, 1869, p. 600; 1870, p. 264; *Bull. Soc. chim.*, t. XIII, p. 511; t. XIV, p. 161].

Triphénylmélamine, $C^3H^3Az^6(C^6H^5)^3$. — La phénylcyanamide se transforme déjà à la température ordinaire en triphénylmélamine, et cette transformation est d'autant plus rapide que la matière est plus pure.

La triphénylmélamine, purifiée par plusieurs cristallisations dans l'alcool, est en beaux prismes pyramidés, insolubles dans l'eau froide, peu solubles dans l'eau bouillante, solubles dans l'alcool et l'éther, surtout à chaud. La solution aqueuse saturée bouillante la dépose par le refroidissement en aiguilles capillaires, fusibles à 162-163°.

L'acide chlorhydrique bouillant la transforme en cyanurate de phényle :

$$C^3(C^6H^5)^3H^3Az^6 + 3H^2O$$
$$= C^3(C^6H^5)^3O^3Az^3 + 3AzH^3.$$

Le *chloroplatinate*,

$$C^3(C^6H^5)^3H^3Az^6.2HCl.PtCl^4,$$

est un précipité jaune, cristallin [A. W. Hofmann, *Mém. cités*].

Pseudotriphénylmélamine, $[C^3Az^6(C^6H^5)^3H^3]^n$. —Prismes jaunes, infusibles à 360°, qui se subliment pendant la distillation sèche de la tribenzoylmélamine. L'alcool la précipite de sa solution phénolique chaude sous forme d'une poudre jaune, cristalline, à peine soluble dans les dissolvants ordinaires [G. Gerlich, *Journ. prakt. Chem.* (2), t. XIII, p. 270; *Bull. Soc. chim.*, t. XXVIII, p. 113].

Tétraphénylmélamine, $C^3H^2(C^6H^5)^4Az^6$. — Elle se forme lorsqu'on chauffe la diphénylguanidine à 170°, à l'état d'une matière résineuse, cassante, qui devient cristalline par une série de dissolutions dans l'alcool et de précipitations par l'eau; elle se dépose dans l'alcool en aiguilles feutrées, fusibles à 217°, peu solubles dans l'éther, insolubles dans l'eau, non distillables.

L'acide chlorhydrique alcoolique réagit sur elle à 100°; l'acide aqueux concentré la décompose à 280° avec production d'acide carbonique, d'ammoniaque et d'aniline, sans trace de diphénylamine. La potasse la détruit à une température très élevée.

Le *chlorhydrate*, $C^3H^2(C^6H^5)^4Az^6.HCl$, s'obtient en beaux prismes blancs, allongés et rhomboïdaux, par dissolution de la base dans l'acide chlorhydrique concentré chaud, addition d'alcool et refroidissement.

Le *chloroplatinate*,

$$[C^3H^2(C^6H^5)^4Az^6.HCl]^2PtCl^4,$$

est un précipité amorphe jaune, se transformant rapidement en un amas d'aiguilles rhombiques enchevêtrées.

L'azotate, très peu soluble, se dépose par le refroidissement en fines aiguilles.

Par l'action de la chaleur sur la dicrésylguanidine, on obtient une matière analogue, constituant sans doute la *tétracrésylmélamine*,

$$C^3H^2(C^7H^7)^4Az^6;$$

le chlorhydrate est en fines aiguilles concentriques, peu solubles dans l'alcool, presque insolubles dans l'eau [A.-W. Hofmann, *Ann. Chem. Pharm.*, t. LXXIV, p. 79; *Deutsch. chem. Gesellsch.*, 1874, p. 1736; *Bull. Soc. chim.*, t. XXIV, p. 75; — W. Weith et R. Ebert, *Deutsch. chem. Gesellsch.*, 1875, p. 912; *Bull. Soc. chim.*, t. XXV, p. 108].

Perphénylmélamine. — Voyez DIPHÉNYLCYANAMIDE, p. 756.

Monobenzoylmélamine, $C^3H^5(C^7H^5O)^6Az$. — Le produit de l'action à chaud du chlorure de benzoyle sur le sodium-cyanamide est épuisé par l'éther, puis traité par l'eau. Par l'addition d'ammoniaque à la solution aqueuse, la monobenzoylmélamine se précipite sous la forme d'une masse volumineuse blanche, assez soluble dans l'eau, plus soluble dans les acides étendus.

Tribenzoylmélamine, $C^3H^3(C^7H^5O)^3Az$. — On opère comme pour la préparation de la benzoylcyanamide, mais en chauffant pendant plusieurs jours. La partie insoluble dans l'éther est lavée à l'eau tant que celle-ci dissout du chlorure de sodium; le résidu est constitué par de la tribenzoylmélamine. C'est une poudre jaune, fusible à 275° en se décomposant, à peu près insoluble dans les véhicules ordinaires; l'acide sulfurique et le phénol la dissolvent, ce dernier avec une belle coloration jaune; l'eau et l'alcool la précipitent. Chauffée avec de l'eau ou des alcalis, elle se décompose en fournissant de l'ammoniaque et de l'acide benzoïque.

Par la distillation sèche, elle subit une destruction totale; il se dégage des gaz carbonique et cyanhydrique, et il se produit du benzonitrile, de la dibenzoyle-dicyanodiamide et de la pseudo-triphénylmélamine [E. Gerlich, *Mém. cité*].

Constitution de la mélamine. — La formule que nous avons assignée à la mélamine, et qui peut s'écrire plus simplement $(C^3Az^3)H^3(AzH)^3$, possède l'avantage de faire ressortir son analogie avec la dicyanodiamide $(C^2Az^2)H^2(AzH)^2$ (formule de Strecker), et d'expliquer avec facilité la transformation graduelle de la mélamine en amméline, ammélide et acide cyanurique :

$C^3Az^3H(AzH)^2O$, Amméline. $C^3Az^3H^3(AzH)O^2$, Ammélide.

$C^3Az^3H^3O^3$. Acide cyanurique.

Dans chacune de ces phases, un groupe bivalent AzH″ est remplacé par un atome d'oxygène, également bivalent, et il se forme en même temps de l'ammoniaque :

$$RAzH + H^2O = AzH^3 + RO.$$

Le noyau commun à tous les dérivés de la mélamine présente quelque analogie avec le noyau benzénique par le groupement de ses atomes; $(C^3Az^3)H^3$ est sexvalent :

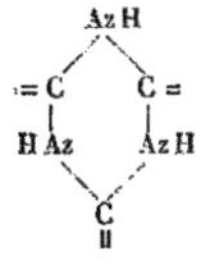

```
        AzH
       /   \
   = C       C =
     |       |
    HAz     AzH
       \   /
         C
         ‖
```

Dans les dérivés alcooliques de la mélamine, c'est l'hydrogène du noyau qui est remplacé par les groupes alcooliques. De là la facilité avec laquelle ils se transforment en cyanurates, par l'élimination des groupes imidés extra-radicaux :

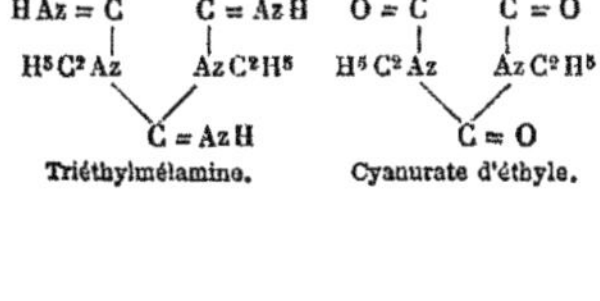

```
           AzC²H⁵                          AzC²H⁵
          /      \                        /      \
HAz = C            C = AzH          O = C          C = O
      |            |                    |          |
 H⁵C²Az            AzC²H⁵          H⁵C²Az          AzC²H⁵
          \      /                        \      /
           C = AzH                         C = O
```

Triéthylmélamine. Cyanurate d'éthyle.

On conçoit d'ailleurs des phases intermédiaires, comme la triéthylméamméline, et de nombreuses isoméries.

Si l'on admet dans la mélamine et dans ses dérivés l'existence d'une chaîne fermée (C^3Az^3), on comprend pourquoi ces composés ne peuvent pas subir la substitution d'un quatrième groupe imidé sans que leur molécule en soit profondément ébranlée; la chaîne s'ouvre et le noyau se brise en plusieurs endroits.

ACIDE MÉLIDOACÉTIQUE.

L'acide mélidoacétique, $(C^3Az^6H^5)CH^2$-COOH, se forme par l'action de l'éther monochloracétique sur la sodium-cyanamide; il doit être considéré comme une mélamine dont un atome d'hydrogène est remplacé par CH^2-COOH, le reste univalent de l'acide acétique.

Pour préparer ce corps, on dissout 5 grammes de sodium dans l'alcool et on mélange la solution refroidie, par petites portions, avec une solution de 10 grammes de cyanamide dans 20 centimètres cubes d'alcool; le tout est agité avec son volume d'éther absolu. On ajoute ensuite à la bouillie, séparée par décantation du liquide éthéro-alcoolique, 15 grammes d'éther monochloracétique et 5 grammes de cyanamide, dissous dans 10 centimètres cubes d'alcool, et l'on chauffe au bain-marie dans un appareil à reflux pendant plusieurs heures. Lorsque la réaction est terminée, on dissout le contenu du ballon dans de l'eau additionnée d'un peu de soude, on filtre et on ajoute de l'acide acétique jusqu'à réaction acide faible. Il se produit un précipité qu'on lave à l'eau et qu'on dissout à chaud dans de l'acide chlorhydrique étendu, employé en quantité suffisante pour empêcher toute cristallisation par le refroidissement. La solution filtrée et refroidie est saturée par le gaz chlorhydrique; il se forme un précipité blanc de chlorhydrate mélidoacétique, qu'on purifie par trois ou quatre cristallisations dans l'eau chaude, additionnée d'une petite quantité d'acide chlorhydrique. Le chlorhydrate ainsi obtenu, dissous dans l'eau et traité par l'ammoniaque ou le carbonate d'ammonium, fournit l'acide mélidoacétique libre, à l'état d'un précipité blanc amorphe. Si la précipitation s'est faite à chaud, la solution filtrée fournit par le refroidissement une certaine quantité d'acide mélidoacétique sous la forme d'une poudre cristalline, crayeuse à l'état sec, devenant très électrique par le frottement, et s'échauffant sensiblement lorsqu'on la triture avec une petite quantité d'eau froide.

L'acide mélidoacétique se dissout dans l'eau en quantité assez notable, quoique lentement, et se dépose par un refroidissement très gradué en belles aiguilles blanches, par un refroidissement rapide en superbes paillettes, douées après dessiccation d'un bel éclat argenté; la solution aqueuse est neutre. Il est insoluble dans l'alcool et l'éther.

Chauffé dans un tube, l'acide mélidoacétique fournit d'abord un sublimé cristallin, puis se charbonne en donnant lieu à un abondant dégagement gazeux. Chauffé avec de l'eau à 100°, il se dissout; la solution renferme du carbonate d'ammonium et dépose par le refroidissement une multitude de flocons transparents. La potasse et l'eau de baryte le dissolvent avec dégagement d'ammoniaque et production d'un nouvel acide soluble.

Action physiologique. — Après l'injection d'une solution légèrement alcaline d'acide mélidoacétique dans la veine jugulaire d'un chien, l'urine de cet animal contenait de l'hémoglobine, de l'albumine, des carbonates et une petite quantité de la matière injectée; au bout de quelques jours, l'animal avait recouvré sa santé.

Mélidoacétate de potassium. — La solution de l'acide dans la potasse donne, par l'addition d'alcool ou d'une lessive concentrée de potasse, un précipité cristallin, très soluble dans l'eau et attirant l'acide carbonique de l'air.

Le *sel sodique* ressemble au sel de potassium.

Azotate d'acide mélidoacétique,

$$C^5H^8Az^6O^2 . HAzO^3 + H^2O.$$

Ce sel se dépose complètement par le refroidissement d'une solution d'acide mélidoacétique dans la moindre quantité possible d'acide azotique chaud; on le purifie par cristallisation dans l'eau bouillante. Il est en magnifiques losanges incolores, enchevêtrés. Chauffé, il détone légèrement.

Azotate d'argent et acide mélidoacétique,

$$C^5H^8Az^6O^2 . AzO^3Ag + H^2O.$$

On l'obtient en ajoutant une solution concentrée d'azotate d'argent à une solution bouillante d'azotate d'acide mélidoacétique; il se dépose par le refroidissement en fines aiguilles incolores, assez solubles dans l'eau bouillante, presque insolubles dans l'eau froide. La chaleur le décompose.

Le *chlorhydrate,* $C^5H^8Az^6O^2 . HCl$, est en superbes aiguilles blanches, presque insolubles dans l'acide chlorhydrique concentré, peu solubles dans l'eau froide, assez solubles dans l'eau bouillante. La solution aqueuse, additionnée de sulfate d'ammonium, produit un précipité cristallin, soluble dans l'acide sulfurique étendu.

Le *phosphate mélidoacétique,* précipité par l'alcool et dissous dans l'eau bouillante, se dépose par le refroidissement en belles aiguilles.

Sulfate $(C^5H^8Az^6O^2)^2 . H^2SO^4 + 4H^2O$. — On dissout l'acide mélidoacétique dans une petite quantité d'eau bouillante et l'on y ajoute par petites portions de l'acide sulfurique étendu. Le sulfate se dépose par le refroidissement en prismes volumineux.

L'acide mélidoacétique offre de frappantes analogies avec l'acide urique et ses dérivés : la même insolubilité, la même capacité de cristallisation de ses composés salins; enfin, sa combinaison avec l'azotate d'argent présente les caractères généraux qui distinguent les composés correspondants de la guanine, de la xanthine ou de la sarcine, notamment la grande insolubilité dans l'acide azotique étendu froid [E. Drechsel, *Journ. prakt. Chem.* (2), t. XI, p. 284; *Bull. Soc. chim.*, t. XXIV, p. 467].

DICYANIMIDE.

D'après A. Bannow, on obtient le composé potassique de la dicyanimide en fondant au rouge du cyanure de potassium avec du paracyanogène. La masse fondue, traitée par l'eau, fournit une solution jaune, très fluorescente, qui renferme du cyanure de potassium, de la potassium-dicyanimide et des produits de transformation du paracyanogène, observés par Jacobsen et Emmerling [*Deutsch. chem. Gesellsch.*, 1871, p. 947]; on précipite ces derniers par l'alcool, on ajoute de l'acide azotique et l'on élimine l'acide cyanhydrique par le vide. La solution, entièrement débarrassée d'acide cyanhydrique, produit par l'addition d'azotate d'argent un précipité blanc, inaltérable à la lumière, *d'argent dicyanimide*

$$Az \begin{cases} CAz \\ CAz \\ Ag. \end{cases}$$

L'argent-dicyanimide est un peu soluble dans l'eau chaude; chauffée à l'état sec, elle se décompose avec boursouflement, comme le sulfocyanate mercurique.

Le chlorure de potassium produit du chlorure d'argent et de la potassium-dicyanimide cristallisant en fines aiguilles. L'hydrogène sulfuré donne naissance à la dicyanimide libre qui n'a pas été analysée [A. Bannow, *Deutsch. chem. Gesellsch.*, 1880, p. 2202]. J. Tcherniac.

CYANAMIDOCARBONATES. — Voy. Suppl., p. 573.

CYANHYDRIQUE (ACIDE), CAzH. — *Préparation.* — Voici la préparation recommandée par A. Gautier pour l'acide cyanhydrique anhydre inaltérable. Dans une cornue tubulée munie d'un tube de sûreté, on place 4 p. de sable siliceux, 10 p. de cyanure jaune, 14 p. d'eau préalablement mélangée à 8 p. d'acide sulfurique ordinaire. Un long tube ascendant incliné permet le dégagement exclusif des vapeurs cyanhydriques, qu'on dirige dans un long tube vertical à chlorure de calcium, et finalement dans un serpentin et un ballon entourés de glace. On obtient ainsi 18 p. d'acide anhydre pour 100 p. de cyanoferrure [*Ann. Chim. Phys.* (4), t. XVII, p. 122].

Propriétés. — L'acide cyanhydrique pur cristallise à — 14° et bout à 26°,1; il est incolore, inaltérable à l'air et à la lumière. Ses cristaux sont nacrés, cireux et flexibles, et paraissent orthorhombiques (Gautier).

L'acide cyanhydrique ne forme pas de combinaison définie avec l'eau.

On sait que l'acide cyanhydrique s'altère sous l'influence de la chaleur; chauffé à 100° en vase clos à l'état anhydre pendant quelques heures, il se transforme en une masse noire compacte sans qu'il y ait de dégagement de gaz [P. de Girard, *Compt. rend.*, t. LXXXIII, p. 344].

L'acide anhydre peut éprouver une décomposition dite spontanée dans certains cas; de Girard (*loc. cit.*) a constaté que l'altération avait lieu lorsque le chlorure de calcium dont on se sert pour la dessiccation de l'acide était alcalin; dans ce cas, il se forme du cyanure de calcium qui, décomposé par l'eau de l'acide humide, donne du formiate de calcium et de l'ammoniaque qui passe dans le ballon où l'on reçoit l'acide sec, et provoque la décomposition de cet acide comme Millon l'a montré.

Antérieurement, A. Gautier [*loc. cit.*] avait montré que la présence d'un acide minéral agissait comme conservateur de l'acide cyanhydrique en décomposant le cyanhydrate ammonique.

Suivant N. Socoloff, dans les recherches toxicologiques, l'acide cyanhydrique ne passe pas dans les premières portions du liquide distillé, mais dans celles qui viennent après; ce qui semble indiquer que cet acide formerait des combinaisons organiques assez stables avec certains éléments anatomiques, combinaisons qui exigeraient un certain temps avant d'être détruites par les acides. A. Étard.

CYANIQUE (ACIDE). — Les réactions de l'acide cyanique conduisent à l'envisager comme la carbimide

$$C \begin{cases} AzH \\ O. \end{cases}$$

C'est ainsi que l'hydrogène naissant le transforme en formiamide $CHO . AzH^2$ [Basarow, *Deutsch. chem. Gesellsch.*, 1871, p. 409]. De même, la diphénylurée non symétrique,

$$CO \begin{cases} AzH^2 \\ Az(C^6H^5)^2, \end{cases}$$

se dédouble par l'action de la chaleur en acide cyanique et diphénylamine, suivant l'équation

$$CO<^{AzH^2}_{Az(C^6H^5)^2} = CO=AzH + AzH(C^6H^5)^2$$

[Michler, *Deutsch. chem. Gesellsch.*, 1876, p. 715].

L'acide cyanique et ses dérivés métalliques ou alcooliques O=C=AzR ne renferment donc pas le groupe cyanogène C≡Az, tandis que les éthers cyaniques de Cloëz Az≡C-OR le renferment; aussi réserverons-nous à ces derniers le nom de *cyanates*, attribuant aux premiers le nom d'*isocyanates*.

L'oxygène ou les oxydants, tels que l'acide hypochloreux, transforment l'acide cyanique en eau, acide carbonique et azote. La chaleur de combustion est de 2290 calories.

L'acide isocyanique se transforme spontanément en cyamélide en dégageant 410 calories (gr.) par gramme [Troost et Hautefeuille, *Compt. rend.*, t. LXIX, p. 48 et 202].

Une molécule d'aldéhyde réagit sur 3 molécules d'acide cyanique en formant l'acide trigénique. L'acroléine donne de même un acide, l'acide allyltrigénique, en longues aiguilles incolores, assez peu solubles dans l'eau, solubles dans l'ammoniaque. Le sel d'argent est insoluble [Melms, *Deutsch. chem. Gesellsch.*, 1870, p. 759].

Le chloral donne une réaction différente. Deux molécules de chloral se soudent par l'intermédiaire d'une molécule d'acide isocyanique,

$$CCl^3\text{-}CH<^{O}_{O}>C<^{AzH}_{O}>CH\text{-}CCl^3$$

(voyez Suppl., p. 451).

Cyanate de potassium. — Bannow aurait obtenu, par l'action de la potasse sur le paracyanogène, un composé isomérique avec le cyanate de potassium, et qui serait le véritable cyanate de potassium. Le même corps se produirait par l'action du chlorure de cyanogène liquide sur une solution concentrée de potasse.

Ce cyanate cristallise en longues aiguilles. Lorsqu'on le fait bouillir longtemps avec un alcali, et que l'on précipite après neutralisation par le nitrate d'argent, on obtient un précipité blanc représenté par la formule C^2Az^3Ag [Bannow, *Deutsch. chem. Gesellsch.*, 1871, p. 253].

L'isocyanate de potassium se comporte avec les sels des acides amidés comme avec le sulfate d'ammonium, en fournissant des urées substituées. C'est ainsi qu'avec le sulfate d'acide amidobenzoïque il fournit l'acide oxybenzuramique ou uramidobenzoïque [Menschoutkine, voyez t. II, p. 703, art. OXYBENZURAMIQUE].

L'isocyanate de potassium est capable de former des sels doubles avec les cyanates de platine et de cobalt. Ce dernier, assez stable, est en grandes tables quadratiques d'un beau bleu; celui de platine est moins stable [Blomstrand, *Deutsch. chem. Gesellsch.*, 1869, p. 202].

Isocyanate de benzyle, $C^6H^5\text{-}CH^2AzCO$. — Le chlorure de benzyle réagit énergiquement sur l'isocyanate d'argent, et l'on obtient par distillation un produit distillant entre 175 et 200°, qui est l'isocyanate de benzyle, encore mélangé de chlorure de benzyle. Traité par l'ammoniaque alcoolique, il fournit de belles aiguilles blanches de monobenzylurée. L'eau le dédouble en dibenzylurée [Letts, *Deutsch. chem. Gesellsch.*, 1872, p. 90].

Isocyanate de crésyle, $CO\,Az\cdot C^6H^4\text{-}CH^3$. Il se produit par le dédoublement de la crésyluréthane sous l'influence de la chaleur, ou mieux de l'anhydride phosphorique :

$$CO<^{OC^2H^5}_{AzH.C^6H^4\text{-}CH^3} = C^2H^5.OH + CO\,Az.C^6H^4\text{-}CH^3.$$

C'est un liquide très irritant, bouillant à 185°. Sa densité de vapeur est 64,6.

Isocyanate d'éthyle, $CO\,Az.C^2H^5$. — Lorsque l'on laisse pendant plusieurs jours l'éthylcarbylamine en contact à froid avec de l'oxyde d'argent, elle se transforme en isocyanate d'éthyle $O=C=AzC^2H^5$ [A. Gautier, *Bull. Soc. chim.*, t. XI, p. 220].

L'éther isocyanique et le mercaptan, chauffés à 120° en tubes scellés, donnent la combinaison

$$CO<^{AzH.C^2H^5}_{SC^2H^5}.$$

C'est un liquide incolore, plus dense que l'eau, bouillant à 204-208°. Les acides le dédoublent en mercaptan, éthylamine et acide carbonique [Hofmann, *Deutsch. chem. Gesellsch.*, 1869, p. 116].

L'éther isocyanique se combine aux éthers des acides amidés en formant des composés insolubles dans l'eau, solubles dans l'alcool et l'éther, cristallisant généralement bien. Ces composés sont de véritables urées substituées [Cahours et Gal, *Compt. rend.*, t. LXXI, p. 462].

La succinimide s'unit également à l'éther isocyanique en formant le composé

$$C^4H^4O^2.HAz.CO.Az(C^2H^5),$$

qui, par l'action des acides étendus, se transforme en acide éthylsuccinurique

$$C^4H^4O^2<^{AzH\text{-}CO\text{-}AzH.C^2H^5}_{OH},$$

cristallisé en aiguilles fusibles à 67° [Menschoutkine, *Bull. Soc. chim.*, t. XXIII, p. 451].

Isocyanate de méthyle, $CO\,Az.CH^3$. — La métylcarbylamine, oxydée par l'oxyde de mercure, se transforme intégralement en isocyanate de méthyle (A. Gautier).

Isocyanate de naphtyle, $CO\,Az.C^{10}H^7$. — Lorsque l'on distille la naphtyluréthane avec de l'anhydride phosphorique, on obtient l'isocyanate de naphtyle. C'est un liquide incolore, bouillant à 269-270°, presque inodore. La triéthylphosphine le solidifie immédiatement [Hofmann, *loc. cit.*].

Isocyanate de phényle. — Voyez PHÉNYLCARBIMIDE, t. II, p. 882.

Isocyanate de xényle. — S'obtient par la distillation sèche de la xényluréthane. C'est un liquide très réfringent et peu irritant, bouillant à 200°.

CYANOCARBONATES. — Voyez CARBONE, Suppl., p. 417.

CYANOCHALCITE (Min.). — Silicophosphate de cuivre hydraté, compacte, d'un bleu d'azur. Trouvé à Nischne Tagilsk (Oural.)

Dureté, 4,5. Densité, 2,79.

CYANOCHROÏTE (Min.). — Sulfate de potasse et de cuivre en croûtes salines, formées sur les laves du Vésuve dans l'éruption de 1855.

CYANOFORME. — Ce composé aurait pour formule $CH(CAz)^3$, mais il n'est pas connu avec certitude. Fairley veut l'avoir obtenu en chauffant du chloroforme à 100° avec du cyanure de potassium et une petite quantité d'alcool; il le décrit sous forme de masse pâteuse non volatile, que l'étain et l'acide chlorhydrique transformeraient en *tétryline-triamine* $C^4H^7(AzH^2)^3$, base volatile au-dessus de 150° [*Journ. chem. Soc. London*, 1864, (2), t. II, p. 362]. G. Bouchardat n'a pu confirmer ces indications de Fairley. En 1871, Pfankuch est revenu sur le cyanoforme, qu'il prépare en faisant agir du cyanure de potassium sur un mélange de chloroforme et d'alcool, ce dernier en faible quantité. Ce corps constituerait une masse dure, blanc-jaunâtre, amorphe, ou bien de petites aiguilles; l'acide chlorhydrique le transformerait au bain-marie en acide *méthine-tricarbonique* $CH(CO^2H)^3$ tribasique, cristallisant en petites aiguilles.

Le cyanoforme engendre, d'après Pfankuch, avec l'iodure mercurique, la combinaison

$$2CH(CAz)^3, 3HgI^2,$$

que l'on obtient en chauffant à 100° un mélange d'alcool, d'iodoforme et de cyanure de mercure; il existerait, de même, le composé ammonique

$$CH(CAz)^3, 3AzH^4I,$$

et d'autres combinaisons d'iodures métalliques et de cyanoforme [Fr. Pfankuch, *Journ. prakt. Chem.* (2), t. IV, p. 38; t. VI, p. 97].

Toutes les indications du mémoire de Pfankuch, qui sont cependant présentées avec une grande précision, sont au moins douteuses. Claus et Broglie n'ont pu reproduire aucun des corps mentionnés, et Kolbe a exprimé également des doutes sur l'exactitude des affirmations de son préparateur [A. Claus et Broglie, *Deutsch. chem. Gesellsch.*, 1876, p. 225; — H. Kolbe, *Journ. prakt. Chem.*, (2), t. XVII, p. 287]. A. Henninger.

CYANOGÈNE. — Le cyanogène est formé avec absorption de chaleur (— 38 calories) en partant du carbone à l'état de diamant [Berthelot, *Bull. Soc. chim.*, t. XXXII, p. 385].

Le cyanogène peut être liquéfié par une pression de 6 atmosphères à la température ambiante. Il dissout alors avec la plus grande facilité le camphre, l'hydrate de chloral, le sulfure et les chlorures de carbone, ainsi que l'iode, avec une coloration rouge. L'acide picrique et le phosphore s'y dissolvent moins facilement. Le soufre, le sélénium, le tellure, le magnésium, les oxydes, les résines y sont insolubles.

L'acide iodique, l'iodate de potassium et l'acide sélénieux le colorent en rose, malgré leur très faible solubilité [Gore, *Chem. News*, t. XXIV, p. 303].

La solution aqueuse de cyanogène brunit rapidement en présence des alcalis (voir t. I, p. 1075). Les acides lui font, au contraire, subir une hydratation régulière dont le terme ultime est l'oxalate d'ammonium.

Lorsqu'on fait passer un courant de cyanogène dans de l'acide chlorhydrique concentré, celui-ci reste incolore. Après douze heures, il se sépare des cristaux d'oxamide et les eaux mères renferment de l'oxalate d'ammonium.

L'acide iodhydrique agit de même, mais il se sépare de l'iode et l'on retrouve dans les eaux mères de l'acide cyanhydrique et de l'iodure d'ammonium [Schmitt et Glutz, *Deutsch. chem. Gesellsch.*, 1868, p. 66].

Un grand excès d'acide iodhydrique dissous agit comme réducteur. Il se forme de l'ammoniaque et de l'hydrure d'éthyle C^2H^6. On trouve en même temps une petite quantité d'oxyde de carbone et d'acide carbonique provenant probablement de la décomposition d'un peu d'oxalate formé d'après l'équation précédente.

Le gaz iodhydrique sec décompose au rouge sombre le cyanogène en ses éléments [Berthelot, *Bull. Soc chim.*, IX, p. 178].

Lorsque l'on fait passer un courant de cyanogène dans de l'acide iodhydrique d'une densité de 1,96, maintenu en ébullition, on obtient du glycocolle en quantité très notable d'après l'équation

$$\begin{matrix}CAz\\CAz\end{matrix} + 5IH + 2H^2O = \begin{matrix}CH^2AzH^2\\CO.OH\end{matrix} + AzH^4I + I^4$$

[Emmerling, *Deutsch. chem. Gesellsch.*, 1873, p. 1351].

En présence de l'alcool, l'acide chlorhydrique transforme le cyanogène en sel ammoniac, oxalate et chlorure d'éthyle :

$$C^2Az^2 + 4C^2H^6O + 4HCl = C^2O^4(C^2H^5)^2 + 2AzH^4Cl + 2C^2H^5Cl.$$

Il se forme en outre un peu d'acide formique [Volhard, *Ann. Chem. Pharm.*, t. CLVIII, p. 118].

Pinner et Klein ont obtenu en outre de l'uréthane $CO.AzH^2.OC^2H^5$ et le chlorhydrate de l'éther oxalique imidé

$$\begin{matrix}C(AzH).OC^2H^5\\C(AzH).OC^2H^5\end{matrix}2HCl$$

en longs prismes incolores, fusibles à 25°, bouillant à 170°, se décomposant par l'eau en produisant l'uréthane et de l'éther formique :

$$C^6H^{12}Az^2O^2 + HCl + 2H^2O = CO(AzH^2)OC^2H^5 + CHO(OC^2H^5) + AzH^4Cl.$$

L'alcool isobutylique s'unit de même au cyanogène, en présence d'acide chlorhydrique, en fournissant l'isobutyluréthane en lamelles blanches, d'un aspect nacré, fusibles à 67° [Pinner et Klein, *Deutsch. chem. Gesellsch.*, 1878, p. 1475].

L'acide acétique à 3 °/₀ d'eau absorbe 80 volumes de cyanogène. Cette solution, chauffée plusieurs heures à 100°, a laissé déposer, au bout de quelques mois, des cristaux d'oxamide. Le liquide, évaporé dans le vide, s'est pris en une masse de cristaux solubles dans l'eau et l'alcool, fusibles à 60° et sublimables. C'est une combinaison d'acide cyanhydrique et d'acide isocyanique $CAzH + CAzOH$. Le nitrate d'argent aqueux la dédouble, à 50°, en cyanure d'argent, acide carbonique et ammoniaque [Beketoff, *Bull. Soc. chim.*, t. XXIII, p. 452].

L'action du cyanogène sur l'aniline donne naissance à de la cyananiline et à une base en beaux cristaux rouges répondant à la formule $C^{21}H^{17}Az^5$ (voir t. II, p. 872).

Le cyanogène s'unit aussi à la triphénylguanidine pour donner une base $C^{21}H^{17}Az^5$, isomérique avec la précédente. Au contact de l'acide chlorhydrique, elle se transforme en une substance jaune, l'oxalyltriphénylguanidine $C^{21}H^{15}Az^3O^2$, qui se dédouble facilement en aniline et acide diméthylparabanique.

Une solution éthérée froide de dicrésylguanidine, saturée de cyanogène, se prend en une masse cristalline, qui, purifiée par cristallisation dans l'alcool, a pour formule $C^{15}H^{17}Az^3, C^2Az^2$. Elle se décompose vers 50° [O. Landgrebe, *Deutsch. chem. Gesellsch.*, 1877, p. 1587].

Action du cyanogène sur les acides amidés. — Le cyanogène s'unit à l'acide amidobenzoïque en solution alcoolique en donnant le dicyanure d'acide amidobenzoïque $C^7H^7AzO^2, 2CAz$, l'acide hémicyanamidobenzoïque $C^{14}H^{13}Az^2O^4, CAz$ et le cyanate d'amidobenzoate d'éthyle

$$(C^7H^6AzO^2.C^2H^5)CAzO.$$

Ces différents composés ont déjà été décrits (t. II, p. 696).

L'acide anthranilique fournit avec le cyanogène des dérivés de substitution. On obtient, en effet, l'éther cyananthranilique

$$C^6H^3(CAz) \begin{matrix}\nearrow AzH^2\\\searrow CO^2.C^2H^5\end{matrix},$$

qui donne, avec l'acide chlorhydrique, l'acide cyananthranilique (voir t. II, p. 698).

En solution aqueuse, le cyanogène réagit tout autrement sur les acides amidobenzoïques.

Avec l'acide métamidobenzoïque, il se produit des composés qui ont été décrits dans ce Supplément, p. 320.

L'acide anthranilique en solution aqueuse fournit un produit d'addition que l'on peut purifier par cristallisation dans l'alcool. Griess le considère comme le dicyanamidobenzoyle et le représente par la formule

$$\begin{array}{l} AzH\text{-}C^6H^4\text{-}CO \\ \mid \qquad\qquad \mid \\ CAz \;\text{——}\; CO \\ \mid \\ CAz. \end{array}$$

Il cristallise en prismes jaunâtres, peu solubles dans l'eau, l'alcool et l'éther froids, solubles dans l'alcool bouillant. Il rougit le tournesol et s'unit aux bases et aux acides. L'eau de baryte et l'ammoniaque le décomposent à chaud [Griess, *Deutsch. chem. Gesellsch.*, 1878, p. 1985 et 2180].

Une solution d'albumine saturée de cyanogène se coagule par l'acide acétique. Au bout de quelques jours, la solution brunit et laisse déposer des précipités dont la composition varie avec la quantité de cyanogène employée et qui répondent aux formules

$$C^{72}H^{112}Az^{18}SO^{22}, 2\,CAz, 3H^2O,$$
$$C^{72}H^{112}Az^{18}SO^{22}, 4\,CAz, 8\,H^2O,$$
$$C^{72}H^{112}Az^{18}SO^{22}, 8\,CAz, 16\,H^2O.$$

Tous ces précipités sont amorphes, insolubles dans l'eau et l'alcool, solubles dans les solutions alcalines [O. Lœw, *Journ. prakt. Chem.* (2), t. XVI, p. 60].

CHLORURE DE CYANOGÈNE.

Drechsel prépare le chlorure de cyanogène de la façon suivante :

Il fait passer dans un flacon taré rempli aux deux tiers d'eau et maintenu à 0° un courant de chlore jusqu'à saturation. On ajoute alors une quantité de cyanure de mercure double du poids du chlore absorbé, on laisse le mélange dans l'obscurité jusqu'à ce qu'il soit devenu incolore, et l'on ferme le flacon avec un bouchon muni d'un robinet. Il suffit de chauffer le flacon au bain-marie pour obtenir un dégagement de chlorure de cyanogène, qui cesse si l'on refroidit le flacon [Drechsel, *Journ. prakt. Chem.* (2), t. VIII, p. 327].

La chaleur de vaporisation du chlorure de cyanogène est 8800 cal. Il est formé avec absorption de chaleur. La formation du chlorure à l'état gazeux exige 23300 cal. et celle du liquide 14500 [Berthelot, *Bull. Soc. chim.*, t. XVI, p. 223].

Le chlorure de cyanogène peut s'unir à la benzine en présence du chlorure d'aluminium; il se dégage de l'acide chlorhydrique et il se forme des produits bouillant vers 190°, et qui paraissent formés principalement de benzonitrile [Friedel et Crafts, *Bull. Soc. chim.*, t. XXIX, p. 2].

BROMURE DE CYANOGÈNE.

Le brome s'unit au cyanogène en dégageant 4000 cal. La formation du bromure solide, en partant des éléments, absorbe 37000 cal.; celle du bromure liquide en absorbe 40000 (Berthelot).

Le bromure de cyanogène réagit sur une solution éthérée d'ammoniaque en donnant de la cyanamide et deux substances cristallines, précipitables par le chlorure de zinc et qui n'ont point été obtenues pures (Drechsel).

Le bromure de cyanogène réagit très vivement sur le sulfure de méthyle. Le liquide, chauffé à 100°, se prend en une masse de cristaux de bromure de triméthylsulfine mélangée de sulfocyanate de méthyle bouillant à 128-136° :

$$2\,(CH^3)^2S + CAzBr = S(CH^3)^3Br + CAzS(CH^3)$$

[Cahours, *Compt. rend.*, t. LXXXI, p. 1163].

IODURE DE CYANOGÈNE.

L'union de l'iode et du cyanogène se fait avec absorption de 1210 cal. La formation de l'iodure de cyanogène, en partant des éléments, en absorbe 53100 (Berthelot).

L'iodure de cyanogène s'unit aux phénylène-diamines (ortho et para); il se forme de l'iodure d'ammonium et le carbone du cyanogène se substitue à l'hydrogène pour former la carbodiphénylimide cristallisable en longues aiguilles sublimables, et répondant à la formule

$$C^6H^4 \begin{matrix} < AzH^2 \\ < Az = \end{matrix} C \begin{matrix} H^2Az > \\ = Az > \end{matrix} C^6H^4$$

[Huebner et Frerichs, *Deutsch. chem. Gesellsch.*, 1877, p. 774]. M. Hanriot.

CYANON. — Voyez Carbone, Suppl., p. 424.

CYANOPHYLLE. — Syn. de Phyllocyanine.

CYANOTRICHITE (Min.). — Voyez Lettsomite.

CYANURES ALCOOLIQUES. — Cyanure d'allyle, $C^3H^5\text{-}CAz$. — Voy. t. I, p. 1066.

Le chlorure d'allyle chauffé à 100° avec une solution de cyanure de potassium dans l'alcool allylique donne de faibles quantités d'un liquide bouillant de 95 à 96°, sentant la moutarde et qu'on peut considérer comme une combinaison de cyanure d'allyle et d'alcool allylique. Cette combinaison, analogue à celles de nitriles et d'alcools obtenus par Gautier, chauffée à 130° avec HCl, se dédouble en une huile épaisse et en chlorhydrate d'ammoniaque [A. Rinne et B. Tollens, *Zeitschr. Chem.*, 1870, p. 401].

L'iodure d'allyle, chauffé avec du cyanure de potassium sans alcool à 110°, fournit un liquide brun qui, à la distillation, donne le cyanure de Lieke (70-100°) et des produits volatils vers 119°. Les dernières portions, passant de 120 à 125°, sont cristallisables. Les liquides bouillant à 119° passent, après rectification, à 116-118° et sont identiques avec le cyanure de Will et Kœrner; comme lui ils fournissent, par l'action de la potasse alcoolique, un acide crotonique, fusible à 71° : ce cyanure doit donc se représenter par la formule $CH^2 = CH\text{-}CH^2\text{-}CAz$ [Rinne et Tollens, *loc. cit.*].

Cyanures de butyle. — I. *Cyanure de butyle normal*, $CH^3\text{-}CH^2\text{-}CH^2\text{-}CH^2\text{-}CAz$. — Le chlorure, le bromure ou l'iodure de butyle, chauffés à 110° avec du cyanure de potassium et de l'alcool à 85°, donnent du cyanure de butyle. Ce dérivé normal bout à 140°,4 ($H = 739^{mm}$), sa densité à 0° est 0,8164 [Lieben et Rossi, *Ann. Chem. Pharm.*, t. CLVIII, p. 137].

II. *Cyanure d'isobutyle* $(CH^3)^2\text{-}CH\text{-}CH^2\text{-}CAz$. — On le prépare facilement en traitant au réfrigérant ascendant 300 p. d'iodure d'isobutyle par 100 p. de cyanure de potassium dissous dans un mélange de 25 p. d'alcool et de 100 p. d'eau. On chauffe pendant trois jours. Le cyanure alcoolique s'extrait en précipitant le produit de la réaction par un excès d'eau, après avoir chassé l'alcool par distillation. Le précipité huileux formé est soumis à la distillation dans la vapeur d'eau, qui entraîne presque complètement l'iodure non transformé; il ne reste plus qu'à fractionner l'huile restant après ce traitement.

Le cyanure d'isobutyle est un liquide incolore, doué d'une odeur d'amandes amères et d'une saveur chaude et aromatique. Il est soluble dans l'eau. Il bout entre 126 et 128° [Boutlerow, *Ann. Chem. Pharm.*, t. CXLV, p. 277].

L'acide valérianique, dérivé de ce cyanure par l'action de la potasse, est identique avec l'acide valérianique de l'alcool amylique de fermentation.

III. CYANURE DE BUTYLE TERTIAIRE,

$$(CH^3)^3 \equiv C\text{-}CAz.$$

— Il résulte de l'action de l'iodure de butyle tertiaire ou iodure du triméthylcarbinol sur le cyanure de mercure sec. La réaction, assez violente, exige qu'on refroidisse et provoque la formation de plusieurs produits secondaires, tels que des polybutylènes. Les produits de la réaction, soumis à la distillation dans la vapeur d'eau, donnent une huile qu'on débarrasse du cyanure d'isobutyle qu'elle peut contenir par l'action de l'acide chlorhydrique et qu'on distille.

Le cyanure butylique tertiaire est un corps solide cristallin, fusible à 15°. Il bout de 105 à 106° [Boutlerow, *Ann. Chem. Pharm.*, t. CXLIV, p. 20].

CYANURE DE CAPRYLE (*pélargonitrile*). $C^8H^{17}\text{-}CAz$. — Il a été obtenu par Felletar [*Jahresb.*, 1868, p. 634] à l'aide du chlorure de méthylhexylcarbinol et du cyanure de potassium en solution alcoolique. C'est un liquide huileux, bouillant à 200°.

CYANURE DE DÉCYLE. — Ce corps n'est pas encore connu à l'état de pureté. Selon Schorlemmer, on le trouve parmi les produits de l'oxydation du diamyle par l'acide azotique.

CYANURE D'ÉTHYLE, $CH^3\text{-}CH^2\text{-}CAz$. — Au lieu de déshydrater l'acétamide par l'acide phosphorique anhydre, Demarçay [*Bull. Soc. chim.*, t. XXXIII, p. 456] recommande de soumettre cette amide à la distillation sèche ménagée; il suffit pour cela de la faire bouillir longtemps dans un ballon surmonté d'un tube distillatoire Henninger-Le Bel assez haut pour que l'acétamide ne puisse s'échapper; on recueille alors du cyanure d'éthyle et de l'eau.

CYANURE D'ÉTHYLÈNE, $C^2H^4(CAz)^2$. — Ce corps, que Simpson a transformé en acide succinique sans être parvenu à l'obtenir parfaitement pur, se prépare en enfermant dans un matras 150 p. de bromure d'éthylène, 117 p. de cyanure potassique (à 90 °/₀) et la quantité d'alcool nécessaire pour former une bouillie assez fluide. Ce mélange peut être utilement additionné de corps diviseurs, tels que de la porcelaine. On chauffe le matras à 100° pendant vingt heures en ayant soin d'agiter de temps à autre.

Les produits de cette réaction sont ensuite soumis à la distillation dans le vide; on change de récipient dès que les produits qui passent commencent à se solidifier dans le col du récipient et on recueille alors un liquide incolore devenant bientôt solide et qui, sous une pression de 4 à 5 millimètres, bout entre 140 et 160°. On peut redissoudre le cyanure d'éthylène dans l'eau pour le débarrasser d'un peu de bromure qu'il retient.

Le cyanure d'éthylène pur est une masse brillante blanche, complètement amorphe. Il fond à 54°,5. Il est très soluble dans l'eau, l'alcool et le chloroforme, peu soluble dans le sulfure de carbone [M. Nevolé et J. Tcherniak, *Compt. rend.*, t. LXXXVI, p. 1411].

ISOCYANURES.

ÉTHYLCARBYLAMINE, $= C = Az\text{-}CH^2\text{-}CH^3$. — *Préparation.* — On chauffe pendant quelques heures, dans un ballon muni d'un réfrigérant ascendant, 100 p. de cyanure d'argent bien sec et 115 p. d'iodure d'éthyle. Bientôt la réaction s'établit, le liquide devient pâteux, puis visqueux, et finalement semi-liquide. On obtient ainsi trois couches: l'inférieure est de l'iodure d'argent, la moyenne, cristallisée, est une combinaison double

$$C^2H^5AzC, CAzAg,$$

et la supérieure, de l'iodure d'éthyle inaltéré. Le contenu solide des ballons est séché et pulvérisé, puis traité par un mélange de 130 p. de cyanure de potassium pur et de 120 p. d'eau; le composé $C^2H^5AzC, CAzAg$ se change en $CAzAg, CAzK$, et la carbylamine, mise en liberté, vient surnager. On distille au bain d'huile, on lave le liquide huileux qui passe à l'eau salée, puis on rectifie. Rendement: 19p,2 au lieu de 20p,5 indiqué par la théorie [A. Gautier, *Ann. Chim. Phys.* (4), t. XVII, p. 234].

Propriétés. — L'éthylcarbylamine est un liquide mobile, incolore; elle ne se solidifie pas à — 66°. Impure, elle est douée d'une odeur insupportable; à l'état de pureté, elle sent le propionitrile, mais avec un arrière-goût amer très répugnant. Elle surnage l'eau à laquelle elle communique un goût amer et désagréable. L'éthylcarbylamine bout à 78°,1 (corrigé); ses densités sont: 0.759 à 4°; 0.741 à 21°,3; 0.729 à 32°,5; 0.715 à 44°,5.

Action de l'eau. — L'eau pure, ou additionnée de potasse, transforme l'éthylcarbylamine en éthylamine et en acide formique. Dans cette réaction, il se forme d'abord de l'éthylformiamide qu'on peut isoler en arrêtant l'opération avant sa fin:

$$C^2H^5\text{-}Az{=}C + H^2O = C^2H^5\text{-}Az{<}^{H}_{CHO}$$

et

$$C^2H^5\text{-}AzHCOH + H^2O = C^2H^5\text{-}AzH^2, CH^2O^2.$$

Formiate d'éthylamine.

Action des acides. — *Chlorhydrate d'éthylcarbylamine*, $2C^3H^5Az, 3HCl$. — On le prépare en précipitant une solution éthérée de carbylamine par une solution éthérée d'acide chlorhydrique, toutes deux aussi froides que possible et privées d'humidité. Ce sel forme des lamelles acides, amères, très solubles dans l'alcool et dans l'eau.

L'acide acétique transforme la carbylamine en éthylformiamide [Gautier, *loc. cit.*].

Action des oxydants. — L'oxyde d'argent délayé dans de l'éther, oxyde l'éthylcarbylamine en donnant un corps cristallisé qui renferme

$$C^{18}H^{25}Az^5O^4;$$

en même temps il se dégage de l'oxyde de carbone. L'oxyde mercurique, dans les mêmes conditions, réagit d'une façon tout à fait comparable, seulement le corps cristallisé qui prend naissance renferme $C^9H^{22}Az^4O^2$.

L'air oxyde directement l'éthylcarbylamine.

L'éthylcarbylamine, dissoute dans le sulfure de carbone, fixe directement 1 mol. de brome et donne une combinaison huileuse, non volatile sans décomposition, et qui renferme

$$C^2H^5Az{=}CBr^2$$

[J. Tcherniak, *Compt. rend.*, t. LXXXIV, p. 711].

MÉTHYLCARBYLAMINE, $= C = Az\text{-}CH^3$. — Sa préparation et ses propriétés physiques sont indiquées t. I, p. 1068.

Action de l'eau. — L'eau à 180° transforme la méthylcarbylamine en méthylamine et acide formique, en passant par l'état de méthylformiamide:

$$C{=}Az\text{-}CH^3 + H^2O = COH\text{-}AzH\text{-}CH^3$$

$$COH\text{-}AzHCH^3 + H^2O = CH^2O^2, AzH^2CH^3.$$

Action des alcalis. — Cette action est très faible et donne naissance à de la méthylamine.

Action des acides. — *Chlorhydrate de méthylcarbylamine*, $2C^2H^3Az, 3HCl$. — On le prépare en précipitant une solution éthérée de carbylamine par une solution d'acide chlorhydrique dans le même véhicule. Il cristallise en lamelles quand la réaction s'est faite à froid, et reste sirupeux lorsqu'il y a eu échauffement.

Les autres acides, par exemple l'acide acétique, réagissent avec énergie et il se forme de la méthylformiamide.

Action de l'hydrogène naissant. — L'amalgame de sodium convertit la méthylcarbylamine en diméthylamine.

Action des oxydants. — La méthylcarbylamine est extrêmement oxydable; en présence de l'oxyde d'argent sec, elle détonne.

Pour oxyder régulièrement la méthylcarbylamine, l'expérience montre qu'il convient de s'adresser à l'oxyde de mercure. On mélange molécules égales de carbylamine et d'oxyde mercurique en refroidissant, puis on laisse la température remonter : elle ne doit pas toutefois dépasser 50°. En distillant les produits de la réaction, on recueille un liquide bouillant à 43-45° et identique avec l'isocyanate de méthyle de Wurtz :

$$C = Az\text{-}CH^3 + HgO = CO = Az\text{-}CH^3 + Hg.$$

[Gautier, *loc. cit.*]. A. Étard.

CYANURE D'ALUMINIUM. — L'alumine n'est pas soluble dans l'acide cyanhydrique; on ne connaît pas de cyanures de ce métal.

CYANURE D'AMMONIUM. — Voyez CYANHYDRATE D'AMMONIAQUE (t. I. p. 222.).

CYANURES D'ARGENT. — *Cyanure d'argent*, AgCy. — Le cyanure d'argent se prépare en précipitant une solution d'azotate d'argent par du cyanure de potassium, ou mieux par du cyanure d'argent et de potassium, si on veut l'avoir pur. Ce sel est un précipité blanc ressemblant au chlorure d'argent; il est insoluble dans l'eau et l'acide azotique étendu; l'ammoniaque le dissout avec facilité. Chauffé modérément, il perd une partie de son cyanogène, et il reste un mélange d'argent métallique et de paracyanogène combiné à de l'argent.

Le cyanure d'argent est soluble dans les cyanures alcalins, et les chlorures métalliques neutres ne le précipitent pas de ces solutions; les acides, au contraire, mettent du cyanure d'argent en liberté. Les chlorures alcalins et alcalino-terreux le dissolvent à l'ébullition pour former des sels doubles.

Les équations thermochimiques relatives au cyanure d'argent sont les suivantes :

$$AzO^3Ag (1 \text{ mol.} = 16 \text{ lit.}) + HCy (1 \text{ mol.} = 4 \text{ lit.}) = + 15^c,72,$$

$$AzO^3Ag (1 \text{ mol.} = 16 \text{ lit.}) + KCy (1 \text{ mol.} = 4 \text{ lit.}) = + 26^c,57,$$

d'où, dans les deux cas :

$$Ag^2O + 2CyH (\text{dissous}) = 2AgCy (\text{précipité}) = + 20^c,9.$$

On tire de là :

$$2HCy (\text{liquide}) + Ag^2O (\text{précipité}) = AgCy + H^2O (\text{liquide}) = + 21^c,3,$$

$$2HCy (\text{gaz}) + Ag^2O (\text{précipité}) = AgCy + H^2O (\text{liquide}) = + 27^c,0,$$

$$2HCy (\text{gaz}) + Ag^2O (\text{précipité}) - AgCy + H^2O (\text{gaz}) = + 22^c,2.$$

Ces valeurs expliquent pourquoi l'acide cyanhydrique déplace l'acide azotique uni à l'oxyde d'argent, et, en même temps, la résistance du cyanure d'argent à l'acide azotique.

La dissolution du cyanure d'argent dans l cyanure de potassium s'effectue avec dégagemen de chaleur :

$$KCy (1 \text{ mol.} = 4 \text{ lit.}) + AgCy (\text{précipité}) + H^2O (20 \text{ lit.}) = + 5^c,6$$

[Berthelot, *Compt. rend.*, t. LXXVII, p. 388].

Le *chlorure de soufre*, en solution sulfocarbonique, attaque le cyanure d'argent avec formation de chlorure de ce métal et d'un corps qu'o dissout dans le sulfure de carbone chaud et qu'o fait cristalliser. Les cristaux obtenus sont blancs brillants, d'un éclat nacré; leur composition le rapproche du sulfo-cyanogène. Par sublimation on a des cristaux C^2Az^2S et un résidu renfermant $C^2Az^2S^3$ [R. Schneider, *Journ. prakt. Chem.* t. CIV, p. 83].

L'*ammoniaque* dissout le cyanure d'argen pour donner un dérivé ammonié qu'on peut encore préparer en mélangeant une solution d'azotate d'argent ammoniacal avec un cyanure. L corps ainsi formé renferme $AgCy + AzH^3$, i cristallise en prismes clinorhombiques, incolore et brillants, sur lesquels on peut observer *m*, *p* *e*, *o*. Au contact de l'air ou de l'eau, ce sel per de l'ammoniaque et se décompose; on peut l chauffer à 200° avec une solution ammoniacal sans qu'il s'altère [W. Weith, *Zeitschr. Chem.* 1869, t. V, p. 380].

Le *nitrate d'argent* bouillant dissout le cyanure d'argent récemment précipité et forme ave lui une combinaison représentée par la formul $AzO^3Ag + 2AgCy$.

Cyanure d'argent et de potassium, AgCy, KCy — Ce sel a été découvert par Ittner; on le prépare en dissolvant le cyanure d'argent dans l cyanure de potassium à chaud. Par refroidissement, il se dépose des lamelles disposées e feuilles de fougères ou bien des lames hexagonales. Le cyanure argyro-potassique est anhydre il se dissout dans 47 p. d'eau à 15° et dans 25 p d'alcool à 85 centièmes, à la température de 20° Ses solutions ne tachent pas la peau, et le se même ne noircit pas à la lumière lorsqu'il n contient aucunes traces de chlorures [S. Baup *Ann. Chim. Phys.* (3), t. LIII, p. 462].

Cyanure d'argent, de potassium et de sodium $3(KCy.AgCy) + NaCy.AgCy$. — On a pris c sel pour une modification hydratée du précédent; il est anhydre et cristallise en rhomboèdre ou en prismes rhomboïdaux des solutions où i se forme en même temps que le sel potassiqu pur, lorsque le cyanure employé renferme d sodium (Baup).

Cyanure d'argent et de sodium, AgCy.NaCy — Sel cristallisant en feuillets anhydres, qu'o obtient en dissolvant les cyanures composant l'un dans l'autre. Ce sel, plus soluble à chau qu'à froid, se dissout dans 5 p. d'eau à 20° e dans 24 p. d'alcool à 85 centièmes (Baup).

Le cyanure d'argent et de potassium précipit un certain nombre de sels métalliques en donnant des cyanures doubles d'argent et du métal employé. C'est ainsi que les sels de zinc, de manganèse, de cadmium, de plomb et de mercur sont précipités en blanc. A. Étard.

CYANURES DE BARYUM. — *Cyanure d baryum*, $BaCy^2$. — Ce sel peut être obtenu selon Berzelius, par voie sèche, en calcinant l ferrocyanure de baryum en vase clos. Ittner l'obtient par voie humide, en saturant une solutio d'eau de baryte par de l'acide cyanhydrique.

Selon Margueritte et de Sourdeval [*Compt rend.*, t. IV, p. 1100], la baryte mélangée d charbon et chauffée à une haute températur dans un courant d'air, absorbe l'azote de celui-c et se convertit en cyanure de baryum avec un grande facilité. D'après les auteurs, c'est là un réaction industrielle d'une grande portée, car le cyanure de baryum, chauffé à 300° dans la vapeur d'eau, abandonne tout son azote à l'état d'ammoniaque. Le cyanure de baryum est un sel soluble dans l'eau et dans l'alcool, décomposable par l'acide carbonique.

Margueritte et de Sourdeval, ainsi que Caron, recommandent son emploi pour la cémentation des aciers.

CYANURES DOUBLES DE BARYUM. — Weselsky prépare ces sels en traitant le carbonate de baryum et un sel métallique par l'acide cyanhydrique [P. Weselsky, *Deutsch. chem. Gesellsch.*, 1869, p. 588].

Cyanure de baryum et d'argent,

$$BaCy^2, 2AgCy + H^2O.$$

—On traite le mélange des carbonates métalliques dans lequel CO^3Ba se trouve en excès par de l'acide cyanhydrique, et on filtre; le sel se dépose en mamelons incolores perdant leur eau à 100°.

Cyanure de baryum et de zinc,

$$BaCy^2, ZnCy^2 + 2H^2O.$$

— Grands cristaux incolores se décomposant peu à peu à l'air et se couvrant d'une couche de carbonate de baryum.

Cyanure de baryum et de palladium,

$$BaCy^2, PdCy^2 + 4H^2O.$$

— On prépare ce sel au moyen du cyanure de palladium et du carbonate de baryum; il cristallise en prismes verdâtres, isomorphes, avec le platinocyanure de baryum.

Cyanure de baryum et de nickel,

$$BaCy^2, NiCy^2 + 3H^2O.$$

— Grands cristaux de la couleur du dichromate de potassium.

Cyanure de baryum et de cuivre,

$$BaCy^2, CuCy^2 + H^2O.$$

— Cristaux volumineux, qui s'altèrent à l'air en se couvrant d'une couche verte.

Cyanure de baryum et de cadmium,

$$2BaCy^2, 3CdCy^2 + 10H^2O.$$

— Sel incolore, cristallisé, facilement décomposable à l'air. A. Étard.

CYANURES DE CADMIUM. — Les cyanures alcalins précipitent le sulfate de cadmium, et le précipité ainsi obtenu se dissout dans un excès de réactif. On prépare aussi ce sel en dissolvant l'hydrate de cadmium dans de l'acide cyanhydrique. Cette méthode fournit un sel blanc, cristallisé, anhydre [Schüler, *Ann. Chem. Pharm.*, t. LXXXVII, p. 34].

Cyanure de cadmium et de cuprosum,

$$2CdCy^2, Cu^2Cy^2.$$

— La dissolution de l'hydrate de cadmium dans l'acide cyanhydrique est hâtée par l'addition de carbonate de cuivre, et cette dissolution se fait avec dégagement d'acides cyanhydrique et carbonique. Lorsque, par des additions successives de carbonate cuivrique, tout l'hydrate de cadmium s'est dissous, on obtient une liqueur incolore qui devient bientôt rouge pourpre, surtout par l'action d'une chaleur modérée, et laisse déposer des cristaux d'un rouge brun. Ces cristaux, redissous dans l'eau bouillante, fournissent des prismes clinorhombiques roses, inaltérables à l'air, même à 150°, et présentant la composition indiquée [Schüler, *Ann. Chem. Pharm.*, t. LXXXVII, p. 48].

Cyanure de cadmium et de cuivre,

$$2CdCy^2, CuCy^2.$$

— Les solutions incolores résultant de la dissolution d'un mélange d'hydrate de cadmium et de carbonate de cuivre étant évaporées à l'air, déposent ce sel sous la forme de prismes clinorhombiques incolores, perdant par la dessiccation 18,4 % de leur poids [Schüler, *loc. cit.*].

Cyanure de cadmium et de potassium,

$$CdCy^2, KCy.$$

— On prépare ce sel par double décomposition entre l'acétate de cadmium et le cyanure de potassium, et par évaporation du mélange salin. On obtient des octaèdres réguliers, incolores et inaltérables à l'air. Ce sel est complètement décomposé par l'hydrogène sulfuré, qui en précipite tout le cadmium.

Cyanure de cadmium et d'argent, $CdCy^2, AgCy$. — Précipité blanc résultant de l'action du sel double précédent sur un sel d'argent; il est soluble dans un excès de précipitant.

Cyanure de cadmium et de plomb,

$$CdCy^2, 2PbCy^2.$$

— Obtenu, comme le précédent, par double décomposition sous la forme d'un précipité blanc amorphe.

Sel ferreux. — Précipité jaune, verdissant à l'air, obtenu comme les précédents.

Sel de nickel. — Précipité blanc, soluble dans un excès de réactif.

Cyanure de cadmium et de mercure,

$$2CdCy^2, 3HgCy^2.$$

— Prismes rectangulaires blancs, opaques, inaltérables à l'air, obtenus par la dissolution des oxydes de mercure et de cadmium dans l'acide cyanhydrique [Schüler, *loc. cit.*]. A. Étard.

CYANURE DE CALCIUM, $CaCy^2$. — Schulz a préparé ce sel [*Journ. prakt. Chem.*, t. LXVIII, p. 257] en ajoutant de l'acide cyanhydrique à une solution de chaux ou à un lait de chaux, jusqu'à ce que le liquide filtré ne précipitât plus les sels de magnésium. Il cristallise en cubes anhydres. Les solutions de cyanure calcique sont décomposées par la chaleur et par l'acide carbonique.

CYANURES DE CHROME. — *Cyanure chromeux*, $CrCy^2$. — Les solutions de protochlorure de chrome sont précipitées en blanc par le cyanure de potassium. Ce précipité, soluble dans un excès de cyanure potassique, est extrêmement altérable à l'air; il se décompose en donnant du cyanure chromique et de l'oxyde de chrome.

Cyanure chromique, Cr^2Cy^6. — Ce sel a été découvert et étudié par Berzelius [*Jahresb.*, t. XXV, p. 307]. On le prépare en versant une solution neutre de sesquichlorure de chrome dans du cyanure de potassium en excès, et en portant à l'ébullition. On obtient ainsi un précipité bleu-verdâtre qui peut être séché à l'abri de l'air sans altération; dans un courant d'hydrogène sec, il supporte la température du rouge sans être altéré. Le cyanure chromique se dissout facilement dans les acides étendus; les alcalis le décomposent avec séparation d'oxyde de chrome et formation de cyanures doubles.

Chromocyanure de potassium, $CrCy^6K^4$. — Ce sel double, analogue au ferrocyanure de potassium, a été obtenu par Berzelius [*loc. cit.*] en faisant digérer du cyanure de chrome Cr^2Cy^6, récemment précipité avec du cyanure de potassium à 100° et à l'abri de l'air. Au bout d'un temps assez long, le cyanure chromique est réduit et dissous, et il se forme une liqueur jaune d'où l'alcool précipite des aiguilles citrines qu'on peut faire recristalliser dans l'eau.

Selon Fresenius et Haidlen [*Ann. Chem. Pharm.*, t. XLIII, p. 135], la même réaction se produit quand on additionne une solution chromique d'un excès de cyanure potassique; au bout d'un certain temps, les acides ne précipitent plus la liqueur jaune qui s'est formée; celle-ci, au contraire, donne des précipités blancs avec les sels de zinc, de plomb et d'argent.

Selon Descamps [*Compt. rend.*, t. LXVII, p. 330], le chromicyanure de potassium est réduit par l'amalgame de sodium; on obtient un liquide jaune précipitant le cobalt en rouge et le manganèse en vert. On peut regarder ce liquide comme une solution de chromocyanure.

Chromicyanure de potassium, $Cr^2Cy^{12}K^6$. — Si l'on abandonne à l'air, pendant un temps assez long, un mélange d'hydrate de chrome récemment précipité, de potasse caustique et d'acide cyanhydrique, il se forme un liquide d'un brun rouge duquel on peut extraire par cristallisation le sel en question sous la forme d'aiguilles isomorphes avec son analogue, le ferricyanure de potassium. Ce sel ne précipite ni l'azotate neutre de plomb ni les sesquisels de fer. Il précipite en blanc l'azotate d'argent et en rouge brique les sels ferreux [Boeckmann, *Chimie de Liebig*, édit. française, t. I, p. 174].

Chromicyanure d'argent, $Cr^2Cy^{12}Ag^6$. — Précipité blanc formé par double décomposition. L'hydrogène sulfuré le décompose, lorsqu'il est en suspension dans l'eau, en donnant du sulfure argentique et de l'acide chromicyanhydrique.

Chromicyanure de plomb. — Sel blanc à l'état humide, gris-bleuâtre après dessiccation; on l'obtient par double décomposition avec l'acétate de plomb.

Chromicyanure de zinc. — Précipité blanc à l'état humide, gris-bleuâtre à l'état sec.

Chromicyanure de cobalt. — Précipité bleu.

Chromicyanure de fer. — Précipité couleur brique formé par les sels ferreux.

Acide chromicyanhydrique, $Cr^2Cy^{12}H^6$. — Sa préparation est indiquée au sel d'argent. On l'obtient sous la forme de cristaux par l'évaporation de sa solution dans le vide. A. Étard.

CYANURES DE COBALT. — *Cobaltocyanure de potassium*. — Le chlorure de cobalt est précipité par le cyanure de potassium en brun-rouge; il se forme ainsi du cyanure cobalteux; si l'on n'a pas décomposé tout le sel de cobalt, on peut laver ce précipité à l'eau froide.

Le cyanure cobalteux, traité par une solution glacée de cyanure de potassium, se transforme en un précipité vert de cobaltocyanure de potassium et de cobalt; un excès de cyanure alcalin dissout ce sel à son tour, en donnant une liqueur rouge foncée à reflets verts. Cette liqueur, additionnée d'alcool à 90°, laisse déposer, du jour au lendemain, des écailles améthystes très foncées, qu'on lave à l'alcool à 50°, puis à l'alcool absolu fortement refroidi.

Le cobaltocyanure de potassium est un sel extrêmement altérable; la chaleur le décompose; dissous dans l'eau, il se décolore complètement en donnant du cobalticyanure. On peut cependant, à une basse température, se servir de sa solution pour faire des précipités métalliques. C'est ainsi que l'acétate de plomb donne un précipité jaune, assez stable, de *cobaltocyanure de plomb*.

Le chlorure de cobalt donne le précipité vert dont il est question ci-dessus; les sels de baryum et de strontium, des précipités jaunes. Le perchlorure de fer est précipité en *violet* foncé. L'instabilité de ces sels a empêché d'en faire l'analyse [A. Descamps, *Bull. Soc. chim.*, t. XXXI, p. 51]. A. Étard.

CYANURES DE CUIVRE. — On connaît des cyanures correspondant au protochlorure de cuivre et des cyanures cuproso-cuivriques.

CYANURE CUIVREUX, Cu^2Cy^2. — Cette combinaison se précipite sous la forme d'une poudre blanche, quand on introduit du cyanure de potassium ou de l'acide cyanhydrique dans une solution chlorhydrique de protochlorure de cuivre. Le protocyanure ressemble beaucoup au protochlorure de cuivre; c'est un sel très stable, fusible au-dessous du rouge et se décomposant au rouge blanc. On peut l'obtenir en cristaux assez volumineux appartenant au système clinorhombique, en décomposant par l'hydrogène sulfuré le cyanure double de cuprosum et de plomb tenu en suspension dans l'eau. Il convient d'éviter un excès d'hydrogène sulfuré. Dans cette réaction, il paraît se former un cyanure acide de cuprosum qui perd de l'acide cyanhydrique par évaporation [Wöhler, *Ann. Chem. Pharm.*, t. LXXVIII, p. 370]. Le cyanure cuivreux est soluble dans les cyanures alcalins, les acides étendus et l'ammoniaque. Il forme des sels doubles avec les autres cyanures.

CYANURES DE CUPROSUM ET D'AMMONIUM. — *Cyanure de cuprosonium*, $Cu^2Cy^2AzH^3$. — Le cyanure cuivreux sec absorbe le gaz ammoniac pour donner ce composé, qui est insoluble dans l'eau, mais qui se dissout dans l'ammoniaque privée d'air pour donner des cristaux incolores du cyanure ammoniacal. Au contact de l'air, la solution ammoniacale de cyanure cuivreux absorbe de l'oxygène, et on obtient des cristaux violets, décrits par Lallemand comme du cyanure cuivreux coloré par du ferrocyanure de cuivre, et qui sont, en réalité, formés par un mélange de cyanures ammoniacaux cuivreux et cuivrique [Schiff et Bechi, *Compt. rend.*, t. LX, p. 33].

Lallemand maintient l'exactitude de ses expériences et croit que Schiff et Bechi ont analysé un sel différent du sien.

Cyanure de cuprosum et d'ammonium,

$$2Cu^2Cy^2, AzH^4Cy.$$

— On obtient ce sel en dissolvant du cyanure cuivreux dans de l'ammoniaque (Schiff), ou bien en traitant pendant longtemps une solution ammoniacale d'oxyde de cuivre par un courant d'acide cyanhydrique. Le cyanure double cuprosoammonique cristallise en aiguilles prismatiques incolores; il est plus soluble dans l'eau et se décompose par une ébullition prolongée. A 100°, il perd du cyanhydrate d'ammoniaque et se décompose au-dessus de cette température en laissant du cyanure cuivreux [Dufau, *Compt. rend.*, t. XXXVI, p. 1099].

CYANURES DE CUPROSUM ET DE POTASSIUM. — Les cyanures de cuprosum et de potassium forment au moins trois combinaisons.

Cyanure dicuivreux, $2Cu^2Cy^2, KCy$. — Ce sel a été trouvé par Schiff dans un bain de cuivrage et obtenu également par Lallemand [*Compt. rend.*, t. LXIII, p. 750].

C'est le sel type de la série; on le prépare en dissolvant à chaud du cyanure cuivreux dans du cyanure de potassium. Le sel double, peu soluble, se dépose par refroidissement en prismes orthorhombiques, plus ou moins modifiés selon l'état des solutions.

Cyanure monocuivreux, Cu^2Cy^2, KCy. — Sel obtenu par Ittner et étudié par Rammelsberg et Gmelin. On le prépare en dissolvant de l'oxyde de cuivre hydraté dans du cyanure de potassium; on peut encore précipiter l'acétate de cuivre par du cyanure de potassium et chauffer jusqu'à décoloration du liquide, ou additionner une solution de protochlorure de cuivre dans l'acide chlorhydrique de cyanure de potassium et de potasse, jusqu'à ce qu'il se fasse un précipité qu'on redissout dans de l'acide cyanhydrique.

Ce sel se présente sous la forme de cristaux

clinorhombiques transparents et incolores, doués d'un goût amer et métallique. Chauffé, il devient opaque et fond en se colorant un peu en brun par la mise en liberté de quelques parcelles de cuivre réduit. Les acides étendus chassent l'acide cyanhydrique du cyanure monocuivreux et précipitent du cyanure de cuprosum, mais l'hydrogène sulfuré n'en précipite pas tout le cuivre, même à la longue. Les alcalis sont sans action.

Sesquicyanure cuprosopotassique,

$$3\,Cu^2Cy^2, 2\,K\,Cy.$$

— Sel obtenu par Rammelsberg [*Poggend. Ann.*, t. LXIV, p. 65] dans l'action de la potasse sur le cyanure cuivreux.

Cyanure cuprosotripotassique, $Cu^2Cy^2, 3\,K\,Cy$. — Découvert par Gmelin, étudié par Rammelsberg. Il prend naissance en même temps que le cyanure monocuivrique et se retire des eaux mères de ce sel. Selon Bagration [*Journ. prakt. Chem.*, t. XXX, p. 367], le cuivre est attaqué par le cyanure potassique, et ce cyanure double se forme en même temps que la potasse est mise en liberté.

Le cyanure cuprosotripotassique est incolore, inaltérable à l'air; il cristallise en prismes orthorhombiques terminés par des pointements à six faces. Ces cristaux fondent au rouge sombre avec un commencement de réduction et mise en liberté de cuivre. Les acides minéraux étendus séparent de ses solutions du cyanure cuivreux et de l'acide cyanhydrique [Rammelsberg, *loc. cit.*].

Cyanure de cuprosum et de sodium. — Ce sel a été préparé par Meillet [*Journ. Pharm. Chim.* (3), t. III, p. 413], en décomposant le sel de baryum correspondant par du sulfate de sodium. Il cristallise en aiguilles inaltérables à l'air.

Cyanure de cuprosum et de baryum. — On l'obtient en dissolvant un mélange de carbonate de cuivre et d'hydrate de baryum dans l'acide cyanhydrique. La liqueur se colore tout d'abord en rouge, puis elle se décolore par évaporation. On extrait le sel, qui est soluble, par l'action de l'eau, et il reste du carbonate de baryum.

Cyanure de cuprosum et de zinc. — Les cyanures doubles de cuivre et de potassium, fonctionnant comme sels de radicaux cuivreux, précipitent le sulfate de zinc en donnant des sels blancs.

CYANURES CUPROSO-CUIVRIQUES. — Selon Dufau [*Compt. rend.*, t. XXXVI, p. 1099], il existe deux combinaisons de ce genre, fort peu stables, et se décomposant par l'action de la chaleur, surtout en présence d'un excès d'acide cyanhydrique, en cyanure cuivreux et cyanogène.

SEL MONOCUIVREUX, $Cu^2Cy^2, Cu\,Cy^2 + H^2O$. — Il se forme par l'addition d'une solution étendue de cyanure de potassium à une solution également étendue d'un sel cuivrique pris en excès. On l'obtient aussi en faisant passer un courant d'acide cyanhydrique dans de l'hydrate de cuivre tenu en suspension dans l'eau.

Dans ces réactions, il se forme un précipité d'abord jaune, mais passant rapidement au vert avec un abondant dégagement de cyanogène. Ce sel double est vert, cristallin; il perd son eau à 100° et se transforme en cyanure cuivreux et cyanogène à une température plus élevée. Le cyanure de potassium le dissout en donnant le cyanure double cuproso-potassique; les acides en précipitent du cyanure cuivreux, les alcalis forment avec lui un sel cuproso-alcalin et précipitent de l'oxyde cuivrique.

Cyanure cuproso-cuivrique diammoniacal, $Cu^2Cy^2, Cu\,Cy^2, 2\,AzH^3$. — L'ammoniaque dissout le cyanure cuproso-cuivrique et forme avec lui ce cyanure double qui se dépose par évaporation spontanée en belles aiguilles vertes. Ce sel est inaltérable à l'air et insoluble dans l'eau.

Le même sel se forme encore par l'évaporation à l'air d'une solution ammoniacale de cyanure cuivreux, ou mieux, par l'action d'un courant d'acide cyanhydrique sur une solution d'oxyde de cuivre dans l'ammoniaque.

Cyanure cuproso-cuivrique triammoniacal, $Cu^2Cy^2, Cu\,Cy^2, 3\,AzH^3$. — Le sel précédent se dissout à chaud dans l'ammoniaque, dont on évite la dilution par l'action d'un courant de gaz AzH^3. Il se sépare par refroidissement en prismes ou en paillettes d'un beau bleu perdant de l'ammoniaque à l'air et se transformant en sel vert.

SEL DICUIVREUX, $2\,Cu^2Cy^2, Cu\,Cy^2 + H^2O$. — Il prend naissance quand on précipite presque complètement une solution cuivrique moyennement concentrée par du cyanure de potassium. On obtient ainsi une poudre d'un jaune olive et il se dégage du cyanogène (Dufau, *loc. cit.*).

Cyanure de cuprosum et de manganèse. — Précipité blanc jaunâtre que forme le cyanure de cuprosum et de potassium dans les sels manganeux.

CYANURES DE FER. — *Ferrocyanure d'antimoine*, $Sb^4(FeCy^6)^3 + 25\,H^2O$ — Précipité blanc obtenu par le trichlorure d'antimoine et le ferrocyanure potassique [Atterberg, *Bull. Soc. chim.*, t. XXIV, p. 355].

Ferrocyanure de bismuth et de potassium, $BiKFeCy^6 + 7\,H^2O$. — Précipité jaunâtre volumineux (Atterberg).

Wyrouboff a signalé aussi le sel

$$Bi^2FeCy^6 + 5\,H^2O.$$

Ferrocyanure d'aluminium,

$$Al^4(FeCy^6)^3 + 17\,H^2O.$$

— Précipité gélatineux d'un blanc bleuâtre, peu soluble dans l'eau pure et présentant, après dessiccation, l'aspect du chlorure d'argent fondu [Wyrouboff, *Bull. Soc. chim.*, t. XXVII, p. 169].

Ferrocyanure de cadmium,

$$2\,Cd^2FeCy^6, Cd\,K^2FeCy^6, FeCy^6K^4 + 11\,H^2O.$$

— On obtient par double décomposition un sel offrant cette composition et qui pourrait bien être un mélange. Le sel normal ne se forme pas, comme celui de zinc, par l'action de l'ammoniaque sur le ferricyanure; on obtient dans ce cas un beau sel rouge insoluble dans l'eau (Wyrouboff).

Ferrocyanure de cérium, $CeKFeCy^6 + 4\,H^2O$. — Les ferrocyanures des métaux de ce groupe se ressemblent beaucoup; ce sont des poudres blanches. On obtient le sel de cérium avec le ferrocyanure potassique et un sel cérique. Si l'on prend l'acide ferrocyanhydrique le précipité obtenu renferme $Ce^4(FeCy^6)^3 + 30\,H^2O$ (Wyrouboff).

Ferrocyanure de cobalt. — Wyrouboff a décrit quatre ferrocyanures de ce métal, savoir :

1° Co^2FeCy^6, K^4FeCy^6;

2° $(Co^2FeCy^6)^2, Co\,K^2FeCy^6, FeCy^6K^4 + 14\,H^2O$;

3° $Co^2FeCy^6 + 7\,H^2O$;

4° $Co^7(FeCy^6)^4 + 22\,H^2O$.

Le premier est violet foncé, le second gris-rosé; ils se préparent avec le ferrocyanure de potassium. Les deux autres, obtenus avec l'acide ferrocyanhydrique, sont insolubles et facilement décomposés par les alcalis.

Ferrocyanure de cuivre, $Cu^2FeCy^6 + 10\,H^2O$. — Ce précipité cuivrique constitue, selon Wyrouboff, le brun de Hatchett, malgré les dénégations de Reindel, qui pense que ce brun renferme du potassium. Le brun de Hatchett est soluble dans le cyanure jaune, et la solution faite à chaud laisse déposer une poudre rouge renfermant $CuK^2FeCy^6 + H^2O$ (Wyrouboff).

Oxyferrocyanures de cuivre, $Fe^2Cy^8Cu^2H^4O^2$. — Quand on ajoute du cyanure de potassium à une solution acide d'un sel cuivrique, il se développe une coloration rouge intense, due à une matière que Meillet considérait à tort comme de la murexide. Cette matière colorante est entraînée par les cyanures insolubles; c'est ainsi que les acides étendus la précipitent de sa solution en même temps que du cyanure de cuivre. En traitant ce mélange par H^2S, on décompose le cyanure cuivreux et on met la matière en liberté; mais elle est trop instable pour pouvoir être étudiée à l'état pur. En se fondant sur la propriété que cette substance rouge possède de s'unir avec les sels de fer pour donner des combinaisons très stables analogues aux ferrocyanures, on peut en préparer des dérivés [Bong, *Bull. Soc. chim.*, t. XXIII, p. 231].

Préparation. — On verse un excès de cyanure de potassium dans une solution cuivrique acide jusqu'à ce que la coloration rouge produite d'abord ait disparu; on ajoute de suite un sesquisel de fer : il se forme du bleu de Prusse et la coloration rouge reparaît; on additionne alors d'un acide étendu qui précipite du cyanure cuivreux entraînant la matière rouge, et ce précipité, ainsi que celui de bleu de Prusse, sont traités par une solution bouillante de carbonate d'ammonium qui dissout la matière colorante et le cyanure de cuivre. On reprécipite par un acide, puis on décompose Cu^2Cy^2 par H^2S; la matière colorante ne contient plus que de l'acide ferrocyanhydrique qu'on élimine, après neutralisation, par l'acétate de plomb.

La matière pourpre dont il s'agit cristallise très confusément; elle précipite les sels de zinc et de mercure. Ces précipités, doués d'un éclat remarquable, sont solubles dans les alcalis. Décomposés par H^2S, ils produisent des solutions pourpres acides, altérables à l'air, en donnant du bleu de Prusse, tandis que, neutralisés par les alcalis, ils donnent des combinaisons solubles, inaltérables à l'air, d'une couleur pourpre violet, extrêmement colorantes. Le précipité cuivrique de la matière colorante pourpre est rose; séché à 100°, il possède la composition indiquée.

Les prussiates sont susceptibles de s'unir au pourpre de cuivre; l'une de ces combinaisons renferme : $Fe^2Cy^8Cu^2H^4O^2 + FeCy^6K^4$. L'auteur considère ces corps comme des prussiates dans lesquels du cyanogène est remplacé par un hydrocyanogène (Bong, *loc. cit.*).

Ferrocyanure de didyme,

$DiKFeCy^6 + 2H^2O$, ou $4H^2O$, selon Clève.

— Précipité dense.

Ferrocyanures d'étain. — On connaît les ferrocyanures suivants :

$$Sn^5(FeCy^6)^2 + 18\,1/2\,H^2O,$$

précipité gris foncé obtenu par $SnCl^4$;

$$Sn^2FeCy^6 + 4H^2O,$$

précipité blanc préparé avec $SnCl^2$;

$$Sn^9(FeCy^6)^4 + 24H^2O,$$

précipité blanc bleuâtre qui se forme quand on précipite $SnCl^2$ par du ferricyanure de potassium. Ces sels, dont la composition est constante, sont insolubles dans les acides et solubles dans l'ammoniaque (Wyrouboff).

Selon Atterberg, il existe un ferrocyanure stannique qui renferme

$$10\,SnFeCy^6, K^4FeCy^6 + 230\,H^2O;$$

on peut le représenter plus simplement par la formule $Sn^3K(FeCy^6)^3 + 68\,H^2O$.

Ferrocyanures de fer. — Le sel de Williamson, FeK^2FeCy^6, renferme, selon Wyrouboff,

$$3\,Fe^2FeCy^6, 2\,K^4FeCy^6$$

et est identique avec celui qui résulte de la précipitation du ferrocyanure potassique par un sel ferreux; le sel bleu qui se forme par l'action de l'acide azotique sur le précédent renferme $Fe^6K^4(FeCy^6)^5$.

Bleu de prusse soluble,

$$Fe^4(FeCy^6)^3, K^4FeCy^6 \text{ ou } (FeCy^6)^6Fe^6K^6.$$

— A chaud, les sels ferreux transforment le bleu soluble en bleu de France, $Fe^3(FeCy^6)^2$; à froid, cette réaction n'est pas complète; on a

$$2\,(FeCy^6)^6Fe^6K^6 + 3\,FeCl^2$$
$$= (FeCy^6)^6Fe^6K^6, 3\,(FeCy^6)^2Fe^3 + 6\,KCl.$$

Cette réaction montre que le bleu soluble est bien un ferrocyanure; et ce qui contribue à le prouver, c'est qu'il se forme par l'action du ferricyanure de potassium sur un sel ferreux. L'action des sels ferriques sur le bleu soluble donne à froid le corps $(FeCy^6)^3Fe^4$, à chaud $(FeCy^6)^2Fe^3$.

Le bleu soluble précipite les solutions métalliques en donnant des sels pour lesquels Wyrouboff a trouvé les rapports suivants :

$(FeCy^6)^2FeZn^4$;	$(FeCy^6)^2Fe^2Pb^4$;
$(FeCy^6)^2Fe^2Cd^3$;	$(FeCy^6)^2Fe^2CuK^4$;
$(FeCy^6)^2Fe^2Cr^2$;	$(FeCy^6)^2Fe^2NiK^2$;
$(FeCy^6)^2Fe^2MnK^2$;	$(FeCy^6)^2FeCu^4$.

On peut admettre dans ces sels un radical Fe^3Cy^{12}.

Bleu de Prusse, $Fe^4(FeCy^6)^3 = Fe^7Cy^{18}$. — Sa composition est constante; mais, selon la nature du sel ferrique employé pour le préparer, il renferme des quantités d'eau variables. Celui du perchlorure contient $8\,H^2O$; celui du sulfate $4\,H^2O$; et celui du nitrate $9\,H^2O$.

Le bleu de Prusse est complètement soluble dans l'acide chlorhydrique concentré; quelques gouttes d'eau le précipitent de sa solution. On ne peut l'obtenir cristallisé.

Selon Schorlemmer et Reindel, le bleu de Prusse ne renferme pas Fe^7Cy^{18}, mais Fe^5Cy^{12}, comme le bleu de Turnbull; ces auteurs admettent même l'identité de ces deux bleus. Skraup [*Liebig's Ann. Chem.*, t. CLXXXVI, p. 371], pour contrôler ces vues, a préparé un bleu de Prusse soluble correspondant au bleu de Turnbull et l'a trouvé identique avec le bleu de Prusse soluble ordinaire.

On a contrôlé synthétiquement la composition du bleu de Prusse ordinaire en faisant réagir des solutions de ferrocyanure de potassium et de perchlorure de fer d'un titre connu. Lorsque le sel ferrique n'a pas été pris en excès, le bleu est soluble dans l'eau et renferme

$$Fe^2Cy^{12}(Fe^2)K^2 + 3\,1/2\,H^2O.$$

Selon Schorlemmer, quand on fait agir du ferrocyanure de potassium sur un mélange de sels ferreux et ferrique, il se forme du bleu de Prusse, et la réaction parcourt deux phases : 1° le ferrocyanure réagit sur le sel ferrique et donne le bleu soluble ci-dessus; 2° ce bleu soluble réagit à son tour sur le sel ferreux pour donner le bleu de Prusse ordinaire

$$\underset{\text{Bleu soluble.}}{Fe^2Cy^{12}(Fe^2)K^2} + FeCl^2$$
$$= 2\,KCl + \underset{\text{Bleu de Prusse.}}{Fe^2Cy^{12}(Fe^2)Fe}.$$

Le précipité obtenu en liqueurs titrées par un sel ferreux pur et le ferricyanure de potassium en *excès* est également soluble dans l'eau; ses réactions l'identifient au bleu ordinaire.

Les deux bleus solubles, principes générateurs du bleu de Prusse, par substitution de Fe″ à K^2, se forment selon les équations

$$Fe^2Cy^{12}K^8 + Fe^2Cl^6 = 6\,KCl + Fe^2Cy^{12}K^2(Fe^2),$$
$$Fe^2Cy^{12}K^8 + 2\,FeCl^2 = 4\,KCl + Fe^2Cy^{12}K^2(Fe^2).$$

Ferrocyanure de lanthane et de potassium,

$$FeCy^6LaK + 4\,H^2O.$$

— Précipité dense obtenu par Cleve.

Ferrocyanures de manganèse,

$$5(FeCy^6Mn^2), 4\,FeCy^6K^4 + 4\,H^2O.$$

Le dépôt blanc rosé qu'on obtient en précipitant un sel de manganèse par du ferrocyanure présente cette composition. Le précipité couleur café au lait obtenu à l'aide de l'acide ferrocyanhydrique renferme $FeCy^6Mn^2 + 7\,H^2O$.

Ferrocyanure de molybdène,

$$FeCy^6Mo^4, FeCy^6K^4 + 40\,H^2O.$$

— Précipité brun très foncé, obtenu en précipitant par un grand excès de ferrocyanure de potassium du molybdate d'ammonium acidulé; il se dissout dans un excès de prussiate. Atterberg, en partant du molybdate de potassium, obtient un sel auquel il attribue la formule

$$(FeCy^6)^2(MoO^2)^3K^2 + 2\,MoO^3 + 20\,H^2O.$$

Le prussiate jaune et le chlorure de molybdène donnent un précipité brun qui contient

$$FeCy^6Mo^4 + 20\,H^2O.$$

L'acide ferrocyanhydrique et le molybdate d'ammonium donnent un précipité brun-jaunâtre

$$FeCy^6Mo^2 + 8\,H^2O.$$

Avec un excès d'acide ferrocyanhydrique, il se forme un sel brun clair, très soluble dans l'eau, et se précipitant par l'addition d'alcool. Il a pour formule $FeCy^6Mo^2 + 14\,H^2O$.

Tous ces sels sont peu stables; l'ammoniaque les dissout en les décomposant [Wyrouboff, *Bull. Soc. chim.*, t. XXVII, p. 174].

Ferrocyanures de nickel. — On les prépare comme ceux de cobalt (Wyrouboff).

1° $FeCy^6Ni^2, FeCy^6K^4 + 6\,H^2O$, précipité gris-rosé;

2° $(FeCy^6)^3Ni^6K^2, FeCy^6K^4 + 13\,H^2O$, précipité vert clair;

3° $(FeCy^6)Ni^2 + 11$ ou $14\,H^2O$, précipité brun ou gris-vert;

4° $(FeCy^6)^4Ni^7 + 47\,H^2O$, précipité vert sale.

Ferrocyanure de niobium,

$$(NbO)^5K^9(FeCy^6)^6 + 10\,H^2O.$$

— Se forme par l'addition d'un acide au mélange des sels alcalins (Atterberg).

Ferrocyanure de tantale. — N'a pas été obtenu pur; c'est un précipité jaune.

Ferrocyanures de titane. — On connaît

$$3\,TiO^2K^2, 2\,FeCy^6 + 23\,H^2O$$

et

$$11\,TiO^2K^2, 6\,FeCy^6 + 110\,H^2O.$$

Le premier sel est un précipité brun-jaunâtre, préparé en ajoutant un excès de ferrocyanure potassique à une solution d'acide titanique dans l'acide sulfurique; le second se forme quand on prend un excès de solution titanique.

Selon Wyrouboff, il y aurait trois ferrocyanures de titane :

1° $(FeCy^6)^2Ti^3K^3 + 11\,H^2O$, précipité de l'oxyfluorure de titane;

2° $(FeCy^6Ti^2)^{11}FeCy^6K^4 + 43\,H^2O$;

et 3° $(FeCy^6)^2Ti^7 + 25\,H^2O$, précipités d'un excès d'oxychlorure de titane. Les deux premiers seraient identiques avec les composés d'Atterberg.

Ferrocyanures de tungstène,

$$FeCy^6Tu^5K^2 + 20\,H^2O, \text{ et } FeCy^6Tu^2K + 7\,H^2O.$$

— Le premier s'obtient avec un excès de prussiate, le second avec un excès de tungstate d'ammonium. Précipités brun-rouge, solubles dans l'eau et ne se déposant que par l'addition d'un acide (Wyrouboff).

Ferrocyanures d'uranium,

$$3\,FeCy^6Ur^2, FeCy^6K^4 + 12\,H^2O.$$

— Précipité brun obtenu avec un excès de nitrate d'urane. Atterberg le considère comme renfermant de l'oxyde d'urane. $FeCy^6Ur + 10\,H^2O$ se précipite en brun d'un excès de sel vert d'urane (Wyrouboff).

Ferrocyanure de vanadium et de potassium. — L'acide vanadique est réduit par le ferrocyanure potassique, et le bioxyde vanadique ainsi formé donne les sels : $(VO)^5K^6(FeCy^6)^4 + 60\,H^2O$, et $(VO)^2FeCy^6 + 11\,H^2O$. Le premier est un précipité verdâtre formé par un excès de ferrocyanure dans du vanadate de potassium réduit par l'acide sulfureux. Dans le cas d'un excès de sel vanadique, c'est le deuxième corps qu'on obtient (Atterberg).

Selon Wyrouboff [*Bull. Soc. chim.*, t. XXVII, p. 175], il existe un ferrocyanure, $(FeCy^6)^6Va K^{18}$; il regarde l'analyse de ces sels comme difficile et peu exacte.

Ferrocyanure de zinc, $FeCy^6Zn^2 + 4\,H^2O$. — Ce sel normal s'obtient au moyen de l'acide ferrocyanhydrique et d'un sel de zinc (Wyrouboff), ou bien par l'action de l'ammoniaque sur le ferricyanure de zinc.

Le précipité blanc formé par le ferrocyanure de potassium dans un sel de zinc renferme

$$3\,FeCy^6Zn^2, FeCy^6K^4 + 12\,H^2O$$

[Wyrouboff, *Bull. Soc. chim.*, t. XXVII, p. 176].

Ferrocyanhydrates d'amines. — Les alcaloïdes aromatiques primaires, secondaires et tertiaires sont précipités en solution acide par les ferrocyanures, et le dérivé formé paraît d'autant plus soluble qu'il est moins substitué. Cette observation permet de séparer certaines bases aromatiques; le sel de diméthylaniline, par exemple, est très peu soluble, car le ferrocyanure précipite la base en liqueur très étendue [E. Fischer, *Liebig's Ann. Chem.*, t. CXC, p. 184].

Ferrocyanhydrate de diméthylaniline,

$$C^6H^5Az(CH^3)^2, H^4Fe(CAz)^6.$$

Lamelles incolores, bleuissant rapidement par l'action de l'eau bouillante.

Ferrocyanhydrate de triéthylamine,

$$[(C^2H^5)^3Az]^2H^4FeCy^6.$$

— Lamelles brillantes, bleuissant par oxydation.

Ferrocyanhydrate de tétraméthylammonium, $[(CH^3)^4Az]^2H^4FeCy^6 + 2\,H^2O$. — Précipité lamelleux, bleuissant à l'air.

NITROFERRICYANURES.

On peut préparer les nitroprussiates en traitant par l'azotite de potassium le précipité qui se forme quand on ajoute du cyanure de potassium à un sel ferreux. Dans cette réaction il se forme un sel orangé soluble dans un excès de cyanure, avec production de prussiate jaune :

$$(1)\quad 2\,FeSO^4 + 5\,KCy = 2\,SO^4K^2 + \underset{\text{Sel orangé.}}{Fe^2Cy^5K}.$$

La transformation de ce précipité en nitroprussiate est représentée par l'équation

$$(2)\quad \underset{\text{Sel orangé.}}{Fe^2Cy^5K} + AzO.OK = FeO + \underset{\text{Nitroprussiate.}}{Fe(AzO)Cy^5K^2}.$$

L'oxyde ferreux qui se forme dans cette réaction ne se trouve pas dans les produits; il est oxydé par l'azotite de potassium et par le nitroprussiate, avec formation de Fe^2O^3, et départ d'ammoniaque. Cette réaction mène à la formule des nitroprussiates de Gerhardt et la confirme [Staedeler, *Ann. Chem. Pharm.*, 1869, t. CLI, p. 1]. Hadow et Weith [*Ann. Chim. Phys.* (4), t. XVII, p. 456], avaient pensé que les nitroprussiates renfermaient AzO^2, fondant leur opinion sur ce fait qu'une solution de nitroprussiate de potassium, additionnée de potasse et d'acide cyanhydrique, donne du nitrite et du ferricyanure potassique. Staedeler infirme cette observation; il ne se forme pas de ferricyanure, mais bien du ferrocyanure, et la réaction s'accomplit selon l'équation

$$(3)\quad \underset{\text{Formule de Gerhardt.}}{Fe(AzO)Cy^5K^2} + KCy + 2KHO = AzOOK + FeCy^6K^4 + H^2O.$$

La formation de l'acide nitroprussique par l'action de l'acide nitreux sur l'acide ferricyanhydrique s'explique toujours, contrairement à l'opinion de Hadow, par la formue de Gerhardt :

$$(4)\quad \underset{\text{Acide ferricyanhydrique.}}{Fe^2Cy^{12}H^6} + 2AzOOH = 2H^2O + Cy^2 + 2\underset{\text{Acide nitroprussique.}}{Fe(AzO)Cy^5H^2}.$$

La formule proposée par Weith pour les nitroprussiates est la suivante :

$$\begin{matrix}(Fe''Cy^6)^5 \\ (AzO)^5Fe'''Na^{12}\end{matrix} > + 10H^2O.$$

Cette formule suppose l'existence du ferrocyanogène $FeCy^6$ dans les nitroprussiates; ce qui n'est pas d'accord avec le fait connu de l'action nulle du chlore et du permanganate sur ces sels. De plus, Staedeler ayant dosé le nitrite de potassium formé dans l'équation (3), l'a trouvé en quantité concordante avec cette équation et excédante pour la formule de Weith [Staedeler, *loc. cit.*].

FERRICYANURES.

Ferricyanure de plomb et de potassium. — La formule de ce sel, dont la préparation est donnée, t. I, p. 1103, est $Fe^2Cy^{12}Pb^2K^2, 3H^2O$ (Wyrouboff).

Ferricyanure de cadmium ammoniacal,

$$Fe^2Cy^{12}Cd^3, 3(AzH^3)^2O.$$

— Le ferricyanure de cadmium, traité par l'ammoniaque, donne d'abord un sel jaune en paillettes légères $Fe^2Cy^{12}Cd^3, 2(AzH^4)^2O$. Celui-ci, en présence d'un excès d'ammoniaque, fixe une troisième molécule de ce corps et donne un sel rouge, clinorhombique, possédant la formule indiquée, ci-dessus. Exposé à l'air ou séché à l'étuve ce sel perd une molécule d'ammoniaque et se transforme en sel jaune (Wyrouboff).

PERFERRICYANURES.

Bong [*Bull. Soc. chim.*, t. XXIV, p, 268] a signalé une nouvelle classe de ferricyanures dont il a nommé le sel typique de potassium : *prussiate noir*, et que nous appellerons, avec Staedeler, perferricyanures, pour les relier par un nom systématique aux autres sels de cette famille nombreuse. Les rapports de ce sel avec les ferro- et ferricyanures sont mis en évidence, selon l'auteur, par les formules générales suivantes :

$FeCy^6X^4$, ferrocyanures;
$Fe^2Cy^{12}X^6$, ferricyanures ou $FeCy^6X^3$;
$Fe^4Cy^{24}X^8$, perferricyanures ou $FeCy^6X^2$.

L'auteur, toutefois, n'a pas publié d'analyse, mais il donne une méthode de préparation et des réactions.

Perferricyanure de potassium. — Au lieu d'oxyder le ferrocyanure de potassium par le chlore ou l'acide azotique, on peut le mêler avec du chlorate de potassium, former avec le mélange une pâte claire et traiter par l'acide sulfurique; en chauffant à une douce chaleur il se dégage des gaz, et on obtient une masse noire; celle-ci, traitée par l'eau, neutralisée par le carbonate de sodium et évaporée, fournit une cristallisation noire assez confuse. Le corps ainsi préparé est noir à l'état solide; sa solution est d'un violet intense; il se dissout à peine dans l'alcool. Le prussiate noir de potassium est un sel très oxydant dont la couleur est immédiatement ramenée au jaune par les sulfures alcalins. L'acide azotique le transforme facilement en nitroprussiate. Selon l'auteur, ce sel $Fe^4Cy^{24}K^8$ serait le générateur des nitroprussiates $Fe^4Cy^{20}(AzO)^4K^8$, des nitrosulfures de Roussin $Fe^4S^{10}(AzO)^4K^8 + nK^2S$ et de ceux de Porczinsky $Fe^4S^8(AzO)^8K^8 + nK^2S$. Staedeler (*loc. cit.*) avait déjà entrevu l'existence des perferricyanures et les avait rapportés à la série des nitroprussiates, en admettant que ceux-ci dérivaient des perferricyanures par substitution de (AzO) à (Cy) :

$$\underset{\text{Perferricyanure.}}{FeK^2Cy^6} \quad \text{et} \quad \underset{\text{Nitroprussiate.}}{FeK^2Cy^5(AzO)}.$$

A. Étard.

CYANURES DE FER (INDUSTRIE). — PRÉPARATION DU FERROCYANURE DE POTASSIUM A L'AIDE DU SULFOCARBAMATE D'AMMONIUM [U. de Günzburg et J. Tcherniac, *Brevets français* du 12 février 1878, 25 avril 1879 et 24 décembre 1880]. (Voyez t. I, p. 1009, les essais de Gélis pour arriver au même but.)

Ce procédé, comme son nom l'indique, est basé sur l'emploi du sulfocarbamate (ou plutôt du *thiosulfocarbamate*, t. III, p. 87) d'ammonium, produit par l'union directe de l'ammoniaque avec le sulfure de carbone, *en vase clos et sous pression*; la réaction qui donne naissance au sulfocarbamate s'exprime par l'équation suivante :

$$CS^2 + 2AzH^3 = H^2Az\text{-}CS\text{-}SAzH^4.$$

Ce sel, chauffé en solution aqueuse vers 105°, se décompose en sulfocyanate d'ammonium qui reste en solution et en hydrogène sulfuré qui se dégage :

$$H^2Az\text{-}CS\text{-}SAzH^4 = AzCS.AzH^4 + H^2S.$$

Le sulfocyanate d'ammonium est distillé avec de la chaux qui le transforme en sulfocyanate de calcium, en régénérant la moitié de l'ammoniaque employée pour sa production :

$$2AzCS.AzH^4 + CaO = (AzCS)^2Ca + 2AzH^3 + H^2O.$$

Le sulfocyanate de calcium est traité en solution par le sulfate de potassium qui le change en sulfocyanate de potassium en précipitant du sulfate de calcium :

$$(AzCS)^2Ca + K^2SO^4 = CaSO^4 + 2KSCAz.$$

On évapore la solution du sulfocyanate potassique, on mélange le sel déshydraté avec du *fer métallique* et l'on chauffe à 450°. Le fer s'empare du soufre pour former du sulfure de fer, et il se produit du cyanure de potassium :

$$KSCAz + Fe = FeS + KCAz.$$

La masse fondue, traitée par l'eau, donne directement du ferrocyanure de potassium; ce sel se produisant par l'action du cyanure de potassium en solution aqueuse sur le sulfure de fer :

$$6\,KCAz + FeS = K^4Fe(CAz)^6 + K^2S.$$

Si simple que paraisse la théorie de ce procédé, il a fallu de longues années pour le rendre industriel; on s'était heurté, dès les débuts, à des obstacles qui, plus d'une fois, ont paru insurmontables, et ce n'est que par une longue série de recherches(1) qu'on est arrivé enfin à triompher de toutes les difficultés. Aujourd'hui la fabrication est solidement établie; elle crée pour la première fois une rivalité sérieuse à l'ancien procédé des matières animales.

Voici la description des méthodes de fabrication et des appareils établis à Saint-Denis dans l'usine de la compagnie générale des cyanures qui s'est constituée pour l'exploitation des brevets précités.

I. *Sulfocyanate d'ammonium* (fig. 31). — Les appareils suivants sont nécessaires pour la fabrication de ce produit :

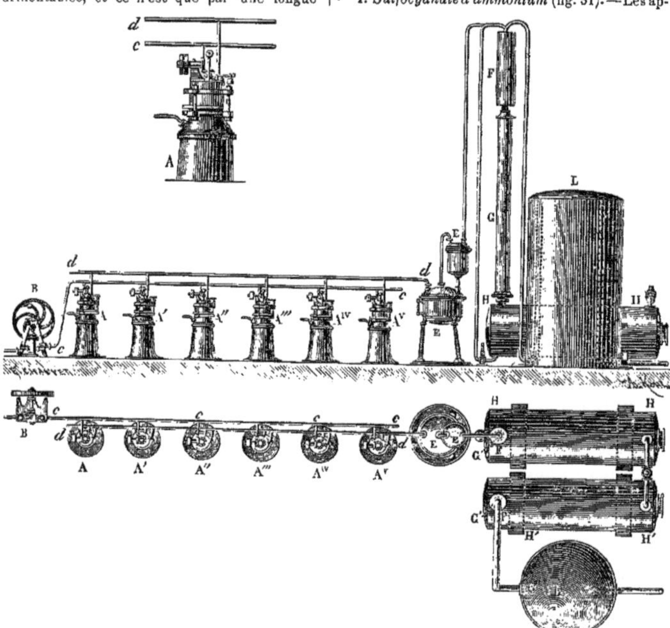

Fig. 31. — *Disposition générale des appareils servant à la fabrication du sulfocyanate d'ammonium.*

A A', A'', autoclaves où se produit la réaction; — B, pompe alimentant les autoclaves en ammoniaque et sulfure de carbone; *c c*, tuyaux servant à l'alimentation des autoclaves; — *d d*, tuyaux servant à l'extraction des produits de la réaction et à leur conduite dans l'alambic; — EE, alambic servant à la distillation des produits de la réaction et ses accessoires; — F cylindre à coke; — G G, échangeur de température; — H H, réservoirs où se rendent les produits gazeux de la distillation; — G' G', échangeur de température, placé sur le second réservoir; — F' F', cylindre à coke, placé au-dessus du second réservoir; — L, cloche pour recueillir les gaz.

1° Une pompe aspirante et foulante, toute en fer, analogue à celle qu'on emploie dans la fabrication de la glace par l'ammoniaque.

2° Une série d'autoclaves en fer forgé, essayés à haute pression. Chaque autoclave est muni d'un agitateur à palettes, d'un manomètre, d'un thermomètre et de trois robinets, destinés : l'un à amener les liquides venant de la pompe, l'autre à livrer passage à volonté aux gaz accumulés dans l'autoclave; le troisième, enfin, sert à la décharge. Les autoclaves sont entourés d'une enveloppe à vapeur; ils communiquent chacun par un système de tuyaux avec la pompe alimentaire et l'alambic. Les manomètres, dont les parties en contact avec les gaz doivent être en fer ou en platine, sont munis chacun d'un tube qui plonge dans le liquide; sans cette précaution, ils sont bientôt faussés par le sulfure d'ammonium qui se sublime sur la membrane ou dans le tube cintré.

3° Un alambic, chauffé par un serpentin en fond de cuve. Cet alambic est surmonté d'une capacité cylindrique qui en constitue une partie importante et que nous appelons le *Déverseur;*

(1) Dans le courant de ces recherches, j'ai joui de la collaboration précieuse de T. H. Norton, R. Hellon et A. Adair; ces messieurs ont puissamment contribué à l'établissement des principes scientifiques qui guident la fabrication. J. T.

ce dernier est destiné à opérer une séparation complète entre la vapeur venant de l'alambic et la solution entraînée à l'état vésiculaire. Un coup d'œil sur le dessin (fig. 31, EE) suffit pour en comprendre le mécanisme : la vapeur vésiculaire est amenée par un tube qui entre dans le réservoir d'une vingtaine de centimètres environ; elle s'y sépare complètement en vapeur d'eau, gaz ammoniac et hydrogène sulfuré d'un côté, qui s'échappent tous par un tube placé sur le dôme du réservoir, tandis que les particules du liquide entraîné se réunissent et reviennent à l'alambic par un tube qui plonge dans le liquide à distiller.

4° Un échangeur à surface surmonté d'une colonne à *coke* et établi au-dessus d'un récipient spacieux, destiné à recueillir les liquides condensés. Une petite pompe aspirante et foulante vient puiser du liquide dans le récipient et le déverse en pluie continue dans le haut de la colonne à coke et à travers l'échangeur; on assure ainsi une condensation complète de la vapeur ammoniacale et on empêche les obstructions qui pourraient être causées par des dépôts de sulfure d'ammonium. — Un deuxième récipient muni d'un échangeur et d'une colonne à coke, ces derniers disposés en reflux, assurent la retenue des parties liquides qui pourraient être entraînées.

5° Une cloche à gaz, de la contenance de 15 mètres cubes environ, qui fait office de régulateur.

Voici comment fonctionnent ces appareils :

La pompe alimente les autoclaves avec du sulfure de carbone, de l'ammoniaque liquide à 20 % et une certaine quantité des liquides ammoniacaux qui proviennent de la condensation des eaux de distillation de l'alambic. Aussitôt qu'un autoclave a reçu sa charge, le robinet d'entrée est fermé et l'agitateur est mis en mouvement. On chauffe par la vapeur jusqu'à ce que le thermomètre, logé dans un tube à huile plongeant dans le liquide, indique 100°; on ferme alors l'arrivée de la vapeur et l'on continue l'agitation jusqu'au moment où le manomètre marque 15 atmosphères; l'opération étant alors terminée, on cesse d'agiter et l'on ouvre le robinet de décharge qui communique par un tube avec le fond de l'autoclave; le liquide est expulsé violemment par la forte pression qui règne dans l'autoclave et se rend dans l'alambic.

Ce liquide, une solution ammoniacale de sulfocarbamate d'ammonium et du sulfure de carbone non attaqué, est chauffé à 105-110°. Il reste dans l'alambic une solution aqueuse de sulfocyanate d'ammonium. Les produits distillés, composés d'eau, de sulfure d'ammonium, d'hydrogène sulfuré et de sulfure de carbone, se dirigent dans les récipients et à travers les échangeurs; ils y abandonnent complètement l'eau et le sulfure d'ammonium, qui rentrent de nouveau dans la fabrication, comme on l'a vu, tandis que l'hydrogène sulfuré s'échappe des appareils de condensation, entraînant avec lui une certaine quantité de sulfure de carbone, quelle que soit la perfection des appareils de condensation [1]. Ce phénomène de gazéification, en présence d'un excès d'hydrogène sulfuré, est bien connu des fabricants de sulfure de carbone, auxquels il cause des pertes sérieuses de ce produit.

On est arrivé à neutraliser complètement les effets de cet entraînement, qui absorbait près de 20 % du sulfure de carbone employé en dirigeant le courant gazeux dans une huile quelconque, notamment l'huile lourde de pétrole, le sulfure de carbone est presque entièrement

(1) Voyez les curieuses expériences de Berthelot sur la vaporisation du sulfure de carbone en présence de gaz inertes [*Ann. Chim. Phys.*, (4), t. XXVI, p. 470].

absorbé, tandis que l'hydrogène sulfuré qui s'échappe est pour ainsi dire pur; l'huile saturée de sulfure de carbone n'a plus qu'à être distillée pour abandonner le produit absorbé et pour devenir apte à une nouvelle absorption. L'appareil méthodique établi sur ces bases, en faisant entrer dans la fabrication la presque totalité du sulfure entraînée, assure au rendement du sulfocyanate d'ammonium une grande constance et une abondance dépassant les prévisions (plus de 95 % de la théorie) [1].

Métaux à employer pour les appareils ci-dessus. — A l'exception du serpentin de l'alambic, tous les appareils décrits doivent être en fer ou en fonte. Le fer est point ou peu attaqué tant qu'il est en présence d'une certaine quantité de sulfure d'ammonium, qui exerce sur lui une action protectrice incontestable. Le serpentin seul de l'alambic ne doit pas être en fer, si l'on veut éviter d'obtenir des solutions de sulfocyanate d'ammonium chargées de sulfocyanate ferreux et rougissant fortement à l'air, par l'oxydation du sel ferreux. La raison de l'attaque est dans la dissociation graduelle d'une petite quantité de sulfocyanate d'ammonium en ammoniaque et acide sulfocyanique, aussitôt que le liquide a perdu par la distillation la majeure partie du sulfure d'ammonium; l'acide sulfocyanique mis en liberté dissout une proportion correspondante de fer et produit du sel ferreux; la quantité du fer dissous est en raison inverse de la rapidité de l'évaporation.

On obtient des liquides renfermant très peu de fer en faisant le serpentin en étain, qui est peu attaqué par les solutions sulfocyaniques. Mais pour obtenir des solutions tout à fait pures et exemptes de fer, on doit avoir recours à l'aluminium. Ce dernier métal, préparé avec soin et débarrassé des scories qu'il renferme par un puissant laminage et martelage, devient d'une résistance à toute épreuve envers les solutions sulfocarboniques qu'il s'agit d'évaporer. On a construit un alambic entièrement en aluminium et cet appareil est d'un excellent usage.

Pour obtenir du sulfocyanate cristallisé dont la consommation dans les arts croît tous les jours, on n'a qu'à évaporer à 125° la solution de sulfocyanate d'ammonium et à l'abandonner à la cristallisation dans des réservoirs en bois doublés d'étain.

Si l'on veut obtenir du sulfocyanate d'ammonium pur, se gardant blanc à l'air, avec des liquides provenant d'un alambic en fer, et renfermant par conséquent du sel ferreux, on n'a qu'à précipiter ce dernier par le sulfure d'ammonium (les eaux de condensation des récipients) ou bien à faire entrer un courant d'air dans la solution additionnée d'une petite quantité d'ammoniaque; tout le fer est précipité à l'état de sulfure ou de peroxyde; le liquide clarifié par le repos et filtré, est évaporé dans une bassine en étain et traité comme il vient d'être dit.

II. *Sulfocyanate de calcium* (fig. 32). — La fabrication de ce produit se fait dans un seul appareil qui se compose de quatre parties : 1° le réservoir à distiller (A) chauffé par un serpentin tubulaire et renfermant un panier percé en tôle, destiné à contenir la chaux; ce réservoir est muni d'un thermomètre et d'un robinet de décharge; il communique par deux tubulures avec, 2° le déverseur, analogue à celui qui a été décrit précédemment; 3° un échangeur à surface; 4° un récipient avec serpentin refroidi par un courant d'eau.

Le maniement de cet appareil est des plus

(1) Ce procédé d'absorption a été breveté le 31 mai 1881.

simples. On charge le réservoir avec les solutions de sulfocyanate d'ammonium venant de l'alambic, on introduit dans le panier la quantité de chaux nécessaire, on ferme l'appareil et l'on chauffe rapidement par la vapeur à 125°. L'ammoniaque aqueuse distille, se condense dans l'échangeur et vient couler dans le récipient par un tube qui descend au fond; il passe assez d'eau pour former une solution ammoniacale de

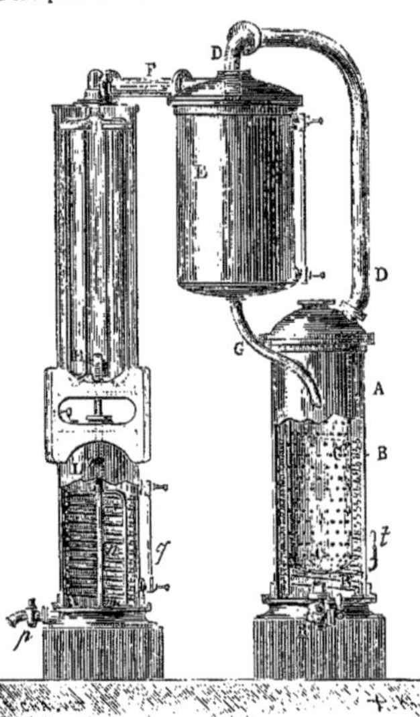

Fig. 32. — *Appareil pour la décomposition du sulfocyanate d'ammonium par la chaux.*

A, chaudière de distillation; — B, serpentin de chauffage à vapeur; — *cc*, panier en tôle perforée; — R, robinet d'extraction; — *t*, thermomètre; — E, déverseur; — F, dégagement du déverseur; — G, retour à la chaudière; — H, échangeur à sulfure; — L, récipient; — *mm*, tuyau plongeur amenant les produits de la distillation; — *n*, serpentin de refroidissement; — *p*, robinet de décharge; — *q*, niveau d'eau.

20 °/₀ environ qui rentre dans la fabrication.

Les solutions de sulfocyanate de calcium moussent énormément; elles passeraient avec la plus grande rapidité dans le récipient si elles n'étaient interceptées sur leur passage par le déverseur; dans ce dernier, la séparation est remarquablement complète; le sulfocyanate calcique retourne continuellement au réservoir à chaux, tandis que la vapeur ammoniacale seule est admise dans l'échangeur.

III. *Sulfocyanate de potassium.* — Ce produit est fabriqué dans des chaudières cylindriques ouvertes chauffées à feu nu et munies d'agitateurs avec racloirs. On y prépare une solution concentrée bouillante de sulfate de potassium dont on prend un léger excès par rapport au sulfocyanate de calcium, on ajoute la solution de ce dernier par petites portions, en agitant, à l'ébullition; le sulfate de calcium se dépose rapidement par le repos. La solution de sulfocyanate de potassium, séparée par le filtre-presse, renferme encore un peu de sulfocyanate de calcium qu'on précipite par une petite quantité de carbonate de potassium (2 à 3 °/₀ de carbonate suffisent). La solution filtrée est évaporée à 125° et abandonnée au refroidissement; elle laisse déposer tout le sulfate et le chlorure qu'elle renfermait et ne contient plus que du sulfocyanate de potassium pur. Ce dernier est évaporé et fondu à 300° dans une bassine en fonte. Préparé ainsi, le sulfocyanate de potassium ne renferme ni chaux ni acide sulfurique, deux impuretés qui, en quantité un peu notables, le rendraient tout à fait impropre à une transformation intégrale en ferrocyanure.

IV. *Ferrocyanure de potassium.* — On n'a pas pu arriver pendant longtemps à la production économique du ferrocyanure, ayant partagé l'opinion généralement admise qu'il faut du fer *réduit* pour décomposer le sulfocyanate de potassium. Cette opinion est absolument erronée. Le fer réduit par le charbon (1), quels que soient les soins qu'on apporte à sa fabrication, renferme toujours une quantité très notable d'oxyde ferreux qui, pendant la fusion avec le sulfocyanate potassique, transforme une certaine proportion de ce sel en cyanate de potassium, qui se décompose par les traitements ultérieurs, et diminue d'autant le rendement en prussiate. On a reconnu au contraire que le fer porphyrisé, obtenu en broyant des déchets de fonte, se prête admirablement à la désulfuration du sulfocyanate de potassium.

On a étudié avec une attention particulière la question de savoir à quelle température il faut chauffer le mélange de sulfocyanate de potassium et de fer, et l'on est arrivé à reconnaître que la désulfuration qui commence déjà vers 350° n'est complète qu'aux environs de 450°, et qu'enfin la température de 550° est une limite qu'il est dangereux de dépasser en grand.

Les conditions nécessaires pour l'obtention d'un bon rendement en ferrocyanure de potassium sont multiples:

1° Le sulfocyanate de potassium doit être absolument pur et sec;

2° Le fer doit être métallique, débarrassé de rouille et d'impuretés;

3° Le mélange des deux matières doit être excessivement intime;

4° La fusion doit se faire à la température constante de 450°; cette condition est indispensable;

5° La masse fondue doit être maintenue à l'abri de l'air, aussi bien pendant la chauffe qu'après le refroidissement.

Voici comment nous réalisons toutes ces conditions :

Le sulfocyanate de potassium, fondu à 300° et pulvérisé après refroidissement et division dans un appareil spécial, est mélangé intimement avec du fer pulvérisé et bluté dans un malaxeur clos à l'abri de l'humidité. Le mélange est introduit rapidement dans des caisses munies de couvercles à fermeture suffisante.

Ces caisses sont introduites dans une étuve à double paroi (fig. 33), remplie de soufre dans son enceinte extérieure, et chauffée à feu nu, de manière à maintenir le soufre en vive ébullition. La partie supérieure de l'étuve porte un tube de quelques mètres de hauteur dans lequel le soufre distillé se liquéfie et reflue continuellement.

(1) Pour connaître la teneur d'un fer réduit en *fer métallique*, on doit mesurer l'hydrogène qui se dégage par la dissolution de la matière dans l'acide sulfurique étendu. A l'aide de cette méthode, on a pu se convaincre que certains fers réduits du commerce, réputés purs, renferment à peine 40 p. 100 de fer métallique. J. T.

De cette manière, la température à l'intérieur de l'étuve est maintenue avec une grande constance aux environs de 150°. Lorsque l'opération est terminée, on fait entrer les caisses dans une étuve hermétiquement close, refroidie par un courant d'eau et on les y laisse jusqu'à complet refroidissement. La masse fondue, traitée par l'eau, fournit de 30 à 35 °/₀ de son poids de ferrocyanure cristallisé, qu'on obtient à l'état de pureté par une série de filtrations et de cristallisations.

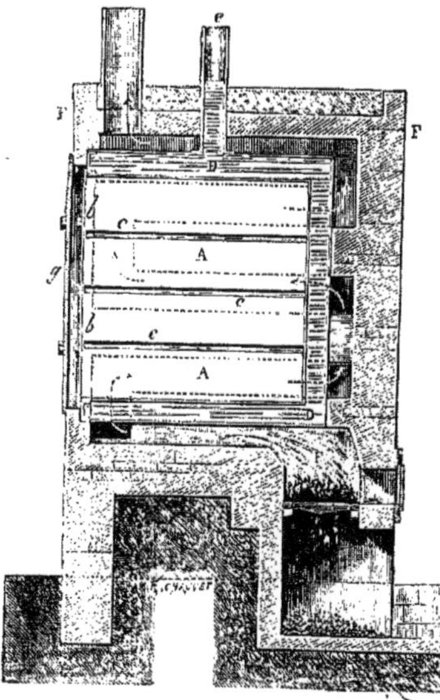

Fig. 83. — *Étuve à soufre.*

A, étuve; — *b*, porte de l'étuve; — *c c*, support des caisses, contenant le mélange à chauffer; — D, enveloppe à soufre; — *e*, tuyau à reflux; — *g*, écran pour empêcher la perte de chaleur par rayonnement; — F F, fourneau et ses accessoires.

Méthodes analytiques employées pour le dosage du ferrocyanure de potassium. — La masse fondue brute (*métal*) donne avec l'eau une solution renfermant, indépendamment du ferrocyanure de potassium, de petites quantités des matières suivantes : sulfocyanate, sulfures et sulfites, thionates et matières organiques. Des nombreuses méthodes proposées, parmi lesquelles nous ne citerons que celle de Erlenmeyer, fondée sur la précipitation du ferrocyanure à l'état de bleu de Prusse [*Zeitschr. Chem.* 1859, p. 199] comme étant incontestablement la plus exacte, mais aussi la plus longue, aucune n'est absolument satisfaisante. Le procédé suivant, confirmé par des centaines d'analyses, est d'une exécution très rapide et donne *avec constance* des résultats exacts (à 2 millièmes près). Un dosage complet ne demande pas plus d'une heure. Ce procédé est fondé sur ce fait que lorsqu'on traite une solution acidulée de prussiate brut par le permanganate de potassium, le ferrocyanure de potassium *seul* donne naissance à un produit d'oxydation apte à régénérer la matière primitive sous l'influence de l'oxyde ferreux en solution alcaline, tandis que toutes les autres matières oxydées ne sont pas affectées par ce dernier agent.

Les liqueurs suivantes sont nécessaires :

1° Une solution saturée de permanganate de potassium.

2° Une solution titrée du même sel dont chaque centimètre cube correspond à un centigramme de $K^4FeCy^6 . 3H^2O$.

3° Une solution étendue de sulfate de fer (50 à 100 grammes au litre).

Voici comment on doit opérer :

Une quantité mesurée de la solution à analyser, renfermant environ 3 grammes de ferrocyanure, est introduite dans un flacon en verre mince gradué à 500 centimètres cubes. Après avoir acidulé par l'acide sulfurique, on ajoute la solution concentrée de permanganate jusqu'à ce que la coloration rouge ne disparaisse plus après une agitation de quelques minutes; on abandonne ensuite la solution au repos pendant une demi-heure environ.

Lorsque l'oxydation est terminée, on ajoute un grand excès de soude caustique et on porte la solution à l'ébullition en agitant continuellement. On ajoute ensuite à la solution chaude du sulfate de fer jusqu'à ce que le précipité devienne noir par la formation d'oxyde magnétique; la solution refroidie est additionnée d'eau jusqu'à la marque et filtrée; on en prend alors une portion quelconque, disons la moitié, et l'on dose le ferrocyanure de potassium par le permanganate titré, après avoir ajouté de l'acide sulfurique jusqu'à réaction acide. Il est facile après de calculer la teneur totale en prussiate.

Méthode à l'alcool. — La méthode suivante, basée sur l'insolubilité du ferrocyanure de potassium dans l'alcool aqueux, donne des résultats assez exacts dans l'analyse des eaux mères renfermant 15 °/₀ au moins de ferrocyanure.

On fait couler 10 cc. de la solution dans 70 cc. d'alcool à 95 °/₀, additionné préalablement d'un peu d'acide acétique. Le ferrocyanure de potassium se sépare à l'état d'une poudre farineuse cristalline, facile à filtrer. Ce précipité est filtré et lavé par l'alcool à 90° jusqu'à réaction neutre; on sèche sur le filtre à 100°, on dissout dans l'eau et l'on dose par le permanganate titré.

J. Tcherniac.

CYANURE DE GLUCINIUM. — Selon divers auteurs, entre autres Toczinsky [*Zeitschr. Chem.*, 1871, p. 275], ce cyanure n'existe pas. La glucine ne se dissout pas dans l'acide cyanhydrique.

CYANURES DE MERCURE. — L'acide cyanhydrique déplace de l'acide chlorhydrique en réagissant sur le chlorure de mercure. Cette réaction s'explique par la différence des chaleurs de formation du cyanure de mercure (+ 15c,48) et du chlorure (+ 9,46). La réaction inverse s'accomplit si l'on fait agir sur le cyanure de mercure le gaz chlorhydrique ou de l'acide chlorhydrique fumant très concentré qui renferme de l'acide anhydre simplement liquéfié : dans ce cas, l'acide cyanhydrique est déplacé [Berthelot, *Compt. rend.*, t. LXXVII, p. 388].

Le cyanure de mercure, ainsi que l'a montré Bœckmann, s'unit aux sulfocyanates. Clève a décrit un certain nombre d'autres composés du même ordre [*Bull. Soc. chim.*, t. XXIII, p. 71].

Le *sel de potasssium*, $HgCy^2 + KCyS$, cristallise en aiguilles blanches et brillantes, inaltérables à l'air, très solubles dans l'eau chaude.

Sel d'ammonium, $HgCy^2 + AzH^4CyS$. — Il ressemble au précédent.

Sel de sodium, $HgCy^2 + NaCyS + 2H^2O$. — Aiguilles incolores se déshydratant à l'air.

Sel de baryum, $2HgCy^2 + Ba(CyS)^2 + 4H^2O$. — Tables nacrées à quatre ou six pans, solubles dans l'eau chaude, inaltérables à l'air.

Sel de strontium, $2HgCy^2 + Sr(CyS)^2 + 4H^2O$, — Tables nacrées perdant $2H^2O$ à l'air.

Sel de calcium, $2HgCy^2 + Ca(CyS)^2 + 8H^2O$. — Grands cristaux tabulaires, plus solubles que les précédents. Ils perdent sur l'acide sulfurique $5H^2O$, les trois molécules d'eau restantes ne s'en vont qu'à 140°.

Sel de magnésium,

$$2HgCy^2 + Mg(CyS)^2 + 4H^2O.$$

— Groupes d'aiguilles inaltérables à l'air.

Sel de zinc, $2HgCy^2 + Zn(CyS)^2 + 4H^2O$. — Petits prismes peu solubles et inaltérables à l'air.

Sel de zinc-ammonium,

$$2HgCy^2 + Zn(CyS)^2 + 3AzH^3.$$

— Aiguilles brillantes, décomposables par l'eau, et ne perdant pas d'ammoniaque à 100°.

Sel de cadmium,

$$2HgCy^2 + Cd(CyS)^2 + 4H^2O.$$

— Soluble dans l'eau chaude, inaltérable à l'air.

Sel de manganèse,

$$2HgCy^2 + Mn(CyS)^2 + 4H^2O.$$

— Aiguilles peu solubles.

Sel de fer, $2HgCy^2 + Fe(CyS)^2 + 4H^2O$. — Tables hexagonales, microscopiques, verdâtres, ne changeant pas à l'air.

Sel de cobalt, $2HgCy^2 + Co(CyS)^2 + 4H^2O$. — Précipité jaune, peu soluble à froid, soluble à chaud et se déposant à l'état cristallisé. Ce sel perd son eau à 110° et devient bleu.

Le *sel de nickel* est amorphe, verdâtre et peu soluble.

Sel de cuprammonium diammonié,

$$2HgCy^2 + Cu(2AzH^3, CyS)^2.$$

— On prépare ce sel en laissant oxyder à l'air une solution de sulfocyanate cuivreux dans l'ammoniaque, et en la précipitant par du cyanure mercurique. Il cristallise en tables brillantes d'un bleu foncé, inaltérables à l'air, même à 100°.

Sel de plomb, $HgCy^2 + Pb(CyS)^2$. — On a obtenu ce sel par double décomposition entre le sel de potassium et l'acétate de plomb.

A. Étard.

CYANURES D'OR. — CYANURE AUROPOTASSIQUE, $AuCAz, KCAz$. — La meilleure préparation consiste à dissoudre l'or fulminant dans du cyanure de potassium.

La solution de ce sel double n'est pas précipitée par les sels ferreux; l'acide oxalique et l'acide sulfureux en précipitent à chaud du cyanure d'or. Le chlorure mercurique est sans action à froid; à chaud, il donne du protocyanure d'or [Lindbom, *Bull. Soc. chim.*, t. XXIX, p. 416].

CYANURE AURICOPOTASSIQUE,

$$Au(CAz)^3, KCAz + 1\tfrac{1}{2}H^2O.$$

— Pour que ce sel se forme dans la réaction du trichlorure d'or sur le cyanure de potassium, il faut que le sel aurique soit parfaitement *neutre*, autrement il se dégage un gaz (CO^2?) et on obtient le sel précédent. L'auricyanure de potassium cristallise en grandes tables solubles dans l'eau chaude et dans l'alcool. A l'air sec, ces cristaux perdent H^2O, mais la ½ molécule H^2O qui reste ne peut être chassée avant 200°. Le sel commence à se décomposer vers 280°, entre en fusion au rouge sombre, et n'est pas complètement décomposé, même par une chaleur très forte. Le chlore et le brome sont sans action sur lui; l'iode se dissout dans sa solution chaude, déplace deux Cy, et forme le sel $AuCAzI^2, KCAz$ [Lindbom, *loc. cit.*].

Cyanure auropotassique iodé,

$$KCAz, AuCAzI^2 + H^2O.$$

— Le cyanure auropotassique s'unit directement à l'iode, le sel formé possède la composition ci-dessus et cristallise en aiguilles minces d'une couleur brun foncé. Il est soluble dans l'eau chaude et dans l'alcool; à 90°, il dégage de l'iode.

Cyanure auropotassique bromé,

$$KCAz, AuCAzBr^2 + 3H^2O.$$

— Se forme comme le précédent. Par évaporation sur l'acide sulfurique, il donne de minces aiguilles jaunes. Ce sel, plus stable que la combinaison iodée, peut être obtenu par l'action du brome sur cette dernière. A 130°, on n'observe pas d'altération; à 150°, il y a départ de brome.

Cyanure auropotassique chloré,

$$KCAz, AuCAzCl^2 + H^2O.$$

— Les sels précédents, traités par du chlore, perdent de l'iode et du brome, et il se forme le dérivé chloré; celui-ci est très soluble dans l'eau, il cristallise en aiguilles presque incolores, perd son eau dans le vide et se décompose à 160°.

CYANURE AUROSODIQUE, $NaCAz, AuCAz$. — On le prépare en décomposant le sel barytique par du sulfate sodique. Il forme des écailles anhydres, peu solubles dans l'eau froide et dans l'alcool. Il se décompose à 200° (Lindbom). Ce sel s'unit à l'iode et produit un sel cristallisé en écailles brunes qui perdent une grande partie de leur iode par dessiccation.

Cyanure aurosodique bromé,

$$NaCAz, AuCAzBr^2 + 2H^2O.$$

— C'est un sel très soluble, qui perd déjà son eau de cristallisation à 100°.

CYANURE AUROAMMONIACAL, $AzH^4CAz, AuCAz$. — Obtenu par double décomposition entre le sel barytique et le sulfate d'ammonium. Il forme des lames blanches très solubles qui commencent à se décomposer vers 100°.

CYANURE AUROBARYTIQUE,

$$Ba[(CAz)^2Au]^2 + 2H^2O.$$

— On prépare ce sel en faisant réagir l'acide cyanhydrique à 40-50° sur un mélange de cyanure d'or et de carbonate de baryum. Il cristallise en écailles blanches et brillantes, peu solubles dans l'alcool et dans l'eau froide. A 100° il devient anhydre.

Cyanure aurobarytique iodé,

$$Ba[(CAz)^2AuI^2]^2 + 10H^2O.$$

— Écailles brunes et brillantes, peu stables, perdant déjà une partie de leur iode à la température ordinaire.

Cyanure aurobarytique bromé,

$$Ba[(CAz)^2AuBr^2]^2 + 10H^2O.$$

— Aiguilles allongées, très solubles dans l'eau et l'alcool.

Cyanure aurobarytique chloré,

$$Ba[(CAz)^2AuCl^2]^2 + 8H^2O.$$

— Prismes allongés très solubles, perdant la moitié de leur eau dans le vide.

CYANURE AUROSTRONTIQUE.

$$Sr[(CAz)^2Au]^2 + 3H^2O.$$

— Mamelons composés de cristaux mal définis, préparés comme le sel barytique.

Dérivé iodé, $Sr[(CAz)^2AuI^2]^2 + 10H^2O$. — Écailles noirâtres, peu solubles, à l'éclat métallique.

Dérivé bromé, $Sr[(CAz)^2AuBr^2]^2 + xH^2O$. — Ce sel est très soluble dans l'eau et dans l'alcool; il fond au-dessous de 100° et se décompose bientôt.

Dérivé chloré, $Sr[(CAz)^2AuCl^2]^2 + 8H^2O$. — Prismes blancs aplatis.

CYANURE AUROCALCIQUE, $Ca[(CAz)^2Au]^2 + 3H^2O$. — Préparé comme le sel barytique, ce corps forme des croûtes cristallines très solubles et perd la totalité de son eau à 160°.

Cyanure aurocalcique iodé,

$$Ca[(CAz)^2AuI^2] + 10H^2O.$$

— Écailles brunes d'un éclat métallique.

Dérivé bromé, $Ca[(CAz)^2AuBr^2]^2 + 10H^2O$. — Aiguilles jaunes très solubles.

CYANURE AUROCADMIQUE, $Cd[Au(CAz)^2]^2$. — Précipité obtenu avec le sel potassique et le sulfate de cadmium. Il cristallise dans l'eau bouillante en petites écailles blanches.

Dérivé bromé, $Cd[Au(CAz)^2Br^2] + 6H^2O$. — Aiguilles très solubles d'un brun jaunâtre.

CYANURE AUROZINCIQUE, $Zn[Au(CAz)^2]^2$. — Écailles hexagonales obtenues par double décomposition. Il s'altère à 250°.

Dérivé bromé, $Zn[Au(CAz)^2Br^2]^2 + 8H^2O$. — Lamelles jaunes, très solubles dans l'eau, perdant 7 H²O à 100°.

Dérivé chloré, $Zn[Au(CAz)^2Cl^2]^2 + 7H^2O$. — Prismes blancs, très solubles, dérivés du précédent par l'action du chlore.

CYANURE AURICOCOBALTIQUE. — Précipité blanc insoluble dans l'eau.

CYANURE AUROCOBALTIQUE.

$$Co[Au(CAz)^2]^2 + 9H^2O.$$

— Le mélange des solutions de cyanure auropotassique et d'azotate de cobalt le laisse déposer par évaporation spontanée en petits cristaux jaune-rougeâtre, assez peu solubles dans l'eau et l'alcool. Il perd de l'eau à 100°, devient anhydre à 150° et se détruit à 310°.

Dérivé iodé, $Co[Au(CAz)^2I^2]^2 + 10H^2O$. — Prismes d'un brun-noirâtre, moins solubles que les dérivés analogues.

Dérivé bromé, $Co[Au(CAz)^2Br^2]^2 + 9H^2O$. — Prismes d'un jaune-brunâtre aplatis, peu solubles dans l'eau, plus solubles dans l'alcool.

ACIDE AUROCYANHYDRIQUE. — Obtenu en solution en traitant le sel de baryum par l'acide sulfurique étendu et en évaporant dans le vide. Cet acide n'est pas stable : il se transforme en cyanure d'or et en acide cyanhydrique par la concentration [Lindbom, *loc. cit.*]. A. Étard.

CYANURE DE PHOSPHORE, $PhCy^3$. — Voy. t. II, p. 966.

CYANURES DE PLATINE. — *Platocyanure de baryum bromé*, $PtCy^4BaBr^2 + 5H^2O$. — Lorsqu'on ajoute du brome à du platinocyanure de baryum en solution et qu'on évapore, on obtient des cristaux jaunes monochroïques, inaltérables à l'air, très solubles dans l'eau et l'alcool [N.-O. Holst, *Bull. Soc. chim.*, t. XXII, p. 347].

Dérivé chloré, $PtCy^4BaCl^2$. — Dérivé du précédent par l'action du chlore ou par fixation directe du chlore sur le platinocyanure de baryum; cristaux jaunes très solubles, isomorphes avec le précédent.

Dérivé iodé, $PtCy^4BaI^2 + H^2O$. — Cristaux bleu foncé très solubles et altérables.

Acide bromoplatocyanhydrique,

$$PtCy^4H^2Br^2 + 4H^2O.$$

— Masse cristalline très soluble préparée par double décomposition entre le sel de baryum et l'acide sulfurique.

Platocyanure bromé de potassium,

$$PtCy^4K^2Br^2.$$

Cristaux tabulaires jaunes anhydres, décomposables à 200° avec émission de brome. Probablement clinorhombique.

Dérivé iodé. — Cristaux quadrangulaires d'un bleu violacé inaltérables à l'air.

Platocyanure bromé d'ammonium,

$$PtCy^4(AzH^4)^2Br^2.$$

— Il se forme par double décomposition avec le sel de baryum. Ses cristaux sont tabulaires et tricliniques.

Dérivé chloré. — Tables clinorhombiques incolores.

Platocyanure bromé de strontium,

$$PtCy^4Br^2Sr + 7H^2O.$$

— Grandes tables rhombiques jaunes perdant leur eau à l'air.

Platocyanure bromé d'aluminium,

$$(PtCy^4Br^2)^3Al^2 + 22H^2O.$$

— Tables rectangulaires déliquescentes préparées par double décomposition entre le sel de baryum et le sulfate d'aluminium.

Platocyanure chloré de manganèse,

$$PtCy^4MnCl^2 + 2H^2O.$$

— Poudre cristalline blanche très soluble dans l'eau et l'alcool.

Platocyanure bromé de cobalt,

$$PtCy^4CoBr^2 + 5H^2O.$$

— Petits hexaèdres rougeâtres peu solubles.

Platocyanure bromé de zinc,

$$PtCy^4ZnBr^2 + 5H^2O.$$

— Tables prismatiques jaune-rougeâtre peu solubles.

Platocyanure bromé de plomb,

$$PtCy^4PbBr^2 + 2H^2O.$$

— Prismes obliques rouges obtenus en neutralisant l'acide bromoplatocyanhydrique par du carbonate de plomb. Ce sel est clinorhombique.

Platocyanure bromé de nickel, $PtCy^4NiBr^2$. — Poudre cristalline orangée peu soluble.

Sel de cadmium, $PtCy^4CdBr^2$. — Isomorphe avec le sel manganeux.

Le *sel sodique* est en tables minces peu déliquescentes.

Le *sel lithique* est le plus déliquescent de la série. Il cristallise en tables rougeâtres [Holst, *loc. cit.*].

Platocyanure de cérium,

$$2Ce(CAz)^3, 3Pt(CAz)^2 + 18H^2O.$$

— Prismes verdâtres.

Platocyanure de didyme,

$$2Di(CAz)^3, 3Pt(CAz)^2 + 18H^2O.$$

— Prismes jaune sale à reflet bleuâtre.

Platocyanure d'erbium. — Ressemble en tous points au sel d'yttrium.

Platocyanure de glucinium, $PtCy^4Gl$ (Gl = 9.3). — On l'obtient en décomposant le platocyanure de baryum par le sulfate de glucinium. On le purifie par dissolution dans un mélange d'alcool et d'éther. Ce sel cristallise en prismes à faces courbes.

Platocyanure de glucinium et de magnésium, $Pt^3Mg^2Gl\,Cy^{12} + 16\,H^2O$. — Sel en aiguilles groupées sphériquement, obtenu directement par cristallisation de ses composants [Toczinsky, *Zeitschr. Chem.*, 1871, p. 275].

Platocyanure de lanthane,

$$2\,La(CAz)^3, 3\,Pt(CAz)^2 + 18\,H^2O.$$

— Sel soluble cristallisant en prismes jaune verdâtre. Il perd $13\,H^2O$ sur l'acide sulfurique (Clève).

Platocyanure de thorium, $Pt^2Cy^8Th + 16\,H^2O$. — Prismes orthorhombiques aplatis, d'un jaune verdâtre.

Platocyanure d'yttrium, $PtCy^4Yt + 7\,H^2O$. — Préparé par le platocyanure de baryum et le sulfate d'yttrium. Cristaux rouge cerise par transmission; la lumière réfléchie est d'un vert métallique ou d'un violet bleuâtre selon l'incidence. Soluble dans l'eau. Il perd six molécules d'eau à 100-120°. A. Étard.

CYANURE DE POTASSIUM. — Pour la préparation du cyanure de potassium, on a recommandé, au lieu de carbonate de potassium calciné, de prendre directement les suints de laine riches en potasse et qui renferment une forte quantité d'azote.

PROPRIÉTÉS ET RÉACTIONS. — Le cyanure de potassium dissout les sulfures de cuivre, d'argent et d'or; cette réaction a été mise à profit en Californie pour l'extraction des métaux précieux. En solution concentrée et par une digestion prolongée, les sulfures de zinc et de fer sont également dissous [Hahn, *Chem. Centralbl.*, 1870, p. 240].

L'acide carbonique sec est sans action sur le cyanure de potassium également sec. Les solutions de cyanure sont, au contraire, décomposées par ce gaz; l'acide carbonique déplace totalement l'acide cyanhydrique. L'air sec et l'hydrogène agissent comme l'acide carbonique, mais la réaction atteint bientôt sa limite, ces gaz ne pouvant saturer la potasse [L. Naudin et F. de Montholon, *Bull. Soc. chim.*, t. XXVI, p. 122].

Le cyanure de potassium en solution est oxydé par le chlorure de chaux, il se forme du cyanate de calcium qui se précipite :

$$(ClO)^2Ca + 2\,KCAz = 2\,KCl + (CAzO)^2Ca$$

[S. Zino, *Journ. Pharm. Chim.* (4), t. XXII, p. 101].

Le cyanure de potassium, traité en solution aqueuse concentrée par un courant d'hydrogène sulfuré, se colore en rouge et laisse bientôt déposer des aiguilles jaunes de *chryséane* (Suppl., p. 490).

Action de SO^2 *sur le cyanure de potassium.* — Quand on fait passer un courant d'acide sulfureux dans une solution maintenue froide de cyanure potassique à 40 %, on observe un déplacement d'acide cyanhydrique, la liqueur brunit, et au bout de quelques jours il se dépose des cristaux radiés de *cyanosulfite de potassium*

$$SO^2KCAz + H^2O.$$

Ce corps cristallise en aiguilles dures, groupées en masses sphériques. Il est soluble dans l'eau chaude, peu soluble dans l'eau froide. Bouilli avec une solution de potasse, il dégage de l'ammoniaque; les sels d'or et d'argent sont réduits avec dépôt métallique. Soumis à la distillation sèche, il donne de l'eau et de l'acide sulfureux, tandis qu'il reste un mélange de sulfate et de sulfocyanate. Le cyanosulfite de potassium, traité par le perchlorure de phosphore, donne de l'oxychlorure phosphorique et du chlorure de thionyle.

Les acides étendus ne dégagent pas les gaz du cyanosulfite de potassium, mais forment un sel acide qui se précipite à froid à cause de sa faible solubilité et qui est détruit par l'eau chaude. Le *cyanosulfite* acide de potassium renferme

$$SO^2KCAz, SO^2HCAz + 3H^2O.$$

Dans cette réaction, il se forme encore un sel double acide qu'on trouve dans les eaux mères des précédents, après les avoir sursaturées d'acide sulfureux. Ce sel renferme SO^2KCAz, SO^3KH, c'est une combinaison de cyanosulfite et de bisulfite de potassium [A. Étard, *Compt. rend.*, t. LXXXVIII, p. 649].

Action du permanganate de potassium. — Le permanganate de potassium attaque les cyanures avec formation d'acides carbonique, azotique, azoteux, formique, oxalique, d'urée et d'ammoniaque [Baudrimont, *Compt. rend.*, t. LXXXIX, p. 1115]. A. Étard.

CYANURE DE THALLIUM, $TlCy$. — Ce sel se forme quand on ajoute une solution d'acide cyanhydrique concentrée à de l'oxyde thalleux en liqueur également concentrée. Le cyanure de thallium cristallise, par refroidissement, de sa solution en lamelles brillantes; 100 p. d'eau à 28° en dissolvent 16 p. Ce sel répand l'odeur de l'acide cyanhydrique, brunit par la chaleur et se décompose par l'acide carbonique. Chauffé, il se détruit en laissant une matière charbonneuse et du thallium métallique. En vase clos, il se décompose sans noircir en ammoniaque et formiate de thallium [Fronmüller, *Deutsch. chem. Gesellsch.*, 1873, p. 1178].

Les cyanures métalliques se dissolvent dans les solutions concentrées de cyanure de thallium pour former des cyanures doubles [Fronmüller, *Deutsch. chem. Gesellsch.*, 1878, p. 91].

Cyanure de thallium et d'argent, $TlCAz, AgCAz$. — Cristaux anhydres blancs, solubles dans l'eau; 100 p. d'eau en dissolvent 7p,4 à 16°. Il peut être évaporé sans altération au bain-marie; par fusion, il se détruit.

Cyanure de thallium et de zinc,

$$2\,TlCAz, ZnC^2Az^2.$$

— Cristaux anhydres, fusibles et destructibles par la chaleur; 100 p. d'eau à 15° en dissolvent 15p,2.

Cyanure de thallium et de mercure,

$$2\,TlCAz, HgC^2Az^2.$$

— Cristaux incolores tétraédriques, décomposables par l'hydrogène sulfuré.

Cyanure thallique, $Tl^2(CAz)^4$. — L'oxyde de thallium se dissout peu à peu dans l'acide cyanhydrique avec un faible dégagement gazeux; la solution concentrée dans le vide fournit le sel ci-dessus en beaux cristaux incolores. Les gaz dégagés sont CO^2 et CAz. Le cyanure thallique cristallise en prismes orthorhombiques, peu solubles dans l'eau. Leur solution est neutre, brunit quand on la chauffe et produit alors du formiate et du carbonate de thallium, ainsi que de l'ammoniaque. Ils se détruisent à 125-130°.

Le cyanure thallique est décomposé par la potasse, en donnant de l'hydrate thalleux qui reste dissous et de l'hydrate thallique qui se précipite. L'hydrogène sulfuré précipite la moitié du thallium à l'état de sulfure, l'autre moitié se transforme en sulfocyanate :

$$2\,Tl^2Cy^4 + 3\,H^2S = Tl^2S + 2\,TlCyS + 6\,CyH.$$

Si ce cyanure Tl^2Cy^4 était un cyanure double $TlCy^3 + TlCy$, on devrait obtenir des thallicyanures $TlCy^3 + XCy$, mais de tels sels n'ont pu être préparés.

L'azotate d'argent attaque le cyanure thallique. Il se fait du cyanure d'argent et des azotates thalleux et thallique. Le sesquioxyde de thallium, mêlé à du cyanure d'argent et dissous dans de l'acide cyanhydrique, donne lieu à un dégagement de cyanogène et à du cyanure thalloso-argentique :

$$Tl^2O^3 + 2\,AgCy + 6\,HCy$$
$$= 2\,(AgCy, TlCy) + Cy^4 + 3\,H^2O.$$

L'iodure de potassium produit, dans les solutions de cyanure thallique, un précipité d'iodure thalleux et de l'iodure de cyanogène

$$Tl^2Cy^4 + 3\,KI = 2\,TlI + ICy + 3\,KCy$$

[Fronmüller, *loc. cit.*]. A. Étard.

CYANURE DE THIONYLE, $SO(CAz)^2$. — Voy. t. II, p. 1010.

CYANURIQUE (ACIDE). — L'acide cyanurique peut être reconnu, grâce au peu de solubilité du cyanurate de sodium dans la soude à chaud. On traite la solution dans un verre de montre, par de la soude concentrée et on chauffe doucement. On voit aussitôt se former des aiguilles de cyanurate de sodium $C^3Az^3O^3Na^3$, qui disparaissent par refroidissement, si la solution n'est pas concentrée [Hofmann, *Deutsch. chem. Gesellsch.*, 1870, p. 769].

L'urée réagit très vivement à 180° sur l'hexabromacétone, avec production de bromoforme. La masse, épuisée par l'éther, puis cristallisée dans l'eau, renferme, d'après Herzig, deux nouveaux isomères de l'acide cyanurique, que l'on peut séparer, grâce à l'insolubilité complète de l'un d'eux dans l'alcool.

Acide α-cyanurique. — Il se produit de préférence lorsque la température atteint ou dépasse 180°. Il est en aiguilles incolores $C^3H^3Az^3O^3, H^2O$, s'effleurissant à l'air, insolubles dans l'éther, peu solubles dans l'alcool et l'eau froide, très solubles dans l'eau bouillante, se sublimant sans fondre. Une solution nitrique le laisse déposer sans eau de cristallisation.

Une solution ammoniacale de nitrate d'argent donne un précipité répondant à la formule $C^3Ag^2(AzH^4)Az^3O^3 + H^2O$.

Le sulfate de cuivre en solution ammoniacale y détermine également un précipité d'un brun violet $C^3Cu(AzH^4)Az^3O^3$.

Enfin l'eau de baryte y précipite un composé ayant pour formule $C^3HBaAz^3O^3 + 4H^2O$. L'acide α-cyanurique donne avec la soude caustique la réaction de Hofmann que nous avons rapportée plus haut.

L'acide *β-cyanurique* se produit de préférence quand la température n'atteint pas 170°.

Il se présente en aiguilles soyeuses solubles dans l'eau et l'alcool, se sublimant sans fondre et sans dégager d'acide cyanique. Par l'ébullition avec la soude, il se décompose en CO^2 et AzH^3.

Ses composés argentique et cuprique sont comparables aux précédents.

La baryte le dédouble en deux nouveaux composés encore mal étudiés.

Le perchlorure de phosphore l'attaque en dégageant de l'acide chlorhydrique, mais sans donner de chlorure de cyanogène.

ÉTHERS CYANURIQUES.

De même que les éthers cyaniques donnent par polymérisation les éthers cyanuriques, de même les éthers isocyaniques fournissent des éthers isocyanuriques.

Éther méthylcyanurique. — Lorsqu'on dirige du chlorure de cyanogène dans une solution de méthylate de sodium dans l'alcool méthylique, on obtient un produit qui, purifié par cristallisations dans l'eau bouillante, est un mélange d'éther méthylcyanurique en aiguilles déliées et d'amidocyanurate de méthyle

$$C^3Az^3(CH^3O)^2(AzH^2)$$

en tables rhombiques. On les sépare facilement par l'éther qui ne dissout que le premier. L'éther méthylcyanurique fond à 132° et distille à 160-170°. La distillation le transforme en éther isométhylcyanurique, fusible à 175°. La potasse le dédouble en alcool méthylique et cyanurate de potassium. L'ammoniaque le transforme en amidocyanurate de méthyle, fusible à 212° [Hofmann, *Deutsch. chem. Gesellsch.*, 1870, p. 269].

L'éthylate de sodium donne, par l'action du chlorure de cyanogène, un mélange d'amidocyanurate diéthylique et de diamidocyanurate éthylique.

Le premier $C^3Az^3(OC^2H^5)^2(AzH^2)$ est en prismes incolores, fusibles à 97°. Il donne avec le nitrate d'argent les deux combinaisons

$$C^7H^{12}Az^4O^2, AgAzO^3 \text{ et } 2C^7H^{12}Az^4O^2, AzO^3Ag,$$

cristallisées en aiguilles. La deuxième n'est pas stable.

Le diamidocyanurate éthylique

$$C^3Az^3(OC^2H^5)(AzH^2)^2$$

se forme par l'action de l'ammoniaque sur le premier. Ce sont des prismes blancs, fusibles à 190-200°.

Le chlorure de cyanogène réagit sur le phénate de sodium en solution alcoolique. On obtient ainsi de longues aiguilles, insolubles dans l'eau et l'éther, solubles dans la benzine, fusibles à 224°, qui constituent le cyanurate de phényle $C^3Az^3(OC^6H^5)^3$ [Hofmann et O. Olshausen, *loc. cit.*].

Ethers isocyanuriques. — L'isocyanurate de benzyle, $C^3Az^3(OC^7H^7)^3$, s'obtient par l'action du chlorure de benzyle sur le cyanate d'argent. Il cristallise en aiguilles soyeuses, fusibles à 157° et bout au-dessus de 320°. Il est insoluble dans l'eau, peu soluble dans l'éther et l'alcool. La potasse fondue le transforme en benzylamine [E. Letts, *Deutsch. chem. Gesellsch.*, 1872, p. 90].

L'oxamate d'éthyle fondu absorbe l'acide cyanique, en donnant l'isocyanurate d'oxaméthane et non le cyanate ou son isomère l'éther oxalurique. Ce sont des aiguilles brillantes, fragiles, fusibles entre 155° et 160°, et répondant à la formule $C^3O^3Az^3H^3, 3(C^4H^7AzO^3)$ [E. Grimaux, *Bull. Soc. chim.*, t. XXI, p. 153]. M. Hanriot.

CYANUROMALIQUE (ACIDE). — Voyez BARBITURIQUE (ACIDE), Suppl., p. 265.

CYAPHÉNINE, $C^{21}H^{15}Az^3$. — Par sa formule ce corps est un polymère du benzonitrile. La cyaphénine a été obtenue par Cloëz par l'action du cyanate de potassium sur le chlorure de benzoyle. Engler l'a préparée en chauffant le monobromure de benzonitrile avec de la chaux. Plus récemment, E. Frankland et Evans [*Chemical Society*, 1880, p. 563] l'ont préparée en faisant réagir du zinc-éthyle, soit en vase clos à 150°, soit au refrigérant ascendant sur son volume de benzonitrile ; dans cette réaction il se forme aussi de l'éthane et de l'éthylène en même temps qu'une huile basique, $C^{16}H^{18}Az^2$. Une préparation plus économique de la cyaphénine a été donnée par A. Pinner et T. Klein [*Deutsch. chem. Gesellsch.*, 1878, p. 4]. On chauffe la benzimidamide, $C^6H^5\text{-}C.AzH.AzH^2$, qui s'obtient aisément, ou bien on fait réagir l'ammoniaque sur le chlorhydrate de l'éther isobutylique de la benzimide ($C^6H^5\text{-}C.AzH.OC^4H^9$)HCl, qu'on obtient directement par l'action d'un courant d'acide chlorhydrique sec sur un mélange de benzonitrile et d'alcool isobutylique.

La cyaphénine cristallise en petites aiguilles

fusibles à 231°. Selon Cloëz elle fond à 224°; elle est insoluble dans l'eau et l'acide chlorhydrique dilué, peu soluble dans l'alcool et l'éther froids et fort soluble dans l'iodure d'éthyle.

CYCLAMINE [Syn. *Arthanitine*], $C^{20}H^{34}O^{10}$. — Ce glucoside a été extrait à l'état impur des tubercules de *Cyclamen europœum*, par Saladin. P. de Luca a isolé ce composé à l'état de pureté et lui a assigné la formule $(C^{2}H^{4}O)^{n}$ [*Compt. rend.*, t. XLIX, p. 723 et t. XLVII, p. 295 et 328].

Martius [*Neues Repert. fur Pharm.*, t. VIII, p. 388], lui donna la formule $C^{20}H^{34}O^{10}$ en se fondant sur les analyses de Klinger [*Journ. de Chim. méd.*, t. VI, p. 417].

D'après L. Mutschler, la cyclamine serait identique avec la primuline et probablement avec la saponine [*Ann. Chem. Pharm.*, t. CLXXV, p. 214; *Bull. Soc. chim.*, t. XXIX, p. 77].

Préparation. — On épuise les tubercules de *Cyclamen europœum* par l'alcool à 65-70 °/₀ bouillant, et on concentre la solution alcoolique. Celle-ci laisse déposer le glucoside que l'on purifie par plusieurs cristallisations dans l'alcool en employant le noir animal.

Propriétés. — La cyclamine est une poudre blanche formée d'aiguilles enchevêtrées, groupées sphériquement. Elle est hygroscopique, soluble dans les alcools méthylique, éthylique et amylique, et dans la glycérine, insoluble dans l'éther et le chloroforme. Elle irrite les muqueuses; chauffée à 200°, elle brunit et fond à 236°. Sa solution aqueuse est opalescente et mousse comme l'eau de savon; elle se coagule à 60-70°. Le brome et le chlore coagulent également la solution aqueuse. Sous l'influence de la lumière, de l'eau à 90-95°, de la chaleur, de l'émulsine ou des acides chlorhydrique et sulfurique, la cyclamine se scinde en *cyclamirétine* et en un glucose incristallisable, dextrogyre et fermentescible. L'acide sulfurique dissout la cyclamine et se colore en rouge; l'eau précipite de la cyclamirétine de cette solution (Mutschler).

D'après de Luca, une solution aqueuse de cyclamine se transforme lentement en glucose et en mannite. Si la fermentation est très prolongée, on ne trouve que de la mannite [*Compt. rend.*, t. LXXXVII, p. 297].

CYCLAMIRÉTINE $C^{16}H^{22}O^{2}$. — Identique avec la sapogénine; d'après Mutschler, elle résulte du dédoublement de la cyclamine; 3 molécules de cyclamine fournissent 2 molécules de cyclamirétine et 4 molécules de glucose.

La cylcamirétine est une poudre amorphe soluble dans l'alcool et l'éther, fusible à 198°. Elle ne réduit pas la solution cupro-potassique. Fondue avec de la potasse, elle fournit les acides formique et butyrique; l'acide nitrique la transforme en acide oxalique et en dérivés nitrés non étudiés (Mutschler.) M. Wassermann.

CYCLAMIRÉTINE. — Voyez CYCLAMINE.

CYCLOPÉITE (Min.). — Voyez BREISLACKITE.

CYCLOPIQUE (ACIDE). — Acide bibasique cristallisable, que Church a retiré des feuilles de *Cyclopia Vogelii* (succédané du thé en Afrique), et qu'il a représenté par la formule $C^{7}H^{8}O^{4}$.

CYMATOLITHE (Min.). — Voyez PHILITE.

CYMÈNES [Syn. *Méthylpropylbenzines*]. —

$$C^{10}H^{14} = C^{6}H^{4} \begin{matrix} \diagup CH^{3} \\ \diagdown C^{3}H^{7}. \end{matrix}$$

Parmi les vingt-deux carbures aromatiques correspondant théoriquement à la formule $C^{10}H^{14}$, il en est auxquels on a donné le nom de *cymènes*; ce sont les *méthylpropylbenzines*, isomériques avec l'isobutylbenzine, la diéthylbenzine, la diméthyléthylbenzine et les tétraméthyle-benzines.

A l'époque à laquelle l'article CYMÈNE a été rédigé (voyez t. I, p. 1127), les idées sur la nature de ce carbure étaient très vagues. Il n'est donc pas étonnant que les chimistes aient admis, à cette époque, deux cymènes provenant du règne végétal. On a décrit le *cymène-α* ou *cymène du cumin*, et le *cymène-β* ou *cymène du camphre des laurinées*. Les travaux récents ont établi que ces deux cymènes sont identiques entre eux et avec les cymènes que l'on a préparés avec les essences de térébenthine, de thym, de *Cicuta virosa*, de *Ptychotis Ajowan*, de *Semen-contra* et d'*Artémisia Absinthium*. Nous ne décrirons donc qu'un seul cymène du règne végétal, qui est la paraméthylpropylbenzine ou paracymène. Dernièrement, Kelbe a obtenu un cymène en traitant l'huile légère de résine par la soude et fractionnant la partie insoluble. Ce cymène paraît un dérivé métasubstitué. Nous en parlerons à propos du métacymène de Claus et Stüssner.

Mais, s'il n'existe qu'un seul cymène dans la nature, il en est d'autres que l'on a préparés artificiellement. Nous les étudierons sous les noms d'*isocymène de Jacobsen*, d'*ortho-cymène* et de *métacymène*.

A. — PARACYMÈNE.

Préparation. — Le cymène se forme lorsqu'on chauffe le camphre ou le thymol avec l'anhydride phosphorique, le pentasulfure de phosphore, etc. On l'obtient aussi par la distillation fractionnée de la partie de l'huile essentielle de *Ptychotis Ajowan*, bouillant entre 175 et 180°, après l'avoir oxydée partiellement au moyen du permanganate de potassium. Tous ces procédés fournissent le même carbure [Fittica, *Deutsch. chem. Gesellsch.*, 1873, p. 938; *Bull. Soc. chim.*, t. XX, p. 558; *Liebig's Ann. Chem.*, t. CLXXII, p. 303].

Pott a obtenu le cymène en distillant le camphre avec le pentasulfure de phosphore [*Deutsch. chem. Gesellsch.*, 1869, p. 121; *Bull. Soc. chim.*, t. XII, p. 481].

Paterno prépare le cymène en chauffant un mélange de 780 p. de camphre, 100 p. de phosphore rouge et 265 p. de fleurs de soufre jusqu'à fusion de la masse et en distillant ensuite [*Gazz. chim. ital.*, 1874, p. 113].

Le carvacrol, traité par le pentasulfure de phosphore, fournit du cymène et du thiocymène ou cymylmercaptan [Flesch, *Deutsch. chem. Gesellsch.*, 1873, p. 478; *Bull. Soc. chim.*, t. XX, p. 299; — Fleischer et Kékulé, *Deutsch. chem. Gesellsch.*, 1873, p. 934 et 1087; *Bull. Soc. chim.*, t. XX, p. 559 et t. XXI, p. 34].

L'essence de *Semen-contra*, traitée par le persulfure de phosphore, fournit du *cynène* qui n'est autre que le cymène [Faust et Homeyer, *Deutsch. chem. Gesellsch.*, 1874, p. 1427; *Bull. Soc. chim.*, t. XXIV, p. 31].

L'essence d'*Eucalyptus globulus* renferme du cymène que l'on isole par distillation fractionnée. C'est à ce carbure que Cloëz avait donné le nom *eucalyptol* [Faust et Homeyer, *Deutsch. chem. Gesellsch.*, 1874, p. 63 et 1429; *Bull. Soc. chim.*, t. XXII, p. 85].

L'essence d'absinthe, traitée par le persulfure de phosphore, fournit du cymène identique avec celui du camphre et du cumin [Beilstein et Kupfer, *Liebig's Ann. Chem.*, t. CLXX, p. 282; *Bull. Soc. chim.*, t. XXI, p. 229].

Le cymène résulte de l'action du pentasulfure de phosphore sur le camphre d'aunée [Kallen, *Deutsch. chem. Gesellsch.*, 1873, p. 1506; *Bull. Soc. chim.*, t. XXI, p. 514].

Le menthène $C^{10}H^{18}$, obtenu par déshydratation du camphre du Japon, forme un bromure $C^{10}H^{18}Br^{4}$, qui se dédouble en cymène et en acide bromhydrique, lorsqu'on le chauffe [Beckett et Wright, *Deutsch. chem. Gesellsch.*, 1875, p. 1465; *Bull. Soc. chim.*, t. XXVI, p. 85].

Wright a obtenu le cymène en traitant le myristicol par le chlorure de zinc, ou en décomposant le chlorure $C^{10}H^{16}Cl^2$, qui dérive du camphre par l'action du perchlorure de phosphore; il l'a, de même, préparé par la distillation des bromures d'hespéridène $C^{10}H^{16}Br^2$ et d'essence de muscat. Le cymène obtenu dans ces opérations est identique avec celui qui dérive du camphre [*Journ. chem. Soc.* (2), t. XI, p. 686; *Bull. Soc. chim.*, t. XX, p. 298].

Le cymène a été préparé en soumettant l'essence de térébenthine et ses dérivés à l'action de plusieurs réactifs. Le dibromure de terpène, provenant de l'essence de térébenthine, distillé, ou mieux encore chauffé pendant huit heures à 190° avec de l'aniline, se dédouble en cymène et en acide brombydrique [Oppenheim, *Deutsch. chem. Gesellsch.*, 1872, p. 94 et 628; *Bull. Soc. chim.*, t. XVIII, p. 357; — Ph. Barbier, *Bull. Soc. chim.*, t. XVII, p. 16]. L'essence de citron fournit un terpène dont le dibromure se comporte de la même manière (Oppenheim.)

Kékulé et Bruylants ont préparé le cymène en ajoutant peu à peu de l'iode (23 grammes) à de l'essence de térébenthine (50 grammes). Ils chauffent légèrement jusqu'à disparition de l'iode avant d'introduire de nouvelles quantités. Lorsque tout l'iode a été ajouté, et que le mélange a été chauffé au réfrigérant ascendant pendant quelque temps, ils distillent plusieurs fois et rectifient finalement le liquide après l'avoir lavé à la potasse [*Deutsch. chem. Gesellsch.*, 1873, p. 437; *Bull. Soc. chim.*, t. XX, p. 297].

Le térébène (camphène inactif impur) fournit du cymène dans les mêmes conditions [Oppenheim et Pfaff, *Deutsch. chem. Gesellsch.*, 1874, p. 625; *Bull. Soc. chim.*, t. XXII, p. 398].

A 230-250°, l'iode transforme l'essence de térébenthine en une série de carbures, parmi lesquels Raymann et Preiss ont trouvé le cymène [*Deutsch. chem. Gesellsch.*, 1879, p. 219].

Le cymène se forme lorsqu'on prépare le térébène par l'action de l'acide sulfurique sur l'essence de térébenthine [Riban, *Bull. Soc. chim.*, t. XIX, p. 242; t. XX, p. 100 et 244; t. XXI, p. 4 et 171; voyez t. III, p. 303; — Orlowsky, *Deutsch. chem. Gesellsch.*, 1873, p. 1257; *Bull. Soc. chim.*, t. XXI, p. 321; — Armstrong et Tilden, *ibid.*, 1879, p. 1752].

Le dibromure d'isotérébenthène, distillé sur la potasse, donne du cymène [Riban, *Bull. Soc. chim.*, t. XII, p. 249]. E. Paterno et P. Spica ont préparé du cymène par l'action du zinc et de l'acide chlorhydrique sur une solution alcoolique de chlorure de cumyle, provenant de l'action du gaz chlorhydrique sur l'alcool cuminique [*Deutsch. chem. Gesellsch.*, 1879, p. 2366].

Kraut avait avancé que l'alcool cuminique, distillé avec de la potasse alcoolique, fournissait du cymène. R. Meyer a repris cette étude, et il a montré qu'il ne se forme pas traces de cymène dans cette réaction [*Deutsch. chem. Gesellsch.*, 1877, p. 140; *Bull. Soc. chim.*, t. XXIX, p. 38]. Depuis cette époque, Kraut a réussi à transformer l'alcool cuminique en cymène, en le chauffant avec de la poudre de zinc au réfrigérant à reflux [*Liebig's Ann. Chem.*, t. CXCII, p. 222; *Bull. Soc. chim.*, t. XXXII, p. 462].

Le paracymène a été obtenu synthétiquement par Fittig, Kœnig et Scheffer, qui l'ont préparé en traitant un mélange de toluène parabromé et de bromure de propyle normal, en solution éthérée par le sodium [*Ann. Chem. Pharm.*, t. CXLIX, p. 303; *Bull. Soc. chim.*, t. XXII, p. 403].

Propriétés. — Le cymène est un liquide incolore, bouillant à 175°; à 0°, sa densité est de 0,874, à 100° de 0,793. Il possède un pouvoir rotatoire de + 0°30′ pour la lumière jaune. A l'exception de ce pouvoir rotatoire, ces constantes physiques sont les mêmes pour le cymène, quel que soit son origine [Paterno et Spica, *Gazz. chim. ital.*, 1874, p. 551].

Fittica a démontré que le cymène qu'il a obtenu par différents procédés, fournit de l'acide paratoluique lorsqu'on l'oxyde par l'acide nitrique, et de l'acide téréphtalique lorsqu'on emploie l'acide chromique. De même les dérivés bromés nitrés et sulfoconjugués sont identiques [*loc. cit.*].

Chauffé avec de l'acide iodhydrique et du phosphore rouge à 280-290°, le cymène fournit plusieurs carbures d'hydrogènes (Graebe). A une température élevée, l'acide iodhydrique, employé en excès, le convertit en un carbure $C^{10}H^{22}$ [Berthelot, *Bull. Soc. chim.*, t. IX, p. 455].

Chauffé à 250° avec de l'iode, il engendre des carbures aromatiques de C^8 à C^{12} [Raymann et Preiss, *loc. cit.*]. Traité à refus par le chlorure d'iode à 250°, il se dédouble en benzine perchlorée, en perchlorométhane et en éthane perchloré [Krafft et Merz, *Deutsch. chem. Gesellsch.*, 1875, p. 1045 et 1296; *Bull. Soc. chim.*, t. XXVI, p. 76]. Lorsqu'on ajoute du brome à du cymène refroidi à 0°, renfermant du chlorure d'aluminium, il se scinde en toluène pentabromé et en bromure d'isopropyle (?) [G. Gustavson, *Deutsch. chem. Gesellsch.*, 1877, p. 1101; *Bull. Soc. chim.*, t. XXX, p. 23 et 435].

Lorsqu'on fait passer de l'acide chlorhydrique dans une solution de chlorure ou de bromure d'aluminium dans du cymène, on obtient des liquides rouge-brun correspondant aux formules $Al^2Cl^6, 3(C^{10}H^{14})$ et $Al^2Br^6, 3(C^{10}H^{14})$. Le premier offre une densité de 1,139 à 0°, de 1,127 à 18°; le second possède la densité 1,493 à 0°, 1,477 à 16°; l'eau le dédouble en alumine, toluène pentabromé et bromure d'isopropyle (?) [G. Gustavson, *Deutsch. chem. Gesellsch.*, 1879, p. 694].

L'acide chlorochromique transforme le cymène en un corps $C^{10}H^{14}(CrO^2Cl^2)^2$ décomposable par l'eau, et qui fournit de l'aldéhyde isocuminique lorsqu'on le distille avec du carbonate de sodium [A. Étard, *Compt. rend.*, t. LXXXVI, p. 989].

PRODUITS DE SUBSTITUTION.

1° DÉRIVÉS BROMÉS. — *Cymène monobromé*, $C^{10}H^{13}Br$. — On obtient ce composé en faisant tomber goutte à goutte du brome dans du cymène bien refroidi, auquel on a ajouté un peu d'iode. On purifie le dérivé bromé par distillation dans un courant de vapeur d'eau, après l'avoir préalablement lavé avec de l'eau puis avec une solution de carbonate de sodium. Le cymène monobromé est un liquide incolore bouillant à 228-229°. L'acide nitrique étendu le transforme en acide paratoluique monobromé, fusible à 204°. Les cymènes monobromés provenant du camphre du thymol et de l'huile de *Ptychotis Ajowan* sont identiques d'après Fittica [Landolph, *Deutsch. chem. Gesellsch.*, 1872, p. 267; *Bull. Soc. chim.*, t. XVII, p. 520; — Fittica, *Deutsch. chem. Gesellsch.*, 1873, p. 938; *Bull. Soc. chim.*, t. XX, p. 558].

Lorsqu'on traite une solution de cymène monobromé dans le xylène, par l'amalgame de sodium, en présence d'un peu d'acétate d'éthyle, on obtient du *mercure-dicymyle* $(C^{10}H^{13})^2Hg$. Ce corps, cristallisé dans l'alcool bouillant, se présente sous forme d'aiguilles enchevêtrées, fusibles à 134° [Paterno et Colombo, *Deutsch. chem. Gesellsch.*, 1877, p. 1749; *Bull. Soc. chim.*, t. XXX, p. 309].

Cymènes dibromés, $C^{10}H^{12}Br^2$. — Riche et Bérard ont décrit un dérivé cristallisé du cymène, qui correspond à cette formule [*Compt. rend.*, t. LIX, p. 141].

Wimmel signale un cymène dibromé bouillant à 272°, possédant une densité de 1,596 à 14° [*Deutsch. chem. Gesellsch.*, 1880, p. 903]. Ce composé, oxydé, en solution dans l'acide acétique glacial, par l'acide chromique, fournit un acide de la formule $C^{10}H^{10}Br^2O^2$. Celui-ci cristallise en aiguilles brillantes, fusibles à 152-153°, peu solubles dans l'eau chaude, solubles dans l'alcool et l'éther. Son *sel barytique* renferme $3H^2O$. Ce même acide prend naissance, en même temps que deux autres non étudiés, lorsqu'on oxyde le cymène dibromé par l'acide nitrique concentré.

Le cymène dibromé, traité par 18 fois son poids d'acide nitrique, étendu de 2 p. d'eau, jusqu'à disparition de l'huile, se transforme en *acide téréphtalique dibromé* $C^8H^4Br^2O^4$. Cet acide est en aiguilles brillantes qui ne fondent pas à 320°; son *sel de baryum* renferme 1 molécule d'eau [Wimmel et Claus, *Deutsch. chem. Gesellsch.*, 1880, p. 903].

Fittig, Kobrich et Jilke ont obtenu par l'action du brome sur le cymène une masse pâteuse et qui paraît contenir un dérivé tétrabromé $C^{10}H^{10}Br^4$ [*Ann. Chem. Pharm.*, t. CXLV, p. 129; *Bull. Soc. chim.*, t. XI, p. 78].

2° DÉRIVÉS CHLORÉS. — CYMÈNES MONOCHLORÉS, $C^{10}H^{13}Cl$. — Il paraît que le cymène monochloré, avec le chlore dans le noyau benzénique, existe sous deux modifications isomériques.

Le premier ou α-modification a été obtenu en traitant le carvacrol par le perchlorure de phosphore [Kékulé et Fleischer, *Deutsch. chem. Gesellsch.*, 1873, p. 1087; *Bull. Soc. chim.*, t. XXI, p. 34].

Il se forme également lorsqu'on fait passer du chlore dans du cymène bien refroidi, renfermant un peu d'iode. On distille le produit dans un courant de vapeur d'eau, et on le purifie par distillation fractionnée [E. von Gerichten, *Deutsch. chem. Gesellsch.*, 1877, p. 1249 et 2229; *Bull. Soc. chim.*, t. XXIX, p. 522].

Le cymène α-monochloré est un liquide incolore bouillant à 214°, d'une densité de 1,014 à 14°. Oxydé au moyen de l'acide nitrique, il fournit l'acide paratoluique monochloré, fusible à 194-196° (184-186°, Kékulé et Fleischer).

Cymène β-monochloré. — Il prend naissance lorsqu'on traite le thymol par le pentachlorure de phosphore. C'est un liquide bouillant à 208-210°. L'acide nitrique, d'une densité de 1,24, le transforme en un acide $C^{10}H^{11}ClO^2$, fusible 122-123°, dont le sel barytique renferme $3H^2O$. Cet acide serait un acide paraméthyle-orthochlorhydrocoumarique

$$C^6H^3Cl{<}\begin{matrix}CH^3\\CH^2\text{-}CH^2\text{-}CO^2H\end{matrix}$$

ou un acide chloroïsocoumarique

$$C^6H^3Cl{<}\begin{matrix}CO^2H\\CH^2\text{-}CH^2\text{-}CH^3\end{matrix}$$

[E. von Gerichten, *Deutsch. chem. Gesellsch.*, 1878, p. 364; *Bull. Soc. chim.*, t. XXX, p. 450].

Les atomes de chlore dans ces deux cymènes chlorés occupent dans la modification α la position ortho par rapport au groupe méthyle, et dans la modification β la position ortho par rapport au groupe propyle. Ceci semble démontré si l'on admet les formules de constitution adoptées pour le carvacrol et le thymol, que Kékulé et Fleischer ont proposées (Voyez t. III, p. 413).

Cymène dichloré, $C^{10}H^{12}Cl^2$. — Il se forme en même temps que le dérivé monochloré par l'action du chlore sur le cymène. Liquide bouillant à 240-244° que l'oxydation transforme en acide toluique dichloré [E. von Gerichten, *loc. cit.*].

Outre ces dérivés chlorés dont on connaît approximativement la constitution, on a décrit un composé, $C^{10}H^{14}Cl^2$, formé par l'action du chlore sur le cymène en présence d'eau. C'est une huile qui se décompose par distillation [Sieveking, *Ann. Chem. Pharm.*, t. CVI, p. 260].

Les dérivés chlorés du cymène, renfermant le chlore dans une chaîne latérale, ont été décrits par Cahours, Sieveking et Tüttscheff (voyez, t. I, p. 1049).

3° DÉRIVÉS NITRÉS. — Dans le corps de cet ouvrage on a mentionné le cymène mono- et dinitré dérivant des deux cymènes alors admis. Nous n'en tiendrons pas compte ici et nous décrirons ces composés tels qu'ils se présentent d'après les travaux récents.

CYMÈNES MONONITRÉS, $C^{10}H^{13}(AzO^2)$. — On connaît deux cymènes mononitrés qui se forment simultanément lorsqu'on traite à 40-50° le cymène par l'acide nitrique d'une densité de 1,4. Le produit de la réaction est lavé à l'eau, puis avec une solution de carbonate de sodium, et finalement distillé dans un courant de vapeur.

Cymène α-mononitré. — Il passe avec la vapeur d'eau à l'état d'un liquide jaunâtre, d'une densité de 1,0385 à 18°, et qui se décompose par la distillation. L'acide chromique le transforme en acide nitrotoluique, qui cristallise en petites aiguilles [Landolph, *Deutsch. chem. Gesellsch.*, 1873, p. 936; *Bull. Soc. chim.*, t. XX, p. 557].

Cymène β-mononitré. — Il est contenu dans le résidu de la distillation du produit brut dans un courant de vapeur d'eau. On le purifie par cristallisation dans l'alcool. Le cymène β-mononitré est en aiguilles étoilées, fusibles à 124°,5 [Landolph, *loc. cit.*].

Le cymène β-mononitré, traité par l'amalgame de sodium, fournit l'*azocymide* $C^{20}H^{26}Az^2$ en tables rouges, fusibles à 86° [A. Werigo, *Zeitschr. Chem.*, 1864, p. 481 et 721].

Cymène dinitré, $C^{10}H^{12}(AzO^2)^2$. — Le cymène, traité par l'acide nitrique d'une densité 1,5, fournit un dérivé dinitré, que l'on purifie par distillation du produit de la réaction dans un courant de vapeur d'eau. Le cymène dinitré est un liquide d'une densité de 1,207 à 18°,5, et de 1,204 à 21° (Landolph, *loc. cit.*). Dans cette réaction on obtient un composé fusible à 178-180°, probablement un cymène trinitré.

Voyez, pour le *cymène dinitré cristallisé* et le *cymène trinitré*, t. I, p. 1128 et 1129.

4° DÉRIVÉS CHLORONITRÉS ET BROMONITRÉS. *Cymène monochloré dinitré*, $C^{10}H^{11}Cl(AzO^2)^2$. — On obtient ce corps en chauffant, jusqu'au commencement de la réaction, un mélange de thymol dinitré avec deux fois son poids de perchlorure de phosphore. La réaction s'achève d'elle-même; on chauffe alors à l'ébullition, et on chasse par distillation tout ce qui passe avant 135°. Le résidu, versé dans l'eau, constitue une masse gluante que l'on lave au carbonate de sodium et à l'eau, pour la purifier ensuite par cristallisation dans l'alcool.

Le cymène chlorodinitré cristallise en aiguilles fusibles à 100-101°, solubles dans l'alcool, l'éther et le sulfure de carbone. L'étain et l'acide chlorhydrique le transforment en un dérivé amidé que le mélange chromique convertit en oxythymoquinone et en chloroxythymoquinone [Ladenburg et Engelbrecht, *Deutsch. chem. Gesellsch.*, 1877, p. 1218; *Bull. Soc. chim.*, t. XXIX, p. 568].

E. von Gerichten a décrit un cymène chlorodinitré qui paraît être isomérique avec le précédent. Ce cymène chlorodinitré prend naissance lorsqu'on traite le cymène monochloré bouillant à 214°, et qui dérive du carvacrol, par le mélange sulfoazotique. Le produit de la réaction, versé dans l'eau, fournit des cristaux qui, purifiés par cristallisation dans l'alcool chaud, se présentent sous forme de prismes clinorhombiques, fusibles à 108-109°, de la formule $C^{10}H^{11}Cl(AzO^2)^2$ [*Deutsch. chem. Gesellsch.*, 1878, p. 1091; *Bull. Soc. chim.*, t. XXXII, p. 63].

Cymène bromodinitré, $C^{10}H^{11}Br(AzO^2)^2$. Par l'action du mélange d'acides nitrique et sulfurique sur le cymène monobromé. Prismes clinorhombiques, jaunâtres, fusibles à 97-98°, et possédant une odeur pareille à celle du musc [Gerichten, *loc. cit.*].

5° DÉRIVÉS SULFONÉS. — *Acides cymène-sulfoniques* [Syn. *acides sulfocyméniques*]. Voyez, t. III, p. 119. — Pendant longtemps on avait cru qu'il ne se formait qu'un seul dérivé sulfoconjugué du cymène lorsqu'on traite ce dernier par l'acide sulfurique. Mais Paterno a démontré que l'on obtient deux acides cymène-sulfoniques dans cette réaction, et que l'on peut les séparer par cristallisation fractionnée de leurs sels barytiques [*Gazz. chim. ital.*, 1873, p. 548; *Bull. Soc. chim.*, t. XXII, p. 398].

Cette observation a été confirmée par Claus et Cratz, qui indiquent que l'acide α correspondant au sel barytique le moins soluble, se forme de préférence lorsqu'on opère à basse température, tandis que l'acide β, dont le sel est plus soluble, prend naissance à une température plus élevée [*Deutsch. chem. Gesellsch.*, 1880, p. 901].

Acide α-cymène-sulfonique,

$$C^{10}H^{13}(SO^3H) + 2H^2O.$$

— Dans cet acide, le groupe (SO^3H) occupe la position ortho par rapport au groupe méthyle, car la fusion avec la potasse le transforme en carvacrol. Il est en grandes tables, que l'on obtient par cristallisation de l'acide libre dans l'acide sulfurique étendu. Il est peu soluble dans ce véhicule, et ce fait explique l'indication de Gerhardt et Cahours, que l'acide cymène-sulfonique, versé dans l'eau, régénère du cymène [Jacobsen, *Deutsch. chem. Gesellsch.*, 1878, p. 1058; *Bull. Soc. chim.*, t. XXXI, p. 64].

Le *sel de baryum* renferme $3H^2O$; le *sel sodique* contient $3H^2O$ (Paterno).

Amide cymène-sulfonique, $C^{10}H^{13}.SO^2AzH^2$. — On l'obtient en traitant le chlorure par l'ammoniaque alcoolique à 120-140°, et on la purifie par cristallisation dans l'eau bouillante; elle est en lamelles blanches, fusibles à 110° [J. Berger, *Deutsch. chem. Gesellsch.*, 1877, p. 976; *Bull. Soc. chim.*, t. XXIX, p. 172].

Amide cymène-sulfonique argentique,

$$C^{10}H^{13}.SO^2AzHAg.$$

— Précipité blanc que l'on obtient par l'action de l'acétate d'argent sur une solution de l'amide (Berger).

Avec le chlorure de benzoyle, l'amide donne le dérivé $C^{10}H^{13}.SO^2.AzH.C^7H^5O$ fusible à 153°. Ce composé, soumis à l'action du perchlorure de phosphore, fournit un chlorure huileux de la formule $C^{10}H^{13}.SO^2.AzC^7H^5Cl$ que le carbonate d'ammonium convertit en une amide

$$C^{10}H^{13}.SO^2.AzC^7H^5.AzH^2$$

qui cristallise en lamelles fusibles à 188°. La première amide benzoylée et son chlorure jouissent de propriétés acides, et ont été nommés *aciamides* [Anna Wolkoff, *Deutsch. chem. Gesellsch.*, 1872, p. 139; *Bull. Soc. chim.*, t. XVII, p. 363].

Acide cymène-sulfinique, $C^{10}H^{13}(SO^2H)$. — Cet acide ne peut être obtenu qu'à l'état sirupeux impur. Son sel de zinc se forme par l'action de la poudre de zinc sur le chlorure cymène-sulfonique en présence d'eau. Le sel de zinc est transformé en sel sodique, et celui-ci est décomposé par l'acide chlorhydrique. Sa solution aqueuse, épuisée par l'éther, cède à celui-ci l'acide. Les sels d'*argent*, de *cuivre* et de *plomb* sont des précipités. Le sel de potassium cristallise avec 3 ½ mol. d'eau qu'il perd à 140-150° (Berger).

6° OXYCYMÈNES ET THIOCYMÈNES. — Voyez THYMOL et CARVACROL, t. III, p. 409, ainsi que THIOTHYMOL, t. III, p. 403 et au Supplément.

On a décrit, indépendamment de ces dérivés de substitution, des composés du cymène renfermant des radicaux carbonés.

CYMYLE-PHÉNYLE-ACÉTONE, $C^{10}H^{13}-CO-C^6H^5$. — Liquide jaunâtre bouillant vers 340° qui se forme lorsqu'on fait bouillir du cymène avec du chlorure de benzoyle en présence de poudre de zinc [S. Grucarevic et V. Merz, *Deutsch. chem. Gesellsch.*, 1873, p. 1244; *Bull. Soc. chim.*, t. XXI, p. 225].

AMIDE CARBOCYMÉNIQUE, $C^{10}H^{13}-COAzH^2$. — Lorsqu'on distille du cymylsulfonate de potassium avec du cyanure de potassium, on obtient une huile brune, dont la partie bouillant entre 200 et 280° renferme un nitrile. Ce nitrile, chauffé avec de la potasse alcoolique, se transforme en amide. Pour purifier l'amide, on chasse l'alcool; on étend d'eau le résidu, et on fait cristalliser la masse bleu foncé dans l'eau bouillante. L'amide est fusible à 138-139°, soluble dans l'alcool et l'éther [Paterno et Fileti, *Gazz. chim. ital.*, 1875, p. 30].

ACIDE CARBOCYMÉNIQUE, $C^{10}H^{13}-CO^2H$. — Par l'action de l'acide chlorhydrique à 180° ou de la potasse fondante sur l'amide précédente. Cristaux fusibles à 62° [Paterno et Spica, *Deutsch. chem. Gesellsch.*, 1879, p. 2366].

LE CYMÈNE DANS L'ORGANISME. — Nencki et Ziegler ayant fait ingérer du cymène pur à des chiens par doses de 3 gr., ont vu ce carbure s'éliminer par les reins sous forme d'acide cuminique fusible à 115°, identique avec celui de Gerhardt et Cahours.

Les auteurs n'ont pas pu isoler des urines une combinaison de cet acide avec le glycocolle [*Deutsch. chem. Gesellsch.*, 1873, p. 749; *Bull. Soc. chim.*, t. XVIII, p. 515].

Mais, d'un autre côté, Jacobsen ayant fait prendre dans deux jours 11 gr. de cymène à un chien, a retiré des urines de cet animal un acide de la formule $C^{12}H^{15}AzO^3$ fusible à 168°. Cet acide a été identifié avec l'acide cuminurique, par son dédoublement au moyen de l'acide chlorhydrique, en glycocolle et en acide cuminique fusible à 116-117°. En même temps, les urines renfermaient une petite quantité d'acide cuminique libre. L'acide cuminurique éliminé par le chien était identique avec celui que Jacobsen avait préparé d'après Cahours par l'action du chlorure de cumyle sur le glycocolle argentique [Jacobsen, *Deutsch. chem. Gesellsch.*, 1870, p. 1512].

CONSTITUTION DU PARACYMÈNE. — Le cymène appartient à la série para des produit bisubstitués de la benzine : la transformation de ce carbure en acide paratoluique ou en acide téréphtalique par oxydation le prouve. Des vingt-deux carbures $C^{10}H^{14}$ dont on peut concevoir l'existence, il n'en est que trois capables de fournir ces deux acides par oxydation, et ce sont les deux paraméthylpropylbenzines et la paradiéthylbenzine.

La seule isomérie du paracymène que nos notions théoriques permettent de prévoir aujourd'hui, réside dans le groupe propyle, qui peut y entrer avec sa constitution normale ou à l'état d'isopropyle. Kékulé a admis le premier l'existence du groupe propyle normal dans le cymène, en se fondant sur la formation d'une certaine quantité d'acide acétique dans l'oxydation du cymène en acide téréphtalique.

La synthèse de Fittig au moyen du toluène

parabromé et du bromure de propyle normal, répétée par Fittica et par Jacobsen, est un appui sérieux à cette manière de voir, et cela d'autant plus que le cumène parabromé, qui renferme le groupe isopropyle, traité par le bromure de méthyle et le sodium, fournit un isocymène (voyez plus loin) qui diffère du cymène naturel. Fittig avait admis cette constitution du cymène, tout en déclarant que le cymène pourrait renfermer de l'isopropyle, et ceci malgré la synthèse opérée par lui. La cause de cette opinion réside sans doute dans le mode de formation du cymène indiqué par Kraut, par l'action de la potasse alcoolique sur l'alcool cuminique, qui contient de l'isopropyle, ainsi que nous l'avons déjà dit. R. Meyer a démontré depuis que l'alcool cuminique pur ne fournit pas de cymène dans ces conditions.

Rien ne nous empêcherait donc d'admettre le groupe propyle normal dans le cymène, si l'on n'avait pas signalé les faits suivants, qui ne peuvent pas facilement être mis d'accord avec cette idée.

1° L'alcool cuminique, chauffé avec de la poudre de zinc, fournit du cymène (Kraut).

2° Le chlorure de cumyle, réduit par le zinc et l'acide chlorhydrique, donne du cymène (Paterno).

3° Le brome, en présence de bromure d'aluminium, transforme le cymène en toluène pentabromé et en bromure d'isopropyle (Gustavson).

4° Le cymène, en s'oxydant dans l'économie animale, engendre de l'acide cuminique ou de l'acide cuminurique (Nencki et Ziegler, Jacobsen).

La réaction de Gustavson est une réaction violente dont il ne faut tenir aucun compte pour établir le groupement des atomes dans le carbure. Mais, d'un autre côté, dans les réactions de Kraut et de Paterno, nous assistons à la transformation du groupe isopropyle en propyle normal, tandis que les expériences de Nencki et Ziegler et de Jacobsen nous montrent le changement inverse. Ces faits ne sont pas isolés dans la science. Des transformations moléculaires semblables se présentent souvent et peuvent être interprétées, mais dans le cas présent les données nous manquent pour les expliquer.

Néanmoins nous admettrons, avec la plupart des chimistes, que le cymène naturel ou paraméthylpropylbenzine renferme le groupe propyle normal, en nous fondant surtout sur la synthèse de Fittig et sur celle de l'isocymène de Jacobsen, synthèse qui s'opèrent à 0° et donnent lieu à des réactions régulières.

B. — ISOCYMÈNE.

Le cumène (isopropylbenzine) parabromé, bouillant à 217° (50 gr.) traité par 60 gr. d'iodure de méthyle étendu de 75 gr. d'éther et 30 gr. de sodium à 0° en présence d'un peu d'acétate d'éthyle, entre en réaction. Lorsque celle-ci est terminée, on soumet le produit à la distillation. La partie du liquide qui passe entre 170-173° renferme un carbure $C^{10}H^{14}$.

Ce carbure, l'*isocymène*, bout à 171-172° et possède une densité de 0,8702 à 0°. L'acide sulfurique à 90-100° le convertit en un mélange de deux *acides isocymène-sulfoniques*, $C^{10}H^{13}.SO^3H$ que l'on sépare par cristallisation de leurs sels barytiques. Le sel qui se dépose en premier lieu est en fines aiguilles microscopiques de la formule $(C^{10}H^{13}SO^3)^2Ba + H^2O$. A 0°, 100 p. d'eau en dissolvent 4p,28.

Le *sel cuivrique*, $(C^{10}H^{13}SO^3)^2Cu + 4H^2O$, est en grandes tables rhombiques.

L'*amide* est en lamelles fusibles à 97-98°. L'acide chlorhydrique à 200° en régénère le carbure.

Le sel sodique, fondu avec de la potasse, fournit un phénol non étudié et les acides oxytéréphtalique et isoxycuminique, ce dernier fusible à 88°.

Le *sel barytique* du second acide s'obtient par évaporation des eaux mères du premier. Il ne cristallise pas. L'*amide* de cet acide est une masse cristalline fusible entre 80 et 90° [Jacobsen, *Deutsch. chem. Gesellsch.*, 1879, p. 429].

C. — ORTHOCYMÈNE.

Lorsqu'on chauffe légèrement la solution éthérée de toluène orthobromé et de bromure de propyle normal en présence de sodium, une réaction se déclare qu'il est bon de laisser achever ensuite à 8-10°. Le produit de la réaction, que l'on distille sur du sodium, fournit un liquide réfringent, bouillant à 181-182°; c'est l'orthocymène $C^{10}H^{14}$.

Acides sulfonés, $C^{10}H^{13}.SO^3H$. — L'acide sulfurique transforme l'orthocymène en deux acides sulfoniques que l'on sépare au moyen de leurs sels barytiques; ces deux acides ne cristallisent pas. Le premier, correspondant au sel le moins soluble ou acide α, se forme surtout lorsqu'on opère à une basse température; l'acide β prend naissance à une température élevée.

Le *sel barytique de l'acide* α est en cristaux étoilés renfermant une molécule d'eau; le *sel cuivrique* $(C^{10}H^{13}SO^3)^2Cu + 4H^2O$ est en fines aiguilles, et le *sel potassique* est en cristaux rhombiques renfermant ½ H^2O.

Les sels *barytique* et *cuivrique* de l'acide β sont des masses sirupeuses; traités par le perchlorure de phosphore, ils donnent un *chlorure* sirupeux que l'ammoniaque change en *amide orthocymène-sulfonique*, cristallisée en tables brillantes [A. Claus et H. Hansen, *Deutsch. chem. Gesellsch.*, 1880, p. 897].

D. — MÉTACYMÈNE.

Ce carbure bouillant à 176-177°,5 a été obtenu comme le précédent, mais en substituant le toluène métabromé au toluène orthobromé. Il est doué d'une odeur aromatique et possède une densité de 0,863 à 16°.

L'acide sulfurique le convertit en deux *acides sulfoniques* que l'on sépare par cristallisation des sels barytiques. L'*acide* α, correspondant au sel le moins soluble, prend naissance lorsqu'on opère à basse température; son *sel de baryum*

$$(C^{10}H^{13}SO^3)^2Ba + H^2O$$

est en lamelles; le *sel de cuivre* est en tables renfermant $4H^2O$; le *sel de plomb* cristallise avec 3 et le *sel de calcium* avec 2 mol. d'eau; le *sel potassique* est anhydre.

Le perchlorure de phosphore transforme ces sels en chlorure à 140-150°. Ce *chlorure* est en aiguilles fusibles à 175° solubles dans l'éther.

L'*acide* β se forme à une température élevée; son sel de baryum cristallise en aiguilles avec une mol. d'eau [A. Claus et T. Stüssner, *Deutsch. chem. Gesellsch.*, 1880, p. 899].

Le carbure obtenu par Kelbe, par distillation de la portion de l'huile légère de résine insoluble dans la soude, est un cymène qui donne de l'acide isophtalique par oxydation. Il fournit deux *acides sulfonés*, le *sel de baryum* de l'un renferme 1 molécule d'eau, et son amide fond à 73°; le sel barytique du *second acide* est cristallin, son *amide* fond à 108°. L'auteur croit que ce cymène est le *méta-isopropyltoluène*. Rien ne le prouve, et nous le mentionnons sans assigner une constitution établie à ce carbure [*Deutsch. chem. Gesellsch.*, 1880, p. 1157]. M. Wassermann.

CYMOPHÉNOL. — Voyez Thymol, t. III, p. 413.

CYMYLYQUE (ALCOOL). — Syn. de Cuminique (alcool), t. I, p. 1045.

CYNANCHINE ET CYNANCHOCÉRINE. — Voyez Cynanchol.

CYNANCHOL. — Le latex du *Cynanchum acutum* récolté dans les régions aralo-caspiennes, se sépare avec le temps en une résine et un liquide aqueux contenant du chlorure de potassium : fait intéressant, vu que le sol sur lequel croît cette plante est riche en chlorure de sodium. La matière résineuse est formée en partie par une substance cristallisable dans l'alcool ou le sulfure de carbone, et que Boutlerow a désignée sous le nom de *cynanchol*, en la représentant par la formule empirique $C^{15}H^{24}O$ [*Bull. Soc. chim.*, t. XXV, p. 396]. Hesse, en soumettant un échantillon du cynanchol de Boutlerow à des cristallisations fractionnées, est parvenu à le scinder en deux matières très voisines, la *cynanchocérine* et la *cynanchine*. La première cristallise en aiguilles étoilées, fusibles à 145-146°, et très peu solubles dans l'alcool froid. La cynanchine, par contre, forme des lamelles rhombiques, fusibles à 148-149°, plus solubles à froid dans l'alcool. Ces deux matières, qui se rapprochent beaucoup de l'échicérine et de l'échitéine, sont solubles dans l'éther, le chloroforme, tandis que les alcalis et les acides ne les dissolvent pas. L'acide nitrique donne un dérivé nitré; l'acide sulfurique concentré les dissout et prend une coloration jaune, avec fluorescence verte [O. Hesse, *Liebig's Ann. Chem.*, t. CXCII, p. 182; *Bull. Soc. chim.*, t. XXXII, p. 107].

CYNÈNE. — Le principe oxygéné qui forme la majeure partie de l'essence de semen-contra, bout à 173-174° sans décomposition; D = 0,913 à 20°; il renferme C = 75,5; H = 11,7, d'après les dernières analyses de Faust et Homeyer. Sous l'influence de l'anhydride phosphorique ou du sulfure de phosphore, cette essence perd de l'eau et se convertit en un hydrocarbure, le *cynène*, bouillant à 175° (t. I, p. 1130). Graebe avait envisagé ce corps comme un hydrure de cymène $C^{10}H^{16}$, mais d'après Faust et Homeyer, cet hydrogène carboné est identique avec le cymène lui-même. Il donne un acide sulfoné dont le sel de baryum renferme $(C^{10}H^{13}.SO^3)^2Ba + 3H^2O$, composition qui est celle du cymène-sulfonate ordinaire [C. Graebe, *Deutsch. chem. Gesellsch.*, 1872, p. 680; — A. Faust et J. Homeyer, *ibid.*, 1874, p. 1427].

CYNURÉNIQUE (ACIDE). — Syn. *Kynurénique (acide)*, $C^{10}H^7AzO^3 + H^2O$. — Il a été découvert par Liebig dans l'urine de chien; celle-ci en est quelquefois assez riche pour que l'acide se dépose spontanément; généralement, il faut d'abord concentrer l'urine à 1/3, soit directement, soit après l'avoir précipitée au préalable par l'acétate de plomb et enlevé le plomb par l'hydrogène sulfuré; le liquide évaporé est acidulé par l'acide chlorhydrique et abandonné à lui-même pendant quelques jours dans un endroit frais. L'acide cynurénique qui se dépose est dissous dans l'ammoniaque étendue, ce qui élimine l'acide urique, puis décoloré par le charbon et reprécipité par l'acide acétique de la solution chaude et peu concentrée. En répétant cette opération plusieurs fois, on l'obtient tout à fait pur [J. Liebig. *Ann. Chem. Pharm.*, t. LXXXVI, p. 125; t. CVIII, p. 354; t. CXL, p. 143; — O. Schmiedeberg et O. Schultzen, *ibid.*, t. CLXIV, p. 155; *Bull. Soc. chim.*, t. XVIII, p. 465]. Il a été étudié tout récemment par Kretschy [*Monatshefte f. Chem.*, t. II, p. 57].

L'acide cynurénique cristallise en aiguilles brillantes à quatre pans ou en aiguilles incolores, fines et petites, formant une poudre blanche, soyeuse. Il renferme $C^{10}H^7AzO^3 + H^2O$, formule que doublent Schmiedeberg et Schultzen. Il perd son eau à 150°. Il est très peu soluble dans l'eau pure (dans un peu plus de 1000 p. d'eau bouillante) ou dans l'eau acidulée, assez soluble dans les acides concentrés; l'acide nitrique chaud ne paraît pas l'attaquer, l'alcool bouillant en prend une assez grande quantité, l'éther des traces. L'acide iodhydrique ne l'altère pas à 180°. Chauffé avec précaution, l'acide fond vers 257-258°, en dégageant abondamment du gaz carbonique et laissant une base, la *cynurine* (voyez plus loin) (Schmiedeberg et Schultzen) :

$$C^{10}H^7AzO^3 = CO^2 + C^9H^7AzO.$$

On rappelle que l'acide urocanique se comporte d'une manière analogue (t. III, p. 610). L'eau de brome accomplit à froid déjà le même dédoublement, mais la cynurine se transforme alors en un dérivé bromé [Brieger, *Zeitschr. physiol. Chem.*, t. IV, p. 89].

L'acide cynurénique n'est pas un composé aromatique; il vient se ranger dans la série quinoléique; la potasse en fusion ne donne aucun corps aromatique, mais l'acide chlorhydrique à 240° ou mieux la poudre de zinc, fournissent de la quinoléine :

$$C^{10}H^7AzO^3 + H^2 = CO^2 + H^2O + C^9H^7Az.$$

Il suffit de chauffer l'acide avec de la poudre de zinc dans un courant d'hydrogène, pour obtenir une très notable quantité de cette base [M. Kretschy, *Deutsch. chem. Gesellsch.*, 1879, p. 1673].

L'acide cynurénique est un acide monobasique faible; il rougit le tournesol, mais ne décompose pas le carbonate de baryum (Liebig; Meissner et Shepard). Il s'unit même à l'acide chlorhydrique et donne le sel $C^{10}H^7AzO^3,HCl$, que l'eau dédouble aisément (Brieger).

Sel d'ammonium. — Très soluble et anhydre.

Sel de potassium, $C^{10}H^6AzO^3K + 2H^2O$. — Aiguilles soyeuses, efflorescentes, très solubles.

Sel d'argent, $C^{10}H^6AzO^3.Ag + H^2O$. — Précipité blanc, insoluble dans l'eau, même à chaud.

Sel de baryum, $(C^{10}H^6AzO^3)^2Ba + 3H^2O$. ($+ 4\frac{1}{2} H^2O$, d'après Kretschy). — Aiguilles incolores, souvent groupées en étoiles, très peu solubles dans l'eau; en présence d'un excès de baryte, le sel se dissout beaucoup plus facilement, et le gaz carbonique précipite de cette solution du carbonate et du cynurénate de baryum.

Sel de calcium $(C^{10}H^6AzO^3)^2Ca + 2H^2O$. — Aiguilles fines et soyeuses, un peu plus solubles que le sel de baryum.

Sel de cuivre. — Précipité vert jaunâtre, cristallin, à peine soluble à chaud; contient $2H^2O$.

Le rôle physiologique de l'acide cynurénique n'est pas connu, et l'on ignore, de même, quelles sont les conditions dans lesquelles il apparaît en grande quantité dans l'urine de chien. Voici les rares faits que l'on a publiés à ce sujet. En très petite quantité, il ne paraît faire défaut dans l'urine d'aucun chien, mais sa proportion est soumise à des variations très notables, suivant les sujets. D'après Voit et Richter [*Zeitschr. Biol.*, 1865, t. I, p. 315], il augmente avec la quantité de viande ingérée par l'animal (0gr,397 par vingt-quatre heures, le chien étant à jeun; 1gr,898 par vingt-quatre heures, le chien prenant 2000 grammes de viande); les matières amylacées en diminuent la quantité; le sulfate de sodium est sans action; résultat opposé aux observations de Seegen [*Wien. Acad. Ber.*, t. XLIX, p. 24].

L'urine de chien contiendrait en outre, et d'une manière constante, une certaine quantité d'acide urique [G. Meissner et C. U. Shepard, *Unters. über Entsteh. der Hippurs. im Organ.*, Hannovre, 1866], tandis que d'autres observateurs n'ont rencontré cet acide qu'après une alimentation fortement animale [Voit et Richter; — Naunyn et Riess, *Arch. Anat. Physiol.*, 1869, p. 381].

CYNURINE, C^9H^7AzO, ou la formule double, d'après Schmiedeberg et Schultzen. — On chauffe l'acide cynurénique au bain de sable à 265°, et l'on maintient la chaleur tant qu'il se dégage du gaz carbonique; on dissout la masse brune dans l'eau, on décolore la solution par le charbon et on l'abandonne à l'évaporation. La cynurine cristallise en prismes clinorhombiques, brillants et transparents, groupés en géodes assez solubles dans l'alcool froid, solubles dans 210 p. d'eau à 15°, très solubles à chaud. La base est généralement anhydre; lorsque la cristallisation s'est opérée rapidement, elle retient $3H^2O$. La cynurine attire un peu d'acide carbonique à l'air; elle fond à 201°, et n'est pas volatile sans décomposition.

Le chlorure ferrique colore la cynurine en un rouge carmin peu intense, le réactif de Millon en vert jaune. Distillée sur la poudre de zinc, elle donne de la quinoléine; avec l'amalgame de sodium, on obtient le composé $C^{18}H^{20}Az^2O^2$, insoluble dans la soude.

L'anhydride acétique n'attaque pas la cynurine à 140°; à une plus haute température, il y a décomposition profonde. Le chlorure d'acétyle réagit facilement sur cette base et donne un corps décomposable par l'eau. Un mélange de chlorure phosphorique et d'oxychlorure la convertit en un produit de substitution, dont le chloroplatinate renferme $(C^9H^6ClAzO, HCl)^2, PtCl^4$ (Kretschy).

Chlorhydrate, $(C^9H^7AzO)^2HCl + 2H^2O$. — Grands prismes clinorhombiques ou aiguilles, brillants, peu stables.

Chloroplatinate, $(C^9H^7AzO,HCl)^2,PtCl^4+2H^2O$. — Précipité jaune, peu soluble dans l'eau, plus soluble dans l'alcool.

Cynurine tribromée, $C^9H^4Br^3AzO$. — Lorsqu'on ajoute de l'eau de brome à une solution de cynurine ou à de l'acide cynurénique délayé dans l'eau bouillante, on obtient un précipité floconneux jaune qui semble renfermer

$$C^9H^3Br^4AzO.$$

Une partie du brome de ce composé y est faiblement unie, et est enlevée lorsqu'on le dissout dans l'alcool bouillant; par refroidissement, on obtient de très fines aiguilles blanches de cynurine tribromée, peu solubles, que l'on purifie par cristallisation répétée. Ce corps est dénué de propriétés basiques : bien au contraire, il se dissout dans les alcalis et en est précipité par les acides Brieger [*loc. cit.*]. A. Henninger.

CYNURINE. — Voyez CYNURÉNIQUE (ACIDE).

CYOPINE. — Nom donné par Delore à la matière colorante du pus bleu.

CYPRITE de Glocker (Min.). — Voyez CHALCOSINE.

CYRTOLITHE (Min.). — Zircon altéré, variété de malacone; de Rockport (Mass).

CYSTINE, $C^3H^7AzSO^2$. — Ce composé remarquable et à peine connu constitue la substance de certains calculs extrêmement rares de la vessie ou du rein, chez l'homme; il y a été découvert par Wollaston, en 1810; on le rencontre aussi à l'état de sédiment urinaire dans la cystinurie [*Ann. Chim.*, t. LXXVI, p. 22, 1810]; à l'état physiologique, on ne l'a encore trouvé ni dans les tissus ni dans les humeurs de l'homme; le rein du bœuf en contient des traces, d'après Cloëtta, mais pas d'une manière constante [*Ann. Chem. Pharm.*, t. XCIX, p. 289]. Scherer a rencontré la cystine dans le foie d'un buveur mort du typhus [*Jahresb. Chem.*, 1857, p. 561]; Dewar et Gamgee, enfin, l'ont rencontré dans la sueur (?).

Depuis Wollaston, la cystine a été surtout étudiée par Lassaigne [*Ann. Chim. Phys.*, t. XXIII, p. 328]; par Baudrimont et Malaguti, qui reconnurent les premiers sa forte teneur en soufre [*Journ. Pharm. Chim.*, t. XXIV, p. 633]; par Thaulow [*Ann. Chem. Pharm.*, t. XXVII, p. 197]; par Marchand [*Journ. prakt. Chem.*, t. XVI, p. 255]; par Dewar et Gamgee [*Pharm. Journ. Transact.*, 1870, p. 385; 1872, p. 144], et d'autres savants. Sa formule établie par Gmelin $C^3H^7AzSO^2$ et confirmée par les analyses de Grote, est adoptée généralement, quoique Gamgee ait proposé une formule moins riche de 2 atomes d'hydrogène.

On ignore entièrement la constitution de la cystine; on sait seulement que le soufre en est éliminé facilement à l'état de sulfure, du moins en partie; que, par conséquent, il n'y est pas contenu à l'état de groupement sulfonique; les essais de synthèse qu'on a entrepris (action de l'aldéhyde-ammoniaque sur le sulfocyanate de potassium; action de la chaleur sur l'allylsulfonate ammonique; action de l'ammoniaque sur le chlorure allylsulfonique) ont tous donné des résultats négatifs [voir à ce sujet : E. Külz, *Dissertation inaug.*, Marbourg, 1871; *Jahresb. Thierchem.*, 1872, p. 366].

Les calculs de cystine sont faciles à reconnaître; ils sont jaunâtres, translucides, rayés par l'ongle, à cassure cristalline. L'extraction de la cystine de ces calculs ou des sédiments urinaires est très simple : il suffit de les mettre en digestion avec de la potasse ou de l'ammoniaque qui dissout le principe organique, et de précipiter la solution bouillante par l'acide acétique; on peut aussi abandonner à l'évaporation lente la solution ammoniacale.

La cystine cristallise en lamelles ou en tables hexagonales, incolores, inodores, d'une densité de 1,71, insolubles dans l'eau et dans l'alcool, solubles dans les acides minéraux et dans l'acide oxalique; les acides acétique et tartrique et d'autres acides végétaux ne la dissolvent pas. Elle forme, avec les acides, des combinaisons que l'on obtient en aiguilles par l'évaporation des solutions à une douce chaleur; ces sels étant très instables, n'ont pas été obtenus avec une composition constante. Les alcalis et leurs carbonates et bicarbonates, l'ammoniaque, dissolvent très aisément la cystine; le bicarbonate d'ammonium n'est pas dans ce cas.

Chauffée, la cystine fond, puis se décompose en se boursouflant et dégageant des vapeurs d'odeur fétide particulière qui brûlent avec une flamme bleu verdâtre. Les alcalis bouillants en séparent le soufre à l'état de sulfure; l'eau de baryte à 150° donne du sulfure et du sulfite; la potasse alcoolique fournit à 130° du sulfure et une substance non cristallisable, exempte de soufre, à réaction fortement acide. L'acide nitrique la dissout aisément; l'acide nitreux, dirigé dans de l'eau tenant de la cystine en suspension, la transforme en acide sulfurique et un corps réduisant le nitrate d'argent (acide pyruvique?); il ne se forme pas d'acide oxalique. L'étain ou le zinc et l'acide chlorhydrique dégagent à froid de l'hydrogène sulfuré avec la cystine. Lorsqu'on ajoute du nitrate d'argent à une solution ammoniacale de cystine, il ne se produit aucun trouble, mais l'acide nitrique occasionne dans la liqueur un précipité jaune, qui semble constituer une combinaison de cystine et de nitrate d'argent (Dewar et Gamgee).

L'origine et le rôle physiologique de la cystine sont inconnus; sa présence dans les urines, qui est moins rare qu'on ne l'avait cru, coïncide, dans quelques cas, avec l'état de santé; généralement, on observe certains symptômes morbides, très variables du reste, et dont la corrélation avec la production de cystine n'est pas démontrée. Il est à remarquer que cette *cystinurie* affecte souvent les membres d'une même famille. L'albumine accompagne et précède souvent la cystine.

Celle-ci est toujours en petite proportion; la quantité maximum observée est de $0^{gr},5$ pour vingt-quatre heures. La présence de la cystine coïnciderait, d'après un cas étudié par Niemann, avec une diminution de l'acide urique et une augmentation des sulfates de l'urine. Ebstein, par contre, n'a pas trouvé cette corrélation dans deux cas étudiés par lui.

La recherche de la cystine dans un sédiment ou un calcul est très simple; la solubilité dans l'ammoniaque et la forme hexagonale que présentent les cristaux sous le microscope suffisent pour la caractériser. A. Henninger.

CYTISINE, $C^{20}H^{27}Az^{3}O$. — La cytisine a été découverte par Husemann et Marmé dans les semences du *Cytisus Laburnum*.

On fait macérer pendant deux jours les graines concassées avec de l'eau aiguisée d'acide sulfurique, puis on filtre et on neutralise par la chaux; le liquide est additionné d'acétate de plomb, dont on enlève l'excès par l'hydrogène sulfuré; après avoir neutralisé avec du carbonate de sodium et évaporé, on précipite en solution légèrement alcaline par le tannin. Les flocons de tannate, rapidement lavés, sont traités au bain-marie par de la litharge délayée dans de l'eau jusqu'à ce qu'une prise d'essai ne se colore plus par le perchlorure de fer. A ce moment on dessèche, et l'on épuise le résidu par l'alcool; après l'évaporation de celui-ci il reste un sirop qui, traité par de l'acide azotique concentré et six ou huit volumes d'alcool, laisse bientôt déposer de beaux cristaux d'azotate de cytisine.

La cytisine s'obtient sous forme d'une matière huileuse. lorsqu'on décompose à chaud son azotate par de la potasse très concentrée. On la dissout dans l'alcool absolu, et, après avoir précipité la potasse de cette solution par un courant de gaz carbonique sec, on laisse cristalliser.

Les cristaux de cytisine ne sont pas déliquescents; leur saveur est amère, puis caustique; ils fondent à $154°,5$ et se subliment en longues aiguilles. La cytisine est soluble dans l'eau et dans l'alcool étendu, presque insoluble dans la benzine, le chloroforme, le sulfure de carbone et l'éther; elle déplace l'ammoniaque de ses sels.

Le chlorhydrate et l'azotate de cytisine sont seuls cristallisables.

Les solutions de cytisine précipitent en jaune orangé par l'iodomercurate et le triiodure de potassium, ainsi que par l'eau de brome. Le chlore ne donne pas de réaction. L'acide nitrosulfurique colore la base en jaune orangé, l'acide sulfurique pur est sans action.

La cytisine se rencontre dans la plupart des cytisus. Elle est vénéneuse et provoque des vomissements à la suite desquels la mort survient par asphyxie [A. Husemann, *Zeitsch. Chem.*, 1869, p. 677]. A. Étard.

D

DAMBONITE, $C^{8}H^{16}O^{6}$. — Voyez t. I, p. 1131. La dambonite, traitée par le mélange sulfo-nitrique, fournit une masse gommeuse translucide, qui, versée dans l'eau, se transforme en flocons de *nitrodambonite*. Cette substance cristallise dans l'alcool; elle est insoluble dans l'eau et détone par le choc [P. Champion, *Compt. rend.*, t. LXXIII, p. 114].

DAMBOSE. — Voyez Dambonite, t. I, p. 1131. Le mélange des acides nitrique et sulfurique la transforme en un dérivé nitré qui cristallise dans l'alcool; le choc le fait détoner, et aussi une température de 100° [Champion, *Compt. rend.*, t. LXXIII, p. 114].

DANBURITE (Min.). — La forme cristalline de la danburite, qui avait été considérée comme anorthique, est, en réalité, orthorhombique, $mm = 122°52'$; $a^1 a^1$ (sur p) $= 97°7'$. Les cristaux ressemblent beaucoup à ceux de la topaze.

DAPHNÉTINE, $C^{9}H^{6}O^{4}$. — La formule anciennement admise pour ce corps était $C^{19}H^{14}O^{9}$ indûment doublée et matériellement erronée; cette erreur n'était que la répétition de celle commise sur la daphnine dont la daphnétine dérive.

Rochleder [*Wiener Akad.*, 1863] a montré que la daphnine renferme comme l'esculine

$$C^{15}H^{16}O^{9} + 2\,H^{2}O$$

et que ces deux glucosides donnent, par la fermentation ou par l'action des acides étendus, deux dérivés isomériques de la formule $C^{9}H^{6}O^{4} + H^{2}O$, savoir: la daphnétine et l'esculétine. La daphnétine se prépare en opérant directement sur la daphnine impure contenue dans l'extrait alcoolique des *Daphne Mezereum* et *D. alpina*, tel qu'on le trouve dans les pharmacies. On dissout cet extrait dans l'alcool, puis on le traite par un courant d'acide chlorhydrique; ce dernier ne doit pas être employé en trop grand excès, car, à chaud, après avoir transformé la daphnine en daphnétine, il attaquerait cette dernière et la détruirait. Après avoir chauffé la solution chlorhydrique de daphnine pendant un certain temps, on l'évapore au bain-marie, puis on reprend par l'eau bouillante. La solution aqueuse, additionnée d'une petite quantité d'acétate neutre de plomb, laisse déposer les matières colorantes brunes et les impuretés qu'elle contient, sous la forme de précipité plombique. Après cette première purification, on précipite la daphnétine par le sous-acétate de plomb, on décompose ce précipité par l'hydrogène sulfuré et on fait cristalliser le liquide préalablement décoloré par le noir animal.

La daphnétine cristallise en prismes brillants jaunâtres, fusibles à 253-256° en tube capillaire, avec un léger commencement de décomposition. Ces cristaux sont à peu près insolubles dans la benzine, le chloroforme et le sulfure de carbone. Les acides sulfurique et chlorhydrique concentrés les dissolvent en prenant une coloration rouge; l'eau précipite de cette solution de la daphnétine inaltérée. Par une digestion prolongée avec de l'acide chlorhydrique à 100°, la daphnétine se transforme en un produit amorphe peu soluble. Les alcalis caustiques ou carbonatés la dissolvent en prenant une teinte orangée, ces solutions s'altèrent par une longue exposition à l'air.

La daphnétine réduit les sels d'argent et les solutions alcalines de cuivre; elle forme des combinaisons altérables avec les hydrates de baryum et de calcium, et précipite les sels de plomb [C. Stünkel, *Deutsch. chem. Gesellsch.*, 1879, p. 109].

Acétyle-daphnétine, $C^9H^5(C^2H^3O)O^4$. — On fait chauffer la daphnétine pendant plusieurs heures avec de l'anhydride acétique ou du chlorure d'acétyle en excès; le produit de la réaction est précipité par l'eau froide et purifié par quelques cristallisations dans l'acide acétique ou l'alcool qui, par évaporation lente, dépose l'acétyle-daphnétine en gros cristaux légèrement teintés de jaune.

L'acétyle-daphnétine fond à 129-130°; elle est très soluble dans l'éther, la benzine et le chloroforme, moins soluble dans l'alcool; la soude la dissout avec une coloration rouge [Fünkel, *loc. cit.*].

Acétyle-daphnétine tétrabromée,

$$C^9HBr^4(C^2H^3O)O^4.$$

— Ce dérivé se prépare en faisant digérer l'acétyle-daphnétine à 100° avec une solution de brome dans l'alcool très étendu d'eau. Au bout de quelques heures, la solution décolorée laisse déposer des cristaux très peu solubles dans l'alcool, l'éther et le chloroforme, et qu'on peut facilement débarrasser, par l'action de ces dissolvants, de l'excès de brome ou d'acétyle-daphnétine qu'ils pourraient contenir. Le dérivé tétrabromé de l'acétyle-daphnétine fond à 290° environ en se décomposant, et se colore en rouge au contact de la soude.

Benzoyle-daphnétine, $C^9H^5(C^7H^5O)O^4$. — On fait réagir du chlorure de benzoyle à 100° sur de la daphnétine soigneusement desséchée; on traite le produit obtenu par l'eau, puis on le fait cristalliser dans l'alcool. On obtient ainsi la benzoyle-daphnétine en aiguilles blanches groupées, fusibles à 149-150°, insolubles dans l'eau et dans l'éther, solubles dans l'alcool bouillant, dans l'acide acétique, la benzine et le chloroforme (Stünkel).

Les agents oxydants n'ont jusqu'à présent donné aucun résultat avec la daphnétine; il en est de même pour les réducteurs. L'amalgame de sodium transforme la daphnétine en une résine, les autres réducteurs ne réagissent pas; tel est le cas du sulfhydrate d'ammonium et du chlorure stanneux.

Par la distillation sèche, la daphnétine se transforme en partie en ombelliférone ou oxycoumarine, et comme sa formule ne diffère de celle de l'ombelliférone que par un atome d'oxygène en plus, on peut la considérer comme une oxyombelliférone dérivant d'un phénol triatomique au même titre que l'ombelliférone dérive de la résorcine, phénol diatomique (Stünkel).

La constitution de la daphnétine déduite de l'étude de ses réactions et dérivés peut donc s'exprimer par la formule :

$$C^6H^2\begin{cases} OH \\ OH \\ CH = CH \\ O - CO. \end{cases}$$

A. Étard.

DAPHNINE, $C^{15}H^{16}O^9 + 2H^2O$. — L'extraction et les propriétés de ce corps ont déjà été décrites par divers auteurs, qui lui attribuaient la formule $C^{31}H^{34}O^{19} + 2H^2O$, s'écartant du multiple de la formule vraie par CH^2O. Rochleder a donné la composition exacte de la daphnine, vérifiée depuis par l'étude de ses produits de dédoublement [Rochleder, *Wien. Akad.*, 1863].

La daphnine est un glucoside que les acides ou les ferments dédoublent en daphnétine et en glucose, selon l'équation suivante :

$$C^{15}H^{16}O^9 + H^2O = C^9H^6O^4 + C^6H^{12}O^6.$$

La daphnine étant le glucoside de la daphnétine, on peut, en partant de la formule de celle-ci et avec le même degré de probabilité, représenter la daphnine par la formule :

$$C^6H^2\begin{cases} C^6H^{11}O^6 \\ OH \\ CH = CH \\ O - CO \end{cases}$$

A. Étard.

DATURINE, $C^{17}H^{23}AzO^3$. — On trouve dans le commerce la daturine, principe actif du *Datura Stramonium*, sous deux formes : la daturine *lourde* et la daturine *légère*. La daturine lourde est un mélange d'atropine et d'hyoscyamine riche en atropine; par une série de cristallisations fractionnées on peut en séparer cette dernière base à l'état pur, mais il vaut mieux transformer le mélange des alcaloïdes en chloraurates qu'on sépare facilement par cristallisation. Le chloraurate d'hyoscyamine est en tables brillantes, fusibles à 159-160°, tandis que celui d'atropine qu'on trouve dans les eaux mères du précédent est sans éclat et fond à 135-139°. De ces sels on peut, par l'action de l'hydrogène sulfuré, séparer à l'état pur les deux bases dont le mélange constitue la daturine : l'hyoscyamine fusible à 108°,5 et l'atropine fondant à 113,5-114°,5.

La daturine légère est une poudre blanche faiblement cristalline, fusible à 90-95° et constituée presque exclusivement par de l'hyoscyamine. On peut en séparer le peu d'atropine qu'elle contient en transformant le mélange en chloraurates comme ci-dessus [A. Ladenburg, *Deutsch. chem. Gesellsch.*, 1880, p. 909]. A. Étard.

DAUBRÉELITHE (Min.). — Sulfure de chrome et de fer $FeCr^2S^4$, en grains noirs cristallins clivables, trouvés dans les fers météoriques de Bolson de Mapini (Mexique). Fragile. Soluble dans l'acide azotique.

Densité, 5,01.

DAVRÉCÉNITE (Min.). — Silicate d'alumine hydraté, avec manganèse et magnésie. Les rapports d'oxygène dans H^2O, SiO^2, Al^2O^3, MnO, MgO sont 2:6:3:3/4:1/4. Matière blanche ou rosée, asbestiforme, trouvée à Sart-Close (Salin-Château).

DAVYUM. — Nom d'un métal que S. Kern pense avoir découvert dans un sable platinifère et qu'il en retire après la séparation de l'iridium et du rhodium par le procédé Bunsen [*Ann. Chem. Pharm.*, t. CXLVI, p. 205; *Bull. Soc. chim.*, t. XI, p. 308]. Les eaux mères obtenues après la séparation de ces métaux ont été chauffées avec un excès de chlorure et d'azotate d'ammonium; et le précipité rouge qui s'était formé a été calciné. S. Kern a obtenu ainsi une mousse métallique, fusible au chalumeau oxhydrique en un régule d'un blanc d'argent (600 gr. de minerai en ont donné 0 gr. 27) : c'est le davyum.

La densité du davyum est égale à 9,388 à 25°. Ce métal est dur à froid, malléable à chaud. Il est facilement attaqué par l'eau régale et faiblement par l'acide sulfurique bouillant en donnant un sulfate orangé peu soluble. Le poids atomique du davyum paraît être intermédiaire entre 150 et 154.

Les solutions de davyum donnent, avec la potasse, un précipité jaune; avec l'hydrogène sulfuré, un précipité brun, qui est noir après dessiccation, et qui est facilement attaqué par les sulfures alcalins. Le sulfocyanate de potassium y produit une coloration ou un précipité rouge, suivant la concentration.

Le davyum ne paraît donner qu'un seul chlorure stable. Ce dernier est cristallisable et déliquescent, très soluble dans l'eau, dans l'alcool et dans l'éther. Ce qui le caractérise surtout c'est de donner, avec les chlorures de potassium et d'ammonium, des sels doubles insolubles dans l'eau et très solubles dans l'alcool absolu; le chlorure double de davyum et de sodium est insoluble et dans l'eau et dans l'alcool; l'eau bouillante n'en dissout que 0,08 °/₀.

Le sulfocyanate de davyum se dépose par le refroidissement de sa solution concentrée en cristaux rouges.

On obtient un cyanure double de davyum et de potassium en dissolvant le chlorure de davyum dans une solution de cyanure de potassium. Il cristallise en prismes.

Le spectre du davyum, observé en faisant volatiliser le métal entre les charbons d'une lampe électrique, présente une raie entre A et B, deux raies entre B et C, 3 entre C et D et entre D et E, deux entre E et F, et un plus grand nombre entre F et G et entre G et H. Ed. Willm.

DAWSONITE (Min.). — Hydrocarbonate d'aluminium et de sodium,

$$Al^2O^3, Na^2O, 2CO^2, 2H^2O = Al^2(CO^3Na)^2(OH)^4.$$

Trouvé, au Canada, en petites masses rayonnées ou fibreuses, doublement réfringentes, d'un blanc nacré, transparentes, ou translucides, contenues dans les fissures d'un petrosilex gris formant dyke dans le trachyte de Montréal. La même substance en fibres beaucoup plus ténues, d'un blanc soyeux parfois jaunâtre, a été retrouvée à Pian Castagnaio (Toscane) dans un grès jaune ou gris dolomitique.

Dureté, 3. Densité, 2,40.

Caractères. — Soluble avec effervescence dans l'acide chlorhydrique. Change à peine d'aspect au chalumeau et ne fond pas.

Forme cristalline. — Clinorhombique, d'après les caractères optiques.

DÉCACRYLIQUE (ACIDE). — Acide gras accompagnant la cérine (alcool phellique de Siewert, t. II, p. 792), l'eulysine (voir plus loin), l'acide corticique et un tannin (Supp., p. 527), dans l'extrait alcoolique du liège (cet extrait forme 10 °/₀ de l'écorce). Il se dépose de la solution alcoolique avec les dernières parties de cérine à l'état de masses jaunes amorphes; le liège en fournit 2,5 °/₀. Soluble dans 1200 p. d'alcool froid et 52 p. d'alcool bouillant; fusible à 86°. Il renferme $C^{10}H^{18}O^2$. Son sel potassique est peu soluble dans l'alcool.

EULYSINE. — Le liquide alcoolique qui a laissé déposer l'acide décacrylique fournit après évaporation complète une masse solide d'où l'eau bouillante extrait l'acide corticique et le tannin, tandis que l'eulysine reste. Purifiée par un traitement à l'alcool, qui en dissout un dixième, elle renferme $C^{24}H^{36}O^3$; elle fond à 150° [M. Siewert, *Journ. prakt. Chem.*, t. CIV, p. 118].

DÉCARBUSNIQUE (ACIDE), $C^{15}H^{16}O^5$. — Acide résultant d'un dédoublement de l'acide usnique sous l'influence de l'alcool bouillant. Voir Usnique (acide), t. III, p. 612.

DÉHYDRACÉTIQUE (ACIDE), $C^8H^8O^4$. — [Oppenheim et S. Pfaff, *Deutsch. chem. Gesellsch.*, 1874, p. 935 et *Bull. Soc. chim.*, t. XXVI, p. 356; — Oppenheim et Precht, *Deutsch. chem. Gesellsch.*, 1876, p. 323 et 1099 et *Bull. Soc. chim.*, t. XXVII, p. 209]. L'acide déhydracétique se prépare avec facilité en faisant passer dans un tube en fer rempli de pierre ponce et chauffé au-dessous du rouge sombre des vapeurs d'éther acétylacétique. Le tube est en communication avec différents condenseurs que l'on trouve à la fin de l'opération remplis d'une masse cristalline d'acide déhydracétique; on le purifie par cristallisation. On en obtient ainsi 23,5 °/₀ de l'éther acétylacétique employé.

En dissolution concentrée, l'acide déhydracétique est coloré en jaune, ou en rouge orangé par le perchlorure de fer.

Son *éther méthylique*, $C^8H^7O^3(OCH^3)$, obtenu par l'action de l'iodure de méthyle sur le sel d'argent, forme des prismes jaunes à quatre pans qui fondent à 91°.

L'*éther éthylique*, $C^8H^7O^3(OC^2H^5)$, préparé d'une manière analogue, fond à 91°,6.

L'*amide*, $C^8H^7O^3(AzH^2)$, se prépare aisément par l'évaporation d'une solution ammoniacale d'acide déhydracétique. On l'obtient en aiguilles cristallines réunies en boules. Elle fond à 208°,5 et se sublime sans décomposition; ce phénomène commence déjà à 130°. Elle se dissout aisément dans l'alcool, l'éther et l'eau chaude, peu dans l'eau froide, bien que sa solution dans l'eau chaude reste longtemps sursaturée après le refroidissement.

L'*amide phénylée*, $C^8H^7O^3(AzH . C^6H^5)$, s'obtient quand on chauffe l'acide avec de l'aniline, dont finalement on enlève l'excès par un acide étendu. Ce sont de fines aiguilles blanches, facilement solubles dans l'alcool et l'éther, fusibles à 115°, volatiles avec la vapeur d'eau et se décomposant quand on veut les distiller seules. Elle est soluble dans l'acide chlorhydrique étendu et donne un chloroplatinate instable. L'acide concentré la dédouble en aniline et en acide déhydracétique.

Soumis, en solution chloroformique, à l'action du chlore, l'acide déhydracétique fournit un dérivé *monochloré* en petits cristaux solubles dans l'alcool. Cet *acide chlorodéhydracétique* $C^8H^7ClO^4$ fond à 93°. Le rendement est peu satisfaisant. Une action prolongée du chlore fournit un produit liquide.

On obtient de même, par l'action du brome à 40°, un *acide bromodéhydracétique*, $C^8H^7BrO^4$, en petits grains cristallins jaunâtres, fusibles à 134°. Ici encore il se produit beaucoup de résine.

L'*hydrogène naissant*, produit par le zinc et l'acide chlorhydrique, enlève de l'oxygène à l'acide déhydracétique en solution alcoolique et donne un produit, fusible à 187° environ, qui ne colore pas le perchlorure de fer.

L'acide déhydracétique, humecté d'oxychlorure de phosphore, réagit vivement sur le pentachlorure de phosphore. Il faut employer 2 moléc. de ce dernier pour 1 moléc. d'acide. Le produit de la réaction, versé dans l'eau, abandonne une résine fortement colorée. Traitée par une lessive de soude étendue, celle-ci laisse à l'état insoluble une substance cristalline qui se dépose de sa solution alcoolique en aiguilles faiblement rougeâtres. Ce composé, qui fond à 101°, présente la composition d'un *chlorure déhydracétique*,

$$C^8H^6Cl^2O^2.$$

Il ne bout pas sans décomposition, mais distille avec la vapeur d'eau et se décompose vers 200°, en présence de cet agent en repassant à l'état d'acide déhydracétique.

Les *acides concentrés* et *chauds* n'attaquent pas l'acide déhydracétique; tels sont les acides chlorhydrique, azotique et sulfurique, même presque bouillant. Par contre, les *alcalis* le dédoublent aisément. Mêlée à un grand excès de lessive de soude et chauffée, sa solution écume fortement : il distille de l'acétone et il se forme de l'acétate et du carbonate de sodium, conformément à l'équation

$$C^8H^8O^4 + 3H^2O = 2C^2H^4O^2 + CO^2 + C^3H^6O.$$

L'eau de baryte ou l'eau de chaux le décomposent de même, par une chauffe de 8 heures à 160°. Il se produit pourtant, en outre, une petite quantité d'une substance qui possède les propriétés de l'orcine (soluble dans l'eau, l'éther, la benzine, saveur douce, coloration violet rouge par le perchlorure de fer, rouge pâle par l'ammoniaque et l'air). Il se pourrait, d'après ces réactions, que l'acide déhydracétique eût une constitution analogue à la suivante :

$$\begin{array}{c} HC\text{-}CO\text{-}CH^2 \\ \| \\ CO^2H\text{-}CH^2\text{-}C\text{-}CH{=}COH \end{array}$$

qui en ferait un produit d'addition de la benzine.

E. Demarçay.

DÉHYDROMUCIQUE (ACIDE), $C^6H^4O^5$. — Cet acide, qui constitue un produit de déshydratation de l'acide mucique,

$$C^6H^4O^5 = C^6H^{10}O^8 - 3\,H^2O,$$

prend naissance lorsqu'on chauffe ce dernier avec les acides bromhydrique ou chlorhydrique concentrés. A 100°, la réaction exige cent heures pour HBr et quatre cents heures pour HCl, mais il suffit d'élever la température à 130-140° dans le premier cas, et à 140-150° dans le second, pour la voir s'accomplir en huit heures. A l'ouverture des tubes on observe un abondant dégagement de gaz renfermant du gaz carbonique; le contenu des tubes, qui est brun, étant traité par l'eau, on obtient l'acide déhydromucique à l'état de poudre insoluble colorée, qu'il est facile de purifier par cristallisation dans l'eau bouillante. On en obtient environ 30 °/₀ du poids de l'acide mucique [R. Heinzelmann, *Liebig's Ann. Chem.*, t. CXCIII, p. 184; — E. Seelig, *Deutsch. chem. Gesellsch.*, 1879, p. 1081]. Parmi les produits secondaires de cette préparation, Seelig a signalé un composé cristallisé, fusible à 83° et volatil avec la vapeur d'eau.

L'acide déhydromucique cristallise dans l'eau en magnifiques aiguilles soyeuses, dans l'alcool en lames. Il est insoluble dans l'éther et à peine soluble à froid dans l'eau et dans l'alcool. Chauffé avec précaution, il se sublime inaltéré; la distillation le dédouble en gaz carbonique et acide pyromucique. L'acide déhydromucique constitue donc l'acide *furfurane-dicarbonique*,

$$C^4H^2O(CO^2H)^2.$$

DÉHYDROMUCATES. — L'acide est bibasique.

Sel d'argent, $C^6H^2O^5.Ag^2$. — Précipité blanc insoluble dans l'eau.

Sel de baryum, $C^6H^2O^5.Ba$. — Il est peu soluble à froid. La solution saturée à chaud laisse déposer des cristaux courts et durs qui, séparés rapidement de l'eau mère, renferment $2\frac{1}{2}\,H^2O$; si le refroidissement est rapide, on obtient des aiguilles longues, molles, réunies en groupes concentriques et contenant $6\,H^2O$. Sous l'influence de l'eau bouillante, ces aiguilles se transforment dans l'autre sel qu'un excès d'eau dissout ensuite.

Sel de calcium, $C^6H^2O^5.Ca + 3\,H^2O$. — Lamelles en aiguilles incolores, très efflorescentes.

Ether éthylique, $C^6H^2O^5(C^2H^5)^2$. — Prismes rhombiques, incolores, fusibles à 46-47°, très solubles dans l'alcool et l'éther. L'anhydride acétique n'attaque pas cet éther, preuve qu'il ne renferme pas le groupe hydroxyle.

ACTION DE L'HYDROGÈNE NAISSANT. — L'acide déhydromucique fixe directement 2 atomes d'hydrogène sous l'action de l'amalgame de sodium à 4 °/₀, et engendre deux acides $C^6H^6O^5$ isomériques, dont les proportions varient d'une préparation à l'autre (Seelig, *loc. cit.*). Le produit neutralisé, évaporé à sec et traité par l'acide sulfurique et l'éther, abandonne à celui-ci les acides, que l'on sépare par cristallisation des sels de baryum; les dépôts qui se forment d'abord (aiguilles ou poudres cristallines) correspondent à un acide fusible à 146°, et qui cristallise en tables molles, tandis que les eaux mères fournissent un sel farineux, formé par un acide fusible à 173°, et cristallisable en prismes durs.

Acide fusible à 146°. — Il cristallise en petites tables molles, très solubles dans l'eau et dans l'alcool, peu dans l'éther, très peu dans le chloroforme. Les solutions se colorent à l'air en jaune, puis en brun. Les cristaux sont anhydres et renferment $C^6H^6O^5$.

Le *sel d'argent*, $C^6H^4O^5.Ag^2 + 1/2\,H^2O$, est en fines aiguilles microscopiques, à peine solubles dans l'eau bouillante; il se déshydrate à 100° et détone vers 200°.

Le *sel de baryum*, $C^6H^4O^5.Ba$, est tantôt sous forme d'une poudre cristalline avec $2\,H^2O$, tantôt à l'état de fines aiguilles avec $4\frac{1}{2}\,H^2O$; sous ces deux formes, il est peu soluble dans l'eau. Il devient anhydre à 180°.

Le *sel de calcium* se présente sous forme de flocons composés de fines aiguilles microscopiques, peu solubles et renfermant $3\frac{1}{2}\,H^2O$ qui se dégagent à 180°.

Acide fusible à 173°. — Prismes assez grands, durs, moins solubles que l'acide isomère. Ils contiennent 1 moléc. d'eau qu'ils perdent à 100°. A l'air ses solutions se colorent en brun.

Le *sel d'argent*, $C^6H^4O^5.Ag^2$, ressemble au précédent; il est anhydre et détone vers 160° déjà.

Le *sel de baryum* constitue une masse blanche farineuse et contient $1\frac{1}{2}\,H^2O$; celui de calcium est amorphe et renferme également $1\frac{1}{2}\,H^2O$. Pour se dissoudre, ces deux sels exigent une assez forte proportion d'eau, mais une fois entrés en dissolution, ils s'y maintiennent dans une quantité beaucoup plus petite.

A. Henninger.

DÉHYDROTRIACÉTONAMINE et **DÉHYDROPENTACÉTONAMINE**. — Voyez Suppl., p. 23.

DELAFOSSITE (Min.). — Combinaison de protoxyde de cuivre et de sesquioxyde de fer Fe^2O^3, Cu^2O, en petites plaques cristallines, clivables dans une direction, d'une couleur noir grisâtre, ressemblant au graphite, traçant sur le papier. Trouvé dans une lithomarge d'un blanc jaunâtre venant probablement de Catherinebourg (Sibérie).

Dureté, 2,5; Densité, 5,07.

Caractères. — Facilement soluble à froid dans l'acide chlorhydrique. Fond difficilement en colorant la flamme en vert.

DELPHININE, $C^{22}H^{35}AzO^6$. — Alcaloïde cristallisable, retiré par Marquis des semences de staphisaigre (*Delphinium Staphisagria*), en même temps que la *staphisagrine*, $C^{22}H^{33}AzO^5$, qui est amorphe [*Städel, Jahresb.*, 1877, p. 532].

DELPHINOÏDINE, $C^{42}H^{68}Az^2O^7$. — Alcaloïde amorphe retiré par Marquis des semences de staphisaigre [*loc. cit.*].

DELPHISINE, $C^{27}H^{46}Az^2O^4$. — Les semences très fraîches de staphisaigre ont fourni quelquefois à Marquis un alcaloïde de cette composition, cristallisable en mamelons [*loc. cit.*].

DENSITÉ. — La détermination des densités de vapeur est devenue depuis quelque temps une opération rapide et facile, grâce aux méthodes expérimentales imaginées par Victor Meyer.

Celles-ci ont permis en outre d'opérer à un degré de chaleur très élevé, et elles ont conduit à des résultats très neufs touchant les variations de la densité gazeuse des corps simples avec la température. En présence de ces variations, qui sont dans certains cas considérables, on a pu croire que les lois posées autrefois par Avogadro et Ampère avaient perdu, avec leur généralité, beaucoup de leur importance. Il n'en était rien : des recherches précises effectuées par Crafts et Meier aboutirent à des conclusions en harmonie parfaite avec les lois fondamentales de la chimie moléculaire, et ces conclusions ont été vérifiées par Victor Meyer. Nous nous proposons ici de passer en revue les dispositifs expérimentaux employés par les savants que nous venons de citer, nous relaterons ensuite les principaux résultats, avec leurs conséquences théoriques. Nous indiquerons seulement les titres de divers mémoires dus à plusieurs autres savants et où sont décrits des procédés densimétriques plus ou moins analogues.

PREMIERS APPAREILS DE VICTOR MEYER POUR LES DENSITÉS DE VAPEUR [*Deutsch. chem. Gesellsch.*, 1876, p. 1216 et 1877, p. 2068; et *Bull. Soc. chim.*, t. XXVIII, p. 462]. — L'appareil (fig. 34) à densité ressemble à une burette de Gay-Lussac dont la grosse branche serait étirée en pointe; il a environ 35 centimètres cubes de capacité, la petite branche a un diamètre de 5 à 6 millimètres, de façon qu'on puisse y faire passer le tube à substance; celui-ci est en verre mince, avec ou sans bouchon, selon que la substance est ou n'est pas volatile : il est cintré pour passer par la courbure du tube étroit. On y pèse avec soin quelques centigrammes de matière; on s'arrange d'après la densité de vapeur probable, pour que la substance volatilisée n'emplisse pas l'appareil tout entier. On fait passer le petit tube dans la grosse branche, puis on fait la tare du tout à un décigramme près. On verse alors dans le tube étroit du mercure bien sec, l'air s'échappe par la pointe effilée du gros tube et le liquide atteint bientôt cette pointe; on la ferme avec un trait de chalumeau, puis on achève le remplissage de l'appareil. On le porte une seconde fois sur la balance et on détermine son poids, puis on le chauffe à une température connue et supérieure au point d'ébullition du corps examiné. La vapeur déplace une certaine quantité de mercure, dont le poids, facile à apprécier par une troisième pesée, permet de calculer le volume et par conséquent celui de la vapeur.

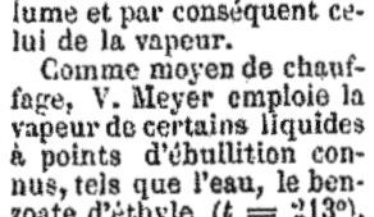

Fig. 34.
Tube de V. Meyer pour la détermination des densités de vapeur.

Comme moyen de chauffage, V. Meyer emploie la vapeur de certains liquides à points d'ébullition connus, tels que l'eau, le benzoate d'éthyle ($t = 213°$), l'aniline ($t = 182°$), le benzoate d'amyle ($t = 253°$) et la diphénylamine ($t = 310°$).

On verse 50 à 60 centimètres cubes de l'un de ces corps dans un matras à col large de 4 à 5 centimètres de diamètre et de 75 centimètres de long (fig. 35); on y fait descendre l'appareil à densité au moyen d'un fil de cuivre jusqu'à quelques centimètres de la surface du liquide, puis on porte celui-ci à l'ébullition. Lorsque les vapeurs se condensent à 20 ou 30 centimètres au-dessus du tube à densité et que le mercure cesse de s'écouler par la petite branche, on le retire, on le laisse refroidir et on le pèse. On note en même temps la température (t) de l'air ambiant et la pression barométrique H (1). Comme il importe de corriger celle-ci de la colonne de mercure soulevée dans le petit tube par la vapeur, on incline l'appareil jusqu'à ce que le mercure emplisse de nouveau la branche étroite, on bouche celle-ci avec le doigt, on replace l'appareil verticalement, et l'on marque sur le verre de la grande branche le niveau du mercure. Il ne reste plus qu'à mesurer la distance verticale entre ce point et l'extrémité ouverte (h).

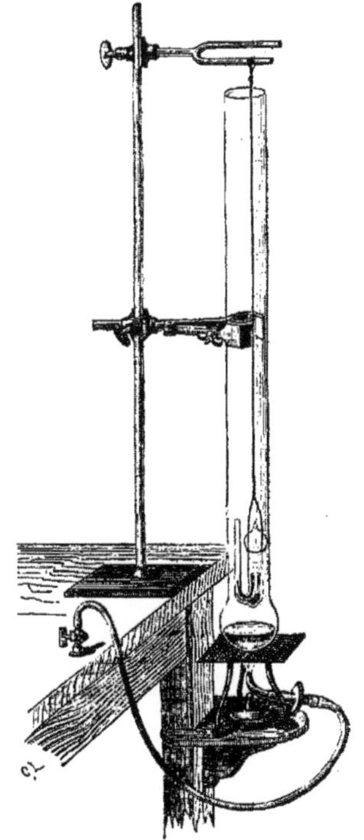

Fig. 35. — Premiers appareils de V. Meyer, pour les densités de vapeur.

Si l'on appelle P le poids de la substance, T la température d'ébullition du liquide contenu dans le matras, h' la force élastique du mercure à T, a le poids total du mercure, q celui du mercure

(1) Réduite à zéro.

qui remplit le petit tube contenant précédemment la matière, et r le poids du mercure restant dans l'appareil, et enfin d la densité cherchée; on a

$$d = \frac{P \times 13,59 \times (1 + 0,00367\,T)\,760}{(H + h + h')\,0,0012932 \left[(a+q)\,[1 + 0,0000303\,(T-t)] - r\,[1 + 0,00018\,(T-t)]\right](1 + 0,00018\,t)}.$$

0,0000303, coefficient de dilatation cubique du verre.
0,00018 — — du mercure, au-dessous de 240°.
Au-dessus, on prend 0,00019.

Pour les températures plus élevées, Victor Meyer remplaçait les liquides volatils par le soufre bouillant ($t = 444°$), et le mercure par l'alliage de Wood, fondant à 70° (Bi, 15 ; Pb,8; Sn, 4; Cd, 3), la figure 36 représente le dispositif de l'expérience. Nous n'insisterons pas sur l'opération ni sur la formule; on les trouvera dans le Mémoire original ou dans le traité de chimie de M. Schützenberger, t. I, p. 116.

Appareils de Victor et Charles Meyer a déplacement d'air [*Deutsch. chem. Gesellsch*, 1878, p. 1867 et p. 2253, et 1879, p. 609; et *Bull. Soc. chim.*, t. XXXII, p. 286]. — Ces appareils, spécialement applicables aux corps qui attaquent le mercure ou l'alliage fusible, peuvent servir à prendre la densité de vapeur de toute substance volatilisable au-dessous de leur température de ramollissement. Le principe de leur fonctionnement est le déplacement par la vapeur d'un volume d'air égal à celui de cette vapeur, et comme cet air se trouve ramené réellement et mesuré à la température de la cuve à eau, et que de plus, on admet, dans le calcul des densités, que les vapeurs ont le même coefficient de dilatation que l'air, le volume d'air recueilli se trouve être celui qu'on obtiendrait s'il était possible de mesurer la vapeur elle-même sur la cuve à eau; dès lors, rien de plus simple que le calcul de la densité.

Le principe n'est pas nouveau, puisqu'il a déjà été utilisé par Dulong, mais il permet une simplification d'appareil si considérable, qu'à considérer seulement les résultats pratiques, le travail de V. et C. Meyer offre une importance capitale. Pfaundler et Hofmann ont employé divers instruments analogues dont on trouvera la description dans leurs mémoires [*Bull. Soc. chim.*, t. XXII, p. 283, 290, etc.].

Voici la description du modèle employé pour opérer jusqu'à 310° (fig. 37). b est une sorte de gros réservoir thermométrique, ayant environ 100 centimètres cubes de capacité et 30 centimètres de hauteur; il se prolonge par un tube de 60 centimètres, ayant un diamètre intérieur de 6 millimètres; à une hauteur de 50 centimètres au-dessus du réservoir est soudé à ce tube un tube à dégagement a, long de 14 centimètres, et d'un diamètre intérieur de 1 millimètre. Celui-ci plonge dans une petite cuve à eau et s'engage au moment voulu sous une éprouvette graduée h.

Au fond du réservoir, on place un peu d'amiante calcinée, coupée menue, pour éviter la rupture de l'appareil, quand on laisse tomber la substance à volatiliser contenue dans son tube. Celle-ci doit être en telle quantité, que la vapeur à la température de l'expérience n'occupe pas plus de la moitié du volume du réservoir; ce sera en général 1 décigramme ou même moins, si le poids moléculaire est peu élevé. L'appareil à densité, séché avec soin, est placé dans un manchon en verre contenant un liquide en ébullition et semblable à celui que nous avons décrit précédemment, ou bien dans un vase de fer renfermant du plomb et qui sert de bain métallique.

Fig. 36. — Premiers appareils de V. Meyer pour la détermination des densités de vapeur à une température élevée.

Il importe que la température soit constante, mais il n'est généralement pas nécessaire qu'elle soit connue. On peut ainsi aller jusqu'au rouge, mais en garantissant alors le réservoir de verre par une couche de 2 à 4 centimètres de lut de poêlier. On place d'habitude le fourneau à terre et la cuve à eau sur la table de laboratoire.

Friedel [*Agenda du Chimiste*, 1880, p. 312] recommande de remplacer le bain de plomb par un appareil à température fixe et connue : c'est un tube de fer de 70 centimètres de long et de 6 centimètres de large, dans lequel on fait bouillir du soufre ou du mercure, et qui remplace le manchon de verre employé par les auteurs pour les températures peu élevées. Ce tube est muni d'une bague, par laquelle il repose sur une sorte de fourneau formé d'un tuyau de tôle porté sur trois pieds. Un fort brûleur de Bunsen suffit pour faire bouillir le soufre et faire monter la vapeur à une hauteur convenable. Pour le mercure, on n'a même besoin que d'un bec ordinaire. Pour éviter les courants d'air dans l'intérieur du bain de vapeur, on ferme le tube de fer à sa partie supérieure par un simple tampon de papier qui ne s'enflamme pas, la vapeur ne s'élevant qu'aux deux tiers de la hauteur du tube.

Quoi qu'il en soit, pour faire une détermination de densité, il suffit, lorsque la température ne varie plus, de faire passer le tube à matière *e* dans le réservoir, puis de refermer le bouchon *d* en ne recueillant pas les quelques bulles de gaz que l'introduction de celui-ci chasse. Friedel se sert d'un bouchon conique, formé par un tube de caoutchouc coiffant l'extrémité conique d'une baguette de verre; ce bouchon, qui s'adapte sur le tube non élargi, ferme suffisamment sans chasser de bulles d'air; on peut alors engager à l'avance le tube *a* dans le mesureur *h*. La substance en se vaporisant, déplace une certaine quantité

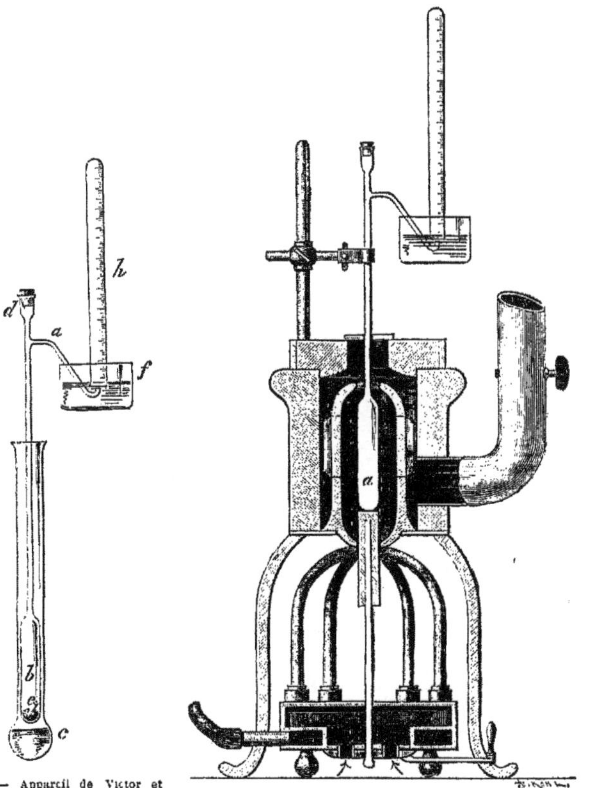

Fig. 37. — Appareil de Victor et Charles Meyer, disposé dans un manchon de verre et servant à la détermination des densités de vapeur à des températures peu élevées.

Fig. 38. Appareil de V. Meyer, disposé dans un four Perrot, pour les densités de vapeur à des températures élevées.

d'air, et le dégagement cesse au bout de quelques instants; on enlève alors le mesureur, on l'immerge complètement pendant un certain temps dans une cuve à eau à $t°$, et faisant coïncider les niveaux intérieur et extérieur, on lit le volume gazeux : soit P le poids de la substance, t la température de la cuve, H la portion barométrique réduite; h la tension de la vapeur d'eau à $t°$; V le volume d'air mesuré; on a

$$D = \frac{P.(1 + 0{,}003665\ t)\ 760}{V.\ 0{,}001293\ (H - h)}.$$

Dans les expériences de grande précision, il faut tenir compte du frottement gazeux et de la pression finale supportée par le gaz du réservoir de la part de l'eau de la cuve. Celle-ci est fort petite si le tube de dégagement plonge fort peu dans la cuve.

APPAREILS DE CRAFTS ET MEIER POUR LES DENSITÉS DE VAPEUR A HAUTE TEMPÉRATURE [*Bull. Soc. chim.*, t. XXXIII, p. 501, 550 et t. XXXIV, p. 2, 1881]. — Victor Meyer a cherché à étendre sa méthode aux plus hautes températures que l'on peut obtenir avec un fourneau à gaz du système Perrot (voir fig. 38). Il a dès lors construit le réservoir *a*

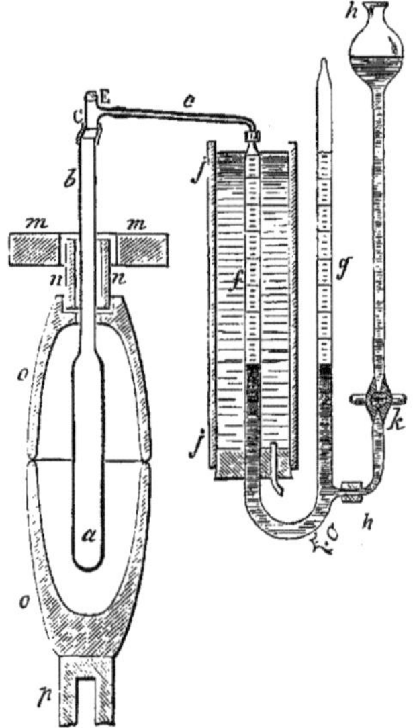

Fig. 39. — Appareil de Crafts et Meier pour les densités de vapeur à haute température.

en porcelaine de Bayeux, et il a obtenu un certain nombre de résultats intéressants [*Deutsch. chem. Gesellsch.*, 1879, p. 1113]. Crafts et Meier ont été amenés à vérifier ces résultats et ils se sont servis d'un dispositif plus parfait, que nous allons décrire (fig. 39) : *o*, *o* sont deux creusets de terre abouchés, le premier repose sur le « fromage » du four Perrot (*p*), le second est percé et reçoit un tube en terre cuite *n* qui passe à travers le couvercle *m* du fourneau. Au centre du moufle constitué par les deux creusets, se trouve le réservoir en porcelaine de Bayeux *a b* ; celui-ci est en communication par l'intermédiaire d'un tube de caoutchouc portant ligature avec un bout de tube ouvert CE pour l'introduction du tube à matière. Ce tube CE est soudé lui-même à un tube capillaire assez long *c*. Celui-ci passe à travers un écran et est relié d'une façon directe au mesureur *f g*. Ce dernier est un tube en U contenant de l'eau et divisé en centimètres cubes. Il est entouré d'un manchon *j j* rempli d'eau à une température connue. On règle la hauteur du liquide dans les deux branches *f* et *g* au moyen du vase mobile *hh'*, qui peut tourner autour de la tubulure inférieure en *h* et qui porte un robinet *k*. Les divisions de *g* correspondent à celles de *f* et facilitent le maintien d'un niveau identique dans ces deux branches. L'introduction de la matière dans le réservoir se fait sans ouvrir l'appareil ; pour cela on profite de l'élasticité du tube en caoutchouc qui relie *b* à C. On s'arrange de façon que ces deux tubes ne soient pas dans le prolongement l'un de l'autre, mais soient maintenus dans la position indiquée par la figure à l'aide de la clef *s* (fig. 40). On dépose alors le tube à matière en C', on replace le bouchon E, et l'on soulève la clef *s* pendant un moment pour faire passer la substance dans le réservoir. Le tube C reprend aussitôt sa place.

Au bout d'une minute, l'air chassé en *f* a pris la température et la tension de vapeur correspon-

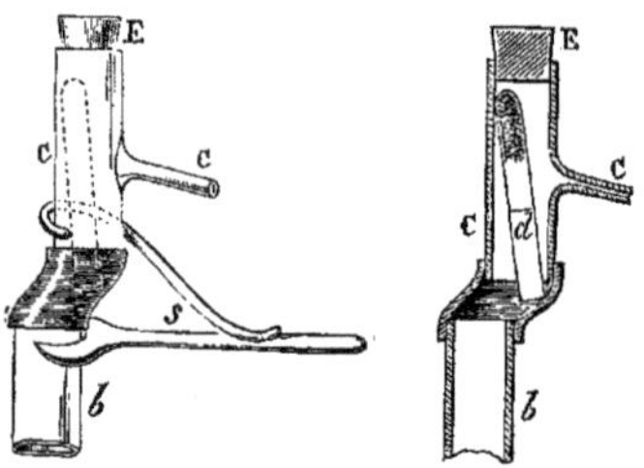

Fig. 40. — Détails de l'appareil Crafts et Meier.

dant avec l'enceinte. On fait alors les lectures sans séparer le réservoir du mesureur. L'opération dure trois à quatre minutes. Si on la prolongeait davantage, la matière volatile pourrait se condenser dans les parties froides et il y aurait ascension du liquide dans le tube *f*. Dans une expérience faite avec l'iode, cette réabsorption a été de 1 centimètre cube environ en vingt-cinq minutes.

APPAREIL DE CRAFTS POUR LA DILATATION DES GAZ A UNE HAUTE TEMPÉRATURE [*Compt. rend.*, t. XC, p. 183 et 309]. — La méthode de Meyer ne se prêtait pas sans modifications à l'étude des corps gazeux, aussi ce savant produisait-il dans son appareil même, le chlore ou le brome dont il voulait prendre la densité à l'aide d'un chlorure ou d'un bromure instables. Crafts imagina une disposition particulière permettant d'opérer avec des gaz, et d'en déterminer non pas absolument la densité, mais la dilatation à une haute température. Il va sans dire que si la densité est connue à froid, il devient facile de déduire des résultats de l'expérience la densité à chaud.

La modification apportée à l'appareil de V. Meyer consiste à faire communiquer le cylindre en porcelaine avec *deux* tubes en U, calibrés et divisés en centimètres cubes. A une branche de chacun des tubes est ajusté un vase mobile destiné à faire varier la pression ; l'autre branche se termine par un réservoir communiquant par un tube capillaire avec le cylindre. On fait passer dans ce dernier, fortement chauffé, un volume déterminé d'un gaz contenu dans un des réservoirs, et l'on recueille dans l'autre l'air déplacé dans le cylindre. Cet air était aussi mesuré à froid et les deux volumes devaient être égaux, si les dilatations des deux gaz étaient identiques. C'est ce qui arrive pour l'acide chlorhydrique et l'acide carbonique, mais non pas pour le chlore, comme nous le verrons dans un instant. Voici le dessin de l'appareil (fig. 41). *a* est la chambre d'un réservoir à gaz tout à fait

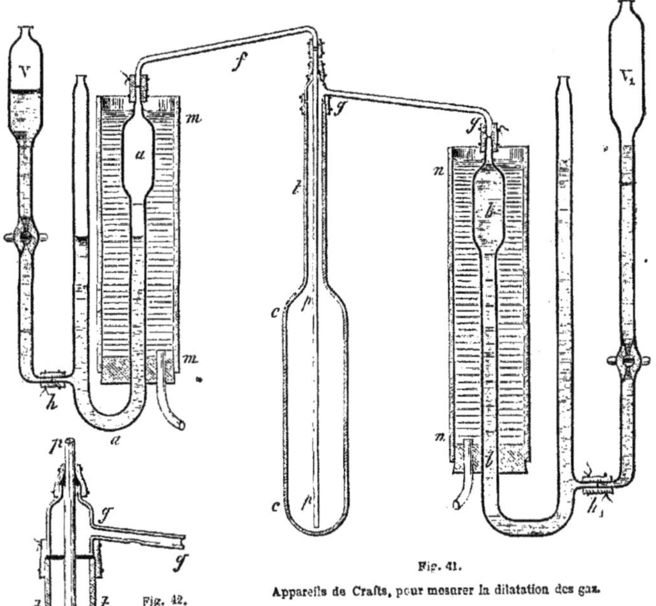

Fig. 41.

Appareils de Crafts, pour mesurer la dilatation des gaz.

semblable au mesureur *b* et fonctionnant comme lui avec un récipient V, mobile autour de *h* et portant robinet. *b* est la chambre d'un mesureur destiné à recueillir l'air déplacé. *f, p, g,* sont des tubes capillaires; *c* est le réservoir chauffé : il est en porcelaine; *c* est en terre ou en platine. Le liquide qui remplit *a* et *b* est du mercure, de l'eau ou de l'acide sulfurique selon les cas. Il est maintenu à une température constante à l'aide d'un manchon rempli d'eau. Les chambres *a* et *b* ont environ 10 centimètres cubes de capacité.

La figure 42 indique le détail de la fermeture du cylindre de porcelaine en *g*.

Résultats expérimentaux. — Pour contrôler le fonctionnement de l'appareil à déplacement d'air, V. et C. Meyer firent un certain nombre de déterminations de densités connues, avec un instrument de verre. Elles donnèrent de bons résultats. L'eau même, plus légère, à l'état de vapeur, que l'air, se prêta suffisamment bien à l'application de la méthode. Ils se servirent ensuite de l'appareil à températures élevées, pour vérifier la densité de vapeur d'un grand nombre de composés dont le poids moléculaire a été souvent mis en discussion. Il était important dans plusieurs cas de déterminer avec précision la température atteinte; on le fit par des méthodes particulières, en chauffant un bloc de métal de la même façon que l'appareil et en le plongeant dans un calorimètre. Le réservoir était rempli d'air ou d'azote selon les cas. Cette méthode, comme on verra plus tard, comporte assez d'incertitudes.

Le *pentasulfure de phosphore*, P^2S^5, dans le bain de plomb au rouge, donna une densité normale et égale à 7,63 — 7,67 (théorie 7,67).

Le *chlorure d'indium*, In Cl^3, présenta au rouge clair une densité normale (pour la formule In Cl^3) et égale à 7,87 (théorie 7,60).

Le *chlorure cuivreux* peut être chauffé au rouge sans décomposition; sa densité fut trouvée de 7,05, ce qui correspond à la formule Cu^2Cl^2 (théorie 6,84).

L'*anhydride arsénieux* présenta aux plus hautes températures la densité observée à 570, par Mitscherlich, c'est-à-dire 13,78 (théorie 13,68); elle correspond à la formule As^4O^6.

L'*anhydride antimonieux* donna des résultats analogues, D = 19,60 — 19,08 (théorie 19,90 pour Sb^4O^6).

Le *sulfure de mercure* (cinabre) fournit des nombres correspondant à une décomposition complète et à une densité du soufre normale (S^2); la densité trouvée est en effet de 5,39, la théorie indique 8,01 pour le sulfure supposé indécomposé et 5,34 pour le mélange $Hg^2 + S^2$.

Pour le *chlorure stanneux*, on a pu se servir du bain de plomb; aux températures de 619 et 697° (évaluées calorimétriquement), on a obtenu comme densité 12,85 et 13,08, la formule Sn Cl^2

exige 6,53. La densité, à ces températures, correspond donc à la formule Sn^2Cl^4 (théorie 13,06), mais à 800°, 880° et 970°, elle a été trouvée de 7,22, 6,07 et 6,23, elle correspond alors à la formule $SnCl^2$ (théorie 6,53) (Meyer et Züblin).

A 900°, la vapeur de *chlorure de zinc* n'attaque pas encore fortement le verre et la porcelaine : elle possède la densité normale pour $ZnCl^2$, c'est-à-dire 4,53 et 4,61 (théorie 4,70).

Le *chlorure ferrique*, déjà étudié par Deville et Troost, donne aussi des nombres très rapprochés de la théorie (11,23 pour Fe^2Cl^6), aussi bien à 440° (11,14) qu'à 619° (11,01).

Le *chlorure d'aluminium* a donné de semblables résultats; on a essayé d'opérer à 700°, mais alors le chlorure d'aluminium perd du chlore.

La densité de vapeur du *bromure de cadmium* a été trouvée de 9,22-9,28 vers 920°; ces nombres s'accordent avec la théorie (9,40 pour $CdBr^2$) [*Deutsch. chem. Gesellsch.*, 1879, p. 609, 1113, 1195, 1282 et 1880, p. 811; et *Bull. Soc. chim.*, t. XXXIII, p. 112 et 639].

On a fait aux déterminations de MM. Meyer cette objection, que la densité de l'azote et de l'oxygène qui remplissent l'appareil, étaient elles-mêmes inconnues aux températures élevées et qu'elles pouvaient diminuer par le fait de la dissociation de O^2 en $O + O$, etc. Ils durent alors prendre la densité du *mercure* dont la molécule monoatomique ne peut pas, d'après la même théorie, subir de décomposition, et ils trouvèrent des nombres très suffisamment constants : 6,86 à 440° et 6,81 à 1567° (théorie 6,91). Ils songèrent alors à prendre la densité de *l'oxygène*, en introduisant dans le cylindre de l'oxyde d'argent. Ces résultats furent une densité normale de 1,06 à 1,04, à des températures évaluées à 1392° et 1567° (théorie 1,05).

Répétant cette opération avec le chlorure de platine qui a laissé dégager tout son chlore, ils ont obtenu, pour la densité du *chlore*, des nombres qui ne correspondirent à la formule Cl^2 qu'à une température relativement basse, 620° par exemple (théorie 2,45, trouvé 2,42). Aux températures plus élevées, la densité décroissait très vite et semblait se fixer à 1,63, ce qui correspondrait à une condensation moléculaire de 2/3 Cl^2 [*Ibid.*, 1879, p. 1426]. Ces derniers résultats se prêtant difficilement à une interprétation simple selon les théories généralement acceptées aujourd'hui, et le chlorure de platine pouvant jouer un certain rôle dans l'expérience, Meyer et Züblin d'un côté, Crafts et Meier de l'autre, entreprirent des vérifications expérimentales portant sur le gaz chlore lui-même, sur le brome et sur l'iode. C'est à cette occasion que Crafts imagina les appareils que nous avons décrits précédemment. Les résultats obtenus par ce savant diffèrent beaucoup de ceux de V. et C. Meyer, mais ils concordent avec ceux auxquels sont arrivés depuis Meyer et Züblin; en voici le résumé [*Bull. Soc. chim.*, t. XXXIII, p. 501, 550, t. XXXIV, p. 2, 130; et *Compt. rend.*, t. XC, p. 183, 309, 606 et 690].

Tandis que l'acide chlorhydrique et l'acide carbonique présentent la même dilatation que l'air, le chlore se dilate réellement un peu plus, sa densité devenant de 3 à 4 °/₀ plus faible à la température du four Perrot, qu'à zéro. On le voit, ce n'est pas là une diminution comparable à celle signalée par V. et C. Meyer dans leur expérience avec le chlorure de platine, mais elle correspond à une dilatation digne d'être signalée si on l'attribue à un phénomène de dissociation, l'acide chlorhydrique ne se décomposant pas à la même température. La densité devient encore plus faible à une température plus élevée.

Pour le *brome*, la densité qui était de 5,24 à 446° (théorie 5,57) est devenue 4,39 et 4,38, à la température du four Perrot.

Pour *l'iode*, Crafts et Meier ont pu suivre le phénomène pas à pas, en déterminant très exactement les températures par un moyen fort ingénieux que voici : le réservoir ayant servi à la détermination de la densité dans des conditions données était rempli d'azote dans les mêmes conditions, puis, la température du gaz étant stationnaire, on chassait celui-ci par un courant d'acide chlorhydrique. Rien de plus simple que de se débarrasser alors de ce dernier en l'absorbant avec de l'eau, et que de tirer de la lecture du volume gazeux l'évaluation de la température. On obtint ainsi les nombres qu'on trouvera résumés dans le tableau suivant; ils sont sensiblement différents de ceux indiqués d'abord par V. et C. Meyer. On remarquera que dans la méthode qui nous occupe, la température n'importe pas tant qu'il n'y a pas dilatation anomale, de sorte que les nombres donnés par V. Meyer pour le mercure, par exemple, peuvent être excellents, et ceux pour l'iode incorrects, parce que ceux-ci seulement comportent la détermination de la température, et que cette dernière peut être fautive; c'est ce qui paraît s'être présenté en effet.

Densité théorique $D = 8,785$.				$\frac{Dt}{D}$
Températures.	Densités (Dt).			
445°.........	8,70	8,78	8,75	
830-880.......	8,04	8,11		0,92
1020-1050°....	7,02	7,18	6,83	0,80
1275..........	6,07	5,57		0,66
1390..........	5,23	5,33		0,60

(Crafts et Meier).

Il est permis de supposer, d'après ces nombres, que $\frac{Dt}{D}$ deviendrait égal à $\frac{1}{2}$ pour $t = 1600$ à 1700°, et que cette nouvelle valeur de Dt qui correspond à une molécule monoatomique (I), persisterait à une plus haute température. Voyez, en effet (fig. 43), d'après des expériences nouvelles [Crafts et Meier, *Compt. rend.*, 1881, t. XCII, p. 39], les courbes qui représentent les variations de la densité de l'iode en fonction de la température (p. 620). Elles se rapportent à des tensions diverses, et pour chacune d'elles, on observe qu'elles deviennent parallèles à l'axe de t au-dessus de 1400°. On remarque de plus qu'elles atteignent le point où elles deviennent indépendantes du degré de chaleur, à une température d'autant plus basse que la tension est plus faible. La courbe qui correspond à la tension la plus faible $0^{atm},1$, est tout entière à gauche des autres; elle commence à n'être plus parallèle à l'axe horizontal avant 700° et le redevient avant 1400°. L'accroissement de distance moyenne de molécules favorise donc la dissociation comme on pouvait le supposer. Crafts et Meier ont fait varier la tension de l'iode dans leurs expériences, soit en opérant à des *pressions* diverses, soit en modifiant la quantité d'iode qui se vaporise dans le gaz étranger, ce qui modifie sa *pression partielle*. Ces deux procédés ont conduit à peu près aux mêmes résultats, bien qu'on pût penser que la grande densité des vapeurs d'iode fût un obstacle sensible à leur diffusion. Troost était arrivé il y a quelque temps à des résultats tout à fait en harmonie avec ceux-ci, et qui montrent bien l'influence de la tension sur les densités de la vapeur d'iode [*Compt. rend.*, t. XCI, p. 54]. Voici en effet les nombres obtenus par ce savant à l'aide de l'ancien procédé employé d'abord par H. Sainte-Claire-Deville et Troost.

Expériences à la pression atmosphérique.

Température	1235°,5	1241°	1250°
Pression	756mm,14	755	757
Densité de l'iode	5,82	5,71	5,65

Expériences à des pressions diverses et à une température constante[1].

Pression	768mm	67,2	48,6	48,57	34,52
Densité de l'iode obtenue en appliquant la loi de Mariotte	8,70	8,20	7,75	7,76	7,32

Ces chiffres établissent, avec non moins de netteté que ceux de MM. Crafts et Meier, l'influence de la pression sur le phénomène de détente de la vapeur d'iode.

HYPOTHÈSES PROPOSÉES POUR L'INTERPRÉTATION DE CES RÉSULTATS. — Quoique très réservés sur les conclusions théoriques qu'on peut tirer de leurs travaux, Crafts et Meier sont conduits à admettre, conformément aux idées qui ont toujours été exposées dans le présent ouvrage (voyez t. I, p. 78), que les molécules de l'iode violemment chauffées, se scindent en atomes libres. Ceux-ci se répartissent dans l'espace, toutes choses étant égales d'ailleurs, aux mêmes distances que les molécules. De là le dédoublement exact de la densité, puisque chaque molécule d'iode contient 2 atomes. Si l'on admet cette explication, il faut admettre aussi la possibilité de l'existence à l'état libre d'un radical univalent. De plus, il faut désormais envisager l'iode chauffé au rouge blanc comme une modification allotropique de l'iode à 400°; enfin, il devient établi que l'abaissement de pression peut provoquer ce dédoublement moléculaire, puisqu'il suffit pour faire décroître la densité.

Aucune de ces conséquences n'est inacceptable. Les radicaux composés univalents peuvent exister à l'état de liberté, — exemple en est le bioxyde d'azote, etc. D'autre part, la simple dilatation d'un système gazeux peut en modifier considérablement les conditions de stabilité en altérant les longueurs de libre parcours des molécules.

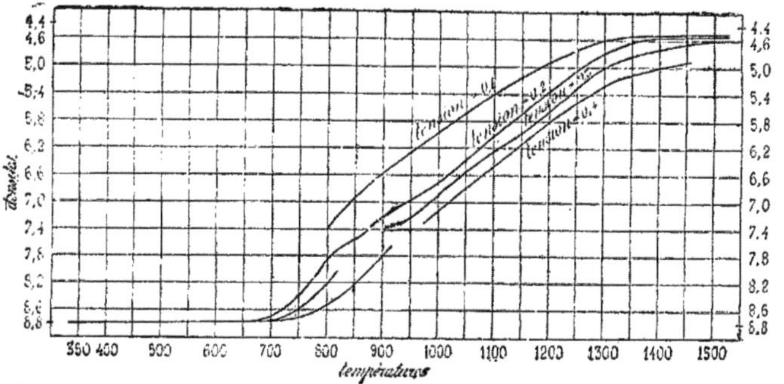

Fig. 43. — Courbes représentant les variations de densité de la vapeur d'iode en fonction de la température.

Les raisonnements de G. Lemoine semblent d'ailleurs établir que *la fraction décomposée décroît quand la pression augmente*, ou autrement, que le rapprochement des atomes est favorable à leur combinaison, ce qui est presque évident. Voici dans cet ordre d'idées la remarquable analyse du phénomène de la dissociation dans un système homogène, publiée par G. Lemoine en 1872 [*Ann. Chim. Phys.* (4), t. XXVII, p. 298]. Nous ne nous occuperons que du cas où les corps en présence sont en proportions telles que la combinaison sort intégrale par le refroidissement; ce sera par exemple un mélange de vapeur d'eau et de gaz tonnant, contenant en poids 8 d'oxygène et 1 d'hydrogène. La température est supposée constante. Soit, dans un litre, un poids p du mélange et soit $p-y$, le poids de l'eau existant au temps t. Il y aura donc en présence $p-y$ *d'eau* et y *de gaz tonnant*, c'est-à-dire $\frac{1}{9}y$ d'hydrogène et $\frac{8}{9}y$ d'oxygène. Examinons dans l'instant dt les effets produits par la combinaison des gaz mélangés et par la décomposition de l'eau :

1° La vapeur d'eau tend à se décomposer et la quantité décomposée $(dy)_1$ sera proportionnelle au temps et à la masse actuelle de cette vapeur, c'est-à-dire à $p-y$; écrivons donc

$$(dy)_1 = a\,dt(p-y);$$

2° L'oxygène, dans le même temps, tend à se combiner à l'hydrogène et donnera une quantité d'eau proportionnelle au temps, puis à la masse actuelle de l'oxygène $\frac{8}{9}y$ et enfin à celle de l'hydrogène $\frac{1}{9}y$; écrivons donc

$$(dy)_2 = b\,dt\,.\,\frac{8}{9}y\,.\,\frac{1}{9}y = b\,dt\,\frac{8}{81}y^2\,;$$

faisons la somme des deux actions pour avoir l'action résultante, il vient

$$\frac{dy}{dt} = \frac{(dy)_1 - (dy)_2}{dt} = a(p-y) - \frac{8}{81}by^2.$$

Égalons maintenant $\frac{dy}{dt}$ à zéro et posons $\frac{81a}{8b} = \lambda$. Nous obtiendrons l'équation qui nous fournira

(1) Celle de l'ébullition du soufre. Elle est de 448° sous la pression de 760, mais les diverses expériences ont été faites aux pressions atmosphériques suivantes : 763,5; 758,82; 755,72; 754,6; 758.

la valeur limite de y, c'est-à-dire du poids d'eau décomposée; cette équation est

$$y^2 + \lambda y - \lambda p = 0;$$

d'où, lorsque l'équilibre entre les deux réactions est atteint

$$y = -\frac{\lambda}{2} \pm \sqrt{\frac{\lambda^2}{4} + \lambda p},$$

ou bien encore

$$\frac{y}{p} = -\frac{1}{p}\frac{\lambda}{2} \pm \sqrt{\frac{1}{p^2}\frac{\lambda^2}{4} + \frac{\lambda}{p}}.$$

Il s'ensuit que y et $\frac{y}{p}$ *varient avec la pression*; car p qui est le poids du litre est proportionnel à celle-ci. Mais, tandis que y croît quand la pression augmente, $\frac{y}{p}$, c'est-à-dire la fraction, en centièmes, du poids de l'eau décomposée, croît quand la pression diminue. Cela résulte de la discussion des deux formules que nous venons d'écrire. Les formules de G. Lemoine, ayant été vérifiées d'une façon très satisfaisante, dans d'autres cas étudiés par Hautefeuille, il est vraisemblable que celles-ci représentent aussi le phénomène; la raréfaction d'une vapeur doit donc contribuer à sa dissociation. Reste cette objection, qu'il nous faut admettre un état allotropique nouveau, pour l'iode chauffé aux températures élevées. Mais les variations des spectres des métalloïdes, de celui de l'iode notamment, nous mènent aux mêmes conclusions [G. Salet. *Association française, Congrès de Nantes*, 23 août 1875). Si le spectre est caractéristique de l'espèce chimique, comme tout tend à le faire croire, l'iode qui donne un spectre cannelé est une autre espèce chimique que celui qui donne un spectre de lignes; les molécules de ces deux iodes diffèrent. Or il est possible de prouver que ce changement de spectre s'effectue précisément à la température où, selon M. Crafts, I^2 se décompose peu à peu en $I + I$. En effet, le gaz qui donne les *raies* du spectre de l'iode aux températures élevées doit être fort peu coloré et même absolument incolore sous une faible épaisseur. Il n'en est pas de même, comme on sait, de la vapeur d'iode produite aux températures moyennes. Celle-ci absorbe énergiquement la lumière et ne tarde pas, lorsqu'on la surchauffe, à en émettre pour son propre compte. Elle apparaît alors, dans un tube de verre, comme une barre de fer chauffée au rouge. On peut répéter l'expérience dans un vase de platine fermé par des lames de quartz, mais alors en élevant considérablement la température à l'aide du four Perrot on voit bientôt la lumière émise faiblir ainsi que la lumière absorbée, et cela jusqu'au point où une épaisseur de plus de deux centimètres de vapeur d'iode ne colore plus d'une façon appréciable la lumière émise par une bougie. Nul doute qu'à cette température on n'ait affaire à un gaz contenant presque uniquement des molécules I et différant ainsi non pas seulement par sa densité mais encore par une propriété physique bien tranchée de la vapeur violette, à laquelle, depuis Gerhardt, on attribuait la formule I^2. G. Salet.

DÉSOXALIQUE (ACIDE) [Gördemann, *Zeitschr. Chem.*, 1865, p. 49, et *Bull. Soc. chim.*, t. IV, p. 370; — Brunner, *Deutsch. chem. Gesellsch.*, 1870, p. 974; 1879, p. 542, et *Bull. Soc. chim.*, t. XV, p. 65; t. XXXIII, p. 21; — Klein, *Journ. prakt. Chem.* (2), t. XX, p. 146]. — Löwig (t. I, p. 140) a décrit sous ce nom un acide qui prend naissance par l'action de l'amalgame de sodium sur l'oxalate d'éthyle et auquel ses propriétés assignent la constitution d'un *acide racémocarbonique*. La théorie de Löwig a été confirmée par Gördemann qui a obtenu ce même acide en partant de l'oxalate d'amyle. Cependant Brunner, en reprenant l'étude de la réaction de l'éther oxalique sur l'amalgame de sodium, en a tiré des composés différents. Voici les faits qu'il a constatés.

Il se produirait l'éther triéthylique,

$$C^6H^5O^9(C^2H^5)^3,$$

d'un acide tribasique (acide désoxalique) extrêmement instable et se dédoublant par simple évaporation de sa solution en acides glyoxylique et racémique $C^6H^8O^9 = C^4H^6O^6 + C^2H^2O^3$, ce qui conduirait à la formule de constitution

$$CO^2H\text{-}CH\begin{matrix}\diagup CH.OH\text{-}CO^2H\\ \diagdown O\text{-}CH.OH\text{-}CO^2H.\end{matrix}$$

Cet acide désoxalique fournirait des sels tribasiques et tétrabasiques. Ainsi l'on aurait :

Un *sel ammoniacal*, $C^6H^5O^9(AzH^4)^3$, obtenu par double décomposition entre le sel de baryum et le carbonate d'ammonium; ce sont des cristaux incolores.

Le *sel de baryum*, $C^6H^4Ba^2O^9 + 3H^2O$, blanc, amorphe, obtenu en saturant l'acide par la baryte.

Le *sel de plomb* amorphe, $C^6H^4Pb^2O^9 + 2H^2O$, préparé par double décomposition au moyen du sel ammoniacal.

Le *sel d'argent*, très instable, altérable à la lumière diffuse en déposant un miroir d'argent.

L'éther désoxalique, traité pendant une heure à 100°, par 3 molée. de chlorure d'acétyle, donnerait un dérivé diacétylé, qu'on sépare en versant dans l'eau le produit de la réaction, lavant et séchant l'huile, qui se sépare.

L'ammoniaque alcoolique, en agissant sur l'éther, fournit, par évaporation sur de la chaux vive dans une atmosphère d'ammoniaque, une masse rouge clair qui, purifiée par plusieurs dissolutions dans l'eau, filtrations et évaporations, se représente par la formule $C^6H^{12}Az^4O^5, H^2O$, et, suivant l'auteur, avec la constitution

$$CO(AzH^2)\text{-}CH\text{-}CH.OH\text{-}CO(AzH^2)$$
$$\quad\quad\quad\quad | \quad AzH\text{-}CH.OH\text{-}CO(AzH^2).$$

Enfin les résultats de Löwig s'expliqueraient par ce fait que le désoxalate de potassium $C^6H^5K^3O^9$, traité par l'acide acétique, se scinde en racémocarbonate acide de potassium $C^5H^4K^2O^8, H^2O$, et un autre corps indéterminé, peut-être suivant la formule : $2C^6H^8O^9 = 2C^5H^6O^8 + C^2H^4O^2$.

Quant à l'éther sirupeux qui baigne les cristaux d'éther désoxalique, ce serait un éther isomérique. Un échantillon de cet éther, abandonné longtemps à lui-même, a fini par déposer des cristaux d'acide tartronique. En se basant sur ce fait l'auteur considère cet éther comme dérivé d'un acide dioxycitrique.

Tout récemment Klein, ayant repris l'étude de ces composés, a confirmé les résultats de Löwig et a préparé, entre autres dérivés de l'acide racémocarbonique, les éthers mono et diacétylés, mono et dibenzoylés, qui sont des sirops incristallisables.

Il semble que de nouvelles recherches soient nécessaires pour éclaircir les doutes que l'on est en droit de garder au sujet des travaux de Löwig, Brunner et Klein. E. Demarçay.

DÉSOXYBENZOÏNE. — Voyez t. I, p. 549 et Suppl. p. 314.

DÉSOXYCODÉINE, $C^{18}H^{21}AzO^2$. — Cette base se formerait, d'après Wright [*Deutsch. chem. Gesellsch.*, 1871, p. 284], par l'action peu prolongée de l'acide bromhydrique aqueux à 48 °/₀ sur la codéine, en même temps que la bromocodide (Suppl., p. 516), et une autre base, la bromotétracodéine. La désoxycodéine résulterait de l'action de la bromocodide sur 4 molécules de codéine :

$$C^{18}H^{20}BrAzO^{2} + 4C^{18}H^{21}AzO^{3}$$
Bromocodide. Codéine.

$$= C^{18}H^{21}AzO^{2} + C^{72}H^{83}BrAz^{4}O^{12}.$$
Désoxycodéine. Bromotétracodéine.

DÉSOXYGLUTANIQUE (ACIDE). — Voyez ACIDE GLUTANIQUE (au Supplément).

DÉSOXYMORPHINE, $C^{17}H^{19}AzO^{2}$. — Wright [*Deutsch. chem. Gesellsch.*, 1871, p. 628] a désigné sous ce nom une base obtenue par l'action prolongée pendant cinq à six heures, à 100°, de l'acide bromhydrique aqueux à 48 %, sur la codéine. C'est un dérivé de la bromocodide (Suppl., p. 515) :

$$5C^{18}H^{20}BrAzO^{2} + 4H^{2}O + HBr$$
Bromocodide.

$$= C^{17}H^{19}AzO^{2} + C^{68}H^{75}BrAz^{4}O^{12} + 5CH^{3}Br.$$
Désoxymorphine. Tétramorphine monobromée.

DEUTÉROPINE. — Voyez CRYPTOPINE.

DEWALQUITE (Min.). — Silicate hydraté d'alumine et d'oxyde manganeux, avec magnésie, chaux, oxyde ferrique, acide arsénique et acide vanadique. D'après Pisani, il renferme :

SiO^{2} = 28,40; $Al^{2}O^{3}$ = 24,80; $Fe^{2}O^{3}$ = 1,31; MnO = 25,70; CaO = 2,98; MgO = 4,07; CuO = 0,22; $As^{2}O^{5}$ = 6,35; $V^{2}O^{5}$ = 3,12; eau et perte = 5,20; total = 102,15.

Petites masses cristallines tabulaires engagées dans le quartz. Les cristaux sont allongés et cannelés. Jaune ou jaune brun. D'un éclat vitreux passant au résineux; légèrement nacré sur la face de clivage. Trouvé à Salm-Château, près Ottrez (Belgique).

Dureté, 7. Très fragile. Densité, 3,58.

Caractères. — Inattaquable aux acides. Au chalumeau fond très facilement, avec bouillonnement, en un émail noir. Donne des traces d'eau dans le matras. Chauffé avec l'acide phosphorique, donne une liqueur presque incolore, qui devient violette par l'addition d'acide azotique.

Forme cristalline. — Prisme orthorhombique, mm = 131° 2' (calcul); $a^{1}a^{1}$ = 112° 24; $b^{1/2}b^{1/2}$ = 151° 83'.

Clivage assez net perpendiculairement à la grande dimension des cristaux.

DEXTRINE. — On appelle dextrine des hydrates de carbone répondant à la formule $n\,C^{6}H^{10}O^{5}$, inattaquables ou difficilement attaquables par la diastase, ne réduisant pas la liqueur cupropotassique, et ne pouvant éprouver la fermentation alcoolique par l'action de la levure de bière seule.

Cependant la levure de bière peut agir sur la dextrine en présence de la diastase [O. Sullivan, *Bull. Soc. chim.*, t. XXXII, p. 498].

Le mucor mucedo est également sans action sur la dextrine [Fitz, *Deutsch. chem. Gesellsch.*, 1873, p. 56].

La dextrine s'hydrate avec la plus grande facilité par l'action de la chaleur en présence de l'eau; aussi est-il fort difficile d'obtenir la dextrine parfaitement exempte de glucose et a-t-on été conduit à désigner comme espèces des mélanges de glucose et de dextrine. Toutefois il est évident qu'il existe un certain nombre de dextrines différant par leur mode de préparation et leurs propriétés physiques.

Pour débarrasser complètement la dextrine de glucose, Bondonneau recommande le procédé suivant :

La dextrine, dissoute dans l'eau est précipitée par l'alcool. Après avoir subi cinq fois ce traitement, la dextrine renferme encore 9,80 % de glucose; on la fait alors bouillir avec du chlorure de cuivre et de la soude caustique en quantité plus que suffisante pour oxyder tout le glucose. La liqueur filtrée et refroidie est additionnée d'acide chlorhydrique de façon à éviter toute élévation de température, puis précipitée par l'alcool. La dextrine ainsi obtenue ne précipite pas le réactif cupropotassique et colore l'iode en rouge [Bondonneau, *Bull. Soc. chim.*, t. XXI, p. 51 et p. 150].

La dextrine extraite du malt et purifiée de même ne colore pas l'iode en rouge et ne réduit pas le réactif cupropotassique [Bondonneau, *Bull. Soc. chim.*, t. XXII, p. 99].

Musculus et Gruber admettent l'existence des dextrines suivantes, qui se produiraient par l'action de quantités variables de diastase ou par l'action des acides sur l'amidon; ils leur attribuent un pouvoir réducteur qui paraît appartenir à du glucose non séparé.

1° *Erythrodextrine.* — Se colore en rouge avec l'iode à l'état solide et en solution; est facilement attaquée par la diastase. Il faut en rapprocher l'amidon soluble (à 50°) qui en diffère par son insolubilité dans l'eau froide et sa coloration bleue à l'état solide par l'iode.

2° *Achroodextrine-α.* — Ne se colore pas avec l'iode; partiellement saccharifiable par la diastase.

Pouvoir rotatoire $[\alpha]j$...	+ 210°
Pouvoir réducteur (glucose, 100)	12

3° *Achroodextrine-β.* — Inattaquable par la diastase dans les vingt-quatre heures.

Pouvoir rotatoire.......	+ 190°
Pouvoir réducteur.....	12

4° *Achroodextrine-γ.* — Inattaquable par la diastase. L'acide sulfurique dilué et bouillant ne la transforme en glucose qu'après plusieurs heures.

Pouvoir rotatoire.........	+ 150°
Pouvoir réducteur.........	28

[Musculus et Gruber. *Bull. Soc. chim.*, t. XXX, p. 56; Musculus, *Compt. rend.*, t. LXX, p. 857].

Sullivan admet l'existence de quatre dextrines différentes provenant du dédoublement de l'amidon suivant quatre équations distinctes; mais il les considère comme possédant toutes le même pouvoir rotatoire et ne réduisant pas le réactif cupropotassique. Ainsi il a trouvé pour :

α-Dextrine — (Achroodextrine de Musculus) et amidon soluble:

Pouvoir rotatoire........	+ 218,8	219,5
Pouvoir réducteur........	0,14	1,80

β-Dextrine I (Achroodextrine-α) :

Pouvoir rotatoire........	+ 216,4	217,8
Pouvoir réducteur.......	2,9	0,56

β-Dextrine II :

Pouvoir rotatoire..........	216,0	217,5
Pouvoir réducteur........	3,8	0,6

β-Dextrine III (Achroodextrine-β) :

Pouvoir rotatoire........	215°	217
Pouvoir réducteur.......	2,5	0,6

Sullivan admet que l'achroodextrine γ de Musculus est identique avec la précédente [Sullivan, *Bull. Soc. chim.*, t. XXXII, p. 493].

La vapeur d'eau à 200° transforme une quantité notable de dextrine en glucose; l'action est plus énergique si la fécule est un peu acide (Bondonneau).

La dextrine n'existe pas dans l'orge, ni avant ni après la germination. Dans cette dernière, Kuehnemann aurait rencontré une dextrine particulière, tournant à gauche le plan de polarisation et qu'il a appelée *sinistrine* [Kuehnemann, *Bull. Soc. chim.*, t. XXIV, p. 551].

La dextrine fermente en présence de la muqueuse stomacale en donnant un mélange d'acide lactique et d'acide sarcolactique [Maly, *Deutsch. chem. Gesellsch.*, 1874, p. 1569].

Sous l'influence d'une faible tension électrique prolongée longtemps, la dextrine peut fixer une quantité notable d'azote de l'air; ainsi une dextrine renfermant 0,12 °/₀ d'azote renfermait au bout de sept mois 1,92 °/₀ d'azote [Berthelot, *Bull. Soc. chim.*, t. XXVIII, p. 490].

Le brome réagit en tubes scellés sur la dextrine. Le produit de la réaction, traité par l'oxyde d'argent humide, fournit l'acide dextronique [Habermann, *Deutsch. chem. Gesellsch.*, 1872, p. 167].

Recherche de la dextrine. — Pour rechercher la présence de la dextrine dans la glycérine, on fait bouillir 5 gouttes de glycérine avec 4 cent. cubes d'eau et quelques gouttes de molybdate d'ammonium en solution faiblement nitrique. La moindre trace de dextrine donne une coloration bleue [*Bull. Soc. chim.*, t. X, p. 322].

Pour en rechercher la présence dans le sucre, Scheibler dissout 13 gr. de sucre dans 50 gr. d'eau et ajoute 4 vol. d'alcool à 95°. Le précipité, s'il y en a un, est additionné de quelques gouttes d'une solution renfermant au litre 15 gr. d'iodure de potassium et 1 gr. d'iode. La coloration rouge indique la dextrine [Scheibler, *Zeitschrift Chem.*, 1871, p. 334].

Reproduction de la dextrine. — Musculus considère la dextrine comme formée de 3 molécules de glucose unies avec perte d'eau. Il a contrôlé sa manière de voir en transformant le glucose en dextrine par le même procédé qui permet d'obtenir l'éther au moyen de l'alcool. Le glucose fondu et refroidi est dissous dans l'acide sulfurique. On y ajoute une grande quantité d'alcool. Au bout de trois semaines, il se dépose un corps non sucré, très soluble dans l'eau, ne réduisant pas la liqueur cupropotassique, ne se colorant pas par l'iode; la diastase agit faiblement sur ce composé; l'acide sulfurique bouillant le transforme en glucose [Musculus, *Bull. Soc. chim.*, t. XVIII, p. 67].

D'après l'ensemble de ces caractères, cette substance paraît être l'achroodextrine-γ, bien que son pouvoir rotatoire soit plus faible.

Lorsqu'on analyse le précipité produit par l'alcool dans la solution sulfurique de glucose, sans le purifier par dissolution aqueuse, on trouve qu'il répond sensiblement à la formule

$$C^{18}H^{28}O^{14}.C^2H^6O,$$

c'est-à-dire qu'il représente de la dextrine dont une molécule d'eau est remplacée par une molécule d'alcool. Ce corps se détruit par l'eau en dégageant de l'alcool et régénérant la dextrine [Musculus et Meyer, *Bull. Soc. chim.*, t. XXXV, p. 369]. M. Hanriot.

DEXTRONIQUE (ACIDE), $C^6H^{12}O^7$. — Cet acide se forme par l'action du brome et de l'eau sur la dextrine à la température du bain-marie, puis de l'oxyde d'argent sur le produit formé. Les acides gluconique et lactonique se forment, comme on sait, dans des circonstances analogues.

On transforme l'acide retiré du sel d'argent en sel plombique basique que l'on décompose par l'hydrogène sulfuré. L'acide libre est une masse sirupeuse, qui commence à déposer des cristaux après un an. Il est dextrogyre et fournit des sels cristallins. L'amidon et le paramylon (voyez Gerhardt, *Traité de chimie organique*, t. II, p. 487) fournissent le même acide que la dextrine.

Le *sel de baryum* se présente d'abord sous forme d'une masse gommeuse; mais celle-ci, redissoute dans l'eau, fournit peu à peu des cristaux qui renferment $(C^6H^{11}O^7)^2Ba + 3H^2O$, identiques avec le gluconate de baryum. Il semble donc que dans ces conditions l'acide dextronique se convertit en son isomère l'acide gluconique [Habermann, *Bull. Soc. chim.*, t. XXXII, p. 369].

Sel de calcium, $(C^6H^{11}O^7)^2Ca + H^2O$. — Cristaux microscopiques dont 100 p. d'eau à 16°,5 dissolvent 3 p. Additionné de lait de chaux puis chauffé, il fournit une solution claire, qui laisse déposer un sel bibasique.

Le *sel d'argent* est soluble dans l'eau.

L'*éther éthylique* forme une combinaison cristalline avec le chlorure de calcium :

$$(C^6H^{11}O^7.C^2H^5)^2 + CaCl^2$$

[J. Habermann, *Deutsch. chem. Gesellsch.*, 1872, p. 167; *Liebig's Ann. Chem.*, t. CLXXII, p. 11, *Bull. Soc. chim.*, t. XVII, p. 415 ; t. XXII, p. 468]. M. Wassermann.

DEXTROSE — Ce nom a été donné au glucose, par opposition à celui de lévulose; il est excellent et devrait prévaloir.

DÉYAMITTINE. — Substance neutre accompagnant la buxine dans l'écorce de *Cissampelos Pareira*. Elle se dépose dans l'alcool bouillant en tables microscopiques de forme hexagonale; au contact de l'acide sulfurique, elle prend une magnifique coloration bleu foncé, qui vire bientôt au vert et au rouge, pour disparaître en dernier lieu [F.-A. Flückiger, *Neu. Jahrb. Pharm.*, t. XXXI, p. 257].

DI. — Pour les mots qui ne se trouvent pas ici à leur rang alphabétique, voyez le mot qui suit ce préfixe ou le mot générique. Exemple: *Diacétylglizarine*, voyez ALIZARINE.

DIACÉTONALCAMINE. — Voy. Suppl., p. 21.

DIACÉTONAMINE. — Voyez Suppl., p. 17.

DIACÉTONIQUE (ALCOOL). — Voyez Suppl., p. 24.

DIACONIQUE (ACIDE), $C^9H^{10}O^6$. — Voyez CITRIQUE (ACIDE), Suppl., p. 507.

DIALANTIQUE (ACIDE). — Voyez ALANTIQUE (ANHYDRIDE), Suppl., p. 53.

DIALDANE. — Voyez ALDOL, Suppl., p. 89.

DIALLYLACÉTIQUE (ACIDE). — Voyez Suppl. p. 35. Il se produit aussi lorsqu'on décompose l'acide diallylmalonique par la chaleur (Conrad et Bischoff). Oxydé par l'acide nitrique d'une densité de 1, 2, il fournit de l'acide tricarballylique (Wolff).

DIALLYLACÉTONE, $C^9H^{14}O$. — Voy. Suppl., p. 35.

DIALLYLCARBINOL,

$$C^7H^{12}O = CH(C^3H^5)^2.OH.$$

— Cet alcool secondaire a été obtenu par M. Saytzeff en versant un mélange d'iodure d'allyle et d'éther formique sur du zinc; il faut avoir soin de refroidir énergiquement pendant la réaction. Quand celle-ci est terminée, on ajoute de l'eau. L'huile séparée du liquide aqueux fournit à la distillation du diallyle, du diallylcarbinol et de petites quantités d'un produit bouillant à une température plus élevée.

Le diallylcarbinol bout à 151°; il possède une

odeur aromatique caractéristique. Il se combine avec le brome pour former un tétrabromure. L'anhydride acétique le transforme en un éther bouillant à 160°,5, qui, lui aussi, fournit, avec le brome, un tétrabromure épais. Ce dernier réagit sur l'acétate d'argent en donnant l'éther d'un alcool quintivalent; ce dernier, saponifié, fournit un anhydride qui représente cet alcool moins H^2O.

L'éther chlorhydrique du diallylcarbinol bout à 144° en se décomposant légèrement avec dégagement d'acide chlorhydrique. Il possède une odeur de térébenthine. La potasse alcoolique lui enlève HCl et le transforme en un hydrocarbure C^7H^{10}, bouillant à 115° avec polymérisation partielle. Ce carbure forme, avec le brome, un hexabromure incristallisable.

L'oxydation du diallylcarbinol par le mélange chromique fournit de l'acide formique et de l'anhydride carbonique [M. Saytzeff, *Deutsch. chem. Gesellsch.*, 1875, p. 1682; 1876, 1600].

Ch. Friedel.

DIALLYLE. — Wagner et Tollens [*Bull. Soc. chim.*, t. XX, p. 364; *Deutsch. chem. Gesellsch.*, 1873, p. 588] préparent ce carbure en dissolvant le bromure d'allyle dans la benzine, ajoutant du sodium et quelques gouttes d'alcool, ou bien encore en traitant ce même bromure par l'argent en poudre à la température de 100°. Un second traitement par l'argent le purifie complètement. Le bromure qu'il fournit fond à 62,5-65°.5 et non à 37° comme on l'a indiqué. Ce sont des prismes quadrilatères d'odeur camphrée. Suivant Henry [*Bull. Soc. chim.*, t. XXII, p. 74], ce tétrabromure formerait des lamelles nacrées, incolores, douces au toucher, fusibles à 70-77°.

Le diallyle se combine aisément et avec énergie avec le *peroxyde d'azote*. Ce dernier est introduit peu à peu à l'état liquide dans la dissolution éthérée du diallyle maintenu dans un mélange réfrigérant. Il se sépare peu à peu des cristaux blancs de la combinaison $C^6H^{10}(AzO^2)^2$ [Henry, *Bull. Soc. chim.*, t. XII, p. 458, *Deutsch. chem. Gesellsch.*, 18 9, p. 279].

On obtient aussi une *dichlorhydrine diallylique*, $C^6H^{10}(OH)^2Cl^2$, par l'action de l'acide hypochloreux sur le diallyle. L'acide hypochloreux est préparé comme d'habitude par l'oxyde de mercure et le chlore. Le mercure qui entre en solution est séparé avec précaution par l'hydrogène sulfuré. Un excès de ce dernier nuit en donnant naissance à des produits organiques sulfurés. La solution épuisée par l'éther, lui abandonne un corps qu'on obtient par évaporation, sous forme d'une huile peu colorée, visqueuse, d'odeur faible et agréable, de saveur amère et piquante; à 7°, sa densité est égale à 1,4. Elle est peu soluble dans l'eau, ne se solidifie pas à — 20° et ne distille pas sans décomposition [Henry, *Bull. Soc. chim.*, t. XXII, p. 288].

L'acide sulfurique concentré agit vivement sur le diallyle. On mélange ce dernier avec son volume d'huile de paraffine bouillant à 55-60°, puis on ajoute l'acide par petites portions. La réaction terminée, on obtient deux couches; on sépare la couche acide et on l'étend avec de l'eau. L'huile colorée qui se sépare, redissoute dans l'acide sulfurique, en est séparée de nouveau par addition d'eau, puis séchée et distillée. Elle bout à 93°, répond à la formule $C^6H^{12}O$, et est identique avec le produit décrit par Wurtz sous le nom de *pseudoxyde d'hexylène*. Les *agents oxydants* le transforment en acides carbonique et acétique; l'*acide iodhydrique* en iodure d'hexyle, bouillant à 165-167°. L'amalgame de sodium ne l'attaque pas.

Dans cette action de l'acide sulfurique, il se produit encore des polymères du diallyle, bouillant à 205-215°, 240-245°, 275-285° [Jekyll, *Bull. Soc. chim.*, t. XV, p. 232; *Chem. News*, t. XXII, p. 221, et *Zeitschr. Chem.*, 1871, p. 36].

E. Demarçay.

DIALLYLÈNE, C^6H^8, [Henry, *Compt. rend.*, t. LXXXVI, p. 171]. — L'allylacétone traitée par le perchlorure de phosphore donne un chlorure $C^3H^5\text{-}CH^2\text{-}CCl^2\text{-}CH^3$, plus lourd que l'eau, bouillant à 150°, et un diallyle monochloré,

$$C^3H^5\text{-}CH^2\text{-}CCl=CH^2 (?),$$

plus léger que l'eau et bouillant à 120°. Ce dernier se combine avec le brome avec formation d'un tétrabromure liquide que la potasse alcoolique transforme à 100° en diallylène C^6H^8.

Ce dernier est un liquide bouillant à 70°, qui possède à 18° un poids spécifique de 0,85 et qui se combine avec l'acide sulfurique en se polymérisant partiellement.

Diallylène monobromé,

$$C^6H^7Br = CH\equiv C\text{-}CH^2\text{-}CH^2\text{-}CBr=CH^2$$

ou $CH\equiv C\text{-}CH^2\text{-}CH^2\text{-}CH=CHBr$. Ce composé prend naissance comme corps intermédiaire dans la préparation du dipropargyle (voyez ce mot). Il bout à 150° environ, se colore en brun à la lumière; il est très réfringent et plus lourd que l'eau [Henry, *Deutsch. chem. Gesellsch.*, 1881, p. 400]. Il forme des combinaisons argentique et cuivrique comme les carbures acétyléniques.

E. Demarçay.

DIALLYLISOPROPYLCARBINOL, $C^{10}H^{18}O$. — Alcool tertiaire, non saturé, obtenu par l'isobutyrate d'éthyle, l'iodure d'allyle et le zinc. Liquide incolore, bouillant à 182-185°, insoluble dans l'eau.

Densité à 0° = 0,8647 et à 20° = 0,8512 (eau à 0° prise pour unité). Il absorbe l'oxygène de l'air et donne avec le mélange chromique du gaz carbonique et de l'acide acétique [K. Riobinin et A. Saytzeff, *Bull. Soc. chim.*, t. XXXI, p. 199].

DIALLYLMALONIQUE (ACIDE),

$$C^9H^{12}O^4 = C(C^3H^5)^2 < \begin{matrix} CO^2H \\ CO^2H \end{matrix}$$

— On obtient l'éther de cet acide par l'action successive du sodium et de l'iodure d'allyle sur l'éther malonique. C'est un liquide bouillant du 239 à 241°, d'une densité de 0,906 à 14° (rapportée à l'eau à 15°). L'acide libre est en prismes fusibles à 133°, et se dédouble par une chaleur plus forte en gaz carbonique et acide diallylacétique [M. Conrad et C. A. Bischoff, *Deutsch. chem. Gesellsch.*, 1880, p. 598].

DIALLYLMÉTHYLCARBINOL,

$$C^8H^{14}O = C(C^3H^5)^2CH^3.OH.$$

Il s'obtient par l'action du zinc et de l'iodure d'allyle sur l'éther acétique. Il bout à 158°,4 et fixe quatre atomes de brome :

$$CH^3\text{-}CO.OC^2H^5 + 2C^3H^5I + Zn$$
$$= CH^3.C(C^3H^5)^2O.ZnI + C^2H^5O.ZnI.$$

Il ne se dégage pas de gaz quand on traite par l'eau le produit de la réaction.

L'éther acétique du diallylméthylcarbinol bout à 177°,3. Comme l'alcool lui-même, il fournit un tétrabromure instable.

L'alcool fournit à l'oxydation de l'acide acétique et de l'anhydride carbonique [A. Saytzeff et W. Sorokin, *Deutsch. chem. Gesellsch.*, 1876, p. 277].

DIALLYLOXALIQUE (ACIDE)

$$C^8H^{12}O^3 = (C^3H^5)^2COH\text{-}CO^2H$$

[M. et A. Saytzeff, *Deutsch. chem. Gesellsch.*, 1876, p. 33, 77 et 1601; *Bull. Soc. chim.*, t. XXVII, p. 416; — Paterno et Spica, *Deutsch. chem. Gesellsch.*, 1876, p. 344; *Bull. Soc. chim.*, t. XXVI, p. 358]. — L'éther de cet acide se prépare au moyen de l'éther oxalique, de l'iodure d'allyle et du zinc granulé. Il bout à 213,°6 et possède à 0° un poids spécifique égal à 0,9873. A 18° il est égal à 0,0718. Par saponification on en extrait l'acide qui est cristallisé en lamelles et ne bout pas sans altération.

Son *sel de plomb*, $(C^6H^{11}O^3)^2Pb + 2H^2O$, est monoclinique, fond au-dessous de 100° et n'abandonne que difficilement son eau.

Le *sel de sodium*, $C^6H^{11}O^3Na$, forme des aiguilles déliquescentes groupées en touffes.

Les sels d'ammonium, de calcium, de baryum, de zinc ont été aussi obtenus cristallisés.

On obtient, en même temps que l'acide, un produit d'addition tétrabromé cristallisable en aiguilles. Soumis à l'oxydation, cet acide fournit une résine et quelque peu d'acide carbonique. Avec le trichlorure de phosphore, il se produit de l'acide chlorhydrique et un composé d'où l'eau régénère l'acide diallyloxalique. E. Demarçay.

DIALLYLPROPYLCARBINOL,

$$C^{10}H^{18}O = C(C^3H^5)^2(C^3H^7)OH.$$

— On l'obtient en traitant le butyrate normal d'éthyle par l'iodure d'allyle et le zinc granulé; le rendement est de 20 °/₀. C'est un liquide incolore, bouillant à 194°, et se décomposant légèrement par une série de distillations. Densité à 0° = 0,8707, et à 20° = 0,8564 (eau à 0° prise pour unité). Il fixe énergiquement le brome, mais le produit d'addition est très instable et perd HBr à la température ordinaire. Le mélange chromique l'oxyde et il se forme du gaz carbonique, des acides butyrique et acétique et deux autres acides non volatils avec la vapeur d'eau [P. et A. Saytzeff, *Liebig's Ann. Chem.*, t. CXCIII, p. 362].

DIALURIQUE (ACIDE). [Syn. *Tartronylurée*]

$$C^4H^4Az^2O^4.$$

L'acide dialurique chauffé avec de l'acide acétique et un azotite alcalin fournit de beaux cristaux d'allantoïne, probablement d'après l'équation

$$\underset{\text{Acide dialurique.}}{2(C^4H^4Az^2O^4)} + \underset{\text{Acide azoteux.}}{2Az^2O^3}$$

$$= \underset{\text{Allantoïne.}}{C^4H^6Az^4O^3} + 4CO^2 + H^2O + 2AzO + 2Az$$

[Gibbs, *Silliman's Amer. Journ.*, t. XLVIII, p. 215; *Bull. Soc. chim.*, t. XIII, p. 184].

Par l'ébullition avec l'eau le dialurate de sodium fournit de l'acide tartronamique

$$C^3H^5AzO^4 = \begin{matrix} CO\text{-}AzH^2 \\ | \\ CH.OH \\ | \\ CO^2H \end{matrix}$$

[Menschutkine, *Bull. Acad. St-Petersb.*, 1876, t. IX; *Bull. Soc. chim.*, t. XXVII, p. 506].

L'acide dialurique donne, avec le chlorure ferrique et l'ammoniaque, une belle couleur bleue; cette réaction lui est commune avec l'alloxantine [Mulder, *Deutsch. chem., Gesellsch*, 1873, p. 1010; *Bull. Soc. chim.*, t. XX, p. 538].

Dissous dans l'eau chaude avec 3 parties d'urée, et conservé dans un flacon rempli et bien bouché, il se transforme en aiguilles cristallisées qui constituent le dialurate d'urée:

$$C^4H^4Az^2O^4, CH^4Az^2O.$$

Ce composé renferme $2H^2O$ de plus que l'acide urique; chauffé à 160°, il perd de l'eau et rougit, mais ne se convertit pas en acide urique [Mulder].

DIALURATES [Menschutkine, *loc. cit.*]. — Liebig et Wöhler ont analysé le dialurate d'ammonium auquel ils ont assigné la formule

$$C^4H^3Az^2O^4(AzH^4),$$

et Strecker a décrit le sel de potassium qu'il représente par $C^4H^3Az^2O^4K$.

D'après Menschutkine, ces deux sels se décomposeraient lorsqu'on les dissout dans l'eau, et les solutions laisseraient déposer une autre série de sels renfermant $C^7H^8Az^4O^{10}M'^2$. Les sels de potassium et d'ammonium appartenant à cette dernière série se convertiraient de nouveau en sels de la première, $C^4H^3Az^2O^4M'$, lorsqu'on les fait cristalliser du sein de liqueurs alcalines (?).

Dialurate d'ammonium. — Obtenu par le procédé de Liebig et Wöhler ou par celui de Strecker, ce sel est en aiguilles blanches renfermant

$$C^7H^8Az^4O^{10}(AzH^4)^2;$$

il présente les caractères indiqués par Liebig et Wöhler, mais offre une autre composition. Par des cristallisations répétées en présence de carbonate d'ammoniaque, il se convertit en un précipité grenu, formé de petites paillettes et renfermant $C^4H^3Az^2O^4(AzH^4)$. Par l'action de l'eau bouillante, ce dernier se décompose et régénère le sel $C^7H^8Az^4O^{10}(AzH^4)^2$.

Dialurate de potassium, $C^7H^8Az^4O^{10}K^2$. — On l'obtient en traitant les deux modifications du sel d'ammonium par l'acétate de potassium. Il cristallise en petites aiguilles devenant roses à l'air; par recristallisation en présence de carbonate de potassium, il fournit un précipité blanc grenu du sel de Strecker $C^4H^3Az^2O^4K$. Ce dernier, dissous dans l'eau bouillante, régénère le sel $C^7H^8Az^4O^{10}K^2$.

Dialurate de sodium, $C^7H^8Az^4O^{10}Na^2$. — Obtenu avec le sel d'ammonium et l'acétate de sodium, il se présente sous l'aspect d'aiguilles d'une blancheur éclatante. Par l'ébullition avec l'eau, il se décompose en donnant de l'acide tartronamique. Il ne se transforme pas en sel du type $C^4H^3Az^2O^4M$, mais peut recristalliser sans altération en présence du carbonate de sodium. Chauffé à 130°, il perd $1/2H^2O$ et renferme alors $C^{14}H^{14}Az^8O^{19}Na^4$.

Par double décomposition entre les dialurates et le chlorure de baryum, il se forme un précipité cristallin blanc de dialurate de baryum:

$$C^7H^8Az^4O^{10}Ba.$$

E. Grimaux.

DIAMYLBENZINE, $C^{16}H^{26} = C^6H^4(C^5H^{11})^2$. — Hydrocarbure obtenu par Austin en ajoutant peu à peu du chlorure d'amyle à un mélange d'amylbenzine et de chlorure d'aluminium (1/10 p.). Il bout vers 265°, ne se solidifie pas à — 20°, et offre à 0° une densité de 0,8868 [A. Austin, *Bull. Soc. chim.*, t. XXXII, p. 12].

DIAMYLCARBOBENZONIQUE (ACIDE). — Voyez DIÉTHYLCARBOBENZONIQUE (ACIDE).

DIAMYLE. — Préparé à l'aide de l'iodure d'amyle de fermentation inactif, il bout à 160° sous 751ᵐᵐ. Le chlore, au contact des vapeurs de ce corps, le transforme en un *chlorure* $C^{10}H^{21}Cl$ bouillant entre 198 à 213°. L'acétate de plomb, en présence d'acide acétique, convertit ce corps à 160-170° en un *acétate* bouillant entre 198 et 215°; enfin les alcalis, en saponifiant cet acétate, donnent un mélange de deux alcools $C^{10}H^{21}.OH$, l'un passant à 202-203°, l'autre à 211-213°. L'acide chromique fournit de l'acide acétique avec ces alcools [H. Grimshaw, *Journ. chem. Soc.*, 1877, t. II, p. 260].

DIAMYLÈNE, $C^{10}H^{20}$. — Pour le préparer, on agite l'amylène avec le double de son volume d'un mélange de 2 vol. d'acide sulfurique et de 1 vol. d'eau; le tout s'échauffe et il est nécessaire de refroidir pour modérer la réaction. L'huile décantée et soumise à la distillation fournit le diamylène bouillant à 150-153 [W. von Schneider, *Ann. Chem. Pharm.*, t. CLVII, p. 185]. Erlenmeyer et Berthelot ont indiqué 155° comme point d'ébullition.

La constitution du diamylène n'est pas encore établie : l'amylène qui sert à le préparer étant un mélange de trois hydrogènes carbonés isomériques, il faut savoir d'abord duquel il dérive. D'après Wichnegradsky, le triméthyléthylène bouillant à 35°, qui prédomine dans l'amylène de l'alcool de fermentation inactif, donne un excellent rendement en diamylène [Wichnegradsky, *Bull. Soc. chim.*, t. XXIII, p. 451 ; t. XXIV, p. 361]. Mais d'autre part, l'amylène de Flavitzky bouillant à 25° (formé principalement d'isopropyléthylène) fournit, d'après Lebedeff, également le diamylène ordinaire qui donne par oxydation l'acide améthénique (voir plus loin) [*Ibid.*, t. XXIV, p. 457]. Il est donc impossible de donner à cet hydrogène carboné une formule déterminée, et nous ne citerons qu'à titre de renseignement la suivante qui a été proposée par Boutlerow [*Deutsch. chem. Gesellsch.*, 1876, p. 1605] : $(CH^3)^2C = CH\text{-}CH^2\text{-}CH^2\text{-}C(CH^3)^3$ [Voir dans les Mémoires de Schneider. *loc. cit.*, et de Richter, *Deutsch. chem. Gesellsch.*, 1872, p. 334, d'autres formules de structure].

Oxydation du diamylène. — En faisant digérer, d'abord à froid, puis au bain-marie pendant 3 à 4 jours chaque fois, le diamylène (61 gr.) avec un mélange d'acide sulfurique (850 gr.), d'eau (654 gr.), et de dichromate de potassium en gros cristaux (438 gr.), von Schneider a obtenu du gaz carbonique, de l'acide acétique, une huile neutre et un acide, $C^7H^{14}O^2$, l'acide *améthénique*. Cet acide, monobasique et isomérique avec l'acide œnanthylique, est liquide et ne cristallise pas à —20° ; il bout en se décomposant entre 180 et 230°. Les sels sont peu définis et ne décomposent pas l'acide carbonique. L'acide chromique le détruit à la longue en produisant du gaz carbonique, de l'acide acétique et une résine qui contient une trace d'un acide cristallisé différent de l'acide benzoïque.

L'huile neutre dont il a été question bout entre 160 et 210° et contient un produit volatil entre 180 et 190° dont la composition correspond à la formule $C^{10}H^{20}O$, de l'oxyde de diamylène de Bauer [von Schneider, *loc. cit.*].

Dibromure de diamylène. — En le chauffant avec de l'eau et de l'oxyde de plomb, Eltekoff a obtenu un produit bouillant à 192-194° qui offre aussi la formule $C^{10}H^{20}O$ de l'oxyde de diamylène [*Jahresb. Chem.*, 1878, p. 374]. Son éther éthylique est décrit. Suppl., p. 428. A. Henninger.

DIANIQUE (ACIDE). — Voyez NIOBIUM, t. II, page 553.

DIAPHORITE (Min.). — Espèce orthorhombique de même composition, séparée de la freieslebénite (clinorhombique), par Zepharowitch.

Densité, 5,902.

DIAPODIMORPHINE. — Voyez MORPHINE.

DIASTASE. — Voyez t. I, p. 1148. Les ferments solubles qui peuvent saccharifier les matières féculentes sont très nombreux et ont été réunis sous le nom de ferments *diastasiques ;* tels sont : la diastase proprement dite, la ptyaline ; un des ferments pancréatiques ; le ferment inversif du foie qui n'est du reste point spécial à cet organe et se trouve dans tous les tissus de l'économie animale (Claude Bernard) ; les ferments de certaines graines arrivées à maturité (vesce, lin, chanvre). Ces derniers ferments sont en même temps peptogènes ; découverts par Gorup-Besanez qui les a extraits par le procédé à la glycérine décrit plus loin, ils paraissent très répandus, mais manquent cependant dans les graines de lupin, l'orge non germée, le seigle ergoté [Gorup-Besanez, *Deutsch. chem. Gesellsch.*, 1874, p. 146 et 569 ; 1875, p. 1510].

Pour extraire la diastase de l'orge germée, on emploie avec avantage le procédé de Wittich, qui s'applique en général à la préparation des ferments solubles : Le malt concassé est mis à digérer dans de la glycérine pure ; au bout de quelques jours la masse est exprimée et le liquide filtré est précipité par addition d'alcool et d'une petite quantité d'éther. La diastase se précipite, très impure encore et mélangée surtout de matières albuminoïdes, que l'alcool a coagulées et qui restent insolubles si l'on reprend le dépôt par une petite quantité d'eau. Une nouvelle précipitation à l'alcool éthéré fournira un ferment tout à fait blanc et sensiblement pur, à l'exception d'une forte proportion de matières minérales (7 °/o et au delà) qu'on n'est pas encore parvenu à enlever [Wittich, *Pflüger's, Arch.*, t. III, p. 339].

Plusieurs agents peuvent entraver ou accélérer l'action saccharifiante de la diastase ; le borax l'empêche (Dumas), tandis que le chloroforme (Müntz) ou l'air comprimé (Paul Bert), qui diminuent tant l'énergie des ferments figurés ou tuent même ces ferments, n'exercent aucune influence sur l'action de la diastase [A. Müntz, *Compt. rend.*, t. LXXX, p. 1250 ; Paul Bert, *Ibid.*, t. LXXX, p. 1570].

On admet généralement qu'une température de 70° est la plus favorable pour la saccharification, mais plusieurs observateurs ont abaissé cette température ; nous citerons à ce sujet les expériences de Baswitz [*Deutsch. chem. Gesellsch.*, 1878, p. 1443 ; 1879, p. 1378], qui indique avoir trouvé un maximum d'action vers 50°. Ce chiffre nous paraît trop bas.

Certaines substances favorisent l'action de la diastase : tels sont les principes extractifs de la pomme de terre, de la farine de seigle, et surtout le gaz carbonique. Il paraîtrait même, d'après les expériences de Baswitz que nous venons de citer, que, sans leur concours, l'extrait de malt ne produit pas de sucre avec certaines sortes de fécule.

La nature des produits de l'hydratation de l'amidon ou de la matière glycogène sous l'influence de la diastase est bien connue aujourd'hui, grâce aux travaux de O. Sullivan, E. Schulze, Musculus. Comme Dubrunfaut l'avait admis en 1847 par intuition, il ne se forme pas de glucose, ou seulement des traces (1 °/o), mais les produits réducteurs sont une saccharose, la *maltose* (70 °/o), et une dextrine, l'*achroodextrine* (page 622). Négligeant les traces de glucose, O. Sullivan a exprimé ce dédoublement par l'équation suivante :

$$\underset{\text{Amidon.}}{3\,C^6H^{10}O^5} + H^2O = \underset{\text{Maltose.}}{C^{12}H^{22}O^{11}} + \underset{\text{Dextrine.}}{C^6H^{10}O^5}$$

Musculus et von Mering ont montré que les ferments diastasiques de l'économie animale agissent d'une manière analogue. [O. Sullivan, *Monit. scientif. de Quesneville*, mars 1874 ; — E. Schultze, *Deutsch. chem. Gesellsch.*, 1874, p. 1047 ; — F. Musculus et D. Gruber, *Zeitschr. physiol. Chem.*, 1878, t. II, p. 177 ; — F. Musculus et von Mering, *Ibid.*, t. II, p. 403]. A. Henninger.

DIATÉRÉBIQUE (ACIDE). — Voyez TÉRÉBIQUE (ACIDE), t. III, p. 321.

DIATERPÉNIQUE (ACIDE). — Voyez TERPÉNIQUE (ACIDE), Suppl.

DIAZOBENZOLIMIDE. — Voyez t. II, p. 876.

DIAZOÏQUES (CORPS). — On a exposé au t. I, p. 1140, quelques notions générales sur les combinaisons azoïques et diazoïques. Le nombre et l'importance de ces composés ayant considérablement augmenté dans ces dernières années, on croit devoir compléter ici cet exposé en se référant, pour la partie historique, aux indications déjà données.

Définitions. — Il convient d'abord de préciser, par des définitions nettes, la distinction qu'on a établie entre les composés azoïques, dont la découverte, due à Mitscherlich, remonte à 1839 (t. I, p. 1149) et les corps diazoïques que Peter Griess a fait connaître à partir de 1862. Les uns et les autres renferment le groupe diazoïque $[Az=Az]''$ et peuvent être envisagés comme dérivant de l'imidogène $HAz=AzH$; les composés azoïques résultant de la substitution de *deux* radicaux aromatiques à l'hydrogène des deux groupes AzH, les composés diazoïques résultant de la substitution d'un *seul* radical aromatique à 1 atome d'hydrogène, l'autre était remplacé par du chlore, du brome, de l'oxhydryle ou par un radical d'acide ou par un groupe AzH^2 substitué.

Dans l'imidogène $HAz=AzH$ comme dans le couple $[Az=Az]''$, les deux atomes d'azote sont trivalents : ils possèdent ce caractère dans tous les dérivés azoïques et diazoïques. Rappelons toutefois une opinion émise par Erlenmeyer [*Deutsch. chem. Gesellsch.*, 1874, p. 1110], d'après lequel ce groupe Az^2 et tous les composés diazoïques renfermeraient 1 atome d'azote trivalent et 1 atome d'azote quintivalent. Les formules suivantes précisent le sens de cette conception, que les travaux de E. Fischer sur les relations des corps diazoïques avec les hydrazines ont rendue peu probable [*Deutsch. chem. Gesellsch.*, 1877, p. 1336] (voyez page 633) :

$$\begin{array}{ccc} C^6H^5\text{-}Az\text{-}Br & C^6H^5\text{-}Az\text{-}Br & C^6H^5\text{-}Az\text{-}AzH\text{-}C^6H^5 \\ \equiv & \equiv & \equiv \\ Az & BrAz\text{-}Br & Az. \end{array}$$

Bromure de diazobenzol.	Perbromure de diazobenzol.	Diazoamidobenzol.

Nous avons réuni dans le tableau suivant un certain nombre de composés azoïques et diazoïques en leur attribuant les formules généralement adoptées aujourd'hui.

COMPOSÉS AZOIQUES.

$$\left.\begin{array}{l} Az-C^6H^5 \\ \| \\ Az-C^6H^5 \end{array}\right\} \text{Azobenzol.}$$

$$\left.\begin{array}{l} Az-C^6H^4Cl \\ \| \\ Az-C^6H^4Cl \end{array}\right\} \text{Dichloroazobenzols.}$$

$$\left.\begin{array}{l} Az-C^6H^4.OH \\ \| \\ Az-C^6H^4.OH \end{array}\right\} \text{Azophénols.}$$

$$\left.\begin{array}{l} Az-C^6H^4.OC^2H^5 \\ \| \\ Az-C^6H^4.OC^2H^5 \end{array}\right\} \text{Azophénétol.}$$

$$\left.\begin{array}{l} Az-C^6H^4.CO^2H \\ \| \\ Az-C^6H^4.CO^2H \end{array}\right\} \text{Acides azobenzoïques.}$$

$$\left.\begin{array}{l} Az-C^{10}H^7 \\ \| \\ Az-C^{10}H^7 \end{array}\right\} \text{Azonaphtaline,}$$

etc., etc.

COMPOSÉS DIAZOÏQUES.

$$\left.\begin{array}{l} Az-C^6H^5 \\ \| \\ Az-Cl \end{array}\right\} \text{Chlorure de diazobenzol.}$$

$$\left.\begin{array}{l} Az-C^6H^5 \\ \| \\ Az-OH \end{array}\right\} \text{Hydrate de diazobenzol,}$$

$$\left.\begin{array}{l} Az-C^6H^5 \\ \| \\ Az-AzO^3 \end{array}\right\} \text{Nitrate de diazobenzol.}$$

$$\left.\begin{array}{l} Az-C^6H^5 \\ \| \\ Az-AzH.C^6H^5 \end{array}\right\} \text{Diazoamidobenzol.}$$

$$\left.\begin{array}{l} Az-C^6H^5 \\ \| \\ Az-AzH.C^2H^5 \end{array}\right\} \text{Diazoéthylamidobenzol.}$$

$$\left.\begin{array}{l} Az-C^6H^4.CO^2H \\ \| \\ Az-AzO^3 \end{array}\right\} \text{Nitrate d'acide diazobenzoïque.}$$

$$\left.\begin{array}{l} Az-C^6H^4 \\ \| \\ Az-O \end{array} > CO\right\} \text{Anhydride diazobenzoïque.}$$

$$\left.\begin{array}{l} Az-C^{10}H^7 \\ \| \\ Az-AzO^3 \end{array}\right\} \text{Nitrate de diazonaphtaline.}$$

$$\left.\begin{array}{l} Az-C^{10}H^6 \\ \| \\ Az-O \end{array} > SO^2\right\} \text{Anhydride diazonaphtaline-sulfonique.}$$

$$\left.\begin{array}{l} Az-C^6H^4 \\ \| \\ Az-O \end{array}\right\} \text{Anhydride du diazophénol.}$$

$$\left.\begin{array}{l} C^6H^4-Az=AzR \\ | \\ C^6H^4-Az=AzR \end{array}\right\} \text{Dérivés diazoïques de la benzidine.}$$

Le fait bien connu de la transformation du diazoamidobenzol en amidoazobenzol marque la différence qui existe entre les deux séries. Le premier

$$\begin{array}{l} Az-C^6H^5 \\ \| \\ Az-AzH.C^6H^5 \end{array}$$

devient

$$\begin{array}{l} Az-C^6H^5 \\ \| \\ Az-C^6H^4.AzH^2, \end{array}$$

qui est l'amidoazobenzol, c'est-à-dire de l'azobenzol symétrique dans lequel 1 atome d'hydrogène est remplacé, dans un des radicaux phényliques, par le groupe AzH^2. Le composé symétrique diamidoazobenzol

$$\begin{array}{l} Az-C^6H^4.AzH^2 \\ \| \\ Az-C^6H^4.AzH^2 \end{array}$$

existe pareillement.

La symétrie que l'on remarque dans la structure des composés azoïques inscrits dans la première colonne du tableau précédent est due à cette circonstance que chacun des deux atomes d'azote est en rapport avec le même groupe. Elle disparaît lorsqu'un de ces groupes est modifié par substitution, ou que les deux groupes diffèrent entièrement l'un de l'autre. Ainsi au diamidoazobenzol symétrique correspond son isomère dissymétrique

$$\begin{array}{l} Az-C^6H^5 \\ \| \\ Az-C^6H^3(AzH^2)^2. \end{array}$$

Le triamidoazobenzol

$$\begin{array}{l} Az-C^6H^5 \\ \| \\ Az-C^6H^2(AzH^2)^3 \end{array}$$

que l'on emploie en teinture sous le nom de brun de phénylène-diamine, l'oxyazobenzol et le dioxyazobenzol

$$\begin{array}{l} Az-C^6H^5 \\ \| \\ Az-C^6H^4.OH, \end{array} \qquad \begin{array}{l} Az-C^6H^5 \\ \| \\ Az-C^6H^3(OH)^2, \end{array} \quad \text{etc.,}$$

offrent pareillement des exemples de ce genre de structure dissymétrique. D'un autre côté, il existe des composés azoïques renfermant deux groupes aromatiques différents : l'azobenzinaphtaline

$$\begin{array}{l} Az-C^6H^5 \\ \| \\ Az-C^{10}H^7, \end{array}$$

serait le type de ces composés qui prennent naissance par l'action d'un sel de diazobenzol, chlorure ou nitrate, sur un dérivé naphtalique, tel que le naphtol ou la naphtylamine.

Il est inutile d'insister sur ce point, mais il est intéressant de rattacher aux composés azoïques mixtes que l'on vient de mentionner les corps remarquables découverts par Victor Meyer et Ambühl, et dans lesquels un des groupes aromatiques est remplacé par un radical de la série grasse.

De ce nombre sont :

L'azonitrométhylphényle,

$$\begin{matrix} Az-C^6H^5 \\ \| \\ Az-CH^2(AzO^2); \end{matrix}$$

l'azoéthylphényle,

$$\begin{matrix} Az-C^6H^5 \\ \| \\ Az-C^2H^5 \end{matrix}$$

[Ehrhardt et Fischer. Voyez, à cet égard, Suppl., p. 303].

Il résulte de ce qui précède que tous les composés azoïques et diazoïques renferment un couple d'atomes d'azote [Az = Az], qui échangent entre eux une double valence. Les uns et les autres ne sont donc point saturés et peuvent fixer directement d'autres éléments pour former des produits d'addition. Ainsi, l'hydrazobenzol et le tribromure de diazobenzol, qui représentent de tels produits d'addition, sont formés, le premier, par la fixation directe de 2 atomes d'hydrogène sur l'azobenzol; le second, par la fixation directe de 2 atomes de brome sur le bromure de diazobenzol.

$$\begin{matrix} HAz-C^6H^5 \\ | \\ HAz-C^6H^5 \end{matrix}$$

Hydrazobenzol.

$$\begin{matrix} BrAz-C^6H^5 \\ | \\ BrAz-Br \end{matrix}$$

Tribromure de diazobenzol.

L'un et l'autre peuvent être envisagés comme appartenant au type $(AzH^2)^2$, et l'hydrobenzol est, de fait, la diphénylhydrazine

$$\begin{matrix} AzH.C^6H^5 \\ | \\ AzH^2. \end{matrix}$$

Phénylhydrazine.

$$\begin{matrix} AzH(C^6H^5) \\ | \\ AzH(C^6H^5) \end{matrix}$$

Diphénylhydrazine (hydrazobenzol).

L'azoxybenzol se rattache évidemment aux composés précédents : on peut l'envisager comme de la diphénylhydrazine dans laquelle les deux derniers atomes d'hydrogène typique seraient remplacés par 1 atome d'oxygène :

$$O<\begin{matrix} Az.C^6H^5 \\ | \\ Az.C^6H^5. \end{matrix}$$

Un autre dérivé intéressant du type $(AzH^2)^2$ est l'azophénylène, dans lequel les 4 atomes d'hydrogène typique sont remplacés par deux groupes phénylène (voyez Suppl., p. 255), et dont la constitution n'est pas encore fixée avec certitude. Les formules suivantes paraissent les plus probables :

$$\begin{matrix} Az = C^6H^4 \\ | \\ Az = C^6H^4 \end{matrix} \qquad C^6H^4<\begin{matrix} Az \\ | \\ Az \end{matrix}>C^6H^4.$$

Il semble qu'on doive donner la préférence à la seconde, par la raison que l'azophénylène, en fixant de l'hydrogène, donne naissance à de l'hydrazophénylène

$$C^6H^4<\begin{matrix} H \\ Az \\ | \\ Az \\ H \end{matrix}>C^6H^4$$

différent de l'azobenzol

$$\begin{matrix} Az-C^6H^5 \\ \| \\ Az-C^6H^5. \end{matrix}$$

Les développements qui précèdent sont de nature à fixer la définition des composés azoïques et diazoïques. Nous allons étudier à un point de vue général les modes de formation et les propriétés des uns et des autres.

I. COMBINAISONS AZOÏQUES.

MODES DE FORMATION. — Les combinaisons azoïques prennent naissance dans un très grand nombre de réactions, qui ont été indiqués t. I, p. 534, et Suppl., p. 297, et qu'on peut grouper, à un point de vue général, de la façon suivante :

1° *Réduction de composés nitrogénés* tels que nitrobenzine, nitrotoluène, acides nitrobenzoïques nitrophénols, etc.

a. Par l'amalgame de sodium, en présence de l'eau ou de l'alcool, ou par le fer et l'acide acétique;

b. Par une solution alcoolique de potasse, l'alcool agissant comme agent réducteur, sans doute en se transformant en aldéhyde;

c. Par la poudre de zinc en présence de la potasse;

d. Par le sodium en liqueur éthérée.

2° *Réduction de composés nitrosés.*

a. Par une base aromatique. Action de l'aniline ou de l'acétate d'aniline sur le nitrosobenzol [Baeyer, *Deutsch. chem. Gesellsch.*, 1874, p. 1638] :

$$\underset{\text{Nitrosobenzol.}}{C^6H^5.AzO} + \underset{\text{Aniline.}}{H^2Az.C^6H^5}$$

$$= H^2O + \underset{\text{Azobenzol.}}{\begin{matrix} Az-C^6H^5 \\ \| \\ Az-C^6H^5; \end{matrix}}$$

b. Par la potasse à chaud. Action de la potasse fondante sur le nitrosophénol [Jäger, *Deutsch. chem. Gesellsch.*, 1875, p. 1499] :

$$2\ C^6H^4<\begin{matrix} AzO \\ OH \end{matrix} = O^2 + \underset{\text{Azophénol.}}{\begin{matrix} Az-C^6H^4.OH \\ \| \\ Az-C^6H^4.OH \end{matrix}}$$

c. Par l'amalgame de sodium et l'eau.

3° *Oxydation de composés amidés.* — Par le permanganate de potassium ou l'oxyde de plomb PbO, ou par l'oxygène en présence de la potasse.

Ainsi, l'aniline oxydée par le permanganate de potassium donne de l'azobenzol [Glaser, *Bull. Soc. chim.*, t. IX, p. 374]; la paratoluidine donne dans les mêmes circonstances l'azoparatoluol, fusible à 137° [Barsilowsky, *Deutsch. chem. Gesellsch.*, 1875, p. 695]; chauffée avec PbO, l'aniline donne de l'azobenzol, la napthylamine de l'azonaphtaline [Schichutzky, *Deutsch. chem. Gesellsch.*, 1874, p. 1454]; l'aniline potassique se convertit en azobenzol lorsqu'on la soumet à l'action de l'oxygène [Anschütz et Schultz, *Deutsch. chem. Gesellsch.*, 1877, p. 1802].

En soumettant le chlorhydrate d'orthoamidophénol $C^6H^4(AzH^2)OH$, à l'action du chlorure de chaux, on obtient de l'azophénol dichloré

$$\begin{matrix} Az-C^6H^3Cl.OH \\ \| \\ Az-C^6H^3Cl.OH \end{matrix}$$

[Schmitt, *Deutsch. chem. Gesellsch.*, 1872, p. 804]. On voit que le chlorure de chaux exerce ici une action complexe, en oxydant le composé amidé et en chlorurant le produit de la réaction.

4° *Action du sodium sur les amines aromatiques chlorées ou bromées.* — Il se forme de l'azobenzol lorsqu'on fait réagir le sodium sur l'ortho ou la parabromaniline

$$C^6H^4 < \begin{matrix} AzH^2 \\ Br \end{matrix}$$

dissoute dans la benzine [Anschütz et Schultz, *Deutsch. chem. Gesellsch.*, 1877, p. 1802]. Dans cette réaction, qui s'accomplit sans doute en plusieurs phases, la soustraction du brome, accompagnée d'un dégagement d'hydrogène, provoque une transposition moléculaire.

5° *Action d'un sel de diazobenzol sur divers composés aromatiques, tels que phénols, amines, etc.* — Prenons pour exemple l'action du chlorure de diazobenzol sur l'α-naphtol [Typke, *Deutsch. chem. Gesellsch.*, 1877, p. 1567; Baeyer et Jäger, *Deutsch. chem. Gesellsch.*, 1875, p. 151]

$$\underset{\text{Chlorure de diazobenzol.}}{C^6H^5.Az^2.Cl} + \underset{\alpha\text{-Naphtol.}}{C^{10}H^7.OH}$$

$$= ClH + \underset{\text{Azobenzol-}\alpha\text{-naphtol.}}{\begin{matrix} Az-C^6H^5 \\ \| \\ Az-C^{10}H^6.OH \end{matrix}}$$

Il est probable que la formation du composé azoïque mixte azobenzol-α-naphtol est précédée de celle d'un composé diazoïque

$$\begin{matrix} Az-C^6H^5 \\ \| \\ Az-O.C^{10}H^7 \end{matrix}$$

qui éprouve sur le champ une transformation isomérique.

On doit admettre que la même transformation isomérique a lieu dans le cas où l'on fait réagir des sels de diazobenzol sur des amines aromatiques. Ainsi, par l'action du chlorure de diazobenzol sur la diphénylamine, il devrait se former le dérivé diphénylé du diazoamidobenzol : on obtient en réalité le dérivé phénylé de l'amidoazobenzol [Witt, *Deutsch. chem. Gesellsch.*, 1879, p. 259] :

$$\underset{\text{Diazodiphénylamidobenzol.}}{\begin{matrix} Az-C^6H^5 \\ \| \\ Az-Az(C^6H^5)^2 \end{matrix}} \qquad \underset{\text{Phénylamidoazobenzol.}}{\begin{matrix} Az-C^6H^5 \\ \| \\ Az-C^6H^4.AzH.C^6H^5 \end{matrix}}$$

6° D'autres réactions donnent naissance aux composés azoïques et particulièrement à l'azobenzol [Suppl., p. 297]. Ainsi ce corps se forme par la distillation de l'azobenzoate de cuivre, par l'action d'une solution aqueuse de ferrocyanure de potassium sur l'azotate de diazobenzol, etc. Ce sont là des cas particuliers sur lesquels nous ne pouvons pas insister ici.

Composés amidoazoïques. — Les combinaisons *amidoazoïques*, telles que l'amidoazobenzol, l'amidoazonaphtaline, prennent naissance dans des circonstances spéciales, savoir par l'action de l'acide azoteux, *à chaud*, sur les amines correspondantes, ou encore lorsqu'on chauffe les solutions chlorhydriques de ces amines avec du stannate de sodium (Griess et Martius, Kékulé). Il est probable que dans cette réaction il se forme d'abord des composés diazoïques.

Composés azoïques doubles. — Il existe des *composés azoïques doubles*, c'est-à-dire renfermant deux couples Az = Az. Il en est ainsi d'un composé qui a été obtenu par MM. Caro et Schraube (page 632), et qui renferme

$$C^6H^4 < \begin{matrix} Az = Az-C^6H^5 \\ Az = Az-C^6H^4.OH. \end{matrix}$$

Propriétés des composés azoïques. — Les corps azoïques sont généralement solides et cristallisables, de couleur jaune ou rouge, peu solubles dans l'eau. Ils sont stables et un grand nombre d'entre eux peuvent être distillés sans altération. On peut, jusqu'à un certain point, expliquer cette stabilité en considérant que les deux atomes d'azote du couple Az = Az sont en rapport l'un et l'autre avec du carbone, circonstance qui donne à ce groupe quelque chose de la stabilité du cyanogène. Cette stabilité relative des composés azoïques permet de les modifier par l'action des réactifs et de les transformer directement en produits de substitution, à l'instar des substances mères dont ils dérivent. Ainsi on peut les nitrer, les chlorer, les bromer, les convertir en acides sulfonés. La même remarque s'applique aux composés oxyazoïques. Nous verrons plus loin que les composés diazoïques, qu'il est difficile et même dangereux de manier, à cause de leur instabilité, ne se prêtent pas à l'obtention *directe* de produits substitués.

Les fonctions chimiques des composés azoïques dépendent de la nature des groupes qui sont unis à l'azote; un groupe hydrocarboné donnera un caractère indifférent à la combinaison; ce groupe est-il modifié par substitution et renferme-t-il de l'oxhydryle, du carboxyle, de l'amidogène, le composé azoïque prendra un caractère phénolique, acide, basique. A cet égard on doit renvoyer à l'histoire particulière de chaque corps. Les seuls caractères généraux des combinaisons azoïques sont déterminés par la nature du couple Az = Az qu'ils renferment et qui constitue un groupe non saturé. Il en résulte que ces combinaisons peuvent directement fixer de l'oxygène et de l'hydrogène. En s'unissant à un atome d'oxygène ils se convertissent en composés *oxyazoïques;* en se combinant avec deux atomes d'hydrogène ils se transforment en composés *hydrazoïques.*

Ajoutons que le brome peut se fixer pareillement sur l'azobenzol. En traitant une solution sulfocarbonique d'azobenzol par du brome Werigo a obtenu un produit d'addition

$$\begin{matrix} BrAz-C^6H^5 \\ | \\ BrAz-C^6H^5 \end{matrix}, HBr$$

qu'il décrit sous forme de lamelles jaunes instables [*Deutsch. chem. Gesellsch.*, 1870, p. 808].

COMPOSÉS OXYAZOÏQUES.

L'*azoxybenzol*

$$O < \begin{matrix} Az-C^6H^5 \\ | \\ Az-C^6H^5 \end{matrix}$$

est le type de ces composés dont nous allons indiquer les modes de formation et les caractères généraux.

Modes de formation. — Les composés oxyazoïques prennent naissance :

1° Par réduction ménagée des composés nitrogénés. Les mêmes agents qui convertissent ces derniers composés en corps azoïques, c'est-à-dire la solution alcoolique de potasse, l'amalgame de sodium, etc., fournissent, par une action plus modérée, des composés oxyazoïques. Ceux-ci apparaissent donc comme des termes intermédiaires entre les composés nitrogénés et les composés azoïques, et l'on conçoit que, suivant les conditions de l'expérience, on puisse obtenir par la réduction des composés nitrogénés soit des composés oxyazoïques, soit des composés azoïques, soit même des composés hydrazoïques, la réduction complète donnant lieu à des composés amidés. Ainsi on est en droit d'envisager l'azoxybenzol, l'azobenzol, l'hydroazobenzol comme résultant d'une réduction incomplète de la nitrobenzine. Aussi bien a-t-on constaté la formation d'une certaine quantité d'azobenzol parmi les produits de la réduction de la nitrobenzine par le fer et l'acide acétique. Il est vrai que ces termes intermédiaires présentent une grande stabilité et que, *une fois formés*, ils opposent une assez grande résistance à l'action des agents réducteurs.

Dans cet ordre d'idées, Limpricht [*Deutsch. chem. Gesellsch.*, 1878, p. 40] a fait voir que l'azobenzol et l'azoxybenzol ne se convertissent pas en aniline par l'action du protochlorure d'étain ou de l'acide iodhydrique, tandis que la nitrobenzine fournit si facilement de l'aniline par l'action de ces agents réducteurs. Il n'en est pas moins vrai qu'on parvient à transformer l'hydroazobenzol en aniline par une action énergique des agents réducteurs (voir page 630). Réciproquement, l'oxydation de l'aniline par le permanganate de potassium donne, à la fois, de l'hydrazobenzol, de l'azobenzol et de l'azoxybenzol [Glaser, *Bull. Soc. chim.*, t. IX, p. 374] : nouvelle preuve que tous ces corps doivent être considérés comme des termes de passage entre la nitrobenzine et l'aniline.

2° Les corps oxyazoïques prennent naissance, en second lieu, par l'oxydation des corps azoïques correspondants. Il y a, dans ce cas, simple fixation d'un atome d'oxygène. Ainsi, lorsqu'on chauffe l'azobenzol en solution acétique de 150 à 200° avec de l'acide chromique, il se convertit en azoxybenzol [Petriew, *Bull. Soc. chim.*, t. XX, p. 384].

3° Ils se forment aussi par l'oxydation des corps hydrazoïques. Dans ce cas, les deux atomes d'hydrogène additionnel de ces derniers sont remplacés par un atome d'oxygène.

4° L'oxydation de l'aniline par le permanganate de potassium (voir plus haut) donne, indépendamment de l'azobenzol, de l'azoxybenzol [Glaser, *loc. cit.*].

Propriétés. — Les corps oxyazoïques sont généralement solides et colorés en jaune orangé. Moins fixes que les composés azoïques, ils se décomposent par la distillation sèche, en donnant des composés azoïques.

Les agents réducteurs les convertissent en composés azoïques ou hydrazoïques : ces derniers pouvant éprouver, dans la réaction même, une transformation isomérique.

Ainsi l'azoxybenzol est converti en azobenzol et en hydroazobenzol, et ce dernier donne la benzidine isomérique.

En réduisant l'acide métazoxybenzoïque par l'étain et l'acide chlorhydrique, P. Griess l'a transformé en acide hydrazobenzoïque. Par l'action de l'acide chlorhydrique, ce dernier se convertit en un acide amidé correspondant à la benzidine, savoir l'acide diamido-diphénique

$$O<\begin{matrix} Az\text{-}C^6H^4.CO^2H \\ | \\ Az\text{-}C^6H^4.CO^2H \end{matrix} \qquad \begin{matrix} HAz\text{-}C^6H^4.CO^2H \\ | \\ HAz\text{-}C^6H^4.CO^2H \end{matrix}$$

Acides azoxybenzoïques. Acides hydrazobenzoïques.

$$\begin{matrix} C^6H^3(AzH^2)\text{-}CO^2H \\ | \\ C^6H^3(AzH^2)\text{-}CO^2H \end{matrix}$$

Acide diamido-diphénique.

L'acide orthoxyazobenzoïque subit des transformations analogues [P. Griess, *Deutsch. chem. Gesellsch.*, 1874, p. 1609].

Les composés oxyazoïques peuvent être modifiés par substitution. En les soumettant à l'action de l'acide nitrique, on les a convertis en dérivés nitrogénés qui peuvent être réduits. On a préparé des azoxytoluides nitrés [Petriew, *Deutsch. chem. Gesellsch.*, 1873, p. 557].

Le perchlorure et le perbromure de phosphore paraissent réduire l'azoxybenzol sec en le convertissant en azobenzol. En solution éthérée, ils le convertissent en dérivés perchlorés ou perbromés, tels que

$$\begin{matrix} Br\,Az\text{-}C^6H^5 \\ | \\ Br\text{-}Az\text{-}C^6H^5 \end{matrix}\,HBr,$$

qui sont des produits d'addition de l'azobenzol. L'oxygène est donc remplacé dans ces conditions par une quantité équivalente de chlore ou de brome [Werigo, *Deutsch. chem. Gesellsch.*, 1870, p. 808].

COMPOSÉS HYDRAZOÏQUES.

Divers modes de formation de ces composés ont été précédemment indiqués. Le plus important est la réduction des composés azoïques et oxyazoïques par l'hydrogène sulfuré en solution alcoolique et ammoniacale, par l'amalgame de sodium, le zinc et un alcali, le chlorure stanneux, etc. :

$$\begin{matrix} Az\text{-}C^6H^5 \\ \| \\ Az\text{-}C^6H^5 \end{matrix} + H^2 = \begin{matrix} HAz\text{-}C^6H^5 \\ | \\ HAz\text{-}C^6H^5 \end{matrix}$$

Azobenzol. Hydrazobenzol (diphénylhydrazine).

La réduction de certains composés nitrogénés par l'amalgame de sodium en présence de l'eau peut donner lieu à des dérivés hydrazoïques. Ainsi, en faisant agir l'amalgame de sodium sur la paranitraniline, Haarhans [*Bull. Soc. chim.*, t. V, p. 388] a obtenu le dérivé diamidé de l'hydrazobenzol, dérivé qu'il a nommé hydrazoaniline :

$$2\,C^6H^4<\begin{matrix} AzH^2_{(1)} \\ AzO^2_{(4)} \end{matrix} + 5\,H^2$$

Paranitraniline.

$$= 4\,H^2O + \begin{matrix} H_{(4)}Az\text{-}C^6H^4.AzH^2_{(1)} \\ | \\ H_{(4)}Az\text{-}C^6H^4.AzH^2_{(1)} \end{matrix}$$

Hydrazoaniline.

Propriétés. — Les composés hydrazoïques sont généralement incolores. Beaucoup moins stables que les composés azoïques, ils se convertissent facilement en ces derniers par oxydation. Exposés à l'air, un grand nombre absorbent de l'oxygène. Ils opposent une assez grande résistance à l'action des agents réducteurs ; dans certaines conditions pourtant, ces derniers les convertissent en composés amidés, par fixation d'hydrogène ; 1 molécule du composé hydrazoïque fournit, dans ce cas, 2 molécules du composé amidé, la liaison entre les 2 atomes d'azote se trouvant supprimée. Ainsi, lorsqu'on distille de l'hydroazobenzol avec une solution alcoolique de potasse, ou qu'on le soumet à l'action prolongée de l'amalgame de sodium en présence de l'alcool, on le convertit en aniline :

$$\begin{matrix} HAz\text{-}C^6H^5 \\ | \\ HAz\text{-}C^6H^5 \end{matrix} + H^2 = 2H^2Az.C^6H^5.$$

Hydrazobenzol. Aniline.

Soumis à la distillation sèche, les composés hydrazoïques se convertissent généralement en composés azoïques et en composés amidés :

$$2\,H^2Az^2(C^6H^5)^2 = Az^2(C^6H^5)^2 + 2\,H^2Az.C^6H^5.$$

Hydrazobenzol. Azobenzol. Aniline.

Lorsqu'on les chauffe avec les acides faibles, ils éprouvent une transformation en amines isomériques, réaction qu'on peut caractériser ainsi : la liaison qui unit les 2 atomes d'azote est supprimée, et, se déplaçant en quelque sorte, se porte sur les deux groupes aromatiques symétriques, qui se trouvent ainsi rivés l'un à l'autre par suite de cette transposition de soudure. Ainsi, l'hydrazobenzol se convertit en benzidine, l'hydroazotoluide en tolidine, etc., la benzidine étant le dérivé diamidé du diphényle

$$\begin{array}{l} C^6H^5 \\ | \\ C^6H^5; \end{array}$$

la tolidine, le dérivé diamidé du dicrésyle

$$\begin{array}{l} C^6H^4.CH^3 \\ | \\ C^6H^4.CH^3; \end{array}$$

$$\begin{array}{ll} HAz\text{-}C^6H^4.CH^3 & H^2Az\text{-}C^6H^3.CH^3 \\ \quad | & \qquad\quad | \\ HAz\text{-}C^6H^4.CH^3 & H^2Az\text{-}C^6H^3.CH^3. \end{array}$$

Hydrazotoluides. Tolidines.

II. COMBINAISONS DIAZOÏQUES.

On a donné plus haut la définition des composés diazoïques, lesquels renferment comme les composés azoïques, le groupe $[Az=Az]''$, mais se distinguent nettement de ces derniers par leurs caractères généraux. Ils prennent naissance par l'action de l'acide nitreux sur une amine aromatique dans le sens le plus large du mot, c'est-à-dire sur un composé aromatique quelconque renfermant un ou plusieurs groupes AzH^2. L'équation suivante, qui indique le mode de formation des composés du diazobenzol avec le chlorhydrate d'aniline et l'acide azoteux, peut servir de type pour toutes les réactions du même genre.

$$\begin{array}{l} C^6H^5.AzH^2,HCl + AzO.OH \\ = C^6H^5\text{-}Az=AzCl + 2H^2O. \end{array}$$

Chlorure de diazobenzol.

On voit que le second atome d'azote du groupe $Az=Az$ s'est substitué à 3 atomes d'hydrogène dans le chlorhydrate d'aniline, et que le même atome d'azote échange 2 valences avec son voisin, et la troisième avec l'atome de chlore; celui-ci est donc nécessaire à l'existence du composé diazoïque et peut d'ailleurs être remplacé, comme nous l'avons fait remarquer, par les groupes les plus divers (page 627).

Il en résulte que le diazobenzol et ses congénères n'existent pas à l'état de liberté. En décomposant par l'acide acétique le diazobenzol oxypotassique $C^6H^5\text{-}Az=Az\text{-}OK$, P. Griess a obtenu une huile instable qui est sans doute l'hydrate de diazobenzol $C^6H^5\text{-}Az=Az.OH$, et qui ne peut pas se déshydrater. Il existe pourtant des anhydrides diazoïques, mais ils dérivent de composés plus complexes que le diazobenzol, et pour qu'ils puissent prendre naissance, il faut que l'oxhydryle de l'hydrate précédent puisse former de l'eau avec l'hydrogène d'un *second* groupe substitué.

Ainsi, le composé diazoïque qui résulte de l'action de l'acide nitreux sur l'acide sulfanilique existe à l'état libre, alors que le diazobenzol $C^6H^4Az^2$ ne peut pas être isolé. Les formules suivantes montrent le mode de formation des anhydrides dont il s'agit

$$C^6H^4 < \begin{array}{l} AzH^2 \\ SO^3H \end{array} \qquad C^6H^4 < \begin{array}{l} Az=Az\text{-}OH \\ SO^3H. \end{array}$$

Acide sulfanilique. Acide diazophénylsulfonique.

$$C^6H^4 < \begin{array}{l} Az \\ SO^3 \end{array} \gtrless Az$$

Anhydride diazophénylsulfonique.

$$C^6H^3(AzO^2) < \begin{array}{l} AzH^2 \\ OH \end{array} \qquad C^6H^3(AzO^2) < \begin{array}{l} Az=Az\text{-}OH \\ OH \end{array}$$

Amidophénol nitré. Hydrate de diazophénol nitré (inconnu).

$$C^6H^3(AzO^2) < \begin{array}{l} Az \\ O \end{array} \gtrless Az$$

Anhydride du diazophénol nitré.

Nous allons énumérer les principaux groupes de corps amidés auxquels correspondent des composés diazoïques, non sans avoir fait remarquer, au préalable, que, jusqu'ici, aucun corps amidé de la série grasse n'a donné un composé diazoïque.

1° *Amines aromatiques proprement dites.* — La phénylamine, les toluidines, la naphtylamine et leurs congénères se convertissent facilement en composés diazoïques par l'action de l'acide nitreux.

Il est à remarquer que ce sont là des amines primaires; en effet, l'équation donnée plus haut montre le rôle et indique l'intervention nécessaire des deux atomes d'hydrogène du groupe AzH^2 dans la formation du chlorure de diazobenzol.

On sait, du reste, que les amines secondaires peuvent se convertir en nitrosamines sous l'influence de l'acide nitreux. Il faut remarquer toutefois que certaines amines secondaires renfermant un groupe alcoolique C^nH^{2n+1} peuvent donner des composés diazoïques sous l'influence de l'acide nitreux, le groupe alcoolique étant éliminé dans ce cas, sous, forme d'alcool. Ainsi, l'éthylaniline fournit, par l'action de l'acide nitreux, de l'alcool éthylique et un composé du diazobenzol (P. Griess).

Les diamines qui renferment deux groupes AzH^2 peuvent fournir des composés diazoïques. Hofmann [*Ann. Chem. Pharm.*, t. CXV, p. 249] a converti la nitrophénylène-diamine

$$C^6H^3(AzO^2) < \begin{array}{l} AzH^2 \\ AzH^2 \end{array}$$

en un composé diazoïque

$$C^6H^3(AzO^2) < \begin{array}{l} Az \\ AzH \end{array} \gtrless Az$$

formé par substitution d'un atome d'azote à trois atomes d'hydrogène dans les *deux* groupes AzH^2.

Le composé non substitué correspondant au précédent, savoir, le diazoimidophénylène, existe pareillement. On peut l'envisager, selon le point de vue qui vient d'être exprimé, comme de la phénylène-diamine dans laquelle 3 atomes d'hydrogène ont été remplacés par 1 atome d'azote. On peut aussi admettre que ces composés imidés se forment par déshydratation interne des composés hydratés :

$$C^6H^4 < \begin{array}{l} AzH^2 \\ AzH^2 \end{array} \qquad C^6H^4 < \begin{array}{l} Az=Az\text{-}OH \\ AzH^2 \end{array}$$

Phénylène-diamines. Hydrate d'amido-diazophénylène.

$$C^6H^4 < \begin{array}{l} Az \\ AzH \end{array} \gtrless Az$$

Diazoimidophénylène.

On voit, en tout cas, que dans ces conditions le composé diazoïque, dérivé de la phénylène-diamine, ne renferme qu'un seul groupe diazoïque. Si les deux groupes AzH^2 de la nitrophénylène-diamine se modifiaient de la même façon, on devrait obtenir le composé normal

$$C^6H^3(AzO^2) < \begin{array}{l} Az=AzR \\ Az=AzR. \end{array}$$

Un tel composé renfermant deux groupes diazoïques $(Az=Az)''$ et dérivant d'une diamine résulte de l'action de l'acide nitreux sur la benzidine :

$$\begin{array}{ll} C^6H^4\text{-}AzH^2 & C^6H^4\text{-}Az=AzR \\ | & | \\ C^6H^4\text{-}AzH^2 & C^6H^4\text{-}Az=AzR \end{array}$$

Benzidine. Composés du tétrazo-diphényle.

Les amines primaires modifiées par substitution, c'est-à-dire renfermant du chlore, du brome, du peroxyde d'azote, du carboxyle, etc., à la place d'un ou de plusieurs atomes d'hydrogène du radical aromatique peuvent être converties en composés diazoïques comme les amines primaires elles-mêmes. Parmi ces amines substituées nous citerons ici d'une manière spéciale les suivantes :

1° *Acides amidés.* — Nous prendrons pour exemples les acides amidobenzoïques. Ils se convertissent en composés diazoïques de la forme

$$C^6H^4 \Big\langle \begin{matrix} Az = Az.R \\ CO.OH \end{matrix}$$

R étant, par exemple, le reste nitrique AzO^3. L'hydrate correspondant

$$C^6H^4 \Big\langle \begin{matrix} Az = Az.OH \\ CO.OH \end{matrix}$$

fournit, par déshydratation interne, l'anhydride

$$C^6H^4 \Big\langle \begin{matrix} Az = Az \\ CO - O. \end{matrix}$$

2° *Acides amidosulfoniques.* — Les acides sulfaniliques et les acides sulfoconjugués de la naphtylamine et de toutes les bases aromatiques peuvent se convertir en dérivés diazoïques dont les hydrates perdent facilement une molécule d'eau

$$C^{10}H^6 \Big\langle \begin{matrix} AzH^2 \\ SO^3H \end{matrix} \qquad C^{10}H^6 \Big\langle \begin{matrix} Az = Az \\ SO^3 - \end{matrix}.$$

Acides amidonaphtaline-sulfoniques. — Anhydrides diazonaphtaline-sulfoniques.

Suivant la position relative des groupes sulfonique et diazoïque, il existe plusieurs isomères de ces composés.

3° *Phénols amidés.* — Ils peuvent se convertir de même en composés diazoïques :

$$C^6H^4 \Big\langle \begin{matrix} AzH^2 \\ OH \end{matrix} \qquad C^6H^4 \Big\langle \begin{matrix} Az = Az - OH \\ OH \end{matrix}$$

Amidophénol. — Hydrate de diazophénol.

$$C^6H^4 \Big\langle \begin{matrix} Az = Az \\ O - \end{matrix}$$

Anhydride du diazophénol.

Les composés suivants, un peu plus compliqués, rentrent dans la même catégorie :

$$C^6H^2(AzO^2)Cl \Big\langle \begin{matrix} AzH^2 \\ OH \end{matrix} \qquad C^6H^2(AzO^2)Cl \Big\langle \begin{matrix} Az = Az \\ O - \end{matrix}$$

Chloronitroamidophénol. — Anhydride diazochloronitrophénique.

$$C^6H^2(AzO^2)^2 \Big\langle \begin{matrix} AzH^2 \\ OH \end{matrix} \qquad C^6H^2(AzO^2)^2 \Big\langle \begin{matrix} Az = Az \\ O - \end{matrix}.$$

Acide picramique. — Anhydride du diazodinitrophénol.

Les combinaisons amidées des acides-phénols donnent pareillement des dérivés diazoïques. Ainsi on a décrit un acide diazosalicylique dérivé de l'acide amidosalicylique,

$$C^6H^3 \begin{matrix} - AzH^2 \\ - OH \\ - CO^2H, \end{matrix}$$

et qui perd facilement de l'eau [Schmitt, *Zeitschr. Chem.*, 1864, p. 321] de façon à former l'anhydride

$$C^7H^4Az^2O^3 = C^6H^3 \begin{matrix} - Az = Az \\ - OH \quad | \\ - CO - O \end{matrix}$$

4° *Amido-nitriles.* — L'amido-benzonitrile

$$C^6H^4 \Big\langle \begin{matrix} AzH^2 \\ CAz \end{matrix}$$

donne un composé diazoïque de la forme

$$C^6H^4 \Big\langle \begin{matrix} Az = Az - R \\ CAz. \end{matrix}$$

5° *Amido-quinones.* — L'amido-anthraquinone $C^{14}H^7O^2.AzH^2$ fournit un dérivé de la diazoanthraquinone $C^{14}H^7O^2.Az = AzR$, lorsqu'on la traite par l'acide nitreux en solution éthérée (Suppl. p. 190).

6° *Composés amidoazoïques.* — Les composés amidoazoïques, renfermant un groupe AzH^2, peuvent se convertir sous l'influence de l'acide nitreux en composés diazoïques dont le noyau est formé par le composé azoïque primitif. Ainsi l'amidoazobenzol peut être converti en un composé diazoïque :

$$\begin{matrix} Az - C^6H^5 \\ \| \\ Az - C^6H^4 - AzH^2, \end{matrix} \qquad \begin{matrix} Az - C^6H^5 \\ \| \\ Az - C^6H^4 - Az = Az.OH. \end{matrix}$$

Amidoazobenzol. — Hydrate du diazoazobenzol.

Ce dernier corps présente les caractères des combinaisons diazoïques. En réagissant sur le phénate de potassium, il donne un composé deux fois azoïque qui est formé en vertu de la réaction suivante :

$$\begin{matrix} Az - C^6H^5 \\ \| \\ Az - C^6H^4 - Az = Az - OH \end{matrix} + C^6H^5.OH$$

$$= H^2O + C^6H^4 \Big\langle \begin{matrix} Az = Az - C^6H^5 \\ Az = Az - C^6H^4.OH \end{matrix}$$

[Caro et Schraube, *Deutsch. chem. Gesellsch.*, 1877, p. 2230].

MODES DE FORMATION ET PRÉPARATION DES COMPOSÉS DIAZOÏQUES.

1° *Action de l'acide nitreux sur un composé amidé.* — On opère ou bien en solution aqueuse, c'est-à-dire sur un sel du composé amidé, ou bien en solution alcoolique ou éthérée sur le composé amidé lui-même. En raison de l'instabilité des composés diazoïques, il est nécessaire de refroidir.

Les sels des amines aromatiques se convertissent en liqueur acide, en composés diazoïques proprement dits. Ainsi le nitrate d'aniline fournit le nitrate de diazobenzol. Les amines en solution alcoolique fournissent d'abord des composés diazoamidés, et ce n'est que par l'action prolongée de l'acide nitreux que ces derniers se convertissent à leur tour en composés diazoïques proprement dits. Ainsi, par l'action de l'acide nitreux sur une solution alcoolique d'aniline, on obtient du diazoamidobenzol. Ce dernier se convertit en nitrate de diazobenzol par l'action de l'acide nitrique renfermant de l'acide nitreux.

Le meilleur moyen d'obtenir un courant régulier d'anhydride azoteux consiste à faire tomber goutte à goutte par un entonnoir à robinet de l'acide azotique d'une densité de 1,3 à 1,35 sur de l'acide arsénieux finement pulvérisé ou de l'amidon, contenus dans un ballon et légèrement chauffés [Lunge, *Bull. Soc. chim.*, XXXII, p. 134].

Au lieu de l'acide nitreux libre on peut employer le nitrite de sodium en présence d'un excès d'acide nitrique. Ainsi, le meilleur moyen de préparer le nitrate de diazobenzol consiste à verser petit à petit une solution d'aniline (16 p.) dans l'acide nitrique à 30° Baumé (36 p.), dans une solution de nitrite de sodium (10 p. de sel pour 60 p. d'eau), fortement refroidie et préalablement neutralisée par l'acide nitrique.

Chose remarquable, on peut substituer, dans la préparation des composés diazoïques, les éthers nitreux à l'acide nitreux lui-même [V. Meyer et Ambühl, *Deutsch. chem. Gesellsch.*, 1875, p. 1074]. Voici comment on opère : on dissout dans 8 p. d'éther 2 p. d'un composé amidé tel que la toluidine et 1 p. de nitrite d'amyle et l'on abandonne le tout à l'évaporation dans un endroit chaud. On obtient dans ce cas un magma d'aiguilles cristallines qui constituent le diazoamidotoluol.

2° *Action du chlorure ou du bromure de nitrosyle sur une amine en solution acide.* — Lorsqu'on dirige la vapeur du chlorure de nitrosyle dans une solution de chlorhydrate d'aniline dans un excès d'acide chlorhydrique, on obtient du chlorure de diazobenzol qui reste en solution. Le chlorure de nitrosyle se prépare facilement par l'action du sulfate de nitrosyle (cristaux des chambres de plomb) sur le chlorure de sodium [Girard et Pabst, *Bull. Soc. chim.*, t. XXX, p. 533]. On obtient le bromure de nitrosyle en faisant réagir le brome sur le bioxyde d'azote [L. de Koninck, *Bull. Soc. chim.*, t. XII, p. 240].

3° *Oxydation des hydrazines.* — Lorsqu'on traite les dérivés des hydrazines par l'oxyde jaune de mercure ou le bichromate de potassium, on leur enlève 2 atomes d'hydrogène et on les convertit en composés diazoïques [E. Fischer, *Deutsch. chem. Gesellsch.*, 1877, p. 1336].

Ainsi, par l'oxydation du sel de potassium de l'acide phénylhydrazine-sulfonique, on obtient le diazophénylsulfonate de potassium, qui se présente en cristaux jaunes :

$$\begin{matrix} HAz\text{-}C^6H^5 \\ | \\ HAz\text{-}SO^3K \end{matrix} + O = \begin{matrix} Az\text{-}C^6H^5 \\ \| \\ Az\text{-}SO^3K \end{matrix} + H^2O.$$

4° Les composés diazoamidés qui prennent naissance dans les circonstances indiquées plus haut se forment facilement par double décomposition entre les composés diazoïques proprement dits et les amines. Ainsi, par la réaction du *chlorure* de diazobenzol sur l'aniline, on obtient le diazoamidobenzol (t. I, p. 876), en même temps qu'il se forme du *chlorhydrate* d'aniline :

$$C^6H^5.Az = Az.Cl + 2C^6H^5.AzH^2$$
$$= C^6H^5.Az = Az.AzH(C^6H^5) + C^6H^5.AzH^2, HCl.$$

Cette réaction offre une grande généralité.

5° Les composés diazoamidés peuvent se convertir en composés diazoïques proprement dits par l'action prolongée de l'acide nitreux. Ainsi, dans la préparation du nitrate de diazobenzol, on peut remplacer l'aniline par le diazoamidobenzol.

Le brome, en solution éthérée, convertit pareillement les composés diazoamidés en composés diazoïques. Le bromure de diazobenzol s'obtient par l'action du brome sur le diazoamidobenzol, tous deux en solution éthérée :

$$C^6H^5.Az = Az.AzH(C^6H^5) + 2Br^2$$
$$= \underset{\text{Bromure de diazobenzol.}}{C^6H^5.Az = Az.Br} + \underset{\text{Tribromaniline.}}{C^6H^2Br^3.AzH^2} + 2HBr.$$

PROPRIÉTÉS DES COMPOSÉS DIAZOÏQUES.

Dans l'exposé que nous allons faire des propriétés générales des composés diazoïques, nous séparerons ces composés des combinaisons diazoamidés qui, formées dans des circonstances particulières, offrent aussi quelques caractères spéciaux. Nous traiterons séparément des produits d'addition des composés diazoïques.

Les composés diazoïques qui dérivent des hydrocarbures aromatiques sont, à proprement parler, des composés salins, qui ne se distinguent des amines aromatiques correspondantes,

$$C^n H^m H^2Az, H R,$$

qu'en ce que le groupe H^2AzHR est remplacé par le groupe diazoïque $Az = AzR$, R pouvant être échangé par double décomposition.

Ce radical R est généralement formé par un élément haloïde ou par un radical d'acide : il est électronégatif, et sous ce rapport, les corps diazoïques offrent le caractère de véritables sels; toutefois il n'en est pas toujours ainsi, ce radical pouvant aussi être échangé contre des groupes oxymétalliques, tels que OK, O^2Hg'' ou contre des restes amidés, phénoliques, etc. Ce qu'il faut relever ici, c'est la facilité avec laquelle s'accomplissent ces échanges et la variété des réactions et des composés auxquels ils donnent naissance.

Nous indiquerons d'abord quelques caractères généraux des composés diazoïques à radical acide dont il a été question plus haut. Ces composés sont solubles dans l'eau, peu solubles dans l'alcool, insolubles dans l'éther; ils se combinent avec le chlorure de platine, avec le chlorure d'or, etc.

Le caractère basique est plus effacé dans les composés diazoïques anhydres qui dérivent des acides amidés; néanmoins ces anhydrides peuvent s'unir aux acides. Ainsi [P. Griess, *Bull. Soc. chim.*, t. XXVIII, p. 202] a décrit divers sels des anhydrides diazobenzoïques dérivant des acides amidobenzoïques (acides anthranilique et isomères).

Les anhydrides des diazophénols nitrés sont des corps indifférents.

Tous ces corps diazoïques sont instables; les composés substitués, tels que les diazobenzols chlorés, bromés, etc., le sont un peu moins que les composés normaux. Ils ne sont pas volatils; chauffés, ils détonent avec plus ou moins de violence.

Étudions maintenant leurs métamorphoses et leurs réactions caractéristiques.

1° MÉTAMORPHOSES PAR DOUBLE ÉCHANGE. — La facilité avec laquelle le radical électro-négatif, que nous avons désigné par R dans les formules précédentes, peut être échangé par double décomposition, explique le mode d'action des composés diazoïques sur les amines et sur les phénols. Disons immédiatement que les produits définitifs de ces réactions sont des composés azoïques, sauf quelques exceptions que nous allons indiquer plus loin.

Action des composés diazoïques sur les amines. — Elle varie suivant la classe à laquelle appartiennent les amines.

Les amines aromatiques *primaires* fournissent des composés diazoamidés (voyez plus loin), lesquels se convertissent facilement en composés azoïques, toutes les fois que la position para est libre dans l'amine primaire (voyez page 636).

Cette transformation ne peut naturellement pas s'effectuer lorsque l'amine qui réagit sur le composé diazoïque n'est pas une amine aromatique. Ainsi, la diazobenzoléthylamide

$$C^6H^5\text{-}Az = Az\text{-}AzH(C^2H^5),$$

l'analogue du diazoamidobenzol

$$C^6H^5\text{-}Az = Az\text{-}AzH(C^6H^5),$$

ne peut pas donner de composé azoïque, parce qu'elle ne renferme qu'un seul groupe phénylique.

Les *amines aromatiques secondaires* fournissent pareillement des composés diazoamidés pouvant se transformer en composés azoïques, sous les réserves indiquées plus haut.

Avec les amines secondaires de la série grasse, on obtient des composés analogues à la diazobenzoléthylamide. Tels sont la diazobenzoldiméthylamide $C^6H^5.Az = Az\text{-}Az(CH^3)^2$, la diazobenzolpipéramide $C^6H^5.Az = Az\text{-}Az(C^5H^{10})''$, que Baeyer et Jaeger [*Deutsch. chem. Gesellsch.*, 1875, p. 148 et 893] ont obtenues en faisant réagir la diméthylamine et la pipéridine sur le nitrate de diazobenzol.

En réagissant sur les amines aromatiques *tertiaires*, les composés diazoïques donnent directement des dérivés amidoazoïques. Griess [*Deutsch. chem. Gesellsch.*, 1877, p. 525), ayant fait réagir l'acide diazophénylsulfonique sur la diméthylaniline, a obtenu un dérivé substitué de l'azobenzol, l'azosulfobenzol-diméthylamidobenzol :

$$\begin{matrix}\text{Az}-C^6H^4 \\ \| \\ \text{Az}-SO^2\end{matrix}\!\!>\!O + \begin{matrix}C^6H^5 \\ (CH^3)^2\end{matrix}\!\!>\!\text{Az}$$

Anhydride diazophénylsulfonique. Diméthylaniline.

$$= \begin{matrix}\text{Az}-C^6H^4-SO^3H \\ \| \\ \text{Az}-C^6H^4\cdot\text{Az}(CH^3)^2.\end{matrix}$$

Azosulfobenzol-diméthylamidobenzol.

Une réaction analogue s'accomplit avec le nitrate de diazobenzol et l'acide métadiéthylamidobenzoïque qui fonctionne ici comme une amine tertiaire :

$$\begin{matrix}\text{Az}-C^6H^5 \\ \| \\ \text{Az}-\text{Az}O^3\end{matrix} + \text{Az}\!<\!\begin{matrix}(C^2H^5)^2 \\ C^6H^4.CO^2H\end{matrix}$$

Acide métadiéthyl-amidobenzoïque.

$$\begin{matrix}\text{Az}-C^6H^5 \\ \| \\ \text{Az}-C^6H^3\end{matrix}\!<\!\begin{matrix}CO^2H \\ \text{Az}(C^2H^5)^2\end{matrix} + \text{Az}O^3H$$

Acide azobenzoldiéthylamidobenzoïque.

Les composés diazoïques réagissent d'une façon analogue sur les *diamines* ou en général les *dérivés diamidés de carbures aromatiques* : il se forme directement un dérivé diamidoazoïque. Ainsi la chrysoïdine qui est un tel dérivé, se forme par la réaction du nitrate de diazobenzol sur la métaphénylène-diamine [Otto N. Witt, *Deutsch. chem. Gesellsch.*, 1877, p. 654] :

$$C^6H^4\!<\!\begin{matrix}\text{Az}H^2_{(1)} \\ \text{Az}H^2_{(3)}\end{matrix} + \begin{matrix}\text{Az}-C^6H^5 \\ \text{Az}-\text{Az}O^3\end{matrix}$$

Métaphénylène-diamine. Nitrate de diazobenzol.

$$\begin{matrix}\text{Az}-C^6H^5 \\ \| \\ \text{Az}-C^6H^3(\text{Az}H^2)^2\end{matrix} + \text{Az}O^3H.$$

Chrysoïdine.

Otto Witt, qui a découvert cette réaction, fait remarquer qu'elle est générale et qu'elle ne s'accomplit qu'avec les dérivés métadiamidés.

Action des composés diazoïques sur les dérivés nitrogénés de la série grasse. — Le nitrométhane, le nitroéthane et leurs analogues renferment de l'hydrogène basique; les composés diazoïques peuvent enlever cet hydrogène ou le métal qui le remplace, par une réaction tout à fait analogue à celles qui viennent d'être exposées. Ainsi, le nitrate de diazobenzol réagit sur la combinaison sodique du nitrométhane, de façon à former un dérivé diazoïque mixte [P. Friese, *Deutsch. chem. Gesellsch.*, 1875, p. 1078] :

$$CH^2K(\text{Az}O^2) + C^6H^5-\text{Az}=\text{Az}-\text{Az}O^3$$
$$= C^6H^5-\text{Az}=\text{Az}-CH^2(\text{Az}O^2) + \text{Az}O^3K.$$

Action des composés diazoïques sur les phénols. — Elle donne lieu à la formation de composés azoïques par la substitution d'un résidu phénolique à l'élément ou groupe électronégatif R du composé diazoïque, lequel élément ou groupe enlève de l'hydrogène au phénol. On doit admettre que l'hydrogène de l'oxhydryle phénolique est d'abord enlevé, et que le reste diazoïque se substituant à cet hydrogène, il se forme un dérivé diazooxyphénolique, et que ce dernier se convertit en dérivé azoïque par une transformation moléculaire analogue à celle qu'éprouve le diazoamidobenzol.

Ainsi, l'action du nitrate de diazobenzol sur le phénol est sans doute représenté par l'équation suivante :

$$C^6H^5-\text{Az}=\text{Az}-\text{Az}O^3 + C^6H^5-OH$$
$$= \text{Az}O^3H + C^6H^5-\text{Az}=\text{Az}-OC^6H^5.$$

Diazooxyphénol.

Seulement le diazooxyphénol se convertit en oxyazobenzol $C^6H^5-\text{Az}=\text{Az}-C^6H^4.OH$. La même réaction et la même transformation ont lieu lorsqu'on fait réagir le nitrate de diazobenzol sur le phénate de potassium [Kékulé et Coloman Hidegh, *Deutsch. chem. Gesellsch.*, 1870, p. 233].

Le point de vue que nous venons d'indiquer est appuyé par ce fait que le nitrate de diazobenzol ne réagit pas sur l'anisol et les composés analogues où l'hydrogène phénolique est remplacé par un groupe alcoolique.

Voici d'autres exemples de la même métamorphose : l'action du nitrate de diazobenzol sur l'α-naphtol, donne naissance, en définitive, à l'azobenzol-α-naphtol :

$$C^6H^5-\text{Az}=\text{Az}-\text{Az}O^3 + C^{10}H^7OH$$
$$= C^6H^5-\text{Az}=\text{Az}-C^{10}H^6(OH) + \text{Az}O^3H.$$

Azobenzol-α-naphtol.

Le même nitrate, réagissant sur la résorcine, forme le dioxyazobenzol qui existe en deux modifications isomériques

$$C^6H^5-\text{Az}=\text{Az}-\text{Az}O^3 + C^6H^4\!<\!\begin{matrix}OH \\ OH\end{matrix}$$
$$= C^6H^5-\text{Az}=\text{Az}-C^6H^3\!<\!\begin{matrix}OH \\ OH\end{matrix}$$

Dioxyazobenzol.

[Baeyer et Jäger, *Deutsch. chem. Gesellsch.*, 1875, p. 151; Typke, *ibid.*, 1877, p. 1576].

2° MÉTAMORPHOSES PAR DÉCOMPOSITION. — Lorsqu'on soumet les composés diazoïques à l'action de divers réactifs, ils se décomposent généralement, de telle sorte que les 2 atomes d'azote sont éliminés, d'autres éléments ou groupes prenant leurs places. On doit signaler à cet égard les réactions suivantes qui offrent une grande généralité.

1° Lorsqu'on fait bouillir un sel diazoïque avec de l'eau, l'azote est mis en liberté et remplacé par un groupe OH : il se forme un phénol :

$$C^6H^5\text{Az}=\text{Az}-\text{Az}O^3 + H^2O$$

Azotate de diazobenzol.

$$= \text{Az}O^3H + \text{Az}^2 + C^6H^5-OH;$$

Phénol.

$$\begin{matrix}C^6H^4-\text{Az}=\text{Az}-\text{Az}O^3 \\ | \\ C^6H^4-\text{Az}=\text{Az}-\text{Az}O^3\end{matrix} + 2H^2O$$

Azotate de diazobenzidine.

$$= 2\text{Az}O^3H + 2\text{Az}^2 + \begin{matrix}C^6H^5.OH \\ | \\ C^6H^5.OH;\end{matrix}$$

Diphénol.

$$C^6H^4\!<\!\begin{matrix}\text{Az}=\text{Az} \\ CO-O\end{matrix} + H^2O = \text{Az}^2 + C^6H^4\!<\!\begin{matrix}OH \\ CO^2H\end{matrix}$$

Anhydride diazobenzoïque. Acide salicylique.

$$C^6H^4\!<\!\begin{matrix}\text{Az}=\text{Az}.SO^4H \\ OH\end{matrix} + H^2O$$

Sulfate de diazophénol.

$$= \text{Az}^2 + C^6H^4\!<\!\begin{matrix}OH \\ OH\end{matrix} + SO^4H^2$$

Hydroquinone.

[Weselsky et Schuler, *Deutsch. chem. Gesellsch.*, 1876, p. 1159].

Les composés diazoïques substitués se dédoublent de la même façon, lorsqu'on les fait bouillir avec de l'eau :

$$C^6H^4I.\text{Az}=\text{Az}.\text{Az}O^3 + H^2O$$

Azotate de diazobenzol iodé.

$$= \text{Az}O^3H + \text{Az}^2 + C^6H^4I.OH.$$

Phénol iodé.

Seuls les dérivés nitrogénés ne donnent pas les nitrophénols correspondants.

La transformation des sels diazoïques en phénols tend à se produire aussi sous l'influence des acides sulfurique et nitrique; seulement, ces acides, réagissant sur le phénol, donnent naissance à des dérivés sulfoconjugués ou nitrés :

$$C^6H^5\text{-}Az = Az\text{-}SO^4H + SO^4H^2$$
Sulfate de diazobenzol.

$$= Az^2 + H^2O + C^6H^3.OH(SO^3H)^2;$$
Acide phénol-disulfonique.

$$C^6H^5\text{-}Az = Az\text{-}AzO^3 + AzO^3H$$
Azotate de diazobenzol.

$$= Az^2 + H^2O + C^6H^3(AzO^2)^2.OH;$$
Dinitrophénol.

$$C^{10}H^7\text{-}Az = Az\text{-}AzO^3 + AzO^3H$$
Azotate de diazonaphtol.

$$Az^2 + H^2O + C^{10}H^5(AzO^2)^2.OH.$$
Dinitronaphtol (jaune de Martius).

2° Lorsqu'on fait bouillir un sel diazoïque avec de l'alcool, l'azote est mis en liberté et remplacé par l'hydrogène de l'alcool, qui se convertit en aldéhyde. Le composé diazoïque est ainsi transformé en carbure d'hydrogène. Les sulfates des composés diazoïques se prêtent le mieux à cette transformation; avec les nitrates, il se forme plus facilement des produits secondaires nitrogénés ou oxygénés :

$$C^6H^5\text{-}Az = Az\text{-}SO^4H + C^2H^6O$$
Sulfate de diazobenzol.

$$= Az^2 + SO^4H^2 + C^6H^6 + C^2H^4O.$$

3° Les hydracides concentrés, l'acide iodhydrique surtout, et même l'acide fluorhydrique, décomposent les composés diazoïques en mettant en liberté l'azote, auquel se substitue le radical de l'hydracide :

$$C^6H^5\text{-}Az = Az\text{-}SO^4H + HI$$
Sulfate de diazobenzol.

$$= Az^2 + C^6H^5I + SO^4H^2;$$
Iodure de phényle.

$$C^6H^4 < \begin{matrix} Az = Az\text{-}SO^4H \\ OH \end{matrix} + HI$$
Sulfates de diazophénols.

$$= Az^2 + C^6H^4 < \begin{matrix} I \\ OH \end{matrix} + SO^4H^2;$$
Iodophénols.

$$C^6H^2(AzO^2)^2 < \begin{matrix} Az = Az \\ O \diagup \end{matrix} + HI$$
Anhydride du diazo-dinitrophénol.

$$= Az^2 + C^6H^2I(AzO^2)^2.OH.$$
Dinitroïodophénol.

La réaction de l'iodure de méthyle est analogue à celle de l'acide iodhydrique :

$$C^6H^5\text{-}Az = Az\text{-}SO^4H + CH^3I$$
Sulfate de diazobenzol.

$$= Az^2 + C^6H^5I + SO^4 < \begin{matrix} H \\ CH^3. \end{matrix}$$
Acide méthyl-sulfurique.

4° Les chloroplatinates des composés diazoïques soumis à la distillation sèche, fournissent des produits de substitution chlorés, dans lesquels le chlore remplace les 2 atomes d'azote du composé diazoïque; il se forme en même temps du chlorure platineux :

$$(C^6H^5\text{-}Az = Az\text{-}Cl)^2PtCl^4$$
$$= 2Az^2 + 2C^6H^5Cl + PtCl^2 + Cl^2.$$
Benzine monochlorée.

5° Lorsqu'on chauffe les dérivés diazoïques avec de l'acide sulfureux en solution alcoolique, ils se convertissent en acides sulfoconjugués avec dégagement d'azote. Ainsi l'acide diazoorthobenzoïque se convertit dans ces conditions en acide sulfobenzoïque (benzoïque-sulfoné) [Müller et Wiesinger, *Deutsch. chem. Gesellsch.*, 1879, p. 1348] :

$$C^6H^4 < \begin{matrix} Az = Az.OH \\ CO^2H \end{matrix} + SO^2$$
$$= Az^2 + C^6H^4 < \begin{matrix} SO^2.OH \\ CO^2H. \end{matrix}$$

COMPOSÉS DIAZOAMIDÉS.

On a déjà donné la définition et indiqué les modes de formation de ces composés. On se borne à rappeler ici qu'ils prennent naissance par l'action de l'acide azoteux sur les composés amidés *libres*, en solution alcoolique froide. Ils résultent aussi de l'action réciproque des composés diazoïques sur les composés amidés (page 633). On en doit la découverte à P. Griess [*Rép. de Chimie pure*, t. I, p. 338; *Ann. Chem. Pharm.*, t. CIX, p. 286].

Ce chimiste a constaté le premier la formation d'un acide qu'il a nommé « diazobenzamidobenzoïque », combinaison d'acide diazobenzoïque et d'acide amidobenzoïque, qu'il a obtenue en traitant par l'acide azoteux une solution alcoolique froide d'acide amidobenzoïque. Plus tard il a préparé, par un procédé analogue, le diazoamidobenzol [*Ann. Chem. Pharm.*, t. CXXI].

En ce qui concerne le second mode de formation qu'on vient de rappeler, une remarque doit trouver place ici. Il semblerait que l'action des corps diazoïques sur les composés amidés pourrait donner naissance, dans certains cas, à des composés isomériques. Ainsi, on pourrait prévoir une isomérie entre l'acide diazobenzol-amidobenzoïque formé par l'action du nitrate de diazobenzo sur l'acide amidobenzoïque et l'acide diazobenzoïque-amidobenzol formé par l'action de l'acide diazobenzoïque sur l'aniline.

Acide diazobenzol-amidobenzoïque,

$$\begin{matrix} Az\text{-}C^6H^5 \\ \| \\ Az\text{-}AzH.C^6H^4.CO^2H; \end{matrix}$$

acide diazobenzoïque-amidobenzol,

$$\begin{matrix} Az.HC^6H^5 \\ \| \\ Az\text{-}Az.C^6H^4.CO^2H. \end{matrix}$$

Il n'en est rien, ces composés sont identiques d'après Griess [*Deutsch. chem. Gesellsch.*, 1874, p. 1618].

Propriétés des composés diazoamidés. — Elles sont en rapport avec ce fait, que ces composés résultent de la combinaison du corps diazoïque avec un composé amidé, combinaison qui se résout, dans un grand nombre de cas, en ses éléments, ces derniers se modifiant simultanément par l'action des réactifs.

1° Sous l'influence de l'acide nitreux, ils donnent un mélange du dérivé diazoïque primitif et du dérivé diazoïque du composé amidé :

$$C^6H^5\text{-}Az = Az\text{-}AzH\text{-}C^{10}H^7 + AzO^2H + 2HCl$$
Diazoamidonaphtol.

$$= C^6H^5\text{-}Az = AzCl + C^{10}H^7\text{-}Az = AzCl + 2H^2O.$$
Chlorure de diazobenzol. Chlorure de diazonaphtol.

2° L'acide chlorhydrique dédouble à chaud le diazoamidobenzol en phénol, produit par le diazobenzol et en chlorhydrate d'aniline; le diazoamidotoluol en crésol et toluidine [A.-W. Hofmann et Geyger, *Deutsch. chem. Gesellsch.*, 1872, p. 476] :

$$\begin{matrix} Az-C^6H^4(CH^3) \\ \| \\ Az-AzH.C^6H^4(CH^3) \end{matrix} + H^2O$$

$$= Az^2 + C^6H^4 < \begin{matrix} AzH^2 \\ CH^3 \end{matrix} + C^6H^4 < \begin{matrix} OH \\ CH^3 \end{matrix}.$$

Le même acide, en agissant sur l'acide diazoamidobenzoïque, donne de l'acide chlorobenzoïque fusible à 150°, et du chlorhydrate d'acide amidobenzoïque :

$$\begin{matrix} Az-C^6H^4.CO^2H \\ \| \\ Az-AzH.C^6H^4-CO^2H \end{matrix} + 2HCl$$

$$= Az^2 + C^6H^4Cl.CO^2H + C^6H^4 < \begin{matrix} CO^2H \\ AzH^2 \end{matrix}, HCl.$$

Sous l'influence de l'acide iodhydrique, l'acide diazoamidobenzoïque fournit, en vertu d'une réaction analogue, de l'acide iodobenzoïque et de l'iodhydrate d'acide amidobenzoïque.

Les réactions suivantes sont d'un autre ordre, et aboutissent à la formation de composés azoïques.

3° Un alcaloïde aromatique ou un phénate alcalin déplacent le groupe amidé, pour s'y substituer en donnant un dérivé azoïque substitué.

Ainsi, lorsqu'on traite le diazoamidoparatoluol par un sel d'aniline ou d'orthotoluidine, de la paratoluidine est éliminée, et un reste d'aniline ou d'orthotoluidine entre dans la combinaison, de façon à engendrer une combinaison amidoazoïque [R. Nietzki, *Deutsch. chem. Gesellsch.*, 1877, p. 664] :

$$\begin{matrix} Az-C^6H^4(CH^3)_{(4)} \\ \| \\ Az-AzH.C^6H^3 < \begin{matrix} CH^3 \\ AzH^2_{(4)} \end{matrix} \end{matrix} + C^6H^4 < \begin{matrix} CH^3 \\ AzH^2_{(2)} \end{matrix}$$

Diazoamidoparatoluol. Orthotoluidine.

$$\begin{matrix} Az-C^6H^4(CH^3)_{(4)} \\ \| \\ Az-C^6H^3 < \begin{matrix} CH^3 \\ AzH^2_{(2)} \end{matrix} \end{matrix} + C^6H^4 < \begin{matrix} CH^3 \\ AzH^2_{(4)} \end{matrix}.$$

Orthoamidoparazotoluol. Paratoluidine.

La réaction de l'aniline sur le même diazoamidoparatoluol, donne lieu à la formation de l'amidobenzol-paratoluol avec élimination de paratoluidine.

4° Au contact d'un alcali, d'un sel d'aniline, et même spontanément à la longue, les composés diazoamidés se convertissent en composés amidoazoïques. On a déjà appelé l'attention sur cette transformation, et l'on a fait remarquer (page 633) qu'elle ne s'accomplit que dans le cas où la position para, par rapport au groupe AzH^2, est libre, c'est-à-dire occupée par un atome d'hydrogène, dans le reste amidé. Il convient d'entrer dans quelques détails à ce sujet. La transformation moléculaire dont il s'agit est représentée par le schéma suivant :

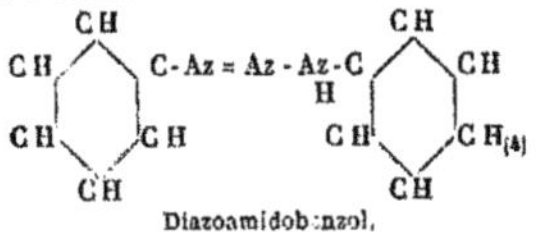

```
       CH                         CH
CH ⁄     ╲ C-Az = Az - Az-C ⁄     ╲ CH
  |       |            H   |       |
CH ╲     ⁄ CH           CH ╲     ⁄ CH(4)
       CH                         CH
```

Diazoamidobenzol.

```
       CH                 CH
CH ⁄     ╲ C-Az = Az-C ⁄     ╲ CH
  |       |            |       |
CH ╲     ⁄ CH       CH ╲     ⁄ C-AzH²(4)
       CH                 CH
```

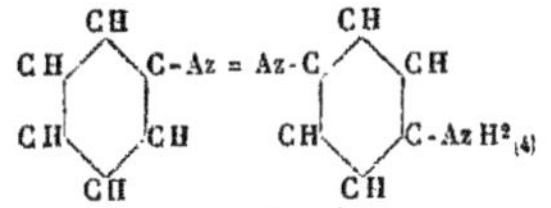

Amidoazobenzol.

On voit que le groupe AzH du diazoamidobenzol se transporte en quelque sorte de la position 1 à la position 4 (la position voisine dans le schéma prismatique de Ladenburg, Suppl., p. 211), où il rencontre un atome d'hydrogène qui complète le groupe AzH^2. Si cette position était occupée par un groupe méthylique, comme dans la paratoluidine

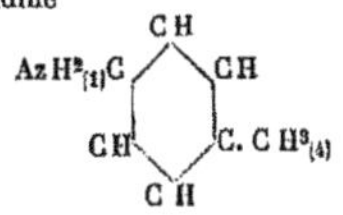

```
              CH
AzH²(1)C ⁄        ╲ CH
        |          |
     CH ╲        ⁄ C.CH³(4)
              CH
```

le mouvement moléculaire dont il s'agit ne pourrait pas s'effectuer. On sait que la paratoluidine donne, sous l'influence de l'acide nitreux, un composé diazoamidé, incapable de se transformer en composé amidoazoïque [Hofmann et Geyger, *Deutsch. chem Gesellsch.*, 1872, p. 475]. Au contraire, le composé diazoïque dérivé de l'orthotoluidine, le diazoamidoorthotoluol se convertit facilement en amidoazoorthotoluol. De même, l'ortho et la métaphénylène-diamine fournissent des dérivés azoïques qui sont des matières colorantes, tandis que la paraphénylène-diamine n'en donne point.

PRODUITS D'ADDITION DES COMPOSÉS DIAZOÏQUES.

Les composés diazoïques qui renferment un couple d'atomes d'azote échangeant une double valence, peuvent fixer du brome et, dans certains cas, de l'hydrogène, comme les composés azoïques eux-mêmes. Par contre, on ne connait pas jusqu'à présent, pour les composés diazoïques, des produits d'addition oxygénés correspondant à l'azoxybenzol.

Griess a décrit le premier le perbromure de diazobenzol [*Ann. Chem. Pharm.*, t. CXXXVII, p. 39], qu'il a obtenu en ajoutant à une solution aqueuse du nitrate de diazobenzol, de l'acide chlorhydrique concentré et chargé de brome. Le perbromure qui se sépare en une masse cristalline, renferme

$$\begin{matrix} Br-Az-C^6H^5 \\ | \\ Br-Az-Br. \end{matrix}$$

D'autres composés diazoïques donnent des perbromures analogues aux précédents. On a décrit les perbromures de diazonaphtol, de diazocyanobenzol, de tétrazodiphényle, de diazonitranisol, d'acide diazodracylique, d'acide diazosalicylique, etc.

Deux atomes de brome sont retenus faiblement par tous ces composés : le perbromure de diazobenzol les perd par des lavages à l'éther; l'acide sulfureux les lui enlève pareillement avec formation de sulfate de diazobenzol. Une réaction digne d'intérêt est celle qu'exerce l'ammoniaque sur ces perbromures. Elle convertit le perbromure de diazobenzol en diazobenzolimide. La réaction s'effectue de telle sorte que l'atome de brome du bromure de diazobenzol enlève un atome d'hydrogène à l'ammoniaque, comme dans la réaction des bromures alcooliques sur l'ammoniaque, les deux autres atomes d'hydrogène de celle-ci étant enlevés par les deux atomes de brome faiblement enchaînés du perbromure. Il ne reste donc en présence que trois atomes d'azote et un groupe phényle :

$$\begin{matrix} C^6H^5-Az = Az-Br \\ \quad\quad | \quad\quad | \\ \quad\quad Br \quad Br \end{matrix} + AzH^3$$

$$= 3HBr + C^6H^5-Az < \begin{matrix} Az \\ \| \\ Az \end{matrix}$$

Diazobenzolimide.

Cette formule de la diazobenzolimide, d'abord proposée par Kékulé [*Lehrbuch*, t. III, p. 230], a été rendue très probable par une réaction que l'on doit à E. Fischer [*Deutsch. chem. Gesellsch.*, 1875, p. 1010]. Ce dernier chimiste a constaté, en effet, que la diazobenzolimide prend naissance avec une facilité extrême, par simple déshydratation, au sein de l'eau et à la température ordinaire, de la phénylnitrosohydrazine

$$C^6H^5\text{-}Az\text{-}AzH^2$$
$$\overset{|}{Az}O$$

Les perbromures de diazonapthaline, de tétrazodiphényle [Griess et Martius, *Bull. Soc. chim.*, t. VI, p. 154], de diazocyanobenzol [Griess, *Bull. Soc. chim.*, t. XIII, p. 168], fournissent par l'action de l'ammoniaque des composés imidés analogues à la diazobenzolimide. Ajoutons que ce dernier corps se forme aussi par l'action du chlorhydrate d'hydroxylamine sur le sulfate de diazobenzol [E. Fischer, *Deutsch. chem. Gesellsch.*, 1877, p. 1335].

En faisant réagir les bisulfites alcalins sur le nitrate de diazobenzol, on parvient à fixer 2 atomes d'hydrogène sur 2 atomes d'azote, et à préparer des produits d'addition correspondant à l'hydrazobenzol. [Strecker et Römer *Bull. Soc. chim.*, t. XVI, p. 316], ont obtenu dans cette réaction un composé hydrodiazoïque, qui renferme

$$HAz\text{-}C^6H^5$$
$$H\overset{|}{Az}\text{-}SO^3K$$

et qui se forme en vertu de la réaction suivante :

$$C^6H^5.Az^2.AzO^3 + 2SO^3KH + H^2O$$
$$= C^6H^5.Az^2H^2.SO^3K + AzO^3H + SO^4KH.$$

L'action du bisulfite de sodium sur le chlorure de diazobenzol donne naissance, suivant la proportion de bisulfite employée, à du sulfite de diazobenzol-sodium $C^6H^5.Az^2.SO^3Na$ et à sel de sodium

$$HAz\text{-}C^6H^5$$
$$H\overset{|}{Az}\text{-}SO^3Na$$

tout à fait analogue au sel de potassium précédent [Em. Fischer, *Bull. Soc. chim.*, t. XXIV, p. 564]; ce dernier sel, traité par l'acide chlorhydrique, fournit de la phénylhydrazine

$$Az\text{-}H(C^6H^5)$$
$$\overset{|}{Az}H^2$$

le groupe SO^3Na étant remplacé par l'hydrogène de l'acide chlorhydrique.

L'acide sulfureux libre peut donner, dans certaines conditions, des produits hydrodiazoïques. Ainsi, en faisant réagir une solution concentrée de cet acide sur le sulfate ou le chlorhydrate de diazobenzol, W. Königs [*Deutsch. chem. Gesellsch.*, 1877, p. 1531], a obtenu des cristaux qui renferment

$$HAz\text{-}C^6H^5$$
$$H\overset{|}{Az}\text{-}SO^2.C^6H^5$$

et qui sont identiques avec un corps qui se forme, d'après Fischer, par l'action du chlorure phénylsulfureux $C^6H^5.SO^2Cl$ sur la phénylhydrazine :

$$(C^6H^5)HAz\text{-}AzH^2.$$

Tous ces faits établissent une relation entre les corps hydrodiazoïques dont il est question ici, et les hydrazines. Ad. Wurtz.

DIBENZHYDROXAMIQUE (ACIDE). — Voy. HYDROXYLAMINE, au Suppl.

DIBENZOYLBENZINE. — La dibenzoylbenzine,

$$C^6H^5\text{-}CO\text{-}C^6H^4\text{-}CO\text{-}C^6H^5,$$

s'obtient par oxydation de la dibenzylbenzine, $C^6H^5\text{-}CH^2\text{-}C^6H^4\text{-}CH^2\text{-}C^6H^5$, au moyen de l'acide chromique [Zincke, *Deutsch. chem. Gesellsch.*, 1876, p. 32].

Le même composé se forme par l'action du gaz chloroxycarbonique sur la benzine en présence du chlorure d'aluminium [Friedel, Crafts et Ador, *Deutsch. chem. Gesellsch.*, 1877, p. 1855].

Comme la dibenzylbenzine dont elle dérive, la dibenzoylbenzine peut exister sous deux modifications isomériques.

L'α-dibenzoylbenzine est insoluble dans l'eau, soluble dans l'alcool bouillant, peu soluble dans l'éther, très soluble dans le chloroforme et l'acide acétique.

L'amalgame de sodium la transforme en un alcool bivalent, l'*α-dibenzhydrylbenzine*,

$$C^6H^5\text{-}CH.OH\text{-}C^6H^4\text{-}CH.OH\text{-}C^6H^5.$$

Ce composé cristallise dans l'alcool faible en aiguilles nacrées, fusibles à 171°. Il est insoluble dans l'eau, soluble dans l'alcool, l'éther, le chloroforme. L'oxydation par l'acide chromique régénère la dibenzoylbenzine. L'acide et l'anhydride acétiques le transforment en mono et diacétates.

Le *monoacétate*, $C^{20}H^{16}.OH.OC^2H^3O$, cristallise en mamelons fusibles à 94-97°.

Le *diacétate*, $C^{20}H^{16}(OC^2H^3O)^2$, cristallise en tables quadratiques fusibles à 143°.

Le *dibenzoate*, $C^{20}H^{16}(OC^7H^5O)^2$, cristallise en mamelons fusibles à 185-186°.

Le perchlorure de phosphore transforme la dibenzoylbenzine en un tétrachlorure $C^{20}H^{14}Cl^4$, qui se dépose de l'éther en tables brillantes, clinorhombiques, fusibles à 91-92°; ce chlorure se décompose par l'eau et l'alcool en régénérant la dibenzoylbenzine [Wehnen, *Deutsch. chem. Gesellsch.*, 1876, p. 311].

La β-dibenzoylbenzine s'obtient moins facilement que la précédente, une partie étant détruite par l'acide chromique; elle est plus soluble que la modification et cristallise en tables rectangulaires groupées en trémies, fusibles à 145-146°. M. Hanriot.

DIBENZOYLBENZOÏQUE (ACIDE), $C^{21}H^{14}O^4$. — Dans la préparation du benzyltoluène par le chlorure de benzyle, le toluène et le zinc, il se forme une certaine quantité d'un hydrocarbure, le dibenzyltoluène, $C^{21}H^{20}$, bouillant à 392-396° lequel, oxydé par l'acide chromique, fournit deux acides dibenzoylbenzoïques

$$(C^6H^5.CO)^2C^6H^3\text{-}CO^2H$$

isomères.

L'acide α-dibenzoylbenzoïque se présente sous forme d'une résine fusible à 80-82°; tous ses dérivés sont incristallisables.

L'acide β-dibenzoylbenzoïque cristallise en petites aiguilles fusibles à 210-212° presque insolubles dans l'eau, solubles dans l'alcool, l'éther, le chloroforme. Son éther éthylique forme de belles aiguilles blanches, fusibles à 106°. Fondu avec la potasse, il se transforme en un acide $C^{15}H^{10}O^3$.

DIBENZYLACÉTIQUE (ACIDE),

$$C^{16}H^{16}O^2 = (C^7H^7)^2CH\text{-}CO^2H.$$

— Cet acide, découvert par Mlle Sesemann, s'obtient en même temps que l'acide benzylacétique ou hydrocinnamique par l'action du chlorure de benzyle en excès sur l'éther sodacétique, d'abord à l'ébullition, puis à 200°. Par l'addition d'eau, on sépare une huile brune qui, par rectification, fournit du chlorure de benzyle; puis, de 200 à 300°, l'éther benzylique de l'acide hydrocinnamique, et, au-dessus de 300°, l'éther benzylique de l'acide dibenzylacétique. On isole cet acide en saponifiant les portions passant au-dessus de 300° par la potasse alcoolique, chassant l'alcool, neutralisant exactement par l'acide chlorhydrique. Pour le purifier, on le distille dans un courant d'acide carbonique et on le fait cristalliser dans du pétrole.

Cet acide est en beaux prismes incolores, fusibles à 85°, insolubles dans l'eau, solubles dans l'alcool et dans l'éther.

Le *sel d'argent* renferme $C^{16}H^{15}O^{2}Ag$; il est floconneux.

Le *sel de baryum*, $(C^{16}H^{15}O^{2})^{2}Ba$, est un peu soluble dans l'eau bouillante, d'où il cristallise en fines aiguilles [Lydia Sesemann, *Deutsch. chem. Gesellsch.*, 1873, p. 1085; *Bull. Soc. chim.*, t. XXI, p. 32].

Distillé avec un excès de chaux sodée, l'acide dibenzylacétique fournit du dibenzylméthane $C^{15}H^{16}$ [Merz et Weith, *Deutsch. chem. Gesellsch.*, 1877, p. 759]. E. Grimaux.

DIBENZYLACÉTONE,

$$C^{15}H^{14}O = (C^{6}H^{5}\text{-}CH^{2})^{2}CO.$$

— Elle se produit par la distillation sèche du phénylacétate de calcium; 150 gr. de ce sel fournissent 55 gr. de produit brut qui cristallise par l'addition de bisulfite, mais sans que ce dernier entre en combinaison : l'acétone cristallise seule.

La dibenzylacétone fournit, à l'oxydation, de l'acide benzoïque et de l'acide carbonique. Elle fond à 30° et bout à 320-321° [Popoff, *Deutsch. chem. Gesellsch.*, 1873, p. 560; *Bull. Soc. chim.*, t. XX, p. 294]. Traitée par l'acide iodhydrique et le phosphore, à 180°, elle fournit un hydrocarbure $C^{15}H^{16}$, bouillant entre 290 et 300°, probablement le dibenzyle-méthane $CH^{2}(C^{6}H^{5}\text{-}CH^{2})^{2}$ [Graebe, *Deutsch. chem. Gesellsch.*, 1874, p. 1623; *Bull. Soc. chim.*, t. XXIV, p. 81].

DIBENZYLBENZINE. — La dibenzylbenzine, $C^{6}H^{4}(CH^{2}\text{-}C^{6}H^{5})^{2}$, se produit par l'action du zinc en poudre sur un mélange de benzine et de chlorure de benzyle. Lorsqu'on distille le produit de la réaction, on obtient d'abord du diphénylméthane, puis une substance se concrétant par refroidissement et qui est un mélange de deux hydrocarbures $C^{20}H^{18}$ que l'on peut séparer par cristallisation dans l'alcool [Zincke, *Deutsch. chem. Gesellsch.*, 1873, p. 119]. Les deux mêmes hydrocarbures s'obtiennent lorsqu'on fait réagir le méthylal sur la benzine en présence d'acide sulfurique et d'acide acétique [Baeyer, *Deutsch. chem. Gesellsch.*, 1873, p. 222].

On les obtient encore en remplaçant dans la réaction précédente le méthylal par l'alcool benzylique [Meyer et Wurster, *Deutsch. chem. Gesellsch.*, 1875, p. 964].

α-Dibenzylbenzine. — Lorsque l'on dissout dans l'alcool bouillant le mélange des deux hydrocarbures, et qu'on laisse refroidir, il se dépose par refroidissement des lamelles brillantes ou des tables rhomboïdales, fusibles à 86°, qui constituent l'α-dibenzylbenzine tandis que la modification β reste en solution. Elle est peu soluble dans l'alcool, soluble dans la benzine, le chloroforme et le sulfure de carbone.

Oxydée par l'acide chromique en solution acétique, elle se transforme en α-dibenzoyl-benzine. Une oxydation plus complète fournit l'acide α-dibenzoylbenzoïque.

β-Dibenzylbenzine. — Beaucoup plus soluble dans l'alcool que la précédente, elle cristallise en houppes soyeuses fusibles à 78°. L'oxydation la transforme en β-dibenzoylbenzine et acide β-dibenzoylbenzoïque. Zincke la considère comme le dérivé ortho, tandis que l'α-dibenzylbenzine serait le dérivé para [Zincke, *Deutsch. chem. Gesellsch.*, 1876, p. 32]. M. Hanriot.

DIBENZYLCARBONIQUES (ACIDES). — On conçoit l'existence de deux séries de ces acides, suivant que la substitution du groupe fonctionnel $CO^{2}H$ porte sur le noyau benzénique du dibenzyle ou sur le reste d'éthane. Les deux acides, qui correspondent à ce dernier mode de dérivation, sont connus : l'acide dibenzylcarboxylique de Wurtz ou diphénylpropionique (t. II, p. 911) et l'acide dibenzyldicarboxylique de Franchimont ou diphénylsuccinique (t. II, p. 911) :

$$\begin{matrix} C^{6}H^{5}\text{-}CH\text{-}CO^{2}H \\ C^{6}H^{5}\text{-}CH^{2} \end{matrix} \quad \text{et} \quad \begin{matrix} C^{6}H^{5}\text{-}CH\text{-}CO^{2}H \\ C^{6}H^{5}\text{-}CH\text{-}CO^{2}H. \end{matrix}$$

Gabriel et Michael ont décrit plus récemment un terme de la première série, l'acide *orthodibenzylcarbonique*, qui appartient à un groupe assez complexe de corps dérivés du produit de la réaction de l'anhydride phtalique sur l'acide phénylacétique en présence (1/5 du poids du mélange) d'acétate de sodium. Cette réaction engendre le *benzylidène-phtalyle*,

$$C^{6}H^{4}\!<\!\begin{matrix} CO \\ CO \end{matrix}\!>\!CH\text{-}C^{6}H^{5},$$

qui, par l'action de la potasse, donne l'acide *orthodésoxybenzoïne-carbonique*,

$$\begin{matrix} CO\text{-}C^{6}H^{4}\text{-}CO^{2}H_{(2)} \\ CH^{2}\text{-}C^{6}H^{5}; \end{matrix}$$

ce dernier fournit, par l'action de l'acide iodhydrique et du phosphore, l'acide orthodibenzylcarbonique :

$$\begin{matrix} CH^{2}\text{-}C^{6}H^{4}\text{-}CO^{2}H_{(2)} \\ CH^{2}\text{-}C^{6}H^{5}; \end{matrix}$$

Cet acide cristallise dans l'alcool en tables; il est insoluble dans l'eau. Il possède les propriétés d'un acide faible. Le sel d'argent est un précipité blanc, qui fournit du dibenzyle par la chaleur. Entre les acides orthodibenzylcarbonique et orthodésoxybenzoïne-carbonique il existe un produit intermédiaire, anhydride interne d'un acide alcool

$$C^{6}H^{4}\!<\!\begin{matrix} CH - CH^{2}\text{-}C^{6}H^{5} \\ CO \end{matrix}\!>\!O$$

que l'on obtient par l'action de l'amalgame de sodium sur le dernier acide [S. Gabriel et A. Michael, *Deutsch. chem. Gesellsch.*, 1868, p. 1007]. A. Henninger.

DIBENZYLE. — Le dibenzyle,

$$C^{6}H^{5}\text{-}CH^{2}\text{-}CH^{2}\text{-}C^{6}H^{5},$$

est un carbure d'hydrogène isomérique avec le dicrésyle, $CH^{3}\text{-}C^{6}H^{4}\text{-}C^{6}H^{4}\text{-}CH^{3}$, et le benzyletoluène, $C^{6}H^{5}\text{-}CH^{2}\text{-}C^{6}H^{4}\text{-}CH^{3}$.

Outre les modes de formation indiqués, t. I, p. 575, il se produit dans les conditions suivantes :

1° Par l'action de la benzine sur le chlorure d'éthylène en présence du chlorure d'aluminium :

$$2\,C^{6}H^{6} + \begin{matrix} CH^{2}Cl \\ CH^{2}Cl \end{matrix} = 2\,HCl + \begin{matrix} CH^{2}\text{-}C^{6}H^{5} \\ CH^{2}\text{-}C^{6}H^{5} \end{matrix}$$

[Silva, *Bull. Soc. chim.*, t. XXXVI, p. 25];

2° L'amalgame de sodium à 1 % réagit à 110° sur le chlorure de benzyle en donnant un produit probablement identique au dibenzyle [Aronheim, *Deutsch. chem. Gesellsch.*, 1875, p. 1406];

3° Le trichlorure de phosphore, chauffé avec le toluène, fournit du dibenzyle [Michaelis et Lange, *Deutsch. chem. Gesellsch.*, 1875, p. 1313];

4° Le chlorure de bore donne une réaction analogue avec l'alcool benzylique [Councler, *Deutsch. chem. Gesellsch.*, 1877, p. 1657];

5° Le dibenzyle se forme dans l'électrolyse du phénylacétate de potassium en solution alcaline [Slawik, *Deutsch. chem. Gesellsch.*, 1874, p. 1054];

6° Par la distillation sèche de la benzoïne [Zinin, *Deutsch. chem. Gesellsch.*, 1873, p. 1207];

7° Par la distillation des acides dibenzylcarboniques en présence d'un excès de chaux. Il se forme en même temps une certaine quantité de stilbène [Franchimont, *Bull. Soc. chim.*, t. XIX, p. 205];

8° L'acide iodhydrique réagit à 190° en tubes scellés sur la désoxybenzoïne en donnant du stilbène et du dibenzyle (Limpricht et Schwanert), et sur la benzoïne en ne donnant que du dibenzyle [Goldenberg, *Deutsch. chem. Gesellsch.*, 1874, p. 286];

9° La réduction de la benzophénone par la poudre de zinc donne du dibenzyle [Barbier, *Compt. rend.*, t. LXXXIX, p. 810].

Action de la chaleur. — Le dibenzyle ne distille pas sans altération. Par l'action de la chaleur il fournit du toluène et de l'anthracène (Barbier), du phénanthrène et du stilbène [Graebe, *Deutsch. chem. Gesellsch.*, 1873, p. 125].

Action des oxydants. — Chauffé avec de l'oxyde de plomb (Behr) ou du soufre, il se transforme en stilbène par perte de deux atomes d'hydrogène [A. Behr et van Dorp, *Deutsch. chem. Gesellsch.*, 1873, p. 753; Radziszewski, *ibid.*, 1875, p. 758].

Le dibenzyle n'est oxydé ni par l'acide nitrique ni par l'acide chromique. Avec un mélange d'acide acétique et d'acide chromique, il donne de l'acide benzoïque [Leppert, *Deutsch. chem. Gesellsch.*, 1876, p. 14].

Action du chlore. — Le chlore réagit sur le dibenzyle pulvérisé, fondu ou en vapeur en lui enlevant H^2 et le transformant en stilbène.

L'acide chlorhydrique et le chlorate de potassium agissent de même.

Lorsqu'on fait agir le chlore sur le gâteau cristallin obtenu par fusion du dibenzyle avec 1/150me d'iode et refroidissement, on obtient du dibenzyle dichloré $(C^6H^4Cl\text{-}CH^2)^2$, fusible à 112°, distillant à une haute température; insoluble dans l'eau, il est très soluble dans l'alcool, l'éther et le chloroforme. Le mélange de bichromate et d'acide sulfurique le transforme en acide parachlorobenzoïque [Kade, *Journ. prakt. Chem.* (2), t. XIX, p. 461].

Action du brome. — Le brome sec réagit sur le dibenzyle en donnant plusieurs composés :

Un *monobromodibenzyle*, composé huileux plus lourd que l'eau; la potasse alcoolique le transforme en bromure de potassium et en toluène;

Un *dibromodibenzyle* qui paraît identique avec le bromure de stilbène; comme celui-ci il donne du tolane avec la potasse alcoolique;

Un *tribromodibenzyle* dont l'existence n'est pas suffisamment établie [Limpricht et Marquardt, *Zeitschr. Chem.*, 1869, p. 337].

Le dibromodibenzyle, oxydé par l'acide chromique en présence d'acide acétique, se transforme en acide parabromobenzoïque (Leppert).

Dérivés nitrés. — On a vu que le dibenzyle fournit, par l'action de l'acide nitrique fumant, un dinitrodibenzyle fusible à 166° (Stelling et Fittig), 178° (Leppert), et l'isonitrodibenzyle fusible à 75°.

Oxydé par l'acide chromique en présence d'acide acétique, le premier fournit de l'acide paranitrobenzoïque; le deuxième fournit une petite quantité du même acide. Le dinitrodibenzyle serait donc un composé para, et l'isodinitrodibenzyle serait un mélange [Leppert, *loc. cit.*].

Dérivés sulfonés. — Le dibenzyle fondu, traité par deux fois son poids d'acide sulfurique, s'y combine en donnant l'acide dibenzyldisulfonique $(C^6H^4.SO^3H\text{-}CH^2)^2$. L'acide pur obtenu par décomposition du sel de plomb et évaporation dans le vide est en grandes lames inaltérables à l'air; il renferme 5 moléc. d'eau de cristallisation.

Le *sel de potassium* cristallise en lames argentées très solubles dans l'eau, renfermant $C^{14}H^{12}(SO^3K)^2 + 2H^2O$.

Le *sel de plomb*, $C^{14}H^{12}(SO^3)^2Pb + H^2O$, soluble dans l'eau bouillante, est en cristaux confus.

Le *sel de baryum*,

$$C^{14}H^{12}(SO^3)^2Ba + \tfrac{1}{2}H^2O,$$

insoluble dans l'eau froide, soluble dans l'eau bouillante, cristallise mal.

Dans l'action de l'acide sulfurique sur le dibenzyle, il se produit une petite quantité d'acide dibenzyle-tétrasulfonique dont le sel de potassium $C^{14}H^{10}(SO^3K)^4, 3H^2O$, peu soluble, est en cristaux mamelonnés rougeâtres.

Action de la potasse sur l'acide dibenzyle-disulfonique. — Le dibenzyle-disulfonate de potassium, fondu avec de la potasse à une température aussi basse que possible, donne naissance à de l'acide oxydibenzylsulfonique

$$C^6H^4.OH\text{-}CH^2\text{-}CH^2\text{-}C^6H^4.SO^3H,$$

en fines lamelles blanches solubles dans l'eau bouillante, insolubles dans l'eau froide.

A une température un peu plus élevée, il se forme du dioxydibenzyle,

$$C^6H^4.OH\text{-}CH^2\text{-}CH^2\text{-}C^6H^4.OH,$$

sublimable en fines aiguilles fusibles à 185°; enfin la fusion prolongée avec la potasse donne de l'acide paroxybenzoïque. On peut en conclure que le groupe SO^3H occupe la position para dans l'acide dibenzyldisulfonique [Kade, *Deutsch. chem. Gesellsch.*, 1873, p. 953, et 1874, p. 239].

M. Hanriot.

DIBENZYLIQUE (ACIDE). — Voyez Benzilique (acide), Suppl., p. 270.

DIBENZYLÉTHANE. — Le dibenzyléthane,

$$(C^6H^5\text{-}CH^2)^2CH\text{-}CH^3,$$

a été obtenu par Græbe comme produit de la réduction de l'acétophénone par l'acide iodhydrique et le phosphore rouge vers 130°. Il se forme un produit intermédiaire

$$\begin{matrix} C^6H^5\text{-}C\text{—}CH^3 \\ >O \\ C^6H^5\text{-}C\text{—}CH^3 \end{matrix}$$

en lamelles blanches fusibles à 70°, distillant à 340-345°; insoluble dans l'eau et l'alcool froid, soluble dans l'alcool bouillant.

Lorsqu'on chauffe ce corps ou l'acétophénone à 180° avec de l'acide iodhydrique et du phosphore rouge, il se forme du dibenzylméthane que l'on purifie par distillation.

Ce corps bout vers 300° et ne se solidifie pas dans un mélange réfrigérant [Græbe, *Deutsch. chem. Gesellsch.*, 1874, p. 16].

DIBENZYLMÉTHANE,

$$C^{15}H^{16} = (C^6H^5\text{-}CH^2)^2CH^2.$$

— Cet hydrocarbure se produit par l'action, à 180°, de l'acide iodhydrique et du phosphore sur la dibenzylacétone (Graebe), ou par la distillation de l'acide dibenzylacétique avec la chaux sodée (Merz et Weith).

Il est liquide, incolore, d'une odeur agréable, bout entre 290° et 300°, et ne se solidifie pas à — 20° (Voyez au Supplément, Dibenzylacétone et acide Dibenzylacétique).

DIBROMOCINCHONICINE. — Voyez Dioxycinchonine et Cinchonicine.

DIBUTYLES, C^8H^{18}. — Synonyme d'Octane ou d'Hydrure d'octyle, t. II, p. 494.

DIBUTYLÈNE. — Voyez Suppl., p. 345.

DIBUTYRALDINE. — Voyez Conicine, Suppl., p. 518].

DICARBOTHIONIQUE (ACIDE). — Connu seulement à l'état d'éther éthylique. Voyez Suppl., p. 426.

DICKINSONITE (Min.), $Ph^2O^5,3Ro + 3/4 H^2O$

$$R = Mn:Fe:Ca:Na = 5:2.5:3:1.5.$$

— Clinorhombique, pseudohexagonal. Masses cristallines vert d'huile ou vert olive, composées de petites lames semblables au mica, dans lesquelles sont souvent disséminées des cristaux d'éosphorite et de triploïdite, de Branchville, Fayrfield C° (Conn.).

Dureté, 3,5 à 4. Fragile. Densité 3,34. Éclat vitreux, nacré sur le clivage.

Clivage basal parfait. Les cristaux présentent des groupements très complexes que révèle la lumière polarisée.

DICODÉINE. — Voyez Codéine; Supp., p. 515.

DICONCHININE. — Voyez Quinidine.

DICONIQUE (ACIDE). — Synonyme de Diaconique (acide).

DICRÉSYLACÉTONE. — Voyez Dicrésylméthane.

DICRÉSYLES [Syn. *Ditolyles*],

$$C^{14}H^{14} = CH^3\text{-}C^6H^4\text{-}C^6H^4\text{-}CH^3.$$

— Ils sont théoriquement au nombre de six, mais en fait on n'en connait qu'un seul dont la constitution soit bien établie; c'est le :

PARADICRÉSYLE. — Il a été préparé simultanément par Zincke et Louguinine, qui l'ont obtenu en traitant le parabromotoluène par le sodium, en présence d'éther anhydre ou de pétrole léger; la réaction est assez énergique et il faut bien refroidir au début. Le produit est épuisé par l'éther, la solution est distillée pour la débarrasser de l'éther et du toluène régénéré et le résidu est repris par une petite quantité d'éther. On verse cette solution dans une grande quantité d'alcool et on laisse évaporer l'éther; il se dépose un corps jaune, peu soluble dans l'alcool, et la solution étant distillée, d'abord au bain-marie, puis à feu nu, on obtient le paradicrésyle impur, à l'état d'une masse cristalline imprégnée de parties liquides. On exprime cette masse et on la fait cristalliser dans l'alcool ou l'éther [Th. Zincke, *Deutsch. chem. Gesellsch.*, 1871, p. 396; — W. Louguinine, *ibid.*, 1871, p. 514]. Les parties liquides dont on ne connait pas la nature ont sensiblement la même composition que le carbure solide.

Le paradicrésyle se trouve aussi parmi les produits de la décomposition pyrogénée du toluène [Th. Carnelley, *Journ. chem. Soc.*, 1880, t. I, p. 701].

Le paradicrésyle forme des lamelles ou des prismes clinorhombiques, très brillantes; faces : m, h^3, g^3, h^1, g^1, e^1, o^1, a^1, $d^{1/2}$; angle des axes $= 93°37'$; $mm = 98°42'$; $mo^1 = 118°18'$; les cristaux sont souvent maclés, avec a^1 comme plan; les axes principaux des cristaux maclés forment un angle $= 122°22'$.

Cet hydrocarbure fond à 121° et bout entre 277-282° (non corrigé). Soumis à l'action de la chaleur, il se détruit complètement au rouge sombre (Barbier). Lorsqu'on l'oxyde en solution acétique par l'acide chromique, on obtient d'abord l'acide *paracrésylbenzoïque* $(C^7H^7)\text{-}C^6H^4\text{-}CO^2H$, puis l'acide *paradiphényldicarbonique*

$$\begin{array}{l} C^6H^4\text{-}CO^2H_{(4)} \\ | \\ C^6H^4\text{-}CO^2H_{(4)} \end{array}$$

La réaction est assez énergique; on la termine à l'aide de la chaleur [O. Doebner, *Deutsch. chem. Gesellsch.*, 1876, p. 271; — Th. Carnelley, *Journ. chem. Soc. London*, 1877, t. II, p. 653].

DICRÉSYLES LIQUIDES. — On vient de voir que, dans la réaction du sodium sur le parabromotoluène, le paradicrésyle est accompagné d'un produit liquide qui offre à peu près la même composition. La nature de ce corps est encore à élucider.

Si l'on substitue au parabromotoluène pur le bromotoluène ou le chlorotoluène brut, qui constituent des mélanges des dérivés ortho et para, on obtient des proportions beaucoup plus considérables des corps liquides, qui renferment probablement le *paraorthodicrésyle*, et peut-être l'*orthodicrésyle*. Ce dernier composé ne se forme pas lorsque l'orthobromotoluène pur est traité par le sodium; dans ce cas, on n'observe qu'une attaque insignifiante, comme l'a constaté Louguinine, mais il résulte d'expériences récentes de Claus et Hansen qu'en présence de bromures alcooliques il se forme une certaine quantité d'orthodicrésyle [*Deutsch. chem. Gesellsch.*, 1880, p. 897].

Quoi qu'il en soit, voici les propriétés de ces mélanges de dicrésyles liquides, d'après Fittig, qui, le premier, a traité le bromotoluène brut par le sodium. C'est un liquide incolore, oléagineux, fortement réfringent, bouillant à 272°.

Densité à 10°,5 = 0,9945. Odeur particulière rappelant celle des bourgeons de peuplier [R. Fittig, *Ann. Chem. Pharm.*, t. CXXXIX, p. 178].

L'hydrocarbure solide, fusible à 119°,5, mentionné par Fittig dans ce mémoire, et considéré comme du stilbène, n'est autre que le paradicrésyle. D'autres savants ont indiqué un point d'ébullition plus élevé (280 à 285°) pour le dicrésyle liquide.

Chauffé en tube fermé à 500-600°, ce corps se dédouble en cinq minutes en toluène et anthracène mélangé d'une petite quantité de phénanthrène [Barbier, *Ann. Chim. Phys.* (5), t. VII, p. 515] :

$$2\,C^{14}H^{14} = 2\,C^7H^8 + C^{14}H^{10} + H^2.$$

Dissous dans l'acide acétique cristallisable, le dicrésyle liquide est rapidement oxydé par l'acide chromique; parmi les produits formés, Carnelley a isolé un acide *crésylbenzoïque*, fusible à 176°, un acide *diphényldicarbonique*, isomères tous deux avec les composés correspondants engendrés par le paradicrésyle. Par une oxydation plus avancée, on obtient de l'acide téréphtalique [*Journ. chem. Soc. London*, 1877, t. II, p. 653].

A. Henninger.

DICRÉSYL-ÉTHYLÈNE,

$$CH^2 = C(C^6H^4.CH^3)^2$$

[Hepp, *Deutsch. chem. Gesellsch.*, 1874, p. 1409; *Bull. Soc. chim.*, t. XXXIV, p. 35]. — On le prépare par l'action de la potasse alcoolique sur le dérivé monochloré du dicrésyléthane :

$$CH^3\text{-}CCl(C^6H^4.CH^3)^2.$$

C'est une huile douce, réfringente, bouillant à 304-305°. Il fournit un dérivé monobromé solide. Oxydé par le bichromate de potassium, il se convertit en *dicrésyl-acétone* $CO(C^6H^4\text{-}CH^3)^2$.

DICRÉSYLMÉTHANE,

$$C^{15}H^{16} = CH^2(C^6H^4\text{-}CH^3)^2$$

[Weiler, *Deutsch. chem. Gesellsch.*, 1874, p. 1181; *Bull. Soc. chim.*, t. XXIII, p. 390]. — On l'obtient en faisant réagir l'acide sulfurique sur un mélange de méthylal et de toluène en présence d'acide acétique cristallisable : 25 gr. de méthylal, 75 gr. de toluène et 300 gr. d'acide acétique cristallisable, sont additionnés d'un mélange à volumes égaux d'acide acétique cristallisable et d'acide sulfurique, jusqu'à ce que la majeure partie du toluène se soit séparée sous la forme d'une couche légère; on abandonne le tout pendant douze heures, puis on ajoute 900 gr. d'acide sulfurique concentré, mélangé de 300 gr. d'acide acétique; après douze heures, on précipite par l'eau, on agite le liquide aqueux avec de l'éther, et l'on évapore la solution éthérée.

Le dicrésylméthane bout vers 289-291°; il est oléagineux, incolore avec des reflets fluorescents d'un bleu violacé faible, d'une odeur aromatique agréable. Le brome le transforme à froid en un dérivé dibromé $C^{15}H^{14}Br^{2}$, en longues aiguilles blanches, fusibles à 115°. Avec l'acide azotique fumant, il donne un dérivé dinitré $C^{15}H^{14}(AzO^{2})^{2}$, fusible à 164°.

Dirigé en vapeur dans un tube chauffé au rouge, il fournit du méthylanthracène $C^{15}H^{12}$.

Par oxydation, il donne la *dicrésylacétone* $CO(C^{6}H^{4}\text{-}CH^{3})^{2}$, cristallisant de sa solution alcoolique en beaux cristaux orthorhombiques, fusibles à 95°; et que l'hydrogène naissant convertit en un alcool secondaire

$$CH(OH)(C^{6}H^{4}\text{-}CH^{3})^{2},$$

se présentant sous l'aspect de fines aiguilles blanches, fusibles à 69°, insolubles dans l'eau, très solubles dans les dissolvants usuels.

Outre ce corps, il se forme dans l'oxydation du dicrésylméthane de l'*acide toluylbenzoïque*,

$$CO\begin{cases}C^{6}H^{4}\text{-}CO^{2}H\\C^{6}H^{4}\text{-}CH^{3}\end{cases}$$

et de l'*acide benzophénone-dicarboxylique*,

$$CO\begin{cases}C^{6}H^{4}\text{-}CO^{2}H\\C^{6}H^{4}\text{-}CO^{2}H.\end{cases}$$

DÉRIVÉ DICHLORÉ,

$$C^{15}H^{14}Cl^{2} = CH^{2}(C^{6}H^{4}\text{-}CH^{2}Cl)^{2}.$$

— Ce corps ne se forme pas directement par l'action du chlore sur l'hydrocarbure en vapeur; dans ces conditions on n'obtient que des produits noirs. Mais on prépare facilement ce dérivé en mélangeant le chlorure de benzyle (10 p.) avec le méthylal (3 p.), et en ajoutant peu à peu au mélange refroidi 25 p. d'acide sulfurique. Aussitôt qu'il commence à se dégager de l'acide chlorhydrique, on précipite par l'eau et l'on épuise le précipité visqueux par de l'alcool méthylique bouillant. La solution fournit par évaporation, outre une huile brune, un corps solide, qu'on purifie par des cristallisations dans un mélange d'alcool méthylique et de chloroforme.

Le dicrésylméthane dichloré est en belles lamelles blanches, fusibles à 106-108°, très solubles dans le chloroforme, dans l'alcool méthylique et dans l'acétone, distillant presque sans altération.

E. Grimaux.

DICRÉSYLPHÉNYLMÉTHANE,

$$C^{21}H^{20} = CH(C^{7}H^{7})^{2}(C^{6}H^{5}).$$

— Hydrocarbure obtenu par Thoerner et Zincke en chauffant à 300° la β-crésylphénylpinacoline, $(C^{6}H^{5})(C^{7}H^{7})^{2}C(CO\text{-}C^{6}H^{5})$, avec de la chaux sodée; il se forme en outre de l'acide benzoïque. Il est en petits prismes ou en fines aiguilles réunies en mamelons, fusibles à 55-56°, et peu solubles dans l'alcool froid et l'acide acétique [*Jahresb. Chem.*, 1878, p. 636].

DICYANIMIDE, DICYANODIAMIDE, DICYANODIAMIDINE. — Voyez CYANAMIDES, Suppl., p. 583, 576 et 577.

DICYANIQUE (ACIDE) (t. I, p. 1154). — D'après les recherches de E. Schmidt, ce corps n'est autre que l'acide cyanurique [*Journ. prakt. Chem.* (2), t. V, p. 35].

DIDYME. — *État naturel.* — De petites quantités de didyme ont été trouvées dans un nombre considérable de variétés d'apatite, dans le marbre de Carrare et dans le calcaire d'Avellino, dans la schéelite et dans des cendres [Cossa, *Acad. dei Lincei*, 1878]. Ce métal a aussi été rencontré dans la pyromorphite de Cumberland et de Cornwall (Horner). D'après Young [*Sill. A. Journ.* (3), t. IV, p. 356], il paraît probable que le didyme se trouve dans l'atmosphère du soleil.

Classification. — Mendeléjeff a proposé la formule $Di^{2}O^{3}$ pour l'oxyde de didyme, au lieu de DiO, généralement admise. Les recherches de Cleve [*Bihanglin K. Sv. Vet. Ak. Handl.*, II, n° 8, *Bull. Soc. chim.*, t. XXI, p. 246] sur la composition d'un grand nombre de combinaisons de didyme ont confirmé cette formule, dont l'exactitude a été mise hors de doute par la détermination de la chaleur spécifique du métal. Hillebrand et Norton ont trouvé le nombre 0,04563, qui s'accorde parfaitement avec le poids atomique dérivé de la formule $Di^{2}O^{3}$ [*Poggend. Ann.*, t. CLVI, p. 473].

Poids atomique. — Zschiesche a trouvé, en 1869, le nombre 142, et Erke, en 1870, le nombre 143. La pureté du didyme employé pour ces recherches n'a pas été démontrée.

En 1874, Cleve a trouvé le nombre moyen 147,15 (max. 147,2, min. 146,4). La méthode employée a été la transformation en sulfate d'une quantité d'oxyde de didyme parfaitement exempte de lanthane et d'yttria, et préalablement calcinée dans un courant d'hydrogène. Le nombre 144,12 trouvé par Cossa (1879) par le dosage du sulfate barytique, précipité du sulfate anhydre de didyme, est trop bas, parce que le sulfate barytique entraîne toujours des quantités considérables de didyme, comme Marignac l'a démontré il y a longtemps.

Le *didyme métallique* a été obtenu à l'état compact par Hillebrand et Norton par la méthode qui leur a fourni le cérium métallique (voy. Suppl., p. 440). C'est un métal blanc avec une teinte jaunâtre. La lumière réfléchie des surfaces polies du métal ne produit pas de raies d'absorption. Le didyme est beaucoup moins fusible que le cérium et le lanthane. Son poids spécifique est 6,544. Le métal se ternit à l'air, surtout à l'air humide. De petits fragments, jetés dans une flamme, brûlent avec beaucoup d'éclat. Avec les acides, le didyme se comporte comme le cérium.

Protoxyde de didyme. — C'est, à l'état de division fine, une poudre bleuâtre. Obtenu par la calcination de l'hydrate, il forme des fragments durs et compacts ayant la densité 6,852 (Cleve), 6,95 (Nilson et Petterson). La chaleur de neutralisation de l'hydrate de didyme est, d'après Thomson, 25720 cal. gr. pour $H^{2}SO^{4}$ et 23980 cal. gr. pour HCl.

Peroxyde de didyme. — D'après Frerichs et Smith [*Liebig's Ann. Chem.*, t. CXCI, p. 344], l'oxyde puce de didyme contient 6,4 °/₀ d'oxygène de plus que le protoxyde, ce qui correspond à la formule $Di^{4}O^{9}$. Cleve [*Bull. Soc. chim.*, t. XXIX, p. 493], qui a répété l'expérience de ces savants, n'a pu trouver plus de 0,98 °/₀, ce qui s'accorde avec les résultats obtenus par Marignac. L'existence d'un peroxyde contenant un si léger excès d'oxygène sur le protoxyde, et néanmoins si différent par la couleur, ne rend pas improbable que le didyme soit un mélange. Cependant on n'a pas pu trouver jusqu'ici de preuves sûres pour vérifier cette hypothèse. Il est vrai que Delafontaine [*Compt. rend.*, t. LXXXVII, p. 634] a indiqué la présence dans le spectre d'absorption du didyme extrait de la cérite trois raies dans la partie bleue la moins réfrangible qu'il n'a pu reconnaître dans le spectre du didyme extrait de la samarskite. D'un autre côté, F. Lecoq de Boisbaudran [*Compt. rend.*, t. LXXXVIII, p. 322] a retrouvé ces raies dans le spectre de didyme provenant de la samarskite, et Cleve n'a pas pu constater aucune différence appréciable entre les spectres de divers échantillons de didyme extraits de la cérite, de l'orthite et de la gadolinite [*Bull. Soc. chim.*, t. XXXI, p. 197].

Le *chlorure de didyme* donne, avec le cyanure

mercurique, un sel double cristallisant en aiguilles rougeâtres et flexibles, ayant pour formule

$$Di^2Cl^6 + 6Hg(CAz)^2 + 16H^2O$$

[Alén, *Bull. Soc. chim.*, t. XXVII, p. 325].

L'oxychlorure de didyme, $Di^2O^2Cl^2$, est une poudre grise qu'on obtient en chauffant l'oxyde à 200° dans un courant de chlore. L'eau le décompose en hydrate et en chlorure neutre [Frerichs, *Deutsch. chem. Gesellsch.*, 1874, p. 799].

Chloroplatinate de didyme,

$$Di^2Cl^6 + 2PtCl^4 + 21H^2O.$$

— Prismes allongés, orangés, très solubles, qui ne sont pas isomorphes avec le sel de lanthane [Cleve, *Bull. Soc. chim.*, t. XXI, p. 247]. Marignac a calculé la formule

$$4DiCl^2 + 3PtCl^4 + 36H^2O$$

pour un sel isomorphe avec les chloroplatinates de cérium et de lanthane. Comme il a reconnu plus tard l'exactitude de la formule du sel isomorphe du lanthane donnée par Cleve, il est évident que son chloroplatinate de didyme doit avoir la formule $Di^2Cl^6 + 2PtCl^4 + 27H^2O$. Frerichs et Smith admettent la formule

$$Di^2Cl^6 + 3PtCl^4 + 24H^2O,$$

certainement inexacte, par la raison que les chlorures R^2Cl^6, à l'exception du chlorure de glucinium, ne donnent pas de sels doubles d'une telle composition.

Chloroplatinites de didyme. — Il en existe deux, savoir :

$$Di^2Cl^6 + 3PtCl^2 + 18H^2O,$$

prismes allongés, et $Di^2Cl^6 + 2PtCl^2 + 21H^2O$, tables minces, hexagonales, déliquescentes [Nilson, *Bull. Soc. chim.*, t. XXVII, p. 213].

Chlorostannate de didyme,

$$Di^2Cl^6 + 4SnCl^4 + 21H^2O.$$

Grands cristaux rouges et déliquescents [Cleve, *Bull. Soc. chim.*, t. XXXI, p. 196].

Chloraurates de didyme. — Il en existe deux,

$$Di^2Cl^6 + 2AuCl^3 + 20H^2O,$$

et

$$Di^2Cl^6 + 3AuCl^3 + 20(?)H^2O,$$

qui forment de grands cristaux d'une couleur orangée (Cleve). Le dernier sel contient, d'après Frerichs et Smith, $21H^2O$.

Bromure de didyme, $Di^2Br^6 + 12H^2O$. — Grands prismes déliquescents, d'un violet foncé (Cleve). Le bromure s'unit aux sels correspondants doubles de zinc et de nickel, et donne des sels doubles déliquescents

$$Di^2Br^6 + 3ZnBr^2 + 36H^2O$$

et $Di^2Br^6 + 3NiBr^2 + 18H^2O$ (Frerichs et Smith).

Bromaurate de didyme,

$$Di^2Br^6 + 2AuBr^3 + 18H^2O \text{ (Cleve).}$$

— Grands cristaux d'un brun foncé, très solubles.

L'iodure de didyme s'unit à l'iodure de zinc; le sel double $Di^2I^6 + 3ZnI^2 + 24H^2O$ cristallise en petites tables jaunâtres (Frerichs et Smith).

Fluorure de didyme, $Di^2Fl^6 + H^2O$. — Précipité gélatineux, presque insoluble, que l'acide chlorhydrique donne avec des sels de didyme (Cleve). Frerichs et Smith assignent au fluorure la formule inexacte $Di^2Fl^6 + HFl$ [voy. Cleve, *Bull. Soc. chim.*, t. XXIX, p. 492].

Platinocyanure de didyme,

$$Di^2(CAz)^{12}Pt^3 + 18H^2O.$$

— Grands prismes d'un jaune foncé, avec un reflet bleuâtre (Cleve). La forme cristalline, déterminée par Topsoë, est la même que celle des sels de cérium et de lanthane et appartient au système clinorhombique

$$a : b : c = 0,5806 : 1 : 0,5517, \; ac = 72° 30'.$$

Poids spéc. 2,679 [*Bihang. K. Sv. Vet. Akad. Handlingar.*, t. II, n° 5, p. 3].

Ferrocyanure de potassium et de didyme,

$$Di^2K^2(CAz)^{12}Fe^3 + 8H^2O.$$

— Précipité blanc que le ferrocyanure de potassium donne avec des sels de didyme (Cleve).

Sulfocyanate de didyme. — Voy. t. III, p. 100.

OXYSELS DE DIDYME.

Azotate de didyme, $Di^2(AzO^3)^6 + 12H^2O$. — Grands cristaux rouges, déliquescents à l'air humide. Il perd par dessiccation sur l'acide sulfurique $3H^2O$ (Cleve). La forme cristalline appartient, d'après les recherches de Marignac [*Arch. Sc. phys. nat.* (2), t. XLVI, p. 209] et celles de Topsoë [*Bihang. K. Sv. Vet. Akad. Handlingar.*, t. II, n° 5, p. 34], au système triclinique $a : b : c = 1 : 2,4035 : 1,8597$. — Il donne avec l'azotate ammoniacal le sel double

$$Di^2(AzH^4)^4(AzO^3)^{10} + 8H^2O,$$

qui cristallise comme le sel lanthanique isomorphe dans le système clinorhombique [Marignac, *Arch., loc. cit.*, p. 216]. Frerichs et Smith ont obtenu les sels doubles suivants.

$$Di^2(AzO^3)^6 + Zn(AzO^3)^2 + 69H^2O,$$
$$Di^2(AzO^3)^6 + 3Ni(AzO^3)^2 + 36H^2O,$$
$$Di^2(AzO^3)^6 + 3Co(AzO^3)^2 + 48H^2O.$$

Tous ces sels sont déliquescents.

Perchlorate de didyme, $Di^2(ClO^4)^6 + 18H^2O$. — Aiguilles rouges, très déliquescentes (Cleve).

Hypochlorite. — Frerichs et Smith ont obtenu, par l'action du chlore sur l'hydrate de didyme et par l'évaporation de la solution, un produit auquel ils assignent la formule $Di^2(ClO)^6$ [Voy. Cleve, *Bull. Soc. chim.*, t. XXIX, p. 493].

Periodate de didyme, $Di^2(IO^5)^2 + 8H^2O$. — L'acide periodique libre ne précipite pas la solution d'un sel de didyme, mais par l'addition d'une petite quantité d'ammoniaque on obtient un précipité volumineux qui se change bientôt en une poudre cristalline (Cleve).

Iodate de didyme, $Di^2(IO^3)^6 + 4H^2O$. — Poudre volumineuse, presque blanche (Cleve).

Nitrite de didyme. — Par la décomposition double du chlorure de didyme et de l'azotite d'argent, Frerichs et Smith ont obtenu une masse noirâtre et visqueuse.

Platonitrite de didyme,

$$Di^2(Pt4AzO^2)^3 + 18H^2O.$$

— Hexaèdres jaunâtres [Nilson, *Bull. Soc. chim.*, t. XXVII, p. 246].

Platoiodonitrite de didyme,

$$Di^2(PtI^2Az^2O^4)^3 + 24H^2O.$$

— Masse déliquescente jaune verdâtre [Nilson, *Bull. Soc. chim.*, t. XXXI, p. 361].

Sulfate de didyme anhydre. — Densité, 3,735; chaleur spécifique, 0,1187 [Nilson et Pettersson, *Compt. rend.*, t. XCI, p. 234]. Cristallisé avec $8H^2O$: densité, 2,82 (Hoeglund) 2,881 à 2,878; chaleur spécifique, 0,1948 [Nilson et Pettersson, *loc. cit.*]. Le sulfate à $9H^2O$ a été obtenu une fois par Marignac en cristaux hexagonaux [*Ann. Chim. Phys.*, (4), t. XXX, p.59]. Zschiesche et Frerichs et Smith ont aussi analysé des sulfates contenant $9H^2O$. Le sulfate basique que l'ammoniaque précipite d'une solution du sulfate offre, d'après Frerichs et Smith, la composition

$$2Di^2O^3, 3SO^3 + 3H^2O,$$

mais d'après Cleve [*Bull. Soc. chim.*, t. XXIX, p. 493] il contient $5Di^2O^3, 3SO^3$.

Sulfates de didyme et de potassium. — Il en paraît exister au moins quatre :

$Di^2(SO^4)^3 + K^2SO^4 + 2H^2O$ (Marignac);
$Di^2(SO^4)^3 + 3K^2SO^4$ (Cleve);
$Di^2(SO^4)^3 + 4K^2SO^4$(?) (Cleve);
$2Di^2(SO^4)^3 + 9K^2SO^4$(?) (Cleve).

Sulfates de didyme et de thallium. — Zschiesche [*Journ. prakt. Chem.*, t. CVII, p. 100] a obtenu les sels doubles suivants :

$$Di^2(SO^4)^3 + Tl^2SO^4 + H^2O,$$
$$Di^2(SO^4)^3 + Tl^2SO^4 + 2H^2O.$$

Hyposulfate de didyme, $Di^2(S^2O^6)^3 + 27H^2O$. — Grands cristaux rouges et très solubles, qui perdent $20H^2O$ par la dessiccation sur l'acide sulfurique (Cleve). La forme cristalline est hexagonale $a:b:c = \sqrt{3} : 1 : 1,2965$ [Topsoë, *Bihang. K. Sv. Vet. Ak. Handlingar*, t. II, n° 5, p. 20].

Sulfite de didyme, $Di^2(SO^3)^3 + 3H^2O$. — Poudre cristalline presque blanche (Cleve).

Séléniate de didyme, $Di^2(SeO^4)^3$. — Il cristallise avec 5, 8 et 10 (?) mol. H^2O. Le sel à $5H^2O$ cristallise en aiguilles rouges et brillantes par l'évaporation d'une solution au bain-marie (Cleve). Il contient, d'après Frerichs et Smith, $6H^2O$. Le sel à $8H^2O$ se dépose à une température de 60° en grands cristaux, qui sont, d'après Topsoë (*loc. cit.*, 31), isomorphes avec le sulfate correspondant et possèdent la densité 3,233 à 3,255. Le sel à 10 (?) H^2O forme des aiguilles minces, qui se déposent à la température ordinaire (Cleve). Le séléniate donne les sels doubles suivants, tous solubles dans l'eau et étudiés par Cleve :

$$Di^2(SeO^4)^3 + K^2SeO^4 + 9H^2O,$$
$$Di^2(SeO^4)^3 + (AzH^4)^2SeO^4 + 6H^2O,$$
$$Di^2(SeO^4)^3 + Na^2SO^4 + 4H^2O.$$

Sélénites de didyme. — Il en existe trois :

a. $Di^2O^3, 4SeO^2 + 5H^2O$ (Cleve) ou $9H^2O$ (Nilson). Poudre cristalline d'une couleur lilas. Frerichs et Smith ont obtenu, au lieu de ce sel, le sel neutre $Di^2O^3, 3SeO^2 + 6H^2O$. Ce qui rend cette formule douteuse, c'est que le sélénite à $4SeO^2$ se forme avec beaucoup de facilité et que Nilson n'a pas pu obtenir un sélénite neutre de didyme.

b. $2Di^2O^3, 9SeO^2 + 18H^2O$. Poudre cristalline (Nilson).

c. $3Di^2O^3, 8SeO^2 + 28H^2O$. Poudre amorphe (Nilson).

Borate de didyme. — Le borax produit dans une solution d'un sel de didyme un précipité gélatineux ayant, d'après Frerichs et Smith, pour composition $Di^2(Bo^4O^7)^3$. Cleve [*Bull. Soc. chim.*, t. XXIX, p. 498] a trouvé que ce produit, qui contient de l'acide sulfurique et de l'acide carbonique, est formé en majeure partie de

$$Di^2 \begin{matrix} \diagup O^3Bo \\ \diagdown O^3(BoO)^3. \end{matrix}$$

Carbonate de didyme, $Di^2(CO^3)^3 + H^2O$. — Poudre cristalline, qu'on obtient par l'action de l'acide carbonique sur l'hydrate de didyme en suspension dans l'eau (Cleve). Il donne avec les carbonates alcalins des sels doubles, analysés par Cleve, $Di^2(CO^3)^3 + K^2CO^3 + 6(?)H^2O$, aiguilles minces, douées d'un éclat presque métallique.

$Di^2(CO^3)^3 + (AzH^4)^2CO^3 + 3H^2O$, poudre indistinctement cristalline.

$2Di^2(CO^3)^3 + 3Na^2CO^3 + 9H^2O$, poudre cristalline pesante.

$Di^2(CO^3)^3 + 2Na^2CO^3 + 8H^2O$, aiguilles minces et flexibles.

Phosphate de didyme. — D'après Frerichs et Smith, l'orthophosphate disodique produit avec le sulfate de didyme un précipité $Di^2H^3(PO^4)^3$. Cependant cette formule est peu probable, parce que l'acide phosphorique libre précipite, d'après Marignac et Cleve, du sulfate de didyme le sel neutre $Di^2(PO^4)^2 + 2H^2O$.

Pyrophosphate de didyme, $Di^4(P^2O^7)^3 + 6H^2O$. — Précipité amorphe, qu'on obtient avec l'acétate de didyme et le pyrophosphate de sodium (Cleve). Frerichs et Smith assignent à un précipité, obtenu dans une solution acide d'un sel de didyme par le pyrophosphate sodique, la formule

$$Di^2(P^2O^7H^2)^3.$$

Le pyrophosphate le plus acide que Cleve ait pu obtenir avait la composition

$$Di^4(P^2O^7)^3 + Di^2(P^2O^7H)^2 + 9H^2O,$$

d'où l'on peut conclure qu'un pyrophosphate de la formule de Frerichs et Smith n'existe pas, ou que, s'il existe, il ne peut être insoluble [*Bull. Soc. chim.*, t. XXIX, p. 494].

Métaphosphate de didyme, $Di^2(PO^3)^6$. — Poudre rouge (Frerichs et Smith).

Phosphite de didyme, $Di^2(PHO^3)^3$. — Précipité rosé (Frerichs et Smith).

Arséniate de didyme. — L'arséniate disodique donne d'après Frerichs et Smith avec le sulfate de didyme un précipité gélatineux d'un sel acide $Di^2(HAsO^4)^3$. Cette formule ne paraît pas exacte, parce que Marignac a trouvé que le précipité obtenu à l'aide de l'acide arsénique libre possède la composition $5Di^2O^3, 6As^2O^5 + 3H^2O$.

Arsénite de didyme. — Par l'action de l'acide arsénieux sur l'hydrate de didyme en suspension dans l'eau, Frerichs et Smith ont obtenu une poudre grenue et microcristalline, dont ils représentent la composition par la formule

$$Di^2(AsHO^3)^3$$

[Voyez Cleve, *Bull. Soc. chim.*, t. XXIX, p. 495, sur le sel correspondant de lanthane].

Chromate de didyme. — Le chromate neutre de potassium produit dans une solution de sulfate de didyme une poudre jaune cristalline ayant pour formule $Di^2(CrO^4)^3$ (Frerichs et Smith). Par l'addition d'une faible quantité de chromate neutre de potassium à la solution d'azotate de didyme, on obtient le chromate

$$Di^2(CrO^4)^3 + 7H^2O,$$

cristallisant en petits prismes, bien formés et peu solubles. Avec un excès de chromate de potassium, il se forme le sel double

$$Di^2(CrO^4)^3 + K^2CrO^4,$$

poudre dense non cristalline, que l'eau décompose en la transformant en une masse gélatineuse du sel basique $3Di^2O^3, CrO^3, 18H^2O$ [Cleve, *Bull. Soc. chim.*, t. XXIX, p. 496].

Manganate de didyme. — Frerichs et Smith prétendent avoir obtenu le sel $Di^2(MnO^4)^3$ en calcinant du peroxyde de manganèse avec l'azotate de didyme. Ils n'ont apporté aucune preuve pouvant établir que le produit a été un manganate.

Permanganate de didyme. — Frerichs et Smith ont analysé le dépôt, qui s'est formé après plusieurs semaines dans les solutions mélangées de permanganate de potassium et de sulfate de didyme : ils considèrent ce dépôt comme un permanganate, et ils ont proposé la formule $Di^2H^6(MnO^4)^6$; néanmoins il est évident que le produit n'a pas été un permanganate.

Molybdate. — Une solution de molybdate ammoniacal produit dans une solution d'un sel de didyme un précipité gélatineux $Di^2H^6(MoO^4)^6$ (Frerichs et Smith).

Tungstate. — Le tungstate disodique donne avec le sulfate de didyme un précipité ayant pour composition $Di^2(TuO^4)^3$ (Frerichs et Smith). La même composition a été indiquée par Cossa, qui a réussi à obtenir le sel cristallisé en calcinant à une haute température le précipité sec avec du chlorure de sodium. Les cristaux sont octaédriques et possèdent une couleur jaune-rougeâtre. Leur densité est de 6,69, leur dureté 5 et leur chaleur spécifique 0,0831 [*Zeitschr. Krytallogr.*, t. V, p. 602]. Sella a trouvé que leur forme est vraisemblablement une pyramide tétragonale et isomorphe avec celle de la schéelite [*Ibid.*, t. III, p. 631).

SELS DE DIDYME A ACIDES ORGANIQUES

Formiate de didyme, $Di^2(CHO^2)^6$. — Poudre rougeâtre, composée d'aiguilles microscopiques, qu'on obtient en traitant l'hydrate de didyme par l'acide formique ou en précipitant un sel de didyme par le formiate ammoniacal. Il est très peu soluble et exige environ 220 p. d'eau pour se dissoudre (Cleve). D'après Marignac, le sel donne aisément des solutions sursaturées et à cause de cela la détermination exacte de la solubilité est difficile. Il a trouvé une solubilité de 1/160 à 1/128 [*Arch.*, t. III, 1880].

Acétate, $Di^2(C^2H^3O^2)^6 + 8H^2O$. — Grands cristaux rouges, très solubles (Cleve). Les cristaux appartiennent au système triclinique $a : b : c = 1 : 0,8417 : 0,8705$. Le sel est isomorphe avec les acétates d'yttrium et d'erbium. Poids spécifique 1,892 [Topsoë, *Bih. t. K. Sv. Vet. Akad. Handlingar*, t. II, n° 5, p. 36].

Propionate de didyme, $Di^2(C^3H^5O^2)^6 + 6H^2O$. — Prismes rouges, bien formés, inaltérables à l'air [Cleve, *Rech. inéd.*].

Picrate de didyme,

$$Di^2[C^6H^2(AzO^2)^3O]^6 + 18H^2O.$$

— Grands cristaux jaunes, ressemblant au sel de cérium [Cleve, *Rech. inéd*].

Méthylsulfate de didyme,

$$Di^2(CH^3)^6(SO^4)^6 + 18H^2O.$$

— Aiguilles allongées, rouges et fragiles, solubles dans l'alcool [Alén, *Öfers of K. Sv. Vet. Akad. Forhandlingar*, 1880, n° 8, p. 19].

Éthylsulfate de didyme,

$$Di^2(C^2H^5)^6(SO^4)^6 + 18H^2O.$$

— Grands cristaux rouges, solubles dans l'alcool. (Alén). Leur forme cristalline est hexagonale $a : b : c = \sqrt{3} : 1 : 0,5062$ (Topsoë).

Oxalate. — Séché sur l'acide sulfurique, il possède la composition $Di^2(C^2O^4)^3 + 10H^2O$. Il se dissout dans une solution bouillante d'oxalate de potassium. Par le refroidissement, on obtient des croûtes cristallines d'un sel double, $Di^2(C^2O^4)^3 + K^2C^2O^4 + (?)H^2O$ (Cleve).

Tartrate, $Di^2(C^4H^4O^6)^3 + 6H^2O$. — Précipité grenu, obtenu par l'acide tartrique et l'acétate de didyme. Il se dissout dans le tartrate d'ammonium. La solution, dans laquelle les alcalis ne produisent aucun précipité, donne par l'évaporation des fragments transparents, ayant l'apparence de la gomme. P.-T. Cleve.

DIDYME (ANALYSE). — *Séparation du lanthane et du didyme.* — Le meilleur procédé pour obtenir le didyme exempt de lanthane consiste à précipiter partiellement la solution étendue des azotates avec l'ammoniaque dilué. Le didyme se sépare le premier; en répétant ce procédé, on obtient vers la fin le didyme pur. Si le mélange de lanthane et de didyme contient des oxydes d'yttrium, on transforme l'hydrate de didyme en formiate peu soluble, le formiate d'yttrium très soluble reste dans la solution (Cleve). Frerichs et Smith [*Bull. Soc. chim.*, t. XXXI, p. 316], ajoutent de l'acide sulfurique en quantité insuffisante à la solution des azotates mixtes et ensuite de l'alcool, qui précipite le sulfate lanthanique. D'après Frerichs [*Deutsch. chem. Gesellsch.*, 1875, p. 799], l'oxychlorure de didyme se décompose par l'eau en chlorure et en hydrate, tandis que le sel correspondant de lanthane ne subit aucun changement. On peut fonder sur cette réaction une méthode de séparation.

Séparation du didyme et du thorium. — On chauffe les oxalates avec de l'oxalate ammoniacal et l'on ajoute de l'eau : le sel de thorium se dissout, l'oxalate de didyme reste insoluble (Bunsen). On peut aussi précipiter le didyme par le sulfate de sodium, le sulfate double de thorium et de sodium étant soluble (Cleve).

Spectre du didyme. — Le spectre électrique du didyme a été examiné par Thalén, qui l'a trouvé composé de plus de 200 raies [*Kongl. Sv. Vet. Akad. Handlingar*, t. XII, n° 4]. P. T. Cleve.

DYDYMITE. — Variété de musc.

DIÉHIQUE (ACIDE). — Maumené a donné ce nom à un acide de la formule $C^2H^4O^4$ qu'il a obtenu en oxydant le sucre par le permanganate de potassium; il le considère comme probablement identique avec l'acide glyoxylique [*Bull. Soc. chim.*, t. XXX, p. 99].

DIÉTHOXALIQUE (ACIDE). — Drobiasguine [*Bull. Soc. chim.*, t. XVI, p. 217 et 305], en ajoutant par petites portions du trichlorure de phosphore au diéthoxalate d'éthyle, a obtenu un isochlorocaproate d'éthyle très peu stable. Soumise à l'action de l'amalgame de sodium, la solution alcoolique de cet éther a fourni un mélange d'éthers isocaproïque et éthylcrotonique. Les acides régénérés sont séparés par neutralisation fractionnée. L'acide caproïque ainsi obtenu est identique avec l'acide diéthylacétique.

DIÉTHOXYGLYCOLIQUE (ACIDE) [Schreiber, *Bull. Soc. chim.*, t. XIII, p. 519, et *Zeitschr. Chem.*, 1870, p. 167]. — L'éther de ce composé se prépare comme il suit. On verse goutte à goutte 18 p. d'acide dichloracétique dans une solution encore limpide de 10 gr. de sodium dans 90 gr. d'alcool absolu, et l'on fait bouillir le mélange pendant une heure. La liqueur est alors distillée dans un courant d'hydrogène et le résidu, repris par l'eau, est acidulé pour séparer une matière brune. La liqueur filtrée, neutralisée par le carbonate de sodium, est évaporée à sec, et le résidu traité par l'alcool absolu bouillant. Ce dernier, étant décanté, puis distillé, laisse un sel qu'on traite pendant six à huit heures par son poids d'iodure d'éthyle, d'abord à 100°, puis à 130°. Le produit est lavé à l'éther, et la solution éthérée, décolorée par le zinc qui s'empare de l'iode, est distillée au bain d'huile. Par rectification du produit sec, on obtient de l'éthylglycolate, puis du *diéthoxyglycolate d'éthyle*,

$$(C^2H^5O)^2CH\text{-}CO^2C^2H^5,$$

qui bout à 199°,2 (corrigé). C'est un liquide incolore, réfringent, d'odeur de fruits, peu soluble dans l'eau. A 18°, sa densité est de 0,994.

L'*amide* de cet acide, $(C^2H^5O)^2CH\text{-}CO\text{-}AzH^2$, s'obtient par l'action de l'ammoniaque alcoolique sur l'éther. Ce sont de grandes tables incolores rhomboïdales, d'éclat nacré, grasses au toucher, fusibles à 76°,5, sublimables à 100° en aiguilles et même, quoique lentement, à la température ordinaire. Elle est soluble dans l'eau et l'alcool; sa saveur est amère et salée. A 100°, l'eau ne l'altère pas encore. E. Demarçay.

DIÉTHYLACÉTIQUE (ACIDE). — Voyez CAPROÏQUE (ACIDE), Suppl. p. 401.

DIÉTHYLALLYLCARBINOL,

$$C^8H^{16}O = C(C^2H^5)^2(C^3H^5).OH.$$

— Alcool tertiaire non saturé, qui prend naissance dans la réaction du zinc granulé sur un mélange de diéthylacétone (propione) et d'iodure d'allyle,

$$\begin{matrix} C^2H^5 \\ C^2H^5 \end{matrix}\!\!>CO + C^3H^5I + Zn = \begin{matrix} C^2H^5 \\ C^2H^5 \end{matrix}\!\!>C<\!\!\begin{matrix} C^3H^5 \\ OZnI \end{matrix}$$

Il constitue un liquide incolore, assez mobile, doué d'une odeur camphrée caractéristique. Il bout à 156°. Le brome se fixe énergiquement sur lui. Par oxydation, à l'aide d'un mélange chromique, il fournit de la diéthylacétone et les acides acétique et propionique [Schirokoff et A. Saytzeff, *Bull. Soc. chim.*, t. XXXI, p. 67].

DIÉTHYLBENZINE. — Voyez t. II, p. 890.

DIÉTHYLCARBINOL. — C'est un alcool amylique secondaire. Voy. Suppl., p. 133.

DIÉTHYLCARBOBENZONIQUE (ACIDE). — Nom donné par Zagoumenny à un composé de la formule $C^{18}H^{18}O^2$ qui se forme, indépendamment de l'hydrate de stilbène (t. II, p. 1677), par l'action de la potasse alcoolique sur la désoxybenzoïne [Limpricht et Schwanert, *Jahresb. Chem.*, 1870, p. 583; — A. Zagoumenny, *Ibid.*, 1875, p. 608]. Ce corps est volatil sans décomposition et forme des sels et des éthers; il reste dissous dans les eaux mères de l'hydrate stilbénique et en est précipité par l'acide chlorhydrique.

L'acide diéthylcarbobenzonique cristallise en longues aiguilles réunies en faisceaux, ou en prismes courts fusibles à 102-103°, très solubles dans l'alcool bouillant. La potasse fondue le dédouble à 200-210° en acides benzoïque et diéthylbenzoïque.

Le dérivé dinitré $C^{18}H^{16}(AzO^2)^2O^2$ est en lamelles très étroites, solubles dans 26 p. d'alcool, et fusibles à 155-156°.

En remplaçant, dans la préparation ci-dessus, la potasse alcoolique par des dissolutions de potasse dans les alcools propylique, isobutylique et amylique, Zagoumenny a obtenu des corps homologues de l'acide diéthylcarbobenzonique.

Acide dipropylcarbobenzonique, $C^{20}H^{22}O^2$. — Lamelles fusibles à 139° et solubles dans 5 p. d'alcool. Il fournit deux produits nitrés, l'un résineux, l'autre $C^{20}H^{20}(AzO^2)^2O^2$ cristallisé, fusibles à 176° et solubles dans 70 p. d'alcool.

Indépendamment des lamelles, on obtient dans la réaction de l'alcool propylique et de la potasse sur la désoxybenzoïne un corps isomérique plus soluble cristallisant en octaèdres fusibles à 90° et ne donnant pas de corps nitré cristallisable.

L'alcool isopropylique et la potasse n'agissent pas encore à 175° sur la désoxybenzoïne.

Acide diisobutylcarbobenzonique, $C^{22}H^{26}O^2$. — Lamelles rhombiques, solubles dans 20 p. d'alcool bouillant et fusibles à 148°.

Acide diamylcarbobenzonique, $C^{24}H^{30}O^2$. — Longues aiguilles minces, fusibles à 160° et solubles dans 28p,5 d'alcool. A. Henninger.

DIÉTHYLMÉTHYLCARBINOL. — C'est un des alcools hexyliques tertiaires.

DIÉTHYL-β-OXYBUTYRIQUE (ACIDE). — C'est le produit d'hydrogénation de l'éther diéthylacétylacétique. Voy. Suppl., p. 34.

DIÉTHYLSTILBÈNE,

$$C^{18}H^{20} = \begin{matrix} CH\text{-}C^6H^4\text{-}C^2H^5 \\ \| \\ CH\text{-}C^6H^4\text{-}C^2H^5 \end{matrix}$$

— Hepp a obtenu cet hydrocarbure en soumettant à la distillation sèche le *diéthylphénylmonochloréthane* $CH^2Cl\text{-}CH(C^6H^4\text{-}C^2H^5)^2$, que l'on obtient par condensation de la diéthylbenzine et de l'éther dichloré par l'action de l'acide sulfurique. Cet hydrogène carboné est en lamelles incolores, nacrées, fusibles à 134°,5 et volatiles sans décomposition. L'alcool froid le dissout à peine. Oxydé par l'acide nitrique étendu, il fournit d'abord l'acide

$$\begin{matrix} CH\text{-}C^6H^4\text{-}CO^2H \\ \| \\ CH\text{-}C^6H^4\text{-}CO^2H \end{matrix}$$

puis de l'acide téréphtalique [*Deutsch. chem. Gesellsch.*, 1874, p. 1414].

DIETRICHITE (Min.). — Alun de zinc, de fer et de manganèse, d'un jaune brun ou blanchâtre, fibreux, à éclat soyeux. Voisin de l'apjonite.

DIGALLIQUE (ACIDE). — Voyez Gallique (acide) et Tannin.

DIGITALÉINE. — Quand on épuise de la digitale par l'eau, le seul corps qui entre en dissolution est la digitaléine. Cette substance, comme la digitaline cristallisée dont elle possède la plupart des propriétés, n'est pas azotée; elle renferme en centièmes C = 54,7, H = 9,2, O = 36,0 (Nativelle), C = 55,7, H = 7,3, O = 36,9 (Görz, moyenne de trois analyses).

La digitaléine est soluble en toutes proportions dans l'eau. C'est une poudre blanche inodore, d'une amertume âcre. Elle s'extrait des eaux mères d'où s'est déposée la matière poisseuse renfermant la digitaline (voyez ce mot). On additionne ces eaux de phosphate de sodium et on précipite par le tannin. Le tannate de digitaléine, décomposé par l'oxyde de mercure, donne une solution qui, évaporée à sec, reprise par l'alcool et décolorée par le noir animal, fournit, par évaporation, la digitaléine pure.

Görz [*Thèse de médecine de Dorpat*, 1873] a préparé la digitaléine par la méthode de Nativelle et regarde cette substance comme un glucoside possédant toutes les propriétés physiologiques de la digitale.

DIGITALINE, $(C^5H^8O^3)^n$. — Le traitement général qu'on fait subir à la digitale pour en extraire les divers principes actifs est le suivant :

1000 p. de poudre de digitale sont mises en contact pendant douze heures avec leur poids d'une solution d'acétate de plomb à 25 °/°. Ce temps écoulé, on ajoute 80 p. de bicarbonate de sodium en poudre, et, après 12 heures, on épuise le mélange par l'alcool à 50 centièmes, dans un appareil à déplacement, ce qui fournit environ 5000 p. de liquide, qu'on réduit à 1000 p., et qu'on étend, après refroidissement, de trois fois leur poids d'eau. Il se sépare par ce moyen une matière poisseuse, jaunâtre, très amère, renfermant la digitaline cristallisée, la digitaline amorphe et la digitine déjà visible dans la masse sous forme de cristaux. L'eau mère de ce précipité renferme la digitaléine (voir ce mot).

Le précipité emplastique, dont on obtient 50 p., est dissous dans 1000 p. d'alcool à 60 centièmes; par refroidissement, une partie de la digitine cristallise sur les parois du vase. Dans la liqueur on verse une solution chaude d'acétate de plomb à 50 °/°, étendue de son volume d'alcool. On filtre et l'on ajoute au liquide filtré une solution chaude de phosphate sodique à 30 °/°, on refiltre et on réduit le liquide à 100 p. Après cette purification la matière poisseuse amère se précipite plus pure; on la redissout dans l'alcool à 60°, et on laisse cristalliser; la digitine cristallise d'abord, puis, après quelques jours, apparaissent des cristaux radiés jaunâtres de digitaline. On lave ces cristaux à l'alcool faible, puis on les redissout à chaud dans l'alcool à 90° en présence du noir animal. On évapore cet alcool et on reprend par le chloroforme, qui ne dissout que la digitaline. En répétant, au besoin, ce traitement, on obtient la digitaline pure et blanche.

Un moyen plus coûteux, mais plus simple, d'extraction de la digitaline pure consiste à épuiser la matière poisseuse obtenue ci-dessus par du chloroforme qui ne dissout que la digitaline et une huile facile à enlever par l'éther, dissolvant sans action sur la digitaline [Nativelle, *Journ. Pharm. Chim.* (4), t. XX, p. 81].

Tanret extrait la digitaline directement en épuisant les feuilles de digitale par l'alcool faible et en agitant cet extrait avec du chloroforme qui s'empare de la *digitaline*. On transforme ensuite celle-ci en tannate qu'on décompose par l'oxyde de zinc en présence de l'alcool, qui, évaporé après filtration, dépose le principe actif de la digitale à l'état de pureté [*Journ. Pharm. Chim.* (4), t. XXII, p. 303 et 308].

La digitaline cristallisée est en courtes aiguilles groupées autour d'un axe; elle est très amère, soluble dans l'alcool à 90°, moins soluble dans l'alcool absolu; elle ne se dissout pas sensiblement dans l'eau. Le meilleur dissolvant de la digitaline est le chloroforme. La benzine et le sulfure de carbone ne la dissolvent pas.

La digitaline cristallisée se dissout dans l'acide chlorhydrique avec une coloration jaune passant au vert, dans l'acide sulfurique avec une coloration verte devenant rouge groseille au contact de la vapeur de brome. Chauffée sur une lame de platine, elle fond, se boursoufle et disparaît complètement.

Nativelle (*loc. cit.*) a analysé la digitaline cristallisée, et a trouvé les nombres suivants : C = 51,3, H = 6,8, O = 41,8.

Selon Kosmann [*Journ. Pharm.*, t. XX, p. 427] la digitaline cristallisée de Nativelle serait de la digitalirétine provenant de la digitaline soluble ou digitaléine, par perte de deux molécules de glucose. Selon lui encore, la digitaline amorphe serait un produit intermédiaire entre la digitaléine et la digitaline : elle renfermerait une molécule de glucose, qu'elle perd par l'action des acides étendus en fournissant la digitaline cristallisée, à laquelle il donne la formule $C^{15}H^{25}O^{5}$.

Le même auteur [*Bull. Soc. chim.*, t. XXVII, p. 251] signale dans les végétaux les plus divers la présence d'un ferment qu'il obtient en précipitant le *maceratum* aqueux frais des végétaux par l'alcool; le précipité redissous dans l'eau, qui laisse l'albumine végétale insoluble, et reprécipité par l'alcool, donne le ferment pur. La digitale pourpre, cueillie avant la floraison, fournit environ 3 °/₀ de ce ferment, qui décompose le sucre de canne, l'amidon et la digitaline ellemême; celle-ci est transformée en *digitalirétine* et glucose. La digitaline, traitée par l'acide chlorhydrique étendu, laisse également précipiter de la digitalirétine, tandis qu'on trouve du glucose dans la liqueur. Mégevand et Daremberg ont constaté que la digitaline cristallisée agissait sur l'homme en diminuant les combustions organiques. Le pouls baisse notamment, la température de 1° et l'urée excrétée de 30 °/₀ [*Bull. Soc. chim.*, t. XVII, p. 443]. A. Etard.

DIGITALINE AMORPHE. — Elle se trouve dans les premières eaux mères de la digitaline cristallisée. Elle est insoluble dans l'eau, soluble dans l'alcool et partiellement soluble dans le chloroforme [Nativelle, *loc. cit.*].

DIGITINE. — La digitine obtenue dans la préparation de la digitaline se purifie par cristallisation dans l'alcool et lavage au chloroforme, qui ne la dissout pas. C'est un corps neutre non azoté, cristallisant en fines aiguilles blanches nacrées, dépourvues de saveur et d'action physiologique. La digitale renferme environ 4/1000es de cette substance.

La digitine fond sur une lame de platine et disparaît sans laisser de résidu [Nativelle, *loc. cit.*]. Görz a préparé la digitine de Nativelle et a trouvé que ce produit renfermait C = 53,3, H = 9,0, O = 37,7.

DIGUANIDE. — Voyez Guanidine, Suppl.

DIHEPTÈNE. — Voyez Heptylène, Suppl.

DIHEPTYLACÉTIQUE (ACIDE),

$$C^{16}H^{32}O^{2} = CH(C^{7}H^{15})^{2}\text{-}CO^{2}H.$$

— Acide gras monobasique, isomérique avec l'acide palmitique et que l'on obtient en décomposant l'éther diheptylacétylacétique bouillant à 332° (préparé avec iodure d'heptyle normal) par une lessive très concentrée de potasse. C'est une masse paraffineuse, fusible à 26-27° et bouillant à 240-250° sous 80-90 millimètres de mercure, à peine soluble dans l'eau, mais fort soluble dans les autres dissolvants. Sels peu caractéristiques, à l'exception de celui de cuivre. Les sels *alcalins* sont des savons; le sel de *baryum*, $(C^{16}H^{31}O^{2})^{2}Ba$, est un précipité blanc formé d'aiguilles fines et feutrées; le sel de *cuivre*, $(C^{16}H^{31}O^{2})^{2}Cu$, est un précipité amorphe, soluble dans l'alcool et que l'eau, ajoutée avec précaution, précipite à l'état de grains cristallins fusibles à 227°.

Si l'on prend, pour la décomposition de l'éther diheptylacétylacétique, de la potasse moins concentrée, on obtient de préférence l'acétone, $CH^{3}\text{-}CO\text{-}CH(C^{7}H^{15})^{2}$, sous la forme d'un liquide bouillant de 300 à 304°, exhalant, à une douce chaleur, une odeur de menthe, et possédant à 17° une densité de 0,826 [Fr. Jourdan, *Liebig's Ann. Chem.*, t. CC, p. 101]. A. Henninger.

DIHEXYLES [Syn. *Duodécanes*]. — On en a décrit deux, t. II, p. 20. Un carbure isomérique avec ceux-ci a été obtenu, par Schorlemmer, en traitant l'iodure d'hexyle de la mannite (méthylbutylcarbinol) par le zinc ou mieux par le sodium. C'est un liquide incolore, bouillant à 201° (corrigé) et possédant à 17° la densité 0,7738 [C. Schorlemmer, *Ann. Chem. Pharm.*, t. CLXI, p. 263; — Wahl, *Deutsch. chem. Gesellsch.*, 1880, p. 210].

DIISOBUTYLCARBOBENZONIQUE (ACIDE) — Voyez Diéthylcarbobenzonique (acide), p. 645.

DIISOPROPYLALLYLCARBINOL, $C^{10}H^{20}O$. — Il se forme par l'action du zinc granulé sur un mélange d'iodure d'allyle et de diisopropylacétone (isobutyrone). Liquide incolore bouillant à 171°, insoluble dans l'eau. Densité à 0° = 0,8671 et à 24° = 0,8477 (rapportée à l'eau à 0°). Il fixe avec avidité Br^{2} et donne un produit d'addition liquide, qui peu à peu se décompose spontanément.

Oxydé à froid par une solution de permanganate de potassium, il se comporte comme les autres alcools tertiaires contenant le radical allyle : savoir que l'oxydation porte sur le groupe allylique qui, perdant le chaînon CH^{2} terminal, engendre un acide éthylénolactique β-diisopropylé

$$(C^{3}H^{7})^{2}C(OH)\text{-}CH^{2}\text{-}CO^{2}H.$$

Cet acide est sirupeux et forme des sels cristallisant difficilement. Indépendamment de cet acide, il se forme les acides isobutyrique et oxalique [W. Lebedinsky, *Journ. prakt. Chem.*, (2), t. XXIII, p. 22]. A. Henninger.

DIISOPROPYLE. — Voyez t. II, p. 155.

DIMÉSITYLMÉTHANE, $CH^{2}(C^{9}H^{11})^{2}$. — On obtient cet hydrocarbure par l'action de l'acide sulfurique sur un mélange d'acétate de méthylène et de mésitylène en solution dans l'acide acétique cristallisable. Il se dépose de sa solution alcoolique en gros prismes clinorhombiques, se ramollissant avant de fondre, et fondant à 130° [Baeyer, *Deutsch. chem. Gesellsch.*, 1872, p. 1098].

DIMÉTHACRYLIQUE (ACIDE),

$$C^{5}H^{8}O^{2} = (CH^{3})^{2}C = CH\text{-}CO^{2}H.$$

— Cet isomère des acides angélique et α-méthylcrotonique a été obtenu par Neubauer en oxydant l'acide valérique ordinaire (isobutylformique) par le permanganate de potassium [*Ann. Chem. Pharm.*, t. CVI, p. 63]. Sa constitution a été établie par Miller. Ce même acide se produit aussi lorsqu'on transforme en éther éthylique le produit de la réaction du brome sur l'acide valérique et qu'on traite l'éther par l'alcoolate de sodium; il se forme en outre l'éther éthyloxyvalérique [E. Duvillier, *Compt. rend.*, t. LXXXVIII, p. 913].

L'acide diméthacrylique n'est pas le premier produit d'oxydation de l'acide isovalérique; sa formation est précédée par celle d'un acide β-oxyisovalérique, qui perd les éléments d'une molécule d'eau lorsqu'on distille le produit de la réaction, saturé par un grand excès d'acide sulfurique.

M. et A. Saytzeff ont obtenu le même acide β-oxyisovalérique en oxydant le diméthylallylcarbinol (voir ci-dessous), et l'ont transformé en éther diméthacrylique en traitant son éther éthylique par le trichlorure de phosphore [*Liebig's Ann. Chem.*, t. CLXXXV, p. 162]. Tous ces modes de formation conduisent à la formule de constitution que nous avons indiquée.

L'acide diméthacrylique est en cristaux clinorhombiques, fusibles à 69,5-70°; il est volatil sans décomposition. Son sel *barytique* renferme $(C^5H^7O^2)^2Ba + 2H^2O$ [W. von Miller, *Deutsch. chem. Gesellsch.*, 1878, p. 1528, 2216; 1879, p. 1542].

A. Henninger.

DIMÉTHOXALIQUE (ACIDE) [L. Balbiano, *Deutsch. chem. Gesellsch.*, 1878, p. 1693, et Markownikoff, *Bull. Soc. chim.*, t. VII, p. 350]. — Cet acide a été obtenu d'abord par Markownikoff, puis par Balbiano, dans l'action successive du chlore et des alcalis sur l'acide isobutyrique. Il est identique en outre avec l'acide acétonique de Städeler.

DIMÉTHYLALLYLCARBINOL,

$$C^6H^{12}O = C(CH^3)^2(C^3H^5).OH.$$

— Obtenu par l'action de l'iodure d'allyle en présence du zinc sur l'acétone; il bout à 129°,5 et possède une odeur camphrée. Il forme un hydrate avec une molécule d'eau. Le brome le transforme en un dibromure, liquide brunâtre; l'anhydride acétique en un éther acétique bouillant à 137°,5 et possédant une odeur de framboises sèches. Cet éther fixe également Br^2.

L'action du perchlorure de phosphore sur l'alcool fournit le chlorure $C^6H^{11}Cl$, que la potasse alcoolique convertit en un hydrocarbure C^6H^{10} isomérique avec le diallyle et bouillant vers 60°. Le tétrabromure que ce dernier donne ne cristallise pas. L'oxydation fournit, suivant les conditions de l'opération, de l'acide acétique, de l'acétone, de l'anhydride carbonique, ou bien de l'acide formique et de l'acide *oxyvalérianique*. Ce dernier acide diffère de tous les acides de même composition connus jusqu'ici. Il forme un sel d'*argent* difficilement soluble, stable à la lumière et à la chaleur, cristallisant dans le type clinorhombique. Le sel de *cuivre* se présente en lames minces hexagonales; le sel de *baryum* est en aiguilles prismatiques rayonnant autour d'un centre commun; le sel de *calcium* forme une masse gommeuse, renfermant des prismes groupés, qui, à la longue, se transforment, dans l'air sec, en petits prismes très déliés. Ceux-ci sont anhydres; les premiers renferment $12H^2O$. Le sel de *zinc* a une composition variable; il forme des prismes facilement solubles. Celui de *sodium* est sirupeux et très soluble dans l'eau et l'alcool. Il ne cristallise que très à la longue dans l'air sec [A. et M. Saytzeff, *Deutsch. chem. Gesellsch.*, 1876, p. 77 et 1601]. Ch. Friedel.

DIMÉTHYLANTHRACÈNE. — Voyez Suppl., p. 180.

DIMÉTHYLBENZHYDROL. — Le diméthylbenzhydrol, $CH.OH(C^6H^4-CH^3)^2$, se produit par la fixation d'hydrogène sur la diméthylphénylacétone $CO(C^6H^4-CH^3)^2$. Il est en fines aiguilles blanches, fusibles à 69° (Weiler), 61°,5 (Ador et Crafts), solubles dans l'alcool, insolubles dans l'eau [Weiler, *Deutsch. chem. Gesellsch.*, 1874, p. 1184; — Ador et Crafts, *ibid.*, 1878, p. 2175].

DIMÉTHYLBENZINES. — Ce sont les xylènes. — Voyez t. III, p. 732.

DIMÉTHYLBENZOPHÉNONE. — Elle s'obtient lorsque l'on oxyde par le dichromate de potassium et l'acide sulfurique le diméthyldiphényléthane ou le diméthyldiphénylméthane [Weiler, *Deutsch. chem. Gesellsch.*, 1874, p. 1184; — O. Fischer, *ibid.*, 1874, p. 1191]. Le diméthyldiphényléthylène en fournit également par l'oxydation [Hepp, *ibid.*, 1874, p. 1414]. Ador et Crafts l'ont obtenue en saturant le toluène de gaz chloroxycarbonique et en y jetant peu à peu du chlorure d'aluminium. Le produit de la réaction traité par l'eau est rectifié et l'on recueille ce qui passe vers 330°.

Elle se présente en beaux cristaux orthorhombiques fusibles à 95°, restant facilement en surfusion, bouillant à 333°. Par hydrogénation elle donne le diméthylbenzhydrol; par oxydation un acide benzophénone-dicarboxylique. La réduction par le phosphore et l'acide iodhydrique fournit le diméthylphénylméthane.

DIMÉTHYLBENZYLCARBINOL. — Par l'action du zinc-méthyle sur le chlorure de phénylacétyle, Popoff a obtenu le diméthylbenzylcarbinol en longues aiguilles fusibles à 20-22°, bouillant à 220-230° [Popoff, *Bull. Soc. chim.*, t. XXIV, p. 458].

DIMÉTHYLÉTHYLACÉTIQUE (ACIDE). — Voyez Caproïque (acide), Suppl., p. 402.

DIMÉTHYLÉTHYLE-BENZINE,

$$C^{10}H^{14} = C^6H^3[CH^3_{[1]}CH^3_{[3]}C^2H^5_{[5]}].$$

— Cet hydrocarbure se produit par l'action de l'acide sulfurique concentré sur un mélange de méthyléthylacétone $C^2H^5-CO-CH^3$ et d'acétone ordinaire : on mélange 300cc de méthyléthylacétone, 1200cc d'acétone ordinaire et 700cc d'acide sulfurique concentré et l'on distille, au bout de vingt-quatre heures, après y avoir ajouté du sable. Il se forme du mésitylène, de la diméthyléthyl-benzine $C^{10}H^{14}$, de la méthyldiéthylebenzine $C^{11}H^{16} = C^6H^3(CH^3)(C^2H^5)^2$ et de la triéthyle-benzine $C^{12}H^{18} = C^6H^3(C^2H^5)^3$.

La diméthyléthyle-benzine bout de 180 à 182°; sa densité est de 0,8644 à 26°; l'acide azotique la convertit en acide mésitylénique. Avec un mélange d'acide sulfurique ordinaire et d'acide fumant, elle donne un *acide sulfonique*, cristallisé en longues aiguilles incolores, dont le *sel de baryum* $(C^{10}H^{13}SO^3)^2Ba$ est en lamelles nacrées.

Le *dérivé tribromé*, $C^6Br^3(CH^3)^2(C^2H^5)$, est en aiguilles fines, fusibles à 218°, distillant à 360°.

Le dérivé *trinitré*, $C^6(AzO^2)^3(CH^3)^2(C^2H^5)$, est en aiguilles dures, incolores, fusibles à 238°, à peine solubles dans l'alcool froid [Jacobsen, *Deutsch. chem. Gesellsch.*, 1874, p. 1430; *Bull. Soc. chim.*, t. XXIV, p. 73]. E. Grimaux.

DIMÉTHYLÉTHYLCARBINOL. — C'est l'alcool amylique tertiaire. — Voy. Suppl., p. 133.

DIMÉTHYLISOBUTYLCARBINOL. — C'est un alcool heptylique tertiaire.

DIMÉTHYLISOPROPYLCARBINOL. — C'est un alcool hexylique tertiaire.

DIMÉTHYLMALONIQUE (ACIDE). — C'est un des acides pyrotartriques.

DIMÉTHYLNAPHTALINE,

$$C^{12}H^{12} = C^{10}H^6(CH^3)^2.$$

— On l'obtient en faisant passer des vapeurs de diméthylnaphtol (voir ci-dessous) mêlées à de l'hydrogène sur de la poudre de zinc chauffée; il se forme en même temps une petite quantité de naphtaline facile à éliminer par la distillation. La diméthylnaphtaline est un liquide très mobile, bouillant à 262-264°, et dont la composition élémentaire et la densité de vapeur correspondent à la formule $C^{12}H^{12}$. Elle est identique avec l'hydrogène carboné que Mono a obtenu à l'aide de la dibromonaphtaline de Glaser, de l'iodure de méthyle et du sodium.

Le picrate cristallise en aiguilles orangées, fusibles à 139°. Avec un excès de brome, le carbure donne un dérivé tribromé, fusible à 228° [S. Cannizzaro et G. Carnelutti, *Deutsch. chem. Gesellsch.*, 1880, p. 1574].

DIMÉTHYLNAPHTOL, $C^{12}H^{11}.OH$. — Le phénol correspondant à l'hydrocarbure précédent se forme, d'après Cannizzaro et Carnelutti, lorsque les acides santoneux ou isosantoneux sont chauffés au bain de plomb avec de la baryte hydratée; il se dégage dans cette réaction un gaz combustible (méthane), il se forme du carbonate de baryum et le nouveau phénol, d'après l'équation : $C^{15}H^{20}O^3 = C^{12}H^{12}O + 2CH^4 + CO^2$. Le produit est repris par l'eau, la solution filtrée est traitée par le gaz carbonique, et le diméthyl-naphtol, qui se précipite mélangé de carbonate barytique, est extrait par l'alcool. L'eau le précipite ensuite de cette solution en lamelles légères, fusibles à 135°, mais se sublimant déjà à 100°.

Ce phénol s'unit aux bases; dans une lessive très concentrée de soude, la combinaison sodique, très soluble dans l'eau pure, peut cristalliser.

L'éther *méthylique* fond à 68°; l'éther *éthylique* est liquide; le dérivé acétylé, préparé avec l'anhydride acétique et l'acétate de sodium, est en lamelles fusibles à 78°.

La poudre de zinc, au rouge sombre, convertit le diméthylnaphtol en diméthylnaphtaline, comme on l'a indiqué plus haut [*Deutsch. chem. Gesellsch.*, 1879, p. 1574]. A. Henninger.

DIMÉTHYLPROPYLBENZINE,

$$C^6H^3(CH^3)^2C^3H^7.$$

— Jacobsen a obtenu ce composé en distillant 2 vol. de méthylpropylacétone, 4 vol. d'acétone ordinaire et 3 volumes d'acide sulfurique.

La diméthylpropylbenzine bout entre 200° et 210°. Par l'ébullition avec l'acide nitrique étendu d'une densité de 1,1, elle donne de l'acide mésitylénique [Jacobsen, *Deutsch. chem. Gesellsch.*, 1875, p. 1259].

DIMÉTHYLSTILBÈNE. — Le dicrésyltrichloréthane, traité par la poudre de zinc, donne du diméthylstilbène

$$C^{16}H^{16} = \begin{matrix} HC\text{-}C^6H^4\text{-}CH^3 \\ \| \\ HC\text{-}C^6H^4\text{-}CH^3. \end{matrix}$$

Le même hydrocarbure se forme par la distillation du dicrésylmonochloréthane.

Il forme des lames irisées fusibles à 176-177° et sublimables; il distille au delà de 300°. Il est soluble dans l'éther, l'alcool bouillant, le sulfure de carbone. En solution éthérée ou sulfocarbonique, il absorbe le brome; le bromure formé se dépose au bout de quelques heures. Par l'évaporation des eaux mères on obtient des aiguilles qui se distinguent du bromure par une solubilité beaucoup plus grande.

Le bromure, $C^{16}H^{16}Br^2$, est en petites aiguilles d'un blanc brillant, fondant à 207-209° en brunissant, très peu solubles dans l'éther et l'alcool bouillant, plus solubles dans le sulfure de carbone, très solubles dans le xylène bouillant.

Lorsque l'on chauffe ce bromure à 140° avec de la potasse alcoolique, on obtient le *diméthyltolène*

$$\begin{matrix} C\text{-}C^6H^4\text{-}CH^3 \\ ||| \\ C\text{-}C^6H^4\text{-}CH^3 \end{matrix}$$

cristallisant dans l'alcool en longues aiguilles, et dans l'éther en feuillets nacrés, fusibles à 136°.

Oxydé par le dichromate et l'acide sulfurique étendu, le diméthylstilbène donne de l'acide benzoïque, de l'acide carbonique et de l'acide téréphtalique, mais pas d'acide isophtalique. L'oxydation par l'acide nitrique étendu et bouillant donne de l'acide paratoluique. Le diméthylstilbène appartient donc à la série para [G. Goldschmiedt et Hepp, *Deutsch. chem. Gesellsch.*, 1873, p. 1504]. M. Hanriot.

DIMÉTHYLSUCCINIQUE (ACIDE). — Nom donné par Wislicenus à un acide isomérique avec l'acide adipique et qui se forme synthétiquement lorsqu'on fait agir l'argent en poudre sur l'acide α-bromopropionique :

$$\begin{matrix} CO^2H \\ | \\ CHBr\text{-}CH^3 \\ CHBr\text{-}CH^3 \\ | \\ CO^2H \end{matrix} + Ag^2 = 2AgBr + \begin{matrix} CO^2H \\ | \\ CH\text{-}CH^3 \\ | \\ CH\text{-}CH^3 \\ | \\ CO^2H. \end{matrix}$$

La réaction commence à la température ordinaire et est accompagnée d'un dégagement considérable de chaleur; l'argent moléculaire peut être remplacé par du cuivre, mais alors il faut le concours de la chaleur pour la mettre en train; dans tous les cas, on la termine à 150-160°. Pour purifier l'acide, on reprend le produit par l'eau, on neutralise la liqueur filtrée par l'ammoniaque et on le précipite par le sous-acétate de plomb; ce précipité étant lavé et décomposé par l'hydrogène sulfuré, on obtient l'acide sous forme d'une masse sirupeuse qui, à la longue, montre des indices de cristallisation.

Le sel de *plomb*, $C^6H^8O^4.Pb$, est un précipité floconneux; celui de *ferricum*, un précipité visqueux [Wislicenus, *Deutsch. chem. Gesellsch.*, 1869, p. 720]. A. Henninger.

DIMÉTHYLTARTRIQUE (ACIDE),

$$C^6H^{10}O^6 = \begin{matrix} CO^2H \quad CO^2H \\ | \qquad\quad | \\ CH^3\text{-}C.OH\text{-}C.OH\text{-}CH^3 \end{matrix}$$

[Böttinger, *Deutsch. chem. Gesellsch.*, 1876, p. 1065; *Bull. Soc. chim.*, t. XXVIII, p. 81]. — Une solution alcoolique d'acide pyruvique versée sur de la poudre de zinc laisse déposer peu à peu un sel blanc. Après vingt-quatre heures, on filtre l'alcool et on lave le sel à l'eau froide. Il reste mêlé à la poudre de zinc du diméthyltartrate de zinc. Traité, en suspension dans l'eau chaude, par l'hydrogène sulfuré, ce sel fournit l'acide libre qui, par évaporation de la solution, s'obtient sous forme d'un sirop épais, incolore, entièrement soluble dans l'eau.

Cet acide, traité par la potasse, forme deux sels anhydres. L'un, $C^6H^9O^6K$, très peu soluble dans l'eau froide et peu soluble dans l'eau chaude, s'obtient en petites plaques à six pans, dures, transparentes. Le *sel neutre*, $C^6H^8O^6K^2$, est beaucoup plus soluble dans l'eau froide et forme des aiguilles.

Une solution étendue de ce dernier, traitée par le chlorure de baryum, donne des rosettes de magnifiques aiguilles prismatiques qui répondent à la formule $C^6H^8O^6Ba + 3\frac{1}{2}H^2O$.

Le *sel de calcium* est presque insoluble dans l'eau. Le *sel de magnésium* est soluble; celui de *cuivre* l'est peu; celui de *plomb* ne l'est pas.

Le bichlorure de mercure en solution aqueuse précipite la solution du sel de potassium.

L'acide diméthyltartrique se forme dans cette réaction, comme la pinacone dans la réduction de l'acétone. E. Demarçay.

DIMÉTHYLTOLÈNE. — Voyez DIMÉTHYLSTILBÈNE.

DINAPHTOLS. — On a dénommé ainsi les dérivés d'hydroxylés des dinaphtyles :

$$C^{20}H^{14}O^{2} = \begin{array}{l} C^{10}H^{6}.OH \\ C^{10}H^{6}.OH \end{array}$$

On en connait jusqu'ici deux, qui correspondent l'un à l'α-naphtol, l'autre au β-naphtol, et que l'on obtient en oxydant ces phénols par le chlorure ferrique. Pour 2 molécules de naphtol, on emploie 1 molécule de sel ferrique, et l'on fait réagir ces corps en solution aqueuse; au bout de peu de temps, la solution se trouble et laisse déposer les dinaphtols.

α-DINAPHTOL. — Lamelles rhombiques, incolores, d'un éclat argenté, fusibles vers 300°. Insoluble dans l'eau, peu soluble dans le chloroforme et la benzine, très soluble dans l'alcool et surtout l'éther. Les alcalis le dissolvent. Le chlorure ferrique le colore en violet rougeâtre, l'acide nitrique en violet. Avec le chlorure de benzoyle, il fournit le *dibenzoyl-dinaphtol,*

$$C^{20}H^{12}(OC^{7}H^{5}O)^{2},$$

très peu soluble dans les différents véhicules et cristallisant en lamelles rhombiques groupées en mamelons fusibles à 254°.

β-DINAPHTOL. — Prismes quadrilatères, fusibles à 218°. Le chlorure ferrique lui communique une teinte verdâtre qui, par la chaleur, passe au rouge, puis au brun; l'acide azotique le colore en vert foncé. Il fournit deux éthers benzoïques; le dérivé *monobenzoylé*

$$C^{20}H^{12}(OH)(OC^{7}H^{5}O)$$

est en lamelles rhombiques, fusibles à 204°; l'éther *dibenzoïque* cristallise en prismes à quatre pans et fond à 160°.

Distillé avec de l'anhydride phosphorique, le β-dinaphtol engendre l'oxyde de β-dinaphtylène $(C^{10}H^{6})^{2}O$ [Dianine, *Jahresb. Chem.*, 1873, p. 441; 1874, p. 441; 1875, p. 445]. A. Henninger.

DINAPHTYLACÉTONE, $(C^{10}H^{7})^{2}CO$ [Kollarits et V. Merz, *Deutsch. chem. Gesellsch.*, 1873, p. 536; *Bull. Soc. chim.*, t. XX, p. 385]. — On connait deux dinaphtylacétones isomères : l'une provenant de l'acide naphtoïque-α; l'autre de l'acide naphtoïque-β.

α-DINAPHTYLACÉTONE. — Elle se forme par l'action à 200° de l'anhydride phosphorique sur un mélange de naphtaline et d'acide naphtoïque-α; elle bout vers 400°. Elle cristallise dans l'alcool bouillant en aiguilles aciculaires, et par l'évaporation lente de sa solution éthérée-alcoolique en prismes volumineux ou en tables. Elle fond à 235°.

Mélangée avec de la chaux sodée et chauffée à 330°, elle fournit de la naphtaline et un mélange d'acide naphtoïque α et β; cette dinaphtylacétone doit donc être considérée comme l'acétone αβ correspondant aux deux acides naphtoïques, et représentée par la formule

$$\alpha\text{-}C^{10}H^{7}\text{-}CO\text{-}\beta C^{10}H^{7}.$$

En effet, elle se forme par l'action du chlorure de naphtoyle-β sur le mercure-naphtyle-α [Grucarevic et Mertz, *Deutsch. chem. Gesellsch.*, 1873, p. 1246, et *Bull. Soc. chim.*, t. XXI, p. 22].

β-DINAPHTYLACÉTONE. — Elle s'obtient par l'action de l'anhydride phosphorique sur un mélange de naphtaline et d'acide naphtoïque-β. Dans la benzine éthérée, elle cristallise en aiguilles fusibles à 125°,5. Dans d'autres conditions, elle fond à 165°, mais présente alors une isomérie physique.

Elle s'obtient aussi par la distillation sèche du β-naphtoate de calcium, par l'action du chlorure de naphtoyle-β sur la naphtaline en présence de zinc [Hausamann, *Deutsch. chem. Gesellsch.*, 1875, p. 1505; *Bull. Soc. chim.*, t. XXVI, p. 317]. E. Grimaux.

DINAPHTYLACÉTYLÈNE,

$$C^{10}H^{7}\text{-}C \equiv C\text{-}C^{10}H^{7}.$$

— On l'obtient en chauffant le dinaphtyltrichloréthane avec de la poudre de zinc, de l'oxyde de zinc ou de plomb, ou de la chaux sodée. Le produit distillé est rectifié, puis soumis à des cristallisations dans l'éther. Il se présente en aiguilles soyeuses, solubles dans l'alcool et dans l'éther, fondant à 225°, bouillant à 360° avec décomposition partielle [Grabowski, *Deutsch. chem. Gesellsch.*, 1878, p. 301].

DINAPHTYLANTHRYLÈNE, $C^{22}H^{12}$. — Il se produit en même temps que le dinaphtylacétylène, mais peut en être séparé, grâce à son insolubilité dans l'éther. Il se présente en lames violettes renfermant toujours un peu de chlore, fusibles à 270°, se sublimant entre 280 et 300°. Il est soluble dans la benzine et forme une combinaison picrique $C^{22}H^{12}, C^{6}H^{2}(AzO^{2})^{3}OH$, cristallisant en lames jaunes. Grabowski propose, pour ce carbure, la formule

$$\begin{array}{l} C^{10}H^{6}\text{-}C \\ C^{10}H^{6}\text{-}C \end{array}$$

[Grabowski, *Deutsch. chem. Gesellsch.*, 1878, p. 303].

DINAPHTYLÈNE (OXYDE DE). — Ce corps, analogue à l'oxyde de diphénylène (t. II, p. 895) renferme

$$C^{20}H^{12}O = \begin{array}{l} C^{10}H^{6} \\ C^{10}H^{6} \end{array} > O.$$

Il existe sous deux modifications isomériques.

OXYDE D'α-DINAPHTYLÈNE. — On distille 1 p. d'α-naphtol avec 3 p. d'oxyde de plomb dans une cornue de cuivre; il passe d'abord un peu de naphtol non altéré, puis une huile qui se solidifie facilement. On lave celle-ci avec de la soude, on la traite par l'alcool tiède et l'on fait cristalliser dans la benzine la partie insoluble. On obtient ainsi 7 °/₀ d'oxyde de dinaphtylène pur.

Il cristallise en aiguilles jaune-brunâtre, fusibles à 180°, insolubles dans l'eau, à peine solubles dans l'alcool, très solubles dans la benzine, le sulfure de carbone et l'éther. L'acide sulfurique ne le dissout qu'à chaud en se colorant en gris. L'oxyde de dinaphtylène offre de grandes analogies avec l'oxyde de diphénylène, et notamment retient avec énergie son oxygène. Ni la poudre de zinc, ni l'acide iodhydrique, ni le perchlorure de phosphore, ne parviennent à l'enlever. Avec ce dernier réactif, il se forme un dérivé *dichloré*, $C^{20}H^{10}Cl^{2}O$, en aiguilles jaunes, fusibles à 150-151°. Le dérivé *dibromé* correspondant fond à 287° et se produit par l'addition de brome à une solution sulfocarbonique de l'oxyde.

L'oxyde de dinaphtylène s'unit à l'acide picrique; la combinaison assez stable

$$C^{20}H^{12}O + 2C^{6}H^{3}(AzO^{2})^{3}O$$

est en aiguilles fusibles à 167°, d'un rouge foncé.

Pour préparer le dérivé *dinitré* $C^{20}H^{10}(AzO^{2})^{2}O$, il faut ajouter de l'acide nitrique (D = 1,45) à une solution de l'oxyde dans l'acide acétique cristallisable; plusieurs dérivés paraissent se former, mais le principal est en aiguilles jaunes, fusibles à 270°.

Chauffé à 100° pendant quatre heures avec 10 p. d'acide sulfurique, l'oxyde de dinaphtylène se transforme en un acide *tétrasulfonique*, dont le sel de baryum, $C^{20}H^{8}O(SO^{3})^{4}Ba^{2} + 2H^{2}O$, est en aiguilles blanches, assez peu solubles,; la solution de ce sel présente une belle fluorescence bleue [W. Knecht et J. Unzeitig, *Deutsch. chem. Gesellsch.*, 1880, p. 1724].

OXYDE DE β-DINAPHTYLÈNE. — Préparé comme le corps précédent, en employant le β-naphtol.

Il cristallise en prismes jaunes, fusibles à 155°. L'acide sulfurique le dissout à froid en prenant une coloration rose qui à chaud passe au violet, puis au bleu foncé.

Dianine a obtenu un corps de même formule en distillant le β-dinaphtol avec de l'anhydride phosphorique [*Deutsch. chem. Gesellsch.*, 1875, p. 166].

Dérivé dichloré, $C^{20}H^{10}Cl^2O$. — Obtenu par le perchlorure de phosphore; aiguilles jaunes, soyeuses, fusibles à 245°.

Le corps *dibromé* est en aiguilles fusibles à 247°; l'acide sulfurique le colore successivement en vert, bleu, violet et rouge.

Dérivé dinitré. — Aiguilles orangées, fusibles à 221° et colorant l'acide sulfurique en vert foncé.

Acide tétrasulfonique. — Le sel de baryum offre la même composition que le sel isomérique; ses solutions sont pareillement fluorescentes.

Picrate, $C^{20}H^{12}O + 2C^6H^3(AzO^2)^3O$. — Aiguilles d'un rouge de cinabre, fusibles à 135°, et que les dissolvants décomposent plus aisément que le picrate de l'oxyde d'α-dinaphtylène [Knecht et Unzeitig, *loc. cit.*].

Pour les dérivés du radical mixte C^6H^4-$C^{10}H^6$, voyez PHÉNYLÈNE-NAPHTYLÈNE, Suppl.

A. Henninger.

DINAPHTYLMÉTHANE,

$$C^{21}H^{16} = CH^2(C^{10}H^7)^2$$

[Grabowski, *Deutsch. chem. Gesellsch.*, 1874, p. 1605; *Bull. Soc. chim.*, t. XXIV, p. 85]. — Il s'obtient en petite quantité par l'action de l'acide sulfurique concentré sur un mélange de naphtaline et de méthylal dissous dans le chloroforme et refroidi.

Le dinaphtylméthane cristallise dans l'alcool bouillant en prismes courts et incolores; il est soluble dans 15 p. d'alcool à l'ébullition et 120 p. d'alcool froid. Il est très soluble dans l'éther, le chloroforme et la benzine. Il fond à 109° et distille au delà de 360° sans altération.

Il résiste, même à 240°, à l'action oxydante du mélange de dichromate de potassium et d'acide sulfurique. Il se combine avec 2 molécules d'acide picrique en donnant de beaux cristaux fusibles à 142-143°.

Par l'action de l'acide azotique fumant, il fournit un *dérivé tétanitré*, $C^{21}H^{12}(AzO^2)^4$, en petits cristaux rhombiques, incolores, insolubles dans l'alcool bouillant, jaunissant à la lumière, se décomposant sans fondre à 260-270°.

L'addition du brome à la solution éthérée de l'hydrocarbure donne un dérivé $C^{21}H^{14}Br^2$, cristallisant dans un mélange de benzine et d'alcool en courtes aiguilles incolores, fusibles à 193°, très peu solubles dans l'alcool, assez solubles dans la benzine, l'éther et le chloroforme.

E. Grimaux.

DINAPHTHYLTRICHLORÉTHANE,

$$C^{22}H^{15}Cl^3 = CCl^3\text{-}CH(C^{10}H^7)^2.$$

— Grabowski a obtenu ce composé en mettant à profit la réaction de Baeyer (action des hydrocarbures sur les aldéhydes en présence d'acide sulfurique concentré).

On mélange 3 p. de chloral, 6 p. de chloroforme et 8 p. de naphtaline et on y ajoute peu à peu en remuant 6 p. d'acide sulfurique ordinaire, puis autant d'acide fumant.

Quand le mélange est devenu bleu-violet, on l'épuise par l'eau froide, on distille le chloroforme et on le lave à l'eau bouillante. Le produit, dissous à l'ébullition dans la benzine, laisse déposer des cristaux clinorhombiques $a:b = 1{,}8766$. Angle des axes $a\ c = 97°,4$.

C'est le β-dinaphtyltrichloréthane. Il est peu soluble dans l'alcool bouillant et dans l'éther; très soluble dans la benzine, le chloroforme et l'aniline. Il fond à 156°.

Lorsque l'on distille le produit brut après séparation de l'acide sulfurique, on obtient l'α-dinaphtyltrichloréthane, plus soluble dans l'alcool, dont il se dépose en masses gommeuses ou en cristaux mamelonnés.

Le dinaphtyltrichloréthane perd de l'acide chlorhydrique à la distillation ou par l'action de la potasse alcoolique en donnant le dinaphtyldichloréthylène, $CCl^2 = C(C^{10}H^7)^2$. Traité par la poudre de zinc, il fournit du dinaphtyldichloréthylène, de la naphtaline, du dinaphtylacétylène et du dinaphtylanthrylène. L'acide nitrique fumant le transforme en un dérivé tétranitré qui se dépose sous la forme d'une poudre cristalline jaune, fusible à 258°, insoluble dans l'alcool, l'éther, l'acide acétique et la benzine.

α-Dinaphtyldichloréthylène. — Le produit brut de la préparation précédente est distillé, puis dissous dans la benzine bouillante; après dix à quinze heures, la modification β s'est déposée, tandis que le corps α est resté en solution.

L'α-dinaphthyldichloréthylène est peu soluble dans l'alcool froid, assez soluble dans l'alcool bouillant, la benzine et le chloroforme: il fond à 149-150° L'acide nitrique fumant le transforme en un dérivé tétranitré, fusible à 213°.

β-Dinaphtyldichloréthylène. — Peu soluble dans l'alcool, plus soluble dans l'éther et le chloroforme, très soluble dans la benzine; il fond à 219° et distille à 360°. L'acide nitrique fumant le transforme en un dérivé tétranitré, fusible à 292° [Grabowski, *Deutsch. chem. Gesellsch.*, 1873, p. 224, et 1878, p. 299].

M. Hanriot.

DIOCTYLACÉTIQUE (ACIDE) [Syn. *Isostéarique*], $C^{18}H^{36}O^2 = CH(C^8H^{17})^2\text{-}CO^2H$. — En faisant agir l'iodure d'octyle normal sur un mélange d'éther octylacétique et d'éthylate de sodium, on obtient l'éther dioctylacétique sous la forme d'un liquide bouillant de 340 à 342°. Saponifié par une solution aqueuse très concentrée de potasse, il fournit l'acide dioctylacétique (Guthzeit). Conrad et Bischof ont obtenu le même acide en chauffant l'acide dioctylmalonique [*Liebig's Ann. Chem.*, t. CCIV, p. 162].

L'acide dioctylacétique est une masse cristallisée blanche, fusible à 38,5-39°, bouillant à 270-275° sous 100 millimètres de mercure et au-dessus de 300° à la pression ordinaire.

Les sels *alcalins* sont des savons; le sel *barytique* est un précipité cristallin qui se dépose dans l'alcool en aiguilles feutrées; le sel d'*argent*, insoluble dans l'eau, se dissout un peu dans l'alcool et dans l'éther. L'éther *éthylique* est liquide et bout à 275-280° sous 100 millimètres [Guthzeit, *Liebig's Ann. Chem.*, t. CCIV, p. 1].

DIOCTYLACÉTONE, $CH^3\text{-}CO\text{-}CH(C^8H^{17})^2$. — Elle se forme en petite quantité, indépendamment de l'acide dioctylacétique, lorsqu'on décompose l'éther dioctylacétylacétique par une solution modérément concentrée de potasse (Guthzeit).

DIOCTYLE (voyez t. II, p. 594). — Le carbure normal a été obtenu récemment en chauffant à 200° le mercure-dioctyle $Hg(C^8H^{17})^2$. Il bout à 277-279°, fond à 14° et possède à 15° la densité 0,7438 [Ern. Eichler, *Deutsch. chem. Gesellsch.*, 1879, p. 1882].

DIOCTYLMALONIQUE (ACIDE),

$$C^{19}H^{36}O^4 = C(C^8H^{17})^2(CO^2H)^2.$$

— On obtient l'éther de cet acide en faisant agir successivement le sodium et l'iodure d'octyle normal, bouillant à 221°, sur l'éther malonique. Cet éther est un liquide incolore bouillant à 338° et possède à 18° une densité de 0,896 (unité de l'eau à 15°). L'acide libre cristallise bien; il est insoluble dans l'eau, fond à 75° et se dédouble à une plus haute température en gaz carbonique et acide dioctylacétique [Conrad et C.-A. Bischof, *Liebig's Ann. Chem.*, t. CCIV, p. 162].

DIOSPHÉNOL. — Les feuilles rondes de *Diosma betulina* renferment 0,5 °/₀ d'une essence volatile avec la vapeur d'eau. Cette essence cède à la soude 20 °/₀ d'un phénol; la partie insoluble est une huile, bouillant de 205 à 210°, d'une odeur de menthe, inactive sur la lumière polarisée et renfermant $C^{10}H^{18}O$.

La substance phénolique a été dénommée diosphénol par Flückiger. Elle cristallise dans l'alcool éthéré en prismes incolores clinorhombiques, et sa composition répond aux rapports $C^{14}H^{22}O^{3}$. Le diosphénol fond à 81°, commence à se sublimer en longs prismes dès 100° et bout à 233°. Très peu soluble dans l'eau, davantage dans l'éther et très soluble dans l'alcool et les alcalis. Le chlorure ferrique le colore en vert [Flückiger, *Deutsch. chem. Gesellsch.*, 1880, p. 2088].

DIOXALÉTHYLINE, $C^{12}H^{18}Az^{4}$. — Voyez OXAMIDES, Suppl.

DIOXINDOL. — Voyez INDOL.

DIOXYADIPIQUE (ACIDE),

$$C^{6}H^{10}O^{6} = \begin{matrix} CO^{2}H \\ \overset{|}{C}H\text{-}CH^{2}\text{-}CH.OH\text{-}CH^{2}.OH \\ \overset{|}{C}O^{2}H \end{matrix}$$

— Il se forme lorsqu'on chauffe avec de l'hydrate de baryum le dibromure de l'acide allylmalonique, qui fond à 120-121°. C'est un acide bibasique dont on a analysé les sels de baryum et d'argent. Ce dernier, décomposé par l'hydrogène sulfuré et évaporé au bain-marie, donne une masse sirupeuse qui renferme l'acide libre et un anhydride, probablement lactonique [Edv. Hjelt, *Deutsch. chem. Gesellsch.*, 1881, p. 144].

DIOXYCHOLESTÉRIQUE (ACIDE) [Syn. *Dioxycholesténique (acide)*]. — Voyez Suppl., p. 479.

DIOXYCINCHONIDINE, $C^{19}H^{22}Az^{2}O^{3}$. — La cinchonidine étant regardée comme un isomère de la cinchonine, et cette base contenant, d'après les recherches les plus récentes, C^{19}, il convient de modifier d'après cette donnée la formule $C^{20}H^{24}Az^{2}O^{3}$, attribuée à la dioxycinchonidine.

La cinchonidine, traitée par le brome, en présence du sulfure de carbone, donne de fines aiguilles jaunes à peine solubles dans le sulfure de carbone. La solution aqueuse de ce corps, évaporée dans le vide, donne de longues aiguilles incolores $C^{19}H^{20}Br^{2}Az^{2}O.2HBr$ de bromhydrate de dibromocinchonidine, soluble aussi dans l'alcool.

Par une ébullition prolongée avec la potasse alcoolique, ce dérivé se transforme en une oxybase, la dioxycinchonidine, que l'eau précipite en cristaux entrecroisés.

Le *sulfate de dioxycinchonidine*,

$$2(C^{19}H^{22}Az^{2}O^{3})SO^{4}H^{2} + 2H^{2}O,$$

cristallise en lames blanches très réfringentes. L'acide sulfurique étendu donne avec ce sel des croûtes blanches $C^{19}H^{22}Az^{2}O^{3}, SO^{4}H^{2}$ de sel acide.

Le *chloroplatinate*, $C^{19}H^{22}Az^{2}O^{3}\,2HCl, PtCl^{4}$, est un précipité grenu, insoluble dans l'eau [J. Skalweit, *Liebig's Ann. Chem.*, t. CLXXII, p. 102]. A. Étard.

DIOXYFUMARIQUE (ACIDE). — Ce composé, que Tanatar prétendait avoir obtenu en oxydant l'acide fumarique par le permanganate de potassium, renferme en réalité H^{2} de plus et n'est autre que l'acide racémique, d'après les recherches postérieures de Kekulé et Anschütz [S. Tanatar, *Deutsch. chem. Gesellsch.*, 1879, p. 2293; 1880, p. 159; — A. Kekulé et R. Anschütz, *ibid.*, 1880, p. 2150].

DIOXYMALÉIQUE (ACIDE), $C^{4}H^{4}O^{6}$. — Acide que Bourgoin a découvert en chauffant à 150° l'acide dibromomaléique de Kekulé, ou mieux son sel d'argent avec de l'eau; à l'ouverture des tubes, il se dégage abondamment du gaz carbonique, et le liquide, séparé par le filtre du bromure d'argent formé et neutralisé par l'ammoniaque, fournit du dioxymaléate d'argent.

L'acide libre est en cristaux incolores, d'une saveur très acide, solubles dans l'eau et l'alcool, à peine solubles dans l'éther. Les sels alcalins et alcalino-terreux sont solubles dans l'eau; le sel d'argent insoluble renferme $C^{4}H^{2}O^{6}Ag^{2}$ [E. Bourgoin, *Bull. Soc. chim.*, t. XXII, p. 443].

DIOXYMALONIQUE (ACIDE), $C^{3}H^{4}O^{6}$. — On l'obtient en faisant bouillir la solution du dibromomalonate de baryum et en la neutralisant par l'eau de baryte au fur et à mesure qu'elle devient acide. Il se forme un précipité cristallin de dioxymalonate *barytique*, $C^{3}H^{2}O^{6}Ba$, en petites aiguilles incolores, peu solubles dans l'eau bouillante, très solubles dans les acides.

L'acide libre cristallise dans l'éther en belles aiguilles radiées, incolores, fusibles à 96°, solubles dans l'eau, l'alcool et l'éther. Son sel d'*argent* est un précipité floconneux, à peine soluble, explosif [W. Petrieff, *Deutsch. chem. Gesellsch.*, 1874, p. 400; *Bull. Soc. chim.*, t. XXII, p. 293].

DIPHANITE (Nordenskiöld). — Variété de Margarite.

DIPHÉNIQUE (ACIDE). — Voyez PHÉNANTHRÈNE, t. II, p. 794 et Suppl.

DIPHÉNOLÉTHANE, $CH^{3}\text{-}CH(C^{6}H^{4}.OH)^{2}$. — Le phénol se combine à l'aldéhyde en présence de tétrachlorure d'étain. Le produit, lavé à l'eau, distillé dans le vide, est dissous dans la benzine, qui laisse déposer des aiguilles blanches qui renferment $(C^{14}H^{14}O^{2})^{2} + C^{6}H^{6}$. Cristallisé dans l'eau, il est anhydre.

Le diphénoléthane fond à 122° en un liquide incolore qui rougit à 180° et se décompose à 230°.

Il précipite l'acétate de plomb en blanc, le chlorure ferrique en brun. Il réduit le nitrate d'argent ammoniacal. Le chlorure de benzoyle s'y combine en donnant le *dibenzoyldiphénoléthane*, $CH^{3}\text{-}CH(C^{6}H^{4}O.C^{7}H^{5}O)^{2}$, en aiguilles jaunâtres, fusibles à 152°, peu solubles dans l'éther et la benzine, solubles dans l'acétone [Fabinyi, *Deutsch. chem. Gesellsch.*, 1878, p. 283].

DIPHÉNOLÉTHYLÈNE,

$$C^{14}H^{12}O^{2} = CH^{2}=C(C^{6}H^{4}.OH)^{2}.$$

— On fait bouillir une solution alcoolique de diphénoltrichloréthane avec la poudre de zinc; au bout de vingt-quatre heures, on distille l'alcool et l'on précipite par l'eau. Le diphénoléthylène est en petits cristaux très solubles dans l'alcool, l'éther et l'acide acétique bouillant, peu solubles dans le sulfure de carbone. Il fond vers 280° en se décomposant partiellement. Il s'unit à la potasse et donne avec l'anhydride acétique un *diacétate* très peu soluble et fusible à 213° [Edm. ter Meer, *Deutsch. chem. Gesellsch.*, 1874, p. 1202].

DIPHÉNOLS. — Voyez t. II, p. 830. On désigne généralement sous ce nom les dioxydiphényles $C^{12}H^{10}O^{2} = C^{12}H^{8}(OH)^{2}$, dont on connaît quatre modifications isomériques.

1° α-DIPHÉNOL. — Il se produit, en même temps que le suivant, lorsque le phénol ordinaire est fondu à une haute température avec de la potasse en excès; il se dégage abondamment de l'hydrogène, et la masse jaune-brunâtre renferme, indépendamment du phénol non altéré (50 °/₀), les acides oxybenzoïque et salicylique et des matières à point d'ébullition très élevé, parmi lesquels deux diphénols. Les portions qui passent à la distillation de 310 à 330° sous une pression de 150^{mm}, sont dissoutes dans l'eau et précipitées successivement par l'acétate et le sous-acétate de plomb; le dernier précipité, lavé et décomposé par l'hydrogène sulfuré, fournit le mélange de diphénols, que l'on extrait de la solution par l'éther pour le soumettre à de nombreuses cristallisations dans l'eau. L'α-diphénol, quoique le plus soluble, se dépose d'abord, par la raison qu'il domine dans le mélange. Il est en longues aiguilles fines, fusibles à 123°. Très soluble dans l'alcool, le phénol, la benzine, dans l'eau bouillante, il fond avant de se dissoudre. Sa solution aqueuse est colorée en bleu pur par le perchlorure de fer, et la teinte est très stable à froid; à chaud, il se sépare un précipité rouge-brun. Distillé sur la poudre de zinc, le diphénol fournit une très notable proportion de diphényle.

Éther diméthylique. — Liquide bouillant de 310 à 320°.

Acide disulfonique, $C^{12}H^{6}(OH)^{2}(SO^{3}H)^{2}$. — On chauffe le diphénol avec de l'acide sulfurique jusqu'à production de vapeurs. L'acide sulfonique forme une masse cristalline très soluble. Le sel de *sodium*, $C^{12}H^{6}(OH)^{2}(SO^{3}Na)^{2} + 2H^{2}O$, est en fines aiguilles groupées en étoiles; le sel *potassique* forme des aiguilles renfermant 1 molécule d'eau. Ceux de *baryum* et de *plomb* sont presque insolubles dans l'eau.

Fondu avec de la potasse, cet acide donne un corps de la formule $C^{12}H^{10}O^{4}$. Ce tétroxydiphényle cristallise en petites aiguilles fusibles à 84°. Le chlorure ferrique le colore en vert clair [L. Barth, *Ann. Chem. Pharm.*, t. CLVI, p. 93; — L. Barth et J. Schreder, *Deutsch. chem. Gesellsch.*, 1878, p. 1332].

β-DIPHÉNOL. — On vient d'indiquer sa préparation. Il constitue des lamelles étincelantes, fusibles à 190°, moins solubles dans l'eau que la modification α, ne fondant pas sous ce liquide. Le chlorure ferrique le colore en vert clair; la solution se trouble au bout de quelque temps et laisse déposer des flocons verts. Par la distillation avec la poudre de zinc, il fournit du diphényle. Son éther *diméthylique* cristallise en octaèdres microscopiques [L. Barth et J. Schreder, *loc. cit.*].

γ-DIPHÉNOL (syn. de *Diparadiphénol*),

$$\begin{array}{l} C^{6}H^{4}(OH)_{(4)} \\ | \\ C^{6}H^{4}(OH)_{(4)} \end{array}$$

— Il se produit : 1° lorsqu'on traite la benzidine par le gaz azoteux, ou mieux un sel de benzidine en solution dans l'eau par la quantité calculée de nitrite de potassium; lorsque le mélange est fait, on chauffe légèrement [P. Griess, *Journ. prakt. Chem.*, t. CI, p. 92]; 2° lorsque le diphénylparadisulfonate de potassium est fondu avec de la potasse [Engelhardt et Latschinoff, *Deutsch. chem. Gesellsch.*, 1873, p. 194]; 3° par la distillation de l'acide dioxyphénylbenzoïque avec de la chaux [H. Schmidt et G. Schultz, *Deutsch. chem. Gesellsch.*, 1879, p. 490].

Il est en lamelles incolores, brillantes, ou en aiguilles réunies en faisceaux, peu solubles dans l'eau et la benzine, très solubles dans l'alcool et l'éther. Il fond à 272° en brunissant, et bout au-dessus de 360°. Densité de vapeur : 6,50 (calcul, 6,44). L'acide sulfurique le dissout en se colorant à peine, mais il suffit d'ajouter une trace d'acide azotique pour produire une belle teinte bleue. Le chlorure ferrique ne le colore pas à froid; à la chaleur, il se forme un précipité brun. Le chlorure de chaux le colore en violet. Il est probable que ces colorations sont dues à un produit quinonique $C^{12}H^{8}O^{2}$, formé par oxydation, et dont les dérivés chlorés et bromés se trouvent décrits plus loin.

Lorsqu'on distille le γ-diphénol avec la quantité calculée de perchlorure de phosphore, on obtient toute une série de composés, parmi lesquels trois ont été isolés : 1° un phénol chloré fusible à 126°; 2° le diparachlorodiphényle, fusible à 148°, et 3° un pentachlorodiphényle, fusible à 179°.

Diacétyle-γ-diphénol, $C^{12}H^{8}(C^{2}H^{3}O^{2})^{2}$. — Préparé par l'anhydride acétique, il fond à 159-160° [H. Schmidt et G. Schultz, *Deutsch. chem. Gesellsch.*, 1879, p. 490].

Tétrabromo-γ-diphénol, $C^{12}H^{6}Br^{4}O^{2}$. — On ajoute du brome à une solution acétique du diphénol, et l'on chauffe; lorsque la couleur du brome ne disparaît plus, le liquide se trouble et laisse déposer le dérivé tétrabromé en aiguilles feutrées, fusibles à 264°, peu solubles dans les dissolvants usuels. L'éther *diacétique* de ce corps est en aiguilles incolores, fusibles à 245°.

Avec les oxydants, le tétrabromo-γ-diphénol donne des précipités colorés rouges ou bleus, mais qui se dissolvent tous dans l'acide sulfurique avec une teinte violette passant rapidement au brun. Pour obtenir ce produit d'oxydation à l'état de pureté, on ajoute quelques gouttes d'acide azotique rouge à une solution de 3 gr. de tétrabromodiphénol dans 100 gr. d'acide acétique concentré, chauffé à 95°; le liquide se colore immédiatement en rouge foncé et laisse déposer, en se refroidissant, des écailles rouge-brun par transparence, bleu d'acier dans la lumière réfléchie. Ce corps, insoluble dans les dissolvants ordinaires, se dissout en violet dans l'acide sulfurique concentré. Il renferme

$$C^{12}H^{4}Br^{4}O^{2},$$

c'est-à-dire 2 atomes d'hydrogène de moins que le dibromo-γ-diphénol; il constitue un corps quinonique analogue au cédriret. Une solution d'acide sulfureux le décolore à 100° en régénérant le dibromo-γ-diphénol [G. Magatti, *Deutsch. chem. Gesellsch.*, 1880, p. 224].

Tétrachloro-γ-diphénol, $C^{12}H^{6}Cl^{4}O^{2}$. — Il se sépare lorsqu'on dirige un courant de chlore dans une solution acétique de γ-diphénol. Aiguilles incolores, fusibles à 233°. Oxydé par l'acide azotique fumant, comme on vient de le décrire pour le dérivé tétrabromé, il fournit pareillement un dérivé quinonique $C^{12}H^{4}Cl^{4}O^{2}$, cristallisant en écailles dichroïques, rouges par transmission, violettes par réflexion (Magatti).

δ-DIPHÉNOL [Syn. de *Paraorthodiphénol*],

$$\begin{array}{l} C^{6}H^{4}(OH)_{(2)} \\ | \\ C^{6}H^{4}(OH)_{(4)} \end{array}$$

— Lincke a découvert ce corps en fondant l'acide paraphénolsulfonique avec de la potasse, ou mieux de la soude, mais il l'avait considéré comme identique avec le γ-diphénol de Griess [*Journ. prakt. Chem.* (2), t. VIII, p. 43]. L'acide orthophénolsulfurique fournit aussi, dans les mêmes conditions, une certaine quantité de δ-diphénol [J. Herzog, *Wien. Acad. Ber.*, t. LXXXII, 2e part., p. 500]. Schmidt et Schultz ont obtenu le même diphénol en décomposant par l'eau chaude le sulfate de didiazodiphényle dérivé de la diphényline isomérique avec la benzidine. Ce diphénol cristallise dans l'eau en fines aiguilles ou en petits prismes qui semblent être orthorhombiques. Formes : m, $b^{1/2}$, h^{1}, $a^{1/m}$; angles, $mm = 122°35'$; $b^{1/2}b^{1/2} = 154°50'$. Il fond à 156-158° (Lincke), à 161° et bout à 345° (Schmidt et Schultz). Peu soluble dans l'eau froide, très soluble dans l'alcool et l'éther. Il est précipité en blanc par le sous-acétate de plomb. Distillé sur la poudre de zinc, il fournit du diphényle.

L'éther *diacétique* cristallise en lamelles brillantes, fusibles à 94° [Schmidt et Schultz, *loc. cit.*].

A. Henninger.

DIPHÉNOLTRICHLORÉTHANE,

$C^{14}H^{11}Cl^3O^2 = CCl^3\text{-}CH(C^6H^4.OH)^2$.

— Obtenu d'après la méthode de Baeyer en faisant agir un mélange de 3 volumes d'acide sulfurique et 1 volume d'acide acétique concentré sur un mélange de phénol (2 mol.) et de chloral (1 mol.). On le purifie par cristallisation dans la benzine. Petits cristaux fusibles à 202° en se décomposant; très solubles dans l'alcool, l'éther, l'acide acétique et la benzine chaude. L'éther *diacétique* est en petites aiguilles radiées, fusibles à 138°. La poudre de zinc transforme le diphénoltrichloréthane en diphénoléthylène [Edm. Meer, *Deutsch. chem. Gesellsch.*, 1874, p. 1201].

DIPHÉNYLACÉTIQUE (ACIDE),

$C^{14}H^{12}O^2 = CH(C^6H^5)^2\text{-}CO^2H$

[Jena, *Deutsch. chem. Gesellsch.*, 1870; p. 415; *Bull. Soc. chim.*, t. XIV, p. 301; — Zincke et Symons, *Deutsch. chem. Gesellsch.*, 1873, p. 139, 1188; *Bull. Soc. chim.*, t. XXI, p. 132; — Friedel et Balsohn, *Bull. Soc. chim.*, t. XXXIII, p. 589]. — Cet acide se forme quand on chauffe l'acide benzilique (diphénylglycolique) avec de l'acide iodhydrique, ou bien par l'action de l'acide phénylbromacétique et du zinc sur la benzine. La réaction assez vive fournit un sirop gluant incolore (sel de zinc fondu?). On en tire l'acide en le transformant en sel de baryum qu'on purifie par cristallisation dans l'alcool, ou mieux encore on l'extrait de l'éther éthylique pur. Ce composé se produit encore par l'action du cyanure de mercure sur le diphénylméthane monobromé et saponification par la potasse alcoolique du cyanure formé.

L'acide diphénylacétique, peu soluble dans l'eau, même à chaud, s'en dépose en fines aiguilles brillantes. Il se dissout aisément dans l'alcool, l'éther, le chloroforme. Il fond à 145-146°.

Traité par le mélange d'acide chromique et d'acide sulfurique, il donne de la benzophénone.

Sel de baryum, $(C^{14}H^{11}O^2)^2Ba + 2H^2O$. — Aiguilles brillantes groupées, solubles dans l'alcool, l'éther, le chloroforme. Dans l'alcool il forme de gros cristaux brillants, clinorhombiques, très efflorescents, qui répondent à la composition $(C^{14}H^{11}O^2)^2Ba + 2C^2H^6O$.

Le *sel de calcium*, $(C^{14}H^{11}O^2)^2Ca + 2H^2O$, ressemble au précédent, mais il est moins soluble dans l'eau.

Sel de zinc, $(C^{14}H^{11}O^2)^2Zn$. — Aiguilles brillantes, dures, fusibles à chaud dans l'eau.

Sel d'argent, $C^{14}H^{11}O^2Ag$. — Précipité caillebotté blanc, prenant, par dessiccation, l'aspect cristallin.

Ether éthylique, $C^{14}H^{11}O^2.C^2H^5$. — Il cristallise dans l'alcool en prismes incolores, transparents, rectangulaires. Ce corps se forme aisément quand on sature de gaz chlorhydrique la solution alcoolique du sel de baryum même impur et gommeux. É. Demarçay.

DIPHÉNYLACÉTIQUE (ALDÉHYDE),

$C^{14}H^{12}O = CH(C^6H^5)^2\text{-}CHO$

[Zincke, *Deutsch. chem. Gesellsch.*, 1876, p. 1772, et 1878, p. 73]. — Les deux hydrobenzoïnes isomériques perdent aisément leur eau en donnant une huile qui se volatilise avec la vapeur d'eau et un corps solide fixe. Les deux huiles qui seraient identiques (?) possèdent la composition et les propriétés de l'aldéhyde diphénylacétique. L'oxydation les transforme en benzophénone. Avec le bisulfite de sodium elles forment des combinaisons bien cristallisées. La potasse alcoolique leur fait éprouver une décomposition des plus complexes. Entre autres produits de la réaction, il faut mentionner de petites quantités d'acide diphénylacétique.

DIPHÉNYLBENZINE, $C^6H^4(C^6H^5)^2$. — La diphénylbenzine a été obtenue par Riese par l'action du sodium sur la benzine bibromée, ou mieux sur un mélange de benzine monobromée et de benzine dibromée [Riese, *Zeitschr. Chem.*, t. VI, p. 192 et 735; *Bull. Soc. chim.*, t. XIV, p. 292; t. XV, p. 115].

Elle se produit aussi lorsque l'on dirige de la vapeur de benzine à travers un tube chauffé au rouge. Il se produit surtout la modification para et une petite quantité de méta [Schultz, *Deutsch. chem. Gesellsch.*, 1873, p. 415].

Dans l'action de la potasse sur le phénol, il se produit aussi une petite quantité de paradiphénylbenzine [Barth et Schreder, *Deutsch. chem. Gesellsch.*, 1878, p. 1332].

La *paradiphénylbenzine* cristallise en lames aplaties, groupées en faisceaux. Elle est insoluble dans l'eau et l'alcool, peu soluble dans l'alcool bouillant et dans l'éther, soluble dans le sulfure de carbone, la ligroïne et la benzine. Elle fond à 205° et se sublime vers 400°. Elle ne se combine pas avec l'acide picrique.

L'acide nitrique fumant la transforme en trinitrodiphénylbenzine $C^{18}H^{11}(AzO^2)^3$, qui cristallise dans l'acide acétique en longues aiguilles blanches fusibles à 190°.

En solution acétique, l'acide nitrique donne de la dinitrodiphénylbenzine, $C^{18}H^{12}(AzO^2)^2$, en aiguilles jaunes fusibles à 264°, peu solubles dans l'acide acétique [Schmidt et Schultz, *Deutsch. chem. Gesellsch.*, 1878, p. 1755].

L'acide chromique cristallisé transforme la diphénylbenzine en solution acétique, en acide diphénylcarbonique $C^6H^5\text{-}C^6H^4\text{-}CO^2H$.

Une oxydation plus avancée convertit celui-ci en acide téréphtalique [Schultz, *loc. cit.*].

La *métadiphénylbenzine*, encore peu étudiée, donne, par l'acide chromique, de l'acide benzoïque et un acide métadiphénylcarbonique fusible à 160° [Schmidt et Schultz, *loc. cit.*]. M. Hanriot.

DIPHÉNYLCARBINOL [Syn. de *Benzhydrol*], Suppl., p. 268.

DIPHÉNYLCARBONIQUE (ACIDE),

$C^{13}H^{10}O^2 = C^6H^5\text{-}C^6H^4\text{-}CO^2H$

[Schultz, *Deutsch. chem. Gesellsch.*, 1873, p. 415; *Bull. Soc. chim.*, t. XX, p. 295]. — Cet acide, isomère de l'acide phénylbenzoïque décrit par Fittig et Ostermeyer (t. II, p. 795), se produit par l'action de l'acide chromique sur la diphénylbenzine dissoute dans l'acide acétique. Il cristallise en aiguilles groupées en faisceaux, fusibles à 216-217°, peu solubles dans l'eau, solubles dans l'alcool et dans l'éther.

Les sels sont peu solubles dans l'eau; celui d'ammonium cristallise en lamelles. Chauffé avec de la chaux, cet acide se dédouble en diphényle et acide carbonique. Suroxydé par l'acide chromique, il donne de l'acide téréphtalique.

DIPHÉNYLDICARBONIQUES (ACIDES). — Parmi les nombreux acides théoriquement possibles, on a préparé l'acide *diphénique*

$[C^6H^4\text{-}CO^2H_{(2)}]^2$

(voyez t. II, p. 794 et Suppl.), l'acide *isodiphénique* (voyez Suppl., Fluoranthène) et l'acide *diphénylparadicarbonique* $[C^6H^4\text{-}CO^2H_{(4)}]^2$.

DIPHÉNYLDIÉTHYLÉTHYLÈNE,

$C^{18}H^{20} = (CH\text{-}C^6H^4\text{-}C^2H^5)^2$.

— La dichloraldéhyde réagit sur l'éthylbenzine en présence d'acide sulfurique en donnant le diphényldiéthyléthylène en lamelles nacrées incolores, peu solubles dans l'éther et le sulfure de carbone, solubles dans l'alcool bouillant. Il fond à 134° et bout sans décomposition. L'acide nitrique le transforme en acide téréphtalique [Hepp, *Deutsch. chem. Gesellsch.*, 1874, p. 1414].

DIPHÉNYLDIMÉTHYLÉTHANE,

$$C^{16}H^{18} = C^2H^2(C^6H^5)^2(CH^3)^2.$$

— Le diphényldiméthyléthane, isomère avec le dibenzyléthane (voir ce mot, Suppl., p. 639), a été obtenu par l'action du sodium sur le phénylchloréthyle. Il cristallise dans l'éther en aiguilles incolores, fusibles à 124° et sublimables [Engler et Bethge, *Deutsch. chem. Gesellsch.*, 1874, p. 1125].

DIPHÉNYL-DIPHÉNYL-ACÉTONE. — Voyez DIPHÉNYL-DIPHÉNYL-MÉTHANE.

DIPHÉNYL-DIPHÉNYL-MÉTHANE,

$$C^{25}H^{20} = CH^2(C^6H^4\text{-}C^6H^5)^2$$

[Weiler, *Deutsch. chem. Gesellsch.*, 1874, p. 1181; *Bull. Soc. chim.*, t. XXIII, p. 360]. — On dissout 15 gr. de diphényle $C^{12}H^{10}$ dans 250 gr. d'acide acétique cristallisable, on ajoute 5 gr. de méthylal et une petite quantité d'un mélange à volumes égaux d'acide acétique et d'acide sulfurique. Après vingt-quatre heures, on ajoute par petites portions, dans l'espace d'un jour, un mélange de 100 gr. d'acide acétique et de 100 gr. d'acide sulfurique, on abandonne de nouveau pendant douze heures, puis on ajoute encore 200 gr. d'acide sulfurique. Alors on précipite par l'eau et on distille. L'hydrocarbure, qui passe vers 300°, est purifié par cristallisation dans la benzine.

Il est en cristaux incolores, fusibles à 162°, très peu solubles dans l'alcool, un peu plus soluble dans l'acide acétique, soluble dans la benzine, le chloroforme et l'acétone. L'acide sulfurique fumant le dissout en le colorant en bleu violet.

Par oxydation, il donne la diphényl-diphényl-acétone $C^{25}H^{18}O = CO(C^6H^4\text{-}C^6H^5)^2$, fusible à 226°, fournissant, par hydrogénation, un alcool secondaire en belles aiguilles blanches, fusibles à 151°.

E. Grimaux.

DIPHÉNYLE, $C^{12}H^{10} = C^6H^5\text{-}C^6H^5$. — Voyez t. II, p. 883.

Modes de formation. — Un grand nombre de réactions donnent naissance au diphényle :

1° Les unes, qui ne sont que des modifications du procédé de Berthelot, consistent à faire passer la benzine, mélangée de chlorures d'étain, d'antimoine, etc., dans un tube chauffé au rouge (Aronheim, W. Smith). La benzine donnant aussi du diphényle sans la présence de chlorures et les auteurs n'indiquant pas le rendement, le concours de ces chlorures ne paraît pas indispensable.

Schultz décrit le mode de préparation suivant : On fait tomber directement la benzine dans un tube de fer chauffé au rouge en réglant le courant à 3 gouttes par seconde; le diphényle se dépose dans un récipient suivi d'un réfrigérant où se condense la benzine non attaquée. Le rendement est de 50 à 60 % [Schultz, *Deutsch. chem. Gesellsch.*, 1876, p. 547].

2° Un mélange de chlorure d'arsenic et de benzine maintenu à l'ébullition donne du diphényle (Lacoste et Michaelis).

3° Le potassium réagit sur la benzine au contact de l'air en fournissant du diphényle [Abeljanz, *Deutsch. chem. Gesellsch.*, 1872, p. 1027].

4° Il se forme par la décomposition du toluène au rouge [Lorenz, *Deutsch. chem. Gesellsch.*, 1874, p. 1096].

5° Par la distillation du mercure-diphényle [Dreher et Otto, *Deutsch. chem. Gesellsch.*, 1869, p. 545].

6° Par l'action du potassium sur le phénol (Christomanos).

7° Par l'électrolyse du phénol, lorsque le pôle négatif est formé par une lame de zinc [Christomanos, *Deutsch. chem. Gesellsch.*, 1876, p. 83].

8° La poudre de zinc réagit sur les diphénols α et β en donnant du diphényle (p. 651) [Barth et Schreder, *Deutsch. chem. Gesellsch.*, 1878, p. 1334].

9° Le diphényle prend naissance par l'action du soufre sur le benzoate de baryum [Radziszewski et Sokolowski, *Deutsch. chem. Gesellsch.*, 1874, p. 144].

10° Par l'action de la chaux sodée sur le diphénate de calcium [Anschütz et Schultz, *Deutsch. chem. Gesellsch.*, 1877, p. 313].

11° La chaux sodée réagit au rouge sur la phénanthrène-quinone en donnant du diphényle. Si la chaux sodée ne renferme pas d'eau, il ne s'en forme pas [Graebe, *Deutsch. chem. Gesellsch.*, 1873, p. 64; — Anschütz et Schultz, *ibid.*, 1876, p. 1400].

12° Enfin on a signalé la présence du diphényle dans les goudrons de houille [Buchner, *Deutsch. chem. Gesellsch.*, 1875, p. 22].

En solution acéto-sulfurique, le méthylal agit énergiquement sur le diphényle et donne un carbure d'hydrogène que Weiler a décrit sous le nom de diphényldiphénylméthane (voyez ce mot, plus haut).

DÉRIVÉS CHLORÉS. — Le diphényle résiste à l'action du chlore. Ce corps réagit au contraire sur lui en présence du chlorure antimonique. On obtient ainsi :

L'*orthochlorodiphényle*, $C^6H^5\text{-}C^6H^4Cl$, en doubles pyramides clinorhombiques, fusibles à 34° et bouillant à 267°. Il reste facilement en surfusion. Il est très soluble dans la benzine et le pétrole. La potasse en dissolution dans l'alcool amylique ne l'attaque pas à l'ébullition.

L'acide sulfurique fumant le dissout en donnant des dérivés mono- et disulfoniques.

L'acide chromique le transforme en acide chlorobenzoïque fusible à 136°.

Le *parachlorodiphényle*, fusible à 75°,5, bout à 282°. Il cristallise dans le pétrole en tables rhombiques. Il est identique avec le composé qui se produit par l'action de PCl^5 sur l'oxydiphényle (Schultz). L'acide chromique le transforme en acide parachlorobenzoïque [Kramers, *Ann. Chem. Pharm.*, t. CLXXXIX, p. 142].

Le *métachlorodiphényle* prend naissance par l'action au rouge du phénate de potassium sur le métachlorobenzoate de potassium (Pfankuch).

Le *paradichlorodiphényle* prend naissance en même temps que les deux premiers dérivés chlorés. Il fond à 148° et bout à 315° (Kramers).

DÉRIVÉS BROMÉS. — Le brome réagit sur une solution de diphényle dans le sulfure de carbone en donnant un dérivé monobromé fusible à 89° et bouillant à 310°. Les oxydants le convertissent en acide parabromobenzoïque [Schultz, *Deutsch. chem. Gesellsch.*, 1872, p. 682].

DÉRIVÉS NITRÉS. — *Orthonitrodiphényle.* — On dissout 15 p. de diphényle dans 60 p. d'acide acétique cristallisable et l'on ajoute à la solution, maintenue à 60°, 48 p. d'acide nitrique fumant et 48 p. d'acide acétique à la même température. Il se dépose du paranitrodiphényle, tandis que le composé ortho reste en solution.

Il se dépose de sa solution alcoolique en belles tables incolores, fusibles à 37°.

Paranitrodiphényle. — Il se produit dans la préparation précédente et paraît se former seul lorsque l'on fait réagir l'acide nitrique fumant sur le diphényle. Il se forme également en décomposant par l'alcool le dérivé diazoïque de l'amidodinitrodiphényle. Il est insoluble dans l'eau, peu soluble dans l'alcool froid, soluble dans l'alcool bouillant, l'éther et le chloroforme, d'où il se dépose en aiguilles fusibles à 113°, bouillant à 140°.

Par l'oxydation, il donne de l'acide paranitrobenzoïque [Schultz, *Deutsch. chem. Gesellsch.*, 1874, p. 52; — Osten, *ibid.*, 1874, p. 170].

Le *dinitrodiphényle*, fusible à 213° (Fittig), 233° (Schultz), est le diparadinitrodiphényle puisqu'il donne par réduction de la benzidine.

L'*isodinitrodiphényle*, fusible à 93° (Fittig), 97° (Schultz), et qui, par réduction, donne de la diphényline, est le paranitroorthonitrodiphényle

$$\begin{array}{l} C^6H^4\text{-}AzO^2_{(2)} \\ {}_{(1)}\ \vert \\ C^6H^2\text{-}AzO^2_{(4)} \end{array}$$

On sait en effet (voyez DIPHÉNYLINE, p. 656) qu'un des groupes AzO^2 est dans la position para, et on peut l'obtenir en traitant l'orthonitrodiphényle fusible à 37° par l'acide nitrique fumant [Schultz et Strasser, *Deutsch. chem. Gesellsch.*, 1881, p. 612].

Le *parabromonitrodiphényle* s'obtient par l'action de l'acide nitrique fumant sur le dibromodiphényle. Il est insoluble dans l'eau, très peu soluble dans l'alcool bouillant. Le toluène l'abandonne par refroidissement en aiguilles incolores, fusibles à 173°, distillant à 360°. L'acide chromique le transforme en acide parabromobenzoïque.

Il se forme en même temps un isomère du diphényle parabromonitré, fusible à 65°.

DÉRIVÉS AZOÏQUES. — Lorsque l'on fait bouillir quelque temps le paramononitrodiphényle avec la potasse alcoolique, le tout se prend en une masse cristalline rouge qui, lavée à l'alcool, abandonne, par cristallisation dans l'acide acétique, l'*azoxydiphényle*, en houppes brillantes, fondant à 205°. Ce corps a pour formule

$$C^{24}H^{18}Az^2O = O < \begin{array}{l} Az\text{-}C^6H^4\text{-}C^6H^5 \\ \vert \\ Az\text{-}C^6H^4\text{-}C^6H^5 \end{array}$$

[Zimmermann, *Deutsch. chem. Gesellsch.*, 1880, p. 1961].

Le *paradinitrazoxydiphényle*,

$$C^{24}H^{16}Az^4O^5 = O < \begin{array}{l} Az\text{-}C^6H^4\text{-}C^6H^4.AzO^2 \\ \vert \\ Az\text{-}C^6H^4\text{-}C^6H^4.AzO^2 \end{array}$$

s'obtient en ajoutant de l'amalgame de sodium à 5 °/₀ à du paradinitrodiphényle en suspension dans de l'alcool absolu. Il se précipite une poudre rouge que l'on fait cristalliser dans l'aniline. Il est fusible à 255°. Chauffé plus haut, il se charbonne en dégageant des vapeurs jaunes. L'acide sulfurique le dissout avec une coloration rouge. Le sulfhydrate d'ammonium le transforme en benzidine.

L'*isodinitrodiphényle*, traité de même, donne une poudre jaune insoluble dans l'alcool, soluble la benzine et le chloroforme, fusible à 187°, dans et qui paraît être l'*isodinitrazodiphényle*

$$\begin{array}{l} Az\text{-}C^6H^4\text{-}C^6H^4\text{-}AzO^2 \\ \Vert \\ Az\text{-}C^6H^4\text{-}C^6H^4\text{-}AzO^2 \end{array}$$

[Wald, *Deutsch. chem. Gesellsch.*, 1877, p. 137].

L'*hydrazodiphényle*,

$$\begin{array}{l} HAz\text{-}C^6H^4\text{-}C^6H^5 \\ \ \ \vert \\ HAz\text{-}C^6H^4\text{-}C^6H^5 \end{array}$$

s'obtient quand on fait réagir à 100° le sulfhydrate d'ammonium sur l'azoxydiphényle. Il est en cristaux brillants, fusibles à 247°, insolubles dans l'eau, difficilement solubles dans l'alcool et l'acide acétique, plus solubles dans l'éther.

L'acide chlorhydrique à 280° le transforme en diphénylbenzidine

$$\begin{array}{l} C^6H^5\text{-}C^6H^3\text{-}AzH^2 \\ \qquad \vert \\ C^6H^5\text{-}C^6H^3\text{-}AzH^2 \end{array}$$

L'*azodiphényle*,

$$\begin{array}{l} Az\text{-}C^6H^4\text{-}C^6H^5 \\ \Vert \\ Az\text{-}C^6H^4\text{-}C^6H^5, \end{array}$$

s'obtient par l'action de l'amalgame de sodium sur le mononitrodiphényle ou par l'action du chlorure ferrique sur l'hydrazodiphényle. Il se présente sous forme de feuillets orangés insolubles dans l'eau, l'alcool et l'acide acétique, très solubles dans l'éther. Il fond à 149-150° [Zimmermann, *loc. cit.*].

DÉRIVÉS AMIDÉS. — PARAMIDODIPHÉNYLE,

$$C^{12}H^{11}Az = C^6H^5\text{-}C^6H^4\text{-}AzH^2.$$

— Ce corps se produit lorsque l'on réduit le paranitrodiphényle fusible à 37° par l'étain et l'acide acétique. Si l'on avait employé l'étain et l'acide chlorhydrique, on obtient une base chlorée, l'*amidochlorodiphényle*, $C^{12}H^8ClAzH^2 + H^2O$, déjà volatile à 100°, cristallisant dans l'alcool et dans l'éther, fusible à 48°.

Ses sels, très solubles dans l'eau, cristallisent facilement [Luddens, *Deutsch. chem. Gesellsch.*, 1875, p. 870].

Le paramidodiphényle est identique avec la xénylamine que Hofmann a retirée des queues d'aniline [*Compt. rend.*, t. LV, p. 901]. Il cristallise en lamelles incolores et brillantes, fusibles à 49-50°, peu solubles dans l'eau froide, solubles dans l'alcool et l'eau bouillante.

Le *chlorhydrate*, $C^{12}H^{11}Az.HCl$, est en lamelles incolores, solubles dans l'eau. L'*azotate*, en feuillets nacrés, assez solubles dans l'eau froide. L'*oxalate*, en longues aiguilles blanches, solubles dans l'eau et l'alcool.

Chloroplatinate, $(C^{12}H^{11}AzHCl)^2PtCl^4 + H^2O$. — Lamelles jaunes, brillantes, solubles dans l'alcool bouillant, peu solubles dans l'alcool froid.

L'éther formique réagit à 100° sur l'amidodiphényle en donnant le formylamidodiphényle $C^6H^5\text{-}C^6H^4\text{-}AzH\text{-}CHO$, fusibles à 172° (Zimmermann).

Acétamidodiphényle, $C^6H^5\text{-}C^6H^4\text{-}AzH\text{-}C^2H^3O$. — On l'obtient par l'ébullition prolongée de l'amidodiphényle avec l'acide acétique. Il est en longues aiguilles incolores et brillantes, fusibles à 167°, solubles dans l'alcool froid [Osten, *Deutsch. chem. Gesellsch.*, 1874, p. 170].

Benzamidodiphényle. — Avec le chlorure de benzoyle, la base donne un dérivé benzoïque fusible à 226°, peu soluble dans l'alcool et l'acide acétique.

Traité par l'acide nitrique, le benzamidodiphényle donne un dérivé mononitré,

$$C^{12}H^8(AzO^2)AzH, C^7H^5O,$$

en belles aiguilles jaunes, fusibles à 142-143°, très peu solubles dans l'alcool, et un dérivé dinitré, $C^{12}H^7(AzO^2)^2AzH, C^7H^5O$, en aiguilles jaunes, fusibles à 206°.

La réduction du dérivé mononitré par l'étain et l'acide acétique fournit le composé

$$C^{12}H^8 < \begin{array}{c} AzH \\ Az \end{array} \gg C\text{-}C^6H^5$$

en lamelles minces, groupées concentriquement, fusibles à 197-198° [Luddens, *loc. cit.*].

Di-diphénylsulfocarbamide,

$$CS(AzH.C^6H^4\text{-}C^6H^5)^2.$$

— On obtient ce corps en chauffant au réfrigérant ascendant une solution alcoolique d'amidodiphényle avec du sulfure de carbone et de la soude. On le purifie par cristallisation dans l'alcool. Ce sont de petites lamelles incolores, fusibles à 228°.

La *sulfocarbimide diphénylique*,

$$S = C = Az\text{-}C^6H^4.C^6H^5,$$

s'obtient en distillant le corps précédent avec de l'anhydride phosphorique. Purifiée par cristallisation dans l'éther, elle fond à 58°.

L'éther chloroxycarbonique se combine avec l'amidodiphényle en solution éthérée et fournit la *diphényluréthane*

$$CO < \begin{array}{l} AzH\text{-}C^6H^4\text{-}C^6H^5 \\ OC^2H^5 \end{array}$$

en petites aiguilles fusibles à 110°.

Distillée sur de la chaux vive, celle-ci fournit le *cyanate de diphényle*. Chauffé au bain-marie avec de l'amidodiphényle, l'acide monochloracétique s'y combine en donnant le *diphénylglycocolle* $CO^2H\text{-}CH^2AzH\text{-}C^6H^4\text{-}C^6H^5$, en lamelles incolores, très solubles dans l'alcool et dans l'éther.

L'éther éthylique de ce dernier,

$$CO^2C^2H^5\text{-}CH^2AzH\text{-}C^6H^4\text{-}C^6H^5,$$

se forme par l'action de l'éther monochloracétique sur l'amidodiphényle. Il fond à 95° [Zimmermann, *Deutsch. chem. Gesellsch.*, 1880, p. 1963].

DIAMIDODIPHÉNYLES. — La théorie en fait prévoir douze isomériques. Sur ces douze, deux seulement sont connus : la *benzidine* (t. II, p. 885) et la *diphényline*.

BENZIDINE. — Dans ce corps, les deux groupes AzH^2 occupent la position para, par rapport à la soudure des deux groupes C^6H^4; en effet, la benzidine prend naissance par l'action du sodium sur la parabromaniline [Glaser, Anchütz et Schultz, *Deutsch. chem. Gesellsch.*, 1876, p. 1308].

La benzidine, traitée en solution acide par l'eau de chlore, donne une coloration bleue qui passe au vert et qui, sous l'influence d'un excès de chlore, fournit un précipité rouge correspondant à la formule $C^{12}H^7Cl^3Az^2O$, probablement :

$$\begin{array}{l} \quad\quad C^6H^2Cl^2AzH^2 \\ \overset{O}{\underset{HAz}{|}} > C^6H^2Cl \end{array}$$

Le brome donne de même un précipité rouge, qui, purifié par sublimation, fournit des aiguilles brillantes, incolores, fusibles à 284°, de *tétrabromobenzidine*, $C^{12}H^4Br^4(AzH^2)^2$, très solubles dans l'alcool, l'éther et la benzine [Claus et Risler, *Deutsch. chem. Gesellsch.*, 1881, p. 83].

Benzidine dichlorée. — Le dichlorohydrazobenzol fusible à 94° se transforme facilement par l'acide chlorhydrique en dichlorobenzidine, $C^{12}H^{10}Cl^2Az^2$, cristallisant en petits prismes aplatis, fusibles à 166°,8, assez solubles dans l'alcool, très solubles dans l'éther.

Le *chlorhydrate*, $C^{12}H^{10}Cl^2Az^2, 2HCl$, est en petites lamelles incolores, assez solubles dans l'eau, à peine solubles dans l'acide chlorhydrique concentré. Le *chloroplatinate* constitue un précipité jaune, l'*azotate* des lamelles, et le *sulfate* de très petites aiguilles blanches [A. Laubenheimer, *Deutsch. chem. Gesellsch.*, 1875, p. 1625].

Benzidine dibromée. — On obtient le chlorhydrate de cette base, $C^{12}H^{10}Br^2Az^2.2HCl$, en dissolvant le dibromohydrazobenzol, fusible à 109° dans l'acide chlorhydrique concentré. La base libre est en petits cristaux incolores, fusibles à 152°, très solubles dans l'alcool bouillant et dans l'éther [S. Gabriel, *Deutsch. chem. Gesellsch.*, 1876, p. 1407].

Traitée à 170° par l'acide sulfurique fumant, la benzidine donne de l'acide *benzidine-disulfonique*, $C^{12}H^6(AzH^2)^2(SO^3H)^2$, qui cristallise en petites lamelles insolubles dans l'eau bouillante, l'alcool et l'éther, se décomposant avec dégagement d'acide sulfureux avant de fondre.

Le *sel d'argent* s'obtient sous forme de précipité cristallin.

Le *sel de baryum*,

$$C^{12}H^6(AzH^2)^2(SO^3)^2Ba + 5H^2O,$$

en lamelles blanches, s'obtient par une cristallisation lente. Par cristallisation rapide, on obtient des aiguilles ne renfermant que $2H^2O$.

L'acide nitreux transforme l'acide benzidine-disulfonique en solution aqueuse, en acide *tétrazodiphénylsulfonique*, $C^{12}H^4Az^4(SO^3H)^2$, en petits prismes insolubles dans l'eau [Peter Griess, *Deutsch. chem. Gesellsch.*, 1881, p. 300].

La benzidine est attaquée à froid par la dinitrochlorobenzine-α en présence de l'alcool. On obtient des aiguilles à reflets bleus de *dinitrophénylbenzidine*

$$\begin{array}{l} C^6H^4\text{-}AzH^2 \\ | \\ C^6H^4\text{-}AzH\text{-}C^6H^3(AzO^2)^2 \end{array}$$

Ce composé, fusible à 245°, est très soluble dans l'acide acétique et dans l'acide sulfurique, qui l'abandonnent par addition d'eau.

En employant un excès de dinitrochlorobenzine, on obtient la *di-α-dinitrophénylbenzidine*,

$$\begin{array}{l} C^6H^4\text{-}AzH\text{-}C^6H^3.AzO^2 \\ | \\ C^6H^4\text{-}AzH\text{-}C^6H^3.AzO^2 \end{array}$$

fusible au delà de 330°. L'acide sulfurique concentré le dissout avec une couleur violette [Willgerod, *Deutsch. chem. Gesellsch.*, 1876, p. 980].

Lorsque l'on maintient à 180-210° un mélange de diméthylaniline et d'acide sulfurique concentré, on obtient de la *tétraméthylbenzidine*, que l'on purifie en la précipitant par la soude et la faisant recristalliser dans l'alcool.

Elle est en cristaux incolores, fusibles à 195°, bouillant au-dessus de 360°. Les oxydants lui donnent une coloration verte. Elle a pour formule $(CH^3)^2Az\text{-}C^6H^4\text{-}C^6H^4\text{-}Az(CH^3)^2$.

On obtient la même base par l'action du peroxyde de plomb sur la diméthylaniline.

Lorsqu'on traite la benzidine en solution dans l'alcool méthylique par l'iodure de méthyle à 120°, on obtient l'iodure d'un ammonium,

$$\begin{array}{l} C^6H^4\text{-}Az(CH^3)^2 \\ | \\ C^6H^4\text{-}Az(CH^3)^3I, \end{array}$$

en cristaux blancs, fusibles à 223°, peu solubles. La distillation avec la chaux sodée le dédouble en iodure de méthyle et tétraméthyl-benzidine.

La tétraméthylbenzidine se dissout dans l'acide nitrique en donnant la *dinitrotétraméthylbenzidine* en aiguilles rouges, fusibles à 188°.

L'étain et l'acide chlorhydrique la transforment en *diamidotétraméthylbenzidine*, base diacide dont les sels cristallisent facilement.

La tétraéthylbenzidine peut se préparer, de même, par l'action de l'acide sulfurique sur la diéthylaniline; elle fond à 88° [Michler et Pattinson, *Deutsch. chem. Gesellsch.*, 1881, p. 2161].

ISOAMIDONITRODIPHÉNYLE. — L'isodinitrodiphényle, réduit par l'hydrogène sulfuré, donne l'*isoamidonitrodiphényle*,

$$\begin{array}{l} C^6H^4\text{-}AzH^2 \\ | \\ C^6H^4\text{-}AzO^2, \end{array}$$

qui, à son tour, réduit par l'étain et l'acide chlorhydrique, donne la diphényline [Schultz, *Deutsch. chem. Gesellsch.*, 1876, p. 547].

DIPHÉNYLINE. — Cet isomère de la benzidine peut pareillement prendre naissance par l'action des acides sur l'hydrazobenzol. Il se forme dans cette réaction, indépendamment de la benzidine, qui est le produit principal, une base qui a été décrite d'abord sous le nom de δ-diamidodiphényle, mais qui, d'après des recherches récentes, est identique avec la diphényline [Schmidt et Schultz, *Deutsch. chem. Gesellsch.*, 1878, p. 1754; 1879, p. 486; p. 1881, p. 612]. Elle répond à la formule

$$\begin{array}{l} C^6H^4\text{-}AzH^2\,(2) \\ (1)\,| \\ C^6H^4\text{-}AzH^2\,(4). \end{array}$$

Elle est peu soluble dans l'eau froide, très soluble dans l'eau chaude, l'alcool et l'éther. Elle cristallise en grands feuillets brillants, fusibles à 53°. Les agents oxydants la transforment en produits bruns. Avec l'acide azoteux, on obtient le δ-diphénol.

DÉRIVÉS BENZOYLÉS DU DIPHÉNYLE. — Le

chlorure de benzoyle réagit sur le diphényle en presence de chlorure d'aluminium. On obtient un et peut-être deux *monobenzoyldiphényles* et un *dibenzoyldiphényle*.

Le *monobenzoyldiphényle*, $C^{12}H^9\text{-}CO\text{-}C^6H^5$, fond à 106°; il est très soluble dans l'alcool chaud, l'éther et la benzine.

Le *dibenzoyldiphényle*, $C^{12}H^8(CO\text{-}C^6H^5)^2$, peu soluble dans l'alcool froid et la benzine, soluble dans l'éther, se dépose en cristaux incolores, fusibles à 218°, se dissolvant dans l'acide sulfurique avec une coloration rouge.

L'acide iodhydrique et le phosphore rouge le transforment à 160-180° en *dibenzyldiphényle*, $C^{12}H^8(CH^2\text{-}C^6H^5)^2$, cristallisant en feuillets brillants, fusibles à 113°, solubles dans l'alcool [N. Wolf, *Deutsch. chem. Gesellsch.*, 1881, p. 2031].

M. Hanriot.

DIPHÉNYLÈNE. — On a donné ce nom au groupement d'atomes $C^6H^4\text{-}C^6H^4$, dont l'oxyde a été décrit t. II, p. 894, et dont l'imide est le *carbazol*. On connaît aussi l'acétone correspondante (t. II, p. 795 et ci-dessous).

DIPHÉNYLÈNE-ACÉTIQUE et **DIPHÉNYLÈNE-GLYCOLIQUE (ACIDE)**. — Voyez PHÉNANTHRÈNE, Suppl.

DIPHÉNYLÈNE-ACÉTONE,

$$\begin{matrix} C^6H^4 \\ | \\ C^6H^4 \end{matrix} > CO$$

— Ce composé, décrit t. II, p. 795, prend naissance, en même temps que du diphényle, de l'anthracène et du fluorène, quand on distille l'anthraquinone avec 20 fois son poids de chaux vive [Anschütz, *Deutsch. chem. Gesellsch.*, 1878, p. 1213, *Bull. Soc. chim.*, t. XXXI, p. 555]. Barbier l'a obtenue en oxydant le fluorène à l'aide du mélange chromique.

Suivant Schmitz, la diphénylène-acétone cristallise en longues aiguilles d'un jaune clair. La forme est celle d'un prisme orthorhombique de 119° 48′, tronqué sur les arêtes aiguës par de larges faces g^1 et les autres par des facettes h^1; le prisme est terminé par les faces de l'octaèdre, faisant entre elles des angles de 56 et de 66°. Le rapport des axes est 1 : 1,7251 : 1,3496. Cette acétone oxydée par l'acide chromique fournit surtout de l'eau et de l'acide carbonique, avec un peu d'acide benzoïque; la potasse en fusion la transforme, comme l'ont indiqué Fittig et Ostermayer, en acide phénylbenzoïque

$$C^6H^5\text{-}C^6H^4\text{-}CO^2H$$

[Schmitz, *Liebig's Ann. Chem.*, t. CXCIII, p. 115; *Bull. Soc. chim.*, t. XXXII, p. 239].

E. Grimaux.

DIPHÉNYLÈNE-ACÉTONE-CARBONIQUE (ACIDE). — Voyez FLUORANTHÈNE, Suppl.

DIPHÉNYLÈNE-CRÉSYLMÉTHANE,

$$C^{20}H^{16} = \begin{matrix} C^6H^4 \\ | \\ C^6H^4 \end{matrix} > CH\text{-}C^6H^4\text{-}CH^3.$$

— Hydrocarbure que Hemilian a obtenu en chauffant à l'ébullition une solution d'alcool fluorénique (diphénylène-carbinol) dans le toluène avec de l'anhydride phosphorique. Il cristallise en fines aiguilles soyeuses, fusibles à 128° et se comporte avec les dissolvants comme son homologue le diphénylène-phénylméthane. Par oxydation il fournit un acide cristallisable [W. Hemilian, *Bull. Soc. chim.*, t. XXIX, p. 373].

DIPHÉNYLÈNE-MÉTHANE, $C^{13}H^{10}$. — Cet hydrocarbure, obtenu par la distillation de la diphénylène-acétone ou par l'action de la chaleur sur le diphényl-méthane, est identique avec le fluorène (voyez ce mot).

DIPHÉNYLÈNE-PHÉNYLMÉTHANE,

$$C^{19}H^{14} = \begin{matrix} C^6H^4 \\ | \\ C^6H^4 \end{matrix} > CH\text{-}C^6H^5.$$

— Il se forme par l'action des déshydraiants sur un mélange de benzine et d'alcool fluorénique. On chauffe à 140-150° pendant cinq heures une solution benzénique saturée de 10 gr. d'alcool fluorénique avec 12 gr. d'anhydride phosphorique, et l'on purifie le produit par distillation et cristallisation dans l'acide acétique bouillant [W. Hemilian, *Bull. Soc. chim.*, t. XXIX, p. 373].

Ce carbure d'hydrogène est identique avec un corps que Hemilian avait obtenu antérieurement en distillant l'éther chlorhydrique du triphénylcarbinol $(C^6H^5)^3CCl$, et décrit sous le nom de diphényl-phénylène-méthane [W. Hemilian, *Bull. Soc. chim.*, t. XXIII, p. 374; t. XXX, p. 24; — E. et O. Fischer, *Liebig's Ann. Chem.*, t. CXCIV, p. 242]; il se produirait aussi en petite quantité par la distillation sèche du phtalate de calcium [O. Miller, *Deutsch. chem. Gesellsch.*, 1879, p. 1479].

Le diphénylène-phénylméthane se présente en longues aiguilles incolores, fines et soyeuses, fusibles à 145° et bouillant au delà de 360°. Densité de vapeur déterminée à 440° = 8,40 (calcul 8,38). Il est peu soluble dans l'alcool et l'éther, très soluble à chaud dans la benzine ou l'acide acétique. L'acide chromique le transforme en gaz carbonique et en acide orthobenzoylbenzoïque

$$C^6H^5\text{-}CO\text{-}C^6H^4\text{-}CO^2H.$$

A. Henninger.

DIPHÉNYLÉTHANE, $CH^3\text{-}CH(C^6H^5)^2$. — Cet isomère du dibenzyle peut s'obtenir par l'action de l'amalgame de sodium sur une solution alcoolique de diphényltribrométhane

$$CBr^3\text{-}CH(C^6H^5)^2$$

ou de diphényldichloréthylène [G. Goldschmiedt, *Deutsch. chem. Gesellsch.*, 1873, p. 985].

Il prend naissance aussi par l'action du zinc sur un mélange de phénylbrométhyle et de benzine [Radzizewski, *Deutsch. chem. Gesellsch.*, 1874, p. 140].

Enfin Baeyer l'a obtenu en ajoutant 100 fois son poids d'acide sulfurique à un mélange de paraldéhyde et de benzine ou d'acide lactique et de benzine [Baeyer, *Deutsch. chem. Gesellsch.*, 1874, p. 1190].

C'est un liquide incolore, bouillant à 268-270°. Les oxydants le transforment en benzophénone.

DIPHÉNYLÉTHYLÈNE,

$$C^{14}H^{12} = CH^2 = C(C^6H^5)^2$$

[Hepp, *Deutsch. chem. Gesellsch.*, 1874, p. 1409; *Bull. Soc. chim.*, t. XXIV, p. 34]. — Il s'obtient par l'action de la potasse alcoolique sur le diphénylchloréthane $CH^2Cl\text{-}CH(C^6H^5)^2$. Il est isomérique avec le stilbène et se présente sous l'aspect d'une huile très réfringente, bouillant à 277°. Les agents oxydants le transforment en benzophénone $CO(C^6H^5)^2$. Il absorbe le brome, mais, au lieu d'un produit d'addition, il donne un produit de substitution $CHBr = C(C^6H^5)^2$ en prismes volumineux, fusibles à 50°, distillant au-dessus de 300°.

Avec le chlore il fournit un dérivé dichloré $CCl^2 = C(C^6H^5)^2$, que Baeyer a aussi obtenu, en traitant par la potasse alcoolique la combinaison $CCl^3\text{-}CH(C^6H^5)^2$, qui prend naissance par l'action de l'acide sulfurique sur un mélange de chloral et de benzine [Baeyer, *Deutsch. chem. Gesellsch.*, 1873, p. 220; *Bull. Soc. chim.*, t. XX, p. 207]. Ce dérivé cristallise dans l'alcool en prismes aplatis, fusibles à 80°.

Il se produit aussi dans la réduction du diphényltrichloréthane au moyen de l'amalgame de sodium [G. Goldschmiedt, *Deutsch. chem. Gesellsch.*, 1873, p. 1501; *Bull. Soc. chim.*, t. XXI, p. 510].

Il appartient au système clinorhombique. Rapport des axes : incliné *a*, horizontal *b*, vertical *c* = 1,3367 : 1 : 1,7588. Inclinaison des axes *a* et *c* = 119°49'. Faces : $p, h^1, a^2, b^{1/2}, b^{3/4} (b^1 d^{1/3} h^2)$ (Goldschmiedt).

On obtient un isomère de ce dérivé dichloré de la formule $CH^2 = C(C^6H^4Cl)^2$, en traitant par l'acide sulfurique la chloraldéhyde mélangée de chlorobenzine, et soumettant à l'action de la potasse alcoolique; c'est une huile bouillant à 280-285°.

Le *dérivé tétrachloré*, $CCl^2 = C(C^6H^4Cl)^2$, se produit par l'action de la potasse alcoolique sur le *dimonochlorophényle-trichloréthane*,

$$CCl^3\text{-}C(C^6H^4Cl)^2,$$

obtenu par l'action de l'acide sulfurique sur la benzine chlorée et le chloral. Il est en beaux cristaux, fusibles à 89°.

Le *dérivé dibromodichloré*, $CCl^2 = C(C^6H^4Br)^2$, s'obtient de même avec le *dimonobromo-phényltrichloréthane*, $CCl^3\text{-}C(C^6H^4Br)^2$, provenant de l'action de l'acide sulfurique sur un mélange de benzine bromée et le chloral. Ce dérivé cristallise dans l'alcool en aiguilles incolores, et dans le sulfure de carbone en grands cristaux brillants; il fond à 119-120° [Zeidler, *Deutsch. chem. Gesellsch.*, 1874, p. 1180; *Bull. Soc. chim.*, t. XXIII, p. 359].

E. Grimaux.

DIPHÉNYLINE. — Nom donné par Schultz à un diamidodiphényle isomérique avec la benzidine et obtenu par réduction de l'isodinitrodiphényle. — Voy. Suppl., p. 656.

DIPHÉNYLMÉTHYLACÉTIQUE (ACIDE), $C^{15}H^{14}O^2 = (C^6H^5)^2(CH^3)C\text{-}CO^2H$. — Il se produit lorsqu'on oxyde par le mélange chromique la β-pinacoline de l'acétone méthylphénylique (acétophénone), $C^{15}H^{16}O = (C^6H^5)^2(CH^3)C\text{-}CO\text{-}CH^3$, β-pinacoline fusible à 41°. L'acide cristallise dans l'alcool faible en lamelles incolores, formant des feuilles de fougère; l'alcool concentré le laisse déposer en cubes bien développés, qui fondent à 173° et se subliment à une plus haute température. Très solubles dans les véhicules ordinaires excepté dans l'eau.

Sel de potassium. — Petites lamelles très solubles.

Sel de baryum, $(C^{15}H^{15}O^2)^2Ba + 2H^2O$. — Longues aiguilles incolores, peu solubles. Le sel de *calcium* lui ressemble, mais ne renferme que $1\frac{1}{2}H^2O$. Le sel d'*argent* est floconneux et l'éther *méthylique* liquide.

Par une oxydation ultérieure, l'acide diphénylméthylacétique se dédouble en benzophénone, acide benzoïque et gaz carbonique [W. Thörner et Th. Zincke, *Deutsch. chem. Gesellsch.*, 1878, p. 1993].

DIPHÉNYLPHTALIDE [Syn. *Phtalophénone*], $C^{20}H^{14}O^2$. — La diphénylphtalide a été obtenue par Friedel et Crafts en faisant réagir le chlorure d'aluminium sur le chlorure de phtalyle en présence de benzine :

$$C^6H^4 \left\langle \begin{matrix} CCl^2 \\ CO \end{matrix} \right\rangle O + 2C^6H^6$$

$$= 2HCl + C^6H^4 \left\langle \begin{matrix} C(C^6H^5)^2 \\ CO \end{matrix} \right\rangle O$$

On ajoute peu à peu 70 grammes de chlorure d'aluminium à un mélange de 80 grammes de chlorure de phtalyle et de 320 grammes de benzine, et on chauffe deux heures à 40°. Le liquide, soumis à la distillation pour chasser la benzine, repris par la soude, est purifié par cristallisation dans l'alcool bouillant.

La diphénylphtalide cristallise en aiguilles blanches, fusibles à 112°, solubles dans l'acide sulfurique avec une couleur jaune qui devient violette à chaud. L'acide nitrique fumant la transforme à froid en deux dérivés dinitrés, qui, réduits par l'étain et l'acide chlorhydrique, donnent deux *diamido-diphénylphtalides* isomériques, $C^{20}H^{12}(AzH^2)^2O^2$. L'une d'elles, fusible à 179°, peu soluble dans l'alcool froid, se dissout sans coloration dans l'acide chlorhydrique, et avec une coloration violette dans l'acide acétique. L'acide chlorhydrique et l'alcool méthylique la transforment en un composé vert.

L'autre, fusible à 205°, est plus soluble dans l'alcool froid.

L'azotite de potassium les transforme en dioxydiphénylphtalide, $C^{20}H^{12}(OH)^2O^2$, identique avec la phénolphtaléine.

La potasse alcoolique convertit à l'ébullition la diphénylphtalide en un acide

$$C^6H^4 \left\langle \begin{matrix} C(C^6H^5)^2OH \\ CO^2H \end{matrix} \right.$$

peu stable, perdant facilement de l'eau en régénérant la diphénylphtalide. Cet acide, réduit par la poudre de zinc, donne naissance à l'acide *triphénylméthane-carbonique*

$$\begin{matrix} & H & \\ & | & \\ C^6H^5 - & C & - C^6H^5 \\ & | & \\ & C^6H^4\text{-}CO^2H & \end{matrix}$$

en grandes aiguilles fusibles à 155-157°, solubles dans l'alcool [Baeyer, *Deutsch. chem. Gesellsch.*, 1879, p. 642, et *Ann. Chem. Pharm.*, t. CCII, p. 36].

M. Hanriot.

DIPHÉNYLPROPANE. — Silva en a signalé deux :

1° $CH^3\text{-}CH(C^6H^5)\text{-}CH^2(C^6H^5)$, qui s'obtient par l'action du chlorure d'aluminium sur un mélange de benzine et de chlorure de propylène; le chlorure d'allyle, au lieu d'engendrer, dans les mêmes conditions, l'allylbenzine, fournit aussi ce diphénylpropane. C'est un liquide dichroïque bouillant à 277-279°; densité à 0° = 0,9956; à 100° = 0,9205;

2° $CH^3\text{-}C(C^6H^5)^2\text{-}CH^3$; on l'obtient, entre autres hydrocarbures, en traitant un mélange de benzine et de méthylchloracétol par le chlorure d'aluminium. Liquide bouillant vers 281° [R.-D. Silva, *Compt. rend.*, t. LXXXIX, p. 606; *Bull. Soc. chim.*, t. XXXIV, p. 674].

DIPHÉNYLTRIBROMÉTHANE. — On obtient le diphényltribrométhane $CBr^3\text{-}CH(C^6H^5)^2$, en mélangeant 1 molécule de bromal, 2 molécules de benzine, avec le double de leur volume d'acide sulfurique. La masse cristalline qui se forme, épuisée par l'eau, puis dissoute dans l'alcool, laisse déposer des aiguilles orthorhombiques de diphényltribrométhane fusibles à 89°, et se décomposant à une température plus élevée. Il est soluble dans l'éther, le chloroforme, le sulfure de carbone, l'alcool bouillant.

Traité par la potasse alcoolique, ce corps perd HBr et laisse déposer des aiguilles brillantes, cristallisables dans l'alcool éthéré, fusibles à 83° et bouillant au delà de 300°; c'est le diphényldibrométhylène $CBr^2 = C(C^6H^5)^2$.

Ce composé se produit encore dans la distillation sèche du diphényltribrométhane. Il ne fixe pas directement le brome [Goldschmiedt, *Deutsch. chem. Gesellsch.*, 1873, p. 985].

DIPHÉNYLTRICHLORÉTHANE,

$C^{14}H^{11}Cl^{3} = CCl^{3}\text{-}CH(C^{6}H^{5})^{2}$.

— Baeyer l'a obtenu en agitant un mélange de benzine (2 mol.) et de chloral anhydre (1 mol.) avec son volume d'acide sulfurique concentré; le mélange verdit et s'échauffe. On le refroidit, on l'agite de nouveau et ainsi de suite jusqu'à ce que l'on n'observe plus de dégagement de chaleur. On décante alors la couche supérieure bleue et on l'agite avec une nouvelle quantité d'acide sulfurique concentré, opération qui ne tarde pas à la transformer en une bouillie cristalline qu'il suffit de laver successivement à l'eau froide et à l'eau chaude, puis de faire cristalliser dans l'alcool bouillant pour obtenir le diphényltrichloréthane à l'état de pureté.

Ce corps est en lamelles incolores, fusibles à 64°. L'iodure de potassium ne l'attaque pas à 100°; le cyanure de potassium ou la potasse alcoolique le convertissent en diphényldichloréthylène

$CCl^{2}{=}C(C^{6}H^{5})^{2}$

en lui enlevant 1 mol. d'acide chlorhydrique. L'amalgame de sodium donne du diphényléthane dissymétrique, et la poudre de zinc au rouge fournit du diphényléthylène symétrique (stilbène) engendré par une transposition moléculaire [A. Baeyer, *Deutsch. chem. Gesellsch.*, 1872, p. 1098; 1873, p. 223; — G. Goldschmiedt, *ibid.*, 1873, p. 985].

Dimonobromophényltrichloréthane,

$CCl^{3}\text{-}CH(C^{6}H^{4}Br)^{2}$.

— On l'obtient en remplaçant, dans la préparation ci-dessus, la benzine par la benzine monobromée. Aiguilles soyeuses ou prismes plus volumineux, fusibles à 139-141°. Très peu soluble dans l'alcool froid, plus soluble à chaud et dans l'éther et le chloroforme, très soluble dans le sulfure de carbone. Avec l'acide nitrique, il fournit un dérivé dinitré $C^{14}H^{7}Cl^{3}Br^{2}(AzO^{2})^{2}$, en aiguilles jaunâtres, fusibles à 168-170°.

Dimonochlorophényltrichloréthane,

$CCl^{3}\text{-}CH(C^{6}H^{4}Cl)^{2}$.

— Préparé avec la benzine monochlorée, il se présente en aiguilles fines et feutrées ressemblant au sulfate de quinine, fusibles à 105°. Le dérivé dinitré $C^{14}H^{7}Cl^{5}(AzO^{2})^{2}$, cristallise dans l'acide nitrique en beaux prismes fusibles à 143° [Othmar Zeidler, *Deutsch. chem. Gesellsch.*, 1874, p. 1180]. A. Henninger.

DIPHÉNYLTRICHLOROBUTANE,

$C^{3}H^{4}Cl^{3}\text{-}CH(C^{6}H^{5})^{2}$.

— Hepp a désigné sous ce nom le corps obtenu par l'action de l'acide sulfurique sur un mélange de benzine et d'hydrate de chloral butylique.

Ce composé cristallise en grands prismes incolores, fusibles à 80°, et se dissout dans l'éther (2 fois son poids à 25°) et dans l'alcool (48 fois son poids). Les cristaux appartiennent au type clinorhombique. Faces observées : *p*, *m*, *h*. Inclinaison des axes, = 120° 8'.

Traité par l'acide azotique fumant, il donne un dérivé nitré en petites tables jaunâtres, et avec l'acide sulfurique fumant et chaud un dérivé sulfo-conjugué, dont le sel de baryum amorphe renferme $C^{16}H^{13}Cl^{3}S^{2}O^{6}Ba$.

DIPHTALIQUE (ACIDE). — Voyez PHTALYLE, t. II, p. 1015.

DIPROPARGYLE,

$C^{6}H^{6} = CH \equiv C\text{-}CH^{2}\text{-}CH^{2}\text{-}C \equiv CH$

[Henry, *Deutsch. chem. Gesellsch.*, 1872, p. 7, 457; 1873, p. 955, 961; 1874, p. 23; 1881, p. 399; *Bull. Soc. chim.*, t. XVIII, p. 236; t. XX, p. 511; t. XXII, p. 284]. — Cet isomère de la benzine se prépare en décomposant par la potasse alcoolique le diallyle dibromé qu'on obtient en traitant le tétrabromure de diallyle par la potasse solide. La solution alcoolique étendue d'eau laisse déposer une huile qui, par fractionnement, se sépare en dipropargyle, diallylène monobromé et diallyle dibromé.

Ce carbure est un liquide incolore, mobile, assez fortement réfringent; son odeur, plus intense et plus pénétrante que celle de l'éther propargylique, lui est analogue. Il bout à 85° ($p = 760^{mm}$). Sa densité de vapeur a été trouvée égale à 2,76 (calculé 2,66). Son poids spécifique à 12° est 0,81. Insoluble dans l'eau, ce composé se dissout bien dans l'éther, etc., et brûle avec une flamme fuligineuse.

Traité par le chlorure cuivreux ammoniacal, il fournit un précipité jaune amorphe, avec l'azotate d'argent un précipité blanc. La combinaison cuivreuse, séchée entre 90 et 100°, correspond à la formule $C^{6}H^{4}Cu^{2} + 2H^{2}O$. A l'état sec, elle déflagre déjà vers 100°; mise en contact avec un corps enflammé, elle brûle en donnant des étincelles et une flamme verte. La combinaison argentique se colore à la lumière en rose et enfin, après quelque temps, surtout à l'état humide, en noir. Elle est beaucoup plus explosible que la combinaison cuivreuse et détone bien au-dessous de 100°. Sa composition se représente par la formule $C^{6}H^{4}Ag^{2} + 2H^{2}O$.

Les acides étendus mettent en liberté de ces combinaisons le dipropargyle, mais altéré en grande partie.

Tétrabromure, $C^{6}H^{6}Br^{4}$. — L'union du brome et du dipropargyle a lieu avec violence; il y a formation d'un liquide épais, gluant, d'odeur faible, de goût amer, qui, d'abord incolore, brunit à la lumière. A 19° son poids spécifique est égal à 2,464. La chaleur le décompose.

Octobromure, $C^{6}H^{6}Br^{8}$. — Il s'obtient par l'action du brome à une douce chaleur sur le composé précédent. On le purifie par lavages à la soude, essorage sur une matière poreuse, et cristallisation dans l'éther ou le sulfure de carbone. Il se sépare de ce dernier en prismes ou tables tricliniques présentant les modifications b^{1} et g^{1}; on trouve $m\,t = 107°10'$ et $p\,g^{1} = 88°54'$. Il fond à 140-141°, se solidifie à 130° et n'est pas volatil.

Tétraïodure, $C^{6}H^{6}I^{4}$. — Une solution d'iode dans l'iodure de potassium, mise en contact avec le dipropargyle, se décolore et laisse déposer cette combinaison. On la lave à la potasse et on la fait cristalliser dans le sulfure de carbone. Ce sont des prismes quadratiques ressemblant à l'acide hippurique, brillants, durs et fragiles, inaltérables à l'air; néanmoins, ce dernier sépare de l'iode de sa solution sulfocarbonique. Le produit fond à 113° en un liquide brun qui se décompose à une plus haute température. Il est peu soluble dans l'alcool et l'éther.

La polymérisation du dipropargyle a déjà lieu à la température ordinaire. Après quelque temps il devient brun, épais et se transforme en une résine brillante analogue à la gomme laque qui déflagre quand on la chauffe. A chaud, cette transformation est complète en six heures.

L'acide sulfurique noircit le dipropargyle et le dissout en grande partie. De la solution étendue d'eau on peut tirer un hydrate volatil.

Sa chaleur de combustion a été trouvée, par Berthelot et Ogier, de 853,6 calories environ [*Compt. rend.*, t. XCI, p. 781]. E. Demarçay.

DIPROPYLALLYLCARBINOL,

$C^{10}H^{20}O = C(C^{3}H^{7})^{2}(C^{3}H^{5}).OH$.

— On le prépare avec la dipropylacétone (butyrone), l'iodure d'allyle et le zinc. Liquide incolore bouillant à 192°, insoluble dans l'eau. Densité à 0° = 0,8802 et à 24° = 0,8427 (unité : l'eau à 0°). Il fixe directement Br^2 et donne avec le mélange chromique de la butyrone, les acides propionique et butyrique, et des acides fixes.

L'éther acétique, $C^{10}H^{19}O.C^2H^3O$, est un liquide d'odeur agréable, bouillant à 210° ; densité à 0° = 0,8903 et à 21° = 0,8733 [P. et A. Saytzeff, *Bull. Soc. chim.*, t. XXX, p. 537].

DIPROPYLBENZINE, $C^{12}H^{18} = C^6H^4(C^3H^7)^2$. On ne connaît que la modification para qui a été obtenue par Körner en faisant agir, à la température ordinaire, le sodium sur la paradibromobenzine et l'iodure de propyle normal ; on emploie ces corps dans les proportions moléculaires de 6 : 1 : 3 et l'on ajoute en outre 10 gr. de benzine pure par 25 gr. de dibromobenzine. Au bout de vingt-quatre heures, on achève la réaction à l'aide de la chaleur et l'on rectifie le produit sur du sodium.

La dipropylbenzine est un liquide bouillant de 220 à 222°, d'une odeur aromatique, qui ne se solidifie pas dans un mélange réfrigérant. Oxydée par l'acide nitrique étendu de 6 vol. d'eau, elle fournit, par une ébullition prolongée, l'acide parapropylbenzoïque, $C^6H^4(C^3H^7)\text{-}CO^2H$, cristallisant en prismes clinorhombiques à 6 pans, et fusible à 140°. Le sel de *baryum* de cet acide est en tables soyeuses de la formule

$$(C^{10}H^{11}O^2)^2Ba + 2H^2O ;$$

celui de *calcium* forme des aiguilles soyeuses, contenant $3H^2O$.

Dérivé dinitré, $C^6H^2(AzO^2)^2(C^3H^7)^2$. — On fait tomber goutte à goutte l'hydrocarbure dans de l'acide nitrique fumant et refroidi ; on précipite par l'eau, et l'on fait cristalliser le produit dans l'alcool. Le dérivé dinitré est en tables rectangulaires, à sommets tronqués, incolores, fusibles à 65°.

Acide sulfonique. — Aiguilles nacrées, hygroscopiques, fusibles à 62°. Le sel de *baryum*, $[C^6H^3(C^3H^7)^2SO^3]^2Ba + 1/2\,H^2O$, est en aiguilles réunies en boules ; le sel de *calcium* cristallise en prismes orthorhombiques incolores, et renferme $9H^2O$; le sel de *plomb*, enfin, se dépose en aiguilles soyeuses, réunies en faisceaux, contenant H^2O [W. Körner, *Deutsch. chem. Gesellsch.*, 1878, p. 1863]. A. Henninger.

DIPROPYLCARBINOL. — C'est un alcool heptylique secondaire.

DIPROPYLCARBOBENZONIQUE (ACIDE). — Voyez DIÉTHYLCARBOBENZONIQUE (ACIDE), p. 645.

DIPROPYLE [Syn. : *Hexane normal*]. — Voyez t. II, p. 1204.

DIPYROTARTRIQUE (ACÉTONE), $C^8H^{12}O^2$. — Cette acétone, découverte par Bourgoin, se forme en très petite quantité dans la distillation de l'acide tartrique et, mélangée à d'autres produits empyreumatiques, surnage l'acide pyruvique brut. Elle forme un liquide à peine soluble dans l'eau, miscible aux autres dissolvants, bouillant vers 230°, d'une forte odeur aromatique. Densité voisine de celle de l'eau. Densité de vapeur déterminée à 279° = 5,18 (calcul 4,84) ; ce chiffre doit être trop fort, l'acétone dipyrotartrique s'altérant notablement à cette haute température.

Cette acétone ne s'unit pas aux bisulfites ; la potasse aqueuse ne l'altère pas. Elle se formerait aux dépens de l'acide pyrotartrique, d'après l'équation suivante :

$$2C^5H^8O^4 = C^8H^{12}O^2 + 2CO^2 + 2H^2O$$

[E. Bourgoin, *Bull. Soc. chim.*, t. XXIX, p. 309].

DISSOCIATION. — On a exposé, dans le t. I, p. 1172, de ce Dictionnaire, les faits et les principes relatifs à la notion importante de la dissociation, que H. Sainte-Claire Deville a introduite dans la science. L'auteur de l'article cité, M. H. Debray, a beaucoup contribué, pour sa part, à préciser cette notion. Il paraît donc inutile d'ajouter de nouveaux développements sur ce sujet. Nous devons mentionner toutefois, d'une manière spéciale, divers travaux de M. G. Lemoine, et en particulier les vues qu'il a émises sur la théorie de la dissociation, et qui ont été exposées par M. Salet à la page 620 du Supplément. Le résultat le plus important de ce travail est que la raréfaction d'une vapeur contribue à sa dissociation. La diminution de la pression agit donc d'une façon analogue à l'augmentation de la température, résultat naturel et presque prévu, mais qu'il fallait démontrer.

Les expériences de G. Lemoine sur la transformation du phosphore rouge en phosphore amorphe et sur la transformation inverse ont été mentionnées t. II, p. 955. Ces phénomènes suivent les lois de la dissociation.

On doit au même auteur des recherches étendues et intéressantes sur la dissociation de l'acide iodhydrique [*Compt. rend.*, t. LXXX, p. 792, et *Ann. Chim. Phys.*, (5), t. XII, p. 145]. Il s'agit là d'un composé simple qui peut prendre naissance par l'union directe des éléments et se résoudre, par une réaction inverse, en ses composants, ces phénomènes donnant lieu à des effets thermiques peu marqués. Le cas est donc bien choisi. La méthode employée consistait à chauffer pendant un mois, d'une part, l'acide iodhydrique, et de l'autre un mélange d'hydrogène et d'iode à des températures déterminées, dans des ballons scellés. L'expérience terminée, l'hydrogène libre était dosé par l'eudiomètre.

L'acide iodhydrique se décompose à la même température à laquelle l'hydrogène se combine avec l'iode gazeux, mais aucune de ses réactions n'est complète dans un espace limité, l'action directe étant balancée, en quelque sorte, par l'action inverse. Il s'établit donc entre les éléments et l'acide iodhydrique un état d'équilibre auquel le système arrive d'autant plus rapidement que la température est plus élevée. A 440° (soufre bouillant), l'équilibre est presque établi au bout d'une heure ; à 350° (mercure bouillant), au bout de quelques jours ; à 265° (bain d'huile), au bout de quelques mois.

La vitesse de la réaction s'accroît, en conséquence, avec la température ; la pression la fait varier de même. On arrive plus vite à l'équilibre lorsque le système gazeux est soumis à une forte pression, c'est-à-dire lorsque les molécules sont très rapprochées les unes des autres ; au contraire, dans des gaz raréfiés, l'équilibre est plus lent à s'établir.

La limite à laquelle s'arrête la décomposition (ou réciproquement la combinaison) est pareillement sous la dépendance de la température. Plus la température est élevée, plus la décomposition de l'acide iodhydrique est complète ; il en est de même pour d'autres cas de dissociation, par exemple, pour le bromhydrate d'amylène étudié par M. Wurtz, et pour le chlorhydrate d'oxyde méthylique de M. Friedel [*Bull. Soc. chim.*, t. XXIV, p. 241].

L'augmentation de la pression relève, quoique dans une faible mesure, la limite de la combinaison ou abaisse celle de la décomposition. Ainsi, la limite de la décomposition étant de 23 % à 440° sous une pression de 0 atm. 5, cette proportion s'est abaissée à 20 % pour la même température et pour une pression dix fois plus forte.

M. G. Lemoine a étudié pareillement l'influence de la masse dans la combinaison de l'iode et de l'hydrogène. Lorsque, au lieu de mélanger les deux éléments à équivalents égaux, on emploie un excès de l'un ou de l'autre, on constate que cet excès donne de la stabilité à l'acide iodhydrique.

M. Wurtz était arrivé à la même conclusion en ce qui concerne le perchlorure de phosphore, un excès d'un des éléments, le protochlorure par exemple, donnant de la stabilité à ce composé. Il en est de même de la combinaison d'acide chlorhydrique et d'oxyde de méthyle, étudiée par M. Friedel.

Il est donc établi que l'inégalité dans les rapports atomiques des composants modifie considérablement la grandeur de la limite à laquelle s'effectuent les combinaisons, à une température donnée; mais, en étudiant cette influence de la masse, il a été impossible de dégager des variations par sauts brusques.

On sait que M. Hautefeuille a publié des expériences sur la décomposition de l'acide iodhydrique par les corps poreux, et qu'il a reconnu que la limite de la décomposition ne varie pas pour la même température, soit que cette décomposition s'effectue rapidement par les corps poreux ou lentement par la chaleur. C'est la vitesse de la décomposition qui est modifiée par l'intervention des corps poreux, l'équilibre étant atteint rapidement. Comme ce dernier effet peut être obtenu par une augmentation de pression, c'est-à-dire par le rapprochement des molécules, M. Lemoine en conclut justement que le rôle chimique des corps poreux se trouve expliqué par la condensation physique qu'ils font éprouver aux gaz.

On a discuté, en exposant quelques points de la théorie atomique (t. I, p. 464, et Suppl., p. 246), certains cas de dissociation que les auteurs de cette théorie se sont longtemps refusés à admettre comme tels. Il s'agit du chlorure mercureux, du perchlorure de phosphore, du sulfure et du sulfhydrate d'ammonium, du carbamate d'ammonium (carbonate d'ammonium anhydre) et de l'hydrate de chloral.

MM. Engel et Moitessier ont repris dans ces derniers temps leurs expériences sur l'hydrate de chloral [*Compt. rend.*, t. XC, p. 97], et sur le sulfhydrate d'ammonium [*Compt. rend.*, t. LXXXVIII, p. 1201], et ont publié quelques observations sur le carbamate d'ammonium [*Compt. rend.*, t. XCIII, p. 595].

En ce qui concerne l'hydrate de chloral, ils ont comparé les tensions de vapeur du chloral anhydre aux tensions de dissociation de l'hydrate de chloral aux mêmes températures. Voici les résultats obtenus, qui ne sont exacts, les auteurs le font remarquer, qu'à 2 ou 3 millimètres près (t. I, p. 464, et Suppl., p. 246) :

Tension de vapeur. Chloral anhydre.		Tension de dissociation. Hydrate de chloral.	
T.	F.	T.	F.
17°	33	17,2	8
17,8	35,4	17,9	9,5
35	77,9	34,8	26,8
46,4	121,3	46,2	58
64,5	249,7	64,3	166,2
77,9	430,8	77,2	323,2

Les auteurs avaient reconnu antérieurement que l'hydrate de chloral ne se volatilise pas dans la vapeur du chloral anhydre sous une tension supérieure à la tension de dissociation à la température où l'on opère. En se fondant sur ces données ils ont observé le fait suivant. Si l'on introduit de l'eau dans la vapeur de chloral anhydre à une tension supérieure à la tension de dissociation de l'hydrate, le mercure ne s'abaisse pas dans le tube, comme cela arriverait si la vapeur d'hydrate de chloral existait à cette température; au contraire, il s'élève dans le tube.

Voulant élucider la question relative à la dissociation du sulfure d'ammonium $(AzH^4)^2S$ et du sulfhydrate d'ammonium $AzH^4.SH$, ils ont fait l'expérience suivante. Ils ont mis en présence, dans une éprouvette graduée, à la température de 17°, 1 volume d'hydrogène sulfuré et 2 vol. de gaz ammoniac : il y a condensation des deux tiers et il reste un volume d'ammoniaque. Le sulfure d'ammonium ne se forme donc pas à 17°; c'est le sulfhydrate qui se solidifie et la moitié de l'ammoniaque demeure libre. La même éprouvette, close par du mercure, a été entourée d'un manchon renfermant de l'eau dont la température a été portée à 48°. Le sulfhydrate s'est alors volatilisé et dissocié, et les 3 volumes du mélange gazeux primitif se sont reconstitués. Par le refroidissement, la condensation aux deux tiers s'est effectuée de nouveau.

Les mêmes auteurs ont constaté que le carbamate d'ammonium ne se dissocie ni ne se volatilise en présence de l'un des composants, du gaz carbonique, par exemple, à la pression ordinaire. Si l'on soulève le tube de façon à augmenter le volume du gaz et à diminuer la pression, cette augmentation de volume suivra la loi de Mariotte, tant que la tension restera supérieure à la tension de dissociation; aussitôt qu'elle est inférieure, la dissociation a lieu et la tension du mélange est toujours égale à la tension de dissociation du composé. On a donc eu d'abord de l'anhydride carbonique pur dans le tube en présence du carbamate, sans que cet anhydride fût mélangé d'ammoniaque, ce qui a été vérifié directement; puis un mélange d'anhydride carbonique et d'ammoniaque, le premier à des tensions successivement décroissantes, le second à des tensions successivement croissantes. Dans le premier cas, la tension n'est jamais supérieure à ce qu'indique la loi de Mariotte; dans le second, elle n'a pas été trouvée supérieure à la tension de dissociation.

A la suite de ces recherches, complétées par des expériences sur l'hydrate de butylchloral [*Compt. rend.*, t. XC, p. 1075] et l'alcoolate de chloral, MM. Engel et Moitessier ont formulé la loi suivante : Si l'on met un corps dissociable en présence d'un seul des produits de sa dissociation à une tension *égale* ou supérieure à la tension de dissociation à la température où l'on opère, ou en présence d'un mélange en proportions quelconques des composants, pourvu que la somme de leurs tensions soit égale à la tension de dissociation, la dissociation n'aura plus lieu.

M. Isambert a établi [*Compt. rend.*, t. XCII, p. 919] les tensions maxima (de dissociation) du sulfhydrate d'ammonium $SH(AzH^4)$, et a reconnu que, en présence d'un excès d'un des composants, la pression totale est notablement inférieure à la somme des pressions des gaz libres et de la tension de dissociation du sulfhydrate. On doit interpréter, selon nous, ce fait, en admettant qu'en présence d'un excès d'un des composants, une partie du sulfhydrate ne se volatilise pas en se dissociant, comme il le ferait, à la même température, s'il était seul. D'un autre côté, d'après M. Isambert, la pression totale due à un mélange de sulfhydrate avec l'un de ses éléments est *supérieure* à la tension de vapeur (de dissociation) du sulfhydrate seul. Seulement, à une température un peu élevée, une tension de 80 millimètres d'acide sulfhydrique ou d'ammoniaque donne une tension totale qui surpasse *à peine* la tension de dissociation du sulfhydrate seul. M. Isambert a même reconnu que ce dernier cesse de se volatiliser en présence d'un excès d'un des composants, à une température où sa tension est notable. Ces dernières remarques viennent à l'appui des observations de MM. Engel et Moitessier. Toutefois M. Isambert conteste d'une façon générale l'exactitude de l'énoncé que ces chimistes ont donné de la loi qui préside à ces phénomènes. Il a été conduit [*Compt. rend.*, t. XCIII, p. 732], par ses expériences sur la dissociation du carbamate d'ammonium, à admettre que la tension totale, en présence d'un excès des gaz composants, est toujours *supérieure*, à une température donnée, à la tension maxima (à la tension de dissociation) du carbamate dans le vide à la même température. Ad. Wurtz.

DISTILLATION (voyez t. I, p. 1183). — On sait que la vapeur d'un corps peut entraîner des substances à point d'ébullition très élevé. Ce phénomène est surtout marqué pour les vapeurs à forte chaleur latente, comme la vapeur d'eau, qui peut volatiliser par entraînement des proportions notables de substances bouillant au delà de 200°, telles que toluidine, xylidine, naphtaline, phosphore, essences naturelles, diphénylamine, etc., et même de soufre. La quantité de substance qui distille est, toutes choses égales d'ailleurs, d'autant plus forte que la température de la vapeur d'eau est plus haute. Tantôt on emploie celle-ci sous pression, tantôt on la surchauffe beaucoup plus en lui faisant traverser des tubes de fonte chauffés directement dans un foyer, et l'on peut atteindre facilement ainsi la température du rouge sombre. Dans les laboratoires, on n'apprécie pas encore à leur juste valeur tous les services que pourrait rendre la vapeur d'eau surchauffée, mais plusieurs industries en font usage.

Les lois de la distillation par entraînement sont très simples lorsqu'il s'agit de corps *insolubles* les uns dans les autres, ce qui est fréquemment le cas. La loi de Dalton est alors applicable : chacun des corps se volatilise comme s'il était seul, c'est-à-dire que la tension du mélange est égale à la somme des tensions des composants. Il en résulte que le mélange bout au-dessous du point d'ébullition du corps le plus volatil. Il y a plus : la tension d'une vapeur dépendant du nombre des molécules qu'elle contient à une température donnée, il s'ensuit que les nombres de molécules des deux corps qui passent à la distillation sont précisément proportionnels à leurs tensions. Si l'on représente celles-ci par P et p, les poids moléculaires par M et m, l'équation suivante indiquera le rapport des quantités Q et q qui distillent :

$$\frac{P}{p} = \frac{\frac{Q}{M}}{\frac{q}{m}} = \frac{Qm}{Mq}.$$

L'exactitude de cette relation a été vérifiée par Naumann dans une série d'expériences faites sur l'entraînement de huit substances par la vapeur d'eau à la pression ordinaire. La substance était placée dans un ballon tubulé à long col, en communication avec un réfrigérant descendant, et la vapeur d'eau était introduite au sein de la substance par un tube passant au travers de la tubulure latérale. On notait la pression, la température du liquide et de la vapeur mixte, enfin le rapport des quantités de substance et d'eau qui passaient à la distillation. Ce rapport s'est montré invariable, quelle qu'ait été la longueur ou la forme du col du ballon ou la rapidité du courant de vapeur d'eau, mais cela à la condition seulement que le tube d'arrivée débouchât dans la couche du liquide même et non dans l'eau condensée qui s'accumule peu à peu.

Le tableau suivant résume les résultats des expériences :

DISTILLATION DANS LA VAPEUR D'EAU

CORPS.	POINT D'ÉBULLITION.			PRESSION atmosphérique.	QUANTITÉ d'eau qui entraîne 100 gr. de corps.	RAPPORT du nombre des molécules d'eau et de corps dans le liquide distillé $\frac{q}{m} : \frac{Q}{M}$	RAPPORT des tensions de vapeur de l'eau et du corps à la température de la vapeur mixte $p : P$.
	Corps seul (non corr.).	Mélange des liquides.	Vapeur mixte.				
Benzine	79°,5	68°,5	69°,1	742	9gr,7	0,41	0,42
Toluène	108 ,5	82 ,4	84	752	24 ,4	1,27	1,26
Térebenthène	160	93 ,2	94 ,8	745	80 ,4	6,6	5,83
Tétrachlorure de carbone	76 ,1	65 ,7	66 ,7	747	4 ,1	0,36	0,36
Nitrobenzine	208	98 ,6	99	753	580	38,5	33,8
Bromure d'éthyle	40 ,7	37	37	741	0 ,96	0,064	0,065
Benzoate d'éthyle	213	98 ,7	90 ,1	751	554	49,01	45,99
Naphtaline	218	97 ,4	98 ,8	750	548	38,08	36,4

On remarquera que la température du liquide est toujours un peu inférieure à celle de la vapeur mixte, et que cette dernière est à son tour située au-dessous du point d'ébullition de l'eau sous la pression de l'expérience. Enfin, l'inspection des deux dernières colonnes fera ressortir l'exactitude de l'équation établie plus haut. Cette équation pourra servir à déterminer le poids moléculaire, ou, celui-ci étant connu, la tension de vapeur de certains corps peu volatils [A. Naumann, *Deutsch. chem. Gesellsch.*, 1877, p. 1421, 1819, 2014, 2099; 1878, p. 33].

Des corps bouillant à peu près à la même température se volatilisent souvent avec une facilité très inégale dans la vapeur d'eau. Ainsi un mélange de benzine et d'alcool, distillé avec l'eau, laisse dégager d'abord la benzine, quoique le point d'ébullition de ce corps soit situé au-dessus de celui de l'alcool. C'est une question de tension de vapeur dans les conditions de l'expérience et de poids moléculaire.

DISTILLATION FRACTIONNÉE

Les lois qui régissent la distillation d'un mélange de deux substances *miscibles* sont beaucoup plus complexes. L'attraction que les molécules exercent, dans ce cas, les unes sur les autres, fait que la tension de vapeur de mélange, loin d'être égale à la somme des tensions des composants, est souvent plus faible que celle du corps le plus volatil, et comme conséquence immédiate que l'ébullition de celui-ci est retardée (voy. t. I, p. 1216, les expériences de Regnault et d'Alluard et dans *Ann. Phys. Chem.* (2), t. XIV, p. 34 et 210, les recherches récentes de Konowalow.]

Il est très probable qu'ici encore le nombre de molécules qui se vaporisent est proportionnel à la tension de vapeur *effective* que les composants possèdent dans le mélange; mais comme, en vertu de l'action dissolvante que le liquide de l'un des corps exerce sur la vapeur de l'autre, ces tensions dépendent des proportions des corps en présence, les quantités qui passent doivent varier, en général, à chaque instant dans le cours d'une distillation. C'est ce qui arrive dans la distillation fractionnée.

Théoriquement, l'on conçoit, et l'expérience démontre l'existence de mélanges qui, sous

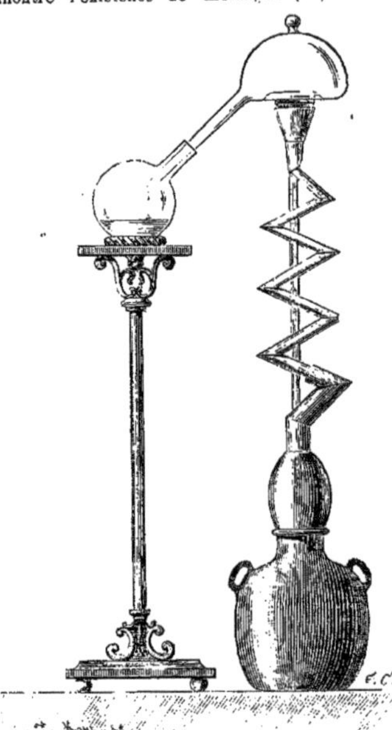

Fig. 44 — Appareil distillatoire employé au XVIIe siècle pour l'extraction de l'alcool des liquides fermentés.

pression constante, passent intégralement à la distillation à une température fixe, comme c'est le cas pour les corps non miscibles; mais on ne saurait rien dire de général sur ce point d'ébullition. De tels mélanges limites se présentent pour tous les liquides qui se dissolvent.

Ainsi, pour fixer les idées, un mélange de 97 °/₀ d'alcool et de 3 °/₀ d'eau (en volumes) ne peut être décomposé par la distillation à la pression ordinaire. Supposons maintenant que l'on distille un alcool plus aqueux, dans un appareil suffisamment parfait (voir plus loin), il passera au début ce même mélange, tandis que l'eau se concentrera dans le résidu, et à la fin restera seule. De là on conclut que le corps le moins volatil, pourvu qu'il se trouve en proportion suffisante, pourra toujours être obtenu à l'état de pureté par la distillation.

Si, au contraire, on emploie un alcool contenant moins de 3 °/₀ d'eau, le phénomène inverse se présente : le mélange limite distille encore au début, mais cette fois l'alcool s'accumule dans le vase distillatoire (Le Bel). On en tire cette déduction que le mélange limite doit bouillir un peu plus bas que l'alcool absolu, et il serait intéressant de confirmer cette conclusion par une expérience directe. Rappelons, à cet égard, que d'autres alcools présentent des phénomènes analogues. Ce que l'on a décrit sous le nom impropre d'hydrates d'alcools propylique et allylique, ne sont que de tels mélanges limites, bouillant plus bas que ces alcools. Mentionnons aussi le liquide bouillant à 85-88°, que l'on obtient dans la rectification des queues d'alcool ordinaire; ce liquide, formé en majeure partie d'alcool propylique et butylique, d'eau et d'une petite quantité d'alcool ordinaire, bout au-dessous de ses principaux composants, et la petite proportion d'alcool ne saurait produire cet abaissement notable. Enfin, un mélange d'acide butyrique et d'eau, contenant 25 °/₀ d'acide, passe à la distillation sans décomposition à 99°, d'après Konowalow. Après avoir ainsi rappelé les principes généraux et montré combien ils sont peu établis, nous allons aborder le côté pratique de la distillation fractionnée, qui heureusement est plus avancé.

APPAREILS. — Dans la construction des appareils de laboratoire, on s'est efforcé d'imiter autant que possible les *déphlegmateurs* industriels pour la rectification des alcools, des benzines, etc., à l'invention desquels, on ne doit pas l'oublier, le nom du malheureux Édouard Adam (mort en 1807) est attaché. Ces déphlegmateurs reposent sur les deux principes suivants; la séparation des parties les moins volatiles est obtenue : 1° par une condensation partielle des vapeurs; 2° par des lavages méthodiques des vapeurs dans les liquides de condensation. De là deux parties distinctes dans ces appareils :

L'analyseur à condensation, sous forme de réfrigérants ascendants à température fixe, ne permettant pas le passage de vapeurs condensables au-dessous de cette température.

La colonne à plateaux multiples, située au-dessous, à travers laquelle refluent les liquides condensés dans le réfrigérant ascendant; ces liquides s'étalent sur chaque plateau et sont traversés par les vapeurs ascendantes.

Les perfectionnements que l'on a faits, au début, aux appareils à distillation fractionnée des laboratoires, reposaient sur le premier de ces principes; ils réalisaient déjà un progrès énorme sur le procédé de distillation dans le simple alambic ou dans la cornue. Des dispositifs de ce genre, employés par les alchimistes pour la rectification de l'eau-de-vie, se trouvent déjà décrits dans les auteurs du XVIIe siècle, peut-être plus tôt encore. Voici ce que dit Lemery dans son Traité de Chimie : « Mais parce que cette préparation (la préparation de l'alcool) est fort longue, et que, à peine en huit ou neuf fois qu'on a réitéré ces distillations, peut-on avoir un esprit-de-vin exempt de phlegme, quelque petit feu qu'on ait fait, les artistes ont inventé une haute machine qu'ils appellent *serpentin*, à cause des circonvolutions anguleuses qu'elle fait. On l'adapte sur la cucurbite contenant l'eau-de-vie, et le haut, fait en entonnoir, reçoit un chapiteau, auquel ayant adapté un récipient, et luté exactement les jointures, on met le vaisseau sur un petit feu : les esprits montent par cette petite chaleur; mais le phlegme étant trop pesant ne peut être exalté si haut; ainsi on a un esprit-de-vin dépouillé de phlegme en la première fois. »

Cet appareil, dont la figure 44, empruntée à la Chimie de Glaser (1668), donnera une idée, n'était du reste pas universellement répandu du temps de Lemery; tout en reconnaissant ses avantages on le trouvait trop compliqué. Un siècle plus tard, Rouelle s'éleva contre son emploi, comme inutile, et le fit abandonner.

Tels sont encore le tube à boules de Wurtz et le serpentin à reflux plongeant dans un bain chauffé de Warren de La Rue, décrits t. I, p. 1184 et 1185, ou encore le serpentin à reflux entouré d'air de Schlœsing.

L'appareil de Warren de La Rue a permis à Is. Pierre et Puchot de retirer et de purifier une grande quantité d'alcool propylique des produits de la fermentation alcoolique. Ce fait prouve la puissance de l'appareil, que nous avons eu l'occasion de constater aussi de notre côté. Malheureusement, le maintien d'une température fixe dans le bain qui entoure le serpentin est indispensable et exige des régulateurs parfaits ou une surveillance suivie : autant de retards dans le montage et dans l'emploi.

Nous lui préférons le serpentin de Schloesing, formé par un tube de verre ou de plomb de 8 à 9 mètres de développement et de 12 millimètres de diamètre intérieur. Ce serpentin ascendant, monté sur un support vertical, équivaut à une colonne de 8 à 10 plateaux (voir plus loin) et peut servir pour tous les liquides bouillant jusqu'à 120° environ. Au-dessus de cette température, la quantité de liquide condensé devient tellement forte que le reflux ne s'opère plus bien; l'appareil devient très sensible aux courants d'air et il faudra envelopper le tube de matières isolantes. Malgré cela, on ne peut guère distiller des liquides dont le point d'ébullition approche de 200°. Du reste, la puissance de l'appareil n'est pas telle qu'il y ait intérêt à en conserver l'usage. Il est surtout utile pour les corps bouillant très bas qui ne se condensent qu'en petite quantité sur les parois de l'appareil, et pour lesquels une grande surface est par conséquent favorable.

Appareils a plateaux. — Une autre série d'appareils a ajouté, à la condensation partielle par les parois, le lavage des vapeurs dans le liquide de reflux, en arrêtant celui-ci sur des plateaux, et l'on trouvera plus loin une expérience qui montre péremptoirement combien on a rehaussé ainsi l'efficacité des appareils. Dans les laboratoires, on a dû supprimer le condenseur à température fixe, superposé aux colonnes industrielles, dont l'emploi, sur une petite échelle, est impraticable.

Appareil de Linnemann. — C'est le premier en date; il consiste en un tube cylindrique portant quelquefois une ou deux boules à la partie supérieure ou moyenne, dans lequel on a disposé, à 20 ou 25 millimètres de distance, des corbeilles en toile de platine qui se maintiennent suspendues par la seule élasticité du métal. On n'a ménagé aucun dispositif pour assurer un reflux régulier des liquides condensés, si bien qu'ils finissent par s'accumuler en telle quantité sur les plateaux que tout l'appareil se trouve rempli; on est alors obligé d'interrompre la distillation pour faire retomber le liquide dans le ballon.

L'appareil donne d'assez bons résultats, mais l'inconvénient que nous venons de signaler est assez sérieux pour le faire abandonner [Ed. Linnemann, *Ann. Chem. Pharm.*, t. CLX, p. 195].

Appareil de Le Bel et Henninger. — C'est un véritable appareil à colonne, formé, comme le tube de Wurtz, par une série de boules superposées; la partie inférieure de chaque boule est légèrement rétrécie et fermée par une corbeille de toile de platine ou un fil de platine roulé en spirale avec queue (voir fig. 45, *a* et *b*), dispositifs qui ont pour but de permettre aux vapeurs de s'élever dans la colonne, mais d'arrêter le courant descendant des liquides condensés. Reste à assurer un retour régulier aux liquides condensés, lorsqu'ils forment au-dessus des plateaux une certaine couche. A cet effet, nous avons essayé des dispositifs très divers, dont il est inutile de donner une description complète.

Après avoir abandonné les tubes à reflux à l'intérieur des boules, qui se désamorcent trop facilement et qu'il est difficile de bien poser, nous avons placé définitivement ces tubes à l'extérieur et nous leur avons donné la forme et la position indiquées par la figure 45. L'appareil devient ainsi plus fragile et exige, pour sa confection, l'art d'un souffleur exercé; mais il est très facile à monter et à nettoyer et rend de bons et longs services lorsqu'il est manié avec précaution. Au bout de quelque temps d'usage, il est très utile de chauffer jusqu'à ramollissement les tubes latéraux; on détruit ainsi les tensions qui s'établissent spontanément, par le travail intérieur, dans tout verre nouvellement soufflé, et l'on en diminue par conséquent la fragilité.

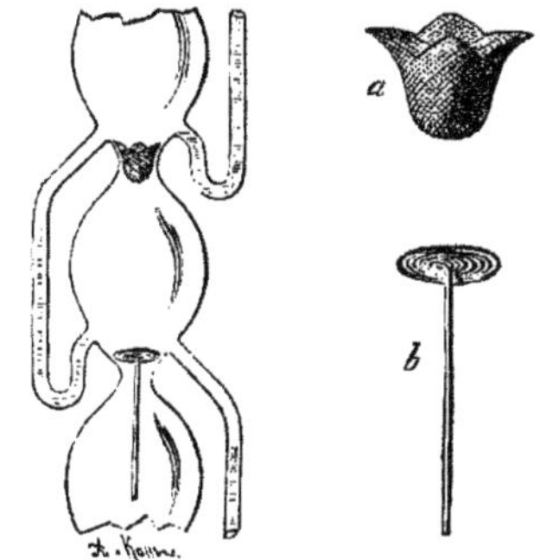

Fig. 45. — Détails de l'appareil Le Bel et Henninger

Un tube à 5 boules, — c'est le modèle que nous préférons, — renferme 5 plateaux formés par des corbeilles de toile métallique ou des spirales de fil, placés au-dessous de chaque boule, dans des rétrécissements dont le diamètre va en *diminuant légèrement* du haut au bas de l'appareil, de sorte qu'il est facile d'introduire les plateaux par le haut. Au moment de la marche, le liquide condensé s'accumule au-dessus des plateaux, jusqu'à ce qu'il atteigne l'ouverture supérieure des tubes à reflux latéraux, par lesquels l'excédent descend alors sur le plateau immédiatement inférieur, où il s'accumule et analyse les vapeurs ascendantes pour descendre encore d'un plateau, et ainsi de suite.

Il faut que les plateaux présentent aux vapeurs un passage suffisant; si la résistance est trop grande, les vapeurs soulèvent la petite colonne liquide et se frayent un chemin par le tube à reflux; le liquide s'accumule alors dans la boule et le fonctionnement régulier de l'appareil est entravé. Il est toujours facile de remédier à cet inconvénient en desserrant la spirale de platine ou en employant une toile plus grossière pour les corbeilles. C'est dans le même ordre d'idées que nous n'employons jamais le même genre de plateaux dans toute la hauteur d'un appareil. Le plateau en spirale offrant moins de résistance que la corbeille, sa place est indiquée au bas des appareils, où une plus grande quantité de vapeur doit franchir une ouverture plus étroite; cette remarque est surtout importante si l'on monte plusieurs appareils en une seule colonne, comme nous allons le dire.

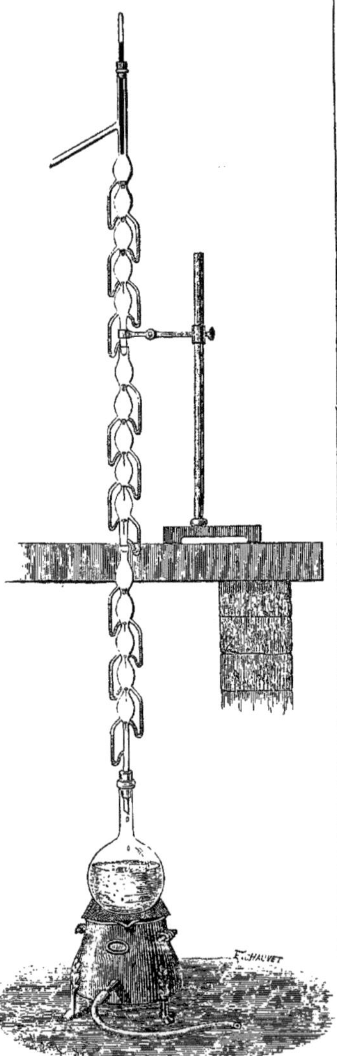

Fig. 46. — Colonne de 15 plateaux, formée de trois parties jointes par des rodages (1/12e de grandeur naturelle).

On construit couramment des appareils à 5 ou même 6 plateaux sur le même tube; mais, toutes les fois que la nature du liquide à distiller le permet, il y a grand avantage à employer le plus de plateaux possibles.

Le résultat obtenu par ces appareils est, en effet, une fonction exponentielle du nombre de plateaux.

On arrive facilement à multiplier les plateaux en superposant plusieurs appareils les uns aux autres, soit à l'aide d'ouvertures rodées si les liquides sont corrosifs, soit à l'aide d'un joint très simple au papier et au caoutchouc que l'on fait de la manière suivante : les tubes étant tels que l'extrémité inférieure de l'un entre dans la partie supérieure de l'autre, on passe un tube de caoutchouc sur celle-ci, puis l'on entoure la partie inférieure du tube d'en haut de plusieurs tours d'une bande de papier, de manière qu'il entre à frottement dans le haut de l'autre. En remontant alors le caoutchouc par-dessus le papier, on couvre complètement le joint, et, après avoir mouillé les bords de sirop de glucose ou de suif, suivant la nature du liquide à distiller, on ficelle le tout. La bande de papier peut être remplacée, dans certains cas, avec avantage par une bande ou un tube de caoutchouc. Ce joint, qui conserve à l'appareil une certaine flexibilité, tient parfaitement le vide; il va sans dire que les joints rodés sont plus commodes et moins altérables, mais l'appareil devient plus cher et plus fragile [J.-A. Le Bel et A. Henninger, *Compt. rend.*, t. LXXIX p. 480].

On trouve aujourd'hui cet appareil dans le commerce, à Paris, et notamment chez MM. Alvergniat frères. La figure 46 représente une colonne de 15 plateaux avec joints rodés, à 1/12e de grandeur naturelle.

Avant d'aller plus loin, mentionnons encore, pour ne rien oublier, l'*appareil de Glinsky*, qui ressemble à celui de Linnemann, auquel l'auteur a ajouté un seul tube à reflux, analogue au dispositif adopté par Le Bel et Henninger, tube qui part du plateau supérieur et conduit les liquides condensés au-dessous du dernier plateau. Cette disposition est peu logique, attendu que l'accumulation peut se faire et a lieu sur les plateaux intermédiaires [Glinsky, *Ann. Chem. Pharm.*, t. CLXXV, p. 381].

Résultats obtenus avec l'appareil de Le Bel et Henninger. — Depuis plus de sept ans que cet appareil est en usage au laboratoire de M. Wurtz, nous avons été à même d'éprouver maintes fois son efficacité; nous citerons ici, à titre de documents, les résultats de quelques expériences instituées spécialement à cette intention, et qui n'ont pas encore été publiées :

1° *Fractionnement de l'alcool butylique commercial. — Extraction de l'alcool propylique* (Le Bel). — C'est un très bon exemple pour montrer la puissance de l'appareil et l'avantage qu'il y a à multiplier le nombre de plateaux. Rappelons que l'alcool butylique bout à 108°, l'alcool propylique à 98° et l'alcool amylique vers 127-130°. En employant concurremment un serpentin de Schloesing de 9 mètres de long et une colonne de 8 plateaux, Le Bel a pu obtenir très facilement la séparation des alcools butylique et amylique; quant à l'alcool propylique, malgré une dessiccation parfaite des produits, on n'avait pas encore, au bout de quatre fractionnements successifs, amené les produits aux environs de 98°, mais les fractions s'étageaient entre 90 et 108°. En employant, au contraire, un appareil à 12 plateaux on est arrivé, dès le troisième fractionnement, à concentrer l'alcool propylique entre les limites 96 à 100°.

2° *Fractionnement d'un mélange d'acétone et d'alcool méthylique purs* (Henninger). — L'alcool méthylique bout à 66°,2; l'acétone à 56°,4, et leur séparation présente de très grandes difficultés. On a employé un mélange de 181 grammes d'acétone (1/3) et de 362 grammes d'alcool méthylique (2/3) et on les a soumis à *trois* fractionnements méthodiques à l'aide d'un appareil à 15 plateaux, sous la pression 759-760^{mm}. Voici les résultats numériques obtenus dans chacune des opérations :

	Température d'ébullition.	Quantités distillées.	
1re distillation...	56-58°	90gr	539 gr.
	58-62°,7	190	
	62,7-66°,3	259	
2e distillation....	56-58°	160gr	533 gr.
	58-62°,7	58	
	62,7-66°,3	315	
3e distillation....	56-58°	160gr	530 gr.
	58-64°	33	
	64-66°,3	337	

On le voit, la séparation était assez parfaite déjà au bout de la deuxième distillation.

3° *Fractionnement d'un mélange de benzine et de toluène purs* (Henninger). — Parmi un grand nombre d'expériences, qui toutes ont permis d'obtenir de la benzine cristallisable en une seule distillation à l'aide de 15 plateaux, nous citerons les deux distillations suivantes, faites, la première, dans un appareil auquel tous les plateaux étaient enlevés et fonctionnant comme analyseur à condensation; la seconde, avec le même appareil garni de ses plateaux fonctionnant par conséquent à la fois par condensation et par lavage des vapeurs. Rappelons que la benzine bout à 80°,5; le toluène à 110°,2.

Mélange de 550 grammes de benzine et de 550 gr. de toluène :

1° Appareil sans plateaux (P = 766^{mm}).	80-85°	168gr	1084 gr.
	85-105°	600	
	105-110°	316	

La fraction 80-85° se solidifiait par le froid et fondait à — 0,4 à — 0°, 5.

2° Appareil avec plateaux (P = 762^{mm}).	80-85°	424gr	1072 gr.
	85-105°	172	
	105-110°	476	

La fraction 80-85° fondait à + 2°,3.

Cette dernière expérience de Henninger montre nettement combien le lavage des vapeurs ascendantes dans les liquides de condensation ajoute à l'efficacité des déphlegmateurs à simple condensation, et explique pourquoi, malgré sa faible surface, un appareil Le Bel et Henninger de 8 à 10 plateaux équivaut à un serpentin de Schloesing de 9 mètres de long.

L'essai suivant a été fait avec un *benzol* brut du commerce, dit à 50 %; l'appareil avait 15 plateaux, et chaque boule mesurait 5 centimètres de haut et 4 de large.

Benzol employé, 1430 grammes.

1re distillation (P = 768^{mm}).	80-85°	519gr	1414 gr.
	85-109°	364	
	109-115°	416	
	Résidu..	115	
2me distillation (P = 771^{mm}).	80-83°	600gr	1388 gr.
	83-88°	88	
	88-109°	80	
	109-111°	486	
	Résidu..	134	

La benzine obtenue (80-83°) fondait vers + 4,3 à 4°,4.

Cette distillation est particulièrement intéressante; elle nous permet de comparer la puissance de notre appareil avec celle de la colonne industrielle. En effet, ce même benzol à 50 % a fourni par *une seule* distillation avec les appareils de la Société anonyme de produits chimiques de Saint-Denis (anciennes maisons Poirrier et Dalsace) une benzine fusible vers + 5,1 à 5°,2, résultat dont nous avons approché par *deux* rectifications successives. La séparation était alors assez parfaite, et l'on voit que les appareils à plateaux pourront servir avantageusement à l'essai des benzines commerciales.

Appareils pour la distillation fractionnée dans le vide. — Faisons précéder la description de ces appareils de quelques remarques générales. La distillation sous pression réduite présente un double avantage. Premièrement, la diminution de la pression amène un notable abaissement du point d'ébullition, qui tombe environ de 80 à 100° lorsque la pression descend à 10-15 millimètres; c'est surtout lorsqu'on approche des basses pressions que cette chute du point d'ébullition est remarquable; si l'on examine la courbe qui représente les points d'ébullition en fonction des pressions, on la voit chuter d'abord rapidement vers l'axe des x, puis montrer une tendance à devenir parallèle, sinon tangente, à cet axe. Ce phénomène, que Regnault a si complètement étudié pour la vapeur d'eau, semble être général; nous avons eu l'occasion de l'observer dans un grand nombre de cas.

Cet abaissement particulièrement notable du point d'ébullition est très précieux pour le chimiste. Depuis qu'il est si facile de maintenir un bon vide dans les appareils à l'aide des trompes à eau, rien de plus simple que de purifier, par distillation dans le vide, certains corps qui s'altèrent en bouillant sous la pression ordinaire; on ne saurait trop recommander ce mode de distillation, non seulement dans les cas que l'on vient d'indiquer, mais aussi pour l'extraction de matières parfaitement volatiles, à l'état de pureté, mais qui s'altèrent lorsqu'elles sont mélangées d'impuretés décomposables par la chaleur. L'utilité de la distillation dans le vide ne se borne pas là : elle permet aussi de rendre plus parfaite la purification par la distillation fractionnée. Les rapports des tensions de vapeur de deux liquides varient très notablement avec la température; en général, la tension du liquide le moins volatil décroît proportionnellement beaucoup plus vite avec la température que celle du corps le plus volatil. Voici un exemple :

Températures.	Tension de l'alcool.	Tension de l'éther.	Rapport entre ces tensions.
+ 34°,7	103^{mm}	760^{mm}	0,103
0	12 5	182	0,038
— 10	6 4	113 5	0,056

D'après ce qui a été dit plus haut sur la tension des vapeurs mixtes, ces chiffres ne peuvent être appliqués directement pour calculer les proportions des deux liquides qui passeraient à la distillation aux températures inscrites dans le tableau; ils permettent néanmoins de montrer la marche du phénomène, et de fait l'expérience a confirmé que l'éther entraîne d'autant moin d'alcool que la distillation aura été effectuée à une plus basse température. On voit tout le parti que l'on pourrait tirer des distillations sous pression réduite, lorsqu'il s'agit d'achever la séparation des corps volatils, surtout pour la décomposition des mélanges limites qui distillent intégralement sous 760 millimètres. Le Bel, en combinant les distillations sous la pression ordinaire et dans le vide, est arrivé à extraire de l'huile de pomme de terre un alcool amylique agissant très activement sur la lumière polarisée, et l'on sait que ce résultat ne peut être atteint par les rectifications très souvent répétées à la pression ordinaire. R. Pictet a même fait une application industrielle des phénomènes qui nous occupent; en distillant l'alcool ou les liqueurs fermentées sous une très basse pression, partant à basse température, il obtient du premier coup de l'alcool éthylique bon goût. Les alcools supérieurs et les principes odorants qui infectent l'alcool brut possèdent, à basse température, une tension de vapeur tellement faible, par rapport à celle de l'alcool vinique, qu'ils ne passent à la distillation qu'en quantité minime.

Les appareils employés dans les laboratoires pour distiller sous faible pression sont en général très simples. Pour distiller de petites quantités

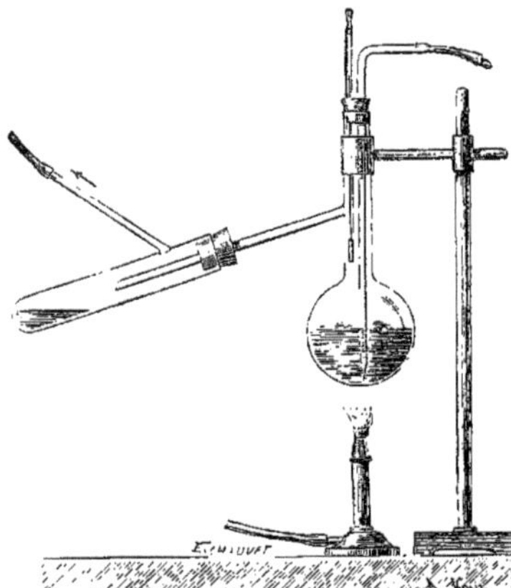

Fig. 47. — Appareil pour distiller dans le vide de petites quantités de matières.

de matières, on emploie des ballons soufflés portant un tube soudé latéralement, sous un angle un peu aigu, l'un des ballons servant de vase distillatoire et l'autre de récipient, comme l'indique la figure 47. On peut, du reste, sans crainte de rupture, distiller des quantités beaucoup plus grandes de matières dans des ballons (non des fioles) de 5 à 6 litres de capacité, et alors on emploie un réfrigérant pour condenser les vapeurs. (Voir Suppl., p. 70, fig. 3, le dessin d'un appareil de ce genre.)

Ces opérations présentent plusieurs difficultés. Tout d'abord, l'ébullition dans le vide est en général très irrégulière, les liquides se surchauffent facilement et soubresautent avec une grande violence. On a proposé bien des moyens pour obvier à cet inconvénient, qui rendrait réellement la distillation impossible dans certains cas; le plus simple d'entre eux a été employé pour la première fois, à notre connaissance, dans le laboratoire de Wurtz, il y a une dizaine d'années, au début des travaux sur l'aldol. Il consiste en un simple tube de verre étiré en pointe capillaire à sa partie inférieure, qui plonge dans le liquide à distiller, la partie supérieure étant ouverte à l'air libre ou en communication avec un appareil producteur d'hydrogène ou de gaz carbonique. Le fonctionnement de ce dispositif est très facile à comprendre : il appelle au sein du liquide même un très faible courant d'air ou de tout autre gaz, qui maintient le liquide en mouvement et empêche ainsi la surchauffe. Le volume du gaz qui arrive dans l'appareil est tout à fait négligeable; pour en donner une idée, on peut fermer le tube capillaire par un caoutchouc de 5 à 6 centimètres de long, fermé lui-même à l'aide d'un bout de baguette, et la quantité d'air qui traverse les pores du caoutchouc ou se glisse entre celui-ci et les parois du verre, suffit amplement.

Mais un inconvénient plus sérieux réside dans les difficultés qui s'opposent à l'emploi de déphlegmateurs, et qui proviennent en partie de l'irrégularité de l'ébullition. L'appareil Le Bel et Henninger peut servir avec avantage, mais il est rare de réussir du premier coup dans la construction des plateaux. La violence avec laquelle montent les vapeurs dans le vide est telle que les plateaux doivent être construits en fils métalliques très grossiers, de façon à leur opposer le moins de résistance possible, et quelquefois ils peuvent être complètement supprimés.

Terminons cet article par quelques règles pratiques sur la distillation fractionnée :

1° N'employer les appareils à colonne que pour les liquides qui distillent sans *décomposition aucune*.

2° Employer dès l'abord l'appareil le plus puissant possible.

3° Pour les liquides bouillant jusqu'à 120°, une colonne de 15 à 20 plateaux sera indiquée; de 120 à 150°, on se servira de 12 plateaux; de 150 à 200°, 6 à 8 plateaux suffiront; enfin, de 200 à 250°, il sera difficile de dépasser le nombre de 4 à 5 plateaux, et encore faudra-t-il employer un appareil de petites dimensions. Toutes les fois que le liquide ne sera volatil qu'au-dessus de 100°, il est bon d'empêcher une condensation trop forte en entourant l'appareil de manchons en papier, mais en ayant la précaution de laisser apparaître le tube à reflux le plus bas, c'est-à-dire celui qui correspond au plateau le plus étroit et dans lequel la colonne liquide court le plus risque d'être soulevée ; c'est en observant ce tube qu'on règle le feu sous l'appareil.

4° Les dimensions de l'appareil doivent être proportionnées à la quantité du produit à distiller, et, en général, d'autant plus grandes que le liquide est plus volatil. Si les liquides bouillent au-dessous de 40°, il faut même surmonter l'appareil de quelques grosses boules pour augmenter la surface de condensation. Dans ce cas, l'appareil de Schloesing, dont la surface est énorme, rend de réels services.

5° Éviter avec soin d'exposer l'appareil à des courants d'air et maintenir un feu parfaitement régulier.

6° Ne pas distiller trop vite; le courant qui reflue doit être un filet continu, celui qui distille doit tomber goutte à goutte.

7° Employer, quand la chose peut se faire, des vases distillatoires en métal; on diminue ainsi les chances de perte de matières souvent précieuses, et l'on peut de plus distiller jusqu'au bout sans s'embarrasser des résidus.

8° Si les points d'ébullition des liquides sont distants de plus de 20°, on doit obtenir un point d'ébullition constant à la troisième distillation avec 12 à 15 plateaux.

9° Quelle que soit la perfection d'une rectification et la constance du point d'ébullition, on ne doit pas admettre la pureté absolue des matières; dans certains cas, le liquide le moins volatil peut *seul* être obtenu parfaitement pur. L'expérience montre néanmoins que les points d'ébullition de ces liquides sont ordinairement exacts, les densités, par contre, peuvent être entachées d'erreurs approchant de 1 °/₀. En combinant des rectifications dans le vide avec d'autres, sous la pression ordinaire, on peut approcher davantage d'une séparation complète des produits.

10° Un chimiste, muni d'un bon outillage et sachant le manier, sera toujours tenté de trop demander à la distillation et de négliger les autres moyens de séparation fondés sur la différence de solubilité, la cristallisation ou l'action de certains réactifs. Si la nature des substances est connue, on possède les éléments pour juger la question; dans l'autre cas, il faudra préalablement séparer les alcalis, les acides, des substances neutres, saponifier les éthers, les nitriles, etc. L'analyse de l'huile animale de Dippel, et surtout le traitement industriel du goudron de houille, sont des modèles pour cette étude.

A. Henninger et J.-A. Le Bel.

DISULFODICARBOTHIONIQUE (ACIDE). — Son éther éthylique est décrit, Suppl., p. 428.

DITAÏNE. — Voyez Échitamine.

DITAMINE, $C^{16}H^{19}AzO^2$. — Cet alcaloïde est contenu en très faible quantité dans l'écorce d'un arbre de la famille des Apocinées, l'*Echites scholaris* ou *Alstonia scholaris*, connu aux Philippines sous le nom de *Dita*. L'écorce de *dita* est réputée fébrifuge; elle perd 12 °/₀ d'eau et laisse à la calcination 10 °/₀ de cendres, en grande partie composées de chaux provenant de l'oxalate calcaire que l'écorce renferme en abondance. En outre, l'écorce de *dita* renferme des alcaloïdes et des corps neutres. J. Jobst et O. Hesse en ont séparé la *ditamine*, l'*échicaoutchine*, l'*échicérine*, l'*échirétine*, l'*échitamine*, l'*échitéine*, l'*échitenine* et l'*échitine*. Pour préparer la ditamine, on épuise l'écorce pulvérisée de *dita* par le pétrole léger, qui dissout environ 3 °/₀ du poids de l'écorce (corps neutres); le résidu de cette opération est repris par l'alcool bouillant dans un appareil à déplacement; l'extrait alcoolique renfermant les alcaloïdes est évaporé, dissous dans l'acide acétique, étendu et filtré. La solution limpide des acétates ainsi obtenue est sursaturée par la soude et agitée avec de l'éther qui s'empare de la ditamine. 10 kilogrammes de dita n'ont pas donné plus de 0gr,400 de cette base.

La ditamine est une poudre blanche, d'une saveur légèrement amère; elle est soluble dans l'éther, le chloroforme, la benzine et l'alcool, mais ne cristallise pas dans ces dissolvants; elle paraît pouvoir cristalliser dans le pétrole bouillant. Avec l'acide sulfurique concentré, la ditamine donne une coloration rougeâtre devenant violette à chaud. La ditamine fond à 75° en un liquide jaune devenant rouge à 130°; sa réaction est alcaline et elle forme des sels très amers précipitables par l'ammoniaque. Les sels de ditamine sont amorphes, excepté le chlorhydrate, qui cristallise dans des circonstances encore mal définies.

Le *chloroplatinate de ditamine* a été analysé; c'est un précipité jaune amorphe.

Le *chloraurate* est un précipité jaune très fusible.

Le *chloromercurate* est un précipité amorphe, soluble à l'ébullition et se déposant par refroidissement à l'état cristallin.

La solution alcaline d'où l'on a enlevé la ditamine renferme encore deux bases en solution : l'échitamine $C^{22}H^{28}Az^2O^4 + 4H^2O$, et l'échitenine $C^{20}H^{27}AzO^4$ [J. Jobst et O. Hesse, *Liebig's Ann. Chem.*, t. CLXXVIII, p. 49; — O. Hesse, *ibid*, t. CCIII, p. 144].

A. Etard.

DITHIONIQUE (ACIDE). [Syn. *Hyposulfurique (acide)*]. — Voyez Soufre, t. II, p. 1621.

DITHYMOLÉTHANE,

$$C^{22}H^{30}O^2 = CH^3.CH(C^{10}H^{12}.OH)^2.$$

— Il se prépare en faisant réagir le thymol sur l'aldéhyde en présence du chlorure d'étain. La masse, reprise par la benzine bouillante, l'abandonne en grandes lames efflorescentes. Il se produit aussi par l'action de la poudre de zinc sur le dithymoltrichloréthane.

Il est soluble à froid dans l'alcool, l'éther, le chloroforme et le pétrole, ainsi que dans la benzine bouillante. Il fond à 185°.

Il se dissout dans la potasse, d'où les acides le précipitent.

L'anhydride acétique s'y combine à 160° en donnant le *diacétyldithymoléthane*, insoluble dans l'eau, cristallisant en aiguilles fusibles à 100°, distillant sans décomposition.

Avec le chlorure de benzoyle, il donne de même le *dibenzoyldithymoléthane*, fusible à 190°.

Le dithymoléthane se combine avec l'iodure d'éthyle en présence de la potasse pour donner le diéthyldithymoléthane, en aiguilles fusibles à 72°, et renfermant de l'alcool de cristallisation. Par l'oxydation, le dithymoléthane fournit de la thymoquinone [Steiner, *Deutsch. chem. Gesellsch.*, 1878, p. 287].

M. Hanriot.

DITHYMOLÉTHYLÈNE,

$$C^{22}H^{28}O^2 = CH^2 = C(C^{10}H^{12}.OH)^2.$$

— Il se produit par l'action de la poudre de zinc sur le dithymoltrichloréthane, en même temps que le dithymoléthane, dont il peut être séparé grâce à sa grande solubilité dans l'acide acétique. Il cristallise en aiguilles fusibles à 170-171°. Oxydé par le ferricyanure de potassium, il donne des cristaux verts fusibles à 214°, ayant pour composition $C^{44}H^{54}O^4$, et des cristaux rouge foncé répondant à la formule $C^{22}H^{26}O^2$ [Jaeger, *Journ. Chem. Soc. London*, 1877, t. I, p. 262].

DITHYMOLTRICHLORÉTHANE,

$$C^{22}H^{27}Cl^3O^2.$$

— Ce composé se forme par l'action du thymol sur le chloral en présence d'acide sulfurique.

Il est très soluble dans l'alcool, l'éther, l'acétone, insoluble dans l'eau. L'acide azotique le convertit en un dérivé nitré.

L'anhydride acétique ou le chlorure de benzoyle y remplacent deux atomes d'hydrogène par deux groupes acétyle ou benzoyle [Jaeger, *Deutsch. chem. Gesellsch.*, 1874, p. 1197].

DOLÉROPHANE (Min.). — Sulfate basique anhydre de cuivre $SO^3, 2CuO$, produit par sublimation pendant l'éruption du Vésuve en 1868. Petits cristaux lisses, opaques, bruns, à poussière d'un jaune brun.

Forme cristalline. — Clinorhombique : $h^1b^{1/2} = 70°3'$; $g^1b^{1/2} = 141°5'$; $pb^{1/2} = 110°9'$.

Caractères. — Décomposable par l'eau en devenant bleue et donnant une solution bleue, soluble dans l'acide azotique. Inaltérable à la température de 200°. Au chalumeau, fond et laisse une scorie noire.

DRACYLIQUES (COMBINAISONS). — Ce sont des combinaisons benzoïques parasubstituées.

DUALINE. — Voyez Poudres, t. II, p. 1179.

DUBOISINE, $C^{17}H^{23}AzO^3$. — Alcaloïde contenu dans le *Duboisia Myoporoides*, arbre d'Australie, et signalé par Holmes [*Pharmaceutical Journal*, mars 1878] comme capable de remplacer l'atropine. La duboisine, selon Ladenburg et G. Meyer [*Deutsch. chem. Gesellsch.*, 1880, p. 380], est identique avec l'hyoscyamine, isomère de l'atropine.

DUDLEYITE (Min.). — Silicate hydraté d'alumine, de magnésie, avec sesquioxyde de fer, etc.

Les rapports de l'oxygène dans RO, R^2O^3, SiO^2, H^2O sont 6:12:14:10. Pourrait être une altération de la margarite, dont il a la forme. Couleur de bronze, éclat nacré

Facilement attaquable à l'acide chlorhydrique avec séparation de silice en écailles. Au chalumeau, s'exfolie légèrement et fond avec difficulté en un émail brun bulleux.

Trouvé à Duellegville (Alabama) et à Cullakefforce (Caroline du Nord).

DULCAMARÉTINE, $C^{16}H^{26}O^6$. — L'acide sulfurique étendu dédouble à chaud la dulcamarine en sucre et dulcamarétine; cette dernière est amorphe, résinoïde, inodore, insipide; insoluble dans l'eau, l'éther et le chloroforme, et soluble dans 18 p. d'alcool. Elle forme une combinaison plombique, $C^{16}H^{24}PbO^6$.

DULCAMARINE, $C^{22}H^{34}O^{10}$. — La douce-amère (*Solanum dulcamara*) renferme un glucoside qu'on a longtemps considéré comme un corps azoté, par suite d'une purification incomplète.

Le meilleur procédé d'extraction de la dulcamarine est le suivant : On fait digérer l'extrait aqueux des tiges de douce-amère avec du noir animal lavé en grains, jusqu'à disparition de la saveur amère. Le charbon saturé est lavé à l'eau chaude, desséché et épuisé par l'alcool, qui s'empare du glocoside et l'abandonne par évaporation.

On peut encore précipiter l'extrait de douce-amère par le tannin, triturer le tannate avec de la chaux, dessécher et épuiser par l'alcool bouillant. Ce liquide alcoolique, privé de tannin par digestion avec l'oxyde de plomb, laisse la dulcamarine par évaporation. Ces deux méthodes de préparation fournissent de la dulcamarine renfermant des proportions variables d'azote; on dissout le produit brut dans l'eau, on ajoute quelques gouttes d'ammoniaque qui sépare peu à peu un précipité gélatineux; après filtration, on précipite par l'acétate de plomb neutre. La combinaison plombique, lavée et mise en suspension dans l'alcool, cède à celui-ci la dulcamarine pure par l'action de l'hydrogène sulfuré.

La dulcamarine est jaunâtre, inodore, d'une saveur d'abord amère, puis sucrée; elle se dissout dans 5 p. d'alcool bouillant et dans 8p,5 d'alcool froid, à 90 centièmes; dans 25 p. d'eau chaude et 30 p. d'eau froide, la solution aqueuse mousse par l'agitation. Elle est insoluble dans l'éther, le chloroforme, le pétrole, soluble dans l'acide et l'éther acétiques. Elle perd 5 °/₀ d'eau à 105°, fond à 160° et brunit à 205°.

Les acides colorent la dulcamarine en jaune rouge, les alcalis la dissolvent. Le chlorure de platine ne la précipite pas. L'acétate de plomb produit dans ses solutions un précipité qui, séché à 160°, renferme $C^{22}H^{32}PbO^{10} + 3H^2O$.

A. Étard.

DULCITE. — G. Bouchardat a observé sa formation dans l'hydrogénation du sucre de lait interverti, en solution aqueuse, sous l'influence de l'amalgame de sodium On sature de temps en temps la soude produite par l'acide sulfurique étendu. On sépare ensuite le sulfate de sodium, par cristallisation d'abord, puis en étendant la solution de son volume d'alcool. Par l'évaporation à consistance sirupeuse, la dulcite cristallise.

La dulcite artificielle cristallise en petits cristaux durs, fusibles à 187° (la dulcite naturelle pure fond à 189°,5). L'eau à 21° en dissout 4 °/₀ (elle dissout 3,7 °/₀ de dulcite naturelle). La forme cristalline est la même que celle de la dulcite naturelle. Elle est sans action sur la lumière polarisée. Les eaux mères de la dulcite artificielle contiennent de la mannite [*Bull. Soc. chim.*, t. XV, p. 21, t. XVI, p. 41].

Traitée en solution neutre par le permanganate de potassium, la dulcite est convertie en une matière sucrée inactive, se rattachant, par ses propriétés réductrices, aux glucoses $C^6H^{12}O^6$ [Fudakowski, *Deutsch. chem. Gesellsch.*, 1876, p. 1603]. Chauffée avec l'acide oxalique, elle fournit beaucoup d'acide formique [Lorin, *Bull. Soc. chim.*, t. XXVII, p. 548]. Lorsqu'on fait fermenter de la dulcite sous l'influence des *schizomycètes*, elle produit un peu d'alcool et beaucoup d'acide butyrique accompagné d'une petite quantité d'homologues supérieurs et inférieurs et d'une trace d'un acide non volatil [A. Fitz, *Deutsch. chem. Gesellsch.*, 1878, p. 42].

Le perchlorure de phosphore n'agit que lentement sur la dulcite. Le produit de la réaction, traité par l'eau, donne une huile jaunâtre qui ne distille pas sans décomposition, mais qu'on peut entraîner par la vapeur d'eau. Cette huile a pour composition $C^6H^8Cl^4$, mais sa nature n'a pas été établie [Th. J. Bell, *Deutsch. chem. Gesellsch.*, 1879, p. 1274].

La chlorhydrine sulfurique dissout la dulcite en donnant l'*acide dulcitane-pentasulfurique* (voir plus loin).

COMBINAISONS DE LA DULCITE.

A côté des éthers décrits t. I, p. 1189, et qui dérivent de la dulcitane, viennent se ranger deux séries d'autres éthers, découverts par G. Bouchardat et dérivant, l'une de la dulcite elle-même, $C^6H^8(OH)^6$, l'autre de la dulcitane $C^6H^7(OH)^5$, par substitution de un ou plusieurs atomes d'éléments halogènes ou de un ou plusieurs résidus d'acides. Indépendamment de ces éthers, qui établissent très nettement le rôle d'alcool polyatomique de la dulcite et de son anhydride, Bouchardat a décrit des combinaisons formées, sans élimination d'eau, par la dulcite avec les hydracides [*Ann. Chim., Phys.* (4), t. XXVII, p. 68 et 145; *Bull. Soc. chim.*, t. XVII, p. 194, 390, 433 et 539; t. XVIII, p. 115].

COMBINAISONS DE LA DULCITE AVEC LES HYDRACIDES. — *Chlorhydrate de dulcite*,

$$C^6H^{14}O^6, HCl + 3H^2O.$$

— L'acide chlorhydrique saturé à 0° peut dissoudre jusqu'à son poids de dulcite. La solution ainsi obtenue laisse déposer à basse température des cristaux volumineux ayant la composition ci-dessus. Ce corps est très instable, car il se décompose dès qu'il est exposé à l'air; aussi n'a-t-on pas pu déterminer sa forme cristalline. L'eau le décompose, et si l'on ajoute son volume d'eau à la solution chlorhydrique, il s'en dépose immédiatement de la dulcite pure.

Le *bromhydrate*, $C^6H^{14}O^6, HBr + 3H^2O$, et l'*iodhydrate*, $C^6H^{14}O^6, HI + 3H^2O$, s'obtiennent comme le chlorhydrate; la dissolution de la dulcite a lieu avec élévation de la température. Ils jouissent de propriétés semblables à celles du chlorhydrate.

ÉTHERS DE LA DULCITE ET DE LA DULCITANE. — *Dulcite dichlorhydrique*, $C^6H^8(OH)^4Cl^2$. — On chauffe pendant trente à quarante heures 1 p. de dulcite avec 15 p. d'acide chlorhydrique saturé à 0°. Par le refroidissement, la dichlorhydrine se dépose en paillettes cristallines qu'on lave à l'eau froide et qu'on sèche à basse température. On obtient aussi la dulcite dichlorhydrique en traitant la dulcitane monochlorhydrique par l'acide chlorhydrique.

Les cristaux de dulcite dichlorhydrique se décomposent, avant de fondre, en dulcitane chlorhydrique, avec perte de HCl. L'eau bouillante agit de même, ainsi que les alcalis, dans la première phase de leur action; la seconde phase donne naissance à la dulcitane exempte de dulcite. L'ammoniaque transforme la dulcite dichlorhydrique en dulcitamine. Le perchlorure de phosphore attaque vivement la dulcite dichlorhydrique. En opérant dans le chloroforme pour atténuer la réaction, il se forme un produit qui reste dissous et qui paraît constituer la trichlorhydrine.

Dulcitane monochlorhydrique, $C^6H^7(OH)^4Cl$. — Elle est contenue dans les eaux mères acides de la dichlorhydrine ci-dessus décrite, et s'obtient lorsqu'on décompose cette dernière par l'eau bouillante. Elle cristallise en longues aiguilles concentriques. Elle fond à 98°, puis se décompose en se charbonnant. Elle est très soluble dans l'eau, l'alcool et l'éther. Elle paraît être inactive. Les alcalis la dédoublent en mettant la dulcitane en liberté.

Dulcite dibromhydrique, $C^6H^8(OH)^4Br^2$. — On l'obtient en chauffant pendant quatre heures à 100° la dulcite avec une solution d'acide bromhydrique d'une densité de 1,7. Elle ressemble à la dichlorhydrine et se comporte de même.

Dulcite chlorobromhydrique, $C^6H^8(OH)^4BrCl$. — Elle se produit lorsqu'on traite la dulcitane monochlorhydrique par l'acide bromhydrique ou la dulcitane bromhydrique par l'acide chlorhydrique. Elle possède les caractères de la dichlorhydrine.

Dulcitane bromhydrique, $C^6H^7(OH)^4Br$. — On l'obtient en traitant la dibromhydrine par l'eau bouillante. Ses propriétés ne diffèrent guère de celles de la dulcitane chlorhydrique.

Dulcitane tétrabromhydrique, $C^6H^7(OH)Br^4$. — Lorsqu'on chauffe la dulcite à 100° avec de l'acide bromhydrique d'une densité de 1,85, on obtient un liquide incristallisable, insoluble dans l'eau, soluble dans l'éther, le chloroforme, l'alcool. Ce liquide possède la composition indiquée, mais il ne régénère ni la dulcite ni la dulcitane par la saponification.

Dulcite chlorhydronitrique, $C^6H^8(AzO^3)^4Cl^2$. — On dissout la dichlorhydrine de la dulcite dans 2 fois ¼ son poids d'acide azotique fumant; on ajoute à la solution 2 p. d'acide sulfurique concentré; après un quart d'heure, on verse le mélange dans l'eau. La dulcite chloronitrique se précipite en flocons incolores qu'on fait cristalliser dans l'alcool bouillant, d'où elle se dépose en paillettes; obtenue par l'évaporation de la solution alcoolique, elle se présente en aiguilles déliées. Elle fond à 108° et se concrète à 100°. Elle détone légèrement par le choc. Elle est insoluble dans l'eau et dans l'éther. Elle est beaucoup plus stable que la dulcite dichlorhydrique, car elle ne perd pas d'acide chlorhydrique par l'action de l'alcool bouillant.

Dulcite bromhydronitrique, $C^6H^8(AzO^3)^4Br^2$. — On l'obtient comme la chloronitrine, en partant de la dibromhydrine : elle lui ressemble beaucoup. Elle fond à 110° et se concrète à 105°.

Dulcite chlorhydrobromhydronitrique,

$$C^6H^8(AzO^3)^4BrCl.$$

— On la prépare à l'aide de la chlorobromhydrine. Elle ressemble à la chloronitrine et fond à 115°.

On obtient des composés moins nitrés cristallisables. Par exemple, $C^{12}H^8(OH)^2(AzO^3)^2Cl^2$, par l'action de l'acide azotique seul sur les chlorhydrines et les bromhydrines de la dulcite.

Éthers mixtes de la dulcitane. — Les dérivés chlorés et bromés de la dulcitane fournissent, comme ceux de la dulcite, des produits nitriques. Ceux-ci sont solubles dans l'alcool et dans l'éther froid, insolubles dans l'eau, incristallisables. Leur purification est difficile.

Dulcite diacétique, $C^6H^8(OH)^4(OC^2H^3O)^2$. — On fait bouillir jusqu'à dissolution complète la dulcite pulvérisée avec son poids d'anhydride acétique, dissous dans 12 à 15 p. d'acide acétique cristallisable. La diacétine se dépose par le refroidissement en lamelles cristallisées brillantes, fusibles à 175°. On la purifie par cristallisation dans l'eau. Elle est peu soluble dans l'alcool chaud, insoluble dans l'éther. L'eau bouillante la saponifie en partie. Sa saponification par les alcalis fournit de la dulcite avec très peu de dulcitane. La dulcite diacétique en solution aqueuse est faiblement dextrogyre $[\alpha]j = +0°47'$.

Dulcite chlorhydropentacétique,

$$C^6H^8(OC^2H^3O)^5Cl.$$

— Elle se produit par l'action du chlorure d'acétyle sur la dulcite; la température ne doit pas s'élever au delà de 60°. Elle est insoluble dans tous les dissolvants à froid. A l'ébullition, elle se dédouble en acide chlorhydrique et dulcite pentacétique. L'acide acétique bouillant la convertit en dulcite hexacétique.

Dulcite pentacétique, $C^6H^8(OH)(OC^2H^3O)^5$. — On l'obtient en traitant la chloropentacétine par l'alcool bouillant qui la dissout. Elle est cristalline et fond à 165°. Chauffée à 250°, elle se sublime en partie, en perdant de l'eau. L'eau bouillante et les alcalis la saponifient en ne produisant que peu de dulcitane.

Dulcite hexacétique, $C^6H^8(OC^2H^3O)^6$. — On chauffe pendant six heures 2 p. de dulcite avec 7 p. d'anhydride acétique et 2 p. d'acide acétique cristallisable. Elle se dépose par le refroidissement sous forme cristalline. Elle fond à 171° et se solidifie à 140°. On peut la sublimer à 250° dans un courant de gaz carbonique. Les cristaux sublimés fondent à 150°. Ils constituent un isomère physique qui, au bout d'un certain temps, reprend les caractères primitifs de la dulcite hexacétique. On obtient une autre modification passagère, amorphe, en maintenant l'hexacétine à 200° et la refroidissant brusquement; cette modification est beaucoup plus soluble que le corps primitif dans les divers dissolvants.

La dulcite hexacétique est presque insoluble dans l'eau froide, soluble dans l'alcool chaud, peu soluble dans l'alcool froid et dans l'éther. La solution alcoolique est inactive.

Dulcitane diacétique, $C^6H^7(OH)^3(OC^2H^3O)^2$. — On l'obtient en chauffant à 150° les eaux mères de la préparation de la dulcite diacétique; on reprend le résidu par l'éther qui la dissout seule. C'est un corps amorphe, visqueux, soluble dans l'eau, dans l'alcool et l'éther. Sa saveur est très amère. Sa solution aqueuse et dextrogyre : $[\alpha]j = 1°31'$. Sa saponification et celle du composé suivant fournissent de la dulcitane accompagnée d'une trace de dulcite. Cette saponification se produit déjà par l'eau bouillante.

Dulcitane tétracétique, $C^6H^7(OH)(OC^2H^3O)^4$. — Elle se produit par l'action de l'anhydride acétique sur la dulcitane diacétique. On peut l'obtenir aussi en évaporant les eaux mères de la préparation de la dulcite hexacétique. On lave le résidu avec du carbonate de sodium et on le reprend par l'éther.

La dulcitane tétracétique présente la consistance d'une résine molle. Elle possède une saveur très amère. Elle est insoluble dans l'eau froide, très soluble dans l'alcool et dans l'éther. Pouvoir rotatoire : $[\alpha]j = 6°21'$.

Dulcite hexabenzoïque, $C^6H^8(OC^7H^5O)^6$. — On dissout la dulcite dans huit fois son poids de chlorure de benzoyle, et l'on chauffe d'abord à 150°, puis à 200° pour chasser l'excès de chlorure de benzoyle. On traite le résidu par dix fois son volume d'éther froid et l'on abandonne la solution éthérée à elle-même. Après un ou deux jours, la dulcite hexabenzoïque se dépose; on la purifie par cristallisation dans l'alcool. Elle forme de petits cristaux fusibles à 147°, et se sublime en partie à 220°. Elle est insoluble dans l'eau et dans l'éther, peu soluble dans l'alcool bouillant. Maintenue longtemps à 200° et refroidie brusquement, elle présente l'aspect de la colophane et est alors soluble dans l'éther; mais sa solution éthérée ne tarde pas à abandonner des cristaux de dulcite hexabenzoïque, douée de ses caractères primitifs.

La dulcite hexabenzoïque n'est pas saponifiée par l'eau bouillante, et les alcalis étendus ne la saponifient que lentement à 150°.

L'acide azotique fumant la transforme en dulcite hexanitrobenzoïque, par nitration du groupe benzoïque. La réduction du produit nitré régénère la dulcite.

Dulcitane tétrabenzoïque,

$$C^6H^7(OH)(OC^7H^5O)^4.$$

— Elle est contenue dans les eaux mères du dérivé précédent, lorsqu'on traite le produit brut par l'alcool. On évapore les eaux mères et on reprend le résidu par l'éther froid qui dissout la dulcitane tétrabenzoïque. On agite la solution éthérée avec du carbonate de potassium, puis on l'étend de son volume d'alcool. La dulcitane benzoïque se sépare alors sous la forme d'une résine. Elle est inodore et sans saveur. Chauffée vers 150°, elle répand une odeur aromatique. On peut la sublimer sans décomposition. Elle est insoluble dans l'eau, peu soluble dans l'alcool chaud, très soluble dans l'éther. Elle n'est saponifiée complètement qu'à 150° par les lessives alcalines étendues.

Acide dulcitane-pentasulfurique, $C^6H^7(SO^4H)^5$. — Cet acide, qui est incristallisable, se produit lorsqu'on dissout la dulcite dans la chlorhydrine sulfurique. Son *sel de baryum,*

$$[C^6H^7(SO^4)^5]^2Ba^5 + 6H^2O,$$

est amorphe, soluble dans l'eau, optiquement inactif. L'eau à 100° décompose peu à peu ce sel en produisant de la dulcitane [P. Claesson, *Journ. prakt. Chem.* (2), t. XX, p. 1; *Bull. Soc. chim.*, t. XXXIV, p. 505].

DULCITAMINE, $C^6H^{15}AzO^5$. — G. Bouchardat a obtenu cette base en traitant les éthers chlorhydriques et bromhydriques de la dulcite par l'ammoniaque alcoolique. Elle se forme notamment à l'aide de la dulcitane monochlorhydrique :

$$C^6H^7(OH)^4Cl + H^2O + AzH^3 = C^6H^8(OH)^5AzH^2, HCl.$$

Comme la dulcitamine se produit dans ce cas avec fixation d'eau, elle constitue un dérivé de la dulcite et non de la dulcitane.

On prépare le chlorhydrate de dulcitamine en chauffant à 100° la dulcitane monochlorhydrique avec dix fois son poids d'alcool saturé de gaz ammoniac. On évapore à sec et on reprend le résidu par l'alcool absolu, de manière à séparer le sel ammoniac s'il y en a (c'est le cas, lorsqu'on part, par exemple, de la dulcite dichlorhydrique), puis l'on verse sur la solution alcoolique une couche d'éther. Le chlorhydrate de dulcitamine se sépare alors lentement en longues aiguilles. Ce sel est très soluble dans l'eau et dans l'alcool, peu soluble dans l'alcool éthéré. Sa saveur est à peine sucrée.

La dulcitamine libre s'obtient lorsqu'on traite la solution de son chlorhydrate par l'oxyde d'argent. Elle reste, par évaporation, sous la forme d'un sirop incristallisable. C'est une base puissante, déplaçant l'ammoniaque de ses sels et attirant l'acide carbonique de l'air.

Le *chloroplatinate*, $[C^6H^8(OH)^5AzH^2]^2H^2PtCl^6$, est très soluble dans l'eau et dans l'alcool, insoluble dans l'éther. Il cristallise en longues aiguilles d'un jaune orangé. Le *chloraurate* cristallise difficilement. Ed. Willm.

DUMORTIÉRITE (Min.). — Silicate d'alumine, $4Al^2O^3, 3SiO^2$. En petits cristaux allongés sur un feldspath formant un filon dans un gneiss, à Beaunan, près Lyon. Fortement dichroïque, blanc quand les cristaux ont leur grande dimension parallèle au plan de polarisation; d'un beau bleu dans la direction perpendiculaire.

Forme cristalline. — Prisme rhomboïdal droit de 120° environ.

DUODÉCANE. — Syn. de DIHEXYLE.

DUPLOSULFACÉTONE. — Voyez ACÉTONE, Suppl., p. 17.

DUPORTHITE (Min.). — Silicate hydraté d'alumine, de magnésie, de protoxyde de fer. Trouvé à Duporth, près Slotutle (Cornouailles), $SiO^2 = 49,25$; $Al^2O^3 = 27,26$; $MgO = 11,14$; $FeO = 6,20$; $CaO = 0,39$; $Na^2O = 0,49$; $H^2O = 3,90$.

DURANGITE (Min.). — Arséniate d'aluminium et de sodium, avec un peu de sexquioxyde de fer et de fluor. Les rapports d'oxygène dans R^2O, R^2O^3, As^2O^5 sont environ 1:3:5; dans ces rapports on n'a pas tenu compte du fluor. Petits cristaux d'un rouge orangé, d'un éclat vitreux, trouvés à Durango (Mexique), dans un sable stannifère.

Dureté, 5. Poussière, jaune clair. Densité, 3,95 à 4,03.

Caractères. — Décomposé par l'acide sulfurique avec dégagement d'acide fluorhydrique. Dans le tube bouché, noircit quand on le chauffe, puis reprend sa couleur. A une température plus élevée, fond en un vert jaune en donnant un sublimé blanc qui attaque le tube. Sur le charbon, fond et donne une odeur arsénicale par les flux réacteurs du fer et du manganèse.

Forme cristalline. — Clinorhombique : $mm = 110°10'$. Clivages, *m*. F. et S.

DURÈNE-DIBENZOYLE. — Voyez DURYLBENZOYLE.

DÜRFELDTITE (Min.). — Sulfure d'antimoine, d'argent, de plomb et de manganèse. Orthorhombique. Masses semi-fibreuses à éclat semi-métallique, dans une gangue quartzeuse. De la mine d'Irèsmachaq, province de Lajatambo (Pérou).

DUROL (*tétraméthylbenzine*), $C^6H^2(CH^3)^4$. — Voyez t. II, p. 890. — Ce carbure s'obtient par l'action du sodium en présence de l'iodure de méthyle, sur le pseudocumène monobromé $C^6H^2Br(CH^3)^3$, ou plutôt sur le dibromoparaxylène. On chauffe, dans un bain de paraffine, 25 gr. de dibromoparaxylène, 40 gr. d'iodure de méthyle et 11 p. de sodium. On opère dans un ballon muni d'un tube recourbé plongeant dans le mercure, pour augmenter la pression et l'on élève peu à peu la température, de manière à atteindre 150°. Après une ou deux heures, la réaction est achevée; on rectifie alors le produit sur le sodium et on fractionne. On peut aussi effectuer la réaction à 100°, au cohobateur, en dissolvant le dibromoparaxylène dans la benzine.

Le durol est soluble dans l'alcool, l'éther, la benzine. Il cristallise dans l'alcool en prismes clinorhombiques ou dissymétriques. Il fond à 79-80° et bout à 189-191°. Il distille avec la vapeur d'eau. Il est plus léger que l'eau.

Dinitrodurol, $C^6(AzO^2)^2(CH^3)^4$. — Il se produit par dissolution à froid du durol dans l'acide azotique concentré. Il est soluble dans l'éther, moins soluble dans la benzine et encore moins dans l'alcool, même bouillant. Ce dernier l'abandonne en prismes orthorhombiques brillants et incolores. Il fond à 205° et se sublime en aiguilles brillantes.

Dibromodurol, $C^6Br^2(CH^3)^4$. — Ce dérivé, qu'on obtient en traitant à froid le durol par un excès de brome, cristallise dans l'alcool bouillant en longues aiguilles soyeuses. Il fond à 199° et peut être sublimé [Fittig et Jannasch, *Zeitschr. Chem.*, 1870, p. 161; *Bull. Soc. chim.*, t. XIII, p. 532; — Jannasch, *Deutsch. chem. Gesellsch.*, 1874, p. 692 et 1354; *Bull. Soc. chim.*, t. XXII, p. 374; t. XXX, p. 80].

Oxydé par l'acide azotique étendu et bouillant, le durol fournit de l'acide durylique (ou cumylique), $C^6H^2(CH^3)^3CO^2H$, qui prend aussi naissance lorsqu'on fond le pseudocumène-sulfonate de sodium avec du formiate de sodium. L'acide durylique présente donc les mêmes relations de position que l'acide pseudocumène-sulfonique, soit :

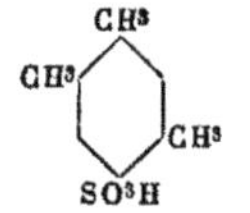

CH^3, CH^3, CH^3, SO^3H

Acide pseudocumène-sulfonique.

CH^3, CH^3, CH^3, CO^2H.

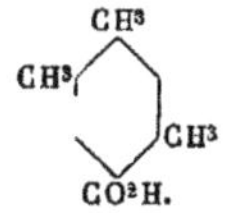

Acide durylique.

Il en résulte que le durol lui-même constitue la tétraméthylbenzine 1.3.4.6 [Reuter, *Deutch. chem. Gesellsch.*, 1878, p. 31; *Bull. Soc. chim.*, t. XXXI, p. 454].

P. Jannasch a obtenu une autre tétraméthylbenzine en traitant le bromomésitylène par l'iodure de méthyle et le sodium. Cet isomère du durol bout à 190-191° et reste liquide dans un mélange réfrigérant [*Deutsch. chem. Gesellsch.*, 1875, p. 355; *Bull. Soc. chim.*, t. XXV, p. 33].

Ed. Willm.

DURYLBENZOYLE, $C^6H(CH^3)^4\text{-}CO\text{-}C^6H^5$. — Cette acétone prend naissance, d'après Friedel, Crafts et Ador, lorsqu'on ajoute peu à peu du chlorure d'aluminium à une solution de durol dans le chlorure de benzoyle, chauffé vers 120°. Le produit de la réaction est versé dans l'eau, lavé à la soude étendue, et purifié par cristallisation dans l'alcool bouillant, qui laisse le durène-dibenzoyle insoluble (voir ci-dessous). Le durylbenzoyle est en cristaux fusibles à 119° et bout à 313°. La potasse fondante le dédouble en durol et acide benzoïque. Le brome l'attaque vivement : il se produit du bromure de benzoyle, du dibromodurol et des dérivés bromés du composé primitif. L'acide iodhydrique et le phosphore transforment à 200-240° le durylbenzoyle en un hydrogène carboné, fusible à 60°, bouillant à 310°, et renfermant $C^6H(CH^3)^4\text{-}CH^2\text{-}C^6H^5$.

DURÈNE-DIBENZOYLE, $C^6(CH^3)^4(CO\text{-}C^6H^5)^2$. — C'est le produit insoluble dans l'alcool que l'on obtient dans la réaction du chlorure de benzoyle et du chlorure d'aluminium sur le durol ou sur le durylbenzoyle. Il cristallise dans la benzine bouillante, qui le laisse déposer en prismes fusibles à 269-270°, et se sublimant à une température plus élevée [Ch. Friedel, Crafts et Ador, *Compt. rend.*, t. LXXXVIII, p. 880].

DURYLIQUE (ACIDE) — [Syn. *Acide cumylique*], $C^6H^2(CH^3)^3CO^2H$. — Voyez t. II, p. 890.

DYSANALYTE (Min.). — Minéral voisin du pyrochlore, en petits cubes noirs, trouvés dans le calcaire des environs de Vogtsburg (Kaiserstuhl) et considérés jusqu'ici comme de la perowskite. D'après l'analyse de Knop, ils renferment, $8(TiO^2,RO)+Nb^2O^5RO$ (41,5TiO^2; 23,2Nb^2O^5; 5,7CeO; 19,8CaO; 5,8FeO et 3,6Na^2O.

Densité, 4,13.

DYSLITE. — Voyez CITRACONIQUE (ACIDE), t. I, p. 928, et Suppl., p. 503.

E

EAU. — *Électrolyse de l'eau.* — Les recherches de Bourgoin prêtent un appui solide à cette idée que, dans l'électrolyse de l'eau rendue conductrice par un alcali, ce n'est pas l'eau elle-même qui est décomposée, mais l'acide ou l'alcali, ou plutôt un de leurs hydrates. Ainsi, l'électrolyse de l'acide sulfurique étendu agit en décomposant l'hydrate $SO^4H^2.2H^2O$. Dans l'électrolyse de l'acide azotique, c'est l'hydrate $2AzO^3H.3H^2O$ qui est décomposé, etc. [*Bull. Soc. chim.*, t. XVII, p. 244].

Dans l'électrolyse de l'acide sulfurique au dixième, il se forme, d'après C. Hoffmann, des quantités équivalentes d'ozone et de peroxyde d'hydrogène. Avec un acide plus concentré, l'ozone prédomine [*Poggend. Ann.*, t. CXXXII, p. 607].

Berthelot a montré que le déficit en oxygène que l'on observe lorsqu'on décompose par la pile l'eau acidulée d'acide sulfurique tient, non à la production de peroxyde d'hydrogène, comme cela paraissait ressortir des expériences de Faraday, Meidinger, C. Hoffmann, mais à la formation d'acide persulfurique. La matière oxydante tenue en dissolution ne possède pas, en effet, les propriétés du peroxyde d'hydrogène. Ainsi, elle ne décolore pas le permanganate de potassium, si ce n'est en très petite quantité et dans des circonstances spéciales. Elle ne fournit ni acide perchromique ni bioxyde de calcium. En outre, l'acide sulfurique est indispensable à la production de ce principe oxydant, car il ne prend pas naissance lorsqu'on remplace l'acide sulfurique par l'acide phosphorique ou par un alcali [*Bull. Soc. chim.*, t. XXIX, p. 348].

Gladstone et Tribe ont étudié l'électrolyse de l'eau distillée entre des électrodes formées de métaux oxydables. Tandis qu'on n'observe aucun phénomène avec le platine, l'eau est décomposée lorsque les électrodes sont formées de zinc, de plomb, de cuivre, de fer. Il n'y a aucun dégagement d'oxygène au pôle positif, mais il y a transport de métal au pôle négatif, où il se dépose en cristaux dendritiques. Ces savants expliquent ce fait en admettant qu'il y a oxydation du métal au pôle positif avec production d'un hydrate plus ou moins soluble, qui se décompose ensuite par le courant en donnant de l'oxygène, qui oxyde une nouvelle portion de métal au pôle positif et du métal qui se dépose au pôle négatif [*Journ. chem. Soc.*, 1876, t. II, p. 152].

Les mêmes auteurs ont reconnu que l'eau est décomposée lentement par un couple zinc-cuivre obtenu en recouvrant de cuivre des feuilles de zinc par immersion dans une solution de sulfate de cuivre. Il se dégage de l'hydrogène et il se forme de l'hydrate de zinc. La décomposition est lente. Avec une feuille de zinc de 2 ½ millimètres sur 5 centimètres, on obtient dans les premières vingt-quatre heures 117 centimètres cubes d'hydrogène; cette quantité diminue peu à peu jusqu'à ne plus être que de 10 à 12 centimètres cubes par vingt-quatre heures. Vers 100°, la décomposition est infiniment plus rapide qu'à la température ordinaire [*Chem. News*, t. XXV, p. 145, et t. XXVI, p. 109].

L'aluminium, associé au platine, agit comme le couple zinc-cuivre [*loc. cit.*, t. XXXII, p. 150].

Le platine décompose l'eau, avec dégagement d'hydrogène, en présence du cyanure de potassium; il se forme du platocyanure de potassium

$$4KCy + 2H^2O + Pt$$
$$= PtCy^4K^2 + 2KHO + H^2$$

[Deville et Debray, *Compt. rend.*, t. LXXXII, p. 241].

Ebullition de l'eau. — Le retard dans l'ébullition de l'eau s'observe très bien, d'après Tyndal, avec l'eau provenant de la fusion de la glace sous une couche d'huile. Cette eau est exempte de gaz et bout à une température bien supérieure à 100°. L'ébullition a lieu alors si brusquement que tout le liquide est projeté hors du vase. Il est bon de recouvrir ce dernier d'une cloche pour faire l'opération sans danger [*Bull. Soc. chim.*, t. XIX, p. 114]. Ed. Willm.

EAU OXYGÉNÉE. — *Préparation.* — Pour obtenir le peroxyde d'hydrogène pur, Thomsen recommande, comme l'avait déjà fait Weltzien, d'employer le peroxyde de baryum précipité. A cet effet, on précipite l'eau oxygénée brute par l'eau de baryte, en ayant soin de fractionner la précipitation de manière à rejeter la première partie contenant les impuretés, telles que l'alumine et l'oxyde de fer. Le peroxyde de baryum précipité est facilement attaqué par l'acide sulfurique étendu et froid; on peut employer pour cela de l'acide étendu au cinquième. L'excès d'acide est ensuite précipité par la baryte [*Deutsch. chem. Gesellsch.*, 1874, p. 73].

C. Hoffmann obtient une eau oxygénée faible en traitant par l'acide fluosilicique le peroxyde de potassium, tel que le fournit la calcination du potassium dans un courant d'air [*Ann. Chem. Pharm.*, t. CXXXVI, p. 188].

Formation. — Les réactions oxydantes que possède l'acide sulfurique étendu qui a été soumis à l'électrolyse ne sont pas dues, comme on l'a admis jusqu'à présent, à du peroxyde d'hydrogène, mais bien, ainsi que l'a montré Berthelot, à la présence de l'acide persulfurique [*Ann. Chim. Phys.* (5), t. XIV, p. 354].

Présence dans l'air et dans les eaux météoriques. — Cette présence avait été annoncée par Schoenbein. Niée par Houzeau, elle a été au contraire affirmée de nouveau par H. Struve [*Journ. prakt. Chem.*, t. CVII, p. 503] et par Em. Schoene [*Bull. Soc. chim.*, t. XXIII, p. 302]. D'après Struve, la neige renferme plus de peroxyde d'hydrogène que la grêle et que la pluie d'orage, et celle-ci plus que les pluies ordinaires. Les résultats annoncés par Schoene sont différents. Il a constaté dans la pluie des quantités de peroxyde d'hydrogène variant de $0^{mgr},04$ à 1^{mgr} par litre, suivant les conditions. La proportion est la plus faible dans les pluies tombant après une grande sécheresse. Les pluies tombées avec les vents équatoriaux sont plus chargées d'eau oxygénée que celles qui sont amenées par les vents polaires. La proportion de peroxyde d'hydrogène va en diminuant depuis le solstice d'été jusqu'à l'équinoxe d'automne. La neige en contient moins que la pluie. La rosée et le givre naturels ne paraissent pas en contenir. Schoene pense que le peroxyde d'hydrogène se trouve dans l'atmosphère à l'état de vapeur, et que sa production est due à l'action de la lumière.

Action sur les métaux. — L'or, l'argent, le platine attaquent l'eau oxygénée avec un dégagement plus ou moins vif d'oxygène. L'attaque est énergique si la liqueur est alcaline; elle l'est moins avec une liqueur neutre. Enfin, si la liqueur est acide, le dégagement d'oxygène est lent. Dans le premier cas, l'oxyde métallique formé, étant instable, se décompose instantanément. Dans le dernier cas, il se combine avec l'acide. Il s'ensuit que l'eau oxygénée en solution acide est un dissolvant des métaux : ainsi, l'argent se dissout dans l'acide sulfurique au dixième additionné d'une solution d'eau oxygénée à 20 %. Un mélange d'acide chlorhydrique et d'eau oxygénée dissout l'or et le platine. Le mercure et le cuivre se dissolvent de même [Fairley, *Journ. Chem. Soc.*, 1877, p. 1].

Action des halogènes. — Le chlore, le brome, l'iode décomposent l'eau oxygénée en mettant l'oxygène en liberté. L'ozone agit de même. Cette décomposition s'accomplit plus facilement que celle de l'eau. L'hydrogène paraît donc retenu moins énergiquement par O^2 que par O, et c'est à cette affinité relativement faible qu'il faut, suivant Weltzien, attribuer le pouvoir réducteur du peroxyde d'hydrogène. Avec cette interprétation, tout l'oxygène mis en liberté proviendrait du peroxyde; c'est ce qu'expriment les équations suivantes :

$$Ag^2[O + H^2]O^2 = Ag^2 + H^2O + O^2,$$
$$2KMnO^2[O^2 + 4H^2]O^2 = 2KHO + Mn^2H^6O^6 + 4O^2.$$

Cette opinion, on le voit, est l'opposé de celle de Schoenbein et de Brodie, qui fait résider le pouvoir réducteur de l'eau oxygénée dans l'affinité de l'oxygène de cette dernière pour l'oxygène des corps en présence. Les expériences de Schoene [*Liebig's Ann.*, t. CXCVI, p. 239] ont confirmé les vues de Weltzien à cet égard.

Action des oxydes. — Cette action a fait l'objet d'une étude approfondie de la part de Em. Schœne [*Liebig's Ann. Chem.*, t. CXCII, p. 257, et CXCIII, p. 241]. En voici les résultats essentiels :

Les oxydes alcalino-terreux donnent naissance à l'hydrate de peroxyde $M''O^2 + xH^2O$. Mais la formation de ce composé est précédée de celle d'une combinaison de peroxyde alcalino-terreux et de peroxyde d'hydrogène. Le composé

$$BaO^2.H^2O^2,$$

par exemple, se produit lorsqu'on ajoute de l'ammoniaque à une solution de peroxyde d'hydrogène renfermant du chlorure de baryum. C'est une poudre cristalline composée de prismes clinorhombiques microscopiques, offrant les faces *m* et *p*. Elle est extrêmement altérable et se dédouble au-dessus de 0° en hydrate de peroxyde

$$BaO^2.H^2O$$

et oxygène; cette décomposition se manifeste par l'opacité que prennent les cristaux.

La soude agit sur le peroxyde d'hydrogène en produisant un mélange des composés

$$Na^2O^2.8H^2O$$

et

$$Na^2O^2.2H^2O^2.$$

Ce dernier s'obtient en cristaux transparents, très altérables, contenant 4 molécules d'eau de cristallisation, lorsqu'on évapore dans le vide une solution de soude avec excès de peroxyde d'hydrogène.

La combinaison $K^2O^2.2H^2O^2$ est encore plus altérable.

La production de ces composés instables rend compte de l'action catalytique qu'exercent les alcalis sur le peroxyde d'hydrogène.

Le protoxyde de thallium donne naissance à du peroxyde de thallium insoluble; cette oxydation est produite par le peroxyde d'hydrogène en vapeur et ne peut donc pas servir à caractériser l'ozone.

L'azotate d'argent ammoniacal, sans excès d'ammoniaque, est réduit par le peroxyde d'hydrogène. C'est là, d'après Bœttger, une réaction très sensible.

Action de l'ammoniaque. — Elle donne naissance à de l'azotite et à de l'azotate d'ammonium (Goppelsrœder, Carius).

Action de l'hydrogène sulfuré. — L'hydrogène sulfuré pur n'agit pas immédiatement sur le peroxyde d'hydrogène. Si l'on ajoute un sel de plomb au mélange, il se dépose du sulfure de plomb, qui ne se transforme qu'après coup en sulfate (Fairley).

Action des sels haloïdiques. — Les sels haloïdiques exercent, comme on sait, une action décomposante catalytique sur le peroxyde d'hydrogène. On doit à Em. Schoene quelques recherches sur ce sujet [*Liebig's Ann. Chem.*, t. CXCV, p. 228].

Les données relatives à l'action de l'iodure de potassium sur le peroxyde d'hydrogène sont contradictoires. D'après Meissner, Struve, Lœw, il n'y a pas d'action si le peroxyde d'hydrogène est pur; suivant Schoenbein, il n'y a d'action que si ce dernier est concentré ou sous forme de vapeur (Houzeau). Enfin, les recherches de Al. Schmidt et de Weltzien tendent à établir que cette action a toujours lieu. Weltzien admet que la décomposition réciproque du peroxyde d'hydrogène et de l'iodure de potassium a lieu en trois phases, représentées par les équations :

1° $2KI + H^2O^2 = K^2O^2 + 2HI,$

2° $K^2O^2 + H^2O = 2KHO + O,$

3° $2HI + O = H^2O + I^2.$

Schoene partage en partie les vues de Weltzien; d'après lui, la concentration n'a d'autre effet que d'accélérer la réaction. En général, celle-ci est progressive et d'autant plus lente que la concentration est plus faible.

Schœne représente cette action catalytique par les réactions successives :

$$2KI + 2H^2O = 2KHO + 2HI,$$
$$2KHO + H^2O^2 = K^2O^2 + 2H^2O,$$
$$H^2O^2 + 2HI = 2H^2O + I^2,$$
$$I^2 + K^2O^2 = 2KI + O^2.$$

Les chlorures de potassium et de sodium agissent de même, mais beaucoup plus lentement et sans qu'on puisse constater la mise en liberté de l'élément halogène.

Réactions diverses. — Struve a fondé un procédé de recherche de l'eau oxygénée sur la transformation de l'oxyde de plomb en peroxyde. On ajoute à 100cc de l'eau à essayer 3 gouttes d'une solution alcaline d'oxyde de plomb, et, au besoin, quelques gouttes de sous-acétate de plomb. On recueille le précipité sur un filtre et on y caractérise le bioxyde de plomb en le traitant par l'acide acétique et l'iodure de potassium amidonné [*Compt. rend.*, t. LXVIII, p. 1551].

L'eau oxygénée colore en rouge une solution de sulfate ferreux additionnée de sulfocyanate de potassium (Weltzien).

L'acide titanique dissous dans l'acide sulfurique étendu est coloré en jaune ou en orangé par le peroxyde d'hydrogène. Le produit de réduction violet de l'acide titanique est de même coloré en orangé. L'acide molybdique donne une réaction analogue; l'oxyde bleu est d'abord décoloré avant d'être transformé dans la modification jaune [Schœne, *Zeitschr. anal. Chem.*, t. IX, p. 41].

Dosage. — Houzeau effectue ce dosage en employant une solution titrée d'acide sulfurique et de l'iodure de potassium. On chauffe pour chasser l'iode mis en liberté et on titre ensuite les liqueurs par une solution alcaline titrée : la perte du titre résulte de la neutralisation d'une partie de l'acide par la potasse provenant de la décomposition de l'iodure [*Compt. rend.*, t. LXVI, p. 46].

Hamel emploie une solution titrée de permanganate et mesure l'oxygène dégagé pendant sa décomposition par l'eau oxygénée [*Compt. rend.*, t. LXXVI, p. 1023]. Cet oxygène représente la totalité de l'oxygène du peroxyde d'hydrogène. Le volume d'oxygène est donc double de celui que fournit l'eau oxygénée lorsqu'elle est décomposée par le peroxyde de manganèse. Ed. Willm.

ÉCHICÉRINE, $C^{30}H^{48}O^2$. — Avant d'épuiser l'écorce de dita par l'alcool bouillant pour en extraire les alcaloïdes, on l'épuise par le pétrole léger. En évaporant le pétrole, on obtient un extrait dont le poids s'élève à 3 % de l'écorce employée et qu'on traite par l'alcool bouillant tant que celui-ci se trouble par refroidissement. Les solutions alcooliques ainsi obtenues laissent bientôt déposer une résine élastique, soluble dans le chloroforme et la benzine en se gonflant, insoluble dans la potasse et renfermant $C^{25}H^{40}O^2$. Cette résine a reçu le nom d'*échicaoutchine* [O. Hesse et J. Jobst, *Liebig's Ann. Chem.*, t. CLXXVIII, p. 49].

Les eaux mères de l'échicaoutchine ne tardent pas à laisser déposer une abondante cristallisation blanche, mélange d'échicérine et d'échitine; en mettant à profit la faible solubilité de l'échitine dans le pétrole, comparée à celle de l'échicérine, on sépare facilement ces deux corps, puis on les purifie par cristallisation dans l'alcool.

L'échicérine est un corps neutre, fusible à 175° et restant après cela amorphe; elle est dextrogyre : en solution éthérée $[\alpha]_D = +63°,75$; en solution chloroformique $[\alpha]_D = +65°,65$. Ses solutions alcooliques bouillantes la déposent en petites aiguilles étoilées, presque insolubles dans l'alcool froid, très solubles dans l'éther, la benzine, le chloroforme et le pétrole, insolubles dans l'eau, les acides et les alcalis étendus. La potasse fondante et la potasse alcoolique paraissent sans action sur l'échicérine. L'acide sulfurique concentré la dissout et paraît former un dérivé sulfoné (O. Hesse).

La *bromêchicérine* $C^{30}H^{47}BrO^2$ se forme par l'action du brome en solution chloroformique. Ce dérivé cristallise dans l'alcool.

Acide échicérique, $C^{30}H^{46}O^4$. — Il se forme à la longue par l'action simultanée de l'air et du sodium sur les solutions pétroliques d'échicérine. Incristallisable; sels mal définis (J. Jobst et O. Hesse). A. Etard.

ÉCHIRÉTINE, $C^{35}H^{56}O^2$. — Extraite des eaux mères de l'échitéine par cristallisation fractionnée de celle-ci, l'échirétine est un corps neutre, fusible à 52°, soluble dans l'éther, le chloroforme et le pétrole, ainsi que dans l'alcool et l'acétone bouillants. Il est neutre et insipide. Pouvoir rotatoire : $[\alpha]_D = +54°,82$ en solution éthérée [J. Jobst et O. Hesse, *loc. cit.*].

ÉCHITAMINE, $C^{22}H^{28}Az^2O^4 + 4H^2O$. —

Comme la ditamine, cet alcali se trouve dans l'écorce de l'*Echites scholaris;* on l'extrait des eaux mères alcalines de la ditamine (voyez ce mot) en neutralisant ces eaux par l'acide acétique, et en concentrant de façon à n'avoir, en liquide, qu'un quinzième ou un vingtième du poids de l'écorce primitive. On ajoute alors un peu d'acide chlorhydrique et du sel marin tant qu'il se forme un précipité; après avoir lavé celui-ci à l'acide chlorhydrique concentré, on le fait cristalliser dans de l'eau chargée de cet acide. En décomposant le chlorhydrate d'échitamine par la potasse solide, et en enlevant la base ainsi mise en liberté par l'éther ou le chloroforme, on obtient, par évaporation de ces dissolvants, de l'échitamine amorphe, identique avec la base désignée par Harnach sous le nom de *ditaïne*.

L'échitamine cristallise de ses solutions dans l'alcool concentré ou l'acétone en prismes brillants, perdant trois de leurs molécules d'eau à 80° et la quatrième à 150°.

L'eau et l'alcool dissolvent l'échitamine; récemment précipitée, elle se dissout dans l'éther et le chloroforme; peu soluble dans la benzine, elle ne se dissout pas dans l'essence de pétrole. L'échitamine possède une réaction fortement alcaline.

Le chlorhydrate d'échitamine, soumis à l'ébullition avec de l'acide chlorhydrique, se transforme en une base dont le chlorhydrate reste en solution et peut réduire le tartrate cupropotassique à la manière d'un sucre. Cette base est complètement précipitée de sa solution acide par l'acide phosphotungstique [O. Hesse, *Deutsch. chem. Gesellsch.*, 1880, p. 1841].

Hydrate d'échitamine, $C^{22}H^{28}Az^{2}O^{4} + H^{2}O$. — Cet hydrate s'obtient par la dessiccation à 80° de l'échitamine à 4 molécules d'eau; en raison de la température élevée à laquelle il perd son eau, O. Hesse le regarde comme un hydrate d'ammonium.

L'hydrate d'échitammonium fond à 206°, en se décomposant; il est lévogyre. L'acide sulfurique concentré et l'acide azotique le colorent en rouge pourpre passant au vert intense; le brome le précipite en flocons jaunes.

Le *chlorhydrate*, $C^{22}H^{28}Az^{2}O^{4}, HCl$, est un sel cristallisé en aiguilles incolores brillantes; il est peu soluble dans l'eau froide, complètement insoluble dans l'acide chlorhydrique concentré et dans les solutions de sel marin.

Chloroplatinate d'échitamine,

$$[C^{22}H^{28}Az^{2}O^{4}, HCl]^{2}PtCl^{4} + 3H^{2}O.$$

— Précipité jaune floconneux.

Le *chloraurate* est un précipité amorphe jaune brun.

Le *bromhydrate*, $C^{22}H^{28}Az^{2}O^{4}, HBr + 2H^{2}O$, cristallise en aiguilles incolores, et se dissout encore plus difficilement que le chlorhydrate dans l'eau et dans l'acide bromhydrique.

Bicarbonate, $C^{22}H^{28}Az^{2}O^{4}, CO^{3}H^{2} + 1\frac{1}{2}H^{2}O$. — On le prépare en faisant passer de l'acide carbonique dans la solution éthérée de la base; il perd son acide carbonique à 100-110°.

L'*oxalate d'échitamine* est très-soluble dans l'eau et peu soluble dans l'alcool absolu. Le *sulfate*, le *tartrate*, *l'acétate*, le *benzoate* et le *salicylate* d'échitamine sont solubles dans l'eau. Le *picrate* et le *tannate* sont des précipités amorphes.

Les solutions d'échitamine se colorent à l'air en s'oxydant; la base monohydratée absorbe l'oxygène quand on la chauffe à 100-110°; on obtient ainsi une oxyéchitamine peu soluble dans l'eau, très soluble dans l'acide chlorhydrique et dans l'alcool, dont les sels sont incristallisables, très altérables et amers [O. Hesse, *Liebig's Ann. Chem.*, t. CCIII, p. 144].

A. Étard.

ECHITÉINE, $C^{42}H^{70}O^{2}$. — Les eaux mères alcooliques primitives de l'échicérine et de l'échitine, soumises à l'évaporation à 50°, laissent déposer une masse semi-fluide qu'on sépare et qu'on dissout dans l'acétone bouillante. Cette solution fournit d'abord de l'échicérine et de l'échitine; on obtient ensuite de l'échitéine, et finalement, dans les eaux mères de celles-ci, de l'échirétine.

L'échitéine est un corps neutre, inattaquable par la potasse. Elle est anhydre et fond à 195° pour cristalliser de nouveau à 168°; elle se sublime en aiguilles déliées.

L'échitéine cristallise dans l'alcool en aiguilles légères, rhombiques, très solubles dans l'éther et le chloroforme. La solution éthérée est dextrogyre, $[\alpha]_D = 88°$. On connaît un dérivé tribromé de l'échitéine, $C^{42}H^{67}Br^{3}O^{2}$, fusible à 150°, soluble dans l'alcool bouillant, l'éther et le chloroforme [J. Jobst et O. Hesse, *Liebig's Ann. Chem.*, t. CLXXVIII, p. 49].

ECHITÉNINE, $C^{20}H^{27}AzO^{4}$. — Les eaux mères acides et chargées de chlorure de sodium, d'où l'échitamine s'est précipitée, cèdent cet alcaloïde au chloroforme. L'échiténine est amorphe, fond au-dessus de 120° et se dissout dans l'alcool, le chloroforme et l'éther; l'acide sulfurique concentré la colore en rouge violacé, l'acide azotique en rouge pourpre, passant au vert, puis au jaune. L'ammoniaque et la soude la précipitent de ses solutions concentrées. Les sels d'échiténine sont amorphes.

Le *chloroplatinate* est un précipité jaune.

Le *chloromercurate d'échiténine*,

$$[C^{20}H^{27}AzO^{4}.HCl]^{2}HgCl^{2} + 2H^{2}O,$$

est un précipité pulvérulent jaune pâle [O. Hesse, *Liebig's Ann. Chem.*, t. CCIII, p. 144].

ÉCHITINE, $C^{32}H^{52}O^{2}$. — Cette substance, dont la préparation a été indiquée à propos de l'échicérine, cristallise en lamelles blanches, presque insolubles dans l'alcool froid et moins solubles que l'échicérine dans l'éther, l'acétone et le pétrole. Elle est dextrogyre, $[\alpha]_D = 72°,72$ en solution éthérée. L'échicérine est un corps neutre, anhydre, fusible à 172°. Son dérivé monobromé, $C^{32}H^{51}BrO^{2}$, est soluble dans l'alcool et fond à 100° [J. Jobst et O. Hesse, *Liebig's Ann. Chem.*, t. CLXXVIII, p. 49].

EIKOSYLÈNE, $C^{20}H^{38}$. — Ce carbure d'hydrogène se forme lorsqu'on distille sur du sodium le chlorure $C^{20}H^{39}Cl$. Ce chlorure dérive de la paraffine des lignites. Pour préparer le carbure, on chauffe la paraffine à 250° avec du sodium pour enlever les composés oxygénés, puis, après avoir fait cristalliser le produit dans l'alcool, on le traite par le perchlorure de phosphore. Cette opération s'effectue dans un ballon fermé par un bouchon à trois trous, et communiquant d'une part avec un réfrigérant, de l'autre avec un ballon renfermant le pentachlorure de phosphore; dans le troisième trou, on introduit un thermomètre. On chauffe la paraffine à 170° et l'on ajoute peu à peu 2 p. de perchlorure de phosphore. Vers la fin de l'opération, on élève la température à 200°. Le contenu du ballon devient liquide; on refroidit alors à — 15° pour enlever la paraffine et on sépare par filtration à — 15° un liquide qui bout entre 225-230° et qui correspond à la formule $C^{20}H^{39}Cl$. Celui-ci, distillé à plusieurs reprises sur du sodium, perd de l'acide chlorhydrique et donne une fraction bouillant à 314-315°. C'est l'*eikosylène* liquide $C^{20}H^{38}$. Ce carbure possède une densité de 0,8181 à 24°. Lorsqu'on veut prendre sa densité de vapeur à 440°, il se décompose. Il possède les propriétés des oléfines et se combine avec avidité aux halogènes.

Dichlorure, $C^{20}H^{38}Cl^{2}$. — Ce composé est une

huile jaunâtre d'une densité de 1,013 à 24°. Il se forme lorsqu'on fait passer un courant rapide de chlore dans une solution d'eikosylène dans le tétrachlorure de carbone.

Dibromure, $C^{20}H^{38}Br^2$. — Il se forme lorsqu'on ajoute du brome à une solution éthérée d'eikosylène. Il constitue une huile lourde jaunâtre [Lippmann et Hawliczek, *Deutsch. chem. Gesellsch.*, 1879, p. 69; *Bull. Soc. chim.*, t. XXXII, p. 637]. M. Wassermann.

ÉKABORE. — Ce nom avait été donné par Mendéléeff à l'élément inconnu correspondant à la lacune de la série du bore, dans sa classification des corps simples. D'après Clève, cet ékabore n'est autre que le scandium de Nilson.

ERDÉINITE (Min.). — Chloroarséniate de plomb, $5PbO, As^2O^5, 2PbCl^2$.

Octaèdres carrés jaunâtres, à un axe optique et à clivage basique, engagés dans un calcaire magnésien de Langben (Suède).

ELÆOCOCCA. — L'*Elæococca vernicia*, ou arbre à huile de la Chine, est une plante de la famille des Euphorbiacées dont les graines fournissent, par expression, une huile incolore, inodore et peu sapide. La densité de cette huile est de 0,936; assez fluide à la température ordinaire, elle s'épaissit à — 18° sans cristalliser. En épuisant les graines d'élæococca par l'éther, on peut obtenir 41 °/₀ d'huile liquide; mais si on remplace ce dissolvant par le sulfure de carbone, celui-ci agit comme modificateur isomérique et on obtient un corps gras solide fusible à 34° possédant la même composition que l'huile ci-dessus.

La lumière, surtout dans la partie la plus réfrangible du spectre, agit sur l'huile d'élæococca et la solidifie en un ou deux jours sans changement de composition. Outre cette mobilité de propriétés physiques l'élæococca, qui est la plus siccative des huiles, s'oxyde quand on la chauffe à l'air; son point de fusion s'élève à 200°, en même temps qu'elle devient à peine soluble dans l'éther et le sulfure de carbone.

L'huile d'élæococca liquide, traitée à l'abri de l'air par une solution alcoolique de potasse au cinquième, se saponifie en donnant de la glycérine et deux acides gras. L'un de ces acides, l'acide *élæomargarique* ou *margarolique*, est solide et peut être séparé d'un acide liquide qui l'accompagne, l'acide *élæolique*, par la pression entre des doubles de papier buvard; on achève la purification par quelques cristallisations dans l'alcool. L'acide élæomargarique peut encore être obtenu en laissant refroidir le produit de la saponification par la potasse alcoolique; on obtient ainsi des cristaux d'élæomargarate de potassium, purs après une recristallisation dans l'alcool. Pour obtenir l'acide élæolique, il convient de transformer les acides liquides, résidus des préparations précédentes, en sels de calcium ou de plomb qu'on épuise ensuite par l'éther. Les élæolates métalliques étant seuls solubles dans ces conditions, on peut obtenir leur acide à l'état de pureté en le déplaçant par un acide minéral.

Acide élæomargarique, $C^{17}H^{30}O^2$. — Cet acide existe dans l'huile d'élæococca à l'état de triélæo-margarine associée à 25 °/₀ environ d'oléine ordinaire. C'est un acide non saturé, oxydable à l'air, même à la température ordinaire; il appartient à la série de l'acide sorbique à titre d'homologue supérieur, et se place entre les acides palmitolique et stéarolique.

L'acide élæomargarique cristallise en lamelles rhomboïdales; il fond à 48°; il est soluble dans l'eau et très soluble l'éther, le sulfure de carbone et l'alcool.

De même que le glycéride dont il dérive par saponification, l'acide élæomargarique se modifie avec une extrême facilité sous l'influence des agents physiques. Si on l'expose, en solution sulfocarbonique, à la lumière il se transforme sans se précipiter; mais si on chasse le dissolvant, on constate que le point de fusion a monté de 48° à 71°. La solution alcoolique donne les mêmes résultats : exposée à la lumière, elle se remplit très rapidement de cristaux; comme le produit précédent, ces cristaux fondent à 71°; ils constituent un isomère, l'*acide élæostéarique*, probablement polymère de l'acide élæomargarique.

La chaleur agit également sur l'acide élæomargarique; celui-ci étant maintenu en tubes scellés dans une atmosphère d'azote pendant vingt heures à 175° se transforme en un acide liquide, l'acide *élæolique*, isomère des deux précédents. Ce fait explique comment il se fait qu'on ne puisse reconstituer de l'élæomargarine à l'aide de la glycérine et de l'acide libre; on n'obtient, dans ce cas, que de l'élæoléine, le glycéride de l'acide liquide, seul stable à la température de la réaction.

La saponification de l'huile d'élæococca rendue solide par insolation ne donne plus d'acide élæomargarique, mais bien directement de l'acide élæostéarique fusible à 71°.

Les élæomargarates sont monométalliques. On connaît les sels de potassium et de plomb; le premier de ces sels, décomposé par un excès d'eau, donne des lamelles d'un sel contenant deux molécules d'acide pour une de métal [S. Cloëz, *Compt. rend.*, t. LXXXI, p. 649; t. LXXXII, p. 501; t. LXXXIII, p. 943]. A. Etard.

ÉLASTINE (voyez t. I, p. 1218). — Hilger a retiré de la coquille et du jaune des œufs de la couleuvre commune une substance qui paraît identique avec l'élastine [*Deutsch. chem. Gesellsch.*, 1873, p. 166].

ÉLÉMI. — L'amyrine, principe cristallisé de la résine élémi (Suppl., p. 133), étant soumise à la distillation par portion de 20 grammes avec dix fois son poids de poudre de zinc dans un courant d'hydrogène, fournit les mêmes produits que la colophane ou l'acide abiétique, savoir : du toluène, de la métaméthyléthylbenzine, de la paraméthyléthylbenzine et de l'éthylnaphtaline [G. Ciamician, *Deutsch. chem. Gesellsch.*, 1878, p. 1344].

ELLAGIQUE (ACIDE), $C^{14}H^6O^8$. — Le nom de *bézoardique*, qui est synonyme d'ellagique et sous lequel cet acide est décrit, t. I, p. 586, est de moins en moins usité.

L'acide ellagique préexiste dans un certain nombre de produits tannifères, les noix de galle, la racine de tormentille, l'écorce de racine de grenadier, la gousse de dividivi (*Cæsalpinia coriaria*) (Lœwe), peut-être le castoreum (Wœhler). Il a aussi été rencontré dans l'écorce de pin [Strohmer, *Monatschefte Chem.*, t. II, p. 539]. Il doit être considéré comme un produit d'oxydation de l'acide gallique ou du tannin, produit formé sous l'influence d'une moisissure, par divers oxydants ou directement par l'oxygène de l'air :

$$2C^7H^6O^5 + O = C^{14}H^6O^8 + 3H^2O.$$

Ainsi, il se trouve dans le tan ayant servi au tannage des peaux [J. Lœwe, *Journ. prakt. Chem.*, t. CIII, p. 464].

Le perchlorure de phosphore, l'iode [Griessmayer, *Ann. Chem. Pharm.*, t. CLX, p. 40], l'acide arsénique sirupeux, agissant sur l'acide gallique, le transforment en acide ellagique. Zwenger, enfin, a obtenu le même acide en saponifiant, à 60° et au contact de l'air, le gallate d'éthyle par une solution aqueuse de carbonate sodique [Zwenger et Ernst, *Ann. Chem. Pharm.*, t. CLIX, p. 27]; cette dernière réaction semble même donner un assez bon rendement.

L'acide ellagotannique, qui abonde dans les gousses de dividivi, et qui semble aussi exister en petite quantité dans l'écorce de chêne, fournit de l'acide ellagique par simple déshydratation lorsqu'on chauffe vers 110° sa solution aqueuse : $C^{14}H^{10}O^{10} = 2H^2O + C^{14}H^6O^8$ [J. Lœwe, *Zeitschr. analyt. Chem.*, 1875, p. 35].

Préparation. — On l'extrait avantageusement des gousses de dividivi. Les gousses concassées sont épuisées par l'alcool, la solution est débarrassée d'alcool par distillation et le résidu versé dans l'eau : il se précipite de l'acide ellagique impur. La solution aqueuse contient l'acide ellagotannique, que l'on transforme en acide ellagique en la chauffant à 110° en vase clos (Lœwe), ou en l'évaporant simplement à consistance sirupeuse et reprenant la masse par l'eau bouillante qui laisse à l'état insoluble l'acide ellagique formé par la déshydratation de l'acide ellagotannique. L'acide impur est épuisé plusieurs fois avec de l'alcool chaud, qui enlève des matières colorées [L. Barth et G. Goldschmiedt, *Deutsch. chem. Gesellsch.*, 1878, p. 846]. D'après ce procédé, 30 kilogrammes de dividivi ont fourni 255 grammes d'acide ellagique précipité par l'eau de l'extrait alcoolique, et environ 1 kilogramme retiré ensuite de la solution aqueuse.

Propriétés. — L'acide ellagique est une poudre cristalline, jaunâtre, insipide, d'une densité de 1,66, insoluble dans l'éther, à peine soluble dans l'eau bouillante, et peu soluble dans l'alcool. Séché à l'air ou sur l'acide sulfurique, il renferme $C^{14}H^6O^8 + 2H^2O$; à 100°, il ne perd que très lentement son eau, mais à 110-120° il se déshydrate complètement, et ne subit alors plus de perte à 210° ; l'acide anhydre $C^{14}H^6O^8$ absorbe de nouveau 2 molécules d'eau à l'air humide, et cela d'autant plus rapidement qu'il a été séché à une plus basse température. Rembold d'une part, Barth et Goldschmiedt de l'autre, auxquels on doit ces observations, n'ont donc pas confirmé le fait avancé par Schiff, à savoir que l'acide ellagique perd facilement une molécule d'eau à 100°, et la deuxième vers 200° seulement [H. Schiff, *Liebig's Ann. Chem.*, t. CLXX, p. 43 ; — Rembold, *ibid.*, t. CXCIII, p. 285 ; — L. Barth et G. Goldschmiedt, *Deutsch. chem. Gesellsch.*, 1879, p. 1237].

Ellagate de sodium, $C^{14}H^4O^8Na^2 + H^2O$. — Barth et Goldschmiedt ont obtenu un sel de cette composition, en dissolvant l'acide dans la soude caustique et faisant passer du gaz carbonique dans la solution : le sel sodique se dépose alors à l'état d'une poudre jaune clair, formée d'aiguilles microscopiques réunies en faisceaux (Barth et Goldschmiedt).

Dérivé acétylé. — Schiff l'a obtenu en chauffant l'acide ellagique sec à 150° avec un excès d'anhydride acétique ; l'addition d'une certaine quantité d'acétate de sodium facilite la réaction. Ce corps constitue une poudre jaune, à peine soluble dans l'eau, l'alcool ou l'acide acétique. Il représente d'après Schiff un dérivé *tétracétylé* $C^{14}H^2(C^2H^3O)^4O^8$. Barth et Goldschmiedt sont portés à y admettre la présence de cinq groupements acétiques.

Action de l'hydrogène naissant. — Par l'action de l'amalgame de sodium sur une solution sodique et chaude d'acide ellagique, cet acide fournit une série de corps qui n'ont pas été complètement étudiés. L'éther enlève au produit de la réaction deux matières, dont l'une A est peu soluble dans l'eau, surtout dans l'eau acidulée par l'acide chlorhydrique, l'autre B au contraire se dissolvant très facilement (Rembold).

La substance A peu soluble, l'acide *rufohydroellagique*, $C^{14}H^8O^6$ (séché à 160°), cristallise en aiguilles incolores, groupées en étoiles, qui se colorent rapidement à l'air. A 150° dans un courant d'hydrogène, il perd 9 % d'eau. Sa solution aqueuse est colorée par le chlorure ferrique d'abord en vert, puis en rouge vineux et enfin en brun sale. Il s'oxyde facilement au contact des alcalis et de l'air ; avec l'anhydride acétique, il engendre un dérivé acétylé.

La portion B, très soluble dans l'eau, contient des substances plus altérables encore que l'acide rufohydroellagique ; en la traitant, au sein de l'éther, par une nouvelle quantité d'amalgame de sodium, on parvient à isoler des aiguilles enchevêtrées, verdâtres, soyeuses, d'acide *glaucohydroellagique*, $C^{14}H^{10}O^7$ (séché à 120°). La solution de ce corps est colorée en bleu, puis en vert par le chlorure ferrique [Rembold, *loc. cit.*].

Cobenzl a repris l'étude de l'action de l'amalgame de sodium sur l'acide ellagique, mais sans réussir à saisir tous les produits ; il signale la formation ultime du γ-hexaoxydiphényle que Barth et Goldschmiedt ont obtenu par l'action de la soude [*Wien. Acad. Ber.*, t. LXXXII, 2e part., p. 506].

Action de la poudre de zinc. — Mélangé de 15 fois son poids de poudre de zinc et distillé dans de larges tubes dans un courant d'hydrogène, à une température qui atteint à peine le rouge sombre, l'acide ellagique fournit du fluorène (diphénylène-méthane) $C^{13}H^{10}$, en notable proportion (L. Barth et Goldschmiedt). Rembold, qui le premier a étudié les produits de cette distillation sèche, avait méconnu la nature de cet hydrogène carboné et l'avait désigné par le nom d'*ellagène*, avec la formule $C^{14}H^{10}$.

Action des hydracides. — L'acide chlorhydrique concentré détruit partiellement à 280° l'acide ellagique ; mais, indépendamment d'une matière noire, Barth et Goldschmiedt n'ont pu isoler que de l'acide ellagique cristallisé et anhydre, $C^{14}H^6O^8$. L'acide iodhydrique et le phosphore donnent aussi des cristaux d'acide ellagique, exempts d'eau de cristallisation, sans noircir le produit, et même à 200° on n'observe aucune réduction.

Action de la potasse. — Lorsqu'on fait bouillir l'acide ellagique pendant cinq minutes avec une lessive très concentrée de potasse, il se forme un composé de la formule $C^{13}H^8O^7$ de l'*hexaoxydiphénylène-acétone*. Ce corps cristallise en aiguilles microscopiques, qui ne fondent pas encore à 250°, à peine solubles dans l'eau froide, peu solubles dans l'éther, très solubles dans l'alcool. Une trace d'alcali caustique colore sa solution en un jaune qui par l'agitation passe au rouge carmin. Le chlorure ferrique le colore en bleu verdâtre et donne un précipité floconneux bleu noirâtre ; le sulfate ferreux produit la réaction de l'acide pyrogallique, coloration bleue, ensuite précipité bleu foncé. L'hexaoxydiphénylène-acétone déplace l'acide carbonique du carbonate sodique. Distillée avec la poudre de zinc, elle donne du fluorène.

Ce corps n'est pas le produit ultime de l'action de la potasse ; si l'on fond l'acide ellagique avec de la potasse, jusqu'à ce qu'une tâte dissoute dans l'eau et acidulée ne donne plus qu'un trouble insignifiant, qu'on dissolve alors la masse dans l'eau et qu'on agite la solution acidulée 15 ou 20 fois avec de l'éther, on obtient un corps de la formule de l'*hexaoxydiphényle*, $C^{12}H^{10}O^6$. Pour distinguer ce composé de son isomère l'α-hexaoxydiphényle que Liebermann a obtenu en traitant l'hydrocérulignone par les acides chlorhydrique ou iodhydrique ou par la potasse, on l'a désigné par la lettre β.

Le β-hexaoxydiphényle est en aiguilles blanches, noircissant vers 250° avant de fondre, peu solubles dans l'eau froide, dans l'éther et dans la benzine, assez solubles dans l'alcool bouillant. Une trace d'alcali donne à ces solutions une coloration bleu violacé qui, à l'air, passe peu à peu au rouge sang, puis au jaune brun. Le chlorure ferrique colore en un jaune brun intense, et la teinte vire au bleu, puis au rouge violet par addition de carbonate de sodium. Le dérivé acétylé, obtenu avec l'anhydride acétique, fond vers 170° (Barth et Goldschmiedt).

Action de la soude. — Elle est semblable à celle de la potasse en fusion; mais, indépendamment du β-hexaoxydiphényle, on obtient une nouvelle modification de ce corps, moins soluble. Ce γ-hexaoxydiphényle est en aiguilles brillantes, incolores, qui noircissent à 230° sans fondre. Les alcalis colorent immédiatement ses solutions en rouge sang; le chlorure ferrique donne une teinte verte, passagère, que le carbonate sodique fait passer au violet.

Les hexaoxydiphényles β et γ chassent l'acide carbonique du carbonate de sodium. Distillés avec du zinc en poudre, ils donnent du diphényle. On trouve dans le mémoire de Barth et Goldschmiedt beaucoup d'autres réactions de ces hexaoxydiphényles, ainsi qu'un tableau comparatif des réactions des trois modifications α, β et γ.

CONSTITUTION DE L'ACIDE ELLAGIQUE. — Les transformations si variées de cet acide s'expliquent, à notre avis, de la manière la plus simple, si l'on considère ce corps comme l'anhydride *interne* d'un acide *hexaoxydiphényldicarbonique*,

$$\begin{matrix}(OH)^3\,C^6H-CO.OH \\ | \\ (OH)^3\,C^6H-CO.OH\end{matrix} - 2H^2O.$$

On peut faire plusieurs hypothèses sur la manière dont cette perte d'eau s'accomplit, mais il nous semble très probable que la condensation *interne* porte sur un OH acide et un OH phénolique, et que par conséquent la formule suivante

$$\begin{matrix}(OH)^2\,C^6H< {CO \atop O} \\ | \\ (OH)^2\,C^6H< {CO \atop O}\end{matrix}$$

peut représenter la constitution de l'acide ellagique. On objectera que ce corps, ne possédant plus de groupement CO^2H, ne devrait pas former de sels; mais nous rappellerons que les corps phénoliques, si riches en oxygène, donnent de véritables sels et déplacent l'acide carbonique des carbonates, comme c'est le cas pour le pyrogallol, l'hexaoxydiphénylène-acétone et même les hexaoxydiphényles décrits plus haut. Voir dans les mémoires de Barth et Goldschmiedt [*Deutsch. chem Gesellsch.*, 1879, p. 1237] une autre formule de l'acide ellagique; voir aussi une note de Schiff [*ibid.*, 1879, p. 1533]. A. Henninger.

ELLAGOTANNIQUE (ACIDE), $C^{14}H^{10}O^{10}$. — Lœwe a nommé ainsi le tannin de dividivi (gousses du *Cæsalpinia coriaria*). C'est une poudre jaune dont les réactions se rapprochent de celles du tannin ordinaire. Par l'action de la chaleur, il perd de l'eau et se transforme en acide ellagique; il suffit de chauffer pendant plusieurs heures à 110° et en vase clos sa solution aqueuse pour obtenir un dépôt d'acide ellagique (voyez ce mot) [J. Lœwe, *Zeitschr. analyt. Chem.*, 1875, p. 35].

ELLÉBORE. — Voyez t. I, p. 1223 et 1657.

EBROKITE (Min.). — Minéral massif d'un vert pomme, accompagnant la phosphochromite, à Ebroque, côte de Musquito (Indes Occidentales). $Al^2O^3 = 16,4$, $Fe^2O^3 = 13,8$, $SiO^2 = 16,4$, $H^2O = 21,8$, Ph^2O^5 (par différence) $= 32$.

Densité, 2,25 à 2,40; dureté, 6.

EMÉTINE, $C^{15}H^{22}AzO^2$?. — On prépare l'émétine en épuisant par l'éther dans un appareil à reflux un mélange de racines d'ipécacuanha et de chaux en poudre. Les solutions éthérées agitées avec un acide étendu cèdent leur alcaloïde à celui-ci; on n'a plus qu'à le précipiter par l'ammoniaque. Si l'acide employé pour enlever l'émétine à l'éther est de l'acide chlorhydrique, l'ammoniaque n'en précipite pas complètement la base qui est soluble dans le chlorhydrate d'ammoniaque, mais on n'a qu'à évaporer pour obtenir une masse cristalline formée d'aiguilles de chlorhydrate d'émétine disposées en faisceaux; après une nouvelle cristallisation, ce chlorhydrate est pur.

L'émétine séchée à 100° présente la composition indiquée; son chlorhydrate séché à la même température renferme $C^{15}H^{22}AzO^2, HCl$ [A. Glénard, *Compt. rend.*, t. LXXXI, p. 100].

Selon J. Lefort et F. Wurtz la composition de l'émétine serait différente et représentée par $C^{28}H^{40}Az^2O^5$, mais ils n'ont pas opéré sur un produit cristallisé. Ces auteurs indiquent un procédé spécial pour extraire l'émétine, qui est fondé sur l'insolubilité de l'azotate de cette base. Lorsqu'on traite l'extrait concentré d'ipéca par une solution saturée d'azotate de potassium, il se sépare bientôt une masse résineuse d'azotate alcaloïdique qu'on lave et qu'on épuise par l'éther, après l'avoir additionnée de chaux [J. Lefort et Fr. Wurtz, *Compt. rend.*, t. LXXXIV., p. 1299].

D'après Podwyszotsky [*Chemical Society*, 1880, t. II, p. 720], l'émétine fond à 62-65°; elle est soluble dans l'éther, le chloroforme et le sulfure de carbone. L'eau la dissout peu, à moins qu'elle ne soit acidulée. A. Etard.

ÉMODINE (voyez t. I, p. 1226). — D'après les recherches de Liebermann, l'émodine, que Warren de la Rue et Müller ont retirée de la racine de rhubarbe, est identique avec l'acide frangulique du *Rhamnus frangula*. D'après ce même auteur, l'émodine n'est autre chose que la trioxyméthyle-anthraquinone $C^{14}H^4(CH^3)(OH)^3O^2$ [Liebermann, *Deutsch. chem. Gesellsch.*, 1875, p. 970; *Bull. Soc. chim.*, t. XXV, p. 224; — Liebermann et Waldstein, *ibid.*, 1876, p. 1775; *Bull. Soc. chim.*, t. XXVIII, p. 316].

L'acide chrysophanique brut, tel qu'on le retire de la rhubarbe, renferme de l'émodine. Pour séparer ce dernier corps, on épuise le mélange par un peu de benzine; l'émodine reste non dissoute : on la purifie par cristallisation dans l'acide acétique glacial ou dans l'alcool.

On peut aussi effectuer la séparation au moyen d'une solution bouillante de carbonate de sodium dans laquelle l'émodine seule est soluble. L'acide chlorhydrique la précipite de la solution en flocons jaunes qui, après cristallisation dans l'alcool, se présentent en aiguilles clinorhombiques [Rochleder, *Deutsch. chem. Gesellsch.*, 1869, p. 373; *Bull. Soc. chim.*, t. XIII, p. 81].

L'émodine cristallise en aiguilles brillantes, rouge orangé, fusibles à 250°, sublimables. Elle est soluble dans les alcalis et fournit avec la chaux et la baryte des composés rouges. Chauffée avec de la poudre de zinc, elle donne de l'anthracène et du méthylanthracène (Liebermann).

Dérivés acétylés. — Lorsqu'on chauffe l'émodine avec de l'anhydride acétique, on obtient, selon la température à laquelle on opère, deux dérivés. Le premier, la *monoacétyle-émodine*, $C^{15}H^9(C^2H^3O)O^5$, cristallise dans l'acide acétique en lamelles d'un jaune d'or, fusibles à 180°. Le second, la *triacétyle-émodine*, $C^{15}H^7(C^2H^3O)^3O^5$, est en aiguilles d'un jaune pâle, fusibles à 190° (Liebermann). M. Wassermann.

ÉMULSINE (voyez t. I, p. 1226). — Schmidt indique de légères modifications dans la préparation de l'émulsine. Après avoir précipité l'émulsine par l'alcool, il dissout dans un peu d'eau, acidule légèrement par l'acide acétique et fait passer un courant de gaz carbonique dans la solution pour précipiter les matières albuminoïdes. On continue cette opération aussi longtemps que la liqueur fournit un précipité avec le ferrocyanure de potassium et l'acide acétique, puis on précipite par l'alcool, on dissout dans l'eau et on évapore la solution dans le vide. L'émulsine forme une poudre blanche hygroscopique; sa solution dévie la lumière polarisée à gauche. Les chlorures de mercure et de fer, les sulfates ferreux, cuivrique et zincique, ainsi que le nitrate d'argent, la précipitent de sa solution aqueuse. Sa solution glycérique ne dédouble pas l'amygdaline [A. Schmidt, *Thèse*. Tubingue, 1871].

D'après Müntz, le chloroforme n'exerce aucune influence sur la propriété de l'émulsine comme ferment [*Compt. rend.*, séance du 17 mai 1875].

EOSINE. — Nom commercial de la tétrabromofluorescéine, qui est employée comme matière colorante rouge.

ÉOSITE (Min.). — D'après les réactions, c'est un vanadio-molybdate de plomb en petits octaèdres quadratiques, d'un rouge aurore foncé, qui se trouve sur la pyromorphite et la cérusite à Leadhills.

Dureté, 3 à 4.

Caractères. — Attaqué plus lentement par l'acide chlorhydrique que la crocoïse et la wulfénite.

ÉOSPHORITE (Min.). — Phosphate de manganèse et d'alumine hydraté,

$$Ph^2O^5,\ 2RO,\ Al^2O^3,\ 4H^2O,$$

compact ou cristallisé, transparent ou translucide, d'un rouge pâle. Poussière blanche. Se trouve dans un filon de pegmatite à Branchville, comté de Fairfield (Connecticut).

Orthorhombique; clivage h^1 parfait.

ÉPIBOULANGÉRITE (Min.). — Antimoniosulfure de plomb plus riche en soufre (21 à 22 °/o de soufre) que la boulangérite. Se trouve avec galène, pyrite, blende et mispickel à Altenberg (Silésie).

Eclat métallique, couleur gris bleuâtre foncé.

Densité, 6,31.

Forme cristalline. Orthorhombique?

ÉPICHLORHYDRINE [Syn. *Glycide chlorhydrique*]. — Voyez GLYCIDE, t. I, p. 1597, et Suppl.

ÉPIGÉNITE (Min.). — Arséniosulfure de cuivre et de fer, $6RS.Az^2S^5$, $R = Fe, Cu$, avec un peu de bismuth, de zinc et d'argent. Gris d'acier; éclat faiblement métallique; cassure grenue. Se trouve à la mine Neuglück, près Wittichen, pays de Bade.

Dureté, 3,5.

Caractères. — Dans le tube bouché donne du soufre, puis du sulfure d'arsenic.

Forme cristalline. — Orthorhombique, $m a^1 = 110° 50'$.

ÉPIHYDRINE-CARBONIQUE (ACIDE),

$$C^4H^6O^3 = \begin{array}{l} CH^2 \\ \mid \\ CH \\ \mid \\ CH^2\text{-}CO^2H. \end{array} \!\!\! > O$$

— C'est le produit de saponification de l'épicyanhydrine par l'action de l'eau de baryte ou de l'acide chlorhydrique fumant. On ajoute 20 grammes d'épichlorhydrine à une solution de 15 grammes de cyanure de potassium *pur* (préparé par fusion du ferrocyanure) dans 60 grammes d'eau, et l'on modère la réaction en plongeant le vase dans l'eau froide; l'épicyanhydrine se dépose au bout de quelque temps et peut être purifiée facilement par cristallisation dans l'alcool ou dans l'eau. Elle est en prismes fusibles à 163°. Lorsqu'on la fait bouillir avec de l'acide chlorhydrique ordinaire, l'acide *épihydrine-carbonique* cristallise par le refroidissement en longues aiguilles groupées concentriquement. Purifié par une cristallisation dans l'eau, cet acide fond à 225°. Il ne possède plus, comme l'épichlorhydrine, la propriété de s'unir à l'acide chlorhydrique, au chlorure d'acétyle ou au bisulfite de sodium. L'acide iodhydrique fumant le convertit à 160° en acide butyrique normal.

Sel d'argent, $C^4H^5O^3.Ag$. — Précipité blanc, peu soluble, ne s'altérant que lentement à la lumière, stable à 60°.

Sel de plomb. — Larges lamelles incolores [J.-O. Pazschke, *Journ. prakt. Chem.*, (2), t. I, p. 83; — W. Hartenstein, *ibid.* (2), t. VII, p. 295].

Éther éthylique. — Kelly a obtenu un corps de la composition de l'épihydrine-carbonate d'éthyle $C^6H^{10}O^3$ en traitant par l'amalgame de sodium un mélange d'épichlorhydrine et d'éther chloroxycarbonique; mais rien ne prouve que ce composé, bouillant à 145-150°, d'une densité de 0,9931 à 21°,5, possède réellement cette constitution. Le fait que les alcalis le dédoublent en carbonate, alcool éthylique et alcool allylique semble au contraire plaider contre une telle hypothèse [O.-J. Kelly, *Deutsch. chem. Gesellsch.*, 1878, p. 2225]. A. Henninger.

ÉPIPHANITE (Min.). — Substance analogue à la chlorite, décrite par Igelström. Se trouve à Tvären, Wermeland (Suède).

ÉQUINIQUE (ACIDE). — Ce nom a été donné à un acide que Duval a isolé du lait de jument. Il y existe combiné à une base volatile qui n'est pas l'ammoniaque. L'acide libre cristallise en petites aiguilles, non volatiles sans décomposition, d'une odeur fragrante et d'une saveur particulière. Ses réactions avec le nitrate d'argent, le chlorure de fer et le chlorure d'or le distinguent de l'acide hippurique.

Le sel de cet acide qui existe dans le lait se décompose par la chaleur seule, la base se volatilisant; ce serait, d'après Duval, la raison pour laquelle le lait de jument, faiblement alcalin, devient acide par l'ébullition [J. Duval, *Compt. rend.*, t. LXXXII, p. 419].

ERBINE. — C'est le sesquioxyde d'erbium Er^2O^3.

ERBIUM. — Depuis l'impression de l'article YTTRIUM (t. III, p. 747) les connaissances des terres d'yttria ont fait des progrès considérables.

En 1878, Lawrence Smith [*Compt. rend.*, t. LXXXVII, p. 146] trouva dans la samarskite de la Caroline du Nord un oxyde jaune, dont il appela le radical métallique *mosandrium*.

Peu après, Marignac [*Compt. rend.*, t. LXXXVII, p. 148, et *Arch. scienc. phys. nat.*, t. LXIII, p. 172] démontra l'identité de l'oxyde de mosandrium avec l'oxyde jaune, que Delafontaine avait toujours regardé comme l'oxyde troisième de Mosander et qu'on appelle à présent la terbine. Marignac était parvenu à obtenir cet oxyde, extrait de la gadolinite, à l'état de pureté approximative, et Delafontaine [*Arch. scienc. phys. nat.*, t. LXI, p. 273] l'avait isolé de la samarskite. Néanmoins il me paraît douteux que cet oxyde jaune soit l'oxyde auquel Mosander avait donné le nom d'erbine. L'oxyde de Mosander doit être le moins basique parmi les oxydes de l'yttria. Il se précipite le premier par l'addition d'ammoniaque. Au contraire, la terbine de Marignac et Delafontaine est plus basique que l'erbine (ou la terbine de Mosander). Au surplus, Mosander avait trouvé que l'hydrate se colore en jaune à l'air, ce qui indique la présence du cérium. Il paraît plus probable que l'erbine de Mosander a été un mélange d'ytterbine, de scandine et d'un peu d'oxyde de cérium. En tout cas, l'oxyde jaune de Smith, Marignac et Delafontaine a reçu le nom de *terbine* et son radical métallique le nom de *terbium*.

Marignac observa en même temps que l'yttria

brute renferme encore un oxyde jaune, probablement le même que Soret [*Arch. scienc. phys. nat.*, t. LXIII, p. 99 et 101] avait caractérisé par un spectre d'absorption particulier et qu'il avait désigné par *x*.

Plus tard Cleve [*Compt. rend.*, t. LXXXIX, p. 478], s'appuyant sur les recherches spectrales de Thalén, a reconnu que l'erbine renferme trois oxydes à spectre d'absorption. Pour l'un de ces oxydes, qui donne le spectre de l'*x*, Cleve propose le nom d'*holmine* (son radical *holmium*, dérivé de Stockholm). Soret, à qui on doit incontestablement la découverte de cet élément, a bien voulu approuver ce nom [*Compt. rend.*, t. XCI, p. 378].

Un second oxyde jaune se trouve d'après Delafontaine [*Compt. rend.*, t. LXXXVII, p. 559; *Arch. scient. phys. nat.*, t. LXI, p. 273] dans la samarskite de la Caroline du Nord. Il a nommé son radical métallique *philippium*, en l'honneur de Philippe Plantamour de Genève. Cet oxyde possède, d'après les premières indications de Delafontaine, le poids moléculaire 90-95 (RO); ses sels sont incolores et présentent un spectre d'absorption, remarquable surtout par une raie forte ($\lambda = 450$). Plus tard, en 1880, il reconnut que la philippine possède le poids moléculaire 98 à 100 et que les raies d'absorption n'appartiennent pas à la philippine [*Arch. scienc. phys. nat.*, 1880, t. III, p. 246]. Il n'est donc plus possible d'identifier la philippine et la holmine. Au surplus, l'existence de la philippine ne paraît pas bien établie.

En 1878, Marignac essaya d'isoler la philippine de l'erbine, qu'on regardait alors comme un corps homogène. Il se servit de la méthode de décomposition de l'azotate, mais il poussa l'action de la chaleur jusqu'à la formation de sels basiques insolubles dans l'eau bouillante. Bahr et Bunsen, Cleve et Hoeglund avaient arrêté la décomposition à la formation de sels basiques solubles et cristallisables. Cette modification, en apparence insignifiante, fit faire à Marignac la découverte d'un oxyde blanc nouveau, qu'il appela l'*ytterbine* [*Arch. scienc. phys. nat.*, t. LXIV, p. 97]. Nilson, répétant l'expérience de Marignac, trouva que l'erbine renferme, en quantité minime, un autre oxyde moins basique que tous les autres oxydes de l'yttria. Il appela le radical de cet oxyde *scandium* [*Compt. rend.*, t. LXXXVIII, p. 645]. Plus tard Cleve [*Compt. rend.*, t. LXXXIX, p. 419] démontra l'identité du scandium avec l'élément hypothétique nommé l'*ékabore* par Mendeléeff.

L'erbine vraie, qui donne le spectre d'absorption de l'ancienne erbine, n'était pas connue à l'état de pureté. Cleve essaya de l'extraire de l'ancienne erbine et, s'aidant des recherches spectrales de Thalén, trouva que le spectre d'absorption de cette terre était composé des spectres de trois oxydes, dont l'un, l'holmine, intermédiaire entre l'*x* de Soret, l'autre, l'erbine vraie, et le troisième, un oxyde entre l'ytterbine et la vraie erbine. Il appela le dernier oxyde de *thulium* [*Compt. rend.*, t. LXXXIX, p. 478]. Son spectre contient une raie très forte dans la partie rouge ($\lambda = 684$). Il est vrai que Soret a montré la non-existence de cette raie dans les fractions d'erbine riches en holmine, mais il n'exprime pas dans son mémoire [*Arch. scient. phys., nat.* t. LXIII, p. 99] la supposition que cette raie soit due à la présence d'un nouvel oxyde. L'oxyde de thulium n'a pas encore été isolé à l'état de pureté parfaite, mais son existence est prouvée par son spectre d'étincelle électrique, décrit par Thalén [*Compt. rend.*, t. XCI, p. 376]. Les caractères de l'*erbine pure* ont été établis par Cleve [*Compt. rend.*, t. XCI, p. 381].

Il résulte de ce qui précède que l'ancienne erbine est un mélange complexe contenant les oxydes des métaux suivants :

1° Le *scandium;* poids atomique 45 (Cleve), 44 (Nilson). Son oxyde, Sc^2O^3, est blanc, ses sels incolores sans spectre d'absorption.

2° L'*ytterbium;* poids atomique 172,5 (Marignac), 173 (Nilson). Son oxyde, Yb^2O^3, est blanc, les sels incolores sans spectre d'absorption.

3° Le *thulium;* poids atomique maximum 170,4 (Cleve). Son oxyde, Thu^2O^3(?), est blanc; les sels incolores(?) à spectre composé d'une raie dans la partie rouge ($\lambda = 684$) et une dans la partie bleue ($\lambda = 464$).

4° L'*erbium;* poids atomique 166 (Cleve). L'oxyde, Er^2O^3, est rose, les sels rouges à spectre d'absorption (voyez le suivant).

5° Le *holmium;* poids atomique 162 environ (Cleve). L'oxyde, Ho^2O^3(?), est jaune, les sels probablement d'un teint orangé. Le spectre d'absorption contient les raies $\lambda = 640$-$642,5$ et $\lambda = 536$.

Dans l'ancienne erbine, extrait de la gadolinite, l'ytterbine se trouve en plus grande abondance que l'erbine vraie et l'holmine. La scandine et la thuline y existent seulement en quantités minimes.

Pour rendre cet historique complet, il faut ajouter que Delafontaine a signalé, en 1878 [*Compt. rend.*, t. LXXXVII, p. 632] dans la samarskite, la présence d'un autre oxyde, appelé *décipine*, avec un spectre d'absorption ($\lambda = 416$ et $\lambda = 478$), et un poids moléculaire = 122 (RO).

Plus tard Lecoq de Boisbaudran reconnut dans l'oxyde de didyme de la samarskite un nouvel oxyde avec un spectre d'absorption (λ 480; 463,5; 417; 400,75), dont deux raies se confondent avec celles du décipium. Lecoq [*Compt. rend.*, t. LXXXIX, p. 212] propose pour le radical métallique le nom de *samarium*.

En 1880, Delafontaine [*Arch. scienc. phys. nat.*, t. III, p. 250] a fait connaître les principaux composés du décipium, dont l'oxyde possède, d'après les déterminations récentes, le poids moléculaire 130 (DpO).

En 1880, Marignac réussit à séparer les oxydes qui dans la samarskite accompagnent la terbine et l'oxyde de didyme [*Arch. scienc. phys. nat.*, t. III, p. 412]. Il isola deux oxydes, qu'il désigne provisoirement par Y α et Y β. Le Y α, d'une couleur jaunâtre (peut-être due à la présence de la terbine), donne des sels incolores sans spectre d'absorption; son poids moléculaire maximum est égal à 120,5 (RO). Le Y β à poids moléculaire maximum 115,6 (RO) est blanc, mais ses sels sont jaunes et possèdent le spectre du décipium ou du samarium, d'où il suit que le décipium, le samarium et le Y β constituent le même oxyde.

Plus tard Delafontaine [*Compt. rend.*, t. XCIII, p. 63] a dédoublé son décipium en un oxyde à poids moléculaire d'environ 130 (RO), qui donne des sels incolores sans spectre d'absorption, et en un oxyde à poids moléculaire n'excédant pas 117 (RO) qui possède un spectre d'absorption. Il réserve au premier oxyde le nom de *décipium*, au dernier le nom de *samarium*. Le Y β de Marignac est le samarium de Delafontaine, et le Y α paraît, d'après Delafontaine, être un mélange de terbine et de décipium.

Erbine et ses composés [Cleve, *Compt. rend.*, t. XCI, p. 381]. — Le métal erbium n'a pas encore été isolé. Son poids atomique est égal à 166.

L'*oxyde d'erbium* ou l'*erbine* offre une très belle et pure couleur rose. Son poids spécifique est 8,64. Il se dissout lentement dans les acides et forme des sels d'une fort belle couleur rouge. Leurs solutions produisent un spectre d'absorption composé, d'après Thalén, des bandes suivantes :

Couleur.	Longueur d'onde.	
Rouge......	6660-6680	faible.
	6515-6545	forte.
	6465-6515	demi-forte.
Jaune.	5400-5415	demi-forte.
Vert........	5225-5235	très forte.
	5185-5225	forte.
Bleu........	4865-4877	forte.
Indigo......	4475-4515	demi-forte.

Soret indique [*Compt. rend.*, t. XCI, p. 378] encore deux raies dans la partie bleue du spectre λ 4680 et λ 4420. Il faut remarquer que Cleve a trouvé que le spectre du thulium possède une raie λ 464, qui se confond peut-être avec la première de ces raies. Soret donne aussi (*loc. cit.*) un dessin de la partie la plus réfrangible du spectre de l'erbium. Le spectre à l'étincelle a été examiné par Thalén [*Compt. rend.*, t. XCI, p. 326], qui a trouvé 23 raies, presque toutes d'une intensité très faible.

Sels d'erbium. — L'*azotate*,

$$Er^2(AzO^3)^6 + 10\,H^2O,$$

forme de grands cristaux, inaltérables à l'air. Le *sulfate* cristallise avec 8 H^2O. Il se combine avec les sulfates de potassium et d'ammonium. Le premier de ces sels, $Er^2K^2(SO^4)^4 + 4\,H^2O$, est très soluble dans l'eau froide. Le sel ammoniacal, $Er^2(AzH^4)^2(SO^4)^4 + 8\,H^2O$, est aussi soluble. On voit que ces deux sels doubles ont, sauf l'eau de cristallisation, la composition des aluns.

Le *sélénite d'erbium*, $Er^2O^3, 4\,SeO^2 + 5\,H^2O$, est un précipité rose.

L'*oxalate* se précipite d'abord sous la forme d'une masse visqueuse, qui se change bientôt en une poudre cristalline, $Er^2(C^2O^4)^3 + 9\,H^2O$.

Le *formiate anhydre*, $Er^2(CHO^2)^6$, se forme par l'addition de l'oxyde à l'acide formique étendu et bouillant. Poudre rouge, à peine cristalline. Il se dissout lentement, mais en quantité considérable dans l'eau ; la solution donne à l'évaporation spontanée de beaux cristaux rouges, très solubles, contenant 4 molécules H^2O.

Le *platocyanure*, $Er^2Pt^3(CAz)^{12} + 21\,H^2O$, cristallise comme le sel d'yttrium, en prismes rouges, montrant sur quelques faces des reflets violets, sur les faces prismatiques et pyramidales une couleur verte métallique.

P.-T. Cleve.

ERGOTININE, $C^{35}H^{40}Az^4O^6$. — Ce nouvel alcaloïde a été obtenu par Tanret. Pour le préparer, on épuise le seigle ergoté par l'alcool bouillant à 95° centièmes. La solution alcoolique étant distillée, on additionne le résidu de soude caustique jusqu'à réaction alcaline et on l'agite avec une forte quantité d'éther. La liqueur éthérée cède à l'eau un savon qu'elle avait dissous ; elle est agitée ensuite avec une solution d'acide citrique qui s'empare de l'alcaloïde. On lave cette solution citrique d'ergotinine à l'éther, puis on la sursature de carbonate de potassium et dans cet état on l'agite encore avec de l'éther pour reprendre l'alcaloïde ; finalement on distille la solution éthérée, après l'avoir décolorée par du noir animal pur, et dès qu'elle commence à se troubler, on l'introduit dans un flacon qu'on abandonne dans un lieu frais et obscur. Du jour au lendemain la solution cristallise ; en la concentrant on obtient encore des cristaux, et finalement un produit amorphe par évaporation complète. Avec de l'ergot frais on obtient 0 gr. 30 de cristaux et 0 gr. 70 de base amorphe par kilogramme. L'ergot ancien donne moins de produit.

L'ergotinine cristallisée se transforme aisément en ergotinine amorphe sous l'influence de la lumière ; en solution alcoolique cette action est rapide, le liquide d'abord incolore devient jaune, puis vert, puis brun, et finalement ne contient plus qu'une résine. Les deux bases, amorphe et cristallisée, possèdent, à la solubilité près, les mêmes propriétés.

L'ergotinine cristallisée en aiguilles soyeuses incolores a été analysée : les nombres trouvés conduisent à la formule $C^{35}H^{40}Az^4O^6$. Le chlorhydrate renferme $C^{35}H^{40}Az^4O^6, HCl$. [Tanret, *Compt. rend.*, t. LXXXVI, p. 888]. A. Étard.

ÉRIOCHALCITE (Min.). — Chlorure de cuivre de l'éruption du Vésuve de 1872.

ÉRUCIQUE (ACIDE), $C^{22}H^{42}O^2$ — L'acide érucique peut être retiré, soit de l'huile de navette, soit de l'huile de pépins de raisins, grâce à la solubilité de son sel de plomb dans l'éther bouillant. 1 gr. d'érucate de plomb neutre ou acide se dissout dans 17^{cc} d'éther bouillant et dans 450^{cc} d'éther à 16°. La même différence de solubilité à chaud et à froid s'observe pour l'alcool, la benzine et l'acétone.

L'acide azoteux le transforme en acide brassidique fusible à 56°. La potasse fondante le dédouble en acide acétique et acide arachidique, $C^{20}H^{40}O^2$, fusible à 73° [A. Fitz, *Deutsch. chem. Gesellsch.*, 1871, p. 442 et 910].

Soumis à l'action du brome, l'acide érucique donne un dibromure,

$$C^{22}H^{42}Br^2O^2,$$

décrit t. I, p. 1255, sous le nom impropre d'*acide bromérucique*. Ce bromure, soumis à chaud à l'action de la potasse alcoolique, perd de l'acide bromhydrique et donne de l'acide bénoléique $C^{22}H^{40}O^2$.

Acide monobromérucique. — Traité à froid par la potasse alcoolique, le dibromure de l'acide érucique ne perd qu'une molécule d'acide bromhydrique et l'on obtient l'acide monobromérucique $C^{22}H^{41}BrO^2$, fusible à 33-34°, insoluble dans l'eau, soluble dans l'alcool et dans l'éther.

Le brome s'y combine directement en donnant un produit d'addition $C^{22}H^{41}Br^3O^2$, fusible à 31-32°, très soluble dans l'alcool et l'éther [Haussknecht, *Ann. Chem. Pharm.*, t. CLXIII, p. 40]. M. Hanriot.

ÉRYTHRITE. — Voyez t. I, p. 1257. On l'extrait toujours des lichens à orseille, qui en renferment des proportions variables suivant l'espèce et l'origine. Un échantillon le *Roccella tinctoria* (variété *fuciformis*) a fourni à Reymann 1,72 % d'érythrite ; dans des expériences inédites, Henninger a retiré du lichen de Zanzibar environ 1 %, et de celui de Californie une proportion moindre encore d'érythrite, et cependant les deux échantillons commerciaux appartenaient à la même espèce, *Roccella Montagnei*, Bel., qui est reputée la plus avantageuse pour la préparation de l'érythrite.

Préparation. — 1° Stenhouse décompose les acides des lichens, isolés d'après le procédé décrit, t. I, p. 1258, par l'ébullition prolongée pendant quelques heures en vase ouvert, avec un léger excès de chaux, sature ensuite par le gaz carbonique et évapore presque à sec la liqueur filtrée. Le résidu, repris à chaud par des carbures de houille bouillant de 110 à 150°, cède au dissolvant la totalité de l'orcine, tandis que l'érythrite reste insoluble et peut être purifiée facilement par l'alcool et le charbon animal d'après le procédé connu [*Journ. chem. Soc. London* (2), t. V, p. 221].

2° Reymann dédouble également à la pression ordinaire les acides colorables et évapore à consistance sirupeuse ; le résidu, mélangé de sable, est repris par l'éther, qui ne dissout que l'orcine [*Deutsch. chem. Gesellsch.*, 1874, p. 712 et 1287].

3° Nous préférons de beaucoup le procédé de préparation employé par de Luynes (t. I, p. 1258); pour le rendre applicable à des opérations en grand, nous l'avons modifié dans sa première phase (extraction des acides colorables) en mettant à profit les appareils perfectionnés que l'industrie offre aujourd'hui (cuves à déplacement, filtre-presse, etc.); nous avons pu ainsi opérer sur 100 kilogrammes de lichen à la fois et les épuiser dans une journée de travail (Henninger).

Propriétés. — 1° Densité = 1,440 à 1,452 (H. Schröder). Sous une pression de 20 millimètres l'érythrite bout sans altération vers 220°. Sa solution aqueuse ne précipite pas par le sous-acétate de plomb.

2° Les oxydants attaquent énergiquement l'érythrite et scindent en général sa molécule. Ainsi le permanganate de potassium, le mélange de dichromate de potassium et d'acide sulfurique ou l'acide chromique fournissent les acides oxalique, carbonique et formique. Avec un mélange à parties égales d'eau et d'acide nitrique (D = 1,37) agissant à 25-30° pendant huit jours sur l'érythrite, Przybytek a obtenu les acides tartrique (lequel?) et oxalique; la proportion d'acide tartrique s'élevait à 10 °/₀ du poids de l'érythrite [*Bull. Acad. St-Pétersb.*, t. XXVII, p. 145].

3° Le perchlorure de phosphore mélangé d'oxychlorure transforme à une douce chaleur l'érythrite en une matière blanche insoluble (anhydride ou phosphate?) qui disparaît ensuite, et finalement si la proportion de perchlorure est suffisante, on obtient la tétrachlorhydrine,

$$C^4H^6Cl^4,$$

qui est identique avec le tétrachlorure de crotonylène (voir Suppl. p. 553).

4° L'érythrite régularise la décomposition de l'acide oxalique, comme la glycérine et les autres alcools multivalents. Il se forme d'abord, à une douce chaleur, une *oxaléine* qui n'a pas été isolée, mais le produit de la réaction donne de l'oxamide avec l'ammoniaque [Lorin, *Compt. rend.*, t. LXXVII, p. 363; t. LXXX, p. 1328; t. LXXXI, p. 270].

5° Les acides éthérifient assez facilement l'érythrite. Menchoutkine a déterminé récemment la vitesse initiale et la limite de l'éthérification d'un mélange d'érythrite et d'acide acétique. Voici les résultats numériques :

1 mol. $C^4H^{10}O^4$ + 1 mol. $C^2H^4O^2$: Vitesse initiale = 53,60; limite = 65,73 °/₀.

1 mol. $C^4H^{10}O^4$ + 2 mol. $C^2H^4O^2$: Limite = 56,00 °/₀.

1 mol. $C^4H^{10}O^4$ + 4 mol. $C^2H^4O^2$: Vitesse initiale absolue = 24,91; vitesse relative = 62,16; limite = 40,07 °/₀.

1 mol. $C^4H^{10}O^4$ + 6 mol. $C^2H^4O^2$: Limite = 31,24 °/₀ [N. Menchoutkine, *Deutsch. chem. Gesellsch.*, 1880, p. 1814].

6° Par l'action des acides chlorhydrique ou formique sur l'érythrite, il se produit, indépendamment des éthers, une notable proportion d'un produit liquide, bouillant sans décomposition vers 250° et qui constitue très probablement l'*érythrane*, $C^4H^8O^3$, formé par déshydratation.

Jusqu'ici il n'a pas encore été possible de fixer directement les éléments de l'eau sur ce composé et de le retransformer ainsi en érythrite; mais avec l'acide chlorhydrique saturé il engendre à 100° la dichlorhydrine de l'érythrite [Henninger, *Expériences inédites*].

7° Lorsqu'on distille l'érythrite avec 4 p. d'acide formique à 70-80 °/₀, il se produit des formines cristallisables parmi lesquelles la diformine prédomine; vers 210-220° ces formines se décomposent en gaz carbonique, mélangé d'une faible proportion d'oxyde de carbone, en formine d'un glycol non saturé $C^4H^8O^2$, en crotonylène, et deux composés C^4H^6O, l'un identique avec l'aldéhyde crotonique, l'autre, qui forme la majeure partie, isomérique avec ce corps; enfin on trouve en partie dans le résidu de la distillation, en partie dans le produit distillé, une certaine quantité d'érythrane (?). Les équations suivantes rendent compte de la formation de tous ces produits :

$$C^4H^6(OH)^2(OCHO)^2$$

Diformine de l'érythrite.

$$= CO^2 + H^2O + C^4H^6(OH)(OCHO);$$

Monoformine du glycol.

$$C^4H^6(OH)^2(OCHO)^2$$
$$= 2CO^2 + 2H^2O + C^4H^6;$$

Crotonylène.

$$C^4H^6(OH)^2(OCHO)^2$$
$$= CO^2 + CO + 2H^2O + C^4H^6O;$$
$$C^4H^{10}O^4 = H^2O + C^4H^8O^3.$$

Il est extrêmement probable que le produit de la réaction de l'acide formique sur l'érythrite renferme deux formines isomériques, l'une donnant par la chaleur le formiate du glycol non saturé, et secondairement l'aldéhyde crotonique, l'autre le second corps neutre C^4H^6O [A. Henninger, *Bull. Soc. chim.* t. XIX, p. 2 et 145; t. XXXIV, p. 195; t. XXXV, p. 220 et 418].

8° L'érythrite entre facilement en fermentation sous l'action des schizophytes du foin ou de la bouse de vache; la solution doit contenir du carbonate de calcium et des sels nutritifs. Plusieurs organismes se développent en même temps; un bacillus grêle, un micrococcus rond ou elliptique et un ferment pyriforme. Les produits de la fermentation sont : une trace d'alcool ordinaire, l'acide butyrique normal, mélangé de petites quantités d'acide acétique et caproïque; enfin l'acide succinique [A. Fitz, *Deutsch. chem. Gesellsch.*, 1878, p. 45 et 1890; 1879, p. 475].

ÉTHERS DE L'ÉRYTHRITE. — *Acide érythrite-tétrasulfurique*, $C^4H^6(SO^4H)^4$. — L'érythrite se dissout dans la chlorhydrine sulfurique $SO^2Cl(OH)$, et la solution incolore ne tarde pas à laisser déposer de petits cristaux du tétrasulfate. Cet éther est instable et se saponifie rapidement par l'eau bouillante. Pour le transformer en sels, il faut le dissoudre dans l'eau glacée.

Le *sel potassique*, $C^4H^6(SO^4K)^4 + 4H^2O$, est en tables hexagonales, presque insolubles dans l'eau froide, très solubles à chaud; il perd son eau à 100°. Le sel de *baryum*,

$$C^4H^6(SO^4)^4Ba^2 + 4H^2O,$$

est tout à fait insoluble dans l'eau et les acides; malgré ce caractère, le sel potassique n'est que très lentement décomposé par le chlorure de baryum, et il faut chauffer au bain-marie le mélange des solutions pour observer la formation lente d'un dépôt cristallin du sel de baryum. Le sel de *plomb* est aussi insoluble dans l'eau et cependant on ne peut le préparer par double décomposition entre le sel potassique et l'acétate de plomb. Les autres sels sont solubles, à l'exception du sel argentique [P. Claesson, *Journ. prakt. Chem.* (2), t. XX, p. 1].

Monochlorhydrine, $C^4H^6(OH)^3Cl$. — Elle cristallise dans l'éther bouillant en aiguilles plates, groupées en faisceaux, fusibles à 65-66° (Henninger).

Dichlorhydrine. — Dans sa préparation, d'après le procédé de de Luynes on obtient toujours une notable proportion d'érythrane. Elle fond à 125°,5 et bout à 152° sous 30mm (Henninger).

Dibromhydrine, $C^4H^6(OH)^2Br^2$.— Obtenue en chauffant l'érythrite à 110° pendant 30 heures, avec de l'acide bromhydrique saturé. Dans l'alcool elle se dépose en cristaux nacrés, fusibles à 130°, insolubles dans l'eau [P. Champion, *Compt. rend.*, t. LXXIII, p. 114].

Dichlorodinitrine. — On la prépare comme la suivante, à laquelle elle ressemble. Elle fond à 60°.

Dibromodinitrine, $C^4H^6Br^2(AzO^3)^2$. — La dibromhydrine pulvérisée est introduite dans un mélange froid de 1 p. d'acide azotique fumant et de 2 p. d'acide sulfurique, et au bout de quelques minutes le tout est versé dans l'eau. Le précipité cristallise dans l'alcool bouillant en aiguilles incolores, flexibles, qui fondent à 75° et ne détonent pas par le choc. La potasse la saponifie avec formation de nitre [P. Champion, *loc. cit.*].

Produits de réduction de l'érythrite par l'acide formique.

On a indiqué plus haut les réactions en vertu desquelles les formines de l'érythrite se décomposent par la chaleur. Voici quelques indications sur les produits engendrés.

Glycol, $C^4H^8O^2 = CH^2=CH\text{-}CH.OH\text{-}CH^2.OH$. — Liquide un peu visqueux, incolore, bouillant à 200-202°, soluble dans l'eau. Chauffé à 200-210° avec les acides étendus, il fournit de l'aldéhyde crotonique et des produits de condensation de ce corps : $C^4H^8O^2 = C^4H^6O + H^2O$.

Cette réaction est analogue à celle qui fournit l'aldéhyde avec le glycol éthylénique.

Monoformine, $C^4H^7O^2.CHO$. — Liquide incolore, bouillant vers 192-193°.

Diacétine. — Elle bout à 203°.

Corps, C^4H^6O. — Liquide incolore, très mobile, doué d'une odeur particulière, forte, bouillant vers 67°. Il se dissout un peu dans l'eau, facilement dans les acides étendus; l'acide chlorhydrique concentré lui communique à froid une coloration bleue ou violette, qui ne tarde pas à devenir terne, en même temps qu'il se dépose une matière noire; cette réaction est analogue à celle du furfurane. La potasse ne l'altère pas à 100°, il en est de même du gaz chlorhydrique à froid. Il fixe directement 2 atomes de brome; le *dibromure* $C^4H^6O^2Br^2$ est une masse cristalline, fusible vers 12° et bouillant vers 95° sous 20mm.

Avec l'acide iodhydrique et le phosphore amorphe, le corps C^4H^6O donne nettement l'iodure de butyle secondaire de de Luynes, bouillant à 120°. Le perchlorure de phosphore lui enlève deux atomes d'hydrogène, en passant lui-même à l'état de protochlorure et il se forme du furfurane (tétraphénol) C^4H^4O, bouillant à 33° [A. Henninger, *loc. cit.*]. A. Henninger.

ÉRYTHRODEXTRINE. — Voyez Dextrine, Suppl., p. 622.

ÉRYTHROCENTAURINE. — Cette matière, retirée de l'*Erythræa Centaurium* (t. I, p. 1259), est identique avec le principe de l'*Erythræa chilensis* [E. Méhu, *Journ. Pharm. Chim.*, (4), t. XI, p. 454].

ÉRYTHRO-OXYANTHRAQUINONE.—Voyez Suppl. p. 191.

ÉRYTHROPHÉNIQUE (ACIDE). — Lorsqu'on ajoute de l'hypochlorite de sodium à une solution contenant à la fois du phénol et de l'aniline, on observe une coloration bleue intense que les acides font virer au rouge et que l'ammoniaque reproduit. Le sulfhydrate ammonique fait passer la coloration au jaune. Jacquemin, auquel on doit ces observations, a donné à cette matière colorée le nom d'acide *érythrophénique*.

ÉRYTHROPHLÉINE. — Ce nom a été donné par Gallois et Hardy au principe actif de l'*Erythrophlœum guineense*, arbre de la famille des Légumineuses connu sous les noms de *Mancóme* et de *Tali*, employé en Afrique pour empoisonner les flèches et préparer des poisons d'épreuve. On isole ce principe en traitant les extraits alcooliques concentrés et sursaturés de bicarbonate de sodium par la méthode de Stas modifiée par l'emploi de l'éther acétique.

L'érythrophléine est cristalline, soluble dans l'eau, l'alcool, l'éther acétique; elle est peu ou pas soluble dans l'éther, le chloroforme et la benzine.

Le chlorhydrate d'érythrophléine cristallise et forme un chloroplatinate, de plus il précipite les réactifs généraux des alcaloïdes.

L'érythrophléine est un poison du cœur [N. Gallois et E. Hardy, *Bull. Soc. chim.*, t. XXVI, p. 39]. A. Étard.

ÉRYTHROSIDÉRITE (Scacchi) (Min.). — Chlorure ferrico-potassique hydraté,

$$4KCl, Fe^2Cl^6, 2H^2O,$$

de l'éruption du Vésuve de 1872.

Couleur rouge. Très soluble. Orthorhombique avec deux angles de 110° et de 92°.

ÉRYTHROSINE. (ou *Érythrine*). — On a donné ce nom aux éthers méthylique ou éthylique de l'éosine (tétrabromofluorescéine) qui sont employés comme matières colorantes rouges ou roses.

ÉRYTHROZINCITE (Min.).— Variété manganésifère de wurtzite engagée dans les fissures d'un lapis de Sibérie.

ESCIGÉNINE. — Voyez Esciniqur (acide), t. I, p. 1261.

ESCIGLYCOLIQUE (ACIDE). — Voyez Esculotannique (acide), t. I, p. 1261.

ESCULÉTINE, $C^9H^6O^4$. — On a vu (t. I, p. 1206) que l'esculine se dédouble par l'ébullition en glucose et esculétine. On peut représenter ce dédoublement par l'équation

$$C^{15}H^{16}O^9 + H^2O = C^6H^{12}O^6 + C^9H^6O^4.$$

On sait que l'esculétine se combine avec le bisulfite de sodium, mais que l'on ne peut la retirer de cette combinaison; Rochleder admet que l'on obtient alors un isomère, la para-esculétine. Il paraît plus probable, d'après les travaux récents de Liebermann et Knietsch, que le bisulfite de sodium agit en fixant H^2 et que la para-esculétine aurait pour formule $C^9H^8O^4$.

L'anhydride acétique donne avec l'esculétine le dérivé diacétylé $C^9H^4(C^2H^3O)^2O^4$, en prismes étoilés, fusibles à 133-134°.

Le brome réagit à chaud sur l'esculétine en solution acétique, et donne la tribromoesculétine $C^9H^3Br^3O^4$, qui se dépose par le refroidissement sous forme d'une poudre cristalline jaune, fusible à 240° avec décomposition partielle. L'anhydride acétique y remplace encore deux atomes d'hydrogène par des groupes acétyle. La *tribromodiacétylesculétine*, $C^9HBr^3(C^2H^3O)^2O^4$, est en aiguilles déliées blanches, fusibles à 180-182°.

Enfin l'esculétine s'unit à l'ébullition à l'aniline suivant l'équation

$$C^9H^6O^4 + 2C^6H^7Az = 2H^2O + C^{21}H^{16}Az^2O^2.$$

Cette base fournit un chloroplatinate cristallisable. M. Hanriot.

ESCULINE, $C^{15}H^{16}O^9 + 1\,1/2H^2O$. — *Extraction*. — Fairthorne conseille le procédé suivant : L'écorce de marronnier d'Inde, pulvérisée, est humectée d'ammoniaque, puis épuisée par ce liquide; on évapore après addition d'alumine de façon à obtenir une pâte que l'on sèche, que l'on broie, et l'on reprend par l'alcool à 95°. L'esculine cristallise par refroidissement. Pour la purifier, on la laisse en contact pendant vingt-quatre heures avec de l'eau additionnée d'un demi-volume d'éther [Fairthorne, *Chem. News*, XXVI, p. 4].

Liebermann et Knietsch la retirent de l'écorce de châtaignier, en desséchant l'extrait aqueux au bain-marie, le pulvérisant et le reprenant par l'alcool fort. L'esculine cristallise par concentration de l'alcool. Certaines écorces fournissent jusqu'à 3 °/₀ d'esculine [Liebermann et Knietsch, *Deutsch. chem. Gesellech.*, 1880, p. 1590].

Propriétés. — L'esculine cristallisée répond à la formule $C^{15}H^{16}O^9 + 1\frac{1}{2} H^2O$. Chauffée au réfrigérant ascendant avec de la magnésie, elle donne le composé $2C^{15}H^{16}O^9,Mg(OH)^2$, dont la solution est rouge et fluorescente [H. Schiff, *Deutsch. chem. Gesellsch.*, 1880, p. 1950].

Lorsque l'on ajoute du brome à une solution acétique d'esculine, on obtient un précipité cristallin, peu soluble dans l'alcool et l'éther, cristallisant dans l'acide acétique chaud en petites aiguilles fusibles à 193-195° : c'est la *dibromesculine* $C^{15}H^{14}Br^2O^9$.

Par l'action de l'anhydride acétique, l'esculine donne de l'*hexacétylesculine* $C^{15}H^{10}(C^2H^3O)^6O^9$; par l'action de l'aniline, de la *trianiline-esculine* $C^{15}H^{16}O^6(C^6H^5Az)^3$ [H. Schiff, *Deutsch. chem. Gesellsch.*, 1871, p. 472].

On obtient la *dibromopentacétesculine* par l'action de l'anhydride acétique sur la dibromesculine. Elle cristallise dans l'alcool en aiguilles fusibles à 203-206°, répondant à la formule

$$C^{15}H^9(C^2H^3O)^5Br^2O^9.$$

L'acide sulfurique étendu la dédouble en dibromesculétine (Liebermann). M. Hanriot.

ESENBECKINE. — Nom donné par Cam. Ende à un alcaloïde retiré de l'écorce d'*Esenbeckia febrifuga* (Martius); indépendamment des principes végétaux que contiennent d'habitude les écorces, on trouverait en outre un acide analogue à l'acide quinovique, l'acide *ésenbeckique* [*Arch. Pharm.* (2), t. CXLIII, p. 112].

ÉSÉRINE. — Voyez Physostigmine.

ESSENCES. — Essence d'abies reginæ amaliæ. — Elle s'obtient par distillation des fruits avec de l'eau. On en retire ainsi environ 18 °/₀. Elle est incolore, très fluide, d'une odeur agréable. Sa densité à 15° = 0,868. Elle commence à bouillir à 156°; la majeure partie passant vers 170°. Très avide d'oxygène, elle se résinifie à l'air. Elle répond à la formule $C^{10}H^{16}$.

L'acide chlorhydrique est vivement absorbé avec formation d'un chlorhydrate $C^{10}H^{16},HCl$, liquide, ayant la même odeur que l'essence. L'iode est sans action sur elle [Buchner, *Journ. prakt. Chem.*, t. XCII, p. 109].

Essence d'alan-gilan. — Cette essence, récemment introduite dans le commerce, est extraite de l'*Anona odoratissima*. Elle n'a pas de point d'ébullition fixe, passant entre 160 et 300°. Elle est insoluble dans l'eau, soluble dans l'éther, partiellement soluble dans l'alcool. Sa densité à 15° est 0,980. Elle est lévogyre.

L'acide nitrique l'attaque vivement en la résinifiant. La potasse la saponifie en donnant naissance à du benzoate de potassium et à un liquide oxygéné, insoluble dans l'eau et présentant l'odeur de l'essence [Gal, *Bull. Soc. chim.*, t. XXI, p. 164]. On voit donc que cette essence peut être considérée comme l'éther benzoïque d'un alcool non déterminé. C'est la seule essence dans laquelle on ait rencontré l'acide benzoïque.

Essence d'amandes amères. — D'après Bourgoin [*Bull. Soc. chim.*, t. XVII, p. 243], la présence de l'essence d'amandes amères ne permet plus de rechercher la nitrobenzine par sa transformation en aniline; voici le procédé que recommande cet auteur. L'essence suspecte, agitée avec la moitié de son poids de potasse caustique, prend une teinte jaune si elle est pure, rouge passant rapidement au vert si elle est mélangée de nitrobenzine.

L'industrie prépare aujourd'hui, d'après le procédé de Lauth et Grimaux, de l'aldéhyde benzoïque artificielle, à laquelle on donne, par l'addition d'une certaine quantité d'acide cyanhydrique, toutes les qualités de l'essence d'amandes amères naturelle.

Essence d'aneth. — Elle est formée pour la majeure partie d'un hydrocarbure $C^{10}H^{16}$, d'une densité de 0,8467, passant vers à 173°. Traitée par le sulfhydrate d'ammonium en solution alcoolique, elle donne un composé cristallin

$$C^{10}H^{14}O,H^2S,$$

identique avec celui que l'on obtient avec l'essence de carvi; elle renferme donc une petite quantité de carvol [Gladstone, *Journ. chem. Soc.*, (2) t. X, p. 1 et t. II, p. 1].

Essence d'angélique. — Les semences d'angélique (*Archangelica officinalis*) fournissent par distillation avec l'eau une essence qui jaunit rapidement à la lumière, et qui se résinifie à l'air en absorbant de l'oxygène; sa densité à 0° est 0,872. Elle est dextrogyre; la déviation pour une colonne de 200mm est $[\alpha]_D = 26° 15'$. Par distillation dans le vide, elle donne 75 °/₀ d'un carbure liquide, très mobile, le térébangélène. Ce corps a pour formule $C^{10}H^{16}$; il distille à 87° sous la pression de 22mm, sa densité à 0° est 0,833. La déviation pour une colonne de 200mm est $[\alpha]_D = + 25° 16'$, elle diminue par l'action prolongée de la chaleur et tend vers la limite $[\alpha]_D = + 9° 44'$. Le chlore et le brome attaquent violemment le térébangélène en donnant du cymène [L. Naudin, *Compt. rend.*, 26 déc. 1881].

Essence d'arnica montana. — Voyez Suppl., p. 203.

Essence d'atherosperma moschatum. — Cette essence, encore désignée sous le nom de *victorian sassafras*, laisse passer à 224° une huile oxygénée dont la densité à 20° est 1,0386 [Gladstone, *Journ. chem. Soc.*, (2), t. II, p. 1].

Essence d'acorus calamus. — L'essence retirée de la racine d'*Acorus calamus* distille entre 140 et 280°. Par le fractionnement on peut en extraire :

1° Un hydrocarbure $C^{10}H^{16}$ bouillant à 158-159° limpide, soluble dans l'alcool et l'éther. Densité à 0° = 0,8793. Il donne un chlorhydrate cristallin.

2° Un hydrocarbure bleuâtre distillant à 250°. Il se décolore par distillation sur le sodium. Il bout alors à 255-258°. Il renferme $nC^{10}H^{16}$; il est peu soluble dans l'alcool et ne se combine pas avec l'acide chlorhydrique [Kurbatow, *Deutsch. chem. Gesellsch.*, 1873, p. 1210].

Essence de capucine. — Le *Tropæolum majus*, distillé avec de l'eau, fournit une petite quantité d'essence (100 kilogrammes en ont donné 25 grammes). Elle bout entre 160 et 300° et laisse un résidu brun. Les premières portions, qui renferment du soufre, présentent l'odeur de l'isosulfocyanate de benzyle. A 231°,9 on obtient un liquide d'une densité 1,0146 à 18° ayant pour formule C^8H^7Az. C'est le nitrile de l'acide α-toluique que la potasse décompose en ammoniaque et α-toluate de potassium [Hofmann, *Deutsch. chem. Gesellsch.*, 1874, p. 518].

Essence de cochléaria. — L'essence de *Cochlearia officinalis* représente une sulfocarbimide butylique secondaire (voyez t. III, p. 118).

Essence de cresson. — Le cresson de fontaine (*Nasturtium officinale*) abandonne à l'essence de pétrole une petite quantité d'huile essentielle (600 kilog de plantes fraîches en ont fourni 40 grammes). Par le fractionnement on peut en retirer :

1° Un nitrile bouillant à 253°,5, C^9H^9Az, que la potasse alcoolique dédouble en ammoniaque et acide phénylpropionique $C^9H^{10}O^2$, identique avec l'acide homotoluique de Erlenmeyer.

2° Un hydrocarbure cristallisant en beaux dodécaèdres, qui n'a pas été étudié [Hofmann, *Deutsch. chem. Gesellsch.*, 1874, p. 520].

Essence de cajeput. — La distillation fractionnée de cette essence permet d'en isoler une huile bouillant à 176-179° et ayant pour composition $C^{10}H^{18}O$, le *cajeputol* (t. I, p. 699). Elle se combine avec 2 atomes de brome, en donnant le bromure $C^{10}H^{18}OBr^2$, que la chaleur dédouble en HBr et cymène.

Le cajeputol traité par P^2S^5 donne un mélange de terpène et de cymène [A. Wright, *Chem. News*, t. XXIX, p. 183 et *Bull. Soc. chim.*, t. XXII, p. 397].

L'essence de *niaouli* est identique avec l'essence de cajeput (Robinet).

Essence d'eucalyptus. — Voyez Eucalyptus. p. 716.

Essence de géranium. — L'essence de géranium est formée en majeure partie d'une huile $C^{10}H^{18}O$ bouillant à 232-233°, nommée *géraniol*. C'est un liquide incolore, très réfringent, sans action sur la lumière polarisée, insoluble dans l'eau, soluble dans l'alcool et dans l'éther. Son odeur, qui rappelle celle de la rose, le fait employer en très grande quantité en parfumerie où l'on la vend sous le nom d'*essence de roses indienne*.

Le géraniol ne se solidifie pas à — 15°; il s'altère lentement à l'air. Il se combine avec le chlorure de calcium en donnant des cristaux

$$2C^{10}H^{18}O + CaCl^2,$$

décomposables par l'eau et la chaleur.

La potasse fondante, le permanganate ou l'acide chromique donnent avec le géraniol de l'acide valérianique et de l'acide succinique. Le géraniol, traité par les acides, donne naissance à des éthers : le *chlorure*, $C^{10}H^{17}Cl$, se forme par l'action de l'acide chlorhydrique gazeux sur le géraniol; c'est un liquide jaunâtre, sans action sur la lumière polarisée, se décomposant par la distillation.

L'*iodure*, le *bromure* de géraniol prennent naissance par l'action, à froid, de l'iodure ou du bromure de potassium sur une solution alcoolique de l'éther chlorhydrique. On prépare de même le cyanure, le benzoate, etc. Ce sont des liquides oléagineux, se décomposant à la distillation et par la plupart des réactifs.

L'éther du géraniol, $C^{20}H^{34}O$, se forme lorsqu'on chauffe le chlorure de géraniol avec 3 ou 4 fois son poids d'eau ou de la potasse alcoolique; c'est un liquide incolore, plus léger que l'eau, d'une odeur de menthe, bouillant à 187-190°.

Traité par le chlorure de zinc, le géraniol perd de l'eau et donne un hydrocarbure liquide, le *géraniène* $C^{10}H^{16}$. Il bout à 162-164°, est sans action sur la lumière polarisée, et donne un chlorhydrate liquide [O. Jacobsen, *Ann. Chem. Pharm.*, t. CLVII, p. 232].

Essence d'iva. — On obtient ce produit en distillant les tiges et les feuilles de l'*Achillea moschata*. C'est un liquide vert-bleuâtre, d'une odeur et d'une saveur rappelant celle de la menthe. Sa densité à 15° = 0,9346. Elle distille entre 180 et 210°, en laissant un résidu résineux soluble dans l'éther.

La partie qui distille entre 180-190° a pour formule $C^{20}H^{40}O^2$. Elle possède une saveur chaude et amère [Planta Reichenau, *Ann. Chem. Pharm.*, t. CLV, p. 145].

Essence de muscade. — Gladstone admettait que l'essence de muscade est formée d'un hydrocarbure (myristicène) $C^{10}H^{16}$ et d'un composé oxygéné $C^{10}H^{14}O$ (myristicol) [Gladstone, *Journ. chem. Soc.*, (2), t. X, p. 1].

Wright a pu en extraire par distillation :

1° 70 °/₀ d'un hydrocarbure $C^{10}H^{16}$ bouillant à 163-164°.

2° 15 °/₀ d'un mélange d'un hydrocarbure bouillant à 175-179° et d'un peu de cymène.

3° Un composé $C^{10}H^{16}O$ bouillant à 212-218°.

4° Un liquide $nC^{10}H^{18}O^2$ (?) bouillant de 260-290°.

5° 2 °/₀ environ d'une résine [A. Wright, *Chem. News*, t. XXVII, p. 82].

Essence de niaouli. — Elle est obtenue par la distillation des feuilles du niaouli, qui est l'arbre le plus répandu à la Nouvelle-Calédonie, et qui se confond très probablement avec le *Melaleuca leucodendron*; ce dernier fournit l'essence de cajeput. Aussi, d'après les travaux de G. Robinet, l'essence de niaouli est-elle chimiquement identique avec celle de cajeput [*Thèse de l'École de Pharmacie de Paris*, 1874].

Essence de panais. — L'essence obtenue par distillation des graines du *Pastinaca sativa* est un liquide incolore neutre; sa densité à 17°,5 = 0,8672. La majeure partie distille entre 244-245° et constitue du butyrate d'octyle $C^{12}H^{24}O^2$ [Renesse, *Ann. Chem. Pharm.*, t. CLXVI, p. 80].

Essence de peuplier. — Les bourgeons de peuplier fournissent une huile essentielle distillable avec la vapeur d'eau et bouillant à 260-261° D = 0,9002. Elle a pour formule $nC^{10}H^{16}$.

Essence d'heracleum spondylium. — On a vu (t. I, p. 1279) que cette essence est formée surtout d'acétate d'octyle. Elle renferme en outre des butyrates d'éthyle et d'hexyle et les éthers octyliques normaux des acides caproïque, caprique et laurique. L'essence n'est abondante que dans les fruits très mûrs et conservés longtemps au contact de l'air [W. Mœslinger, *Deutsch. chem. Gesellsch.*, 1876, p. 998].

Essence de persil. — L'essence de persil contient, comme l'ont indiqué Lœwig et Weidmann, un corps oxygéné cristallisable et un terpène bouillant vers 160°. Ce terpène possède une forte odeur de persil. Sa densité à 12° = 0,865. Son pouvoir rotatoire $[\alpha]j$ = 30°,8. L'acide chlorhydrique le transforme difficilement en un chlorhydrate solide fusible à 115-116°. Traité par l'iode, il donne de l'acide iodhydrique et du cymène [Von Gerichten, *Deutsch. chem. Gesellsch.*, 1876, p. 758].

Essence de rue. — Voyez t. II, p. 1376.

M. Hanriot.

ESSENCES (INDUSTRIE). — L'extraction des essences et des parfums constitue, pour la partie sud-est de la France et l'Algérie, une industrie très importante, puisqu'elle se chiffre annuellement par la somme de 37 millions de francs, dont 17 millions pour l'exportation.

Cette industrie nous a été transmise à travers les siècles sans modifications notables. Tels qu'étaient dans l'Inde ou chez les Arabes les modes d'extraction des essences, la préparation des eaux ou des huiles de senteurs, tels nous les pratiquons aujourd'hui.

N'est-il pas curieux de retrouver dans les écrits anciens la description textuelle des principes servant de bases aux procédés employés couramment dans la parfumerie? Les découvertes de la mécanique ont seules aidé au perfectionnement de l'outillage et, par suite, conduit à une fabrication plus économique. Il faut bien l'avouer, l'art du parfumeur se traîne péniblement dans la routine. Les efforts des praticiens ont porté, non sur l'extraction des parfums si riches et si variés que nous offre la nature, mais sur la composition des mélanges de parfums, qui exercent en ce moment toute l'habileté du parfumeur.

L'extraction des essences et des parfums ayant été décrite au t. I, p. 1273, nous ne reviendrons sur ces méthodes que pour en montrer toutes les défectuosités et marquer le progrès accompli depuis Millon jusqu'à ces deux dernières années.

Les essences et les parfums s'obtiennent par la distillation à la vapeur d'eau, l'enfleurage à chaud ou à froid, et l'expression.

Distillation à la vapeur d'eau. — On peut adresser à ce procédé deux reproches graves : la destruction d'une partie du parfum occasionnée par la haute température à laquelle on est obligé d'avoir recours, et la modification profonde subie par la portion du parfum non détruite, au contact de la vapeur d'eau à 100°.

Il est de fait que les essences obtenues par ce procédé primitif ne représentent jamais le parfum dans toute sa suavité. Inévitablement un pareil produit possède toujours une odeur de cuit, que les parfumeurs et les distillateurs traduisent par l'expression de *goût d'alambic*.

D'un autre côté, la quantité de parfum détruite par la vapeur d'eau peut s'élever dans certains cas à 50 °/₀.

Enfleurage à chaud. — Ce procédé, qui consiste à charger de parfums des corps gras fixes, présente les mêmes inconvénients que ceux énumérés pour la distillation à la vapeur d'eau.

Enfleurage à froid. — L'inconvénient principal de ce mode opératoire vient de ce que la graisse, sous l'influence de la fermentation partielle des fleurs et de la haute température du climat où se font ces opérations, rancit de manière à altérer sérieusement la pureté du parfum.

D'autre part, le matériel mis en œuvre est assez important pour atteindre dans certaines usines plusieurs centaines de mille francs.

Enfleurage à froid par l'huile. — L'enfleurage à froid se fait en imprégnant d'huile des toiles de coton sur lesquelles on jette les fleurs (oranger ou jasmin), que l'on renouvelle tous les jours. Ce dernier mode a en outre le désavantage de laisser perdre au moins 50 °/₀ du parfum, car la fleur, même après un séjour de 24 heures sur la graisse ou l'huile, n'est jamais épuisée.

Ainsi, que l'enfleurage se fasse à chaud ou à froid, les parfums sont altérés, gardent un goût de rance et sont détruits ou perdus en partie.

Expression. — De tous les systèmes actuellement employés, l'expression représente, sans contredit, le meilleur. Malheureusement, ce procédé ne s'adresse qu'à une classe restreinte d'essences : celles de citron, de bergamote, d'orange, de cédrat, de limette. Les produits tirés de l'écorce de ces Hespéridées ont une suavité incomparablement supérieure à celle des essences obtenues par distillation.

Premier essai par l'éther. — Les choses en étaient là, lorsque en 1835 Robiquet décrivit un mode d'extraction du délicat parfum de la jonquille par l'éther [*Journ. de Pharm.* t. XXI, p. 335]. Aucune tentative industrielle ne fut faite dans ce sens.

En 1856, Millon, chef du Laboratoire central de Chimie à Alger, dans un remarquable mémoire sur la nature du parfum des fleurs et sur quelques fleurs cultivables en Algérie [*Journ. Pharm.* t. XXX, p. 281 et 407], fit mention d'une série d'expériences visant l'emploi pratique des dissolvants en général, à l'effet d'extraire industriellement le parfum des fleurs. Ces dissolvants étaient le chloroforme, le sulfure de carbone, l'éther, l'alcool méthylique, la benzine, l'alcool vinique, etc. ; mais il donne nettement la préférence à l'éther.

Son collaborateur Ferrand prit, pour cet objet, un brevet, n° 22,404, le 17 janvier 1855. Il ne nous paraît pas que Millon et Ferrand aient eu connaissance de l'expérience de Robiquet, faite vingt ans auparavant. Quoi qu'il en soit, les résultats annoncés par Millon étaient importants, et des essais en grand furent tentés ; on dut néanmoins abandonner bientôt ce nouveau procédé, pour plusieurs raisons :

1° A cause du danger réel de manier d'énormes quantités d'éther en vases ouverts.

2° Par la perte considérable du dissolvant subie à chaque opération et à cause de l'impossibilité de pouvoir chasser les dernières traces de solvant retenues par le parfum. Déjà en 1857 le docteur Quesneville avait annoncé, dans son *Moniteur scientifique* (p. 26), la médiocre valeur pratique du procédé.

Depuis, de nouvelles tentatives ont été faites, mais la méthode des solvants ne s'est pas généralisée, pour les raisons indiquées plus haut. Parmi les brevets ayant trait à l'application des dissolvants aux parfums, nous citerons :

G. Ville, n° 47,285 (1860), chloroforme ;
Egrot, n° 61,274 (1863), chloroforme ;
Hirtzel, n° 61,486 (1864), pétroles légers.

Aucune de ces modifications de la méthode de Millon n'a pu subir l'épreuve de la pratique.

Le rapport officiel de l'Exposition de 1867 montre qu'à cette époque la question des solvants n'était pas résolue et qu'on n'avait découvert aucun mode nouveau d'extraction des parfums (p. 408). A l'exposition de 1878, le rapporteur annonce, comme perfectionnement digne d'être noté, la substitution de la vapeur au feu nu dans le chauffage des appareils (p. 112) ; on ne parle point de l'emploi des dissolvants volatils.

Il est cependant juste de citer les efforts persévérants de Piver pour remplacer l'enfleurage ordinaire par ce qu'il appelle la *Méthode pneumatique* [voyez t. I, p. 1275 et brevet Piver, n° 41,090, 1859].

Appareil de M. L. Naudin. — En 1879, Laurent Naudin eut l'idée de reprendre les expériences de Millon et chercha à écarter les causes d'insuccès du principe fécond découvert, il y a vingt-quatre ans, par ce savant distingué. Naudin imagina alors l'appareil suivant (fig. 48), basé sur la distillation des solvants en vases clos, dans le vide et à très basse température.

Les fleurs, feuilles, etc., sont introduites dans le digesteur A et déposées dans un panier indiqué en U. Le joint étant fait, on obtient le vide en ouvrant le robinet *t*. Par l'effet seul du vide, on fait monter du récepteur R par le tube *nn'* une quantité de solvant déterminée à l'avance par un trait marqué sur le regard en verre. Après avoir laissé les matières en contact avec le solvant pendant un temps qui n'excède pas un quart d'heure, on fait passer, par le tube GH, le liquide du vase A dans le vase B dans lequel on a préalablement fait le vide.

L'eau provenant des fleurs est décantée dans un récipient spécial par le tube I. Un regard en verre E' permet de séparer nettement les deux couches liquides. On laisse alors écouler par le tube E le dissolvant chargé de parfum dans l'évaporateur C.

On ferme la communication entre B et C et on l'établit entre C et le frigorifère F, puis on fait le vide.

Le réfrigérant F est refroidi énergiquement par un des procédés connus : ammoniaque, acide sulfureux ou chlorure de méthyle. Pendant le cours de la distillation, la température de l'évaporateur est maintenue au degré de celle de l'atmosphère ambiante ; à cet effet, on restitue, au moyen d'un courant d'eau ordinaire dans la chemise en tôle, la chaleur latente empruntée au solvant liquide par sa transformation en vapeurs. Tout le solvant distille rapidement de C en F, en laissant en C tout le parfum dont il s'était chargé en A. Lorsque la distillation est terminée, on laisse écouler le liquide distillé, condensé en F, dans le récipient R.

Si la distillation a été faite à une température suffisamment basse, le liquide n'a pas entraîné sensiblement de matière odorante et peut être employé de nouveau pour des parfums différents.

Le parfum, mélangé à la cire des fleurs ou feuilles, elle-même dissoute par l'éther, doit être séparé de cette dernière. Pour cela, en maintenant le vide en C, on fait monter, au moyen du tube L, une une quantité donnée de l'alcool contenu dans le vase S. On laisse en digestion deux heures environ, après quoi on laisse écouler le liquide dans le vase S' qu'on refroidit énergiquement pour précipiter la cire, tandis que le parfum

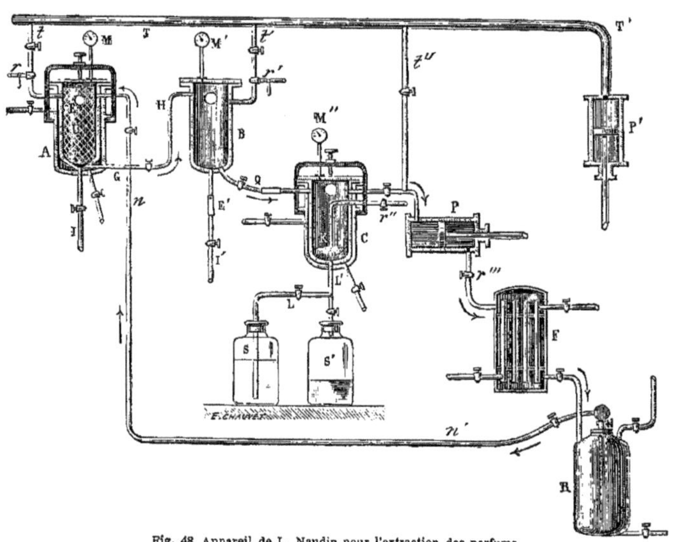

Fig. 48. Appareil de L. Naudin pour l'extraction des parfums.

A (*digesteur*), vase dans lequel on extrait le parfum par digestion liquide. — B (*décanteur*), vase dans lequel on décante la solution parfumée de la portion aqueuse entraînée en même temps. — C (*évaporateur*), vase où se fait la distillation du liquide volatil. — P pompe aspirant les vapeurs du dissolvant volatil pour les refouler dans le frigorifère F. Cette pompe n'est pas indispensable, mais dans des cas déterminés elle peut servir utilement à hâter la liquéfaction des vapeurs. — F (*frigorifère*), réfrigérant où se fait la condensation des vapeurs du liquide volatil. — R, récipient servant à recevoir le dissolvant liquéfié en F. — T T', tube distributeur du vide par la pompe P' en communication avec chacune des parties principales de l'appareil par les tubes *t*, *t'*, *t''*, munis de robinets. *r*, *r'*, *r''*, *r'''*, robinets pour la rentrée de l'air. — M, M', M'', manomètres indiquant l'état du vide dans chaque vase. — E, regard permettant de juger du niveau du liquide dans chaque vase. — Les vases A et C sont entourés d'une chemise en tôle permettant l'introduction successive de vapeur, d'eau chaude ou d'eau froide.

reste dissous dans l'alcool. On filtre pendant le refroidissement.

Le parfum, ainsi préparé, constitue un *alcoolat*. Veut-on fabriquer des huiles ou des graisses parfumées ? La manipulation par l'alcool est alors supprimée ; le parfum mélangé de cire naturelle est dissous directement dans l'huile ou l'axonge, véhicules ordinairement employés dans la parfumerie.

Les fleurs épuisées renfermées dans le digesteur A retiennent mécaniquement une certaine quantité du dissolvant. Pour le recueillir on chauffe la masse, par introduction de vapeur dans la chemise extérieure, et l'on condense le produit dans un réfrigérant spécial. L'emploi du vide permet de récupérer la totalité du liquide volatil.

Cette description détaillée montre d'abord que le mouvement des liquides solvants d'un vase dans l'autre se fait simplement par des différences de pression, et en second lieu que le liquide volatil circule toujours en vases clos, dans le vide, sans jamais avoir le contact de l'air, en passant de l'état liquide à l'état gazeux, et *vice versa*.

Les avantages présentés par cette nouvelle méthode peuvent se résumer ainsi :

1° Suppression de tout danger d'incendie ;

2° Extraction complète des parfums, quels qu'ils soient, par dissolution en quelques heures, dans un véhicule approprié (alcool, huile ou graisse) ;

3° Obtention des parfums dans toute leur suavité ;

4° Exploitation de nouvelles fleurs permettant l'emploi de nouveaux parfums ;

5° Condensation des parfums sous un volume très petit, et sous une forme indéfiniment conservable comme l'a fait remarquer Millon et comme l'a vérifié, depuis plusieurs années, L. Naudin;

6° Plus-value de 100 pour 100 sur les rendements de presque tous les parfums;

7° Emploi de liquides extrêmement volatils, parmi lesquels on peut citer:

	Liquéfiable à	
L'hydrure de butyle....	0°	Parties légères des pétroles d'Amérique.
Le chlorure d'éthyle...	+ 9°	
Le chlorure de méthyle.	— 23°	

Extraction successive des matières sapides et odorantes d'un produit alimentaire. — L'extraction des odeurs et des parfums se complique si l'on agit sur des produits alimentaires, comme le café, le thé ou le cacao. En effet, l'extrait *complet* renferme non seulement l'arome, mais encore la partie sapide et la couleur.

Dans ce cas spécial, la machine à *circulus* dans le vide de L. Naudin peut servir sans qu'on ait rien à modifier à son agencement.

On traite alors la matière alimentaire par des dissolvants appropriés dans un ordre raisonné, et l'on opère toujours la distillation à basse température.

C'est ainsi que, pour le café, la graine torréfiée et moulue mise au contact de l'éther, puis de l'alcool et de l'eau, cède à chacun de ces solvants l'arome, la partie sapide et la couleur, qui réunis ensemble, après distillation du solvant, forment un extrait reproduisant fidèlement l'odeur et la saveur de la solution aqueuse de café qu'on a l'habitude de préparer dans la vie domestique (Brevets Naudin et Schneider, n° 130,127 et 145,657).

Nature chimique des parfums. — Il est un point important sur lequel nous dirons quelques mots : nous voulons parler de la nature chimique des parfums, qu'on ne doit pas confondre avec ces essences. A cet égard, voici comment s'exprime Millon dans son mémoire sur la *nature des parfums.*

« Le parfum des fleurs est un principe fixe ou rarement volatil, inaltérable ou peu altérable à l'air et dont la fleur ne renferme que des traces impondérables. Il est décomposable par la chaleur dès qu'on excède les limites de température de l'atmosphère; il est presque toujours soluble sans décomposition apparente dans l'alcool, dans l'éther, dans les corps gras et dans un grand nombre de liquides, tels que le sulfure de carbone, le chloroforme, la benzine, etc. Le parfum est presque indéfiniment diffusible dans l'air, c'est-à-dire qu'il s'y répand et y dénote sa présence par une odeur suave, sans que son poids en soit affecté d'une manière sensible à nos méthodes actuelles d'appréciation. Il est également diffusible dans l'eau, et en versant quelques gouttes de solution alcoolique dans l'eau celle-ci s'aromatise admirablement. »

Des expériences inédites de L. Naudin montrent qu'en général les essences ne sont que le véhicule du parfum. Si l'on fait bouillir, en effet, pendant quelque temps, les essences de citron, de bergamote, d'orange, de limette, de cédrat avec des traces de soude caustique, l'odeur spéciale à chaque essence disparaît pour faire place à une odeur commune qui rappelle celle de l'essence de térébenthine.

Cette expérience très simple tendrait à confirmer l'opinion de Millon. Cependant on ne doit point se hâter de généraliser ces distinctions entre le parfum et l'essence; car il est des cas où l'odeur propre à une essence ne provient pas d'un parfum tel que l'entend Millon. On pourrait citer l'essence de wintergreen ou salicylate de méthyle. La même observation peut être faite sur les essences à fonctions d'éther, de phénol ou d'alcool.

Quoi qu'il en soit, la méthode d'extraction des parfums par les solvants volatils mettra à la portée du chimiste des corps inaltérés, tels qu'ils existent dans le végétal, et sur la nature chimique desquels tout est à faire.

Nous ajouterons, pour terminer, que lorsque ce nouveau procédé sera résolument entré dans le domaine de la pratique, la thérapeutique trouvera probablement, dans les parfums purs, une source nouvelle de recherches et peut-être découvrira-t-on le moyen de les appliquer comme médicaments. Laurent Naudin.

ÉTAIN. — L'étain subit, sous l'influence du froid, une modification particulière qui a été signalée par Fritzsche [*Compt. rend.*, t. LXVII, p. 1106]. Des blocs d'étain de Banca, exposés aux froids rigoureux de 1867 à 1868 à Saint-Pétersbourg, avaient pris un aspect boursouflé et une structure prismatique; certaines portions s'étaient même réduites en une poudre cristalline. Ils présentaient des cavités à surface brillante, tandis que les parties cristallines étaient mates. Ayant exposé de l'étain au froid artificiel (vers — 40°, ou même à quelques degrés au-dessous de 0°), Fritzsche a observé des phénomènes analogues.

Il est à remarquer que ces phénomènes ne se produisent qu'avec l'étain à peu près pur. D'après Oudemans, des chocs réitérés activent cette transformation; des blocs d'étain expédiés par chemin de fer de Rotterdam à Moscou, en hiver, arrivèrent à destination réduits en petits cristaux gris. Cet étain ne renfermait que 0,30 °/₀ de matières étrangères [*Institut*, 1872, p. 142].

C. Rammelsberg a comparé la densité de l'étain dans diverses circonstances. L'étain, déposé par voie galvanique, est en cristaux quadratiques qui ont pour densité 7,178 (H. Miller), 7,143-7,166 (Rammelsberg); après la fusion, la densité remonte à 7,293. L'étain, cristallisé sous l'influence du froid, a montré une densité de 7,195 et de 7,310 en fusion. Ce changement commence déjà à s'effectuer dans l'eau bouillante. Ces différences sont attribuées par Rammelsberg au dimorphisme de l'étain [*Deutsch. chem. Gesellsch.*, 1870, p. 724]. Lewald admet que la rupture des blocs d'étain par le froid est provoquée par la dilatation des couches extérieures sous l'influence d'un froid brusque [*Dingl. polyt. Journ.*, t. CXCVI, p. 369].

On obtient de l'étain en longues agrégations cristallines par l'électrolyse du chlorure stanneux, en adoptant la disposition suivante, recommandée par Stolba. On remplit jusqu'au bord, d'une solution légèrement acide et peu concentrée de chlorure stanneux, une capsule de platine enduite extérieurement de paraffine, sauf le fond, qu'on fait reposer sur une lame de zinc amalgamé, dans une capsule de porcelaine, et l'on remplit celle-ci d'eau additionnée de 1/20 d'acide chlorhydrique jusqu'au bord de la capsule de platine, de manière que les surfaces liquides se confondent. Il s'établit un faible courant qui décompose lentement le chlorure stanneux [*Chem. Centralbl.*, t. V, p. 130].

Erdmann avait déjà signalé en 1875 une modification *grise* de l'étain. A. Schertel a retrouvé cette modification dans d'anciennes médailles et bagues emmurées depuis plusieurs siècles dans la cathédrale de Fribourg. Le métal, d'un gris de plomb, ne renfermait que des traces de fer et de soufre. Il était extrêmement friable et avait pour densité 5,8. Arrosé d'eau bouillante ou comprimé, ce métal devenait blanc, plus tenace et acquérait la densité de l'étain ordinaire, soit 7,3. Une température de 59° suffit pour amener cette transformation. La modification grise est électronégative à l'égard de l'étain ordinaire dans un milieu alcalin, électropositive dans un milieu acide [*Journ. prakt. Chem.* (2), t. XIX, p. 322].

D'après Hallock, qui a étudié l'action des solutions salines sur l'étain, ce métal n'est que faiblement attaqué par les solutions concentrées d'azotate d'ammonium, de chlorure de sodium et de chlorure de calcium; il l'est très peu par le bicarbonate de calcium et pas du tout par le sel ammoniac [*Amer. Chem.*, t. VI, p. 52].

Des recherches de A. Wagner sur le même sujet il résulte que l'eau distillée est sans action sur l'étain; les solutions étendues 0,5 à 1 % des chlorures de sodium, de potassium, d'ammonium, l'attaquent très faiblement au contact de l'air, mais sans faire passer le métal en dissolution. Une solution d'azotate de potassium dissout des traces d'étain. L'eau de chaux n'en dissout pas [*Dingl. polyt. Journ.*, t. CCXXI, p. 259].

Le sulfhydrate d'ammonium attaque l'étain, en le dissolvant sous forme de sulfostannate d'ammonium (Privotznik).

L'acide azotique étendu de son volume d'eau, mis en contact avec de petits fragments d'étain, en dissout de petites quantités à la température de 2°. La solution est limpide et jaune et donne à l'ébullition un précipité d'acide métastannique [G. Hay, *Chem. News*, t. XXII, p. 298].

Les composés haloïdes de l'étain, volatilisés dans l'hydrogène, communiquent à la flamme de ce gaz une couleur bleue. Le noyau de cette flamme est composé de deux cylindres concentriques. Le cylindre intérieur, presque froid, est bleu dans le cas du chlorure, vert dans celui du bromure, jaune dans celui de l'iodure. La gaine extérieure est d'un rouge carmin et son spectre présente une bande étroite $\lambda = 610$ et une bande diffuse $\lambda = 618$ [G. Salet, *Bull. Soc. chim.*, t. XVI, p. 198].

Les raies les plus caractéristiques du chlorure d'étain en solution, par l'étincelle, possèdent les longueurs d'onde, 563,1 et 452,6 (Lecoq de Boisbaudran).

Chaleur de formation des composés de l'étain. — Voici quelques-uns des résultats auxquels sont arrivés Thomsen [*Journ. prakt. Chem.* (2), t. XIV, p. 429] et Berthelot [*Ann. Chim. Phys.* (5), t. XV, p. 200] :

$Sn + Cl^2 = SnCl^2$ (anhyd. et crist.).	+ 80,700cal	Th.
$Sn + Cl^4 = SnCl^4$ (liquide)........	+ 127,240	Th.
$Sn + Br^2 = SnBr^2$ (cristallisé).....	+ 71,400	B.
$Sn + Br^4 + SnBr^4$ (cristallisé)......	+ 115,400	B.
$Sn + O = SnO$ (hydraté)..........	+ 69,000	B.
$Sn + O^2 = SnO^2$ (hydraté)........	+ 135,200	B.
$Sn + I^2$ (gazeux) $= SnI^2$ (solide)....	+ 54,000	calc.
$Sn + I^4$ (gazeux) $= SnI^4$ (solide)....	+ 30,000	calc.

Il résulte de ces chiffres que l'oxygène doit déplacer le brome du bromure stanneux, en dégageant 63,800 cal., et celui du bromure stannique en dégageant 19,800 cal. En effet, le bromure stanneux prend feu au rouge sombre dans l'oxygène sec; le bromure stannique dégage du brome, mais ne prend pas feu. Mêmes phénomènes pour les iodures d'étain. L'action de l'oxygène sur le chlorure stannique paraît être nulle; mais il transforme le chlorure stanneux en oxychlorure. Le même produit prend naissance par le chlore et l'oxyde stanneux (Berthelot).

ÉTAMAGE. — Parmi les procédés indiqués pour le dépôt galvanique de l'étain sur les métaux, nous citerons le suivant : On précipite une solution de sel d'étain par la potasse, on redissout le précipité dans la potasse et on ajoute à la solution du cyanure de potassium et de la chaux. On suspend dans ce bain les pièces à étamer au pôle négatif d'une pile, tandis qu'on place au pôle positif une lame d'étain, de manière à maintenir la concentration du bain. Presque tous les métaux usuels peuvent être ainsi étamés [Bingham, *Brevet*, 1871].

Pour étamer le cuivre, le laiton, le fer, Stolba recommande de mouiller les pièces métalliques, bien nettoyées, avec une solution de sel d'étain, puis de les frotter avec du zinc réduit en poudre [*Dingl. polyt. Journ.*, t. CXCVIII, p. 308].

COMBINAISONS DE L'ÉTAIN.

CHLORURE STANNEUX. — Le chlorure stanneux distille, d'après Carnelly et C. Williams, à 617-628°. Sa densité de vapeur, déterminée à 697°, dans une atmosphère d'azote, a été trouvée, par V. Meyer et C. Meyer, égale à 94,64, ce qui conduit au poids moléculaire Sn^2Cl^4 (théorie : 94,5, par rapport à $H = 1$). Ladenburg était arrivé à supposer ce poids atomique par des déductions tirées de l'étude des dérivés éthylés de l'étain [*Ann. Chem. Pharm.*, Supplementband, VIII, p. 60].

Voici, suivant Gerlach, les densités, à 15°, des solutions aqueuses de chlorure stanneux de diverses concentrations :

$SnCl^2, 2H^2O$.	Densité.	$SnCl^2, 2H^2O$.	Densité.
à 5 %	1,0331	à 40 %	1,3298
10	1,0684	50	1,4451
15	1,1050	60	1,5823
20	1,1445	70	1,7452
30	1,2300	75	1,8399

[*Dingl. polyt. Journ.*, t. CLXXXVI, p. 131].

L'oxydation à l'air de la solution de chlorure stanneux donne naissance à la *chlorhydrine stannique*. (Voir plus loin.)

CHLORURE STANNIQUE. — Mahn assigne au composé formé par l'action de l'hydrogène phosphoré sur le chlorure stannique la formule $Sn^3Cl^6P^2$, et admet que ce composé se forme d'après l'équation

$$3\,SnCl^4 + 2\,PH^3 = Sn^3Cl^6P^2 + 6\,HCl.$$

Ce serait donc un chlorophosphure stannique [*Zeitschr. Chem.*, 1869, p. 729].

Le chlorure stannique éthérifie très facilement l'alcool avec lequel il commence par former la combinaison $SnCl^4.2C^2H^6O$ [Ch. Girard et Chapoteaut, *Compt. rend.*, t. LXIV, p. 1252].

Il se combine avec l'alcool amylique, en produisant une masse cristalline à peu près incolore et qui a pour composition $SnCl^4.2C^5H^{12}O$. Cette combinaison est soluble et cristallisable dans la benzine, le chloroforme, le sulfure de carbone. L'eau la décompose en donnant une coloration rouge. Chauffée à 100°, puis distillée, elle donne un liquide jaunâtre, renfermant l'amylène et ses polymères, et des cristaux plumeux de chlorure stannique hydraté $SnCl^4.3H^2O$ [A. Bauer et E. Klein, *Ann. Chem. Pharm.*, t. CXLVII, p. 249].

Chlorure stannique hydraté. — Bronner le prépare, pour les usages de la teinture, en ajoutant à une solution chlorhydrique de chlorure stanneux pur 18 % environ de son poids de chlorate de potassium. On chauffe et on enlève, s'il y a lieu, l'excès de chlore par un peu de chlorure stanneux [*Dingl. polyt. Journ.*, t. CCIX, p. 77].

Chlorostannates. — Les chlorostannates de magnésium, de manganèse, de nickel, de cobalt, $SnCl^6M'' + 6H^2O$, cristallisent en rhomboèdres de 127 à 128°, et sont isomorphes avec les bromoplatinates correspondants (Jœrgensen).

Chlorostannate ammoniaco-sodique,

$$SnCl^6(Na^{0,13}Am^{0,87})^2.$$

— Ce sel mixte se produit lorsqu'on ajoute du chlorure de sodium à une dissolution d'étain dans l'eau régale; l'ammoniaque qu'il renferme résulte de l'action de l'étain sur l'acide azotique [Topsoë, *Wien. Akad. Ber.*, t. LXIX].

Chlorostannate de sodium, $SnCl^6Na^2 + 6H^2O$. — On l'obtient par l'addition d'une quantité calculée de chlorure de sodium à une solution de chlorure stannique. Il cristallise mal et présente des faces striées et mates (Topsoë).

Chlorostannate de calcium, $SnCl^6Ca + 6H^2O$. — Grands rhomboèdres limpides, très déliquescents (Topsoë).

Chlorostannate de strontium, $SnCl^6Sr + 8H^2O$. — Aiguilles striées en prismes cannelés (Topsoë).

Chlorostannates des oxydes de la cérite. — Ils sont, d'après Cleve, isomorphes avec les chloroplatinates correspondants (voir les métaux de la cérite).

Chloroplatinate stannique, $SnPtCl^8 + 12H^2O$. — Petits cristaux quadratiques brillants, d'un jaune clair [Nilson, *Bull. Soc. chim.*, t. XXVII, p. 209].

Oxychlorures d'étain. — L'oxychlorure d'étain se produit avec dégagement de chaleur par l'action soit du chlore sur l'oxyde stanneux, soit de l'oxygène sur le chlorure stanneux (Berthelot).

Chlorhydrine stannique,

$$OSn<^{OH}_{Cl}.$$

— J.-W. Mallet assigne cette formule à un produit gélatineux, transparent et jaunâtre, qui s'était formé à la surface d'une solution ancienne de chlorure stanneux. Ce composé, qui n'a pu être reproduit à volonté, se dédoublait par la chaleur, même dans le vide, en oxyde stannique et acide chlorhydrique; la soude agissait de même. L'ammoniaque l'a converti en un sel de la composition $SnO(OAzH^4)Cl$ [*Journ. chem. Soc.*, t. XXXV, p. 524].

CHLOROBROMURE STANNIQUE. — Le brome se combine au chlorure stanneux anhydre, maintenu froid, en donnant un produit liquide. Celui-ci commence à bouillir à 130°; la distillation est achevée à 190°. Les produits, passant aux points extrêmes, renferment : le premier, $SnCl^3Br$; le dernier, $SnClBr^3$; ils résultent évidemment d'un dédoublement, sous l'influence de l'ébullition, du chlorobromure d'addition $SnCl^2Br^2$ [Ladenburg, *Ann. Chem. Pharm.*, Supplementb. VIII, p. 60].

BROMURE STANNEUX. — Il distille à 617-634° (Carnelly et C. Williams).

BROMURE STANNIQUE, $SnBr^4$. — Il fond, d'après Carnelly et T. O'Shea, à 30° et distille à 201°. Il ne fume pas à l'air, mais s'y altère peu à peu. La densité de vapeur a confirmé la formule $SnBr^4$ [*Journ. chem. Soc.*, t. XXXIII, p. 55].

OXYDE STANNEUX. — Lorsqu'on ajoute du cyanure de potassium à une solution de chlorure stanneux, il se forme un précipité qui, d'abord amorphe, devient cristallin après quelques jours. C'est alors une poudre cristalline d'un noir bleuâtre, composée de cubes ou d'octaèdres microscopiques, et tachant le papier à la manière de la plombagine. Cette poudre est de l'oxyde stanneux anhydre [L. Varenne, *Compt. rend.*, t. LXXXIX, p. 361].

OXYDE STANNIQUE. — L'oxyde stannique s'obtient sous la forme de la cassitérite ou du rutile par cristallisation dans le borax en excès; sous la forme de l'anatase dans le sel de phosphore, en présence d'un peu de borax. Daubrée avait déjà montré que cet oxyde affecte la forme de la brookite lorsqu'il est produit par l'action de l'eau sur le chlorure stannique au rouge. L'oxyde stannique est donc isotrimorphe avec l'oxyde titanique [G. Wunder, *Journ. prakt. Chem.* (2), t. II, p. 206].

D'après Knop, la fusion de l'oxyde d'étain avec le sel de phosphore, dans le four Perrot, produit un mélange de cristaux pyramidés et de cristaux cubiques; les premiers constituent le phosphate distannique $2SnO^2.P^2O^5$; les seconds, le phosphate stannique $SnO^2.P^2O^5$. Fondus avec du borax, ces cristaux sont convertis en oxyde stannique [*Ann. Chem. Pharm.*, t. CLVII, p. 363]. Wunder, qui a répété les expériences de Knop dans le but de contrôler ses propres indications, a reconnu qu'il se forme en effet deux espèces de cristaux lorsqu'on fond l'oxyde d'étain avec un mélange de sel de phosphore et de borax : les uns sont des pyramides tétragonales, les autres des rhomboèdres se rapprochant du cube. Les premiers se produisent surtout lorsqu'on emploie une quantité relativement grande d'oxyde stannique, ce qui nécessite un temps plus long et une température plus élevée pour opérer sa dissolution complète. L'analyse des cristaux a montré qu'ils constituent des phosphates sodicostanniques. Les pyramides ont pour composition $(PO^4)^2SnNa^2$, et les rhomboèdres $(PO^4)^3Sn^2Na$ [*Journ. prakt. Chem.* (2), t. IV, p. 339].

Calciné, l'oxyde stannique devient d'abord vert pâle, puis vert-jaunâtre et finalement orange; par le refroidissement, il reprend la teinte bleuâtre [E.-J. Houston, *Chem. News*, t. XXIV, p. 177].

Le tétrachlorure de carbone convertit l'oxyde stannique en tétrachlorure d'étain [Watts et Bell, *Journ. chem. Soc.*, t. XXXIII, p. 442].

Le trichlorure de phosphore agit à 160° sur l'oxyde stannique d'après l'équation :

$$5SnO^2 + 4PCl^3 = 4SnCl^2 + SnCl^4 + 2P^2O^5$$

[A. Michaëlis, *Journ. prakt. Chem.* (2), t. IV, p. 440].

Hydrates stanniques. — La potasse donne dans une solution chlorhydrique d'acide métastannique un précipité qui se redissout aisément dans un excès d'alcali; néanmoins un grand excès de potasse produit de nouveau un précipité. La soude précipite tout l'acide métastannique et le précipité, formé de métastannate de sodium, est soluble dans l'eau, mais insoluble dans un excès de soude. Celle-ci précipite aussi l'acide métastannique de sa solution potassique.

Comme le stannate de sodium se dissout très facilement dans la soude, celle-ci peut servir à séparer l'acide stannique de l'acide métastannique. Le précipité doit être lavé à l'alcool faible [Barfoed, *Journ. prakt. Chem.*, t. CI, p. 369].

L'acide chlorhydrique d'une densité de 1,1 dissout facilement l'acide stannique, mais non l'acide métastannique, qui exige un acide plus concentré.

L'acide métastannique pur se dissout dans l'acide chlorhydrique sans coloration; Barfoed attribue à des impuretés la couleur jaune qu'on observe lorsqu'on dissout dans l'acide chlorhydrique l'acide métastannique obtenu en traitant l'étain par l'acide azotique. D'après H. Rose, il faut au moins 2 molèc. d'acide chlorhydrique pour dissoudre 1 molèc. d'acide métastannique. Barfoed a observé qu'une seule molécule peut suffire. Il vaut mieux, pour opérer la dissolution, ne pas chauffer, car dans ce cas il peut y avoir transformation de l'acide métastannique en acide stannique. C'est ce qui a lieu complètement lorsqu'on fait bouillir pendant plusieurs jours l'acide métastannique avec un grand excès d'acide chlorhydrique concentré. Lorsqu'on distille une solution chlorhydrique d'acide stannique et d'acide métastannique, le premier est entraîné sous forme de chlorure, tandis que l'acide métastannique, qui n'a pas été transformé, reste dans le résidu (Barfoed).

Suivant H. Allen, la solution chlorhydrique de l'acide métastannique (préparé par l'étain et l'acide azotique) présente une tendance à être précipitée par un excès d'acide chlorhydrique.

L'acide sulfurique concentré dissout l'acide métastannique; la solution, versée dans l'eau, donne un précipité de sulfate stannique, qui se transforme ensuite en acide stannique ordinaire [H. Allen, *Journ. Chem. Soc.* (2), t. X, p. 274].

Stannates et métastannates. — Une solution peu concentrée de stannate de sodium abandonne par le froid de beaux cristaux prismatiques efflorescents, de plusieurs centimètres de longueur, ayant pour composition $SnO^3Na^2 + 10H^2O$. Ces cristaux ne se forment qu'avec une solution pure, exempte de soude en excès. Leur solution aqueuse s'altère vers 80° en laissant déposer du métastannate de sodium [A. Scheurer-Kestner, *Bull. Soc. chim.*, t. VIII, p. 389].

Barfoed (*loc. cit.*) a trouvé pour le métastannate de sodium, obtenu en précipitant la solution de chlorure métastannique par la soude, la composition $Sn^9O^{19}Na^2 + 8H^2O$. C'est un corps blanc, dur et grenu, d'apparence gommeuse.

Sulfure stannique. — L'hydrogène sulfuré agit un peu différemment sur l'acide stannique et sur l'acide métastannique en solution chlorhydrique. Une solution concentrée, récente et acide, de chlorure stannique donne un précipité jaune clair; quand la solution ne contient pas un excès d'acide chlorhydrique, le précipité est jaune rouge ou, si elle est étendue, le précipité est blanc, pour devenir jaune par les lavages. Dans tous ces précipités, le sulfure stannique est accompagné d'acide stannique. Ils sont solubles dans les alcalis, ainsi que dans l'acide chlorhydrique étendu et chaud. Ils perdent de l'hydrogène sulfuré par la dessiccation en devenant bruns en partie et insolubles dans la soude.

La solution métastannique n'est que lentement précipitée par l'hydrogène sulfuré. Étendue, elle donne un précipité blanc formé principalement d'acide métastannique; si elle est concentrée, le précipité est jaune-brun et devient presque noir par la dessiccation. Ce précipité renferme du sulfure stannique et de l'acide métastannique mélangé de plus ou moins d'acide stannique ordinaire (Barfoed, *loc. cit.*).

Les acides stannique et métastannique récemment précipités sont transformés lentement par l'hydrogène sulfuré dans les sulfures correspondants. Séché à l'air, le sulfure métastannique, qui est jaune-brun, renferme $SnS^2 + 2H^2O$ et séché à 140°, $SnS^2 + H^2O$ [Scheerer, *Journ. prakt. Chem.* (2), t. III, p. 472].

L'ébullition du sulfure d'étain avec les sels ammoniacaux le transforme en oxyde [P. de Clermont, *Bull. Soc. chim.*, t. XXXI, p. 485].

Le sulfure d'étain peut être déposé sur les surfaces métalliques, notamment de laiton, auxquelles il communique des nuances variables avec l'intensité du dépôt. Pour obtenir ces patines, C. Puscher verse une solution bouillante de crème de tartre, additionnée de sel d'étain dans une solution d'hyposulfite de sodium; on fait bouillir la solution et on y plonge, après filtration pour séparer le soufre précipité, les objets à recouvrir. Suivant la durée de l'immersion, la surface du métal prend une teinte jaune clair, jaune foncé, rouge cuivré, cramoisi, bleu foncé, bleu clair, brun irisé ou brun clair [*Dingl. polyt. Journ.*, t. CXCV, p. 375].

Phosphures d'étain. — L'étain phosphoré, qui sert à préparer le bronze phosphoré, peut être préparé par divers procédés :

1° Calcination d'un mélange de 3 p. d'acide phosphorique vitreux, 1 p. de charbon et 6 p. d'étain;

2° Fusion de l'acide phosphorique avec l'étain seul (le produit obtenu renferme 0,75 % de phosphore);

3° Action des vapeurs de phosphore sur l'étain fondu (produit renfermant 2,85 % de phosphore);

4° Addition de phosphore à l'étain en fusion.

Le produit obtenu par ces opérations forme une masse lamellaire d'un blanc d'argent, soluble dans l'acide chlorhydrique avec dégagement d'hydrogène phosphoré. Chauffé un instant avec de l'acide azotique, auquel on ajoute ensuite de l'acide chlorhydrique pour dissoudre l'oxyde d'étain formé, il laisse des lamelles métalliques brillantes, renfermant 75 % d'étain, difficilement attaquables par l'acide azotique, en partie solubles dans l'acide chlorhydrique et dans la potasse avec dégagement d'hydrogène phosphoré; le résidu de cette attaque forme des lamelles argentées ayant pour composition SnP (79,5 % d'étain) [S. Natanson et G. Vortmann, *Deutsch. chem. Gesellsch.*, 1877, p. 1459].

O. Emmerling a obtenu les phosphures SnP et SnP^2 en chauffant dans le vide, au rouge sombre, de l'étain et du phosphore. Le premier est blanc. Le second forme une masse noire, clivable en lamelles, inattaquable par l'acide chlorhydrique, et d'une densité égale à 4,91 [*Deutsch. chem. Gesellsch.*, 1879, p. 152].

Sels d'étain. — *Phosphates.* Voir Oxyde stannique, p. 690.

Sélénites. — La sélénite de sodium donne, dans une solution de chlorure stannique, un précipité volumineux renfermant

$$6SeO^2, 5SnO^2 + 27H^2O.$$

Le *sélénite neutre*, $(SeO^3)^2Sn$, s'obtient en traitant le sel précédent par 4 molèc. d'acide sélénieux [Nilson, *Bull. Soc. chim.*, t. XXIII, p. 499].

Extraction de l'étain. — On a décrit un grand nombre de procédés pour retirer l'étain des déchets de fer-blanc.

Procédé Moulin et Dolé. — On fait agir l'acide chlorhydrique gazeux sur les déchets de fer-blanc, disposés dans de grandes chambres, jusqu'à ce que le fer commence à être attaqué. On dissout dans l'eau les chlorures métalliques formés et on précipite l'étain par le zinc ou par le fer. Le dépôt métallique est ensuite lavé avec de l'acide sulfurique étendu, puis fondu et coulé en lingots (Brevet).

Procédé Wimmer. — Il ne diffère guère du précédent que dans l'emploi d'un acide aqueux au lieu d'acide chlorhydrique gazeux. L'appareil employé est un cylindre en cuivre percé de trous et pouvant tourner sur un axe horizontal. Il reçoit le fer-blanc et est plongé dans une série d'auges en bois tapissées de verre. Si l'étain du fer-blanc est plombifère, la solution obtenue renferme un peu de plomb, qu'on précipite par l'acide sulfurique avant de séparer l'étain par le zinc [*Chem. Centralbl.* (3), t. III, p. 527].

Procédé Kuenzel. — Il est fondé sur le même principe que les précédents, dont il ne diffère que par la disposition des appareils [*Dingl. polyt. Journ.*, t. CCXI, p. 469; *Bull. Soc. chim.*, t. XXI, p. 567].

Procédé Em. Kopp. — Dans ce procédé, les déchets de fer-blanc sont traités par la soude, à laquelle on ajoute ensuite peu à peu de la litharge. L'étain se dissout sous la forme de stannate de sodium, et l'oxyde de plomb est réduit

$$Sn + 2NaHO + 2PbO$$
$$= SnO^3Na^2 + 2Pb + H^2O$$

Le résidu est formé de fer et de plomb spongieux, qu'on sépare par lévigation. Le plomb est réoxydé dans des bassins en fer, pour être utilisé dans de nouveaux traitements. Pour priver la solution de stannate de sodium du plomb qui y est contenu, on la fait passer sur de nouveaux déchets.

Purification de l'étain. — Curter réalise cette purification en filtrant l'étain fondu, refroidi vers son point de solidification, à travers un filtre composé de lames de fer-blanc pressées les unes contre les autres; l'étain du fer-blanc fond et le métal fondu s'écoule ainsi à travers les interstices capillaires résultant de cette fusion superficielle. Le filtre retient, avec de l'étain cristallisé, les impuretés qui accompagnaient ce métal [*Dingl. polyt. Journ.*, t. CCXV, p. 469]. Ed. Willm.

ÉTHANE. — (Suppl., *Hydrure d'éthyle*). — Gladstone et Tribe [*Deutsch. chem. Gesellsch.*, t. VI, p. 202] le préparent par l'action du couple zinc-cuivre sur l'iodure d'éthyle en présence de l'eau. Il se dégage aussi un peu d'hydrogène. Si l'on remplace l'eau par l'alcool, on obtient de l'éthane pur. Il faut d'abord chauffer légèrement pour commencer la réaction et la modérer ensuite avec de l'eau froide, le ballon s'échauffant beaucoup.

Pour les divers dérivés de l'éthane, voyez les articles : Alcool, Éthyliques (combinaisons), Nitréthane, Glycol, etc, etc.

ÉTHÉNYLE. — Nom du radical trivalent C^2H^3, qui peut être constitué de deux manières différentes : $(CH^3\text{-}C\equiv)$ et $(\text{-}CH^2\text{-}CH=)$. La plupart des auteurs désignent le dernier radical par *vinyle*, réservant le nom d'éthényle au premier.

ÉTHÉNYLTRICARBONIQUE (ACIDE) [Syn. *Glycolylmalonique (acide)*].

$$C^5H^6O^6 = \begin{matrix} CO^2H \\ | \\ CH\text{-}CH^2\text{-}CO^2H \\ | \\ CO^2H \end{matrix}$$

— Le nom d'acide *vinyltricarbonique* serait préférable. L'éther triéthylique de cet acide tribasique prend naissance lorsque l'éther malonique monosodé est traité par l'éther chloracétique. Il constitue un liquide oléagineux bouillant vers 275-280°. L'acide libre est cristallin, insoluble dans l'eau et fond à 150° [M. Conrad et C. Full, *Deutsch. chem. Gesellsch.*, 1879, p. 752].

Orlowski avait antérieurement obtenu ce même acide en traitant l'éther monobromosuccinique successivement par le cyanure de potassium, l'acide chlorhydrique et la potasse alcoolique [*Ibid.*, 1876, p. 1604].

ÉTHERPÈNE, $C^{12}H^{20} = C^{10}H^{15}\text{-}C^2H^5$. — Hydrocarbure obtenu par l'action du sodium sur un mélange d'iodure d'éthyle et du chlorure $C^{10}H^{15}Cl$ dérivé du camphre. Il forme une masse cristalline blanche, d'odeur camphrée, fusible à 63°,5 et bouillant vers 153°. [V. Meyer et F.-V. Spitzer, *Deutsch. chem. Gesellsch.*, 1876, p. 877].

ÉTHIONIQUE (ACIDE). — La monochlorhydrine sulfurique absorbe l'éthylène. Le produit de la réaction étant distillé laisse passer vers 150-155° du chlorure éthylsulfurique. Il reste un résidu noir qui forme environ la moitié du produit de la réaction et dont l'extrait aqueux saturé par le carbonate de baryum fournit une notable quantité d'éthionate de baryum. Cet acide éthionique est dû à la présence du chlorure correspondant, formé par l'action de la monochlorhydrine sulfurique sur le chlorure éthylsulfurique :

$$C^2H^5SO^3Cl + SO^3HCl$$
$$= HCl + C^2H^4(SO^3Cl)(SO^3H)$$

[P. Claesson, *Bull. Soc. chim.*, t. XXXIV, p. 52 et *Journ. prakt. Chem.* (2), t. XIX, p. 231-253].

ÉTHOMÉTHOXALIQUE (ACIDE),

$(CH^3)(C^2H^5)C.OH\text{-}CO^2H$.

— Il n'est autre que l'acide α-oxyvalérique correspondant à l'alcool amylique actif. Par oxydation, à l'aide de l'acide chromique, il fournit l'acétone éthylméthylique C^4H^8O, du gaz carbonique et de l'eau.

ÉTHYLACÉTYLÈNE [Syn. *isocrotonylène*]. — Voyez Suppl., p. 553.

ÉTHYLAMINES. — Éthylamine, $AzH^2C^2H^5$. — *Modes de formation.* — L'éthylamine se forme en petite quantité lorsqu'on chauffe l'amidochlorure de mercure dans un courant de chlorure d'éthyle; par l'action de l'ammoniaque sur l'éthylate de sodium naissant et par la fusion de l'éthylate de sodium cristallisé avec le chlorure d'ammonium. Elle prend également naissance dans la distillation de l'éthylsulfate de baryum avec du sulfate d'ammonium [H. Köhler, *Deutsch. chem. Gesellsch.*, 1878, p. 1926, et 2093; *Bull. Soc. chim.*, t. XXXII, p. 103, et 630]. Elle se produit par la réduction du nitréthane [V. Meyer et O. Stüber, *Deutsch. chem. Gesellsch.*, 1872, p. 403; *Bull. Soc. chim.*, t. XVIII, p. 75], de l'acide dinitréthylique de Frankland [S. Zuckschwerdt, *Liebig's Ann.*, t. CLXXIV, p. 302], et du nitrodibromo-éthylène [V. Merz et Zetter, *Deutsch. chem. Gesellsch.*, 1879, p. 2035].

L'éthylamine se trouve en petite quantité dans la *triméthylamine* commerciale provenant de vinasses de betterave [E. Duvillier et A. Buisine, *Compt. rend.*, t. LXXXIX, p. 709].

Modes de préparation. — *Par le nitréthane.* — On introduit dans un ballon du nitréthane, de la limaille de fer et quelques gouttes d'eau; il faut chauffer pour commencer la réaction, mais aussitôt qu'elle est établie, on est obligé de refroidir pour empêcher qu'elle ne devienne tumultueuse; on distille ensuite avec de la potasse. La réaction est très nette et donne un excellent rendement [V. Meyer et O. Stüber, *mém. cité*].

Par le cyanure de méthyle. — Voyez A. Siersch, *Ann. Chem. Pharm.*, t. CXLV, p. 42.

Par le chlorure d'éthyle. — On chauffe pendant une heure au bain-marie, dans un digesteur de 5 litres de capacité, 500 centimètres de chlorure d'éthyle (produit secondaire de la fabrication du chloral) avec trois fois son poids d'alcool à 95 centièmes saturé d'ammoniaque à 0°. On filtre le produit de la réaction pour séparer le sel ammoniac déposé et l'on distille au bain-marie; on achève l'évaporation dans une capsule ouverte; par le refroidissement, le résidu fondu se prend en une masse cristalline fibreuse de chlorhydrates des bases éthylées ne renfermant que très peu d'ammoniaque.

On traite la masse saline par une lessive concentrée de soude qui sépare les bases libres à l'état d'une couche légère qu'on sèche par de la soude solide et qu'on traite par l'éther oxalique.

5 litres de chlorure d'éthyle brut donnent un litre et demi de bases éthylées anhydres [A.-W. Hofmann, *Deutsch. chem. Gesellsch.*, 1870, p. 109, *Bull. Soc. chim.*, t. XIII, p. 516].

Séparation des bases éthylées par l'éther oxalique. — A 100 p. du mélange des bases éthylées, complètement desséchées par la potasse caustique, on ajoute peu à peu, à l'aide d'un entonnoir à robinet, 150 p. d'éther oxalique sec. On doit opérer dans un appareil à reflux, vu que le mélange s'échauffe beaucoup. On introduit ensuite le liquide encore chaud dans un autoclave émaillé qu'on chauffe à 100° pendant plusieurs jours, et l'on distille au bain d'eau salée pour séparer l'alcool et la triéthylamine. Le liquide distillé, saturé par l'acide chlorhydrique et évaporé au bain de sable, se prend par le refroidissement en une masse fibreuse, non déliquescente, de chlorhydrate de triéthylamine. Le résidu de la distillation est placé dans un mélange réfrigérant, puis jeté sur un filtre en toile et pressé. La partie liquide renferme l'éther diéthyloxamique, qu'on purifie par la distillation; la partie solide, purifiée par cristallisation dans l'eau bouillante, présente de la diéthyloxamide pure qu'on n'a qu'à distiller avec de la potasse pour dégager l'éthylamine; ce n'est cependant pas cette dernière qui prédomine dans le mélange basique: le produit principal est la diéthylamine [A.-W. Hofmann, *Deutsch. chem. Gesellsch.*, 1870, p. 776; *Bull. Soc. chim.*, t. XIV, p. 382].

En suivant la méthode de séparation qui vient d'être décrite, on n'obtient que des produits relativement purs (la triéthylamine exceptée). Pour obtenir l'éthylamine et la diéthylamine à l'état de pureté absolue, on doit avoir recours à la cristallisation fractionnée des chloroplatinates [A.-W. Hofmann, *Deutsch. chem. Gesellsch.*, 1875, p. 107].

E. Duvillier et A. Buisine ont modifié légèrement la méthode ci-dessus. A une solution titrée, aqueuse et concentrée des bases éthylées, privées d'ammoniaque, ils ajoutent lentement, en refroidissant par la glace, une quantité d'éther oxalique, calculée de manière à laisser un léger excès de bases. Après vingt-quatre heures, on sépare par la pression la diéthyloxamide formée et on la traite par la potasse [*Compt. rend.*, t. LXXXVIII, p. 31].

Propriétés. — L'éthylamine est détruite à 36° par les étincelles de la bobine d'induction avec formation d'azote et d'hydrogène et dépôt d'une matière résineuse [H. Buff et A.-W. Hofmann, *Ann. Chem. Pharm.*, t. CXIII, p. 135].

Par la neutralisation avec l'acide sulfurique, l'éthylamine dégage 28cal,350 (pour $2\,AzH^2.C^2H^5 + H^2SO^4$), un peu plus que l'ammoniaque (28cal,15 [J. Thomsen, *Deutsch. chem. Gesellsch.*, 1871, p. 313; *Bull. Soc. chim.*, t. XVI, p. 65].

L'éthylamine aqueuse parait former une espèce d'hydrate; ainsi lorsqu'on ajoute de la potasse caustique solide en excès à une solution aqueuse d'éthylamine, on obtient deux couches; la couche supérieure qui est une solution aqueuse très concentrée d'éthylamine, mise en contact avec de la potasse solide, n'est plus déshydratée; par la distillation, elle dégage d'abord un peu d'éthylamine, mais bientôt le tout distille au dessous de 75° [O. Wallach, *Deutsch. chem. Gesellsch.*, 1874, p. 32; *Bull. Soc. chim.*, t. XXII, p. 183].

La vapeur d'éthylamine est absorbée en abondance par le charbon de noix de coco; 1 volume de ce charbon absorbe 124vol,5 à 100° [J. Hurter, *Journ. Chem. Soc.* (2), t. VI, p. 186].

Le permanganate de potassium transforme l'éthylamine aqueuse en aldéhyde [E. Carstanjen, *Journ. prakt. Chem.*, t. LXXXIX, p. 486; *Rép. Chim. pure*, 1863, p. 616], et acide acétique [O. Wallach et L. Claisen, *Deutsch. chem. Gesellsch.*, 1875, p. 1237; *Bull. Soc. chim.*, t. XXV, p. 465].

SELS D'ÉTHYLAMINE.

L'*azotate d'éthylamine*, $C^2H^5AzH^2.HAzO^3$, est en cristaux rhombiques isomorphes avec le nitrate de potassium [V. von Lang, *Wien. Akad. Ber.* (2), t. LV, p. 408].

L'*azotite d'éthylamine* se forme facilement par l'action de l'azotite d'argent sur le chlorhydrate d'éthylamine en solution aqueuse; chauffé en solution, il dégage de l'azote et se transforme en alcool éthylique [E. Linnemann, *Ann. Chem. Pharm.*, t. CXLIV, p. 129].

Le *chlorhydrate d'éthylamine*, chauffé à 275°, en vase clos, avec de l'acide iodhydrique saturé à froid, est décomposé en ammoniaque et éthane: $AzH^2C^2H^5 + H^2 = AzH^3 + C^2H^6$ [Berthelot, *Bull. Soc. chim.*, t. IX, p. 179].

Chauffé vers 270°, il commence à se décomposer, en dégageant de l'ammoniaque, de l'éthylamine, de l'éthylène, et laissant un résidu de chlorure d'ammonium et de chlorure de diéthylamine [Fileti et Piccini, *Gazz. chim. ital.*, 1879, p. 401; *Bull. Soc. chim.*, t. XXXIII, p. 360].

Lorsqu'on dirige un courant de chlore à travers une solution aqueuse de chlorhydrate d'éthylamine, on voit apparaître bientôt, surtout sous l'influence de la lumière directe, un liquide oléagineux (probablement un éthane chloré) qui se ramasse au fond du flacon. Par l'action prolongée du courant gazeux, ce liquide ne tarde pas à être transformé en cristaux d'éthane perchloré [Geuther et Hofacker, *Ann. Chem. Pharm.*, t. CVIII, p. 51].

Chloroplatinate d'éthylamine. — Densité à 19° = 2,255; à 19°,3 = 2,250 [F.-W. Clarke, *Deutsch. chem. Gesellsch.*, 1879, p. 1399].

Chloromercurates. — Le précipité qui se forme par l'addition d'éthylamine à une solution de bichlorure de mercure paraît être un mélange complexe de plusieurs matières. Si on le fait bouillir avec de l'eau et qu'on filtre la solution bouillante, celle-ci laisse déposer, par le refroidissement, de magnifiques paillettes nacrées du composé $C^2H^5AzH.HgCl$.

Le résidu insoluble, bouilli pendant plusieurs heures avec une grande quantité d'eau au réfrigérant ascendant, se dédouble en chlorhydrate de mercure et d'éthylamine, soluble dans l'eau, et une matière jaune soufre insoluble, le *chlorure d'oxydimercuréthylamine*

$$O\!<\!{HgCl \atop HgAzHC^2H^5}$$

[H. Köhler, *Deutsch. chem. Gesellsch.*, 1879, p. 2208; *Bull. Soc. chim.*, t. XXXIV, p. 352].

Lorsqu'on fait agir la solution de bichlorure de mercure sur de l'éthylamine aqueuse en excès, on n'obtient jamais le précipité jaune signalé par E. Meyer, mais un précipité blanc renfermant $2\,HgO + HgCl^2 + 2\,AzH^2C^2H^5$. Ce composé, le *chlorhydrate de dioxytrimercuréthylamine*, est insoluble dans l'eau, soluble à chaud dans l'acide chlorhydrique étendu; la potasse le décompose.

Si le chlorure de mercure et l'éthylamine sont en solution alcoolique, on obtient un précipité cristallin, blanc, renfermant $HgCl^2.AzH^2C^2H^5$. Ce composé est analogue au dérivé ammoniacal $HgCl^2.AzH^3$, étudié par Rose et Mitscherlich. Il est soluble à chaud dans l'acide chlorhydrique étendu; cette solution laisse déposer, par l'évaporation, le sel double de chlorure de mercure et de chlorhydrate d'éthylamine

$$HgCl^2.AzH^2C^2H^5.HCl,$$

en grands cristaux feuilletés, se liquéfiant à l'air [H. Köhler, *Deutsch. chem. Gesellsch.*, 1879, p. 2321; *Bull. Soc. chim.*, t. XXXIV, p. 353].

Le *sulfate d'éthylamine*, traité à l'ébullition par le dichromate de potassium et l'acide sulfurique, est décomposé avec production d'azote, d'eau, d'aldéhyde et d'acide acétique [Wanklyn et Chapman, *Journ. chem. Soc.* (2), t. IV, p. 329].

Sulfocyanate d'éthylamine. — On obtient ce sel en cristaux très déliquescents en faisant bouillir le chlorhydrate d'éthylamine avec du sulfocyanate de potassium et séparant, par la cristallisation, le chlorure de potassium produit [P. de Clermont, *Compt. rend.*, t. LXXXIV, p. 351].

Recherche de l'éthylamine. — Pour reconnaître la présence de l'éthylamine dans un mélange basique qui ne renferme pas d'autre base primaire, on peut se servir de la réaction qui donne naissance à l'éthylcarbylamine, lorsqu'on met l'éthylamine en contact avec du chloroforme et de la potasse alcoolique : on dissout quelques centigrammes de la base dans de l'alcool, on ajoute de la potasse alcoolique et quelques gouttes de chloroforme; l'éthylamine, si elle existe dans le mélange, se trahit aussitôt par l'odeur étourdissante de la carbylamine.

Une autre réaction non moins sensible consiste dans la transformation en sulfocarbimide éthylique; à quelques centigrammes de la base dissoute dans de l'alcool on ajoute un égal volume de sulfure de carbone et l'on évapore une partie de l'alcool. On chauffe ensuite avec une très petite quantité de chlorure de mercure en solution aqueuse; l'odeur caractéristique des sulfocarbimides décèle la présence de l'éthylamine [A.-W. Hofmann, *Deutsch. chem. Gesellsch.*, 1870, p. 767; 1875, p. 107].

W. Weith conseille de remplacer le chlorure de mercure par le perchlorure de fer, pour éviter la destruction possible de la sulfocarbimide par un excès de chlorure mercurique [W. Weith, *Deutsch. chem. Gesellsch.*, 1875, p. 461; *Bull. Soc. chim.*. t. XXIV, p. 376].

DICHLORÉTHYLAMINE. — Voici un mode de préparation avantageux de ce corps découvert par Wurtz. 100 gr. de chlorhydrate d'éthylamine sont distillés par portions de 25 gr. avec 250 gr. de chlorure de chaux et une quantité suffisante d'eau pour former une bouillie assez épaisse, dans un ballon de 2 à 3 litres de capacité. Le produit huileux des quatre premières distillations est distillé de nouveau avec 250 gr. de chlorure de chaux. L'huile brute obtenue (environ le poids du chlorhydrate employé) est lavée avec de l'eau, agitée avec son volume d'acide sulfurique à 50 %, puis lavée à la soude très étendue et à l'eau, séchée sur du chlorure de calcium et fractionnée; on recueille ce qui passe à 86-90° : c'est la dichloréthylamine.

La dichloréthylamine est une huile jaune d'or, douée d'une grande réfrangibilité; son odeur rappelle à la fois celle de la chloropicrine et de l'acide hypochloreux. Elle bout à 89-90° sous la pression de 762 mm. Densité à 15° = 1,2300; à 5° = 1,2397. Refroidie par un mélange d'acide carbonique solide et d'éther, elle éprouve une contraction sensible, sans se solidifier.

Lorsqu'elle est tout à fait pure, elle se conserve longtemps sans se décomposer; mais si elle renferme la moindre trace d'impuretés, elle se détruit plus ou moins rapidement, en produisant de l'acide chlorhydrique, de l'ammoniaque, de l'éthylamine, du chloroforme et du chlorure d'acétyle. Cette décomposition peut être notablement ralentie par la conservation du produit sous une couche d'eau [J. Tcherniac, *Bull. Soc. chim.*, t. XXIV, p. 451; t. XXV, p. 160; *Compt. rend.*, t. LXXXII, p. 382, et 459; — H. Köhler, *Deutsch. chem. Gesellsch.*, 1879, p. 771, et 1869].

La dichloréthylamine, traitée par le zinc-éthyle en solution éthérée, donne naissance à une certaine quantité de triéthylamine. Cette transformation démontre que dans ce composé le chlore est lié directement à l'azote (Tcherniac) :

$$Az \begin{cases} C^2H^5 \\ Cl \\ Cl \end{cases} + Zn \begin{cases} C^2H^5 \\ C^2H^5 \end{cases} = ZnCl^2 + Az \begin{cases} C^2H^5 \\ C^2H^5 \\ C^2H^5 \end{cases}$$

Placée sous une couche d'eau et traitée par l'hydrogène sulfuré, elle est décomposée avec production d'éthylamine, d'acide chlorhydrique et de soufre :

$$Cl^2AzC^2H^5 + 2H^2S$$
$$= AzH^2C^2H^5.HCl + HCl + S^2$$

[A. Baeyer, *Ann. Chem. Pharm.*, t. CVII, p. 281].

Chauffée avec de l'éther, elle produit du chlorhydrate d'éthylamine, de l'aldéhyde et une matière non azotée, très volatile. L'eau à 160-175° la décompose d'une manière analogue, en produisant en outre un acide chloré; la solution étant additionnée de nitrate d'argent, ce réactif précipite les 3/4 du chlore contenu dans la dichloréthylamine, à l'état de chlorure d'argent [Wilm, *Deutsch. chem. Gesellsch.*, 1870, p. 427].

DIÉTHYLAMINE.

L'éther diéthyloxamique, que l'on obtient en suivant la méthode de Hofmann pour la séparation des bases éthylées, doit être lavé à l'eau avant la distillation, afin de le séparer de l'éther monéthyloxamique, dont le point d'ébullition est très voisin (245°), mais qui est miscible à l'eau en toute proportion. L'éther diéthyloxamique ainsi purifié bout à 250-252° et constitue une source de diéthylamine pure [O. Wallach, *Deutsch. chem. Gesellsch.*, 1875, p. 760; *Bull. Soc. chim.*, t. XXV, p. 79].

E. Duvillier et A. Buisine séparent la diéthylamine en opérant de la manière suivante : les eaux mères de la diéthyloxamide, additionnées de 8 à 10 fois leur volume d'eau, sont soumises à une forte ébullition pendant 10 à 12 heures, puis concentrées à un petit volume; par le refroidissement, elles laissent déposer une belle cristallisation d'aiguilles d'oxalate acide de diéthylamine, $(C^2H^5)^2HAz, C^2H^2O^4$ [*Compt. rend.*, t. LXXXVIII, p. 41].

Pour préparer de la diéthylamine pure, on peut se servir avec avantage de la nitrosodiéthylaniline; on distille le sulfate de cette base avec de la soude très étendue, on recueille les vapeurs dans l'acide chlorhydrique, on évapore à siccité et l'on décompose le chlorhydrate par la potasse très concentrée, en dirigeant la vapeur de diéthylamine à travers un tube rempli d'ouate, afin de retenir quelques traces d'aniline [A. Kopp, *Deutsch. chem. Gesellsch.*, 1875, p. 621; *Bull. Soc. chim.*, t. XXIV, p. 411].

L'oxychlorure de carbone transforme la diéthylamine en tétréthylurée [W. Michler, *Deutsch. chem. Gesellsch.*, 1875, p. 1665; *Bull. Soc. chim.*, t. XXVI, p. 456].

L'iodure de méthyle réagit sur la diéthylamine en produisant les iodures de diéthylamine et de diméthyldiéthylammonium :

$$2AzH(C^2H^5)^2 + 2ICH^3$$
$$= AzH(C^2H^5)^2HI + Az(C^2H^5)^2(CH^3)^2I$$

[V. Meyer et M. Lecco, *Liebig's Ann.*, t. CLXXX, p. 180].

DIÉTHYLNITROSAMINE (nitrosodiéthylamine),

$$AzO\text{-}Az(C^2H^5)^2.$$

— La diéthylnitrosamine, chauffée avec de l'acide sulfurique concentré, est transformée en diéthylamine [A. Geuther, *Zeitschr. Chem.*, 1868, p. 159]. Elle oppose une grande résistance à l'attaque des alcalis; elle n'est détruite que vers 155° par la potasse alcoolique, avec production d'azote, d'acide carbonique, d'ammoniaque et d'éthylamine. L'hydrogène sulfuré, le sulfure d'ammonium, le sulfate ferreux, le bisulfite de sodium sont sans action, même à 100°. L'amalgame de sodium, en présence de l'eau, l'attaque énergiquement, en dégageant du protoxyde d'azote et mettant la diéthylamine en liberté :

$$2[(C^2H^5)^2Az.AzO] + 4H$$
$$= 2(C^2H^5)^2AzH + Az^2O + H^2O.$$

On sait que l'acide chlorhydrique concentré transforme la diéthylnitrosamine en chlorure de diéthylamine et acide azoteux; le gaz chlorhydrique agit d'une manière analogue; seulement au lieu d'acide azoteux, c'est un gaz jaune (probablement du chlorure de nitrosyle) qui se dégage,

$$(C^2H^5)^2Az.AzO + 2HCl = AzOCl + (C^2H^5)^2AzH$$

[A. Geuther et L. Schiele, *Journ. prakt. Chem.* (2), t. IV, p. 435; *Bull. Soc. chim.*, t. XVII, p. 214].

E. Fischer a réussi à remplacer l'oxygène de la diéthylnitrosamine par l'hydrogène, à l'aide de l'action réductrice modérée d'un mélange de poudre de zinc et d'acide acétique; il se produit une matière basique, la *diéthylhydrazine*,

$$(C^2H^5)^2Az.AzO + 2H^2 = H^2O + (C^2H^5)^2Az.AzH^2$$

[*Liebig's Ann.*, t. CXCIX, p. 308; *Bull. Soc. chim.*, t. XXVI, p. 287; t. XXXII, p. 516].

TRIÉTHYLAMINE.

Le mélange d'éthylamine et de diéthylamine que l'on obtient par l'action de l'ammoniaque alcoolique sur le chlorure d'éthyle, chauffé à son tour avec du chlorure d'éthyle à 100°, se transforme, pour les quatre septièmes, en triéthylamine; un septième constitue du chlorure de tétréthylammonium, tandis que le reste est formé par le mélange primitif non attaqué [E. Duvillier et A. Buisine, *Compt. rend.*, t. XCI, p. 173].

Le *ferrocyanure acide* de triéthylamine,

$$[(C^2H^5)^3Az]^2H^4.Fe(CAz)^6,$$

forme des lamelles brillantes qui bleuissent à l'air et qui sont beaucoup moins solubles que les composés correspondants produits par l'éthylamine et la diéthylamine; le peu de solubilité de ce sel permet la séparation de la triéthylamine du mélange basique qui la renferme [E. Fischer, *Liebig's Ann.*, t. CXC, p. 186; *Bull. Soc. chim.*, t. XXXI, p. 414].

TÉTRÉTHYLAMMONIUM.

Tribromure de tétréthylammonium,

$$Az(C^2H^5)^4Br^3.$$

— On l'obtient à l'état d'un précipité rouge cristallin lorsqu'on ajoute de l'eau de brome à une solution aqueuse de bromure de tétréthylammonium; il cristallise dans l'alcool en belles aiguilles orangées, très solubles dans l'alcool et le sulfure de carbone, moins solubles dans le chloroforme, fusibles à 78° sans décomposition. Le brome en excès paraît produire une combinaison très peu stable. L'iode dissous dans l'iodure de potassium transforme le tribromure en triiodure :

$$Az(C^2H^5)^4Br^3 + 3KI = 3KBr + Az(C^2H^5)^4I^3$$

[P.-C. Marquart, *Deutsch. chem. Gesellsch.*, 1870, p. 284].

Chloroïodure de tétréthylammonium,

$$(C^2H^5)^4AzICl^2.$$

— La solution de chlorure de tétréthylammonium dans l'acide chlorhydrique étendu est additionnée à une douce chaleur d'une solution aqueuse de protochlorure d'iode. Par le repos le chloroïodure se dépose en cristaux volumineux filiformes, appartenant au système régulier.

Ce composé est soluble dans l'acide chlorhydrique étendu; l'eau le décompose. Ses réactions sont celles du chlorure d'iode [W.-A. Tildon, *Journ. chem. Soc.* (2), t. IV, p. 145].

Le *chloroplatinate de tétréthylammonium* cristallise en cubo-octaèdres réguliers [Müller, *Ann. Chem. Pharm.*, t. XCIII, p. 273].

Ferricyanure de tétréthylammonium,

$$[(C^2H^5)^4Az]^6Fe(CAz)^{12} + 8H^2O.$$

— Ce sel, très altérable, s'obtient par double décomposition entre l'iodure de tétréthylammonium et le ferricyanure d'argent en excès. La solution filtrée, concentrée sur l'acide sulfurique, le dépose en paillettes jaunes brillantes [O. Bernheimer, *Deutsch. chem. Gesellsch.*, 1879, p. 408; *Bull. Soc. chim.*, t. XXXII, p. 512].

L'*iodure de tétréthylammonium* n'est pas attaqué par l'iodure de méthyle à 100-180° [V. Meyer et M. Lecco, *Deutsch. chem. Gesellsch.*, 1875, p. 936; *Bull. Soc. chim.*, t. XXV, p. 107].

On obtient des sels doubles bismuthiques en traitant les solutions alcooliques chaudes des periodures ou des iodures par des solutions concentrées d'hydrate de bismuth dans les acides chlorhydrique, bromhydrique ou iodhydrique; ils sont tous isomorphes et cristallisent en tables hexagonales régulières. La combinaison iodée $3Az(C^2H^5)^4I.2BiI^3$ est rouge; les composés bromés $3Az(C^2H^5)^4Br.2BiBr^3$, iodobromé et chlorobromé sont jaunes; le dérivé chloré est incolore [S.-M. Jörgensen, *Deutsch. chem. Gesellsch.*, 1869, p. 464].

Iodure de tétréthylammonium et de mercure,

$$2(C^2H^5)^4AzI + 3HgI^2.$$

— Ce composé, fusible à 153-154°, se forme par l'action de l'iodure d'éthyle à 100° sur la base ammonio-mercurique $Hg^4O^3Az^2H^4.2H^2O$ (base de Millon).

Le bromure double correspondant fond à 147-150° [H. Gerresheim, *Deutsch. chem. Gesellsch.*, 1879, p. 666; *Bull. Soc. chim.*, t. XXXII, p. 179].

Sulfate de tétréthylammonium. — A. Brüning conseille le mode de préparation suivant : On chauffe de l'iodure d'éthyle en vase clos avec de l'ammoniaque concentrée, on distille les bases volatiles, on ajoute au résidu une solution alcoolique d'iode; il se dépose des cristaux de pentaïodure de tétréthylammonium qu'on traite par une solution aqueuse d'acide sulfureux; on évapore ensuite, on traite par l'oxyde d'argent et l'on précipite l'acide sulfurique libre par la baryte hydratée.

La solution neutre du sulfate traitée par le cyanate de potassium donne du carbonate de tétréthylammonium [*Ann. Chem. Pharm.*, t. CIV, p. 200].

J. Tcherniac.

ÉTHYLBENZINE. — Voyez t. II, p. 888.

ÉTHYLBENZOÏQUE (ACIDE). — Voyez t. II, p. 1658.

ÉTHYLCROTONIQUE (ACIDE) (voyez t. I, p. 1311),

$$C^6H^{10}O^2 = CH^3\text{-}CH = C\begin{cases}C^2H^5\\CO^2H\end{cases}$$

Ce composé, obtenu par Frankland et Duppa, se produit aussi dans d'autres circonstances.

Suivant Erlenmeyer, l'acide diéthylglycolique distillé fournit un acide bouillant à 198°, encore liquide à —18°, isomère de l'acide éthylcrotonique. L'acide bromhydrique fumant, l'acide sulfurique étendu et la potasse caustique le transforment en acide éthylcrotonique [*Deutsch. chem. Gesellsch.*, 1879, p. 1355].

Il se produit enfin par distillation de l'acide oxycaproïque obtenu par hydrogénation de l'éther éthylacétylacétique [Wahlschmidt, *Deutsch. chem. Gesellsch.*, 1875, p. 1037].

Fondu avec la potasse, il donne un mélange d'acide acétique et butyrique [Petrieff, *Deutsch. chem. Gesellsch.*, 1873, p. 1098]. L'acide sulfurique et le dichromate de potassium le transforment en eau, acide acétique et gaz carbonique [Chapman et Smith, *Bull. Soc. chim.*, t. XII, p. 264].

L'hydrogène naissant ne l'altère pas. L'acide bromhydrique en solution aqueuse saturée à 0° s'y unit, bien que difficilement. L'acide *bromodié-*

thylacétique $C^6H^{11}BrO^2$, formé fond à 25°, moins haut s'il est humide, et se transforme en un acide caproïque (*acide diéthylacétique* très vraisemblablement) par l'action de l'amalgame de sodium. Cet acide bout à 194-195° et est encore liquide à —15°. L'éther éthylique bout à 151°,5. Le sel de calcium, $(C^6H^{11}O^2)^2Ca + H^2O$, est en feuillets brillants, moins solubles à chaud qu'à froid et dont 100 p. d'eau à 26°,5 dissolvent 16 p.

L'acide bromodiéthylacétique, traité par le carbonate de sodium dissous dans 10 fois son poids d'eau, donne même à 0° de l'acide carbonique et un amylène bouillant à 37-38° dont le dibromure distille à 178-180°.

L'acide *dibromodiéthylacétique*, $C^6H^{10}Br^2O^2$, produit d'addition du brome à l'acide éthylcrotonique, forme des cristaux transparents fusibles à 80°,5 que la soude aqueuse décompose en amylène bromé et acide carbonique d'une part, et en acide *dioxydiéthylacétique* ou acide *hexérique*, $C^6H^{12}O^4$; il se produit également un peu d'acide éthylcrotonique. L'acide *hexérique* extrait de la solution aqueuse, acidulée par l'éther, se présente en prismes rhombiques fusibles à 141°. Le sel de cuivre est cristallin [Markownikoff et Drobiasguine, *Bul. Soc. chim.*, t. XXI, p. 305; — Fittig et Allen B. Howe, *Bull. Soc. chim.*, t. XXXIV, p. 65, et *Liebig's Ann.* t. CC, p. 21].

Un acide *éthylcrotonique monochloré*,

$$C^6H^9ClO^2,$$

de constitution très probablement exprimée par la formule

$$CH^3\cdot CCl=C\left\langle\begin{matrix}C^2H^5\\CO^2H\end{matrix}\right.$$

se prépare par l'action du perchlorure de phosphore sur l'éther éthylacétique. C'est un corps solide, fusible à 74-75° et qui ne bout pas sans décomposition. Un acide isomère, l'acide *chlorovinyldiméthylacétique* $CH^2=CCl-C(CH^3)^2-CO^2H$, se prépare par le même procédé au moyen de l'éther diméthylacétique; il fond à 63-64° et forme des cristaux clinorhombiques [Demarçay *Compt. rend.* t. XXXXIV, p. 1087].

E. Demarçay.

ÉTHYLDIBENZOÏNE. — Voyez Benzoïne, Suppl., p. 314.

ÉTHYLE. — Pour les mots qui ne se trouvent pas ici à leur rang alphabétique, voyez le mot qui suit.

ÉTHYLE (DÉRIVÉS MÉTALLIQUES). — Glucinium-éthyle. — Cahours a préparé le glucinium-éthyle en traitant le mercuréthyle, à 130-135°, par le glucinium en lames minces. C'est un liquide incolore, fumant à l'air et s'enflammant par une légère élévation de température. Il est vivement décomposé par l'eau et l'alcool. Il bout à 185-188° [*Compt. rend.*, t. LXXVI, p. 1383].

Mercuréthyle. — La densité du chlorure cristallisé, $Hg(C^2H^5)Cl$, est égale à 3,461; réduit en poudre, il a pour densité 3,503 [Schroeder, *Deutsch. chem. Gesellsch.*, 1879, p. 563].

L'acétate,

$$Hg\left\langle\begin{matrix}C^2H^5\\OC^2H^3O,\end{matrix}\right.$$

obtenu en traitant le mercure-diéthyle par l'acide acétique à 120°, en vase clos, cristallise dans l'acide acétique pur en lames fusibles à 178°, à peu près insolubles dans l'eau froide, plus solubles dans l'alcool [R. Otto, *Zeitschr. Chem.*, 1870, p. 25].

L'iodure d'allyle réagit à 120° sur le mercuréthyle d'après l'équation

$$2C^3H^5I + Hg(C^2H^5)^2 = C^6H^{10} + Hg(C^2H^5)I + C^2H^5I.$$

L'action de l'iodoforme sur le mercuréthyle est très énergique à 90°. Elle produit de l'iodure de mercuréthyle, de l'éthylène, de l'iodure d'éthyle et de l'acétylène [Suida, *Wien. Akad. Ber.*, t. LXXXII, p. 519].

Stannéthyles. — On doit à Ladenburg de nouvelles expériences sur le stannotriéthyle [*Ann. Chem. Pharm.*, Supplementb. VIII, p. 63; *Deutsch. chem. Gesellsch.*, 1870, p. 647, et 1871, p. 19; *Bull. Soc. chim.*, t. XIV, p. 232, et t. XV, p. 60].

Le *stannotriéthyle*, $Sn^2(C^2H^5)^6$, peut être isolé en traitant l'iodure $Sn(C^2H^5)^3I$ par le sodium à 200°. La réaction terminée, on l'extrait à l'aide de l'éther et l'on distille le résidu de la solution éthérée. Le stannotriéthyle distille à 265-270°, mais en se décomposant partiellement, et laissant un résidu d'étain. Si l'on opère sous une pression inférieure à la pression atmosphérique, cette décomposition n'a pas lieu.

Le stannotriéthyle est un liquide incolore, insoluble dans l'eau et dans l'alcool faible, doué d'une odeur faible et réduisant l'azotate d'argent en solution alcoolique. Sa densité est égale à 1,4115 à 0°. La densité de vapeur, observée à 255° dans la vapeur d'eugénol, avec l'appareil Hofmann, a été trouvée égale à 425,3-432,1; la formule $Sn^2(C^2H^5)^6$, qui exige 410, se trouve ainsi confirmée.

Le chlore, en agissant sur le stannotriéthyle, dissous dans le chloroforme, produit du chlorure de stannodiéthyle :

$$Sn^2(C^2H^5)^6 + Cl^6 = 2Sn(C^2H^5)^2Cl^2 + 2C^2H^5Cl.$$

(Le *chlorure de stannodiéthyle* fond à 85° et non à 60° comme l'a indiqué Cahours.)

Lorsqu'on traite le stannotriéthyle par 1 mol. d'iode, on donne naissance à l'iodure de stannotriéthyle, $Sn(C^2H^5)^3I$; cet iodure distille à 231°.

Ladenburg n'a pas pu obtenir l'iodure

$$Sn^2(C^2H^5)^4I^2,$$

dont il met l'existence en doute.

L'acide chlorhydrique transforme le stannotriéthyle en chlorure de stannodiéthyle, mélangé sans doute d'un peu de chlorure $Sn(C^2H^5)^3Cl$; il se dégage un gaz combustible,

$$Sn^2(C^2H^5)^6 + 4HCl = 2Sn(C^2H^5)^2Cl^2 + 2C^2H^5.H + H^2.$$

L'action du chlorure stannique est représentée par l'équation

$$2Sn^2(C^2H^5)^6 + SnCl^4 = 4Sn(C^2H^5)^3Cl + Sn.$$

Le stannotriéthyle réduit le chlorure mercurique en solution alcoolique, réaction qui n'a pas lieu avec le stannotétréthyle.

L'iodure d'éthyle n'agit sur le stannotriéthyle que vers 220°, en produisant l'iodure de stannotriéthyle et du diéthyle.

L'acide monochloracétique exerce sur le stannotriéthyle une vive réaction, représentée par l'équation

$$Sn^2(C^2H^5)^6 + 4CH^2Cl-CO^2H = 2Sn(C^2H^5)^2Cl^2 + 4CO^2 + 2(CH^3)^2 + (C^2H^5)^2.$$

Ethylate de stannotriéthyle,

$$Sn\left\langle\begin{matrix}(C^2H^5)^3\\OC^2H^5.\end{matrix}\right.$$

— Pour obtenir ce composé, Ladenburg fait tomber goutte à goutte l'iodure de stannotriéthyle sur l'éthylate de sodium bien sec. Pour terminer la réaction, qui a lieu avec élévation de température, on chauffe plus fort, puis on distille. La majeure partie du produit distille à 190-192°. C'est l'éthylate de stannotriéthyle. Celui-ci est un liquide incolore, doué d'une odeur désagréable, brûlant avec une flamme claire. Il réduit la solution alcoolique d'azotate d'argent. Sa densité est égale à 1,2634. L'humidité le décompose en produisant l'hydrate solide $Sn(C^2H^5)^3OH$, signalé par Loewig et étudié par Cahours. Cet hydrate fond à 43° et bout à 209-273°.

Stannotétréthyle, $Sn(C^2H^5)^4$. — Il se produit par l'action du chlorure stanneux sur le zinc-éthyle :

$$2\,SnCl^2 + 4\,Zn(C^2H^5)^2$$
$$= Sn + Sn(C^2H^5)^4 + 4\,ZnC^2H^5Cl.$$

On introduit peu à peu le chlorure stanneux fondu dans un ballon refroidi, contenant du zinc-éthyle, jusqu'à ce qu'une prise d'essai ne fume plus à l'air, puis on distille. Le produit distillé est traité par l'eau pour décomposer l'excès de zinc-éthyle, puis traité par l'acide sulfurique étendu. Le stannotétréthyle forme une couche huileuse dense.

Le stannotétréthyle résiste, à 180°, à l'action de l'aluminium, du sodium, du magnésium, ainsi qu'à celle de l'acétone et de l'oxalate d'éthyle. L'ammoniaque, l'acide carbonique, le cyanogène, le bioxyde d'azote, l'oxygène, l'hydrogène sulfuré sont sans action à la température ordinaire.

Le gaz sulfureux est lentement absorbé par le stannotétréthyle. Il se produit à la longue (au bout de quelques semaines) des cristaux de sulfate de stannotriéthyle; la réaction a sans doute lieu avec absorption de l'oxygène de l'air [E. Frankland et A. Lawrance, *Journ. chem. Soc.*, t. XXXV, p. 130; *Deutsch. chem. Gesellsch.*, 1879, p. 300].

STANNOTRIÉTHYLPHÉNYLE, $Sn(C^2H^5)^3C^6H^5$. — On l'obtient en traitant par le sodium un mélange à molécules égales d'iodure de stannotriéthyle et de benzine monochlorée étendue de son volume d'éther. Après plusieurs jours de contact, on ajoute de l'éther, on évapore la solution éthérée et on rectifie le résidu dans un courant d'hydrogène.

Le stannotriéthylphényle bout à 254°. C'est un liquide incolore, très réfringent, dont l'odeur n'est pas désagréable. Il brûle avec une flamme éclairante et fuligineuse, en laissant un résidu d'étain. Il est soluble dans l'éther, peu soluble dans l'alcool faible, insoluble dans l'eau. Densité à 0° = 1,2639.

L'acide azotique fumant le colore en rouge et produit une vive réaction à chaud.

L'azotate d'argent, en solution alcoolique, est réduit par le stannotriéthylphényle, avec production d'azotate de stannotriéthyle et de diphényle :

$$2\,Sn(C^2H^5)^3C^6H^5 + 2\,AzO^3Ag$$
$$= 2\,Sn(C^2H^5)^3AzO^3 + C^{12}H^{10} + Ag^2.$$

L'iode le convertit en iodure de phényle et iodure de stannotriéthyle, et l'acide chlorhydrique en benzine et chlorure de stannotriéthyle.

Lorsqu'on fait bouillir dans un appareil à reflux le stannotriéthylphényle avec du chlorure stannique, on obtient par le refroidissement une masse cristalline qui est un mélange de *dichlorure de stannéthylphényle* et de chlorure de stannodiéthyle :

$$Sn(C^2H^5)^3C^6H^5 + SnCl^4$$
$$= Sn(C^2H^5)(C^6H^5)Cl^2 + Sn(C^2H^5)^2Cl^2.$$

Pour séparer les deux produits, on traite le mélange par l'acide chlorhydrique, qui, s'il n'est employé qu'en quantité modérée, laisse le chlorure de stannéthylphényle sous la forme d'une huile qui se concrète par le froid. On le purifie ensuite par expression et cristallisation dans l'éther. Il cristallise en tables d'apparence rhombique, peu solubles dans l'eau et dans l'acide chlorhydrique étendu, solubles dans l'alcool et l'éther. Il fond à 45°. L'ammoniaque le convertit en une substance soluble dans les acides, insoluble dans l'eau, l'alcool et l'éther [A. Ladenburg, *Ann. Chem. Pharm.*, t. CLIX, p. 251].

Action physiologique des composés organo-métalliques de l'étain. — Administrés soit à l'intérieur, soit en injections sous-cutanées, ils engourdissent les centres nerveux, produisent un état de stupeur particulier. Les plus stupéfiants sont le stanntriéthyle, le stanntétréthyle, puis enfin le stanndiéthyle. Ces deux derniers sont des purgatifs énergiques. Sous l'influence de ces combinaisons, le sang devient moins coagulable. Dans le cas du sulfate de stanntriéthyle, il était non coagulable et se séparait au sortir de la veine en plasma et en globules [Jolyet et Cahours, *Compt. rend.*, t. LXVIII, d. 1276].

ZINC-ÉTHYLE. — *Préparation.* — E. T. Chapmann et H. Wichelhaus ont proposé de légères modifications au procédé généralement usité. Le premier ajoute au mélange d'iodure d'éthyle (500 p.) et d'éther (60 p.), une petite quantité de zinc-éthyle provenant d'une opération antérieure. Sa présence facilite beaucoup la réaction [*Laboratory*, 1867, p. 195]. H. Wichelhaus effectue la réaction sous une légère pression, exercée par une colonne de mercure. Il a reconnu en outre qu'on peut remplacer l'iodure d'éthyle par le bromure d'éthyle [*Deutsch. chem. Gesellsch.*, 1868, p. 140].

Un progrès beaucoup plus important, réalisé dans la préparation du zinc-éthyle, est dû à Gladstone et A. Tribe. Le couple zinc-cuivre, tel qu'on l'obtient par l'immersion de feuilles de zinc dans une solution étendue de sulfate de cuivre, réagit avec un vif dégagement de gaz sur l'iodure d'éthyle, en produisant l'éthyliodure de zinc $Zn(C^2H^5)^2ZnI^2$ (c'est la formule que ces savants donnent à ce composé, se basant pour cela sur la facilité avec laquelle l'iodure de zinc s'unit au zinc-éthyle). Ce mode de formation du zinc-éthyle fournit un procédé de préparation très facile de ce composé, si l'on remplace le couple zinc-cuivre ci-dessus par le même couple obtenu par voie sèche (1).

On traite l'iodure d'éthyle vers 90° par ce couple, puis l'on distille à 160° comme d'ordinaire, dans un courant d'hydrogène. Avec 87 p. d'iodure d'éthyle et 100 p. de zinc-cuivre, l'opération est terminée en quinze minutes et le rendement en zinc-éthyle atteint 90,4 % du rendement théorique [*Chem. News*, t. XXVII, p. 103; *Journ. chem. Soc.*, t. XXXV, p. 567, *Deutsch. chem. Gesellsch.*, 1879, p. 1473].

Réactions du zinc-éthyle. — Le chlorure de sulfuryle agit très énergiquement sur le zinc-éthyle. On obtient une réaction plus calme en entraînant le chlorure de sulfuryle par un courant de gaz carbonique. Il se produit une masse compacte qui, distillée avec l'eau, fournit du sulfure d'éthyle et un résidu d'oxyde de zinc [Fr. Gauhe, *Ann. Chem. Pharm.*, t. CXLVIII, p. 263].

Le cyanogène gazeux réagit sur le zinc-éthyle avec production de cyanure d'éthyle, et non d'éthylcarbylamine [H. Gal, *Compt. rend.*, t. LXVI,

(1) Pour obtenir par voie sèche le couple zinc-cuivre, on introduit dans un ballon bien sec, muni d'un bouchon traversé par un tube capillaire, 9 parties de limaille de zinc et 1 partie de cuivre divisé. On chauffe le ballon sur une lampe à gaz en agitant énergiquement, jusqu'à ce que la limaille de zinc ait perdu son apparence première et commence à prendre une teinte jaunâtre. Le couple ainsi obtenu forme une masse grise dépourvue d'éclat métallique. Si le zinc a conservé en partie son aspect, cela tient à ce qu'on n'a pas assez chauffé; si la masse a subi un commencement de fusion et est devenue jaunâtre, cela tient à ce que l'on est allé trop loin. Dans les deux cas, le couple est dépourvu d'une partie de son activité. Le cuivre employé est celui qui provient de la réduction de l'oxyde de cuivre par l'hydrogène.

p. 48.—E. Frankland et C. Graham, *Journ. chem. Soc.*, 1880, p. 740].

L'anhydride phosphorique ne réagit qu'à 140°, en donnant l'éthylpyrophosphate de zinc [G. Dilling. *Zeitsch. Chem.*, 1867, p. 266].

L'éthylène bromé transforme le zinc-éthyle en un butylène (Chapman), qui est l'éthylvinyle ou éthyléthylène $CH^3-CH^2-CH=CH^2$ (A. Wurtz):

$$2\,C^2H^3Br + Zn(C^2H^5)^2 = 2\,C^4H^8 + ZnBr^2.$$

L'anhydride sulfureux produit, d'après Hobson (voir t. I, p. 1391), l'acide éthyltrithionique par son action sur le zinc-éthyle.

Wischin a obtenu par cette réaction un acide éthylsulfinique, $C^2H^5.SOOH$. Ce dernier résultat a été confirmé par S. Zuckschwerdt [*Ann. Chem. Pharm.*, t. CLXXIV, p. 308].

L'action du zinc-éthyle sur l'anhydride acétique est très énergique. Si l'on fait agir un mélange d'anhydride acétique et d'iodure d'éthyle sur un alliage de zinc et de sodium, le zinc-éthyle qui prend naissance est aussitôt converti en éthylméthylacétone [M. Saytzeff, *Zeitschr. Chem.*, 1870, p. 104].

PLOMBO-TÉTRÉTHYLE. — On l'obtient facilement en distillant avec de l'eau le produit de la réaction du zinc-éthyle sur le chlorure de plomb, Le produit de cette réaction est un mélange de plombodiéthyle et de chloréthylure de zinc. Le plombodiéthyle est ensuite dédoublé par l'eau en plombotétréthyle et plomb métallique :

$$PbCl^2 + 2\,Zn(C^2H^5)^2 = Pb(C^2H^5)^2 + 2\,Zn(C^2H^5)Cl$$
$$\text{et}\quad 2\,Pb(C^2H^5)^2 = Pb + Pb(C^2H^5)^4.$$

Le gaz ammoniac, l'anhydride carbonique, l'oxyde de carbone, le cyanogène, le bioxyde d'azote, l'hydrogène sulfuré sont sans action sur le plombotétréthyle. Ce composé absorbe rapidement l'anhydride sulfureux et se convertit en une masse amorphe blanche, composée de diéthylsulfone $SO^2(C^2H^5)^2$ et d'*éthylsulfinate de plomb* $(SO^2C^2H^5)^2Pb$. La réaction est représentée par l'équation

$$Pb(C^2H^5)^4 + 3\,SO^2$$
$$= SO^2(C^2H^5)^2 + (C^2H^5.SO^2)^2Pb.$$

THALLIUM-ÉTHYLE. — Voyez THALLIUM (COMPOSÉS ORGANIQUES).

Ed. Willm.

ÉTHYLE (DÉRIVÉS SÉLÉNIÉS). — [Rathke, *Bull. Soc. chim.*, t. XIII, p. 327, et *Ann. Chem. Pharm.*, t. CLII, p. 181. — L. von Pieverling, *Bull. Soc. chim.*, t. XXVIII, p. 12, et *Liebig's Ann. Chem.*. t. CLXXXV, p. 331]. — On décompose par une solution concentrée de potasse et de sulfovinate de potassium le pentaséléniure de phosphore, et on soumet le produit de la réaction à la distillation. Le séléniure qui distille peut être séparé par distillation fractionnée d'un peu de biséléniure. On peut encore le faire digérer pendant quelques heures avec la moitié de son poids de sulfovinate de potassium, de potasse et d'eau, outre un petit morceau de phosphore blanc; en distillant alors, on obtient le séléniure sous forme d'un liquide incolore, très mobile, dont l'odeur alliacée n'est pas désagréable.

L'acide azotique étendu le transforme en azotate de sélénium-diéthyle; mais il fournit encore un autre composé qu'on pourrait vraisemblablement obtenir par le sélénhydrate ou le biséléniure d'éthyle et qui correspond à l'acide éthylsulfinique. C'est, en effet, quand on oxyde le séléniure souillé de biséléniure et qu'on ajoute de l'acide chlorhydrique au produit de la réaction que se forme le composé en question. Il se dépose des cristaux dont la composition $C^2H^5SeO^2H + HCl$ est celle d'un *chlorhydrate d'acide éthylsélénique*. Pour les débarrasser d'un peu de chlorure de diéthylsélénium liquide, on agite leur solution aqueuse avec de l'éther, et on l'évapore ensuite. Ces cristaux incolores ont la forme du sulfate de sodium. On sait que l'acide sélénieux absorbe aisément l'acide chlorhydrique (Ditte), cette propriété se retrouve dans son dérivé.

TRIÉTHYLSÉLÉNINE. — Le chlorure de ce radical se produit quand on soumet le chlorure de sélénium-diéthyle à l'action du zinc-éthyle. La combinaison $2\,(C^2H^5)^3SeCl + ZnCl^2$ prend naissance. Cristallisée dans l'eau, elle forme des lamelles minces. On obtient plus aisément l'*iodure* par l'action de l'iodure d'éthyle sur le séléniure d'éthyle. Après dix jours, le mélange des deux composants est pris en masse. Exprimés dans du papier buvard et séchés dans le vide, ces cristaux, qui rappellent le sulfate de magnésium, constituent l'*iodure de triéthylsélénine* à l'état de pureté. Leur odeur alliacée est faible; ils sont inaltérables à l'air, solubles dans l'eau, l'alcool, insolubles dans l'éther; entre 80 et 126°, ce corps se dissocie complètement sans fondre.

L'*hydrate*, $(C^2H^5)^3SeOH$, forme une solution jaune de vin très alcaline et caustique qu'on ne peut évaporer à sec sans décomposition, même dans le vide. A l'état sirupeux, elle absorbe vivement l'acide carbonique.

Le *chlorure*, l'*oxalate*, le *tartrate*, cristallisent dans le vide sec. Le tartrate seul est stable à l'air. Il forme de petites aiguilles rose pâle, d'odeur alliacée, d'un goût pénétrant, amer et brûlant $(C^4H^5O^6)Se(C^2H^5)^3 + 2\,H^2O$.

Le *chloroplatinate*, $[Se(C^2H^5)^3Cl]^2PtCl^4$, est un précipité cristallin jaune clair, se déposant de sa solution chaude en magnifiques rhomboèdres aigus, brillants, rouges, terminés par des faces planes.

Le zinc-éthyle ne réagit pas sur l'iodure de sélénium-triéthyle.

BISÉLÉNIURE D'ÉTHYLE.—Ce composé, obtenu dans la préparation du séléniure d'éthyle, s'en sépare par fractionnement et constitue un liquide d'odeur infecte, bouillant à 186°.

E. Demarçay.

ÉTHYLE (DÉRIVÉS SULFURÉS ET SULFONIQUES). — SULFHYDRATE D'ÉTHYLE [Syn. *Mercaptan*] [P. Claesson, *Bull. Soc. chim.*, t. XXV, p. 183; et *Lund's universitets orskrift*, t. XI, p. 1875]. — Le mercaptan forme avec l'eau un hydrate cristallisé qui a pour formule $C^2H^6S + 2\tfrac{1}{2}\,H^2O$ et qui se décompose à + 12° en ses éléments.

Mercaptite de sodium C^2H^5SNa. — Ce composé se produit, soit par l'action du sodium sur le mercaptan, soit par l'action de l'éthylate de sodium sur le même corps. Ce produit ressemble à la neige; il est amorphe, soluble dans l'eau avec dégagement de chaleur, et dans l'alcool, insoluble dans l'éther. Il est stable à 200°. A 100-120°, il absorbe l'oxygène et donne un sel qui est l'éthylsulfite, c'est-à-dire l'éthylsulfonate de sodium $C^2H^5SO^3Na$.

Le trichlorure d'antimoine et le mercaptan s'additionnent pour former le composé

$$SbCl^3 + C^2H^6S,$$

qui devient visqueux à — 40° et se décompose vers 140° en dégageant du mercaptan et de l'acide chlorhydrique.

Mercaptide de bismuth, $Bi(SC^2H^5)^3$. — Il s'obtient par l'action du mercaptan sur l'azotate de bismuth en solution aqueuse. Belles aiguilles jaunes, minces et flexibles, solubles dans l'alcool, moins solubles dans l'éther. Ce composé se dissout aussi dans les acides; il est précipité de ces solutions par neutralisation. A 200°, il donne du bismuth et du sulfure de bismuth.

Avec le bichlorure d'*étain* ($SnCl^2$), le mercaptan

donne un précipité qui attire l'oxygène de l'air.

Mercaptide stannique, $Sn(SC^2H^5)^4$. — Il s'obtient en versant du mercaptan dans la solution sulfocarbonique de perchlorure d'étain. Liquide bouillant dans le vide vers 200°, encore fluide à — 40°.

Mercaptide basique de mercure, $[HgSC^2H^5]^2O$. — Ce sel est une masse blanche amorphe qui se forme par l'action de l'acide azotique produit sur le mercaptide de mercure. Insoluble dans l'eau, infusible, il se dissout dans l'acide chlorhydrique et dans l'acide azotique fumant.

Mercaptide de cadmium, $Cd(SC^2H^5)^2$. — Précipité amorphe blanc, obtenu en mélangeant l'acétate de cadmium et le mercaptan, soluble dans les acides et s'en précipitant par neutralisation.

Le *sel de zinc* $Zn(SC^2H^5)^2$ est analogue au précédent.

Sulféthyloforme, $CH(SC^2H^5)^3$. — Ce composé, obtenu par l'action du chloroforme sur le mercaptide de sodium, est un liquide mobile, jaune clair, d'odeur désagréable, distillant avec décomposition entre 200 et 265° [Gabriel, *Bull. Soc. chim.*, t. XXVIII, p. 257].

SULFURE D'ÉTHYLE. — Suivant Smith, qui l'a préparé au moyen du chlorure d'éthyle, ce corps bout à 81° [*Deutsch. chem. Gesellsch.*, 1869, p. 382].

D'après Bœttger [*Deutsch. chem. Gesellsch.*, 1879, p. 1469], il se produirait dans l'action du soufre sur le mercaptide de sodium en même temps que du bisulfure de sodium. Suivant le même auteur, longtemps digéré avec du soufre, il donnerait des polysulfures, tandis que, d'après Müller, il ne serait pas attaqué [*Bull. Soc. chim.*, t. XVI, p. 280]. En agissant sur les chlorures,

$$SOCl^2, SO^2Cl^2, SO^3HCl,$$

le sulfure d'éthyle donne du soufre, de l'acide chlorhydrique et du charbon (Bœttger).

Dehn [*Bull. Soc. chim.*, t. XIII, p. 343, et *Deutsch. chem. Gesellsch.*, 1869, p. 479] a fait réagir le sulfure d'éthyle sur le bromure d'éthylène. Il se produirait du bromure de triéthylsulfine et du bromure de triéthylsulfine monobromé, outre un autre bromure $C^2H^4SBr^2$.

BISULFURE D'ÉTHYLE. — Ce composé se produit en même temps que de l'hydrogène sulfuré, en chauffant du soufre et du mercaptan à 150° (Bœttger), et aussi par l'action du mercaptan sur l'acide diazosalicylique à 170° en tubes scellés résistants :

$$C^6H^3Az^2O\text{-}CO^2H + 2C^2H^6S$$
$$= C^6H^4\text{-}CO^2H.OH + Az^2 + (C^2H^5)^2S^2$$

[Schmitt et O. Mittenzwey, *Bull. Soc. chim.*, t. XXXII, p. 643]. Henry l'a obtenu par l'action de l'iodure de cyanogène sur le mercaptide de mercure. Il se forme en même temps du cyanogène [*Deutsch. chem. Gesellsch.*, 1869 p. 636].

Il se produit aussi par l'action du chlorure de sulfuryle sur la mercaptide de mercure (A. Wurtz, observation inédite) :

$$(C^2H^5S)^2Hg + SO^2Cl^2$$
$$= HgCl^2 + SO^2 + (C^2H^5)^2S^2.$$

Il se forme enfin par l'action du cyanure de potassium sur le trisulfure d'éthyle.

ÉTHYLDISULFOXYDE, $(C^2H^5)^2S^2O^2$ [Constantin Lukaschewitz, *Bull. Soc. chim.*, t. XII, p. 275, et *Zeitschr. Chem.*, 1868, p. 641]. — On prépare ce corps en oxydant par l'acide azotique ($d = 1,2$) étendu de son volume d'eau le bisulfure d'éthyle. Il s'oxyde et laisse déposer une huile brunâtre qu'on fait bouillir avec de l'eau jusqu'à décoloration. On la sèche ensuite sur le chlorure de calcium. C'est un liquide incolore, d'odeur alliacée, soluble dans l'alcool, l'éther, incristallisable par le froid, ne bouillant pas sans décomposition, mais distillable avec la vapeur d'eau. Elle se dissout dans l'acide azotique concentré et s'en sépare par addition d'eau, mais s'oxyde si l'on vient à chauffer le mélange. Le zinc et l'acide sulfurique donnent avec ce composé du mercaptan. Kopp, Lœwig et Weidmann avaient appelé ce composé sulfite sulféthylique.

C. Pauly et R. Otto [*Deutsch. chem. Gesellsch.*, 1878, p. 2073] ont montré que ce composé est très probablement l'éther de l'acide thioéthylsulfonique décrit plus loin. En effet, la potasse aqueuse le décompose suivant l'équation

$$2[(C^2H^5)^2S^2O^2] + H^2O$$
$$= (C^2H^5)^2S^2 + C^2H^5SO^3H + C^2H^5SO^2H.$$

Avec le zinc en poudre, on obtient du mercaptide de zinc et du sulfinate de zinc :

$$Zn^2 + 2[(C^2H^5)^2S^2O^2]$$
$$= (C^2H^5S)^2Zn + (C^2H^5SO^2)^2Zn.$$

Ces réactions semblent assigner à l'éthyldisulfoxyde la constitution $C^2H^5\text{-}SO^2\text{-}SC^2H^5$.

TRISULFURE D'ÉTHYLE. — Müller le prépare par le polysulfure de potassium et le sulfovinate de potassium. Le produit formé est chauffé à 150° avec du soufre et distillé avec de l'eau ou même de l'alcool. Le mercure, la potasse aqueuse, le cyanure de potassium, lui enlèvent du soufre.

TÉTRASULFURE D'ÉTHYLE. — Il s'obtient par l'action du mercaptan sur le chlorure de soufre. On opère en solution sulfocarbonique. C'est une huile jaune, lourde, d'odeur très désagréable, soluble dans le sulfure de carbone, l'éther, peu soluble dans l'alcool, non distillable sans décomposition. La chaleur le dédouble en soufre et bisulfure d'éthyle ; encore liquide à — 40°.

Chauffé à 150° avec du soufre, il donne du pentasulfure d'éthyle, masse visqueuse qu'on sépare par l'éther du soufre en excès (Claesson).

DIÉTHYLÉTHYLÈNE-DISULFONE,

$$C^2H^4(SO^2C^2H^5)^2.$$

— Ce sont des aiguilles dures, incolores, fusibles à 136°,5, qu'on obtient en oxydant le sulfure correspondant. Elle distille sans décomposition et se dissout aisément dans l'eau et l'alcool.

Le *sulfoxyde* (sulfine) correspondant,

$$C^2H^4(SOC^2H^5),$$

forme des houppes d'un blanc éblouissant, facilement solubles dans l'eau et l'alcool, mais non dans l'éther [Beckmann, *Deutsch. chem. Gesellsch.*, 1878, p. 1689].

ACIDE ÉTHYLSULFINIQUE, $C^2H^5SO^2H$. — Cet acide, obtenu par Habron et décrit par lui sous le nom d'acide éthyltrithionique, répond en réalité à la formule indiquée [Wischin, *Ann. Chem. Pharm.*, t. CXXXIX, p. 364]. C'est aussi ce composé qui se produit par l'action du zincéthyle sur le sulfate d'éthyle [Claus, *Bull. Soc. chim.*, t. VIII, p. 431, et *Ann. Chem. Pharm.*, t. CXLI, p. 228]. La masse résineuse formée est traitée par l'éther aqueux, qui fournit deux couches. La couche éthérée saponifiée par la baryte donne le *sulfinate de baryum* en cristaux nacrés, contenant probablement $3H^2O$. L'azotate d'argent précipite ce sel en blanc. L'argent s'en sépare par une longue ébullition.

On peut enfin préparer le sel de zinc par la méthode générale, en faisant réagir sous l'eau le chlorure éthylsulfonique sur la poudre de zinc [Pauly, *Bull. Soc. chim.*, t. XXIX, p. 126, et *Deutsch. chem. Gesellsch.*, 1877, p. 941].

Le *sulfinate de zinc*, $[C^2H^5SO^2]^2Zn + H^2O$, étant oxydé par l'acide azotique, fournit de l'acide éthylsulfonique et une huile qui se fige en cristaux. Purifiés par dissolution dans l'alcool, ces cristaux fondent à 81°,5; ils sont en grandes tables et feuillets incolores et brillants, volatils sans décomposition quand on les chauffe avec prudence, mais ils se carbonisent par une chauffe trop brusque. Leur composition répond à la formule $AzO(SO^2.C^2H^5)^3 = C^6H^{15}S^3O^7Az$.

Presque insoluble dans l'eau froide, cette combinaison est décomposée par l'eau bouillante, qui donne de l'acide éthylsulfonique, de l'acide sulfurique et de l'ammoniaque. La potasse fournit de l'éthylsulfonate de potassium et le quart de l'azote sous forme d'ammoniaque, outre des traces d'acide sulfurique. Chauffé en tube scellé avec de l'acide chlorhydrique, le composé dont il s'agit donne les mêmes produits.

Le perchlorure de phosphore dégage de l'acide chlorhydrique et du chlore, et l'on obtient de l'oxychlorure, du trichlorure de phosphore et du chlorure éthylsulfonique [Zuckschwerdt, *Bull. Soc. chim.*, t. XXII, p. 179, et *Deutsch. chem. Gesellsch.*, 1874, p. 291].

Cette substance remarquable paraît se rapprocher des acides sulfazotés de Frémy.

ACIDE ÉTHYLSULFONIQUE, $C^2H^5.SO^2.OH$ [Syn. *acide Éthylsulfureux*]. — Cet isomère du sulfite acide d'éthyle se prépare, d'après la méthode de Strecker, par l'action du sulfite de sodium sur l'iodure d'éthyle, ce qui peut faire penser que ce composé possède la constitution d'un sodium-sulfonate de sodium $NaSO^2.ONa$. Quoi qu'il en soit, on obtient un sel double $4C^2H^5SO^3Na + NaI$, qu'on décompose par l'azotate de plomb. La solution filtrée, précipitée par l'hydrogène sulfuré, filtrée de nouveau, évaporée et reprise par l'alcool bouillant, fournit un sel de sodium identique avec celui qu'on prépare au moyen du mercaptan [Bender, *Bull. Soc. chim.*, t. XI, p. 319, et *Ann. Chem. Pharm.*, t. CXLVIII, p. 96; — Carius, *Bull. Soc. chim.*, t. XV, p. 78, et *Journ. prakt. Chem.* (2), t. II, p. 262].

Le *chlorure éthylsulfonique*, $C^2H^5.SO^2.Cl$, bout, suivant Carius, à 173°,5 (corrigé à 177°,5) [p = 750 à 760mm]. Il ne réagit sur l'alcool absolu qu'en tubes scellés.

L'*éthylsulfonate d'éthyle*, préparé par l'éthylate de sodium et le chlorure précédent, est une huile fluide bouillant à 207°,5 (corrigé à 213°,4), dont le poids spécifique à 10°,4 est de 1,508, à 0° de 1,712. Avec la baryte, cet éther donne l'éthylsulfonate de baryum; avec l'ammoniaque, l'éthylsulfonate d'éthylamine (Carius).

L'*éthylsulfonate de méthyle* est de même un liquide plus lourd que l'eau, qui bout à 197,5-200°,5 (Carius).

ACIDE ÉTHYLTHIOSULFONIQUE, $C^2H^5.SO^2SH$ [Spring, *Bull. Soc. chim.*, t. XXIII, p. 267]. — Le sel de sodium de cet acide s'obtient en faisant réagir le sulfure de sodium sur le chlorure éthylsulfonique.

Avec le perchlorure de phosphore, ce sel donnerait un chlorure assez peu stable, même à froid, qui avec la soude régénérerait le sel primitif. Il faudrait donc admettre que ce chlorure a la composition, assez singulière d'après son mode d'obtention, $C^2H^5.S^2OCl$.

On a vu plus haut que l'éthyldisulfoxyde doit être considéré comme l'éther éthylique de cet acide.

E. Demarçay.

ÉTHYLÈNE, ÉTHYLIDÈNE, C^2H^4. — On a cru devoir joindre, dans cet article, la description des dérivés de l'éthylidène à ceux de l'éthylène, en raison des relations intimes qu'ils présentent les uns avec les autres.

L'éthylène se forme par la décomposition pyrogénée des pétroles [L. Prunier, *Bull. Soc. chim.*, t. XIX, p. 109], — de l'éthylate de sodium à une température élevée [V. Merz et W. Weith, *Deutsch. chem. Gesellsch.*, 1873, p. 1511], — de l'éther acétique au rouge sombre :

$$C^2H^3O^2C^2H^5 = C^2H^4 + C^2H^4O^2$$

[A. Oppenheim et H. Precht, *ibid.*, 1876, p. 325], — dans la décomposition de l'alcool par le chlorure de zinc chauffé au rouge [H. Greene, *Compt. rend.*, t. LXXVI, p. 1140]. Il prend naissance lorsqu'on dirige la vapeur d'éther sur de la poudre de zinc chauffée à 300-350° [H. Jahn, *Deutsch. chem. Gesellsch.*, 1880, p. 2107]. Il se forme aussi lorsqu'on fait éclater l'étincelle d'induction au sein des carbures liquides [P. Truchot, *Compt. rend.*, t. LXXXIV, p. 714].

L'éthylène se produit nettement par l'action de la potasse en fusion sur l'éthylsulfite de sodium :

$$C^2H^5NaSO^3 + KOH = KNaSO^3 + C^2H^4 + H^2O$$

[Berthelot, *Compt. rend.*, t. LXIX, p. 563].

Le bromoforme décomposé par la potasse alcoolique donne naissance à de l'éthylène mélangé de trois fois son volume d'oxyde de carbone [M. Hermann, *Ann. Chem. Pharm.*, t. XCV, p. 211]; ces rapports subsistent lorsqu'on fait varier les proportions des corps réagissants et quelle que soit la concentration de la potasse [H. Long, *Liebig's Ann. Chem.*, t. CXCV, p. 23].

Préparation. — On peut éviter l'addition de sable en opérant dans les conditions suivantes : Dans un ballon de 2 à 3 litres de capacité, on introduit un mélange de 25 grammes d'alcool et de 150 grammes d'acide sulfurique et l'on chauffe; lorsque l'éthylène commence à se dégager, on ajoute de temps en temps un mélange d'une partie d'alcool avec deux parties d'acide sulfurique. Le gaz est lavé à l'acide sulfurique et à la potasse [E. Erlenmeyer et H. Bunte, *Ann. Chem. Pharm.*, t. CLXVIII, p. 64; — E. Erlenmeyer, *Liebig's Ann. Chem.*, t. CXCII, p. 244].

La formation de l'éthylène à partir des éléments absorbe 4160 calories (gramme-degré) [J. Thomsen, *Deutsch. chem. Gesellsch.*, 1873, p. 1537].

L'éthylène se contracte rapidement sous l'influence de l'effluve électrique et se condense en un liquide incolore, d'abord assez mobile, mais devenant visqueux sous l'influence prolongée de l'effluve [P. et A. Thenard, *Compt. rend.*, t. LXXVI, p. 1513; — Berthelot, *ibid.*, t. LXXXII, p. 1363].

La chaleur de combustion de l'éthylène,

$$C^2H^4 + O^6 = 2CO^2 + 2H^2O,$$

est égale à 334800 calories; 1 gramme d'éthylène dégage par la combustion complète 11958 calories [J. Thomsen, *Deutsch. chem. Gesellsch.*, 1872, p. 773; 1880, p. 1324].

H. Valerius calcule que l'éthylène brûlé à l'air développe la température de 1617° [Extraits des *Bull. de l'Acad. de Belgique* (2), t. XXXVIII, n° 12, 1874].

Combustibilité de l'éthylène [voyez E. v. Meyer, *Journ. prakt. Chem.* (2), t. X, p. 273]. — Dans la combustion incomplète de l'éthylène dans l'eudiomètre, on observe la formation d'acroléine, produite par l'union de l'oxyde de carbone avec l'éthylène en excès : $C^2H^4 + CO = C^3H^4O$.

Le mélange d'éthylène et d'air ne devient inflammable par l'étincelle électrique que lorsqu'il renferme un cinquième au moins de la quantité d'air nécessaire à la combustion totale [*Journ. prakt. Chem.*, (2), t. X, p. 113].

Un mélange d'éthylène et d'air entretient l'incandescence d'une spirale de platine ou de palladium [J.-J. Coquillion, *Compt. rend.*, t. LXXVII, p. 444].

L'éthylène en excès, dirigé avec de l'oxygène à travers un tube en verre chauffé à 400°, fournit des proportions notables d'oxyde de méthylène. Avec le bioxyde d'azote on constate en même temps la formation d'acide cyanhydrique. L'acide carbonique, dans les mêmes circonstances, donne de l'aldéhyde [Schützenberger, *Bull. Soc. chim.*, t. XXXI, p. 482].

Un mélange d'ozone et d'éthylène détone violemment, sans le concours de la lumière, de la chaleur ou de l'électricité, si l'ozone est assez concentré (180 milligrammes au moins par litre d'oxygène). L'ozone très dilué produit, au contact de l'éthylène, de l'acide formique (signalé par Schoenbein), d'épaisses vapeurs blanches complètement absorbables par l'acide sulfurique étendu, et de l'acide carbonique [A. Houzeau et A. Renard, *Compt. rend.*, t. LXXVI, p. 572].

L'éthylène est absorbé par l'acide sulfurique fumant, avec un dégagement de 31cal,6 (kgr. degré) pour C^2H^4 (28 grammes) [Berthelot, *Ann. Chim. Phys.* (5), t. IX, p. 306]. Il n'est pas absorbé par la mousse de palladium [F. Wœhler, *Deutsch. chem. Gesellsch.*, 1876, p. 1713] ni par une solution saturée de gaz bromhydrique dans l'acide acétique glacial [R. Anschütz et L. Kinnkutt, *ibid.*, 1878, p. 1221]. Ni l'acide sulfurique fumant ni le fluorure de bore ne polymérisent l'éthylène à 200°. L'acide sulfurique concentré l'absorbe à la température ordinaire; l'absorption est plus rapide à 100° et surtout à 160-175° [W. Gorjainow et A. Boutlerow, *Liebig's Ann. Chem.*, t. CLXIX, p. 146; *Bull. Soc. chim.*, t. XX, p. 354].

L'éthylène, traité par les oxydants en solution, donne les acides oxalique et acétique [Othmar et Zeidler, *Liebig's Ann. Chem.*, t. CXCVII, p. 243; *Bull. Soc. chim.*, t. XXXIV, p. 159; — T. Akestcrides, *Journ. prakt. Chem.*, (2), t. XV, p. 62; *Bull. Soc. chim.*, t. XXVIII, p. 389]. L'acide chromique attaque lentement l'éthylène à 120° et le transforme en aldéhyde :

$$C^2H^4 + O = C^2H^4O$$

[Berthelot, *Compt. rend.*, t. LXIX, p. 334]. L'acide iodique transforme l'éthylène à 220° en acide carbonique [Ditte, *Deutsch. chem. Gesellsch.*, 1870, p. 325].

L'acide azotique fumant refroidi absorbe l'éthylène et le convertit en azoto-azotite de glycol [A. Kekulé, *Deutsch. chem. Gesellsch.*, 1869, p. 329; *Bull. Soc. chim.*, t. XII, p. 458].

L'éthylène, arrivant avec de l'anhydride hypochloreux dans un tube refroidi par un courant d'eau, se condense en une huile composée principalement de chlorure d'éthylène et d'un liquide $C^4H^6Cl^2O^2$, sans doute le chloracétate d'éthyle monochloré [E. Mulder et Bremer, *Deutsch. chem. Gesellsch.*, 1878, p. 1958; *Bull. Soc. chim.*, t. XXXIII, p. 11]. Lorsque l'anhydride hypochloreux agit sur l'éthylène sous l'influence de la lumière directe, il se forme un produit qui, traité par l'eau, fournit de l'acide glycolique [E. Fürst, *Deutsch. chem. Gesellsch.*, 1878, p. 2188; *Bull. Soc. chim.*, t. XXXIII, p. 12].

L'oxychlorure de carbone et l'éthylène n'exercent aucune action réciproque, même au rouge sombre [Berthelot, *Bull. Soc. chim.*, t. XIII, p. 11].

L'éthylène agit sur la benzine, en présence du chlorure d'aluminium, et donne des benzines éthylées [Balsohn, *Bull. Soc. chim.*, t. XXXI, p. 539].

Chloroferrure d'éthylène,

$$C^2H^4Fe^2Cl^3 + 2H^2O = \begin{matrix} Cl\text{-}Fe\text{-}CH^2 \\ \| \quad\quad | \\ Cl\text{-}Fe\text{-}CH^2 \end{matrix} + 2H^2O.$$

Lorsqu'on chauffe à 140-150° une solution éthérée de perchlorure de fer, elle se remplit par le refroidissement d'aiguilles déliées, possédant la composition ci-dessus.

On obtient ce composé plus facilement lorsqu'on ajoute du phosphore à la solution éthérée et qu'on chauffe au bain-marie. L'éther employé ne doit pas être tout à fait sec [J. Kachler, *Deutsch. chem. Gesellsch.*, 1869, p. 510; *Bull. Soc. chim.*, t. XII, p. 257].

Éthylène et acide chlorosulfurique [voyez : F. Baumstark, *Zeitschr. Chem.*, 1867, p. 566; *Bull. Soc. chim.*, t. IX, p. 221; — M. Müller, *Deutsch. chem. Gesellsch.*, 1873, p. 228].

ÉTHYLIDÈNE. — On n'a pas réussi à isoler l'éthylidène à l'état libre. Le gaz produit par l'action du zinc sur l'iodure d'éthyle est bien l'éthylène et non l'éthylidène [E. Frankland et L. Dobbin, *Journ. chem. Soc.* (2), t. XXXIII, p. 545]. Eltekow a fait agir le cuivre sur la thialdéhyde dans l'espoir d'obtenir l'éthylidène libre; mais c'est un butylène, le diméthyl-éthylène symétrique, qui prend naissance dans ces conditions,

$$2\begin{matrix} CH^3 \\ | \\ CHS \end{matrix} + 4Cu = \begin{matrix} CH\text{-}CH^3 \\ \| \\ CH\text{-}CH^3 \end{matrix} + 2Cu^2S,$$

par la soudure des deux restes éthylidéniques [*Bull. Soc. chim.*, t. XXVIII, p. 562]. Mentionnons toutefois que, d'après Schützenberger, l'éthylène dirigé dans du brome produirait toujours un peu de bromure d'éthylidène; ce qui tendrait à faire croire que le gaz éthylène est toujours mélangé d'une certaine proportion d'éthylidène [*Bull. Soc. chim.*, t. XXXI, p. 482].

Vu l'existence hypothétique de l'éthylidène, nous décrirons les dérivés éthylidéniques à côté de ceux de l'éthylène, avec lesquels ils possèdent de si nombreuses relations.

DÉRIVÉS CHLORÉS.

CHLORURE D'ÉTHYLÈNE, $CH^2Cl\text{-}CH^2Cl$. — Point d'ébullition corrigé, 83°,5. Densité à 0° (eau à 4°) = 1,28082. La formule suivante exprime la dilatation à différentes températures :

$$Vt = 1 + 0{,}001153032\,t + 0{,}000000825693\,t^2 + 0{,}000000009625\,t^3$$

[T.-E. Thorpe, *Journ. chem. Soc.* (2), t. XXXVII, p. 182]. Densité au point d'ébullition = 1,1356. Volume spécifique calculé = 89,6, observé (Kopp) 87,2 [W. Ramsay, *même recueil*, t. XXXV, p. 470]. Indice de réfraction pour C = 1,43184 [A. Haagen, *Poggend. Ann.*, t. CXXXI, p 119].

Le chlorure d'éthylène, dirigé sur de la chaux sodée chauffée au rouge, se décompose avec production d'acétylène [M. P. de Wilde, *Deutsch. chem. Gesellsch.*, 1874, p. 352].

Le potassium agit sur le chlorure d'éthylène, quelles que soient les proportions employées, suivant l'équation

$$7K + 4C^2H^4Cl^2 = 7KCl + C^2H^3Cl + H + 3C^2H^4$$

[Maumené, *Compt. rend.*, t. LXVIII, p. 931].

L'acide sulfurique n'agit pas à 100°; à 130° il détermine la destruction complète du chlorure d'éthylène [A. Oppenheim, *Deutsch. chem. Gesellsch.*, 1869, p. 212].

Le chlorure d'éthylène, traité par l'acide azotique fumant, donne naissance à une huile d'une odeur piquante que la potasse alcoolique décompose en produisant un précipité, rouge d'abord, puis jaune [Lauterbach, *même recueil*, 1879, p. 677].

CHLORURE D'ÉTHYLIDÈNE, $CH^3\text{-}CHCl^2$. — Les chlorures d'éthylidène et d'éthylène se trouvent parmi les produits secondaires de la fabrication du chloral [S. Krämer, *Deutsch. chem. Gesellsch.*, 1870, p. 257; *Bull. Soc. chim.*, t. XIV, p. 165].

W. Wolters traite le chlorure d'éthylidène (obtenu par la chloruration du chlorure d'éthyle) par le mercure, afin de décomposer le chlorure d'éthyle qu'il peut renfermer [*Journ. prakt.*

Chem. (2), t. IV, p. 57; *Bull. Soc. chim.*, t XVI, p. 278].

Le chlorure d'éthylidène bout à 55°,5 sous la pression de 718mm (57°,5 corrigé) [H. Bunte, *Ann. Chem. Pharm.*, t. CLXVIII, p. 142]. Point d'ébullition corrigé, 59°,5. Densité à 0° (eau à 4°) = 1,20394. La dilatation est exprimée par la formule [T.-E. Thorpe, *Mém. cité*] :

$$Vt = 1 + 0{,}00128402\,t + 0{,}00000189062\,t^2 + 0{,}000000007848\,t^3.$$

La densité au point d'ébullition est égale à 1,1070; volume spécifique calculé = 89,6; observé (Kopp) 89,5 [W. Ramsay, *Mém. cité*]. L'équivalent de réfraction est 34,5, à peu près le même que celui du chlorure d'éthylène (34,6).

Le couple zinc-cuivre n'a pas d'action à l'état sec, il agit lentement en présence de l'eau, rapidement en présence de l'alcool; dans ce dernier cas, il se produit principalement de l'éthane et de l'éthyloxychlorure de zinc :

$$CH^3\text{-}CHCl^2 + 2C^2H^6O + 2Zn = C^2H^6 + 2Zn\begin{cases}Cl\\OC^2H^5\end{cases}$$

[J.-H. Gladstone et A. Tribe, *Journ. chem. Soc.*, (2), t. XII, p. 615].

Le chlorure d'éthylidène chauffé avec de la poudre de zinc se transforme en chlorure de vinyle [Boutlerow, *Deutsch. chem. Gesellsch.*, 1870, p. 624].

Par chloruration, le chlorure d'éthylidène se transforme en chlorures

$$CHCl^2\text{-}CH^2Cl \text{ et } CCl^3\text{-}CH^3$$

[Staedel, *Deutsch. chem. Gesellsch.*, 1873, p. 1403]. Le chlore, en présence du chlorure d'aluminium, le convertit en éthane trichlorée bouillant à 114° [Tawildarow, *Bull. Soc. chim.*, t. XXXIV, p. 346].

Le chlorure d'éthylidène paraît être susceptible de nitration directe sous l'influence de l'acide nitrique fumant [Lauterbach, *Deutsch. chem. Gesellsch.*, 1879, p. 677].

Action du sulfite de sodium. — [Voyez Kind, *Zeitschr. Chem.*, 1868, p. 272; — Bunte, *Liebig's Ann. Chem.* t. CLXX, p. 305].

Le chlorure d'éthylidène a été proposé comme anesthésique. On peut le distinguer facilement du chloroforme par la réaction des carbylamines [A.-W. Hofmann, *Deutsch. chem. Gesellsch.*, 1870, p. 769].

Éthylène chloré ou *chlorure de vinyle*,

$$CH^2 = CHCl.$$

— Le chlorure de vinyle éprouve la même transformation que le bromure sous l'influence de la lumière; il se convertit en une matière blanche amorphe, possédant la densité 1,406, insoluble dans le brome et se décomposant au-dessus de 300°; le produit distillé est brun, soluble dans l'alcool avec fluorescence bleue [E. Baumann, *Ann. Chem. Pharm.*, t. CLXVIII, p. 308; *Bull. Soc. chim.*, t. XVIII, p. 326].

Éthylène dichloré, $C^2H^2Cl^2$. — Le chlorure d'éthylène chloré bouillant à 115° est décomposé à froid par la potasse alcoolique, en produisant l'éthylène dichloré symétrique

$$CHCl = CHCl.$$

Ce composé bout à 37° et se polymérise rapidement en une masse amorphe blanche, insoluble dans les dissolvants ordinaires [G. Kraemer, *Deutsch. chem. Gesellsch.*, 1870, p. 257; *Bull. Soc. chim.*, t. XIV, p. 165]. Le concours des rayons solaires est nécessaire pour opérer la polymérisation [E. Baumann, *Mém. cité*].

L'éthylate de sodium transforme l'éthylène dichloré à 40-50° en monochloracétal [G. Klein, *Jena. Zeitschr.*, 1876 (2), t. III, p. 67].

Éthylène perchloré, $C^2H^2Cl^4$. — La préparation de l'éthylène perchloré se fait très facilement par réduction du sesquichlorure de carbone par l'aniline, d'après la réaction indiquée par Girard et de Laire. Voici comment il faut opérer. On dissout à chaud le sesquichlorure de carbone dans le double de son poids d'aniline commerciale, on chauffe à 170° dans une cornue et l'on recueille le produit qui distille lentement; la réaction est assez longue; elle exige environ six heures pour être terminée. Le liquide distillé est chauffé à 130-145° avec son poids d'aniline, lavé à l'acide sulfurique étendu et desséché sur du chlorure de calcium; on obtient sensiblement le rendement théorique en produit brut : on le purifie par distillation fractionnée.

On réussit à obtenir de l'éthylène perchloré parfaitement pur, bouillant exactement à 121°, en traitant par l'aniline à 140-150° le bromure de chloréthose (bromure d'éthylène perchloré) bien cristallisé.

L'éthylène perchloré pur possède une odeur éthérée qui rappelle celle du chloroforme. Sa densité à 0° est égale à 1,6595 [E. Bourgoin, *Bull. Soc. chim.*, t. XXIII, p. 344].

L'éthylène perchloré se forme aussi par l'action de l'éthylate de sodium sur le sesquichlorure de carbone et l'éthane pentachloré. Chauffé avec de l'éthylate de sodium et de l'alcool, il donne naissance à de l'éther orthoacétique dichloré, du dioxéthylacétate de sodium et du trichloroxéthyléthylène; en l'absence d'alcool, la réaction est bien moins nette [A. Geuther et F. Brockhoff, *Journ. prakt. Chem.* (2), t. VII, p. 101; *Bull. Soc. chim.*, t. XXI, p. 14].

Dichloroxéthyléthylène,

$$\begin{array}{l}CHCl\\ \| \\ CCl.OC^2H^5.\end{array}$$

— L'éthylate de sodium agit énergiquement sur l'éthylène trichloré bouillant à 135° (corr.) en produisant du chlorure de sodium et du dichloroxéthyléthylène.

Liquide incolore, doué d'une odeur particulière assez forte, bouillant à 128°,2 (corr.) et possédant à 10° la densité 1,08. L'eau le décompose lentement à froid, rapidement à 180°, en fournissant du chlorure d'éthyle et de l'acide glycolique :

$$CHCl = CCl.OC^2H^5 + 2H^2O = CH^2OH\text{-}CO^2H + C^2H^5Cl + HCl.$$

L'éthylate de sodium en excès le transforme d'abord en éther monochloracétique, puis en éthylglycolate de sodium.

Trichloroxéthyléthylène,

$$\begin{array}{l}CCl^2\\ \| \\ CCl.OC^2H^5.\end{array}$$

— On chauffe molécules égales d'éthylène perchloré et d'éthylate de sodium avec de l'alcool pendant une heure au bain-marie, dans un appareil à reflux. On ajoute de l'eau au produit de la réaction, on sèche l'huile brune qui se sépare et on la rectifie; on obtient environ 25 % du poids de l'éthylène perchloré employé.

Le trichloroxéthyléthylène constitue un liquide incolore, bouillant à 152-153°. Chauffé avec de l'eau à 160°, il donne de l'acide glyoxylique, de l'alcool et de l'acide chlorhydrique :

$$CCl^2 = CCl.OC^2H^5 + 3H^2O = COH\text{-}CO^2H + C^2H^5.OH + 3HCl.$$

Chauffé avec un excès d'éthylate de sodium en présence d'alcool, il forme d'abord de l'éther orthoacétique dichloré, $(CHCl^2\text{-}C(OC^2H^5)^3$, qui se convertit à son tour en dioxéthylacétate de sodium

$CH(OC^2H^5)^2-CO^2Na$ [Geuther et Brookhoff, *Mém. cité*].

Le trichloroxéthyléthylène se décompose à l'air en laissant déposer de l'acide oxalique [L. Henry, *Deutsch. chem. Gesellsch.*, 1878, p. 1838].

DÉRIVÉS CHLOROBROMÉS.

ÉTHYLÈNE CHLOROBROMÉ, $CH^2=CClBr$. — On sature du brome refroidi dans de la glace par du chlorure de vinyle; on lave le produit (β-chlorodibrométhane) à la potasse, puis à l'eau, on sèche et l'on distille, en recueillant ce qui passe vers 160°. On le traite ensuite, par portions de 200 grammes, par 195 centimètres cubes de potasse alcoolique et froide; on précipite par une grande quantité d'eau, on lave, on sèche sur du chlorure de calcium dans une atmosphère de gaz d'éclairage et l'on distille à l'abri de l'air.

Le même composé prend naissance lorsqu'on fait bouillir l'α-chlorodibrométhane (CH^3-CBr^2Cl) avec de la potasse alcoolique.

Liquide bouillant à 62-63° et se polymérisant à l'air avec la plus grande rapidité. Agité avec de l'oxygène sec, il l'absorbe avec un vif dégagement de chaleur, en produisant un mélange de chlorure de bromacétyle et de bromure de chloracétyle [E. Demole et H. Dürr, *Bull. Soc. chim.*, t. XXX, p. 6; — J. Denzel, *Deutsch. chem. Gesellsch.*, 1878, p. 1739; *Bull. Soc. chim.*, t. XXXII, p. 186; — L. Henry, *Mém. cité*].

α-CHLORODIBROMÉTHYLÈNE, $CHBr=CBrCl$. — Ce composé dérive de l'α-chlorotribrométhane ($CH^2Br-CBr^2Cl$); il se présente sous forme d'un liquide incolore bouillant à 141-142° ($p=734^{mm}$) et ne se polymérisant pas. Densité à 16° = 2,275.

L'α-DICHLORODIBROMÉTHYLÈNE, $CHBr=CCl^2$, dérive de l'α-dichlorodibrométhane ($CH^2Br-CBrCl^2$). C'est un liquide bouillant à 114-116° ($p=740^{mm}$). Densité à 16° = 1,906 (J. Denzel).

CHLOROBROMURES D'ÉTHYLÈNE ET D'ÉTHYLIDÈNE.

CHLOROBROMURE D'ÉTHYLÈNE, C^2H^4ClBr. — Ce composé se forme par l'action du brome sur le chloroïodure d'éthylène. Le liquide s'échauffe considérablement. La transformation

$$C^2H^4ClI + Br = C^2H^4BrCl + I$$

est complète, à la condition d'employer un grand excès de brome (2 à 3 Br). Après le refroidissement, on lave à la soude caustique et à l'eau et l'on sèche sur du chlorure de calcium [L. Henry, *Compt. rend.*, t. LXX, p. 1404]. Le même corps constitue l'un des produits principaux de la chloruration du bromure d'éthyle [H. Lescœur, *Bull. Soc. chim.*, t. XXIX, p. 483]. Il se forme en outre, par l'action du brome sur la monochlorhydrine, du glycol [E. Demole, *Deutsch. chem. Gesellsch.*, 1875, p. 555; *Bull. Soc. chim.*, t. XXVI, p. 495].

Simpson indique la marche suivante pour la préparation du chlorobromure d'éthylène par le chlorure de brome et l'éthylène. On dissout 32 gr. de brome dans 112 centimètres cubes, d'un mélange à volumes égaux d'acide hypochloreux concentré et d'eau. La solution, introduite dans un ballon à long col et refroidie par la glace, est saturée par un courant de chlore. On fait entrer ensuite, en agitant fréquemment, un courant d'éthylène. On obtient environ 80 °/₀ du rendement théorique [*Proceed. Roy. Soc. London*, t. XXVII, p. 118; *Bull. Soc. chim.*, t. XXXI, p. 409].

Le chlorobromure d'éthylène constitue un liquide mobile, limpide, incolore, doué d'une odeur suave; il est insoluble dans l'eau, soluble dans l'alcool, l'éther, etc. Peu combustible, il brûle avec une flamme fuligineuse bordée de vert. Il bout à 107-108° ($p=760^{mm}$) et sa densité est égale à 1,700 (18°), ce qui le place au milieu entre le chlorure d'éthylène et le bromure.

La potasse alcoolique l'attaque énergiquement et le transforme en chlorure de vinyle. L'acétate d'argent produit du glycol diacétique.

Le sulfocyanate de potassium le transforme en un mélange de chlorosulfocyanate et de sulfocyanate d'éthylène [I.-W. James, *Journ. Chem. Soc.*, t. XXXV, p. 806; *Bull. Soc. chim.*, t. XXXIII, p. 67].

Le chlorobromure d'éthylène qui se produit par l'action du pentachlorure d'antimoine sur le bromure d'éthylène est transformé à son tour, sous l'influence d'un excès du même réactif, en chlorure d'éthylène [C.-W. Lössner, *Journ. prakt. Chem.* (2), t. XIII, p. 421; *Bull. Soc. chim.*, t. XXVII, p. 115].

CHLOROBROMURE D'ÉTHYLIDÈNE, $CH^3-CHBrCl$. — On l'obtient par la bromuration du chlorure d'éthyle ou par la chloruration du bromure d'éthyle à la lumière diffuse. Il se forme aussi lorsqu'on chauffe à 100° du bromure de vinyle avec de l'acide chlorhydrique très concentré (saturé à 0°).

Il bout à 84°,5 ($p=760^{mm}$) et ne se solidifie pas à — 19°. Sa densité à 13° est de 2,01 (Lescœur), de 1,666 à 16° (Denzel), de 1,61 à 14° (Reboul). Densité de vapeur = 4,861 (théorie 4,968). Incolore quand il est pur et récemment préparé, il jaunit à la lumière et dégage des vapeurs acides. Il possède l'odeur et la saveur du chloroforme.

Chauffé avec une solution alcoolique de potasse, il donne lieu à un dégagement d'éthylène chloré. L'oxyde d'argent le transforme en aldéhyde. L'acétate d'argent produit de l'acétate d'éthylidène [H. Lescœur, — J. Denzel, *Mém. cités*; — E. Reboul, *Compt. rend.*, t. LXX, p. 853].

DÉRIVÉS CHLOROÏODÉS.

L'ÉTHYLÈNE CHLOROÏODÉ, C^2H^2ClI, se forme lorsqu'on fait entrer l'éthylène dans une solution éthérée de chlorure d'iode [Gibson, *Chem. News*, t. XXXVIII, p. 32].

CHLOROÏODURE D'ÉTHYLÈNE, C^2H^4ClI. — Le produit pur bout à 137-138° [V. Meyer et Wurster, *Deutsch. chem. Gesellsch.*, 1873, p. 964]. Point d'ébullition corrigé, 140°,1. Densité à 15°,28 (eau à 0°) = 2,13363. Dilatation

$$Vt = 1 + 0{,}0009369176\,t + 0{,}000000415129\,t^2 + 0{,}0000000045014\,t^3.$$

Densité au point d'ébullition = 1,87915. Volume spécifique = 101,27 [E. Thorpe, *Journ. chem. Soc.*, t. XXXVII, p. 177]. Chauffé avec de l'acide iodhydrique concentré, il dégage beaucoup d'éthylène [W. Sorokine, *Zeitschr. Chem.*, 1870, p. 518]. L'eau et l'oxyde d'argent le transforment en glycol à 160-200° [M. Simpson, *Bull. Soc. chim.*, t. X, p. 236]. L'argent métallique à 160° produit un mélange de chlorure d'éthylène et d'éthylène [Friedel et Silva, *Deutsch. chem. Gesellsch.*, 1872, p. 142].

CHLOROÏODURES D'ÉTHYLIDÈNE, $CH^3-CHClI$. — On agite l'iodure d'éthylidène avec une solution faible et froide de chlorure d'iode, on sépare l'excès de ce dernier, on lave à la potasse étendue et l'on distille en recueillant entre 117-119°.

Une méthode plus avantageuse consiste à dissoudre de l'iodure d'aluminium (1 mol. Al^2I^6) dans trois fois son poids de sulfure de carbone, et à ajouter la solution goutte à goutte et à l'abri de l'air, à du chlorure d'éthylidène (6 mol.) dissous dans son volume de sulfure de carbone; on doit agiter et refroidir par la glace. On filtre sur l'amiante, on distille le sulfure de carbone au bain-marie avec un tube à boules, on lave le résidu à la potasse faible et l'on purifie le produit par la distillation fractionnée. C'est un liquide incolore, ayant le goût sucré, bouillant à 117-119°. Densité à 19° = 2,054 [M. Simpson, *Proceed. Roy. Soc. London*, t. XXVII, p. 424; *Bull. Soc. chim.*, t. XXXI, p. 411].

DÉRIVÉS BROMÉS.

BROMURE D'ÉTHYLÈNE, $C^2H^4Br^2$. — Point d'ébullition corrigé 131°,36; point de solidification, 9°,2. Densité à 10°,89 (eau à 4°) = 2,19011. Densité au point d'ébullition = 1,93124. Volume spécifique = 97,295. La dilatation trouve son expression dans la formule suivante :

$$Vt = 1 + 0{,}000952845\,t + 0{,}000000683455\,t^2 + 0{,}00000000394763\,t^3$$

[T. Thorpe, *Proceed. Roy. Soc. London*, t. XXIV, p. 283].

La chaleur spécifique entre 8 et 95° est 0,183, soit, pour le poids moléculaire, 188=34,3. Chaleur de vaporisation pour le même poids, $8^{cal},23$. La formation du bromure d'éthylène par l'union de l'éthylène avec du brome liquide dégage + $29^{cal},3$ [Berthelot, *Compt. rend.*, t. LXXXVIII, p. 53].

Le bromure d'éthylène possède une faible tendance à former avec le brome une combinaison moléculaire [Schützenberger, *Bull. Soc. chim.*, t. XIX, p. 147].

Il est transformé en glycol, plus ou moins facilement, sous l'influence des agents suivants : de l'eau, à la température du bain-marie [G. Niederist, *Liebig's Ann. Chem.*, t. CLXXXVI, p. 388; t. CXCVI, p. 349; — *Bull. Soc. chim.*, t. XXIX, p. 226; t. XXXII, p. 303]; de l'oxyde de plomb, en présence d'un grand excès d'eau, à 155° [A. Eltekow, *Deutsch. chem. Gesellsch.*, 1873, p. 558; *Bull. Soc. chim.*, t. XX, p. 353]; d'une solution très étendue de carbonate de potassium [Zeller et Hufner, *Journ. prakt. Chem.*, (2), t. X, p. 270; t. XI, p. 229; *Bull. Soc. chim.*, t. XXIII, p. 110]; cette action donne lieu simultanément à la formation d'une certaine quantité de bromure de vinyle [H. Grosheintz, *Bull. Soc. chim.*, t. XXVIII, p. 57]; du carbonate de sodium et de la soude caustique à chaud; la potasse caustique aqueuse produit de l'éthylène bromé [S. Stempnewsky, *Bull. Soc. chim.*, t. XXVIII, p. 154; *Liebig's Ann. Chem.*, t. CXCII, p. 242].

L'oxyde de sodium agit nettement à 180° en produisant de l'oxyde d'éthylène :

$$C^2H^4Br^2 + Na^2O = 2\,NaBr + C^2H^4O$$

[H. Greene, *Compt. rend.*, t. LXXXV, p. 624].

Le bromure d'éthylène, dissous dans trois fois son volume d'alcool, est attaqué vivement par le zinc à la température ordinaire; il se dégage des gaz, tandis que la solution renferme une petite quantité du corps C^2H^4Zn (?), décomposable par l'eau avec formation d'hydrate de zinc et d'éthylène. Si l'alcool est absolu, l'attaque n'a lieu qu'à l'ébullition.

Le zinc produit la même décomposition, à la température ordinaire, en présence de l'alcool amylique ou de l'éther acétique, à 100° en présence de l'éther. Le magnésium n'a aucune action dans les mêmes circonstances [D. Tommasi, *Bull. Soc. chim.*, t. XXI, p. 548].

Action du couple zinc-cuivre. — Le bromure d'éthylène seul n'est que très peu attaqué, même à l'ébullition, mais en présence de l'eau la décomposition est assez rapide à la température ordinaire, et donne lieu à la production d'éthylène et de bromure de zinc.

En présence d'alcool, la décomposition devient tumultueuse et se complète avec une grande rapidité; de même, la présence de l'éther, à 40°, occasionne un dégagement très rapide d'éthylène [J. H. Gladstone et A. Tribe, *Journ. chem. Soc.*, (2), t. XII, p. 406].

Le bromure d'éthylène agit sur le sulfure de méthyle en produisant du bromure de triméthylsulfine et du sulfure d'éthylène [A. Cahours, *Bull. Soc. chim.*, t. XXIV, p. 385; — F. Dehn, *Deutsch. chem. Gesellsch.*, t. II, p. 479].

L'acide sulfurique fumant le transforme en acide brométhylsulfurique. L'acide chlorosulfurique $SO^2.Cl.OH$ réagit au bain-marie en produisant l'acide $C^2H^4BrSO^3H$ [E. Wroblewsky, *Zeitschr. Chem.*, 1868, p. 563; 1869, p. 280; — *Bull. Soc. chim.*, t. XI, p. 148; t. XII, p. 354].

L'oxalate d'argent le décompose suivant l'équation

$$C^2H^4Br^2 + C^2O^4Ag^2 = C^2H^4 + 2\,CO^2 + 2\,AgBr$$

[Karetnikoff, *Bull. Soc. chim.*, t. XXVII, p. 554].

Le chlorure de mercure, à 150-180°, produit, suivant les proportions employées, du chlorure d'éthylène [Friedel et Silva, *Bull. Soc. chim.*, t. XVII, p. 535] ou du chlorobromure [J. de Montgolfier et E. Giraud, *Compt. rend.*, t. LXXXVIII, p. 653].

Le sulfite de sodium produit à l'ébullition de l'éthylène-disulfite de sodium [Watt, *Deutsch. chem. Gesellsch.*, 1872, p. 273].

BROMURE D'ÉTHYLIDÈNE, $CH^3{=}CHBr^2$. — Ce composé se forme lentement lorsqu'on chauffe le bromure de vinyle à 100° avec de l'acide bromhydrique marquant 55° B. (acide saturé à + 6° et dilué du tiers de son volume d'eau). Il est identique avec le bromure d'éthyle bromé de Hofmann [E. Reboul, *Compt. rend.*, t. LXX, p. 398].

Par la bromuration du bromure d'éthyle, il se forme simultanément du bromure d'éthylidène, du bromure d'éthylène et du bromure d'éthyle dibromé. On peut séparer le bromure d'éthylidène de son isomère à l'aide d'une solution alcoolique de sulfhydrate de potassium qui n'attaque que ce dernier [N. Tawildarow, *Deutsch. chem. Gesellsch.*, 1873, p. 1459].

Paterno et Pisati préparent le bromure d'éthylidène en faisant réagir le chlorobromure de phosphore sur l'aldéhyde, décomposant par l'eau le produit de la réaction et distillant dans un courant de vapeur [*Gazz. chim. ital.*, 1871, p. 590].

Liquide incolore, doué d'une odeur agréable, bouillant à 110° ($p = 740^{mm}$) et ne se congelant pas à — 18°. Densité = 2,129 (+ 10°).

Chauffé avec de l'eau et de l'oxyde de plomb, il produit de l'aldéhyde. La potasse alcoolique le transforme en bromure de vinyle. Chauffé avec de l'ammoniaque à 125-140°, il donne naissance à de la collidine :

$$4\,C^2H^4Br^2 + AzH^3 = C^8H^{11}Az + 8\,HBr,$$

se comportant dans ces circonstances comme le chlorure d'éthylidène [Krämer, *Deutsch. chem. Gesellsch.*, 1870, p. 257].

L'acétate de potassium, en présence d'alcool absolu à 130°, le transforme en aldéhyde, éther acétique et acétal; il ne se forme pas trace d'acétale de glycol [N. Tawildarow, *Liebig's Ann. Chem.*, t. CLXXVI, p. 12].

ÉTHYLÈNE BROMÉ (*bromure de vinyle*),

$$CH^2 = CHBr.$$

— *Polymérisation.* — La polymérisation de l'éthylène bromé s'opère facilement sous l'influence des rayons solaires. La modification polymérique constitue une masse amorphe, blanche et inodore, vitrée et transparente ou porcelanée et opaque. Elle est élastique et difficile à pulvériser. Sa formation est accompagnée d'une forte contraction, sa densité étant égale à 2,075 tandis que celle du bromure de vinyle est 1,52 (Regnault). Elle est insoluble dans l'alcool et l'éther ; le chloroforme bouillant et la benzine la dissolvent en petites quantités; par contre, elle est très soluble dans les iodures des alcools primaires, ainsi que dans le bromoforme, l'aldéhyde benzoïque et l'aniline. Chauffée à 100° elle devient d'un gris violacé, sans changer de poids; à 125° elle commence à se décomposer, se gonfle et émet des vapeurs acides brûlant avec une flamme fuligineuse; il distille en même temps une petite quantité d'un liquide oléagineux. La potasse alcoolique ne l'attaque que vers 150°, en produisant du bromure de potassium et une petite quantité d'une matière bromée cristallisable en aiguilles; le résidu solide est brun, insoluble. L'eau agit d'une manière analogue, à 180-200°. Le brome la dissout et donne une combinaison très instable qui est décomposée par l'eau. Les acides minéraux concentrés ne la décomposent qu'à chaud. L'action de l'acide azotique concentré donne lieu à la formation d'un composé nitrobromé amorphe, soluble dans l'alcool. Chauffée avec de l'acide iodhydrique fumant à 150°, elle se convertit en une substance fusible vers 100°, presque insoluble dans l'alcool et l'éther [E. Baumann, *Ann. Chem. Pharm.*, t. CLXIII, p. 308; *Bull. Soc. chim.*, t. XVIII, p. 326; — Lwoff, *même recueil*, t. XXX, p. 25; — E. Demole, *ibidem*, p. 12].

Le bromure de vinyle est absorbé rapidement par l'acide sulfurique dans le tube de Butlerow; il se dégage de l'acide bromhydrique. L'acide sulfurique étant ensuite distillé avec de l'eau, il se développe l'odeur caractéristique de l'aldéhyde crotonique [S. Zeisel, *Liebig's Ann. Chem.*, t. CXC, p. 371; *Bull. Soc. chim.*, t. XXXI, p. 415].

L'acide bromhydrique, en se fixant directement sur le bromure de vinyle, peut donner du bromure d'éthylène ou du bromure d'éthylidène, et cela dans des conditions fort peu différentes. La solution aqueuse, très concentrée, d'acide bromhydrique le transforme en bromure d'éthylène, soit à froid, soit à chaud. L'acide moins concentré donne du bromure d'éthylidène. Ainsi une solution bromhydrique saturée à + 6°, transforme l'éthylène bromé, lentement à froid, plus rapidement à chaud, en bromure d'éthylène. Mais si l'on prend cette même solution et qu'on l'étende du tiers de son volume d'eau, ce qui donne un acide marquant 55° B., la combinaison s'effectue lentement à 100° et elle donne naissance à du bromure d'éthylidène, exempt de toute trace de son isomère [Reboul, *Compt. rend.*, t. LXV, p. 355; t. LXX, p. 398].

L'action de l'acide iodhydrique donne lieu à des phénomènes du même ordre, avec cette différence que la production des isomères n'est plus une question de concentration, mais de température. A froid, l'acide iodhydrique concentré se combine avec le bromure de vinyle pour former de l'iodobromure d'éthylidène; à chaud (100°), la combinaison est plus rapide et elle donne naissance à un mélange des deux isomères (par moitiés environ). L'acide chlorhydrique, même très concentré, ne paraît pas agir à froid. A 100°, il se produit une certaine quantité de chlorobromure d'éthylidène [E. Reboul, *Compt. rend.*, t. LXX, p. 853].

L'acétate mercurique agit sur le bromure de vinyle au bain-marie, en produisant de l'aldéhyde. L'acide hypochloreux se combine avec le bromure, ainsi qu'avec le chlorure de vinyle, en dégageant beaucoup de chaleur. Les produits obtenus à froid sont des liquides épais, très solubles dans l'eau et très cristallisables [G. Saytzeff et Glinsky, *Zeitschr. Chem.*, 1867, p. 675; *Bull. Soc. chim.*, t. IX, p. 474; — E. Linnemann, *Ann. Chem. Pharm.*, t. CXLIII, p. 347; *Bull. Soc. chim.*, t. IX, p. 477].

L'acide hypobromeux réagit sur l'éthylène bromé. Parmi les matières produites on trouve de la brombydrine bromée, formée par addition :

$$\begin{matrix} CH^2 \\ \| \\ CHBr \end{matrix} + \begin{matrix} OH \\ | \\ Br \end{matrix} = \begin{matrix} CH^2OH \\ | \\ CHBr^2 \end{matrix}$$

[E. Demole, *Deutsch. chem. Gesellsch.*, 1876, p. 45; *Bull. Soc. chim.*, t. XXVI, p. 272].

Le bromure de vinyle ne réagit pas sur la bromobenzine en présence du sodium métallique. Chauffé avec du sodium à 110°, il donne naissance à du bromure de sodium et à un mélange gazeux, paraissant renfermer de l'éthylène et de l'acétylène [E. Fuchs, *Deutsch. chem. Gesellsch.*, 1872, p. 765; *Bull. Soc. chim.*, t. XVIII, p. 493].

On a essayé bien des fois de faire servir l'éthylène bromé à la synthèse des composés vinyliques; mais la facilité avec laquelle le groupe vinyle se dédouble n'a pas permis jusqu'à présent d'obtenir l'alcool vinylique ou ses dérivés. Semenoff [*Zeitschr. Chem.*, 1864, p. 673] et Miasnikoff [*Ann. Chem. Pharm.*, t. CXV, p. 329] ont bien signalé l'acétate et l'oxalate vinyliques, mais ils les ont obtenus en si petite quantité, que l'existence de ces composés est bien douteuse.

Le cyanure de potassium et l'argent métallique n'agissent pas sur le bromure de vinyle, même à 150° [E. Baumann, *Mém. cité;* — voyez aussi : A. W. Hofmann, *Deutsch. chem. Gesellsch.*, t. VIII, p. 106].

Le zinc-éthyle transforme le bromure de vinyle, à 100°, en butylène (éthyle-vinyle) [A. Wurtz, *Compt. rend.*, t. LXVIII, p. 841].

ÉTHYLÈNES DIBROMÉS. — La théorie prévoit l'existence de deux dérivés dibromés :

$$\begin{matrix} CH^2 \\ \| \\ CBr^2 \end{matrix} (\alpha) \quad \begin{matrix} CHBr \\ \| \\ CHBr \end{matrix} (\beta)$$

Cependant on n'en a pas décrit moins de quatre, distingués par les propriétés les moins ressemblantes; le sujet mériterait d'être repris.

Éthylène dibromé-α. — On l'obtient à l'état de pureté en ajoutant goutte à goutte du bromure d'éthylène bromé (CH^2Br-$CHBr^2$) à une solution alcoolique d'éthylate de sodium maintenue froide; on chauffe ensuite pour chasser les gaz dissous (acétylène et acétylène bromé); on précipite par l'eau et l'on distille. Le produit se sépare en deux fractions dont l'une bout à 91° et l'autre à 157°. Les deux possèdent la composition centésimale $C^2H^2Br^2$; mais, tandis que la première est certainement le composé α, il est impossible de considérer la deuxième comme l'isomère β, vu qu'on connaît un autre dibromure qui possède incontestablement la constitution symétrique $CHBr = CHBr$, comme on le verra plus loin. Il est donc impossible d'assigner une formule rationnelle au composé bouillant à 157°; mentionnons seulement qu'il possède une densité de 2,120 à 17° et que sa densité de vapeur qui est égale à 6,97 lui assigne bien la composition simple $C^2H^2Br^2$ (théorie 6,44) [N. Tawildarow, *Liebig's Ann. Chem.*, t. CLXXVI. p. 12].

L'éthylène dibromé bouillant à 87-92° absorbe l'oxygène sec avec dégagement de chaleur et se transforme intégralement en bromure de bromacétyle :

$$\begin{matrix} CH^2 \\ \| \\ CBr^2 \end{matrix} + O = \begin{matrix} CH^2Br \\ | \\ COBr \end{matrix}$$

[E. Demole, *Compt. rend.*, t. LXXXVI, p. 549 *Bull. Soc. chim.*, t. XXX, p. 12].

R. Fittig cherche à expliquer cette étrange réaction en admettant pour l'éthylène dibromé une formule à valences libres :

$$\begin{array}{c} CH^2Br \\ | \\ = CBr \end{array}$$

Cette formule expliquerait assez bien la polymérisation si rapide de cette matière et la facilité avec laquelle elle s'unit à l'oxygène [*Liebig's Ann. Chem.*, t. CLXXXXV, p. 176]. Toutefois on peut expliquer le mécanisme de l'addition sans avoir recours à cette hypothèse, et en admettant seulement que la réaction se passe en deux phases :

$$(1) \quad \begin{array}{c} CH^2 \\ \| \\ CBr^2 \end{array} + O = \begin{array}{c} CH^2 \\ \| \\ CO \end{array} + Br^2$$

$$(2) \quad \begin{array}{c} CH^2 \\ \| \\ CO \end{array} + Br^2 = \begin{array}{c} CH^2Br \\ | \\ COBr \end{array}$$

Cette manière de voir est confirmée par la réaction de l'éthylène chlorobromé-α qui, on l'a vu plus haut, donne dans les mêmes circonstances un mélange de chlorure de bromacétyle et de bromure de chloracétyle.

L'acide hypobromeux agit sur l'éthylène dibromé α en produisant de l'acide bromacétique et de l'éthylméthylacétone hexabromée [E. Demole, *Bull. Soc. chim.*, t. XXVIII, p. 483].

L'éthylène dibromé, bouillant à 91°, réagit sur la benzine, en présence du chlorure d'aluminium et donne naissance à l'α-diphényléthylène.

$$\begin{array}{c} CH^2 \\ \| \\ CBr^2 \end{array} + 2\,C^6H^6 = \begin{array}{c} CH^2 \\ \| \\ C(C^6H^5)^2 \end{array} + 2\,HBr.$$

Cette transformation met hors de doute le caractère asymétrique du composé [E. Demole, *Compt. rend.*, t. LXXXIX, p. 905].

L'éthylène dibromé β,

$$\begin{array}{c} CHBr \\ \| \\ CHBr \end{array}$$

a été obtenu par Sabanejeff, par l'action du zinc sur une solution alcoolique de tétrabromure d'acétylène :

$$\begin{array}{c} CHBr^2 \\ | \\ CHBr^2 \end{array} + Zn = ZnBr^2 + \begin{array}{c} CHBr \\ \| \\ CHBr. \end{array}$$

La réaction est très nette et produit environ 68 p. °/₀ du rendement théorique.

C'est un liquide mobile, bouillant à 106-109° [*Deutsch. chem. Gesellsch.*, 1876, p. 1441], à 110-111° [R. Anschütz, *même recueil*, 1879, p. 2073; *Bull. Soc. chim.*, t. XXXIV, p. 482].

La potasse alcoolique le transforme en acétylène monobromé. Le brome le convertit nettement en acétylène tétrabromé.

Il ne possède pas la propriété de se polymériser qui paraît appartenir exclusivement aux éthylènes substitués asymétriques, mais il se combine peu à peu avec l'oxygène à la température estivale. Sabanejeff a décrit une autre combinaison qui paraît être la quatrième modification, probablement polymérique, du composé $C^2H^2Br^2$. On l'obtient en ajoutant à une solution d'acétylène dans l'alcool (qui en dissout 6 volumes à froid) la quantité correspondante de brome, saturant de nouveau la solution par de l'acétylène, ajoutant du brome, et ainsi de suite. De l'eau ajoutée à la solution en précipite une huile dense qui est chauffée pendant quelque temps au bain d'eau salée pour la débarrasser des gaz dissous et qui est distillée ensuite avec de la vapeur d'eau. Le produit distillé possède la composition centésimale $C^2H^2Br^2$ [*Liebig's Ann. Chem.*, t. CLXXVIII, p. 109; *Bull. Soc. chim.*, t. XXV, p. 405].

Éthylène tribromé, $CHBr=CBr^2$. — Dans la préparation du tétrabromure d'acétylène il se forme de l'éthylène tribromé solide qui cristallise en tables incolores, fusibles à 175°, peu solubles dans l'alcool, solubles dans l'éther et le chloroforme. Ce corps est probablement polymérique avec l'éthylène tribromé liquide qui bout à 162-163°; ce dernier se forme par la distillation de l'acétylène tétrabromé et aussi par l'action de l'ammoniaque alcoolique, de l'acétate de potassium en solution alcoolique, et du sodium en présence de l'éther sur le même tétrabromure d'acétylène [Sabanejeff, *Mém. cité*].

L'éthylène tribromé liquide absorbe rapidement l'oxygène sec et se transforme en bromure de dibromacétyle [E. Demole, *Compt. rend.*, t. LXXXVI, p. 542].

Éthylène dibromonitré, C^2HBr^2,AzO^2. — Lorsqu'on fait passer de l'air chargé de vapeur de brome dans une solution acide de styphnate de sodium, il se dépose une matière solide, imprégnée de bromopicrine, qu'on lave à l'alcool et qu'on fait cristalliser dans le chloroforme. C'est l'éthylène dibromonitré.

Ce corps est en prismes volumineux orthorhombiques, inodores et incolores, fusibles à 112° et décomposables à 120°. Il est insoluble dans l'eau, soluble à chaud dans l'alcool, l'éther, la benzine, le sulfure de carbone; on ne peut pas le faire cristalliser de sa solution dans l'alcool ou le sulfure de carbone. Il colore l'épiderme en rouge cinnabre et teint de même la cire, mais au contact de l'air seulement. Il fournit des combinaisons métalliques très peu stables. L'hydrogène naissant dégagé par l'étain et l'acide chlorhydrique, le transforme en éthylamine. La solution alcoolique est colorée en rouge par les alcalis. Le brome n'agit pas à 100° [Merz et Zetter, *Deutsch. chem. Gesellsch.*, 1879, p. 2047; *Bull. Soc. chim.*, t. XXXIV, p. 320].

Dérivés bromoiodés.

Bromoiodure d'éthylène, C^2H^4BrI. — Cette combinaison se forme en même temps que l'iodobromure d'éthylidène (par moitié environ) lorsqu'on chauffe au bain-marie du bromure de vinyle avec de l'acide iodhydrique saturé à 4° [E. Reboul, *Compt. rend.*, t. LXX, p. 853]; il se forme en même temps un peu d'iodure de vinyle et une certaine quantité d'iodure d'éthylidène, qu'il est impossible de séparer complètement du bromoiodure d'éthylidène et qui empêche la cristallisation de ce dernier corps [C. Friedel, *Compt. rend.*, t. LXXIX, p. 164].

Lagermark a obtenu du bromoiodure d'éthylène solide, en faisant agir le bromure d'iode sur l'éthylène. Se fondant sur un point d'ébullition mal observé (150°) et une prétendue transformation en iodacétine, il avait cru devoir présenter ce corps comme un troisième isomère du composé simple C^2H^4BrI, contrairement aux prévisions théoriques [*Deutsch. chem. Gesellsch.*, 1873, p. 1211; 1874, p. 907]. Mais les recherches entreprises dans ce but par Friedel infirment entièrement cette conclusion; elles démontrent que le composé de Reboul est tout à fait identique avec le prétendu isomère de Lagermark, et que les différences observées ne provenaient que des impuretés adhérentes à chacune des préparations; tandis que le bromoiodure d'éthylène de Reboul renferme un peu d'iodure d'éthylidène qui l'empêche de cristalliser, celui de Lagermark était souillé par une petite quantité de bromure d'éthylène qui abaissait son point d'ébullition [*Bull. Soc. chim.*, t. XXI, p. 434; voyez aussi : G. Gagarine et A. Boutlerow, *Deutsch. chem. Gesellsch.*, 1874, p. 733].

M. Simpson prépare le bromoïodure d'éthylène en dirigeant un courant d'éthylène dans une solution aqueuse, maintenue froide, de bromure d'iode (on obtient cette solution en ajoutant un peu plus d'une molécule d'iode en poudre à une molécule de brome, additionné de six fois son poids d'eau, agitant et refroidissant le liquide noir, et séparant ensuite l'iode en excès). Il se dépose une huile qu'on lave à la potasse et à l'eau et qu'on distille [*Proceed. Roy. Soc. London.*, t. XXII, p. 51].

D'après Friedel, la meilleure manière de préparer ce corps consiste à faire passer de l'éthylène dans un mélange d'iode et de brome à équivalents égaux, recouvert d'une couche d'eau [*Bull. Soc. chim.*, t. XXII, p. 106].

Le bromoïodure d'éthylène pur est en longues aiguilles blanches, fusibles à 28°, douées d'une saveur douce et piquante. Il bout sans décomposition à 162-163°. Densité à 29° = 2,516. Il se colore légèrement à la lumière.

Bromoïodure d'éthylidène, CH^3-$CHBrI$. — Se forme lorsqu'on chauffe du bromure de vinyle pendant plusieurs jours à 100° avec un excès d'acide iodhydrique concentré; on le purifie par distillation fractionnée [M. Pfaundler, *Bull. Soc. chim.*, t. III, p. 242; — Reboul, *Mém. cité*]. On l'obtient aussi en faisant agir une solution faible de bromure d'iode sur l'iodure d'éthylidène [M. Simpson, *Proceed. Roy. Soc. London*, t. XXVII, p. 424; *Bull. Soc. chim.*, t. XXXI, p. 411].

Liquide incolore, d'une odeur agréable et d'un goût sucré. Il bout à 141-144° (147°, 2 corr). Densité = 2,50 (+ 1°). Densité de vapeur, 8,314 (théorie 8,120).

La potasse alcoolique lui enlève de l'acide iodhydrique et le transforme en éthylène bromé. L'azotate et l'oxyde d'argent agissent d'une manière analogue. L'acétate d'argent à 125° réagit avec formation de bromure et d'iodure d'argent, d'acétate d'éthyle et d'acide acétique.

Bromoïodure d'éthylène bromé, $C^2H^3Br^2I$. — Le bromure de vinyle se combine avec le bromure d'iode en solution aqueuse. On achève la réaction en chauffant doucement en vase clos.

Ce corps est une huile incolore, bouillant à 170-180°, avec décomposition partielle. Densité à 29° = 2,86. Chauffé à 100°, en tube scellé, avec de l'oxyde d'argent humide, il donne lieu à une violente explosion; si l'on chauffe dans une cornue ouverte, il se dégage du bromure de vinyle et du gaz carbonique [M. Simpson, *Proceed. Roy. Soc. London*, t. XXII, p. 51].

Dérivés iodés.

Iodure d'éthylène, CH^2I-CH^2I. — Le bromure d'éthylène, mélangé d'acide iodhydrique (saturé à 0°) et abandonné au repos, donne naissance à de l'iodure d'éthylène qui se dépose en beaux cristaux; la transformation est plus rapide au bain-marie [W. Sorokine, *Zeitschr. Chem.*, 1870, p. 518].

L'iodure d'éthylène se forme en quantité notable lorsqu'on chauffe à 230° molécules égales d'iodure d'éthyle et d'iodacétate d'éthyle.

Il fond à 81-82° et se décompose à 85° [L. Aronheim et J.-M.-A. Kramps, *Deutsch. chem. Gesellsch.*, 1880, p. 489].

L'oxyde d'argent sec réagit très facilement sur l'iodure d'éthylène à 150° et le transforme en oxyde d'éthylène [H. Greene, *Compt. rend.*, t. LXXXV, p. 624].

Le chlorure mercurique donne des produits divers, du chloroïodure d'éthylène ou du chlorure, suivant la température et les proportions [E.-J. Maumené, *Compt. rend.*, t. LXVIII, p. 727].

Le nitrite d'argent réagit vivement sur l'iodure d'éthylène, en donnant naissance à une huile azotée, plus lourde que l'eau [V. Meyer et C. Chojnacki, *Deutsch. chem. Gesellsch.*, 1872, p. 1037; — V. Meyer, *Liebig's Ann. Chem.*, t. CLXXI, p. 46].

Éthylène iodé (*iodure de vinyle*), $CH^2 = CHI$. — Le procédé suivant fournit le meilleur rendement en iodure de vinyle, en partant de l'iodure d'éthylène. On mélange 30 gr. de ce dernier avec 20 gr. de potasse dissoute dans 400 gr. d'alcool, on agite fréquemment et on abandonne le mélange pendant plusieurs jours à l'obscurité. On distille alors et l'on précipite le liquide distillé par l'eau. On purifie ensuite par la distillation le produit de plusieurs préparations, en recueillant à 54-56°. On obtient ainsi 10 °/₀ environ du poids de l'iodure d'éthylène employé [E. Baumann, *Ann. Chem. Pharm.*, t. CLXIII, p. 308; *Bull. Soc. chim.*, t. XVIII, p. 326]. Le rendement est sensiblement le même si l'on substitue l'iodure d'éthylidène au composé éthylénique [G. Gustavson, *Bull. Soc. chim.*, t. XXII, p. 13].

L'iodure de vinyle bout à 55,5-56°. Densité à 0° = 2,08. Exposé à la lumière, il perd de l'iode, mais il ne se polymérise pas comme le chlorure et le bromure de vinyle. La présence de l'iode libre paraît même empêcher la polymérisation de ces derniers.

Iodure d'éthylidène, CH^3-CHI^2. — Ce composé, signalé par Berthelot [*Ann. Chim. Phys.* (4), t. IX, p. 428], qui l'a obtenu en combinant l'acétylène avec l'acide iodhydrique, est plus facile à préparer par l'action de l'iodure d'aluminium sur le chlorure d'éthylidène. On fait tomber ce dernier goutte à goutte dans une solution sulfocarbonique d'iodure d'aluminium refroidie à 0°; on laisse reposer pendant une nuit, on décante, on lave à l'eau, on sèche sur l'anhydride phosphorique et l'on distille, en recueillant entre 175 et 180°. On obtient environ 40 °/₀ du rendement théorique [Gustavson, *Mém. cité*].

L'iodure d'éthylidène possède une saveur douce et une odeur analogue à celle de l'iodure de méthylène. Il bout à 177-179° en se décomposant en partie. Densité à 0° = 2,84. Il ne se solidifie pas à — 20°, et se dissout peu dans l'alcool absolu. La potasse alcoolique le transforme en acétylène et en iodure de vinyle.

Éthylènes diiodés, $C^2H^2I^2$. — La combinaison de l'acétylène avec de l'iode fournit deux diiodures isomériques. On opère de la manière suivante : De l'iode, humecté d'alcool absolu, est distribué dans une série de fioles attachées à la même tige de manière à pouvoir les agiter pendant le passage de l'acétylène. L'iode se dissout peu à peu et il est remplacé par des cristaux de diiodure qu'on lave à la potasse et qu'on purifie par sublimation ou par cristallisation dans l'alcool absolu.

Longues aiguilles flexibles, douées d'une forte odeur, fusibles à 75° et se solidifiant à 70°, volatils à la température ordinaire, solubles dans l'alcool bouillant. Densité à 21° = 3,303.

En même temps que l'iodure solide, il se forme un autre diiodure liquide qui reste dans les eaux mères alcooliques et qui ne se solidifie qu'à quelques degrés au-dessous de zéro. Ce composé ne peut être distillé sans décomposition, même dans la vapeur d'eau. Densité à 21° = 2,942 [A. Sabanejeff, *Liebig's Ann. Chem.*, t. CLXXVIII, p. 109; *Bull. Soc. chim.*, t. XXV, p. 405].

Iodopicrate d'éthylène, $C^2H^4I.OC^6H^2(AzO^2)^3$. — Le picrate d'argent réagit à 70-80° sur l'iodure d'éthylène en solution chloroformique. On décante la solution, on lave avec de la soude, on sèche sur le chlorure de calcium, et l'on abandonne à l'évaporation spontanée; il se dépose de beaux cristaux jaunes qu'on purifie par plusieurs cristallisations dans l'alcool chaud.

Aiguilles incolores qui virent à l'orangé foncé sous l'influence de la lumière, fusibles à 69°,5, insolubles dans l'eau, peu solubles dans l'éther et l'alcool froids, très solubles dans le chloroforme.

Le cyanure de potassium réagit à froid en produisant une matière colorante semblable au picrocyanate de potassium. L'ammoniaque alcoolique donne naissance à un corps pulvérulent, jaune, sublimable [L. W. Andrews, *Deutsch. chem. Gesellsch.*, 1880, p. 244; *Bull. Soc. chim.*, t. XXXIV, p, 566].

Cyanure d'éthylène.

Le cyanure d'éthylène,

$$\begin{array}{l} CH^2\text{-}CAz \\ | \\ CH^2\text{-}CAz, \end{array}$$

est obtenu facilement à l'état de pureté, de la manière suivante : 150 gr. de bromure d'éthylène sont introduits dans un matras avec 117 gr. de cyanure de potassium commercial (91 °/₀) et la quantié d'alcool nécessaire pour former une bouillie assez fluide. On ajoute à la masse une certaine quantité de débris de porcelaine et on la chauffe au bain-marie pendant 20 heures en agitant de temps en temps. Le contenu de plusieurs matras est réuni dans un ballon et distillé dans le vide, au bain d'huile, en changeant de récipient aussitôt que le produit de la distillation commence à se solidifier; on dissout dans de l'eau, pour séparer une petite quantité de bromure d'éthylène, et l'on évapore la solution aqueuse au bain-marie.

Le cyanure d'éthylène pur constitue une masse blanche et brillante, *complètement amorphe*; il fond à 54°,5 et se solidifie à 53°. Il distille dans le vide vers 150°. Il est très soluble dans l'eau, l'alcool et le chloroforme, peu soluble dans le sulfure de carbone [M. Nevolé et J. Tcherniac, *Compt. rend.*, t. LXXXVI, p. 1411].

G. E. Moore dit avoir obtenu du cyanure d'éthylène par l'électrolyse d'une solution concentrée de cyanacétate de potassium, et extraction du liquide acide contenu dans le compartiment positif; il le décrit comme une matière cristalline, brunâtre, fusible à 37°,8 [*Deutsch. chem. Gesellsch.*, 1871, p. 521; *Bull. Soc. chim.*, t. XVI, p. 105].

Sélénocyanate d'éthylène.

Le sélénocyanate de potassium en solution alcoolique réagit au bain-marie sur le bromure d'éthylène; on distille l'alcool, on reprend par l'eau, et l'on fait cristalliser le résidu dans l'alcool. Aiguilles blanches, groupées en faisceaux, fusibles avec décomposition à 128°, insolubles dans l'eau froide et dans l'éther, solubles dans l'eau bouillante et dans l'alcool. L'acide azotique le dissout à froid et l'abandonne de nouveau par l'addition d'eau; mais, si l'on fait bouillir longtemps, il y a formation d'un acide sélénioconjugué, $C^2H^4(SeO^3H)^2$, l'acide *diséléněthólique* [B. Proskauer, *Deutsch. chem. Gesellsch.*, 1874, p. 1279; *Bull. Soc. chim.*, t. XXIII. p. 502].

Éthylène et fluorure de bore.

F. Landolph a décrit en 1878 un composé obtenu par l'action du fluorure de bore sur l'éthylène, à 25° et à la lumière directe : c'est une huile bouillant à 124-125°, possédant à 23° la densité 1,0478, répandant d'épaisses fumées blanches et brûlant à l'air avec une belle flamme verte. Il représente la composition de ce corps par la formule $C^2H^3BoFl^2$, qu'il a appuyée par des analyses et une détermination de densité de vapeur (2,55); il exprime sa formation par l'équation $C^2H^4 + BoFl^3 = C^2H^3BoFl^2 + HFl$. Sa décomposition par l'eau aurait lieu d'après l'équation :

$$\begin{array}{l} C^2H^3BoFl^2 + 3H^2O \\ = Bo(OH)^3 + C^2H^4 + 2HFl \end{array}$$

[*Compt. rend.*, t. LXXXVI, p. 672].

Une année plus tard, le même auteur, sans mentionner le mémoire que nous venons de citer, a décrit dans un autre recueil [*Deutsch. chem. Gesellsch.*, 1879, p. 1586; *Bull. Soc. chim.*, t. XXXIV, p. 242] le même composé, produit dans les mêmes circonstances et possédant exactement les mêmes propriétés, mais cette fois sous le nom de *fluoborate d'éthylène* et avec la formule $C^2H^5BoFlO^2$, déduite d'ailleurs d'analyses non moins concordantes; ce corps ne produirait plus d'éthylène par l'action de l'eau, mais du fluorure d'éthyle.

L'auteur fait bien remarquer que la formule $C^2H^5BoFlO^2$ ne tient pas compte de l'atomicité des éléments (!), mais il ne cherche à expliquer ni la contradiction que nous venons de signaler ni ce fait non moins curieux de la formation d'un corps oxygéné par la combinaison de deux matières exemptes d'oxygène. On ne pourrait expliquer cette dernière circonstance qu'en admettant l'intervention de l'eau et modifiant légèrement la formule $C^2H^5BoFlO^2$:

$$C^2H^4 + BoFl^3 + 2H^2O = 2HFl + Bo\begin{cases} Fl \\ OH \\ OC^2H^5. \end{cases}$$

L'eau agirait suivant l'équation

$$C^2H^5BoFlO^2H + H^2O = Bo(OH)^3 + C^2H^5Fl$$

[C. Councler, *Deutsch. chem. Gesellsch.*, 1879, p. 1967].

Sulfures et sulfones.

ÉTHER AMYLMERCAPTÉTHYLÉNIQUE,

$$\begin{array}{l} CH^2\text{-}S\text{-}C^5H^{11} \\ | \\ CH^2\text{-}S\text{-}C^5H^{11}. \end{array}$$

— On l'obtient par l'action du bromure d'éthylène sur l'amyle-mercaptide de sodium. Liquide bouillant à 245-255°. L'acide azotique le convertit en *éthylène-diamylsulfine*, $C^2H^4SO(C^5H^{11})^2$, cristallisant en tables fusibles à 145-150°, peu solubles dans l'eau.

ÉTHER ÉTHYLMERCAPTÉTHYLÉNIQUE,

$$\begin{array}{l} CH^2\text{-}S\text{-}C^2H^5 \\ | \\ CH^2\text{-}S\text{-}C^2H^5. \end{array}$$

— De l'éthylmercaptide de sodium pur et en poudre délayé dans trois fois son poids d'éther, est chauffé dans un appareil à reflux et additionné de bromure d'éthylène (un peu moins de la quantité théorique). La solution éthérée est lavée à l'eau, séchée sur du chlorure de calcium et évaporée au bain-marie.

Liquide bouillant à 210-213° en se décomposant partiellement. L'acide azotique d'une densité de 1,2 le transforme en *éthylène-diéthylsulfoxyde*; voici comment il faut opérer pour isoler ce corps. La solution étendue d'eau est presque neutralisée par la baryte, puis additionnée d'un peu de carbonate de baryum, évaporée au bain-marie à siccité, reprise par l'alcool absolu et exposée au-dessus de l'acide sulfurique. Les impuretés se séparent sous forme d'efflorescences qui viennent grimper sur les bords de la capsule, tandis que la matière pure reste au fond.

Paillettes blanches, brillantes, très solubles dans l'eau et l'alcool, presque insolubles dans l'éther, décomposables par la fusion. L'hydrogène naissant régénère l'éther primitif.

ÉTHYLÈNE DIÉTHYLSULFONE, $C^2H^4(SO^2.C^2H^5)^2$. — L'éther éthylmercaptéthylénique est traité à froid par une solution aqueuse de permanganate de potassium (30 : 1). La surface du liquide se couvre de fines aiguilles, qu'on sépare et qu'on purifie par cristallisation dans l'eau après avoir traité la liqueur par le sulfate de fer.

Aiguilles dures, courtes, incolores, fusibles à 136°,5 et distillables sans décomposition, très solubles à chaud dans l'alcool et l'eau, solubles dans l'acide sulfurique et l'acide azotique concentré, moins solubles dans les acides chlorhydrique et acétique, peu solubles dans l'éther, la benzine, le chloroforme et le sulfure de carbone.

ÉTHER MÉTHYLMERCAPTÉTHYLÉNIQUE,

$$C^2H^4(SCH^3)^2.$$

— Liquide bouillant à 183°.

ÉTHER PHÉNYLMERCAPTÉTHYLÉNIQUE,

$$C^2H^4(SC^6H^5)^2.$$

— Ce composé est en aiguilles blanches insolubles, fusibles à 65°. Le brome le convertit en un produit d'addition $C^2H^4(SBr^2C^6H^5)^2$, cristallisé en aiguilles.

ÉTHYLÈNE-DIPHÉNYLSULFONE, $C^2H^4(SO^2C^6H^5)^2$. — Il se forme par l'action de l'acide chromique sur le composé précédent et aussi par l'action du phénylsulfinate de sodium sur le bromure d'éthylène, dans un appareil à reflux :

$$C^2H^4Br^2 + 2\,C^6H^5SO^2K$$
$$= 2\,KBr + C^2H^4(SO^2C^6H^5)^2;$$

et qui est purifié par cristallisation dans l'alcool et l'acide acétique.

L'éthylène-diphénylsulfone est en aiguilles incolores ou en paillettes soyeuses, fusibles à 179,5-180°, presque insolubles dans l'eau froide, peu solubles dans l'eau chaude et l'alcool bouillant, peu solubles dans la benzine, très solubles dans l'acide acétique bouillant [F. Ewerlöf, *Deutsch. chem. Gesellsch.*, 1871, p. 716; — E. O. Beckmann, *Journ. prakt. Chem.*, (2), t. XVII, p. 467; *Bull. Soc. chim.*, t. XXXII, p. 410; — R. Otto, *Deutsch. chem. Gesellsch.*, 1880, p. 1279]. J. Tcherniac.

ÉTHYLÈNE (POLYMÈRES DE) (Syn. *Polyéthylènes*). — Ils sont contenus dans l'huile de vin, produit secondaire de la préparation de l'éthylène à l'aide de l'alcool et de l'acide sulfurique. L'huile de vin est principalement formée par l'hydrocarbure $C^{16}H^{32}$, bouillant vers 280°. Cette formule, probable d'après le point d'ébullition, est corroborée par la nature des produits engendrés sous l'action de l'acide iodhydrique en grand excès et à une température de 280°; on obtient dans cette réaction un mélange de carbures saturés : $C^{16}H^{34}$; $C^{12}H^{26}$ et C^6H^{14}, le premier en petite quantité seulement.

Le polyéthylène $C^{16}H^{32}$ (désigné sous le nom d'*éthérol* par quelques chimistes allemands) est détruit par l'acide azotique, sans formation d'acide gras [Berthelot, *Bull. Soc. chim.*, t. XI, p. 5.]

ÉTHYLÉNO-LACTIQUE (ACIDE). — Voyez t. II, p. 186.

ÉTHYLIDÉNO-LACTIQUE (ACIDE). — Nom donné quelquefois à l'acide lactique ordinaire, pour le distinguer de son isomère, l'acide éthyléno-lactique.

ÉTHYLIQUE (ALCOOL). — Voyez ALCOOL.

ÉTHYLIQUES (ÉTHERS). Voyez t. I, p. 1311. — Nous décrirons ici l'oxyde, le chlorure, le bromure, l'iodure d'éthyle, l'azotate, etc.; quant aux sulfures, aux dérivés sulfoniques et sulfiniques, aux sélénieures, on leur a consacré des articles spéciaux.

ÉTHYLE (OXYDE DE). — Suivant Erlenmeyer, l'acide sulfurique, même très étendu, décompose l'éther et donne de l'acide sulfovinique. Jusqu'à une certaine température l'eau décompose ce dernier en eau et alcool; au delà il se formerait de l'éther; en même temps quelque grande que soit la proportion d'eau et d'alcool il se ferait de l'éthylène. Dans ces expériences la température a varié de 120 à 250°, le rapport de l'eau à l'acide sulfurique de 3 : 1 à 10 : 1 [Erlenmeyer, *Bull. Soc. chim.*, t. IXVIII, p. 119, et *Ann. Chem. Pharm.*, t. CLXI, p. 373].

L'éther se forme aussi par l'action de l'iodure d'éthyle sur l'oxyde de sodium Na^2O à 180° [Greene, *Bull. Soc. chim.*, t. XXIX, p. 458].

Liebermann emploie la paraffine pour absorber les vapeurs d'éther; en huit à neuf heures elle en absorbe son poids en se liquéfiant [*Deutsch. chem. Gesellsch.*, 1879, p. 1294].

Pour reconnaître l'eau dans l'éther, on peut employer le phénate de potassium. Ce composé, insoluble dans l'éther anhydre, s'y dissout en présence d'un peu d'eau et le résidu devient rouge brun après quelque temps. On peut ainsi reconnaître 2,5 pour mille d'eau [Joseph Romei, *Bull. Soc. chim.*, t. XI, p. 122]. On peut encore ajouter à l'éther son volume de sulfure de carbone, la solution doit rester limpide. L'alcool peut se reconnaître au moyen de la potasse caustique solide qui jaunit en présence de ce corps [Bœttger, *Bull. Soc. chim.*, t. XIX, p. 124]. A 10°, l'éther se dissout dans 10 fois son volume d'eau et à 12° 10 volumes d'éther dissolvent 2 volumes d'eau. Agité avec son volume d'acide chlorhydrique (D à 14° = 1,196), il se dissout en s'échauffant et en se contractant (D à 14° = 1,010). Le liquide formé a la consistance d'une huile fluide et fume à l'air.

100 volumes d'acide chlorhydrique à 38,52 % dissolvent :

A — 16°,	185 vol. éther.	A + 16°,	162,5 vol. éther
0°,	177,5 —	+ 21°,	157,5 —
+ 8°,	172,5 —	+ 27°,	150 —
+ 10°,	167 —	+ 32°,	142,5 —

A + 33°, 135 vol. d'éther.

La solution saturée se trouble quand on la chauffe. L'ébullition permet de retrouver tout l'éther. La solubilité est d'ailleurs proportionnelle à la richesse en acide chlorhydrique. L'éther enlève ce corps à sa solution aqueuse. Ainsi un excès d'éther enlève 2,4 % de l'acide total à une solution d'acide à 38 %. La chaleur dégagée dans cette réaction est notable; 17 centimètres cubes d'éther en se dissolvant dans 10 centimètres cubes d'acide en élèvent la température de 0 à 22°. Il paraît évident qu'il s'agit là d'une combinaison analogue à celle d'oxyde de méthyle et d'acide chlorhydrique décrite par M. Friedel [Napier, *Bull. Soc. chim.*, t. XXIX, p. 122, et *Chem. News*, t. XXXV, p. 87].

La potasse, le carbonate de potassium, la chaux et le sodium n'altèrent pas l'éther. L'eau, les chlorures de calcium, de sodium et le sulfate de cuivre anhydre le décomposent lentement [Lieben, *Deutsch. chem. Gesellsch.*, 1871, p. 758].

L'éther pur peut être refroidi jusqu'à — 80° sans se congeler, les cristaux que l'on voit se former dans l'éther ordinaire sont simplement de la glace [Franchimont, *Deutsch. chem. Gesellsch.*, 1877, p. 830].

Chauffé de 200 à 300° sur de la poudre de zinc, l'éther donne des produits qui paraissent résulter des dédoublements suivants :

$$(C^2H^5)^2O = H^2O + 2C^2H^4,$$
$$(C^2H^5)^2O = C^2H^4 + C^2H^4O + H^2,$$
$$C^2H^4O = CO + CH^4,$$

[Jahn, *Deutsch. chem. Gesellsch.*, 1880, p. 210].

Schützenberger a observé la présence d'aldéhyde propionique dans les produits de décomposition pyrogénée de l'éther à côté de l'aldéhyde ordinaire [*Bull. Soc. chim.*, t. XXXI, p. 482].

Suivant Baumstark, l'acide chlorhydrosulfurique donnerait du sulfate d'éthyle avec l'éther [*Bull. Soc. chim.*, t. VII, p. 152, et *Zeitschr. Chem.*, 1866, p. 314].

Abandonné sur du perchlorure de phosphore, l'éther s'y combine. Le produit formé,

$$2\,C^4H^{10}O, 3\,PCl^5,$$

est décomposé par l'eau avec formation d'acide éthylphosphorique, et par la chaleur en donnant entre autres corps du trichlorure de phosphore [C. Liebermann et L. Landshoff, *Deutsch. chem. Gesellsch.*, 1880, p. 690].

Suivant Tanret, on obtiendrait un hydrate (?) d'éther, $C^4H^{10}O, 2\,H^2O$, fusible à 3°,5 en soufflant sur de l'éther [*Bull. Soc. chim.*, t. XXX, p. 505].

D'après Grabowski, en présence du chromate de potassium et de l'acide sulfurique, l'éther donnerait de l'aldéhyde ou de l'acétate d'éthyle, suivant qu'on verserait le mélange dans l'éther ou inversement [*Deutsch. chem. Gesellsch.*, 1870, p. 988].

L'éther n'est pas attaqué par le mélange d'aluminium et d'iodure d'aluminium, mais bien par l'iode et l'aluminium à l'ébullition. Il se forme de l'iodure d'éthyle et de l'iodéthylate d'aluminium, $Al^2I^3(OC^2H^5)^3$ [Gladstone et Tribe, *Bull. Soc. chim.*, t. XXVII, p. 176].

L'éther anhydre refroidi dans un mélange réfrigérant fournit avec le brome des cristaux rouge clair, ressemblant à l'acide chromique. On les purifie par expression dans du papier. Ils sont très déliquescents et fondent à 22° environ et s'altèrent quand on les conserve. Leur odeur est moins irritante que celle du brome. L'eau les décompose en éther et brome. Chauffés de 90 à 100°, ils se décomposent en eau, acide bromhydrique, bromure d'éthyle, bromal et une huile bouillant à 175°, de composition $C^4H^8Br^8O^2$, insoluble dans l'eau. La composition de ce bromure d'éther est représentée par la formule

$$[(C^2H^5)^2O]^2Br^6$$

[Schützenberger, *Bull. Soc. chim.*, t. XIX, p. 8].

L'acide iodhydrique, dirigé à saturation dans de l'éther refroidi, le dédouble en eau et iodure d'éthyle (Silva).

L'oxychlorure de vanadium [$VaOCl^3$], mis en digestion à 70° avec de l'éther, fournit un composé cristallisé en aiguilles fusibles à 20° et répondant à la composition $VaCl^3(OC^2H^5)^2$ [Bedson, *Deutsch. chem. Gesellsch.*, 1876, p. 74].

ÉTHERS CHLORÉS [Abeljanz, *Deutsch. chem. Gesellsch.*, 1871, p. 623 et p. 985; *Bull. Soc. chim.*, t. XV, p. 75; t. XVI, p. 270, et t. XVII, p. 152; — Jacobsen, *Deutsch. chem. Gesellsch.*, 1871, p. 215, et *Bull. Soc. chim.*, t. XV, p. 212; — Lieben, *Bull. Soc. chim.*, t. XII, p. 280, et *Ann. Chem. Pharm.*, t. CXLVI, p. 180; — Busch. *Deutsch. chem. Gesellsch.*, 1878, p. 445, et *Bull. Soc. chim.*, t. XXX, p. 349; — Henry, *Bull. Soc. chim.*, t. XXII, p. 510, et *Deutsch. chem. Gesellsch.*, 1871, p. 101, et 1874, p. 702; — Paterno, *Bull. Soc. chim.*, t. XXXI, p. 70, et *Deutsch. chem. Gesellsch.*, 1878, p. 750; — Lieben, *Deutsch. chem. Gesellsch.*, 1871, p. 758; — Paterno, *Zeitschr. Chem.*, 1869, p. 393; — Paterno et Pisati, *Deutsch. chem. Gesellsch.*, 1872, p. 1054].

La série des éthers chlorés comprend, ainsi qu'on peut le prévoir à la simple inspection de la formule de l'éther, un nombre considérable de termes. Tous ceux qu'on a obtenus directement sont chlorés dans le même groupe éthyle, le second groupe n'étant entamé que quand l'action du chlore a enlevé tout l'hydrogène du premier. Outre ces dérivés directs, on peut en obtenir d'autres par l'action du chlorure de phosphore ou de l'acide chlorhydrique sur le produit d'addition d'une aldéhyde et d'un alcool. Cette dernière voie, qui est la plus féconde, n'a été employée pourtant qu'un petit nombre de fois. Les équations suivantes indiquent la suite des réactions :

$$CH^3\text{-}CHO + CH^3\text{-}CH^2.OH$$
$$= CH^3\text{-}CH.OH\text{-}O\text{-}CH^2\text{-}CH^3$$
$$CH^3\text{-}CH.OH\text{-}O\text{-}CH^2\text{-}CH^3 + HCl,$$
$$= H^2O + CH^3\text{-}CHCl\text{-}O\text{-}CH^2\text{-}CH^3,$$

et

$$CCl^3\text{-}CHO + CH^3\text{-}CH^2.OH$$
$$= CCl^3\text{-}CH.OH\text{-}O\text{-}CH^2\text{-}CH^3,$$
$$CCl^3\text{-}CH.OH\text{-}O\text{-}CH^2\text{-}CH^3 + PCl^5$$
$$= PCl^3O + HCl + CCl^3\text{-}CHCl\text{-}O\text{-}CH^2\text{-}CH^3.$$

La première méthode est due à Wurtz et Frappolli, la seconde à Henry.

Éther monochloré. — Ce composé est identique avec le corps de Wurtz et Frappolli, ci-dessus mentionné ainsi que l'a montré Jacobsen. L'eau le transforme en aldéhydate d'alcool (?) bouillant à 37-48° (1) et en un produit de condensation bouillant à 80-84° [$CH^3\text{-}CH(OC^2H^5)]^2O$.

Éther dichloré. — Ce composé, traité par l'acide sulfurique, donne de l'acide sulfovinique, de l'acide chlorhydrique et de l'aldéhyde monochlorée. L'éthylate de sodium donne du monochloracétal. Ces réactions conduisent à la formule $CH^2Cl\text{-}CHCl\text{-}O\text{-}C^2H^5$.

Traité par l'eau à 127°, l'éther dichloré donne : l'alcoolate d'aldéhyde monochlorée, corps bouillant de 95 à 96°, se polymérisant à chaque distillation, l'anhydride de ce corps,

$$[CH^2Cl\text{-}CH(OC^2H^5)]^2O,$$

et en outre divers autres produits de condensation. Suivant Abeljanz on obtient aussi dans ces conditions l'oxaldéhyde $CH^2.OH\text{-}CHO$.

Le perchlorure de phosphore réagit vivement à froid sur l'éther dichloré avec formation de trichlorure de phosphore, chlorure d'éthyle, divers produits chlorés et d'aldéhyde monochlorée. Jacobsen, Lieben et Abeljanz ont contredit ces résultats.

La potasse concentrée réagit très vivement. On opère avec un réfrigérant ascendant. Le produit de la réaction rectifié distille en partie au-dessous de 100°, en partie au-dessus. Cette dernière partie se divise en deux couches : l'une est aqueuse, l'autre, plus lourde, fournit un corps bouillant à 151-153° isomère avec l'alcoolate bouillant à 95-96°, probablement

$$CH^2.OH\text{-}CHCl\text{-}O\text{-}C^2H^5;$$

un autre corps bouillant plus haut, à 163-165°, identique au produit de condensation déjà mentionné.

L'acide sulfurique décompose la combinaison bouillant à 151-153°. Il paraît se former de l'oxaldéhyde, qu'on extrait de la liqueur par l'éther et qu'on obtient sous forme de sirop.

Le tribromure de phosphore réagit sur l'éther dichloré suivant l'équation :

$$3\,C^2H^3Cl^2\text{-}O\text{-}C^2H^5 + 2\,PBr^3$$
$$= 3\,C^2H^5Br + 3\,HBr + 6\,HCl + 3\,C^2 + P^2C^3.$$

Il existe un isomère de l'éther dichloré qui est l'oxychlorure d'éthylidène

$$CH^3\text{-}CHCl\text{-}O\text{-}CHCl\text{-}CH^3.$$

1. C'est un mélange que la distillation résout en aldéhyde et en alcool dont la présence a été constatée par le fait de sa transformation en iodure d'éthyle. A. W.

Éther trichloré. — Ce composé, qui n'a pu être isolé, existe pourtant dans le mélange des éthers chlorés, car, par l'action de l'éthylate de sodium sur les résidus de préparation de l'éther dichloré, on obtient de l'acétal dichloré.

Éther tétrachloré, $CHCl^2-CCl^2-O-C^2H^5$. — Il se trouve dans les mêmes résidus à l'état de mélange; en effet, l'acide sulfurique permet d'en retirer du chloral. Henry l'a préparé par l'action du perchlorure de phosphore sur l'alcoolate de chloral. Le produit de la réaction, traité par l'eau froide, le laisse déposer sous forme d'une huile qu'on lave avec du carbonate de sodium en solution étendue, qu'on sèche et qu'on rectifie. Il bout à 188°. Ce composé, dont la constitution a été donnée ci-dessus, fournit, par la potasse alcoolique [sol. à 10 %], l'éther $CCl^2=CCl-OC^2H^5$, qui bout à 155° sous 755mm. Son poids spécifique est de 1,3725. Il prend à l'air une odeur piquante. Si la potasse est plus concentrée qu'on ne l'indique il se forme le trichloracétal de Wurtz et Vogt. L'éther bouillant à 155°, étant traité par le brome, fournit l'éther trichlorodibromé,

$$CCl^2Br-CBrCl-OC^2H^5,$$

bouillant à 135° sous 40 millimètres, et cristallisant par refroidissement. Il fond à 17° et possède une odeur agréable.

Ce même éther vinyléthylique trichloré, étant traité par le chlore, donne l'*éther pentachloré*, $CCl^3-CCl^2-O-C^2H^5$, liquide, incolore, un peu épais, fumant à l'air et bouillant avec décomposition de 190 à 210°; son poids spécifique est égal à 1,645.

L'éther trichlorodibromé, chauffé avec de l'acétate d'argent, fournit un dérivé acétylé bouillant à 180-190°, d'odeur agréable, répondant à la formule $CCl^2Br-C(OC^2H^5)(C^2H^3O^2)^2$.

Éthers pentachlorés. — Outre l'éther décrit ci-dessus, Henry en a préparé un isomère par l'action du perchlorure de phosphore sur le produit d'addition du chloral et de la monochlorhydrine. Ce dérivé, $CCl^3-CHCl-O-CH^2\cdot CH^2Cl$, est un liquide un peu épais, incolore, d'odeur camphrée, piquante; à 8°, son poids spécifique est égal à 1,577; il bout à 235° sans décomposition. Sa densité de vapeur a été trouvée égale à 8,30 (calculée 8,51). Il est insoluble dans l'eau qui le décompose lentement.

Éthers bromés [Kessel, *Bull. Soc. chim.*, t. XXXI, p. 443; *Deutsch. chem. Gesellsch.*, 1877, p. 1667]. L'oxychlorure d'éthylidène, chauffé à 100° avec 2 molécules de brome jusqu'à décoloration, fournit un liquide sirupeux, jaunâtre, fumant à l'air, décomposable par l'eau et la distillation, possédant la formule $C^4H^6Br^4O$, de l'éther tétrabromé. Si on chauffe ce même oxychlorure avec 16 Br^2, dix heures chaque fois, à 100°, 150-190°, 190-210°, jusqu'à carbonisation commençante et en ouvrant de temps en temps les tubes, on obtient un liquide qu'on prive par l'acide carbonique des gaz acides qu'il contient et qu'on fractionne en trois portions bouillant de 130 à 190°, de 190 à 240° et de 240 à 280°. Au delà il ne distille plus rien. La seconde portion est formée surtout de tétrabrométhane qui se congèle dans un mélange réfrigérant. Les autres portions contiennent l'éther octobromé et l'éther perbromé.

Éther octobromé, $C^4H^2Br^8O$. — Liquide épais, d'odeur analogue à la sueur, fumant à peine à l'air, insoluble dans l'eau et décomposé par elle à la longue, même à froid. Ce corps ne bout à la pression ordinaire qu'en se décomposant partiellement. Sous la pression de 450 à 470 millimètr. il passe de 132 à 135°.

Éther perbromé, $C^4Br^{10}O$. — Il paraît exister dans la portion qui distille de 240 à 280°, mais chaque distillation le transforme en partie en perbrométhane et bromure d'acétyle tribromé.

Le zinc-éthyle charbonne ces éthers bromés. L'eau les décomposerait sans formation d'acide organique ni même d'aldéhyde dans le cas de l'éther tétrabromé.

L'iode, en réagissant sur l'oxychlorure d'éthylidène, n'a pas donné d'éther iodé mais seulement des gaz et des produits charbonneux.

Bromure d'éthyle. — On peut préparer le bromure d'éthyle au moyen des bromures alcalins. Le bromure alcalin (1 partie) est introduit dans un ballon muni d'un réfrigérant ascendant et d'un thermomètre. On ajoute alors 1 partie d'alcool mêlée à 2 p. d'acide sulfurique et à une demi-partie d'eau. Avec le bromure de potassium il faut chauffer de 90 à 100°, avec celui de sodium de 100 à 110°, et, vers la fin, de 125 et 130°. Il se forme un peu d'éther [De Vrij, *Deutsch. chem. Gesellsch.*, 1878, p. 1933].

Suivant Hagen [*Bull. Soc. chim.*, t. X, p. 355, et *Poggend. Ann.*, t. CXXIII, p. 595], il bout à 40°,2 sous la pression de 745mm,5. Son indice de réfraction est donné par la formule

$$p = 1,40952 + \frac{0,50416}{\lambda^2}.$$

Traité par le pentachlorure d'antimoine il dégage du brome et donne naissance à du chlorure d'éthyle [Waldemar Lassner, *Bull. Soc. chim.*, t. XXVII, p. 115, et *Journ. prakt. Chem.*, t. XIII, p. 418]. Chauffé dix-huit heures avec 15 fois son poids d'eau à 100°, il se dissout complètement en donnant de l'alcool et de l'acide bromhydrique [G. Niederist, *Bull. Soc. chim.*, t. XXIX, p. 226, et *Liebig's Ann.*, t. CLXXXVI, p. 388].

Soumis à l'influence du chlore, à la lumière diffuse et en maintenant une basse température, le bromure d'éthyle fournit : 1° du chlorobromure d'éthylidène; 2° du chlorobromure d'éthylène; 3° deux dérivés de l'éthylène de formule $C^2H^3Cl^2Br$, bouillant l'un à 130°, l'autre à 151°. A 0° le poids spécifique du premier est égal à 1,88, celui du second à 1,998. Outre ces divers composés on obtient encore un liquide qui paraît bouillir à 158-162°. Ce serait peut-être un troisième isomère d'une densité de 2,113 [Lescœur, *Bull. Soc. chim.*, t. XXIX, p. 483].

Tawildarow [*Deutsch. chem. Gesellsch.*, 1873, p. 1459, et *Bull. Soc. chim.*, t. XXI, p. 504, et t. XXII, p. 149], en faisant réagir quinze à vingt heures à 200° le brome sur le bromure d'éthyle, a obtenu les bromures d'éthylène, d'éthylidène, d'éthylène bromé bouillant à 191°.

Le bromure d'éthyle ne réagit pas en général sur le couple zinc-cuivre. Quand il réagit il donne du brométhylure de zinc, décomposable à 240°, en bromure de zinc, gaz oléfiant, éthane et zinc-éthyle. En présence de l'eau, le couple zinc-cuivre et le bromure d'éthyle donnent de l'éthane, de l'alcoolate et du bromure de zinc [Gladstone et Tribe, *Bull. Soc. chim.*, t. XXII, p. 175; *Journ. prakt. Chem.* (2), t. XII, p. 410].

Le bromure d'éthyle est employé aujourd'hui en thérapeutique comme anesthésique local et général. Il présenterait, dans certains cas, des avantages sur l'éther, voire même le chloroforme, et serait, d'après Rabuteau, éliminé en totalité par les voies respiratoires [*Compt. rend.*, t. LXXXIII, p. 1294].

Dérivés bromés. — Le dérivé tribromé

$$C^2H^2Br-CHBr^2,$$

bouillant à 191°, est indécomposable par l'eau à 200° et est attaqué vivement par l'éthylate de sodium avec formation de deux éthylènes bromés isomériques. (Voyez aux dérivés bromés du chlorure d'éthyle pour les autres produits de substitution.)

CHLORURE D'ÉTHYLE [Groves, *Deutsch. chem. Gesellsch.*, 1874, p. 741]. — On peut le préparer à l'état de pureté en faisant bouillir une solution alcoolique de chlorure de zinc et faisant refluer les vapeurs d'alcool. Le chlorure de zinc accélère du reste beaucoup la réaction du gaz chlorhydrique sur l'alcool. Un lent courant de ce gaz, dirigé dans une solution alcoolique de chlorure de zinc à 5 °/₀ chauffé à l'ébullition au réfrigérant ascendant, se change presque complètement en chlorure d'éthyle.

Etant dirigé sur de la chaux sodée, légèrement chauffée, le chlorure d'éthyle donne lieu aux deux réactions suivantes :

$$C^2H^5Cl + 2KOH = C^2H^3O^2K + KCl + 2H^2,$$
$$C^2H^3O^2K + KOH = CH^4 + CO^3K^2.$$

Il paraît se former aussi un peu d'éthylène L. Meyer, *Bull. Soc. chim.*, t. VII, p. 252, et *Ann. Chem. Pharm.*, t. CXXXIX, p. 282].

En réagissant sur le chlorure d'éthyle l'anhydride sulfurique donne, soit du chlorure d'éthylsulfuryle ($SO^3C^2H^5Cl$), soit un acide sulfoné, suivant que l'anhydride n'est pas ou est en excès. L'acide sulfoné a fourni un sel de potassium soluble dans l'alcool bouillant et renfermant $C^2H^3OH(SO^3K)^2$, qui doit dériver du chlorure d'éthylsulfuryle par une réaction facile à saisir [De Purgold, *Bull. Soc. chim.*, t. XI, p. 314, et *Compt. rend.*, t. LXVII, p. 451].

DÉRIVÉS CHLORÉS DU CHLORURE D'ÉTHYLE. — Par l'action du chlore sur le chlorure d'éthyle, il ne paraît se former que les dérivés du chlorure d'éthylidène, quel que soit le procédé employé ; seulement au soleil la chloruration va plus loin [Geuther et Hapt, *Bull. Soc. chim.*, t. XV, p. 220, *Zeitschr. Chem.*, 1871, p. 147 ; — Städel, *Bull. Soc. chim.*, t. XVI, p. 106 ; t. XVII, p. 317 ; *Zeitschr. Chem.*, 1871, p. 197 ; *Deutsch. chem. Gesellsch.*, 1873, p. 1403].

Les dérivés du chlorure d'éthyle présentent, d'après Städel, les points d'ébullition suivants :

C^2H^5Cl	+ 12°	CH^2Cl-CH^2Cl	+ 72°
CH^2Cl-$CHCl^2$	114°	CCl^3-CH^3	74°
CH^2Cl-CCl^3	128°	CCl^3-$CHCl^2$	158°

$CHCl^2$-CH^3	+ 58°
$CHCl^2$-$CHCl^2$	147°
CCl^3-CCl^3	182°.

En passant d'un corps à un autre, qui en diffère par le remplacement de CH^3 par CH^2Cl, le point d'ébullition monte de 54 à 70° ; la transformation de CH^2Cl en $CHCl^2$ l'élève de 30 à 46°, celle de $CHCl^2$ en CCl^3 de 11 à 24° seulement.

Les produits de chloruration du chlorure d'éthylène et d'éthylidène ne seraient, suivant l'auteur, identiques qu'à partir du quatrième terme, CCl^3-$CHCl^2$, le chlorure d'éthylidène fournissant aussi bien CCl^3-CH^3 que $CHCl^2$-CH^2Cl.

DÉRIVÉS BROMÉS DU CHLORURE D'ÉTHYLE [L. Meyer, *Bull. Soc. chim.*, t. VII, p. 252, et *Ann. Chem. Pharm.*, t. CXXXIX, p. 282 ; — Julius Denzel, *Deutsch. chem. Gesellsch.*, 1878, p. 1739].

Le chlorure d'éthyle, mêlé au brome et exposé à la lumière pendant quatre mois, fournit les dérivés suivants :

α-Chlorobrométhane ou chlorobromure d'éthylidène, CH^3-$CHBrCl$. — Liquide très mobile, bouillant à 84-84°,5 (p = 750 millimètr.), encore liquide à — 20°, dont le poids spécifique à 16° est de 1,666. Odeur agréable, rappelant le chloroforme, goût douceâtre ; attaquable à la longue seulement par la potasse alcoolique.

α-Chlorodibrométhane, CH^3-CBr^2Cl. — Liquide très mobile, incolore, d'une odeur rappelant l'essence de térébenthine, bouillant à 123-124° (p = 753^{mm}) encore liquide à — 20°. Poids spécifique à 16° = 2,134. Attaquable au bout d'un quar d'heure par la potasse alcoolique.

β-Chlorodibrométhane, CH^2Br-$CHBrCl$. — Liquide incolore, d'odeur semblable à celle du précédent, bouillant à 162,5-163°, encore liquide à — 20°. Poids spécifique à 16° = 2,268, attaquable de suite par la potasse alcoolique.

α-Chlorotribrométhane, CH^2Br-CBr^2Cl. — Il bout de 200 à 201° (p = 735 millimètres) en se décomposant très légèrement, ce qui le rend un peu jaune. Mais une exposition de quelques minutes à la lumière du soleil le ramène à l'état incolore. A 170-171° sa tension de vapeur est égale à 335 millimètres, et, à 285 millimètres, à la température de 165-167°. Il ne se congèle pas à — 20°. Son poids spécifique à 16° est égal à 2,602. La potasse alcoolique l'attaque de suite.

α-Chlorotétrabrométhane, $CHBr^2$-CBr^2Cl. — Corps solide cristallisé, incolore, fusible à 32-33°. Il bout sous la pression de 285 millimètres à 200-205°. Poids spécifique à 16° = 3,366.

Chlorure d'éthylidène [Bunte, *Bull. Soc. chim.*, t. XXI, p. 451 ; *Ann. Chem. Pharm.*, t. CLXX, p. 305 ; — Kind, *Bull. Soc. chim.*, t. XII, p. 277, et *Zeitschr. Chem.*, 1869, p. 165]. Le chlorure d'éthylidène, traité par le sulfite de sodium en solution aqueuse à 140° pendant vingt-quatre heures, donne du chloréthylsulfonate de sodium et de l'aldéhyde-sulfite sans autre produit.

Dérivés bromés du chlorure d'éthylidène [Denzel, *mém. cit.* ; *Deutsch. chem. Gesellsch.*, 1878, p. 1740].

α-Dichlorobrométhane, CH^3-$CBrCl^2$. — Liquide bouillant à 98-99° (p = 758 millimètres) ; poids spécifique à 16° = 1,752 ; encore liquide à — 20° ; attaquable par la potasse alcoolique froide, mais après un assez long temps.

α-Dibromodichloréthane, CH^2Br-$CBrCl^2$. — Il bout à 176-178° en devenant jaune. A froid il redevient incolore. Encore liquide à — 20°. Poids spécifique à 16° = 2,270.

α-Tribromodichloréthane, $CHBr^2$-$CBrCl^2$. — Corps huileux bouillant entre 215 et 220°.

Tétrabromodichloréthane, CBr^3-$CBrCl^2$. — Cristaux incolores qui dégagent du brome à 175° et fondent à 180° en se décomposant.

α-Dibrométhane (bromure d'éthylidène),

$$CH^3\text{-}CHBr^2.$$

— Liquide bouillant entre 109-110° (p = 751^{mm}).

α-Tribromethane, CH^3-CBr^3. — Liquide bouillant à 187-188° (p = 721 millimètres).

Tétrabrométhane (par le bromure d'éthylène bromé et le brome). — Liquide bouillant à 195-197° (p = 300^{mm}), et à 225-227° (p = 732^{mm}), sans décomposition.

Pentabrométhane, C^2HBr^5. — Corps fusible à 54°, bouillant à 210° (p = 300 millimètres), en se décomposant notablement.

Chloropentabrométhane, C^2ClBr^5. — Corps fusible à 170° en se décomposant vivement. Il se colore en jaune à 130°.

IODURE D'ÉTHYLE. — Suivant Paterno, l'alcool aqueux est préférable à l'alcool absolu dans la préparation de ce composé. Le rendement serait supérieur [*Deutsch. chem. Gesellsch.*, 1874, p. 592].

Il se produit en quantité théorique quand on sature de gaz iodhydrique l'éther éthylique [Silva, *Bull. Soc. chim.*, t. XXIV, p. 50].

Hagen a donné, pour la densité, le point d'ébullition et l'indice de réfraction de ce composé, les chiffres suivants : d = 1,9350 à 0° ; t = 73° (pression de 762^{mm}).

$$p = 1{,}48775 + \frac{0{,}87775}{\lambda^2}$$

[*Bull. Soc. chim.*, t. X, p. 355, et *Poggend. Ann.*, t. CXXIII, p. 595].

Berthelot a trouvé par le calcul que sa chaleur de formation était égale à l'état liquide à 6 cal. [*Bull. Soc. chim.*, t. XXVIII, p. 449].

Le couple zinc-cuivre décompose l'iodure d'éthyle en donnant de l'iodéthylure de zinc (voyez ZINC-ÉTHYLE, Suppl., p. 697).

Suivant Gust. Niederist, il est complètement décomposé en alcool et acide iodhydrique quand on le chauffe quinze heures à 100° avec 15 fois son poids d'eau [*Liebig's Ann.*, t. CLXXXVI, p. 388, et *Bull. Soc. chim.*, t. XXIX, p. 220]. Il se décompose de même en donnant du bromure d'éthyle quand on le porte à 180° avec du bromure de mercure [de Montgolfier et Giraud, *Compt. rend.*, t. LXXXVIII, p. 653]. L'acide iodhydrique le réduit à 275° en iode et éthane [Berthelot, *Bull. Soc. chim.*, t. VII, p. 55].

L'anhydride sulfurique l'attaque; il se dépose de l'iode et il se forme de l'acide éthylsulfurique. La monochlorhydrine sulfurique agit de même. On prépare aisément de l'éthylsulfate de baryum avec le produit de la réaction [Wroblewski, *Bull. Soc. chim.*, t. VII, p. 354, et t. XI, p 148, et *Zeitschr. Chem.*, 1869, p. 280, et 1868, p. 563].

Diiodéthane [Syn. *Iodure d'éthylidène*],

$$CH^3\text{-}CHI^2$$

[Gustavson, *Bull. Soc. chim.*, t. XXII, p. 13]. Il s'obtient par l'action de l'iodure d'aluminium sur le chlorure d'éthylidène mêlé de sulfure de carbone. C'est une huile bouillant de 177 à 179° en se décomposant un peu chaque fois. Il paraît identique au biiodhydrate d'acétylène de Berthelot. Ce composé, traité par une solution alcoolique faible de potasse, donne des rendements avantageux d'éthylène iodé.

On obtient encore de l'iodure d'éthylidène en faisant passer de l'acide iodhydrique sur l'éthylène bromé [Friedel, *Bull. Soc. chim.*, t. XXII, p. 110].

FLUORURE D'ÉTHYLE [Mac Ivor Emerson, *Chem. News*, t. XXXII, p. 232]. — Suivant l'auteur, ce composé serait gazeux dans les circonstances ordinaires de température et de pression.

ÉTHERS DES OXACIDES MINÉRAUX.

AZOTATE D'ÉTHYLE. — On prépare de grandes quantités de cet éther par le procédé suivant : 400 grammes d'acide azotique monohydraté pur, préalablement avec 15 grammes d'azotate d'urée par litre, et 300 grammes d'alcool absolu additionné de 100 grammes de nitrate d'urée, sont distillés à moitié dans une cornue tubulée. On ajoute alors la même quantité d'acide et d'alcool et on distille de nouveau. Les 100 grammes de nitrate d'urée suffisent pour 6 à 7 kilogrammes d'éther. Si l'on observait pourtant des vapeurs rouges il faudrait en rajouter [Lossen, *Bull. Soc. chim.*, t. X, p. 411, et *Zeitschr. Chem.*, 1868, p. 399].

On peut encore le préparer très rapidement en faisant réagir un mélange bien refroidi de 2 p. d'acide sulfurique et de 1 p. d'alcool, sur un mélange, également bien refroidi, d'acide azotique monohydraté (1 p.) et d'acide sulfurique (2 p.). Le premier mélange est introduit lentement dans le second et l'éther vient surnager après quelques instants [Champion, *Bull. Soc. chim.*, t. XXII, p. 178, et *Compt. rend.*, t. LXXVIII, p. 1150].

On peut enfin dans un mélange de 3 volumes d'acide sulfurique et de 1 volume d'acide azotique ($d = 1{,}36$) bien refroidi verser, pour 150 centimètres cubes de ce mélange, 50 centimètres cubes d'alcool en agitant constamment [Chapman et Smith, *Jahresb. Chem.*, 1867, p. 551].

L'alcool réduit l'azotate d'éthyle à l'état d'azotite en se transformant lui-même en aldéhyde [Bertrand, *Bull. Soc. chim.*, t. XXXIII, p. 566].

De même avec l'acide sulfurique on a de l'acide éthylsulfurique [*loc. cit.*, *Bull. Soc. chim.*, t. XI, p. 148, *Zeitschr. Chem.*, 1868, p. 563].

HYPOAZOTITE D'ÉTHYLE [Syn. *Diazoéther*, *Diazoxéthane*], $Az^2O^2(C^2H^5)^2$ [W. Zorn, *Deutsch. chem. Gesellsch.*, 1878, p. 1630, et *Bull. Soc. chim.*, t. XXXII, p. 514]. — Ce composé prend naissance dans l'action de l'iodure d'éthyle étendu d'éther sur l'hypoazotite d'argent mêlé de sable. Il ne faut employer que 5 grammes de sel d'argent à la fois. La réaction qui est très vive étant terminée, on évapore l'éther et l'iodure d'éthyle dans un courant d'acide carbonique, on lave le résidu à l'eau et on le sèche sur du sulfate de cuivre anhydre. On obtient ainsi un liquide incolore, insoluble dans l'eau et plus léger qu'elle, insoluble aussi dans l'acide chlorhydrique et la potasse, d'odeur éthérée assez agréable, particulière et persistante. Ce corps très dangereux est à peine moins explosible que le chlorure d'azote. Un échauffement faible (une fois 45°), le choc, un ébranlement mécanique faible suffisent à le faire détoner. Il ne paraît pourtant pas se décomposer spontanément. Sa composition, confirmée par sa densité de vapeur, conduit à la formule $(AzOC^2H^5)^2$. Cette densité de vapeur, prise dans la vapeur de sulfure de carbone et d'acétate de méthyle, a été trouvée égale à 4,14 et 3,94. Dans la vapeur de chloroforme il y a eu décomposition.

L'eau détruit vivement ce corps à 40° en azote, aldéhyde et alcool. L'étain et l'acide chlorhydrique fournissent de l'alcool, de l'azote et de faibles traces d'amine. Ces résultats conduisent à la formule $C^2H^5\text{-}O\text{-}Az = Az\text{-}O\text{-}C^2H^5$.

ACIDE SULFOVINIQUE [Claesson, *Journ. prakt. Chem.* (2), t. XIX, p. 231, et *Bull. Soc. chim.*, t. XXXIV, p. 49; — Villiers, *Compt. rend.*, t. XCI, p. 62]. Des recherches de ces auteurs il résulte que lorsque l'acide sulfurique réagit sur l'alcool, surtout si la température est élevée vers 100°, l'éthérification atteint rapidement son maximum. Villiers a montré que, plus tard, cette valeur diminue par suite de la formation d'oxyde d'éthyle jusqu'à ce qu'après un temps plus ou moins long il se fasse un équilibre stable entre l'éther, l'eau, l'alcool et l'acide sulfurique. Voici une des tables données par Villiers, qui indique, à 100° et à 44°, en centièmes la proportion d'acide sulfovinique formé :

A 100° : $H^2SO^4 + C^2H^6O$		$+ 2C^2H^6O$	$+ 4C^2H^6O$
D'abord	59	74,6	83,2
Après 15 minutes	58	72,0	»
— 2 h. 1/2	49,3	64,3	76
— 26 h.	45,5	45,5	53,9
— 69 h.	45,5	45,3	34.1
— 154 h.	»	44,1	32,1

A 44° : $H^2SO^4 + C^2H^6O$		$+ 1/4\,H^2O$	$+ 1/2\,H^2O$
D'abord	59,0	53	48,4
Après 69 jours	48,7	42,1	39,4
— 142 jours	44,5	37,9	36,0
— 221 jours	44,5	37,4	33,6

L'acide sulfovinique se produit aussi par l'action de l'acide chlorhydrosulfurique (SO^3HCl) sur l'alcool. Mazurowska avait annoncé à tort que le sulfate neutre d'éthyle prenait naissance dans ces circonstances (Claesson).

Suivant Berthelot, quand on mélange à froid, de manière à empêcher toute élévation de température, l'alcool et l'acide sulfurique, il se produirait lentement un acide sulfovinique particulier, moins stable, ainsi que ses sels, que l'acide ordinaire. D'autres chimistes n'ont pas confirmé cette affirmation.

Sulfovinates. — Phipson recommande pour préparer le sulfovinate de calcium de mêler volumes égaux d'alcool et d'acide sulfurique, de chauffer huit à dix heures à 100° le mélange, puis de le verser par petites portions dans 20 p. d'eau froide. On neutralise par un petit excès de chaux caustique, on chauffe une demi-heure au bain-marie avec un peu de carbonate de calcium, puis on évapore au-dessous de 100° et on conserve les cristaux en un lieu sec.

L'acide chlorhydrique sec, dirigé sur le sulfovinate de potassium anhydre, ne l'attaque que superficiellement en dégageant du chlorure d'éthyle. A 100°, l'attaque est profonde; à 200°, elle est complète avec formation de chlorure d'éthyle et de bisulfate de potassium. Dans les mêmes circonstances le sel de baryum est simplement liquéfié à froid par le gaz chlorhydrique; à 100° la décomposition est complète [Kœhler, *Bull. Soc. chim.*, t. XXXII, p. 193, et *Deutsch. chem. Gesellsch.*, 1878, p. 1929].

Le sulfovinate de potassium, chauffé avec du carbonate d'ammonium, donne des quantités notables d'éthylamines (1) [Ernst Schmidt, *Deutsch. chem. Gesellsch.*, 1878, p. 728].

Le sel de baryum, chauffé dans les mêmes circonstances avec du sulfate d'ammoniaque, fournit des traces d'éthylamines, de l'acide sulfureux, des carbylamines, de l'acide carbonique, du gaz oléfiant et des traces de mercaptan [Kœhler, *Deutsch. chem. Gesellsch.*, 1878, p. 1926].

Chauffé avec le chlorure de benzoyle, le sulfovinate de potassium donne du benzoate d'éthyle, du chlorure d'éthyle et du pyrosulfate de potassium.

Sulfovinate de baryum. — A 21°,7, sa densité est de 2,080; à 22°,6, de 2,0714 [Geppert, *Deutsch. chem. Gesellsch.*, 1878, p. 1506].

CHLORURE ÉTHYLSULFURIQUE, $C^2H^5O.SO^2.Cl$. — Ce composé se prépare aisément par l'action du chlorure de sulfuryle sur l'alcool. On ajoute ce dernier goutte à goutte au chlorure. La réaction étant terminée à l'aide d'une douce chaleur, on verse le produit dans de l'eau glacée et on sèche sur de l'anhydride phosphorique l'huile qui se sépare (Paul Behrend).

Ce composé prend encore naissance par l'action du chlorure d'éthyle en excès sur l'anhydride sulfurique. Il se forme en même temps de l'acide éthylsulfonique chloré, transformable en acide iséthionique (de Purgold). On peut encore le préparer par l'action du chlorure de phosphore sur le sulfovinate de potassium, ou par l'action de l'acide sulfurique fumant sur l'éther chlorocarbonique (de Purgold).

Ce composé est un liquide incolore, d'odeur très vive, piquant fortement les yeux, très réfringent. Sa densité à 0° est de 1,379. Il est insoluble dans l'eau froide; l'eau chaude le décompose lentement. Les alcalis mêmes ne l'attaquent que lentement à froid. Il ne distille sous la pression ordinaire qu'en se décomposant. Dans le vide il bout de 80 à 82° [De Purgold, *Bull. Soc. chim.*, t. XI, p. 344, et *Compt. rend.*, t. LXVII, p. 451; — Kuhlmann, *Ann. Chem. Pharm.*, t. XXXIII, p. 108; — Paul Behrend, *Deutsch. chem. Gesellsch.*, 1876, p. 1334; *Bull. Soc. chim.*, t. XXVII, p. 507].

Etendu d'éther et traité par l'ammoniaque, ce chlorure donne une masse cristalline blanche qui est sans doute l'amide sulfovinique. Avec l'aniline on obtient l'acide sulfanilique [Wenghœffer, *Bull. Soc. chim.*, t. XXVIII, p. 372, et *Deutsch. chem. Gesellsch.*, 1877, p. 441].

SULFATE D'ÉTHYLE, $(C^2H^5)^2SO^4$. — Ce composé se forme :

1° Par l'action de l'acide sulfurique sur l'alcool. On peut l'extraire au moyen du chloroforme qui, étant abandonné, laisse l'éther (Claesson, Villiers);

2° Par l'action du chlorure d'éthylsulfuryle ($C^2H^5SO^3Cl$) sur l'alcool; on verse ce dernier goutte à goutte dans le chlorure; il se forme aussi de l'acide sulfovinique (Claesson, Behrend);

3° Par distillation lente de l'acide sulfovinique dans le vide à 140° (Claesson, Villiers);

4° Par l'action du sulfate d'argent sur l'iodure d'éthyle (Stempnewsky).

Mais le meilleur mode de préparation paraît consister à traiter l'éther ordinaire par l'anhydride sulfurique.

Il bout, suivant Claesson, à 208° en se décomposant un peu. L'eau l'altère lentement, l'alcool rapidement, en donnant de l'acide sulfovinique et de l'éther. L'acide sulfurique le détruit; c'est ce qui cause la faiblesse du rendement de la distillation de l'acide sulfovinique dans le vide.

L'huile lourde de vin paraît être du sulfate neutre d'éthyle pour la plus forte partie [Paul Behrend, *loc. cit.*, — Mazurowska, *Bull. Soc. chim.*, t. XXVII, p. 59, et *Journ. prakt. Chem.*, (2) t. XIII, p. 158; — Claesson, *loc. cit.*, — Villiers, *loc. cit.*].

Le sulfate d'éthyle dissous dans la benzine et traité par l'ammoniaque sèche donne lieu à la réaction suivante :

$$5(C^2H^5)^2SO^4 + 5AzH^3$$
$$= (C^2H^5)^4Az.SO^4C^2H^5 + C^2H^5.H^3Az.SO^4C^2H^5 + 3AzH^4.SO^4C^2H^5.$$

L'éthylamine et les autres bases organiques réagissent d'une manière analogue [Peter Claesson et Carl Lundwall, *Deutsch. chem. Gesellsch.*, 1880, p. 1699].

SULFATE D'ÉTHYLE ET DE MÉTHYLE. — Ce composé, obtenu par l'action de l'alcool méthylique sur le chlorure éthylsulfurique, est un liquide neutre, faiblement jaunâtre, noircissant par la chaleur et décomposable instantanément par l'eau avec production d'acide sulfovinique [Paul Behrend, *mém. cité*].

ACIDE ÉTHYLTHIOSULFURIQUE, $C^2H^5S\text{-}SO^2OH$ [Spring, *Bull. Soc. chim.*, t. XXIII, p. 267, et *Deutsch. chem. Gesellsch.*, 1874, p. 1151]. — On obtient le sel de sodium de cet acide en faisant agir l'iode sur un mélange de mercaptan et de sulfite de sodium.

Bunte [*Bull. Soc. chim.*, t. XXII, p. 265, et *Deutsch. chem. Gesellsch.*, 1874, p. 646] le prépare sans difficulté par l'action du bromure d'éthyle sur l'hyposulfite de sodium; on fait bouillir quelques heures au réfrigérant ascendant. La solution, évaporée à sec à une douce chaleur, est extraite par l'alcool bouillant. Le sel se dépose en une bouillie de feuillets à six pans, minces et brillants comme la soie. Ce sel, $C^2H^5S.SO^3Na$, est décomposé par l'acide chlorhydrique en mercaptan et acide sulfurique. Il se détruit vers 100° suivant l'équation

$$2C^2H^5S^2O^3Na = (C^2H^5)^2S^2 + S^2O^6Na^2.$$

Au delà de 100° on a $S^2O^6Na^2 = SO^2 + SO^4Na^2$. Avec un sel mercurique on a un précipité blanc qui, à chaud, donne du mercaptide de mercure.

Le sel de *baryum* a pour formule

$$(C^2H^5S^2O^3)^2Ba, + 2H^2O$$

[Smith, *Deutsch. chem. Gesellsch.*, 1869, p. 382].

Traité par le perchlorure de phosphore, le sel de sodium fournit un chlorure peu stable même à froid et qui, à chaud, se décompose en donnant $(C^2H^5)^2S^2$, SO^2 et SO^2Cl^2. Ramsay [*Deutsch chem. Gesellsch.*, 1875, p. 764] a obtenu dans ces circonstances du bisulfure d'éthyle sans chlorure de sulfuryle, et une huile brune soluble dans l'alcool avec une couleur écarlate.

L'amalgame de sodium transforme les éthylthiosulfates en mercaptan et sulfites [Voyez aussi

(1) D'après mes expériences, il ne se forme que des traces d'éthylamine. A. H.

R. Otto. *Bull. Soc. chim.*, t. XIII, p. 530, et *Zeitschr. Chem.*, 1870, p. 25].

CHLORURE ÉTHYSULFUREUX, C^2H^5OSOCl. — Il se produit par l'action du perchlorure de phosphore sur le sulfite d'éthyle. C'est un liquide bouillant vers 122°, difficile à séparer de l'oxychlorure de phosphore formé en même temps. L'eau le décompose. A 180° le perchloruro de phosphore le décompose avec formation de chlorure de thionyle [Michaelis et G. Wagner, *Deutsch. chem. Gesellsch.*, 1874, p. 1073].

CHLORURE ÉTHYLPHOSPHOREUX, $PCl^2OC^2H^5$. — Ce produit prend naissance dans l'action de molécules égales de trichlorure de phosphore et d'alcool absolu. L'alcool étant versé goutte à goutte sur le chlorure refroidi, on distille le produit de la réaction en recueillant ce qui passe à 117°, point d'ébullition de ce composé. C'est un liquide limpide très réfringent, fumant à l'air, dont le poids spécifique, à 0°, est de 1,316. L'eau le décompose avec formation de chlorure d'éthyle, d'acides chlorhydrique et phosphoreux. Le brome le transforme en bromure d'éthyle et oxychlorobromure de phosphore [Menchoutkine, *Ann. Chem. Pharm.*, t. CXXXIX, p. 343; — H. Wichelhaus, *Deutsch. chem. Gesellsch.*, 1868, p. 77]; traité par le zinc-éthyle il donne naissance à l'oxyde de triéthylphosphine (?) (Wichelhaus).

CHLORURE SULFÉTHYLPHOSPHOREUX, $PCl^2SC^2H^5$. — Ce composé, analogue au précédent, se prépare en versant lentement 210 grammes de chlorure de phosphore sur 100 grammes de mercaptan. On chasse par l'acide carbonique l'acide chlorhydrique formé et l'on distille. Il passe beaucoup de trichlorure de phosphore lié à la formation de sulfophosphite d'éthyle. Le chlorure est un liquide incolore bouillant à 172-175°, d'odeur piquante rappelant celle du mercaptan. A 12°, son poids spécifique est égal à 1,30. Avec l'eau il donne les acides chlorhydrique et phosphoreux ainsi que du mercaptan. Traité par le brome, il fournit le sulfochlorobromure de phosphore $PCl^2(SC^2H^5) + Br^2 = C^2H^5Br + PSCl^2Br$. [Michaëlis, *Deutsch. chem. Gesellsch.*, 1872, p. 7].

ÉTHER TRISULFOPHOSPHOREUX, $P(SC^2H^5)^3$. — Ce corps, obtenu dans la préparation du précédent, est un liquide incolore, d'odeur désagréable différente de celle du mercaptan, bouillant à 240-280° avec légère décomposition. L'eau ne l'attaque que lentement, aussi peut-on le séparer de cette façon du précédent.

ÉTHERS PHOSPHORIQUES. — Quand on fait réagir le chlore ou le brome sur le mélange de trichlorure de phosphore (1 moléc.), et d'alcool absolu (2 moléc.) ou sur le phosphite d'éthyle, on obtient des liquides fumant à l'air qui paraissent devoir être

$$POCl^2(OC^2H^5),\quad POCl(OC^2H^5)^2$$

et

$$POBr^2(OC^2H^5),\quad POBr(OC^2H^5)^2.$$

L'eau les décompose, en effet, avec formation des acides éthylphosphoriques correspondants.

L'éther $POCl^2(OC^2H^5)$ bout à 161° et est inattaquable à froid par le chlore et le brome. A 100° le brome donne lieu à la formation de bromure d'éthyle et le résidu traité par le carbonate d'argent et l'eau donne un liquide doué de propriétés décolorantes (ClOH) (?) (Wichelhaus).

ÉTHER SULFOPHOSPHORIQUE, $PS(OC^2H^5)^3$. — Il prend naissance par l'action du sulfochlorure de phosphore sur l'éthylate de sodium. C'est un liquide huileux, plus lourd que l'eau, décomposé par la distillation [Wichelhaus, *Bull. Soc. chim.*, t. X, p. 396, et *Deutsch. chem. Gesellsch.*, 1868, p. 77; — Chevrier, *Bull. Soc. chim.*, t. XII, p. 373].

BROMURE PYROSULFOTRIOXÉTHYLPHOSPHORIQUE,

$$P^2S^3Br(OC^2H^5)^3.$$

— On traite le sulfobromure de phosphore, $(P^2S^3Br^4)$ (100 gr.), par l'alcool absolu (70 gr.), en agitant soigneusement. L'huile jaune formée, lavée à l'eau, séchée sur l'acide sulfurique et traitée de nouveau par l'alcool absolu, fournit le corps pur. C'est un liquide jaunâtre, fumant à l'air, ne bouillant pas sans altération. D à 19°, = 1,3567. Digéré longtemps avec de l'alcool, il donne le *pyrosulfophosphate d'éthyle*, $P^2S^3(OC^2H^5)^4$, liquide jaunâtre, d'odeur de térébenthine, distillable avec la vapeur d'eau, dont la densité, à 17°, est égale à 1,1892.

Lorsqu'on fait digérer le bromure dont il s'agit à 40°, avec de l'alcool aqueux, on obtient par évaporation de beaux cristaux qu'on prépare aisément par l'alcool et le sulfobromure PS^2Br. Ces cristaux clinorhombiques, incolores, fusibles à 71°,2, ont pour composition

$$P^2S^3(SC^2H^5)^2(OC^2H^5)^2,$$

et possèdent, à 25°, un poids spécifique de 1,3175 [Michaëlis, *Bull. Soc. chim.*, t. XVIII, p. 443, et *Deutsch. chem. Gesellsch.*, 1872, p. 6].

ACIDE ÉTHYLSULFOPHOSPHORIQUE,

$$PS(OC^2H^5)(OH)^2$$

[Cloez, *Compt. rend.*, t. XXIV, p. 388]. — Cet acide, dont les sels sont très facilement solubles, prend naissance dans l'action du chlorosulfure de phosphore sur l'alcool aqueux.

ACIDE DISULFODIÉTHYLPHOSPHORIQUE,

$$PS(SC^2H^5)(OC^2H^5)OH$$

[Carius, *Beiträge zur Theorie der mehrbasischen Säuren*]. Sirop incolore, cristallisant difficilement. Il prend naissance dans l'action du pentasulfure de phosphore sur l'alcool. Le disulfophosphate d'éthyle étant précipité par l'eau, on ajoute à la solution du chlorure de mercure. Le sel précipité, séché à température ordinaire, cristallisé dans la benzine et traité par l'acide sulfhydrique, fournit l'acide. La chaleur en dégage du mercaptan et de l'acide sulfhydrique. Ses sels sont assez solubles. Ont été préparés ceux de potassium, sodium, calcium, plomb, argent et mercure. L'un d'eux, traité par le perchlorure de phosphore, fournit le chlorure $PS(SC^2H^5)(OC^2H^5)Cl$, liquide lourd, d'odeur piquante, que l'eau décompose aisément.

Trisulfophosphate d'éthyle, $PS^3O(C^2H^5)^3$. — L'anhydride phosphorique, en agissant sur le mercaptan, donne lieu à la réaction

$$P^2O^5 + 5C^2H^5.SH$$
$$= PS^3O(C^2H^5)^3 + PS^2O^2(C^2H^5)^2H + 2H^2O.$$

L'éther se sépare en couche huileuse qu'on lave et qu'on sèche. On l'obtient encore par l'action de l'oxychlorure de phosphore sur le mercaptan. L'eau le décompose lentement, les alcalis rapidement.

SULFARSÉNIATE D'ÉTHYLE. — L'iodure d'éthyle, chauffé deux jours à 100° avec le sulfarséniate de sodium, donne une liqueur limpide, laissant déposer des aiguilles déliées, jaune orange, un peu solubles dans l'alcool, l'éther, le sulfure de carbone, le chloroforme. Ce serait l'éther $AsS^4(C^2H^5)^3$ [Masing, *Bull. Soc. chim.*, t. XII, p. 487, et *Zeitschr. Chem.*, 1869, p. 350].

Chlorure disulféthylarsénieux, $AsCl(SC^2H^5)^2$. — On l'obtient par l'action du mercaptan sur le chlorure d'arsenic. Il bout à 150° en se décomposant. Le mercaptide de sodium le transforme en *sulfarsénite d'éthyle*, $As(SC^2H^5)^3$, huile lourde, incolore, d'odeur désagréable, que la chaleur décompose en arsenic et bisulfure d'éthyle [Claesson, *Bull. Soc. chim.*, t. XXV, p. 183].

E. Demarçay.

ÉTHYLMALONIQUE (ACIDE),

$$C^5H^8O^4 = C^2H\text{-}CH(CO^2H)^2.$$

— C'est un des acides pyrotartriques. (Voyez t. II, p. 1263, et Suppl.).

ÉTHYLNAPHTALINE. — Voyez t. II, p. 510.

ÉTHYLPHÉNOL. — Voyez t. II, p. 830.

ÉTHYLTOLUÈNE, $C^9H^{12} = C^6H^4(CH^3)(C^2H^5)$. — On connaît cet hydrocarbure sous forme de modifications méta et para.

Métaéthyltoluène. — Obtenu à l'aide d'un mélange de bromure d'éthyle, de métabromotoluène, d'éther anhydre et de sodium. Liquide incolore, bouillant vers 158-159°, d'une densité de 0,869 à 20°. Les oxydants le transforment en acide isophtalique. Avec l'acide sulfurique, il donne deux acides *monosulfoconjugués* isomériques. Le sel de *baryum* de l'un des acides $(C^9H^{11}.SO^3)^2Ba + 6H^2O$, cristallise en beaux et grands cristaux, peu solubles dans l'eau; le sel de l'autre acide est, par contre, très soluble et se présente en petits prismes [E. Wroblewsky, *Ann. Chem. Pharm.*, t. CLXVIII, p. 153.]

Paraéthyltoluène. — Découvert par Glinzer et Fittig, et obtenu à l'état de pureté par Jannasch et Dieckmann en faisant agir le sodium sur un mélange de parabromotoluène, d'iodure d'éthyle et de benzine; il est bon de n'opérer à la fois que sur 30 grammes de corps bromé. Liquide bouillant vers 161-162° et se solidifiant dans un mélange réfrigérant. Densité à 21° = 0,8652. Traité à froid par l'acide nitrique, il fournit deux dérivés *dinitrés* isomériques, l'un liquide, l'autre cristallisé en tables ou prismes clinorhombiques, fusibles à 52° et très solubles dans l'alcool bouillant. Ces deux dérivés nitrés sont transformés par le mélange nitrosulfurique en un seul *trinitroparaéthyltoluène* cristallisant dans l'alcool en prismes durs, groupés en étoiles et fusibles à 92°. [E. Glinzer et R. Fittig, *Ann. Chem. Pharm.*, t. CXXXVI, p. 303; — P. Jannasch et A. Dieckmann, *Deutsch. chem. Gesellsch.*, 1874, p. 1513].

A. Henninger.

ÉTHYLXYLÈNE. — Voyez t. II, p. 890.

ETTIDINE, $C^{15}H^{19}Az$. — Cet alcaloïde est un homologue de la quinoléine. Il a été signalé par Greville Williams [*Zeitschr. Chem.*, 1867, p. 427], parmi les produits du fractionnement de la quinoléine. Les produits passant à une température élevée ne pouvant être complètement purifiés par distillation, l'auteur a employé la méthode des précipitations fractionnées par le chlorure de platine. Le chloroplatinate d'ettidine renferme $(C^{15}H^{19}Az, HCl)^2PtCl^4$.

ETTRINGITE (Min.). — Sulfate hydraté de calcium et d'aluminium,

$$Al^2O^3, 3SO^3, 6CaO + 32H^2O.$$

Se trouve dans les cavités d'un calcaire dans la lave du Bellenberg, près Ettringen, près de Laach (Prusse rhénane).

Petites aiguilles prismatiques, à clivage *m* parfait, blanches.

Densité, 1,75; Dureté, environ 2.

Forme cristalline. — Hexagonal, $mb^1 = 137° 27'$.

EUCALYPTUS. — L'*eucalyptus globulus* est un arbre de la famille des myrtacées, originaire de l'Australie. Ses feuilles et son bois renferment une résine brune dont on a pu extraire :

1° du tannin;
2° du tannate de potassium;
3° de l'alcool cérylique;
4° un acide particulier (Hartzer);
5° de la pyrocatéchine (Flückiger);
6° un alcaloïde encore peu étudié (Rabuteau);

Pour isoler l'acide mentionné plus haut, on traite par l'éther les feuilles d'eucalyptus d'abord épuisées par l'alcool; le résidu de l'évaporation de l'éther est saponifié par la potasse, et la solution précipitée par l'acide acétique laisse déposer un acide cristallisable dans l'alcool, fusible à 245-247° et renfermant environ 77 de carbone et 11 d'hydrogène [Hartzer, *Deutsch. chem. Gesellsch.*, 1876, p. 314].

Par la distillation, soit de la résine, soit du bois d'eucalyptus, on obtient une huile essentielle, qui, fractionnée passe en majeure partie vers 175°. C'est un liquide incolore, d'une densité de 0,905, dextrogyre; peu soluble dans l'eau, soluble dans l'alcool. Cloez lui attribue la formule $C^{12}H^{20}O$; sa densité de vapeur est 5,92 (théorie, 6,22). C'est donc un homologue du camphre. On le désigne sous le nom d'*eucalyptol* [Cloez, *Compt. rend.*, t. LXX, p. 687].

L'acide azotique ordinaire l'attaque lentement en fournissant un acide cristallisable (acide téréphtalique)?

D'après Faust et Homeyer, la portion qui bout à 171-174° n'est pas oxygénée. C'est un terpène $C^{10}H^{16}$, que l'acide nitrique transforme en un mélange d'acides paratoluique et téréphtalique [Faust et Homeyer, *Deutsch. chem. Gesellsch.*, 1874, p. 63].

L'eucalyptol, distillé sur l'anhydride phosphorique, donne un hydrocarbure $C^{12}H^{18}$ (Cloez), $C^{10}H^{16}$ (Oppenheim et Pfaff) bouillant à 165° (Cloez) 172° (Oppenheim) et qui est *l'eucalyptène*. L'eucalyptol absorbe aussi l'acide chlorhydrique et se transforme en eucalyptène.

Traité par l'acide sulfurique, l'eucalyptène se transforme en cymène (Faust et Homeyer). Cette réaction plaide en faveur de la formule $C^{10}H^{16}$ pour l'eucalyptène.

M. Hanriot.

EUCHLORINE. — Voyez t. I, p. 876 et Suppl., p. 461.

EUCHLORITE (Min.). — Variété de biotite à un axe négatif.

EUCRASITE (Min.). — Silicate hydraté de thorium, cérium, lanthane, didyme, erbium, etc., paraissant correspondre à une thorite, mélangée d'une assez forte proportion des terres de l'yttria et du cérium. De Barkevig, dans le fjord de Bervig (Norvège).

EUGÉNOL, $C^{10}H^{12}O^2$. Voyez ACIDE EUGÉNIQUE, t. I, p. 1393. — L'eugénol constitue 92 °/₀ de l'huile essentielle de girofle (*Caryophyllus aromaticus*). Le meilleur procédé pour le séparer du carbure d'hydrogène qui l'accompagne est le suivant : On dissout 3 p. d'essence dans une solution d'une partie de potasse caustique dans 10 p. d'eau. Le carbure d'hydrogène se réunit à la surface de la solution. Après avoir enlevé la liqueur alcaline au moyen d'un siphon, on la décompose par l'acide chlorhydrique. L'eugénol se dépose à l'état d'une huile brune que l'on décante pour la laver ensuite à l'eau distillée. On sépare l'eau autant que possible par décantation, et finalement avec du papier filtre et on soumet l'eugénol brut à une distillation. Ainsi préparé, l'eugénol se présente sous forme d'un liquide huileux, très réfringent. Il bout à 247°,5 sous 760 millimètres et possède une densité de 1,0779 à 0°. Il est soluble dans l'alcool, l'éther, l'acide acétique et les alcalis. Sa solution alcoolique colore le chlorure ferrique en bleu et réduit l'azotate d'argent en présence d'ammoniaque. A l'abri de l'air, il ne se colore pas à la lumière. Lorsqu'on oxyde l'eugénol au moyen du mélange chromique, il donne de l'acide acétique, du gaz carbonique et de l'eau [M. Wassermann, *Liebig's Ann.*, t. CLXXIX, p. 366; *Bull. Soc. chim.* t. XXVI, p. 318].

Lorsqu'on traite l'eugénol en solution éthérée

refroidie par le brome, on remarque un dégagement d'acide bromhydrique, et, après distillation de l'éther, il reste une huile brune qui renferme du brome; cette huile saponifiée par l'eau bouillante donne un composé soluble dans l'eau, qui fournit par oxydation une très petite quantité d'une substance douée de l'odeur de la vanilline [E. Grimaux. *Communication particulière*].

D'après Kingzett et Hake, l'essence de girofle donne la réaction de Pettenkofer, comme les acides de la bile [*Deutsch. chem. Gesellsch.*, 1878, p. 298].

Lorsqu'on distille de l'eugénol avec de la baryte et de la poudre de zinc, il passe une huile bouillant à 262°,5, qui donne par oxydation l'acide diméthylprotocatéchique et qui serait, d'après Church, du méthyleugénol [*Deutsch. chem. Gesellsch.*, 1874, p. 1551].

Tiemann, en chauffant l'alcool coniférylique avec de l'eau et de l'amalgame de sodium, a obtenu une huile douée de l'odeur de l'eugénol. Haarmann a remarqué le même fait en fondant la coniférine avec de la potasse. La quantité de cette huile était trop petite pour en permettre l'étude [*Deutsch. chem. Gesellsch.*, 1875, p. 1135].

Lorsqu'on oxyde l'eugénol potassique en solution alcaline avec le permanganate de potassium, il se forme un peu de vanilline et de l'*eugénol polymérisé*, qui est en cristaux fusibles vers 103° [Erlenmeyer, *Deutsch. chem. Gesellsch.*, 1876, p. 273].

L'eugénol, chauffé en solution alcaline avec l'acide monochloracétique, fournit l'*acide oxyeugénylacétique* $(C^{10}H^{11}O)O\cdot CH^2\text{-}CO^2H$, qui cristallise en aiguilles soyeuses, fusibles à 80-81°, solubles dans l'alcool, l'éther et un grand excès d'eau [L. Saarbach, *Journ. prakt. Chem.* (2), t. XXI, p. 151].

DÉRIVÉS ALCOOLIQUES DE L'EUGÉNOL. — L'eugénol fournit de nombreux éthers. On prépare ces composés en chauffant au bain-marie, au réfrigérant à reflux, une solution potassique d'eugénol, en y faisant tomber goutte à goutte un iodure ou un bromure alcoolique.

Allyle-eugénol, $C^{10}H^{11}O^2.C^3H^5$. — Huile jaunâtre, bouillant à 270°, d'une densité de 1,018 à 15° [A. Cahours, *Compt. rend.*, t. LXXXIV, p. 151 et 1195].

Amyle-eugénol, $C^{10}H^{11}O^2.C^5H^{11}$. — Il bout à 285° et possède une densité de 0,976 à 16°; par oxydation, il fournit l'acide *méthyl-amyle-protocatéchique*, $C^{13}H^{18}O^4$ (Cahours).

Éthyle-eugénol, $C^{10}H^{11}O^2.C^2H^5$. — Cahours avait obtenu ce composé par l'action de l'iodure d'éthyle sur l'eugénol potassique en vase clos à 140°. Il se prépare très facilement lorsqu'on ajoute peu à peu 33 p. de bromure d'éthyle à une solution de 50 p. d'eugénol dans 40 p. d'eau renfermant 17 p. de potasse caustique, que l'on chauffe au bain-marie, au réfrigérant à reflux, jusqu'à disparition du bromure d'éthyle. L'éthyle-eugénol se sépare à l'état d'une couche huileuse que l'on lave d'abord à la potasse, puis à l'eau, pour la sécher ensuite par le chlorure de calcium. Après plusieurs rectifications, l'eugénéthyle se présente sous forme d'une huile incolore, douée d'une odeur éthérée, bouillant à 254° sous 760mm; sa densité est de 1,0200 à 0°.

Lorsqu'on soumet l'éthyle-eugénol à la distillation, le thermomètre monte jusqu'à 258° vers la fin, et il reste dans le vase une matière résineuse brune, qui finit par devenir cristalline. Lavée à l'éther, puis soumise à une cristallisation dans l'alcool bouillant, cette masse produit des lamelles blanches, fusibles à 125°, de la formule $C^{12}H^{16}O^2$; c'est l'*éthyle-eugénol polymérisé* [Wassermann, *loc. cit.*].

L'éthyle-eugénol, en solution dans l'acide acétique glacial, fournit par oxydation l'*acide éthoxyméthoxybenzoïque*, $C^6H^3(OCH^3)(OC^2H^5)CO^2H$, qui cristallise en aiguilles fusibles à 190°. Cet acide, chauffé en tubes scellés avec de l'acide iodhydrique, fournit à 130° de l'acide protocatéchique et les iodures d'éthyle et de méthyle; à 135-140° il se forme de la pyrocatéchine, du gaz carbonique et le mélange des iodures.

Lorsqu'on oxyde l'éthyle-eugénol avec une quantité de mélange chromique insuffisante pour former de l'acide éthoxyméthoxybenzoïque, on obtient une petite quantité d'un composé cristallin, doué de l'odeur de la vanilline, qui se combine au bisulfite sodique et qui paraît être l'*éthyle-vanilline* (Wassermann).

Dérivés bromés de l'éthyle-eugénol. — Lorsqu'on fait tomber goutte à goutte du brome dans une solution éthérée bien refroidie et étendue d'éthyl-eugénol, jusqu'à ce que la coloration jaune de brome ne disparaisse plus et qu'on abandonne le mélange à lui-même pendant quelques minutes, on obtient des cristaux de *bromure d'éthyle-eugénol monobromé*. Ce composé, soumis à une cristallisation lente dans l'alcool bouillant, se présente en fines aiguilles blanches réunies en faisceaux, fusibles à 80°, solubles dans l'éther. Elles correspondent à la formule $C^{12}H^{15}Br^3O^2$. Lorsqu'on fait bouillir la solution alcoolique de ce dérivé avec de la grenaille de zinc, on lui enlève les deux atomes de brome fixés par addition. La solution alcoolique évaporée laisse un résidu dont on enlève le bromure de zinc, à l'aide de lavages à l'eau, pour faire cristalliser ensuite le nouveau bromure dans l'alcool bouillant. Par le refroidissement, on obtient des prismes rhombiques transparents, doués d'une fluorescence rose, fusibles à 48°, de la formule $C^{12}H^{15}BrO^2$; c'est l'*éthyle-eugénol monobromé* [Wassermann, *loc. cit.*].

Éthylène-eugénol, $(C^{10}H^{11}O^2)^2C^2H^4$. — Ce composé cristallise en lamelles nacrées, fusibles à 89°, solubles dans l'alcool, l'éther et la benzine. Par oxydation, il fournit l'acide *éthylène-méthylprotocatéchique* (Cahours).

Hexyleugénol, $C^{10}H^{11}O^2.C^6H^{13}$. — C'est une huile bouillant vers 300° (Cahours).

Isobutyleugénol, $C^{10}H^{11}O^2.C^4H^9$, bout à 272-274°; sa densité est de 0,985 à 15°; par oxydation, il fournit l'*acide isobutylméthylprotocatéchique*. L'*isopropyleugénol*, $C^{10}H^{11}O^2.C^3H^7$, bout à 252-254°; à 17°, sa densité est de 0,999 (Cahours).

Méthyleugénol, $C^{10}H^{11}O^2.CH^3$. — Préparé pour la première fois par Graebe et Borgmann. C'est un liquide incolore, bouillant à 237-239° (Graebe et Borgmann), à 244° (Wassermann).

Le méthyleugénol possède une densité de 1,0478 à 0°; son indice de réfraction est de 1,58 [A.-G. Könyöki, *Thèse de Tübingue*, 1879].

Par oxydation, au moyen du dichromate de potassium et de l'acide acétique glacial, il fournit l'*acide diméthoprocatéchique*,

$$C^6H^3(OCH^3)^2CO^2H,$$

qui cristallise en aiguilles fusibles à 180° [Graebe et Borgmann, *Ann. Chem. Pharm.*, t. CLVIII, p. 282; *Bull. Soc. chim.*, t. XVI, p. 144].

Le méthyleugénol fournit deux dérivés bromés analogues à ceux de l'éthyleugénol. Le *bromure de méthyleugénol monobromé*, $C^{11}H^{13}Br^3O^2$, est en fines aiguilles blanches, fusibles à 77-78°, solubles dans l'alcool et l'éther. Traité en solution alcoolique par la grenaille de zinc, il donne le *méthyleugénol monobromé*, $C^{11}H^{13}BrO^2$, qui est une huile incolore bouillant à 190° sous 20mm. Sa densité est de 1,3957 à 0°; son indice de réfraction est de 1,65. Par oxydation, il donne un acide bromé fusible à 147° (Könyöki).

Le méthyleugénol monobromé traité par l'éther

chloroxycarbonique et l'amalgame de sodium, fournit l'éther de l'*acide méthyleugétique*, en même temps il se forme du *mercure-diméthyleugénol*. On sépare l'acide des produits de la réaction en épuisant par l'éther et saponifiant l'éther éthylique au moyen de la potasse bouillante. La solution potassique acidulée par l'acide chlorhydrique laisse déposer des flocons qui, après cristallisation dans l'alcool, se présentent en aiguilles brillantes, fusibles à 180°, de la formule $C^6H^2(OCH^3)^2(C^3H^5)CO^2H$. Cet *acide méthyleugétique* est soluble dans l'alcool et fournit par oxydation, au moyen du permanganate de potassium, un nouvel acide fusible à 162-163°, de la formule $C^{12}H^{12}O^5$, dont la constitution est probablement exprimée par le schéma

$$C^6H^2(OCH^3)^2.CO^2H\text{-}(CH{=}CH\text{-}CHO)$$

[Wassermann, *Compt. rend.*, t. LXXXVIII, p. 1206].

Le *mercure-diméthyleugénol*, $(C^{11}H^{13}O^2)^2Hg$, reste dissous dans le méthyleugénol monobromé non converti en acide méthyleugétique, et peut en être séparé par refroidissement dans un mélange de glace et de sel. Purifié par cristallisation dans l'alcool bouillant, il se présente en aiguilles blanches, fusibles à 140° (Wassermann).

Propyleugénol $C^{10}H^{11}O^2.C^3H^7$. — Il forme un liquide incolore, bouillant à 263-265°, d'une densité de 1,0024 à 16°; oxydé au moyen du permanganate de potassium, il donne l'acide propylméthylprotocatéchique (Cahours).

Propylène-eugénols $(C^{10}H^{11}O^2)^2C^3H^6$. — Deux composés de cette formule ont été décrits. Le premier, correspondant au bromure de triméthylène, est en prismes fusibles à 82°,5; le second, qui dérive du bromure de propylène ordinaire, fond à 56-58° (Cahours).

Acétyleugénol, $C^{10}H^{11}O.OC^2H^3O$. — Tiemann et Nagajosi-Nagai ont obtenu ce composé en faisant bouillir l'eugénol avec de l'anhydride acétique au réfrigérant à reflux pendant trois à quatre heures. Par fractionnement du produit, on obtient une partie qui passe à 270° et se prend par le refroidissement en une masse cristalline, fusible à 30-31°. L'acétyleugénol est soluble dans l'alcool et l'éther. L'acide sulfurique le dissout en se colorant en rouge. Oxydé au moyen du permanganate de potassium, il fournit l'acétovanilline et l'acide acétoalphahomovanillique, que la potasse dédouble en acide acétique et en vanilline et acide alphahomovanillique [*Deutsch. chem. Gesellsch.*, 1876, p. 52; 1877, p. 201; *Bull. Soc. chim.*, t. XXIX, p. 39; voyez aussi t. III, p. 647].

Constitution de l'eugénol. — Les recherches de Cahours ont démontré la nature phénolique de l'eugénol. Erlenmeyer a obtenu de l'iodure de méthyle par l'action de l'acide iodhydrique sur l'eugénol. Dans cette réaction, il reste une résine rouge correspondant à peu près à la formule $C^9H^{10}O^2$, soluble dans la potasse. Il est donc évident que l'eugénol renferme les groupes (OH) et (OCH^3), unis au noyau benzénique. Il reste à établir la constitution du radical C^3H^5 qui entre dans la composition de l'eugénol. Graebe et Borgmann ont transformé le méthyleugénol en acide diméthylprotocatéchique par oxydation, et Wassermann n'a obtenu qu'une seule molécule d'acide acétique par oxydation complète de l'eugénol au moyen du mélange chromique. Tiemann, dans les recherches exécutées avec ses collaborateurs sur la série coniférylique, est arrivé aux mêmes résultats. Le radical C^3H^5 doit donc renfermer un groupe CH^3 uni à C^2H^2. Ce groupe C^2H^2 possède une double liaison, car il fixe deux atomes de brome, d'après les expériences de Wassermann. Nous arrivons donc à la constitution $-CH{=}CH\text{-}CH^3$ pour le radical C^3H^5. Pourtant Erlenmeyer [*Deutsch. chem. Gesellsch.*, 1877, p. 628] semble croire que le groupe C^3H^5 pourrait être de l'allyle $-CH^2\text{-}CH{=}CH^2$, et que, dans ce cas, les transformations de l'eugénol et de ses dérivés s'expliqueraient aussi bien qu'en admettant la constitution précédente. Les preuves expérimentales font défaut à cette manière de voir, et, jusqu'à plus ample informé, nous adopterons la première formule.

La transformation de l'acide éthoxyméthoxybenzoïque soit en acide protocatéchique ou en pyrocatéchine et en iodure d'éthyle et de méthyle nous autorise à admettre dans l'eugénol les mêmes positions pour les radicaux remplaçant les hydrogènes benzéniques que dans la pyrocatéchine, soit 1.3.4, et nous arrivons pour l'eugénol à la formule

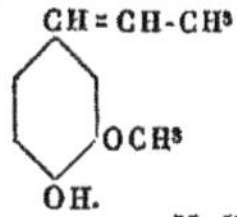

```
   CH=CH-CH³
     /\
    |  |
    |  |OCH³
     \/
    OH.
```

M. Wassermann.

EULYSINE. — Voy. DÉCACRYLIQUE (ACIDE). Suppl. p. 612.

EULYTE. — Voyez CITRACONIQUE (ACIDE) t. I, p. 928 et Suppl., p. 503.

EULYTINE (Min.). — D'après les observations optiques de M. Bertrand, les cristaux d'apparence tétraédrique de l'eulytine sont formés du groupement de quatre cristaux rhomboédriques de 120°; les sommets des quatre rhomboèdres sont réunis au centre du cristal, et les faces p, a^1, a^2, b^1 de la forme tétraédrique correspondent, en réalité, aux faces $e^1, a^1, e^{1/4}, p$ du rhomboèdre. Certains cristaux sont formés de douze cristaux, chaque rhomboèdre de 120°, étant lui-même formé par la réunion de trois cristaux. L'axe optique dans chaque cristal est sensiblement parallèle à l'axe du rhomboèdre de 120°.

EUPHORBONE. — On a extrait de diverses euphorbes des principes différents qui ont tous reçu le nom d'euphorbone.

Flückiger traite le suc de l'*Euphorbia officinarum* par du tannin, additionne le précipité de carbonate de plomb, sèche le mélange et l'épuise par l'alcool bouillant. Le liquide, en partie évaporé, est précipité par l'eau, et ce précipité, purifié par plusieurs cristallisations dans l'alcool, laisse déposer des cristaux mamelonnés incolores; l'euphorbone, presque insoluble dans l'eau, est très soluble dans l'alcool bouillant, l'éther, le chloroforme, l'acide acétique. Elle fond entre 106 et 116°. Elle est neutre, insoluble dans les acides et les alcalis. Sa composition est représentée par la formule $C^{13}H^{22}O$. L'acide azotique la transforme en acide oxalique et en un acide résineux.

L'acide sulfurique concentré la dissout. L'acide azotique, le dichromate et le chlorate de potassium colorent la solution en violet [Flückiger, *Zeitschr. Chem.*, 1868, p. 221 et *Bull. Soc. chim.*, t. X, p. 292].

Hesse traite le suc d'euphorbe par l'essence de pétrole, évapore et reprend le résidu par l'alcool bouillant; par le refroidissement, il se dépose d'abord une résine, puis de l'euphorbone cristallisée. L'analyse a conduit à la formule $C^{15}H^{24}O$. L'euphorbe fond à 113-114°. En solution éthérée à 15°, son pouvoir rotatoire est $[\alpha]_D = +11°,7$; en solution chloroformique $[\alpha]_D = +18°,8$ [O. Hesse, *Liebig's Ann.*, t. CXCII, p. 193].

Hœn précipite par l'acétate de plomb l'extrait aqueux des fleurs d'*Euphorbia cyparissias*. Le précipité, décomposé par H^2S, est épuisé par l'éther, puis dissous dans de l'eau additionnée d'alcool, d'où il cristallise. On obtient de fines aiguilles jaunes, inodores, à saveur amère et astringentes, fusibles à 273°. Presque insoluble dans l'eau froide, peu soluble dans l'eau bouillante, assez soluble dans l'alcool. Elle répond à la formule $C^{30}H^{18}O^{11}$.

Elle se dissout dans les alcalis et les carbonates alcalins avec une couleur jaune foncé, précipite les solutions métalliques, réduit le nitrate d'argent et la liqueur de Fehling. Le chlorure ferrique la colore en vert, puis en brun. Elle se dissout dans l'acide sulfurique et est précipitée par l'eau. Par l'ébullition avec un acide étendu, elle ne donne pas de glucose.

La combinaison plombique est jaune orange.

Le sel de cuivre, $2C^{20}H^{18}O^{11}, 3CuO$, est d'un brun verdâtre.

La fusion avec la potasse la transforme en acide protocatéchique. M. Hanriot.

EUPITTONE [Syn. *Eupittonique* (*acide*), *pittacalle*]. — Voyez Créosote, Suppl., p. 537.

EURALITE (Min.). — Minéral chloritique, provenant de décomposition, et formant des masses d'un vert foncé dont les lames minces offrent, sous le microscope, une structure cristalline et une structure radiée, comme la pyrophyllite; se trouvant dans les fissures d'une diabase péridotique d'Eura, en Finlande. Paraît amorphe, mais se casse sous le marteau en fragments prismatiques.

Densité, 2,62; Dureté, 2,5.

Orthorhombique. Fond facilement en un globule magnétique. Attaquable à l'acide chlorhydrique.

EUXANTHONE (voyez t. I, p. 1396). — Gerhardt avait assigné à l'euxanthone la formule $C^{10}H^{6}O^{3}$. Les analyses de Baeyer confirmées par Salzmann et Wichelhaus, ainsi que l'étude de ses dérivés de substitution, tendent à lui attribuer la formule $C^{13}H^{8}O^{4}$.

L'amalgame de sodium le transforme en flocons blancs se colorant rapidement à l'air.

La poudre de zinc chauffée au rouge sombre fournit de la benzine, du diphényle et un composé, $C^{13}H^{8}O$, le *carbodiphénylène*. Celui-ci cristallise en lamelles blanches, solubles dans l'alcool, l'éther, le chloroforme, à peine solubles dans l'eau. Il fond à 99° et bout à 310-312°.

Traité par l'acide nitrique ou le permanganate, il s'oxyde et donne une substance, $C^{13}H^{8}O^{2}$, cristallisant en longues aiguilles blanches, fusibles à 170-171°, solubles dans l'acide nitrique chaud, l'alcool et la benzine. L'acide nitrique fumant le transforme en un dérivé nitré, $C^{13}H^{6}O^{2}(AzO^{2})^{2}$, cristallisable dans la benzine en lamelles incolores, fusibles à 260°. Le carbodiphénylène $C^{13}H^{8}O$ traité par PCl^{5} donne un dérivé chloré, qui, décomposé par l'eau, reproduit le corps $C^{13}H^{8}O^{2}$.

Traité par le brome, il dégage de l'acide bromhydrique et donne naissance à deux dérivés de substitution : $C^{13}HBr^{7}O$, en prismes obliques jaune clair, peu solubles dans l'alcool, solubles dans la benzine, fusibles à 136°, et $C^{13}H^{2}Br^{6}O$, en tables rhombiques jaunes, solubles dans la benzine, noircissant à 220°, fusibles au-dessus de 280° [Salzmann et Wichelhaus, *Deutsch. chem. Geselsch.*, 1877, p. 1397].

Action de la potasse. — Acide euxanthonique. — La potasse fondante transforme l'euxanthone en acide euxanthonique, et, par une action plus prolongée, en hydroquinone. L'acide euxanthonique renferme $C^{13}H^{10}O^{5}$. C'est un acide faible, qui donne avec le sous-acétate de plomb un précipité rougeâtre. Le chlorure ferrique le colore en rouge, tandis qu'il colore l'euxanthone en vert.

Chauffé, il perd de l'eau et reproduit l'euxanthone; aussi ne peut-on déterminer son point de fusion. Il est assez soluble dans l'eau et cristallise en longues aiguilles jaunes par l'évaporation de sa solution [A. Baeyer, *Deutsch. chem. Gesellsch.*, 1869, p. 354].

Dérivé acétylé. — Le chlorure d'acétyle à 100°, ou l'anhydride acétique à 150°, réagissent sur l'euxanthone en donnant le dérivé diacétylé

$$C^{13}H^{6}O^{4}(C^{2}H^{3}O)^{2},$$

qui cristallise dans la benzine en prismes transparents, jaunâtres, fusibles à 185°, solubles dans l'alcool, la benzine et le chloroforme.

Constitution de l'euxanthone. — Salzmann et Wichelhaus considèrent l'euxanthone comme la carbonéine de l'hydroquinone

$$CO\begin{cases} C^{6}H^{3} \begin{matrix} \diagup OH \\ \diagdown O \end{matrix} \\ C^{6}H^{3} \begin{matrix} \diagup \\ \diagdown OH \end{matrix} \end{cases}$$

Le carbodiphénylène serait alors

$$CO\begin{cases} C^{6}H^{4} \\ | \\ C^{6}H^{4} \end{cases}$$

Cependant leurs expériences de synthèse destinées à reproduire l'euxanthone ou le carbodiphénylène ont échoué. M. Hanriot.

EXCRÉTINE. — Marcet avait envisagé l'excrétine comme un composé sulfuré et lui avait attribué la formule $C^{78}H^{156}SO^{2}$ (voyez t. I, p 1398).

D'après Hinterberger, le soufre serait, au contraire, une impureté et l'excrétine aurait pour formule $C^{20}H^{36}O$.

Pour la préparer, il a traité 50 kilogrammes d'excréments frais par de l'alcool bouillant. La solution laisse déposer au bout de huit jours un précipité noirâtre qui est le sel de magnésium d'un acide biliaire (?) $C^{56}H^{113}MgAzO^{11}$. La solution alcoolique, additionnée d'un lait de chaux, donne un précipité brun clair, qui renferme l'excrétine et l'abandonne à un mélange bouillant d'alcool et d'éther. Cette solution, refroidie huit jours à 0° laisse déposer l'excrétine en aiguilles jaunes, que l'on purifie par cristallisation dans l'alcool, au-dessous de 0°. Il a ainsi obtenu 8 grammes d'excrétine pure. Elle cristallise dans l'alcool en longues aiguilles, et dans l'acide acétique en amas sphériques.

Traitée par le brome, elle donne un dérivé dibromé, $C^{20}H^{34}Br^{2}O$, insoluble dans l'eau, peu soluble dans l'alcool, soluble dans un mélange d'alcool et d'éther, qui le laisse déposer en cristaux incolores, fusibles au bain-marie.

M. Hanriot.

F

FER. — Pour obtenir le *fer pur*, A. Matthiessen et S. Prus Szczepanowski réduisent dans un creuset de platine, par un courant d'hydrogène, l'oxyde de fer préparé par la calcination d'un mélange de sulfate ferreux pur et de sulfate de sodium. L'éponge métallique produite, comprimée jusqu'au quart de son volume, est ensuite fondue au chalumeau oxhydrique dans un creuset de chaux [*Chem. News*, t. XX, p. 101].

Fer électrolytique. — Le fer déposé par la pile d'une solution de sulfates ferreux et de magnésium, maintenue neutre par du carbonate de magnésium est d'un gris clair, à grain fin, cassant et très dur (5.5 dans l'échelle des duretés). Sa surface est d'abord polie, mais dans la suite de l'opération le dépôt prend un aspect velouté et est parsemé de bulles gazeuses. Chauffé au rouge, il devient très tenace et perd de sa dureté; il prend en même temps la couleur du platine, s'il est chauffé dans le vide. Il est rapidement oxydé par la calcination à l'air et décompose l'eau, mais sans dégager d'hydrogène, ce gaz restant occlus dans le métal.

Le fer déposé de cette manière renferme, en proportions variables suivant les conditions du dépôt, des gaz où domine l'hydrogène. Voici la composition d'un mélange gazeux extrait d'un échantillon de fer galvanique : Acide carbonique 12 °/₀; oxyde de carbone 15 °/₀; vapeur d'eau 3 °/₀; azote 15 °/₀ et hydrogène 45 °/₀. L'origine de l'azote est difficile à expliquer [Lenz, *Journ. prakt. Chem.*, t. CVIII, p. 438; *Bull. Soc. chim.*, t. XIII, p. 551].

Lorsqu'on décompose par la pile une solution de chlorure ferreux additionnée de sel ammoniac, le fer se dépose au pôle négatif en mamelons brillants, fragiles et assez durs pour rayer le verre. Ce fer dégage sous l'eau de nombreuses bulles d'hydrogène. La quantité d'hydrogène occlus que le dépôt abandonne dans le vide est de 240 à 250 fois environ le volume du fer, ce qui correspond à la formule $Fe^{13}H^2$. L'exposition à l'air ne lui fait pas abandonner tout cet hydrogène. Une fois privé d'hydrogène, le métal ne le reprend pas à la manière du palladium lorsqu'on le fait servir comme électrode négative dans le voltamètre.

La présence de l'hydrogène dans le fer modifie profondément ses propriétés magnétiques en lui communiquant une force coërcitive considérable. L'hydrogène agit à la manière du carbone [Cailletet, *Compt. rend.*, t. LXXX, p. 319].

Occlusion de l'hydrogène. — La fonte peut dissoudre jusqu'à la moitié de son volume d'hydrogène d'après Troost et Hautefeuille, tandis que le fer doux n'en prend que 1/6 de son volume. D'après J. Parry, la fonte grise peut absorber 22 volumes d'hydrogène.

Fer réduit. — Le fer réduit de l'oxyde par l'hydrogène renferme généralement de l'oxyde ferreux et de l'oxyde magnétique qui lui communiquent une couleur noire. Quand il est bien préparé, ce qui exige une température uniforme et un courant d'hydrogène sec et rapide, il est d'un gris de fer et entièrement soluble dans les acides étendus, tandis que le fer réduit noir laisse toujours un résidu [Moissan, *Compt. rend.*, t. LXXXIX, p. 170].

Passivité du fer. — L. Schœnn a montré en 1871 que le fer devient passif dans un acide azotique étendu, lorsqu'il est accouplé avec un élément très électro-négatif, tel que le platine ou le charbon de cornue. Ces corps du reste, comme on le sait, ne font pas cesser la passivité communiquée préalablement au fer. Lorsqu'on vient à toucher avec une lame de zinc le fer rendu passif par son contact avec le platine ou le charbon, la passivité cesse aussitôt, à moins que la masse de l'élément électro-négatif ne dépasse de beaucoup celle du fer [*Poggend. Ann.*, Supplementb., V, p. 319].

La température exerce une grande influence sur la passivité du fer : plus l'acide contient d'eau, plus il faut abaisser la température pour déterminer le phénomène [A. Renard, *Compt. rend.*, t. LXXIX, p. 159 et 508.] Les expériences de Renard, ainsi que celles de de Regnon [*Compt. rend.*, t. LXXIX, p. 299] confirment, en outre, les indications de L. Schœnn.

D'après de Regnon, un courant électrique entrant par le fer (pôle positif) dans l'acide azotique rend le métal passif, en même temps qu'il se dégage de l'oxygène. Le courant inverse détruit la passivité. Un frottement sous l'eau du fer passif avec un autre fer passif ou avec une baguette de verre ne fait pas cesser la passivité. Les corps oxydants sont sans influence sur la passivité du fer; les corps désoxydants la détruisent. De Regnon attribue la passivité à une force voltaïque portant l'oxygène sur le fer et le polarisant à sa surface; la passivité cesse sous l'influence d'une force voltaïque inverse ou par une absorption de l'oxygène polarisé.

Les expériences de L. Varenne tendent à établir que la passivité résulte d'une couche de bioxyde d'azote condensé à la surface du fer. Toutes les circonstances qui provoquent la cessation de ce dépôt gazeux, ou qui l'empêchent de se produire, font cesser ou empêchent la passivité. De ce nombre sont le frottement, l'ébranlement, un courant d'air ou de gaz carbonique, enfin la diminution de pression [*Compt. rend.*, t. LXXXIX, p. 783].

E. Ramann [*Deutsch. chem. Gesellsch.*, 1881, p. 1430; *Bull. Soc. chim.*, t. XXXVII, p. 117] combat l'explication donnée par Varenne, et déjà émise autrefois par Mousson. Il attribue, avec d'autres savants, la passivité à un dépôt d'oxyde ferroso-ferrique, dépôt qui est provoqué par un courant sur le fer employé comme électrode positive dans l'acide azotique étendu. L'azotate d'argent ammoniacal, l'azotate d'ammonium, les azotates de fer, en solution, rendent le fer passif. Ramann représente par des équations la production d'oxyde ferroso-ferrique dans ces conditions. Ainsi avec l'azotate d'ammonium, on aurait

$$2AzO^3AzH^4 + Fe = (AzO^3)^2Fe + 2AzH^3 + H^2.$$

L'azotate ferreux serait ensuite décomposé, avec régénération d'azotate ammonique, d'après l'équation

$$4(AzO^3)^2Fe + 8H^2O + 11Fe = 4AzO^3AzH^4 + 5Fe^3O^4$$

et l'hydrogène, au lieu de se dégager, réduirait une autre molécule d'azotate ammonique.

Actions chimiques. — D'après les déterminations thermiques de Berthelot [*Compt. rend.*, t. LXXXVI, p. 628], la chaleur de combinaison du fer avec l'oxygène et les éléments halogènes est exprimée par les chiffres suivants :

Oxygène.	Chlore.	Brome.	Iode.
34.100 cal.	41.000 cal.	35.000 cal.	20.000 cal.

La combinaison avec le carbone a lieu avec absorption de chaleur. Elle est donc comparable à une dissolution. L'union avec le manganèse est au contraire accompagnée d'un dégagement de chaleur [Troost et Hautefeuille, *Compt. rend.*, t. LXXX, p. 964].

Le fer réduit par l'hydrogène décompose l'eau bouillante. 10 grammes de fer réduit fournissent après quelques heures d'ébullition 12 centimètres cubes de gaz hydrogène [Ramann, *Deutsch. chem. Gesellsch.*, 1881, p. 1433].

H. Sainte-Claire Deville, dans une étude approfondie de la décomposition de l'eau par le fer à des températures variant entre 150 et 1600°, a montré que la décomposition de l'eau s'arrête lorsque la tension de l'hydrogène mélangé à la vapeur d'eau a atteint une certaine valeur, à une température constante, quelle que soit la masse de fer en présence. Lorsque la tension maxima de l'hydrogène est atteinte pour une température donnée et invariable, elle se rétablit bientôt par la décomposition d'une nouvelle quantité d'eau, si l'on vient à enlever rapidement une certaine quantité de gaz [*Compt. rend.*, t. LXX, p. 1105 et 1201; *Bull. Soc. chim.*, t. XIV, p. 368].

W. Mueller est arrivé à des résultats semblables. L'hydrogène dégagé arrête la décomposition de l'eau lorsqu'il a atteint une certaine tension. On observe un fait analogue dans la réduction de l'oxyde de fer par l'hydrogène. Ici, c'est la tension de la vapeur d'eau qui marque la limite. Dans les deux cas on observe, pour une température donnée, un rapport constant entre l'hydrogène et la vapeur d'eau [*Poggend. Ann.*, t. CXLIV, p. 609].

Le fer s'oxyde deux fois plus vite dans l'eau distillée aérée et chargée d'acide carbonique qu'en l'absence de ce dernier.

L'inverse a lieu avec l'eau de fontaine. Une solution de chlorure de baryum ou de calcium rouille le fer très énergiquement; l'acide carbonique ralentit l'oxydation. Les chlorures alcalins et de magnésium activent beaucoup la formation de la rouille. La soude et la chaux l'empêchent totalement. Le chlorure de magnésium attaque le fer, même à l'abri de l'air. [A. Wagner, *Dingl. Polyt. Journ.*, t. CCXVIII, p. 70.]

Alliages. — *Fer et chrome.* — On obtient un alliage de fer et de chrome, renfermant 74 °/₀ de chrome et 25 °/₀ de fer, lorsqu'on réduit le fer chromé par le charbon. Cet alliage possède la dureté du diamant et un éclat argenté. S. Kern a aussi obtenu un alliage malléable et renfermant seulement 2,30 °/₀ de chrome [*Chem. News*, t. XXXII, p. 136].

Fer et étain. — S. Kern décrit un alliage pouvant être fondu et coulé et renfermant 79 °/₀ de fer, 19,50 °/₀ d'étain et 1,50 °/₀ de plomb [*Chem. News*, t. XXXII, p. 265].

Fer et mercure. — Cailletet a déjà montré que l'hydrogène naissant favorise l'amalgamation du fer [voir *Dict.*, t. II, p. 340]. Les recherches de Casamajor [*Chem. News*, t. XXXIV, p. 34] et de Ramann [*Deutsch. chem. Gesellsch.*, 1871, p. 1434] viennent confirmer ce fait. Le fer n'est pas amalgamé par l'amalgame de sodium sec, mais facilement lorsqu'on fait intervenir l'eau. Si l'on exprime le mercure en excès, il reste une masse cristalline renfermant 15,66 °/₀ de fer, ce qui correspond à la formule Hg^3Fe^2 (Ramann).

On obtient facilement un amalgame de fer en plongeant une lame de fer dans de l'amalgame d'ammonium ou de sodium, recouvert d'eau acidulée, comme l'avait fait précédemment Cailletet. Cet amalgame se forme aussi sur une lame de fer servant d'électrode négative et plongeant dans du mercure sous de l'eau acidulée. Enfin, au lieu d'employer un courant voltaïque, on peut, plus simplement, ajouter du zinc au mercure dans lequel on plonge le fer. Ces amalgames résistent plus que le fer seul à l'action des acides (Casamajor).

Fer et manganèse. — Voir Fer (Métallurgie).

Chlorure de fer intermédiaire. — Hensgen a obtenu un chlorure, $Fe^3Cl^4 + 5H^2O$, en fines aiguilles d'un vert clair, en dissolvant le sulfate ferreux dans l'acide chlorhydrique concentré et saturant la solution par du gaz chlorhydrique, au contact de l'air [*Deutsch. chem. Gesellsch.*, 1878, p. 1775; *Bull. Soc. chim.*, t. XXXII, p. 138].

Chlorure ferroso-ferrique, $Fe^3Cl^8 + 18H^2O$. — Lefort a obtenu ce sel en cristaux mamelonnés en évaporant sur l'acide sulfurique et sur la chaux la solution chlorhydrique de l'oxyde ferroso-ferrique [*Journ. Pharm.* (4), t. X, p. 81].

Chlorure ferrique. — Voici, d'après B. Franz [*Journ. prakt. Chem.* (2), t. V, p. 274], la densité des solutions de chlorure ferrique à la température de 17°,5 :

Teneur.	Densité.
10 °/₀	1,0734
20	1,1542
30	1,2568
40	1,3622
50	1,4867
60	1,6317

Suivant A. Vogel [*N. Repert. Pharm.*, t. XVIII, p. 157], le chlorure ferrique en solution aqueuse se volatilise en petite quantité déjà avant l'ébullition. En solution éthérée, cette volatilisation a déjà lieu à 30°.

La lumière, qui décompose les sels ferriques organiques en solution aqueuse, est surtout active sur une solution de chlorure ferrique additionnée d'acide oxalique [Eder, *Monatsch. fur Chem.*, t. I, p. 755].

Dissociation des solutions de chlorure ferrique. — Une solution de chlorure ferrique, assez étendue pour paraître à peu près incolore, se colore à partir de 27° et se décolore de nouveau par le refroidissement. La coloration n'est pas due à une perte d'acide chlorhydrique, car le phénomène se produit en tubes scellés. La solution colorée par la chaleur est profondément modifiée. En effet, elle ne donne plus avec le ferrocyanure de potassium qu'un précipité bleu-verdâtre assez pâle. De plus, elle est précipitée par le chlorure de sodium. L'hydrate ainsi précipité, immédiatement lavé, se redissout dans les eaux de lavage aussitôt que celles-ci ne renferment plus de chlorure de sodium. Si l'on abandonne le précipité pendant 24 heures avant de filtrer, il ne se dissout plus dans l'eau. La solution chlorhydrique colorée par la chaleur renferme de l'acide chlorhydrique libre et l'hydrate ferrique colloïdal de Graham. Si l'on opère à 100°, c'est l'oxyde ferrique insoluble de Péan de Saint-Gilles qui se dépose. Enfin, à 250-300° sous pression, ce n'est pas un hydrate ferrique, mais le sesquioxyde anhydre qui prend naissance, ainsi que l'avait déjà montré de Sénarmont [Debray, *Compt. rend.*, t. LXVIII, p. 913; *Bull. Soc. chim.*, t. XII, p. 346].

Dans une étude sur le même sujet, qui confirme les indications de Debray, F. W. Krecke a recherché la relation entre la dilution de la solution et la température à laquelle se fait la dissociation. Celle-ci se produit à une température d'autant plus basse que la solution est plus étendue. Une solution renfermant au delà de 4 °/₀ de Fe^2Cl^6 ne se dissocie pas avant 100°. Une solution à 32 °/₀ fournit à 120° un oxychlorure jaune clair; à 140° de l'oxyde ferrique brun, plus ou moins hydraté. Une solution à 8 °/₀ donne à 110° un oxychlorure de composition variable. Une solution à 4 °/₀ se colore de plus en plus jusqu'à 90° et dépose alors un oxychlorure. Ces solutions, avant de déposer un précipité, fournissent l'hydrate colloïdal de Graham lorsqu'on y ajoute du chlorure de sodium. De toutes ces expériences, qui ont été étendues jusqu'à des solutions renfermant 0,10 °/₀ de Fe^2Cl^6, il résulte que la dissociation du chlorure ferrique traverse plusieurs phases, comme l'avait déjà montré Debray.

Si la température n'a pas été poussée trop loin ni maintenue trop longtemps, les solutions de 4 à 32 °/₀ reprennent leur état primitif par le refroidissement. Ce retour à l'état initial est plus lent pour les solutions de 1 à 4°/₀; il est incomplet pour les solutions renfermant moins de 1 °/₀ de chlorure ferrique [*Journ. prakt. Chem.*, (2), t. III, p. 286.]

La dissociation du chlorure ferrique en solution aqueuse est accusée, ou provoquée, par la dialyse: la quantité d'acide chlorhydrique diffusée est supérieure à celle qui correspond au fer qui a traversé en même temps la membrane [Kossel, *Zeitschr. physiol. Chem.*, t. II, p. 158].

G. Wiedemann, en se basant sur le magnétisme spécifique des solutions des sels ferriques, est arrivé à établir le rapport entre le sel dissocié dans une solution, à un moment donné, et le sel non dissocié. Le rapport du magnétisme de l'oxyde combiné (sel non dissocié) à celui de l'oxyde colloïdal de Graham est de 1 : 0,16.

Pour les fortes concentrations la dissociation est peu prononcée (elle n'est notable que vers 60° pour le chlorure ferrique).

Pour de faibles concentrations, la proportion du sel dissocié augmente rapidement. Une solution à 1 °/₀ renferme à 20° environ 10 °/₀ du fer à l'état d'hydrate colloïdal.

En solution alcoolique, même étendue, le chlorure ferrique n'est pas sensiblement dissocié [*Poggend. Ann.* (2), t. IX, p. 145].

Chlorure ferrico-ammonique,

$$Fe^2Cl^6.2AzH^4Cl + 2H^2O.$$

— Hensgen a obtenu ce sel par l'action de l'acide chlorhydrique, au contact de l'air, sur le sulfate ferroso-ammonique.

Chloroplatinate ferrique,

$$Fe^2Cl^6.2PtCl^4 + 21H^2O.$$

Il cristallise en prismes clinorhombiques, déliquescents, qui perdent $10H^2O$ à 100° [Nilson, *Bull. Soc. chim.*, t. XXVII, p. 208].

Fluorure ferrique. — Le chlorure ferrique donne dans les solutions de fluorure de sodium un précipité soluble dans un excès de chlorure ferrique. Lorsqu'on ajoute ensuite de l'alcool à la solution, on obtient un précipité floconneux jaune de fluorure double,

$$Fe^2Fl^6.4NaFl + H^2O.$$

On obtient de même le fluorure ammoniacal correspondant. Ces sels sont décomposés par l'ébullition en donnant des flocons jaunes. Ils ne sont pas colorés en rouge par le sulfocyanate de potassium, si ce n'est après élimination de l'alcali par l'acide fluosilicique. Inversement l'addition d'un fluorure alcalin au sulfocyanate ferrique le décolore [Nicklès, *Journ. Pharm.*, (4). t. VII, p. 15, et t. X, p. 14].

Oxyde ferreux. — On l'obtient cristallin, noir, brillant, magnétique, par la réduction de l'acide carbonique au rouge par le fer. Il est inaltérable à la température ordinaire et est converti en oxyde magnétique, Fe^3O^4, par la calcination à l'air ou dans la vapeur d'eau [G. Tissandier, *Compt. rend.*, t. LXXIV, p. 531].

On obtient un oxyde ferreux pyrophorique, décomposant l'eau, en chauffant l'oxalate de fer à 500° dans un courant d'hydrogène.

A 350°, on obtient ainsi de l'oxyde ferrosoferrique et entre 500 et 700°, du fer métallique [Moissan, *Compt. rend.*, t. LXXXIV, p. 1296].

Oxyde magnétique, Fe^3O^4. — Sidot l'a obtenu en cristaux octaédriques en portant le colcothar pendant deux heures à une température très élevée (*Compt. rend.*, t. LXIX, p. 201).

Moissan distingue deux variétés allotropiques d'oxyde magnétique. L'une s'obtient en chauffant l'oxyde ferrique à basse température (350 à 400°) dans un courant d'hydrogène ou d'oxyde de carbone, ou bien en chauffant à 300° l'hydrate ferrosoferrique ou le carbonate ferreux. La seconde se produit à des températures élevées : décomposition de l'eau par le fer; combustion du fer dans l'oxygène; décomposition de l'oxyde ferrique au rouge blanc.

La première variété est noire, très magnétique, attaquable par l'acide azotique. Densité = 4,86.

Elle est convertie en oxyde ferrique par la calcination à l'air.

La seconde modification est noire, magnétique, inattaquable par l'acide azotique, inoxydable par la calcination. Densité = 5,0 à 5,09 [*Compt. rend.*, t. LXXXVI, p. 600].

Oxyde $Fe^{14}O^{12}$ ou $Fe^2O^3,9FeO$. — O. Vœlker a trouvé cette composition à un oxyde magnétique de Prevali (Carinthie), se présentant en beaux cristaux d'un gris d'acier.

Oxyde ferrique. — L'oxyde ferrique obtenu avec le fer météorique est magnétique, ce qui n'a pas lieu avec l'oxyde provenant du fer pur. Lawr. Smith attribue cette différence à la présence du nickel et du cobalt. Si ces métaux sont préalablement éliminés, le magnétisme ne s'observe plus. De plus, si l'on ajoute des traces de ces métaux à du chlorure ferrique, qu'on précipite l'oxyde ferrique et qu'on le calcine, l'oxyde obtenu est magnétique. Ou bien le nickel et le cobalt facilitent la production de l'oxyde Fe^3O^4, ou bien le magnétisme est dû uniquement à la petite quantité ferrite, Fe^2NiO^4, produite [*Chem. News*, t. XXXI, p. 210].

Hydrate ferrique. — L'hydrate précipité d'une solution étendue de chlorure ferrique par l'ammoniaque, lavé et séché sur l'acide sulfurique, renferme même après trois mois 13,6 °/₀ d'eau dont 6 °/₀ éliminables à 100°. Lavé à l'alcool, puis à l'éther, le même précipité renferme après deux mois de dessiccation sur l'acide sulfurique une quantité d'eau correspondant à la formule $Fe^2O^3.2H^2O$. La moitié de cette eau est éliminable à 100° [E. Brescius, *Journ. prakt. Chem.*, (2), t. III, p. 272].

H. Brunck et C. Graebe, en examinant une masse friable composée de lamelles brillantes et provenant de l'attaque d'une chaudière en fonte par la soude, ont trouvé pour ces cristaux, offrant la forme du fer spéculaire, la composition $Fe^2O^4H^2$; leur densité était 2,91. Ils sont inattaquables à froid par les acides sulfurique et azotique étendus; l'acide chlorhydrique les dissout très lentement à froid [*Deutsch. chem. Gesellsch.*, 1880, p. 725].

Hydrate colloïdal. — Parmi les nombreuses analyses qui ont été faites de l'hydrate colloïdal, nous citerons les plus récentes, dues à Magnier de la Source. Partant de produits renfermant de 12 à 30 mol. de Fe^2O^3 pour 1 molécule Fe^2Cl^6, il est arrivé, en poursuivant la dialyse, à obtenir un hydrate renfermant 116 molécules d'oxyde pour 1 molécule de chlorure et laissant encore dialyser des traces de chlore. Par évaporation dans le vide, la solution de cet oxyde abandonne l'hydrate $2Fe^2O^3.3H^2O$ en même temps qu'un peu de chlorure [*Compt. rend.*, t. XC, p. 1352].

D. Tommasi partage les hydrates ferriques en deux séries : les hydrates bruns, qui sont obtenus en précipitant les sels ferriques par un alcali et les hydrates jaunes résultant de l'oxydation des hydrates ferreux ou ferroso-ferriques, ainsi que du carbonate ferreux. Les premiers perdent leur eau beaucoup plus aisément que les seconds et donnent un oxyde anhydre brun d'une densité de 5,11, aisément soluble dans les acides. Les seconds donnent un oxyde anhydre jaune rouge, de 3,95 de densité et difficilement soluble dans les acides [*Deutsch. chem. Gesellsch.*, 1879, p. 1929 et 2334].

Réduction des oxydes de fer. — La réduction de l'oxyde ferroso-ferrique par l'hydrogène est limitée par la tension de la vapeur d'eau produite ; si l'on absorbe cette vapeur par du chlorure de calcium, l'hydrogène est complètement absorbé par l'oxyde en excès. L'oxyde de carbone n'est pas complètement converti en acide carbonique par l'oxyde ferroso-ferrique, la réaction s'arrêtant lorsque la tension du gaz carbonique a atteint une certaine valeur. On rend la réaction totale en faisant intervenir la potasse et le chlorure de calcium, de manière à absorber constamment le gaz carbonique et la vapeur d'eau produits [Müller, *Poggend. Ann.*, t. CXLIV, p. 609].

D'après une étude de C. R. A. Wright et A. P. Luff [*Journ. chem. Soc.*, t. XXXIII, p. 504] sur les conditions de réduction des divers oxydes de fer par l'hydrogène, l'oxyde de carbone, le charbon, voici les températures auxquelles ces réductions se produisent :

	Oxyde de carbone.	Hydrogène.	Charbon.
Fe^2O^3 par calcination de SO^4Fe	202°	260°	430°
Fe^2O^3 par calcination de l'hydrate	220	245	430
Fe^3O^4	200	290	450
$Fe^{16}O^{17}$	275	305	450

Ferrites. — Ces combinaisons, appartenant à la série de l'oxyde ferroso-ferrique $FeO.Fe^2O^3$, sont comme lui magnétiques. C. List en a préparé un certain nombre par voie humide. Le *ferrite de calcium* $CaO.Fe^2O^3$ et celui de *baryum* $BaO.Fe^2O^3$ sont obtenus en précipitant une solution neutre de chlorure ferrique par l'eau de chaux et l'eau de baryte, puis séchant et calcinant le précipité : ils sont bruns, friables et magnétiques. Le *ferrite de magnésium*, obtenu d'une manière analogue, avec un lait de magnésie calcinée, est un précipité brun qui se réunit par la calcination en fragments frittés, brun cannelle, très magnétiques. Séché sur l'acide sulfurique, le précipité renferme $MgO.Fe^2O^3 + 4H^2O$.

Le *ferrite de manganèse* est un précipité brun noir obtenu dans une solution à équivalents égaux de chlorure manganeux et de chlorure ferrique. On obtient de même le *ferrite de cuivre* $CuO.Fe^2O^3 + 5H^2O$; c'est un précipité volumineux, jaune sale, brun noir après la calcination [*Deutsch. chem. Gesellsch.*, 1878, p. 1512].

J. Percy a préparé le ferrite de calcium en cristaux volumineux, à éclat métallique, d'une densité de 4,693, en chauffant au rouge blanc et laissant refroidir lentement un mélange d'oxyde ferrique et de chaux ou de carbonate de calcium [*Phil. Mag.*, (4), t. XLV, p. 455].

Acide ferrique. — J. de Mollins a confirmé la formule FeO^3 de ce degré d'oxydation par l'analyse du ferrate de baryum, en déterminant la quantité d'iode que ce sel peut mettre en liberté, d'après l'équation

$$2FeO^4Ba + 8KI + 16HCl = 2BaCl^2 + 8KCl + 2FeCl^2 + 8H^2O + 4I^2.$$

Il a en outre mesuré la quantité d'oxygène mise en liberté par l'action de l'acide nitrique [*Deutsch. chem. Gesellsch.*, 1871, p. 626].

Sulfures de fer. — L'hydrogène sulfuré, sec, sans action sur l'oxyde de fer anhydre, réagit avec élévation de température sur l'hydrate ferrique, avec production de sulfure ferrique. Le gaz humide n'agit qu'incomplètement sur l'oxyde anhydre [Brescius, *Dingl. polyt. Journ.*, t. CXCII, p. 125].

Lorsqu'on précipite par le sulfure ammonique jaune une solution de chlorure ferrique renfermant du chlore libre ou un hypochlorite, on obtient un précipité floconneux vert foncé, qui paraît noir après dessiccation. Ce précipité renferme, d'après Phipson, $2Fe^2S^3,3H^2O$. Il est soluble dans l'eau ammoniacale avec une couleur verte [*Chem. News*, t. XXX, p. 139].

L'eau décompose la pyrite, à 120° sous pression, en produisant de l'acide sulfurique, les sulfates ferreux et ferrique et de l'hydrogène sulfuré. Cette réaction a pu jouer un rôle, suivant C.-A. Burghardt, dans la production naturelle d'autres sulfures, tels que ceux de cuivre et de plomb [*Chem. News*, t. XXXVII, p. 49].

Nitrosulfures de fer. — Ces composés complexes ont fait l'objet de nouvelles recherches, qui n'ont pas jeté beaucoup de lumière sur leur constitution. La question s'est plutôt compliquée par plusieurs nouvelles formules assignées notamment au composé désigné par Roussin sous le nom de *dinitrosulfure de fer* (ou tétranitrosulfure). Voici jusqu'à présent celles qui ont été proposées :

$e^3S^5(AzO)^4H^2$ (Z. Roussin, t. I, p. 1415).
$Fe^3S^3(AzO)^3 2H^2O$ (Porczinsky, id.).
$Fe^6S^5(AzO)^{10} 4H^2O$ (O. Rosenberg, t. I, Addit., p. 1658).
$Fe^2S^2(AzO^2)^2(AzH^2)^2$ (W. Demel, voyez plus bas).
$Fe^7S^5(AzO)^{12}H^2$ (O. Pawel).

En présence de pareilles divergences, notamment dans les rapports entre le fer et le soufre, il est difficile d'admettre que ces formules ne représentent pas des composés très différents, quoique préparés dans des conditions analogues.

W. Demel, qui nomme le produit *amidonitrosulfure de fer*, le prépare de la manière suivante [*Deutsch. chem. Gesellsch.*, 1879, p. 461 ; *Bull. Soc. chim.*, t. XXXII, p. 510] :

On ajoute 40 centimètres cubes d'une solution de sulfure ammonique à une solution bouillante de 20 grammes d'azotite de potassium dans 300 centimètres cubes d'eau ; on fait bouillir quelques minutes, puis l'on verse dans le mélange 33 grammes de sulfate ferreux cristallisé, dissous dans 200 centimètres cubes d'eau. Le précipité noir qui se forme se redissout après 10 minutes d'ébullition en donnant une solution d'un vert brun foncé qui abandonne par le refroidissement des cristaux noirs solubles dans l'eau, très solubles dans l'alcool et dans l'éther. Pour les conserver, il faut les enfermer dans des tubes dans lesquels on a remplacé l'air par l'acide carbonique.

O. Pawel ajoute 40 grammes de sulfure de sodium dissous dans 300 centimètres cubes d'eau à une solution bouillante de 40 grammes d'azotite de potassium (supposé pur) dans 600 centimètres cubes d'eau, puis, en agitant, une solution de 70 grammes de sulfate ferreux dans 300 centimètres cubes d'eau. On chauffe pendant une demi-heure vers 70-80°, puis l'on filtre et on laisse refroidir. La combinaison se dépose après 48 heures en aiguilles noires qu'on dissout dans l'éther. Le résidu de la solution éthérée, lavé au sulfure de carbone, puis au chloroforme, est soumis à une cristallisation dans l'eau *chaude*, additionnée d'un peu de potasse. La composition de ces cristaux, qui constituent la combinaison potassique, est représentée par la formule

$$Fe^7S^5(AzO)^{12}K^2 + H^2O.$$

On obtient le même produit en ajoutant une solution étendue de sulfhydrate de potassium à une solution étendue de sulfate ferreux, saturée de bioxyde d'azote et légèrement chauffée. Il se forme un sulfure double de fer et de potassium, soluble avec une couleur verte qui, s'unissant à l'azotite de fer, produit, d'après Pawel, le sel de Roussin.

La formation de ce sel, dans le premier cas, est exprimée par l'équation

$$\begin{aligned} & 10SO^4Fe + 12AzO^2K + 7Na^2S + 4H^2O \\ = & Fe^7S^5(AzO)^{12}K^2 + 5SO^4K^2 + 7SO^4Na^2 \\ & + Fe^2(OH)^6 + Fe(OH)^2. \end{aligned}$$

Dans le second cas, par

$$\begin{aligned} & 12(SO^4Fe)^2AzO + 16KHS = Fe^7S^5(AzO)^{12}K^2 \\ & + 17SO^4Fe + 7SO^4K^2 + 8H^2S + 3S. \end{aligned}$$

Les sels de potassium et d'ammonium sont peu solubles dans l'eau, notamment le dernier, qu'on peut obtenir par double décomposition entre le sel potassique et le carbonate d'ammonium. Il a pour composition

$$Fe^7S^5(AzO)^{12}(AzH^4)^2 + 2H^2O$$

et cristallise dans l'eau chaude, légèrement ammoniacale, en tables clinorhombiques dures, à éclat adamantin. Il se décompose à 80°. Le sel de sodium, beaucoup plus soluble, renferme $4H^2O$. Pawel pense qu'il est identique avec le nitrosulfocarbonate de Lœw (voir t. I, p. 1420); on peut, en effet, pour sa préparation, remplacer le sulfure de sodium par le sulfocarbonate.

Le *sel ferreux*, $Fe^7S^5(AzO)^{12}Fe + 8H^2O$, est encore plus soluble que le sel de sodium; il se décompose déjà à 55°. Il peut s'obtenir par double décomposition avec le sel de baryum et le sulfate de fer, ou lorsqu'on chauffe doucement les sels alcalins avec un sel ferreux. Pour l'obtenir, il vaut mieux traiter les sels alcalins par un acide étendu :

$$\begin{aligned} & 2Fe^7S^5(AzO)^{12}Na^2 + 4SO^4H^2 \\ = & Fe^7S^5(AzO)^{12}Fe + 2SO^4Na^2 + 2SO^4Fe \\ & + Fe^2(AzO)^6 + 4H^2S + S. \end{aligned}$$

Le terme $Fe^2(AzO)^6$ (hypoazotite) n'apparaît que par ses produits de décomposition.

On purifie le sel par cristallisation dans l'éther.

Le sel décrit par Demel est le sel d'ammonium ; il est tout à fait exempt de potassium. Seulement ce chimiste l'envisage, non comme un sel ammoniacal, mais comme une amide nitrée à laquelle il assigne la constitution

$$\begin{matrix} Fe < \begin{matrix} AzO^2 \\ S\text{-}AzH^2 \end{matrix} \\ \| \\ Fe < \begin{matrix} S\text{-}AzH^2 \\ AzO^2 \end{matrix} \end{matrix}$$

qui éloignerait complètement ce composé des sels bien caractérisés décrits par les autres auteurs. Aussi cette formule de structure, malgré sa simplicité, paraît douteuse, d'autant plus qu'elle ne répond guère au mode de production.

Roussin a décrit sous le nom de *nitrosulfure sulfuré de fer et de sodium* un composé auquel il assigne la formule

$$Fe^2S^3(AzO)^2 3Na^2S + xH^2O,$$

tandis que, d'après Porczinski, il renferme

$$Fe^2S^2(AzO)^4.Na^2S$$

et d'après Rosenberg

$$Fe^8S^9(AzO)^{15}Na^8 + 24H^2O.$$

Pawel propose une quatrième formule,

$$Fe^{10}S^{10}(AzO)^{18}Na^{10} + 27H^2O.$$

Ce sel se produit, comme l'a montré Roussin, par l'action de la soude sur le tétranitrosulfure. Pawel rend compte de sa formation par l'équation suivante, dans laquelle figure l'hypoazotite de sodium :

$$\begin{aligned} & 2Fe^7S^5(AzO)^{12}Na^2 + 12NaOH \\ = & Fe^{10}S^{10}(AzO)^{18}Na^{10} + 6AzONa + 2Fe^2(OH)^6. \end{aligned}$$

Ce sel cristallise de la solution filtrée, évaporée sur l'acide sulfurique, en gros cristaux clinorhombiques d'un rouge noir, solubles dans l'eau et dans l'alcool, insolubles dans l'éther. Sec, il ne se décompose qu'à 115°. Exposé à l'air, il en absorbe l'acide carbonique et se décompose en régénérant partiellement le nitrosulfure primitif [Pawel, *Deutsch. chem. Gesellsch.*, 1879, p. 1407 et 1949; *Bull. Soc. chim.*, t. XXXIV, p. 154].

Rosenberg pense qu'on peut partager les composés précédents en trois séries : la première, comprenant le sel primitif de Roussin; la seconde, les produits résultant de l'action des alcalis sur la première; la troisième, les sels rouges qui se produisent par l'action des sulfures alcalins sur les composés amorphes résultant de l'action des acides sur les sels de la seconde série. Ces sels rouges sont encore fort peu connus [*Deutsch. chem. Gesellsch.*, 1879, p. 1715].

AZOTURE DE FER. — O. Silvestri a reconnu dans la lave de l'Etna la présence d'un azoture de fer ayant la composition Fe^5Az^2 de l'azoture décrit par Fremy. Cet azoture recouvre la lave sous la forme d'un enduit à éclat métallique de la couleur de l'argent, magnétique et d'une densité égale à 3,147. Chauffé dans un courant de vapeur d'eau, il fournit de l'oxyde magnétique et de l'ammoniaque. L'acide azotique ne l'attaque que très lentement. Calciné dans un courant d'hydrogène, il donne du fer métallique et de l'ammoniaque. C'est cette réaction qui a servi à déterminer sa composition. Fondu avec du soufre, il perd son azote et se transforme en sulfure de fer [*Poggend. Ann.*, t. CLVII, p. 165].

PHOSPHURES DE FER. — Le phosphure Fe^3P^2 se produit par l'action de l'hydrogène phosphoré naissant sur le sulfate ferreux. R. Schenk le prépare en versant du sulfate ferreux dans un ballon renfermant de la potasse et du phosphore. Il se précipite d'abord de l'hydrate ferreux, qui devient rapidement gris, puis noir. On enlève l'excès de phosphore par la potasse bouillante, on traite le précipité par l'acide chlorhydrique bouillant, puis, après l'avoir lavé, on le sèche dans un courant de gaz carbonique. Ce précipité, qui est magnétique, s'enflamme déjà au-dessous de 100° [*Journ. chem. Soc.*, 1873, p. 826].

Sidot a obtenu un phosphure cristallisé, ayant pour composition FeP^3, en chauffant au rouge clair du fil de clavecin dans la vapeur de phosphore. Le fer se transforme en une masse métallique fragile, assez fusible. La masse fondue présente à l'intérieur de beaux cristaux offrant la forme d'un prisme droit à base carrée, très durs, d'un gris d'acier et fortement magnétiques [*Compt. rend.*, t. LXXIV, p. 1425].

CARBURES DE FER. — Voir FER (Métallurgie).

SELS DE FER

Les sels ferriques en dissolution aqueuse se dissocient comme le chlorure ferrique (voir p. 721). G. Wiedemann, en étudiant le magnétisme spécifique des solutions, a examiné la dissociation éprouvée par les solutions d'azotate ferrique normal et de sulfate ferrique. Le premier de ces sels est déjà en partie dissocié dans des solutions assez concentrées et la dissociation augmente avec la dilution, mais moins rapidement que pour le chlorure ferrique. Le sulfate ferrique normal est encore plus dissociable que l'azotate et la dilution exerce encore moins d'influence sur la dissociation.

Les aluns ferriques éprouvent la même dissociation que le sulfate : ce qui tend à établir que ces sels doubles n'existent pas en solution et qu'ils sont eux-mêmes dissociés d'abord en sulfates simples, fait qui ressort aussi des recherches thermiques de Favre et Valson.

AZOTATE FERRIQUE. — Voici d'après B. Franz la densité des solutions du sel normal $(AzO^3)^6(Fe^2)$, à 17°,5 :

Teneur.	Densité.	Teneur.	Densité.
10 °/₀	1,0770	50 °/₀	1,4972
20	1,2010	60	1,6572
30	1,2622	65	1,7532
40	1,3748		

IODATE FERRIQUE. — On obtient le sel $(IO^3)^6(Fe^2)$ sous la forme d'un précipité jaune, léger, lorsqu'on chauffe avec de l'acide azotique en excès un mélange de chlorure ferreux et d'iodate alcalin. Lorsqu'on n'emploie qu'une petite quantité d'acide azotique, on obtient un précipité rouge qui renferme $I^2O^8(Fe^2)$, soit $I^2O^5.Fe^2O^3$.

Lorsqu'on ajoute de l'iodate de potassium en excès à une solution d'alun ferrique, le précipité jaune qui se produit a pour composition

$$I^4O^{13}(Fe^2) + 8H^2O \text{ (soit } 2I^2O^5.Fe^2O^3).$$

Ce sel se fonce peu à peu à l'air et répand l'odeur de l'iode [G. A. Bell, *Trans. pharm. Journ.*, (3), t. I, p. 624].

PERIODATE FERRIQUE, $I^2O^{13}(Fe^2) + 21H^2O$ (rapports $I^2O^7 : 2Fe^2O^3$). — Précipité jaune-brun (Rammelsberg).

Le *periodate ferrique* n'a pu être obtenu par double décomposition, par suite de sa transformation en iodate ferrique.

CARBONATE DE FER. — Le fer métallique ne se dissout que très lentement dans l'eau saturée d'acide carbonique. La solubilité du carbonate ferreux, sous la forme de bicarbonate, diminue rapidement avec la température. A 15°, la solution saturée renferme 1gr,390 de carbonate par litre; à 24°, elle n'en renferme plus que 0gr,098. Les carbonates alcalins précipitent le carbonate neutre de ces solutions; les bicarbonates sont sans action. Les chlorures et les sulfates donnent de la stabilité à ces dissolutions [J. Ville, *Compt. rend.*, t. XCIII, p. 443].

SULFATE FERREUX. — Le sel précipité de sa solution aqueuse par l'alcool renferme 7 molécules d'eau comme le sel cristallisé [L. Caro, *Ann. Chem. Pharm.*, t. CLXV, p. 29].

L'acide chlorhydrique gazeux est sans action à froid sur le sulfate ferreux. Il ne réagit à chaud qu'à une température à laquelle ce sel se décompose. Lorsqu'on traite par un courant de gaz chlorhydrique une solution de sulfate cristallisé dans l'acide chlorhydrique concentré, ce gaz est absorbé et le sulfate est tranformé partiellement en chlorure Fe^3Cl^4 (grâce au concours de l'air). Les eaux mères de ce chlorure fournissent des cristaux tabulaires de sulfate, avec $6H^2O$ [Hensgen, *Deutsch. chem. Gesellsch.*, 1878, p. 1775].

Le sulfate ferreux cristallisé se dissout dans 400 molécules d'eau en absorbant 4,510 calories par molécule de sel (J. Thomsen).

Anhydrosulfate ferreux, S^2O^7Fe. — Poudre hygroscopique blanche, composée de prismes microscopiques, qui se dépose par l'addition de 9 volumes d'acide sulfurique à 1 volume de solution aqueuse de sulfate ferreux [Th. Bolas, *Journ. chem. Soc.*, (2), t. XII].

Sulfate ferroso-ammonique. — L'acide chlorhydrique concentré transforme ce sel, avec le concours de l'air, en chlorure ferrico-ammonique (Hensgen).

Sulfate ferroso-sodique,

$$SO^4Fe.SO^4Na^2 + 4H^2O.$$

— Ce sel, dont F. Mohr a signalé l'existence, se produit, d'après E. Biltz, lorsqu'on dissout le sulfate ferreux dans son poids d'eau bouillante, qu'on y ajoute 2 °/₀ d'acide sulfurique et une molécule de sulfate de sodium. On concentre par l'ébullition. Ce sel ne subit aucune perte de poids à 100° [*Zeitschr. analyt. Chem.*, 1873, p. 373, et 1874, p. 124].

Sulfate ferroso-ferrique acide,

$$(SO^4)^3(Fe^2).SO^4Fe.2SO^4H^2.$$

— Lamelles hexagonales roses se déposant par le refroidissement d'une solution concentrée de deux sulfates, additionnée d'un grand excès d'acide sulfurique et chauffée vers 200°.

On obtient de même les sulfates

$$(SO^4)^3(Cr^2).SO^4Fe.SO^4H^2 + 2H^2O$$

d'un vert brunâtre et $(SO^4)^3Al^2.SO^4Fe.SO^4H^2$, en lamelles hexagonales blanches, ainsi que

$$(SO^4)^3(Fe^2)SO^4Ni.2SO^4H^2.$$

Ces sels sont insolubles dans l'eau, qui les décompose lentement. Etard a préparé par le même procédé des sulfates acides doubles de la formule $SO^4Fe.SO^4M.SO^4H^2$ [*Compt. rend.*, t. LXXXVII, p. 602].

SULFATES FERRIQUES. — On obtient le sulfate ferrique normal $(SO^4)^3(Fe^2)$ avec 10 molécules H^2O en lamelles rhomboïdales nacrées lorsqu'on traite le sulfate ferreux par l'acide azotique et qu'on fait bouillir après addition d'acide sulfurique en excès [Bertels, *Jahresber.*, 1874, p. 268].

Voici, d'après B. Franz (*Journ. prakt. Chem.*, t. V, p. 274), la densité des solutions de sulfate ferrique et d'alun ferrico-potassique :

	Densités.	
Solution à	$(SO^4)^3Fe^2$	Alun avec $24H^2O$
10 °/₀	1,0854	1,0460
20	1,1825	1,0894
30	1,3090	1,1422
40	1,4506	
50	1,6148	
60	1,8006	

Sulfates basiques. — O. Meister a décrit un sulfate $2SO^3.Fe^2O^3 + 15H^2O$ qui s'était déposé d'un mordant de fer en prismes clinorhombiques d'un rouge hyacinthe, altérables à l'air, peu solubles dans l'eau froide et décomposables par l'eau bouillante. Ce sel ne perd que 12 H^2O à 110°, le reste seulement à une température très élevée [*Deutsch. chem. Gesellsch.*, 1875, p. 771].

D'après Sp. Umfreville Pickering (*Journ. chem. Soc.*, 1880, p. 807), le seul sulfate à composition définie que l'on obtienne par l'action de l'eau sur le sulfate normal est celui qui offre le rapport

$$2\,SO^3 : Fe^2O^3.$$

Ce sel s'obtient lorsqu'on étend 5 centimètres cubes d'une solution de sulfate ferrique normal, à 20 °/₀, de 2 à 6 litres d'eau. Une plus grande dilution ou une ébullition plus ou moins prolongée produisent des précipités de composition variable, dont la teneur en oxyde ferrique augmente régulièrement.

Sulfates ferriques doubles. — Etard a fait connaître un grand nombre de sels doubles résultant de l'union de deux sesquisulfates (*Bull. Soc. chim.*, t. XXXI, p. 200). Ces sels sont normaux, soit par exemple $(Fe^2)(SO^4)^6(Cr^2)$, ou acides, comme

$$(Al^2)SO^4)^6(Fe^2).SO^4H^2.$$

Ces derniers peuvent être représentés par le schema

$$SO^4H\text{-}Al^2\left\{\begin{array}{c} SO^4 \\ \nearrow SO^4 \searrow \\ -SO^4- \\ \searrow SO^4 \nearrow \\ SO^4 \end{array}\right\}Fe^2\text{-}SO^4H.$$

Pour obtenir ces sels doubles, on dissout les sesquisulfates dans un grand excès d'acide sulfurique et l'on chauffe, en agitant, jusqu'à ce qu'il se forme un précipité. On recueille celui-ci dans un entonnoir, sur un tampon de verre filé, on le lave avec de l'acide sulfurique froid, puis avec de l'acide acétique cristallisable.

Le sel *ferrico-aluminique acide* est en lamelles hexagonales blanches microscopiques, insolubles dans l'eau, qui les décompose peu à peu. La chaleur le transforme en sel neutre $(Al^2)(SO^4)^6(Fe^2)$, qui est également cristallin et incolore.

Le composé *ferrico-chromique acide*,

$$(Cr^2)(SO^4)^6(Fe^2).\ SO^4H^2,$$

est cristallin, jaunâtre et insoluble.

Le *composé manganique* normal,

$$(Mn^2)(SO^4)^6(Fe^2),$$

est cristallin et d'un beau vert; l'acide chlorhydrique le décompose avec dégagement de chlore.

Hyposulfate ferreux. — Il cristallise, d'après Topsoe, en cristaux tricliniques, renfermant

$$S^2O^6Fe + 7\,H^2O.$$

Rapport des axes 1 : 0,4498 : 0,4243. Densité = 1,875.

Phosphates de fer. — Lorsqu'on chauffe le *phosphate ferreux* ou un mélange de phosphate de sodium et de sulfate ferreux dans un tube scellé rempli de gaz carbonique, on obtient du phosphate bleu et l'acide carbonique est en partie réduit à l'état d'oxyde de carbone (Horsford, *Wien. Akad. Ber.* t. LXVII, p. 466).

Lorsqu'on dissout le fer divisé dans l'acide phosphorique (en solution à 48 °/₀), on obtient une solution verte, d'où l'eau sépare un précipité amorphe blanc. Cette solution s'oxyde rapidement à l'air; mais si on la concentre dans une atmosphère d'hydrogène, il s'en sépare une croûte cristalline qui, lavée à l'éther pour la priver de l'acide phosphorique en excès, se résout en une poudre cristalline blanche de *phosphate ferreux acide*, $(PO^4H^2)^2Fe + 2\,H^2O$. Exposé à l'air, ce sel se réduit en bouillie en devenant gris-bleu, puis il redevient blanc et compact, pour prendre ensuite une teinte rouge. Le phosphate ferreux acide est soluble dans l'eau, insoluble dans l'alcool. Sa solution aqueuse est très oxydable (E. Erlenmeyer, *Liebig's Ann. Chem.*, t. CXCIV, p. 176; *Bull. Soc. chim.*, t. XXXII, p. 182).

Phosphates ferriques. — Ces sels, extrêmement nombreux, ont été étudiés dans ces dernières années par Millot (*Bull. Soc. chim.*, t. XXII, p. 242; *Compt. rend.*, t, LXXXII, p. 89) et par Erlenmeyer (*loc. cit.*). Ils se partagent en sels acides, sel normal et sels basiques.

Hexaphosphate ferrique,

$$(PO^4H^2)^6(Fe^2)\ (\text{soit } 3\,P^2O^5.Fe^2O^3 + 6\,H^2O).$$

— On introduit de l'hydrate ferrique dans une solution d'acide phosphorique à 48 °/₀ jusqu'à ce qu'il se produise un dépôt blanc. La solution renferme alors 14 PO^4H^3 pour Fe^2O^3. Évaporée au bain-marie, elle fournit une croûte cristalline qu'on lave à l'éther pour la débarrasser de l'acide phosphorique en excès. Le phosphate monoferrique reste alors sous la forme d'une poudre cristalline rose, tombant en déliquescence à l'air et se dédoublant en acide phosphorique et phosphate moins acide $2\,P^2O^5.Fe^2O^3.8\,H^2O$ (Erlenmeyer).

Tetraphosphate ferrique,

$$\begin{matrix}(PO^4H^2)^2\\(PO^4H)^2\end{matrix}>(Fe^2) + 5H^2O,$$

soit

$$2\,P^2O^5.Fe^2O^3 + 8\,H^2O.$$

— Il se forme par l'oxydation à l'air du phosphate ferreux acide $(PO^4H^2)^2Fe + 2\,H^2O$. Erlenmeyer l'a obtenu, en cristaux quadratiques d'un rouge vif, en abandonnant à l'évaporation une solution de phosphate triferrique dans un excès d'acide phosphorique. Ces cristaux sont inaltérables à l'air et insolubles dans l'eau froide. L'eau bouillante les décompose en acide libre et phosphate triferrique.

Millot prépare ce sel en dissolvant l'hydrate ferrique ou un phosphate moins acide dans l'acide phosphorique. Il le décrit comme une poudre cristalline jaune, qui fond à une température élevée en perdant son eau. Ce sel est insoluble dans l'acide acétique, soluble dans le citrate ammonique, décomposable par les alcalis.

Erlenmeyer a obtenu un sel analogue

$$\begin{matrix}(PO^4H^2)^2\\(PO^4H)^6\end{matrix}>(Fe^2)^2,$$

soit

$$4\,Fe^2O^3.7\,P^2O^5.9\,H^2O,$$

sous la forme d'une poudre cristalline rose, décomposable par l'eau, en concentrant à l'air la solution de phosphate ferreux acide.

Triphosphate ferrique,

$$(PO^4H)^3(Fe^2) + 2\ 1/2\,H^2O),$$

soit

$$3\,P^2O^5.Fe^2O^3 + 8\,H^2O.$$

— Rammelsberg a signalé ce sel, cristallisé en cubes, et l'a obtenu en abandonnant pendant un an une solution saturée de sel normal dans un excès d'acide. Millot le prépare en dissolvant l'oxyde de fer dans l'acide phosphorique en excès, étendant d'eau et faisant bouillir. Le précipité cristallin blanc se redissout lentement à froid dans son eau mère. On l'obtient aussi en faisant bouillir une solution d'un sel ferrique neutre avec du phosphate acide d'ammonium. Le sel calciné est insoluble dans les acides.

Phosphate normal,

$$(PO^4)^2(Fe^2) + 4\,H^2O\ (\text{rapport } Fe^2O^3.P^2O^5).$$

— Il est précipité par le phosphate de sodium ordinaire, ajouté à une solution de chlorure ferrique, ou par l'action de l'acétate de sodium sur les sels acides précédents (Millot).

C'est une poudre blanche qui se dépose aussi lorsqu'on fait bouillir l'hexaphosphate ferrique avec de l'eau (Erlenmeyer).

L'eau froide convertit le même phosphate acide en un phosphate se rapprochant de la neutralité, c'est-à-dire

$$\begin{matrix}(PO^4)^6 \\ (PO^4H)^3\end{matrix} > (Fe^2)^4,$$

sel qui s'obtient aussi lorsqu'on verse dans 21 fois son volume d'eau bouillante la solution phosphorique d'oxyde ferrique renfermant $14 PO^4H^3$ pour Fe^2O^3). La même solution additionnée d'eau froide, fournit un précipité gris-jaunâtre renfermant

$$\begin{matrix}(PO^4)^4 \\ (PO^4H)^3\end{matrix} > (Fe^2)^3.$$

Enfin, avec l'alcool, on obtient le composé

$$\begin{matrix}(PO^4)^2 \\ (PO^4H)^9\end{matrix} > (Fe^2)^4.$$

L'eau bouillante décompose tous ces sels en les rapprochant de plus en plus du phosphate normal (Erlenmeyer).

Phosphate basique,

$$2(PO^4)^2(Fe^2).Fe^2O^3 + 8H^2O,$$

soit

$$2P^2O^5 \text{ pour } 3Fe^2O^3.$$

Il est précipité par l'ammoniaque de la solution acide des phosphates acides ci-dessus. Il est caractérisé par son insolubilité dans le citrate ammonique. Il est soluble dans l'oxalate ammonique (Millot).

$(PO^4)^2(Fe^2).Fe^2O^3$. — Il se précipite lorsqu'on ajoute de l'ammoniaque à la solution acide du sel précédent. Il est peu soluble dans le citrate et l'oxalate ammoniques (Millot).

PYROPHOSPHATES FERRIQUES. — Le précipité obtenu par le chlorure ferrique dans une solution de pyrophosphate de sodium se redissout dans le pyrophosphate jusqu'à ce que l'on ait atteint le rapport $Fe^2Cl^6 : 3P^2O^7Na^4$. Lorsque ce rapport a atteint $2Fe^2Cl^6$ pour $3P^2O^7Na^4$, la précipitation est complète et la solution ne renferme pas de fer. Le précipité se redissout enfin dans un grand excès de chlorure ferrique. Les rapports ci-dessus indiquent l'existence d'un sel ferrico-sodique

$$(P^2O^7)^3 < \begin{matrix}Na^6 \\ (Fe^2)\end{matrix}$$

et du pyrophosphate ferrique $(P^2O^7)^3(Fe^2)^2$. Le sel double n'a pas pu être isolé. La solution primitive abandonne, par la dialyse, du chlorure de sodium, tandis que le sel double reste sur le dialyseur à l'état gélatineux.

Le pyrophosphate de fer est soluble dans les acides, mais la solution est précipitée par l'ébullition. Le précipité offre la composition du pyrophosphate primitif, mais il n'est plus soluble dans les acides étendus, tandis qu'il est soluble dans l'ammoniaque [Gladstone, *Journ. chem. Soc.*, 1867, p. 435; *Bull. Soc. chim.*, t. IX, p. 205].

Le pyrophosphate sodico-ferrique de la pharmacopée allemande renferme, d'après Rieckher, outre 1 ou 2 molécules de pyrophosphate de sodium en excès, le sel présumé par Gladstone

$$(P^2O^7)^3 < \begin{matrix}(Fe^2) \\ Na^6\end{matrix} + 7H^2O.$$

Rieckher a préparé le sel ammoniacal correspondant avec $10H^2O$. Ed. WILLM.

FER (MÉTALLURGIE DU). — Avant d'entreprendre l'étude de la fabrication et des propriétés chimiques, physiques et mécaniques des métaux ferreux, si variés, employés actuellement par l'industrie, il nous paraît indispensable de définir aussi exactement que possible ce que l'on doit entendre par les mots *fer* et *acier*; c'est pourquoi nous rappellerons qu'à la suite des progrès réalisés depuis une vingtaine d'années dans la métallurgie du fer et de l'acier, il a été nécessaire, tant pour l'industriel que pour le consommateur, de distinguer les produits obtenus par les anciens procédés de ceux obtenus par les nouveaux.

DÉFINITION DES MOTS FER ET ACIER. — Les Expositions de Londres, Paris (1867), Vienne, Philadelphie, Paris (1878) ont fait connaître les progrès réalisés dans l'industrie du fer et de l'acier, non seulement au point de vue théorique et scientifique, mais aussi au point de vue pratique. A l'occasion de l'Exposition de Philadelphie un comité international fut nommé par l'*American Institute of mining Engineers*, pour fixer le vrai sens des mots *fer* et *acier*.

Un peu avant cette époque, MM. Jordan et Greinert avaient proposé d'appeler *fer* tout produit ferreux, malléable et soudé, et de réserver le mot *acier* pour tout produit ferreux, malléable et fondu. Cette manière de définir le fer et l'acier, sans tenir compte de la propriété caractéristique de l'acier (celle de durcir par la trempe), fut fortement combattue, non seulement dans le monde scientifique, mais aussi dans le monde industriel. « Il semble, en effet, singulier, dit M. Gruner, qu'une simple opération physique, la fusion, ait sur le nom et les propriétés réelles d'un métal une influence plus grande que sa *nature chimique*. » D'accord sur ce point, que de la composition chimique des aciers dépendent les propriétés physiques et mécaniques, nous croyons cependant devoir appeler l'attention, dès maintenant, sur une propriété spéciale des aciers fondus, l'*homogénéité*, et plus particulièrement la *compacité*, sur laquelle nous reviendrons dans la suite de ce travail. Il y a, en effet, dans l'étude d'un métal, non seulement à tenir compte de la composition chimique de ce métal, dans ses rapports avec les propriétés physiques et mécaniques, mais, en outre, il est nécessaire d'étudier avec soin la *structure physique* intime du métal.

On peut déjà voir par les quelques lignes qui précèdent combien il est utile de s'entendre et de définir exactement ce que l'on doit appeler *fer* ou *acier*. Consulté sur ce point, le Comité international de Philadelphie, composé de MM. Lowthian Bell, P. Tunner, L. Gruner, H. Wedding, R. Akerman, A.-L. Holley, T. Egleston, décida, après discussion approfondie, de soumettre à l'approbation du monde industriel les propositions motivées suivantes sur la *Nomenclature des produits ferreux malléables*.

« I. Tout composé ferreux malléable comprenant: les éléments ordinaires de ce métal, et obtenu, soit par la réunion de masses pâteuses, soit par paquetage ou par tout autre procédé n'impliquant pas la fusion, et qui d'ailleurs ne durcit pas sensiblement par la trempe, bref, tout ce que l'on a désigné jusqu'à ce jour par le nom de fer doux (*wrought iron*, en anglais), sera appelé à l'avenir *fer soudé* (*weld iron*, en anglais); (*Schweiss-Eisen*, en allemand).

« II. Tout composé analogue qui par une cause quelconque durcit par l'action de la trempe, et fait partie de ce que l'on appelle aujourd'hui acier naturel, acier de forge, ou plus particulièrement acier puddlé, sera appelé *acier soudé*, (*weld steel*, en anglais); *Schweiss-Stahl*, en allemand).

« III. Tout composé ferreux malléable comprenant les éléments ordinaires de ce métal, qui aura été obtenu et coulé à l'état fondu, mais qui ne durcit pas sensiblement par la trempe, sera appelé *fer fondu* (*ingot iron*, en anglais; *Fluss-Eisen*, en allemand).

« IV. Tout composé pareil qui par une cause quelconque durcit par la trempe, sera appelé *acier fondu* (*ingot steel*, en anglais; *Fluss-Stahl*, en allemand). »

Cette nomenclature des produits sidérurgiques répond parfaitement aux besoins actuels de l'industrie, et nous la prendrons en quelque sorte comme base de ce travail; toutefois nous ne parlerons ici que des produits fondus, et ne citerons les produits obtenus par voie de soudage que comme point de comparaison, c'est-à-dire que nous insisterons plus spécialement sur la fabrication et la nature des métaux obtenus par les nouveaux procédés Bessemer et Siemens-Martin (avec leurs modifications), procédés qui resteront sans nul doute la caractéristique de l'art métallurgique au XIXe siècle.

Ajoutons en outre que les noms proposés par le Comité international de Philadelphie, noms qui représentent en quelque sorte le genre, n'excluent pas l'espèce, et les noms spécifiques qui font connaître les usages, les qualités spéciales, les procédés de fabrication, pourront dans certains cas être annexés aux noms génériques (Gruner, *Note sur le vrai sens des mots* Fer *et* Acier.) C'est ainsi que parmi les diverses variétés de fer soudé on pourra distinguer les fers soudés au bois, les fers soudés au coke, les fers puddlés, etc.; parmi les aciers soudés, les aciers de forge, les aciers naturels, les aciers puddlés, corroyés, etc.; parmi les métaux fondus, les aciers durs et les fers doux Bessemer et Siemens-Martin, les aciers fins obtenus au creuset, les aciers pour ressorts, limes, etc.; et enfin, au point de vue spécial de la composition chimique, les aciers carburés, manganésés, chromés, tungstatés, siliceux, phosphoreux, etc.

Bibliographie. — Gruner. *Note sur le vrai sens des mots fer et acier.* Annales des Mines, 7e série, t. X, 1876.

Gruner. *Rapport sur l'exposition de Vienne*, 1873. Bulletin de l'industrie minérale de Saint-Etienne, 2e série, t. V, 1876.

Valton. *Fer et Acier. Exposition de Philadelphie*, 1876. Rapport du jury. Imp. nationale, 1877.

R. Akerman. *Note sur les progrès les plus récents de la métallurgie du fer et de l'acier.* Revue universelle des Mines. Liège. 1878.

Lan. *La Métallurgie à l'Exposition de* 1878. Annales des Mines, 7e série, t. XV, 1879.

Chandler Roberts. Leçon inaugurale du *Cours de métallurgie*, 1880-1881, à l'*École royale des mines de Londres.* Revue universelle des Mines. Liège, 1881.

Jordan. *Les récents progrès de la métallurgie du fer.* Conférence faite à la Sorbonne. Avril 1881.

Ne pouvant nous étendre longuement sur les questions pratiques de l'art de l'ingénieur, mais pensant toutefois qu'il est nécessaire de décrire avec quelques détails certaines fabrications, nous avons choisi comme types un certain nombre d'usines européennes ou américaines qui nous ont paru devoir représenter les derniers perfectionnements apportés dans cette voie de progrès, tant au point de vue scientifique (Études chimiques et mécaniques faites à l'occasion de l'Exposition de 1878) qu'au point de vue industriel, en ce qui concerne plus spécialement l'aménagement des nouveaux appareils, la facilité de travail, la puissance de production, qui sont les traits saillants des aciéries du Nouveau Monde.

« Ce que l'on doit, en effet, appeler science appliquée n'est autre chose que l'application de la science pure à des classes particulières de problèmes; elle consiste en une suite de déductions de ces principes généraux qui constituent la science pure et qui sont établis par le raisonnement et l'observation. Pour être faites sûrement, ces déductions doivent reposer sur une connaissance qui ne peut s'obtenir que par l'expérience personnelle des procédés d'observation et de raisonnement qui y ont conduit. »

Ce sont ces principes généraux, ainsi que les nombreuses données fournies par les études expérimentales, scientifiques ou industrielles depuis une dizaine d'années, que nous chercherons à résumer ici, avec chiffres à l'appui. Pour faciliter ces études, en même temps que les recherches, nous diviserons ce travail de la manière suivante :

I. — Matières premières : Matériaux réfractaires, combustibles, fondants, minerais, fontes diverses, alliages.

II. — Fabrication des aciers et des fers fondus.
  A. — Bessemer acide.
  B. — Martin acide.
  C. — Déphosphoration (procédés basiques).

III. — Propriétés des aciers et des fers fondus.
  A. — Propriétés chimiques, physiques et mécaniques.
  B. — Structure des aciers et des fers fondus, — trempe et recuit.

IV. — Emploi des aciers et des fers fondus.

V. — Classification des aciers et des fers fondus.

VI. — Bibliographie.

Pour cette dernière partie, nous avons pensé qu'il était préférable d'indiquer, à la fin de chaque subdivision de ce travail, les ouvrages, traités, mémoires spéciaux à chaque question.

Nous n'avons pu ici faire une bibliographie complète, mais nous avons cherché à indiquer les études les plus importantes faites depuis une dizaine d'années sur la métallurgie du fer et de l'acier.

I. MATIÈRES PREMIÈRES

Les *matières premières* employées dans l'industrie du fer et de l'acier peuvent se diviser en deux grandes catégories : 1° celles servant à la *construction* même *des appareils*, c'est-à-dire les matériaux réfractaires proprement dits, pouvant résister, soit aux hautes températures obtenues aujourd'hui dans les fourneaux métallurgiques, soit à l'action corrosive des scories et des bains métalliques eux-mêmes; 2° celles désignées sous le nom plus spécial de *matières premières*, et servant de base à la fabrication des fontes et alliages indispensables aux aciéries Bessemer et Martin, c'est-à-dire les *combustibles*, les *fondants* et les *minerais*.

Matériaux réfractaires, acides, basiques et neutres. — Nous passerons rapidement sur ces questions, et en particulier sur l'industrie des *matériaux réfractaires*. Ceux-ci peuvent se diviser en deux ou trois classes, savoir : les produits *acides*, les produits *basiques*, et enfin les produits intermédiaires que l'on peut appeler *neutres*.

Les premiers, *acides* ou *siliceux*, sont de composition variable suivant les régions et consistent ordinairement en terres argilo-siliceuses, servant à la confection de garnissages en pisé (appareils Bessemer acide, soles de fours Martin, Pernot, etc., acides), ou d'autres fois à la fabrication de briques réfractaires de qualités diverses, employées pour la confection des hauts fourneaux et autres, des fours métallurgiques non destinés aux opérations de fusion, des chambres et récupérateurs de chaleur (Siemens, Boétius, Ponsard, etc.), des voûtes de fours à puddler, fours à réchauffer, fours de recuisage, etc., simplement chauffés à la houille.

Ces produits réfractaires ordinaires argilo-siliceux ne peuvent résister à des températures plus élevées, celles nécessaires à la fabrication de l'acier sur sole et à la fabrication des aciers au creuset, lorsque ceux-ci sont obtenus, ainsi que c'est le cas aujourd'hui, dans des fours Siemens disposés *ad hoc;* il est nécessaire alors, dans ces derniers cas, d'avoir recours à de véritables briques de silice fabriquées à l'aide de quartz très bien choisis, exempts d'oxyde de fer et d'alcalis; ces quartz, bien broyés, sont agglomérés et moulés en briques avec une très petite quantité de chaux (2 à 3 °/₀ au plus), et les briques cuites à une très haute température. La fabrication de semblables produits, connus sous le nom de *briques de silice,* a d'abord été réalisée en Angleterre, et les briques de Dinas sont encore préférées, à l'heure actuelle, dans bien des aciéries de l'Europe et de l'Amérique. Depuis un certain nombre d'années cependant, des fabricants de produits réfractaires en Allemagne, en France, etc., sont arrivés à produire, à un prix abordable par l'industrie, la brique de silice, indispensable dans les aciéries pour la construction des carnaux et voûtes de fours Martin, Ponsard, destinés à servir d'appareils de fusion; certains maîtres de forges ont même annexé à leurs aciéries un atelier spécial pour la fabrication des produits réfractaires : briques réfractaires ordinaires, briques de silice, tuyères pour convertisseurs, etc.

La brique de silice possède la propriété de se dilater au feu et offre, par cela même, un énorme avantage pour la construction des voûtes : les joints se resserrent, et on ne risque pas de voir les voûtes passer dans œuvre; la réussite des produits réfractaires, composés presque exclusivement de silice, est tout entière dans le choix des quartz, dans la bonne compression des briques, et enfin dans leur cuisson à très haute température, etc.

Parmi les produits que l'on peut appeler *produits réfractaires neutres,* on peut citer :

1° La *bauxite,* qui a été essayée sans grand succès par diverses usines, soit pour la construction des cuves de hauts fourneaux, des voûtes de fours, qui, par suite du retrait de la bauxite à la chaleur, *rentraient dans œuvre,* etc.

Dans ces derniers temps, quelques usines ont employé la bauxite dans les essais de déphosphoration sur sole, pour faire la jonction si délicate entre les briques de silice des carnaux et de la voûte des fours Martin et la matière basique de la sole; les mêmes usines y ont eu recours pour la confection du joint des tuyères siliceuses avec le fond basique des convertisseurs Bessemer, traitant des fontes phosphoreuses par le procédé Thomas (voyez DÉPHOSPHORATION).

2° Le *carbone,* à l'état de graphite aggloméré à l'aide d'une certaine quantité de goudron, a été employé dans des conditions analogues, et les usines de Terrenoire y ont eu recours, il y a quelques années, pour les soles de fours Martin destinés à la fabrication des ferro-manganèses. Le grand inconvénient de cette matière (cependant neutre par excellence) est de brûler au contact des gaz plus ou moins oxydants servant au chauffage même de l'appareil, et nous verrons tout à l'heure comment on peut arriver à éviter l'emploi, et de la bauxite, et du graphite, ou de tout autre produit réfractaire neutre, même dans l'opération de la déphosphoration sur sole.

Les *produits réfractaires basiques* ont fait leur apparition dans l'industrie métallurgique dès que l'on s'est préoccupé d'éliminer le phosphore des fontes; les procédés ayant pour but cette élimination étant en principe, comme nous le verrons plus loin, basés sur des additions de chaux et de minerai, en même temps que sur une forte oxydation du bain (voyez BESSEMER BASIQUE, Sursoufflage), il en résulte une scorie fortement chargée en oxyde de fer et en chaux, qui corrode les parois des convertisseurs Bessemer ou des fours Martin construits en matériaux siliceux (voyez *Ore process*).

On a dû dès lors avoir recours à des *garnissages basiques de magnésie,* ou, pour mieux dire, de *dolomie,* contenant aussi peu que possible de silice intimement mélangée; la dolomie, fortement cuite et réduite en poudre, est agglomérée avec du goudron ou des huiles lourdes, de manière à former des briques que l'on soumet ensuite à une nouvelle cuisson à température aussi élevée que possible. Ces briques dolomitiques sont employées pour le garnissage des convertisseurs Bessemer ou des fours de fusion; dans certains cas, le garnissage peut être fait en pisé dolomitique aggloméré également au goudron et cuit sur place; cette manière de procéder est employée par quelques usines d'Allemagne et d'Angleterre, et par le Creusot en France. Les garnissages basiques obtenus, soit à l'aide de briques, soit à l'aide d'un pisé dolomitique, peuvent dès lors résister aux réactions chimiques qui se passent, par exemple, dans le convertisseur, lorsqu'on procède à des additions de chaux, d'oxyde de fer sous forme de minerai et que l'on produit une grande oxydation à l'aide de soufflages prolongés.

Nous disions tout à l'heure que l'une des difficultés inhérentes à la déphosphoration sur sole basique, essayée par quelques usines, est d'avoir un joint parfaitement neutre entre les matériaux acides de la voûte et la matière basique formant la sole même du four. — L'emploi de la bauxite et du graphite ne paraît avoir jusqu'ici donné que des résultats médiocres; certains auteurs pensent que l'emploi du four Pernot, à l'aide duquel on éviterait tout contact, pourrait donner de bons résultats; mais la véritable solution sera, sans aucun doute, *l'emploi pour la voûte de matériaux également basiques.* La difficulté à vaincre est de fabriquer des briques de cette nature ne faisant que peu et même point de retrait à haute température; nous le répétons, les briques de bauxite ont, à cause de cette contraction, fait leur temps; les briques de dolomie ne paraissent pas devoir mieux réussir, mais certains industriels versés dans la question si délicate des produits réfractaires cherchent actuellement à fabriquer de toutes pièces des *briques de magnésie pure,* suffisamment cuites et ne donnant plus lieu ni à des retraits ni à des dilatations. Quoique ce problème ne soit peut-être pas encore complètement résolu, il est indispensable de citer ici ces recherches, et il paraît certain que le jour où l'industrie des produits réfractaires pourra fournir aux aciéries, à des prix suffisamment bas, des briques de magnésie résistant à la haute température des fours Siemens Martin, bien des difficultés inhérentes à la fusion sur sole seront écartées.

Nous ne nous étendrons pas davantage sur la question des matériaux réfractaires et nous renverrons pour plus de détails à la déphosphoration des fontes (Bessemer basique), où nous donnerons en particulier quelques analyses de dolomie et de briques dolomitiques; nous ferons remarquer seulement que tous les mélanges employés au laboratoire, pour les creusets dans les essais par voie sèche, peuvent trouver leur emploi, souvent avec de légères modifications, dans le garnissage des appareils métallurgiques.

COMBUSTIBLES. — Les *combustibles* employés à la fabrication de la fonte sont tantôt des charbons de bois (Suède, Autriche, quelques régions en France et quelques districts en Amérique), et dans certains cas un mélange de charbon de bois et de coke; mais dans la plupart des usines françaises, belges, anglaises et allemandes, on a recours à l'emploi des cokes métallurgiques, ou dans quelques cas particuliers à celui des houilles et anthracites crus, ainsi que cela se pratique aux Etats-Unis. Pour la fabrication de la fonte, les cokes purs doivent naturellement être recherchés; ils doivent être denses, durs et compactes, exempts de soufre et de phosphore, et contenir le minimum possible de cendres. Certains cokes anglais ou américains contiennent quelquefois moins de 5 à 6 °/₀ de cendres, et la plupart des cokes anglais ne dépassent pas 8, 10 à 12 °/₀, tandis que sur le continent européen on est obligé, par économie ou par position de district, d'employer de très mauvais cokes à 14 et 16 °/₀ de cendres, si ce n'est plus. (Voir pour l'étude des combustibles les articles spéciaux.)

FONDANTS. — Avant de passer à l'étude des minerais de fer et de manganèse, nous devons dire quelques mots des matières premières employées comme *fondants*.

Suivant la nature siliceuse ou calcaire des minerais, et en même temps suivant la composition même des cendres de coke, on est généralement obligé de joindre à la charge du haut fourneau (minerais et combustible) une certaine quantité de matières facilitant la fusion; c'est-à-dire dans la plupart des cas des calcaires, dans quelques-uns des matières siliceuses, de manière à former un laitier d'une composition déterminée, suivant les fontes ou alliages à obtenir au haut fourneau : ce sont les proportions relatives des bases et des acides qui règlent les quantités respectives de matières calcaires ou siliceuses à ajouter (voyez SILICATES).

Les *calcaires* (*castine*) doivent être exempts de soufre et de phosphore, et ceux le plus généralement employés en France, par exemple, appartiennent aux formations jurassiques et néocomiennes, ne contenant que peu d'argile et pouvant être considérés comme des calcaires purs; en Angleterre, en Allemagne, etc., on emploie, comme élément basique, des calcaires de formations géologiques spéciales aux régions, et il paraît qu'aux États-Unis on a recours, à côté des calcaires en roches, à l'emploi des coquilles d'huîtres contenant environ 55 °/₀ de chaux.

Il est rare que l'on soit obligé d'ajouter de la silice au lit de fusion naturellement obtenu par le mélange des minerais : toutefois nous devons citer l'emploi, soit du *quartz*, soit des *feldspaths*, ces derniers ayant le grand avantage, vu la multiplicité des bases, de donner des laitiers plus fusibles; on s'en sert également lorsqu'on cherche à produire des laitiers très chargés en chaux, facilitant l'obtention de produits riches en manganèse. Il faut en effet, dans ce cas, multiplier le nombre des bases, afin d'éviter le passage de l'oxyde de manganèse dans les laitiers : on y arrive dans certaines usines en produisant des laitiers à base de *chaux*, *potasse*, *soude*; dans d'autres, *chaux* et *baryte*; dans d'autres, *chaux*, *magnésie*, etc... Dans certains cas on a essayé le *spath fluor*, afin de rendre solubles certains silicates, qui ne peuvent être fusibles par eux-mêmes; mais on est tombé dans le grave inconvénient d'avoir au gueulard du haut fourneau des gaz incombustibles, ne pouvant plus dès lors servir au chauffage des chaudières à vapeur, des appareils à air chaud, etc.

MINERAIS DE FER. — Nous ne pouvons ici faire une étude complète des minerais de fer et de manganèse, et nous renverrons pour les détails de composition aux articles minéralogiques; mais nous devons présenter certaines considérations relatives à leur emploi industriel (voyez PERCY, *Métallurgie*; VALTON, Exposition Philadelphie; TRASENSTER, Exposition Dusseldorf; AKERMAN, Exposition Paris, 1878).

Parmi les minerais auxquels a recours l'industrie actuelle du fer et de l'acier, il en est qui, par leur richesse, leur abondance, leur pureté, sont recherchés de toutes les parties du monde, et pour ne citer que les exemples principaux, « nous voyons, dit M. Jordan (conférence faite à

EXEMPLES DE MINERAIS RICHES ET PURS.

PROVENANCE des MINERAIS.	MORTA-EL-HADID MOYEN (Algérie).	ILE D'ELBE.	BILBAO (Espagne).	DANEMORA (Suède).	TAGILSK (OURAL) (Russie).	FURNESS (Angleterre)	WHITEHAVEN (Angleterre).	HÉMATITE ROUGE du Cumberland.	MAGNÉTITE de Carinthie.	FER OLIGISTE de Namur.	LAC SUPÉRIEUR (États-Unis).	VIRGINIE Nº 1 (États-Unis).	IRON MOUNTAIN (États-Unis).	MINERAI MAGNÉTIQUE Port-Henry (États-Unis).
Fer	58,92	61,00	36,40	50,70	63,50	60,55	66,61	66,60	58,06	58,50	65,04	65,71	66,04	71,11
Manganèse	1,26	0,35	Traces.	1,50	1,38	»	»	»	»	0,36	0,18	0,08	0,12	»
Peroxyde de fer	84,25	»	80,80	»	»	86,50	»	95,16	»	83,50	»	»	»	»
Oxyde rouge de manganèse	1,75	»	»	»	»	»	»	»	»	0,50	»	»	»	»
Alumine	2,20	Traces.	»	0,30		0,30	0,06	»	0,42	1,40	0,85	4,43	0,08	»
Baryte	»	»		»		»	»	»	»		»	»		»
Chaux	0,70	»	4,10	8,10	0,67	2,77	0,07	0,07	0,33	2,70	0,92	0,20	0,046	0,05
Magnésie	»	»	1,00	0,57		1,40	»	»			0,77	0,12		»
Silice et argile insolubles dans les acides	6,50	6,20	5,20	13,80	10,35	6,18	»	5,68	18,27	10,00	5,13	4,10	4,75	1,04
Perte par calcination	4,05	»	»	»				»		»	»			
				»		»						TiO^2=0,15	»	TiO^2=0,46
Soufre	»	Traces.	»	»		»	»	»	0,123	»	0,30	»	»	»
Phosphore	Traces.	0,04	»	Traces.		»	»	Traces	Traces.	»	0,110	Traces.	00,16	0,020

la Sorbonne le 9 avril 1881), nos minerais algériens traverser la Méditerrannée, et arriver par rails jusqu'au cœur de la France, ou bien passer le détroit de Gibraltar et remonter jusque dans la mer du Nord, à Dunkerque, à Anvers, à Rotterdam, à Middlesbro, pour alimenter des usines françaises, belges, allemandes, anglaises, ou même encore traverser l'Atlantique, pour aller approvisionner les hauts fourneaux américains situés à proximité des ports.

« Nous voyons les minerais manganésifères de la côte orientale d'Espagne (Carthagène, Almeria) arriver à Marseille, et rayonner de là dans bon nombre de nos usines françaises, ou bien se diriger vers ces provinces allemandes du Rhin qui étaient autrefois la source unique des produits manganésés. Les colossaux amas de minerais de Bilbao fournissent la matière première principale à toutes les grandes aciéries nouvelles du nord de la France, d'Angleterre, de Belgique et de Westphalie. »

A côté des minerais riches et purs que l'on pourrait en quelque sorte appeler le minerai par excellence, universellement employé dans les aciéries de l'ancien et du nouveau monde, il en est d'autres spéciaux à chaque région, fournissant des fontes réputées (à tort ou à raison) spéciales et qui dans certains cas ont acquis une renommée dans les arsenaux de la marine et de l'artillerie pour la fabrication des canons et des projectiles; dans d'autres cas, ce sont les fers en provenant qui ont été pendant longtemps préférés par les chemins de fer et les ateliers de construction, alors que l'étude de la composition chimique des fers et des aciers n'avait pas encore été l'objet d'études approfondies; c'est ainsi par exemple qu'à l'heure actuelle les fers du Berry, de la Franche-Comté, ont encore une réputation méritée sans doute, mais toute de convention, et, beaucoup de consommateurs, maintenus du reste dans cette voie par les producteurs intéressés, ne veulent accepter pour certains emplois que des métaux obtenus avec des minerais ou par des procédés ne différant pas de ceux auxquels la routine les a habitués; dans bien des cas, en ce qui concerne plus particulièrement les métaux fondus, on semble encore croire dans quelques districts à la propension aciéreuse, théorie qui heureusement pour la science a fait son temps.

EXEMPLES DE MINERAIS MOYENS PAUVRES, MAIS ASSEZ PURS.

PROVENANCE des MINERAIS.	MINERAI SPATHIQUE d'Allevard grillé.	MINERAI DE St-FLORENT (Berry).	MINERAI DE FONTANES (Lias)	MINERAI OXYDÉ ROUGE compact La Voulte (Ardèche).	OLKAWALKA n° 1 (Russie).	OLKAWALKA n° 3 (Russie).	BLACK BAND (Ecosse).	MINERAI SPATHIQUE de Carinthie	MINERAI SPATHIQUE de Siegen (mines de Krupp).	HÉMATITE DE SCHWELM (Allemagne).	HEMATITE du lac Supérieur (Etats-Unis).	ALABAMA n° 6 (Etats-Unis).	MIN. DE PETER TOTTEN (Nouvelle-Ecosse).	FRANKLINITE des Etats-Unis.
Fer	42,86	43,00	46,31	45,74	53,23	44,40	41,00	44,33	42,90	32,68	55,86	49,65	48,91	45,52
Manganèse	2,53	»	Traces.	1.00	0,45	8,63	»	»	12,58	0,38	0,78	20,41	1,75	11,50
Peroxyde fer	61,29	62,00	»	»	»	»	»	»	»	52,40	»	»	»	»
Oxyde rouge de manganèse	3,50	»	»	»	»	»	»	»	»	0,56	»	»	»	»
Alumine	5,50	»	4,62	3,75	»	»	2,00	4,35	3,30	9,55	2,05	»	»	»
Baryte	»	»	»	»	»	»	»	»	»	»	»	»	»	»
Chaux	1,50	7,00	0,78	2,07	1.43	»	1,51	1,28	1,39	0,55	0,45	»	11,70	»
Magnésie	6,83	»	»	»	»	»	0,28	»	0,43	0,74	0,53	»	0,42	»
Silice et argile insolubles dans les acides	13,70	argile 20,00	12,78	16,75	7,50	9,10	»	0,50	5,87	22,00	12,52	»	0,07	0,30
Perte par calcination	7,70	11,00	»	»	»	»	mat. bit. 7,70	37,95	»	12,12			»	» ZnO = 23,30
Soufre	»	»	0,150	»	0,150	0,070	0,230	»	»	0,170	0,030	»	0,150	»
Phosphore	»	»	0,089	0,215	0,288	0,386	»	»	0,090	0,030	0,130	»	»	»

Quelle que soit la manière d'envisager ces questions, il est un fait bien établi aujourd'hui : c'est qu'il y a lieu de distinguer les minerais de fer en trois grandes catégories :

1° Les *minerais riches et purs*, exempts de soufre et de phosphore, et parmi lesquels il faut citer : les minerais de Suède, oxydulés et magnétiques; les minerais algériens, légèrement manganésés et magnétiques, comme les précédents; les minerais de l'île d'Elbe; les minerais américains du lac Supérieur et du lac Champlain; les hématites de la Tafna, de Camerata, de Bilbao, les hématites rouges ou *red ores* du Lake Districk, les hématites, oligistes d'Allemagne, etc.

2° *Les minerais moyens*, qui au lieu de contenir de 55 à 60 et 65 °/₀ de fer comme les précédents, ne contiennent plus que 45 à 55 °/₀ au maximum, mais peuvent encore être utilisés avec avantage, s'ils sont exempts de soufre et de phosphore; ce sont tantôt des hématites, tantôt des minerais oxydés hydratés (limonite), des minerais carbonatés, spathiques; ces derniers méritent une attention spéciale, puisqu'ils fournissent, grâce à leur teneur en manganèse, des fontes telles que celles obtenues dans certains districts d'Allemagne et d'Autriche, pouvant se traiter directement à l'appareil Bessemer, et sans addition finale.

Parmi les minerais moyens, plus ou moins chargés en soufre ou en phosphore, il faut citer le *blackband* d'Ecosse, un certain nombre de minerais siliceux ou alumineux, formant des dépôts considérables dans les formations jurassiques, lias, trias, etc. (de l'Ardèche, du Gard et quelques districts allemands, etc.). Parmi ces minerais, les uns sont sulfureux, d'autres phosphoreux, mais, grâce à leur haute teneur en fer (50 °/₀), ils peuvent fournir des fontes d'affinage à bas prix et donner des fers marchands de qualité commune; dans la même catégorie doivent être rangés les minerais pisolithiques, oolithiques, les minerais siliceux de l'Anjou, quelques minerais d'Angleterre et d'Amérique, les minerais carbonatés des houillères, les silicates, etc.

3° Une autre classe fort importante de minerais, employée seulement à la fabrication des fontes de forge, comprend les *minerais inférieurs* ou impurs et désignés généralement sous le nom de minerais *phosphoreux*. — L'un des gisements les plus considérables est celui situé sur la frontière allemande, entre le Luxembourg et la Lorraine : c'est le minerai hydraté, oolithique, des environs de Longwy et de Nancy, essentiellement phosphoreux et traité jusqu'à ce jour pour fontes destinées au puddlage. — Un autre minerai plus abondant encore, le minerai carbonaté oolithique du Cleveland, phosphoreux comme celui du Luxembourg, a provoqué, il y a déjà nombre d'années, la création d'un district métallurgique que l'on peut considérer comme le plus important du monde entier : ce minerai, employé jusqu'ici à la fabrication des fontes de forge, a donné lieu à d'intéressantes recherches sur la fabrication des fers fins (procédés divers de déphosphoration par voie de puddlage), et, dans ces dernières années, l'attention a été portée sur cette région, par suite des progrès réalisés dans le traitement pour acier des fontes phosphoreuses.

A côté de l'Angleterre et de la France, la Westphalie, la Belgique, l'Allemagne présentent également de grands amas de minerais impurs, sans compter ceux, non encore étudiés, des Etats-Unis.

EXEMPLES DE MINERAIS INFÉRIEURS PLUS OU MOINS RICHES, MAIS IMPURS.

PROVENANCE des MINERAIS.	MINERAI d'Ars-sur-Moselle.	MINERAI DE PRIVAS (Ardèche).	GRAND GARDS ABRAHAM (Suède).	SOFIRWKA nº 2 (Russie).	MINERAI DU CLEVELAND (silico-aluminate).	BLACKBAND CALCINÉ de la Westphalie.	M. des prairies Sterkrade (Etats-Unis).	MINERAI D'ILSÈDE nº 1.	MINERAI D'ILSÈDE nº 2.	RINGWOOD CANNON (Etats-Unis).	RINGWOOD Sᵗ-GEORGES (Etats-Unis).	RINGWOOD MILLER (Etats-Unis).	MINERAI BRANDON (Etats-Unis).	RÉSIDUS DE PYRITES d'Allemagne.
Fer	44,50	40,71	60,00	54,77	36.00	47,60	53,60	36,75	27,65	46,20	66,40	59,30	46,31	66,00
Manganèse	»	Traces	»	»	Traces.	»	»	3,80	4,23	»	0,16	0,19	0,07	»
Peroxyde de fer	63,40	»	»	»	»	»	76,80	»	»	»	»	»	»	»
Oxyde rouge de manganèse	»	»	»	»	»	»	»	»	»	»	»	»	»	»
Alumine	1,10	7,10	1,50	»	7,90	»	1,00	5,23	0,89	5,09	0,39	3,00	4,50	»
Baryte	»	»	»	»	»	»	»	»	»	»	«	»	»	»
Chaux	3,60	10,35	4,00	3,30	7,40	»	»	3,26	20,34	6,88	2,58	5,04	2,25	»
Magnésie	»		1,27	»	3,80	»	»	0,36	»	0,07	0,21		1,14	»
Silice et argile insolubl. dans les acides	13,30	10,90	10,00	1,55	7,10	»	6.52	8,64	5,22	18,10	2,00	4,60	12,69	»
														»
Perte par calcination	»	»	»	»	»	»	14,18	»	»	»	»	»	»	»
										$TiO^2 = 0,80$	$TiO^2 = 0,65$	$TiO^2 = 0,50$		Cu = 0,05
Soufre		»	»	»	»	0,720	»			»	»	»	0,220	0,250
Phosphore	0,300	0,325	1,270	0,676	0,800	0,500	0,640	1,690	0,960	2.460	1,100	2,080	0,490	»

Ces minerais riches mais impurs, et pour cette cause délaissés jusqu'à ce jour, prennent aujourd'hui une certaine importance, deviennent plus intéressants pour certains districts dans lesquels de grands industriels n'ont pas craint de faire de nouvelles installations pour leur traitement par le procédé Thomas et Gilchrist.

D'autres régions, au contraire, ne possédant pas de minerais phosphoreux, et obligées dans la plupart des cas de traiter des minerais purs de la première catégorie, n'ont qu'un intérêt secondaire en ce qui concerne le traitement économique de ces minerais.

Il serait nécessaire, pour donner une idée complète des nombreux minerais de fer exploités actuellement, de passer en revue les richesses minérales de chaque contrée où l'industrie du fer et de l'acier a acquis quelque développement : cette étude nous entraînerait hors du cadre dont nous disposons, et nous avons dû chercher dans les tableaux d'analyse ci-joints à indiquer les principales classes et variétés de minerais employés dans l'industrie.

MINERAIS DE MANGANÈSE. — A côté des minerais de fer proprement dits, riches et pauvres, purs ou impurs, nous avons à mentionner les *minerais de manganèse* : la fabrication économique des alliages de manganèse est, en effet, depuis les inventions Bessemer et Martin, une question de la plus haute importance, puisque cet élément, le manganèse, est l'élément indispensable à la réussite des diverses opérations métallurgiques nouvelles. — En conséquence, les minerais de manganèse ont été fort recherchés, non seulement en France, mais encore en Allemagne, en Angleterre et aux Etats-Unis, pour l'obtention de produits manganésés riches; tant que l'industriel a eu à fabriquer par les procédés Bessemer et Martin du métal pur et dur pour rails, il a pu se contenter de fontes miroitantes (*Spiegel-Eisen*) à 10, 12, 18 et 20 °/₀ de manganèse, fabriquées sans difficulté par les usines rhénanes, carinthiennes, etc., avec les minerais spathiques. Les usines du pays de Siegen, en particulier, ont eu pendant longtemps le monopole de ces produits, jusqu'au moment où, le besoin d'avoir à sa disposition des alliages riches (à 30, 40, 60, 80 °/₀ de manganèse) se faisant sentir, chaque région a travaillé les questions chimiques, et il y a eu véritable lutte pour l'obtention des produits extra manganésés.

Afin de produire ces alliages, spiegels et ferromanganèses à bas prix, on a été au loin chercher des minerais, pauvres en fer, riches en manganèse, peu siliceux et de préférence calcaires, et aux minerais allemands et autrichiens sont venus bientôt s'adjoindre les minerais d'Espagne, de Portugal, du Canada, contenant jusqu'à 55 °/₀ de manganèse, et, dans ces derniers temps, les minerais de la Nouvelle-Zélande et du Caucase, ayant des teneurs voisines de 56 à 58 %. (Voir les articles minéralogiques.)

En France, où l'on ne connaissait guère que le gisement de Romanèche (exploité pour la fabrication industrielle du chlore), de nouvelles recherches faites sur le pourtour du plateau central granitique ont amené la découverte d'amas considérables, au contact des calcaires et des schistes anciens et qui sont actuellement en pleine exploitation dans le midi de la France.

MINERAIS DE CHROME, TUNGSTÈNE, ETC. — Pour terminer ce qui est relatif aux minerais employés dans l'industrie de l'acier, nous devons citer les *fers titanés* et *tunsgtatés*, peu répandus jusqu'à ce jour; les *fers chromés* de Grèce, de Russie, de Baltimore, etc., auxquels ont eu recours quelques usines pour l'obtention directe de produits chromés au creuset ou pour la fabrication de véritables alliages, fabrication réalisée au haut fourneau par les usines de Terrenoire; enfin nous ne pouvons passer sous silence les minerais de fer extrasiliceux, véritables minerais de *silicium*, dans lesquels la silice (à l'état libre) peut être réduite, grâce à une haute température et à un lit de fusion approprié, et donner en présence de minerais de manganèse de véritables alliages de fer, manganèse-silicium, utilisés pour la fabrication des aciers coulés sans soufflures.

TRAITEMENT DES MINERAIS. — Maintenant que nous avons indiqué la nature des minerais, nous devons donner quelques chiffres relatifs à la composition des fontes et des alliages obtenus au haut fourneau à l'aide de ces minerais : nous n'avons pas à étudier ici la théorie du haut fourneau, ni les détails pratiques relatifs à la conduite industrielle de cet appareil (voir à ce sujet l'article FER, t. I, p. 1136). Mais nous devons appeler l'attention sur les progrès apportés à la fabrication de la fonte depuis une dizaine d'années, grâce à l'emploi des *appareils à air chaud*, basés sur le principe de Siemens et réalisés par MM. Cowper et Th. Whitwell.

Les appareils à air chaud permettent d'amener l'air aux tuyères à une température de 700 à 800°; de cette manière, on est arrivé à obtenir dans la fabrication des fontes une économie considérable de combustible. A l'aide de ces appareils on a pu fabriquer industriellement les alliages cités plus haut.

En traitant les minerais de richesse moyenne (40 à 50 %), on arrive facilement à 1000 kilogrammes de fonte par 1000 kilogrammes de coke consommé; dans certaines usines même on est descendu à une consommation de 900 kilogrammes seulement de coke par tonne de fonte grise Bessemer; ces chiffres, comparés à ceux obtenus avec les anciens appareils à air chaud (1200 à 1300 kilogrammes de coke par tonne de fonte) ou obtenus dans les fourneaux à vent froid (1800), montrent les progrès accomplis.

Théoriquement les appareils à air chaud basés sur le système de récupération de la chaleur, et imaginés par Siemens (voir Fours Martin), se composent de deux tours en briques croisées. Ces tours reçoivent alternativement les gaz sortant du haut fourneau et chauffant tout l'ensemble, et l'air froid venant de la machine soufflante, lequel une fois chaud, est envoyé au haut fourneau. La pratique toutefois a montré qu'il était plus économique d'avoir trois tours (trois appareils) qui fonctionnent, deux au gaz et un au vent, disposition permettant du reste, à un moment donné, la réparation de l'un des appareils.

Certaines usines ont préféré l'emploi de l'appareil Whitwell, qui offre, paraît-il, quelques avantages au point de vue de l'enlèvement des poussières déposées par les gaz du haut fourneau; d'autres ont eu recours aux appareils Cowper, dont le nettoyage, du reste, n'offre pas de réelles difficultés; d'autres enfin, comme le Creusot, ont combiné les deux systèmes. Quelques modifications ont été apportées à ces appareils par divers ingénieurs praticiens, et nous citerons en particulier celles dues à M. Levesque, qui est arrivé à réaliser une combinaison pratique des deux systèmes.

Grâce aux appareils à air chaud, on est arrivé, non seulement à consommer moins de combustible par tonne de fonte, mais en outre à augmenter considérablement la production des hauts fourneaux sans changer leur capacité; les anciens appareils étaient calculés, par exemple, pour certaines fontes grises, à raison de 4 à 5 mètres cubes de capacité par tonne de fonte produite en vingt-quatre heures, tandis qu'actuellement on obtient très facilement une production de 45 à 50 tonnes de fonte grise Bessemer avec des fourneaux ne dépassant pas 100 mètres cubes de capacité.

FONTES. — Anciennement les fontes obtenues au haut fourneau étaient classées en quatre ou cinq numéros, suivant l'aspect de leur cassure; cette classification ne pouvait, et ne peut encore aujourd'hui, être adoptée que pour des fontes obtenues avec les mêmes minerais, dans des conditions analogues, et s'applique en tout cas seulement aux fontes exclusivement composées de carbone et de fer, ou peu s'en faut; en effet, dès que le manganèse et le silicium interviennent, la nature du grain varie pour les fontes (aussi bien que pour les aciers), et l'ancienne classification en numéros 1, 2, 3, etc. ne peut pas être employée : il faut absolument avoir recours à l'analyse chimique; enfin, nous devons rappeler ici que la nature du grain dépend essentiellement du mode de refroidissement : telle fonte grise, lorsqu'elle est coulée en sable, devient blanche sur une plus ou moins grande épaisseur lorsqu'elle est coulée en coquille, non seulement suivant l'épaisseur de la coquille, mais encore suivant la température à laquelle elle est coulée. (Voir la Bibliographie.)

Ces réserves une fois faites, on peut diviser les fontes de la manière suivante :

1° Les *fontes grises*, dans lesquelles la proportion de carbone alliée au fer est relativement faible, tandis qu'une notable quantité de cet élément est intercalée sous forme de paillettes de graphite, dans les interstices de cristaux plus ou moins gros constituant la masse métallique : leur cassure varie du noir brillant à grandes paillettes à un grain gris serré et uniforme qui représente pour les fontes le maximum de résistance; ce dernier aspect correspond au graphite amorphe.

Les fontes grises contiennent généralement une proportion de silicium variant de 2 à 3 %.

2° Les *fontes blanches*, au contraire, ne contiennent que peu et même point de silicium (1 % au plus), pas de graphite et tout le carbone s'y trouve à l'état combiné ou dissous dans la masse entière; leur texture est compacte et cristalline, mais varie totalement avec la teneur en carbone. Quand celle-ci est faible, la texture est massive, sans fibres ni grains bien apparents; quand elle est plus forte et approche de 4 à 5 %, la texture devient fibreuse ou rayonnée; les fontes blanches manganésées peuvent être lamelleuses et même miroitantes, quand la teneur atteint ou dépasse 3 à 4 %, c'est-à-dire présente de véritables clivages ou facettes cristallines (qui semblent appartenir au système rhomboédrique, tandis que les cristaux de fer appartiennent au système cubique).

3° Les *fontes intermédiaires*, entre les fontes blanches et les fontes grises sont désignées sous le nom de *fontes truitées*, quand elles présentent des taches grises sur un fond blanc, ou des taches blanches sur un fond gris, et sous le nom de *fontes rubannées*, lorsque le gris et le blanc sont nettement séparés en zones bien tranchées: le refroidissement exerce une influence sur ces différents aspects, et c'est pourquoi, dans un classement de diverses fontes, on devra toujours observer, ou des gueusets coulés en sable, ou des barreaux coulés en coquille.

Aux deux extrémités de la série, fontes grises, truitées, rubannées et fontes blanches, existent les *fontes noires*, dans lesquelles la proportion de graphite atteint son maximum, et les *fontes froides* ou *caverneuses*, où la teneur en carbone combiné atteint son minimum, jusqu'à ce que l'on arrive aux métaux mixtes contenant 3 °/₀, et plus souvent seulement 2 °/₀ de carbone. Il faut en dernier lieu citer les *fontes glacées*, où la teneur du silicium dépasse celle du carbone et sur lesquelles nous reviendrons (Voyez *ferro-silicium.*)

L'obtention de ces diverses espèces de fonte au haut fourneau dépend de la température : une surchage en minerais pour un appareil donné donnera une fonte blanche, et une surcharge en coke une fonte grise, toutes choses égales d'ailleurs. Si les minerais employés sont purs, ces fontes seront pures ; mais si, au contraire, on a à traiter des minerais, castines ou combustibles contenant du soufre et du phosphore, les fontes fabriquées seront d'autant plus phosphoreuses qu'elles seront obtenues à plus haute température, quand il s'agit de fontes de même provenance. Presque la totalité du phosphore du minerai se retrouve dans la fonte qui en provient et aucun moyen pratique n'a encore été trouvé pour éviter le passage du phosphore dans la fonte. Les fontes du Cleveland en Angleterre contiennent 1,25 à 1,75 °/₀ de phosphore ; les fontes blanches du Luxembourg en contiennent de 1,50 à 2 °/₀ et celles d'Ilsede, en Hanovre, atteignent même 3 °/₀.

Si les minerais ou les cokes sont sulfureux, on arrive au haut fourneau à éliminer le soufre, en employant une certaine dose de manganèse en présence d'un laitier aussi calcaire que possible. Dès lors, si l'on marche en allure froide, allure de fonte blanche, ne permettant pas d'avoir une forte proportion de base dans le laitier, on obtiendra des fontes plus sulfureuses que si l'on marche en allure chaude permettant, au contraire, d'avoir des laitiers extra calcaires et manganésés. Le remède pour se débarrasser du soufre contenu dans les minerais impurs est trouvé théoriquement : c'est pour l'industriel une question de prix de revient, tandis que, pour le phosphore, son élimination n'est possible au haut fourneau ni pratiquement ni même théoriquement.

La fonte blanche pour un même minerai est moins phosphoreuse que la grise. La fonte blanche est celle qui convient le mieux au four Martin. Elle devra être obtenue en allure chaude, en chargeant le lit de fusion de manière à éliminer le soufre.

Parmi les nombreuses variétés de fonte que l'on obtient actuellement au haut fourneau marchant au bois, au coke ou à l'anthracite, nous en avons choisi un certain nombre, employées plus spécialement à la fabrication de l'acier Bessemer, ou servant de base dans les opérations conduites au four Siemens Martin, soit pour métal dur, soit pour métal doux, soit pour acier coulé sans soufflures.

ANALYSES DE FONTES SERVANT DE BASE A LA FABRICATION DE L'ACIER PAR LES PROCÉDÉS BESSEMER ET MARTIN.

DÉSIGNATION des FONTES.	FONTES POUR BESSEMER ACIDE.						FONTES POUR BESSEMER BASIQUE.					FONTES pour fusion sur sole.		
	Fonte Bessemer pour 2e fusion (Suède Fagersta).	Fonte de Scranton (États-Unis).	Fonte d'Allemagne (1re fusion).	Fonte Bessemer 1re fusion (France).	Fonte hématite d'Askam (Angleterre).	Fonte d'Oboukow (2e fusion).	Fonte de Lorraine.	Fonte de Hœrde (Allemagne).	Ferrophosphore d'Ilsède.	Fonte phosphoreuse du Cleveland.	Fonte de Westphalie.	F. ordinaire truitée de Carinthie.	Fonte supérieure.	Spiegel pauvre ou fonte rayonnée de Carinthie.
Fer	»	»	»	91,500	93,645	»	»	»	»	»	»	»	92,00	»
Manganèse	4,491	0,080	3,250	3,000	0,021	0,390	0,430	1,44	3,840	0,550	1,131	3,080	2,80	3,910
Carbone total	4,749	3,470	3,250	3,250	4,846	4,480	3,120	»	2,080	3,520	3,267	1,010	3,10	3,950
Graphite	»	»	»	»	3,377	»	»	»	»	»	»	»	»	»
Carbone combiné	»	»	»	»	0,469	»	»	»	»	»	»	»	»	»
Silicium	0,771	2,800	2,500	2,100	2,424	1,300	1,218	0,060	0,110	2,100	0,476	0,970	0,100	0,360
Soufre	?	0,085	?	Traces	0,004	0,060	0,170	0,080	0,040	0,040	0,062	0,008	Traces.	»
Phosphore	0,027	0,040	?	0,080	0,010	0,070	1,720	1,600	3,200	1,610	2,600	0,021	0,080	»

SPIEGELS ET FERROMANGANÉSES. — Les minerais spathiques de la Westphalie, de la Styrie et de la Carinthie, traités au haut fourneau, donnent, comme on sait, des fontes spéciales plus ou moins manganésées, pouvant être traitées au Bessemer sans aucune addition finale.

Grâce à la richesse en manganèse des minerais rhénans, on est arrivé depuis longtemps à produire dans ces régions des fontes miroitantes (*Spiegel-Eisen*) contenant 6, 8, 10, 12 °/₀ de manganèse. Ces produits spéciaux, désignés sous le nom de *fontes à acier*, ont été, pendant longtemps, comme nous l'avons dit, le monopole du pays de Siegen. Mais, à partir de 1860-1865, lorsqu'il a fallu rendre pratique le procédé Bessemer et que Mushet eut indiqué, vaguement, il est vrai, le rôle du manganèse dans cette opération, on n'a pas échappé à la nécessité de produire en France, à un prix rémunérateur, les fontes manganésées à faible teneur en manganèse. D'autre part, lorsque la marine, l'artillerie et la construction ont eu besoin de métaux doux fondus, il a été indispensable de produire une grande quantité d'alliages riches en manganèse, de manière à introduire dans le bain Bessemer ou Martin un minimum de carbone ;

la question de l'emploi des matériaux phosphoreux a exercé une influence analogue. Grâce à des études chimiques bien suivies, on est arrivé bientôt à produire des alliages à 60 ou 80 °/₀ de manganèse.

Dès 1865, on employait dans les usines de la compagnie de Terrenoire un alliage à 25 °/₀ de manganèse fabriqué par le procédé Henderson, et, d'autre part, un véritable ferromanganèse à 75 ou 80 °/₀ de manganèse obtenu au creuset suivant le procédé de M. Oscar Prieger.

Ces deux inventeurs ayant été obligés de suspendre leur fabrication, la Compagnie de Terrenoire devint propriétaire des brevets en France et, dès ce jour, on s'occupa de réaliser pratiquement et économiquement la fabrication des alliages de ferromanganèse à 30, 40, 60 et 80 °/₀.

Cette fabrication fut pratiquée d'abord au four Siemens-Martin, sur sole de carbone, lequel devenait dès lors véritable creuset de laboratoire, dans lequel on produisait un alliage à une teneur fixe de 82 °/₀ environ, que l'on appauvrissait ensuite au moyen d'additions non manganésées suivant les teneurs finales que l'on désirait obtenir.

En 1875, par suite de l'application des appareils à air chaud Siemens-Cowper et en déterminant avec soin les conditions de pression et de température du haut fourneau (en même temps que l'on arrivait à avoir un dosage mathématique pour la composition d'un laitier extra basique à plusieurs bases), les usines de Terrenoire, sous l'habile direction technique de MM. Valton et Pourcel, produisirent au haut fourneau des ferromanganèses de teneurs élevées (80 à 84 °/₀), en même temps que les usines de Montluçon, sous la direction de M. Forey, et celles de Saint-Louis-les-Marseille, sous la direction du savant professeur Jordan, produisaient couramment pour l'exportation des alliages à 50 ou 60 °/₀. Ainsi donc, trois grandes usines en France arrivèrent presque simultanément, mais avec des prix de revient bien différents, à obtenir au haut fourneau des produits extra manganésés.

Le haut fourneau, appareil réducteur par excellence, fut appliqué dès lors à la production du ferromanganèse et la métallurgie de ce métal si intéressant pour les aciéries fut dès lors fondée et assise sur une base solide. Nous donnons ci-dessous la composition de quelques-uns des alliages de fer et manganèse employés actuellement dans l'industrie.

EXEMPLES DE MINERAIS DE MANGANÈSE EMPLOYÉS A LA FABRICATION DES SPIEGELS ET FERROMANGANÈSES.

PROVENANCE des MINERAIS.	MINERAI DE ROMANÈCHE (psilomélan).	MINERAI DU MIDI de la France (riche).	MINERAI DU MIDI de la France (moyen).	MINERAI de Sardaigne.	MINERAI de Carthagène.	MINERAI D'ALMERIA (Espagne)	MINERAI DE HUELVA (Espagne).	MINERAI du Caucase.	MANGANÈSE d'Asie.	MINERAI DE MANGANÈSE d'Amérique.	MINERAI de la Nouvelle-Zélande.	MINERAI DE VALAURIE (Drôme).	MINERAI DE CHROME (Grèce).	WOLFRAM de Limoges.
Fer	3,00	1,00	1,90	11,60	18,36	1,72	2,84	1,36	1,66	7,52	1,16	30,59	17,64	»
Manganèse	42,25	54,30	41,81	39,95	27,00	42,34	51,50	57,36	36,79	49,56	57,42	»	Cr = 36,67	»
Peroxyde de fer	»	»	2,71	16.59	»	»	4,06	»	2,37	10,75	1,65	»	25,20	FeO = 19,19
Oxyde rouge de manganèse	»	»	57,99	55,40	»	»	71,44	»	51,03	68,75	79,65	»	Cr^2O^3 = 58,00	MnO = 4,48
Alumine	1,10	»	3,10	Traces.	1,80	»	0,40	1,70	Traces.	0,80	0,80	2,20	7,45	»
Baryte	11,00	»	»	1,91	»	1,97	»	»	6,36	0	Traces.	»	»	»
Chaux	8,80	5,60	14,20	4,10	6,50	7.80	2,85	Traces.	17,60	1,20	1,70	1,20	Fortes traces.	»
Magnésie	»	»	»	»	»	»	»	Traces.	»	»	0	»	11,32	0,80
Silice et argile insolubles dans les acides	5,50	Traces.	2,80	8,60	13,30	11,00	7,20	3,50	5,40	6,20	2,60	47,80 Quartz.	4,50	»
Perte par calcination	»	»	18,70	12,50	»	»	13,50	»	15,75	12,25	13,80		»	» WO^3 = 76,20
Soufre	»	»	»	»	»	»	»	»	»	»	»	»	»	»
Phosphore	Traces.	»	»	»	0,250	0,050	0,150	»	»	»	»	0,171	»	»

Depuis quelques années la fabrication des ferromanganèses a pris une extension plus considérable, et quelques usines ont été installées en Allemagne, en Angleterre, aux Etats-Unis pour la fabrication des alliages nécessaires aux aciéries.

FERROSILICIUM. — Depuis la réalisation de l'obtention des produits manganésés au haut fourneau nécessaires à la fabrication des aciers doux, des aciers phosphoreux, etc., la compagnie de Terrenoire, poursuivant ses études, trouvait la solution scientifique du métal coulé sans soufflures par l'emploi d'alliages de silicium. (Voyez Martin acide.)

Ces usines furent ainsi amenées à produire au haut fourneau, non seulement des fontes siliceuses, mais de véritables alliages (ferrosilicium ou ferromanganèse-silicium), qui ont fait leur apparition à l'Exposition de 1878. Ces produits fabriqués au haut fourneau, grâce à une très haute température obtenue à l'aide des appareils Cowper, ainsi qu'à un lit de fusion bien calculé et spécial, sont employés, suivant leur richesse respective en silicium et en manganèse, à la fabrication sur sole des aciers doux, demi-doux et durs coulés sans soufflures.

Nous donnons ci-dessous quelques analyses de ces différents produits, classés d'après leur teneur en ces divers éléments.

On remarquera que, le silicium augmentant, le carbone diminue, toutes choses égales d'ailleurs, c'est-à-dire si le manganèse reste constant.

ALLIAGES DE MANGANÈSE, SILICIUM, ETC.

DÉSIGNATION des ALLIAGES.	Spiegel.	Ferro-manganèse moyen.	Ferro-manganèse riche.	Ferro-silicium A.	Ferro-silicium B.	Ferro-silicium C.	Ferro-chrome.	Ferro-tungstène.
Fer	76,600	30,500	8,250	67,000	79,620	84,120	57,430	30,000
Manganèse	18,100	64.250	85,500	17,440	9,520	6,050	13,200	41,500
Carbone total	5,200	5,650	6,620	2,220	2,480	2,800	4,700	5,650
Graphite	»	»	»	»	»	»	»	»
Carbone combiné	5,200	5,650	6,620	»	»	»	4,700	5,650
Silicium	»	0,062	0,093	13,420	7,260	6,150	»	»
Soufre	»	»	»	»	»	»	»	»
Phosphore	0,085	0.125	0.145	0,160	0,140	0,120	»	0,140
Chrome	»	»	»	»	»	»	25,300	»
Tungstène	»	»	»	»	»	»	»	24,250

En second lieu, pour une même teneur en silicium, la proportion de carbone augmente avec celle de manganèse et cette quantité de carbone peut varier depuis 2 °/₀ environ pour des alliages contenant 12 à 14 °/₀ de silicium avec 15 à 18 °/₀ de manganèse, jusqu'à 6,60 °/₀ lorsqu'on arrive au ferromanganèse à 80 °/₀ sans silicium. Les analyses indiquées ci-dessus montrent, du reste, ces variations.

ALLIAGES DIVERS. — En se basant sur des principes analogues, haute température, laitiers spéciaux à bases multiples, etc., la Compagnie de Terrenoire est arrivée également à produire au haut fourneau des alliages de fer, manganèse, tungstène, ainsi que des alliages de fer, manganèse, chrome, etc. Ces derniers sont extrêmement difficiles à obtenir, à cause de leur peu de fusibilité et des difficultés inhérentes à la réductibilité des minerais de chrome. Nous ne nous étendrons pas plus longuement sur ces différents alliages et nous passerons immédiatement à l'étude de l'acier.

BIBLIOGRAPHIE. — Valton. *Fer et Acier. Exposition de Philadelphie*, 1876. Rapport du jury. Imprimerie nationale, 1877.

P. Akerman. *Etat actuel de la métallurgie de fer en Suède*. Exposition de Paris, 1878.

A. Habets. *De la valeur des minerais de fer belges*. Revue universelle des Mines. Liège, 1877.

Jordan. *Note sur les ressources de l'industrie de fer en France*. Revue universelle des Mines. Liège, 1878.

De Laveleye. *Richesses minérales de l'Alabama*. Revue universelle des Mines. Liège, 1880.

Trasenster. *Industrie du fer en Allemagne*. Revue universelle des Mines. Liège, 1880.

Jordan. *Les récents progrès de la métallurgie*. Conférence faite à la Sorbonne. Avril 1881.

Gruner. *Etudes métallurgiques*. Annales des Mines, 7ᵉ série, t. XV, 1879.

Note sur les fontes de moulage. — Génie civil, 1881.

Forguignon. *Sur la fonte malléable*, thèse pour le doctorat. Paris, 1881.

II. FABRICATION DE L'ACIER

Actuellement, l'acier est obtenu dans la grande industrie par deux procédés bien distincts :

A. Le *procédé Bessemer*, déjà décrit sommairement dans un article précédent, t. I, p. 58, consiste à décarburer la fonte par un courant d'air, jusqu'à obtention du métal fondu (fer plus ou moins oxydé) que l'on recarbure au degré voulu par addition de spiegel pour obtenir l'acier.

B. Le *procédé Martin* (affinage par réaction) consiste à décarburer la fonte par addition de fer ou autres matières affiérantes (minerais), de manière à obtenir un degré de carburation intermédiaire entre la fonte et le fer, c'est-à-dire des aciers de composition variable.

L'opération est faite sur la sole d'un four basé sur le principe de la *récupération de la chaleur* de Siemens, le gaz et l'air nécessaires à la combustion étant préalablement chauffés avant leur arrivée dans le four. Nous allons étudier successivement ces procédés.

A. BESSEMER ACIDE.

HISTORIQUE ET PLAN GÉNÉRAL DES ACIÉRIES BESSEMER. — C'est en 1856, devant l'Association britannique réunie à Cheltenham, que sir Henry Bessemer fit sa célèbre conférence sous le titre paradoxal de : *Fabrication du fer et de l'acier sans combustible*. Il eut ensuite à lutter, pendant de longues années, pour convertir les métallurgistes de l'époque à des idées qui leur paraissaient étranges, et ce n'est que vers 1862 que l'on parla d'une manière un peu sérieuse du nouveau métal. Cependant les dispositions primitivement indiquées par Bessemer lui-même servent encore à l'heure actuelle de point de départ pour la création de nouvelles aciéries. Aux *appareils fixes*, employés primitivement en Suède, se sont substitués bien vite les *appareils mobiles* groupés deux à deux, avec une grue centrale pour la coulée des lingots; aux appareils de 3 à 4 tonnes ont succédé des convertisseurs de 6, 8, 10 et 12 tonnes; mais le *plan général d'un atelier Bessemer* est resté, dans la plupart des cas, identique avec celui auquel on donne généralement le nom d'*aciérie Bessemer à l'anglaise*.

Depuis 1862, ou mieux depuis l'Exposition de 1867, on peut dire qu'en ce qui concerne la fabrication de l'acier par le procédé Bessemer (nous ne parlons pour le moment que du Bessemer acide), on a peu inventé; mais en revanche on a considérablement perfectionné les appareils, créé de nouvelles installations, remarquables par leur développement en étendue, leur facilité pour le travail, leur puissance de production. Les *fonds mobiles* pour les convertisseurs ont été substitués aux *fonds fixes* : ce qui a permis aux usines américaines de réaliser avec une seule paire de convertisseurs 30 à 32 opérations par 24 heures. Une autre innovation a eu lieu également en Amérique : le remplacement de la crémaillère horizontale de manœuvre des appareils par une crémaillère verticale occupant moins de place dans l'atelier, les aciéries américaines opérant encore en seconde fusion et ayant un grand développement dans le sens vertical par suite de la disposition en gradins des ateliers (fig. 49).

Primitivement, comme cela se pratique encore dans un grand nombre d'usines (aux États-Unis, en Suède, en Autriche, en Angleterre même, ainsi que dans quelques ateliers français), on traitait au convertisseur Bessemer des fontes de *deuxième fusion*; on était ainsi certain d'avoir une fonte plus régulière qu'en traitant directement la *fonte de première fusion*.

Ce dernier procédé, au point de vue économique, réaliserait pourtant un immense perfectionnement; la difficulté était d'obtenir au haut fourneau des fontes de composition convenable, suffisamment régulières pour que l'acier fût lui-même régulier. On se heurta dans bien des usines à ces difficultés, et c'est à Terrenoire que revient l'honneur d'avoir, pour la première fois, traité d'une façon courante au Bessemer des fontes provenant directement du haut fourneau, et cela dès l'année 1867. Cet exemple fut bientôt suivi par les aciéries françaises, anglaises et allemandes, et l'on peut se demander pourquoi les Américains, qui sont toujours à la tête du progrès n'opèrent encore qu'en seconde fusion; il y a là sans doute quelques considérations économiques spéciales, que nous n'avons pas à discuter ici.

Ainsi donc, en ce qui concerne le matériel mécanique, un atelier Bessemer se compose de deux cornues mobiles placées aux extrémités du diamètre d'une fosse demi-circulaire, avec grue hydraulique centrale pour la poche de coulée, qui se meut au-dessous des lingotières placées circulairement; des grues hydrauliques servent à l'enlèvement des pièces coulées. A un niveau supérieur (pour éviter autant que possible les montecharges hydrauliques ou autres) sont les cubilots ou mieux les hauts fourneaux, ainsi que des fours à reverbère pour la fusion de fontes additionnelles[1].

La cornue Bessemer est en tôle rivetée et garnie intérieurement de terre réfractaire plus ou moins argileuse, fortement damée; le fond, fixe ou mobile suivant les usines, reçoit en général sept tuyères percées d'un nombre égal de trous pour l'introduction de l'air sous pression; il est également en terre réfractaire siliceuse. Voilà en quelques mots ce que l'on doit appeler le *garnissage acide*, par opposition au *garnissage basique* dont nous parlerons plus loin; et il faut noter ce fait que dans une cornue Bessemer acide on ne peut traiter que des fontes provenant de *minerais purs*, exempts de soufre et de phosphore.

Étude chimique de l'opération Bessemer acide. — Passons maintenant à l'*étude chimique du procédé* et prenons pour exemple le traitement d'une fonte de première fusion ayant la composition

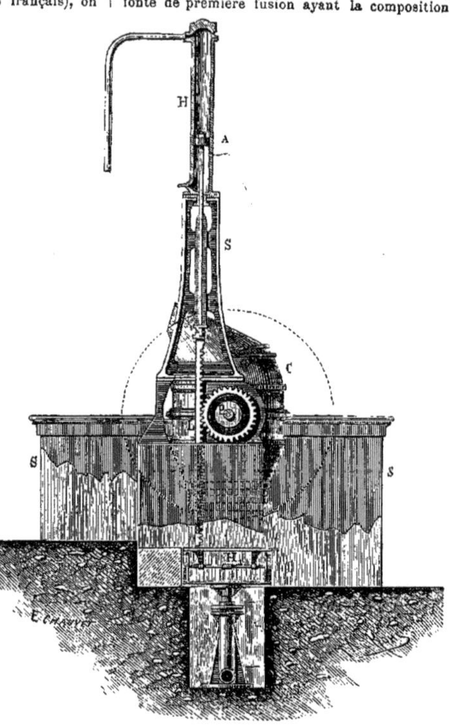

Fig. 49. — Bessemer à crémaillère verticale.

S, bâti général de l'appareil; — H, cylindre hydraulique dans lequel se meut le piston A, qui donne le mouvement à la crémaillère L, au pignon P, et, par suite, au convertisseur Bessemer C; — H, chariot supporté sur un cylindre hydraulique et servant à changer les fonds de l'appareil Bessemer.

suivante, représentant à peu près la moyenne de celle employée pour les opérations que nous avons étudiées au point de vue plus spécial de l'analyse spectrale :

Fer	91,00 à	93,00
Manganèse	1,50	2,50
Carbone total	3,00	3,50
Silicium	1,50	3,00

en laissant de côté les traces de soufre et de phosphore, ces fontes étant fabriquées avec des minerais purs de Mokta, île d'Elbe, Pyrénées, etc.

Nous allons considérer la marche de l'opération :

(1) Nous renverrons, pour les dessins complets des appareils, ainsi que pour les dispositions générales des aciéries, aux excellents *Traités de Métallurgie* de MM. Gruner et Jordan, et plus particulièrement, pour les aciéries américaines, aux plans de M. Holley, publiés dans divers ouvrages spéciaux.

1° Au point de vue de l'*affinage* et des *réactions chimiques;*

2° Au point de vue de l'*analyse spectrale*.

Nous donnerons ensuite pour des cas spéciaux des analyses de métal aux diverses périodes de l'opération, ainsi que celles des gaz et des scories.

I. Suivant l'usage consacré dans les aciéries, nous diviserons l'opération en *deux périodes principales*, la période d'étincelles et la période de flammes. Toutefois nous devons dire que certains métallurgistes, M. Tchernoff, entre autres, dans une étude très judicieuse sur la fabrication Bessemer en seconde fusion, distingue quatre périodes. Cette division a sa raison d'être; mais les 2e et 4e périodes sont tellement difficiles à saisir dans certains cas, que l'on peut le plus souvent se contenter de distinguer deux phases dans l'opération Bessemer acide.

1re *période*. — La fonte versée dans le convertisseur occupe environ le dixième du vide total de l'appareil, et l'on donne le vent à une pression équivalente à sept fois environ la colonne de métal.

Parmi les éléments, silicium, manganèse, carbone, fer, ce dernier brûle dès le commencement de l'opération, car il se trouve en proportion très forte, et le silicium, étant l'élément le plus oxydable, brûle le premier, pour produire de l'acide silicique, qui, étant un produit solide, ne donne lieu à aucune flamme, mais au contraire donne une gerbe d'étincelles qui est la caractéristique de la première période. Le bruit qui accompagne cette phase de l'opération est souvent très intense et sourd; mais vers la fin de cette période la flamme, d'abord rougeâtre, devient plus brillante, le métal se laisse plus facilement traverser par le vent, devient par conséquent plus fluide, la machine s'accélère et lance par suite plus de vent. Le manganèse s'oxyde également, mais en faible proportion pendant cette première période. Le carbone étant l'élément le moins oxydable des trois, on voit que cette phase de l'opération Bessemer est caractérisée par:

1° l'absence de flamme proprement dite;

2° la production d'étincelles;

3° l'absence de bouillonnement, puisqu'il ne se produit que peu de gaz; cette première période ne montre que les produits incandescents de la combustion.

Cette manière de voir est du reste en rapport avec les analyses citées plus loin, qui montrent que la proportion relative de carbone brûlé croît à mesure que l'opération avance, tandis que celle du silicium diminue.

La durée de la première période de l'opération Bessemer est directement proportionnelle à la température initiale de la fonte traitée, ou plus exactement à sa teneur en silicium. Ainsi, lorsqu'on traite des fontes de première fusion, on peut admettre que la durée de cette période est égale à autant de fois 5 minutes qu'il y a de centièmes de silicium dans la fonte, ce qui donne une moyenne de 6 à 10 minutes au maximum pour les fontes Bessemer traitées normalement en France.

Quand on opère, au contraire, sur des fontes de seconde fusion, telles que celles étudiées par M. Tchernoff et ne contenant que 1 à 1,50 au maximum de silicium, la durée de la première période s'abaisse à 4, 5 ou 6 minutes; ces dernières correspondent après fusion au cubilot à la composition moyenne suivante:

Manganèse	0,390
Carbone total	4,480
Silicium	1,300
Soufre	0,060
Phosphore	0,070

Les chiffres que nous donnons pour les analyses et la durée des diverses périodes se rapportent à l'*allure normale*, ni trop chaude ni trop froide.

Nous disions tout à l'heure que la première période est proportionnelle à la teneur en silicium; elle dépend également de la teneur en manganèse: ce dernier élément, quoique agissant surtout sur la durée de la seconde période, prolonge également la première et donne lieu à des fumées nombreuses, empêchant dans quelques usines, comme nous le verrons plus loin, l'étude de la flamme au spectroscope.

Le passage de la première période à la seconde est assez brusque et ne dure que 2, 3 à 4 minutes au plus; c'est la seconde période de Tchernoff.

La *seconde période* (c'est-à-dire la troisième de Tchernoff) commence avec une flamme plus fournie, le bruit du vent traversant le métal s'accentue; c'est la période des projections, lorsque l'on traite des fontes trop froides, ou plus généralement des fontes manganésées, désignées souvent dans les ateliers Bessemer sous le nom de fontes légères.

Au point de vue des réactions chimiques qui accompagnent cette période, on peut dire que, dès que le carbone commence à brûler, la flamme devient plus vive, et un fort bouillonnement, produit par l'oxyde de carbone, est nettement perceptible. C'est réellement la phase de décarburation et pendant cette période le silicium en grande partie brûlé pendant la première période continue à s'oxyder, tandis que, le carbone passant à l'état d'acide carbonique et d'oxyde de carbone (ce dernier en proportion de plus en plus grande à mesure que l'opération s'avance), la flamme devient plus vive, le spectre très nettement visible, de sorte que ce dernier décèle la présence des éléments qui peuvent être éliminés au convertisseur acide à l'état de gaz ou de vapeurs métalliques.

Cette période varie évidemment avec la teneur en carbone, mais toutefois sa durée paraît être moins variable que celle de la première période, qui est toujours en rapport direct avec la teneur en silicium. Le manganèse en forte proportion prolonge la seconde période en donnant lieu à des fumées qui obscurcissent la flamme, et obligent pour l'arrêt des opérations à avoir recours aux prises de scories. Il faut remarquer aussi que les fontes froides donnent lieu à une première période très courte (nulle dans certains cas), tandis que pour les secondes périodes les écarts sont relativement moindres. Avec des fontes moyennes, traitées en première fusion et contenant une certaine proportion de manganèse, la durée de la deuxième période varie de 15 à 18 ou 20 minutes environ.

D'autre part, si l'on traite en seconde fusion des fontes analogues à celles étudiées par M. Tchernoff, la durée de la seconde période n'est que de 4 à 5 minutes, c'est-à-dire égale à peu près à la première: ces fontes (comme le montrent les analyses), quoique carburées, sont très pauvres en manganèse et peuvent être traitées en 12 ou 14 minutes. (Voir plus loin les analyses de métal et de scorie. Etudes de M. King.)

Arrêt de l'opération (ou 4e période de Tchernoff.) — L'intensité lumineuse de la flamme pendant la seconde période provient de la haute température des gaz en combustion; la fin de la décarburation (en particulier dans le cas que nous avons pris comme exemple, c'est-à-dire le traitement en première fusion) se trouve nettement indiquée par l'abaissement de cette intensité lumineuse, la disparition du bouillonnement véritable, remplacée par un bruit sourd indiquant que le métal se laisse difficilement traverser par le vent; à ce moment, le silicium et le carbone ne brûlent plus, le manganèse a passé à l'état d'oxyde combiné à la silice et le fer brûle en plus forte proportion que pendant tout le reste de l'opération.

La durée de la 4e période de Tchernoff est toujours assez faible, 2 à 3 minutes au plus, et si l'on prolonge l'opération, on paraît revenir à la première période, avec cette différence que les étincelles sont remplacées par des fumées rousses.

Ainsi on peut dire que le silicium et le manganèse s'oxydent dans la première période, le manganèse et le carbone dans la seconde, comme on peut le voir par les tableaux d'analyses et les diagrammes ci-joints; tandis que le fer, qui entre en proportion très forte, s'oxyde un peu pendant toute l'opération, mais surtout à la fin, quand le carbone et le manganèse sont presque totalement brûlés; quant au silicium, il en reste, dans le cas de fontes très siliceuses, jusqu'à la fin de l'opération et l'on attribue en général à ce silicium la mauvaise qualité des aciers obtenus en allure extrachaude au convertisseur acide.

Le métal obtenu sera d'autant plus doux que l'opération aura été, suivant l'expression technique, *poussée loin:* on devra également prolonger l'opération dans le cas de fontes chaudes, tandis que dans le cas de fontes froides on arrêtera plus tôt: ceci s'applique bien entendu, ainsi que nous l'avons dit en commençant l'étude du Bessemer acide, au cas de fontes exemptes de soufre et de phosphore. Nous verrons, en effet, par la suite, que dans le cas de fontes impures il est nécessaire de prolonger l'opération beaucoup plus loin pour éliminer d'abord le phosphore pendant le *sursoufflage* (*after blow*) et ensuite le soufre pendant l'*over after blow;* mais ces sursoufflages ne sont pratiquement possibles que dans un convertisseur à garniture basique, car dans le cas d'un garnissage acide on arrive vite à la destruction complète de l'appareil, par suite des réactions qui s'opèrent entre les oxydes de fer et la silice du revêtement.

Addition du spiegel. — Revenons à l'opération acide. Après le renversement de la cornue, on ajoute du spiegel ou du ferromanganèse pour désoxyder le bain, et la proportion ajoutée varie naturellement avec la qualité et les propriétés du métal à obtenir. Nous verrons plus loin les quantités requises théoriquement pour la désoxydation ; pour le moment contentons-nous de dire qu'après cette addition il sort du col de la cornue une flamme composée principalement d'oxyde de carbone, flamme qui sera longue dans le cas d'un *arrêt tardif*, combiné à une réaction violente pouvant projeter la scorie en dehors (cas du sursoufflage), courte dans le cas d'un *arrêt prématuré*, ce dernier donnant toujours un métal très dur et cassant, correspondant pratiquement à ce que l'on appelle le faux n° 7 de Neuberg; une flamme moyenne est ce que l'on doit chercher à obtenir. Il y a là un grand nombre de règles pratiques qui nous entraîneraient hors du cadre que nous nous sommes tracé, et nous allons chercher à montrer quel parti on peut tirer de l'analyse spectrale : l'emploi du spectroscope, en effet, resserre les limites de l'erreur que l'on peut commettre en se guidant pour l'arrêt des opérations au seul aspect extérieur de la flamme et non à sa nature intime, qui ne peut être réellement dévoilée que par l'étude attentive de son spectre.

Emploi du spectroscope. — L'idée d'employer le spectroscope pour analyser la flamme du Bessemer est due à M. W. Bradge, ingénieur chez M. John Brown et Cie de Sheffield, et M. Roscoë, à qui l'on attribue généralement cette découverte, fut seulement chargé de l'étude elle-même de la flamme. Cet emploi se généralisa dans les aciéries anglaises, y fut ensuite abandonné, se transporta en Allemagne, en Suède, en Autriche et en Belgique; ce n'est que depuis une quinzaine d'années que son emploi en France se généralisa (le spectroscope a été employé à Terrenoire dès 1864 par M. Valton), et aujourd'hui il est peu d'usines françaises qui n'y aient recours, si ce n'est d'une manière absolue pour l'arrêt de l'opération, au moins pour suivre la marche elle-même et toujours comme moyen de contrôle. L'un des grands avantages de cette méthode est la continuité du phénomène à partir du moment où le spectre est nettement visible, et l'analyse spectrale a déjà rendu d'assez grands services à la science pure pour qu'il soit permis d'espérer qu'elle en rendra encore de plus importants à l'industrie.

Pour l'étude du Bessemer au point de vue spectral, considérons les deux périodes principales indiquées plus haut, et cherchons à expliquer la nature du spectre pendant ces deux périodes, aussi nettement séparées au point de vue spectral qu'au point de vue de l'aspect de la flamme et des réactions chimiques.

On considère en *analyse spectrale* des spectres continus, des spectres à raies brillantes et des spectres d'absorption. La flamme du Bessemer fournit ces trois espèces de spectres.

Dans la *première période* de l'opération, on observe peu de gaz, une flamme peu éclairante et surtout des étincelles; d'après le premier principe, on doit avoir, et c'est ce qui a lieu en effet, un spectre continu. De plus, la température n'étant pas encore très élevée, les parties les plus réfrangibles sont peu visibles. D'un autre côté, le spectre des particules solides contenues dans un gaz l'emportant toujours sur le spectre du gaz lui-même, on n'observe pas de raies brillantes dans le cas où les étincelles sont très nombreuses: ce qui explique pourquoi le spectre est continu pendant cette première période, quoiqu'il y ait déjà des gaz (azote, hydrogène et acide carbonique) qui sortent du convertisseur, mais sans flamme bien apparente.

Pendant la *seconde période*, la flamme devenue brillante se compose principalement d'azote et d'oxyde de carbone; ce dernier, comme nous l'avons fait observer, l'emportant de plus en plus sur l'acide carbonique à mesure que l'opération s'avance, le silicium continue à brûler en même temps que le carbone et le manganèse. Cette période est caractérisée par l'apparition nette de la raie du sodium, apparition qui a lieu en ce moment parce que la flamme s'accentue : c'est là une coïncidence avec le commencement de la combustion du carbone.

On a pendant cette période, dite de décarburation, la superposition de trois spectres :

1° Spectre continu ;

2° Spectre à raies brillantes;

3° Spectre à bandes d'absorption ;

ce dernier, en particulier, se retrouvant toutes les fois que l'on traite des fontes chaudes, donnant lieu à des fumées obscures qui entourent la flamme et empêchent dans certaines usines d'employer le spectroscope.

Un spectre d'absorption analogue existe assez nettement pour la flamme d'un gueulard de haut fourneau par suite de la présence de la vapeur d'eau.

A quoi sont dues les raies qu'on observe dans l'examen spectroscopique de la flamme du Bessemer ?

C'est là une question qui a été l'objet de nombreuses études, et il est difficile encore, à l'heure actuelle, de la résoudre complètement, parce que l'on ne peut reproduire exactement au laboratoire les conditions de température et de pression de l'opération Bessemer. M. Tchernoff a étudié par comparaison le spectre de la flamme d'un convertisseur neuf, quand on donne le vent et que la température s'élève beaucoup.

Ce spectre ressemble à celui du Bessemer, qui, par conséquent, est dû à la haute température, ainsi qu'à la présence de l'oxyde de carbone et du manganèse; le même spectre se retrouve dans les flammèches qui sortent de la poche à travers la scorie; nous avons reproduit également des spectres analogues. (Voir plus loin.)

Il y a lieu, pour étudier le spectre de la deuxième période, de le diviser en plusieurs groupes de raies qui apparaissent et disparaissent généralement dans un ordre constant, sauf dans quelques cas de marche anormale.

Avec un spectroscope d'atelier à vision directe et sans micromètre (petit modèle Hoffmann ou Dubosq), on distingue facilement quatre groupes principaux de raies vertes, auxquels jusqu'à présent et à juste titre on a attribué une grande importance; mais nous verrons par la suite que ce ne sont pas là les seules raies auxquelles on puisse avoir recours pour l'arrêt des opérations. En désignant les groupes de raies vertes par les numéros 1, 2, 3, 4, en allant du jaune au bleu, on remarque, outre la raie jaune du sodium qui sert ordinairement de point de repère pour le micromètre (nous désignerons par la suite les raies par les divisions du micromètre d'un spectroscope grand modèle, à vision directe, que nous avons employé pour nos études), les raies rouges du potassium et du lithium, ainsi qu'une série de raies dans la région bleue du spectre; ces dernières, sensiblement équidistantes, forment à première vue une sorte de bande dégradée jusque dans la partie la plus réfrangible. L'ordre d'apparition et de disparition des raies est à peu près constant. Au commencement de la deuxième période, on voit apparaître et disparaître souvent par scintillement la double raie jaune Na (α) du sodium; lorsqu'elle est devenue fixe, le groupe n° 2 apparaît par éclairs, pour devenir bientôt fixe à son tour; à ce moment, le groupe n° 3 commence à s'apercevoir, se complète peu à peu, en même temps que le groupe 4 et les raies de la région bleue apparaissent; le groupe n° 1, qui persiste jusqu'à la fin de l'opération, se montre le dernier.

On aperçoit les raies 37, 38 en même temps que le groupe n° 4 devient net; et, dès que les dégradés du bleu, à droite du groupe n° 4, deviennent nets, le spectre se complète presque immédiatement par l'apparition des raies 57, 58, 59 et principalement les raies caractéristiques de l'oxyde de carbone 41 et 42, les raies rouges K (α) et Li (α), etc. C'est seulement à ce moment que se voient les raies 60 à 70. Il faut enfin appeler l'attention des observateurs sur un groupe de raies qui n'est nettement visible que pendant un temps relativement court dans les opérations très chaudes (en maintenant la fente du spectroscope assez large) et qui se trouve très loin dans la région violette.

Il y a lieu de signaler d'une manière particulière :

1° Les raies 57, 58, 59, qui apparaissent presque à la fin de l'opération, et persistent en général les dernières même dans les opérations extra-douces, quand la décarburation est poussée très loin;

2° Les raies 91.50 et 96.50 persistent avec toute leur netteté jusqu'à la fin;

3° Les raies 41 et 42, qui offrent un intérêt spécial au point de vue de l'arrêt des opérations, et auxquelles jusqu'à ce jour on n'a pas eu recours d'une manière assez suivie dans les aciéries.

Arrêt de l'opération. — D'une manière générale, les raies disparaissent à la fin de l'opération dans l'ordre inverse de leur apparition. Ainsi on voit s'obscurcir successivement les groupes 4, 3, 2, les raies 37, 38, puis 41, 42, et tout à fait à la fin le groupe n° 1. Le moment de l'arrêt varie évidemment avec la nature des fontes traitées (voir plus loin l'étude des allures normale, froide et extrachaude); mais on peut dire d'une manière générale que, pour obtenir un acier dur pour rails, il faut arrêter l'opération quand le groupe n° 2 a disparu et que le groupe n° 1 commence à s'obscurcir, ajouter ensuite la proportion de spiegel voulue, 10 °/₀ par exemple.

Au contraire, dans les opérations pour acier doux, on devra pousser l'opération jusqu'à la disparition complète des raies, sauf celle du sodium, et additionner finalement de spiegel riche à 40 ou 50 °/₀ ou de ferromanganèse à 80 °/₀.

Pour citer un exemple, nous dirons qu'à Graz, en Styrie (d'après M. Clérault, *Annales des mines*), on a le n° 7 de l'échelle de Neuberg en arrêtant l'opération quand le groupe n° 3 a disparu, mais que le groupe n° 2 est encore visible. On ajoute alors le spiegel, on relève la cornue en donnant le vent, le spectre reparaît presque complet, et on arrête quand, les raies du bleu ayant disparu, le groupe n° 4 commence à s'obscurcir.

D'une manière générale, l'opération arrêtée au point voulu, on ajoute une proportion variable d'alliage de manganèse (à une teneur de 10 à 80 °/₀), suivant les quantités respectives de manganèse et de carbone que l'on veut introduire dans l'acier; la flamme qui se produit au col de la cornue donne, même sans relèvement du convertisseur, le spectre à peu près complet de la deuxième période.

Il reste à signaler les bandes obscures qui existent dans le cas d'opérations fumeuses et donnent lieu à des disparitions et apparitions successives de raies. (Les fumées qui entourent la flamme dans certaines opérations sont, d'après les analyses de M. Pourcel, composées presque exclusivement de silice, protoxyde de fer et oxyde rouge de manganèse, ce dernier étant au moins dans la proportion de 30 °/₀, dans le cas où la prise est faite dans la cheminée.)

Des analyses des mêmes fumées, faites à Graz, la prise étant faite dans le convertisseur à 30 centimètres au-dessous de la gueule, ont donné :

Silice	34,86
Protoxyde de fer	16,29
— de manganèse	48,23

On remarquera que l'oxyde rouge de manganèse est dû à une peroxydation au sortir de la cornue.

Il y a, en outre, dans le spectre du Bessemer, des portions qui paraissent obscures entre les raies 37, 38, 41, 42, puis vers les groupes 3 et 2; mais ces bandes paraissent plutôt dues à un contraste de lumière qu'à la formation actuelle de bandes d'absorption. Toutefois on trouve dans la région verte les mêmes bandes plus ou moins accentuées, quand on étudie la flamme du gueulard d'un haut fourneau pendant un étoignage, ou la flamme d'un four à vent pendant un essai par voie sèche.

Ces bandes paraissent devoir être attribuées à des gaz incomplètement brûlés et aussi à la vapeur d'eau.

Nous avons étudié le spectre du Bessemer, en même temps qu'un certain nombre d'autres spectres, dont les principaux sont reproduits dans les figures de la page 742.

a. Spectre de la flamme du Bessemer pendant la deuxième période.

b. Spectre de la flamme d'un four à vent pendant un essai par voie sèche de minerai manganèsé.

c. Spectre de la flamme du gueulard d'un haut fourneau;

d. Spectre obtenu en introduisant des oxydes de manganèse régénérés (provenant de la fabrication industrielle du chlore) dans la flamme d'un four à vent.

e. Spectre obtenu en introduisant du chlorure de manganèse pur dans la flamme d'un brûleur de Bunsen, ou dans la flamme d'un chalumeau à gaz.

f. Spectre du chlorure de calcium dans le gaz ou dans la flamme d'un four à vent.

g. Spectre de la flamme d'un four à vent, chauffé avec un mélange de coke et de charbon de bois.

h. Spectre du chauffage de la cornue Bessemer, étudié du reste également par M. Tchernoff.

i. Spectre de la flamme bleue du gaz d'éclairage.

j. Spectre du fer (chlorures et autres sels).

k. Spectre des gaz carbonés.

l. Nous avons cherché à obtenir, non pas un spectre électrique, mais un spectre de combustion de l'oxyde de carbone pur; mais nous n'avons probablement jamais obtenu une température assez élevée en rapport avec les conditions inhérentes à l'opération Bessemer.

Quelles que soient les difficultés d'une étude de ce genre, cette comparaison du spectre Bessemer avec les spectres indiqués (voir pour les détails de mesure des longueurs d'onde notre mémoire : *Sur l'emploi du spectroscope dans le procédé Bessemer*, Association française, Nantes, 1875) conduit aux conclusions suivantes, en se basant sur ce fait, que l'ordre d'apparition et de disparition des raies, ainsi que leur intensité respective désignée par α, β, γ, etc., sont d'un grand secours pour déterminer la nature des principales raies : les plus caractéristiques de chaque élément apparaissent nettement les premières; ce qui est un moyen de plus de vérifier si telle ou telle raie est due à tel ou tel élément.

Il paraît à peu près certain aujourd'hui que le spectre du Bessemer comprend :

1° Les raies du potassium, — 4.50 K (α) et la raie K (β) visible seulement avec un spectroscope permettant d'observer les raies des extrémités du spectre;

2° La raie du sodium Na (α) 52.50;

3° La raie du lithium Li (α) 17.00;

4° La raie du calcium Ca (α) 38.00 à 35.00;
— Ca (β) 75.25 à 75.75;
Et probablement Ca (γ) 50.00;
La bande Ca (δ) 43.00 à 48.00;
Et Ca (ε), nébulosité vers 27.50;

5° Les raies du fer, qui apparaissent les dernières et persistent jusqu'à la fin de l'opération. Nous signalerons principalement les raies Fe (α), 91.50 à 92.50 et 96.50 et le groupe n° 1, 55.00 à 59.00.

Ces raies sont toutes très brillantes, principalement 96.50, qui se voit à la fin de l'opération, alors même que toutes celles du groupe dont elle fait partie se sont évanouies.

Il est probable que le spectre du Bessemer contient d'autres raies du fer, principalement dans le groupe 100.50 à 106.50 et dans le bleu, mais il est impossible d'indiquer exactement celles qui sont dues au fer, au manganèse ou au carbone, car dans cette région les longueurs d'onde, correspondant aux raies de ces divers éléments, sont presque les mêmes.

On pourrait objecter que, si le spectre de la flamme du Bessemer contient les raies du fer, celles-ci ne devraient pas disparaître, puisqu'il y a du fer qui s'oxyde jusqu'à la fin; on pourrait en dire autant pour le manganèse, le carbone, etc... Mais il faut bien remarquer que la disparition des raies tient, non seulement à l'absence de certains éléments, mais principalement à l'abaissement de la flamme, qui ne donne plus à la fin qu'un spectre continu, et, comme le dit avec beaucoup de justesse M. Tchernoff, on paraît revenir, en prolongeant l'opération, à la première période d'étincelles donnant un spectre continu sans raies, ni brillantes ni obscures.

6° et 7°. Il nous reste à parler maintenant des raies vertes, bleues et violettes. Les premières sont prises en considération d'une manière générale dans les usines pour déterminer l'arrêt de l'opération; elles ont été attribuées par divers auteurs, tantôt exclusivement au carbone, tantôt au contraire exclusivement au manganèse : confusion très naturelle, le carbone et le manganèse donnant des raies de longueur d'onde presque identiques dans cette région; mais il est à remarquer que les bandes sont dégradées à gauche pour le manganèse, à droite pour les gaz carbonés.

Il nous paraît certain que le spectre du Bessemer contient les raies non seulement d'un gaz carboné quelconque, mais spécialement de l'oxyde de carbone; d'un autre côté, les fontes Bessemer contenant souvent autant de manganèse que de carbone (et souvent plus en Autriche), il semble très naturel que le spectre contienne également les raies du manganèse, qui doivent disparaître à la fin; nous n'avons jamais trouvé que des traces de manganèse dans les éprouvettes prises, après extinction complète des raies du spectre, c'est-à-dire avant addition de spiegel.

D'après les dessins de spectres ci-joints, il est impossible de nier l'analogie du spectre du Bessemer avec les spectres se rapportant au manganèse. Il n'existe de différences, en effet, que pour les intensités respectives des raies ou pour certaines bandes qui sont plus nettement tranchées, différences faciles à expliquer si l'on remarque que les dégradés étant inverses pour le carbone et le manganèse, les changements de clarté doivent être moins brusques pour le Bessemer, et c'est ce qui a lieu en effet.

Parmi les trois groupes 2, 3, 4, le groupe 3 doit être attribué au manganèse, l'oxyde de carbone ne fournissant pas de raies dans cette région; le fer donnant dans cette même région des raies voisines de celles du manganèse, on s'explique facilement la présence des raies doubles : 83.25 et 84.00, 86.25 et 86.75, 88.25 et 88.75.

Le groupe 2 est dû à la superposition des spectres du carbone et du manganèse : 70.25 serait une raie du manganèse, 72.75 une raie de l'oxyde de carbone dégradée à droite, 71.25 une raie du manganèse dégradée à gauche, ce qui donne lieu à une partie très éclairée. Le fer influe peut-être aussi sur ce groupe.

Quant au groupe 3, il est dû également à la superposition des raies du manganèse et du fer, et la raie 106.50 forme le bord droit de la bande Mn (γ) et le bord gauche d'une série de raies dues à l'oxyde de carbone, s'étendant dans la partie la plus réfrangible du spectre (voir les travaux de Morren et Salet, *Ann. chim. phys.*, 1865-73).

D'autres raies, plus isolées que les raies vertes, prouvent d'une manière complète la présence du spectre de l'oxyde de carbone; ce sont les raies 38.10, dégradées vers 39.00, et principalement les raies rouges 41.00 et 42.00 correspondant aux longueurs d'onde 612 et 610. *Ces dernières offrent un intérêt particulier au point de vue industriel*; dans le cas d'opérations très chaudes elles sont souvent plus nettes que les raies vertes; elles disparaissent plus brusquement et presque sans oscillations dès que 72.25 s'est évanoui, mais plus tôt que le groupe n° 1 qui persiste jusqu'à la fin, ainsi que la raie 96.50.

Quand on veut obtenir de l'acier dur pour rails, l'emploi des raies vertes nous a toujours paru

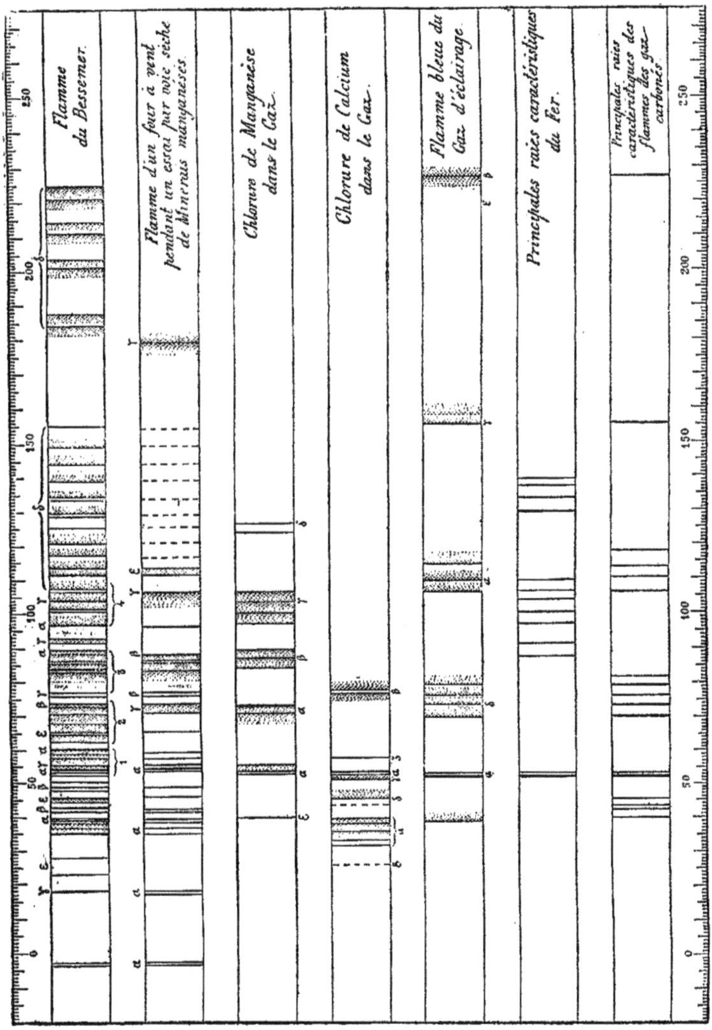

Fig. 50. — Spectre du Bessemer et divers autres spectres qui y sont relatifs.

suffisant, mais nous pensons qu'on pourrait tirer un parti avantageux des raies rouges 41.00 et 42.00 dans le cas d'opérations délicates pour acier doux; jusqu'à présent, pour obtenir ce dernier, on a l'habitude, dans la plupart des aciéries, d'observer le moment où l'on devrait arrêter pour rails et de prolonger l'opération de quelques secondes (voyez *Déphosphoration*, période de sursoufflage). Cette méthode laisse beaucoup à l'arbitraire, tandis qu'en se guidant sur la disparition des raies rouges (41.00 et 42.00) et sur le groupe 1 on a un arrêt presque mathématique.

Pour l'acier dur, on devra arrêter au moment où, le groupe 2 ayant disparu, les raies 41.00 et 42.00 vacillent; pour un acier demi-doux, on devra attendre la disparition complète de 41.00 et 42.00 et presque complète du groupe 1, et enfin, pour un acier extra doux on ne devra arrêter que lorsqu'il n'y aura plus aucune raie, même dans le groupe 1. Nous pensons que l'examen des raies rouges donne lieu à un résultat plus précis que celui des raies vertes, au moins pour les aciers doux.

Si on fait le dosage du carbone sur des éprouvettes prises à la fin de l'opération, mais avant addition d'alliage de manganèse, on en trouve environ 0,200 °/₀ à 0,250 °/₀, lorsque l'opération a été arrêtée avant la disparition complète des raies rouges. Dans le cas où l'on a attendu la disparition de ce groupe (41.00 et 42.00), on ne trouve plus que 0,150 °/₀ de carbone, teneur inférieure à tous les dosages de carbone faits sur les aciers doux, en exceptant toutefois les véritables fers fondus soudables n'ayant guère que 0,100 °/₀ de carbone.

En recherchant le manganèse dans les mêmes éprouvettes nous n'en avons trouvé que des traces (quelquefois même point) : ce qui est en rapport avec l'analyse spectrale, les raies du manganèse disparaissant avant celles du carbone. Cependant dans les usines où l'on traite des fontes extra manganésées et pures, et où l'on coule sans addition, les éprouvettes finales, par suite d'un arrêt prématuré, contiennent encore 0,200 °/₀ à 0,300 °/₀ de manganèse (Suède, Autriche, etc.). Certains auteurs ont pensé que le silicium pouvait exercer une influence sur les groupes de raies de la région verte; mais, cet élément brûlant principalement dans la première période, il ne nous paraît pas probable que cette opinion ait une valeur scientifique.

Enfin, il faut encore signaler le groupe de huit raies comprises dans la région violet extrême; elles sont probablement dues au carbone et n'existent que dans les opérations très chaudes. Nous les avons vues très nettement pendant une marche en minerais carbonatés contenant quelques mouches de pyrite cuivreuse; mais les ayant retrouvées dans des cas différents, nous hésitons à décider si elles sont dues à l'oxyde de carbone ou au cuivre, quoique le chlorure de cuivre dans le gaz en donne de très analogues. (Voir *Spectres lumineux*, par Lecoq de Boisbaudran.)

Nous avons reproduit presque complètement le spectre fourni par la flamme du Bessemer en introduisant simultanément dans la flamme d'un four à vent :

1° Du chlorure de calcium ordinaire;

2° Des oxydes de manganèse, dits régénérés, provenant de la fabrication industrielle du chlore;

3° Du perchlorure ou du sulfate de fer.

Il n'y manquait que quelques-unes des raies bleues, lacune due précisément à ce que la température de la flamme d'un four à vent est très inférieure à celle du Bessemer; enfin, en y introduisant de l'oxalate d'ammoniaque ou de l'acide oxalique, qui par leur décomposition donnent de l'oxyde de carbone, nous avons obtenu des bandes dégradées très analogues à celles du Bessemer, mais d'intensité beaucoup moindre.

En conséquence, nous croyons pouvoir affirmer, jusqu'à nouvelle expérience, que la flamme du convertisseur Bessemer, pendant la seconde période, fournit un spectre formé par la superposition des suivants :

Sodium, lithium, potassium, calcium, manganèse : spectres à peu près complets pendant la seconde période, disparaissant à la fin de la décarburation, sauf la raie double du sodium;

Fer : spectre incomplet, visible seulement à la fin de l'opération;

Oxyde de carbone : bandes dégradées, dans le vert et principalement dans le bleu, et disparaissant presque en même temps que les raies du manganèse, et en outre les raies 41.00 et 42.00, qui paraissent appartenir certainement à l'oxyde de carbone.

Le carbone fournit du reste un grand nombre de spectres suivant les circonstances, et il est probable que dans le Bessemer il existe un spectre de l'oxyde de carbone particulier aux conditions de pression et de température très élevées qui existent pendant l'opération.

Des résultats plus circonstanciés que les précédents et comparés à des spectres obtenus, en se rapprochant des conditions de haute température du Bessemer, seraient à coup sûr pleins d'intérêt et donneraient peut-être un moyen encore plus fécond que l'analyse chimique pour déterminer les vitesses relatives d'élimination des divers éléments des fontes dans l'opération Bessemer, sur laquelle il y aurait encore beaucoup à dire, mais encore plus à chercher.

Dans son mémoire, déjà cité, sur la fabrication de l'acier Bessemer aux usines d'Obonkow, M. Tchernoff fait observer que l'influence prédominante sur la qualité du produit réside dans la conduite même du travail; les conditions essentiellement requises sont : l'absence de carcas dans la poche ou dans la cornue, l'obtention de lingots propres pouvant se marteler à température élevée sans criquer.

A ce point de vue, il considère trois allures types d'opérations Bessemer :

1° L'*allure normale;*

2° L'*allure froide;*

3° L'*allure extrachaude.*

Ses observations, quoique relatives au traitement en seconde fusion, trouvent leur application même dans les ateliers qui opèrent en première fusion.

L'*allure normale* est analogue à celle que nous avons prise comme type dans l'étude du spectre. Dans l'allure froide, comparativement à l'allure normale, la pression, dès le commencement, augmente par suite de l'obstruction des tuyères, la machine soufflante va moins vite, le spectre très nettement visible ne présente rien de particulier, si ce n'est une grande richesse de raies qui se dédoublent facilement avec une fente déliée, et qui sont toujours plus nettes que dans l'allure normale. La lenteur de la première période indique une allure froide, et pendant la seconde période la flamme est plus épaisse, les étincelles abondantes, et le vent traversant un métal plus pâteux que dans l'allure normale donne lieu à un bruit sourd. Le commencement de la troisième période donne un spectre peu distinct, mais la seconde moitié de cette période fournit par contre un spectre net, complet, ne différant que peu du spectre normal; enfin, l'apparition de la première raie rouge à la gauche du spectre au commencement de la troisième période est un peu tardive.

La quatrième période est courte, et l'addition du spiegel produit un bouillonnement et une flamme moins intense que dans l'allure normale. Ce dernier fait est à rapprocher de ce que nous avons dit sur les arrêts prématurés (allure froide) et les arrêts tardifs (allure extrachaude).

Le travail en allure froide ne paraît pas exercer une mauvaise influence sur la qualité de l'acier; les lingots sont plus bulleux que dans l'allure normale, mais ils se laminent bien ; le grand inconvénient est d'avoir de nombreux fonds de poche, car le métal n'est pas, dans la poche, protégé contre le refroidissement par les scories qui, étant toujours plus ou moins pâteuses en allure froide, restent en partie dans le convertisseur.

Dans une *allure extrachaude*, les étincelles de la première période sont plus fines et plus nombreuses que dans l'allure normale; la flamme de la deuxième période est plus transparente, plus bleuâtre (?), suivant Tchernoff, que dans l'allure froide. (Il est des opérations froides en première fusion, donnant lieu à des bandes bleues et violettes, quoique la flamme ne soit pas aussi transparente.)

La raie du sodium, dans une allure extrachaude, scintille longtemps avant de se fixer, le spectre est obscur et consiste en une série de raies isolées, ce qui est diamétralement opposé à l'allure froide; la pression du vent est moindre, la machine va plus vite et le bruit est faible; la flamme ne devient très brillante qu'à la fin de la troisième période, et l'arrêt de l'opération est peu net, les raies oscillent longtemps, les opérations, suivant l'expression du métier, sont *longues à tomber* et la flamme est toujours entourée de vapeurs blanchâtres qui sont un caractère distinctif des opérations finies chaudes. On peut remédier à cet inconvénient en abaissant le convertisseur pendant quelques instants et laissant refroidir un peu le métal.

En allure chaude, il est toujours bon de prolonger les opérations, si l'on veut avoir un métal se traitant bien au martelage et au laminage; les scories et le métal coulent bien, et il est à remarquer que dans le cas d'un métal très chaud les scories se boursouflent et débordent de la poche. (Le même fait se présente au four Martin.)

Dans un certain nombre d'usines, traitant des fontes chaudes, on ajoute pendant l'opération des matières froides, fontes, bouts de rails, etc. C'est un moyen de refroidir les opérations; mais, suivant Tchernoff, ces additions, qu'elles soient faites à un moment ou à un autre de l'opération, sont irrationnelles; il considère que l'on ne diminue pas ainsi la teneur en silicium du produit final, qui est soujours inférieur en qualité par le seul fait d'une allure chaude; il pense qu'il serait préférable, dans les contrées où l'on n'a que des fontes siliceuses à sa disposition, de faire repasser les carcas et bouts de rails au haut fourneau ou au cubilot, afin que la fonte à traiter soit moins chaude. Ces conclusions résultent d'expériences personnelles, faites aux aciéries d'Oboukow, expériences qui ont démontré que l'on pouvait passer au cubilot une grande quantité d'acier, et avoir ainsi au Bessemer une allure normale, même en partant de fontes extrasiliceuses.

M. Tchernoff indique également les relations suivantes pour le traitement en seconde fusion (4 périodes) :

1° La durée totale de l'opération normale est égale à deux fois la première période, plus la seconde;

2° La durée totale de l'opération en allure froide est plus petite que cette somme;

3° La durée totale en allure extrachaude est toujours supérieure à cette somme.

Ces observations sont à rapprocher de celles de Roscoë, qui prétend qu'au seul aspect du spectre on peut prévoir, dès le commencement de l'affinage, la durée totale de l'opération Bessemer. Ce serait là un moyen précieux de dosage pour les métaux spéciaux; mais il est à remarquer que ces appréciations ne peuvent avoir une réelle valeur que pour un praticien; un chef d'atelier, en effet, peut souvent indiquer en voyant le début de l'opération (et cela au seul aspect de la flamme) la durée totale de l'affinage; le spectroscope pourrait sans doute donner une évaluation plus précise de cette durée.

Essais de scories. — Toutes les considérations que nous avons données en ce qui concerne la marche générale des opérations, ainsi que le moment de leur arrêt, soit à l'aspect de la flamme, soit à la disparition des raies du spectre, se rapportent aussi bien aux fontes traitées en seconde fusion qu'à celles traitées directement du haut fourneau. Il est bien clair, en outre, que tout ce qui a rapport à l'étude spectrale s'applique aux usines où l'on ne traite que des fontes moyennement manganésées, puisque, comme nous l'avons dit, lorsqu'on opère sur des fontes trop chargées en ce dernier élément, les fumées produites obscurcissent la flamme, empêchent l'emploi du spectroscope et nécessitent, pour l'arrêt des opérations, l'examen des scories.

Nous prendrons pour exemple les usines d'Autriche, et en particulier celle de Reschitza, où l'opération Bessemer ne pouvant être arrêtée au spectroscope, on a recours aux *essais de scories* que nous résumons ici :

1° Lorsqu'une plaquette de scorie, cueillie dans le convertisseur à l'aide d'un ringard ou d'un crochet et rapidement refroidie, présente une cassure variant du brun jaunâtre clair au jaune citron, on peut admettre que l'on a dans le convertisseur un métal compris entre le n° 3 et le n° 4 de l'échelle de Tunner (voir plus loin, Classification des aciers), ayant une teneur en carbone comprise entre 0,750 et 0,900 °/₀ maximum.

2° Une scorie variant du brun jaunâtre foncé plus ou moins orangé correspondrait, d'après des documents publiés par Reschitza, à un métal contenant 0,600 °/₀ de carbone, c'est-à-dire voisin du n° 4 de l'échelle de Tunner.

3° Une scorie brune ou brun clair correspond au métal à 50 kil. de résistance maxima, soit un métal à 0,500 ou 0,450 °/₀ de carbone et exempt de manganèse.

4° Dès que la scorie se fonce en couleur et passe du brun clair au brun foncé plus ou moins noirâtre, on obtient un métal peu carburé à 0,300 °/₀ environ de carbone, correspondant au n° 6 de l'échelle de Tunner.

5° Si la scorie devient brun-noirâtre et brillante avec un mélange de bleu, ce qui correspond à la disparition des raies vertes et ensuite des raies rouges, le métal obtenu est un véritable *fer fondu* (nous parlons du cas de fontes initiales, fortement manganésées) à 40 ou 42 kilogrammes désigné sous le n° 7 de Neuberg, et ne contenant plus que 0,200 à 0,150 °/₀ de carbone.

Il est bien entendu, et nous insistons sur ce point, que ceci s'applique à des fontes obtenues avec des minerais manganésifères de Styrie et de Carinthie, traitées dans la plupart des cas en seconde fusion; le métal à 0,150 °/₀ de carbone peut, seulement dans ce cas, subir le laminage, parce qu'il provient de fontes pures et riches en manganèse. Ce n'est plus du tout le même cas pour les fontes françaises, et un métal sortant du convertisseur et correspondant à une scorie noire, à la disparition des raies rouges, est extrêmement difficile, pour ne pas dire impossible à laminer.

Ces observations sur la nature des scories sont à rapprocher de celles relatives à l'arrêt des opérations Martin, dans le cas spécial de métaux extradoux ou de métaux coulés sans soufflures (voir plus loin ces fabrications) ; nous ferons seulement observer dès maintenant que les nuances varient d'un procédé à l'autre, et que l'habitude d'examiner les cassures de scories joue un rôle très important dans l'observation et l'appréciation de la nature d'un bain d'acier donné ; ainsi, par exemple, le métal à 0,200 °/₀ de carbone correspond souvent au Martin à une scorie vert olive plus ou moins foncé, suivant l'allure du four, tandis qu'au Bessemer le même métal correspond à une scorie dont la nuance tire plutôt sur le bleu-noirâtre que sur le vert bouteille, sans doute parce que l'oxydation est plus considérable dans ce dernier procédé.

Sans insister plus longuement sur l'emploi des scories, et après avoir indiqué la marche générale des opérations Bessemer, ainsi que les différentes allures, normale, froide et extrachaude, il nous reste à donner quelques chiffres permettant d'étudier et de construire des tables ou des diagrammes relatifs à l'élimination des divers éléments (entrant dans la combustion des fontes) pendant les diverses périodes du soufflage.

La *science expérimentale* possède de nombreuses analyses de métal correspondant aux diverses phases de l'opération ; ces analyses permettent d'étudier la manière dont se comportent les éléments de la fonte pendant l'opération, tandis que d'autre part les analyses de gaz (fort intéressantes du reste) et les caractères extérieurs de la flamme, ou même son examen spectroscopique, ne permettent guère que de suivre le mode d'élimination du carbone ; il est bien évident que, pour se rendre compte des réactions, il est nécessaire d'analyser les gaz, les métaux, les scories. Il est difficile que les prises d'essai représentent exactement la moyenne ; mais les résultats fournis par l'expérience sont, en tout cas, des données suffisantes pour se rendre compte de la marche générale de l'opération Bessemer.

MM. King, Kupelwieser, Snelus, Tamm, etc., ont fourni, sur ces différents points, des résultats d'expériences personnelles, relatifs, il est vrai, à des cas particuliers, mais qui, étant fort intéressants, ne peuvent être omis ici.

M. Ch. King, de Newport, dans un travail présenté au meeting des ingénieurs américains, tenu au lac Supérieur, en août 1880, a étudié les *réactions chimiques* qui se passent dans le *convertisseur Bessemer acide* lorsqu'on traite des *fontes pauvres en manganèse* : c'est un cas particulier, mais les analyses de métal et de scories données par cet auteur sont fort instructives au point de vue de l'étude de l'élimination des différents éléments contenus dans la fonte, et nous les avons choisies comme type pouvant servir à des études ultérieures. M. King prit lui-même des échantillons aux aciéries de Bethléem (Pennsylvanie) pendant une opération dont la durée totale fut 18 minutes. Il fit les analyses sur :

1° Fonte initiale chargée dans le convertisseur ;
2° Trois échantillons de métal pris à différents moments de l'opération ;
3° Echantillons de métal pris à la fin de l'opération ;
4° Spiegel additionnel ;
5° Acier, produit final ;
6° Scraps chargés dans le convertisseur ;
7° Cinq échantillons des scories correspondant aux diverses prises de métal.

ANALYSE DU MÉTAL AUX DIVERSES PÉRIODES. — M. King étudia spécialement :
Le carbone à l'état de graphite ;
Le carbone combiné ;
Le manganèse ;
Le silicium.

a. *Carbone.* Les tableaux et diagrammes ci-joints montrent que pendant les 8 premières minutes de l'opération le carbone diminue seulement de 9.30 °/₀ de sa quantité primitive (le carbone de la fonte, lorsque celle-ci a été refroidie, est pour la plus grande partie laissé libre à l'état de graphite, par suite de la présence du silicium) ; mais lorsque le silicium est oxydé (à la fin des 8 premières minutes du soufflage), le carbone reste à l'état combiné ; la légère perte est due à ce fait que le carbone a moins d'affinité pour l'oxygène que le manganèse et le silicium, au-dessous d'une certaine température, tandis qu'au-dessus cette affinité croît rapidement. Toutefois, pendant que le silicium et le manganèse s'oxydent

ANALYSES DE MÉTAL A DIFFÉRENTS MOMENTS DE L'OPÉRATION BESSEMER ACIDE.

NUMÉROS des échantillons.	1.	2.	3.	4.	5.	6.	7.	8.
MOMENT de la prise des échantillons.	Fonte chargée.	Après 8 minutes do soufflage.	Après 15 min.	Après 17 min.	Après 18 min.	Spiegel.	Produit final.	Scraps.
Densité..........	6,842	7,486	6,323	7,241	6,749	7,489	6,575	7,541
Manganèse.......	0,493	0,150	0,133	0,130	0,101	16,143	1,170	1,221
Carbone total....	3,551	3,215	1,250	0,207	0,035	4,370	0,370	0,264
Graphite.........	3,165	0,426	0,254	0,030	0,009	0,825	0,019	0,015
Carbone combiné.	0,386	2,784	0,996	0,178	0,024	3,541	0,352	0,249
Silicium.........	2,391	1,090	0,107	0'057	0,040	0,067	0,060	0,110
Phosphore.......	0,089	»	0,092	0,076	»	»	0,090	»

N. B. Les chiffres du tableau sont des moyennes de deux séries d'analyses.

plus rapidement que le carbone, à des températures voisines du point de fusion de la fonte, la combustion de ces éléments élève la température du bain jusqu'au moment où le carbone brûle, ce qui caractérise la deuxième période.

Au bout de 15 minutes de soufflage, la perte de carbone fut de 64.783 °/₀ de sa quantité primitive ; au bout de 17 minutes, de 94.168 °/₀, et à la fin de l'opération (18 minutes) de 99.04 °/₀.

Cette seconde période se distingue par une élévation de température, une rapide élimination du carbone par oxydation, en donnant principalement de l'oxyde de carbone avec plus ou moins d'acide carbonique. La perte de carbone est plus grande pendant les derniers 2/9 de la deuxième période qu'à aucun autre moment de l'opération, mais il reste encore dans le bain de petites quantités de graphite, aussi bien que de carbone combiné jusqu'à la fin de l'opération (voir les tableaux ci-joints).

D'après Kessler, qui a examiné les produits des aciéries d'Osnabrück, il y aurait une légère augmentation de carbone au bout de 4 minutes, puis une légère diminution au bout de 9 minutes, lorsque la proportion est peu différente de ce qu'elle était au commencement; le seul moyen plausible d'expliquer ce fait est de remarquer que le départ du manganèse et du silicium tend à augmenter la proportion relative des autres éléments dans le bain.

b. *Le silicium* commence à s'oxyder pour donner de la silice dès le commencement de l'opération, et cette réaction continue jusqu'à la fin. La perte est de 54.60 °/₀ au bout de 8 minutes;

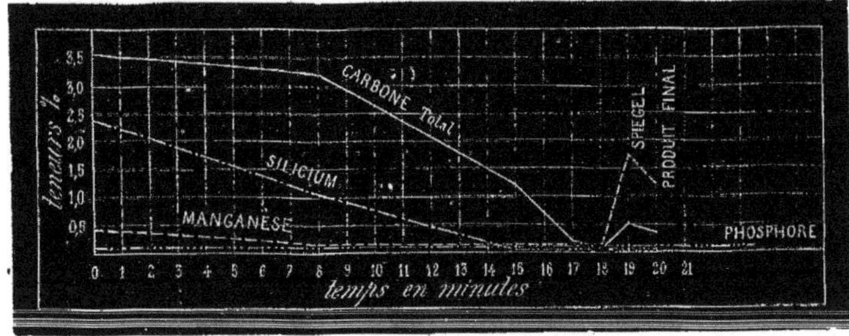

Fig. 51 — Variations des teneurs en manganèse, carbone, silicium et phosphore pendant l'opération Bessemer acide, d'après M. King.

de 96.504 °/₀ au bout de 15 minutes; de 97.61 °/₀ au bout de 17 minutes, et à la fin (18 minutes) de 98.33 °/₀. La perte après addition du spiegel est de 97.56 °/₀ de la quantité totale primitive de la fonte et du spiegel réunis. La plus grande perte relative a lieu pendant les 8 premières minutes.

c. *Manganèse*. Au bout de 8 minutes de soufflage, la perte de manganèse est de 69.40 °/₀; de 72.94 °/₀ au bout de 15 minutes; de 73.753 °/₀ au bout de 17 minutes; de 79.53 à la fin. Après addition du spiegel, la perte est de 46.004 °/₀ de la quantité totale primitive de la fonte et du spiegel réunis. (Voir les travaux de M. Ford sur la quantité de manganèse théoriquement nécessaire pour la désoxydation du bain.) De même que *pour le silicium*, c'est pendant la première période que le départ du manganèse est le plus rapide.

Analyse des scories. — En ce qui concerne *les scories*, M. King a porté son attention principalement sur la silice, les oxydes de fer et de manganèse et sur le fer, à l'état de grenailles interposées.

a. *Silice*. Les chiffres des tableaux suivants montrent un accroissement de 62.64 °/₀ de silice à 75.63 °/₀ depuis la fin de la première période jusqu'à la 17ᵉ minute, c'est-à-dire presque la fin de l'opération; toutefois cette diminution est moindre pendant les derniers instants et tombe à 61.29 °/₀, pour remonter à 64.15 °/₀ après addition du spiegel.

Il est à remarquer que le silicium diminue dans le métal au même moment (17 à 18 minutes) et que cette décroissance de 14.34 °/₀ de silice doit être attribuée à l'oxydation du fer à l'état de protoxyde, diminuant ainsi la quantité

ANALYSES DE SCORIES A DIFFÉRENTS MOMENTS DE L'OPÉRATION BESSEMER ACIDE.

NUMÉROS DES ÉCHANTILLONS.	2.	3.	4.	5.	7.
MOMENT DE LA PRISE des échantillons.	Après 8 minutes.	Après 15 minutes.	Après 17 minutes.	Après 18 minutes.	Après spiegel.
Densité	2,979	2,282	2,411	2,937	2,770
Silice	62,646	73,237	75,636	61,296	64,154
Alumine et acide phosphorique	7,985	4,514	5,194	4,242	5,711
Protoxyde de fer	1,928	»	»	13,476	13,949
Protoxyde de manganèse	15,781	11,831	10,921	10,825	12,810
Chaux	0,656	1,110	0,950	0,747	0,742
Magnésie	0,481	0,641	0,379	0,288	0,239
Fer métallique	10,521	8,718	7,704	9,125	2,394

N. B. Les chiffres du tableau sont des moyennes de deux séries d'analyses.

relative de silice, car ce protoxyde de fer augmente dans la scorie de 0 à 13.50 °/₀.

Si on compare ces résultats à ceux déjà connus, on constate une parfaite analogie, et il y a lieu de distinguer cette dernière période, qui, dans l'exemple cité, comprend le temps qui s'écoule de la 17ᵉ à la 18ᵉ minute.

b. *Oxydes métalliques*. Les oxydes de manganèse et de fer décroissent régulièrement depuis la fin de la première période jusqu'à la 17ᵉ minute ; mais, d'autre part, à ce dernier moment, l'oxyde de fer croît très rapidement, et l'oxyde de manganèse reste à peu près constant ; en outre, puisque le manganèse décroît pendant la dernière

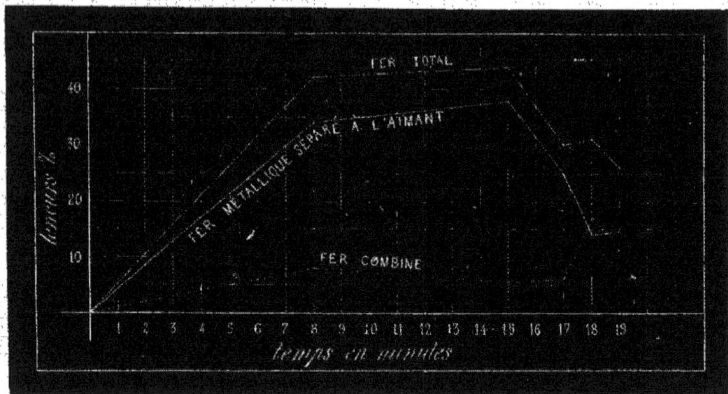

Fig. 52. — Variations du fer dans la scorie Bessemer acide, d'après M. King.

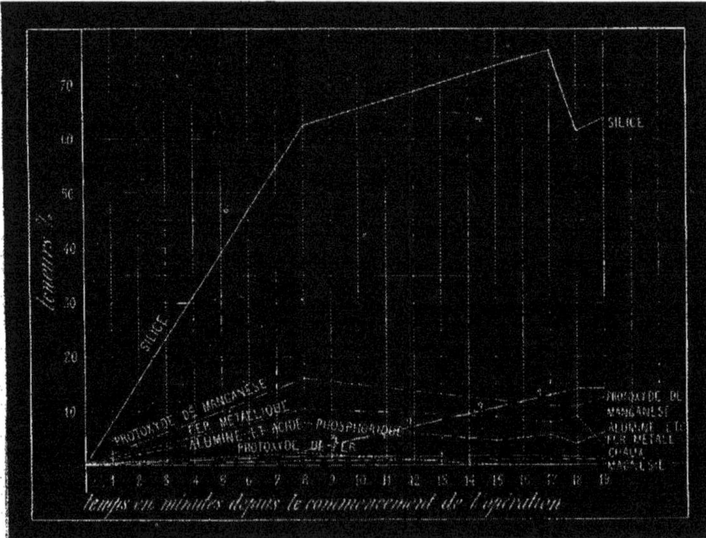

Fig. 53. — Variations dans la composition de la scorie Bessemer acide, d'après M. King.

minute du soufflage, la faible perte constatée dans les analyses peut être attribuée à la plus grande quantité de scories ; remarquons enfin qu'il peut y avoir perte de manganèse, non seulement par la scorie, mais aussi par les fumées.

c. *Fer en grenailles interposées dans la scorie*

Le fer existe dans les scories Bessemer à l'état de protoxyde, mais en même temps à l'état de grenailles entraînées mécaniquement; les chiffres montrent que la proportion de grenailles (extraites à l'aide d'un aimant) est de 33.70 °/₀ au bout de 8 minutes; de 38.16 °/₀ au bout de 15 minutes; de 24.37 °/₀ au bout de 17 minutes, et à la fin seulement de 13.80 °/₀; puis, après addition du spiegel, de 14.19 °/₀ de la proportion de scorie.

Si on détermine le fer dans les scories (après avoir enlevé le fer à l'état de grenailles), on trouve 7.967 °/₀ au bout de 8 minutes; 5.39 °/₀ au bout de 15 minutes; 5.82 °/₀ au bout de 17 minutes; 16.89 °/₀ au bout de 18 minutes, et seulement 11.36 °/₀ après addition du spiegel; ce qui donne finalement pour la teneur en fer, combiné, de la scorie :

Au bout de 8 minutes......	41,68 °/₀
— 15 —	43,55
— 17 —	30,19
— 18 minutes (fin)..	30,69
Et après spiegel...........	25,55

Après avoir enlevé avec l'aimant tout le fer possible des échantillons de scorie, M. King a trouvé que la somme des corps dosés était supérieure à 100, si on calculait tout le fer à l'état de protoxyde. Convaincu que les analyses avaient été bien faites, il soumit les échantillons à un aimant plus fort et trouva une plus grande quantité de fer métallique, ce qui lui a permis de fermer les analyses à 100.

Pour ces derniers échantillons, il constata l'absence de protoxyde de fer, absence qui peut s'expliquer par la forte action réductrice de l'oxyde de carbone formé pendant la deuxième période.

d. Les variations de l'*alumine*, de la *chaux* et de la *magnésie* sont faibles et à peu près sans signification, puisque ces éléments sont empruntés au garnissage du convertisseur.

Les expériences ci-dessus montrent que:

1° Le *phosphore* n'est pas éliminé dans un convertisseur acide (à garnissage siliceux); mais au contraire la proportion en est légèrement augmentée par suite du déchet;

2° Le *carbone* à l'état de graphite est converti en carbone combiné pendant la première période de l'opération, par suite du départ du silicium, le carbone total restant à peu près constant; ce dernier est rapidement éliminé pendant la seconde période;

3° Le *silicium* est oxydé pendant la première et la deuxième période : à la fin de cette dernière, il est presque entièrement éliminé;

4° Le *manganèse* décroît rapidement pendant la première et la deuxième période, et plus régulièrement et plus graduellement à la fin de l'opération;

5° *L'addition du spiegel* produit deux résultats connexes :

a. Augmentation du carbone, du manganèse et du silicium dans le métal;

b. Diminution du fer dans la scorie.

6° Les *scories finales* retiennent le manganèse et le silicium de la charge initiale, et environ 25 °/₀ de fer, rapporté à la quantité de scorie.

Les recherches de M. King, pour le cas spécial de fontes pauvres en manganèse, confirment les résultats obtenus dans l'étude des fontes Bessemer ordinaires de première fusion, ainsi que ceux indiqués dans ces derniers temps par les métallurgistes qui se sont occupés de la déphosphoration, comme nous le verrons plus loin. (Les conclusions précédentes s'appliquent à des opérations arrêtées à la disparition des raies du carbone et non à des opérations sursoufflées.)

ANALYSE DES GAZ SORTANT DU CONVERTISSEUR. — La *composition des produits gazeux* sortant du convertisseur a été étudiée en Angleterre par M. Snelus, et en Suède par M. Tamm. Les résultats obtenus par M. Snelus, pour une opération de 18 minutes de durée totale seulement, sont résumés dans le tableau suivant :

Les recherches les plus récentes et en même temps les plus intéressantes, publiées par M. Tamm dans les *Jernkontoret Annalers*, et traduites en anglais dans le journal l'*Iron*, ont été faites dans quatre usines suédoises, Longshyttan, Bongbro, Nykroppa, Vestanfors.

Les échantillons recueillis dans des tubes en

COMPOSITION DES GAZ SORTANT DU CONVERTISSEUR DANS L'OPÉRATION BESSEMER ACIDE D'APRÈS M. SNELUS.

NUMÉROS des échantillons.	PREMIÈRE PÉRIODE.			DEUXIÈME PÉRIODE.				18 minutes.
	1.	1 *bis*.	2.	3.	4.	5.	6.	
TEMPS ÉCOULÉ depuis le début de l'opération.	2 minutes.	»	4 minutes.	6 minutes.	10 minutes.	12 minutes.	14 minutes.	
Acide carbonique.........	10,71	9,12	8,57	8,05	3,58	2,38	1,31	Arrêt de l'opération.
Oxyde de carbone........	»	0,06	3,95	4,58	19,59	29,44	31,11	
Oxygène..................	0,92	0,51	»	»	8,00	»	»	
Hydrogène................			0,83	2,00	2 (?)	2,16	2 (?)	
Azote....................	88,37	90,31	86,58	15,37	74,83	62,02	65,55	
	100,00	100,00	100,00	100,00	100,00	100,00	100,00	
Quantité relative de carbone brûlé : A l'état de Co^2.........	100 00	»	68,48	64,46	15,46	7,28	4,13	
A l'état de Co..........	»	»	31,52	85,54	84,54	92,72	95,87	
	100,00	»	100,00	100,00	100.00	100,00	100,00	
Quantité relative de : Si oxydé...	72,91	»	69,80	69,01	39,58	4,24	3,34	
C oxydé....	27,09	»	30,20	30,99	60,42	95,76	96 66	
	100,00	»	100,00	100,00	100,00	100,00	100,00	

verre, effilés à leur extrémité, ont montré que les gaz au commencement du soufflage contiennent, à côté de l'azote apporté par le vent, une quantité d'oxygène libre diminuant rapidement, en même temps qu'une quantité croissante d'acide carbonique, jusqu'au moment (commencement du bouillonnement) où l'oxyde de carbone commence à se former d'une manière définitive. Ce dernier gaz se trouve en quantité croissante jusqu'à la fin de l'opération, moment où, la fonte devenant pauvre en carbone, l'oxyde de carbone diminue à nouveau, tandis que la proportion d'acide carbonique augmente dans les gaz.

L'oxygène apporté par l'air insufflé se retrouve seulement en partie dans les gaz, sous forme d'oxygène libre, d'acide carbonique et d'oxyde de carbone; le reste, servant à oxyder le silicium, le manganèse et le fer, passe dans la scorie. M. Tamm discute des cas particuliers et arrive à cette conclusion que dans les aciéries Bessemer de Suède la quantité d'air nécessaire par 1000 kilogrammes de fonte peut être estimée à environ 400 mètres cubes à 0° et 760 millimètres, en prenant 1 kilogr. 2918 comme poids du mètre cube d'air à cette température.

Les tableaux ci-joints montrent mieux qu'une description la marche suivie par l'auteur, et ils peuvent servir de guide pour des expériences analogues; c'est pourquoi nous les avons choisis comme types de recherches à côté de celles de M. King, quoiqu'elles s'appliquent les unes et les autres à certains cas particuliers; mais nous espérons de cette manière appeler l'attention sur ces points, et faciliter, par la connaissance de faits exacts déjà acquis à la science, l'étude des phénomènes souvent si complexes que l'on rencontre dans la métallurgie moderne.

Les études de M. Tamm, résumées ici, sont en effet, comme celles qu'il a déjà publiées depuis plusieurs années (sur la composition des gaz des hauts fourneaux), d'une rigueur scientifique remarquable, et contiennent des chiffres fort intéressants pour le praticien. Le moment de la prise d'essai est noté par 2 chiffres donnant le temps écoulé depuis le commencement de l'opération : 1° jusqu'au moment où les tubes destinés a recueillir les gaz étaient reliés à un tube en fer forgé, plongeant dans la gueule du convertisseur ; 2° jusqu'au moment où ils en étaient enlevés.

Les recherches de M. Tamm montrent comment on peut calculer théoriquement ce qu'il faut d'oxygène pour transformer le carbone en oxyde de carbone, le fer et le manganèse en protoxydes, le silicium en silice; mais il y a lieu de faire observer que l'expérience industrielle montre que le volume d'air fourni par la machine soufflante est toujours plus considérable que le volume théorique calculé; il y a, en effet, non seulement formation d'acide carbonique, mais en outre perte d'oxygène qui traverse le bain métallique sans donner lieu à une action chimique. On ne peut rien dire de précis à ce sujet, et il faut bien remarquer que les différences observées entre la théorie et la pratique dépendent dans la plupart des cas de l'allure plus ou moins chaude des opérations, par conséquent de la nature des fontes traitées, etc.

QUANTITÉ DE MANGANÈSE REQUISE DANS L'OPÉRATION BESSEMER. — Comme pour la quantité théorique d'air, on peut calculer la quantité de manganèse qui doit théoriquement être introduite dans la cornue Bessemer pour assurer la désoxydation complète du bain; c'est ce qu'a fait en particulier M. Ford. (Voyez *Transactions of American Institute of mining engineers*, février 1881).

M. Valton, dès 1866, dans sa traduction du traité de Boman sur la fabrication de l'acier Bessemer en Suède, a fait remarquer le premier qu'il est utile que la fonte additionnelle du Bessemer contienne du manganèse ou tout autre corps qui, à la haute température du bain, ait une très grande affinité pour l'oxygène, sans d'ailleurs qu'un excès de ce même corps soit nuisible à l'acier. Pendant l'opération, le métal soumis au soufflage est saturé d'oxyde de fer qui, en présence du carbone, est réduit à l'état de protoxyde et passe dans la scorie; lorsque, au contraire, le carbone a disparu, le peroxyde continue à se former sans qu'aucun agent réducteur soit en présence.

Le manganèse (ou tout autre corps plus oxy-

ANALYSES DES GAZ SORTANT DE L'APPAREIL BESSEMER, D'APRÈS M. A. TAMM.

NOMS DES USINES.	OPÉRATION.		ÉCHANTILLONS de gaz.			EN POIDS 0/0.					Teneur en carbone à la fin de l'opération avant Spiegel.	Apparition de la flamme d'oxyde de carbone.
	Marques.	Durée.	Numéros.	Moment de la prise d'eau.		Oxygène.	Acide carbonique.	Oxyde de carbone.	Hydrogène.	Azote.		
		m. s.		m. s.	m. s.							m. s.
Longshyttan..	FE.	5 0	1	1 45	2 45	0,66	12,62	4,97	0,04	81,71	»	2 45
»	»	»	2	3 15	4 00	»	6,91	26,01	0,04	67,04	»	»
»	»	»	3	4 15	4 45	0,22	6,46	25,07	0,04	68,21	0,25	»
Bongbro..................	K.66	6 25	1	0 35	1 35	9,43	3,96	»	»	86,61	»	»
»	»	»	2	2 50	3 50	1,43	10,09	»	»	88,48	»	»
»	»	»	3	3 25	4 25	»	10,47	22,40	0,05	67,08	»	»
»	»	»	4	4 50	5 40	»	7,51	26,63	0,04	65,82	»	»
»	»	»	5	6 00	6 20	»	7,51	23,04	0,05	69,40	0,10	»
Nykroppa................	A	7 15	1	1 00	2 00	16,10	3,18	»	»	80,72	»	»
»	»	»	2	3 15	4 15	»	7,93	46,31	0,02	75,74	»	2 15
»	»	»	3	4 39	5 30	»	7,07	25,52	0,05	67.36	»	»
»	»	»	4	6 00	7 00	»	6,15	24,46	0,06	69,36	0,07	»
Vestanfors...............	4189	12 45	1	1 30	2 30	0,65	11,68	»	»	87,67	»	»
»	»	»	2	3 15	4 15	»	7,37	13,78	0,06	78,79	»	4 00
»	»	»	3	5 00	6 00	0,22	6,80	19,76	0,08	73,14	»	»
»	»	»	4	6 30	7 30	0,22	4,97	25,20	0,07	69,54	»	»
»	»	»	5	8 45	9 45	»	0,16	26,03	0,06	73,75	»	»
»	»	»	6	10 11	11 15	»	0,10	25,48	0,08	73,34	»	»
»	»	»	7	11 30	12 30	»	3,31	22,86	0,13	73,70	0,22	»

EXPÉRIENCES DE M. ADOLF TAMM (RÉSUMÉ GÉNÉRAL).

NOMS DES USINES.	Marques des coulées	Nombre d'échantillons de gaz.	ANALYSE DES FONTES TRAITÉES.						CHARGE.		Produit en acier.	ANALYSE du métal obtenu.			Déchet %.	Métal obtenu % de fonte	POIDS DES ÉLÉMENTS pour le métal obtenu.			
			Fer.	Manganèse.	Carbone total.	Graphite.	Carbone combiné.	Silicium.	Fonte.	Ferromanganèse ou Spiegel.		Manganèse.	Carbone.	Silicium.			Fer.	Manganèse.	Carbone.	Silicium.
									kil.	kil.	kil.									
Longshyttan	F E	8	93,95	0,63	4,32	4,12	0,20	,10	2622	15	23,65	0,03	0,25	0,02	10,31	89,69	89,42	0,03	0,22	0,02
Bongbro	K 66	5	92,68	1,66	4,69	2,24	2,45	0,07	3018	21	27,54	0,06	0,10	0,02	9,37	90,63	90,47	0,05	0,09	0,02
Nykroppa	A	4	92,93	1,73	4,36	2,86	1,50	0,98	2763	»	24,14	0,04	0,07	0,02	12,61	87,37	87,28	0,08	0,06	0,02
Vestanfors	4189	7	89,07	4,83	4,18	1,68	2,50	1,92	2635	»	22,95	0,29	0,22	0,04	12,91	87,10	86,03	0,25	0,19	0,03

(Suite du tableau précédent).

	POUR % DE FONTE le déchet a été de				OXYGÈNE NÉCESSAIRE pour le déchet total à l'état de					Durée de la 1re période par rapport à la durée de l'opération.	POUR % D'AIR INTRODUIT.						Oxygène correspondant à la teneur en carbone.	P. % EN POIDS DE FONTE.				Air nécessaire.	Mètres cubes d'air à 0° pour 1,000 kil. de fonte.
											OXYGÈNE.			CARBONE.				Carbone brûlé.	Oxygène nécessaire.				
	Fer.	Manganèse.	Carbone.	Silicium.	Oxyde de carbone.	Silice.	Protoxyde de manganèse.	Protoxyde de fer.	Total.		Première période.	Deuxième période.	Moyenne pour l'opération.	Première période.	Deuxième période.	Moyenne pour l'opération.			Calculé d'après le déchet.	Pour 0,67 % de carbone.	Total.		
											lb.	lb.	lb.										
F E	4,53	0,60	4,10	1,08	5,47	1,23	0,17	1,29	8,16	0,60	10,80	23,70	16,00	3,00	35,40	8,00	2,00	4,10	8,16	2,73	10,89	46,96	364
K 6	2,21	1,61	4,60	0,95	6,13	1,09	0,47	0,63	8,32	0,50	9,30	22,70	16,00	1,70	14,30	8,00	2,00	4,60	8,32	3,07	10,39	49,12	380
A	5,65	1,70	4,30	0,96	5,73	1,10	0,49	1,61	8,93	0,30	17,50	20,90	19,90	0,80	13,70	9 80	2,00	4,30	8,93	2,87	11,80	50,88	394
4189	2,41	4,58	3,99	1,89	5,32	2,16	1,33	0,76	9,51	0,60	8,00	16,40	13,00	2,80	11,10	7,80	1,67	3,99	9,51	2,66	12,17	52,48	406

dable que le fer) s'empare d'une partie de l'oxygène en formant un protoxyde qui passe dans la scorie. Le spiegeleisen remplit un double but, il désoxyde et recarbure. En admettant que l'oxyde de fer en dissolution dans le métal affiné du convertisseur Bessemer soit de l'oxyde magnétique et non du peroxyde de fer, les réactions montrent que le 1/4 seulement de l'oxygène en dissolution dans l'acier a besoin d'être réduit par le manganèse.

En pratique, on emploie toujours une quantité de *manganèse métal* beaucoup plus considérable, pour assurer une désoxydation complète, et afin de conserver dans le métal final une certaine proportion de manganèse, non seulement utile mais nécessaire pour l'obtention de propriétés mécaniques déterminées. (Voir Additions finales au four Martin.)

Bibliographie. — Tchernoff. *Documents sur la fabrication de l'acier Bessemer.* Traduit du russe. Revue universelle des Mines, Liège, 1877-1878.

A Ford. *The amount of manganese required to remove the oxygen from iron after it has been blown in a Bessemer converter.* American Institute of Mining Engineers. Meeting de Philadelphie, 1881.

V. Deshayes. *Note sur l'emploi du spectroscope dans le procédé Bessemer.* Association française. Nantes, 1875.

F. Gautier. *Emploi du spectroscope en métallurgie.* Génie Civil, 15 novembre 1880.

B. — MARTIN ACIDE.

Historique. — L'idée d'obtenir un affinage de la fonte par l'introduction, dans le bain de métal, d'une certaine quantité de riblons de fer ou d'acier, est due à Réaumur, qui avait recours pour cette opération à l'appareil primitif, le creuset; cette idée a été reprise plus tard par Lechâtelier, mais n'avait donné encore, à cette époque, que de faibles résultats au point de vue pratique. Ce n'est qu'à la suite de la découverte de Siemens, relative à la haute température produite par la combustion du gaz *chaud* par l'air *préalablement chauffé*, que M. Martin de Sireuil eut l'idée d'appliquer la récupération de la chaleur à la fusion de l'acier, non plus dans des creusets, mais dans un four à réverbère, réalisant ainsi la *fusion de l'acier sur sole.*

La simultanéité des découvertes de Bessemer et de Siemens a ainsi produit, au XIXe siècle, dans la métallurgie du fer et de l'acier, une révolution aussi considérable que celle produite à la fin du siècle dernier par l'emploi du combustible minéral, l'invention du four à puddler, le laminage.

Disposition générale et avantages du procédé Siemens-Martin. — En principe, le *four Martin* est un four à réverbère, chauffé au gaz. Les dessins ci-joints montrent la disposition générale du four et de ses annexes; nous reviendrons plus loin sur quelques détails de construction, mais nous devons tout de suite faire remarquer que le four Martin, dès sa réalisation pratique, a été considéré :

1° Comme le complément naturel du Bessemer, ce dernier appareil ne permettant que dans des cas spéciaux le traitement des chutes de rails, des scraps, et seulement en très faible quantité. Que seraient devenus sans l'appareil Siemens-Martin les chutes de rails provenant du laminage des lingots Bessemer, les lingots de fin de coulée, les scraps divers, et d'autre part les rognures de tôles d'acier et en général des aciers doux, cornières, belettes, etc., fabriqués par quelques usines, il y a une dizaine d'années à peine, par le procédé Bessemer, à l'aide des alliages riches en manganèse?

Tous ces résidus de fabrication, accumulés dans les usines ne possédant que des ateliers Bessemer, se vendent depuis quelque temps à prix d'or, étant, en effet, fort recherchés pour l'alimentation des ateliers procédant à la fusion de l'*acier* ou même du *fer fondu sur sole.*

Ainsi donc, premier avantage du four Siemens-Martin : complément rationnel et indispensable de l'appareil Bessemer.

2° Nous verrons dans ce qui suit son utilité incontestable, et on doit dire incontestée par tout praticien sérieux, pour l'obtention de métaux de qualité spéciale, régulière et en particulier des métaux demi-doux, doux et extradoux, destinés sans aucun doute dans un laps de temps très court à remplacer en presque totalité les fers soudés (à nerf ou à grain, de diverses duretés) et même les meilleurs fers au bois justement réputés jusqu'à ce jour : il suffit, pour se convaincre du brillant avenir réservé au four Siemens-Martin, de se reporter aux intéressants essais publiés à l'occasion de l'Exposition de 1878 par le Jernkontoret (Comptoir des forges de Suède), les usines de Terrenoire, de Reschitza, etc.

3° Le traitement des vieux rails en fer phosphoreux (ces fers étaient recherchés pour la facilité de leur laminage) et en général de toutes les matières phosphoreuses a été résolu au four Martin par la compagnie de Terrenoire dès 1874, grâce à l'emploi des alliages riches en manganèse.

4° La fabrication des *aciers coulés sans soufflures* (*solid steel*) par réaction chimique est devenue courante dans ces dernières usines par l'emploi du four Siemens-Martin, qui, dans ce cas spécial, plus encore que dans les précédents, est devenu le véritable creuset du métallurgiste.

5° Des essais de déphosphoration des fontes ont eu lieu pendant ces dernières années au four Martin et au four Pernot, perfectionnement mécanique et non chimique du Siemens-Martin classique.

Dans les usines de Saint-Chamond, M. Rollet, à l'heure actuelle, fait des essais de désulfuration des fontes au four Pernot.

6° Enfin, au point de vue de la puissance de production (à un moment donné) et bien que l'affinage Bessemer soit plus rapide, ce n'est qu'à l'aide du four Siemens que l'on a pu réaliser la fabrication des *pièces monstres,* demandées par l'artillerie et la marine, française, anglaise, allemande et plus particulièrement italienne.

On trouve bien, en effet, quelques usines, largement installées, qui possèdent des convertisseurs Bessemer de 10 à 12 tonnes; on peut réunir le produit de deux, trois, de ces convertisseurs pour une seule pièce, recevant directement ou par une *petite poche* intermédiaire le métal des divers convertisseurs. Mais alors que devient la garantie d'homogénéité?

D'autre part, dans les aciéries Martin que trouvons-nous? En général, des fours de 6, 7, 8 tonnes pour le travail journalier et disposés de manière à être coulés tous à la fois dans une même *grande poche,* laquelle déverse ensuite le métal, homogène cette fois, dans le moule ou la lingotière; dans le même atelier et pour les pièces de grande dimension, des fours Martin ou Pernot de 20 et 25 tonnes peuvent au besoin s'annexer aux appareils servant au travail courant. Avec une installation bien étudiée, le nombre et les dimensions des fours Siemens-Martin n'ont pour ainsi dire point de limites : le poids mort (si on peut appeler de ce nom les maçonneries) des appareils et les dépenses d'installation ne croissent pas en comparaison de ce que demanderaient des convertisseurs plus puissants (y compris les machines soufflantes) que

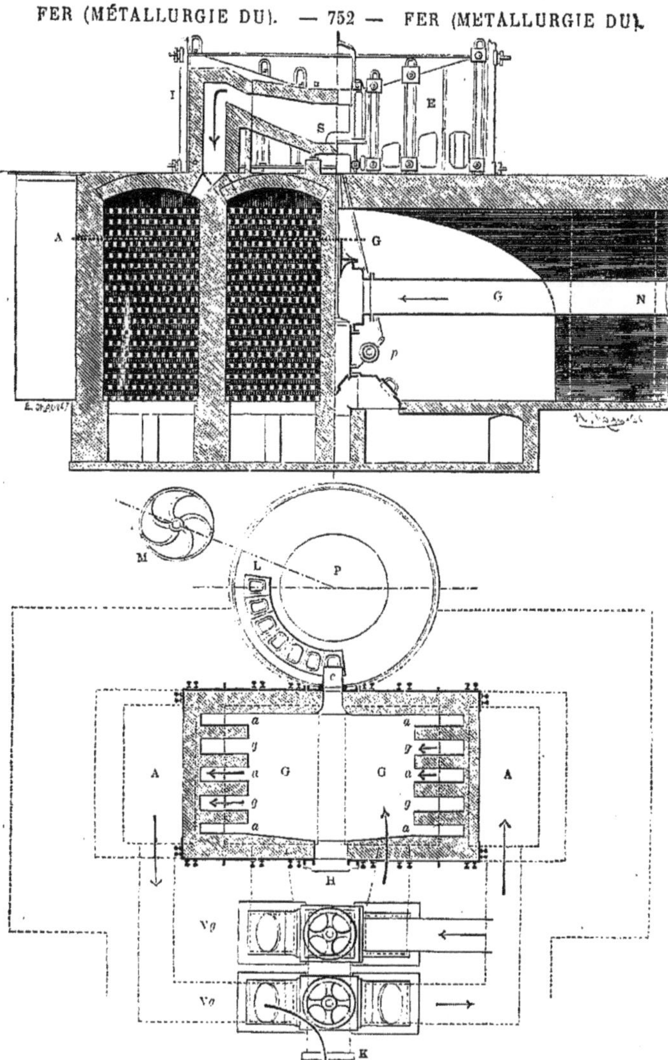

Fig. 54. — Four Siemens-Martin.

G, chambres à gaz; — A, chambres à air : dans ces chambres l'air et le gaz s'échauffent avant la combustion dans le four; — I, coupe par le grand axe du four; — E, vue extérieure du four; — S, sole sur laquelle s'opère la fusion; — *a*, *a*, *a*, entrées de l'air chaud dans le four; — *g*, *g*, *g*, entrées des gaz chauds dans le four; — V*a*-V*g*, Valves d'inversion d'air et de gaz manœuvrées par des contrepoids et leviers *p*; — H, porte de chargement des matières; — C, chenal de coulée; — P, plaque tournante sur galets, supportant les lingotières et manœuvrés à l'aide d'un pignon à manivelle M. — N, conduite venant des gazogènes; — K, conduite allant à la cheminée.

ceux actuellement en usage et qui ne donneraient peut-être pas de bien bons résultats.

GAZOGÈNE. — Le gaz nécessaire au chauffage d'un four Martin est produit dans des gazogènes à grilles plus ou moins inclinées. Ces appareils ont été modifiés par un grand nombre d'inventeurs suivant les qualités des combustibles que chaque région peut avoir à sa disposition : combustible végétal, tourbes, houille à gaz en gros fragments, houilles menues, agglomérés, etc. Nous ne donnerons pas ici la description de toutes ces modifications et nous renverrons aux mémoires spéciaux; mais ce qui est important à signaler, c'est que l'on doit chercher, autant que faire se peut, à réaliser la distillation théorique en vase clos, c'est-à-dire avoir le moins d'entrée d'air possible par les grilles et obtenir un gaz fourni et réducteur donnant par sa combustion ultérieure une forte température : l'oxydation, en effet, est désastreuse dans la plupart des cas pour l'opération au four Martin, qui doit rester autant que possible un simple appareil de fusion (affinage par réaction) et ne devenir appareil affinant par réaction que dans les cas spéciaux que nous étudierons plus loin; et alors même il faut l'employer comme appareil oxydant par réaction, comme cela a lieu dans l'*ore process* (affinage de la fonte par les minerais oxydés).

CONSTRUCTION DU FOUR SIEMENS-MARTIN. — Le four Martin théorique se compose de quatre chambres garnies de briques réfractaires posées en chicane comme cela a lieu pour tous les appareils basés sur le principe de la régénération de la chaleur; les deux chambres G reçoivent alternativement les gaz provenant du gazogène, de même que les deux chambres A reçoivent l'air, également alternativement, par simple tirage naturel. L'air et le gaz, arrivant par exemple par les deux chambres de droite, traversent le laboratoire proprement dit du four Martin, se rendent à la cheminée par les deux chambres de gauche, qui se trouvent ainsi portées à une haute température par les flammes perdues. Au bout d'une heure, en général, on renverse les courants de gaz et d'air à l'aide de valves de renversement à clapets ordinaires, ou dans quelques usines à clapets hydrauliques; le gaz et l'air arrivent alors par les deux chambres de gauche, se mélangent, *chauds*, à leur arrivée dans le four, s'enflamment, traversent le laboratoire du four, s'échappent par les deux chambres de droite, en réchauffant ces dernières, refroidies à l'inversion précédente par les courants de gaz et d'air froids, etc. On arrive ainsi à obtenir dans le four une température estimée par Faraday à 3850° C, mais qui, comme le fait remarquer M. Jordan (Conférence faite à la Sorbonne le 9 avril 1881), ne peut dépasser 1800°, car alors les gaz seraient dissociés, quoique la température elle-même de la flamme soit plus forte.

Les entrées d'air et de gaz se font dans le laboratoire même du four par des carneaux au nombre de deux seulement lorsqu'ils sont transversaux au grand axe du four, par trois, cinq, sept carneaux quand ils sont longitudinaux : dans ce dernier cas, les carneaux de gaz et d'air sont alternés comme le montrent les figures, tandis que dans le premier l'air doit arriver toujours au-dessus du gaz et perpendiculairement à ce dernier, afin d'obtenir une meilleure combustion, qui, dans tous les cas, ne doit avoir lieu que dans le four lui-même, sous peine de brûler les voûtes et carneaux du four au lieu de fondre le métal : c'est au fondeur qu'il appartient de régler les proportions relatives d'air et de gaz suivant la nature des charbons, leur pouvoir calorifique, en un mot, la marche du four. A ce point de vue spécial, il y a lieu de remarquer la disposition inclinée des carneaux vers le bain, le gaz ayant toujours tendance à remonter vers la voûte du four : on évite ainsi la mise hors feu trop prompte des appareils; l'idéal dans ce genre paraît être la disposition du four Pernot, dans lequel la voûte est en forme de dôme, laissant passage à des carneaux arrivant verticalement ou à peu près, et formant ainsi sur le bain de véritables jets de chalumeau.

Le four Martin proprement dit, laboratoire où s'opère la fusion, se compose essentiellement de plaques de sole en fonte, ou d'une espèce de cuvette (four Pernot), sur lesquelles on dame, sur une épaisseur de 20 à 30 centimètres, de la terre réfractaire, sables siliceux plus ou moins argileux, variables suivant les contrées et dont les plus réfractaires paraissent être ceux employés actuellement en Angleterre et en Russie : ceci, bien entendu, dans le cas de la marche que l'on peut appeler Martin acide comparativement au Bessemer acide. La sole une fois faite (dans certains cas, ce garnissage est fait pendant le chauffage seulement), on construit les pieds-droits, le bouchage, etc., et enfin la voûte même du four en briques siliceuses primitivement fabriquées à Dinas, en Angleterre, mais aujourd'hui en France (Muller à Ivry, diverses usines du bassin de la Loire); en Allemagne, dans les provinces rhénanes. (La totalité du four, chambres, carneaux, laboratoire, voûte, est armée de plaques de fonte et de tirants en fer pour maintenir les maçonneries.

FUSION. — Supposons maintenant que le four ait été préalablement chauffé à une température convenable (les chambres, en général, au rouge cerise très clair, le laboratoire au blanc éblouissant), et prenons quelques exemples de fusion pouvant servir de types d'opérations, tant pour le four Martin que pour le four Pernot (sauf quelques modifications d'allures inhérentes à ce dernier). Nous devons dire tout d'abord qu'étant donné un four d'une capacité de N tonnes, on devra toujours l'employer pour une fusion de N tonnes de métal aussi exactement que possible (par exemple, entre N — 1 et N + 1 tonnes): on tombe en effet dans des difficultés inouïes lorsque l'on emploie un appareil en dehors des limites pour lesquelles il est construit.

Si, par exemple, pour essayer un métal particulier, on ne veut opérer que sur une petite masse d'acier (2 à 3 tonnes dans un four construit pour 6 à 7 tonnes), on arrivera à ce résultat peu pratique de fondre les parois du four sans échauffer le bain, trop minime; si, au contraire, on charge un four outre mesure, on arrive à ne pouvoir échauffer ni le four ni le métal, par suite du rétrécissement du passage de la flamme; il faut, à tout prix, éviter de tomber dans de telles erreurs.

OPÉRATION TYPE POUR RAILS. — Il est difficile d'indiquer exactement par un dosage (qui serait peut-être trop théorique) les nombreuses variantes auxquelles sont soumises, non-seulement dans différentes usines, mais aussi dans une même aciérie, les opérations Martin pour métal demi-dur destiné à la fabrication des rails.

Ces dosages, en effet, dépendent des approvisionnements des usines, en ce qui concerne les fontes, les riblons de fer ou d'acier, les chutes de rails, les boccages ou scraps provenant de la fabrication même ou de la fabrication Bessemer.

En général, on peut dire que le bain initial devra se composer de fontes aussi blanches, aussi peu carburées et siliciées que possible (voir fabrication des aciers sans soufflures, où l'emploi de fontes manganésées est indispensable), car alors l'affinage par réaction demandera une moins grande quantité de riblons, affinant par réaction, qui sont dans la plupart des cas d'un prix plus élevé que les fontes. On peut admettre en principe que les fontes qui conviennent le mieux pour l'opération Martin sont des fontes blanches ou truitées, mais obtenues, au haut fourneau, en allure chaude autant que possible, contenant environ 3 °/₀ de carbone, un peu de silicium et de manganèse ; elles seront, bien entendu, pour la fabrication Martin acide, aussi exemptes que possible de soufre et de phosphore, à moins que l'on n'ait recours, comme nous le verrons plus loin (aciers phosphoreux), à quelque artifice contrebalançant l'influence des impuretés.

Des fontes de cette nature peuvent, pour une fabrication courante de rails, entrer dans le lit de fusion Martin dans une proportion de 1/4, quelquefois 1/3 du poids total de la charge, soit par exemple 1800 à 2000 kilogr. pour une charge normale variant de 6, 7 à 8 tonnes.

Les scraps et boccages divers provenant de la fabrication même peuvent être annexés à la fonte initiale et chargés comme cette dernière à froid, dans la proportion d'un tiers au moins de la charge totale.

Cette première charge d'environ 3000 kilogr. une fois fondue, on ajoute, pour affiner le bain, soit des riblons d'acier dur, soit du fer doux, soit le mélange des deux, dans une proportion dépendant évidemment :

1° De la température du four ;

2° De son allure plus ou moins oxydante (affinante) ;

3° De la nature des fontes initiales, ainsi que de celle des riblons de fer ou d'acier ajoutés, principalement en ce qui concerne les teneurs en carbone, manganèse, silicium.

On peut dire qu'en général la quantité de riblons laminés ou martelés forme le dernier tiers de la charge ; il est à observer toutefois que si les scraps à consommer sont en quantité considérable, il faudra autant que possible diminuer les additions finales, et si les riblons laminés ou forgés sont, au contraire, en proportion plus grande comme approvisionnements, il faudra augmenter la proportion de ces derniers et diminuer celle des scraps. L'*ore process* est une variante que l'on peut employer pour augmenter, si le besoin s'en fait sentir, la proportion de fonte en l'affinant par du minerai. Nous le répétons, il n'y a point de règles absolues, mais des règles relatives dépendant des conditions d'existence de chaque aciérie, conditions variables dans chaque région.

Considérons maintenant une opération contenant :

2000 kilogrammes de fonte ;

2000 kilogrammes de scraps ;

2000 kilogrammes de rognures de riblons de fer ou d'acier.

On fait à ce moment une prise d'essai consistant, suivant les ateliers, en un petit lingot cylindrique ou parallélipipédique que l'on forge sous un marteau-pilon ; on le casse après refroidissement libre à l'air (c'est-à-dire trempe à l'air) ou bien, après trempe à l'eau froide ; on examine l'angle de pliage, l'aspect de la cassure, etc., et on arrive vite avec quelque pratique du métier à apprécier le degré de dureté du métal, voire même sa teneur approximative en carbone à l'aspect du grain, et sa teneur en manganèse à la manière dont se martèlent les éprouvettes : si la teneur en carbone est jugée égale à 0,400 ou 0,500 °/₀, on devra de nouveau prolonger l'affinage par réaction en ajoutant dans le bain des riblons d'autant plus ferreux (moins carburés) que la prise d'essai aura indiqué un métal plus dur.

Une charge nouvelle de 200 à 300 kilogrammes de matières affinantes exerce souvent (jointe à l'affinage par oxydation, si difficile à éviter au four Martin et encore plus au four Pernot) un adoucissement tel, qu'une nouvelle prise d'essai correspond seulement à 0,200 °/₀ de carbone, c'est-à-dire à un métal qui, non trempé à l'eau froide, peut supporter le pliage à froid presque sans se rompre ; on arrive ainsi, par tâtonnements successifs et par un examen rationnel (et logiquement raisonné suivant les matières premières employées) du bain métallique, à obtenir dans le four une masse de métal fondu contenant 0,150 à 0,200 °/₀ de carbone, c'est-à-dire analogue à celui obtenu dans le convertisseur après soufflage normal (disparition des raies vertes, ou mieux, des raies rouges au spectroscope), lequel métal doit être désoxydé et durci par des additions convenablement calculées de spiegel et de ferromanganèse, suivant l'emploi auquel il est destiné.

Ici encore, dans le procédé Martin comme dans le procédé Bessemer, on peut se guider sur la nature de la scorie qui surnage le bain métallique : une scorie de nuance claire indique un affinage insuffisant ; une scorie brûlée, à cassure non pas d'un aspect noir vitreux, mais métallique et terne, indique une oxydation trop grande, etc. ; nous y reviendrons à propos de la fabrication des aciers sans soufflures, dans laquelle l'examen des scories joue un très grand rôle.

Si l'on traite des matières de pureté moyenne, c'est-à-dire contenant 0,080, 0,100 à 0,120, au maximum, de phosphore, on arrive facilement à une éprouvette martelée pliant à froid à 30° environ et correspondant à une teneur en carbone de 0,200 °/₀, avec une scorie vitreuse peu ou point oxydée ; le métal en coulant donne lieu à des étincelles, ni trop lourdes et violacées (ce qui serait le cas d'un métal non suffisamment affiné) ni trop nombreuses et légères, d'une teinte jaune passant même au blanc éblouissant dans le cas d'un métal très doux et très chaud, et correspondant à un affinage exagéré, quelquefois nécessaire, avec scorie foncée, c'est-à-dire à un fer oxydé contenant à peine 0,100 à 0,180 °/₀ de carbone : dans ce dernier cas, le métal est tellement bulleux qu'il ne peut être coulé facilement, ni dans un moule en sable ni en lingotière ; la quantité de gaz qu'il renferme donne lieu, en effet, à des boursoufflements et à des retassements qui, finalement, correspondent à un métal non laminable : il est nécessaire de le désoxyder à l'aide d'un alliage de manganèse (spiegel ou ferromanganèse).

Si l'on veut obtenir un métal dur pour rails, on devra, dans le cas de matières moyennement pures, faire une addition de spiegel à 12 ou 18 °/₀, s'élevant à 6, 8, 10 °/₀ environ du poids total du bain de fonte, scraps et riblons entrés dans le four, ce qui fournit un produit final à 0,500 ou 0,600 °/₀ au plus de carbone, 0,600 à 0,700 °/₀ de manganèse, un peu de silicium, des traces de soufre, environ 0,100 de phosphore, métal parfaitement malléable, résistant bien aux conditions exigées pour rails, aiguilles, croisements de voie, éclisses, selles de traverses, etc., et, en outre, résistant bien à l'usure par frottement. Nous ne pensons pas en effet qu'il faille arriver à produire un métal très doux pour rails, quoique certains auteurs aient soutenu cette théorie ; nous devons faire remarquer qu'il y a lieu de considérer la douceur résultant d'une faible quantité de carbone et la dureté résultant d'une forte proportion de manganèse.

Dans les climats tempérés, le métal relativement dur (par le carbone seul) sera toujours préférable, et ce n'est que dans les climats rigoureux par leur situation géographique (Suède, Norvège, Russie, etc.) ou orographique (traversées des

Alpes françaises, suisses ou autrichiennes), que l'on devra adopter pour les rails des aciers doux, résistant mieux aux gelées et ne donnant pas lieu à des ruptures brusques et imprévues.

Dans les conditions de fabrication que nous avons indiquées ci-dessus, et qui sont les mêmes pour le métal Bessemer, on arrive à obtenir un acier parfaitement fluide, coulant bien et ne donnant pas lieu à des scraps en quantité considérable; les lingots obtenus sont peu soufflés et rentrent ainsi dans ceux exigés par les compagnies de chemins de fer.

Avec des lingots plus durs, qui seraient en même temps plus sains, mais aussi plus difficiles à laminer, ou pour mieux dire à réchauffer, on rencontre dans les usines où le mode de chauffage est mal approprié à ce genre de lingots, des difficultés sans nombre, et l'on obtient souvent d'abondants rebuts de laminage.

Ce sont là des considérations pratiques sur lesquelles nous ne pouvons nous étendre ici; mais nous croyons devoir appeler l'attention des producteurs de rails sur ces différents points ; il est bien évident que plus un lingot sera sain, meilleur sera le rail en provenant, et c'est aux maîtres de forge à disposer leurs appareils de chauffage de manière à éviter les tapures de lingots.

2° Coulée type pour métaux demi-durs ou demi-doux. — L'opération est conduite de la même façon que pour rails; les fontes initiales employées peuvent être identiques, ou mieux, un peu supérieures, c'est-à-dire obtenues avec des minerais exempts, dans les limites du possible, de soufre et de phosphore et contenant une petite proportion de manganèse; les scraps, bien choisis, devront provenir autant que possible de fabrications analogues, et de même que dans les coulées pour rails on repasse les chutes de laminage de lingots Bessemer ou Martin, de même, dans les coulées pour essieux, on pourra refondre les déchets de cette fabrication, pour pièces de machines, les déchets de martelage de ces mêmes pièces, etc. On devra autant que possible pousser l'affinage jusqu'à une éprouvette contenant 0,150 °/₀ de carbone, des traces de manganèse, et supportant, non trempée, le pliage à fond complètement, et couler avec des spiegels plus ou moins riches, suivant les quantités respectives de carbone et de manganèse que l'on désire conserver dans le métal. Nous étudierons plus loin, aux articles *Classement* et *Emploi des aciers*, les nuances variées de métal que l'on peut obtenir au four Martin.

3° Fabrication des métaux doux, extradoux et fers fondus. — On devra, pour une fabrication de ce genre, choisir, vu le peu de fluidité du métal final, des fours ayant une haute température, des charbons de qualité tout à fait supérieure, afin d'avoir un gaz réducteur aussi peu oxydant que possible; et, en outre des matières de premier choix pour la construction des soles, des carneaux, des voûtes de four, les premières pouvant être détruites par l'action de l'oxyde de fer sur la silice, les autres pouvant recevoir des coups de feu très énergiques, par suite de la haute température absolument nécessaire à la réussite des opérations pour métaux doux. L'emploi de matières basiques pour la sole (pisé de chaux et de magnésie employé dans quelques usines) et de briques de magnésie pour la voûte suivant quelques brevets non encore passés à l'état pratique, sera sans aucun doute un grand perfectionnement apporté à la fabrication du métal doux, aussi bien que du métal déphosphoré, pour lequel ont été entrepris quelques essais tant en France qu'à l'étranger.

En ce qui concerne les matières premières proprement dites, elles seront de qualité supérieure : les fontes formant le bain initial devront être obtenues avec des minerais extra, contenir un minimum de carbone, 3 °/₀ environ, et une certaine quantité de manganèse destinée à prévenir une oxydation trop rapide; les scraps de qualité inférieure, moyenne ou irrégulière devront, à tout prix, être exclus (tout ceci se rapporte, bien entendu, aux opérations sur sole acide) et remplacés par des matières de choix, tels que blooms de fer puddlé ou encore mieux de fers bruts laminés ou martelés, débarrassés de leur scorie, ainsi que cela se pratique en Suède, en Autriche et dans quelques usines françaises pour des fabrications spéciales; les chutes de rails pourront être employées, mais avec discernement, et seront de préférence remplacées par des rognures de tôle, cornières, etc., provenant d'une fabrication identique ou tout au moins analogue à celle que l'on a en vue.

Lorsque le bain métallique sera arrivé à une douceur au moins égale à celle obtenue pour les rails, on devra dès ce moment procéder à des prises d'essai rapprochées et très soignées; les éprouvettes, consistant en petits disques de 6 à 8 centimètres de diamètre et 3 à 4 centimètres d'épaisseur, seront martelées sous un pilon à 5 ou 6 millimètres d'épaisseur, trempées immédiatement dans l'eau froide et devront pouvoir être pliées et repliées en quatre sans aucune déchirure dans le double pli. Une éprouvette subissant cette épreuve de *non trempe* correspond à une teneur variant de 0,100 à 0,120, ou 0,150 °/₀ de carbone au maximum; le bain métallique d'où elle provient ne bouillonne absolument plus, demande une très haute température pour être maintenu liquide, correspond généralement à un métal rouverin non-seulement difficile à marteler et à laminer, mais qu'il est à peu près impossible de couler dans des lingotières : la grande quantité de gaz qu'il contient et qu'il absorbe au moment même de la coulée donne lieu à des rochages, retassements et boursoufflements analogues à ceux qui s'observent dans la coulée de l'argent. Ce métal, qui est en fer fondu, mais oxydé, n'offre que ce seul avantage, d'être parfaitement défini; il ne contient que des traces des cinq éléments, manganèse, carbone, silicium, soufre et phosphore, si les matières premières employées à la fabrication sont telles que nous l'avons indiqué, c'est-à-dire pures.

On doit, du reste, faire observer qu'avec des matières impures, contenant soit du soufre, soit du phosphore, ou tous les deux ensemble, et quelle que soit la prolongation de l'affinage par additions ferreuses, il est à peu près impossible d'obtenir une éprouvette trempée supportant le double pliage.

Le bain de douceur extrême obtenu, on ajoute une proportion de ferromanganèse variable suivant les propriétés résistantes demandées au métal et en même temps suffisante pour rendre le coulage, le martelage ou le laminage possibles. Ces quantités dépendront évidemment de la marche même du four et c'est à chaque chef de fabrication de déterminer pratiquement les quantités à introduire dans le bain pour qu'il reste dans le produit final une quantité de carbone, manganèse, etc., déterminée. Dans certaines usines même, lorsque l'on emploie des matières tout à fait supérieures (en Suède et en Autriche, par exemple), on arrive à produire du métal doux pour tôles, aussi bien au Bessemer qu'au Martin, sans aucune addition finale.

4° Aciers phosphoreux. — Lorsque, au lieu de matières pures comme dans les cas précédents, on ne dispose à l'usine que de matières de qualité secondaire ou même très inférieure, telles que vieux rails de fer, contenant 0,200, 0,300 jusqu'à 0,600 et 0,700 °/₀ de phosphore, il devient en quelque sorte impossible d'appliquer le traitement au four Martin acide : en effet, le phosphore restant dans le bain métallique donne un métal fragile si la coulée est terminée, comme dans le cas du métal pour rails, avec une certaine proportion de spiegel, qui introduit en même temps que le manganèse, élément désoxydant dont on ne peut se passer, le carbone élément durcissant donnant de la fragilité lorsqu'il accompagne le phosphore.

A la suite de longues recherches, les usines de Terrenoire sont arrivées dès 1874 à tourner cette difficulté en observant que le métal phosphoreux était d'autant plus fragile qu'il se rapprochait davantage des aciers proprement dits, c'est-à-dire qu'il était plus carburé, et on put formuler cette loi fondamentale pour l'emploi de vieilles matières phosphoreuses dans la fabrication sur sole acide :

On peut introduire du phosphore dans l'acier fondu, à la condition d'éliminer le carbone; et, moins l'acier contiendra de carbone, plus il pourra contenir de phosphore.

Le but à atteindre était donc, dans une fabrication de ce genre, d'ajouter au bain métallique Martin acide, comme du reste dans le cas du Bessemer acide, la quantité de manganèse nécessaire pour désoxyder complètement le bain, rendre en un mot le métal laminable, en introduisant le moins possible de carbone. La compagnie de Terrenoire a résolu ce problème par l'emploi d'alliages riches en manganèse et a montré qu'il est possible d'obtenir des aciers à 0,300 °/₀ ou même 0,400 °/₀ de phosphore, supportant les épreuves par flexion et choc exigées par les compagnies de chemins de fer, soit pour les rails à patin, soit pour les rails à double champignon : des essais faits par les compagnies du Nord, de l'Ouest, de Paris-Lyon-Méditerranée ont montré que ces rails se comportaient bien à l'emploi.

Les métaux phosphoreux, qui ne sont plus à proprement parler des aciers, présentent des propriétés remarquables sur lesquelles nous reviendrons par la suite. Quoi qu'il en soit, un métal contenant 0,200 à 0,300 °/₀ de phosphore, une quantité égale de carbone et environ 0,700 à 0,800 de manganèse se coule très bien, donne des lingots très sains, peut se laminer dans de bonnes conditions en rails, si on lui applique un mode de chauffage bien approprié, et réalise un moyen de contrebalancer la mauvaise influence du phosphore; ce n'est pas, il est vrai, une solution complète, mais le procédé n'en mérite pas moins une mention.

Le travail au four Martin acide, dans le cas spécial de l'emploi de matières phosphoreuses, ne diffère pas en principe du travail ordinaire pour rails : fusion de la fonte initiale mélangée de scraps de la fabrication, additions de vieux rails en fer phosphoreux, de chutes de rails d'acier, etc., faites à chaud. A la fin de l'opération on a, comme nous l'avons dit plus haut, quelque peine à obtenir des éprouvettes supportant le pliage, mais l'examen du grain et en même temps du bain de métal indique suffisamment le degré de douceur auquel on est arrivé. On coule avec un alliage d'autant plus riche que l'on a un bain plus phosphoreux, de manière à introduire le moins possible de carbone, suivant le principe indiqué plus haut.

5° Orb process. — La rareté des riblons de fer ou d'acier a obligé dans quelques districts, en Angleterre et en Russie, par exemple, les industriels à consommer dans l'opération Siemens-Martin le plus de fonte possible : pour arriver à ce but il a été nécessaire d'obtenir un affinage rapide et énergique par réaction et l'application du principe de Réaumur (affinage de la fonte par des minerais oxydés) s'est ainsi trouvé réalisée. Quoique le procédé au minerai (ore process) n'ait pas produit une grande révolution dans la métallurgie moderne, nous devons le signaler ici, car un certain nombre d'usines anglaises et écossaises l'ont appliqué avec quelque succès. L'opération se fait dans un four à garniture acide dont la sole a souvent une épaisseur très considérable : la fonte une fois liquéfiée, on ajoute du minerai oxydé, par petites portions; il se produit un fort bouillonnement, la scorie déborde souvent et la sole acide se trouve dans la plupart des cas fort endommagée après chaque coulée, par suite de la réaction produite entre l'oxyde de fer et la silice. On coule avec du spiegel et l'on fabrique en général du métal pour rails, car l'irrégularité de l'affinage ne permet pas d'obtenir des métaux spéciaux pour tôles, essieux, bandages, etc.

6° Fabrication des aciers coulés sans soufflures (*solid steel*). — On sait que les lingots d'acier, coulés à température moyenne, sont d'autant plus souffleux que le métal est moins carburé, et que d'autre part l'acier est d'autant moins soufflé qu'il est coulé plus chaud, à tel point qu'au Bessemer par exemple, en traitant des fontes siliceuses, finissant les opérations chaudes, on peut obtenir des lingots absolument exempts de soufflures, mais qui présentent cet inconvénient capital (s'ils sont en même temps de qualité dure) d'être très difficiles à réchauffer sans donner lieu à des tapures conduisant à des rebuts au laminage.

Depuis longtemps on fabrique, en Allemagne et en Angleterre, des moulages dits d'acier, mais qui dans la plupart des cas sont d'un métal plus voisin de la fonte que de l'acier, et auquel on donne généralement le nom de fonte durcie, fonte trempée, métaux mixtes, etc.

Pour leur donner une plus grande douceur, on leur fait subir des recuits au contact de minerai de fer, et on obtient ainsi un produit connu sous le nom de *fonte malléable*. L'obtention directe de moulages d'acier suffisamment doux, c'est-à-dire à moins de 1 °/₀ de carbone, est un point qui a appelé depuis longtemps l'attention des métallurgistes; on les obtenait d'abord au creuset avec des métaux de provenance déterminée, toujours la même, mais sans bien se rendre compte, le plus souvent, pourquoi tels lingots au moulages étaient sains, tandis que d'autres étaient remplis de cavités.

Depuis que la découverte de Bessemer a permis d'obtenir de grandes masses d'acier, bien des usines ont fait elles-mêmes leur gros outillage de forge (pignons, trèfles, agrafes, manchons, empoises de trains de laminoir), en acier Bessemer, sans s'inquiéter dans la plupart des cas si le métal était ou non soufflé : le principal était, pour le consommateur-vendeur en même temps, d'avoir un métal moins fragile que la fonte, résistant mieux aux chocs, s'usant peut-être plus, il est vrai, mais ne donnant pas lieu à des ruptures désorganisant brusquement tout un atelier de laminage. Lorsque les constructeurs, au contraire, ne possédant pas eux-mêmes des appareils de fusion, demandèrent à l'industrie métallurgique des moulages d'acier, il a été nécessaire que le producteur de métal fondu fût à même de livrer au consommateur des moulages sans soufflures, sous peine de rebuts de la part de ce dernier. D'autre part, l'extension donnée à l'artillerie d'acier depuis un certain nombre d'années a nécessité, pour les canons par exemple, l'emploi d'aciers exempts de soufflures (car on n'emploie que le fond du lingot), même lorsque le métal doit être martelé; quelques essais ont été faits pour l'obtention de pièces d'artillerie en acier non forgé; la fabrication des projectiles a exigé également un métal sain.

C'est alors, et depuis l'Exposition de 1867 surtout, que la lutte s'est établie pour l'obtention des moulages, entre l'acier fondu au creuset et l'acier fondu sur sole, permettant d'obtenir de grandes masses bien homogènes et de nuances variées comme dureté.

Deux séries de procédés, les uns physiques et mécaniques, l'autre chimique, ont été inventées pour obtenir le métal particulier, compact, homogène, sans aucune cavité, auquel les Anglais, traduisant synthétiquement le mot *acier coulé sans soufflures*, ont donné le nom bien significatif de *solid steel*.

Les premiers procédés sont basés sur la *compression de l'acier* pendant qu'il est encore à l'état fluide : ce sont les procédés de Whitworth, Neuberg, Bouniard, etc.; le second, fondé essentiellement sur les réactions chimiques, est né des recherches faites à l'usine de Terrenoire. Les premiers permettent d'obtenir des lingots sans soufflures, mais de forme simple; le *procédé de Terrenoire*, au contraire, permet d'obtenir non seulement des lingots, mais des moulages compliqués : cette usine fabrique couramment des *moulages* très variés en acier *dur, doux* et même *extradoux*.

Il faut toutefois citer à cet égard les usines de Bochum (Westphalie), qui depuis longtemps fabriquent des moulages d'acier dur pour cloches, roues, croisements de voie, etc., sans employer la compression; puis la Compagnie des chemins de fer autrichiens, qui exposait déjà des moulages en acier doux malléable, engrenages, roues avec axes tordus à froid (?); enfin différentes usines qui fabriquent des roues, en Angleterre et en Amérique et particulièrement le fer Salisbury, dont on a tant parlé à l'Exposition de 1878. Mais, il faut bien le reconnaître, la plupart de ces moulages étaient obtenus par une longue pratique, avec des matières initiales toujours les mêmes, et le procédé chimique pour l'obtention des aciers coulés sans soufflures n'est devenu absolument rationnel et scientifique, aussi bien pour les aciers doux que pour les aciers durs, qu'à la suite des recherches de Terrenoire, qui ont mis en évidence le rôle que joue le silicium dans un bain d'acier fondu.

Les procédés par compression étant surtout du domaine de la mécanique, nous dirons simplement que les usines qui y ont recours fabriquent des lingots qui sont toujours destinés à être martelés ultérieurement, soit au pilon, soit à la presse, pour obtenir les pièces désirées : c'est ainsi que procèdent Whitworth en Angleterre et les usines de la Chaléassière près Saint-Étienne. M. Lan, dans un mémoire sur l'Exposition de 1878 [*Ann. des mines*], considère que la compression appliquée à l'acier, suivie de martelage, recuit et trempe, est l'idéal à réaliser pour l'obtention de produits supérieurs. Le procédé n'a pas seulement pour but d'éviter les soufflures (il ne fait qu'en rapprocher les lèvres sans les souder), mais surtout de continuer à comprimer jusqu'au-dessous d'un point déterminé pour chaque type d'acier, afin d'empêcher la cristallisation et de donner un état moléculaire particulier au métal. Cet état moléculaire peut être obtenu, comme nous le verrons aux articles *trempe* et *recuit*, en partant d'aciers coulés sans soufflures et non comprimés.

Le *procédé de Terrenoire* est fondé sur l'observation suivante : Un bain de métal contenant du carbone et du silicium (comme c'est le cas pour le Bessemer acide) perdra, par une action affinante quelconque, son silicium avant son carbone, ou, en d'autres termes, le silicium introduit dans un bain métallique (acier dur ou fer doux) prévient la formation de l'oxyde de carbone. Si donc on obtient au four Siemens-Martin, par exemple, un bain affiné laissant échapper des bulles d'oxyde de carbone, ces bulles devront cesser de se former si l'on vient à introduire dans le bain un alliage de silicium remplaçant le spiegel-eisen ou le ferromanganèse : dès lors le bain fournira un métal exempt de gaz oxyde de carbone, et comme c'est ce dernier qui donne lieu aux soufflures, le métal coulé sera homogène, exempt de cavités et représentera bien le *solid steel* des Anglais. Tel est en quelques mots le principe de la *méthode de Terrenoire*.

Voici maintenant quelques détails indispensables à la réussite du procédé :

1° Afin d'avoir le minimum d'oxydation possible, on devra dès la première charge prévenir l'oxydation du fer par une certaine proportion de manganèse, dont nous verrons plus loin un autre avantage. La fonte servant de base sera, dans le cas particulier, une fonte manganésée à 3, 4, 5 ou 6 °/₀ environ de manganèse, suivant la qualité de métal à obtenir. Si l'affinage doit être poussé loin, on devra employer une fonte plus riche pour prévenir l'oxydation du fer, car plus cette dernière sera considérable, plus sera violente l'action du spiegel-eisen ou du ferromanganèse, plus il se formera d'oxyde de carbone, plus aussi on aura de chance d'obtenir un métal soufflé; en un mot, plus il faudra ajouter de silicium à la fin de l'opération.

La fonte initiale servant à former un bain où seront plongées les charges suivantes, peut être additionnée, comme charge à froid, de riblons provenant de la même fabrication (masselottes, jets de coulée, etc.), qui sont toujours plus ou moins manganésés. Le bain initial une fois arrivé à un état de fusion complète, on y ajoute par mises successives, et à chaud, des chutes de rails, des blooms de fer puddlé, des riblons de bonne qualité, etc., suivant que l'on cherche à obtenir un métal dur ou un métal doux.

Il est nécessaire de suivre ici avec une attention toute spéciale la marche de l'affinage :

Les *prises d'essai* ne devront pas consister seulement en *éprouvettes de métal*, prélevées à différents moments, mais aussi en *échantillons de scories*.

Si l'on opère sur une sole acide en terre réfractaire argilo-siliceuse, on observe pour les éprouvettes de scories les nuances suivantes :

Une scorie blanchâtre ou légèrement verdâtre, fluide et peu épaisse, indique que le métal contient encore une forte proportion de manganèse, que l'affinage est par conséquent peu avancé et insuffisant dans la plupart des cas, à moins que l'objet de la fabrication ne soit un acier extradur : cette scorie correspond à un métal qui, martelé en éprouvettes circulaires, non trempées, crique sur les bords et casse à 120 ou 90° au pliage à froid. Si alors on continue l'affinage par des additions de riblons de fer ou d'acier, on arrive à une éprouvette qui, non trempée, peut supporter un pliage à froid de 45 à 30° environ, correspondant à une scorie vert olive clair. Ajoutant de nouvelles matières affinantes, le vert olive devient plus foncé, le métal non trempé supporte le pliage presque à fond, le bain commence à se calmer, le métal devenant plus pateux, les bulles d'oxyde de carbone se dégagent plus lentement, plus lourdement pour ainsi dire, et ont de la peine à crever la surface du bain, surtout si la scorie est un peu épaisse.

En arrêtant l'opération à ce point, on peut admettre que le métal (ceci correspond à l'affinage pour rails) du bain contient 0,200 à 0,300 °/₀ maximum de carbone; on peut alors faire les additions requises pour l'obtention d'un métal dur ou demi-dur.

Si l'on cherche à obtenir des métaux coulés sans soufflures demi-doux ou doux, il est nécessaire de pousser l'opération plus loin, d'arriver à une éprouvette, trempée au rouge cerise à l'eau froide, cassant peu au pliage en deux, ou quelquefois même, dans le cas de métaux extradoux, à l'éprouvette trempée pliant en quatre, comme pour la fabrication du métal pour tôles, cornières, etc. La scorie alors se fonce de plus en plus, passe au vert bouteille, puis au noir vitreux; c'est là le point extrême, car, grâce à la quantité de manganèse introduite dans le bain primitif, on peut arriver à un métal extradoux sans pour cela avoir une scorie brûlée, présentant la cassure mate des oxydes métalliques.

Si l'on arrive à cette dernière, la coulée doit être considérée comme manquée, mais elle peut être, dans quelques cas, corrigée par des additions convenables de spiegel-eisen ou de ferromanganèse. C'est là un des grands avantages du four Martin de pouvoir à un moment donné faire des prises d'essai, étudier le métal et corriger les erreurs, avantages que n'offre pas le procédé Bessemer, à moins que l'on n'ait recours, comme dans le procédé de déphosphoration Thomas et Gilchrist, à des séries de prises d'essais, qui retardent l'opération, refroidissent le métal dans le convertisseur, et conduisent finalement, dans ce dernier cas, à un métal très oxydé.

Additions finales. — Ce que nous dirons ici complètera les remarques que nous avons faites relativement au manganèse nécessaire à la désoxydation dans le procédé Bessemer acide, et aux quantités de manganèse à ajouter au bain ordinaire d'acier Martin pour obtenir un métal dur, demi-doux ou doux. Les observations suivantes peuvent trouver leur application dans chacun des procédés; mais pour la synthèse des phénomènes, aussi bien que pour la clarté de l'exposition, nous avons cru devoir les résumer ici.

Les additions finales, en particulier dans la fabrication des aciers coulés sans soufflures pour projectiles, moulages, tubes de canons, frettes, pièces de machines, etc., sont de trois sortes:

1° Des fontes durcissantes, riches en carbone, blanches et manganésées, grises et un peu siliceuses, ou même dans quelques cas des spiegels pauvres contenant 4, 5, 6 °/₀ de carbone combiné;

2° Des spiegels riches ou des ferromanganèses contenant 5 à 6 °/₀ jusqu'à 6,600 de carbone et 30, 40, 60, 80 °/₀ de manganèse;

3° Des fontes siliceuses spéciales au procédé auquel on a donné le nom de *ferrosilicium* ou *ferromanganèse-silicium*.

Si l'on veut obtenir un métal dur, on devra ajouter une quantité calculée d'avance de spiegel pauvre contenant 5 à 6 °/₀ de carbone, qui sera l'élément carburant. On peut admettre en pratique que tout le carbone introduit de cette manière dans le bain se retrouve presque en entier dans le métal final (le déchet couvrant la perte de carbone qui peut avoir lieu pendant la fusion des fontes additionnelles), tandis que le manganèse introduit par un spiegel très pauvre à 3 ou 4 °/₀ seulement de manganèse est presque entièrement oxydé pendant la fusion.

Après fusion du premier spiegel on laisse bien chauffer le bain et l'on ajoute une fonte siliceuse du type n° 3 (voir matières premières) (par exemple, pour métal demi-doux) et contenant 6 °/₀ environ de silicium, puis avant de couler une certaine quantité de ferromanganèse suivant la proportion de ce dernier élément que l'on veut conserver dans le produit final.

Le manganèse a en outre pour but de faciliter la scorification de la silice; dans la pratique, il est nécessaire, pour obtenir une scorie fluide, se liquatant bien au-dessus du métal; que la quantité totale de manganèse introduit par les spiegels ferrosilicium, ferromanganèse, soit deux fois au moins, ou mieux trois fois supérieure à la quantité totale de silicium.

Si l'on veut obtenir un métal très manganésé, jouissant des propriétés résistantes dues à cet élément, et ayant en outre le grand avantage, pour les moulages *minces*, d'être très fluide, de donner de belles surfaces, on doit ajouter jusqu'à 1 °/₀ et même 1,50 °/₀ ou 2 °/₀ de manganèse total.

La quantité de manganèse qui se brûle varie avec l'allure du four, avec la richesse des alliages introduits, avec le degré de douceur du bain avant les additions, avec la nature plus ou moins épaisse des scories, etc.

Toutefois, comme dans le cas de la fabrication d'aciers coulés sans soufflures on opère sur un bain peu oxydé, la scorie étant toujours vert olive foncé ou noir vitreux, on peut dire que si l'on veut conserver dans le métal une proportion de manganèse A (A étant compris entre 0,300 et 0,800 °/₀), il faudra introduire dans le bain environ $\frac{3A}{2}$, soit par exemple :

4 à 5 °/₀	de manganèse pour en conserver.....	0,300 °/₀	dans le métal final.
6 °/₀....	—	0,400	—
7 à 8 °/₀..	—	0,500	—
9 à 11 °/₀.	—	0,600	—
12 °/₀...	—	0,700	—
14 °/₀...	—	0,800	—
18 °/₀...	—	1,000	—

toujours en se rapprochant de la proportion 2 A pour les teneurs élevées. Ainsi, en introduisant 25 kilogrammes de Mn par 1000 kilogrammes de matières du bain, il n'en reste souvent que 1,25 °/₀ à 1,50, à 1,80 °/₀ au plus dans le métal coulé.

Les chiffres que nous donnons ici n'ont rien d'absolu et, nous le répétons, ils dépendent beaucoup de la marche des fours, de l'ordre dans lequel se font les additions, de la richesse des alliages employés, car les alliages riches, possédant pour une même quantité de manganèse introduite un poids moindre que celui des alliages pauvres, fondent en effet plus rapidement; mais nous citons ces chiffres comme pouvant fournir des éléments utiles pour étudier la marche à suivre dans une fabrication délicate. Ceci s'applique aussi bien au procédé Bessemer qu'au procédé Martin ordinaire pour la fabrication des rails, et en outre au four Pernot, en observant toutefois que pour ce dernier, vu la grande oxydation, les proportions de manganèse à introduire, pour en conserver une quantité donnée, devront toujours être un peu plus considérables.

En ce qui concerne plus spécialement le métal coulé sans soufflures, les observations faites pour le manganèse s'appliquent également aux quantités de silicium à introduire (2, 3, 4 °/₀) suivant la richesse même des alliages employés, etc.

Coulée. — Les dispositions adoptées pour le coulage des lingots sont variables suivant les usines, ainsi que la forme des lingotières, etc. Dans la disposition primitive, les lingotières sont en une seule pièce, de 20 à 30 centimètres de côté sur 1 mètre de hauteur environ et sont disposées sur un chariot se mouvant longitudinalement sur des rails, devant le trou de coulée, c'est-à-dire parallèlement au grand axe du four; cette disposition présente l'inconvénient d'exiger un très grand développement de l'atelier en longueur : c'est pourquoi dans les installations plus récentes on a adopté généralement un pont tournant sur galets et crémaillères; cette dernière est rattachée par un pignon à un volant manœuvré à la main; chaque lingotière, à l'inverse de ce qui se passe dans les ateliers Bessemer, vient se placer successivement devant le trou de coulée. On a adopté, dans quelques autres usines, la même disposition qu'au Bessemer, c'est-à-dire une grue hydraulique centrale : ceci nous paraît être le meilleur mode à adopter toutes les fois que l'on est obligé, pour une raison ou pour une autre, de couler le métal d abord en poche; les manœuvres par les appareils hydrauliques se font en effet d'une manière plus précise, et l'on n'est pas à la disposition d'engrenages ou de pignons nombreux et d'un entretien toujours difficile.

Four Pernot. — Le four Martin classique a subi de nombreuses variantes, que nous passerons sous silence pour dire quelques mots d'une modification importante au point de vue mécanique M. Pernot, de Saint-Chamond (Loire), voulant réaliser un puddlage mécanique, a eu l'idée, il y a quelques années, de donner un mouvement de rotation à la sole du four, autour d'un axe légè-

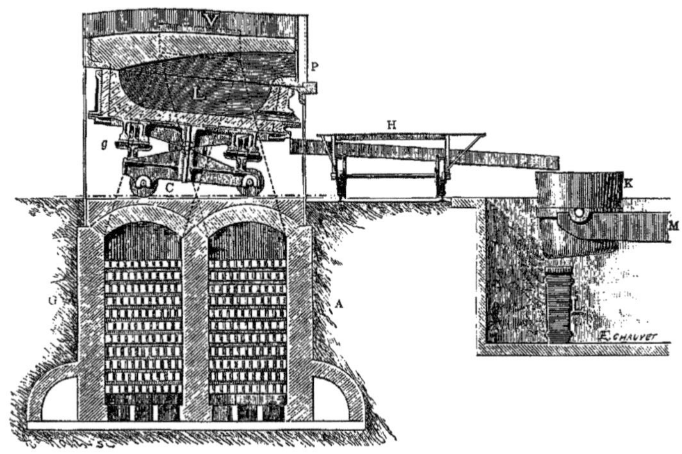

Fig 55. — Four Pernot.

G. A. Chambres à air et à gaz (il y en a quatre comme pour le four Martin, les deux autres sont en arrière dans la figure); — L, Laboratoire ou sole tournante sur galets, *g*, et porte sur un chariot pouvant être enlevé de dessous la voûte V pour les réparations; — P, porte de chargement et de travail; — H, chariot pour le travail; — O, trou de coulée; — L, chenal de coulée; — K, poche de coulée; — L', lingotières placées dans une fosse circulaire et recevant le métal de la poche K, laquelle est portée sur un levier, correspondant à une grue hydraulique centrale comme dans les ateliers Bessemer.

rement incliné sur la verticale. La même idée appliquée au four Siemens-Martin a permis de construire des fours de très grande dimension, qui dans leur ensemble ont quelque analogie avec les fours de coupellation pour argent : la sole circulaire et mobile peut être enlevée de dessous la voûte et être réparée facilement. Les usines de Saint-Chamond possèdent un grand nombre de fours de fusion de 6 à 8 tonnes et deux grands fours de 25 tonnes. Peu d'aciéries en dehors de Saint-Chamond ont adopté le four Pernot, qui, construit primitivement pour puddlage, n'a donné quelques résultats que comme four de fusion pour des fabrications courantes.

Les matières entrant dans la composition de la charge (fontes, chutes de rails, riblons de fer ou d'acier, etc.) sont chargées en une seule fois et à froid. Lorsque la fusion est complète, le bain doit correspondre au métal à obtenir; mais, malgré le soin que l'on peut apporter au calcul des dosages pour rails, tôles, etc., on arrive généralement à ce moment à avoir un métal fort irrégulier d'une coulée à la suivante, et l'on est obligé, ou de le durcir, ou de l'adoucir par de nouvelles additions de fontes, ou de riblons, de blooms de fer puddlés, etc.

L'oxydation, en effet, est au four Pernot beaucoup plus considérable, et en outre plus irrégulière dans une même journée qu'au four Siemens-Martin ordinaire; les scories sont toujours fortement oxydées, jamais (ou très rarement) vitreuses, d'où résulte forcément une irrégularité dans le métal final. On peut surtout constater ces faits dans la fabrication au four Pernot des aciers coulés sans soufflures, fabrication dans laquelle les conditions d'affinage doivent être beaucoup mieux réglées que dans la fabrication de lingots destinés à être ultérieurement laminés ou forgés; et nous devons dire, en terminant, que le four Pernot peut servir peut-être, comme l'appareil Bessemer, à la fabrication courante des lingots pour rails, mais qu'il ne nous paraît pas convenir très bien à l'obtention d'aciers de qualité spéciale, supérieure et régulière, comme elle est exigée, par exemple, pour tôles de construction, tôles de chaudières, cornières, etc. : en tout cas, le travail y est beaucoup plus difficile et plus délicat, le résultat plus aléatoire qu'au four Siemens-Martin classique, qui conservera toujours l'avantage de donner une oxydation moindre.

Four Ponsard. — A la suite des fours de fusion basés sur le système de Siemens, nous aurions à parler des fours Ponsard, dans lesquels le gaz entre directement dans le laboratoire en venant du gazogène, tandis que l'air nécessaire à la combustion est chauffé, avant son entrée dans le four, dans un récupérateur de forme spéciale, composé de briques creuses chauffées par les flammes perdues de l'appareil. Quelles qu'aient été les espérances de l'inventeur d'employer ce système à la fusion de l'acier sur sole, l'expérience a démontré que la chaleur obtenue n'était pas suffisante pour cette fusion, et les fours du système Ponsard ne sont guère employés aujourd'hui que pour la refonte des spiegels ou ferro-

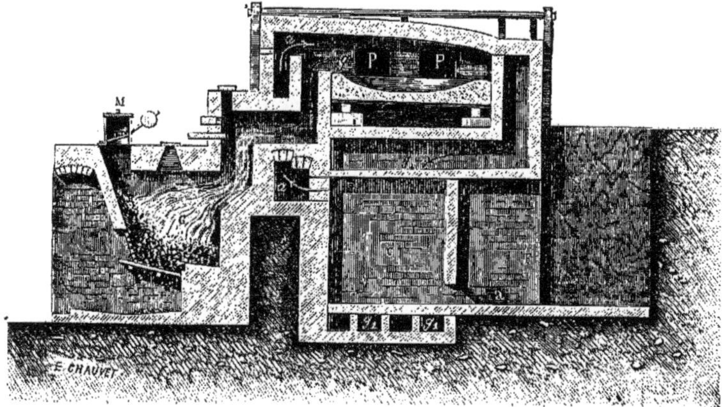

Fig. 56. — Four Ponsard.

C, chambre en briques creuses pour le chauffage de l'air nécessaire à la combustion : l'air circule à l'intérieur des briques et à l'extérieur, les flammes perdues *g* ayant servi au chauffage du four. L'air suit les carneaux indiqués par les flèches *a* : il est seul chauffé avant l'introduction dans le four; le gaz au contraire arrive directement du gazogène G, suivant les flèches *g*; — P, portes de travail; — M, marmites à clapets pour le chargement du charbon dans le gazogène.

manganèses servant d'addition dans les opérations Bessemer.

L'appareil est du reste compliqué dans sa construction, il nécessite des briques spéciales, il ne paraît pas devoir donner une économie de combustible et il restera inférieur au four Siemens-Martin, lorsqu'il s'agira d'obtenir les hautes températures exigées dans la fabrication de l'acier sur sole.

C. — DÉPHOSPHORATION. PROCÉDÉS BASIQUES.

Après avoir étudié les procédés Bessemer et Martin, tels qu'ils sont actuellement appliqués dans la plupart des aciéries de l'ancien et du nouveau monde, c'est-à-dire les procédés acides, nous chercherons à indiquer dans les lignes suivantes les progrès réalisés depuis quelques années, grâce à l'emploi de garnissages basiques des appareils de conversion ou de fusion.

Bibliographie. — Daniels. *Gazogènes suédois.* Génie civil, 15 juillet 1881.

A.-L. Holley. *Moulages d'acier coulé sans soufflures, pour l'artillerie, la construction, la mécanique générale, etc., par le procédé de Terrenoire, fabrication, etc.* New-York, 1877.

Importance de la question et historique. — L'abondance des minerais phosphoreux dans certaines régions, où ils étaient anciennement employés à la fabrication de fontes, qui, affinées à la houille ou au bois, donnaient des fers phosphoreux, il est vrai, mais parfaitement soudables et laminables, a été pendant de longues années une source de richesses pour ces contrées; mais depuis qu'aux rails en fer soudé que l'on fabriquait en France dans les bassins de la Loire, du Gard, de Decazeville, sont venus se substituer les rails en métal fondu Bessemer, tous ces minerais impurs ont été délaissés presque instantanément pour faire place aux minerais riches et purs d'Algérie et autres contrées.

Le succès incontesté des gisements de Mokta et de Bilbao en est une preuve plus qu'évidente; le prix élevé de ces minerais devient toutefois de jour en jour un obstacle à leur emploi exclusif pour les fontes destinées à être converties au Bessemer en acier pour rails, vu le bas prix auquel la concurrence a amené ces derniers. Il n'est donc pas étonnant que, devant la nécessité d'un faible prix de revient du lingot Bessemer ou Martin pour rails, on ait, depuis un certain nombre d'années, cherché à diminuer dans l'acier l'influence de ce corps nuisible à toutes ses qualités, le phosphore. Ces recherches ont été de deux sortes, les unes ayant pour but l'épuration préalable des fontes servant de base à la fabrication de l'acier; les autres poursuivant plus directement le but, c'est-à-dire déphosphoration des fontes et obtention d'acier pur par une seule opération métallurgique.

Si l'on jette un coup d'œil sur les anciens procédés permettant d'obtenir des produits fins avec des fontes communes et phosphoreuses, on constate que la ressource presque unique offerte à l'industriel était un *mazéage* ou un *puddlage* long et soigné sur une sole en oxyde de fer (riblons plus ou moins oxydés) et qu'alors même on n'éliminait qu'une certaine proportion de phosphore. En employant au four à puddler un mélange de fontes phosphoreuses et de fontes manganésées, de manière à obtenir une moyenne contenant 2 à 3 °/₀ de manganèse, on constate que la présence du manganèse ralentit l'affinage, et augmente le nombre de crochets qu'il faut passer dans la fonte ; finalement on peut arriver, comme cela a été essayé en Belgique, puis en Allemagne et en France, à obtenir un fer pur à 0,050 °/₀ de phosphore seulement, en partant d'une fonte qui en contenait 1,600 °/₀, fonte qui, puddlée sans addition de fonte manganésée, donnerait un produit à 0,600 ou 0,700 °/₀ de phosphore, correspondant par exemple aux rails en fer fabriqués anciennement par le Creusot.

Le tableau ci-dessous montre qu'on arrive à une épuration satisfaisante ; mais l'opération est fort coûteuse et ne peut être employée que pour l'obtention de produits spéciaux pouvant se vendre cher, ce qui n'est pas le cas des rails.

	FONTE primitive.	FONTE fondue.	FER puddlé.
Carbone........	3,500	3,300	0,150
Silicium........	1,100	0,300	Traces.
Manganèse.....	2,600	0,600	0,060
Phosphore......	1,600	0,500	0,050

Au *Bessemer acide*, non seulement on n'obtient aucune épuration, mais on a, au contraire, une concentration du phosphore dans le métal affiné, en proportion même du déchet. C'est ainsi qu'avec de la fonte du Cleveland à 1,460 °/₀ de phosphore, M. Lowthian Bell a obtenu de l'acier à 1,620 de phosphore et qu'à Eston, avec la même fonte, on est arrivé à un métal à 1,770 °/₀, produits, par suite, absolument intraitables au laminage.

Dans le *procédé Siemens-Martin acide*, on observe la même concentration, et ne pouvant se débarrasser du phosphore contenu dans les riblons servant de base à cette fabrication, on a dû chercher les moyens d'en atténuer les effets : c'est ainsi que, grâce à des analyses répétées et à des expériences faites en grand au four Martin, la Compagnie de Terrenoire est arrivée, il y a déjà plusieurs années, à formuler cette loi : que, le phosphore rendant l'acier fragile, il était nécessaire, pour diminuer cette fragilité, de réduire la teneur en carbone du métal autant que possible, et que moins un acier contiendra de carbone, plus on pourra y introduire de phosphore. C'était là une première solution pour l'emploi de matières phosphoreuses ; ne pouvant enlever le phosphore par les procédés alors en usage, on en restreignait la mauvaise influence par l'emploi d'alliages riches en manganèse, et on peut de cette manière (voir *Martin acide, Fabrication des aciers phosphoreux*, et *Propriétés et emplois des aciers*) obtenir un métal qui n'est peut-être plus à proprement parler de l'acier, mais qui donne au laminage, aux essais et à l'emploi des résultats satisfaisants.

En même temps que Terrenoire arrivait pour ainsi dire à la neutralisation du phosphore et fondait la fabrication des *rails en acier phosphoreux* (bientôt adoptée par d'autres usines), de véritables essais de déphosphoration avaient lieu, principalement en Angleterre.

Sans parler ici d'un certain nombre de procédés basés sur des théories plus ou moins discutables, quelquefois même absurdes (procédé Sherman), et qui, du reste, n'ont fourni que des résultats fort peu utiles en pratique, nous ne pouvons passer sous silence les recherches faites par des industriels sérieux, M. Lowthian Bell en particulier. Ces recherches ont eu pour but d'obtenir la déphosphoration des fontes par une première opération, dans un appareil disposé *ad hoc*, pour obtenir un métal épuré qui, une fois refondu et affiné, peut fournir un acier de bonne qualité. Ces deux opérations successives entraînent des frais de traitement fort considérables, ainsi que les procédés inventés par quelques autres ingénieurs et industriels anglais, et celui prôné ces derniers temps par Krupp et basé sur une action mal expliquée des oxydes de manganèse, dans une sorte de four Pernot à garniture d'oxyde de fer et de manganèse.

Nous dirons cependant quelques mots du *procédé de M. Lowthian Bell.*

Les fontes traitées avaient la composition suivante et étaient fabriquées avec des minerais du Cleveland sans aucun autre mélange :

Carbone.........	3,670 à 3,200 °/₀.
Silicium..........	2,810 à 1,500
Soufre...........	0,102 à 0,020
Phosphore.......	1,930 à 1,680

Après avoir constaté, comme nous l'avons dit tout à l'heure, qu'au Bessemer, avec un garnissage acide, il y avait concentration du phosphore, M. Lowthian Bell procéda par additions d'oxyde de fer dans le convertisseur pendant l'opération, mais n'obtint pas un résultat meilleur. Espérant que cet oxyde de fer exercerait à l'état naissant une réaction plus énergique de déphosphoration, il prolongea le soufflage de la fonte au delà du point d'arrêt ordinaire des opérations Bessemer, c'est-à-dire au delà du moment de l'extinction de la flamme. Ce sursoufflage mit en évidence l'exactitude des faits signalés ci-dessus : une augmentation considérable dans la proportion de phosphore fût constatée, augmentation qui fut, du reste, en rapport exact avec le déchet résultant d'un sursoufflage dans le convertisseur acide.

En présence de ces insuccès, M. Lowthian Bell fit traiter à la mazerie de Bowling une certaine quantité de fonte phosphoreuse et obtint après mazéage une déphosphoration de 40 °/₀.

Partant d'une fonte contenant :

Carbone........	3,120	Fonte primitive.
Silicium........	2,800	
Soufre..........	0,110	
Phosphore......	1,470	

il arriva à un produit ne contenant plus que :

Carbone........	2,500	Fonte mazée.
Silicium........	0,120	
Soufre..........	traces	
Phosphore......	0,840	

et attribua le succès obtenu dans cette opération à la basicité même de la scorie du mazéage.

En faisant couler lentement, à travers une colonne d'oxyde de fer, de la fonte venant directement du haut fourneau, M. Bell constata une déphosphoration analogue à celle obtenue par le mazéage, savoir :

	FONTE primitive.	FONTE ayant traversé l'oxyde de fer.
Carbone	3,303	2,731
Silicium...............	2,163	0,028
Soufre.................	0,102	0,056
Phosphore............	1,515	0,838

Employant alors le puddleur mécanique de MM. Godfrey et Howson, qui se compose d'une sorte de convertisseur pouvant tourner sur lui-même et s'incliner à volonté, tout en restant chauffé par un jet de gaz, M. Bell fit quelques expériences sur les fontes de Clarence. Le garnissage de l'appareil étant composé d'oxyde de fer il obtint une fonte mazée à 0,230 °/₀ de phosphore en traitant une fonte initiale contenant 1,500 °/₀.

L'épuration était, comme on voit, satisfaisante, mais la faible capacité de l'appareil et les projections de matières firent renoncer à ce procédé.

Pour ses derniers essais, M. Bell imagina un four oscillant, de forme cylindrique ($d = 1^m,000$ — $L = 4^m,000$), séparé en deux laboratoires par une cloison longitudinale, servant pour ainsi dire de chicane, pour assurer le déversement de la fonte liquide et son contact avec l'oxyde de fer à chaque oscillation de l'appareil. En dix minutes, une charge de 700 kilogrammes de fonte subissait soixante à quatre-vingts brassages par oscillations successives, et on arrêtait l'opération quand on apercevait des bulles d'oxyde de carbone traversant la masse liquide et brûlant à la surface, sous forme de flammèches bleues, comme dans les fours de fusion Siemens-Martin. Sans parler ici du déchet qui fut considérable, par rapport à ce qui se passe au convertisseur Bessemer, M. Bell obtint une déphosphoration remarquable, puisque, partant d'une fonte à 1,500 °/₀ de phosphore, il arriva à un produit encore très notablement carburé (2,750 à 3,250 °/₀ au lieu de 3,500 primitif, fonte purifiée) ne contenant plus que 0,100 à 0,050 °/₀ de phosphore.

M. Bell fit connaître le résultat de ces différentes recherches dès 1878 et énonça dès lors le principe suivant, que nous devons citer ici comme résumant les conditions dans lesquelles peut avoir lieu la déphosphoration :

« Lorsque la fonte en fusion est en contact avec des oxydes de fer ou des scories qui en renferment, le phosphore tend à passer dans le fer ou dans les scories, suivant que la température du bain est plus ou moins élevée. A une température relativement basse, les oxydes de fer enlèvent le phosphore à la fonte en fusion, sans diminuer la proportion de carbone, ce qui permet de maintenir la fonte liquide. »

Indépendamment du procédé de M. Lowthian Bell, nous aurions à parler des procédés Heaton, Tessié du Motay, etc., basés sur l'action de réactifs alcalins et alcalino-terreux : l'un et l'autre ont fait leur temps et n'ont donné aucun résultat pratique, malgré le bruit que l'on en a fait en France et en Angleterre et malgré quelques essais faits sur une grande échelle, ayant du reste pour but d'en déterminer la réelle valeur. Nous ne pouvons décrire ni même résumer ces procédés et renverrons aux mémoires spéciaux publiés dans divers recueils de métallurgie ; mais nous devons faire observer que, si toutes ces recherches n'ont pas abouti au point de vue pratique, elles ont au moins eu pour résultat de préparer la voie aux découvertes ultérieures, en faisant connaître plus à fond les réactions si complexes qui se passent par voie sèche entre les carbonates, silicates et phosphates alcalins, alcalino-terreux et métalliques, réactions signalées dans la plupart des traités de métallurgie, mais peu étudiées jusqu'ici, sauf par quelques auteurs spécialistes.

PROCÉDÉ BESSEMER BASIQUE.

Déphosphoration et désulfuration au convertisseur. — Toutefois l'attention était déjà, depuis longtemps, portée vers l'influence des scories basiques, et bien des métallurgistes avaient songé à employer au convertisseur Bessemer un garnissage basique. M. l'inspecteur général des mines Grüner avait conseillé cet emploi, en faisant observer que le phosphore ne pouvait être éliminé dans l'opération Bessemer qu'en présence d'une scorie extrabasique.

Pour assurer la basicité de la scorie, on chercha à réaliser un garnissage basique ou neutre : on essaya successivement le carbone, les oxydes de fer comme au puddlage, puis la chaux, et on constata que certains calcaires (dolomitiques), cuits à très haute température, durcissent énormément et ne donnent plus un produit fusant.

D'après des documents récemment publiés à propos de la validité de certains brevets en Amérique, il paraîtrait que M. Reese aurait inventé le procédé Bessemer basique, il y a déjà une dizaine d'années, mais sans application ultérieure. Ce n'est pas à nous de discuter ici ces questions de priorité, mais nous devons dire que la déphosphoration au convertisseur basique n'a pris quelque consistance que depuis 1878.

Deux chimistes anglais, MM. Thomas et Gilchrist, ayant étudié la question, communiquèrent au congrès de l'Iron et Steel Institute, tenu à Paris pendant l'Exposition de 1878, les résultats des essais poursuivis par eux pendant trois ans dans les usines de Bleanavon et de Dowlais. Ces essais ont démontré qu'au convertisseur Bessemer le phosphore pouvait être réellement éliminé, si la scorie était suffisamment basique dès le début de l'opération. Pour atteindre ce but, le garnissage de l'appareil était construit avec des briques très bien cuites, faites de dolomie impure (calcaire alumino-magnésien), et au début, de même que pendant l'opération, on procédait à des additions de bases alcalino-terreuses et d'oxydes de fer (à l'état de minerai), maintenant la scorie très basique pendant toute l'opération.

Tel est le point de départ du *procédé Thomas et Gilchrist*, généralement désigné sous le nom de *Bessemer basique*.

Depuis deux ou trois ans, cette découverte a produit un grand mouvement dans le monde métallurgique : il n'est point de Congrès de l'Iron et Steel Institute qui n'ait vu apparaître de discussions sur la déphosphoration, tant au point de vue chimique qu'au point de vue du prix de revient, et, quoique le procédé ne soit pas encore complètement pratique, il n'est pas sans intérêt de parler ici des expériences faites en Angleterre, en Allemagne, en Autriche et également en France, où de nouvelles usines sont en création, dans l'Est, en vue de l'application du procédé Thomas.

Avant d'étudier l'opération basique elle-même, nous donnerons quelques détails relatifs à la construction des appareils de conversion et aux matières employées à leur garnissage.

Il a été constaté, dès les premiers essais, que, vu la grande quantité de scorie, il était nécessaire, pour un même poids de fonte traité, d'avoir des convertisseurs plus grands dans le procédé basique que dans le procédé acide. C'est là un grave inconvénient, puisqu'une usine installée pour Bessemer acide diminue tout de suite sa production en procédant au traitement de fontes phosphoreuses par la méthode Thomas ; c'est pourquoi, dans les usines créées récemment pour l'application de la déphosphoration, on n'a pas craint d'augmenter, non seulement la capacité des convertisseurs, mais aussi l'espace réservé autour des fosses de coulée pour l'enlèvement rapide des scraps et des scories. A Eston, par exemple, on a installé des appareils de 15 tonnes, ayant $3^m,50$ de diamètre à la ceinture, de manière à avoir une faible épaisseur de fonte (30 à 40 centimètres) sur les fonds, ce qui paraît devoir être une bonne condition, d'après les inventeurs, pour la durée de ces fonds.

Le garnissage de l'appareil est fait généralement en briques de dolomie, plus rarement entièrement en pisé dolomitique (le Creusot, Witkowitz, etc.). La dolomie qui paraît devoir le mieux réussir contient :

Silice	7,000 %
Peroxyde de fer et alumine	3,500
Chaux	30,000
Magnésie	17,000
Acide carbonique	42,000

Nous donnons du reste ci-dessous, d'après M. Trasenster, quelques analyses de dolomies de divers pays.

Les analyses I, II et III ont été faites en Belgique. — I, est une brique Thomas et Gilchrist crue. — II, est un échantillon brut de dolomie de Durham, probablement employée comme addition. — III, est une dolomie de Solaignaux. — Les autres analyses sont tirées d'un mémoire de M. Reuter, professeur de chimie à l'Athénée de Luxembourg, et se rapportent à des échantillons de calcaire coquillier (muschelkalk), provenant des localités suivantes du grand-duché.

IV. Calcaire coquillier de Hostert (jaune à gros grain).

	I.	II.	III.	IV.	V.	VI.	VII.	VIII.	IX.	X.	XI.
Matières volatiles	42,800	44,000	47,500	45,150	41,400	43,400	43,900	41,300	44,100	44,090	40,000
Chaux	30,700	30,800	31,500	29,100	25,940	27,160	27,350	26,670	28,050	32,880	25,860
Magnésie	17,300	19,000	20,000	19,390	18,890	19,600	19,500	18,4[illegible]	20,150	16,610	17,900
Résidu insoluble	6,000	8,100	0,700	4,170	12,890	8,070	8,850	10,7[illegible]	6,080	3,840	12,690
Alumine soluble	1,400	0,900	0,800	0,230	0,390	0,540	0,680	0,450	1,000	1,060	1,440
Oxyde de fer	1,600	1,700	»								
Sulfate de chaux	»	»	»	traces	0,100	0,010	0,030	traces.	traces.	0,110	1,460
Phosphate de chaux	»	»	»	n. dosé	n. do é	0,140	0,250	0,560	0,070	0,080	0,220
Silice soluble	»	»	»	0,150	0,280	0,110	0,080	0,040	0,170	0,180	0,210

V. Calcaire de Reimberg, jaune-verdâtre à grains assez fins.

VI. Calcaire de Reimberg, jaune pâle, peu homogène, points verts.

VII. Calcaire de Colmar, jaune-grisâtre, pâte fine et homogène.

VIII. Calcaire du Herrenberg, jaune clair tirant sur le vert, grain fin.

IX. Calcaire Bourghof, jaune-grisâtre, homogène, dur.

X. Calcaire Echternach (Worms), gris clair, homogène et très dur.

XI. Bons, près Remich, gris-bleuâtre, pâte homogène.

La dolomie du comté de Durham appartient à la formation du zechstein (magnesian limestone), qui en Angleterre est essentiellement dolomitique; elle occupe la partie orientale du comté et recouvre la formation houillère, dont elle n'est séparée que par une bande mince de grès rouge permien (lower red sandstone).

Cette dolomie du zechstein offre un aspect tenant ou ocreux et elle est beaucoup plus terreuse et moins dure que celle des bords de la Meuse qui appartient au terrain carbonifère. — Les échantillons IV à XI appartiennent à la formation du muschelkalk (trias) qui est très développé dans le grand-duché, où elle forme une bande qui sert de bordure au grand golfe secondaire de l'Est de la France et atteint une grande puissance en Alsace et dans le Grand-Duché; à Echternach, elle a 5 à 6 kilomètres de largeur. Il n'y a pas de doute qu'elle ne renferme des lits répondant à la composition voulue. — Quant à la dolomie carbonifère, si l'on ne trouve pas de bancs plus argileux que celui dont nous donnons l'analyse, il y aurait probablement moyen de l'employer en mélange avec de l'argile préalablement séchée au feu et finalement divisée.

La dolomie est broyée et gâchée avec un peu d'eau, moulée en briques, séchée pendant longtemps et cuite à très haute température; les briques obtenues font un retrait d'environ un tiers; elles doivent être denses, dures et compactes. Pour éviter ce retrait considérable, on a dû procéder à une cuisson préalable de la dolomie, bien choisie, sortant de la carrière; après cette première calcination, elle est broyée et agglomérée suivant des brevets spéciaux avec des huiles lourdes ou simplement du goudron : on obtient alors des briques solides, régulières et répondant d'après MM. Thomas et Gilchrist à la composition suivante :

Chaux	53,00	soit oxygène	15,70	27,70
Magnésie	30,00		12,00	
Silice	10,00	soit oxygène	5,30	7,30
Peroxyde de fer et alumine	4 à 6		2,00	

Nous donnons comparativement une analyse de brique dolomitique de Sheffield :

Silice	8,85
Chaux	51,80
Magnésie	35,35
Alumine	2,60
Peroxyde de fer	1,40
Sulfure de calcium	0,55
	100,55

Le garnissage des parois du convertisseur est construit en totalité ou seulement jusque vers le col avec ces briques. Dans quelques usines, afin d'éviter les engorgements qui se produisent à la gueule du convertisseur, on construit cette dernière partie en briques de silice.

La construction des fonds de convertisseurs est la partie la plus importante du procédé, en même temps que la plus délicate, et tandis que dans le Bessemer acide les fonds peuvent résister à l'action mécanique ou chimique pendant 30, 35 et souvent plus de 40 opérations, on a eu beaucoup de peine dans les débuts du procédé basique à obtenir des fonds pouvant faire 10, 15, 18 coulées sans avoir besoin de les remplacer en totalité. Ces arrêts successifs retardent la production d'un atelier et il est impossible de ne pas avoir recours aux fonds mobiles américains, qui peuvent dans le cas particulier rendre de très réels services.

Nous citerons en particulier les remarquables installations faites en Amérique, non-seulement pour le procédé *Bessemer acide*, mais également pour le procédé *Bessemer basique* par

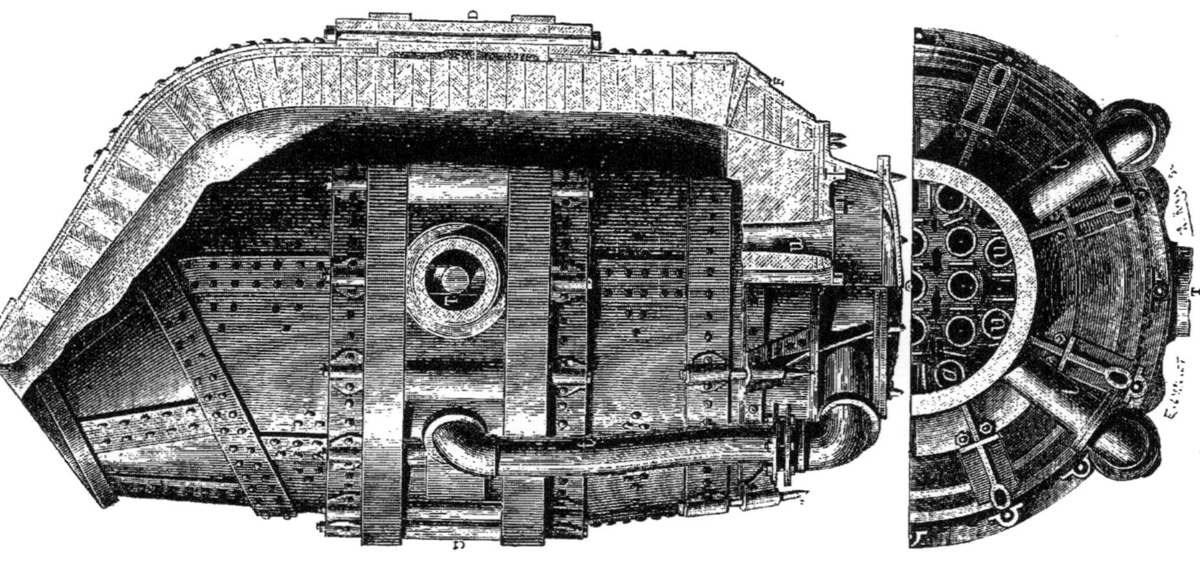

Fig. 57. — Convertisseur Bessemer basique, d'après M. Holley.

Le côté gauche de la figure représente l'extérieur du convertisseur et la coupe du tourillon T. Le côté droit montre en coupe le garnissage en briques basiques D, ainsi que la coupe du fond mobile F, relié au corps du convertisseur par les goujons *g*. Le vent arrive par le tourillon T, se rend par la couronne annulaire C dans les tuyaux *t*, à la boîte à vent V, d'où il est distribué dans le convertisseur pour produire l'affinage par les dix-sept tuyères U qui se voient dans le plan du fond mobile.

M.-A.-L. Holley, dont la *métallurgie mécanique* déplore actuellement la perte (janvier 1882).

Les fonds des appareils sont ordinairement faits en pisé dolomitique aggloméré au goudron et fortement damé autour des tuyères. En ce qui concerne ces dernières, bien des essais ont été faits : à côté de tuyères en terre argilo-siliceuse en contact avec la matière basique, on a essayé des tuyères faites de toutes pièces en dolomie comme le fond et le garnissage de l'appareil. La difficulté d'ajouter les tuyères basiques a eu pour résultat un rejet complet de ces dernières et on en est revenu aux tuyères argilosiliceuses, en ayant soin de faire le joint entre les tuyères acides et le garnissage basique avec une matière neutre, telle que le graphite ou la bauxite. On est même arrivé à supprimer ce joint sans qu'il y ait une usure trop considérable, les tuyères étant toujours refroidies par le courant d'air froid, et la détérioration du fond résultant peut-être surtout d'une action mécanique.

Additions basiques. — Pour assurer la basicité de la scorie et en même temps pour éviter la corrosion des parois de l'appareil, on a recours soit dès le début, soit dans le cours même de l'opération, à des additions de nature basique, chaux, oxyde de fer, etc. Après avoir employé primitivement la dolomie crue, qui par sa décomposition donne de l'acide carbonique, produit un refroidissement dans l'appareil et conduit finalement à l'obtention d'un métal froid, pâteux, peu homogène, on a eu recours à l'emploi d'un calcaire calciné.

Les proportions de matières basiques ajoutées ont beaucoup varié et varient suivant les usines. Ainsi on employait primitivement 7 à 8 % de chaux que l'on chargeait avec la fonte, puis au bout de 6 à 7 minutes de soufflage on ajoutait 13 % d'un mélange de chaux et de *blue billy* (oxydes de fer provenant du traitement des pyrites). On a préféré ensuite mettre le tout ensemble au commencement de l'opération et dans ce but on prépare un mélange composé, par exemple; de :

2 % de chaux,
1 de blue billy,

qui après calcination correspond à 55 % de chaux et 37 % de peroxyde de fer : la proportion de ce dernier est de 15 à 20 % du poids de la fonte traitée.

Dans les premiers essais faits aux usines d'Eston, on a traité des fontes du Cleveland, qui, refondues au cubilot, correspondent à la composition suivante :

Silicium..................	2 à 3 %
Phosphore..................	1,50
Soufre..................	Traces.

Mais les études faites jusqu'à ce jour en Angleterre, en Allemagne, en Autriche, etc., ont conduit les métallurgistes a considérer que la fonte la plus convenable pour le traitement basique devait correspondre en moyenne aux chiffres ci-dessous, lorsque cette fonte doit être refondue au cubilot :

Mn = 1,000 à 1,500 % environ.
C = 3,000 à 3,500 —
Si = 1,000 à 1,250 —
S = 0,250 maximum.
Ph = 1,500 à 2,000.

mais si elle est prise directement au haut fourneau (c'est-à-dire si l'on opère en première fusion pour obtenir le maximum d'économie possible), la teneur en silicium doit être moindre, environ 1,000 ou mieux 0,500 %.

Opération basique. — La marche de l'opération basique diffère fort peu de celle d'une opération acide : les opérations sont en général de plus courte durée, parce que l'on traite, dans la plupart des cas, des fontes blanches; le spectroscope ne semble indiquer rien de particulier pendant toute la durée du soufflage, et pour se rendre compte des différences qui existent entre les opérations Bessemer acide et basique, il est nécessaire d'étudier le métal et les scories à divers moments du soufflage et du sursoufflage.

Le traitement d'une fonte telle que celle indiquée ci-dessus donne lieu d'une manière générale aux observations suivantes :

Il y a lieu de distinguer *quatre périodes* correspondant théoriquement à la combustion des quatre éléments principaux des fontes impures :

1° *Silicium;*
2° *Carbone;*
3° *Phosphore;*
4° *Soufre.*

Les deux premières périodes correspondent à la période d'étincelles, période de flamme de l'opération Bessemer acide; les deux dernières sont inhérentes au procédé basique et constituent l'*after blow* et l'*over after blow.*

1re *Période.* — La première période, caractérisée par l'absence de la flamme, correspond, comme dans le Bessemer acide, à la combustion du silicium, du manganèse et d'une petite quantité de carbone et de fer; le phosphore et le soufre ne brûlent pas, le spectroscope n'indique rien. Le manganèse et le fer se scorifient pendant toute la durée de l'opération, mais en particulier la scorification du manganèse marche au convertisseur basique parallèlement à celle du silicium : ce dernier élément, dans de telles conditions et vu la présence des bases alcalino-terreuses, disparaît très rapidement, c'est-à-dire :

En 2 à 3 minutes pour une fonte à 1 % de silicium.
5 à 6 — — à 1,25 % —
9 — — à 1,70 —

et il disparaît complètement avant la fin de l'opération, grâce à cet excès de bases dans la scorie, tandis que dans les opérations acides, surtout lorsqu'elles sont chaudes, et même en prolongeant un peu le soufflage, on trouve du silicium jusqu'à la fin de l'opération.

Ce silicium ne provient pas de la fonte initiale, comme on l'a cru généralement, mais bien d'une réduction (vu la haute température) de la silice du garnissage acide; la meilleure preuve à donner de cette dernière explication, c'est qu'au convertisseur basique, même en allure chaude et avec des fontes siliceuses, il ne reste plus de silicium dans le produit final.

2e *Période ou période de décarburation.* — La seconde période correspond à la combustion du carbone et d'un peu de phosphore; mais le soufre ne brûle pas encore, tandis que le manganèse et le fer continuent à brûler lentement : c'est la période de flamme, dont la fin est indiquée par la disparition des raies vertes et rouges comme pour l'opération acide. Pendant cette période, le soufre paraît se concentrer dans le métal.

3e *Période ou sursoufflage (after blow).* — Si, après la disparition des raies du carbone, on continue à souffler, le phosphore, qui avait commencé à brûler pendant la seconde période, continue à s'oxyder, mais très vite; en même temps on brûle beaucoup plus de fer que dans les périodes précédentes; le manganèse continue à se scorifier et le soufre commence à brûler. C'est la partie importante de l'opération basique, l'*after blow* ou *sursoufflage*. Au commencement de cette troisième période, le métal contient encore une forte proportion de manganèse et de phosphore et la totalité du soufre; le manganèse ne paraît pas toutefois brûler beaucoup plus vite que pendant la seconde période, ainsi que le *montrent* les analyses.

Le soufre diminue pendant le sursoufflage, mais cette diminution ne paraît pas être en rapport avec la teneur en manganèse.

C'est pendant cette période de sursoufflage que, le spectroscope n'indiquant plus rien, la flamme rentrant dans le col du convertisseur, on prend des éprouvettes de métal de temps en temps, toutes les 1, 1 ½, 2, 3 minutes, etc. Pour juger la qualité du métal, on martèle ces éprouvettes, on les casse pour examiner le grain plus ou moins feuilleté, micacé, bien caractéristique des aciers phosphoreux, et on arrête finalement l'opération quand, à l'aspect de la cassure, on constate que le phosphore est éliminé. Dans certaines usines, où l'on traite toujours la même qualité de fonte, on est même arrivé à ne plus faire de prises d'essai et, une fois les raies du carbone disparues (arrêt normal), on continue à donner le vent pendant un temps fixe, 3 minutes par exemple, indiqué le plus souvent par le nombre de tours de la machine soufflante. La durée même du temps de sursoufflage nécessaire est déterminée une fois pour toutes par des opérations préalables, pour lesquelles on fait des prises de métal; cette manière d'opérer, sans être absolument rigoureuse, a pour but d'éviter le refroidissement du métal résultant des renversements successifs de la cornue et du temps nécessaire aux diverses prises d'essai.

Lorsque, par l'un des moyens précédents, on s'est assuré que le phosphore est éliminé au degré voulu, on renverse une dernière fois la cornue et on ajoute le spiegeleisen comme dans les opérations ordinaires acides; il se produit alors une réaction fort tumultueuse, due à la réduction de l'oxyde de fer; il y a une rephosphoration partielle; c'est pourquoi certains métallurgistes ont conseillé, avant d'introduire le spiegel, d'écouler la scorie contenant le phosphore. Cette manière d'opérer est suivie dans quelques usines et a été en particulier l'objet d'un brevet spécial de M. Harmet, qui, prenant deux convertisseurs, a songé à obtenir dans un premier appareil acide la décarburation et à faire passer ensuite le métal demi-affiné dans un convertisseur basique où se ferait l'élimination du phosphore.

La grande oxydation du bain nécessite, en général, une très forte addition de spiegel allant quelquefois jusqu'à 10 %, (à 18 ou 20 %) de manganèse, de la quantité de fonte chargée.

Cette quantité de manganèse est nécessaire pour obtenir un produit suffisamment dur pour rails, et pour éviter la réaction trop violente qui en résulte. On a recours dans quelques cas à une addition de 6 à 8 % de spiegeleisen seulement, et on complète le total de manganèse, métal exigé pour la désoxydation, par une addition ultérieure de 2 à 3 % de ferromanganèse à 60 ou 70 % de manganèse; mais dans ce dernier cas le métal devient moins carburé et ne peut servir aux mêmes usages (en particulier aux rails) que ceux obtenus au Bessemer acide par l'addition de 8 à 10 % de spiegel à 18 ou 20 % de manganèse. (Voir plus loin quelques exemples.)

Vu la grande quantité de scories qu'il est nécessaire d'amener à l'état fluide, l'opération Bessemer basique a toujours une tendance à être d'allure froide.

Le métal déphosphoré est coulé dans une poche à garniture siliceuse; il est généralement très bulleux, mais peut toutefois se laminer en rails ayant une structure plus ou moins ferreuse et sur la qualité desquels, à l'emploi, l'avenir seul pourra prononcer.

4e *Période ou over after blow.*— L'opération basique pour la déphosphoration, indiquée par MM. Thomas et Gilchrist, est terminée à la fin de l'after-blow; mais si, après élimination presque complète du phosphore, on continue encore

ÉLIMINATION DU PHOSPHORE ET DU MANGANÈSE.

ANALYSES DE M. HOLLAND.		MANGANÈSE.	SOUFRE.	PHOSPHORE.
Au commencement du sursoufflage.....	Une opération.	0,817	0,118	0,955
30 secondes après................		0,612	0,115	0,831
60 —		0,576	0,132	0,460
60 —		0,440	0,115	0,146
Au commencement du sursoufflage.....	Moyenne de trois opérations.	0,353	»	0,954
A la fin du sursoufflage...............		0,154	»	0,062

ÉLIMINATION DU SOUFRE.

	COMMENCEMENT du sursoufflage.		FIN du sursoufflage.
	Manganèse.	Soufre.	Soufre.
Opération nº 1..................................	0,817	0,118	0,114
— 2..................................	0,210	0,420	0,180
— 3..................................	0,110	0,370	0,180
— 4..................................	0,450	0,180	0,120
— 5..................................	Traces.	0,369	0,167
	0,317	0,391	0,152

à souffler, le soufre commence à disparaître. Cette dernière phase est encore peu étudiée, mais il y a tout lieu de croire que l'on pourra arriver à éliminer tout le soufre pendant l'*over after blow*.

D'après von Tunner, le soufre, en ce qui concerne l'affinage de la fonte, paraît se comporter d'une manière fort capricieuse au convertisseur basique; mais cet auteur pense que l'on peut arriver à une élimination complète, s'il y a du manganèse présent, et si l'on prolonge beaucoup l'over after blow : à Witkowitz, par exemple, on est arrivé à obtenir de bons aciers par ce moyen, en partant de fontes non seulement phosphoreuses, mais contenant en outre 0,500 à 0,600 % de soufre.

On doit toutefois faire observer que par cet *over after blow* on brûle beaucoup de fer, et l'on obtient un produit bulleux, de telle sorte que l'emploi d'une fonte non sulfureuse est, et sera sans doute encore pendant longtemps, la pierre d'achoppement des industriels traitant des minerais impurs.

Si les minerais dont on dispose contiennent du soufre, le mieux est de chercher à l'éliminer au haut fourneau en marchant en fonte manganésée et laitier calcaire. Le prix de revient de la fonte sera évidemment augmenté par cette allure, mais on obtiendra des produits de meilleure qualité en traitant au Bessemer basique des fontes rendues impures seulement par le phosphore et non par le soufre.

Sans parler plus longuement en ce moment de l'élimination du soufre et revenant à la question de la déphosphoration, nous insisterons sur ce point (bien établi par M. Pourcel et admis ensuite par d'autres auteurs), que *la caractéristique de l'opération basique est et restera le sursoufflage*, pendant lequel se fait le départ du phosphore.

A quel état se fait l'élimination du phosphore? C'est là un point sur lequel ont roulé beaucoup de discussions. M. Stead, de Middlesborough, admet d'après ses expériences que le phosphore passe dans la scorie à l'état de phosphate de chaux, tandis que M. Pourcel, de Terrenoire, démontre l'existence du phosphate de fer dans la scorie par l'expérience suivante : une scorie, provenant d'une des premières opérations basiques faites à Eston, soumise pendant trois ou quatre heures à l'action d'un courant d'hydrogène au rouge cerise, donne une perte de poids correspondant exactement à l'oxygène nécessaire pour former le composé, $2FeO, Ph^2O^5$, avec la quantité de phosphore contenue dans la scorie, composé provenant de l'oxydation du phosphure de fer, FePh, que l'on admet depuis longtemps comme existant dans la fonte.

En tout cas, et en admettant l'une ou l'autre théorie, il est un fait bien établi aujourd'hui, et c'est le point important au point de vue pratique, c'est que le départ du phosphore se fait pendant le sursoufflage, lequel est absolument nécessaire à la réussite de l'opération.

Nous avons dit plus haut que la forte oxydation du bain nécessitait une addition souvent très considérable de spiegel, laquelle donnait lieu à une réaction violente, projetant la scorie hors du convertisseur. Dans quelques usines, cette addition est faite en deux fois, quelquefois même dans la poche de coulée après s'être débarrassé de la scorie; mais les retards ainsi occasionnés conduisirent toujours à un métal froid et bulleux; les fonds de poche étaient fort considérables et par suite le déchet atteignait 18 % environ, au lieu de 11 à 12 % obtenu dans les opérations Bessemer acide.

Dans le double but d'éviter la longueur des manœuvres et les projections, M. Pourcel appela l'attention des métallurgistes sur le rôle du silicium, déjà utilisé pour la fabrication des aciers coulés sans soufflures : le silicium, prévenant en effet la formation de l'oxyde de carbone, devait empêcher les projections de scories. Vérification faite à nouveau, il fut dès lors possible d'introduire dans un bain sursoufflé aux convertisseurs acides, les seuls dont M. Pourcel disposât à Terrenoire, les quantités de spiegel ou de ferromanganèse requises pour obtenir le degré de carburation convenable; les réactions se firent avec calme et l'on pouvait dès lors obtenir un produit parfaitement déterminé et suffisamment dur, pour rails par exemple.

L'emploi des siliciures de fer et de manganèse simplifia la question : il réduisait les additions à une seule, et en outre les alliages à forte teneur en silicium et faible teneur en carbone permettaient d'obtenir des produits doux pour des usages spéciaux. L'essai du siliciure de fer et de manganèse fut fait alors en Angleterre, mais dans des conditions imparfaites, car l'alliage employé ne contenant que 3 % de silicium ne permit pas d'obtenir tout l'effet qu'on en attendait. L'idée fut toutefois reprise dans ces derniers temps et semble aujourd'hui nous revenir d'outre-Manche, ainsi que l'a annoncé M. Richards dans un récent travail présenté à l'Institut des ingénieurs américains. Quoi qu'il en soit, il est certain que les additions d'alliages de manganèse et de silicium peuvent rendre de très réels services dans le traitement des fontes phosphoreuses au convertisseur basique.

L'emploi des alliages de silicium, ainsi que l'a fait également observer M. Pourcel, présente, en outre, un grand avantage, celui d'éviter la *rephosphoration par les additions finales*. Il a été constaté dès les premières opérations qu'une certaine quantité de phosphore repassait dans le métal par suite de ces additions (spiegels) et deux théories ont été tout de suite en présence pour l'explication de ce phénomène : l'une, due à M. Pourcel, basée sur l'action réductrice de l'oxyde de carbone; l'autre, due à M. Stead, et fondée sur l'action réductrice du manganèse sur les phosphates. Voici à ce sujet comment s'exprime le premier (voir l'*Industrie minérale de Saint-Étienne*, mars 1880) :

« Si, arrivé à la période de sursoufflage, la silice de la scorie n'est pas complètement neutralisée par la chaux, elle décompose en partie le phosphate de fer qui prend naissance, s'empare de son oxyde de fer et met en liberté de l'acide phosphorique. Celui-ci, en présence d'un excès de fer, est réduit par ce métal et donne, en dissolution dans le bain, à la fois du phosphure de fer qui demande une prolongation de sursoufflage pour être scorifié et de l'oxyde de fer. Simultanément, le silicate de fer qui s'est formé est décomposé, en présence de la chaux (réactif), donne du silicate de chaux fixe et une nouvelle quantité d'oxyde de fer : le milieu n'étant plus réducteur, puisque le carbone n'y reste qu'à l'état de traces, cet oxyde de fer ne peut être réduit comme il l'est dans la période normale de l'opération et reste en dissolution dans le bain. Or plus la fonte contiendra de silicium, plus la scorie sera acide avant le sursoufflage. Par conséquent, la durée de la période de scorification étant augmentée, on dissoudra plus d'oxyde de fer dans le bain métallique et l'on sera obligé de forcer le poids de l'addition finale ou sa teneur en manganèse.

« On s'explique ainsi le dégagement tumultueux d'oxyde de carbone et ce qui s'ensuit, surtout la réintégration du phosphore dans le métal. »

Et plus loin :

« Reportons-nous aux tableaux d'analyses de

INDICATION du moment de la prise d'essai.		Analyses du métal. Mn.	C.	Si.	S.	Ph.	Analyse des scories. Si O².	Ph O⁵.	Fe²O³.	Fe O.	Mn O.	Al²O³.	Ca O.	Mg O.	Ca S.	Fe.	Mn.	S.	Ph.	Détail de la charge.	
Opération de Hoerde, 30 juin 1880, d'après Massonez. Meeting de Dusseldorf.	Fonte initiale......	0,520	2,830	0,660	0,290	1,280	»	»	»	»	»	»	»	»	»	»	»	»	»	Fonte grise de Hoerde.	780 kil.
	Après 2m de soufflage	0,430	2,720	Traces.	0,260	1,320	18,400	1,090	0,800	4,200	1,900	0,420	67,800	4,940	0,470	3,830	1,480	0,210	0,470	— blanche —	870
	— 4m —	0,420	2,480	Traces.	0,270	1,290	18,000	1,810	0,600	3,700	2,800	0,380	68,000	4,370	0,630	3,300	2,170	0,280	0,790	— — Metz...	597
	— 6m —	»	1,700	Traces.	»	1,250	17,200	2,400	1,200	3,200	2,400	0,820	67,200	4,600	0,760	3,350	1,780	0,340	1,030	— — Wendel	655
	— 8m —	0,300	0,700	Traces.	0,290	1,220	21,200	3,460	1,800	2,900	3,000	0,720	61,808	4,610	0,900	3,520	2,310	0,400	1,510	— — Scraps.	595
	— 9m 15s —	0,250	0,160	Traces.	0,330	1,180	14,800	5,550	2,500	5,400	2,000	0,490	64,090	4,660	0,920	6,000	1,610	0,410	2,420	Spiegel..............	260
	— 10m 45s —	0,190	0,150	Traces.	0,370	0,480	11,300	12,410	0,600	4,400	1,900	0,390	63,[illegible]00	4,370	0,830	4,8[illegible]0	1,520	0,370	5,420	Ferromanganèse......	60
	— 11m 45s —	0,170	0,100	Traces.	0,220	0,070	10,900	13,680	2,900	11,200	2,100	1,830	51,000	5,290	1,650	10,140	1,660	0,730	5,970	Total..........	3817
	— 11m 55s —	0,120	0,030	Traces.	0,160	0,040	9,800	12,800	4,900	12,300	2,000	1,680	49,500	5,080	1,980	13,010	1,600	0,880	5,590	Chaux..............	700
	Acier final.........	0,460	0,240	Traces.	0,090	0,020	9,700	10,880	3,800	8,600	5,900	2,210	49,700	6,420	2,260	9,340	4,590	1,000	4,750	Scories..............	595
	Spiegel...........	11,250	4,010	0,670	Traces.	0,210	»	»	»	»	»	»	»	»	»	»	»	»	»	Acier..............	30 %.

INDICATION du moment des prises d'essai.		Analyses du métal. Mn.	C.	Si.	S.	Ph.	Analyse de la scorie finale.
Opération de Ruhrort, d'après Wedding (Meeting de Dusseldorf).	Fonte initiale..............	1,030	3,210	1,220	0,080	2,180	SiO^3 = 12,780
	Après 2m 46s de soufflage......	0,710	3 300	0,720	0,050	2,1[illegible]0	PhO^5 = 16,080
	— 5m 21s —	0,500	3,120	0,150	0,050	2,220	Fe^2O^3 = 4,060
	— 8m 5s —	0,180	2,470	0,007	0,050	2,150	FeO = 4,870
	— 10m 45s —	0,160	1,490	0,012	0,050	2,100	MnO = 3,850
	— 13m 28s —	0,140	0,750	0,005	0,050	2,050	Al^2O^3 = 1,120
	— 15m 13s —	0,010	0,050	0,008	0,055	1,910	CaO = 47,400
	— 19m 14s —	0,010	0,020	0,005	0,060	0,230	MgO = 7,7[illegible]0
	— 19m 31s —	0,010	0,020	0,005	0,055	0,140	CaS = 0,100
	— 19m 49s —	0,010	0,003	0,004	0,056	0,087	
	Acier final..............	0,480	0,260	0,010	0,045	0,145	
	Spiegel..............	1,306	5,180	0,2[illegible]0	0,010	0,097	

M. Stead. Les résultats qu'ils indiquent sont :

« 1° Que l'acide phosphorique ne figure en quantité notable dans la scorie que lorsque le carbone est réduit à 0,07 dans le métal;

« 2° Que le phosphore et le fer augmentent simultanément dans la scorie;

« 3° Que l'addition du spiegel amène une augmentation de phosphore dans le métal correspondant à une diminution d'acide phosphorique et de fer dans la scorie.

« Cette dernière constatation n'est-elle pas un argument en faveur de l'existence du phosphate de fer dans la scorie, et n'est-il pas admissible que l'oxyde de carbone est le réducteur de ce phosphate de fer? M. Stead, sans rien affirmer, mais croyant avoir démontré suffisamment par des

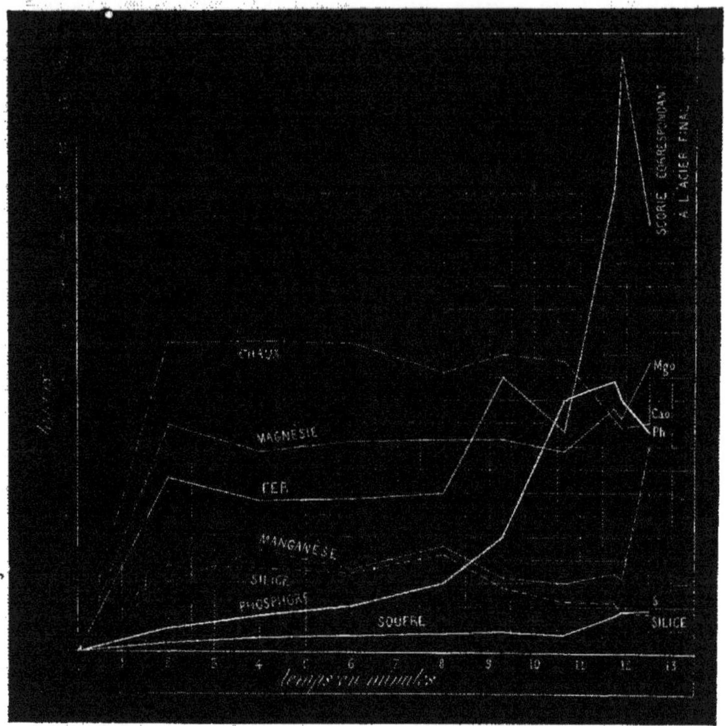

Fig. 58. — Opération de Hoerde (juin 1880). — Variations dans la composition de la scorie dans l'opération Bessemer basique, d'après Massenez.

analyses et des synthèses de scories calcaires que le phosphore qu'elles renferment y est combiné à la chaux, croit plutôt que c'est le carbure de fer ou le manganèse même qui est le réducteur. »

A cela M. Pourcel répond :

« 1° Que si l'on ajoute, au lieu d'un spiegel, une fonte sans silicium ni manganèse, ou du moins avec des traces seulement de ces corps, et que le dégagement d'oxyde de carbone qui accompagne cette addition se fasse abondant et tumultueux au travers d'une scorie fluide, il y a *réintégration de phosphore* dans le métal.

« 2° Si au contraire on ajoute une fonte avec peu ou point de manganèse, mais renfermant du silicium en quantité suffisante, *plus de silicium que de carbone*, tout dégagement d'oxyde de carbone est supprimé, et l'on n'observe plus alors de réintégration de phosphore dans le métal, malgré la fluidité de la scorie. »

Ces faits montrent bien que le réducteur du phosphate de fer est l'oxyde de carbone et non pas le manganèse, puisque, du moment que la formation d'oxyde de carbone est évitée, la rephosphoration ne se produit plus; du reste, le degré de rephosphoration sera proportionnel à la quantité de phosphate de fer libre restant dans la scorie, et en augmentant suffisamment la quantité de réactif (chaux), on peut diminuer de plus en plus (surtout si l'on traite une fonte peu chargée en silicium) cette quantité de phosphate de fer libre.

Nous ne nous étendrons pas davantage sur ces questions théoriques, mais nous ferons observer que les explications données ci-dessus des phénomènes complexes qui se passent dans le convertisseur Bessemer, sont en accord parfait avec les lois de la thermochimie si savamment établies par M. Berthelot.

Exemples de traitement basique. — Au point de vue de l'application industrielle du Bessemer basique, nous dirons qu'après avoir pris naissance en Angleterre, ce procédé, essayé primitivement à Eston, y a été momentanément abandonné, jusqu'à ces derniers temps où M. Richards a fait établir, comme nous l'avons dit plus haut, des convertisseurs de 15 tonnes. Les aciéries rhénanes, Hoerde, Ruhrort, Kaiserslautern, Rothe Erde et Bochum, celles de Witkowitz et Kladno en Autriche, Angleur en Belgique, le Creusot en France, Brown, Bailey et Dixon à Sheffield, l'ont

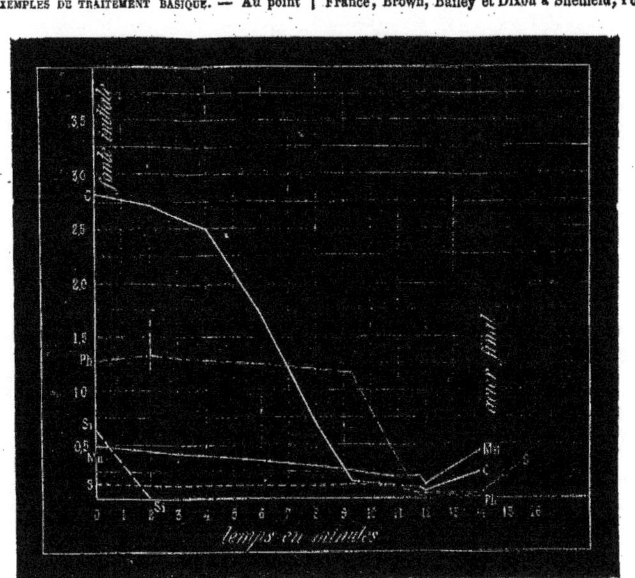

Fig. 59. — Opération de Hoerde (juin 1880). — Métal d'après Massenez. — Variations des teneurs en manganèse silicium, soufre et phosphore dans l'opération Bessemer basique.

appliqué successivement. Nous ne pouvons donner ici les nombreux détails relatifs aux diverses usines, mais nous pensons qu'il est utile de résumer en quelques mots les traits saillants de chacune de ces applications.

a. A *Hoerde*, par exemple, on traite des fontes blanches phosphoreuses, refondues au cubilot, avec une surcharge de coke. On ajoute 150 à 200 kilogr. de chaux par tonne de fonte introduite dans le convertisseur et les additions finales se composent de 5 à 7 °/₀ jusqu'à 9 à 10 °/₀ de spiegel, suivant les qualités du métal à obtenir.

L'acier déphosphoré y est employé principalement pour bandages et produits doux, tôles, rivets, billettes de tréfilerie, longrines, essieux, rails et *blooms* à refondre.

b. A *Ruhrort*, on traite des fontes contenant en moyenne, d'après von Tunner, 0,700 à 1,250 de silicium, 1 à 2 °/₀ de manganèse et 1,700 à 2 °/₀ de phosphore; le garnissage des convertisseurs est fait en pisé dolomitique; on ajoute 18 °/₀ de chaux dès le début de l'opération sans réchauffer le convertisseur, ce qui donne lieu à une opération froide au début, correspondant à 13 à 16 minutes de soufflage normal, 4 à 5 minutes de sursoufflage; on coule avec 7 °/₀ de spiegel à 10 ou 12 °/₀ de manganèse et souvent 1/2 °/₀ de ferromanganèse. L'acier est employé à la fabrication des rails.

c. A *Witkowitz* (Moravie), on emploie pour la confection des appareils des dolomies silésiennes ne contenant guère que 2 °/₀ de silice et on en fait un pisé avec 7 °/₀ de goudron. La fonte employée est refondue au réverbère et correspond à

Manganèse	0,800
Silicium	0,750
Soufre	0,210
Phosphore	0,900

La quantité de chaux ajoutée est de 18 à 20 °/₀ du poids de fonte traitée; le soufflage dure 11 à 15 minutes, le sursoufflage 1 à 3 minutes; on ajoute 10 à 20 kilogr. de ferromanganèse à 50 °/₀ pour 3 tonnes de fonte. On obtient de cette manière un acier extradoux et très pur qui est correspondant à la composition suivante et employé pour tôles, rivets, etc., se soudant comme le fer puddlé, etc. :

Manganèse..........	0,200 à 0,300
Carbone..............	0,050 à 0,150
Silicium...............	Traces.
Soufre.................	0,020
Phosphore...........	0,020 à 0,050.

Les essais à la traction oscillent entre 34 et 54 kilogr. de résistance à la rupture par millimètre carré, ordinairement 40 à 42 kilogr. avec une contraction voisine de 60 %. (Voir *Essais mécaniques.*)

d. A *Kladno*, en Bohême, avec une fonte contenant 2,600 % de silicium et 1,300 % de phosphore, on produit un acier à 0,084 de silicium et seulement 0,030 % de phosphore.

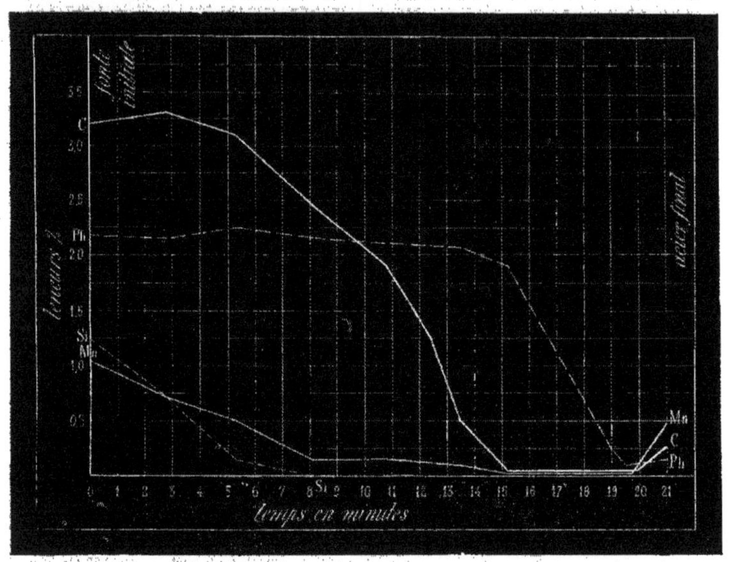

Fig. 60. — Opération de Ruhrort, d'après Wedding. — Variation des teneurs en manganèse, carbone, silicium, soufre et phosphore dans l'opération Bessemer basique.

e. A *Sheffield*, chez MM. Brown, Bailey et Dixon, on arrive également à produire des métaux ferreux contenant seulement :

Manganèse.................	0,235
Carbone.....................	Traces.
Silicium......................	Traces.
Soufre........................	0,075
Phosphore..................	0,030.

Pour obtenir des aciers à rails, on recarbure à la fin avec des fontes hématites blanches.

f. Au *Creusot*, on a appliqué la première fusion à la fabrication des rails : on obtient des métaux peu carburés, mais qui, étant fortement manganésés comme à Eston, répondent aux conditions de réception. Une certaine quantité de rails en métal déphosphoré est actuellement en essai sur le réseau de Paris-Lyon-Méditerranée, et les résultats qu'ils fourniront à l'emploi peuvent seuls permettre de donner une appréciation sur la véritable valeur des rails en acier déphosphoré toujours plus ou moins doux par le carbone. La compagnie de Paris-Lyon-Méditerranée a, du reste, imposé dans ses nouveaux cahiers de charges une teneur minimum en carbone fixée à 0,350 %. Quoique nous considérions cette nouvelle clause comme une entrave à la liberté et au progrès de l'industrie, nous avons cru devoir la signaler ici pour rappeler que les chemins de fer français préfèrent encore à l'heure actuelle les rails durs et n'ont pas épousé les théories, du reste très discutées même en Amérique, de M. Dudley, qui est partisan des rails doux.

Conclusion. — Nous terminerons ce qui est relatif à la question si intéressante de la déphosphoration au convertisseur en disant que jusqu'à nouvel ordre il n'est pas encore démontré que le procédé basique supplante le procédé acide, mais qu'il pourrait être une annexe à ce dernier pour l'obtention de produits très purs et extradoux destinés à des usages spéciaux ou devant servir de base à la fabrication Siemens-Martin.

D'autre part, nous insisterons sur ce point, qu'il sera toujours difficile de traiter par ce procédé des fontes sulfureuses, et économiquement la quantité de manganèse requise pour la désulfuration (qui devra être faite de préférence au haut fourneau en chargeant en manganèse en présence d'un laitier basique) sera toujours une grande difficulté pour l'industriel. Enfin, pour obtenir de l'acier suffisamment dur pour rails, on n'y arrivera qu'avec une forte consommation de spiegel, de manière à avoir un métal qui, doux par le carbone, devra ses propriétés résistantes au manganèse, ce dernier allant jusqu'à 1 °/₀, comme cela a lieu à Eston. Le procédé basique, peut au contraire, fournir des métaux doux et purs comme à Witkowitz, et il est peut-être appelé dans un laps de temps très court, sinon à supplanter, au moins à remplacer en grande partie l'ancien puddlage.

« Le véritable centre d'application du procédé basique, dit M. Trasenster, est l'est de la France et l'Alsace-Lorraine, et s'il se répand dans les autres districts, ce sera probablement dans l'ordre suivant : Westphalie, Sheffield, Belgique et Cleveland.

PROCÉDÉ MARTIN BASIQUE.

Déphosphoration et désulfuration sur sole. — Pour terminer ce qui est relatif à l'emploi des matières phosphoreuses, nous aurions maintenant à parler de quelques essais ayant pour but d'obtenir une déphosphoration au four Siemens-Martin. Nous avons dit plus haut que, grâce à l'emploi des alliages riches en manganèse, la compagnie de Terrenoire était arrivée à produire des aciers phosphoreux, pauvres en carbone, mais suffisants pour la fabrication des rails; d'autre part, l'application des garnissages basiques au convertisseur a appelé l'attention des industriels sur l'emploi de garnissages analogues dans les procédés ayant pour base la fusion sur sole.

Un certain nombre d'essais ont été faits dans cette voie, dans quelques usines françaises et étrangères, mais les renseignements manquent à peu près complètement sur cette intéressante question. « Les aciéries, dit M. Jordan (conférence faite à la Sorbonne), restent un peu muettes sur les résultats des essais auxquels elles se livrent : celles qui dépensent du temps et de l'argent en tentatives coûteuses ne se soucient pas, évidemment, de mettre leurs concurrents en meilleure situation qu'elles, en leur faisant connaître leurs déboires et leurs succès. »

On peut dire toutefois que les industriels qui ont essayé la déphosphoration au four Martin opèrent sur une sole construite en dolomie, en établissant entre la matière basique de la sole et la silice de la voûte du four un joint en graphite ou en bauxite, ou autres matières neutres. D'après les chiffres publiés par le Creusot, on a traité des fontes phosphoreuses, il est vrai, mais il semble que l'on a dilué la quantité de phosphore dans une grande quantité de métal, et les résultats obtenus ne peuvent jusqu'ici être considérés comme concluants.

En appliquant les principes sur lesquels repose le procédé Bessemer basique, c'est-à-dire garnissage en pisé dolomitique, additions de chaux et de minerai pendant le cours de l'opération, et en modifiant ces principes suivant les circonstances, nous sommes persuadés que par la persévérance on arrivera à produire sur sole, non seulement des métaux déphosphorés pour rails, mais des métaux spéciaux et d'une grande pureté en partant de matières inférieures phosphoreuses.

Dans un autre ordre d'idées et en nous reportant à ce que nous avons dit des difficultés résultant de l'emploi de fontes sulfureuses au Bessemer basique, on doit signaler, à côté des essais de déphosphoration, ceux de *désulfuration* au four Martin, ainsi qu'au four Pernot. Cette question sera sans doute résolue par la suite, mais les études faites jusqu'à ce jour sont si peu concluantes, que nous ne croyons pas devoir les indiquer autrement qu'en renvoyant à la note bibliographique ci-dessous.

BIBLIOGRAPHIE. — Lowthian Bell. *Sur la séparation des carbone, silicium, soufre, phosphore dans le finage, le puddlage et l'opération Bessemer.* Iron and Steel Institute. Meeting de Londres, 1878.

Thomas et Gilchrist. *Déphosphoration au convertisseur.* Iron and Steel Institute. Congrès de Paris, 1878.

Trasenster. *Études sur la déphosphoration.* Revue universelle des mines. Liège, 1879 et 1880.

Divers auteurs. *Déphosphoration et désulfuration.* Bulletin mensuel de l'industrie minérale de Saint-Etienne, 1879-1880-1881.

Pourcel. *Études sur la déphosphoration.* Iron and Steel.

Gautier. *Sur les progrès de la déphosphoration.* Société des ingénieurs civils, 1879-1880.

Pourcel. *Essais de phosphoration et déphosphoration des fontes.* Bulletin de l'industrie minérale de Saint-Etienne, 2ᵉ série, t. VI, 1877.

Pourcel. *La déphosphoration au congrès métallurgique de Dusseldorf.* Génie civil, 15 novembre 1881. « Greinert. — Installations américaines pour le procédé Bessemer basique d'après A.-L. Holley, Revue de Liège, janvier 1882.

III. — PROPRIÉTÉS DES ACIERS

A. — PROPRIÉTÉS CHIMIQUES, PHYSIQUES ET MÉCANIQUES DES ACIERS.

GÉNÉRALITÉS ET DÉFINITIONS. — L'influence de la *composition chimique* des aciers sur leur résistance est une question devenue tellement à l'ordre du jour depuis quelques années, que nous avons cherché à rassembler, sous une forme aussi rationnelle que possible, les résultats auxquels sont arrivées diverses usines ayant étudié ou fait étudier cette question, tant au point de vue de la science pure qu'au point de vue non moins intéressant de l'emploi de l'acier dans les constructions. Quel que soit, en effet, le mode de production des aciers, qu'ils soient puddlés, cémentés, etc., ou obtenus par les procédés Bessemer ou Martin, etc., tous ces aciers (s'ils ont la même pureté physique) sont identiques ou du moins peuvent être amenés à être semblables, non seulement comme composition chimique, mais aussi comme structure physique : les aciers coulés sans soufflures eux-mêmes, non martelés, peuvent être comparés, lorsqu'ils ont subi des recuits et des trempes convenables (voir *Structure, Recuit* et *Trempe des aciers*), aux meilleurs aciers forgés ou laminés.

Les expériences les plus remarquables ayant pour but d'étudier les rapports existant entre la composition chimique et les propriétés mécaniques des aciers ont été faites, à l'occasion de l'Exposition de 1878, par M. le professeur Bauschinger, de Munich, sur les aciers de Reschitza (Hongrie), par le Jernkontoret (comptoir des forges de Suède) et enfin par la Compagnie de Terrenoire. Nous résumerons ici, en les comparant, les divers résultats obtenus et nous appellerons principalement l'attention sur les essais à la traction, pour lesquels il existe des concordances bien dignes de remarque, si l'on songe que les expériences ont été faites par des opérateurs différents, dans des laboratoires éloignés, à l'aide de méthodes d'analyse et de machines d'essai essentiellement différentes. Nous ne décrirons pas ici ces méthodes, mais nous devons faire observer que dans des études de ce genre, aussi bien pour les métaux de la série du fer que pour les cuivres, bronzes, laitons, etc., il est absolument indispensable de faire les analyses sur les échantillons mêmes soumis aux épreuves mécaniques.

Dans tout ce qui suit, nous désignerons (spécialement pour les résultats à la traction) par :

L, la charge correspondant à la limite d'élasticité, en kilogrammes par millimètre carré.

R, la résistance maxima à la rupture, en kilogrammes par millimètre carré.

C, la contraction pour 100. $C = \frac{s - s'}{s}$, s et s' étant les sections initiale et finale de la barre soumise à l'épreuve de traction.

a, l'allongement pour 100 à la rupture mesuré entre des repères à 200 millimètres de distance.

a', l'allongement pour 100 mesuré entre repères à 100 millimètres de distance.

Te, travail de résistance vive élastique.

Tr, travail de résistance vive de rupture.

En relevant avant la limite d'élasticité les allongements sous charge, on peut calculer le module moyen d'élasticité, E, à la limite d'élasticité en kilogrammes par millimètre carré. Cette étude a été faite d'une manière fort remarquable par M. Bauschinger et démontre l'exactitude d'un fait signalé déjà depuis plusieurs années, savoir : *la constance du module d'élasticité pour tous les aciers.*

Pour bien préciser ce que l'on doit entendre par *limite d'élasticité, module d'élasticité, allongement élastique maximum*, supposons une barre d'acier soumise à un effort soit longitudinal, soit transversal. Cette barre peut supporter une certaine charge sans se déformer d'une façon permanente, ou pour mieux dire d'une façon permanente appréciable, car il est démontré aujourd'hui, grâce aux excellents moyens de mesure dont on dispose depuis quelques années, que les allongements permanents commencent à se faire sentir dès les plus faibles charges ; mais il arrive un moment où ces déformations permanentes, d'abord très petites et à peine mesurables, deviennent brusquement considérables. Au même moment, les allongements (ou déformations), qui étaient pendant la première période de l'expérience proportionnels aux charges, croissent plus vite que les charges pour redevenir ensuite plus voisins de la proportionnalité, jusqu'au moment où la barre continue à s'allonger sans qu'il soit besoin d'augmenter la charge et l'on arrive à la rupture. Cette dernière période est celle pendant laquelle a lieu la contraction de la section au point où va s'opérer la rupture, et cette rupture se produit sous une charge moindre que la résistance maxima à la rupture : condition dont il faut tenir compte, quand on trace les diagrammes du travail de résistance vive de rupture, ainsi que l'indique le diagramme théorique ci-dessous.

La première période a pour limite supérieure la limite d'élasticité, et à cette limite correspond une déformation qui est ce que l'on doit appeler l'*allongement élastique maximum;* le quotient de l'un par l'autre donne le module moyen d'élasticité à la limite d'élasticité. Pratiquement parlant, c'est la valeur de l'allongement élastique maximum qui définit le mieux la dureté ou pour mieux dire l'élasticité d'un acier.

Les déformations permanentes commençant dès les plus faibles charges, il en résulte que, si une barre est soumise à des charges successives qu'on ramène à 0, cette barre prend, dans la machine même, une nouvelle limite plus grande que sa limite vraie : c'est pourquoi on doit déterminer la limite d'élasticité (comme cela a été fait par le Jernkontoret et Reschitza) sans ramener chaque fois à 0, et prendre pour cette limite le moment où les allongements cessent d'être proportionnels aux charges.

En examinant les tableaux fournis par le Jernkontoret et Reschitza, on trouve la confirmation des faits suivants :

1° Les aciers les plus carburés (voir plus loin *Influence du carbone*) peuvent supporter une plus forte charge que les aciers doux, sans déformation permanente appréciable.

2° Tous les aciers prennent sous une charge donnée un même allongement toutes les fois que l'on n'a pas dépassé la limite d'élasticité de l'acier considéré ; la proportionnalité des charges aux allongements se continue plus loin pour les aciers durs que pour les aciers doux : voilà le fait important.

3° La limite d'élasticité ne correspond pas à un même allongement pour tous les aciers; mais, au contraire, certains aciers, les durs, peuvent, sans déformation permanente appréciable, prendre un allongement plus considérable que les doux; ils sont plus élastiques. En un mot, le module d'élasticité, E, est constant pour tous les aciers; l'allongement élastique maximum varie seul. Il est proportionnel à la charge correspondant à la limite d'élasticité et est égal à 0,00445 par kilogramme.

Le tableau ci-dessous donne les valeurs de la limite d'élasticité et de l'allongement élastique maximum et représente la moyenne des chiffres trouvés pour les aciers de Suède et de Reschitza, chiffres très concordants, les différences observées ne portant que sur les millièmes de millimètre et rarement sur les centièmes.

TENEUR en carbone.	L kil. p. m/m².	ALLONGEMENT élastique maximum.	TENEUR en carbone.	L kil. p. m/m².	ALLONGEMENT élastique maximum.
	15	0,0666		33	0,1467
	16	0,0711		34	0,1512
	17	0,0755		35	0,1556
0,100	18	0,0800	0,900	36	0,1601
	19	0,0844		37	0,1645
0,200	20	0,0889		38	0,169[illegible]
	21	0,0933		39	0,1734
0,300	22	0,0978	1,000	40	0,1779
	22,50	0,1000		41	0,1823
	23	0,1022		42	0,1868
0,400	24	0,1066		43	0,1912
0,500	25	0,1111		44	0,1957
	26	0,1156		45	0,2001
0,600	27	0,1220		46	0,2046
	28	0,1245		47	0,2090
	29	0,1289		48	0,2135
0,700	30	0,1334		49	0,2179
	31	0,1378		50	0,2225
0,800	32	0,1423			

Ces chiffres donnent comme module moyen d'élasticité à la limite d'élasticité le chiffre

$$E = 2\,250\,000 \text{ kil. par centimètre carré}$$

pour les aciers durs, demi-doux, soit Bessemer soit Martin, etc.

Étudions maintenant l'influence des divers éléments chimiques sur les propriétés mécaniques des aciers.

INFLUENCE DU CARBONE. — Les métaux soumis aux épreuves ont été essayés, soit dans leur état naturel, soit à l'état recuit, soit à l'état trempé, à l'huile ou à l'eau. Les résultats principaux obtenus sont consignés dans les tableaux ci-joints :

On voit tout de suite que, pour les essais à la traction, la résistance maxima à la rupture augmente avec la teneur en carbone, fait déjà signalé depuis longtemps par Tunner, Vickers, etc., et formulé par Smidt pour les aciers autrichiens en prenant pour base le numéro de dureté d'après l'échelle de Tunner.

Le numéro de dureté étant chose un peu élastique dans cette classification, puisqu'on admet, par exemple, le nº 6 dur, le nº 6 ordinaire, le nº 6 doux, nous avons cherché à faire entrer dans les formules, non plus un numéro de dureté, variable avec chaque usine, mais les chiffres fournis par les dosages de carbone des échantillons d'aciers eux-mêmes soumis aux épreuves de traction.

Résistance à l'extension. — A cet effet, nous avons considéré spécialement les aciers carburés de Terrenoire, et les aciers coulés sans soufflures de la même usine, qui forment eux-mêmes une série carburée ; nous avons ensuite cherché graphiquement l'influence du carbone sur les valeurs de L, R, C, a, a', en portant en abscisses les teneurs en carbone et en ordonnées les valeurs de la résistance à la rupture. Les courbes ainsi obtenues permettent de dresser des tableaux, en négligeant tout d'abord l'influence qui peut être exercée par les autres corps étrangers, et en particulier le manganèse, qui est du reste constant pour chacune des deux séries d'aciers séparément. Nous avons déterminé l'équation de chacune de ces courbes, équations qui nous ont servi de point de départ pour l'établissement des formules données ci-après. Nous ferons remarquer que les chiffres donnés ici, et aux articles *Classement* et *Emploi*, se rapportent, sauf indications spéciales, au *métal recuit*.

ACIERS CARBURÉS DE TERRENOIRE (EXPOSITION DE 1878). RÉSISTANCE A L'EXTENSION.

NUMÉROS.			Si	Ph.	L.	R.	C.	a	a'.
59	0,213	0,150	Traces à peine sensibles.	0,035	19,37	35,45	66,58	31,30	37,46
66	0,200	0,490		0,070	25,42	48,77	89,89	22,32	26,01
70	0,266	0,809		0,062	32,47	66,15	17,77	11,27	14,15
74	0,266	0,875		0,055	33,76	70,32	8,03	5,23	7,02
82	0,266	1,600		0,063	30,35	86,05	88,5	5,20	7,35

Voir également les tableaux à l'article Classification des aciers.

On voit que les allongements diminuent lorsque les teneurs en carbone augmentent, tandis que les charges croissent avec les teneurs en carbone; nous ne pouvons ici étudier en détail l'influence des recuits (voir plus loin, *Structure, Recuit* et *Trempe*) et des trempes, mais nous devons signaler ce fait que, un recuisage bien fait, en vase clos et à température rouge cerise, exerce beaucoup plus d'influence sur les aciers doux que sur les aciers durs.

Comparant les divers résultats fournis en France, en Angleterre, en Suède et en Autriche, nous avons été conduits à modifier légèrement les équations des courbes représentant nos essais de Terrenoire et avons proposé finalement les suivantes, représentant parfaitement l'influence de la teneur en carbone sur la résistance maxima à la rupture et sur l'allongement pour 100 à la rupture, mesuré sur 100 millimètres entre repères :

$$R = 30 + 18c + 36c^2,$$
$$a' = 42 - 36c,$$

c, étant la teneur en carbone ; formules applicables au métal recuit, depuis le fer doux fondu homogène jusqu'aux aciers contenant 0,900 à 1 °/o de carbone, mais pas au-dessus.

Lorsque, en effet, on étudie les aciers à plus de 1 °/o de carbone, on observe que la charge de rupture croît très vite jusqu'à 100 kilogrammes par millimètre carré environ, tandis que l'allongement descend à 1 °/o. — Pour un acier à 1,25 °/o de carbone, il semble que la courbe devient asymptote à une verticale, point qui correspond à une décroissance dans les charges.

A 1,50 °/o de carbone, on passe aux métaux mixtes entre l'acier et la fonte, et la charge de rupture continue à décroître jusqu'à ce que l'on arrive à la fonte noire, en passant toutefois par certains maxima variant avec la teneur en carbone, la température de coulée, l'épaisseur et la conductibilité des moules, etc.

En ce qui concerne l'influence du carbone sur les chiffres fournis par les essais de traction, il est à observer que, pour les métaux recuits et simplement carburés, la charge correspondant à la limite d'élasticité est très voisine de la moitié de la résistance maxima à la rupture : cette proportionnalité, ainsi que nous le verrons par la suite, n'existe plus pour les aciers non recuits ou trempés, les aciers phosphoreux, manganésés, etc., pour lesquels la limite d'élasticité se rapproche de la charge de rupture. Enfin, on remarque que la contraction pour 100 diminue plus rapidement que l'allongement pour 100, lorsque la teneur en carbone augmente.

Résistance à l'écrasement. — Les épreuves de *résistance à l'écrasement* faites sur les aciers de Terrenoire et de Reschitza confirment les résul-

ACIERS DE RESCHITZA. VALEURS DE E, L, A L'ÉCRASEMENT ET DENSITÉS MOYENNES.

NUMÉROS de DURETÉ.	ACIER MARTIN.			ACIER BESSEMER.			MOYENNES.		
	E.	L.	d.	E.	L.	d.	E.	L.	d.
2	2,249	32 50	7,835	»	»	»	2,251,773 kil. par cent. carré.	»	»
3	2,247	36,03	7,839	2,256	44,02	7,816		40,02	7,828
4	2,225	22,10	7,852	2,254	31,42	7,849		26,76	7,850
5	2,274	23,67	7,855	2,261	25,35	7,846		24,76	7,851
6	2,272	21,98	7,862	2,221	21,95	7,857		21,97	7,860
7	2,247	19,23	7,867	2,261	22,50	7,858		20,91	7,863

tats fournis par les essais à la traction. Les tableaux ci-joints montrent qu'à la compression la limite d'élasticité est plus grande pour les aciers durs que pour les aciers doux et que le module moyen d'élasticité est très voisin de celui déterminé par les essais à la traction.

ACIERS DE TERRENOIRE. RÉSISTANCE A L'ÉCRASEMENT. VALEUR DE $\frac{h-h'}{h}$ °/ₒ.

DÉSIGNATION des ÉCHANTILLONS.		MÉTAL recuit.	MÉTAL trempé à l'huile	MÉTAL trempé à l'eau.	OBSERVATIONS.
Aciers carburés.	N° 59.......	70,70	58,70	64,20	Les cylindres soumis à l'essai avaient 100 millimètres carrés de base, 10 millimètres de hauteur. Les valeurs inscrites au tableau représentent le rapport $\frac{h-h'}{h}$ °/ₒ de la hauteur finale à la hauteur initiale des cylindres sous une charge constante de 32,000 kil.
	66.......	65,40	57,90	59,60	
	70.......	60,25	52,20	55,80	
	74.......	55,35	46,30	52,50	
	82.......	54,00	42,80	42,50	

Densité. — Les expériences faites sur la *densité* des aciers de Reschitza montrent d'une manière générale que les aciers Bessemer sont plus denses pour un même numéro de dureté que les aciers obtenus au four Siemens-Martin. Cette circonstance tient sans doute à ce que l'on coule généralement plus chaud au Bessemer qu'au Martin, condition qui conduit finalement à un métal moins poreux, plus compact.

D'autre part, la densité est plus forte pour les aciers doux que pour les aciers durs, ce qui s'explique facilement, puisque les derniers contiennent plus de carbone que les premiers.

Résistance à la flexion. — Les *essais à la flexion*, faits par Terrenoire sur des prismes carrés (100 millimètres sur 100 millimètres) et par Reschitza sur des prismes rectangulaires (700 × 140 millimètres) ou des cylindres de 140 millimètres de diamètre, conduisent aux remarques suivantes :

Dans l'essai par flexion, il y a élévation de la charge à la limite d'élasticité, élévation de la résistance maxima à la rupture, flèche moindre, avec augmentation de la teneur en carbone. Les barres rondes, ainsi que dans les essais à la compression et à la torsion, se comportent mieux ; elles fournissent une valeur de L plus forte et une flèche moindre que les barres carrées, le tout étant bien entendu rapporté à l'unité, à l'aide des formules de résistance à la flexion des pièces posées sur deux appuis et chargées en leur milieu.

Le module d'élasticité moyen, calculé à l'aide des mêmes formules, est voisin de celui fourni par les essais de traction.

Nous devons faire remarquer que, pour les aciers à faible teneur en carbone, on arrive à un ploiement tellement considérable que l'on ne peut constater la charge de rupture par flexion ; pour ces aciers la charge à la limite d'élasticité par flexion est peu élevée et la charge de rupture considérable. Au contraire, pour les aciers à forte teneur en carbone, la charge de rupture par flexion semble diminuer de plus en plus et devient très voisine de la charge à la limite d'élasticité, qui, elle, est toujours très élevée par rapport aux aciers doux.

Un certain nombre d'essais de pliage ont été faits également par diverses usines ; ils ne présentent qu'un intérêt médiocre, mais nous devons citer pour mémoire les épreuves de cintrage faites par le Jernkontoret, épreuves consistant à poser des disques de tôle de 320 millimètres de diamètre extérieur sur un anneau de 200 millimètres de diamètre intérieur, et à les cintrer jusqu'à fissure à l'aide d'un poinçon de 50 millimètres de diamètre.

Ces épreuves, analogues à d'autres faites par diverses usines, sont tellement spéciales aux tôles que nous ne pouvons nous y arrêter ici ; elles sont cependant intéressantes, essentiellement comparatives, mais nullement scientifiques.

Résistance à la torsion et au choc. — Si l'on examine les essais de résistance à la torsion et au choc, on constate que les aciers se classent pour ces essais dans le même ordre que dans les épreuves par flexion et par traction ; les résultats fournis par différents expérimentateurs, se rapportant tantôt à des rails, tantôt à des essieux, tantôt à des prismes carrés ou rectangulaires de dimensions variées, ne peuvent être comparés entre eux. C'est pourquoi nous renverrons aux mémoires spéciaux : en particulier, aux essais du professeur Bauschinger pour la torsion et aux essais de Terrenoire pour le choc.

Résistance aux chocs répétés et aux vibrations. — M. W. Metcalf a soumis des aciers de différentes duretés à des chocs répétés et à des vibrations. Il a opéré sur des axes de petites scies devant tourner à 1200 tours par minute pendant 4 heures et demie sans se rompre et est arrivé aux résultats suivants :

Teneur en carbone.	Durée de la rotation.	
0,300..	1 h. 21^{m}	échauffé avant rupture.
0,490..	1 h. 28^{m}	
0,530..	4 h. 57^{m}	
0,650..	3 h. 50^{m}	
0 800..	5 h. 40^{m}	
0,840..	18 h.	
0,870..	rompu au joint.	
0,960..	4 h. 55^{m} rupture.	

L'acier riche en carbone, contrairement aux idées admises, paraît donc mieux résister aux vibrations. A la suite de ces expériences, M. Metcalf a proposé le programme suivant, pour compléter les premières études :

1° Comparer les résistances de l'acier et du fer forgé aux chocs répétés.

2° Les chocs répétés produisent-ils la cristallisation dans l'acier comme dans le fer?

3° Étudier les rapports entre les propriétés mécaniques et la composition chimique (c'est ce que nous avons fait).

4° Relations entre la résistance et la ductilité du métal, par des tensions et des chocs répétés.

5° Relations entre les chocs isolés et les chocs répétés.

6° Comparer les facteurs de sûreté de l'acier et du fer.

Ces études seront, à coup sûr, pleines d'intérêt en ce qui concerne les aciers pour canons frettes, etc. Pour les frettes en particulier, il serait fort intéressant de substituer, à l'essai de serrage par chauffage et embattage des frettes sur un mandrin en fonte, un essai de frottage par choc isolé ou par chocs répétés, etc. Quelques essais de ce genre ont été faits sur les frettes en acier coulé sans soufflures de Terrenoire, mais les chiffres ne sont pas assez nombreux pour pouvoir conclure.

INFLUENCE DU MANGANÈSE. — Les études les plus récentes ayant pour but de déterminer l'*influence du manganèse* sur les propriétés physiques et mécaniques de l'acier, sont dues à Mrazek, professeur à l'École des mines de Przibram, qui opérait au creuset, et d'autre part à la Cie de Terrenoire qui présenta, à l'occasion de l'Exposition de 1878, une série d'aciers, obtenus au four Martin en grandes masses, ayant une teneur à peu près constante en carbone et autres éléments étrangers, et une proportion de manganèse variant de 0,500 à 2,500 %.

D'après Mrazek, le manganèse facilite le travail au rouge et cette influence favorable se fait plus sentir au blanc qu'au rouge; cet élément craint un peu le carbone, mais n'exerce pas la mauvaise influence du silicium et du phosphore; ces deux derniers, comme le fait observer Mrazek, ont des analogies dans leurs propriétés chimiques (avidité pour l'oxygène, formation d'acides énergiques, composés hydrogénés peu stables, etc.), et rendent l'acier fragile, lorsqu'il contient une forte proportion de carbone. En opérant sous une couche de cryolite dans un creuset de chaux, Mrazek obtint un métal correspondant à la composition suivante :

Fer................	= 98,236
Manganèse..........	= 1,380
Carbone............	= 0,384
Silicium...........	= 0

remarquable par sa forte teneur en manganèse et par l'absence du silicium : ce métal prend par la trempe la dureté du quartz et décape très bien. Il le considère comme un véritable acier montrant une supériorité marquée sur l'acier au carbone et sur les aciers silicieux. D'après le même auteur, un acier doux par le carbone (0,200 à 0,400 %) peut renfermer jusqu'à 4 % de silicium et 1 % de manganèse sans cesser d'être étirable, et un acier dur à 1,50 % de carbone peut renfermer, sans devenir nullement rouverin au rouge, 0,250 % de manganèse et 0,150 % de silicium.

Nous verrons par la suite les propriétés remarquables de raideur élastique, jointe à l'allongement à la rupture, que donne le manganèse aux aciers, et le parti que l'on peut en tirer pour la fabrication des pièces devant résister à de grands efforts de flexion.

Les études faites à Terrenoire sont en parfait accord avec les expériences de laboratoire de Mrazek et permettent de donner une mesure numérique de l'influence du manganèse sur la résistance des aciers.

Résistance à l'extension. — Si, dans le cas d'une teneur constante en carbone, on porte, comme nous l'avons dit pour ce dernier élément, les teneurs variables en manganèse en abscisses, et en ordonnées les charges correspondant à la limite d'élasticité et à la rupture, ainsi que les allongements pour 100 obtenus dans les essais de traction, les lignes qui relient ces différents points sont sensiblement droites. On trouve ainsi que pour le métal recuit le manganèse a sur la résistance une influence un peu moindre qu'un tiers de celle du carbone, et, si l'on admet qu'aux environs de 0,500 % de carbone une augmentation ou une diminution de 0,100 % dans la teneur en carbone fait monter ou descendre la charge de rupture de 6 kilogr. environ par millimètre carré, on peut dire, et cela est très près de la vérité, qu'autour de 0,500 % de manganèse, 0,100 % en plus ou en moins de cet élément augmente ou diminue la charge de rupture de 1,800 à 2 kilogr. par millimètre carré.

Le manganèse pareillement éloigne la limite d'élasticité et si, dans les aciers carburés, cette limite est voisine de 45 à 50 % de la charge de rupture, elle est (ainsi que le montrent les essais des coulées nº 26, 33, 30, 31 de Terrenoire) supérieure à 50 % pour les aciers manganésés et voisins de 55 %. C'est là un fait important à signaler, en ce qui concerne l'obtention pratique des aciers devant supporter de grandes charges sans se déformer d'une manière permanente.

Par contre, l'allongement diminue avec l'augmentation de la teneur en manganèse, mais dans une faible proportion, car cette influence n'est guère que de 1/7 à 1/8 de celle du carbone : ainsi, 0,100 % de carbone en plus diminue l'allongement d'environ 4 %, tandis que 0,100 % de manganèse ne le diminue guère que de 0,50 %. Il résulte de ces deux faits combinés augmentation de charge, faible diminution de l'allongement, une augmentation considérable du travail de résistance vive à la rupture, qui devient supérieur à celui qui correspond aux meilleurs aciers carburés.

Toutes ces remarques se vérifient parfaitement si l'on considère également les essais faits par le Jernkontoret sur des tôles suédoises recuites, et l'on peut dire que dans certaines limites et suivant les usages auxquels sont destinées les pièces en acier, le manganèse améliore la qualité des aciers, lorsque l'on recherche une forte charge à la limite d'élasticité, c'est-à-dire un fort allongement élastique maximum, allié en outre à une faculté d'allongement encore considérable à la rupture : une teneur voisine de 1 % et 1,200 % nous paraît toutefois devoir être un maximum dans la pratique actuelle (voir également les tableaux à *Classification des aciers*).

ACIERS MANGANÉSÉS DE TERRENOIRE (EXPOSITION 1878). RÉSISTANCE A L'EXTENSION.

NUMÉROS.	Mn.	C.	Si.	S.	Ph.	L.	R.	C.	*a*.	*a'*.
66...........	0,200	0,490	Traces.	Traces.	0,070	25,42	48,77	39,89	22,32	26,01
26...........	0,521	0,450	Si = 0,093.	Traces.	0,067	27,65	53,14	42,47	22,06	26,53
33...........	1,060	0,467		Traces.	0,072	33,77	64,02	40,81	17,97	22,63
30...........	1,305	0,515		Traces.	0,061	42,78	79,72	31,40	13,60	16,23
21...........	2,008	0,560		Traces.	0,958	44,76	,89	25,33	10,91	15,94
17.	2,468	0,599		Traces.	0,072	»	»	»	»	»

La coulée nº 66 fait partie des deux séries, carburée et manganésée (voir également les tableaux à Classification des aciers).

Résistance à la flexion. — Si maintenant on examine les épreuves par flexion, le premier fait qui frappe est également une augmentation très considérable de la charge à la limite d'élasticité, une faible flèche, c'est-à-dire une grande raideur et en outre une très forte résistance à la rupture, contrairement à ce qui a lieu pour les aciers carburés, pour lesquels une forte limite d'élasticité correspond à une charge de rupture par flexion relativement faible : ce sont là des faits extrêmement remarquables.

Ainsi que nous le disions à propos des essais à la traction, le manganèse peut être utilement employé jusqu'aux teneurs voisines de 1 °/₀ pour les pièces devant supporter sans déformation de grands efforts de torsion, flexion, etc., telles qu'essieux, manivelles, arbres coudés, etc., et en général toutes pièces de machines.

Au-dessus de 1 °/₀ à 1,200 °/₀ de manganèse, les aciers présentent aux chocs une bonne résistance et une grande raideur ; au-dessus de cette limite, ils deviennent fragiles lorsque la teneur en carbone est voisine de 0,500 °/₀.

Toutes ces conclusions s'appliquent, bien entendu, au métal recuit : dans le cas de pièces devant être trempées, on ne pourrait pas employer les aciers extramanganésés, vu la fragilité qu'apporte le manganèse à la trempe ; toutefois certains aciers légèrement manganésés et peu carburés donnent d'excellents résultats par une trempe à l'huile.

Les aciers manganésés fortement trempés deviennent tellement durs, qu'ils peuvent s'égrener sous le marteau ; ils présentent alors une structure saccharoïde brillante extrêmement curieuse, structure que l'on peut faire varier par degrés insensibles dans une même barre d'acier, depuis le gros grain rond et brillant jusqu'au grain fin serré et gris terne (correspondant au maximum de résistance), en faisant la trempe à des températures décroissantes depuis le blanc éblouissant jusqu'au rouge cerise sombre.

INFLUENCE DU CHROME. — Les *aciers chromés* ont été fabriqués d'abord en Amérique et en Angleterre, mais des études spéciales en ont été faites à l'occasion de l'Exposition de 1878 par les aciéries d'Unieux (Holtzer et Cᵉ) et de Terrenoire. La coulée n° 278 de Terrenoire correspondant à de l'acier coulé sans soufflures a donné 86 kilogr. de résistance à la rupture avec 10 °/₀ d'allongement, joints à une bonne résistance au choc ; les aciers chromés sont particulièrement remarquables aux essais de compression.

Les aciéries d'Unieux ont fait des essais d'acier chromé au creuset et sont arrivées à constater que le chrome avec le carbone en proportion convenable dans les aciers leur donnait une supériorité incontestable.

Le chrome a pour effet d'élever dans un acier non trempé la charge à la rupture et surtout à la limite d'élasticité, comme cela a lieu pour les aciers manganésés, tout en laissant à cet acier l'allongement correspondant à sa teneur en carbone, c'est-à-dire qu'un acier chromé, tout en présentant la résistance d'un acier dur, est moins cassant qu'un acier de même dureté simplement carburé.

Le chrome allié au fer ne lui communique pas la propriété de prendre la trempe comme le carbone ; mais un acier chromé et carburé prend plus vivement la trempe et devient plus dur qu'un acier à même teneur en chrome.

Non trempés, les aciers chromés sont en général très difficiles à casser à la masse, après qu'on les a entaillés à la tranche ; ils ont une cassure très nerveuse.

Par la trempe à une température convenable, ils prennent un grain fin, à tel point que pour de fortes teneurs en chrome et en carbone la cassure est pour ainsi dire vitreuse.

A la trempe à l'eau, les aciers chromés ne décapent pas, la pellicule d'oxyde reste adhérente, mais ils deviennent fragiles lorsque la proportion de chrome devient trop considérable.

ACIERS CHROMÉS D'UNIEUX OBTENUS AU CREUSET.

DÉSIGNATION des ÉCHANTILLONS.	Nᵒˢ.	L.	R.	a.	Striction $\frac{s}{s'}$.	OBSERVATIONS.
Aciers recuits non trempés.	A_1	53,50	89.30	8,50	0,640	
	A_2	46,60	75,00	15,50	0,424	
	A_3	57,80	92,00	7,50	0,700	Résultat anormal. Erreur possible.
	B_2	73,30	126,00	7,00	0,920	
	B_3	60,20	91,00	8.00	0,500	
	B_4	46,10	72,20	15,00	0,306	
Aciers trempés à l'huile et recuits au rouge sombre.	A_1	80,00	113,60	6,80	0,780	
	A_2	100,20	110,40	4,50	0,630	
	A_3	90,40	96,70	5,50	0,424	
	A_3	73,30	119,30	7,50	0,840	Effet de la trempe détruit par trop de recuit.
	B_2	90,00	114,00	5,50	0,710	
	B_4	46,00	71,80	15,50	0,310	
Acier trempé non recuit..	B_4	113,30	133,20	6,00	0,570	Éprouvette remarquable par la striction au point de rupture.

INFLUENCE DU SILICIUM. — Mrazek, dans ses études sur l'acier, est arrivé à produire de véritables alliages de fer et de silicium sans carbone ni manganèse. Ainsi par exemple, un métal contenant :

Fer	= 92,48
Carbone	= Traces.
Silicium	= 7,42

a une densité de 7,358, est magnétique, se forge bien au rouge, durcit un peu par la trempe sans que son grain se modifie ; à la chaleur blanche cet alliage se forge et se soude ; il fond à une température un peu supérieure au point de fusion de la fonte grise.

A l'aide de cet alliage, Mrazek a fabriqué au creuset des aciers siliceux sans manganèse, et a constaté les faits suivants : avec 0,200 °/₀ de carbone et au-dessous, la quantité de silicium qui ne nuit pas au laminage peut aller à 1 °/₀, mais avec une proportion de carbone de 400 °/₀ l'acier devient rouverin et ne semble pas pouvoir se laminer, si le silicium monte à 0,400 °/₀ ou 0,500 %; en abaissant cette teneur à 0,200 % environ, l'acier demi-dur carburé peut parfaitement supporter le laminage.

En étudiant avec soin les essais publiés par Terrenoire sur les aciers coulés sans soufflures, on arrive à cette conclusion, relativement à l'influence du silicium sur les propriétés résistantes des aciers : le silicium paraît jouer le même rôle que le carbone, mais avec un coefficient beaucoup moindre.

Les aciers coulés sans soufflures se comportent, à la traction et à la flexion, absolument comme les aciers martelés ou laminés de même composition chimique, et l'augmentation de charge à la rupture, due à la présence du silicium, paraît être le 1/6 seulement de celle due à une quantité égale de carbone. Pour les faibles teneurs cette influence est négligeable; mais pour les teneurs voisines de 0,200 %, 0,300 %, 0,400 %, on peut dire que 0,100 % de silicium correspond à une augmentation ou à une diminution de 1 kilogr. par millimètre carré de charge à la rupture, mais que par contre l'allongement pour 100 n'est diminué que de 0,50 à 0,60 %.

Influence du soufre. — En ce qui concerne l'*influence du soufre* sur les propriétés physiques et mécaniques des aciers, les expériences faites jusqu'à ce jour sont en trop petit nombre pour autoriser des conclusions certaines. Mrazek n'a pas étudié l'influence du soufre sur les aciers, mais, d'après quelques essais faits à Terrenoire il y a une dizaine d'années, et même plus récemment, les aciers sulfureux se laminent bien, à la condition d'avoir été obtenus (par exemple au four Martin), avec du ferromanganèse, et mal s'ils sont coulés avec du spiegel; c'est-à-dire que, lorsque l'on a affaire à des métaux sulfureux, il est absolument nécessaire de corriger la mauvaise influence du soufre par le manganèse.

Toutefois, nous le répétons et appelons l'attention des expérimentateurs sur ce point, rien de bien sérieux n'a été fait en ce qui concerne l'influence du soufre sur la résistance des aciers; la seule chose que l'on puisse dire actuellement, c'est que, le soufre par sa présence rendant physiquement les aciers hétérogènes, on aura souvent, à côté de bons résultats, des résultats anormaux et en général des allongements toujours très faibles et irréguliers en ce qui concerne les essais à la traction.

Ce fait est clairement démontré par les tableaux suivants, ayant plutôt pour but l'étude de l'influence du phosphore, mais desquels, en outre, il ressort que dans les coulées A (dans lesquelles est entrée une forte proportion de vieux rails, non seulement phosphoreux, mais en outre sulfureux) les allongements pour 100 à la rupture sont diminués considérablement par la seule présence du soufre.

Influence du phosphore. — Toute autre est l'influence du phosphore, qui a été étudiée spécialement à Terrenoire Il y aurait tout un travail à faire sur l'influence du phosphore dans les aciers au seul point de vue des essais par traction; mais le cadre dans lequel nous devons nous restreindre ne nous permet pas de donner ici tous les chiffres relatifs à plus de mille barres que nous avons essayées à Terrenoire en 1874.

ACIERS PHOSPHOREUX DE TERRENOIRE, RÉSISTANCE A L'EXTENSION.

NUMÉROS.	Mn.	C.	Si.	S.	Ph.	L.	R.	C.	a.	a'.
Coulées A....	1,700	0,317	»	»	0,312	37,91	55,13	23,83	14,63	»
— B ...	0,580	0,338	»	»	0,260	33,57	51,17	45,05	20,45	»
— C....	0,670	0,320	»	»	0,348	37,63	56,37	41,58	19,95	»
N° 41........	0,746	0,310	Traces à peine sensibles.	Traces à peine sensibles.	0,247	34,37	56,66	47,58	22,66	26,83
35........	0,800	0,274			0,273	35,24	56,32	44,92	21,55	25,14
45........	0,698	0,31			0,308	39,23	62,01	46,70	22,25	26,00

Les chiffres relatifs aux coulées A, B, C sont des moyennes.
Les coulées 41, 35, 45 sont celles de la série phosphorée de l'Exposition de 1878.

Nous devons nous borner à donner quelques chiffres résumant ces expériences; les analyses indiquées représentent une moyenne.

Résistance à l'extension. — En combinant les résultats relatés ici avec ceux des coulées faites au point de vue spécial de l'Exposition de 1878, il est facile de conclure :

1° Que l'allongement n'est pas diminué par la présence de 0,300 % et même 0,400 % de phosphore dans les aciers (dits fers phosphoreux fondus) et qui ne contiennent généralement que fort peu de carbone 0,200 à 0,300 %.

2° Que le phosphore exerce une très grande influence sur la charge à la limite d'élasticité et sur la résistance maxima à la rupture, et l'on peut dire que 0,100 % de phosphore augmente la résistance maxima à la rupture de 1 kilogr. 500 par millimètre carré; son influence est donc à ce point de vue presque aussi forte que celle du manganèse et marquée par 1/4 de celle du carbone. La charge à la limite d'élasticité est fortement affectée, puisqu'elle atteint 62 à 66 % de la résistance maxima à la rupture; il y a dans l'observation des chiffres du tableau ci-dessus (études de 1874) et des coulées 35, 41, 43, de l'Exposition de Terrenoire en 1878, une concordance véritablement remarquable et sur laquelle nous insistons particulièrement : elles sont en effet le résumé de deux séries d'expériences, faites à des points de vue différents, à quatre années de distance, par des opérateurs et des chimistes différents, en introduisant dans le bain soit des fontes initiales, soit de vieux rails phosphoreux.

Enfin, ces mêmes expériences montrent que la contraction est généralement plus faible pour un même allongement que pour les aciers carburés et manganésés; et dans des essais faits sur des tôles de 10 millimètres d'épaisseur, nous avons souvent constaté des allongements de 20 à 25 % mesurés sur 200 millimètres entre repères, alors que l'allongement pour 100 mesuré sur 100 millimètres atteignait seulement 21 à 25 ou 26 %, c'est-à-dire que la barre s'allongeait également dans toutes ses parties. C'est là un caractère d'homogénéité qui s'explique facilement si l'on se rappelle que pour une même teneur en carbone, les aciers contenant du phosphore sont beaucoup plus fluides que ceux exempts de cet élément; que, par suite, le départ des gaz s'y fait plus facilement, et que l'on obtient des lingots ne présentant que peu ou point de soufflures.

Ainsi donc les aciers phosphoreux sont caractérisés par une très forte charge à la limite d'élasticité, une résistance maxima à la rupture assez forte, mais moindre que le double de la charge à la limite d'élasticité, une contraction presque toujours faible jointe à un allongement (quand le métal a été convenablement recuit) généralement aussi considérable que celui correspondant à la même composition chimique comme carbone et manganèse, mais sans phosphore.

Résistance à la flexion. — Grâce à leur composition et à une forte teneur en manganèse, les aciers phosphoreux ont une forte charge à la limite d'élasticité par flexion; en outre, cette charge croît avec la teneur en phosphore, fait qu'il faut rapprocher des essais par traction; de plus, le métal phosphoreux, ayant dépassé le point de déformation permanente, devient pour ainsi dire mou et se déforme plus vite que les aciers ordinaires; il doit en effet, vu la faible distance entre L et R (ce qui le rend fragile au choc), se déformer plus vite pour atteindre le même allongement ou, dans le cas de l'épreuve par flexion, la même flèche.

Les aciers phosphoreux, tout en durcissant dans une certaine proportion par la trempe, conservent encore un allongement assez considérable, ce qui a fait dire que le phosphore empêchait la trempe; c'est là une erreur qui ne doit pas se propager et qui a été commise à une époque où l'on ne connaissait que les aciers durs par le carbone. Il faut bien remarquer que les aciers phosphoreux semblent moins susceptibles de se tremper, par ce seul fait qu'ils sont en général, pour ne pas dire toujours, moins carburés que les aciers ordinaires pour rails; ce sont des aciers à 0,300 °/₀ de carbone, tandis que les aciers Bessemer couramment employés en France pour rails en contiennent 0,500 à 0,700 °/₀ et rentrent parfaitement dans les aciers trempant énergiquement. (Nous ne parlons pas ici des rails déphosphorés, qui n'ont pas encore fait leurs preuves.)

M. Akerman, professeur à l'École des mines de Stockholm, a étudié d'une manière fort remarquable l'effet de la trempe sur les métaux phosphoreux, et les résultats obtenus sont relatés dans un de ses derniers travaux, écrit en suédois et traduit en anglais. Il rappelle ce fait que, pour les fers phosphoreux, la contraction et l'allongement peuvent être augmentés par la trempe, et fait remarquer en particulier que pour ces fers, qui sont très fusibles, on a affaire à des métaux obtenus presque par fusion, et que le fer fondu obtenu au Martin, contenant 0,150 °/₀ de phosphore, est meilleur après qu'avant la trempe.

Dans ce même mémoire, M. Akerman conclut à l'importance de la considération du rapport $\frac{L}{R}$ (rapport de la limite d'élasticité à la charge de rupture, exprimés l'un et l'autre en kilogrammes par millimètre carré) pour définir le métal au point de vue de la résistance au choc. Nous avons dit dans un travail précédent sur les aciers que la mesure de la contraction donnait une idée exacte de la manière dont devait se comporter le métal au choc, et nous croyons que ces deux coefficients C et $\frac{L}{R}$ sont l'un et l'autre importants à considérer.

Toutefois nous pensons qu'au rapport $\left(\frac{L}{R}\right)$ on doit substituer le coefficient (Tr — Te), c'est-à-dire l'aire représentant le travail supporté par le métal entre le moment de sa déformation permanente et le moment où il arrive à la rupture.

La considération de $Tr-Te$ conduit dans certains cas à des résultats qui paraissent anormaux au premier abord et que nous devons préciser; nous prendrons comme exemples les coulées types de Terrenoire : série carburée, série manganésée, série phosphoreuse.

Dans la première catégorie, *aciers durs par le carbone*, on remarque que $\frac{L}{R}$ = environ $\frac{1}{2}$ pour le métal recuit (voir les essais donnés ci-dessus) et devient = à $\frac{1}{1,5}$ pour le métal trempé à l'huile; la limite d'élasticité est donc ainsi plus voisine de la charge de rupture, et l'acier devient plus fragile au choc. $Tr-Te$, varie également et devient plus petit pour le métal trempé par suite de l'abaissement de l'allongement.

Dans la série *manganésée* $\frac{L}{R} = \frac{1}{1,80}$ pour le métal recuit, ce qui montre l'avantage d'une certaine proportion de manganèse pour la limite d'élasticité, et ce rapport reste à peu près le même pour les aciers trempés; malgré cela, $Tr-Te$ diminue, parce que les aciers manganésés durcissent beaucoup par la trempe, au point de vue spécial de la ductilité.

En ce qui concerne les *aciers phosphoreux*, le rapport $\frac{L}{R}$ est voisin de $\frac{1}{1,60}$ pour le métal recuit, et $Tr-Te$ est très considérable, ce qui pourrait conduire à la conclusion que les métaux phosphoreux résistent bien aux chocs (c'est là une anomalie qui demande à être étudiée).

Pour les aciers phosphoreux trempés, le rapport $\frac{L}{R}$ devient $\frac{1}{1,70}$ et $Tr-Te$ diminue malgré cela. On voit donc qu'en réalité on peut dire que le métal phosphoreux paraît devenir meilleur par la trempe, si l'on considère le rapport $\frac{L}{R}$, mais n'est pas amélioré si l'on considère la valeur $Tr-Te$, que nous considérons comme donnant mieux que $\frac{L}{R}$ la valeur de la résistance au choc; mais il est nécessaire, en tout cas, de faire des expériences directes au choc.

En résumé, des considérations qui précèdent sur l'influence des corps étrangers qui entrent le plus généralement dans la constitution des aciers ou fer fondus, nous avons proposé les formules suivantes comme représentant la moyenne des résultats obtenus en essayant à la traction diverses séries d'aciers, principalement en ce qui concerne la résistance maxima et l'allongement a' à la rupture, formules se rapportant au métal recuit :

$$R = 30 + 18c + 36c^2 + 18\,Mn + 15\,Ph + 10\,Si,$$
$$a' = 42 - 36c - 5{,}5\,Mn - 6\,Si,$$

et dans lesquelles les teneurs en carbone, manganèse, silicium, phosphore, sont exprimées en tant pour 100.

Nous n'avons pas fait intervenir le soufre dans ces formules, n'ayant pu, faute de chiffres, déterminer le coefficient spécial relatif à cet élément. Nous ferons la même remarque pour le chrome.

En rapprochant ces formules des observations que nous avons faites sur les valeurs relatives de la charge à la limite d'élasticité, de la résistance maxima à la rupture, des allongements pour 100 mesurés sur 100 et 200 millimètres, de la contraction pour 100, etc., on aura tous les éléments caractérisant un type d'acier donné, au moins en ce qui concerne les essais à la traction.

Ces formules sont applicables au fer doux fondu, homogène et soudable, tel qu'il est obtenu aujourd'hui, soit en Suède avec des minerais extrapurs, soit en Autriche au Bessemer basique (Witkowitz), soit dans quelques autres usines du continent, qui essayent la déphosphoration sur sole et arrivent de cette manière à produire du fer doux fondu de pureté idéale.

Les formules donnent pour le fer doux fondu contenant à peine 0,100 °/₀ de carbone (mieux 0,060 à 0,080), environ 0,200 à 0,300 °/₀ de manganèse et des traces non dosables de silicium, soufre et phosphore :

R = 30 à 32 kilogr. par $^m/_{m^2}$.
a' = 42 à 40 °/₀ mesuré sur 100 $^m/_m$.

Pour compléter ce qui est relatif aux propriétés mécaniques des aciers, nous citerons ici pour mémoire les intéressants essais à la torsion, à la compression, au cisaillement, etc., faits par le professeur Bauschinger sur les aciers de Reschitza et pour lesquels nous renverrons aux mémoires spéciaux.

Comparaison des divers modes d'épreuves. — Après nous être occupés avec quelques détails des essais de différents genres auxquels peuvent être soumis les aciers, il nous faudrait maintenant établir, dans les limites du possible, les rapports existant entre les divers modes d'essai.

Quelle est, par exemple, la relation entre les essais à la traction, à la torsion, au choc, etc. ?

Ce serait là une question intéressante à élucider, et nous pouvons dire dès à présent que le mieux pour apprécier la qualité d'un métal est de faire simultanément des essais à la traction et des épreuves de choc ou de pliage : c'est ainsi que procèdent du reste l'artillerie et la marine; les compagnies de chemins de fer ont surtout recours aux épreuves de flexion et de choc, etc.

Les rapports suivants paraissent exister entre les essais à la traction, à la flexion et au choc.

Un métal qui, aux épreuves par traction, donne une faible charge à la limite d'élasticité, donne également une faible valeur de R, et, en général par contre, un fort allongement et une contraction le plus souvent variable, mais intimement liée à la pureté physique du métal. Si les valeurs de L et R croissent, C et a' diminuent : voilà une loi générale qui s'applique à l'acier type, c'est-à-dire a l'acier carburé. Le même métal essayé à la flexion donnera une faible charge à la limite d'élasticité et une forte flèche à la rupture, de sorte que la charge de rupture par flexion semble devenir très considérable; mais, en réalité, cela tient à ce que l'on arrive à un pliage considérable avant d'atteindre la rupture. Contrairement, un acier dur, ayant à la traction une forte charge à la limite d'élasticité et une forte résistance maxima à la rupture, présentera à la flexion une très forte valeur de L, une très faible flèche, et la valeur de R suivra de très près la valeur de L, dans le cas où la valeur de C dans l'essai à la traction est faible. Dans le cas, au contraire, où C est grand, la valeur de R s'éloigne de L et devient quelquefois fort considérable, comme dans le cas des aciers manganésés et chromés, etc.

Si l'on examine les essais au choc, on peut dire qu'un métal doux à la traction sera doux également au choc, à la condition toutefois d'avoir une forte contraction; c'est ainsi que les aciers relativement durs à 0,600 ou 0,700 de carbone résistent parfaitement aux chocs; de même les aciers à faible teneur en carbone contenant 0,800 à 1 °/₀ de manganèse.

L'essai à la traction peut donc dans certaines mesures être considéré comme le criterium de la *valeur pratique des aciers*, et c'est ce qui nous a fait choisir les résultats fournis par ce genre d'essai comme base d'une classification rationnelle des aciers.

Les aciers durs à la traction résistent également bien à la compression, et très bien surtout au cisaillement (par pression lente et non par choc). A la torsion, les aciers se classent de même, et il a été constaté que les aciers doux pouvaient subir sans rupture une torsion de près de deux circonférences.

Enfin, pour résumer ce qui concerne l'influence du carbone, du manganèse, du chrome, du silicium, du soufre et du phosphore sur les propriétés physiques et mécaniques des aciers, nous dirons :

a. Le *carbone* rend les aciers rigides et élastiques, il accroît leur charge à la limite d'élasticité ou, ce qui revient au même, leur allongement élastique maximum; mais leur résistance vive de rupture *Tr* diminue dès que le carbone dépasse 0,500 °/₀; le carbone diminue l'allongement et la contraction, ce qui se traduit pour les aciers durs par une fragilité au choc.

b. Le *manganèse*, comme le carbone, rend les aciers rigides et élastiques, et accroît leur allongement élastique maximum, tout en laissant l'allongement à la rupture assez considérable, ainsi que la contraction, ce qui se traduit par une forte valeur de L et de R à la flexion, une bonne résistance au choc et aussi une valeur plus grande (que pour les aciers simplement carburés) de la résistance vive de rupture.

c. Le *chrome* (et tous les métaux analogues tels que le *tungstène*, etc.) a pour effet d'élever dans un acier simplement recuit la limite d'élasticité, la charge de rupture, tout en laissant à cet acier l'allongement correspondant à sa teneur en carbone; les aciers chromés présentent une forte contraction et, quoique durs, ils sont moins fragiles au choc que les aciers simplement carburés; ils paraissent être remarquablement résistants à la compression, et *Tr* à une grande valeur.

d. Le *silicium* joue le même rôle que le carbone, avec un coefficient de 1/6 environ; il rend les aciers durs, en diminuant légèrement les allongements; la valeur du travail de résistance vive à la rupture décroît par suite avec l'augmentation de la teneur en silicium.

e. Le *soufre* rend les aciers non homogènes, diminue la charge de rupture et l'allongement tant à la traction qu'à la flexion et au choc.

f. Le *phosphore* rend les aciers rigides et élastiques, accroît leur allongement élastique maximum et leur résistance vive de rupture par traction (fait assez anormal, puisqu'ils sont fragiles au choc), mais ne modifie pas leur dureté. Ces aciers manquent de corps, ils sont rigides sans être durs. Aux essais à la flexion et à la traction, ils paraissent, pendant les premiers instants de l'épreuve, supérieurs, mais deviennent ensuite mous, arrivent vite à la rupture et sont principalement fragiles au choc dès que la proportion de phosphore dépasse 0,250 °/₀, même si le carbone reste voisin de 0,300 °/₀. En diminuant encore la proportion de carbone, on arrive à des résultats fort remarquables; toutefois, pour apprécier le manque de corps des aciers phosphoreux, il est nécessaire de faire des essais de choc qui révèlent leur infériorité, fait, du reste, que l'on peut prévoir par la considération de leur faible contraction de section aux épreuves par simple traction. Ce sont des aciers qui sont élastiques, mais qui deviennent peu après mous et fragiles.

Aux essais de traction, flexion, etc. il faudrait joindre des épreuves au choc bien comparatives et, en outre, des épreuves à la pénétration par pression lente ou par choc qui peuvent offrir le plus grand intérêt pour les aciers destinés au matériel d'artillerie, de la marine et des chemins de fer.

Dans les tableaux qui accompagnent ce travail (voir également plus loin, *Classification des aciers*), nous avons donné non seulement les valeurs de L, R, C, a, a', mais également les valeurs des travaux de résistance vive élastique et de rupture exprimées par les formules suivantes :

$$[1] \qquad Te = \frac{L}{2} \times i$$

(i étant l'allongement élastique), qui représente le petit triangle correspondant à la période d'élasticité dans les diagrammes tracés à l'aide des données des expériences à la traction :

$$Tr = AL \int_0^{i''} \varphi(i)\, di$$

ou approximativement la formule proposée par M. Tournaire qui, dans la plupart des cas, est suffisante pour la comparaison des divers types d'acier et dans laquelle il n'est pas tenu compte de la période de striction.

$$[2] \qquad Tr = a\left(R - \frac{R - L}{3}\right).$$

Les diagrammes ci-joints donnent dans la

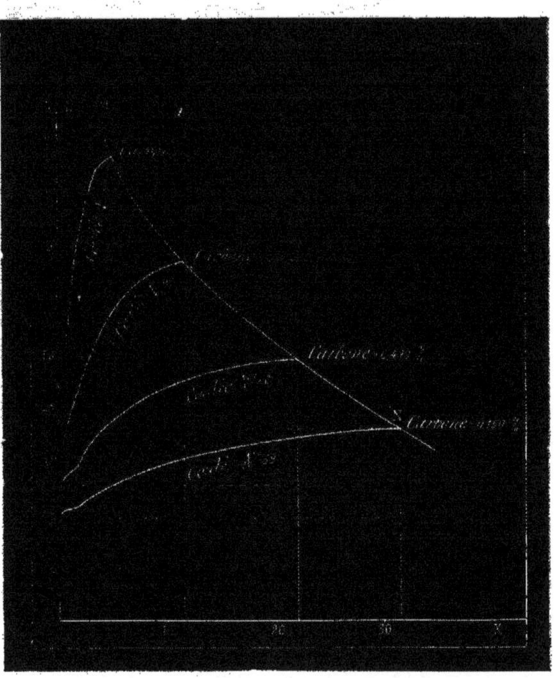

Fig. 61. — Variations de Tr avec la teneur en carbone. Série carburée de Terrenoire.

figure 65 (voir *Classification des aciers*) la valeur de la résistance maxima à la rupture d'un acier en fonction de ses teneurs en carbone et en manganèse. Pour avoir, par exemple, la résistance d'un acier à 0,600 % de carbone et 0,750 % de manganèse, on tracera une verticale par le point 6 de l'échelle des abscisses jusqu'à la rencontre de la ligne ponctuée Mn = 0,750 ; la longueur de cette verticale donne la résistance maxima à la rupture par traction, soit 67 kilogrammes par millimètre carré.

Les figures 61 et 62 donnent les travaux de résistance vive de rupture pour les aciers des séries carburée et manganésée de l'exposition de Terrenoire (Paris, 1878).

Dans ces figures les abscisses représentent les allongements a ; les ordonnées, les charges de rupture R pour le métal simplement recuit.

La ligne O L est celle correspondant à la limite d'élasticité ; le module d'élasticité étant constant pour tous les aciers ; cette ligne est la même pour les différents diagrammes.

Dans la figure 62, correspondant à des aciers à teneur à peu près constante en carbone et à teneur variable en manganèse, on trouve que la ligne P Q est une droite ayant une équation de la forme

$$\frac{x}{A} = \frac{B-y}{B}, \text{ d'où } x = \frac{A}{B}(B-y).$$

Le travail de résistance vive de rupture Tr est égal dans chaque cas à l'aire complète du rectangle inférieur, plus les 2/3 du rectangle supérieur, d'après la formule proposée par M. Tournaire.

Ces deux rectangles, ayant même base, sont entre eux comme $\frac{R}{R-L}$, rapport qui est à peu près constant pour tous les aciers manganésés, de sorte que le maximum du travail de résistance

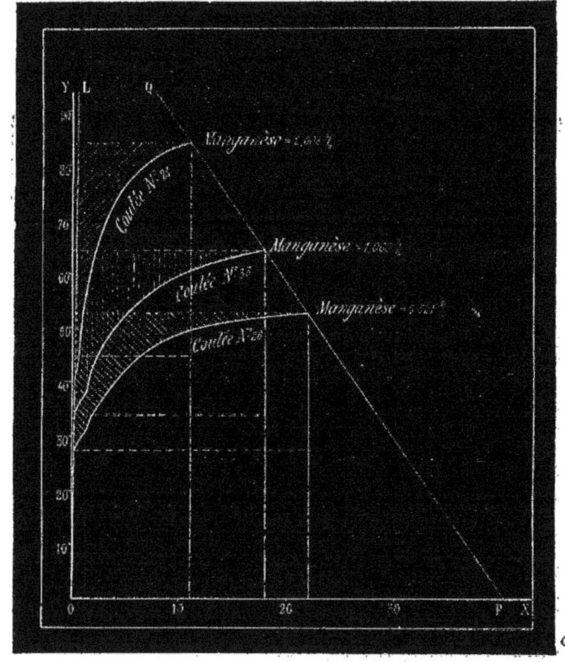

Fig. 62. — Variations de Tr avec la teneur en manganèse. Série manganésée.

vive de rupture aura lieu pour le maximum de l'expression

$$\frac{A}{B}(B-y)\,y.$$

$\frac{A}{B}$ étant constant, le maximum a lieu quand $B - y = y$ ou $y = \frac{B}{2}$, ce qui correspondant pour les aciers manganésés à 57 kilogr. 50 et 20 °/₀ d'allongement, c'est-à-dire le type des aciers pour pièces soumises à de grands efforts de flexion et de choc.

Pour les aciers carburés (fig. 2) la ligne M N n'est plus droite, mais on peut calculer approximativement la valeur Tr.

Ce maximum a lieu pour des aciers dont la charge de rupture par traction est de 35 à 45 kilogrammes par millimètre carré avec 30 à 20 °/₀, chiffres correspondants aux aciers employés par la marine pour tôles douces, et plus particulièrement aux tôles suédoises publiées par le Jernkontoret.

Nous devons faire observer ici que les diagrammes ci-dessus ne sont qu'approximatifs. En décembre 1880 (*Industrie minérale de Saint-Etienne*), nous avons appelé l'attention sur l'intérêt qu'il y aurait à disposer les machines à traction de manière à tracer les diagrammes du travail, comme cela se fait pour la vapeur. M. V. Pohlmeyer a réalisé ce *desideratum* et a construit une machine donnant les diagrammes exacts; cette machine ouvre ainsi la voie à des études plus exactes et plus scientifiques sur les propriétés mécaniques des aciers.

Propriétés magnétiques, électrochimiques, etc. des aciers. — MM. Durassier et Trèves sont arrivés dans leurs *études sur le magnétisme* des aciers aux conclusions suivantes :

Les aciers se distinguent par la faculté de prendre la trempe et de garder leur magnétisme. Pour étudier ce qui concerne le magnétisme, ils ont opéré sur une série d'aciers ayant une teneur en carbone variant de 0,250 à 0,950 %. Ces aciers ont été trempés en trois séries : à l'huile, à l'eau et à l'eau bouillante, puis aimantés jusqu'à saturation par la méthode de double touche, et la force coercitive mesurée par la méthode des déviations.

L'angle de déviation varie avec le degré de trempe, mais la variation est faible; il varie également avec la teneur en carbone et passe de 47° pour un acier renfermant 0,950 de carbone et 95 kil. 50 de résistance à la rupture à 13° pour un acier à 0,250 et 41 kilogr. 30.

ESSAIS SUR LE MAGNÉTISME.

TENEURS en carbone.	R.	ANGLES DE DÉVIATION.		
		Aciers trempés à l'eau froide.	Aciers trempés à l'huile.	Aciers trempés à l'eau bouill.
0,950	95,50	47°,0	44°,0	43°,0
0,550	68,20	45 ,0	37 ,0	30 ,0
0,500	64,40	42 ,5	37 ,0	30 ,0
0,450	59,70	33 ,5	29 ,0	22 ,0
0,250	41,30	13 ,0	12 ,0	10 ,0

M. Durassier, à la suite de ces expériences, a proposé un programme pour étudier l'influence du manganèse, du phosphore, etc., sur la force coercitive des aciers :

1° Mesurer la force coercitive de deux barreaux ayant même teneur en carbone, l'un non manganésé, l'autre ayant, au contraire, une proportion déterminée de ce dernier élément;

2° Chercher dans la série simplement carburée un acier à même force coercitive que l'acier simplement manganésé.

On déduira de ces deux expériences la relation d'équivalence du carbone et du manganèse, en ce qui concerne le magnétisme. Il faut enfin faire remarquer que l'équivalence établie d'après la force coercitive des aciers doit exister aussi pour les ténacités, puisqu'il est établi que cette force coercitive (pour les aciers carburés du moins) varie comme la ténacité.

On peut, à ce point de vue, faire la comparaison entre les chiffres donnés par M. Durassier et les formules empiriques que nous avons indiquées ci-dessus pour la valeur de R et de a' en fonction des teneurs en carbone, manganèse, phosphore, etc.

Des expériences sur le même sujet ont été faites, il y a quelques années, par M. Waltenhofen (*Industrie minérale*, 2e série, t. IV) et plus récemment par M. Raoul Pictet, de Genève, qui a publié les résultats auxquels il est arrivé dans les *Archives des sciences naturelles*, 1881.

M. Pictet a étudié en particulier un certain nombre d'aciers à outils de la maison Seebohm et Diekstahl, de Sheffield, ainsi que des aciers autrichiens, français et allemands. Nous renverrons pour les détails au mémoire de l'auteur : « Étude comparative de différentes qualités d'acier au point de vue de leur aimantation et de la permanence de leur pouvoir magnétique », et nous indiquerons seulement ici quelques-unes des principales conclusions, savoir :

1° Si on compare les différentes qualités d'acier au point de vue magnétique, on doit donner la préférence à l'acier qui atteint et conserve le mieux le pouvoir magnétique le plus considérable.

2° Le pouvoir magnétique des aciers est en rapport avec la proportion de carbone.

3° Une trop forte proportion de carbone est mauvaise.

4° Une trop faible proportion de carbone supprime ou affaiblit le magnétisme rémanent.

5° L'augmentation du pouvoir magnétique dans un aimant, par le seul fait de la présence au contact de son armature, est un phénomène certain pour quelques qualités d'acier, mais il n'est point constant pour toutes les qualités.

6° Ce sont les premières passes magnétiques qui développent la presque totalité du magnétisme des aciers dans tous les aimants artificiels.

Nous terminerons ce qui est relatif au magnétisme des aciers en rappelant que M. W. Metcalf, d'accord en ce point avec les auteurs précédents, a montré par des expériences récentes (*Transactions of the American Institute of Mining Engineers*) que l'acier à 0,900 % de carbone paraît donner les meilleurs résultats à l'aimantation et rapproche les résultats relatifs aux pouvoirs magnétiques de ceux obtenus pour l'élasticité, la ténacité, etc.

Après avoir indiqué les quelques expériences faites au point de vue du pouvoir magnétique des aciers, nous dirons quelques mots de leurs *propriétés électrochimiques*. Là encore, nous ne trouvons que quelques résultats isolés, mais qui n'en méritent pas moins une mention.

Lorsque à la tôle de fer a dû se substituer d'une manière presque définitive la tôle en métal fondu Bessemer ou Martin, pour la construction des coques de navires, l'on s'est beaucoup préoccupé de l'attaque par l'eau de mer des diverses qualités d'acier.

M. Pourcel a, dès cette époque, fait des expériences à Terrenoire, dans le but de déterminer quelle était l'influence de la teneur en carbone sur la résistance des fers et des aciers à l'action d'une eau salée.

Dans ce but, il a préparé au laboratoire, et aussi exactement que possible, un bain liquide analogue comme composition à la moyenne des eaux océaniques; il y a plongé pendant un temps déterminé des plaques de différents métaux, a mesuré l'usure de ces plaques par la perte de poids, et en outre l'action électrochimique à l'aide du galvanomètre.

Les résultats auxquels il est arrivé (confirmés du reste par des expériences plus récentes faites dans ces dernières années au laboratoire de Terrenoire, en présence de M. Barba, alors ingénieur de la marine) ont permis d'établir les relations suivantes :

1° Le fer soudé, grâce à son hétérogénéité, à la présence de scories interposées, en un mot à sa plus grande surface d'attaque pour un volume *extérieur* donné, donne au galvanomètre une déviation supérieure à celle fournie par les métaux fondus doux et durs.

2° Les aciers (y compris les métaux doux fondus) s'attaquent d'autant plus rapidement sous l'action de l'eau de la mer qu'ils sont plus carburés; les aciers les plus doux, les fers fondus s'attaquent très lentement et doivent en conséquence être préférés pour la construction des coques de navire aux aciers plus carburés et en outre aux fers soudés.

BIBLIOGRAPHIE. — Konick et Ghilain. *Sur l'état du silicium dans les aciers Bessemer.* Revue universelle des Mines. Liège, 1877.

Adamson. *Propriétés du fer et de l'acier. Choc, traction, influence de la température, résistance aux liquides corrosifs, etc.* Iron and Steel Institute, 1878.

L. Pérard, *Expériences sur l'élasticité.*

W. Kent. *Notes sur des expériences faites en Amérique sur les allongements d'une barre d'acier Bessemer.*

Revue universelle des Mines. Liège, 1880.

T. Egleston. *Considérations expérimentales sur la nécessité d'étudier méthodiquement la résistance des métaux soumis à des efforts répétés et sur une loi de fatigue et de restauration des métaux.*

Pattinson. *Méthode volumétrique de dosage du manganèse dans les minerais, fers, fontes, aciers, etc.* Iron and Steel Institute, 1879.

V. Deshayes. *Méthode colorimétrique pour le dosage du manganèse.* Société chimique de Paris, 1876.

Pérard. *Expériences sur le développement du magnétisme induit par la terre dans le fer laminé nerveux.* Revue universelle des Mines. Liège, 1881.

Durassier et Trèves. *Recherches sur le magnétisme des aciers.* Bulletin de l'Industrie minérale de Saint-Étienne, 2e série, t. XI, 1877.

Euverte. *Influence du phosphore et du manganèse sur les propriétés physiques des aciers.* Congrès de Saint-Étienne, Industrie minérale, 2e série, t. V, 1876.

V. Deshayes. *Notes sur les rapports existant entre la composition chimique et les propriétés mécaniques des aciers.* Annales des Mines, mars-avril 1879.

Divers auteurs. *Notes sur les propriétés, la composition, les méthodes d'analyses et la résistance des aciers.* Bulletin mensuel de l'Industrie minérale de Saint-Étienne, 1878.

Gruner. *Études métallurgiques.* Annales des Mines, 1879.

J.-H. Drown. *The determination of silican and titanium in pig iron and steel.* Meeting de New-York. American Institute of Mining Engineers, 1880.

A. Ford. *Method for the estimation of manganese in spiegels, irons and steels.* Meeting de Philadelphie. American Institute of Mining Engineers, 1880.

E. Marché. *On certain matters affecting the use of steel.* Meeting de Paris. Iron and Steel Institute, 1878.

A.-E. Tucker. *A new method for the determination of oxygen in iron and steel.* Iron and Steel Institute, 1881.

G. Rolland. *Note sur l'acier chromé.* Annales des Mines, 1878.

Lebasteur. *Les métaux à l'Exposition de 1878.*

Mussy. *Note sur l'acier.* Bulletin de l'Industrie minérale de Saint-Étienne, 1877.

Mag. Troilius. *Chemical method for analysing steel rails.* American Institute of Mining Engineers, octobre 1881.

Divers catalogues officiels de l'Exposition de 1878, et, en particulier, usines de Terrenoire, usines de Reschitza, Jernkontoret (comptoir des forges de Suède, etc.).

B. — DE LA STRUCTURE PHYSIQUE DES ACIERS ET DES MOYENS EMPLOYÉS POUR MODIFIER CETTE STRUCTURE, TREMPES, RECUITS, ETC.

Nous avons indiqué dans les pages précédentes quelle était l'influence de la composition chimique des aciers sur leur résistance, et nous avons appelé l'attention plus spécialement sur la valeur de la résistance maxima à la rupture par traction, R, qui semble peu varier avec la qualité du métal au point de vue physique; l'allongement ainsi que la contraction nous paraissent, au contraire, devoir être les caractéristiques de la pureté physique du métal. Cette question de pureté physique, de compacité, de structure intime des aciers a été peu étudiée jusqu'à ce jour, et il n'existe guère sur ce point que les remarquables travaux de M. Tchernoff, en y joignant des observations relatives à l'état cristallin des aciers coulés sans soufflures par le procédé de Terrenoire, état cristallin que l'on peut détruire en totalité par des recuits et des trempes bien appropriés à la nature chimique du métal considéré.

Si l'on examine un lingot d'acier fondu coulé en coquille (lingotière), comme c'est le cas général pour les pièces de forme simple, on constate facilement son manque d'homogénéité au point de vue physique, et l'on doit signaler parmi les défauts les plus apparents :

1° Des *bulles* ou *soufflures* réparties assez régulièrement dans les parties du lingot voisines de la lingotière.

2° Une cavité plus ou moins régulière à la partie supérieure du lingot et désignée généralement sous le nom d'*entonnoir de retassement.*

3° La zone qui entoure l'entonnoir est composée de métal plus ou moins soufflеux, devenant ensuite *spongieux* et de plus en plus compact, à mesure que l'on s'éloigne davantage du centre du lingot, jusqu'à ce que l'on arrive aux bulles situées au contact de la lingotière. La partie moyenne seule du lingot présente une structure réellement compacte, plus ou moins cristalline et possédant la densité normale de l'acier. Dans d'autres cas, on n'observe plus de soufflures, mais au contraire :

1° A la surface, une zone composée d'aiguilles cristallines ayant leur grand axe de cristallisation dirigé perpendiculairement à la surface refroidissante, comme cela s'observe dans la *fonte trempée* en coquille;

2° Une couche à *granulations;*

3° La zone médiane à cassure brillante et compacte;

4° La zone de métal spongieux et enfin l'entonnoir de retassement.

a. — Si l'on étudie en détail les défauts que nous venons de mentionner, on observe que l'entonnoir de retassement provient de la contraction du métal; il est de forme variée, suivant les conditions de refroidissement : cette dernière est très différente si l'on coule en coquille ou en sable, et dans ce dernier cas plusieurs retassements peuvent avoir lieu en même temps autour de certains centres, produisant ainsi des *parties pourries* (comme cela se présente dans les pièces de fonte) dépendant naturellement de la forme plus ou moins compliquée du moule.

L'entonnoir de retassement est absolument inévitable, et rend la partie supérieure du lingot impropre à l'usage; nous disons inévitable dans les conditions ordinaires, c'est-à-dire pour des lingots entièrement coulés en coquille. En surmontant la lingotière d'une masselotte en sable (ou autre mauvais conducteur de la chaleur), le métal compris dans cette dernière reste plus longtemps liquide, et vient abreuver pendant la contraction la portion correspondant à l'entonnoir de retassement. On peut, de cette manière, obtenir des lingots parfaitement sains dans toute leur hauteur, mais à un prix plus élevé, le métal de la masselotte devant être sacrifié et refondu. Ce procédé est employé sans exception pour les projectiles, lingots pour canons, pour frettes, moulages divers, etc., en acier coulé sans soufflures.

b. — Les *soufflures* proviennent sans nul doute de gaz interposés dans le métal; ce dernier, se solidifiant plus ou moins rapidement suivant la conductibilité du moule, suivant la température de coulée, suivant la composition chimique, laisse échapper ces gaz en tout ou en partie. C'est ainsi qu'un métal doux se solidifiant rapidement sera toujours plus bulleux qu'un acier dur qui, restant plus longtemps liquide, permet aux gaz de se dégager à l'intérieur : les soufflures du pourtour du lingot sont d'autant plus rapprochées du centre et d'autant plus nombreuses que le métal est plus doux, moins fluide.

Pour arriver à une solidification moins rapide, on se trouve dans la nécessité de couler les fers fondus à une température extrêmement élevée; mais on tombe alors dans une difficulté bien connue des fabricants qui opèrent la déphosphoration au convertisseur basique : le métal bouillonne, sort de la lingotière, puis redescend, et l'on arrive à un résultat peu pratique, l'obtention de lingots creux sur une certaine longueur et vulgairement appelés *tuyaux*. D'autre part, si on coule des aciers durs ou demi-doux à très haute température, s'ils sont carburés et en même temps bien désoxydés par une addition convenable de manganèse, on obtient des lingots plus sains, ne contenant plus que les bulles de la surface et l'entonnoir de retassement.

A ce sujet nous devons rappeler ce fait : que lorsqu'on emploie des matières très pures, comme en Suède ou dans les usines d'Autriche (où, par conséquent, on ne peut invoquer l'influence du phosphore ou autres impuretés), on remarque que, pour une même teneur en carbone, les aciers obtenus au Bessemer ont une plus forte valeur de résistance à la rupture que ceux obtenus au Martin. Ces faits ont été remarqués par le Jernkontoret et à Reschitza; mais, pour cette dernière usine en particulier, on ne parle pas du dosage du manganèse, qui exerce une influence certaine sur la résistance. Quoi qu'il en soit, en admettant que le manganèse reste constant, on peut expliquer ces différences de résistance en remarquant que l'on coule généralement plus chaud au Bessemer qu'au Martin.

Il en résulte un métal plus fluide, qui laisse mieux échapper les gaz et qui, par suite, sera moins soufflé au Bessemer; et tous les industriels savent que des coulées extrachaudes fournissent des lingots absolument exempts de soufflures, et qui présentent le grand inconvénient de taper au réchauffage, lorsque celui-ci est fait trop brusquement. Ces considérations tendent à prouver que le métal Bessemer, pour un même degré de dureté due au carbone, est plus compact que le Martin, et en conséquence ces deux aciers, une fois laminés, présenteront, le premier une cassure plus serrée que le second, qui sera toujours plus ou moins fibreux par suite des soufflures plus ou moins aplaties. Si l'on essaye comparativement à la traction deux barres de même section apparente, on voit tout de suite que celle en métal Martin aura une section utile moindre, et rompra par suite sous une charge plus faible que celle en métal Bessemer. Si, outre cette différence de compacité, on considère l'accroissement de charge qui peut résulter d'une plus grande proportion de silicium dans le métal coulé chaud, on voit que l'on peut parfaitement se rendre compte des différences de résistance observées en Suède et en Autriche.

c. — La *solidification* du métal a rapidement lieu au contact de la lingotière et lentement vers le centre, ainsi que le fait observer M. Tchernoff dans son intéressante étude de la structure des lingots d'acier.

Cette solidification lente vers le centre et la partie supérieure du lingot, ou pour mieux dire vers le tiers supérieur, a pour résultat la formation de nombreux cristaux paraissant appartenir à un système octaédrique à *cristaux* allongés, souvent très enchevêtrés les uns dans les autres et donnant lieu au phénomène désigné par M. Tchernoff sous le nom de *perturbation des axes.*

Cette absence de parallélisme des axes principaux peut s'expliquer par deux causes agissant simultanément :

1° La lenteur du refroidissement des parois au centre favorise la formation d'un grand nombre de centres de cristallisation, avec les directions d'axes les plus diverses.

2° Le centre du lingot restant longtemps dans un état apparent d'accalmie contribue lui-même à la perturbation des axes, et cela d'autant plus facilement que le métal, se retassant et s'affaissant, donne lieu à un mouvement général qui, quoique très lent, suffit cependant pour produire un certain mouvement giratoire (?) des axes des cristaux à l'état naissant.

D'autre part, si l'on considère les parties du lingot où la solidification (ou formation des cristaux) est rapide, on remarque que le métal a de la peine à couler dans les vides, ou, plus exactement parlant, à se développer en cristaux, de telle sorte que la cohésion entre les différents cristaux voisins de la surface du lingot est très faible, en même temps que la forme de ces derniers est irrégulière.

Cette irrégularité provient de trois causes :

1° Il n'existe aucune connexion entre les différents axes des cristaux.

2° Il n'existe aucune dépendance dans la formation des cristaux en des points plus ou moins éloignés du centre de cristallisation.

3° La vitesse de formation des cristaux est rarement symétrique par rapport à l'axe primitif des cristaux se rapprochant généralement de la forme dendritique.

4° Du manque de cohésion résultent les criques, si difficiles à éviter dans les métaux doux, se solidifiant rapidement.

d. — Quant aux *granulations* intermédiaires entre l'écorce et le centre, dit Tchernoff, elles sont dues à la tension intérieure qui se produit pendant le refroidissement. On sait que, lorsqu'un acier très chaud se refroidit lentement, le métal se présente sous forme de granules à formes polyédriques irrégulières. Si l'arrangement de pareils polyèdres est troublé (tandis que le métal est encore chaud), la disjonction aura forcément lieu entre les surfaces de contact des divers granules, ce qui donne un aspect particulier aux cassures faites à chaud au rouge cerise et même au rouge sombre.

Nous renverrons pour plus de détails aux travaux de M. Tchernoff et donnerons seulement ci-joint quelques-uns des dessins de cristaux qu'il a publiés en 1879 (voyez p. 786).

Maintenant que nous avons mentionné les défauts des lingots d'acier coulé, il nous reste à indiquer comment on peut remédier à ces défauts. Les moyens employés jusqu'à ce jour sont de trois sortes :

1° Sans changer les procédés de fusion, on coule un lingot brut de forme simple, qui est ensuite élaboré par des appareils mécaniques puissants (marteaux pilons, laminoirs, martelage à la presse Haswell, etc.), en un produit vendable.

2° On soumet l'acier liquide à une forte pression (procédé Whitworth, etc.) et on obtient par ce moyen des lingots de forme simple qui sont ensuite élaborés par les mêmes moyens mécaniques que les précédents.

3° En arrêtant par des réactions chimiques la formation des gaz dans l'acier fondu (procédé de Terrenoire), on obtient des moulages de forme variée, sans avoir recours aux moyens mécaniques.

Quant aux conditions dans lesquelles doit se faire le martelage, le recuit, la trempe des lingots plus ou moins homogènes coulés par les pro-

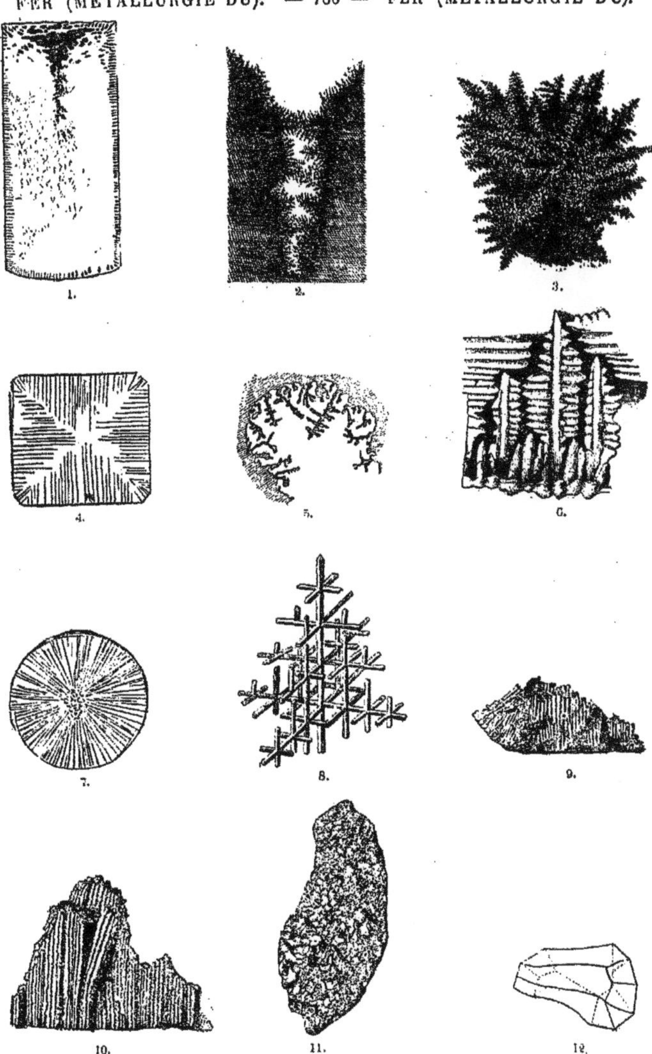

Fig. 63. — 1, Coupe transversale d'un lingot d'acier; — 2, Détails de l'entonnoir de retassement; — 4 et 7, Axes principaux de cristallisation dans un lingot à section carrée ou circulaire; — 5, Géode de cristaux; — 8, Figure théorique montrant les ramifications successives des cristaux; — 3, 6, 9, 10, 11 et 12, Détails de cristaux et granulations.

cédés ordinaires, nous ne pouvons mieux faire que de résumer ici les travaux de MM. Tchernoff et Akerman :

Le premier a appelé l'attention sur ce fait que, lorsqu'un acier capable de durcir par la trempe était soumis à la température du rouge vif, puis qu'on l'a laissé refroidir avant d'être trempé, le durcissement n'avait pas lieu.

En outre, si l'on agite de l'acier coulé pendant son refroidissement, il prend une cristallisation très fine, tandis que les cristaux sont de grande dimension et se développent d'autant plus que l'acier est maintenu tranquille et se refroidit plus lentement; c'est ainsi qu'un métal coulé en sable sera toujours plus cristallin que le même métal coulé à même température en coquille.

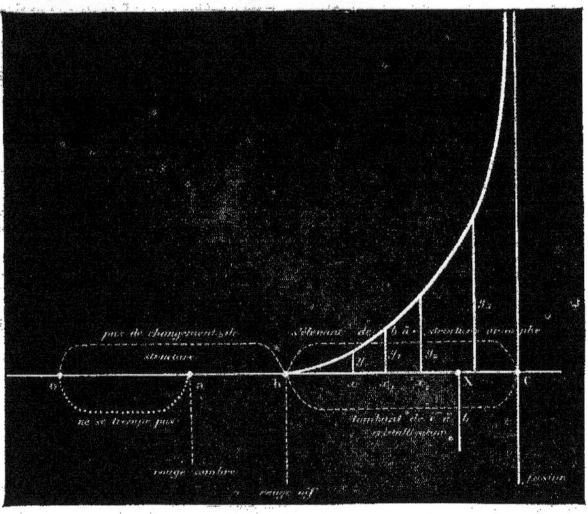

Fig. 64. — Diagramme résumant les conditions dans lesquelles doivent se faire le martelage, le recuit et la trempe des blocs d'acier.

Pour expliquer ces phénomènes, M. Tchernoff compare l'acier liquide à une solution saturée de sels cristallisables et définit les diverses périodes de cristallisation de la manière suivante :

Considérant un lingot d'acier cristallin sortant du moule, le portant au rouge vif, puis le laissant refroidir sans lui faire subir aucun travail mécanique, on constate un changement de structure, variable du reste avec la nature de l'acier.

Le diagramme ci-dessus (fig. 64) résume les conditions dans lesquelles doivent se faire le martelage, le recuit et la trempe des blocs d'acier.

Le point O représentant 0° de l'échelle thermométrique, les points a, b, c sont trois températures définies comme il suit :

1° Le *point c* correspond à la température de *fusion* de l'acier et est d'autant plus éloigné de 0 que le métal est moins carburé, plus doux, plus voisin du fer pur.

2° *Au-dessous* de la température a, l'acier, quelque dur qu'il soit, quelque rapide que soit son refroidissement, *ne trempe pas*, mais au contraire devient plus doux.

3° *Au-dessus* du point b, l'acier passe de l'état cristallin (correspondant au lingot coulé) à l'état *amorphe*, et conserve ce dernier état jusqu'au point de fusion c.

Si l'on chauffe l'acier de 0 à b, on n'observe aucun changement de structure; mais au-dessus de b l'acier devient amorphe, et inversement il y a cristallisation quand la température tombe de c à b, et plus cet abaissement de température sera lent, plus les cristaux seront développés.

D'après Tchernoff, ce même point b correspondrait à celui où le carbone est absorbé dans la cémentation; il faut, par conséquent, pour cette opération chauffer au moins jusqu'à b.

4° Enfin le point X correspondrait à une température voisine et inférieure au point de fusion, où par le chauffage l'acier se désagrège plus ou moins, suivant sa dureté ou sa douceur; ce serait le point où l'on arrive à l'*acier brûlé* s'écrasant sous le marteau. Les ordonnées y, y', y'' entre b et X représentent dans le diagramme le développement des grains aux températures x, x', x'', etc., la courbe devenant asymptote à la verticale passant par le point c, où la désagrégation est complète, puisque l'on arrive à la fusion.

Si nous considérons maintenant ce qui se passe dans le martelage des pièces de canon, exemple pris par Tchernoff, on arrive aux conclusions suivantes par la considération des points a, b, c, ci-dessus définis.

En ce qui concerne le *forgeage au-dessus de b* (c'est celui généralement pratiqué), on n'observe aucune augmentation de densité par le martelage, qui n'a pour but que de changer la forme du lingot, pour l'amener à un produit vendable; d'autre part, ce martelage maintient l'acier à l'état amorphe, si l'on a soin de commencer le forgeage au-dessus de *b* et, dans tous les cas, il faut forger rapidement, de manière à ne pas laisser aux cristaux le temps de se reformer.

Ainsi donc, ce sont les élévations et les abaissements de température qui permettent, en partant d'un lingot cristallin, d'obtenir un bloc à grain fin, serré, homogène, et les expériences publiées par Tchernoff et aussi par la Compagnie de Terrenoire montrent que, par simple recuit et par des trempes convenables, on modifie absolument le grain de l'acier et qu'il n'est pas besoin du martelage pour lui donner toutes ses qualités.

Le *forgeage au-dessous du point b*, au contraire, augmente la densité de l'acier, qui peut arriver jusqu'à 8, chiffre que n'atteint jamais l'acier forgé au-dessus de *b*. — Cette augmentation de densité au-dessous de *b* et non au-dessus est expliquée par Tchernoff de la manière suivante :

L'examen d'un lingot au microscope montre des interstices entre les cristaux. — Quand on chauffe au-dessus de *b*, il arrive un moment où l'état amorphe est acquis, moment qui correspond précisément à celui où les atomes, par suite de la dilatation, remplissent les interstices laissés entre chaque grain; ces interstices étant remplis, le martelage au-dessus de *b* ne peut donc augmenter la densité. — Au contraire, au-dessous de la température *b*, la dilatation n'est pas assez grande pour produire ce remplissage des interstices compris non plus entre les grains (qui n'existent pas encore), mais entre les cristaux, et un martelage peut dès lors resserrer le métal, c'est-à-dire augmenter sa densité.

En pratique, on ne forge jamais au-dessous de *b* : il faudrait des marteaux trop puissants, et ce martelage ne peut être appliqué qu'aux petites pièces. Le métal, dans ces conditions, conserve son état cristallin s'il l'avait avant, les cristaux se déplacent et s'allongent, la densité augmente, la surface est nette; il ne peut, dans certains cas, s'attaquer à la lime, et, par l'emploi des acides, on obtient un damassé, la cassure est soyeuse, et la résistance d'un métal martelé froid doit être très élevée. Nous rapprocherons cette observation de ce que l'on observe dans le laminage des tôles minces, le tréfilage, le mandrinage (Uchatius), etc., où l'écrouissage produit une augmentation considérable de la résistance.

Ainsi le meilleur mode à employer serait, pour les petites pièces de canon, un martelage au-dessous de *b*, avec des marteaux très puissants, et on obtiendrait certainement, d'après Tchernoff, des canons de qualité supérieure.

Pour les grosses pièces, ce martelage étant impossible, il faut forger au-dessus de *b*, pour donner la forme, et comme pour de gros blocs il y a toujours des refroidissements inégaux, il faut réchauffer à nouveau au-dessus de *b* et fixer l'état amorphe par une trempe aussi rapide que possible, refroidir brusquement jusqu'au-dessous de *b* et achever graduellement le refroidissement pour éviter les contractions inégales, et, dans ce but, sortir le métal du liquide trempant, lorsque la température est arrivée au rouge brun.

Dans son travail sur *la trempe du fer et de l'acier, ses causes et ses effets*, M. R. Akerman, professeur à l'École des Mines de Stockholm, après avoir rappelé l'importance de la question, par suite de la découverte récente des aciers sans soufflures, étudie les différentes manières d'être du carbone dans l'acier :

On doit distinguer le carbone à l'état de graphite C_1 et le carbone combiné, dissous ou amorphe qui varie avec le mode de traitement de l'acier; c'est le carbone soluble dans l'acide chlorhydrique. — Le résidu obtenu par dissolution dans cet acide est plus considérable pour l'acier brut que pour l'acier forgé, et plus grand pour ce dernier que pour l'acier trempé. Ces faits conduisent l'auteur à faire une nouvelle subdivision et à classer ainsi le carbone contenu dans l'acier :

1° Le *graphite* C_1 ;

2° Le *carbone de trempe* C_2, le plus intimement combiné avec le fer et qui, en quelque sorte, caractérise l'acier trempé;

3° Le *carbone de cémentation* C_3, incomplètement combiné au fer et passant au graphite; c'est la variété de carbone généralement constatée dans les aciers cémentés. — Ces différentes variétés de carbone se produisent dans les circonstances suivantes :

Le carbone de cémentation C_3 devient carbone de trempe C_2 par chauffage et refroidissement brusque, ce refroidissement étant continué jusqu'à ce que l'on arrive à la température ordinaire; le carbone C_2 devient au contraire carbone de cémentation C_3, si l'on soumet l'acier à un chauffage prolongé, suivi d'un refroidissement lent, sans avoir recours à aucun martelage ou à aucune compression.

Dans le cas d'un acier dur, la trempe produit une très forte compression, par suite du refroidissement rapide des couches extérieures, et cela d'autant plus que la limite d'élasticité du métal est plus élevée.

Le martelage transforme C_3 en C_2 pour deux raisons : compression énergique, finissage à température élevée; d'autre part, le laminage laisse au métal une plus forte proportion de carbone C_3 que le martelage, et si le laminage est achevé à une température plus élevée que ne le comporte la nature de l'acier considéré; le carbone de trempe C_2 formé par la compression du métal par laminage peut se transformer de nouveau en carbone de cémentation C_3.

Si maintenant nous passons à l'étude même de la trempe, l'observation montre que ses effets dépendent :

1° De la proportion de carbone combiné;

2° De la différence de température entre le corps trempé, et le fluide trempant;

3° Enfin de la rapidité du refroidissement.

Cette dernière est fonction, d'une part, de la nature même du liquide trempant (quantité, poids spécifique, chaleur spécifique, point d'ébullition, chaleur de vaporisation, etc.), et d'autre part de la température et de la nature même du métal trempé; car il y a, comme nous l'avons indiqué plus haut, à tenir compte dans l'opération de la trempe, non seulement de la teneur en carbone, mais de la proportion de manganèse, chrome, etc., contenue dans l'acier.

La trempe dépend en outre de l'épaisseur des pièces, et il est nécessaire d'envisager la question au point de vue de la chaleur emmagasinée par un bloc de métal suivant ses dimensions. — D'après l'auteur, il y aurait certaines analogies sur lesquelles on devrait appeler l'attention, et qui sont relatives à la considération de l'équivalent mécanique de la chaleur, dans la transformation moléculaire, obtenue par simple chauffage sans martelage des aciers coulés sans soufflures.

Il nous semble intéressant de signaler comme programme de recherche les lois existant entre :

1° La rapidité du refroidissement; 2° la température du liquide trempant; 3° la température du corps soumis à la trempe; 4° la température finale de l'ensemble, lois desquelles il y aurait lieu de rapprocher celles relatives à la transformation moléculaire par simple recuit, dont nous venons de parler.— Dans l'étude de ces dernières il y aurait non seulement à déterminer pour chaque type d'acier les points *a* et *b* de Tchernoff, mais aussi à étudier l'influence du moule (coquille ou sable) sur la cristallisation du métal.

Nous avons souvent constaté que le même métal coulé en lingotière ou dans un moule mauvais conducteur, donnait après recuit des résultats absolument différents, et il nous semble très probable que si l'on pouvait recuire le métal coulé en sable, à une température suffisamment élevée, on obtiendrait d'aussi beaux résultats qu'en coquille, c'est-à-dire que l'on détruirait en entier la structure cristalline, nuisible à la qualité des aciers. Par ce moyen on éviterait les criques résultant d'un refroidissement trop rapide en coquille, et dès lors le cercle vicieux dans lequel semblent se trouver actuellement les aciers coulés sans soufflures disparaîtrait.

Nous devons, à ce point de vue, appeler l'attention sur la *trempe en coquille* de l'acier (*chilled steel*), trop peu étudiée jusqu'à ce jour, et qui a cependant une grande importance en ce qui concerne les propriétés physiques et mécaniques des métaux fondus.

Dans la deuxième partie de son mémoire, M. R. Akerman étudie *les causes et les effets de la trempe*.

L'hypothèse généralement admise est que par la trempe on saisit le métal dans l'état moléculaire où il se trouve, c'est-à-dire à l'état amorphe si on se reporte à la considération du point *b* de Tchernoff, si cette trempe est faite à une température supérieure à *b*; l'effet de la trempe serait donc un simple résultat de la chaleur, et le refroidissement brusque fixerait simplement l'état moléculaire (*statu quo*).

L'auteur combat cette théorie et propose une explication plus rationnelle des phénomènes dus à la trempe en faisant intervenir la compression produite par le refroidissement rapide, et il donne comme appui à sa théorie les preuves suivantes :

Le corps soumis à la trempe, à moins qu'il n'ait été chauffé trop longtemps et dans de mauvaises conditions, est plus chaud à l'extérieur qu'à l'intérieur, et la compression sera d'autant plus énergique que les couches externes auront été plus vite refroidies par rapport aux couches internes.

Cette force de compression dépend :

1° De la rapidité du refroidissement;

2° De la compacité de la matière; car si la compacité est faible, la réaction de l'intérieur sur l'extérieur sera moindre, ce qui explique pourquoi l'effet de la trempe est plus grand sur le fer fondu que sur le fer soudé;

3° De la limite d'élasticité de la matière; car si cette dernière est faible, les couches extérieures refroidies ne résisteront pas aussi bien à la réaction des couches internes, et celles-ci seront par suite moins comprimées que si L est grand. C'est ainsi que le carbone, le manganèse, etc., élevant la valeur de L, facilitent la trempe; mais il faut bien remarquer que les proportions de carbone et de manganèse ne peuvent croître indéfiniment, et qu'on ne pourrait par ce moyen augmenter la limite d'élasticité : le maximum de L paraît en effet avoir lieu pour une teneur en carbone voisine de 1 °/₀ à 1,25 °/₀, et si la teneur en carbone devient plus considérable, la valeur de L diminue jusqu'à ce que l'on arrive aux fontes grises à paillettes de graphite.

Pour les mêmes raisons, la trempe exalte les propriétés dépendant de la teneur en carbone combiné; aussi la force de tension maxima ne peut-elle croître indéfiniment, et si le carbone est en proportion trop considérable ou la trempe trop énergique, cette tension ou résistance maxima à la rupture se trouve dépassée et le métal casse sous l'action de la trempe. — La diminution de cette force est plus rapide par une forte trempe que par une élévation de la teneur en carbone combinée dans les aciers non trempés, et pour des aciers *surcarburés* (voir les tableaux donnés par M. Akerman, aciers de Höjbo et Wikmanshyttan) la limite d'élasticité et la charge de rupture arrivent à coïncider, tandis qu'avec des aciers moins durs les couches extérieures peuvent se dilater sans se rompre sous l'effort des réactions intérieures.

Il paraît y avoir de grandes analogies entre l'influence de la trempe et l'influence d'une augmentation de la teneur en carbone: l'allongement diminue, la dureté et la finesse du grain augmentent. Dans un autre ordre d'idées, il y aurait à considérer la contraction pour 100, qui est, croyons-nous, la vraie caractéristique de la pureté physique. — On peut dire que les mêmes relations existent entre la trempe et le travail à froid ou à chaud des aciers (agissant par compression) et principalement en ce qui concerne l'étirage à basse température, qui diminue l'allongement, et augmente considérablement L et R, comme cela se présente pour les fils de fer.

Il faut en outre remarquer que le métal laminé donne des valeurs de L et de R plus faibles que le métal martelé, et que l'allongement est moindre pour ce dernier : ce qui tient sans doute à ce que, le martelage étant (et devant être d'après Tchernoff) terminé généralement au-dessous de *b*, il y a effet de compression, comme cela se passe pour la trempe. Enfin on doit observer que le recuit détruit l'écrouissage aussi bien qu'il annule les effets de la trempe.

L'auteur donne encore, comme hypothèse de l'action de la compression dans l'opération de la trempe, ce que l'on observe dans le forgeage ou le laminage des fers phosphoreux, qui ont toujours une grande tendance à cristalliser et à devenir par suite fragiles à froid ; il rappelle que ces métaux sont considérablement améliorés par une trempe convenable, laquelle accroît la ductilité d'un fer phosphoreux peu carburé, en détruisant sa cristallisation comme le ferait un martelage ou un laminage bien approprié.

Enfin si on considère les métaux coulés sans soufflures (procédé de Terrenoire), on constate qu'ils peuvent acquérir par simple recuit suivi d'un refroidissement à l'air (pas trop lent, trempe à l'air) des qualités semblables à celles fournies par les métaux laminés et martelés ; le mieux est sans aucun doute, pour obtenir le maximum de qualité, de porter ces aciers à une température élevée (supérieure au point *b* de Tchernoff) et de les refroidir par une trempe soit à l'air (ce qui sera toujours plus ou moins irrégulier), soit mieux à l'huile.

Suivant que l'on voudra obtenir un métal ductile ou dur, on devra recuire pour obtenir la ductilité perdue par une trempe trop énergique, et tremper à nouveau à l'huile, à basse température, en évitant le refroidissement libre à l'air ou dans un four en présence de gaz absorbable, la première trempe ayant surtout pour but de détruire la cristallisation du métal; ou bien, si l'on désire réellement durcir le métal, réchauffer à nouveau et tremper à haute température, soit à l'huile, soit à l'eau, soit au mercure, ou autres liquides.

La cristallisation plus grande des pièces coulées en sable pourrait être expliquée par la compression moins énergique exercée tant par le moule en sable que par le moule en fonte, ce dernier donnant en quelque sorte lieu pour l'acier à une sorte de trempe en coquille, comme nous l'avons fait observer plus haut.

Nous renverrons, pour plus de détails sur les questions peu connues et fort intéressantes de la trempe et du recuit, aux travaux que nous avons analysés succinctement ici et, en particulier, aux essais publiés par la Compagnie de Terrenoire à l'occasion de l'Exposition de 1878, qui forment avec ceux de Styffe, Kirkaldy, etc., et les tableaux publiés par Tchernoff et Akerman, un ensemble de chiffres fort intéressant à étudier à différents points de vue.

Bibliographie. — Tchernoff. *Remarques sur la fabrication et le travail de l'acier*, traduit du russe. Revue universelle des Mines, Liège, 1877, et Bulletin de l'Industrie minérale de Saint-Étienne.

Tchernoff. *Recherches sur la structure des lingots d'acier coulé*, traduit du russe. Bulletin de l'Industrie minérale de Saint-Étienne, 1880.

R. Akerman. *Note sur la trempe du fer et de l'acier*. Revue universelle des mines, Liège, 1880.

IV. — CLASSIFICATION DES ACIERS ET FERS FONDUS.

Importance d'une classification rationnelle. — Les facilités offertes à l'industrie de varier les dosages, en ayant recours aux nouveaux procédés de fabrication (en particulier en ce qui concerne l'acier fondu sur sole) obligent à établir d'une manière précise à quelle classe d'aciers on doit rapporter tel ou tel métal : en un mot, une classification rationnelle est absolument nécessaire, non seulement pour l'industriel, mais encore pour le consommateur. Celle proposée par le Comité international de Philadelphie, ne définissant que les mots *fer* et *acier*, ne peut être considérée comme une véritable base de classement et n'indique pas les propriétés des aciers suivant leur plus ou moins grande teneur en carbone, en manganèse, etc., éléments qui ont tant d'influence, ainsi que nous l'avons vu dans les pages précédentes, sur la résistance à la traction, à la flexion, au choc, etc., résistances qui, au point de vue de l'emploi même des aciers, jouent le plus grand rôle. Nous avons montré ci-dessus les rapports existant entre les diverses sortes d'essais mécaniques et l'essai spécial de traction pour les aciers et fers fondus; les valeurs de L, R, C, a, a', T e, T r, sont généralement mesurées toutes les fois qu'il s'agit d'étudier un métal, et ces valeurs relatives peuvent être considérées comme offrant une base solide de classification, les résultats d'essai à la traction définissant parfaitement un métal.

En conséquence, certains expérimentateurs ont proposé de prendre comme représentant une classe d'aciers déterminée les valeurs de la résistance à la rupture et de la contraction pour 100. Nous avons cru devoir proposer une classification plus simple encore, basée sur la résistance maxima à la rupture seule, qui est la véritable caractéristique d'un acier, et qui dépend essentiellement de la composition chimique du métal. On peut lui reprocher d'être exclusive et de ne reposer que sur des propriétés chimiques; c'est pourquoi nous ferons remarquer tout de suite que, dans l'état actuel de la science métallurgique, il nous a paru absolument impossible de donner pour les aciers une classification autre qu'artificielle, et nous avons fait et ferons dans ce qui suit de nombreuses réserves concernant la structure physique intime des aciers, qui a certainement une énorme influence sur les qualités intrinsèques du métal, mais qui n'a pas encore été assez étudiée jusqu'ici (sauf par quelques auteurs, Tchernoff, Akerman, la Compagnie de Terrenoire, etc.) pour pouvoir servir de base à une classification. Toutefois nous avons tenu compte, non seulement de la valeur de la résistance à la rupture, mais également de l'allongement pour 100 mesuré sur 100 millimètres et 200 millimètres entre repères; l'allongement pour 100, en effet, comme la contraction, est un coefficient important et donne une idée de la pureté physique du métal. Nous devons, en outre, rappeler ici l'importance des essais au choc.

Ces deux données, *résistance maxima à la rupture* R et *allongements à la rupture* a et a', définissent parfaitement la qualité d'un métal, surtout en y adjoignant la valeur de la charge correspondant à la *limite d'élasticité* L.

On peut, en effet, à l'aide de formules, il est vrai plus ou moins approximatives, mais dans tous les cas comparatives, déterminer le *travail de résistance vive à la rupture* Tr, qui est le coefficient généralement le plus important au point de vue pratique.

Nous avons supposé, en outre, comme point de départ, un métal ayant subi un corroyage moyen sans écrouissage, et nous raisonnerons, comme dans ce qui précède, toujours sur le métal recuit, car il est de toute nécessité, dans des études de ce genre, de recourir à des essais faits dans les mêmes conditions. Les valeurs de R que nous adoptons généralement correspondent à des métaux fondus, coulés en lingotières et provenant du Bessemer ou du Siemens-Martin; laminés ensuite en barres rondes ou carrées, essayées en long après recuit, etc. Les résultats seraient, en effet, absolument différents si les barrettes soumises aux essais de traction étaient découpées dans des rails, essieux, bandages, tôles épaisses ou minces (ces dernières le plus souvent écrouies, etc.).

Nous étudierons successivement les six classes suivantes :

I. Aciers extradoux exceptionnels, ou mieux fers fondus pour lesquels
$R < 40$ kilogr. par $^m/_{m^2}$.

II. Aciers très doux proprement dits, correspondants à
$R > 40$ kilogr., mais < 50 kilogr. par $^m/_{m^2}$.

III. Aciers doux ordinaires
$R > 50$ kilogr., mais < 60 kilogr. par $^m/_{m^2}$.

IV. Aciers durs ordinaires
$R > 60$ kilogr., mais < 70 kilogr. par $^m/_{m^2}$.

V. Aciers très durs
$R > 70$ kilogr., mais < 80 kilogr. par $^m/_{m^2}$.

VI. Aciers extradurs exceptionnels
$R > 80$ kilogr. par $^m/_{m^2}$.

Première classe. — *Aciers extradoux exceptionnels ou fers fondus,*

$R < 40$ kil. par $^m/_{m^2}$.

— Ces métaux ne peuvent être obtenus qu'avec des matières tout à fait supérieures, c'est-à-dire exemptes, dans les limites du possible, de soufre et de phosphore. Ils sont obtenus généralement au four Siemens-Martin, car leur fabrication par le procédé Bessemer est fort difficile, pour ne pas dire impossible. Nous devons toutefois faire remarquer que les nouveaux essais de déphosphoration au convertisseur basique ont montré la possibilité d'obtenir un métal extradoux et pur en partant de matières tout à fait secondaires. Les métaux obtenus en traitant par ce procédé des matières de moyenne pureté sont particulièrement remarquables par l'absence complète d'impuretés telles que silicium, soufre, phosphore, car on ne doit pas considérer comme nuisible pour les métaux extradoux une certaine proportion de manganèse, 0,200 à 0,300 par exemple, proportion qui facilite leur chauffage à haute température pour un laminage fait dans de bonnes conditions. Des métaux de cette nature obtenus dans un convertisseur basique, ou même sur sole, remplaceront sans aucun doute, dans un bref délai, les fers obtenus par voie de puddlage, les fers suédois, car ils sont non seulement moins chargés en carbone, mais en outre plus homogènes (tout en étant soudables) au point de vue physique.

La première classe représente comme types les métaux qui, martelés ou laminés et essayés à la traction dans le sens de l'étirage, ont une charge correspondant à la limite d'élasticité moindre de 18 à 20 kilogr. (peut-être même 16 kilogr. pour les fers fondus soudables) et une charge à la rupture inférieure ou au plus égale à 40 kilogr. par millimètre carré. Pour des fers fondus supérieurs, on est descendu à 32 kilogr. ou 33 kilogr. par millimètre carré, avec des allongements après rupture de 30, 35 et même 40 °/o et avec une contraction le plus souvent supérieure à 60 °/o.

Théoriquement, un acier exempt de manganèse et contenant 0,300 °/o de carbone pourrait ne pas avoir une charge supérieure à 40 kilogr. par millimètre carré; mais tous les fers fondus, même les plus purs, renfermant toujours une certaine quantité de manganèse, on doit limiter la teneur en carbone à 0,150 ou 0,180 °/o (grand maximum), avec 0,200 à 0,300 °/o de manganèse. Ce n'est qu'avec des teneurs en carbone variant de 0,070 à 0,120 °/o que l'on peut obtenir des fers fondus à moins de 34 kilogr. ou 36 kilogr. de résistance à la rupture par traction; il suffit, pour se convaincre sur ces différents points, d'examiner les aciers pour tôles de Suède, remarquables par leur pureté, et particulièrement ceux de l'usine de Motala, qui, avec 0,230 °/o de carbone, n'ont que 40 kilogr. de résistance à la rupture. Ces aciers contiennent encore un peu plus de 0,200 °/o de manganèse, mais ils sont d'une pureté extraordinaire au point de vue du soufre, du silicium et du phosphore. Ce sont là des aciers exceptionnels, car la plupart des usines fournissent au commerce (exemple le n° 11 de la classification du Creusot) des aciers contenant 0,150 °/o de carbone qui, beaucoup moins purs au point de vue des autres éléments, ont la même résistance en kilogrammes que les aciers de Motala.

Disons en terminant ce qui est relatif aux fers fondus, et en particulier aux fers fondus soudables, que, lorsque le soufre, le phosphore et le silicium font absolument défaut, on arrive dans quelques usines à produire un métal à moins de 0,100 °/o de carbone, quelques millièmes de manganèse et correspondant par ses propriétés au travail à chaud, au soudage, etc., aux meilleurs fers au bois, considérés jusqu'à ce jour comme l'idéal; ils sont particulièrement remarquables par leur facilité de soudage, soit entre eux, soit avec les fers obtenus par voie de puddlage; il suffit pour confirmer ces faits de rappeler les épreuves de soudage exposées en 1878 par Reschitza et le Jernkontoret.

Les métaux de la première classe sont, en un mot, les fers fondus par excellence, non seulement comparables par leur malléabilité, mais aussi supérieurs aux meilleurs fers puddlés de Suède, du Staffordshire et du Yorkshire, ainsi que le montraient les nombreux et intéressants essais de pliage, cintrage et plus particulièrement de chocs publiés par le Jernkontoret et résumés ci-dessous.

Si l'on calcule les valeurs du travail de résistance vive élastique, de résistance vive de rupture et que l'on fasse la différence de ces deux quantités, les chiffres obtenus montrent la supériorité du fer fondu sur le fer soudé, et, d'autre part,

Diamètre des disques essayés : 1m,00. — Poids du mouton : 872 kil.
Hauteur de chute du mouton : 1m,50, 4m,50, 9m.

PROVENANCE DES ÉCHANTILLONS.	ANALYSES.					EFFORT ayant produit la rupture.
	Mn.	C.	Si.	S.	Ph.	
Best Yorkshire (puddlé) *a*	»	0,070	0,066	»	0,094	Rupt. au 3e coup à 1m,500
— — *b*	»	0,150	0,215	Traces.	0,125	— 4e — 1 000
Staffordshire (Best-Best)	»	0,060	0,203	0,020	0,248	— 1er — 1 000
Motala Roroda (Lancashire)	»	0,060	0,016	0,020	0,015	— 8e — 1 500
Degersfors —	»	0,050	0,021	0,010	0,026	— 4e — 1 500
Avesta —	»	0,070	0,103	0,015	0,016	— 4e — 1 500
Surahammar puddlé	»	0,050	0,078	»	0,021	— 6e — 1 500
Motala —	»	0,040	0,105	Traces.	0,016	— 5e — 1 500
Motala (Bessemer)	0,151	0,100	0,029	0,005	0,028	— 7e — 4 500
— —	0,213	0,170	0,017	Traces.	0,031	— 7e — 3 500
						(3e — 9m).
— —	0,257	0,230	0,019	0,005	0,028	— 6e — 4m,500
Iggesund —	0,094	0,100	0,023	0,025	0,019	— 6e — 4 500
— —	0,115	0,150	0,019	0,020	0,027	— 7e — 4 500
— —	0,180	0,180	0,015	0,020	0,020	6e et 7e — 4 500
Huddeholm (Bessemer)	0,050	0,050	0,006	»	0,028	5e et 6e — 4 500
— —	0,057	0,080	0,006	»	0,023	5e et 6e — 4 200
						(4e — 9m).
— —	0,108	0,100	0,014	Traces.	0,020	Rupt. au 6e coup à 4m,500
— —	0,115	0,150	0,013	Traces.	0,023	— 6e — 4 500
— —	0,122	0,180	0,018	Traces.	0,025	— 6e — 4 500
— (Martin)	0,086	0,140	0,021	Traces.	0,015	— 6e — 4 500
— —	0,101	0,230	0,042	Traces.	0,011	— 7e — 4 500
Motala —	0,273	0,170	0,028	Traces.	0,030	— 6e — 4 500
						(3e — 9m)
— —	0,137	0,220	0,048	Traces.	0,034	— 7e — 4 500

combien il est peu logique de soumettre à la trempe des tôles de métal doux, même si cette trempe est faite à l'huile (à moins que cette dernière, faite à très basse température, n'agisse comme un recuit); il est nécessaire, en effet, que les tôles employées dans la construction

CLASSIFICATION DES ACIERS

MOYENNE DES RÉSULTATS OBTENUS PAR LES USINES SUÉDOISES,

DÉSIGNATION des CLASSES.	NATURE ET PROVENANCE des ACIERS.	ANALYSES.					MÉTAL RECUIT.					MÉTAL TREMPÉ A L'HUILE				
		M.	C.	Si.	S.	Ph.	L.	R.	C.	a.	a′.	L.	R.	C.	a.	a′.
Ire classe. Aciers extradoux exceptionnels ou fers fondus. R < 40k p. mm2.	Bessemer suédois....	0,125	0,135	0,016	0,007	0,024	17,64	37,04	58,17	31,89	»	»	»	»	»	»
	Martin suédois.......	0,149	0,190	0,027	»	0,022	16,47	37,00	58,98	32,70	»	»	»	»	»	»
	Terrenoire n° 59 M...	0,213	0,150	Traces à p. sensibles.		0,035	19,37	35,45	66,58	31,39	37,46	39,96	45,35	67,25	24,50	29,9
	Creusot n° 11.......	»	»	»	»	»	24,40	39,30	»	28,00 env.	35,00	39,80	46,00	»	26,00 env.	33,0
IIe classe. Aciers très doux R compris entre 40 et 50k p. mm2.	Bessemer suédois.....	0,265	0,275	0,030	0,015	0,025	21,41	44,22	48,35	29,39	»	»	»	»	»	»
	Terrenoire n° 66 M...	0,200	0,490	Traces à p. sensibles.		0,070	25,42	48,77	39,89	22,32	26,01	44,50	69,00	35,27	13,87	16,0
	Creusot n° 16 et n° 9 .	»	»	»	»	»	26,30	44,51	»	24,25 env.	30,50	38,90	59,23	»	19,00 env.	23,9
	Reschitza n° 6,7 M et 7 B.	»	0,176	»	»	»	20,62	44,37	50,85	30,13	39,20	»	»	»	»	»
IIIe classe. Aciers doux ordinaires. R compris entre 50 et 60k p. mm2.	Terrenoire n° 26 M....	0,521	0,450	Traces.	Traces	0,067	27,65	53,14	42,47	23,06	26,53	44,37	75,37	45,37	13,75	14,5
	Terrenoire n° 41, 45 M.	0,773	0,292	Traces.	Traces.	0,260	31,80	56,49	46,25	23,10	25,98	43,45	74,94	42,27	11,50 env.	13,5
	Reschitza, n° 5 et 6....	»	0,398	»	»	»	19,36	53,04	36,05	23,52	29,07	»	»	»	»	»
	Creusot, n° 8, 7, 6....	»	»	»	»	»	31,73	58,45	»	20,33 env.	25,00	50,21	74,85	»	14,17	16,8
IVe classe. Aciers durs ordinaires, R compris entre 60 et 70k p. mm2.	Terrenoire n° 70 M. .	0,266	0,809	Traces à p. sensibles.		0,062	32,47	66,15	17,77	11,27	14,15	66,15	100,28	4,34	2,87	3,3
	— 33 M...	1,060	0,467	0,093	Traces.	0,072	33,77	64,02	40,81	17,97	22,63	47,40	96,75	1,70	2,00	3,3
	— 45 M...	0,693	0,310	Traces à p. sensibles.		0,398	39,24	62,01	46,70	22,25	26,00	49,93	82,87	18,52	9,00	10,5
	Reschitza n° 4 M. - 4, 5 B	»	0,649	»	»	»	21,98	61,12	26,51	59,30	22,97	»	»	»	»	»
	Creusot n° 4 et 5.....	»	»	»	»	»	36,53	66,31	»	17,00 env.	20,00	64,26	95,53	»	10,00 env.	11,2
Ve classe. Aciers très durs, R compris entre 60 et 70k p. mm2.	Terrenoire n° 71 M....	0,266	0,873	Traces à p. sensibles.		0,055	33,76	70,32	8,03	5,23	7,02	81,53	110,20	1,62	0,80	1,1
	— 30 M....	1,305	0,515	0,093	Traces.	0,061	42,28	79,72	31,41	13,60	16,23	»	»	»	»	»
	Reschitza n° 3 M.....	»	»	»	»	»	29,56	75,01	3,32	2,02	2,40	»	»	»	»	»
	Creusot n° 3, 2, 1.....	»	»	»	»	»	39,94	71,76	»	13,50 env.	15,00	75,12	114,30	»	4,77 env.	5,7
VIe classe. Aciers extra-durs exceptionnels R > 80k p. mm2.	Terrenoire n° 82 M ..	0,266	1,000	Traces à p. sensibles.		0,063	39,35	86,05	8,85	5,20	7,35	92,60	130,80	2,05	1,00	1,3
	— 21 M ..	2,008	0,560	0,093	Traces.	0,058	44,76	83,89	25,33	10,91	15,94	»	»	»	»	»
	Id. n° 278 chromée, id.	Mn = 0,750 Cr = 0,750	0,450	»	»	»	38,30	87,20	»	9,00 env.	10 10	»	»	»	»	»
	Reschitza n° 6 B.....	»	»	»	»	»	46,00	98,10	4,73	4,90	7,30	»	»	»	»	»

CLASSIFICATION DES ACIERS ET FERS FONDUS, PAR V. DESHAYES

MOYENNE DES RÉSULTATS OBTENUS PAR LES USINES SUÉDOISES, FRANÇAISES ET AUTRICHIENNES.

DÉSIGNATION des CLASSES.	NATURE ET PROVENANCE des ACIERS.	ANALYSES.					MÉTAL RECUIT.					MÉTAL TREMPÉ A L'HUILE				
		M.	C.	Si.	S.	Ph.	L.	R.	C.	a.	a'.	L.	R.	C.	a.	a'.
Ire classe. Aciers extradoux exceptionnels ou fers fondus. R < 40k p. mm².	Bessemer suédois....	0,125	0,135	0,016	0,007	0,024	17,64	37,04	58,17	31,89	»	»	»	»	»	»
	Martin suédois.......	0,149	0,190	0,027	»	0,022	16,47	37,00	58,93	32,70	»	»	»	»	»	»
	Terrenoire n° 59 M...	0,213	0,150	Traces à p. sensibles.		0,035	19,37	35,45	66,58	31,39	37,46	39,96	45,35	67,25	24,50	29,27
	Creusot n° 11.......	»	»	»	»	»	24,40	39,30	»	28,00 env.	35,00	39,80	46,00	»	26,00 env.	33,00
IIe classe. Aciers très doux R compris entre 40 et 50k p. mm².	Bessemer suédois.....	0,265	0,275	0,030	0,015	0,025	21,41	44,22	48,25	29,39	»	»	»	»	»	»
	Terrenoire n° 66 M...	0,200	0,490	Traces à p. sensibles.		0,070	25,42	48,77	39,89	22,32	26,01	44,50	69,00	35,27	13,87	16,02
	Creusot n° 10 et n° 9 .	»	»	»	»	»	26,30	44,51	»	24,25 env.	30,50	38,90	59,23	»	19,00 env.	23,91
	Reschitza n° 6,7 M et 7 B.	»	0,176	»	»	»	20,62	44,37	50,85	30,13	39,20	»	»	»	»	»
IIIe classe. Aciers doux ordinaires. R compris entre 50 et 60k p. mm².	Terrenoire n° 26 M....	0,591	0,450	Traces.	Traces	0,067	27,65	53,14	42,47	22,06	26,53	44,37	75,37	45,87	13,75	14,50
	Terrenoire n° 41, 45 M.	0,773	0,292	Traces.	Traces.	0,250	34,80	56,49	46,25	22,10	25,98	43,45	74,94	48,27	11,50 env.	13,50
	Reschitza, n° 5 et 6....	»	0,398	»	»	»	19,36	53,04	36,05	23,32	29,07	»	»	»	»	»
	Creusot, n° 8, 7, 6....	»	»	»	»	»	31,73	58,45	»	20,33 env.	25,00	50,21	74,85	»	14,17	16,87
IVe classe. Aciers durs ordinaires, R compris entre 60 et 70k p. mm².	Terrenoire n° 70 M. .	0,266	0,809	Traces à p. sensibles.		0,062	32,47	66,15	17,77	11,27	14,15	66,15	100,28	4,34	2,87	3,30
	— 33 M...	1,060	0,467	0,093	Traces.	0,072	33,77	64,02	40,81	17,97	22,63	47,40	96,75	1,70	2,00	3,30
	— 45 M...	0,693	0,370	Traces à p. sensibles.		0,398	39,24	62,01	46,70	22,25	26,00	49,93	82,87	18,52	9,00	10,50
	Reschitza n° 4 M.-4, 5 B	»	0,649	»	»	»	21,98	61,12	26,51	59,30	22,97	»	»	»	»	»
	Creusot n° 4 et 5.....	»	»	»	»	»	36,55	66,31	»	17,00 env.	20,00	64,26	93,57	»	10,00 env.	11,20
Ve classe. Aciers très durs, R compris entre 60 et 70k p. mm².	Terrenoire n° 74 M....	0,266	0,875	Traces à p. sensibles.		0,055	33,76	70,32	8,01	5,23	7,02	81,53	110,20	1,62	0,80	1,10
	— 30 M....	1,305	0,515	0,093	Traces.	0,061	42,28	79,72	31,41	13,60	16,23	»	»	»	»	»
	Reschitza n° 3 M.....	»	»	»	»	»	26,56	75,01	3,32	2,02	2,40	»	»	»	»	»
	Creusot n° 3, 2, 4.....	»	»	»	»	»	39,94	74,76	»	13,50 env.	15,00	75,12	114,30	»	4,77 env.	5,70
VIe classe. Aciers extra-durs exceptionnels R > 80k p. mm².	Terrenoire n° 82 M ..	0,268	1,000	Traces à p. sensibles.		0,063	39,35	86,05	8,85	5,20	7,35	92,60	130,80	2,03	1,00	1,3
	— 21 M ..	2,008	0,560	0,093	Traces.	0,058	44,76	83,89	25,33	10,91	15,94	»	»	»	»	»
	Id. n° 278 chromée, id.	Mn = 0,750 Cr = 0,750	0,450	»	»	»	38,30	87,20	»	9,00 env.	10 10	»	»	»	»	»
	Reschitza n° 6 B.....	»	»	»	»	»	46,00	98,10	4,73	4,90	7,30	»	»	»	»	»

NATURE ET PROVENANCE des ACIERS.	MÉTAL TREMPÉ A L'EAU.					TRAVAIL DE RÉSISTANCE VIVE ÉLASTIQUE Te.			TRAVAIL DE RÉSISTANCE VIVE DE RUPTURE Tr.			DIFFÉRENCES Tr — Te.			OBSERVATIONS.
	L.	R.	C.	a.	a'.	Métal recuit.	Métal trempé à l'huile.	Métal trempé à l'eau.	Métal recuit.	Métal trempé à l'huile.	Métal trempé à l'eau.	Métal recuit.	Métal trempé à l'eau.	Métal trempé à l'huile.	
Bessemer suédois....	26,18	64,58	37,16	14,95	»	0,000692	»	0,001510	0,974877	»	0,773444	0,974185	»	0,771934	Moyennes d'Iggesund, Motala, Huddeholm.
Martin suédois.......	21,00	54,20	45,28	19,70	»	0,000603	»	0,000987	0,980673	»	0,803390	0,980070	»	0,802603	Moyenne Motala, Huddeholm.
Terrenoire n° 59 M...	31,46	50,18	62,40	16,57	22,62	0,000835	0,002124	0,002210	0,944525	0,748083	0,728085	0,943690	0,745939	0,725875	
Creusot n° 11.......	»	»	»	»	»	0,001328	0,002400	»	0,961320	1,081600	»	0,960193	1,079200	»	
Bessemer suédois.....	24,35	64,15	30,36	15,00	»	0,001039	»	0,001338	1,075897	»	0,763858	1,074878	»	0,762520	Moyennes d'Iggesund et Motala.
Terrenoire n° 66 M...	46,18	74,92	29,17	4,81	7,45	0,001437	0,004405	0,004744	0,915120	0,843850	0,314265	0,913683	0,839445	0,309541	
Creusot n° 10 et n° 9 .	»	»	»	»	»	0,001520	0,003946	»	0,932170	0,996550	»	0,930650	0,993604	»	Moyennes.
Reschitza n° 6,7 M et 7 B.	»	»	»	»	»	0,000944	»	»	1,098238	»	»	1,097294	»	»	Id.
Terrenoire n° 26 M....	37,70	78,50	1,40	0,50	0,50	0,001699	0,004459	0,003160	0,982168	0,893100	0,032480	0,980469	0,888641	0,29,320	Acier carburé pur.
Terrenoire n° 41, 45 M.	44,40	98,02	9,30	4,50	4,75	0,002700	0,004150	0,004385	1,088646	0,748225	0,360673	1,085946	0,744745	0,355290	Aciers phosphoreux.
Reschitza, n° 5 et 6....	»	»	»	»	»	0,000835	»	»	0,924837	»	»	0,924002	»	»	Moyennes.
Creusot, n° 8, 7, 6....	»	»	»	»	»	0,002225	0,005630	»	0,983930	0,582888	»	0,981705	0,577258	»	Id.
Terrenoire n° 70 M. .	»	»	»	»	»	0,002335	0,004910	»	0,619661	0,255172	»	0,616626	0,250262	»	Acier carburé.
— 33 M...	»	»	»	»	»	0,002523	0,005000	«	0,960301	0,136510	»	0,597778	0,131510	»	Acier manganésé.
— 45 M...	»	96,50	1,19	1,00	1,40	0,003435	0,005530	(1)	0,910845	0,647010	(1)	1,207410	0,640471	»	Acier phosphoreux (1).
Reschitza n° 4 M.-4, 5 B	»	»	»	»	»	0,001175	»	»	0,927751	»	»	0,926576	»	»	Moyenne.
Creusot n° 4 et 5.....	»	»	»	»	»	0,002975	0,009800	»	0,9584.0	0,857700	»	0,955485	0,847900	»	Id. (1) L. très rapproché de R. Impossible à mesurer. Très mauvais au choc.
Terrenoire n° 74 M....	»	»	»	»	»	0,002535	0,014600	»	0,408842	0,080512	»	0,406307	0,065912	»	
— 30 M....	»	»	»	»	»	0,003980	»	»	0,914464	»	»	0,910484	»	»	
Reschitza n° 3 M.....	»	»	»	»	»	0,001930	»	»	0,110817	»	»	0,108867	»	»	
Creusot n° 3, 2, 4.....	»	»	»	»	»	0,003566	0,012630	»	0,848960	0,471732	»	0,844394	0,459102	»	Moyennes.
Terrenoire n° 82 M ..	»	»	»	»	»	0,003450	0,019150	»	0,356548	0,117070	»	0,353098	0,097920	»	
— 21 M ..	»	»	»	»	»	0,004460	»	»	0,772973	»	»	0,768513	»	»	
Id. n° 278 chromée, id.	»	»	»	»	»	0,003260	»	»	0,548100	»	»	0,544840	»	»	
Reschitza n° 6 B.....	»	»	»	»	»	0,004720		»	0,395626	»		0,390906	»	»	

ET FERS FONDUS, PAR V. DESHAYES

FRANÇAISES ET AUTRICHIENNES.

Métal trempé à l'eau.					Travail de résistance vive élastique Te.			Travail de résistance vive de rupture Tr.			Différences Tr — Te.			Observations.
L.	R.	C.	a.	a'.	Métal recuit.	Métal trempé à l'huile.	Métal trempé à l'eau.	Métal recuit.	Métal trempé à l'huile.	Métal trempé à l'eau.	Métal recuit.	Métal trempé à l'eau.	Métal trempé à l'huile.	
26,18	64,58	37,16	14,95	»	0,000692	»	0,001510	0,974877	»	0,773444	0,974185	»	0,771934	
21,00	54,20	45,28	19,70	»	0,000603	»	0,000987	0,980673	»	0,803590	0,980070	»	0,802603	Moyennes d'Iggesund, Motala, Huddeholm.
31,46	50,18	62,40	16,57	22,62	0,000835	0,002124	0,002210	0,944525	0,748083	0,728085	0,943690	0,745939	0,725875	Moyenne Motala, Huddeholm.
»	»	»	»	»	0,001328	0,002400	»	0,961320	1,081600	»	0,960198	1,079200	»	
24,35	64,15	30,36	15,00	»	0,001039	»	0,001838	1,075897	»	0,763858	1,074878	»	0,762520	
16,18	74,92	29,17	4,81	7,45	0,001437	0,004405	0,004744	0,915120	0,843850	0,314265	0,913683	0,839445	0,309541	Moyennes d'Iggesund et Motala.
»	»	»	»	»	0,001520	0,003946	»	0,932170	0,996550	»	0,930650	0,993604	»	Moyennes.
»	»	»	»	»	0,000944	»	»	1,098238	»	»	1,097294	»	»	Id.
37,70	78,50	1,40	0,50	0,50	0,001699	0,004459	0,003160	0,982168	0,893100	0,032480	0,980169	0,888641	0,29,320	
44,40	98,02	9,30	4,50	4,75	0,002700	0,004180	0,004385	1,088646	0,748225	0,360675	1,085946	0,744745	0,355290	Acier carburé pur.
»	»	»	»	»	0,000835	»	»	0,924837	»	»	0,924002	»	»	Aciers phosphoreux. Moyennes.
»	»	»	»	»	0,002225	0,005630	»	0,983030	0,582888	»	0,991705	0,577258	»	Id.
»	»	»	»	»	0,002335	0,004910	»	0,619661	0,255172	»	0,616626	0,250262	»	
»	»	»	»	»	0,002523	0,005000	«	0,960301	0,136310	»	0,597778	0,131510	»	Acier carburé.
»	96,50	1,19	1,00	1,40	0,003435	0,005530	(1)	0,210845	0,647010	(1)	1,207410	0,640471	»	Acier manganésé.
»	»	»	»	»	0,001175	»	»	0,927751	»	»	0,926576	»	»	Acier phosphoreux (1). Moyenne.
»	»	»	»	»	0,002975	0,009800	»	0,9584[illegible]0	0,857700	»	0,955485	0,847900	»	Id.
														(1) L très rapproché de R. Impossible à mesurer. Très mauvais au choc.
»	»	»	»	»	0,002535	0,014600	»	0,408842	0,080512	»	0,406307	0,065912	»	
»	»	»	»	»	0,003980	»	»	0,914464	»	»	0,910484	»	»	
»	»	»	»	»	0,0019[illegible]0	»	»	0,110817	»	»	0,108867	»	»	
»	»	»	»	»	0,003366	0,012680	»	0,848960	0,471732	»	0,844394	0,459102	»	Moyennes.
»	»	»	»	»	0,003450	0,019150	»	0,356548	0,117070	»	0,35309[illegible]	0,007920	»	
»	»	»	»	»	0,004460	»	»	0,772973	»	»	0,768513	»	»	
»	»	»	»	»	0,003260	»	»	0,548100	»	»	0,544840	»	»	
»	»	»	»	»	0,004720		»	0,395626	»		0,390906	»	»	

puissent subir des chocs, et même de grandes déformations avant de se rompre, tandis que dans ce cas particulier il n'y a guère à considérer la valeur de la charge, correspondant à la limite d'élasticité.

A la suite des progrès réalisés dans l'industrie depuis plusieurs années, vu surtout la pureté extraordinaire de certains métaux doux fondus, nous pensons que la limite entre le fer et l'acier devrait être considérée comme comprise entre

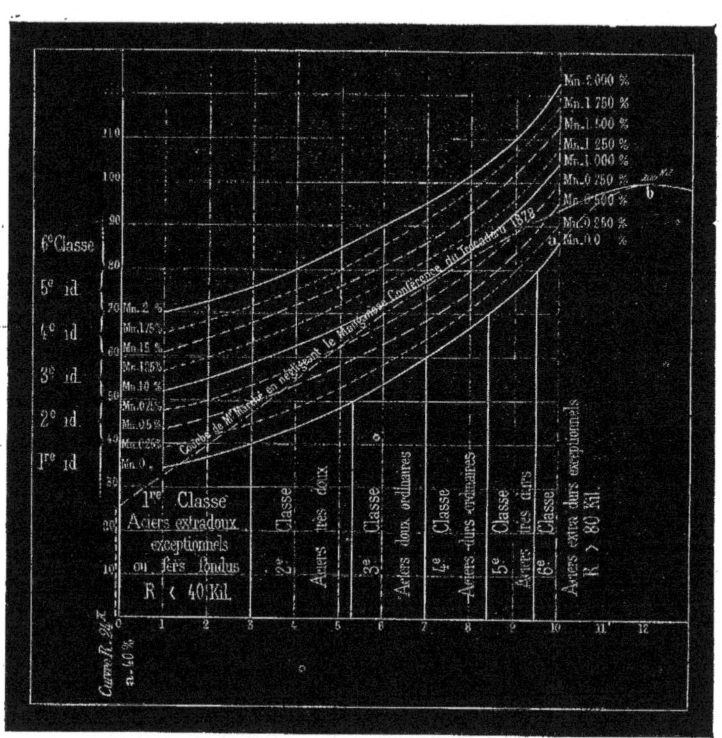

Fig. 65. — Diagramme donnant la valeur de R en fonction des teneurs en carbone et manganèse.

33, 35 ou 36 kilogrammes par millimètre carré au plus, en maintenant toutefois la distinction entre *fer soudé et fer fondu* qui sera toujours d'une grande utilité pratique. Il y aurait peut-être même lieu d'y adjoindre pour certains métaux le nom de *fer fondu soudable*.

DEUXIÈME CLASSE. — *Aciers très doux.*

R > 40 kilogr., mais < 50 kilogr. par $^m/_{m^2}$.

— Ces aciers comprennent, parmi les aciers carburés à faible teneur en manganèse, tous ceux qui contiennent 0,300, 0,500 % de carbone, et dont la teneur en manganèse varie de 0,500 à 0,100 %; c'est-à-dire que l'on pourra obtenir un acier à 40 kilogr. de résistance à la rupture avec 0,300 % de carbone, et des traces de manganèse, voisines du reste de la première catégorie de fers fondus que nous venons d'étudier; ou, d'autre part, un acier à 50 kilogr. par millimètre carré avec 0,500 % de carbone et des traces de manganèse; ou, assez souvent, un acier à 50 kilogr. ayant 0,300 à 0,350 % de carbone avec 0,300 à 0,600 % de manganèse.

Entre ces deux extrêmes se classent les aciers à 42 et 45 kilogr. (types de la marine), pour lesquels on impose, en outre, comme condition de réception, celle de ne pas prendre la trempe; pour ces derniers et pour réaliser cette double *condition de résistance* et de *non-trempe*, il est indispensable de maintenir la teneur en carbone voisine ou un peu inférieure à 0,180 %, tandis qu'on peut élever la teneur en manganèse à 0,300 ou 0,350 %, à la condition toutefois de ne pas exagérer cette dernière teneur, pour ne pas tomber dans l'inconvénient résultant de la faculté de trempe donnée par le manganèse. Nous raisonnerons pour le *métal recuit*, et nous ferons observer que de telles conditions (45 kilogrammes et 20 %, sans trempe) sont extrêmement difficiles à obtenir, et il faut espérer que, dans l'intérêt du producteur, en même temps que dans l'intérêt du consommateur, la marine française comprendra, comme l'a fait la marine italienne, qu'un métal plus doux, plus régulier, plus facile à produire, correspondant à 40 ou 42 kilogrammes avec 23 à 24 % d'allongement, est de beaucoup préférable à celui exigé aujourd'hui.

Quelle que soit la régularité d'une fabrication, les aciers de la 2e classe (40 à 50 kilogrammes) demandent un sous-classement suivant les usages spéciaux auxquels ils sont destinés; un certain nombre d'usines dosent le carbone par la méthode colorimétrique d'Eggertz, d'autres également le manganèse par l'acide plombique.

Ce sont là des expériences sans contredit intéressantes et fort utiles, mais le mieux est, croyons-nous, d'essayer mécaniquement chaque coulée.

On arrive à ce but par diverses épreuves :

Les épreuves directes prises pendant la coulée même du métal consistent généralement à réchauffer une éprouvette circulaire de 5 à 6 millimètres d'épaisseur et 150 à 160 millimètres de diamètre. Ce disque non trempé plie au pilon complètement à fond sans criquer, soit que l'on ait affaire à un métal à 40 kilogrammes, soit à un métal à 50 kilogrammes; mais si on le trempe au rouge cerise un peu sombre dans l'eau à 28° C., il plie différemment, suivant les teneurs respectives du métal en carbone et manganèse.

Un métal à 0,150 % de carbone maximum peut plier en quatre sans criquer; avec 0,160 à 0,180 %, il ne subit plus que le pliage en deux, et à 0,200 il casse nettement au pliage à fond, mais sans présenter de grain dans la cassure. Lorsqu'on arrive à 0,250 ou 0,300 de carbone, l'éprouvette casse à 30° et présente une cassure plus ou moins à grains; si le métal contient plus de 0,200 à 0,300 de manganèse, en même temps que les teneurs que nous venons d'indiquer pour le carbone, l'influence est sensible et la rupture par pliage arrive plus tôt.

Nous devons rapprocher de ces essais le mode de classement employé dans les usines suédoises :

Le lingot d'épreuve obtenu à la coulée possède 30 à 40 millimètres de largeur, 15 millimètres d'épaisseur et 70 millimètres de hauteur environ; il est martelé, et non pas laminé (car l'essai d'un métal martelé ne peut dans aucun cas être comparé à l'essai du même métal laminé, spécialement en ce qui concerne l'épreuve de non-trempe) en une barre de 5 millimètres d'épaisseur et 15 millimètres de largeur; cette barre est ensuite découpée en fragments de 20 à 25 centimètres de longueur, qui sont trempés au rouge cerise clair dans l'eau froide et ensuite pliés à froid.

Ces essais s'appliquent seulement au *métal* fabriqué *sur sole*.

L'expérience a montré que :

1° Un métal à 0,100 % de carbone plie complètement à fond sans aucune déchirure.

2° Un métal à 0,150 % de carbone plie à fond, mais présente alors de légères criques sur les bords.

3° Un métal à 0,200 % de carbone casse net au pliage à fond, mais reste absolument intact, sans aucune crique, au pliage à 45°.

4° Un acier à 0,250 % de carbone ne peut subir le pliage à 45°, mais ne casse pas à 90°.

5° Enfin, un acier à 0,300 % de carbone et comme les précédents exempt ou à peu près d'autres corps étrangers, manganèse, silicium, phosphore, ne peut supporter, après trempe dans l'eau froide, le pliage à 90°, mais ne casse pas vers 135° ou 120°.

6° Au-dessus de 0,300 % de carbone, tous les aciers cassent à cette épreuve et doivent être considérés comme faisant partie des classes suivantes (3e, 4e, 5e et 6e), pour lesquelles on a recours à des essais spéciaux de pliage ou de traction sur des éprouvettes non trempées.

Les épreuves précédentes, usitées en Suède, sont considérées comme plus exactes, pour le classement des métaux extradoux et doux, que les essais colorimétriques d'Eggertz, quoique ces derniers donnent certainement d'excellents résultats au point de vue pratique comme contrôle d'une fabrication.

Les aciers doux fabriqués en Suède au convertisseur par voie de décarburation plus ou moins complète, avec faible (ou souvent sans) addition finale de spiegel ou ferromanganèse, ne peuvent se classer à l'aide des épreuves précédentes; on les classe surtout par des essais de soudage, ou simplement en dosant le carbone par la méthode Eggertz, plus exacte dans ce cas.

L'idéal pour classer les coulées dans les usines serait évidemment de faire sur chacune des épreuves méthodiques par traction sur métal laminé en barres et recuit; c'est ainsi que procèdent les grandes usines, le Creusot, Terrenoire, Denain et Anzin, Seraing, et un grand nombre d'aciéries européennes, etc., plus spécialement pour les métaux très doux pour tôles, cornières, etc., que nous étudions ici. Ce sont, il est vrai, des épreuves coûteuses pour l'industriel, et pour les besoins commerciaux ordinaires les épreuves de pliage à froid, jointes à des épreuves à chaud bien étudiées, suffisent parfaitement; mais nous croyons devoir insister sur ce point que les analyses chimiques, jointes à une étude sérieuse des essais à la traction, permettent de classer parfaitement les métaux, en leur assignant un emploi déterminé suivant leurs propriétés résistantes.

TROISIÈME CLASSE. — *Aciers doux ordinaires.*

R $>$ 50 kil., mais $<$ 60 kil. par m/m².

— Les aciers désignés sous le nom d'*aciers doux ordinaires* sont ceux qui offrent la plus grande variété; se rangent, en effet, dans cette classe : les aciers doux carburés obtenus au creuset, un grand nombre d'aciers puddlés, et, en ce qui concerne les aciers obtenus par voie de fusion (procédés Bessemer et Martin), il est permis de dire qu'on peut réaliser des aciers à 50 ou 60 kil. de résistance maxima à la rupture, en ayant recours, soit au carbone, soit au manganèse, soit au phosphore, etc.

Ainsi, on pourra obtenir des aciers de la troisième classe, ayant les compositions suivantes :

1° En considérant les aciers les plus purs, exempts ou à peu près de manganèse, et aussi de silicium, soufre et phosphore, c'est-à-dire les *aciers* exclusivement *carburés* : une résistance de 50 à 60 kil. correspondra à une teneur en carbone de 0,500 à 0,700 % au maximum, avec une valeur de a' voisine de 20 à 15 %.

2° En introduisant dans l'acier une dose de manganèse, voisine de 0,500 %, on pourra encore obtenir 50 kil. avec seulement 0,300 % de carbone et 60 kil. avec 0,500 à 0,600 % de carbone, soit pour une moyenne de 55 kil. : 0,500 % de manganèse allié à 0,450 ou 0,480 de carbone.

3° Élevant la teneur *en manganèse* à 0,800 ou 1 % et laissant la teneur en carbone voisine ou un peu inférieure à 0,300 %, on obtient des aciers fort remarquables (dont nous avons parlé déjà) au point de vue de l'*élasticité* et de la *raideur élastique;* ces aciers conservant jusqu'à 20 et 25 % d'allongement a' présentent par conséquent une grande valeur de la *résistance vive de rupture,* ainsi que le montrent les tableaux annexés.

Le maximum de résistance vive obtenu jusqu'à présent correspond pratiquement et théoriquement à des aciers de cette catégorie.

4° D'autre part, en maintenant le manganèse voisin de 0,600 à 0,800 °/₀, le carbone voisin de 0,300 °/₀ et considérant des aciers à 0,250, 0,300, 0,350 et même 0,400 °/₀ de *phosphore*, on arrive à des charges se maintenant autour de 55 à 60 kil. et quelquefois plus, avec un allongement a' de 20 à 25 °/₀.

Le *sous-classement* des aciers de la troisième classe se fait en Suède et en Autriche par la méthode colorimétrique d'Eggertz pour le dosage du carbone, par des essais de soudages et en outre par des essais de pliages faits sur le métal non trempé. Il y a lieu de faire encore observer ici que l'on ne doit pas se contenter, pour classer les produits obtenus, soit par le procédé Bessemer, soit par le procédé Martin, de faire quelques dosages de carbone, et si l'on veut réellement classer les aciers par leurs propriétés chimiques, il est indispensable de doser le manganèse sur chaque coulée par la méthode colorimétrique que nous avons indiquée (*Bull. de la Soc. chim.*).

Ces deux données, carbone et manganèse, peuvent suffire dans la plupart des cas, surtout si l'on traite des matières pures et si les métaux en résultant ne doivent pas subir certaines épreuves délicates de trempe, de redressement, etc.; mais il sera toujours utile et quelquefois même nécessaire de doser ou au moins d'apprécier le soufre, le phosphore, le silicium.

En France, pour le sous-classement des aciers de la troisième classe, on a recours à des éprouvettes prises au moment même de la coulée; on les casse méthodiquement en notant l'angle de pliage avant rupture; on apprécie la raideur du métal, non seulement par la résistance qu'il oppose au pliage, mais, en outre, en faisant quelques épreuves de redressement, analogues à celles exigées par les cahiers de charges pour essieux de chemins de fer, épreuves qui sont d'une très grande importance pour tous les aciers devant supporter, sans déformation permanente appréciable, de grands efforts de flexion, de torsion, etc.

Des essais de pliage et de flexion, reposant sur le même principe, ont été faits par l'artillerie de marine sur les métaux employés pour frettes de canons et ont démontré que le métal coulé sans soufflures se comportait mieux que le métal fondu pur forgé (Ruelle, 1882).

Pour compléter les épreuves précédentes, un grand nombre d'usines ont recours à la classification par essais de traction : c'est ainsi que procèdent le Creusot, Denain et Anzin, Seraing, Terrenoire, etc., épreuves bien préférables à celles usitées dans certaines usines étrangères, consistant à plier des barres martelées (recuites ou trempées), à noter l'angle de pliage, l'aspect du grain, etc., données souvent bien empiriques, car on ne peut répondre que le martelage n'ait pas souvent beaucoup modifié la nature du grain.

En contrôlant tous ces modes de classement les uns par les autres, l'industriel pourra, dans chaque cas particulier, définir le métal fabriqué, et c'est là le grand point : le meilleur mode d'épreuve est celui que l'on pratique le plus souvent, comme la meilleure méthode d'analyse est celle appliquée journellement ; si les résultats ne sont point absolument scientifiques, ils sont au moins comparatifs.

QUATRIÈME CLASSE. — *Aciers durs.*

R > 60 kil., mais < 70 kil. par m/m².

Sauf quelques aciers fabriqués au creuset, il est rare que l'on obtienne les métaux de la quatrième classe sans une certaine quantité de manganèse; ils correspondent à une teneur en carbone de 0,650 à 0,800 °/₀ maximum, mais dès que la proportion de manganèse est voisine de 0,500 °/₀, il est nécessaire d'abaisser la proportion de carbone à 0,500 ou 0,600 °/₀. — Aux aciers simplement carburés correspondent comme types : les coulées n° 70 et n° 74 de Terrenoire (voir *Propriétés chimiques* et le tableau ci-joint), ainsi que le n° 4 de Reschitza, tandis que les aciers de la troisième classe de Seraing avec 0,350 à 0,500 °/₀ de carbone correspondent à un type d'acier plus manganésé.

Les aciers n° 5 et n° 4 de la classification du Creusot (Exposition de Vienne) peuvent être considérés comme représentant parfaitement la nuance que nous appelons aciers durs ordinaires; ce sont, en effet, des aciers pouvant encore subir des déformations assez grandes sans rupture, mais qui, en même temps, jouissent de la propriété caractéristique de l'acier, celle de prendre la trempe d'une manière énergique.

Parmi les aciers plus manganésés, nous citerons comme type la coulée n° 33 de Terrenoire, contenant 1 °/₀ de manganèse, allié à près de 0,500 °/₀ de carbone, ainsi que la coulée n° 45 qui contient plus de 0,700 °/₀ de manganèse, en même temps que 0,400 °/₀ de phosphore, mais qui est très douce au point de vue du carbone : cette dernière montre combien un métal phosphoreux peut être fragile au choc, tout en ayant une charge de rupture élevée jointe à un fort allongement et, par suite, une grande valeur de la résistance vive de rupture. On ne peut trop recommander les épreuves par choc.

Dans la quatrième classe commencent les aciers prenant une grande dureté par la trempe, et pouvant par suite servir à la confection d'outils doux.

Les aciers de la quatrième classe étant définis chimiquement, nous allons indiquer de quelle manière on peut procéder au contrôle d'une fabrication de ce genre dans les aciéries Bessemer, occupées à peu près en totalité à la production du métal pour rails.

Opérant sur des éprouvettes circulaires, prises à la coulée et cassées ensuite à forts coups d'une masse de 6 à 8 kilogrammes, on arrive à classer les métaux de la quatrième classe en :

1° *Durs ordinaires*, correspondant à un angle de pliage supérieur à 140° et à 6, à 8 coups de masse avant rupture;

2° *Durs (nuance douce)*, correspondant à environ 15 coups de masse et à un angle de pliage compris entre 100 et 120° (angle intérieur bien entendu);

3° *Durs durs*, cassant à 2 ou 3 coups de masse et à un angle très voisin de 180°. Ces aciers offrent de très grandes difficultés de laminage et, correspondant à 80 kilogrammes de résistance, rentrent par conséquent dans les aciers de la cinquième classe.

Dans certaines usines, à Reschitza par exemple, on se contente d'examiner le grain, lorsqu'il s'agit d'une fabrication d'acier pour rails. Cette usine avait exposé en 1878 une série d'aciers non martelés, martelés, laminés, trempés, etc., présentant des cassures assez différentes les unes des autres pour pouvoir permettre un classement grossier des coulées et suffisant pour une fabrication de rails: mais il est préférable, pour obtenir un classement méthodique, d'avoir recours aux essais de traction.

Nous n'avons parlé jusqu'à présent que des épreuves simples et rapides destinées à classer les coulées à l'atelier même; il resterait à citer quelques chiffres pour montrer la manière dont se comportent les aciers de la quatrième classe aux essais mécaniques proprement dits.

Les tableaux d'essais montrent que, parmi les trois espèces d'aciers carburés, manganésés ou phosphoreux, ces derniers présentent à la traction des résultats fort remarquables, puisque à une charge de rupture de 62 kilogrammes correspond un allongement a' de 26 %, d'où résulte un travail de résistance vive à la rupture très considérable; mais ces aciers présentent, ainsi que nous l'avons fait observer, une résistance très faible aux efforts de choc (voir *Propriétés chimiques, physiques et mécaniques*).

Plus intéressants au point de vue pratique sont les aciers de la nuance manganésée, correspondant en général aux aciers de la troisième classe, mais dont quelques-uns rentrent également dans les métaux durs ordinaires de la quatrième classe. Ils ont tous, pour une même valeur de la résistance maxima à la rupture, des travaux de résistance vive élastique et de rupture beaucoup plus considérables que ceux fournis par les aciers simplement carburés; en outre, ils ne sont point fragiles au choc comme le sont les aciers phosphoreux.

Les quelques essais de trempe à l'huile que contiennent les tableaux annexés montrent la faculté qu'ont les métaux de la quatrième classe de prendre une trempe énergique, même à une température inférieure au rouge cerise, puisque la charge de rupture monte dans tous les cas de plus de 30 kilogrammes par millimètre carré et atteint souvent des chiffres supérieurs à 100 kilogrammes, soit que l'on ait affaire à des métaux simplement carburés, soit que l'on traite des aciers carburés et manganésés. Certains aciers sans soufflures non martelés, bien recuits et bien trempés, donnent jusqu'à 110 à 120 kilogrammes avec 3 à 4 % d'allongement a'; cet allongement est même plus considérable et arrive à 6 % lorsque l'on traite des métaux très purs au point de vue physique.

CINQUIÈME CLASSE. — *Aciers très durs.*

$R > 70$ kil., mais < 80 kil. par m/m².

Dans cette classe, il y a à considérer tous les *aciers pour rails très durs*, ainsi que ceux pour *outils demi-durs.*

Les *métaux carburés*, qui peuvent servir de types à la cinquième classe, contiennent 0,800 à 1,000 % de carbone, avec des traces de manganèse; mais ces aciers simplement carburés sont assez rares, à moins qu'ils ne soient fabriqués au creuset; en outre, il faut bien faire remarquer que parmi ces derniers beaucoup sont plus ou moins chargés en silicium.

Dans la plupart des cas, au contraire, les aciers très durs contiennent une proportion moindre de carbone, proportion qui descend à 0,700 ou 0,800 %, lorsqu'on a affaire à des métaux légèrement manganésés à 0,500 % de manganèse, ou qui même s'abaisse à 0,600 % environ pour les aciers durs par le manganèse, quelquefois employés sous le nom d'aciers diamantés, dans lesquels la teneur en manganèse se maintient généralement autour de 1 %.

Enfin, il existe encore des aciers, pouvant se ranger dans la cinquième classe, et qui, ne contenant que 0,500 % de carbone, ont une résistance maxima à la rupture voisine de 80 kilogrammes par millimètre carré, grâce à une proportion de manganèse qui peut, dans certains cas, monter jusqu'à 1,50 %.

Nous devons citer plus particulièrement :

1° Le type d'*aciers très durs pour rails* obtenu au Bessemer par décarburation complète et recarburation par le spiegel, et dont nous donnons comme exemple les résultats ci-dessous :

2° Les *aciers* très fortement *manganésés* (type n° 30 de Terrenoire);

3° Les *aciers coulés sans soufflures* (type n°s 148 et 152);

4° Les *aciers pour outils doux* de diverses provenances;

BESSEMER, TYPE DUR DE TERRENOIRE N° 1501

DÉSIGNATION des ÉCHANTILLONS.			ESSAIS EN TRAVERS.				ESSAIS EN LONG.			
			L.	R.	C.	a.	L.	R.	C.	a.
Tôles de 10mm.	1	A..	44,40	77,25	8,80	6,75	43,61	76,87	12,15	10,00
		B..	45,70	80,00	10,77	7,25	44,81	77,32	18,42	11,12
		C..	43,50	76,00	18,10	11,62	43,72	76,25	13,15	9,75
	2	A..	36,50	69,00	24,40	13,75	36,80	70,37	28,87	15,50
		B..	37,25	71,50	17,10	11,00	37,80	72,00	23,70	14,00
		C..	35,70	68,75	25,80	14,25	34,50	70,75	23,20	13,00
	3	A.	40,87	77,00	17,90	11,00	43,00	79,50	30,57	12,25
		B..	43,37	79,00	24,30	10,50	»	»	»	»
		C..	42,63	76,50	27,35	13,25	44,25	80,00	17,80	11,00
Moyennes.		1..	44,58	77,75	12,55	8,54	44,04	76,74	14,57	10,23
		2..	36,45	69,75	23,43	12,00	36,03	71,04	25,28	14,16
		3..	42,29	77,50	23,18	11,38	43,12	76,75	24,18	11,62
Rails Nord 30 kil.	Ames de rails						41,00	75,75	20,00	11,00
	Champignons tournés						38,90	78,00	18,10	12,00
	Champignons étirés à chaud						46,00	75,25	32,00	9,25

Analyses. Mn = 0,800; C 0,714; Si 0,046; S Traces.; Ph 0,104

A. Tôles de 10 × 400 × 3000mm.
B. — 10 × 800 × 1200mm.
C. — 10 × 1200 × 3000mm.

1. Brutes de laminage et découpées au rabot.
2. Recuites.
3. Découpées à la cisaille et redressées à chaud.

Les chiffres du tableau sont des moyennes d'un grand nombre d'essais.

5° Les *aciers diamantés*, etc.

Ces différents aciers de qualité supérieure, mais de nuance très dure, sont fabriqués couramment dans les usines françaises, allemandes, autrichiennes, anglaises et suédoises, en ce qui concerne les aciers simplement carburés soit au Bessemer, soit au Martin, et la plupart du temps au creuset, quoique cette dernière fabrication tende actuellement à disparaître.

Lorsque, dans cette catégorie, on arrive aux aciers très durs, très carburés, à 0,900 °/₀ de carbone, qui contiennent souvent 0,300 °/₀ de manganèse au moins, la résistance maxima à la rupture monte à plus de 80 kilogrammes par millimètre carré et on arrive ainsi aux aciers de la sixième classe.

Si, au lieu d'aciers durs par le carbone, on considère les aciers durs par le manganèse, les aciers coulés sans soufflures (et par conséquent homogènes et compacts), on remarque que, pour un même pliage, l'effort à développer pour obtenir ce pliage est d'autant plus grand que le manganèse est en plus forte proportion. Ces métaux jouissent dans la cinquième classe, comme dans les précédentes, d'une grande raideur élastique sans fragilité, et les aciers coulés sans soufflures en particulier, grâce sans doute à leur compacité, présentent cette raideur d'une manière très prononcée.

Les aciers de la cinquième catégorie devront être comparés en même temps par la méthode colorimétrique Eggertz à un acier à 0,500 °/₀ et à un acier à 1 °/₀ de carbone, de manière à compenser les erreurs résultant de l'emploi de cette méthode; il serait même préférable, pour faciliter la comparaison, d'avoir un type intermédiaire à 0,750 °/₀ de carbone parfaitement dosé par les méthodes Boussingault ou Ullgren.

Dans le cas où l'on aurait à doser un acier à plus de 0,500 °/₀ de manganèse, nous pensons qu'il serait préférable de le comparer à un acier provenant d'une fabrication analogue, quoique le professeur Eggertz ait constaté la non-influence de cet élément sur la coloration (voir *Bulletin de l'industrie minérale*, 1882).

Enfin, on devra, pour classer d'une manière plus sûre les aciers de la cinquième classe, faire sur chaque coulée des essais à la traction sur le métal recuit, et en outre des essais au choc aussi bien pour les métaux ayant subi le laminage et le martelage que pour ceux employés à l'état simplement coulé.

Dans les usines d'Autriche et de Suède, sans avoir toujours recours aux essais par traction, on se contente d'essais de pliages sur éprouvettes; on part d'un lingot de dimensions fixes que l'on étire au marteau en barres rectangulaires de 10 millimètres d'épaisseur, que l'on casse ensuite au marteau, en observant les angles de pliage à la rupture. On doit toujours opérer sur du métal recuit, car les essais trempés cassent à un angle trop faible pour permettre un classement d'aciers aussi durs.

Dans les usines où l'on fabrique les aciers pour outils, par voie de cémentation et fusion ultérieure, on classe plus généralement les aciers par l'aspect du grain, ce qui demande une très longue pratique et ne peut servir que si l'on a affaire à des aciers simplement carburés; la présence du phosphore et du manganèse change en effet considérablement la nature du grain : le premier lui donne un aspect micacé, le second un aspect plus ou moins moiré quand il n'est pas forgé, grenu et brillant quand il a été soumis au martelage. Pour les métaux simplement carburés, on peut dire que le grain est d'autant plus ouvert et gros que le métal est moins carburé, d'autant plus fin et serré que le métal est plus dur.

Les résultats d'épreuves à la traction montrent l'abaissement considérable de la résistance vive de rupture des aciers de la cinquième classe, lorsqu'on les compare à ceux des classes précédentes. Cet abaissement est plus considérable pour les aciers simplement carburés que pour les aciers devant leur résistance au manganèse en même temps qu'au carbone; et les aciers coulés sans soufflures et contenant par conséquent du manganèse donnent un travail de résistance vive de rupture au moins égal aux aciers simplement carburés.

Si l'on examine les aciers phosphoreux, on remarque qu'ils prennent au laminage en tôles, par exemple, un sens bien déterminé et les allongements en long et en travers diffèrent d'autant plus que le métal est plus phosphoreux : c'est là un fait à rapprocher de ce que l'on observe pour les tôles suédoises très pures et qui présentent presque les mêmes allongements pour 100 dans les deux sens du laminage.

Les aciers de la cinquième classe prennent très fortement la trempe et il est presque impossible de les tremper à l'eau, si ce n'est pour l'emploi spécial des outils.

Lorsque l'on trempe des aciers fortement manganésés (même de simples barrettes d'essai), on arrive souvent à produire des ruptures par une simple trempe à l'huile. On pourrait être porté à croire d'après cela que le manganèse a une très grande influence sur la trempe : elle est certainement considérable, mais quand on examine avec soin les quelques chiffres que l'on possède sur ce point; on peut en conclure, puisque le manganèse a sur la résistance une influence trois fois moindre que le carbone, que le manganèse agit à la trempe dans la même proportion et qu'un acier à 0,500 °/₀ de carbone et 1 °/₀ de manganèse prend la trempe d'une manière aussi énergique qu'un acier à 0,800 °/₀ de carbone : c'est ce que montrent les coulées n° 70 et 33. On remarquera en outre, en ce qui concerne la trempe, l'abaissement considérable du travail de résistance vive de rupture pour les aciers carburés de Terrenoire et du Creusot.

Sixième classe. — *Aciers extradurs.*

R > 80 kilogrammes par m/m².

Les aciers de la sixième classe peuvent se diviser en quatre groupes principaux :

a. Aciers durs par le *carbone;*
b. Aciers durs par le *manganèse;*
c. Aciers durs par le *chrome;*
d. Aciers durs par le *tungstène.*

a. Parmi les aciers simplement carburés et contenant seulement des traces de manganèse, il y a lieu de distinguer :

1° Les aciers contenant depuis 1 °/₀ de carbone jusqu'à 1,25 °/₀;

2° Les aciers contenant depuis 1,25 °/₀ de carbone jusqu'à 1,50 °/₀;

3° Les aciers contenant plus de 1,50 °/₀, formant l'intermédiaire entre les aciers à outils et les métaux mixtes aciéreux ou fonteux, fontes durcies, etc., qui servent à la fabrication de certaines plaques de blindage et casemates, ainsi que pour des projectiles pleins sous le nom de fonte Gruson.

La résistance à la rupture des différents aciers de la sixième classe est toujours supérieure à 80 kilogrammes, et, malgré cette charge considérable, ils possèdent généralement un allongement à la rupture notable, et spécialement une contraction assez forte, due sans aucun doute à la grande homogénéité des métaux durs, à leur caractère spécial de compacité, par suite de l'absence de soufflures.

Parmi les métaux exposés en 1878 par diverses usines, nous devons citer les aciers Bessemer n° 2 de l'échelle de Tunner, un grand nombre d'aciers à outils de Sheffield, les n°s 1, 2, 3 du Creusot, la coulée 82 de Terrenoire, les aciers à outils de la maison Holtzer d'Unieux, etc.

b. Parmi les aciers très durs par le *manganèse*, nous citerons les aciers à outils de quelques usines allemandes qui ont leur représentant dans la coulée n° 21 de Terrenoire, remarquable par un fort allongement, 16 %, joint à une résistance à la rupture de 84 kilogrammes par millimètre carré.

c. Quant aux *aciers au chrome*, ils ont été fabriqués, paraît-il, primitivement en Amérique et l'on a beaucoup parlé du fameux pont de Brooklyn, en acier chromé, mais qui ne contenait peut-être pas plus de chrome que les fameux aciers de Titanic Steel Works ne contiennent de titane.

A l'Exposition de 1878, ils n'ont été représentés que par deux usines : 1° la maison Holtzer d'Unieux, pour la fabrication des aciers au creuset; 2° la Compagnie de Terrenoire, qui a essayé le métal chromé à l'état d'acier coulé sans soufflures, et qui a obtenu en grandes masses un acier à 0,700 % de manganèse, 0,700 de chrome, alliés à 0,450 de carbone, jouissant d'une résistance à la rupture considérable, jointe à un allongement de 10 % et en outre d'une bonne résistance au choc et à la compression (voyez *Propriétés chimiques*).

d. Il y a déjà quelques années, le métal au *tungstène* a été essayé par Terrenoire en employant pour cet usage le wolfram naturel, non seulement pour les aciers à outils, mais aussi à titre d'essai pour projectiles. Les aciéries d'Unieux et quelques usines allemandes fabriquent également des aciers au tungstène (*wolframstahlhart*) en réduisant également directement le tungstène du minerai.

En résumé, les aciers de la sixième classe, s'ils sont simplement carburés, doivent avoir une teneur en carbone au moins égale à 1 %; s'ils sont manganésés et carburés, ils correspondent à une teneur en manganèse de 0,500, 1.000, 2.000 %, avec au moins 0,500 % de carbone, pour obtenir 80 à 85 kilogrammes de résistance à la rupture; s'ils sont tungstatés ou chromés à 1 % environ de tungstène ou de chrome. Il est difficile de les obtenir sans une quantité de carbone ou de manganèse voisine de 0,500 %. Disons enfin que dans cette classe se rangent tous les métaux qui, recuits, présentent plus de 80 kilogrammes et peuvent atteindre par la trempe 120 à 150 kilogrammes de résistance, même sans avoir subi un très grand écrouissage.

Le contrôle direct de la fabrication est assez difficile et varie suivant les usines et suivant les usages auxquels sont destinés les métaux extradurs.

Les épreuves préférables entre toutes sont :

1° Les essais à la traction sur barres martelées, comme cela se pratique en Autriche et en Suède;

2° Des essais de martelage à différentes températures;

3° La confection de divers outils, leur trempe et leur essai au point de vue spécial de l'emploi auquel ils sont destinés.

Certaines usines d'Autriche (Innerberg, Kapfenberg, Eibiswald, etc.) traitent les minerais de l'Erzberg, etc., classent leurs aciers très exactement par les cassures de petits lingots, cassures qui présentent un aspect rayonné plus ou moins accentué, suivant la dureté même du métal.

Les usines de l'Innerberg, par exemple, distinguent quatre catégories d'acier :

1° Les aciers puddlés;

2° Les aciers manganésés;

3° Les aciers à la rose, ainsi désignés à cause de l'aspect même de leur cassure;

4° Les aciers fondus.

Les fabriques d'Eibiswald distinguent d'autre part six numéros de dureté ; leurs cassures correspondent à des cristaux d'autant plus grands que la dureté est plus grande; on distingue en outre les aciers naturels au bois, les aciers à la rose, les aciers puddlés comme à l'Innerberg.

Il y aurait des expériences fort intéressantes à poursuivre en ce qui concerne les aciers qui doivent leur dureté, non seulement au carbone, mais aussi aux métaux analogues au manganèse. Le chrome et le tungstène ont été peu étudiés sous ce rapport, et il existe peut-être d'autres corps analogues, qui peuvent exercer sur l'acier une influence marquée et lui communiquer sans doute des propriétés fort curieuses en ce qui concerne l'élasticité, la résistance à la rupture, la ductilité et en outre la résistance à l'usure. Nous pensons que l'on pourrait utiliser avec succès certains de ces alliages pour coussinets ou pièces soumises au frottement, mais alors à l'état d'aciers coulés sans soufflures, le manganèse offrant en outre le grand avantage de donner de belles surfaces de moulages.

Espérons que dans quelques années de nouvelles expériences, faites par les usines qui s'intéressent au progrès des sciences métallurgiques et chimiques, viendront combler les lacunes encore existantes.

V. — EMPLOI DES ACIERS ET DES FERS FONDUS.

Au point de vue spécial de l'emploi des aciers par rapport à leur composition chimique, on peut énoncer, d'une manière générale, les propositions suivantes :

1° Lorsque l'on désirera des métaux doux, tels que ceux étudiés dans la première et la deuxième classe, on devra avoir recours au carbone seul, à dose inférieure à 0,300 %. On devra, autant que possible, éviter les éléments étrangers (soufre, phosphore, silicium, etc.), et en outre il sera préférable d'employer ces métaux à l'état recuit, puisque en général le but à atteindre est une bonne résistance au choc, sans que la limite d'élasticité intervienne elle-même comme coefficient important.

2° En ce qui concerne les métaux durs (cinquième et sixième classes, par exemple), comme ils doivent être le plus souvent employés après trempe (à l'huile ou à l'eau), on aura encore recours en général au carbone seul (0,800 à 1,200 % environ) pour leur donner la résistance nécessaire; les aciers manganésés, chromés, tungstatés, etc., prennent au contraire trop énergiquement la trempe et ne peuvent être, dès lors, employés qu'à des usages spéciaux.

3° Les métaux moyens, correspondant aux troisième et quatrième classes, comprennent les aciers carburés lorsqu'ils doivent être employés à l'état trempé, les métaux avec carbone et forte teneur en manganèse, s'ils doivent être simplement recuits. Ces métaux de dureté moyenne ont une très grande importance au point de vue industriel, vu la facilité relative de leur obtention d'une manière régulière au Bessemer et au Martin. Les compagnies de chemins de fer, comme nous le verrons tout à l'heure, les emploient avec succès tant pour le matériel fixe que pour le matériel roulant; et l'artillerie y a recours pour les canons de campagne, les canons de gros calibre, etc., l'industrie privée pour la construction des pièces de machines, etc.

Pour indiquer d'une manière plus précise les métaux qui doivent de préférence être employés dans un cas déterminé, nous donnerons ici quelques exemples.

Nous pourrions, comme nous l'avons fait dans un travail précédent sur cette question (*Classement et emploi des aciers*, Paris, 1880), étudier successivement les métaux doux, demi-doux, demi-durs, durs, etc.; mais nous pensons qu'il est préférable, dans le cas présent, de diviser notre travail à un autre point de vue, c'est-à-dire d'étudier successivement les aciers ou fers fondus employés par l'industrie privée, les manufactures, arsenaux et fonderies de l'État.

Nous diviserons en conséquence cette étude en :

a. Aciers employés par la marine,

b. Aciers employés par l'artillerie de terre et de mer,

c. Aciers employés par les chemins de fer,

d. Aciers employés par l'industrie privée (construction).

e. Aciers employés par la petite industrie (quincaillerie, etc.).

f. Aciers employés pour la fabrication des outils.

Aciers employés par la marine.

Les arsenaux et les ateliers de construction de la marine, soit française, suédoise, anglaise, italienne, etc., emploient principalement les métaux doux des deux premières classes; à ce point de vue il serait nécessaire de distinguer : les tôles pour chaudières; les tôles, cornières, fers à T, à ⊥, à U pour constructions de coques et intérieurs de navires; les blindages faits anciennement en fer soudé, mais pour lesquels on essaye depuis quelques années les métaux fondus; les pièces de machines marines, les hélices, etc., en métal forgé ou même simplement coulé sans soufflures.

En ce qui concerne les aciers extradoux pour *tôles de chaudières*, nous renverrons, en premier lieu, aux intéressants essais publiés par le Jernkontoret et relatés à l'article *Propriétés des aciers*; nous ferons remarquer, d'autre part, que les valeurs du travail de résistance vive élastique et de résistance vive de rupture, ou pour mieux dire les différences de ces deux quantités ($Tr - Te$) indiquées dans les tableaux ci-joints, sont très considérables pour les métaux fondus de la première classe, et ces quantités montrent d'une manière précise la supériorité des fers fondus sur les fers soudés, supériorité déjà mise en évidence par les épreuves au choc. Les mêmes tableaux montrent combien il est peu logique de soumettre à la trempe des tôles de métaux doux, même si cette trempe est faite à l'huile (essais du Jernkontoret); il est nécessaire en effet que les tôles employées dans la construction puissent subir de grandes déformations avant de rompre, tandis que dans ce cas particulier il n'y a guère à considérer la valeur de la limite d'élasticité.

Pour les tôles de chaudières en particulier, on a beaucoup discuté sur les valeurs respectives du fer et de l'acier et on a fait remarquer que si d'une part la résistance vive élastique est plus considérable pour l'acier que pour le fer, d'autre part la résistance vive de rupture (qui est le coefficient intéressant pour la tôle de chaudière) est moindre. On a reproché, en outre, à l'acier d'être un métal traître, de rompre sans prévenir, d'être plus sensible au travail de la forge que le fer, etc. Toutes ces objections, faites à une époque où l'on ne connaissait que l'acier plus ou moins dur obtenu au Bessemer, tombent d'elles-mêmes à la suite des derniers progrès réalisés par l'industrie privée depuis une dizaine d'années. Si l'on compare, en effet, les travaux de résistance vive à la rupture des meilleures tôles de fer, suédoises ou autres, avec ceux des tôles en métal fondu, on trouve pour ces dernières

$$Tr = 0 \text{ kilogr. } 909 \text{ à } 1 \text{ kilogr.},$$

tandis que le fer soudé ne donne que 0 kilogr. 600

En ce qui concerne l'élaboration des métaux doux et extradoux fondus, et plus particulièrement leur travail à chaud, nous ferons observer que si l'on a soin de ne pas brusquer la température, mais au contraire si l'on chauffe lentement et uniformément les tôles sur toute leur surface (même si elles ne doivent être travaillées qu'en quelques points), on n'aura plus de tapures au travail de chaudronnerie; le métal étant nouveau, il faut lui appliquer un mode de travail également nouveau, et ce dernier sera d'autant plus facile que l'on aura affaire à des fers fondus plus doux, et nous pensons qu'une résistance maxima à la rupture voisine de 36 à 38 kilogr. au plus par millimètre carré, avec 25 à 30 °/o d'allongement, doit être considérée comme devant donner d'excellents résultats tant au travail qu'à l'emploi pour tôles de chaudières (machines marines, locomotives, industrie privée, etc.).

Pour les *tôles* destinées à la *construction* même des navires, les marines française et italienne imposent comme conditions de réception 45 kilogr. et 20 °/o avec épreuve de non-trempe au rouge cerise dans l'eau à 28°; le Lloyd (Amirauté anglaise) imposait cette dernière épreuve et exigeait 43 kilogr. 200 à 49 kilogr 600 : mais, d'après les derniers essais publiés par le Jernkontoret, la charge de rupture a été abaissée à 41 kilogr. 300 en maintenant 20 °/o pour l'allongement minimum.

Pour les *cornières, longerons, fers à T* et en général pour tous les *fers profilés*, les conditions imposées par la marine sont beaucoup plus sévères, et ceci certainement à tort, car on risque de tomber dans un excès de dureté, difficile à apprécier, les essais étant toujours découpés dans le sens du laminage, contrairement à ce qui se passe pour les tôles. Enfin nous devons signaler l'influence considérable qu'exerce le laminage (suivant qu'il est fait à plus ou moins haute température) sur les valeurs de la résistance à la rupture et de l'allongement; c'est pourquoi nous croyons devoir insister sur ce point, que tout métal doux, à moins de 48 à 50 kilogr. devra toujours être employé à l'état recuit, principalement en ce qui concerne les tôles minces écrouies au laminage.

Nous résumons dans les tableaux ci-dessous les conditions imposées par la marine française pour ses fournitures et quelques essais montrant l'influence de l'écrouissage.

La fabrication des *plaques de blindage* a donné lieu, depuis un certain nombre d'années, à de nombreux essais de la part des industriels français et étrangers. Deux idées se sont trouvées en présence et dans bien des cas, encore à l'heure actuelle, chaque théorie a, suivant l'expression vulgaire, le pour et le contre. Certains ingénieurs de la marine et avec eux certains fabricants ont pensé qu'il était préférable de réaliser des blindages durs, se brisant peut-être sous l'effort du projectile, mais arrêtant ce dernier et l'empêchant par suite de détériorer chaudières, machines, canons, etc., du navire atteint; d'autres, au contraire, ont prôné le métal doux (d'accord en ce point avec la théorie du blindage en fer) pouvant se laisser pénétrer par le projectile : dans ce cas, en effet, le trou fait par le projectile étant de forme plus régulière, peut facilement être rendu étanche et il n'en résulte pas d'avarie ultérieure pour le navire; d'autres enfin, et ce sont aujourd'hui les plus nombreux, ont proposé l'association des deux métaux, fer et acier, ce dernier à l'extérieur, de manière à empêcher toute pénétration sans laisser place à de trop grandes fentes produites par le choc, grâce à l'emploi d'un métal plus doux fer ou acier extradoux en arrière. Les usines Cammel, en Angleterre, le Creusot, Terrenoire, etc., en France, on fait des essais dans ce but; quelques résultats ont déjà été obtenus, mais on peut dire que l'accord parfait n'existe pas encore entre producteur et consommateur sur les qualités à demander au métal.

MÉTAL DOUX DE TERRENOIRE. — INFLUENCE DU CORROYAGE.

DESIGNATION DES ÉCHANTILLONS.	MÉTAL NATUREL.					MÉTAL RECUIT.				
	L.	R.	C.	a.	a'.	L.	R.	C.	a.	a'.
Tôles de 22mm	27,83	44,12	29,62	20,62	24,50	21,72	41,00	43,40	23,60	29,12
— 11	28,75	45,78	49,87	22,89	29,92	19,00	45,57	46,25	21,26	31,00
— 5	28,00	46,40	42,60	19,70	26,60	17,40	42,25	39,30	21,70	28,40
— 2,5	21,50	53,90	27,70	8,00	10,50	20,70	41,70	31,60	16,60	21,70
Carrés de 110 × 130	21,80	40,90	29,60	20,70	26,00	24,20	40,40	49,70	21,90	28,00
— 60 × 60	23,80	45,50	41,25	19,20	23,70	22,50	44,50	48,90	24,30	32,90
— 30 × 30	23,30	45,70	43,90	23,30	29,60	20,20	42,60	53,50	26,10	37,00

CONDITIONS IMPOSÉES PAR LA MARINE FRANÇAISE.

DÉSIGNATION.	CORNIÈRES ET BARRES A BOUDINS		BARRES A T SIMPLES.		BARRES A DOUBLE T ET ⟂ AVEC BANDES.	
	R.	a.	R.	a.	R.	a.
Lames de 3 à 4mm	48,00	18,00	48,00	18,00	46,00	16,00
— 4 6	48,00	20,00	48,00	20,00	46,00	16,00
— 6 16	48,00	22,00	48,00	20,00	46,00	18,00
— 16 25	48,00	20,00	48,00	20,00	46,00	18,00
Tôles de chaudières	R = 42 kil. — a = 26 0/0 } avec épreuve de non-trempe.					
Tôles de construction	R = 45 kil. — a = 20 0/0 } avec épreuve de non-trempe.					

Il est en effet fort difficile ou de tremper, ou même de recuire de telles pièces; des ruptures intérieures peuvent se produire et telle plaque paraissant fabriquée d'une manière identique à une autre pourra donner d'excellents résultats, tandis que la seconde pourra se briser en mille pièces sous l'effet d'un projectile.

A côté des tôles de chaudières, tôles de construction et blindages, la marine emploie également l'acier sous forme de pièces de machines, arbres, coussinets, etc.

Nous renverrons, pour ce dernier sujet, aux emplois par l'industrie privée, mais nous devons citer dès maintenant un emploi assez spécial des métaux doux coulés sans soufflures :

Le tonnage extraordinaire et par suite la grande puissance des machines des nouveaux navires italiens le *Duilio*, le *Dandolo*, le *Lepanto*, etc., a nécessité, pour supporter l'arbre principal de l'hélice motrice, l'emploi d'anneaux (sortes de coussinets guides) à l'avant et à l'arrière du navire ; ces pièces, d'environ 1 mètre de diamètre, 20 à 30 centimètres d'épaisseur annulaire, 1m50 à 2 mètres de longueur, ne pouvaient être fabriquées par la méthode de forgeage sur mandrins imaginée par Whitworth ou par forgeage et forage ultérieur d'un gros bloc, procédé trop coûteux. Ces pièces ont été fournies par l'usine de Terrenoire, en métal doux (45 kilogrammes à 50 kilogrammes et 20 %) coulé sans soufflures par le procédé spécial de cette usine. Le même métal peut trouver son application pour un certain nombre de pièces de machines, et nous verrons plus loin (*Artillerie*) les résultats obtenus sur des frettes en acier coulé de la même usine.

ACIERS EMPLOYÉS PAR L'ARTILLERIE

Les aciers employés par l'artillerie comprennent :

1° Ceux employés pour tubes de canons, frettes, pièces de culasse, etc.;

2° Ceux destinés aux projectiles pleins ou aux obus;

3° Ceux employés pour les accessoires, affûts, pièces embouties pour l'armement, etc.;

4° Enfin pour le petit matériel, sabres, baïonnettes, canons de fusil, etc.

Ce n'est que depuis la guerre de 1870-1871 que l'*artillerie d'acier* s'est réellement développée ; après les résultats obtenus d'abord par Krupp en Allemagne, puis en Angleterre et en France, principalement dans le bassin de la Loire, on s'est arrêté d'une manière à peu près exclusive, comme choix de métal, aux aciers de 2e et de 3e classe. En 1870-71, les usines de la Loire ont livré à l'artillerie un grand nombre de pièces de petit calibre obtenues par martelage d'aciers doux, correspondant à une charge de 45 à 55 kilogrammes par millimètre carré. A cette époque, les essais à la traction destinés à apprécier la qualité du métal étaient découpés parallèlement à l'axe du canon : ce mode d'opérer était pour l'artillerie en même temps que pour l'industriel un trompe-l'œil très funeste, puisque l'on arrivait ainsi à essayer en long un métal qui pratiquement ne travaille qu'en travers et par choc, si l'on assimile la force explosible de la poudre à un choc instantané.

Les Commissions chargées de l'armement ont, depuis cette époque, compris toute l'importance de la question et actuellement tous les barreaux d'essai sont pris dans une rondelle perpendiculaire à l'axe *du canon*. Les essais nombreux faits au Creusot, à Saint-Chamond, à Firminy, à Unieux, etc., ont conduit l'artillerie à exiger pour la réception du *métal à canon* les conditions suivantes : le canon est martelé, recuit, trempé à l'huile et recuit à nouveau si c'est nécessaire :

Canon trempé.			
Culasse.	Limite d'élasticité.	32 kil. ± 3 kil par mm².	
	Charge de rupture.	62 — ± 8	—
	Allongement p. 100 mesuré sur 100 millimètres	14 pour 100 minimum.	
Volée.	Limite d'élasticité.	35 kil ± 7 kil.	—
	Charge de rupture.	65 — ± 10	—
	Allongement p. 100 mesuré sur 100 millimètres. . . .	14 pour 100.	

En outre, la limite d'élasticité du canon trempé doit être supérieure de 5 kilogrammes au moins à celle du métal non trempé ; une épreuve par choc complète ces effets par traction.

En introduisant du carbone dans la proportion de 0,500 % au plus et en évitant autant que possible le manganèse, on peut obtenir, ce me semble, de bons résultats, pourvu, toutefois, qu'on prenne à la coulée les précautions nécessaires pour éviter les soufflures qui donnent lieu à des lignes de plus faible résistance même après le martelage. Quelques usines ont obtenu de réels succès en employant des aciers doux par le carbone et contenant jusqu'à 0,800 et 1 % de manganèse.

Des métaux analogues sont employés pour les pièces de culasse ; les *frettes* des canons de campagne et des canons de marine sont fabriquées depuis nombre d'années en acier puddlé, enroulé et martelé ; un certain nombre d'usines ont livré à l'artillerie française des frettes en acier fondu et martelé, Bessemer ou Martin, de nuance plus douce que le métal à canons ; cette substitution a été également faite en Suède, où l'on emploie pour cet usage du métal fabriqué au four Martin et contenant 0,250 à 0,300 de carbone, c'est-à-dire des aciers de la première classe. Le métal est laminé en barres, enroulé, puis soudé au marteau, comme cela se pratique en France pour les frettes en acier puddlé.

A côté de l'emploi des aciers fondus et martelés pour canons et frettes, nous devons signaler les essais faits par Terrenoire pour obtenir le métal à canons coulé sans soufflures ; ici, comme en toutes choses, la routine est difficile à vaincre, mais les essais faits au tir ont donné d'excellents résultats et des épreuves récentes faites à Böfors, en Suède, sur des canons obtenus par le procédé de Terrenoire, ont confirmé les essais faits en France.

L'artillerie de marine a consenti en 1881 à une fourniture de frettes en acier coulé, les résultats sont assez remarquables pour que nous croyions devoir donner ici les chiffres obtenus aux épreuves de réception faites à la fonderie nationale de Ruelle :

ESSAIS FAITS A LA FONDERIE DE RUELLE POUR LA RÉCEPTION DE FRETTES DU CANON DE 10 CENTIMÈTRES EN ACIER COULÉ SANS SOUFFLURES DE TERRENOIRE.

NUMÉROS DE COULÉE et NUMÉROS D'ORDRE		MOYENNE DES ESSAIS PAR TRACTION. L.	R.	a'	ESSAIS AU CHOC. Carrés de 30/30 mm, Mouton de 18 kilogr. Hauteur de chute n'ayant pas produit la rupture.	Flèches.
2154 1	Mn = 0,300 à 0,360 C = 0,500 à 0,580	32,73	53,33	17,9	2 mm,12	27 mm,25
2154 6		35,90	58,30	15,5	2 ,43	30 ,
2158 1		37,60	61,20	13,7	2 ,78	30 ,
2158 6		32,00	52,60	19,17	2 ,28	30 ,
2175 1		35,50	59.00	15,37	2 ,48	30 ,
2175 6		30,30	51,80	23,07	2 ,38	30 ,
2179 1		36,10	63,10	11,7	2 ,73	30 ,
2179 6		36,20	59,20	20,97	2 ,25	30 ,
2211 1		31,70	52,50	20,4	2 ,40	30 ,
2211 6		32,40	55,40	17,6	2 ,43	30 ,3
2228 1		31,50	53,00	20,1	2 ,42	30 ,3
2228 6		34,50	56,70	21,78	2 ,55	30 ,3
2236 1		35,40	56,10	16,27	2 ,50	80 ,3
2236 6		32,00	52,60	17,43	2 ,35	30 ,3
2271 1		34,10	58.00	15,53	2 ,30	30 ,3
2271 6		36,10	59,60	17,33	2 ,50	30 ,5
2275 1		38,50	62,40	15,1	2 ,45	25 ,6
2275 6		36,70	60,20	19,5	2 ,50	30 ,5
2285 1		37,10	59,40	15,27	2 ,53	30 ,3
2285 6		36,70	58,80	21,33	2 ,42	30 ,3
2300 1		36,30	54,70	15,3	2 ,38	30 ,3
2300 6		36,20	58,80	19,6	2 ,45	30 ,5
2481 1		35,50	57,20	19,1	2 ,35	30 ,5
2481 6		33,80	55,70	16,5	2 ,38	30 ,3
2487 1		34,70	60,70	15,85	2 ,60	30 ,3
2487 6		32,30	55,50	18,4	2 ,43	30 ,3
2499 1		33,40	57,30	18,07	2 ,45	30 ,3
2499 6		34,10	59,20	14,6	2 ,53	30 ,3
2504 1 / 6		34,70	58,20	18,0	2 ,55	30 ,3
Moyenne générale.		34,30	56,30	17,40		
Conditions exigées		30,00	52,00	15,00		•

Ces chiffres montrent une fois de plus qu'il n'est pas nécessaire d'avoir recours au martelage pour donner à un métal de composition chimique déterminée toutes ses qualités mécaniques; les opérations de trempe et de recuit bien faites, nous le répétons, conduisent aux mêmes résultats.

Les *projectiles* pleins sont fabriqués en général en fonte durcie, mais la question des obus de rupture a depuis plusieurs années préoccupé l'industrie; on paraît, en effet, tourner dans un cercle vicieux, puisqu'à la dureté nécessaire à la pénétration il est nécessaire d'adjoindre une certaine ductilité permettant au métal de ne pas se briser sous le choc.

La fabrication des projectiles en acier coulé sans soufflures à Terrenoire a montré que le métal qui paraît devoir donner les meilleurs résultats est compris dans les aciers de la 5e classe; les conditions de tir normal et oblique sont tellement différentes et complexes à étudier, que nous ne nous y étendrons pas ici, quoiqu'elles présentent un intérêt énorme, et nous nous contenterons d'appeler l'attention des intéressés sur ces points :

Que bien souvent, pour ne pas dire toujours, l'influence de la dureté de la plaque de blindage est beaucoup plus grande qu'on ne le croit généralement et entre pour un coefficient beaucoup plus considérable que la dureté du projectile lui-même, celle-ci étant toujours comprise dans des limites restreintes;

Que la réalisation d'une grande dureté doit surtout être recherchée pour l'ogive du projectile et une certaine douceur pour l'arrière, c'est-à-dire pour toute la partie cylindrique, corps et culot : l'ogive, en effet, doit agir comme poinçon pendant le tir, tandis que l'arrière doit pouvoir dans le tir oblique résister aux efforts de torsion et flexion; enfin, il y a lieu de signaler ici, non seulement l'influence de la composition chimique, mais également l'influence de la structure physique, qui, dans certains cas, paraît jouer un rôle très important.

Nous citerons ici pour mémoire l'emploi des aciers des 1re et 2e classes pour *tôles d'affûts*, et des 2e et 3e classes pour canons de fusil, etc.

ACIERS EMPLOYÉS PAR LES CHEMINS DE FER

Si nous passons maintenant à l'étude des aciers employés par les *chemins de fer*, nous aurions à considérer successivement : le matériel fixe, le matériel roulant, les travaux d'art.

En ce qui concerne le matériel fixe, il n'est point de question plus importante que celle du rail et bien des études ont été faites pour déterminer quel serait le métal le plus convenable pour *rails*.

Chaque compagnie de chemins de fer, adoptant un profil particulier, tantôt le rail à double champignon, tantôt le rail à plus ou moins large patin, il est fort difficile de faire une comparaison entre les différentes conditions de réception imposées par les cahiers de charges; mais nous croyons pouvoir dire toutefois que les métaux des

CONDITIONS D'ÉPREUVES POUR FOURNITURES DE RAILS ACIER.

DÉSIGNATION DES TYPES DE RAILS.	ESSAIS à la TRACTION.		ESSAIS A LA FLEXION.			ESSAIS AU CHOC.			OBSERVATIONS.
	R minima.	a minimum.	Distance des appuis.	I minima.	R minima.	Distance des appuis.	Poids du mouton.	Hauteur minima de rupture.	
	k.	k.	m.	k.		m.	k.	m.	
Rails à patin, Nord français, 30 kil.	»	»	1,000	17.000	30.000	1,100	300	2,250	f maxima à 30 T=25mm.
Rail à patin, Brésil, 31k,50	»		1,000	18.500	33.000	1,100	400	3,000	f maxima à 33 T=25mm.
Rail à patin, Etat belge, 38 kil.	60 à 65	15 0,0	1,100	22.000	»	1,100	500	4,000	
Rail pour voie hilft, Etat belge, 29 kil.	»	»	1,100	14 000	»	1,100	300	4,000	
Rail à patin, type P.-L.-M. A.	»	»	1,100	25.000	35.000	1,100	300	1,700	
Rail à patin, type P.-L.-M.	»	»	1,100	30.000	40.000	1,100	300	2,000	f maxima au choc = 8mm.
Rail à patin, type P.-L.-M. 2.	»	»	1,100	30.000	40.000	1,100	300	2,000	
Rail à patin, type de la compagnie I. R. P., 33 kil.	»	»	»	»	»	1,100	300	3,500	à + 20°.
Rail à patin, type des chemins de la Theiss, 30 kil.	»	»	»	»	»	1,100	500	4,000	
Rail a patin, chemins transylvaniens, 30k,87.	»	»	»	»	»	1,100	450	5,000	
Rail à patin, Haute-Italie, 42 kil.	»	»	1,000	27.000	38.500	1,100	300	2,000	
Rail à patin, gouvernement hongrois, 33 kil.	»	»	»	»	»	1,100	1.000	4,000	
Rail à double champignon, Ouest français, 38 kil.	»	»	1,000	25.000	40.000	1,100	300	2,500	
Rail à double champignon, Hte-Italie, 35 kil.	»	»	1,000	25.000	50.000	1,100	1.000	10,000	Puis redressement par un choc semblable.
Rail à double champignon, État français, 38 kil.	»	»	1,000	25.000	40.000	1,100	300	1,50	

3e et 4e classes paraissent devoir être les plus convenables, tant pour les rails que pour les selles, éclisses, etc.

Ces métaux sont généralement préférés en France par les Compagnies du Nord, de l'Ouest, de l'Est, de Paris-Lyon-Méditerranée; la Compagnie du Midi seule demande du métal plus dur.

La France ayant un climat tempéré, on peut prendre comme type les conditions exigées par les cahiers de charges des chemins de fer français; mais il convient de faire remarquer que les métaux de la deuxième classe à 40 et 50 kilogrammes de résistance sont préférés dans les pays froids, par suite de leur latitude (Suède et Russie), ou en raison de leur altitude (chemins de fer de montagne, Autriche-Hongrie). C'est ainsi, par exemple, que les rails sont fabriqués en Suède avec des métaux à 0,350 à 0,500 ou 0,650 (grand maximum) sans manganèse et à Reschitza avec des aciers n° 6 de l'échelle de Tunner, correspondant à moins de 55 à 60 kilogrammes de résistance à la rupture.

D'un autre côté, nous aurions à citer les rails en acier extradur correspondant à 80 kilogrammes, mais nous renverrons pour ces diverses questions à la note bibliographique ci-jointe.

Les mêmes métaux, 4e et 5e classes, sont employés avec succès en France, en Angleterre, en Allemagne, etc., pour rails de tramways, et d'autre part à l'état d'acier coulé sans soufflures pour pointes de cour, croisements, équerres de plaques tournantes, traverses métalliques, etc.

L'emploi de l'acier pour le *matériel roulant* est au moins aussi important que pour le matériel fixe; les essieux, roues, bandages méritent en effet une mention spéciale.

Les *essieux* sont fabriqués avec succès, en ayant recours à des métaux très doux, ou mieux avec des métaux doux par le carbone, durs par le manganèse, jouissant, comme nous l'avons dit en parlant des propriétés chimiques et mécaniques, d'une grande raideur élastique jointe à une excellente résistance au choc.

En ce qui concerne les essieux coudés pour locomotives, nous pensons qu'il est préférable d'employer des métaux de nuance plus douce, en conservant toutefois une certaine proportion de manganèse de manière à avoir un métal résistant bien aux efforts de flexion et surtout de torsion; il est peut-être préférable que le métal soit plus doux, pour éviter toute chance de rupture, et puisse subir sans rupture des déformations sous des efforts brusques de choc.

Les *bandages* sont fabriqués, suivant les conditions climatologiques, en acier doux ou demi-dur, de préférence carburé et avec peu de manganèse, lequel pourrait donner lieu à une trempe trop énergique pendant l'opération de l'embattage sur les roues; il est nécessaire, d'autre part, pour les bandages d'avoir un métal de structure physique compacte, sans soufflures, de manière à réduire l'usure dans des limites aussi restreintes que possible.

Les *roues de wagons et de machines* ont été faites jusqu'à ce jour presque exclusivement en fer ou acier puddlé soudé; peu d'usines, principalement en France, ont fabriqué la roue en acier. A l'étranger au contraire, en Angleterre, en Allemagne, en Amérique, on fabrique la roue de wagon en fonte durcie ou en acier extradur et simplement coulé. Depuis la découverte de Terrenoire, un certain nombre d'usines françaises emploient avec succès pour roues de wagonnets le métal demi-doux coulé sans soufflures et les résultats à l'emploi ont été satisfaisants; d'autre part, le procédé a été employé en Amérique non seulement pour les roues de wagons sur voie large, mais également pour roues de locomotives. Les métaux généralement employés à ces usages, ainsi que pour coussinets, boîtes à graisse, etc., rentrent dans les métaux de la 4e et de la 5e classe et doivent être employés à l'état recuit.

Le métal qui paraît le mieux convenir pour *ressorts* de wagons et de machines correspond également, pour le métal recuit, à 70 à 80 kilogr. de résistance par millimètre carré : ce métal prend à la trempe une limite d'élasticité souvent considérable et une charge de rupture voisine de 100 kilogr. Nous renverrons, pour plus de détails, à l'ouvrage de M. Lebasteur, qui contient d'excellents renseignements sur les différents métaux employés par les chemins de fer.

Reschitza recommande également les aciers durs n° 3 de l'échelle de Tunner pour ressorts; ils contiennent de 0,800 à 1 % de carbone, tandis qu'en Suède on emploie de préférence des aciers moins carburés à 0,600 ou 0,700 % qui sont ou trempés à l'huile (Fagersta) ou trempés à l'eau (usines de l'État).

M. G. Delaporte, dans un rapport publié à la suite de l'Exposition de 1878, dit que le silicium paraît utile dans certaines proportions pour l'acier à ressorts, et cela sans autre explication; ne pourrait-on pas la trouver, non pas dans la présence même du silicium, mais dans ce fait que les aciers au silicium sont généralement sans soufflures, par conséquent plus compacts, ce qui est une bonne condition pour obtenir des aciers jouissant d'une forte limite d'élasticité, prenant une trempe bien homogène, comme cela est nécessaire non seulement pour les ressorts, mais pour les aciers à outils dont nous parlerons plus loin?

L'acier est encore employé pour le matériel roulant des chemins de fer sous forme de chaînes, tendeurs d'attelage, etc.

Les métaux doux de la première et de la deuxième classe sont employés pour tôles de chaudières de locomotives et sous forme de tôles et cornières dans la construction des ponts, viaducs, charpentes de gare, etc.

Nous n'avons que peu de chose à ajouter à ce que nous avons dit précédemment à propos de l'emploi de l'acier par la marine et nous nous bornons à donner ici quelques chiffres relatifs à l'emploi des métaux extradoux et correspondant aux métaux employés pour la construction d'une locomotive, exposée par le Creusot en 1878 et dont toute la chaudière était en métal fondu :

DÉSIGNATION DES ÉCHANTILLONS.	L.	R.	C'.	a.	a'.
Tôles (corps cylindrique et foyer)	25,30	40,50	»	»	32,00
Métal des tubes avant étirage	27,20	42,30	»	»	31,00
Entretoises	24,80	37,30	»	»	33,50
Rivets	22,00	40,00	»	»	28,00
Moyennes	34,82	40,00	»	»	31,12

Ces résultats correspondent à des métaux à moins de 0,200 °/₀ de carbone, employés également avec succès en Suède et en Russie pour la fabrication de tubes sans soudures.

Nous renverrons pour les pièces telles que manivelles, arbres coudés, bielles, etc., à l'étude des métaux employés par l'industrie privée pour la *construction des machines* fixes.

Aciers employés par l'industrie privée.

L'industrie privée, comme la marine et les chemins de fer, a recours aux métaux extradoux de la 1re classe pour tôles de chaudières, pour boulons, rivets, couvre-joints, cornières, etc. Les progrès réalisés depuis quelques années ont montré que les fers fondus se comportaient bien à ces emplois; toutefois on a objecté à ces métaux d'avoir une texture plus cristalline et l'on craint encore actuellement leur emploi; certains chaudronniers pensent que le métal soudé sera toujours préférable pour chaudières, par suite de l'arrangement en quelque sorte feuilleté de ses molécules. Nous ferons remarquer que si l'on craint cet état cristallin, on pourrait, comme on le fait en Suède pour les frettes enroulées, laminer le métal extradoux, véritable fer fondu en longerons, paqueter ces barres et les souder au laminoir, soudage qui du reste est parfait pour les métaux à 0,120 à 0,140 °/₀ de carbone, contenant une petite quantité de manganèse à 0,300 environ, facilitant la formation d'une scorie fluide très avantageuse au soudage. Cette observation faite, nous renvoyons à ce que nous avons dit à l'article : *Emploi des aciers pour tôles de chaudières marines*, et nous passons de suite à l'étude des métaux employés pour les pièces de machines proprement dites.

L'étude mathématique des efforts auxquels sont soumis les diverses pièces d'une machine permet de définir assez exactement les métaux qui devront être employés à la confection de ces différents organes.

1° La *bielle* étant soumise alternativement à des efforts d'extension et de compression, suivant sa position par rapport aux points morts, doit être en métal dur et rigide et les aciers de la 3e classe conviennent très bien pour cet usage, qu'ils soient simplement carburés, ou bien, durs par le manganèse.

2° La *manivelle*, de même que les arbres coudés, qui en font fonction, devront être de préférence en acier résistant bien aux efforts de flexion et de torsion (par conséquent en acier manganésé), étant soumis, en effet, à des efforts d'extension et de compression au passage de points morts, et à des efforts de flexion et de torsion dans les autres positions.

3° La *tige du piston* est soumise dans les machines à des efforts alternatifs d'extension et de compression fort considérables et passant brusquement des uns aux autres; il est important, pour résister à la compression, qu'elle ne fléchisse pas et le diamètre doit en être calculé largement; on préfère souvent aux métaux demi-durs les métaux doux à 0,250 à 0,300 de carbone, afin d'éviter les ruptures.

4° Les boulons travaillent surtout par extension et cisaillement; les écrous et filets de vis doivent résister à l'écrasement et au mattage; il faut, en conséquence, une certaine dureté sans fragilité, ce qui explique les conditions de la marine, qui exige pour ces sortes de pièces du métal extradoux trempé.

5° Le *parallélogramme* soumis aux trois sortes d'efforts, extension, flexion, compression, se fait le plus ordinairement en fer ou en acier doux.

6° Le *balancier*, demandant une forme d'égale résistance et exigeant des nervures, se fait ordinairement en fonte, mais quelquefois en tôles et cornières assemblées.

7° Quant aux *glissières*, organes qui peuvent être calculés en les considérant comme pièces encastrées aux deux extrémités et chargées en leur milieu (au moment du plus grand effort), elles doivent résister spécialement à la flexion en même temps qu'à l'usure, et les métaux doux par le carbone, durs par le manganèse, paraissent convenir parfaitement pour ces pièces, ainsi que pour supports ou guides, chaises, chapeaux de paliers, crapaudines, pivots, etc.

Ainsi, les aciers qui sont le plus généralement employés pour pièces de machines sont des aciers demi-doux ou doux ordinaires; ils peuvent être employés soit à l'état forgé, soit à l'état coulé : ces derniers sont appelés à rendre de grands services dans la construction des machines, parce que, outre la résistance et la dureté dues à leur composition chimique, ils présentent, sur les aciers ordinaires, l'avantage d'une homogénéité et d'une *compacité* physique plus grande; enfin, ils peuvent servir pour pièces de formes compliquées impossibles à obtenir par voie de martelage. A ce dernier point de vue, nous citerons comme pièces fabriquées avec succès par le procédé de Terrenoire des tubes de presses hydrauliques pour affûts d'artillerie de marine, des galets des pistons à nervure, des corps de pompe hydraulique pour fabrication de tuyaux de plomb, des pignons, empoises, engrenages, griffes d'embrayage pour gros trains de laminoirs, cylindres de laminoirs profilés ou droits, et plus particulièrement des cylindres ayant une grande table, tels que ceux employés pour le laminage à froid du plomb, du cuivre, du laiton, etc.

Aciers employés par la petite industrie

Les métaux extradoux et doux sont employés sur une grande échelle par la petite industrie, soit à l'état de tôles minces, soit à l'état de fils, soit à l'état de barres de petites dimensions transformées au marteau à main pour la quincaillerie, la serrurerie, etc.; pour pelles, socs de charrue, faux, faucilles, et autres objets destinés à l'agriculture, tôles fines à satiner le papier, tuyaux soudés, tuyaux étirés, ustensiles de cuisine, chaînes sans soudures (système David et Damoiseau), chaînes à godets. Les tôles d'acier sont employées depuis longtemps à l'état recuit ou trempé aux usages suivants : plumes métalliques, râpes, coupe-racines, planches pour la gravure à l'eau-forte et au burin, bijouterie, branches de lunettes, aiguilles, ressorts divers de petites dimensions, objets emboutis fortement contournés, fourreaux de sabres, de baïonnettes et autres objets d'équipement, etc.

Des aciers de nuance plus dure, correspondant à ceux de la 4e classe, sont employés par Reschitza pour limes, scies, couteaux, outils à travailler le bois, ressorts, objets de taillanderie, etc., etc.

La tréfilerie emploie suivant les cas ou des métaux durs à 60 et 70 kilogrammes de résistance pouvant monter par l'opération du tréfilage à 150 kilogrammes, ou bien des métaux extradoux ou fers fondus. Les uns et les autres doivent être coulés chauds de manière à obtenir un métal compact, sans soufflures, pouvant supporter sans se rompre le tréfilage; la supériorité de certains aciers pour cet usage doit être en grande partie attribuée à ce que les aciers au creuset contenant toujours une petite proportion de silicium sont sans soufflures.

Aciers employés pour outils

Les aciers à outils proprement dits rentrent principalement dans les métaux des 5e et 6e classes; toutefois ceux de la 4e classe représentent le type des aciers employés pour outils doux. Parmi les aciers de la 5e classe, il y a lieu de distinguer les aciers simplement carburés et les aciers manganésés, dits diamantés; parmi ceux de la 6e classe, les aciers carburés, manganésés, chromés, tungstatés; les uns et les autres sont employés pour limes, outils de tour, de raboteuse, outils à travailler le granite, fleurets de mines, tarauds, poinçons, burins, coutellerie, etc. L'étude complète de ces diverses variétés d'acier nous entraînerait hors du cadre dont nous disposons et nous renverrons pour plus de détails à notre travail sur le *Classement et l'emploi des aciers*, 1880. Nous dirons seulement ici que tous ces aciers sont généralement fabriqués au creuset, soit en Suède et en Norvège (Jacob Ail et Son Tvedestand, Norvège), soit en Angleterre et principalement à Sheffield (Jonas Meyer et Colver-Seebohm et Dieckstahl, etc.), soit en Autriche-Hongrie, Reschitza, Kapfenberg, Innerberg, etc., soit en France, principalement par la maison Jacob Holtzer d'Unieux (Loire).

Les aciers à outils de nuances diverses sont employés à l'état d'acier forgé, trempé à l'huile ou le plus souvent à l'eau, puis recuits à des températures variables suivant les usages auxquels ils sont destinés.

Nous donnons ci-dessous la composition de quelques bains employés pour la trempe des aciers, ainsi que les couleurs du recuit les plus convenables pour un certain nombre d'objets.

COMPOSITION DE BAINS MÉTALLIQUES A L'USAGE DES FABRICANTS DE COUTELLERIE.
D'après Parke's Chimical essays.

NUMÉROS.	DÉSIGNATION DES ARTICLES.	COMPOSITION DU BAIN.		TEMPÉRATURE.
		plomb.	étain.	
1	Lancettes	7 parties.	4 parties	215°,5 C.
2	Autres instruments de chirurgie	7,5 —	4 —	221 ,1
3	Rasoirs	8 —	4 —	227 ,7
4	Canifs et quelquefois instruments de chirurgie	8,5 —	4 —	222 ,2
5	Canifs de plus grandes dimensions, scalpels	10 —	4 —	243 ,3
6	Ciseaux, cisailles, ciseaux à froid	14 —	4 —	254 ,4
7	Haches, ciseaux plus forts, fers de rabots, couteaux de poche	19 —	4 —	265 ,0
8	Couteaux de table, grandes cisailles	30 —	4 —	276 ,6
9	Sabres, ressorts de montres	48 —	4 —	287 ,7
10	Grands ressorts, tarières, poignards, pet. scies fines	50 —	2 —	292 ,2
11	Scies de charpentiers, scies à main, quelques ressorts spéciaux	Huile de lin bouillante.		315 ,5
12	Articles exigeant un acier un peu plus doux	Plomb fondant.		322 ,2

COMPOSITION DE DIVERS BAINS POUR LA TREMPE DES ACIERS.

DÉSIGNATION DES ARTICLES.	COMPOSITION DES BAINS.
Scies, ressorts, faulx, coutellerie	Huile ou graisse animale.
Ressorts de voitures, lames de cisailles	Eau ordinaire : plonger l'acier peu de temps; trempe douce recuite.
Outils tranchants	Eau ordinaire; enduire l'extrémité dans la résine avant la trempe.
Ressorts de fils d'acier et petits outils	Eau ordinaire, 1 litre, gomme arabique, 30 à 40 gr., ou bien eau de résine et savon noir, ou bien huile.
Limes et râpes	Pour 100 litres d'eau, 5 kil. sel ammoniac et 25 kil. sel marin.
Outils très durs	Pour 100 litres d'eau, 5 kil. sel marin, 1 litre alcool, 40 centilitres acide sulfurique.
Outils très durs à employer à froid	Pour 10 litres d'eau, 40 gr. acide sulfurique, 10 gr. acide azotique, 10 gr. acide pyroligneux.
Outils délicats, burins, échoppes de graveurs et horlogers, petits forets	Suif de mouton, 10 parties, huile d'olive, 35 parties, résine, 5 parties, sel ammoniac, 2 parties.

TEMPÉRATURE DU RECUIT APRÈS TREMPE (D'APRÈS LANDRIN).

TEMPÉRATURE.	COULEUR DU RECUIT.	DÉSIGNATION DES ARTICLES.
221° C.	Jaune très pâle.	Lancettes.
232	Jaune pâle.	Rasoirs de qualité supérieure, instruments de chirurgie.
243	Jaune ordinaire.	Rasoirs communs, canifs.
254	Brun.	Petites cisailles, ciseaux, ciseaux à couper le fer à froid.
265	Brun teinté de pourpre.	Haches, fers de rabots, couteaux de poche.
277	Pourpre.	Couteaux de table, grandes cisailles.
288	Bleu pâle.	Epées, ressorts de montres et de sonnettes.
293	Bleu ordinaire.	Scies fines, poignards, tarières.
316	Bleu foncé.	Scies à main de charpentiers.

BIBLIOGRAPHIE. — Henry. *Fabrication des rails d'acier aux États-Unis*, Bulletin de l'industrie minérale de Saint-Étienne, 2e série, t. VI, 1877.

F. Marché. *Conférence sur l'acier*, faite au Trocadéro. Exposition de Paris, 1878.

Lebasteur. *Les métaux à l'Exposition de 1878*.

A.-L. Holley. *On rails patterns*. Philadelphia Meeting.

C.-P. Sandberg. *On rails specification and rails inspection in Europa*. American Institute of Mining Engineers. Lake Superieur Meeting, 1881.

W. Parker. *The relative corrosion of iron and steel*. Iron and Steel Institute, 1881.

Price Williams. *On iron and steel permanent way*. Iron and Steel Institute, 1881.

W. Denny. *On the economical advantages of steel shipbuilding*. Iron and Steel Institute, 1881.

C. Dudley. *The wearing power of steel rails in relation to their chemical composition and physical properties*. Lake George and Philadelphia Meetings, 1881.

G. Marié. *Étude sur la confection des outils d'ajustage*. Annales des Mines, 1878.

L. Gruner. *Sur la nature de l'acier le plus convenable pour les rails*. Annales des Mines, 1881.

Nous n'avons, dans cette étude, indiqué que les principaux progrès réalisés dans l'industrie du fer et de l'acier depuis une vingtaine d'années.

Nous y avons suppléé, dans les limites du possible, par quelques notes bibliographiques, et nous terminerons en indiquant comme ouvrages à consulter avec fruit : la *Revue universelle de Liège*, l'*Industrie minérale de Saint-Étienne*, l'*Iron and Steel Institute*, les *Transactions of Mining Engineers*, etc., espérant ainsi appeler l'attention des industriels sur les recherches scientifiques, et réciproquement celle des savants sur les récents progrès de l'industrie.

V. Deshayes.

FERMENTATIONS. — Depuis la rédaction de l'excellent article de M. Schützenberger (t. Ier, p. 1440), la question des fermentations a fait d'immenses progrès.

On connaît mieux les ferments; on en a découvert de nouveaux; on a fait des tentatives pour les réunir dans une classification systématique; enfin, en créant une théorie physiologique de la fermentation et précisant ainsi ces phénomènes, on leur a donné une importance plus générale et beaucoup plus haute.

Aussi le cadre de l'étude de ces infiniment petits, des *microbes*, comme on les nomme aujourd'hui, s'est-il singulièrement élargi.

Les découvertes se sont succédé sans arrêt : Dédoublement du sucre en alcool et gaz carbonique; production d'acides lactique et butyrique; hydratation de l'urée; putréfactions; pébrine des vers à soie; sang de rate ou charbon des ruminants; choléra des poules; septicémie; maladies infectieuses, et peut-être certaines réactions chimiques des tissus de l'animal — autant de processus liés au développement d'une cellule, d'un microbe — autant de fermentations.

Tous ces travaux, auxquels le nom de M. Pasteur est intimement lié, loin d'ébranler la base des idées de ce savant illustre, ont définitivement jugé et condamné la doctrine des générations spontanées (hétérogénie); mais ils ont, en outre, fait franchir une nouvelle étape à la science dans sa marche vers la vérité. En développant l'idée déposée dès 1861 dans ses écrits, M. Pasteur a rattaché les fermentations à une vie spéciale de ces infiniment petits, et précisé ainsi leur fonction dans cet aphorisme : *la fermentation est une conséquence de la vie sans air*.

Nous nous proposons, dans cet article, de résumer très brièvement ces découvertes récentes, en nous plaçant surtout au point de vue du chimiste. Il reste beaucoup à faire, mais la voie est tracée par les recherches, classiques aujourd'hui, sur les fermentations alcoolique, lactique et butyrique. Nous terminerons par quelques mots sur les ferments dits solubles ou indirects, dont l'histoire a également fait un pas en avant.

Mais, avant d'entrer en matière, disons de suite que tous ces travaux n'ont été possibles et ne pouvaient surtout être féconds qu'à partir du moment où M. Pasteur eut créé sa méthode de culture des ferments dans des milieux artificiels, méthode qui a permis de les séparer les uns des autres, de les purifier pour ainsi dire. S'il était permis de faire une comparaison, on pourrait rappeler l'essor que prit la chimie organique après le travail sur les corps gras, dans lequel M. Chevreul avait jeté les bases d'une méthode d'analyse immédiate.

I. DES FERMENTS FIGURÉS EN GÉNÉRAL.

Les *ferments figurés* sont des organismes cellulaires qui, se développant et vivant aux dépens de la substance *fermentescible*, la modifient chimiquement et la transforment en molécules plus simples, dans la plupart des cas. Cet acte est la *fermentation*.

La fermentation est donc une conséquence de la vie; elle constitue un cas particulier dans les phénomènes biologiques. Le caractère exceptionnel qu'elle présente réside, comme nous le verrons, dans le mode de vie du ferment, essentiellement différent de celui des autres végétaux.

Il est bien démontré aujourd'hui que les liquides fermentescibles les plus complexes, les matières les plus altérables se conservent intacts, pourvu qu'ils ne renferment point de germes, ou qu'ils en soient au préalable débarrassés. Il en est ainsi, non seulement pour les liquides stérilisés artificiellement par la chaleur ou la filtration sur des filtres suffisamment parfaits, mais aussi pour les liquides extraits de leurs réservoirs naturels avec toutes les précautions voulues pour empêcher l'accès des germes venant de l'extérieur. Ainsi, le jus de raisin retiré de l'intérieur des grains intacts, le sang pris dans l'artère, l'urine prélevée dans la vessie ne s'altèrent pas à l'abri de l'air ou au contact de ce fluide débarrassé de toute poussière en suspension (Pasteur); et cependant, personne n'ignore combien les liquides organiques n'ayant pas subi l'action de la chaleur entrent rapidement en fermentation.

L'hypothèse d'après laquelle le ferment alcoolique, par exemple, naîtrait aux dépens du protoplasme du grain de raisin, d'une substance *hemi-organisée*, comme on l'a dit, ne repose donc sur aucun fait dûment constaté.

Il existe donc un lien de cause à effet entre le ferment et la fermentation. S'il était besoin de rendre plus complète la démonstration de ce fait, nous ajouterions que, non seulement la substance organique ne se dédouble pas lorsque le ferment est écarté, mais encore que la fermentation, une fois en train, s'arrête si le développement de l'organisme ferment est entravé par une cause quelconque (à moins qu'il ne s'agisse de la fermentation produite par une diastase secrétée par le microbe). Que ce soit une substance antiseptique, phénol, acide salicylique, chloral, chloroforme, acide cyanhydrique, etc., ou l'oxygène à une tension suffisante (P. Bert), le résultat est le même : le ferment est tué ou, si la cause toxique intervient lentement, transformé en spores doués de la vie latente de la graine.

Les ferments, dont le nombre est si considérable, sont unicellulaires, c'est-à-dire que chaque cellule constitue un individu viable et pouvant se reproduire. Des organismes plus compliqués, voire même les plantes les plus élevées dans la série des végétaux, peuvent, dans des cas déterminés, produire les mêmes dédoublements que les ferments véritables, tels que la levûre de bière. Celle-ci, dans les conditions habituelles de sa vie, dédouble la glucose en gaz carbonique et alcool.

Des végétaux plus parfaits, les moisissures (*penicillium*, *aspergillus*, *mucor*) se développant à la surface des moûts sucrés, s'assimilent une partie des matières organiques qui leur sont offertes, pour former de nouveaux tissus, et, avec le concours de l'oxygène, brûlent le reste du sucre en gaz carbonique et eau. S'il se produit tout d'abord de l'alcool, celui-ci est aussitôt oxydé. Ces moisissures agissent donc comme les champignons supérieurs, et ne sont pas, dans les conditions normales de leur vie, de véritables ferments.

Mais, vient-on à les submerger, de manière à les soustraire au contact de l'oxygène libre, leur développement ne s'arrête pas brusquement ; il s'opère dans la forme de la végétation mycélienne des changements considérables, qui se traduisent par l'apparition d'un nouveau phénomène chimique : la moisissure consomme encore du sucre, plus même que tout à l'heure, mais, faute d'oxygène libre, elle ne le brûle plus d'une manière complète et le scinde en gaz carbonique et alcool.

Avec les penicillium et les aspergillus, la proportion d'alcool formée n'est jamais considérable, par la raison que la vie dans ces nouvelles conditions est trop peu active (Pasteur).

Le *Mucor racemosus* et le *Mucor mucedo* se prêtent plus facilement à ce genre d'expérience, ces végétaux résistant mieux à la privation d'oxygène. Cultivés dans un moût sucré bouilli et enfermé dans un ballon Pasteur, en présence d'une quantité insuffisante d'air, ils changent complètement leur genre de végétation.

Les tubes mycéliens grêles, sans cloisons transversales, de la plante normale, se partagent rapidement par des cloisons en cellules distinctes qui se gonflent en prenant la forme de tonneaux et se ramifient par bourgeonnement à la manière de la levûre (voir la fig. I de la planche). Ces bourgeons, de forme arrondie, se détachent des cellules mères et continuent à se propager par bourgeonnement comme celles-ci. A un examen superficiel, cette *levûre de mucor* pourrait être confondue avec la levûre ordinaire, quoiqu'elle soit de dimensions beaucoup plus grandes que les globules du *Saccharomyces cerevisiæ*.

Bail, auquel on doit la première observation de ces formes polymorphes du mucor, les avait d'abord séparées de la levûre ordinaire, tout en admettant leur dérivation commune d'autres champignons. Mais dans ses publications postérieures le même auteur a abandonné cette distinction et soutenu la transformation du mucor en véritable levûre [Bail, *Flora*. 1857, p. 439; — *Nova acta*, t. XXVIII, p. 23, 1861; — *Mittheil. über Vorkom. und Entwickl. einig. Pilzform.*, Dantzig, 1867, p. 7]. Mais MM. Rees, Fitz et Pasteur se sont élevés contre cette manière de voir et ont montré qu'une telle transmutation n'a pas lieu. La levûre de mucor placée à l'air dans les conditions de sa vie habituelle reprend les formes connues du mucor ; et vainement on essayerait de produire ce changement avec un saccharomyces [M. Rees, *Botan. Untersuch. über die Alkoholgährungspilze*, Leipzig, 1870 ; — A. Fitz, *Deutsch. chem. Gesellsch.*, 1873, p. 48 ; — L. Pasteur, *Études sur la bière*. 1876, p. 86 à 140].

A la fin d'une telle fermentation sous l'action du *Mycoderma racemosus*, le liquide contenait pour 120 centimètres cubes, 4gr,1 d'alcool et il ne s'était formé que 0gr,25 de moisissure à l'état desséché [L. Pasteur, p. 134.]

Le *Mycoderma Vini*, cette levûre qui est à la surface des liquides fermentés et agit si énergiquement comme oxydant, devient aussi ferment alcoolique lorsqu'on le prive d'oxygène par la submersion (Pasteur).

Voici d'autres faits du même ordre. On sait, depuis le travail de Bérard en 1821, que des fruits, séparés de l'arbre, absorbent de l'oxygène pendant la maturation et dégagent un volume sensiblement égal de gaz carbonique. Si l'atmosphère d'air est limitée, l'oxygène est vite consommé, mais l'émission de gaz carbonique ne s'arrête pas à ce moment, elle continue longtemps encore ; en même temps du sucre disparaît comme par « une espèce de fermentation ».

MM. Lechartier et Bellamy, ayant repris en 1869 les expériences de Bérard, les ont confirmées, et en plaçant, dès l'abord, les fruits dans une atmosphère exempte d'oxygène, ils ont hâté le phénomène. Ils ajoutent ce fait important que le sucre disparu s'est transformé en alcool, sans que le microscope parvienne à déceler la présence d'une trace de levûre. En outre, le parenchyme du fruit a subi une altération profonde ; une poire, par exemple, s'était transformée en 272 jours en une masse pulpeuse contenue dans un sac formé par l'épicarpe.

Il est presque superflu d'ajouter que les fruits employés ne présentaient aucune avarie extérieure. Toutes sortes de fruits, poires, pommes, citrons, cerises, prunes, châtaignes, graines de froment et de lin, le tubercule de la pomme de terre, etc., ont ainsi fourni de l'alcool à l'abri de l'air [G. Lechartier et F. Bellamy, *Compt. rend.*, t. LXIX, p. 356 et 466 ; t. LXXV, p. 1203 ; t. LXXIX, p. 949 et 1006].

Ces résultats intéressants ont reçu le contrôle de la puissante expérimentation de M. Pasteur, qui a surtout insisté sur l'énergie des réactions chimiques qui se passent dans les fruits plongés dans le gaz carbonique.

Il les explique par la continuation de la vie cellulaire des fruits après leur séparation de l'arbre, ce qui nous est amplement démontré par le fait de la maturation dans les fruitiers. Si l'air a libre accès, la cellule absorbe de l'oxygène et rejette du gaz carbonique par combustion totale d'une partie de ses matériaux ; la chaleur dégagée fournit l'énergie nécessaire pour l'entretien de la vie. A l'abri de l'oxygène, la cellule trouve cette énergie dans la chaleur mise en liberté par le dédoublement de la glucose en gaz carbonique et alcool, réaction qui est exothermique. Les choses se passent ici exactement comme dans les moisissures submergées.

Enfin M. Müntz a montré que des plantes entières (branches de vigne, betterave, maïs, choux, chicorée, pourpier, ortie, etc.) placées hors d'atteinte de l'oxygène, dans l'azote pur, se chargent également d'alcool [A. Müntz, *Ann. Chim. Phys.*, (5), t. XIII, p. 543].

THÉORIE DE LA FERMENTATION. — Le pouvoir de scinder la glucose en gaz carbonique et alcool n'appartient donc pas exclusivement à la levûre de bière, mais doit être considéré comme propre à toute cellule végétale privée d'oxygène libre. La levûre, du reste, possède son pouvoir de ferment le plus puissant lorsqu'elle est privée d'air ; si celui-ci a libre accès, la fermentation est tumultueuse, le bourgeonnement et la multiplication des cellules sont très actifs; mais il y a proportionnellement peu d'alcool de formé. L'action de la levûre se rapproche alors de celle des moisissures.

Dans les conditions ordinaires de son fonctionnement, la levûre est, au contraire, recouverte de liquide et d'une lourde atmosphère de gaz carbonique; l'air ne pénètre point ou très peu dans le milieu; il se produit moins de levûre de nouvelle formation, mais une forte proportion d'alcool.

« Par des expériences précises, faites avec de la levûre de bière, dit M. Pasteur, j'ai montré que, si la vie de ce ferment avait lieu partiellement par l'influence du gaz oxygène libre, cette petite plante cellulaire perdait, en proportion de l'intensité de cette influence, une partie de son caractère ferment, c'est-à-dire que le poids de levûre qui prend naissance dans ces conditions pendant la décomposition du sucre, s'élève progressivement et se rapproche du poids du sucre décomposé au fur et à mesure que la vie se manifeste en présence de quantités croissantes de gaz oxygène libre » [*Compt. rend.*, t. LXXV, p. 784].

Tous ces faits ont donné une base solide à la théorie de la fermentation que M. Pasteur a esquissée en ces termes dans une communication faite le 12 avril 1861 devant la Société Chimique de Paris [*Bull. Soc. chim.*, 1861, p. 61] : « Il paraît donc y avoir corrélation entre le caractère ferment et le fait de la vie sans gaz oxygène libre. Cela posé, faut-il admettre que la levûre de bière, si avide d'oxygène qu'elle se multiplie avec une énergie tout à fait inconnue jusqu'ici lorsqu'on lui fournit du gaz oxygène libre, n'en utilise plus aucune trace pour son développement dès qu'on lui refuse ce gaz sous forme libre, sans le lui refuser sous forme de combinaison? N'est-il pas vraisemblable que le mode de vie de la plante est le même dans les deux cas, sauf que dans le second elle respire avec l'oxygène emprunté à la matière fermentescible? Ce serait par conséquent dans cet acte physiologique qu'il faudrait placer l'origine du caractère ferment. »

Depuis, M. Pasteur a repris et développé cette idée, avec la force que lui donnaient les nouvelles expériences, et il l'a étendue à toutes les fermentations. Il divise les organismes unicellulaires en *aérobies* et *anaérobies*, ces derniers étant pour lui les ferments proprement dits.

Certains d'entre eux n'ont qu'une manière de vivre. Le *Mycoderma aceti*, par exemple, n'agit qu'au contact de l'oxygène libre; le *ferment butyrique*, une bactérie, craint au contraire ce gaz et est tué lorsque celui-ci se trouve en proportion suffisante.

D'autres ferments s'accommodent à la fois d'une existence dans une atmosphère oxygénée et à l'abri de l'air, mais tantôt l'un, tantôt l'autre mode est préféré; il en est ainsi des exemples cités plus haut (moisissures, *mycoderma vini*, etc). D'autres fois encore, le ferment joue avec une égale facilité le rôle d'un être aérobie ou anaérobie : tel est l'exemple de la levûre; la fonction physiologique, comme nous l'avons vu, est bien différente dans les deux cas.

Mais poursuivons. Au contact de l'air, la combustion de la glucose est totale, la chaleur dégagée maximum, et le végétal par conséquent possède à sa disposition le maximum d'énergie. Sans air, la destruction de la glucose s'arrête à l'alcool, et la chaleur dégagée n'est environ que le tiers de ce qu'elle était précédemment. L'énergie disponible est moindre et le végétal, à poids égal, doit donc consommer une proportion plus forte de glucose : ce qui nous explique la grandeur du rapport d'effet à cause dans l'acte de la fermentation, qui de tout temps a frappé les observateurs.

Il paraît hors de doute que la fermentation alcoolique peut s'accomplir à l'abri complet de l'air, pourvu que l'on ait ensemencé des cellules de levûre jeune, très aptes à se développer. On trouvera dans le livre de M. Pasteur sur la bière (chapitre VI) des expériences instituées avec les précautions les plus minutieuses. Du reste, a priori, il n'était guère admissible qu'un flacon renfermant du moût en fermentation contînt encore des traces d'oxygène après que des torrents de gaz carbonique se sont déversés par le tube de dégagement plongé dans le mercure; et pourtant, dans ces conditions, la fermentation s'achève rapidement.

Les discussions byzantines que l'on a soulevées sur la question de savoir si les anaérobies peuvent vivre sans la *moindre trace d'oxygène libre* n'ont pas avancé la science; et même cette question résolue négativement, comme M. Gunning a cru devoir le faire, n'ôterait rien à la fonction des ferments en tant qu'anaérobies.

Remarquons, en effet, que s'il est impossible d'affirmer l'exclusion absolue de toute trace d'oxygène libre dans une expérience, on peut néanmoins certifier que la proportion en est inférieure à telle ou telle limite. Ainsi, dans telle expérience de M. Pasteur, 150 grammes de glucose se sont dédoublés avec production d'une quantité de levûre supérieure à 1 gramme, et certainement au début il y avait moins d'un milligramme d'oxygène libre dans les appareils; on ne peut évidemment pas attribuer à la présence de cette trace de gaz la végétation assez intense de la petite plante et le phénomène chimique notable qu'elle a provoqué.

Ces faits n'impliquent nullement que l'oxygène soit nuisible dans tous les cas. M. Pasteur en a donné lui-même mainte preuve. De petites quantités de ce gaz agissent favorablement sur la plupart des fermentations.

L'oxygène est inutile une fois que les ferments jeunes sont en plein développement et vivent dans un milieu éminemment favorable. Il n'en est pas de même lorsqu'il s'agit de cultiver un ferment vieux, même dans le meilleur milieu, ou de faire germer des spores; un supplément d'oxygène doit être fourni à la plante sous la forme la plus assimilable, sous forme gazeuze. Le ferment vieux est dans les conditions d'un anémique qui ne trouve plus dans sa nourriture ordinaire une quantité suffisante de fer.

On a aussi objecté que la putréfaction des matières animales placées dans des vases vides d'air s'arrête bientôt; mais, dans ce cas, on peut invoquer ce fait que les produits engendrés par la fermentation et accumulés dans l'espace limité de l'appareil clos exercent une action toxique sur les microbes de la putréfaction. En lisant la relation des expériences contradictoires de M. Gunning et de M. Nencki, on arrive à cette conclusion qu'à ce point de vue la putréfaction exige de nouvelles études [voir *Bull. Soc. chim.*, t. XXXIV, p. 186, et *Compt. rend.*, t. LXXXVII, p. 31, et la réponse de M. Pasteur, *ibid.*, p. 33].

Quoi qu'il en soit, concluons en disant : une petite quantité d'oxygène peut être très utile dans une fermentation, mais il n'est point prouvé qu'elle soit indispensable. Du reste, nous le répétons, cette question ne porterait pas atteinte à la théorie physiologique des fermentations.

Quel est le mode d'action intime des ferments? On peut faire, à ce sujet, plusieurs hypothèses, dont la plus simple consiste à envisager la fermentation comme liée à la nutrition du ferment, sinon à l'identifier avec celle-ci. Les ferments assimileraient la substance fermentescible, comme l'animal assimile les aliments, et rejetteraient les produits de fermentation, véritables produits de dénutrition.

On peut aussi admettre, avec M. Berthelot, que le ferment engendre, par sa vie, un produit soluble, une diastase, qui agirait ensuite chimiquement sur la substance fermentescible. Pour la fermentation de l'urée, on a montré que les choses se passent ainsi; le *micrococcus ureæ* sécrète un tel ferment soluble qui hydrate ensuite l'urée. On a constaté des faits du même ordre dans toutes les fermentations dans lesquelles interviennent des réactions d'hydratation. La levûre de bière donne ainsi un ferment inversif; les microbes de la putréfaction fournissent des ferments peptogènes, etc. Mais, dans ces cas, l'action des diastases ne constitue qu'une étape du phénomène, celles-ci remplissant pour ainsi dire une fonction préparatoire destinée à rendre la matière fermentescible assimilable par l'organisme du ferment.

HÉTÉROMORPHIE DES FERMENTS. — Chaque microbe a son milieu préféré dans lequel il se développe aisément; et il affecte alors une forme déterminée et constante. Si le liquide de culture change, le microbe peut plus ou moins s'habituer à cette nouvelle vie, et souvent alors il montre un aspect très différent de la forme primitive; mais si on le porte de nouveau dans le milieu ordinaire, il reprend ses caractères originaires. On trouvera plus loin pour le bacillus du lait bleu un exemple très remarquable de ces mutations dans les formes. Il est très probable que l'équation chimique de la nutrition change aussi avec le milieu ou, en d'autres termes, qu'un même microbe peut effectuer des dédoublements chimiques multiples. Mais jusqu'ici les observations ne permettent pas d'aller plus loin; jamais on n'a observé, avec certitude, la transformation d'une espèce en une autre, même la plus voisine. Buchner de Munich croit avoir changé récemment par la culture un des bacillus du foin en bactéridie du charbon; ce fait, qui serait capital dans la question qui nous occupe, demanderait à être vérifié avec beaucoup de soin.

Les microbes peuvent donc être *polymorphes*, mais, dans l'état actuel de la science, nous devons les considérer comme *hétéromorphes*.

On a dit que les microbes à cils vibratiles n'étaient que les zoospores d'algues d'espèces supérieures; cette opinion manque de confirmation expérimentale. De même, il est possible que la levûre de bière ne soit qu'un état particulier des cellules de quelque moisissure, comme des botanistes distingués l'ont soutenu; sa curieuse apparition dans l'air et sur les grains de raisin au moment de la fructification donne une certaine probabilité à cette idée. Mais la science ne doit pas s'aventurer au delà du domaine des faits précis. Ces quelques indications doivent suffire pour montrer combien nous sommes encore ignorants à ce sujet, qui du reste n'est plus du ressort de la chimie.

CLASSIFICATION DES MICROBES. — En excluant les moisissures, qui sont des êtres aérobies par excellence et n'agissent qu'exceptionnellement comme ferments, on peut diviser les ferments en :

I. *Levûres* ou saccharomycètes.

II. *Bactéries* ou schizomycètes.

Les premiers, champignons sans véritable mycélium, se développent d'habitude par bourgeonnement, mais ils peuvent, dans des conditions très particulières, donner lieu à la formation de spores, au nombre de 2 à 4 par cellule de levûre.

Les *bactéries*, dénommées aussi *schizophytes*, sont caractérisées par des cellules variables de dimensions et de forme, dont le grand diamètre ne dépasse pas ordinairement 10 millièmes de millimètre (10 μ); elles ont également deux modes de reproduction, par scissiparité et par sporulation; ce dernier mode apparaît généralement dans les cas où le milieu devient peu favorable au ferment.

On n'a observé de reproduction sexuée ni pour les levûres ni pour les bactéries. Et pourtant la biologie nous enseigne que, pour les autres êtres, l'accouplement ne doit pas manquer dans le cycle des transmutations, sous peine de voir les espèces s'affaiblir. Les ferments feraient-ils seuls exception à cette loi? Cela n'est pas prouvé, et nous sommes ramenés à cette hypothèse déjà indiquée, d'après laquelle les ferments ne constitueraient qu'un état particulier de quelque organisme supérieur (moisissure ou algue).

Les levûres sont bien connues, au point de vue botanique, depuis le beau travail de Rees; ce sont indubitablement des champignons, et l'analyse chimique y indique la présence d'une notable proportion de cellulose, moindre cependant que dans les moisissures. Par contre, la levûre renferme une quantité d'albuminoïdes plus grande encore que celles-ci, et à plus forte raison plus grande que les végétaux supérieurs.

Quant aux bactéries, il est plus difficile de leur assigner une place déterminée dans la classification des êtres vivants.

La plupart des savants, et parmi eux M. Robin et M. Cohn, les rangent sans hésiter parmi les algues; et pour certains d'entre eux, les micrococcus associés en chaînettes, par exemple, cette opinion peut être adoptée.

Mais on peut se demander si l'on doit être aussi affirmatif pour les bactéries douées de mouvement, notamment pour les genres bactérium, vibrio et spirillum?

M. Pasteur a « toujours été porté à considérer les vibrions comme des animaux, à cause des caractères propres de leurs mouvements ». A cet argument, dont la valeur a été contestée, on peut en ajouter aujourd'hui un nouveau, tiré de la composition chimique des bactéries de la putréfaction. A l'état sec, ces êtres sont formés aux quatre cinquièmes et plus de matières albuminoïdes, tandis que les parties insolubles dans la potasse, qui renferment peut-être un peu de cellulose, — la chose n'a pas été démontrée, — s'élèvent à peine à un vingtième, composition qui se rapproche singulièrement de celle d'un tissu animal.

Du reste, la question de la classification des êtres qui sont placés aux confins des deux règnes, et pour lesquels M. Haeckel a créé un règne spécial, les *protistes*, ne peut recevoir une solution mathématique.

Il en est des êtres organisés comme des corps inorganiques : la division des corps simples en métalloïdes et métaux a disparu avec les progrès de la chimie.

De même, moisissures, levûres et bactéries nous offrent un exemple frappant de ce passage graduel du règne végétal au règne animal.

CULTURE DES MICROBES. — L'air et les corps qui nous entourent étant souillés de germes de toute nature, il est de première nécessité d'exclure ces germes, lorsqu'il s'agit d'obtenir une *culture pure* d'un microbe.

A l'aide d'appareils de forme variée, on débarrasse l'air de ses germes en suspension, avant de le faire arriver au contact du liquide; quant aux spores préexistant dans les liquides, on les élimine par divers procédés de *stérilisation*. Il faut, en outre, posséder des germes d'un microbe unique et connaître le milieu dans lequel il se développe de préférence. Nous allons examiner ces divers points.

1° Appareils. — Primitivement, M. Pasteur employait un simple ballon dont le col était effilé en tube étroit et recourbé vers le bas, comme le montre la figure 66; l'air, étant obligé de parcourir les sinuosités du tube étroit, dépose contre les parois les germes qu'il tient en suspension. Les liquides les plus altérables, urine, bouillon,

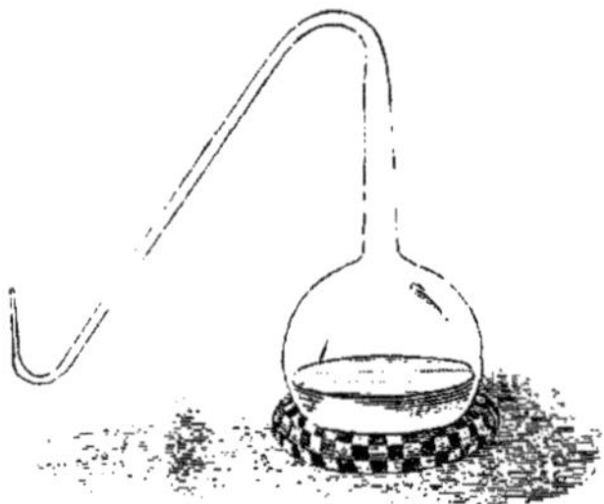

Fig. 66. — Ballon simple de M. Pasteur.

moût de bière, placés dans un tel ballon, puis rendus stériles par la chaleur, se conservent intacts pendant des années, preuve que les poussières atmosphériques ne peuvent y entrer [Pasteur, *Ann. Chim. Phys.*, (3), t. LXIV].

Ce dispositif, très parfait lorsqu'il s'agit d'éprouver et de réfuter la doctrine des générations spontanées, ne se prête guère à la culture des ferments. Le ballon à deux tubulures de la figure 67 est préférable.

L'une des tubulures sert à l'introduction de la semence et est fermée ensuite à la lampe, ou plus

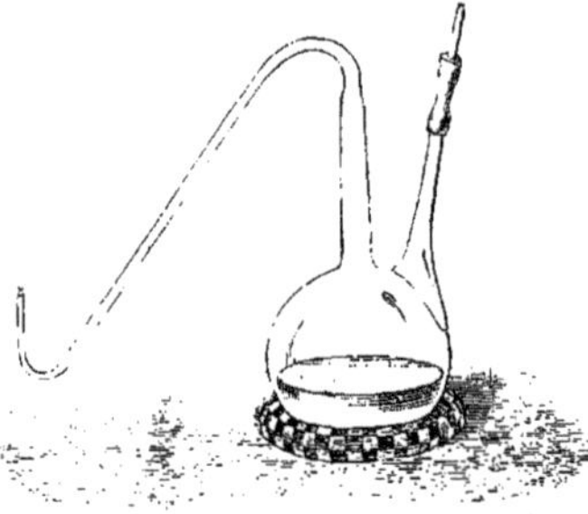

Fig. 67. — Ballon tubulé de M. Pasteur.

simplement par un tube de caoutchouc que l'on peut fermer lui-même par un bout de baguette de verre; l'autre tubulure est effilée et recourbée. Un tel ballon est aussi d'un emploi commode, lorsqu'il s'agit de cultiver un microbe aérobie; la courte tubulure sert alors à l'introduction d'air pur, c'est-à-dire débarrassé de germes, soit par filtration sur une couche de coton, soit par le passage à travers un tube chauffé au rouge.

Dans les appareils employés ordinairement aujourd'hui, on se contente de séparer l'air du liquide fermentescible par un tampon d'amiante épais de 1 à $1^{cm},5$. La figure 68 représente le flacon de M. Pasteur, fermé par une calotte rodée que l'on enlève, au moment de remplir l'appareil et de faire les ensemencements. Dans d'autres appareils, dont les figures 69, 70, 71, donnent une idée suffisante, on exécute ces opérations en faisant arriver les liquides par des pointes latérales; avant d'ouvrir celles-ci, on a soin de les passer dans une flamme, de les *flamber*, pour détruire les germes adhérents au verre.

Fig. 68. — Flacon de M. Pasteur. Fig. 69. — Flacon de culture de M. Pasteur. Dernier modèle adopté.

On peut aussi se servir simplement de petits ballons ordinaires

Fig. 70. — Tube de M. Pasteur. 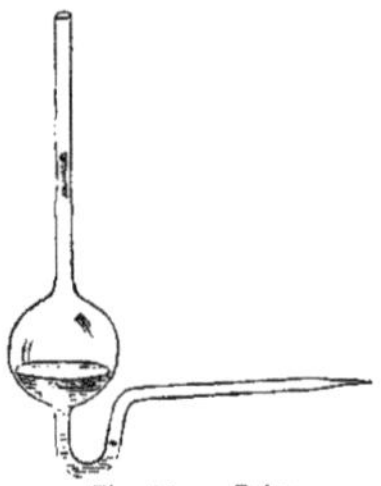 Fig. 71. — Tube de M. Miquel.

fermés par un tampon de coton ou par une capsule formée de 3 à 4 feuilles superposées de papier filtre, capsule que l'on fixe à l'aide d'un petit anneau en caoutchouc (Brefeld).

Pour remplir ces petits ballons, pour les ensemencer ou prélever des échantillons de leur contenu, on les ouvre dans une caisse spacieuse de verre recouverte intérieurement de papier filtre humide destiné à fixer les spores en suspension dans l'air; les manipulations se font par deux ouvertures placées sur les côtés de la caisse. Peut-être vaudrait-il mieux encore faire toutes les opérations dans la chambre de Tyndall, enduite intérieurement de glycérine et abandonnée au repos pendant quelques jours [Tyndall, *les Microbes*, p. 55, Paris, 1882].

2° Milieux. — Pour chaque microbe, il s'agit de déterminer d'abord le milieu favori; on y arrive par de nombreuses expériences comparatives en employant successivement des liquides de composition variée.

On trouvera plus loin l'indication de quelques-uns des liquides le plus souvent employés.

3° Stérilisation. — Il existe deux manières de débarrasser un milieu des germes qu'il renferme : l'action d'une chaleur suffisamment élevée et la filtration sur des filtres très parfaits.

Stérilisation par la chaleur. — Pour détruire tous les germes, il faut porter les liquides à 110°, l'ébullition sous la pression atmosphérique ne suffisant pas toujours (voir plus loin, p. 818). On chauffe, au bain d'air ou mieux au bain d'huile, le liquide dans un ballon de 1 à 2 litres, scellé à la lampe, et l'on maintient pendant une heure ou deux une température de 110°. On laisse ensuite refroidir, on coupe le ballon à la naissance du col et l'on distribue son contenu dans une série d'un des petits appareils de culture figurés plus haut; cette distribution se fait en aspirant directement le liquide par les pointes latérales, flambées, de ces appareils, ou bien, lorsqu'on emploie le flacon de M. Pasteur, à l'aide d'une pipette flambée, munie d'un tampon d'amiante dans le tube d'aspiration.

Cette suite d'opérations peut s'exécuter très vite sous la caisse humide ou glycérinée, dont il a été question; néanmoins un germe atmosphérique peut tomber dans le liquide. Aussi, avant d'ensemencer les appareils remplis, faut-il avoir soin de les abandonner pendant 8 à 15 jours dans une étuve chauffée à 37-40° pour acquérir la certitude qu'aucune spore vivante ne s'y trouve.

Pour éviter ce transvasement du liquide stérilisé et gagner en outre ce long temps d'épreuve, on a proposé de distribuer le liquide dans les appareils de culture et d'en opérer ensuite la stérilisation. A cet effet, on les place à l'intérieur d'une petite chaudière contenant une certaine quantité d'eau que l'on porte ensuite à 110°. Il est inutile, dans ce cas, de sceller à la lampe les appareils : la pression de la vapeur d'eau empêche l'ébullition des liquides de culture et leur perte en eau. M. Fitz, qui a recommandé tout particulièrement ce procédé, se sert d'une chaudière ayant 54 centimètres de hauteur sur 38 centimètres de largeur, et pouvant recevoir à l'intérieur une ou deux séparations à claire-voie, sur lesquelles on dispose les appareils. Il faut de 30 à 45 minutes pour chauffer la chaudière à 110° et il suffit ensuite de maintenir cette température pendant 30 autres minutes pour opérer la stérilisation [A. Fitz, *Deutsch. chem. Gesellsch.*, 1882, p. 867].

Stérilisation par filtration.— Partant de cette observation de MM. Pasteur et Joubert que le sang charbonneux, filtré à travers une couche de plâtre, est devenu imputrescible au contact de l'air et a perdu aussi ses propriétés virulentes [*Compt. rend.*, t. LXXXV, p. 101], MM. Miquel et Benoist ont imaginé un mode de stérilisation à froid qui fournit des milieux beaucoup plus altérables que les liquides stérilisés par la chaleur. Voici quelques détails sur le procédé opératoire. Le col long et légèrement conique d'un ballon est étranglé à son tiers inférieur. Au-dessous de l'étranglement, on étire à la lampe une pointe fine de 5 à 6 centimètres de longueur. Au-dessus de ce même étranglement, on dispose une bourre d'amiante convenablement serrée, sur laquelle on coule une couche de plâtre gâché, de 7 à 8 centimètres de haut; on emploie, à cet effet, un mélange de 1^{g},6 d'amiante délayé dans 46 p. d'eau, auquel on incorpore petit à petit 52^{g},4 de plâtre à modeler. Après la prise du plâtre, qui exige plusieurs minutes et rejette un peu d'eau, l'appareil est séché pendant une à deux semaines dans l'étuve à 40°, puis porté lentement à 170-180°, opération qui a pour but de détruire les germes et de recuire le plâtre. Ensuite on imbibe d'eau le tampon de plâtre recuit, pour l'hydrater de nouveau, on ouvre la pointe latérale et l'on fait pénétrer par là dans l'appareil 40 à 50 centimètres cubes d'eau stérilisée à 110°. On chauffe celle-ci à l'ébullition pendant cinq minutes, après quoi on scelle à nouveau la pointe latérale. La vapeur d'eau en se condensant produit un bon vide et l'appareil est alors prêt à fonctionner. Un liquide placé au-dessus du tampon suintera au travers, aspiré par le vide, et abandonnera tous les germes, à la condition cependant que le tampon de plâtre adhère bien au verre et ne présente aucune voie de passage trop large.

La filtration ne s'opère pas rapidement; pour l'urine normale, pour les épanchements pathologiques non purulents, elle exige de 6 à 24 heures. Le sérum sanguin étendu, le blanc d'œuf dissous dans l'eau, les sucs végétaux sont dans le même cas; le lait pur ou mélangé de plusieurs volumes d'eau ne filtre pas du tout.

On distribue les liquides ainsi obtenus dans les petits appareils comme cela a été dit, et l'on s'assure de leur stérilité en les exposant à 37-40° pendant 2 à 3 semaines [P. Miquel et L. Benoist, *Bull. Soc. chim.*, t. XXXV, p. 552].

Ce mode de stérilisation présente l'inconvénient de fournir des liquides saturés de sulfate de calcium; ce que l'on peut éviter en employant des filtres en porcelaine dégourdie, d'une épaisseur suffisante, comme cela se pratique dans les laboratoires de M. Pasteur et de M. Gautier.

Du reste, son application répond à des cas très spéciaux : celui où il s'agirait, par exemple, de cultiver certains microbes très délicats, ou de faire germer des spores très vieilles dans les recherches sur la numération des bactéries atmosphériques.

4° Germes purs. — Plusieurs méthodes peuvent être suivies pour obtenir les germes d'un microbe unique.

On peut mettre à profit :

a. L'inégale résistance des spores ou du microbe à l'action de la chaleur. Exemples : séparation du *Bacillus ureæ* et du *Micrococcus ureæ*, séparation des *Bacillus æthylicus* et *butylicus*.

b. Les différences de la température la plus favorable au développement des microbes.

c. La nature d'aérobie ou d'anaérobie des microbes.

d. L'inégale vigueur de développement des divers microbes; il y a des espèces vigoureuses et des espèces faibles.

e. L'inégale facilité de développement dans différents milieux; étant donné un mélange de microbes ensemencés dans un milieu déterminé, l'espèce qui se trouve dans les conditions les plus favorables prospérera particulièrement et finira par arrêter le développement des autres. Le rapport entre le nombre des cellules de chaque espèce après la culture ne sera plus le même qu'avant, et si l'on répète la culture plusieurs fois en ensemençant du liquide frais chaque fois avec une trace du liquide de la précédente culture, on parviendra à développer surtout l'un des microbes au détriment de tous les autres; ceux-ci finiront par disparaître.

En faisant varier la nature du milieu, on pourra faciliter à volonté le développement de tel ou tel microbe. C'est sur l'application de ce principe darwinien de la lutte pour l'existence que M. Pasteur a fondé la méthode de purification des microbes par *cultures successives.* Dans ces expériences, il faut observer certaines précautions, que nous indiquerons plus loin (p. 821). Exemple : séparation des levûres et des bactéries par culture sur des moûts acides (Pasteur), ou sur des moûts alcoolisés de 5 à 8 °/$_{o}$, combinée avec l'application d'une température de 10 à 12°

(Traube); les bactéries se développant à peine dans ces conditions sont rapidement éliminées.

f. Il se peut qu'aucune de ces méthodes appliquée seule ne conduise à une culture absolument pure; il faut alors en combiner plusieurs ou employer le procédé suivant, qui consiste à introduire dans le milieu stérilisé un seul germe ou une seule cellule du microbe.

On fait arriver au contact du liquide un certain volume d'air, soit en ouvrant brusquement dans l'atmosphère un ballon vide d'air et contenant le liquide stérilisé, ou bien en faisant barboter l'air dans le liquide.

On abandonne le liquide au contact de l'air; souvent un seul germe y pénètre et se développe.

On ensemence le liquide avec une goutte d'eau commune, qui souvent contient un germe unique.

Mais le moyen le plus parfait consiste à compter sous le microscope le nombre de cellules dans une goutte d'un liquide renfermant des microbes, à étendre ensuite une goutte semblable d'une quantité suffisante d'eau stérilisée pour que 5 à 10 gouttes du mélange ne contiennent qu'une seule cellule, et enfin à ensemencer une cinquantaine de ballons, remplis d'un liquide stérilisé, chacun avec une goutte du mélange. Lorsqu'on expose ensuite ces ballons à la température la plus favorable au développement du microbe, 5 à 10 environ entreront en fermentation et il y a une très grande probabilité pour que quelques-uns, n'ayant reçu qu'un seul germe, fournissent une culture pure du microbe, qu'il est facile de perpétuer ensuite.

C'est en suivant cette dernière méthode que M. Fitz est arrivé à cultiver à l'état de pureté le *Bacillus butylicus.*

II. — MOISISSURES.

Caractérisées par un mycélium fin, ramifié, et des filaments simples ou rameux portant des spores, qui s'élancent dans l'air et dont la forme variée sert à les classer, les nombreuses moisissures vivent à la surface des milieux nutritifs. Elles consomment de notables proportions d'oxygène et agissent comme agents de destruction, de combustion complète. A la surface du globe, elles ont pour mission de faire disparaître les produits engendrés par les bactéries de la putréfaction qui apparaissent avant elles.

Leur rôle chimique est donc simple. Un penicillium, par exemple, vivant sur un milieu contenant de l'acide tartrique, produit du gaz carbonique, des acides formique et acétique, et une petite quantité d'acide succinique.

Sucres, acides, alcools, amides, etc. sont ainsi oxydés. Les modifications droites et gauches des corps optiquement actifs ne succombent pas avec une égale rapidité, et l'on sait le parti que M. Le Bel, appliquant la méthode de M. Pasteur, en a tiré pour la séparation de deux alcools amyliques secondaires (méthyl-propylcarbinol), qui d'après ses vues théoriques devaient être doués du pouvoir rotatoire. Du *Penicillium glaucum* se développant à la surface d'une solution étendue de cet alcool secondaire oxyde plus facilement l'alcool dextrogyre et laisse un alcool déviant fortement à gauche le plan de la lumière polarisée [J.-A. Le Bel, *Bull. Soc. chim.*, t. XXXIII, p. 106]. Le même procédé l'a conduit à la découverte de l'alcool amylique dextrogyre [*Ibid.*, t. XXXI, p. 104].

Certaines moisissures peuvent aussi agir comme véritables ferments, mais cela seulement lorsqu'on les prive d'oxygène (penicillium, aspergillus, mucor). Dans ces conditions anormales, leur vie est du reste languissante et s'éteint souvent rapidement. Nous avons exposé et commenté ces faits plus haut. Ajoutons cependant que, d'après les expériences de M. Gayon [*Compt. rend.*, t. LXXXVI, p. 52], le *Penicillium glaucum* et l'*Aspergillus niger* peuvent faire fermenter ainsi non seulement la glucose, mais aussi la saccharose, qu'ils ont le pouvoir d'intervertir d'abord.

D'autres mucédinées (*Mucor mucedo, M. circinelloides, M. spinosus, Rhicopus nigricans*), au contraire, ne possèdent pas ce pouvoir inversif.

Le *M. racemosus* ne fait fermenter le sucre de lait qu'après inversion par un acide; il n'attaque ni l'inuline ni le lactate de calcium [Fitz, *Deutsch. chem. Gesellsch.*, 1876, p. 1352].

Les moisissures vivent dans les milieux acides, souvent très acides (40 grammes d'acide tartrique et plus par litre d'eau), pourvu que cette forte acidité ne soit pas due à un acide minéral puissant. Le milieu doit contenir, en outre, une matière hydrocarbonée (sucre), de l'ammoniaque, de la potasse, de l'acide phosphorique, de la magnésie, etc.

Souvent la silice, le fer, la chaux et une trace de zinc sont très utiles, sinon indispensables.

L'azote peut, d'après M. Fitz, être fourni sous forme d'acide azotique.

Les intéressantes expériences de M. Raulin rendent très probable que chaque moisissure, pour atteindre son maximum de développement, a besoin d'un milieu d'une composition toute particulière. Ainsi, l'*Aspergillus niger* trouve tous ses éléments nourriciers dans le milieu suivant, que M. Raulin est parvenu à composer à la suite de nombreux essais et qui est même plus favorable que les milieux complexes d'origine organique sur lesquels la plante se développe spontanément.

Voici la composition du liquide Raulin :

Eau	1,500gr
Sucre candi	70
Acide tartrique	10
AzH^3	2
Acide phosphorique (P^2O^5)	0,4
Acide sulfurique (SO^3)	0,25
Silice	0,03
Potasse (K^2O)	0,4
Magnésie	0,2
Oxyde de zinc	0,04
Oxyde de fer	0,03

Des spores pures d'*Aspergillus niger*, ensemencés sur ce liquide contenu dans des vases plats et chauffé à 35° dans l'air humide, donnent au bout de 6 jours une récolte de 25 grammes de cette mucédinée.

La présence de tous ces éléments est nécessaire pour constituer le milieu le plus favorable. Vient-on à en supprimer un, le végétal se développe moins vigoureusement et la récolte diminue. Elle tombe à $\frac{1}{13}$ lorsque c'est la potasse qui fait défaut, à $\frac{1}{153}$ après suppression de l'ammoniaque, à $\frac{1}{182}$ quand l'acide phosphorique manque, et enfin à $\frac{1}{10}$ lorsque le liquide ne renferme point de zinc. L'action d'une si faible quantité de cet élément est très remarquable.

Les faits suivants ne le sont pas moins. Certains sels minéraux sont éminemment vénéneux pour l'*Aspergillus*.

Le chlorure platinique, par exemple, ajouté au liquide nourricier à la dose de $\frac{1}{8000}$, empêche le développement de la plante; $\frac{1}{512000}$ de chlorure mercurique ou $\frac{1}{1600000}$ de nitrate d'argent agissent de même.

Il est impossible de faire végéter l'*Aspergillus* dans des vases en argent, quoique par des réactifs chimiques on puisse à peine constater une trace d'argent dans la dissolution [J. Raulin, *Thèses de la Faculté des sciences de Paris*, 1870].

Les spores de moisissures ne se développent bien que dans les milieux acides; il suffit de les neutraliser ou de les rendre alcalins pour ralentir ou arrêter la végétation. Si le liquide contenait des germes de bactéries, ceux-ci ne tardent pas à se développer dans ces nouvelles conditions. Quelquefois la bactérie vit en parasite sur la moisissure et lui fait prendre souvent une coloration particulière; d'autres fois elle tue la moisissure.

Ce fait explique pourquoi l'organisme animal est fermé à ces spores qui abondent dans l'air et nous pénètrent partout. Les mucédinées de la teigne (favus), de l'herpès circiné et tonsurant, de la mentagre, etc., ne se montrent qu'à la peau dont les sécrétions sont acides.

Cependant il semble, d'après les expériences toutes récentes de Grawitz, que, par des cultures successives dans des milieux de moins en moins acides et finalement alcalins, on peut modifier graduellement les allures du *Penicillium glaucum*, qui acquiert la possibilité de s'adapter à ces nouvelles conditions.

Tandis que les spores de penicillium primitif, injectées dans le sang, meurent rapidement, les spores du végétal modifié par la culture germent et se développent dans le sang, et les filaments mycéliens produisent dans les tissus des infiltrations pathologiques très singulières [Grawitz, *Arch. pathol. Anat. Physiol.*, t. LXXXI, p. 355].

Mlle Nadina Sieber a soumis à l'analyse immédiate les moisissures qui se développent sur des liquides contenant, indépendamment des sels nutritifs, du sucre et de la gélatine, ou bien du sucre et du sel ammoniac. La récolte renfermait à la fois l'*Aspergillus glaucus*, du *Penicillium* et du *Mucor mucedo*. Il est regrettable que l'auteur n'ait pas fait d'abord de cultures pures, pour analyser une végétation homogène; néanmoins les résultats méritent d'être cités :

	Moisissures sur sucre et gelatine.	Moisissures sur sucre et sel ammoniac.
Eau	85 %	85,7 %
	—	—
Matières solubles éther	18,7	11,2
— — alcool	6,9	3,4
Albuminoïdes	29.9	28,9
Cellulose	39,6	55,8
Cendres	4,9	0,7
	100,0	100,0

[Nadina Sieber, *Journ. prakt. Chem.* (2), t. XXIII, p. 412].

III. — LEVURES.

Ce sont des champignons thécaphores simples, sans véritable mycélium, car chaque cellule peut devenir une thèque, et qui se développent généralement par bourgeonnement. Leur histoire botanique a fait des progrès importants depuis la rédaction de l'article FERMENTATIONS, t. I, p. 1444.

Tout d'abord M. Rees a découvert leur sporulation; puis, appliquant à tout le genre la dénomination de *Saccharomyces* (Meyen, 1837), il a donné aux différentes espèces des noms qui ont été adoptés par M. Pasteur. Ce dernier et quelques autres savants ont décrit de nouvelles espèces.

Les cellules des levûres sont de formes très variables suivant l'espèce: elles sont constituées par un protoplasme incolore, hyalin chez les jeunes cellules, rempli de petites granulations amorphes chez la plante adulte et surtout vieille On n'y a pas encore découvert de noyau, à aucun moment de leur développement, mais on observe dans le protoplasme une ou deux, rarement un plus grand nombre de vacuoles sphériques ou elliptiques, remplies de suc cellulaire. La membrane enveloppe de la cellule est mince, élastique, non colorée et formée d'une matière cellulosique. Les cellules sont généralement isolées à l'état de repos, rarement accouplées par paires.

Placées dans un milieu sucré, les levûres se développent rapidement par bourgeonnement et le liquide entre en fermentation alcoolique. Ces faits ont été longuement exposés [t. I, p. 1445 et suivantes]. Tant que le milieu est fertile, le bourgeonnement est le seul mode de reproduction des levûres; mais lorsqu'on les prive brusquement de nourriture et qu'on les expose en même temps à une humidité convenable, on ne tarde pas à les voir fructifier, par formation de spores à l'intérieur de la cellule. Cette évolution spéciale a été découverte par M. Rees [*Botan. Zeitung*, 1869, n° 7, et *Botan. Untersuch. über die Alkoholgährungspilze*, p. 9, Leipzig, 1870], et confirmée par M. Engel [*Thèses de la Faculté des sciences de Paris*, 1872].

M. Rees a observé cette sporulation en abandonnant de la levûre sur des tranches de carottes, de pommes de terre, de topinambours, etc. M. Engel préfère se placer dans les conditions suivantes: On prend de la levûre fraîche, on décante autant que possible le liquide fermentescible qui surnage et on la délaye dans de l'eau distillée de manière à obtenir une bouillie très fluide. Quelques gouttes de cette bouillie sont ensuite répandues uniformément à la surface polie d'un bloc de plâtre (coulé sur une glace non huilée), de manière à obtenir une couche très mince de cellules de levûre, adhérente après absorption de l'eau par le plâtre. Le bloc est alors placé dans un vase que l'on peut recouvrir d'une plaque de verre, et abandonné à lui-même, après que l'on a eu soin d'introduire de l'eau en quantité suffisante pour que le bloc baigne dans ce liquide jusqu'à 1 centimètre de sa face supérieure recouverte de ferment. En peu d'heures, on voit alors les vieilles cellules tomber en détritus, d'autres grandir et devenir homogènes à leur intérieur, par suite d'une fusion uniforme du protoplasme.

Au bout de 6 à 10 heures, il se forme, au milieu de ce protoplasme, deux à quatre îlots plus brillants et plus denses, autour desquels se rassemblent de fines granulations. 12 à 24 heures plus tard encore, chaque îlot devenu sphérique s'entoure d'une membrane, très ténue d'abord, qui s'épaissit peu à peu. Chaque cellule de levûre est alors une thèque contenant deux, trois ou quatre spores de 4 à 5 μ de diamètre.

La thèque des dyades est elliptique; celle des triades, triangulaire, à angles arrondis; celle des tétrades offre la forme d'un losange ou d'un tétraèdre, suivant que les quatre spores sont rangées en croix ou superposées.

A la maturité complète, la membrane des thèques se rompt et les spores s'échappent. Ensemencées dans un moût sucré, les spores germent en se gonflant et donnent naissance à de la levûre par bourgeonnement.

M. Pasteur a fait connaître une nouvelle phase dans la vie des levûres. A la fin d'une fermentation alcoolique *pure*, les cellules de levûre, au lieu de rester inertes, en ne faisant que vivre sur elles-mêmes et vieillir progressivement, se remettent à bourgeonner pendant un certain nombre de mois, lorsque l'air *pur* a accès vers le liquide. Elles viennent former à la surface et contre les parois du ballon, au niveau du liquide, une sorte de voile mycodermique qui ressemble à s'y méprendre à un voile de *Mycoderma vini;* mais le microscope ne parvient pas à y déceler une seule cellule.

Ces formes particulières des levûres qui vivent à l'air, à la manière des moisissures, ont reçu de M. Pasteur le nom de *levûres aérobies.* Ensemencées dans un moût sucré, elles le font fermenter alcooliquement, en bourgeonnant comme les levûres ordinaires. Mais ces levûres anaérobies régénérées ne sont pas identiques avec les *Saccharomyces* originaires. En partant, par exemple, de la levûre basse ordinaire, la transformant en levûre aérobie, et la semant de nouveau dans un moût de bière, M. Pasteur a observé en général une fermentation haute, et la bière obtenue présentait des caractères spéciaux. Ces changements dans les allures du ferment ne sont pas passagers, on les retrouve dans des générations successives. L'ouvrage de M. Pasteur : *Etudes sur la bière*, p. 201 et suiv., renferme de nombreux détails sur ce sujet; nous devons nous contenter d'y renvoyer, en ajoutant cependant que ces expériences ne réussissent qu'à la condition expresse d'opérer sur des levûres *pures* et à l'abri des germes de l'air; autrement les milieux sont envahis par les espèces plus vigoureuses de mycodermes ou de mucédinées.

Voici l'énumération des principales espèces de levûres :

Saccharomyces cerevisiæ (Meyen), levûre de bière ordinaire de la fermentation basse. Cellules rondes ou ovales de 8 à 9 μ dans leur plus grand diamètre [1]. C'est le principal ferment de la fermentation basse dans la fabrication de la bière dite allemande. Cette levûre fait déjà fermenter les moûts vers 6 à 10°, température à laquelle les autres levûres sont d'habitude inertes. Elle ne monte jamais à la surface du liquide, même quand la température atteint 20° et que la fermentation devient tumultueuse. Son bourgeonnement est sensiblement moins rameux que celui de la levûre haute (Pasteur). La figure 2 de la planche représente cette levûre, vieille dans la moitié gauche *a*, rajeunie dans l'autre moitié *b*.

Levûre haute. — Les cellules sont un peu plus grandes que celles du ferment bas, et présentent un aspect plus globuleux. Son bourgeonnement, très rapide, est plus rameux, de telle sorte que ce ne sont que paquets de branches et de cellules. Elle monte à la surface des liquides en fermentation, caractère qu'elle partage, du reste, avec certaines autres levûres. Elle se développe de 16 à 20°; à basse température, elle n'a pas d'action, et on ne parvient pas à la transformer en levûre basse par la culture, pas plus que l'on n'a réussi à opérer le passage inverse. C'est pour cette raison que M. Pasteur rejette l'opinion généralement admise que les levûres basse et haute ne constituent que deux états d'un seul ferment, dont les différences morphologiques sont affaire de milieu.

M. Rees a indiqué, au contraire, que le passage de la levûre haute à la levûre basse et réciproquement est possible. Il considère, en conséquence, ces deux levûres comme des variétés d'une même espèce, le *S. cerevisiæ.* Il cherche une autre preuve de cette identité spécifique dans le mode de sporulation identique des deux variétés.

Autre levûre haute. — Découverte accidentellement par M. Pasteur. Les cellules, par leur forme ovalaire et leur bourgeonnement peu rameux, se rapprochent de la levûre basse, mais elles montent à la surface comme les précédentes; elle fournit une bière d'un goût spécial.

Levûre caséeuse. — Cellules allongées, de forme et de dimensions variables, souvent renflées au bout, à la manière du *S. Pastorianus;* grand diamètre de 10 à 20 μ. Leurs contours sont fermes et leur contenu offre une translucidité et une réfringence plus marquées que la plupart des levûres. Les cellules sont groupées en branches plus ou moins longues, de l'aspect du *dematium*, qui aux articulations émettent tantôt des articles pareils, tantôt des cellules rondes, ovales, pyriformes, cylindriques. Dans l'eau, cette levûre se délaye difficilement et présente l'aspect d'un précipité caillebotté, ce qui lui a valu son nom.

Cultivée dans le liquide de Raulin, elle est plus petite et de forme sphérique, mais elle reprend son premier aspect par la culture dans le moût. C'est une levûre montante, que le hasard a fait découvrir à M. Pasteur dans une levûre haute dite de Hollande, cultivée à une température très élevée (50°), dans un moût de bière légèrement acide et fortement alcoolisé (moût de bière houblonné, 150^{cc}; eau saturée de bitartrate de potasse, 50^{cc}; alcool à 90°, 25^{cc}); il l'a rencontrée depuis dans la levûre haute d'une brasserie des Ardennes et dans le pale-ale.

Saccharomyces Pastorianus (Rees). — Cellules ovales, pyriformes ou allongées en massue. Grand diamètre de 6 à 20 μ. Polymorphe à un haut point, cette levûre fait partie des ferments du raisin, des fruits domestiques et de beaucoup de levûres spontanées. Elle succède, dans la fermentation du jus de raisin, à la levûre apiculée qui se montre constamment au début, et est déplacée peu à peu à son tour par la levûre elliptique. A la sortie de ses germes naturels, tels qu'ils sont répandus sur les fruits acides, on voit les *S. Pastorianus* en articles allongés, rameux, souvent pyriformes; mais à mesure que l'oxygène en dissolution dans le milieu disparaît, les articles et cellules de nouvelle formation diminuent de longueur et de diamètre. La figure empruntée à l'ouvrage sur la bière de M. Pasteur donne les formes du ferment au début de la fermentation (moitié gauche *a*) et en cultures suivies (moitié droite *b*). C'est un des exemples les plus remarquables du polymorphisme des levûres (Pasteur).

S. ellipsoideus (Rees). — Cellules elliptiques, longues de 6 μ, larges de 4 à 5 μ. C'est le ferment principal du jus de raisin. Comme le *S. cerevisiæ*, il fournit de 2 à 4 spores d'un diamètre de 3 à 3μ,5.

S. exiguus (Rees). Petites cellules longues de 3 μ, larges de 2μ,5. Se rencontre dans les liquides fermentés de fruit.

S. conglomeratus (Rees). — Cellules sphéroïdales de 6 μ. Les bourgeons, au lieu de se disposer en chaînes, forment de véritables conglomérats autour de la cellule mère. On rencontre assez rarement cette levûre dans le jus de raisin ou sur des raisins en voie de putréfaction.

S. apiculatus (Rees). — Cellules ellipsoïdales de 6 μ sur 3 μ, portant à chaque extrémité une petite saillie ou apicule, ce qui leur donne la forme d'un citron. M. Engel rapproche ce végétal des protomyces et le décrit sous le nom de *Carpozyma*. C'est un ferment très répandu sur toutes espèces de fruits et qui apparaît toujours au début de la fermentation. Néanmoins, il est de peu d'importance pratique, puisque en général il est promptement étouffé par des espèces plus vivaces, notamment par le *S. Pastorianus*. Même en culture pure, il ne peut produire qu'une petite quantité d'alcool; il n'intervertit pas le sucre de canne.

1. Dimensions et forme ne présentant, en général, rien d'absolu pour chaque ferment; elles peuvent être soumises à des variations nombreuses avec les milieux. Comme nous l'avons déjà dit, les ferments sont *polymorphes*.

S. minor (Engel). — Cellules ovales, d'un grand diamètre de 6 μ, isolées ou réunies à deux ou quelquefois à trois. C'est le ferment du levain de farine; il ne dédouble que très lentement le sucre.

Levûre sans ferment inversif. — Cellules rondes, de 4μ,5. Rencontrée dans des échantillons de glucose altérés spontanément. Elle fait fermenter rapidement la glucose et forme au fond un dépôt blanc tassé; inerte vis-à-vis de la saccharose, qu'elle ne peut transformer, puisqu'elle ne secrète pas de ferment inversif [E. Roux, *Bull. Soc. chim.*, t. XXXV, p. 371].

S. mycoderma (*Mycoderma vini*, fleurs de vin, fleurs de bière). — Cellules ovoïdes de 6 μ sur 4 μ, ou bien cylindriques aux extrémités arrondies, larges de 3 μ, longues de 12 à 13 μ. Bourgeonnement terminal. Ce végétal, qui se développe si aisément à la surface des liqueurs alcooliques et y forme un véritable voile, est, dans ces conditions, un être aérobie qui transforme l'alcool en gaz carbonique et eau; peut-être se forme-t-il de l'acide acétique comme produit passager. Mais, privé d'oxygène par la submersion, il devient ferment alcoolique du sucre, comme nous l'avons vu plus haut, sans cependant perdre son caractère d'espèce bien distincte des levûres anaérobies. Jamais M. Pasteur n'a observé dans ces conditions, anormales pour le *S. mycoderma*, la formation d'un globule de levûre.

Levûre aérobie. — M. Le Bel l'a observée sur une solution acidulée d'éther à 2 %; elle est en cellules presque rondes de 3 à 4 μ, qui forment rapidement un voile; elle oxyde énergiquement l'éther [*Bull. Soc. chim.*, t. XXXIII, p. 107].

Saccharomyces ne faisant pas fermenter la glucose. — Elle a été observée par M. Pasteur sur du moût de raisin mis au contact des germes de l'air. Elle se présente en globules ressemblant à ceux de la levûre ordinaire, mais ne produit pas trace d'alcool [*Études sur la bière*, p. 77].

Composition immédiate de la levûre. — Comme pour tous les organismes, nos connaissances sont très imparfaites à ce sujet. Pour étudier les principes immédiats d'une cellule, il faut les isoler à l'aide de dissolvants appropriés; ces véhicules, même les plus neutres, les plus doux, s'il est permis d'employer ce mot, commencent par tuer la cellule et en altérer profondément le protoplasme. Ces changements, qui se révèlent par une coagulation ou une liquéfaction du contenu cellulaire, sont très probablement accompagnés de réactions chimiques sur la nature desquelles nous ne pouvons, à l'heure actuelle, pas même exprimer une hypothèse plausible[1].

Depuis M. Dumas, plusieurs savants ont analysé la levûre de bière; nous renvoyons à ces travaux, qui sont déjà mentionnés t. I, p. 1445. Voici les résultats d'une analyse immédiate exécutée récemment par MM. von Naegeli et O. Lœw [*Journ. prakt. Chem.* (2), t. XVII, p. 403; *Bull. Soc. chim.*, t. XXXII, p. 469]. La levûre employée, pauvre en azote, contenant 16 à 18 % de matières solides avec 8 % d'azote. Voici sa composition centésimale :

Cellulose et mucilage	37
Albuminoïdes (mycoprotéine, etc.)	36
Albuminoïdes solubles dans l'alcool	9
Peptones précipitables par le sous-acétate	2
Matières grasses	5
Cendres	7
Matières extractives	4
	100

La cellulose de la levûre est insoluble dans le réactif de Schweizer, mais elle s'hydrate facilement par les acides. La substance mucilagineuse (gomme de MM. Béchamp et Schützenberger), séchée à 110°, renferme, $C^{18}H^{34}O^{17}$. Elle se dissout aisément dans l'eau bouillante et ne réduit la liqueur de Fehling qu'après saccharification par les acides bouillants, hydratation qui ne s'opère que lentement. Pouvoir rotatoire dextrogyre de 78°.

Les albuminoïdes de la levûre constituent un mélange contenant une albumine soluble, et probablement cette même matière que MM. Nencki et Schaffer ont découverte dans les bactéries de la putréfaction et appelée *mycoprotéine*. L'albuminoïde soluble dans l'alcool bouillant se rapproche de la gluten-fibrine de Ritthausen [Suppl., p. 67].

Les cendres sont presque exclusivement formées de phosphate de potassium, avec magnésie, un peu de chaux et des traces de soude, silice, fer, acide sulfurique.

Les matières extractives sont très nombreuses; elles se trouvent toutes parmi les produits que la levûre engendre en s'altérant spontanément sous l'eau, produits qui ont été si complètement étudiés par M. Schützenberger. Ce sont l'invertine, la leucine et la butalanine, la tyrosine, la carnine, la xanthine, l'hypoxanthine, la guanine, en un mot les produits de dédoublement des albuminoïdes, tels qu'ils se forment dans un tissu animal ou dans une graine en germination.

A ces produits il faut ajouter 4 dix-millièmes d'acide succinique, 6 dix-millièmes de cholestérine, de la lécithine et de la nucléine (Hoppe-Seyler). MM. Naegeli et Lœw avaient nié la présence de ces deux derniers principes immédiats, dont le premier ne manque cependant dans aucune jeune cellule; mais M. Hoppe-Seyler a depuis confirmé ses anciennes expériences [*Zeitschr. physiol. Chem.*, t. III, p. 374; — Kossel, *ibid.*, p. 284].

MM. Schützenberger et Destrem ont poursuivi, à l'aide de l'analyse élémentaire, les changements que la levûre éprouve dans sa composition, suivant qu'elle est mise en contact pendant un certain temps avec l'eau pure ou l'eau sucrée [*Compt. rend.*, t. LXXXVIII, p. 287, 383 et 593].

Conditions de l'action des levûres alcooliques. — M. Dumas a publié sur ce sujet un mémoire considérable, auquel nous allons faire quelques emprunts très sommaires [*Ann. Chim. Phys.*, (5), t. III, p. 57].

La fermentation alcoolique est un phénomène assez régulier, lorsque les conditions sont constantes, pour qu'un changement observé dans sa marche puisse être ramené à une perturbation déterminée. Ainsi, 20 grammes de levûre décomposent 1 gramme de glucose en 23 à 24 minutes, à la température de 24°. Le sucre de canne fermente environ deux fois plus lentement que la glucose.

Un excès de levûre ne diminue pas le temps nécessaire pour la fermentation, qui est exactement proportionnel à la quantité de sucre.

1. Voir, à cet égard, les curieuses expériences de Lœw et Bokorny sur les propriétés réductrices (aldéhydiques) du protoplasme vivant, qui disparaissent immédiatement avec la mort. Les auteurs attribuent ces propriétés réductrices à la matière albuminoïde qui existerait dans la cellule vivante sous une *forme active*, c'est-à-dire contenant dans la molécule des groupes aldéhydiques, lesquels, à la mort, subiraient une transposition moléculaire. L'albumine *active* devient *passive* [*Die chemische Ursache des Lebens*, Munich, 1881]. Tout en n'admettant pas cette hypothèse, qui nous paraît prématurée, nous retiendrons ce fait qu'il existe des différences chimiques avant la mort et immédiatement après. A. H.

Ce résultat du travail de M. Dumas paraît surprenant au premier moment, voire même en contradiction avec la théorie biologique de la fermentation. Si cet acte est provoqué par la vie des cellules de la levûre, véritables consommateurs de sucre, il semblerait qu'il devrait être d'autant plus énergique qu'il y a un plus grand nombre de cellules. Mais, en envisageant les choses de plus près, on reconnaît qu'à mesure que les cellules de levûre deviennent plus nombreuses, par rapport à un poids donné de sucre, chacune aura à sa disposition une moindre proportion de cet aliment, en absorbera moins par conséquent, et rejettera une plus petite quantité de gaz carbonique et d'alcool.

On conçoit donc que la fermentation puisse, à partir d'une certaine limite, devenir indépendante de la quantité de levûre. Lorsque celle-ci augmente, il y aura, il est vrai, plus de producteurs d'alcool, mais, chacun en produisant moins, l'effet total sera le même.

La température influe notablement sur la fermentation alcoolique; l'optimum est situé vers 25-30°. Un froid de 0° ou même quelques degrés au-dessous ne tue pas la levûre; une chaleur humide de 55° la fait périr. Préalablement séchée à basse température, elle résiste à 100°.

La lumière favorise la fermentation.

Les acides ou les alcalis, employés en petite proportion, n'arrêtent pas la fermentation; en excès, ils y mettent fin. On atteint ce dernier résultat en employant une quantité d'acide équivalant à 100 fois l'acidité normale de la levûre, ou une quantité d'ammoniaque équivalant à 24 fois cette acidité.

Parmi les nombreux sels dont M. Dumas a étudié l'action sur la fermentation alcoolique, les uns n'entravent aucunement la fermentation (tartrate de potassium), d'autres la retardent et l'arrêtent avant que tout le sucre ait fermenté; d'autres encore n'empêchent pas le sucre d'être interverti partiellement, mais ils ne permettent pas à la fermentation de s'établir; une dernière catégorie de sels, enfin, mettent obstacle aux deux phénomènes de l'interversion et de la fermentation. Parmi ces derniers, citons surtout le borax.

Si l'on fait le vide au-dessus d'un liquide alcoolique en fermentation de manière à éliminer le gaz carbonique et l'alcool, au fur et à mesure de leur formation, ces produits ne pouvant plus entraver le développement de la levûre, la fermentation s'accomplit très rapidement. Elle fournit d'ailleurs une proportion de glycérine correspondant aux résultats de M. Pasteur, savoir : 2gr,5 à 2gr,9 par 100 grammes de glucose [Boussingault, *Compt. rend.*, t. XCI, p. 37].

Produits de la fermentation. — On les connaît et il y a peu de chose à ajouter à leur histoire. La même obscurité entoure toujours la production des corps accessoires, notamment des alcools homologues (propylique, isobutylique, amylique, hexylique). On sait aujourd'hui que le sucre *candi pur*, en fermentant par la levûre de bière inférieure, donne les alcools de l'huile de pomme de terre, et que ces mêmes alcools ne manquent dans aucun jus fermenté, pas même dans le vin que, fidèle au culte de Bacchus, l'on n'avait osé rapprocher des liquides fermentés vulgaires [Henninger et Le Bel, *Bull. Soc. chim.*, t. XXXVI, p. 642].

A ces produits secondaires M. Henninger vient d'ajouter l'isobutylène-glycol $C^4H^{10}O^2$, bouillant à 178° qu'il a découvert dans un vin rouge de Bordeaux [*Compt rend.*, t. XCV, p 94].

Il est très probable que chaque espèce de levûre dédouble la glucose d'après une équation totale déterminée. Dans tous les cas, un même moût de bière fournit des bières très différentes suivant l'espèce du ferment que l'on y cultive. Les levûres haute, basse et caséeuse donnent chacune une bière très spéciale; la levûre elliptique et celle dite de Pasteur transforment le moût de bière en liquides d'un goût vineux, véritables vins d'orge.

Il n'est donc pas prématuré de dire que le goût et les qualités du vin dépendent aussi, pour une grande partie, de la nature spécifique des levûres qui ont fait fermenter le jus de raisin (Pasteur).

IV. — BACTÉRIES

[*Schizophytes, Schizomycètes*]. — Cellules de dimensions minuscules, rondes, ovales, cylindriques, en filaments, droites ou courbes, mobiles ou immobiles. Membrane enveloppe très ténue, insoluble dans l'ammoniaque, l'acide acétique concentré, l'iode, l'acide sulfurique étendu. Protoplasme hyalin devenant granuleux avec l'âge. Pas de noyau, mais souvent des vacuoles. Chez les grandes bactéries mobiles, on a découvert deux cils vibratiles placés aux extrémités de la cellule. Depuis que les microscopes et surtout les procédés de coloration des bactéries deviennent plus parfaits, on découvre de plus en plus des bactéries ciliées, et il devient probable que toutes les espèces mobiles sont pourvues de flagellums.

Bien des essais de classification de ces ferments si nombreux ont été présentés; on a tour à tour attribué plus d'importance à la grandeur des cellules, à leur forme et à leur réunion en colonies, à leur couleur, à leur mouvement, à l'existence de flagellums, à la germination des spores, etc. Le système de classification naturelle n'est pas encore trouvé; néanmoins il est commode pour l'étude et la description de conserver les divisions établies par M. Cohn en 1872 [*Beiträge zur Biologie der Pflanzen*, t. I, p. 127] :

1° Sphérobactéries ou bactéries globulaires.— Un seul genre, *Micrococcus*, en petites cellules sphériques ou ovales, d'un diamètre de 1 à 3 μ, isolées ou réunies en chapelets (torula) ou quadrijuguées. Immobiles.

2° Microbactéries ou bactéries en bâtonnets courts. — Un seul genre, *Bacterium*, en cellules cylindriques, mobiles, isolées ou groupées par 2, 3 ou 4, mais pas davantage. Les bactéries diffèrent des micrococcus par leur mobilité et leur forme un peu plus allongée, des bacilles par la brièveté des articles.

3° Desmobactéries ou bactéries en filaments droits ou ondulés. — Deux genres : 1° *Bacillus* en filaments rectilignes, longs ou courts, mobiles ou immobiles, disposés en chaînes d'articles souvent nombreux; c'est le genre *bactéridium* de Davaine : 2° *Vibrio*, en filaments ondulés, mobiles; ce dernier genre pourrait être rangé avec autant de raison dans les spirobactéries.

4° Spirobactéries ou bactéries en filaments contournés. — Cellules en forme de tire-bouchon, à mouvement rapide et réversible. Deux genres, *Spirillum* et *Spirochœte* qu'on pourrait réunir en un seul.

Enfin les espèces de l'ancien genre, *Leptothrix*, sont envisagées aujourd'hui comme formées par la réunion bout à bout d'un grand nombre de desmobactéries; elles diffèrent des *torula* en ce que les filaments ne sont pas étranglés au niveau des articulations.

Les imperfections de cette classification sont évidentes si l'on songe au polymorphisme des schizophytes, pour lequel M. Neelsen a apporté récemment un exemple frappant [*Beiträge zur Biologie der Pflanzen*, 1880, t. III, p. 187.]

On sait que dans les laiteries du Nord, dans les pays de la Baltique, par exemple, le lait prend quelquefois, surtout en été, une coloration bleue peu d'heures après la traite. Cette fermentation spéciale, qui règne épidémiquement et ne cède qu'à une désinfection complète de tout le matériel, est due au développement d'un *bacillus* mobile chromogène, qui est assez rarement entouré d'une zooglée, et est alors immobile. A mesure que le sucre de lait disparaît et que le milieu s'acidifie, les bacillus s'unissent en chaînettes, perdent leur mobilité et diminuant de longueur, prennent une forme *bactéridienne*, quelquefois étranglée vers le milieu des cellules. C'est le terme du cycle dans le lait et ce cycle se reproduit lorsqu'on sème les globules dans du lait frais.

Ensemencé dans le liquide de Cohn (voir p. 820), ce microbe se développe en bacilles mobiles, qui forment une spore à une de leurs extrémités; la spore tombe dans le liquide et y germe. Le bacille, de son côté, continue son mouvement. Le tout est incolore.

Quand on ajoute du lactate d'ammonium au liquide de Cohn, le microbe, tout en restant mobile, prend la forme d'un micrococcus, mais sa multiplication par scissiparité et son pouvoir chromogène réapparaissent. Quand la liqueur devient alcaline, les micrococcus s'entourent d'une masse gélatineuse et s'immobilisent.

Enfin, si l'on ajoute du nitrate de potassium à la liqueur de Cohn, le ferment prend la forme d'un leptothrix, forme maladive qui se reproduit encore dans le lait, mais ne le fait plus bleuir. Le microbe paraît être aérobie et par conséquent ne constitue pas un ferment proprement dit.

Reproduction des bactéries. — Deux modes sont bien constatés aujourd'hui: multiplication par *scissiparité* et reproduction par *sporulation*.

Dans le développement par sectionnement, on voit la cellule grandir en longueur, son protoplasme s'éclaircir suivant une ligne médiane perpendiculaire au grand axe, puis une cloison se forme à cet endroit, limitant ainsi deux cellules qui se séparent au bout de quelque temps. Chacune de ces cellules subit ensuite une nouvelle division. Quelquefois le sectionnement transversal est précédé d'un léger étranglement. Les cellules de nouvelle formation ne se séparent pas toujours et alors on voit apparaître des chaînes de 3, 4, ou d'un plus grand nombre d'articles.

La rapidité de cette multiplication par scissiparité, qu'il est facile d'observer dans la chambre humide du microscope, est souvent très grande; elle dépend, d'une manière générale, de la composition du milieu et de la température.

Le nombre des individus nés d'une seule cellule peut atteindre, au bout de deux jours, des grandeurs qui dépassent l'imagination.

Supposons, avec M. Cohn, qu'une bactérie se divise en deux dans l'espace d'une heure, puis en quatre au bout de la deuxième heure, puis en huit et ainsi de suite, en 24 heures le nombre des bactéries s'élèvera à 2^{24}, c'est-à-dire à plus de 16 millions et demi. Au bout de 2 jours, le microbe se sera multiplié jusqu'au nombre $2^{48} = 281$ milliards 475 millions.

Pour nous faire une idée de la grandeur de ces nombres, prenons une bactérie longue de 2 μ et large de 1 μ; 633 millions d'une telle bactérie occuperaient 1 millimètre cube, en admettant qu'il n'y ait pas d'espaces vides. Les bactéries engendrées au bout de 24 heures occuperaient déjà 1/10e de cet espace, mais au bout du deuxième jour elles rempliraient 442 centimètres cubes.

En réalité, la multiplication est moins prodigieuse, mais les nombres ci-dessus nous font comprendre l'action rapide et considérable des microbes.

La multiplication par scissiparité a été considérée pendant longtemps comme le seul mode de propagation des bactéries. Et cependant, dès 1853, M. Robin, avait indiqué dans le *Leptothrix buccalis* la présence de petits corps ronds, qui, disait-il, sont peut-être des spores.

M. Pasteur a ensuite observé en 1865 « que les vibrions de la putréfaction et de la fermentation butyrique présentent une sorte d'ovule ou de corpuscule ovoïde réfractant fortement la lumière et qui se montre, soit à l'extrémité, soit dans le corps des articles. » Plus tard, dans ses études sur les vers à soie, le même savant admettait nettement deux modes de reproduction des bactéries : par scission et par noyaux intérieurs. Ces observations, précisées par MM. Cohn, Koch, van Tieghem et d'autres micrographes, ont conduit à la découverte de la sporulation des bactéries.

On observe la formation de spores vers la fin des fermentations, ou bien, lorsque le microbe est placé dans des conditions peu favorables, soit que de telles conditions se présentent dès l'abord ou se constituent par l'accumulation des produits engendrés ou par une fermentation intercurrente, ou par l'accès de l'air, etc. Dans ces cas, on voit se former dans le protoplasme homogène, au milieu de la cellule, ou à une de ses extrémités, quelquefois aux deux bouts, un corpuscule très réfringent qui se transforme rapidement en une spore oblongue ou cylindrique réfractant fortement la lumière et présentant des contours très foncés. La cellule se détruit ensuite, mettant les *spores* ou *corpuscules germes* en liberté dans le liquide; ceux-ci ne germent d'habitude que dans un milieu nouveau. Les choses peuvent se passer différemment et nous avons déjà décrit plus haut l'exemple du microbe du lait bleu; celui-ci se développant dans le liquide de Cohn, évidemment peu favorable, forme une spore à une de ses extrémités, spore qui se détache sans amener la mort du bacille, et qui germe dans le même milieu.

Si les cellules du microbe sont accouplées en longs filaments, les spores occupent longitudinalement une rangée simple, disposition qui se conserve quelque temps après que les contours du filament se sont effacés; les spores, emprisonnées dans une masse glaireuse, maintiennent leurs rapports de position et ne deviennent complètement libres que plus tard.

Introduite dans un milieu favorable, la spore entre en germination pourvu qu'on lui offre en même temps de l'oxygène libre (Pasteur). Elle se gonfle, atteint, au bout de 2 heures environ un volume double, et perd son éclat et ses contours foncés. Il apparaît alors, par condensation de la membrane enveloppe de la spore, aux deux pôles ou autour d'un seul, une ombre, suivant que la spore germe en travers (genre *bacillus*) ou en long (genre *clostridium*) [Prazmowski, 1880]. Au bout de 1 à 2 nouvelles heures, on voit apparaître le germe sous forme d'une voussure, sorte de papille qui en s'allongeant rapidement constitue la jeune bactérie. Celle-ci se dégage ensuite de la membrane de la spore, chassée au dehors probablement par la contraction de celle-ci. La membrane reste inerte, tandis que la jeune cellule se propage par cloisonnement transversal.

Résistance des spores aux influences extérieures. — Les spores des bactéries sont douées d'une très grande vitalité, beaucoup supérieure à celle des bactéries elles-mêmes. Elles résistent à l'action de l'eau, de l'alcool, de l'éther, de la pepsine, à la dessiccation, à des écarts de température de 200° (— 100 à + 100), à l'action de l'oxygène sous pression, *etc.*

De là les noms de spores durables ou permanentes (*Dauersporen*) par lesquels on les désigne

Mentionnons, à cet égard, l'exemple remarquable des spores du *Bacillus anthracis*, que M. Pasteur, dans les mémorables travaux de ces dernières années, a réconnues être la cause du charbon dit *spontané*. Ces spores amenées à la surface du sol par les vers de terre ont non seulement échappé à l'action des sucs digestifs de ces annélides, mais résistent ensuite aux intempéries, à la putréfaction, etc., transformant pour de longues années en *champs maudits* les terrains dans lesquels les cadavres d'animaux morts du charbon ont été enfouis.

Les spores parfaitement sèches supportent une chaleur de 130° et au delà sans mourir. En présence d'eau, elles sedétruisent toutes, pourvu que l'ébullition soit prolongée suffisamment longtemps. La réaction du milieu et surtout le degré de dessiccation des spores influent notablement sur la température à laquelle leur vie s'éteint, et sur le temps nécessaire pour produire cet effet. M. Pasteur, dans son célèbre mémoire de 1862 sur les corpuscules organisés qui existent dans l'atmosphère, et dans ses études sur la bière (1876), a montré qu'en thèse générale les spores résistent mieux dans les solutions alcalines. Le lait frais, par exemple, doit être chauffé à 110° pour devenir stérile, tandis que le lait aigri le devient déjà à 80-90°; l'urine normale acide peut être stérilisée à 100°; saturée préalablement de carbonate calcique, elle exige une température supérieure.

M. Pasteur attribue cette différence frappante à la pénétration plus ou moins facile de l'eau dans l'intérieur des spores; à l'abri de l'humidité aucune spore ne meurt à 100°. On peut aussi admettre, avec M. Tyndall, que le milieu acide, peu favorable aux bactéries, exerce une action nocive sur le germe et, sans le tuer, l'affaiblit suffisamment pour qu'il ne puisse plus se développer dans ce milieu peu propice; on sait, en effet, qu'il suffit quelquefois de transporter dans un liquide plus fertile ces spores, mortes en apparence, pour les voir éclore.

En ce qui concerne la dessiccation des spores, M. W. Roberts et M. Cohn avaient annoncé que des infusions de foin, neutralisées préalablement ou non, peuvent être portées à l'ébullition, sous la pression ordinaire, pendant un quart d'heure et dans certaines expériences pendant deux, voire même trois heures sans être stérilisées. Maintenues ensuite à 35-40°, elles deviennent le théâtre d'un développement de bacilles, d'autant plus rapide qu'elles ont été bouillies pendant un laps de temps plus court [W. Roberts, *Philos. Transact.*, 1874; — F. Cohn, *Beiträge zur Physiol. der Pflanzen*, juillet 1876].

M. Tyndall, n'ayant pu confirmer ces résultats dans une première série d'expériences, a trouvé la cause de ces différences dans l'état de siccité plus ou moins parfaite du foin. Le foin vieux, ou desséché à l'aide de la chaleur, donne toujours des infusions fécondes après l'ébullition; le foin récemment récolté, par contre, fournit généralement des liquides stériles [J. Tyndall, *Les Microbes*, édit. franç., p. 152 et suiv.].

M. Miquel a déterminé la température à laquelle meurent les spores de quelques bactéries, chauffées dans l'eau pure pendant deux heures :

Micrococcus vulgaires	50-55°
— ellipsoïdeus	94-95°
Bacillus elongatus	96-97°
— subtilis	100-102°
— ureæ	94-95°
Gros bacille	98-100°
Bacterium termo	49-50°
— en bâtonnets	49-50°
Leptothrix ramosa	59-60°

Rappelons que les moisissures et les levûres ne résistent pas à 55° [P. Miquel, *Annuaire de Montsouris*, 1881].

Cette inégale résistance des spores à la chaleur fournit un précieux moyen de séparation, lorsqu'il s'agit de cultiver à l'état de pureté certains microbes (voir p. 812).

Composition chimique des bactéries. — On n'a étudié jusqu'ici, à ce point de vue, que les microbes de la putréfaction de la gélatine. Les résultats sont encore incomplets, à cause de la difficulté qu'on éprouve à séparer les bactéries du liquide nourricier; on ne peut les retenir sur le filtre; au commencement elles le traversent, mais elles ne tardent pas à en boucher complètement les pores. En acidulant le liquide par l'acide chlorhydrique et le portant à l'ébullition, on voit les bactéries se réunir en gros flocons, mais le produit ainsi obtenu est coagulé et altéré dans sa composition. Aussi s'est-on contenté d'analyser les bactéries adultes, plus ou moins englobées encore dans leur zooglée et lavées avec de l'eau acidulée par l'acide acétique, puis avec de l'eau pure et mises à essorer sur des doubles de papier buvard.

Voici d'abord les résultats numériques trouvés par MM. Nencki et Schaffer :

	Zooglea pure.	Bactéries adultes.
Eau	84.81	83.42
Matières albuminoïdes	85.76	84.20
Matières grasses	7.89	6.04
Cendres	4.20	4.72
Mat. non déterminées	2.15	5.04
	100.00	100 00

A l'analyse élémentaire, les bactéries débarrassées de matières grasses ont donné, déduction faite, des cendres :

	Zooglea.	Bactéries.
C	»	53.82
H	»	7.76
Az	14.47	13.92

Les matières albuminoïdes sont formées, en grande partie, d'une substance spéciale qui a reçu le nom de *mycoprotéine*. On peut l'extraire par une solution de potasse faible (à 5 p. 1000) qui dissout à la chaleur du bain-marie la presque totalité de la masse des bactéries; le résidu insoluble (2 °/₀ pour la masse zoogléenne, 5 °/₀ pour les bactéries adultes) représente très probablement les membranes enveloppes des cellules et semble formé d'une substance cellulosique.

La solution alcaline est neutralisée par un acide et saturée de sel marin pur; la mycoprotéine se précipite et est lavée avec une solution concentrée de sel, puis avec une petite quantité d'eau pure. Il n'est pas possible d'enlever ainsi tout le chlorure de sodium, la mycoprotéine étant soluble dans l'eau pure, et le produit obtenu retient de 4 à 8 °/₀ de matières minérales.

La mycoprotéine est soluble dans l'eau, les alcalis et les acides. Sa réaction est faiblement acide. Séchée à 110°, elle ne se dissout qu'incomplètement dans l'eau. Les sels neutres la séparent de sa solution.

Le ferrocyanure de potassium, le tannin, l'acide picrique, le chlorure mercurique la précipitent abondamment. L'alcool ne la coagule pas. L'acide azotique ne donne qu'un faible trouble et ne produit pas la réaction xanthoprotéique. Le réactif de Millon la colore en rose, le sulfate de cuivre et la soude en violet. La solution potassique dévie à gauche le plan de la lumière polarisée $[\alpha]_j = -79°$.

Par l'action de la potasse en fusion, elle donne de l'ammoniaque, des amines, une petite quantité de phénol, de l'acide valérique, de la leucine, d'autres acides amidés, en un mot, les mêmes produits que fournissent les véritables albuminoïdes.

La mycoprotéine se rapproche de la matière albuminoïde retirée par Schlossberger de la levûre de bière, sa composition est aussi la même, comme on peut en juger par les chiffres suivants :

	Bactéries de la gélatine.	Bactéries du mucate d'ammonium.	Levûre.
C.......	53.43	52.13	52.30
H	7.52	7.54	7.59
Az......	14.71	14.91	14.73

La deuxième analyse donne la composition de la mycoprotéine retirée de bactéries qui ont été cultivées sur une solution de mucate d'ammonium à 3,3 %, contenant en outre des petites quantités de sels minéraux nutritifs; l'élaboration d'une substance aussi complexe aux dépens de l'acide mucique est un fait physiologique très intéressant.

D'après ses caractères, la mycoprotéine constitue une matière albuminoïde spéciale qui, par certains côtés, se rapproche des produits intermédiaires entre les albuminoïdes véritables et les peptones; c'est peut-être un produit d'altération engendré par l'action de la potasse sur l'albumine génuine des bactéries [MM. Nencki et F. Schaffer, *Journ. prakt. Chem*,, (2); t. XX, p. 443, et t. XXIII, p. 302; *Bull. Soc. chim.*, t. XXXIV, p. 605, et t. XXXVI, p. 638].

Culture des bactéries. — Nous avons formulé plus haut les règles générales qui sont à observer lorsqu'il s'agit de cultiver un microbe. Il reste à dire quelques mots de la nature du milieu, de la proportion d'oxygène libre et de la température qui exercent une grande influence.

Influence du milieu.— Les milieux dans lesquels se développent les bactéries renferment tous des matières azotées, généralement organiques ou ammoniacales, des matières ternaires (hydrates de carbone, acides végétaux, glycérine, etc.) et des sels minéraux, parmi lesquels du phosphate de potassium et de la magnésie. L'oxygène libre est nécessaire pour la germination des spores et pour les bactéries aérobies; il est, au contraire, souvent nuisible aux anaérobies.

Les milieux doivent être généralement alcalins ou neutres; une acidité faible ne met pas un obstacle absolu au développement des bactéries, mais elle le ralentit beaucoup, à de rares exceptions près. Citons, par exemple le *Mycoderma aceti* (un bactérium), qui a besoin d'acide acétique libre pour prospérer. Les acides minéraux sont très nuisibles; à la dose d'un demi-centième, ils entravent les fermentations bactéridiennes.

Un grand nombre de bactéries se développent dans tous les liquides de culture énumérés ci-dessous, mais n'y prospèrent pas également bien; d'autres exigent, ou du moins préfèrent tel ou tel composé comme aliment, et ce sont précisément les bactéries qui agissent comme ferments proprement dits utiles au chimiste.

Cet aliment est alors consommé en grande quantité; c'est la substance fermentescible. Ainsi le *Micrococcus ureæ* exige la présence de l'urée; le ferment lactique celle d'une matière sucrée, etc. Il est d'ailleurs probable que ces ferments peuvent se développer non seulement au contact de leur aliment normal, mais aussi en présence d'autres substances et les dédoubler aussi par fermentation. M. Fitz, dans un intéressant travail publié tout récemment, a découvert, en effet, que le *Bacillus butylicus* prospère indifféremment sur la glycérine, la mannite ou le sucre de canne, en faisant fermenter chacune de ces matières, bien entendu, d'après une équation spéciale (voir plus loin).

Les deux modifications opposées des corps doués du pouvoir rotatoire ne sont pas détruites avec une égale facilité par les bactéries; celles-ci, comme les moisissures, peuvent donc servir à isoler une de ces modifications d'un mélange optiquement inactif par compensation (acide tartrique gauche, Pasteur; propylglycol gauche (Le Bel).

Certaines bactéries sont très difficiles dans le choix de leur nourriture, s'il est permis de s'exprimer ainsi. M. Pasteur a montré que le microbe du choléra des poules, par exemple, ne se développe ni dans l'urine neutralisée ni dans l'eau de levûre, mais fort bien sur du bouillon de poule. Au bout de quelques jours, le développement s'arrête, et si l'on filtre alors le liquide, on reconnait qu'il est devenu stérile pour de nouvelles cultures du même microbe. Ou bien, on peut mettre fin à l'expérience au bout de deux jours, avant que le développement du ferment ne soit arrivé à son apogée, filtrer alors et ensemencer à nouveau le liquide. La nouvelle culture sera peu productive, preuve évidente que le bouillon manque d'éléments nutritifs. D'ailleurs, l'hypothèse d'après laquelle le milieu serait infecté par un principe toxique secrété par le microbe doit être écartée; car on peut évaporer le liquide stérile dans le vide et dissoudre le résidu dans du bouillon de poule frais, sans lui faire perdre le moins du monde sa fertilité.

Le microbe du choléra des poules enlève donc une ou plusieurs substances au bouillon de poule, qui certainement ne s'y trouvent qu'en très faible proportion (le poids du microbe formé est si minime), mais qui sont indispensables. Nous sommes ici en présence d'un fait analogue à celui que M. Raulin a constaté relativement à la nécessité d'une trace de zinc dans les liquides nourriciers de l'*Aspergillus niger*. (Voir p. 813.)

Les milieux le plus souvent usités pour la culture des bactéries sont les suivants :

1° *Liquide de Cohn* contenant, par 1000 gr. d'eau, 10 gr. de tartrate d'ammonium neutre, 5 gr. de phosphate bipotassique, 5 gr. de sulfate de magnésium et 0 gr. 5 de phosphate de calcium.

2° Albumine de l'œuf étendue.

3° Urine normale; en la neutralisant par le carbonate calcique ou quelques gouttes de potasse, ou mieux encore en l'étendant d'eau de manière à abaisser sa densité vers 1,005, on augmente son altérabilité.

4° Bouillon de bœuf, de veau, de poulet neutralisé par la potasse; densité 1,024. On peut le préparer avec l'extrait de viande de Liebig, dont on dissout 50 gr. dans 1 litre d'eau; on neutralise à chaud et l'on filtre. Le liquide possède une couleur rouge ambrée, qui à la lumière diminue peu à peu d'intensité.

5° Sérum sanguin étendu d'eau.

6° Suc de fruits (fraises, raisins).

7° Suc de choux dilué.

8° Jus de veau.

9° Décoction de levûre (30 gr. par litre).

10° Petit lait.

11° Infusion de concombre, d'oignon, de navet, de betterave, de champignon, de foin.

12° Décoctions de chair de toutes espèces d'animaux (mammifères, oiseaux, poissons).

L'altérabilité de tous ces liquides n'est pas la même, c'est-à-dire, qu'exposés aux poussières atmosphériques, ils entreront en fermentation avec une facilité variable, donnant lieu à un développement plus ou moins abondant de microbes. On constate à cet égard des différences très notables non seulement d'un liquide à l'autre, mais aussi pour le même liquide, suivant qu'il a été rendu stérile par la chaleur ou par la filtration à froid (voir p. 812); dans ce dernier cas, il est incomparablement plus altérable, comme si la chaleur avait pour effet de détruire certaines substances éminemment favorables à l'éclosion des spores. M. Miquel, dans ses très utiles travaux sur les bactéries atmosphériques, a cherché à apprécier le degré de cette altérabilité en la comparant avec celle du bouillon d'extrait de viande, prise comme unité ; voici les résultats :

	Mode de stérilisation.	Degré d'altérabilité.
Liqueur de Cohn......	à 100°	0.05
Albumine d'œuf........	à froid	0.22
Urine normale........	à froid	0.40
Urine normale........	à 110°	0.50
Urine neutralisée......	à froid	0.90
Bouillon neutralisé....	à 110°	1.00
Urine normale étendue.	à froid	1.80
Sérum sanguin dilué...	à froid	6.00
Suc de fruits..........	à froid	9.50
Suc de choux dilué....	à froid	10.90
Jus de veau..	à froid	13.30

[P. Miquel, *Annuaire de Montsouris*, 1882].

D'après M. Tyndall, l'infusion de concombre est le milieu le plus altérable de tous ceux qu'il a examinés, et ils sont nombreux.

Influence de la température. — La température la plus favorable est généralement située entre 30 et 40°. Au-dessous de 30°, le développement des bactéries se ralentit, mais il ne s'interrompt pas même à 15°. Vers 0° il se trouve arrêté et au-dessous le microbe adulte est souvent tué. Un excès de chaleur est également nuisible, mais les bactéries présentent à cet égard des différences notables qui peuvent être mises à profit pour leur séparation. Dans les eaux communes, M. Miquel a trouvé un bacillus qui vit encore très bien à 69-70°, mais qui meurt à 71-72°. Un léger écart de température anéantit, en effet, quelquefois l'action d'un microbe.

Le *Bacillus anthracis*, par exemple, se développe activement vers 37-39°, et meurt à 41° : ce qui explique pourquoi le charbon n'atteint pas les oiseaux, dont la température est trop élevée ; mais il suffit de refroidir artificiellement une poule de quelques degrés, pour la rendre inoculable (Pasteur).

Le *Bacillus butylicus*, dont l'optimum de température est situé à 40°, se multiplie encore énergiquement sur la glycérine à 42°, mais ne produit plus de fermentation à 45°,5 (Fitz).

Influence des cultures successives. — En ensemençant un ferment, dans un milieu approprié, on voit bientôt apparaître le trouble caractéristique du développement bactéridien ; ce trouble augmente tant que le liquide renferme encore les principes nutritifs nécessaires ou tant que l'oxygène libre ne fait pas défaut, lorsqu'il s'agit de bactéries aérobies ; ce moment atteint, les bactéries se transforment en spores permanentes, tombent au fond et le liquide s'éclaircit.

Si, peu de temps après l'ensemencement, au bout de 2 à 3 jours par exemple, on prélève une trace du liquide pour la transporter dans un milieu frais, on obtient une seconde culture dont on peut semer une trace dans un troisième milieu, et ainsi de suite. Si le ferment primitif était pur, on peut perpétuer ainsi l'espèce à travers les générations successives, très nombreuses, avec ses caractères extérieurs et ses fonctions physiologiques intactes.

S'il est permis de généraliser les observations remarquables et inattendues de M. Pasteur sur les cultures successives des microbes du choléra des poules et du charbon, on ne réussit dans cette voie qu'à la condition expresse d'opérer en présence d'une quantité limitée d'oxygène ou bien d'espacer de quelques jours seulement les ensemencements. A mesure que, dans les cultures faites au *contact de l'air*, l'intervalle entre deux ensemencements successifs grandit, atteint 8 jours par exemple, les fonctions physiologiques du microbe, la virulence dans l'espèce, s'amoindrissent ; d'abord le microbe n'est plus foudroyant, puis au bout de cultures continuées pendant quatre à cinq mois il a cessé d'être agent mortel. L'animal inoculé, légèrement atteint par la maladie, se rétablit et est devenu réfractaire aux atteintes du microbe primitif, très virulent. Il est *vacciné*, le virus affaibli, *atténué* par la culture, étant devenu un véritable *vaccin*.

Si la culture est prolongée plus encore, le microbe vaccin devient d'abord inerte, puis il est tué. La présence de l'oxygène libre est nécessaire pour obtenir cette atténuation ; à l'abri de ce gaz, le virus conserve son énergie à travers de nombreuses cultures.

Ajoutons qu'inversement M. Pasteur a réussi à rajeunir, pour ainsi dire, le virus atténué et lui a rendu sa virulence première en le cultivant dans des conditions éminemment favorables, dans le corps de tout jeunes cobayes par exemple.

Ce n'est pas ici le lieu de parler en détail des travaux admirables de notre illustre savant, qui a ouvert une voie nouvelle à l'art de guérir. Découverts d'hier, ces faits ont reçu immédiatement la sanction de la pratique dans des expériences célèbres sur la vaccination, contre le charbon, d'animaux des races bovine et ovine. La raison de la préservation des animaux vaccinés est peut-être d'origine chimique, comme nous avons vu le bouillon de poule, par une seule culture du microbe du choléra des poules, devenir impropre à l'éclosion d'une nouvelle génération. Cette comparaison est prématurée, sans doute, mais elle se présente naturellement à l'esprit, avide de connaître la raison des faits.

ÉTUDE CHIMIQUE DE QUELQUES BACTÉRIES.

Déterminer une bactérie, en établir l'individualité, est un problème complexe ; l'aspect morphologique de ces infiniment petits et l'équation chimique de leur vie changent avec le milieu. Aussi, comme le dit excellemment M. Duclaux, pour caractériser un ferment, il ne suffit pas d'observer sa forme, ses dimensions, qui subissent de nombreuses variations, mais il faut connaître en outre les conditions physiologiques de son existence, sa nature d'aérobie ou d'anaérobie, les aliments qu'il préfère ou ceux dont il se contente, les transformations chimiques qu'il amène dans le milieu où il vit, la température qui lui convient le mieux, celle à laquelle il périt, enfin il faut le poursuivre dans des cultures successives. Tout cela n'est pas de trop pour le caractériser. Cohn a dit qu'il y avait peut-être, dans le monde des infiniment petits, des êtres se ressemblant autant que les amandiers à amandes douces et amères.

L'observation de ces règles conduirait à une monographie complète de chaque bactérie et à une classification rationnelle des fermentations qu'elle détermine. Mais les bactéries ne sont pas encore suffisamment étudiées à ce point de vue ; on ne connaît que pour quelques espèces les dédoublements qu'elles font éprouver aux divers composés organiques. Pour le moment, la question chimique est plus avancée ; on connaît mieux les dédoublements variés subis par tel ou tel composé fermentescible que l'on ne connaît les organismes qui les provoquent.

A défaut d'une classification des fermentations bactériennes d'après chaque espèce de microbe, on pourrait essayer de les ranger d'après la nature du produit principal de la réaction, comme on l'a fait à l'article FERMENTATION du corps de cet ouvrage ; mais la plupart de ces actes vitaux engendrent plusieurs produits, souvent en proportions égales. Aussi préférons-nous ne pas suivre cette méthode et diviser les fermentations bactéridiennes d'après la nature des réactions observées et établir des sous-divisions d'après la nature des composés fermentescibles.

En considérant la réaction chimique principale, on peut diviser les fermentations en plusieurs groupes : 1° fermentation par hydratation; 2° par dédoublement; 3° par réduction; nous en rapprocherons : 4° les fermentations par oxydation.

1° *Fermentation par hydratation.*

Fermentation de l'urée. — Ainsi qu'on l'a dit au t. I, p. 1419 et au t. III, p. 583, la transformation de l'urée en carbonate d'ammonium est provoquée par un ferment spécial étudié par MM. Pasteur et Van Tieghem. La *Torula urinæ*, ou *Micrococcus ureæ* (Cohn), est en globules sphériques de 1µ,5 associés deux à deux ou disposés en chaînes souvent assez longues (fig. 4 *a* de la planche). Il ne manque dans aucune urine devenue ammoniacale, que ce soit après l'émission ou à l'intérieur de la vessie. Toutes les fois qu'à l'aide d'un examen attentif on a cherché ce micrococcus dans le catarrhe vésical, on l'a toujours trouvé. Les anciennes idées nées de la théorie de la fermentation de Liebig, d'après lesquelles on attribuait la réaction alcaline de l'urine à l'action décomposante du mucus vésical ou de l'épithélium sur l'urée, doivent donc être abandonnées, et il faut admettre que des germes du *Micrococcus ureæ* sont arrivés d'une manière quelconque dans la vessie, soit par le cathétérisme, soit de proche en proche, en végétant dans le canal de l'urèthre. D'après M. Miquel, les germes de ce microbe sont du reste très répandus dans l'air [*Bull. Soc. chim.*, t. XXIX, p. 387].

D'après M. R. de Jaksch, la température la plus favorable au développement du microbe est de 30-33°. Les éléments P, S, K, Mg et l'oxygène libre sont indispensables au microbe; celui-ci exige en outre une substance azotée (urée, oxamate sodique, ammoniaque) et une autre fournissant le carbone (hydrates de carbone, glycérine, sels sodiques d'acides gras univalents ou plurivalents); certains corps (glycocolles, asparagine, créatine, hippurates, peptones) suffisent à ce double besoin.

M. Jaksch admet que le *Micrococcus ureæ* est polymorphe; vingt-quatre heures après l'ensemencement, il formerait des baguettes longues de 2 à 3 µ, larges de 0µ,5, qui présenteraient les indices de 1 ou 2 étranglements. Au bout de quarante-huit heures, ceux-ci étant devenus très nets, le microbe affecterait la forme des cellules rondes ordinaires rangées en chapelets. Enfin, au bout de quinze jours, les cellules seraient réunies en amas zoogléens par une substance visqueuse [*Zeitschr. physiol. Chem.*, 1881, t. V, p. 395].

M. Musculus a fait, en 1876, l'observation très intéressante que les urines en fermentation ammoniacale renferment un ferment soluble, une diastase, qu'il a pu isoler par précipitation à l'aide de l'alcool. Cette substance possède la propriété d'hydrater rapidement l'urée, en dehors de tout microbe, de même que la diastase saccharifie l'amidon. Elle est instable : une température de 80°, les acides même faibles annihilent son action. Un papier imprégné de cette diastase et légèrement teint au curcuma constitue un excellent réactif de l'urée : humecté d'un liquide neutre contenant de l'urée, il ne tarde pas à se colorer en brun [Musculus, *Compt. rend.*, t. LXXVIII, p. 132; t. LXXXII, p. 333].

Ces faits, qui avaient pu paraître un instant en contradiction avec la théorie de M. Pasteur sur la fermentation ammoniacale de l'urine, ne devaient pas tarder à recevoir une explication toute naturelle. MM. Pasteur et Joubert, tout en confirmant l'existence de la diastase urinaire, attribuent sa production au *Micrococcus ureæ*. La propriété de sécréter ainsi des diastases ne se rencontre-t-elle pas très fréquemment parmi les levûres et les bactéries? Sans microbe, pas de ferment soluble, et par conséquent pas de fermentation ammoniacale [Pasteur et Joubert, *Compt. rend.*, t. LXXXIII, p. 5].

Le ferment qui produit la décomposition de l'acide hippurique en acide benzoïque et glycocolle paraît être identique avec le *Micrococcus ureæ* (Van Tieghem).

M. Miquel a trouvé dans l'eau d'égout un autre ferment ammoniacal de l'urée, le *Bacillus ureæ*, qui est, du reste, moins répandu que le *Micrococcus*, mais qu'il est facile de se procurer en ajoutant à l'urine neutre stérilisée quelques gouttes d'eau d'égout portées pendant deux heures à 80-90°. Neuf fois sur dix, l'expérience réussit, et l'urine fermente sous l'influence du bacille, le micrococcus, moins résistant à la chaleur, ayant été détruit.

Ce bacille est en filaments très grêles, mobiles, isolés ou réunis au nombre de 2, 3, 4. La longueur de ces cellules atteint 5 à 6µ, leur largeur ne dépasse pas 0,7 à 0µ,8. C'est un être anaérobie. A la fin de sa vie, il se résout en spores brillantes, légèrement elliptiques, qui peuvent résister pendant plusieurs heures à une chaleur humide de 95-96° [P. Miquel, *Bull. Soc. chim.*, t. XXXI, p. 391; t. XXXII, p. 126].

Fermentation putride. — On connaît les phénomènes complexes et les produits de la putréfaction des albuminoïdes [voyez t. II, p. 1225, et Suppl., p. 57]. Plusieurs fermentations se succèdent, mais au commencement les ferments d'hydratation interviennent principalement, transformant, tout au début, les albuminoïdes en albuminates et en peptones, et dédoublant ensuite celles-ci en acides amidés. Ce n'est qu'alors que les microbes réducteurs entrent en action. La peptonisation s'opère comme la fermentation ammoniacale sous l'influence de diastases secrétées par les microbes. Dans l'acte de la digestion, ces ferments jouent un rôle important : leur mission est d'achever la transformation en peptones des albuminoïdes qui ont échappé aux actions successives du suc gastrique et du suc pancréatique. Une partie de ces peptones est absorbée; une autre partie, étant complètement détruite, engendre les nombreux produits de la putréfaction; on les a retrouvés tous, ou peu s'en faut, dans les excréments.

Des travaux importants, parmi lesquels il faut citer surtout ceux de MM. Gautier et Etard, ont apporté des faits intéressants à l'histoire des produits de la putréfaction. Un article spécial leur sera consacré dans ce Supplément.

2° *Fermentation par dédoublement.*

Fermentation lactique. — Voyez t. I, p. 1448. Voici comment M. Pasteur décrit le ferment qui dédouble la glucose en deux molécules d'acide lactique : « Ce sont de petits articles légèrement étranglés vers leur milieu, isolés en général, rarement joints en chaînes de deux à trois articles. » Leur largeur est d'environ 1µ,3, leur longueur est à peu près double. C'est donc un *bacterium* (fig. 4 *b* de la planche).

M. Ch. Richet a établi par des recherches intéressantes que l'oxygène rend plus rapide la fermentation lactique; que l'ébullition du lait, en coagulant une matière albuminoïde soluble, diminue de moitié l'activité de la fermentation; enfin, que l'addition de peptones ou de sucs digestifs, pouvant en produire dans le milieu même, augmente la rapidité de la fermentation [Ch. Richet, *Compt. rend.*, t. LXXXVI, p. 550, t. LXXXVIII, p. 750].

FERMENTATION CELLULOSIQUE. — M. Durin a trouvé une fois dans une mélasse d'Allemagne un ferment qui aurait la propriété de dédoubler la saccharose en levulose et en une matière cellulosique qui se sépare en grumeaux au sein du liquide :

$$nC^{12}H^{22}O^{11} = (C^6H^{10}O^5)^n + nC^6H^{12}O^6.$$

L'agent de cette fermentation serait une diastase sécrétée par le microbe, sur la nature duquel l'auteur ne donne aucune indication [*Compt. rend.*, t. LXXXIII, p. 128].

3° *Fermentation par réduction.*

Dans ces fermentations si nombreuses et si variées, une partie de la substance fermentescible s'oxyde complètement et passe à l'état de gaz carbonique et d'eau; l'oxygène nécessaire à cet effet est emprunté à l'autre partie du corps fermentescible, qui tantôt complique, tantôt simplifie sa molécule, mais devient, dans tous les cas, plus riche en hydrogène et souvent aussi en carbone. La totalité de l'hydrogène n'est pas toujours fixée par la matière organique, une partie peut être mise en liberté; c'est de l'hydrogène naissant qui, développé en milieu alcalin, peut provoquer des réactions par réduction comme le fait l'amalgame de sodium. Il transforme le sucre interverti en mannite, l'indigo en modification incolore; il réduit les nitrates, mais il n'attaque pas les sulfates.

FERMENTATION DE LA GLYCÉRINE. — D'après les travaux de M. Fitz, ce corps peut être mis en fermentation par plusieurs microbes.

1° *Bacillus æthylicus* (fig. 5 *a* de la planche). — Le microbe du foin le plus résistant à l'action de la chaleur (1), se développe très bien dans un milieu renfermant 30 pour 1000 de glycérine, 1 pour 1000 d'extrait de viande Liebig et 5 pour 1000 de carbonate de calcium précipité. On ensemence ce liquide avec de l'eau de lavage de foin, on fait bouillir pendant cinq minutes et l'on abandonne le tout à l'étuve à 40° dans un ballon fermé par du papier à filtre. La fermentation ne tarde pas à s'établir, et, au bout de quelques jours, une goutte du liquide peut servir à ensemencer de nouvelles portions de milieu glycérique stérilisé préalablement par une chaleur de 110°. Au bout de sept semaines environ, la fermentation est achevée; le bacille transformé en spores permanentes est tombé au fond et le liquide contient de l'alcool éthylique pur et une très petite quantité seulement d'acides volatils et fixes. 200 grammes de glycérine ont fourni 25gr,8 d'alcool, peut-être d'après l'équation

$$C^3H^8O^3 = CO^2 + C^2H^6O + H^2.$$

Quelquefois un bacille aérobie vient troubler la fermentation par le *Bacillus æthylicus* [A. Fitz, *Deutsch. chem. Gesellsch.*, 1878, p. 49].

2° *Bacille succinique.* — Le microbe qui transforme le malate de calcium en succinate, ressemble beaucoup au précédent; il se développe aussi dans la glycérine et donne pour 50 parties 10p,6 d'alcool éthylique, 1 partie d'acétate et 2 parties de formiate de calcium et une trace seulement d'acide succinique. Dans le milieu glycérique, il conserve sa forme ordinaire.

Micrococcus cyaneus (Cohn). — Le microbe du pus bleu se multiplie très activement dans le liquide glycérique, en donnant une matière colorante bleue, la pyocyanine, et son produit incolore d'hydrogénation pouvant, à l'air, régénerer la matière bleue. Le microbe est en très petites cellules elliptiques d'une longueur de 1μ,5, généralement associées deux à deux; le liquide contient en outre un bacillus. Néanmoins, M. Fitz croit que les produits de la fermentation sont, en partie du moins, engendrés par le *Micrococcus cyaneus*. Ces produits nombreux sont formés principalement d'alcool ordinaire et d'acide butyrique, avec de petites quantités d'alcool butylique normal, d'acide acétique et d'acide succinique [A. Fitz, *Deutsch. chem. Gesellsch.*, 1878, p. 54 et 1893].

4° *Microbes du pus orangé.* — Ils font fermenter énergiquement la glycérine; au début, il se développe exclusivement un micrococcus, vers la fin un bacillus vient s'y joindre. 100 grammes de glycérine ont fourni 23gr,8 d'alcool éthylique, et des traces seulement d'acides [A. Fitz, *loc. cit.*].

5° *Bacillus butylicus* (fig. 5 *b* de la planche). — Ce bacille anaérobie du foin se développe plus aisément dans le liquide glycérique ci-dessus que les autres microbes qui l'accompagnent, si bien qu'il est en général facile de le purifier par des cultures successives. Mais, pour l'obtenir tout à fait pur, il faut employer, d'après M. Fitz, la méthode d'ensemencement d'une seule cellule de microbe. Il donne lieu à une fermentation très active dès la température de 31°, mais il agit plus vite vers 39-40°; vers 45-45°5, la fermentation s'arrête. Par son aspect, il ressemble au ferment butyrique de M. Pasteur; il est, par conséquent, beaucoup plus grand que le bacillus du foin qui détermine la fermentation alcoolique de la glycérine. Il ne produit pas de zoogléa à la surface du liquide; ses formes varient avec l'âge et le milieu : dans un liquide riche en glycérine, les cellules s'élargissent; si le milieu contient de l'albumine, elles deviennent au contraire ténues. Vers l'apogée de la fermentation, elles présentent généralement une voussure à leur milieu, ce qui leur donne la forme de tonneaux. L'iode ne teinte pas le microbe jeune; mais, lorsque celui-ci approche du moment où il se transforme en spores, il prend avec le réactif une coloration violette intense, soit dans tout son intérieur, soit dans certaines de ces parties seulement. Les spores résistent dans le milieu glycérique ordinaire à une ébullition de quelques minutes, mais à la longue elles sont tuées beaucoup au-dessous de 100°; vers 80°, elles perdent au bout de sept à onze heures le pouvoir de germer.

La fermentation de la glycérine par le *Bacillus butylicus* dégage un mélange d'hydrogène et de gaz carbonique; il se forme à la surface du liquide une mousse blanche abondante, qui tombe vers le dixième au douzième jour; la fermentation est alors près de sa fin. Quelquefois, lorsque le milieu renferme trop de sulfates, une fermentation sulfhydrique intercurrente, produite par un microbe spécial, entrave le développement du *Bacillus butylicus* avant que toute la glycérine soit disparue. Après une fermentation régulière, le liquide contient, pour 100 grammes de glycérine, 8gr,1 d'alcool butylique normal, 17gr,4 d'acide butyrique 1gr,7 d'acide lactique ordinaire, 3gr,4 de glycol propylique normal et des traces d'alcool éthylique et d'alcool propylique normal. E. Schulze a trouvé en outre de la phorone. La formation de l'alcool butylique normal observée par M. Fitz et celle du glycol propylique

(1) Dans ses premiers travaux, M. Fitz avait désigné le bacille qui produit de l'alcool éthylique sous le nom de *Bacillus subtilis*, le considérant comme identique avec le bacille du même nom de M. Cohn; à l'heure actuelle, quoiqu'il n'ait pas encore publié une étude complète de ce microbe, il semble distinguer les deux bacilles.

A. H.

constatée par M. Freund fournissent un moyen de préparation avantageux de ces composés.

Le *Bacillus butylicus* fait fermenter la mannite et la saccharose, comme on le verra plus loin; il peut aussi se développer sur des solutions de lactate calcique ou ammonique, de glycérate, de malate, de citrate, de tartrate, de quinate de calcium, de tartrate ammonique, d'érythrite, de lactose, de quercite; mais dans aucun de ces milieux il ne détermine une véritable fermentation, ne pouvant pas vivre sans oxygène dans ces conditions moins favorables à son développement [A. Fitz. *Deutsch. chem. Gesellsch.*, 1876, p. 1348; 1877, p. 276; 1878, p. 42; 1880, p. 1311; 1882, p. 867].

6° *Bacillus amylobacter.* — Ce bacille, identique avec le vibrion butyrique de M. Pasteur, donne de l'acide butyrique avec la glycérine (Van Tieghem).

Fermentation de l'érythrite. — Plusieurs microbes peuvent faire fermenter cet alcool quadrivalent, mais aucun d'eux n'a été cultivé à l'état de pureté.

1° *Microbes de la bouse de vache.* — On a fait deux cultures successives de ces microbes dans un petit volume d'un liquide contenant de l'érythrite, puis l'on a ensemencé une grande quantité de la même solution avec une goutte de la deuxième culture. Le microbe qui se développe le plus abondamment est en forme de poire longue de 2μ,8, large de 1μ,5; en outre, on trouve un très petit bacillus, un micrococcus et un microbe en chapelets. 30 grammes d'érythrite en présence de 25 grammes de carbonate calcique ont fourni une trace d'alcool, 13 grammes d'un sel de calcium contenant surtout du butyrate normal, avec trace d'acétate et de caproate, et 12 grammes d'acide succinique.

2° *Microbes du foin.* — En faisant, comme ci-dessus, deux cultures préliminaires des microbes du foin et ensemençant ensuite la solution principale d'érythrite avec une trace de la deuxième culture, on a constaté dès l'abord le développement de la bactérie en forme de poire, mais qui n'a pas tardé à disparaître complètement pour faire place à un bacille et à deux micrococcus, l'un rond, l'autre ovale. Dans ces conditions, on a obtenu principalement de l'acide butyrique, avec trace d'acide formique et acétique, mais point d'acide succinique [A. Fitz, *Deutsch. chem. Gesellsch.*, 1878, p. 1890; 1879, p. 475].

Fermentation de la quercite. — Ensemencée en solution étendue et en présence de carbonate calcique, comme dans les cas précédents, avec de l'eau de lavages du foin, elle ne fournit que de l'acide butyrique. Le microbe qui s'est développé ressemble au ferment butyrique de Fitz.

Fermentation de la mannite. — Plusieurs microbes décomposent la mannite.

1° *Bacillus en forme de massue.* — Ce microbe, trouvé par hasard dans une culture des bacilles du foin dans le liquide glycérique, fait fermenter une solution de mannite à 30 p. 1000 additionnée de sels nutritifs et de carbonate calcique. Au bout de sept semaines, la fermentation étant terminée, on a trouvé pour 100 grammes de mannite 26gr,3 d'alcool et 7gr,9 de formiate calcique et une trace d'acide succinique [A. Fitz, *Deutsch. chem. Gesellsch.*, 1878, p. 1895].

2° *Bacillus æthylicus.* — Il prospère très bien sur une solution étendue de mannite, mais on ne connaît pas les produits de la fermentation.

3° *Bacillus butylicus.* — Ce microbe, ensemencé dans un milieu composé de 6 litres d'eau, 180 grammes de mannite, 0gr,1 de phosphate de potassium, 0gr,02 de sulfate de magnésium, 1 gramme de sel ammoniac et de 45 grammes de carbonate de calcium précipité détermine une fermentation qui ne débute que vers le onzième jour et dure ensuite pendant une quinzaine. Le microbe se présente sous l'aspect décrit plus haut. Les produits de la fermentation, rapportés à 100 grammes de mannite, sont : 10gr,2 d'alcool butylique normal, 35gr,4 d'acide butyrique pur, 0gr,4 d'acide lactique et une trace d'acide succinique [A. Fitz, *Deutsch. chem. Gesellsch.*, 1882, p. 875].

4° *Bacillus amylobacter.* — Il donne de l'acide butyrique (Van Tieghem).

Fermentations de la glucose, de la saccharose et de la lactose. — La glucose et la lévulose servent d'aliment à un grand nombre de microbes et se décomposent par fermentation. La saccharose et la lactose peuvent subir les mêmes dédoublements, mais il est nécessaire qu'elles s'hydratent préalablement sous l'action d'une diastase sécrétée par le microbe. Aussi, toutes les fois que la diastase manque, ces sucres, tout en permettant le développement du microbe, ne fermentent pas.

Le *Bacillus butylicus* de Fitz est intéressant sous ce rapport; il fournit une diastase intervertissant la saccharose, mais incapable d'opérer l'hydratation du sucre de lait; celui-ci échappe par conséquent à son action fermentative.

1° *Bacillus butylicus.* — Lorsqu'il est ensemencé sur une solution de 180 grammes de saccharose dans 6 litres d'eau additionnée de 70 grammes de carbonate calcique précipité et des sels nutritifs nécessaires, la fermentation débute au bout d'une huitaine de jours et dure pendant vingt-cinq jours. Parmi les produits, M. Fitz a trouvé une petite quantité d'alcool butylique normal (0,5 %) et d'acide lactique (0,3 %), et surtout de l'acide butyrique, qui forme 42,5 % du sucre interverti correspondant à la saccharose employée. L'acide butyrique est accompagné d'une faible proportion d'acide acétique et d'acide caproïque; ces derniers produits sont relativement un peu plus abondants que dans la fermentation de la glycérine ou de la mannite [A. Fitz, *Deutsch. chem. Gesellsch.*, 1882, p. 876].

2° *Bacillus amylobacter* (fig. 6 *a* de la planche). — Ce bacille est, d'après les recherches de M. Prazmowski confirmées par M. Van Tieghem, identique avec le vibrion de M. Pasteur (t. I, p. 1450) [Prazmowski, *Botan. Zeitung*, 27 juin 1879; — Van Tieghem, *Compt. rend.*, t. LXXXIX, p. 5]. Il fait fermenter indifféremment les glucoses, la saccharose et la lactose, en donnant comme produit ultime de l'acide butyrique; il est probable qu'il se forme passagèrement de l'acide lactique, ce même organisme constituant le ferment butyrique du lactate calcique.

Fermentations de la dextrine et de l'amidon. — Elles ont lieu après saccharification de ces hydrates de carbone sous l'influence des diastases formées par les microbes. La diastase du *Bacillus butylicus* est sans action sur l'amidon : aussi le microbe ne fait-il pas fermenter ce corps.

1° *Bacillus amylobacter.* — Il agit comme sur le sucre; attaque aussi l'arabine et la lichénine.

2° *Bacillus æthylicus.* — Vers 40°, il fait fermenter l'empois d'amidon additionné de carbonate de calcium; cette température doit être atteinte dès le début, pour entraver le développement des germes du *Bacterium termo* qui pourraient être mélangés à la semence. Dans l'intervalle de 30 à 35° est situé l'optimum de température pour le bactérium, mais vers 40° la vie du microbe est tellement languissante, qu'il est rapidement arrêté dans son développement par le bacillus. 100 grammes de fécule de pommes de terre ont fourni dans cette fermentation

1 gramme d'alcool éthylique avec trace d'alcool butylique normal, 5 grammes d'acide acétique, 34gr,7 d'acide butyrique et 0gr, 33 d'acide succinique.

Le *Bacillus œthylicus* ne provoque pas la fermentation butyrique du lactate de calcium; il est donc probable que le glucose devient directement acide butyrique sans passer par l'état intermédiaire d'acide lactique.

Cette fermentation de l'amidon fournit, d'après Fitz. le mode de préparation le plus commode de l'acide butyrique [A. Fitz, *Deutsch. chem. Gesellsch.*, 1878, p. 52].

FERMENTATION DE LA CELLULOSE. — Dès 1850, Mitscherlich avait observé que des tranches de pomme de terre abandonnées dans l'eau pendant quelques jours, dans des conditions favorables, subissent des modifications faciles à poursuivre au microscope; les cellules du parenchyme se désagrègent, puis se dénudent, la cellulose qui les unissait et formait leur enveloppe ayant disparu.

En 1865, M. Trecul a trouvé autour et à l'intérieur des cellules de petits corpuscules qu'il a nommés amylobacters et qui ne sont autres que le ferment de la cellulose, le *Bacillus amylobacter* cultivé à l'état de pureté et étudié récemment par M. Van Tieghem [*Compt. rend.*, t. LXXXVIII, p. 205]. Comme nous l'avons déjà dit, on doit admettre aujourd'hui l'identité de ce bacille avec le vibrion butyrique découvert par M. Pasteur. Ce microbe hydrate certaines variétés délicates de la cellulose et convertit ensuite par fermentation la glucose en acide butyrique.

La cellulose semble aussi être attaquée par la bactérie minuscule qui produit du méthane, de l'hydrogène et du gaz carbonique aux dépens d'une foule de matières organiques, et qui est à l'œuvre dans la vase des marais. Ce microbe vit en présence de très peu d'oxygène, mais ne cesse pas de produire du gaz des marais, alors même que l'air a libre accès (Le Bel et Müntz).

Dans la panse des herbivores, il s'accomplit une fermentation vaseuse très énergique qui fournit du méthane et du gaz carbonique, en même temps que le milieu devient fortement acide. Ces produits sont probablement formés par un des microbes du foin, qui attaque la cellulose. M. Tappeiner, qui vient de publier un travail sur ce sujet, semble avoir réussi à cultiver le microbe dans un milieu artificiel et le décrit sous l'aspect de bacilles courts et mobiles. Il a constaté que le microbe peut détruire la cellulose du papier à filtrer et du coton [H. Tappeiner, *Deutsch. chem. Gesellsch.*, 1881, p. 2375; 1882, p. 999].

FERMENTATION DU LACTATE DE CALCIUM. — Ce sel est décomposé par plusieurs microbes.

1° *Bacillus amylobacter* (fig. 6 *a*). — C'est l'agent de la fermentation butyrique ordinaire du lactate de calcium si bien étudiée par M. Pasteur [Voir t. I, p. 1450 et *Etudes sur la bière*, p. 282 et suiv.]. Cette fermentation fournit une petite quantité d'alcool éthylique et d'alcool butylique.

2° *Nouveau microbe butyrique.* — Il a été observé par M. Fitz en cultivant de la bouse de vache dans un milieu contenant du lactate calcique. Il se présente en globules ronds de 1μ,6 à 1μ,7, rangés en chapelets; certaines cellules, en voie de segmentation, sont un peu allongées et étranglées vers le milieu. La fermentation du lactate de calcium sous l'action de ce microbe est rapide et nette et fournit comme la fermentation ordinaire, $2C^3H^6O^3 = C^4H^8O^2 + 2CO^2 + H^4$, la proportion théorique d'acide butyrique normal mélangé de traces d'acides homologues [A. Fitz, *Deutsch. chem. Gesellsch.*, 1878, p. 51].

3° *Bacille propionique.* — Strecker avait observé en 1854 la formation d'acide propionique dans une préparation d'acide butyrique d'après le procédé classique; la masse exposée à de notables changements de température (0 à 20°) ne fermentait que très lentement et contenait au bout de 2 à 3 mois du lactate de calcium et une notable proportion de mannite. Au bout d'un an, ces produits avaient disparu, mais à la place d'acide butyrique Strecker trouva principalement de l'acide propionique, mélangé d'acide valérique et acétique [*Compt. rend.*, t. XXXIX, p. 56]. M. Fitz a retrouvé le ferment propionique du lactate de calcium; il se présente sous la forme d'un bacille long et étroit, réuni souvent en chaînes tortueuses. Dans une expérience, 100 gr. de lactate calcique ont fourni 46gr,1 d'un mélange d'acétate et de propioniate calcique, ce dernier prédominant de beaucoup.

L'équation suivante représente peut-être la fermentation propionique,

$$3C^3H^6O^3 = 2C^3H^6O^2 + C^2H^4O^2 + CO^2 + H^2O;$$

on voit qu'il ne se dégage point d'hydrogène comme dans la fermentation butyrique [A. Fitz, [*Deutsch. chem. Gesellsch.*, 1878, p. 1898, et 1879, p. 479].

Dans un mémoire plus récent, M. Fitz décrit des expériences qui lui ont fourni, outre les acides acétique et propionique, une trace d'alcool et une très notable proportion d'acide valérique normal, qu'il suppose formé par une fermentation spéciale [*Deutsch. chem. Gesellsch.*, 1880, p. 1309, et 1881, p. 1084].

FERMENTATION DU GLYCÉRATE DE CALCIUM. — De la bouse de vache ou de l'eau de lavage du foin non bouillie donnent lieu au développement de plusieurs microbes dans un milieu contenant du glycérate calcique; on remarque surtout un micrococcus sphérique et un autre en cellules allongées et réunies en chapelets. L'acide acétique est le produit principal

$$C^3H^6O^4 = C^2H^4O^2 + CO^2 + H^2;$$

il est accompagné de traces d'acide formique et succinique et d'une petite quantité d'alcool éthylique [A. Fitz, *Deutsch. chem. Gesellsch.*, 1879, p. 474].

FERMENTATION DU MALATE DE CALCIUM. — Plusieurs microbes peuvent entrer en action.

1° *Bacille succinique.* — Morphologiquement, il se confond avec le bacille éthylique de Fitz, mais il n'est pas identique avec lui. Ce bacille succinique se présente en petites baguettes ténues, réunies quelquefois par couples. La fermentation qu'il détermine est très active et se termine en 5 jours; elle s'accomplit d'après l'équation

$$3C^4H^6O^5 = 2C^4H^6O^4 + C^2H^4O^2 + 2CO^2 + H^2O$$

qui a été vérifiée par le dosage des acides formés. Il se produit en outre une trace d'alcool éthylique.

2° *Microbe butyrique.* — Quelquefois dans la fermentation précédente on voit apparaître de l'hydrogène libre et l'on obtient surtout de l'acide butyrique. Le microbe est encore inconnu.

3° *Bacille propionique.* — Ce ferment est un bacille court qui, pour 53gr,6 d'acide malique détruit, fournit 18 grammes d'acide propionique, 6 grammes d'acide acétique et une trace d'acide succinique et d'alcool, probablement d'après l'équation

$$3C^4H^6O^5 = 2C^3H^6O^2 + C^2H^4O^2 + 4CO^2 + H^2O.$$

Ce même microbe se montre sans action sur le succinate de calcium [*Deutsch. chem. Gesellsch.*, 1878, p. 1896, et 1879, p. 481].

FERMENTATION DE L'ASPARAGINE. — Ce phénomène, observé déjà par Piria, est provoqué par un microbe du genre bactérium très répandu dans l'eau ordinaire, et auquel M. Miquel a donné le nom de *bactérie commune*. C'est un organisme mobile, formé d'un, de deux, ou rarement d'un nombre plus grand d'articles. Ces articles renflés à leurs extrémités mesurent environ 1μ,5 sur une largeur de 0μ,5. Une température de 48-49° maintenue pendant 2 heures tue la bactérie commune et ses germes en présence d'eau.

Elle se développe bien dans une solution d'asparagine contenant les sels nutritifs et chauffée à 30-36° ; mais, pour prospérer, elle a besoin d'oxygène : aussi faut-il avoir soin de faire traverser les vases par un courant lent et continu d'air filtré. Dans ces conditions, 8 à 10 jours après l'ensemencement de ce ferment, la totalité de l'asparagine a disparu et l'on trouve à sa place un peu de carbonate d'ammonium, du succinate ammonique et une substance mucilagineuse; il s'est dégagé, en outre, une quantité de gaz carbonique correspondant à la moitié du carbone de l'asparagine employée [P. Miquel, *Bull. Soc. chim.*, t. XXXI, p. 101].

FERMENTATION DE L'ACIDE TARTRIQUE. — Les milieux contenant des tartrates exposés à l'air ne tardent pas à se remplir de microbes; la nature de ceux-ci varie avec la base qui sature l'acide.

TARTRATE AMMONIQUE. — Une solution contenant 1 °/₀ d'acide tartrique neutralisé par l'ammoniaque et une petite quantité de sels nutritifs entre en fermentation à l'air et se remplit d'un microbe très semblable au *Bacterium termo*. Ce ferment peut ensuite attaquer le tartrate ammonique en solution cinq fois plus concentrée et en achever le dédoublement en 6 à 8 semaines à une température de 25 à 30°. Les produits principaux sont les acides carbonique, succinique et acétique; ce dernier était toujours accompagné d'une certaine quantité d'acide formique; on a obtenu pour 2 kilogrammes d'acide tartrique un peu plus de 500 grammes d'acide succinique; l'équation

$$3C^4H^6O^6 = C^4H^6O^4 + 2C^2H^4O^2 + 4CO^2 + 2H^2O$$

en indiquerait 524 grammes [F. König, *Deutsch. chem. Gesellsch.*, 1881, p. 211; 1882, p. 172].

TARTRATE CALCIQUE. — 1° M. Pasteur a décrit très complètement les phénomènes de la fermentation de ce sel sous l'influence d'un bacille qui se montre spontanément dans un milieu composé de 2 litres 1/2 d'eau, 100 grammes de tartrate calcique pur, 1 gramme de phosphate ammonique, 1 gramme de phosphate magnésien, 0gr,5 de phosphate de potassium et 0gr,5 de sulfate d'ammonium. Ce bacille, qui vit à l'abri du contact de l'air dans le dépôt de tartrate calcique, constitue un exemple frappant d'être anaérobie. Les produits qu'il engendre n'ont été étudiés qu'accessoirement par M. Pasteur, qui a trouvé les acides acétique et propionique formés d'après l'équation

$$3C^4H^6O^6 = 2C^2H^4O^2 + C^3H^6O^2 + 5CO^2 + 2H^2O$$

[Pasteur, *Études sur la bière*, p. 274 et suiv.].

2° Un milieu contenant du tartrate calcique étant ensemencé avec de la bouse de vache, on voit se développer plusieurs microbes, parmi lesquels un micrococcus ovale et un autre rond, comme dans la fermentation du glycérate de calcium; vers la fin apparaissent un bacillus et un bactérium; à aucun moment M. Fitz n'a observé l'organisme décrit et dessiné par M. Pasteur comme l'agent de la fermentation précédente, preuve que plusieurs microbes peuvent faire fermenter le tartrate calcique. Les produits de cette nouvelle fermentation, si peu homogène, étaient l'acide acétique accompagné de petites quantités d'acide butyrique et d'alcool éthylique. L'équation suivante

$$C^4H^6O^6 = C^2H^4O^2 + 2CO^2 + H^2$$

représente le phénomène principal [A. Fitz, *Deutsch. chem. Gesellsch.*, 1879, p. 475].

FERMENTATION DU CITRATE CALCIQUE. — Sous l'influence d'un bacille de foin, très grêle et petit, mélangé, du reste, d'un micrococcus accouplé par paires, le citrate calcique fournit une petite quantité d'alcool éthylique et principalement de l'acide acétique pur [A. Fitz, *Deutsch. chem. Gesellsch.*, 1878, p. 1895].

FERMENTATION DU QUINATE DE CALCIUM. — Ensemencé par les ferments de l'air, mais maintenu ensuite à l'abri de ce fluide, le quinate est décomposé en acides formique, acétique et propionique. Si l'air a libre accès pendant toute la durée de la fermentation, il se développe un organisme aérobie qui transforme par oxydation l'acide quinique en acide protocatéchique [O. Lœw, *Deutsch. chem. Gesellsch.*, 1881, p. 450].

FERMENTATION DE CORPS SULFURÉS. — Le soufre des albuminoïdes, du caoutchouc vulcanisé et même le soufre libre sont transformés en hydrogène sulfuré par un microbe qui se rencontre en abondance dans l'eau d'égout, les eaux potables et même quelquefois dans les eaux pluviales. Il se présente en cellules allongées ou circulaires, d'un diamètre plus petit que 1μ; dans les milieux riches en substances nutritives, il s'allonge et devient bacille.

C'est un ferment énergique qui, à la température ordinaire, peut produire toutes les 48 heures 40 à 50 centimètres cubes d'hydrogène sulfuré aux dépens du caoutchouc vulcanisé par exemple. L'hydrogène sulfuré reste en dissolution dans le liquide et lorsque sa proportion a atteint une certaine limite la fermentation s'arrête, le ferment passant à l'état de spores. Quand le liquide est alcalin, il se produit un sulfure sodique, ammonique ou calcique suivant la base présente [P. Miquel, *Bull. Soc. chim.*, t. XXXII, p. 127].

Il existe aussi des bactéries dont le pouvoir réducteur est plus énergique encore, puisqu'elles convertissent les sulfates en sulfures ou hydrogène sulfuré. De tels microbes habitent les eaux sulfureuses des Pyrénées, et constituent les flocons nommés barégine, glairine; ils forment le genre *Beggiatoa* caractérisé par des filaments très fins, entourés de matière muqueuse, rigides, à mouvements oscillatoires; leur protoplasme renferme de nombreuses granulations de soufre [Cohn, *Beiträge zur Biolog. der Pflanzen*, t. I, p. 173].

Nous avons vu plus haut que la fermentation de la glycérine par le *B. butylicus* est quelquefois arrêtée par l'apparition d'hydrogène sulfuré, surtout si le milieu renferme trop de sulfates et si, bien entendu, le ferment ensemencé n'est pas pur. L'hydrogène degagé par la fermentation ne pouvant déterminer cette réduction, il n'est pas douteux qu'il s'agit ici d'une fermentation sulfhydrique, mais l'organisme qui la provoque n'est pas encore connu (Fitz).

4° *Fermentation par oxydation.*

Elles sont produites par des microbes aérobies et sont, par conséquent, très nombreuses; souvent l'oxydation progresse jusqu'aux termes ultimes, gaz carbonique et eau, sans que l'on puisse saisir un produit de passage. D'autres fois il se forme un composé intermédiaire qui ne succombe par oxydation totale qu'après la disparition de la substance primitive. D'après la définition donnée par M. Pasteur, ces réactions ne sont pas des fermentations; mais comme elles offrent avec celles-ci de commun ce caractère de la petitesse apparente de la cause par rapport à l'effet, nous allons les décrire ici.

FERMENTATION DE L'ALCOOL. — Cette fermentation fournit de l'acide acétique (t. I, p. 1419) sous l'influence d'un microbe, aussi bien dans le procédé d'acétification d'Orléans que dans celui de Schützenbach. Il est vrai que Liebig, essayant de maintenir encore en 1870 ses anciennes conceptions sur la cause des fermentations contre les idées triomphantes de M. Pasteur, a affirmé que les copeaux de hêtre ayant servi à ce dernier mode de fabrication ne sont ni recouverts ni pénétrés d'un ferment organisé ; que par conséquent ils n'ont pu agir que par leur porosité, à la manière du noir de platine. Mais cette objection tombe devant les observations de M. Pasteur qui a toujours constaté la présence du ferment du vinaigre sur ces copeaux [J. Liebig, *Ann. Chem. Pharm.*, t. CLIII, p. 137 ; *Ann. Chim. Phys.*, (4), t. XXIII, p. 178 ; — L. Pasteur, *Ibid.*, t. XXV, p. 148].

Le *Mycoderma aceti* appartient au genre Bacterium. Il est en cellules longues de 1,5 à 3 μ, généralement un peu étranglées vers le milieu ; les cellules sont rangées en chaînes souvent très longues, recourbées, enchevêtrées, le tout formant à la surface du liquide des pellicules lisses ou un véritable voile plissé et ridé (*fleurs de vinaigre*) (fig. 6 *b* de la planche ; ce dessin est peu fidèle, les dimensions du microbe sont un peu exagérées et les contours trop foncés).

Le *Mycoderma aceti*, ferment aérobie, vit en effet exclusivement à la surface des liquides, de telle sorte que ceux-ci restent transparents.

Le milieu sur lequel il vit doit renfermer de l'alcool (au plus 10 °/₀) et une petite quantité de substances nutritives (décoction de levûre, d'orge ou de seigle) ; il est bon d'ajouter dès le début une certaine quantité de vinaigre ; l'acidité du milieu empêche alors l'éclosion d'autres microbes.

Une fois que tout l'alcool est converti en acide acétique, le ferment continue à vivre aux dépens de ce dernier et le détruit par combustion totale (Pasteur). C'est à cette cause que l'on doit attribuer l'affaiblissement progressif du vinaigre dans les acétifications trop longtemps abandonnées à elles-mêmes.

La température la plus favorable pour le développement du mycoderme est comprise entre 35 et 40°. Dans ces conditions, le microbe provoque une fermentation très énergique, et le dégagement de chaleur de cette réaction oxydante peut alors devenir suffisant pour maintenir cette température, pourvu que le ferment soit répandu sur de larges surfaces et que l'accès de l'air soit libre. Dans le procédé de Schützenbach, qui remplit ces conditions, on constate à l'intérieur des tonneaux une température de 40 à 41° tandis que l'air ambiant n'a que 20 à 25°.

FERMENTATION DE LA GLUCOSE. — Le *Mycoderma aceti* vivant à la surface de solutions sucrées donne un acide monobasique de la formule $C^6H^{12}O^7$, qui est probablement identique avec l'acide gluconique [Boutroux, *Compt. rend.*, t. XCI, p. 236].

FERMENTATION DE L'AMMONIAQUE. — La transformation de l'ammoniaque en nitrites, puis en nitrates dans les eaux, dans la terre arable ou dans les nitrières artificielles est due à l'action oxydante d'un microbe. MM. Schlœsing et Müntz ont montré en effet que la nitrification des corps azotés de l'eau d'égout traversant une colonne de sable s'arrête sous l'action des vapeurs de chloroforme et qu'il en est de même de la formation du nitre dans la terre végétale. On pouvait conclure de là à l'intervention d'un organisme vivant dans la nitrification, et en effet les deux savants ont réussi à isoler par la culture le microbe nitrique. C'est un micrococcus punctiforme, brillant, aérobie qui peut être cultivé sur l'eau d'égout stérilisée, ou sur des solutions alcalines étendues contenant un sel ammoniacal, et de petites quantités de matières minérales et organiques. L'optimum de température est situé vers 37° ; la fermentation s'arrête vers 55° et à 90°, le microbe et ses germes sont tués [Th. Schlœsing et A. Müntz, *Compt. rend.*, t. LXXXIV, p. 301 ; t. LXXXVI, p. 892 ; t. LXXXIX, p. 891 et 1074].

M. R. Warrington, qui a confirmé les recherches précédentes, ajoute que la nitrification ne s'opère que dans l'obscurité ; la lumière entrave plus ou moins, d'une manière générale, le développement bactéridien [*Journ. Chem. Soc. London.*, t. XXXIII, p. 44].

V. — FERMENTS NON FIGURÉS.

On a appelé ferments non figurés, solubles ou indirects des composés chimiques qui peuvent transformer par *hydratation* des substances organiques très variées, et dont l'action présente avec les fermentations véritables (vitales) un caractère de commun, savoir la petitesse du rapport de cause à effet. Ces ferments que l'on désigne aujourd'hui sous le nom générique de *diastases*, d'*enzymes* ou de *zymases* sont extrêmement nombreux et la physiologie moderne tend à leur attribuer une importance capitale. On les trouve dans un grand nombre de cellules en développement, leur apparition accompagnant celle de la vie. Il est donc très probable qu'ils jouent dans les transformations chimiques, dont le protoplasme est le siège, un rôle important, rôle préparatoire à ce qui semble, comparable à celui dont certains d'entre eux sont chargés dans les phénomènes chimiques du tube digestif de l'animal.

On a rencontré des diastases : dans certains tissus et sécrétions de l'animal (diastase du foie, ptyaline, pepsine, pancréatines) ; dans des graines (émulsine, ferments peptogènes et saccharigènes des graines de vesce, de lin, de chanvre, etc.) ; dans des sucs végétaux (népenthès, papayer, figuier, etc.) ; dans les ferments figurés, enfin (invertine de la levûre, diastase urinaire, ferments saccharigènes et peptogènes des *Bacillus butylicus*, du *Bacillus amylobacter*, des bacilles de la putréfaction, etc.). On a décrit, t. I, p. 1441, quelques-uns de ces ferments et l'on trouvera aux mots respectifs le complément de leur histoire. Nous ne dirons ici que quelques mots de leurs propriétés, de leur nature et de leur mode d'action.

Les indications faites par les divers auteurs sur les propriétés et surtout la composition des diastases divergent énormément, mais il est probable que ces différences doivent être attribuées surtout à la plus ou moins grande pureté des ferments, comme M. O. Lœw vient de le faire remarquer avec beaucoup de raison [*Pflüger's Arch. f. Physiol.*, t. XXVII, p. 203]. Tout d'abord les diastases retiennent énergiquement des matières minérales et l'on a analysé des échantillons en contenant plus de 20 °/₀. Ensuite certains principes organiques provenant de la matière originaire ou engendrés par l'action même du ferment restent opiniâtrément mélangés aux ferments, et il est certain qu'à part la papaïne de MM. Wurtz et Bouchut aucune diastase n'a été obtenue à l'état de pureté.

Ainsi, la diastase du malt retient une forte proportion de dextrine à en juger d'après son mode de préparation, et, de fait, elle donne de la glucose lorsqu'on la fait bouillir avec de l'acide sulfurique faible. Le ferment inversif du foie contient, à l'état de mélange, plus de 50 °/₀ de glycogène [Seegen et Kratschmer, *Jahresber.*

Thierch., 1877, p. 360]. L'invertine de la levûre préparée et analysée par M. Barth [*Deutsch. chem. Gesellsch.*, 1878, p. 474] est mélangée à une forte proportion de gomme; M. Kiliani en la soumettant à l'ébullition avec de l'acide sulfurique à 5 °/₀ a obtenu de notables proportions de glucose [*Ueber Inulin*, Dissert. inaug. Münich].

Aussi toutes les analyses de la diastase proprement dite, de l'émulsine, du ferment inversif du foie, etc. que l'on a publiées, accusent-elles certainement une teneur en azote trop faible; on a trouvé de 4,6 à 11 °/₀ d'azote, tandis que la papaïne et la pancréatine (mélange des ferments peptogène et saccharigène) en renferment de 16 à 17 °/₀. On en jugera par les chiffres suivants :

	Papaïne (Wurtz).	Pancréatine (Lœw).	Albumine-peptone (Henninger).
C...	52,48	52,75	52,28
H..	7,24	7,51	7,03
Az..	16,59	16,55	16,38

[A. Wurtz, *Compt. rend.*, t. XC, p. 1379; t. XCI, p. 787; — O. Lœw, *loc. cit.*].

C'est la composition des albuminoïdes ou des peptones, et c'est en effet de ces dernières que les diastases se rapprochent par leurs propriétés, s'il est permis d'étendre à toute la classe les importantes observations de M. Wurtz sur les propriétés de la papaïne. Ce principe actif du suc du papayer (*Carica papaya*) se présente sous la forme d'une poudre blanche amorphe, très soluble dans l'eau (1), peu soluble dans l'alcool faible, insoluble dans l'alcool absolu et dans l'éther; l'alcool ajouté à la solution aqueuse en précipite d'abord une substance visqueuse, s'étirant en fils et durcissant au contact de l'alcool concentré.

La solution aqueuse se trouble faiblement par la chaleur; les acides chlorhydrique et nitrique donnent des précipités solubles dans un excès de réactif; le ferrocyanure de potassium additionné d'acide acétique précipite aussi; les acides métaphosphorique et picrique, le tannin, le chlorure de platine précipitent abondamment; l'acétate de plomb ne donne aucun trouble. Avec le réactif de Millon, on obtient une coloration rose, et avec le sulfate de cuivre et la potasse la réaction rose ou violette des peptones. La papaïne dissout énergiquement la fibrine en solution neutre, faiblement alcaline ou acide, en la transformant en peptones. La présence des antiseptiques tels que phénol, acide salicylique, acide borique, n'entrave pas cette action.

La pancréatine de M. Lœw offre des caractères analogues.

Toutes ces réactions sont celles des peptones ou plutôt des propeptones, dont la papaïne et la pancréatine se différencient uniquement par leur pouvoir de ferments; si l'on détruit celui-ci par la chaleur, rien ne permet actuellement de les distinguer de ces corps.

Les diastases modifient les composés organiques par hydratation en les rendant solubles et les dédoublant probablement en molécules plus simples. Les unes agissent sur les hydrates de carbone et les saccharifient; une autre hydrate l'urée; d'autres les glucosides (amygdaline, salicine, acide myronique, etc.); d'autres peptonisent les albuminoïdes; une autre enfin saponifie les matières grasses. Les diastases saccharigènes offrent à cet égard des particularités intéressantes.

L'invertine de la levûre est apte à intervertir le sucre de canne, mais se montre inactif sur la lactose, la maltose, l'inuline, l'amidon et la gomme.

Le ferment du suc pancréatique transforme aisément l'amidon en dextrine et maltose, tandis qu'il ne modifie que lentement la dextrine et n'agit ni sur l'inuline, ni sur la saccharose. La sécrétion des glandes de Payer convertit facilement la dextrine et le maltose en glucose, et n'altère pas l'amidon. La diastase fournie par le *Bacillus butylicus* intervertit la saccharose, et peptonise lentement les albuminoïdes, mais ne peut hydrater ni la lactose ni l'amidon. Enfin, la diastase sécrétée par certains champignons de bois, tels que le *Polysporus dryadeus* et le *Polysporus igniarus* attaque énergiquement la cellulose et laisse intacte la matière amylacée, etc. Les substances antiseptiques, phénol, acide salicylique, chloroforme, acide cyanhydrique, oxygène sous pression, etc., n'empêchent pas l'action des diastases.

Dans toutes ces réactions, les diastases paraissent agir par catalyse, car elles se retrouvent après la réaction et les produits engendrés, augmentant la concentration des liqueurs, mettent seuls un terme à leur activité. Le mécanisme de ces transformations est très vraisemblablement le même que celui de la saccharification de l'amidon par une petite quantité d'acide : celui-ci forme avec la matière amylacée une combinaison passagère, sorte d'éther, que l'eau dédouble, dans une seconde phase de la réaction, en produisant du sucre et régénérant l'acide.

M. Wurtz vient d'apporter un appui solide à cette manière d'expliquer le rôle des diastases dans la réaction par hydratation. Des matières albuminoïdes plongées dans une solution de papaïne fixent d'abord celle-ci et peuvent être lavées à grande eau sans céder le ferment. Mises à digérer ensuite, à 40°, dans de l'eau *pure*, elles entrent en dissolution à l'état de peptones, en même temps que la papaïne se trouve régénérée, et peut par conséquent agir sur une nouvelle quantité d'albuminoïdes. La pepsine se comporte d'une manière toute semblable [A. Wurtz, *loc. cit.*, et *Compt. rend.*, t. XCIII, p. 1104].

Ainsi se trouve expliqué le très grand pouvoir des ferments solubles. A. Henninger.

FERROCOBALTITE (Min.). — Cobaltine ferrifère contenant jusqu'à 28 °/₀ de fer. De Siegen, Westphalie.

FERROILMÉNITE. — Nom donné par M. Hermann à une variété de columbite, de Haddam, Connecticut.

FERROTELLURITE (Min.). — Probablement tellurate de fer des mines de Keystone et Morentoire, Léon Colorado.

FÉRULIQUE (ACIDE),

$$C^{10}H^{10}O^{4} = C^{6}H^{3}\left\langle\begin{array}{l} OH_{(4)} \\ OCH^{3}_{(3)} \\ CH = CH - CO^{2}H_{(1)} \end{array}\right.$$

— La résine d'asa fetida renferme de l'acide férulique. Pour l'extraire, on dissout la résine dans l'alcool et on précipite la solution alcoolique par une solution alcoolique d'acétate de plomb.

(1). M. Gautier vient d'observer qu'indépendamment de la pepsine soluble, le suc gastrique renferme un ferment peptogène insoluble dans l'eau; celui-ci reste à l'état de granulations moléculaires lorsqu'on filtre le liquide au travers d'une paroi poreuse de porcelaine dégourdie. L'eau le transforme peu à peu en modification soluble [*Compt. rend.*, t. XCIV, p. 652 et 1192]. C'est la même matière que M. Béchamp avait signalée sous le nom de *microzymas gastriques* en leur attribuant une structure organisée et les rapprochant des micrococcus. D'une manière générale, M. Béchamp considère ces microzymas, qui sont très répandus dans les sucs et les tissus de l'animal, comme les producteurs des diastases [*Compt. rend.*, t. XCIV, p. 582, 879 et 970]. M. Gautier a fait remarquer avec raison que ces mycrozymas ou granulations moléculaires ne peuvent pas être considérées comme des êtres vivants; ils ne se reproduisent pas et leur action n'est pas entravée par les substances antiseptiques qui suspendent la vie de toutes les bactéries. A. H.

Le précipité est lavé à l'alcool et décomposé ensuite, en suspension dans l'eau, par un courant d'hydrogène sulfuré. La solution aqueuse, séparée du sulfure de plomb, et concentrée au bain-marie, laisse déposer par le refroidissement des cristaux d'acide férulique, que l'on purifie par plusieurs cristallisations dans l'alcool et dans l'éther [Hlasiwetz et Barth, *Ann. Chem. Pharm.*, t. CXXXVIII, p. 61, *Bull. Soc. chim.*, t. VI, p. 336].

Ce même acide a été obtenu par Tiemann et Nagojosi Nagai, en traitant par la soude caustique le produit de la réaction de l'acétate de sodium et de l'anhydride acétique sur le sel sodique de la vanilline [*Deutsch. chem. Gesellsch.*, 1876, p. 52 et 416; *Bull. Soc. chim.*, t. XXVI, p. 321; — Voyez aussi VANILLINE, t. III, p. 645].

D'après Hlasiwetz et Barth, l'acide férulique cristallise en aiguilles incolores fusibles à 153-154°.

D'après Tiemann et Nagojosi Nagai, l'acide férulique extrait de la résine d'asa fetida ainsi que celui de synthèse fond à 168° (*loc. cit.*). Sa solution précipite l'acétate de plomb en jaune, le chlorure de fer en jaune brun foncé.

Fondu avec de la potasse, il donne de l'acide protocatéchique (Hlasiwez et Barth). L'amalgame de sodium le convertit en acide hydroférulique (voyez plus loin); oxydé au moyen du permanganate de potassium, il fournit de la vanilline.

L'acide férulique forme deux séries de sels, suivant que l'hydrogène oxhydrylique est remplacé ou non par un atome de métal.

Le *sel d'ammonium*, $C^{10}H^9(AzH^4)O^4 + H^2O$, et le *sel d'argent* $C^{10}H^9AgO^4$, ainsi que le sel de potassium $C^{10}H^8K^2O^4$, ont été préparés par Hlasiwez et Barth.

Acide acétoférulique,

$$C^{12}H^{12}O^5 = C^6H^3 \left\langle \begin{array}{l} OC^2H^3O \\ OCH^3 \\ CH = CH - CO^2H. \end{array} \right.$$

— On obtient cet acide en faisant bouillir pendant 5 à 6 heures l'acétovanilline avec son poids d'acétate de sodium et trois fois son poids d'anhydride acétique. On ajoute de l'eau au mélange, on fait bouillir un instant, et on sépare l'huile qui se dépose et finit par se prendre en une masse, pour la faire cristalliser ensuite dans l'alcool faible. On obtient ainsi des aiguilles fusibles à 196-197° peu solubles dans l'eau [Tiemann et Nagojosi Nagai, *Deutsch. chem. Gesellsch.*, 1878, p. 646; *Bull. Soc. chim.*, t. XXXI, p. 80].

Acide méthyle-férulique. — Cet acide est identique avec l'acide diméthylo-caféique (Tiemann et Nagojosi Nagai. Voyez SUPPL., p. 388).

Acide hydroférulique,

$$C^{10}H^{12}O^4 = C^6H^3 \left\langle \begin{array}{l} OH \\ OCH^3 \\ CH^2\text{-}CH^2\text{-}CO^2H. \end{array} \right.$$

— Pour préparer ce composé, on fait réagir de l'amalgame de sodium sur la solution aqueuse de l'acide férulique, maintenue au bain-marie pendant 1 heure ½. La solution aqueuse, acidulée par l'acide chlorhydrique, cède à l'éther le nouvel acide; celui-ci, purifié par cristallisation dans l'eau chaude, est en tables fusibles à 89-90°. Il forme deux séries de sels. Les sels des alcalis et des bases alcalino-terreuses sont solubles dans l'eau. Le *sel de cuivre* est un précipité bleu, le *sel plombique* est blanc [Tiemann et Nagojosi Nagai, *loc. cit.*].

L'acide férulique est un dérivé de l'acide cinnamique. Il résulte de la substitution des groupes OH et OCH^3 à deux atomes d'hydrogène benzénique de l'acide cinnamique.

Ses rapports avec l'acide protocatéchique, ainsi que sa formation artificielle démontrent que les radicaux substituants occupent les positions *méta* et *para* par rapport au groupe $CH{=}CH\text{-}CO^2H$. (voyez, t. III, p. 645).

D'après Tiemann et Nagojosi Nagai le groupe OH occupe la position *para*, et le groupe OCH^3 la position *méta*.

On prévoit que l'acide férulique peut avoir deux isomères, l'un dérivant, non pas de l'acide cinnamique, mais de son isomère l'acide atropique, dans lequel le groupe $C^2H^2\text{-}CO^2H$ aurait la constitution

$$CH^2 - C - CO^2H,$$

l'autre provenant de l'acide cinnamique et dans lequel l'isomérie porte sur la position relative des groupes OH et OCH^3. Ce second acide renfermerait donc le groupe OH dans la position *méta*, le groupe OCH^3 dans la position *para* par rapport au groupe $C^2H^2\text{-}CO^2H$.

On ne sait pas avec certitude quelle est la position relative de ces deux groupes dans l'acide férulique, et son isomère dont nous nous occupons. Mais il est prouvé que la cause de l'isomérie réside dans les différences des positions de ces deux groupes et non pas dans la constitution du radical $C^2H^2\text{-}CO^2H$. Ce radical est le même dans les deux acides, car l'acide isomérique se forme en même temps que l'acide diméthyl-caféique lorsqu'on traite la solution de l'acide caféique dans l'alcool méthylique, par une quantité d'iodure de méthyle et de potasse insuffisante pour le transformer intégralement en dérivé diméthylé. Comme l'acide caféique renferme le groupe — $CH = CH\text{-}COOH$, l'isomérie ne peut être due qu'à la différence dans les positions relatives des radicaux OH et OCH^3.

Sans admettre comme absolument démontrées les opinions de Tiemann et Nagojosi Nagai à l'égard des places occupées par ces deux groupes dans l'acide férulique et son isomère, nous les adopterons pour différencier graphiquement ces deux corps, et nous assignerons la constitution suivante à l'acide isomérique, qui est :

L'*acide isoférulique*,

$$C^{10}H^{10}O^4 = C^6H^3 \left\langle \begin{array}{l} OH \ _{(3)} \\ OCH^3 \ _{(4)} \\ CH = CH - CO^2H \ _{(1)}. \end{array} \right.$$

— Pour obtenir cet acide, on fait chauffer à 120° pendant 3 ou 4 heures des tubes scellés renfermant 1 molécule d'acide caféique dissous dans l'alcool méthylique, 2 molécules d'iodure de méthyle et 2 molécules de potasse. On chasse l'alcool, on extrait le produit par l'éther, et on épuise la solution éthérée avec de la potasse étendue. Celle-ci enlève l'éther méthylique du nouvel acide. On fait bouillir la solution potassique pour saponifier l'éther, on acidule par l'acide chlorhydrique et on dissout dans l'eau chaude la résine qui se dépose. On ajoute quelques gouttes d'une solution d'acétate de plomb, puis un peu d'hydrogène sulfuré à la liqueur, on filtre, et on sépare le reste du plomb de la solution chaude au moyen de l'hydrogène sulfuré. La solution séparée du sulfure de plomb et décolorée au moyen du noir animal laisse déposer par le refroidissement des aiguilles plates d'acide isoférulique.

Cet acide fond à 211-212°; ces sels sont cristallins et forment deux séries comme ceux de l'acide férulique.

Traité en solution aqueuse par l'amalgame de sodium, l'acide isoférulique donne l'*acide hydroisoférulique* $C^{10}H^{12}O^4$, qui cristallise en fines aiguilles fusibles à 146°, solubles dans l'eau, l'alcool et l'éther [Tiemann et Nagojos Nagai, *Deutsch. chem. Gesellsch.*, 1878, p. 646; *Bull. Soc. chim.*, t. XXXI, p. 80].

D'après les nouvelles recherches de Tiemann

et Will, l'acide isoférulique est identique avec l'acide hespérétique, et son point de fusion serait situé comme celui de ce dernier acide à 228°. Le point de fusion de 212° serait dû à la présence d'un peu d'acide férulique dans l'acide isoférulique obtenu au moyen de l'acide caféique. Les dérivés méthylés et hydrogénés des deux acides seraient identiques [Tiemann et Will, *Deutsch. chem. Gesellsch.*, 1881, p. 946-974; *Bull. Soc. chim.*, t. XXXVII, p. 75]. M. Wassermann.

FISÉTINE, $C^{15}H^{10}O^6$. — Cette substance, découverte par Chevreul dans le bois de *Fustet*, peut être considérée comme l'aldéhyde de l'acide quercétique; chauffée avec de la potasse fondante, elle donne une substance blanche qui paraît identique avec cet acide.

Pentacétylfisétine, $C^{15}H^5(C^2H^3O)^5O^6$. — Ce dérivé a été préparé par J. Koch pour contrôler la formule de la fisétine [J. Koch, *Deutsch. chem. Gesellsch.*, 1872, p. 285].

FLAVESCINE. — Ce corps n'a pas été isolé; on l'obtient en solution par le procédé suivant: Des copeaux de bois de chêne sont distillés entre 220 et 260° dans un courant d'air saturé de vapeur d'eau par son passage à travers de l'eau chauffée près de son point d'ébullition; le liquide qui passe est filtré et épuisé par l'éther, la solution éthérée distillée, et le résidu séché à 50° dans un courant d'air et repris par l'eau. La solution renferme la *flavescine*: on la rend inaltérable en la mélangeant avec plusieurs fois son volume d'alcool. En solution très étendue, ce corps est incolore, mais il prend par les alcalis une coloration jaune intense, et le virage se fait brusquement. On a donc là un excellent indicateur pour les titrages alcalimétriques, et comme tel, il est d'autant plus précieux que les carbonates alcalins le font virer, tandis que les bicarbonates sont sans action sur lui [F. Lux, *Zeitsch. analyt. Chem.*, t. XIX, p. 457; *Deutsch. chem. Gesellsch.*, 1880, p. 2243; *Bull. Soc. chim.*, t. XXXVI, p. 267]. A. Fauconnier.

FLAVOCOBALTIQUES (**COMBINAISONS**). — Voyez Cobaltamines.

FLAVOPURPURINE, $C^{14}H^8O^5$. — L'histoire de cette matière se rattache directement à celle de l'acide anthraflavique (Suppl., p. 181) et de l'anthraflavone (Suppl., p. 183).

Schunk et Römer, en traitant par la potasse fondante l'acide anthraflavique, ont obtenu la flavopurpurine $C^{14}H^8O^5$ ou trioxyanthraquinone isomère de la purpurine et de l'anthragallol [Schunk et Römer. *Deutsch. chem. Gesellsch.*, 1878, p. 678].

La flavopurpurine est soluble dans l'alcool, d'où elle se dépose en aiguilles d'un jaune d'or, anhydres; l'acide acétique la dissout également. Les solutions sulfuriques de flavopurpurine sont rouge-brun, les solutions potassiques rouges, les solutions dans l'ammoniaque et dans le carbonate de sodium sont jaune-orangé.

La flavopurpurine bout au-dessus de 330° et se sublime en aiguilles jaunes.

Diacetylflavopurpurine, $C^{14}H^6(C^2H^3O)^2O^5$. — On dissout la flavopurpurine dans l'acide acétique anhydre bouillant: par refroidissement, il se dépose des lamelles jaunes peu solubles dans l'acide acétique et moins encore dans l'alcool.

Ces lamelles constituent le dérivé diacétique, fondent à 238° et se subliment dès 125°.

Triacétylflavopurpurine, $C^{14}H^5(C^2H^3O)^3O^5$. — On l'obtient en chauffant à 180° la flavopurpurine avec de l'anhydride acétique; elle se trouve dans les eaux mères du dérivé précédent en raison de sa plus grande solubilité dans l'acide acétique. La triacétylflavopurpurine cristallise en aiguilles jaune d'or, se sublime à 150° et fond à 195°. Elle est insoluble dans la potasse.

Dibenzoylflavopurpurine, $C^{14}H^6(C^7H^5O)^2O^5$. — Préparée par le chlorure de benzoyle; aiguilles jaune clair groupées; fusibles à 208-210°.

Tribromoflavopurpurine, $C^{14}H^5Br^3O^5$. — Elle s'obtient en ajoutant du brome à une solution acétique bouillante de flavopurpurine; par le refroidissement de la liqueur, on obtient des aiguilles jaunes, fusibles à 284° [Schunk et Römer, *Deutsch. chem. Gesellsch.*, 1877, p. 1821].

Constitution. — La flavopurpurine diffère de ses deux isomères, la purpurine et l'anthragallol, au point de vue de la constitution, en ce que ces deux derniers produits renferment leurs trois oxhydryles phénoliques dans un même groupe phényle, tandis que pour la flavopurpurine ils sont répartis sur les deux noyaux benziques de l'acide métaoxybenzoïque primitif [Rosenstiehl, *Bull. Soc. chim.*, t. XXIX, p. 434].

Analyse. — On peut caractériser la flavopurpurine en présence de l'alizarine et de la purpurine par sublimation; la première se volatilise à 160°, la seconde à 110° et la troisième à 170°. Après la sublimation fractionnée, on examine les cristaux au microscope (Schunk et Römer). A. Etard.

FLUOR. — Osc. Loew attribue à du fluor libre l'odeur que répand la fluorine de Wœlsendorf. Ce fluor résulterait d'après lui de la dissociation, sous l'influence d'une faible élévation de température, du tétrafluorure de cérium associé au fluorure de calcium. Cette opinion a été combattue par Brauner [*Deutsch. chem. Gesellsch.*, 1880, p. 1144, 1944, 2448].

Acide fluorhydrique. — La densité de l'acide fluorhydrique gazeux, observée à la température de 25°, peu au delà de son point d'ébullition (19°,5), est, d'après W. Mallet, égale à 19,66 (H = 1), ce qui donne pour son poids moléculaire le nombre 39,32 correspondant à la formule Fl^2H^2. Le poids du litre est égal à 1gr,759. Dans une première expérience, Mallet avait trouvé pour la densité 21,06; mais le gaz était souillé de pentafluorure de phosphore provenant de l'anhydride phosphorique qui avait servi à dessécher l'acide fluorhydrique. L'expérience était faite dans des ballons de 4 litres environ, enduits intérieurement de paraffine, ainsi que les tubes amenant le gaz [*Journ. Amer. Chem.*, 1881, p. 189].

La chaleur de neutralisation de l'acide fluorhydrique est supérieure à celle des autres hydracides. La neutralisation de la soude par l'acide fluorhydrique, en solution aqueuse, dégage 16,272 calories. La production du fluorhydrate de fluorure de sodium par

$$NaFl + aq. \text{ et } HFl + aq.$$

absorbe 288 calories [Thomsen, *Poggend. Ann.*, t. CXXXVIII, p. 201].

Fluorures. — P. Guyot effectue le dosage des fluorures solubles en opérant sur le précipité de fluorure double qu'ils donnent dans une solution de chlorure ferrique. On verse cette dernière dans une quantité connue de la solution de fluorure à analyser, additionnée de succinate ammonique; on s'arrête lorsque le précipité, d'abord blanc, prend une teinte brune. On peut aussi employer le sulfocyanate de potassium comme indicateur [*Compt. rend.*, t. LXXXI, p. 274]. Ed. Willm.

FLUORANTHÈNE,

$$C^{15}H^{10} = \begin{matrix} C^6H^4 > CH - CH \\ C^6H^3 \text{———} \ CH \end{matrix}$$

— Ce carbure d'hydrogène a été découvert par Fittig et Gebhard. Il se rencontre dans les carbures solides que l'on obtient par distillation fractionnée des huiles lourdes du goudron de houille. Pour le séparer du pyrène avec lequel il est mélangé, il faut avoir recours à la combinaison picrique.

Après avoir séparé, par cristallisation dans l'alcool, les produits très solubles du mélange contenant le pyrène, on dissout la masse cristalline jaunâtre dans l'alcool et on y ajoute une solution alcoolique d'acide picrique. Si on opère avec des solutions concentrées, le nouveau carbure se dépose en même temps que le pyrène à l'état de combinaison picrique, si les solutions sont très étendues, il reste dans les eaux mères. On fait recristalliser les dépôts les plus solubles à plusieurs reprises dans l'alcool, et ces nouvelles cristallisations, ainsi que les cristaux obtenus par concentration des premières eaux mères, sont soumis à de nouvelles cristallisations dans l'alcool tant qu'il se dépose encore du picrate de pyrène.

On décompose alors le picrate par de l'ammoniaque, et on fait cristalliser le mélange des carbures, qui ne renferme que peu de pyrène, dans l'alcool. On obtient ainsi du fluoranthène, renfermant encore un peu de pyrène. Pour l'obtenir tout à fait pur, on le transforme de nouveau en picrate, on le soumet à plusieurs cristallisations dans l'alcool jusqu'à ce que le picrate qui se dépose présente le point de fusion de 182-183°. Alors on décompose cette combinaison par l'ammoniaque, et on fait cristalliser une dernière fois le carbure dans de l'alcool bouillant.

Fittig et Liepmann ont indiqué une méthode plus rapide pour séparer le fluoranthène du pyrène. Ces chimistes soumettent le mélange des deux carbures à une distillation fractionnée sous une pression de 60 millimètres. La portion qui, à cette pression réduite, passe entre 240 et 250° est formée presque exclusivement de fluoranthène et renferme peu de pyrène, que l'on en sépare facilement par cristallisations fractionnées du picrate [Fittig et Liepmann, *Liebig's Ann. Chem.*, t. CC, p. 1; *Bull. Soc. chim.*, t. XXXII, p. 601].

Le fluoranthène cristallise en tables brillantes, incolores, du système clinorhombique, offrant les faces p, a^1, m; rapport des axes : 1,495 : 1 : 1,025; angle = 82° 50'; clivage suivant p; angles $m\ m$ = 68°; $p\ a^1$ = 36° 40'. Il est peu soluble dans l'alcool froid, soluble dans l'alcool bouillant, l'éther, le sulfure de carbone et l'acide acétique glacial. Il fond à 109°. Sa densité de vapeur est de 6,63 (calculé 6,57). [Fittig et Gebhard, *Liebig's Ann. Chem.*, t. CXCIII, p. 142; *Bull. Soc. chim.*, t. XXXII, p. 239].

Fittig et Gebhard croient que le fluoranthène est identique avec l'*idryle* que Goldschmiedt a trouvé dans le « stuppfett » des mines de mercure d'Idria [Goldschmiedt, *Deutsch. chem. Gesellsch.*, 1877, p. 2048].

Picrate de fluoranthène,

$$C^{15}H^{10} + C^6H^3(AzO^2)^3O.$$

— Ce composé se dépose en aiguilles rouge-jaunâtre par le refroidissement d'un mélange des solutions alcooliques de fluoranthène et d'acide picrique. Il fond à 182-183°.

Dibromofluoranthène, $C^{15}H^8Br^2$. — Lorsqu'on ajoute du brome, peu à peu, à une solution refroidie de fluoranthène dans le sulfure de carbone, il se dépose des cristaux jaunes, qui, après cristallisation dans le sulfure de carbone bouillant, se présentent en aiguilles vertes.

Le dibromofluoranthène est peu soluble dans l'alcool, l'éther et l'acide acétique glacial. Il fond à 204-205° (Fittig et Gebhard).

Trinitrofluoranthène, $C^{15}H^7(AzO^2)^3$. — Ce composé se forme lorsqu'on introduit du fluoranthène dans de l'acide nitrique fumant. Il se dépose des cristaux que l'on dissout dans l'acide en chauffant. Par le refroidissement le trinitrofluoranthène cristallise en aiguilles brillantes jaunes qui ne fondent pas à 300°, peu solubles dans les dissolvants ordinaires (Fittig et Gebhard).

Fluoranthène-quinone, $C^{15}H^8O^2$. — Ce composé se forme en même temps que l'acide diphénylène-acétone-carbonique lorsqu'on oxyde le fluoranthène au moyen du mélange chromique. La quinone ne se produit qu'en très petite quantité, car elle se transforme en acide carbonique et en eau par l'action du mélange oxydant.

Pour l'isoler des produits de l'oxydation, qui surnagent le liquide, on épuise ceux-ci par une solution de carbonate de sodium, et on reprend le résidu par le bisulfite de sodium. L'acide chlorhydrique précipite de cette solution une substance qui semble être une hydroquinone, et qui se change par cristallisation dans l'alcool, ou par l'action du chlorure ferrique en quinone.

La fluoranthène-quinone cristallise en aiguilles rouges fusibles à 188°, solubles dans l'alcool et l'acide acétique cristallisable. Elle se combine avec le fluoranthène et donne un composé qui cristallise en aiguilles rouges, fusibles à 102°, de la formule $C^{15}H^8O^2 + 2C^{15}H^{10}$. Ce composé se forme lorsqu'on mélange les solutions alcooliques de ses deux constituants, et il forme la majeure partie du résidu de la préparation de la quinone, après séparation de l'acide qui prend naissance en même temps [Fittig, Gebhard et Liepmann].

Acide diphénylène-acétone-carbonique, $C^{14}H^8O^3$. — Pour préparer cet acide, on traite le fluoranthène (2 p.) par un mélange de 10 p. de dichromate de potassium et de 15 p. d'acide sulfurique étendu de 3 fois son volume d'eau. Fittig et Liepmann emploient le mélange brut de pyrène et de fluoranthène, car l'acide dont il s'agit peut être facilement isolé du produit de la réaction. On chauffe au bain de sable 100 gr. du mélange avec 600 gr. de dichromate additionné de 1000 gr. d'acide sulfurique étendu de 5 volumes d'eau. On conduit l'opération très lentement, de façon qu'au bout de deux jours elle soit terminée. On sépare par décantation les produits qui surnagent, on les pulvérise, on lave à l'eau chaude et on reprend le résidu par une solution étendue et chaude de carbonate de sodium. On décompose la solution sodique par l'acide chlorhydrique, on transforme le précipité en sel de baryum, que l'on purifie par cristallisation dans l'eau pour en isoler ensuite l'acide.

L'acide diphénylène-acétone-carbonique cristallise en aiguilles orangées, fusibles à 191-192°, peu solubles dans l'eau chaude, solubles dans l'alcool et l'éther.

Le *sel de baryum*, $(C^{14}H^7O^3)^2Ba + 4H^2O$, est en aiguilles soyeuses groupées en mamelons; le *sel de calcium* renferme $2H^2O$. Le *sel d'argent* forme un précipité jaune-verdâtre (Fittig et Gebhard).

Acide mononitrodiphénylène-acétone-carbonique, $C^{14}H^7(AzO^2)O^3$. — Il se forme par l'action de l'acide nitrique fumant et tiède sur l'acide diphénylène-acétone-carbonique. Il cristallise en aiguilles brillantes jaune d'or, fusibles à 245-246°, peu solubles dans l'eau et l'alcool, solubles dans l'acide acétique glacial. Le *sel de baryum*, renfermant $4\ H^2O$, est en fines aiguilles jaunes (Fittig et Liepmann); chauffé avec de la poudre de zinc, il fournit un corps rouge et du diphénylène-méthane ou fluorène.

L'acide diphénylène-acétone-carbonique chauffé

avec de la chaux, ou mieux seul, donne de la diphénylène-acétone et du gaz carbonique (Fittig et Gebhard); traité par l'amalgame de sodium, il se transforme en *acide fluorénique*, $C^{14}H^{10}O^{2}$, isomérique avec l'acide fluorène-carbonique, ou diphénylène-acétique de Friedländer.

L'acide fluorénique cristallise en aiguilles fusibles à 245-246°. Son *sel de baryum*,

$$(C^{14}H^{9}O^{2})^{2}Ba + 3H^{2}O,$$

est en écailles argentées; le *sel de calcium*,

$$(C^{14}H^{9}O^{2})^{2}Ca + 2\tfrac{1}{2}H^{2}O,$$

en aiguilles blanches.

L'éther éthylique, $C^{14}H^{9}O^{2}.C^{2}H^{5}$, cristallise en prismes brillants, fusibles à 53°,5 (Fittig et Liepmann).

Chauffé avec de la chaux, l'acide fluorénique fournit du fluorène. Le mélange chromique convertit l'acide fluorénique en acide carbonique et en eau. Le permanganate de potassium, en solution alcaline, le change en acide diphénylène-acétone-carbonique (Fittig et Liepmann).

Acide isodiphénique, $C^{14}H^{10}O^{4}$. — Lorsqu'on introduit de l'acide diphénylène-acétone-carbonique dans de la potasse fondante, il se transforme en acide isodiphénique. Pour purifier cet acide, on dissout le produit dans l'eau, on précipite par l'acide chlorhydrique et on soumet le précipité à une cristallisation dans l'eau chaude.

L'acide isodiphénique cristallise en aiguilles fusibles à 216°, peu solubles dans l'eau bouillante, solubles dans l'alcool. Le *sel de baryum* renferme $6H^{2}O$, dont il perd 5 à 130°, la dernière molécule entre 190-200°. Le *sel de calcium* renferme $2H^{2}O$; le *sel d'argent* est un précipité blanc (Fittig et Gebhard).

L'éther éthylique est un liquide épais; *l'éther méthylique*, $C^{14}H^{8}O^{4}.(CH^{3})^{2}$, est en cristaux anorthiques, fusibles à 69°,5; formes: h^{1}, g^{1}, p, $b\,\tfrac{1}{2}$; la face g^{1}, très développée, donne aux cristaux un aspect tabulaire. Angles : $h^{1}p = 59°\,31'$; $g^{1}h^{1} = 71°30'$; $g^{1}p = 97°\,44'$; rapport des axes $= 0{,}9368 : 1 : 0{,}5634$. Angles des axes $\alpha = 111°13'$; $\beta = 125°\,50'$; $\gamma = 63°\,9'$. Quelques cristaux sont maclés suivant g^{1} (Calderon).

Chauffé avec de la chaux, il donne de la diphénylène-acétone. Oxydé par le mélange chromique, il fournit de l'acide isophtalique (Fittig et Liepmann).

CONSTITUTION DU FLUORANTHÈNE ET DE SES DÉRIVÉS. — La transformation du fluoranthène en fluorène, par oxydation et réduction successives, sans formation de produits secondaires, démontre la relation intime entre ces deux carbures.

Ils se trouvent dans les mêmes rapports que le phénanthrène avec le diphényle, c'est-à-dire que le fluoranthène renferme C^{2} de plus que le fluorène, résultant probablement de la substitution du groupe $C^{2}H^{2}$ à deux atomes d'hydrogène de ce dernier carbure. La constitution serait donc

$$C^{13}H^{8}(C^{2}H^{2}).$$

La formation de l'acide diphénylène-acétone-carbonique aux dépens de ce carbure plaide en faveur de la formule suivante :

$$\begin{matrix} C^{6}H^{4} > CH\text{-}CH \\ C^{6}H^{3} \text{——} CH. \end{matrix}$$

La transformation de cet acide en acide isodiphénique et la facilité avec laquelle celui-ci se convertit en diphénylène-acétone semblent indiquer qu'un des deux groupes $CO^{2}H$ de l'acide isodiphénique se trouve dans la position *ortho* par rapport à la liaison des deux restes benzéniques.

La transformation de l'acide isodiphénique en acide isophtalique, par oxydation, démontre que le second groupe $CO^{2}H$ se trouve dans la position *méta* par rapport à la liaison des deux restes benzéniques.

L'acide isodiphénique est donc un acide *ortho-méta-dicarbone* du diphényle.

Les rapports des acides diphénylène-acétone-carbonique et fluorénique avec l'acide isodiphénique montrent que dans ces acides monobasiques le groupe $CO^{2}H$ se trouve dans la position *méta* par rapport à la liaison des deux restes benzéniques. Si on développe donc complètement la formule de constitution que nous avons donnée, en tenant compte des positions relatives des radicaux, nous arrivons aux formules suivantes :

Fluoranthène.

Acide diphénylène-acétone-carbonique.

Acide fluorénique.

Acide isodiphénique.

[Fittig et Liepmann, *Liebig's Ann. Chem.*, t. CC, p. 18; *Bull. Soc. chim.*, t. XXXII, p. 601].

M. Wassermann.

FLUORÈNE,

$$C^{13}H^{10} = \begin{matrix} C^{6}H^{4} \\ | \\ C^{6}H^{4} \end{matrix} > CH^{2}$$

[Synonyme, *Diphénylène-méthane*]. — Ce carbure d'hydrogène a été découvert par Berthelot dans des huiles lourdes du goudron de houille et dans l'anthracène brut [*Bull. Soc. chim.*, t. VIII, p. 242]. Il l'a extrait par distillation fractionnée de ces huiles, après avoir séparé l'anthracène et la naphtaline par essorage. Finalement, il a fait cristalliser dans l'alcool la masse solide qui distille entre 300 et 305°. Le fluorène contient alors un composé oxygéné très difficile à enlever.

Barbier a soumis le fluorène à une étude plus détaillée, et a indiqué la marche que l'on doit suivre pour obtenir ce carbure à l'état de pureté [*Compt. rend.*, t. LXXVII, p. 442; t. LXXIX, p. 1151; *Ann. Chim. Phys.*, (5), t. VII, p. 479; Thèse de Paris, 1876, n° 374].

D'après cet auteur, on soumet les huiles lourdes, dont on a séparé la naphtaline et l'anthracène par essorage, à plusieurs distillations frac

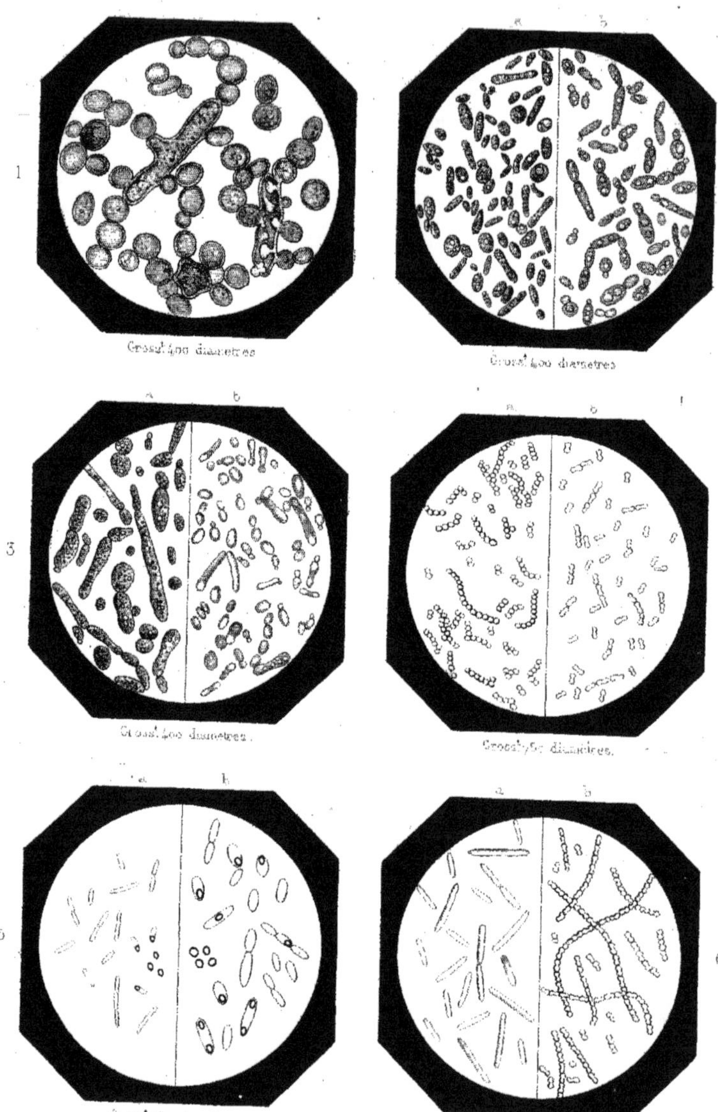

LEVÛRES ET BACTÉRIES

tionnées. La partie qui passe entre 300 et 320°, fortement refroidie, laisse déposer des cristaux, que l'on sépare de l'huile qui les imprègne au moyen d'une trompe. Puis on les exprime entre des doubles de papier, pour les soumettre ensuite à de nouvelles distillations fractionnées. La partie bouillant d'abord de 290 à 310° passe à la seconde distillation entre 295 et 305°. Elle est formée de fluorène, d'acénaphtène et d'une petite quantité d'un corps oxygéné. Pour séparer l'acénaphtène, on fait cristalliser le tout dans un mélange de benzine et d'alcool. Le fluorène déposé est ensuité distillé et puis on le fait cristalliser d'abord dans l'alcool, puis dans l'acide acétique cristallisable, qui retient en solution le composé oxygéné. Pour achever la purification du fluorène, on le transforme en picrate, que l'on décompose ensuite par l'ammoniaque.

Le fluorène se forme lorsqu'on fait passer les vapeurs de diphénylméthane à travers un tube chauffé au rouge [Graebe, *Liebig's Ann. Chem.*, t. CLXXIV, p. 194].

Fittig a obtenu ce carbure en distillant la diphénylène-acétone avec de la poudre de zinc [*Deutsch. chem. Gesellsch.*, 1873, p. 187; *Bull. Soc. chim.*, t. XXX, p. 516; — Fittig et Schmitz, *Liebig's Ann. Chem.*, t. CXCIII, p. 134; *Bull. Soc. chim.*, t. XXXII, p. 237].

Il se forme également lorsqu'on chauffe la diphénylène-acétone avec de l'acide iodhydrique et du phosphore [Graebe, *Deutsch. chem. Gesellsch.*, 1874, p. 1625].

Anschütz et Schultze ont trouvé le fluorène parmi les produits qui prennent naissance dans la distillation de la phénanthrène-quinone avec de la chaux sodée, ou avec de la chaux caustique [*Deutsch. chem. Gesellsch.*, 1876, p. 1400].

L'ellagène que Rembold a obtenu en distillant l'acide ellagique avec de la poudre de zinc, est du fluorène, d'après Barth et Goldschmiedt [*Deutsch. chem. Gesellsch.*, 1878, p. 847].

Le fluorène obtenu par ces différents procédés cristallise en lamelles blanches, fusibles à 113°, bouillant vers 305° (Barbier), entre 294 et 295° (Fittig et Schmitz). Très soluble dans l'éther, la benzine et le sulfure de carbone, il est peu soluble dans l'alcool. D'après Fittig et Schmitz, la fluorescence signalée par Barbier serait due à des impuretés. Sa densité de vapeur est de 5,77 (calculé 5,78) [Knecht, *Deutsch. chem. Gesellsch.*, 1877, p. 2078].

Lorsqu'on fait passer le fluorène sur de l'oxyde de plomb, modérément chauffé, il se forme des carbures de la composition $C^{26}H^{14}$ et $C^{26}H^{16}$. Ce dernier, fusible à 182-183°, bout au delà de 360°, et donne une combinaison picrique de la formule $C^{26}H^{16}.C^{6}H^{2}(AzO^{2})^{3}OH$, qui est en aiguilles rouge-brun, fusibles à 177-178°. L'amalgame de sodium transforme ce nouveau carbure en un autre de la formule $C^{26}H^{18}$, qui cristallise en aiguilles incolores, fusibles à 241-242° [De la Harpe et Van Dorp, *Deutsch. chem. Gesellsch.*, 1875, p. 1048; *Bull. Soc. chim.*, t. XXV, p. 275].

L'acide iodhydrique n'attaque le fluorène qu'à 275° environ. Si l'on emploie une quantité insuffisante d'acide, le fluorène se décompose en benzine, toluène et un hydrure saturé bouillant vers 220°; si l'acide est en excès, le fluorène se transforme en un mélange d'hydrures d'hexyle et d'heptyle, et en deux carbures, dont l'un, $C^{13}H^{28}$, bout vers 240°, l'autre, $C^{26}H^{54}$, au delà de 360° (Barbier).

Oxydé au moyen du mélange chromique, le fluorène donne de la fluorène-quinone, soit de la diphénylène-acétone. (Voyez plus bas.)

Picrate de fluorène, $C^{13}H^{10} + C^{6}H^{2}(AzO^{2})^{3}OH$. — Ce composé se précipite par le refroidissement d'un mélange des solutions éthérées chaudes de fluorène et d'acide picrique. Il est en aiguilles rouges, fusibles à 80-82° (Barbier) à 79° (Fittig et Schmitz).

Chlorure de fluorène-picryle,

$$C^{13}H^{10}.C^{6}H^{2}(AzO^{2})^{3}Cl.$$

— Il cristallise en aiguilles orangées, fusibles à 69-70° [Liebermann et Palm, *Deutsch. chem. Gesellsch.*, 1875, p. 377; *Bull. Soc. chim.*, t. XXXIV, p. 402].

Fluorène dibromé, $C^{13}H^{8}Br^{2}$. — On obtient ce composé en ajoutant peu à peu 2 molécules de brome à une solution d'une molécule de fluorène dans du sulfure de carbone, fortement refroidie. On chasse le sulfure de carbone, on lave le résidu à l'éther, puis on le fait cristalliser dans le sulfure de carbone. Le fluorène dibromé cristallise en tables clinorhombiques, fusibles à 167° (Barbier), à 162° (Fittig et Schmitz), peu solubles dans l'alcool et l'éther. Formes : p, m, h^1, h^3, d ½, cette dernière manque fréquemment; angles : $mm = 97° 40'$; $ph^1 = 102° 10'$; md ½ $= 146° 36'$; clivage très net suivant p (Barbier).

D'après Fittig et Schmitz, ce bromure est dimorphe, et par cristallisation dans le sulfure de carbone, on obtient d'abord des cristaux de forme ci-après indiquée, tandis que les eaux mères fournissent des cristaux identiques à ceux décrits par Barbier. Formes des cristaux de Fittig et Schmitz. Système clinorhombique; faces m, e^1, p, quelquefois g^1; le développement de la face p donne aux cristaux l'apparence de tables. Clivage parfait suivant p, moins facile suivant g^1; rapport des axes, 0,5025 : 1 : 0,6974; angles des axes, $\beta = 78° 21'$; angles : $mm = 57° 42'$; $mp = 79° 48'$; $e^1p = 34° 20'$; $e^1m = 65° 10'$. Le plan des axes optiques est perpendiculaire au plan de symétrie du cristal et forme avec l'axe vertical un angle de 35° 21' dans l'angle aigu β; les axes optiques forment dans l'huile et pour la lumière du sodium un angle de 121° 58'. Les cristaux sont positifs (Arzruni et Lehmann).

Fluorène tribromé, $C^{13}H^{7}Br^{3}$. — Il se forme lorsqu'on ajoute la quantité nécessaire de brome à une solution de fluorène dans le sulfure de carbone, ou lorsqu'on attaque le fluorène dibromé par le brome, en chauffant légèrement. Purifié par cristallisation dans le sulfure de carbone, le fluorène tribromé se présente en aiguilles blanches, fusibles à 161-162°, solubles dans le sulfure de carbone, le chloroforme et la benzine bouillante (Barbier).

Le *fluorène tétrabromé* n'a pu être obtenu à l'état de pureté (Barbier).

Bromure de fluorène bromé, $C^{13}H^{9}Br, Br^{2}$. — Ce composé prend naissance lorsqu'on fait passer de l'air chargé de vapeurs de brome dans une solution de fluorène dans le sulfure de carbone, en ayant soin d'éviter une élévation de température. On chasse le dissolvant, on fait cristalliser le résidu dans la benzine.

On obtient ainsi de longues aiguilles jaunes, soyeuses. A 150°, elles dégagent de l'acide bromhydrique sans fondre. Dans ces conditions, ainsi que sous l'influence de la potasse alcoolique, ce bromure se transforme en fluorène dibromé (Barbier).

Fluorène mononitré, $C^{13}H^{9}(AzO^{2})$. — Lorsqu'on fait bouillir du fluorène avec de l'acide nitrique, étendu de 2 volumes d'eau, on obtient un corps qui, purifié par cristallisation dans un mélange d'alcool et de benzine, se présente sous la forme d'une poudre rouge : c'est le fluorène mononitré. Il ne fond pas. L'acide chlorhydrique et l'étain le transforment en une substance basique très altérable à l'air (Barbier).

Fluorène dinitré, $C^{13}H^{8}(AzO^{2})^{2}$. — On obtient ce composé en dissolvant peu à peu du fluorène dans un mélange de volumes égaux d'acide nitrique fumant et d'acide acétique cristallisable. On refroidit pendant l'opération, on laisse en contact pendant 12 heures, puis on verse le mélange dans de l'eau, et on fait cristalliser le précipité lavé dans l'acide acétique cristallisable bouillant. Par refroidissement, on obtient des aiguilles incolores, très peu solubles dans l'alcool bouillant, solubles dans l'acide acétique cristallisable bouillant (Fittig et Schmitz). D'après Barbier, ce composé fond en s'altérant au-dessus de 260°; Fittig et Schmitz indiquent le point de fusion à 199-201°.

Produits d'oxydation du fluorène. — Lorsqu'on oxyde le fluorène par l'acide chromique, on obtient, suivant les conditions de l'opération, soit de la fluorénoquinone, soit de la diphénylène-acétone.

Fluorénoquinone, $C^{13}H^{6}O^{2}$. — On prépare ce corps en mélangeant lentement des solutions de 15 grammes de fluorène et de 30 grammes d'acide chromique dans 3 à 4 fois leur poids d'acide acétique glacial. La masse s'échauffe, et on la maintient au bain-marie pendant quelques heures. Puis on la verse dans de l'eau, on recueille le précipité sur un filtre, on le lave d'abord à l'eau froide, puis à l'eau chaude, et on le fait cristalliser dans un mélange d'alcool et de benzine. Il se dépose alors des grains jaunâtres de fluorénoquinone, et les eaux mères renferment de la diphénylène-acétone.

La fluorénoquinone fond à 181-182°, la potasse la dissout en la transformant en une substance brune douée de l'odeur du diphényle.

L'acide sulfureux la dissout à 100°, et donne une substance qui, par refroidissement, se dépose en fines aiguilles blanches, probablement de fluorène-hydroquinone, $C^{13}H^{8}(OH)^{2}$. L'acide iodhydrique à 180°, en présence de phosphore rouge, convertit la fluorénoquinone en fluorène (Barbier).

D'après Fittig et Schmitz, le fluorène pur ne donne pas de quinone, et le corps de Barbier serait dû à la présence d'une impureté dans le fluorène (*loc. cit.*)

Diphénylène-acétone,

$$C^{13}H^{8}O = \begin{matrix} C^{6}H^{4} \\ | \\ C^{6}H^{4} \end{matrix} > CO.$$

— Elle reste dans les eaux mères de la préparation du corps précédent. On l'en retire par évaporation et on fait cristalliser le résidu dans de l'alcool absolu, puis dans un mélange d'alcool et de benzine (Barbier). Cette substance, qui a été découverte par Fittig comme un dérivé du phénanthrène, est décrite t. II, p. 795, et Suppl., p. 657.

Comme toutes les acétones, elle donne en s'hydrogénant un alcool secondaire, l'*alcool fluorénique*,

$$C^{13}H^{9}.OH = \begin{matrix} C^{6}H^{4} \\ | \\ C^{6}H^{4} \end{matrix} > CH.OH.$$

Pour préparer cet alcool, on ajoute à une solution alcoolique de diphénylène-acétone une quantité d'amalgame de sodium telle, que le poids du sodium employé soit double de celui de l'acétone. On refroidit pendant l'opération, et quand elle est terminée, on sature incomplètement par l'acide chlorhydrique, on chasse l'alcool, et on ajoute de l'eau au résidu. On obtient ainsi des aiguilles jaunâtres que l'on lave à l'eau pour les purifier ensuite par cristallisation dans la benzine (Barbier).

Friedländer a obtenu ce même alcool en chauffant le diphénylène-glycolate de sodium à 120° [*Deutsch. chem. Gesellsch.*, 1877, p. 534; *Bull. Soc. chim.*, t. XXIX, p. 68].

Il cristallise en lamelles hexagonales, incolores, brillantes, fusibles à 153°, solubles dans l'alcool, l'éther et la benzine. L'acide chromique le transforme en diphénylène-acétone.

Ether fluorène-acétique, $C^{13}H^{9}.C^{2}H^{3}O^{2}$. — Il se forme lorsqu'on chauffe de l'alcool fluorénique avec de l'anhydride acétique à 100° pendant 6-8 heures. On verse le produit dans l'eau, et on lave l'huile formée, en solution éthérée, d'abord à l'eau de chaux, puis à l'eau, et on sèche sur du chlorure de calcium. On chasse l'éther et on obtient une masse cristalline que l'on fait cristalliser dans l'alcool éthéré.

L'éther fluorène-acétique cristallise en lamelles rhomboïdales, fusibles à 75°.

Ether fluorénique, $(C^{13}H^{9})^{2}O$. — Il se forme lorsqu'on maintient l'alcool fluorénique au-dessus de son point de fusion pendant quelque temps, avec ou sans anhydride acétique (Barbier). Il prend également naissance par l'action de la chaleur sur l'acide diphénylène-glycolique. Il forme une masse résineuse, fusible vers 290°.

Constitution du fluorène. — La formation de ce carbure d'hydrogène par l'action d'agents réducteurs sur la diphénylène-acétone, et la formation de celle-ci aux dépens de l'acide diphénique permettent de fixer la constitution du fluorène. Il possède la structure indiquée par la formule

$$\begin{matrix} C^{6}H^{4} \\ | \\ C^{6}H^{4} \end{matrix} > CH^{2}.$$

M. Wassermann.

FLUORÈNE-CARBOXYLIQUE (ACIDE). Syn. *Acide diphénylène-acétique.* — Voyez Phénanthrène, au Suppl.

FLUORÉNIQUE (ACIDE). — Voyez Fluoranthène, au Suppl., p. 832.

FLUORÉNIQUE (ALCOOL). — Voyez Fluorène, au Suppl., p. 834.

FLUORESCÉINE, $C^{20}H^{12}O^{5}$. — Voyez, t. III, p. 1010. La fluorescéine est une phtaléine (voir ce mot), mais, en raison de ses applications, il est devenu nécessaire de la décrire isolément afin de pouvoir grouper autour d'elle ses dérivés.

La fluorescéine a été découverte par Baeyer; depuis elle a été étudiée par divers auteurs, notamment par E. Fischer.

Préparation. — Selon E. Fischer, on doit chauffer, à 195-200°, un mélange d'une molécule d'anhydride phtalique avec deux molécules de résorcine sèche jusqu'à ce que la masse soit devenue solide. Le produit de la réaction est épuisé par l'eau, qui dissout diverses impuretés; la fluorescéine brute insoluble dans l'eau est convertie en dérivé acétique par l'action de l'anhydride acétique à l'ébullition; en ajoutant un excès d'alcool au produit de la réaction, ce dérivé se précipite complètement en lamelles jaunes. Après une cristallisation dans l'acétone, la fluorescéine diacétique est pure et peut être saponifiée par la potasse alcoolique qui retient la matière colorante en dissolution et la laisse déposer en flocons jaunes par l'action des acides étendus.

Propriétés.— La fluorescéine, après cristallisation dans l'alcool, se présente sous la forme d'une poudre rouge brique. Séchée à 130°, elle répond à la formule donnée plus haut; chauffée davantage, elle ne fond ni ne se volatilise.

La fluorescéine est peu soluble dans l'alcool, l'acétone et l'alcool méthylique; ce dernier la dépose, par évaporation spontanée, en aiguilles jaunes groupées en étoiles. La plus marquante de ses propriétés est sa magnifique fluorescence verte, qui permet de rechercher de petites quantités de résorcine en présence d'autres phénols uni ou multivalents.

L'acide sulfurique à 100° convertit la fluorescéine en un corps renfermant $C^{20}H^{12}O^5, SO^3$, cristallisant dans l'esprit de bois en prismes rouge clair. Ces cristaux se troublent à l'air et il est difficile de les faire recristalliser. Ce corps n'est pas un dérivé sulfoconjugué, car les alcalis le dédoublent immédiatement en SO^4H^2 et fluorescéine.

Les oxydants faibles sont sans action sur la fluorescéine. Le chlore, en présence d'eau, la détruit facilement, tandis que le brome et l'iode donnent des dérivés substitués.

Sels de fluorescéine. — La fluorescéine est un acide faible ou plutôt un diphénol; à ce titre, elle forme des sels, mais ils sont très instables. Le sel ammoniacal se précipite lorsqu'on fait réagir de l'alcool ammoniacal sur une solution éthérée de fluorescéine. C'est une substance cristalline très peu stable. Les sels de potassium et de sodium sont très solubles.

Action de la soude

Hydrate de fluorescéine, $C^{20}H^{12}O^5 + H^2O$. — Cet hydrate est le précipité jaune floconneux qu'on obtient en saturant les solutions sodiques de fluorescéine par un acide. Peu de temps après la dissolution de la fluorescéine dans la soude, la formation de cet hydrate se manifeste par le changement de couleur de la solution.

Monorésorcine-phtaléine,

$$CO^2H\text{-}C^6H^4\text{-}CO\text{-}C^6H^3(OH)^2.$$

— En prolongeant l'action de la soude sur la fluorescéine, on obtient une solution jaune sale qui se trouble par l'action des acides et laisse déposer des cristaux jaunâtres d'hydrate de monorésorcine-phtaléine, puis des cristaux nacrés du dérivé anhydre. Ces cristaux étant redissous dans la soude et celle-ci neutralisée, on ajoute de l'alcool et la phtaléine cristallise au bout de quelque temps.

La monorésorcine-phtaléine fond à 200° en se décomposant. Peu soluble dans l'eau bouillante, elle se dissout abondamment dans les alcalis, en formant des sels jaunes incristallisables. L'alcool et l'éther en sont de bons dissolvants.

En poussant encore plus loin l'action de la potasse sur la fluorescéine, en faisant agir la potasse en fusion, le dédoublement est complet : on obtient de l'acide benzoïque et de la résorcine.

Dérivés de la fluorescéine

Diacétylfluorescéine, $C^{20}H^{10}O^3(OC^2H^3O)^2$. — On la prépare par l'action de l'acide acétique bouillant sur la fluorescéine. Ce dérivé est soluble à l'ébullition seulement dans l'alcool et l'esprit de bois, qui l'abandonnent en fines aiguilles blanches insolubles dans l'éther, la benzine et le chloroforme et fusibles à 200°. L'acétylfluorescéine ne contient pas d'autres groupes hydroxyles que ceux qui sont éthérifiés; elle est insoluble dans la soude. A chaud, celle-ci la saponifie en régénérant la fluorescéine.

Dibenzoylfluorescéine, $C^{20}H^{10}O^3(OC^7H^5O)^2$. — Résulte de l'action du chlorure de benzoyle à 140° sur la fluorescéine. C'est une poudre cristalline, incolore, soluble dans l'alcool et fusible à 215°.

Éthylfluorescéine, $C^{20}H^{10}O^3(OH)(OC^2H^5)$. — On chauffe à 120° le sel potassique de la fluorescéine avec deux molécules de bromure d'éthyle étendu de dix fois son poids d'alcool. Le produit résultant est étendu d'eau, débarrassé de la fluorescéine excédente par du carbonate de sodium et agité avec de l'éther qui enlève l'éthylfluorescéine.

La fluorescéine monoéthylique forme des aiguilles jaune clair, fusibles à 155-156° et très solubles dans l'alcool, l'esprit de bois, la benzine et le chloroforme.

Diéthylfluorescéine, $C^{20}H^{10}O^3(OC^2H^5)^2$. — Résulte de l'action à 120° du bromure d'éthyle en solution alcoolique sur le sel d'argent de la fluorescéine. Tables jaunes, peu solubles dans l'alcool et l'éther et présentant une fluorescence jaune.

Dichlorofluorescéine, $C^{20}H^{10}O^3Cl^2$. — Le perchlorure de phosphore et la fluorescéine dans les proportions de deux molécules du premier pour une du second réagissent à 100°; on fait digérer le produit avec de la soude étendue, puis on l'épuise par l'alcool bouillant. Le produit dissous dans l'alcool est purifié par cristallisation dans le toluène, d'où il se dépose en petits prismes incolores, fusibles à 252° et renfermant

$$C^{20}H^{10}O^3Cl^2.$$

Ce corps résulte du remplacement de $(OH)^2$ de la fluorescéine par Cl^2. C'est un éther dichlorhydrique, que la potasse altère profondément, mais que la chaux hydratée vers 230° saponifie en régénérant la fluorescéine.

Le corps $C^{20}H^{10}O^3Cl^2$, chauffé à 250° avec de l'acide iodhydrique fumant, fixe simplement H^2; on a alors $C^{20}H^{12}O^3Cl^2$, fusible à 230° [E. Fischer, *Deutsch. chem. Gesellsch.*, 1874, p. 1211].

Dinitrofluorescéine, $C^{20}H^{10}(AzO^2)^2O^5$. — On prépare ce corps en dissolvant 5 grammes de fluorescéine dans 100 grammes d'acide sulfurique concentré; après avoir refroidi à + 9°, on ajoute 10 grammes d'acide azotique fumant et froid. En précipitant le produit par l'eau, on obtient une masse jaune de dérivé dinitré qu'il n'a pas encore été possible de bien purifier.

Dinitrofluorescéine diacétique,

$$C^{20}H^8(AzO^2)^2O^3(OC^2H^3O)^2.$$

— Ce corps se prépare, soit en nitrant la fluorescéine diacétique soit en traitant le dérivé dinitré ci-dessus par l'acide acétique anhydre. Aiguilles jaunes insolubles dans l'eau, solubles dans l'alcool.

Hydrate de dinitrofluorescéine,

$$C^{20}H^{12}(AzO^2)^2O^6.$$

— La solution potassique de dinitrofluorescéine est rouge brun, mais elle devient bientôt bleue; de cette solution bleue les acides précipitent une poudre jaune clair qui se dissout immédiatement en bleu dans les alcalis même après l'action d'un acide bouillant; l'éther dissout cet hydrate; si l'on ajoute de l'alcool à cette solution et qu'on distille l'éther, il se dépose des cristaux rouges d'hydrate.

Tétranitrofluorescéine, $C^{20}H^8(AzO^2)^4O^5$. — L'acide azotique fumant dissout la fluorescéine à froid en donnant lieu à une réaction violente. Il se forme de l'acide phtalique en même temps que la tétranitrofluorescéine.

Celle-ci cristallise en prismes d'un jaune clair, se dissout dans l'eau bouillante en rouge et teint la laine en rouge jaune solide. Ce corps détone facilement par la chaleur. Il donne un dérivé diacétylique incolore.

Réduction des nitrofluorescéines. — Ces corps donnent par réduction, au moyen du zinc et de l'acide chlorhydrique, des dérivés amidés et cristallisés de la fluorescéine, mais ces corps sont très instables ainsi que leurs chloroplatinates.

Dibromodinitrofluorescéine,

$$C^{20}H^8Br^2(AzO^2)^2O^5.$$

— On la prépare par l'action du brome sur une solution bouillante de tétranitrofluorescéine ou en nitrant la dibromofluorescéine. Elle cristallise en prismes jaunes brillants.

Son dérivé acétylé fond à 250°.

DÉRIVÉS BROMÉS DE LA FLUORESCÉINE. — La fluorescéine forme trois dérivés bromés, les mono, di et tétrabromofluorescéine. Cette dernière est l'éosine. Il ne paraît pas exister de tribromofluorescéine.

Bromofluorescéine, $C^{20}H^{11}BrO^{5}$. — On traite la fluorescéine délayée dans 4 parties d'acide acétique par la quantité nécessaire de brome en solution acétique à 20 °/₀. Le produit de la réaction, d'abord brun, se prend bientôt en une masse grenue jaune-rouge. La bromofluorescéine est soluble dans l'alcool, l'acétone, l'acide acétique et dans l'éther; insoluble dans la benzine, le chloroforme et le sulfure de carbone. Elle est incristallisable et forme un dérivé acétique.

Dibromofluorescéine, $C^{20}H^{10}Br^{2}O^{5}$. — Cette substance s'obtient comme la précédente, en employant $2Br^{2}$. Elle cristallise en aiguilles brunes, dures, possédant un éclat vert foncé et fondant à 260-270°.

Son dérivé acétylé, $C^{20}H^{8}Br^{2}(C^{2}H^{3}O)^{2}O^{5}$, fond à 208-210° et cristallise en aiguilles incolores.

ÉOSINE (*Tétrabromofluorescéine*), $C^{20}H^{8}Br^{4}O^{5}$. — On traite la fluorescéine par $4Br^{2}$ en présence de l'acide acétique ou de l'alcool : l'éosine se dépose au bout de quelque temps.

Quand on fait la bromuration dans un milieu alcoolique, il faut refroidir et agir assez rapidement pour qu'il ne se dépose pas de dérivé dibromé qui échapperait à une bromuration plus avancée. On purifie l'éosine en la dissolvant dans un alcali et reprécipitant par un acide, puis faisant cristalliser dans l'alcool; toutefois les cristaux ainsi obtenus renferment de l'alcool; leur formule est $C^{20}H^{8}Br^{4}O^{5} + C^{2}H^{6}O$. L'éosine pure est amorphe.

L'éosine est un acide plus puissant que la fluorescéine, l'acide acétique ne la déplace qu'incomplètement de ses sels. Les éosinates alcalins sont seuls solubles; les sels alcalino-terreux et ceux des métaux lourds sont presque complètement insolubles.

Éosinate de potassium,

$$C^{20}H^{6}Br^{4}O^{5}K^{2} + 5H^{2}O.$$

— L'éosine maintenue en excès étant dissoute dans la potasse et la solution concentrée, on obtient des cristaux prismatiques confus à reflets bleus et verts qui renferment $6H^{2}O$ et constituent l'*éosine soluble* du commerce. Ce même sel, dissous à chaud dans la moitié de son poids d'eau et additionné du même poids d'alcool, se dépose avec $5H^{2}O$ en petits prismes tricliniques d'aspect rhomboédrique portant les faces p, g^{1}, h^{1}.

L'éosinate potassique est soluble dans deux fois son poids d'eau, peu soluble dans l'alcool, à l'état concentré, la solution n'est pas fluorescente. Dissous dans 150 parties d'eau, il précipite tous les métaux, excepté le magnésium, le cadmium et le nickel.

Éosinate d'ammonium, $C^{20}H^{6}Br^{4}O^{5}(AzH^{4})^{2}$. — Sel peu stable, formé de fines aiguilles rouges; il se dépose des solutions alcooliques ammoniacales d'éosine.

Sels de baryum et de calcium. — On les prépare au moyen du sel de potassium par double décomposition. Ils sont peu solubles.

Sel d'argent, $C^{20}H^{6}Br^{4}O^{5}Ag^{2}$. — Masse verte brillante obtenue par double décomposition.

Sel de cadmium. — Précipité orangé amorphe obtenu par double décomposition en liqueur concentrée.

Ethyléosine rouge (*érythrine*),

$$C^{20}H^{6}Br^{4}O^{3}(OC^{2}H^{5})(OH).$$

— On chauffe à 140-150° l'éosinate de potassium avec une molécule de sulfovinate de potassium : par le refroidissement, le produit se prend en une masse parsemée de cristaux qu'on isole par l'action de l'eau qui ne les dissout pas. Ces cristaux constituent le sel potassique de l'éthyléosine :

$$C^{20}H^{6}Br^{4}O^{3}(OC^{2}H^{5})(OK).$$

En les décomposant par l'acide acétique en liqueur étendue, on obtient cette dernière par évaporation lente en aiguilles métalliques rouges groupées en faisceaux.

Éthyléosine incolore. — Elle se forme en même temps que la diéthyléosine quand on chauffe en vase clos à 100° l'éosinate d'argent en présence d'un excès d'alcool et d'iodure d'éthyle, le vase se recouvre de cristaux. Pour séparer l'éthyléosine incolore de la diéthyléosine, on soumet à la cristallisation fractionnée dans l'alcool; l'éthyléosine plus soluble se dissout la première; elle cristallise en aiguilles jaunes.

La diéthyléosine reste en grande partie dans le résidu. On achève la purification en redissolvant le produit dans la potasse alcoolique étendue qui ne dissout que l'éthyléosine.

L'éthyléosine incolore est peu soluble dans l'alcool, plus soluble dans l'acide acétique glacial. C'est un isomère du dérivé rouge.

Diéthyléosine, $C^{20}H^{6}Br^{4}O^{3}(OC^{2}H^{5})^{2}$. — Ce dérivé, obtenu dans la préparation indiquée ci-dessus, cristallise en cristaux rouges, d'aspect rhomboédrique, peu solubles dans l'alcool et dans l'éther avec une couleur jaune; solubles en rouge dans le chloroforme et l'acide acétique. Les alcalis caustiques ou carbonatés ne la dissolvent pas.

Méthyléosine, $C^{20}H^{6}Br^{4}O^{3}(OH)(OCH^{3})$. — On l'obtient comme l'éthyléosine rouge.

Acétyléosine, $C^{20}H^{6}Br^{4}(C^{2}H^{3}O)^{2}O^{5}$. — On l'obtient par l'action de l'anhydride acétique à 140° sur l'éosine. Ce dérivé cristallise en aiguilles incolores peu solubles dans l'alcool, l'esprit de bois, l'acétone et l'acide acétique; fusible à 278°.

Chlorure d'éosine, $C^{20}H^{6}Br^{4}O^{3}Cl^{2}$. — Il se forme dans l'action du perchlorure de phosphore à 100° sur l'éosine. On lave le produit de la réaction à la potasse faible et on dissout dans l'acide sulfurique concentré qui est à peu près le seul dissolvant de ce dérivé, puis on précipite par l'eau. A l'état de pureté, ce corps est en fines aiguilles incolores [A. Baeyer, *Liebig's Ann. Chem.*, t. CLXXXIII, p. 1].

Constitution. — Prenant en considération son mode de préparation et la nature de ses dérivés, Baeyer et E. Fischer représentent la fluorescéine par le schema suivant :

$$C^{6}H^{4} < \begin{matrix} CO\text{-}C^{6}H^{3} \diagup OH \\ \qquad\qquad > O \\ CO\text{-}C^{6}H^{3} \diagdown OH \end{matrix}$$

A. Étard.

FLUORESCINE. — Cette substance est le dérivé d'hydrogénation de la fluorescéine; on la prépare au moyen du zinc et de l'acide chlorhydrique. Par oxydation, au moyen de l'acide chromique, la fluorescine, qui est incolore, régénère la fluorescéine (Baeyer).

FLUOSELS. — FLUOXYBORATES. — D'après A. Basarow, l'acide fluoxyborique n'est pas un composé défini. Cet acide, obtenu par dissolution de fluorure de bore dans l'eau, étant soumis à la distillation dans une cornue de platine, se partage en diverses fractions. A 140°, il se dégage du fluorure de bore. A 160-170°, il passe un liquide très épais, fumant fortement à l'air et d'une densité égale à 1,777. Les portions qui distillent ensuite sont de plus en plus fluides et moins denses. Celle qui passe à 200° fume à peine à l'air et offre une densité de 1,577. Toutes ces portions, sauf la dernière, sont décomposées par l'eau, avec séparation d'acide borique. L'analyse de ces diverses portions montre qu'on n'a pas affaire à des combinaisons définies, et ce n'est qu'accidentellement qu'on est arrivé aux rapports

$$BoO^2H.3HFl.$$

L'acide fluoxyborique représente en résumé une dissolution d'acide borique et d'acide fluoborique $BoFl^4H$. L'eau dissout 1057 fois son volume de fluorure de bore à 0° [*Bull. Soc. chim.*, t. XXII, p. 8].

De même, le fluoxyborate de sodium,

$$BoO^2Na.3NaFl + 4H^2O,$$

préparé suivant les indications de Berzelius, se dédouble par des cristallisations fractionnées. Les premières fractions sont formées de fluorure de sodium presque pur; les suivantes, par des mélanges de cristaux octaédriques et de cristaux aciculaires que l'analyse a montré être un mélange de fluorure de sodium, de borate neutre et de biborate de sodium.

La solution du soi-disant fluoxyborate de sodium donne avec l'azotate d'argent les réactions des borates; c'est-à-dire qu'il se précipite du borate d'argent et de l'oxyde d'argent [*Deutsch. chem. Gesellsch.*, 1874, p. 1121].

Landolph, qui a étudié l'action du fluorure de bore sur un grand nombre de combinaisons organiques (acétone, éthylène, anéthol), signale dans ces réactions la production d'acides fluoxyboriques auxquels il assigne les formules

$$Bo^2O^7H^4.3HFl \text{ et } Bo^2O^9H^4.2HFl$$

ou

$$BoO^5H^3Fl.$$

Le premier se forme dans l'action du fluorure de bore sur l'amylène (qui se trouve seulement polymérisé). C'est un liquide sirupeux fumant à l'air, distillant à 100° et décomposable par l'eau. Le second est un liquide limpide, distillant à 130° et se produit lorsqu'on fait agir le fluorure de bore sur l'anéthol [*Deutsch. chem. Gesellsch.*, 1879, p. 1583]. Il est à présumer que ces deux acides ne constituent pas plus que l'acide $BoO^2H.3HFl$ des combinaisons définies.

Acide fluoborique. — Dans le cours de ces mêmes recherches, Landolph a obtenu un acide fluoborique $BoFl^3.3HFl$, distillant à 130° en se décomposant et en attaquant le verre; l'eau le décompose [*Compt. rend.*, t. LXXXVI, p. 601].

Fluoborate de potassium, $BoFl^4K$. — Pour préparer ce sel, Fr. Stolba chauffe 156 parties de fluorure de calcium bien divisé avec 62 parties d'acide borique cristallisé et 327 parties d'acide chlorhydrique étendu de la moitié de son volume d'eau. Après quelques heures, on étend d'un demi-volume d'eau, et on ajoute à la solution filtrée une solution saturée d'azotate ou de chlorure de potassium; on recueille le précipité et on le fait cristalliser dans l'eau ammoniacale.

Ce sel forme une poudre cristalline, soluble dans 223 parties d'eau à 20°. Densité = 2,524. La solution, d'abord neutre, devient peu à peu acide, par suite d'une dissociation. L'addition de silice soluble à la solution de ce sel en sépare du fluosilicate de potassium [*Centralbl.*, 1872, p. 395].

Acide fluosilicique. — Kessler a obtenu cet acide cristallisé en dirigeant du fluorure de silicium dans une solution concentrée d'acide fluorhydrique. Les cristaux, qui ne se déposent qu'à basse température, sont durs, très hygroscopiques, fusibles à 15°; ils émettent à l'air d'épaisses fumées. Ils ont pour composition

$$SiFl^6H^2 + 2H^2O$$

[*Compt. rend.*, t. LX, p. 1285].

Fluotellurites. — On obtient les sels d'ammonium, de potassium et de baryum en évaporant sur l'acide sulfurique des solutions d'acide tellureux et des hydrates ou carbonates correspondants dans l'acide fluorhydrique. Ces sels cristallisent assez bien et deviennent opaques à l'air. L'eau paraît les décomposer.

Le *sel d'ammonium*, $TeFl^5AzH^4 + H^2O$, forme des prismes incolores.

Le *sel de potassium*, $TeFl^5K$, cristallise en aiguilles allongées.

Le *sel de baryum*, $Te^2Fl^{10}Ba + H^2O$, forme des lamelles irrégulières [A. Hœgbom, *Bull. Soc. chim.*, t. XXXV, p. 60].

Fluozirconates. — On obtient le fluozirconate tripotassique, $ZrFl^4.3KFl$, lorsqu'on verse une solution fluorhydrique saturée d'hydrate zirconique dans une solution concentrée, et en excès, de fluorure de potassium. C'est le sel dipotassique qui se dépose lorsqu'on opère en sens inverse. Le premier cristallise dans l'eau bouillante en aiguilles microscopiques. Le second se dépose en belles aiguilles [B. Franz, *Deutsch. chem. Gesellsch.*, 1870, p. 58].

Fluouranates. — Ces fluosels ont été décrits à l'article Uranium.

Fluoxyvanadates. — Ces sels ont été récemment étudiés par H. Baker [*Liebig's Ann. Chem.*, t. CCII, p. 254].

Fluoxyvanadates de potassium,

$$Va^2O^5.2VaOFl^3.6KFl + 2H^2O$$

ou

$$Va^4O^7Fl^{12}K^6 + 2H^2O.$$

— Ce sel se sépare en lamelles nacrées jaunes d'une solution d'anhydride vanadique dans le fluorhydrate de fluorure de potassium.

Lorsqu'on dissout ce sel à chaud dans l'acide fluorhydrique, il se dépose par le refroidissement des aiguilles incolores qui ont pour composition

$$2VaOFl^3.3KHFl^2.$$

Ces cristaux émettent à froid des vapeurs d'acide fluorhydrique.

Fluoxyvanadate d'ammonium,

$$Va^2O^5.2VaOFl^3.6AzH^4Fl + 2H^2O.$$

— On l'obtient comme le sel potassique, mais il ne se sépare que par l'addition d'un excès de fluorhydrate de fluorure d'ammonium. Il forme des lamelles hexagonales transparentes et jaunâtres. Un nouvel excès de fluorure acide d'ammonium ajouté à la solution de ce sel en sépare un sel de forme pyramidée, qui renferme

$$Va^2O^5.VaOFl^3.12AzH^4Fl.$$

Enfin, la solution du premier sel dans l'acide fluorhydrique chaud abandonne par le refroidissement des aiguilles jaunes qui ont pour composition $2VaOFl^3.3AzH^4HFl^2$.

Fluoxyvanadate de zinc,

$$2VaOFl^3.ZnO.ZnFl^2 + 14H^2O.$$

— Prismes clinorhombiques jaunes qui se déposent par l'évaporation d'une solution fluorhydrique d'acide vanadique et de carbonate de zinc. Les cristaux présentant les faces m, g^1, h^1, p, a^1. Rapport des axes = 0,93 : 1 : 0,83. Inclinaison 46°.

Fluoxyhypovanadate d'ammonium,

$$VaOFl^2.2AzH^4Fl + H^2O.$$

— On l'obtient par l'addition de fluorure d'ammonium à une solution fluorhydrique de tétroxyde de vanadium; il se dépose par la concentration en cristaux limpides bleus, du type clinorhombique, avec les faces *p* et *m*. Ce sel est précipité par l'alcool de sa solution aqueuse. Il n'est pas attaqué par l'acide sulfurique concentré. Ed. Willm.

FORÉSITE (Min.). — Silicate hydraté d'alumine et de chaux; les rapports d'oxygène dans RO, M^2O^3, SiO^2, H^2O sont 1 : 6 : 12 : 6.

Croûtes cristallines blanches recouvrant la tourmaline ou tapissant des cavités; à San Piero in Campo, île d'Elbe; dans le granite.

Densité 2,4.

Forme cristalline. — Prisme orthorhombique, faces h^1, g^1, p, $b\,\frac{1}{2}$. $pb\,\frac{1}{2} = 132°$.

Caractères. — Difficilement attaquable par l'acide chlorhydrique, même après calcination. Au chalumeau se gonfle et fond.

FORMIQUE (ACIDE). — *Modes de production.* — 1° L'acide formique se produit lorsque l'on oxyde l'éthylène par l'ozone ou l'eau oxygénée et le sulfate ferreux. Il paraît se former d'abord une combinaison instable qui se dédoublerait en acide formique et acide carbonique [Schönbein, *Journ. prakt. Chem.*, t. CV, p. 234].

2° Le sulfure de carbone, chauffé à 100° en tubes scellés avec de l'eau et du fer, donne de l'acide carbonique, du sulfure de fer et du formiate de fer [Lœw, *Deutsch. chem. Gesellsch.*, 1880, p. 324].

3° L'acide carbonique et l'hydrogène s'unissent directement, $CO^2 + H^2 = CO^2H^2$, sous l'influence de l'effluve électrique, en donnant de l'acide formique [Brodie, *Chem. News*, t. XXVIII, p. 187].

4° L'acide formique se produit lorsque l'on traite l'acide lactique ou l'acide glycolique par l'acide sulfurique. Erlenmeyer attribue à la décomposition de l'acide glycolique la présence de l'acide formique dans les raisins non mûrs [Erlenmeyer, *Deutsch. chem. Gesellsch.*, 1877, p. 634].

5° Lorsque l'on chauffe à 100° pendant 20 à 60 heures du charbon avec une solution de carbonate de potassium, on obtient du formiate de potassium [A. Dupré, *Zeitschr. Chem.*, 1867, p. 510].

6° L'acide formique a été signalé dans le vinaigre de bois, où il peut provenir de l'oxydation de l'alcool méthylique [Kraemer et Grodzki, *Deutsch. chem. Gesellsch.*, 1878, p. 1356], dans les produits d'oxydation de la cinchonine, etc.

Préparation. — Merz et Tibirica [*Deutsch. chem. Gesellsch.*, 1877, p. 217] ont proposé l'absorption de l'oxyde de carbone humide par la chaux sodée maintenue entre 200 et 250° comme procédé de préparation en grand de l'acide formique. Dans ces conditions, l'absorption du gaz est complète et rapide.

La baryte et la chaux n'absorbent pas l'oxyde de carbone.

On obtient de l'acide formique titrant 99 °/₀ d'acide CH^2O^2, en décomposant le formiate de sodium par l'acide oxalique desséché; le rendement est presque théorique. Ce procédé donne rapidement un acide presque anhydre, sans que l'on soit forcé de passer par le formiate de plomb, ce qui entraîne des pertes notables [Lorin, *Bull. Soc. chim.*, t. XXV, p. 517].

Tous les alcools multivalents ont, comme la glycérine, la propriété de régulariser la décomposition de l'acide oxalique (Lorin).

Le rôle que joue la glycérine dans la préparation de l'acide formique peut être expliqué aujourd'hui. Il se forme tout d'abord une oxaline de la glycérine (Lorin), qui perd ensuite du gaz carbonique et se transforme en éther formique de la glycérine. Lorsque, suivant la méthode de Berthelot, on ajoute de l'eau au contenu du ballon et qu'on distille, la formine se saponifie et l'acide formique mis en liberté passe avec la vapeur d'eau. Si, au contraire, on suit la modification indiquée par Lorin, c'est l'eau de cristallisation de l'acide oxalique fraîchement ajouté et l'eau formée par la nouvelle éthérification de la glycérine qui déterminent la saponification de la formine; peut-être aussi l'acide oxalique intervient-il directement en déplaçant l'acide formique de ses éthers.

A basse température, le dédoublement de l'acide oxalique en présence de la glycérine est régulier; au-dessous de 125°, il se dégage du gaz carbonique pur, mais au delà l'oxyde de carbone apparaît et augmente à mesure que la température s'approche de 135-140°. Si l'on substitue, dans cette opération, l'acide oxalique déshydraté à l'acide ordinaire, l'oxyde de carbone se montre à une température plus basse, et une notable proportion d'acide oxalique est perdue pour la préparation de l'acide formique [A. Henninger, *Assoc. française pour l'avanc. des sciences*, Lyon, 1873]. En opérant à une température aussi basse que possible, Lorin est parvenu à rendre, dans ce dernier cas, la décomposition assez régulière et à obtenir du premier coup un acide formique suffisamment concentré pour que par la distillation et la cristallisation on puisse le débarrasser complètement d'eau. C'est là le meilleur procédé de préparation de l'acide formique cristallisable.

Propriétés. — Berthelot avait annoncé [*Ann. Chim. Phys.*, (4), t. XVIII, p. 210] que la production de l'acide formique par l'oxyde de carbone et l'eau ou par l'acide carbonique et l'hydrogène est accompagnée d'une absorption de chaleur. D'après Thomsen [*Deutsch. chem. Gesellsch.*, 1872, p. 961], la combinaison de l'oxyde de carbone et de l'eau dégage 6007 calories, et celle de l'acide carbonique et de l'hydrogène 8164 calories.

L'acide formique fond à + 8° (Berthelot).

Lieben et Rossi ont transformé l'acide formique en alcool méthylique, en distillant son sel de calcium au rouge sombre, et traitant le liquide recueilli par l'amalgame de sodium [Lieben et Rossi, *Ann. Chem. Pharm.*, t. CLVIII, p. 107].

Dosage. — Portes et Ruyssen ont proposé le procédé suivant pour doser l'acide formique contenu dans une solution aqueuse, basé sur ce fait que l'acide formique réduit le chlorure mercurique à l'état de chlorure mercureux. Ils prennent 25 centimètres cubes d'une solution à 10 °/₀ du mélange à titrer et y ajoutent 200 centimètres cubes d'une solution de sublimé à 45 grammes par litre et 5 grammes de soude. Après une heure de chauffe au bain-marie, on titre le sublimé inaltéré au moyen de l'iodure de potassium. Les résultats trouvés sont toujours beaucoup trop faibles; on doit leur faire subir une correction de 1/4 en plus [Portes et Ruyssen, *Compt. rend.*, t. LXXXII, p. 1504].

Formiate d'allyle, $CHO^2.C^3H^5$. — Cet éther se produit dans la préparation de l'acide formique par la glycérine et l'acide oxalique, toutes les fois que la température s'élève au-dessus de 200°. Il provient de la décomposition de la diformine de la glycérine. C'est un liquide incolore, doué d'une odeur fort irritante, bouillant entre 82 et 85° [Tollens et Weber, *Bull. Soc. chim.*, t. X, p. 83; — B. Tollens et A. Henninger, *Ibid.*, t. XI, p. 394].

Orthoformiate triisoamylique, $CH(OC^5H^{11})^3$. — On le prépare en ajoutant peu à peu du sodium à un mélange d'alcool amylique et de chloroforme. C'est un liquide incolore, bouillant avec un commencement de décomposition à 265-267°.

Orthoformiate triisobutylique, $CH(OC^4H^9)^3$. — Ce composé se produit lorsque l'on traite par le sodium un mélange d'alcool isobutylique et de chloroforme. On doit chauffer pour aider la réaction. C'est un liquide incolore, insoluble dans l'eau, bouillant à 220-222°.

Formiate de calcium. — Densité 2,26. Volume moléculaire 64,3. La distillation sèche du formiate de calcium donne de l'eau, de l'alcool méthylique, de l'aldéhyde formique et une huile brune, distillant avec la vapeur d'eau et dont l'étude n'a point été achevée [Lieben et Paterno, *Ann. Chem. Pharm.*, t. CLXVII, p. 293].

Formiate de cuivre, $(CH^2O^2)^2Cu, 4H^2O$. — Densité des cristaux, 1,795; de la poudre, 1,811. Volume moléculaire, 125,6-124,9 [Schrœder, *Deutsch. chem. Gesellsch.*, 1875, p. 199]. Le formiate de cuivre, chauffé avec de l'eau à 170°, se décompose avec production d'oxyde cuivreux et de cuivre cristallisés [Riban, *Bull. Soc. chim.*, t. XXVI, p. 98].

Formiate de cérium. — Voyez Suppl., p. 442.

Formiate de didyme. — Voyez Suppl., p. 644.

Formiate d'éthyle. — Le formiate d'éthyle se produit directement dans l'action de l'acide oxalique desséché sur l'alcool; il se forme d'abord de l'acide éthyloxalique que la chaleur décompose en éther formique et acide carbonique :

$$C^2O^4HC^2H^5 = CO^2 + CO^2HC^2H^5.$$

La proportion maxima d'éther formique (0,28 de l'éther oxalique formé) s'obtient lorsque l'on met une quantité d'acide oxalique un peu supérieure à celle que demanderait la formation d'acide éthyloxalique [Cahours et Demarçay, *Compt. rend.*, t. LXXXIII, p. 688].

L'éther formique a servi dans ces dernières années de point de départ à la préparation de nombreux alcools secondaires. On fait réagir sur l'éther formique un composé organométallique du zinc, ou, ce qui revient au même, un mélange d'un éther iodhydrique et de zinc :

$$CO^2HC^2H^5 + R^2Zn = ZnO + CHR^2OC^2H^5.$$

On a ainsi préparé :

L'alcool butylique secondaire par l'action du zinc sur un mélange d'éther formique et d'iodures de méthyle et d'éthyle (Kanonikoff et Saytzeff);

Le diéthylcarbinol par l'action du zinc-éthyle sur l'éther formique (Wagner et Saytzeff);

Le diallylcarbinol par l'action du zinc sur un mélange d'iodure d'allyle et de formiate d'éthyle (M. Saytzeff).

Orthoformiate triéthylique. — Ce composé a été décrit dans le tome Ier sous le nom d'éther de Kay (voyez, t. I, p. 877). Le meilleur procédé de préparation consiste à introduire 7 parties de sodium dans un mélange de 12 parties de chloroforme et de 14 parties d'alcool parfaitement anhydre. Le produit de la réaction est versé dans l'eau; la couche insoluble, lavée, puis distillée, donne le formiate triéthylique bouillant à 145-147° [A. Deutsch, *Deutsch. chem. Gesellsch.*, 1879, p. 115].

Formiate de plomb. — Ce sel est isomorphe avec le formiate de baryum. Sa densité est 4,6 et son volume moléculaire 64,4 [Schrœder, *loc. cit.*].

Formiate de potassium. — Le formiate de potassium est décomposé en grande partie par l'acide acétique; la volatilité de l'acide formique ne paraît pas être la cause déterminante du phénomène, ce déplacement ayant déjà lieu à froid [Lescœur, *Bull. Soc. chim.*, t. XXIII, p. 259]. L'acide carbonique décompose même d'une façon notable le formiate de potassium entre 80 et 90° [Naudin et de Montholon, *Bull. Soc. chim.*, t. XXVI, p. 124].

Formiate de méthyle. — Volhard recommande le procédé suivant pour la préparation du formiate de méthyle. On sature l'esprit de bois d'acide chlorhydrique, et on le distille sur du formiate de calcium. On le rectifie ensuite [Volhard, *Ann. Chem. Pharm.*, t. CLXXVI, p. 128].

Bardy et Bordet mélangent l'alcool méthylique, l'acide chlorhydrique aqueux et le formiate de sodium sec en proportion équivalente et font bouillir quelque temps, puis distillent l'éther méthylformique produit. 2 kilogrammes de formiate de sodium fournissent 1010 grammes de formiate de méthyle (théorie, 1764 grammes). Ils ont même proposé ce procédé pour la préparation de l'alcool méthylique pur [Bardy et Bordet, *Bull. Soc. chim.*, t. XXXI, p. 532].

L'éther méthylformique bout à 30°,4 (Volhard), 32° (Bardy et Bordet). Sa densité à 0° est 0,9928.

Le chlore attaque vivement le formiate de méthyle; on obtient une petite quantité d'un produit distillant vers 100° et qui est le chloroformiate de méthylène,

$$CH^2{<}^{Cl}_{OCHO}$$

[Henry, *Deutsch. chem. Gesellsch.*, 1873, p. 739].

Orthoformiate triméthylique, $CH(OCH^3)^3$. — Ce composé se prépare comme l'éther de Kay, en introduisant du sodium dans un mélange de chloroforme et d'alcool méthylique. C'est un liquide incolore, très mobile, d'une odeur agréable. Il est soluble dans l'eau, bout à 101-102°. Sa densité à 23° est 0,974. Sa densité de vapeur est 52,59 [A. Deutsch, *loc. cit.*].

Formiate de propyle. — Il se produit en petite quantité dans l'action de l'acide oxalique sec sur l'alcool propylique et par la décomposition de l'acide propyloxalique par la chaleur [Cahours et Demarçay, *loc. cit.*].

Orthoformiate tripropylique, $CH(OC^3H^7)^3$. — On le prépare en traitant par le sodium une dissolution de chloroforme dans l'alcool propylique. Il est insoluble dans l'eau, bout à 196-198°. Sa densité est 0,879 à la température de 23°.

M. Hanriot.

FORMIQUE (ALDÉHYDE). — *Préparation.* — L'aldéhyde méthylique n'est pas connue à l'état de pureté. On a vu (t. I, p. 1494) qu'elle se produit en petite quantité (1 °/₀ environ) dans l'oxydation de l'alcool méthylique.

L'oxydation de la méthylamine par le permanganate de potassium donne aussi naissance à de l'aldéhyde formique [Carstanjen, *Journ. prakt. Chem.*, t. LXXXIX, p. 486].

L'aldéhyde formique prend encore naissance lorsque l'on soumet à l'action de la décharge obscure un mélange d'acide carbonique et d'hydrogène [Brodie, *Chem. News*, t. XXIX, p. 96].

Hofmann a modifié de la façon suivante le procédé qu'il avait indiqué autrefois (t. I, p. 1495) pour la préparation de ce composé : On fait passer le mélange d'air et de vapeurs d'alcool méthylique dans un tube de platine assez large renfermant des fils de platine très fins, et chauffé à une température peu élevée.

Le liquide qui se condense contient 5 °/₀ d'aldéhyde méthylique. Soumis à la distillation, il laisse d'abord échapper une partie de l'alcool méthylique qu'il renferme. Le résidu, soumis à des congélations successives, peut être amené à une teneur de 10 °/₀ en aldéhyde formique [Hofmann, *Deutsch. chem. Gesellsch.*, 1877, p. 1685].

Volhard a cherché à préparer l'aldéhyde formique en décomposant par la chaleur le formiate de méthyle; mais celui-ci se dédouble principalement en oxyde de carbone et alcool méthylique [Volhard, *Ann. Chem. Pharm.*, t. CLXXVI, p. 128].

Propriétés. — L'aldéhyde formique est un gaz très soluble dans l'alcool méthylique. Elle se polymérise facilement en triplant sa molécule et donnant le trioxyméthylène $C^3H^6O^3$ (voir t. II,

p. 410). Les différentes tentatives faites pour transformer ce corps en glucose $C^6H^{12}O^6$ n'ont pas abouti, probablement à cause de la grande stabilité du trioxyméthylène.

L'aldéhyde formique peut donner naissance à un composé

$$CH^2 \begin{cases} OCH^3 \\ OCH^3 \end{cases}$$

le méthylal, dont l'étude a été déjà faite [voyez MÉTHYLÈNE (DIMÉTHYLATE DE)] et que l'eau dédouble en alcool méthylique et aldéhyde formique. Aussi ce corps est-il souvent employé dans les réactions à la place de cette aldéhyde.

L'aldéhyde formique donne de même une combinaison acétique

$$CH^2 \begin{cases} OC^2H^3O \\ OC^2H^3O \end{cases}$$

que l'on obtient en chauffant à 100° un mélange d'iodure de méthylène CH^2I^2, d'acide acétique et d'acétate d'argent. C'est un liquide distillant vers 130°, que l'eau dédouble en acide acétique et aldéhyde formique [Baeyer, *Deutsch. chem. Gesellsch.*, 1872, p. 1094].

L'aldéhyde formique réagit comme l'aldéhyde ordinaire sur les hydrocarbures en présence d'acide sulfurique, avec élimination d'eau. Ces composés ayant déjà été décrits dans cet ouvrage, nous nous contenterons de les rappeler sommairement.

L'aldéhyde formique et la benzine donnent naissance à un grand nombre d'hydrocarbures, mais sans réaction nette.

Avec le toluène, on obtient du dicrésyle-méthane $CH^2(C^6H^4\text{-}CH^3)^2$.

Le diphényle donne le diphényle-phényle-méthane $CH^2(C^6H^4\text{-}C^6H^5)^2$.

La naphtaline donne de même le dinaphtylméthane $CH^2(C^{10}H^7)^2$.

Le mésitylène enfin fournit le dimésitylméthane $CH^2(C^9H^{11})^2$.

L'aldéhyde formique donne de même des combinaisons avec les phénols en présence d'acide sulfurique. La réaction n'a pas lieu avec le phénol lui-même, mais avec son éther méthylique, l'anisol. Les réactions de l'aldéhyde formique sur les phénols sont toujours beaucoup moins nettes que celles des autres aldéhydes, probablement à cause de la difficulté de purifier convenablement l'aldéhyde formique. M. Hanriot.

FRANGULINE, $C^{20}H^{18}O^9 + H^2O$. — Cette matière colorante jaune est un glucoside contenu dans l'écorce de bourdaine (*Rhamnus Frangula*). Elle est probablement identique avec la rhamnoxanthine de Büchner et l'avornine de Kubly.

Pour préparer la franguline, on épuise la racine de bourdaine par l'eau; on précipite par l'acide chlorhydrique, puis on fait bouillir le précipité avec de l'acétate de plomb et de l'alcool qui s'empare de la franguline. La solution alcoolique est à son tour précipitée par le sous-acétate de plomb, qui donne une matière rouge plombique. Celle-ci, traitée par l'acide sulfhydrique et reprise par l'alcool, abandonne la franguline pure [A. Faust, *Zeitchr. Chem.*, 1869, p. 17].

La franguline est une masse jaune à texture cristalline, presque insoluble dans l'eau, peu soluble dans l'alcool et l'éther froids, plus soluble dans ces liquides chauds. Les alcalis fixes la dissolvent en rouge, l'ammoniaque fournit une solution incolore devenant rouge à la longue. La franguline est un acide faible, fusible à 226°.

Les acides dédoublent la franguline en sucre et acide frangulique :

$$C^{20}H^{18}O^9 + H^2O = C^{14}H^8O^4 + C^6H^{12}O^6.$$

A. Étard.

FRANGULIQUE (ACIDE),

$$C^{14}H^8O^4 + 1\tfrac{1}{2}H^2O.$$

— Il se prépare par le dédoublement de la franguline ou bien directement en épuisant la racine de bourdaine par la soude caustique [Faust, *Ann. Chem. Pharm.*, t. CLXV, p. 229].

L'acide frangulique est une substance cristalline, légère, jaune-orange, formée de prismes microscopiques fusibles à 252-254°. Cet acide perd à 120° 1 mol. d'eau et le reste à 180°; il est soluble dans l'alcool et l'éther, peu soluble dans l'eau, le chloroforme et la benzine. Les solutions alcalines, rouges, sont précipitées par les acides et fournissent de l'acide inaltéré.

L'acide frangulique, chauffé avec de la poudre de zinc, donne de l'anthracène (Faust).

Acide diacétylfrangulique, $C^{14}H^6(C^2H^3O)^2O^4$. — On l'obtient en chauffant l'acide frangulique à 150° avec un excès de chlorure d'acétyle.

Ce composé se dissout seulement dans 300 parties d'alcool bouillant, ce qui permet de purifier facilement l'acide frangulique; il cristallise en prismes rectangulaires obliques, aplatis sous la forme de tables et fond à 184°.

Acide dibromofrangulique, $C^{14}H^6Br^2O^4$. — Aiguilles microscopiques rouge pâle qu'on obtient en versant du brome dans une solution alcoolique d'acide frangulique. Cet acide est peu soluble dans l'alcool froid.

Acide difrangulique, $C^{28}H^{18}O^9$. — Cet acide diffère, selon Faust, de l'acide frangulique par une demi-molécule d'eau.

L'acide difrangulique fond à 245-250°. Il cristallise avec deux molécules d'eau qu'il perd à 120°.

L'acide frangulique, $C^{14}H^8O^4$, fournissant des dérivés diacétylés et de l'anthracène par la poudre de zinc est une dihydroxylanthraquinone isomérique avec l'alizarine. A. Étard.

FRANKLANDITE (Min.). — Minéral en fibres longues, blanches et soyeuses; dureté 1; densité 1,65. Saveur salée et un peu alcaline. Formule, établie en faisant abstraction des chlorures de potassium, de sodium et du gypse,

$$2Na^2O, 2CaO, 6Bo^2O^3, 15H^2O.$$

Province de Tarapaca, Pérou.

FRENZÉLITE (Min.). [Syn. *Guanajuatite*]. — Séléinosulfure de bismuth, $2Bi^2Se^3 + Bi^2S^3$. La quantité de soufre paraît être variable. Compact, à structure finement granulaire; ou petits cristaux circulaires striés en long. Éclat métallique, couleur gris-bleu. Ductile. De Guanajuato, Mexique.

Dureté 2-3. Poussière gris noirâtre.

Densité 5,15-6,25.

Caractères. — Attaquable à l'eau régale; sur le charbon fond avec une flamme bleue et en donnant une odeur de sélénium.

FREYALITE (Min.). — Substance trouvée à Bredig, Norvège; de couleur brune, d'aspect résineux, et rapportée par M. Damour, soit à l'eucrasite de M. Paijkull, soit à la thorite, si l'on admet qu'une notable proportion de la thorine est remplacée par les oxydes de cérium, de lanthane et de didyme.

FRIEDELITE (Bertrand). Min. — Silicate hydraté de manganèse, $4MnO.3SiO^2,2H^2O$, en masses d'un rose carmin, légèrement brunâtres, ou en petites lames cristallines hexagonales, de la mine d'Adervielle, vallée de Louron, Hautes-Pyrénées, avec rhodonite et alabandine.

Dureté 4 à 5. Poussière blanc rosé.

Densité 3,07.

Forme cristalline. Rhomboèdre de 123° 42'.

Clivage facile a^1.

FRIESÉITE (Min.). — Minéral très voisin de la sternbergite, dont il présente à peu près les angles et la composition : trouvé à Joachimsthal, dans une gangue de pyrite blanche, dolomie et quartz, sous la forme de petits cristaux rhombiques, qui ont la forme de tables rectangulaires, dont une arête est remplacée par un double biseau.

FUCHSINE. — Nom commercial des sels de rosaniline.

FUCUSOL.— Cet isomère du furfurol (voir t. I, p. 1506) fournit, par l'action de l'aniline, la *fucusaniline*, dont le chlorhydrate cristallise en belles aiguilles pourpres ressemblant au sel de furfuraniline.

Lorsqu'on traite le fucusol par l'oxyde d'argent et l'eau bouillante, il se transforme en un acide ayant la composition de l'acide pyromucique $C^5H^4O^3$, mais qui n'est pas identique avec lui. Stenhouse le nomme *acide β-pyromucique*. Pour l'isoler, on décompose le sel d'argent par l'acide chlorhydrique, on évapore la solution et on reprend le résidu cristallin brun par le pétrole léger qui ne dissout que l'acide et qui l'abandonne par évaporation à l'état cristallin.

L'acide β-pyromucique fond à 130° et cristallise dans l'eau en lames rhomboïdales (l'acide dérivé du furfurol fond à 133-134° et cristallise en aiguilles).

Le β-pyromucate d'argent $C^5H^3AgO^3$ cristallise en aiguilles aplaties, peu solubles dans l'eau bouillante. Ed. Willm.

FULMINIQUE (ACIDE). — Voy. t. I, p. 1499. — On ne connaît pas l'acide fulminique à l'état de liberté. Le plus important de ses dérivés est le fulminate de mercure.

Fulminate de mercure. — La détonation du fulminate de mercure dans une atmosphère d'azote fournit comme produits de décomposition de l'oxyde de carbone, de l'azote et du mercure métallique; la chaleur de décomposition de ce corps est + 116 cal. à volume constant et + 114cal,5 à pression constante; on déduit de là pour sa chaleur de formation — 62cal,9 [Berthelot et Vieille, *Compt. rend.*, t. XC, p. 946].

Traité par l'iode en solution éthérée, le fulminate de mercure fournit de l'iodure mercurique, et un corps cristallisé en beaux prismes clinorhombiques ayant pour formule $C.CAz.AzO^2.I^2$. Ce corps se colore en jaune à 70°, fond à 86° en un liquide rouge, et se décompose complètement à 170° avec dégagement d'iode; il est détruit par les alcalis avec dégagement d'ammoniaque, par l'hydrogène sulfuré avec mise en liberté de soufre, par l'acide sulfurique avec dépôt d'iode; l'acide nitrique est sans action sur lui; par l'action de l'étain et de l'acide chlorhydrique, il est transformé en acide cyanhydrique et méthylamine [Sell et Biedermann, *Deutsch. chem. Gesellsch.*, 1872, p. 89].

Lorsqu'on traite par l'acide sulfurique sec du fulminate de mercure en suspension dans l'éther anhydre, il se précipite du sulfure de mercure; la solution éthérée renferme de l'acide oxalique et du sulfocyanate d'ammonium, et abandonne par concentration de beaux cristaux incolores ayant pour composition $C^2H^4Az^2O^2S$. [Ce corps est insoluble dans l'eau, assez soluble dans l'alcool et dans l'éther.

La moindre élévation de température le décompose en soufre, acide carbonique, et acide sulfocyanique; l'eau agit lentement de la même manière; l'hypochlorite de calcium le décompose également avec formation de chloropicrine [A. Steiner, *Deutsch. chem. Gesellsch.*, 1875, p. 1177; et 1876, p. 779].

L'ammoniaque aqueuse transforme le fulminate de mercure en urée, guanidine et en un mélange de deux corps nitrés, l'un amorphe, l'autre cristallisé, ayant tous deux pour formule $C^7H^{13}Az^{11}O^3$.

Si l'on opère en tubes scellés et à la température de 70°, la réaction est un peu différente : il se forme encore de l'urée et de la guanidine, et un corps nitré ayant pour composition

$$C^6H^{11}Az^9O^3.$$

Ce corps se présente en belles aiguilles, peu solubles dans l'eau froide, assez solubles dans l'eau chaude, insolubles dans l'alcool; il fonctionne comme acide bibasique et forme des sels bien cristallisés. L'acide chlorhydrique à 150° le décompose en CO^2 et AzH^3. Chauffé à 120° avec de l'ammoniaque alcoolique, il donne de l'acide carbonique, de l'ammoniaque, de la guanidine et des produits bruns amorphes. On doit envisager ce corps comme un dérivé de l'acide fulminurique, et l'appeler acide fulmitriguanurique, le nom d'acide fulmitétraguanurique étant réservé au corps $C^7H^{13}Az^{11}O^3$ [A. Steiner, *Deutsch. chem. Gesellsch.*, 1875, p. 518, et 1876, p. 785].

Chauffé à 80° avec de l'ammoniaque alcoolique, le fulminate de mercure donne du carbonate d'ammonium et de l'acide fulminurique [Steiner, *Deutsch. chem. Gesellsch.*, 1876, p 781].

Lorsqu'on traite le fulminate de mercure par l'aniline en solution alcoolique, on observe une vive réaction, dont les produits sont la nitrométhylaniline, $C^6H^5.AzH.CH^2AzO^2$, la diphénylguanidine, la phénylurée et la diphénylurée. La paratoluidine fournit dans les mêmes conditions de la paracrésylurée et de la dicrésylguanidine [Steiner, *Deutsch. chem. Gesellsch.*, 1874, p. 1244, et 1875, p. 518].

Sels doubles du fulminate de mercure. — Le fulminate de mercure se dissout plus ou moins aisément dans un certain nombre de solutions salines en formant des sels doubles; les principales de ces combinaisons sont les suivantes :

Fulminate de mercure et cyanure de potassium, $C^2HgAz^2O^2 + CAzK$. — Aiguilles très solubles dans l'eau et dans l'alcool, obtenues en dissolvant à chaud du fulminate de mercure dans une solution concentrée de cyanure de potassium, et laissant refroidir. Ce corps se décompose par les acides dilués en mettant en liberté le fulminate de mercure.

Fulminate de mercure et sulfocyanate de potassium, $C^2HgAz^2O^2 + CAzSK$. — Lamelles peu solubles dans l'eau froide, lentement décomposées par l'eau chaude en sulfocyanate de potassium et fulminate de mercure.

Fulminate de mercure et sulfocyanate d'ammonium. — Ce corps ressemble beaucoup au sel de potassium; il est un peu plus stable que lui [A. Steiner, *Deutsch. chem. Gesellsch.*, 1876, p. 786]. Ad. Fauconnier.

FUMARIQUE (ACIDE) $C^4H^4O^4$. — Il se produit :

1° Par dédoublement de l'acide pyromucique sous l'influence du brome [Limpricht; — Baeyer, *Deutsch. chem. Gesellsch.*, 1877, p. 1362].

2° Par l'action du brome sur l'acide maléique (Petri), en même temps qu'il se forme de l'acide isodibromosuccinique.

3° Par l'action de l'amalgame de sodium sur les acides isobromo et bromomaléique.

4° Carius a reconnu que l'acide phénaconique était identique avec l'acide fumarique.

5° Par l'action sur l'acide aspartique de l'iodure de méthyle et de la potasse alcoolique (G. Kœrner et H. Menozzi).

6° Par l'action du brome et de l'iode sur les éthers maléiques (R. Anschütz).

7° Par l'action de HCl aqueux et bouillant au

réfrigérant ascendant, sur l'éther chloréthényltricarbonique (Bischoff) :

$$\begin{array}{l} CH^2\text{-}CO^2C^2H^5 \\ CCl(CO^2C^2H^5)^2 \end{array} + 3H^2O$$

$$= \begin{array}{l} CH\text{-}CO^2H \\ \| \\ CH\text{-}CO^2H \end{array} + CO^2 + HCl + 3C^2H^6O.$$

8° Par réduction en solution acide de l'acide dibromosuccinique. Kekulé l'avait déjà vu se produire en solution alcaline [Ossipof, *Deutsch. chem. Gesellsch.*, 1880, p. 2403].

9° Par l'action des acides chlorhydrique ou bromhydrique, aqueux ou alcooliques, sur l'acide malique. L'acide chlorhydrique anhydre (Dorn) n'effectue pas cette transformation.

10° Le perchlorure de phosphore transforme l'acide maléique en chlorure de fumaryle (Perkin).

11° Par dédoublement à 100° dans l'eau de l'acide bromosuccinique (Dorn, Petri).

12° Jungfleisch prépare l'acide fumarique en chauffant en vase clos à 180° l'acide malique avec un peu d'eau. La transformation est presque théorique.

Réactions. — L'acide fumarique, chauffé pendant 56 heures avec de la soude aqueuse à 100°, se transforme en acide malique inactif (Loidl).

Jungfleisch a montré que vers 150° l'eau seule, employée en grande quantité, opère la même hydratation. Il s'établit un équilibre entre l'eau, l'acide malique et l'acide fumarique. D'une manière analogue, T. Purdie a montré que l'éthylate de sodium transforme l'éther fumarique en éther éthylmalique.

L'acide azotique (D = 1,2 à 1,4) n'attaque pas l'acide fumarique; avec le permanganate de potassium à 10 %, on obtient de l'acide carbonique, des traces d'aldéhyde et un acide fusible à 99-101°, facilement soluble dans l'eau et précipitant le sulfate de calcium (Ossipof). Si l'on verse une solution saturée à froid de 2 p. 1/2 de permanganate de potassium dans la solution maintenue froide d'acide fumarique à l'état de fumarate acide de potassium, on obtient de l'acide tartrique inactif (Aug. Kekulé et R. Anschütz).

L'iode, en réagissant sur le fumarate d'argent, donne de l'anhydride maléique et ses produits d'oxydation, eau, acide carbonique, oxyde de carbone (Birnbaum et Gaier).

Le chlorure d'acétyle n'attaque pas l'acide fumarique à sa température d'ébullition (R. Anschütz et Wilhelm Petri); mais, mêlé à un peu d'acide acétique, il l'attaque en tubes scellés à 100° en donnant de l'anhydride maléique (Perkin). De même, le chlorure de fumaryle, traité en présence de la benzine par l'oxalate d'argent, le fumarate ou le carbonate d'argent, fournit le même anhydride.

Le brome se combine plus difficilement avec l'acide fumarique qu'avec l'acide maléique; il se produit uniquement de l'acide dibromosuccinique ordinaire, décomposable sans fondre entre 200 et 230° (Petri).

De même, l'acide bromhydrique fumant saturé à 0° n'attaque pas l'acide fumarique à froid. A 100°, en tubes scellés, il s'y combine lentement. Pour 1 gramme d'acide et 4 centimètres cubes d'acide bromhydrique, la transformation en acide monobromosuccinique finit par être complète (Dorn).

ÉTHERS FUMARIQUES. — Ces éthers se produisent : quand on traite les acides fumarique ou maléique en solution dans les alcools correspondants par l'acide chlorhydrique (Ossipof, Anschütz); quand on traite par les iodures alcooliques le fumarate d'argent; quand les éthers maléiques sont exposés à l'action de l'iode, même à l'état de traces à chaud, ou à des vapeurs de brome (Anschütz). Ce mode de formation s'observe quand, dans la préparation du maléate d'éthyle par le maléate d'argent et l'iodure d'éthyle, on n'écarte pas soigneusement les moindres traces d'iode libre. Les éthers fumariques prennent naissance en outre quand on traite le malate d'éthyle par le perchlorure de phosphore (Henry), enfin en même temps que l'acide éthylfumarique, quand on chauffe l'acide fumarique avec l'alcool éthylique.

Fumarate d'éthyle. — Les données sur ce corps sont contradictoires. Suivant Ossipof, son point d'ébullition serait situé à 225-227°, suivant Laubenheimer et Anschütz, à 218° ($p = 140^{mm}$); D à 17°,5 = 1,0522. Le brome le transforme en éther dibromosuccinique fusible à 58° de forme orthorhombique $a : b : c = 0,55888 : 1 : 0,39498$ et décomposable à 130-170°.

Acide furmaréthylique,

$$C^6H^8O^4 = C^2H^2 \left\langle \begin{array}{l} CO^2C^2H^5 \\ CO^2H \end{array} \right.$$

(Laubenheimer). — Le produit de l'action de l'acide fumarique sur l'alcool à 120° est étendu d'eau, saturé par le carbonate de sodium et précipité par l'azotate d'argent. Le dépôt, bouilli avec de l'eau, lui abandonne l'éthylfumarate, qui, traité par l'hydrogène sulfuré, donne l'acide éthylfumarique. Ce sont des lamelles grasses, fusibles à une douce chaleur, peu solubles dans l'eau.

Le *sel d'argent*, $C^6H^7AgO^4$, est en petites aiguilles solubles dans 439 parties d'eau à 8°,9, et dans 321 parties à 12°,1.

Fumarate de méthyle, $C^4H^2(CH^3)^2O^4$. — Cet éther fond à 102-105° (Ossipof) et bout à 192°; peu soluble dans l'eau froide, plus dans l'eau chaude, il est volatil avec la vapeur d'eau. Il se sublime aisément même à froid. Peu soluble à froid dans les alcools méthylique, éthylique et butylique, dans le sulfure de carbone, mais très soluble à chaud et dans le chloroforme froid. Le brome le transforme en un éther fusible à 61-62°, clinorhombique, $a : b : c = 0,54107 : 1 : 2$; angle des axes = 84°27'.

Acide bromofumarique, $C^4H^3BrO^4$. — Sous ce nom sera décrit l'acide isobromomaléique, qui, ainsi que l'a montré Petri, se comporte absolument vis-à-vis de l'acide bromomaléique comme l'acide fumarique vis-à-vis de l'acide maléique.

Cet acide prend naissance par la décomposition en présence de l'eau à 100° de l'acide isodibromosuccinique. Il est identique, ainsi qu'il a été dit plus haut, avec l'acide isodibromomaléique de Kekulé.

Il fond à 177-178°. Chauffé, il donne de l'anhydride *bromomaléique* régénérant par l'eau l'acide bromomaléique. L'acide bromhydrique fumant ne le transforme qu'à la longue à froid, rapidement à chaud, en un mélange des deux acides dibromosucciniques.

L'acide bromofumarique se produit aussi par ébullition avec l'acide bromhydrique étendu de l'acide bromomaléique (Petri).

Le bromofumarate de méthyle forme des cristaux compacts, transparents, fusibles à 30°, qu'on peut obtenir, soit directement, soit par l'action de l'iode sur le bromomaléate de méthyle. Cet éther attaque la peau avec formation d'ampoules douloureuses (R. Anschütz).

[Carius, *Deutsch. chem. Gesellsch.* 1871, p. 928 et *Bull. Soc. chim.*, t. XVII, p. 59; — Hübner et Schreiber, *Deutsch. chem. Gesellsch.*, 1872, p. 809 et *Bull. Soc. chim.*, t. XVIII, p. 335; — Anschütz, *Deutsch. chem. Gesellsch.*, 1877, p. 1886; 1870, p. 2282; 1880, p. 1539; 1878, p. 1644 et *Bull. Soc. chim.*, t. XXXIII, p. 363, t. XXXIV,

p. 480; — Kekulé et Anschütz, *Deutsch. chem. Gesellsch.*, 1880, p. 2150 et 1881, p. 713; — Van't Hoff, *Deutsch. chem. Gesellsch.*, 1877, p. 1622; — Menet, *ibid.*, 1873, p. 1413; — Loydl, *ibid.*, 1876, p. 923 et *Bull. Soc. chim.*, t. XXI, p. 220; — Fittig et Dorn, *Deutsch. chem. Gesellsch.*, 1877, p. 516 et *Bull. Soc. chim.*, t. XXVIII, p. 83; — Landolt et Fittig, *Deutsch. chem. Gesellsch.*, 1877, p. 516 et *Bull. Soc. chim.*, t. XXX, p. 42; — Jungfleisch. *Bull. Soc. chim.*, t. XXX, p. 147; — Baeyer, *Deutsch. chem. Gesellsch.*, 1877, p. 1362; — Henry, *ibid.*, 1870, p. 707; — F. Barisch, *ibid.*, 1879, p. 2020; — J. Ossipof, *ibid.*, 1879, p. 2098 et 1880, p. 2403; *Bull. Soc. chim.*, t. XXXIV, p. 42 et 346; — Bischoff, *Deutsch. chem. Gesellsch.*, 1880, p. 2163; — Birnbaum et Gaier, *Deutsch. chem. Gesellsch.*, 1880, p. 1275; — Markownikoff, *ibid.*, 1880, p. 1845; — H. Hübner, *ibid.*, 1881, p. 210; — T. Purdie, *ibid.*, 1881, p. 2238; — G. Körner et Menozzi, *ibid.*, 1881, p. 2238; — Perkin, *ibid.*, 1881, p. 2540; — Amé Pictet, *ibid.*, 1881, p. 2648; — De Richter, *Bull. Soc. chim.*, t. X, p. 456; — Limpricht, t. XIX, p. 464].

E. Demarçay.

FUMARIQUE (ALDÉHYDE),

$$C^4H^4O^3 = CO^2H\text{-}C^2H^2\text{-}CHO.$$

[Limpricht, *Bull. Soc. chim.*, t. XIX, p. 461; *Ann. Chem. Pharm.*, t. CLXV, p. 253].

Ce composé se prépare par l'action du brome sur l'acide pyromucique. On opère en solution aqueuse et l'on emploie 1 molécule d'acide et 5 atomes de brome. Le liquide aqueux que l'on obtient ainsi est agité avec de l'éther à plusieurs reprises. La solution éthérée est distillée pour chasser l'éther et le résidu est exposé à l'air sec. On peut aussi préalablement débarrasser le liquide du brome qu'il contient par l'oxyde d'argent, enlever l'excès d'argent par l'hydrogène sulfuré et traiter le liquide comme il a été dit plus haut. On obtient ainsi un résidu sirupeux qui, au bout de huit à quinze jours, se remplit de cristaux. Ces cristaux sont purifiés par compression, par lavage à l'eau, et enfin par deux cristallisations lentes dans l'eau.

Leur composition est celle de l'aldéhyde fumarique acide $C^4H^4O^3$.

Ce composé, très altérable, se colore déjà en brun en se décomposant au-dessous de 100° : aussi ne peut-on déterminer son point de fusion. Les alcalis le colorent en jaune, de même que la baryte ajoutée jusqu'à réaction alcaline, en même temps qu'il se forme un précipité jaunâtre.

L'alcool précipite de la solution barytique neutre le sel $(C^4H^3O^3)^2Ba$.

L'acide sulfurique en régénère le corps primitif. La solution aqueuse de ce produit est également précipitée par l'acétate de plomb. Le précipité se redissout à chaud. Cette aldéhyde réduit le nitrate d'argent ammoniacal et fixe l'hydrogène naissant, mais en perdant en même temps de l'eau. On a obtenu les deux produits

$$C^8H^{10}O^5 \text{ et } C^4H^6O^2,$$

corps très solubles, difficilement cristallisables, dont le second constitue peut-être la lactone de l'acide oxybutyrique normal.

L'aldéhyde fumarique ne se combine pas aux bisulfites, et donne par l'ammoniaque un précipité brun, très soluble dans l'alcool faible et l'eau.

E. Demarçay.

FURFURACÉTONE,

$$C^8H^8O^2 = C^4H^3O\text{-}CH=CH\text{-}CO\text{-}CH^3.$$

— Ce produit, découvert par Schmidt, qui méconnut sa véritable nature, a été étudié par Claisen, qui a fixé sa composition. 10 p. de furfurol, 500 p. d'eau, 15 p. d'acétone et 10 à 15 centimètres cubes de soude sont chauffés doucement au bain d'eau. Le liquide neutralisé est extrait par l'éther et la solution éthérée distillée dans le vide (p = 33 à 35 millimètres). Les deux tiers du produit formé bouillent à 135-137°. Le reste se fige en une masse qui paraît être la difurfurylidène-acétone :

$$(C^5H^4O)^2C^3H^2O.$$

Le produit qui a distillé se fige en une masse cristalline, fusible à 39-40°, brunissant à l'air en répandant l'odeur du furfurol; ce corps, qui est la furfuracétone, se dissout dans l'eau bouillante, d'où il se dépose cristallisé par refroidissement. Il est soluble dans le chlorure d'acétyle, avec formation d'une liqueur rouge clair qui passe après quelque temps au vert émeraude, coloration que l'eau détruit. Des traces de ce corps colorent l'acide sulfurique en jaune brunâtre, qui à chaud devient d'un rouge de vin sombre intense [Gustav Schmidt, *Deutsch. chem. Gesellsch.*, 1881, p. 574, et L. Claisen, *ibid.*, p. 2468].

FURFURACRYLIQUE (ACIDE),

$$C^7H^6O^3 = C^4H^3O\text{-}CH=CH\text{-}CO^2H.$$

— Pour préparer ce produit, Baeyer chauffe 8 heures à l'ébullition 1 partie de furfurol, 2 d'acétate de sodium et 4 d'anhydride acétique. La masse refroidie, dissoute dans du carbonate de sodium en solution chaude, donne par addition d'un acide un précipité d'acide furfuracrylique d'un poids égal à celui du furfurol employé. A l'état de pureté, ce corps se présente en grandes aiguilles incolores, fragiles, d'odeur rappelant l'acide cinnamique, fusibles à 135°, volatiles sans décomposition et même déjà avec la vapeur d'eau, peu solubles dans l'eau froide (environ 500 parties), plus solubles dans l'eau chaude. L'acide chlorhydrique concentré le dissout avec une coloration verte assez stable. L'acide sulfurique concentré donne aussi un produit vert.

Traité par l'amalgame de sodium, il donne l'acide *furfuropropionique,*

$$C^7H^8O^3 = C^4H^3O\text{-}CH^2\text{-}CH^2\text{-}CO^2H,$$

fusible à 50-51°, d'odeur analogue à celle du précédent, mais plus forte.

L'acide chlorhydrique concentré le colore en jaune, et donne à chaud une solution d'un jaune rouge qui contient un nouvel acide non volatil.

FURFURACRYLIQUE (ALDÉHYDE),

$$C^7H^6O^2 = C^4H^3O\text{-}CH=CH\text{-}COH$$

[Gustav Schmidt, *Deutsch. chem. Gesellsch*, 1880, p. 2342]. 1 partie de furfurol, 2 parties d'aldéhyde dissoutes dans 200 parties d'eau et additionnées de 5 parties de soude aqueuse à 10 %, étant chauffées à 40-45° laissent déposer lentement une huile colorée en jaune, qui vers 50 à 60° passe à l'état de masse brune épaisse. Si un peu avant ce moment on neutralise par l'acide sulfurique, ou mieux par l'acide tartrique, l'huile se sépare en abondance. On la réunit avec de l'éther et on soumet la solution éthérée à la distillation. A 210°, on arrête l'opération. Le liquide se prend en une masse de cristaux, qui sont purifiés par cristallisation dans l'eau et sublimation.

Ce composé fond à 51° et se fige à 24°. Il se volatilise sans peine avec la vapeur d'eau et bout au-dessus de 200° en se décomposant partiellement. Cette aldéhyde donne avec l'aniline et l'acide acétique une coloration verte, avec la solution sulfureuse de fuchsine une coloration d'un rouge violet magnifique.

L'oxyde d'argent le transforme en acide furfuracrylique.

FURFURAMIDE. $C^{15}H^{12}Az^{2}O^{3}$, t. I, p. 1505. — Le furfurol aqueux, mêlé à cinq volumes d'ammoniaque et abandonné à lui-même en agitant fréquemment pendant quelques jours, laisse déposer de la furfuramide qui est pure après une cristallisation dans l'alcool. Elle fond à 117° sans altération. L'acide azoteux la décompose en furfurol et ammoniaque.

Elle se combine avec l'essence de moutarde en solution alcoolique au bain d'eau. Le corps formé $C^{15}H^{12}Az^{2}O^{3} + CSAzC^{3}H^{5}$ se présente en aiguilles blanches, soyeuses, insolubles dans l'eau, solubles dans l'alcool, fusibles à 118° et décomposables à 135°. On obtient de même le composé phénylé $C^{15}H^{12}Az^{2}O^{3} + CSAzC^{6}H^{5} + H^{2}O$, corps bien cristallisé d'un blanc de neige.

La furfuramide ne se combine pas avec les aldéhydes [Rob. Schiff, *Deutsch. chem. Gesellsch.*, 1877, p. 1186].

Furfurine, t. I, p. 1505. — Cet isomère de la furfuramide fond à 116° (R. Schiff). La furfurine, traitée par le sulfure de carbone, se colore en rouge sans s'altérer. Elle ne donne pas de carbylamine avec la potasse alcoolique et le chloroforme. Elle ne se combine pas à l'essence de moutarde ni aux aldéhydes. Le fer et l'acide acétique la laissent inaltérée. Traitée par l'anhydride acétique à une douce chaleur, elle fournit l'*acétylfurfurine*, amas de petits cristaux très stables, dédoublés seulement par les alcalis fondus. En solution acétique, elle donne avec le brome un hexabromure qui se précipite par addition d'eau et qui est peu stable. L'acide azotique concentré détruit l'acétylfurfurine.

Une solution de sulfate de furfurine additionnée d'azotite de potassium laisse déposer un composé jaunâtre, cristallin, insoluble dans l'eau et l'éther, mais aisément soluble dans l'alcool. Il fond à 94-95° en un liquide rouge; sa composition répond à la formule $C^{30}H^{27}Az^{5}O^{15}$. Il forme un chloroplatinate cristallisé en larges aiguilles assez facilement solubles dans l'eau, moins dans l'alcool et l'éther $(C^{30}H^{27}Az^{5}O^{15}, HCl)^{2}PtCl^{4}$.

Avec l'azotate d'argent ammoniacal, on obtient un sel double argentique très stable.

Ce même corps $C^{30}H^{27}Az^{5}O^{15}$ s'obtient aussi quand on traite le sulfate de furfurine en solution alcoolique par l'acide azoteux; toutefois, si l'eau est complètement exclue, on obtient un corps qui se décompose à 82° en se colorant et se carbonisant (R. Schiff).

En présence de potasse et d'oxygène, la furfurine luit dans l'obscurité (Radzitzewski).

E. Demarçay.

FURFURANE, $C^{4}H^{4}O$. — Baeyer a donné ce nom, qui a été généralement accepté, au composé découvert par Limpricht et décrit par lui sous le nom de tétraphénol (t. III, p. 354).

La constitution de ce composé paraît jusqu'ici pouvoir être représentée par la formule

```
CH = CH
|     |
CH - CH
  \ O /
```

sans qu'il y ait de raisons bien solides de l'admettre plutôt qu'une autre.

Atterberg [*Deutsch. chem. Gesellsch.*, 1880, p. 879] a trouvé dans les produits de distillation du bois de pin différents composés qui paraissent être le furfurane et ses homologues supérieurs, sylvane $C^{6}H^{6}O$, etc., mais mêlés à des hydrocarbures dont il n'a pas été possible de les séparer.

Henninger a fait connaître un nouveau mode de production du furfurane, qui consiste à faire agir le dihydrofurfurane $C^{4}H^{6}O$, dérivé de l'érythrite, sur le perchlorure de phosphore; la réaction s'accomplit à froid, et il se forme du gaz chlorhydrique et du furfurane en proportion très notable (voyez Suppl., Érythrite).

FURFURANGÉLIQUE (ACIDE),

$$C^{9}H^{10}O^{3} = C^{4}H^{3}O-CH=C^{3}H^{5}-CO^{2}H.$$

— Ce composé se prépare en chauffant le furfurol avec du butyrate de sodium et de l'anhydride butyrique en vase ouvert de 100 à 180°. On dissout la masse refroidie dans une solution chaude de carbonate de sodium, et on ajoute de l'acide sulfurique qui précipite l'acide furfurangélique.

Ce composé, à l'état de pureté, forme des aiguilles soyeuses, fusibles à 87-88° (Baeyer et Tönnies).

Traité par l'amalgame de sodium, ce composé donne naissance à l'acide *furfurovalérianique*,

$$C^{9}H^{12}O^{3},$$

huile d'odeur désagréable, incolore, qui bout sans décomposition. Cet acide, soumis, comme l'acide furfurpropionique, à l'action successive du brome et de l'oxyde d'argent, donne naissance à l'acide *butyrofuronique*, homologue supérieur de l'acide furonique. La formation de ce composé s'exprime par les équations

$$\underset{\text{Acide furfuro-valérianique.}}{C^{9}H^{12}O^{3}} + Br^{2} + H^{2}O = \underset{\text{Aldéhyde butyrofuronique.}}{C^{9}H^{12}O^{4}} + 2HBr,$$

$$C^{9}H^{12}O^{4} + Ag^{2}O = \underset{\text{Acide butyrofuronique.}}{C^{9}H^{12}O^{5}} + Ag^{2}$$

Pour réaliser cette série de réactions, on traite 1gr5 à 2 grammes d'acide furfurovalérianique par 300 grammes d'eau et la quantité théorique de brome dissous dans de l'eau. On y ajoute l'oxyde d'argent nécessaire pour fixer le brome, oxyder l'aldéhyde et neutraliser l'acide formé, et l'on chauffe à 35-40°. La liqueur jaunit vers la fin de l'opération.

L'acide butyrofuronique fond à 140-142°. Il se dissout aisément dans l'eau, l'alcool, le chloroforme, difficilement dans l'éther. Il est réduit par l'amalgame de sodium avec formation de deux acides isomériques $C^{9}H^{14}O^{5}$, qu'on peut séparer en utilisant la solubilité différente de leurs sels d'argent dans l'eau froide.

L'acide butyrofuronique, chauffé pendant six heures à 195-200° avec 7 à 8 parties d'acide iodhydrique bouillant à 127° et un peu de phosphore rouge, se transforme en acide azélaïque (Tönnies).

Baeyer a représenté la constitution de l'acide furfurangélique par la formule

$$C^{4}H^{3}O-CH = CH-CH^{2}-CH^{2}-CO^{2}H,$$

d'où l'on déduit pour les dérivés de cet acide des formules analogues à celles des dérivés correspondants de l'acide furfuracrylique.

Mais on pourrait également représenter ce corps par la formule

```
C⁴H³O-CH = C-CO²H
           |
           CH²-CH³
```

formule qui a l'avantage de montrer pourquoi l'acide isobutyrique se comporte si différemment que l'acide butyrique dans les mêmes circonstances. Cette formule, par contre, obligerait d'admettre pour l'acide azélaïque une formule en contradiction avec les idées généralement reçues.

E. Demarçay.

FURFUROBUTYLÈNE,

$$C^{8}H^{10}O = C^{4}H^{3}O-CH = CH-CH^{2}-CH^{3}.$$

— Ce composé se forme déjà à 70° quand on chauffe l'anhydride isobutyrique et l'isobutyrate de sodium avec du furfurol.

La réaction est terminée à 150°. On obtient une petite quantité d'un acide cristallisable et une huile abondante, le furfurobutylène, bouillant à 153°, d'une odeur qui rappelle le *Carobus sycophanta* (Baeyer et Tonnies).

FURFUROCROTONIQUE (ALDÉHYDE),

$$C^8H^8O^2 = C^4H^3O\text{-}CH=(C^2H^3)\text{-}COH.$$

— 1 partie de furfurol et 2 parties d'aldéhyde propionique brute et 100 parties d'eau sont additionnées de 5 parties de soude caustique à 10 °/₀ et chauffées à 20-30°.

La liqueur neutralisée par l'acide sulfurique ou mieux par l'acide tartrique est soumise à la distillation. Le produit distillé est extrait par l'éther et la liqueur éthérée est chauffée jusqu'à 200° et le résidu distillé dans de la vapeur d'eau.

Ce composé est une huile d'odeur de cannelle, faiblement jaunâtre, très réfringente, qui se décompose au-dessus de 200°. Il distille à 121°, en se décomposant partiellement sous la pression de 111^{mm}. Avec la solution sulfureuse de fuchsine, il donne une coloration jaune intense qui passe rapidement au violet rouge. Avec l'aniline et l'acide acétique, il se forme une coloration verte, avec l'acide sulfurique une coloration brun-rouge intense.

L'oxyde d'argent transforme cette aldéhyde en un acide, cristallisable qui, purifié par sublimation, fond à 107° et se dissout dans l'acide sulfurique avec une coloration rouge. C'est probablement l'acide furfurocrotonique [Gustav Schmidt, *Deutsch. chem. Gesellsch.*, 1881, p. 574].

FURFUROL,

$$C^5H^4O^2 = \begin{matrix} CH = CH \\ \vert \quad\quad \vert \\ CH - C\text{-}CHO \\ \diagdown O \diagup \end{matrix}$$

(t. I, p. 1504). — [Limpricht, *Deutsch. chem. Gesellsch.*, 1869, p. 211; — Gudkow, *Deutsch. chem. Gesellsch.*, 1870, p. 425 et *Bull. Soc. chim.*, t. V, p. 391; Bischoff, *Deutsch. chem. Gesellsch.*, t. VII, p. 1081; — Stenhouse, *Ann. Chem. Pharm.*, t. CLVI, p. 199 et *Bull. Soc. chim.*, t. XV, p. 113; — Baeyer, *Deutsch. chem. Gesellsch.*, 1872, p. 25; 1877, p. 357, 695 et 1358 et *Bull. Soc. chim.*, t. XVII, p. 277, t. XXVIII, p. 381 et t. XXX, p. 78; — H. Schiff, *Deutsch. chem. Gesellsch.*, 1877, p. 773, *Liebig's Ann. Chem.*, t. CCI, p. 356; — Rob. Schiff et Tassinari, *Deutsch. chem. Gesellsch.*, 1877, p. 1787; — Heill, *Deutsch. chem. Gesellsch.*, 1877, p. 936, et *Bull. Soc. chim.*, t. XXIX, p. 128; — Radzizewski, *Deutsch. chem. Gesellsch.*, 1877, p. 321 et *Bull. Soc. chim.*, t. XXVIII, p. 167; — E. Fischer, *Deutsch. chem. Gesellsch.*, 1877, p. 1626 et 1332; 1880, p. 1334 et *Bull. Soc. chim.*, t. XXX, p. 289; — P. Tœnnies, *Deutsch. chem. Gesellsch.*, 1879, p. 1200 et *Bull. Soc. chim.*, t. XXXIII, p. 128; — Gust. Schmidt, *Deutsch. chem. Gesellsch.*, 1880, p. 2340 et 1881, p. 574 et 1459; — L. Claisen, *Deutsch. chem. Gesellsch.*, 1881, p. 2468; — A. Atterberg, *Deutsch. chem. Gesellsch.*, 1880, p. 879; — O. Wallach, *Deutsch. chem. Gesellsch.*, 1881, p. 751; — G. H. Ciamician et M. Dennstedt, *Deutsch. chem. Gesellsch.*, 1881, p. 1058 et 1475; — Fœrster, *Deutsch. chem. Gesellsch.*, 1882, p. 230 et 322.

Modes de production. — On peut extraire du son par l'acide sulfurique très étendu d'eau (2 ½ °/₀ d'acide) le principe furfurogène. Il est alors mêlé de sucre et de dextrine. En utilisant ce fait que ce principe n'est pas digéré par les porcs nourris de son, on peut l'extraire des excréments de ces animaux. On obtient un corps gommeux insoluble dans l'alcool, soluble dans l'eau, que l'acide azotique ne transforme pas en acide mucique. Le son en contient de 15 à 20 °/₀ (Gudkow).

Dans la préparation de la garancine par l'acide sulfurique sur la garance il se produit du furfurol accompagné d'un isomère dont on le débarrasse en le traitant par de l'acide sulfurique étendu additionné d'un peu de dichromate de potassium (Stenhouse).

Le furfurol se produit encore en grande quantité dans la distillation du bois chauffé au-dessous de 200° (H. B. Heill), ou quand on chauffe le bois en vase clos avec de l'eau vers 170° pendant quelques heures (Greville Williams, Hugo Müller). Aussi l'a-t-on rencontré dans l'acide acétique tiré du bois. Enfin Fœrster a montré qu'il se produisait en petite quantité par l'action des acides étendus sur une solution de sucre à l'ébullition et même déjà à la longue à 38°. Une solution de sucre passablement concentrée (1 de sucre pour 5 d'eau) en fournit des traces par une longue ébullition. Aussi en trouve-t-on dans tous les liquides fermentés naturels et dans leurs produits de distillation (vins, bières, alcools mauvais goût).

Propriétés. — Le furfurol bout à 161° et se conserve pendant des mois sans altération sous l'eau (Stenhouse).

Traité par l'urée en présence d'un peu d'acide, le furfurol en solution aqueuse donne naissance à une magnifique coloration violette qui disparaît après quelque temps en même temps qu'il se forme des flocons amorphes noirs, insolubles dans tous les réactifs. Le furfurol en solution aqueuse, même ancienne, ne donne qu'une coloration rose. Cette coloration se produit, quoique mal, avec l'allantoïne, mais non avec les amides sulfurées, les acides urique, oxalurique, parabanique, cyanurique, glycocholique, l'alloxane, la créatine, la taurine. On voit très bien cette réaction en ajoutant une goutte d'acide chlorhydrique (D = 1,10) à un cristal d'urée gros comme une tête d'épingle recouvert d'une goutte de solution concentrée de furfurol. La couleur passe du jaune au vert, bleu, violet, pourpre (Hugo Schiff).

Le furfurol paraît se combiner au chloral-ammoniaque (R. Schiff et Tassinari). Il réagit très violemment sur l'acide nitreux. En solution éthérée l'action ne se produit qu'après évaporation de l'éther et elle est alors d'une grande violence. Il se forme des produits résineux.

Produits de condensation avec les amines. — Stenhouse a découvert ces produits qui se font remarquer par la belle couleur rouge de leurs sels. 48 gr. de furfurol dissous dans 400 gr. d'alcool étant additionnés de 65 grammes de chlorhydrate d'aniline, on observe une coloration rouge et un dépôt de cristaux à reflets irisés de *chlorhydrate de furfurodianiline*, $C^{17}H^{18}O^2Az^2, HCl$. Ce corps est insoluble dans la benzine, le sulfure de carbone et l'eau; il est décomposé par cette dernière à 100° de même que par les acides et les alcalis. Il se dépose de sa solution alcoolique bouillante en aiguilles rouge-pourpre, inaltérables à l'air à l'abri de la lumière. On obtient de même l'azotate en plus gros cristaux, et le sulfate qui se décompose par cristallisation dans l'alcool. L'ammoniaque concentrée décompose ces sels et donne la base libre, masse brune, amorphe, d'aspect de cire à cacheter, insoluble dans l'eau, très soluble dans l'éther et l'alcool.

La *furfurotoluidine* s'obtient de même; c'est un corps plus stable que le précédent, pulvérulent, amorphe. Ces sels sont semblables aux précédents.

H. Schiff a obtenu de même les corps suivants :

Furfurodiphénylamine. — La diphénylamine

(2 molécules) se combine à 150° avec le furfurol (1 molécule); on obtient une masse cristallisée, donnant avec l'acide chlorhydrique un sel bronzé soluble en rouge intense dans l'alcool, qui s'obtient aussi directement comme les chlorhydrates précédents. Ce sel se décompose par recristallisation dans l'alcool. Le chlorure de platine le colore en vert.

La *furfuronitraniline*,

$$C^6H^4AzO^2.AzH^2, C^5H^4O^2,$$

s'obtient par l'action du furfurol sur la solution alcoolique de la nitraniline. Elle est en croûtes cristallines jaune de chrome. Ces cristaux se décomposent à 100° en perdant de l'eau. Le chlorhydrate s'obtient en petites lamelles d'éclat cuivré, solubles dans l'alcool avec une couleur rouge cramoisi intense, un excès d'acide chlorhydrique fait disparaître la coloration.

Le paramidophénol s'unit au furfurol avec élimination d'eau :

$$C^6H^4.OH.AzH^2 + C^5H^4O^2 = H^2O + C^6H^4.OH.Az.C^5H^4O.$$

Pour préparer cette *oxyfurfuraniline*, on mélange les solutions aqueuses étendues des deux corps. Ce sont des prismes jaune clair fusibles en se décomposant à 180-182°, facilement solubles dans l'alcool. Ce corps se colore en vert à l'air et à la lumière. Son chlorhydrate s'obtient en évaporant à 50-60° la solution alcoolique de la base avec du chlorhydrate d'ammoniaque; c'est une masse cristalline colorée comme les cantharides, facilement soluble dans l'alcool, difficilement dans l'eau avec une coloration rouge de fuchsine.

Avec la *métacrésylène-diamine* on obtient un composé $C^7H^6Az^2(C^5H^4O)^2$, en petites aiguilles orangées; ce corps décompose à 120-125° et donne un chlorhydrate dont la solution rouge-cramoisi est décomposée par une grande quantité d'eau.

Avec l'*orthocrésylène-diamine*, A. Ladenburg [*Deutsch. chem. Gesellsch.*, 1878, p. 595] a obtenu un corps isomère en prismes minces, blancs, d'éclat soyeux, fusibles à 115-116°. Ses sels sont beaucoup plus stables que ceux des corps précédents et Ladenburg ne mentionne pas qu'ils soient colorés. Ce corps a donc vraisemblablement une constitution qui l'écarte des corps précédents.

La *furfurobenzidine*, $C^{12}H^8Az^2(C^5H^4O)^2$, obtenue comme les composés précédents par l'union directe des deux corps en solution alcoolique, forme de petites aiguilles jaunes insolubles dans l'eau, peu solubles dans l'alcool et très solubles dans la benzine. Les solutions de ces sels sont colorées en rouge intense. Le chlorhydrate hydraté est en lamelles d'éclat cuivré: ce sel est peu stable, le sulfate l'est moins encore.

L'acide métamidobenzoïque s'unit au furfurol et donne le composé $C^6H^4CO^2H.AzH^2, C^5H^4O^2$, poudre veloutée d'un rouge vif, dont la solution aqueuse, surtout lorsqu'elle est acidulée d'acide chlorhydrique, est d'un très beau rouge.

L'éther métamidobenzoïque se combine aussi au furfurol. La combinaison d'un jaune clair se colore en rouge violacé par les acides.

L'acide amidocuminique donne de même de petits cristaux rouges avec le furfurol.

Les deux acides amidosalicyliques (1.2.3 et 1.2.5) donnent de même de petites aiguilles rouges prenant un éclat métallique par le frottement et dont les solutions sont d'un beau rouge bleuâtre, et se colorent encore plus vivement quand on les acidule par l'acide chlorhydrique.

Les amines et acides amidés de la série grasse ne donnent pas de combinaisons de cet ordre.

En présence de la diméthylaniline et du chlorure de zinc, le furfurol donne une combinaison incolore, basique, fusible vers 70° qui tend à s'oxyder en se colorant en rouge (Fischer).

Avec la phénylhydrazine on obtient de même un corps $C^6H^5Az^2H.C^5H^4O$, en lamelles à peine jaunes, fusibles à 96°, solubles dans l'alcool et l'éther, et que les acides dédoublent aisément en furfurol et phénylhydrazine (Fischer).

Produit de condensation avec l'uréthane. — Le furfurol dissout aisément l'uréthane; en ajoutant à la solution une goutte d'acide chlorhydrique, on voit se produire une réaction qu'on modère par d'abondantes affusions d'eau froide, et le liquide se prend en masse.

Le composé formé, insoluble dans l'eau, cristallise dans l'alcool ou l'éther. Il forme des aiguilles soyeuses semblables au sulfate de quinine, $C^4H^3O-CH(AzH-CO-OC^2H^5)^2$, fusibles à 169°, sublimables en petites quantités sans altération et dédoublables par les acides étendus avec régénérations du furfurol (Bischoff).

Le furfurol, mêlé à de la résorcine ou à du pyrogallol, donne sous l'influence de l'acide chlorhydrique une magnifique substance bleu indigo soluble en vert dans l'eau. L'acide chlorhydrique précipite cette solution en donnant des flocons bleus (Baeyer).

Le furfurol, grâce à sa fonction aldéhydique, forme très aisément des produits de condensation avec un grand nombre d'autres corps. Ces réactions, découvertes par Baeyer, ont été étendues par Schmidt, Claisen, etc. C'est ainsi que Baeyer a montré que le furfurol se comportait avec l'anhydride acétique et l'acétate de sodium comme l'aldéhyde benzoïque dans la réaction de Perkin. Schmidt a montré d'une manière analogue que le furfurol et les aldéhydes de la série grasse se combinaient en perdant de l'eau sous l'influence de la soude aqueuse. Tous ces produits, acides et aldéhydes furfuroacrylique, furfurcrotoniques furfurangéliques et leurs dérivés acides furonique, etc., seront décrits à leur nom respectif.

E. Demarçay.

FURFUROLIQUE (ALCOOL),

$$C^5H^6O^2 = C^4H^3O-CH^2OH.$$

— Ce composé se prépare en traitant le furfurol par la potasse en solution assez concentrée pour que l'action commence de suite. La masse cristalline obtenue est épuisée par l'éther et la solution éthérée évaporée est additionnée d'eau et distillée tant qu'il passe du furfurol. Le résidu, concentré au bain d'eau, constitue l'alcool furfurolique. Ce composé ne peut être distillé sans résinification de la majeure partie; il est soluble dans l'alcool, l'éther et dans 20 parties d'eau. Les acides le transforment en une matière rouge; l'acide chlorhydrique donne avec lui une coloration verte pareille à celle qu'il produit avec le furfurol en présence des phénols (Baeyer). Il semble former l'hydrate $3C^5H^6O^2, 2H^2O$. La potasse la décompose en donnant les acides formique, acétique et succinique [H. Limpricht, *Bull. Soc. chim*, t. XIX, p. 455].

FURFURONITRILE,

$$C^5H^3AzO = \begin{array}{c} CH = CH \\ | \quad\quad | \\ CH - C - CAz. \\ \searrow O \swarrow \end{array}$$

— Ce composé a été obtenu par O. Wallach en traitant la pyromucamide par le perchlorure de phosphore, distillant jusqu'à 110° et traitant le résidu par l'eau glacée. Les gouttelettes huileuses qui restent constituent le furfuronitrile C^5H^3AzO. C'est un corps qui bout à 146-148°, dont l'odeur rappelle le benzonitrile et qui est insoluble dans l'eau.

Dans les mêmes circonstances, l'éthylpyromucamide fournit une base chlorée.

FURFURYLAMINE,

$$C^5H^7AzO = \underset{\diagdown\ O\ \diagup}{\overset{CH = CH}{CH - C - CH^2AzH^2}}.$$

— Cette base s'obtient par hydrogénation du furfuronitrile (G.-J. Ciamician et Dennstedt). Cette hydrogénation, effectuée par l'acide sulfurique très étendu et le zinc, dure deux à trois semaines. Le liquide, mêlé à un très grand excès d'alcali solide pulvérisé, est distillé dans la vapeur d'eau. Le liquide distillé, neutralisé par l'acide chlorhydrique, est évaporé à sec. Le résidu dissous dans un peu d'eau est additionné de potasse. Le liquide épuisé par l'éther lui cède la base. L'éther est alors évaporé très lentement au bain-marie. On sépare ainsi la majeure partie de l'ammoniaque, la base séchée sur de la potasse et rectifiée bouillant à 145-146° ($p = 761^{mm}$). C'est un liquide incolore, très réfringent, huileux, miscible à l'eau en toute proportion, dont l'odeur rappelle celle de la conicine. A chaud, sa solution dans l'acide chlorhydrique concentré se colore en vert sombre, et l'eau en précipite un corps résineux. Le chlorhydrate de la base s'obtient en évaporant dans le vide la solution exactement saturée par l'acide chlorhydrique. Ce sont des aiguilles ou prismes très solubles, mais non déliquescents. Le chloroplatinate, peu soluble dans l'eau froide, plus soluble dans l'eau chaude, s'obtient bien cristallisé par précipitation. Il est presque insoluble dans l'acide chlorhydrique concentré. Sa composition répond à la formule $(C^5H^7AzO, HCl)^2PtCl^4$. On obtient en furfurylamine 20 % du furfuronitrile employé.

E. Demarçay.

FURILE, $C^{10}H^6O^4$ [Em. Fischer, *Deutsch. chem. Gesellsch.*, 1880, p. 1334]. — On dissout 1 p. de furoïne dans 12 p. d'alcool additionné d'aussi peu de soude que possible; la solution étendue de son volume d'eau est refroidie à 0°. On y dirige alors un courant d'air jusqu'à ce que la coloration rouge soit passée au brun sale. Le furile resté dissous est précipité par addition d'eau, et purifié par plusieurs cristallisations dans l'alcool. Il forme de magnifiques aiguilles jaune d'or, fusibles à 162°.

Il est peu soluble dans l'alcool, l'éther, à peine soluble dans l'eau. L'acide chlorhydrique concentré le détruit. L'acide azotique l'attaque avec formation d'un corps que l'on peut extraire par l'éther. L'amalgame de sodium le transforme en furoïne, puis décolore la solution en réduisant cette dernière. La potasse concentrée (15 %) le dissout à 80° en le transformant en un acide qu'on peut extraire par l'éther après neutralisation de l'alcali. On prend 1 partie de furile pour 25 parties de la solution de potasse.

La solution éthérée, fortement concentrée par évaporation, est additionnée de ligroïne très volatile qui sépare une résine brune; le liquide étant évaporé rapidement, on obtient des aiguilles d'abord incolores d'acide furilique, vraisemblablement $(C^4H^3O)^2 \cdot C(OH) \cdot CO^2H$. Ce corps, très soluble dans l'alcool, l'éther, les alcalis, l'est peu dans l'eau. Il est assez stable à l'état sec, très instable à l'état humide. La solution aqueuse brunit à 0° en quelques heures et instantanément à l'ébullition avec séparation d'une résine brune. L'acide sulfurique le dissout avec une coloration brune.

Bromure d'addition, $C^{10}H^6O^4Br^8$. — Ce bromure s'obtient en introduisant lentement, en agitant constamment 1 p. de furile pulvérisé dans 40 p. de brome pur et évaporant le brome au bain d'eau. Ce sont des cristaux jaune pâle qui, par cristallisation dans le chloroforme, perdent du brome et se colorent en brun vers 150°; à 185° ils fondent en se décomposant. Il reste un résidu qui cristallise à froid et qui contient du *dibromo* et vraisemblablement du *monobromofurile*. Le premier de ces deux corps se dépose en lamelles jaune d'or de la solution alcoolique purifiée par le charbon animal. Ce composé fond à 183-184° et se sublime sans décomposition. Presque insoluble dans l'eau, il est dissous par l'eau de baryte avec formation de dibromofurilate de baryum. Ce sel

$$(C^{10}H^5Br^2O^5)^2Ba$$

se présente en fines aiguilles blanches, très aisément solubles dans l'eau, très difficilement dans l'alcool. L'acide *dibromofurilique* ressemble à l'acide furilique et donne en solution alcoolique à chaud avec l'acide sulfurique assez concentré un liquide rouge de fuchsine.

Le *monobromofurile* s'extrait des eaux mères alcooliques du dibromofurile, auquel il ressemble par toutes ses propriétés.

Benzofurile, $C^{12}H^8O^3$, — 2 p. de benzofuroïne par 50 p. d'alcool chaud et 70 p. d'une solution alcaline de cuivre (contenant 6 de sulfate de cuivre cristallisé) sont mêlés à ce qu'il faut d'eau pour faire un liquide homogène. On chauffe à 50°. Le liquide étendu d'eau est extrait par l'éther, qui dissout le benzofurile. Ce corps $C^{12}H^8O^3$ forme de fines aiguilles jaunes fusibles à 41°. Il est très soluble dans l'alcool et l'éther et donne avec le brome un produit d'addition $C^{12}H^8O^3Br^4$, qu'on obtient comme l'octobromure de furile. Cristallisé dans l'alcool, il se présente sous forme de belles aiguilles jaunes fusibles à 127-128°, décomposables vers 160°.

Les alcalis transforment le benzofurile en acide *benzofurilique*. Il se prépare d'une manière analogue à l'acide furilique et est beaucoup plus stable que lui. Il forme de beaux prismes courts, assez stables à l'état sec, brunissant vers 108°, très solubles dans l'alcool, l'éther, le chloroforme. Sa solution aqueuse se décompose à chaud.

Ses cristaux se dissolvent dans l'acide sulfurique en rouge de sang, passant bientôt au brun rouge. Au contraire, l'acide huileux obtenu par évaporation d'une solution éthérée donne dans les mêmes circonstances une coloration rouge-violet, passant bientôt au bleu-violet. L'eau en précipite une matière colorante bleu-noir, soluble en bleu dans l'acide sulfurique, en brun-rouge dans l'alcool et les alcalis.

E. Demarçay.

FUROÏNE,

$$C^{10}H^8O^4 = \begin{matrix} CO \cdot C^4H^3O \\ CH.OH \cdot C^4H^3O. \end{matrix}$$

— Ce composé, découvert par E. Fischer, est un polymère du furfurol. Il présente avec ce corps les mêmes relations que la benzoïne avec l'essence d'amandes amères. De là son nom. Le benzile se distingue de la benzoïne par 2 atomes d'hydrogène en moins. Le furile présente les mêmes relations avec la furoïne. Il est à remarquer que la furoïne se produit sous l'influence du cyanure de potassium, comme la benzoïne elle-même prend naissance sous l'influence de l'acide cyanhydrique (t. I, p. 548).

La furoïne se produit quand on fait bouillir une demi-heure ou trois quarts d'heure 40 p. de furfurol, 30 p. d'alcool, 80 p. d'eau et 4 p. de cyanure de potassium à 95 %. La furoïne se dépose par refroidissement en une masse rougeâtre. Les cristaux essorés, lavés avec de petites quantités d'alcool, sont dissous dans du toluène bouillant, qu'on additionne ensuite de son volume d'alcool. La furoïne se dépose en presque totalité. On en obtient ainsi 25 % du furfurol employé. La furoïne fond à 135° et se volatilise sans décomposition à l'abri de l'air. Elle est très soluble dans le toluène, moins dans l'alcool et l'éther, notablement dans l'eau chaude et se présente en prismes fins. L'acide sulfurique la dissout avec une couleur bleu-vert intense que la chaleur et le temps font passer au brun rouge. Les acides chlorhydrique et iodhydrique concentrés la décomposent à chaud avec formation de produits résineux. En solution alcoolique, elle donne avec le zinc en poudre et l'acide chlorhydrique un composé huileux d'odeur de fleurs. Avec l'amalgame de sodium, on obtient des flocons jaunes d'une matière résineuse solubles dans les alcalis.

Acétylfuroïne. — Ce composé se prépare en faisant bouillir la furoïne avec l'anhydride acétique. On obtient un corps cristallisé, fusible à 75°. Sa composition répond à la formule

$$C^{10}H^7O^4.C^2H^3O.$$

La soude alcoolique ou aqueuse dissout la furoïne avec une couleur d'un rouge intense par transparence, d'un bleu vert par réflexion. L'air oxyde cette solution en la décolorant et transformant la furoïne en *furile*.

La solution alcaline très étendue de furoïne montre une bande d'absorption étroite entre C et D et une deuxième plus de deux fois aussi large commençant vers D et finissant entre D et E.

Benzofuroïne, $C^{12}H^{10}O^3$. — Cette combinaison s'obtient quand on maintient 18 p. de furfurol, 20 p. d'essence d'amandes amères, dissous dans 60 p. d'alcool et 80 p. d'eau par 4 p. de cyanure de potassium, 15 à 20 minutes au réfrigérant ascendant. Par addition d'eau, on obtient un corps qui, cristallisé dans l'alcool, l'eau, 2 fois dans la benzine et finalement dans l'alcool, répond à la formule $C^{12}H^{10}O^3$.

Ce sont des prismes fins, fusibles entre 137 et 139°, distillables sans décomposition, très solubles dans l'alcool chaud, le chloroforme et la benzine, peu dans l'eau et la ligroïne. Plus stable que la furoïne en présence des acides forts, la benzofuroïne s'en distingue par l'absence de reflets intenses, bleu-vert en solution alcaline [E. Fischer, *Deutsch. chem. Gesellsch.*, 1880, p. 1334].

FURONIQUE (ACIDE), $C^7H^8O^5$. — De même que l'acide pyromucique fournit par l'action du brome un corps de nature aldéhydique, ainsi l'acide furfuropropionique donne l'*aldéhyde furonique*, qu'on isole en décolorant la solution par l'acide sulfureux et extrayant par l'éther. Ce dernier abandonne par évaporation des cristaux qui se résinifient très vite, probablement du corps

$$C^7H^8O^4 = CHO\text{-}CH = CH\text{-}CO\text{-}CH^2\text{-}CH^2\text{-}CO^2H.$$

Si, au lieu d'isoler le corps, on traite de suite par la quantité théorique d'oxyde d'argent fraîchement préparé et bien lavé, on obtient l'*acide furonique*, suivant l'équation

$$C^7H^8O^3 + Br^2 + 3Ag^2O = C^7H^7Ag^2O^5 + 2AgBr + H^2O + 2Ag.$$

On chauffe pendant 1 heure et demie à 65-70°, en ayant soin de ne pas dépasser 70°. Pour reconnaître la fin de l'opération, on extrait par l'éther une petite quantité de la liqueur acidulée par l'acide chlorhydrique et on fait évaporer l'éther de la couche éthérée. Il reste des cristaux que l'acide chlorhydrique concentré chaud ne colore plus en rouge violet, quand la réaction est terminée.

Le liquide acidulé par l'acide chlorhydrique et agité avec de l'éther lui cède l'acide furonique qu'on purifie par cristallisation avec du charbon animal. Ce corps se présente en aiguilles incolores, difficilement solubles dans l'eau froide. Il se dissout sans coloration, même à chaud, dans l'acide chlorhydrique concentré. Avec l'acide sulfurique concentré, il produit une coloration rouge-jaunâtre, devenant brune à chaud. Il fond à 180°.

L'azotate d'argent donne dans sa solution ammoniacale un précipité blanc peu altérable par l'ébullition avec l'eau.

Traité à l'ébullition par l'eau de baryte, il donne un précipité jaune en se décomposant.

Acide hydrofuronique, $C^7H^{10}O^5$. — Ce composé s'obtient par l'action de l'amalgame de sodium sur l'acide furonique, action prolongée pendant 20 heures en présence de l'eau. Le liquide acidulé cède bien que difficilement l'acide hydrofuronique à l'éther.

C'est une masse cristallisée très soluble dans l'eau, fusible à 112°. L'azotate d'argent précipite en blanc la solution ammoniacale. Le sel formé, assez notablement soluble dans l'eau chaude, noircit facilement.

On obtient l'acide hydrofuronique aussi en chauffant 4 heures à 160° l'acide furonique avec de l'acide iodhydrique et du phosphore rouge. L'amalgame de sodium qui agit de la même façon donne en outre différents produits intermédiaires et finalement de l'*acide pimélique*. Ce dernier composé se forme pareillement quand on chauffe l'acide furonique avec 5 fois son poids d'acide iodhydrique et un peu de phosphore rouge à 200-205° pendant 6 heures.

Baeyer attribue au furfurane la constitution représentée par la formule suivante, qui jusqu'ici est purement hypothétique :

```
CH = CH
CH - CH
  \O/
```

Le furfurol qui résulte du remplacement dans ce corps de H par le groupe CHO devient alors

```
CH = CH
CH - C - CHO
  \O/
```

L'acide furfuracrylique

```
CH = CH
CH - C - CH = CH - CO²H
  \O/
```

Les acides furfurpropionique et furonique

```
CH = CH
CH - CH - CH² - CH² - CO²H
  \O/
```

et

$$CO^2H\text{-}CH = CH\text{-}CO\text{-}CH^2\text{-}CH^2\text{-}CO^2H.$$

L'acide hydrofuronique serait alors l'un des deux acides

$$CO^2H\text{-}CH^2\text{-}CH^2\text{-}CO\text{-}CH^2\text{-}CH^2\text{-}CO^2H$$

ou

$$CO^2H\text{-}CH = CH\text{-}CH(OH)\text{-}CH^2\text{-}CH^2\text{-}CO^2H.$$

La formation d'acide pimélique se trouve donc facilement représentée. E. Demarçay.

FUSCOCOBALTIQUES (COMBINAISONS). — Voyez Cobaltamines.

www.ingramcontent.com/pod-product-compliance
Ingram Content Group UK Ltd.
Pitfield, Milton Keynes, MK11 3LW, UK
UKHW012137240726
13966UKWH00001B/30